U0264134

“十二五”国家重点图书出版规划项目

石油化工设备设计手册

（下册）

刘家明　主　编

赖周平　张迎恺　蒋荣兴　副主编

中国石化出版社

内 容 提 要

本手册为“十二五”国家重点图书出版规划项目。手册编写人员，都是石油化工设备设计领域的专家，具有较高的理论水准和丰富的实践经验，代表了当前国内石化设备设计的最高水平。

手册共分九篇，包括基础知识、材料与焊接、压力容器、塔器、换热器、空冷器、储罐、分离设备和电脱盐设备等。手册的内容反映了我国石油化工设备设计的最新进展，具有科学性、先进性和实用性。本手册是一部大型工具书，也是一部技术专著，总结了我国石油化工设备设计的理论和实践经验，具有较高的理论水平和专业实践经验。

本手册的读者对象主要是从事石油化工设备设计和管理的工程技术人员，同时也可作为高等院校石油化工专业及相关专业师生的参考资料。

图书在版编目(CIP)数据

石油化工设备设计手册 /刘家明主编. —北京：中国石化出版社，2012. 3
ISBN 978 - 7 - 5114 - 1220 - 1

Ⅰ. 石… Ⅱ. 刘… Ⅲ. ①石油化工设备 - 设计 - 手册 Ⅳ. ①TE960. 2 - 62

中国版本图书馆 CIP 数据核字(2011)第 196918 号

中国石化出版社出版发行

地址:北京市东城区安定门外大街 58 号
邮编:100011　电话:(010)84271850
读者服务部电话:(010)84289974
http://www. sinopec-press. com
E-mail:press@ sinopec. com
北京科信印刷有限公司印刷
全国各地新华书店经销

*

787 × 1092 毫米 16 开本 158. 5 印张 4024 千字
2013 年 1 月第 1 版　2013 年 1 月第 1 次印刷
定价:498. 00 元(上、下册)

目　录
（下册）

第五篇　换　热　器

第一章　概述

第二章　管壳式换热器的传热计算

第三章　管壳式换热器的结构设计

第四章　管壳式换热器的制造、检验和验收

第五章　管壳式换热器的压力试验、运输包装和安装

第六章　管壳式换热器的维护与检修

第六篇　空气冷却器

第一章　概述

第二章 总体设计

第三章 空气冷却器的传热与流动阻力

第四章 空冷器管束

第五章 风机

第六章 空冷器的设计步骤和计算实例

第七章　构架

第八章　百叶窗

第九章　空气冷却器的安装、操作、维护

第十章　现场测试方法

第七篇　储　　罐

第一章　概述

第二章　立式储罐设计的通用规定

第三章　固定顶储罐

第四章　浮顶储罐

第五章　内浮顶储罐

第六章 球形储罐

第七章 气柜

第八章 低温储罐

第九章 储罐和气柜的防腐蚀

第十章 储罐的建造

第十一章 油品储罐的日常维护

第八篇 分离设备

第一章 流化床用旋风分离器

第二章 翼阀

第三章 提升管末端快分系统

第四章　第三级旋风分离器

第五章　气液分离器

第九篇　电脱盐及其他设备

第一章　电脱盐设备

第二章　污水处理设备

第三章　循环水冷却塔

第四章　蒸汽喷射式抽空器

第五章 隔热耐磨混凝土衬里

第五篇　换　热　器

第一章　概　述

换热器是一种实现物料之间热量传递的节能设备，是在石油、化工、石油化工、冶金、电力、轻工、食品等行业普遍应用的一种工艺设备。在炼油、化工装置中换热器占设备总数量的40%左右。占总投资的30%～45%。近年来随着节能技术的发展，应用领域不断扩大，利用换热器进行高温和低温热能回收带来了显著的经济效益。

随着环境保护要求的提高，近年来炼油厂装置建设量随之加大，各种大型高压换热器形式也向高参数化、多样化发展。耐压达20MPa的螺纹索紧环式、Ω密封环式、隔膜密封盘等形式的高压换热器，传热面积超过1万 m^2 大型板壳式换热器不仅在承压、耐温上满足装置运行要求，而且在传热效率和降低阻力降等方面也取得了长足的进展。

在大型乙烯裂解、乙二醇装置和天然气净化厂中，换热器的大型化更显突出。管壳式换热器单台换热面积已经超过1万 m^2，达到1.7余万 m^2。管板直径达 ϕ6000mm，换热管长度达25m。

化肥中合成氨、聚合和天然气净化等装置中，满足35MPa，承受操作温度达700℃的高压、高温换热器也已经得到了应用。

此外，在石油、化工、乙烯、原子能、化肥等领域使用的利用高温合成气、烟气的管壳式余热锅炉，充分利用了剩余热能，成为企业节能降耗不可缺少的重要设备。

设备大型化的同时给我国装备制造业提供了良好的发展机遇，1.6万吨的大型锻制水压机、油压机、10m以上的大直径立式车床、250mm厚卷板机、深孔数控钻床等机械得到了装备。

20世纪90年代以来，换热器的发展非常迅速，各种材质、各种结构形式、各种换热和强化传热方式的新型换热器层出不穷，并且逐渐向大型化、高效能方向发展。据统计，2010年中国的换热器产业市场规模已达500亿元人民币。

1.1　换热器的分类

经过长期的发展和生产实践，换热器的种类越来越多。因此换热器的分类也是多种多样的。例如，有的按换热器所使用的材料种类来进行分类，有的按换热器的传热方式来进行分类，也有的按换热器的使用压力的高低来进行分类，还有的按换热器的结构来进行分类等等。为了便于分析研究和选用，换热器常见的几种分类方式说明如下。

1.1.1　按换热器所使用的材料种类对换热器进行分类

1）金属材料换热器

这种换热器普遍用于海水淡化、石化行业中。如果再细分类的话，还可以将其分为碳素钢换热器、低合金钢换热器、不锈钢换热器和有色金属换热器（如铝、铜、钛、锆等）。

常用有色金属换热器见表1.1－1。

表 1.1-1 常用有色金属换热器

换热器常用有色金属	适用和不适合的场合	特点
铜及铜合金	铜和它的一些合金有较好的耐腐蚀能力，在干燥的空气里很稳定。但在潮湿的空气里在其表面可以生成一层绿色的碱式碳酸铜 $Cu_2(OH)_2CO_3$(俗称铜绿)。可溶于硝酸和热浓硫酸，略溶于盐酸。容易被碱侵蚀	对氯离子水溶液及大气、淡水、海水等非氧化性酸的许多溶液具有较好的耐腐蚀性。且加工容易、导热性好，广泛用作换热管。其中含29%锌和1%锡的海军铜抗海水腐蚀性非常好，大量用于舰船和海水冷却设备上
铝及铝合金	铝合金密度低，但塑性好，可加工成各种型材，具有优良的导电性、导热性和抗蚀性。但由于熔点较低，故使用压力和温度均不能太高	在大气中表面生成透明致密的氧化膜。在卤素族碱性介质中耐蚀性良好。其强度较低，延性好，易加工。金属结构为面心立方晶格，无低温脆性，是制造低温设备的良好材料
钛及钛合金	耐酸、耐碱、耐海水腐蚀。但由于存在钛氢脆问题，故在临氢场合慎用	耐蚀性好，尤其耐海水腐蚀。在化工、石油化工、动力、医药、冶金、制冷、轻工等行业和舰船上得到应用
锆及锆合金	锆是一种稀有金属，具有惊人的抗腐蚀性能、极高的熔点、超高的硬度和强度等特性，被广泛用在航空航天、军工、核反应、原子能领域。但是溶于氢氟酸和王水；高温时，可与非金属元素和许多金属元素反应，生成固溶体	比钛耐蚀性更好，在醋酸生产以及某些军事工业中应用

2）非金属材料换热器

非金属材料如：石墨、聚四氟乙烯、玻璃钢、陶瓷等，多用于一些特殊场合，如强腐蚀介质等。

聚四氟乙烯(简称 PTFE)，1965 年美国杜邦公司率先 PTFE 热交换器应用于工业生产，研制成功 PTFE 盐酸冷凝吸收器及石墨设备，极大地提高了换热设备的耐蚀性和换热介质的洁净率。此后，一些工业发达国家也开发了 PTFE 换热器，并实现了商品化生产。目前我国也有多家生产厂专业制造 PTFE 及其改性复合材料换热器，使用领域涉及王水、硝酸、硫酸、磺酸、强碱和氧化物等。

PTFE 耐低温性能很好，可在 -150 ~ 260℃下长期工作而不发生任何组织变化；但它力学性能较差、线膨胀系数较大、硬度较低、耐磨性差和耐蠕变能力较差，且容易出现冷流现象。所以各国都在 PTFE 的改性上做了大量研发工作。2000 年国内某单位研制成功的 PTFE 基板翅式换热器使用温度 -180 ~ 250℃，使用压力不大于 1.2MPa，并研制出专用钎料实现了对 PTFE 复合材料的焊接。

人造石墨在化学工业中显示出优良的特性，除有些氧化性介质可能渗入到石墨片层之间而破坏石墨的内部组织外，石墨几乎对所有的物质均表现出惰性。常用的有浸渍类不透性石墨和压型不透性石墨两种。不透性石墨本身可耐很高温度，但由于不透性石墨为人造石墨，内部分布的微孔中填充合成树脂，使其最高使用温度小于、等于所填充合成树脂的热分解温度。不透性石墨最高工作温度为165℃，最高工作压力 0.4 MPa。不透性石墨在大多数沸点以下的有机化合物、及沸点以下任何浓度的盐酸、醋酸、甲酸、乳酸、草酸中具有良好的耐腐蚀性能。

1.1.2 按换热器传热方式对换热器进行分类

1）混合式换热器

混合式换热器，有时也称作直接接触式换热器。它是将冷热两种流体通过直接接触进行热量交换而实现传热的，如常见的凉水塔、洗涤塔、气液混合式冷凝器等。在凉水塔中，热水和空气直接接触，进行热量交换，空气把水中的热量带走而使水降温。在混合式冷凝器中，蒸汽和水直接接触，蒸汽被水冷凝成液体，而水被蒸汽加热而升温。

2）蓄热式换热器

蓄热式换热器，一般设有由耐火砖构成的蓄热室。在传热过程中，冷热两种流体交替通过蓄热室。当热流体通过时，蓄热体吸收了热流体的热量而升温，热流体放出热量而降温；然后再让冷流体通过蓄热体，蓄热体把热量释放给冷流体而降温，冷流体吸收热量而升温。如此反复进行，以达到换热的目的。实现这一交替过程是用切换阀来完成的。蓄热式换热器多用于冶金工业中的炼钢等场合，在合成氨厂的造气过程中也有应用。

3）间接式换热器

间接式换热器，有时也称作表面式换热器。所谓间接式换热器，就是冷热两种流体被一固体壁隔开，不能直接接触，而热量的传递是通过固体壁进行的。这种换热器在工业上特别是在石油和化工行业中应用最为广泛，如管壳式换热器、套管式换热器、板式换热器、水浸式冷凝冷却器等等。

1.1.3　按换热器的用途分类

（1）加热器是将无相变得流体加热到必要温度的换热器。

（2）预热器是将流体预先进行加热，以提高整个生产过程效率的换热器。

（3）过热器是把流体加热到过热状态的换热器。

（4）蒸发器是用于加热液体，使其蒸发的换热器。

（5）重沸器是使装置中已经被冷却的液体再加热，并使其蒸发的换热器。

（6）冷却器是用于将流体冷却到所需要温度的换热器。

1.1.4　按换热器传热面形状和结构分类

为了区分各种类型的表面式换热器，按传热面形状和结构将换热器分为以下几种：

1）管式换热器

这类换热器都是通过管子壁面传热的换热器。按传热管的结构形式又可细分为以下四种：

（1）管壳式换热器；

（2）蛇管式换热器；

（3）套管式换热器；

（4）缠绕管式换热器；

2）板面式换热器

这类换热器都是通过板面传热的换热器，按传热板面的结构分为以下五种：

（1）螺旋板式换热器；

（2）板框式换热器；

（3）压焊板式换热器；

（4）板翅式换热器；

（5）板壳式换热器。

3）其他形式换热器

这类换热器是指一些具有特殊结构的换热器，一般是为了满足工艺特殊要求而设计的。如回转式换热器、热管换热器等。

1.2 管壳式换热器的结构特点

1.2.1 管壳式换热器主要部件的种类及代号

管壳式换热器是较早发展起来的，也是目前生产中应用最为广泛的一种结构形式。它具有结构牢固、易于制造、生产成本较低、适应性强、处理量大等优点，是石油炼制和化工生产中换热器的主要型式。特别在高温、高压和大型换热器中占有绝对优势。

管壳式换热器的结构种类虽然繁多，但通常可将其拆分成前端管箱、壳体和后端结构(包括管束)三个主要部件(详见图1.2-1)。为了适应不同的工况，各种部件都有若干种不同的特殊结构。不同结构的部件用不同的英文字母做代号。这种代号与美国管壳式换热器制造商协会标准“TEMA”规定的型号基本相同。这样，就可以用三个英文字母表示出管壳式换热器的结构型式，再将这三个英文字母与其他结构参数组合就构成了一台完整的管壳式换热器型号。从而可以简单明了地说明这台换热器的结构型式、规格及技术参数，大大方便了使用者。下面对各类不同结构的部件代号加以说明。

1) 前端管箱头盖形式

A——平盖管箱(可拆盖板能够实现不拆卸管箱就检修换热管的工作)

B——封头管箱(无可拆盖板)

C——用于可拆管束与管板制成一体的管箱

N——与管板制成一体的固定管板管箱

D——特殊高压管箱(用于高压换热器的螺纹锁紧环管箱)

2) 壳体形式

E——单程壳体(一般换热器上使用)

F——具有纵向隔板的双程壳体(双壳程换热器上使用)

G——分流壳体(一进一出，壳体中间有纵向隔板)

H——双分流壳体(两进两出，壳体中间有纵向隔板)

I——U形管式换热器壳体

J——无隔板分流(或冷凝器)壳体(一进两出，无隔板自然分流)

K——釜式重沸器壳体

O——外导流壳体

X——穿流壳体

3) 后端头盖结构形式

L——与前端管箱头盖形式A相似的固定管板结构

M——与前端管箱头盖形式B相似的固定管板结构

N——与前端管箱头盖形式C相似的固定管板结构

P——外填料函式浮头

S——钩圈式浮头

T——可抽式浮头

U——U形管束

W——带套环填料函式浮头

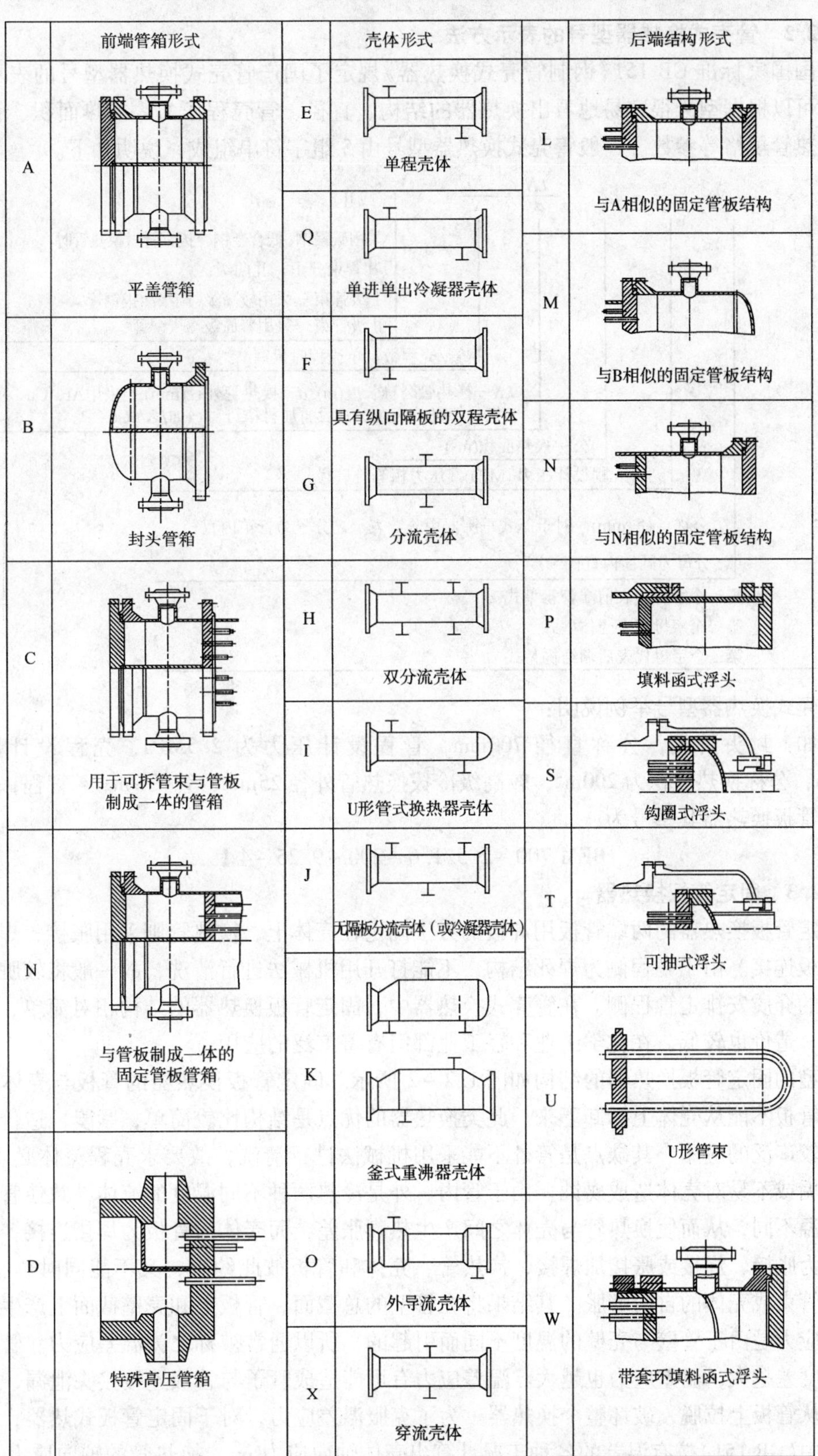

前端管箱形式
壳体形式
后端结构形式
A
平盖管箱
E
单程壳体
Q
单进单出冷凝器壳体
L
与A相似的固定管板结构
M
与B相似的固定管板结构
B
封头管箱
F
具有纵向隔板的双程壳体
G
分流壳体
N
与N相似的固定管板结构
C
用于可拆管束与管板制成一体的管箱
H
双分流壳体
P
填料函式浮头
I
U形管式换热器壳体
S
钩圈式浮头
N
与管板制成一体的固定管板管箱
J
无隔板分流壳体（或冷凝器壳体）
T
可抽式浮头
K
釜式重沸器壳体
U
U形管束
D
特殊高压管箱
O
外导流壳体
W
带套环填料函式浮头
X
穿流壳体

图 1.2－1　管壳式换热器主要部件的分类及代号

1.2.2 管壳式换热器型号的表示方法

我国国家标准 GB 151《钢制管壳式换热器》规定了国产管壳式换热器型号的表示方法。使用者可以根据型号很容易地看出换热器的结构、直径、管壳程压力、换热面积、管程数、以及换热管规格等参数。一般管壳式换热器型号由5组字符串组成，说明如下。

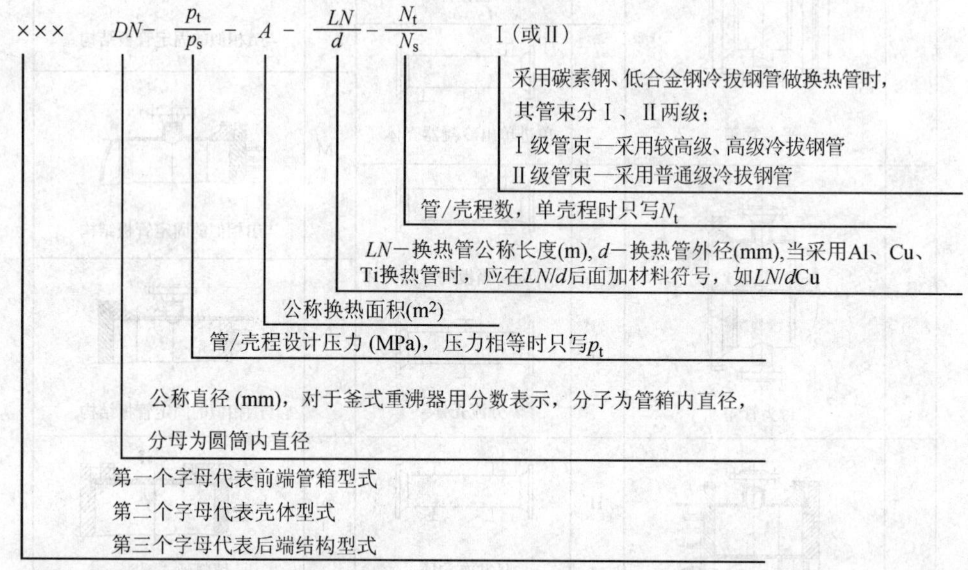

管壳式换热器型号举例说明：

例如：封头管箱，公称直径 700mm，管程设计压力为 2.5MPa，壳程设计压力为 1.6MPa，公称换热面积为 200m^2，较高级冷拔换热管外径 25mm，管长 9m，4 管程，单壳程的固定管板换热器其型号为：

BEM 700－2.5/1.6－200－9/25－4Ⅰ

1.2.3 固定管板换热器

固定管板换热器的两端管板用焊接的方法固定在壳体上，换热管则采用胀接、焊接等方法与管板连接。由于壳程侧为焊死结构，不能打开用机械法进行清洗，故一般将较脏的或有腐蚀性的介质安排走管程侧。在管壳式换热器中，固定管板换热器的结构相对简单、机加工件较少、造价也较低，在化学工业和轻工业部门有着广泛的应用。

典型的固定管板换热器的结构如图 1.2－2 所示。固定管板换热器的管板与壳体焊接在一起，管板不能从壳体上拆卸下来。此类换热器的优点是结构比较简单，紧凑，造价低，因而得到较广泛的应用。其缺点是管外不能采用机械法进行清洗，故要求壳程流体必须清洁、不易结垢或不易对壳体造成腐蚀。由于管内、外是冷热两种不同温度的流体，致使管子与壳体的壁温不同，从而使换热管与壳体之间产生热膨胀差，而壳体与管板为焊接连接，换热管与管板为胀接、焊接或胀接加焊接，换热管、壳体和管板彼此约束，又不能同时热胀冷缩，限制了管束或壳体的自由膨胀。其结果将在管壁的总截面、管板上和壳壁截面上产生附加应力。此应力是由于管壁与壳壁的温度不同而引起的，所以通常被称之为温差应力。管壁与壳壁的温度差越大，温差应力也越大。温差应力有可能造成管子与管板连接接头泄漏，甚至造成管子从管板上拉脱，破坏整个换热器。为了克服温差应力，对于固定管板式热器，在管板的计算中(GB 151)按有温差的各种工况计算出壳体轴向应力 σ_c、换热管的轴向应力 σ_t、管板应力 σ_r、换热管与管板之间的拉脱力 q 中，有一个不能满足强度(或稳定)条件时，就应在换热器上加设膨胀节。依靠膨胀节的变形来吸收热膨胀量，从而减少由温差应力造成的破坏。如：换热管与管板之间的拉脱力 q 不满足要求，换热管与管板的连接处就会松脱破坏。这时，如果加上适当的膨胀节重新计算，就可使换热管与管板之间的拉脱力 q 满足要求。当为吸收热膨胀差必须在壳体上加设膨胀节，但壳程压力较高，膨胀节又无法承受时，需改用其他形式的换热器。

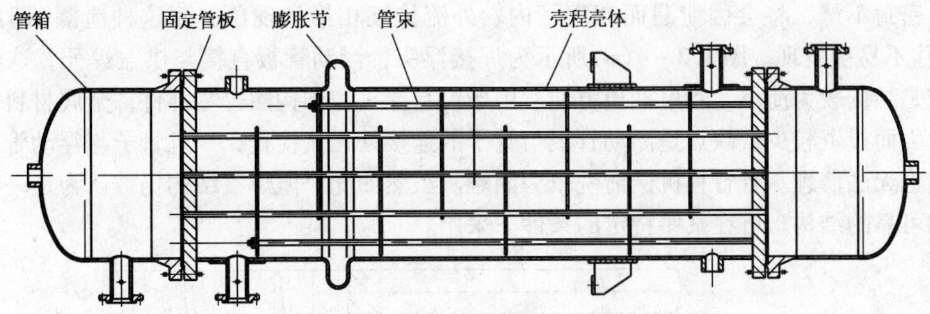

图 1.2-2 立式固定管板式换热器(BEM)

1.2.4 浮头式换热器及冷凝器

浮头管板换热器，有时也被称作浮头式换热器。它的突出特点是当换热器壳体与换热管之间存在温差而热膨胀量不同时，管束可以在壳体内沿壳体轴线自由伸缩移动；其次，由于不需要在壳体上设置膨胀节，故它所承受的压力可以比带膨胀节的固定管板换热器高。所以，浮头式换热器能在壳体与换热管之间有较高温差和较高压力的情况下工作。同时，由于管束可以抽出壳体之外，故便于进行机械清洗。因此浮头式换热器也适用于管、壳程介质都比较脏，即管、壳程都需要进行机械清洗的场合。

浮头式换热器，如图 1.2-3 所示。图中管束左端的管板与壳体用法兰固定连接，称为固定管板。管束右端的管板不与壳体连接，称为浮动管板。当管束与壳体的金属温度不同，即有温差存在时，管束连同浮动管板可在壳体内自由伸缩移动，从根本上避免了温差应力的产生。这个能自由滑动的管板以及与其相关的组合体称为浮头。浮头式换热器即因此而得名。浮头式换热器按浮头封闭在壳体里面或露在壳体外面又可分为内浮头式和外浮头式两种。

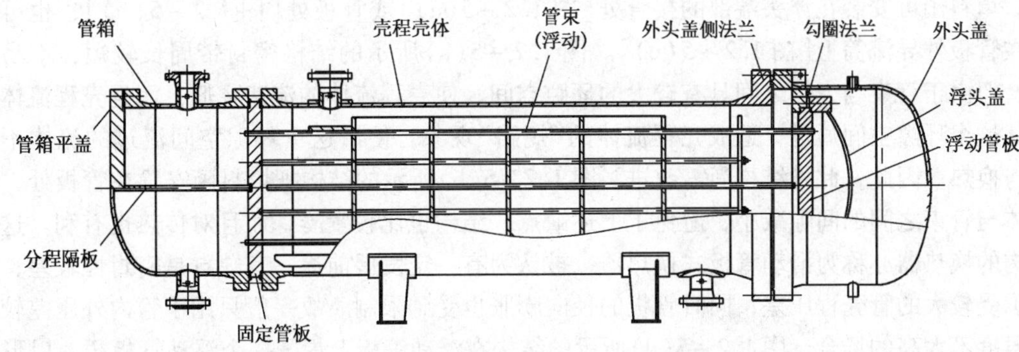

图 1.2-3 浮头式换热器(ABS, EBS)

内浮头式换热器一般有如图 1.2-4 所示的几种浮头结构。图 1.2-4(a)所示结构，是依靠夹钳形半环和若干个压紧螺钉使浮头盖与浮动管板紧压在一起，并在浮头盖与浮动管板之间放置一密封垫圈起密封作用，以保证管内和管间流体互不渗漏。这种结构比较紧凑，而且易于将管板抽出。但螺钉压紧力往往不足，夹钳形半环也较为笨重，目前已很少采用。图 1.2-4(b)所示结构则是用浮头盖法兰和钩圈将浮动管板夹在中间且密封连接起来，我国现多采用这种结构。内浮头式换热器的优点是能在较高温差和压差下工作。由于管束可以抽出，管内和管间的清洗都变得比较方便，所以也可用于易结垢的流体。它的缺点是结构复杂笨重，材料消耗量大，比U形管换热器的造价要高。同时因浮头封闭在壳体里面，如果浮头垫片密封不严，将会因泄漏而产生管内、外流体互相掺和现象，而这种泄漏(即所谓内漏)往往不易被发现。图1.2-4(c)所示为焊接浮头，浮动管板直接与拱盖焊死，这种浮头的优点是结构较为简单，管束抽出方便。由于没有浮头盖和钩圈等零部件，金属材料消耗量较少，因而投资较少。缺点是浮动管板与管子的连接处无法检查，一旦管子与浮动管板间发生泄漏也无法修理。且管程机械清洗较为困难。虽然如此，但焊接结构仍被认为是一种较为经济和可靠的结构。可在某些特定的条件下采用。

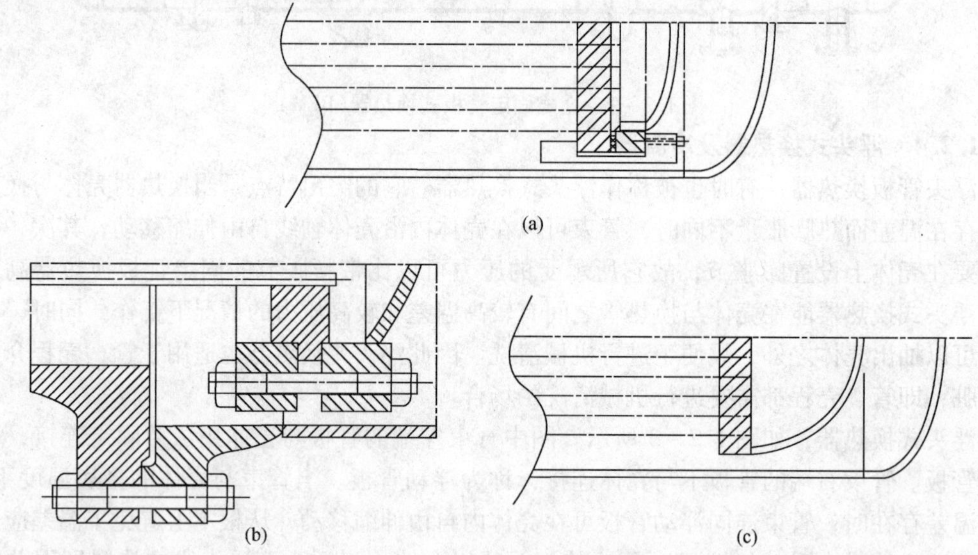

图 1.2-4　内浮头结构示意图

外浮头式换热器的浮头部分与壳体之间利用填料函密封，所以有时也称为填料函式换热器。填料函可安装在浮头端部的接管处[图 1.2-5(a)]或管板处[图 1.2-5(b)]，也可安装在管板外导流筒上[图 1.2-5(c)]。图 1.2-5(a)所示的结构密封带周长较短，不易泄漏。但由于管束与壳体之间具有较大的环隙空间，使壳程流体的流速降低，而且壳程流体易于从这个环隙空间通过，造成壳程流体的“短路”现象，使沿这个环隙空间流过的流体不能参与换热。因此，此种结构尚需改进。图 1.2-5(b)所示的结构把填料函安置在管板处，使壳体与管束之间的间隙减小，避免了上述缺点，结构也比较紧凑，而且对传热也有利。这种结构的换热器亦称为滑动管板式换热器，被认为有一定发展前途。其缺点是密封性较差，不能承受较大的管壳程压差，同时管板的径向膨胀也受到限制。故一般只用于管内外压差较小和温度不太高的场合。图 1.2-5(d)所示的结构在浮动管板上焊了一个浮动管板裙，以形成填料函密封环，使密封更加可靠，但其结构较复杂，一般不用在壳程流体压力较大的场合。

外浮头与内浮头相比，浮头密封处的泄漏很容易从器外被发现，结构也较内浮头式简单，因而造价也较内浮头低。但是壳程耐压不高，填料函密封易老化失效，产生泄漏。所以壳程不宜通过易燃、易爆和有毒介质。

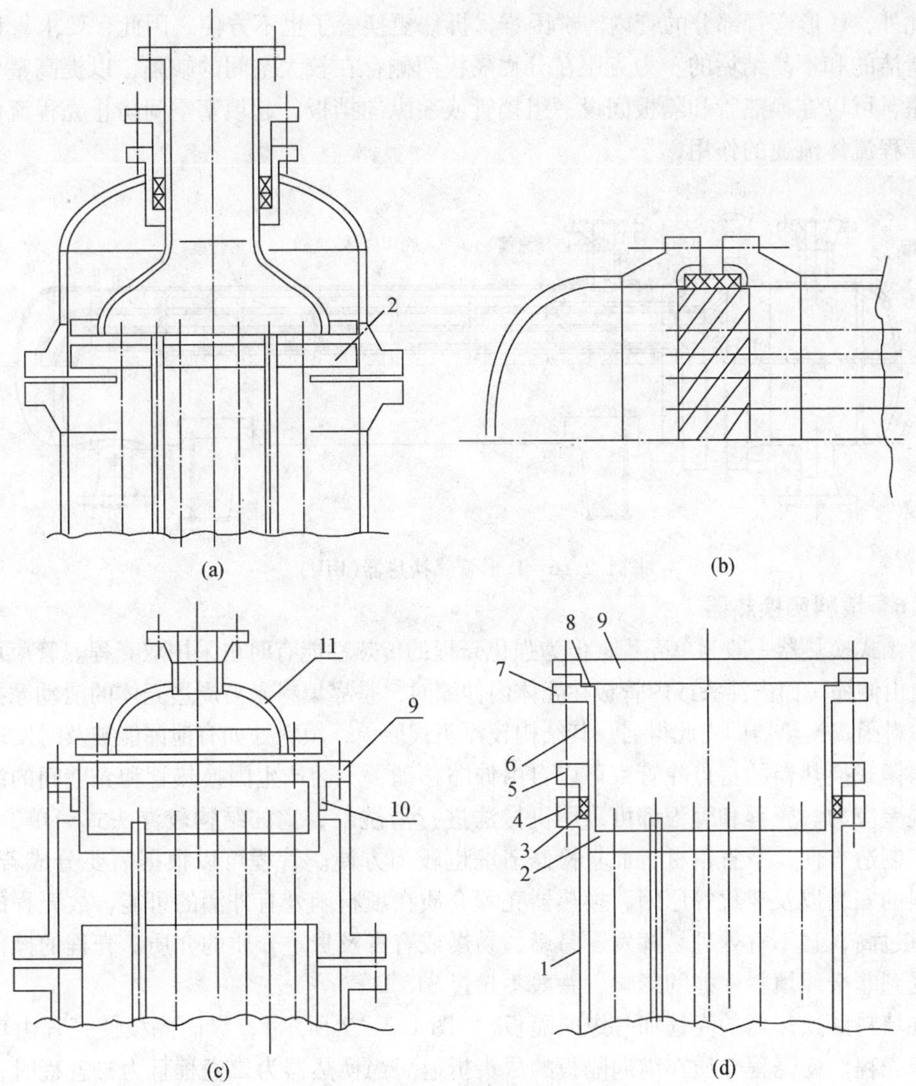

图 1.2－5　外浮头结构示意图

1—壳体；2—浮动管板；3—填料；4—填料函；5—填料压盖；6—浮动管板裙；7—活套靠背法兰；8—剖分剪切环；9—浮头法兰盖板；10—填料；11—封头

1.2.5　U 形管式换热器

U 形管式换热器的换热管呈“U”形。因此，U 形换热管两端是装在同一块管板上的，其管束的热膨胀均由 U 形弯管部分的变形来吸收，不受壳体的约束，还可抽出进行清洗。结构较为简单，因而造价比浮头式换热器要低。但是换热管管内用机械法清洗十分困难，尤其是 U 形弯管区。故工艺设计时一般让较清洁的介质走管程侧。

此种换热器是将换热管弯成 U 形。管子两端固定在同一管板上，与浮头式换热器相比省去了浮头，但管束仍然可以自由伸缩，管束与壳体间不会有温差应力产生。图 1.2－6 是 U 形管式换热器的结构示意图。此换热器的特点是结构简单，节省材料。但对靠中心的管子进行小半径 U 形弯曲加工困难，制造时易发生较大变形而使椭圆度超标和管壁减薄量超标，这不仅影响介质流动，而且使换热管的承压能力下降。同时，由于受最小弯管半径的限制，使得分程隔板两侧的管间距增大，从而使管板上的实际开孔区域减少，管板材料的利用率降低。同时无换热管区域的流体阻力较有管区小，易造成壳程流体的偏流，影响换热器的传热效率。此外，U 形弯管部分的管内清洗困难，拆修更换管子也不方便。因此，要求管程流体必须是清洁的和不易结垢的。为克服在分程隔板两侧存在较大空间的缺陷，以提高整个换热器的效率，可以在换热管和隔板间设一组挡管或一纵向挡板，起填塞空间防止壳程流体短路和增加壳程流体流速的作用。

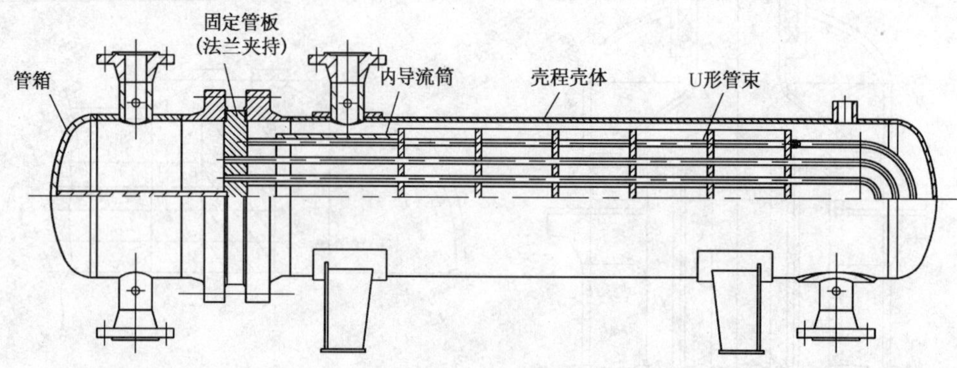

图 1.2-6　U 形管式换热器(BIU)

1.2.6　填料函换热器

填料函式换热器一般为单壳程，但为强化壳程的传热性能有时也采用双壳程。管束可以在壳体内自由伸缩。而内浮头或内管板在壳体内伸缩时，是靠填料函与周边壳体的滑动摩擦来密封的。填料函式换热器即由此得名。其结构较浮头式简单，填料处如有泄漏能被及时发现。

填料函式换热器的特点除管束可以自由伸缩移动，不会产生因换热管和壳壁间的温差而引起的温差应力。壳程和管程都可采用机械法进行清洗外，它的结构较浮头式简单，因此，不仅加工制造方便，节省钢材，而且检修清洗也较为方便。管程可以根据需要分成若干程。由于填料的安装以及老化等原因，换热器壳程介质在填料函处有外漏的可能，故壳程的操作压力不宜过高，且不宜处理易挥发、易燃、易爆或有毒及贵重介质的介质。壳程的操作温度也相应受到非金属填料性能的影响，一般不超过 315℃。

若在填料函换热器的壳程加一纵向隔板(如图 1.2-7 所示)，纵向隔板使壳程由单壳程变成了双壳程。使壳程介质在纵向隔板的尽头折返。当换热器为二壳程且为二管程时，可以通过设置相对的管、壳程介质流向，使该换热器中的壳程流体始终与管程流体的流向相反，实现纯逆流传热，提高传热效率。这就是在后面要讲到的双壳程换热器。

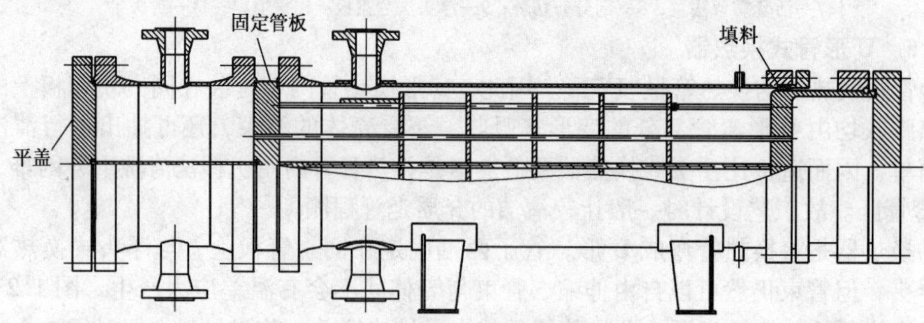

图 1.2-7　填料函双壳程换热器(AFP)

1.2.7　填料函分流式换热器

如图 1.2-8 所示，壳程开口为一个进口两个出口，壳程流体靠自然分流流至两个出口，故称之为分流式换热器。此类换热器的特点是管束可以自由伸缩，不会产生因壳壁与管壁温差而引起的温差应力。由图可见，此种换热器的壳程和管程都可采用机械法进行清洗。结构较浮头式简单，造价也比浮头式换热器低。加工制造方便，节省钢材。与浮头式比较，由于去掉了小浮头，因此也减少了内漏机会，即使填料函处有泄漏也能及时发现，而且检修清洗方便。管程可以根据需要分成若干程数。

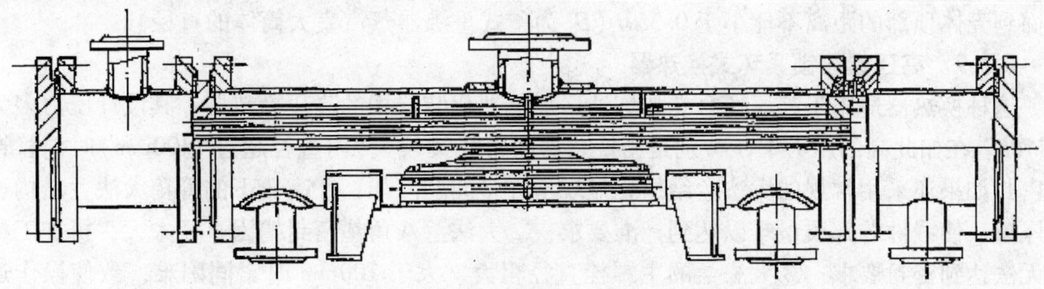

图 1.2－8　填料函分流式换热器(AJW)

但是此类换热器的壳程由于填料老化失效存在外漏介质的可能，故壳程压力不宜过高，且不宜处理易挥发、易燃、易爆、有毒及贵重介质。使用温度受到填料性能的影响，一般不超过 315℃。

1.2.8　釜式重沸器

釜式重沸器与其他形式管壳式换热器的主要区别在于它的壳体上部设有蒸发空间。该蒸发空间兼有蒸汽室的作用。蒸发空间的大小由蒸汽的性质决定，一般取蒸汽室的直径为管箱直径的 1.5～2 倍。液面高度通常比最上部的换热管至少高 50mm。因其结构简单，在废热锅炉中使用广泛。管束可以是固定管板式，U 形管式或浮头式。对较脏的、压力较高的介质均能适用，如图 1.2－9 所示。釜式重沸器俗称“大肚子重沸器”，系带有蒸发空间的加热器。釜式重沸器常被用作石油产品的蒸发器，如精馏塔底残油蒸发器，或作为液体产品的加热器。

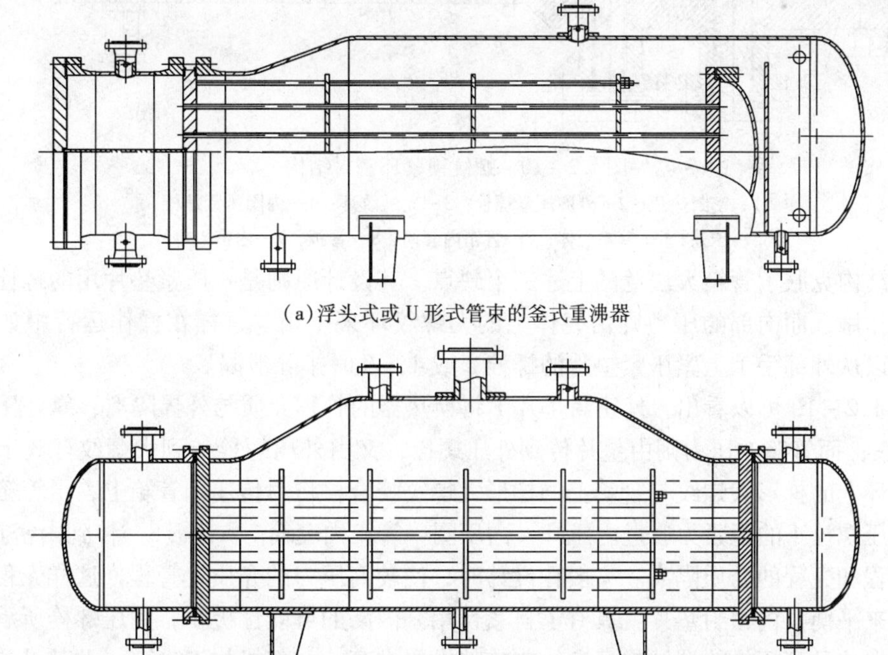

(a)浮头式或 U 形式管束的釜式重沸器

(b)固定式管束釜式重沸器

图 1.2－9　釜式重沸器

釜式重沸器的管束实际上和浮头式换热器的管束在结构上是相同的，它搁置在固定于大肚子壳体下部的两根轨道上，管束可沿轨道拖出或插入。为插入方便，一般应在隔板和封头的相应位置，设置牵引孔。

为了保证重沸器的正常操作，必须保证壳程液体介质有足够的蒸发空间。为此，从液体表面到壳体顶部的距离不能小于0.35D_i（D_i 为釜式重沸器蒸汽室大筒体的直径）。

1.2.9 高压螺纹锁紧环式换热器

这种换热器适用于高压场合。如炼油厂加氢裂化装置用的高压换热器，其设计压力多为18MPa。在如此高的压力下，特别是当换热器的直径又较大（内直径超过1400mm）时，管箱的密封如果还采用常规的大法兰结构就显现出许多问题。如：①高压下的管箱大法兰结构过于厚重，使锻件芯部质量难以达到标准要求；②大法兰八角垫密封槽因直径太大，机加工精度无法达到密封要求；③大法兰的主螺栓直径粗大，大于100mm时紧固困难，致使操作过程中易发生泄漏，且又难于用人工或机械的方法紧固。为解决这些问题，国外最先设计了这种螺纹锁紧环密封结构的换热器，其密封结构如图1.2－10所示。

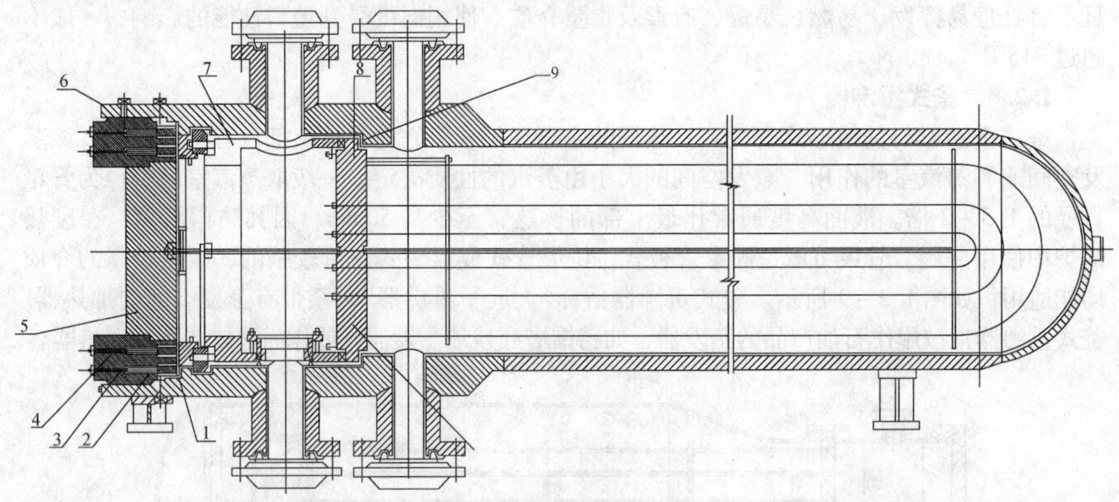

图1.2－10 螺纹锁紧环密封结构

1—密封垫片；2—外圈压紧螺栓；3—大螺纹环；4—内圈压紧螺栓；
5—压盖；6—管箱壳体；7—管箱内套筒；8—管板；9—内密封垫片

这种结构克服了管箱大法兰的上述三个缺点。其设计原则是：压紧垫片用的螺栓只起压紧垫片的作用，而内部的压力则由壳体上的大螺纹环来平衡。这样在操作运行中如存在微漏，就可以从外部手工上紧压紧垫片的螺栓2或4，及时排除泄漏。

由图1.2－10可以看出，外密封垫片1将换热器的管程介质与外界隔离，靠外压紧螺栓2来压紧它；而管箱的压力则由垫片传到外压螺栓，又由外压螺栓传到大螺纹环3上，然后靠大螺纹环上的梯形大螺纹与管箱上的梯形大螺纹咬合再将力传递到管箱上，由管箱圆筒来承担。内压螺栓4的压紧力通过内压杆→内压圈→管箱内套筒7→管板8→传到内密封垫片9上，使管程和壳程的介质隔离。一般在设计时，使较高压力的介质走管程，这样壳程的压力就由管程来平衡，内密封垫片就具有了自紧作用。内漏的可能性极小，内压螺栓所承担的力也很小。但这种高压换热器结构复杂，制造技术要求高，内部机加工件多，尤其是加工梯形大螺纹更是高难技术。国外也仅有几家制造厂具有制造经验。国内已有三至四家制造厂开始研制这种高压螺纹锁紧环式换热器，并取得了很多经验。

1.3　其他型式换热器的结构特点

1.3.1　板框式换热器(plate heat exchanger)

1878年德国人发明了板片式换热器，现在通称为板框式换热器。经过了50余年的发展，至20世纪30年代，由薄金属板压制的板片组装而成的板框式换热器问世，并应用于工业中，显示出了非常优异的传热性能，从此就迅速地得到了广泛的推广应用，成为紧凑、高效的换热设备之一。典型的板式换热器结构如图1.3－1所示。

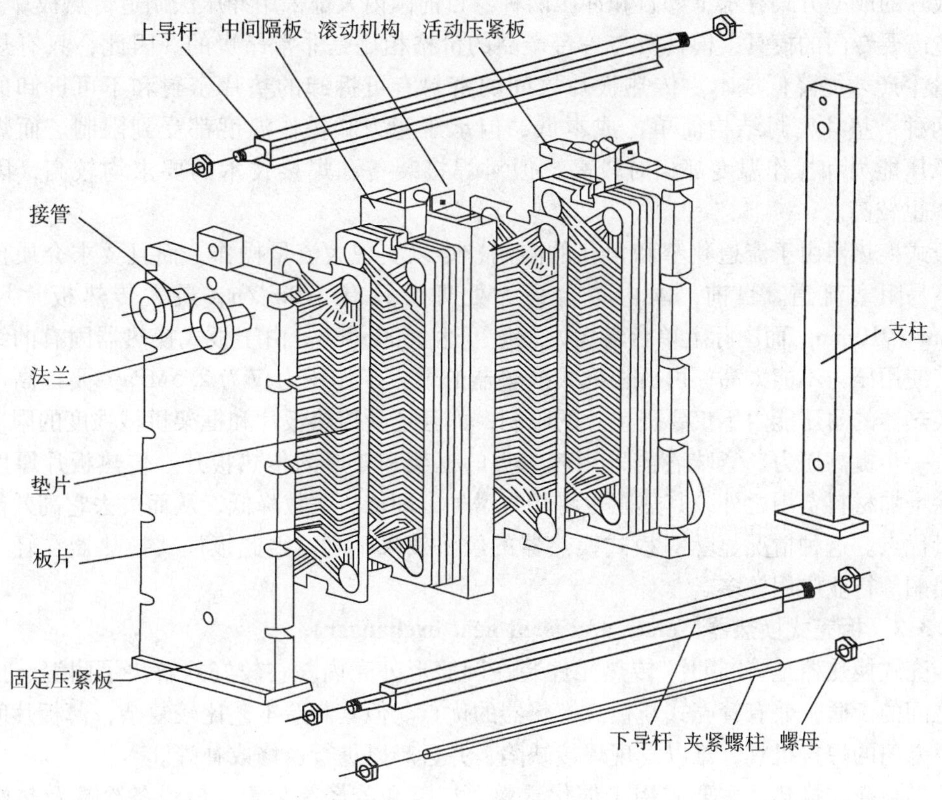

图1.3－1　板式换热器

板框式换热器的基本换热元件是板厚为0.2～0.8mm厚的传热板片。同一传热板片的两侧分别通过冷热两种介质。由于传热板片表面的特殊波纹结构，使介质在低流速情况下仍能发生强烈湍动，从而大大强化传热过程。板式换热器的基本结构是将压制成凹凸波纹形的传热板片重迭放置，通过增减传热板的数量来调节换热面积。传热板片之间的连接方式有两种形式：活动式和固定式。采用活动式连接时，传热板片之间相接触处用橡胶板或合成树脂作密封垫片，其最高使用压力约2.5MPa，最高使用温度约250℃。活动式连接的优点在于：传热板片完全能够拆卸清洗，维修容易。其二是固定式。采用固定式连接时，传热板片之间用焊接结构代替橡胶板或合成树脂垫片密封，克服了因垫片材料本身的性能而使板式换热器受温度、压力的限制。板式换热器具有体积小、设备紧凑、传热效能高、金属耗量少的优点。但由于板片间流道狭窄和角孔的限制难以实现大流量操作。此外，板片制造需要专用模具，价格比较昂贵。因此，只有规模化大批量生产才能降低成本。目前国外生产的混合焊接板片换热器，其操作压力从真空到6MPa，操作温度为200～900℃，单台换热面积为3～6000m^2或更大。

板框式换热器的基本换热元件是传热板片(多为不锈钢)。传热板片被压制成各种不同形式的流道，如：人字形流道、网状流道和鱼鳞形流道等等。传热板片之间设有密封垫片，同一传热板片的两侧分别通过两种介质，将许多这种传热板片用螺栓连接在一起，安装在一个框架上，就组成了板式换热器。由于传热板片表面的特殊结构，即使介质在低流速下也能发生强烈湍动，从而大大强化传热。水－水传热系数可达5000～8000W/(m^2·℃)。板式换热器的制造难度有两点：一是传热板片的成型工艺，二是传热板片与板片之间的密封技术。传热板片的成型方式有水下爆破和冲压两种。目前国内大都采用冲压法制造传热板片。冲压法制造需要专门的模具，模具费与一台产品的价格相比是非常昂贵的。因此，只有规模化大批量生产才能降低成本。传热板片之间的密封有可拆卸的垫片密封和不可拆卸的焊接密封两种。垫片密封结构简单，成本低，但承压能力和操作温度都受到限制。而焊接密封的承压能力和操作温度都相对较高。但对焊接装备和焊接技术的要求均较高，因而制造成本也较高。

板式换热器由于流道狭窄和角孔的限制，难以实现大流量操作，而且要求介质比较清洁，不易阻塞流道。目前，国内单台最大处理量只有570m^3/h，最大传热板片尺寸为2130mm×910mm。而国际上单台最大处理量可达3600m^3/h。由于板式换热器固有的结构特点，其使用压力不能太高，可拆板框式换热器的最大工作压力仅为2.5MPa。要提高可拆板框式换热器的耐压能力不仅要受垫片的限制，而且还受传热板片和框架机械强度的限制。因为要进一步提高压力，意味着需采用较笨重的框架和较厚的传热板片。传热板片厚度的增加，除增加材料费用之外，其热阻也将相应增加，即传热系数降低，从而失去它高效能传热的可贵优点。这种情况显然对板式换热器的经济效果不利。因此板框式换热器在轻工、食品、船舶等行业应用较多。

1.3.2 板壳式换热器(plate and shell heat exchanger)

板壳式换热器是将“板片”传热元件装在圆筒形外壳内。它较好地解决了耐温、抗压与高效之间的矛盾，兼有管壳式与板式换热器的优点。但其制造工艺比较复杂，薄板片间的焊接需要专门的焊接机具，难以发现焊接缺陷，并且难以进行返修或补焊。

大型板壳式换热器主要应用于催化重整、加氢和芳烃等装置，该设备冷端及热端温差小，回收热量大，阻力降低。与管壳式换热器相比体积小、重量轻，可大大节约设备安装空间及安装成本。

国外，1982年Packinox公司首先在法国一家炼油厂催化重整装置增容改造中用作混合进料/反应流出物(F/E)换热。同期，Ziemann－Secathen公司也开始生产单壳单板束大型焊接板式换热器，用于低压催化重整(LPCCR)装置。两公司大型焊接板式换热器产品结构和制造工艺基本相同，它们代表了国外大型板壳式换热器的最高水平，目前最大换热面积15000m^2。20世纪90年代末期，Packinox公司将这一技术进一步推广应用到加氢装置。

国内已有部分厂家开始研制板壳式换热器，其中兰州石油机械研究所代表了国内技术水平。该所1965年研制出了我国第一台板式换热器，1980年开发BF01板式蒸发器，1990年开始研制重整进出料换热的板壳式换热器。至今研发的板壳式换热器在连续重整和异构化装置中已推广应用。板壳式换热器具有传热系数高，压力降小，传热面积大，结构紧凑，体积小等优点。板壳式换热器的缺点是制造工艺比较复杂，板片之间的焊接要求高，且板束所能够承担的压力差仅1.0MPa(板束内压高于壳程压力)。

板壳式换热器的结构如图1.3-2所示。主要由板束和壳体两部分组成。板束是由若干组两两相焊的基本元件组成，每一组元件为模压、爆炸或冲压成波浪形的金属板片(一般是不锈钢)，成双组对拼缝焊接而成。为维持一定的板间距，国外板束两端镶进金属条并与板束焊接在一起形成管板，而板束中间则靠板束元件上的凸缘来保持板间距。板束与壳体之间的纵向膨胀差通过滑动密封或膨胀节来补偿。目前国产板壳式换热器的最高压力可达4.0MPa，最高设计温度可达540℃，单台热负荷达99.7MW，最大传热面积已达到10500m^2。

以中石化某厂连续重整装置的板壳式换热器为例，举例说明目前国内大型板壳式换热器的设计参数，详见表1.3-1。

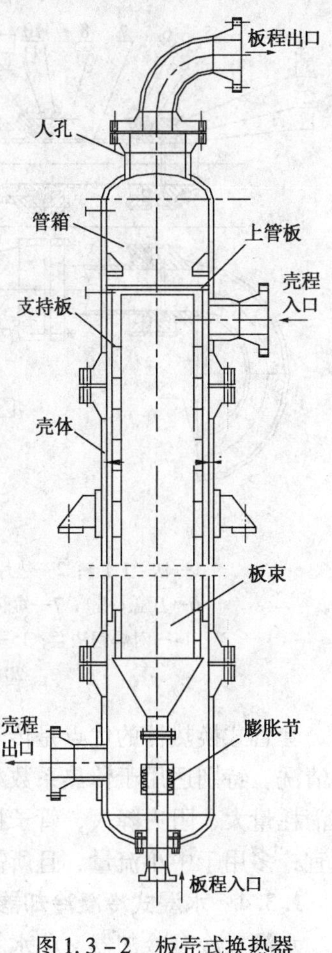

图1.3-2　板壳式换热器

表1.3-1　国内大型板壳式换热器的设计参数

换热面积	9200	m^2
传热板片宽度	2000	mm
设计压力(板程/壳程)	0.95/0.6	MPa
设计压降(板程/壳程)	35/66.4	kPa
板程设计温度(热端/冷端)	505/288	℃
壳程设计温度(热端/冷端)	555/288	℃
热流温度	490.8/96.3	℃(进/出口)
冷流温度	88.3(油)、106.1(氢)/462	℃(进/出口)
冷流流量	236063	kg/h
热流流量	236063	kg/h
热负荷	93.52	MW

1.3.3　套管式换热器(hairpin heat exchanger)

套管式换热器系将传热管以同心圆状插入外管中，即内外管套在一起。传热管内介质与内外管环状空间内的介质以全逆流方式进行热交换。

其结构如图1.3-3所示。由图可以看出，它是将两根不同直径的管子套在一起组合成同心的套管，其内管由U形弯头串联。每一直段套管称为一管程，图中表示的是两管程的套管换热器。它的程数可以按传热面积的大小而随意增减，一般都是上下重叠排列固定于管架上。传热面积若需增大，则可将数排并列，每排再与总管相连。同心套管可以用焊接的方法或其他的方式进行连接。在使用时，不论加热或冷却，一般均使热流体由上部进入管内，由下部排出。冷流体则由下往上流动，并使冷热两种流体呈逆流流动。当流体的流率较小时，为了能保证一定的流速以获得较好的传热效果，可优先选用套管式换热器。

套管式换热器每程的长度一般取4~6m。若管子过长，无支撑的管子中部就会因重力而向下弯曲，造成流体在套管环隙内流动不均匀，影响传热效果。内管直径一般取$\phi32$~$\phi89$mm，外管直径一般取$\phi57$~$\phi159$mm。

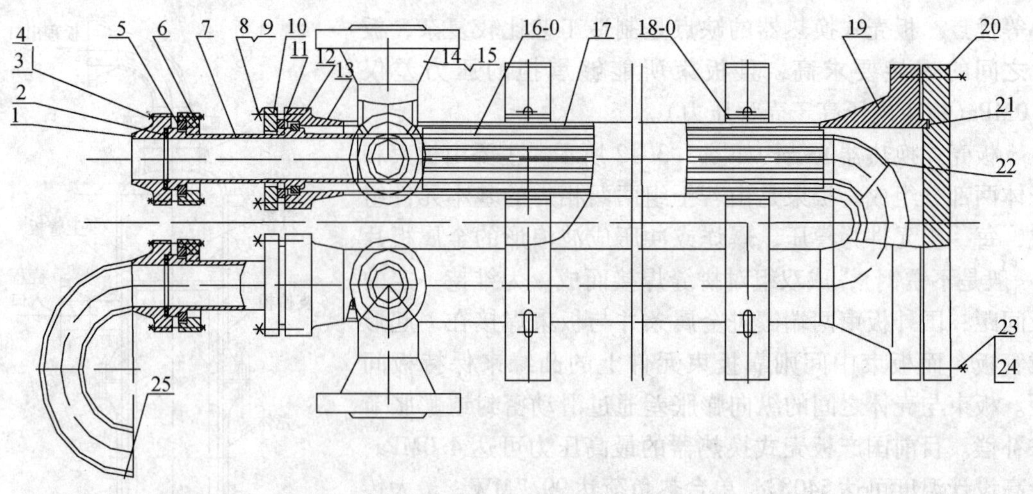

图 1.3-3 套管式换热器

1—法兰(Ⅰ)；2—垫片(Ⅰ)；3、8、24—螺母；4、9、23—双头螺柱；5—卡环(Ⅰ)；6—压盖(Ⅰ)；7—短管；10—压盖(Ⅱ)；11—垫环；12—卡环(Ⅱ)；13—法兰(Ⅱ)；14—对焊钢法兰；15—接管；16—内管；17—外管；18—支架；19—管箱(回弯头)；20—管箱盖；21—垫片(Ⅱ)；22—U 形连接管

套管式换热器的优点是传热效果好，结构简单，制造容易，管内不易堵塞，且便于拆卸和清洗。特别适用于传热系数小的流体在内外管间环隙中的传热。缺点是单位传热面积的金属消耗量大，阻力降大，管子接头多而易漏，所以环隙中的流体以水等无害介质或低压介质为宜，多用于中小流量，且所需传热面积不大的情况。

1.3.4 水浸式冷凝冷却器

水浸式冷凝冷却器又称水箱式冷却器。它是由管束和水箱两大部分组成。管束沉浸在盛有流动冷水的水箱内，当热流流经管束时，热量被管外流动的冷水带走而使温度降低。水浸式冷凝冷却器的优点是在短期停电断水时，留在箱内的水仍能维持冷却作用一段时间。其结构简单，造价低，制造、安装、清洗和检修方便；缺点是单位传热面积的金属消耗量大，占用空间大，传热系数低，并易对空气和水造成污染。水浸式冷凝冷却器用作冷凝蒸汽或冷却产品，以便使其能装入产品储罐或进入下游装置。如图 1.3-4 所示。由于冷却管可使用厚壁、便宜的铸铁管，即使采用含盐冷却水时，也可保证管子有较长的使用寿命。缺点是回收的热量一般均不能再利用。为了保护环境，需要时可在水箱上部加活动盖板。此外，由于水箱内冷却水的流速一般较小，致使总的传热系数较低，一般不会超过 175～232W/(m^2·K)。

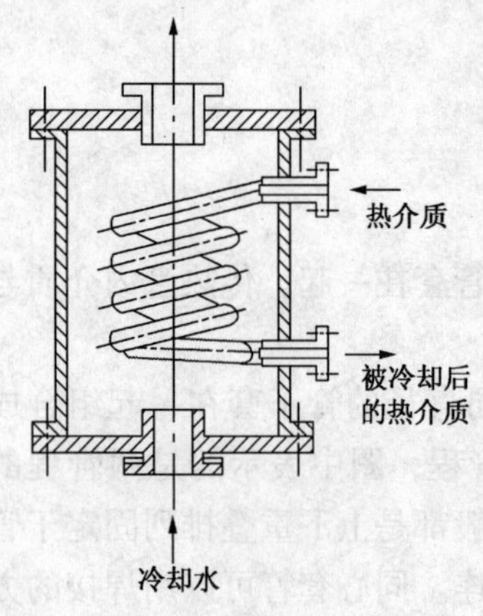

图 1.3-4 水浸式冷凝冷却器

1.3.5 螺旋板式换热器(spiral heat exchanger)

1）结构形式

它是由两张平行的钢板在专门的卷板机上卷制成一对同心的螺旋通道，再加上顶盖和接管制成。两种流体分别在两个螺旋通道内逆向流动。一种流体由中心螺旋流到周边，另一种流体由外圆周螺旋流动到中心。螺旋板式换热器的设计、制造、检验以及验收均应符合

JB/T 4751《螺旋板式换热器》的规定。其结构见图 1.3－5。

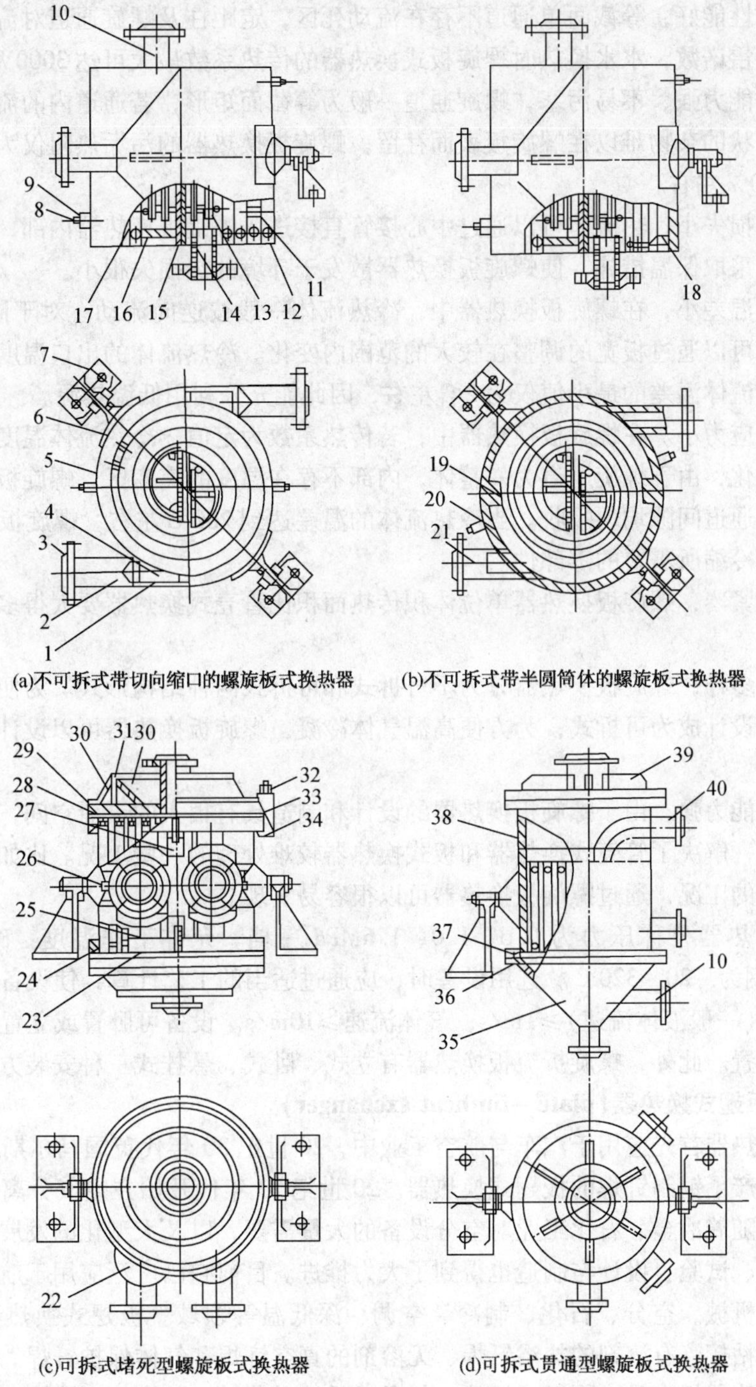

图 1.3－5　螺旋板式换热器

1—切向缩口；2—方圆接管；3—接管法兰；4—支持板；5—外圈板；6—垫板；7—回转支座；8—六角螺塞；9—螺纹凸缘；10—接管；11—定距柱；12—圆钢；13—支撑环；14—开孔半圆端板；15—中心隔板；16—半圆端板；17—螺旋板；18—堵板；19—连接板；20—半圆筒体；21—切向接管；22—半圆箱体；23—垫片；24—窄边法兰；25—封板；26—拉筋；27—吊耳；28—平盖；29—卡环；30—加强锥体；31—加强圈；32—螺母；33—上卡；34—下卡；35—锥形封头；36—双头螺柱；37—壳体法兰；38—壳体短节；39—筋板；40—弯管

2）螺旋板换热器结构性能特点

（1）传热性能好，等截面单通道不存在流动死区，定距柱及螺旋通道对流动的扰动降低了流体的临界雷诺数，水水换热时螺旋板式换热器的传热系数最大可达3000W/(m^2·K)

（2）自洁能力强、不易污塞，螺旋通道一般为等截面矩形，若通道内的流体速度设计合理，则非纤维状的杂物难以在螺旋板表面存留。螺旋板换热器的污垢热阻仅为管壳式换热器污垢热阻的70%左右。

（3）散热损失小，热流体可以通过中心接管直接进入螺旋板换热器内部，并且两侧螺旋通道端面易于采取保温措施，使螺旋板换热器散发于环境的热损失很小。

（4）传热温差小，在螺旋板换热器中，冷热流体一般按逆向流动。对于同一换热面积，螺旋板的长度可以通过板宽的调整在较大的范围内变化。冷热流体的出口温度能够精确地人为控制，冷热流体温差的最小值仅为2℃左右，因此能充分利用低温热源。

（5）温差应力小。在螺旋板换热器中，若传热系数为定值，冷热流体温度延螺旋板板长方向呈线性变化，由于螺旋通道为一整体，内部不存在温度的突变区，螺旋板的热胀冷缩量就被螺旋体的通道间隙均匀吸收。当冷热流体的温差达到200℃左右，螺旋板换热器仍然不需要设置热胀冷缩所需要的零部件。

（6）结构紧凑，螺旋板换热器单位体积传热面积比管壳式换热器要大得多，因此，具有较高的实用性。

（7）形式多样，螺旋板换热器分为不可拆式和可拆式两种结构形式。为便于检修，螺旋板换热器可以设计成为可拆式；为方便高温气体冷凝，螺旋板换热器可以设计成为可拆式流体错流形式。

（8）适应能力强，由于螺旋板换热器的设计和制造具有很大的灵活空间，因此可满足许多工况的需求，解决了管壳式换热器和板式换热器较难处理的一些工况。比如高温差两种介质流量差巨大的工况，通过螺旋板换热器可以很容易实现。

螺旋板换热器公称压力为0.6、1.0、1.6MPa三档。允许工作温度：碳钢为-20~250℃，不锈钢为-20~320℃。选用设备时，应通过适当的工艺计算，使设备通道内的流体达到湍流状态（一般液体流速）≥1m/s；气体流速≥10m/s。设备可卧置或立置，但用于蒸汽冷凝时只能立置。此外，螺旋折流板换热器有立式、卧式、悬挂式三种安装方式。

1.3.6 板翅式换热器（plate-fin heat exchanger）

板翅式换热器首先应用于汽车与航空工业中，20世纪30年代英国马尔斯顿·艾克歇尔瑟公司首先生产了铜制钎焊的板翅式换热器。20世纪50年代开始在空气分离设备中应用板翅式换热器，随着冶金、石化工业对空分设备的大量需要，以及大型化的发展趋势，板翅式换热器的研究、试验、设计与制造也得到了大力推进。目前它已广泛应用于航空、汽车、内燃机车、工程机械、空分、石化、制冷、空调、深低温等领域。板翅式换热器的制造工艺有：非焊接的粘接、有溶剂的盐浴钎焊、无溶剂的真空钎焊和气体保护钎焊。

板翅式换热器板束是由隔板、翅片、封条、导流片组成，在相邻两隔板之间放置翅片、导流片及封条组成一夹层，称为通道，将这样的夹层根据流体的不同方式叠置起来，连接（钎焊）成一整体组成板束（见图1.3-6），配以必要的封头、接管、支撑件等就组成了板翅式换热器。

在空分行业中由于大量使用铝制板翅式换热器，因而促进了其制造技术的发展。20世纪70年代初，杭州某厂通过技术攻关、完善工艺设备等方式，掌握了翅片成形、钎焊、无损检测等关键技术，研制出了30万t/a乙烯冷箱。通过引进大型真空钎焊炉及其技术，90年代末，国产板翅式换热器已应用于5MPa以上的高压产品及乙烯冷箱中，单位体积传热面积已高达$2200m^2/m^3$。

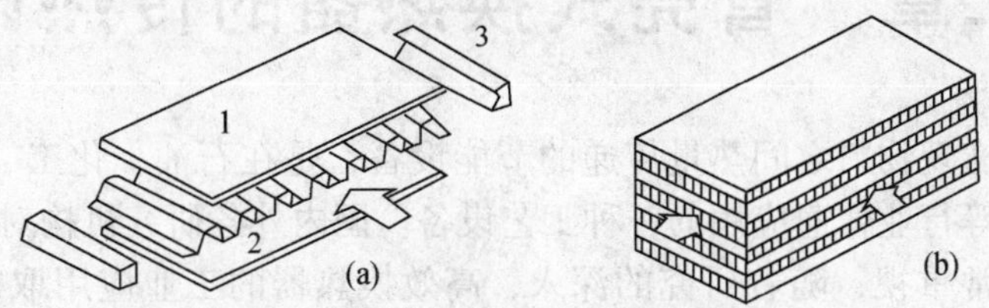

图1.3-6　板翅式换热器

1—隔板；2—翅片；3—封条

1.3.7　夹套式换热器(Jacket heat exchanger)

夹套式换热器是间壁式换热器的其中一种。夹套式换热器的夹套安装在容器筒体的外部，如图1.3-7所示，通常用钢板制成，焊接在器壁上或用螺栓固定在容器的法兰盘上。夹套和器壁之间的密闭空间，为载热体提供通道。

当夹套内的载热(冷)体为流体时，为了提高流体流速，可在内筒的外壁上，焊接螺旋导流板，如图1.3-8所示，既改善传热效果，又增加内筒刚性。图1.3-7所示为半圆形管制夹套，半圆形管用钢板压制成型，焊接在筒体外侧壁上，构成流体通道。常用于压力较高(2.5~4.0MPa)的场合。由于流体流动截面大大减小而提高流速，改善了传热效果，夹套式换热器常用于反应釜的加热与冷却，也有在储罐外壁作为保温用途。

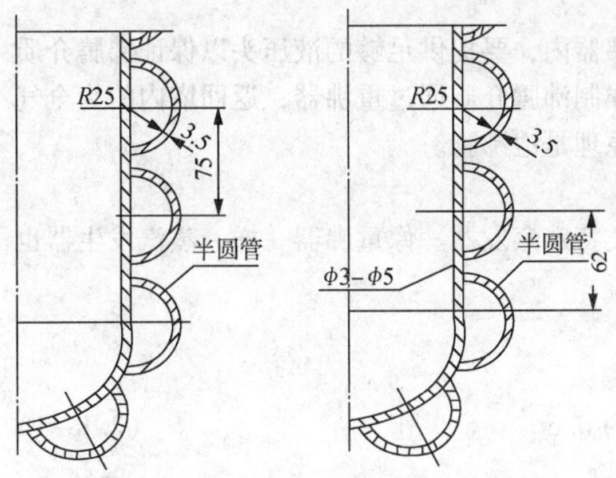

图1.3-7　加套式换热器

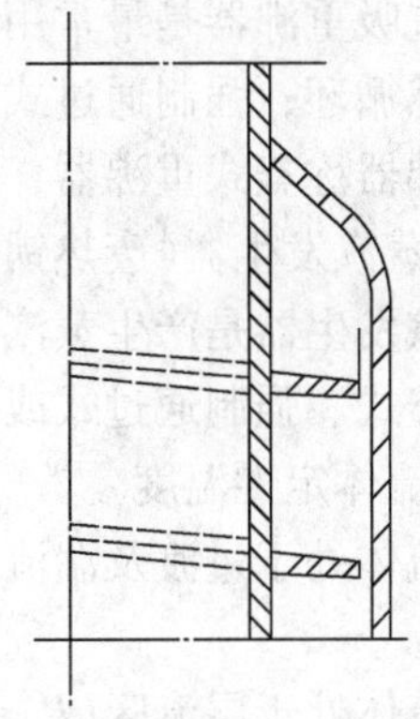

图1.3-8　带焊接螺旋导流板的夹套

第二章　管壳式换热器的传热计算

换热器是一种实现物料之间热量传递的节能设备，是在石油、化工、石油化工、冶金、电力、轻工、食品等行业普遍应用的一种工艺设备。国内外各研究机构对传热理论及高效换热器的研究一直非常重视，随着研究的深入，高效换热器的工业应用取得了令人瞩目的成果，如板翅式换热器、大型板壳式换热器和强化沸腾的表面多孔管、T形翅片管、强化冷凝的螺纹管、锯齿管等都收到了显著的经济效益。

在各种结构中，应用最广泛的还是管壳式换热器，本章只介绍目前应用广泛的几种结构。

2.1　术　语

1）换热器

任何用于改变物流焓值的无火换热设备均可称为换热器。

2）重沸器

重沸器用于给分馏塔底提供汽化潜热。一般有两类重沸器，一类是送气、液两相介质入塔，另一类是全气相入塔。

热虹吸重沸器是最常用的类型。热虹吸重沸器内，要提供足够的液压头以保证沸腾介质能够自然循环；强制通过式重沸器需要用泵来强制沸腾介质通过重沸器；返回塔内的为全气相的重沸器称釜式重沸器，釜式重沸器的沸腾原理是池沸腾。

3）蒸汽发生器(废热锅炉)

蒸汽发生器是产生蒸汽作为蒸发产品的一类特殊蒸发器。像重沸器一样，蒸汽发生器也可以是釜式、强制通过式或热虹吸式。

4）流体定性温度

当流体处于过渡及湍流区($Re>2100$ 时)：

$$t_D = 0.4t_h + 0.6t_c \tag{2.1-1}$$

当流体处于层流区($Re \leqslant 2100$ 时)：

$$t_D = 0.5(t_h + t_c) \tag{2.1-2}$$

式中　t_D——流体定性温度,℃；

t_h——热端流体温度,℃；

t_c——冷端流体温度,℃。

5）管子的当量直径 d_e

定义为4倍管际空间的面积除以管子的润湿周边。

单弓形折流板，有：

当管子呈正方形排列时：

$$d_e = \frac{4\left(p_t^2 - \frac{\pi}{4}d_o^2\right)}{\pi d_o} \tag{2.1-3}$$

当管子呈正三角形排列时：

$$d_e = \frac{4\left(\frac{\sqrt{3}}{4}p_t^2 - \frac{\pi}{8}d_o^2\right)}{\frac{1}{2}\pi d_o} \tag{2.1-4}$$

折流杆换热器，则有：

壳程流通面积 S_o：

$$S_o = \frac{\pi}{4}(D_s^2 - n_t d_o^2) \tag{2.1-5}$$

折流圈的流通面积 S_b：

$$S_b = S_o - \frac{\pi}{4}(D_{bo}^2 - D_{bi}^2) - \sum (l_b d_r') \tag{2.1-6}$$

计算压力降的当量直径 d_p：

$$d_p = \frac{D_s^2 - n_t d_o^2}{D_s + n_t d_o} \tag{2.1-7}$$

计算传热的当量管径，采用单弓性折流板当量直径的计算方法。

6）努塞尔特准数 Nu

表示对流传热系数的准数。

$$Nu = h \cdot l/\lambda \tag{2.1-8}$$

7）雷诺准数 Re

确定流动状态的准数。

$$Re = l \cdot G/\mu \tag{2.1-9}$$

8）普兰特准数 Pr

表示物性影响的准数。

$$Pr = C_p \cdot \mu/\lambda \tag{2.1-10}$$

9）格拉斯霍夫准数 Gr

表示自然对流影响的准数。

$$Gr = (d_i^3 \cdot \rho^2 \cdot g \cdot \beta \cdot \Delta t)/(3.6\mu)^2 \tag{2.1-11}$$

10）对数平均温差 Δt_m

纯逆流或并流时：

$$\Delta t_m = \frac{(T_1 - t_2) - (T_2 - t_1)}{\ln\frac{T_1 - t_2}{T_2 - t_1}} \tag{2.1-12}$$

错流和折流时：

$$\Delta t_m = \frac{(T_1 - t_2) - (T_2 - t_1)}{\ln\frac{T_1 - t_2}{T_2 - t_1}} \cdot \varphi_m \tag{2.1-13}$$

令 $P = \frac{\text{冷流体的温升}}{\text{两流体的最初温度差}} = \frac{t_2 - t_1}{T_1 - t_1}$，$R = \frac{\text{热流体的温降}}{\text{冷流体的温升}} = \frac{T_1 - T_2}{t_2 - t_1}$

当 $|R-1| \leqslant 10^{-3}$ 时，

$$P_n = \frac{P}{N_s - N_s \cdot P + P} \tag{2.1-14}$$

$$\varphi_m = \frac{\sqrt{2}P_n/(1-P_n)}{\ln\left[\frac{2/P_n - 1 - R + \sqrt{R^2+1}}{2/P_n - 1 - R - \sqrt{R^2+1}}\right]} \tag{2.1-15}$$

当$|R-1|>10^{-3}$时，

$$P_n = \frac{1-\left(\frac{1-P\cdot R}{1-P}\right)^{1/N_s}}{R-\left(\frac{1-P\cdot R}{1-P}\right)^{1/N_s}} \tag{2.1-16}$$

$$\varphi_m = \frac{\frac{\sqrt{R^2+1}}{R-1}\ln\left(\frac{1-P_n}{1-P_n\cdot R}\right)}{\ln\left[\frac{2/P_n - 1 - R + \sqrt{R^2+1}}{2/P_n - 1 - R - \sqrt{R^2+1}}\right]} \tag{2.1-17}$$

11）总传热系数

表示一台换热器的传热能力，在数值上等于单位传热面积、单位温度差下的传热速率，即：各项热阻和的倒数。

光管换热器：

$$\frac{1}{K} = \frac{1}{h_o} + r_o + \frac{d_o}{d_m}\cdot\frac{t_s}{\lambda_w} + r_i\cdot\frac{d_o}{d_i} + \frac{1}{h_i}\cdot\frac{d_o}{d_i} \tag{2.1-18}$$

翅片管换热器：

$$\frac{1}{K} = \frac{1}{h_o} + r_o + r_f + \frac{A_o}{A_m}\cdot\frac{t_s}{\lambda_w} + r_i\cdot\frac{A_o}{A_i} + \frac{1}{h_i}\cdot\frac{A_o}{A_i} \tag{2.1-19}$$

翅片热阻：

$$r_f = \left(\frac{1}{h_o} + r_o\right)\frac{1-E_f}{E_f + A_r/A_f} \tag{2.1-20}$$

$$A_o = A_r + A_f \tag{2.1-21}$$

式中 A_i、A_o——单位管长内管的内、外表面积，m^2/m；

A_f——单位长度的翅片表面积，m^2/m；

A_r——单位长度无翅片部分的内管外表面积，m^2/m；

A_m——单位管长内管的平均面积，$A_m = \pi\cdot d_m = \pi\cdot\frac{d_o - d_i}{\ln\frac{d_o}{d_i}}$，$m^2/m$；

C_p——介质的比热容，$J/(kg\cdot K)$；

d_i、d_o——传热管内径、外径，m；

d_r——翅根直径，m；

d'_r——折流杆直径，m；

D_s——壳径，m；

D_{bi}，D_{bo}——折流圈的内径和外径，m；

E_f——翅片效率；

h_i——管内流体膜传热系数，$W/(m^2\cdot K)$；

h_o——管外流体膜传热系数，$W/(m^2\cdot K)$；

K——总传热系数，W/(m^2·K)；

l_b——每个折流圈的折流杆长度，m/圈。

N_s——壳程数；

n_t——管子数；

P_t——管心距，m；

r_o——壳侧流体的污垢热阻，m^2·K/W；

r_i——管侧流体的污垢热阻，m^2·K/W；

r_f——翅片热阻，m^2·K/W；

Δt_m——对数平均温差,℃

T_1，T_2——热流体进、出口温度,℃；

t_1，t_2——冷流体进、出口温度,℃；

t_s——内管壁厚，m；

λ——介质的导热系数，W/(m·K)；

λ_w——管壁金属的导热系数，W/(m·K)。

12）垢阻

垢阻是考虑沉淀和传热材料表面腐蚀引起的附加热阻。热阻大小取决于介质类型、材料、温度条件、流动速度和清洗周期。

2.2　流体的流动状态

流体的流动状态与流体间的传热过程和流体在流经设备时的阻力降有密切的关系，因此，有必要首先了解流体所具有的一些流动状态。

流体在管道中流动时，大致可分为三种状态。一种是流体以管道轴线为中心呈现层流形态。即，如有一细管将有色水引入管中心，使之与其他流体一起沿着管道流动，这时，有色水形成一直线状的细流，而不会与其他流体混合，这种状态称为滞流或层流。第二种流动状态是，当有色水引入管道中心以后，很快与其他流体混合，使整个管道的流体呈同一颜色，这种流动状态称为湍流。第三种流动状态介于第一种和第二种之间，称为过渡流。

通过大量的实验可以证明，决定流体流动状态的因素有流体的流速 u，流体流经的管道直径 d_i，流体的密度 ρ 以及黏度 μ。将这四个参数组合成的一个复合数群可作为判定流体流动状态的一个准则。该复合数群称为雷诺准数，是一个无量纲数

$$Re = \frac{d_i u \rho}{\mu} \tag{2.2-1}$$

在理论上，一般认为，当 $Re \leqslant 2300$ 时，流动类型属于滞流；当 $Re \geqslant 4000$ 时，流动类型属于湍流；而当 $2300 < Re < 4000$ 时，流动类型属于过渡流。但在实际生产实践中，有许多因素会有利于湍流的形成，如管道的弯曲、流道截面尺寸的改变、轻微的振动等。因此，当 $Re \geqslant 3000$ 时，在实践中即可认为流动状态已达到湍流。

流体的流动状态将对流体的传热和流动阻力性能等过程操作产生很大的影响。这是因为流动状态实际上反映了流体在流动时，流体内部质点的碰撞和混合程度。湍动程度越厉害，质点之间的碰撞也越厉害，使得质点间的能量传递越充分。同时，湍动时存在的质点间的内

摩擦使得流动阻力增大。

即使管内流体的流动处在湍流状态，在靠近管壁附近的流体薄层仍处于滞流状态，而该滞流层的厚度与雷诺数 *Re* 有关。*Re* 值越大，滞流层的厚度越薄。该滞流层的存在将对流体流动时的传质和传热过程都具有重大影响。

2.3 传热设计基本准则

2.3.1 流动空间的选择

要使换热器正常而有效地操作，就必须慎重地选择流动空间。主要依据两流体的操作压力和温度、允许的压力降、结构和腐蚀特性等方面，考虑流体适宜走哪一程。

介质走哪一程的选择，应着眼于提高传热系数和最充分的利用压力降上。由于介质在壳程的流动容易达到湍流，因而将黏度大的或流量小的流体，即雷诺数低的流体走壳程一般是有利的。反之，如果流体在管程能够达到湍流时，则安排走管程比较合理。若从压力降的角度考虑，一般是雷诺数低的走壳程合理。

1. 选择原则

① 尽量地增加控制 k 值的最小传热系数的数值。

② 尽可能使两流动空间的传热条件接近或相等。

③ 尽量减少昂贵的耐腐蚀材料的消耗。

④ 便于清洗。

⑤ 不易沉淀。

⑥ 高压时，要减轻结构材料的受力情况和简化密封要求。

⑦ 减少热应力、减少热损失。

⑧ 使流体的流入、分配与流出都方便。

2. 适合管程的流体

① 不清洁的流体：在管内容易达到较高的流速，悬浮物不易沉积；管内空间便于清洗。

② 高温或高压操作的流体：管子承压能力强，而且还可简化壳体密封的要求。

③ 腐蚀性强的流体：强腐蚀性介质在管内时，只有管子及管箱需用耐腐蚀材料，其他部件可用普通材料制造，可以降低造价。

④ 有毒性流体。

⑤ 与外界温差大的流体：可以减少热量的逸散。

3. 适合壳程的流体

① 当两流体温度相差较大时，膜传热系数大的流体走壳程，可以减少管壁与壳壁间的温度差，可以降低温差应力。

② 饱和蒸汽走壳程，对流速和清理没有要求，并且易于排除冷凝液。

③ 黏度大的流体在壳程容易达到湍流状态，传热效果好。

④ 泄漏后危险性大的流体走壳程，可以减少泄漏机会，以保安全。

⑤ 易析出结晶、沉渣、淤泥，以及其他沉淀物的流体，最好通入比较更容易进行机械清洗的空间。在管壳式换热器中，一般易清洗的是管内空间。但在 U 形管、浮头式换热器中，以及在沉浸式和喷淋式换热器中易清洗的都是管外空间。

2.3.2 流速的选择

流体流速的选择，对换热器的设计和运转效果都具有重要意义的。高流速可减轻结垢程度、降低热阻，而且有利于增大膜传热系数。当传递的热量一定时，采用高流速，所需的传热面积就可减少，节约材料和制造费用；但流速过高，又会使通过换热器的压力降增大，使输送流体的动力消耗增加，从而提高了操作费用。可见，要选取比较适宜的流速，须经过全面的分析比较才能确定。选择时，通常可从下列几方面考虑：

所选择的流速要尽量使流体呈稳定的湍流状态，至少使流体呈不稳定的过渡流状态(即 $Re>2300$)，这样可以得到较大传热系数下进行热交换。

高密度流体适当提高流速是有利的。反之，低密度流体(如气体)的热交换，传热系数既低，克服流体阻力所需的动力消耗又较大，在考虑提高流速时，就应注意其合理性。

在选择流速时，还必须考虑结构上的要求。所选流速，应当不会导致流体动力冲击、使换热管子振动和冲蚀，否则会大大缩短换热器的使用寿命。

所选流速，还要使换热器有适宜的外形结构尺寸。

由上述可知，要选取最适宜的流速，在技术经济上需全面地进行比较。在实际工作中，要做到全面的比较并不容易，通常是参照工业生产中所积累的经验数据，选取较为适宜的流速。为了避免设备的严重磨损，所算出的流速不应超过最大允许的经验流速。表2.3－1、表2.3－2所列的流速数据，可供设计时选用参考。

表2.3－1 常见流体介质的设计流速范围

流体种类		一般液体	易结垢液体	气体
流速/(m/s)	管程	0.5～3.0	>1	5～30
	壳程	0.2～1.5	>0.5	3～15

表2.3－2 不同黏度的液体在换热器内的最大流速

液体黏度/mPa·s	>1500	1500～500	500～100	100～35	35～1	<1	烃类
最大流速/(m/s)	0.6	0.75	1.1	1.5	1.8	2.4	3

当管内允许的总压降(包括换热管内、扩大、收缩和转向等)Δp_i 能够确定时，湍流范围内，管内流速 u (m/s)也可依下式计算：

$$u=\sqrt{\frac{\Delta p_i}{\gamma(Pr)^n(t_0-t_i)/(t_w-t_m)}} \tag{2.3-1}$$

式中 t_m——管内流体的平均温度，℃；

n——系数，流体被加热时为0.63，被冷却时为0.70。

2.3.3 换热管的排列方式

1）传热管规格

传热管是构成管式换热器传热面的元件，它的基本类型有两种：光滑管和强传热化管。目前普遍使用的多是光滑管，传热管的费用也占了整台设备材料费的大半以上。因此，近年来国内外学者致力于异形管或强化管的研究。这类传热管的传热效能往往比光滑管高几倍以至数十倍，不仅对改造老式换热器有明显的作用，而且有利于低温位热能的利用。

目前国内换热器传热管径常用的有 $\phi19\times2$、$\phi25\times2.5$ 和 $\phi38\times3$mm。

2）传热管在管板上的排列方式

传热管在管板上的排列方式主要有：三角形、转置三角形、正方形和转置正方形四种，如图2.3-1所示。

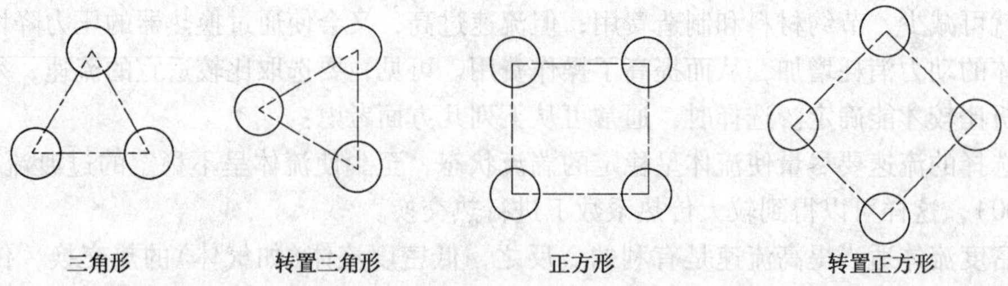

图2.3-1 换热器内传热管布管方式

三角形的排列使用最普遍。在同一管板面积上，可三角形布管比正方形布管数多；管外传热系数较高，流阻相对也较大。正方形布管所排列的传热管数比三角形布管少，但便于管外表面进行机械清洗。

2.3.4 污垢热阻

1）污垢的生成及影响

在换热器运转中，由于温度变化，原来溶解在流体里的一些成分，会析出来沉积在传热表面上；流体中的悬浮物质和过程腐蚀产物，也会沉积在传热表面上。这些沉积物(即污垢)，对传热和流动阻力都有很大的影响。确定适当的污垢热阻，是换热器传热设计中非常重要的一项内容。

使换热表面结垢热阻增大的原因一般有：

① 物流流速较低；

② 物流温度升高或管壁温度高于主物流温度；

③ 管壁粗糙或结构上有死角等。

换热表面上沉积物的形成，与液体主物流的温度无关，取决于管壁表面的液膜温度。防止生成沉淀物的主要因素在于物流的速度，当物流速度超过3m/s时，结垢热阻趋于零。

适当的污垢热阻值的确定，牵涉到物理和经济两大因素。影响换热器结垢程度的物理因素有：流体和沉积物的性质、流体和传热表面的温度、流体的流速、清洗方法和周期、管子材料及表面粗糙度。经济因素与确定容许结垢程度有关，如：换热器的生产成本、清洗费用等。由此可见，要正确地选定最佳污垢热阻值，涉及到的因素太多，很少能做到面面俱到。设计时，大多数根据经验数据结合特定情况而选取设计的污垢热阻。

2）典型的污垢热阻

美国管式换热器制造者协会(TEMA)标准所提出的典型污垢热阻，已有较长历史，经多年使用证明是很有用的。在没有试验得到的污垢热阻数的情况下，可以参考TEMA标准所提供的典型污垢热阻数据。

3）Kern方程

Kern从理论上推得管内污垢热阻与流速和运转时间等因素的关系如下：

$$r_{\theta} = \frac{\delta_{\theta}}{\lambda_{d}} = r_{\theta}^{*}\left[1 - \exp(-B\theta)\right] \tag{2.3-2}$$

$$r_{\theta}^{*} = A_{1}\frac{d_{i}^{4}}{W_{i}}$$

$$B = A_2 \frac{W_i^2}{d_i^4}$$

式中　r_θ——运转时间为θ时的污垢热阻；

δ_θ——运转时间为θ时的污垢厚度；

λ_d——污垢的导热系数；

r_θ^*——运转时间为无限长的污垢热阻；

θ——运转时间；

W_i——质量流量；

A_1、A_2——由流体种类、温度等因素所决定的常数。

2.3.5　壁温计算

1）计算壁温的意义

① 用于确定定性温度。

② 在自然对流、沸腾和冷凝等给热系数计算中，均需先假定壁温，试算后再作校核。

③ 据以决定是否需装设热补偿装置，以及计算温差应力之大小。

④ 有些场合下，壁温过高，易引起物料变质或烧焦；相反壁温过低，有时又会使物料凝固或冷凝。这种情况在设计中都应加以避免。

⑤ 在高温高压下，正确计算壁温，有助于选用较适宜的材料与操作条件，以免损坏设备。

⑥ 热损失计算中，也须先知壁面温度。

2）计算公式

$$t_w = \frac{1}{2}(t_{w,h} + t_{w,c}) \tag{2.3-3}$$

热流体侧的壁温：

$$t_{w,h} = T_m - \lambda\left(\frac{1}{h_h} + r_h\right)\Delta t_m = T_m - q\left(\frac{1}{h_h} + r_h\right) \tag{2.3-4}$$

冷流体侧的壁温：

$$t_{w,c} = t_m + \lambda\left(\frac{1}{h_c} + r_c\right)\Delta t_m = t_m - q\left(\frac{1}{h_c} + r_c\right) \tag{2.3-5}$$

式中　r——污垢热阻，$m^2 \cdot K/W$；

q——单位面积、单位时间内的传热量，W/m^2；

T_m、t_m——分别为热流体和冷流体的平均温度，℃。对于大多数换热器的使用条件来说，可取流体进出口温度的算术平均值就足够了。但对于某些物料，如油类和其他高黏度的流体，当进出口温度变化较大、传热系数随温度作线性变化时，取定性温度。

h——介质的膜传热系数，$W/(m^2 \cdot K)$；

λ——介质的导热系数，$W/(m \cdot K)$；

下标：h——表示热流体侧的各数值；

c——表示冷流体侧的各数值；

w——表示传热壁的。

如果作为粗略估算，可用下式算出壁温：

$$t_w = \frac{h_h T_m + h_c t_m}{h_h + h_c} \tag{2.3-6}$$

或者更为粗略地可取壁温近似等于膜传热系数较大侧的流体平均温度。

2.3.6 热损失计算

在传热过程中，换热器壳体外壁面的温度通常都高于周围空气的温度，所以热量将从换热器外壁面以对流和辐射两种方式传到周围空气中去，造成热损失。由于换热器都有良好的保温，所以相对于对流方式引起的热损失，辐射热损失较小，可以忽略不计。

所以热损失 Q，可根据对流传热方程式表示为：

$$Q = h \cdot s \cdot (t_w - t) \tag{2.3-7}$$

式中 Q——热损失，W；

h——换热器壳体壁面与空气间的对流传热系数，与环境风速等自然因素有关，$W/(m^2 \cdot K)$；

t_w——换热器壳体壁面的温度，℃；

t——环境空气温度，℃。

2.4 无相变管壳式换热器的传热计算

管壳式换热器在炼油、石油化工、医药、化工以及其他工业中使用广泛，适用于冷却、冷凝、加热、蒸发和余热回收等，是一种普遍化的产品。具有机构简单、操作弹性大、可靠度高、技术成熟等优点，但其传热效率不如紧凑式换热器高。

管壳式换热器的设计，要考虑的因素很多，如：介质性质、操作压力、操作温度、选用设备材料的性质等。

本章将管壳式换热器分为无相变管壳式换热器、冷凝器、重沸器进行比较详细的介绍，提供已在设计中应用成熟的算法，供读者参考。本节介绍无相变管壳式换热器的工艺设计。

2.4.1 传热系数与压降的计算方法

2.4.1.1 管内膜传热系数及压降

1. 管内膜传热系数

管内外膜传热系数的通用表达式均可表达为：

$$Nu = C \cdot (Re)^n \cdot (Pr)^{\frac{1}{3}} \cdot \phi \tag{2.4-1}$$

Kern 将上述关系式写成：

$$\frac{h \cdot d}{\lambda} = C \cdot (Re)^n \cdot (Pr)^{\frac{1}{3}} \cdot \phi = J_H \cdot (Pr)^{\frac{1}{3}} \cdot \phi \tag{2.4-2}$$

1）光管管内膜传热系数

对于以光管外表面积为基准的管内膜传热系数，可用下式计算：

$$h_{io} = \frac{\lambda_i}{d_o} \cdot J_{Hi} \cdot Pr^{\frac{1}{3}} \cdot \phi_i \tag{2.4-3}$$

式中 h_{io}——以管外表面积为基准的管内膜传热系数，$W/(m^2 \cdot K)$；

J_{Hi}——管内传热因子，无因次；

d_o——管外径，m；

λ_i——管内介质导热系数，$W/(m \cdot K)$；

ϕ_i——管程壁温校正系数，$\phi_i=(\mu_i/\mu_w)^{0.14}$，无因次；

μ_w——壁温下的流体黏度，Pa · s。

J_{Hi}传热因子的计算方法如下：

当 $Re_i \leqslant 2100$ 时，

$$J_{Hi}=1.86Re_i^{\frac{1}{3}}\left(\frac{d_i}{L}\right)^{\frac{1}{3}} \tag{2.4-4}$$

当 $2100<Re_i<10^4$时，

$$J_{Hi}=0.116\left(Re_i^{\frac{2}{3}}-125\right)\cdot\left(1+\left(\frac{d_i}{L}\right)^{\frac{2}{3}}\right) \tag{2.4-5}$$

当 $Re_i \geqslant 10^4$时，

$$J_{Hi}=0.023Re_i^{0.8} \tag{2.4-6}$$

公式的实验误差为：层流区($Re_i \leqslant 2100$)，±12%；湍流区($Re_i \geqslant 10^4$)，+15% ~ −10%

壁温 t_w 可按下式算出：

当冷流在管内时：

$$t_w=\frac{h_0}{h_0+h_{i0}}\cdot(t_{oD}-t_{iD})+t_{iD} \tag{2.4-7}$$

当热流在管内时：

$$t_w=\frac{h_{io}}{h_o+h_{io}}\cdot(t_{iD}-t_{oD})+t_{oD} \tag{2.4-8}$$

式中　t_w——管壁温度，℃；

t_{iD}——管内流体的定性温度，℃；

t_{oD}——管外流体的定性温度，℃。

当计算 h_{i0}值时，可先假设 $\phi_i=1.0$，若流体的黏度随温度的变化改变较大时，可在算出 h_{i0}后，再用 ϕ_i 校正。

2）波纹管管内膜传热系数

波纹管是在光管基础上无切削轧制成的、管内有横纹凸起的普通碳钢或不锈钢换热管，利用大量的实验数据关联，得到管内外传热和压力降模型，公式的实验误差为 ±10% 以内。该模型适用于表 2.4－1 推荐的波纹管几何参数范围。

表 2.4－1　波纹管几何参数[1]

基管 $d_0\times\delta$	ϕ19mm × 2mm	ϕ25mm × 2.5mm
波距 s/mm	11 ~ 13	17 ~ 19
波谷 ε/mm	1.0 ~ 1.2	1.4 ~ 1.6

波纹管管内膜传热系数是以光管管外表面积为基准，考虑管子几何结构的影响。

管内膜传热系数：

$$h_{io}=\frac{\lambda_i}{d_o}J_{Hi}Pr_i^{\frac{1}{3}}\left(\frac{\varepsilon}{d_i}\right)^{0.478}\left(\frac{s}{d_i}\right)^{-0.383}\phi_i \tag{2.4-9}$$

传热因子 J_{Hi}按下式计算：

当 $Re_i \leqslant 2500$ 时，

$$J_{Hi}=0.1098Re_i^{0.8653} \tag{2.4-10}$$

当 $2500 < Re_i < 12000$ 时，

$$J_{Hi} = 0.2475 Re_i^{0.7747} \tag{2.4-11}$$

当 $Re_i \geqslant 12000$ 时，

$$J_{Hi} = 0.7872 Re_i^{0.6446} \tag{2.4-12}$$

3）内插物管内膜传热系数

内插物多用于低雷诺数的层流区域，管内插入交叉锯齿带作为扰流元件时，一般可将管内膜传热系数提高两倍以上。但是，管程阻力也相应增加。

当 $100 < Re_i \leqslant 4100$ 且 $110 < Pr_i < 400$ 时，

$$h_{io} = 0.534 \frac{\lambda_i}{d_o} Re_i^{0.6} Pr_i^{0.27} \left(\frac{\mu_i}{\mu_w}\right)^{0.13} \tag{2.4-13}$$

2. 管程压力降

管程压力降包括管内流体压力降、回弯压力降和进出口嘴子压力降三部分。

$$\Delta p_t = (\Delta p_i + \Delta p_r) F_i + \Delta p_{Ni} \tag{2.4-14}$$

式中 Δp_t——管程压力降，Pa；

Δp_i——管内流体压力降，Pa；

Δp_r——管程回弯压力降，Pa；

Δp_{Ni}——管程出口嘴子压力降，Pa；

F_i——管程压力降污垢校正系数，与污垢热阻有关，可参考表 2.4-2 选取。对于波纹管，由于自身的防垢特征，可将 F_i 值乘以 0.8~0.9 计算。

表 2.4-2 管程压力降污垢校正系数

污垢热阻/($m^2 \cdot K/W$)	0	0.00017	0.00034	0.00043	0.00052	0.00069	0.00086	0.00129	0.00172
F_i	1.00	1.20	1.35	1.40	1.45	1.50	1.60	1.70	1.80

管内流动压力降：

$$\Delta p_i = \frac{G_i^2}{2\rho_i} \cdot \frac{LN_{tp}}{d_i} \cdot \frac{f_i}{\phi_i} \tag{2.4-15}$$

回弯压力降：

$$\Delta p_r = \frac{G_i^2}{2\rho_i}(4N_{tp}) \tag{2.4-16}$$

进出口嘴子压力降：

$$\Delta p_{Ni} = \frac{(G_{Ni1}^2 + 0.5G_{Ni2}^2)}{2\rho_i} \tag{2.4-17}$$

式中 G_{Ni}——流体流经进出口嘴子的质量流速，kg/($m^2 \cdot s$)；下标 1 表示进口、2 表示出口；

L——管长，m；

N_{tp}——管程数；

ρ_i——定性温度下的密度，kg/m^3；

f_i——管内摩擦系数，无因次。

光管(标准换热器管)：

当 $Re_i < 10^3$

$$f_i = 67.63 Re_i^{-0.9873} \tag{2.4-18}$$

当 $Re_i = 10^3 \sim 10^5$

$$f_i = 0.4513 Re_i^{-0.2653} \tag{2.4-19}$$

当 $Re_i > 10^5$

$$f_i = 0.2864 Re_i^{-0.2258} \tag{2.4-20}$$

波纹管：

当 $Re_i \leqslant 12000$

$$f_i = 0.7282 Re_i^{-0.1618} \tag{2.4-21}$$

当 $Re_i > 12000$

$$f_i = 5.3549 Re_i^{-0.3858} \tag{2.4-22}$$

交叉锯齿带管：

当 $Re_i \leqslant 4100$

$$f_i = [0.255 + 113.85(Re_i + 77.3)^{-1.058}]\left(\frac{\mu_i}{\mu_W}\right)^{-0.03876} \tag{2.4-23}$$

2.4.1.2 管外膜传热系数及压力降

1. 外膜传热系数

1）单弓形折流板换热器

考虑翅化面积比和翅片热阻的影响，在光管的基础上，考虑校正因子即可计算螺纹管换热器的管外膜传热系数。

a. 光管管外膜传热系数计算方法：

$$h_o = \frac{\lambda_o}{d_e} J_{Ho} Pr^{\frac{1}{3}} \phi_o \varepsilon_h \tag{2.4-24}$$

b. 螺纹管管外膜传热系数计算方法为：

$$h_o = \left[r^* + \frac{1}{\eta\left(\frac{\lambda_o}{d_e} J_{Ho} Pr^{\frac{1}{3}} \phi_o \varepsilon'_h\right)} \right]^{-1} \tag{2.4-25}$$

对于45°和90°排列的管束，传热因子 J_{Ho} 的计算方法为：

当 $Re_o \leqslant 200$ 时

$$J_{Ho} = 0.641 Re_o^{0.46}\left(\frac{Z-15}{10}\right) + 0.731 Re_o^{0.473}\left(\frac{25-Z}{10}\right) \tag{2.4-26}$$

当 $200 < Re_o < 10^3$ 时

$$J_{Ho} = 0.491 Re_o^{0.51}\left(\frac{Z-15}{10}\right) + 0.673 Re_o^{0.49}\left(\frac{25-Z}{10}\right) \tag{2.4-27}$$

当 $Re_o \geqslant 10^3$ 时

$$J_{Ho} = 0.378 Re_o^{0.554}\left(\frac{Z-15}{10}\right) + 0.41 Re_o^{0.5634}\left(\frac{25-Z}{10}\right) \tag{2.4-28}$$

对于30°和60°布管的管束：

当 $Re_o \leqslant 200$

$$J_{Ho} = 0.641 Re_o^{0.46}\left(\frac{Z-15}{10}\right) + 0.713 Re_o^{0.473}\left(\frac{25-Z}{10}\right) \tag{2.4-29}$$

当 $200 < Re_o < 5000$ 时

$$J_{Ho}=0.491Re_o^{0.51}\left(\frac{Z-15}{10}\right)+0.673Re_o^{0.49}\left(\frac{25-Z}{10}\right) \tag{2.4-30}$$

当 $Re_o \geqslant 5000$ 时

$$J_{Ho}=0.350Re_o^{0.55}\left(\frac{Z-15}{10}\right)+0.473Re_o^{0.539}\left(\frac{25-Z}{10}\right) \tag{2.4-31}$$

式中 J_{Ho}——壳程传热因子，无因次；

Z——弓形折流板缺圆高度百分数；

r^*——螺纹管的翅片热阻，普通碳钢管：0.000074～0.00011m² · K/W；不锈钢管：0.00011～0.00017m² · K/W。

ϕ_o——管程壁温校正系数，无因次；$\phi_o=(\mu_{oD}/\mu_w)^{0.14}$；

η——翅化比；

ε_h——旁路挡板传热校正系数，建议按表 2.4－3 的推荐值选取。

表 2.4－3 旁路挡板传热与压力校正系数

壳径/mm	325	400	500	600	700	800	900	1000	1100	1200	1300	1400	1500	1600	1700	1800
ε_h	1.30	1.26	1.23	1.20	1.18	1.17	1.15	1.14	1.13	1.12	1.11	1.10	1.09	1.08	1.07	1.06
$\varepsilon_{\Delta p}$	1.90	1.87	1.85	1.73	1.64	1.58	1.52	1.51	1.50	1.45	1.40	1.35	1.30	1.25	1.20	1.15

波纹管换热器由于管外轧制的凹槽较浅，对扩展管外表面积的作用不大，因此不能依据翅化比来修正管外膜传热系数。通过大量的科研试验和工业应用验证，现推荐以光管管外表面积为基准，计算波纹管管外膜传热系数，然后作修正。公式实验误差：±5%。

$$h_o=C_b\frac{\lambda_{OD}}{d_e}J_{Ho}Pr^{\frac{1}{3}}\phi_o\varepsilon_h \tag{2.4-32}$$

当 $Re_o \leqslant 7000$ 时，

$$C_b=7.335\times10^{-5}Re_o+1.3746 \tag{2.4-33}$$

当 $Re_o>7000$ 时，

$$C_b=1.78$$

式中 C_b——波纹管修正系数，无因次。在式(2.4－34)和式(2.4－35)中，当不选用波纹管时，$C_b=1$；其他各项参数的计算同光管。

2）折流杆换热器管外膜传热系数

当 $Re_o<2100$ 时，

$$h_o=\frac{\lambda_o}{d_o}C_b\varepsilon_1\varepsilon_r\varepsilon_f\eta Re_h^{0.6}Pr^{0.4}\left(\frac{\mu_o}{\mu_w}\right)^{0.14} \tag{2.4-34}$$

当 $Re_o \geqslant 2100$ 时，

$$h_o=\frac{\lambda_o}{d_o}C_b\varepsilon_1\varepsilon_r\varepsilon_f\eta Re_h^{0.8}Pr^{0.4}\left(\frac{\mu_o}{\mu_w}\right)^{0.14} \tag{2.4-35}$$

式中 Re_o——采用特征直径计算的雷诺数；

ε_1——壳程漏流校正系数；

ε_r——长径比较校正系数；

ε_f——螺纹管齿间距和齿高校正系数，不采用螺纹管时，$\varepsilon_f=1.0$。

2. 壳程压力降

壳程压力降包括壳程管束压力降、导流筒和导流板压力降、进出口嘴子压力降。

$$\Delta p_s = \Delta p_o F_o + \Delta p_{ro} + \Delta p_{No} \tag{2.4-36}$$

式中　Δp_s——壳程压力降，Pa；

Δp_o——管束流体流动压力降，Pa；

Δp_{ro}——壳程导流筒和导流板压力降，Pa；

Δp_{No}——壳程进出口嘴子压力降，Pa；

F_o——壳程压力降污垢校正系数，与污垢热阻有关，可参考表2.4-4选取。

表2.4-4　壳程压力降污垢校正系数

污垢热阻/($m^2 \cdot K/W$)	0	0.00017	0.00034	0.00043	0.00052	0.00069	0.00086	0.00129	0.00172
F_o	1.00	1.20	1.30	1.40	1.45	1.45	1.50	1.65	1.75

3. 流体流动压力降

1）单弓形折流板换热器

$$\Delta p_o = \frac{G_0^2}{2\rho_{0D}} \cdot \frac{D_s \cdot (N_b + 1)}{d_e} \cdot \frac{f_0}{\phi_0} \cdot \varepsilon_{\Delta p} \tag{2.4-37}$$

式中　f_0——壳程摩擦系数，无因次；

$\varepsilon_{\Delta P}$——旁路挡板压力降校正系数，见表2.4-3；

N_b——折流板块数；

ρ_{0D}——定性温度下的密度，kg/m^3。

（1）光管（标准换热器管）管束

对于正方形或正方形斜转45°排列的管束：

当 $10 < Re_o \leqslant 100$ 时，

$$f_o' = 119.3 Re_o^{-0.93} \tag{2.4-38}$$

当 $100 < Re_o \leqslant 1500$ 时，

$$f_o' = 0.402 + 3.1 Re_o^{-1} + 3.51 \times 10^4 Re_o^{-2} - 6.85 \times 10^6 Re_o^{-3} + 4.175 \times 10^8 Re_o^{-4} \tag{2.4-39}$$

当 $1500 < Re_o \leqslant 15000$ 时，

$$f_o' = 0.731 Re_o^{-0.0774} \tag{2.4-40}$$

当 $Re_o > 15000$ 时，

$$f_o' = 1.52 Re_o^{-0.153} \tag{2.4-41}$$

对于正三角形排列的管束：

当 $10 < Re_o \leqslant 100$ 时，

$$f_o' = 207.4 Re_o^{-1.106} \tag{2.4-42}$$

当 $100 < Re_o \leqslant 1500$ 时

$$f_o' = 0.354 + 240.6 Re_o^{-1} - 8.28 \times 10^4 Re_o^{-2} + 1.852 \times 10^7 Re_o^{-3} - 1.107 \times 10^9 Re_o^{-4} \tag{2.4-43}$$

当 $1500 < Re_o \leqslant 15000$ 时，

$$f_o' = 1.148 Re_o^{-0.1475} \tag{2.4-44}$$

当 $Re_o > 15000$ 时，

$$f'_o = 1.52 Re_o^{-0.153} \tag{2.4-45}$$

对于 $Z=25$ 的标准尺寸，$f=f'$；对于其他尺寸按式(2.4-46)校核。

$$f_o = f'_o \frac{35}{Z+10} \tag{2.4-46}$$

(2) 螺纹管管束

壳程摩擦因子可先按照光管管束的计算方法进行计算，然后再作校正。方法如下：

$$f_\Sigma = C_f f_o \tag{2.4-47}$$

$$C_f = 1 + 3\left(1 - \frac{2}{e^{\frac{\eta-1}{3}} + e^{-\frac{\eta-1}{3}}}\right) \tag{2.4-48}$$

式中 η——翅化比；

C_f——是对光管摩擦因子的校正值，$\eta = 1.7 \sim 2.5$ 时，$C_f = 1.1 \sim 1.3$。

波纹管管束

当 $Re_o \leqslant 2500$ 时，

$$f_o = 0.157 Re_o^{0.1892} \tag{2.4-49}$$

当 $2500 < Re_o \leqslant 5500$ 时，

$$f_o = 5.673 Re_o^{-0.2677} \tag{2.4-50}$$

当 $Re_o > 5500$ 时，

$$f_o = 0.9715 Re_o^{-0.0613} \tag{2.4-51}$$

2）折流杆管束压力降：

$$\Delta p_o = \Delta p_f + \Delta p_b \tag{2.4-52}$$

管束摩擦压力降：

$$\Delta p_f = \frac{2\rho_o u_s^2 L}{d_p} f_f \tag{2.4-53}$$

采用光管和波纹管时

a）光管：

当 $Re_p \leqslant 2000$ 时，

$$f_f = 10.046 Re_p^{-0.92} \tag{2.4-54}$$

当 $2000 < Re_p \leqslant 3000$ 时，

$$f_f = 1.2088 \times 10^{-5} Re_p^{0.87} \tag{2.4-55}$$

当 $Re_p > 3000$ 时，

$$f_f = 0.0749 Re_p^{-0.22} \tag{2.4-56}$$

b）波纹管：将计算值乘以 1.1 倍的安全系数。

采用螺纹管时：

当 $Re_p < 4000$ 时，

$$f_f = 3.28 Re_p^{-0.696} \tag{2.4-57}$$

当 $4000 \leqslant Re_p < 8000$ 时，

$$f_f = 3.39 \times 10^{-4} Re_p^{0.42} \tag{2.4-58}$$

当 $Re_p \geqslant 8000$ 时，

$$f_f = 0.1086 Re_p^{-0.22} \tag{2.4-59}$$

流体通过折流圈的压力降：

$$\Delta p_b = 0.5\rho_o f_b n_b u_b^2 \tag{2.4-60}$$

$$f_b = f_3(f_1 + f_2 Re_b^{-1}) \tag{2.4-61}$$

$$f_1 = 0.9381 - 0.9114\frac{S_b}{S_o} + 0.175\left(\frac{S_b}{S_o}\right)^2 \tag{2.4-62}$$

$$f_2 = 9.41 - 23.35\frac{S_b}{S_o} + 14.96\left(\frac{S_b}{S_o}\right)^2 \tag{2.4-63}$$

$$f_3 = 0.1306 + 0.0345\frac{L}{D_{bo}} + 0.0089\left(\frac{L}{D_{bo}}\right)^2 \tag{2.4-64}$$

式中　Δp_f——管束顺流摩擦压力降，Pa；

Δp_b——流体通过折流圈的压力降，Pa；

Re_p——采用特征直径计算的雷诺数；

u_s——壳程介质流速，m/s；

f_f——顺流摩擦系数。

4. 导流板或导流筒压力降

$$\Delta p_{ro} = \frac{G_{No}^2}{2\rho_o}\varepsilon_{IP} \tag{2.4-65}$$

5. 进出口嘴子压力降

$$\Delta p_{No} = 1.5\frac{G_{No}^2}{2\rho_o} \tag{2.4-66}$$

进出管嘴直径不同时

$$\Delta p_{No} = \frac{(G_{No1}^2 + 0.5G_{No2}^2)}{2\rho_o} \tag{2.4-67}$$

式中　G_{No}——流体流经壳程进出口嘴子的质量流速，kg/(m^2·s)；（下标1代表进口、2代表出口）

d_{No}——壳程进出口嘴子直径，m；

n_b——折流圈数；

u_b——流体过折流圈的速度，m/s；

Re_b——流体过折流圈的雷诺数；

ε_{IP}——导流板或导流筒的压力降系数，一般取5～7；

f_b——流体通过折流圈的摩擦系数。

2.4.2　计算示例

本节仅以一台光管浮头式换热器为例，其他无相变换热器的设计过程与此类似。

以某装置塔顶水冷器为例，塔顶流体流量为7115kg/h，入口温度63℃、出口温度40℃；冷却水入口温度为33℃、出口温度为40℃。传热管用ϕ25×2.5mm、三角形布管、管间距为32mm。

介质性质如表2.4-5。

表 2.4-5 介质物性表

		温度/℃	导热系数/[W/(m·K)]	比热容/[J/(kg·K)]	黏度/Pa·s	密度/(kg/m³)	垢阻/(m²·K/W)
热 流	入口	63	0.2738	2946	4.019×10^{-4}	765	0.000172
	出口	40	0.2688	2858	5.631×10^{-4}	785	
冷 流	入口	33	0.6306	4181	7.593×10^{-4}	993	0.000344
	出口	40	0.6344	4177	6.632×10^{-4}	990	

1. 计算定性温度

按式(2.1-1)计算定性温度，

$$t_D = 0.4t_h + 0.6t_c = 0.4\times40 + 0.6\times33 = 35.8 \quad ℃$$

$$T_D = 0.4T_h + 0.6T_c = 0.4\times63 + 0.6\times40 = 49.2 \quad ℃$$

定性温度下介质的物性见表2.4-6。

表 2.4-6 定性温度下介质物性表

	定性温度/℃	导热系数/[W/(m·K)]	比热容/[J/(kg·K)]	黏度/Pa·s	密度/(kg/m³)	垢阻/(m²·K/W)
热 流	49.2	0.2708	2993	4.986×10^{-4}	777	0.000172
冷 流	35.3	0.6311	4179	7.277×10^{-4}	992	0.000344

2. 计算热负荷和冷却水用量

$$Q = W_h C_{ph}(T_1 - T_2) = 7115\times2902\times(63-40) = 4.75\times10^8 \text{J/h} = 131.9\text{kW}$$

$$W_c = \frac{Q}{C_{Pc}\cdot(t_2 - t_1)} = \frac{4.75\times10^8}{4179\times(40-33)} = 16238\text{kg/h}$$

3. 计算对数平均温差

$$P = \frac{\text{冷流体的温升}}{\text{两流体的最初温度差}} = \frac{t_2 - t_1}{T_1 - t_1} = \frac{40-33}{63-33} = 0.2333$$

$$R = \frac{\text{热流体的温降}}{\text{冷流体的温升}} = \frac{T_1 - T_2}{t_2 - t_1} = \frac{63-40}{40-33} = 3.2857$$

由于$|R-1| > 10^{-3}$，根据式(2.1-16)、式(2.1-17)有：

$$P_n = \frac{1-\left(\frac{1-P\cdot R}{1-P}\right)^{1/N_s}}{R-\left(\frac{1-P\cdot R}{1-P}\right)^{1/N_s}} = \frac{1-\left(\frac{1-0.2333\times3.2857}{1-0.2333}\right)^{1/1}}{3.2857-\left(\frac{1-0.2333\times3.2857}{1-0.2333}\right)^{1/1}} = 0.2346$$

$$\varphi_m = \frac{\frac{\sqrt{R^2+1}}{R-1}\ln\left(\frac{1-P_n}{1-P_n\cdot R}\right)}{\ln\left[\frac{2/P_n - 1 - R + \sqrt{R^2+1}}{2/P_n - 1 - R - \sqrt{R^2+1}}\right]} = \frac{\frac{\sqrt{3.2857^2+1}}{3.2857-1}\ln\left(\frac{1-0.2346}{1-0.2346\times3.2857}\right)}{\ln\frac{2/0.2346 - 1 - 3.2857 + \sqrt{3.2857^2+1}}{2/0.2346 - 1 - 3.2857 - \sqrt{3.2857^2+1}}} = 0.81$$

$\varphi_m > 0.8$，可以用一个壳程。则：

$$\Delta t_m = \frac{(T_1 - t_2) - (T_2 - t_1)}{\ln\frac{T_1 - t_2}{T_2 - t_1}}\cdot\varphi_m = \frac{(63-40)-(40-33)}{\ln\frac{63-40}{40-33}}\times0.81 = 10.9℃$$

4. 初选换热器结构

根据经验选择换热器总传热系数为300W/(m²·K)，则：

$$S=\frac{Q}{K\cdot\Delta t_m}=\frac{131.9\times10^3}{400\times10.9}=30.3\text{m}^2$$

根据传热面积及要求的传热管规格，初步选定 AEM 结构，换热器壳径为 $\phi400\times6000$mm，2 管程，管子根数 n_t 为74，中心管排数 n_x 为7，传热面积为23.5m²，折流板间距 B 为150mm，弓缺 Z 为25%；管、壳程进出口嘴子为 $\phi100$。

5. 计算雷诺数 *Re*

$$G_i=\frac{W_c}{S_i}=\frac{W_c}{\frac{\pi}{4}d_i^2\cdot\frac{n_t}{2}}=\frac{16238}{\frac{\pi}{4}(0.025-2\times0.0025)^2\times\frac{74}{2}\times3600}=388.24\text{kg/(m}^2\cdot\text{s)}$$

$$Re_c=\frac{d_iG}{\mu}=\frac{(0.025-2\times0.0025)\times388.24}{7.277\times10^{-4}}=10670$$

壳程当量直径为：

$$d_e=\frac{4\left(\frac{\sqrt{3}}{4}p_t^2-\frac{\pi}{8}d_o^2\right)}{\frac{1}{2}\pi d_o}=\frac{\sqrt{3}\times0.032^2-\pi\times0.025^2/2}{0.025\times\pi/2}=0.02\text{m}$$

$$G_o=\frac{W_o}{S_o}=\frac{W_h}{(D_i-n_x\cdot d_0)\cdot B}=\frac{7115}{(0.4-7\times0.025)\times0.15\times3600}=58.56\text{kg/(m}^2\cdot\text{s)}$$

$$Re_h=\frac{d_eG}{\mu}=\frac{0.02\times58.56}{4.986\times10^{-4}}=2349$$

6. 计算膜传热系数

由于温度变化不大，所以黏度壁温校正项可以忽略不计，即 $\phi=\frac{\mu_w}{\mu}\approx1$。

7. 计算管程传热系数

因为 $Re_i\geqslant10^4$，故根据式(2.4-6)计算传热因子，根据式(2.4-3)计算管程传热系数。

$$J_{Hi}=0.023Re_i^{0.8}=0.023\times10670^{0.8}=38.4$$

$$h_{io}=\frac{\lambda_i}{d_o}J_{Hi}Pr^{\frac{1}{3}}\phi_i=\frac{\lambda_i}{d_i}J_{Hi}\left(\frac{C_p\cdot\mu}{\lambda}\right)^{\frac{1}{3}}\phi_i$$

$$=\frac{0.6311}{0.02}\times38.4\times\left(\frac{4179\times7.456\times10^{-4}}{0.6311}\right)^{\frac{1}{3}}\times1$$

$$=2063\text{W/(m}^2\cdot\text{K)}$$

8. 计算壳程传热系数

因为 $200<Re_o<5000$，故根据式(2.4-30)计算壳程传热因子，根据式(2.4-24)计算壳程传热系数。

$$J_{Ho}=0.491Re_o^{0.51}\left(\frac{Z-15}{10}\right)+0.673Re_o^{0.49}\left(\frac{25-Z}{10}\right)$$

$$=0.491\times2349^{0.51}\times\left(\frac{25-15}{10}\right)+0.673\times2349^{0.49}\times\frac{15-15}{10}$$

$$=25.72$$

按表2.4-3查得旁路挡板传热校正系数 $\varepsilon_h=1.26$，

$$h_o = \frac{\lambda_o}{d_e} J_{Ho} Pr^{\frac{1}{3}} \phi_o \varepsilon_h$$

$$= \frac{0.2708}{0.02} \times 25.72 \times \left(\frac{2993 \times 4.986 \times 10^{-4}}{0.2708}\right)^{\frac{1}{3}} \times 1 \times 1.26$$

$$= 775\text{W}/(\text{m}^2 \cdot \text{K})$$

9. 计算总传热系数

根据式(2.1－18)计算光管换热器的总传热系数：

$$\frac{1}{K} = \frac{1}{h_0} + r_o + \frac{d_o}{d_m} \cdot \frac{t_s}{\lambda_w} + r_i \cdot \frac{d_o}{d_i} + \frac{1}{h_i} \cdot \frac{d_o}{d_i}$$

$$= \frac{1}{775} + 0.000172 + \frac{0.025}{0.0225} \frac{0.0025}{50} + 0.000344 \times \frac{0.025}{0.02} + \frac{1}{2063} \cdot \frac{0.025}{0.02}$$

$$= 2.554 \times 10^{-3}$$

$$K = 392\text{W}/(\text{m}^2 \cdot \text{K})$$

10. 计算需要的传热面积和面积富裕度

$$S = \frac{Q}{K \cdot \Delta t_m} = \frac{131.9 \times 10^3}{392 \times 10.9} = 31\text{m}^2$$

忽略折流板和管板所占据的传热面积，实际传热面积为：

$$S_{实际} = \pi d_o l n_t = \pi \times 0.025 \times 6 \times 74 = 34.9\text{m}^2$$

$$\frac{S_{实际} - S_{计}}{S_{计}} \times 100\% = \frac{34.9 - 31}{31} \times 100\% = 12.6\%$$

可见，所选择的换热器完全可以满足工况的要求。

11. 压降计算

1）管程压力降

根据式(2.4－15)计算管内流动压力降，管程雷诺数 $Re = 10670$，故用式(2.4－19)计算摩擦系数：

$$f_i = 0.4513 Re_i^{-0.2653} = 0.4513 \times 10670^{-0.2653} = 0.0385$$

由于温度变化不大，忽略不计黏度壁温校正，取 $\phi_i \approx 1$。

$$\Delta p_i = \frac{G_i^2}{2\rho_i} \cdot \frac{LN_{tp}}{d_i} \cdot \frac{f_i}{\phi_i} = \frac{388.24^2}{2 \times 992} \cdot \frac{6 \times 2}{0.02} \cdot \frac{0.0385}{1} = 1755\text{Pa}$$

根据式(2.4－16)计算回弯压力降：

$$\Delta p_r = \frac{G_i^2}{2\rho_i}(4N_{tp}) = \frac{388.24^2}{2 \times 992} \times 4 \times 2 = 608\text{Pa}$$

根据式(2.4－17)计算进出口嘴子压力降：

$$\Delta p_{Ni} = \frac{(G_{Ni1}^2 + 0.5G_{Ni2}^2)}{2\rho_i} = \frac{1.5 \times \left(\frac{16238}{\frac{\pi}{4} 0.1^2 \times 3600}\right)^2}{2 \times 992} = 250\text{Pa}$$

根据式(2.4－14)计算管程总压降，由表2.4－2查得管程压力降污垢校正系数 $F_i = 1.2$。

$$\Delta p_t = (\Delta p_i + \Delta p_r) F_i + \Delta p_{Ni} = (1755 + 608) \times 1.2 + 250 = 3086\text{Pa}$$

2）壳程压力降

根据式(2.5－37)计算壳程流体流动压降，$Re = 2349$，根据式(2.4－44)计算摩擦系数。因为 $Z = 25$，故 $f = f'$。

$$f_o = 1.148Re_o^{-0.1475} = 1.148 \times 2349^{-0.1475} = 0.3654$$

查表2.4－3得到旁路挡板压力校正系数 $\varepsilon_{\Delta p}=1.87$，共安装38块折流板，

$$\Delta p_o = \frac{G_0^2}{2\rho_{0D}} \cdot \frac{D_s \cdot (N_b+1)}{d_e} \cdot \frac{f_0}{\phi_0} \cdot \varepsilon_{\Delta p} = \frac{58.56^2}{2\times777} \cdot \frac{0.400\times(38+1)}{0.02} \cdot \frac{0.3654}{1} \times 1.87 = 1176\text{Pa}$$

根据式(2.4－65)计算导流筒压力降，取 $\varepsilon_{Ip}=6$；根据式(2.4－66)计算进出口嘴子压力降，则有

$$\Delta p_{ro} + \Delta p_{NO} = \frac{G_{No}^2}{2\rho_o}\varepsilon_{IP} + 1.5\frac{G_{No}^2}{2\rho_o} = (6+1.5) \times \frac{\left(\dfrac{7115}{\dfrac{\pi}{4}\times0.1^2\times3600}\right)^2}{2\times770} = 309\text{Pa}$$

根据式(2.4－36)计算壳程总压力降 Δp_s，查表2.4－4得到壳程压力降污垢校正系数 $F_o=1.2$。

$$\Delta p_s = \Delta p_o F_o + \Delta p_{ro} + \Delta p_{No} = 1176\times1.2 + 309 = 1720\text{Pa}$$

2.5　冷凝器的设计

当蒸汽与低于其饱和温度的壁面相接触时会冷凝成液体，同时放出汽化潜热并传递给壁面，这种热交换过程称为冷凝传热。

冷凝器是具有特殊结构的管壳式换热器，一般采用的有立式和卧式两种结构。选择冷凝设备时应针对冷凝的特点，选择冷凝器的形式。一般卧式冷凝器选择在壳程冷凝，立式冷凝器选择管程冷凝。饱和蒸汽最好选择在卧式冷凝器的壳程冷凝，冷凝介质压力很高或为腐蚀性介质时，适合在管内冷凝。

2.5.1　冷凝器的工艺设计

2.5.1.1　水平管内冷凝传热与压降[1]

当蒸汽高速进入水平管内时形成雾状流、环状流；随着蒸汽的冷凝气速降低，两相流逐渐过渡到波状－分层流(低液体负荷下)或弹状流(高液体负荷下)；当气速继续降低时，两相流逐渐过渡到块状流和分层流，完全冷凝后，管内充满液体。

1. 水平管内冷凝传热系数

1）水平管内冷凝液膜传热系数

介质在管内冷凝时相互间影响很小，可以简化成单根管子进行分析。在对管内冷凝进行分析前，先定义一个流型参数 J_f，用于判断冷凝过程是重力控制还是剪力控制。

$$J_f = \frac{y \cdot G_t}{[d_i \cdot g \cdot \rho_v(\rho_1 - \rho_v)]^{0.5}} \tag{2.5-1}$$

式中　J_f——水平管内流型参数，无因次；

d_i——管子内径，m；

y——气相分率(质量)，无因次；

G_t——管内质量流速，kg/(m^2·s)。

当 $J_f \leqslant 0.5$ 时，为重力控制流动；当 $J_f \geqslant 1.5$ 时，为剪力控制流动；当 $0.5 < J_f < 1.5$ 时，为过渡区。水平管内冷凝在重力控制区可能出现分层流或弹状流，使计算的准确度低一些。

(1) 剪力控制流动

水平管内冷凝时，剪力控制流动比重力控制流动效果好，因为冷凝液不会集结在管子底

部。但是，有关实验数据表明，在液体雷诺数高的时候，传热系数比理论预测值小。剪力控制时采用对流模型计算冷凝液膜传热系数。

$$h_{si}=h_{li}\cdot F_{ti} \tag{2.5-2}$$

$$h_{li}=0.022(Re_{li})^{0.8}\cdot(Pr_1)^{0.4}\cdot\left(\frac{\lambda_1}{d_i}\right)\cdot\phi_i \tag{2.5-3}$$

两相流对流因子的定义：

$$F_{ti}=\left[1+\frac{20}{X_{tt}}+\frac{1}{X_{tt}^2}\right]^m \tag{2.5-4}$$

限制条件：$0.4\leqslant m\leqslant 0.5$，一般取 $m=0.45$，如果 $Re_{li}<10000$，则取 $m=0.5$。

Martinelli 参数 X_{tt} 的定义如下：

$$X_{tt}=\left(\frac{1-y}{y}\right)^{0.9}\cdot\left(\frac{\rho_v}{\rho_1}\right)^{0.5}\cdot\left(\frac{\mu_1}{\mu_v}\right)^{0.1} \tag{2.5-5}$$

水平管内液相雷诺数的定义：

$$Re_{li}=\frac{G_t\cdot(1-y)\cdot d_i}{\mu_1} \tag{2.5-6}$$

式中 h_{si}——水平管内剪力控制下的冷凝液膜传热系数，W/(m^2·K)；

h_{li}——水平管内液体单独流动时的对流传热系数，W/(m^2·K)；

F_{ti}——水平管内两相对流因子，无因次；

Re_{li}——水平管内液相雷诺数，无因次；

P_{rl}——液相普兰特数，$P_{rl}=C_{pl}\cdot\mu_l/\lambda_1$，无因次；

ϕ_i——水平管内壁温修正系数，$\phi_i=(\mu_l/\mu_w)^{0.14}$，无因次；

μ_w——壁温下的液相黏度，Pa·s；

X_{tt}——Martinelli 参数，无因次；

μ_v——定性温度下的气相黏度，Pa·s。

(2) 重力控制流动

当 $J_f\leqslant 0.5$ 时，为重力控制流动，以努塞尔特冷凝模型为基础。考虑到水平管内冷凝时管子下部将有凝液聚积，形成液池而淹没部分传热面积，对此进行修正，即得到水平管内重力控制下的冷凝液膜传热系数关联式。

$$h_{gi}=1.47C_{lr}\cdot\lambda_1\cdot\left[\frac{\rho_1(\rho_1-\rho_v)g}{\mu_1^2}\right]^{1/3}(Re_{gi})^{-1/3} \tag{2.5-7}$$

$$Re_{gi}=\frac{4W_h(1-y)\cdot N_{TP}}{n_t\cdot L\cdot\mu_1} \tag{2.5-8}$$

通常，重力控制冷凝液膜传热系数应该大于管内充满液体时的膜传热系数 h_{li}。当 $h_{gi}<h_{li}$ 时，令 $h_{gi}=h_{li}$。

式中 h_{gi}——水平管内重力控制下的冷凝液膜传热系数，W/(m^2·K)；

Re_{gi}——水平管内重力控制下的液膜雷诺数，无因次；

C_{lr}——水平管内重力控制区波动流修正因子，$C_{lr}=0.00313Re_{gi}+0.875$，无因次；当 $Re_{gi}\leqslant 40$ 时 C_{lr} 取 1.0；当 $Re_{gi}\geqslant 200$ 时 C_{lr} 取 1.5；

N_{TP}——管程数，无因次；

L——管长，m；

n_t——管子根数，无因次。

(3) 过渡区

当$0.5<J_f<1.5$时，为过渡区。如果冷凝处在过渡区，先分别按剪力控制流动和重力控制流动计算出h_{si}和h_{gi}，然后按下面的公式进行经验插值。

$$h_{ti}=h_{si}-(1.5-J_f)\cdot(h_{si}-h_{gi}) \tag{2.5-9}$$

式中　h_{ti}——水平管内过渡区的冷凝液膜传热系数，$W/(m^2\cdot K)$。

(4) 冷凝液膜传热系数的确定

冷凝液膜传热系数h_{cf}的值与流型参数有关。

当$J_f\leqslant0.5$时，为重力控制流动，$h_{cf}=h_{gi}$；

当$J_f\geqslant1.5$时，为剪力控制流动，$h_{cf}=h_{si}$；

当$0.5<J_f<1.5$时，为过渡区，$h_{cf}=h_{ti}$。

2) 水平管内气相传热系数

多组分混合物及含不凝气介质冷凝过程同时存在着传热、传质和动量传递过程。

综合冷凝膜传热系数h_c与各传热系数之间的关系，得到热阻分配法的基本关系式：

$$\frac{1}{h_c}=\frac{1}{h_{cf}}+\frac{1}{h_{sv}}\cdot\frac{q_{sv}}{q_t} \tag{2.5-10}$$

将其中等号右边第二项用$1/h_v$表示，上式就可以写成：

$$\frac{1}{h_c}=\frac{1}{h_{cf}}+\frac{1}{h_v} \tag{2.5-11}$$

其中的冷凝液膜传热系数h_{cf}按前面近述方法计算，气相传热系数h_v按式(2.5-12)计算

$$h_v=h_{sv}\cdot(1+\phi_d) \tag{2.5-12}$$

当$Re_{vi}\geqslant2000$，气相处于湍流流动时，气相显热传热系数h_{sv}用下面的公式计算：

$$h_{sv}=0.023\left(\frac{\lambda_v}{d_i}\right)\cdot(Re_{vi})^{0.8}\cdot(Pr_v)^{1/3} \tag{2.5-13}$$

当$Re_{vi}<2000$，气相处于层流或过渡流状态时，可采用下面的经验公式计算：

$$h_{sv}=2.42\left(\frac{\lambda_v}{d_i}\right)\cdot\left(\frac{Re_{vi}\cdot Pr_v\cdot d_i}{L}\right)^{1/3} \tag{2.5-14}$$

扩散函数ϕ_d是潜热通量与显热通量的函数，将气相的传质与气相显热传热关联起来。扩散函数ϕ_d采用热平衡和气、液平衡计算近似得到。

$$\phi_d=\frac{\Delta H_v}{y\cdot C_{pv}}\cdot\left(\frac{\Delta y}{\Delta T}\right)+\frac{C_{pl}}{C_{pv}}\cdot\left(\frac{1-y}{y}\right) \tag{2.5-15}$$

式中　h_c——综合冷凝膜传热系数，$W/(m^2\cdot K)$；

Re_{vi}——水平管内气相雷诺数，$Re_{vi}=d_i\cdot G_t\cdot y/\mu_v$，无因次；

Pr_v——气相普兰特数，$Pr_v=C_{pv}\cdot\mu_v/\lambda_v$，无因次；

λ_v——气相导热系数，$W/(m\cdot K)$；

q_{sv}——气相显热通量，W/m^2；

q_t——总热通量，W/m^2；

ϕ_d——扩散函数，无因次。

2. 水平管内冷凝压力降

由于两相流动系统具有界面的不均匀性，致使两相流体的运动形式变得很复杂，至今对

其流动机理的研究远不如单相流充分，有关两相流压力降的计算方法也不如单相流完善和准确。

浮头式冷凝器管程冷凝压力降由四个部分组成：摩擦损失压力降 Δp_f、动能损失压力降 Δp_m、位能损失压力降 Δp_p 和进、出口管嘴压力降 Δp_N。

两相流冷凝过程中由于流体流速的变化而产生动能损失 Δp_m。对冷凝过程而言，动能损失压力降为负值，即动能损失压力降的存在，使冷凝过程的总压力降减小。动能损失压力降一般较小，可以忽略不计。这样处理将使总压力降值偏大，也就是计算的压力降值偏于保守，这在实际的工程设计中是可行的。则有：

$$\Delta p_t = \Delta p_f + \Delta p_p + \Delta p_N \tag{2.5-16}$$

式中 Δp_t——水平管内冷凝时管程总压力降，Pa；

Δp_f——水平管内两相流摩擦损失压力降，Pa；

Δp_m——动能损失压力降，Pa；

Δp_p——位能损失压力降，Pa；

Δp_N——进、出口管嘴压力降，Pa。

1）摩擦损失压力降

一般情况下，摩擦损失压力降在总压力降中占的比例较大。浮头式冷凝器管程冷凝时的摩擦损失压力降与单相流类似，分为直管段和回弯压力降两部分，即：

$$\Delta p_f = \Delta p_i + \Delta p_r \tag{2.5-17}$$

在计算回弯压力降时认为气液两相在管箱中充分混合，采用下面公式计算：

$$\Delta p_r = \frac{G_t^2}{2\rho_{tp}} \cdot C_N \tag{2.5-18}$$

直管段摩擦损失压力降的计算主要有两种模型——均匀流动模型和分离流动模型。均匀流动模型就是把两相流体视为一种虚拟的流体，将两相流动当作具有两相流体平均性质的单相流动。分离流动模型是人为地将两相流动系统分为气、液两股流体，假设气液速度为常数但不一定相等，应用经验公式表示两相摩擦因子与流动独立变量之间的关系。依据气相分率 y_{av} 和冷凝液膜雷诺数 Re_{li}[其定义见式(2.5-6)，用 y_{av} 代替式中的 y]的不同，细分为以液相为基准的两相分离流动模型和以气相为基准的两相分离流动模型。

在两相冷凝过程中，传热计算采用的是分段方法，而压力降采用不分段方法计算。当 $y_{av} \geqslant 0.7$ 时，气液两相处于雾状流或环状流，气液两相混合比较均匀，采用均匀流动模型计算。

$$\Delta p_i = 2f_{tp} \cdot \frac{G_t^2}{\rho_{tp}} \cdot \frac{N_{TP} \cdot L}{d_i} \tag{2.5-19}$$

$$Re_{tp} = \frac{d_i \cdot G_t}{\mu_{tp}} \tag{2.5-20}$$

$$\rho_{tp} = \frac{1}{\dfrac{1-y_{av}}{\rho_l} + \dfrac{y_{av}}{\rho_v}} \tag{2.5-21}$$

$$\mu_{tp} = \rho_{tp} \cdot \left[\frac{\mu_v \cdot y_{av}}{\rho_v} + \frac{\mu_l \cdot (1-y_{av})}{\rho_l}\right] \tag{2.5-22}$$

当 $y_{av} < 0.7$ 时，气液两相混合程度较差，采用分离流动模型。最常用的形式是在气液单相流压力降的基础上进行两相流修正。依据液相雷诺数的不同，分离流动模型又分为以液相

为基准的两相分离流动模型和以气相为基准的两相分离流动模型。

当 $Re_{li} \geqslant 2000$ 时，按以液相为基准的两相分离流动模型计算：

$$\Delta p_i = 2f_i \cdot \frac{[G_t \cdot (1-\gamma_{av})]^2}{\rho_l} \cdot \frac{N_{TP} \cdot L}{d_i} \cdot \phi_{ll}^2 \tag{2.5-23}$$

$$\phi_{ll}^2 = 1 + \frac{C_b}{X_{tt}} + \frac{1}{X_{tt}^2} \tag{2.5-24}$$

常数 C_b 的取值与两相的流动状态有关，见表 2.5-1：

表 2.5-1　各种流型下的 C_b 值

两相流流型	C_b	两相流流型	C_b
液相湍流—气相湍流	20	液相湍流—气相层流	10
液相层流—气相湍流	12	液相层流—气相层流	5

当 $Re_{li} < 2000$ 时，按以气相为基准的两相分离流动模型计算：

$$\Delta p_i = 2f_i \cdot \frac{(G_t \cdot \gamma_{av})^2}{\rho_v} \cdot \frac{N_{TP} \cdot L}{d_i} \cdot \phi_{vv}^2 \tag{2.5-25}$$

$$\phi_{vv}^2 = 1 + C_b \cdot X_{tt} + X_{tt}^2 \tag{2.5-26}$$

当 $Re_i \leqslant 2100$ 时，

$$f_i = \frac{16}{Re_i} \tag{2.5-27}$$

当 $Re_i > 2100$ 时，

$$f_i = 0.078/Re_i^{0.25} \tag{2.5-28}$$

式中　Δp_i——水平管内直管段压力降，Pa；

Δp_r——管程回弯压力降，Pa；

ρ_{tp}——均相密度，kg/m^3；

C_N——回弯次数校正系数，其值与管程数 N_{TP} 有关。当 $N_{TP}=1$ 时，取 $C_N=0.9$；当 $N_{TP} \geqslant 2$ 时，取 $C_N=1.6N_{TP}$，无因次；

f_i——水平管内摩擦系数，无因次；

f_{tp}——水平管内均相流摩擦系数，无因次；

Re_i——计算水平管内摩擦系数的雷诺数，无因次；以液相为基准的两相分离流动模型：$Re_i = Re_{li}$；以气相为基准的两相分离流动模型：$Re_i = Re_{vi}$；

μ_{tp}——均相黏度，$Pa \cdot s$；

ϕ_{ll}^2——水平管内以液相为基准的两相摩擦因子，无因次；

ϕ_{vv}^2——水平管内以气相为基准的两相摩擦因子，无因次。

2）位能损失压力降

对卧式冷凝器，此项一般可忽略不计，即 $\Delta p_p = 0$。

3）进、出口管嘴压力降

当进、出口处于两相流动状态时，按均匀流动模型处理。首先计算进、出口管嘴处的流体平均密度及流速。

$$v_1 = \frac{4W_h}{\pi \cdot d_{Ni}^2 \cdot N_{oz} \cdot \rho_{lv1}} \tag{2.5-29}$$

$$v_2 = \frac{4W_h}{\pi \cdot d_{No}^2 \cdot \rho_{lv2}} \quad (2.5-30)$$

$$\Delta p_{Ni} = \rho_{lv1} \cdot v_1^2/2 \quad (2.5-31)$$

$$\Delta p_{No} = 0.5\rho_{lv2} \cdot v_2^2/2 \quad (2.5-32)$$

进、出口管嘴压力降 Δp_N 为：

$$\Delta p_N = \Delta p_{Ni} + \Delta p_{No} \quad (2.5-33)$$

式中 ρ_{lv1}——进口处的气液混相密度，$\rho_{lv1} = \frac{1}{(1-y_{in})/\rho_{l1} + y_{in}/\rho_{v1}}$，$kg/m^3$；

ρ_{lv2}——出口处的气液混相密度，$\rho_{lv2} = \frac{1}{(1-y_{out})/\rho_{l2} + y_{out}/\rho_{v2}}$，$kg/m^3$；

ρ_{l1}、ρ_{l2}——进口、出口处的液相密度，kg/m^3；

ρ_{v1}、ρ_{v2}——进口、出口处的气相密度，kg/m^3；

v_1、v_2——进口、出口管嘴流速，m/s；

d_{Ni}、d_{No}——进口、出口管嘴直径，m；

N_{oz}——进口管嘴数；

Δp_{Ni}、Δp_{No}——进口、出口管嘴压力降，Pa；

4）含有过冷段的全过程压力降

当冷凝过程含有过冷段时，冷凝侧的压力降包括冷凝段压力降 Δp_C 及过冷段压力降 Δp_{SC}。一般情况下，如果冷凝器过冷度较小，过冷部分的压力降可忽略不计；如果过冷度较大，则需计算冷凝段压力降 Δp_C，然后按这两部分所占传热面积的大小进行加权平均，得到整个冷凝过程的压力降。然后加上进出口管嘴压力降，就可得到含过冷段的管程或壳程压力降。

2.5.1.2 水平管束外的冷凝传热与压降

由于冷凝过程的特殊性，冷凝传热分为冷凝液膜和气相两部分计算。而压降计算则按气液混合相考虑。

由于壳程复杂的不规则几何形状，其冷凝传热比较难准确预测。在对管外冷凝进行分析前，先定义一个流型参数 J_f，用来判断冷凝过程是重力控制还是剪力控制。

$$J_f = \frac{y \cdot G_s}{[(P_t - d_o) \cdot g \cdot \rho_v(\rho_l - \rho_v)]^{0.5}} \quad (2.5-34)$$

式中 J_f——流型参数，无因次；

d_o——管子外径，m；

P_t——管心距，m；

y——气相分率(质量)，无因次；

G_s——壳程质量流速，$kg/(m^2 \cdot s)$。

当 $J_f \geqslant 1.2$ 时，为汽相剪力控制区；当 $J_f \leqslant 0.7$ 时，为重力控制区；当 $0.7 < J_f < 1.2$ 时为过渡区。

1. 水平管束外的冷凝传热

冷凝器的传热管一般采用光管，偶尔也有用螺纹管的。采用螺纹管时，在毛细力的作用下，冷凝液会滞留在翅片凹槽内而影响传热效率。这种影响的强弱主要取决于螺纹管的几何尺寸及冷凝液表面张力大小。对大部分轻烃和有机溶剂介质来说，冷凝液滞留影响可忽略；

但水蒸气冷凝时，采用螺纹管的传热效果远不如光管；对于表面张力值相差悬殊的混合物冷凝，也不建议采用螺纹管。翅片间距小、翅片高的螺纹管，其影响比翅片间距大、翅片低的螺纹管严重得多；冷凝液的表面张力越大，其影响也越严重。

水平螺纹管管束外冷凝过程的传热计算，可以在水平光管管束外冷凝计算方法的基础上进行管子几何结构参数的校正，同时要考虑冷凝液在螺纹管翅片凹槽内的滞留影响和翅片效率。不建议采用螺纹管做冷凝传热管，所以本章不详细介绍螺纹管的计算方法。

由于折流板结构的不同，冷凝传热模型也不相同，目前常用的结构有弓形折流板和折流杆。浮头式折流杆冷凝器壳程传热与压力降计算方法由洛阳石油化工工程公司与天津大学共同完成。

1）管束外冷凝液膜传热系数

（1）重力控制区的冷凝液膜传热系数

当 $J_f \leqslant 0.7$ 时，冷凝液膜受重力控制区，采用努塞尔特模型计算传热系数。

① 当 $Re_{go} < Re_{cr}$，液膜处于层流或波动流时：

$$h_{go} = 1.51 C_R \cdot \lambda_l \cdot \left[\frac{\rho_l(\rho_l - \rho_v)g}{\mu_l^2}\right]^{1/3} (Re_{go})^{-1/3} \tag{2.5-35}$$

$$Re_{go} = \frac{4W_h(1-y)\cdot(N_{RV})_e}{L \cdot \mu_l \cdot n_t} \tag{2.5-36}$$

$$(N_{RV})_e = p \cdot (n_t)^r \cdot \left(1 + \frac{O_P}{0.5 d_o}\right) \tag{2.5-37}$$

式中　Re_{go}——水平管束外冷凝重力控制下的液膜雷诺数，无因次；

h_{go}——水平管束外冷凝重力控制下的冷凝液膜传热系数，W/(m² · K)；

N_{RV}——垂直管排的管子数，无因次；

$(N_{RV})_e$——垂直管排的有效管子数，无因次；

O_P——覆盖因子，其值见表 2.5－3，无因次；

C_R——水平管束外冷凝重力控制区修正因子，无因次；当 $Re_{go} \leqslant 40$ 时，$C_R = 1.0$；当 $40 < Re_{go} < 200$ 时，$C_R = 0.00313Re + 0.875$；当 $Re_{go} \geqslant 200$ 时，$C_R = 1.5$。

水平光管管束外冷凝时的临界雷诺数和最小努塞尔特数见表 2.5－2。覆盖因子以及常数 p 和 r 的取值见表 2.5－3。

表 2.5－2　水平管外冷凝的临界雷诺数

管子排列角度	最小努塞尔特数 Nu_{gm}	推荐的临界雷诺数 Re_{cr}	管子排列角度	最小努塞尔特数 Nu_{gm}	推荐的临界雷诺数 Re_{cr}
60°	0.26	650	45°	0.25	750
30°	0.25	750	90°	0.22	1100

表 2.5－3　覆盖因子以及 p 和 r 的值

管子排列角度	覆盖因子 O_p				p	r
30°	$P_t/d_o < 1.155$	$O_p = d_o - 0.866P_t$	$P_t/d_o \geqslant 1.155$	$O_p = 0$	0.97	0.481
60°	$P_t/d_o < 2.0$	$O_p = d_o - P_t/2$	$P_t/d_o \geqslant 2.0$	$O_p = 0$	0.481	0.505
45°	$P_t/d_o < 1.414$	$O_p = d_o - 0.707P_t$	$P_t/d_o \geqslant 1.414$	$O_p = 0$	0.73	0.48
90°	$O_p = 0$				0.815	0.52

② 当 $Re_{go} \geqslant Re_{cr}$，液膜处于湍流流动时：

$$h_{go} = 0.012(Re_{go})^{1/3}(Pr_1)^{1/3} \cdot \lambda_1 \cdot \left[\frac{\rho_1(\rho_1 - \rho_v)g}{\mu_1^2}\right]^{1/3} \tag{2.5-38}$$

(2) 剪力控制区的冷凝液膜传热系数

当 $J_f \geqslant 1.2$ 时，为汽相剪力控制，采用对流传热模型计算。

$$h_{so} = h_{lo} \cdot F_{tp} \tag{2.5-39}$$

普通弓形折流板冷凝器：

$$h_{lo} = 0.35(Re_o)^{0.6} \cdot (Pr_1)^{0.4} \cdot \left(\frac{\lambda_1}{d_o}\right) \tag{2.5-40}$$

$$F_{tp} = \left(1 + \frac{8}{X_{tt}} + \frac{1}{X_{tt}^2}\right)^{0.47} \tag{2.5-41}$$

浮头式折流杆冷凝器：采用式(2.4-34)或式(2.4-35)——折流杆冷凝器壳程单相液体膜传热系数 h_o，再乘以两相对流因子。两相对流因子用下式计算：

$$F_{tp} = \left(1 + \frac{1.5}{X_{tt}^{0.5}} + \frac{4.5}{X_{tt}} + \frac{1}{X_{tt}^2}\right)^{0.47} \tag{2.5-42}$$

式中 h_{so}——水平管束外冷凝剪力控制下的冷凝液膜传热系数，W/(m² · K)；

h_{lo}——水平管束外冷凝剪力控制时液体单独流动的对流传热系数，W/(m² · K)；

Re_o——普通浮头式冷凝器水平管束外冷凝的壳程雷诺数，

$$Re_o = \frac{d_o \cdot G_s \cdot (1-y)}{\mu_1} \tag{2.5-43}$$

(3) 过渡区的冷凝液膜传热系数

当 $0.7 < J_f < 1.2$ 时，为过渡区。先分别计算重力控制下的冷凝液膜传热系数和剪力控制下的冷凝液膜传热系数，然后按式(2.5-44)计算冷凝液膜传热系数。

$$h_{ts} = \eta_d \cdot h_{so} + (1 - \eta_d) \cdot h_{go} \tag{2.5-44}$$

式中 h_{ts}——水平管束外冷凝过渡区的冷凝液膜传热系数，W/(m² · K)；

η_d——加权系数，$\eta_d = 2J_f - 1.4$，无因次。

2) 气相传热系数

水平管束外冷凝的气相传热系数计算采用下面的公式：

$$h_v = h_{sv} \cdot (1 + \phi_d) \cdot \theta_s \tag{2.5-45}$$

式中 θ_s——汽体温度分布非线性修正因子，无因次。

(1) 气相显热传热系数

普通弓形折流板冷凝器：

当 $Re_v \geqslant 4000$ 时，为湍流流动，用通用公式计算：

$$h_{sv} = 0.38\frac{\lambda_v}{d_o} \cdot (Re_v)^{0.6} \cdot (Pr_v)^{0.333} \cdot \eta_e \tag{2.5-46}$$

当 $Re_v < 4000$ 时，为层流流动，采用经验公式计算：

$$h_{sv} = \frac{\lambda_v}{d_o} \cdot \left[0.378(Re_v)^{0.554} \cdot \left(\frac{B_c - 15}{10}\right) + 0.41(Re_v)^{0.5634} \cdot \left(\frac{25 - B_c}{10}\right)\right] \cdot (Pr_v)^{0.333} \cdot \eta_e \tag{2.5-47}$$

浮头式折流杆冷凝器：

$$h_{sv}=\frac{\lambda_v}{d_o}\cdot\varepsilon_1\cdot\varepsilon_r\cdot(Re_v)^m\cdot(Pr_v)^{0.4} \tag{2.5-48}$$

式中 Re_v——水平管束外冷凝气相雷诺数，无因次；

m——指数，无因次。$Re_v \geqslant 2000$ 时，$m=0.8$；$Re_v<2000$ 时，$m=0.6$；

ε_1——漏流校正系数，无因次；

ε_r——长径比修正系数，无因次；

d_h——折流杆冷凝器传热计算的当量直径，m；

B_c——折流板缺圆高度，%；

η_e——翅化参数，对光管 $\eta_e=1$；对螺纹管 $\eta_e=\eta$。

（2）扩散函数

扩散函数 ϕ_d 是潜热通量与显热通量的函数，将气相的传质与气相显热传热关联起来。扩散函数 ϕ_d 采用热平衡和气、液平衡计算近似得到，这种方法比较实用。

$$\phi_d=\frac{\Delta H_v}{y\cdot C_{pv}}\cdot\left(\frac{\Delta y}{\Delta T}\right)+\frac{C_{pl}}{C_{pv}}\cdot\left(\frac{1-y}{y}\right) \tag{2.5-49}$$

式中 ϕ_d——扩散函数，无因次。

（3）温度分布非线性修正因子

气体温度分布非线性修正因子 θ_s 通过分析方法得到，这种非线性是由冷凝过程传质造成的，它与冷凝器几何结构和局部流型无关。

$$\theta_s=\frac{A_a}{\exp(A_a)-1} \tag{2.5-50}$$

$$A_a=\left(\frac{q_1}{\Delta H_v}\right)\frac{C_{pv}}{h_{sv}} \tag{2.5-51}$$

式中 q_1——冷凝热通量，W/m^2。

普通弓形折流板冷凝器可以不计算温度分布非线性修正因子，直接取 $\theta_s=1$。

当 y 值很低（$y<0.001$）时，Re_v值很小，由于此时扩散函数 ϕ_d 值很高，已接近液体单相流传热，气相阻力可忽略不计，因此 $1/h_o=0$。

综上所述，不论是普通弓形折流板冷凝器还是浮头式折流杆冷凝器，首先需要计算流型参数，根据其值的大小，采用相应的关联式计算出冷凝液膜传热系数 h_{cf}和气相传热系数 h_v，然后根据热阻分配法得到综合冷凝膜传热系数。

如果不采用分段方法，得到的是整个冷凝过程的综合冷凝膜传热系数；当采用分段方法时，得到的是每一段的综合冷凝膜传热系数。

取每一段的平均条件分别计算冷凝液膜传热系数 h_{cfi}和气相传热系数 h_{vi}，然后按下面的公式得出每一段的综合冷凝膜传热系数 h_{ci}。在此基础上可得到每一段的总传热系数 K_i。

$$\frac{1}{h_{ci}}=\frac{1}{h_{cfi}}+\frac{1}{h_{vi}}(i=1,\ 2,\ \cdots,\ N) \tag{2.5-52}$$

$$K_i=\frac{1}{\frac{1}{h_{ct}}+\frac{1}{h_{ci}}+R_t}(i=1,\ 2,\ \cdots,\ N) \tag{2.5-53}$$

3）总传热系数与需要的总传热面积

冷凝器的总传热系数是按每一段的总传热系数 K_i 用热负荷加和而得到，在加和时如果存在过热段、过冷段则应将其考虑进去。冷凝器的总传热系数 K 由下面的公式计算：

$$K = \frac{Q}{\frac{Q_{sh}}{K_{sh}} + \frac{Q_{sc}}{K_{sc}} + \sum_{i=1}^{N}\left(\frac{Q_i}{K_i}\right)} \tag{2.5-54}$$

如果不存在过热段，上式中的 Q_{sh}/K_{sh} 项为零；如果不存在过冷段，上式中的 Q_{sc}/K_{sc} 项为零。

当过冷段负荷较大时，按上式计算的总传热系数可能很小，原因是当介质完全冷凝后，其冷凝液体积流量小，流速很低，过冷液的膜传热系数很低，从而导致过冷段总传热系数很小。为了避免上述情况的发生，最好是在冷凝器中不要设计大量过冷。

冷凝器所需的总传热面积是每一段所需传热面积的总和，如果存在过热段、过冷段则应考虑其所需面积。冷凝器所需的总传热面积 S 为：

$$S = S_{sh} + S_{sc} + \sum_{i=1}^{N}(S_i) \tag{2.5-55}$$

无过热段存在时，上式中的 S_{sh} 项为零；无过冷段存在时，上式中的 S_{sc} 项为零。

4）总传热温差

总传热温差可以采用分段热负荷或面积进行加和，但所得结果往往与传热方程根据 K 和 A 推算值不符。因此建议总传热温差还是根据传热方程式求取，以符合设计的要求。

$$\Delta T = \frac{Q}{S \cdot K} \tag{2.5-56}$$

2. 水平管束外冷凝压力降

水平管束外冷凝时压力降不采用分段方法计算，总压力降中占主导地位的是两相流摩擦损失压力降。计算摩擦损失压力降时，根据进、出口平均气相分率 y_{av} 和冷凝液膜雷诺数的不同，采用不同的模型计算。

1）浮头式折流杆冷凝器壳程压力降

浮头式折流杆冷凝器壳程介质以沿管束的轴向流动为主，管束部分压力降的计算与弓形折流板冷凝器有所不同。

忽略动能损失压力降，浮头式折流杆冷凝器的压力降由管束部分的摩擦压力降 Δp_f、通过折流圈的压力降 Δp_{bt}、导流筒和进出口管嘴压力降 Δp_{Np} 这三个部分组成。即：

$$\Delta p_s = \Delta p_f + \Delta p_{bt} + \Delta p_{Np} \tag{2.5-57}$$

式中 Δp_s——冷凝器壳程总压力降，Pa；

Δp_f——摩擦压力降，Pa；

Δp_{bt}——过折流圈的压力降，Pa；

Δp_{Np}——进、出口管嘴及导流筒压力降，Pa。

浮头式折流杆冷凝器壳程压力降计算方法，由洛阳石化工程公司和天津大学共同开发。

(1) 轴向流摩擦压力降

壳程轴向流摩擦压力降采用修正的 Martinelli 方法。对于 $y_{av} \geq 0.7$ 的高气相分率场合，雾沫夹带非常大，采用均匀流动模型；当 $y_{av} < 0.7$ 时，采用以液相为基准的两相分离流动模型计算。

$$\Delta p_f = \phi_r^2 \cdot \Delta p_1 \tag{2.5-58}$$

均匀流动模型：

$$\Delta p_1 = 2f_s \cdot \frac{L}{d_p} \cdot \frac{G_s^2}{\rho_v} \tag{2.5-59}$$

$$f_s = 0.079Re_p^{-0.25} \tag{2.5-60}$$

$$\phi_r^2 = \left(\frac{\mu_{tp}}{\mu_v}\right)^{0.2} \cdot (\gamma_{av})^{-1.8} \tag{2.5-61}$$

以液相为基准的两相分离流动模型：

$$\Delta p_1 = 2f_s \cdot \frac{L}{d_P} \cdot \frac{G_s^2}{\rho_1} \tag{2.5-62}$$

$$\phi_r^2 = 1 + \frac{20}{X_{tt}} + \frac{1}{X_{tt}^2} \tag{2.5-63}$$

当 $Re_p > 2000$ 时

$$f_s = 0.078 \cdot Re_P^{-0.25} \tag{2.5-64}$$

当 $Re_p \leqslant 2000$ 时

$$f_s = 16/Re_p \tag{2.5-65}$$

式中　d_p——浮头式折流杆冷凝器壳程压力降计算的当量直径，m；

$$d_P = (D_s^2 - n_t \cdot d_o^2)/(D_s + n_t \cdot d_o)$$

Re_p——浮头式折流杆冷凝器计算壳程压力降的雷诺数，无因次；

用于均匀流动模型：$Re_p = G_s \cdot d_P/\mu_{tp}$；

用于以液相为基准的两相分离流动模型：$Re_p = G_s \cdot d_P/\mu_1$；

f_s——浮头式折流杆冷凝器单相流体在壳程的摩擦系数，无因次；

Δp_1——浮头式折流杆冷凝器壳程单相流体的压力降，Pa；

ϕ_1^2——浮头式折流杆冷凝器的两相摩擦因子，无因次。

（2）过折流圈的压力降

对于 $\gamma_{av} \geqslant 0.7$ 的高气相分率场合，雾沫夹带非常大，采用均匀流动模型；当 $\gamma_{av} < 0.7$ 时，采用以液相为基准的两相分离流动模型。

$$\Delta p_{bt} = \Delta p_b \cdot \phi_r^2 \tag{2.5-66}$$

均匀流动模型：

$$\Delta p_b = \frac{f_b \cdot n_b \cdot G_b^2}{2\rho_v} \tag{2.5-67}$$

以液相为基准的两相分离流动模型：

$$\Delta p_b = \frac{f_b \cdot n_b \cdot G_b^2}{2\rho_1} \tag{2.5-68}$$

$$f_b = C_3 \cdot \left(C_1 + \frac{C_2}{Re_b}\right) \tag{2.5-69}$$

$$C_1 = 0.9381 - 0.9114\frac{S_b}{S_s} + 0.175\left(\frac{S_b}{S_s}\right)^2$$

$$C_2 = 9.41 - 23.35\frac{S_b}{S_s} + 14.96\left(\frac{S_b}{S_s}\right)^2$$

$$C_3 = 0.1306 + 0.0345\frac{L}{D_{bo}} + 0.0089\left(\frac{L}{D_{bo}}\right)^2$$

两相摩擦因子的计算与轴向流摩擦压力降相同。

式中　Δp_b——浮头式折流杆冷凝器壳程单相流体过折流圈的压力降，Pa；

f_b——单相流体通过折流圈的摩擦系数，无因次；

n_b——折流圈数量，无因次；

D_{bo}——折流圈外径，m。

(3) 进、出口管嘴及导流筒压力降

$$\Delta p_{NP}=\Delta p_{Ni}+\Delta p_{Nb}+\Delta p_{IP} \tag{2.5-70}$$

导流筒及防冲板压力降 Δp_{IP} 为经验值，取5倍的进口管嘴压力降，即 $\Delta p_{IP}=5\cdot\Delta p_{Ni}$。

进、出口管嘴压力降 Δp_N 为：

$$\Delta p_N=\Delta p_{Ni}+\Delta p_{No} \tag{2.5-71}$$

Δp_{Ni}、Δp_{No} 的计算方法见式(2.5-31)和式(2.5-32)。

2) 普通弓形折流板冷凝器管束外冷凝压力降

计算过程与浮头式折流杆冷凝器相同。普通弓形折流板冷凝器壳程总压力降是以下几部分压力降之和：

$$\Delta p_s=\Delta p_f+\Delta p_{Np} \tag{2.5-72}$$

式中 Δp_s——冷凝器壳程总压力降，Pa；

Δp_f——冷凝器水平管束外两相流摩擦损失压力降，Pa。

(1) 水平管束外两相流摩擦损失压力降

当 $y_{av}\geqslant 0.7$ 时，采用均匀流动模型计算：当 $y_{av}<0.7$，$Re_o\geqslant 2000$ 时，按以液相为基准的两相分离流动模型计算；当 $y_{av}<0.7$，$Re_o<2000$ 时，按以气相为基准的两相分离流动模型计算。

均匀流动模型：

$$\Delta p_f=\Delta p_{tp}\cdot\phi_{tp}^2 \tag{2.5-73}$$

$$\phi_{tp}^2=\left(\frac{\mu_{tp}}{\mu_v}\right)^{0.2}\cdot(y_{av})^{-1.8} \tag{2.5-74}$$

均相流压力降 Δp_{tp} 采用第2.4节有关部分，计算时用气液混相的物性代替公式中的单相性质。

以液相为基准的两相分离流动模型：

$$\Delta p_f=\Delta p_l\cdot\phi_l^2 \tag{2.5-75}$$

$$\phi_l^2=1+\frac{9}{X_{tt}}+\frac{1}{X_{tt}^2} \tag{2.5-76}$$

以气相为基准的两相分离流动模型：

$$\Delta p_f=\Delta p_v\cdot\phi_v^2 \tag{2.5-77}$$

$$\phi_v^2=1+9X_{tt}+X_{tt}^2 \tag{2.5-78}$$

式中 Δp_l、Δp_v——壳程单相流体压力降，参见第2.4节有关部分，Pa；

ϕ_{tp}^2——均相流动模型中的壳程两相摩擦因子，无因次；

ϕ_l^2——以液相为基准的壳程两相摩擦因子，无因次；

ϕ_v^2——以气相为基准的壳程两相摩擦因子，无因次。

(2) 进、出口管嘴及导流筒压力降

这部分压力降的计算与浮头式折流杆冷凝器部分的相同，采用式(2.5-70)和式(2.5-71)计算。

2.5.2　计算示例

以一台壳程冷凝的冷凝器为例，管程冷凝的设计步骤与此类似，这里不再单独做例题。以某厂一台产品水冷器为例，其操作条件和物性见表2.5-4和表2.5-5。

表2.5-4　水冷器操作条件和介质物性表

	壳　程		管　程	
介质名称	产　品		水	
介质流量/(kg/h)	31428			
	进　口	出　口	进　口	出　口
温度/℃	150.1	40.0	33.0	40.0
气相质量分率/%	30.8	7.8	0.0	0.0
气相比热/[J/(kg·K)]	3220	7529		
气相导热系数/[W/(m·K)]	0.13	0.156		
气相密度/(kg/m^3)	11.5	4.352		
气相黏度/Pa·s	0.0000135	0.0000103		
液相比热容/[J/(kg·K)]	2183	1783	4181	4177
液相导热系数/[W/(m·K)]	0.101	0.126	0.6306	0.6344
液相密度/(kg/m^3)	727	836	993	990
液相黏度/Pa·s	0.000187	0.00051	0.0007593	0.0006632
结垢热阻/(m^2·K/W)	0.0002		0.000344	

表2.5-5　操作压力下热流体冷凝曲线

温度/℃	150.1	140.7	130.7	120.1	108.7	96.6	83.7	70	55.4	40
比焓/(kJ/kg)	235.3	197.2	159	120.8	82.7	44.5	6.3	-31.9	-70.1	-108.2
气相质量分率	0.3083	0.263	0.223	0.188	0.158	0.133	0.113	0.098	0.086	0.078

1. 计算热负荷和冷却水用量

$$Q = W_h \cdot (H_1 - H_2) = 31428 \times [(235.3 - (-108.2)] = 0.108 \times 10^8 \text{kJ/h} = 3010\text{kW}$$

$$W_c = \frac{Q}{C_{Pc} \cdot (t_2 - t_1)} = \frac{0.108 \times 1000 \times 10^8}{4179 \times (40 - 33)} = 369193\text{kg/h}$$

计算对数平均温差

$$P = \frac{冷流体的温升}{两流体的最初温度差} = \frac{t_2 - t_1}{T_1 - t_1} = \frac{40 - 33}{150.1 - 33} = 0.06,$$

$$R = \frac{热流体的温降}{冷流体的温升} = \frac{T_1 - T_2}{t_2 - t_1} = \frac{150.1 - 40}{40 - 33} = 15.729$$

由于$|R-1| > 10^{-3}$，根据式(2.1-16)、式(2.1-17)有：

$$P_n = \frac{1 - \left(\frac{1 - P \cdot R}{1 - P}\right)^{1/N_s}}{R - \left(\frac{1 - P \cdot R}{1 - P}\right)^{1/N_s}} = \frac{1 - \left(\frac{1 - 0.06 \times 15.729}{1 - 0.06}\right)^{1/1}}{15.729 - \left(\frac{1 - 0.06 \times 15.729}{1 - 0.06}\right)^{1/1}} = 0.06$$

$$\phi_m = \frac{\frac{\sqrt{R^2 + 1}}{R - 1} \ln\left(\frac{1 - P_n}{1 - P_n \cdot R}\right)}{\ln\left[\frac{2/P_n - 1 - R + \sqrt{R^2 + 1}}{2/P_n - 1 - R - \sqrt{R^2 + 1}}\right]} = \frac{\frac{\sqrt{15.729^2 + 1}}{15.729 - 1} \ln\left(\frac{1 - 0.06}{1 - 0.06 \times 15.729}\right)}{\ln \frac{2/0.06 - 1 - 15.729 + \sqrt{15.729^2 + 1}}{2/0.06 - 1 - 15.729 - \sqrt{15.729^2 + 1}}} = 0.826$$

$\phi_m > 0.8$，可以用一个壳程。则：

$$\Delta t_m = \frac{(T_1 - t_2) - (T_2 - t_1)}{\ln \frac{T_1 - t_2}{T_2 - t_1}} \cdot \phi_m = \frac{(150.1 - 40) - (40 - 33)}{\ln \frac{150.1 - 40}{40 - 33}} \times 0.826 = 31℃$$

2. 初选换热器结构

根据经验选择换热器总传热系数为400W/(m²·K)，则：

$$S = \frac{Q}{K \cdot \Delta t_m} = \frac{3010 \times 10^3}{400 \times 31} = 243\text{m}^2$$

根据传热面积及要求的传热管规格，初步选定 BES 结构，换热器壳径为 ϕ900 × 6000mm，2 管程，传热管规格为 ϕ19×2，转置正方形布管，管子根数 n_t 为 800，中心管排数 n_x 为 22，传热面积为 285m²，单弓形折流板，折流板间距 B 为 300，计 16 块折流板，弓缺 Z 为 25%；壳程为“1 进 2 出”(BJ21S)结构，管程进出口嘴子 ϕ300，壳程进出口嘴子为 ϕ350。冷流体走管程。

3. 计算定性温度及定性温度下的物性

无相变侧(管程)的定性温度按式(2.1－1)计算可得。

$$t_D = 0.4t_h + 0.6t_c = 0.4 \times 40 + 0.6 \times 33 = 35.8℃$$

有相变的工况应采用分段计算的方法，才能获得准确的结果，传热软件 HTRI 一般分 10 段进行计算，本例中由于是手工计算，为简化计算量，又能够说明计算方法，仅以 108.7℃ 为分界点，将整台冷凝器分两段计算。

$$Q_1 = (235.3 - 82.7) \times 0.2788 \times 31428 = 1.337 \times 10^6 \text{W/h}$$

$$Q_2 = [82.7 - (-108.2)] \times 0.2788 \times 31428 = 1.673 \times 10^6 \text{W/h}$$

按式(2.1－1)计算各段定性温度后，将各段定性温度下的物性列于表 2.5－6。

表 2.5－6 定性温度下各段的物性

		定性温度/℃	比热容/[J/(kg·K)]		导热系数/[W/(m·K)]		密度/(kg/m³)		黏度/Pa·s	
			气相	液相	气相	液相	气相	液相	气相	液相
热流	第一段	125.26	4364	2077	0.1369	0.108	9.6	756	1.27×10^{-4}	2.73×10^{-4}
	第二段	67.48	6452	1883	0.1495	0.120	6.14	809	1.11×10^{-4}	4.29×10^{-4}
冷流		35.3		4179		0.6311		992		7.277×10^{-4}

计算雷诺数 Re：

$$G_i = \frac{W_c}{S_i} = \frac{W_c}{\frac{\pi}{4} d_i^2 \cdot \frac{n_t}{2}} = \frac{369193}{\frac{\pi}{4}(0.019 - 2 \times 0.002)^2 \times \frac{800}{2} \times 3600} = 1451.6\text{kg/(m}^2 \cdot \text{s)}$$

$$Re_c = \frac{d_i G_i}{\mu} = \frac{(0.019 - 2 \times 0.002) \times 1451.6}{7.277 \times 10^{-4}} = 29922$$

壳程当量直径为：

$$d_e = \frac{4\left(p_t^2 - \frac{\pi}{4} d_o^2\right)}{\pi d_o} = \frac{4 \times (0.025^2 - \frac{\pi}{4} \times 0.019^2)}{\pi \times 0.019} = 0.023\text{m}$$

$$G_o = \frac{W_o}{S_o} = \frac{W_h}{(D_i - n_x \cdot d_0) \cdot B} = \frac{31428}{(0.9 - 22 \times 0.019) \times 0.3 \times 3600} = 60.4\text{kg/(m}^2 \cdot \text{s)}$$

4. 管程(无相变侧)的传热系数

忽略黏度壁温校正项，即 $\phi=\frac{\mu_w}{\mu}\approx1$。

管程传热系数计算：

因为 $Re_i\geqslant10^4$，故根据式(2.4-6)计算传热因子，根据式(2.4-3)计算管程传热系数。

$$J_{Hi}=0.023Re_i^{0.8}=0.023\times29922^{0.8}=87.6$$

$$\begin{aligned}h_{io}&=\frac{\lambda_i}{d_o}J_{Hi}Pr^{\frac{1}{3}}\phi_i=\frac{\lambda_i}{d_i}J_{Hi}\left(\frac{C_p\mu}{\lambda}\right)^{\frac{1}{3}}\phi_i\\&=\frac{0.6311}{0.015}\times87.6\times\left(\frac{4179\times7.277\times10^{-4}}{0.6311}\right)^{1/3}\times1\\&=6225\mathrm{W/(m^2\cdot K)}\end{aligned}$$

5. 壳程的传热系数

(1) 计算气相分率和质量流速

气相分率用高低端的平均值计算，所以有：

$$y_1=\frac{0.3083+0.158}{2}=0.2332\qquad y_2=\frac{0.158+0.078}{2}=0.118$$

(2) 计算流型参数

按照式(2.5-34)计算壳程流型参数

$$J_{f1}=\frac{y\cdot G_s}{[(P_t-d_o)\cdot g\cdot\rho_v(\rho_l-\rho_v)]^{0.5}}=\frac{0.2332\times60.4}{[(0.025-0.019)\times9.81\times9.6\times(756-9.6)]^{0.5}}=0.69$$

$$J_{f2}=\frac{y\cdot G_s}{[(P_t-d_o)\cdot g\cdot\rho_v(\rho_l-\rho_v)]^{0.5}}=\frac{0.118\times60.4}{[(0.025-0.019)\times9.81\times6.14\times(809-6.14)]^{0.5}}=0.42$$

J_{f1}、$J_{f2}=0.533<0.7$，所以第一段、第二段均在重力控制区。

(3) 计算雷诺数

根据式(2.5-36)计算重力控制区的雷诺数，查表2.5-3得到覆盖因子 O_p 以及 p 和 r 的值分别为：$p=0.73$，$r=0.48$

$$O_p=d_o-0.707P_t=0.019-0.707\times0.025=0.001325$$

$$(N_{RV})_e=p\cdot(n_t)^r\left(1+\frac{O_P}{0.5d_o}\right)=0.73\times800^{0.48}\times\left(1+\frac{0.001325}{0.5\times0.019}\right)=20.58$$

$$Re_{go1}=\frac{4W_h(1-y)\cdot(N_{RV})_e}{L\cdot\mu_l\cdot n_t}=\frac{4\times\frac{31428}{3600}\times(1-0.2332)\times20.58}{7\times2.73\times10^{-4}\times800}=360$$

$$Re_{go2}=\frac{4W_h(1-y)\cdot(N_{RV})_e}{L\cdot\mu_l\cdot n_t}=\frac{4\times\frac{31428}{3600}\times(1-0.118)\times22.58}{7\times4.29\times10^{-4}\times800}=263$$

(4) 计算壳程膜传热系数

(a) 计算液膜传热系数

查表2.5-2得到水平管外冷凝的临界雷诺数为750，采用式(2.5-35)计算液膜传热系数。

由于 $Re_{go}\geqslant200$，$C_R=1.5$，所以，

$$h_{go1}=1.51C_R\cdot\lambda_1\cdot\left[\frac{\rho_1(\rho_1-\rho_v)g}{\mu_1^2}\right]^{1/3}(Re_{go})^{-1/3}$$

$$=1.51\times1.5\times0.108\times\left(\frac{756\times(756-9.6)\times9.81}{0.000273^2}\right)^{1/3}\times360^{-1/3}$$

$$=1444\text{W}/(\text{m}^2\cdot\text{K})$$

$$h_{go2}=1.51C_R\cdot\lambda_1\cdot\left[\frac{\rho_1(\rho_1-\rho_v)g}{\mu_1^2}\right]^{1/3}(Re_{go})^{-1/3}$$

$$=1.51\times1.5\times0.12\times\left(\frac{809\times(809-6.14)\times9.81}{0.000429^2}\right)^{1/3}\times263^{-1/3}$$

$$=1381\text{W}/(\text{m}^2\cdot\text{K})$$

（b）计算气相膜传热系数

$$Re_{v1}=\frac{d_0G\cdot y}{\mu_v}=\frac{0.019\times60.4\times0.2332}{1.27\times10^{-4}}=2107$$

$$Re_{v2}=\frac{d_0G\cdot y}{\mu_v}=\frac{0.019\times60.4\times0.118}{1.11\times10^{-4}}=1220$$

$$Pr_{v1}=\frac{C_{p1}\cdot\mu_{v1}}{\lambda_{v1}}=\frac{4364\times1.27\times10^{-4}}{0.1369}=4.05$$

$$Pr_{v2}=\frac{C_{p2}\cdot\mu_{v2}}{\lambda_{v2}}=\frac{6452\times1.11\times10^{-4}}{0.1495}=4.79$$

采用式(2.5－45）计算水平管束外冷凝的气相传热系数，Re_{v1}、Re_{v1}均小于4000，采用式(2.5－47)计算第一、第二段的气相显热传热系数。

$$h_{sv1}=\frac{\lambda_v}{d_o}\cdot\left[0.378(Re_v)^{0.554}\cdot\left(\frac{B_c-15}{10}\right)+0.41(Re_v)^{0.5634}\cdot\left(\frac{25-B_c}{10}\right)\right]\cdot(Pr_v)^{0.333}\cdot\eta_e$$

$$=\frac{0.1369}{0.019}\left[0.378\times2107^{0.554}\times\frac{25-15}{10}+0.41\times2107^{0.5634}\times\frac{25-25}{10}\right]\times4.05^{0.333}\times1$$

$$=301\text{W}/(\text{m}^2\cdot\text{K})$$

$$h_{sv2}=\frac{\lambda_v}{d_o}\cdot\left[0.378(Re_v)^{0.554}\cdot\left(\frac{B_c-15}{10}\right)+0.41(Re_v)^{0.5634}\cdot\left(\frac{25-B_c}{10}\right)\right]\cdot(Pr_v)^{0.333}\cdot\eta_e$$

$$=\frac{0.1495}{0.019}\left[0.378\times1220^{0.554}\times\frac{25-15}{10}+0.41\times1220^{0.5634}\times\frac{25-25}{10}\right]\times4.79^{0.333}\times1$$

$$=257\text{W}/(\text{m}^2\cdot\text{K})$$

按照式(2.5－49)计算扩散函数ϕ_d，$\theta_s=1$

$$\phi_{d1}=\frac{\Delta H_v}{y\cdot C_{pv}}\cdot\left(\frac{\Delta y}{\Delta T}\right)+\frac{C_{pl}}{C_{pv}}\cdot\left(\frac{1-y}{y}\right)$$

$$=\frac{152600}{0.2332\times4364}\cdot\frac{0.1503}{41.4}+\frac{2077}{4364}\times\frac{1-0.2332}{0.2332}$$

$$=2.1$$

$$\phi_{d2}=\frac{\Delta H_v}{y\cdot C_{pv}}\cdot\left(\frac{\Delta y}{\Delta T}\right)+\frac{C_{pl}}{C_{pv}}\cdot\left(\frac{1-y}{y}\right)$$

$$=\frac{190900}{0.118\times6452}\cdot\frac{0.08}{68.7}+\frac{1883}{6452}\times\frac{1-0.118}{0.118}$$

$$=2.18$$

$$h_{v1} = h_{sv1} \cdot (1+\phi_d) \cdot \theta_s$$
$$= 301 \times (1+2.1) \times 1$$
$$= 933\text{W}/(\text{m}^2 \cdot \text{K})$$
$$h_{v2} = h_{sv2} \cdot (1+\phi_d) \cdot \theta_s$$
$$= 257 \times (1+2.18) \times 1$$
$$= 817\text{W}/(\text{m}^2 \cdot \text{K})$$

(5) 综合冷凝膜传热系数

用式(2.5－52)计算综合冷凝膜传热系数 h_{ci}。

$$\frac{1}{h_{c1}} = \frac{1}{h_{go1}} + \frac{1}{h_{v1}} = \frac{1}{1444} + \frac{1}{933} = 1.76 \times 10^{-3}$$
$$h_{c1} = 566\text{W}/(\text{m}^2 \cdot \text{K})$$
$$\frac{1}{h_{c2}} = \frac{1}{h_{go2}} + \frac{1}{h_{v2}} = \frac{1}{1381} + \frac{1}{817} = 1.948 \times 10^{-3}$$
$$h_{c2} = 513\text{W}/(\text{m}^2 \cdot \text{K})$$

(6) 分段总传热系数

用式(2.5－53)计算每一段的总传热系数 K_i。

$$\frac{1}{K} = \frac{1}{h_0} + r_o + \frac{d_o}{d_m} \cdot \frac{t_s}{\lambda_w} + r_i \cdot \frac{d_o}{d_i} + \frac{1}{h_i} \cdot \frac{d_o}{d_i}$$

$$K_1 = \frac{1}{\frac{1}{h_0} + r_o + \frac{d_o}{d_m} \cdot \frac{t_s}{\lambda_w} + r_i \cdot \frac{d_o}{d_i} + \frac{1}{h_i} \cdot \frac{d_o}{d_i}}$$

$$= \frac{1}{\frac{1}{566} + 0.0002 + \frac{0.019}{0.017} \cdot \frac{0.002}{50} + 0.000344 \times \frac{0.019}{0.015} + \frac{1}{6225} \cdot \frac{0.019}{0.015}}$$

$$= 377\text{W}/(\text{m}^2 \cdot \text{K})$$

$$K_2 = \frac{1}{\frac{1}{h_0} + r_o + \frac{d_o}{d_m} \cdot \frac{t_s}{\lambda_w} + r_i \cdot \frac{d_o}{d_i} + \frac{1}{h_i} \cdot \frac{d_o}{d_i}}$$

$$= \frac{1}{\frac{1}{513} + 0.0002 + \frac{0.019}{0.017} \cdot \frac{0.002}{50} + 0.000344 \times \frac{0.019}{0.015} + \frac{1}{6225} \cdot \frac{0.019}{0.015}}$$

$$= 353\text{W}/(\text{m}^2 \cdot \text{K})$$

6. 平均温差

由于将整台冷凝器分成两部分计算，需要先确定冷流体中间点的温度。

$$t_3 = t_1 + (t_2 - t_1) \cdot \frac{Q_2}{Q_1 + Q_2} = 33 + (40-33) \times \frac{1.673 \times 10^6}{1.673 \times 10^6 + 1.337 \times 10^6} = 36.9℃$$

$$P_1 = \frac{\text{冷流体的温升}}{\text{两流体的最初温度差}} = \frac{t_2 - t_1}{T_1 - t_1} = \frac{40 - 36.9}{150.1 - 36.9} = 0.027,$$

$$R_1 = \frac{\text{热流体的温降}}{\text{冷流体的温升}} = \frac{T_1 - T_2}{t_2 - t_1} = \frac{150.1 - 108.7}{40 - 36.9} = 13.35$$

由于$|R-1| > 10^{-3}$，根据式(2.1－16)、式(2.1－17)有：

$$P_{n1}=\frac{1-\left(\frac{1-P\cdot R}{1-P}\right)^{1/N_s}}{R-\left(\frac{1-P\cdot R}{1-P}\right)^{1/N_s}}=\frac{1-\left(\frac{1-0.027\times 13.35}{1-0.027}\right)^{1/1}}{13.35-\left(\frac{1-0.027\times 13.35}{1-0.027}\right)^{1/1}}=0.027$$

$$\phi_{m1}=\frac{\frac{\sqrt{R^2+1}}{R-1}\ln\left(\frac{1-P_n}{1-P_n\cdot R}\right)}{\ln\left[\frac{2/P_n-1-R+\sqrt{R^2+1}}{2/P_n-1-R-\sqrt{R^2+1}}\right]}=\frac{\frac{\sqrt{13.35^2+1}}{13.35-1}\ln\left(\frac{1-0.027}{1-0.027\times 13.35}\right)}{\ln\frac{2/0.027-1-13.35+\sqrt{13.35^2+1}}{2/0.027-1-13.35-\sqrt{13.35^2+1}}}=0.997$$

$$P_2=\frac{\text{冷流体的温升}}{\text{两流体的最初温度差}}=\frac{t_2-t_1}{T_1-t_1}=\frac{36.9-33}{108.7-33}=0.052,$$

$$R_2=\frac{\text{热流体的温降}}{\text{冷流体的温升}}=\frac{T_1-T_2}{t_2-t_1}=\frac{108.7-40}{36.9-33}=17.6$$

由于$|R-1|>10^{-3}$，根据式(2.1－16)、式(2.1－17)有：

$$P_{n2}=\frac{1-\left(\frac{1-P\cdot R}{1-P}\right)^{1/N_s}}{R-\left(\frac{1-P\cdot R}{1-P}\right)^{1/N_s}}=\frac{1-\left(\frac{1-0.052\times 17.6}{1-0.052}\right)^{1/1}}{17.6-\left(\frac{1-0.052\times 17.6}{1-0.052}\right)^{1/1}}=0.052$$

$$\phi_{m2}=\frac{\frac{\sqrt{R^2+1}}{R-1}\ln\left(\frac{1-P_n}{1-P_n\cdot R}\right)}{\ln\left[\frac{2/P_n-1-R+\sqrt{R^2+1}}{2/P_n-1-R-\sqrt{R^2+1}}\right]}=\frac{\frac{\sqrt{17.6^2+1}}{17.6-1}\ln\left(\frac{1-0.052}{1-0.052\times 17.6}\right)}{\ln\frac{2/0.052-1-17.6+\sqrt{17.6^2+1}}{2/0.052-1-17.6-\sqrt{17.6^2+1}}}=0.9$$

则：

$$\Delta t_{m1}=\frac{(T_1-t_2)-(T_2-t_1)}{\ln\frac{T_1-t_2}{T_2-t_1}}\cdot\phi_m=\frac{(150.1-40)-(108.7-36.9)}{\ln\frac{150.1-40}{108.7-36.9}}\times 0.997=89.5℃$$

$$\Delta t_{m2}=\frac{(T_1-t_2)-(T_2-t_1)}{\ln\frac{T_1-t_2}{T_2-t_1}}\cdot\phi_m=\frac{(108.7-36.9)-(40-33)}{\ln\frac{108.7-36.9}{40-33}}\times 0.9=25℃$$

7. 计算传热面积及面积富裕度

$$S_1=\frac{Q_1}{K_1\cdot\Delta t_{m1}}=\frac{1.337\times 10^6}{377\times 89.5}=40\text{m}^2$$

$$S_2=\frac{Q_2}{K_2\cdot\Delta t_{m2}}=\frac{1.673\times 10^6}{353\times 25}=190\text{m}^2$$

$$S=S_1+S_2=40+190=230\text{m}^2$$

$$\text{面积富裕度}=\frac{S_{\text{计}}-S_{\text{实际}}}{S_{\text{实际}}}\times 100\%=\frac{285-230}{230}\times 100\%=24\%$$

对于冷凝器来说，面积富裕度为24%，基本满足要求，因此，所选用的设备是合适的。

8. 压降计算

(1) 管程(无相变侧)的压降计算

根据式(2.4－15)计算管内流动压力降，管程雷诺数 $Re=29922$，故用式(2.4－19)计算摩擦系数：

$$f_i = 0.4513 \cdot Re_i^{-0.2653} = 0.4513 \times 29922^{-0.2653} = 0.029$$

忽略不计黏度壁温校正，取 $\phi_i \approx 1$。

$$\Delta p_i = \frac{G_i^2}{2\rho_i} \cdot \frac{LN_{tp}}{d_i} \cdot \frac{f_i}{\phi_i} = \frac{1451.6^2}{2 \times 992} \cdot \frac{6 \times 2}{0.02} \cdot \frac{0.029}{1} = 18480\text{Pa}$$

根据式(2.4－16)计算回弯压力降：

$$\Delta p_r = \frac{G_i^2}{2\rho_i}(4N_{tp}) = \frac{1451.6^2}{2 \times 992} \times 4 \times 2 = 8496\text{Pa}$$

根据式(2.4－17)计算进出口管嘴压力降：

$$\Delta p_{Ni} = \frac{(G_{Ni1}^2 + 0.5G_{Ni2}^2)}{2\rho_i} = \frac{1.5 \times \left(\dfrac{369193}{\dfrac{\pi}{4}0.3^2 \times 3600}\right)^2}{2 \times 992} = 1593\text{Pa}$$

根据式(2.4－14)计算管程总压降，由表2.4－2查得管程压力降污垢校正系数 $F_i = 1.2$。

$$\Delta p_t = (\Delta p_i + \Delta p_r) F_i + \Delta p_{Ni} = (18480 + 8496) \times 1.2 + 1593 = 33964\text{Pa}$$

(2) 壳程(冷凝侧)的压降计算

冷凝压降不采用分段的方法计算，则冷凝器热流体的定性温度为：

$$t_D = 0.4t_h + 0.6t_c = 0.4 \times 150.1 + 0.6 \times 40 = 84℃$$

$$y = \frac{y_1 + y_2}{2} = \frac{0.308 + 0.078}{2} = 0.193$$

定性温度下热流体液相黏度为0.00038Pa·s，液相密度为792kg/m^3，液相、气相黏度为0.0000116Pa·s，气相密度为7.21kg/m^3。

$$Re_l = \frac{G_o \cdot (1 - y) \cdot d_e}{\mu_l} = \frac{60.4 \times (1 - 0.193) \times 0.023}{0.00038} = 2950$$

(a) 摩擦损失压降

由于 $y_{av} < 0.7$，$Re_o \geqslant 2000$，采用以液相为基准的两相分离流动模型计算摩擦损失压降，按式(2.5－5)定义的Martinelli参数 X_{tt} 为：

$$X_{tt} = \left(\frac{1-y}{y}\right)^{0.9} \cdot \left(\frac{\rho_v}{\rho_l}\right)^{0.5} \cdot \left(\frac{\mu_l}{\mu_v}\right)^{0.1}$$

$$= \left(\frac{1-0.193}{0.193}\right)^{0.9} \times \left(\frac{7.21}{792}\right)^{0.5} \times \left(\frac{0.00038}{0.0000116}\right)^{0.1}$$

$$= 0.49$$

$$\phi_l^2 = 1 + \frac{9}{X_{tt}} + \frac{1}{X_{tt}^2} = 1 + \frac{9}{0.49} + \frac{1}{0.49^2} = 23.53$$

根据雷诺数的值，用式(2.4－40)计算摩擦系数，按式(2.4－37)计算壳程液相摩擦压降，查表2.4－3，旁路挡板压力校正系数 $\varepsilon_{\Delta p} = 1.52$。

$$f_o = 0.731Re_l^{-0.0774} = 0.731 \times 2950^{-0.0774} = 0.39$$

$$\Delta p_l = \frac{G_l^2}{2\rho_{lD}} \cdot \frac{D_s \cdot (N_b + 1)}{d_e} \cdot \frac{f_0}{\phi_0} \cdot \varepsilon_{\Delta p}$$

$$= \frac{(60.4 \times (1 - 0.193))^2}{2 \times 792} \times \frac{0.9 \times (16/2 + 1)}{0.023} \times \frac{0.39}{1} \times 1.52$$

$$= 313\text{Pa}$$

则以液相为基准的两相分离流动模型计算所得的压降为：

$$\Delta p_f = \Delta p_l \cdot \phi_l^2 = 313 \times 23.53 = 7365\text{Pa}$$

(b) 进出口管嘴及导流筒压降

按式(2.5-70)计算进出口管嘴及导流筒压降，取5倍的进口管嘴压力降作为导流筒压降，所以有：

$$\Delta p_{NP} = \Delta p_{Ni} + \Delta p_{Nb} + \Delta p_{IP} = 6\Delta p_{Ni} + \Delta p_{Nb}$$

进、出口条件下，混合物流的密度分别为：

$$\rho_{lv1} = \frac{G}{\frac{G \cdot (1-\gamma)}{\rho_l} + \frac{G \cdot \gamma}{\rho_v}} = \frac{1}{\frac{1-\gamma}{\rho_l} + \frac{\gamma}{\rho_v}} = \frac{1}{\frac{1-0.308}{836} + \frac{0.308}{11.5}} = 36\text{kg/m}^3$$

$$\rho_{lv2} = \frac{G}{\frac{G \cdot (1-\gamma)}{\rho_l} + \frac{G \cdot \gamma}{\rho_v}} = \frac{1}{\frac{1-\gamma}{\rho_l} + \frac{\gamma}{\rho_v}} = \frac{1}{\frac{1-0.078}{836} + \frac{0.078}{4.352}} = 53\text{kg/m}^3$$

$$v_1 = \frac{G}{2 \cdot \frac{\pi}{4} D_i^2 \cdot \rho_{lv}} = \frac{60.4}{2 \times \frac{\pi}{4} \times 0.35^2 \times 36} = 8.7\text{m/s}$$

$$v_2 = \frac{G}{\frac{\pi}{4} D_i^2 \cdot \rho_{lv}} = \frac{60.4}{\frac{\pi}{4} \times 0.35^2 \times 53} = 11.85\text{m/s}$$

$$\Delta p_{Ni} = \frac{\rho_{1v1} \cdot V_1^2}{2} = \frac{36 \times 8.7^2}{2} = 1362\text{Pa}$$

$$\Delta p_{No} = \frac{0.5\rho_{1v2} \cdot V_2^2}{2} = \frac{0.5 \times 53 \times 11.85^2}{2} = 1860\text{Pa}$$

所以，

$$\Delta p_{NP} = 6\Delta p_{Ni} + \Delta p_{Nb} = 6 \times 1362 + 1860 = 10032\text{Pa}$$

(c) 壳程总压降

$$\Delta p_o = \Delta p_N + \Delta p_f = 10032 + 7365 = 17397\text{Pa}$$

2.6 重 沸 器

重沸器常用于分馏塔底，提供塔器所需要的热源，重沸器的设计比较复杂。按照沸腾传热形式主要有：釜式重沸器(Kettel式)、卧式热虹吸重沸器和立式热虹吸重沸器。

釜式重沸器带有扩大的壳体和较大的汽液分离空间，利于稳定操作。釜式重沸器的汽化率可高达80%以上，操作弹性较大，但是不适于易结垢或含有固体颗粒介质的沸腾。

采用釜式重沸器可以缩小塔底空间，并且使得塔和重沸器间的标高差较小。塔在压力下操作，塔底产品可以不用泵而靠压力自己排出；当塔底产品用泵抽出时，适宜采用热虹吸式重沸器。

热虹吸式重沸器是指在重沸器中由于介质加热汽化，使得上升管内汽液混合物的相对密度明显低于入口管是液体的相对密度，产生静压差。塔底的液体不断被虹吸进入重沸器，加热汽化后的汽液混合物自动返回塔内，不用泵即可不断循环，循环速率取决于静压差的大小，热虹吸重沸器分为两大类：卧式热虹吸重沸器和立式热虹吸重沸器。

卧式热虹吸重沸器有TEMA“J”和“H”壳体形式可选择，“H”壳体大多在操作压力较低的工况下使用，“J”壳体则适用于较高的压力。卧式热虹吸重沸器出口管线较长、压降较大，不适用于低压和真空操作工况，以及结垢较严重的场合。

按照工艺过程，卧式热虹吸重沸器又可为一次通过式和循环式。一次通过式是指塔底出产品，进重沸器的物料由最下一层塔板抽出，与塔底产品组成不同。循环式是指塔底产品和重沸器进料同时抽出，其组成相同。一次通过式和循环式，也可由泵强制输送，见图2.6－1。

卧式热虹吸重沸器的汽化率不应过大，否则会发生“干壁”现象。当汽化量较大时，应该采用循环式。强制循环式一般用于输送高黏液体或为减轻结垢而提高流速的操作。

立式热虹吸重沸器一般采用固定管板、单管程，在管内汽化、壳侧为加热介质。出口管一般与塔体相接。适用于低压和真空操作，在换热面积较小或中等的工况，单位换热面积的费用较低，并且占地少。

立式热虹吸重沸器可分为一次通过式和循环式，见图2.6－2。

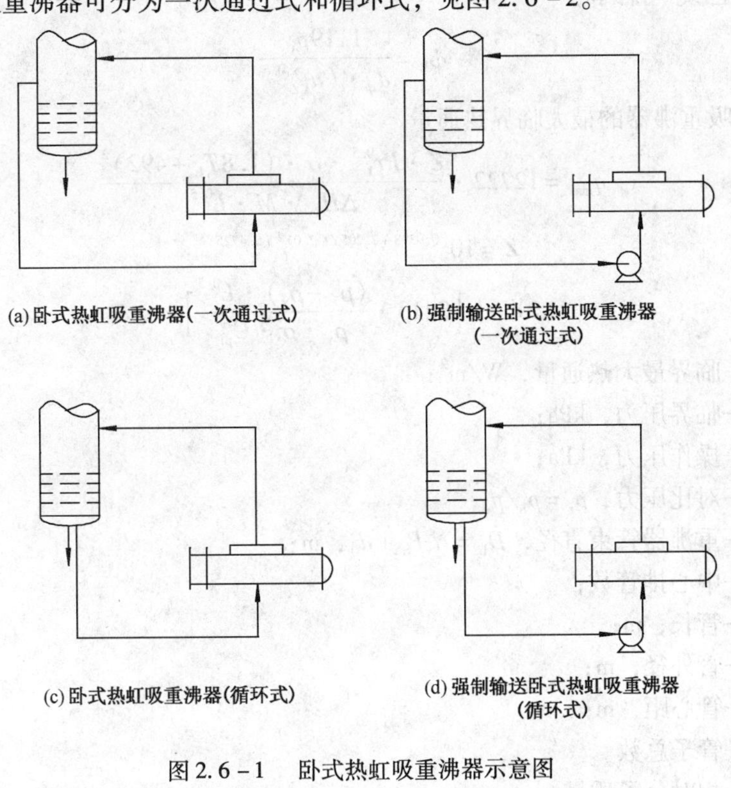

(a) 卧式热虹吸重沸器(一次通过式)

(b) 强制输送卧式热虹吸重沸器(一次通过式)

(c) 卧式热虹吸重沸器(循环式)

(d) 强制输送卧式热虹吸重沸器(循环式)

图2.6－1　卧式热虹吸重沸器示意图

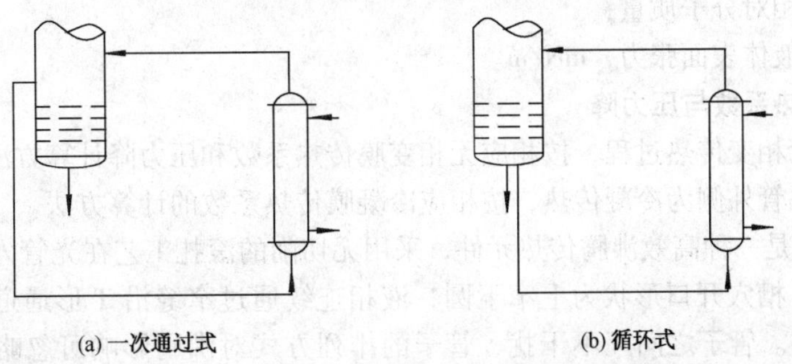

(a) 一次通过式

(b) 循环式

图2.6－2　立式热虹吸重沸器示意图

临界最大热通量是指管内沸腾过程正处于传热系数急剧下降时的热通量值，它象征着沸腾情况的恶化。设计重沸器时，其热通量不应超过临界最大热通量。由于影响临界最大热通量的因素很多，采用本文推荐的算法时，计算结果取0.7的安全系数。如果所取的实际热通量大于临界最大热通量时，此台重沸器则不能正常操作。

釜式重沸器和卧式热虹吸重沸器的最大临界热通量：

$$q_{\max}=372.16\cdot\phi_b\cdot p_c\cdot Pr^{0.35}\cdot(1-Pr)^{0.9} \tag{2.6-1}$$

$$\phi_b=\frac{\pi\cdot D_b\cdot L}{A} \tag{2.6-2}$$

当管子为△排列时

$$\phi_b=\frac{1.1P_t}{d_o\cdot(n_t)^{0.5}} \tag{2.6-3}$$

当管子为□或◇排列时

$$\phi_b=\frac{1.19p_t}{d_o\cdot(n_t)^{0.5}} \tag{2.6-4}$$

立式热虹吸重沸器的最大临界热通量

$$q_{\max}=12722\cdot\frac{Z\cdot Pr_1^{0.5}\cdot\sigma\cdot(1.8T_b+492)^2}{\Delta H_{1v}\cdot M\cdot L^{0.5}} \tag{2.6-5}$$

$$Z=10^{[0.9398+2.205Y-2.0Y^2+0.4725Y^3]} \tag{2.6-6}$$

$$Y=\lg\left[2413\cdot\frac{(\rho_1-\rho_v)\cdot L^{0.5}}{\rho_v\cdot\sigma\cdot C_{pl}}\right] \tag{2.6-7}$$

式中 $q_{\max}$——临界最大热通量，W/m^2；

p_c——临界压力，kPa；

p_o——操作压力，kPa；

p_r——对比压力，$p_r=p_o/p_c$；

D_b——重沸器管束直径，$D_b=N_rP_t+d_0$，m；

N_r——中心排管数；

L——管长，m；

d_o——管外径，m；

P_t——管心距，m；

n_t——管子总数。

M——相对分子质量；

σ——液体表面张力，mN/m。

2.6.1 传热系数与压力降

加热侧为无相变传热过程，按相应无相变膜传热系数和压力降计算方法，可忽略壁温校正的计算。如果管外侧为冷凝传热，按相应冷凝膜传热系数的计算方法。

T形翅片管是一种高效沸腾传热元件，采用无切削的滚扎工艺在光管外表加工出有规则的T形小槽穴，槽穴开口形状为上窄下圆，液相连续通过窄缝沿T形通道壁渗透，汽相连续通过窄缝冒出。管子之间互不干扰、管子的排列方式对沸腾影响可忽略。在T形通道内进行高效的液膜蒸发和大量流动通道的液体内循环，是T形翅片管强化沸腾传热机理所在。T形翅片管控制参数是螺距和翅片之间的开口度，目前常用的螺距为1～3mm，开口度为

0.15~0.55mm之间，翅高在0.9~1.2mm之间。

T形翅片管用于强化卧式重沸器，管内传热与阻力计算与光管相同，但应考虑轧制后管子内径的变化。

2.6.1.1　卧式重沸器的沸腾传热系数与压力降

1. 沸腾传热系数

釜式重沸器和卧式热虹吸重沸器的传热原理都是池式沸腾和对流换热的综合作用。由于沸腾过程的显热传热量所占比例很小，一般可略去对流传热系数，只计算沸腾传热系数。

1）泡状沸腾传热系数：

采用光管壳程沸腾传热系数按式(2.6-9)计算；T形翅片管壳程沸腾传热系数按式(2.6-14)计算。

光管：

$$h_o = 1.163 \cdot C_o \cdot \phi \cdot \psi \cdot Z \cdot (\Delta t)^{2.33} \tag{2.6-8}$$

$$Z = 0.75[0.004169 \cdot p_c^{0.69}(1.8Pr^{0.17} + 4Pr^{1.2} + 10Pr^{10})]^{3.33} \tag{2.6-9}$$

$$\psi = 0.714[3.28(D_t - d_o)]^m \cdot \left(\frac{1}{N_r}\right)^n \tag{2.6-10}$$

$$m = 0.03096\frac{A_o \cdot W_o \cdot y}{A(p_t - d_o)} \tag{2.6-11}$$

$$n = -0.24\left[1.75 + \ln\left(\frac{1}{N}\right)\right] \tag{2.6-12}$$

T形翅片管：

$$h_o = B_o \cdot \lambda_l \cdot \left(\frac{\rho_v \cdot \mu_l}{\rho_l \cdot \mu_v}\right)^{2.096} \cdot \left(\frac{q \cdot d_o}{\mu_l \cdot \Delta H_{lv}}\right)^{-0.7955} \cdot \left(\frac{\sigma}{\rho_l}\right)^{0.8827} \cdot \left(\frac{\sigma \cdot \rho_v \cdot \Delta H_{lv}^2}{q^2}\right)^{-0.6439} \cdot \left(\frac{C_{pl} \cdot \mu_l}{\lambda_l}\right)^{-0.1125} \tag{2.6-13}$$

式中　h_o——壳程沸腾传热系数，W/(m²·K)；

C_o——设备型式校正系数，釜式重沸器 $C_0 = 0.75$；卧式热虹吸重沸器 $C_0 = 1.0$；

ϕ——泡核沸腾传热系数校正系数；纯组分或窄馏分 $\phi = 1.0$；宽馏分 $\phi = e^{-0.027(t_2 - t_1)}$；

t_1——壳侧冷流入口温度，℃；

t_2——壳侧冷流出口温度，℃；

Z——临界压力和对比压力的函数；

ψ——蒸汽覆盖校正系数，用于修正下部加热管产生的蒸汽对沸腾传热的影响。

A_o——单位管长的外表面积，m²/m；

A——重沸器加热管外表积，m²；

W_o——沸腾流体质量流率，kg/s；

y——汽化率，无因次；

Δt——管壁与沸腾液之间的传热温差，℃。

C_{pl}——液相比热容，J/(kg·K)；

B_o——与T形管结构有关的常数；

ΔH_{lv}——液相蒸发潜热，J/kg；

q——以光管外表面为基准的平均热强度，W/m²；

σ——液相表面张力，N/m；

μ_l——液相动力黏度，Pa·s；

μ_v——气相动力黏度，Pa·s；

λ_l——液相导热系数，W/(m·K)；

ρ_l——液相密度，kg/m^3；

ρ_v——气相密度，kg/m^3。

2）有效传热温差

对于卧式重沸器，由于壳程流体的温度十分复杂，建议采用并流的方式计算对数平均温差作为有效传热温差，这样比较安全。

首先引入变量 H_i 来求解管壁与沸腾液之间的传热温差 Δt。

$$\frac{1}{H_i}=\frac{1}{h_i}+r_i\left(\frac{d_o}{d_i}\right)+r_p\left(\frac{d_o}{d_m}\right)+r_o \tag{2.6-14}$$

$$\Delta T_m=\frac{(T_{1s}-t_1)-(T_2-t_2)}{\ln\left(\dfrac{T_{1s}-t_1}{T_2-t_2}\right)} \tag{2.6-15}$$

设定 Δt 初值

$$\Delta t=\frac{T_D-t_D}{2} \tag{2.6-16}$$

第 m 次迭代值

$$\Delta T'_m=\frac{1.163\phi\cdot\psi\cdot Z\cdot C_o}{H_i}\Delta t^{3.33}+\Delta t \tag{2.6-17}$$

$|\Delta T'_m-\Delta T_m|\leqslant 0.1$℃时，迭代完成。否则令：$\Delta t=\Delta t+(\Delta T_m-\Delta T'_m)\times 0.1$，重新代入式(2.6-16)计算，直到满足要求为止。求得的 Δt 即为管壁与沸腾液之间的传热温差。

式中 T_{1s}、T_2——热流饱和温度和出口温度，℃；

T_D、t_D——热流与冷流定性温度，℃。

2. 壳程压力平衡及安装高度

在设计重沸器时，应进行壳侧压力平衡计算，以确定塔和重沸器之间的标高差和各项安装尺寸，保证重沸器操作时的正常循环。

卧式热虹吸重沸器，由于壳程的沸腾传热系数一般都很大，因此壳程推荐大的折流板间距，以减少压力降和降低塔的高度。用以下方法计算压力降时，压力降的单位采用 m 液柱表示。

1）重沸器管线的摩擦损失

入口管线的摩擦损失：

$$\Delta p_1=\frac{f_1\cdot u_1^2\cdot L_1}{19.62d_1} \tag{2.6-18}$$

出口管线的摩擦损失：

釜式重沸器：

$$\Delta p_2=\frac{1}{19.62}\cdot f_2\cdot u_2^2\cdot\frac{L_2}{d_2}\cdot\left(\frac{\rho_v}{\rho_l}\right) \tag{2.6-19}$$

卧式热虹吸重沸器：

$$\Delta p_2 = \frac{1}{19.62} \cdot f_2 \cdot u_2^2 \cdot \frac{L_2}{d_2} \cdot \left(\frac{\rho_{lv}}{\rho_l}\right) \tag{2.6-20}$$

$$Re_2 = \frac{d_2 \cdot u_2 \cdot \rho_{lv}}{\mu_{lv}} \tag{2.6-21}$$

$$\frac{1}{\rho_{lv}} = \frac{\gamma}{\rho_v} + \frac{1-\gamma}{\rho_l} \tag{2.6-22}$$

$$\frac{1}{\mu_{lv}} = \frac{\gamma}{\mu_v} + \frac{1-\gamma}{\mu_l} \tag{2.6-23}$$

式中　Δp_1——重沸器入口管线压力降，m 液柱；

Δp_2——重沸器出口管线压力降，m 液柱；

f——管摩擦系数；

当 $Re \leqslant 1000$ 时

$$f = 67.63 Re^{-0.9873} \tag{2.6-24}$$

当 $1000 < Re < 4000$ 时

$$f = 0.496 Re^{-0.2653} \tag{2.6-25}$$

当 $Re \geqslant 4000$ 时

$$f = 0.344 Re^{-0.2258} \tag{2.6-26}$$

d——管线直径，m；

L_1——从塔底到重沸器入口处的管线当量长度，包括入口管线直径部分长度、液体出塔收缩、入重沸器膨胀以及阀门、弯头和管嘴等管件的当量长度，m；

L_2——从重沸器出口到入塔处的管线当量长度，包括出口管线直管长度、入塔的膨胀以及阀门、弯头和管嘴等管件的当量长度，m；

u——流速，m/s；

ρ_{lv}——管内气液混合物平均密度，kg/m^3；

μ_{lv}——管内气液混合物平均黏度，Pa·s。

2）重沸器壳程摩擦压力降

$$\Delta p_s = \frac{D_s \cdot (N_B + 1) \cdot f_s \cdot G_s^2}{39.24 d_e \cdot \rho_l \cdot \bar{\rho}_l} \tag{2.6-27}$$

$$Re_o = \frac{d_e \cdot W_s}{S_o \cdot \mu_l} \tag{2.6-28}$$

式中　Δp_s——壳程压力降，m 液柱（对于釜式重沸器，不计算此项压力降）；

N_B——壳程折流板块数；

d_e——管子当量直径，m；

S_0——壳程流通面积，m^2；

$$S_0 = (D_s - N_t \cdot d_0) \times B$$

B——壳程弓形折流板间距，m；

W_s——壳程质量流量，卧式热虹吸重沸器取总流量的一半，kg/s。

f_s——壳程摩擦系数，计算方法如下：

当 $10 \leqslant Re_o < 100$ 时，

$$f_s = 98 \cdot Re_o^{-0.99} \tag{2.6-29}$$

当 $100 \leqslant Re_o < 1.5 \times 10^3$ 时

$$f_s = 0.8466\left(0.402 + \frac{3.1}{Re_o} + \frac{3.5102 \times 10^4}{Re_o^2} - \frac{6.85 \times 10^6}{Re_o^3} + \frac{4.157 \times 10^8}{Re_o^4}\right) \quad (2.6-30)$$

当 $1.5 \times 10^3 \leqslant Re_o < 1.5 \times 10^4$ 时

$$f_s = 0.6179 \cdot Re_o^{-0.0774} \quad (2.6-31)$$

当 $1.5 \times 104 \leqslant Re_o < 106$ 时

$$f_s = 1.2704 \cdot Re_o^{-0.153} \quad (2.6-32)$$

3）静压头

壳程流体的静压头：

$$\Delta p_3 = D_s \cdot \frac{\bar{\rho}}{\rho_1} \quad (2.6-33)$$

出口管线内流体的静压头：

$$\Delta p_4 = (H_1 + H_2 + H_x) \cdot \left(\frac{\rho_{1v}}{\rho_1}\right) \quad (2.6-34)$$

式中 Δp_3——重沸器内流体静压头，m 液柱；

Δp_4——出口管线流体静压头，m 液柱；

$\bar{\rho}$——平均密度，$\bar{\rho} = \frac{(\rho_1 + \rho_{1v})}{2}$，kg/m³；

D_s——重沸器壳径，m。

H_1、H_2、H_X——标高差，如图 2.6-3 所示，m。

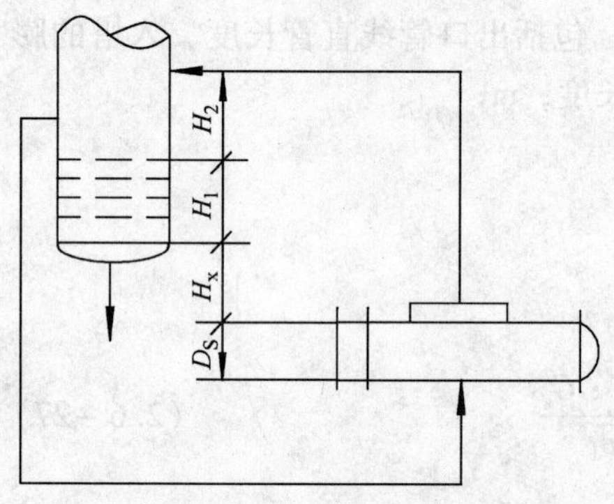

图 2.6-3 卧式重沸器压力平衡示意图

4）重沸器安装高度

安装高度系指塔底和重沸器顶部之间的标高差 H_X，按压力平衡原理，按照图 2.6-3 可得：

$$H_X = \Delta p_\Sigma - D_S - H_1 \quad (2.6-35)$$

重沸器出口管线的垂直长度为：

$$H = H_1 + H_2 + H_X$$

重沸器入口管线当量长度为：$L_1 = L_{10} + H_X$；

重沸器出口管线当量长度为：$L_2 = L_{20} + H_X$；

L_{10} 为入口管线当量长度；L_{20} 为出口管线当量长度。

将上述假定代入式(2.6-19)、式(2.6-20)、式(2.6-28)中，联合求解 H_X 值。

2.6.1.2 立式热虹吸重沸器

1. 沸腾传热系数

立式热虹吸重沸器的沸腾介质在管内，由于受到液柱的静压力，管子的下段为显热段。在显热段是对流传热，应和蒸发段分开考虑。在蒸发段，由于循环速率大，对流传热的影响也不能忽略。当管内壁被一层液膜湿润时，在通道中的沸腾可能发生的传热机理有两种，其一是泡核沸腾，其二是两相对流传热。J. C. Chen 提出采用两种机理叠加方法，求取流动沸腾的膜传热系数，所建立的关联式是目前计算两相流动沸腾比较理想和实用的公式。

1）沸腾传热系数

$$h_{bt} = h_b + h_{tp} \quad (2.6-36)$$

式中　h_{bt}——管内流动沸腾综合膜传热系数，W/(m^2·K)；

h_b——泡核沸腾的传热系数，W/(m^2·K)；

h_{tp}——通过液膜的对流传热系数，W/(m^2·K)。

泡核沸腾传热系数采用莫斯廷斯基关联式，泡核沸腾抑制因子采用Zuber公式：

$$h_b = Z_b \cdot \Delta t^{2.33} \cdot S \tag{2.6-37}$$

$$S = \frac{1}{1 + 2.53 \cdot 10^{-6} \cdot Re^{1.17}} \tag{2.6-38}$$

$$Re = \frac{G_i \cdot (1-y) \cdot d_i}{\mu_l} \cdot F_{tp}^{1.25} \tag{2.6-39}$$

当$\frac{1}{X_{tt}} > 0.1$

$$F_{tp} = 2.35 \times (0.213 + X_{tt}^{-1})^{0.736} \tag{2.6-40}$$

当$\frac{1}{X_{tt}} \leqslant 0.1$

$$F_{tp} = 1.0$$

$$X_{tt} = \left(\frac{1-y}{y}\right)^{0.9} \cdot \left(\frac{\rho_v}{\rho_l}\right)^{0.5} \cdot \left(\frac{\mu_l}{\mu_v}\right)^{0.1} \tag{2.6-41}$$

式中　d_i——管内径，m；

G_i——总质量流率，kg/(m^2·s)；

F_{tp}——两相对流沸腾因子；

S——沸腾抑制因子；

X_{tt}——Martinelli参数。

以出口汽化率和出口汽化率的40%分别计算S，当$X_{tt}^{-1} < 0.5$时，令$S=1$；然后将两个汽化率下的S取算术平均值代入式(2.6-34)中。Z_b为压力校正因子。

通过液膜的对流传热系数(按出口汽化率的40%计算)

$$h_{tp} = 0.023 \cdot \frac{\lambda}{d_i} \cdot Re_l^{0.8} \cdot Pr_l^{0.4} \cdot F_{tp} \tag{2.6-42}$$

$$Pr_l = \frac{Cp_l \cdot \mu_l}{\lambda_l} \tag{2.6-43}$$

$$q_b = [Z_b \cdot (\Delta t)^{2.33} \cdot S + h_{tp}] \cdot \left(\frac{d_i}{d_o}\right) \cdot \Delta t \tag{2.6-44}$$

$$\frac{1}{K_b} = \frac{1}{h_{bt}} \cdot \frac{d_o}{d_i} + \frac{1}{H_o} \tag{2.6-45}$$

式中　q_b——蒸发段平均热强度，W/m^2。

K_b——蒸发段总传热系数，W/(m^2·K)。

2）有效传热温差

首先引入变量H_o来求解管壁与沸腾液之间的传热温差Δt。

$$\frac{1}{H_o} = \frac{1}{h_o} + r_i\left(\frac{d_o}{d_i}\right) + r_p\left(\frac{d_o}{d_m}\right) + r_o \tag{2.6-46}$$

$$\Delta T_m = \frac{d_i}{d_o} \cdot \left(\frac{Z_b \cdot S}{H_o} \cdot \Delta t^{3.33} + \frac{h_{tp}}{H_o} \cdot \Delta t\right) + \Delta t \tag{2.6-47}$$

$|\Delta T'_m - \Delta T_m| \leqslant 0.1$℃时，迭代完成。否则令：$\Delta t = \Delta t + (\Delta T_m - \Delta T'_m) \times 0.1$，重新代入计算，直到满足要求为止。求得的 Δt 即为管壁与沸腾液之间的传热温差。

3）显热段的传热系数及长度

显热段的膜传热系数，可按一般管程液体的通用公式计算：

$$h_1 = 0.023\frac{\lambda_1}{d_o} \cdot Re^{0.8} \cdot Pr_1^{0.4} \tag{2.6-48}$$

显热段的长度：

如果塔内液面和重沸器上管板不等高，则：

$$\frac{H_{BC}}{H_{A'B}} = \frac{\left(\frac{\Delta t}{\Delta p}\right)_s}{\frac{3.142 \cdot d_i \cdot n_t \cdot K_1 \cdot \Delta T_m}{C_{p1} \cdot \rho_1 \cdot W_i} + \left(\frac{\Delta t}{\Delta p}\right)_s} \tag{2.6-49}$$

设计常取 H_{AB} 为换热管长度 L，求出 H_{BC}；蒸发段的长度 $H_{CD} = L - H_{BC}$。

式中 H_{AB}——塔内液面和重沸器上管板等高的蒸发段长度，m；

H_{BC}——显热段长度，m；

K_1——显热段总传热系数，W/(m^2·K)；

W_i——管程流体总循环质量流量，kg/s；

q_1——显热段平均热强度，W/m^2；

$\left(\frac{\Delta t}{\Delta p}\right)_s$——沸腾介质蒸汽压斜率曲线。

根据蒸发段的平均热强度和长度，以及显热段的平均热强度和长度，可以求出重沸器的平均热强度。

$$\bar{q} = \frac{q_1 \cdot H_{BC} + q_b \cdot H_{CD}}{L} \tag{2.6-50}$$

式中 $\bar{q}$——重沸器平均热强度，W/m^2。

4）总传热系数

立式热虹吸重沸器平均总传热系数按对流段和蒸发段的长度加和得到：

$$\bar{K} = \frac{K_1 \cdot H_{BC} + K_b \cdot H_{CD}}{L} \tag{2.6-51}$$

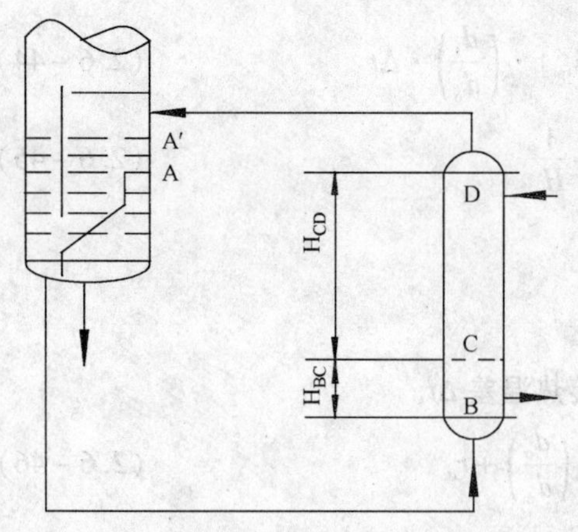

图2.6-4 立式重沸器示意图

2. 立式热虹吸重沸器的压力降和循环推动力

立式热虹吸重沸器安装高度，应使压力平衡能够满足循环流量的要求。重沸器和上管板与塔底的液面一般保持同一高度，以减小塔的标高，一般不推荐塔底液面与上管板的标高差超过0.6m。求解立式热虹吸重沸器总压力降 Δp_Z，设计时，应使重沸器的循环推动力 Δp_t 等于或大于 Δp_Z。

1）循环推动力

按照图2.6-4，立式热虹吸热重沸器循环推动力为：

$$\Delta p_t = [H_{CD} \cdot (\rho_l - \overline{\rho_{lv}}) + H_{A'D} \cdot (\rho_l - \rho_{lv}) - H_{DE} \cdot \rho_{lv}]/\rho_l \quad (2.6-52)$$

$$\overline{\rho_{lv}} = \rho_v(1 - \overline{R_L}) + \rho_l \cdot \overline{R_L} \quad (2.6-53)$$

$$\rho_{lv} = \rho_v(1 - R_L) + \rho_l \cdot R_L \quad (2.6-54)$$

$$R_L = \frac{1}{\varphi^{0.5}} \quad (2.6-55)$$

$$\varphi = 1 + \frac{21}{X_{tt}} + \left(\frac{1}{X_{tt}}\right)^2 \quad (2.6-56)$$

$$R_v = 1 - R_L \quad (2.6-57)$$

式中 Δp_t——循环推动力，m 液柱；

H_{ED}——入塔口与上管板的高度差，m；

$\overline{\rho_{lv}}$——蒸发段气液混合物的平均密度，kg/m³；

$\overline{R_L}$——蒸发段平均液相体积分率，采用$\frac{1}{3}y$计算；

R_L——出口处液相体积分率，采用出口汽化率 y 计算；

φ——两相流动压力降因子。

2）重沸器总压力降 Δp_Z

$$\Delta p_Z = \Delta p_1 + \Delta p_2 + \Delta p_3 + \Delta p_4 \quad (2.6-58)$$

$$\Delta p_1 = \frac{f_1 \cdot u_1^2 \cdot L_1}{19.62 \cdot d_1} \quad (2.6-59)$$

$$\Delta p_2 = \frac{f_2 \cdot \varphi \cdot u_2^2 \cdot (1-y)^2 \cdot L_2}{19.62 \cdot d_2} \quad (2.6-60)$$

$$\Delta p_3 = \frac{f_i \cdot G_1^2 \cdot [H_{BC} + \overline{\varphi} \cdot (1-\overline{y})^2 \cdot H_{CD}]}{19.62 \cdot \rho_1^2 \cdot d_i} \quad (2.6-61)$$

$$\Delta p_4 = \frac{G_2^2 \cdot \psi}{9.81\rho_1^2} \quad (2.6-62)$$

$$\psi = \frac{(1-y)^2}{R_L} + \frac{\rho_l \cdot y^2}{\rho_v \cdot (1-R_L)} - 1 \quad (2.6-63)$$

式中 Δp_t——重沸器总压力降，m 液柱；

Δp_1——塔出口到重沸器入口的管线摩擦压力降，m 液柱；

Δp_2——重沸器出口到塔入口的管线摩擦压力降，m 液柱；

Δp_3——沸腾区压力降，m 液柱；

Δp_4——管程液体区压力降，m 液柱；

H_{CD}——蒸发段管长，m；

H_{BC}——显热段管长，m；

φ——两相流压力降因子，按式(2.6－57)计算，X_{tt}取出口处汽化率 y；

$\overline{\varphi}$——两相流压力降因子，按式(2.6－57)计算，X_{tt}计算取 $\overline{y}$；

f——摩擦系数，无因次；

f_1、f_2 按式(2.6－25)～式(2.6－27)计算，f_i 按式(2.6－65)～式(2.6－67)计算，

$$Re = \frac{d_i \cdot G_t \cdot \left(1 - \frac{2}{3}y\right)}{\mu_i}$$

当 $Re<10^3$：

$$f_i=67.63Re^{-0.9873} \tag{2.6-64}$$

当 $10^3<Re<10^5$ 时

$$f_i=0.4513Re^{-0.2653} \tag{2.6-65}$$

当 $10^5<Re<10^6$ 时

$$f_i=0.2864Re^{-0.2258} \tag{2.6-66}$$

2.6.2 计算示例

以壳程沸腾的重沸器为例，管程沸腾的设计步骤与此类似，这里不再单独做例题。以某厂一台塔底重沸器为例，其操作条件和物性见表 2.6－1。

表 2.6－1 水冷器操作条件和介质物性表

	壳程		管程	
介质名称	产品			
介质流量/(kg/h)	113884		250414	
	进口	出口	进口	出口
温度/℃	207.9	218.5	244.7	233.3
气相分率/%(质)	0	18.2	0.0	0.0
气相比热容/[J/(kg·K)]		2659		
气相导热系数/[W/(m·K)]		0.0324		
气相密度/(kg/m³)		28		
气相黏度/Pa·s		0.0000107		
液相比热容/[J/(kg·K)]	3045	3103	2779	2741
液相导热系数/[W/(m·K)]	0.07	0.0674	0.078	0.0805
液相密度/(kg/m³)	434	431	635	646
液相黏度/Pa·s	0.000097	0.000093	0.0002509	0.0002708
结垢热阻/(m²·K/W)	0.0004		0.0004	
操作压力/kPa	1274		686	
临界压力/kPa	3137		1878	
热负荷/W	2.2×10^6			

壳程出口气液混相密度为 136kg/m³、黏度为 0.000095Pa·s。

1. 计算对数平均温差

按式(2.6－15)计算对数平均温差。

$$\Delta T_m=\frac{(T_{1s}-t_1)-(T_2-t_2)}{\ln\left(\dfrac{T_{1s}-t_1}{T_2-t_2}\right)}=\frac{(244.7-218.5)-(233.3-207.9)}{\ln\dfrac{244.7-218.5}{233.3-207.9}}=25.7℃$$

2. 初选重沸器

由于管程为无相变传热过程，管程膜传热系数不会太大，为控制热阻。所以估测总传热系数为 350W/(m²·K)，则所需传热面积为：

$$S=\frac{Q}{K\cdot\Delta t_m}=\frac{2.2\times10^6}{350\times25.7}=245\text{m}^2$$

初步选择 ϕ1100×6000mm 的壳体、BJS 结构，ϕ25×2.5×6000mm 的光管作为传热管，

转置正方形布管，管间距为32mm，共布置736根管子，布管直径为ϕ1045mm。壳程进口管嘴为2个ϕ250mm、出口管嘴为ϕ250mm；管程进出口管嘴为ϕ250mm。

3. 计算管程传热系数

$$G=\frac{250414}{\frac{\pi}{4}(0.025-2\times0.0025)^2\times\frac{736}{2}\times3600}=602\text{kg/(m}^2\cdot\text{s)}$$

$$Re_c=\frac{d_iG}{\mu}=\frac{(0.025-2\times0.0025)\times602}{2.608\times10^{-4}}=46166$$

因为$Re_i\geqslant10^4$，故根据式(2.4-6)计算传热因子，根据式(2.4-3)计算管程传热系数。

$$J_{Hi}=0.023Re_i^{0.8}=0.023\times46166^{0.8}=123.93$$

$$h_{io}=\frac{\lambda_i}{d_o}J_{Hi}Pr^{\frac{1}{3}}\phi_i=\frac{\lambda_i}{d_i}J_{Hi}\left(\frac{C_p\mu}{\lambda}\right)^{\frac{1}{3}}\phi_i$$

$$=\frac{0.079}{0.02}\times123.93\times\left(\frac{2760\times2.608\times10^{-4}}{0.079}\right)^{1/3}\times1$$

$$=1022\text{W/(m}^2\cdot\text{K)}$$

4. 计算临界最大热通量

卧式热虹吸重沸器的最大临界热通量按式(2.6-1)计算，由于是转置正方形布管，则系数ϕ_b按式(2.6-4)计算。

$$\phi_b=\frac{1.19P_t}{d_o\cdot(n_t)^{0.5}}=\frac{1.19\times0.032}{0.025\times736^{0.5}}=0.056$$

对比压力：

$$p_r=\frac{p_o}{p_c}=\frac{1274}{3137}=0.4$$

$$q_{max}=372.16\cdot\phi_b\cdot p_c\cdot p_r^{0.35}\cdot(1-p_r)^{0.9}$$

$$=372.16\times0.056\times3137\times0.4^{0.35}\times(1-0.4)^{0.9}$$

$$=29956\text{W/m}^2$$

根据重沸器结构计算的实际热通量为：

$$q=\frac{Q}{S}=\frac{2.2\times10^6}{\pi\times(0.025-0.0025)\times6\times736}=7051\text{W/m}^2<0.7q_{max}$$

所取的实际热通量小于临界最大热通量。

5. 计算沸腾传热系数

(1) 计算管壁与沸腾液体之间的温差Δt

设定Δt初值：

$$\Delta t=\frac{T_D-t_D}{2}=\frac{(0.4\times244.7+0.6\times233.3)-(0.4\times218.5+0.6\times207.9)}{2}=12.9℃$$

根据式(2.6-10)~式(2.6-12)计算各系数。

$$Z=0.75[0.004169\cdot p_c^{0.69}(1.8p_r^{0.17}+4p_r^{1.2}+10p_r^{10})]^{3.33}$$

$$=0.75\times[0.004169\times3137^{0.69}\times(1.8\times0.4^{0.17}+4\times0.4^{1.2}+10\times0.4^{10})]^{3.33}$$

$$=32.37$$

$$m=0.03096\frac{A_o\cdot W_o\cdot\gamma}{A(p_t-d_o)}=0.03096\times\frac{\pi\cdot d_0\cdot W_0\cdot\gamma}{\pi\cdot d_0\cdot L\cdot n_t\cdot(P_t-d_o)}$$

$$=0.03096\times\frac{\frac{113884}{3600}\times0.182}{6\times736\times(0.032-0.025)}$$

$$=5.766\times10^{-3}$$

$$n=-0.24\left[1.75+\ln\left(\frac{1}{N_r}\right)\right]=-0.24\times\left[1.75+\ln\left(\frac{1}{21}\right)\right]$$

$$=0.3107$$

$$\psi=0.714[3.28(D_t-d_o)]m\cdot\left(\frac{1}{N_r}\right)^n$$

$$=0.714\times[3.28\times(1.045-0.025)]^{0.005766}\times\left(\frac{1}{21}\right)^{0.3107}$$

$$=0.279$$

按式(2.6－15)计算 H_i：

$$\frac{1}{H_i}=\frac{1}{h_i}+r_i\left(\frac{d_o}{d_i}\right)+r_p\left(\frac{d_o}{d_m}\right)+r_o$$

$$=\frac{1}{1022}+0.0004\times\frac{0.025}{0.02}+\frac{0.0025}{44}\times\frac{0.025}{0.0225}+0.0004$$

$$=1.942\times10^{-3}$$

$$H_i=515$$

按式(2.6－18)计算迭代，$|\Delta T'_m-\Delta T_m|\leqslant0.1$℃时，迭代完成，否则令：$\Delta t=\Delta t+(\Delta T_m-\Delta T'_m)\times0.1$，重新代入式中计算。迭代过程见表2.6－2。

表2.6－2 管壁与沸腾液体之间的温差 Δt 的迭代计算

序号	Δt	$\Delta T'_m$	$\lvert\Delta T'_m-\Delta T_m\rvert$	备注
1	12.9	114.7	89	
2	4	6.06	19.64	
3	5.96	13.7	12	
4	7.15	21.4	4.3	
5	7.6	25.1	0.6	
6	7.67	25.696	0.004	

(2) 计算壳程沸腾传热系数

采用式(2.6－9)计算光管壳程沸腾传热系数：

$$h_0=1.163\cdot C_0\cdot\phi\cdot\psi\cdot Z\cdot(\Delta t)^{2.33}$$

$$=1.163\times1\times1\times0.279\times32.37\times7.67^{2.33}$$

$$=1211\text{W/(m}^2\cdot\text{K)}$$

6. 计算总传热系数

$$K=\frac{1}{\frac{1}{h_0}+\frac{1}{h_i}\cdot\frac{d_0}{d_i}+r_i\frac{d_o}{d_i}+\frac{\delta}{\lambda}\cdot\frac{d_o}{d_m}+r_o}$$

$$=\frac{1}{\frac{1}{1211}+\frac{1}{1022}\cdot\frac{0.025}{0.02}+0.0004\times\frac{0.025}{0.02}+\frac{0.0025}{44}\cdot\frac{0.025}{0.0225}+0.0004}$$

$$=332\text{W/(m}^2\cdot\text{K)}$$

7. 计算需要的传热面积和面积富裕度

$$S=\frac{Q}{K\cdot\Delta t_{\mathrm{m}}}=\frac{2.2\times10^{6}}{332\times25.7}=258\mathrm{m}^{2}$$

忽略折流板和管板所占据的传热面积，实际传热面积为：

$$S_{实际}=\pi d_{\mathrm{o}}\cdot L\cdot n_{\mathrm{t}}=\pi\times0.025\times6\times736=346\mathrm{m}^{2}$$

$$\frac{S_{实际}-S_{计}}{S_{计}}\times100\%=\frac{346-258}{258}\times100\%=34\%$$

可见，所选择的重沸器完全可以满足工况的要求，但由于管程介质无相变，整台重沸器的总传热系数并不算高。

8. 计算安装高度

(1) 进、出口管线的摩擦损失

$$G_{\mathrm{i}}=\frac{W}{\frac{\pi}{4}D_{\mathrm{i}}^{2}}=\frac{113884}{\frac{\pi}{4}\times0.25^{2}\times3600}=644.78\mathrm{kg/(m^{2}\cdot s)}$$

$$G_{\mathrm{o}}=\frac{W}{\frac{\pi}{4}D_{\mathrm{i}}^{2}}=\frac{113884}{\frac{\pi}{4}\times0.4^{2}\times3600}=252\mathrm{kg/(m^{2}\cdot s)}$$

$$u_{\mathrm{i}}=\frac{G}{\rho}=\frac{644.78}{434}=1.486\mathrm{m/s}$$

$$u_{\mathrm{o}}=\frac{G}{\rho_{\mathrm{lv}}}=\frac{252}{136}=1.853\mathrm{m/s}$$

$$Re_{\mathrm{i}}=\frac{D_{\mathrm{i}}\cdot G}{\mu}=\frac{0.25\times644.78}{0.000097}=166.2\times10^{4}$$

$$Re_{\mathrm{o}}=\frac{D_{\mathrm{i}}\cdot G}{\mu_{\mathrm{lv}}}=\frac{0.4\times252}{0.000095}=106.1\times10^{4}$$

按式(2.6-27)计算进、出口管线的摩擦系数。

$$f_{\mathrm{i}}=0.344Re^{-0.2258}=0.0135$$

$$f_{\mathrm{o}}=0.344Re^{-0.2258}=0.0202$$

按式(2.6-19)计算入口管线的摩擦损失：

$$\Delta p_{1}=\frac{f_{1}\cdot u_{1}^{2}\cdot L_{1}}{19.62d_{1}}=\frac{0.0135\times1.486^{2}\times(20+H_{\mathrm{x}})}{19.62\times0.25}=0.006\cdot(20+H_{\mathrm{x}})\mathrm{m}\ 水柱$$

按式(2.6-21)计算出口管线的摩擦损失：

$$\Delta p_{2}=\frac{1}{19.62}\cdot f_{2}\cdot u_{2}^{2}\cdot\frac{L_{2}}{d_{2}}\cdot\left(\frac{\rho_{\mathrm{lv}}}{\rho_{1}}\right)$$

$$=\frac{1}{19.62}\times0.0202\times1.853^{2}\times\frac{(50+H_{\mathrm{x}})}{0.4}\times\frac{136}{431}$$

$$=0.003\cdot(50+H_{\mathrm{x}})\mathrm{m}\ 水柱$$

(2) 重沸器壳程摩擦压力降

根据式(2.1-3)计算壳程当量直径：

$$d_{\mathrm{e}}=\frac{4\left(p_{\mathrm{t}}^{2}-\frac{\pi}{4}d_{\mathrm{o}}^{2}\right)}{\pi d_{\mathrm{o}}}=\frac{4\times\left(0.032^{2}-\frac{\pi}{4}\times0.025^{2}\right)}{\pi\times0.025}=0.027\mathrm{mm}$$

$$G_s=\frac{W_s}{(D_s-N_r\cdot d_0)\cdot B}=\frac{\frac{113884}{2\times 3600}}{(1.1-21\times 0.025)\times 0.6}=45.847\text{kg/(m}^2\cdot\text{s)}$$

$$Re_o=\frac{d_e\cdot W_s}{S_o\cdot\mu_1}=\frac{d_e\cdot G_s}{\mu_1}=\frac{0.027\times 91.694}{0.000094}=13169$$

$1.5\times10^4\leqslant Re_o<10^6$，所以采用式(2.6－33)计算摩擦系数，采用式(2.6－28)计算压降。

$$f_s=1.2704\cdot Re_o^{-0.153}=0.268$$

$$\Delta p_s=\frac{D_s\cdot(N_B+1)\cdot f_s\cdot G_s^2}{39.24d_e\cdot\rho_1\cdot\bar{\rho}_1}=\frac{1.1\times(9+1)\times 0.268\times 45.847^2}{39.24\times 0.027\times 432\times\frac{434+136}{2}}=0.05\text{m 水柱}$$

(3) 静压头

壳程流体的静压头：

$$\Delta p_3=D_s\cdot\frac{\bar{\rho}}{\rho_1}=1.1\times\frac{\frac{434+136}{2}}{432}=0.725\text{m 水柱}$$

考虑最低液面，$H_1=0$；选择 $H_2=3.5$m，出口管线内流体的静压头为：

$$\Delta p_4=(H_1+H_2+H_x)\cdot\left(\frac{\rho_{1v}}{\rho_1}\right)=(3.5+H_x)\times\frac{136}{434}=0.313\cdot(3.5+H_x)\text{m 水柱}$$

(4) 计算安装高度

根据式(2.6－36)，有：

$$\begin{aligned}H_X&=\Delta p_\Sigma-D_S-H_1\\&=(\Delta p_1+\Delta p_2+\Delta p_3)-D_S-H_1\\&=0.006\cdot(20+H_X)+0.003\cdot(50+H_X)+0.313\cdot(3.5+H_X)+0.725-1.1-0\\&=0.322H_X+0.9905\end{aligned}$$

所以，$H_X=1.46$m。考虑50%的安全裕度，本重沸器的安装高度应为2.2m。

2.7 套管换热器

套管式换热器由两根不同直径的标准圆管同心安装而成，用于高温、高压和易结垢的流体。当工艺介质流量很小，即使采用最小的管壳式换热器也不能满足要求时，可采用套管式换热器。

套管式换热器结构简单，便于拆卸和清理。根据介质流量，可将套管串联或并联使用。当两种流体性质相似时，可采用光管，当环隙侧流体为气体或高黏液体时，其给热系数要大大低于管内侧流体，这时为改善环隙侧给热效果，可采用纵向或径向翅片管。当内管中的给热系数低于环隙侧时，可在内管中加入内插件，以增加扰动，强化传热。

套管换热器每程有效长度一般以4～6m为宜。光管时，外管和内管之间必须加支架，以防止内管弯曲和振动，并保持间隙均匀。需适当选择内管和外管直径，以期匹配后获得较好的流动性能，通常流体流速应为1～1.5m/s左右。

管子直径先按式(2.7-1)和式(2.7-2)进行估算，然后选取一相近的标准管径。常用匹配管径见表2.7-1。

内管内径：

表2.7-1 套管换热器常用匹配管径

内管外径/mm	32	42	42	48	60	73	89
外管外径/mm	51	60	70	89	89	114	114

$$d_i = \sqrt{(W_1/3600 \cdot u_1 \cdot \rho_1) \cdot (4/\pi)} \tag{2.7-1}$$

外管内径：

$$d_2 = \sqrt{(W_2/3600 \cdot u_2 \cdot \rho_2) \cdot (4/\pi) + d_1^2} \tag{2.7-2}$$

式中 d_i，d_2——分别为内管和外管的内径，m；

d_1——内管外径，m；

W_1，W_2——分别为内管和环隙中流体的质量流量，kg/h；

ρ_1，ρ_2——分别为内管和环隙中流体的密度，kg/m^3；

u_1，u_2——分别为内管和环隙中流体的流速，m/s。

2.7.1 套管式换热器的传热系数与压降

1. 环隙的传热和压降

1）环隙的传热

环隙内为光管时的传热系数计算方法见式(2.7-3)和式(2.7-4)。

当$200 < Re < 2000$时：

$$h_o = 1.02 \cdot \frac{\lambda}{d_e} \cdot Re^{0.45} \cdot Pr^{0.5} \cdot \left(\frac{\mu}{\mu_w}\right)^{0.14} \cdot \left(\frac{d_e}{L}\right)^{0.4} \cdot \left(\frac{d_2}{d_1}\right)^{0.8} \cdot Gr^{0.05} \tag{2.7-3}$$

当$Re > 10000$时：

$$h_o = 0.023\frac{\lambda}{d_e}Re^{0.8} \cdot Pr^{0.4} \cdot \left(\frac{d_2}{d_1}\right)^{0.45} \tag{2.7-4}$$

当$2000 < Re < 10000$时，分别求出$Re = 2000$和$Re = 10000$时的膜传热系数h_0，然后用内插法计算出该Re数的h_0。

纵向翅片管的套管式换热器环隙侧的传热系数，可用式(2.7-6)计算：

定义2个纵向翅片之间流道的浸润边长为：

$$p = [\pi(d_1 + d_2) + 2n \cdot H_f]/n \tag{2.7-5}$$

则当$\frac{d_e \cdot G}{\mu} \cdot \sqrt{\frac{\pi \cdot L}{p}} > 60000$时，

$$h_0 = 0.023\frac{\lambda}{d_e}Re^{0.8} \cdot Pr^{1/3} \cdot \left(\frac{\mu}{\mu_w}\right)^{0.14} \tag{2.7-6}$$

环隙内有径向翅片时其传热，可按式(2.7-7)计算：

当$1 < \frac{H_f}{s} < 2$时，可用式(2.7-7)计算传热系数，当$\frac{H_f}{s} > 3$时，该式计算值偏大。

$$h_0 = 0.039 \cdot \frac{\lambda}{d_e}Re_{max}^{0.87} \cdot Pr^{0.4} \cdot \left(\frac{s}{d_e}\right)^{0.4} \cdot \left(\frac{H_f}{d_e}\right)^{-0.19} \tag{2.7-7}$$

式中 d_1——内管外径，m；

d_2——外管内径，m；

d_e——当量直径，m；

光管：$d_e = d_2 - d_1$；环隙内有径向翅片：$d_e = d_2 - d_f$；

纵向翅片管：$d_e = \dfrac{4s_t}{\pi \cdot d_r + 2n \cdot H_f + \pi \cdot d_2} = \dfrac{\pi(d_2^2 - d_f^2) - n \cdot H_f \cdot T_f}{\pi \cdot d_r + 2n \cdot H_f + \pi \cdot d_2}$

d_r——翅根直径，m；

d_f——翅片外径，m；

H_f——翅片高，m；

n——翅片数；

t_f——翅片厚度，m；

λ——流体导热系数，W/(m·K)；

G——质量流速，kg/(m²·h)；

Re_{max}——用流道中最大质量流速 G_{max} 计算得到的雷诺数，无因次；

μ——流体黏度，Pa·s；

μ_w——管壁温度下的流体黏度，Pa·s；

L——每程的直管长，m；

C_p——流体比热容，J/(kg·℃)；

ρ——流体密度，kg/m³；

W——流体流量，kg/h；

s——翅片间距，m。

2）环隙间的压降 Δp_o

$$\Delta p_o = N_s \cdot \Delta p_f + (N_s - 1) \cdot \Delta p_r \tag{2.7-8}$$

$$\Delta p_r = \frac{\rho v^2}{2} \tag{2.7-9}$$

式中 Δp_o——环隙间的总压降，Pa；

Δp_f——直管部分的摩擦压降，Pa；

Δp_r——两程间环隙相接部分的压降，Pa；

N_s——管程数。

环隙内直管部分的摩擦压降 Δp_f 按式(2.7-10)计算，环隙内是径向翅片时，用 G_{max} 代替 G 即可。

$$\Delta p_f = 2f \cdot \rho \cdot u^2 \cdot \frac{L}{d_e} \cdot \left(\frac{\mu_w}{\mu}\right)^{0.14} \tag{2.7-10}$$

式中，f 为摩擦系数，光管时的摩擦系数按式(2.7-10)和(2.7-11)计算。

当 $Re < 2000$ 时：

$$f = \frac{16 \cdot \phi}{Re} \tag{2.7-11}$$

$$\phi = (1 - d_1/d_2)^2 / \{1 + (d_1/d_2)^2 + [1 - (d_1/d_2)^2] / \ln(d_1/d_2)\} \tag{2.7-12}$$

当 $Re > 2000$ 时：

$$f = 0.076 Re^{-0.25} \tag{2.7-13}$$

纵向翅片管的摩擦系数示于图 2.7-1 中，径向翅片管的摩擦系数示于图 2.7-2。

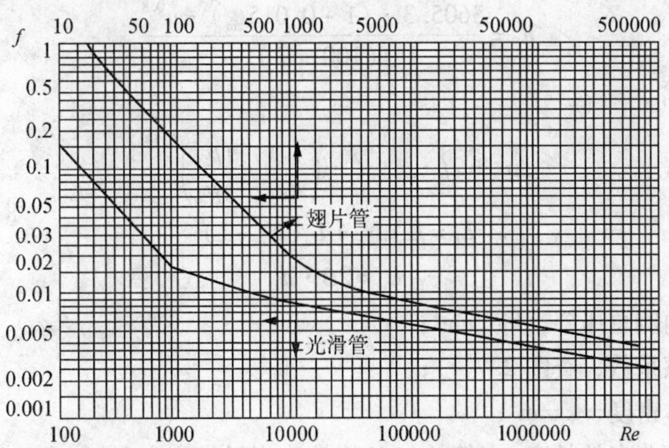

图 2.7-1　套管换热器内管外为纵向翅片或光管的环侧摩擦系数

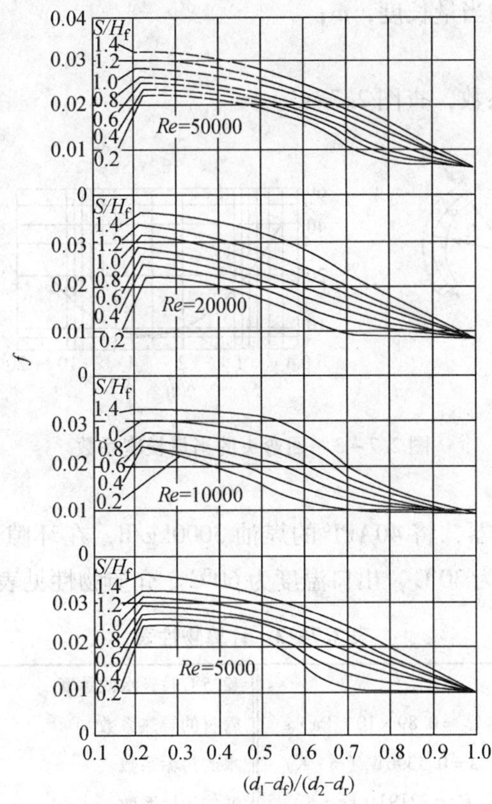

图 2.7-2　套管换热器内管外侧为径向翅片时，环侧摩擦系数

2. 内管侧的传热和压降

内管侧的传热和压降与一般列管式换热器管内计算方法相同，但在压降计算中应考虑 U 形弯管部分的长度。内管侧的传热系数：

$$h_i = 0.022 \cdot \frac{\lambda}{d_i} Re^{0.8} Pr^{0.4} \cdot \left(\frac{\mu_b}{\mu_w}\right)^{1/6} \tag{2.7-14}$$

温度不超过 90℃时，水的传热系数近似式为：

$$h_i = \frac{3605.3 \cdot (1 + 0.015 t_m) \cdot u^{0.8}}{(100 \cdot d_i)^2} \tag{2.7-15}$$

管内侧压降 Δp_t：

$$\Delta p_t = 2f \cdot \rho \cdot v_t^2 \cdot \left(\frac{L_t}{d_i}\right) \cdot \left(\frac{\mu_w}{\mu_b}\right)^{0.14} \tag{2.7-16}$$

$$L_t = L \cdot N_s + L_e (N_s - 1) \tag{2.7-17}$$

$$L_e = 2\beta \cdot d_i \tag{2.7-18}$$

式中 Δp_t——管内侧总压降，kgf/cm²；

f——摩擦系数，查图 2.7－1；

ρ——流体密度，kg/m³；

L_t——内管总有效长度（直管长与 U 形接头当量长度之和），m；

L——每程直管部分长度，m；

L_e——U 形接头的当量长度，m；

N_s——管程数；

β——当量长度系数，查图 2.7－3。

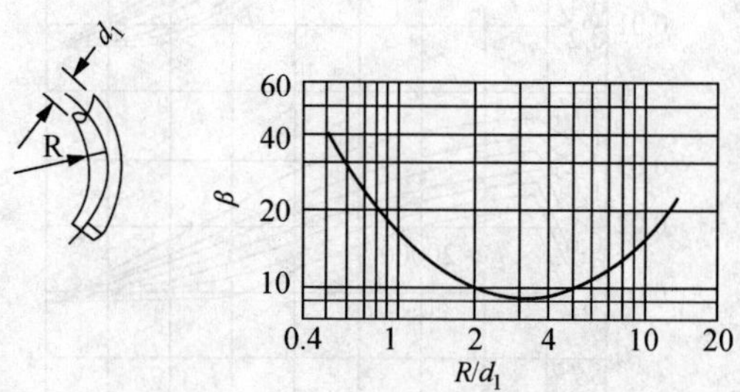

图 2.7－3 回弯头的当量长度系数

2.7.2 计算示例

设计一台套管式换热器，将 40API° 的煤油 3000kg/h，在环隙内由 100℃冷却到 60℃，冷却水走管侧，进口温度为 30℃，出口温度为 60℃。介质物性见表 2.7－2。

表 2.7－2 计算物性表

定性温度 76.6℃时煤油		42.5℃时，水的黏度	$\mu_2 = 0.594 \times 10^{-3}$ Pa·s
黏度	$\mu_2 = 0.89 \times 10^{-3}$ Pa·s	管材的导热系数	$\lambda = 116.3$ W/(m·K)
导热系数	$\lambda = 0.1396$ W/(m·K)	水的污垢系数	$r_i = 0.000172$ m²·K/W
比热容	$C_p = 2219$ J/(kg·K)	油的污垢系数	$r_0 = 0.000172$ m²·K/W
密度	$\rho = 825$ kg/m³		

1. 计算总传热量 Q

$$Q = 3000 \times 2219 \times (100 - 60) = 2.6628 \times 10^8 \text{J/h} = 7.4 \times 10^4 \text{W}$$

2. 计算冷却水量

$$w_t = \frac{Q}{C_p \Delta t} = \frac{2.6628 \times 10^8}{4.1868 \times 10^3 \times (60 - 30)} = 2120 \text{kg/h}$$

分别对内管为光管和纵向翅片管两种形式进行计算。

1）当环隙内为光管时

选用外径 $d_1=0.025\text{m}$，壁厚 $t_s=0.002\text{m}$ 的铝砷高强度黄铜管作内管，将内径 $d_2=0.0529\text{m}$ 的煤气管作外管。内外流体互为逆向流动。

（1）水在管内侧的传热系数

$$h_i=\frac{\pi}{4}\cdot d_i^2=\frac{\pi}{4}\times(0.021-2\times0.002)^2=0.000346\text{m}^2$$

$$u=\frac{w_t}{3600\cdot a_i\cdot\rho_1}=\frac{2120}{3600\times0.000346\times1000}=1.7\text{m/s}$$

$$h_i=\frac{3605.3\cdot(1+0.015t_m)\cdot v^{0.8}}{(100\cdot d_i)^2}=\frac{3605.3\times(1+42.5)\times1.7^{0.8}}{100\times0.021^2}=7780.5\text{W/(m}^2\cdot\text{K)}$$

（2）环隙侧传热系数

$$G=\frac{4W}{\pi\cdot(d_2^2-d_1^2)}=\frac{4\times3000}{\pi\times(0.0529^2-0.025^2)}=1760000\text{kg/(m}^2\cdot\text{h)}=489\text{kg/(m}^2\cdot\text{s)}$$

$$d_e=d_2-d_1=0.0529-0.025=0.0279\text{m}$$

$$Re=\frac{d_e\cdot u\cdot\rho}{\mu}=\frac{0.0279\times\frac{489}{\rho}\cdot\rho}{0.89\times10^{-3}}=15330>10000$$

$$Pr=\frac{C_p\cdot\mu}{\lambda}=\frac{2219\times0.89\times10^{-3}}{0.1396}=14$$

则：

$$\begin{aligned}h_o&=0.023Re^{0.8}\cdot Pr^{0.4}\cdot(d_2/d_1)0.45\cdot(\lambda/d_e)\\&=0.023\times15330^{0.8}\times14^{0.4}\times(0.0529/0.025)^{0.45}\times(0.1396/0.0279)\\&=1034\text{W/(m}^2\cdot\text{K)}\end{aligned}$$

（3）总传热系数

$$d_m=\frac{d_1-d_i}{\ln(d_1/d_i)}=\frac{0.025-0.021}{\ln(0.025/0.021)}=0.023\text{m}$$

$$\begin{aligned}\frac{1}{K}&=\frac{1}{h_o}+r_o+\frac{d_1}{d_m}\cdot\frac{t_s}{\lambda_w}+r_i\cdot\frac{d_1}{d_i}+\frac{1}{h_i}\cdot\frac{d_1}{d_i}\\&=\frac{1}{1034}+0.000117+\frac{0.025}{0.023}\times\frac{0.002}{116.3}+0.000117\times\frac{0.025}{0.021}+\frac{1}{7780}\times\frac{0.025}{0.021}\\&=0.00152\end{aligned}$$

$$K=660\text{W/(m}^2\cdot\text{K)}$$

（4）总传热面积

$$\begin{aligned}\Delta T_m&=[(T_1-t_2)-(T_2-t_1)]/\ln[(T_1-t_2)/(T_2-t_1)]\\&=[(100-60)-(60-30)]/\ln[(100-60)/(60-30)]=34.8℃\end{aligned}$$

$$A=Q/(K\cdot\Delta T_m)=7.4\times10^4/660\times34.8=3.22\text{m}^2$$

每米内管的外表面积 A_o：

$$A_o=\pi\cdot d_1\cdot1=\pi\times0.025\times1=0.0785\text{m}^2$$

所需总管长 $=A/A_o=3.22/0.0785=41.0\text{m}$

如果每程管长选用5.2m，则8程就足够了。即 $L=5.2\text{m}$，$N_s=8$。

(5) 环隙侧压力损失

管壁温度：

$$t_w = t_m + \frac{h_o}{h_i \cdot d_i/d_1 + h_o} \cdot (T_m - t_m)$$

$$= 42.5 + \frac{1034}{7780.5 \times 0.021/0.025 + 1037} \times (76.6 - 42.5)$$

$$= 47.2℃$$

47.2℃时的煤油黏度 $\mu_w = 1.25 \times 10^{-3} \mathrm{Pa \cdot s}$

$$f = 0.076 \cdot \left(\frac{d_e \cdot u \cdot \rho}{\mu}\right)^{-0.25} = 0.076 \times \left(\frac{0.0279 \times \frac{489}{\rho} \cdot \rho}{0.89 \times 10^{-3}}\right)^{-0.25} = 0.00683$$

$$\Delta p_f = 2f \cdot \rho \cdot u^2 \cdot \frac{L}{d_e} \cdot \left(\frac{\mu_w}{\mu}\right)^{0.14} = 2 \times 0.00683 \times 825 \times \left(\frac{489}{825}\right)^2 \times \frac{5.2}{0.0279} \times \left(\frac{1.25}{0.89}\right)^{0.14} = 774\mathrm{Pa}$$

$$\Delta p_r = \rho u^2/2 = 489^2/(2 \times 825) = 145\mathrm{Pa}$$

$$\Delta p_o = N_s \cdot \Delta p_f + (N_s - 1) \cdot \Delta p_r = 8 \times 774 + (8-1) \times 145 = 7207\mathrm{Pa}$$

(6) 内管侧压力损失

如果选全回弯头的曲率半径 $R = 0.08\mathrm{m}$

则：$R/d_i = 0.08/0.021 = 3.8$

从图 2.7-3 得 $\beta = 9.5$

$$L_e = 2\beta \cdot d_i = 2 \times 9.5 \times 0.021 = 0.4\mathrm{m}$$

$$L_t = N_s \cdot L + (N_s - 1) \cdot L_e = 8 \times 5.2 + (8-1) \times 0.4 = 44.4\mathrm{m}$$

$$Re = \frac{d_i \cdot \rho \cdot u}{\mu} = \frac{0.021 \times 1000 \times 1.7}{0.594 \times 10^{-3}} = 60100$$

从图 2.7-1 得 $f = 0.0058$

在壁温下(47.2℃时)，水的黏度 $\mu_w = 0.583cP$；

$$G = \frac{4W}{\pi \cdot d_i^2} = \frac{4 \times 2120}{\pi \times 0.021^2} = 6123893\mathrm{kg/(m^2 \cdot h)} = 1700\mathrm{kg/(m^2 \cdot s)}$$

$$\Delta p_f = 2f \cdot \rho \cdot u^2 \cdot \frac{L}{d_i} \cdot \left(\frac{\mu_w}{\mu}\right)^{0.14}$$

$$= 2 \times 0.0058 \times 1000 \times (1700/1000)^2 \times \frac{44.4}{0.021} \times \left(\frac{0.583}{0.594}\right)^{0.14}$$

$$= 70700\mathrm{Pa}$$

2) 当环隙内为纵向翅片管时

内管用铝砷高强度黄铜管，内管外表面有纵向翅片，外径 $d_1 = 0.025\mathrm{m}$，壁厚 $t_s = 0.002\mathrm{m}$，长度 $L = 6\mathrm{m}$，翅片片数 12，翅高 $H_f = 0.0125\mathrm{m}$，翅厚 $t_f = 0.0009\mathrm{m}$，翅片效率 $E_f = 0.64$；外管的内径 $d_1 = 0.0529\mathrm{m}$。

(1) 环隙侧传热系数

$$S_o = \frac{\pi}{4} \cdot (d_2^2 - d_1^2) - n \cdot H_f \cdot t_f$$

$$= \frac{\pi}{4} \times (0.0529^2 - 0.025^2) - 12 \times 0.0125 \times 0.0009 = 0.001572\mathrm{m}^2$$

$$G=\frac{W}{S}=\frac{3000}{0.001572}=1910000\text{kg}/(\text{m}^2\cdot\text{h})=530\text{kg}/(\text{m}^2\cdot\text{s})$$

$$d_e=\frac{4S_0}{\pi\cdot d_r+2n\cdot H_f+\pi\cdot d_2}=\frac{4\times0.001572}{\pi\times0.025+2\times12\times0.0125+\pi\times0.0529}=0.0116\text{m}$$

$$Re=\frac{d_e\cdot\rho\cdot u}{\mu}=\frac{0.0116\times\rho\times\dfrac{530}{\rho}}{0.89\times10^{-3}}=6910$$

$$\begin{aligned}p&=[\pi\cdot(d_r+d_2)+2n\cdot H_f]/n\\&=\pi\times(0.025+0.0529)+2\times2\times0.0125]/12=0.0454\text{m}\end{aligned}$$

$$Re\cdot\sqrt{\pi\cdot L/p}=6910\times\sqrt{\pi\times6/0.0454}=141000>60000$$

假定管壁温度 $t_w=55℃$，则 $\mu_w=1.5\times10^{-3}\text{Pa}\cdot\text{s}$

$$\begin{aligned}h_o&=0.023\cdot\frac{\lambda}{d_e}Re^{0.8}\cdot Pr^{1/3}\cdot\left(\frac{\mu}{\mu_w}\right)^{0.14}\\&=0.023\times\frac{0.1396}{0.0116}6910^{0.8}\times14^{1/3}\times(0.89/1.5)^{0.14}\\&=739\text{W}/(\text{m}^2\cdot\text{K})\end{aligned}$$

(2) 翅片热阻 r_f

$$A_f=2n\cdot H_f+n\cdot t_f=2\times12\times0.0125+12\times0.0009=0.31\text{m}^2/\text{m}$$

$$A_r=\pi\cdot d_r-n\cdot t_f=\pi\times0.025-12\times0.0009=0.0677\text{m}^2/\text{m}$$

$$A_r/A_f=0.218$$

翅片侧复合传热系数 h_f'

$$h_f'=1/[1/\alpha_o)+r_o]=1/[(1/739.0)+0.000172]=655\text{W}/(\text{m}^2\cdot\text{K})$$

翅片材料(铝砷高强度黄铜)的导热系数 $\lambda_f=116.3\text{W}/(\text{m}\cdot\text{K})$

$$r_e-r_b=H_f=0.0125\text{m}\qquad Y_b=t_f/2=0.00045\text{m}$$

$$(r_e-r_b)\cdot\sqrt{h_f'/(\lambda_f\cdot Y_b)}=0.0125\times\sqrt{655/(116.3\times0.00045)}=1.4$$

则:

$$r_f=\left(\frac{1}{h_o}+r_o\right)\cdot\frac{1-E_f}{E_f+A_r/A_f}=\left(\frac{1}{739}+0.000172\right)\cdot\frac{1-0.64}{0.64+0.218}=0.00064\text{m}^2\cdot\text{K/W}$$

(3) 总传热系数

$$A_o=A_f+A_r=0.3777\text{m}^2/\text{m}$$

$$A_i=\pi\cdot d_i=0.066\text{m}^2/\text{m}$$

$$\begin{aligned}A_m&=[\pi\cdot(d_r-d_i)]/\ln(d_r/d_i)\\&=[\pi\times(0.025-0.021)]/\ln(0.025/0.021)=0.072\text{m}^2/\text{m}\end{aligned}$$

$$\begin{aligned}\frac{1}{K}&=\frac{1}{h_o}+r_o+r_f+\frac{A_o}{A_m}\cdot\frac{t_s}{\lambda_f}+r_i\cdot\frac{A_o}{A_i}+\frac{1}{h_i}\cdot\frac{A_o}{A_i}\\&=\frac{1}{739}+0.000172+0.00064+\frac{0.3777}{0.072}\times\frac{0.002}{116.3}+0.000172\times\frac{0.3777}{0.066}+\frac{1}{7780}\times\frac{0.3777}{0.066}\\&=0.004\end{aligned}$$

$$K=250\text{W}/(\text{m}^2\cdot\text{K})$$

（4）所需传热面积 A：

$$A = Q/(K \cdot \Delta T_m) = 74000/(250 \times 34.8) = 8.5\text{m}^2$$

每米翅片管的外表面积为 0.3777m^2，则所需的有效长度为：

$$L = \frac{8.5}{0.3777} = 22.5\text{m}$$

即用每程管长 $L = 6\text{m}$，$N = 4$ 程就足够了。

（5）校核管壁温度：

$$\begin{aligned} t_w &= t_m + \frac{h_o}{h_i \cdot (A_i/A_o) + h_o} \cdot (T_m - t_m) \\ &= 42.5 + \frac{739}{7780 \times (0.066/0.3777) + 739} \times (76.6 - 42.5) \\ &= 54.5℃ \end{aligned}$$

因此计算环隙侧给热系数时假定的 t_w 值是正确的。

（6）环隙侧总压力损失 Δp_o

$Re = 6910$ 时环隙侧摩擦系数 $f = 0.009$。

$$\begin{aligned} \Delta p_f &= (2f \cdot \rho \cdot (G/\rho)^2 (L/d_e)(\mu_w/\mu)^{0.14} \\ &= \frac{2 \times 0.009 \times 530^2}{825} \times \frac{6}{0.0116} \times \left(\frac{1.5}{0.89}\right)^{0.14} \\ &= 3410\text{Pa} \end{aligned}$$

$$\Delta p_r = \frac{\rho u^2}{2} = \frac{530^2}{2 \times 825} = 170\text{Pa}$$

$$\Delta p_o = N_s \cdot \Delta p_f + (N_s - 1) \cdot \Delta p_r = 4 \times 3410 + 3 \times 170 = 14150\text{Pa}$$

2.8 螺旋板换热器设计计算方法

1930 年，瑞典首先提出了螺旋板式换热器的结构，并很快投入批量生产，取得了专利权，随后各国相继设计制造同类产品。20 世纪 80 年代起，合肥通用机械研究所制定了一系列关于螺旋板式换热器的标准，1997 年由机械工业部组织实施了全国螺旋板换热器的首次质量监督检查。

螺旋板式换热器目前在石油、化工、冶金、电力中的应用较普遍，结构上已开发出可拆和不可拆两种。作为紧凑式换热器品种之一，螺旋板式换热器具有传热性能好、传热温差小、温差应力小的优点，而且能够自清洁、不易结垢，设备结构紧凑、占地面积小。但由于其结构的特点，承压能力和操作温度较低。

材料主要有碳钢、不锈钢、钛及其合金，主要用于设计压力小于 2.5MPa，温度小于 300℃的中、低温位的冷却，化工装置中采用较多，食品、医药中较干净的介质多使用这种换热器。

螺旋板式换热器传热方面的理论，实际上并不是很成熟。因螺旋板式换热器的流道为矩形截面的弯曲通道，通道的曲率半径是变化的，而有关螺旋板式换热器传热系数及流体压力降的计算，还没有很确切的科学结论，目前设计中使用的计算公式基本上是一些经验和实验数据归纳而成。

2.8.1　传热及压降计算

1. 计算螺旋通道当量直径、流通面积及流速

螺旋通道的流通面积：

$$S = b \cdot B_c \quad (2.8-1)$$

当量直径

$$d_e = \frac{2B_e \cdot b}{B_e + b} \quad (2.8-2)$$

线速度

$$u = \frac{W}{3600 \cdot \rho \cdot s} \quad (2.8-3)$$

式中　S——螺旋通道的流通面积，m^2；

b——螺旋通道间距，m；

d_e——螺旋通道当量直径，m；

B_e——螺旋板有效宽度，m；

v——线速度，m/s；

W——质量流量，kg/h；

ρ——流体密度，kg/m^3。

螺旋板换热器常用流速参考值见表2.8-1。

表2.8-1　螺旋板换热器常用流速参考值

	流速/(m/s)		流速/(m/s)
一般液体	0.2~3	≤6atm(G)	5~10
盐水	1~2.5	≤16atm(G)	10~15
碱液	1.5~2.5	≤20atm(G)	8~10
硫酸	0.8~1.2	≤30atm(G)	3~6
液氨　真空	0.05~0.3	气氨　真空	15~25
≤6atm(G)	0.3~0.5	≤6atm(G)	10~20
≤10atm(G)	0.5~1.0	≤20atm(G)	3~8
乙醚、CS_2、苯	<1	饱和蒸汽　≤3atm(G)	10~40
甲醇、乙醇、汽油	<2.5	≤30atm(G)	15~60
含有悬纤或固体颗粒的淤渣或淤浆	0.7~1.5	化学介质蒸气　>1atm(A)	10~25
油及高黏度液体	0.7~2	1~0.5atm(A)	25~40
气体	3~20	0.5~0.05atm(A)	40~60
真空	10~20		

对螺旋板换热器给热系数推荐以下两种计算方法，即国内计算法及美国 Union Carbide 公司的“简便计算法”。当为无相变螺旋流时，推荐用国内计算法，因“简便计算法”没考虑定距柱的影响。

2. 螺旋板换热器的传热热系数计算

1）国内计算方法

（1）无相变时

定距柱间距为100×100mm，正三角形排列，定距柱密度 $n_s = 116$ 个/m^2。在定距柱尺寸为 $\phi 10 \times 10$mm 的螺旋通道中，湍流状态下膜传热系数计算式为：

$$Nu = 0.04Re^{0.78} \cdot Pr^n \quad (2.8-4)$$

定距柱间距为70mm，$n_s = 232$ 个$/\mathrm{m}^2$，螺旋通道中传热系数为：

$$Nu = 0.029Re^{0.829} \cdot Pr^n \quad (2.8-5)$$

无定距柱的螺旋通道中传热系数为；

$$Nu = 0.02Re^{0.824} \cdot Pr^n \quad (2.8-6)$$

式中 Nu——努塞尔特(Nusselt)数，无因次；

Re——雷诺数，无因次；

n——指数。液体被加热或气体被冷却时，$n=0.4$；液体被冷却气体被加热时，$n=0.3$。

（2）蒸汽冷凝时

冷凝传热系数为：

$$h = 0.943\sqrt[4]{(\Delta H_v \cdot \rho_f^2 \cdot \lambda_f^3)/[\mu_f \cdot B_e \cdot (T_o - T_w)]} \quad (2.8-7)$$

式中 h——冷凝传热系数，$\mathrm{W/(m^2 \cdot K)}$；

ΔH_v——汽化潜热，J/kg；

ρ_f——冷凝液膜平均温度下的密度，$\mathrm{kg/m^3}$；

λ_f——冷凝液膜平均温度下的导热系数，$\mathrm{W/(m \cdot K)}$；

μ_f——冷凝液膜平均温度 T_f 下的黏度，Pa·s；

B_e——螺旋板有效宽度，m；

T_o——饱和蒸汽温度，℃；

T_w——壁温，℃。

2）美国 Union Carbide 公司的“简便计算法”

该法把计算给热系数的经验式、热平衡式及换热器的几何数据合成一个关系式，得出的总方程又分为三组，它们含有与流体物性有关的因数、换热器性质或负荷因数、传热面机械设计或布置因数。再将这三组因数乘以一个数字因数，得出流体传热推动占总推动力的分率，即：

$$\Delta T_f/\Delta T_M = \text{数字因数} \times \text{物性因数} \times \text{负荷因数} \times \text{机械设计因数} \quad (2.8-8)$$

① 计算热流体的传热推动力分率 $\Delta T_h/\Delta T_M$；

② 计算冷流体的传热推动力分率 $\Delta T_c/\Delta T_M$；

③ 计算螺旋板的传热推动力分率 $\Delta T_w/\Delta T_M$；

④ 计算污垢的传热推动力分率 $\Delta T_s/\Delta T_M$。

$$SOP = \frac{\Delta T^h}{\Delta T_M} + \frac{\Delta T_c}{\Delta T_M} + \frac{\Delta T_w}{\Delta T_M} + \frac{\Delta T_s}{\Delta T_M} \quad (2.8-9)$$

式中 SOP——各推动力之和，无因次；

ΔT_h——热流体传热推动力，℃；

ΔT_c——冷流体传热推动力，℃；

ΔT_f——流体温差，℃；

ΔT_M——对数平均温差，℃

ΔT_w——螺旋板温差，℃；

ΔT_s——污垢温差，℃

当各推动力之和 SOP 等于1时，则计算满足要求，此时表示，每项热阻的温降之和等

于总温降 ΔT_M。当 *SOP* 值大于或小于 1 时，说明该推动力要克服的热阻值较大或较小，可按此比例增加或小螺旋板长度，不需重算 *SOP* 中各项。

根据工况的不同，计算方法也不相同，由于计算公式比较多，本节用表 2.8－2 表示，可以使工况和计算公式一一对应。

表 2.8－2　美国的简便计算表

工况		公式	公式编号	备　注
冷、热流均为螺旋流	无相变流体，$Re > Re_c$	$h = 0.0237 C_p G Re^{-0.2} \cdot Pr^{-2/3} \cdot \left[1 + 3.54\left(\frac{d_e}{D_H}\right)\right]$	(2.8－10)	
		$\frac{\Delta T_f}{\Delta T_M} = 878.25\left(\frac{\mu^{0.467} \cdot M^{0.222}}{\gamma^{0.889}}\right) \cdot \left[\frac{W^{0.2} \cdot (T_h - T_1)}{\Delta T_M}\right] \cdot \left(\frac{b}{L \cdot B_e^{0.2}}\right)$	(2.8－11)	
	无相变液体，$Re < Re_c$	$h = 1.86 C_p G Re^{-2/3} \cdot Pr^{-2/3} \cdot \left(\frac{L}{d_e}\right)^{-1/3} \cdot \left(\frac{\mu_f}{\mu}\right)^{-0.14}$	(2.8－12)	
		$\frac{\Delta T_f}{\Delta T_M} = 0.5706\left[\left(\frac{M^{2/9}}{\gamma^{8/9}}\right) \cdot \left(\frac{\mu_f}{\mu}\right)\right]^{0.14} \cdot \left[\frac{W^{2/3} \cdot (T_h - T_1)}{\Delta T_M}\right] \cdot \left(\frac{b}{L \cdot B_e^{2/3}}\right)$	(2.8－13)	
	无相变气体，$Re > Re_c$	$h = 0.023 C_p G^{0.8} \cdot d_e^{-0.2} \cdot \left[1 + 3.54\left(\frac{d_e}{D_H}\right)\right]$	(2.8－14)	
		$\frac{\Delta T_f}{\Delta T_M} = 33.2 \cdot \left(W^{0.2} \cdot \frac{T_h - T_1}{\Delta T_M}\right) \cdot \frac{b}{L \cdot B_e^{0.2}}$	(2.8－15)	
轴流或螺旋流	蒸汽冷凝，立式	$Re = \Gamma/(900\mu_f) \qquad \Gamma = W/2L$	(2.8－16)	
	可凝气体的冷凝 $Re<2100$ 时	$h = 465 \cdot \lambda_f \cdot (\rho_{lf}^2/\mu_f \cdot \Gamma)^{1/3}$ $\frac{\Delta T_f}{\Delta T_M} = 0.428 \cdot \frac{(M \cdot \mu_f)^{1/3}}{C_p \cdot \gamma_f^2} \cdot \frac{W^{4/3} \cdot \Delta H_v}{\Delta T_M} \cdot \frac{1}{L^{4/3} \cdot B_e}$	(2.8－17)	
	冷凝液的过冷，立式当 $Re <$ 2100 时	$B_f = \left(\frac{8.53 \times 10^{-11} \cdot \mu_f \cdot \Gamma}{\gamma^2}\right)^{1/3}$ $h = 1.704 \cdot \frac{\lambda_f}{B_f} \cdot \left(\frac{C_p \cdot B_f}{\lambda_f \cdot L}\right)^{5/6}$	(2.8－18)	
		$\frac{\Delta T_f}{\Delta T_M} = 0.186 \frac{M^{1/18} \cdot \mu_f^{1/18}}{\gamma_f^{1/3}} \cdot \frac{W^{2/9} \cdot (T_h - T_1)}{\Delta T_M} \cdot \frac{1}{B_e^{1/6} \cdot L^{2/9}}$	(2.8－19)	
轴流	无相变液体 $Re > 10000$ 时	$h = 0.023 C_p G \cdot Re^{-0.2} \cdot Pr^{-2/3}$	(2.8－20)	
		$\frac{\Delta T_f}{\Delta T_M} = 4975.78 \frac{\mu^{0.467} \cdot M^{0.222}}{\gamma^{0.889}} \cdot \frac{W^{0.2} \cdot (T_h - T_1)}{\Delta T_M} \cdot \frac{b}{B_e \cdot L^{0.2}}$	(2.8－21)	
	无相变气体 $Re > 10000$ 时	$h = 0.0156 C_p \cdot G^{0.8} \cdot d_e^{-0.2}$	(2.8－22)	
		$\frac{\Delta T_f}{\Delta T_M} = 36.65 \cdot \left(W^{0.2} \cdot \frac{T_h - T_1}{\Delta T_M}\right) \cdot \frac{b}{L^{0.2} \cdot B_e}$	(2.8－23)	
	冷凝蒸汽，卧式 $Re < 2100$ 时	$h = 382.3 \cdot \lambda_f \cdot (\rho_{lf}^2/\mu_f \cdot \Gamma)^{1/3}$ 冷凝负荷　$\Gamma = 0.533 W/(B_e \cdot L)$	(2.8－24)	
		$\frac{\Delta T_f}{\Delta T_M} = 0.0457 \cdot \frac{(M \cdot \mu_f)^{1/3}}{C_P \cdot \gamma_f^2} \cdot \frac{W^{4/3} \cdot \Delta H_v}{\Delta T_M} \cdot \frac{1}{(L \cdot B_e)^{4/3}}$	(2.8－25)	
	泡核沸腾，立式	$h = 124.81 C_p \cdot G \cdot Re^{-0.3} \cdot Pr^{-0.6} \cdot (\rho_l \cdot \sigma/P^2)^{-0.425} \cdot \Sigma$	(2.8－26)	
		$\frac{\Delta T_f}{\Delta T_M} = 0.932 \cdot \frac{M^{0.2} \cdot \mu^{0.3} \cdot \sigma^{0.425}}{C \cdot \gamma^{1.075}} \cdot \frac{\rho_v^{0.7}}{p^{0.85}} \cdot \frac{W^{0.3} \cdot \Delta H_v}{\Delta T_M} \cdot \left(\frac{b}{L \cdot B_e}\right)^{0.3}$	(2.8－27)	
螺旋板	无相变传热	$h = \lambda_w/\delta$	(2.8－28)	
		$\frac{\Delta T_w}{\Delta T_M} = 1.39 \times 10^{-4} \cdot \frac{C_p}{\lambda_w} \cdot \left(W \cdot \frac{T_h - T_1}{\Delta T_M}\right) \cdot \frac{\delta}{L \cdot B_e}$	(2.8－29)	
	有相变传热	$h = \lambda_w/\delta$	(2.8－30)	
		$\frac{\Delta T_w}{\Delta T_M} = 1.39 \times 10^{-4} \cdot \frac{1}{\lambda_w} \cdot \left(W \cdot \frac{\Delta H_v}{\Delta T_M}\right) \cdot \frac{\delta}{L \cdot B_e}$	(2.8－31)	

续表 2.8-2

工况		公式	公式编号	备注
		h 为给定值		
污垢	无相变传热	$\frac{\Delta T_s}{\Delta T_M}=1.39\times10^{-4}\cdot\frac{C_p}{h}\cdot\left(W\cdot\frac{T_h-T_l}{\Delta T_M}\right)\cdot\frac{1}{L\cdot B_e}$	(2.8-32)	
	有相变传热	$\frac{\Delta T_s}{\Delta T_M}=1.39\times10^{-4}\cdot\frac{1}{\lambda_w}\cdot\left(W\cdot\frac{\Delta H_v}{\Delta T_M}\right)\cdot\frac{1}{L\cdot B_e}$	(2.8-33)	
总传热系数		$\frac{1}{K}=\frac{1}{h_1}+\frac{1}{h_2}+\frac{\delta}{\lambda_w}+r_1+r_2$	(2.8-34)	
对数平均温差	当两侧均为螺旋流，且为逆流时	$\Delta T_M=\frac{(T_1-t_2)-(T_2-t_1)}{\ln\frac{T_1-t_2}{T_2-t_1}}$	(2.8-35)	当为错流时可参照管壳式换热器进行温差校正
传热面积		$A=\frac{Q}{K\cdot\Delta T_M}$	(2.8-36)	

式中 A——传热面积，m^2；

b——螺旋通道间距，m；

B_e——螺旋板有效宽度，m；

B_f——凝液膜厚，m；

C_p——流体比热容，J/(kg·K)；

d_e——通道当量直径，m；

D_H——螺旋通道平均直径，m；

G——质量流速，kg/(m^2·h)；

h——膜传热系数，W/(m^2·K)；

ΔH_v——汽化热，J/kg；

L——螺旋通道有效长度，m；

M——相对分子质量；

p——压力，Pa；

Q——传热量，W；

Re_c——临界雷诺数，无因次；$Re_c=20000\left(\frac{d_e}{D_H}\right)^{0.32}$； (2.8-37)

T_h——高温端温度，℃；

T_l——低温端温度，℃；

W——质量流量，kg/h；

γ——相对于20℃水的相对密度；

γ_f——膜温下流体的相对密度；

μ——流体黏度，Pa·s；

μ_f——膜温下液体黏度，Pa·s；

λ_f——膜温下液体导热系数，W/(m·K)；

λ_w——板材导热系数，W/(m·K)；

ρ_l——液体密度，kg/m^3；

ρ_v——蒸汽密度，kg/m^3；

ρ_{lf}——膜温下液体密度，kg/m^3；

σ——表面张力，mN/m；

δ——螺旋板厚，m；

Γ——冷凝负荷，kg/(m · h)；

$$\sum = 1/\sum{}'$$

$\sum{}'$——表面条件因数：铜和钢为1.0；不锈钢为1.7；抛光表面为2.5。

3. 螺旋板换热器的结构计算

螺旋板换热器的壁面不是螺旋面，而是两个半圆扣起来组合成的。

1）螺旋通道长度

$$L = \frac{A}{2Be} \tag{2.8-38}$$

2）螺旋板换热器外径及螺旋圈数

取中心管外径为 d_o，当两螺旋通道间距分别为 b_1，b_2时：

$$D_o = d_o + (b_1 + \delta) + N \cdot (b_1 + b_2 + 2\delta) \tag{2.8-39}$$

当 $b_1 = b_2 = b$ 时：

$$D_o = d_o + (2N + 1) \cdot (b_1 + \delta) \tag{2.8-40}$$

当 $b_1 \neq b_2$ 时：

$$N = \frac{-\left(d_o + \frac{b_1 - b_2}{2}\right) + \sqrt{\left(d_o + \frac{b_1 - b_2}{2}\right)^2 + \frac{4L}{\pi} \cdot (b_1 + b_2 + 2\delta)}}{b_1 + b_2 + 2\delta} \tag{2.8-41}$$

当 $b_1 = b_2$ 时：

$$N = \left[-d_o + \sqrt{d_o^2 + (8L/\pi) \cdot (b + \delta)}\right] / \left[2 \cdot (b + \delta)\right] \tag{2.8-42}$$

3）螺旋平均直径

$$D_H = \frac{d_o + D_o}{2} \tag{2.8-43}$$

式中　D_o——螺旋板换热器外径，m；

d_o——中心管外径，m；

δ——螺旋板厚，m；

N——螺旋圈数，无因次；

L——螺旋通道有效长度，m。

4. 螺旋板换热器的压降计算

螺旋板换热器的压降计算方法也有多种，对应传热系数的计算方法，压降计算也分别按国内压降计算方法和美国 Union Carbide 公司压降计算法。由于公式较多，为简单起见，用表格方法一一列出，见表2.8-3。

表2.8-3　美国某公司的压降计算表

		公式	公式编号	备　注
国内压降计算方法	螺旋通道内液体压降 Δp，当 $Re = 5000 \sim 50000$	$\Delta p = 2 \cdot f_c \cdot \frac{L}{d_e} \cdot \rho \cdot u^2$ 无定距柱时：$f_c = 0.0155Re^{-0.05}$ 有定距柱，$n_s = 116$、232 时：$f_c = 0.045Re^{-0.11}n_s^{0.52}$	(2.8-44) (2.8-45) (2.8-46)	
	换热器进、出口压降	$\Delta p_{局} = \zeta \cdot \frac{\rho u^2}{2} \times 10^4$	(2.8-47)	
	螺旋通道内空气的压降	$\Delta p = \rho_m u^2 \left[\ln\left(\frac{p_1}{p_2}\right) + 2f_c\left(\frac{L}{d_e}\right)\right]$	(2.8-48)	
	换热器总压降	$\Delta p = \left(\frac{L}{d_e} \cdot \frac{0.365}{Re^{0.25}} + 0.0153L \cdot n_s + 4\right)\frac{\rho u^2}{2}$	(2.8-49)	

续表 2.8－3

		公式	公式编号	备　注
美国 Union Carbide 公司压降计算法	螺旋流	无相变：$Re_c=20000\left(\frac{d_e}{D_H}\right)^{0.32}$ 当 $Re>Re_c$时： $\Delta p=4.668\times10^{-12}\frac{L}{\gamma}\left[\frac{W}{b\cdot B_e}\right]^2\cdot\left[\frac{08.559}{b+0.00318}\cdot\left(\frac{\mu\cdot B_e}{W}\right)^{1/3}+1.5+\frac{4.88}{\mathrm{L}}\right]\cdot g$	(2.8－50)	根据 Sander 提出的方程，定距柱密度为 $n_s=194$ 个/m²，定距柱直径为 $\phi7.94$mm
		当 $100<Re<Re_c$时 $\Delta p=3.281\times10^{-6}\frac{L}{\gamma}\left[\frac{W}{b\cdot B_e}\right]^2\cdot\left[\frac{111}{b+0.00318}\cdot\left(\frac{\mu_f}{\mu}\right)^{0.17}\cdot\left(\frac{\mu\cdot B_e}{W}\right)^{1/2}+1.5+\frac{4.88}{L}\right]\cdot g$	(2.8－51)	
		当 $Re<100$ $\Delta p=1.566\times10^{-10}\cdot\frac{L\cdot\gamma\cdot\mu}{b^{2.75}}\cdot\left(\frac{\mu_f}{\mu}\right)^{0.17}\cdot\frac{W}{Be}\cdot g$	(2.8－52)	
		冷凝： $\Delta p=2.334\times10^{-12}\frac{L}{\gamma}\left[\frac{W}{b\cdot B_e}\right]^2\cdot\left[\frac{8.559}{b+0.00318}\cdot\left(\frac{\mu\cdot B_e}{W}\right)^{1/3}+1.5+\frac{4.88}{L}\right]\cdot g$	(2.8－53)	与无相变计算式相同，只是在计算冷凝压降时要乘系数 0.5，对部分冷凝乘系数 0.7
	轴流	无相变：当 $Re>10000$ $\Delta p=\frac{3.532\times10^{-11}\cdot g}{\gamma\cdot b^2}\left(\frac{W}{L}\right)^{1.8}\cdot\left[\frac{0.0458\mu^{0.2}\cdot Be}{b}+1+1.181Be\right]$	(2.8－54)	
		冷凝 $\Delta p=\frac{1.766\times10^{-11}\cdot g}{\gamma\cdot b^2}\left(\frac{W}{L}\right)^{1.8}\cdot\left[\frac{0.0458\mu^{0.2}\cdot Be}{b}+1+1.181Be\right]$	(2.8－55)	当为部分冷凝时，按无相变计算式乘以系数 0.7 计算
	换热器总压降	$\Delta p_{总}=\Delta p+\Delta p_{局}$	(2.8－56)	

式中　g——重力加速度，$g=9.81\mathrm{m/s^2}$；

L——螺旋通道有效长度，m；

n_s——定距柱密度，个/m²；

p_1、p_2——进、出口压力，Pa；

Δp——螺旋通道压降，Pa；

$\Delta p_{局}$——局部阻力的压降，Pa；

$\Delta p_{总}$——换热器总压降，Pa；

u——线速度，m/s；

W——质量流量，kg/h；

γ——相对 20℃水的相对密度；

μ——流体黏度，Pa·s；

μ_f——膜温下液体黏度，Pa·s；

ρ——密度，kg/m³；

ρ_m——进、出口空气的平均密度，kg/m³；

f_c——螺旋通道内的平均摩擦系数，无因次；液体介质，按表中公式计算；介质为空气时，f_c 基本上为一定值：无定距柱时，$n_s=0$、$f_c=0.020$；有定距柱时，若 $n_s=116$，$f_c=0.022$；若 $n_s=232$，$f_c=0.034$；

ζ——局部阻力系数，无因次；由于进、出口情况不同，ζ 值范围在 0.17 ~ 2.7 之间，对每一通道而言，其进、出口两个局部阻力系数之和多在 2 ~ 3 之间，最小为 1.65，最大为 4.3，一般选用 $\sum \zeta = 4$。

2.8.2　计算示例

【例 2.8-1】　用国内计算方法，计算无相变、I 型螺旋板换热器，已知条件见表 2.8-4，物性数据见表 2.8-5。

表 2.8-4　已知条件表

项　目	冷　流	热　流
物流	冷却水	煤油
流动形式(逆流)	螺旋流	螺旋流
流量/(kg/h)	15000	3000
入口温度/℃	30	140
出口温度/℃	t_2	40
相对分子质量	18	180
平均比热容 C_p/[J/(kg·K)]	4186.8	2177
平均密度 ρ/(kg/m³)	1000	825
比重指数	—	$API = 40$
污垢热阻系数 r/(m²·K/W)	0.000172	0.000172
螺旋板间距/m	$b_2 = 0.01$	$b_2 = 0.004$
螺旋板宽/m	$B = 0.3$	
螺旋板厚/m	$\delta = 0.023$	
板材导热系数 λ_w/[W/(m·K)]	46.52	
定距柱及间距/mm	$\phi 10 \times 10$，100×100，正三角形排列	
定距柱密度/(个/m²)	$n_s = 116$	
中心管外径/m	$d_o = 0.11$	

表 2.8-5　定性温度下物性数据表

项　目	水　侧	煤 油 侧
黏度 μ/Pa·s	0.0008	0.000911
导热系数 λ/[W/(m·K)]	0.614	0.1372
密度 ρ/(kg/m³)	1000	825
比热容 C_p/[J/(kg·K)]	4186.8	2177

1）传热计算

（1）计算传热量及温度

当不考虑热损失时

$$Q = W_2 \cdot C_{p2} \cdot (T_1 - T_2) = 3000 \times 2177 \times (140 - 40) = 181428\text{J/h}$$

$$t_2 = t_1 + \frac{Q}{W_1 \cdot C_{p1}} = 30 + \frac{181428}{15000 \times 4186.8} = 40.4℃$$

（2）计算螺旋通道当量直径、流通面积及流速

流通面积：取 $B_e = B - 0.02 = 0.3 - 0.02 = 0.28\text{m}$

水　侧　$s_1 = b_1 \cdot B_e = 0.01 \times 0.28 = 0.0028\text{m}^2$

煤油侧　$s_2 = b_2 \cdot B_e = 0.004 \times 0.28 = 0.00112\text{m}^2$

通道当量直径：

水　侧　$d_{e1} = \dfrac{2B_e \cdot b_1}{B_e + b_1} = \dfrac{2 \times 0.28 \times 0.01}{0.28 + 0.01} = 0.0193\text{m}^2$

煤油侧 $d_{e2}=\dfrac{2B_e \cdot b_2}{B_e+b_2}=\dfrac{2\times 0.28\times 0.004}{0.28+0.004}=0.0079\text{m}^2$

通道中流速：

水　侧 $u_1=\dfrac{W_1}{3600\cdot \rho_1 \cdot s_1}=\dfrac{15000}{3600\times 1000\times 0.0028}=1.488\text{m/s}$

煤油侧 $u_2=\dfrac{W_2}{3600\cdot \rho_2 \cdot s_2}=\dfrac{3000}{3600\times 825\times 0.00112}=0.9\text{m/s}$

(3) 计算雷诺数

质量流速：

水　侧 $G_1=\dfrac{W_1}{s_1}=\dfrac{15000}{0.0028}=5357000\text{kg/(m}^2\cdot\text{h)}$

煤油侧 $G_2=\dfrac{W_2}{s_2}=\dfrac{3000}{0.00112}=2679000\text{kg/(m}^2\cdot\text{h)}$

雷诺数：

水　侧 $Re_1=\dfrac{d_{e1}\cdot u_1\cdot \rho_1}{\mu_1}=\dfrac{0.0193\times 1.488\times 1000}{0.0008}=35900$

煤油侧 $Re_2=\dfrac{d_{e2}\cdot u_2\cdot \rho_2}{\mu_2}=\dfrac{0.0079\times 0.9\times 825}{0.000911}=6440$

普兰特数：

$$Pr_1=\frac{C_{p1}\cdot \mu_1}{\lambda_1}=\frac{4186.8\times 0.0008}{0.6141}=5.45$$

$$Pr_2=\frac{C_{p2}\cdot \mu_2}{\lambda_2}=\frac{2177\times 0.000911}{0.1372}=14.46$$

(4) 计算给热系数及总传热系数

水　侧 $h_1=0.04\cdot\dfrac{\lambda_1}{d_{e1}}\cdot Re_1^{0.78}\cdot Pr^{0.4}=0.04\times\dfrac{0.614}{0.0193}\times 35900^{0.78}\times 5.45^{0.4}=8958\text{W/(m}^2\cdot\text{K)}$

煤油侧 $h_2=0.04\cdot\dfrac{\lambda_2}{d_{e2}}\cdot Re_2^{0.78}\cdot Pr_2^{0.3}=0.04\times\dfrac{0.1372}{0.0079}\times 6440^{0.78}\times 14.46^{0.3}=1448\text{W/(m}^2\cdot\text{K)}$

总传热系数：

$$\frac{1}{K}=\frac{1}{h_1}+\frac{1}{h_2}+\frac{\delta}{\lambda_w}+r_1+r_2=\frac{1}{8958}+\frac{1}{1448}+\frac{0.0023}{46.52}+0.000172+0.000172=0.001196$$

$$K=836\text{W/(m}^2\cdot\text{K)}$$

(5) 计算传热面积

对数平均温差：

$$\Delta T_M=\frac{(T_1-t_2)-(T_2-t_1)}{\ln\dfrac{T_1-t_2}{T_2-t_1}}=\frac{(140-40.4)-(40-30)}{\ln\left(\dfrac{140-40.4}{40-30}\right)}=39℃$$

传热面积：

$$A=\frac{Q}{K\cdot\Delta T_M}=\frac{181428}{836\times 39}=5.6\text{m}^2$$

2）结构计算

螺旋通道长

$$L=\frac{A}{2B_{\mathrm{e}}}=\frac{5.6}{2\times0.28}=10\mathrm{m}$$

换热器外径及平均直径：

$$N=\frac{-\left(d_{\mathrm{o}}+\frac{b_1-b_2}{2}\right)+\sqrt{\left(d_{\mathrm{o}}+\frac{b_1-b_2}{2}\right)^2+\frac{4L}{\pi}\cdot(b_1+b_2+2\delta)}}{b_1+b_2+2\delta}$$

$$=\frac{-\left(0.11+\frac{0.01-0.004}{2}\right)+\sqrt{\left(0.11+\frac{0.01-0.004}{2}\right)^2+\frac{4\times10}{\pi}\times(0.01+0.004+0.0023\times2)}}{(0.01+0.004+0.0023\times2)}$$

$=20.8$

$$D_{\mathrm{o}}=d_{\mathrm{o}}+(b_1+\delta)+N\cdot(b_1+b_2+2\delta)$$

$$=0.11+(0.01+0.0023)+20.8\times(0.01+0.004+0.0023\times2)=0.51\mathrm{m}$$

$$D_{\mathrm{H}}=\frac{d_{\mathrm{o}}+D_{\mathrm{o}}}{2}=\frac{0.11+0.51}{2}=0.31\mathrm{m}$$

3）压降计算

水侧：

$$\Delta p=\left(\frac{L}{d_{\mathrm{e1}}}\cdot\frac{0.365}{Re_1^{0.25}}+0.0153L\cdot n+4\right)\frac{\rho_1u_1^2}{2}$$

$$=\left(\frac{10}{0.0193}\times\frac{0.365}{35900^{0.25}}+0.0153\times10\times116+4\right)\times\frac{1000\times1.488^2}{2}=38848\mathrm{Pa}$$

煤油侧：

$$\Delta p_2=\left(\frac{L}{d_{\mathrm{e2}}}\cdot\frac{0.365}{Re_2^{0.25}}+0.0153L\cdot n_{\mathrm{s}}+4\right)\cdot\frac{\rho_2\cdot u_2^2}{2}$$

$$=\left(\frac{10}{0.0079}\times\frac{0.365}{6452^{0.25}}+0.0153\times10\times116+4\right)\times\frac{825\times0.9^2}{2}=24495.6\mathrm{Pa}$$

【例 2.8－2】 采用美国 Union Carbide 公司的“简便计算法”计算例 2.8－1。

1）计算临界雷诺数

水　侧　$Re_{\mathrm{c1}}=20000\left(\frac{d_{\mathrm{e1}}}{D_{\mathrm{H}}}\right)^{0.32}=20000\times\left(\frac{0.0193}{0.31}\right)^{0.32}=8226$

煤油侧　$Re_{\mathrm{c2}}=20000\left(\frac{d_{\mathrm{e2}}}{D_{\mathrm{H}}}\right)^{0.32}=20000\times\left(\frac{0.0079}{0.31}\right)^{0.32}=6180$

2）计算冷流侧传热推动力分率

由于 $Re_1>Re_{\mathrm{C1}}$ 则：

$$\frac{\Delta T_{\mathrm{C}}}{\Delta T_{\mathrm{M}}}=878.25\left(\frac{\mu_1^{0.467}\cdot M_1^{0.222}}{\gamma_1^{0.889}}\right)\cdot\left[\frac{W_1^{0.2}\cdot(t_2-t_1)}{\Delta T_{\mathrm{M}}}\right]\cdot\left(\frac{b_1}{L\cdot B_{\mathrm{e}}^{0.2}}\right)$$

$$=878.25\times\left(\frac{0.0008^{0.467}\times18^{0.222}}{1^{0.889}}\right)\cdot\left[\frac{15000^{0.2}\times(40.4-30)}{39}\right]\cdot\left(\frac{0.01}{10\times0.28^{0.2}}\right)$$

$=0.1406$

3）计算热流侧传热推动力分率

由于 $Re_2 > Re_{c2}$，则

$$\frac{\Delta T_h}{\Delta T_M} = 878.25\left(\frac{\mu_2^{0.467} \cdot M_2^{0.222}}{\gamma_2^{0.889}}\right) \cdot \left[\frac{W_2^{0.2} \cdot (T_1 - T_2)}{\Delta T_M}\right] \cdot \left(\frac{b_2}{L \cdot B_e^{0.2}}\right)$$

$$= 878.25 \times \left(\frac{0.000911^{0.467} \times 180^{0.222}}{0.825^{0.889}}\right) \cdot \left[\frac{3000^{0.2} \times (140-40)}{39}\right] \cdot \left(\frac{0.004}{10 \times 0.28^{0.2}}\right)$$

$$= 0.823$$

4）计算螺旋板传热推动力分率

$$\frac{\Delta T_w}{\Delta T_M} = 1.39 \times 10^{-4} \cdot \frac{C_{p1}}{\lambda_w} \cdot \left(W_1 \cdot \frac{t_2 - t_1}{\Delta T_M}\right) \cdot \frac{\delta}{L \cdot B_e}$$

$$= 1.39 \times 10^{-4} \cdot \frac{4186.8}{46.52} \cdot \left(15000 \times \frac{40.4 - 30}{39}\right) \times \frac{0.0023}{10 \times 0.28} = 0.041$$

5）计算污垢传热推动分率

$$\frac{\Delta T_s}{\Delta T_M} = 1.39 \times 10^{-4} \times \frac{C_p}{h} \cdot \left(W \cdot \frac{T_h - T_1}{\Delta T_M}\right) \cdot \frac{1}{L \cdot B_e}$$

$$= 1.39 \times 10^{-4} \times \frac{4186.8}{1/0.000172} \cdot \left(15000 \times \frac{40.4 - 30}{39}\right) \cdot \frac{1}{10 \times 0.28} = 0.143$$

6）计算推动力分率总和及螺旋板长度

$$SOP = \frac{\Delta T_C}{\Delta T_M} + \frac{\Delta T_h}{\Delta T_M} + \frac{\Delta T_w}{\Delta T_M} + \frac{\Delta T_s}{\Delta T_M} = 0.1406 + 0.823 + 0.041 + 0.143 = 1.148 > 1$$

$$L_u = SOP \cdot L = 1.148 \times 10 = 11.48\text{m}$$

7）计算传热面积

$$A = 2L_u \cdot B_e = 2 \times 11.48 \times 0.28 = 6.43\text{m}^2$$

8）计算压降

因为 $Re_1 > Re_{c1}$，$Re_2 > Re_{c2}$，则

水侧，为比较方便，取 L 值与例 2.8－1 相同，

$$\Delta p = 4.668 \times 10^{-12} \frac{L}{\gamma}\left(\frac{W}{b \cdot B_e}\right)^2 \cdot \left[\frac{8.559}{\text{b} + 0.00318} \cdot \left(\frac{\mu \cdot B_e}{W}\right)^{1/3} + 1.5 + \frac{4.88}{L}\right] \cdot g$$

$$= 4.668 \times 10^{-12} \frac{10}{1} \cdot \left(\frac{15000}{0.01 \times 0.28}\right)^2 \cdot \left[\frac{8.559}{0.01 + 0.00318} \cdot \left(\frac{0.0008 \times 0.28}{15000}\right)^{1/3} + 1.5 + \frac{4.88}{10}\right] \times 9.81$$

$$= 47284\text{Pa}$$

煤油侧：

$$\Delta p = 4.668 \times 10^{-12} \frac{L}{\gamma}\left(\frac{W}{b \cdot B_e}\right)^2 \cdot \left[\frac{8.559}{\text{b} + 0.00318} \cdot \left(\frac{\mu \cdot B_e}{W}\right)^{1/3} + 1.5 + \frac{4.88}{L}\right] \cdot g$$

$$= 4.668 \times 10^{-12} \frac{10}{0.825} \cdot \left(\frac{3000}{0.004 \times 0.28}\right)^2 \cdot \left[\frac{8.559}{0.004 + 0.00318} \cdot \left(\frac{0.000911 \times 0.28}{3000}\right)^{1/3} + 1.5 + \frac{4.88}{10}\right] \times 9.81^2$$

$$= 28979\text{Pa}$$

国内计算方法与美国 Union Carbide 方法计算结果分析：

用国内法计算传热面积约小于 Union Carbide 法计算值的 15%。这是由于 Union Carbide 法传热计算中不考虑距柱的影响，实际上定距柱会增强流体的湍动，起强化传热作用。所以国内计算方法更接近实际情况。

在上二例中，由于考虑的定距柱密度不同，因此压降计算结果不同。Union Carbide 法采用 $n_s = 194$ 个/m^2，而国内计算方法中，$n_s = 116$ 个/m^2，所以前者计算值高于后者是合理的。如果用相同的定距柱密度计算，则二者计算结果是相近的。

2.9　强化管壳式换热器传热的途径

所谓强化传热，就是指在消耗同等金属材料的前提下，提高换热器的传热速率 Q。从传热基本方程式(2.9－1)可以看出：

$$Q = K \cdot S \cdot \Delta t_m \tag{2.9-1}$$

增大传热系数 K、传热面积 S 或平均温度差 Δt_m，均可提高传热速率。因此，工业设计和生产实践中大都从这三方面考虑强化措施。

2.9.1　增大传热面积

对于间接式换热器来说，增大设备或在既定的换热器上增加传热面积，都是不现实的。因此，就必须从改进传热面结构，设法提高单位容积内设备的传热面积来实现强化传热。采用各种异形管，如螺纹管、波纹管或者采用翅片管换热器、板翅式换热器以及各种板式换热器等，都可以增大设备单位容积的传热面积，同时还能起到增加流体湍流程度的效果。

2.9.2　增大平均温度差

平均温度差是传热过程的推动力。平均温度差越大，则传热速率越大。平均温度差的大小，主要取决于加大冷、热介质的无相变的温差。但两种流体的温度条件一般已为生产条件所决定，因此可能变动的范围是有限的。在参加换热的两种流体均匀变温的情况下，采用逆流可得到较大的平均温度差。

2.9.3　增大传热系数

传热系数主要与两流体的流动情况、污垢层热阻及管壁热阻等有关。

增加流体的流速或改变流动方向，以增加流体的湍流程度，减小边界层的厚度，可以提高无相态变化流体的传热系数 K 值。例如增加管壳式换热器的管程数或壳程中的挡板数，均可使流体流速增大。此外将板式换热器的板片表面制出各种凸凹不平的沟槽，也可使流过沟槽面的流体增大湍流程度，或者使流体以旋涡流方式进入管内，也是增强湍流的一种办法。

减小污垢层热阻，可以提高传热系数 K 值。污垢层虽薄，但热阻很大，若设法防止污垢层的形成或者根据换热器的工作条件定期进行清洗，或采用超声波防、除垢技术，即可以减小污垢层热阻，从而提高或始终维持较高的传热系数。另外，采用有相态变化的热载体，亦可提高传热系数。

2.9.4　几种新型高效换热元件

1）螺纹管(低齿管)

螺纹管实际上是用滚模环向滚压制成的，使管子外表面出现整体低翅片(见图2.9－1)。其优点为：螺纹管外表面积可比光管大2~2.5倍，在管内给热系数比管外给热系数大两倍的情况下，在无相变传热时，总传热系数可提高30%~50%以上，因此可减少传热面积，达到金属消耗量少、投资下降的目的。

螺纹管具有较强的抗垢性能，可用于管外结垢较严重的场合。当有脆而硬的结垢产生时，往往沿着翅片的边缘形成平行的垢片，但垢不会遮住全部翅片，当操作过程中介质温度发生变化时，由于金属的膨胀与收缩，会形成“手风琴”效应。从而使垢片自行脱落，重新露出翅片金属光泽。国内已有这方面的使用经验，国外资料也作过这方面的报道。

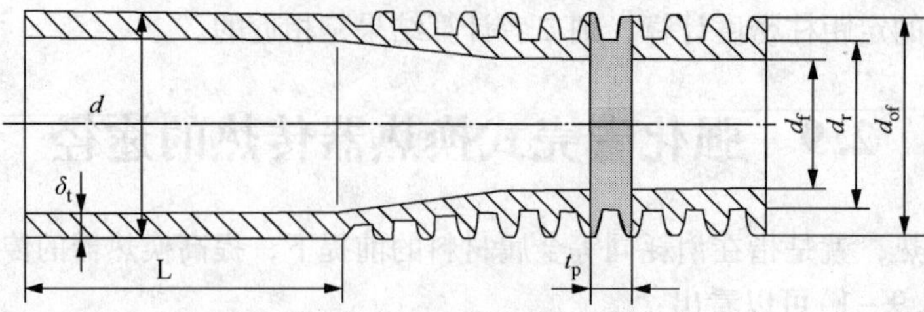

图 2.9－1　螺纹换热管结构图

螺纹管在冷轧过程中细化了金属晶粒，金属的纤维组织是沿齿形形成，破坏了金属平行纤维的形状，这使得腐蚀介质难以渗入晶间形成晶间腐蚀。在南京炼厂两套常减压装置渣油与原油换热的场合中，两台同规格的换热器做了对比。光管在使用了 9 个月后部分换热管已腐蚀穿而报废，而螺纹管使用 20 个月后因传热效率下降而拆开检查，发现进口部位的折流板、防冲板、定距管已被完全腐蚀掉，而螺纹换热管则没有被腐蚀现象。这说明螺纹管具有良好的抗腐蚀性能。但在有应力腐蚀的场合下，因存在轧制应力而不能采用螺纹管。

用螺纹管与折流杆组合，不仅消除了振动，而且比弓形折流板横向流换热器传热系数提高 30% 左右，管束压降减小 50%。

螺纹换热管基本参数见表 2.9－1。

表 2.9－1　螺纹换热管基本尺寸参数

钢管尺寸	螺纹换热管尺寸/mm				最小翅化比	螺纹管当量直径 d_e
$d\times\delta$	d_1	d_r	d_{of}	t_p	η	
25×2.5	18.8	23.0	24.8	0.80	2.80	23.9
25×2.5	18.8	22.6	24.8	1.00	2.75	23.7
25×2.5	18.0	22.3	24.8	1.25	2.50	23.6
25×2.5	18.0	22.3	24.8	1.50	2.20	23.5
25×2.5	18.0	22.0	24.8	2.00	1.80	23.4
25×2.5	18.0	22.0	24.8	2.50	1.60	23.3
19×2	13.4	17.0	18.8	0.80	2.80	17.9
19×2	13.4	16.8	18.8	1.00	2.50	17.8
19×2	13.0	16.6	18.8	1.25	2.20	17.8
19×2	13.0	16.6	18.8	1.50	2.00	17.7
19×2	13.0	16.4	18.8	2.00	1.70	17.5

注：本表摘自 JB/T 4722.1。

2）螺旋槽管

它是由滚轧加工在管外轧制处螺旋形凹槽（见图 2.9－2），其管外凝结过程与带肋圆管相似，主要由重力和表面张力支配，在管外表面的凹槽处，表面张力是重力的几倍，管外水平段上得凝液在表面张力的作用下被拉向凹槽的根部，使水平段上得凝液变薄，凝液子凹槽中受张力形成的压差和重力作用迅速流到管底部排出，螺旋槽管的管外凝结换热系数为光管的 1.6～2 倍。螺旋槽管加工简单，工艺要求不高，制造成本低廉，在氨冷凝器重应用广泛。但其管内的结垢问题应该引起设计者的注意。

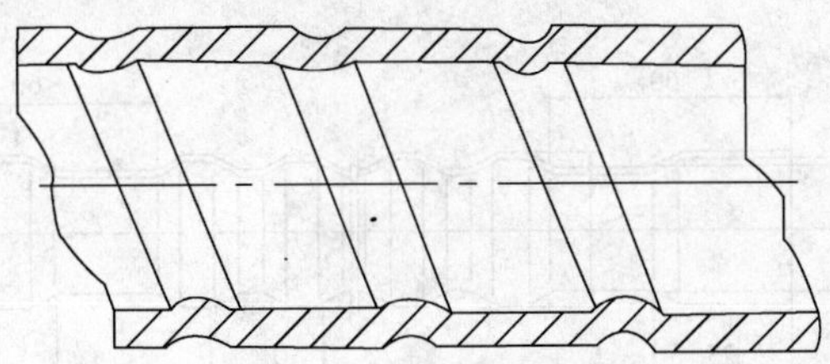

图 2.9－2　螺旋槽管

3）内插物

管内插入件是强化管内单相流体传热的行之有效的方法之一。目前管内内插物种类很多，如：螺旋线、纽带、错开纽带、螺旋片等。内插物是为了将管内流体由层流态转变到湍流态，以提高流体的雷诺数。一般来说，它们在低雷诺数下强化传热的效果比湍流区更佳。管子内插物的形式很多，关键是找出一种既可提高传热系数，而压降增加又不太大的内插件。此外，内插物可靠的固定方式是决定该技术成功与否的关键。

4）波纹管

它是将薄壁不锈钢管加工成沿换热管轴向呈周期性变化的内外均为连续波纹状曲线的波纹凸起（见图 2.9－3），但表面曲率很小，其总的传热系数比普通光管提高 2 倍，可减少约 40% 的换热面积。常用波纹管结构尺寸见表 2.9－2。

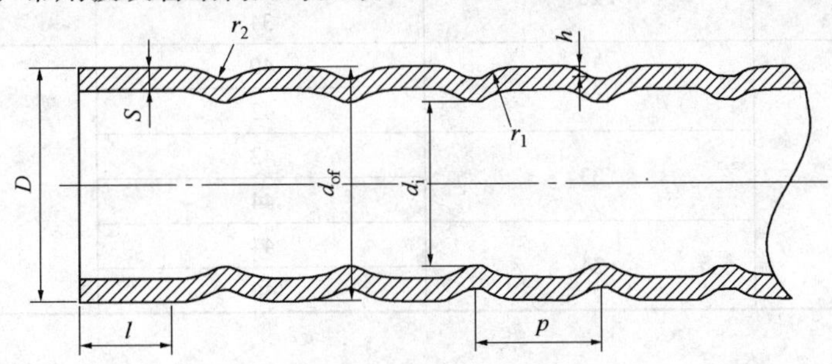

图 2.9－3　波纹管结构图

表 2.9－2　常用波纹管结构尺寸　mm

D	S	p	d_{of}	d_i	h	r_1	r_2
19	1.5	14	19	13.6	1.2	12	3.0
19	2	12	19	12.6	1.2	8	2.5
19	2	14	19	12.6	1.2	12	3.0
25	2	22	25	18.0	1.6	24.0	3.0
25	2.5	18	25	17.0	1.6	14.0	3.0

注：本表摘自 GB/T 24590。

5）波节管

波节型换热管简称波节管（见图 2.9－4）。它的流道形状是强化传热的关键。波节管是由相互交替变化的直管段和弧形管段所组成的波节形流道。流体在波节管内流动时，受到管径大小变化的干扰，因而更容易产生湍流。流体流经波峰时膨胀，流经波谷（节）时收缩，这样产生了周期性的径向流速，产生了涡旋流，促进了湍流流动。试验表明波节管比光管的换热系数与阻力降比提高了 1.5～4 倍，综合性能明显好于光管。波节管常用结构尺寸见表 2.9－3。

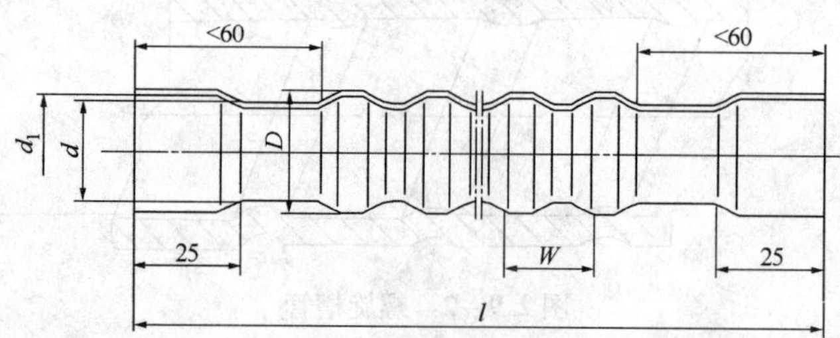

图 2.9－4　波节管图

表 2.9－3　奥氏体不锈钢波节管的基本尺寸参数　mm

管坯厚度 δ_t	公称尺寸		
	波谷外径 d	波峰外径 D	波距 W
0.6～1.0	24	30	20；25
		32	
	25	30	
		32	
	26	32	
		34	
0.6～1.2	32	40	25；30
		42	
	33	42	
		44	
	34	44	
		46	

6）缩放管

缩放管是由依次交替的收缩段和扩张段组成，如图 2.9－5 所示。使流体始终在方向反复改变的纵向压力梯度作用下流动。试验表明，缩放管在大雷诺数下操作特别有利。在同等压力降下，缩放管的传热量比光管增加 70% 以上。

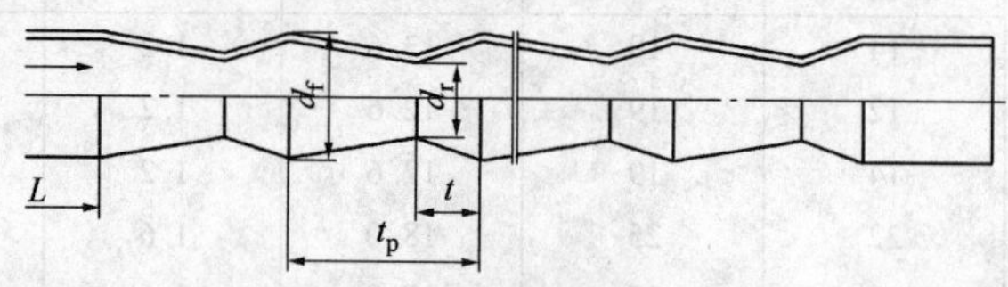

图 2.9－5　缩放管结构图

缩放管的基本参数见表 2.9－4。

7）T 形表面翅片管

T 形表面翅片管结构见图 2.9－6。这种特殊的表面结构使沸腾传热得到了很大的强化，且具有良好的抗污垢性能。当沸腾侧为控制热阻时，因管外传热状况改善，T 形表面翅片管的传热系数一般比光管高 40% 以上。但其制造费用比光管增加 10%～15%。适用于塔底重沸器、侧线虹吸式重沸器等。但由于管子表面加工残余应力较大，故不适用于有应力腐蚀的场合。

表 2.9－4　缩放管的基本参数

类　型	钢管尺寸		异型传热管尺寸				
	d	δ	$t_p \pm 1.0$	t	t_1	$d_r - 0.2$	$d_f - 0.2$
B	32	0.5～1.0	60	20	10	32	44
	30		60	20	10	30	42
	27		51	17	9	27	36
	25		51	17	9	25	34
H	19	>1.0～3.5	45	15		15	19
	22		45	15		18	22
	25		45	15		21	25
	32		51	17		26	32
	38		51	17		32	38
	45		51	17		39	45
	51		57	19		45	51
	57		57	19		51	57

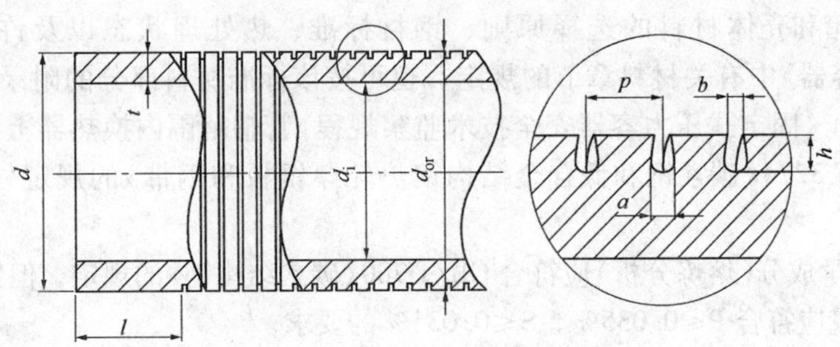

图 2.9－6　T 形表面翅片管

各种新型强化传热元件各有其特点和适用范围，有些强化传热元件在某一装置的某一部位使用效果良好，但换一个装置或部位，也许会没有任何效果。因此，这些强化传热元件切不可滥用，而应针对具体操作条件、介质物性有选择性地采用。

上述强化传热效率的提高都需要付出一定的代价，即系统压降会有所增加或设备投资加大。在具体实施中，要结合实际生产情况，从设备结构、动力消耗、投资、清洗检修难易及其实际效果等方面进行全面的经济核算，加以综合考虑而采取适当的强化传热措施。

参 考 文 献

1　刘巍等．冷换设备工艺计算手册(第二版)．北京：中国石化出版社，2008

2　钱玉英等．化工原理．天津：天津大学出版社，1996

3　化工设备设计全书编辑委员会．换热器设计．上海：上海科学技术出版社，1988

4　秦叔经等．换热器．北京：化学工业出版社，2003

5　化学工业部化学工程设计技术中心站．化工单元操作设计手册．化学工业部第六设计院

第三章　管壳式换热器的结构设计

3.1　主体材料的选择

在本书第四篇中就压力容器常用材料已作过一般性的叙述，它也同样适用管壳式换热器的管箱和壳体。但管壳式换热器除管箱、壳体外还有壳体内部的管束，并有着不同于一般容器的特殊性。以下针对换热器的特点，对管壳式换热器用材料及其结构作对比说明。

3.1.1　管箱和壳体

1. 一般规定

换热器管箱和壳体材料的选择原则、钢材标准、热处理状态以及许用应力值均按GB 150《压力容器》中有关材料章节的规定。也可按该标准材料部分的附录规定选用Q235系列钢板。用于《固定式压力容器安全技术监察规程》管辖范围内换热器上的Q235系列钢板除符合GB/T 3274《碳素钢和低合金结构钢热轧厚钢板和钢带》的规定外还应符合如下规定：

① 钢的化学成分(熔炼分析)应符合GB/T 700《碳素结构钢》的规定，但钢板质量证明书中的磷、硫含量应符合P≤0.035%，S≤0.035%的要求；

② 厚度大于等于6mm的钢板应进行冲击试验，试验结果应符合GB/T 700的规定。对于使用温度低于20℃至0℃、厚度大于等于6mm的Q235C钢板，容器制造单位应附加进行横向试样的0℃冲击试验，三个试样平均值$KV_2 \geqslant 27J$，其中一个最低值以及小试样的冲击功值按GB/T 700的规定；

③ 钢板应进行冷弯试验，冷弯合格标准按GB/T 700的规定；

④ 容器的设计压力应小于1.6MPa；

⑤ 钢板的使用温度：Q235B钢板为20～300℃，Q235C钢板为0～300℃；

⑥ 用于容器壳体的钢板厚度：Q235B和Q235C不大于16mm。用于其他受压元件的钢板厚度：Q235B不大于30mm，Q235C不大于40mm；

⑦ 不得用于毒性程度为极度或高度危害介质。

2. 常用碳钢和低合金钢承压壳体材料(见表3.1－1)

表3.1－1　碳钢和低合金钢承压壳体常用材料

部件名称	国产材料	ASME材料
壳体，封头等	Q235C，Q245R，Q345R，Q370R，15CrMoR，14Cr1MoR，12Cr2Mo1R	SA 515，SA516，SA285，SA387，Gr11，12，22
钢板卷制的大直径开口及人孔接管	Q235C，Q245R，Q345R，Q370R，15CrMoR，14Cr1MoR，12Cr2Mo1R	SA 515，SA516，SA285，SA387，Gr11，12，22
无缝钢管制接管	10，20，16Mn，12CrMo，15CrMo，12Cr2Mo1	SA－53B，SA－106B

3. 常用碳素钢板的标准规定的化学成分、冲击试验温度和冲击功合格指标(见表3.1-2)

表3.1-2 碳素钢钢板标准规定的化学成分、冲击试验温度和冲击功合格指标

钢号	钢板标准	使用状态	厚度/mm	化学成分		钢材力学性能及检验项目		
				P	S	夏比(V形缺口)冲击试验		检验项目[②]
						温度/℃	KV_2/J	
Q235B	GB/T 3274	热轧	3~400	≤0.045%	≤0.045%	20	≥27(纵向)	化学成分 拉伸试验 冷弯试验
Q235C	GB/T 3274	热轧	3~400	≤0.040%	≤0.040%	0	≥27(纵向)	
Q245R	GB 713[③]	热轧、正火	3~150	≤0.025%	≤0.015%	0	≥31[①](横向)	

注:① 根据需方要求,并在合同中注明,Q245R钢板可进行-20℃冲击试验,合格指标同上表。

② 根据需方要求,对于厚度大于20mm的Q245R钢板还可进行Z向拉伸、高温拉伸和落锤试验。

③ GB 713—2008《锅炉和压力容器用钢板》。

4. 常用低合金钢板的使用范围和钢材保证项目(见表3.1-3)

表3.1-3 低合金钢板使用范围和钢材保证项目

钢号	钢板标准	使用状态	厚度/mm	使用温度/℃	钢材保证项目		
					夏比(V形缺口)冲击试验(横向取样)		其他项目[②]
					温度/℃	KV_2/J	
Q345R	GB 713	热轧或 正火	3~200	-20~475	0	34[①]	化学成分 拉伸试验 冷弯试验
Q370R	GB 713	正火	10~60	-20~350	-20	34	
18MnMoNbR	GB 713	正火+回火	30~100	-10~475	0	41	
13MnNiMoNbR	GB 713	正火+回火	30~150	20~400	0	41[①]	
15CrMoR(1Cr-0.5Mo)	GB 713	正火+回火	6~150	>-20~550	20	31	
14Cr1MoR(1.25Cr-0.5Mo)	GB 713	正火+回火	6~150	>-20~550	20	34[③]	
12Cr2Mo1R(2.25Cr-1Mo)	GB713	正火+回火	6~150	>-20~575	20	34[③]	

注:① 根据需方要求,Q345R和13MnNiMoR钢板可进行-20℃冲击试验;

② 根据需方要求,对于厚度大于20mm的上述钢板还可进行Z向拉伸、高温拉伸和落锤试验。

③ GB 713—2008《锅炉和压力容器用钢板》。

5. 压力容器专用高合金钢板的使用范围和钢材保证项目(见表3.1-4)

表3.1-4 常用高合金钢钢板使用范围和钢材保证项目

钢号	钢板标准	使用状态	厚度/mm	使用温度/℃	钢材保证项目
S11306(06Cr13)	GB 24511	退火	2~60	0≤400	化学成分, 拉伸试验, 硬度, 弯曲试验
S30408	GB 24511	固溶	5~80	-196~700	
S32168	GB 24511	固溶	5~80	-196~700	
S31608	GB 24511	固溶	5~80	-196~700	
S31708	GB 24511	固溶	5~80	-196~500	
S31668	GB 24511	固溶	5~80	-196~500	
S30403	GB 24511	固溶	5~80	-196~450	
S31603	GB 24511	固溶	5~80	-196~450	
S31703	GB 24511	固溶	5~80		

6. 低温换热器用材料

当换热器的设计温度低于或等于 -20℃时，可按 GB 150.3 或 GB 151 附录"低温管壳式换热器"的规定选择低温用材。

3.1.2 法兰盖、管板和大法兰

1. 管箱法兰盖

当换热器内径小于等于 800mm、设计压力不大于 4.0MPa 时，管箱可以采用平盖管箱结构(如本篇图 1.2-1 中 A 型管箱)，这样只要仅拆开法兰盖，就可进入管箱检查换热管与管板的接头和清洗换热管内部。

经强度计算法兰盖的厚度较大时，宜采用锻件来制作。这时由于厚钢板在轧制时则易产生内部分层和夹渣等缺陷，且钢板表面和芯部力学性能的均匀性较差，尤其是厚钢板冲击韧性下降较大。而锻钢由于反复锤击、锻造，使其整体质量，尤其是芯部质量要高于厚钢板，但锻件的材料利用率较低、成本较高。故在条件不苛刻时，法兰盖厚度较小时还是经常采用钢板制造。

当管箱采用不锈钢制作时，法兰盖一般也采用相应的不锈钢钢板或锻件来制作。而当管箱采用碳素钢或低合金钢加内衬不锈钢制作时，法兰盖一般也相应采用碳素钢或低合金钢加不锈钢衬层。

2. 管板

管板是管壳式换热器中的重要承压部件之一。当管板兼做法兰时，它还要同时承受压力和法兰力矩的作用，管板上所开的换热管孔，对其强度又有所削弱。管板的受力情况比较复杂，因此管板的选材和制造都十分重要。管板可用钢板或锻件加工而成，由于炼钢和轧钢的原因，无论是碳钢还是合金钢，钢板的质量一般都随厚度的增加而降低。而锻钢由于其锻造工艺决定了其许多性能优于钢板，但制作管板的锻钢造价要明显高于钢板。所以应视压力、介质、结构、使用场合等情况分别选用钢板、锻钢或带有复层的钢板或锻钢来制作管板。

(1) 应采用锻钢来制作管板的情况

① 当管板的设计厚度很大，不能表面和芯部难以同时满足质量要求时；

② 形状复杂的管板；

③ 如图 3.7-1(d)所示的以凸肩直接与壳体相焊的管板。

制作管板(和法兰盖)的常用锻钢材料及其使用温度范围见表 3.1-5。

表 3.1-5a 常用碳钢、低合金钢锻钢材料选用表

钢 号	锻件标准	使用状态	公称厚度/mm	使用温度 t/℃	锻件标准的保证项目		
					夏比(V形缺口)冲击试验		其他项目
					温度/℃	A_{KV}/J	
20	NB/T 47008—2010	正火、正火加回火	≤200	-20~475	0①	≥31	化学成分、屈服强度、抗拉强度、伸长率、Ⅲ、Ⅳ级锻件超声检测
35		正火、正火加回火	≤300	0~475	20	≥34	
16Mn		正火、正火加回火	≤300	≥-20~475	0①	≥34	
1Cr5Mo		正火加回火、调质	≤500	>0~600	20	≥47	
15CrMo		正火加回火、调质	≤500	>-20~475	20	≥47	
14Cr1Mo		正火加回火、调质	≤500	>-20~550	20	≥47	
12Cr2Mo1		正火加回火、调质	≤500	>-20~575	20	≥47	
20MnMo		调 质	≤700	>-20~500	0①	≥41	
20MnMoNb		调 质	≤500	>0~475	0	≥41	
35CrMo		调 质	≤500	-20~525	0①	≥41	

注：①当使用温度低于锻件标准保证的冲击试验温度时，应补做不高于使用温度下(如 -20℃)的冲击试验，其冲击功值应符合材料标准或 GB 150 的要求。

表 3.1-5b 低温承压设备用低合金钢锻件材料选用表

钢号	锻件标准	使用状态	公称厚度/mm	使用温度 t/℃	锻件标准的保证项目 夏比(V形缺口)冲击试验 温度/℃	A_{KV}/J	其他项目
16MnD	NB/T 47009—2010《低温承压设备用低合金钢锻件》	调质	≤100	-45	-45	≥27	化学成分、屈服强度、抗拉强度、伸长率、Ⅲ、Ⅳ级锻件超声检测
			>100~300	-40	-40	≥27	
20MnMoD		调质	≤300	-40	-40	≥27	
			>300~700	-30	-30	≥27	
08MnNiMoVD		调质	≤300	-40	-40	≥47	
10Ni3MoVD		调质	≤300	-50	-50	≥47	
09MnNiD		调质	≤300	-70	-70	≥47	
08Ni3D		调质	≤300	-100	-100	≥47	

表 3.1-5c 不锈钢锻件材料选用表

钢号(统一数字代号)	原钢号	锻件标准	公称厚度/mm	室温强度指标 抗拉强度 R_m/MPa	屈服强度 $R_{p0.2}$/MPa	使用温度 t/℃
铁素体型不锈钢锻件						
S11306	0Cr13	NB/T 47010—2010	≤300	≥415	≥205	0~400
奥氏体型不锈钢锻件						
S30408	0Cr18Ni9	NB/T 47010—2010	≤300	≥520	≥205	-196~700
S30403	00Cr19Ni10		≤300	≥480	≥175	-196~450
S31608	0Cr17Ni12Mo2		≤300	≥520	≥205	-196~700
S31603	00Cr17Ni14Mo2		≤300	≥480	≥175	-196~450
S31668	0Cr18Ni12Mo2Ti		≤300	≥520	≥205	-196~500
S31708	0Cr19Ni13Mo3		≤300	≥520	≥205	-196~700
S31703	00Cr19Ni13Mo3		≤300	≥480	≥175	-196~450
S32168	0Cr18Ni10Ti		≤300	≥520	≥205	-196~700
S39042	904L(ASME)		≤300	≥490	≥220	-196~350
S30409	304H(ASME)		≤300	≥520	≥205	-196~700
S31008	0Cr25Ni20		≤300	≥520	≥205	-196~800
奥氏体—铁素体型不锈钢锻件(双相钢)						
S21953	00Cr15Ni5Mo3Si2	NB/T 47010—2010	≤150	≥630	≥440	-20~250
S22253	022Cr22Ni5Mo3N		≤150	≥620	≥450	-20~250
S22053	022Cr23Ni5Mo3N		≤150	≥620	≥450	-20~250

(2) 制作管板和法兰盖用的钢板

加工管板和法兰盖的板材应为压力容器专用钢板。这是因为，管板和法兰盖均为主要受压元件，而压力容器专用钢板的质量要高于普通结构钢板。压力容器用钢板的冶炼方法、硫和磷含量控制、冶炼工艺、力学性能要求都较严，检验项目较多以及检验比率较高。当板厚大于 50mm 时，碳钢低合金钢制钢板应在正火状态下使用。当板厚大于 30mm 时，钢板应按 JB/T 4730 进行逐张钢板超声波检测，Ⅱ级合格。

(3) 带有复合层的钢板或锻钢制管板

当介质的腐蚀较强，或介质要求洁净时，接触该介质的管板和法兰盖要采用不锈钢或高合金耐腐蚀材料时，可在钢板或锻钢的一面或两面增设耐腐蚀材料，它可以采用堆焊、轧制或爆炸复合结构，当无真空工况时，还可使用衬层结构。即用带复合层的复合管板来代替整体耐腐蚀材料管板。这样制作的法兰盖和管板要比整体采用耐蚀材料要经济的多。一般可节省管板材料费用约20% ~30%。当介质腐蚀性较强时，耐蚀材料的复层厚度一般不计入强度计算厚度。复层的公称厚度一般不小于3mm，这还取决于所在位置和复合工艺：

① 对与换热管焊接连接的复合管板，管程侧复层的最小厚度，当采用爆炸和轧制法复合时为3mm；当采用堆焊法的复合时为6mm；

② 为避免壳程介质进入换热管与管板孔之间的缝隙而发生腐蚀，换热管就要与管板胀接，而胀接时，距管板的壳侧表面3mm范围内一般是不胀接的，这时，壳程侧复层的厚度一般要加厚至8 ~10mm。使复层与母材的结合点位于胀接区域内，如图3.1 –1 (b)所示。

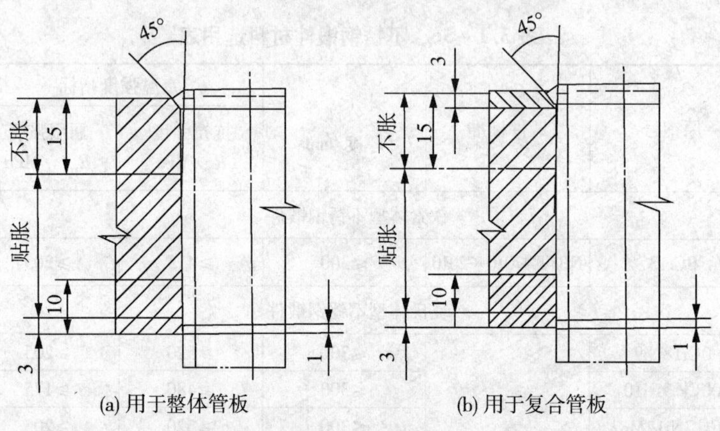

图3.1 –1　壳程防腐层结构图

当有防腐要求时，管板和法兰盖可视具体情况分别采用堆焊不锈钢、轧制复合板、爆炸复合板或整体不锈钢来制作，法兰盖亦可采用衬板结构。采用堆焊复层、轧制复合板或爆炸复合板制作复合管板时，应对复层与基层的结合情况逐张进行超声波检验，尤其是管板的布管区内不得有分层和未结合等缺陷。否则当加工管板孔时钻头通过这些缺陷时，就很容易造成缺陷的扩展。

3. 壳体大法兰

典型的浮头式换热器有四个或五个壳体大法兰，它们是：管箱法兰1个(当采用封头管箱时)或2个(当采用平盖管箱时)，管箱侧法兰1个，外头盖侧法兰1个和外头盖法兰1个。而U形管换热器一般只有管箱法兰和管箱侧法兰各1个。换热器常用壳体法兰标准见表3.1 –6。

表3.1 –6　换热器常用壳体法兰标准

法兰零件名称	法兰标准
管箱法兰、管相侧法兰、外头盖法兰	JB/T 4701《甲型平焊法兰》
	JB/T 4702《乙型平焊法兰》
	JB/T 4703《长颈对焊法兰》
外头盖侧法兰	JB/T 4721《浮头式热交换器用外头盖侧法兰》

壳体大法兰材料选择的一般原则与前面讲到的法兰盖相同。但上述三种壳体大法兰因其结构上的差异，使得它们所使用的场合也有所不同。

甲型平焊法兰(如图3.1－2)与壳体之间有两条焊缝连接，焊缝内部质量无法检测，连接强度和可靠性较差，且法兰与壳体间难以形成一个整体，使法兰本身的刚性较差，容易产生变形而泄漏。因而只适用于公称压力0.25～1.6MPa，工作温度－20～300℃的场合。

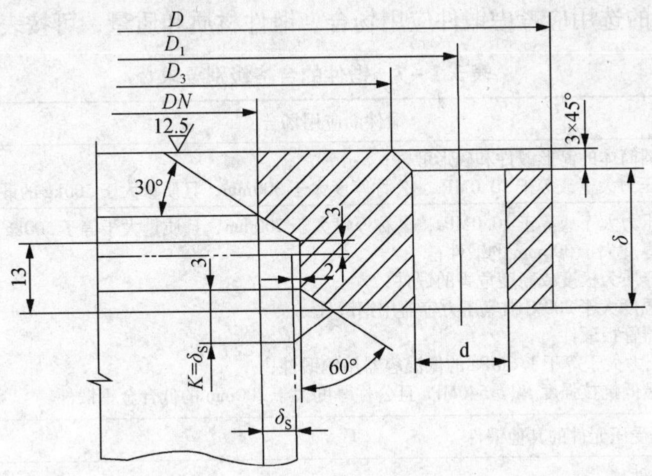

图3.1－2　甲型平焊法兰

乙型平焊法兰(如图3.1－3)与甲型平焊法兰类似，焊缝连接质量、可靠性较差，但因它自带了一个短节，并对短节的厚度和长度有明确规定，由此增加了平焊法兰的刚性，故适用于公称压力0.25～4.0MPa，工作温度－20～350℃的场合。化工和轻工行业用换热器多采用这种法兰。

长颈对焊法兰(如图3.1－4)与壳体之间为对接焊缝，可以通过无损检测保证其连接强度和可靠性，加之法兰有颈部的支撑，使其具有较好的刚性，不易变形而发生泄漏。适用于公称压力0.6～6.4MPa，工作温度－20～450℃的场合。炼油行业用换热器多采用这种法兰。

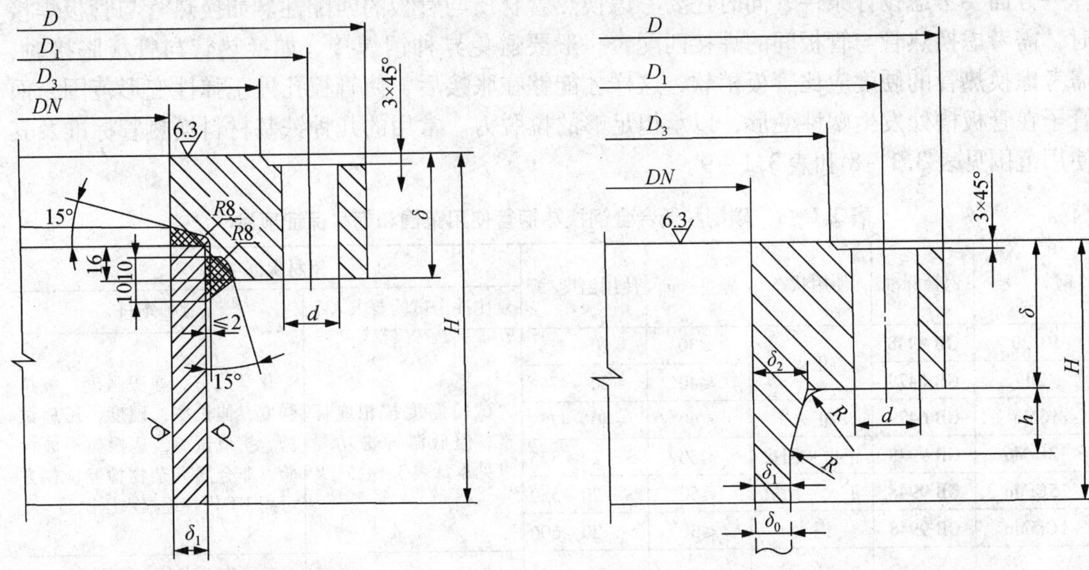

图3.1－3　乙型平焊法兰

图3.1－4　长颈对焊法兰

外头盖侧法兰为一特殊法兰，它将内径较小的壳体与较大内径的外头盖连接起来，结构形式同长颈对焊法兰。它适用于公称压力0.6～6.4MPa，工作温度－20～450℃的部分场合。

4. 锻件质量级别

同样材质的锻件根据其力学性能检验取样比例和无损检测要求不同被分成了四个质量等级。具体划分方法见 NB/T 47008、NB/T 47009 和 NB/T 47010。

锻件质量等级的选用应考虑锻件应用场合、锻件材质和质量，可按表 3.1－7 选择。

表 3.1－7　锻件的合格级别要求

序　号	锻件的应用场合	合格级别
1	a）用作圆筒体的筒形锻件和碗形锻件； b）设计压力大于或等于 10.0MPa，公称厚度大于 300mm，且质量大于 500kg 的锻件	Ⅳ
2	a）设计压力大于或等于 10.0MPa，公称厚度大于 200mm，且质量大于等于 500kg 的锻件； b）公称厚度大于 300mm 的锻件； c）操作介质为极度或高度危害的锻件； d）工作温度大于 200℃临氢压力容器用钢锻件； e）换热器管板锻件； f）设计压力大于等于 1.6MPa 的低温容器用钢锻件； g）标准最低抗拉强度 R_m≥540MPa 且公称厚度大于 200mm 的低合金钢锻件	Ⅲ或以上
3	压力容器受压元件的其他锻件	Ⅱ或以上
4	非承压锻件	Ⅰ

3.1.3　换热管和公称管

钢管在国外标准中分成传热用途(tube)和流体输送用途(简称：公称管 pipe)两种。在管壳式换热器中的重要传热元件是换热管。目前，我国的标准也逐渐向国外同类产品标准靠拢。

1. 换热管

换热管是组成管束的重要传热元件，也是一个重要的承压部件。一旦发生泄漏，不是影响产品质量，就是被迫停车。更换管子耗时长，难度大，尤其是 U 形管换热器管束内部小半径的 U 形管几乎无法更换，因此换热管本身的质量就显得十分重要了。换热管材质的选择一方面要考虑设计条件，同时还要考虑换热管材质与管板的匹配性。如换热管与管板焊接时，需考虑换热管与管板间的焊接匹配，一般要避免异种钢焊接。如换热管与管板胀接时，需考虑换热管的硬度应比管板稍软，这样才能够在胀接后，使管板孔处于弹性变形范围，而管子在管板槽处发生塑性变形，以承担足够的拉脱力。常用的几种铁基材料换热管标准及其使用范围见表 3.1－8 和表 3.1－9。

表 3.1－8　碳钢和低合金钢换热钢管使用范围和钢材保证项目

钢　号	钢管标准	使用状态	厚度/mm	使用温度/℃	钢材保证项目	
					夏比冲击试验要求 KV_2	其他项目
10/20	GB 9948	正火	≤30	－20～475	试验温度按相应标准；但低温冲击功要求见本章表 3.1－5	化学成分，屈服强度，抗拉强度，伸长率，硬度，压扁试验，扩口试验，逐根超声波检验，非金属夹杂物检验，供方可用 UT 代替逐根水压试验
20	GB 6479		≤40	－20～475		
16Mn	GB 6479	正火	≤40	－40～475		
12CrMo	GB 9948	正火＋回火	≤30	＞－20～525		
15CrMo	GB 9948	正火＋回火	≤50	＞－20～550		
1Cr5Mo	GB 9948	退火	≤30	＞－20～600		
12Cr1MoVG	GB 5310	正火＋回火	≤30	＞－20～575	同上	除硬度要求外，同上。 另外还有：晶粒度检验、显微组织检验和脱碳层检验。 需方要求可做高温 R_{eL}，供方可用涡流代替逐根水压试验

表 3.1－9　常用高合金钢钢管使用范围和钢材标准保证项目

<table>
<tr><th rowspan="2">钢　　号</th><th rowspan="2">钢管标准</th><th rowspan="2">厚度/mm</th><th rowspan="2">使用温度/℃</th><th colspan="2">钢材标准保证项目</th></tr>
<tr><th>夏比（V形缺口）冲击试验要求</th><th>其他项目</th></tr>
<tr><td>0Cr18Ni9</td><td rowspan="8">GB 13296《锅炉、热交换器用不锈钢无缝钢管》</td><td>≤14</td><td rowspan="4">－196～700</td><td rowspan="8">①</td><td rowspan="8">化学成分，屈服强度，抗拉强度，伸长率，逐根水压试验，压扁试验，逐根超声波检验，扩口试验</td></tr>
<tr><td>0Cr18Ni10Ti</td><td>≤14</td></tr>
<tr><td>0Cr17Ni12Mo2</td><td>≤14</td></tr>
<tr><td>0Cr19Ni13Mo3</td><td>≤14</td></tr>
<tr><td>0Cr18Ni12Mo2Ti</td><td>≤14</td><td>－196～500</td></tr>
<tr><td>00Cr19Ni10</td><td>≤14</td><td>－196～450</td></tr>
<tr><td>00Cr17Ni14Mo2</td><td>≤14</td><td rowspan="2">－196～450</td></tr>
<tr><td>00Cr19Ni13Mo3</td><td>≤14</td></tr>
</table>

注：① 在设计温度－196～－253℃使用时应按相关规范标准的规定。

GB/T 8163 针对的是流体输送用途管，而 GB 9948 针对的则是传热用途的高级管，传热管在外直径和壁厚尺寸偏差、力学性能检验、扩口压扁等工艺试验项目等均比流体输送管要求更加严格。由此可以为将来管子与管板孔焊接、胀接质量打下好的基础。为了更加进一步提升管头的连接质量，与国外同类产品质量要求看齐，2011 年国家能源局又颁布了 NB/T 47019.1—2011《锅炉、热交换器用管订货技术条件》。而新版 GB 151 也将不再允许采用 GB/T 8163 标准作为换热管使用了。常用几种换热管标准中规定的外径、壁厚尺寸偏差比较见表 3.1－10。

表 3.1－10　常用的几种换热管标准及尺寸偏差比较表

序　　号	钢 管 标 准	范围/mm	外径偏差/mm	壁厚偏差/mm
1	GB 9948 冷拔	外径 14～30 壁厚≤3.0	普通级 ±0.20 高级 ±0.15	普通级 +12.5%*S*，－10%*S* 高级 ±10%*S*
2	NB/T 47019.1	外径≤25	±0.10	平均壁厚 ±10%*S* 最小壁厚 0，+20%*S*
3	GB 13296 冷拔	外径 6～30	+0.15， －20	+20%*S* －0
4	GB/T 21833 冷拔	外径 12～30 壁厚≤3.0	高级 ±0.15	高级 +12%*S*，－10%*S*

在进行管板计算和换热器计算时常用的换热管特性参数见表 3.1－11。

表 3.1－11　碳钢和低合金钢换热管常用特性参数表

外径/mm	壁厚/mm	外表面积/(m^2/m)	内表面积/(m^2/m)	横截面积/m^2	内径横截面积/m^2	惯性矩/cm^4	断面模数/cm^3	回转半径/cm	每米质量/kg
14	2	0.0440	0.0314	0.7540	0.7854	0.1395	0.1993	0.4301	0.592
19	2	0.0597	0.0471	1.0681	1.7671	0.3913	0.4119	0.6052	0.838
25	2	0.0785	0.0660	1.4451	3.4636	0.9631	0.7705	0.8162	1.13
25	2.5	0.0785	0.0628	1.7671	3.1416	1.1324	0.9059	0.6374	1.39
32	2	0.1005	0.00880	1.8850	6.1575	2.1305	1.3316	1.0630	1.48
32	3	0.1005	0.0817	2.7332	5.3093	2.9048	1.3155	1.0308	2.15
38	2.5	0.1194	0.1037	2.7882	8.6530	4.4152	2.3238	1.2582	2.19
38	3	0.1194	0.1005	3.2987	8.0425	5.0895	2.6787	1.2420	2.59

续表 3.1-11

外径/mm	壁厚/mm	外表面积/(m^2/m)	内表面积/(m^2/m)	横截面积/m^2	内径横截面积/m^2	惯性矩/cm^4	断面模数/cm^3	回转半径/cm	每米质量/kg
45	2.5	0.1414	0.1257	3.3380	12.5664	7.5645	3.3612	1.5052	2.62
45	3	0.1414	0.1225	3.9584	11.9459	8.7751	3.9000	1.4887	3.11
57	2.5	0.1791	0.1634	4.2804	21.2372	15.9300	5.5894	1.9290	3.36
57	3.5	0.1791	0.1571	5.8826	19.6350	21.1425	7.4184	1.8956	4.62

2. 流体输送用途的公称管

除换热管之外，换热器介质进出口接管以及当壳体直径较小($DN<350$)时，可以采用传热用途管来制作，也允许采用流体输送用途的标准钢管来制造接管和壳体，因它并不承担传热任务，所以采用公称管是最为经济的。各标准中对传热用途和流体输送用途的钢管的检验项目不同，为了方便设计者选择，现将管壳式换热器常用的钢管汇总见表3.1-12。

表3.1-12 常用的几种钢管标准中的检验项目对照表

项 目	GB 9948 石油裂化用无缝钢管	GB 5310 高压锅炉用无缝钢管	GB/T 8163 输送流体用无缝钢管	GB 3087 低中压锅炉用无缝钢管	GB 13296 锅炉热交换器用不锈钢无缝钢管	GB/T 14976 输送流体用不锈钢无缝钢管
制造方法	热轧或冷拔	热轧或冷拔	热轧或冷拔	热轧或冷拔	热轧或冷拔	热轧或冷拔
外径范围	6~660	10~660	10~660	10~660	6~426	6~426
化学成分	每炉罐取1个样	每炉 罐 取1个样	每炉罐取1个样	每炉罐取1个样	每炉罐取1个样	每炉罐取1个样
拉伸试验	每批2根各1个	每批2根各1个样	每批2根各1个样	每批2根各1个样	每批2根各1个样	每批2根各1个
压扁试验	每批2根各1个样	每批2根各1个样	每批2根各1个样	每批2根各1个样	每批2根各1个样	每批2根各1个样
扩口试验	每批2根各1个样	每批2根各1个样	协商	每批2根各1个样	每批2根各1个样	每批2根各1个样
卷边试验	无	每批2根各1个样	无	无	每批2根各1个样	无
硬度试验	每批2根各1个样	每批2根各1个样	每批2根各1个样	无	每批2根各1个样	无
冲击试验	每批2根各3个样	每批2根各3个样	$DN>76$mm 协商 $\delta>6.5$mm 时必做	无	无	无
液压试验	逐根①	逐根①	逐根①	逐根①	逐根①	逐根①
涡流检测	无	无	无	无	无	无
超声波检测	逐根	逐根	无	协议	逐根	协议
漏磁检验	无	无	无	无	无	无
晶粒度检验	无	每批2根各1个样	每批2根各1个样	有	每批2根各1个样	无
显微组织检验	无	每批2根各1个样	无	无	无	无
脱碳层检验	无	每批2根各1个样	无	无	无	无
尺寸检验	逐根	逐根	逐根	逐根	逐根	逐根
表面检测	逐根	逐根	逐根	逐根	逐根	逐根
冷弯试验	无	每批2根各1个样	有	每批2根各1个样	无	无
非金属夹杂物	有	每批2根各1个样	无	无	无	无
低倍检验	有	每批2根各1个样	无	有	无	无
晶间腐蚀试验	无	协商	无	协商	每批2根各1个样	每批2根各1个样
组批规则	$D_o<76$，$\delta<3.5$，400根；$D_o>351$，50根；其他200根	$D_o<76$，$\delta<3.5$，400根；$D_o>351$，50根；其他尺寸200根	$D_o<76$，$\delta<3$，400根；$D_o>351$，50根；其他尺寸200根	$D_o<76$，$\delta<3$，400根；$D_o>351$，50根；其他尺寸200根	$D_o<76$，$\delta<3$，400根；其他200根	$D_o<76$，$\delta<3$，400根；$D_o>351$，50根；其他尺寸200根

注：① 标准中规定：供方可用涡流探伤或漏磁探伤替代液压试验。

3.1.4　法兰、螺栓和螺母

法兰是一个连接系统，该系统由一对法兰、若干个螺栓、螺母和一个密封垫片组成。法兰在螺栓预紧力的作用下，把处于两法兰密封面之间的垫片压紧，使之变形并填满法兰密封面上的凹凸不平处，达到初始的密封。当设备操作升压时，介质压力所形成的轴向力试图将两个法兰分开，降低密封面与垫片之间的压紧力。如果这时螺栓的压紧力仍能保持一定程度，且垫片反弹后仍能填满两法兰之间的间隙，容器内的介质就不会由密封面间泄出，密封目的得以实现。但前提是法兰要具有足够大的刚度，使之在操作状态下不发生过大的变形，目前各国的规范普遍采用 Waters 法计算法兰的强度，以强度指标来表征法兰的刚度。但近年来发现，对于大直径低压法兰，这种计算难以保证法兰的密封可靠性，故新版 GB 150 标准增加了刚度系数 J 的计算。

换热器大法兰、螺栓、螺母设计应满足下列要求：

（1）按 JB/T 4701～4703 选择标准法兰时，应严格按照其中的法兰、垫片、螺栓螺母选配表进行选择，且法兰的计算压力应大于设计温度下的最大允许工作压力；

（2）按 JB/T 4701～4703 选择标准法兰时，应按该标准选择配套垫片、螺栓和螺母；

（3）非标设计换热器大法兰时，法兰计算应按 GB 150 有关材料章节的规定选取材料的许用应力，尤其对于不锈钢法兰，应选用不允许有微量变形时的许用应力数值；

（4）非标法兰如采用商品级螺栓和螺母，GB/T 5782、GB/T 6170 就是商品级螺栓、螺母标准，它的使用受到如下限制：

① $PN \leqslant 1.6$MPa；

② 使用温度≤200℃；

③ 非剧烈循环载荷场合；

④ 配用非金属软垫片；

⑤ 操作物料性质不属于易燃、易爆及毒性程度大于中度危害的。

为了使螺栓与螺母不易咬死和便于拆卸，且为了尽量保持螺栓的完好，而只更换便于拆卸的螺母，一般要求螺栓的硬度比螺母高 30HB 左右。常用法兰螺栓、螺母材质选用见表 3.1－13；螺栓和螺母的组合材料可按表 3.1－14 选取。从表 3.1－14 可以看出，螺栓和螺母的硬度差是通过选取比螺母更高一级材质制造螺栓来实现的。必要时也可通过热处理的方法来降低螺母的硬度。

表 3.1－13　法兰用螺栓、螺母材质选用表

介　质	公称压力/MPa	工作温度/℃	法兰材质	螺栓材质	螺母材质
油品、油气、溶剂	1.6	≤250	Q235A，20	35	25
	2.5	≤350	20	35	25
		351－450	25	30CrMoA	35
	4.0	≤350	25	35	25
		351－450	25	30CrMoA	35
氢气、氢气与油气混合物	4.0	≤250	25	35	25
		251－400	15CrMo	30CrMoA	35
	6.4	≤250	15CrMo	35	25
		251－400	15CrMo	30CrMoA	35

表 3.1－14 法兰用螺栓、螺母组合选材表

螺栓用钢	螺母用钢	钢材标准	使用温度范围/℃
Q235A	Q215A，Q235A，	GB/T 700	>-20～300
35	Q235A	GB/T 700	>-20～300
	20，25	GB 699	>-20～350
40MnB，40MnVB，40Cr	35，40Mn，45	GB 699	>-20～400
30CrMoA	40Mn，45	GB 699	>-20～400
	30CrMoA	GB/T 3077	>-100～500
35CrMoA	40Mn，45	GB 699	>-20～400
	30CrMoA，35CrMoA	GB/T 3077	>-100～500
35CrMoVA	35CrMoA，35CrMoVA	GB/T 3077	>-20～425
25Cr2MoVA	30CrMoA，35CrMoA	GB/T 3077	>-20～500
	25Cr2MoVA	GB/T 3077	>-20～550
1Cr5Mo	1Cr5Mo	GB/T 1221	>-20～600
2Cr13	1Cr13，2Cr13	GB 1220	>-20～400
0Cr18Ni9	1Cr13	GB 1220	>-20～600
	0Cr18Ni9	GB 1220	>-253～700
0Cr17Ni12Mo2	0Cr17Ni12Mo2	GB 1220	>-253～700

3.1.5 垫片

换热器的垫片与普通接管法兰用垫片不同，一是它的直径大都比接管法兰大得多，即密封周长较长；另一个是它由于结构上有分程隔板，所以它是一个或几个条形垫片与环形垫片相连接的组合垫片，制造难度比较大。此外，垫片的实际工作条件也比较复杂，要恰当地选择好垫片不太容易。一般地，在选择垫片时必须考虑以下几个问题。

（1）使用温度：包括正常运行时的使用温度以及在特殊情况下可能出现的温度；

（2）使用压力：包括正常工作时的压力、瞬时出现的最大压力、压力脉动幅度的大小以及是否周期性变化等等。此外，当有真空工况时还应特别注意；

（3）密封介质：应考虑介质的种类、化学性能（如腐蚀性能、氧化性能、是否有毒、是否污染大气等）、物理性能（密度、黏度、放射性等）。对于气体介质应倍加注意，因为气体的密封要比液体密封更为困难，特别是那些有毒气体、可燃或易燃气体和渗透性很强的气体（如：氢气）；

（4）法兰：应考虑法兰的型式和尺寸、法兰密封面的加工精度与密封面的粗糙度，法兰与垫片的硬度差等；

（5）密封结构处的振动影响、法兰高温蠕变变形、螺栓松弛等。

一台浮头式换热器除接管法兰垫片外，还有管箱垫片、管箱侧垫片、外头盖垫片和浮头垫片。换热器用垫片直径一般较大，随所处部位不同，结构形状也各异，制造加工较复杂。管壳式换热器常用垫片标准见表 3.1－15。

表 3.1－15 管壳式换热器常用垫片标准

名 称	标 准
管箱垫片	JB/T 4720《管壳式换热器用非金属垫片》
管箱侧垫片	JB/T 4718《管壳式换热器用金属包垫片》
外头盖垫片	JB/T 4719《管壳式换热器用缠绕垫片》
浮头垫片	GB/T 19066《柔性石墨金属波齿复合垫片》

各种垫片所处换热器的位置见图 3.1－5。

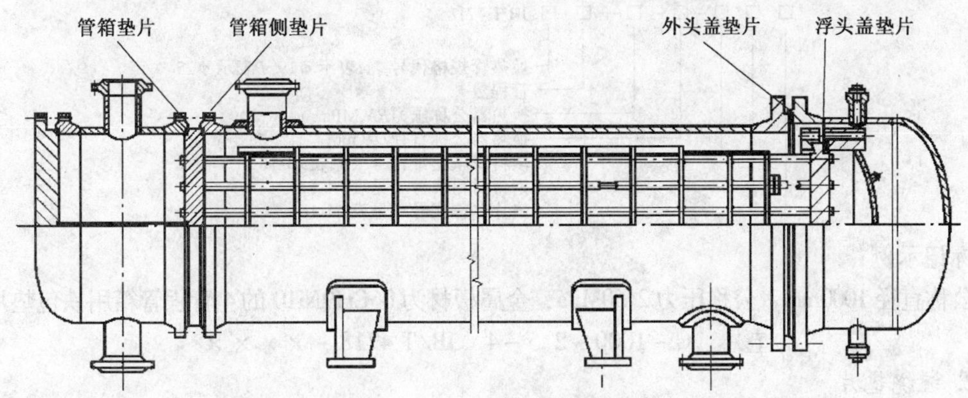

图 3.1－5　各种垫片所处位置

1. 金属包垫片

JB/T 4718《管壳式换热器用金属包垫片》标准规定了金属包垫片的结构形式、基本参数和技术要求。该标准适用于设计温度－70～450℃，设计压力不大于 0.25～6.4MPa 的钢制管壳式换热器。目前已有专门的厂家生产这种垫片。制造这种垫片的关键是选择质量好的薄金属板和大直径垫片板材的拼接技术以及多管程垫片上筋条与圆环相接处的圆滑过渡加工技术。金属包垫片名称代号按表 3.1－16、表 3.1－17、表 3.1－18 的方法确定。

表 3.1－16　金属包垫片名称代号

垫片名称	管箱垫片	浮头垫片	管箱侧垫片	外头盖垫片	头盖垫片
代号	G	F	C	W	T

表 3.1－17　金属材料的标准和代号

金属板材	材料标准	代　号	最高工作温度/℃
镀锡薄钢板	GB/T 2520	A	400
镀锌薄钢板	GB/T 2518	B	400
碳钢	GB/T 710	C	400
铜 T2	GB/T 2040	D	300
1060(铝 L2)	GB/T 3880	E	200
06Cr13	GB/T 3280	F	500
06Cr19Ni10	GB/T 3280	G	600

表 3.1－18　填料的标准和代号

填料名称	填料标准	代　号	最高工作温度/℃
石棉板或石棉①	—	1	＞－20～400
石棉橡胶板	GB/T 3985	2	＞－20～400
耐油橡胶石棉板①	GB/T 539	3	＞－20～350
柔性石墨板		4	＞－20～450
普通硅酸铝耐火纤维毡	GB/T3003	5	＞－20～450

注：① 石棉对人体有害，国内大部分石化企业在其标准中已列其为禁用。

产品标记：

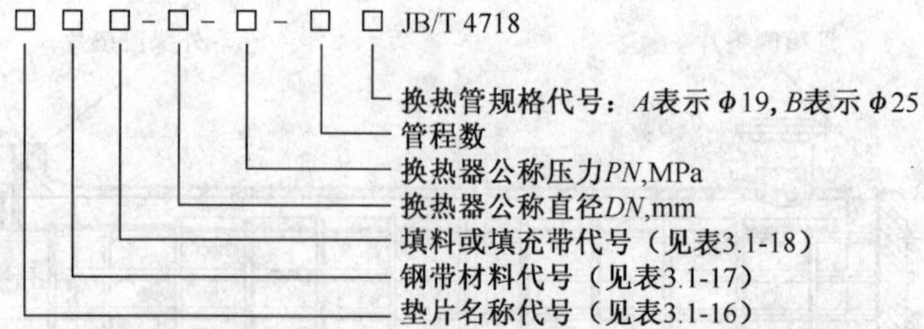

标记示例：

公称直径1000mm，公称压力2.50MPa，金属板材为06Cr19Ni10的4管程管箱用铁包垫片：

垫片 G－1000－2.5－4 JB/T 4718－××××

2. 缠绕垫片

JB/T 4719《管壳式换热器用缠绕垫片》标准规定了缠绕垫片的结构形式、基本参数和技术要求。该标准适用于设计温度－70～450℃，设计压力不大于0.25～6.4MPa的钢制管壳式换热器。应该注意的是，国内多数缠绕垫片都是在一些手工作坊中制造的，缠绕张紧力不能有效地控制，内外圈绕紧度不同，造成非常容易散架，尤其是大直径(DN≥1400)，或没有加强环的缠绕垫片。因此，国内工程上一般都选用带内或外加强环的缠绕垫片，必要时，要选择同时带内和外部加强环的缠绕垫片。缠绕垫片名称代号按表3.1－19、表3.1－20、表3.1－21的方法确定。

表3.1－19 缠绕垫片名称代号

垫片名称	管箱垫片	浮头垫片	管箱侧垫片	外头盖垫片	头盖垫片
代号	G	F	C	W	T

表3.1－20 钢带材料的标准和代号

金属带材料	代 号	使用温度范围/℃	金属带材料	代 号	使用温度范围/℃
06Cr19Ni10	1	－20～450	06Cr19Ni10Ti	5	－196～500
06Cr17Ni12Mo2	2	－196～700	06Cr18Ni11Ti	6	－196～700
022Cr17Ni12Mo2	3	－196～700	022Cr19Ni10	7	－196～450
06Cr13	4	－196～450			

表3.1－21 填料的标准和代号

填充带材料	代 号	使用温度范围/℃
特制石棉②	1	－50～500
聚四氟乙烯	2	－196～260
柔性石墨	3	－196～800(氧化性介质不高于600)
非石棉纤维	4	－50～300①

注：① 不同种类的非石棉纤维带材料有不同的使用温度范围，按材料生产厂的规定。

② 石棉对人体有害，国内大部分石化企业在其标准中已列其为禁用。

产品标记：

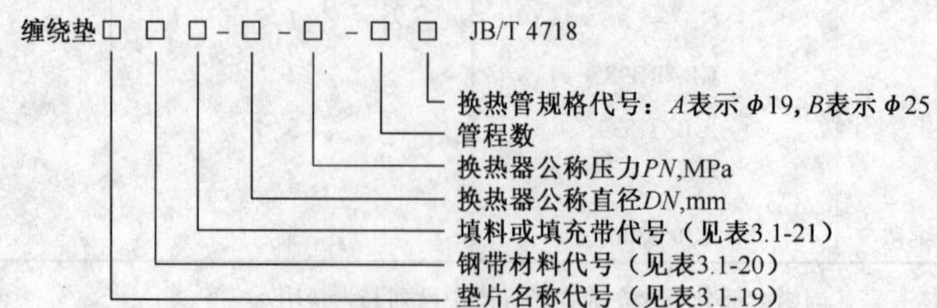

标记示例：

公称直径 1000mm，公称压力 4.0MPa，六管程，$\phi19\times2$mm 的换热管，金属材料为 0Cr19Ni11Ti，填料为石棉板的浮头垫片：缠绕垫 F61 - 1000 - 4.0 - 6A　JB/T 4718

缠绕垫的外形尺寸见表 3.1 - 22 ，外形图见图 3.1 - 6。

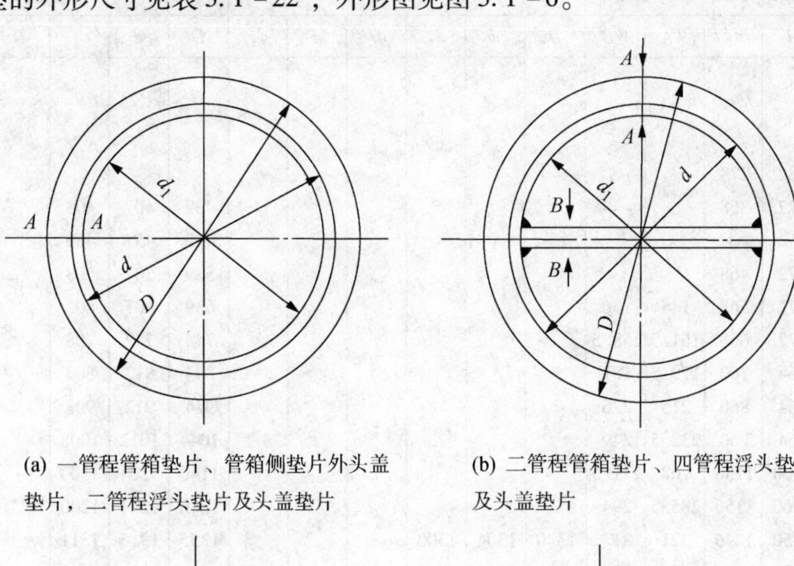

(a) 一管程管箱垫片、管箱侧垫片外头盖垫片，二管程浮头垫片及头盖垫片

(b) 二管程管箱垫片、四管程浮头垫片及头盖垫片

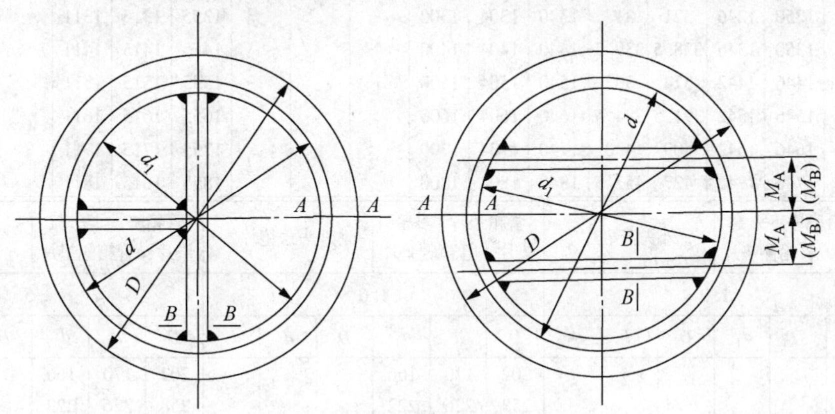

(c) 四管程管箱垫片

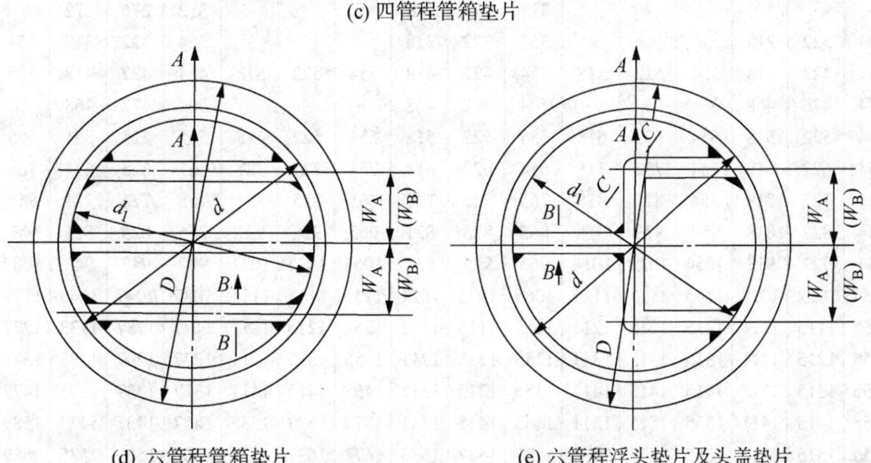

(d) 六管程管箱垫片

(e) 六管程浮头垫片及头盖垫片

图 3.1 - 6　垫的外形尺寸图

表 3.1－22　缠绕垫的外形尺寸表

名称	浮头垫片					管箱垫片，头盖垫片管箱侧垫片			外头盖垫片			管箱垫片，头盖垫片管箱侧垫片			外头盖垫片		
PN	1.0，1.6，2.5，4.0，6.4					0.25						0.6					
DN	*D*	*d*	d_1	*WA*	*WB*	*D*	*d*	d_1	*D*	*d*	d_1	*D*	*d*	d_1	*D*	*d*	d_1
159																	
219																	
273																	
325	298	282	278														
400	392	372	368									439	407	403			
450	—	—	—									489	457	453			
500	492	472	468									539	507	503			
600	592	572	568	144	136							639	607	603			
700	692	672	668	161.5	158.5							744	712	708			
800	792	764	760	179.5	181							844	812	808			
900	892	864	860	215	226							944	912	908			
1000	992	964	960	232.5	249							1044	1012	1008			
1100	1092	1060	1156	268	271.5							1140	1104	1100			
1200	1192	1160	1156	285.5	294							1240	1204	1200			
1300	1282	1250	1246	321	317	1340	1304	1300				1355	1315	1311			
1400	1382	1350	1346	338.5	339.5	1440	1404	1400				1455	1415	1411			
1500	1482	1446	1442	374	362	1540	1504	1500				1555	1515	1511			
1600	1582	1546	1542	391.5	384.5	1640	1604	1600				1655	1615	1611			
1700	1682	1646	1642	409	430	1740	1704	1700				1755	1715	1711			
1800	1782	1746	1742	427	452.5	1840	1804	1800				1855	1815	1811			

名称	管箱垫片，头盖垫片，管箱侧垫片			外头盖垫片			管箱垫片，头盖垫片，管箱侧垫片			外头盖垫片			管箱垫片，头盖垫片，管箱侧垫片			外头盖垫片		
PN	1.0						1.6						2.5					
DN	*D*	*D*	d_1	*D*	*d*	d_1	*D*	*d*	d_1	*D*	*d*	d_1	*D*	*d*	d_1	*D*	*d*	d_1
159							202	170	166				202	170	166			
219							258	226	222				258	226	222			
273							312	276	272				312	276	272			
325	354	322	318				354	322	318				354	322	318	454	422	418
400	454	422	418	554	522	518	454	422	418	554	522	518	454	422	418	565	525	521
450	504	472	468	—	—	—	504	472	468	—	—	—	504	472	468			
500	554	522	518	654	622	618	554	522	518	654	622	618	565	525	521	665	625	621
600	654	622	618	754	722	718	654	622	618	765	725	721	665	625	621	765	725	721
700	754	722	718	854	822	818	765	725	721	865	825	821	765	725	721	865	825	821
800	854	822	818	954	922	918	865	825	821	965	925	921	865	825	821	987	947	943
900	954	922	918	1054	1022	1018	965	925	921	1065	1025	1021	987	947	943	1087	1047	1043
1000	1054	1022	1018	1155	1115	1111	1065	1025	1021	1155	1115	1111	1087	1047	1043	1177	1137	1133
1100	1155	1115	1111	1215	1215	1211	1155	1115	1111	1255	1215	1211	1177	1137	1133	1277	1237	1233
1200	1255	1215	1211	1315	1315	1311	1255	1215	1211	1355	1315	1311	1277	1237	1233	1377	1337	1333
1300	1355	1315	1311	1415	1415	1411	1355	1315	1311	1455	1415	1411	1377	1337	1333	1477	1437	1433
1400	1455	1415	1411	1555	1515	1511	1455	1415	1411	1577	1537	1533	1477	1437	1433	1589	1539	1535
1500	1555	1515	1511	1655	1615	1611	1577	1537	1533	1677	1637	1633	1589	1539	1535	1689	1639	1635
1600	1655	1615	1611	1755	1715	1711	1677	1637	1633	1777	1737	1733	1689	1639	1635	1808	1758	1754
1700	1755	1715	1711	1855	1815	1811	1777	1737	1733	1877	1837	1833	1808	1758	1754	1908	1858	1854
1800	1855	1815	1811	1955	1915	1933	1877	1837	1833	1989	1939	1935	1908	1858	1854	2008	1958	1954

续表 3.1-22

名称	管箱垫片，头盖垫片，管箱侧垫片			外头盖垫片			管箱垫片，头盖垫片，管箱侧垫片			外头盖垫片		
PN	4.0						6.4					
DN	*D*	*d*	d_1	*D*	*d*	d_1	*D*	*d*	d_1	*D*	*d*	d_1
159	202	170	166				202	170	166			
219	258	222	218				258	222	218			
273	312	276	272				312	276	272			
325	365	325	321	465	425	421	365	325	321			
400	465	425	421	565	525	521	465	425	421	587	547	543
450	515	475	471	—	—	—	—	—	—	—	—	—
500	565	525	521	665	625	621	587	547	543	699	649	645
600	665	625	621	787	747	743	699	649	645	818	768	764
700	787	747	743	887	847	843	818	768	764	918	868	864
800	887	847	843	999	949	945	918	868	864			
900	999	949	945	1099	1049	1045						
1000	1099	1049	1045	1208	1158	1154						
1100	1208	1158	1154	1308	1258	1254						
1200	1308	1258	1254	1408	1358	1354						

3. 非金属垫片

JB/T 4720《管壳式换热器用非金属垫片》标准规定了非金属垫片的结构形式、基本参数和技术要求。该标准适用于设计压力不大于 0.25～4.0MPa 的钢制管壳式换热器，设计温度则依材料不同而变化。常用的非金属垫片材料为橡胶石棉板。但由于某些厂家的制造质量差，使得不少炼油厂不得不在一般场合下使用较高等级的垫片。如：采用 XB-500 级的橡胶石棉板，从使用角度考虑，浮头等内部密封用垫片，不宜用非金属软垫片，易燃、易爆、有毒、渗透性强的介质，宜选用缠绕式垫片或金属包橡胶石棉板。

另外，由于石棉对人体健康有害，国外已禁止使用石棉制品做垫片。我国也开始使用一些石棉的替代材料来制造非金属垫片，如石墨等等。非金属垫片代号见表 3.1-23。

表 3.1-23 非金属垫片名称代号

垫片名称	管箱垫片	浮头垫片	管箱侧垫片	外头盖垫片	头盖垫片
代号	G	F	C	W	T

表 3.1-24 垫片材料的标准和代号

	名称	代　号	使用压力/MPa	使用温度范围/℃
石棉橡胶	石棉橡胶板 XB350	2	≤2.5	-40～300
	石棉橡胶板 XB450	3	≤2.5	-40～300
	耐油石棉橡胶板 NY400	4	≤2.5	-40～300
聚四氟乙烯	聚四氟乙烯板	6	≤4.0	-50～100
柔性石墨	增强柔性石墨板	RSB	1.0～6.4	-240～650

非金属垫产品标记：

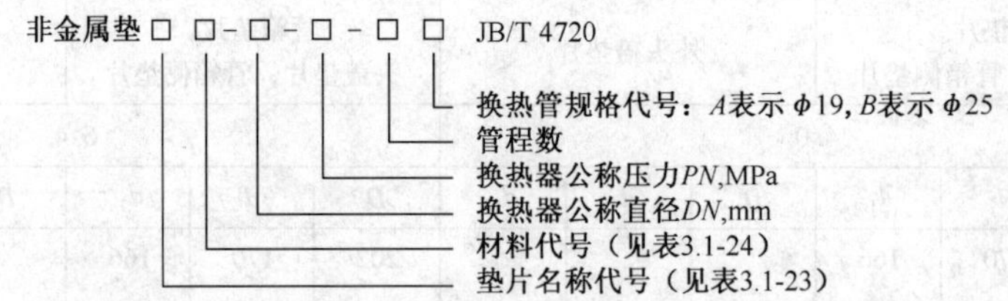

标记举例：

公称直径1100，公称压力2.5MPa，四管程，φ25×2.5mm的换热管，材料为XB350石棉橡胶板的管箱垫片：非金属垫 G2-1100-2.5-4 JB/T 4720

在实际工作中，垫片材料可根据介质的压力、温度和腐蚀性等工况参考表3.1-25选取。

表3.1-25 换热器垫片选用表

介质	法兰公称压力/MPa	介质温度/℃	法兰密封面型式	垫片名称	垫片材料或牌号
烃类化合物（烷烃，芳香烃，烯烃），氢气和有机溶剂（甲醇，乙醇，苯，酚，糠醛，氨）	≤1.6	≤200	平面	耐油橡胶石棉板垫片①③	耐油橡胶石棉板
		201~300		缠绕式垫片	金属带，石棉
	2.5	≤200	凹凸面	耐油橡胶石棉板垫片③	耐油橡胶石棉板垫片
	4.0，6.4	≤200		缠绕式垫片②	金属带，石棉
	2.5，4.0，6.4	201~450		金属包橡胶石棉垫片③	镀锌，镀锡薄铁皮，0Cr19Ni9
	2.5，4.0，6.4	451~600	榫槽面	缠绕式垫片	0Cr19Ni9金属带，柔性石墨
	≤35.0	≤200	平面	平垫	铝
		≤450	凹凸面	金属齿形垫片	10
		451~550			00Cr12，0Cr19Ni9
		≤450	梯形槽	椭圆形垫片或八角垫	10
		451~550			1Cr13，0Cr19Ni9
		≤200	锥面	透镜垫	20
		≤475			10MoWVNb
水、盐、空气、煤气、蒸汽、液碱、惰性气体	1.5	≤200	平面	橡胶石棉垫片③	XB-200橡胶石棉板
	4.0	≤350	凹凸面		XB-350橡胶石棉板
	6.4	≤450			XB-450橡胶石棉板
	4.0，6.4	≤450	凹凸面	缠绕式垫片	金属带，石棉
				金属包橡胶石棉垫片	镀锌薄铁皮，0Cr19Ni9
					橡胶石棉板
	10.0	≤450	梯形槽	椭圆形垫片或八角垫	10

注：① 苯对耐油橡胶石棉垫片中的丁腈橡胶有溶解作用，故 PN≤2.5MPa。

② 温度小于或等于200℃的苯介质也应选用缠绕式垫片。

③ 浮头等内部连接用的垫片，不宜用非金属软垫片。

4. 柔性石墨金属波齿复合垫片

近年来，柔性石墨金属波齿复合垫片以其独特的构造和优越的性能在各石化企业的许多易泄漏的部位发挥着越来越重要的作用。它的典型结构是在金属骨架的上下两表面制出相互错开的特殊形状的同心圆沟槽，骨架的上下两表面再复合两层适当厚度的膨胀石墨，由此构成了垫片整体（如图3.1-7所示）。在使用时，由于法兰面的压紧，膨胀石墨被压缩，金属骨架产生了弹性变形，其上下表面的环形齿峰与法兰面紧密接触，膨胀石墨被高度压缩包围在骨架与法兰面间形成的环形密封空间中，从而形成多道膨胀石墨密封圈，连同金属骨架的齿尖峰，构成双重密封，环环相扣，道道把关。因此，柔性石墨金属波齿复合垫片实际上是多道金属接触密封与多道膨胀石墨密封两种密封的组合形式。

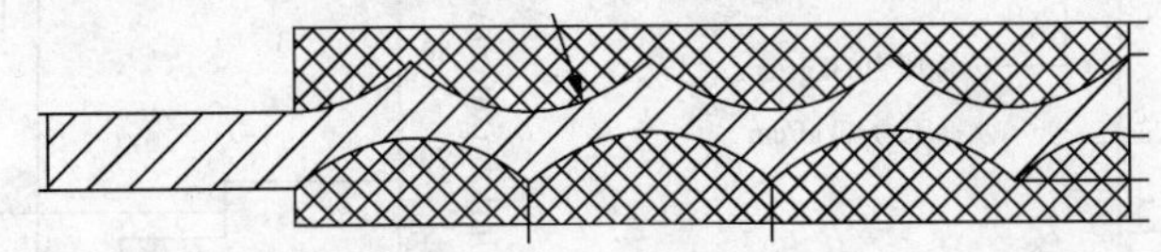

图 3.1－7　柔性石墨金属波齿复合垫片断面图

由于柔性石墨金属波齿复合垫片的刚度较大，在螺栓预紧力过载时，能储存较大的变形能。当温度和压力波动时，变形能及时释放。使其具有十分显著的压缩回弹能力和抗应力松弛性能。此外，由于构成垫片的金属材料和膨胀石墨材料具有极好的耐高温和耐流体侵蚀的性能，也不会老化，因此，这种垫片使用寿命长，安全可靠。

柔性石墨金属波齿复合垫片适用于公称压力为 0.6～26MPa 的法兰密封。特别是在压力和温度经常波动的工况下，更能显示它的优越性。在大直径法兰密封上更是优于缠绕垫片。

5. 垫片的选用

垫片的选用与操作条件(温度、压力、操作介质)及密封要求有关，国内有关垫片选用的标准有 SH 3074、HG 20583 等，国外有关垫片设计和选用的一些规定见图 3.1－8。

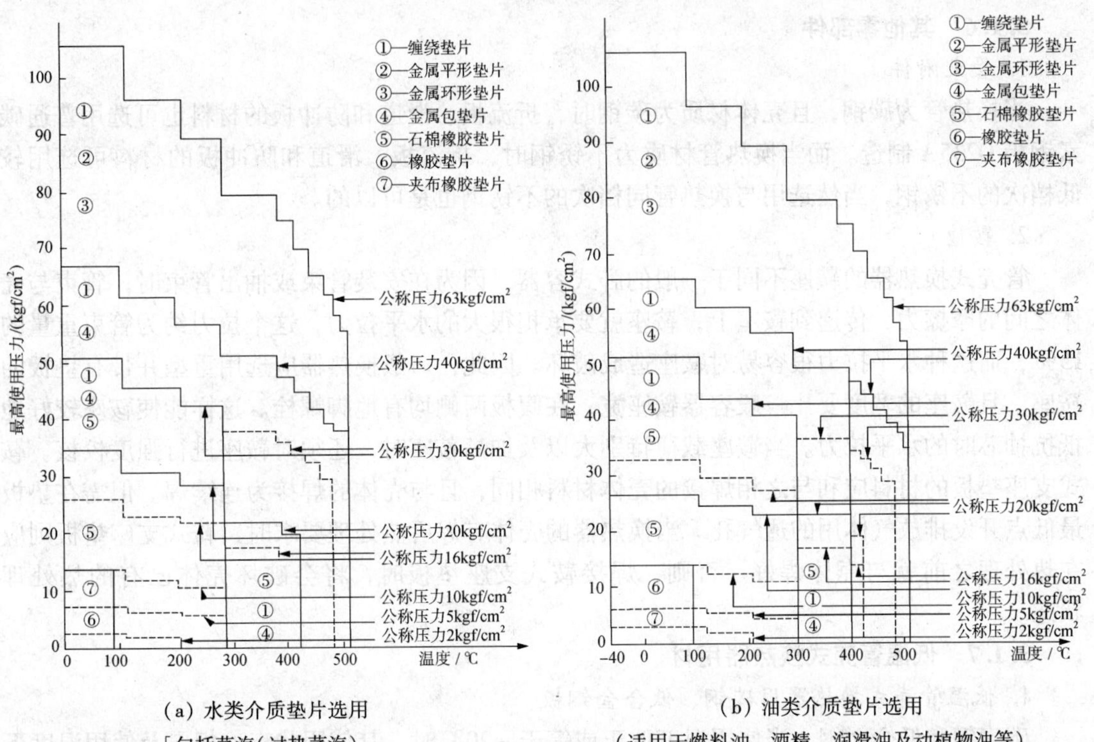

(a) 水类介质垫片选用
[包括蒸汽(过热蒸汽)、清水、工业用水、海水、污水等]

(b) 油类介质垫片选用
(适用于燃料油、酒精、润滑油及动植物油等)

图 3.1－8　国外热电选用图

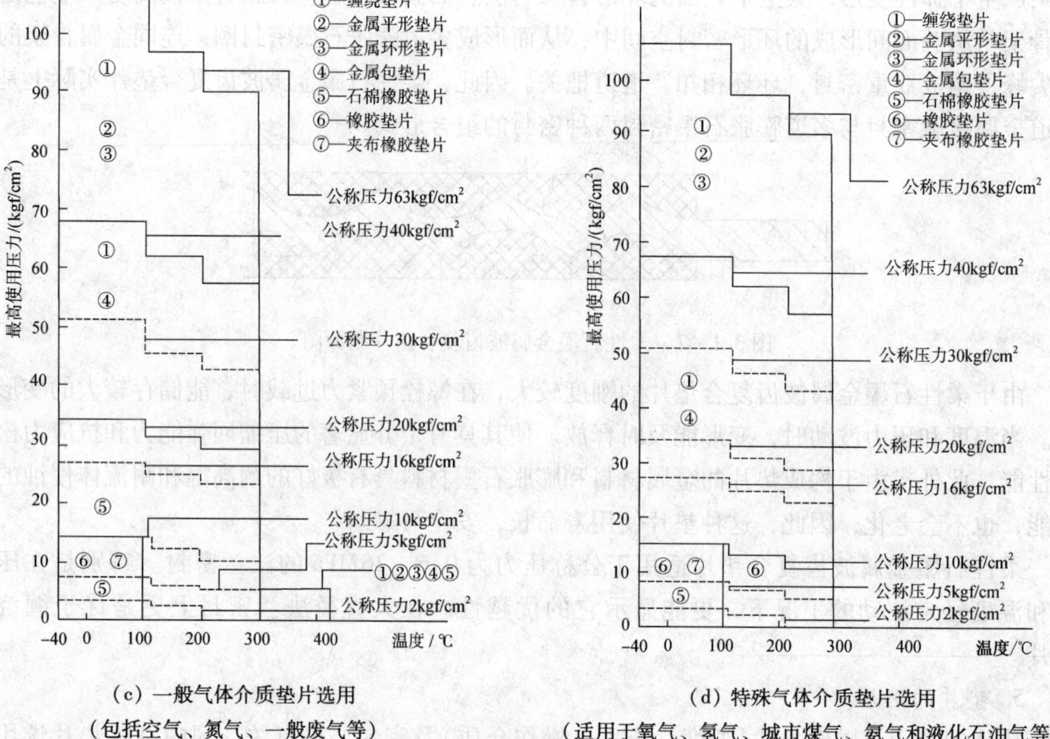

（c）一般气体介质垫片选用

（包括空气、氮气、一般废气等）

（d）特殊气体介质垫片选用

（适用于氧气、氢气、城市煤气、氨气和液化石油气等）

图 3.1-8 国外热电选用图（续）

3.1.6 其他零部件

1. 管束附件

当换热管为碳钢，且壳体材质为碳钢时，折流板、滑道和防冲板的材料也可选用普通碳素钢板 Q235A 制造。而当换热管材质为不锈钢时，折流板、滑道和防冲板的材料可选用较低档次的不锈钢，当然选用与换热管同档次的不锈钢也是可以的。

2. 鞍座

管壳式换热器的鞍座不同于一般的卧式容器，因为在安装管束或抽出管束时，管束与壳体之间的摩擦力，传递到鞍座上，鞍座就要承担很大的水平拉力，这个拉力约为管束重量的 15%，而这种水平拉力很容易对鞍座造成破坏。因此，一般换热器应选用重型并带有垫板的鞍座，且鞍座的宽度要比一般容器鞍座宽，在腹板两侧均有地脚螺栓。这样能使鞍座较好地抵抗抽芯时的水平拉力。当鞍座载荷特别大以及加高鞍座时，还须对鞍座进行强度校核。鞍式支座垫板的材料应和与之相焊接的壳体材料相同，且与壳体的焊接为连续焊。但需在垫板最低点开设排放气体用的透气孔。当换热器的壳体有焊后热处理要求时，鞍式支座垫板则应在热处理之前就与壳体焊好。否则，焊接鞍式支座垫板时，将会破坏壳体已有的热处理状态。

3.1.7 低温管壳式换热器用材

1. 低温管壳式换热器用碳钢、低合金钢板

碳索钢和低合金钢，当使用温度低于或等于 -20℃时，其使用状态、板厚及使用温度下限应符合表 3.1-26 的规定：而最低冲击试验温度见 GB 150 的规定。

表 3.1－26　钢板的使用温度下限

钢　号	钢板厚度/mm	使用状态	冲击试验要求	使用温度下限/℃
中常温用钢板				
Q245R	<6	热轧、控轧、正火	免做冲击	－20
	6～12		0℃冲击	－20
	>12～16			－10
	>16～150			0
	>12～20	热轧、控轧	－20℃冲击(协议)	－20
	>12～150	正火		－20
Q345R	<6	热轧、控轧、正火	免做冲击	－20
	6～20		0℃冲击	－20
	>20～25			－10
	>25～200			0
	>20～30	热轧、控轧	－20℃冲击(协议)	－20
	>20～200	正火		－20
Q370R	10～60	正火	－20℃冲击	－20
18MnMoNbR	30～100	正火加回火	0℃冲击	0
			－10℃冲击(协议)	－10
13MnNiMoR	30～150	正火加回火	0℃冲击	0
			－20℃冲击(协议)	－20
07MnMoVR	10～60	调质	－20℃冲击	－20
12MnNiVR	10～60	调质	－20℃冲击	－20
低温用钢板				
16MnDR	6～60	正火，正火加回火	－40℃冲击	－40
	>60～120		－30℃冲击	－30
15MnNiDR	6～60	正火，正火加回火	－45℃冲击	－45
15MnNiNbDR	10～60	正火，正火加回火	－50℃冲击	－50
09MnNiDR	6～120	正火，正火加回火	－70℃冲击	－70
08Ni3DR	6～100	正火，正火加回火，调质	－100℃冲击	－100
06Ni9DR	6～40(6～12)	调质(或两次正火加回火)	－196℃冲击	－196
07MnNiVDR	10～60	调质	－40℃冲击	－40
07MnNiMoDR	10～50	调质	－50℃冲击	－50

2. 低温管壳式换热器用碳钢、低合金锻件

当使用温度低于或等于－20℃时，其热处理状态、最大截面尺寸及最低冲击试验温度应符合表 3.1－27 的规定：

表 3.1－27　碳钢、低合金钢锻件的使用温度下限

钢　号	公称厚度/mm	冲击试验要求	使用温度下限/℃
中常温用钢锻件			
20①	≤300	0℃冲击	0
		－20℃冲击	－20
35	≤100	20℃冲击	0
	>100～300		20

续表 3.1－27

钢　号	公称厚度/mm	冲击试验要求	使用温度下限/℃
中常温用钢锻件			
16Mn①	≤300	0℃冲击	0
		－20℃冲击	－20
20MnMo①	≤700	0℃冲击	0
		－20℃冲击	－20
20MnMoNb	≤500	0℃冲击	0
20MnNiMo	≤500	－20℃冲击	－20
35CrMo	≤500	0℃冲击	－20
低温用钢锻件			
16MnD	≤100	－45℃冲击	－45
	＞100～300	－40℃冲击	－40
20MnMoD	≤300	－40℃冲击	－40
	＞300～700	－30℃冲击	－30
08MnNiMoVD	≤300	－40℃冲击	－40
10Ni3MoVD	≤300	－50℃冲击	－50
09Mn NiD	≤300	－70℃冲击	－70
08Ni3D	≤300	－100℃冲击	－100

注：① 20、16Mn 和 20MnMo 钢锻件如进行－20℃冲击试验，应在设计文件中注明。

3. 低温管壳式换热器用碳钢、低合金钢管

当使用温度低于或等于－0℃时，热处理状态、公称壁厚及最低冲击试验温度应符合表 3.1－28 的规定：

表 3.1－28　碳钢、低合金钢管的使用温度下限

钢　号	使用状态	壁厚/mm	最低冲击试验温度/℃
10(GB 9948)	正　火	≤10	－20
20(GB 9948)	正　火	≤10	0
16Mn	正　火	≤40	－40
09MnD	正　火	≤8	－50
09Mn2VD	正　火	≤8	－70

4. 低温管壳式换热器用合金钢螺栓(柱)

当使用温度低于或等于－20℃时，其螺栓(柱)规格及最低冲击试验温度 KV_2 值应符合表 3.1－29 的规定。

表 3.1－29　合金钢螺柱的使用温度下限

钢　号	规　格/mm	最低冲击试验温度/℃	KV_2/J
30CrMoA①	≤M56	－100	≥41
35CrMoA①	≤M56	－70	≥41
40CrNiMoA②	M52～M64	－50	≥47

注：① 使用温度低于－40～－70℃的 30CrMoA 和 35CrMoA 螺柱用钢，其化学成分中应控制 P≤0.020%、S≤0.010%；

② 40CrNiMoA 螺柱用钢和使用温度低于－70～－100℃的 30CrMoA 螺柱用钢，其化学成分中应控制 P≤0.015%、S≤0.008%。

3.2 换热器的强度计算

换热器外壳(包括：管箱、壳体、外头盖)为一般的承压壳，其设计参数的选取应分别按各自的操作参数确定，而各受压元件强度计算均按 GB 150 的相应规定进行。但值得注意的是，由于换热器有管、壳两个压力腔。当管程压力高于壳程压力达 1.5 倍以上时，就应考虑采取措施防止因换热管爆裂而使低压侧的壳体发生因强度不足而产生的事故。在设计时可采取如下措施：①在压力较低侧安装超压泄放装置；②适当提高低压侧压力来减轻较高压力侧介质爆管后泄入较低压力侧造成的影响，同时也便于管头的试压。这时可提高低压侧的设计压力至高压侧设计压力的 4/5 倍。从资料看，管内仅存在液相时，罕有爆管现象出现。

对于承受压力的换热器外壳，由于其本身固有特点，在考虑其强度问题时，除了应进行受压元件进行强度计算外，还须对换热器的组装、操作和检修等需要，做一些特别的考虑。

3.2.1 壳体和管箱的厚度

1. 壳体的最小厚度

壳体的厚度除了要考虑其承压的需要外，还应考虑在抽芯时以及位于重叠安装换热器的下部时应具有足够的刚度。因为换热器在重叠使用时，下部换热器的壳体还要承受普通卧式容器所没有的来自上部换热器的径向集中载荷。此外，在制造或检修中，当管束抽出和放入壳体时，也使壳体受到额外的比较复杂的载荷。因此，换热器壳体的最小厚度要比第一篇规定的容器的最小厚度来得厚。其壳体的最小厚度列于表 3.2－1a 和表 3.2－1b 中。

设计时换热器壳体的厚度应取强度计算后所确定的厚度与表 3.2－1a 或表 3.2－1b 规定的最小厚度中的较大值。

表 3.2－1a 碳素钢或低合金钢圆筒的最小厚度 mm

公称直径	400～700	800～1000	1100～1500	1600～2000
浮头式、U 形管式	8	10	12	14
固定管板式	6	8	10	12

注：表中数值考虑腐蚀裕量 $C_2=1$mm。

表 3.2－1b 高合金钢圆筒的最小厚度 mm

公称直径	400～700	800～1000	1100～1500	1600～2000
最小厚度	4.5	6	8	10

壳体上的开孔一般与容器上的开孔一样采用补强圈进行补强。

2. 管箱在考虑开口补强后的厚度

由于换热器本身的特性，其开口补强要求也与一般容器有所区别。换热器的管箱圆筒长度较短，且又有管程出入口两个较大的开孔，结构上不允许也不可能采用补强圈。所以通常以加厚整个管箱、接管厚度的方法来进行开孔补强。故管箱的壁厚通常要比强度计算出的厚度以及最小厚度都大。

3.2.2 管板

管板是一般受压容器所没有的特殊受压元件，它或者与筒体直接相焊(固定管板换热器)，或者被夹持在两片法兰之间，起着管、壳程之间隔板和固定换热管的双重作用。在管壳式换热器的制造成本中，管板占有相当大的比重。而且它受力复杂，所以管板的强度计算在换热器设计计算中占有十分突出的地位。要进行管板厚度的计算，应首先确定管板的设计压力。

1. 管板的设计压力 p_d

在换热器正常操作时，管板的管程侧和壳程侧同时受压，此时管板仅承受管、壳程压力之差，但在操作过程中并不是任何时候都可以保持壳程和管程同时加压和/或这个压力差恒定。那么管板的设计压力就应考虑多种情况中最为危险的一种。下面讨论如何确定管板的设计压力。

① 若能保证管、壳程压力在操作过程中，任何情况下都同时作用或管程和壳程之一为负压时；则管板的设计压力 p_d 由式(3.2-1)确定：

$$p_d = |p_s - p_t| \tag{3.2-1}$$

式中 p_s——壳程设计压力，即用来进行壳程强度计算时采用的设计压力；

p_t——管程设计压力，即用来进行管程强度计算时采用的设计压力。

能保证管、壳程压力在操作过程中，任何情况下都同时作用的情况，在炼油厂加氢装置中也可遇见。例如，加氢精制装置中的加氢反应器出口的第一台换热器大都是这种情况：循环氢压缩机出口的高压氢气与原料油混合后进入该换热器的壳程，与管程热介质换热，再经加热炉进入反应器进行反应，高温的反应产物流出后进入该换热器，换热冷却后经高压分离器又回到循环氢压缩机的入口，如图3.2-1所示。很明显，只要压缩机工作，该换热器的管、壳程压力就会同时建立。如果压缩机意外停车，那么该换热器管板两侧管、壳程的压力也会同时逐渐降压。在这种情况下，管板的设计压力只根据循环氢压缩机的进出口最大压差来确定即可。比仅考虑管程(或壳程)一侧受压的情况，可节省管板材料。这对高压换热器来说具有特殊的意义。但应注意：这种按压差设计管板的换热器，试压过程也应在管壳程同时进行。且管、壳程压差不得超过许用值。

② 如果不能保证管、壳程压力在任何情况下都能同时作用时，则不允许用壳程设计压力 p_s 与管程设计压力 p_t 的压力差进行管板设计。这时管板的设计压力 p_d 应取 $|p_t|$ 或 $|p_s|$ 中的较大值。

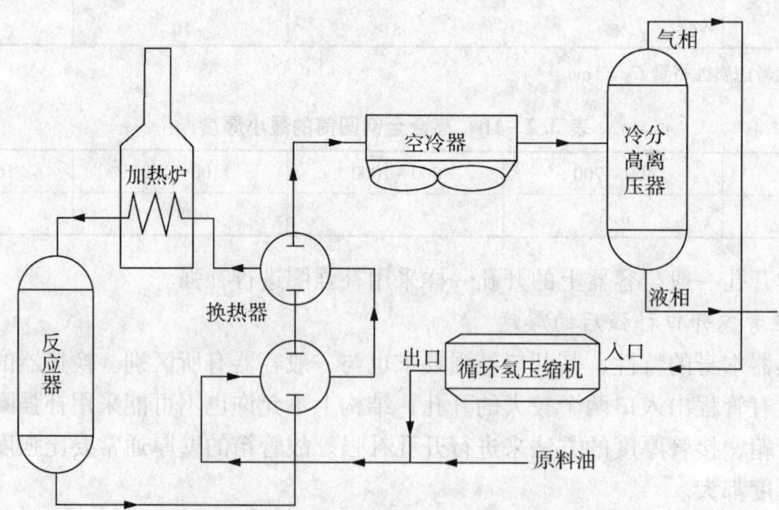

图3.2-1 加氢装置反应部分简单流程图举例

③ 以上①②两条确定管板设计压力的原则只是针对U形管和浮头式换热器的。当为填料函式换热器时，管板的设计压力 p_d 就应取管程设计压力 p_t。

④ 固定管板换热器的管板计算比较复杂。这里无需确定管板的设计压力，而是引入了有效压力组合 p_a、当量压力组合 p_c 和边界效应压力组合 p_b 三个概念。其中：

$$p_a = \sum sp_s - \sum tp_t + \beta\gamma E_t$$

对于不带法兰的管板：$p_b = C' * (p_s - 0.15 * p_t) - 0.85 * C'' * p_t$

对于其延长部分兼做作法兰的管板：$p_b = 0$

$$p_c = p_s - p_t(1 + \beta)$$

上面三式中：$\sum s$、$\sum t$、β、C'、C''均为系数；

γ 为换热管与壳程圆筒的热膨胀变形差，

E_t 为换热管材料弹性模量，MPa。

在确定 p_a、p_b 和 p_c 的公式中，除了考虑管程设计压力 p_t 和壳程设计压力 p_s 外，还应考虑以下四种压差的危险组合工况：

a. 只有壳程设计压力 p_s，而管程设计压力 $p_t = 0$，不计入膨胀变形差。

b. 只有壳程设计压力 p_s，而管程设计压力 $p_t = 0$，计入膨胀变形差。

c. 只有管程设计压力 p_t，而壳程设计压力 $p_s = 0$，不计入膨胀变形差。

d. 只有管程设计压力 p_t，而壳程设计压力 $p_s = 0$，计入膨胀变形差。

然后计算在上述四种情况下的 p_a、p_b 和 p_c。再由这四种情况下的 p_a、p_b 和 p_c，根据予设的管板厚度，计算出每种危险工况组合下管板中的各项应力值和管子的拉脱力（σ_r，σ'_r，σ_c，τ_p，σ_t，q）。如果各应力值和拉脱力分别满足许用应力和许用拉脱力的要求，则计算完毕，否则需重新猜算。因此，固定管板换热器的计算一般都采用计算机程序来进行。这样可以反复对管板厚度进行迭代计算和优化。

2. 管板最小厚度

管板的最小厚度是指在结构设计和制造方面必须具有的最小厚度（不包括腐蚀裕量）。

① 管板与换热管采用胀接连接时，管板的最小厚度 δ_{min}（不包括腐蚀裕量）见表 3.2－2。

表 3.2－2　胀接连接管板的最小厚度　mm

δ_{min}	换热管外径 d	10	14	19	25	32	38	45	57
	用于炼油工业及易燃易爆有毒介质等严格场合	20	20	20	25	32	38	45	57
	用于无害介质的一般场合	10	15	15	20	24	26	32	36

② 管板与换热管焊接连接时，管板的最小厚度除满足上述要求外，还应满足结构设计和制造的要求。

③ 与换热管焊接连接的复合管板，其复层的厚度一般不应小于 3mm。对耐腐蚀要求较高的复层，还应保证离复层表面深度不小于 2mm 的复层的化学成分和金相组织符合复层材料标准的要求。在任何情况下，复层材料厚度均不得作为设计计算中的承压厚度，但可不考虑设计计算中的腐蚀裕量。

④ 采用全胀接连接的复合管板，复层最小厚度不应小于 10mm，在保证离复层表面深度不小于 8mm 的复层的化学成分和金相组织符合复层材料标准的要求外，其余同③。

3. 实际采用的管板厚度

对 U 形管式、浮头式和填料函换热器，根据管板的设计压力 p_d，按 GB 151 有关章节计算出来的管板厚度称为管板的计算厚度。对固定管板换热器，各项应力均满足许用应力要求的予设管板厚度即为计算厚度。而实际取的管板厚度应不小于下列三者之和：

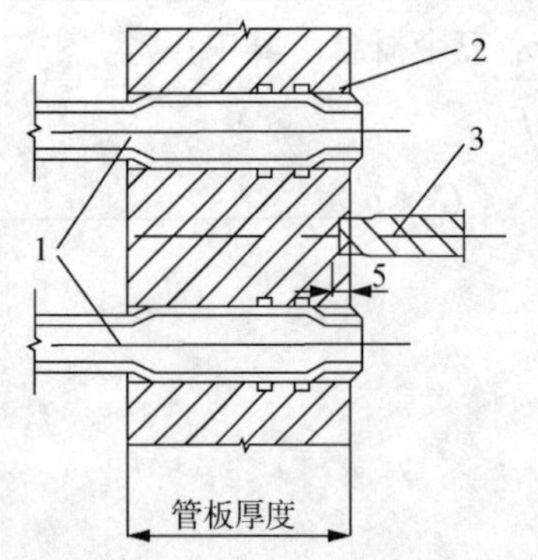

图 3.2－2 管板在分程隔板处的结构
1—换热管；2—管板；3—分程隔板

① 管板的计算厚度或本节第 2 条中规定的最小厚度，取大者；

② 壳程腐蚀裕量或结构开槽深度（如图 3.5－13 管板的凸肩凹槽），取大者；

③ 管程腐蚀裕量或结构开槽深度（如：多管程换热器的分程隔板槽等），取大者。

分程隔板槽结构详见图 3.2－2。对多管程换热器而言，在管箱内要焊接分程隔板，为了使管程流体不在隔板与管板接触处短路，在管板与隔板接触处要放置垫片。这样管板上就应设计分程隔板槽。分程隔板槽的深度一般不小于 4mm。当管程、壳程无分程隔板又无结构开槽时，只将管程或壳程腐蚀裕量计入即可。

4. 管板厚度计算实例

浮头式和填料函换热器的计算比较复杂，需要反复计算不断优化，一般均由计算机程序来完成，在此不赘述。现以 U 形管式换热器为例做一个管板厚度的简单计算。

例如：一台 U 形管式换热器管程设计压力为 2.0MPa，设计温度为 200℃。壳程设计压力为 1.8MPa，设计温度为 250℃。加持管板材质为 Q345R 钢板，管壳程腐蚀裕量分别为 3mm。该换热器为二管程、一壳程；管程分程隔板槽深 5mm。管箱侧和壳程垫片材质为铁皮包石棉板。垫片中心圆直径为 560mm，垫片平面部分宽度 12mm，密封面形式为普通光滑面。

根据 GB 150 查出 Q345R 钢板在 200℃时的许用应力为 141MPa，在 250℃时的许用应力为 132MPa。根据 GB 151 第 3.7.1 节管板的计算厚度

$$\delta = 0.454 D_G \sqrt{\frac{p_d}{\mu \times [\sigma]_r^t}} \tag{3.2-2}$$

式中 D_G——垫片中心圆直径，mm；

p_d——管板的设计压力，MPa；

μ——管板强度削弱系数，按 GB 151 规定取 $\mu = 0.4$；

$[\sigma]_r^t$——管板在设计温度下的许用应力值，MPa。

$$\delta = 0.454 \times 560 \sqrt{2.0/0.4 \times 132} = 49.5\text{mm}$$

由于计算管板厚度远远大于表 3.2－1 所规定的最小厚度，故管板实际计算厚度 = 49.5 + 5 + 3 = 57.5mm。考虑钢板负偏差（0.25mm）并经圆整，取管板实际厚度为 58mm。

换热器管板的厚度，与管板材质、支撑方式、是否兼做法兰和其上的换热管排列等有关。目前，计算都是采用计算机进行，故本节列出一些常用材质、一般压力等级的管板厚度计算结果，供使用者对比查询。

5. 延长部分兼作法兰固定管板式换热器的管板厚度

以 16Mn 锻钢制延长部分兼作法兰、无膨胀节的固定管板式换热器的管板为例，各种压力等级下的管板厚度值见表 3.2－3。其设计温度为 200℃，腐蚀裕量 $C_2 = 1.5$mm；$PN = 6.4$ MPa 以及带 * 号的数据，为管子与管板采用焊接连接形式。其他均为胀接形式连接。

表 3.2-3 延长部分兼作法兰固定管板式换热器的管板厚度表

壳体内径/mm	壳体壁厚/mm	换热管数量 n	管板厚度 T/mm			
			$\Delta t= \pm 50℃$		$\Delta t= \pm 10℃$	
			计算值	设计值	计算值	设计值
$PN=1.0$MPa						
400	8	96	33.8	40	25.6	32
450	8	137	34.9	40	26.5	32
500	8	172	35.1	40	27.4	32
600	8	247	35.7	42	29.1	34
700	8	355	36.4	42	30.6	36
800	10	469	44.1	50	35.4	40
900	10	605	44.3	50	37.2	42
1000	10	749	44.9	50	38.7	44
1100	12	931	50.7	56	43.0	48
1200	12	1117	51.5	56	44.3	50
1300	12	1301	52.3	58	45.7	52
1400	12	1547	52.9	58	46.9	52
1500	12	1755	53.6	60	48.1	54
1600	14	2023	61.7	68	53.2	58
1700	14	2245	62.4	68	54.5	60
1800	14	2559	62.9	68	55.6	62
1900	14	2833	60.5	70	55.6	62
2000	14	3185	61.5	71	55.6	62
$PN=1.57$MPa						
159	4.5	6	24.2	30*	23.6	30
219	6	20	26.3	32*	25.7	32
273	8	38	29.7	36*	28.5	36
325	8	57	32.2	38*	29.8	36
400	8	96	36.5	42	33.0	40
450	8	137	37.6	44	34.1	40
500	8	172	38.7	46	35.4	42
600	8	247	40.1	46	36.7	44
700	10	355	46.4	52	41.1	48
800	10	469	47.4	54	43.7	50
900	10	605	48.2	54	45.3	52
1000	10	749	48.9	56	46.8	54
1100	12	931	56.6	64	53.0	60
1200	12	1117	57.4	64	54.6	62
1300	14	1301	65.3	72	60.1	66
1400	14	1547	66.1	72	61.7	68
1500	14	1755	63.9	72	61.8	68
1600	14	2023	64.7	72	63.2	70
1700	14	2245	65.6	72*	64.3	70
1800	14	2559	66.3	72*	65.4	72
1900	14	2833	66.7	74*	66.6	74
2000	14	3185	67.9	74*	67.9	74

续表 3.2-3

壳体内径/mm	壳体壁厚/mm	换热管数量 n	管板厚度 T/mm			
			Δt = ±50℃		Δt = ±10℃	
			计算值	设计值	计算值	设计值
PN=2.45MPa						
159	4.5	6	24.6	32*	24.6	32
219	6	20	27.9	34*	27.9	34
273	8	38	32.6	40*	32.6	40
325	8	57	35.2	42*	35.2	42
400	8	96	39.4	46	38.8	46
450	8	137	40.8	48	39.1	46
500	8	172	41.8	48	40.7	48
600	10	247	49.4	56	46.4	52
700	10	355	50.6	58	47.9	54
800	10	469	52.5	58	50.3	56
900	12	605	57.9	64	55.9	62
1000	12	749	59.8	66	57.6	64
1100	14	931	66.4	72	64.4	70
1200	14	1117	67.9	74*	65.5	72
1300	14	1301	69.8	76*	69.8	76
1400	16	1547	76.3	82*	76.3	82
1500	16	1755	77.7	84*	77.7	84
1600	16	2023	79.4	86*	79.4	86
1700	18	2245	84.9	92*	84.9	92
1800	18	2559	86.3	92*	86.3	92
PN=3.98MPa						
159	4.5	6	31.1	38*	31.1	38
219	6	20	35.2	42*	35.2	42
273	8	38	38.7	46	38.7	46
325	9	57	43.5	50	43.5	50
400	10	96	50.2	56	50.2	56
450	10	137	52.6	60	52.6	60
500	12	172	57.9	66	57.9	66
600	14	247	66.4	74	66.4	74
700	14	355	70.5	76	70.5	76
800	14	469	74.1	80	74.1	80
900	16	605	81.1	88*	81.1	88
1000	18	749	88.4	96*	88.4	96
1100	18	931	90.9	98*	90.9	98
1200	20	1117	97.7	104*	97.7	104
PN=6.3MPa						
159	6	6	41.9	54	41.9	54
219	9	20	44.3	56	44.3	56
273	11	38	53.7	66	53.7	66
325	13	57	61.4	74	61.4	74
400	14	96	71.2	84	71.2	84
450	16	137	77.9	92	77.9	92
500	16	172	83.5	96	83.5	96
600	20	247	98.8	112	98.8	112
700	22	355	111.9	124	111.9	124
800	22	469	117.5	130	117.5	130

6. 浮头式换热器(冷凝器)夹持管板的厚度

各种压力等级下的管板厚度值见表3.2-4。其设计温度为200℃，腐蚀裕量C_2=3.0mm，管板厚度小于等于60mm时系采用Q345R钢板计算的；管板厚度大于60mm时系采用16Mn锻钢计算的。

表3.2-4　浮头式换热器(冷凝器)管板厚度表

DN/mm	管板厚度 T/mm				
	PN1.0	PN1.6	PN2.5	PN4.0	PN6.4
325			37	46	
400	32	34	43	57	72
500	32	39	49	66	88
600	37	44	55	76	102
700	41	50	61	86	118
800	44	55	67	91	
900	47	59	74	98	
1000	50	63	80	104	
1100	53	65	84	112	
1200	56	70	89	118	
1300	59	74	95		
1400	63	78	101		
1500	65	84	106		
1600	68	89	112		
1700	71	93	120		
1800	76	98	127		

7. U形管式换热器的管板厚度

以16Mn锻钢制U形管式换热器的管板为例，各种压力等级下的管板厚度值见表3.2-5。其设计温度为200℃，腐蚀裕量C_2=3.0mm；管板厚度小于等于60mm时系采用Q345R钢板计算的；管板厚度大于60mm时系采用16Mn锻钢计算的。

表3.2-5　U形管式换热器管板厚度表

公称直径 DN/mm	管板厚度 T/mm			
	PN1.6	PN2.5	PN4.0	PN6.4
600	58	72	88	116
700	66	82	104	134
800	74	92	116	149
900	82	103	130	
1000	90	113	142	
1100	98	122	156	
1200	106	132	168	

8. 管板计算的其他方法

管板的计算还有 JB 4732、TEMA－2007、ASME Ⅷ－1 PART UHX 等方法。

应该说明的是，TEMA 计算方法确立较早，计算方法太过化简、忽略较多，因此造成计算出的管板计算厚度过大。而在计算机发达当今，这种粗犷的、适用于手工计算的方法，已显得落后，2007 年版的 TEMA 已经将其多年的管板计算方法放入了附录。而 JB 4732 和 ASME Ⅷ－1 PART UHX 则属于有限元分析计算方法，计算方法先进、计算精度高。

9. 管板计算中所需隔板槽面积 A_d 的计算

（1）二管程正三角形排列（图 3.2－3 中的阴影面积）

$$A_d = n'SS_n - n'\frac{\sqrt{3}}{2}S^2 = n'S(S_n - 0.866S)$$

（2）二管程正方形排列（图 3.2－4 中的阴影面积）

$$A_d = n'S(S_n - S)$$

（3）二管程转角三角形排列（图 3.2－5　中的阴影面积）

$$A_d = n'(\sqrt{3}S)(S_n - 0.5S)$$

（4）二管程转角正方形排列（图 3.2－6　中的阴影面积）

$$A_d = n'(\sqrt{2}S_nS - S^2)$$

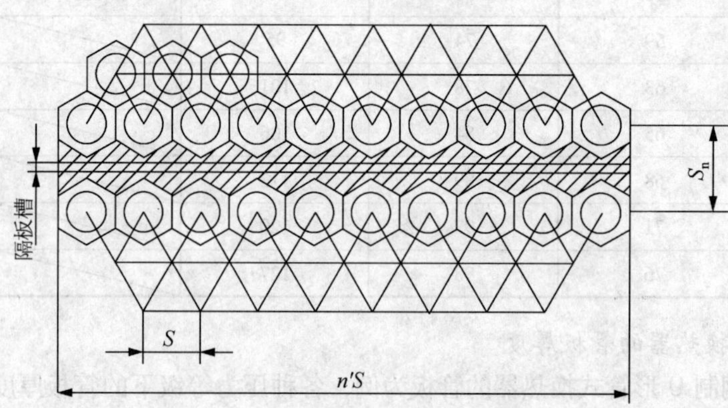

图 3.2－3　正三角形排列管板上隔板槽面积 A_d

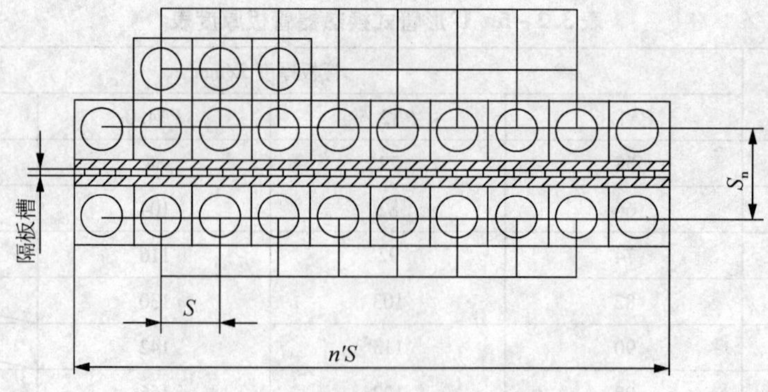

图 3.2－4　正方形排列管板上隔板槽面积 A_d

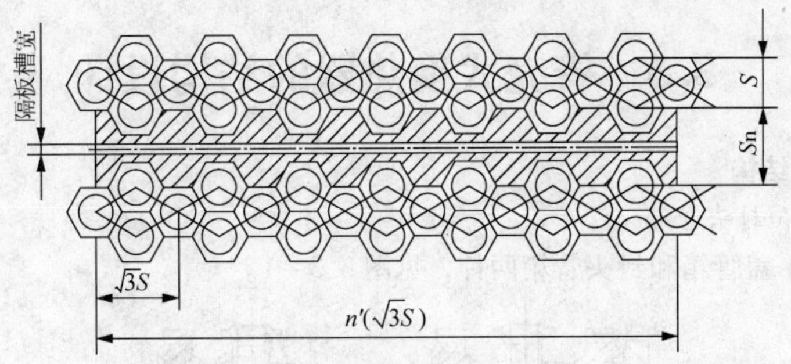

图 3.2－5　转角三角形排列管板上隔板槽面积 A_d

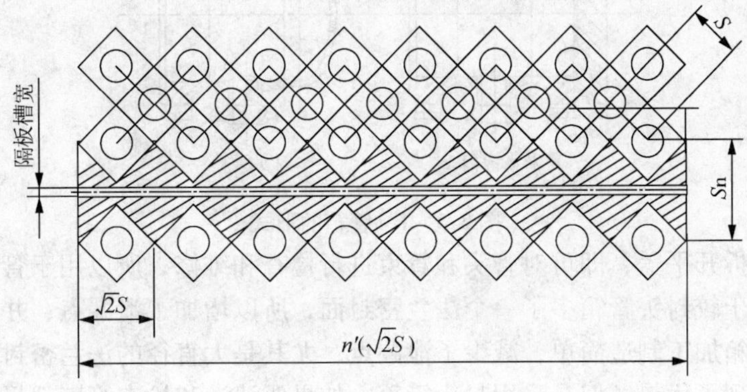

图 3.2－6　转角正方形排列管板上隔板槽面积 A_d

10. 管板布管区面积 A_t 计算

(1) 对于 U 形管换热器管板

三角形排列：$A_t = 1.732nS^2 + A_d$

正方形排列：$A_t = 2nS^2 + A_d$

(2) 对于浮头式、填料函与固定式换热器管板：

三角形排列：$A_t = 0.866nS^2 + A_d$

正方形排列：$A_t = nS^2 + A_d$

上述各式中 S、S_n 的确定按表 3.3－4。

11. 管板布管区其他参数计算

(1) 管板布管区当量直径 D_t

$$D_t = \sqrt{4A_t/\pi}$$

(2) 管板计算半径 R

对于 a 型连接方式的管板，根据法兰连接密封面的型式和垫片尺寸，按 GB 150.3 第 7 章计算 D_G

$$R = D_G/2$$

对于其他连接型式的管板

$$R = D_i/2$$

(3) 布管区当量直径 D_t 与直径 $2R$ 之比 ρ_t

$$\rho_t = \frac{D_t}{2R}$$

3.3 管壳式换热器的结构设计

3.3.1 管箱结构

1. 平盖管箱和封头管箱

管箱一般有平盖管箱和封头管箱两种，见图3.3－1。

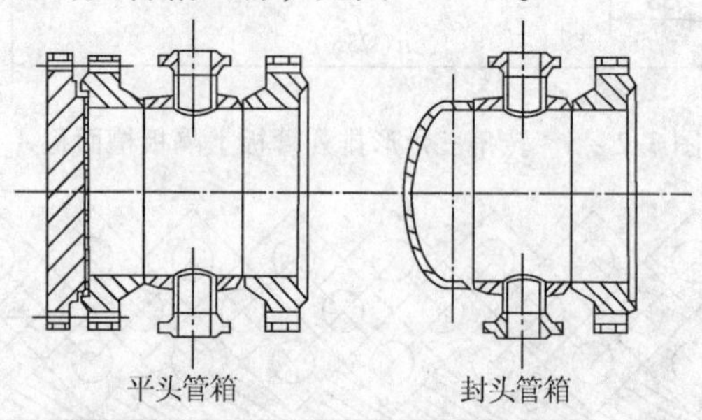

图3.3－1 管箱的形式

平盖管箱仅拆开平盖，即可对管头和管束进行检查和维修，所以用于管程经常需要清洗的场合。但是由于较封头管箱多了一个法兰密封面，所以增加了泄漏点，并且钢材耗量也有所增加。封头管箱加工制造简单，减少了泄漏点，尤其是大直径的法兰密封面加工困难，这时封头管箱就显现了优势。但是采用封头管箱，如果要清洗和检查管束就只能将整个管箱都拆卸下来，相对于封头管箱，有时就显得十分不便。所以平盖管箱多用于操作压力低、直径较小和管束需要经常清洗的场合。而封头管箱则多用于操作压力高、直径较大和管束无需经常清洗的场合。

管箱上开孔一般都进行整体加厚补强，而不采用补强圈补强。短节长度应大于开孔补强计算中的 B 值。当补强计算得到的短节厚度大于管箱法兰的颈部厚度4mm时，短节应按1∶3的坡度进行削薄处理。因此短节的长度除应考虑 B 值外，尚应考虑短节削薄的长度。当管箱上开孔不在短节中点时，开孔中心至管箱法兰或开孔中心至椭圆封头焊缝线的距离如果小于 $B/2$，就应按实际结构尺寸 B 进行补强计算。

管箱短节长度除考虑补强外，还需考虑下列流体场及制造因素：

（1）管箱的最小内侧深度

① 轴向接管的单程管箱，接管中心线处的最小深度不应小于接管内径的1/3。

② 多程管箱，其内侧深度应保证两程之间的横跨面积，至少等于每程管子流通面积的1.3倍。

（2）管箱的最大内侧深度

① 管箱的最大内侧深度(L_{max})的参考值可由图3.3－2查出。H 是在与设备轴线垂直的平面内测得的从焊缝开始与分程隔板或壳体成20°夹角的最大净空间距离，当一个管箱内有多个隔板的 H 值时，应取其中最小值(见图3.3－3)。

② 对于能从两端进行焊接得管箱，其最大内侧深度为从图3.2－2查出值的两倍。

③ 轴向接管的单管程管箱应有足够长度，以保证介质可均匀地进入每一根换热管，并防止进入的流体直接冲击管板面。

2. 分程隔板

① 分程隔板的最小厚度见表3.3－1。

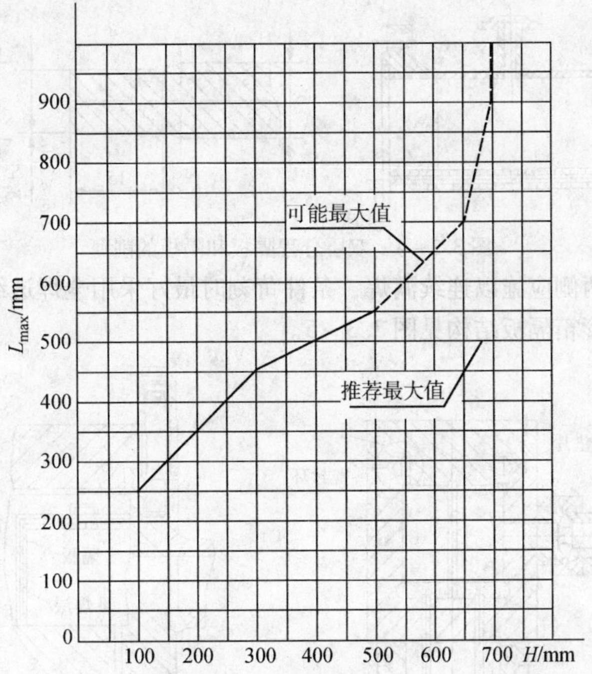

图 3.3－2　管箱的最大内侧深度与最大净空间距离关系

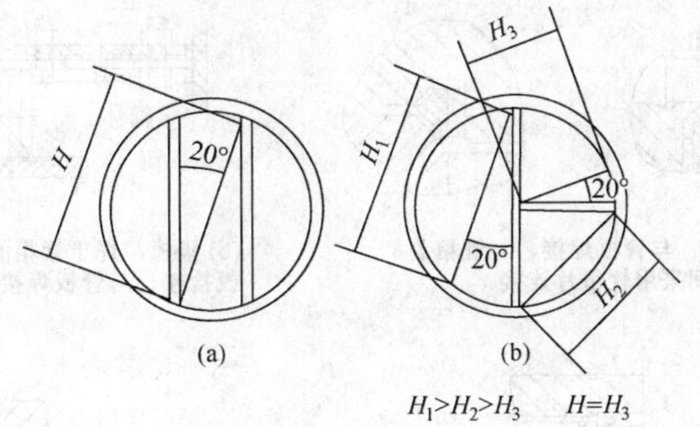

图 3.3－3　管箱内隔板最大净空间距离的 H 值

表 3.3－1　分程隔板的最小厚度　mm

公称直径 DN	隔板最小厚度	
	碳素钢及低合金钢	高合金钢
≤600	8	6
>600 ~ ≤1 200	10	8
>1 200 ~ ≤2 000	14	10
>2 000 ~ ≤2 600	14	10

② 当管程流体有脉动现象或分程隔板两侧的压差很大时，隔板的厚度需特殊考虑。

③ 换热器直径较大时(>1500mm)，为了增加分程隔板的刚度和克服反向传热，分程隔板宜设计成双层结构，见图 3.3－4。

④ 当分程隔板的厚度大于 10mm 时，其密封面处应削薄至 10mm，削边长度最小为 20mm。

⑤ 多程管箱隔板的每块水平隔板上应开设一个 $\phi6$ 的泪孔。

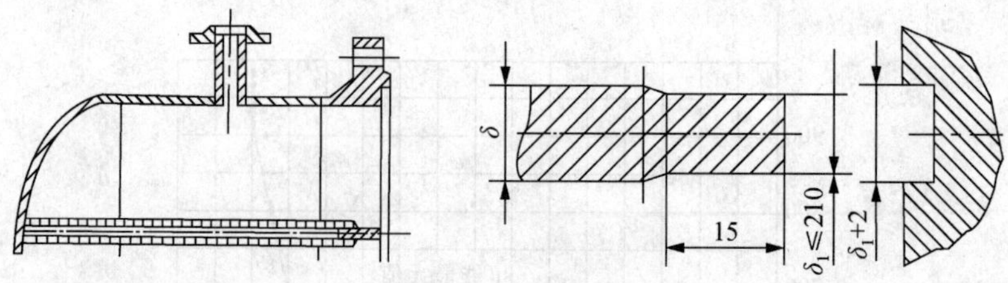

图 3.3－4 双层分程隔板和隔板的削薄

⑥ 分程隔板的两侧应施以连续满焊，条件苛刻时最好采用全焊透结构。

⑦ 几种特殊的管箱隔板结构见图 3.3－5。

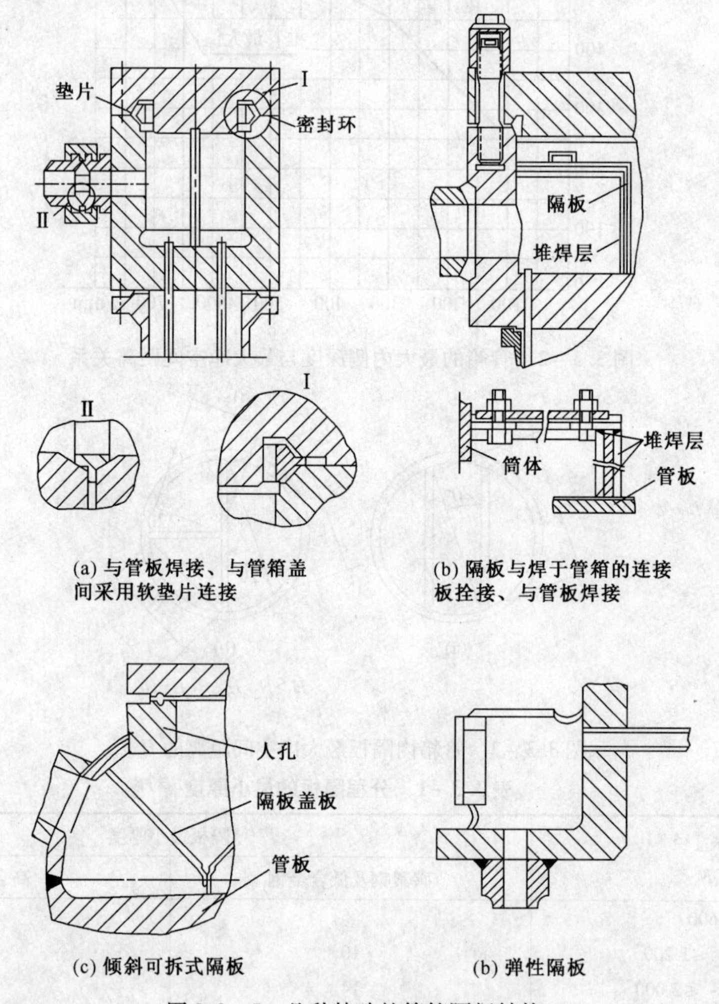

图 3.3－5 几种特殊的管箱隔板结构

3. 管程的布置方法

（1）布置原则

① 分程隔板的形状最简单；

② 密封槽长度尽可能短；

③ 相邻管程间的温差尽量小，最大不应超过 28℃；

④ 每程的管子数大致相等，任何两程的管数差不应超过管子总数 10%；

⑤ 应排列较多的换热管。

(2) 布置形式

管程分程的布置形式见表 3.3-2。

表 3.3-2 管程分程的布置形式

程数	流动方向	前端管箱隔板(介质进口侧)	后端隔板结构(介质返回侧)
1	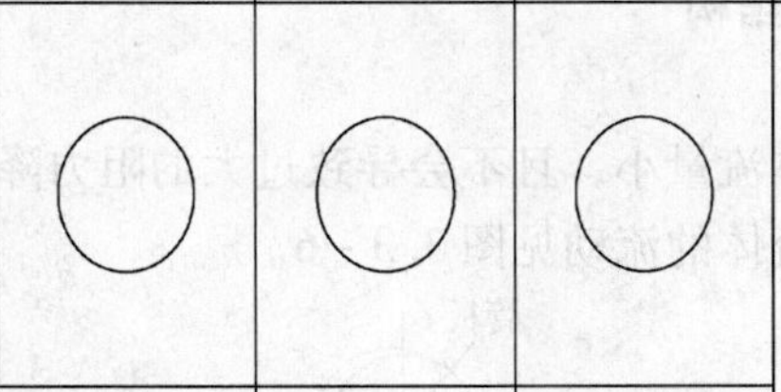		
2	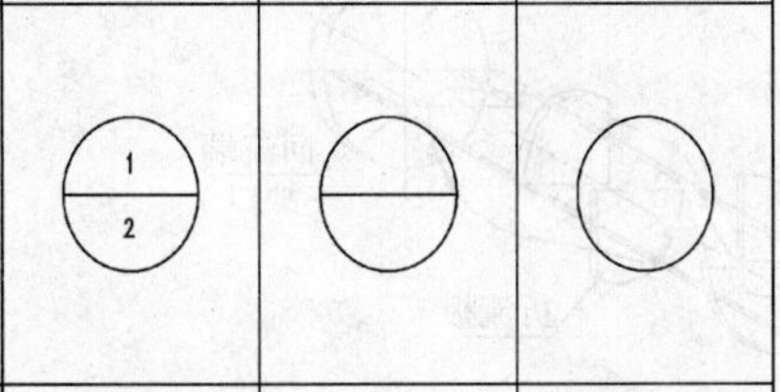 1 2		
4	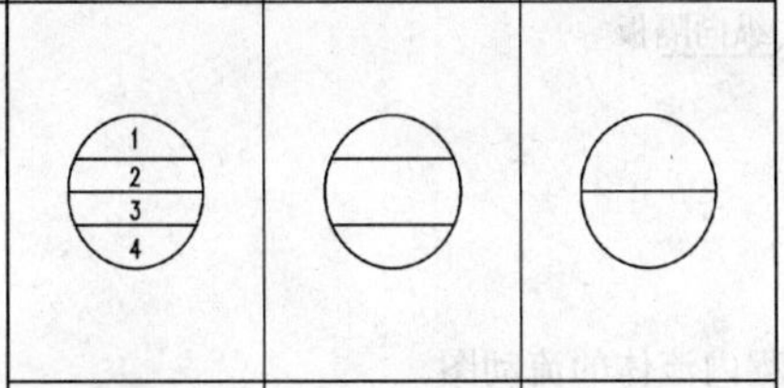 1 2 3 4		
	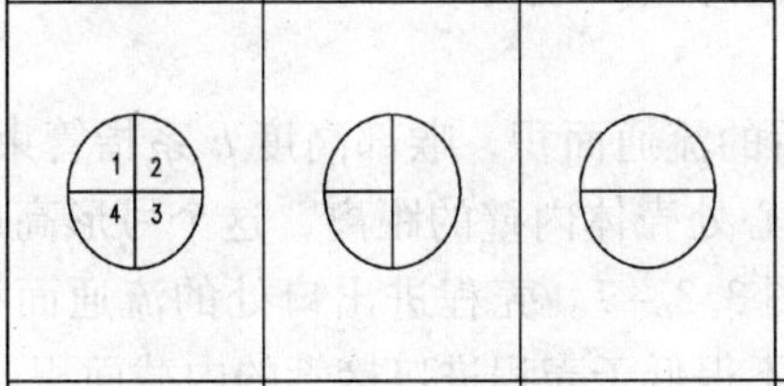 1 2 4 3		
	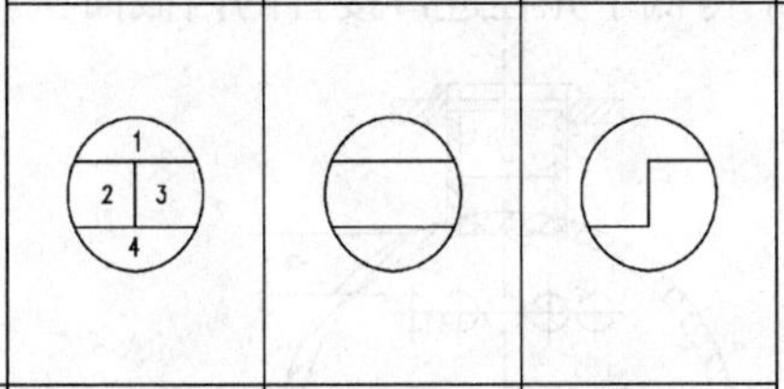 1 2 3 4		
6	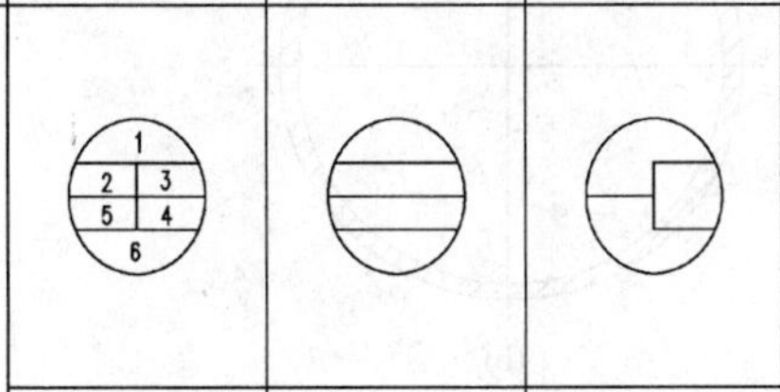 1 2 3 5 4 6		
	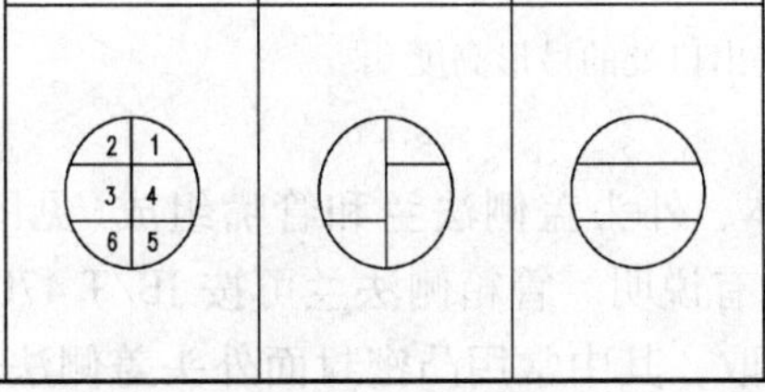 2 1 3 4 6 5		

程数	流动方向	前端管箱隔板(介质进口侧)	后端隔板结构(介质返回侧)
8	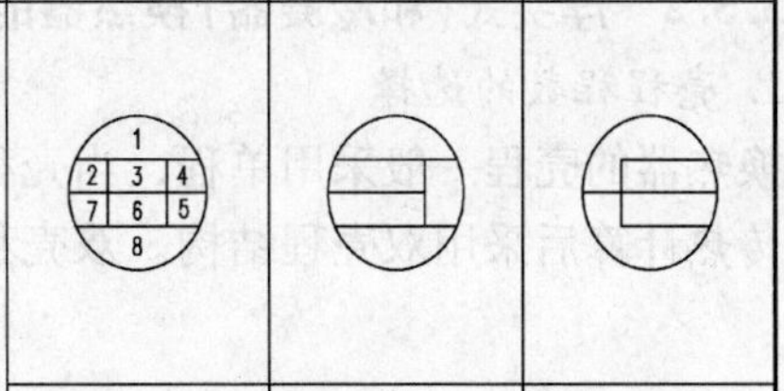 1 2 3 4 7 6 5 8		
	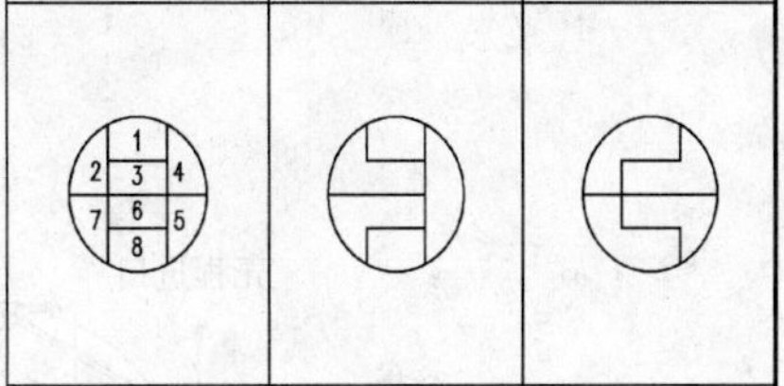 1 2 3 4 7 6 5 8		
	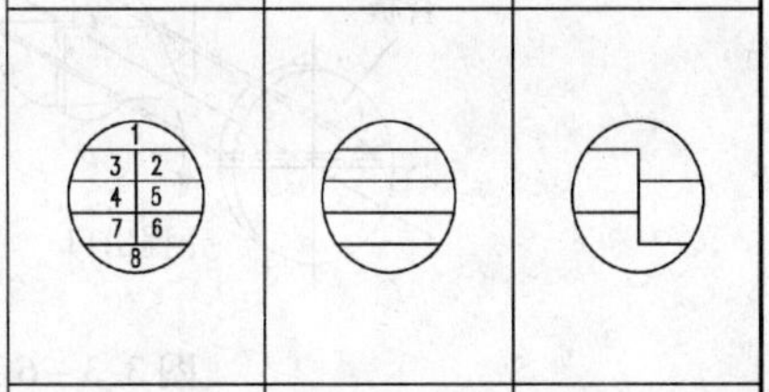 1 3 2 4 5 7 6 8		
	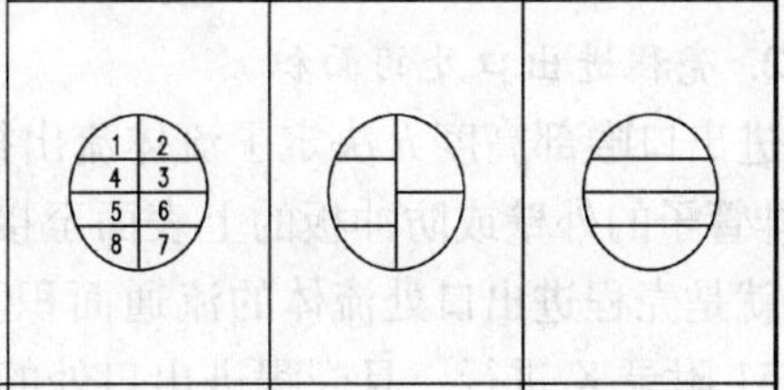 1 2 4 3 5 6 8 7		
10	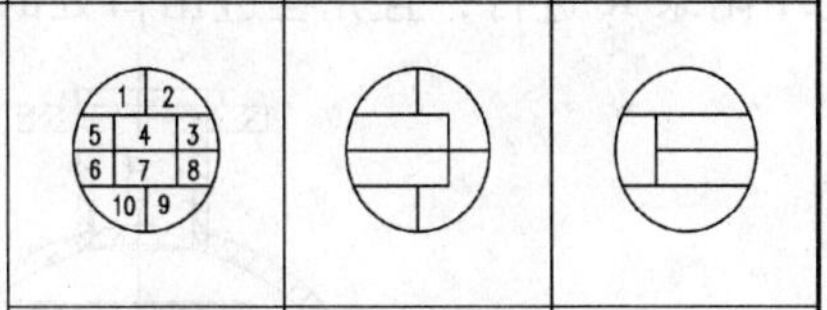 1 2 5 4 3 6 7 8 10 9		
	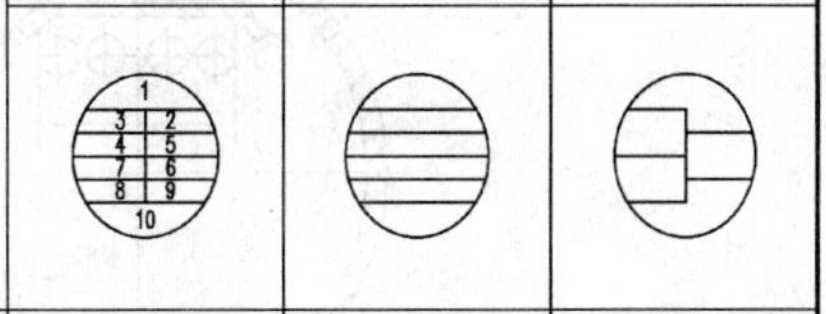 1 3 2 4 5 7 6 8 9 10		
12	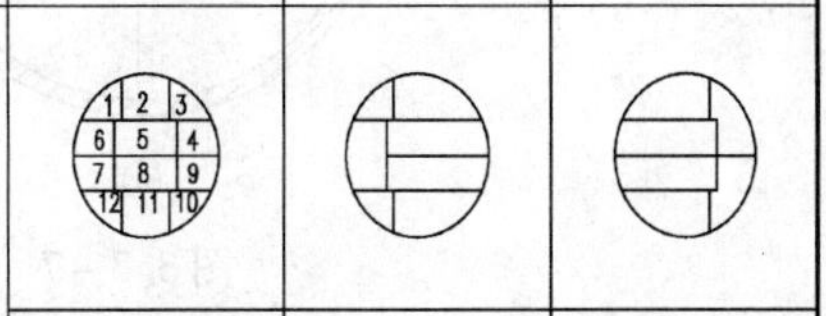 1 2 3 6 5 4 7 8 9 12 11 10		
	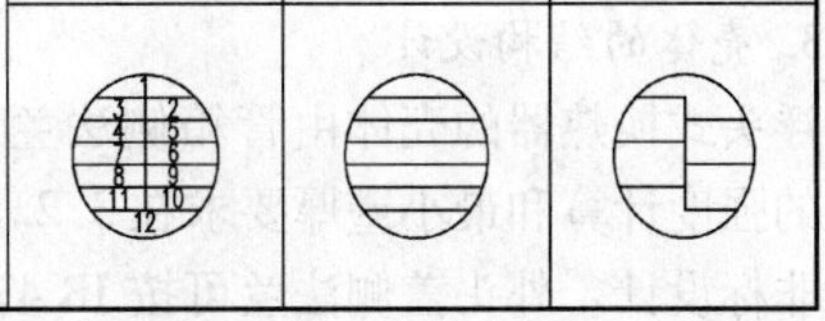 1 3 2 4 5 7 6 8 9 11 10 12		

（3）几种典型管程布置的评述

为了对各种分程方法建立定性的和形象化的概念，说明在布置管程时如何贯彻前述分程原则，现以四管程的三种分程方法为例，做一些简单的分析对比。从热分布来看，第2种“四象限”分法最好，在其他两种分法温差达不到要求时，这种方法可能会满足要求。从隔板形状来看，第2种也最简单，第3种最复杂。从排管数来看，第3种排管最多，第2种排得最少。

3.3.2 浮头式（和冷凝器）换热器的壳体结构

1. 壳程程数的选择

换热器的壳程一般采用单程，当壳程流体流量小，且不会导致过大的阻力降时，可以在通过传热计算后采用双壳程结构。双壳程内流体的流动见图3.3－6。

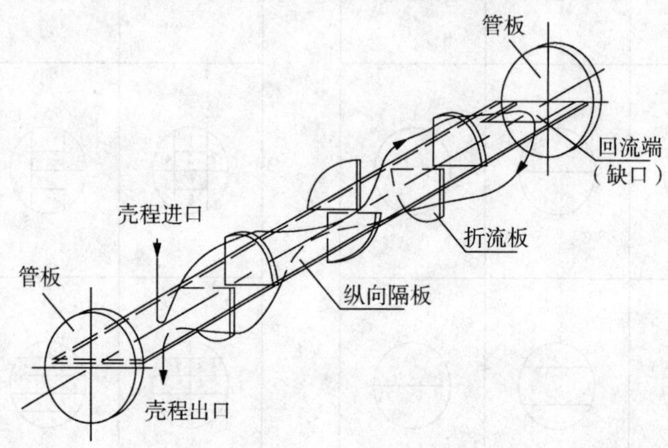

图3.3－6 双壳程内流体的流动图

2. 壳程进出口处的面积

进出口喉部高度 h 决定了流体流出接管后的流通面积，喉部高度 h 系指管束最上（或最下）排管子的外壁或防冲板的上表面至接管中心处壳体内壁的距离，这个弓形高度所围成的环隙就是壳程进出口处流体的流通面积。见图3.3－7。壳程进出口处的流通面积计算则按GB 151附录K进行，且壳程进出口处的面积不得低于壳程进口接管的内截面积。

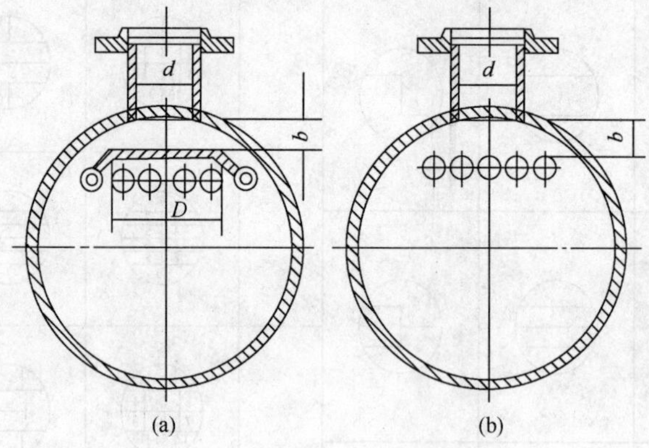

图3.3－7 壳程进出口处的弓形高度

3. 壳体的结构设计

浮头式换热器的壳体由管箱侧法兰、筒体、外头盖侧法兰和管嘴组成（见图3.3－8）。壳体的强度计算和最小壁厚要求在3.2.1节已有说明。管箱侧法兰可按JB/T 4703选取，也可做非标设计。外头盖侧法兰可按JB 4721选取，其中常用凸密封面外头盖侧法兰的尺寸及质量(见表3.3－3和见图3.3－9)，也可做非标设计。由于外头盖内径比筒体内径大100mm，所以外头盖侧法兰实际是一个变径法兰。

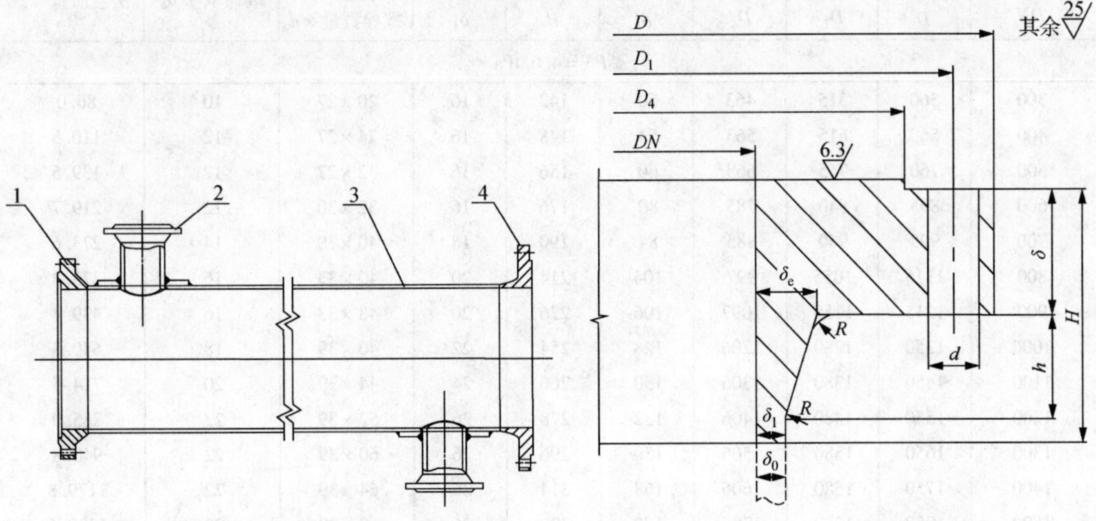

图3.3－8　浮头式换热器的壳体

1—管箱侧法兰；2—管嘴；3—筒体；4—外头盖侧法兰

图3.3－9　外头盖侧法兰

表3.3－3　凸密封面的外头盖侧法兰尺寸及质量表(摘自JB 4721)

公称直径 DN	法兰尺寸/mm D	D_1	D_4	δ	H	δ_1	螺栓数量×d	圆筒最小δ_o	法兰质量/kg
$PN=1.6$MPa									
300	540	500	452	32	85	12	20×23	8	46.9
400	640	600	552	40	92	12	24×23	8	64.8
500	740	700	652	54	106	12	28×23	8	91.3
600	860	815	763	64	126	12	24×27	10	141.2
700	960	915	863	66	134	14	24×27	10	168.4
800	1060	1015	963	64	142	16	28×27	12	194.4
900	1160	1115	1063	76	154	16	32×27	12	241.6
1000	1260	1215	1153	84	168	16	36×27	12	286.7
1100	1360	1315	1253	84	182	16	40×27	14	321.0
1200	1460	1415	1353	84	196	16	44×27	14	376.2
1300	1560	1515	1453	94	206	16	52×27	14	413.9
1400	1695	1640	1575	96	220	18	48×30	14	534.9
1500	1795	1740	1675	104	232	18	52×30	16	626.8
1600	1895	1840	1775	104	232	20	56×30	16	723.6
$PN=2.5$MPa									
300	540	500	452	38	108	12	20×23	8	57.5
400	660	615	563	46	116	12	20×27	8	86.1
500	760	715	663	46	138	16	24×27	10	122.4
600	860	815	763	52	144	16	28×27	10	150.7
700	960	915	863	60	152	16	32×27	10	184.0
800	1095	1040	985	80	176	16	32×30	12	276.3
900	1195	1140	1085	78	180	18	36×30	12	324.5
1000	1295	1240	1175	86	192	20	40×30	14	400.1
1100	1395	1340	1275	102	208	20	48×30	14	461.7
1200	1495	1440	1375	118	224	20	56×30	14	559.4
1300	1595	1540	1475	124	240	20	60×30	16	648.0
1400	1715	1655	1587	128	250	22	60×33	16	779.3
1500	1815	1755	1687	135	267	22	64×33	18	887.0
1600	1950	1880	1806	136	284	24	52×39	20	1084.2

续表 3.3-3

公称直径 DN	法兰尺寸/mm							圆筒最小 δ_o	法兰质量/kg
	D	D_1	D_4	δ	H	δ_1	螺栓数量×d		
$PN=4.0$MPa									
300	560	515	463	50	142	16	20×27	10	86.0
400	660	615	563	54	148	16	24×27	12	110.5
500	760	715	663	60	156	16	32×27	12	139.5
600	895	840	785	80	176	16	32×30	12	219.7
700	995	940	885	84	190	18	40×30	14	273.6
800	1115	1055	997	104	214	20	40×33	16	373.3
900	1215	1155	1097	106	226	20	48×33	16	439.4
1000	1350	1280	1206	128	254	22	40×39	18	640.8
1100	1450	1380	1306	130	266	24	44×39	20	714.5
1200	1550	1480	1406	132	278	26	52×39	22	785.0
1300	1650	1580	1506	150	296	26	60×39	22	940.8
1400	1750	1680	1606	168	314	26	64×39	22	1129.8
1500	1850	1780	1706	178	330	26	68×39	22	1270.6
$PN=6.4$MPa									
300	560	515	463	64	152	16	24×27	12	97.2
400	695	640	585	82	178	16	28×30	12	149.6
500	815	755	697	102	198	16	32×33	12	241.7
600	950	880	816	106	224	20	32×39	14	331.5
700	1050	980	916	116	242	22	36×39	18	429.2

此外，浮头式换热器的壳体总长度应考虑给安装浮头盖螺母留有足够的空间，一般 C 值(见图 3.3-10)不小于 60mm。壳体加外头盖后的总长度还应满足各种工况条件下热膨胀所需的空间。

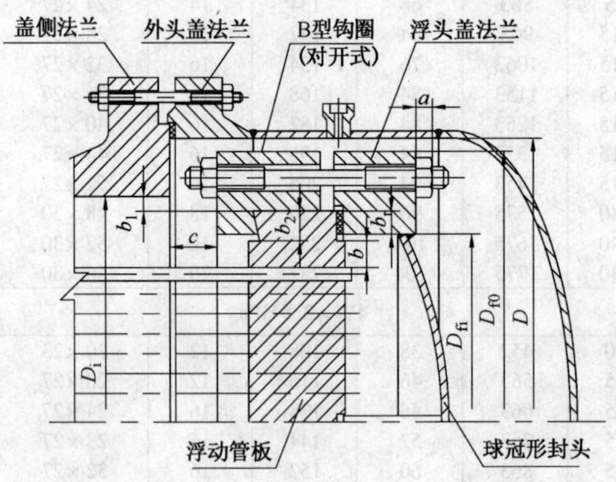

图 3.3-10 浮头式换热器的壳体总长度给安装浮头盖螺母留有的空间 C 值

3.3.3 换热管的排列方式

1. 换热管中心距

换热管中心距一般不小于 1.25 倍的换热管外径。当换热管间需要机械清洗时，相邻两换热管间的净距离不宜小于 6mm，对于外径为 10mm 和 14mm 的换热管的中心距分别不得小于 17mm 和 21mm，其他见表 3.3-4。

2. 换热管的排列方式

排列在管板上的换热管，应在整个换热器的截面上均匀地分布。换热管子在管板上的排列方式通常有正三角形(等边三角形)、旋转正三角形、正方形、正方形旋转45°等几种，如图3.3－11所示。用得较多的是正三角形排列和正方形排列。

换热管在管板上的排列，除应考虑流体的性质外，还应考虑排列紧凑、制造和清洗方便等因素。当壳程流体是非脏污性介质时，可采用等边三角形排列。等边三角形排列法用得最普遍，因为管子间距都相等，所以在同一管板面积上可以配置的管子数最多。但管间无法用机械法进行清洗。当壳程流体特别混浊，管外需要进行机械法清洗时，一般采用正方形排列。这样管束在任意横截面上都有纵横两条直通通道，保证了管子外侧清理通道的畅通。但正方形排列法在单位管板面积上可以配置的管子数最少，也就是说管板的利用率最低，同样规格壳体内，所容纳的换热管也最少。

此外，为避开管板上的分程隔板槽，布管时，分程隔板两边的管子要加大间距，也就是说，分程隔板槽两边的管子中心距(S_n)要大于其他部位的换热管中心距(见图3.3－12)。常用规格换热管在分程隔板槽两侧相邻管中心距S_n见表3.3－4。

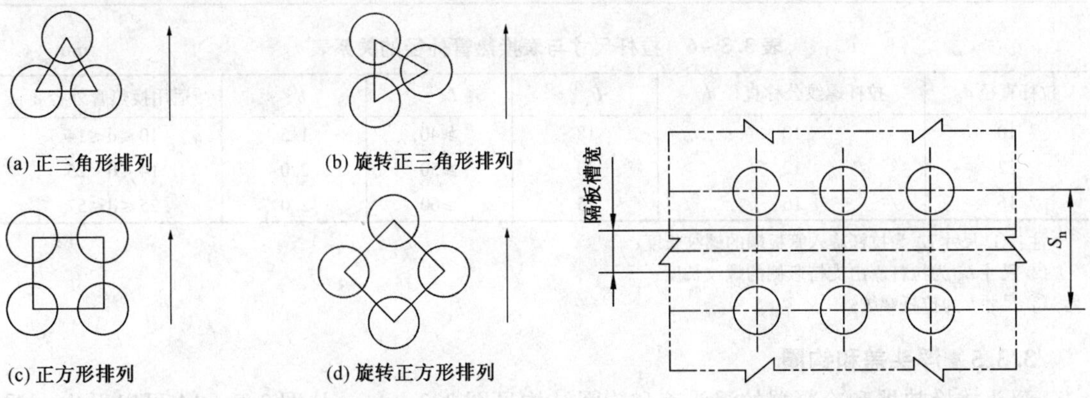

图3.3－11　换热管的排列形式

注：箭头为壳程介质在两折流板间的流向

图3.3－12　分程隔板槽两边的管子中心距

表3.3－4　隔板两侧的换热管中心距　mm

换热管外径	10	14	19	25	32	38	45	57
分程隔板槽两侧相邻管中心距S_n①	28	32	38	44	52	60	68	80
换热管中心距S	14	19	25	32	40	48	57	72

注：① 当采用转角正方形排列时，S_n为$32\sqrt{2}$ mm。

3.3.4　浮头式换热器和冷凝器的管束

浮头式换热器和冷凝器的管束由固定管板、浮动管板、折流板、换热管和拉杆等组成(见图3.3－13)。固定管板、浮动管板和折流板支撑换热管，同时拉杆及其定距管又将多个折流板按一定间距固定在一起，由此组成一个完整的、可以插入在壳体中的管束。换热管布置越多，换热器单位金属重量所承担的传热面积就越大，换热器就越经济。但换热管的布置数量是有限制的，如前面讲的换热管间需要有一定的间距，换热管的布置范围有一定的限制——布管限定圆，布管区内还需有一定数量的拉杆来固定折流板。不同换热器直径下的拉杆数量不得小于表3.3－5规定的值，拉杆尺寸及适用换热管规格见表3.3－6。

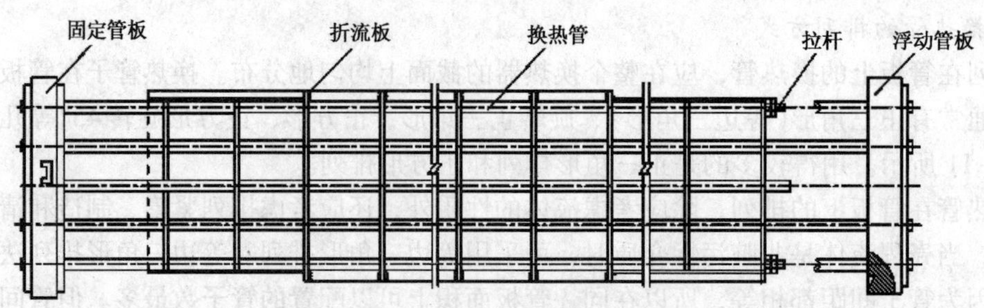

图 3.3－13 浮头式换热器和冷凝器的管束

表 3.3－5 拉杆数量表

拉杆直径/mm \ 公称直径/mm	<400	≥400～700	≥700～900	≥900～1300	≥1300～1500	≥1500～1800	≥1800～2000	≥2000～2300	≥2300～2600
10	4	6	10	12	16	18	24	28	32
12	4	4	8	10	12	14	18	20	24
16	4	4	6	6	8	10	12	14	16

表 3.3－6 拉杆尺寸与表换热管外径的关系表 mm

拉杆直径 d_n	拉杆螺纹公称直径 d_n	L_a①	L_b②	b③	适用换热管外径 d
10	10	18	≥40	1.5	10≤d≤14
12	12	20	≥50	2.0	14<d<25
16	16	25	≥60	2.0	25≤d≤57

注：① 尺寸 L_a 为拉杆旋入管板端的螺纹长度；

② 尺寸 L_b 为拉杆露出支持版侧的螺纹长度；

③ 尺寸 b 为拉杆螺纹。

3.3.5 浮头盖和钩圈

浮头式换热器和冷凝器的浮头盖和钩圈结构见图 3.3－14。从图 3.3－14 可以看出，浮动管板被浮头法兰和钩圈夹持在中间。浮头法兰与浮动管板之间的垫片起着将管、壳程介质隔开的密封作用。很明显，图中的钩圈、浮动管板、浮头法兰、浮头拱盖都同时与管程和壳程介质相接触，因此在选择材料和强度计算时，应同时考虑管、壳程介质的特性与腐蚀情况。而浮头紧固用双头螺栓和螺母又暴露在壳程介质中，所以螺栓和螺母的选材除按本章第一节的要求外，还应考虑壳程介质的腐蚀情况。

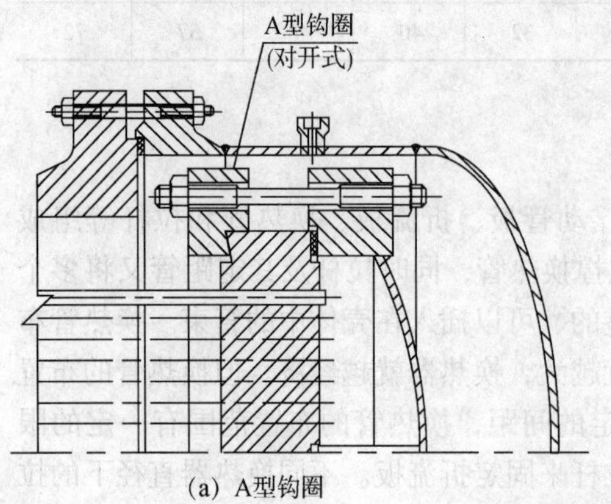

(a) A型钩圈

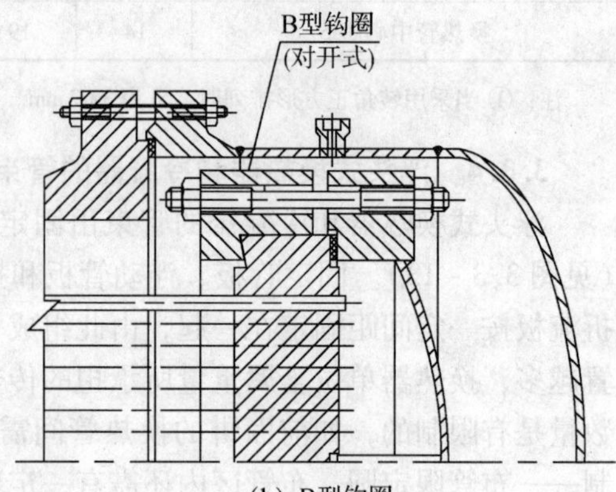

(b) B型钩圈

图 3.3－14 钩圈结构

① 浮头盖一般采用无折边封头。无折边封头的强度计算详见本书的第一篇。但应按管程设计压力和壳程设计压力分别计算，取其大者作为计算厚度。并同时加上管程和壳程的腐蚀裕量。

② 浮头法兰的计算比较复杂。GB 151《管壳式换热器》标准中给出了计算表格。它的受力比一般的法兰多了一个拱盖施加给它的力。

③ 当固定管板也是由管程和壳程法兰夹持时，一般取浮头管板厚度与固定管板的厚度相同。

④ 钩圈为两个半圆环结构(见图3.3－14)。两个半圆环合在一起，与浮头法兰用螺栓相连接，夹持住浮动管板。钩圈的材质一般与浮动管板相同。

同管箱一样，因为浮头法兰与浮头盖焊接在一起，有时中间又常焊有分程隔板。其结构较复杂，在制造中会产生较高的应力集中，因此要求碳钢、低合金钢制浮头盖做焊后消除应力热处理。

浮头密封程度决定换热器内漏的程度，而内漏又常常不易被发现。因此，浮头法兰的设计、垫片选择、加工和紧固都十分重要。

1. 浮头盖

浮头盖由浮头法兰、拱盖、隔板组成，其结构见图3.3－15，浮头盖的结构设计应注意：

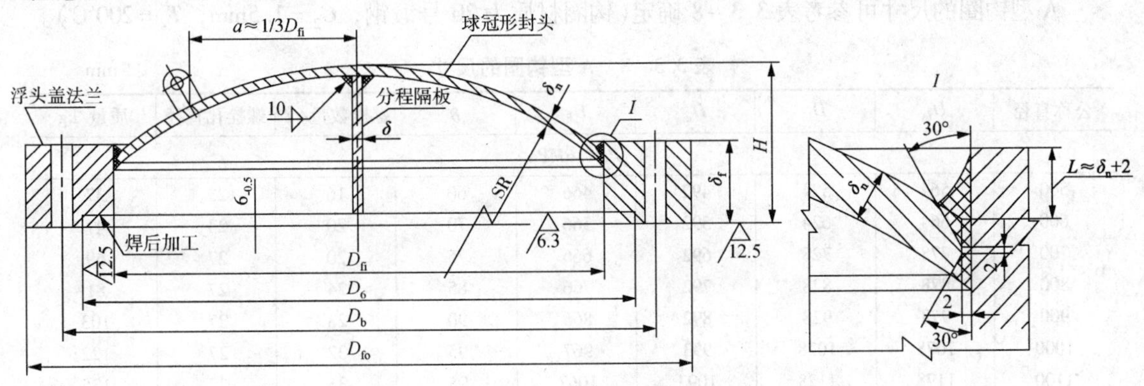

图3.3－15　浮头盖结构

① 多管程的浮头盖，其最小内侧深度应使相邻管程之间的横跨流通面积至少等于每程换热管流通面积的1.3倍。单管程的浮头盖，其接管中心处最小内侧深度为接管内径的三分之一。

② 分程隔板的最小厚度按表3.3－1的规定。

③ 浮头盖的设计计算。球冠形封头，浮头法兰应分别按管程设计压力和壳程设计压力作用下进行内压和外压的设计计算，取其大者为计算厚度。详细的计算方法和步骤应符合GB 151的规定，设计者可用SW6计算软件进行计算。

在计算浮头法兰时，建议GB 151表47中的参数l——即球冠形封头在浮头法兰上的定位尺寸，取为$l=\delta_n+2$mm(δ_n——球冠形封头各部分厚度)，见图5.7－5。

需要说明的有：上述参数L(或L_r)的确定系浮头法兰设计的关键，我国的专业期刊和文献对此多有讨论和论述，设计者可参阅“浮头法兰的合理设计”和“浮头法兰计算方法再讨论”。

④ 球冠形封头内半径可按GB 151的规定，见表3.3－7。

表 3.3－7 mm

壳体内直径	300	400	500	600	700	800	900	1000	1100	1200	1300	1400	1500
R_1	300		400	500	600		700	800	900	1000		1100	1200
管壳内直径	1600	1700	1800	1900	2000	2100	2200	2300	2400	2500	2600		
R_1	1300		1400	1500		1600		1800		2000			

2. 钩圈

钩圈分为 A 型和 B 型两种。A 型钩圈在 20 世纪 70 年代及以前采用较多，由于 A 型钩圈的底部距浮动管板较远，使得浮头端壳程介质的死角增大，减少了管束的有效传热面积。且 A 型钩圈与浮头法兰距离较远，上紧双头螺柱也比 B 型长，稳定性差。

B 型钩圈为国外引进型式，其特点是浮头管板和钩圈的斜槽采用不同倾角，浮头管板斜角采用 18°，外圈斜角 2×45°，钩圈斜角采用 17°，钩部厚度 a 一般在 25～30mm 之间，钩部宽度 b 的尺寸是随换热器内径的增大而增大，管板外径与钩圈内径的间隙控制在 0.2～0.4mm 之间。这样，在上紧双头螺柱时间隙将消失而使管板对钩圈起到支撑并控制钩圈转角的作用，即保证了螺栓的弯曲变形在允许范围内，又保证了有效密封的作用，A 型钩圈需要按 GB 151 进行计算，而 B 型钩圈计算比较简单，仅在管板厚度的基础上加 16mm 即可。目前国内比较用的最多的是 B 型钩圈。

A 型钩圈的尺寸可参考表 3.3－8 确定（钩圈材质为 20 号锻钢，C_2＝1.5mm，T_s＝200℃）。

表 3.3－8 A 型钩圈的尺寸 mm

公称直径	D_{fo}	D_b	D_e	D_{fi}	δ	螺栓数量/个	螺栓孔直径	质量/kg
*PN*1.6MPa								
500	564	524	492	466	60	16	23	37
600	664	624	592	566	70	20	23	47
700	778	728	692	666	75	20	27	69
800	878	828	792	766	85	24	27	81
900	978	928	892	866	90	28	27	103
1000	1078	1028	993	967	95	32	27	122
1100	1178	1128	1093	1067	95	36	27	135
1200	1278	1228	1193	1167	100	40	27	147
*PN*2.5MPa								
400	464	424	392	366	60	16	23	29
500	578	528	492	466	70	16	27	40
600	678	628	592	566	80	20	27	62
700	778	728	692	666	85	28	27	75
800	878	828	792	766	100	32	27	99
900	980	930	892	866	105	32	30	116
1000	1078	1028	993	967	130	40	30	181
1100	1178	1128	1093	1067	130	40	30	214
*PN*4.0MPa								
325	373	333	302	276	60	16	23	20
400	478	428	392	366	70	16	27	35
500	578	528	492	466	80	24	27	50
600	680	630	592	566	90	24	30	83
700	780	730	692	666	110	32	30	97
800	880	830	792	766	120	36	30	106

B 型钩圈的尺寸可参考表 3.3－9(钩圈材质为 16Mn 号锻钢，C_2＝3.0mm)确定。

表 3.3－9　B 型钩圈的尺寸　mm

公称直径	公称压力/MPa	D_{fo}	D_b	D_e	D_{fi}	螺栓数－直径/(个/m)	钩圈厚度 δ	质量/kg
325	4.0	381	331	300	278	12/20	62	25.9
400	2.5	480	430	392	364	20/16	59	35.5
	4.0					20/20	73	44.0
500	2.5	580	530	492	464	20/20	65	48.5
	4.0					28/20	82	61.2
600	1.6	680	630	592	564	12/16	60	53.3
	2.5					24/20	71	63.1
	4.0					28/24	91	80.9
700	1.0	780	730	692	664	20/20	57	58.9
	1.6					24/20	66	68.1
	2.5					32/20	77	79.5
	4.0					36/24	102	105.3
800	1.0	880	830	792	756	24/22	60	75
	1.6					28/20	71	88.8
	2.5					28/24	84	105
	4.0					48/24	107	133.8
900	1.0	980	930	892	856	24/22	63	88.4
	1.6					36/20	75	105.2
	2.5					36/24	90	126.2
	4.0					44/27	114	160
1000	1.0	1080	1030	992	956	28/22	66	102.7
	1.6					40/20	79	122.9
	2.5					44/24	96	149.3
	4.0					52/27	120	186.6
1100	1.0	1180	1130	1092	1052	32/22	69	117.9
	1.6					32/24	81	138.4
	2.5					52/24	100	170.8
	4.0					48/30	128	218.7
1200	1.0	1280	1230	1192	1152	36/22	72	134
	1.6					40/24	86	160.1
	2.5					44/27	105	195.4
	4.0					56/30	134	249.4
1300	1.0	1380	1325	1284	1244	40/22	75	164.9
	1.6					44/24	90	179.9
	2.5					52/27	111	244.1
1400	1.0	1480	1425	1384	1344	32/24	79	186.9
	1.6					52/24	94	222.5
	2.5					60/27	117	276.9

续表 3.3-9

公称直径	公称压力/MPa	D_{fo}	D_b	D_e	D_{fi}	螺栓数-直径/(个/m)	钩圈厚度 δ	质量/kg
1500	1.0	1580	1525	1484	1440	36/24	81	205.3
	1.6					44/27	100	253.4
	2.5					56/30	122	309.1
1600	1.0	1680	1625	1584	1540	40/24	84	226.9
	1.6					48/27	105	283.7
	2.5					60/30	128	367.5
1700	1.0	1780	1725	1684	1640	48/24	87	249.6
	1.6					52/27	109	312.8
	2.5					68/30	136	390.3
1800	1.0	1880	1825	1784	1740	52/24	92	279.4
	1.6					48/30	114	346.2
	2.5					76/30	143	434.3

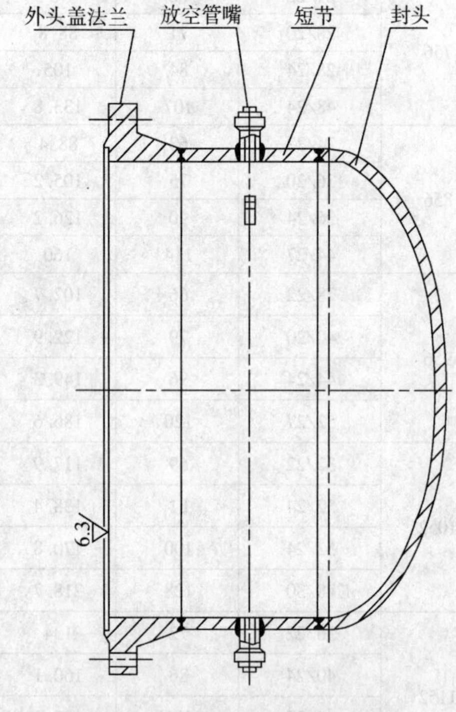

图 3.3-16　浮头式换热器的外头盖

3.3.6　外头盖

外头盖由外头盖法兰、短节、封头和放空管嘴组成(见图 3.3-16)，外头盖法兰可按 JB/T 4703 选取。短节和封头的壁厚计算同第三节所述；短节的长度应通过管束的热膨胀计算来确定，应留有足够的空间，能够使浮头在外头盖中自由膨胀。由于外头盖的内直径比换热器内径大，所以外头盖的空间为整个换热器的最高点，同时也是最低点。为了在试压时排放空气和排放液体，所以在外头盖的顶部和底部均需设置放空管嘴。放空管嘴可以是管箍加丝堵式，也可以是接管法兰加法兰盖型式。

3.3.7　填料函式换热器的填料函结构

填料函结构是填料函式换热器壳程密封的关键，它包括填料函、填料及其压紧结构。填料一般采用油浸石棉和橡胶石棉填料，此外还可采用聚四氟乙烯或其他材料。

填料的选择应根据管、壳程介质、操作温度、操作压力等确定，可以采用石油浸石棉填料、橡胶石棉填料、聚四氟乙烯浸石棉填料和柔性石墨填料。

填料函底部设置软金属环是为了防止填料被挤到管板与填料函间的环隙里，而造成拆卸困难。所以要保证软金属环与管板的间隙不大于上述环隙。若采用柔性石墨等填料，填料函在此处应改为平底，并两端各加一个石棉填料，适当提高与填料可能接触的圆柱表面的光洁度。

当采用石棉编织填料时，其操作温度最高不超过 315℃。操作压力≤1.0MPa 时应采用三圈填料，操作压力为 1.0~2MPa 时应采用四圈填料。

几种外填料函式浮头结构见图 3.3－17。外填料函结构的典型尺寸见表 3.3－10。

表 3.3－10　外填料函结构的典型尺寸表　　mm

壳体直径	A	B	C		D	E	螺栓	
			1MPa	2MPa			数量/个	直径
200～350	10	11.5	33	43	25	25	4	M16
350～450							6	
450～550							8	
550～600							10	
600～750	13	14.5	45	58	28	32	12	
750～850							16	
850～1100							20	
1100～1300	16	17.5	54	70	32	40	24	
1300～1500							28	

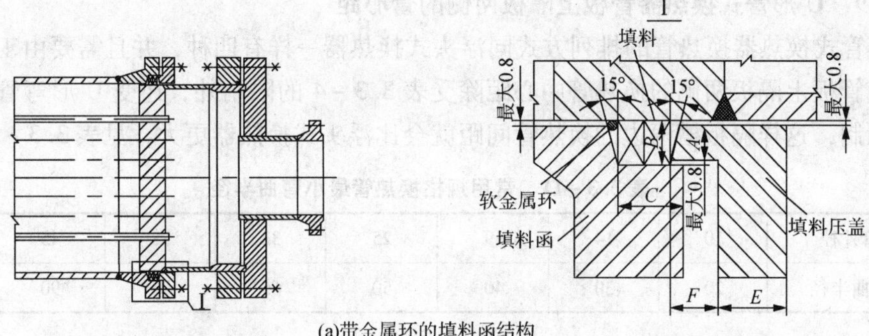

(a)带金属环的填料函结构

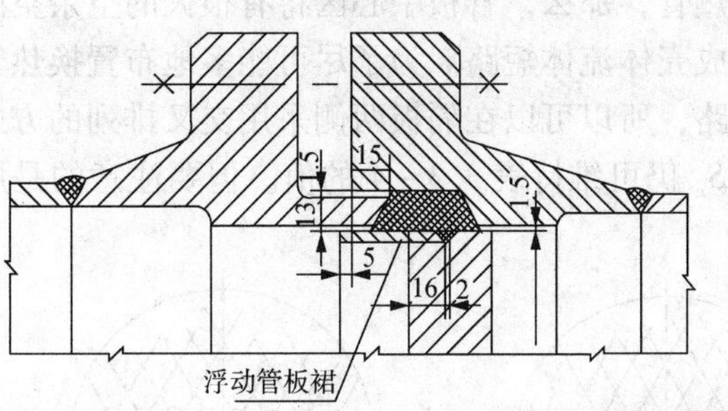

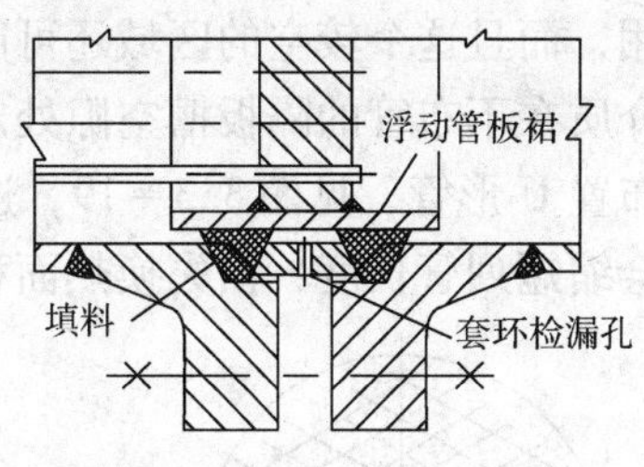

一般使用范围：设计温度≯100℃;DN≤600　PN≯2.1MPa;DN≤1050　PN≯1.0MPa;
DN≤1050　PN≯0.5MPa

(b)单填料函结构

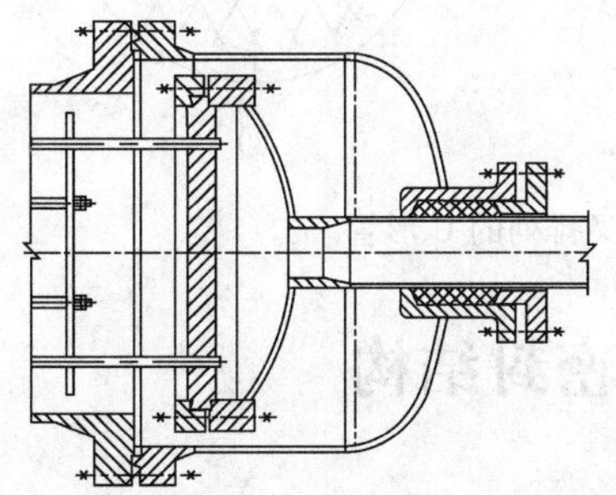

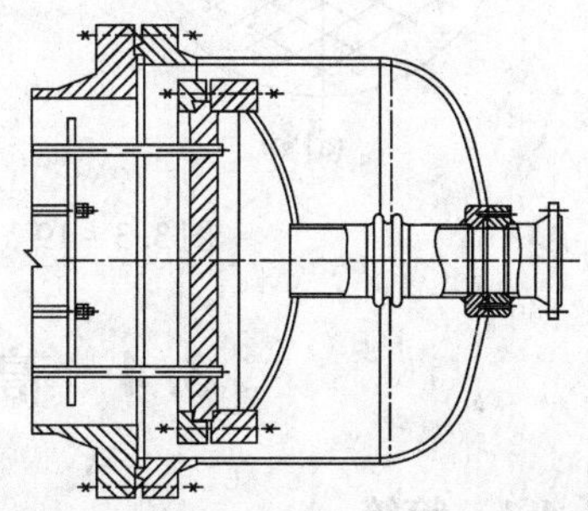

(c)其他特殊的填料浮头结构

图 3.3－17　外填料函式浮头

3.3.8 U形管式换热器的壳体结构设计

U形管式换热器的壳体部件由管箱侧法兰、筒体、封头和管嘴组成(见图3.3－18)。壳体和封头的强度计算和最小壁厚要求在3.2.1节已有说明，管箱侧法兰可按JB/T 4703选取，也可做非标设计。壳体的长度应考虑管束热膨胀所需的空间。

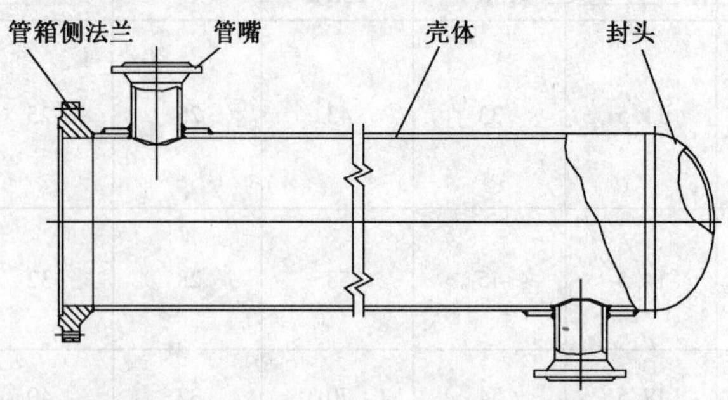

图3.3－18 U形管式换热器的壳体结构

3.3.9 U形管式换热器管板上隔板两侧的管心距

U形管式换热器换热管的排列方式同浮头式换热器一样有四种，并且需要由工艺计算来选定。使管板上隔板两侧的换热管中心距除受表3.3－4的限制外，还受U形弯管最小弯曲半径的限制，这样隔板槽两边的换热管间距就会比浮头式换热器更大，见表3.3－11。

表3.3－11 常用规格换热管最小弯曲半径 mm

换热管外径	10	14	19	25	32	38	45	57
最小弯曲半径	20	30	40	50	65	76	90	115

如果隔板两侧按最小弯管半径排列换热管，那么，管板中心区将有很大的空余空间未被充分利用，而且这个较空的区域还可能造成壳体流体短路。为了尽可能多地布置换热管和防止壳程介质在不布管的隔板槽空隙处走短路，所以可以在隔板两侧采用交叉排列的方式尽可能多地布置U形管，见图3.3－19，这样S_n仍可维持表3.3－4的值。但要注意的是层数过多必然会缩短列管长度，损失换热面积。

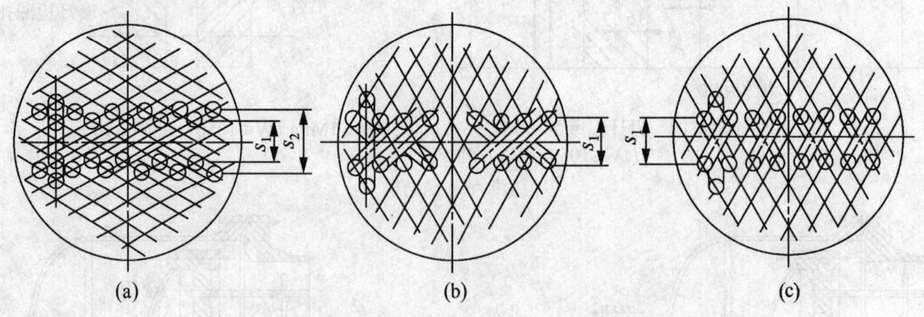

图3.3－19 隔板两侧增加一排交叉排列的U形管

3.4 高压换热器的密封结构

3.4.1 管箱

相对于壳体，管箱结构紧凑、材料消耗小，故一般将压力较高的介质设置在管程侧。这时，高压管箱就出现了许多种特殊的形式。

1. 高压管箱的特殊结构(见图3.4.1)

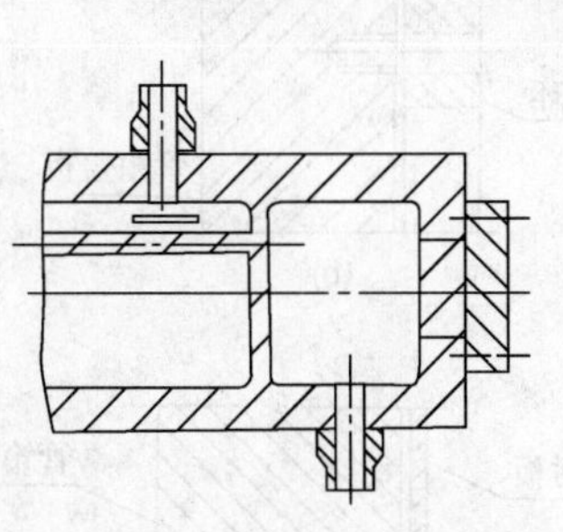

(a) 固定管板式高压整体锻制管箱

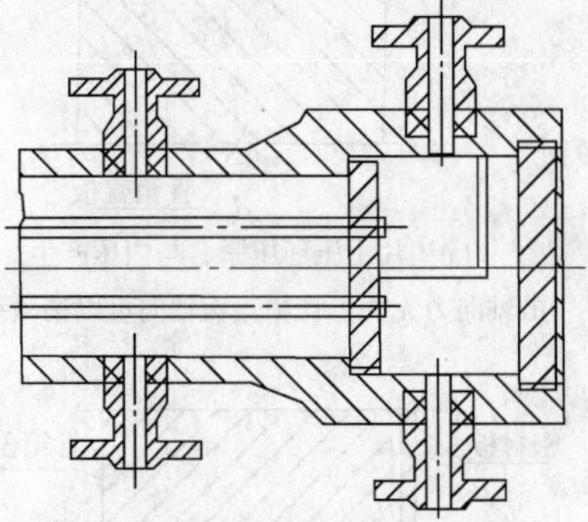

(b) 可拆管板式高压整体锻制管箱

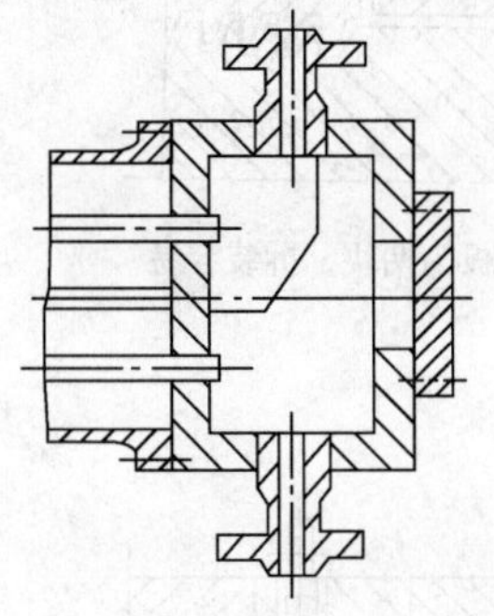

(c) 固定管板式低压壳体和高压整体锻制管箱

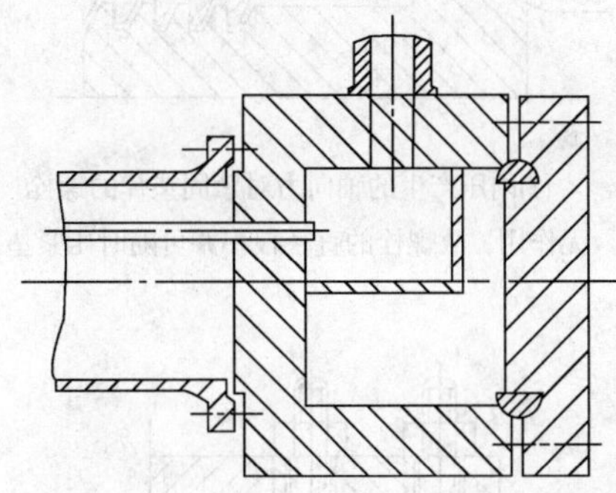

(d) 固定管板式低压壳体和高压整体锻制管箱

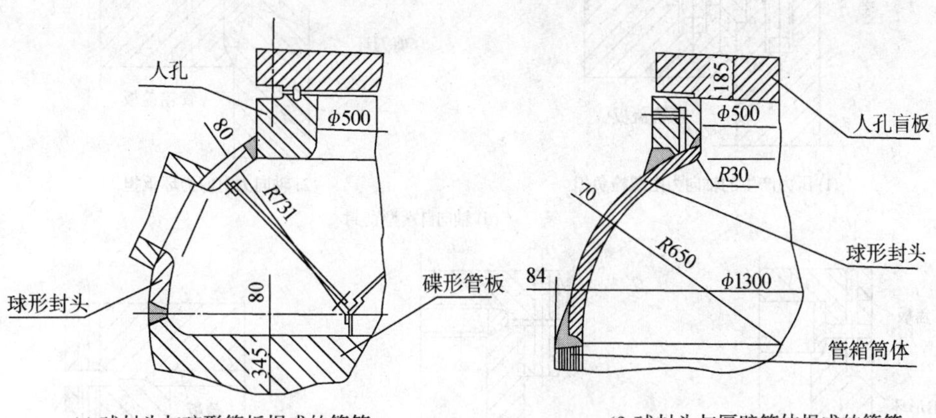

(e) 球封头与碗形管板焊成的管箱　　(f) 球封头与厚壁筒体焊成的管箱

图3.4.1　高压管箱结构

2. 高压管箱的密封结构

高压管箱的密封结构也与一般中低压力等级的换热器管箱不同，图3.4－2为常见的几种高压管箱的密封结构。

3. 高压管箱的管嘴及其焊接结构(见图3.4－3)

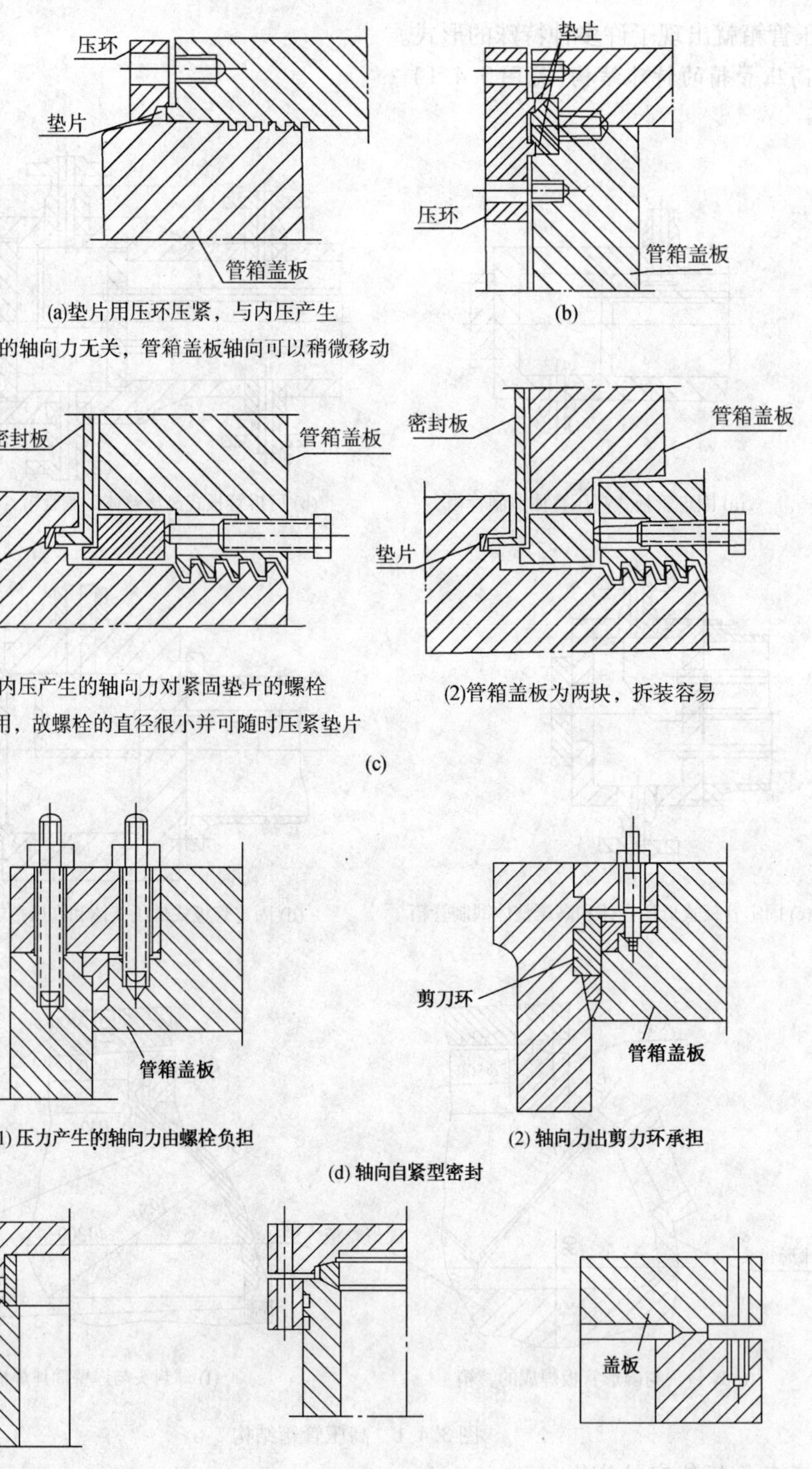
压环
垫片
管箱盖板
(a)垫片用压环压紧，与内压产生的轴向力无关，管箱盖板轴向可以稍微移动
垫片
压环
管箱盖板
(b)
密封板
管箱盖板
垫片
(1)内压产生的轴向力对紧固垫片的螺栓无作用，故螺栓的直径很小并可随时压紧垫片
密封板
管箱盖板
垫片
(2)管箱盖板为两块，拆装容易
(c)
管箱盖板
(1) 压力产生的轴向力由螺栓负担
剪刀环
管箱盖板
(2) 轴向力出剪力环承担
(d) 轴向自紧型密封
盖板
B形环
(1) B形环密封
B形环的外径对密封箱的内径有一定的过盈量，加工精度要求高，在有轴向位移对不会泄漏
(2) 透镜垫密封
盖板
(3) 三角垫密封
要求加工精度高，拆卸容易，效果好

图 3.4－2　高压管箱法兰密封结构

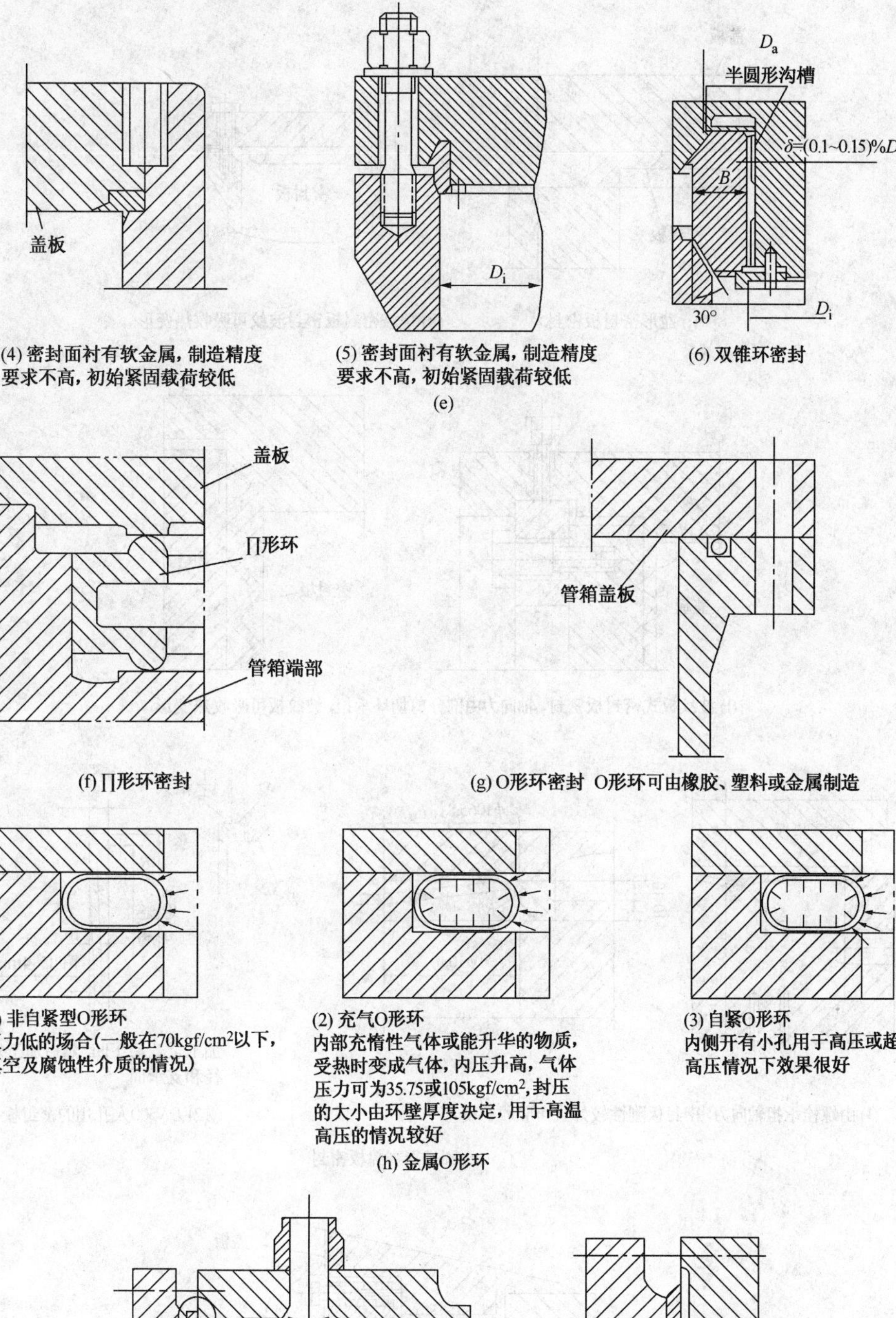

(4) 密封面衬有软金属，制造精度要求不高，初始紧固载荷较低

(5) 密封面衬有软金属，制造精度要求不高，初始紧固载荷较低

(6) 双锥环密封

(e)

(f) ∏形环密封

(g) O形环密封　O形环可由橡胶、塑料或金属制造

(1) 非自紧型O形环
压力低的场合(一般在70kgf/cm²以下，真空及腐蚀性介质的情况)

(2) 充气O形环
内部充惰性气体或能升华的物质，受热时变成气体，内压升高，气体压力可为35.75或105kgf/cm²，封压的大小由环壁厚度决定，用于高温高压的情况较好

(3) 自紧O形环
内侧开有小孔用于高压或超高压情况下效果很好

(h) 金属O形环

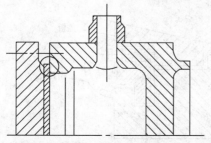

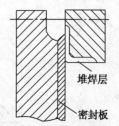

(i) 轴向力由螺栓承担，管箱端部直径缩小可以减小密封板直径，减小轴向力；密封板可用复合板制造，密封板不能吸收热变形

图 3.4－2　高压管箱法兰密封结构(续)

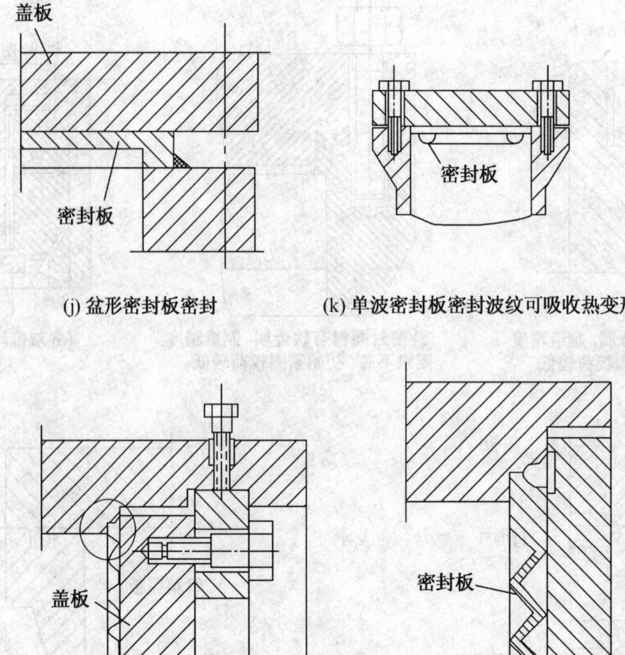

(j) 盆形密封板密封 (k) 单波密封板密封波纹可吸收热变形

(l) 波纹板式密封板密封，轴向力由剖分剪切环承担，波纹板可吸收热变形

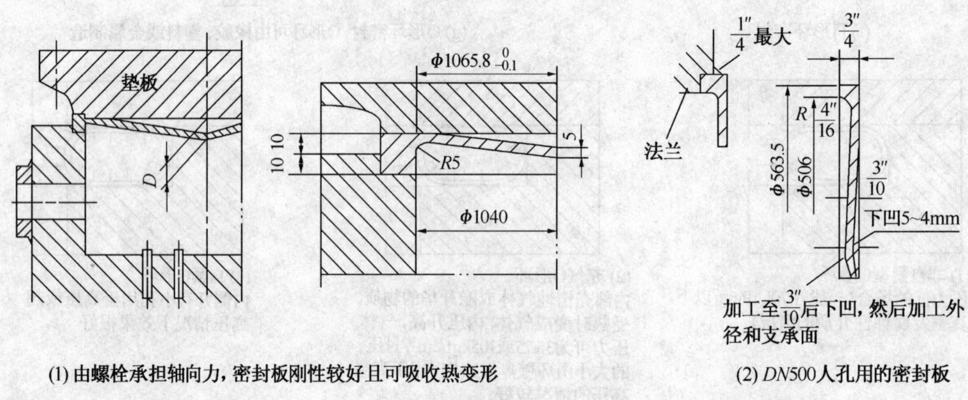

(1) 由螺栓承担轴向力，密封板刚性较好且可吸收热变形 (2) *DN*500人孔用的密封板

(m) 圆锥形密封板密封

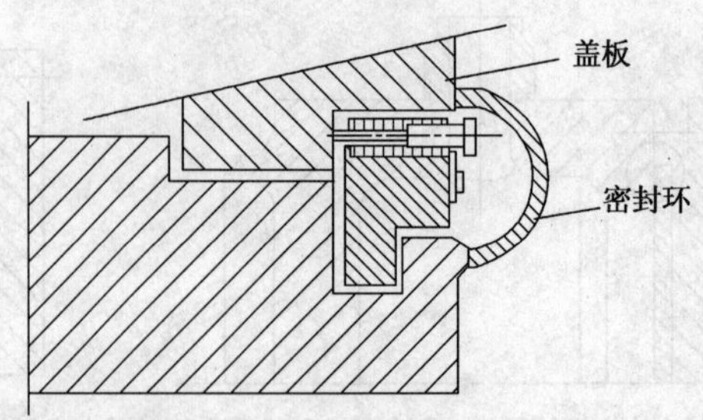

(l) 轴向力由剪切环承担，为防止剪切环受压后退出，又设有止退环

图 3.4－2　高压管箱法兰密封结构(续)

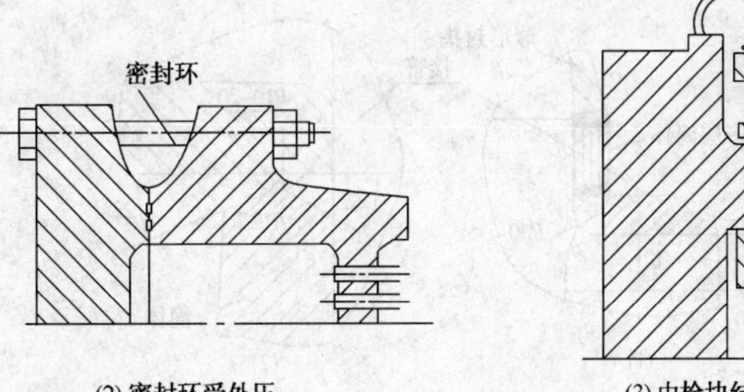

(2) 密封环受外压　(3) 由栓块结构承担轴向力

(n) 密封环密封

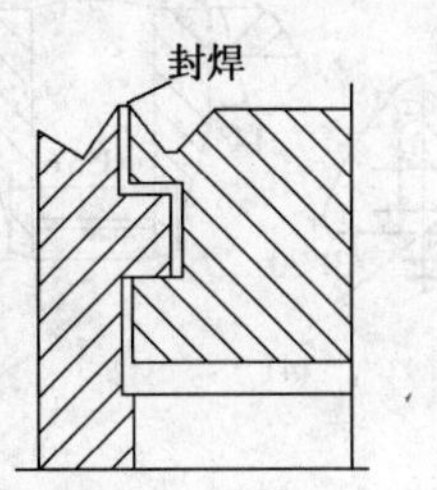

(1) 用栓块结构承压管箱，盖板加工成鸭嘴形直接封焊

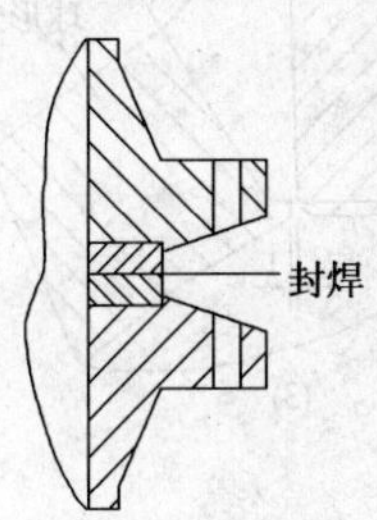

(2) 法兰面焊有加工成鸭嘴的焊环直接封焊，焊环用多次后可以更换

(o) 直接封焊密封结构

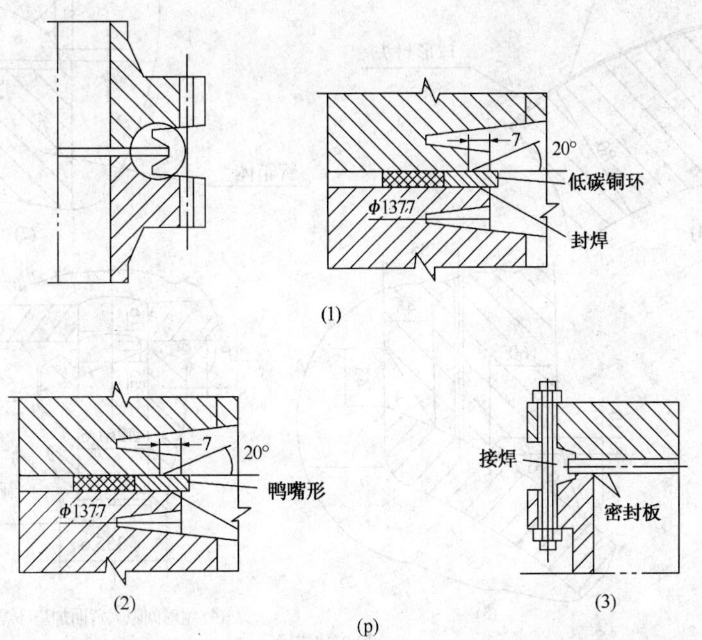

(p)

图 3.4－2　高压管箱法兰密封结构(续)

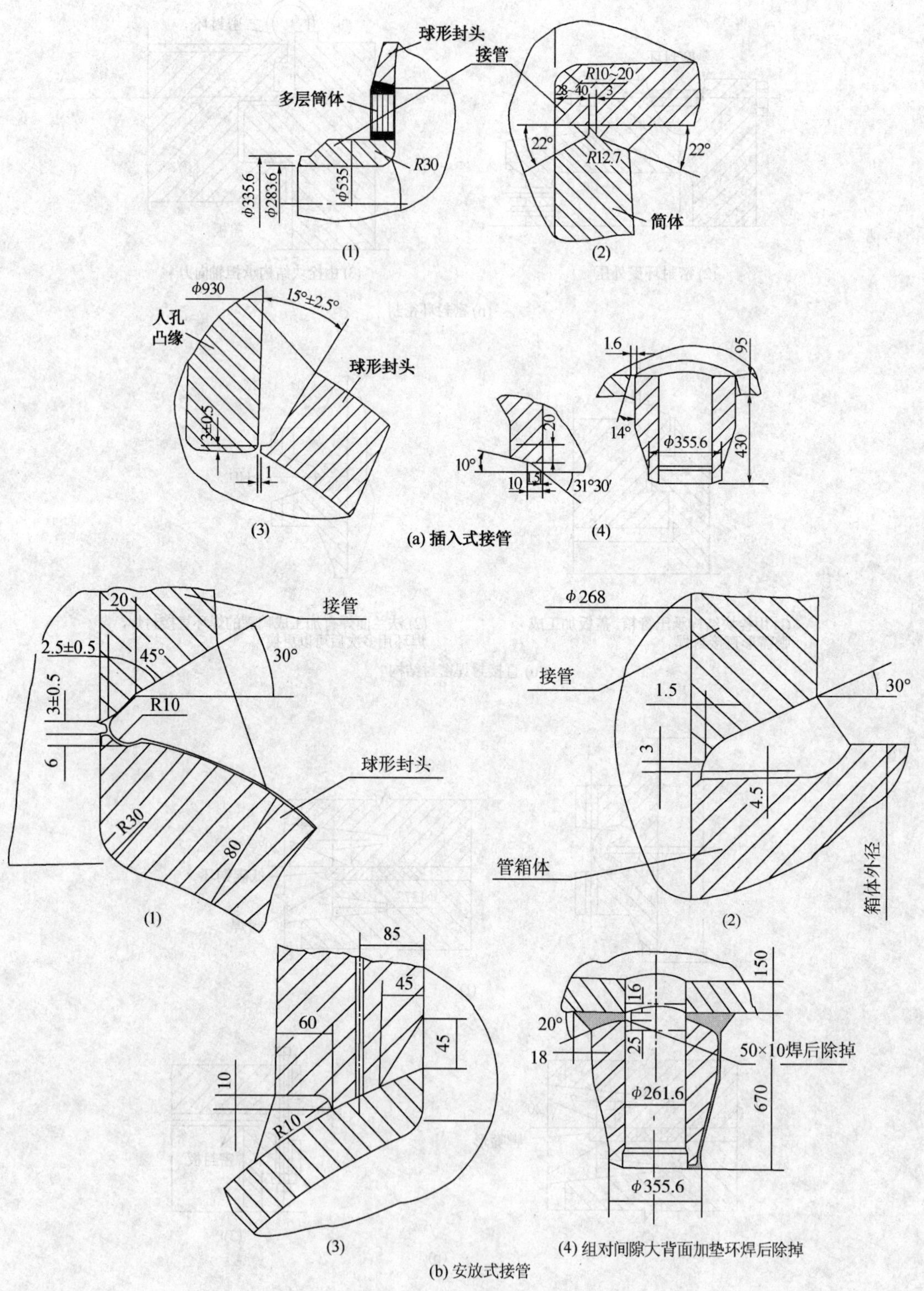
球形封头
接管
多层筒体
R30
φ335.6
φ283.6
φ535
(1)
R10~20
28
40
3
22°
R12.7
22°
筒体
(2)
φ930
15°±2.5°
人孔
凸缘
球形封头
3±0.5
1
(3)
20
10°
10
1.5
31°30′
1.6
95
14°
φ355.6
430
(4)
(a) 插入式接管
20
接管
2.5±0.5
45°
30°
3±0.5
R10
6
球形封头
R30
80
(1)
φ268
接管
1.5
30°
3
4.5
管箱体
箱体外径
(2)
85
45
60
45
10
R10
(3)
150
16
20°
18
25
50×10焊后除掉
φ261.6
670
φ355.6
(4) 组对间隙大背面加垫环焊后除掉
(b) 安放式接管

图 3.4－3　接管结构图

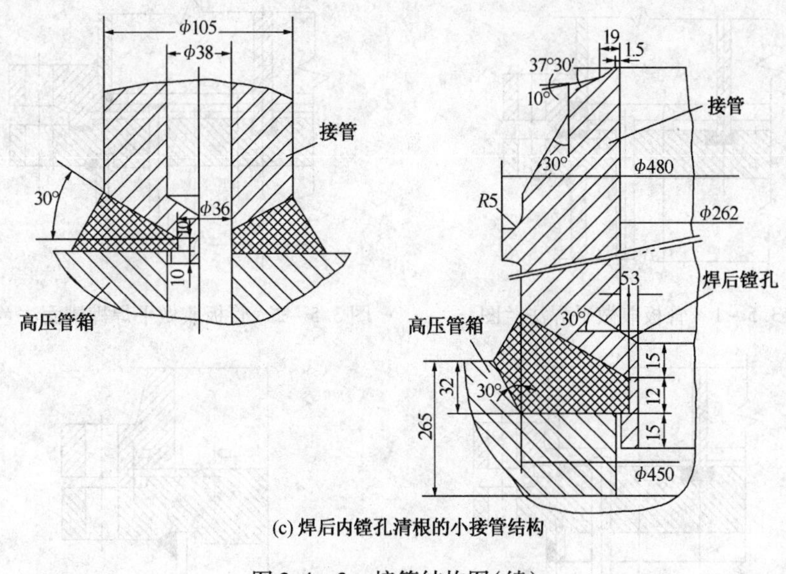

(c) 焊后内镗孔清根的小接管结构

图 3.4 – 3　接管结构图(续)

3.5　固定管板式换热器的结构设计

固定管板式换热器结构设计的主要内容是指管板与管箱的连接结构设计和管板与壳体的连接结构设计，至于管箱和壳体本身的结构设计在同样使用条件下与 U 形管换热器和浮头换热器的相关结构类似，见第 3.3 节、第 3.4 节。

固定式换热器的管板结构型式一般有两种：延长部分兼作法兰的固定式管板和不带法兰的固定式管板，另外根据需要也可以使用双管板，或与法兰(密封)面搭焊连接的薄管板或是直接与壳体焊接连接的薄管板。

3.5.1　管板与管箱的连接结构

管箱与管板的连接结构形式较多，随着压力的大小、温度的高低以及物料性质、耐腐蚀情况不同，连接处的密封要求，法兰形式也不同，所以在设计中应合理选择连接形式，对设备的制造和节约各种贵金属都有很重要的意义。

固定管板式换热器的管板兼作法兰，与管箱法兰的连接形式比较简单，根据工艺上要求，选择一定的密封面形式。如图 3.5 – 1 所示结构为对密封性要求不高的情况。当密封性要求较高时可选用图 3.5 – 2 形式，图 3.5 – 2 为榫槽面密封具有良好的密封性能，但制造要求较高、加工困难、垫片窄、安装不方便等缺点，所以一般情况下，尽可能采用凹凸面形式，如图 3.5 – 3、图 3.5 – 4。

当管程介质有腐蚀或有清洁度要求，或管箱采用不锈钢时，这时管板可采用碳钢，但在管板表面衬 3 ~ 6mm 厚的不锈钢板，见图 3.5 – 5。但衬板在与列管焊接时，容易变形，在管板面与不锈钢衬板之间产生间隙，如稍有泄漏会使引起管板腐蚀，所以一般采用较为可靠的堆焊工艺。堆焊厚度为 4 ~ 6mm，见图 3.5 – 6。在低压下，也可采用图 3.5 – 7 形式，但该结构连接强度较小。图 3.5 – 8、图 3.5 – 9 所示管板为不锈钢结构。

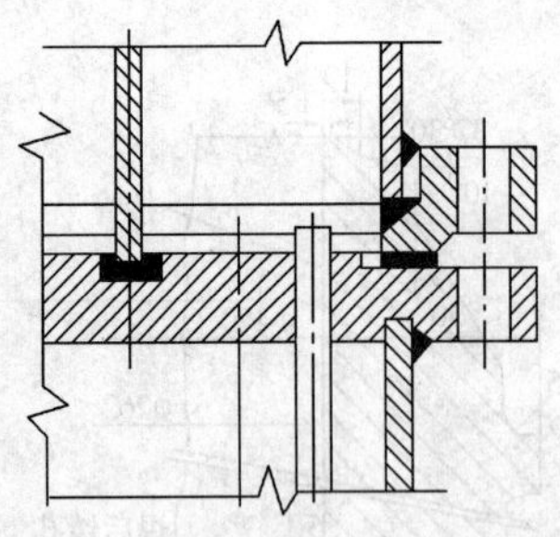
图 3.5-1 管板兼做平焊法兰图

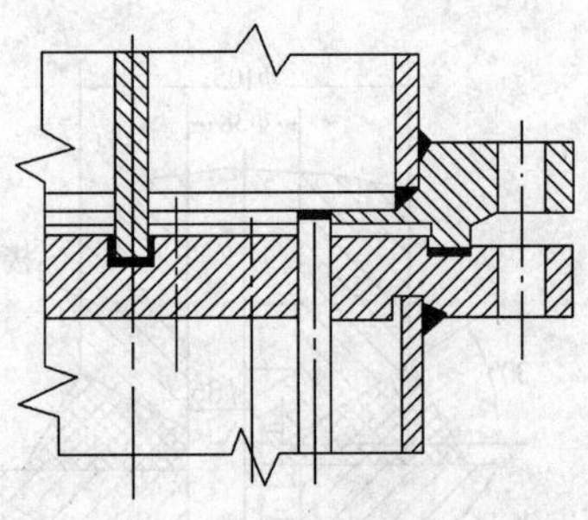
图 3.5-2 管板兼做平焊榫槽面法兰图

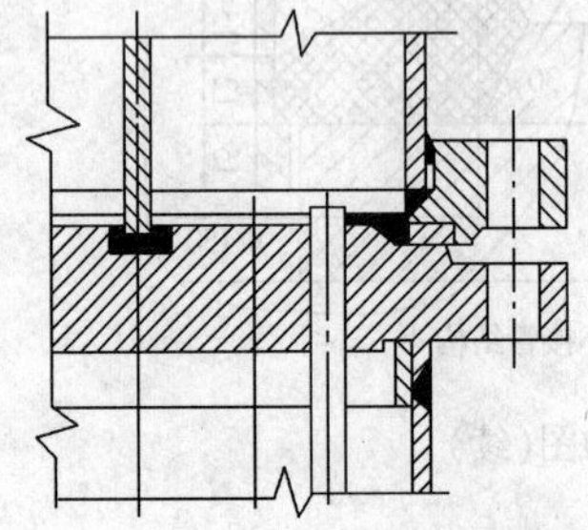
图 3.5-3 管板兼做平焊凹凸面法兰图

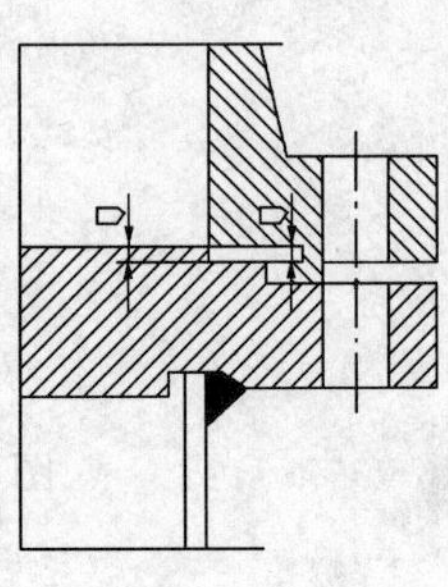
图 3.5-4 管板兼做对焊凹凸面法兰

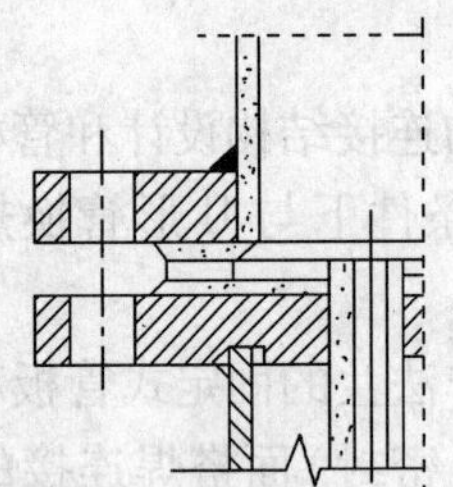
图 3.5-5 带复层的不锈钢管板结构(一)

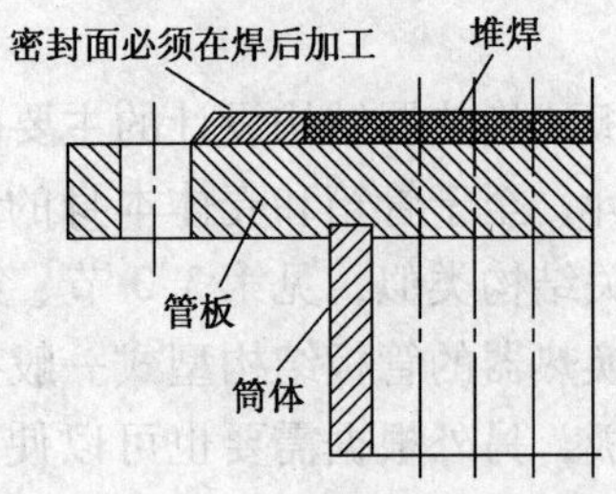

图 3.5-6 带复层的不锈钢管板结构(二)

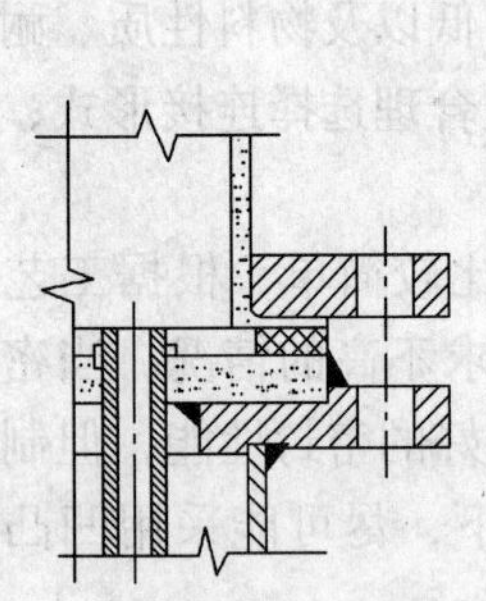
图 3.5-7 带复层的不锈钢管板结构(三)

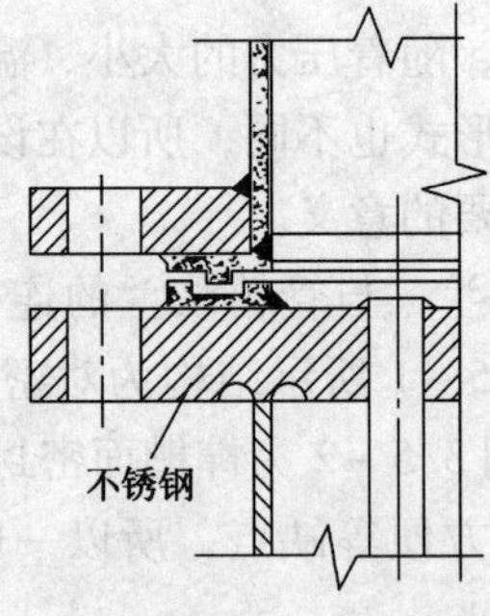

图 3.5-8 整体不锈钢管板结构(一)

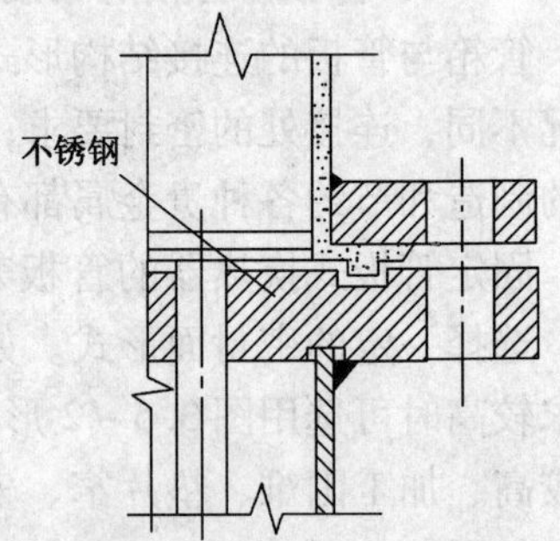

图 3.5-9 整体不锈钢管板结构(二)

3.5.2 管板与壳体的不可拆卸连接结构

固定管板式换热器，管板与壳体是用焊接连接的，根据设备直径的大小、压力的高低以及换热介质的毒性或易燃性等，考虑采用不同的焊接方式及焊接结构。

1. 延长部分兼作法兰的管板与壳体的连接结构

目前常用的结构形式为以下几种：

图3.5－10使用在壳体壁厚δ小于等于12mm，壳程设计压力不大于1.0MPa，且不宜用在壳程介质为易燃、易爆、挥发性及有毒的场合。

图3.5－11、图3.5－12使用在壳程设计压力大于1.0MPa，小于等于4.0MPa的场合。

图3.5－13、图3.5－14使用在壳程设计压力大于4.0MPa的场合。

除上述比较常用结构外，还有如图3.5－15、图3.5－16管板在壳程侧连接部位不开槽，这样结构简单。图3.5－15一般用于直径大于600mm的场合，图3.5－16一般用于直径小于600mm的场合，这两图所示结构均使用在压力小于4.0 MPa的情况下。

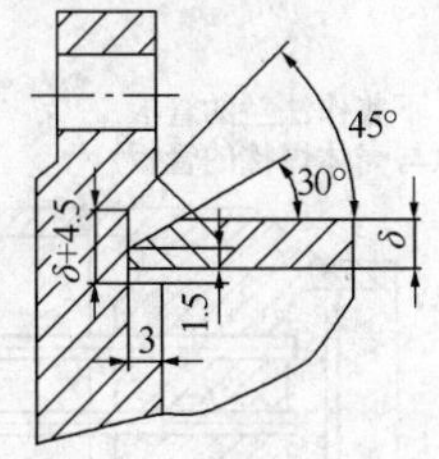

图3.5－10　延长部分兼作法兰的管板与壳体的连接结构(一)

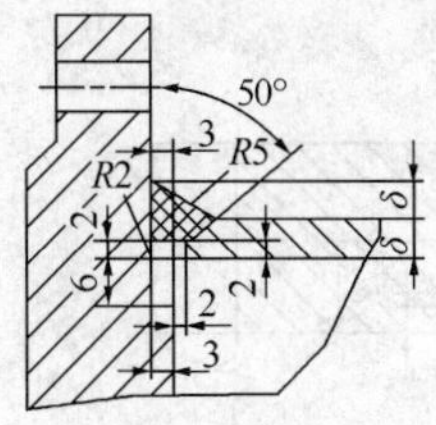

图3.5－11　延长部分兼作法兰的管板与壳体的连接结构(二)

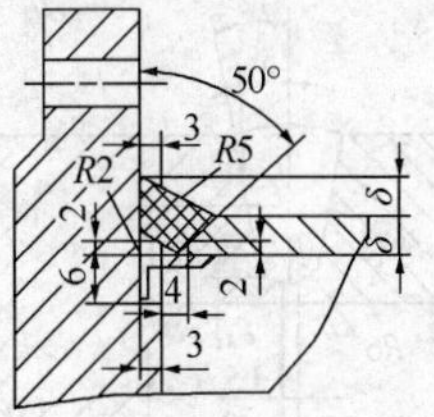

图3.5－12　延长部分兼作法兰的管板与壳体的连接结构(三)

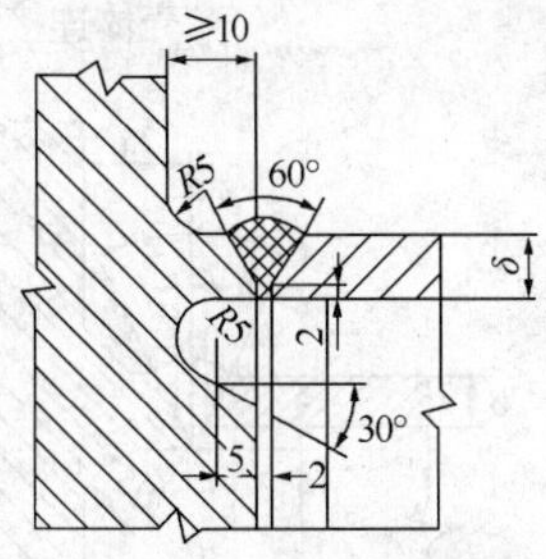

图3.5－13　延长部分兼作法兰的管板与壳体的连接结构(四)

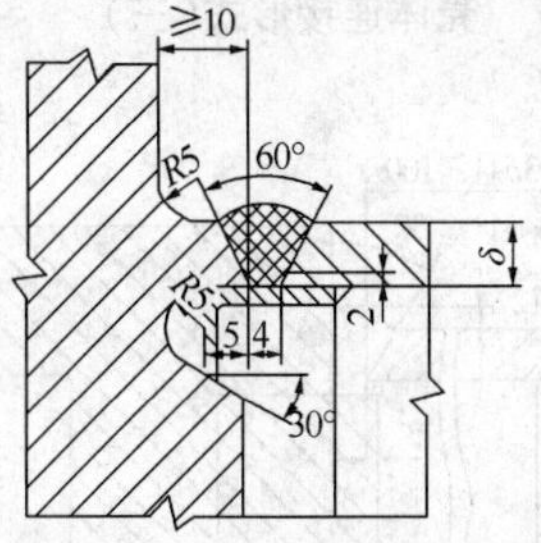

图3.5－14　延长部分兼作法兰的管板与壳体的连接结构(五)

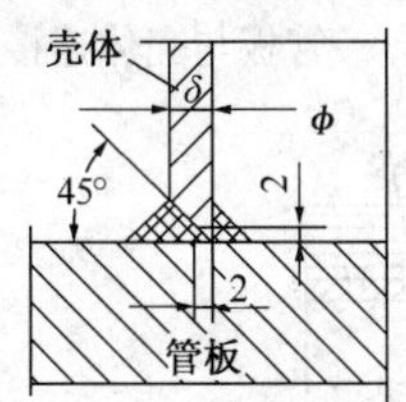

图3.5－15　延长部分兼作法兰的管板与壳体的连接结构(六)

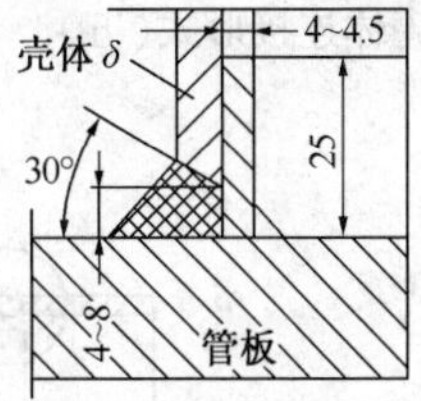

图3.5－16　延长部分兼作法兰的管板与壳体的连接结构(七)

2. 不兼做法兰的管板与壳体连接形式

目前常用的结构形式为图3.5－17，其使用在压力不大于4.0MPa的场合。图3.5－18结构使用在压力不大于6.4MPa的场合，但布管不可超过图中D_L(即布管限定圆直径)。

图3.5－19结构使用在压力大于等于6.4MPa，且壳程和管程直径相同的场合。

图3.5－20结构使用在压力大于等于6.4MPa，但管程和壳程直径不相同的场合。

图3.5－21和图3.5－22结构使用在壳程压力不大于4.0MPa、管程压力大于等于6.4MPa的场合。

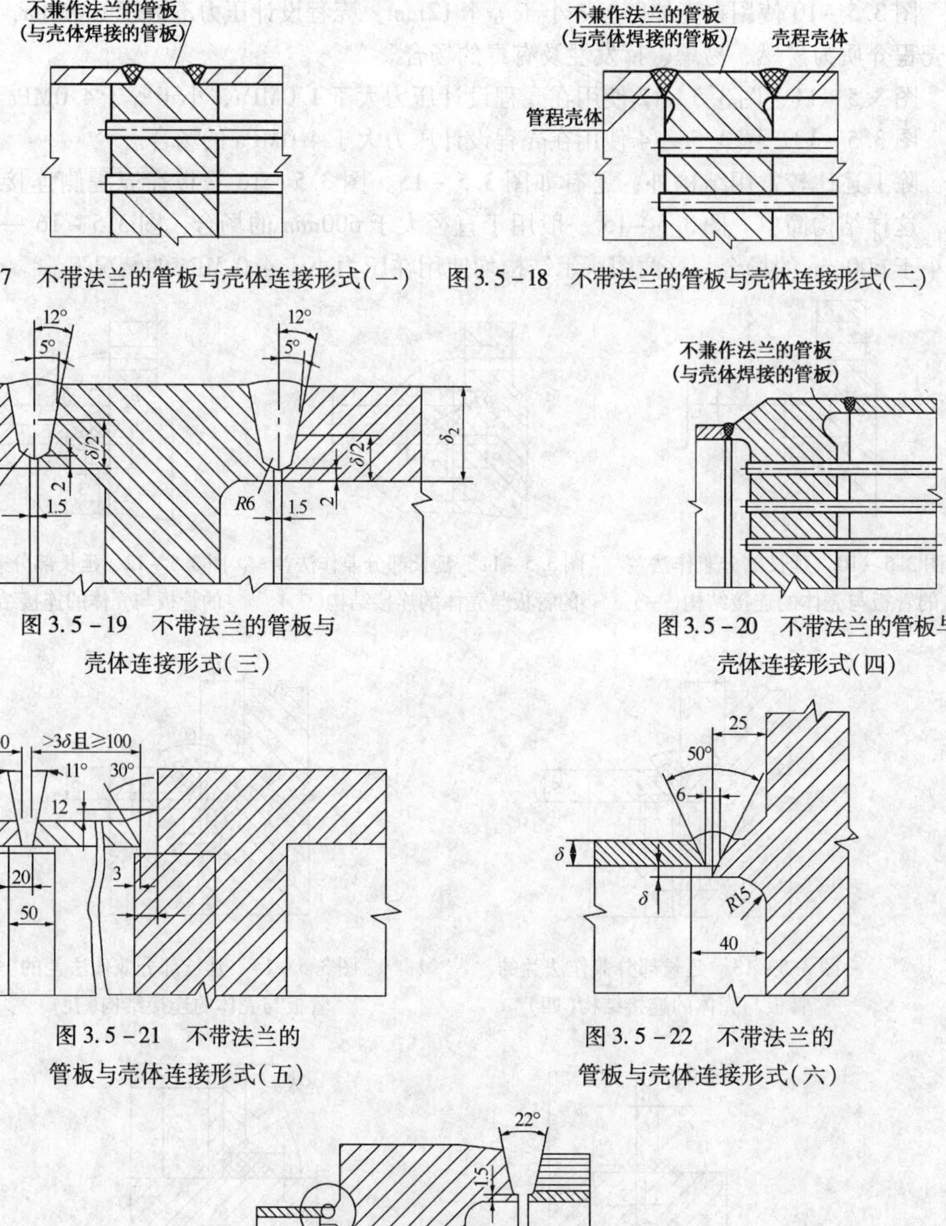

图 3.5－17　不带法兰的管板与壳体连接形式(一)

图 3.5－18　不带法兰的管板与壳体连接形式(二)

图 3.5－19　不带法兰的管板与壳体连接形式(三)

图 3.5－20　不带法兰的管板与壳体连接形式(四)

图 3.5－21　不带法兰的管板与壳体连接形式(五)

图 3.5－22　不带法兰的管板与壳体连接形式(六)

图 3.5－23　不带法兰的管板与壳体连接形式(七)

3.5.3　管板与壳体的可拆卸连接结构

为了抽出管束进行清洗和维修。浮头、填料函、U 形管式换热器的固定端管板均采用可拆卸连接。通常的做法是把固定端管板夹持在管箱法兰和管箱侧法兰之间，图 3.5－24 所示为常用的连接结构形式。图 3.5－24(a)适用于管、壳程压力都较低的场合，拆卸后，管、壳程一起进行清洗，图 3.5－24(b)适用于管程要经常清洗的场合；图 3.5－24(c)适用于壳程要经常清洗的场合；图3.5－24(b)和(c)中使用的带台肩的双头螺栓可防止拧紧螺母时螺栓跟着转动，以达到只拆管箱法兰而仍保留管箱侧法兰密封状态的目的；图3.5－24(d)的结构是把双头螺栓拧在带有螺纹孔的管板上，可达到只拆一侧的目的。

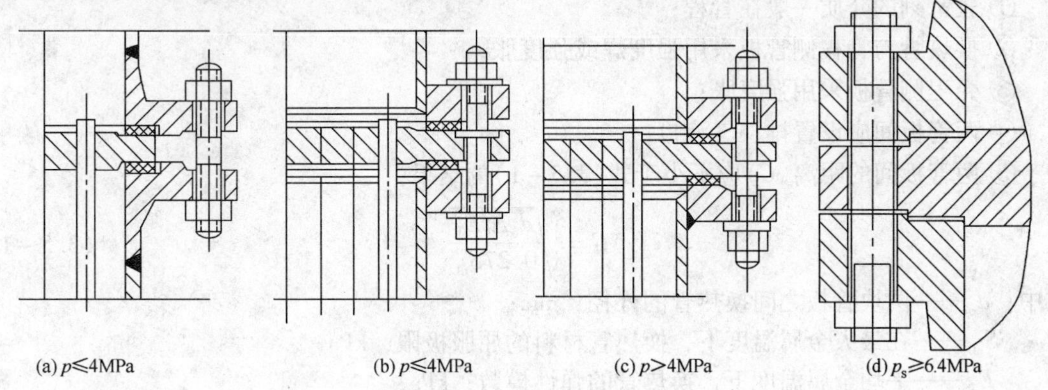

图3.5－24　可拆卸的管板

3.5.4　特殊结构薄管板与壳体的连接结构

有些中小直径的固定管板换热器，管壳程操作压力很低，而管、壳之间的热膨胀差又可以忽略不计的情况下，如图3.5－25示的薄管板结构在工程实践中曾成功使用。

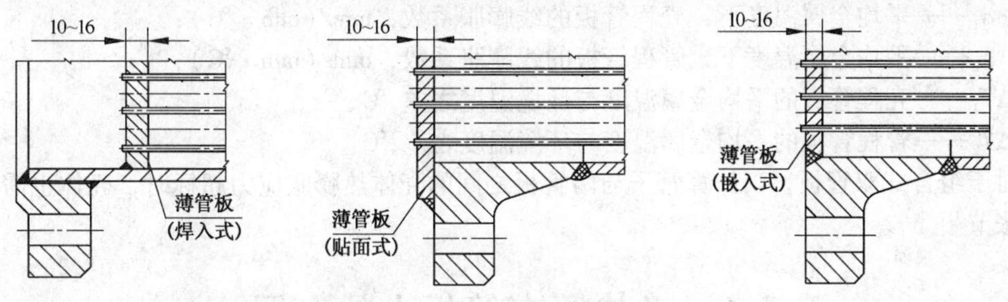

图3.5－25　几种薄管板结构

3.5.5　双管板的连接结构

1. 双管板与管箱和壳体间的连接结构

双管板与管箱和壳体间的连接结构有整体式、组合式和分离式三种，如图3.5－26表示了最多使用的组合式和分离式两种。

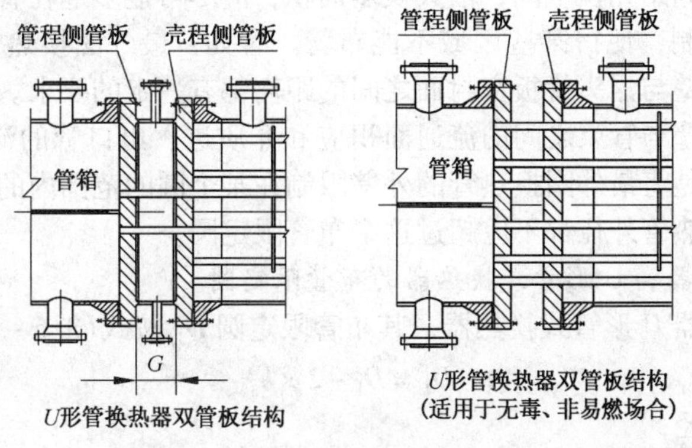

图3.5－26　双管板与管箱和壳体间的连接结构

2. 双管板设计原则

当换热器管、壳程介质严格禁止混合时，宜采用双管板结构，并需考虑以下的设计原则：

① 较苛刻的介质一般在管程；

② 换热管与管程侧管板采用强度焊或强度胀；

③ 壳程侧管板采用强度胀；

④ 两管板间应设置排、气液口；

⑤ 两管板间的距离(G)应不小于式(3.5－1)的结果：

$$G=\sqrt{\frac{d_o \Delta r E_T}{0.27 S_{eL}}} \tag{3.5-1}$$

式中 d_o——两块管板之间换热管的外径，mm；

S_{eL}——在最大金属温度下，换热管材料的屈服极限，kPa；

E_T——平均金属温度下，换热管的弹性模数，kPa；

Δr——在相邻两块管板间的径向膨胀差(即换热管的偏移量)，mm；

$$\Delta r=\left|\left(\frac{D_{TL}}{2}\right)(\alpha_2 \Delta T_2-\alpha_1 \Delta T_1)\right|$$

D_{TL}——最外圈换热管的外切圆直径，mm；

α_1——平均金属温度下，壳程管板的线膨胀系数，mm/(mm·℃)；

α_2——平均金属温度下，管程管板的线膨胀系数，mm/(mm·℃)；

ΔT_1——壳程管板的平均金属温度与环境温度之差,℃；

ΔT_2——管程管板的平均金属温度与环境温度之差,℃。

对于组合式双管板，当计算管子与两管板之间的壳体热膨胀应力超标时，壳体也需要增设膨胀节。

3.6 换热管在管板上的布置

换热管在管板上排列得越多，管板的利用率也越高，换热器单位容积的换热面积也就越大，换热器也就越经济。正常的换热管排列方式见3.3.3节。但换热管不可能无限制地任意排布在管板上，有时要受结构上的一些限制。

3.6.1 布管限定圆

为了最大限度地利用壳程空间，增大换热面积，应尽可能多地在管板上布置换热管。但受到换热器结构的限制，使得某些区域不能布管。譬如：最外圈换热管外壁与壳体内壁之间、最外圈换热管外壁与浮头管板密封面之间的距离都有一定的要求。此外，壳程进、出口处，还应考虑壳体内壁与管束之间的流通面积应和介质进、出口管的流通面积相当等因素。所以在实际排管时，是将最外圈换热管的外壁限制在某个圆的范围内的，这个圆称为布管限定圆，任何位置的换热管外径都不应超过这个布管限定圆。

1. 固定管板换热器和U形管式换热器的布管限定圆

对固定管板换热器U形管式换热器，其布管限定圆 D_L 按式(3.6－1)计算：

$$D_L=D_i-2\times b_3 \tag{3.6-1}$$

式中 D_i——壳体内径；

b_3——一般不小于0.25倍的换热管外径，且不小于10mm。

2. 浮头式换热器的布管限定圆

对浮头式换热器，其布管限定圆 D_L 按式(3－6－2)计算：

$$D_L = D_i - 2 \times (b_1 + b_2 + b) \quad (3.6-2)$$

当 $D_i \leqslant 600$mm 时，$b_1 = 3$mm；当 $D_i > 600$mm 时，$b_1 = 5$mm；

当 $D_i \leqslant 600$mm 时，$b_2 = 11.5$mm；当 $D_i > 600$mm 时，$b_2 = 14.5$mm；

当 $D_i < 1000$mm 时，$b > 3$mm；当 $D_i = 1000 \sim 2000$mm 时，$b > 4$mm。

D_i，b，b_1，b_2 的意义如图 3.6－1 所示。

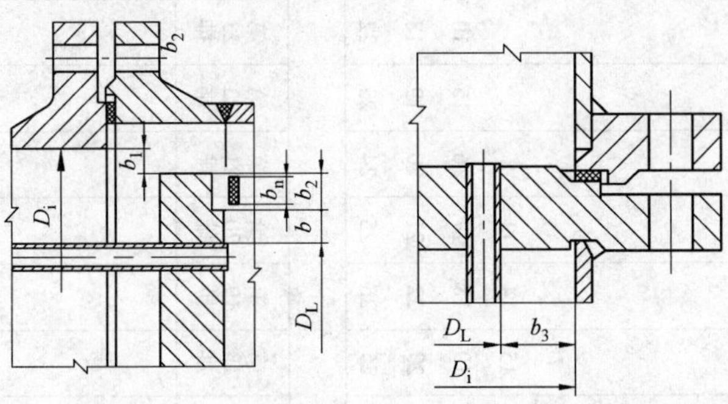

图 3.6－1　布管限定圆 D_L示意图

3.6.2　浮头式换热器的布管

浮头式换热器排管结构见图 3.6－2，排管数量(不包括拉杆孔)见表 3.6－1 和表3.6－2。

3.6.3　U 形管式换热器的布管

U 形管式换热器 $\phi 25$ 排管结构见图 3.6－2，排管(不包括拉杆孔)数量见表 3.6－3。

U 形管式换热器 $\phi 19$ 排管结构见图 3.6－3，排管(不包括拉杆孔)数量见表 3.6－4。

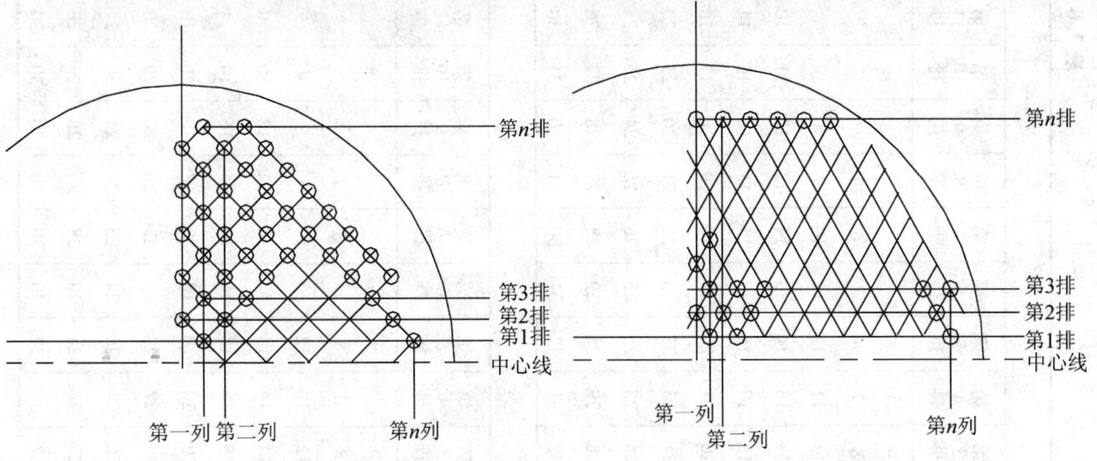

图 3.6－2　浮头式换热器排管图　　图 3.6－3　U 形管式换热器排管图

3.6.4　固定管板式换热器的布管

固定管板换热器Ⅰ、Ⅱ、Ⅳ、Ⅵ、Ⅷ程 $\phi 19$ 换热管排列按表 3.6－5。

固定管板换热器Ⅰ、Ⅱ、Ⅳ、Ⅵ、Ⅷ程 $\phi 25$ 换热管排列按表 3.6－6。

表 3.6－1　浮头式换热器排管数量(一)

二管程 $\phi19$

公称直径/mm	第1排	第2排	第3排	第4排	第5排	第6排	第7排	第8排	第9排	第10排	第11排	第12排	第13排	第14排	第15排	第16排	第17排	第18排	第19排	第20排	第21排	第22排	第23排	第24排	第25排	第26排	第27排	排管总数
325	6	7	6	5	4	2																						60
400	10	9	8	9	8	7	6	3																				120
500	12	13	12	11	12	11	10	9	8	5																		206
600	16	15	14	15	14	13	14	13	12	11	10	9	6															324
700	18	17	18	17	18	17	16	15	16	15	14	13	12	11	10	7												468
800	20	21	20	21	20	19	20	19	18	17	16	17	16	15	14	13	12	7										610
900	24	23	24	23	22	23	22	21	20	21	20	19	20	19	18	17	16	15	14	11	8							800
1000	26	27	26	25	26	25	26	25	24	25	24	23	22	21	22	21	20	19	18	17	16	15	10					1006
1100	28	29	28	29	28	29	28	27	28	27	26	27	26	25	24	23	24	23	22	21	20	19	18	17	14	10		1240
1200	32	31	32	31	32	31	30	31	30	31	30	29	28	29	28	27	26	25	26	25	24	23	22	21	20	18	14	1452

四管程 $\phi19$

公称直径/mm	第1排	第2排	第3排	第4排	第5排	第6排	第7排	第8排	第9排	第10排	第11排	第12排	第13排	第14排	第15排	第16排	第17排	第18排	第19排	第20排	第21排	第22排	第23排	第24排	第25排	第26排	第27排	排管总数
325	4	6	6	4	4	2																						52
400	8	8	8	8	8	6	6	2																				108
500	10	12	12	10	12	10	10	8	8	4																		192
600	14	14	14	14	14	12	14	12	12	10	10	8	6															308
700	16	16	18	16	18	16	16	14	16	14	14	12	12	10	10	6												448
800	18	20	20	20	20	18	20	18	18	16	16	16	16	14	14	12	12	6										588
900	22	22	24	22	22	22	22	20	20	20	20	18	20	18	18	16	16	14	14	10	8							776
1000	24	26	26	24	26	24	26	24	24	24	24	22	22	20	22	20	20	18	18	16	16	14	10					980
1100	26	28	28	28	28	28	28	26	28	26	26	26	26	24	24	22	24	22	22	20	20	18	18	16	14	10		1212
1200	30	30	32	30	32	30	30	30	30	30	30	28	28	28	28	26	26	24	26	24	24	22	22	20	20	18	14	1424

表 3.6－2 浮头式换热器排管数(二)

二管程 $\phi25$

公称直径/mm	第1排	第2排	第3排	第4排	第5排	第6排	第7排	第8排	第9排	第10排	第11排	第12排	第13排	第14排	第15排	第16排	第17排	第18排	第19排	第20排	第21排	排管总数
325	6	5	4	1																		32
400	8	7	6	7	6	3																74
500	10	9	10	9	8	7	6	3														124
600	12	11	12	11	10	11	10	9	8	5												198
700	14	13	14	13	12	13	12	11	10	9	8	5										268
800	16	15	16	15	16	15	14	13	12	13	12	11	10	5								366
900	18	19	18	17	18	17	16	15	16	15	14	13	12	11	10	7						472
1000	20	21	20	19	20	19	20	19	18	17	16	17	16	15	14	13	12	7				606
1100	22	23	22	23	22	21	22	21	20	19	20	19	18	17	16	15	14	13	12	9		736
1200	24	25	24	25	24	23	24	23	24	23	22	21	20	21	20	19	18	17	16	15	12	880

四管程 $\phi25$

公称直径/mm	第1排	第2排	第3排	第4排	第5排	第6排	第7排	第8排	第9排	第10排	第11排	第12排	第13排	第14排	第15排	第16排	第17排	第18排	第19排	第20排	第21排	第22排	排管总数
325	6	4	4																				28
400	8	6	6	6	6	2																	68
500	10	8	10	8	8	6	6	2															116
600	12	10	12	10	10	10	10	8	8	4													188
700	14	12	14	12	12	12	12	10	10	8	8	4											256
800	16	14	16	14	16	14	14	12	12	12	12	10	10	4									352
900	18	18	18	16	18	16	16	14	16	14	14	12	12	10	10	6							456
1000	20	20	20	18	20	18	20	18	18	16	16	16	16	14	14	12	12	6					588
1100	22	22	22	22	22	20	22	20	20	18	20	18	18	16	16	14	14	12	12	8			716
1200	24	24	24	24	24	22	24	22	24	22	22	20	20	20	20	18	18	16	16	14	12		860

表 3.6－3 U 形管式换热器 $\phi25$ 排管数量

二管程 $\phi25$

公称直径/mm	第1排	第2排	第3排	第4排	第5排	第6排	第7排	第8排	第9排	第10排	第11排	第12排	第13排	第14排	第15排	第16排	第17排	第18排	第19排	第20排	第21排	排管总数
325	6	5	2																			26
400	8	7	6	7	4	0	0															64
500	10	9	10	9	8	7	4	0	0													114
600	12	13	12	11	10	11	10	9	6	0	0											188
700	14	15	14	11	14	13	12	11	10	9	6	0	0									258
800	16	17	16	17	16	15	12	15	14	13	12	11	8	0	0							364
900	18	19	18	19	18	17	18	15	16	15	14	13	12	11	8							462
1000	20	21	20	21	20	19	20	19	16	19	18	17	16	15	14	13	10					596
1100	24	23	22	23	22	23	22	21	22	19	20	19	18	17	16	15	14	13	10			726
1200	26	25	26	25	24	25	24	25	24	23	20	23	22	21	20	19	18	17	16	13		872

四管程 $\phi25$

公称直径/mm	第1列	第2列	第3列	第4列	第5列	第6列	第7列	第8列	第9列	第10列	第11列	第12列	第13列	第14列	第15列	第16列	第17列	第18列	第19列	第20列	第21列	第22列	第23列	第24列	排管总数
325	4	2	4	2																					24
400	4	6	6	4	6	2																			56
500	8	8	8	6	8	6	6	4	2																112
600	8	10	10	10	10	8	10	8	8	4	4														180
700	12	12	12	12	12	10	12	10	10	8	8	6	4												256
800	12	14	14	14	14	12	14	14	14	12	12	10	8	6	6										352
900	16	16	16	16	16	16	16	14	16	14	14	12	12	10	8	8	6								452
1000	16	18	18	18	18	18	18	16	18	18	18	16	16	14	14	12	12	6	6	2					584
1100	20	20	20	20	20	20	20	20	20	18	20	18	18	16	16	14	14	12	12	8	8	2	0	0	712
1200	20	20	22	20	22	20	22	20	22	20	20	20	22	20	20	18	18	16	16	14	14	10	8	4	856

注：第一排的 U 形管交叉排列。

表 3.6－4　U 形管式换热器 $\phi19$ 排管数量

二管程 $\phi19$

公称直径/mm	第1排	第2排	第3排	第4排	第5排	第6排	第7排	第8排	第9排	第10排	第11排	第12排	第13排	第14排	第15排	第16排	第17排	第18排	第19排	第20排	第21排	第22排	第23排	第24排	排管总数
325	4	11	10	9	4																				76
400	6	15	14	13	12	11	6																		154
500	8	19	18	17	16	15	14	13	8																256
600	10	23	22	21	22	21	20	19	16	15	10														398
700	12	27	26	25	24	25	24	23	22	21	18	17	12												552
800	14	31	30	29	30	27	28	27	26	25	24	23	20	19	14										734
900	16	35	34	35	34	33	30	33	32	31	28	27	26	25	24	21	16	0							960
1000	18	39	38	39	38	37	36	37	34	35	34	33	32	31	28	27	26	23	18						1206
1100	20	43	42	43	42	41	42	41	40	37	38	37	36	35	34	33	32	29	28	25	20				1476
1200	22	47	46	47	46	45	46	45	44	43	42	39	42	41	38	37	36	35	34	31	30	27	22		1770

四管程 $\phi19$

公称直径/mm	第1列	第2列	第3列	第4列	第5列	第6列	第7列	第8列	第9列	第10列	第11列	第12列	第13列	第14列	第15列	第16列	第17列	第18列	第19列	第20列	第21列	第22列
325	4	4	4	4	4	4	4	2														
400	8	6	6	6	8	6	6	6	6	4	4	2										
500	8	8	10	8	8	8	10	8	8	8	8	6	6	4	4	2						
600	12	10	12	10	12	10	12	10	10	10	10	10	10	8	8	8	8	6	6	2		
700	12	12	14	12	14	12	14	12	14	12	12	12	12	12	12	10	10	10	10	8	8	6
800	16	14	16	14	16	14	16	14	16	14	16	14	14	14	14	14	14	12	12	12	12	10
900	16	16	18	16	18	16	18	16	18	16	18	16	18	16	16	16	16	16	16	14	16	14
1000	20	18	20	18	20	18	20	18	20	18	20	18	20	18	18	18	20	18	18	18	18	16
1100	20	20	22	20	22	20	22	20	22	20	22	20	22	20	22	20	22	20	20	20	20	20
1200	24	22	24	22	24	22	24	22	24	22	24	22	24	22	24	22	24	22	24	22	22	22

公称直径/mm	第23列	第24列	第25列	第26列	第27列	第28列	第29列	第30列	第31列	第32列	第33列	第34列	第35列	第36列	第37列	第38列	第39列	第40列	第41列	第42列	第43列	第44列	排管总数
325																							60
400																							136
500																							228
600																							368
700	6	2																					516
800	10	8	6	6	6	2																	692
900	14	12	12	10	12	8	10	6	6	4													908
1000	18	16	16	14	14	14	14	12	12	10	8	8	6	4									1152
1100	20	18	20	18	18	16	18	16	16	14	14	12	12	8	10	8	8	4					1412
1200	22	22	22	20	22	20	20	18	20	18	18	16	16	14	14	14	12	10	10	8	8	4	1704

注：第一排的 U 形管交叉排列。

表 3.6-5 固定管板换热器 ϕ19 换热管排列表

壳体直径 DN	管程数	分程布置图	排列形式	壳程入口管直径 d_n50				壳程入口管直径 d_n80				壳程入口管直径 d_n				壳程入口管直径 d_n				壳程入口管直径 d_n			
				拉杆数	排管数	m	n	拉杆数	排管数	m	n	拉杆数	排管数	m	n	拉杆数	排管数	m	n	拉杆数	排管数	m	n
159	Ⅰ			4	15	0	0																
				4	15	0	0																
219	Ⅰ			4	33	0	0																
				4	33	0	0																
273	Ⅰ			4	65	0	0	4	65	0	0												
				4	69	0	0	4	69	0	0												
	Ⅱ			4	56	0	0	4	56	0	0												
				4	52	0	0	4	52	0	0												
325	Ⅰ			4	99	0	0	4	87	0	0												
				4	99	0	0	4	91	0	0												
	Ⅱ			4	86	0	0	4	86	0	0												
				4	80	0	0	4	80	0	0												
	Ⅳ	m m		4	72	59.7	0	4	72	59.7	0												
				4	56	63	0	4	56	63	0												
		m m		4	72	62.3	0	4	72	62.3	0												
				4	74	56.5	0	4	66	44	0												
				4	72	0	0	4	72	0	0												
				4	72	0	0	4	72	0	0												

续表 3.6－5

壳体直径 DN	管程数	分程布置图	排列形式	壳程入口管直径 d_n80				壳程入口管直径 d_n100				壳程入口管直径 d_n150				壳程入口管直径 d_n				壳程入口管直径 d_n			
				拉杆数	排管数	m	n	拉杆数	排管数	m	n	拉杆数	排管数	m	n	拉杆数	排管数	m	n	拉杆数	排管数	m	n
400	Ⅰ			4	185	0	0	4	169	0	0												
				4	181	0	0	4	181	0	0												
	Ⅱ			4	164	0	0	4	164	0	0												
				4	164	0	0	4	156	0	0												
	Ⅳ	m m		4	136	81.3	0	4	136	81.3	0												
				4	134	75.5	0	4	124	75.5	0												
		m m		4	150	62.3	0	4	150	62.3	0												
				4	138	69	0	4	138	69	0												
				4	156	0	0	4	156	0	0												
				4	152	0	0	4	144	0	0												
500	Ⅰ			4	295	0	0	4	295	0	0	4	275	0	0								
				4	295	0	0	4	295	0	0	4	273	0	0								
	Ⅱ			4	282	0	0	4	282	0	0	4	260	0	0								
				4	272	0	0	4	264	0	0	4	254	0	0								
	Ⅳ	m m		4	258	103	0	4	246	81.3	0	4	224	81.3	0								
				4	234	100.5	0	4	230	88	0	4	218	88	0								
		m m		4	256	84	0	4	256	84	0	4	234	84	0								
				4	246	94	0	4	246	94	0	4	226	81.5	0								

续表 3.6－5

壳体直径 DN	管程数	分程布置图	排列形式	壳程入口管直径 d_n80				壳程入口管直径 d_n100				壳程入口管直径 d_n150				壳程入口管直径 d_n200				壳程入口管直径 d_n			
				拉杆数	排管数	m	n	拉杆数	排管数	m	n	拉杆数	排管数	m	n	拉杆数	排管数	m	n	拉杆数	排管数	m	n
500	Ⅳ			4	264	0	0	4	264	0	0	4	244	0	0								
				4	260	0	0	4	252	0	0	4	244	0	0								
600	Ⅰ							4	429	0	0	4	405	0	0	4	405	0	0				
								4	433	0	0	4	411	0	0	4	397	0	0				
	Ⅱ							4	416	0	0	4	416	0	0	4	390	0	0				
								4	408	0	0	4	394	0	0	4	378	0	0				
	Ⅳ	m m						4	400	124.6	0	4	378	103	0	4	354	103	0				
								4	358	113	0	4	346	113	0	4	332	113	0				
		m m						4	384	105.6	0	4	384	105.6	0	4	360	105.6	0				
								4	382	106.5	0	4	360	106.5	0	4	344	94	0				
								4	392	0	0	4	392	0	0	4	368	0	0				
								4	388	0	0	4	376	0	0	4	360	0	0				
	Ⅵ	m m						4	382	146.3	0	4	364	146.3	0	4	340	146.3	0				
								4	360	150.5	0	4	346	150.5	0	4	330	138	0				
		m m						4	370	84	0	4	370	84	0	4	354	62.3	0				
								4	370	69	0	4	350	69	0	4	338	69	0				
700	Ⅰ							8	621	0	0	8	599	0	0	8	571	0	0				
								8	615	0	0	8	601	0	0	8	567	0	0				

续表 3.6-5

壳体直径 DN	管程数	分程布置图	排列形式	壳程入口管直径 d_n100				壳程入口管直径 d_n150				壳程入口管直径 d_n200				壳程入口管直径 d_n250				壳程入口管直径 d_n			
				拉杆数	排管数	m	n	拉杆数	排管数	m	n	拉杆数	排管数	m	n	拉杆数	排管数	m	n	拉杆数	排管数	m	n
700	Ⅱ			8	594	0	0	8	570	0	0	8	540	0	0								
				8	576	0	0	8	562	0	0	8	546	0	0								
	Ⅳ			8	550	124.6	0	8	526	124.6	0	8	496	124.6	0								
				8	514	138	0	8	504	125.5	0	8	488	125.5	0								
				8	558	127.3	0	8	534	127.3	0	8	504	127.3	0								
				8	550	131.5	0	8	538	131.5	0	8	500	119	0								
				8	568	0	0	8	548	0	0	8	524	0	0								
				8	556	0	0	8	544	0	0	8	528	0	0								
	Ⅵ			8	534	189.6	0	8	518	167.9	0	8	488	167.9	0								
				8	518	175.5	0	8	504	175.5	0	8	484	163	0								
				8	546	84	0	8	526	84	0	8	498	84	0								
				8	536	94	0	8	520	81.5	0	8	492	81.5	0								
800	Ⅰ							8	797	0	0	8	765	0	0	8	765	0	0				
								8	807	0	0	8	773	0	0	8	753	0	0				
	Ⅱ							8	772	0	0	8	772	0	0	8	738	0	0				
								8	754	0	0	8	738	0	0	8	700	0	0				
	Ⅳ							8	714	146.3	0	8	714	146.3	0	8	682	146.3	0				
								8	688	150.5	0	8	672	150.5	0	8	638	138	0				

续表 3.6-5

壳体直径 DN	管程数	分程布置图	排列形式	壳程入口管直径 d_n150				壳程入口管直径 d_n200				壳程入口管直径 d_n250				壳程入口管直径 d_n300				壳程入口管直径 d_n			
				拉杆数	排管数	m	n	拉杆数	排管数	m	n	拉杆数	排管数	m	n	拉杆数	排管数	m	n	拉杆数	排管数	m	n
800	Ⅳ	m m	△	8	726	148.9	0	8	726	148.9	0	8	694	148.9	0								
			▷	8	708	144	0	8	688	144	0	8	670	144	0								
			△	8	740	0	0	8	740	0	0	8	708	0	0								
			▷	8	744	0	0	8	728	0	0	8	688	0	0								
	Ⅵ	m m	△	8	702	189.6	0	8	702	189.6	0	8	670	189.6	0								
			▷	8	686	200.5	0	8	670	200.5	0	8	632	188	0								
		m m	△	8	706	105.6	0	8	706	105.6	0	8	682	84	0								
			▷	8	698	94	0	8	682	94	0	8	662	94	0								
900	Ⅰ		△	10	1009	0	0	10	1009	0	0	10	973	0	0	10	931	0	0				
			▷	10	1027	0	0	10	993	0	0	10	973	0	0	10	951	0	0				
	Ⅱ		△	10	1020	0	0	10	988	0	0	10	950	0	0	10	910	0	0				
			▷	10	984	0	0	10	964	0	0	10	942	0	0	10	896	0	0				
	Ⅳ	m m	△	10	964	167.9	0	10	932	167.9	0	10	894	167.9	0	10	894	167.9	0				
			▷	10	910	175.5	0	10	890	175.5	0	10	870	163	0	10	824	163	0				
		m m	△	10	974	170.6	0	10	942	170.6	0	10	904	170.6	0	10	860	148.9	0				
			▷	10	948	169	0	10	910	169	0	10	890	156.5	0	10	868	156.5	0				
			△	10	978	0	0	10	950	0	0	10	914	0	0	10	874	0	0				
			▷	10	962	0	0	10	946	0	0	10	926	0	0	10	882	0	0				

续表 3.6－5

壳体直径 DN	管程数	分程布置图	排列形式	壳程入口管直径 d_n150				壳程入口管直径 d_n200				壳程入口管直径 d_n250				壳程入口管直径 d_n300				壳程入口管直径 d_n			
				拉杆数	排管数	m	n	拉杆数	排管数	m	n	拉杆数	排管数	m	n	拉杆数	排管数	m	n	拉杆数	排管数	m	n
900	Ⅵ	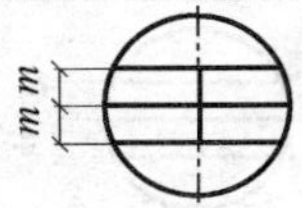 m m		10	934	232.9	0	10	904	232.9	0	10	876	211.2	0	10	876	211.2	0				
				10	906	225.5	0	10	886	225.5	0	10	862	213	0	10	816	213	0				
		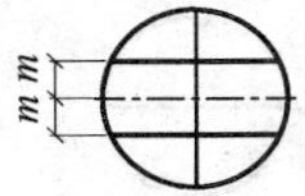 m m		10	952	105.6	0	10	924	105.6	0	10	888	105.6	0	10	848	105.6	0				
				10	934	106.5	0	10	898	106.5	0	10	878	106.5	0	10	854	106.5	0				
1000	Ⅰ			10	1301	0	0	10	1267	0	0	10	1227	0	0	10	1227	0	0				
				10	1303	0	0	10	1261	0	0	10	1237	0	0	10	1211	0	0				
	Ⅱ			10	1266	0	0	10	1230	0	0	10	1188	0	0	10	1188	0	0				
				10	1244	0	0	10	1224	0	0	10	1202	0	0	10	1152	0	0				
	Ⅳ	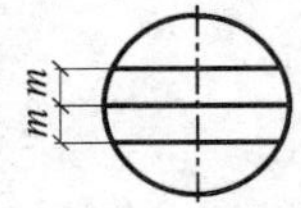 m m		10	1206	189.6	0	10	1172	189.6	0	10	1172	189.6	0	10	1132	189.6	0				
				10	1156	188	0	10	1138	188	0	10	1118	188	0	10	1070	175.5	0				
		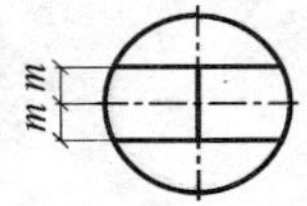 m m		10	1220	192.2	0	10	1186	192.2	0	10	1186	192.2	0	10	1138	170.6	0				
				10	1200	194	0	10	1170	181.5	0	10	1146	181.5	0	10	1120	181.5	0				
		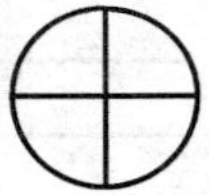		10	1214	0	0	10	1182	0	0	10	1142	0	0	10	1142	0	0				
				10	1210	0	0	10	1194	0	0	10	1174	0	0	10	1130	0	0				
	Ⅵ	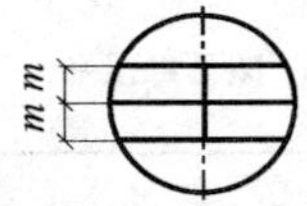 m m		10	1178	254.5	0	10	1142	254.5	0	10	1142	254.5	0	10	1102	232.9	0				
				10	1148	263	0	10	1136	250.5	0	10	1114	250.5	0	10	1062	238	0				

续表 3.6－5

壳体直径 DN	管程数	分程布置图	排列形式	壳程入口管直径 d_n200				壳程入口管直径 d_n250				壳程入口管直径 d_n300				壳程入口管直径 d_n350				壳程入口管直径 d_n			
				拉杆数	排管数	m	n	拉杆数	排管数	m	n	拉杆数	排管数	m	n	拉杆数	排管数	m	n	拉杆数	排管数	m	n
1000	Ⅵ	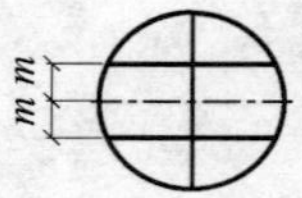 m m		10	1192	127.3	0	10	1160	127.3	0	10	1160	127.3	0	10	1120	127.3	0				
				10	1184	131.5	0	10	1148	119	0	10	1124	119	0	10	1100	119	0				
1100	Ⅰ			10	1545	0	0	10	1545	0	0	10	1501	0	0	10	1451	0	0				
				10	1551	0	0	10	1527	0	0	10	1501	0	0	10	1473	0	0				
	Ⅱ			10	1548	0	0	10	1508	0	0	10	1462	0	0	10	1462	0	0				
				10	1512	0	0	10	1490	0	0	10	1440	0	0	10	1440	0	0				
	Ⅳ	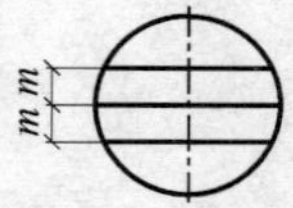 m m		10	1484	211.2	0	10	1444	211.2	0	10	1390	189.6	0	10	1390	189.6	0				
				10	1426	213	0	10	1402	213	0	10	1350	200.5	0	10	1322	200.5	0				
		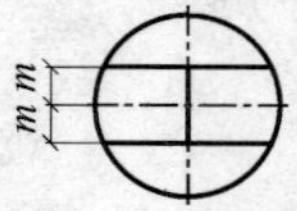 m m		10	1500	213.9	0	10	1460	213.9	0	10	1408	192.2	0	10	1408	192.2	0				
				10	1450	206.5	0	10	1426	206.5	0	10	1390	194	0	10	1364	194	0				
				10	1506	0	0	10	1470	0	0	10	1426	0	0	10	1426	0	0				
				10	1486	0	0	10	1462	0	0	10	1410	0	0	10	1410	0	0				
	Ⅵ	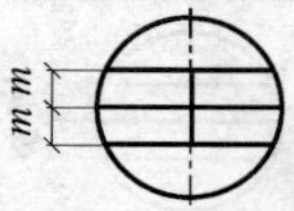 m m		10	1456	276.2	0	10	1418	276.2	0	10	1374	276.2	0	10	1374	276.2	0				
				10	1412	288	0	10	1388	275.5	0	10	1332	263	0	10	1332	263	0				
		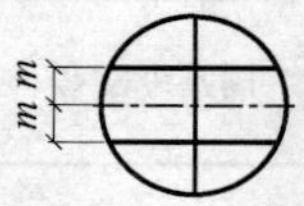 m m		10	1460	148.9	0	10	1428	127.3	0	10	1384	127.3	0	10	1384	127.3	0				
				10	1426	131.5	0	10	1402	131.5	0	10	1374	131.5	0	10	1350	131.5	0				

续表 3.6-5

壳体直径 DN	管程数	分程布置图	排列形式	壳程入口管直径 d_n200				壳程入口管直径 d_n250				壳程入口管直径 d_n300				壳程入口管直径 d_n350				壳程入口管直径 d_n400			
				拉杆数	排管数	m	n	拉杆数	排管数	m	n	拉杆数	排管数	m	n	拉杆数	排管数	m	n	拉杆数	排管数	m	n
1200	Ⅰ			10	1881	0	0	10	1839	0	0	10	1791	0	0	10	1791	0	0	10	1737	0	0
				10	1857	0	0	10	1833	0	0	10	1807	0	0	10	1779	0	0	10	1749	0	
	Ⅱ	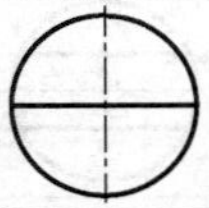		10	1858	0	0	10	1814	0	0	10	1764	0	0	10	1764	0	0	10	1712	0	0
				10	1824	0	0	10	1798	0	0	10	1740	0	0	10	1740	0	0	10	1682	0	0
	Ⅳ	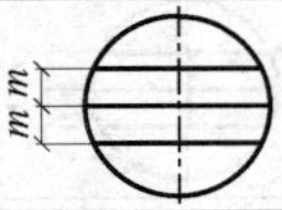 m m		10	1762	232.9	0	10	1720	232.9	0	10	1720	232.9	0	10	1680	211.2	0	10	1624	211.2	0
				10	1726	238	0	10	1700	225.5	0	10	1642	225.5	0	10	1642	225.5	0	10	1582	213	0
		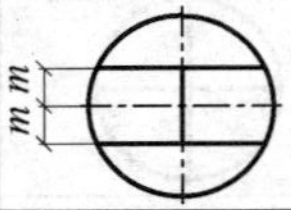 m m		10	1782	235.5	0	10	1754	213.9	0	10	1754	213.9	0	10	1704	213.9	0	10	1648	213.9	0
				10	1746	231.5	0	10	1722	219	0	10	1694	219	0	10	1664	219	0	10	1636	206.5	0
				10	1802	0	0	10	1762	0	0	10	1714	0	0	10	1714	0	0	10	1662	0	0
				10	1790	0	0	10	1766	0	0	10	1714	0	0	10	1714	0	0	10	1654	0	0
	Ⅵ	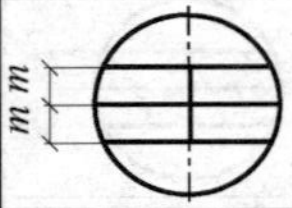 m m		10	1744	319.5	0	10	1708	297.8	0	10	1708	297.8	0	10	1658	297.8	0	10	1598	276.2	0
				10	1710	313	0	10	1686	313	0	10	1628	300.5	0	10	1628	300.5	0	10	1568	288	0
		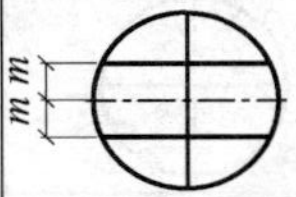 m m		10	1768	148.9	0	10	1724	148.9	0	10	1724	148.9	0	10	1676	148.9	0	10	1624	148.9	0
				10	1736	156.5	0	10	1712	156.5	0	10	1676	144	0	10	1648	144	0	10	1620	144	0
	Ⅷ	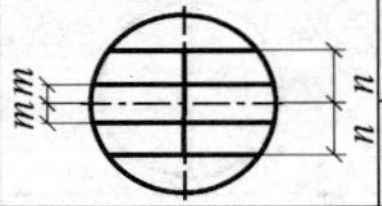 m m n n																					
		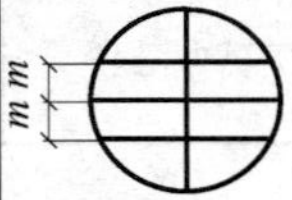 m m																					

续表 3.6-5

壳体直径 DN	管程数	分程布置图	排列形式	壳程入口管直径 d_n200				壳程入口管直径 d_n250				壳程入口管直径 d_n300				壳程入口管直径 d_n350				壳程入口管直径 d_n400			
				拉杆数	排管数	m	n	拉杆数	排管数	m	n	拉杆数	排管数	m	n	拉杆数	排管数	m	n	拉杆数	排管数	m	n
1300	Ⅰ		△	12	2217	0	0	12	2171	0	0	12	2171	0	0	12	2119	0	0	12	2061	0	0
			▷	12	2209	0	0	12	2181	0	0	12	2151	0	0	12	2119	0	0	12	2085	0	0
	Ⅱ		△	12	2182	0	0	12	2134	0	0	12	2134	0	0	12	2080	0	0	12	2080	0	0
			▷	12	2174	0	0	12	2148	0	0	12	2120	0	0	12	2090	0	0	12	2024	0	0
	Ⅳ	m m	△	12	2098	254.5	0	12	2098	254.5	0	12	2056	232.9	0	12	2056	232.9	0	12	2004	232.9	0
			▷	12	2068	250.8	0	12	2042	250.5	0	12	1982	238	0	12	1982	238	0	12	1920	238	0
		m m	△	12	2116	257.2	0	12	2116	257.2	0	12	2072	235.5	0	12	2020	235.5	0	12	2020	236	0
			▷	12	2092	244	0	12	2066	244	0	12	2038	244	0	12	2002	231.5	0	12	1968	231.5	0
			△	12	2120	0	0	12	2120	0	0	12	2076	0	0	12	2024	0	0	12	2024	0	0
			▷	12	2128	0	0	12	2104	0	0	12	2052	0	0	12	2052	0	0	12	2024	0	0
	Ⅵ	m m	△	12	2070	341.1	0	12	2070	341.1	0	12	2022	319.5	0	12	2018	319.5	0	12	1970	319.5	0
			▷	12	2050	338	0	12	2026	338	0	12	1972	325.5	0	12	1972	325.5	0	12	1908	313	0
		m m	△	12	2070	170.6	0	12	2070	170.6	0	12	2026	170.6	0	12	1990	149	0	12	1990	149	0
			▷	12	2078	169	0	12	2042	169	0	12	2022	156.5	0	12	1990	156.5	0	12	1958	156.5	0
	Ⅷ	m m n n	△																				
			▷																				
		m m	△																				
			▷																				

续表 3.6-5

壳体直径 DN	管程数	分程布置图	排列形式	壳程入口管直径 d_n250				壳程入口管直径 d_n300				壳程入口管直径 d_n350				壳程入口管直径 d_n400				壳程入口管直径 d_n450			
				拉杆数	排管数	m	n	拉杆数	排管数	m	n	拉杆数	排管数	m	n	拉杆数	排管数	m	n	拉杆数	排管数	m	n
1400	Ⅰ			12	2587	0	0	12	2527	0	0	12	2481	0	0	12	2481	0	0	12	2419	0	0
				12	2591	0	0	12	2563	0	0	12	2501	0	0	12	2467	0	0	12	2431	0	0
	Ⅱ	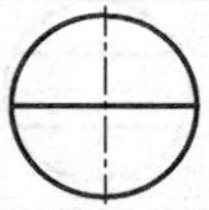		12	2532	0	0	12	2480	0	0	12	2480	0	0	12	2422	0	0	12	2362	0	0
				12	2538	0	0	12	2484	0	0	12	2454	0	0	12	2388	0	0	12	2352	0	0
	Ⅳ	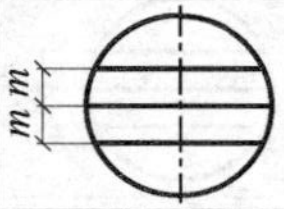		12	2504	276.2	0	12	2404	254.5	0	12	2404	254.5	0	12	2346	254.5	0	12	2346	254.5	0
				12	2438	275.5	0	12	2348	275.5	0	12	2348	275.5	0	12	2270	250.5	0	12	2234	250.5	0
		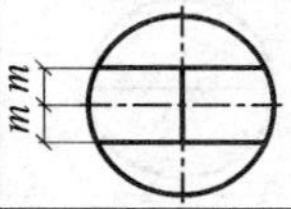		12	2514	278.8	0	12	2422	257.1	0	12	2422	257.1	0	12	2364	257.1	0	12	2300	257.1	0
				12	2460	256.5	0	12	2404	269	0	12	2372	269	0	12	2330	244	0	12	2296	244	0
		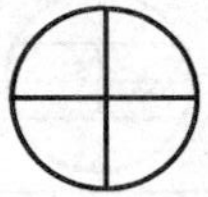		12	2488	0	0	12	2488	0	0	12	2440	0	0	12	2384	0	0	12	2324	0	0
				12	2512	0	0	12	2456	0	0	12	2424	0	0	12	2356	0	0	12	2320	0	0
	Ⅵ	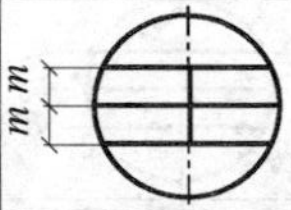		12	2468	362.8	0	12	2374	362.8	0	12	2374	362.8	0	12	2318	341.1	0	2254	2256	341.1	0
				12	2424	363	0	12	2362	350.5	0	12	2330	350.5	0	12	2262	338	0	12	2224	338	0
		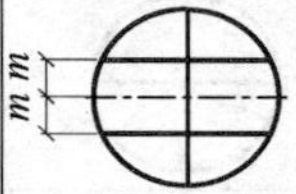		12	2486	170.6	0	12	2442	170.6	0	12	2394	170.6	0	12	2338	170.6	0	12	2278	170.6	0
				12	2440	181.5	0	12	2384	169	0	12	2352	169	0	12	2320	169	0	12	2284	169	0
	Ⅷ	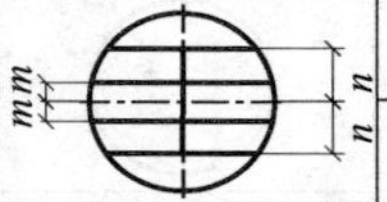																					
		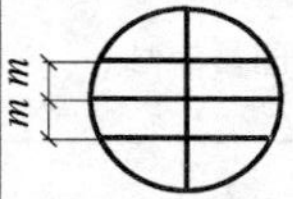																					

续表 3.6－5

壳体直径 DN	管程数	分程布置图	排列形式	壳程入口管直径 d_n300				壳程入口管直径 d_n350				壳程入口管直径 d_n400				壳程入口管直径 d_n450				壳程入口管直径 d_n500			
				拉杆数	排管数	m	n	拉杆数	排管数	m	n	拉杆数	排管数	m	n	拉杆数	排管数	m	n	拉杆数	排管数	m	n
1500	Ⅰ		△	14	2925	0	0	14	2925	0	0	14	2865	0	0	14	2799	0	0	14	2799	0	0
			▷	14	2937	0	0	14	2905	0	0	14	2871	0	0	14	2835	0	0	14	2797	0	0
	Ⅱ		△	14	2876	0	0	14	2876	0	0	14	2814	0	0	14	2814	0	0	14	2750	0	0
			▷	14	2840	0	0	14	2840	0	0	14	2808	0	0	14	2738	0	0	14	2700	0	0
	Ⅳ		△	14	2816	276.2	0	14	2762	276.2	0	14	2702	276.2	0	14	2702	276.2	0	14	2636	276.2	0
			▷	14	2744	288	0	14	2714	288	0	14	2648	275.5	0	14	2612	275.5	0	14	2574	275.5	0
			△	14	2842	278.8	0	14	2788	278.8	0	14	2728	278.8	0	14	2728	278.8	0	14	2676	257.2	0
			▷	14	2792	281.5	0	14	2758	281.5	0	14	2724	269	0	14	2686	269	0	14	2604	269	0
			△	14	2810	0	0	14	2810	0	0	14	2750	0	0	14	2750	0	0	14	2686	0	0
			▷	14	2842	0	0	14	2810	0	0	14	2778	0	0	14	2706	0	0	14	2666	0	0
	Ⅵ		△	14	2802	384.4	0	14	2746	384.4	0	14	2682	362.8	0	14	2682	362.8	0	14	2616	362.8	0
			▷	14	2738	388	0	14	2706	375.5	0	14	2646	363	0	14	2608	363	0	14	2568	363	0
			△	14	2820	192.2	0	14	2764	192.2	0	14	2704	192.2	0	14	2704	192.2	0	14	2640	170.6	0
			▷	14	2768	181.5	0	14	2736	181.5	0	14	2700	181.5	0	14	2664	181.5	0	14	2584	181.5	0
	Ⅷ		△																				
			▷																				
			△																				
			▷																				

续表 3.6－5

壳体直径 DN	管程数	分程布置图	排列形式	壳程入口管直径 d_n300				壳程入口管直径 d_n350				壳程入口管直径 d_n400				壳程入口管直径 d_n450				壳程入口管直径 d_n500			
				拉杆数	排管数	m	n	拉杆数	排管数	m	n	拉杆数	排管数	m	n	拉杆数	排管数	m	n	拉杆数	排管数	m	n
1600	Ⅰ			14	3393	0	0	14	3335	0	0	14	3271	0	0	14	3271	0	0	14	3201	0	0
				14	3369	0	0	14	3333	0	0	14	3295	0	0	14	3255	0	0	14	3217	0	0
	Ⅱ	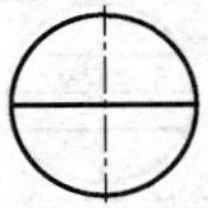		14	3338	0	0	14	3278	0	0	14	3278	0	0	14	3212	0	0	14	3144	0	0
				14	3310	0	0	14	3276	0	0	14	3240	0	0	14	3162	0	0	14	3120	0	0
	Ⅳ	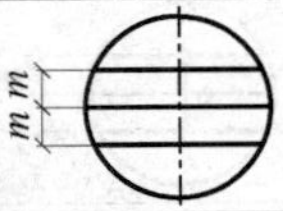		14	3234	297.8	0	14	3234	297.8	0	14	3174	297.8	0	14	3108	297.8	0	14	3042	276.2	0
				14	3176	313	0	14	3142	300.5	0	14	3106	300.5	0	14	3032	288	0	14	2992	288	0
		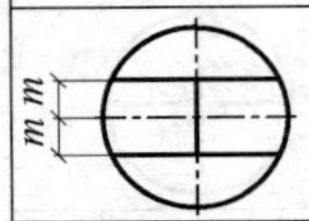		14	3258	300.5	0	14	3198	300.5	0	14	3198	300.5	0	14	3132	300.5	0	14	3072	278.8	0
				14	3220	306.5	0	14	3184	294	0	14	3148	294	0	14	3110	294	0	14	3070	294	0
		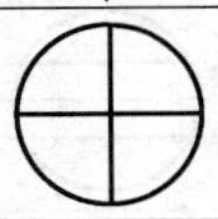		14	3270	0	0	14	3214	0	0	14	3214	0	0	14	3150	0	0	14	3082	0	0
				14	3270	0	0	14	3238	0	0	14	3206	0	0	14	3134	0	0	14	3094	0	0
	Ⅵ	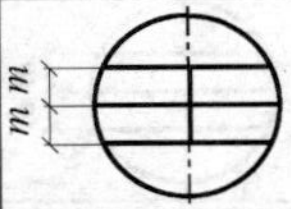		14	3200	406.1	0	14	3200	406.1	0	14	3142	406.1	0	14	3078	406.1	0	14	3010	384.4	0
				14	3168	413	0	14	3136	413	0	14	3100	400.5	0	14	3026	388	0	14	2986	388	0
		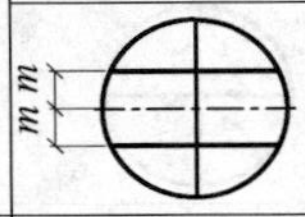		14	3232	192.2	0	14	3172	192.2	0	14	3172	192.2	0	14	3108	192.2	0	14	3040	192.2	0
				14	3190	206.5	0	14	3158	194	0	14	3122	194	0	14	3082	194	0	14	3042	194	0
	Ⅷ	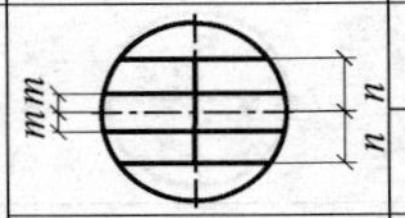																					
		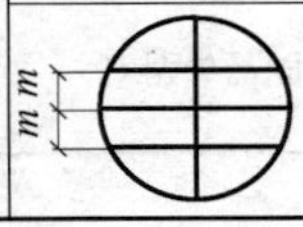																					

续表 3.6-5

壳体直径 DN	管程数	分程布置图	排列形式	壳程入口管直径 d_n300				壳程入口管直径 d_n350				壳程入口管直径 d_n400				壳程入口管直径 d_n450				壳程入口管直径 d_n500			
				拉杆数	排管数	m	n	拉杆数	排管数	m	n	拉杆数	排管数	m	n	拉杆数	排管数	m	n	拉杆数	排管数	m	n
1700	Ⅰ			14	3851	0	0	14	3851	0	0	14	3789	0	0	14	3721	0	0	14	3647	0	0
				14	3843	0	0	14	3807	0	0	14	3769	0	0	14	3729	0	0	14	3687	0	0
	Ⅱ			14	3776	0	0	14	3776	0	0	14	3712	0	0	14	3642	0	0	14	3642	0	0
				14	3766	0	0	14	3732	0	0	14	3696	0	0	14	3618	0	0	14	3576	0	0
	Ⅳ			14	3676	319.5	0	14	3676	319.5	0	14	3614	319.5	0	14	3546	319.5	0	14	3546	319.5	0
				14	3624	325.5	0	14	3590	325.5	0	14	3554	325.5	0	14	3476	313	0	14	3432	313	0
				14	3700	322.1	0	14	3700	322.1	0	14	3638	322.1	0	14	3570	322.1	0	14	3570	322.1	0
				14	3662	319	0	14	3628	319	0	14	3592	319	0	14	3568	306.5	0	14	3526	306.5	0
				14	3714	0	0	14	3714	0	0	14	3654	0	0	14	3586	0	0	14	3586	0	0
				14	3734	0	0	14	3698	0	0	14	3662	0	0	14	3582	0	0	14	3538	0	0
	Ⅵ			14	3640	449.4	0	14	3640	449.4	0	14	3576	427.7	0	14	3506	427.7	0	14	3506	427.7	0
				14	3618	438	0	14	3586	438	0	14	3548	438	0	14	3464	425.5	0	14	3420	413	0
				14	3668	213.9	0	14	3668	213.9	0	14	3608	213.9	0	14	3540	213.9	0	14	3540	213.9	0
				14	3640	219	0	14	3604	219	0	14	3564	206.5	0	14	3528	206.5	0	14	3488	206.5	0
	Ⅷ																						

续表 3.6－5

壳体直径 DN	管程数	分程布置图	排列形式	壳程入口管直径 d_n300				壳程入口管直径 d_n350				壳程入口管直径 d_n400				壳程入口管直径 d_n450				壳程入口管直径 d_n500			
				拉杆数	排管数	m	n	拉杆数	排管数	m	n	拉杆数	排管数	m	n	拉杆数	排管数	m	n	拉杆数	排管数	m	n
1800	Ⅰ			18	4313	0	0	18	4313	0	0	18	4247	0	0	18	4175	0	0	18	4175	0	0
				18	4321	0	0	18	4285	0	0	18	4247	0	0	18	4207	0	0	18	4165	0	0
	Ⅱ			18	4254	0	0	18	4254	0	0	18	4186	0	0	18	4186	0	0	18	4112	0	0
				18	4242	0	0	18	4208	0	0	18	4172	0	0	18	4094	0	0	18	4052	0	0
	Ⅳ	m m		18	4208	341.1	0	18	4146	341.1	0	18	4078	341.1	0	18	4078	341.1	0	18	4004	341.1	0
				18	4088	350.5	0	18	4054	350.5	0	18	4030	338	0	18	3948	338	0	18	3904	338	0
		m m		18	4234	343.8	0	18	4172	343.8	0	18	4104	343.8	0	18	4104	343.8	0	18	4024	322.1	0
				18	4150	344	0	18	4112	344	0	18	4076	331.5	0	18	4036	331.5	0	18	3994	331.5	0
				18	4178	0	0	18	4178	0	0	18	4114	0	0	18	4114	0	0	18	4042	0	0
				18	4210	0	0	18	4174	0	0	18	4138	0	0	18	4058	0	0	18	4014	0	0
	Ⅵ	m m		18	4170	471	0	18	4108	471	0	18	4028	449.4	0	18	4028	449.4	0	18	3956	449.4	0
				18	4076	475.5	0	18	4056	463	0	18	4018	463	0	18	3926	450.5	0	18	3884	450.5	0
		m m		18	4168	235.5	0	18	4112	235.5	0	18	4056	213.9	0	18	4056	213.9	0	18	3984	213.9	0
				18	4114	231.5	0	18	4078	231.5	0	18	4034	219	0	18	3994	219	0	18	3954	219	0
	Ⅷ	m m n n																					
		m m																					

续表 3.6－5

壳体直径 DN	管程数	分程布置图	排列形式	壳程入口管直径 d_n350				壳程入口管直径 d_n400				壳程入口管直径 d_n450				壳程入口管直径 d_n500				壳程入口管直径 d_n600			
				拉杆数	排管数	m	n	拉杆数	排管数	m	n	拉杆数	排管数	m	n	拉杆数	排管数	m	n	拉杆数	排管数	m	n
1900	Ⅰ			18	4795	0	0	18	4725	0	0	18	4725	0	0	18	4649	0	0	18	4567	0	0
				18	4783	0	0	18	4745	0	0	18	4705	0	0	18	4663	0	0	18	4525	0	0
	Ⅱ			18	4748	0	0	18	4748	0	0	18	4676	0	0	18	4598	0	0	18	4518	0	0
				18	4736	0	0	18	4696	0	0	18	4654	0	0	18	4564	0	0	18	4466	0	0
	Ⅳ	m m		18	4688	362.8	0	18	4624	362.8	0	18	4554	362.8	0	18	4478	341.1	0	18	4402	341.1	0
				18	4564	363	0	18	4526	363	0	18	4486	363	0	18	4398	350.5	0	18	4300	350.5	0
		m m		18	4654	365.4	0	18	4654	365.4	0	18	4584	365.4	0	18	4504	343.8	0	18	4420	343.8	0
				18	4612	356.5	0	18	4574	356.5	0	18	4534	356.5	0	18	4492	356.5	0	18	4346	344	0
				18	4658	0	0	18	4658	0	0	18	4590	0	0	18	4514	0	0	18	4434	0	0
				18	4682	0	0	18	4646	0	0	18	4606	0	0	18	4522	0	0	18	4422	0	0
	Ⅵ	m m		18	4634	492.7	0	18	4570	492.7	0	18	4514	471	0	18	4436	471	0	18	4352	471	0
				18	4558	488	0	18	4520	488	0	18	4480	488	0	18	4390	475.5	0	18	4298	463	0
		m m		18	4620	235.5	0	18	4620	235.5	0	18	4548	235.5	0	18	4472	235.5	0	18	4392	235.5	0
				18	4578	244	0	18	4542	244	0	18	4506	231.5	0	18	4462	231.5	0	18	4322	231.5	0
	Ⅷ	mm n n																					
		m m																					

续表 3.6－5

壳体直径 DN	管程数	分程布置图	排列形式	壳程入口管直径 d_n350				壳程入口管直径 d_n400				壳程入口管直径 d_n450				壳程入口管直径 d_n500				壳程入口管直径 d_n600			
				拉杆数	排管数	m	n	拉杆数	排管数	m	n	拉杆数	排管数	m	n	拉杆数	排管数	m	n	拉杆数	排管数	m	n
2000	Ⅰ			20	5339	0	0	20	5339	0	0	20	5265	0	0	20	5185	0	0	20	5099	0	0
				20	5395	0	0	20	5313	0	0	20	5269	0	0	20	5223	0	0	20	5073	0	0
	Ⅱ			20	5326	0	0	20	5260	0	0	20	5184	0	0	20	5184	0	0	20	5018	0	0
				20	5282	0	0	20	5242	0	0	20	5200	0	0	20	5110	0	0	20	5012	0	0
	Ⅳ			20	5202	384.4	0	20	5132	384.4	0	20	5070	362.8	0	20	5070	362.8	0	20	4904	362.8	0
				20	5110	388	0	20	5072	388	0	20	5032	388	0	20	4944	375.5	0	20	4844	363	0
				20	5234	387.1	0	20	5164	387.1	0	20	5100	365.4	0	20	5100	365.4	0	20	4934	365.4	0
				20	5170	381.5	0	20	5128	381.5	0	20	5068	369	0	20	5024	369	0	20	4886	356.5	0
				20	5260	0	0	20	5192	0	0	20	5120	0	0	20	5120	0	0	20	4956	0	0
				20	5224	0	0	20	5196	0	0	20	5152	0	0	20	5060	0	0	20	4960	0	0
	Ⅵ			20	5174	514.3	0	20	5104	514.3	0	20	5028	514.3	0	20	5028	514.3	0	20	4862	492.7	0
				20	5100	525.5	0	20	5056	513	0	20	5016	513	0	20	4926	500.5	0	20	4826	488	0
				20	5190	257.2	0	20	5122	257.2	0	20	5050	257.2	0	20	5050	257.2	0	20	4886	235.5	0
				20	5114	256.5	0	20	5074	256.5	0	20	5046	244	0	20	5002	244	0	20	4854	244	0
	Ⅷ																						

续表 3.6－5

壳体直径 DN	管程数	分程布置图	排列形式	壳程入口管直径 d_n350				壳程入口管直径 d_n400				壳程入口管直径 d_n450				壳程入口管直径 d_n500				壳程入口管直径 d_n600			
				拉杆数	排管数	m	n	拉杆数	排管数	m	n	拉杆数	排管数	m	n	拉杆数	排管数	m	n	拉杆数	排管数	m	n
2100	Ⅰ		△	20	5965	0	0	20	5893	0	0	20	5815	0	0	20	5815	0	0	20	5641	0	0
			▷	20	5969	0	0	20	5887	0	0	20	5843	0	0	20	5797	0	0	20	5699	0	0
	Ⅱ		△	20	5904	0	0	20	5834	0	0	20	5834	0	0	20	5754	0	0	20	5576	0	0
			▷	20	5846	0	0	20	5806	0	0	20	5764	0	0	20	5674	0	0	20	5576	0	0
	Ⅳ		△	20	5750	406.1	0	20	5678	406.1	0	20	5678	406.1	0	20	5618	384.4	0	20	5532	384.4	0
			▷	20	5668	400.5	0	20	5628	400.5	0	20	5586	400.5	0	20	5496	400.5	0	20	5400	388	0
			△	20	5786	408.7	0	20	5714	408.7	0	20	5714	408.7	0	20	5646	387.1	0	20	5560	387.1	0
			▷	20	5726	406.5	0	20	5678	394	0	20	5632	394	0	20	5584	394	0	20	5442	381.5	0
			△	20	5816	0	0	20	5744	0	0	20	5744	0	0	20	5668	0	0	20	5496	0	0
			▷	20	5804	0	0	20	5764	0	0	20	5720	0	0	20	5628	0	0	20	5528	0	0
	Ⅵ		△	20	5726	557.6	0	20	5642	536	0	20	5642	536	0	20	5564	536	0	20	5480	536	0
			▷	20	5650	550.5	0	20	5610	550.5	0	20	5578	538	0	20	5484	538	0	20	5378	525.5	0
			△	20	5734	257.2	0	20	5662	257.2	0	20	5662	257.2	0	20	5586	257.2	0	20	5502	257.2	0
			▷	20	5684	269	0	20	5644	269	0	20	5604	256.5	0	20	5556	256.5	0	20	5404	256.5	0
	Ⅷ		△																				
			▷																				
			△																				
			▷																				

续表 3.6－5

壳体直径 DN	管程数	分程布置图	排列形式	壳程入口管直径 d_n400				壳程入口管直径 d_n450				壳程入口管直径 d_n500				壳程入口管直径 d_n600				壳程入口管直径 d_n700			
				拉杆数	排管数	m	n	拉杆数	排管数	m	n	拉杆数	排管数	m	n	拉杆数	排管数	m	n	拉杆数	排管数	m	n
2200	Ⅰ			20	6463	0	0	20	6463	0	0	20	6381	0	0	20	6293	0	0	20	6099	0	0
				20	6477	0	0	20	6433	0	0	20	6387	0	0	20	6289	0	0	20	6127	0	0
	Ⅱ			20	6486	0	0	20	6412	0	0	20	6328	0	0	20	6238	0	0	20	6044	0	0
				20	6418	0	0	20	6372	0	0	20	6324	0	0	20	6168	0	0	20	5998	0	0
	Ⅳ			20	6342	427.7	0	20	6264	427.7	0	20	6170	406.1	0	20	6082	406.1	0	20	5988	406.1	0
				20	6228	425.5	0	20	6182	425.5	0	20	6086	413	0	20	5984	413	0	20	5808	400.5	0
				20	6372	430.4	0	20	6284	408.7	0	20	6202	408.7	0	20	6114	408.7	0	20	5932	387.1	0
				20	6270	419	0	20	6224	419	0	20	6176	419	0	20	6074	406.5	0	20	5908	394	0
				20	6380	0	0	20	6304	0	0	20	6224	0	0	20	6136	0	0	20	5944	0	0
				20	6348	0	0	20	6304	0	0	20	6260	0	0	20	6112	0	0	20	5948	0	0
	Ⅵ			20	6274	579.3	0	20	6198	579.3	0	20	6120	557.6	0	20	6032	557.6	0	20	5940	536	0
				20	6212	575.5	0	20	6166	575.5	0	20	6070	563	0	20	5960	550.5	0	20	5794	538	0
				20	6314	278.8	0	20	6242	278.8	0	20	6158	278.8	0	20	6070	278.8	0	20	5870	257.2	0
				20	6234	281.5	0	20	6190	281.5	0	20	6134	269	0	20	6038	269	0	20	5878	269	0
	Ⅷ																						

续表 3.6－5

壳体直径 DN	管程数	分程布置图	排列形式	壳程入口管直径 d_n400				壳程入口管直径 d_n450				壳程入口管直径 d_n500				壳程入口管直径 d_n600				壳程入口管直径 d_n700			
				拉杆数	排管数	m	n	拉杆数	排管数	m	n	拉杆数	排管数	m	n	拉杆数	排管数	m	n	拉杆数	排管数	m	n
2300	Ⅰ		△	24	7177	0	0	24	7097	0	0	24	7011	0	0	24	6919	0	0	24	6821	0	0
			▷	24	7145	0	0	24	7097	0	0	24	7047	0	0	24	6941	0	0	24	6767	0	0
	Ⅱ		△	24	7080	0	0	24	7002	0	0	24	7002	0	0	24	6820	0	0	24	6720	0	0
			▷	24	7046	0	0	24	7000	0	0	24	6952	0	0	24	6796	0	0	24	6682	0	0
	Ⅳ	m m	△	24	6934	449.4	0	24	6842	427.7	0	24	6842	427.7	0	24	6660	427.7	0	24	6560	427.7	0
			▷	24	6852	450.5	0	24	6796	438	0	24	6748	438	0	24	6592	438	0	24	6422	425.5	0
		m m	△	24	6972	452	0	24	6880	430.4	0	24	6880	430.4	0	24	6698	430.4	0	24	6614	408.7	0
			▷	24	6894	444	0	24	6862	431.5	0	24	6812	431.5	0	24	6706	431.5	0	24	6532	419	0
			△	24	6980	0	0	24	6900	0	0	24	6900	0	0	24	6724	0	0	24	6628	0	0
			▷	24	6976	0	0	24	6932	0	0	24	6888	0	0	24	6732	0	0	24	6624	0	0
	Ⅵ	m m	△	24	6888	600.9	0	24	6806	600.9	0	24	6806	600.9	0	24	6622	579.3	0	24	6524	579.3	0
			▷	24	6834	600.5	0	24	6788	600.5	0	24	6740	600.5	0	24	6582	575.5	0	24	6408	563	0
		m m	△	24	6906	300.4	0	24	6834	278.8	0	24	6834	278.8	0	24	6654	278.8	0	24	6558	278.8	0
			▷	24	6872	294	0	24	6824	294	0	24	6776	294	0	24	6660	281.5	0	24	6496	281.5	0
	Ⅷ	mm n n	△																				
			▷																				
		m m	△																				
			▷																				

续表 3.6-5

壳体直径 DN	管程数	分程布置图	排列形式	壳程入口管直径 d_n400				壳程入口管直径 d_n450				壳程入口管直径 d_n500				壳程入口管直径 d_n600				壳程入口管直径 d_n700			
				拉杆数	排管数	m	n	拉杆数	排管数	m	n	拉杆数	排管数	m	n	拉杆数	排管数	m	n	拉杆数	排管数	m	n
2400	Ⅰ	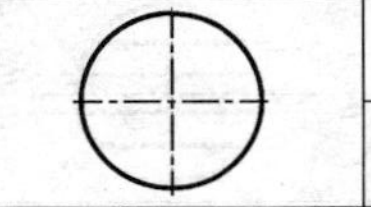		24	7707	0	0	24	7723	0	0	24	7723	0	0	24	7537	0	0	24	7435	0	0
			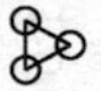	24	7795	0	0	24	7747	0	0	24	7697	0	0	24	7591	0	0	24	7417	0	0
	Ⅱ	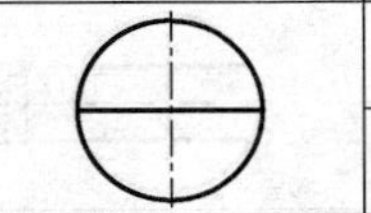		24	7722	0	0	24	7722	0	0	24	7640	0	0	24	7548	0	0	24	7346	0	0
			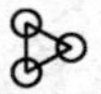	24	7694	0	0	24	7648	0	0	24	7600	0	0	24	7444	0	0	24	7330	0	0
	Ⅳ	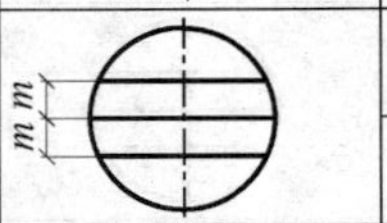		24	7570	471	0	24	7570	471	0	24	7468	449.4	0	24	7378	449.4	0	24	7180	449.4	0
			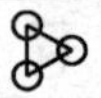	24	7504	463	0	24	7456	463	0	24	7406	463	0	24	7242	450.5	0	24	7128	450.5	0
		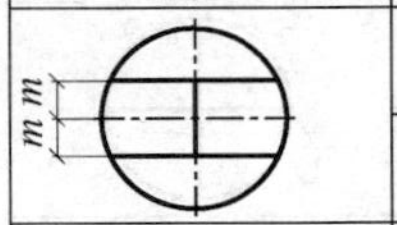		24	7598	452	0	24	7598	452	0	24	7514	452	0	24	7424	452	0	24	7224	430.4	0
			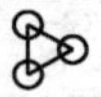	24	7562	456.5	0	24	7514	456.5	0	24	7464	456.5	0	24	7340	444	0	24	7172	444	0
		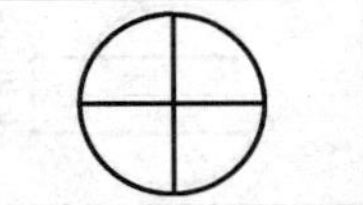		24	7624	0	0	24	7624	0	0	24	7540	0	0	24	7452	0	0	24	7256	0	0
				24	7648	0	0	24	7596	0	0	24	7548	0	0	24	7388	0	0	24	7272	0	0
	Ⅵ	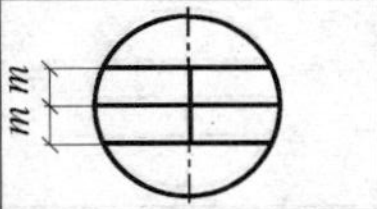		24	7508	622.6	0	24	7508	622.6	0	24	7424	622.6	0	24	7334	622.6	0	24	7138	600.9	0
				24	7482	638	0	24	7426	625.5	0	24	7378	625.5	0	24	7224	613	0	24	7106	600.5	0
		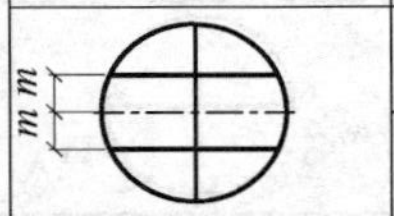		24	7542	300.5	0	24	7542	300.5	0	24	7458	300.4	0	24	7370	300.5	0	24	7174	300.5	0
				24	7510	306.5	0	24	7466	306.5	0	24	7418	306.5	0	24	7314	294	0	24	7142	294	0
	Ⅷ	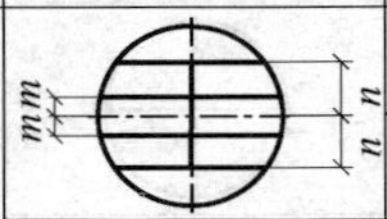																					

		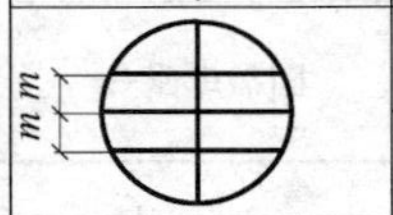																					

续表 3.6－5

壳体直径 DN	管程数	分程布置图	排列形式	壳程入口管直径 d_n450				壳程入口管直径 d_n500				壳程入口管直径 d_n600				壳程入口管直径 d_n700				壳程入口管直径 d_n800			
				拉杆数	排管数	m	n	拉杆数	排管数	m	n	拉杆数	排管数	m	n	拉杆数	排管数	m	n	拉杆数	排管数	m	n
2500	Ⅰ			24	8461	0	0	24	8373	0	0	24	8279	0	0	24	8073	0	0	24	7961	0	0
				24	8421	0	0	24	8371	0	0	24	8265	0	0	24	8091	0	0	24	7965	0	0
	Ⅱ			24	8388	0	0	24	8302	0	0	24	8206	0	0	24	7996	0	0	24	7886	0	0
				24	8340	0	0	24	8292	0	0	24	8124	0	0	24	8002	0	0	24	7816	0	0
	Ⅳ	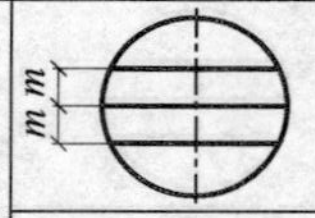 m m		24	8230	492.7	0	24	8142	471	0	24	8046	471	0	24	7944	471	0	24	7724	449.4	0
				24	8128	488	0	24	8078	488	0	24	7914	475.5	0	24	7798	463	0	24	7606	463	0
		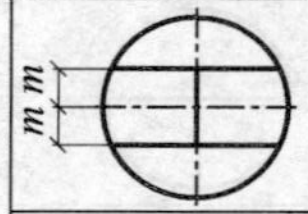 m m		24	8268	473.7	0	24	8178	473.7	0	24	8082	473.7	0	24	7980	473.7	0	24	7762	452	0
				24	8192	481.5	0	24	8140	481.5	0	24	8032	469	0	24	7850	456.5	0	24	7718	456.5	0
				24	8288	0	0	24	8200	0	0	24	8108	0	0	24	7904	0	0	24	7792	0	0
				24	8276	0	0	24	8228	0	0	24	8068	0	0	24	7952	0	0	24	7764	0	0
	Ⅵ	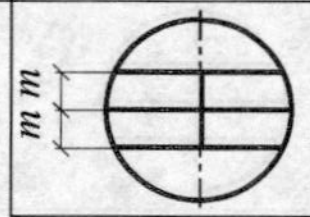 m m		24	8184	665.9	0	24	8096	644.2	0	24	8000	644.2	0	24	7884	622.6	0	24	7666	622.6	0
				24	8104	650.5	0	24	8054	650.5	0	24	7894	638	0	24	7768	625.5	0	24	7582	613	0
		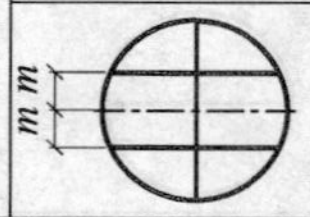 m m		24	8202	322.1	0	24	8118	322.1	0	24	8022	322.1	0	24	7914	300.5	0	24	7698	300.5	0
				24	8132	319	0	24	8084	319	0	24	7988	306.5	0	24	7812	306.5	0	24	7684	306.5	0
	Ⅷ	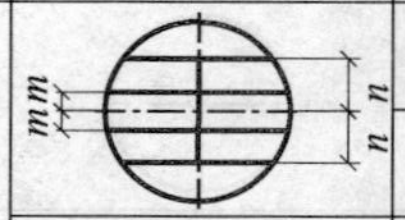 mm n n																					
		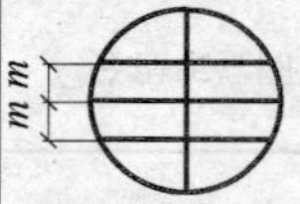 m m																					

续表 3.6-5

壳体直径 DN	管程数	分程布置图	排列形式	壳程入口管直径 d_n450				壳程入口管直径 d_n500				壳程入口管直径 d_n600				壳程入口管直径 d_n700				壳程入口管直径 d_n800			
				拉杆数	排管数	m	n	拉杆数	排管数	m	n	拉杆数	排管数	m	n	拉杆数	排管数	m	n	拉杆数	排管数	m	n
2600	Ⅰ		△	24	9179	0	0	24	9087	0	0	24	8989	0	0	24	8885	0	0	24	8659	0	0
			▷	24	9175	0	0	24	9121	0	0	24	9007	0	0	24	8821	0	0	24	8687	0	0
	Ⅱ		△	24	9078	0	0	24	9078	0	0	24	8888	0	0	24	8782	0	0	24	8556	0	0
			▷	24	9064	0	0	24	9012	0	0	24	8844	0	0	24	8722	0	0	24	8524	0	0
	Ⅳ		△	24	8920	492.7	0	24	8920	492.7	0	24	8730	492.7	0	24	8626	492.7	0	24	8396	471	0
			▷	24	8846	513	0	24	8794	513	0	24	8616	488	0	24	8498	488	0	24	8304	475.5	0
			△	24	8952	495.3	0	24	8952	495.3	0	24	8762	495.3	0	24	8658	495.3	0	24	8432	473.7	0
			▷	24	8908	494	0	24	8856	494	0	24	8752	494	0	24	8564	481.5	0	24	8434	469	0
			△	24	8956	0	0	24	8956	0	0	24	8768	0	0	24	8664	0	0	24	8440	0	0
			▷	24	8988	0	0	24	8940	0	0	24	8780	0	0	24	8664	0	0	24	8476	0	0
	Ⅵ		△	24	8850	687.5	0	24	8850	687.5	0	24	8656	665.9	0	24	8552	665.9	0	24	8334	644.2	0
			▷	24	8810	688	0	24	8778	675.5	0	24	8600	663	0	24	8482	663	0	24	8288	638	0
			△	24	8890	322.1	0	24	8890	322.1	0	24	8702	322.1	0	24	8598	322.1	0	24	8378	322.1	0
			▷	24	8860	331.5	0	24	8808	331.5	0	24	8704	319	0	24	8520	319	0	24	8388	319	0
	Ⅷ		△																				
			▷																				
			△																				
			▷																				

续表 3.6-5

壳体直径 DN	管程数	分程布置图	排列形式	壳程入口管直径 d_n450				壳程入口管直径 d_n500				壳程入口管直径 d_n600				壳程入口管直径 d_n700				壳程入口管直径 d_n800			
				拉杆数	排管数	m	n	拉杆数	排管数	m	n	拉杆数	排管数	m	n	拉杆数	排管数	m	n	拉杆数	排管数	m	n
2700	Ⅰ	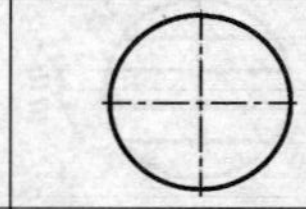		24	9889	0	0	24	9889	0	0	24	9691	0	0	24	9583	0	0	24	9349	0	0
				24	9909	0	0	24	9855	0	0	24	9741	0	0	24	9555	0	0	24	9421	0	0
	Ⅱ	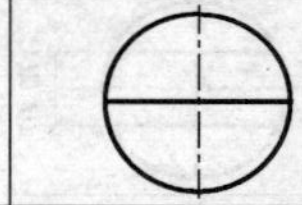		24	9876	0	0	24	9788	0	0	24	9694	0	0	24	9480	0	0	24	9364	0	0
				24	9804	0	0	24	9752	0	0	24	9584	0	0	24	9462	0	0	24	9264	0	0
	Ⅳ	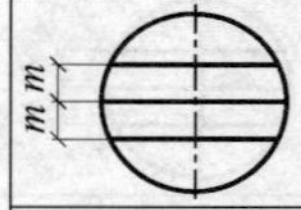		24	9724	514.3	0	24	9632	514.3	0	24	9534	514.3	0	24	9320	514.3	0	24	9206	492.7	0
				24	9578	525.5	0	24	9526	525.5	0	24	9360	513	0	24	9234	513	0	24	9038	500.5	0
		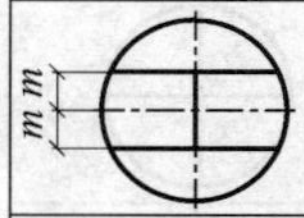		24	9758	517	0	24	9670	517	0	24	9572	517	0	24	9360	495.3	0	24	9246	495.3	0
				24	9636	519	0	24	9584	519	0	24	9486	506.5	0	24	9300	506.5	0	24	9162	494	0
				24	9776	0	0	24	9692	0	0	24	9596	0	0	24	9388	0	0	24	9276	0	0
				24	9748	0	0	24	9696	0	0	24	9524	0	0	24	9400	0	0	24	9200	0	0
	Ⅵ	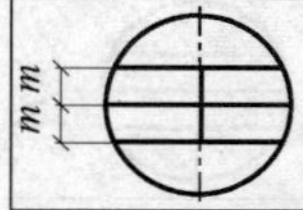		24	9660	709.2	0	24	9570	709.2	0	24	9474	709.2	0	24	9260	687.5	0	24	9148	665.9	0
				24	9560	713	0	24	9514	713	0	24	9336	700.5	0	24	9212	688	0	24	9014	675.5	0
		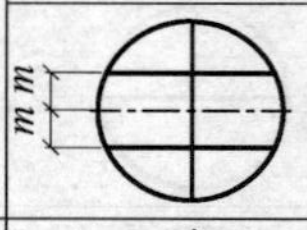		24	9694	343.8	0	24	9606	343.8	0	24	9510	343.8	0	24	9286	322.1	0	24	9174	322.1	0
				24	9598	344	0	24	9546	344	0	24	9422	331.5	0	24	9246	331.5	0	24	9118	331.5	0
	Ⅷ	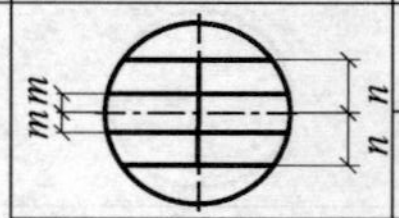																					
		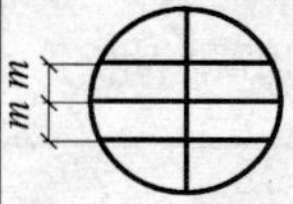																					

续表 3.6－5

壳体直径 DN	管程数	分程布置图	排列形式	壳程入口管直径 d_n500				壳程入口管直径 d_n600				壳程入口管直径 d_n700				壳程入口管直径 d_n800				壳程入口管直径 d_n900			
				拉杆数	排管数	m	n	拉杆数	排管数	m	n	拉杆数	排管数	m	n	拉杆数	排管数	m	n	拉杆数	排管数	m	n
2800	Ⅰ			24	10631	0	0	24	10531	0	0	24	10313	0	0	24	10195	0	0	24	9945	0	0
				24	10621	0	0	24	10507	0	0	24	10321	0	0	24	10187	0	0	24	9971	0	0
	Ⅱ			24	10546	0	0	24	10448	0	0	24	10226	0	0	24	10106	0	0	24	9856	0	0
				24	10516	0	0	24	10348	0	0	24	10222	0	0	24	10024	0	0	24	9882	0	0
	Ⅳ	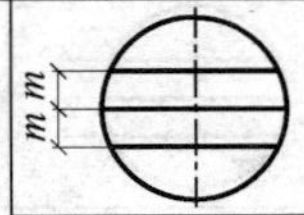 m m		24	10344	536	0	24	10244	536	0	24	10138	536	0	24	9930	514.3	0	24	9804	514.3	0
				24	10290	538	0	24	10116	538	0	24	9988	525.5	0	24	9782	513	0	24	9636	513	0
		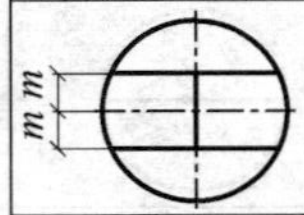 m m		24	10394	538.6	0	24	10294	538.6	0	24	10210	517	0	24	9976	517	0	24	9850	517	0
			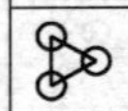	24	10348	531.5	0	24	10234	531.5	0	24	10052	519	0	24	9914	519	0	24	9696	506.5	0
				24	10428	0	0	24	10328	0	0	24	10112	0	0	24	9996	0	0	24	9748	0	0
				24	10460	0	0	24	10288	0	0	24	10164	0	0	24	9964	0	0	24	9820	0	0
	Ⅵ	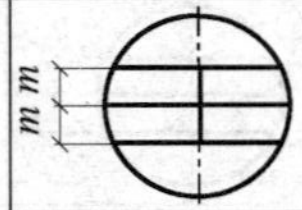 m m		24	10308	730.8	0	24	10206	730.8	0	24	10098	730.8	0	24	9866	687.5	0	24	9740	687.5	0
				24	10264	738	0	24	10086	725.5	0	24	9966	713	0	24	9764	700.5	0	24	9614	688	0
		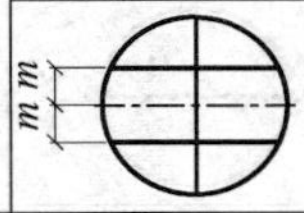 m m		24	10338	365.4	0	24	10234	343.8	0	24	10130	343.8	0	24	9902	343.8	0	24	9778	343.8	0
				24	10312	356.5	0	24	10196	356.5	0	24	10000	344	0	24	9868	344	0	24	9652	331.5	0
	Ⅷ	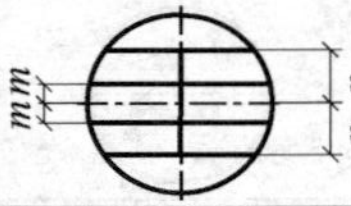 m m n n																					
		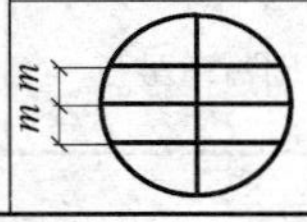 m m																					

续表3.6－5

壳体直径 DN	管程数	分程布置图	排列形式	壳程入口管直径 d_n500				壳程入口管直径 d_n600				壳程入口管直径 d_n700				壳程入口管直径 d_n800				壳程入口管直径 d_n900			
				拉杆数	排管数	m	n	拉杆数	排管数	m	n	拉杆数	排管数	m	n	拉杆数	排管数	m	n	拉杆数	排管数	m	n
2900	Ⅰ			24	11409	0	0	24	11305	0	0	24	11195	0	0	24	10957	0	0	24	10829	0	0
2900	Ⅰ			24	11433	0	0	24	11319	0	0	24	11121	0	0	24	10979	0	0	24	10763	0	0
2900	Ⅱ			24	11416	0	0	24	11218	0	0	24	11106	0	0	24	10864	0	0	24	10738	0	0
2900	Ⅱ			24	11340	0	0	24	11160	0	0	24	11030	0	0	24	10820	0	0	24	10670	0	0
2900	Ⅳ			24	11232	557.6	0	24	11026	557.6	0	24	10920	536	0	24	10804	536	0	24	10554	536	0
2900	Ⅳ			24	11086	563	0	24	10912	563	0	24	10788	550.5	0	24	10578	538	0	24	10432	538	0
2900	Ⅳ			24	11280	560.3	0	24	11078	560.3	0	24	10966	538.6	0	24	10728	538.6	0	24	10600	517	0
2900	Ⅳ			24	11160	556.5	0	24	11046	556.5	0	24	10848	544	0	24	10704	531.5	0	24	10486	519	0
2900	Ⅳ			24	11276	0	0	24	11080	0	0	24	10972	0	0	24	10736	0	0	24	10608	0	0
2900	Ⅳ			24	11248	0	0	24	11076	0	0	24	10952	0	0	24	10752	0	0	24	10608	0	0
2900	Ⅵ			24	11164	774.1	0	24	10956	752.5	0	24	10846	752.5	0	24	10734	730.8	0	24	10486	709.2	0
2900	Ⅵ			24	11062	763	0	24	10896	750.5	0	24	10764	738	0	24	10554	725.5	0	24	10412	713	0
2900	Ⅵ			24	11202	365.4	0	24	11006	365.4	0	24	10894	365.4	0	24	10642	343.8	0	24	10514	343.8	0
2900	Ⅵ			24	11114	369	0	24	10998	369	0	24	10798	356.5	0	24	10662	356.5	0	24	10442	344	0
2900	Ⅷ																						
2900	Ⅷ																						
2900	Ⅷ																						
2900	Ⅷ																						

续表 3.6－5

壳体直径 DN	管程数	分程布置图	排列形式	壳程入口管直径 d_n500				壳程入口管直径 d_n600				壳程入口管直径 d_n700				壳程入口管直径 d_n800				壳程入口管直径 d_n900			
				拉杆数	排管数	m	n	拉杆数	排管数	m	n	拉杆数	排管数	m	n	拉杆数	排管数	m	n	拉杆数	排管数	m	n
3000	Ⅰ			24	12321	0	0	24	12115	0	0	24	12001	0	0	24	11881	0	0	24	11623	0	0
				24	12283	0	0	24	12161	0	0	24	12031	0	0	24	11821	0	0	24	11593	0	0
	Ⅱ			24	12206	0	0	24	12106	0	0	24	11884	0	0	24	11762	0	0	24	11504	0	0
				24	12172	0	0	24	11992	0	0	24	11862	0	0	24	11652	0	0	24	11502	0	0
	Ⅳ	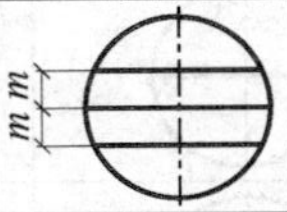		24	12026	579.3	0	24	11924	579.3	0	24	11700	557.6	0	24	11578	557.6	0	24	11316	557.6	0
				24	11926	588	0	24	11742	575.5	0	24	11612	575.5	0	24	11396	563	0	24	11248	550.5	0
		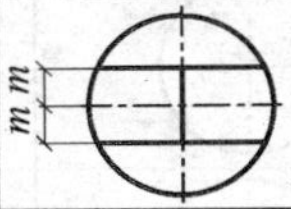		24	12082	581.9	0	24	11980	581.9	0	24	11744	560.3	0	24	11622	560.3	0	24	11378	538.6	0
				24	11996	581.5	0	24	11852	569	0	24	11726	569	0	24	11532	556.5	0	24	11302	544	0
			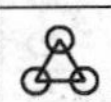	24	12100	0	0	24	12004	0	0	24	11784	0	0	24	11664	0	0	24	11408	0	0
				24	12092	0	0	24	11912	0	0	24	11780	0	0	24	11568	0	0	24	11416	0	0
	Ⅵ	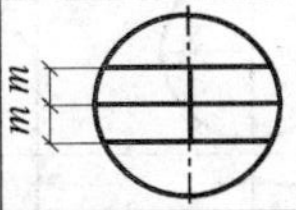		24	11970	795.8	0	24	11868	795.8	0	24	11644	774.1	0	24	11524	752.5	0	24	11266	752.5	0
			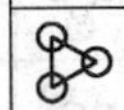	24	11888	788	0	24	11710	788	0	24	11576	775.5	0	24	11364	750.5	0	24	11214	750.5	0
		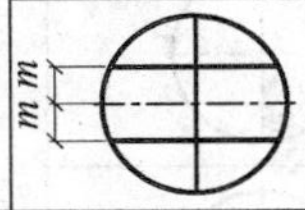	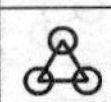	24	12006	387.1	0	24	11906	387.1	0	24	11662	365.4	0	24	11542	365.4	0	24	11290	365.4	0
				24	11916	381.5	0	24	11800	381.5	0	24	11676	381.5	0	24	11484	369	0	24	11256	356.5	0
	Ⅷ	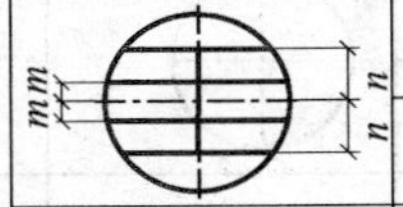																					

		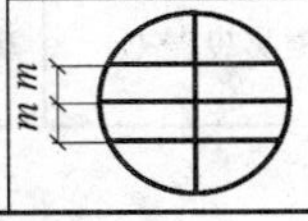																					

表 3.6－6　固定管板换热器 $\phi 25$ 换热管排列表

壳体直径 DN	管程数	分程布置图	排列形式	壳程入口管直径 d_n50				壳程入口管直径 d_n80				壳程入口管直径 d_n				壳程入口管直径 d_n				壳程入口管直径 d_n			
				拉杆数	排管数	m	n	拉杆数	排管数	m	n	拉杆数	排管数	m	n	拉杆数	排管数	m	n	拉杆数	排管数	m	n
159	Ⅰ	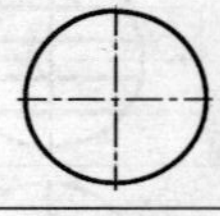	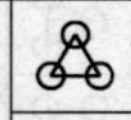	4	6	0	0																
			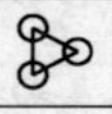	4	6	0	0																
219	Ⅰ			4	18	0	0																
			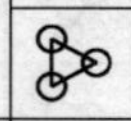	4	15	0	0																
273	Ⅰ			4	33	0	0	4	33	0	0												
			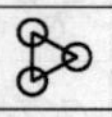	4	33	0	0	4	33	0	0												
	Ⅱ			4	32	0	0	4	32	0	0												
			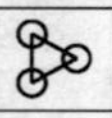	4	26	0	0	4	26	0	0												
325	Ⅰ			4	57	0	0	4	47	0	0												
			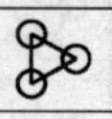	4	55	0	0	4	51	0	0												
	Ⅱ	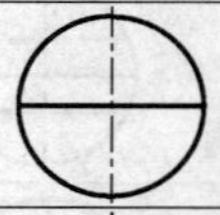		4	52	0	0	4	52	0	0												
			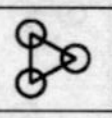	4	42	0	0	4	42	0	0												
	Ⅳ	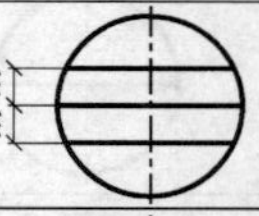 m m		4	40	44	0	4	40	44	0												
			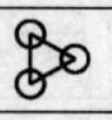	4	38	44	0	4	38	44	0												
		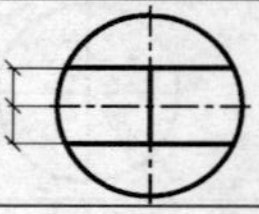 m m		4	42	49.7	0	4	42	49.7	0												
			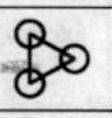	4	36	53	0	4	36	53	0												
				4	44	0	0	4	44	0	0												
			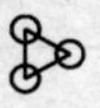	4	40	0	0	4	40	0	0												

续表 3.6－6

壳体直径 DN	管程数	分程布置图	排列形式	壳程入口管直径 d_n80				壳程入口管直径 d_n100				壳程入口管直径 d_n150				壳程入口管直径 d_n				壳程入口管直径 d_n			
				拉杆数	排管数	m	n	拉杆数	排管数	m	n	拉杆数	排管数	m	n	拉杆数	排管数	m	n	拉杆数	排管数	m	n
400	Ⅰ			4	99	0	0	4	99	0	0												
				4	99	0	0	4	99	0	0												
	Ⅱ			4	86	0	0	4	86	0	0												
				4	94	0	0	4	94	0	0												
	Ⅳ	m m		4	86	71.7	0	4	72	71.7	0												
				4	72	76	0	4	72	76	0												
		m m		4	90	77.4	0	4	80	77.4	0												
				4	78	70	0	4	78	70	0												
				4	84	0	0	4	84	0	0												
				4	88	0	0	4	80	0	0												
500	Ⅰ			4	177	0	0	4	177	0	0	4	161	0	0								
				4	173	0	0	4	173	0	0	4	163	0	0								
	Ⅱ			4	160	0	0	4	160	0	0	4	146	0	0								
				4	160	0	0	4	160	0	0	4	152	0	0								
	Ⅳ	m m		4	156	99.4	0	4	144	99.4	0	4	144	99.4	0								
				4	130	92	0	4	130	92	0	4	122	92	0								
		m m		4	150	77.4	0	4	150	77.4	0	4	134	77.4	0								
				4	144	86	0	4	138	86	0	4	130	86	0								

续表 3.6-6

壳体直径 DN	管程数	分程布置图	排列形式	壳程入口管直径 d_n80				壳程入口管直径 d_n100				壳程入口管直径 d_n150				壳程入口管直径 d_n200				壳程入口管直径 d_n			
				拉杆数	排管数	m	n	拉杆数	排管数	m	n	拉杆数	排管数	m	n	拉杆数	排管数	m	n	拉杆数	排管数	m	n
500	Ⅳ			4	152	0	0	4	152	0	0	4	136	0	0								
				4	156	0	0	4	148	0	0	4	136	0	0								
600	Ⅰ							4	265	0	0	4	249	0	0	4	227	0	0				
								4	257	0	0	4	245	0	0	4	235	0	0				
	Ⅱ							4	254	0	0	4	236	0	0	4	236	0	0				
								4	244	0	0	4	234	0	0	4	222	0	0				
	Ⅳ	m m						4	226	99.4	0	4	226	99.4	0	4	208	99.4	0				
								4	210	124	0	4	194	108	0	4	184	108	0				
		m m						4	234	105.1	0	4	216	105.1	0	4	216	105.1	0				
								4	222	102	0	4	210	102	0	4	196	102	0				
								4	232	0	0	4	216	0	0	4	216	0	0				
								4	232	0	0	4	224	0	0	4	216	0	0				
	Ⅵ	m m						4	216	154.9	0	4	216	154.9	0	4	200	127.1	0				
								4	210	156	0	4	198	140	0	4	188	140	0				
		m m						4	216	77.4	0	4	208	77.4	0	4	208	77.4	0				
								4	218	70	0	4	208	70	0	4	198	70	0				
700	Ⅰ							6	357	0	0	6	357	0	0	6	335	0	0				
								6	359	0	0	6	349	0	0	6	337	0	0				

续表 3.6-6

壳体直径 DN	管程数	分程布置图	排列形式	壳程入口管直径 d_n100				壳程入口管直径 d_n150				壳程入口管直径 d_n200				壳程入口管直径 d_n250				壳程入口管直径 d_n			
				拉杆数	排管数	m	n	拉杆数	排管数	m	n	拉杆数	排管数	m	n	拉杆数	排管数	m	n	拉杆数	排管数	m	n
700	Ⅱ							6	362	0	0	6	344	0	0	6	320	0	0				
								6	344	0	0	6	332	0	0	6	318	0	0				
	Ⅳ	m m						6	332	127.1	0	6	312	127.1	0	6	312	127.1	0				
								6	304	140	0	6	290	124	0	6	276	124	0				
		m m						6	336	132.9	0	6	316	132.9	0	6	316	132.9	0				
								6	312	134	0	6	312	134	0	6	308	118	0				
								6	338	0	0	6	322	0	0	6	302	0	0				
								6	330	0	0	6	322	0	0	6	310	0	0				
	Ⅵ	m m						6	318	182.6	0	6	302	154.9	0	6	302	154.9	0				
								6	298	172	0	6	288	172	0	6	276	172	0				
		m m						6	334	77.4	0	6	318	77.4	0	6	318	77.4	0				
								6	306	86	0	6	306	86	0	6	294	86	0				
800	Ⅰ							6	489	0	0	6	467	0	0	6	439	0	0				
								6	475	0	0	6	461	0	0	6	445	0	0				
	Ⅱ							6	474	0	0	6	450	0	0	6	450	0	0				
								6	446	0	0	6	434	0	0	6	420	0	0				
	Ⅳ	m m						6	434	154.9	0	6	434	154.9	0	6	400	127.1	0				
								6	404	156	0	6	392	140	0	6	376	140	0				

续表 3.6-6

壳体直径 DN	管程数	分程布置图	排列形式	壳程入口管直径 d_n150				壳程入口管直径 d_n200				壳程入口管直径 d_n250				壳程入口管直径 d_n300				壳程入口管直径 d_n			
				拉杆数	排管数	m	n	拉杆数	排管数	m	n	拉杆数	排管数	m	n	拉杆数	排管数	m	n	拉杆数	排管数	m	n
800	Ⅳ	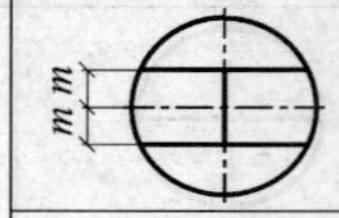 m m		6	440	160.6	0	6	412	132.9	0	6	412	132.9	0								
				6	436	150	0	6	422	150	0	6	402	134	0								
				6	450	0	0	6	430	0	0	6	430	0	0								
				6	442	0	0	6	430	0	0	6	414	0	0								
	Ⅵ	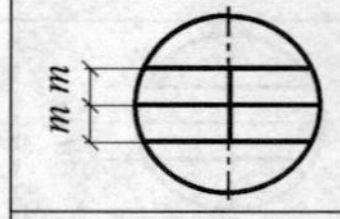 m m		6	426	210.3	0	6	426	210.3	0	6	398	182.6	0								
				6	406	204	0	6	382	188	0	6	368	188	0								
		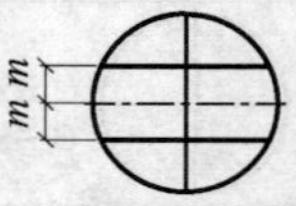 m m		6	430	105.1	0	6	406	105.1	0	6	406	105.1	0								
				6	424	102	0	6	412	102	0	6	396	102	0								
900	Ⅰ			6	609	0	0	6	609	0	0	6	581	0	0	6	581	0	0				
				6	625	0	0	6	611	0	0	6	595	0	0	6	577	0	0				
	Ⅱ			6	608	0	0	6	584	0	0	6	554	0	0	6	554	0	0				
				6	586	0	0	6	572	0	0	6	556	0	0	6	538	0	0				
	Ⅳ	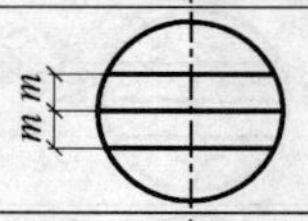 m m		6	572	182.6	0	6	548	154.9	0	6	548	154.9	0	6	518	154.9	0				
				6	536	172	0	6	536	172	0	6	502	156	0	6	484	156	0				
		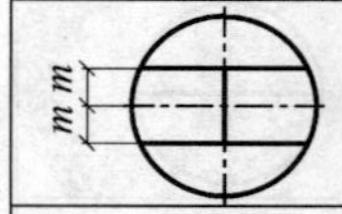 m m		6	584	160.6	0	6	560	160.6	0	6	560	160.6	0	6	530	160.6	0				
				6	560	166	0	6	546	166	0	6	536	150	0	6	518	150	0				
				6	590	0	0	6	570	0	0	6	542	0	0	6	542	0	0				
				6	578	0	0	6	562	0	0	6	546	0	0	6	526	0	0				

续表 3.6－6

壳体直径 DN	管程数	分程布置图	排列形式	壳程入口管直径 d_n150				壳程入口管直径 d_n200				壳程入口管直径 d_n250				壳程入口管直径 d_n300				壳程入口管直径 d_n			
				拉杆数	排管数	m	n	拉杆数	排管数	m	n	拉杆数	排管数	m	n	拉杆数	排管数	m	n	拉杆数	排管数	m	n
900	Ⅵ			6	568	238	0	6	540	210.3	0	6	540	210.3	0	6	510	210.3	0				
				6	528	220	0	6	528	220	0	6	498	220	0	6	482	204	0				
				6	576	105.1	0	6	552	105.1	0	6	552	105.1	0	6	520	105.1	0				
				6	558	118	0	6	546	118	0	6	522	102	0	6	502	102	0				
1000	Ⅰ			6	769	0	0	6	769	0	0	6	741	0	0	6	741	0	0				
				6	781	0	0	6	765	0	0	6	747	0	0	6	727	0	0				
	Ⅱ			6	742	0	0	6	742	0	0	6	712	0	0	6	712	0	0				
				6	748	0	0	6	732	0	0	6	714	0	0	6	694	0	0				
	Ⅳ			6	730	182.6	0	6	704	182.6	0	6	704	182.6	0	6	672	182.6	0				
				6	700	188	0	6	686	188	0	6	670	188	0	6	652	188	0				
				6	750	188.3	0	6	724	188.3	0	6	724	188.3	0	6	692	188.3	0				
				6	712	182	0	6	698	182	0	6	682	182	0	6	664	182	0				
				6	726	0	0	6	726	0	0	6	698	0	0	6	698	0	0				
				6	726	0	0	6	710	0	0	6	690	0	0	6	670	0	0				
	Ⅵ			6	724	265.7	0	6	696	238	0	6	696	238	0	6	664	238	0				
				6	694	252	0	6	680	252	0	6	664	252	0	6	644	236	0				

续表 3.6-6

壳体直径 DN	管程数	分程布置图	排列形式	壳程入口管直径 d_n200				壳程入口管直径 d_n250				壳程入口管直径 d_n300				壳程入口管直径 d_n350				壳程入口管直径 d_n			
				拉杆数	排管数	m	n	拉杆数	排管数	m	n	拉杆数	排管数	m	n	拉杆数	排管数	m	n	拉杆数	排管数	m	n
1000	Ⅵ	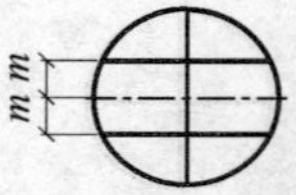 m m		6	724	132.9	0	6	700	132.9	0	6	700	132.9	0	6	672	105.1	0				
				6	716	118	0	6	700	118	0	6	684	118	0	6	664	118	0				
1100	Ⅰ			6	919	0	0	6	919	0	0	6	885	0	0	6	885	0	0				
				6	937	0	0	6	917	0	0	6	895	0	0	6	875	0	0				
	Ⅱ			6	924	0	0	6	894	0	0	6	894	0	0	6	858	0	0				
				6	912	0	0	6	894	0	0	6	874	0	0	6	852	0	0				
	Ⅳ	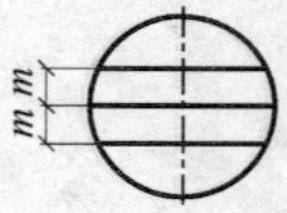 m m		6	876	210.3	0	6	876	210.3	0	6	842	210.3	0	6	842	210.3	0				
				6	834	204	0	6	818	204	0	6	800	204	0	6	780	204	0				
		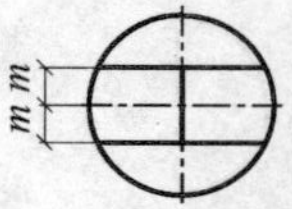 m m		6	892	216	0	6	868	188.3	0	6	868	188.3	0	6	830	188.3	0				
				6	874	198	0	6	854	198	0	6	832	198	0	6	832	198	0				
				6	894	0	0	6	862	0	0	6	862	0	0	6	826	0	0				
				6	894	0	0	6	878	0	0	6	862	0	0	6	842	0	0				
	Ⅵ	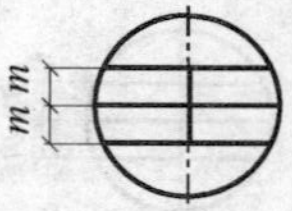 m m		6	860	293.4	0	6	860	293.4	0	6	828	265.7	0	6	828	265.7	0				
				6	846	284	0	6	822	268	0	6	804	268	0	6	784	268	0				
		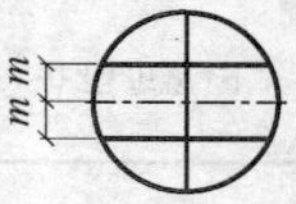 m m		6	878	132.9	0	6	850	132.9	0	6	850	132.9	0	6	814	132.9	0				
				6	850	134	0	6	834	134	0	6	814	134	0	6	814	134	0				

续表3.6-6

壳体直径 DN	管程数	分程布置图	排列形式	壳程入口管直径 d_n200				壳程入口管直径 d_n250				壳程入口管直径 d_n300				壳程入口管直径 d_n350				壳程入口管直径 d_n400			
				拉杆数	排管数	m	n	拉杆数	排管数	m	n	拉杆数	排管数	m	n	拉杆数	排管数	m	n	拉杆数	排管数	m	n
1200	Ⅰ			6	1121	0	0	6	1121	0	0	6	1083	0	0	6	1083	0	0	6	1043	0	0
				6	1127	0	0	6	1109	0	0	6	1089	0	0	6	1067	0	0	6	1043	0	0
	Ⅱ			6	1130	0	0	6	1100	0	0	6	1064	0	0	6	1064	0	0	6	1022	0	0
			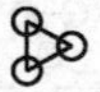	6	1106	0	0	6	1086	0	0	6	1064	0	0	6	1040	0	0	6	1014	0	0
	Ⅳ	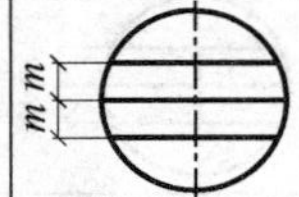		6	1084	238	0	6	1044	210.3	0	6	1044	210.3	0	6	1004	210.3	0	6	1004	210.3	0
				6	1026	236	0	6	1008	236	0	6	990	220	0	6	966	220	0	6	940	220	0
		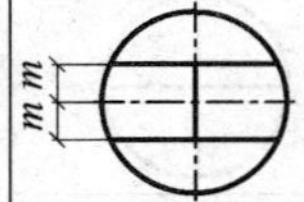		6	1090	216	0	6	1056	216	0	6	1056	216	0	6	1016	216	0	6	1016	216	0
			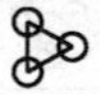	6	1050	230	0	6	1034	214	0	6	1012	214	0	6	1012	214	0	6	988	214	0
		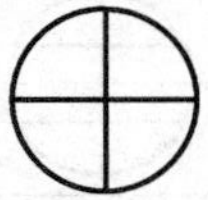		6	1094	0	0	6	1062	0	0	6	1026	0	0	6	1026	0	0	6	986	0	0
			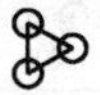	6	1082	0	0	6	1066	0	0	6	1046	0	0	6	1026	0	0	6	1002	0	0
	Ⅵ	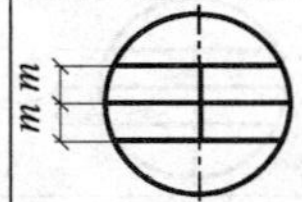		6	1062	321.1	0	6	1026	293.4	0	6	1026	293.4	0	6	988	293.4	0	6	988	293.4	0
				6	1020	300	0	6	1002	300	0	6	982	300	0	6	962	284	0	6	936	284	0
		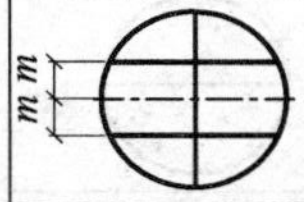		6	1066	160.6	0	6	1038	132.9	0	6	1038	132.9	0	6	1002	132.9	0	6	1002	132.9	0
				6	1040	150	0	6	1020	150	0	6	996	150	0	6	996	150	0	6	976	134	0
	Ⅷ	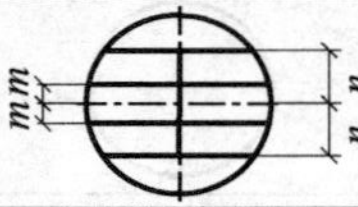																					

		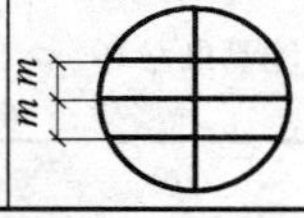																					
			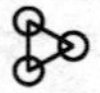																				

续表 3.6－6

壳体直径 DN	管程数	分程布置图	排列形式	壳程入口管直径 d_n200				壳程入口管直径 d_n250				壳程入口管直径 d_n300				壳程入口管直径 d_n350				壳程入口管直径 d_n400			
				拉杆数	排管数	m	n	拉杆数	排管数	m	n	拉杆数	排管数	m	n	拉杆数	排管数	m	n	拉杆数	排管数	m	n
1300	Ⅰ			8	1339	0	0	8	1339	0	0	8	1301	0	0	8	1301	0	0	8	1257	0	0
				8	1337	0	0	8	1317	0	0	8	1295	0	0	8	1295	0	0	8	1271	0	0
	Ⅱ			8	1316	0	0	8	1316	0	0	8	1276	0	0	8	1276	0	0	8	1234	0	0
				8	1300	0	0	8	1282	0	0	8	1262	0	0	8	1240	0	0	8	1216	0	0
	Ⅳ	m m		8	1280	238	0	8	1244	238	0	8	1244	238	0	8	1202	238	0	8	1202	238	0
				8	1230	252	0	8	1208	252	0	8	1184	252	0	8	1184	252	0	8	1164	236	0
		m m		8	1290	243.7	0	8	1258	243.7	0	8	1220	243.7	0	8	1220	243.7	0	8	1184	216	0
				8	1254	246	0	8	1254	246	0	8	1232	246	0	8	1208	246	0	8	1184	230	0
				8	1276	0	0	8	1276	0	0	8	1240	0	0	8	1240	0	0	8	1196	0	0
				8	1288	0	0	8	1268	0	0	8	1248	0	0	8	1224	0	0	8	1200	0	0
	Ⅵ	m m		8	1272	348.8	0	8	1240	321.1	0	8	1240	321.1	0	8	1200	321.1	0	8	1200	321.1	0
				8	1226	332	0	8	1206	332	0	8	1184	332	0	8	1184	332	0	8	1152	316	0
		m m		8	1278	160.6	0	8	1246	160.6	0	8	1210	160.6	0	8	1210	160.6	0	8	1166	160.6	0
				8	1238	166	0	8	1238	166	0	8	1218	166	0	8	1194	166	0	8	1166	150	0
	Ⅷ	mm n n																					
		m m																					

续表 3.6－6

壳体直径 DN	管程数	分程布置图	排列形式	壳程入口管直径 d_n250				壳程入口管直径 d_n300				壳程入口管直径 d_n350				壳程入口管直径 d_n400				壳程入口管直径 d_n450			
				拉杆数	排管数	m	n	拉杆数	排管数	m	n	拉杆数	排管数	m	n	拉杆数	排管数	m	n	拉杆数	排管数	m	n
1400	Ⅰ	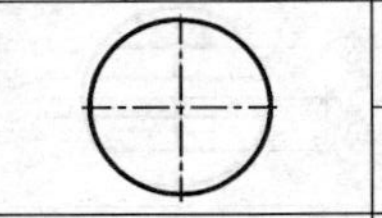	△	8	1547	0	0	8	1547	0	0	8	1503	0	0	8	1503	0	0	8	1453	0	0
			▷	8	1553	0	0	8	1529	0	0	8	1529	0	0	8	1503	0	0	8	1475	0	0
	Ⅱ	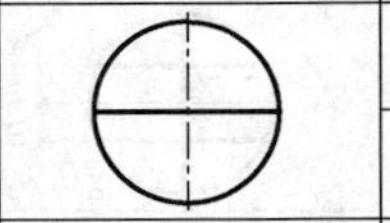	△	8	1546	0	0	8	1506	0	0	8	1506	0	0	8	1460	0	0	8	1460	0	0
			▷	8	1510	0	0	8	1488	0	0	8	1464	0	0	8	1438	0	0	8	1410	0	0
	Ⅳ	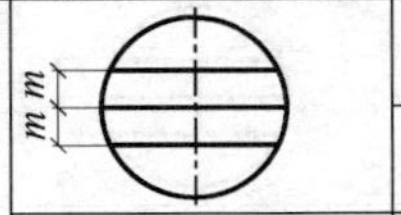 m m	△	8	1486	265.7	0	8	1446	265.7	0	8	1446	265.7	0	8	1446	265.7	0	8	1392	238	0
			▷	8	1432	268	0	8	1408	268	0	8	1408	268	0	8	1382	268	0	8	1348	252	0
		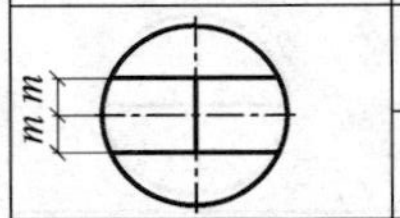 m m	△	8	1502	271.4	0	8	1462	271.4	0	8	1462	271.4	0	8	1414	243.7	0	8	1414	243.7	0
			▷	8	1474	262	0	8	1452	262	0	8	1428	262	0	8	1392	246	0	8	1366	246	0
		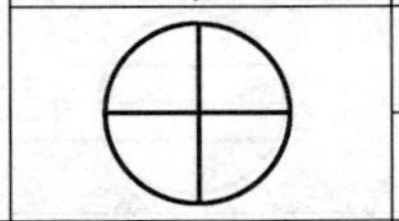	△	8	1508	0	0	8	1472	0	0	8	1472	0	0	8	1428	0	0	8	1428	0	0
			▷	8	1488	0	0	8	1464	0	0	8	1440	0	0	8	1412	0	0	8	1384	0	0
	Ⅵ	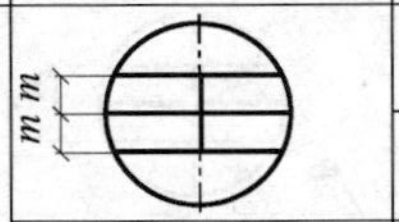 m m	△	8	1466	348.8	0	8	1424	348.8	0	8	1424	348.8	0	8	1424	348.8	0	8	1376	348.8	0
			▷	8	1422	364	0	8	1390	348	0	8	1390	348	0	8	1366	348	0	8	1340	348	0
		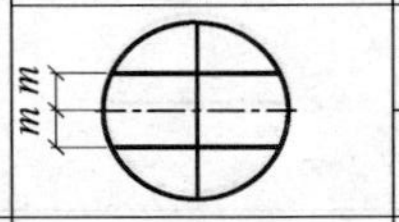 m m	△	8	1462	188.3	0	8	1434	160.6	0	8	1434	160.6	0	8	1390	160.6	0	8	1390	160.6	0
			▷	8	1456	182	0	8	1436	182	0	8	1416	166	0	8	1388	166	0	8	1360	166	0
	Ⅷ	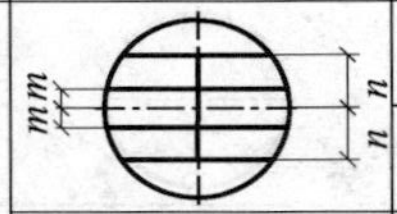 mm n n	△																				
			▷																				
		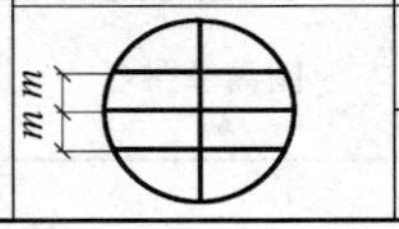 m m	△																				
			▷																				

续表 3.6－6

壳体直径 DN	管程数	分程布置图	排列形式	壳程入口管直径 d_n300				壳程入口管直径 d_n350				壳程入口管直径 d_n400				壳程入口管直径 d_n450				壳程入口管直径 d_n500			
				拉杆数	排管数	m	n	拉杆数	排管数	m	n	拉杆数	排管数	m	n	拉杆数	排管数	m	n	拉杆数	排管数	m	n
1500	Ⅰ			10	1801	0	0	10	1757	0	0	10	1757	0	0	10	1707	0	0	10	1707	0	0
				10	1797	0	0	10	1771	0	0	10	1743	0	0	10	1713	0	0	10	1681	0	0
	Ⅱ	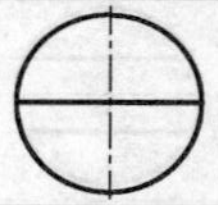		10	1746	0	0	10	1746	0	0	10	1700	0	0	10	1648	0	0	10	1648	0	0
				10	1726	0	0	10	1726	0	0	10	1700	0	0	10	1672	0	0	10	1642	0	0
	Ⅳ	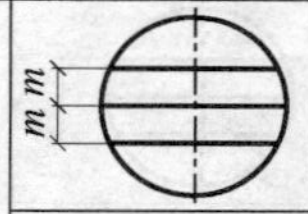 m m		10	1688	293.4	0	10	1688	293.4	0	10	1636	265.7	0	10	1672	265.7	0	10	1584	265.7	0
				10	1652	284	0	10	1628	284	0	10	1610	284	0	10	1582	268	0	10	1550	268	0
		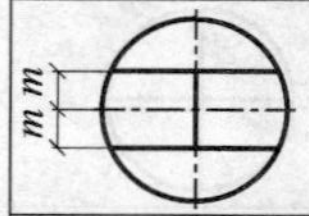 m m		10	1698	271.4	0	10	1698	271.4	0	10	1652	271.4	0	10	1652	271.4	0	10	1600	271.4	0
				10	1682	278	0	10	1658	278	0	10	1632	278	0	10	1604	262	0	10	1572	262	0
				10	1718	0	0	10	1718	0	0	10	1674	0	0	10	1626	0	0	10	1626	0	0
				10	1706	0	0	10	1706	0	0	10	1678	0	0	10	1650	0	0	10	1618	0	0
	Ⅵ	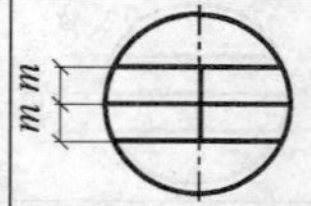 m m		10	1668	376.6	0	10	1668	376.6	0	10	1622	376.6	0	10	1622	376.6	0	10	1570	348.8	0
				10	1650	380	0	10	1626	380	0	10	1600	380	0	10	1576	364	0	10	1544	364	0
		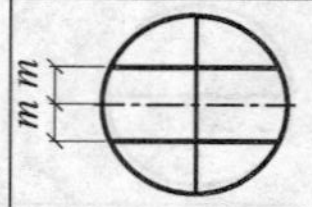 m m		10	1672	188.3	0	10	1680	188.3	0	10	1636	188.3	0	10	1636	188.3	0	10	1584	188.3	0
				10	1672	182	0	10	1648	182	0	10	1620	182	0	10	1592	182	0	10	1560	182	0
	Ⅷ	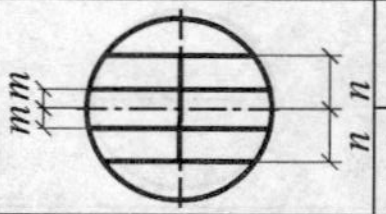 m m n n																					
		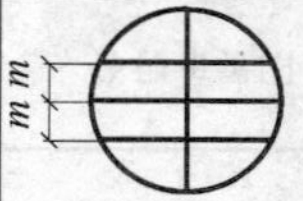 m m																					

续表3.6－6

壳体直径 *DN*	管程数	分程布置图	排列形式	壳程入口管直径 d_n300				壳程入口管直径 d_n350				壳程入口管直径 d_n400				壳程入口管直径 d_n450				壳程入口管直径 d_n500			
				拉杆数	排管数	*m*	*n*	拉杆数	排管数	*m*	*n*	拉杆数	排管数	*m*	*n*	拉杆数	排管数	*m*	*n*	拉杆数	排管数	*m*	*n*
1600	Ⅰ			10	2067	0	0	10	2023	0	0	10	2023	0	0	10	1973	0	0	10	1917	0	0
			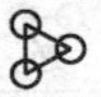	10	2053	0	0	10	2025	0	0	10	1995	0	0	10	1963	0	0	10	1933	0	0
	Ⅱ	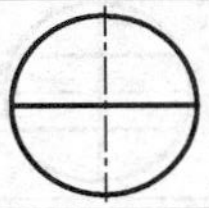		10	2028	0	0	10	1982	0	0	10	1982	0	0	10	1930	0	0	10	1930	0	0
			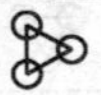	10	1976	0	0	10	1976	0	0	10	1948	0	0	10	1918	0	0	10	1886	0	0
	Ⅳ	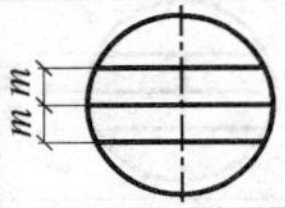 *m m*		10	1962	293.4	0	10	1962	293.4	0	10	1914	293.4	0	10	1914	293.4	0	10	1860	293.4	0
				10	1912	316	0	10	1876	300	0	10	1850	300	0	10	1822	300	0	10	1792	284	0
		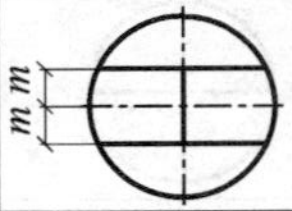 *m m*		10	1984	299.1	0	10	1984	299.1	0	10	1936	299.1	0	10	1882	299.1	0	10	1882	299.1	0
				10	1942	294	0	10	1914	294	0	10	1884	294	0	10	1852	294	0	10	1852	294	0
		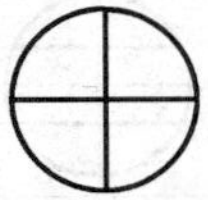		10	1974	0	0	10	1930	0	0	10	1930	0	0	10	1882	0	0	10	1882	0	0
				10	1954	0	0	10	1954	0	0	10	1930	0	0	10	1902	0	0	10	1874	0	0
	Ⅵ	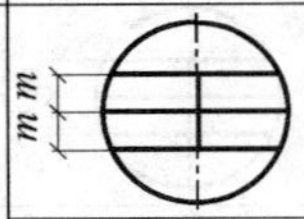 *m m*		10	1932	404.3	0	10	1932	404.3	0	10	1884	404.3	0	10	1884	404.3	0	10	1828	376.6	0
				10	1908	412	0	10	1882	412	0	10	1846	396	0	10	1818	396	0	10	1792	396	0
		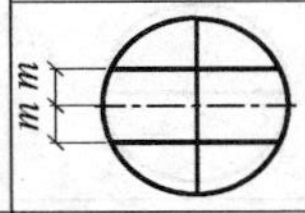 *m m*	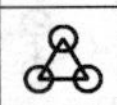	10	1950	188.3	0	10	1950	188.3	0	10	1906	188.3	0	10	1854	188.3	0	10	1854	188.3	0
				10	1918	198	0	10	1894	198	0	10	1866	198	0	10	1838	198	0	10	1838	198	0
	Ⅷ	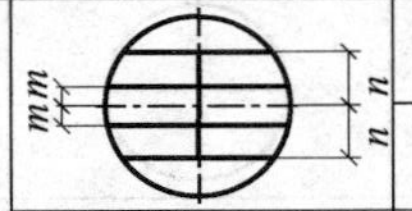 *m m* *n n*																					

		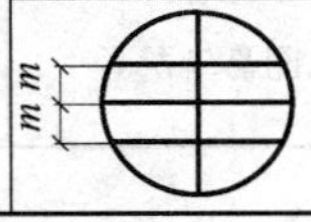 *m m*																					
			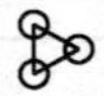																				

续表 3.6－6

壳体直径 DN	管程数	分程布置图	排列形式	壳程入口管直径 d_n300				壳程入口管直径 d_n350				壳程入口管直径 d_n400				壳程入口管直径 d_n450				壳程入口管直径 d_n500			
				拉杆数	排管数	m	n	拉杆数	排管数	m	n	拉杆数	排管数	m	n	拉杆数	排管数	m	n	拉杆数	排管数	m	n
1700	Ⅰ		△	10	2295	0	0	10	2295	0	0	10	2245	0	0	10	2245	0	0	10	2189	0	0
			▷	10	2309	0	0	10	2283	0	0	10	2255	0	0	10	2225	0	0	10	2193	0	0
	Ⅱ	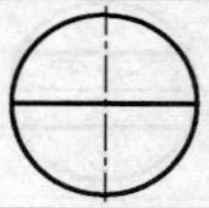	△	10	2318	0	0	10	2272	0	0	10	2272	0	0	10	2220	0	0	10	2220	0	0
			▷	10	2280	0	0	10	2252	0	0	10	2222	0	0	10	2190	0	0	10	2156	0	0
	Ⅳ	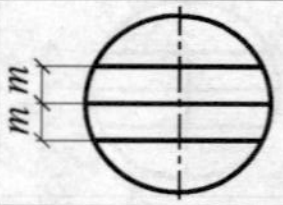 m m	△	10	2238	321.1	0	10	2238	321.1	0	10	2188	321.1	0	10	2132	321.1	0	10	2132	321.1	0
			▷	10	2178	316	0	10	2150	316	0	10	2120	316	0	10	2088	316	0	10	2054	316	0
		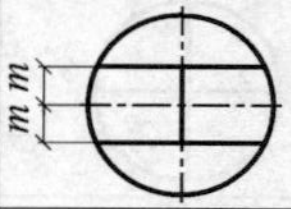 m m	△	10	2254	326.8	0	10	2208	326.8	0	10	2208	326.8	0	10	2160	299.1	0	10	2160	299.1	0
			▷	10	2218	310	0	10	2218	310	0	10	2190	310	0	10	2160	310	0	10	2128	310	0
			△	10	2266	0	0	10	2222	0	0	10	2222	0	0	10	2174	0	0	10	2174	0	0
			▷	10	2250	0	0	10	2226	0	0	10	2198	0	0	10	2170	0	0	10	2138	0	0
	Ⅵ	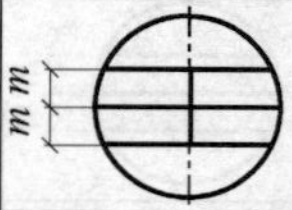 m m	△	10	2222	432	0	10	2222	432	0	10	2172	432	0	10	2116	432	0	10	2116	432	0
			▷	10	2172	444	0	10	2140	428	0	10	2112	428	0	10	2082	428	0	10	2050	412	0
		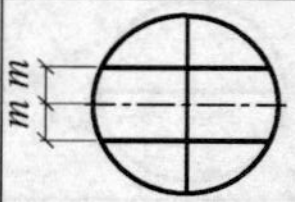 m m	△	10	2226	216	0	10	2178	216	0	10	2178	216	0	10	2126	216	0	10	2126	216	0
			▷	10	2200	214	0	10	2200	214	0	10	2172	214	0	10	2140	214	0	10	2100	198	0
	Ⅷ	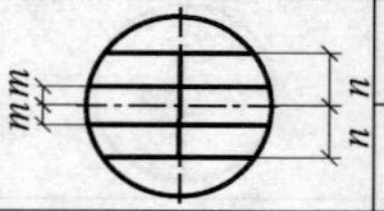 mm n n	△																				
			▷																				
		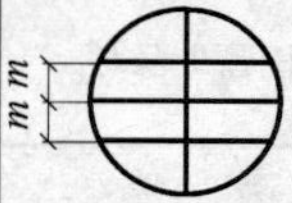 m m	△																				
			▷																				

续表 3.6－6

壳体直径 DN	管程数	分程布置图	排列形式	壳程入口管直径 d_n300				壳程入口管直径 d_n350				壳程入口管直径 d_n400				壳程入口管直径 d_n450				壳程入口管直径 d_n500			
				拉杆数	排管数	m	n	拉杆数	排管数	m	n	拉杆数	排管数	m	n	拉杆数	排管数	m	n	拉杆数	排管数	m	n
1800	Ⅰ			12	2611	0	0	12	2611	0	0	12	2561	0	0	12	2561	0	0	12	2505	0	0
				12	2615	0	0	12	2587	0	0	12	2587	0	0	12	2557	0	0	12	2525	0	0
	Ⅱ	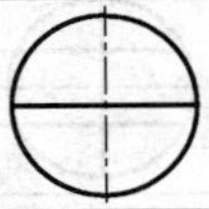		12	2580	0	0	12	2580	0	0	12	2528	0	0	12	2528	0	0	12	2470	0	0
				12	2566	0	0	12	2540	0	0	12	2512	0	0	12	2482	0	0	12	2450	0	0
	Ⅳ	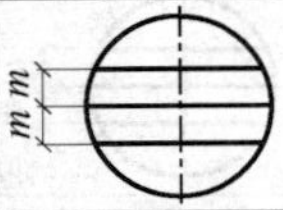 m m		12	2524	348.8	0	12	2476	348.8	0	12	2476	348.8	0	12	2436	321.1	0	12	2436	321.1	0
				12	2472	348	0	12	2442	348	0	12	2410	348	0	12	2370	332	0	12	2370	332	0
		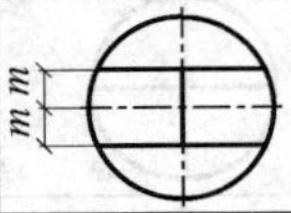 m m		12	2558	354.6	0	12	2518	326.8	0	12	2518	326.8	0	12	2466	326.8	0	12	2466	326.8	0
				12	2496	342	0	12	2496	342	0	12	2466	342	0	12	2434	342	0	12	2394	326	0
				12	2520	0	0	12	2520	0	0	12	2472	0	0	12	2472	0	0	12	2416	0	0
				12	2536	0	0	12	2508	0	0	12	2480	0	0	12	2448	0	0	12	2416	0	0
	Ⅵ	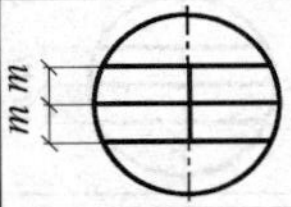 m m		12	2512	459.7	0	12	2464	459.7	0	12	2464	459.7	0	12	2410	459.7	0	12	2410	459.7	0
				12	2456	476	0	12	2424	460	0	12	2394	460	0	12	2358	444	0	12	2358	444	0
		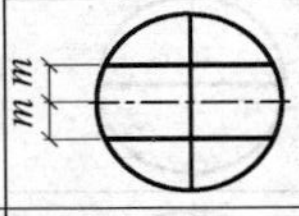 m m		12	2530	216	0	12	2482	216	0	12	2482	216	0	12	2430	216	0	12	2430	216	0
				12	2476	230	0	12	2476	230	0	12	2448	230	0	12	2416	230	0	12	2388	214	0
	Ⅷ	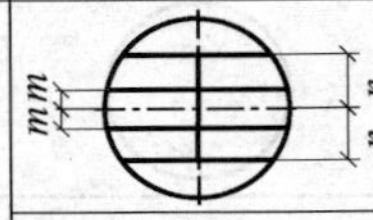 mm n n																					
		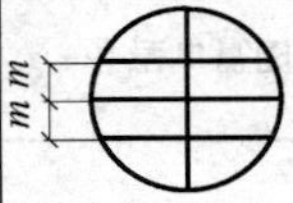 m m																					

续表 3.6－6

壳体直径 DN	管程数	分程布置图	排列形式	壳程入口管直径 d_n350				壳程入口管直径 d_n400				壳程入口管直径 d_n450				壳程入口管直径 d_n500				壳程入口管直径 d_n600			
				拉杆数	排管数	m	n	拉杆数	排管数	m	n	拉杆数	排管数	m	n	拉杆数	排管数	m	n	拉杆数	排管数	m	n
1900	Ⅰ			12	2939	0	0	12	2889	0	0	12	2889	0	0	12	2833	0	0	12	2771	0	0
				12	2933	0	0	12	2903	0	0	12	2871	0	0	12	2837	0	0	12	2763	0	0
	Ⅱ			12	2886	0	0	12	2834	0	0	12	2834	0	0	12	2776	0	0	12	2712	0	0
				12	2852	0	0	12	2822	0	0	12	2790	0	0	12	2756	0	0	12	2682	0	0
	Ⅳ			12	2802	348.8	0	12	2802	348.8	0	12	2748	348.8	0	12	2748	348.8	0	12	2622	348.8	0
				12	2772	364	0	12	2742	364	0	12	2710	364	0	12	2672	348	0	12	2602	348	0
				12	2836	354.6	0	12	2782	354.6	0	12	2782	354.6	0	12	2722	354.6	0	12	2662	326.8	0
				12	2800	358	0	12	2770	358	0	12	2738	358	0	12	2702	342	0	12	2628	342	0
				12	2852	0	0	12	2800	0	0	12	2800	0	0	12	2740	0	0	12	2680	0	0
				12	2832	0	0	12	2800	0	0	12	2768	0	0	12	2732	0	0	12	2656	0	0
	Ⅵ			12	2792	487.4	0	12	2792	487.4	0	12	2736	487.4	0	12	2736	487.4	0	12	2606	459.7	0
				12	2770	492	0	12	2740	492	0	12	2696	476	0	12	2664	476	0	12	2598	460	0
				12	2790	243.7	0	12	2738	243.7	0	12	2738	243.7	0	12	2694	215.9	0	12	2630	215.9	0
				12	2778	246	0	12	2718	230	0	12	2718	230	0	12	2682	230	0	12	2606	230	0
	Ⅷ																						

续表 3.6-6

壳体直径 DN	管程数	分程布置图	排列形式	壳程入口管直径 d_n350				壳程入口管直径 d_n400				壳程入口管直径 d_n450				壳程入口管直径 d_n500				壳程入口管直径 d_n600			
				拉杆数	排管数	m	n	拉杆数	排管数	m	n	拉杆数	排管数	m	n	拉杆数	排管数	m	n	拉杆数	排管数	m	n
2000	Ⅰ			14	3245	0	0	14	3245	0	0	14	3185	0	0	14	3185	0	0	14	3119	0	0
				14	3275	0	0	14	3243	0	0	14	3209	0	0	14	3173	0	0	14	3095	0	0
	Ⅱ			14	3226	0	0	14	3174	0	0	14	3174	0	0	14	3116	0	0	14	3052	0	0
				14	3180	0	0	14	3148	0	0	14	3148	0	0	14	3114	0	0	14	3040	0	0
	Ⅳ			14	3154	376.6	0	14	3098	376.6	0	14	3098	376.6	0	14	3036	376.6	0	14	2968	376.6	0
				14	3096	396	0	14	3062	380	0	14	3030	380	0	14	2996	380	0	14	2916	364	0
				14	3168	382.3	0	14	3112	382.3	0	14	3112	382.3	0	14	3068	354.6	0	14	3002	354.6	0
				14	3126	374	0	14	3096	374	0	14	3064	374	0	14	3030	374	0	14	2958	358	0
				14	3186	0	0	14	3134	0	0	14	3134	0	0	14	3074	0	0	14	3010	0	0
				14	3158	0	0	14	3126	0	0	14	3126	0	0	14	3090	0	0	14	3014	0	0
	Ⅵ			14	3124	515.1	0	14	3070	515.1	0	14	3070	515.1	0	14	3006	515.1	0	14	2942	487.4	0
				14	3088	524	0	14	3056	524	0	14	3024	508	0	14	2990	508	0	14	2910	492	0
				14	3134	243.7	0	14	3082	243.7	0	14	3082	243.7	0	14	3022	243.7	0	14	2958	243.7	0
				14	3102	246	0	14	3070	246	0	14	3038	246	0	14	3002	246	0	14	2926	246	0
	Ⅷ																						

续表 3.6－6

壳体直径 DN	管程数	分程布置图	排列形式	壳程入口管直径 d_n350				壳程入口管直径 d_n400				壳程入口管直径 d_n450				壳程入口管直径 d_n500				壳程入口管直径 d_n600			
				拉杆数	排管数	m	n	拉杆数	排管数	m	n	拉杆数	排管数	m	n	拉杆数	排管数	m	n	拉杆数	排管数	m	n
2100	Ⅰ			14	3599	0	0	14	3599	0	0	14	3539	0	0	14	3539	0	0	14	3473	0	0
				14	3613	0	0	14	3583	0	0	14	3547	0	0	14	3509	0	0	14	3427	0	0
	Ⅱ			14	3544	0	0	14	3544	0	0	14	3486	0	0	14	3486	0	0	14	3418	0	0
				14	3524	0	0	14	3524	0	0	14	3490	0	0	14	3454	0	0	14	3376	0	0
	Ⅳ			14	3516	404.3	0	14	3462	404.3	0	14	3462	404.3	0	14	3398	404.3	0	14	3314	376.6	0
				14	3422	412	0	14	3390	412	0	14	3358	396	0	14	3322	396	0	14	3242	380	0
				14	3526	410	0	14	3472	410	0	14	3472	410	0	14	3404	382.3	0	14	3336	382.3	0
				14	3464	406	0	14	3440	390	0	14	3404	390	0	14	3366	390	0	14	3286	374	0
				14	3478	0	0	14	3478	0	0	14	3418	0	0	14	3418	0	0	14	3354	0	0
				14	3518	0	0	14	3490	0	0	14	3458	0	0	14	3426	0	0	14	3354	0	0
	Ⅵ			14	3472	542.8	0	14	3416	542.8	0	14	3416	542.8	0	14	3354	542.8	0	14	3290	515.1	0
				14	3422	556	0	14	3394	540	0	14	3360	540	0	14	3320	524	0	14	3242	524	0
				14	3494	271.4	0	14	3442	271.4	0	14	3442	271.4	0	14	3382	271.4	0	14	3314	243.7	0
				14	3440	262	0	14	3408	262	0	14	3376	262	0	14	3340	262	0	14	3260	246	0
	Ⅷ																						

续表 3.6－6

壳体直径 DN	管程数	分程布置图	排列形式	壳程入口管直径 d_n400				壳程入口管直径 d_n450				壳程入口管直径 d_n500				壳程入口管直径 d_n600				壳程入口管直径 d_n700			
				拉杆数	排管数	*m*	*n*	拉杆数	排管数	*m*	*n*	拉杆数	排管数	*m*	*n*	拉杆数	排管数	*m*	*n*	拉杆数	排管数	*m*	*n*
2200	Ⅰ			14	3971	0	0	14	3911	0	0	14	3845	0	0	14	3773	0	0	14	3695	0	0
				14	3933	0	0	14	3899	0	0	14	3863	0	0	14	3785	0	0	14	3699	0	0
	Ⅱ			14	3934	0	0	14	3872	0	0	14	3872	0	0	14	3804	0	0	14	3654	0	0
				14	3894	0	0	14	3858	0	0	14	3820	0	0	14	3738	0	0	14	3648	0	0
	Ⅳ			14	3830	432	0	14	3830	432	0	14	3772	404.3	0	14	3702	404.3	0	14	3626	404.3	0
				14	3750	428	0	14	3716	428	0	14	3678	412	0	14	3596	412	0	14	3512	396	0
				14	3848	410	0	14	3788	410	0	14	3788	410	0	14	3722	410	0	14	3650	410	0
				14	3792	422	0	14	3758	422	0	14	3758	422	0	14	3676	406	0	14	3592	390	0
				14	3858	0	0	14	3798	0	0	14	3798	0	0	14	3734	0	0	14	3586	0	0
				14	3846	0	0	14	3814	0	0	14	3778	0	0	14	3702	0	0	14	3618	0	0
	Ⅵ			14	3796	570.5	0	14	3796	570.5	0	14	3732	570.5	0	14	3668	542.8	0	14	3594	542.8	0
				14	3746	572	0	14	3710	572	0	14	3666	556	0	14	3588	556	0	14	3498	540	0
				14	3800	271.4	0	14	3740	271.4	0	14	3740	271.4	0	14	3676	271.4	0	14	3604	271.4	0
				14	3778	278	0	14	3742	278	0	14	3742	278	0	14	3662	278	0	14	3582	262	0
	Ⅷ																						

续表 3.6-6

壳体直径 DN	管程数	分程布置图	排列形式	壳程入口管直径 d_n400				壳程入口管直径 d_n450				壳程入口管直径 d_n500				壳程入口管直径 d_n600				壳程入口管直径 d_n700			
				拉杆数	排管数	m	n	拉杆数	排管数	m	n	拉杆数	排管数	m	n	拉杆数	排管数	m	n	拉杆数	排管数	m	n
2300	Ⅰ			16	4315	0	0	16	4315	0	0	16	4249	0	0	16	4177	0	0	16	4099	0	0
				16	4323	0	0	16	4287	0	0	16	4249	0	0	16	4209	0	0	16	4123	0	0
	Ⅱ	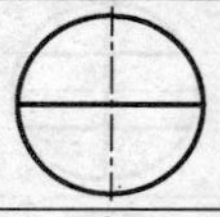		16	4326	0	0	16	4264	0	0	16	4196	0	0	16	4122	0	0	16	4042	0	0
				16	4248	0	0	16	4214	0	0	16	4178	0	0	16	4100	0	0	16	4014	0	0
	Ⅳ	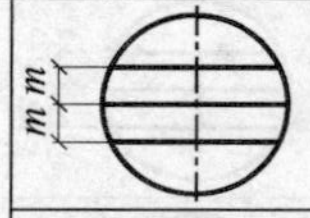		16	4214	432	0	16	4152	432	0	16	4152	432	0	16	4084	432	0	16	4010	432	0
				16	4126	444	0	16	4088	444	0	16	4048	444	0	16	3970	428	0	16	3868	412	0
		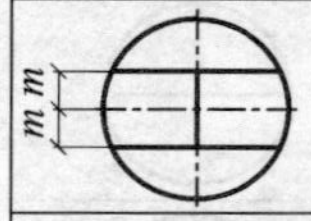		16	4252	437.7	0	16	4190	437.7	0	16	4190	437.7	0	16	4122	437.7	0	16	3952	410	0
				16	4200	438	0	16	4164	438	0	16	4126	438	0	16	4038	422	0	16	3952	422	0
				16	4260	0	0	16	4200	0	0	16	4136	0	0	16	4064	0	0	16	3988	0	0
				16	4224	0	0	16	4188	0	0	16	4152	0	0	16	4072	0	0	16	3984	0	0
	Ⅵ	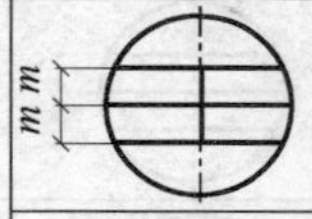		16	4188	598.3	0	16	4126	598.3	0	16	4126	598.3	0	16	4054	570.5	0	16	3978	570.5	0
				16	4118	604	0	16	4078	588	0	16	4040	588	0	16	3952	572	0	16	3858	572	0
		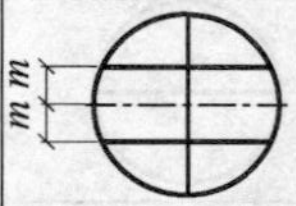		16	4214	299.1	0	16	4154	299.1	0	16	4154	299.1	0	16	4074	271.4	0	16	3926	271.4	0
				16	4176	294	0	16	4140	294	0	16	4104	294	0	16	4016	278	0	16	3932	278	0
	Ⅷ	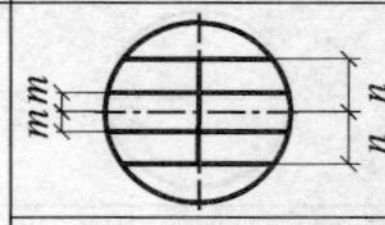																					
		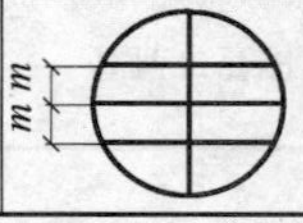																					

续表 3.6-6

壳体直径 DN	管程数	分程布置图	排列形式	壳程入口管直径 d_n400				壳程入口管直径 d_n450				壳程入口管直径 d_n500				壳程入口管直径 d_n600				壳程入口管直径 d_n700			
				拉杆数	排管数	m	n	拉杆数	排管数	m	n	拉杆数	排管数	m	n	拉杆数	排管数	m	n	拉杆数	排管数	m	n
2400	Ⅰ			16	4739	0	0	16	4739	0	0	16	4673	0	0	16	4601	0	0	16	4523	0	0
				16	4733	0	0	16	4733	0	0	16	4695	0	0	16	4613	0	0	16	4523	0	0
	Ⅱ			16	4678	0	0	16	4678	0	0	16	4610	0	0	16	4536	0	0	16	4456	0	0
				16	4646	0	0	16	4610	0	0	16	4572	0	0	16	4490	0	0	16	4400	0	0
	Ⅳ	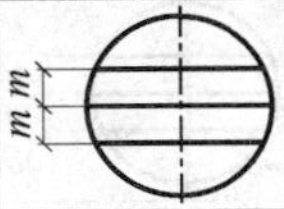 m m		16	4626	459.7	0	16	4562	459.7	0	16	4562	459.7	0	16	4492	459.7	0	16	4348	432	0
				16	4342	460	0	16	4484	460	0	16	4484	460	0	16	4402	460	0	16	4304	444	0
		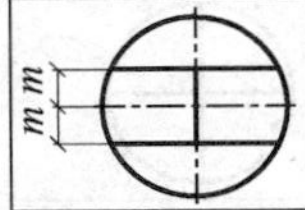 m m		16	4660	465.4	0	16	4600	465.4	0	16	4600	465.4	0	16	4462	437.4	0	16	4382	437.4	0
				16	4596	454	0	16	4560	454	0	16	4522	454	0	16	4442	438	0	16	4348	438	0
				16	4612	0	0	16	4612	0	0	16	4548	0	0	16	4476	0	0	16	4400	0	0
				16	4628	0	0	16	4592	0	0	16	4552	0	0	16	4468	0	0	16	4376	0	0
	Ⅵ	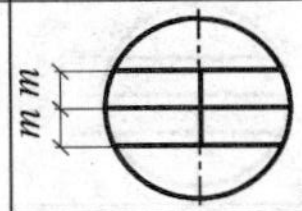 m m		16	4600	626	0	16	4536	626	0	16	4536	626	0	16	4466	626	0	16	4314	598.3	0
				16	4494	636	0	16	4470	620	0	16	4470	620	0	16	4466	604	0	16	4292	604	0
		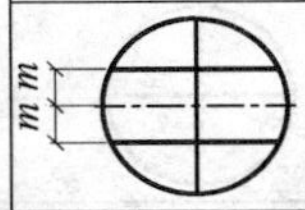 m m		16	4610	299.1	0	16	4550	299.1	0	16	4550	299.1	0	16	4410	299.1	0	16	4330	299.1	0
				16	4562	310	0	16	4526	310	0	16	4502	294	0	16	4418	294	0	16	4326	294	0
	Ⅷ	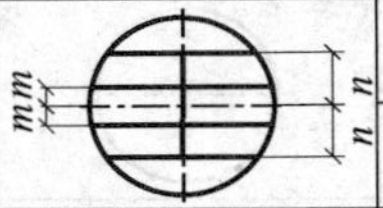 mm n n																					

		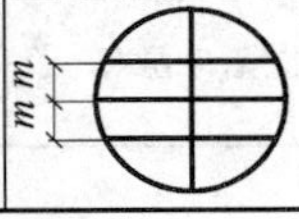 m m																					

续表 3.6-6

壳体直径 DN	管程数	分程布置图	排列形式	壳程入口管直径 d_n450				壳程入口管直径 d_n500				壳程入口管直径 d_n600				壳程入口管直径 d_n700				壳程入口管直径 d_n800			
				拉杆数	排管数	m	n	拉杆数	排管数	m	n	拉杆数	排管数	m	n	拉杆数	排管数	m	n	拉杆数	排管数	m	n
2500	Ⅰ			16	5107	0	0	16	5107	0	0	16	5035	0	0	16	4957	0	0	16	4783	0	0
				16	5153	0	0	16	5113	0	0	16	5027	0	0	16	4933	0	0	16	4831	0	0
	Ⅱ	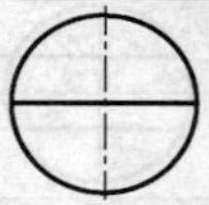		16	5096	0	0	16	5028	0	0	16	4954	0	0	16	4874	0	0	16	4788	0	0
				16	5040	0	0	16	5000	0	0	16	4958	0	0	16	4868	0	0	16	4718	0	0
	Ⅳ	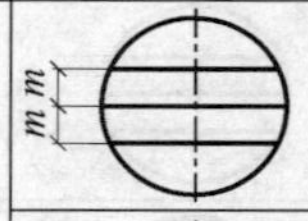		16	5000	487.4	0	16	5000	487.4	0	16	4848	459.7	0	16	4764	459.7	0	16	4680	459.7	0
				16	4936	492	0	16	4890	476	0	16	4808	476	0	16	4712	460	0	16	4610	460	0
		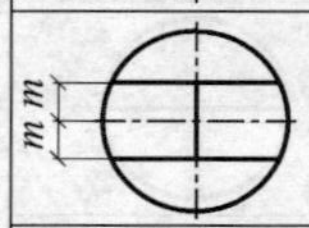		16	5034	493.1	0	16	4966	465.4	0	16	4890	465.4	0	16	4808	465.4	0	16	4696	437.7	0
				16	4968	470	0	16	4930	469.5	0	16	4848	470	0	16	4756	454	0	16	4654	454	0
				16	5040	0	0	16	4976	0	0	16	4904	0	0	16	4828	0	0	16	4700	0	0
				16	5004	0	0	16	4964	0	0	16	4920	0	0	16	4828	0	0	16	4680	0	0
	Ⅵ	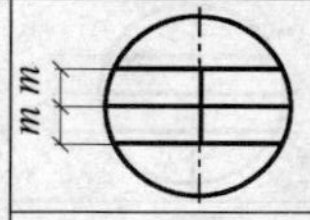		16	4972	653.7	0	16	4972	653.7	0	16	4820	626	0	16	4718	626	0	16	4654	598.3	0
				16	4920	652	0	16	4880	652	0	16	4790	636	0	16	4698	620	0	16	4596	620	0
		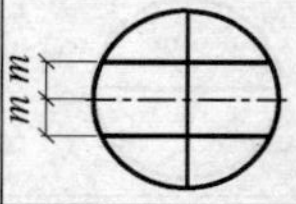		16	4992	326.8	0	16	4912	299.1	0	16	4840	299.1	0	16	4760	299.1	0	16	4676	299.1	0
				16	4940	310	0	16	4900	310	0	16	4816	310	0	16	4724	310	0	16	4632	294	0
	Ⅷ	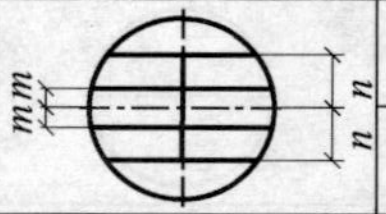																					
		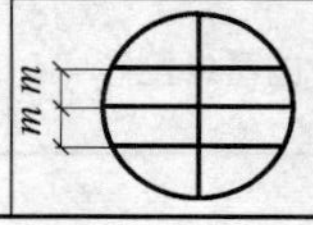																					

续表 3.6－6

壳体直径 DN	管程数	分程布置图	排列形式	壳程入口管直径 d_n450				壳程入口管直径 d_n500				壳程入口管直径 d_n600				壳程入口管直径 d_n700				壳程入口管直径 d_n800			
				拉杆数	排管数	m	n	拉杆数	排管数	m	n	拉杆数	排管数	m	n	拉杆数	排管数	m	n	拉杆数	排管数	m	n
2600	Ⅰ			16	5543	0	0	16	5543	0	0	20	5471	0	0	20	5393	0	0	20	5219	0	0
				16	5571	0	0	16	5533	0	0	20	5443	0	0	20	5345	0	0	20	5243	0	0
	Ⅱ	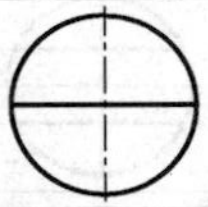		16	5490	0	0	16	5490	0	0	20	5416	0	0	20	5336	0	0	20	5250	0	0
				16	5480	0	0	16	5480	0	0	20	5394	0	0	20	5300	0	0	20	5198	0	0
	Ⅳ	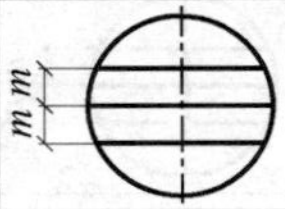 m m		16	5450	515.1	0	20	5370	487.4	0	20	5292	487.4	0	20	5208	487.4	0	20	5118	487.4	0
				16	5354	508	0	20	5314	508	0	20	5220	492	0	20	5122	492	0	20	5032	476	0
		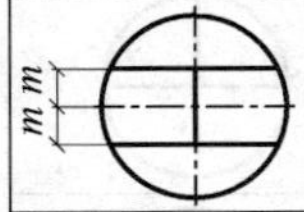 m m		16	5456	493.1	0	20	5388	493.1	0	20	5314	493.1	0	20	5234	493.1	0	20	5152	465.4	0
				16	5398	502	0	20	5358	502	0	20	5272	486	0	20	5174	486	0	20	5082	470	0
				16	5408	0	0	20	5408	0	0	20	5336	0	0	20	5260	0	0	20	5176	0	0
				16	5420	0	0	20	5420	0	0	20	5340	0	0	20	5244	0	0	20	5148	0	0
	Ⅵ	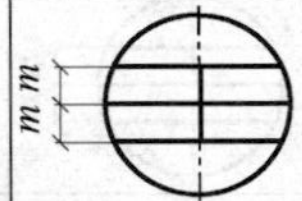 m m		16	5410	681.4	0	20	5340	681.4	0	20	5264	653.7	0	20	5180	653.7	0	20	5090	653.7	0
				16	5334	684	0	20	5296	684	0	20	5212	668	0	20	5110	652	0	20	5018	636	0
		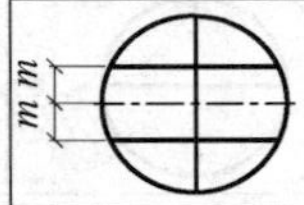 m m		16	5432	326.8	0	20	5364	326.8	0	20	5288	326.8	0	20	5208	326.8	0	20	5124	299.1	0
				16	5366	326	0	20	5326	326	0	20	5242	326	0	20	5154	310	0	20	5050	310	0
	Ⅷ	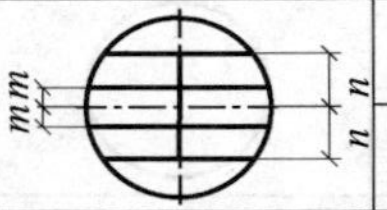 mm n n																					
		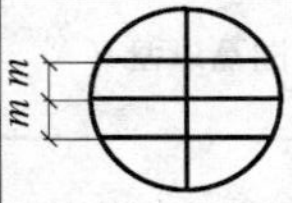 m m																					

续表 3.6-6

壳体直径 DN	管程数	分程布置图	排列形式	壳程人口管直径 d_n450				壳程人口管直径 d_n500				壳程人口管直径 d_n600				壳程人口管直径 d_n700				壳程人口管直径 d_n800			
				拉杆数	排管数	m	n	拉杆数	排管数	m	n	拉杆数	排管数	m	n	拉杆数	排管数	m	n	拉杆数	排管数	m	n
2700	Ⅰ			16	6001	0	0	16	6001	0	0	16	5929	0	0	16	5767	0	0	16	5677	0	0
				16	6005	0	0	16	5965	0	0	16	5879	0	0	16	5785	0	0	16	5683	0	0
	Ⅱ			16	5956	0	0	16	5956	0	0	16	5882	0	0	16	5802	0	0	16	5624	0	0
				16	5964	0	0	16	5922	0	0	16	5832	0	0	16	5734	0	0	16	5628	0	0
	Ⅳ	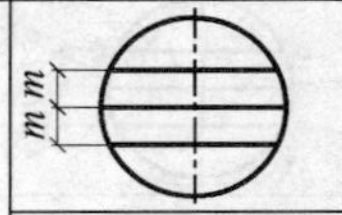 m m		16	5908	515.1	0	16	5838	515.1	0	16	5762	515.1	0	16	5680	515.1	0	16	5580	487.4	0
				16	5778	524	0	16	5738	524	0	16	5666	508	0	16	5568	508	0	16	5456	492	0
		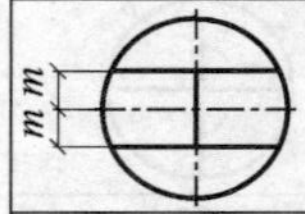 m m		16	5874	520.8	0	16	5874	520.8	0	16	5798	520.8	0	16	5714	493.1	0	16	5624	493.1	0
				16	5834	518	0	16	5794	518	0	24	5758	502	0	16	5664	502	0	16	5562	502	0
				16	5876	0	0	16	5876	0	0	16	5804	0	0	16	5724	0	0	16	5548	0	0
				16	5908	0	0	16	5868	0	0	16	5784	0	0	16	5692	0	0	16	5592	0	0
	Ⅵ	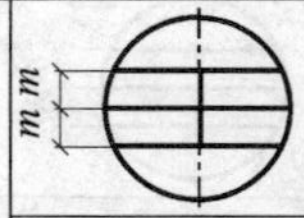 m m		16	5870	709.1	0	16	5798	709.1	0	16	5720	709.1	0	16	5636	681.4	0	16	5548	681.4	0
				16	5778	716	0	16	5750	700	0	16	5660	700	0	16	5556	684	0	16	5454	668	0
		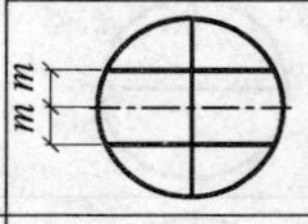 m m		16	5822	326.8	0	16	5822	326.8	0	16	5746	326.8	0	16	5666	326.8	0	16	5578	326.8	0
				16	5820	342	0	16	5780	342	0	16	5736	342	0	16	5640	342	0	16	5532	326	0
	Ⅷ	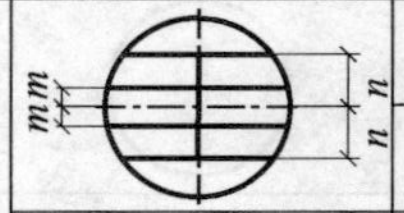 m m n n																					
		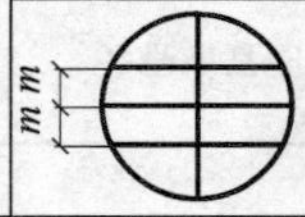 m m																					

续表 3.6－6

壳体直径 DN	管程数	分程布置图	排列形式	壳程入口管直径 d_n500				壳程入口管直径 d_n600				壳程入口管直径 d_n700				壳程入口管直径 d_n800				壳程入口管直径 d_n900			
				拉杆数	排管数	m	n	拉杆数	排管数	m	n	拉杆数	排管数	m	n	拉杆数	排管数	m	n	拉杆数	排管数	m	n
2800	Ⅰ			16	6443	0	0	16	6361	0	0	16	6273	0	0	16	6179	0	0	16	6083	0	0
				16	6457	0	0	16	6367	0	0	16	6269	0	0	16	6163	0	0	16	6049	0	0
	Ⅱ			16	6446	0	0	16	6372	0	0	16	6206	0	0	16	6114	0	0	16	6016	0	0
				16	6386	0	0	16	6300	0	0	16	6198	0	0	16	6092	0	0	16	5982	0	0
	Ⅳ			16	6330	542.8	0	16	6252	542.8	0	16	6150	515.1	0	16	6062	515.1	0	16	5868	515.1	0
				16	6224	540	0	16	6130	540	0	16	6024	524	0	16	5914	508	0	16	5800	508	0
				16	6368	548.5	0	16	6276	520.8	0	16	6194	520.8	0	16	6012	520.8	0	16	5924	493.1	0
				16	6310	534	0	16	6220	534	0	16	6116	518	0	16	6014	518	0	16	5900	502	0
				16	6372	0	0	16	6300	0	0	16	6132	0	0	16	6040	0	0	16	5944	0	0
				16	6336	0	0	16	6248	0	0	16	6152	0	0	16	6048	0	0	16	5936	0	0
	Ⅵ			16	6278	736.8	0	16	6202	736.8	0	16	6130	709.1	0	16	6040	709.1	0	16	5836	681.4	0
				16	6204	732	0	16	6106	716	0	16	6008	716	0	16	5896	700	0	16	5786	684	0
				16	6310	354.6	0	16	6238	354.6	0	16	6154	354.6	0	16	5966	326.8	0	16	5866	326.8	0
				16	6274	358	0	16	6186	358	0	16	6078	342	0	16	5978	342	0	16	5870	342	0
	Ⅷ																						

续表 3.6－6

壳体直径 DN	管程数	分程布置图	排列形式	壳程入口管直径 d_n500				壳程入口管直径 d_n600				壳程入口管直径 d_n700				壳程入口管直径 d_n800				壳程入口管直径 d_n900			
				拉杆数	排管数	m	n	拉杆数	排管数	m	n	拉杆数	排管数	m	n	拉杆数	排管数	m	n	拉杆数	排管数	m	n
2900	Ⅰ			16	6955	0	0	16	6873	0	0	16	6785	0	0	16	6691	0	0	16	6591	0	0
				16	6951	0	0	16	6905	0	0	16	6807	0	0	16	6701	0	0	16	6587	0	0
	Ⅱ			16	6870	0	0	16	6790	0	0	16	6700	0	0	16	6608	0	0	16	6510	0	0
				16	6868	0	0	16	6778	0	0	16	6680	0	0	16	6574	0	0	16	6460	0	0
	Ⅳ	m m		16	6814	570.5	0	16	6750	542.8	0	16	6666	542.8	0	16	6480	542.8	0	16	6362	515.1	0
				16	6704	556	0	16	6610	556	0	16	6560	556	0	16	6442	540	0	16	6280	524	0
		m m		16	6876	548.5	0	16	6798	548.5	0	16	6624	548.5	0	16	6512	520.8	0	16	6412	520.8	0
				16	6790	566	0	16	6700	550	0	16	6602	550	0	16	6486	534	0	16	6380	518	0
				16	6800	0	0	16	6720	0	0	16	6632	0	0	16	6540	0	0	16	6440	0	0
				16	6828	0	0	16	6736	0	0	16	6636	0	0	16	6528	0	0	16	6412	0	0
	Ⅵ	m m		16	6788	764.5	0	16	6710	764.5	0	16	6626	736.8	0	16	6440	736.8	0	16	6340	709.1	0
				16	6664	764	0	16	6588	748	0	16	6538	748	0	16	6422	732	0	16	6254	716	0
		m m		16	6804	354.6	0	16	6732	354.6	0	16	6560	354.6	0	16	6464	354.6	0	16	6368	354.6	0
				16	6748	374	0	16	6672	358	0	16	6572	358	0	16	6464	358	0	16	6344	342	0
	Ⅷ	m m n n																					
		m m																					

续表 3.6－6

壳体直径 DN	管程数	分程布置图	排列形式	壳程入口管直径 d_n500				壳程入口管直径 d_n600				壳程入口管直径 d_n700				壳程入口管直径 d_n800				壳程入口管直径 d_n900			
				拉杆数	排管数	m	n	拉杆数	排管数	m	n	拉杆数	排管数	m	n	拉杆数	排管数	m	n	拉杆数	排管数	m	n
3000	Ⅰ																						
	Ⅱ	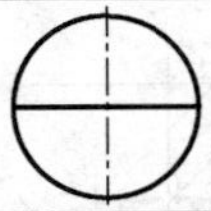																					
	Ⅳ	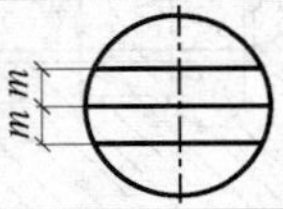																					
		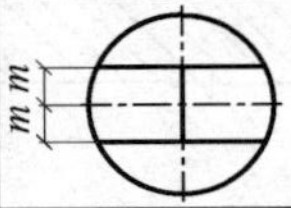																					
		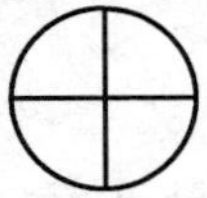																					
	Ⅵ	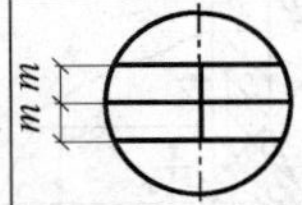																					
		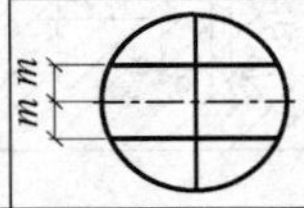																					
	Ⅷ	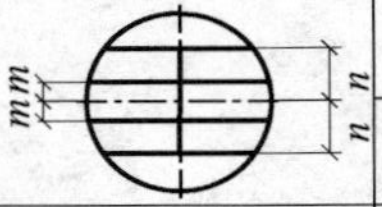																					
		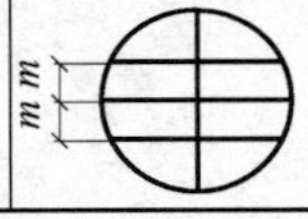																					

3.7　管板与壳体的连接

管板和壳体的连接分为不可拆卸连接和可拆卸连接两种形式。当壳程介质清洁无腐蚀时，可采用不可拆卸连接，固定管板换热器就是这种不可拆卸连接的典型形式。可拆卸连接，是将固定端管板夹在管箱法兰和管箱侧法兰之间，像浮头式、U形管式和填料函式换热器一样。

所谓不可拆卸连接，系将管板与壳体的焊接在一起，多用于固定管板换热器。固定管板换热器的管板又可分为兼作法兰和不兼作法兰两种形式，兼作法兰的固定管板与管箱用法兰连接，多用于低压的场合；而不兼作法兰的固定管板则直接与管箱筒体相焊接，多用于压力较高(4.0MPa)的场合。

1. 兼作法兰的管板与壳体的连接

管板的延长部分同时作法兰用，即管板兼作法兰用，如图3.7－1所示。图3.7－1(a)的结构因管板与壳体间为角焊缝连接，连接强度差，且无法用射线或超声波的方法检验焊接质量，故不宜用于易燃、易爆、易挥发及有毒介质的场合；图3.7－1(b)的焊接质量容易保证，但也无法用射线或超声波的方法检验焊接质量，故使用压力也不宜过高；图3.7－1(c)是带衬环的单面焊接质量较好，但也无法用射线或超声波的方法检验，故使用压力不宜过高；图3.7－1(d)为既能保证焊接质量又便于无损检测的单面对接焊结构，故可用于较高压力的场合。但管板与筒体相焊的坡口机加工难度较大。尤其当筒体直径较大时，一般的小车床无法加工。

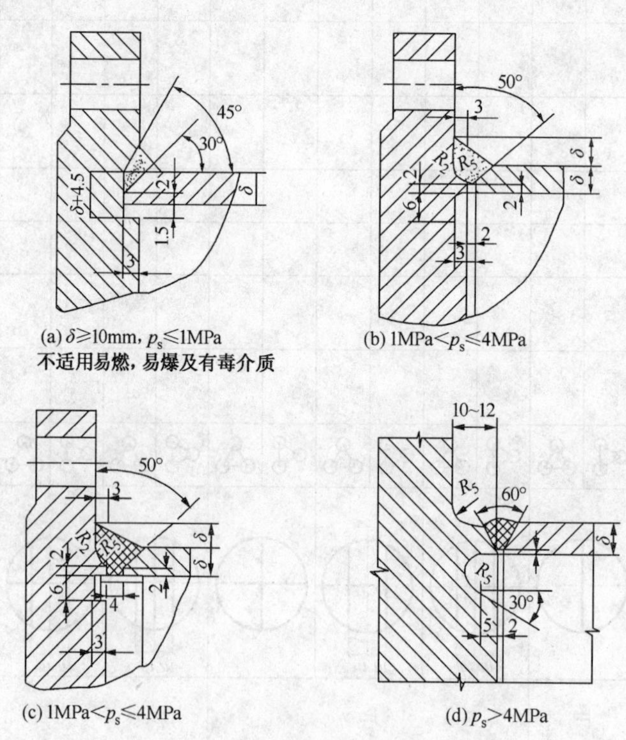

图3.7－1　延长部分兼作法兰的管板

当管板兼作法兰时，由于法兰力矩作用在管板上，给管板增加了一个附加力矩，因而使管板的受力情况复杂化了。同时，法兰又必须具有足够的刚度，以保证密封要求。因此，在进行管板设计计算时，除了考虑由管、壳程压力引起的应力以及由于管、壳程的温差应力外，还应考虑法兰力矩的影响，这样，管板的厚度可能就要超过不兼作法兰的管板厚度。另外，管板兼作法兰时所取的厚度还应满足结构上的要求。

2. 不兼作法兰的管板与壳体的连接

不兼作法兰的管板因无法兰连接，壳体直接与管板焊接，故没有法兰力矩附加在管板上，改善了管板的受力情况，但其结构比较复杂。图 3.7－2 所示的是几种典型的焊接连接形式。

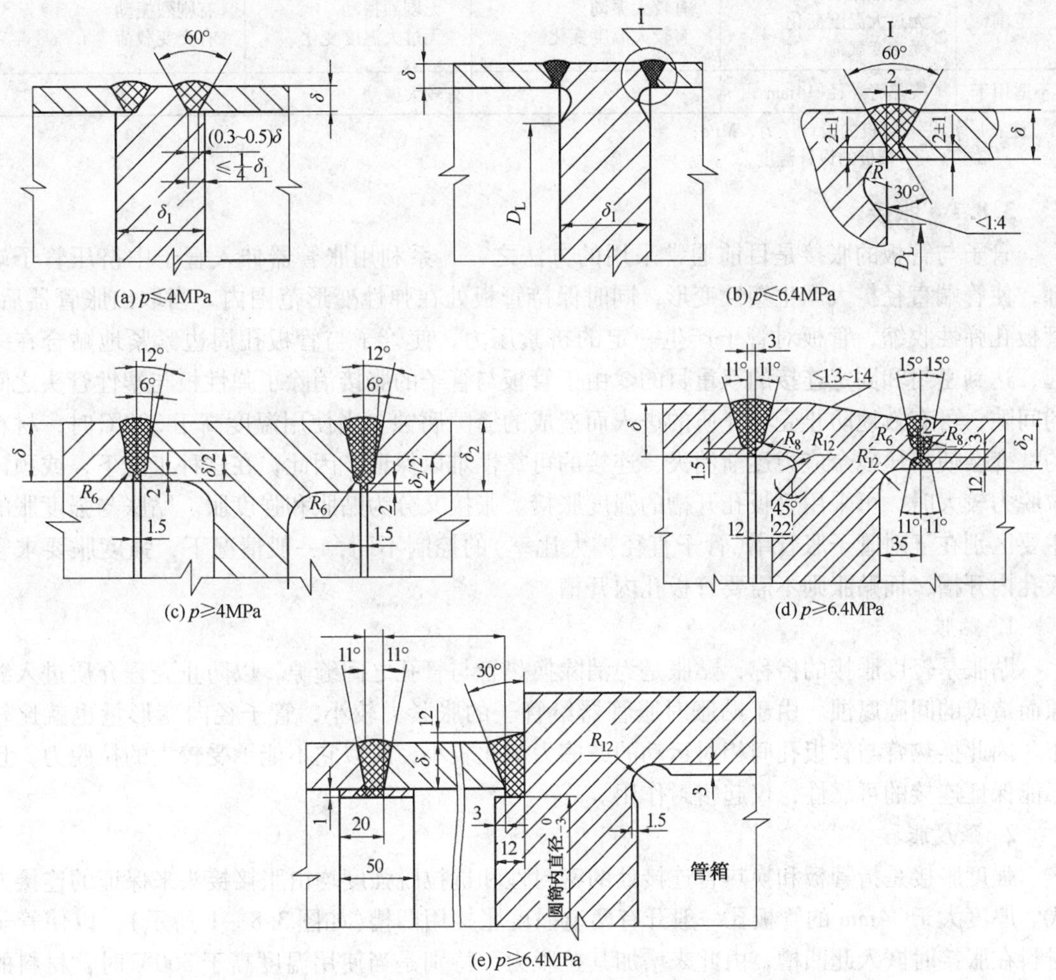

图 3.7－2　几种典型的管板焊接连接形式

3.8　换热管与管板的连接方式及其选择

管子与管板的连接有胀接、焊接、胀焊组合三种形式，分别适用于不同的设计条件、介质和操作环境。换热管与管板之间各种连接方式的适用范围见表 3.8－1。

表 3.8－1 换热管与管板之间各种连接方式的适用范围

	强度胀	强度焊＋贴胀	密封焊＋强度胀	强度焊＋强度胀
前提条件	换热管与管板不可焊	要求承受一般振动 采用带复层的管板	要求高的密封性能 采用复合板时	要求高的密封性能 要求承受剧烈振动 有疲劳、交变载荷 采用带复层的管板
设计压力	p_d≤11MPa	p_d≤35MPa	p_d≤11MPa	p_d≤35MPa
设计温度	T_d≤300℃	小于材料最高使用温度	T_d≤300℃	小于材料最高使用温度
适用	无严重的应力腐蚀开裂有缝隙腐蚀	有一般应力腐蚀开裂，可防一般缝隙腐蚀	无严重的应力腐蚀开裂，有缝隙腐蚀	无严重的应力腐蚀开裂，有缝隙腐蚀
范围	无剧烈振动 无过大温度变化 无交变载荷	有较大振动 有较大温度变化	无剧烈振动 无过大温度变化	有剧烈振动 有交变载荷
不适用于	换热管外径<14mm		有较大振动	

注：1. p_d——管板的设计压力，MPa；
2. T_d——管板的设计温度，℃。

3.8.1 胀接

管子与管板的胀接是目前通常采用的方法之一，系利用胀管器伸入管子中挤压管子端部，使管端直径扩大产生塑性变形，同时保持管板处在弹性变形范围内。当取出胀管器后，管板孔弹性收缩，管板对管子产生一定的挤紧压力，使管子与管板孔周边紧紧地贴合在一起，达到密封和固定连接的双重目的。由于管板与管子的胀接消除了弹性板与塑性管头之间的间隙，可有效地防止壳程介质的进入而造成的缝隙腐蚀。当使用温度高于300℃时，材料的蠕变会使挤压残余应力逐渐消失，连接的可靠性难以保证。因此，在这种工况下，或预计拉脱力较大时，可采用管板孔开槽的强度胀接。胀接又分为贴胀和强度胀。贴胀与强度胀的主要区别在于对管子胀管率(管子直径扩大比率)的控制不同，一般情况下，强度胀要求管板孔内开槽，而贴胀则不需要管板孔内开槽。

1. 贴胀

贴胀是轻度胀接的俗称，贴胀是为消除换热管与管孔之间缝隙，以防止壳程介质进入缝隙而造成的间隙腐蚀。由于贴胀时胀管器给管子的胀紧力较小，管子径向变形量也就比较小。因此换热管与管板孔间相对运动的摩擦力就比较小，所以它不能承受较大的拉脱力，且不能保证连接的可靠性，仅起密封作用。

2. 强度胀接

强度胀接是指管板和换热管连接处的密封性和抗拉脱强度均由胀接接头来保证的连接方式。厚度大于34mm的管板孔一般开有两道强度胀接用凹槽(如图3.8－1所示)，以使管子材料在胀接时嵌入此凹槽，由此来增加其拉脱力。特别是当使用温度高于300℃时，材料的蠕变会使挤压残余应力逐渐消失，连接的可靠性下降。甚至发生管子与管板松脱。这时采用强度胀接，其抗拉脱力就比贴胀要大得多。

胀管前，管端应用布砂轮磨掉表面污物和锈皮，直到呈现金属光泽，清锈长度应不小于管板厚度的2倍。管板硬度应比管子硬度高HB20～30，以免胀接时管板孔产生塑性变形，影响胀接的紧密性。为保证胀接质量，当达不到这个要求时，可将管端进行退火处理，降低硬度后再胀接。

胀管工作不能在环境温度低于10℃的条件下进行，以免产生冷脆现象。强度胀接的适用范围是：设计压力小于等于 4MPa；设计温度小于等于 300℃；操作中无剧烈振动，无过大的温度变化及无严重应力腐蚀的场合。有应力腐蚀时，不应采用管头局部退火的方式来降低换热管的硬度。由于胀管器胀头的尺寸限制，外径小于 14mm 的换热管与管板的连接不能采用胀接；由于高温将使管子与管板产生蠕变，胀接应力松弛，继而引起连接处泄漏，所以当操作温度高于 350℃时，不宜单独采用强度胀接，而应采用胀焊并用的工艺。

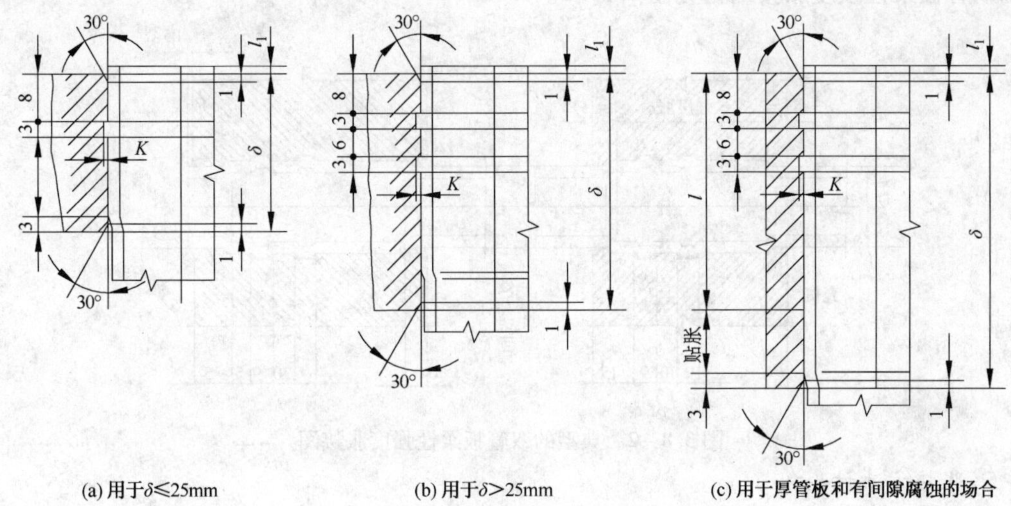

(a) 用于δ≤25mm
(b) 用于δ>25mm
(c) 用于厚管板和有间隙腐蚀的场合

图 3.8－1　强度胀接的管板孔开槽图

最近，国内不少制造厂相继采用柔性胀管技术来代替机械胀管技术，这种施胀工艺具有残余应力小，胀管时管子不受扭矩作用，不会因润滑油而污染管头焊接部位等优点，但其能够承担的拉脱力也有限。

强度胀接应要求有一定的胀管率，常用材质的胀管率见表 3.8－2。胀管率 ρ 的计算有多种方法，这里只介绍其中使用较为广泛的一种。

$$\rho = \frac{d_2 - d_i - b}{2\delta}$$

式中　d_2——胀接后管子内径，mm；

d_i——胀接前管子内径，mm；

b——换热管与管板孔的径向间隙(管孔直径减去换热管外径后除以 2)，mm；

δ——管子壁厚，mm。

表 3.8－2　各种材料换热管的推荐的强度胀管率

换热管材料	换热管外径/mm	换热管壁厚/mm	胀管率 ρ/%
碳钢、低合金钢	$\phi19 \sim \phi38$	2～4.5	6～7
不锈钢		1.6～3.2	7～8
镍合金		1.6～3.2	5～6
铜合金		1.6～3.2	5

3. 柔性胀接

柔性胀接包括：液压、液袋、橡胶和爆炸胀接四种常见工艺。当使用柔性胀接时，必须加宽管孔内的胀槽尺寸，开槽宽度可按 $1.1\sqrt{d_o \times t}$（d_o 为换热管外径，t 为换热管壁厚）计算，但最大不得超过13mm。并且需要制造厂采用本企业的胀接工艺进行试胀，试胀后，解剖管头试样后，肉眼观察，胀接区贴合紧密即可满足贴胀要求。

4. 双管板管头与管板的连接

换热管与双管板中靠壳侧的管板连接，由于无法焊接，故只能采用胀接的形式连接。典型的双管板柔性强度胀接结构见图3.8－2。

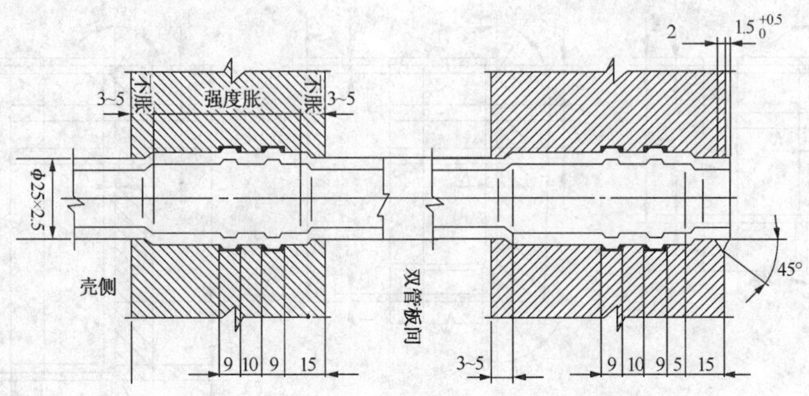

图3.8－2 典型的双管板柔性强度胀接图

5. 胀接方法讨论

管子与管板的胀接手段有非均匀的机械胀接（机械滚珠胀）和均匀的柔性胀接（液压胀接、液袋胀接、橡胶胀接、爆炸胀接）两大类。滚珠胀接为最早的胀接方法，直到目前仍在大量使用；这种方法简捷方便，但它的缺点在于需要用油润滑，油的污染使胀接后不能保证焊接的质量。而非均匀胀接的碾轧使管径扩大会产生较大的冷作应力，不利于应力腐蚀的场合；加之胀杆不能太细，故胀接段不能太长；但由于它的简便，目前仍广泛地使用在中、薄管板的胀接上。

液压与液袋胀接的基本原理相同，但液袋胀接是通过橡胶袋把液体压力传给换热管使其扩张胀住的。因此液袋胀接具有增压液体不外流的优点。橡胶胀管是利用机械压力使特种橡胶长度缩短，直径增大，从而带动管子扩张达到胀接的目的。爆炸胀接是利用炸药在管内胀接有效长度内的爆炸，使管子贴紧管板孔而达到胀接目的的。但对于U形管换热器，爆炸胀接法不大适用。因为，爆炸往往会使爆炸残留物堵住U形弯管。

液压胀是近两年来才出现在国内的技术。很多制造厂认为液压和液袋胀接由于胀接力较机械胀小，一般只能作为密封胀使用。但经过研究单位的多方研究发现，如要使其作为承担较大拉脱力的强度胀时，应加大管板上的开槽宽度至8mm，这样管子才能够被挤压变形进入到槽内，以便承担必须的拉脱力。据文献报道，槽深和槽的间距对液压胀的拉脱力影响不大，基本可以与机械胀管板开槽尺寸相似。

此处，GB 151仅给出了几种管头焊接、胀接和胀焊组合形式，并说明设计者可以采取标准上几种典型的连接形式之外的其他可靠连接形式。

3.8.2 管头焊接

它是用焊接的方法将管子与管板连接在一起，这种方法对管板孔的加工精度要求低，可节省孔的加工工时。同时，焊接工艺也比胀接工艺简单，可自动进行，而且在压力不高时可使用较薄的管板，因此，焊接法的应用正日趋广泛，它适用于碳钢、低合金钢、不锈钢和堆焊不锈钢、钛、哈氏合金的管板在各种压力及各种温度下使用的换热器。但焊接接头处产生的热应力可能造成应力腐蚀开裂，同时管子与管板之间存在间隙（如图3.8－2），由于这些间隙中的介质不流动，很容易造成缝隙腐蚀。另外，换热管损坏时不易更换。

1. 强度焊接

强度焊接是同时保证换热管与管板连接的密封性能及抗拉脱强度的焊接。当温度高于300℃或压力高于4.0 MPa时，一般采用强度焊接法。这种连接形式适用于拉脱力大，管板厚度小，使用温度高，紧密性有严格要求的场合。它对管孔的加工精度要求不高，施焊工艺比较简便，因而应用较广。但所存在的问题是换热管与管板孔之间有间隙，容易造成缝隙腐蚀，焊接接头处产生的焊接残余应力亦可能造成应力腐蚀开裂。不锈钢焊接时，容易在焊接热影响区造成材料金相组织的改变，而使该区域的耐蚀性降低。另外，在焊接接头泄漏补焊时，在孔间距偏小的情况下，容易影响相邻焊接接头的联接可靠性。它可用于管板与换热管同为碳钢、低合金钢及不锈钢时的连接，碳钢或低合钢上堆焊不锈钢的管板与不锈钢换热管的连接也可采用强度焊接。从适用范围来看，它适用于较高压力、较高温度的场合，但不适用于有较大振动及有缝隙腐蚀的场合。从焊接工艺上来说，强度焊必须是填丝的氩弧焊，而不填丝的熔化焊最多只能作为密封焊。

强度焊接时，管板孔周边应开有2mm×45°的坡口，管子上的焊角腰高为1.4倍的管壁厚度（如图3.8－3所示）。这样可以提高管子与管板之间的抗拉脱能力。

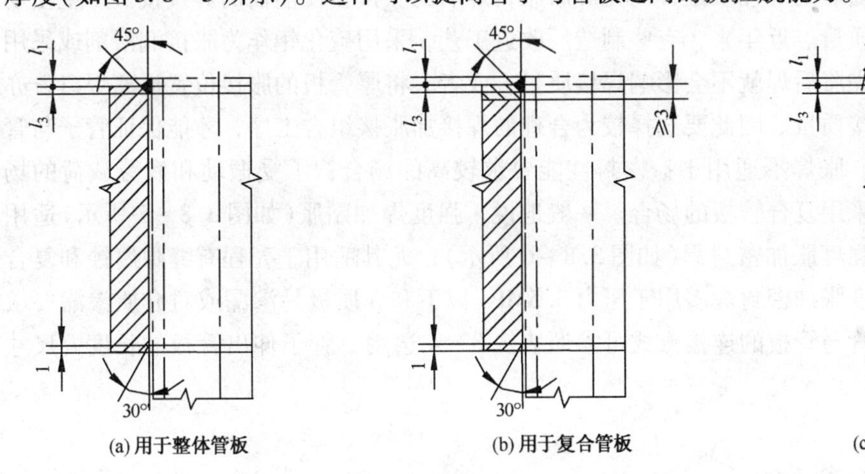

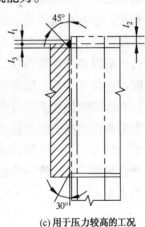

(a) 用于整体管板　(b) 用于复合管板　(c) 用于压力较高的工况

图3.8－3　强度焊接

2. 密封焊

密封焊是保证换热管与管板连接密封性能的焊接。管板孔与管子相焊处开有2mm×45°坡口，管子上的焊角高为3mm，以提高管程与壳程之间的密封性能，但不保证强度，也不承担拉脱力。

3. 管子与管板的特殊焊接结构

对于一些特殊场合，管子与管板的焊接可采用如下特殊结构，它系采用特殊的内孔焊机，将管子与管板在壳程侧进行焊接，见图3.8－4。这种结构将管子与管板的角焊缝结构改为对接焊结构，可以获得最大的连接强度，并且可以实现无损检测。从疲劳的角度看，这种结构也是最为理想的。

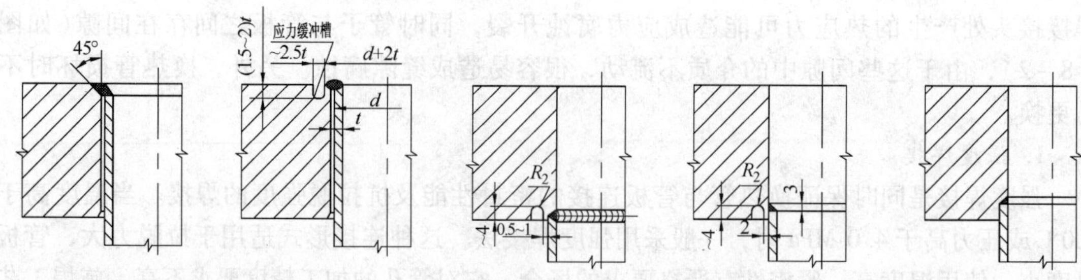

图 3.8－4　管子与管板焊接的特殊结构

3.8.3　胀焊组合

高压、高温换热器换热管与管板间的连接接头，在操作中受到反复热变形、热冲击、腐蚀及介质压力的作用，容易发生泄漏。操作工况苛刻时，甚至发生破坏。这时，无论单独采用焊接或是胀接，都难以保证连接的可靠性，此时就应采用胀焊组合的方法。胀焊组合旨在使胀接和焊接的优势互补，它既能够提高接头的抗疲劳性能，还可以消除应力腐蚀开裂和缝隙腐蚀，使换热器的使用寿命比单用焊或胀时长得多。

胀焊组合的制造工序一般有两种，不同的工序各有其优缺点。有些制造厂采用先胀后焊的工序，而有些制造厂则采用先焊后胀的工序。这两种工序各有利弊，先胀后焊，胀接器留下润滑油污会影响随后的焊接质量；而先焊后胀，焊后的胀接会使前面的焊接接头产生松动或裂纹，影响焊接质量。近年来，有些制造厂改进工艺，采用硫化钼作为胀接润滑剂或采用液压胀管器，这样先胀后焊就不会影响焊接质量；或者，将厚管板的胀接位置远离焊口，亦不会影响以前的焊接质量。因此要选择较为合理的焊接加胀接组合工序，才能保证管子与管板间的连接可靠性。胀焊不适用于：密封性能要求较高的场合；承受振动和疲劳载荷的场合；有缝隙腐蚀和采用复合管板的场合。一般地说，强度焊加贴胀(如图 3.8－5 所示)适用的温度和压力高于强度胀加密封焊(如图 3.8－6 所示)，尤其适用于壳程有缝隙腐蚀和复合管板的场合，而强度胀加密封焊多用于压力 3.5MPa 以下和介质极易渗漏或对介质渗漏要求极严的情况。换热管与管板的连接方式可参照表 3.8－4 选用，管子伸出管板的长度 l_1 尺寸如表 3.8－3。

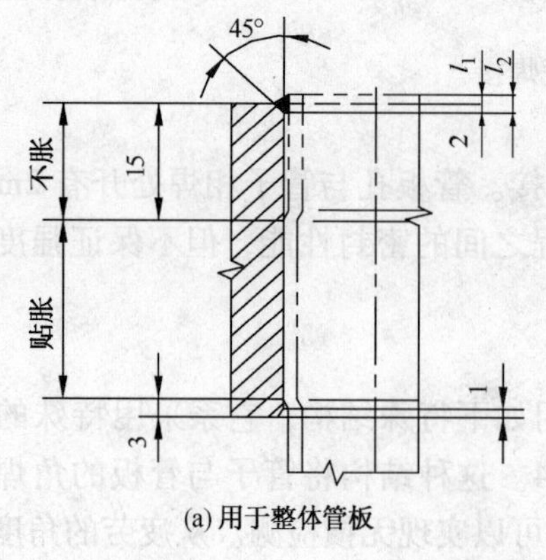

(a) 用于整体管板

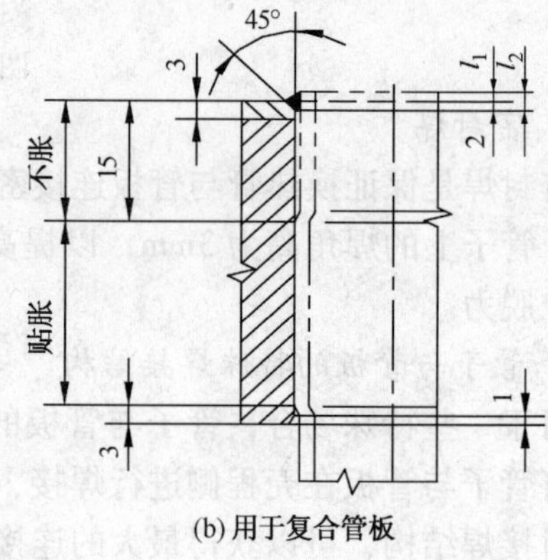

(b) 用于复合管板

图 3.8－5　强度焊加贴胀

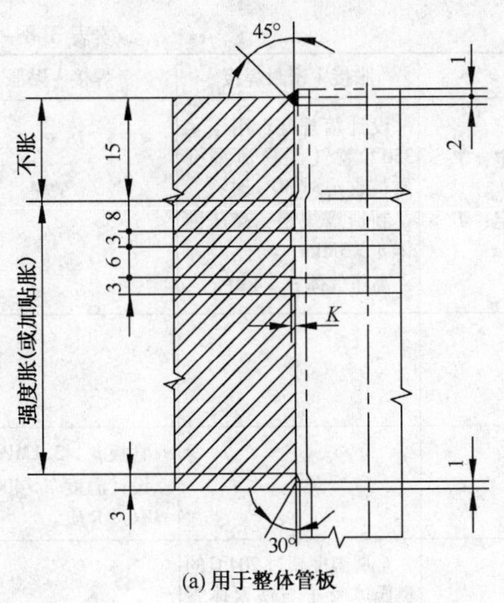

(a) 用于整体管板

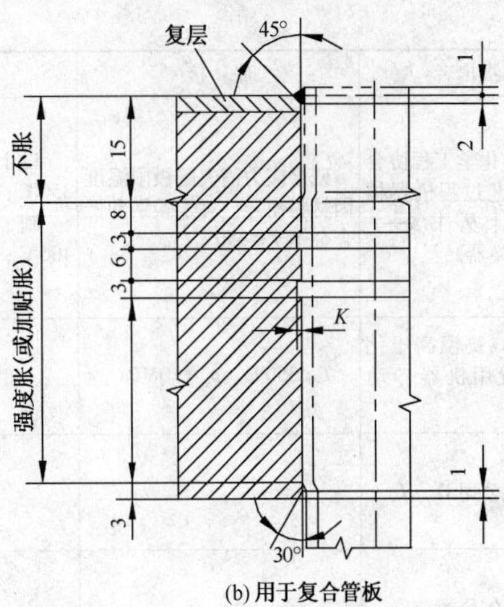

(b) 用于复合管板

图 3.8－6　强度胀加密封焊

表 3.8－3　管子伸出管板的长度 l_1 尺寸　mm

换热管规格	14×2	19×2	25×2.5	32×3	38×3	45×3	57×3.5
胀接伸出长度 l_1	$3^{+0.2}$			4^{+2}		5^{+2}	
焊接伸出长度 l_1	$1^{+0.5}$		$1.5^{+0.5}$	$2.5^{+0.5}$			$3^{+0.5}$

注：某些制造厂根据他们的实际经验，采用的 l_1 可大于表中值。

3.8.4　国外公司或文献对管子与管板连接形式的选用规定

1. 国外公司或文献对管子与管板连接形式的选用规定(见表 3.8－4)

表 3.8－4　国外公司对管子与管板连接形式的选用规定

提出者	胀　接	焊　接	胀接＋密封焊接	焊接＋贴胀
日本公司 A	p_s 不高 $T \leqslant 350℃$		$T<350℃$，$p_s<7MPa$，介质极易泄漏时	
美国公司 A	温度不高时，但从压力考虑 $p_s<35MPa$，原子能工业曾用到 315℃，$p_s<12MPa$			
日本公司 B	下列材料的管子与碳钢管板胀接时允许使用的最高温度：铝 93℃，铜 177℃，80/20 铜镍 232℃，海军黄铜 177℃，70/30 铜镍 262℃，70/30 镍铜 280℃，90/10 铜镍 204℃，奥氏体不锈钢 260℃	对碳钢和低合金钢： $T>350℃$ $p_s>5MPa$	超过胀接的使用温度界限时	
日本公司 C		介质毒性大，如：氨气，硫磺和氰化物等；易燃物，介质有放射性。高温高压脉动和交变载荷；$T>250℃$；$p_s>5MPa$		

续表 3.8－4

提出者	胀 接	焊 接	胀接＋密封焊接	焊接＋贴胀
日本化学工程协会编《工艺过程机器构造设计丛书》——《热交换器》	残余应力消失的极限温度因材料而异，对于碳钢和低合金钢 $T \leqslant 350℃$	设计篇规定：$T > 350℃$； 制造篇规定：$T > 400℃$；$p_s > 5MPa$	设计篇规定：用于≤350℃氢气等易泄漏介质；或 $p_s > 6MPa$ 时； 制造篇规定：高压液体 $p_s > 5MPa$； 高压气体 $p_s > 4MPa$	
日本《高温高压化学装置用机器の动向》	$T < 350℃$，$p_s < 10MPa$			
日本公司 D				管板 $p_s > 2.1MPa$； 设计温度 $T > 400℃$； 有毒介质。
莫比尔公司			金属温度超过 204℃的奥氏体管子与铁素体管板的连接 $p_s > 10.5MPa$	
国外公司 E		1. 压差 > 3.5MPa； 2. 温差 > 260℃； 3. 管程或壳程温度 不锈钢 $T > 370℃$； 碳钢 $T > 455℃$； 铬钼钢 $T > 510℃$； 4. $p_s > 3.8MPa$ 蒸汽 5. 氢气等易泄漏		
余热锅炉	压力低时 $T < 350℃$；温度低时 $p_s < 35MPa$	1. 高温高压； 2. 碳钢或低合金钢 $T > 400℃$； 3. $p_s > 7MPa$	通常用于温度不太高而压力却较高时	1. 高温高压； 2. 间隙腐蚀场合； 3. 疲劳场合

注：p_s 为管板计算压力；T 为管板设计温度。

2. "Chemical Engineering World"1975 年给出的管子与管板连接形式的选择(见图 3.8－7)

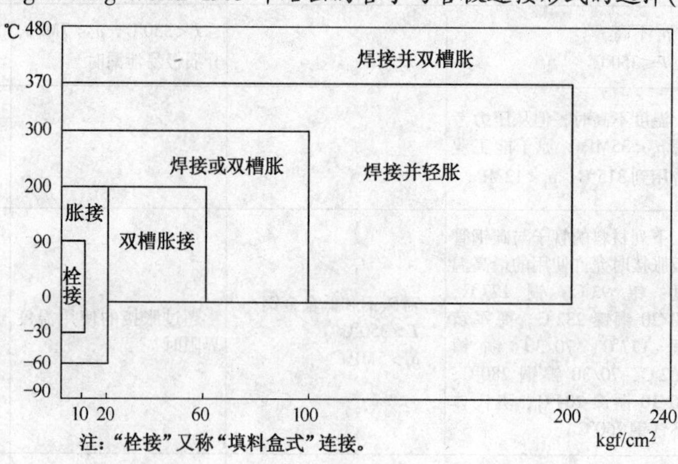

图 3.8－7 管子与管板连接形式的选择

3. 日本某公司的选用原则(见图 3.8－8)

3.8.5 换热器管子入口处的耐高温保护结构

当管子入口温度很高时，为了保护管子与管板的焊口不致破坏，常常采用一些特殊的保护结构，见图3.8-9。这种结构多见于管壳式余热锅炉的高温烟气入口管板。

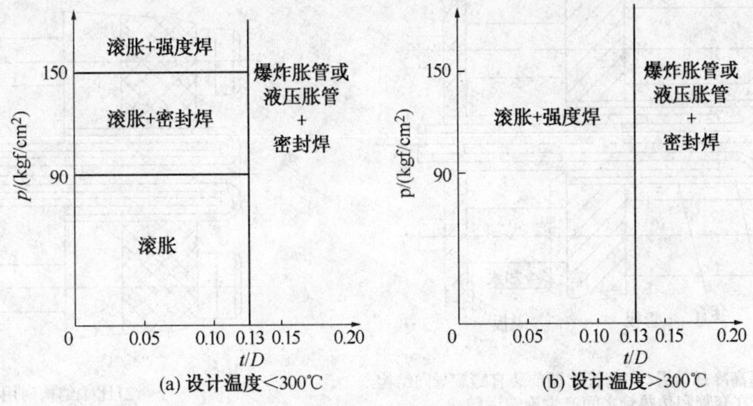

(a) 设计温度<300℃　(b) 设计温度>300℃

图3.8-8　管子与管板连接形式的选择

注：t—管壁厚；D—管外径。

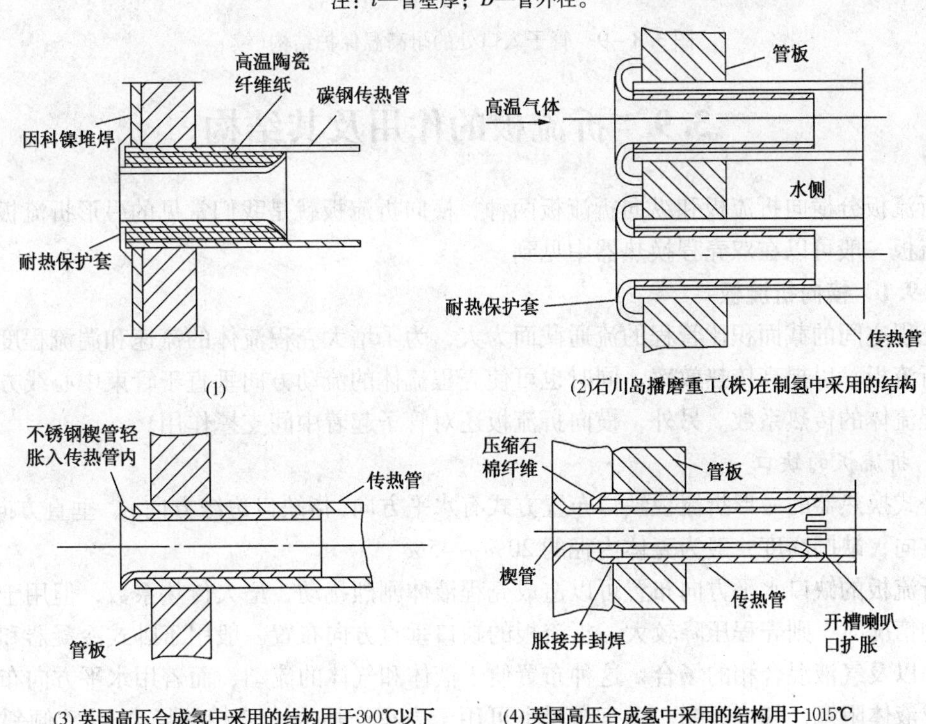

(1)　(2)石川岛播磨重工(株)在制氢中采用的结构

(3) 英国高压合成氢中采用的结构用于300℃以下　(4) 英国高压合成氢中采用的结构用于1015℃

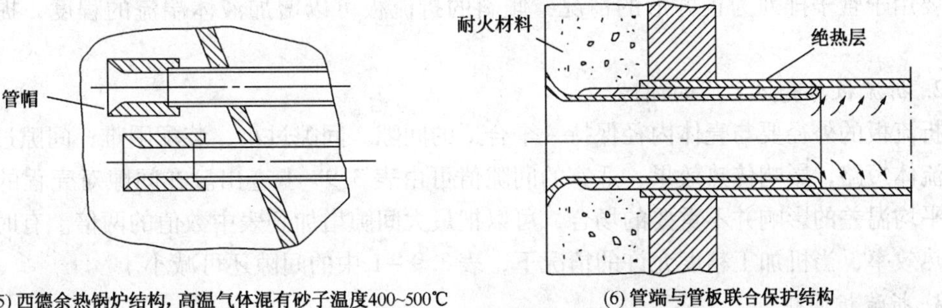

(5) 西德余热锅炉结构，高温气体混有砂子温度400~500℃　(6) 管端与管板联合保护结构

(a) 保护套管结构

图3.8-9　管子入口处的耐高温保护结构

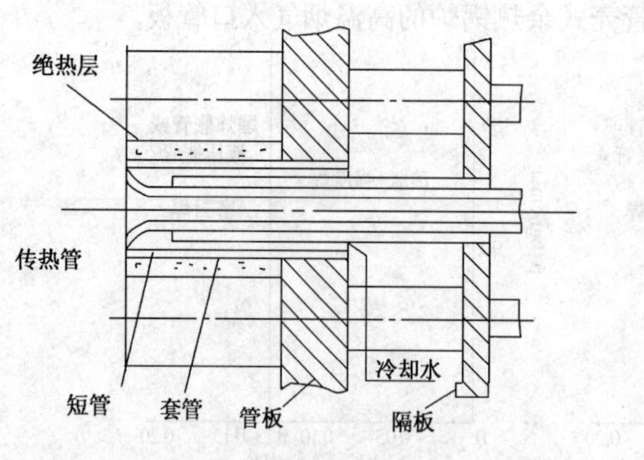

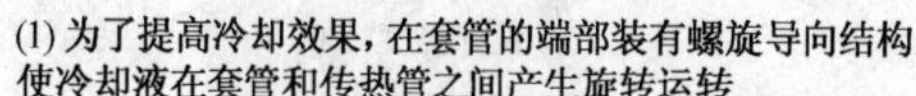

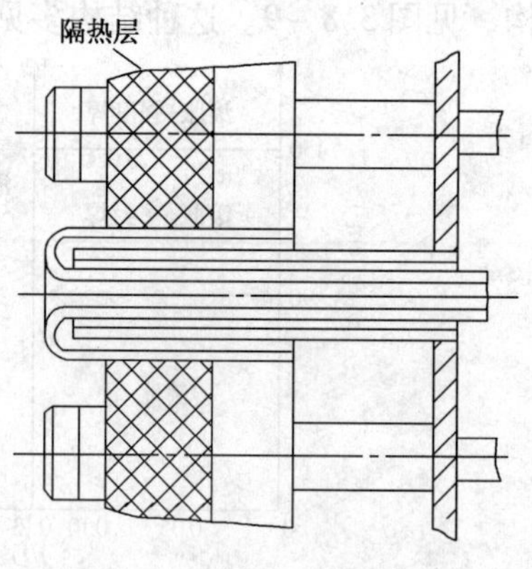

(b) 水冷结构

图 3.8-9　管子入口处的耐高温保护结构(续)

3.9　折流板的作用及其结构

折流板分横向折流板和纵向折流板两种，横向折流板就是我们常见的弓形折流板，而纵向折流板一般可以在双壳程换热器中见到。

3.9.1　横向折流板

壳程空间的截面积比管程的流通截面为大，为了增大壳程流体的流速和湍流程度而设置横向折流板，以提高传热效率。同时也可使壳程流体的流动方向垂直于管束中心线方向，增大壳程流体的传热系数。另外，横向折流板还对管子起着中间支撑作用。

1. 折流板的缺口

卧式换热器的弓形折流板缺口布置方式有水平方向(指缺口边缘方向)、垂直方向和45°倾斜方向，缺圆高度一般为壳体内径的20% ~45%。

折流板的缺口水平方向布置可以造成壳程液体剧烈扰动，增大传热系数，但用于壳程为气相的情况时，则壳程压降较大。折流板的缺口垂直方向布置一般用于卧式冷凝器和卧式重沸器，以及气液混合相的场合，这种布置便于液体和气体的流动，而若用水平方向布置，则会造成液体阻塞，气流不畅。垂直布置也可用于壳程介质为全液相的场合。45°倾斜方向布置主要用于管子排列为正方形的情况，倾斜的折流板可以增加液体湍流的程度，提高传热效率。

2. 折流板与壳体之间的间隙

折流板的外径要与壳体内径保持一个合适的间隙。间隙过小，装配困难；间隙过大，将造成流体短路，影响传热效果，适宜的间隙值可由表 3.9-1 查出。在间隙对壳程的传热系数或平均温差的影响并不重要的场合，可以把最大间隙增加到表中数值的两倍。有时为了提高传热效率，当机加工精度允许的情况下，表 3.9-1 中的间隙还可减小。

3. 折流板间距

由于换热器的用途不同，以及壳程介质的流量、黏度等不同，折流板间距亦不同。通常折流板应当在管子有效长度上等距布置，这一点做不到时，则最靠近壳体端部和(或)管板的折流板应尽可能靠近壳体进出口，其余的折流板应按等距布置。但国外一些冷凝器也采用不等间距排列，即沿着蒸汽流动方向冷凝量增多，蒸汽量减少，折流板间距越来越小。

折流板的间距一般不应小于壳体内径的20%或50mm，取其中较大者。折流板间距太小，壳程的压降就会很大，且浪费钢材，并造成清洗检修困难；特殊的设计，可以考虑取较近的距离。但折流板的间距也不能任意加大，否则流体流向就会与管子平行而不是与管子垂直，从而使换热效率降低。另外，换热管被折流板支撑间距越大，换热管越易发生变形或振动。折流板间距一般应由工艺计算确定，允许的折流板最大间距与管径和壳体直径有关，当换热器壳程无相变时，其间距不得大于壳体内径，且应满足表3.9－1的要求。

4. 折流板的厚度

为了承受拆装管束时的拖拉力作用，折流板必须保证有一定的厚度。此外，相对于2～3mm厚的换热管，太薄的折流板在换热管发生振动时，会割断换热管。一般地，折流板的厚度取决于它所支撑的重量，即与壳体直径和换热管无支撑跨距有关，跨距越大板厚应加大。一般来说，折流板厚度应大于或等于2倍管壁厚度，且不小于3mm。其最小厚度见表3.9－2。

表3.9－1　折流板名义外直径尺寸及偏差　mm

公称直径 *DN*/mm	<400	400～<500	500～<900	900～<1300	1300～<1700	1700～≤2000
折流板名义外直径/mm	*DN*－2.5	*DN*－3.5	*DN*－4.5	*DN*－6	*DN*－8	*DN*－10
折流板外直径允许偏差/mm	－0.5		－0.8		－1.2	

表3.9－2　折流板最小厚度表　mm

公称直径 *DN*	换热管无支撑跨距 *L*					
	≤300	>300～≤600	>600～≤900	>900～≤1200	>1200～≤1500	>1500
	折流板最小厚度					
<400	3	4	5	8	10	10
400～700	4	5	6	10	10	12
>700～≤900	5	6	8	10	12	16
>900～≤1500	6	8	10	12	16	16
>1500～≤2000	—	10	12	16	20	20
>2000～≤2600	—	12	14	18	20	22

表3.9－3　换热管无支撑跨距　mm

换热管外径 *d*	10	14	19	25	32	38	45	57
最大无支承跨距	750	950	1300	1600	1900	2200	2400	2800

最大无支撑跨距系指任一换热管在两支撑点（换热管与折流板或管板相接触点）间距离的最大值。U形管换热器中，靠近弯管段起支撑作用的折流板，如图3.9－1所示，应布置成 $A+B+C$ 之和不大于表3.9－3最大无支撑跨距，超过表中数值时，应在弯管部分加特殊支撑。通常在靠近弯管处安装一块支持板，用来支撑换热管，以防止换热管由于过大的挠度而弯曲，此支持板一般为加厚的环

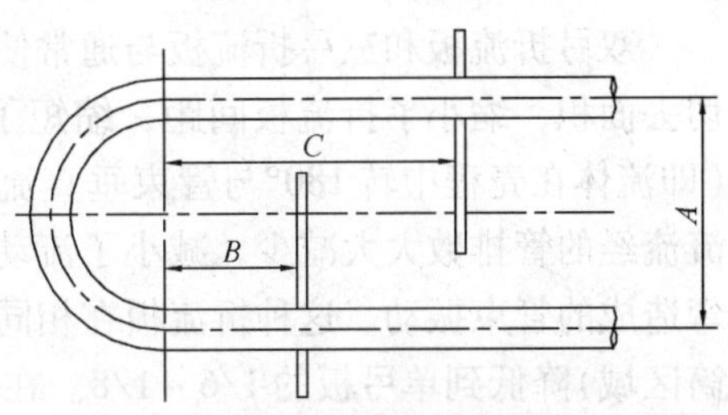

图3.9－1　U形管尾部支撑图

形板。A一般取U形换热管最大弯管半径的2倍。

5. 折流板上的管孔

折流板上管孔的大小对传热性能、管束振动和加工制造都有较大影响，故应将管子与管孔之间的间隙控制到一个适当的值。间隙大时，不仅壳程流体会从间隙短路，影响传热效果，而且对管子的固定作用小，容易引起管束的振动破坏；间隙太小，又会给穿管带来困难。Ⅰ级管束折流板管孔尺寸及允许偏差见表3.9-4a，Ⅱ级管束折流板管孔尺寸及允许偏差见表3.9-4b。

表3.9-4a Ⅰ级管束折流板管孔直径及允许偏差 mm

换热管外径 d 或无支撑跨距 l		$d<32$ 或 $l\leqslant900$	$l>900$ 且 $d\leqslant32$
折流板管孔直径		$d+0.8$	$d+0.4$
管孔直径允许偏差	上偏差	+0.3	
	下偏差	0	

表3.9-4b Ⅱ级管束折流板管孔直径及允许偏差 mm

换热管外径 d		10	14	19	25	32	38	45	57
折流板管孔直径		10.5	14.6	19.6	25.8	32.8	38.8	45.8	58.0
管孔直径允许偏差	上偏差	+0.40				+0.45		+0.5	
	下偏差	0				0		0	

6. 折流板的形状

(1) 单弓形折流板

如图3.9-2(a)所示的单弓形折流板是最常用的一种形式，弓形缺口的高度h常为(20%～45%)D_i(D_i为壳体内直径)。设计h尺寸时，应使流体通过弓形缺口和横过管束的流速相近，以减少流体阻力。或者经过对介质流动状况及总传热系数等分析研究，最后进行压力、压降计算决定。

(2) 多弓形折流板

如果为了降低壳程阻力而加大折流板的间距，则折流板两侧无液体的死角区域亦会扩大，使这部分面积换热效率降低。为解决阻力与死角的矛盾，可采用多弓形折流板(双弓形、三弓形等)，见图3.9-2(b)、图3.9-2(c)。如采用双弓形折流板，在折流板间流速相同的情况下，双弓形折流板的间距比单弓形的小一半，折流板两侧的死角区将显著减小。但多弓形折流板不适用于壳体直径较小的情况，因为介质在折流板之间刚刚沿管束垂直方向流动一小段距离，即改变流动方向朝折流板缺口方向流动，将会影响传热效果。

双弓折流板和三弓折流板与通常使用的单弓折流板相比，由于折流板形状改变，增加了切去面积，缩小了折流板间距，缩短了换热管无支撑长度，使流体在壳程中的流动由错流(即流体在壳程中转180°与管束垂直流动，造成较大的阻力)改变呈顺流—错流流动，但错流流经的管排数大大减少，减小了流动死区，充分利用了传热面积，并且克服了流体急剧回弯造成的管束振动。这种折流板在相同条件下可使壳侧管束部分的阻力降(不含管咀和导流筒区域)降低到单弓板的1/6～1/8。在换取相同热量时，可节省换热面积20%～30%。在同等压降下，总传热效率可提高50%左右。因此，这种折流板尤其适合于壳侧流体流量大、黏度大的场合。

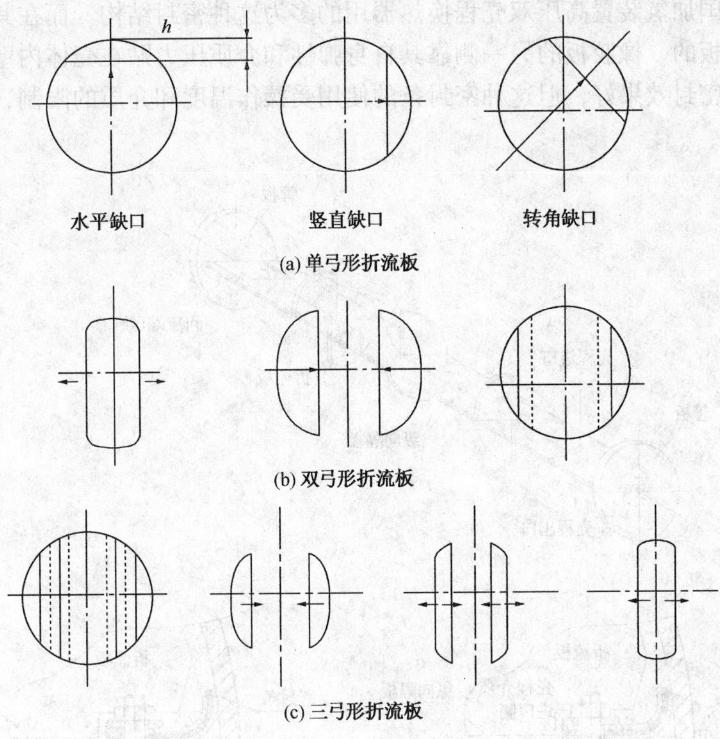

图 3.9-2 折流板结构

(3) 螺旋折流板(见图 3.9-3)

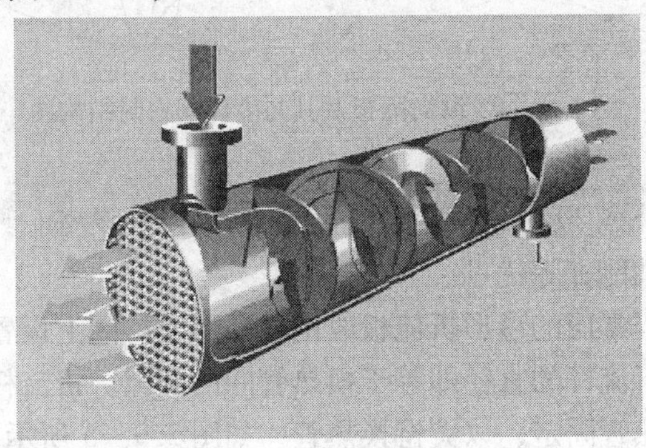

图 3.9-3 螺旋折流板结构

3.9.2 壳程纵向折流板

纵向折流板也称为纵向隔板，是沿壳体轴线纵向置于壳程中的挡板，增加一个纵向隔板的结果使单壳程变为了双壳程，提高了壳程的流速。在设计时，可将壳程介质的流向与两管程内介质的流向逆向设置，实现纯逆流传热，改善传热效果。碳钢制纵向折流板一般厚6mm；不锈钢制纵向折流板厚3mm。纵向折流板焊接(或插)在管板上，但与壳体间要采取密封措施，以防止流体短路，影响传热效果。纵向隔板与折流板的关系及密封结构如图3.9-4所示。

密封结构的密封条由8~10层0.1mm厚的长条形特种合金制成，并通过条形压板用螺栓紧固在纵向隔板上。密封条很薄，容易弯曲变形，弹性好，且耐高温、耐腐蚀，可反复使用。安装时要注意密封条应弯向壳程介质压力较高的一侧，这样较高的压力会将密封条越压越紧。目前我国加氢装置高压双壳程换热器用的多为这种密封结构。而在其他场合，也有采用多层薄橡胶板的，橡胶板的另一侧靠其自身弹性和介质压力贴在壳体内壁上，多层薄橡胶板容易变形，密封效果好，但这种密封条的使用受操作温度和介质的限制，且易老化，不能反复使用。

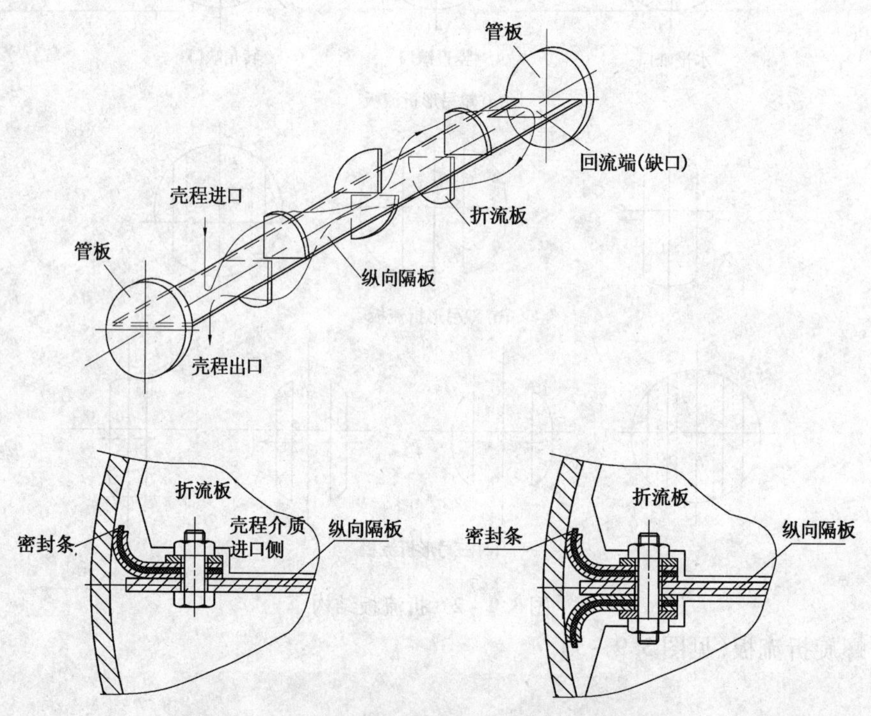

图 3.9-4　纵向隔板及其与壳体间密封结构图

3.9.3　折流杆

折流杆换热器是国外在20世纪70年代开发的新型换热设备。具有防振性能好，流动阻力小，不易结垢，传热性能好等优点。

其结构特点是将壳程常用的弓形折流板改由在环形支持圈上设置的折流杆组成。换热管放置在折流杆上，因而折流杆的直径即等于换热管间的间隙。折流杆为垂直的一组，水平的一组，从四个方位将换热管固定，以夹持换热管，如图 3.9-5 所示。

1. 折流杆与折流板管壳式换热器相比较的优点

① 折流杆换热器壳程介质是轴向流动，即平行于换热管流动，不存在折流板换热器的流体顺着折流板垂直流过管束的阻力及反复的转弯效应。因此，在同等条件下，其壳体压降比折流板换热器要低 83.3% ~85.7%。

② 在相同的压降下，折流杆换热器可以用更小尺寸的设备来实现相同的换热效果。因为，从总传热效率与壳程总压降之比率看，折流杆换热器是折流板的 1.5 倍左右。

③ 由于改善了流体力学性能，消除了管束上的死角和低流速区。且由于流体流过折流杆时，在折流杆的干扰下，产生一涡流区，一连串的折流杆涡流区形成一条涡街，故换热管外表面不易结垢，可延长清垢周期。同时，涡街在换热管外表面上不断地产生与消失，大大改善了换热管外表面的边界条件，改善了部分区域的流体条件，使之由平流变为紊流，强化了传热性能，故整体传热性能的提高十分明显。

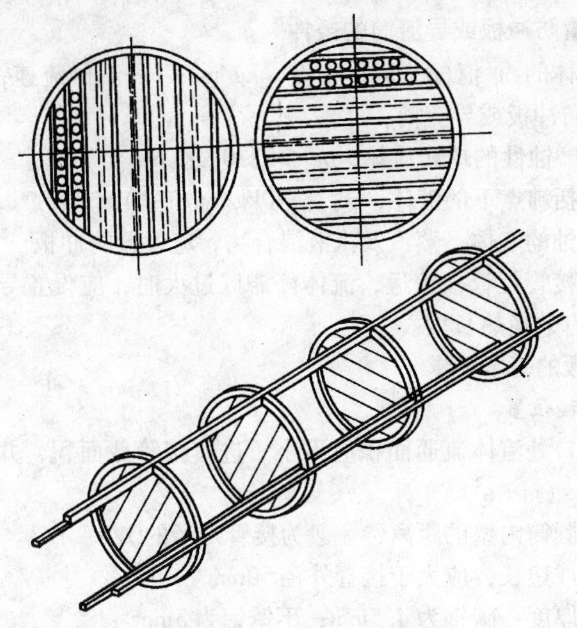

图 3.9－5　折流杆结构

④ 由于折流杆换热器的壳程压降的减小，换热管的支承点可以加多，这样折流杆换热器中的无支承跨距则可减小到远低于折流板换热器的跨距，基本上可以避免管束的振动。

因此，在换取相同热量时，如动力消耗一样，则折流杆换热器的壳程介质流速可以提高 2～3 倍，从而大大地强化了传热。但折流杆换热器在应用上也有很大的局限性，譬如：只有在高雷诺数(要求液相 $Re>10^4$，气相 $Re>10^5$)条件下，才能使整个壳程空间处于强烈扰动之中。

2. 折流杆换热管束的结构设计

① 折流杆用于支撑换热管，杆的直径等于相邻换热管排间的间隙。支撑杆两端焊接于挡板环上，每一个单独的折流栅主要零件包括：支撑杆、折流环、横向支撑板条、管程分程隔板造成的壳程滞流空间的堵板以及定距杆等。

② 折流环的外圈开有四个槽，使折流栅之间的纵向定距杆可以插入固定。

③ 折流环的外直径和公差与同壳径的折流板相同，见 GB 151 的规定。

④ 折流环的内径为管束布管限定圆直径，折流环的厚度一般为折流板厚度(按 GB 151 的规定)的 2 倍。

⑤ 相邻两折流杆中心距等于 2 倍的换热管外径加上 2 倍的折流杆外径。

⑥ 折流杆直径一般应比管桥大 0.2mm 以上。

3.10　防冲板和导流筒

当流体通过换热器进口时的流速较高或流体中含有固体颗粒时，为了防止流体进入壳体时使换热管直接受到冲击或冲刷，应在入口处上安装防冲板。

3.10.1　管程设置防冲板的条件

当管程采用轴向入口或换热管内流体平均流速超过 3m/s 时，就应设置防冲板，以减少流体的不均匀分布和对换热管管端的冲蚀。

3.10.2 壳程设置防冲板或导流筒的条件

① 当壳程进口流体的ρv^2值(ρ—流体密度，kg/m^3；v—流体流速，m/s)为下列数值时，应在壳程进口处设置防冲板或导流筒：

a. 对非腐蚀、非磨蚀性的单相流体，$\rho v^2 \geqslant 2230$kg/(m·s^2)；

b. 其他液体，包括沸点下的液体，$\rho v^2 \geqslant 740$kg/(m·s^2)。

② 有腐蚀或有磨蚀的气体，蒸汽及汽液混合物，应设置防冲板。

③ 当壳程进出口接管距管板较远，流体停滞区过大时，应设置导流筒，以减小流体停滞区，增加换热管的有效换热长度。

3.10.3 对防冲板的基本要求

1. 防冲板的尺寸和位置

① 壳程和管程进口处流体流通面积应不小于进口接管截面积，并使流体流经进口处时的ρv^2值不超过5950kg/(m·s^2)。

② 防冲板表面到圆筒内壁的距离，一般为接管外径的1/4～1/3。

③ 防冲板的直径或边长，应大于接管外径50mm。

④ 防冲板的最小厚度：碳钢为4.5mm；不锈钢为3mm。

2. 防冲板的固定形式(见图3.10－1)

① 防冲板的两侧应焊在定距管或拉杆上，也可同时焊在靠近管板的第一块折流板上，但必须为连续焊并焊牢。因点焊的防冲板可能脱落，而阻塞介质流道，被迫停车。

② 用支腿将防冲板焊在壳体内壁上。

③ 用U形螺栓将防冲板固定在换热管上，并将螺母点焊牢固。

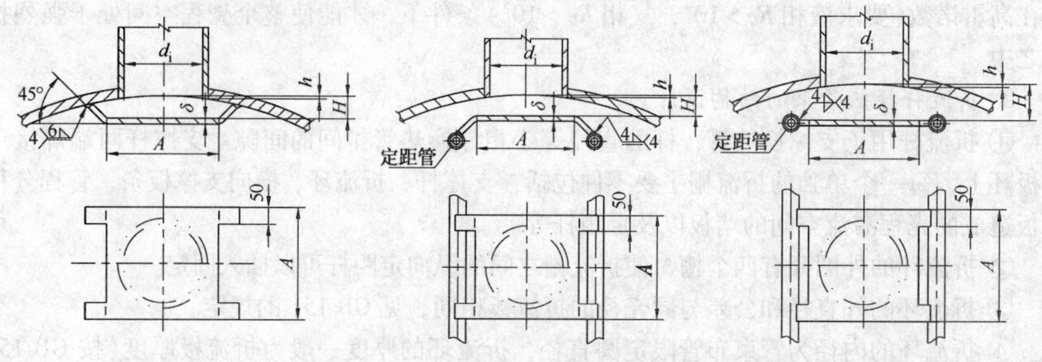

图3.10－1 防冲板结构图

为了克服防冲板易被冲掉而堵塞壳程入口，近年来，不少高压非标换热器采用了防冲杆代替防冲板。它是将一排细圆钢棍并排焊接在防冲板的位置，使流体不会直接冲击到换热管。它的优点是阻力降小，万一个别防冲杆被冲掉，也不会造成壳程入口堵塞。

3.10.4 对导流筒的基本要求

在壳程的入口处也可以设置导流筒。它既能起防冲板的作用，又能引导流体垂直地流过管子的两端，使换热管的两端也能参与有效换热。在标准系列浮头式换热器中就设有导流筒。导流筒一般有内导流筒和外导流筒两种形式。

内导流筒包覆于管束最外圈换热管上。为了使流体在内导流筒与壳体之间环隙内的流速不会增大，一般要求内导流筒表面到壳体圆筒内壁的距离应大于接管外径的1/3。导流筒端部至管板的距离，应使该处的流通面积不小于导流筒的外侧环形截面的流通面积。内导流筒结构详见图3.10-2。内导流筒的固定也很重要。它的两个半圆搭接处应焊接牢固，否则，内导流筒若掉在筒体中也会造成堵塞。内导流筒的结构简单，制造方便，但它占据壳程空间，使排管数减少。

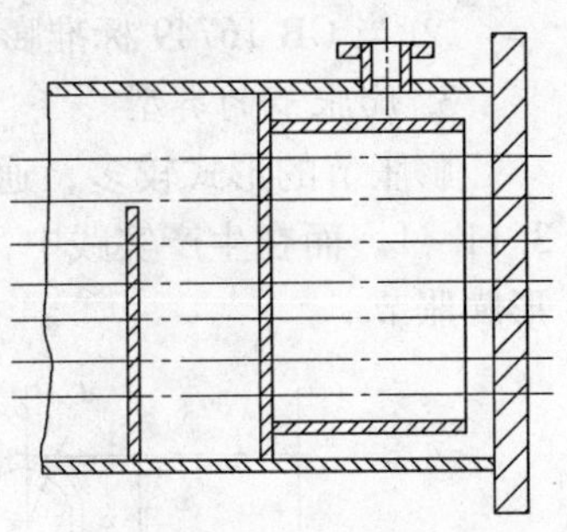

图3.10-2　内导流筒图

外导流筒结构如图3.10-3所示。为了使流体在外导流筒与内衬筒之间环隙内的流速不会增大，一般要求外导流筒内表面距内衬筒的间距为：

① 接管外径 $d\leqslant 200$mm 时，间距为50mm；

② 接管外径 $d>200$mm 时，间距为100mm。

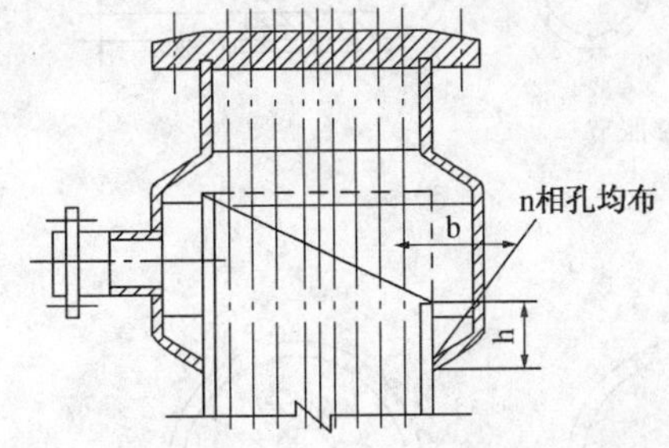

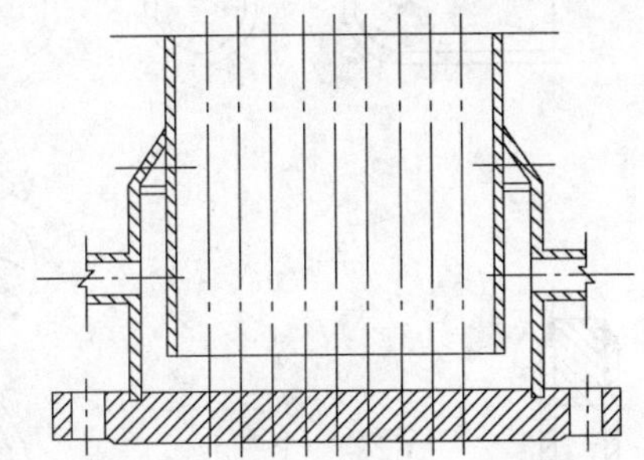

图3.10-3　外导流筒图

立式外导流筒换热器，除应考虑上述要求外，为了放净残留液体，还应在内衬筒下端开设泪孔。

外导流筒换热器的制造比内导流筒换热器要复杂得多，因其结构原因一般用在压力不太高的场合。但由于外导流筒不占据壳体截面，故可以比内导流筒多排布换热管，即可提高单台换热器的传热面积。

3.11　膨　胀　节

固定管板换热器换热过程中，管束与壳体有一定的温差存在，而管板、管束与壳体之间是刚性连接在一起的，当温差达到某一个值时，由于过大的温差应力往往会引起壳体、管头的破坏，或造成管束的弯曲。这时就需要设置温差补偿装置，如膨胀节。

膨胀节是装在固定管板换热器壳体上由一个或多个波纹管及端部直边段组成的挠性元件，依靠它的大变形，对管束与壳体之间的变形差进行补偿，以此来吸收壳体与管束间因温差而引起的温差应力。

1. 设置膨胀节的条件

在进行固定管板换热器的管板计算时，按有温差的各种工况计算出的壳体轴向应力 σ_c，换热管的轴向应力 σ_t，换热管与管板之间的拉应力 q 中有一个不能满足强度(或稳定)条件时，就需要考虑设置膨胀节。

在管板强度校核计算时，可能需要很厚的管板，此时可考虑设膨胀节以减薄管板，但要从材料情况，制造难度，经济合理综合评估而定。

2. 波形膨胀节的设计与计算

波形膨胀节的设计包括一下内容：

① 根据设计条件选用 GB 16749—1997 所列的膨胀节标准系列；

② 当 GB 16749 标准膨胀节无法满足设计条件时，设计者进行非标准膨胀节设计。

3. 膨胀节的类型

膨胀节的形式较多，通常有波形膨胀节、平板膨胀节、Ω 形膨胀节等，其结构见图 3.11－1。而在生产实践中，应用的最多也最普遍的是波形膨胀节，但承压能力最高的是 Ω 形膨胀节。

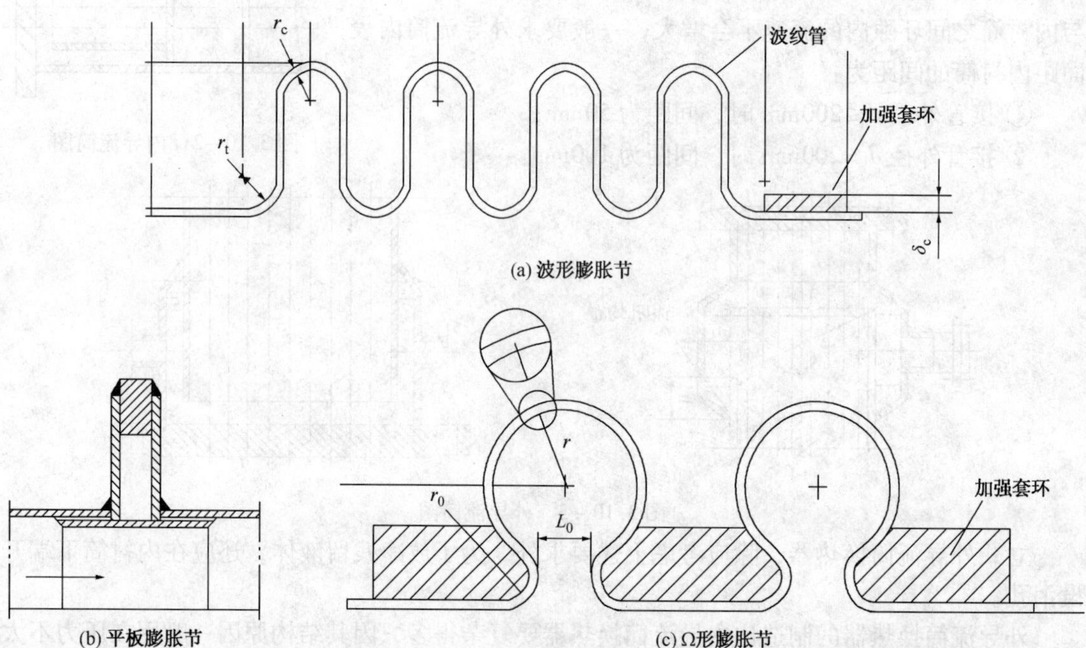

图 3.11－1　几种膨胀节形式

波纹管一般有单层和多层两种形式。在波形膨胀节中，每一个波形的补偿能力与使用压力、波高、波长及材料等因素有关，对 U 形波纹管而言，波高越低、耐压性能越好而补偿能力越差；波高越高、波距越大，则补偿能力越大，但耐压性能越差。

采用多层波形波纹管的结构比单层波纹管具有更多优点，因多层波纹管的壁薄且多层，故弹性大，灵敏度高，补偿能力强，承载能力及疲劳强度高，使用寿命长，而且结构紧凑。

对于通常采用的波形膨胀节也具有多种形式，参照美国膨胀节制造商协会标准（Standard of the Expansion Joint Manufacturers Association，INC），结合国内近几年来膨胀节设计、制造、检验及质量管理等方面的实际情况，编制了 GB 16479《压力容器波形膨胀节》。该标准给出了波形膨胀节的结构形式、规格系列、标记方法以及基本参数与尺寸，常用的几种结构形式见图 3.11－2～图 3.11－5。波形膨胀节常用规格系列见表 3.11－1，波形膨胀节标记见图 3.11－6。

表 3.11－1　波形膨胀节常用规格系列

膨胀节类型		公称压力 PN/MPa						
		0.25	0.6	1.0	1.6	2.5	4.0	6.4
		公称直径 DN/mm						
ZX 型	单、多层	150～2000		150～1200		150～800	150～350	—
ZD 型	单层	150～2000					150～1200	150～350
HF 型								
HZ 型								

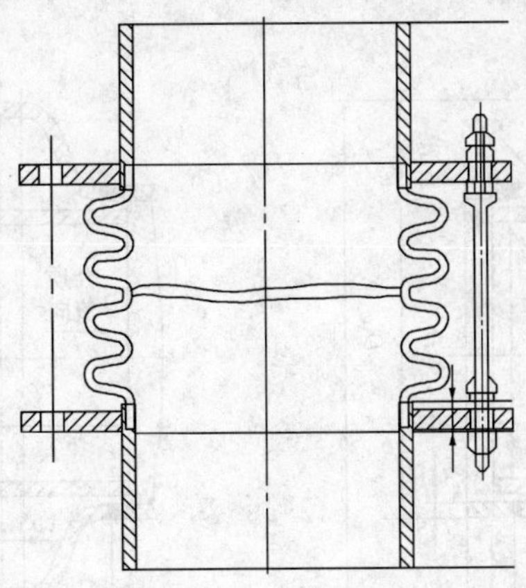

图 3.11－2　ZXL 型(立式波形膨胀节)

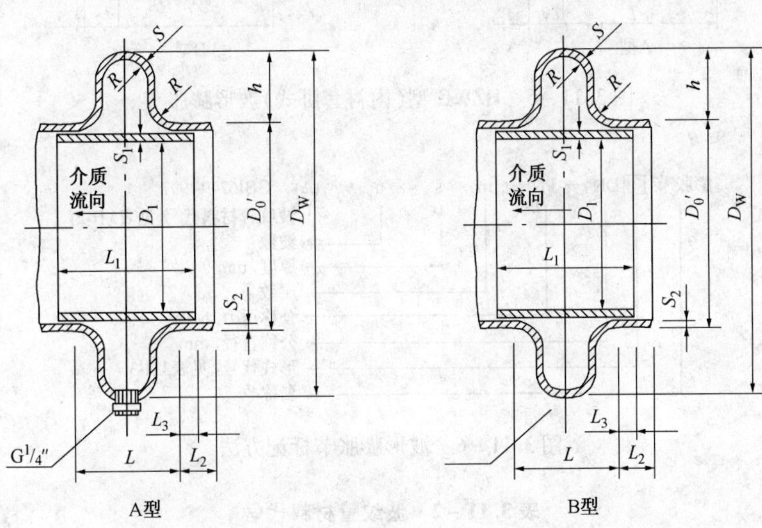

图 3.11－3　ZDWC 型(内衬套卧式)波形膨胀节

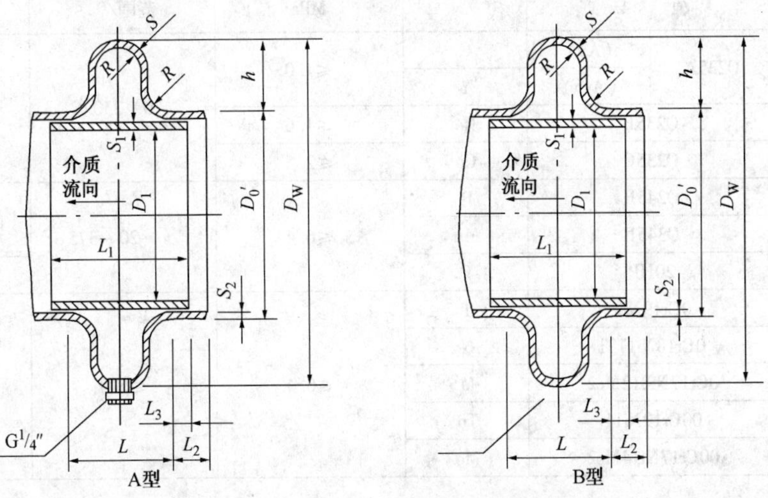

图 3.11－4　HFWC 型(内衬卧式)波形膨胀节

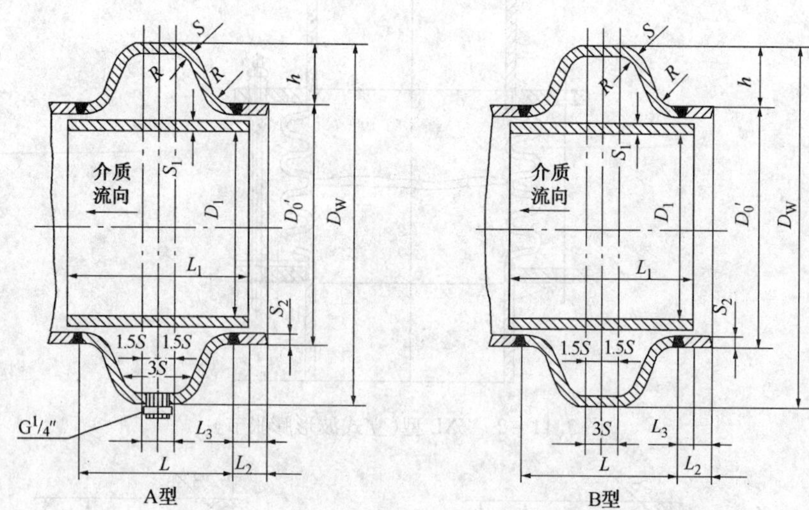

图 3.11－5 HZWC 型(内衬套卧式)波形膨胀节

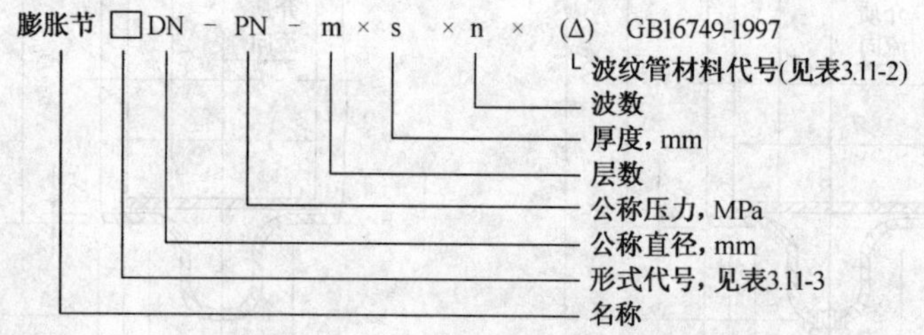

图 3.11－6 波形膨胀节标记方法

表 3.11－2 波纹管材料代号

名称	材料 牌号		材料 代号	设计压力/MPa	设计温度范围/℃	标准号
波纹管	Q235A	(A3)	C	≤1.0	0～350	GB/T 700 GB 912 GB/T 3274
		(Ay3)	Y			
	Q235B		Bo	≤1.6		
	Q235C		Co	≤2.5		
	Q245R		R	≤6.4	＞－20～375	GB 713
	Q345R		Mn			
	20HP		P			GB 6653
	0Cr19Ni9		T	≤6.4	≤500	GB/T 3280 GB/T 4237 (注)
	0Cr18Ni11Ti		N			
	0Cr17Ni812Mo2		M			
	00Cr19Ni11		To			
	00Cr17Ni14Mo2		Mo			
内衬管	同设备壳体材料					
端管						

注：本表采用 GB 16479—1997，故不锈钢压力容器用承压波纹管材料应改为 GB 24511。

表 3.11-3 波形膨胀节形式代号

<table>
<tr><th colspan="2">形式代号</th><th colspan="2">说 明</th></tr>
<tr><td rowspan="4">结构代号</td><td>ZX</td><td colspan="2">表示整体成型小波高膨胀节</td></tr>
<tr><td>ZD</td><td colspan="2">表示整体成型大波高膨胀节</td></tr>
<tr><td>HF</td><td colspan="2">表示膨胀节由两半波零件焊接而成</td></tr>
<tr><td>HZ</td><td colspan="2">表示膨胀节由带直边两半波零件焊接而成</td></tr>
<tr><td rowspan="4">使用代号</td><td>L</td><td colspan="2">表示用在立式设备上</td></tr>
<tr><td>LC</td><td colspan="2">表示带衬套用在立式设备上</td></tr>
<tr><td>W(A)
W(B)</td><td>表示用在卧式容器上</td><td rowspan="2">A 型—表示带丝堵，适用于单层无疲劳设计要求的膨胀节；
B 型—表示无丝堵，适用于单层与多层有疲劳设计要求的膨胀节</td></tr>
<tr><td>WC(A)
WC(B)</td><td>表示带内衬套用在卧式容器上</td></tr>
</table>

标记示例：

例 1：0Cr18Ni11Ti 卧式单层(壁厚 2.5mm)四波整体成型无丝堵膨胀节(采用小波高)，其公称压力为 *PN*0.6MPa，公称直径为 *DN*1000mm，其标记为：

膨胀节 ZXW(B)1000-0.6-1×2.5×4(N) GB 16479

例 2：Q245R 立式单层(壁厚 4mm)2 波整体成型无丝堵膨胀节(采用大波高)，其公称压力为 *PN*0.6MPa，公称直径为 *DN*1000mm，其标记为：

膨胀节 ZDL(B)1000-0.6-1×4×2(R) GB 16479

例 3：Q345R 卧式单层(壁厚 6mm)单波冲压成型无丝堵膨胀节，其公称压力为 *PN*0.6MPa，公称直径为 *DN*1200mm，其标记为：

膨胀节 HFW(B)1200-0.6-1×6×1(Mn) GB 16479

例 4：0Cr19Ni9 立式单层(壁厚 4mm)单波带直边冲压成型带丝堵膨胀节，其公称压力为 *PN*0.6MPa，公称直径为 *DN*1000mm，其标记为：

膨胀节 HZL(A)1000-0.6-1×4×1(T) GB 16479

3.12 其他零部件

3.12.1 拉杆与定距管

1. 拉杆

拉杆的作用是与定距管配合将换热器的管束上的折流板连接固定起来，防止窜动。拉杆的一端靠螺扣旋入管板中固定，它从数块折流板中间的拉杆孔中穿过，另一端用螺母固定在支持板(最末一块折流板)上。拉杆结构见图 3.12-1。为了使各块折流板间距符合设计要求，均匀受力，保证折流板与换热管垂直，就需要在一个管束中布置一定数量的拉杆。但拉杆又位于布管区内，一根拉杆就要占一根换热管的位置，因此拉杆的布置既要合理，数量又不能太多。拉杆直径的选择与换热管外径有关，拉杆数量则视换热器的直径而定，分别见表 3.12-1 和表 3.12-2。当折流板分块多于两块时，任何大小的折流板上的拉杆数量均不得小于 3。

表 3.12-1 拉杆直径 mm

换热管外径	10	14	19	25	32	38	45	57
拉杆直径	10	12	12	16	16	16	16	16

表 3.12－2　拉杆数量　个

拉杆直径/mm ＼ 换热器公称直径/mm	<400	≥400 ~ <700	≥700 ~ <900	≥900 ~ <1300	≥1300 ~ <1500	≥1500 ~ <1800	≥1800 ~ <2000
10	4	6	10	12	16	18	24
12	4	4	8	10	12	14	18
16	4	4	6	6	8	10	12

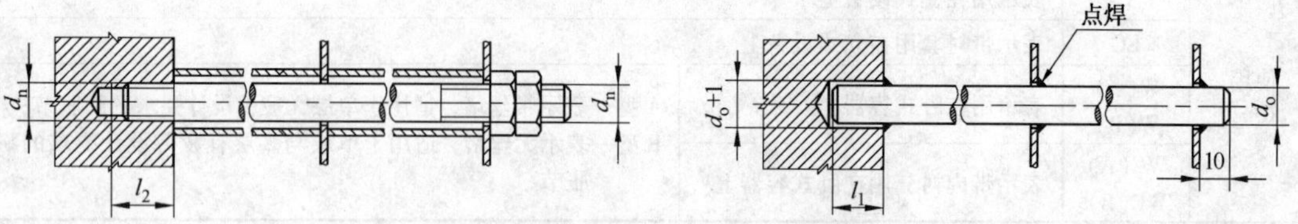

图 3.12－1　拉杆、定距管结构简图

2. 定距管

定距管的作用是将折流板之间的距离固定下来，并保持它与换热管垂直。定距管结构见图 3.12－1。当换热管外径大于等于 19mm 时，定距管外径与换热管相同；当换热管外径小于等于 14mm 时，可不设定距管，一般将拉杆直接点焊在折流板上即可起到固定折流板的作用。定距管材料一般与换热管相同。

3.12.2　滑道

滑道焊于折流板下部予设的槽内，在直径方向上突出折流板 0.5 ~ 1mm，并管束成为一个整体。在拖拉管束时起导轨作用，以防折流板被损坏。滑道的结构有滑板和滑条等形式，其尺寸可根据换热器的直径、长度和管束质量确定。滑道结构见图 3.12－2，滑道材料一般与折流板相同。

为了减小抽管束时的摩擦力阻力，可以使用滚轮结构代替板条式滑道，见图 3.12－3。

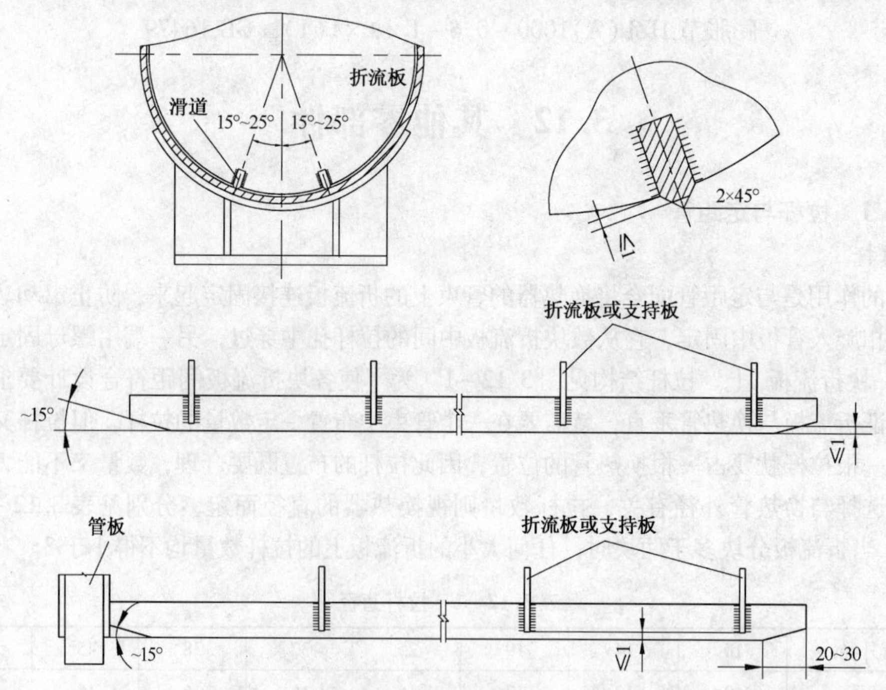

图 3.12－2　滑道结构

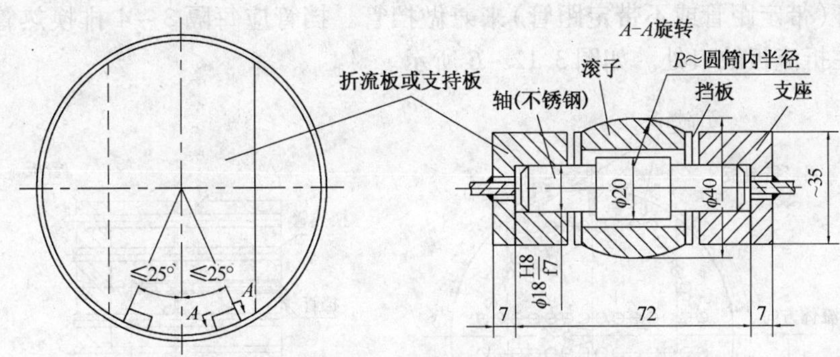

图 3.12－3　釜式重沸器滑道结构和滚轮

带蒸发空间的换热器管束的各种滑道结构见图 3.12－4，这些结构除在折流板上装有滑道板外，还要在壳体底部设支撑导轨，支撑导轨多用角钢制成。滑道可根据实际情况采用圆钢条、角钢条等。

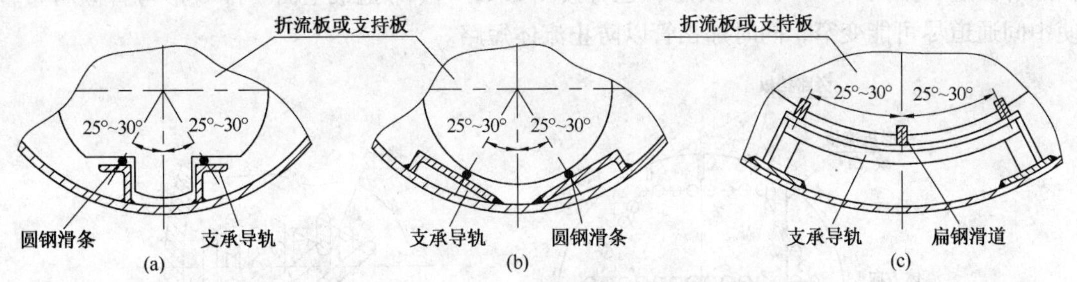

图 3.12－4　带蒸发空间的换热器管束的各种滑道结构

3.12.3　挡板和挡管

为提高壳程传热系数，从结构设计上应考虑壳程流体在换热管间流动时尽可能均匀而贴近换热管，以便与管内流体更好地进行热交换。但由于结构上的限制，很难做到换热管在管板上完全均匀分布的，比如在前面已经提到，管程分程隔板两侧的管间距就比其他区域的管间距大。此外，管束最外圈换热管与筒体内径之间的间隙一般也大于正常排列间距。为防止流体在流过这些大间隙处时短路，应在这些地方设置挡管、挡板和旁路挡板。壳程流体流经挡管时的流动情况见图 3.12－5。

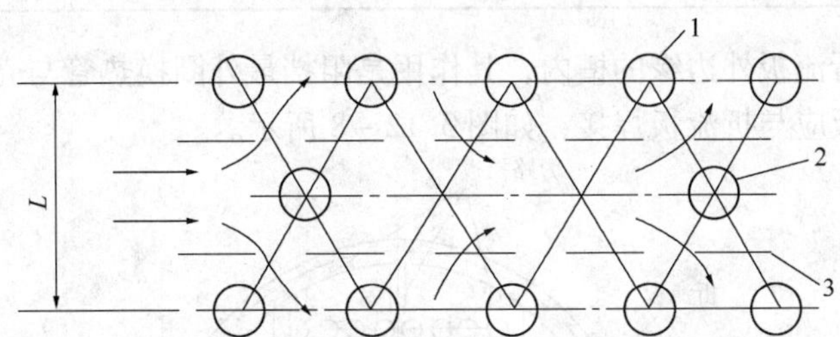

图 3.12－5　液体流经挡管时的流动情况

1—换热管；2—挡管；3—隔板槽

挡管为两端堵死的管子，设置于管程分程隔板槽背面两管板之间，其作用是阻挡管间距大的地方的壳程流体短路。挡管一般与换热管的规格相同，可与折流板点焊固定，也可在该部位设置拉杆(带定距管或不带定距管)来兼做挡管。挡管应每隔3~4排换热管设置一根，但不应设置在折流板缺口处。如图3.12-6所示。

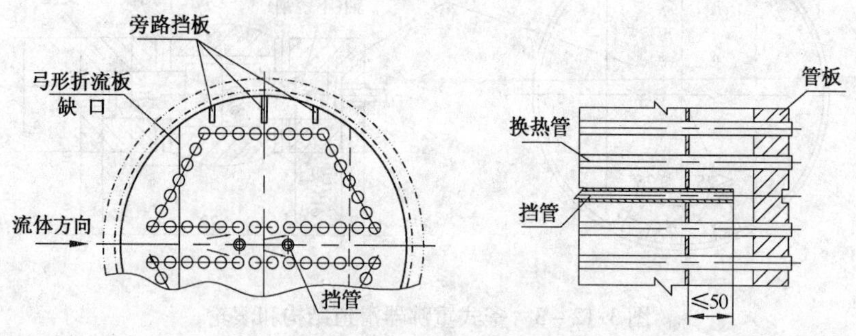

图3.12-6 挡管位置图

中间挡板一般设置在U形管束的中间通道处，其作用与挡管相同。中间挡板应与折流板点焊固定，如图3.12-7(a)所示；也可按图3.12-7(b)把最里面一排U形弯管倾斜布置使中间通道尽可能变窄，同时加挡管以防止流体短路。

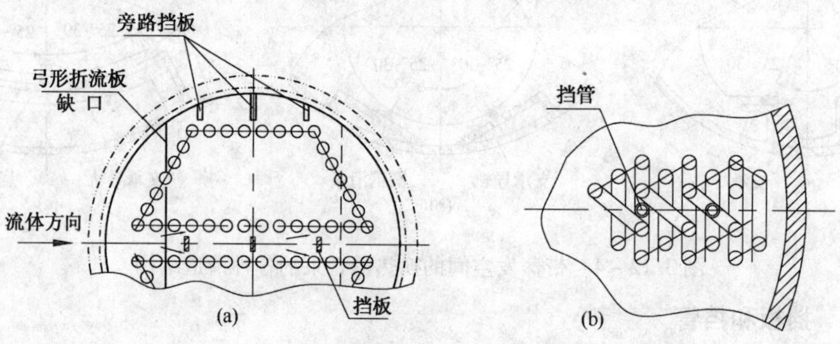

图3.12-7 挡管和挡板位置图

中间挡板的推荐数量如表3.12-3所示。

表3.12-3 旁路挡板的对数

壳体直径/mm	≤500	500~950	≥1000
旁路挡板的对数	1	2	3

旁路挡板嵌入折流板外边缘的槽内，其作用是阻挡最外圈换热管与壳体内径之间的壳程流体短路。旁路挡板应与折流板焊接，如图3.12-8所示。

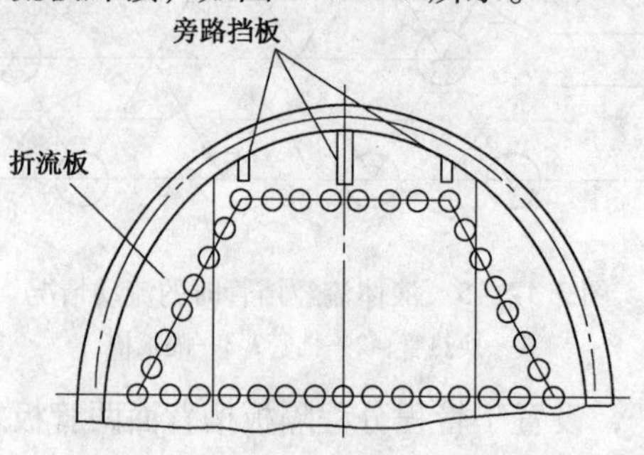

图3.12-8 旁路挡板位置图

旁路挡板的厚度一般与折流板厚度相同。

3.12.4　排液、排气口结构

1. 卧式换热器排液、排气口结构

卧式换热器排液、排气口应设置在壳体或管箱得最低和最高点。详细结构见图3.12－9。

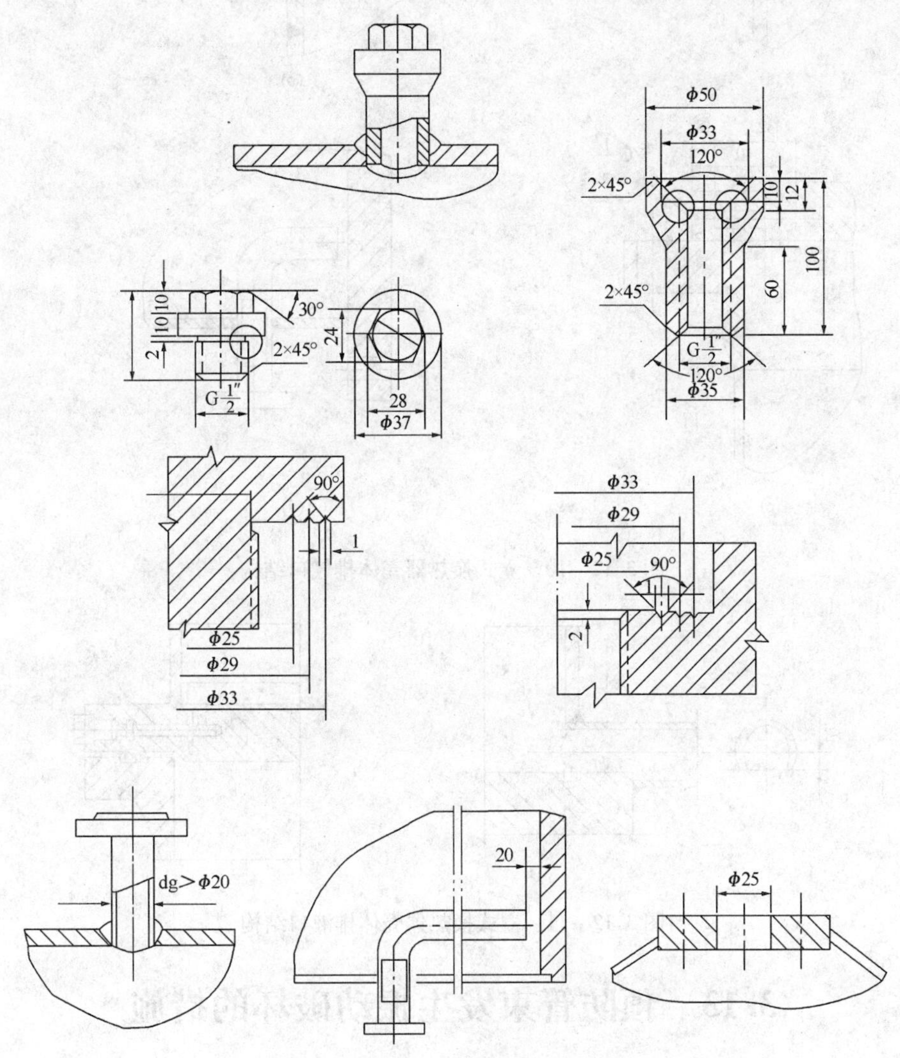

图3.12－9　卧式换热器排液、排气口结构

2. 立式换热器排液排气口结构

壳体排气口见图3.12－10，壳体排液口见图3.12－11。

3. 管程排液排气口

与卧式换热器的排液、排气口结构相似。

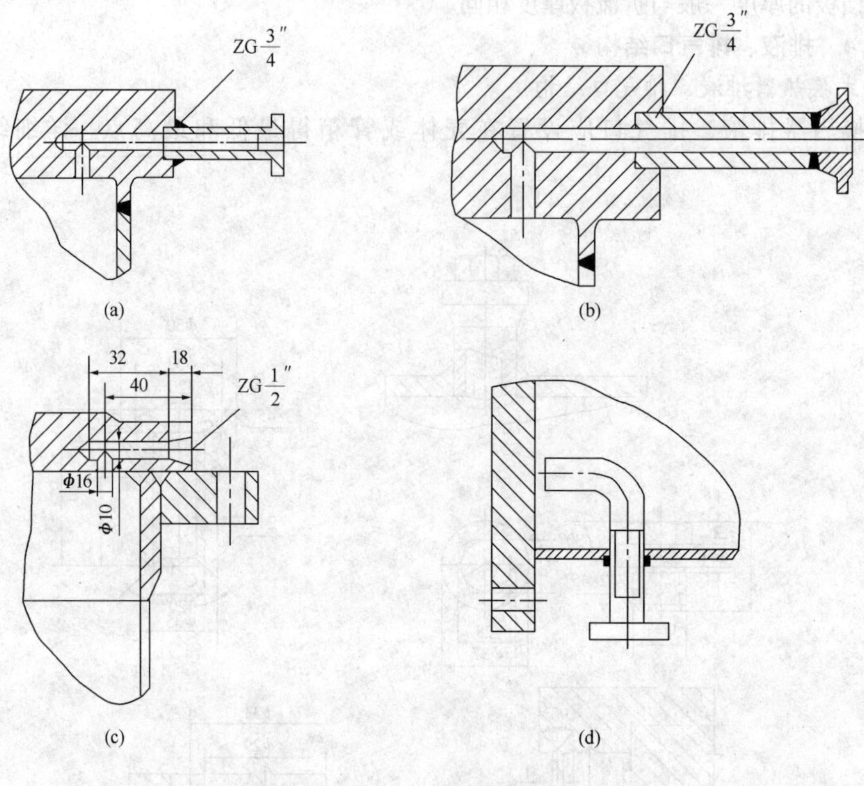

图 3.12－10　立式换热器壳体排气口结构

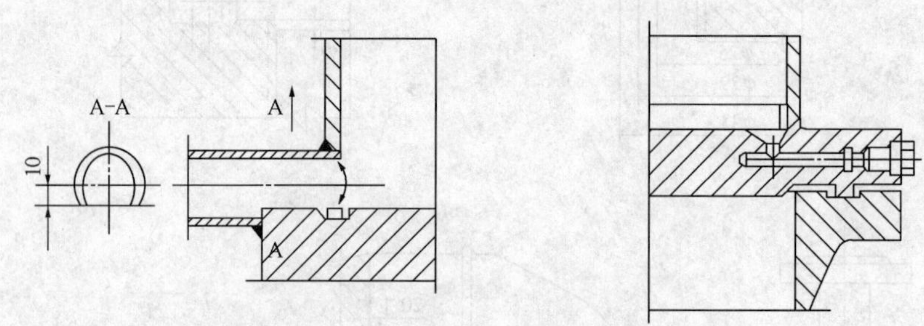

图 3.12－11　立式换热器壳体排液口结构

3.13　预防管束发生振动破坏的措施

一般来说，在操作中，所有的换热管都会有某种程度的振动，可是，能造成危害的振动则更多地发生在大型换热器中。因为在大型换热器中，换热管未支撑的最大跨距已接近或超过了规定值。这些没有支撑的管段最容易产生振动破坏。随着炼油厂的大型化，大型换热器的振动破坏问题越来越引起人们的重视。

引起换热管振动的原因很多，而其中的某一个和几个则可能是激发危害性振动的根源。例如：往复式机械带来的脉动，通过支撑构件或连接管道传来的某些振动，都可能是激振根源。然而，由于这些类型的激振频率由系统决定，可以预见到，因此，检查和改变这些激振根源相对比较简单，而因介质流动产生的激振则比较复杂并且难以预测。

介质流动激振可分为两大类型，一是流体平行于管子轴线流动——即纵向流所激发的，另一个是流体垂直于管子轴线流动——即横向流所激发的。纵向流还可进一步分为管内纵向流和管外纵向流两种。

在一般情况下，纵向流所激发的振动振幅较小，危害不大，一般可以忽略不计，除非流速远远高于正常流速的场合，才要加以考虑。但即使在正常的流速下，横向流也可能引起很大的振幅，并对换热器管子造成很大的危害，因此，换热器振动的研究重点大都放在横向流激振上。目前已经提出的横向流激振机理有：漩涡脱离、流体弹性扰动、湍流抖振、射流转换、声激荡和两相流静压脉动等。

管子振动的破坏形式有三种：①介质流动引起的各种激振频率与管子的固有频率相同而引起共振破坏；②管子间距过小，造成管子振动时与相临管子的碰撞破坏；③折流板孔与管子之间的磨损破坏。因此，为预防管束发生振动破坏，需采取如下措施。

1. 降低壳程流速

如果壳程流体的流量不能改变，可用增加换热管中心距(降低布管密度)的办法来降低流速，特别是当设计是以压降为限制条件时，更应如此，但这最终将导致增大壳体直径，使得换热器的经济性受到影响。消除流动缩颈现象的发生，因为它会引起很大的局部流速。在特殊情况下也可考虑拆除部分管子以降低横流速度，但必须十分谨慎，以免过大地改变总的传热和流体力学特性。变更管束的排列形式，有时也可降低流速和流动激振频率，但这往往会伴随传热和压力降的变化。

2. 增加管子的固有频率

因为管子的固有频率与管子支撑跨距的平方成反比，因此，增加管子固有频率的最有效的办法是减小管子的无支撑跨距。也就是减小折流板间距，其次可采用改变管子材料和增加管子壁厚的办法。在管子之间加入防振杆，也可增加管子的固有频率，这个方法一般用于U形管式换热器的U形弯管区的抗振动。

3. 变更折流板的形式

为减小振动，应避免采用缺口大于35%和小于15%的弓形折流板，或在缺口处不排管子；也可采用盘——环型折流板、双弓、三弓形折流板，这主要是为了使流体尽可能地作平行于管子的纵向流动，以减少横向流所产生的激振。此外，采用杆状或条状支撑——折流杆，能够有效地解决振动问题。

4. 改善进、出口流动状况

当只是壳程进口或出口的流速很大，而造成局部振动时，可增大进出口接管尺寸，以降低出入口流速；亦可设置防冲板，以避免过大的激振力冲击在入口处的管子上。严重时还可以设置导流筒，它可以更好地避免流体象喷射流那样直接冲击在入口处的管子上，但应避免防冲板尺寸过大，使防冲板边缘与壳体太近，又造成该局部流速过高。

5. 减少管子与折流板孔之间的间隙

在制造条件许可时，适当减小管子和折流板孔之间的间隙，或者加大折流板厚度都能减轻折流板对换热管的剪切作用。另外，采用较管子材料软的折流板材料，也能使磨损减轻，但这样会增加加工成本，而且装配也较困难。

6. 其他措施

设法堵塞换热管与壳体之间以及其他狭窄地带，阻挡旁路流体。因为这些区域的局部高流速很容易引起局部振动破坏。

在振动区域的管子之间增设类似折流杆样的防振杆，改变管子的固有频率。

参 考 文 献

1 秦叔经．换热器．化工设备设计全书．北京：化学工业出版社，2003

2 叶文邦．压力容器设计指导手册．昆明：云南科技出版社，2006

3 李世玉等．压力容器设计工程师培训教程．北京：新华出版社，2005

4 桑如苞．浮头法兰的合理设计．石油化工设备技术，2002，(4)

5 秦叔经．浮头法兰计算方法再讨论．化工设备与管道，2002，(2)

第四章　管壳式换热器的制造、检验和验收

4.1　制造要求

管壳式换热器的承压外壳的制造与一般压力容器类似，但也有其特点，尤其在管束部件上。

4.1.1　管箱

1. 管箱壳体

碳钢和低合金钢制管箱短节因开孔补强的需要，壁厚要比在相同条件下工作的容器厚很多，且内部焊有分程隔板，这就造成很大的卷制加工应力和焊接残余应力；另外，管箱上的进出口开孔又会在开孔附近造成很大的应力集中。为了消除这些在制造过程中产生的附加应力，规范要求应对管箱进行消除应力热处理。因浮头拱盖在制造中也有类似的问题，故同样要求进行消除应力热处理。由于消除应力热处理一般是在热处理炉内进行，加热温度比较高，会使管箱法兰和浮头法兰的密封面变形或氧化，影响密封能力，故管箱法兰和浮头法兰的密封面应在热处理后加工。

除有特殊规定，奥氏体不锈钢制管箱、浮头盖一般不进行热处理。但对于直径比较大的换热器来说，焊接完毕后，密封面仍有可能变形，所以，应检查密封面的平面度偏差，如果不满足要求，仍要进行最后的精加工。常用垫片对密封面平面度的要求见表4.1-1。

表4.1-1　密封面平面度的要求

垫片品种	密封面平面度允许偏差/mm
金属包垫片	0.3
缠绕垫片	0.8
非金属垫片	0.3

注：密封面的平面度为对于任何参考平面的最大偏差，且不得出现在小于20′的弧长范围内。

2. 管箱隔板

在换热器检修时，常发现管箱隔板焊缝断裂现象，主要由于一般认为管箱隔板是不承受压力的内部结构件，其焊接质量不加以控制，且难以无损检测造成的。实际上管箱隔板还是很复杂性的一个受力元件：①承受管程进、出口的压力差 Δp_t 的作用；②管箱壳体受压膨胀后对其的水平拉力作用；③上下表面承受管程进、出口介质的温差应力作用；④承受管程介质的冲击作用。此外，管箱隔板的焊接作业空间小、条件较差，尤其是小直径、多管程，多隔板时，焊工要将身体俯卧入管箱才能焊接。因此，建议将隔板材料改为容器专用钢板，且在设计文件中注明要连续焊，填满焊脚。必要时，采用隔板开坡口焊接结构。

4.1.2　壳体

换热器的壳体要保证管束能够顺利地抽出和放入，就应严格控制壳体的制造误差，所以对换热器壳体的制造要求就比一般容器要高。如：

1. 圆筒的制造尺寸允许偏差

① 用板材卷制壳体时，内直径允许偏差通过外圆周长加以控制，其外圆周长允许上偏差为10mm；下偏差为零；

② 用钢管作壳体时，其尺寸允许偏差为：

③ Ⅰ级换热器应符合 GB 8163 和 GB/T 14976 较高级的规定，Ⅱ级换热器应符合 GB 8163 和 GB/T 14976 普通级的规定。

④ 圆筒同一断面上，最大直径与最小直径之差 e 见表 4.1－2。

⑤ 圆筒直线度允许偏差见表 4.1－2。直线度检查应通过中心线的水平和垂直面，即沿圆周 0°、90°、180°、270°四个方位进行测量。

2. 壳体内部

凡有碍管束顺利装入或抽出的焊缝突出部分均应打磨至与母材表面平齐。

3. 壳体外部

因设置接管或其他附件，可能导致壳体变形较大，影响管束顺利安装时，应采取防止变形或预变形措施。

4. 插入式接管、管接头等

除图样另有规定外，不应突出壳体和外头盖的内表面，以免阻碍管束的插入。

表 4.1－2 换热器圆筒（壳体）几何尺寸允许偏差

圆筒几何尺寸	允许偏差
圆筒内直径	（1）用钢板卷制时，可通过外圆周长加以控制，其外圆周长允许上偏差为 10mm，下偏差为零； （2）用钢管作圆筒时，应符合 GB 8163 和 GB/T 14976 的规定
同一断面上的最大直径与最小直径之差 e	$e \leqslant 0.5\% DN$ 且：当 $DN \leqslant 1200$mm 时，$e \ngtr 5$mm 当 $DN > 1200$mm 时，$e \ngtr 7$mm
圆筒直线度	$L/1000$（L 为圆筒总长） 且：当 $L \leqslant 6000$mm 时，其值$\ngtr 4.5$mm 当 $L > 6000$mm 时，其值$\ngtr 8$mm （直线度的检查，应通过中心线的水平和垂直面，即沿圆周 0°、90°、180°、270°四个部位测量。）

4.1.3 管板和法兰盖

管板一般应用一个整体锻件或整张钢板制成。在管板尺寸太大而整料无法满足时，也可以采用拼焊的方法来制造管板；但拼接焊缝应进行 100% 射线探伤或 100% 超声波探伤。除不锈钢外，拼接管板还应作消除应力热处理，以调整拼缝的力学性能。通常拼焊管板只允许有一条焊缝。

管板本身具有凸肩并与圆筒（或封头）为对接的管板必须使用锻件来制作，且锻件级别不得低于 NB/T 47008 和 NB/T 47010 规定的Ⅱ级。

1. 当采用钢板制作时

① 钢板应符合 GB 150 中 4.2 条的规定。

② 采用钢板制作带颈法兰时，必须符合下列要求：

a. 钢板需作超声波探伤，应无分层缺陷。

b. 应沿钢板轧制方向切割板条，经弯制，对焊成圆环，并使钢板表面成为环的柱面。

c. 圆环的对接焊缝应采用全焊透焊缝。

d. 圆环对接焊缝应经焊后热处理及100%射线或超声波探伤，合格标准按JB/T 4730的规定。

2. 当用复合钢板制作时

管板、平盖可采用堆焊、轧制或爆炸复合板，平盖亦可采用衬层结构。采用轧制或爆炸复合板作管板时，应对复合层与基层的结合情况逐张进行超声波检验，不得有分层现象，B1级100%贴合为宜。

4.1.4　U形换热管

一般U形换热管的长度都大于12m，所以当换热器设计压力小于6.4MPa或介质中不含易燃易爆、有毒物质时(或设计无特殊要求时)，换热管允许拼接。但须符合下列要求：

① 同一根换热管的对接焊缝对浮头式换热器用管来说不得超过一条，对U形管式换热器用管来说不得超过二条；

② 最短管段长度不得小于300mm；

③ 包括至少50mm直管段的U形弯管段不得有拼接焊缝；

④ 焊接对口错边量应不超过管子壁厚的15%，且不大于0.5mm；直线度偏差以不影响顺利穿管为限；

⑤ 如果换热管对接，则应对有焊接接头的管内进行通球检查，不同规格换热管的通球直径按表4.1-3选取；

表4.1-3　通球检查钢球直径

换热管外径 d/mm	$d \leq 25$	$25 < d \leq 40$	$d > 40$
钢球直径/mm	$0.75d_i$	$0.8d_i$	$0.85d_i$

注：d_i 为换热管内径。

⑥ 对接接头焊接前应作焊接工艺评定；

⑦ 对接接头应进行射线探伤，抽查数量应不少于接头总数的10%，且不少于一条。如有一条不合格时，应加倍抽查，再不合格时，应100%检查；

⑧ 对接后换热管应逐根作液压试验，试验压力一般为设计压力的二倍。

⑨ U形管换热器的U形管弯制不宜采用热弯法，因热弯时管壁减薄量比较大，所以一般采用冷弯法。并有如下要求：

a. U形管弯管段的圆度偏差应不大于管子名义外径的10%；

b. 当有抗应力腐蚀要求时，因冷弯加工使弯管部分产生很大的应力，它会加速应力腐蚀的进程，所以U形管的弯管段及至少包括150mm长的相连直管段应进行热处理。碳钢和低合金钢管应作消除应力热处理。而奥氏体不锈钢管应进行固溶处理或稳定化处理。

c. 当采用焊接管做换热管时，符合GB 151附录D的奥氏体不锈钢焊管可用作换热管，但设计压力应不大于6.4MPa。

⑩ 国外公司规定下列U形管的弯管部分，碳钢和低合金钢应进行消除应力热处理，奥氏体不锈钢应进行稳定化热处理：

a. 在有应力腐蚀的场合，碳钢、奥氏体不锈钢、铜锌合金制U形管；

b. 在超过51.7℃的苛性碱介质中的碳钢；

c. 在氢氟酸烷基化装置中的蒙乃尔钢；

d. 在胺液中的碳钢；

e. 铜合金、铜镍合金 U 形弯管；

f. 钼钢、铬钼钢、铁素体不锈钢，弯曲半径为管径 5 倍以下的弯曲部分。

4.1.5 管板加工

1. 对管板孔直径及允许偏差

Ⅰ、Ⅱ级管束的换热管和管孔直径允许偏差按表 4.1－4 的规定。钻孔后应抽查不小于 60°的管板中心角区域内的管孔，在这一区域内允许有 4% 的管孔上偏差比表 4.1－4 中的数值大 0.15mm。

表 4.1－4 换热管和管孔直径允许偏差

<table>
<tr><td rowspan="4">Ⅰ级管束</td><td rowspan="2">换热管</td><td>外径/mm</td><td>10</td><td>14</td><td>19</td><td>25</td><td>32</td><td>38</td><td>45</td><td>57</td></tr>
<tr><td>允许偏差/mm</td><td>±0.15</td><td colspan="3">±0.20</td><td colspan="3">±0.30</td><td>±0.45</td></tr>
<tr><td rowspan="2">管板</td><td>管孔直径/mm</td><td>10.20</td><td>14.25</td><td>19.25</td><td>25.25</td><td>32.35</td><td>38.40</td><td>45.40</td><td>57.55</td></tr>
<tr><td>允许偏差/mm</td><td colspan="4">+0.15
0</td><td colspan="3">+0.20
0</td><td>+0.25
0</td></tr>
<tr><td rowspan="4">Ⅱ级管束</td><td rowspan="2">换热管</td><td>外径/mm</td><td>10</td><td>14</td><td>19</td><td>25</td><td>32</td><td>38</td><td>45</td><td>57</td></tr>
<tr><td>允许偏差/mm</td><td>±0.20</td><td colspan="3">±0.40</td><td colspan="3">±0.45</td><td>±0.57</td></tr>
<tr><td rowspan="2">管板</td><td>管孔直径/mm</td><td>10.30</td><td>14.40</td><td>19.40</td><td>25.40</td><td>32.50</td><td>38.50</td><td>45.50</td><td>57.70</td></tr>
<tr><td>允许偏差/mm</td><td colspan="2">+0.15
0</td><td colspan="2">+0.20
0</td><td colspan="2">+0.30
0</td><td colspan="2">+0.40
0</td></tr>
</table>

2. 管孔表面要求

管孔表面粗糙度应按表 4.1－5 的规定。

表 4.1－5

换热管与管板的连接方法	管孔表面粗糙度 R_a 值
焊接	不大于 5μm
胀接	不大于 12.5μm

胀接连接时，管孔表面不应有影响胀接紧密性的缺陷，例如贯通性的纵向或螺旋状刻痕等。

对管板上孔桥宽度偏差的规定。终钻（出钻）一侧的管板表面，相邻两管孔之间的孔桥宽度 B，是影响下一道工序——管头焊接质量的重要尺寸，因此Ⅰ、Ⅱ级管束用管板的最小孔桥宽度 B_{min} 按表 4.1－6 的规定选取。超出表 4.1－6 范围时可按式(4.1－1)和式(4.1－2)进行管桥宽度 B 和最小孔桥宽度 B_{min} 的计算。

$$B = (S - d_o) - \Delta_1 \qquad (4.1-1)$$

式中 S——管孔中心距离，mm；

d_o——换热管外径，mm；

Δ_1——孔桥偏差，$\Delta_1 = 2\Delta_2 + C$，mm；

Δ_2——钻头偏移量，$\Delta_2 = 0.63\delta/(10000 d_o)$，mm；

C——附加量，mm；

当 $d_o < 16$mm 时，$C = 0.508$mm；

当 $d_o \geqslant 16$mm 时，$C = 0.762$mm；

表 4.1-6 相邻两管孔之间的管桥宽度

mm

级别	换热管外径	孔心距 S	管孔最大直径 d	名义孔桥宽度 $S-d$	允许孔桥宽度 B(≥96% 的孔桥宽度不得小于下列值) 管板厚度 δ 20	40	60	80	100	120	140	160	B_{min} 允许的最小孔桥宽度(≤4% 的孔桥数,且不超过 5 个)
Ⅰ级管束	10	14	10.35	3.65	2.98	2.82	2.65	2.49	2.33	2.17	—	—	1.88
	12	16	12.35	3.65	3.01	2.87	2.74	2.60	2.46	2.33	—	—	1.88
	14	19	14.40	4.60	3.98	3.86	3.74	3.63	3.51	3.40	3.28	3.16	2.35
	16	22	16.40	5.60	4.74	4.63	4.53	4.43	4.33	4.23	4.13	4.03	2.85
	19	25	19.40	5.60	4.75	4.67	4.58	4.50	4.41	4.33	4.24	4.15	2.85
	25	32	25.40	6.60	5.77	5.71	5.64	5.58	5.51	5.45	5.38	5.32	3.35
	32	40	32.55	7.45	6.64	6.59	6.54	6.49	6.43	6.38	6.33	6.28	3.78
	38	48	38.60	9.40	8.60	8.55	8.51	8.47	8.42	8.38	8.34	8.30	4.75
	45	57	45.60	11.40	10.60	10.57	10.53	10.49	10.46	10.42	10.39	10.35	5.75
	57	72	57.75	14.25	13.46	13.43	13.40	13.37	13.35	13.32	13.29	13.26	7.15
Ⅱ级管束	10	14	10.45	3.55	2.88	2.72	2.55	2.39	2.23	2.07	—	—	1.83
	12	16	12.45	3.55	2.91	2.77	2.64	2.50	2.36	—	—	1.83	
	14	19	14.60	4.40	3.78	3.66	3.54	3.43	3.31	3.20	3.08	2.96	2.25
	16	22	16.60	5.40	4.54	4.44	4.33	4.23	4.13	4.03	3.93	3.83	2.75
	19	25	19.60	5.40	4.55	4.47	4.38	4.30	4.21	4.12	4.04	3.95	2.75
	25	32	25.60	6.40	5.57	5.51	5.44	5.38	5.31	5.25	5.18	5.12	3.25
	32	40	32.80	7.20	6.39	6.34	6.29	6.23	6.18	6.13	6.08	6.03	3.65
	38	48	38.80	9.20	8.40	8.35	8.31	8.27	8.22	8.18	8.14	8.10	4.65
	45	57	45.90	11.10	10.30	10.27	10.23	10.19	10.16	10.12	10.09	10.05	5.60
	57	72	58.10	13.90	13.11	13.08	13.05	13.02	13.00	12.97	12.94	12.91	7.0

注：终钻后应抽查不小于60°管板中心角区域内的孔桥宽度，B 值的合格率应不小于96%，Bmin 值的数量应控制在4%以内，超过上述合格率时，则应全管板检查。

d_o——换热管名义外径，mm；

δ——管板厚度，mm；

$$B_{min}=0.5(S-d)+C_1 \tag{4.1-2}$$

式中 C_1——附加量，mm；

当 $d_o<32$mm 时，$C_1=0.1$mm；

当 $d_o\geqslant 32$mm 时，$C_1=0$mm。

管板直径较大时，管头焊接完毕后容易出现管板密封面变形，此时应按表 4.1-1 检测平面度。必要时，应再进行一次密封面的精加工。

4.1.6 换热管的连接要求

1. 清理和焊前准备

连接部位的换热管和管板孔表面，应清理干净，不得留有影响胀接或焊接连接质量的毛刺、铁屑、锈斑、油污等。

用于焊接连接时，换热管管端除锈长度应不小于管径，且不小于 25mm。对于表面锈蚀严重的换热管，可采用酸洗、喷砂、砂轮及抛光片打磨等方式进行清理。

换热管拼接处的焊渣及凸出于换热管内壁的焊瘤均应清除。焊缝缺陷的返修，应先清除缺陷，后补焊。

换热管与管板的焊接接头，施焊前应进行焊接工艺评定。

2. 胀接

1）胀接工艺

用于胀接连接时，其胀接长度，不应伸出管板背面(壳程侧)，换热管的胀接部分与非胀接部分应圆滑过渡，不得有急剧的棱角。管端应除锈至呈现金属光泽，除锈长度不宜小于 2 倍的管板厚度，且应符合下列要求：

① 换热管材料硬度值一般须低于管板的硬度值；

② 有应力腐蚀时，不应采用管头局部退火的方式来降低换热管的硬度；

③ 外径小于 14mm 换热管与管板的连接，受胀接工具限制，不宜采用胀接；

④ 管板孔表面应彻底清理干净，不应留有影响胀接质量的毛刺、金属屑、锈斑等；

胀接工艺一般有三种：机械胀、液压胀、橡胶胀和液袋胀，见图 4.1-1。

2）胀接方法

管子与管板的胀接手段有非均匀的机械胀接(机械滚珠胀)和均匀的柔性胀接(液压胀接、液袋胀接、橡胶胀接、爆炸胀接)两大类，滚珠胀接为最早的胀接方法，直到目前仍在大量使用。这种方法简捷方便，但它的缺点在于需要用油润滑，油的污染使胀接后不能保证焊接的质量。而非均匀胀接的碾轧使管径扩大会产生较大的冷作应力，不利于应力腐蚀的场合；加之胀杆不能太细，故胀接段不能太长。但由于它的简便，目前仍广泛地使用在中、薄管板的胀接上。

液压与液袋胀接的基本原理相同，但液袋胀接是通过橡胶袋把液体压力传给换热管使其扩张胀住的，因此液袋胀接具有增压液体不外流的优点。橡胶胀管是利用机械压力使特种橡胶长度缩短，直径增大，从而带动管子扩张达到胀接的目的。爆炸胀接是利用炸药在管内胀接有效长度内的爆炸，使管子贴紧管板孔而达到胀接目的。但对于 U 形管换热器，爆炸胀接法不大适用，因为，爆炸往往会使爆炸残留物堵住 U 形弯管。

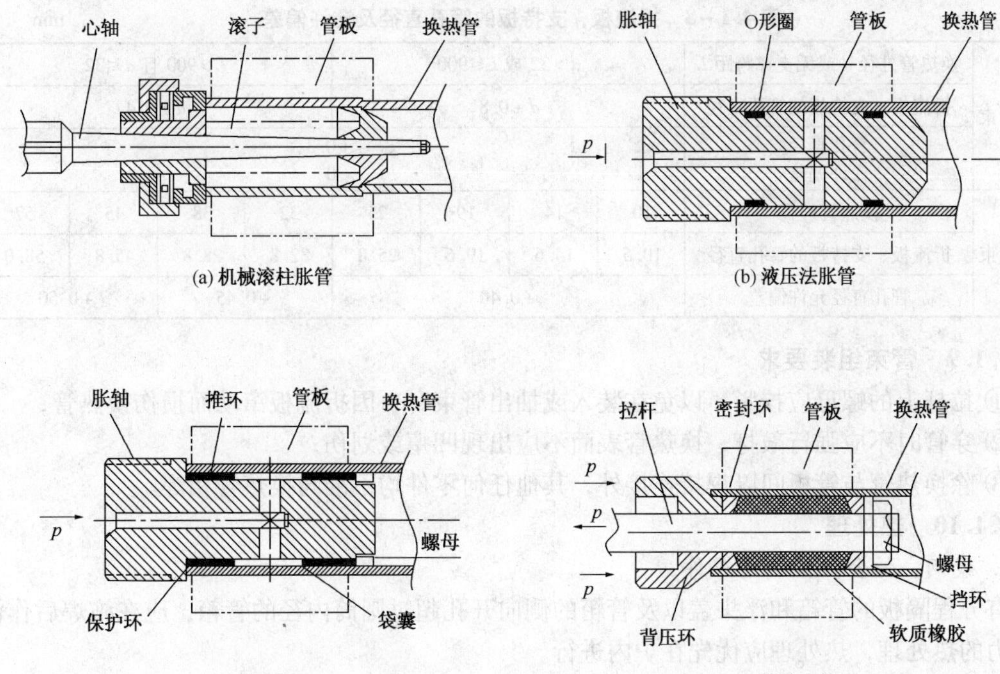

图 4.1－1　换热管与管板的几种胀接方法

液压胀是近两年来才出现在国内的技术。很多制造厂认为液压和液袋胀接由于胀接力较机械胀小，一般只能作为密封胀使用，但经过研究单位的多方研究发现，如要使其作为承担较大拉脱力的强度胀时，应加大管板上的开槽宽度至 8mm，这样管子才能够被挤压变形进入到槽内，以便承担必须的拉脱力。据文献报道，槽深和槽的间距对液压胀的拉脱力影响不大，基本可以与机械胀管板开槽尺寸相似。

3. 管头焊接

管头焊接有焊条手工焊、自动焊和半自动焊三种。

4.1.7　隔板槽密封面要求

隔板槽密封面应与环形密封面平齐，或略低于环形密封面(控制在 0.5mm 以内)。

4.1.8　折流板和支持板的要求

折流板和支持板外直径及允许偏差按表 4.1－7 的规定。

表 4.1－7　折流板和支持板外直径及允许偏差　mm

公称直径 *DN*	<400	400 ~ <500	500 ~ <900	900 ~ <1300	1300 ~ <1700	1700 ~ <2000
名义外直径	*DN*－2.5	*DN*－3.5	*DN*－4.5	*DN*－6	*DN*－8	*DN*－10
外直径允许偏差	－0.5		－0.8		－1.2	

注：1. 用 *DN*≤426mm 无缝钢管作圆筒时，折流板名义外直径为无缝钢管的实际内径减 2mm。
2. 对传热影响不大时，折流板外径的允许偏差可比表中值大 1 倍。

折流板、支持板的管孔直径及允许偏差按表 4.1－8 的规定，允许超差 0.1mm 的管孔数不得超过 4%。

折流板、支持板外圆表面粗糙度 R_a 不大于 25μm，外圆面两侧的尖角应倒钝，且应去除折流板、支持板上的任何毛刺。

表 4.1-8 折流板，支持板的管孔直径及允许偏差 mm

	换热管外径 d 或无支撑跨距 L	$d>32$ 或 $L\leqslant900$				$L>900$ 且 $d\leqslant32$			
Ⅰ级管束	折流板、支持板的管孔直径	$d+0.8$				$d+0.4$			
	管孔直径 允许偏差	$^{+0.3}_{0}$							
Ⅱ级管束	换热管外径	10	14	19	25	32	38	45	57
	折流板、支持板的管孔直径	10.5	14.6	19.6	25.8	32.8	28.8	45.8	58.0
	管孔直径允许偏差	+0.40				+0.45		+0.50	

4.1.9 管束组装要求

① 拉杆上的螺母应拧紧，以免在装入或抽出管束时，因折流板窜动而损伤换热管；

② 穿管时不应强行敲打，换热管表面不应出现凹瘪或划伤；

③ 除换热管与管板间以焊接连接外，其他任何零件均不准与换热管相焊。

4.1.10 热处理

1. 碳钢、低合金钢制的焊件

有分程隔板的管箱和浮头盖以及管箱的侧向开孔超过圆筒内径的管箱，应在施焊后作消除应力的热处理，热处理应优先在炉内进行。

2. 奥氏体不锈钢制管箱、浮头盖

可以不作焊后消除应力的热处理。当有较高抗应力腐蚀要求或在高温下使用要求时，按供需双方商定的方法进行热处理。

3. 固定管板换热器的整体热处理

固定管板换热器的焊后整体消除应力热处理是指壳程的壳体，而不包括管箱和头盖(但与壳体连成一体的管箱和头盖除外)，其方法有两种。

① 分段热处理：先将壳程壳体进行焊后热处理，然后在管板、壳体、换热管组焊后进行局部热处理；

② 整体焊后热处理：对于固定管板换热器，这种方法关键是如何控制热处理过程中的温差应力。即使壳程壳体和换热管材料的线膨胀系数相同，但在加热的过程中，壳体受热快，管束受热慢；由于温差的作用，壳体的热膨胀要比管束大，因此壳体伸长会受到管束的约束，使管束受到拉应力，壳体受到较大的压应力，严重时圆筒会鼓起而破坏、个别的换热管会拉脱或拉裂。在冷却的过程中，受力情况刚好与上述情况相反，管束受压应力，壳体受到较大的拉应力。所以必须控制热处理过程中的升温与冷却的速度，使壳体和管束的温差应力小于材料在该温度下 0.8 倍的屈服强度。

对于管板兼作法兰的固定管板换热器，为保证换热管和管板焊接连接的可靠性及设备法兰的密封性能，制造厂没有同样热处理经验时，通常不宜采取焊后整体热处理的方法，而应采用分段热处理方法。

4. 换热管与管板强度焊焊接接头的热处理

一般换热器的强度焊焊接接头无须作焊后消除应力热处理，但在应力腐蚀较严重和管接头材料本身决定(如铬钼钢、低温钢等)需进行焊后热处理时，换热管与管板的焊接接头(强度焊)，可以采用局部进炉、加热带和电磁感应加热的方式进行局部热处理。但一般加热带的方式热处理容易存在管头加热不均匀和管板受热不均匀等问题。最新技术是采用电磁感应加热方式，它不受管头伸出影响履带加热片贴合等问题，并得到成功应用。

5. U 形换热管弯管段的热处理

当有应力腐蚀时，冷弯 U 形管的弯管段及至少 150mm 的直管段应进行消除应力热处理。且在直管段应有温度梯度，以避免温度突变处的应力腐蚀。否则弯管后应整根热处理，对于奥氏体不锈钢管应考虑固溶处理。

用作低温管时，冷弯的弯曲半径小于 10 倍的管子半径时，弯后应作消除应力热处理。

对于经热处理供货的换热管，当须采用热弯或弯曲半径小于 10 倍管子的外径的冷弯时，必须重新进行与原热处理相同的热处理。

6 焊后消氢处理

对于有延迟裂纹倾向的材料(如 $R_m > 540$MPa)和 Cr－Mo 的材料制的换热器应进行焊后消氢处理。

焊缝金属中的氢含量、接头的应力水平以及接头金属的塑性储备，这三者对延迟裂纹冷裂纹产生的作用是相互联系的，它不在焊后立即产生，而在焊后延迟几小时、几天或更长时间才出现，故称延迟裂纹。

延迟裂纹产生的原因是：在焊接过程中，来自焊条、焊剂和空气湿气中的氢气，在高温下被分解成原子状态溶于液态金属中，焊缝冷却时，氢在钢中的溶解度急剧下降，由于焊缝冷却速度很快，氢来不及逸出而留在焊缝金属中，过一段时间后，会在焊缝或熔合线聚集。聚集到一定程度，在焊接应力的作用下，导致焊缝或热影响区产生冷裂纹，即延迟裂纹。

7. 奥氏体不锈钢热成形件的固溶化处理

奥氏体不锈钢成形件(如冲压封头、U 形弯管等)，由于变形量比较大，必须进行固溶化处理，即使来料已经完成了固熔热处理也需要对变形大的区域重新进行固熔处理。

4.1.11　重叠换热器的组装要求

1. 重叠换热器须在制造厂进行重叠预组装

重叠支座间的调整板应在压力试验合格后点焊于下面换热器的支座上，并在重叠支座和调整板的外侧标有永久性标记，以备现场组装对中。

2. 换热器在组装时注意事项

① 换热器零部件在组装前应认真检查和清扫，不应留有焊疤、焊条头、焊接飞溅物、浮锈及其他杂物；

② 吊装管束时，应防止管束变形和损伤换热管；

③ 紧固螺栓至少应分三遍进行，每遍的起点应相互错开 120°，紧固顺序可按图 4.1－2 的规定。

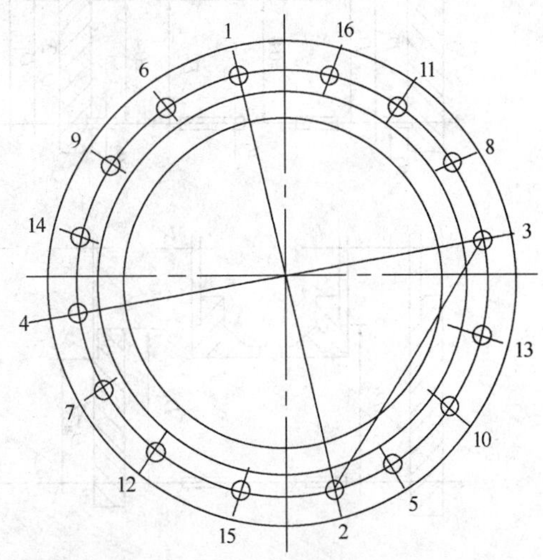

图 4.1－2　螺栓紧固顺序图

3. 换热器组装尺寸偏差要求

① 换热器组装尺寸的允许偏差见图 4.1－3。

② 平盖、法兰、隔板、管板等装配尺寸的允许偏差见图 4.1－4。图中 D_1 ~ D_7 的允许偏差按 GB/T 1804—2000 规定的 m 级(其中：D_7 的允

许偏差只适用于 A 型钩圈)。

③ 填料函式浮头结构及尺寸允许偏差见图 4.1-5。

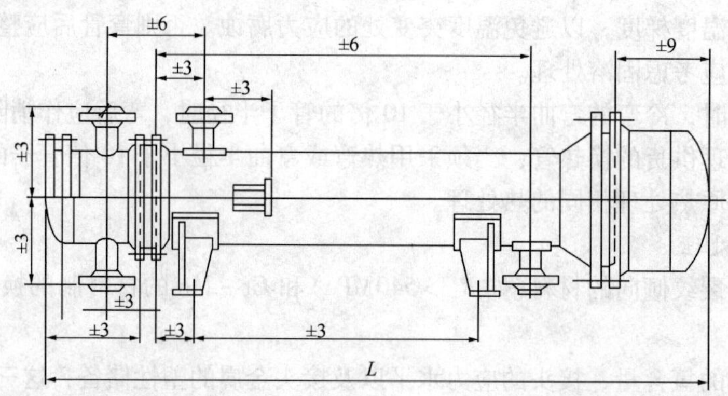

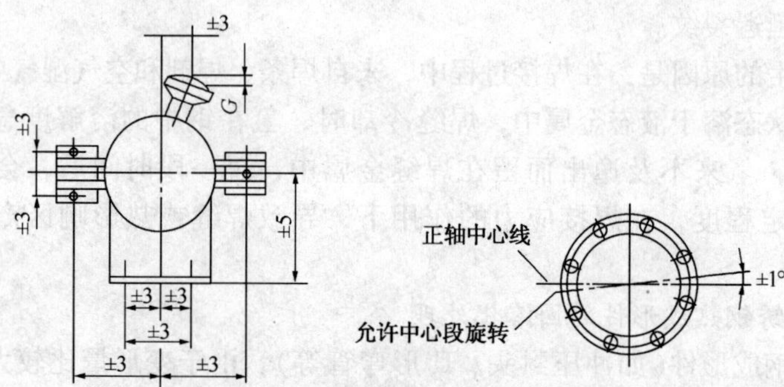

图 4.1-3 换热器组装尺寸的允许偏差图

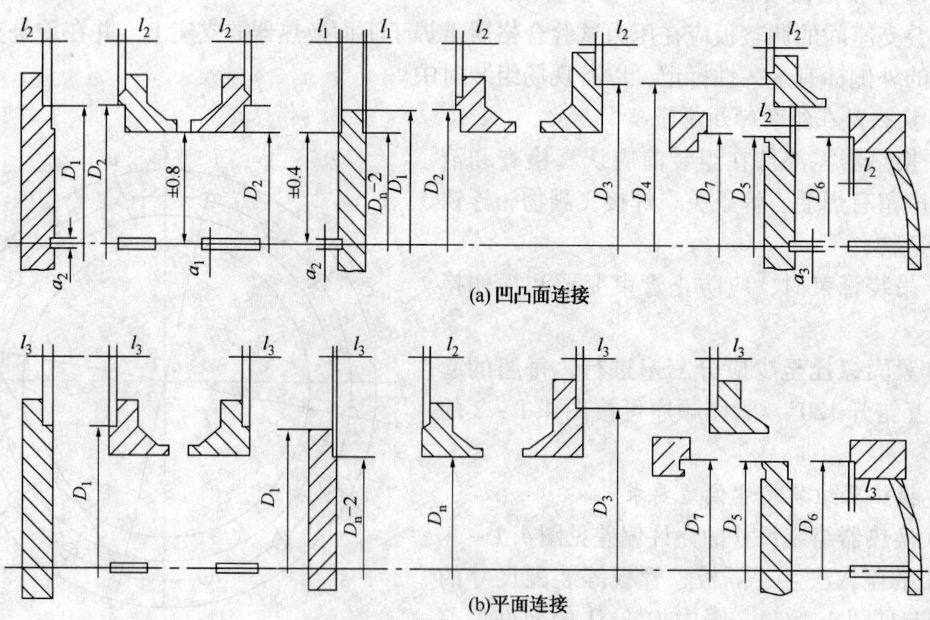

图 4.1-4 平盖、法兰、隔板、管板等装配尺寸的允许偏差图

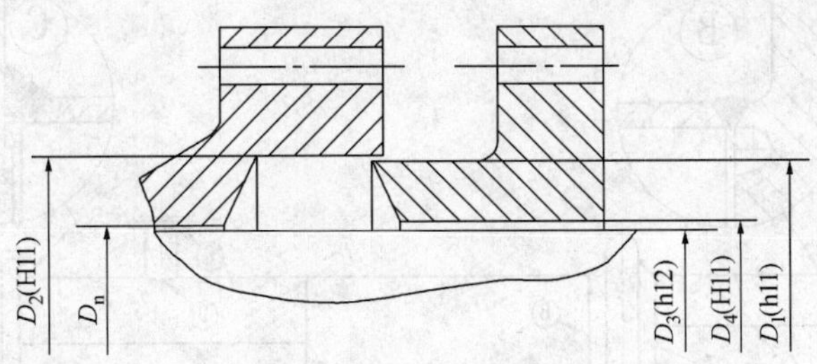

图 4.1－5　填料函式浮头结构及尺寸允许偏差图

④ 双壳程换热器纵向隔板的宽度允许偏差与折流板外直径允许偏差相同；纵向隔板两对角线之差应不超过 2.5mm。

⑤ B 型钩圈尺寸 D_e 的允许偏差为 $^{+0.2}_{+0.05}$。浮头管板尺寸 D_e 的允许偏差为 $^{+0}_{-0.2}$。有经验者，也可按管板的实测直径，在保证直径间隙不大于 0.4mm 的情况下配制钩圈的内径。

⑥ 进出口接管法兰垂直度允许偏差按表 4.1－9。

⑦ 换热器的自由尺寸偏差：

a. 机加工面的自由尺寸允许偏差按 GB/T 1804 中 m 级；

b. 非机加工面的自由尺寸允许偏差按 GB/T 1804 中 c 级。

表 4.1－9　接管法兰密封面垂直度尺寸 *G* 的允许偏差值　mm

接管公称直径	50～100	150～300	≥350
G	1.5	2.5	4.5

注：本表仅适用于外部管线连接的接管。

4.2　管壳式换热器的检验

4.2.1　焊缝分类

换热器的制造、检验与验收，除应遵守 GB 151 的规定外，还应符合 GB 150 的有关规定。但换热器外壳的焊缝分类有其特点，尤其对于固定管板式换热器。换热器受压外壳的焊缝分类见图 4.2－1。

4.2.2　换热器承压焊缝的无损探伤要求

焊接接头无损检测的检查要求和评定标准，应根据换热器管、壳程不同的设计条件，按照 TSG R0004、GB 150 和 JB/T 4730 的要求在设计图样上规定所选择的无损检测方法、比例、质量要求(技术等级)及合格级别等。

4.2.3　无损检测方法及其选择

无损检测方法包括射线、超声、磁粉、渗透和涡流检测等，超声检测包括衍射时差法超声检测(TOFD)。

换热器的焊接对接接头应当采用射线检测或者超声检测；接管与壳体的角焊缝、换热管与管板的焊接接头、异种钢焊接接头、具有再热裂纹倾向或延迟裂纹倾向的焊接接头应当进行表面检测。

铁磁性材料制换热器焊接接头的表面检测应当首先采用磁粉检测，非铁磁性材料(如奥氏体不锈钢、有色金属等)的焊接接头的表面检测应采用渗透检测。

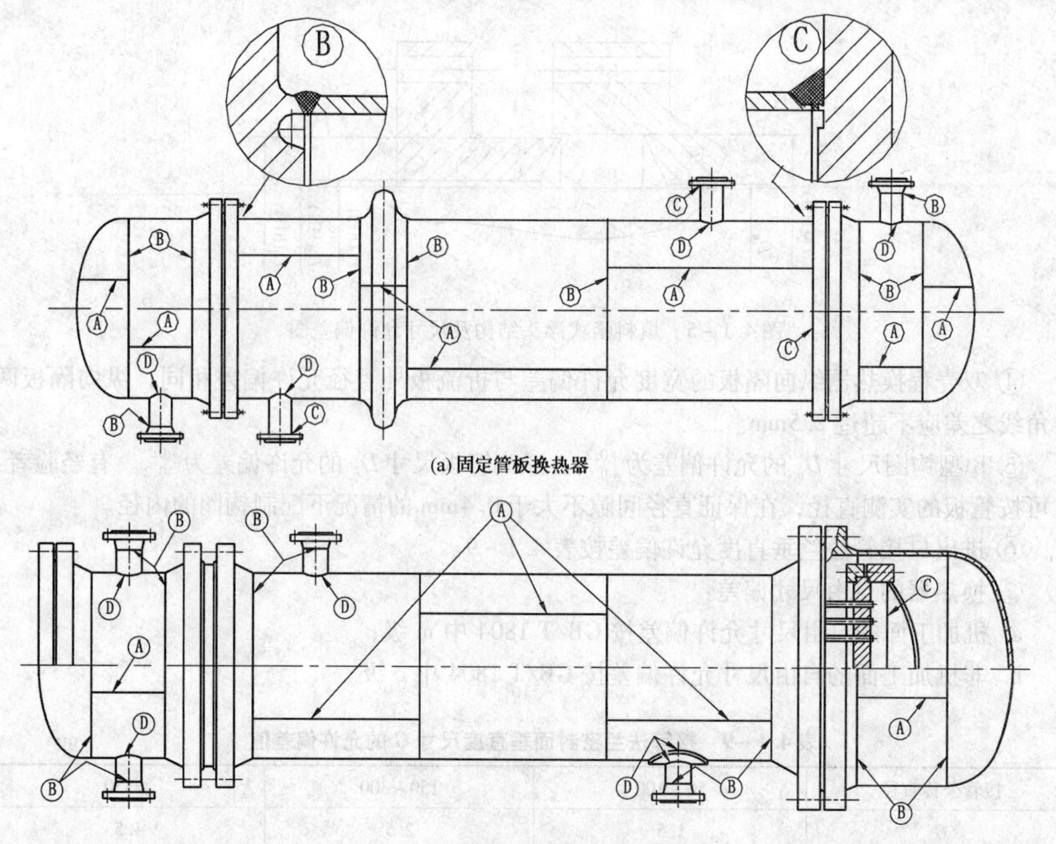

图 4.2-1　换热器受压外壳的焊缝分类图

4.2.4　无损检测的比例

1. 基本比例要求

TSG R0004 和 GB 150 规定对接接头的无损检测比例一般分为全部(100%)和局部(大于或等于 20%)两种。碳钢和低合金钢制低温容器，局部无损检测的比例应大于或等于 50%。

2. 全部(100%)射线检测或者超声检测

当符合 GB 150 10.8.2.1 和 TSG R0004 中 4.5.3.2.2 规定的条件之一时，应对压力容器 A、B 类对接接头进行全部(100%)射线检测或者超声检测。

3. 局部射线检测或者超声检测

不要求进行全部无损检测的压力容器，其每条 A、B 类对接接头按以下要求进行局部射线检测或者超声检测：

① 局部无损检测的部位由制造单位根据实际情况指定，但是应当包括 A、B 类焊缝交叉部位以及将被其他元件覆盖的焊缝部分；

② 经过局部无损检测的焊接接头，如果在检测部位发现超标缺陷时，应当在缺陷两端的延伸部位各进行不少于 250mm 的补充检测，如果仍存在不允许的缺陷，则对该焊接接头进行全部检测。

此外，进行局部无损检测的压力容器，制造单位也应当对未检测部分的质量负责。

4.2.5　射线检测的质量要求(技术等级)和合格级别

1. 承压焊缝的射线检测

应当按照 JB/T 4730 的规定执行，质量要求和合格级别如下：

要求进行全部(100%)射线检测的对接接头，射线检测技术等级不低于AB级，合格级别不低于Ⅱ级；

要求进行局部射线检测的对接接头，射线检测技术等级不低于AB级，合格级别不低于Ⅲ级，并且不允许有未焊透；

角接接头、T形接头，射线检测技术等级不低于AB级，合格级别不低于Ⅱ级。

2. 管头焊缝的γ射线检测

管头焊缝的γ射线检测是21世纪初的最新技术，主要用于非常重要的热交换设备和核电厂的蒸汽发生器和换热器上，由于价格昂贵，一般只分区域进行抽检一定数量的管头焊接质量。根据不同的管接头结构有几种透照方式，见图4.2-2，一般U形管换热器只能采用前置式透照[图4.2-2(b)]。此外，目前这种射线检测尚无国家标准，一般只按企业标准进行检查。

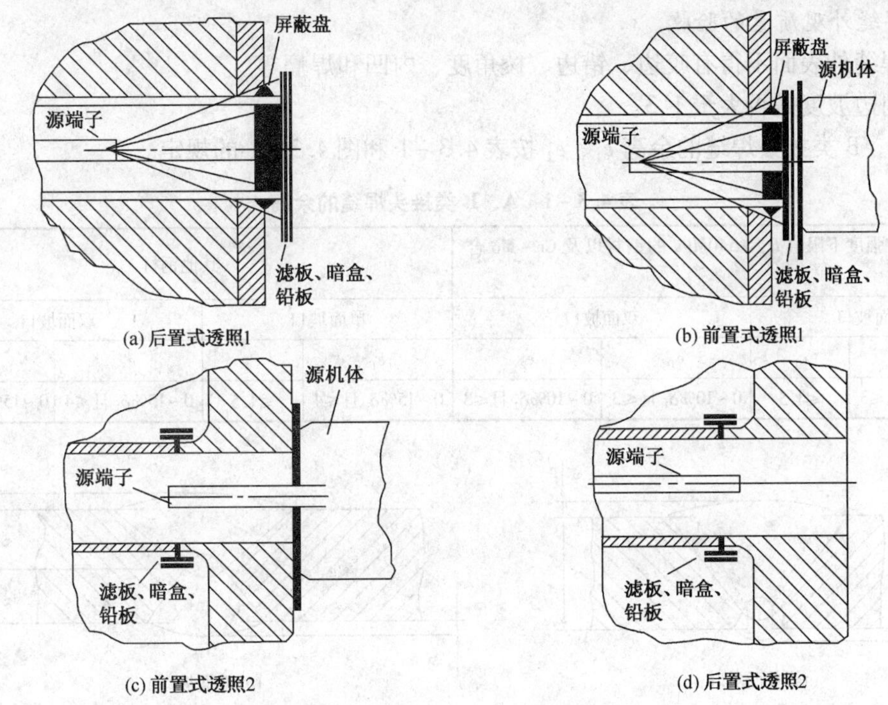

图4.2-2　换热管与管板焊接接头的四种射线透照方式

4.2.6　超声检测的质量要求(技术等级)和合格级别

超声检测应当按照JB/T 4730的规定执行，质量要求和合格级别如下：

要求进行全部(100%)超声检测的对接接头，脉冲反射法超声检测技术等级不低于B级，合格级别不低于Ⅰ级；

要求进行局部超声检测的对接接头，脉冲反射法超声检测技术等级不低于B级，合格级别不低于Ⅱ级；

角接接头、T形接头，脉冲反射法超声检测技术等级不低于B级，合格级别不低于Ⅰ级。

采用衍射时差法超声检测(TOFD)的焊接接头，合格级别不低于Ⅱ级。

4.2.7　表面无损检测的合格级别

压力容器所有焊接接头的表面检测均应当按照JB/T 4730的规定执行，合格级别如下：

钢制压力容器进行磁粉或者渗透检测，合格级别为Ⅰ级；

非铁磁性材料、有色金属制压力容器进行渗透检测，合格级别为Ⅰ级。

4.2.8 接管焊接接头的无损检测要求

公称直径大于或等于250mm的接管对接接头的无损检测方法、检测比例和合格级别与压力容器壳体焊接接头要求相同；

公称直径小于250mm时，其无损检测方法、检测比例和合格级别应按照设计图样和相应标准的规定。

4.3 管壳式换热器的验收

4.3.1 外观质量和装配尺寸的验收

1. 焊缝外观质量的验收

① 焊缝外表面不得有咬边、错边、棱角度、内凹和焊瘤等。

② 削边坡度是否大于1∶3。

③ A、B类接头焊缝的余高 e_1、e_2 按表4.3-1和图4.3-1的规定。

表4.3-1 A、B类接头焊缝的余高 mm

标准抗拉强度下限值 $R_m>540$MPa 的钢材以及 Cr-Mo 合金钢钢材				其他钢材			
单面坡口		双面坡口		单面坡口		双面坡口	
e_1	e_2	e_1	e_2	e_1	e_2	e_1	e_2
0~10%δ_s 且≤3	≤1.5	0~10%δ_1 且≤3	0~10%δ_2 且≤3	0~15%δ_s 且≤4	≤1.5	0~15%δ_1 且≤4	0~15%δ_2 且≤4

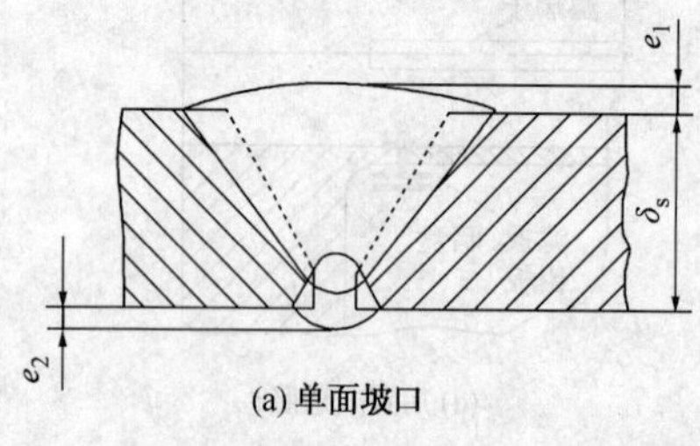

(a)单面坡口

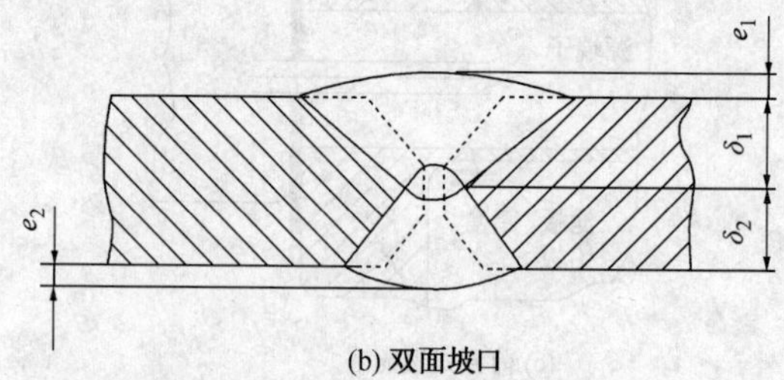

(b)双面坡口

图4.3-1 A、B类接头焊缝的余高

2. 其他一般性检验

① 铭牌是否安装固定，铭牌内容是否正确；

② U形弯管处换热管的圆度偏差是否符合10%的要求；

③ 无损检测报告，必要时需查看X底片，统计合格底片的比例；

④ 见证换热器的压力试验；

⑤ 当订货技术条件有要求时，应见证产品试板的试验。

4.3.2 零配件的验收

① 管束插入(或抽出)壳体是否顺畅；

② 换热器组装前，内部应清扫干净，内部不得残留有水及其他污物；

③ 紧固件和垫片等备品备件数量(装箱单)是否与合同要求相符，并分箱盛装(带有标签)。

4.3.3　技术文件的验收

① 所有供货厂商的资质文件；

② 产品合格证和竣工图；

③ 原材料(板材、焊材、锻件、换热管等)质量证书复印件；

④ 热处理报告或曲线；

⑤ PQR 和 WPS 文件；

⑥ 无损检测报告；

⑦ 不一致性报告(如果有)；

⑧ 产品质量证明书，应包括下列内容：

a. 主要受压元件材料的化学成分、力学性能及标准规定的复验项目的复验值；

b. 无损检测及焊接质量的检查报告(包括超过两次返修的记录)；

c. 通球检查记录；

d. 奥氏体不锈钢设备的晶间腐蚀试验报告(设计有要求时)；

e. 设备热处理报告(包括时间和温度记录曲线)；

f. 外观及几何尺寸检查报告；

g. 压力试验和泄漏性试验报告。

第五章　管壳式换热器的压力试验、运输包装和安装

管壳式换热器的压力试验与一般容器有所不同，因为它有管程和壳程两个相对独立但又相互关联的受压室。压力试验时，除对管程和壳程分别试压外，还应对换热管与管板的连接接头进行严密性试验，因此，不同类型的换热器应采取不同的试压程序。

5.1　压力试验

换热器制成后，必须分别对换热管与管板的胀接或焊接接头、法兰连接处、壳程和管程进行压力试验，压力试验的目的是检验换热器各部分的连接强度及密封可靠性。

1. 压力试验的目的

压力试验主要目的是全面检查换热器的整体强度和致密性，是对换热器的选材、设计计算、结构以及制造质量的综合性检查。

此外，通过压力试验的短时超压，有可能减缓某些局部区域的峰值应力，在一定程度上起到消除或降低(残余)应力，使应力分布趋于均匀的作用。

对外压与真空容器，压力试验的主要目的不在于考核强度，而是为了检查容器的致密性。

2. 压力试验的种类

压力试验分为液(水)压试验、气压试验以及气液组合压力试验三种。

除特殊情况外，应优先选择液(水)压试验，由于结构或支承等原因，不能向容器内充满液体，以及运行条件不允许残留试验液体的容器，可按设计图样规定采用气压试验。

5.1.1　液压试验

试验液体一般采用水，需要时亦可采用不会导致发生危险的其他液体。试验用水(或其他液体)的最高温度应低于其沸点。对一般碳钢制换热器，试验用水的最低温度不得低于5℃；对于其他低合金钢试验用水最低温度不得低于15℃。对于低温材料制换热器和铬钼钢制换热器的试验用水温控制还另有特殊的规定。保压时间一般不少于30min。

1. 奥氏体不锈钢制换热器

用水进行液压试验后应立即将水渍去除干净。避免残留在水中的氯离子对不锈钢产生应力腐蚀。当无法达到此要求时，应控制试压用水的氯离子含量不超过25×10^{-6}(25ppm)。

2. 内压换热器

内压换热器的试验压力p_T按式(5.1－1)确定：

$$p_T = 1.25p[\sigma]/[\sigma]^t \quad \text{MPa} \tag{5.1－1}$$

式中　p——管程或壳程的设计压力，MPa；

$[\sigma]$——试验温度下材料的许用应力，MPa；

$[\sigma]^t$——设计温度下材料的许用应力，MPa。

3. 真空换热器

真空换热器的真空侧按内压换热器进行液压试验，试验压力 p_T 按式(5.1-2)确定：

$$p_T = 1.25p \quad \text{MPa} \tag{5.1-2}$$

式中　p——设计外压力，MPa。

4. 管板按压差设计的换热器

如管板是按其两侧的压差设计的，在整体试压时就应特别注意要求管、壳程应同时升压，且应确保在试压的整个过程中管壳程的试验压差不大于管板的设计允许最大压力。如单独进行管程或壳程试压时，试验压力不得大于管板设计压力的1.25倍。

5.1.2　气压试验

对于不适合作液压试验的换热器，例如换热器内部不允许有微量残留液体，或由于结构原因不能充满液体的换热器，可按规定采用气压试验。进行气压试验的换热器在试验前应对所有承压焊缝进行100%射线或超声波探伤。另外，气压试验所用气体应为干燥、洁净的空气、氮气或其他惰性气体。盛放易燃介质的在用换热器，必须进行彻底的清洗和介质置换，否则严禁用空气作为试验介质。气压试验应有安全措施，该安全措施需经试验单位技术总负责人批准，并由本单位安全部门现场检查监督。

1. 内压换热器

内压换热器的试验压力 p_T 按式(5.1-3)确定：

$$p_T = 1.10p \times [\sigma]/[\sigma]^t \quad \text{MPa} \tag{5.1-3}$$

式中　p——设计压力，MPa；

$[\sigma]$——试验温度下材料的许用应力，MPa；

$[\sigma]^t$——设计温度下材料的许用应力，MPa。

2. 换热器的真空侧按内压换热器进行气压试验

试验压力 p_T 按式(5.1-4)确定：

$$p_T = 1.10p \quad \text{MPa} \tag{5.1-4}$$

式中　p——设计外压力，MPa。

气液组合试验的试验压力计算与气压试验相同。

需要特殊说明的是，$[\sigma]/[\sigma]^t$ 的比值是有上限的，$[\sigma]^t$ 值只取到蠕变或持久强度控制之前的许用应力值，这个值一般不超过1.8。

5.1.3　泄漏试验

换热器中介质毒性程度如为极度、高度危害或设计上不允许有微量泄漏的，该换热器还应进行泄漏性试验。泄漏性试验可采用气体或煤油泄漏试验。

气体泄漏试验所采用的气体应为干燥、洁净的空气、氮气、氨气、氦气或其他惰性气体。试验时压力应缓慢上升，达到规定试验压力后保压10min，然后降至设计压力，对所有焊接接头和连接部位进行泄漏检查。小型容器也可浸入水中检查，如有泄漏，修补后重新进行液压试验和气体泄漏试验。

煤油渗漏试验前，应先将焊缝能够检查的一面清理干净，涂以白粉浆，晾干后在焊缝另一面涂以煤油，使表面得到足够的浸润，经半小时后白粉上没有油渍为合格。

5.1.4 液压试验顺序

1. 固定管板换热器试压顺序(见表5.1－1)

表5.1－1 固定管板换热器试压顺序

试压部位	试压准备工作	检查项目
壳侧试压	拆下前、后管箱，在壳程充水试压	① 壳体的耐压及泄漏； ② 管板的耐压及换热管与管板连接处的泄漏； ③ 换热管本身试漏
管侧试压	装上前、后管箱，管程充水试压	① 管箱的耐压及泄漏； ② 管箱法兰处的泄漏

2. U形管式换热器液压试验顺序(见表5.1－2)

表5.1－2 U形管式换热器液压试验顺序

换热器设计情况	试压准备工作	检查项目
当管程压力小于壳程压力时	当管箱为平盖管箱时，拆除管箱盖。管箱、管束与壳体以螺栓固定。管箱为椭圆形封头时，拆除管箱，然后将管板夹持在试压法兰(见图5.1－1左半部)与管箱侧法兰之间并以螺栓固定。然后进行壳程试压	① 壳体的耐压及泄漏； ② 管板的耐压及换热管与管板连接处的泄漏； ③ 管板与法兰连接处的泄漏； ④ 换热管本身试漏
	装上管箱进行管程试压	① 管箱的耐压及泄漏； ② 管板法兰及管箱法兰处的泄漏
当管程压力大于壳程压力时	将管束与管箱以螺栓固定，进行管程试压	① 管箱的耐压及泄漏； ② 管板的耐压及换热管与管板连接处的泄漏； ③ 管束的耐压及泄漏； ④ 管箱盖法兰及管板法兰处的泄漏
	如为平盖管箱时，拆除管箱盖。管箱、管束与壳体以螺栓固定。管箱为椭圆形封头时，拆除管箱后，然后将管板夹持在试压法兰(见图3－4－1)与管箱侧法兰之间并以螺栓固定。进行壳程试压	① 壳体的耐压及泄漏； ② 管板法兰处的泄漏； ③ 换热管与管板连接处的泄漏； ④ 换热管本身试漏
	管箱、管束与壳体用螺栓固定，进行管程试压	管箱法兰及管板法兰处的泄漏情况

3. 浮头式换热器液压试验顺序(见表5.1－3)

表5.1－3 浮头式换热器液压试验顺序

换热器设计情况	试压准备工作	检查项目
当壳程压力大于管程压力时	如为平盖管箱时，拆除管箱盖。以螺栓将管箱、管束与壳体固定。管箱为椭圆形封头时，拆除管箱后，以螺栓将试压法兰、管束和壳体固定(见图5.1－1)。管束的另端以试压胎具(见图5.1－1)将浮动管板与外头盖侧法兰处密封，进行壳程试压	① 壳程的耐压及泄漏； ② 两侧管板的耐压及换热管与管板连接处的泄漏； ③ 管箱侧法兰处的泄漏； ④ 换热管本身试漏
	拆除试压胎具，装上管箱及浮头盖进行管程试压	① 管箱及浮头盖处耐压及泄漏； ② 管箱法兰及管箱侧法兰连接处的泄漏
	装上外头盖，再次进行壳程试压	外头盖及外头盖法兰连接处的泄漏
当管程压力大于壳程压力时	以螺栓将试压法兰、管束和管箱固定，进行管程试压	① 管箱法兰及管箱侧法兰连接处的泄漏； ② 管束的耐压及泄漏； ③ 管板与管箱连接处及浮头处的耐压及泄漏； ④ 换热管与管板连接处的泄漏

续表 5.1－3

换热器设计情况	试压准备工作	检查项目
当管程压力大于壳程压力时	如为平盖管箱时，拆除管箱盖。管箱、管束与壳体以螺栓固定。管箱为椭圆形封头时，拆除管箱，以试压法兰将管束与壳体以螺栓固定（图 5.1－1）。管束的另一端以试压胎具将浮头管板与外头盖侧法兰处密封连接，进行壳程试压	① 壳体法兰的耐压及泄漏；② 两侧管板的耐压及换热管与管板连接处的泄漏；③ 管箱侧法兰处的泄漏
	拆除试压胎具，装上管箱及浮头盖，再次进行管程试压	① 管箱及浮头盖处耐压及泄漏；② 管箱法兰及管箱侧法兰连接处的泄漏
	装上外头盖，再次进行壳程试压	外头盖及外头盖法兰连接处的泄漏

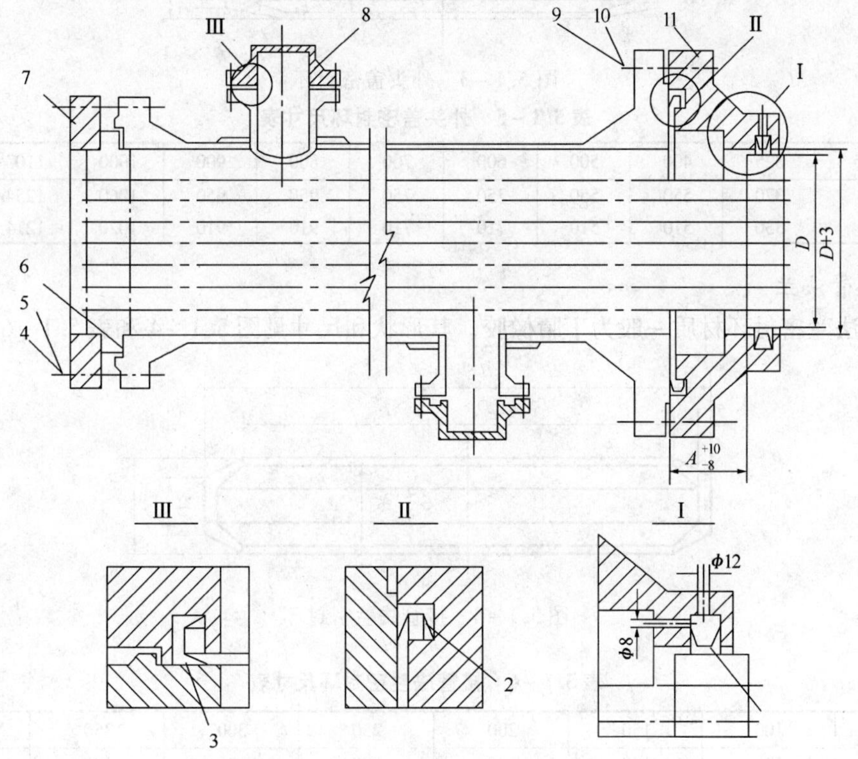

图 5.1－1 浮头式换热器壳程试压胎具装配图

1—浮动管板密封环；2—外头盖密封环；3—接管法兰密封环；4—双头螺柱；5—螺母；6—垫片；7—压紧法兰；8—接管法兰试压胎；9—双头螺柱；10—螺母；11—浮头试压胎

5.1.5 试压胎具

1. 浮动管板

浮动管板密封环材质一般为丁腈橡胶，其形状和尺寸见图 5.1－2 和表 5.1－4。

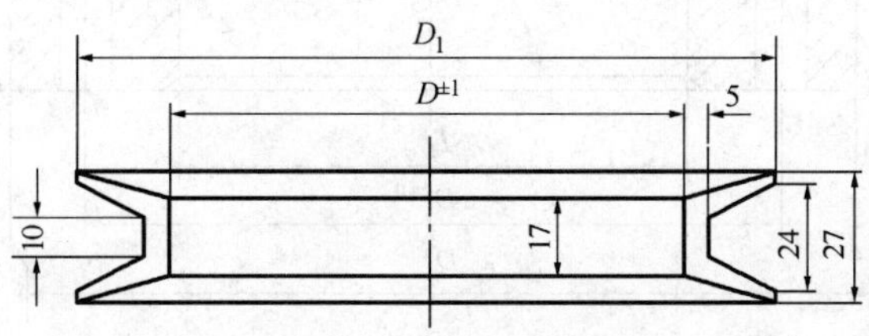

图 5.1－2 浮动管板密封环

表 5.1-4 浮动管板密封环尺寸表 mm

公称直径	325	400	500	600	700	800	900	1000	1100	1200
D	300	390	490	590	690	790	890	990	1090	1190
D_1	340	430	530	630	730	830	930	1030	1130	1230

2. 外头盖

外头盖密封环材质一般为丁腈橡胶，其形状和尺寸见图 5.1-3 和表 5.1-5。

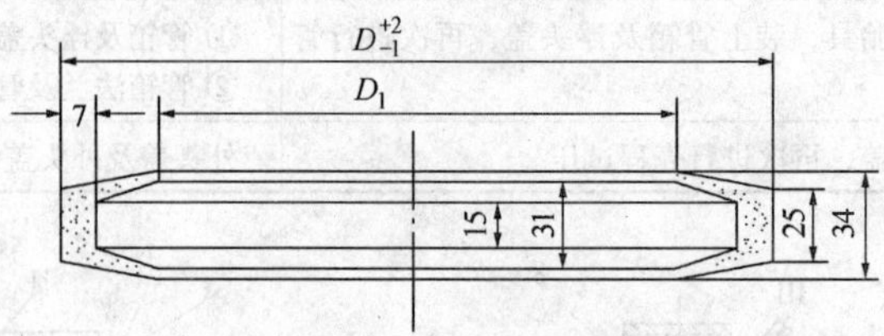

图 5.1-3 外头盖密封环

表 5.1-5 外头盖密封环尺寸表 mm

公称直径	325	400	500	600	700	800	900	1000	1100	1200
D	370	550	550	750	750	950	950	1060	1254	1254
D_1	330	510	510	710	710	910	910	1020	1214	1214

3. 接管法兰

接管法兰密封环材质一般为丁腈橡胶，其形状和尺寸见图 5.1-4 和表 5.1-6。

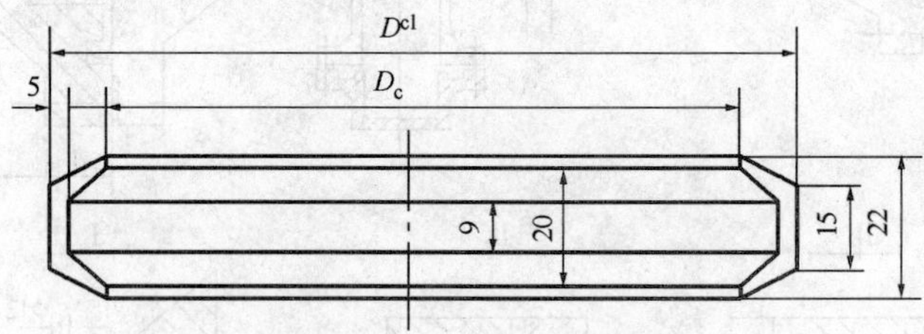

图 5.1-4 接管法兰密封环

表 5.1-6 接管法兰密封环尺寸表 mm

公称直径	100	150	200	250	300	350	400
D	140	190	240	288	338	390	445
D_1	114	164	214	262	312	364	420

4. 压紧法兰

压紧法兰密封环材质一般为碳钢，其形状和尺寸见图 5.1-5 和表 5.1-7。

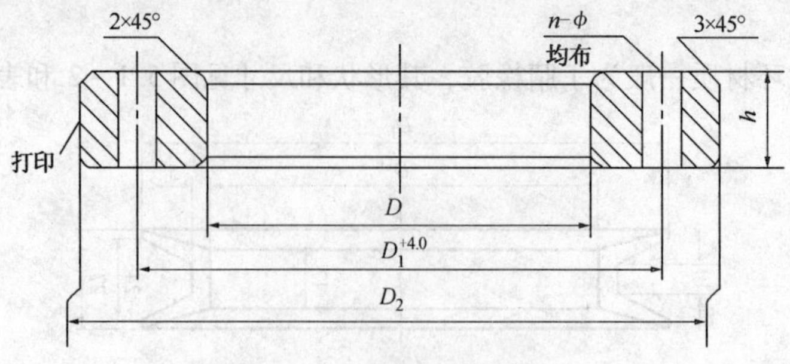

图 5.1-5 压紧法兰密封环

表 5.1-7 压紧法兰密封环尺寸表 mm

设备公称直径	D	D_1	D_2	b	$n-\phi$
$PN=1.6$MPa					
500	500	600	640	30	24 - ϕ23
600	600	700	740	40	28 - ϕ23
700	700	815	860	40	32 - ϕ27
800	800	915	960	50	36 - ϕ27
900	900	1015	1060	50	40 - ϕ27
1000	1000	1115	1160	50	44 - ϕ27
1100	1100	1215	1260	50	44 - ϕ27
1200	1200	1315	1360	50	48 - ϕ27
$PN=2.5$MPa					
400	400	500	540	30	24 - ϕ23
500	500	615	660	40	24 - ϕ27
600	600	715	760	40	28 - ϕ27
700	700	815	860	50	36 - ϕ27
800	800	915	960	60	40 - ϕ27
900	900	1040	1095	60	40 - ϕ30
1000	1000	1140	1195	70	44 - ϕ30
1100	1100	1240	1295	70	44 - ϕ30
$PN=4.0$MPa					
325	308	425	470	40	20 - ϕ27
400	400	515	560	40	24 - ϕ27
500	500	615	660	50	28 - ϕ27
600	600	715	760	60	32 - ϕ27
700	700	840	895	60	36 - ϕ30
800	800	940	995	60	40 - ϕ30

5. 接管法兰试压胎

接管法兰试压胎一般为碳钢锻件，其形状和尺寸见表 5.1-8 和图 5.1-6(a)。当接管无法兰时(换热器接管直接与管道焊接连接)，可以使用冲压小封头作为试压帽用，如图 5.1-6(b)。

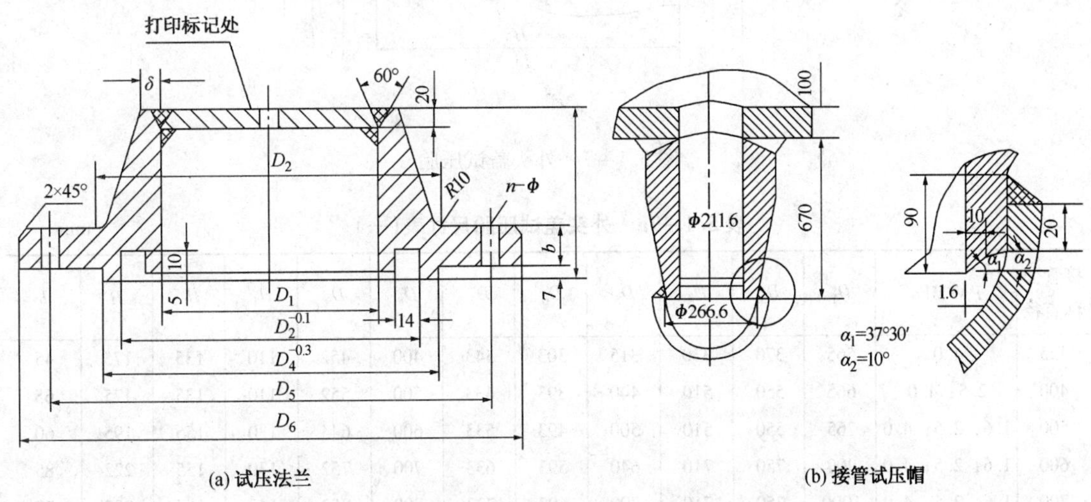

图 5.1-6 接管法兰试压胎

表 5.1－8　接管法兰试压胎尺寸表　　mm

接管公称直径	PN/MPa	D_1	D_2	D_3	D_4	D_5	D_6	b	H	$n-\phi$
100	1.6	99	138.5	130	148	180	215	20	60	8－ϕ18
	2.5，4.0					190	230	24		8－ϕ23
150	1.6	140	188.5	180	202	240	280	22	60	8－ϕ25
	2.5，4.0			186		250	300	30	72	8－ϕ25
200	1.6	201	238.5	240	258	295	335	24	60	12－ϕ23
	2.5			245		310	370	30	80	6－ϕ25
	4.0					320				6－ϕ30
250	1.6	248	286.5	296	311	355	420	30	80	6－ϕ25
	2.5					370				6－ϕ30
300	1.6	367	336	346	362	410	460	30	70	12－ϕ25
	2.5			352		430	485	36	92	16－ϕ30
350	1.6	347	388	400	420	470	520	35	80	16－ϕ25
	2.5			406		490	550	40	95	16－ϕ34
400	1.6	410	443	464	472	525	580	40	115	16－ϕ30

6. 外头盖试压胎

外头盖试压胎一般为铸钢或锻件，其形状和尺寸见图 5.1－7 和表 5.1－9。

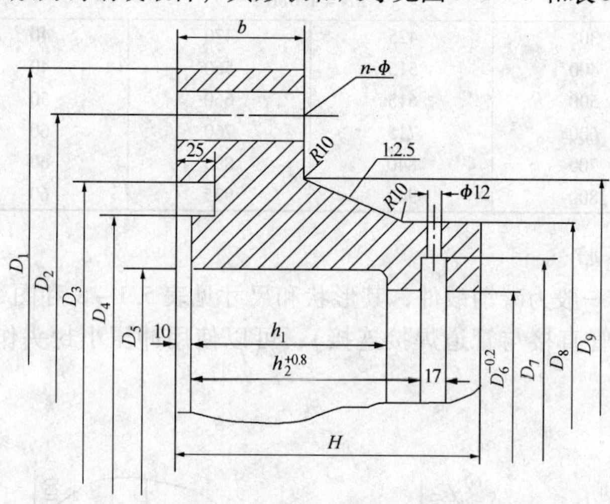

图 5.1－7　外头盖试压胎

表 5.1－9a　外头盖试压胎尺寸表(一)　　mm

接管公称直径	PN/MPa	D_1	D_3	D_4	D_5	D_6	D_7	D_8	D_9	H_1	H_2	H	b
325	4.0	565	370	330	315	303	343	400	452	110	135	175	45
400	2.5；4.0	665	550	510	440	393	433	500	552	110	135	175	65
500	1.6；2.5；4.0	765	550	510	500	493	533	600	644	130	155	195	60
600	1.6；2.5；4.0	900	750	710	640	593	633	700	752	130	155	222	85
700	1.6；2.5；4.0	1000	750	710	700	693	733	800	852	140	167	207	70
800	1.6；2.5；4.0	1100	950	910	840	793	833	900	952	150	175	215	90

续表 5.1－9a

接管公称直径	PN/MPa	D_1	D_3	D_4	D_5	D_6	D_7	D_8	D_9	H_1	H_2	H	b
900	1.6；2.5	1200	950	910	900	893	933	1000	1052	157	182	222	70
1000	1.6；2.5	1295	1060	1020	1010	993	1033	1100	1152	150	192	235	80
1100	1.6	1395	1254	1214	1140	1093	1133	1200	1252	142	177	217	85
	2.5										188		95
1200	1.6	1470	1254	1214	1200	1193	1233	1300	1352	155	180	220	60

表 5.1－9b 外头盖试压胎尺寸表(二)

设备公称直径	$PN=1.6$MPa			$PN=2.5$MPa			$PN=4.0$MPa		
	D_2	$n-\phi$	螺柱	D_2	$n-\phi$	螺柱	D_2	$n-\phi$	螺柱
325	—	—	—	—	—	—	515	$8-\phi27$	M24×150
400	—	—	—	615	$10-\phi27$	M24×170	615	$14-\phi27$	M24×180
500	700	$12-\phi23$	M20×150	715	$10-\phi27$	M24×170	715	$14-\phi27$	M24×180
600	815	$16-\phi27$	M24×180	815	$18-\phi27$	M24×200	840	$18-\phi30$	M27×230
700	915	$12-\phi27$	M24×170	915	$16-\phi27$	M24×190	940	$14-\phi30$	M27×220
800	1015	$16-\phi27$	M24×200	1040	$16-\phi30$	M27×220	1040	$24-\phi30$	M27×245
900	1115	$22-\phi27$	M24×180	1140	$22-\phi30$	M27×210	—	—	—
1000	1215	$22-\phi27$	M24×215	1240	$22-\phi30$	M27×230	—	—	—
1100	1315	$24-\phi27$	M24×200	1340	$24-\phi30$	M27×250	—	—	—
1200	1415	$26-\phi27$	M24×190	—	—	—	—	—	—

5.1.6 换热器的耐压试验顺序

换热器制成后，必须对换热管与管板的连接接头、壳程和管程进行耐压试验，耐压试验的项目和要求应在图样上注明。

换热器耐压试验的方法及要求应符合 GB 151 第六章中的有关规定。各种换热器的耐压试验顺序见表 5.1－10。

表 5.1－10 各种换热器的耐压试验顺序

换热器型式	耐压试验顺序		
	第一步	第二步	第三步
固定管板换热器	壳程试压，同时检查换热管与管板连接接头(以下简称接头)	管程试压	
U 形管式换热器、釜式重沸器(U 形管束)及填料函式换热器	用试验压环进行壳程试验，同时检查接头	管程试压	
浮头式换热器、釜式重沸器(浮头式管束)	用试验压环和专用试压工具进行管头试压。对釜式重沸器尚应配备管头试压专用壳体	管程试压	壳程试压
按压差设计的换热器	管接头试压(按图样规定的管板设计压力进行，试验压力不得高于管壳程压力差)	管程和壳程步进试压(按图样规定的试验压力和步进程序)	

如换热器系两台或三台重叠在一起时，在进行上述单台的试压程序后，在制造厂尚须进行重叠后的管、壳程试压，以检验重叠时接管法兰处的泄漏情况。换热器的重叠见本章附件

"浮头式换热器、冷凝器和U形管式换热器标准系列及其选用"。

5.1.7 一般要求和注意事项

压力试验必须使用两个经过校验且量程相同的压力表。压力表的量程以试验压力的两倍为宜，但不应低于1.5倍和高于4倍的试验压力。

注意管板是否按压差设计，以及试验过程中，是否有对管壳程压差的限制。

试验用水的温度，对碳钢换热器不低于5℃，其他低合金钢换热器不低于15℃，若设计温度低于0℃，则试压液体的温度可以等于设计温度。奥氏体不锈钢换热器可以采用较低的试验温度。

对奥氏体不锈钢换热器，应控制水中氯离子含量不超过25×10^{-6}。

5.1.8 升压和保压

试验时应缓慢升压，达到试验压力后至少要保持30min，然后降至试验压力的80%进行全面检查。

5.2 运输包装要求

5.2.1 换热器的油漆、包装和运输

换热器的油漆、包装和运输应符合JB/T 4711—2003《压力容器的涂敷与运输包装》。

5.2.2 换热器发运前内部清理工作

发运前内部应彻底清理，清扫干净。

① 排净试压液体并进行干燥。

② 换热器一般应整体发运。带有蒸发空间的釜式重沸器，管束和壳体可以分开包装。采用整体发运时，应对内部管束进行固定，并在技术文件中说明安装后应拆除固定物。

③ 法兰密封面应涂抹可去除的防锈剂，并加覆盖物密封，以防止机械碰伤和外界杂物进入。

④ 所有的螺纹及带螺纹的开口应加以保护。

⑤ 随换热器一起发运的未使用过的垫片应单独包装。

⑥ 重叠换热器应在相应部位做出明显的标记。

5.3 管壳式换热器的安装

5.3.1 安装前基础的处理

换热设备安装前，应对基础进行处理，并应符合下列要求：

① 需灌浆的混凝土基础表面应铲成麻面；

② 被油污染的混凝土基础表面应清理干净。

5.3.2 安装前应做好的工作

换热设备安装前，应做好下列工作：

① 设备上的油污、泥土等杂物应清除干净；

② 设备所有开孔的保护塞或盖，在安装前不得拆除；

③ 按照设计图纸核对设备的管口方位、中心线和重心位置等；

④ 核对设备地脚螺栓孔与基础预埋螺栓或预留螺栓孔的位置和尺寸；

⑤ 对换热器进行外部检查，各连接管、排出管、法兰密封面等处有无变形和缺陷；

⑥ 壳体法兰以及接管法兰的每个螺栓紧固力要均匀，既不能不足又不能过载；应严格按四个象限对称交错的方法进行紧固。必要时，应计算出每个螺栓的预紧力，并采用能够控制预紧力的工具来紧固螺栓。

5.3.3　换热设备用垫铁的布置

换热设备用垫铁的布置应符合如下要求：

① 放置垫铁处的混凝土基础表面应铲平，其尺寸应比垫铁每边大50mm；

② 垫铁与基础结合面应均匀接触，接触面积应不小于50%，垫铁上表面的水平度偏差为2mm/m；

③ 每根地脚螺栓的两侧应各设一组垫铁，其相邻间距不应大于500mm，每组垫铁块数不超过四块，放置整齐、外露均匀(10～20mm)、斜垫铁搭接长度应不小于全长的3/4；

④ 有加强筋的设备底座，其垫铁应布置在加强筋的下方；

5.3.4　采用平垫铁与斜垫铁找平

采用平垫铁与斜垫铁组进行找平时，应符合下列要求：

① 平垫铁应放在成对斜铁的下面。斜垫铁的斜面应相向使用，偏斜角度不应超过3°，搭接长度不得小于全长的3/4；

② 垫铁组高度宜为30～70mm；

③ 找正后的垫铁组，应整齐平稳，接触良好，受力均匀；

④ 调整合格后的垫铁组，应露出设备底座外缘10～20mm，垫铁组的层间应进行定位焊。

5.3.5　预留孔地脚螺栓的安装

预留孔地脚螺栓的安装，应符合下列要求：

① 螺栓垂直度偏差不得超过螺栓长度的0.5%；

② 螺栓与孔壁的间距不得小于20mm，与孔底的间距不得小于80mm；

③ 螺栓上的油脂、铁锈和污垢应清除干净，螺纹部分应在清除铁锈后涂上油脂；

④ 螺母与垫圈、垫圈与设备底座之间应接触良好；

⑤ 螺栓紧固后，螺栓的螺纹端部宜露出螺母上表面2～3扣。

5.3.6　碳钢器具不得与不锈钢本体直接接触

不锈钢制换热器在搬运、吊装等作业时，所用的碳钢器具不得与不锈钢本体直接接触。

5.3.7　严禁撞击和擦伤

换热设备在吊装、运输过程中严禁撞击和擦伤。

5.3.8　换热设备找正和找平

① 换热设备安装，应按基础的安装基准线与设备上对应的基准点进行找正和找平；

② 换热设备找正和找平的测定基准点应符合下列规定：

a. 测定设备支座的底面标高，应以基础的标高基准线为基准；

b. 测定设备的中心线位置及管口方位，应以基础平面坐标及重心线为基准；

c. 测定立式设备的垂直度，应以设备表面上0°、90°或180°、270°的母线为基准；

d. 测定卧式设备的水平度，应以设备两侧的中心线为基准；

③ 设备找平，应采用垫铁或其他调整件进行，严禁采用改变底脚螺栓紧固程度的方法；

④ 换热设备安装的允许偏差，应符合表5.3－1的规定；

⑤ 卧式换热设备的安装坡度，应按图样或技术文件的要求确定。

表 5.3－1 换热设备安装的允许偏差

检查项目	允许偏差/mm	
	立 式	卧 式
标高	±5	±5
中心线位置	±5	±5
垂直度	$H/1000$	—
水平度	—	轴向 $L/1000$ 径向 $2D_o/1000$
方位	±5 （沿底座环周围测量）	

注：L 为卧式设备壳体两端测点间距离；H 为立式设备壳体两端测点间距离；D_o 为测点处设备的外径。

5.3.9 滑动支座的安装

滑动支座的安装，应符合下列要求：

① 滑动支座上的开孔位置、形状及尺寸，应符合设计图样的要求；

② 地脚螺栓与相应的长圆孔两端的间距，应符合设计图样或技术文件的要求。不符合要求时，允许扩孔修理。

③ 换热设备安装合格后，应及时紧固地脚螺栓；

④ 换热设备的工艺配管完成后，应松动滑动端支座的螺母，使其与支座面之间留有 1～3mm 的间隙，然后再安装一个锁紧螺母。

5.3.10 连接管道的安装

安装换热器连接管道时，严禁强力组装。液面计、安全阀等附件安装前应经过检查、试压、调试合格。

5.3.11 重叠换热器的安装

换热器重叠安装时，应按制造厂的竣工图样进行组装。重叠支座间的调整垫板，应在试压合格后焊在下层换热设备的支座上。

有关换热器安装的其他要求见 SH 3532《石油化工换热设备施工及验收规范》。

第六章 管壳式换热器的维护与检修

6.1 管壳式换热器的失效原因和形式

6.1.1 法兰、垫片的泄漏

换热器连接法兰处的泄漏（其中多数为浮头式换热器浮动管板垫片泄漏），往往是换热器不得不中途退出运行，甚至迫使装置停工。究其原因，或者是因为换热器操作不稳定，温度、压力波动而引起；或者是密封垫片质量不好、螺栓紧固不均匀或预紧力不足或过载引起。这是炼油装置上常见的问题，因此，换热器在日常操作中，应特别注意防止温度、压力波动。首先要保证压力稳定，绝不能超压运行，尤其在开、停工进行扫线时，最容易出现泄漏问题。如生产过程中发现为浮动管板垫片处泄漏，这时应首先打开浮头端大头盖，从管程试压检查。如果发现浮头螺栓不紧（这是因螺栓紧固力不均匀或螺栓应力松弛所致），在更换垫片后应按四个象限对称交错重新紧固螺栓（图 6.1－1），并保证紧固力均匀；必要时管程通入低压蒸汽加热后，对螺栓再进行一次“热紧”。

换热器的外漏多为法兰密封面处的泄漏，主要原因有以下几种可能：①螺栓紧固力不均匀，或螺栓应力松弛；②垫片损坏，偏斜；③法兰密封面偏斜、有划痕或被损坏；④管线安装有偏差，强行连接；⑤垫片选择不适当。针对这几种可能性对泄漏处进行检查，应采取相应措施解决法兰密封面处的泄漏。

a. 检查垫片，如损坏或失去弹性则需更换垫片；

b. 检查法兰密封面，如有划痕、裂纹、变形等需更换法兰或研磨密封面；

c. 检查法兰安装情况，如发现倾斜，则需调整管线，重新安装法兰；

d. 按图 6.1－1 顺序均匀紧固螺栓。如螺栓预紧力要求较高，可分三次按顺序紧固螺栓，第一遍紧固力只达到要求的 60%，第二遍紧固力至 80%，第三遍紧固力达到 100%。必要时，还可通入低压蒸汽加热后，再紧固一遍（即“热紧”）。

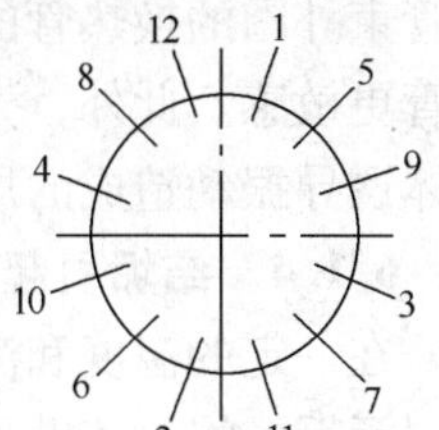

图 6.1－1 螺栓上紧顺序

6.1.2 腐蚀引起的管束失效

在设计换热器时，虽然根据介质的性质选择了相应的耐蚀材料，但是任何耐蚀材料都不会是绝对不腐蚀的，因此，由各种腐蚀造成的失效还是经常发生的。其原因是：由于换热管的内、外表面受到腐蚀介质长期作用，致使换热管穿孔或开裂，焊接接头因振动而使原有微小缺陷扩展而产生裂纹，甚至造成整个管束损坏。

由于换热管与管板之间存在间隙，腐蚀介质进入间隙死角中，产生“缝隙腐蚀”，在换热管与管板连接处，或者存在胀接应力，或者存在焊接残余应力，或者两者同时存在。在某些腐蚀介质的作用下这些高应力区换热管还会产生“应力腐蚀开裂”。这些局部腐蚀破坏常使换热管报废。

6.1.3 介质流动诱导振动引起的管束失效

管束中的换热管可能因壳程介质的流动而诱发振动。由于振动，最易产生破坏的类型有：

1. 碰撞破坏

当换热管振动的振幅足够大时，将会导致换热管与换热管或邻近零部件相互之间碰撞。在碰撞中，管壁磨损变薄，最终发生开裂。

2. 折流板处换热管被切开

折流板与换热管之间存在径向间隙，当换热管发生横向振动的振幅较大时，就会引起管壁与折流板孔表面发生反复的碰撞。由于折流板厚度不大，管壁与其接触，可能造成较大的接触应力，因而在不长的时间内就有可能发生管子被切断。

3. 换热管与管板连接处的破坏

当换热管与管板焊接连接时，由于换热管振动产生横向挠曲，连接处的应力最大，因而容易发生疲劳破坏而失效。

当换热管与管板的连接是胀接时，紧靠管板的一端换热管的固有频率因管板对换热管夹紧的影响而增高，换热管横向变形所引起的应力在换热管伸出管板根部也最大，从而使换热管出现断裂。

振动产生的交变拉应力，还会成为促进应力腐蚀疲劳的应力源，加快应力腐蚀开裂。

4. 材料缺陷扩展的失效

振幅很小的振动对均匀无缺陷的材料是无害的。但没有绝对均匀无缺陷的材料，如果原材料本身存在划痕、表面的微小裂纹等缺陷，交变应力会使微小缺陷发生扩展，造成换热管破坏。而腐蚀或磨蚀又都会加速此类破坏。

流体诱导振动引起管束损坏的部位主要是在换热管上，而换热管的破坏几乎可以发生在所有位置上。挠性大的换热管或在流速高的区域的换热管是首先发生破坏的区域。位于U形管束外圈的换热管的弯曲段具有较低的固有频率，因此对于流体诱导振动的破坏，比内圈弯管更敏感。此外，壳体进、出口接管的附近，折流板缺口区都容易激起换热管振动，这些流体诱导振动造成的局部损坏也可能导致整个管束的失效。

6.1.4 结垢引起管束失效

在一定的温度和流速条件下，许多介质都容易形成和生长污垢层。金属表面初始沉积的薄层污垢，将迅速助长污垢层的长厚。

管束内外表面的结垢，还会引起换热器介质流通通道堵塞，大大减小有效换热面积，增加热阻，增大压降，使换热效率下降，甚至会因此而迫使停工。

目前，有些企业开始试用超声波防、除垢技术，可使换热管表面不结垢，或使所结垢层脱落，并取得了一定成效。

6.1.5 操作维修不当引起管束失效

在设计换热器时，一般都是根据工艺操作条件，确定合理的承载能力，并根据温度、压力、介质特性选择相应的材料。但如果操作条件不当或介质改变，致使换热器系统的温度、压力、介质的特性或流速等超出了设计范围，其结果可能导致管束失效。

设备在长期的运行使用中，要跟踪监护，定期检查。如果发现局部微小的损坏，应及时进行修理。但若维修工艺不当，也会引起管束失效，比如在堵管时，管塞打得过紧可能会使周围的胀接接头变松，或使焊接接头焊缝开裂。

近年来发现，两台并联换热器切换操作时，发生管头开裂问题，而之前已经投入运行的换热器则完好无损，这就是由于切换速度过快，快速升温而产生的温差应力造成的破坏。

6.2 管壳式换热器管束的修理

管壳式换热器是炼油厂最常见的换热设备，虽然它失效的原因很多，但是换热管与管板连接处的泄漏是其失效的主要原因。当开始发现少数几根换热管泄漏时，可采用堵管或更换换热管的办法进行修理，但大量换热管泄漏，以致影响到换热效果时，往往就要更换管束了。下面简单介绍一些修理方法。

6.2.1 堵管

堵管的方法是根据失效换热管的内径做两个管塞，分别塞入失效的换热管两端，然后将管塞与管板焊接。一般根据管板或换热管的材料，选用与其相同、或类似的材料做管塞，推荐采用空心管塞。焊接选用焊条或焊丝要与原管板、换热管的材料相匹配，焊接时要将管板上的污垢、锈蚀清理干净，保证焊接质量。

堵塞换热管方法简单，但只能作为临时应急的修理措施。在一些管壳程温差较大的换热器中，由于大量的或集中堵管，被堵管内没有介质流动，其温度接近壳程介质的温度，在堵塞了的换热管和未堵塞的换热管之间造成较大的温差，产生较大的热膨胀差，在管束的不同管子间引起温差应力，从而加速堵塞了的换热管附近的连接接头或换热管的破坏。因此，堵塞换热管必须根据具体情况慎重决定。

6.2.2 更换换热管

要更换失效的换热管，应首先将换热管从管板中拔掉，然后穿入新管进行胀接或焊接。主要步骤：

1. 拔管

拔管有人工拔管、拉伸器拔管和机械加工(镗、钻)等几种方法。

2. 穿管

如果需要胀接的换热管，应对胀接段进行退火处理和除锈，为了顺利穿管，可在管端装上引导锥体。

3. 胀接

穿好换热管后，可根据原换热管的胀接要求进行胀接。

4. 焊接

如换热管与管板原为焊接结构，则应根据换热管与管板的材料，选用相匹配的焊材，先进行焊接工艺性试验，再由持有合格证的焊工，采用经过评定的工艺进行焊接，以确保焊接质量。并按照 GB 151《管壳式换热器》的有关规定检验和验收。

6.2.3 更换管束

如果通过检测认为管束失效，需要更换全部换热管，而管板、折流板仍可利用，则可采用上述更换换热管的方法更换全部换热管。更换步骤及要求如下：首先必须把管束从壳体中抽出来，抽管束时应注意保护，防止可利用零件的损坏。拔管时为了保证管板、折流板原来的相对位置不变，可采用分区定位拔管法。拔管顺序见图 6.2-1，即将原布管区分成几个区域，对称分区拔管和穿管，每区抽掉几根换热管后，立即穿上几根换热管，使折流板定位，然后陆续更换其余的换热管。全部更换完后，根据图纸要求将管板与换热管进行胀接或

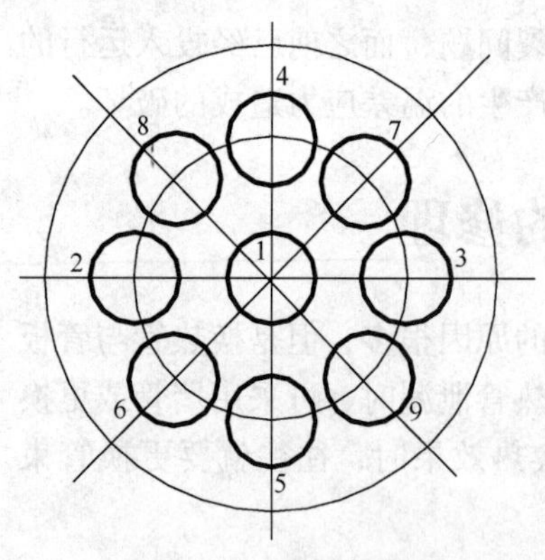

图 6.2－1 拔管分区图

焊接。

如果把管束从壳体中抽出来检查后，认为整个管束全部失效，无须保留任何零件，则必须根据图纸要求，重新制造一个全新的管束，其制造、检验、验收均需按 GB 150《压力容器》、GB 151《管壳式换热器》等有关技术要求执行。经过堵管、更换换热管、更换管束后的换热器，也必须按原设计图纸要求进行水压试验；当原设计要求时，还需进行气密性试验和其他检验。

经过修理的换热器，应把下列有关修理文件存入换热器技术档案中：

① 换热器修理或更换的零部件竣工图；

② 代用材料审批手续；

③ 所用材料(钢板、管子)、焊材的合格证明书；

④ 换热器检修记录和全面检验、验收记录。

6.2.4 管壳式换热器的检修程序

换热器检修的主要任务是对管、壳程清洗，检查换热管胀口及其他连接处的严密性，对损坏的换热管和零件进行修复和更换，以及更换法兰垫片等。

以浮头管壳式换热器为例，其检修顺序如下：

停气吹扫、准备工具⇒拆外浮头盖、管箱及法兰⇒拆小浮头⇒抽管束⇒外观检查和无损检验、清扫。

准备垫片、盲板及试压胎具⇒安装管束⇒安装管箱，安装试压胎具及试压法兰，壳体接管法兰加盲板⇒向壳程注水，装配试压管线⇒试压(A)检查管口及换热管⇒拆试压用浮头，安装小浮头及盲板盖。

管箱接管法兰加盲板⇒向管程注水，装配试压管线⇒试压(B)检查小浮头垫片及管束⇒安装外头盖⇒向壳程注水⇒试压(C)检查壳体密封⇒拆除盲板，填写检修卡片。

其中，试压(A)：检查换热管是否有破裂，胀口是否有渗漏。如换热管有破裂，泄压后可用锥度为3°～5°的金属柱塞堵住，或更换换热管。同一管程内，堵死的换热管一般不应超过换热管总数的10%，如工艺计算结果允许，这一比例可以适当增加。如管口渗漏，卸压后可进行补胀或补焊，但补胀(焊)次数最多不超过三次，否则需更换换热管。将缺陷处理后，重新试压，直到合格为止。

试压(B)：检查安装质量，主要是检查小浮头垫片及管束。如发现垫片有渗漏，应分析原因。

试压(C)：整体试压，检查大法兰的安装质量。

6.2.5 用试压法检查

1. 浮头式管壳式换热器的试压

(1) 初步检查试压法

此法比较简便，对于换热器渗漏很小，或检查换热器是否有渗漏，可用此法。其具体步骤如下：

拆卸外头盖⇒打开管箱端出入口上法兰，以下法兰口做试压进口，接通试压泵进水管⇒向管程注水，水满后将上法兰盲死⇒开始升压，检查浮头处渗漏情况。

此法只适用于初步检查，对介质比较干净，腐蚀不严重的换热器，利用此法可检查小浮头的密封情况，经验表明此类换热器管束的其他部位不易出问题，只是浮头垫片易漏。但对易渗漏的换热器不能用此法检查。

(2) 试压用浮头试压法

此法不用抽管束，而用一试压法兰把管板与壳体夹持密封，通过壳程加压，可检查管束是否渗漏，并可做到一次试压即可检查渗漏情况，不需反复拆卸浮头。如管束及壳体内需进行清扫时，则应先抽出管束清扫后再进行试压。试压步骤如下：

拆卸外头盖和管箱⇒安装带有填料密封的试压胎具⇒安装试压法兰在管箱侧与壳体大法兰夹持管板⇒向壳程注水升压，检查两块管板处胀口有无渗漏及松动。

2. 固定管板式换热器的试压

固定管板式换热器的试压比较简单，将两端头盖拆卸下来，向壳程内注水升压，即可检查管束胀口处有无渗漏。

6.2.6 清洗

换热器在选型上对换热面积的富裕量和泵的能力均有所考虑，但由于设备结构造成的流通方向变化，流道截面改变，流体介质的流态物性改变，机械杂质含量的变化以及腐蚀的危害等，均会造成换热器管程不同程度的堵塞，壳程死角区域的增加。尤其在壳程，由于流道骤变形成涡流，使得沉积物大量聚积并结垢。冷换设备污垢基本形式有：

① 碳氢凝聚物沉积。在高温下，油品、有机介质、催化剂颗粒连同其他杂质等凝聚、附着、沉积在管壁上。

② 无机盐类的沉积。主要包括水垢和腐蚀产物等。

③ 生物污垢粘附。主要由菌藻大量繁殖所致。

所有污垢粘附都会使换热器热阻增加，传热效率下降。由于换热设备结垢的产生，导致许多能源的浪费和生产问题，主要表现在：

① 污垢的存在，致使换热器传热阻力增加，传热量减少，使换热器的传热效率降低或能耗增加。

② 污垢的存在减少了流体的流通面积，导致输送动力增加。

③ 污垢的存在造成传热量降低，导致达不到工艺生产要求，有时甚至会导致非计划停工。

④ 增大检修的清洗工作量，延长设备检修时间。

⑤ 污垢的存在，可能引起换热管的垢下腐蚀穿孔，直接威胁到生产的正常运行。

一般地说，换热器的初始结垢速率往往很慢，一旦形成膜阻，将以数十倍的速率加速结垢。因此，要保证冷换设备长周期运行，重要的一条举措就是在装置检修时，采用高效清垢法，最大限度地恢复设备的初始状态，以达到工艺要求。

国内目前清洗冷换设备的方法主要有四种：

① 人工清洗。通常是用长金属杆将管内积聚物疏通。这种方法效率低，劳动强度大。且只能起到打通管孔的作用，不能将紧贴附于管壁的垢层清除。用这种方法清洗管束时，应谨慎进行，注意不要因敲打管子而造成管子胀接处的松脱、开裂或损坏。

② 机械清洗法。一般采用中、低压水力清垢，水压力7～12MPa，清洗过程仅能保证管板两端清洗效果明显，不能根除整段换热管内壁垢层，对于清洗一般难度的介质和常规冷换设备，清洗后尚可维持其运行效率。

③ 化学清洗。采用化学介质浸泡并中和分离非金属及金属氧化物积垢。该法工艺复杂，要敷设连通管线和加药系统，施工时间长，成本较高，且清洗酸液本身就是对设备的一种腐蚀介质，尤其是残存在固定管板换热器壳程中的酸液，其微电池作用更将加剧对钢材表面的电化学腐蚀。对 18-8 等不锈钢表面钝化膜的损坏也是很大的。其废液的排放又给环保和污水处理造成困难。一般地，清洗完毕后，应立即排放清洗液，并用一定量的石灰或烧碱中和处理，然后用清水冲洗直到 pH 值与所在地水源的 pH 值相等时，才可结束水洗过程。水洗一般需要 2h 或更长。

④ 超高压水射流清洗。用超高压水泵喷出的压力达 10~20MPa 的高压水，冲击管束进行清洗，一般有较好的效果，适用于管外清洗，但需要专用设备和专业施工队伍。此外，对于超高压清洗设备的各部件、连接件和密封可靠性要求都很高。且全套超高压清洗设备造价格高。目前，国内的这项技术还有待发展和完善。

参 考 文 献

1 刘巍等．冷换设备工艺计算手册(第二版)．北京：中国石化出版社，2009

2 钱玉英等．化工原理．天津：天津大学出版社，1996.3

3 化工设备设计全书编辑委员会．换热器设计．上海：上海科学技术出版社，1988.4

4 秦叔经等．换热器．北京：化学工业出版社，2003.5

5 化学工业部化学工程设计技术中心站．化工单元操作设计手册．化学工业部第六设计院出版

6 钱颂文．换热器设计手册．北京：化学工业出版社，2002.8

附录5A　浮头式换热器、冷凝器系列
U形管式换热器系列

型　式　与　参　数

前　　言

本系列的浮头式换热器、冷凝器、U形管换热器的所有接管法兰均采用HG 20592—97“对焊钢法兰”标准，法兰材料改为16Mn锻件。法兰的密封面型式：公称压力1.0MPa（$10kgf/cm^2$）为光滑面；公称压力1.6MPa（$16kgf/cm^2$），2.5MPa（$25kgf/cm^2$），4.0MPa（$40kgf/cm^2$），6.4MPa（$64kgf/cm^2$）均为凹凸面，其标准按管路附件中的HG 20592—97“法兰密封面型式”。

浮头式换热器、冷凝器、U形管换热器的凹凸面接管法兰安装位置：上方为凹面法兰，下方为凸面法兰。

本系列图由中国石化工程建设公司设备一室设计、提供。

浮头式换热器、冷凝器部分

一、适用范围

本系列适用于石油、石化工业用碳素钢、低合金钢制浮头式换热器、冷凝器，也适用于其他工业部门类似的换热器和冷凝器。

二、型式

1. 内导流筒式换热器见图1，其接管公称直径见表14。

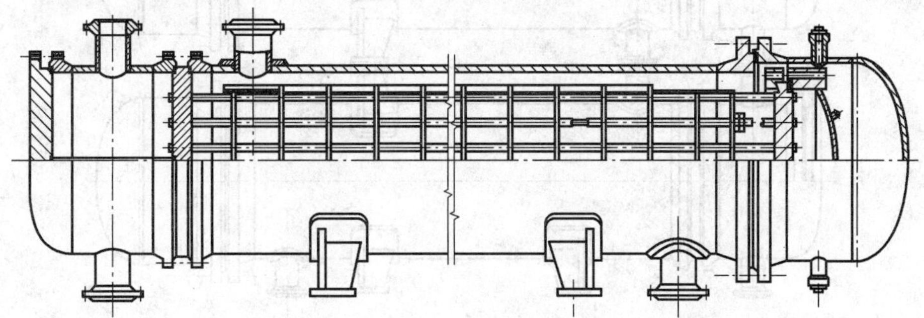

图1　内导流筒式换热器

2. 冷凝器

2.1　3m管长冷凝器见图2，其接管公称直径见表15。

2.2　6m管长冷凝器见图3，其接管公称直径见表15。

3. 重叠式换热器

3.1　3，4.5，6m管长重叠式换热器见图4，其接管公称直径见表14。

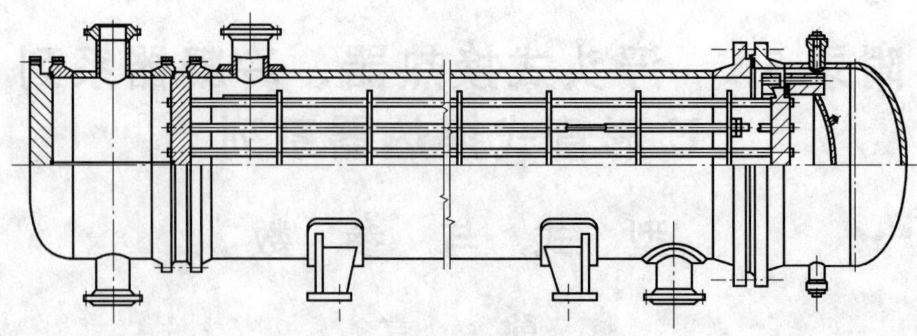

图2 3m管长冷凝器

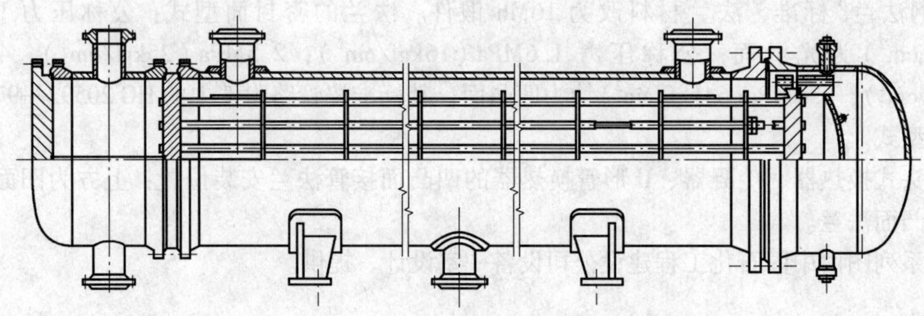

图3 6m管长冷凝器

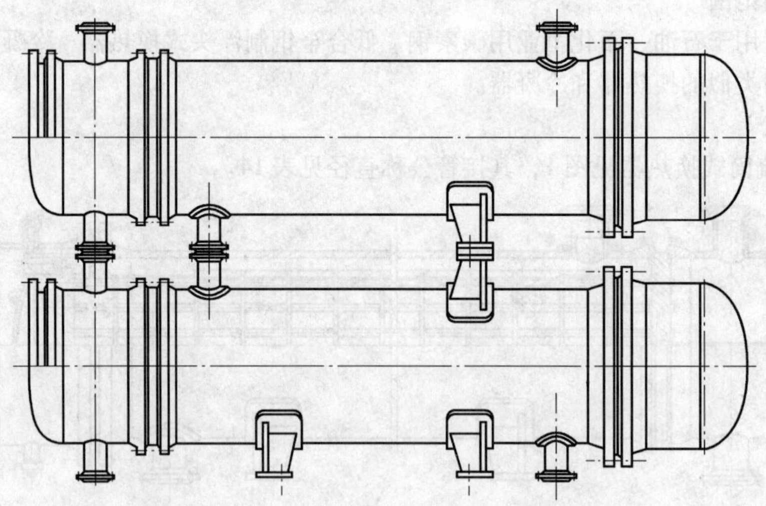

图4 3，4.5，6m管长重叠式换热器

3.2 9m管长重叠式换热器见图5，其接管公称直径见表14。

3.3 3m管长重叠式冷凝器见图6，其接管公称直径 *dn* 见表1。

3.4 6m管长重叠式冷凝器见图7，其接管公称直径见表2。

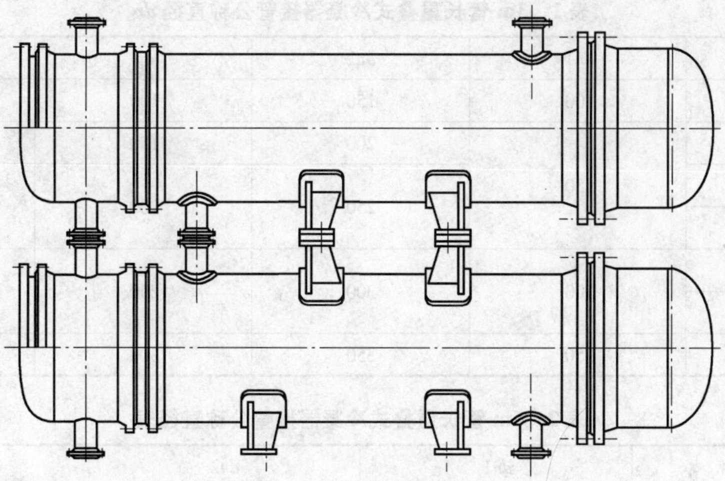

图5　9m 管长重叠式换热器

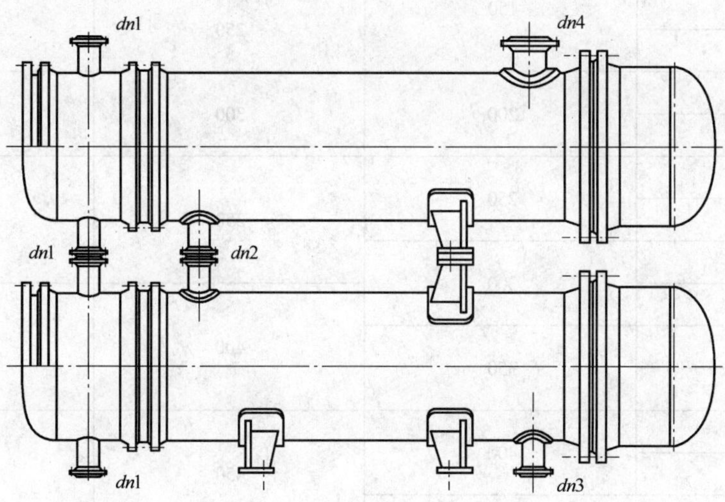

图6　3m 管长重叠式冷凝器

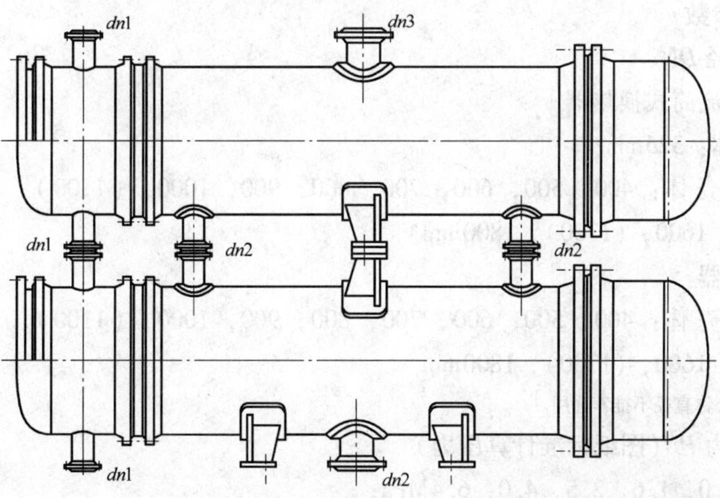

图7　6m 管长重叠式冷凝器

表 1　3m 管长重叠式冷凝器接管公称直径 *dn*　mm

<table>
<tr><th>DN</th><th>dn1</th><th>dn2</th><th>dn3</th><th>dn4</th></tr>
<tr><td>400</td><td>100</td><td>150</td><td>100</td><td>200</td></tr>
<tr><td>500</td><td rowspan="3">150</td><td>200</td><td>150</td><td>250</td></tr>
<tr><td>600</td><td rowspan="2">250</td><td rowspan="2">200</td><td rowspan="2">300</td></tr>
<tr><td>700</td></tr>
<tr><td>800</td><td rowspan="2">200</td><td rowspan="2">300</td><td rowspan="2">250</td><td rowspan="2">350</td></tr>
<tr><td>900</td></tr>
<tr><td>1000</td><td>250</td><td>350</td><td>300</td><td>400</td></tr>
</table>

表 2　6m 管长重叠式冷凝器接管公称直径表　mm

<table>
<tr><th>DN</th><th>dn1</th><th>dn2</th><th>dn3</th></tr>
<tr><td>500</td><td rowspan="3">150</td><td>200</td><td>250</td></tr>
<tr><td>600</td><td rowspan="2">250</td><td rowspan="2">300</td></tr>
<tr><td>700</td></tr>
<tr><td>800</td><td rowspan="2">200</td><td rowspan="2">300</td><td rowspan="2">350</td></tr>
<tr><td>900</td></tr>
<tr><td>1000</td><td rowspan="2">250</td><td rowspan="3">350</td><td rowspan="3">400</td></tr>
<tr><td>1100</td></tr>
<tr><td>1200</td><td rowspan="2">300</td></tr>
<tr><td>1300</td><td rowspan="3">400</td><td rowspan="3">450</td></tr>
<tr><td>1400</td><td rowspan="2">350</td></tr>
<tr><td>1500</td></tr>
<tr><td>1600</td><td rowspan="2">400</td><td rowspan="3">450</td><td rowspan="3">500</td></tr>
<tr><td>1700</td></tr>
<tr><td>1800</td><td>450</td></tr>
</table>

三、基本参数

1. 公称直径 *DN*

1.1　内导流筒式换热器

钢管制壳体：325mm；

钢板卷制壳体：400，500，600，700，800，900，1000，（1100），1200，（1300），1400，（1500），1600，（1700），1800mm。

1.2　冷凝器

钢板卷制壳体：400，500，600，700，800，900，1000，（1100），1200，（1300），1400，（1500），1600，（1700），1800mm

注：括弧内的公称直径不推荐选用。

2. 公称压力 *PN*(图纸标准计算压力)

换热器：1.0，1.6，2.5，4.0，6.4MPa；

冷凝器：1.0，1.6，2.5，4.0MPa。

3. 计算温度

换热器、冷凝器的计算温度为200℃。允许升温降压使用，不同温度下允许最高工作压力见表3。

表3　不同温度下允许最高工作压力

公称压力/MPa	水压试验压力/MPa（用5℃≤t<100℃的水为介质）（按200℃设计温度计算）	设计温度/℃				
		200	250	300	350	400
		不同温度下允许的高最工作压力/MPa				
1.0	1.35	1.0	0.89	0.81	0.74	0.68
1.6	2.16	1.6	1.42	1.31	1.18	1.10
2.5	3.13	2.5	2.22	2.05	1.85	1.72
4.0	5	4.0	3.56	3.28	2.96	2.76
6.4	8	6.4	5.69	5.24	4.73	4.41

4. 换热器种类及规格

4.1　换热管有较高级冷拔换热管、普通级冷拔换热管（以Ⅰ或Ⅱ区别）和螺纹换热管。采用Ⅰ级或Ⅱ级换热管制造的换热器分别为Ⅰ级或Ⅱ级换热管束。一般应选用Ⅰ级换热管束，在无振动和工艺过程对壳程漏流要求不严的场合，可选用Ⅱ级换热管束。冷凝器均使用普通级冷拔换热管。

4.2　换热管规格

换热管外径和厚度：$\phi19\times2$，$\phi25\times2.5$mm。

换热管长度：3，4.5，6，9m。

4.3　螺纹换热管适用于管外总热阻（包括介质膜热阻和污垢热组）为控制热阻的传热场合，或管外结垢比较严重的场合。

螺纹换热管不适用于固体粉尘含量较高，或易于结焦的场合。

螺纹换热管特性参数见图8与表4。

翅化比为螺纹换热管外表面积与滚轧前光管外表面积的比值。作为换热管用时，应尽量采用高翅化比。

5. 换热管规格及排列形式见表5。

6. 管程数 N 见表6。

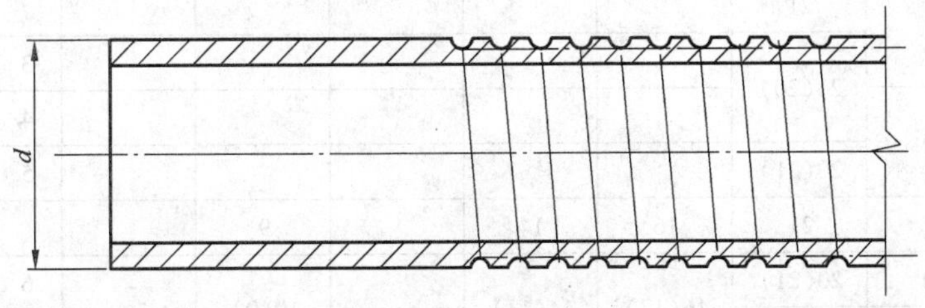

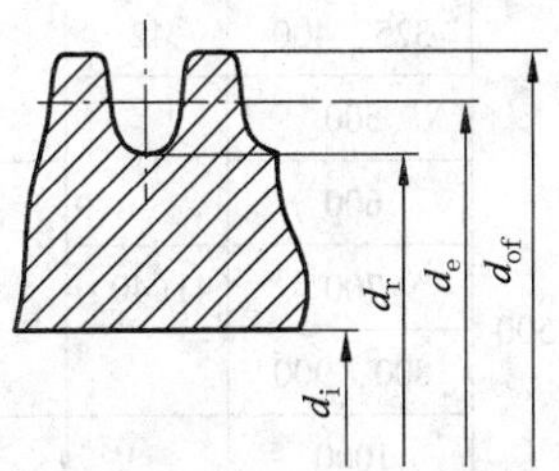

图8　螺纹换热管

表4　螺纹换热管特性参数

d/mm	19					25					
η	2.8	2.5	2.2	2.0	1.7	2.8	2.75	2.5	2.2	1.8	1.6
d_e/mm	17.5		17.8			23.5					
d_r/mm	17	16.8	16.6	16.6	16.4	23	22.6	22.3	22.3	22	22
d_i/mm	13.4		13.0			18.8		18.0			
A_s/A_i	3.6	3.3	3.1	2.7	2.3	3.6	3.5	3.3	3.0	2.5	2.2
d_{of}/mm	18.8 ±0.2					24.8 ±0.2					

表中　d——换热管外径，mm；

d_e——螺纹换热管当量直径，mm；

d_r——螺纹换热管根部直径，mm；

d_i——螺纹换热管内径，mm；

d_{of}——螺纹换热管齿顶圆直径，mm；

A_s/A_i——螺纹换热管外表面积与螺纹换热管内表面积的比值；

η——翅化比。

表5　换热管规格及排列形式　mm

换热管规格(外径 $d\times$壁厚 δ)	排　列　形　式	管 心 距
19×2	正方形旋转45°	25
25×2.5		32

注：材质为碳素钢、低合金钢。

表6　管程数 N

DN/mm	325～500	600～1200	1300～1800
N	2，4	2，4，6	4，6

7. 折流板间距

7.1　换热器折流板(支持板)间距及块数按表7选取。

表7　折流板间距及板数

管长/mm	公称直径 DN/mm	折流板间距为 B(mm)时的折流板数								注
		100	150	200	250	300	350	450(480)	600	
3000	325，400	27	18	13						
	500	26(27)								1
	600		18(17)							2
	700	26								
4500	325，400	42	28	21						
	500	41		21(20)						3
	600		28(27)							4
	700	41(40)		20(21)						5
	800，900		27	21	16	14		9		
	1000		28(27)	20(21)	16(17)	14(13)		10(9)		6
	1100		28(27)(26)	21(20)						7
	1200		27(26)	20(19)	16	13		9		8

续表 7

<table>
<tr><th rowspan="2">管长/mm</th><th rowspan="2">公称直径 DN/mm</th><th colspan="8">折流板间距为 B(mm)时的折流板数</th><th rowspan="2">注</th></tr>
<tr><th>100</th><th>150</th><th>200</th><th>250</th><th>300</th><th>350</th><th>450(480)</th><th>600</th></tr>
<tr><td rowspan="9">6000</td><td>400</td><td></td><td>38</td><td>28</td><td>23</td><td rowspan="3">19</td><td></td><td rowspan="3">12</td><td></td><td></td></tr>
<tr><td>500 ~ 700</td><td></td><td>38(37)</td><td>28(27)</td><td>23(22)</td><td></td><td></td><td>9</td></tr>
<tr><td>800，900</td><td></td><td>37</td><td>29(28)</td><td>22</td><td></td><td></td><td>10</td></tr>
<tr><td>1000，1100</td><td></td><td>38(37)(36)</td><td rowspan="2">28(27)</td><td>20(21)</td><td>19(18)</td><td></td><td>13(12)</td><td></td><td>11</td></tr>
<tr><td>1200</td><td></td><td></td><td rowspan="2">23(22)</td><td rowspan="2">18</td><td></td><td rowspan="5">12</td><td></td><td>12</td></tr>
<tr><td>1300</td><td></td><td></td><td>27(28)</td><td></td><td></td><td>13</td></tr>
<tr><td>1400，1500</td><td></td><td></td><td>28</td><td rowspan="2">22</td><td>19</td><td></td><td></td><td></td></tr>
<tr><td>1600，1700</td><td></td><td></td><td>27(28)</td><td>19(18)</td><td></td><td></td><td>14</td></tr>
<tr><td>1800</td><td></td><td></td><td>27</td><td>21(22)</td><td>18</td><td></td><td></td><td>15</td></tr>
<tr><td rowspan="4">9000</td><td>1200</td><td></td><td></td><td></td><td></td><td>28</td><td rowspan="3">24</td><td rowspan="4">19</td><td>14</td><td></td></tr>
<tr><td>1400</td><td></td><td></td><td></td><td></td><td>29</td><td>15</td><td></td></tr>
<tr><td>1600</td><td></td><td></td><td></td><td></td><td>29(28)</td><td>15(14)</td><td>16</td></tr>
<tr><td>1800</td><td></td><td></td><td></td><td></td><td>28</td><td>25(24)</td><td>14</td><td>17</td></tr>
</table>

注：1. (27)为 $PN=1.0\text{MPa}$ 所用；

2. (17)为 $PN=4.0\text{MPa}$ 所用；(27)为 $PN=1.0\text{MPa}$ 所用；

3. (20)为 $PN=2.5$，4.0MPa 所用；

4. (27)为 $PN=4.0\text{MPa}$ 所用；(20)为 $PN=2.5$，4.0MPa 所用；

5. (21)为 $PN=1.0\text{MPa}$ 所用；(27)(40)为 $PN=4.0\text{MPa}$ 所用；

6. $PN=2.5\text{MPa}$ 时，$B=480$；(27)(13)为 $PN=2.5$，4.0MPa 所用；(21)为 $PN=1.0\text{MPa}$ 所用；(17)为 $PN=2.5\text{MPa}$ 所用；(9)为 $PN=2.5$，4.0MPa 所用；

7. $PN=2.5$，4.0MPa 时，$B=480$；(20)(13)为 $PN=2.5$，4.0MPa 所用；(27)(17)为 $PN=2.5\text{MPa}$ 所用；(26)为 $PN=4.0\text{MPa}$ 所用；(9)为 $B=480$ 所用；

8. $PN=1.0$，1.6，2.5MPa 时，$B=480$；(26)为 $PN=2.5$，4.0MPa 所用；(19)为 $PN=4.0\text{MPa}$ 所用；

9. $PN=1.0$，1.6，2.5MPa 时，$B=480$；

$DN=500\text{mm}$	$DN=600\text{mm}$	$DN=700\text{mm}$
(37)为 $PN=4.0$，6.4MPa 用 (27)(22)为 $PN=6.4\text{MPa}$ 用	(37)(22)为 $PN=4.0$，6.4MPa 用 (27)为 $PN=6.4\text{MPa}$ 用	(37)(27)(22)为 $PN=4.0$，6.4MPa 用

10. 当 $DN=800$ 时，(28)为 $PN=2.5$，4.0MPa 用；$DN=900$ 时，(28)为 $PN=1.6$，2.5，4.0MPa 所用；

11. (37)(21)为 $PN=2.5\text{MPa}$ 所用，(36)(27)为 $PN=4.0\text{MPa}$ 所用，(18)为 $PN=2.5$，4.0MPa 所用；(12)为 $B=480$ 所用；当 $DN=1000$ 时，$PN=4.0\text{MPa}$ 时，$B=480$；$DN=1100$ 时，$PN=2.5$，4.0MPa 时，$B=480$；

12. (27)为 $PN=1.6$，2.5，4.0MPa 所用；(22)为 $PN=2.5$，4.0MPa 所用；

13. (28)为 $PN=1.0\text{MPa}$ 所用；(22)为 $PN=2.5\text{MPa}$ 所用；

14. $PN=1.0$，1.6MPa 时；$B=480$；(28)为 $PN=1.0\text{MPa}$ 所用；(18)为 $PN=2.5\text{MPa}$ 所用；

15. (22)为 $PN=1.0\text{MPa}$ 所用；

16. (28)(14)为 $PN=2.5\text{MPa}$ 所用；

17. (24)为 $PN=2.5\text{MPa}$ 所用。

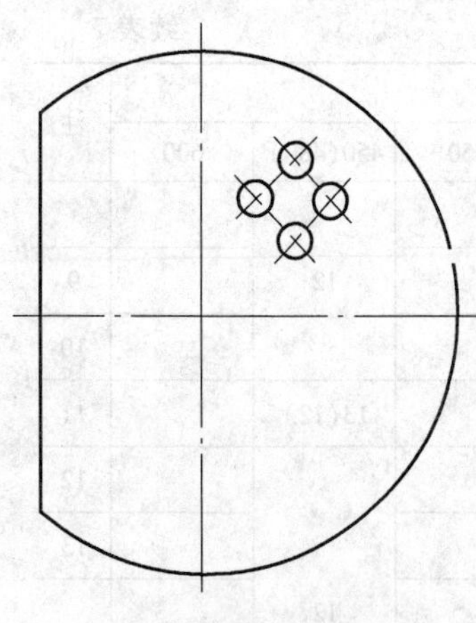

图9 浮头式换热器、冷凝器折流板形式

7.2 冷凝器折流板(支持板)间距：450，480，600mm。

7.3 浮头式换热器、冷凝器的折流板均为单弓形结构，见图9。

8. 管箱型式

DN≤400mm 为法兰盖式平盖管箱(简称平盖管箱)；

500≤DN≤800mm 为法兰盖式平盖管箱或标准椭圆形封头管箱(简称封头管箱)，由用户自行选择，推荐使用标准椭圆封头形式封头管箱。

DN≥900mm 为标准椭圆封头形式封头管箱。

9. 旁路挡板的数量见表8。

10. 换热管与管板的连接

本系列推荐换热管与管板的连接方式为，当公称压力小于4.0MPa，温度小于等于300℃时，可采用强度胀接，或强度焊接，或强度焊加贴胀；当公称压力大于等于4.0MPa，温度大于300℃时，应采用强度胀加密封焊接，或强度焊加贴胀。最终由选用系列图纸的安装图确定。

表8 旁路挡板的数量

DN/mm	325~500	600~700	800~1200	1300~1500	1600~1800
旁路挡板数量/对	1	2	3	4	5

当用户有特殊要求需指定连接结构时，应在有关技术文件中注明，制造厂应按用户要求制造。

11. 接管法兰

11.1 考虑到管道推力等因素，新系列换热器接管法兰的压力等级选用比换热器公称压力高一个等级。当管道推力校核计算通过时，接管法兰的公称压力可与换热器公称压力相同，并在安装图或订货技术文件中说明。

11.2 接管法兰标准选用 HG 20592 带颈对焊式法兰。法兰密封面型式为：朝上的为凹面，朝下的为凸面。

11.3 不带对应法兰，垫片和紧固件。

四、型号及其表示方法 JB/T 4714—1992

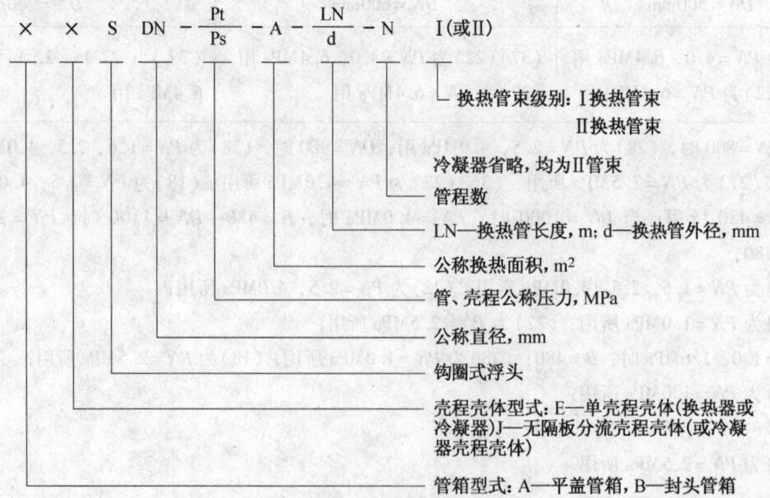

举例如下：

① 浮头式内导流筒换热器

平盖管箱，公称直径500mm，管、壳程压力均为1.6MPa，公称换热面积55m^2，较高级冷拔换热管，外径25mm，管长6m，4管程，单壳程壳体形式的浮头式内导流筒换热器，其型号为：

AES500-1.6-55-6/25-4 Ⅰ

封头管箱，公称直径600mm，管、壳程压力均为1.6MPa，公称换热面积55m^2，普通级冷拔换热管，外径19mm，管长3m，2管程，单壳程壳体型式的浮头式内导流筒换热器，其型号为：

BES600-1.6-55-3/19-2 Ⅱ

② 浮头式冷凝器

平盖管箱，公称直径700mm，管、壳程压力均为2.5MPa，公称换热面积120m^2，普通级冷拔换热管，外径25mm，管长6m，4管程，无隔板分流壳程壳体浮头式冷凝器，其型号为：

AJS700-2.5-120-6/25-4

封头管箱，公称直径600mm，管、壳程压力均为1.6MPa，公称换热面积55m^2，普通级冷拔换热管，外径19mm，管长3m，2管程，单壳程管体型式的浮头式冷凝器，其型号为：

BES600-1.6-55-3/19-2

注：管、壳程公称压力均为设备及其法兰的公称压力，换热器中的管法兰压力等级宜比公称压力高一个等级。

五、订货须知

按本系列标准订货时，应根据实际工况和介质，绘制一张换热器安装图，确定设计压力、设计温度、管板换热管连接方式等参数，且应注明以下内容：

1. 按系列规格表确定规格型号，注明各种规格的台数。
2. 根据所选规格型号注明图号。
3. 需要重叠安装时，订货时必须注明。
4. 采用螺纹换热管时，应注明翅化比。
5. 在特殊情况下，供需双方协商同意改变接管直径、管子材质、换热管与管板的连接结构、安装尺寸时，应在安装图中确定，或由需方提出相应的技术要求或条件图，并在订货合同中注明。
6. 每种规格订货时，至少应注明下表所列的项目及数据。

项　　目	管　程	壳　程
工作介质		
工作压力/MPa		
工作温度/℃		
折流板间距 *B*/mm		

7. 用户应根据自身情况注明接管法兰、鞍座等对外连接件的规格或标准变化要求。

六、系列参数范围

1. 内导流筒换热器系列参数范围(表9粗框线内)
2. 冷凝器系列参数范围(表10粗框线内)

表 9　浮头式内导流筒换热器系列参数范围

公称直径DN/mm		325		400		500		600			700			800			900			1000			1100			1200			1300		1400		1500		1600		1700		1800	
管长L/mm	公称压力PN/MPa	管程数N																																						
		2	4	2	4	2	4	2	4	6	2	4	6	2	4	6	2	4	6	2	4	6	2	4	6	2	4	6	4	6	4	6	4	6	4	6	4	6	4	6
3000	1.0			■	■	■	■	■	■	■	■	■	■																											
	1.6			■	■	■	■	■	■	■	■	■	■																											
	2.5	■	■	■	■	■	■	■	■	■	■	■	■																											
	4.0	■	■	■	■	■	■	■	■	■	■	■	■																											
4500	1.0			■	■	■	■	■	■	■	■	■	■	■	■	■	■	■	■	■	■	■	■	■	■	■	■	■												
	1.6			■	■	■	■	■	■	■	■	■	■	■	■	■	■	■	■	■	■	■	■	■	■	■	■	■												
	2.5	■	■	■	■	■	■	■	■	■	■	■	■	■	■	■	■	■	■	■	■	■	■	■	■	■	■	■												
	4.0	■	■	■	■	■	■	■	■	■	■	■	■	■	■	■	■	■	■	■	■	■	■	■	■	■	■	■												
6000	1.0			■	■	■	■	■	■	■	■	■	■	■	■	■	■	■	■	■	■	■	■	■	■	■	■	■	■	■	■	■	■	■	■	■	■	■	■	■
	1.6			■	■	■	■	■	■	■	■	■	■	■	■	■	■	■	■	■	■	■	■	■	■	■	■	■	■	■	■	■	■	■	■	■	■	■	■	■
	2.5			■	■	■	■	■	■	■	■	■	■	■	■	■	■	■	■	■	■	■	■	■	■	■	■	■	■	■	■	■	■	■	■	■	■	■	■	■
	4.0			■	■	■	■	■	■	■	■	■	■	■	■	■	■	■	■	■	■	■	■	■	■	■	■	■												
	6.4			■	■	■	■	■	■	■	■	■	■																											
9000	1.0																									■	■	■			■	■			■	■			■	■
	1.6																									■	■	■			■	■			■	■			■	■
	2.5																									■	■	■			■	■			■	■			■	■

表 10　浮头式冷凝器系列参数范围

公称直径DN/mm			400		500		600			700			800			900			1000			1100			1200			1300		1400		1500		1600		1700		1800	
管长L/mm	公称压力PN/MPa	管子规格/mm	管程数N																																				
			2	4	2	4	2	4	6	2	4	6	2	4	6	2	4	6	2	4	6	2	4	6	2	4	6	4	6	4	6	4	6	4	6	4	6	4	6
3000	1.0	$\phi 19\times 2$	■	■	■	■	■	■	■	■	■	■																											
		$\phi 25\times 2.5$	■	■	■	■	■	■	■	■	■	■																											
	1.6	$\phi 19\times 2$	■	■	■	■	■	■	■	■	■	■	■	■	■	■	■	■	■	■																			
		$\phi 25\times 2.5$	■	■	■	■	■	■	■	■	■	■	■	■	■	■	■	■	■	■																			
	2.5	$\phi 19\times 2$	■	■	■	■	■	■	■	■	■	■																											
		$\phi 25\times 2.5$	■	■	■	■	■	■	■	■	■	■																											
	4.0	$\phi 19\times 2$	■	■	■	■	■	■	■	■	■	■																											
		$\phi 25\times 2.5$	■	■	■	■	■	■	■	■	■	■																											
6000	1.0	$\phi 19\times 2$			■	■	■	■	■	■	■	■	■	■	■	■	■	■	■	■	■	■	■	■	■	■	■	■	■	■	■	■	■	■	■	■	■	■	■
		$\phi 25\times 2.5$			■	■	■	■	■	■	■	■	■	■	■	■	■	■	■	■	■	■	■	■	■	■	■	■	■	■	■	■	■	■	■	■	■	■	■
	1.6	$\phi 19\times 2$			■	■	■	■	■	■	■	■	■	■	■	■	■	■	■	■	■	■	■	■	■	■	■	■	■	■	■	■	■	■	■	■	■	■	■
		$\phi 25\times 2.5$			■	■	■	■	■	■	■	■	■	■	■	■	■	■	■	■	■	■	■	■	■	■	■	■	■	■	■	■	■	■	■	■	■	■	■
	2.5	$\phi 19\times 2$			■	■	■	■	■	■	■	■	■	■	■	■	■	■	■	■	■	■	■	■	■	■	■	■	■	■	■	■	■	■	■	■	■	■	■
		$\phi 25\times 2.5$			■	■	■	■	■	■	■	■	■	■	■	■	■	■	■	■	■	■	■	■	■	■	■	■	■	■	■	■	■	■	■	■	■	■	■
	4.0	$\phi 19\times 2$			■	■	■	■	■	■	■	■	■	■	■	■	■	■	■	■	■	■	■	■	■	■	■												
		$\phi 25\times 2.5$			■	■	■	■	■	■	■	■	■	■	■	■	■	■	■	■	■	■	■	■	■	■	■												

七、艺计算常用参数

工艺计算常用参数见表11。

表11　工艺计算常用参数

公称直径 DN/mm	管径/mm	管程 N	中心管排数	换热管数	管程平均通道面积/cm²	壳程流通面积 S/m² 折流板间距 B/mm									弓形折流板缺口弓高/mm
						100	150	200	250	300	350	450	480	600	
325	ϕ19	2	7	60	53	0.0177	0.0273	0.0369							71
		4	6	52	23	0.0194	0.0300	0.0405							
	ϕ25	2	5	32	50	0.0184	0.0284	0.0384							67
		4	4	28	22	0.0207	0.0320	0.0432							
400	ϕ19	2	8	120	106	0.0228	0.0352	0.0476	0.0600	0.0724		0.1096	0.1171		104
		4	9	108	48	0.0211	0.0325	0.0440	0.0554	0.0669		0.1012	0.1081		
	ϕ25	2	7	74	116	0.0207	0.0320	0.0432	0.0545	0.0657		0.0995	0.1062		105
		4	6	68	53	0.0230	0.0355	0.0480	0.0605	0.0730		0.1105	0.1180		
500	ϕ19	2	11	206	182	0.0262	0.0407	0.0553	0.0698	0.0844		0.1280	0.1368		124
		4	10	192	85	0.0279	0.0434	0.0589	0.0744	0.0899		0.1364	0.1457		
	ϕ25	2	8	124	195	0.0270	0.0420	0.0570	0.0720	0.0870		0.1320	0.1410		126
		4	9	116	91	0.0248	0.0385	0.0523	0.0660	0.0798		0.1210	0.1293		
600	ϕ19	2	14	324	286	0.0301	0.0468	0.0635	0.0802	0.0969		0.1470	0.1570		155
		4	14	308	136	0.0301	0.0468	0.0635	0.0802	0.0969		0.1470	0.1570		
		6	14	284	84	0.0301	0.0468	0.0635	0.0802	0.0969		0.01470	0.1570		
	ϕ25	2	11	198	311	0.0293	0.0455	0.0618	0.0780	0.0943		0.1430	0.1528		150
		4	10	188	148	0.0315	0.0490	0.0665	0.0840	0.1015		0.1540	0.1645		
		6	10	158	83	0.0315	0.0490	0.0665	0.0840	0.1015		0.1540	0.1645		
700	ϕ19	2	16	468	414	0.0356	0.0554	0.0752	0.0950	0.1148		0.1742	0.1861		175
		4	17	448	198	0.0339	0.0528	0.0716	0.0905	0.1093		0.1659	0.1772		
		6	15	382	113	0.0374	0.0581	0.0789	0.0996	0.1204		0.1826	0.1951		
	ϕ25	2	13	268	421	0.0338	0.0525	0.0713	0.0900	0.1088		0.1650	0.1763		
		4	12	256	201	0.0360	0.0560	0.0760	0.0960	0.1160		0.1760	0.1880		
		6	10	224	117	0.0405	0.0630	0.0855	0.1080	0.1305		0.1980	0.2115		
800	ϕ19	2	19	610	539		0.0606	0.0825	0.1045	0.1264		0.1923	0.2055		195
		4	18	588	260		0.0632	0.0861	0.1090	0.1319		0.2006	0.2143		
		6	16	518	153		0.0684	0.0932	0.1180	0.1428		0.2172	0.2321		
	ϕ25	2	15	366	575		0.0587	0.0799	0.1012	0.1224		0.1862	0.1989		200
		4	14	352	276		0.0621	0.0846	0.1071	0.1296		0.1971	0.2106		
		6	14	316	165		0.0621	0.0846	0.1071	0.1296		0.1971	0.2106		

续表 11

公称直径 DN/mm	管径/mm	管程 N	中心管排数	换热管数	管程平均通道面积/cm^2	壳程流通面积 S/m^2									弓形折流板缺口弓高/mm
						折流板间距 B/mm									
						100	150	200	250	300	350	450	480	600	
900	φ19	2	22	800	707		0.0665	0.0906	0.1147	0.1388		0.2111	0.2256		225
		4	21	776	343		0.0691	0.0942	0.1192	0.1443		0.2194	0.2345		
		6	21	720	212		0.0691	0.0942	0.1192	0.1443		0.2194	0.2345		
	φ25	2	17	472	741		0.0656	0.0893	0.1131	0.1368		0.2081	0.2223		
		4	16	456	358		0.0690	0.0940	0.1190	0.1440		0.2190	0.2340		
		6	16	426	223		0.0690	0.0940	0.1190	0.1440		0.2190	0.2340		
1000	φ19	2	24	1006	889		0.0751	0.1023	0.1295	0.1567		0.2383	0.2546		248
		4	23	980	443		0.0777	0.1058	0.1340	0.1621		0.2466	0.2635		
		6	21	892	263		0.0829	0.1130	0.1430	0.1731		0.2632	0.2813		
	φ25	2	19	606	952		0.0725	0.0987	0.1250	0.1512		0.2300	0.2457		
		4	18	588	462		0.0759	0.1034	0.1309	0.1584		0.2409	0.2574		
		6	18	564	295		0.0759	0.1034	0.1309	0.1584		0.2409	0.2574		
1100	φ19	2	27	1240	1096		0.0810	0.1104	0.1397	0.1691		0.2571	0.2747		277
		4	26	1212	535		0.0836	0.1139	0.1442	0.1745		0.2654	0.2836		
		6	24	1120	330		0.0889	0.1211	0.1533	0.1855		0.2821	0.3104		
	φ25	2	21	736	1156		0.0794	0.1081	0.1369	0.1656		0.2519	0.2691		270
		4	20	716	562		0.0828	0.1128	0.1428	0.1728		0.2628	0.2808		
		6	20	692	362		0.0828	0.1128	0.1428	0.1728		0.2628	0.2808		
1200	φ19	2	28	1452	1283		0.0908	0.1242	0.1576	0.1910	0.2244	0.2912	0.3113	0.3914	300
		4	28	1424	629		0.0908	0.1242	0.1576	0.1910	0.2244	0.2912	0.3113	0.3914	
		6	27	1348	397		0.0934	0.1278	0.1621	0.1965	0.2308	0.2995	0.3201	0.4026	
	φ25	2	22	880	1382		0.0884	0.1209	0.1534	0.1859	0.2184	0.2834	0.3029	0.3809	294
		4	22	860	675		0.0884	0.1209	0.1534	0.1859	0.2184	0.2834	0.3029	0.3809	
		6	21	828	434		0.0918	0.1256	0.1593	0.1931	0.2268	0.2943	0.2146		
1300	φ19	4	31	1700	751			0.1322	0.1678	0.2033		0.2100	0.3313		330
		6	29	1616	476			0.1393	0.1768	0.2142		0.3266	0.3490		
	φ25	4	24	1024	804			0.1302	0.1652	0.2002		0.3052	0.3262		
		6	26	972	509			0.1209	0.1534	0.1859		0.2834	0.3029		
1400	φ19	4	32	1972	871			0.1473	0.1869	0.2265	0.2661	0.3453	0.3691	0.4641	350
		6	30	1890	557			0.1544	0.1959	0.2374	0.2789	0.3619	0.3868	0.4864	
	φ25	4	26	1192	936			0.1395	0.1770	0.2145	0.2520	0.3270	0.3495	0.4395	337
		6	28	1130	592			0.1302	0.1652	0.2002	0.2352	0.3052	0.3262	0.4102	
1500	φ19	4	34	2304	1018			0.1588	0.2015	0.2442		0.3723	0.3980		372
		6	34	2252	663			0.1588	0.2015	0.2442		0.3723	0.3980		
	φ25	4	29	1400	1100			0.1442	0.1829	0.2217		0.3379	0.3612		376
		6	28	1332	697			0.1488	0.1888	0.2288		0.3488	0.3728		

续表 11

公称直径 DN/mm	管径/mm	管程 N	中心管排数	换热管数	管程平均通道面积/cm^2	壳程流通面积 S/m^2 折流板间距 B/mm 100	150	200	250	300	350	450	480	600	弓形折流板缺口弓高/mm
1600	ϕ19	4	37	2632	1163			0.1668	0.2117	0.2565	0.3014	0.3911	0.4180	0.5256	400
		6	37	2520	742			0.1668	0.2117	0.2565	0.3014	0.3911	0.4180	0.5256	
	ϕ25	4	30	1592	1250			0.1581	0.2006	0.2431	0.2856	0.3706	0.3961	0.4981	
		6	29	1518	795			0.1628	0.2065	0.2503	0.2940	0.3815	0.4078	0.5128	
1700	ϕ19	4	40	3012	1331			0.1748	0.2218	0.2688		0.4098	0.4380	0.5508	425
		6	38	2834	835			0.1819	0.2308	0.2797		0.4264	0.4557	0.5731	
	ϕ25	4	32	1856	1458			0.1674	0.2124	0.2574		0.3924	0.4194	0.5274	
		6	32	1812	949			0.1674	0.2124	0.2574		0.3924	0.4194	0.5274	
1800	ϕ19	4	43	3384	1495			0.1828	0.2320	0.2811	0.3303	0.4286	0.4581	0.5760	454
		6	37	3140	925			0.2040	0.2589	0.3137	0.3686	0.4783	0.5112	0.6428	
	ϕ25	4	34	2056	1615			0.1767	0.2242	0.2717	0.3192	0.4142	0.4427	0.5567	450
		6	30	1986	1040			0.1953	0.2478	0.3003	0.3528	0.4578	0.4893	0.6153	

注：表中壳程流通面积的计算公式为：$S=(DN-Nd_o)(B-\delta)$

式中：n—中心管排数；d_o—换热管外径 mm；δ—折流板厚度 mm；B—折流板间距 mm。

八、安装尺寸

1. 换热器安装尺寸见图 10 和表 12。

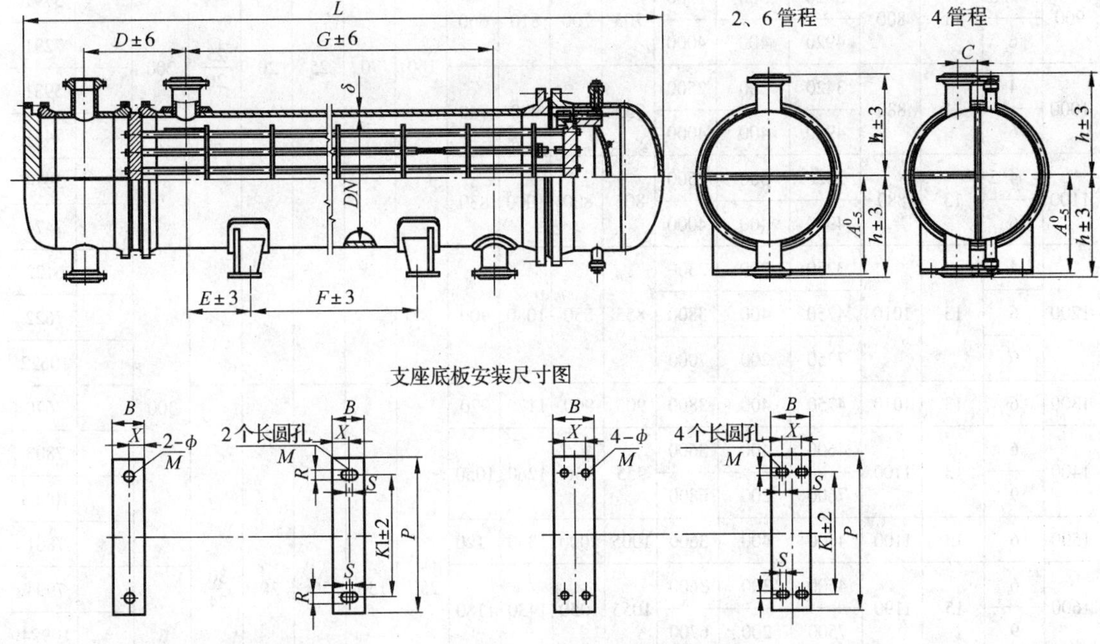

图 10　换热器安装尺寸示意图

表 12 浮头式换热器安装尺寸

DN	管长/m	δ	D	G	E	F	h	A	P	K1	B	X	R	S	φ/M	C	L	
																四管程	平盖管箱	封头管箱
PN = 1.0MPa																		
400	3	9	635	2100	30	1700	455	450	370	280	120	60	20	16	20/16	100	3818	
	4.5			3600	300	2900											5318	
	6			5100	300	4400											6818	
500	3	9	680	2100	30	1700	505	500	460	330						125	3911	3924
	4.5			3600	300	2900											5411	5424
	6			5100	300	4400											6911	6924
600	3	9	680	2100	30	1700	555	550	540	420						150	3950	3977
	4.5			3600	300	2900											5450	5477
	6			5100	300	4400											6950	6977
700	3	9	680	2100	30	1700	605	600	640	500	160	70	25	20	25/20	150	4000	4045
	4.5			3600	300	2900											5500	5545
	6			5100	300	4400											7000	7045
800	4.5	11	800	3420	300	2500	655	650	730	590						200	5660	5751
	6			4920	400	4000											7160	7240
900	4.5	11	800	3420	300	2500	705	700	810	660								5791
	6			4920	400	4000												7291
1000	4.5	11	880	3420	300	2500	755	750	900	740								5931
	6			4920	400	4000												7431
1100	4.5	13	880	3420	300	2500	805	800	1000	830								5974
	6			4920	400	4000												7474
1200	4.5	13	1010	3250	300	2300	855	850	1080	900						300		6122
	6			4750	400	3800												7622
	9			7750	200	7000												10622
1300	6	13	1010	4750	400	3800	905	900	1170	970	250	130	30	30	30/24			7670
1400	6	13	1100	4600	400	3600	955	950	1260	1050								7803
	9			7600	200	6800												10803
1500	6	13	1100	4600	400	3600	1005	1000	1350	1120								7861
1600	6	15	1190	4500	300	3600	1055	1050	1430	1180						400		7994
	9			7500	200	6700												10994
1700	6	15	1190	4500	300	3600	1105	1100	1520	1260								8047
1800	6	15	1270	4450	400	3400	1155	1150	1600	1330								8165
	9			7450	200	6600												11165

续表 12

DN	管长/m	δ	D	G	E	F	h	A	P	K1	B	X	R	S	$\frac{\phi}{M}$	C	L	
																四管程	平盖管箱	封头管箱
PN = 1. 6MPa																		
400	3	9	635	2100	30	1700	455	450	370	280	120	60	20	16	$\frac{20}{16}$	100	3858	
	4. 5			3600	300	2900											5358	
	6			5100	300	4400											6819	
500	3	9	680	2100	30	1700	505	500	460	330						125	3922	3938
	4. 5			3600	300	2900											5422	5438
	6			5100	300	4400											6922	6934
600	3	10	680	2100	30	1700	555	550	540	420	160	70	25	20	$\frac{25}{20}$	150	3963	3980
	4. 5			3600	300	2900											5463	5486
	6			5100	300	4400											6963	7016
700	3	11	680	2100	30	1700	605	600	640	500							4022	4062
	4. 5			3600	300	2900											5522	5562
	6			5100	300	4400											7022	7087
800	4. 5	12	800	3420	300	2500	655	650	730	590						200	5681	5738
	6			4920	400	4000											7181	7250
900	4. 5	12	800	3420	300	2500	705	700	810	660								5801
	6			4920	400	4000												7312
1000	4. 5	12	880	3420	300	2500	755	750	900	740								5934
	6			4920	400	4000												7444
1100	4. 5	14	880	3420	300	2500	805	800	1000	830								5994
	6			4920	400	4000												7514
1200	4. 5	14	1010	3250	300	2300	855	850	1080	900						300		6152
	6			4750	400	3800												7667
	9			7750	200	7000												10652
1300	6	14	1010	4750	400	3800	905	900	1170	970	250	130	30	30	$\frac{30}{24}$			7698
1400	6	14	1100	4600	400	3600	955	950	1260	1050								7836
	9			7600	200	6800												10836
1500	6	16	1100	4600	400	3600	1005	1000	1350	1120						400		7887
1600	6	16	1190	4500	300	3600	1055	1050	1430	1180								8018
	9			7500	200	6700												11018
1700	6	18	1190	4500	300	3600	1105	1100	1520	1260								8083
1800	6	18	1270	4450	400	3400	1155	1150	1600	1330								8201
	9			7450	200	6600												11201

续表 12

DN	管长/m	δ	D	G	E	F	h	A	P	K1	B	X	R	S	φ/M	C	L	
																四管程	平盖管箱	封头管箱
PN = 2.5MPa																		
325	3	12	635	2100	30	1700	415	410	300	200	120	60	20	16	20/16	75	3815	
	4.5			3600	300	2900											5285	
400	3	9	635	2100	30	1700	455	450	370	280						100	3875	
	4.5			3600	300	2900											5375	
	6			5100	300	4400					120	60	20	16	20/16		6859	
500	3	10	700	2100	30	1700	505	500	460	330						125	3952	3968
	4.5			3600	300	2900											5452	5467
	6			5100	300	4400											6952	6967
600	3	10	700	2100	30	1700	555	550	540	420						150	3999	4040
	4.5			3600	300	2900											5499	5523
	6			5100	300	4400											6999	7038
700	3	11	700	2100	30	1700	605	600	640	500							4050	4077
	4.5			3600	300	2900											5550	5650
	6			5100	300	4400											7050	7134
800	4.5	12	820	3420	300	2500	655	650	730	590						200	5716	5758
	6			4920	300	4000											7216	7285
900	4.5	12	820	3420	300	2500	705	700	810	660	160	70	25	20	25/20			5797
	6			4920	300	4000												7373
1000	4.5	14	950	3300	300	2500	755	750	900	740								6000
	6			4800	300	4000												7525
1100	4.5	14	950	3300	300	2500	805	800	1000	830								6061
	6			4800	300	4000												7601
1200	4.5	14	1100	3100	300	2300	855	850	1080	900						300		6217
	6			4600	250	3800												7759
	9			7600	200	6800												10717
1300	6	16	1100	4600	250	3800	905	900	1170	970								7785
1400	6	16	1200	4500	250	3600	955	950	1260	1050								7921
	9			7500	200	6700												10921
1500	6	18	1200	4500	250	3600	1005	1000	1350	1120								7987
1600	6	20	1300	4400	150	3600	1055	1050	1430	1180	250	130	30	30	30/24	400		8156
	9			7400	200	6600												11156
1700	6	20	1300	4400	150	3600	1105	1100	1520	1260								8286
1800	6	22	1410	4300	250	3400	1155	1150	1600	1330								8441
	9			7300	200	6450												11441

续表 12

DN	管长/m	δ	D	G	E	F	h	A	P	K1	B	X	R	S	$\frac{\phi}{M}$	C	L	
																四管程	平盖管箱	封头管箱
PN=4.0MPa																		
325	3	12	635	2100	30	1700	415	410	300	200						75	3883	
	4.5			3600	300	2900											5312	
400	3	12	635	2100	30	1700	455	450	370	280						100	3863	
	4.5			3600	300	2900					120	60	20	16	$\frac{20}{16}$		5383	
	6			5100	300	4400											6883	
500	3	12	730	2000	30	1600	505	500	460	330						125	4016	4026
	4.5			3500	200	2900											5516	5525
	6			5000	200	4400											7016	7025
600	3	12	730	2000	30	1600	555	550	540	420						150	4075	4086
	4.5			3500	200	2900											5575	5586
	6			5000	200	4400											7075	7086
700	3	14	730	2000	30	1600	605	600	640	500							4138	4135
	4.5			3500	200	2900											5638	5635
	6			5000	200	4400											7138	7205
800	4.5	16	880	3300	200	2500	655	650	730	590	160	70	25	20	$\frac{25}{20}$	200	5804	5816
	6			4800	300	4000											7272	7346
900	4.5	16	880	3300	200	2500	705	700	810	660								5880
	6			4800	300	4000												7432
1000	4.5	18	1090	3150	200	2500	755	750	900	740								6145
	6			4650	100	4000												7654
1100	4.5	20	1090	3150	200	2500	805	800	1000	830								6225
	6			4650	100	4000												7761
1200	4.5	22	1170	3000	200	2300	855	850	1080	900						300		6380
	6			4500	200	3800												7880
PN=6.4MPa																		
400	6	12	635	5100	300	4400	455	450	370	280	120	60	20	16	$\frac{20}{16}$	100	6889	
500	6	14	830	4860	150	4300	505	500	460	330						125	7171	7141
600	6	17	830	4860	150	4300	555	550	540	420	160	70	25	20	$\frac{25}{20}$	150	7238 7351	7199 7312
700	6	19	880	4860	150	4300	605	600	640	500	160	70	25	20	$\frac{25}{20}$	200		

注：1. 尺寸 h、A 可根据实际情况进行微调；

2. 表中壳体设计壁厚 δ 按腐蚀裕量 $C_2=2$mm 计算选取。

2. 冷凝器安装尺寸见图 11 和表 13。

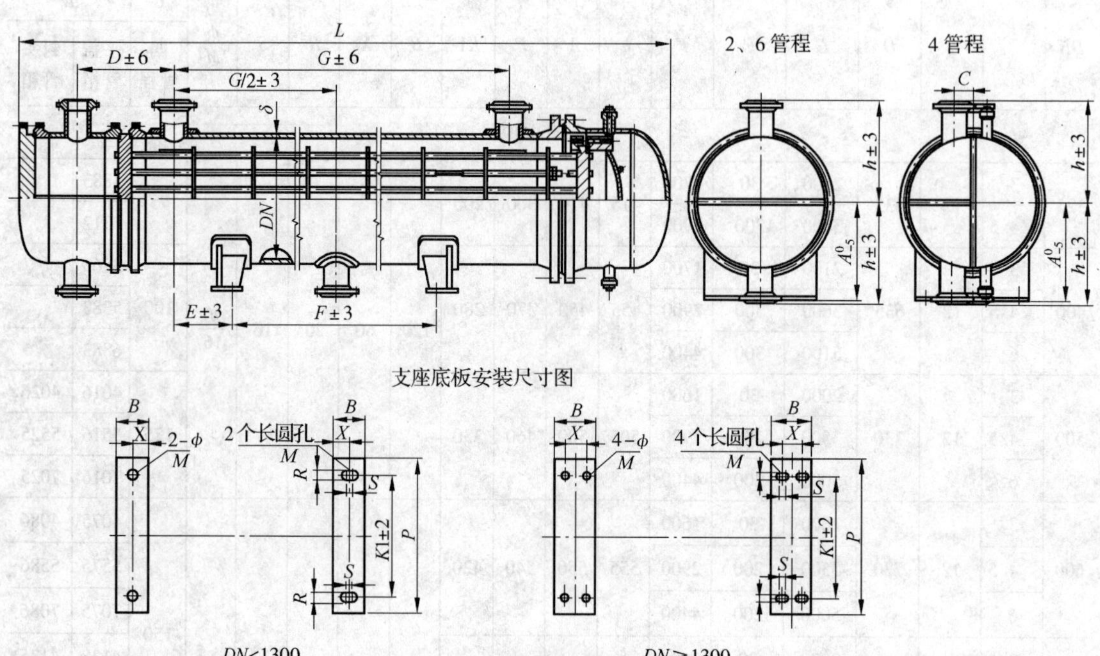

图 11 冷凝器安装尺寸示意图

表 13 浮头式冷凝器安装尺寸

<table>
<tr><th rowspan="2">DN</th><th rowspan="2">管长/m</th><th rowspan="2">δ</th><th rowspan="2">D</th><th rowspan="2">G</th><th rowspan="2">E</th><th rowspan="2">F</th><th rowspan="2">h</th><th rowspan="2">A</th><th rowspan="2">P</th><th rowspan="2">K1</th><th rowspan="2">B</th><th rowspan="2">X</th><th rowspan="2">R</th><th rowspan="2">S</th><th rowspan="2">φ/M</th><th>C</th><th colspan="2">L</th></tr>
<tr><th>四管程</th><th>平盖管箱</th><th>封头管箱</th></tr>
<tr><td colspan="19">PN = 4.0MPa</td></tr>
<tr><td>400</td><td>3</td><td>9</td><td>635</td><td>2100</td><td>30</td><td>1700</td><td>455</td><td>450</td><td>370</td><td>280</td><td rowspan="7">120</td><td rowspan="7">60</td><td rowspan="7">20</td><td rowspan="7">16</td><td rowspan="7">20/16</td><td>100</td><td>3818</td><td></td></tr>
<tr><td rowspan="2">500</td><td>3</td><td rowspan="2">9</td><td rowspan="2">700</td><td>2100</td><td>30</td><td>1700</td><td rowspan="2">505</td><td rowspan="2">500</td><td rowspan="2">460</td><td rowspan="2">330</td><td rowspan="2">125</td><td>3911</td><td>3924</td></tr>
<tr><td>6</td><td>5100</td><td>300</td><td>4400</td><td>6911</td><td>6924</td></tr>
<tr><td rowspan="2">600</td><td>3</td><td rowspan="2">9</td><td rowspan="2">780</td><td>2000</td><td>30</td><td>1550</td><td rowspan="2">555</td><td rowspan="2">550</td><td rowspan="2">540</td><td rowspan="2">420</td><td rowspan="4">150</td><td>3950</td><td>3972</td></tr>
<tr><td>6</td><td>4920</td><td>300</td><td>4400</td><td>6950</td><td>6977</td></tr>
<tr><td rowspan="2">700</td><td>3</td><td rowspan="2">9</td><td rowspan="2">780</td><td>2000</td><td>30</td><td>1550</td><td rowspan="2">605</td><td rowspan="2">600</td><td rowspan="2">640</td><td rowspan="2">500</td><td>4000</td><td>4045</td></tr>
<tr><td>6</td><td>4920</td><td>300</td><td>4400</td><td>7000</td><td>7045</td></tr>
<tr><td>800</td><td>6</td><td>11</td><td rowspan="2">870</td><td rowspan="2">4900</td><td rowspan="5">300</td><td rowspan="5">4000</td><td>655</td><td>650</td><td>730</td><td>590</td><td rowspan="5">160</td><td rowspan="5">70</td><td rowspan="5">25</td><td rowspan="5">20</td><td rowspan="5">25/20</td><td rowspan="4">200</td><td>7160</td><td>7240</td></tr>
<tr><td>900</td><td>6</td><td>11</td><td>705</td><td>700</td><td>810</td><td>660</td><td></td><td>7291</td></tr>
<tr><td>1000</td><td>6</td><td>11</td><td rowspan="2">980</td><td rowspan="4">4700</td><td>755</td><td>750</td><td>900</td><td>740</td><td></td><td>7431</td></tr>
<tr><td>1100</td><td>6</td><td>13</td><td>805</td><td>800</td><td>1000</td><td>830</td><td></td><td>7474</td></tr>
<tr><td>1200</td><td>6</td><td>13</td><td>1010</td><td>855</td><td>850</td><td>1080</td><td>900</td><td rowspan="2">300</td><td></td><td>7622</td></tr>
<tr><td>1300</td><td>6</td><td>13</td><td>1060</td><td></td><td></td><td>905</td><td>900</td><td>1170</td><td>970</td><td>250</td><td>130</td><td>30</td><td>30</td><td>30/24</td><td></td><td>7670</td></tr>
</table>

续表 13

DN	管长/m	δ	D	G	E	F	h	A	P	K1	B	X	R	S	φ/M	C	L	
																四管程	平盖管箱	封头管箱
1400	6	13	1100	4600	300	3800	955	950	1260	1050	250	130	30	30	30/24	300		7803
1500	6	15					1005	1000	1350	1120								7861
1600	6	15	1200	4500			1055	1050	1430	1180						400		7994
1700	6	15					1105	1100	1520	1260								8047
1800	6	15	1270				1155	1150	1600	1330								8165
PN = 1.6MPa																		
400	3	9	635	2100	30	1700	455	450	370	280	120	60	20	16	20/16	100	3819	
500	3	9	700	2100	30	1700	505	500	460	330						125	3922	3938
	6			5100	300	4400											6922	6938
600	3	10	780	2000	30	1550	555	550	540	420	160	70	25	20	25/20	150	3963	3986
	6			4920	300	4400											6963	7016
700	3	11	780	2000	30	1550	605	600	640	500							4022	4062
	6			4920	300	4400											7022	7087
800	3	12	870	1900	0	1500	655	650	730	590						200	4181	4238
	6			4800	300	4000											7181	7250
900	3	12	870	1900	0	1500	705	700	810	660								4301
	6			4800	300	4000												7312
1000	3	12	980	1780	0	1350	755	750	900	740								4434
	6			4700	300	4000												7444
1100	6	14	980	4700	300	4000	805	800	1000	830								7514
1200	6	14	1010	4700	300	3800	855	850	1080	900						300		7667
1300	6	14	1060	4600			905	900	1170	970	250	130	30	30	30/24			7698
1400	6	14	1110	4600			955	950	1260	1050								7836
1500	6	16					1005	1000	1350	1120								7887
1600	6	16	1220	4450			1055	1050	1430	1180						400		8018
1700	6	18					1105	1100	1520	1260								8083
1800	6	18	1270	4450			1155	1150	1600	1330								8201
PN = 2.5MPa																		
400	3	9	635	2100	30	1700	455	450	370	280	120	60	20	16	20/16	100	3829	
500	3	10	700	2100	30	1700	505	500	460	330						125	3952	3947
	6			5050	300	4400											6952	6967

续表 13

DN	管长/m	δ	D	G	E	F	h	A	P	K1	B	X	R	S	φ/M	C	L	
																四管程	平盖管箱	封头管箱
600	3	10	780	1950	0	1550	555	550	540	420							3999	4023
	6			4920	300	4400										150	6999	7042
700	3	11	780	1950	0	1550	605	600	640	500							4050	4077
	6			4920	300	4400											7050	7134
800	6	12	920	4750	300	4000	655	650	730	590	160	70	25	20	25/20		7216	7285
900	6	12					705	700	810	660						200		7373
1000	6	14	1040	4650			755	750	900	740								7525
1100	6	14					805	800	1000	830								7601
1200	6	14	1150	4600	300	3800	855	850	1080	900								7759
1300	6	16		4550			905	900	1170	970						300		7784
1400	6	16	1210	4500			955	950	1260	1050								7921
1500	6	18		4450			1005	1000	1350	1120	250	130	30	30	30/24			7991
1600	6	20	1330	4350			1055	1050	1430	1180								8156
1700	6	20		4320	300	3700	1105	1100	1520	1260						400		8289
1800	6	22	1420	4300			1155	1150	1600	1330								8441
									$PN=4.0$MPa									
400	3	12	635	2100	30	1700	455	450	370	280						100	3863	
500	3	12	750	2050	0	1700	505	500	460	330	120	60	20	16	20/16	125	4016	4018
	6			5000	300	4400											7016	7025
600	3	12	830	1900	0	1500	555	550	540	420							4075	4086
	6			4850	300	4400										150	7075	7102
700	3	14	830	1880	0	1450	605	600	640	500							4138	4135
	6			4850	300	4400											7138	7205
800	6	16	960	4700	300	4000	655	650	730	590	160	70	25	20	25/20		7304	7346
900	6	16					705	700	810	660						200		7432
100	6	18	1140	4500			755	750	900	740								7654
1100	6	20			300	3800	805	800	1000	830								7761
1200	6	22	1220	4480			855	850	1080	900						300		7880

注：尺寸 h、A 可根据实际情况进行微调。

表中壳体设计壁厚 δ 按腐蚀裕量 $C_2=2$mm 计算选取。

九、规格及系列图号

1. 内导流筒换热器系列规格及图号见表14。

表14 浮头式换热器规格及图号

DN/mm	*PN*/MPa	管长/m	管程数	换热管规格	计算传热面积/m^2	规格型号	管程出入口公称直径/mm	壳程出入口公称直径/mm	设备净重/kg	充水水重/kg	系列图号
325	2.5	3	2	$\phi19$	10.5	$AES325-2.5-10-\frac{3}{19}-2\frac{\text{I}}{\text{II}}$	100	100	1066	270	GF001-1
				$\phi25$	7.4	$AES325-2.5-5-\frac{3}{25}-2\frac{\text{I}}{\text{II}}$	100	100	1066		GF001-2
			4	$\phi19$	9.1	$AES325-2.5-10-\frac{3}{19}-4\frac{\text{I}}{\text{II}}$	100	100	1058		GF002-1
				$\phi25$	6.4	$AES325-2.5-5-\frac{3}{25}-4\frac{\text{I}}{\text{II}}$	100	100	1062		GF002-2
		4.5	2	$\phi19$	15.8	$AES325-2.5-15-\frac{4.5}{19}-2\frac{\text{I}}{\text{II}}$	100	100	1395	370	GF003-1
				$\phi25$	11.1	$AES325-2.5-10-\frac{4.5}{25}-2\frac{\text{I}}{\text{II}}$	100	100	1340		GF003-2
			4	$\phi19$	13.7	$AES325-2.5-15-\frac{4.5}{19}-4\frac{\text{I}}{\text{II}}$	100	100	1377		GF004-1
				$\phi25$	9.7	$AES325-2.5-10-\frac{4.5}{25}-4\frac{\text{I}}{\text{II}}$	100	100	1327		GF004-2
	4.0	3	2	$\phi19$	10.4	$AES325-4.0-10-\frac{3}{19}-2\frac{\text{I}}{\text{II}}$	100	100	1102	270	GF005-1
				$\phi25$	7.3	$AES325-4.0-5-\frac{3}{25}-2\frac{\text{I}}{\text{II}}$	100	100	1103		GF005-2
			4	$\phi19$	9.0	$AES325-4.0-10-\frac{3}{19}-4\frac{\text{I}}{\text{II}}$	100	100	1093		GF006-1
				$\phi25$	6.4	$AES325-4.0-5-\frac{3}{25}-4\frac{\text{I}}{\text{II}}$	100	100	1097		GF006-2
		4.5	2	$\phi19$	15.8	$AES325-4.0-15-\frac{4.5}{19}-2\frac{\text{I}}{\text{II}}$	100	100	1443	380	GF007-1
				$\phi25$	11.1	$AES325-4.0-10-\frac{4.5}{25}-2\frac{\text{I}}{\text{II}}$	100	100	1377		GF007-2
			4	$\phi19$	13.7	$AES325-4.0-15-\frac{4.5}{19}-4\frac{\text{I}}{\text{II}}$	100	100	1267		GF008-1
				$\phi25$	9.7	$AES325-4.0-10-\frac{4.5}{25}-4\frac{\text{I}}{\text{II}}$	100	100	1217		GF008-2
400	1.0	3	2	$\phi19$	21.0	$AES325-1.0-20-\frac{3}{19}-2\frac{\text{I}}{\text{II}}$	100	100	1293	470	GB009-1
				$\phi25$	17.0	$AES325-1.0-15-\frac{3}{25}-2\frac{\text{I}}{\text{II}}$	100	100	1312		GF009-2
			4	$\phi19$	18.9	$AES325-1.0-20-\frac{3}{19}-4\frac{\text{I}}{\text{II}}$	100	100	1280		GF010-1
				$\phi25$	15.6	$AES325-1.0-15-\frac{3}{25}-4\frac{\text{I}}{\text{II}}$	100	100	1304		GF010-2

续表 14

DN/mm	PN/MPa	管长/m	管程数	换热管规格	计算传热面积/m^2	规格型号	管程出入口公称直径/mm	壳程出入口公称直径/mm	设备净重/kg	充水水重/kg	系列图号
400	1.0	4.5	2	$\phi19$	31.7	AES400－1.0－30－$\frac{4.5}{19}$－2 $\begin{matrix}\text{I}\\\text{II}\end{matrix}$	100	100	1787	660	GF011－1
				$\phi25$	25.7	AES400－1.0－25－$\frac{4.5}{25}$－2 $\begin{matrix}\text{I}\\\text{II}\end{matrix}$	100	100	1700		GF011－2
			4	$\phi19$	28.6	AES400－1.0－30－$\frac{4.5}{19}$－4 $\begin{matrix}\text{I}\\\text{II}\end{matrix}$	100	100	1757		GF012－1
				$\phi25$	23.7	AES400－1.0－25－$\frac{4.5}{25}$－4 $\begin{matrix}\text{I}\\\text{II}\end{matrix}$	100	100	1678		GF012－2
		6	2	$\phi19$	42.5	AES400－1.0－40－$\frac{6}{19}$－2 $\begin{matrix}\text{I}\\\text{II}\end{matrix}$	100	100	1980	850	GF013－1
				$\phi25$	34.5	AES400－1.0－35－$\frac{6}{25}$－2 $\begin{matrix}\text{I}\\\text{II}\end{matrix}$	100	100	2024		GF013－2
			4	$\phi19$	38.2	AES400－1.0－40－$\frac{6}{19}$－4 $\begin{matrix}\text{I}\\\text{II}\end{matrix}$	100	100	1936		GF014－1
				$\phi25$	31.7	AES400－1.0－30－$\frac{6}{25}$－4 $\begin{matrix}\text{I}\\\text{II}\end{matrix}$	100	100	1990		GF014－2
	1.6	3	2	$\phi19$	21.0	AES400－1.6－20－$\frac{3}{19}$－2 $\begin{matrix}\text{I}\\\text{II}\end{matrix}$	100	100	1310	470	GF015－1
				$\phi25$	17.0	AES400－1.6－15－$\frac{3}{25}$－2 $\begin{matrix}\text{I}\\\text{II}\end{matrix}$	100	100	1329		GF015－2
			4	$\phi19$	18.9	AES400－1.6－20－$\frac{3}{19}$－4 $\begin{matrix}\text{I}\\\text{II}\end{matrix}$	100	100	1297		GF016－1
				$\phi25$	15.6	AES400－1.6－15－$\frac{3}{25}$－4 $\begin{matrix}\text{I}\\\text{II}\end{matrix}$	100	100	1353		GF016－2
		4.5	2	$\phi19$	31.7	AES400－1.6－30－$\frac{4.5}{19}$－2 $\begin{matrix}\text{I}\\\text{II}\end{matrix}$	100	100	1804	660	GF017－1
				$\phi25$	25.7	AES400－1.6－25－$\frac{4.5}{25}$－2 $\begin{matrix}\text{I}\\\text{II}\end{matrix}$	100	100	1717		GF017－2
			4	$\phi19$	28.6	AES400－1.6－30－$\frac{4.5}{19}$－4 $\begin{matrix}\text{I}\\\text{II}\end{matrix}$	100	100	1661		GF018－1
				$\phi25$	23.7	AES400－1.6－25－$\frac{4.5}{25}$－4 $\begin{matrix}\text{I}\\\text{II}\end{matrix}$	100	100	1698		GF018－2
		6	2	$\phi19$	42.5	AES400－1.6－40－$\frac{6}{19}$－2 $\begin{matrix}\text{I}\\\text{II}\end{matrix}$	100	100	1997	850	GF019－1
				$\phi25$	34.5	AES400－1.6－35－$\frac{6}{25}$－2 $\begin{matrix}\text{I}\\\text{II}\end{matrix}$	100	100	2041		GF019－2
			4	$\phi19$	38.2	AES400－1.6－40－$\frac{6}{19}$－4 $\begin{matrix}\text{I}\\\text{II}\end{matrix}$	100	100	1953		GF020－1
				$\phi25$	31.7	AES400－1.6－30－$\frac{6}{25}$－4 $\begin{matrix}\text{I}\\\text{II}\end{matrix}$	100	100	2007		GF020－2
	2.5	3	2	$\phi19$	20.9	AES400－2.5－20－$\frac{3}{19}$－2 $\begin{matrix}\text{I}\\\text{II}\end{matrix}$	100	100	1399	480	GF021－1
				$\phi25$	16.9	AES400－2.5－15－$\frac{3}{25}$－2 $\begin{matrix}\text{I}\\\text{II}\end{matrix}$	100	100	1415		GF021－2

续表 14

DN/mm	PN/MPa	管长/m	管程数	换热管规格	计算传热面积/m^2	规格型号	管程出入口公称直径/mm	壳程出入口公称直径/mm	设备净重/kg	充水水重/kg	系列图号
400	2.5	3	4	ϕ19	18.8	AES400-2.5-20-$\frac{3}{19}$-4 Ⅰ Ⅱ	100	100	1380	480	GF022-1
				ϕ25	15.6	AES400-2.5-15-$\frac{3}{25}$-4 Ⅰ Ⅱ	100	100	1429		GF022-2
		4.5	2	ϕ19	28.6	AES400-2.5-30-$\frac{4.5}{19}$-2 Ⅰ Ⅱ	100	100	1777	670	GF023-1
				ϕ25	25.6	AES400-2.5-25-$\frac{4.5}{25}$-2 Ⅰ Ⅱ	100	100	1803		GF023-2
			4	ϕ19	28.4	AES400-2.5-30-$\frac{4.5}{19}$-4 Ⅰ Ⅱ	100	100	1753		GF024-1
				ϕ25	23.6	AES400-2.5-25-$\frac{4.5}{25}$-4 Ⅰ Ⅱ	100	100	1782		GF024-2
		6	2	ϕ19	42.3	AES400-2.5-40-$\frac{6}{19}$-2 Ⅰ Ⅱ	100	100	2084	860	GF025-1
				ϕ25	34.4	AES400-2.5-35-$\frac{6}{25}$-2 Ⅰ Ⅱ	100	100	2127		GF025-2
			4	ϕ19	38.1	AES400-2.5-40-$\frac{6}{19}$-4 Ⅰ Ⅱ	100	100	2040		GF026-1
				ϕ25	31.6	AES400-2.5-30-$\frac{6}{25}$-4 Ⅰ Ⅱ	100	100	2093		GF026-2
	4.0	3	2	ϕ19	20.7	AES400-4.0-20-$\frac{3}{19}$-2 Ⅰ Ⅱ	100	100	1565	480	GF027-1
				ϕ25	16.8	AES400-4.0-15-$\frac{3}{25}$-2 Ⅰ Ⅱ	100	100	1584		GF027-2
			4	ϕ19	18.6	AES400-4.0-20-$\frac{3}{19}$-4 Ⅰ Ⅱ	100	100	1553		GF028-1
				ϕ25	15.4	AES400-4.0-15-$\frac{3}{25}$-4 Ⅰ Ⅱ	100	100	1576		GF028-2
		4.5	2	ϕ19	31.4	AES400-4.0-30-$\frac{4.5}{19}$-2 Ⅰ Ⅱ	100	100	1943	670	GF029-1
				ϕ25	25.5	AES400-4.0-25-$\frac{4.5}{25}$-2 Ⅰ Ⅱ	100	100	1971		GF029-2
			4	ϕ19	28.3	AES400-4.0-30-$\frac{4.5}{19}$-4 Ⅰ Ⅱ	100	100	1519		GF030-1
				ϕ25	23.4	AES400-4.0-25-$\frac{4.5}{25}$-4 Ⅰ Ⅱ	100	100	2127		GF030-2
		6	2	ϕ19	42.1	AES400-4.0-40-$\frac{6}{19}$-2 Ⅰ Ⅱ	100	100	2252	860	GF031-1
				ϕ25	34.3	AES400-4.0-35-$\frac{6}{25}$-2 Ⅰ Ⅱ	100	100	2504		GF031-2
			4	ϕ19	37.9	AES400-4.0-35-$\frac{6}{19}$-4 Ⅰ Ⅱ	100	100	2209		GF032-1
				ϕ25	31.4	AES400-4.0-30-$\frac{6}{25}$-4 Ⅰ Ⅱ	100	100	2470		GF032-2

续表 14

DN/mm	PN/MPa	管长/m	管程数	换热管规格	计算传热面积/m^2	规格型号	管程出入口公称直径/mm	壳程出入口公称直径/mm	设备净重/kg	充水水重/kg	系列图号
400	6.4	6	2	ϕ19	41.9	AES400−6.4−40−$\frac{6}{19}$−2 $_{\mathrm{II}}^{\mathrm{I}}$	100	100	2660	860	GF033−1
				ϕ25	34.0	AES400−6.4−35−$\frac{6}{25}$−2 $_{\mathrm{II}}^{\mathrm{I}}$	100	100	2703		GF033−2
			4	ϕ19	37.7	AES400−6.4−35−$\frac{6}{19}$−4 $_{\mathrm{II}}^{\mathrm{I}}$	100	100	2622		GF034−1
				ϕ25	31.2	AES400−6.4−30−$\frac{6}{25}$−4 $_{\mathrm{II}}^{\mathrm{I}}$	100	100	2674		GF034−2
500	1.0	3	2	ϕ19	36.0	$_{B}^{A}$ES500−1.0−35−$\frac{3}{19}$−2 $_{\mathrm{II}}^{\mathrm{I}}$	150	150	1868	760	GF035−1
									1714		GF035−2
				ϕ25	28.5	$_{B}^{A}$ES500−1.0−30−$\frac{3}{25}$−2 $_{\mathrm{II}}^{\mathrm{I}}$	150	150	1879		GF035−3
									1725		GF035−4
			4	ϕ19	33.6	$_{B}^{A}$ES500−1.0−35−$\frac{3}{19}$−4 $_{\mathrm{II}}^{\mathrm{I}}$	150	150	1856		GF036−1
									1704		GF036−2
				ϕ25	26.7	$_{B}^{A}$ES500−1.0−25−$\frac{3}{25}$−4 $_{\mathrm{II}}^{\mathrm{I}}$	150	150	1869		GF036−3
									1717		GF036−4
		4.5	2	ϕ19	54.4	$_{B}^{A}$ES500−1.0−55−$\frac{4.5}{19}$−2 $_{\mathrm{II}}^{\mathrm{I}}$	150	150	2416	1060	GF037−1
									2262		GF037−2
				ϕ25	43.1	$_{B}^{A}$ES500−1.0−45−$\frac{4.5}{25}$−2 $_{\mathrm{II}}^{\mathrm{I}}$	150	150	2426		GF037−3
									2272		GF037−4
			4	ϕ19	50.7	$_{B}^{A}$ES500−1.0−50−$\frac{4.5}{19}$−4 $_{\mathrm{II}}^{\mathrm{I}}$	150	150	2386		GF038−1
									2234		GF038−2
				ϕ25	40.3	$_{B}^{A}$ES500−1.0−40−$\frac{4.5}{25}$−4 $_{\mathrm{II}}^{\mathrm{I}}$	150	150	2399		GF038−3
									2247		GF038−4
		6	2	ϕ19	72.9	$_{B}^{A}$ES500−1.0−40−$\frac{6}{19}$−2 $_{\mathrm{II}}^{\mathrm{I}}$	150	150	2873	1350	GF039−1
									2719		GF039−2
				ϕ25	57.7	$_{B}^{A}$ES500−1.0−55−$\frac{6}{25}$−2 $_{\mathrm{II}}^{\mathrm{I}}$	150	150	2893		GF039−3
									2739		GF039−4
			4	ϕ19	67.9	$_{B}^{A}$ES500−1.0−65−$\frac{6}{19}$−4 $_{\mathrm{II}}^{\mathrm{I}}$	150	150	2825		GF040−1
									2673		GF040−2
				ϕ25	54.0	$_{B}^{A}$ES500−1.0−55−$\frac{6}{25}$−4 $_{\mathrm{II}}^{\mathrm{I}}$	150	150	2849		GF040−3
									2697		GF040−4
	1.6	3	2	ϕ19	35.9	$_{B}^{A}$ES500−1.6−35−$\frac{3}{19}$−2 $_{\mathrm{II}}^{\mathrm{I}}$	150	150	1903	770	GF041−1
									1746		GF041−2
				ϕ25	28.4	$_{B}^{A}$ES500−1.6−30−$\frac{3}{25}$−2 $_{\mathrm{II}}^{\mathrm{I}}$	150	150	1913		GF041−3
									1756		GF041−4
			4	ϕ19	33.4	$_{B}^{A}$ES500−1.6−35−$\frac{3}{19}$−4 $_{\mathrm{II}}^{\mathrm{I}}$	150	150	1901		GF042−1
									1744		GF042−2
				ϕ25	26.6	$_{B}^{A}$ES500−1.6−25−$\frac{3}{25}$−4 $_{\mathrm{II}}^{\mathrm{I}}$	150	150	1914		GF042−3
									1757		GF042−4
		4.5	2	ϕ19	54.3	$_{B}^{A}$ES500−1.6−55−$\frac{4.5}{19}$−2 $_{\mathrm{II}}^{\mathrm{I}}$	150	150	2459	1060	GF043−1
									2302		GF043−2
				ϕ25	43.0	$_{B}^{A}$ES500−1.6−45−$\frac{4.5}{25}$−2 $_{\mathrm{II}}^{\mathrm{I}}$	150	150	2469		GF043−3
									2359		GF043−4

续表 14

DN/mm	PN/MPa	管长/m	管程数	换热管规格	计算传热面积/m^2	规格型号	管程出入口公称直径/mm	壳程出入口公称直径/mm	设备净重/kg	充水水重/kg	系列图号
500	1.6	4.5	4	ϕ19	50.6	A/B ES500 − 1.6 − 50 − $\frac{4.5}{19}$ − 4 Ⅰ/Ⅱ	150	150	2439	1060	GF044 − 1
									2282		GF044 − 2
				ϕ25	40.2	A/B ES500 − 1.6 − 40 − $\frac{4.5}{25}$ − 4 Ⅰ/Ⅱ	150	150	2453		GF044 − 3
									2315		GF044 − 4
		6	2	ϕ19	72.8	A/B ES500 − 1.6 − 70 − $\frac{6}{19}$ − 2 Ⅰ/Ⅱ	150	150	2916	1310	GF045 − 1
									2777		GF045 − 2
				ϕ25	57.6	A/B ES500 − 1.6 − 55 − $\frac{6}{25}$ − 2 Ⅰ/Ⅱ	150	150	2935		GF045 − 3
									2797		GF045 − 4
			4	ϕ19	67.8	A/B ES500 − 1.6 − 65 − $\frac{6}{19}$ − 4 Ⅰ/Ⅱ	150	150	2878		GF046 − 1
									2722		GF046 − 2
				ϕ25	53.9	A/B ES500 − 1.6 − 55 − $\frac{6}{25}$ − 4 Ⅰ/Ⅱ	150	150	2901		GF046 − 3
									2746		GF046 − 4
	2.5	3	2	ϕ19	35.7	A/B ES500 − 2.5 − 35 − $\frac{3}{19}$ − 2 Ⅰ/Ⅱ	150	150	2114	770	GF047 − 1
									1913		GF047 − 2
				ϕ25	28.3	A/B ES500 − 2.5 − 30 − $\frac{3}{25}$ − 2 Ⅰ/Ⅱ	150	150	2124		GF047 − 3
									1923		GF047 − 4
			4	ϕ19	33.2	A/B ES500 − 2.5 − 35 − $\frac{3}{19}$ − 4 Ⅰ/Ⅱ	150	150	2103		GF048 − 1
									1903		GF048 − 2
				ϕ25	26.4	A/B ES500 − 2.5 − 25 − $\frac{3}{25}$ − 4 Ⅰ/Ⅱ	150	150	2115		GF048 − 3
									1915		GF048 − 4
		4.5	2	ϕ19	54.1	A/B ES500 − 2.5 − 55 − $\frac{4.5}{19}$ − 2 Ⅰ/Ⅱ	150	150	2670	1070	GF049 − 1
									2468		GF049 − 2
				ϕ25	42.8	A/B ES500 − 2.5 − 40 − $\frac{4.5}{25}$ − 2 Ⅰ/Ⅱ	150	150	2680		GF049 − 3
									2479		GF049 − 4
			4	ϕ19	50.4	A/B ES500 − 2.5 − 50 − $\frac{4.5}{19}$ − 4 Ⅰ/Ⅱ	150	150	2641		GF050 − 1
									2441		GF050 − 2
				ϕ25	40.1	A/B ES500 − 2.5 − 40 − $\frac{4.5}{25}$ − 4 Ⅰ/Ⅱ	150	150	2654		GF050 − 3
									2482		GF050 − 4
		6	2	ϕ19	72.3	A/B ES500 − 2.5 − 70 − $\frac{6}{19}$ − 2 Ⅰ/Ⅱ	150	150	3127	1360	GF051 − 1
									2966		GF051 − 2
				ϕ25	57.4	A/B ES500 − 2.5 − 55 − $\frac{6}{25}$ − 2 Ⅰ/Ⅱ	150	150	3147		GF051 − 3
									2986		GF051 − 4
			4	ϕ19	67.6	A/B ES500 − 2.5 − 65 − $\frac{6}{19}$ − 4 Ⅰ/Ⅱ	150	150	3080		GF052 − 1
									2917		GF052 − 2
				ϕ25	53.7	A/B ES500 − 2.5 − 55 − $\frac{6}{25}$ − 4 Ⅰ/Ⅱ	150	150	3104		GF052 − 3
									2940		GF052 − 4
	4.0	3	2	ϕ19	35.2	A/B ES500 − 4.0 − 35 − $\frac{3}{19}$ − 2 Ⅰ/Ⅱ	150	150	2322	790	GF053 − 1
									2105		GF053 − 2
				ϕ25	27.9	A/B ES500 − 4.0 − 25 − $\frac{3}{25}$ − 2 Ⅰ/Ⅱ	150	150	2338		GF053 − 3
									2121		GF053 − 4
			4	ϕ19	32.8	A/B ES500 − 4.0 − 30 − $\frac{3}{19}$ − 4 Ⅰ/Ⅱ	150	150	2320		GF054 − 1
									2104		GF054 − 2
				ϕ25	26.1	A/B ES500 − 4.0 − 25 − $\frac{3}{25}$ − 4 Ⅰ/Ⅱ	150	150	2331		GF054 − 3
									2254		GF054 − 4

续表 14

DN/mm	PN/MPa	管长/m	管程数	换热管规格	计算传热面积/m^2	规格型号	管程出入口公称直径/mm	壳程出入口公称直径/mm	设备净重/kg	充水水重/kg	系列图号
500	4.0	4.5	2	ϕ19	53.6	$\frac{A}{B}$ES500-4.0-55-$\frac{4.5}{19}$-2 $\frac{Ⅰ}{Ⅱ}$	150	150	2884 2667	1080	GF055-1 GF055-2
				ϕ25	42.5	$\frac{A}{B}$ES500-4.0-40-$\frac{4.5}{25}$-2 $\frac{Ⅰ}{Ⅱ}$	150	150	2894 2788		GF055-3 GF055-4
			4	ϕ19	50.0	$\frac{A}{B}$ES500-4.0-50-$\frac{4.5}{19}$-4 $\frac{Ⅰ}{Ⅱ}$	150	150	2857 2641		GF056-1 GF056-2
				ϕ25	39.7	$\frac{A}{B}$ES500-4.0-40-$\frac{4.5}{25}$-4 $\frac{Ⅰ}{Ⅱ}$	100	100	2870 2734		GF056-3 GF056-4
		6	2	ϕ19	72.1	$\frac{A}{B}$ES500-4.0-70-$\frac{6}{19}$-2 $\frac{Ⅰ}{Ⅱ}$	150	150	3335 3354	1380	GF057-1 GF057-2
				ϕ25	57.1	$\frac{A}{B}$ES500-4.0-55-$\frac{6}{25}$-2 $\frac{Ⅰ}{Ⅱ}$	150	150	3353 3365		GF057-3 GF057-4
			4	ϕ19	67.2	$\frac{A}{B}$ES500-4.0-65-$\frac{6}{19}$-4 $\frac{Ⅰ}{Ⅱ}$	150	150	3290 3307		GF058-1 GF058-2
				ϕ25	53.4	$\frac{A}{B}$ES500-4.0-55-$\frac{6}{25}$-4 $\frac{Ⅰ}{Ⅱ}$	150	150	3312 3322		GF058-3 GF058-4
	6.4	6	2	ϕ19	71.5	$\frac{A}{B}$ES500-6.4-70-$\frac{6}{19}$-2 $\frac{Ⅰ}{Ⅱ}$	150	150	4427 4107	1390	GF059-1 GF059-2
				ϕ25	56.6	$\frac{A}{B}$ES500-6.4-55-$\frac{6}{25}$-2 $\frac{Ⅰ}{Ⅱ}$	150	150	4446 4126		GF059-3 GF059-4
			4	ϕ19	66.6	$\frac{A}{B}$ES500-6.4-65-$\frac{6}{19}$-4 $\frac{Ⅰ}{Ⅱ}$	150	150	4390 4069		GF060-1 GF060-2
				ϕ25	53.0	$\frac{A}{B}$ES500-6.4-55-$\frac{6}{25}$-4 $\frac{Ⅰ}{Ⅱ}$	150	150	4411 4090		GF060-3 GF060-4
600	1.0	3	2	ϕ19	56.6	$\frac{A}{B}$ES600-1.0-55-$\frac{3}{19}$-2 $\frac{Ⅰ}{Ⅱ}$	150	150	2589 2364	1120	GF061-1 GF061-2
				ϕ25	45.5	$\frac{A}{B}$ES600-1.0-45-$\frac{3}{25}$-2 $\frac{Ⅰ}{Ⅱ}$	150	150	2599 2374		GF061-3 GF061-4
			4	ϕ19	53.8	$\frac{A}{B}$ES600-1.0-55-$\frac{3}{19}$-4 $\frac{Ⅰ}{Ⅱ}$	150	150	2575 2350		GF062-1 GF062-2
				ϕ25	43.2	$\frac{A}{B}$ES600-1.0-45-$\frac{3}{25}$-4 $\frac{Ⅰ}{Ⅱ}$	150	150	2584 2359		GF062-3 GF062-4
			6	ϕ19	49.6	$\frac{A}{B}$ES600-1.0-50-$\frac{3}{19}$-6 $\frac{Ⅰ}{Ⅱ}$	150	150	2566 2348		GF063-1 GF063-2
				ϕ25	36.3	$\frac{A}{B}$ES600-1.6-35-$\frac{3}{25}$-6 $\frac{Ⅰ}{Ⅱ}$	150	150	2529 2311		GF063-3 GF063-4
		4.5	2	ϕ19	85.6	$\frac{A}{B}$ES600-1.0-85-$\frac{4.5}{19}$-2 $\frac{Ⅰ}{Ⅱ}$	150	150	3375 3149	1540	GF064-1 GF064-2
				ϕ25	68.8	$\frac{A}{B}$ES600-1.0-70-$\frac{4.5}{25}$-2 $\frac{Ⅰ}{Ⅱ}$	150	150	3391 3165		GF064-3 GF064-4
			4	ϕ19	81.3	$\frac{A}{B}$ES600-1.0-80-$\frac{4.5}{19}$-4 $\frac{Ⅰ}{Ⅱ}$	150	150	3343 3118		GF065-1 GF065-2
				ϕ25	65.3	$\frac{A}{B}$ES600-1.0-65-$\frac{4.5}{25}$-4 $\frac{Ⅰ}{Ⅱ}$	150	150	3357 3132		GF065-3 GF065-4

续表 14

DN/mm	PN/MPa	管长/m	管程数	换热管规格	计算传热面积/m^2	规格型号	管程出入口公称直径/mm	壳程出入口公称直径/mm	设备净重/kg	充水水重/kg	系列图号
600	1.0	4.5	6	ϕ19	75.0	$\genfrac{}{}{0pt}{}{A}{B}$ES600−1.0−75−$\frac{4.5}{19}$−6 $\genfrac{}{}{0pt}{}{Ⅰ}{Ⅱ}$	150	150	3311	1540	GF066−1
									3091		GF066−2
				ϕ25	54.9	$\genfrac{}{}{0pt}{}{A}{B}$ES600−1.0−55−$\frac{4.5}{25}$−6 $\genfrac{}{}{0pt}{}{Ⅰ}{Ⅱ}$	150	150	3257		GF066−3
									3039		GF066−4
		6	2	ϕ19	114.6	$\genfrac{}{}{0pt}{}{A}{B}$ES600−1.0−115−$\frac{6}{19}$−2 $\genfrac{}{}{0pt}{}{Ⅰ}{Ⅱ}$	150	150	4009	1960	GF067−1
									3784		GF067−2
				ϕ25	92.1	$\genfrac{}{}{0pt}{}{A}{B}$ES600−1.0−90−$\frac{6}{25}$−2 $\genfrac{}{}{0pt}{}{Ⅰ}{Ⅱ}$	150	150	4039		GF067−3
									3817		GF067−4
			4	ϕ19	108.9	$\genfrac{}{}{0pt}{}{A}{B}$ES600−1.0−110−$\frac{6}{19}$−4 $\genfrac{}{}{0pt}{}{Ⅰ}{Ⅱ}$	150	150	3956		GF068−1
									3731		GF068−2
				ϕ25	85.7	$\genfrac{}{}{0pt}{}{A}{B}$ES600−1.0−85−$\frac{6}{25}$−4 $\genfrac{}{}{0pt}{}{Ⅰ}{Ⅱ}$	150	150	3987		GF068−3
									3762		GF068−4
			6	ϕ19	100.4	$\genfrac{}{}{0pt}{}{A}{B}$ES600−1.0−100−$\frac{6}{19}$−6 $\genfrac{}{}{0pt}{}{Ⅰ}{Ⅱ}$	150	150	3899		GF069−1
									3681		GF069−2
				ϕ25	73.5	$\genfrac{}{}{0pt}{}{A}{B}$ES600−1.0−75−$\frac{6}{25}$−6 $\genfrac{}{}{0pt}{}{Ⅰ}{Ⅱ}$	150	150	3845		GF069−3
									3627		GF069−4
	1.6	3	2	ϕ19	56.3	$\genfrac{}{}{0pt}{}{A}{B}$ES600−1.6−55−$\frac{3}{19}$−2 $\genfrac{}{}{0pt}{}{Ⅰ}{Ⅱ}$	150	150	2714	1120	GF070−1
									2476		GF070−2
				ϕ25	45.2	$\genfrac{}{}{0pt}{}{A}{B}$ES600−1.6−45−$\frac{3}{25}$−2 $\genfrac{}{}{0pt}{}{Ⅰ}{Ⅱ}$	150	150	2723		GF070−3
									2485		GF070−4
			4	ϕ19	53.5	$\genfrac{}{}{0pt}{}{A}{B}$ES600−1.6−55−$\frac{3}{19}$−4 $\genfrac{}{}{0pt}{}{Ⅰ}{Ⅱ}$	150	150	2701		GF071−1
									2464		GF071−2
				ϕ25	42.9	$\genfrac{}{}{0pt}{}{A}{B}$ES600−1.6−40−$\frac{3}{25}$−4 $\genfrac{}{}{0pt}{}{Ⅰ}{Ⅱ}$	150	150	2709		GF071−3
									2472		GF071−4
			6	ϕ19	49.3	$\genfrac{}{}{0pt}{}{A}{B}$ES600−1.6−50−$\frac{3}{19}$−6 $\genfrac{}{}{0pt}{}{Ⅰ}{Ⅱ}$	150	150	2694		GF072−1
									2463		GF072−2
				ϕ25	36.1	$\genfrac{}{}{0pt}{}{A}{B}$ES600−1.6−35−$\frac{3}{25}$−6 $\genfrac{}{}{0pt}{}{Ⅰ}{Ⅱ}$	150	150	2658		GF072−3
									2427		GF072−4
		4.5	2	ϕ19	85.2	$\genfrac{}{}{0pt}{}{A}{B}$ES600−1.6−85−$\frac{4.5}{19}$−2 $\genfrac{}{}{0pt}{}{Ⅰ}{Ⅱ}$	150	150	3499	1540	GF073−1
									3261		GF073−2
				ϕ25	68.5	$\genfrac{}{}{0pt}{}{A}{B}$ES600−1.6−70−$\frac{4.5}{25}$−2 $\genfrac{}{}{0pt}{}{Ⅰ}{Ⅱ}$	150	150	3514		GF073−3
									3276		GF073−4
			4	ϕ19	81.0	$\genfrac{}{}{0pt}{}{A}{B}$ES600−1.6−80−$\frac{4.5}{19}$−4 $\genfrac{}{}{0pt}{}{Ⅰ}{Ⅱ}$	150	150	3467		GF074−1
									3230		GF074−2
				ϕ25	65.1	$\genfrac{}{}{0pt}{}{A}{B}$ES600−1.6−65−$\frac{4.5}{25}$−4 $\genfrac{}{}{0pt}{}{Ⅰ}{Ⅱ}$	150	150	3481		GF074−3
									3244		GF074−4
			6	ϕ19	74.7	$\genfrac{}{}{0pt}{}{A}{B}$ES600−1.6−75−$\frac{4.5}{19}$−6 $\genfrac{}{}{0pt}{}{Ⅰ}{Ⅱ}$	150	150	3434		GF075−1
									3203		GF075−2
				ϕ25	54.7	$\genfrac{}{}{0pt}{}{A}{B}$ES600−1.6−55−$\frac{4.5}{25}$−6 $\genfrac{}{}{0pt}{}{Ⅰ}{Ⅱ}$	150	150	3383		GF075−3
									3152		GF075−4
		6	2	ϕ19	114.2	$\genfrac{}{}{0pt}{}{A}{B}$ES600−1.6−115−$\frac{6}{19}$−2 $\genfrac{}{}{0pt}{}{Ⅰ}{Ⅱ}$	150	150	4145	1970	GF076−1
									3907		GF076−2
				ϕ25	91.8	$\genfrac{}{}{0pt}{}{A}{B}$ES600−1.6−90−$\frac{6}{25}$−2 $\genfrac{}{}{0pt}{}{Ⅰ}{Ⅱ}$	150	150	4177		GF076−3
									4043		GF076−4

续表 14

DN/mm	PN/MPa	管长/m	管程数	换热管规格	计算传热面积/m^2	规格型号	管程出入口公称直径/mm	壳程出入口公称直径/mm	设备净重/kg	充水水重/kg	系列图号
600	1.6	6	4	ϕ19	108.6	$\frac{A}{B}$ES600-1.6-110-$\frac{6}{19}$-4 $\frac{Ⅰ}{Ⅱ}$	150	150	4093 3856	1970	GF077-1 GF077-2
				ϕ25	87.2	$\frac{A}{B}$ES600-1.6-85-$\frac{6}{25}$-4 $\frac{Ⅰ}{Ⅱ}$	150	150	4122 3986		GF077-3 GF077-4
			6	ϕ19	100.1	$\frac{A}{B}$ES600-1.6-100-$\frac{6}{19}$-6 $\frac{Ⅰ}{Ⅱ}$	150	150	4036 3805		GF078-1 GF078-2
				ϕ25	73.3	$\frac{A}{B}$ES600-1.6-75-$\frac{6}{25}$-6 $\frac{Ⅰ}{Ⅱ}$	150	150	3982 3751		GF078-3 GF078-4
	2.5	3	2	ϕ19	55.8	$\frac{A}{B}$ES600-2.5-55-$\frac{3}{19}$-2 $\frac{Ⅰ}{Ⅱ}$	150	150	2955 2679	1130	GF079-1 GF079-2
				ϕ25	44.9	$\frac{A}{B}$ES600-2.5-45-$\frac{3}{25}$-2 $\frac{Ⅰ}{Ⅱ}$	150	150	2926 2650		GF079-3 GF079-4
			4	ϕ19	53.1	$\frac{A}{B}$ES600-2.5-55-$\frac{3}{19}$-4 $\frac{Ⅰ}{Ⅱ}$	150	150	2904 2644		GF080-1 GF080-2
				ϕ25	42.6	$\frac{A}{B}$ES600-2.5-40-$\frac{3}{25}$-4 $\frac{Ⅰ}{Ⅱ}$	150	150	2914 2638		GF080-3 GF080-4
			6	ϕ19	48.9	$\frac{A}{B}$ES600-2.5-50-$\frac{3}{19}$-6 $\frac{Ⅰ}{Ⅱ}$	150	150	2897 2628		GF081-1 GF081-2
				ϕ25	35.8	$\frac{A}{B}$ES600-2.5-35-$\frac{3}{25}$-6 $\frac{Ⅰ}{Ⅱ}$	150	150	2862 2593		GF081-3 GF081-4
		4.5	2	ϕ19	84.8	$\frac{A}{B}$ES600-2.5-85-$\frac{4.5}{19}$-2 $\frac{Ⅰ}{Ⅱ}$	150	150	3724 3448	1550	GF082-1 GF082-2
				ϕ25	68.2	$\frac{A}{B}$ES600-2.5-70-$\frac{4.5}{25}$-2 $\frac{Ⅰ}{Ⅱ}$	150	150	3718 3442		GF082-3 GF082-4
			4	ϕ19	80.7	$\frac{A}{B}$ES600-2.5-80-$\frac{4.5}{19}$-4 $\frac{Ⅰ}{Ⅱ}$	150	150	3673 3397		GF083-1 GF083-2
				ϕ25	64.8	$\frac{A}{B}$ES600-2.5-65-$\frac{4.5}{25}$-4 $\frac{Ⅰ}{Ⅱ}$	150	150	3686 3395		GF083-3 GF083-4
			6	ϕ19	74.4	$\frac{A}{B}$ES600-2.5-75-$\frac{4.5}{19}$-6 $\frac{Ⅰ}{Ⅱ}$	150	150	3641 3373		GF084-1 GF084-2
				ϕ25	54.4	$\frac{A}{B}$ES600-2.5-55-$\frac{4.5}{25}$-6 $\frac{Ⅰ}{Ⅱ}$	150	150	3589 3321		GF084-3 GF084-4
		6	2	ϕ19	113.9	$\frac{A}{B}$ES600-2.5-115-$\frac{6}{19}$-2 $\frac{Ⅰ}{Ⅱ}$	150	150	4348 4125	1980	GF085-1 GF085-2
				ϕ25	91.5	$\frac{A}{B}$ES600-2.5-90-$\frac{6}{25}$-2 $\frac{Ⅰ}{Ⅱ}$	150	150	4380 4163		GF085-3 GF085-4
			4	ϕ19	108.2	$\frac{A}{B}$ES600-2.5-110-$\frac{6}{19}$-4 $\frac{Ⅰ}{Ⅱ}$	150	150	4298 4068		GF086-1 GF086-2
				ϕ25	86.9	$\frac{A}{B}$ES600-2.5-85-$\frac{6}{25}$-4 $\frac{Ⅰ}{Ⅱ}$	150	150	4327 4104		GF086-3 GF086-4
			6	ϕ19	99.8	$\frac{A}{B}$ES600-2.5-100-$\frac{6}{19}$-6 $\frac{Ⅰ}{Ⅱ}$	150	150	4243 3974		GF087-1 GF087-2
				ϕ25	73.1	$\frac{A}{B}$ES600-2.5-75-$\frac{6}{25}$-6 $\frac{Ⅰ}{Ⅱ}$	150	150	4189 3920		GF087-3 GF087-4

续表 14

DN/mm	PN/MPa	管长/m	管程数	换热管规格	计算传热面积/m^2	规格型号	管程出入口公称直径/mm	壳程出入口公称直径/mm	设备净重/kg	充水水重/kg	系列图号
600	4.0	3	2	ϕ19	55.2	$^{A}_{B}$ES600 − 4.0 − 55 − $\frac{3}{19}$ − 2 $^{\mathrm{I}}_{\mathrm{II}}$	150	150	3445	1150	GF088 − 1
									3117		GF088 − 2
				ϕ25	44.4	$^{A}_{B}$ES600 − 4.0 − 45 − $\frac{3}{25}$ − 2 $^{\mathrm{I}}_{\mathrm{II}}$	150	150	3451		GF088 − 3
									3123		GF088 − 4
			4	ϕ19	52.4	$^{A}_{B}$ES600 − 4.0 − 50 − $\frac{3}{19}$ − 4 $^{\mathrm{I}}_{\mathrm{II}}$	150	150	3438		GF089 − 1
									3111		GF089 − 2
				ϕ25	42.1	$^{A}_{B}$ES600 − 4.0 − 40 − $\frac{3}{25}$ − 4 $^{\mathrm{I}}_{\mathrm{II}}$	150	150	3444		GF089 − 3
									3117		GF089 − 4
			6	ϕ19	48.4	$^{A}_{B}$ES600 − 4.0 − 50 − $\frac{3}{19}$ − 6 $^{\mathrm{I}}_{\mathrm{II}}$	150	150	3434		GF090 − 1
									3114		GF090 − 2
				ϕ25	35.4	$^{A}_{B}$ES600 − 4.0 − 35 − $\frac{3}{25}$ − 6 $^{\mathrm{I}}_{\mathrm{II}}$	150	150	3398		GF090 − 3
									3079		GF090 − 4
		4.5	2	ϕ19	84.2	$^{A}_{B}$ES600 − 4.0 − 85 − $\frac{4.5}{19}$ − 2 $^{\mathrm{I}}_{\mathrm{II}}$	150	150	4277	1580	GF091 − 1
									3949		GF091 − 2
				ϕ25	67.7	$^{A}_{B}$ES600 − 4.0 − 65 − $\frac{4.5}{25}$ − 2 $^{\mathrm{I}}_{\mathrm{II}}$	150	150	4290		GF091 − 3
									3962		GF091 − 4
			4	ϕ19	80.0	$^{A}_{B}$ES600 − 4.0 − 80 − $\frac{4.5}{19}$ − 4 $^{\mathrm{I}}_{\mathrm{II}}$	150	150	4252		GF092 − 1
									3925		GF092 − 2
				ϕ25	64.3	$^{A}_{B}$ES600 − 4.0 − 65 − $\frac{4.5}{25}$ − 4 $^{\mathrm{I}}_{\mathrm{II}}$	150	150	4262		GF092 − 3
									3935		GF092 − 4
			6	ϕ19	73.8	$^{A}_{B}$ES600 − 4.0 − 75 − $\frac{4.5}{19}$ − 6 $^{\mathrm{I}}_{\mathrm{II}}$	150	150	4223		GF093 − 1
									3903		GF093 − 2
				ϕ25	54.0	$^{A}_{B}$ES600 − 4.0 − 55 − $\frac{4.5}{25}$ − 6 $^{\mathrm{I}}_{\mathrm{II}}$	150	150	4172		GF093 − 3
									3853		GF093 − 4
		6	2	ϕ19	113.2	$^{A}_{B}$ES600 − 4.0 − 115 − $\frac{6}{19}$ − 2 $^{\mathrm{I}}_{\mathrm{II}}$	150	150	4960	2000	GF094 − 1
									4716		GF094 − 2
				ϕ25	91.0	$^{A}_{B}$ES600 − 4.0 − 90 − $\frac{6}{25}$ − 2 $^{\mathrm{I}}_{\mathrm{II}}$	150	150	4989		GF094 − 3
									4754		GF094 − 4
			4	ϕ19	107.6	$^{A}_{B}$ES600 − 4.0 − 105 − $\frac{6}{19}$ − 4 $^{\mathrm{I}}_{\mathrm{II}}$	150	150	4914		GF095 − 1
									4668		GF095 − 2
				ϕ25	86.4	$^{A}_{B}$ES600 − 4.0 − 85 − $\frac{6}{25}$ − 4 $^{\mathrm{I}}_{\mathrm{II}}$	150	150	4940		GF095 − 3
									4703		GF095 − 4
			6	ϕ19	99.2	$^{A}_{B}$ES600 − 4.0 − 100 − $\frac{6}{19}$ − 6 $^{\mathrm{I}}_{\mathrm{II}}$	150	150	4862		GF096 − 1
									4542		GF096 − 2
				ϕ25	72.6	$^{A}_{B}$ES600 − 4.0 − 70 − $\frac{6}{25}$ − 6 $^{\mathrm{I}}_{\mathrm{II}}$	150	150	4808		GF096 − 3
									4489		GF096 − 4
	6.4	6	2	ϕ19	111.1	$^{A}_{B}$ES600 − 6.4 − 110 − $\frac{6}{19}$ − 2 $^{\mathrm{I}}_{\mathrm{II}}$	150	150	6554	2010	GF097 − 1
									6038		GF097 − 2
				ϕ25	90.1	$^{A}_{B}$ES600 − 6.4 − 90 − $\frac{6}{25}$ − 2 $^{\mathrm{I}}_{\mathrm{II}}$	150	150	6581		GF097 − 3
									6065		GF097 − 4
			4	ϕ19	106.5	$^{A}_{B}$ES600 − 6.4 − 105 − $\frac{6}{19}$ − 4 $^{\mathrm{I}}_{\mathrm{II}}$	150	150	6514		GF098 − 1
									5998		GF098 − 2
				ϕ25	85.5	$^{A}_{B}$ES600 − 6.4 − 85 − $\frac{6}{25}$ − 4 $^{\mathrm{I}}_{\mathrm{II}}$	150	150	6538		GF098 − 3
									6022		GF098 − 4

续表 14

DN/mm	PN/MPa	管长/m	管程数	换热管规格	计算传热面积/m²	规格型号	管程出入口公称直径/mm	壳程出入口公称直径/mm	设备净重/kg	充水水重/kg	系列图号
600	6.4	6	6	ϕ19	98.2	$\frac{A}{B}$ES600－6.4－100－$\frac{6}{19}$－6 $\frac{\text{I}}{\text{II}}$	150	150	6471	2010	GF099－1
									5960		GF099－2
				ϕ25	71.9	$\frac{A}{B}$ES600－6.4－70－$\frac{6}{25}$－6 $\frac{\text{I}}{\text{II}}$	150	150	6417		GF099－3
									5906		GF099－4
700	1.0	3	2	ϕ19	81.5	$\frac{A}{B}$ES700－1.0－80－$\frac{3}{19}$－2 $\frac{\text{I}}{\text{II}}$	150	150	3391	1540	GF100－1
									3075		GF100－2
				ϕ25	61.4	$\frac{A}{B}$ES700－1.0－60－$\frac{3}{25}$－2 $\frac{\text{I}}{\text{II}}$	100	100	3361		GF100－3
									3045		GF100－4
			4	ϕ19	78.0	$\frac{A}{B}$ES700－1.0－80－$\frac{3}{19}$－4 $\frac{\text{I}}{\text{II}}$	150	150	3370		GF101－1
									3054		GF101－2
				ϕ25	58.6	$\frac{A}{B}$ES700－1.0－60－$\frac{3}{25}$－4 $\frac{\text{I}}{\text{II}}$	150	150	3342		GF101－3
									3026		GF101－4
			6	ϕ19	66.5	$\frac{A}{B}$ES700－1.0－65－$\frac{3}{19}$－6 $\frac{\text{I}}{\text{II}}$	150	150	3280		GF102－1
									2978		GF102－2
				ϕ25	51.3	$\frac{A}{B}$ES700－1.0－50－$\frac{3}{25}$－6 $\frac{\text{I}}{\text{II}}$	150	150	3278		GF102－3
									2976		GF102－4
		4.5	2	ϕ19	123.3	$\frac{A}{B}$ES700－1.0－125－$\frac{4.5}{19}$－2 $\frac{\text{I}}{\text{II}}$	150	150	4428	2120	GF103－1
									4112		GF103－2
				ϕ25	92.9	$\frac{A}{B}$ES700－1.0－90－$\frac{4.5}{25}$－2 $\frac{\text{I}}{\text{II}}$	150	150	4394		GF103－3
									4078		GF103－4
			4	ϕ19	118.1	$\frac{A}{B}$ES700－1.0－120－$\frac{4.5}{19}$－4 $\frac{\text{I}}{\text{II}}$	150	150	4383		GF104－1
									4067		GF104－2
				ϕ25	88.7	$\frac{A}{B}$ES700－1.0－90－$\frac{4.5}{25}$－4 $\frac{\text{I}}{\text{II}}$	150	150	4349		GF104－3
									4034		GF104－4
			6	ϕ19	100.7	$\frac{A}{B}$ES700－1.0－100－$\frac{4.5}{19}$－6 $\frac{\text{I}}{\text{II}}$	150	150	4239		GF105－1
									3937		GF105－2
				ϕ25	77.7	$\frac{A}{B}$ES700－1.0－75－$\frac{4.5}{25}$－6 $\frac{\text{I}}{\text{II}}$	150	150	4233		GF105－3
									3931		GF105－4
		6	2	ϕ19	165.2	$\frac{A}{B}$ES700－1.0－165－$\frac{6}{19}$－2 $\frac{\text{I}}{\text{II}}$	150	150	5297	2690	GF106－1
									4981		GF106－2
				ϕ25	124.5	$\frac{A}{B}$ES700－1.0－125－$\frac{6}{25}$－2 $\frac{\text{I}}{\text{II}}$	150	150	5249		GF106－3
									4933		GF106－4
			4	ϕ19	158.2	$\frac{A}{B}$ES700－1.0－160－$\frac{6}{19}$－4 $\frac{\text{I}}{\text{II}}$	150	150	5228		GF107－1
									4912		GF107－2
				ϕ25	118.9	$\frac{A}{B}$ES700－1.0－120－$\frac{6}{25}$－4 $\frac{\text{I}}{\text{II}}$	150	150	5178		GF107－3
									4862		GF107－4
			6	ϕ19	134.9	$\frac{A}{B}$ES700－1.0－135－$\frac{6}{19}$－6 $\frac{\text{I}}{\text{II}}$	150	150	5011		GF108－1
									4709		GF108－2
				ϕ25	104.1	$\frac{A}{B}$ES700－1.0－105－$\frac{6}{25}$－6 $\frac{\text{I}}{\text{II}}$	150	150	5013		GF108－3
									4711		GF108－4
	1.6	3	2	ϕ19	80.9	$\frac{A}{B}$ES700－1.6－80－$\frac{3}{19}$－2 $\frac{\text{I}}{\text{II}}$	150	150	3645	1540	GF109－1
									3280		GF109－2
				ϕ25	61.0	$\frac{A}{B}$ES700－1.6－60－$\frac{3}{25}$－2 $\frac{\text{I}}{\text{II}}$	150	150	3616		GF109－3
									3251		GF109－4

续表 14

DN/mm	*PN*/MPa	管长/m	管程数	换热管规格	计算传热面积/m^2	规格型号	管程出入口公称直径/mm	壳程出入口公称直径/mm	设备净重/kg	充水水重/kg	系列图号
700	1.6	3	4	φ19	77.5	$^{A}_{B}$ES700 − 1.6 − 75 − $\frac{3}{19}$ − 4 $^{\mathrm{I}}_{\mathrm{II}}$	150	150	3625	1540	GF110 − 1
									3260		GF110 − 2
				φ25	58.3	$^{A}_{B}$ES700 − 1.6 − 60 − $\frac{3}{25}$ − 4 $^{\mathrm{I}}_{\mathrm{II}}$	150	150	3697		GF110 − 3
									3232		GF110 − 4
			6	φ19	66.1	$^{A}_{B}$ES700 − 1.6 − 65 − $\frac{3}{19}$ − 6 $^{\mathrm{I}}_{\mathrm{II}}$	150	150	3541		GF111 − 1
									3192		GF111 − 2
				φ25	51.0	$^{A}_{B}$ES700 − 1.6 − 50 − $\frac{3}{25}$ − 6 $^{\mathrm{I}}_{\mathrm{II}}$	150	150	3538		GF111 − 3
									3185		GF111 − 4
		4.5	2	φ19	122.8	$^{A}_{B}$ES700 − 1.6 − 120 − $\frac{4.5}{19}$ − 2 $^{\mathrm{I}}_{\mathrm{II}}$	150	150	4693	2130	GF112 − 1
									4328		GF112 − 2
				φ25	92.5	$^{A}_{B}$ES700 − 1.6 − 90 − $\frac{4.5}{25}$ − 2 $^{\mathrm{I}}_{\mathrm{II}}$	150	150	4650		GF112 − 3
									4285		GF112 − 4
			4	φ19	117.5	$^{A}_{B}$ES700 − 1.6 − 115 − $\frac{4.5}{19}$ − 4 $^{\mathrm{I}}_{\mathrm{II}}$	150	150	4648		GF113 − 1
									4283		GF113 − 2
				φ25	88.4	$^{A}_{B}$ES700 − 1.6 − 90 − $\frac{4.5}{25}$ − 4 $^{\mathrm{I}}_{\mathrm{II}}$	150	150	4606		GF113 − 3
									4241		GF113 − 4
			6	φ19	100.2	$^{A}_{B}$ES700 − 1.6 − 100 − $\frac{4.5}{19}$ − 6 $^{\mathrm{I}}_{\mathrm{II}}$	150	150	4501		GF114 − 1
									4152		GF114 − 2
				φ25	77.3	$^{A}_{B}$ES700 − 1.6 − 75 − $\frac{4.5}{25}$ − 6 $^{\mathrm{I}}_{\mathrm{II}}$	150	150	4495		GF114 − 3
									4142		GF114 − 4
		6	2	φ19	164.6	$^{A}_{B}$ES700 − 1.6 − 165 − $\frac{6}{19}$ − 2 $^{\mathrm{I}}_{\mathrm{II}}$	150	150	5551	2700	GF115 − 1
									5456		GF115 − 2
				φ25	124.1	$^{A}_{B}$ES700 − 1.6 − 125 − $\frac{6}{25}$ − 2 $^{\mathrm{I}}_{\mathrm{II}}$	150	150	5503		GF115 − 3
									5412		GF115 − 4
			4	φ19	157.6	$^{A}_{B}$ES700 − 1.6 − 155 − $\frac{6}{19}$ − 4 $^{\mathrm{I}}_{\mathrm{II}}$	150	150	5482		GF116 − 1
									5393		GF116 − 2
				φ25	118.5	$^{A}_{B}$ES700 − 1.6 − 120 − $\frac{6}{25}$ − 4 $^{\mathrm{I}}_{\mathrm{II}}$	150	150	5434		GF116 − 3
									5317		GF116 − 4
			6	φ19	134.4	$^{A}_{B}$ES700 − 1.6 − 135 − $\frac{6}{19}$ − 6 $^{\mathrm{I}}_{\mathrm{II}}$	150	150	5251		GF117 − 1
									4902		GF117 − 2
				φ25	103.7	$^{A}_{B}$ES700 − 1.6 − 105 − $\frac{6}{25}$ − 6 $^{\mathrm{I}}_{\mathrm{II}}$	150	150	5273		GF117 − 3
									4920		GF117 − 4
	2.5	3	2	φ19	80.4	$^{A}_{B}$ES700 − 2.5 − 80 − $\frac{3}{19}$ − 2 $^{\mathrm{I}}_{\mathrm{II}}$	150	150	3874	1560	GF118 − 1
									3462		GF118 − 2
				φ25	60.6	$^{A}_{B}$ES700 − 2.5 − 60 − $\frac{3}{25}$ − 2 $^{\mathrm{I}}_{\mathrm{II}}$	150	150	3844		GF118 − 3
									3432		GF118 − 4
			4	φ19	76.9	$^{A}_{B}$ES700 − 2.5 − 75 − $\frac{3}{19}$ − 4 $^{\mathrm{I}}_{\mathrm{II}}$	150	150	3856		GF119 − 1
									3443		GF119 − 2
				φ25	57.8	$^{A}_{B}$ES700 − 2.5 − 55 − $\frac{3}{25}$ − 4 $^{\mathrm{I}}_{\mathrm{II}}$	150	150	3829		GF119 − 3
									3416		GF119 − 4
			6	φ19	65.6	$^{A}_{B}$ES700 − 2.5 − 65 − $\frac{3}{19}$ − 6 $^{\mathrm{I}}_{\mathrm{II}}$	150	150	3774		GF120 − 1
									3377		GF120 − 2
				φ25	50.6	$^{A}_{B}$ES700 − 2.5 − 50 − $\frac{3}{25}$ − 6 $^{\mathrm{I}}_{\mathrm{II}}$	150	150	3770		GF120 − 3
									3370		GF120 − 4

续表 14

DN/mm	PN/MPa	管长/m	管程数	换热管规格	计算传热面积/m^2	规格型号	管程出入口公称直径/mm	壳程出入口公称直径/mm	设备净重/kg	充水水重/kg	系列图号
700	2.5	4.5	2	ϕ19	122.2	$^{A}_{B}$ES700 - 2.5 - 120 - $\frac{4.5}{19}$ - 2 $^{Ⅰ}_{Ⅱ}$	150	150	4922	2140	GF121 - 1
									4510		GF121 - 2
				ϕ25	92.1	$^{A}_{B}$ES700 - 2.5 - 90 - $\frac{4.5}{25}$ - 2 $^{Ⅰ}_{Ⅱ}$	150	150	4877		GF121 - 3
									4465		GF121 - 4
			4	ϕ19	117.0	$^{A}_{B}$ES700 - 2.5 - 115 - $\frac{4.5}{19}$ - 4 $^{Ⅰ}_{Ⅱ}$	150	150	4879		GF122 - 1
									4466		GF122 - 2
				ϕ25	87.9	$^{A}_{B}$ES700 - 2.5 - 85 - $\frac{4.5}{25}$ - 4 $^{Ⅰ}_{Ⅱ}$	150	150	4837		GF122 - 3
									4424		GF122 - 4
			6	ϕ19	99.8	$^{A}_{B}$ES700 - 2.5 - 100 - $\frac{4.5}{19}$ - 6 $^{Ⅰ}_{Ⅱ}$	150	150	4734		GF123 - 1
									4337		GF123 - 2
				ϕ25	76.9	$^{A}_{B}$ES700 - 2.5 - 75 - $\frac{4.5}{25}$ - 6 $^{Ⅰ}_{Ⅱ}$	150	150	4727		GF123 - 3
									4534		GF123 - 4
		6	2	ϕ19	164.1	$^{A}_{B}$ES700 - 2.5 - 165 - $\frac{6}{19}$ - 2 $^{Ⅰ}_{Ⅱ}$	150	150	5780	2710	GF124 - 1
									5592		GF124 - 2
				ϕ25	123.7	$^{A}_{B}$ES700 - 2.5 - 125 - $\frac{6}{25}$ - 2 $^{Ⅰ}_{Ⅱ}$	150	150	5730		GF124 - 3
									5561		GF124 - 4
			4	ϕ19	157.1	$^{A}_{B}$ES700 - 2.5 - 155 - $\frac{6}{19}$ - 4 $^{Ⅰ}_{Ⅱ}$	150	150	5713		GF125 - 1
									5333		GF125 - 2
				ϕ25	118.1	$^{A}_{B}$ES700 - 2.5 - 120 - $\frac{6}{25}$ - 4 $^{Ⅰ}_{Ⅱ}$	150	150	5665		GF125 - 3
									5506		GF125 - 4
			6	ϕ19	133.9	$^{A}_{B}$ES700 - 2.5 - 135 - $\frac{6}{19}$ - 6 $^{Ⅰ}_{Ⅱ}$	150	150	5483		GF126 - 1
									5086		GF126 - 2
				ϕ25	103.4	$^{A}_{B}$ES700 - 2.5 - 105 - $\frac{6}{25}$ - 6 $^{Ⅰ}_{Ⅱ}$	150	150	5505		GF126 - 3
									5105		GF126 - 4
	4.0	3	2	ϕ19	79.1	$^{A}_{B}$ES700 - 4.0 - 80 - $\frac{3}{19}$ - 2 $^{Ⅰ}_{Ⅱ}$	150	150	4818	1590	GF127 - 1
									4263		GF127 - 2
				ϕ25	59.6	$^{A}_{B}$ES700 - 4.0 - 60 - $\frac{3}{25}$ - 2 $^{Ⅰ}_{Ⅱ}$	150	150	4787		GF127 - 3
									4232		GF127 - 4
			4	ϕ19	75.7	$^{A}_{B}$ES700 - 4.0 - 75 - $\frac{3}{19}$ - 4 $^{Ⅰ}_{Ⅱ}$	150	150	4804		GF128 - 1
									4249		GF128 - 2
				ϕ25	56.9	$^{A}_{B}$ES700 - 4.0 - 55 - $\frac{3}{25}$ - 4 $^{Ⅰ}_{Ⅱ}$	150	150	4776		GF128 - 3
									4221		GF128 - 4
			6	ϕ19	64.6	$^{A}_{B}$ES700 - 4.0 - 65 - $\frac{3}{19}$ - 6 $^{Ⅰ}_{Ⅱ}$	150	150	4729		GF129 - 1
									4184		GF129 - 2
				ϕ25	49.8	$^{A}_{B}$ES700 - 4.0 - 50 - $\frac{3}{25}$ - 6 $^{Ⅰ}_{Ⅱ}$	150	150	4726		GF129 - 3
									4182		GF129 - 4
		4.5	2	ϕ19	121.0	$^{A}_{B}$ES700 - 4.0 - 120 - $\frac{4.5}{19}$ - 2 $^{Ⅰ}_{Ⅱ}$	150	150	5958	2170	GF130 - 1
									5403		GF130 - 2
				ϕ25	91.2	$^{A}_{B}$ES700 - 4.0 - 90 - $\frac{4.5}{25}$ - 2 $^{Ⅰ}_{Ⅱ}$	150	150	5912		GF130 - 3
									5357		GF130 - 4
			4	ϕ19	115.8	$^{A}_{B}$ES700 - 4.0 - 115 - $\frac{4.5}{19}$ - 4 $^{Ⅰ}_{Ⅱ}$	150	150	5919		GF131 - 1
									5364		GF131 - 2
				ϕ25	87.1	$^{A}_{B}$ES700 - 4.0 - 85 - $\frac{4.5}{25}$ - 4 $^{Ⅰ}_{Ⅱ}$	150	150	5876		GF131 - 3
									5321		GF131 - 4

续表 14

DN/mm	PN/MPa	管长/m	管程数	换热管规格	计算传热面积/m^2	规格型号	管程出入口公称直径/mm	壳程出入口公称直径/mm	设备净重/kg	充水水重/kg	系列图号
700	4.0	4.5	6	ϕ19	98.8	$^{A}_{B}$ES700−4.0−100−$\frac{4.5}{19}$−6 $^{\mathrm{I}}_{\mathrm{II}}$	150	150	5781	2170	GF132−1
									5236		GF132−2
				ϕ25	76.2	$^{A}_{B}$ES700−4.0−75−$\frac{4.5}{25}$−6 $^{\mathrm{I}}_{\mathrm{II}}$	150	150	5775		GF132−3
									5231		GF132−4
		6	2	ϕ19	162.9	$^{A}_{B}$ES700−4.0−160−$\frac{6}{19}$−2 $^{\mathrm{I}}_{\mathrm{II}}$	150	150	6926	2750	GF133−1
									6533		GF133−2
				ϕ25	122.7	$^{A}_{B}$ES700−4.0−120−$\frac{6}{25}$−2 $^{\mathrm{I}}_{\mathrm{II}}$	150	150	6874		GF133−3
									6503		GF133−4
			4	ϕ19	155.9	$^{A}_{B}$ES700−4.0−155−$\frac{6}{19}$−4 $^{\mathrm{I}}_{\mathrm{II}}$	150	150	6863		GF134−1
									6542		GF134−2
				ϕ25	117.2	$^{A}_{B}$ES700−4.0−115−$\frac{6}{25}$−4 $^{\mathrm{I}}_{\mathrm{II}}$	150	150	6813		GF134−3
									6528		GF134−4
			6	ϕ19	132.9	$^{A}_{B}$ES700−4.0−130−$\frac{6}{19}$−6 $^{\mathrm{I}}_{\mathrm{II}}$	150	150	6667		GF135−1
									6122		GF135−2
				ϕ25	102.6	$^{A}_{B}$ES700−4.0−100−$\frac{6}{25}$−6 $^{\mathrm{I}}_{\mathrm{II}}$	150	150	6662		GF135−3
									6118		GF135−4
	6.4	6	2	ϕ19	160.9	$^{A}_{B}$ES700−6.4−160−$\frac{6}{19}$−2 $^{\mathrm{I}}_{\mathrm{II}}$	150	150	9088	2810	GF136−1
									8245		GF136−2
				ϕ25	121.3	$^{A}_{B}$ES700−6.4−120−$\frac{6}{25}$−2 $^{\mathrm{I}}_{\mathrm{II}}$	150	150	9038		GF136−3
									8195		GF136−4
			4	ϕ19	154.1	$^{A}_{B}$ES700−6.4−155−$\frac{6}{19}$−4 $^{\mathrm{I}}_{\mathrm{II}}$	150	150	9036		GF137−1
									8191		GF137−2
				ϕ25	115.8	$^{A}_{B}$ES700−6.4−115−$\frac{6}{25}$−4 $^{\mathrm{I}}_{\mathrm{II}}$	150	150	8988		GF137−3
									8143		GF137−4
			6	ϕ19	131.4	$^{A}_{B}$ES700−6.4−130−$\frac{6}{19}$−6 $^{\mathrm{I}}_{\mathrm{II}}$	150	150	8851		GF138−1
									8014		GF138−2
				ϕ25	101.4	$^{A}_{B}$ES700−6.4−100−$\frac{6}{25}$−6 $^{\mathrm{I}}_{\mathrm{II}}$	150	150	8850		GF138−3
									8014		GF138−4
800	1.0	4.5	2	ϕ19	160.6	$^{A}_{B}$ES800−1.0−160−$\frac{4.5}{19}$−2 $^{\mathrm{I}}_{\mathrm{II}}$	200	200	5791	2830	GF139−1
									5387		GF139−2
				ϕ25	126.8	$^{A}_{B}$ES800−1.0−125−$\frac{4.5}{25}$−2 $^{\mathrm{I}}_{\mathrm{II}}$	200	200	5799		GF139−3
									5395		GF139−4
			4	ϕ19	154.8	$^{A}_{B}$ES800−1.0−155−$\frac{4.5}{19}$−4 $^{\mathrm{I}}_{\mathrm{II}}$	200	200	5755		GF140−1
									5355		GF140−2
				ϕ25	121.9	$^{A}_{B}$ES800−1.0−120−$\frac{4.5}{25}$−4 $^{\mathrm{I}}_{\mathrm{II}}$	200	200	5760		GF140−3
									5360		GF140−4
			6	ϕ19	136.4	$^{A}_{B}$ES800−1.0−135−$\frac{4.5}{19}$−6 $^{\mathrm{I}}_{\mathrm{II}}$	200	200	5621		GF141−1
									5224		GF141−2
				ϕ25	109.5	$^{A}_{B}$ES800−1.0−110−$\frac{4.5}{25}$−6 $^{\mathrm{I}}_{\mathrm{II}}$	200	200	5652		GF141−3
									5267		GF141−4
		6	2	ϕ19	215.2	$^{A}_{B}$ES800−1.0−215−$\frac{6}{19}$−2 $^{\mathrm{I}}_{\mathrm{II}}$	200	200	7160	3580	GF142−1
									6756		GF142−2
				ϕ25	169.9	$^{A}_{B}$ES800−1.0−170−$\frac{6}{25}$−2 $^{\mathrm{I}}_{\mathrm{II}}$	200	200	7172		GF142−3
									6768		GF142−4

续表 14

DN/mm	PN/MPa	管长/m	管程数	换热管规格	计算传热面积/m^2	规格型号	管程出入口公称直径/mm	壳程出入口公称直径/mm	设备净重/kg	充水水重/kg	系列图号
800	1.0	6	4	ϕ19	207.5	$^{A}_{B}$ES800−1.0−205−$\frac{6}{19}$−4 $^{I}_{II}$	200	200	7098	3580	GF143−1
									6698		GF143−2
				ϕ25	163.7	$^{A}_{B}$ES800−1.0−165−$\frac{6}{25}$−4 $^{I}_{II}$	200	200	7104		GF143−3
									6704		GF143−4
			6	ϕ19	182.8	$^{A}_{B}$ES800−1.0−180−$\frac{6}{19}$−6 $^{I}_{II}$	200	200	6904		GF144−1
									6518		GF144−2
				ϕ25	146.7	$^{A}_{B}$ES800−1.0−145−$\frac{6}{25}$−6 $^{I}_{II}$	200	200	6944		GF144−3
									6559		GF144−4
	1.6	4.5	2	ϕ19	159.8	$^{A}_{B}$ES800−1.6−160−$\frac{4.5}{19}$−2 $^{I}_{II}$	200	200	6123	2840	GF145−1
									5632		GF145−2
				ϕ25	126.1	$^{A}_{B}$ES800−1.6−125−$\frac{4.5}{25}$−2 $^{I}_{II}$	200	200	6130		GF145−3
									5677		GF145−4
			4	ϕ19	154.0	$^{A}_{B}$ES800−1.6−155−$\frac{4.5}{19}$−4 $^{I}_{II}$	200	200	6090		GF146−1
									5601		GF146−2
				ϕ25	121.3	$^{A}_{B}$ES800−1.6−120−$\frac{4.5}{25}$−4 $^{I}_{II}$	200	200	6093		GF146−3
									5604		GF146−4
			6	ϕ19	135.7	$^{A}_{B}$ES800−1.6−135−$\frac{4.5}{19}$−6 $^{I}_{II}$	200	200	5958		GF147−1
									5483		GF147−2
				ϕ25	108.9	$^{A}_{B}$ES800−1.6−110−$\frac{4.5}{25}$−6 $^{I}_{II}$	200	200	5991		GF147−3
									5517		GF147−4
		6	2	ϕ19	214.3	$^{A}_{B}$ES800−1.6−215−$\frac{6}{19}$−2 $^{I}_{II}$	200	200	7493	3580	GF148−1
									7044		GF148−2
				ϕ25	169.2	$^{A}_{B}$ES800−1.6−170−$\frac{6}{25}$−2 $^{I}_{II}$	200	200	7503		GF148−3
									7043		GF148−4
			4	ϕ19	206.6	$^{A}_{B}$ES800−1.6−205−$\frac{6}{19}$−4 $^{I}_{II}$	200	200	7433		GF149−1
									6984		GF149−2
				ϕ25	162.7	$^{A}_{B}$ES800−1.6−160−$\frac{6}{25}$−4 $^{I}_{II}$	200	200	7437		GF149−3
									6976		GF149−4
			6	ϕ19	182.0	$^{A}_{B}$ES800−1.6−180−$\frac{6}{19}$−6 $^{I}_{II}$	200	200	7243		GF150−1
									6768		GF150−2
				ϕ25	146.1	$^{A}_{B}$ES800−1.6−145−$\frac{6}{25}$−6 $^{I}_{II}$	200	200	7284		GF150−3
									6810		GF150−4
	2.5	4.5	2	ϕ19	158.9	$^{A}_{B}$ES800−2.5−160−$\frac{4.5}{19}$−2 $^{I}_{II}$	200	200	6582	2860	GF151−1
									6015		GF151−2
				ϕ25	125.4	$^{A}_{B}$ES800−2.5−125−$\frac{4.5}{25}$−2 $^{I}_{II}$	200	200	6589		GF151−3
									6022		GF151−4
			4	ϕ19	153.2	$^{A}_{B}$ES800−2.5−155−$\frac{4.5}{19}$−4 $^{I}_{II}$	200	200	6550		GF152−1
									5985		GF152−2
				ϕ25	120.6	$^{A}_{B}$ES800−2.5−120−$\frac{4.5}{25}$−4 $^{I}_{II}$	200	200	6553		GF152−3
									5988		GF152−4
			6	ϕ19	134.9	$^{A}_{B}$ES800−2.5−135−$\frac{4.5}{19}$−6 $^{I}_{II}$	200	200	6422		GF153−1
									5871		GF153−2
				ϕ25	108.3	$^{A}_{B}$ES800−2.5−110−$\frac{4.5}{25}$−6 $^{I}_{II}$	200	200	6454		GF153−3
									5903		GF153−4

续表 14

DN/mm	PN/MPa	管长/m	管程数	换热管规格	计算传热面积/m^2	规格型号	管程出入口公称直径/mm	壳程出入口公称直径/mm	设备净重/kg	充水水重/kg	系列图号
800	2.5	6	2	ϕ19	213.5	$_{B}^{A}$ES800－2.5－215－$\frac{6}{19}$－2 $_{II}^{I}$	200	200	7952 7385	3610	GF154－1 GF154－2
				ϕ25	168.5	$_{B}^{A}$ES800－2.5－170－$\frac{6}{25}$－2 $_{II}^{I}$	200	200	7962 7395		GF154－3 GF154－4
			4	ϕ19	205.8	$_{B}^{A}$ES800－2.5－205－$\frac{6}{19}$－4 $_{II}^{I}$	200	200	7893 7328		GF155－1 GF155－2
				ϕ25	162.1	$_{B}^{A}$ES800－2.5－160－$\frac{6}{25}$－4 $_{II}^{I}$	200	200	7897 7332		GF155－3 GF155－4
			6	ϕ19	181.3	$_{B}^{A}$ES800－2.5－180－$\frac{6}{19}$－6 $_{II}^{I}$	200	200	7708 7157		GF156－1 GF156－2
				ϕ25	145.5	$_{B}^{A}$ES800－2.5－145－$\frac{6}{25}$－6 $_{II}^{I}$	200	200	7747 7253		GF156－3 GF156－4
	4.0	4.5	2	ϕ19	157.3	$_{B}^{A}$ES800－4.0－155－$\frac{4.5}{19}$－2 $_{II}^{I}$	200	200	7894 7154	2910	GF157－1 GF157－2
				ϕ25	124.2	$_{B}^{A}$ES800－4.0－125－$\frac{4.5}{25}$－2 $_{II}^{I}$	200	200	7897 7157		GF157－3 GF157－4
			4	ϕ19	151.6	$_{B}^{A}$ES800－4.0－150－$\frac{4.5}{19}$－4 $_{II}^{I}$	200	200	7868 7113		GF158－1 GF158－2
				ϕ25	119.4	$_{B}^{A}$ES800－4.0－120－$\frac{4.5}{25}$－4 $_{II}^{I}$	200	200	7869 7114		GF158－3 GF158－4
			6	ϕ19	133.6	$_{B}^{A}$ES800－4.0－135－$\frac{4.5}{19}$－6 $_{II}^{I}$	200	200	7749 7013		GF159－1 GF159－2
				ϕ25	107.2	$_{B}^{A}$ES800－4.0－105－$\frac{4.5}{25}$－6 $_{II}^{I}$	200	200	7778 7042		GF159－3 GF159－4
		6	2	ϕ19	211.9	$_{B}^{A}$ES800－4.0－210－$\frac{6}{19}$－2 $_{II}^{I}$	200	200	9386 8646	3660	GF160－1 GF160－2
				ϕ25	167.3	$_{B}^{A}$ES800－4.0－165－$\frac{6}{25}$－2 $_{II}^{I}$	200	200	9392 8652		GF160－3 GF160－4
			4	ϕ19	204.2	$_{B}^{A}$ES800－4.0－205－$\frac{6}{19}$－4 $_{II}^{I}$	200	200	9332 8577		GF161－1 GF161－2
				ϕ25	160.3	$_{B}^{A}$ES800－4.0－160－$\frac{6}{25}$－4 $_{II}^{I}$	200	200	9334 8579		GF161－3 GF161－4
			6	ϕ19	179.9	$_{B}^{A}$ES800－4.0－180－$\frac{6}{19}$－6 $_{II}^{I}$	200	200	9156 8422		GF162－1 GF162－2
				ϕ25	144.4	$_{B}^{A}$ES800－4.0－145－$\frac{6}{25}$－6 $_{II}^{I}$	200	200	9192 8500		GF162－3 GF162－4
900	1.0	4.5	2	ϕ19	210.3	BES900－1.0－210－$\frac{4.5}{19}$－2 $_{II}^{I}$	200	200	6630	3650	GF163－1
				ϕ25	163.3	BES900－1.0－165－$\frac{4.5}{25}$－2 $_{II}^{I}$	200	200	6607		GF163－2
			4	ϕ19	204.0	BES900－1.0－205－$\frac{4.5}{19}$－4 $_{II}^{I}$	200	200	6593		GF164－1
				ϕ25	157.7	BES900－1.0－155－$\frac{4.5}{25}$－4 $_{II}^{I}$	200	200	6563		GF164－2

续表 14

DN/mm	PN/MPa	管长/m	管程数	换热管规格	计算传热面积/m^2	规格型号	管程出入口公称直径/mm	壳程出入口公称直径/mm	设备净重/kg	充水水重/kg	系列图号
900	1.0	4.5	6	ϕ19	189.3	BES900－1.0－190－$\frac{4.5}{19}$－6 Ⅰ Ⅱ	200	200	6523	3650	GF165－1
				ϕ25	147.3	BES900－1.0－145－$\frac{4.5}{25}$－6 Ⅰ Ⅱ	200	200	6517		GF165－2
		6	2	ϕ19	281.9	BES900－1.0－280－$\frac{6}{19}$－2 Ⅰ Ⅱ	200	200	8321	4600	GF166－1
				ϕ25	218.8	BES900－1.0－220－$\frac{6}{25}$－2 Ⅰ Ⅱ	200	200	8296		GF166－2
			4	ϕ19	273.4	BES900－1.0－275－$\frac{6}{19}$－4 Ⅰ Ⅱ	200	200	8254		GF167－1
				ϕ25	211.4	BES900－1.0－210－$\frac{6}{25}$－4 Ⅰ Ⅱ	200	200	8219		GF167－2
			6	ϕ19	253.7	BES900－1.0－255－$\frac{6}{19}$－6 Ⅰ Ⅱ	200	200	8134		GF168－1
				ϕ25	197.5	BES900－1.0－195－$\frac{6}{25}$－6 Ⅰ Ⅱ	200	200	8127		GF168－2
	1.6	4.5	2	ϕ19	209.1	BES900－1.6－210－$\frac{4.5}{19}$－2 Ⅰ Ⅱ	200	200	6964	3650	GF169－1
				ϕ25	162.4	BES900－1.6－160－$\frac{4.5}{25}$－2 Ⅰ Ⅱ	200	200	6944		GF169－2
			4	ϕ19	202.9	BES900－1.6－200－$\frac{4.5}{19}$－4 Ⅰ Ⅱ	200	200	6932		GF170－1
				ϕ25	156.8	BES900－1.6－155－$\frac{4.5}{25}$－4 Ⅰ Ⅱ	200	200	6901		GF170－2
			6	ϕ19	188.2	BES900－1.6－190－$\frac{4.5}{19}$－6 Ⅰ Ⅱ	200	200	6864		GF171－1
				ϕ25	146.5	BES900－1.6－145－$\frac{4.5}{25}$－6 Ⅰ Ⅱ	200	200	6858		GF171－2
		6	2	ϕ19	280.7	BES900－1.6－280－$\frac{6}{19}$－2 Ⅰ Ⅱ	200	200	8655	4600	GF172－1
				ϕ25	219.7	BES900－1.6－215－$\frac{6}{25}$－2 Ⅰ Ⅱ	200	200	8703		GF172－2
			4	ϕ19	272.3	BES900－1.6－270－$\frac{6}{19}$－4 Ⅰ Ⅱ	200	200	8594		GF173－1
				ϕ25	210.6	BES900－1.6－210－$\frac{6}{25}$－4 Ⅰ Ⅱ	200	200	8592		GF173－2
			6	ϕ19	252.7	BES900－1.6－250－$\frac{6}{19}$－6 Ⅰ Ⅱ	200	200	8475		GF174－1
				ϕ25	196.7	BES900－1.6－195－$\frac{6}{25}$－6 Ⅰ Ⅱ	200	200	8467		GF174－2
	2.5	4.5	2	ϕ19	207.6	BES900－2.5－205－$\frac{4.5}{19}$－2 Ⅰ Ⅱ	200	200	7505	3660	GF175－1
				ϕ25	161.2	BES900－2.5－160－$\frac{4.5}{25}$－2 Ⅰ Ⅱ	200	200	7483		GF175－2

续表 14

DN/mm	PN/MPa	管长/m	管程数	换热管规格	计算传热面积/m^2	规格型号	管程出入口公称直径/mm	壳程出入口公称直径/mm	设备净重/kg	充水水重/kg	系列图号
900	2.5	4.5	4	$\phi19$	201.4	BES900 − 2.5 − 200 − $\frac{4.5}{19}$ − 4 $\frac{\text{I}}{\text{II}}$	200	200	7474	3660	GF176 − 1
				$\phi25$	155.7	BES900 − 2.5 − 155 − $\frac{4.5}{25}$ − 4 $\frac{\text{I}}{\text{II}}$	200	200	7443		GF176 − 2
			6	$\phi19$	186.9	BES900 − 2.5 − 185 − $\frac{4.5}{19}$ − 6 $\frac{\text{I}}{\text{II}}$	200	200	7409		GF177 − 1
				$\phi25$	145.5	BES900 − 2.5 − 145 − $\frac{4.5}{25}$ − 6 $\frac{\text{I}}{\text{II}}$	200	200	7403		GF177 − 2
		6	2	$\phi19$	279.2	BES900 − 2.5 − 280 − $\frac{6}{19}$ − 2 $\frac{\text{I}}{\text{II}}$	200	200	9196	4610	GF178 − 1
				$\phi25$	216.8	BES900 − 2.5 − 215 − $\frac{6}{25}$ − 2 $\frac{\text{I}}{\text{II}}$	200	200	9213		GF178 − 2
			4	$\phi19$	270.8	BES900 − 2.5 − 270 − $\frac{6}{19}$ − 4 $\frac{\text{I}}{\text{II}}$	200	200	9136		GF179 − 1
				$\phi25$	209.4	BES900 − 2.5 − 210 − $\frac{6}{25}$ − 4 $\frac{\text{I}}{\text{II}}$	200	200	9136		GF179 − 2
			6	$\phi19$	251.3	BES900 − 2.5 − 250 − $\frac{6}{19}$ − 6 $\frac{\text{I}}{\text{II}}$	200	200	9026		GF180 − 1
				$\phi25$	195.6	BES900 − 2.5 − 195 − $\frac{6}{25}$ − 6 $\frac{\text{I}}{\text{II}}$	200	200	9012		GF180 − 2
	4.0	4.5	2	$\phi19$	205.5	BES900 − 4.0 − 205 − $\frac{4.5}{19}$ − 2 $\frac{\text{I}}{\text{II}}$	200	200	8923	3720	GF181 − 1
				$\phi25$	159.6	BES900 − 4.0 − 160 − $\frac{4.5}{25}$ − 2 $\frac{\text{I}}{\text{II}}$	200	200	8897		GF181 − 2
			4	$\phi19$	199.4	BES900 − 4.0 − 200 − $\frac{4.5}{19}$ − 4 $\frac{\text{I}}{\text{II}}$	200	200	8896		GF182 − 1
				$\phi25$	154.1	BES900 − 4.0 − 155 − $\frac{4.5}{25}$ − 4 $\frac{\text{I}}{\text{II}}$	200	200	8863		GF182 − 2
			6	$\phi19$	184.9	BES900 − 4.0 − 185 − $\frac{4.5}{19}$ − 6 $\frac{\text{I}}{\text{II}}$	200	200	8839		GF183 − 1
				$\phi25$	144.0	BES900 − 4.0 − 145 − $\frac{4.5}{25}$ − 6 $\frac{\text{I}}{\text{II}}$	200	200	8834		GF183 − 2
		6	2	$\phi19$	277.1	BES900 − 4.0 − 275 − $\frac{6}{19}$ − 2 $\frac{\text{I}}{\text{II}}$	200	200	10752	4680	GF184 − 1
				$\phi25$	215.1	BES900 − 4.0 − 215 − $\frac{6}{25}$ − 2 $\frac{\text{I}}{\text{II}}$	200	200	10772		GF184 − 2
			4	$\phi19$	268.8	BES900 − 4.0 − 270 − $\frac{6}{19}$ − 4 $\frac{\text{I}}{\text{II}}$	200	200	10696		GF185 − 1
				$\phi25$	207.8	BES900 − 4.0 − 205 − $\frac{6}{25}$ − 4 $\frac{\text{I}}{\text{II}}$	200	200	10657		GF185 − 2
			6	$\phi19$	249.4	BES900 − 4.0 − 250 − $\frac{6}{19}$ − 6 $\frac{\text{I}}{\text{II}}$	200	200	10588		GF186 − 1
				$\phi25$	194.2	BES900 − 4.0 − 195 − $\frac{6}{25}$ − 6 $\frac{\text{I}}{\text{II}}$	200	200	10645		GF186 − 2

续表 14

DN/mm	PN/MPa	管长/m	管程数	换热管规格	计算传热面积/m^2	规格型号	管程出入口公称直径/mm	壳程出入口公称直径/mm	设备净重/kg	充水水重/kg	系列图号
1000	1.0	4.5	2	ϕ19	264.2	BES1000－1.0－265－$\frac{4.5}{19}$－2 $\frac{Ⅰ}{Ⅱ}$	250	250	8317	4600	GF187－1
				ϕ25	209.4	BES1000－1.0－210－$\frac{4.5}{25}$－2 $\frac{Ⅰ}{Ⅱ}$	250	250	8330		GF187－2
			4	ϕ19	257.4	BES1000－1.0－255－$\frac{4.5}{19}$－4 $\frac{Ⅰ}{Ⅱ}$	250	250	8284		GF188－1
				ϕ25	203.2	BES1000－1.0－205－$\frac{4.5}{25}$－4 $\frac{Ⅰ}{Ⅱ}$	250	250	8286		GF188－2
			6	ϕ19	234.3	BES1000－1.0－235－$\frac{4.5}{19}$－6 $\frac{Ⅰ}{Ⅱ}$	250	250	8136		GF189－1
				ϕ25	194.9	BES1000－1.0－195－$\frac{4.5}{25}$－6 $\frac{Ⅰ}{Ⅱ}$	250	250	8292		GF189－2
		6	2	ϕ19	354.2	BES1000－1.0－355－$\frac{6}{19}$－2 $\frac{Ⅰ}{Ⅱ}$	250	250	10438	5770	GF190－1
				ϕ25	280.8	BES1000－1.0－280－$\frac{6}{25}$－2 $\frac{Ⅰ}{Ⅱ}$	250	250	10462		GF190－2
			4	ϕ19	345.1	BES1000－1.0－345－$\frac{6}{19}$－4 $\frac{Ⅰ}{Ⅱ}$	250	250	10374		GF191－1
				ϕ25	272.4	BES1000－1.0－270－$\frac{6}{25}$－4 $\frac{Ⅰ}{Ⅱ}$	250	250	10378		GF191－2
			6	ϕ19	314.1	BES1000－1.0－315－$\frac{6}{19}$－6 $\frac{Ⅰ}{Ⅱ}$	250	250	10147		GF192－1
				ϕ25	261.3	BES1000－1.0－260－$\frac{6}{25}$－6 $\frac{Ⅰ}{Ⅱ}$	250	250	10349		GF192－2
	1.6	4.5	2	ϕ19	262.5	BES1000－1.6－260－$\frac{4.5}{19}$－2 $\frac{Ⅰ}{Ⅱ}$	250	250	8763	4600	GF193－1
				ϕ25	208.1	BES1000－1.6－210－$\frac{4.5}{25}$－2 $\frac{Ⅰ}{Ⅱ}$	250	250	8773		GF193－2
			4	ϕ19	255.7	BES1000－1.6－255－$\frac{4.5}{19}$－4 $\frac{Ⅰ}{Ⅱ}$	250	250	8732		GF194－1
				ϕ25	201.9	BES1000－1.6－200－$\frac{4.5}{25}$－4 $\frac{Ⅰ}{Ⅱ}$	250	250	8729		GF194－2
			6	ϕ19	232.8	BES1000－1.6－230－$\frac{4.5}{19}$－6 $\frac{Ⅰ}{Ⅱ}$	250	250	8586		GF195－1
				ϕ25	193.7	BES1000－1.6－195－$\frac{4.5}{25}$－6 $\frac{Ⅰ}{Ⅱ}$	250	250	8741		GF195－2
		6	2	ϕ19	352.6	BES1000－1.6－350－$\frac{6}{19}$－2 $\frac{Ⅰ}{Ⅱ}$	250	250	10885	5780	GF196－1
				ϕ25	279.4	BES1000－1.6－280－$\frac{6}{25}$－2 $\frac{Ⅰ}{Ⅱ}$	250	250	10901		GF196－2
			4	ϕ19	343.4	BES1000－1.6－345－$\frac{6}{19}$－4 $\frac{Ⅰ}{Ⅱ}$	250	250	10822		GF197－1
				ϕ25	271.1	BES1000－1.6－270－$\frac{6}{25}$－4 $\frac{Ⅰ}{Ⅱ}$	250	250	10821		GF197－2

续表 14

DN/mm	PN/MPa	管长/m	管程数	换热管规格	计算传热面积/m^2	规格型号	管程出入口公称直径/mm	壳程出入口公称直径/mm	设备净重/kg	充水水重/kg	系列图号
1000	1.6	6	6	$\phi19$	312.6	BES1000 - 1.6 - 310 - $\frac{6}{19}$ - 6 $\substack{\text{I}\\ \text{II}}$	250	250	10600	5780	GF198 - 1
				$\phi25$	260.1	BES1000 - 1.6 - 260 - $\frac{6}{25}$ - 6 $\substack{\text{I}\\ \text{II}}$	250	250	10798		GF198 - 2
	2.5	4.5	2	$\phi19$	260.6	BES1000 - 2.5 - 260 - $\frac{4.5}{19}$ - 2 $\substack{\text{I}\\ \text{II}}$	250	250	9418	4640	GF199 - 1
				$\phi25$	206.6	BES1000 - 2.5 - 205 - $\frac{4.5}{25}$ - 2 $\substack{\text{I}\\ \text{II}}$	250	250	9427		GF199 - 2
			4	$\phi19$	253.9	BES1000 - 2.5 - 255 - $\frac{4.5}{19}$ - 4 $\substack{\text{I}\\ \text{II}}$	250	250	9386		GF200 - 1
				$\phi25$	200.4	BES1000 - 2.5 - 200 - $\frac{4.5}{25}$ - 4 $\substack{\text{I}\\ \text{II}}$	250	250	9363		GF200 - 2
			6	$\phi19$	231.1	BES1000 - 2.5 - 230 - $\frac{4.5}{19}$ - 6 $\substack{\text{I}\\ \text{II}}$	250	250	9260		GF201 - 1
				$\phi25$	192.2	BES1000 - 2.5 - 190 - $\frac{4.5}{25}$ - 6 $\substack{\text{I}\\ \text{II}}$	250	250	9408		GF201 - 2
		6	2	$\phi19$	350.6	BES1000 - 2.5 - 350 - $\frac{6}{19}$ - 2 $\substack{\text{I}\\ \text{II}}$	250	250	11563	5820	GF202 - 1
				$\phi25$	277.9	BES1000 - 2.5 - 275 - $\frac{6}{25}$ - 2 $\substack{\text{I}\\ \text{II}}$	250	250	11772		GF202 - 2
			4	$\phi19$	341.6	BES1000 - 2.5 - 340 - $\frac{6}{19}$ - 4 $\substack{\text{I}\\ \text{II}}$	250	250	11516		GF203 - 1
				$\phi25$	269.7	BES1000 - 2.5 - 270 - $\frac{6}{25}$ - 4 $\substack{\text{I}\\ \text{II}}$	250	250	11709		GF203 - 2
			6	$\phi19$	311.0	BES1000 - 2.5 - 310 - $\frac{6}{19}$ - 6 $\substack{\text{I}\\ \text{II}}$	250	250	11273		GF204 - 1
				$\phi25$	258.7	BES1000 - 2.5 - 260 - $\frac{6}{25}$ - 6 $\substack{\text{I}\\ \text{II}}$	250	250	11466		GF204 - 2
	4.0	4.5	2	$\phi19$	258.1	BES1000 - 4.0 - 260 - $\frac{4.5}{19}$ - 2 $\substack{\text{I}\\ \text{II}}$	250	250	11643	4750	GF205 - 1
				$\phi25$	204.5	BES1000 - 4.0 - 205 - $\frac{4.5}{25}$ - 2 $\substack{\text{I}\\ \text{II}}$	250	250	11654		GF205 - 2
			4	$\phi19$	251.3	BES1000 - 4.0 - 250 - $\frac{4.5}{19}$ - 4 $\substack{\text{I}\\ \text{II}}$	250	250	11602		GF206 - 1
				$\phi25$	198.4	BES1000 - 4.0 - 200 - $\frac{4.5}{25}$ - 4 $\substack{\text{I}\\ \text{II}}$	250	250	11594		GF206 - 2
			6	$\phi19$	228.7	BES1000 - 4.0 - 230 - $\frac{4.5}{19}$ - 6 $\substack{\text{I}\\ \text{II}}$	250	250	11518		GF207 - 1
				$\phi25$	190.3	BES1000 - 4.0 - 190 - $\frac{4.5}{25}$ - 6 $\substack{\text{I}\\ \text{II}}$	250	250	11660		GF207 - 2
		6	2	$\phi19$	348.1	BES1000 - 4.0 - 350 - $\frac{6}{19}$ - 2 $\substack{\text{I}\\ \text{II}}$	250	250	13953	5930	GF208 - 1
				$\phi25$	275.8	BES1000 - 4.0 - 275 - $\frac{6}{25}$ - 2 $\substack{\text{I}\\ \text{II}}$	250	250	13970		GF208 - 2

续表 14

DN/mm	PN/MPa	管长/m	管程数	换热管规格	计算传热面积/m^2	规格型号	管程出入口公称直径/mm	壳程出入口公称直径/mm	设备净重/kg	充水水重/kg	系列图号
1000	4.0	6	4	ϕ19	339.1	BES1000－4.0－340－$\frac{6}{19}$－4 Ⅰ Ⅱ	250	250	13879	5930	GF209－1
				ϕ25	267.6	BES1000－4.0－265－$\frac{6}{25}$－4 Ⅰ Ⅱ	250	250	13872		GF209－2
			6	ϕ19	308.6	BES1000－4.0－310－$\frac{6}{19}$－6 Ⅰ Ⅱ	250	250	13720		GF210－1
				ϕ25	256.7	BES1000－4.0－255－$\frac{6}{25}$－6 Ⅰ Ⅱ	250	250	13926		GF210－2
1100	1.0	4.5	2	ϕ19	325.1	BES1100－1.0－325－$\frac{4.5}{19}$－2 Ⅰ Ⅱ	250	250	10174	5600	GF211－1
				ϕ25	253.9	BES1100－1.0－255－$\frac{4.5}{25}$－2 Ⅰ Ⅱ	250	250	10082		GF211－2
			4	ϕ19	317.7	BES1100－1.0－315－$\frac{4.5}{19}$－4 Ⅰ Ⅱ	250	250	10145		GF212－1
				ϕ25	247.1	BES1100－1.0－245－$\frac{4.5}{25}$－4 Ⅰ Ⅱ	250	250	10032		GF212－2
			6	ϕ19	293.6	BES1100－1.0－295－$\frac{4.5}{19}$－6 Ⅰ Ⅱ	250	250	9926		GF213－1
				ϕ25	238.7	BES1100－1.0－240－$\frac{4.5}{25}$－6 Ⅰ Ⅱ	250	250	10033		GF213－2
		6	2	ϕ19	436.0	BES1100－1.0－435－$\frac{6}{19}$－2 Ⅰ Ⅱ	250	250	12783	7030	GF214－1
				ϕ25	340.5	BES1100－1.0－340－$\frac{6}{25}$－2 Ⅰ Ⅱ	250	250	12655		GF214－2
			4	ϕ19	426.2	BES1100－1.0－425－$\frac{6}{19}$－4 Ⅰ Ⅱ	250	250	12716		GF215－1
				ϕ25	331.3	BES1100－1.0－330－$\frac{6}{25}$－4 Ⅰ Ⅱ	250	250	12564		GF215－2
			6	ϕ19	393.8	BES1100－1.0－395－$\frac{6}{19}$－6 Ⅰ Ⅱ	250	250	12450		GF216－1
				ϕ25	320.2	BES1100－1.0－320－$\frac{6}{25}$－6 Ⅰ Ⅱ	250	250	12580		GF216－2
	1.5	4.5	2	ϕ19	323.3	BES1100－1.6－325－$\frac{4.5}{19}$－2 Ⅰ Ⅱ	250	250	10642	5620	GF217－1
				ϕ25	252.5	BES1100－1.6－250－$\frac{4.5}{25}$－2 Ⅰ Ⅱ	250	250	10547		GF217－2
			4	ϕ19	316.1	BES1100－1.6－315－$\frac{4.5}{19}$－4 Ⅰ Ⅱ	250	250	10611		GF218－1
				ϕ25	245.6	BES1100－1.6－245－$\frac{4.5}{25}$－4 Ⅰ Ⅱ	250	250	10500		GF218－2
			6	ϕ19	292.0	BES1100－1.6－290－$\frac{4.5}{19}$－6 Ⅰ Ⅱ	250	250	10448		GF219－1
				ϕ25	237.4	BES1100－1.6－235－$\frac{4.5}{25}$－6 Ⅰ Ⅱ	250	250	10536		GF219－2

续表 14

DN/mm	PN/MPa	管长/m	管程数	换热管规格	计算传热面积/m^2	规格型号	管程出入口公称直径/mm	壳程出入口公称直径/mm	设备净重/kg	充水水重/kg	系列图号
1100	1.6	6	2	φ19	434.3	BES1100 − 1.6 − 435 − $\frac{6}{19}$ − 2 $\frac{\text{I}}{\text{II}}$	250	250	13248	7050	GF220 − 1
				φ25	339.2	BES1100 − 1.6 − 340 − $\frac{6}{25}$ − 2 $\frac{\text{I}}{\text{II}}$	250	250	13120		GF220 − 2
			4	φ19	424.5	BES1100 − 1.6 − 425 − $\frac{6}{19}$ − 4 $\frac{\text{I}}{\text{II}}$	250	250	13185		GF221 − 1
				φ25	329.9	BES1100 − 1.6 − 330 − $\frac{6}{25}$ − 4 $\frac{\text{I}}{\text{II}}$	250	250	13031		GF221 − 2
			6	φ19	392.2	BES1100 − 1.6 − 390 − $\frac{6}{19}$ − 6 $\frac{\text{I}}{\text{II}}$	250	250	12927		GF222 − 1
				φ25	318.9	BES1100 − 1.6 − 320 − $\frac{6}{25}$ − 6 $\frac{\text{I}}{\text{II}}$	250	250	13039		GF222 − 2
	2.5	4.5	2	φ19	320.3	BES1100 − 2.5 − 320 − $\frac{4.5}{19}$ − 2 $\frac{\text{I}}{\text{II}}$	250	250	11505	5670	GF223 − 1
				φ25	250.2	BES1100 − 2.5 − 250 − $\frac{4.5}{25}$ − 2 $\frac{\text{I}}{\text{II}}$	250	250	11409		GF223 − 2
			4	φ19	313.1	BES1100 − 2.5 − 315 − $\frac{4.5}{19}$ − 4 $\frac{\text{I}}{\text{II}}$	250	250	11483		GF224 − 1
				φ25	243.4	BES1100 − 2.5 − 245 − $\frac{4.5}{25}$ − 4 $\frac{\text{I}}{\text{II}}$	250	250	11370		GF224 − 2
			6	φ19	289.3	BES1100 − 2.5 − 290 − $\frac{4.5}{19}$ − 6 $\frac{\text{I}}{\text{II}}$	250	250	11411		GF225 − 1
				φ25	235.2	BES1100 − 2.5 − 235 − $\frac{4.5}{25}$ − 6 $\frac{\text{I}}{\text{II}}$	250	250	11492		GF225 − 2
		6	2	φ19	431.3	BES1100 − 2.5 − 430 − $\frac{6}{19}$ − 2 $\frac{\text{I}}{\text{II}}$	250	250	14114	7100	GF226 − 1
				φ25	336.8	BES1100 − 2.5 − 335 − $\frac{6}{25}$ − 2 $\frac{\text{I}}{\text{II}}$	250	250	13982		GF226 − 2
			4	φ19	421.6	BES1100 − 2.5 − 420 − $\frac{6}{19}$ − 4 $\frac{\text{I}}{\text{II}}$	250	250	14057		GF227 − 1
				φ25	327.7	BES1100 − 2.5 − 325 − $\frac{6}{25}$ − 4 $\frac{\text{I}}{\text{II}}$	250	250	13901		GF227 − 2
			6	φ19	389.6	BES1100 − 2.5 − 390 − $\frac{6}{19}$ − 6 $\frac{\text{I}}{\text{II}}$	250	250	13888		GF228 − 1
				φ25	316.7	BES1100 − 2.5 − 315 − $\frac{6}{25}$ − 6 $\frac{\text{I}}{\text{II}}$	250	250	13994		GF228 − 2
	4.0	4.5	2	φ19	316.6	BES1100 − 4.0 − 315 − $\frac{4.5}{19}$ − 2 $\frac{\text{I}}{\text{II}}$	250	250	14370	5830	GF229 − 1
				φ25	247.3	BES1100 − 4.0 − 245 − $\frac{4.5}{25}$ − 2 $\frac{\text{I}}{\text{II}}$	250	250	14271		GF229 − 2
			4	φ19	309.5	BES1100 − 4.0 − 310 − $\frac{4.5}{19}$ − 4 $\frac{\text{I}}{\text{II}}$	250	250	14363		GF230 − 1
				φ25	240.6	BES1100 − 4.0 − 240 − $\frac{4.5}{25}$ − 4 $\frac{\text{I}}{\text{II}}$	250	250	14244		GF230 − 2

续表 14

DN/mm	PN/MPa	管长/m	管程数	换热管规格	计算传热面积/m^2	规格型号	管程出入口公称直径/mm	壳程出入口公称直径/mm	设备净重/kg	充水水重/kg	系列图号
1100	4.0	4.5	6	ϕ19	286.1	BES1100-4.0-285-$\frac{4.5}{19}$-6 Ⅰ Ⅱ	250	250	14227	5830	GF231-1
				ϕ25	232.5	BES1100-4.0-230-$\frac{4.5}{25}$-6 Ⅰ Ⅱ	250	250	14301		GF231-2
		6	2	ϕ19	427.6	BES1100-4.0-425-$\frac{6}{19}$-2 Ⅰ Ⅱ	250	250	17230	7250	GF232-1
				ϕ25	334.1	BES1100-4.0-335-$\frac{6}{25}$-2 Ⅰ Ⅱ	250	250	17095		GF232-2
			4	ϕ19	417.9	BES1100-4.0-415-$\frac{6}{19}$-4 Ⅰ Ⅱ	250	250	17185		GF233-1
				ϕ25	324.9	BES1100-4.0-325-$\frac{6}{25}$-4 Ⅰ Ⅱ	250	250	17026		GF233-2
			6	ϕ19	386.2	BES1100-4.0-385-$\frac{6}{19}$-6 Ⅰ Ⅱ	250	250	16955		GF234-1
				ϕ25	314.1	BES1100-4.0-315-$\frac{6}{25}$-6 Ⅰ Ⅱ	250	250	17056		GF234-2
1200	1.0	4.5	2	ϕ19	380.3	BES1200-1.0-380-$\frac{4.5}{19}$-2 Ⅰ Ⅱ	300	300	11747	6750	GF235-1
				ϕ25	303.3	BES1200-1.0-305-$\frac{4.5}{25}$-2 Ⅰ Ⅱ	300	300	11740		GF235-2
			4	ϕ19	373.1	BES1200-1.0-375-$\frac{4.5}{19}$-4 Ⅰ Ⅱ	300	300	11752		GF236-1
				ϕ25	296.4	BES1200-1.0-295-$\frac{4.5}{25}$-4 Ⅰ Ⅱ	300	300	11723		GF236-2
			6	ϕ19	353.1	BES1200-1.0-355-$\frac{4.5}{19}$-6 Ⅰ Ⅱ	300	300	11651		GF237-1
				ϕ25	285.3	BES1200-1.0-285-$\frac{4.5}{25}$-6 Ⅰ Ⅱ	300	300	11723		GF237-2
		6	2	ϕ19	510.2	BES1200-1.0-510-$\frac{6}{19}$-2 Ⅰ Ⅱ	300	300	14537	8470	GF238-1
				ϕ25	406.9	BES1200-1.0-405-$\frac{6}{25}$-2 Ⅰ Ⅱ	300	300	14370		GF238-2
			4	ϕ19	500.4	BES1200-1.0-500-$\frac{6}{19}$-4 Ⅰ Ⅱ	300	300	14325		GF239-1
				ϕ25	397.6	BES1200-1.0-395-$\frac{6}{25}$-4 Ⅰ Ⅱ	300	300	14312		GF239-2
			6	ϕ19	473.7	BES1200-1.0-475-$\frac{6}{19}$-6 Ⅰ Ⅱ	300	300	14152		GF240-1
				ϕ25	382.8	BES1200-1.0-380-$\frac{6}{25}$-6 Ⅰ Ⅱ	300	300	14265		GF240-2
		9	2	ϕ19	770.1	BES1200-1.0-770-$\frac{9}{19}$-2 Ⅰ Ⅱ	300	300	19143	11860	GF241-1
				ϕ25	614.1	BES1200-1.0-615-$\frac{9}{25}$-2 Ⅰ Ⅱ	300	300	19501		GF241-2

续表 14

DN/mm	PN/MPa	管长/m	管程数	换热管规格	计算传热面积/m^2	规格型号	管程出入口公称直径/mm	壳程出入口公称直径/mm	设备净重/kg	充水水重/kg	系列图号
1200	1.0	9	4	ϕ19	755.3	BES1200－1.0－755－$\frac{9}{19}$－4 $\genfrac{}{}{0pt}{}{\text{I}}{\text{II}}$	300	300	19341	11860	GF242－1
				ϕ25	600.2	BES1200－1.0－600－$\frac{9}{25}$－4 $\genfrac{}{}{0pt}{}{\text{I}}{\text{II}}$	300	300	19360		GF242－2
			6	ϕ19	714.9	BES1200－1.0－710－$\frac{9}{19}$－6 $\genfrac{}{}{0pt}{}{\text{I}}{\text{II}}$	300	300	19019		GF243－1
				ϕ25	577.8	BES1200－1.0－575－$\frac{9}{25}$－6 $\genfrac{}{}{0pt}{}{\text{I}}{\text{II}}$	300	300	19218		GF243－2
	1.6	4.5	2	ϕ19	377.9	BES1200－1.6－375－$\frac{4.5}{19}$－2 $\genfrac{}{}{0pt}{}{\text{I}}{\text{II}}$	300	300	12488	6800	GF244－1
				ϕ25	301.3	BES1200－1.6－300－$\frac{4.5}{25}$－2 $\genfrac{}{}{0pt}{}{\text{I}}{\text{II}}$	300	300	12475		GF244－2
			4	ϕ19	370.6	BES1200－1.6－370－$\frac{4.5}{19}$－4 $\genfrac{}{}{0pt}{}{\text{I}}{\text{II}}$	300	300	12491		GF245－1
				ϕ25	294.5	BES1200－1.6－295－$\frac{4.5}{25}$－4 $\genfrac{}{}{0pt}{}{\text{I}}{\text{II}}$	300	300	12464		GF245－2
			6	ϕ19	350.8	BES1200－1.6－350－$\frac{4.5}{19}$－6 $\genfrac{}{}{0pt}{}{\text{I}}{\text{II}}$	300	300	12400		GF246－1
				ϕ25	283.5	BES1200－1.6－285－$\frac{4.5}{25}$－6 $\genfrac{}{}{0pt}{}{\text{I}}{\text{II}}$	300	300	12467		GF246－2
		6	2	ϕ19	507.8	BES1200－1.6－505－$\frac{6}{19}$－2 $\genfrac{}{}{0pt}{}{\text{I}}{\text{II}}$	300	300	15985	8500	GF247－1
				ϕ25	405.1	BES1200－1.6－405－$\frac{6}{25}$－2 $\genfrac{}{}{0pt}{}{\text{I}}{\text{II}}$	300	300	15249		GF247－2
			4	ϕ19	498.1	BES1200－1.6－500－$\frac{6}{19}$－4 $\genfrac{}{}{0pt}{}{\text{I}}{\text{II}}$	300	300	15143		GF248－1
				ϕ25	395.7	BES1200－1.6－395－$\frac{6}{25}$－4 $\genfrac{}{}{0pt}{}{\text{I}}{\text{II}}$	300	300	15522		GF248－2
			6	ϕ19	471.4	BES1200－1.6－470－$\frac{6}{19}$－6 $\genfrac{}{}{0pt}{}{\text{I}}{\text{II}}$	300	300	14847		GF249－1
				ϕ25	381.1	BES1200－1.6－380－$\frac{6}{25}$－6 $\genfrac{}{}{0pt}{}{\text{I}}{\text{II}}$	300	300	14952		GF249－2
		9	2	ϕ19	767.7	BES1200－1.6－765－$\frac{9}{19}$－2 $\genfrac{}{}{0pt}{}{\text{I}}{\text{II}}$	300	300	20185	11890	GF250－1
				ϕ25	612.2	BES1200－1.6－610－$\frac{9}{25}$－2 $\genfrac{}{}{0pt}{}{\text{I}}{\text{II}}$	300	300	20237		GF250－2
			4	ϕ19	752.9	BES1200－1.6－750－$\frac{9}{19}$－4 $\genfrac{}{}{0pt}{}{\text{I}}{\text{II}}$	300	300	20085		GF251－1
				ϕ25	598.3	BES1200－1.6－600－$\frac{9}{25}$－4 $\genfrac{}{}{0pt}{}{\text{I}}{\text{II}}$	300	300	20100		GF251－2
			6	ϕ19	712.7	BES1200－1.6－710－$\frac{9}{19}$－6 $\genfrac{}{}{0pt}{}{\text{I}}{\text{II}}$	300	300	19769		GF252－1
				ϕ25	576.1	BES1200－1.6－575－$\frac{9}{25}$－6 $\genfrac{}{}{0pt}{}{\text{I}}{\text{II}}$	300	300	19962		GF252－2

续表 14

DN/mm	PN/MPa	管长/m	管程数	换热管规格	计算传热面积/m^2	规格型号	管程出入口公称直径/mm	壳程出入口公称直径/mm	设备净重/kg	充水水重/kg	系列图号
1200	2.5	4.5	2	ϕ19	374.4	BES1200－2.5－375－$\frac{4.5}{19}$－2 $\genfrac{}{}{0pt}{}{\text{I}}{\text{II}}$	300	300	13532	6900	GF253－1
				ϕ25	298.2	BES1200－2.5－300－$\frac{4.5}{25}$－2 $\genfrac{}{}{0pt}{}{\text{I}}{\text{II}}$	300	300	13512		GF253－2
			4	ϕ19	367.2	BES1200－2.5－365－$\frac{4.5}{19}$－4 $\genfrac{}{}{0pt}{}{\text{I}}{\text{II}}$	300	300	13541		GF254－1
				ϕ25	291.8	BES1200－2.5－290－$\frac{4.5}{25}$－4 $\genfrac{}{}{0pt}{}{\text{I}}{\text{II}}$	300	300	13507		GF254－2
			6	ϕ19	347.6	BES1200－2.5－345－$\frac{4.5}{19}$－6 $\genfrac{}{}{0pt}{}{\text{I}}{\text{II}}$	300	300	13463		GF255－1
				ϕ25	280.9	BES1200－2.5－280－$\frac{4.5}{25}$－6 $\genfrac{}{}{0pt}{}{\text{I}}{\text{II}}$	300	300	13521		GF255－2
		6	2	ϕ19	504.3	BES1200－2.5－505－$\frac{6}{19}$－2 $\genfrac{}{}{0pt}{}{\text{I}}{\text{II}}$	300	300	16261	8600	GF256－1
				ϕ25	402.2	BES1200－2.5－400－$\frac{6}{25}$－2 $\genfrac{}{}{0pt}{}{\text{I}}{\text{II}}$	300	300	16280		GF256－2
			4	ϕ19	494.6	BES1200－2.5－495－$\frac{6}{19}$－4 $\genfrac{}{}{0pt}{}{\text{I}}{\text{II}}$	300	300	16225		GF257－1
				ϕ25	393.1	BES1200－2.5－395－$\frac{6}{25}$－4 $\genfrac{}{}{0pt}{}{\text{I}}{\text{II}}$	300	300	16254		GF257－2
			6	ϕ19	468.2	BES1200－2.5－470－$\frac{6}{19}$－6 $\genfrac{}{}{0pt}{}{\text{I}}{\text{II}}$	300	300	15960		GF258－1
				ϕ25	378.4	BES1200－2.5－380－$\frac{6}{25}$－6 $\genfrac{}{}{0pt}{}{\text{I}}{\text{II}}$	300	300	16059		GF258－2
		9	2	ϕ19	764.2	BES1200－2.5－765－$\frac{9}{19}$－2 $\genfrac{}{}{0pt}{}{\text{I}}{\text{II}}$	300	300	21278	11990	GF259－1
				ϕ25	609.4	BES1200－2.5－610－$\frac{9}{25}$－2 $\genfrac{}{}{0pt}{}{\text{I}}{\text{II}}$	300	300	21325		GF259－2
			4	ϕ19	749.5	BES1200－2.5－750－$\frac{9}{19}$－4 $\genfrac{}{}{0pt}{}{\text{I}}{\text{II}}$	300	300	21183		GF260－1
				ϕ25	595.6	BES1200－2.5－595－$\frac{9}{25}$－4 $\genfrac{}{}{0pt}{}{\text{I}}{\text{II}}$	300	300	21195		GF260－2
			6	ϕ19	709.5	BES1200－2.5－710－$\frac{9}{19}$－6 $\genfrac{}{}{0pt}{}{\text{I}}{\text{II}}$	300	300	20881		GF261－1
				ϕ25	573.4	BES1200－2.5－575－$\frac{9}{25}$－6 $\genfrac{}{}{0pt}{}{\text{I}}{\text{II}}$	300	300	21395		GF261－2
	4.0	4.5	2	ϕ19	369.2	BES1200－4.0－370－$\frac{4.5}{19}$－2 $\genfrac{}{}{0pt}{}{\text{I}}{\text{II}}$	300	300	17207	7160	GF262－1
				ϕ25	294.4	BES1200－4.0－295－$\frac{4.5}{25}$－2 $\genfrac{}{}{0pt}{}{\text{I}}{\text{II}}$	300	300	17179		GF262－2
			4	ϕ19	362.1	BES1200－4.0－360－$\frac{4.5}{19}$－4 $\genfrac{}{}{0pt}{}{\text{I}}{\text{II}}$	300	300	17237		GF263－1
				ϕ25	287.7	BES1200－4.0－285－$\frac{4.5}{25}$－4 $\genfrac{}{}{0pt}{}{\text{I}}{\text{II}}$	300	300	17193		GF263－2

续表 14

DN/mm	PN/MPa	管长/m	管程数	换热管规格	计算传热面积/m^2	规格型号	管程出入口公称直径/mm	壳程出入口公称直径/mm	设备净重/kg	充水重/kg	系列图号
1200	4.0	4.5	6	φ19	342.8	BES1200－4.0－340－$\frac{4.5}{19}$－6 Ⅰ/Ⅱ	300	300	17870	7160	GF264－1
				φ25	277.1	BES1200－4.0－275－$\frac{4.5}{25}$－6 Ⅰ/Ⅱ	300	300	17218		GF264－2
		6	2	φ19	499.1	BES1200－4.0－500－$\frac{6}{19}$－2 Ⅰ/Ⅱ	300	300	20182	8850	GF265－1
				φ25	398.1	BES1200－4.0－400－$\frac{6}{25}$－2 Ⅰ/Ⅱ	300	300	20173		GF265－2
			4	φ19	489.5	BES1200－4.0－490－$\frac{6}{19}$－4 Ⅰ/Ⅱ	300	300	20176		GF266－1
				φ25	389.1	BES1200－4.0－390－$\frac{6}{25}$－4 Ⅰ/Ⅱ	300	300	20199		GF266－2
			6	φ19	463.4	BES1200－4.0－465－$\frac{6}{19}$－6 Ⅰ/Ⅱ	300	300	20037		GF267－1
				φ25	374.5	BES1200－4.0－375－$\frac{6}{25}$－6 Ⅰ/Ⅱ	300	300	20123		GF267－2
1300	1.0	6	4	φ19	597.3	BES1300－1.0－595－$\frac{6}{19}$－4 Ⅰ/Ⅱ	300	300	16848	10000	GF268－1
				φ25	473.2	BES1300－1.0－475－$\frac{6}{25}$－4 Ⅰ/Ⅱ	300	300	16860		GF268－2
			6	φ19	567.5	BES1300－1.0－565－$\frac{6}{19}$－6 Ⅰ/Ⅱ	300	300	16704		GF269－1
				φ25	449.1	BES1300－1.0－450－$\frac{6}{25}$－6 Ⅰ/Ⅱ	300	300	16749		GF269－2
	1.6	6	4	φ19	593.7	BES1300－1.6－595－$\frac{6}{19}$－4 Ⅰ/Ⅱ	300	300	17645	10040	GF270－1
				φ25	470.6	BES1300－1.6－470－$\frac{6}{25}$－4 Ⅰ/Ⅱ	300	300	17650		GF270－2
			6	φ19	564.4	BES1300－1.6－565－$\frac{6}{19}$－6 Ⅰ/Ⅱ	300	300	17511		GF271－1
				φ25	446.7	BES1300－1.6－445－$\frac{6}{25}$－6 Ⅰ/Ⅱ	300	300	17549		GF271－2
	2.5	6	4	φ19	589.3	BES1300－2.5－590－$\frac{6}{19}$－4 Ⅰ/Ⅱ	300	300	19390	10180	GF272－1
				φ25	467.1	BES1300－2.5－465－$\frac{6}{25}$－4 Ⅰ/Ⅱ	300	300	19980		GF272－2
			6	φ19	560.2	BES1300－2.5－560－$\frac{6}{19}$－6 Ⅰ/Ⅱ	300	300	19269		GF273－1
				φ25	443.3	BES1300－2.5－445－$\frac{6}{25}$－6 Ⅰ/Ⅱ	300	300	19303		GF273－2
1400	1.0	6	4	φ19	692.2	BES1400－1.0－690－$\frac{6}{19}$－4 Ⅰ/Ⅱ	350	350	19238	11830	GF274－1
				φ25	550.5	BES1400－1.0－550－$\frac{6}{25}$－4 Ⅰ/Ⅱ	350	350	19252		GF274－2

续表 14

DN/mm	PN/MPa	管长/m	管程数	换热管规格	计算传热面积/m^2	规格型号	管程出入口公称直径/mm	壳程出入口公称直径/mm	设备净重/kg	充水水重/kg	系列图号
1400	1.0	6	6	ϕ19	663.3	BES1400－1.0－665－$\frac{6}{19}$－6 Ⅰ Ⅱ	350	350	19125	11830	GF275－1
				ϕ25	521.8	BES1400－1.0－520－$\frac{6}{25}$－6 Ⅰ Ⅱ	350	350	19064		GF275－2
		9	4	ϕ19	1045.0	BES1400－1.0－1045－$\frac{9}{19}$－4 Ⅰ Ⅱ	350	350	25891	16450	GF276－1
				ϕ25	831.3	BES1400－1.0－830－$\frac{9}{25}$－4 Ⅰ Ⅱ	350	350	25950		GF276－2
			6	ϕ19	1001.8	BES1400－1.0－1000－$\frac{9}{19}$－6 Ⅰ Ⅱ	350	350	25711		GF277－1
				ϕ25	787.9	BES1400－1.0－785－$\frac{9}{25}$－6 Ⅰ Ⅱ	350	350	25660		GF277－2
	1.6	6	4	ϕ19	687.9	BES1400－1.6－685－$\frac{6}{19}$－4 Ⅰ Ⅱ	350	350	20552	11890	GF278－1
				ϕ25	547.2	BES1400－1.6－545－$\frac{6}{25}$－4 Ⅰ Ⅱ	350	350	20558		GF278－2
			6	ϕ19	659.2	BES1400－1.6－660－$\frac{6}{19}$－6 Ⅰ Ⅱ	350	350	20450		GF279－1
				ϕ25	518.7	BES1400－1.6－520－$\frac{6}{25}$－6 Ⅰ Ⅱ	350	350	20382		GF279－2
		9	4	ϕ19	1040.7	BES1400－1.6－1040－$\frac{9}{19}$－4 Ⅰ Ⅱ	350	350	27288	16500	GF280－1
				ϕ25	827.7	BES1400－1.6－825－$\frac{9}{25}$－4 Ⅰ Ⅱ	350	350	27340		GF280－2
			6	ϕ19	997.5	BES1400－1.6－995－$\frac{9}{19}$－6 Ⅰ Ⅱ	350	350	27035		GF281－1
				ϕ25	784.7	BES1400－1.6－785－$\frac{9}{25}$－6 Ⅰ Ⅱ	350	350	26979		GF281－2
	2.5	6	4	ϕ19	682.6	BES1400－2.5－680－$\frac{6}{19}$－4 Ⅰ Ⅱ	350	350	22496	12020	GF282－1
				ϕ25	542.9	BES1400－2.5－540－$\frac{6}{25}$－4 Ⅰ Ⅱ	350	350	22494		GF282－2
			6	ϕ19	654.2	BES1400－2.5－655－$\frac{6}{19}$－6 Ⅰ Ⅱ	350	350	22409		GF283－1
				ϕ25	514.7	BES1400－2.5－515－$\frac{6}{25}$－6 Ⅰ Ⅱ	350	350	22334		GF283－2
		9	4	ϕ19	1035.6	BES1400－2.5－1035－$\frac{9}{19}$－4 Ⅰ Ⅱ	350	350	29443	16640	GF284－1
				ϕ25	823.6	BES1400－2.5－825－$\frac{9}{25}$－4 Ⅰ Ⅱ	350	350	29486		GF284－2
			6	ϕ19	992.5	BES1400－2.5－990－$\frac{9}{19}$－6 Ⅰ Ⅱ	350	350	29205		GF285－1
				ϕ25	780.8	BES1400－2.5－780－$\frac{9}{25}$－6 Ⅰ Ⅱ	350	350	29141		GF285－2

续表 14

DN/mm	PN/MPa	管长/m	管程数	换热管规格	计算传热面积/m^2	规格型号	管程出入口公称直径/mm	壳程出入口公称直径/mm	设备净重/kg	充水水重/kg	系列图号
1500	1.0	6	4	ϕ19	807.4	BES1500 - 1.0 - 805 - $\frac{6}{19}$ - 4 Ⅰ Ⅱ	350	350	22009	13690	GF286 - 1
				ϕ25	645.5	BES1500 - 1.0 - 645 - $\frac{6}{25}$ - 4 Ⅰ Ⅱ	350	350	22157		GF286 - 2
			6	ϕ19	789.2	BES1500 - 1.0 - 790 - $\frac{6}{19}$ - 6 Ⅰ Ⅱ	350	350	22051		GF287 - 1
				ϕ25	614.2	BES1500 - 1.0 - 615 - $\frac{6}{25}$ - 6 Ⅰ Ⅱ	350	350	21981		GF287 - 2
	1.6	6	4	ϕ19	801.9	BES1500 - 1.6 - 800 - $\frac{6}{19}$ - 4 Ⅰ Ⅱ	350	350	24054	13740	GF288 - 1
				ϕ25	641.2	BES1500 - 1.6 - 640 - $\frac{6}{25}$ - 4 Ⅰ Ⅱ	350	350	24192		GF288 - 2
			6	ϕ19	783.8	BES1500 - 1.6 - 785 - $\frac{6}{19}$ - 6 Ⅰ Ⅱ	350	350	24105		GF289 - 1
				ϕ25	610.1	BES1500 - 1.6 - 610 - $\frac{6}{25}$ - 6 Ⅰ Ⅱ	350	350	24026		GF289 - 2
	2.5	6	4	ϕ19	795.9	BES1500 - 2.5 - 795 - $\frac{6}{19}$ - 4 Ⅰ Ⅱ	350	350	25990	13910	GF290 - 1
				ϕ25	636.3	BES1500 - 2.5 - 635 - $\frac{6}{25}$ - 4 Ⅰ Ⅱ	350	350	26116		GF290 - 2
			6	ϕ19	777.9	BES1500 - 2.5 - 775 - $\frac{6}{19}$ - 6 Ⅰ Ⅱ	350	350	26057		GF291 - 1
				ϕ25	605.4	BES1500 - 2.5 - 605 - $\frac{6}{25}$ - 6 Ⅰ Ⅱ	350	350	25974		GF291 - 2
1600	1.0	6	4	ϕ19	921.1	BES1600 - 1.0 - 920 - $\frac{6}{19}$ - 4 Ⅰ Ⅱ	400	400	26144	15890	GF292 - 1
				ϕ25	733.1	BES1600 - 1.0 - 735 - $\frac{6}{25}$ - 4 Ⅰ Ⅱ	400	400	26181		GF292 - 2
			6	ϕ19	881.9	BES1600 - 1.0 - 880 - $\frac{6}{19}$ - 6 Ⅰ Ⅱ	400	400	25947		GF293 - 1
				ϕ25	699.0	BES1600 - 1.0 - 700 - $\frac{6}{25}$ - 6 Ⅰ Ⅱ	400	400	25970		GF293 - 2
		9	4	ϕ19	1392.2	BES1600 - 1.0 - 1390 - $\frac{9}{19}$ - 4 Ⅰ Ⅱ	400	400	35173	21950	GF294 - 1
				ϕ25	1108.0	BES1600 - 1.0 - 1110 - $\frac{9}{25}$ - 4 Ⅰ Ⅱ	400	400	35265		GF294 - 2
			6	ϕ19	1332.9	BES1600 - 1.0 - 1330 - $\frac{9}{19}$ - 6 Ⅰ Ⅱ	400	400	34763		GF295 - 1
				ϕ25	1056.5	BES1600 - 1.0 - 1055 - $\frac{9}{25}$ - 6 Ⅰ Ⅱ	400	400	34846		GF295 - 2
	1.6	6	4	ϕ19	914.8	BES1600 - 1.6 - 915 - $\frac{6}{19}$ - 4 Ⅰ Ⅱ	400	400	27592	15970	GF296 - 1
				ϕ25	728.1	BES1600 - 1.6 - 730 - $\frac{6}{25}$ - 4 Ⅰ Ⅱ	400	400	27617		GF296 - 2

续表 14

DN/mm	PN/MPa	管长/m	管程数	换热管规格	计算传热面积/m^2	规格型号	管程出入口公称直径/mm	壳程出入口公称直径/mm	设备净重/kg	充水水重/kg	系列图号
1600	1.6	6	6	$\phi19$	875.9	BES1600－1.6－875－$\frac{6}{19}$－6 $\frac{Ⅰ}{Ⅱ}$	400	400	27399	15970	GF297－1
				$\phi25$	694.2	BES1600－1.6－695－$\frac{6}{25}$－6 $\frac{Ⅰ}{Ⅱ}$	400	400	27412		GF297－2
		9	4	$\phi19$	1385.9	BES1600－1.6－1385－$\frac{9}{19}$－4 $\frac{Ⅰ}{Ⅱ}$	400	400	36744	22000	GF298－1
				$\phi25$	1103.0	BES1600－1.6－1105－$\frac{9}{25}$－4 $\frac{Ⅰ}{Ⅱ}$	400	400	36824		GF298－2
			6	$\phi19$	1326.9	BES1600－1.6－1325－$\frac{9}{19}$－6 $\frac{Ⅰ}{Ⅱ}$	400	400	36339		GF299－1
				$\phi25$	1051.7	BES1600－1.6－1050－$\frac{9}{25}$－6 $\frac{Ⅰ}{Ⅱ}$	400	400	36412		GF299－2
	2.5	6	4	$\phi19$	907.6	BES1600－2.5－905－$\frac{6}{19}$－4 $\frac{Ⅰ}{Ⅱ}$	400	400	30918	16290	GF300－1
				$\phi25$	722.3	BES1600－2.5－720－$\frac{6}{25}$－4 $\frac{Ⅰ}{Ⅱ}$	400	400	30928		GF300－2
			6	$\phi19$	869.0	BES1600－2.5－870－$\frac{6}{19}$－6 $\frac{Ⅰ}{Ⅱ}$	400	400	30754		GF301－1
				$\phi25$	688.8	BES1600－2.5－690－$\frac{6}{25}$－6 $\frac{Ⅰ}{Ⅱ}$	400	400	30752		GF301－2
		9	4	$\phi19$	1378.7	BES1600－2.5－1380－$\frac{9}{19}$－4 $\frac{Ⅰ}{Ⅱ}$	400	400	40186	22290	GF302－1
				$\phi25$	1097.3	BES1600－2.5－1095－$\frac{9}{25}$－4 $\frac{Ⅰ}{Ⅱ}$	400	400	40250		GF302－2
			6	$\phi19$	1320.0	BES1600－2.5－1320－$\frac{9}{19}$－6 $\frac{Ⅰ}{Ⅱ}$	400	400	39806		GF303－1
				$\phi25$	1047.2	BES1600－2.5－1045－$\frac{9}{25}$－6 $\frac{Ⅰ}{Ⅱ}$	400	400	39865		GF303－2
1700	1.0	6	4	$\phi19$	1053.4	BES1700－1.0－1055－$\frac{6}{19}$－4 $\frac{Ⅰ}{Ⅱ}$	400	400	29358	18090	GF304－1
				$\phi25$	854.1	BES1700－1.0－855－$\frac{6}{25}$－4 $\frac{Ⅰ}{Ⅱ}$	400	400	29529		GF304－2
			6	$\phi19$	991.1	BES1700－1.0－990－$\frac{6}{19}$－6 $\frac{Ⅰ}{Ⅱ}$	400	400	29041		GF305－1
				$\phi25$	833.8	BES1700－1.0－835－$\frac{6}{25}$－6 $\frac{Ⅰ}{Ⅱ}$	400	400	29571		GF305－2
	1.6	6	4	$\phi19$	1046.2	BES1700－1.6－1045－$\frac{6}{19}$－4 $\frac{Ⅰ}{Ⅱ}$	400	400	30975	18180	GF306－1
				$\phi25$	848.2	BES1700－1.6－850－$\frac{6}{25}$－4 $\frac{Ⅰ}{Ⅱ}$	400	400	31135		GF306－2
			6	$\phi19$	984.4	BES1700－1.6－985－$\frac{6}{19}$－6 $\frac{Ⅰ}{Ⅱ}$	400	400	30228		GF307－1
				$\phi25$	828.1	BES1700－1.6－830－$\frac{6}{25}$－6 $\frac{Ⅰ}{Ⅱ}$	400	400	30747		GF307－2

续表 14

DN/mm	PN/MPa	管长/m	管程数	换热管规格	计算传热面积/m^2	规格型号	管程出入口公称直径/mm	壳程出入口公称直径/mm	设备净重/kg	充水水重/kg	系列图号
1700	2.5	6	4	ϕ19	1036.1	BES1700－2.5－1035－$\frac{6}{19}$－4 Ⅰ Ⅱ	400	400	35785	18640	GF308－1
				ϕ25	840.1	BES1700－2.5－840－$\frac{6}{25}$－4 Ⅰ Ⅱ	400	400	35921		GF308－2
			6	ϕ19	974.9	BES1700－2.5－975－$\frac{6}{19}$－6 Ⅰ Ⅱ	400	400	35525		GF309－1
				ϕ25	820.2	BES1700－2.5－820－$\frac{6}{25}$－6 Ⅰ Ⅱ	400	400	36004		GF309－2
1800	1.0	6	4	ϕ19	1181.9	BES1800－1.0－1180－$\frac{6}{19}$－4 Ⅰ Ⅱ	450	450	32938	20690	GF310－1
				ϕ25	944.8	BES1800－1.0－945－$\frac{6}{25}$－4 Ⅰ Ⅱ	450	450	32917		GF310－2
			6	ϕ19	1096.6	BES1800－1.0－1095－$\frac{6}{19}$－6 Ⅰ Ⅱ	450	450	32237		GF311－1
				ϕ25	912.6	BES1800－1.0－910－$\frac{6}{25}$－6 Ⅰ Ⅱ	450	450	32806		GF311－2
		9	4	ϕ19	1787.5	BES1800－1.0－1785－$\frac{9}{19}$－4 Ⅰ Ⅱ	450	450	44130	28320	GF312－1
				ϕ25	1429.0	BES1800－1.0－1430－$\frac{9}{25}$－4 Ⅰ Ⅱ	450	450	44200		GF312－2
			6	ϕ19	1658.6	BES1800－1.0－1660－$\frac{9}{19}$－6 Ⅰ Ⅱ	450	450	42966		GF313－1
				ϕ25	1380.4	BES1800－1.0－1380－$\frac{9}{25}$－6 Ⅰ Ⅱ	450	450	43872		GF313－2
	1.6	6	4	ϕ19	1173.0	BES1800－1.6－1175－$\frac{6}{19}$－4 Ⅰ Ⅱ	450	450	35199	20780	GF314－1
				ϕ25	937.7	BES1800－1.6－935－$\frac{6}{25}$－4 Ⅰ Ⅱ	450	450	35162		GF314－2
			6	ϕ19	1088.4	BES1800－1.6－1090－$\frac{6}{19}$－6 Ⅰ Ⅱ	450	450	34523		GF315－1
				ϕ25	905.8	BES1800－1.6－905－$\frac{6}{25}$－6 Ⅰ Ⅱ	450	450	35064		GF315－2
		9	4	ϕ19	1778.7	BES1800－1.6－1780－$\frac{9}{19}$－4 Ⅰ Ⅱ	450	450	46390	28410	GF316－1
				ϕ25	1421.9	BES1800－1.6－1420－$\frac{9}{25}$－4 Ⅰ Ⅱ	450	450	46443		GF316－2
			6	ϕ19	1650.4	BES1800－1.6－1650－$\frac{9}{19}$－6 Ⅰ Ⅱ	450	450	45251		GF317－1
				ϕ25	1373.5	BES1800－1.6－1375－$\frac{9}{25}$－6 Ⅰ Ⅱ	450	450	46128		GF317－2
	2.5	6	4	ϕ19	1161.3	BES1800－2.5－1160－$\frac{6}{19}$－4 Ⅰ Ⅱ	450	450	40144	21350	GF318－1
				ϕ25	928.4	BES1800－2.5－930－$\frac{6}{25}$－4 Ⅰ Ⅱ	450	450	40088		GF318－2

续表 14

DN/mm	PN/MPa	管长/m	管程数	换热管规格	计算传热面积/m^2	规格型号	管程出入口公称直径/mm	壳程出入口公称直径/mm	设备净重/kg	充水水重/kg	系列图号
1800	2.5	6	6	ϕ19	1077.5	BES1800 - 2.5 - 1075 - $\frac{6}{19}$ - 6 Ⅰ/Ⅱ	450	450	39515	21350	GF319 - 1
				ϕ25	896.7	BES1800 - 2.5 - 895 - $\frac{6}{25}$ - 6 Ⅰ/Ⅱ	450	450	40032		GF319 - 2
		9	4	ϕ19	1766.9	BES1800 - 2.5 - 1765 - $\frac{9}{19}$ - 4 Ⅰ/Ⅱ	450	450	51894	29000	GF320 - 1
				ϕ25	1412.5	BES1800 - 2.5 - 1410 - $\frac{9}{25}$ - 4 Ⅰ/Ⅱ	450	450	51927		GF320 - 2
			6	ϕ19	1639.5	BES1800 - 2.5 - 1640 - $\frac{9}{19}$ - 6 Ⅰ/Ⅱ	450	450	50818		GF321 - 1
				ϕ25	1364.4	BES1800 - 2.5 - 1365 - $\frac{9}{25}$ - 6 Ⅰ/Ⅱ	450	450	51654		GF321 - 2

2. 冷凝器系列规格及图号见表 15。

表 15 浮头式冷凝器规格及图号

DN/mm	PN/MPa	管长/m	管程数	换热管规格	计算传热面积/m^2	规格型号	管程出入口公称直径/mm	壳程出入口公称直径/mm	设备净重/kg	充水水重/kg	系列图号
400	1.0	3	2	ϕ19	21.0	AES400 - 1.0 - 20 - $\frac{3}{19}$ - 2	100	150 100	1206	470	GFL001 - 1
				ϕ25	17.0	AES400 - 1.0 - 15 - $\frac{3}{25}$ - 2	100	150 100	1230		GFL001 - 2
			4	ϕ19	18.9	AES400 - 1.0 - 20 - $\frac{3}{19}$ - 4	100	150 100	1183		GFL002 - 1
				ϕ25	15.6	AES400 - 1.0 - 15 - $\frac{3}{25}$ - 4	100	150 100	1212		GFL002 - 2
	1.6	3	2	ϕ19	21.0	AES400 - 1.6 - 20 - $\frac{3}{19}$ - 2	100	150 100	1223	480	GFL003 - 1
				ϕ25	17.0	AES400 - 1.6 - 15 - $\frac{3}{25}$ - 2	100	150 100	1246		GFL003 - 2
			4	ϕ19	18.9	AES400 - 1.6 - 20 - $\frac{3}{19}$ - 4	100	150 100	1209		GFL004 - 1
				ϕ25	15.6	AES400 - 1.6 - 15 - $\frac{3}{25}$ - 4	100	150 100	1238		GFL004 - 2
	2.5	3	2	ϕ19	20.9	AES400 - 2.5 - 20 - $\frac{3}{19}$ - 2	100	150 100	1257		GFL005 - 1
				ϕ25	16.9	AES400 - 2.5 - 15 - $\frac{3}{25}$ - 2	100	150 100	1280		GFL005 - 2
			4	ϕ19	18.8	AES400 - 2.5 - 20 - $\frac{3}{19}$ - 4	100	150 100	1245		GFL006 - 1
				ϕ25	15.6	AES400 - 2.5 - 15 - $\frac{3}{25}$ - 4	100	150 100	1273		GFL006 - 2

续表 15

DN/mm	PN/MPa	管长/m	管程数	换热管规格	计算传热面积/m^2	规格型号	管程出入口公称直径/mm	壳程出入口公称直径/mm	设备净重/kg	充水重/kg	系列图号
400	4.0	3	2	ϕ19	20.7	AES400 - 4.0 - 20 - $\frac{3}{19}$ - 2	100	150 100	1483	480	GFL007 - 1
				ϕ25	16.8	AES400 - 4.0 - 15 - $\frac{3}{25}$ - 2	100	150 100	1480		GFL007 - 2
			4	ϕ19	18.6	AES400 - 4.0 - 20 - $\frac{3}{19}$ - 4	100	150 100	1470		GFL008 - 1
				ϕ25	15.4	AES400 - 4.0 - 15 - $\frac{3}{25}$ - 4	100	150 100	1498		GFL008 - 2
500	1.0	3	2	ϕ19	36.0	$^{A}_{B}$ES500 - 1.0 - 35 - $\frac{3}{19}$ - 2	150	200	1744	770	GFL009 - 1
								150	1598		GFL009 - 2
				ϕ25	28.5	$^{A}_{B}$ES500 - 1.0 - 30 - $\frac{3}{25}$ - 2	150	200	1748		GFL009 - 3
								150	1603		GFL009 - 4
			4	ϕ19	33.6	$^{A}_{B}$ES500 - 1.0 - 35 - $\frac{3}{19}$ - 4	150	200	1722		GFL010 - 1
								150	1568		GFL010 - 2
				ϕ25	26.7	$^{A}_{B}$ES500 - 1.0 - 25 - $\frac{3}{25}$ - 4	150	200	1558		GFL010 - 3
								150	1575		GFL010 - 4
		6	2	ϕ19	72.9	$^{A}_{B}$JS500 - 1.0 - 70 - $\frac{6}{19}$ - 2	150	200	2750	1360	GFL011 - 1
									2597		GFL011 - 2
				ϕ25	57.7	$^{A}_{B}$JS500 - 1.0 - 55 - $\frac{6}{25}$ - 2	150	200	2764		GFL011 - 3
									2611		GFL011 - 4
		6	4	ϕ19	67.9	$^{A}_{B}$JS500 - 1.0 - 65 - $\frac{6}{19}$ - 4	150	200	2693		GFL012 - 1
									2551		GFL012 - 2
				ϕ25	54.0	$^{A}_{B}$JS500 - 1.0 - 55 - $\frac{6}{25}$ - 4	150	200	2710		GFL012 - 3
									2568		GFL012 - 4
	1.6	3	2	ϕ19	35.9	$^{A}_{B}$ES500 - 1.6 - 35 - $\frac{3}{19}$ - 2	150	200	1801	770	GFL013 - 1
								150	1644		GFL013 - 2
				ϕ25	28.4	$^{A}_{B}$ES500 - 1.6 - 30 - $\frac{3}{25}$ - 2	150	200	1805		GFL013 - 3
								150	1648		GFL013 - 4
			4	ϕ19	33.4	$^{A}_{B}$ES500 - 1.6 - 35 - $\frac{3}{19}$ - 4	150	200	1790		GFL014 - 1
								150	1638		GFL014 - 2
				ϕ25	26.6	$^{A}_{B}$ES500 - 1.6 - 25 - $\frac{3}{25}$ - 4	150	200	1796		GFL014 - 3
								150	1640		GFL014 - 4
		6	2	ϕ19	72.8	$^{A}_{B}$JS500 - 1.6 - 70 - $\frac{6}{19}$ - 2	150	200	2809	1360	GFL015 - 1
									2652		GFL015 - 2
				ϕ25	57.6	$^{A}_{B}$JS500 - 1.6 - 55 - $\frac{6}{25}$ - 2	150	200	2822		GFL015 - 3
									2665		GFL015 - 4
			4	ϕ19	67.8	$^{A}_{B}$JS500 - 1.6 - 65 - $\frac{6}{19}$ - 4	150	200	2762		GFL016 - 1
									2606		GFL016 - 2
				ϕ25	53.9	$^{A}_{B}$JS500 - 1.6 - 55 - $\frac{6}{25}$ - 4	150	200	2779		GFL016 - 3
									2623		GFL016 - 4
	2.5	3	2	ϕ19	35.7	$^{A}_{B}$ES500 - 2.5 - 35 - $\frac{3}{19}$ - 2	150	200	2003	770	GFL017 - 1
								150	1802		GFL017 - 2
				ϕ25	28.3	$^{A}_{B}$ES500 - 2.5 - 30 - $\frac{3}{25}$ - 2	150	200	2007		GFL017 - 3
								150	1806		GFL017 - 4

续表 15

DN/mm	PN/MPa	管长/m	管程数	换热管规格	计算传热面积/m^2	规格型号	管程出入口公称直径/mm	壳程出入口公称直径/mm	设备净重/kg	充水水重/kg	系列图号
500	2.5	3	4	ϕ19	33.2	$^{A}_{B}$ES500−2.5−35−$\frac{3}{19}$−4	150	200	1992	770	GFL018−1
								150	1792		GFL018−2
				ϕ25	26.4	$^{A}_{B}$ES500−2.5−25−$\frac{3}{25}$−4	150	200	1998		GFL018−3
								150	1798		GFL018−4
		6	2	ϕ19	72.5	$^{A}_{B}$JS500−2.5−70−$\frac{6}{19}$−2	150	200	3024	1360	GFL019−1
									2823		GFL019−2
				ϕ25	57.4	$^{A}_{B}$JS500−2.5−55−$\frac{6}{25}$−2	150	200	3038		GFL019−3
									2837		GFL019−4
			4	ϕ19	67.6	$^{A}_{B}$JS500−2.5−65−$\frac{6}{19}$−4	150	200	2977		GFL020−1
									2777		GFL020−2
				ϕ25	53.7	$^{A}_{B}$JS500−2.5−55−$\frac{6}{25}$−4	150	200	2995		GFL020−3
									2795		GFL020−4
	4.0	3	2	ϕ19	35.2	$^{A}_{B}$ES500−4.0−35−$\frac{3}{19}$−2	150	200	2229	790	GFL021−1
								150	2011		GFL021−2
				ϕ25	27.9	$^{A}_{B}$ES500−4.0−25−$\frac{3}{25}$−2	150	200	2231		GFL021−3
								150	2014		GFL021−4
			4	ϕ19	32.8	$^{A}_{B}$ES500−4.0−30−$\frac{3}{19}$−4	150	200	2220		GFL022−1
								150	2004		GFL022−2
				ϕ25	26.1	$^{A}_{B}$ES500−4.0−25−$\frac{3}{25}$−4	150	200	2225		GFL022−3
								150	2009		GFL022−4
		6	2	ϕ19	72.1	$^{A}_{B}$JS500−4.0−70−$\frac{6}{19}$−2	150	200	3271	1380	GFL023−1
									3204		GFL023−2
				ϕ25	57.1	$^{A}_{B}$JS500−4.0−55−$\frac{6}{25}$−2	150	200	3285		GFL023−3
									3223		GFL023−4
			4	ϕ19	67.2	$^{A}_{B}$JS500−4.0−65−$\frac{6}{19}$−4	150	200	3227		GFL024−1
									3157		GFL024−2
				ϕ25	53.4	$^{A}_{B}$JS500−4.0−55−$\frac{6}{25}$−4	150	200	3244		GFL024−3
									3179		GFL024−4
600	1.0	3	2	ϕ19	56.6	$^{A}_{B}$ES600−1.0−55−$\frac{3}{19}$−2	150	250	2416	1120	GFL025−1
								200	2191		GFL025−2
				ϕ25	45.5	$^{A}_{B}$ES600−1.0−45−$\frac{3}{25}$−2	150	250	2433		GFL025−3
								200	2208		GFL025−4
			4	ϕ19	53.8	$^{A}_{B}$ES600−1.0−55−$\frac{3}{19}$−4	150	250	2394		GFL026−1
								200	2181		GFL026−2
				ϕ25	43.2	$^{A}_{B}$ES600−1.0−45−$\frac{3}{25}$−4	150	250	2419		GFL026−3
								200	2196		GFL026−4
			6	ϕ19	49.6	$^{A}_{B}$ES600−1.0−50−$\frac{3}{19}$−6	150	250	2379		GFL027−1
								200	2162		GFL027−2
				ϕ25	36.3	$^{A}_{B}$ES600−1.0−35−$\frac{3}{25}$−6	150	250	2336		GFL027−3
								200	2119		GFL027−4
		6	2	ϕ19	114.6	$^{A}_{B}$JS600−1.0−115−$\frac{6}{19}$−2	150	250	3836	1970	GFL028−1
									3611		GFL028−2
				ϕ25	92.2	$^{A}_{B}$JS600−1.0−90−$\frac{6}{25}$−2	150	250	3879		GFL028−3
									3654		GFL028−4

续表 15

DN/mm	PN/MPa	管长/m	管程数	换热管规格	计算传热面积/m^2	规格型号	管程出入口公称直径/mm	壳程出入口公称直径/mm	设备净重/kg	充水重/kg	系列图号
600	1.0	6	4	φ19	108.9	$^{A}_{B}$JS600 - 1.0 - 110 - $\frac{6}{19}$ - 4	150	250	3783	1970	GFL029 - 1
									3560		GFL029 - 2
				φ25	87.5	$^{A}_{B}$JS600 - 1.0 - 85 - $\frac{6}{25}$ - 4	150	250	3824		GFL029 - 3
									3601		GFL029 - 4
			6	φ19	100.4	$^{A}_{B}$JS600 - 1.0 - 100 - $\frac{6}{19}$ - 6	150	250	3700		GFL030 - 1
									3483		GFL030 - 2
				φ25	73.5	$^{A}_{B}$JS600 - 1.0 - 75 - $\frac{6}{25}$ - 6	150	250	3616		GFL030 - 3
									3399		GFL030 - 4
	1.6	3	2	φ19	56.3	$^{A}_{B}$ES600 - 1.6 - 55 - $\frac{3}{19}$ - 2	150	250	2549	1120	GFL031 - 1
								200	2320		GFL031 - 2
				φ25	45.2	$^{A}_{B}$ES600 - 1.6 - 45 - $\frac{3}{25}$ - 2	150	250	2575		GFL031 - 3
								200	2336		GFL031 - 4
			4	φ19	53.5	$^{A}_{B}$ES600 - 1.6 - 55 - $\frac{3}{19}$ - 4	150	250	2545		GFL032 - 1
								200	2308		GFL032 - 2
				φ25	42.9	$^{A}_{B}$ES600 - 1.6 - 40 - $\frac{3}{25}$ - 4	150	250	2559		GFL032 - 3
								200	2322		GFL032 - 4
			6	φ19	49.3	$^{A}_{B}$ES600 - 1.6 - 50 - $\frac{3}{19}$ - 6	150	250	2523		GFL033 - 1
								200	2291		GFL033 - 2
				φ25	36.1	$^{A}_{B}$ES600 - 1.6 - 35 - $\frac{3}{25}$ - 6	150	250	2480		GFL033 - 3
								200	2248		GFL033 - 4
		6	2	φ19	114.2	$^{A}_{B}$JS600 - 1.6 - 115 - $\frac{6}{19}$ - 2	150	250	3987	1970	GFL034 - 1
									3761		GFL034 - 2
				φ25	91.8	$^{A}_{B}$JS600 - 1.6 - 90 - $\frac{6}{25}$ - 2	150	250	4030		GFL034 - 3
									3808		GFL034 - 4
			4	φ19	108.6	$^{A}_{B}$JS600 - 1.6 - 110 - $\frac{6}{19}$ - 4	150	250	3935		GFL035 - 1
									3705		GFL035 - 2
				φ25	87.2	$^{A}_{B}$JS600 - 1.6 - 85 - $\frac{6}{25}$ - 4	150	250	3975		GFL035 - 3
									3754		GFL035 - 4
			6	φ19	100.1	$^{A}_{B}$JS600 - 1.6 - 100 - $\frac{6}{19}$ - 6	150	250	3853		GFL036 - 1
									3621		GFL036 - 2
				φ25	73.3	$^{A}_{B}$JS600 - 1.6 - 75 - $\frac{6}{25}$ - 6	150	250	3770		GFL036 - 3
									3538		GFL036 - 4
	2.5	3	2	φ19	55.8	$^{A}_{B}$ES600 - 2.5 - 55 - $\frac{3}{19}$ - 2	150	250	2774	1130	GFL037 - 1
								200	2488		GFL037 - 2
				φ25	44.9	$^{A}_{B}$ES600 - 2.5 - 45 - $\frac{3}{25}$ - 2	150	250	2790		GFL037 - 3
								200	2504		GFL037 - 4
			4	φ19	53.1	$^{A}_{B}$ES600 - 2.5 - 55 - $\frac{3}{19}$ - 4	150	250	2764		GFL038 - 1
								200	2485		GFL038 - 2
				φ25	42.6	$^{A}_{B}$ES600 - 2.5 - 40 - $\frac{3}{25}$ - 4	150	250	2778		GFL038 - 3
								200	2499		GFL038 - 4
			6	φ19	48.9	$^{A}_{B}$ES600 - 2.5 - 50 - $\frac{3}{19}$ - 6	150	250	2742		GFL039 - 1
								200	2473		GFL039 - 2
				φ25	35.8	$^{A}_{B}$ES600 - 2.5 - 35 - $\frac{3}{25}$ - 6	150	250	2699		GFL039 - 3
								200	2430		GFL039 - 4

续表 15

DN/mm	PN/MPa	管长/m	管程数	换热管规格	计算传热面积/m^2	规格型号	管程出入口公称直径/mm	壳程出入口公称直径/mm	设备净重/kg	充水水重/kg	系列图号
600	2.5	6	2	$\phi19$	113.9	$_{B}^{A}$JS600－2.5－115－$\frac{6}{19}$－2	150	250	4227	1980	GFL040－1
									3951		GFL040－2
				$\phi25$	91.5	$_{B}^{A}$JS600－2.5－90－$\frac{6}{25}$－2	150	250	4269		GFL040－3
									3993		GFL040－4
			4	$\phi19$	108.2	$_{B}^{A}$JS600－2.5－110－$\frac{6}{19}$－4	150	250	4177		GFL041－1
									3898		GFL041－2
				$\phi25$	86.9	$_{B}^{A}$JS600－2.5－85－$\frac{6}{25}$－4	150	250	4216		GFL041－3
									3937		GFL041－4
			6	$\phi19$	99.8	$_{B}^{A}$JS600－2.5－100－$\frac{6}{19}$－6	150	250	4096		GFL042－1
									3827		GFL042－2
				$\phi25$	73.1	$_{B}^{A}$JS600－2.5－75－$\frac{6}{25}$－6	150	250	4013		GFL042－3
									3747		GFL042－4
	4.0	3	2	$\phi19$	55.2	$_{B}^{A}$ES600－4.0－55－$\frac{3}{19}$－2	150	250	3330	1150	GFL043－1
								200	3002		GFL043－2
				$\phi25$	44.4	$_{B}^{A}$ES600－4.0－45－$\frac{3}{25}$－2	150	250	3344		GFL043－3
								200	3016		GFL043－4
			4	$\phi19$	52.4	$_{B}^{A}$ES600－4.0－50－$\frac{3}{19}$－4	150	250	3324		GFL044－1
								200	2993		GFL044－2
				$\phi25$	42.1	$_{B}^{A}$ES600－4.0－40－$\frac{3}{25}$－4	150	250	3336		GFL044－3
								200	3005		GFL044－4
			6	$\phi19$	48.4	$_{B}^{A}$ES600－4.0－50－$\frac{3}{19}$－6	150	250	3305		GFL045－1
								200	2985		GFL045－2
				$\phi25$	35.4	$_{B}^{A}$ES600－4.0－35－$\frac{3}{25}$－6	150	250	3267		GFL045－3
								200	2945		GFL045－4
		6	2	$\phi19$	113.2	$_{B}^{A}$JS600－4.0－115－$\frac{6}{19}$－2	150	250	4898	2000	GFL046－1
									4570		GFL046－2
				$\phi25$	91.2	$_{B}^{A}$JS600－4.0－90－$\frac{6}{25}$－2	150	250	4938		GFL046－3
									4610		GFL046－4
			4	$\phi19$	107.6	$_{B}^{A}$JS600－4.0－105－$\frac{6}{19}$－4	150	250	4852		GFL047－1
									4251		GFL047－2
				$\phi25$	86.4	$_{B}^{A}$JS600－4.0－85－$\frac{6}{25}$－4	150	250	4889		GFL047－3
									4558		GFL047－4
			6	$\phi19$	99.2	$_{B}^{A}$JS600－4.0－100－$\frac{6}{19}$－6	150	250	4774		GFL048－1
									4568		GFL048－2
				$\phi25$	72.6	$_{B}^{A}$JS600－4.0－70－$\frac{6}{25}$－6	150	250	4693		GFL048－3
									4374		GFL048－4
700	1.0	3	2	$\phi19$	81.5	$_{B}^{A}$ES700－1.0－80－$\frac{3}{19}$－2	150	250	3171	1504	GFL049－1
								200	2892		GFL049－2
				$\phi25$	61.4	$_{B}^{A}$ES700－1.0－60－$\frac{3}{25}$－2	150	250	3137		GFL049－3
								200	2858		GFL049－4
			4	$\phi19$	78.0	$_{B}^{A}$ES700－1.0－80－$\frac{3}{19}$－4	150	250	3152		GFL050－1
								200	2895		GFL050－2
				$\phi25$	58.6	$_{B}^{A}$ES700－1.0－60－$\frac{3}{25}$－4	150	250	3118		GFL050－3
								200	2861		GFL050－4

续表 15

DN/mm	PN/MPa	管长/m	管程数	换热管规格	计算传热面积/m^2	规格型号	管程出入口公称直径/mm	壳程出入口公称直径/mm	设备净重/kg	充水重/kg	系列图号
700	1.0	3	6	ϕ19	66.5	$^{A}_{B}$ES700 - 1.0 - 65 - $\frac{3}{19}$ - 6	150	250	3039	1540	GFL051 - 1
								200	2739		GFL051 - 2
				ϕ25	51.3	$^{A}_{B}$ES700 - 1.0 - 50 - $\frac{3}{25}$ - 6	150	250	3036		GFL051 - 3
								200	2734		GFL051 - 4
		6	2	ϕ19	165.2	$^{A}_{B}$JS700 - 1.0 - 165 - $\frac{6}{19}$ - 2	150	250	5054	2690	GFL052 - 1
									4775		GFL052 - 2
				ϕ25	124.5	$^{A}_{B}$JS700 - 1.0 - 125 - $\frac{6}{25}$ - 2	150	250	4993		GFL052 - 3
									4714		GFL052 - 4
			4	ϕ19	158.2	$^{A}_{B}$JS700 - 1.0 - 160 - $\frac{6}{19}$ - 4	150	250	4984		GFL053 - 1
									4727		GFL053 - 2
				ϕ25	118.9	$^{A}_{B}$JS700 - 1.0 - 120 - $\frac{6}{25}$ - 4	150	250	4924		GFL053 - 3
									4667		GFL053 - 4
			6	ϕ19	134.9	$^{A}_{B}$JS700 - 1.0 - 135 - $\frac{6}{19}$ - 6	150	250	4708		GFL054 - 1
									4406		GFL054 - 2
				ϕ25	104.1	$^{A}_{B}$JS700 - 1.0 - 105 - $\frac{6}{25}$ - 6	150	250	4709		GFL054 - 3
									4407		GFL054 - 4
	1.6	3	2	ϕ19	80.9	$^{A}_{B}$ES700 - 1.6 - 80 - $\frac{3}{19}$ - 2	150	250	3426	1550	GFL055 - 1
								200	3061		GFL055 - 2
				ϕ25	61.0	$^{A}_{B}$ES700 - 1.6 - 60 - $\frac{3}{25}$ - 2	150	250	3393		GFL055 - 3
								200	3028		GFL055 - 4
			4	ϕ19	77.5	$^{A}_{B}$ES700 - 1.6 - 75 - $\frac{3}{19}$ - 4	150	250	3408		GFL056 - 1
								200	3043		GFL056 - 2
				ϕ25	58.3	$^{A}_{B}$ES700 - 1.6 - 60 - $\frac{3}{25}$ - 4	150	250	3375		GFL056 - 3
								200	3010		GFL056 - 4
			6	ϕ19	66.1	$^{A}_{B}$ES700 - 1.6 - 65 - $\frac{3}{19}$ - 6	150	250	3302		GFL057 - 1
								200	2949		GFL057 - 2
				ϕ25	51.0	$^{A}_{B}$ES700 - 1.6 - 50 - $\frac{3}{25}$ - 6	150	250	3298		GFL057 - 3
								200	2944		GFL057 - 4
		6	2	ϕ19	164.6	$^{A}_{B}$JS700 - 1.6 - 165 - $\frac{6}{19}$ - 2	150	250	5317	2700	GFL058 - 1
									5121		GFL058 - 2
				ϕ25	124.1	$^{A}_{B}$JS700 - 1.6 - 125 - $\frac{6}{25}$ - 2	150	250	5258		GFL058 - 3
									5075		GFL058 - 4
			4	ϕ19	157.6	$^{A}_{B}$JS700 - 1.6 - 155 - $\frac{6}{19}$ - 4	150	250	5248		GFL059 - 1
									5058		GFL059 - 2
				ϕ25	118.5	$^{A}_{B}$JS700 - 1.6 - 120 - $\frac{6}{25}$ - 4	150	250	5190		GFL059 - 3
									6012		GFL059 - 4
			6	ϕ19	134.4	$^{A}_{B}$JS700 - 1.6 - 135 - $\frac{6}{19}$ - 6	150	250	4979		GFL060 - 1
									4626		GFL060 - 2
				ϕ25	103.7	$^{A}_{B}$JS700 - 1.6 - 105 - $\frac{6}{25}$ - 6	150	250	4980		GFL060 - 3
									4626		GFL060 - 4
	2.5	3	2	ϕ19	80.4	$^{A}_{B}$ES700 - 2.5 - 80 - $\frac{3}{19}$ - 2	150	250	3675	1590	GFL061 - 1
								200	3263		GFL061 - 2
				ϕ25	60.6	$^{A}_{B}$ES700 - 2.5 - 60 - $\frac{3}{25}$ - 2	150	250	3640		GFL061 - 3
								200	3228		GFL061 - 4

续表 15

DN/mm	*PN*/MPa	管长/m	管程数	换热管规格	计算传热面积/m^2	规格型号	管程出入口公称直径/mm	壳程出入口公称直径/mm	设备净重/kg	充水水重/kg	系列图号
700	2.5	3	4	φ19	76.9	$_{B}^{A}$ES700－2.5－75－$\frac{3}{19}$－4	150	250	3658	1560	GFL062－1
								200	3249		GFL062－2
				φ25	57.8	$_{B}^{A}$ES700－2.5－55－$\frac{3}{25}$－4	150	250	3625		GFL062－3
								200	3216		GFL062－4
			6	φ19	65.6	$_{B}^{A}$ES700－2.5－65－$\frac{3}{19}$－6	150	250	3557		GFL063－1
								200	3157		GFL063－2
				φ25	50.6	$_{B}^{A}$ES700－2.5－50－$\frac{3}{25}$－6	150	250	3549		GFL063－3
								200	3120		GFL063－4
		6	2	φ19	164.1	$_{B}^{A}$JS700－2.5－165－$\frac{6}{19}$－2	150	250	5590	2710	GFL064－1
									5284		GFL064－2
				φ25	123.7	$_{B}^{A}$JS700－2.5－125－$\frac{6}{25}$－2	150	250	5528		GFL064－3
									5241		GFL064－4
			4	φ19	157.1	$_{B}^{A}$JS700－2.5－155－$\frac{6}{19}$－4	150	250	5522		GFL065－1
									5225		GFL065－2
				φ25	118.1	$_{B}^{A}$JS700－2.5－120－$\frac{6}{25}$－4	150	250	5463		GFL065－3
									5180		GFL065－4
			6	φ19	133.9	$_{B}^{A}$JS700－2.5－135－$\frac{6}{19}$－6	150	250	5254		GFL066－1
									4854		GFL066－2
				φ25	103.4	$_{B}^{A}$JS700－2.5－105－$\frac{6}{25}$－6	150	250	5254		GFL066－3
									4985		GFL066－4
	4.0	3	2	φ19	79.1	$_{B}^{A}$ES700－4.0－80－$\frac{3}{19}$－2	150	250	4644	1590	GFL067－1
								200	4092		GFL067－2
				φ25	59.6	$_{B}^{A}$ES700－4.0－60－$\frac{3}{25}$－2	150	250	4659		GFL067－3
								200	4056		GFL067－4
			4	φ19	75.7	$_{B}^{A}$ES700－4.0－75－$\frac{3}{19}$－4	150	250	4632		GFL068－1
								200	4080		GFL068－2
				φ25	56.9	$_{B}^{A}$ES700－4.0－55－$\frac{3}{25}$－4	150	250	4599		GFL068－3
								200	4047		GFL068－4
			6	φ19	64.6	$_{B}^{A}$ES700－4.0－65－$\frac{3}{19}$－6	150	250	4536		GFL069－1
								200	3992		GFL069－2
				φ25	49.8	$_{B}^{A}$ES700－4.0－50－$\frac{3}{25}$－6	150	250	4533		GFL069－3
								200	3989		GFL069－4
		6	2	φ19	162.9	$_{B}^{A}$JS700－4.0－160－$\frac{6}{19}$－2	150	250	6799	2750	GFL070－1
									6245		GFL070－2
				φ25	122.7	$_{B}^{A}$JS700－4.0－120－$\frac{6}{25}$－2	150	250	6737		GFL070－3
									6183		GFL070－4
			4	φ19	155.9	$_{B}^{A}$JS700－4.0－155－$\frac{6}{19}$－4	150	250	6735		GFL071－1
									6183		GFL071－2
				φ25	117.2	$_{B}^{A}$JS700－4.0－115－$\frac{6}{25}$－4	150	250	6678		GFL071－3
									6126		GFL071－4
			6	φ19	132.9	$_{B}^{A}$JS700－4.0－130－$\frac{6}{19}$－6	150	250	6476		GFL072－1
									5932		GFL072－2
				φ25	102.6	$_{B}^{A}$JS700－4.0－100－$\frac{6}{25}$－6	150	250	6479		GFL072－3
									5935		GFL072－4

续表 15

DN/mm	PN/MPa	管长/m	管程数	换热管规格	计算传热面积/m^2	规格型号	管程出入口公称直径/mm	壳程出入口公称直径/mm	设备净重/kg	充水水重/kg	系列图号
800	1.0	6	2	ϕ19	215.2	$^{A}_{B}\text{JS800}-1.0-215-\frac{6}{19}-2$	200	300	6698 6294	3580	GFL073-1 GFL073-2
				ϕ25	169.9	$^{A}_{B}\text{JS800}-1.0-170-\frac{6}{25}-2$	200	300	6711 6307		GFL073-3 GFL073-4
			4	ϕ19	207.5	$^{A}_{B}\text{JS800}-1.0-205-\frac{6}{19}-4$	200	300	6636 6236		GFL074-1 GFL074-2
				ϕ25	163.7	$^{A}_{B}\text{JS800}-1.0-165-\frac{6}{25}-4$	200	300	6644 6244		GFL074-3 GFL074-4
			6	ϕ19	182.8	$^{A}_{B}\text{JS800}-1.0-180-\frac{6}{19}-6$	200	300	6349 5964		GFL075-1 GFL075-2
				ϕ25	146.7	$^{A}_{B}\text{JS800}-1.0-145-\frac{6}{25}-6$	200	300	6407 6022		GFL075-3 GFL075-4
	1.6	3	2	ϕ19	105.2	$^{A}_{B}\text{ES800}-1.6-105-\frac{3}{19}-2$	200	300 250	4472 3980	2080	GFL076-1 GFL076-2
				ϕ25	83.0	$^{A}_{B}\text{ES800}-1.6-85-\frac{3}{25}-2$	200	300 250	4543 4051		GFL076-3 GFL076-4
			4	ϕ19	101.4	$^{A}_{B}\text{ES800}-1.6-100-\frac{3}{19}-4$	200	300 250	4465 3970		GFL077-1 GFL077-2
				ϕ25	79.9	$^{A}_{B}\text{ES800}-1.6-80-\frac{3}{25}-4$	200	300 250	4535 4040		GFL077-3 GFL077-4
			6	ϕ19	89.3	$^{A}_{B}\text{ES800}-1.6-90-\frac{3}{19}-6$	200	300 250	4354 3879		GFL078-1 GFL078-2
				ϕ25	71.7	$^{A}_{B}\text{ES800}-1.6-70-\frac{3}{25}-6$	200	300 250	4454 3979		GFL078-3 GFL078-4
		6	2	ϕ19	214.3	$^{A}_{B}\text{JS800}-1.6-215-\frac{6}{19}-2$	200	300	7059 6567	3590	GFL079-1 GFL079-2
				ϕ25	169.2	$^{A}_{B}\text{JS800}-1.6-170-\frac{6}{25}-2$	200	300	7071 6579		GFL079-3 GFL079-4
			4	ϕ19	206.6	$^{A}_{B}\text{JS800}-1.6-205-\frac{6}{19}-4$	200	300	6999 6504		GFL080-1 GFL080-2
				ϕ25	162.7	$^{A}_{B}\text{JS800}-1.6-160-\frac{6}{25}-4$	200	300	7005 6510		GFL080-3 GFL080-4
			6	ϕ19	182.0	$^{A}_{B}\text{JS800}-1.6-180-\frac{6}{19}-6$	200	300	6716 6241		GFL081-1 GFL081-2
				ϕ25	146.1	$^{A}_{B}\text{JS800}-1.6-145-\frac{6}{25}-6$	200	300	6774 6299		GFL081-3 GFL081-4
	2.5	6	2	ϕ19	213.5	$^{A}_{B}\text{JS800}-2.5-215-\frac{6}{19}-2$	200	300	7551 6984	3610	GFL082-1 GFL082-2
				ϕ25	168.5	$^{A}_{B}\text{JS800}-2.5-170-\frac{6}{25}-2$	200	300	7563 6996		GFL082-3 GFL082-4
			4	ϕ19	205.8	$^{A}_{B}\text{JS800}-2.5-205-\frac{6}{19}-4$	200	300	7492 6916		GFL083-1 GFL083-2
				ϕ25	162.1	$^{A}_{B}\text{JS800}-2.5-160-\frac{6}{25}-4$	200	300	7498 6932		GFL083-3 GFL083-4

续表 15

DN/mm	PN/MPa	管长/m	管程数	换热管规格	计算传热面积/m^2	规格型号	管程出入口公称直径/mm	壳程出入口公称直径/mm	设备净重/kg	充水水重/kg	系列图号
800	2.5	6	6	φ19	181.3	$\frac{A}{B}$JS800 - 2.5 - 180 - $\frac{6}{19}$ - 6	200	300	7244 6663	3610	GFL084 - 1 GFL084 - 2
				φ25	145.5	$\frac{A}{B}$JS800 - 2.5 - 145 - $\frac{6}{25}$ - 6	200	300	7271 6720		GFL084 - 3 GFL084 - 4
	4.0	6	2	φ19	211.9	$\frac{A}{B}$JS800 - 4.0 - 210 - $\frac{6}{19}$ - 2	200	300	9055 8329	3660	GFL085 - 1 GFL085 - 2
				φ25	167.3	$\frac{A}{B}$JS800 - 4.0 - 165 - $\frac{6}{25}$ - 2	200	300	9063 8337		GFL085 - 3 GFL085 - 4
			4	φ19	204.2	$\frac{A}{B}$JS800 - 4.0 - 205 - $\frac{6}{19}$ - 4	200	300	9004 8277		GFL086 - 1 GFL086 - 2
				φ25	160.9	$\frac{A}{B}$JS800 - 4.0 - 160 - $\frac{6}{25}$ - 4	200	300	9008 8281		GFL086 - 3 GFL086 - 4
			6	φ19	179.9	$\frac{A}{B}$JS800 - 4.0 - 180 - $\frac{6}{19}$ - 6	200	300	8731 8035		GFL087 - 1 GFL087 - 2
				φ25	144.4	$\frac{A}{B}$JS800 - 4.0 - 145 - $\frac{6}{25}$ - 6	200	300	8786 8090		GFL087 - 3 GFL087 - 4
900	1.0	6	2	φ19	281.9	BJS900 - 1.0 - 280 - $\frac{6}{19}$ - 2	200	300	7750	4650	GFL088 - 1
				φ25	218.8	BJS900 - 1.0 - 220 - $\frac{6}{25}$ - 2	200	300	7718		GFL088 - 2
			4	φ19	273.4	BJS900 - 1.0 - 275 - $\frac{6}{19}$ - 4	200	300	7683		GFL089 - 1
				φ25	211.4	BJS900 - 1.0 - 210 - $\frac{6}{25}$ - 4	200	300	7641		GFL089 - 2
			6	φ19	253.7	BJS900 - 1.0 - 255 - $\frac{6}{19}$ - 6	200	300	7496		GFL090 - 1
				φ25	197.5	BJS900 - 1.0 - 195 - $\frac{6}{25}$ - 6	200	300	7483		GFL090 - 2
	1.6	3	2	φ19	137.6	BES900 - 1.6 - 135 - $\frac{3}{19}$ - 2	200	300 250	5007	2770	GFL091 - 1
				φ25	106.8	BES900 - 1.6 - 105 - $\frac{3}{25}$ - 2	200	300 250	4989		GFL091 - 2
			4	φ19	133.4	BES900 - 1.6 - 135 - $\frac{3}{19}$ - 4	200	300 250	5006		GFL092 - 1
				φ25	103.2	BES900 - 1.6 - 105 - $\frac{3}{25}$ - 4	200	300 250	4981		GFL092 - 2
			6	φ19	123.8	BES900 - 1.6 - 125 - $\frac{3}{19}$ - 6	200	300 250	4960		GFL093 - 1
				φ25	96.4	BES900 - 1.6 - 95 - $\frac{3}{25}$ - 6	200	300 250	4951		GFL093 - 2
		6	2	φ19	280.7	BJS900 - 1.6 - 280 - $\frac{6}{19}$ - 2	200	300	8113	4610	GFL094 - 1
				φ25	217.9	BJS900 - 1.6 - 215 - $\frac{6}{25}$ - 2	200	300	8083		GFL094 - 2

续表 15

DN/mm	PN/MPa	管长/m	管程数	换热管规格	计算传热面积/m^2	规格型号	管程出入口公称直径/mm	壳程出入口公称直径/mm	设备净重/kg	充水水重/kg	系列图号
900	1.6	6	4	ϕ19	272.3	BJS900－1.6－270－$\frac{6}{19}$－4	200	300	8051	4610	GFL095－1
				ϕ25	210.6	BJS900－1.6－210－$\frac{6}{25}$－4	200	300	8007		GFL095－2
			6	ϕ19	252.7	BJS900－1.6－250－$\frac{6}{19}$－6	200	300	7865		GFL096－1
				ϕ25	196.7	BJS900－1.6－195－$\frac{6}{25}$－6	200	300	7853		GFL096－2
	2.5	6	2	ϕ19	279.2	BJS900－2.5－280－$\frac{6}{19}$－2	200	300	8687		GFL097－1
				ϕ25	216.8	BJS900－2.5－215－$\frac{6}{25}$－2	200	300	8659		GFL097－2
			4	ϕ19	270.8	BJS900－2.5－270－$\frac{6}{19}$－4	200	300	8626		GFL098－1
				ϕ25	209.4	BJS900－2.5－210－$\frac{6}{25}$－4	200	300	8585		GFL098－2
			6	ϕ19	251.3	BJS900－2.5－250－$\frac{6}{19}$－6	200	300	8440		GFL099－1
				ϕ25	195.6	BJS900－2.5－195－$\frac{6}{25}$－6	200	300	8434		GFL099－2
	4.0	6	2	ϕ19	277.1	BJS900－4.0－275－$\frac{6}{19}$－2	200	300	10327	4670	GFL100－1
				ϕ25	215.1	BJS900－4.0－215－$\frac{6}{25}$－2	200	300	10292		GFL100－2
			4	ϕ19	268.8	BJS900－4.0－270－$\frac{6}{19}$－4	200	300	10270		GFL101－1
				ϕ25	207.8	BJS900－4.0－205－$\frac{6}{25}$－4	200	300	10226		GFL101－2
			6	ϕ19	249.4	BJS900－4.0－250－$\frac{6}{19}$－6	200	300	10095		GFL102－1
				ϕ25	194.2	BJS900－4.0－195－$\frac{6}{25}$－6	200	300	10229		GFL102－2
1000	1.0	6	2	ϕ19	354.2	BJS1000－1.0－355－$\frac{6}{19}$－2	250	350	9545	5770	GFL103－1
				ϕ25	280.8	BJS1000－1.0－280－$\frac{6}{25}$－2	250	350	9582		GFL103－2
			4	ϕ19	345.1	BJS1000－1.0－345－$\frac{6}{19}$－4	250	350	9481		GFL104－1
				ϕ25	272.4	BJS1000－1.0－270－$\frac{6}{25}$－4	250	350	9500		GFL104－2
			6	ϕ19	314.1	BJS1000－1.0－315－$\frac{6}{19}$－6	250	350	9163		GFL105－1
				ϕ25	261.1	BJS1000－1.0－260－$\frac{6}{25}$－6	250	350	9408		GFL105－2

续表 15

DN/mm	*PN*/MPa	管长/m	管程数	换热管规格	计算传热面积/m^2	规格型号	管程出入口公称直径/mm	壳程出入口公称直径/mm	设备净重/kg	充水水重/kg	系列图号
1000	1.6	3	2	$\phi19$	172.5	BES1000 – 1.6 – 170 – $\frac{3}{19}$ – 2	250	350 300	6235	3440	GFL106 – 1
				$\phi25$	136.7	BES1000 – 1.6 – 135 – $\frac{3}{25}$ – 2	250	350 300	6242		GFL106 – 2
			4	$\phi19$	168.0	BES1000 – 1.6 – 170 – $\frac{3}{19}$ – 4	250	350 300	6223		GFL107 – 1
				$\phi25$	132.7	BES1000 – 1.6 – 130 – $\frac{3}{25}$ – 4	250	350 300	6222		GFL107 – 2
		6	2	$\phi19$	352.6	BJS1000 – 1.6 – 350 – $\frac{6}{19}$ – 2	250	350	10029	5780	GFL108 – 1
				$\phi25$	279.4	BJS1000 – 1.6 – 280 – $\frac{6}{25}$ – 2	250	350	10062		GFL108 – 2
			4	$\phi19$	348.4	BJS1000 – 1.6 – 350 – $\frac{6}{19}$ – 4	250	350	9965		GFL109 – 1
				$\phi25$	271.1	BJS1000 – 1.6 – 270 – $\frac{6}{25}$ – 4	250	350	9982		GFL109 – 2
			6	$\phi19$	312.6	BJS1000 – 1.6 – 310 – $\frac{6}{19}$ – 6	250	350	9653		GFL110 – 1
				$\phi25$	260.1	BJS1000 – 1.6 – 260 – $\frac{6}{25}$ – 6	250	350	9895		GFL110 – 2
	2.5	6	2	$\phi19$	350.6	BJS1000 – 2.5 – 350 – $\frac{6}{19}$ – 2	250	350	10793	5820	GFL111 – 1
				$\phi25$	277.9	BJS1000 – 2.5 – 275 – $\frac{6}{25}$ – 2	250	350	10825		GFL111 – 2
			4	$\phi19$	341.6	BJS1000 – 2.5 – 340 – $\frac{6}{19}$ – 4	250	350	10728		GFL112 – 1
				$\phi25$	269.7	BJS1000 – 2.5 – 270 – $\frac{6}{25}$ – 4	250	350	10743		GFL112 – 2
			6	$\phi19$	311.0	BJS1000 – 2.5 – 310 – $\frac{6}{19}$ – 6	250	350	10435		GFL113 – 1
				$\phi25$	258.7	BJS1000 – 2.5 – 260 – $\frac{6}{25}$ – 6	250	350	10671		GFL113 – 2
	4.0	6	2	$\phi19$	348.1	BJS1000 – 4.0 – 350 – $\frac{6}{19}$ – 2	250	350	13314	5930	GFL114 – 1
				$\phi25$	275.8	BJS1000 – 4.0 – 275 – $\frac{6}{25}$ – 2	250	350	13348		GFL114 – 2
			4	$\phi19$	339.1	BJS1000 – 4.0 – 340 – $\frac{6}{19}$ – 4	250	350	13235		GFL115 – 1
				$\phi25$	267.6	BJS1000 – 4.0 – 265 – $\frac{6}{25}$ – 4	250	350	13246		GFL115 – 2
			6	$\phi19$	308.6	BJS1000 – 4.0 – 310 – $\frac{6}{19}$ – 6	250	350	12966		GFL116 – 1
				$\phi25$	256.7	BJS1000 – 4.0 – 255 – $\frac{6}{25}$ – 6	250	350	13215		GFL116 – 2

续表 15

DN/mm	PN/MPa	管长/m	管程数	换热管规格	计算传热面积/m^2	规格型号	管程出入口公称直径/mm	壳程出入口公称直径/mm	设备净重/kg	充水水重/kg	系列图号
1100	1.0	6	2	φ19	436.0	BJS1100－1.0－435－$\frac{6}{19}$－2	250	350	11745	7030	GFL117－1
				φ25	340.5	BJS1100－1.0－340－$\frac{6}{25}$－2	250	350	11664		GFL117－2
			4	φ19	426.2	BJS1100－1.0－425－$\frac{6}{19}$－4	250	350	11758		GFL118－1
				φ25	331.3	BJS1100－1.0－330－$\frac{6}{25}$－4	250	350	11573		GFL118－2
			6	φ19	393.8	BJS1100－1.0－395－$\frac{6}{19}$－6	250	350	11351		GFL119－1
				φ25	320.2	BJS1100－1.0－320－$\frac{6}{25}$－6	250	350	11508		GFL119－2
	1.6	6	2	φ19	434.4	BJS1100－1.6－435－$\frac{6}{19}$－2	250	350	11933	7050	GFL120－1
				φ25	339.2	BJS1100－1.6－340－$\frac{6}{25}$－2	250	350	11851		GFL120－2
			4	φ19	424.5	BJS1100－1.6－425－$\frac{6}{19}$－4	250	350	11870		GFL121－1
				φ25	329.9	BJS1100－1.6－330－$\frac{6}{25}$－4	250	350	11762		GFL121－2
			6	φ19	392.2	BJS1100－1.6－390－$\frac{6}{19}$－6	250	350	11551		GFL122－1
				φ25	318.9	BJS1100－1.6－320－$\frac{6}{25}$－6	250	350	11689		GFL122－2
	2.5	6	2	φ19	431.3	BJS1100－2.5－430－$\frac{6}{19}$－2	250	350	13226	7100	GFL123－1
				φ25	336.8	BJS1100－2.5－335－$\frac{6}{25}$－2	250	350	13140		GFL123－2
			4	φ19	421.6	BJS1100－2.5－420－$\frac{6}{19}$－4	250	350	13169		GFL124－1
				φ25	327.7	BJS1100－2.5－325－$\frac{6}{25}$－4	250	350	13059		GFL124－2
			6	φ19	389.6	BJS1100－2.5－390－$\frac{6}{19}$－6	250	350	12977		GFL125－1
				φ25	316.7	BJS1100－2.5－315－$\frac{6}{25}$－6	250	350	12992		GFL125－2
	4.0	6	2	φ19	427.6	BJS1100－4.0－425－$\frac{6}{19}$－2	250	350	16453	7250	GFL126－1
				φ25	334.1	BJS1100－4.0－335－$\frac{6}{25}$－2	250	350	16365		GFL126－2
			4	φ19	417.9	BJS1100－4.0－415－$\frac{6}{19}$－4	250	350	16408		GFL127－1
				φ25	324.9	BJS1100－4.0－325－$\frac{6}{25}$－4	250	350	16296		GFL127－2

续表 15

DN/mm	PN/MPa	管长/m	管程数	换热管规格	计算传热面积/m^2	规格型号	管程出入口公称直径/mm	壳程出入口公称直径/mm	设备净重/kg	充水水重/kg	系列图号
1100	4.0	6	6	ϕ19	386.2	BJS1100－4.0－385－$\frac{6}{19}$－6	250	350	16119	7250	GFL128－1
				ϕ25	314.1	BJS1100－4.0－315－$\frac{6}{25}$－6	250	350	16246		GFL128－2
1200	1.0	6	2	ϕ19	510.2	BJS1200－1.0－510－$\frac{6}{19}$－2	300	350	13439	8470	GFL129－1
				ϕ25	409.6	BJS1200－1.0－405－$\frac{6}{25}$－2	300	350	13538		GFL129－2
			4	ϕ19	500.4	BJS1200－1.0－500－$\frac{6}{19}$－4	300	350	13468		GFL130－1
				ϕ25	397.6	BJS1200－1.0－395－$\frac{6}{25}$－4	300	350	13468		GFL130－2
			6	ϕ19	473.7	BJS1200－1.0－475－$\frac{6}{19}$－6	300	350	13228		GFL131－1
				ϕ25	382.8	BJS1200－1.0－380－$\frac{6}{25}$－6	300	350	13356		GFL131－2
	1.6	6	2	ϕ19	507.8	BJS1200－1.6－505－$\frac{6}{19}$－2	300	350	14267	8500	GFL132－1
				ϕ25	405.1	BJS1200－1.6－405－$\frac{6}{25}$－2	300	350	14305		GFL132－2
			4	ϕ19	498.1	BJS1200－1.6－500－$\frac{6}{19}$－4	300	350	14238		GFL133－1
				ϕ25	395.7	BJS1200－1.6－395－$\frac{6}{25}$－4	300	350	14251		GFL133－2
			6	ϕ19	471.4	BJS1200－1.6－470－$\frac{6}{19}$－6	300	350	14003		GFL134－1
				ϕ25	381.1	BJS1200－1.6－380－$\frac{6}{25}$－6	300	350	14125		GFL134－2
	2.5	6	2	ϕ19	504.3	BJS1200－2.5－505－$\frac{6}{19}$－2	300	350	15435	8600	GFL135－1
				ϕ25	402.1	BJS1200－2.5－400－$\frac{6}{25}$－2	300	350	15420		GFL135－2
			4	ϕ19	494.2	BJS1200－2.5－495－$\frac{6}{19}$－4	300	350	15361		GFL136－1
				ϕ25	393.1	BJS1200－2.5－395－$\frac{6}{25}$－4	300	350	15373		GFL136－2
			6	ϕ19	468.2	BJS1200－2.5－470－$\frac{6}{19}$－6	300	350	15142		GFL137－1
				ϕ25	378.4	BJS1200－2.5－380－$\frac{6}{25}$－6	300	350	15260		GFL137－2
	4.0	6	2	ϕ19	499.1	BJS1200－4.0－500－$\frac{6}{19}$－2	300	350	19463	8850	GFL138－1
				ϕ25	398.1	BJS1200－4.0－400－$\frac{6}{25}$－2	300	350	19487		GFL138－2

续表 15

DN/mm	PN/MPa	管长/m	管程数	换热管规格	计算传热面积/m^2	规格型号	管程出入口公称直径/mm	壳程出入口公称直径/mm	设备净重/kg	充水水重/kg	系列图号
1200	4.0	6	4	ϕ19	489.5	BJS1200－4.0－490－$\frac{6}{19}$－4	300	350	19458	8850	GFL139－1
				ϕ25	389.1	BJS1100－4.0－390－$\frac{6}{25}$－4	300	350	19458		GFL139－2
			6	ϕ19	463.4	BJS1200－4.0－465－$\frac{6}{19}$－6	300	350	19253		GFL140－1
				ϕ25	374.5	BJS1200－4.0－375－$\frac{6}{25}$－6	300	350	19418		GFL140－2
1300	1.0	6	4	ϕ19	597.2	BJS1300－1.0－595－$\frac{6}{19}$－4	300	400	15869	10000	GFL141－1
				ϕ25	473.2	BJS1300－1.0－475－$\frac{6}{25}$－4	300	400	15888		GFL141－2
			6	ϕ19	567.5	BJS1300－1.0－565－$\frac{6}{19}$－6	300	400	15636		GFL142－1
				ϕ25	449.1	BJS1300－1.0－450－$\frac{6}{25}$－6	300	400	15646		GFL142－2
	1.6	6	4	ϕ19	593.7	BJS1300－1.6－595－$\frac{6}{19}$－4	300	400	16789	10040	GFL143－1
				ϕ25	470.6	BJS1300－1.6－470－$\frac{6}{25}$－4	300	400	16804		GFL143－2
			6	ϕ19	564.6	BJS1300－1.6－565－$\frac{6}{19}$－6	300	400	16565		GFL144－1
				ϕ25	446.7	BJS1300－1.6－445－$\frac{6}{25}$－6	300	400	16572		GFL144－2
	2.5	6	4	ϕ19	589.3	BJS1300－2.5－590－$\frac{6}{19}$－4	300	400	18635	10180	GFL145－1
				ϕ25	467.1	BJS1300－2.5－465－$\frac{6}{25}$－4	300	400	19988		GFL145－2
			6	ϕ19	560.2	BJS1300－2.5－560－$\frac{6}{19}$－6	300	400	18424		GFL146－1
				ϕ25	443.3	BJS1300－2.5－445－$\frac{6}{25}$－6	300	400	18425		GFL146－2
1400	1.0	6	4	ϕ19	692.2	BJS1400－1.0－690－$\frac{6}{19}$－4	350	400	18090	11830	GFL147－1
				ϕ25	550.5	BJS1400－1.0－550－$\frac{6}{25}$－4	350	400	18129		GFL147－2
			6	ϕ19	663.3	BJS1400－1.0－665－$\frac{6}{19}$－6	350	400	17893		GFL148－1
				ϕ25	521.8	BJS1400－1.0－520－$\frac{6}{25}$－6	350	400	17831		GFL148－2
	1.6	6	4	ϕ19	687.9	BJS1400－1.6－685－$\frac{6}{19}$－4	350	400	19452	11890	GFL149－1
				ϕ25	547.2	BJS1400－1.6－545－$\frac{6}{25}$－4	350	400	19485		GFL149－2

续表 15

DN/mm	PN/MPa	管长/m	管程数	换热管规格	计算传热面积/m^2	规格型号	管程出入口公称直径/mm	壳程出入口公称直径/mm	设备净重/kg	充水水重/kg	系列图号
1400	1.6	6	6	$\phi19$	659.2	BJS1400 - 1.6 - 660 - $\frac{6}{19}$ - 6	350	400	19226	11890	GFL150 - 1
				$\phi25$	518.7	BJS1400 - 1.6 - 520 - $\frac{6}{25}$ - 6	350	400	19200		GFL150 - 2
	2.5	6	4	$\phi19$	682.6	BJS1400 - 2.5 - 680 - $\frac{6}{19}$ - 4	350	400	21391	12020	GFL151 - 1
				$\phi25$	542.9	BJS1400 - 2.5 - 540 - $\frac{6}{25}$ - 4	350	400	21418		GFL151 - 2
			6	$\phi19$	654.2	BJS1400 - 2.5 - 655 - $\frac{6}{19}$ - 6	350	400	21120		GFL152 - 1
				$\phi25$	514.7	BJS1400 - 2.5 - 515 - $\frac{6}{25}$ - 6	350	400	21150		GFL152 - 2
1500	1.0	6	4	$\phi19$	807.4	BJS1500 - 1.0 - 805 - $\frac{6}{19}$ - 4	350	400	20739	13690	GFL153 - 1
				$\phi25$	645.5	BJS1500 - 1.0 - 645 - $\frac{6}{25}$ - 4	350	400	20881		GFL153 - 2
			6	$\phi19$	789.2	BJS1500 - 1.0 - 790 - $\frac{6}{19}$ - 6	350	400	20704		GFL154 - 1
				$\phi25$	614.2	BJS1500 - 1.0 - 615 - $\frac{6}{25}$ - 6	350	400	20561		GFL154 - 2
	1.6	6	4	$\phi19$	801.9	BJS1500 - 1.6 - 800 - $\frac{6}{19}$ - 4	350	400	22836	13730	GFL155 - 1
				$\phi25$	641.2	BJS1500 - 1.6 - 640 - $\frac{6}{25}$ - 4	350	400	22968		GFL155 - 2
			6	$\phi19$	783.8	BJS1500 - 1.6 - 785 - $\frac{6}{19}$ - 6	350	400	22812		GFL156 - 1
				$\phi25$	610.1	BJS1500 - 1.6 - 610 - $\frac{6}{25}$ - 6	350	400	22661		GFL156 - 2
	2.5	6	4	$\phi19$	795.9	BJS1500 - 2.5 - 795 - $\frac{6}{19}$ - 4	350	400	25403	13900	GFL157 - 1
				$\phi25$	636.3	BJS1500 - 2.5 - 635 - $\frac{6}{25}$ - 4	350	400	25574		GFL157 - 2
			6	$\phi19$	777.9	BJS1500 - 2.5 - 775 - $\frac{6}{19}$ - 6	350	400	24745		GFL158 - 1
				$\phi25$	605.4	BJS1500 - 2.5 - 605 - $\frac{6}{25}$ - 6	350	400	25398		GFL158 - 2
1600	1.0	6	4	$\phi19$	921.1	BJS1600 - 1.0 - 920 - $\frac{6}{19}$ - 4	400	450	24214	15920	GFL159 - 1
				$\phi25$	733.1	BJS1600 - 1.0 - 735 - $\frac{6}{25}$ - 4	400	450	24255		GFL159 - 2
			6	$\phi19$	881.9	BJS1600 - 1.0 - 880 - $\frac{6}{19}$ - 6	400	450	23928		GFL160 - 1
				$\phi25$	699.1	BJS1600 - 1.0 - 700 - $\frac{6}{25}$ - 6	400	450	23921		GFL160 - 2

续表 15

DN/mm	PN/MPa	管长/m	管程数	换热管规格	计算传热面积/m^2	规格型号	管程出入口公称直径/mm	壳程出入口公称直径/mm	设备净重/kg	充水水重/kg	系列图号
1600	1.6	6	4	φ19	914.8	BJS1600 - 1.6 - 915 - $\frac{6}{19}$ - 4	400	450	25753	15970	GFL161 - 1
				φ25	728.1	BJS1600 - 1.6 - 730 - $\frac{6}{25}$ - 4	400	450	25882		GFL161 - 2
			6	φ19	875.9	BJS1600 - 1.6 - 875 - $\frac{6}{19}$ - 6	400	450	25561		GFL162 - 1
				φ25	694.2	BJS1600 - 1.6 - 695 - $\frac{6}{25}$ - 6	400	450	25548		GFL162 - 2
	2.5	6	4	φ19	907.6	BJS1600 - 2.5 - 905 - $\frac{6}{19}$ - 4	400	450	29272	16290	GFL163 - 1
				φ25	722.3	BJS1600 - 2.5 - 720 - $\frac{6}{25}$ - 4	400	450	29285		GFL163 - 2
			6	φ19	869.0	BJS1600 - 2.5 - 870 - $\frac{6}{19}$ - 6	400	450	29009		GFL164 - 1
				φ25	688.8	BJS1600 - 2.5 - 690 - $\frac{6}{25}$ - 6	400	450	28978		GFL164 - 2
1700	1.0	6	4	φ19	1053.4	BJS1700 - 1.0 - 1055 - $\frac{6}{19}$ - 4	400	450	27228	18090	GFL165 - 1
				φ25	854.1	BJS1700 - 1.0 - 855 - $\frac{6}{25}$ - 4	400	450	27490		GFL165 - 2
			6	φ19	991.1	BJS1700 - 1.0 - 990 - $\frac{6}{19}$ - 6	400	450	26646		GFL166 - 1
				φ25	833.8	BJS1700 - 1.0 - 835 - $\frac{6}{25}$ - 6	400	450	27400		GFL166 - 2
	1.6	6	4	φ19	1046.2	BJS1700 - 1.6 - 1045 - $\frac{6}{19}$ - 4	400	450	29165	18180	GFL167 - 1
				φ25	848.2	BJS1700 - 1.6 - 850 - $\frac{6}{25}$ - 4	400	450	29410		GFL167 - 2
			6	φ19	984.4	BJS1700 - 1.6 - 985 - $\frac{6}{19}$ - 6	400	450	28164		GFL168 - 1
				φ25	828.1	BJS1700 - 1.6 - 830 - $\frac{6}{25}$ - 6	400	450	28892		GFL168 - 2
	2.5	6	4	φ19	1036.1	BJS1700 - 2.5 - 1035 - $\frac{6}{19}$ - 4	400	450	33946	18680	GFL169 - 1
				φ25	840.1	BJS1700 - 2.5 - 840 - $\frac{6}{25}$ - 4	400	450	34164		GFL169 - 2
			6	φ19	974.9	BJS1700 - 2.5 - 975 - $\frac{6}{19}$ - 6	400	450	33433		GFL170 - 1
				φ25	820.2	BJS1700 - 2.5 - 820 - $\frac{6}{25}$ - 6	400	450	34119		GFL170 - 2
1800	1.0	6	4	φ19	1181.9	BJS1800 - 1.0 - 1180 - $\frac{6}{19}$ - 4	450	450	30621	20690	GFL171 - 1
				φ25	944.8	BJS1800 - 1.0 - 945 - $\frac{6}{25}$ - 4	450	450	30681		GFL171 - 2

续表 15

DN/mm	PN/MPa	管长/m	管程数	换热管规格	计算传热面积/m^2	规格型号	管程出入口公称直径/mm	壳程出入口公称直径/mm	设备净重/kg	充水水重/kg	系列图号
1800	1.0	6	6	ϕ19	1096.6	BJS1800 – 1.0 – 1095 – $\frac{6}{19}$ – 6	450	450	29766	20690	GFL172 – 1
				ϕ25	912.6	BJS1800 – 1.0 – 910 – $\frac{6}{25}$ – 6	450	450	30424		GFL172 – 2
	1.6	6	4	ϕ19	1173.0	BJS1800 – 1.6 – 1175 – $\frac{6}{19}$ – 4	450	450	33404	20780	GFL173 – 1
				ϕ25	937.7	BJS1800 – 1.6 – 935 – $\frac{6}{25}$ – 4	450	450	33448		GFL173 – 2
			6	ϕ19	1088.4	BJS1800 – 1.6 – 1090 – $\frac{6}{19}$ – 6	450	450	32577		GFL174 – 1
				ϕ25	905.8	BJS1800 – 1.6 – 905 – $\frac{6}{25}$ – 6	450	450	33206		GFL174 – 2
	2.5	6	4	ϕ19	1161.3	BJS1800 – 2.5 – 1160 – $\frac{6}{19}$ – 4	450	450	37945	21390	GFL175 – 1
				ϕ25	928.4	BJS1800 – 2.5 – 930 – $\frac{6}{25}$ – 4	450	450	37965		GFL175 – 2
			6	ϕ19	1077.5	BJS1800 – 2.5 – 1075 – $\frac{6}{19}$ – 6	450	450	37180		GFL176 – 1
				ϕ25	896.7	BJS1800 – 2.5 – 895 – $\frac{6}{25}$ – 6	450	450	37765		GFL176 – 2

U 形管式换热器部分

一、适用范围

本系列适用于石油、石化工业用碳素钢、低合金钢制 U 形管式换热器，也适用于其他工业部门类似的换热器。

二、型式

1. 结构简图见图 1，其接管公称直径见表 8。

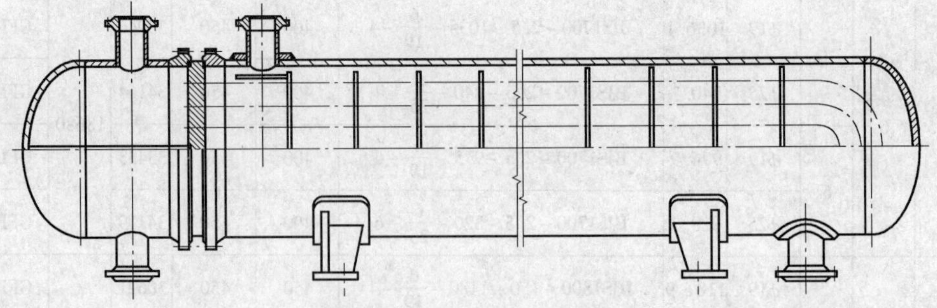

图 1　U 形管式换热器结构简图

2. 重叠式 U 形管式换热器见图 2，其接管公称直径见表 8。

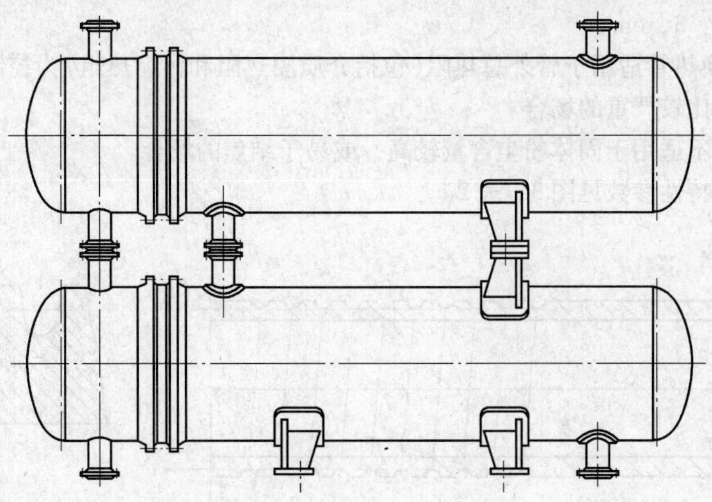

图2　重叠式U形管式换热器

三、基本参数

1. 公称直径 *DN*

钢管制壳体：325mm；

钢板卷制壳体：400，500，600，700，800，900，1000，(1100)，1200mm。

注：括弧内的公称直径不推荐选用。

2. 公称压力 *PN*

1.0，1.6，2.5，4.0，6.4MPa。

3. 设计温度

U形管式换热器的设计温度为200℃。允许升温降压使用，不同温度下允许最高工作压力见表1。

表1　不同温度下允许最高工作压力

公称压力/MPa	水压试验压力/MPa（用5℃≤t<100℃的水为介质）	设计温度/℃				
		200	250	300	350	400
		不同温度下允许的最高工作压力/MPa				
1.0	1.35	1.0	0.89	0.81	0.74	0.68
1.6	2.16	1.6	1.42	1.31	1.18	1.10
2.5	3.13	2.5	2.22	2.05	1.85	1.72
4.0	5	4.0	3.56	3.28	2.96	2.76
6.4	8	6.4	5.69	5.24	4.73	4.41

4. 换热器种类及规格

4.1　换热管有较高级冷拔换热管、普通级冷拔换热管(以Ⅰ或Ⅱ区别)和螺纹换热管。采用Ⅰ级或Ⅱ级换热管制造的换热器分别为Ⅰ级或Ⅱ级换热器管束。一般应选用Ⅰ级换热器管束，在无振动和工艺过程对壳程漏流要求不严的场合，可选用Ⅱ级换热器管束。

4.2　换热管规格

常用碳素钢换热管外径和厚度：$\phi19\times2$，$\phi25\times2.5$mm。

换热管长度：3，6m。

4.3　螺纹换热管适用于管外总热阻(包括介质膜热阻和污垢热组)为控制热阻的传热场合，或管外结垢比较严重的场合。

螺纹换热管不适用于固体粉尘含量较高，或易于结焦的场合。

螺纹换热管特性参数见图3、表2。

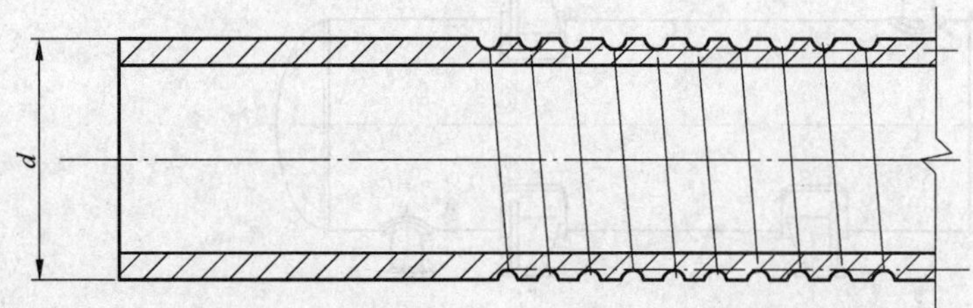

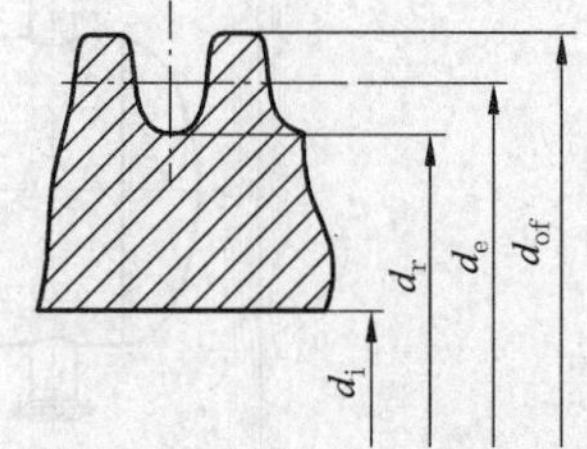

图3　螺纹换热管

表2　螺纹换热管特性参数

d/mm	19					25					
η	2.8	2.5	2.2	2.0	1.7	2.8	2.75	2.5	2.2	1.8	1.6
d_e/mm	17.5		17.8			23.5					
d_r/mm	17	16.8	16.6	16.6	16.4	23	22.6	22.3	22.3	22	22
d_i/mm	13.4		13.0			18.8		18.0			
A_s/A_i	3.6	3.3	3.1	2.7	2.3	3.6	3.5	3.3	3.0	2.5	2.2
d_{of}/mm	18.8±0.2					24.8±0.2					

表中　d——换热管外径，mm；

d_e——螺纹换热管当量直径，mm；

d_r——螺纹换热管根部直径，mm；

d_i——螺纹换热管内径，mm；

d_{of}——螺纹换热管齿顶圆直径，mm；

A_s/A_i——螺纹换热管外表面积与螺纹换热管内表面积的比值；

η——翅化比。

翅化比为螺纹换热管外表面积与滚轧前光管外表面积的比值。作为换热管用时，应尽量采用高翅化比。

5. 换热管规格及排列形式见表3。

表3　换热管规格及排列形式　　mm

换热管规格(外径 d×壁厚 δ)	排列形式	管心距
19×2	正三角形	25
25×2.5	正方形旋转45°	32

注：材质为碳素钢、低合金钢。

6. 管程数 N

2，4。

7. 折流板(支持板)间距及块数见表4

U形管式换热器的折流板均为单弓开结构。两管程为水平缺口，见图4(a)，四管程为竖直缺口，见图4(b)。

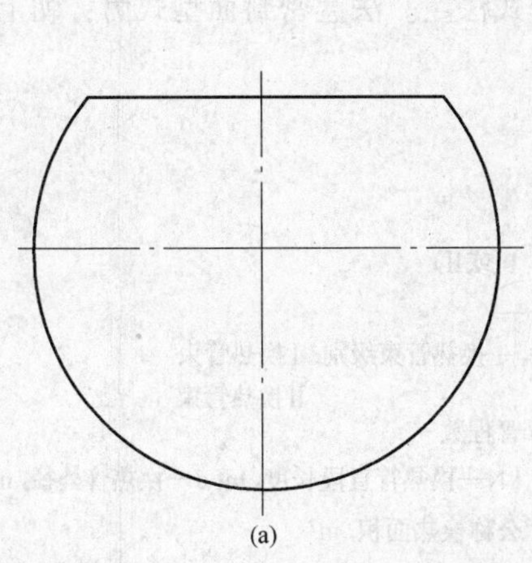
(a)

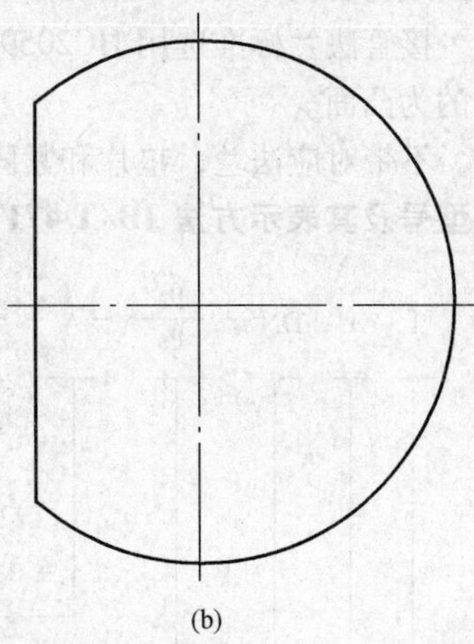
(b)

图4　弓形折流板结构简图

表4　折流板间距及板数

管长/mm	公称直径 DN/mm	折流板间距为 B(mm)时的折流板数 150	200	250	300	350	450	注
3000	325，400	16						
	500	15	12					
	600	16						
6000	325，400	36						
	500，600	35	27					
	700				18			
	800	34						
	900	35	26				12	
	1000，1100			21	17	15		
	1200			21(20)				1

注：1. (20)为 $PN=2.5$，4.0MPa 所用。

8. 管箱型式

标准椭圆形封头管箱(简称封头管箱)

9. 换热管与管板的连接

本系列推荐换热管与管板的连接方式为：当公称压力小于4.0MPa，温度小于等于300℃时，可采用强度胀接，或强度焊接，或强度焊加贴胀；当公称压力大于等于4.0MPa，或温度大于300℃时，应采用强度胀加密封焊，或强度焊加贴胀。

当用户有特殊要求需指定连接结构时，应在有关技术文件中注明，制造厂应按用户要求制造。

10. 接管法兰

10.1 考虑到管道推力等因素新系列换热器，接管法兰的压力等级比选用换热器公称压力高一个等级。当管道推力校核计算通过时，可采用与换热器公称压力同等级的接管法兰，并在安装图或订货技术文件中说明。

10.2 接管法兰标准选用 HG20592 带颈对焊式法兰。法兰密封面型式为：朝上的为凹面，朝下的为凸面。

10.3 不带对应法兰，垫片和紧固件。

四、型号及其表示方法 JB/T 4717—1992

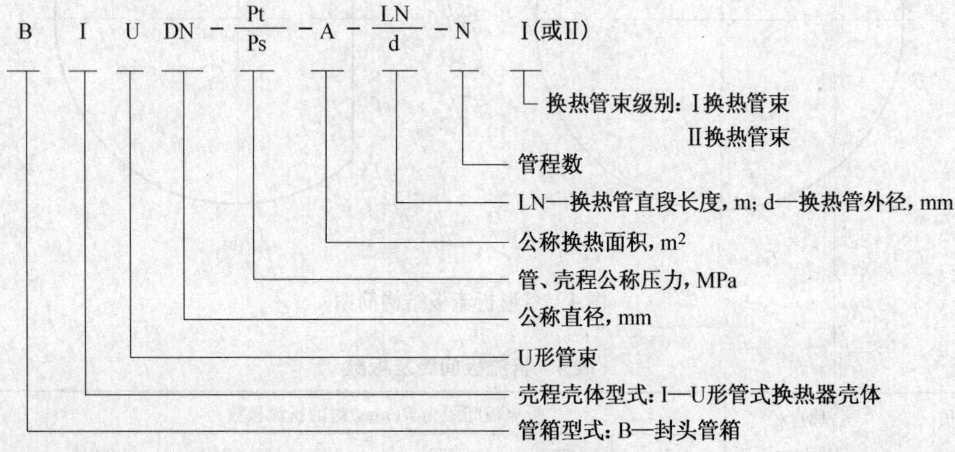

举例如下：

① 浮头管箱，公称直径 800mm，管、壳程压力均为 2.5MPa，公称换热面积 245m²，较高级冷拔换热管，外径 19mm，管长 6m，4 管程，单壳程的 U 形管式换热器，其型号为：

BIU800-2.5-245-6/19-4Ⅰ

② 封头管箱，公称直径 600mm，管、壳程压力均为 1.6MPa，公称换热面积 90m²，普通级冷拔换热管，外径 25mm，管长 6m，2 管程，单壳程的 U 形管式换热器，其型号为：

BIU600-1.6-90-6/25-2Ⅱ

五、订货须知

按本系列标准订货时，应根据实际工况和介质，绘制一张换热器安装图，确定设计压力，设计温度、管板与换热器连接方式等参数，且注明以下内容：

1. 按系列规格表确定规格型号，注明各规格的台数。
2. 根据所选规格型号注明施工图号。
3. 需要重叠安装时，订货时必须注明。
4. 采用螺纹换热管时，应注明翅化比。
5. 在特殊情况下，供需双方协商同意改变接管直径、管子材质、换热管与管板的连接结构、安装尺寸时，应在安装图中确定，或者说由需方提出相应的技术要求或条件图，并在订货合同中注明。
6. 应注明接管法兰、鞍座等对外连接件的变化要求。
7. 每种规格订货时，应注明下表所列的项目及数据。

项　目	管　程	壳　程
工作介质		
工作压力/MPa		
工作温度/℃		
折流板间距 B/mm		

六、系列参数范围

U形管式换热器系列参数范围(表5粗框线内)

表5　U形管式换热器系列参数范围

公称直径 DN/mm	管长 L/mm	3000									6000										
	P_t/MPa	2.5		4.0			6.4				1.0	1.6	2.5		4.0			6.4			
	P_s/MPa	2.5	1.6	4.0	2.5	1.6	6.4	4.0	2.5	1.6	1.0	1.6	2.5	1.6	4.0	2.5	1.6	6.4	4.0	2.5	1.6
325	2																				
	4																				
400	2																				
	4																				
500	2																				
	4																				
600	2																				
	4																				
700	2																				
	4																				
800	2																				
	4																				
900	2																				
	4																				
1000	2																				
	4																				
1100	2																				
	4																				
1200	2																				
	4																				

注：p_t—管程公称压力；p_s—壳程公称压力。

七、工艺计算常用参数

工艺计算参数见表6。

表 6　工艺计算常用参数

公称直径 DN/mm	管径/mm	管程 N	中心管排数	换热管数	管程平均通道面积/cm^2	壳程流通面积 S/m^2						弓形折流板缺口弓高/mm
						折流板间距 B/mm						
						150	200	250	300	350	450	
325	$\phi19$	2	11	76	67	0.0165	0.0223		0.0339			75
		4	5	60	27	0.0327	0.0442		0.0672			
	$\phi25$	2	6	26	41	0.0249	0.0336		0.0511			82
		4	5	24	19	0.0284	0.0384		0.0584			
400	$\phi19$	2	15	154	136	0.0163	0.0221		0.0336			100
		4	8	136	60	0.0352	0.0476		0.0724			
	$\phi25$	2	8	64	101	0.0284	0.0384		0.0584			
		4	7	56	44	0.0320	0.0432		0.0657			
500	$\phi19$	2	19	256	226	0.0197	0.0267		0.0406			125
		4	10	228	101	0.0440	0.0595		0.0905			
	$\phi25$	2	10	114	179	0.0355	0.0480		0.0730			
		4	9	112	88	0.0391	0.0528		0.0803			
600	$\phi19$	2	23	398	352	0.0231	0.0313		0.0476			162
		4	12	368	163	0.0528	0.0714		0.1086			
	$\phi25$	2	13	188	295	0.0391	0.0528		0.0803			152
		4	11	180	141	0.0462	0.0624		0.0949			
700	$\phi19$	2	27	552	488	0.0266	0.0359		0.0546		0.0827	185
		4	12	516	228	0.0670	0.0906		0.1378		0.2086	
	$\phi25$	2	15	258	405	0.0462	0.0624		0.0949		0.1437	180
		4	13	256	201	0.0533	0.0720		0.1095		0.1658	
800	$\phi19$	2	31	734	649	0.0300	0.0405		0.0616		0.0933	210
		4	16	692	306	0.0704	0.0952		0.1448		0.2192	
	$\phi25$	2	17	364	572	0.0533	0.0720		0.1095		0.1658	200
		4	15	352	276	0.0604	0.0816		0.1241		0.1879	
900	$\phi19$	2	35	960	848	0.0334	0.0451		0.0686		0.1039	235
		4	16	908	401	0.0846	0.1144		0.1740		0.2634	
	$\phi25$	2	19	462	725	0.0604	0.0816		0.1241		0.1879	225
		4	17	452	355	0.0675	0.0912		0.1387		0.2100	

续表 6

公称直径 DN/mm	管径/mm	管程 N	中心管排数	换热管数	管程平均通道面积/cm^2	壳程流通面积 S/m^2 折流板间距 B/mm 150	200	250	300	350	450	弓形折流板缺口弓高/mm
1000	ϕ19	2	39	1206	1066			0.0622	0.0751	0.0881	0.1140	250
		4	20	1152	509			0.1488	0.1798	0.2108	0.2728	
	ϕ25	2	21	596	936			0.1140	0.1378	0.1615	0.2090	245
		4	19	584	458			0.1260	0.1523	0.1785	0.2310	
1100	ϕ19	2	43	1476	1304			0.0679	0.0821	0.0962	0.1245	285
		4	20	1412	624			0.1728	0.2088	0.2448	0.3168	
	ϕ25	2	24	726	1140			0.1200	0.1450	0.1700	0.2200	270
		4	21	712	559			0.1380	0.1668	0.1955	0.2530	
1200	ϕ19	2	47	1770	1564			0.0737	0.0890	0.1044	0.1351	320
		4	24	1704	753			0.1786	0.2158	0.2530	0.3274	
	ϕ25	2	26	872	1369			0.1320	0.1595	0.1870	0.2420	310
		4	21	856	672			0.1620	0.1958	0.2295	0.2970	

注：表中壳程流通面积的计算公式为：$S=(DN-Nd_o)(B-\delta)$

式中：n—中心管排数；d_o—换热管外径 mm；δ—折流板厚度 mm；B—折流板间距 mm。

八、安装尺寸

U 形管式换热器安装尺寸见图 5、表 7。

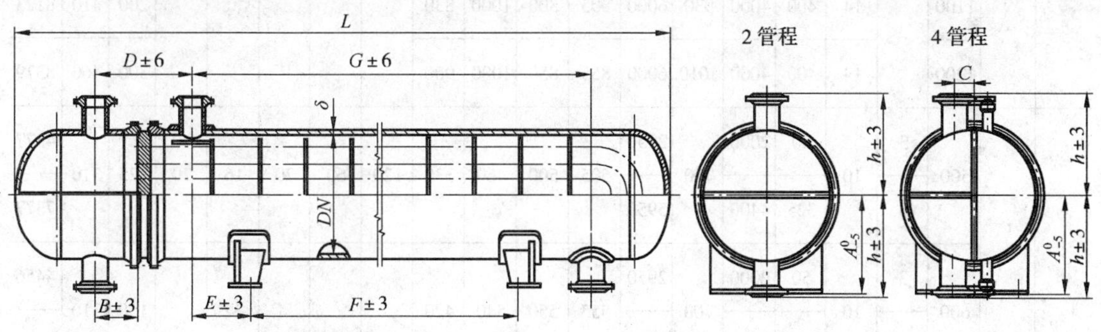

支座底板安装尺寸图

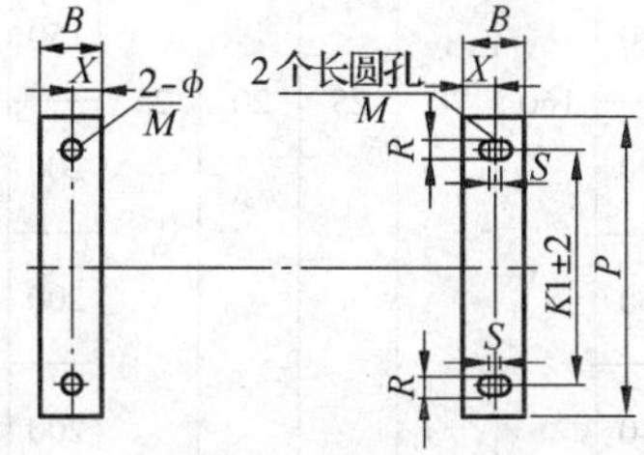

图 5　U 形管式换热器安装尺寸示意图

表7 U形管换热器安装尺寸

管程压力/MPa	壳程压力/MPa	DN	管长/m	δ	E	F	D	G	h	A	P	K1	J	X	R	S	φ	四管程 C	B	封头管箱 L
		600		9	325	4400	680	6000	555	550	540	420						150	310	7462
		700		9	325	4400	680	6000	605	600	640	500						150	310	7512
		800		11	400	4000	820	6000	655	650	730	590						200	370	7846
1.0	1.0	900	6	11	400	4000	820	6000	705	700	810	660	160	70	25	20	25	200	370	7891
		1000		11	400	4000	930	6000	755	750	900	740						200	410	8131
		1100		13	400	4000	930	6000	805	800	1000	830						200	410	8170
		1200		13	400	4000	1010	6000	855	850	1080	900						300	460	8380
		600		10	325	4400	680	6000	555	550	540	420						150	310	7465
		700		11	325	4400	680	6000	605	600	640	500						150	310	7542
		800		12	400	4000	820	6000	655	650	730	590						200	370	7831
1.6	1.6	900	6	12	400	4000	820	6000	705	700	810	660	160	70	25	20	25	200	370	7881
		1000		12	400	4000	930	6000	755	750	900	740						200	410	8120
		1100		14	400	4000	930	6000	805	800	1000	830						200	410	8173
		1200		14	400	4000	1010	6000	855	850	1080	900						300	460	8379
		500	3	10	50	2000	700	2950	505	500	460	330	120	60	20	16	20	125	310	4377
			6		325	4400		5950												7377
		600	3	10	50	2000	700	2950	555	550	540	420						150	310	4456
			6		325	4400		5950												7468
2.5	2.5	700		11	325	4400	700	5950	605	600	640	500	160	70	25	20	25	150	310	7534
		800	6	12	400	4000	870	5950	655	650	730	590						200	370	7841
		700		12	400	4000	870	5950	705	700	810	660						200	370	7913
		1000		14	400	4000	1000	5950	755	750	900	740						200	440	8142

续表 7

管程压力/MPa	壳程压力/MPa	DN	管长/m	δ	E	F	D	G	h	A	P	K1	J	X	R	S	φ	四管程C	B	封头管箱L
2.5	2.5	1100		14	400	4000	1000	5950	805	800	1000	830	160	70	25	20	25	200	440	8205
		1200		14	400	4000	1150	5950	855	850	1080	900						300	500	8482
	1.6	500	3	10	50	2000	700	2950	505	500	460	330	120	60	20	16	20	125	310	4377
			6		325	4400		5950												7377
		600	3	10	50	2000	700	2950	555	550	540	420	160	70	25	20	25	150	310	4439
			6		325	4400		5950												7439
		700	6	10	325	4400	700	5950	605	600	640	500						150	310	7496
		800		12	400	4000	870	5950	655	650	730	590						200	370	7826
		900		12	400	4000	870	5950	705	700	810	660						200	370	7853
		1000		12	400	4000	1000	5950	755	750	900	740						200	440	8140
		1100		14	400	4000	1000	5950	805	800	1000	830						200	440	8187
		1200		14	400	4000	1150	5950	855	850	1080	900						300	500	8464
4.0	4.0	325	3	12	50	2000	635	2900	415	410	300	200	120	60	20	16	20	75	280	4119
			6		325	4400		5900												7108
		400	3	12	50	2000	635	2900	455	450	370	280						100	280	4161
			6		325	4400		5900												7233
		500	3	12	50	2000	760	2900	505	500	460	330						125	330	4436
			6		325	4400		5900												7436
		600	3	12	50	2000	760	2900	555	550	540	420	160	70	25	20	25	150	330	4489
			6		325	4400		5900												7489
		700	6	14	325	4400	760	5900	605	600	640	500						150	330	7652
		800		16	400	4000	920	5900	655	650	730	590						200	390	7844

续表 7

管程压力/MPa	壳程压力/MPa	DN	管长/m	δ	E	F	D	G	h	A	P	K1	J	X	R	S	φ	四管程C	B	封头管箱L
		900		16	400	4000	920	5900	705	700	810	660						200	390	7916
	4.0	1000	6	18	400	4000	1100	5900	755	750	900	740	160	70	25	20	25	200	475	8212
		1100		20	400	4000	110	5900	805	800	1000	830						200	475	8305
		1200		22	400	4000	1260	5900	855	850	1080	900						300	530	8560
			3		50	2000		2900												4108
		325		12			635		415	410	300	200						75	280	
			6		325	4400		5900												7108
			3		50	2000		2900												4144
		400		10			635		455	450	370	280	120	60	20	16	20	100	280	
			6		325	4400		5900												7144
			3		50	2000		2900												4419
		500		10			760		505	500	460	330						125	330	
			6		325	4400		5900												7419
			3		50	2000		2900												4483
4.0	2.5	600		10			760		555	550	540	420						150	330	
			6		325	4400		5900												7483
		700		10	325	4400	760	5900	605	600	640	500						150	330	7510
		800		12	400	4000	920	5900	655	650	730	590	160	70	25	20	25	200	390	7832
		900	6	12	400	4000	920	5900	705	700	810	660						200	390	7864
		1000		12	400	4000	1100	5900	755	700	900	740						200	475	8206
		1100		14	400	4000	1100	5900	805	800	1000	830						200	475	8255
		1200		14	400	4000	1260	5900	855	850	1080	900						300	530	8542
			3		50	2000		2900												4093
		325		10			635		415	410	300	200						75	280	
			6		325	4400		5900												7093
	1.6												120	60	20	16	20			
			3		50	2000		2900												4144
		400		10			635		455	450	370	280						100	280	
			6		325	4400		5900												7144

续表 7

管程压力/MPa	壳程压力/MPa	*DN*	管长/m	*δ*	*E*	*F*	*D*	*G*	*h*	*A*	*P*	*K*1	*J*	*X*	*R*	*S*	*ϕ*	四管程 *C*	*B*	封头管箱 *L*
4.0	1.6	500	3	10	50	2000	760	2900	505	500	460	330	120	60	20	16	20	125	335	4419
			6		325	4400		5900												7419
		600	3	10	50	2000	760	2900	555	550	540	420						150	330	4466
			6		325	4400		5900												7466
		700	6	10	325	4400	760	5900	605	600	640	500						150	330	7510
		800		12	400	4000	920	5900	655	650	730	590	160	70	25	20	25	200	390	7832
		900		12	400	4000	920	5900	705	700	810	660						200	390	7862
		1000		12	400	4000	1100	5900	755	700	900	740						200	475	8206
		1100		14	400	4000	1100	5900	805	800	1000	830						200	475	8253
		1200		14	400	4000	1260	5900	855	850	1080	900						300	530	8542
6.4	6.4	325	3	14	50	2000	635	2900	415	410	300	200	120	60	20	16	20	75	280	4103
			6		325	4400		5900												7103
		400	3	12	50	2000	635	2900	455	450	370	280						100	280	4155
			6		325	4400		5900												7155
		500	3	16	50	2000	850	2900	505	500	460	330						125	380	4563
			6		325	4400		5900												7563
		600	6	18	325	4400	850	5900	555	550	540	420						150	380	7592
		700		20	325	4400	900	5900	605	600	640	500	160	70	25	20	25	150	400	7720
		800		24	400	4000	1030	5900	655	650	730	590						200	440	7979
	4.0	325	3	12	50	2000	635	2900	415	410	300	200	120	60	20	16	20	75	280	4103
			6		325	4400		5900												7103

续表 7

管程压力/MPa	壳程压力/MPa	DN	管长/m	δ	E	F	D	G	h	A	P	K1	J	X	R	S	φ	四管程 C	B	封头管箱 L
6.4	4.0	400	3	10	50	2000	635	2900	455	450	370	280	120	60	20	16	20	100	280	4153
			6		325	4400		5900												7153
		500	3	10	50	2000	850	2900	505	500	460	330						125	380	4557
			6		325	4400		5900												7557
		600	6	12	325	4400	850	5900	555	550	540	420	160	70	25	20	25	150	380	7586
		700		14	325	4400	900	5900	605	600	640	500						150	400	7700
		800		16	400	4000	1030	5900	655	650	730	590						200	440	7961
	2.5	325	3	12	50	2000	635	2900	415	410	300	200	120	60	20	16	20	75	280	4103
			6		325	4400		5900												7103
		400	3	10	50	2000	635	2900	455	450	370	280						100	280	4186
			6		325	4400		5900												7136
		500	3	10	50	2000	850	2900	505	500	460	330						125	380	4540
			6		325	4400		5900												7540
		600	6	10	325	4400	850	5900	555	550	540	420	160	70	25	20	25	150	380	7584
		700		10	325	4400	900	5900	605	600	640	500						150	400	7696
		800		12	400	4000	1030	5900	655	650	730	590						200	440	7955
	1.6	325	3	10	50	2000	635	2900	415	410	300	200	120	60	20	16	20	75	280	4088
			6		325	4400		5900												7088
		400	3	10	50	2000	635	2900	455	450	370	280						100	280	4136
			6		325	4400		5900												7136
		500	3	10	50	2000	850	2900	505	500	440	330						125	380	4540
			6		325	4400		5900												7540
		600	6	10	325	4400	850	5900	555	550	540	420	160	70	25	20	25	150	380	7567
		700		10	325	4400	900	5900	605	600	640	500						150	400	7696
		800		12	400	4000	1030	5900	655	650	730	590						200	400	7955

注：尺寸 h、A 可根据实际情况进行微调。

九、规格及图号

U形管式换热器系列规格及图号(见表8)。

表8　U形管式换热器规格及图号

DN/mm	管程压力/MPa	壳程压力/MPa	管长/m	管程数	换热管规格	计算传热面积/m^2	规格型号	管程出入口公称直径/mm	壳程出入口公称直径/mm	设备净重/kg	充水水重/kg	系列图号
325	4.0	4.0	3	2	$\phi19$	13.4	$\text{BIU325}-\frac{4.0}{4.0}-15-\frac{3}{19}-2\begin{smallmatrix}\text{I}\\\text{II}\end{smallmatrix}$	100	100	847	290	GY001-1
					$\phi25$	6.0	$\text{BIU325}-\frac{4.0}{4.0}-5-\frac{3}{25}-2\begin{smallmatrix}\text{I}\\\text{II}\end{smallmatrix}$	100	100	781		GY001-2
		2.5	3	2	$\phi19$	13.4	$\text{BIU325}-\frac{4.0}{2.5}-15-\frac{3}{19}-2\begin{smallmatrix}\text{I}\\\text{II}\end{smallmatrix}$	100	100			GY001-3
					$\phi25$	6.0	$\text{BIU325}-\frac{4.0}{2.5}-5-\frac{3}{25}-2\begin{smallmatrix}\text{I}\\\text{II}\end{smallmatrix}$	100	100			GY001-4
		1.6	3	2	$\phi19$	13.4	$\text{BIU325}-\frac{4.0}{1.6}-15-\frac{3}{19}-2\begin{smallmatrix}\text{I}\\\text{II}\end{smallmatrix}$	100	100			GY001-5
					$\phi25$	6.0	$\text{BIU325}-\frac{4.0}{1.6}-5-\frac{3}{25}-2\begin{smallmatrix}\text{I}\\\text{II}\end{smallmatrix}$	100	100			GY001-6
	6.4	6.4	3	2	$\phi19$	13.3	$\text{BIU325}-\frac{6.4}{6.4}-15-\frac{3}{19}-2\begin{smallmatrix}\text{I}\\\text{II}\end{smallmatrix}$	100	100	956		GY002-1
					$\phi25$	6.0	$\text{BIU325}-\frac{6.4}{6.4}-5-\frac{3}{25}-2\begin{smallmatrix}\text{I}\\\text{II}\end{smallmatrix}$	100	100	891		GY002-2
		4.0	3	2	$\phi19$	13.3	$\text{BIU325}-\frac{6.4}{4.0}-15-\frac{3}{19}-2\begin{smallmatrix}\text{I}\\\text{II}\end{smallmatrix}$	100	100			GY002-3
					$\phi25$	6.0	$\text{BIU325}-\frac{6.4}{4.0}-5-\frac{3}{25}-2\begin{smallmatrix}\text{I}\\\text{II}\end{smallmatrix}$	100	100			GY002-4
		2.5	3	2	$\phi19$	13.3	$\text{BIU325}-\frac{6.4}{2.5}-15-\frac{3}{19}-2\begin{smallmatrix}\text{I}\\\text{II}\end{smallmatrix}$	100	100			GY002-5
					$\phi25$	6.0	$\text{BIU325}-\frac{6.4}{2.5}-5-\frac{3}{25}-2\begin{smallmatrix}\text{I}\\\text{II}\end{smallmatrix}$	100	100			GY002-6
		1.6	3	2	$\phi19$	13.3	$\text{BIU325}-\frac{6.4}{1.6}-15-\frac{3}{19}-2\begin{smallmatrix}\text{I}\\\text{II}\end{smallmatrix}$	100	100			GY002-7
					$\phi25$	6.0	$\text{BIU325}-\frac{6.4}{1.6}-5-\frac{3}{25}-2\begin{smallmatrix}\text{I}\\\text{II}\end{smallmatrix}$	100	100			GY002-8
	4.0	4.0	6	2	$\phi19$	27.0	$\text{BIU325}-\frac{4.0}{4.0}-25-\frac{6}{19}-2\begin{smallmatrix}\text{I}\\\text{II}\end{smallmatrix}$	100	100	1391	500	GY003-1
					$\phi25$	12.1	$\text{BIU325}-\frac{4.0}{4.0}-10-\frac{6}{25}-2\begin{smallmatrix}\text{I}\\\text{II}\end{smallmatrix}$	100	100	1264		GY003-2
		2.5	6	2	$\phi19$	27.0	$\text{BIU325}-\frac{4.0}{2.5}-25-\frac{6}{19}-2\begin{smallmatrix}\text{I}\\\text{II}\end{smallmatrix}$	100	100			GY003-3
					$\phi25$	12.1	$\text{BIU325}-\frac{4.0}{2.5}-10-\frac{6}{25}-2\begin{smallmatrix}\text{I}\\\text{II}\end{smallmatrix}$	100	100			GY003-4
		1.6	6	2	$\phi19$	27.0	$\text{BIU325}-\frac{4.0}{1.6}-25-\frac{6}{19}-2\begin{smallmatrix}\text{I}\\\text{II}\end{smallmatrix}$	100	100			GY003-5
					$\phi25$	12.1	$\text{BIU325}-\frac{4.0}{1.6}-10-\frac{6}{25}-2\begin{smallmatrix}\text{I}\\\text{II}\end{smallmatrix}$	100	100			GY003-6

续表 8

DN/mm	管程压力/MPa	壳程压力/MPa	管长/m	管程数	换热管规格	计算传热面积/m²	规格型号	管程出入口公称直径/mm	壳程出入口公称直径/mm	设备净重/kg	充水水重/kg	系列图号
325	6.4	6.4	6	2	$\phi19$	26.9	$\mathrm{BIU325}-\frac{6.4}{6.4}-25-\frac{6}{19}-2\frac{\mathrm{I}}{\mathrm{II}}$	100	100	1544	500	GY004 - 1
					$\phi25$	12.1	$\mathrm{BIU325}-\frac{6.4}{6.4}-10-\frac{6}{25}-2\frac{\mathrm{I}}{\mathrm{II}}$	100	100	1418		GY004 - 2
		4.0	6	2	$\phi19$	26.9	$\mathrm{BIU325}-\frac{6.4}{4.0}-25-\frac{6}{19}-2\frac{\mathrm{I}}{\mathrm{II}}$	100	100			GY004 - 3
					$\phi25$	12.1	$\mathrm{BIU325}-\frac{6.4}{4.0}-10-\frac{6}{25}-2\frac{\mathrm{I}}{\mathrm{II}}$	100	100			GY004 - 4
		2.5	6	2	$\phi19$	26.9	$\mathrm{BIU325}-\frac{6.4}{2.5}-25-\frac{6}{19}-2\frac{\mathrm{I}}{\mathrm{II}}$	100	100			GY004 - 5
					$\phi25$	12.1	$\mathrm{BIU325}-\frac{6.4}{2.5}-10-\frac{6}{25}-2\frac{\mathrm{I}}{\mathrm{II}}$	100	100			GY004 - 6
		1.6	6	2	$\phi19$	26.9	$\mathrm{BIU325}-\frac{6.4}{1.6}-25-\frac{6}{19}-2\frac{\mathrm{I}}{\mathrm{II}}$	100	100			GY004 - 7
					$\phi25$	12.1	$\mathrm{BIU325}-\frac{6.4}{1.6}-10-\frac{6}{25}-2\frac{\mathrm{I}}{\mathrm{II}}$	100	100			GY004 - 8
	4.0	4.0	3	4	$\phi19$	10.6	$\mathrm{BIU325}-\frac{4.0}{4.0}-10-\frac{3}{19}-4\frac{\mathrm{I}}{\mathrm{II}}$	100	100	838	290	GY005 - 1
					$\phi25$	5.6	$\mathrm{BIU325}-\frac{4.0}{4.0}-5-\frac{3}{25}-4\frac{\mathrm{I}}{\mathrm{II}}$	100	100	806		GY005 - 2
		2.5	3	4	$\phi19$	10.6	$\mathrm{BIU325}-\frac{4.0}{2.5}-10-\frac{3}{19}-4\frac{\mathrm{I}}{\mathrm{II}}$	100	100			GY005 - 3
					$\phi25$	5.6	$\mathrm{BIU325}-\frac{4.0}{2.5}-5-\frac{3}{25}-4\frac{\mathrm{I}}{\mathrm{II}}$	100	100			GY005 - 4
		1.6	3	4	$\phi19$	10.6	$\mathrm{BIU325}-\frac{4.0}{1.6}-10-\frac{3}{19}-4\frac{\mathrm{I}}{\mathrm{II}}$	100	100			GY005 - 5
					$\phi25$	5.6	$\mathrm{BIU325}-\frac{4.0}{1.6}-5-\frac{3}{25}-4\frac{\mathrm{I}}{\mathrm{II}}$	100	100			GY005 - 6
	6.4	6.4	3	4	$\phi19$	10.5	$\mathrm{BIU325}-\frac{6.4}{6.4}-10-\frac{3}{19}-4\frac{\mathrm{I}}{\mathrm{II}}$	100	100	948		GY006 - 1
					$\phi25$	5.5	$\mathrm{BIU325}-\frac{6.4}{6.4}-5-\frac{3}{25}-4\frac{\mathrm{I}}{\mathrm{II}}$	100	100	917		GY006 - 2
		4.0	3	4	$\phi19$	10.5	$\mathrm{BIU325}-\frac{6.4}{4.0}-10-\frac{3}{19}-4\frac{\mathrm{I}}{\mathrm{II}}$	100	100			GY006 - 3
					$\phi25$	5.5	$\mathrm{BIU325}-\frac{6.4}{4.0}-5-\frac{3}{25}-4\frac{\mathrm{I}}{\mathrm{II}}$	100	100			GY006 - 4
		2.5	3	4	$\phi19$	10.5	$\mathrm{BIU325}-\frac{6.4}{2.5}-10-\frac{3}{19}-4\frac{\mathrm{I}}{\mathrm{II}}$	100	100			GY006 - 5
					$\phi25$	5.5	$\mathrm{BIU325}-\frac{6.4}{2.5}-5-\frac{3}{25}-4\frac{\mathrm{I}}{\mathrm{II}}$	100	100			GY006 - 6
		1.6	3	4	$\phi19$	10.5	$\mathrm{BIU325}-\frac{6.4}{1.6}-10-\frac{3}{19}-4\frac{\mathrm{I}}{\mathrm{II}}$	100	100			GY006 - 7
					$\phi25$	5.5	$\mathrm{BIU325}-\frac{6.4}{1.6}-5-\frac{3}{25}-4\frac{\mathrm{I}}{\mathrm{II}}$	100	100			GY006 - 8

续表 8

DN/mm	管程压力/MPa	壳程压力/MPa	管长/m	管程数	换热管规格	计算传热面积/m^2	规格型号	管程出入口公称直径/mm	壳程出入口公称直径/mm	设备净重/kg	充水水重/kg	系列图号
325	4.0	4.0	6	4	ϕ19	21.3	BIU325 − $\frac{4.0}{4.0}$ −20− $\frac{6}{19}$ −4 Ⅰ Ⅱ	100	100	1345	500	GY007 − 1
					ϕ25	11.2	BIU325 − $\frac{4.0}{4.0}$ −10− $\frac{6}{25}$ −4 Ⅰ Ⅱ	100	100	1297		GY007 − 2
		2.5	6	4	ϕ19	21.3	BIU325 − $\frac{4.0}{2.5}$ −20− $\frac{6}{19}$ −4 Ⅰ Ⅱ	100	100			GY007 − 3
					ϕ25	11.2	BIU325 − $\frac{4.0}{2.5}$ −10− $\frac{6}{25}$ −4 Ⅰ Ⅱ	100	100			GY007 − 4
		1.6	6	4	ϕ19	21.3	BIU325 − $\frac{4.0}{1.6}$ −20− $\frac{6}{19}$ −4 Ⅰ Ⅱ	100	100			GY007 − 5
					ϕ25	11.2	BIU325 − $\frac{4.0}{1.6}$ −10− $\frac{6}{25}$ −4 Ⅰ Ⅱ	100	100			GY007 − 6
	6.4	6.4	6	4	ϕ19	21.3	BIU325 − $\frac{6.4}{6.4}$ −20− $\frac{6}{19}$ −4 Ⅰ Ⅱ	100	100	1499		GY008 − 1
					ϕ25	11.2	BIU325 − $\frac{6.4}{6.4}$ −10− $\frac{6}{25}$ −4 Ⅰ Ⅱ	100	100	1415		GY008 − 2
		4.0	6	4	ϕ19	21.2	BIU325 − $\frac{6.4}{4.0}$ −20− $\frac{6}{19}$ −4 Ⅰ Ⅱ	100	100			GY008 − 3
					ϕ25	11.2	BIU325 − $\frac{6.4}{4.0}$ −10− $\frac{6}{25}$ −4 Ⅰ Ⅱ	100	100			GY008 − 4
		2.5	6	4	ϕ19	21.2	BIU325 − $\frac{6.4}{2.5}$ −20− $\frac{6}{19}$ −4 Ⅰ Ⅱ	100	100			GY008 − 5
					ϕ25	11.2	BIU325 − $\frac{6.4}{2.5}$ −10− $\frac{6}{25}$ −4 Ⅰ Ⅱ	100	100			GY008 − 6
		1.6	6	4	ϕ19	21.2	BIU325 − $\frac{6.4}{1.6}$ −20− $\frac{6}{19}$ −4 Ⅰ Ⅱ	100	100			GY008 − 7
					ϕ25	11.2	BIU325 − $\frac{6.4}{1.6}$ −10− $\frac{6}{25}$ −4 Ⅰ Ⅱ	100	100			GY008 − 8
400	4.0	4.0	3	2	ϕ19	26.9	BIU400 − $\frac{4.0}{4.0}$ −25− $\frac{3}{19}$ −2 Ⅰ Ⅱ	100	100	1207	520	GY009 − 1
					ϕ25	14.7	BIU400 − $\frac{4.0}{4.0}$ −15− $\frac{3}{25}$ −2 Ⅰ Ⅱ	100	100	1106		GY009 − 2
		2.5	3	2	ϕ19	26.9	BIU400 − $\frac{4.0}{2.5}$ −25− $\frac{3}{19}$ −2 Ⅰ Ⅱ	100	100			GY009 − 3
					ϕ25	14.7	BIU400 − $\frac{4.0}{2.5}$ −15− $\frac{3}{25}$ −2 Ⅰ Ⅱ	100	100			GY009 − 4
		1.6	3	2	ϕ19	26.9	BIU400 − $\frac{4.0}{1.6}$ −25− $\frac{3}{19}$ −2 Ⅰ Ⅱ	100	100			GY009 − 5
					ϕ25	14.7	BIU400 − $\frac{4.0}{1.6}$ −15− $\frac{3}{25}$ −2 Ⅰ Ⅱ	100	100			GY009 − 6
	6.4	6.4	3	2	ϕ19	26.9	BIU400 − $\frac{6.4}{6.4}$ −25− $\frac{3}{19}$ −2 Ⅰ Ⅱ	100	100	1382		GY010 − 1
					ϕ25	14.7	BIU400 − $\frac{6.4}{6.4}$ −15− $\frac{3}{25}$ −2 Ⅰ Ⅱ	100	100	1282		GY010 − 2

续表 8

DN/mm	管程压力/MPa	壳程压力/MPa	管长/m	管程数	换热管规格	计算传热面积/m^2	规格型号	管程出入口公称直径/mm	壳程出入口公称直径/mm	设备净重/kg	充水水重/kg	系列图号
400	6.4	4.0	3	2	ϕ19	26.8	BIU400 - $\frac{6.4}{4.0}$ - 25 - $\frac{3}{19}$ - 2 Ⅰ Ⅱ	100	100		520	GY010 - 3
					ϕ25	14.7	BIU400 - $\frac{6.4}{4.0}$ - 15 - $\frac{3}{25}$ - 2 Ⅰ Ⅱ	100	100			GY010 - 4
		2.5	3	2	ϕ19	26.8	BIU400 - $\frac{6.4}{2.5}$ - 25 - $\frac{3}{19}$ - 2 Ⅰ Ⅱ	100	100			GY010 - 5
					ϕ25	14.7	BIU400 - $\frac{6.4}{2.5}$ - 15 - $\frac{3}{25}$ - 2 Ⅰ Ⅱ	100	100			GY010 - 6
		1.6	3	2	ϕ19	26.8	BIU400 - $\frac{6.4}{1.6}$ - 25 - $\frac{3}{19}$ - 2 Ⅰ Ⅱ	100	100			GY010 - 7
					ϕ25	14.7	BIU400 - $\frac{6.4}{1.6}$ - 15 - $\frac{3}{25}$ - 2 Ⅰ Ⅱ	100	100			GY010 - 8
	4.0	4.0	6	2	ϕ19	54.5	BIU400 - $\frac{4.0}{4.0}$ - 55 - $\frac{6}{19}$ - 2 Ⅰ Ⅱ	100	100	2004	890	GY011 - 1
					ϕ25	29.8	BIU400 - $\frac{4.0}{4.0}$ - 30 - $\frac{6}{25}$ - 2 Ⅰ Ⅱ	100	100	1807		GY011 - 2
		2.5	6	2	ϕ19	54.5	BIU400 - $\frac{4.0}{2.5}$ - 55 - $\frac{6}{19}$ - 2 Ⅰ Ⅱ	100	100			GY011 - 3
					ϕ25	29.8	BIU400 - $\frac{4.0}{2.5}$ - 30 - $\frac{6}{25}$ - 2 Ⅰ Ⅱ	100	100			GY011 - 4
		1.6	6	2	ϕ19	54.5	BIU400 - $\frac{4.0}{1.6}$ - 55 - $\frac{6}{19}$ - 2 Ⅰ Ⅱ	100	100			GY011 - 5
					ϕ25	29.8	BIU400 - $\frac{4.0}{1.6}$ - 30 - $\frac{6}{25}$ - 2 Ⅰ Ⅱ	100	100			GY011 - 6
	6.4	6.4	6	2	ϕ19	54.4	BIU400 - $\frac{6.4}{6.4}$ - 55 - $\frac{6}{19}$ - 2 Ⅰ Ⅱ	100	100	2242		GY012 - 1
					ϕ25	29.7	BIU400 - $\frac{6.4}{6.4}$ - 30 - $\frac{6}{25}$ - 2 Ⅰ Ⅱ	100	100	2046		GY012 - 2
		4.0	6	2	ϕ19	54.4	BIU400 - $\frac{6.4}{4.0}$ - 55 - $\frac{6}{19}$ - 2 Ⅰ Ⅱ	100	100			GY012 - 3
					ϕ25	29.7	BIU400 - $\frac{6.4}{4.0}$ - 30 - $\frac{6}{25}$ - 2 Ⅰ Ⅱ	100	100			GY012 - 4
		2.5	6	2	ϕ19	54.4	BIU400 - $\frac{6.4}{2.5}$ - 55 - $\frac{6}{19}$ - 2 Ⅰ Ⅱ	100	100			GY012 - 5
					ϕ25	29.7	BIU400 - $\frac{6.5}{2.5}$ - 30 - $\frac{6}{25}$ - 2 Ⅰ Ⅱ	100	100			GY012 - 6
		1.6	6	2	ϕ19	54.4	BIU400 - $\frac{6.4}{1.6}$ - 55 - $\frac{6}{19}$ - 2 Ⅰ Ⅱ	100	100			GY012 - 7
					ϕ25	29.7	BIU400 - $\frac{6.4}{1.6}$ - 30 - $\frac{6}{25}$ - 2 Ⅰ Ⅱ	100	100			GY012 - 8
	4.0	4.0	3	4	ϕ19	23.8	BIU400 - $\frac{4.0}{4.0}$ - 25 - $\frac{3}{19}$ - 4 Ⅰ Ⅱ	100	100	1191		GY013 - 1
					ϕ25	12.9	BIU400 - $\frac{4.0}{4.0}$ - 15 - $\frac{3}{25}$ - 4 Ⅰ Ⅱ	100	100	1106		GY013 - 2

续表 8

DN/mm	管程压力/MPa	壳程压力/MPa	管长/m	管程数	换热管规格	计算传热面积/m^2	规格型号	管程出入口公称直径/mm	壳程出入口公称直径/mm	设备净重/kg	充水水重/kg	系列图号
400	4.0	2.5	3	4	$\phi19$	23.8	BIU400-$\frac{4.0}{2.5}$-25-$\frac{3}{19}$-4 $\frac{\text{I}}{\text{II}}$	100	100		520	GY013-3
					$\phi25$	12.9	BIU400-$\frac{4.0}{2.5}$-15-$\frac{3}{25}$-4 $\frac{\text{I}}{\text{II}}$	100	100			GY013-4
		1.6	3	4	$\phi19$	23.8	BIU400-$\frac{4.0}{1.6}$-25-$\frac{3}{19}$-4 $\frac{\text{I}}{\text{II}}$	100	100			GY013-5
					$\phi25$	12.9	BIU400-$\frac{4.0}{1.6}$-15-$\frac{3}{25}$-4 $\frac{\text{I}}{\text{II}}$	100	100			GY013-6
	6.4	6.4	3	4	$\phi19$	23.7	BIU400-$\frac{6.4}{6.4}$-25-$\frac{3}{19}$-4 $\frac{\text{I}}{\text{II}}$	100	100	1367		GY014-1
					$\phi25$	12.8	BIU400-$\frac{6.4}{6.4}$-15-$\frac{3}{25}$-4 $\frac{\text{I}}{\text{II}}$	100	100	1285		GY014-2
		4.0	3	4	$\phi19$	23.7	BIU400-$\frac{6.4}{4.0}$-25-$\frac{3}{19}$-4 $\frac{\text{I}}{\text{II}}$	100	100			GY014-3
					$\phi25$	12.8	BIU400-$\frac{6.4}{4.0}$-15-$\frac{3}{25}$-4 $\frac{\text{I}}{\text{II}}$	100	100			GY014-4
		2.5	3	4	$\phi19$	23.7	BIU400-$\frac{6.4}{2.5}$-25-$\frac{3}{19}$-4 $\frac{\text{I}}{\text{II}}$	100	100			GY014-5
					$\phi25$	12.8	BIU400-$\frac{6.4}{2.5}$-15-$\frac{3}{25}$-4 $\frac{\text{I}}{\text{II}}$	100	100			GY014-6
		1.6	3	4	$\phi19$	23.7	BIU400-$\frac{6.4}{1.6}$-25-$\frac{3}{19}$-4 $\frac{\text{I}}{\text{II}}$	100	100			GY014-7
					$\phi25$	12.8	BIU400-$\frac{6.4}{1.6}$-15-$\frac{3}{25}$-4 $\frac{\text{I}}{\text{II}}$	100	100			GY014-8
	4.0	4.0	6	4	$\phi19$	48.2	BIU400-$\frac{4.0}{4.0}$-50-$\frac{6}{19}$-4 $\frac{\text{I}}{\text{II}}$	100	100	2092	890	GY015-1
					$\phi25$	26.1	BIU400-$\frac{4.0}{4.0}$-25-$\frac{6}{25}$-4 $\frac{\text{I}}{\text{II}}$	100	100	1923		GY015-2
		2.5	6	4	$\phi19$	48.2	BIU400-$\frac{4.0}{2.5}$-50-$\frac{6}{19}$-4 $\frac{\text{I}}{\text{II}}$	100	100			GY015-3
					$\phi25$	26.1	BIU400-$\frac{4.0}{2.5}$-25-$\frac{6}{25}$-4 $\frac{\text{I}}{\text{II}}$	100	100			GY015-4
		1.6	6	4	$\phi19$	48.2	BIU400-$\frac{4.0}{1.6}$-50-$\frac{6}{19}$-4 $\frac{\text{I}}{\text{II}}$	100	100			GY015-5
					$\phi25$	26.1	BIU400-$\frac{4.0}{1.6}$-25-$\frac{6}{25}$-4 $\frac{\text{I}}{\text{II}}$	100	100			GY015-6
	6.4	6.4	6	4	$\phi19$	48.0	BIU400-$\frac{6.4}{6.4}$-50-$\frac{6}{19}$-4 $\frac{\text{I}}{\text{II}}$	100	100	2194		GY016-1
					$\phi25$	26.0	BIU400-$\frac{6.4}{6.4}$-25-$\frac{6}{25}$-4 $\frac{\text{I}}{\text{II}}$	100	100	2036		GY016-2
		4.0	6	4	$\phi19$	48.0	BIU400-$\frac{6.4}{4.0}$-50-$\frac{6}{19}$-4 $\frac{\text{I}}{\text{II}}$	100	100			GY016-3
					$\phi25$	26.0	BIU400-$\frac{6.4}{4.0}$-25-$\frac{6}{25}$-4 $\frac{\text{I}}{\text{II}}$	100	100			GY016-4

续表 8

DN/mm	管程压力/MPa	壳程压力/MPa	管长/m	管程数	换热管规格	计算传热面积/m^2	规格型号	管程出入口公称直径/mm	壳程出入口公称直径/mm	设备净重/kg	充水水重/kg	系列图号
400	6.4	2.5	6	4	φ19	48.0	BIU400 – $\frac{6.4}{2.5}$ – 50 – $\frac{6}{19}$ – 4 $^{\mathrm{I}}_{\mathrm{II}}$	100	100		890	GY016 – 5
					φ25	26.0	BIU400 – $\frac{6.4}{2.5}$ – 25 – $\frac{6}{25}$ – 4 $^{\mathrm{I}}_{\mathrm{II}}$	100	100			GY016 – 6
		1.6	6	4	φ19	48.0	BIU400 – $\frac{6.4}{1.6}$ – 50 – $\frac{6}{19}$ – 4 $^{\mathrm{I}}_{\mathrm{II}}$	100	100			GY016 – 7
					φ25	26.0	BIU400 – $\frac{6.4}{1.6}$ – 25 – $\frac{6}{25}$ – 4 $^{\mathrm{I}}_{\mathrm{II}}$	100	100			GY016 – 8
500	2.5	2.5	3	2	φ19	44.8	BIU500 – $\frac{2.5}{2.5}$ – 45 – $\frac{3}{19}$ – 2 $^{\mathrm{I}}_{\mathrm{II}}$	150	150	1734	880	GY017 – 1
					φ25	26.3	BIU500 – $\frac{2.5}{2.5}$ – 25 – $\frac{3}{25}$ – 2 $^{\mathrm{I}}_{\mathrm{II}}$	150	150	1580		GY017 – 2
		1.6	3	2	φ19	44.8	BIU500 – $\frac{2.5}{1.6}$ – 45 – $\frac{3}{19}$ – 2 $^{\mathrm{I}}_{\mathrm{II}}$	150	150			GY017 – 3
					φ25	26.3	BIU500 – $\frac{2.5}{1.6}$ – 25 – $\frac{3}{25}$ – 2 $^{\mathrm{I}}_{\mathrm{II}}$	150	150			GY017 – 4
	4.0	4.0	3	2	φ19	44.6	BIU500 – $\frac{4.0}{4.0}$ – 45 – $\frac{3}{19}$ – 2 $^{\mathrm{I}}_{\mathrm{II}}$	150	150	1826		GY018 – 1
					φ25	26.1	BIU500 – $\frac{4.0}{4.0}$ – 25 – $\frac{3}{25}$ – 2 $^{\mathrm{I}}_{\mathrm{II}}$	150	150	1670		GY018 – 2
		2.5	3	2	φ19	44.6	BIU500 – $\frac{4.0}{2.5}$ – 45 – $\frac{3}{19}$ – 2 $^{\mathrm{I}}_{\mathrm{II}}$	150	150			GY018 – 3
					φ25	26.1	BIU500 – $\frac{4.0}{2.5}$ – 25 – $\frac{3}{25}$ – 2 $^{\mathrm{I}}_{\mathrm{II}}$	150	150			GY018 – 4
		1.6	3	2	φ19	44.6	BIU500 – $\frac{4.0}{1.6}$ – 45 – $\frac{3}{19}$ – 2 $^{\mathrm{I}}_{\mathrm{II}}$	150	150			GY018 – 5
					φ25	26.1	BIU500 – $\frac{4.0}{1.6}$ – 25 – $\frac{3}{25}$ – 2 $^{\mathrm{I}}_{\mathrm{II}}$	150	150			GY018 – 6
	6.4	6.4	3	2	φ19	44.3	BIU500 – $\frac{6.4}{6.4}$ – 45 – $\frac{3}{19}$ – 2 $^{\mathrm{I}}_{\mathrm{II}}$	150	150	2445		GY019 – 1
					φ25	25.6	BIU500 – $\frac{6.4}{6.4}$ – 25 – $\frac{3}{25}$ – 2 $^{\mathrm{I}}_{\mathrm{II}}$	150	150	2297		GY019 – 2
		4.0	3	2	φ19	44.3	BIU500 – $\frac{6.4}{4.0}$ – 45 – $\frac{3}{19}$ – 2 $^{\mathrm{I}}_{\mathrm{II}}$	150	150			GY019 – 3
					φ25	25.6	BIU500 – $\frac{6.4}{4.0}$ – 25 – $\frac{3}{25}$ – 2 $^{\mathrm{I}}_{\mathrm{II}}$	150	150			GY019 – 4
		2.5	3	2	φ19	44.3	BIU500 – $\frac{6.4}{2.5}$ – 45 – $\frac{3}{19}$ – 2 $^{\mathrm{I}}_{\mathrm{II}}$	150	150			GY019 – 5
					φ25	25.6	BIU500 – $\frac{6.4}{2.5}$ – 25 – $\frac{3}{25}$ – 2 $^{\mathrm{I}}_{\mathrm{II}}$	150	150			GY019 – 6
		1.6	3	2	φ19	44.3	BIU500 – $\frac{6.4}{1.6}$ – 45 – $\frac{3}{19}$ – 2 $^{\mathrm{I}}_{\mathrm{II}}$	150	150			GY019 – 7
					φ25	25.6	BIU500 – $\frac{6.4}{1.6}$ – 25 – $\frac{3}{25}$ – 2 $^{\mathrm{I}}_{\mathrm{II}}$	150	150			GY019 – 8

续表8

DN/mm	管程压力/MPa	壳程压力/MPa	管长/m	管程数	换热管规格	计算传热面积/m^2	规格型号	管程出入口公称直径/mm	壳程出入口公称直径/mm	设备净重/kg	充水水重/kg	系列图号
500	2.5	2.5	6	2	$\phi19$	90.7	$\mathrm{BIU500}-\frac{2.5}{2.5}-90-\frac{6}{19}-2\ \frac{\mathrm{I}}{\mathrm{II}}$	150	150	2917	1470	GY020-1
					$\phi25$	53.1	$\mathrm{BIU500}-\frac{2.5}{2.5}-55-\frac{6}{25}-2\ \frac{\mathrm{I}}{\mathrm{II}}$	150	150	2816		GY020-2
		1.6	6	2	$\phi19$	90.7	$\mathrm{BIU500}-\frac{2.6}{1.6}-90-\frac{6}{19}-2\ \frac{\mathrm{I}}{\mathrm{II}}$	150	150			GY020-3
					$\phi25$	53.1	$\mathrm{BIU500}-\frac{2.5}{1.6}-55-\frac{6}{25}-2\ \frac{\mathrm{I}}{\mathrm{II}}$	150	150			GY020-4
	4.0	4.0	6	2	$\phi19$	90.5	$\mathrm{BIU500}-\frac{4.0}{4.0}-90-\frac{6}{19}-2\ \frac{\mathrm{I}}{\mathrm{II}}$	150	150	3205		GY021-1
					$\phi25$	53.0	$\mathrm{BIU500}-\frac{4.0}{4.0}-55-\frac{6}{25}-2\ \frac{\mathrm{I}}{\mathrm{II}}$	150	150	2710		GY021-2
		2.5	6	2	$\phi19$	90.5	$\mathrm{BIU500}-\frac{4.0}{2.5}-90-\frac{6}{19}-2\ \frac{\mathrm{I}}{\mathrm{II}}$	150	150			GY021-3
					$\phi25$	53.0	$\mathrm{BIU500}-\frac{4.0}{2.5}-55-\frac{6}{25}-2\ \frac{\mathrm{I}}{\mathrm{II}}$	150	150			GY021-4
		1.6	6	2	$\phi19$	90.5	$\mathrm{BIU500}-\frac{4.0}{1.6}-90-\frac{6}{19}-2\ \frac{\mathrm{I}}{\mathrm{II}}$	150	150			GY021-5
					$\phi25$	53.0	$\mathrm{BIU500}-\frac{4.0}{1.6}-55-\frac{6}{25}-2\ \frac{\mathrm{I}}{\mathrm{II}}$	150	150			GY021-6
	6.4	6.4	6	2	$\phi19$	90.1	$\mathrm{BIU500}-\frac{6.4}{6.4}-90-\frac{6}{19}-2\ \frac{\mathrm{I}}{\mathrm{II}}$	150	150	3861		GY022-1
					$\phi25$	52.5	$\mathrm{BIU500}-\frac{6.4}{6.4}-55-\frac{6}{25}-2\ \frac{\mathrm{I}}{\mathrm{II}}$	150	150	3567		GY022-2
		4.0	6	2	$\phi19$	90.1	$\mathrm{BIU500}-\frac{6.4}{4.0}-90-\frac{6}{19}-2\ \frac{\mathrm{I}}{\mathrm{II}}$	150	150			GY022-3
					$\phi25$	52.5	$\mathrm{BIU500}-\frac{6.4}{4.0}-55-\frac{6}{25}-2\ \frac{\mathrm{I}}{\mathrm{II}}$	150	150			GY022-4
		2.5	6	2	$\phi19$	90.1	$\mathrm{BIU500}-\frac{6.4}{2.5}-90-\frac{6}{19}-2\ \frac{\mathrm{I}}{\mathrm{II}}$	150	150			GY022-5
					$\phi25$	52.5	$\mathrm{BIU500}-\frac{6.4}{2.5}-55-\frac{6}{25}-2\ \frac{\mathrm{I}}{\mathrm{II}}$	150	150			GY022-6
		1.6	6	2	$\phi19$	90.1	$\mathrm{BIU500}-\frac{6.4}{1.6}-90-\frac{6}{19}-2\ \frac{\mathrm{I}}{\mathrm{II}}$	150	150			GY022-7
					$\phi25$	52.5	$\mathrm{BIU500}-\frac{6.4}{1.6}-55-\frac{6}{25}-2\ \frac{\mathrm{I}}{\mathrm{II}}$	150	150			GY022-8
	2.5	2.5	3	4	$\phi19$	39.9	$\mathrm{BIU500}-\frac{2.5}{2.5}-40-\frac{3}{19}-4\ \frac{\mathrm{I}}{\mathrm{II}}$	150	150	1706	880	GY023-1
					$\phi25$	25.8	$\mathrm{BIU500}-\frac{2.5}{2.5}-25-\frac{3}{25}-4\ \frac{\mathrm{I}}{\mathrm{II}}$	150	150	1615		GY023-2
		1.6	3	4	$\phi19$	39.9	$\mathrm{BIU500}-\frac{2.5}{1.6}-40-\frac{3}{19}-4\ \frac{\mathrm{I}}{\mathrm{II}}$	150	150			GY023-3
					$\phi25$	25.8	$\mathrm{BIU500}-\frac{2.5}{1.6}-25-\frac{3}{25}-4\ \frac{\mathrm{I}}{\mathrm{II}}$	150	150			GY023-4

续表 8

DN/mm	管程压力/MPa	壳程压力/MPa	管长/m	管程数	换热管规格	计算传热面积/m^2	规格型号	管程出入口公称直径/mm	壳程出入口公称直径/mm	设备净重/kg	充水水重/kg	系列图号
500	4.0	4.0	3	4	φ19	39.7	$BIU500-\frac{4.0}{4.0}-40-\frac{3}{19}-4\frac{I}{II}$	150	150	1802	880	GY024-1
					φ25	25.7	$BIU500-\frac{4.0}{4.0}-25-\frac{3}{25}-4\frac{I}{II}$	150	150	1705		GY024-2
		2.5	3	4	φ19	39.7	$BIU500-\frac{4.0}{2.5}-40-\frac{3}{19}-4\frac{I}{II}$	150	150			GY024-3
					φ25	25.7	$BIU500-\frac{4.0}{2.5}-25-\frac{3}{25}-4\frac{I}{II}$	150	150			GY024-4
		1.6	3	4	φ19	39.7	$BIU500-\frac{4.0}{1.6}-40-\frac{3}{19}-4\frac{I}{II}$	150	150			GY024-5
					φ25	25.7	$BIU500-\frac{4.0}{1.6}-25-\frac{3}{25}-4\frac{I}{II}$	150	150			GY024-6
	6.4	6.4	3	4	φ19	39.4	$BIU500-\frac{6.4}{6.4}-40-\frac{3}{19}-4\frac{I}{II}$	150	150	2424		GY025-1
					φ25	25.5	$BIU500-\frac{6.4}{6.4}-25-\frac{3}{25}-4\frac{I}{II}$	150	150	2336		GY025-2
		4.0	3	4	φ19	39.4	$BIU500-\frac{6.4}{4.0}-40-\frac{3}{19}-4\frac{I}{II}$	150	150			GY025-3
					φ25	25.5	$BIU500-\frac{6.4}{4.0}-25-\frac{3}{25}-4\frac{I}{II}$	150	150			GY025-4
		2.5	3	4	φ19	39.4	$BIU500-\frac{6.4}{2.5}-40-\frac{3}{19}-4\frac{I}{II}$	150	150			GY025-5
					φ25	25.5	$BIU500-\frac{6.4}{2.5}-25-\frac{3}{25}-4\frac{I}{II}$	150	150			GY025-6
		1.6	3	4	φ19	39.4	$BIU500-\frac{6.4}{1.6}-40-\frac{3}{19}-4\frac{I}{II}$	150	150			GY025-7
					φ25	25.5	$BIU500-\frac{6.4}{1.6}-25-\frac{3}{25}-4\frac{I}{II}$	150	150			GY025-8
	2.5	2.5	6	4	φ19	80.7	$BIU500-\frac{2.5}{2.5}-80-\frac{6}{19}-4\frac{I}{II}$	150	150	2837	1470	GY026-1
					φ25	52.2	$BIU500-\frac{2.5}{2.5}-50-\frac{6}{25}-4\frac{I}{II}$	150	150	2666		GY026-2
		1.6	6	4	φ19	80.7	$BIU500-\frac{2.5}{1.6}-80-\frac{6}{19}-4\frac{I}{II}$	150	150			GY026-3
					φ25	52.2	$BIU500-\frac{2.5}{1.6}-50-\frac{6}{25}-4\frac{I}{II}$	150	150			GY026-4
	2.5	4.0	6	4	φ19	80.5	$BIU500-\frac{4.0}{4.0}-80-\frac{6}{19}-4\frac{I}{II}$	150	150	3932		GY027-1
					φ25	52.1	$BIU500-\frac{4.0}{4.0}-50-\frac{6}{25}-4\frac{I}{II}$	150	150	2762		GY027-2
		2.5	6	4	φ19	80.5	$BIU500-\frac{4.0}{2.5}-80-\frac{6}{19}-4\frac{I}{II}$	150	150			GY027-3
					φ25	52.1	$BIU500-\frac{4.0}{2.5}-50-\frac{6}{25}-4\frac{I}{II}$	150	150			GY027-4

续表 8

DN/mm	管程压力/MPa	壳程压力/MPa	管长/m	管程数	换热管规格	计算传热面积/m^2	规格型号	管程出入口公称直径/mm	壳程出入口公称直径/mm	设备净重/kg	充水水重/kg	系列图号
500	4.0	1.6	6	4	ϕ19	80.5	BIU500 − $\frac{4.0}{1.6}$ − 80 − $\frac{6}{19}$ − 4 $\frac{\mathrm{I}}{\mathrm{II}}$	150	150		1470	GY027 − 5
					ϕ25	52.1	BIU500 − $\frac{4.0}{1.6}$ − 50 − $\frac{6}{25}$ − 4 $\frac{\mathrm{I}}{\mathrm{II}}$	150	150			GY027 − 6
	6.4	6.4	6	4	ϕ19	80.2	BIU500 − $\frac{6.4}{6.4}$ − 80 − $\frac{6}{19}$ − 4 $\frac{\mathrm{I}}{\mathrm{II}}$	150	150	3788		GY028 − 1
					ϕ25	51.9	BIU500 − $\frac{6.4}{6.4}$ − 50 − $\frac{6}{25}$ − 4 $\frac{\mathrm{I}}{\mathrm{II}}$	150	150	3620		GY028 − 2
		4.0	6	4	ϕ19	80.2	BIU500 − $\frac{6.4}{4.0}$ − 80 − $\frac{6}{19}$ − 4 $\frac{\mathrm{I}}{\mathrm{II}}$	150	150			GY028 − 3
					ϕ25	51.9	BIU500 − $\frac{6.4}{4.0}$ − 50 − $\frac{6}{25}$ − 4 $\frac{\mathrm{I}}{\mathrm{II}}$	150	150			GY028 − 4
		2.5	6	4	ϕ19	80.2	BIU500 − $\frac{6.4}{2.5}$ − 80 − $\frac{6}{19}$ − 4 $\frac{\mathrm{I}}{\mathrm{II}}$	150	150			GY028 − 5
					ϕ25	51.9	BIU500 − $\frac{6.4}{2.5}$ − 50 − $\frac{6}{25}$ − 4 $\frac{\mathrm{I}}{\mathrm{II}}$	150	150			GY028 − 6
		1.6	6	4	ϕ19	80.2	BIU500 − $\frac{6.4}{1.6}$ − 80 − $\frac{6}{19}$ − 4 $\frac{\mathrm{I}}{\mathrm{II}}$	150	150			GY028 − 7
					ϕ25	51.9	BIU500 − $\frac{6.4}{1.6}$ − 50 − $\frac{6}{25}$ − 4 $\frac{\mathrm{I}}{\mathrm{II}}$	150	150			GY028 − 8
600	2.5	2.5	3	2	ϕ19	69.5	BIU600 − $\frac{2.5}{2.5}$ − 70 − $\frac{3}{19}$ − 2 $\frac{\mathrm{I}}{\mathrm{II}}$	150	150	2437	1260	GY029 − 1
					ϕ25	43.2	BIU600 − $\frac{2.5}{2.5}$ − 45 − $\frac{3}{25}$ − 2 $\frac{\mathrm{I}}{\mathrm{II}}$	150	150	2240		GY029 − 2
		1.6	3	2	ϕ19	69.5	BIU600 − $\frac{2.5}{1.6}$ − 70 − $\frac{3}{19}$ − 2 $\frac{\mathrm{I}}{\mathrm{II}}$	150	150			GY029 − 3
					ϕ25	43.2	BIU600 − $\frac{2.5}{1.6}$ − 45 − $\frac{3}{25}$ − 2 $\frac{\mathrm{I}}{\mathrm{II}}$	150	150			GY029 − 4
	4.0	4.0	3	2	ϕ19	69.1	BIU600 − $\frac{4.0}{4.0}$ − 70 − $\frac{3}{19}$ − 2 $\frac{\mathrm{I}}{\mathrm{II}}$	150	150	2692		GY030 − 1
					ϕ25	42.9	BIU600 − $\frac{4.0}{4.0}$ − 45 − $\frac{3}{25}$ − 2 $\frac{\mathrm{I}}{\mathrm{II}}$	150	150	2498		GY030 − 2
		2.5	3	2	ϕ19	69.1	BIU600 − $\frac{4.0}{2.5}$ − 70 − $\frac{3}{19}$ − 2 $\frac{\mathrm{I}}{\mathrm{II}}$	150	150			GY030 − 3
					ϕ25	42.9	BIU600 − $\frac{4.0}{2.5}$ − 45 − $\frac{3}{25}$ − 2 $\frac{\mathrm{I}}{\mathrm{II}}$	150	150			GY030 − 4
		1.6	3	2	ϕ19	69.1	BIU600 − $\frac{4.0}{1.6}$ − 70 − $\frac{3}{19}$ − 2 $\frac{\mathrm{I}}{\mathrm{II}}$	150	150			GY030 − 5
					ϕ25	42.9	BIU600 − $\frac{4.0}{1.6}$ − 45 − $\frac{3}{25}$ − 2 $\frac{\mathrm{I}}{\mathrm{II}}$	150	150			GY030 − 6
	1.0	1.0	6	2	ϕ19	141.3	BIU600 − $\frac{1.0}{1.0}$ − 140 − $\frac{6}{19}$ − 2 $\frac{\mathrm{I}}{\mathrm{II}}$	150	150	3957	2120	GY031 − 1
					ϕ25	87.8	BIU600 − $\frac{1.0}{1.0}$ − 90 − $\frac{6}{25}$ − 2 $\frac{\mathrm{I}}{\mathrm{II}}$	150	150	3569		GY032 − 2

续表 8

DN/mm	管程压力/MPa	壳程压力/MPa	管长/m	管程数	换热管规格	计算传热面积/m^2	规格型号	管程出入口公称直径/mm	壳程出入口公称直径/mm	设备净重/kg	充水水重/kg	系列图号
600	1.6	1.6	6	2	ϕ19	141.0	BIU600 − $\frac{1.6}{1.6}$ − 140 − $\frac{6}{19}$ − 2 $\frac{\text{I}}{\text{II}}$	150	150	3986	2120	GY032 − 1
					ϕ25	87.6	BIU600 − $\frac{1.6}{1.6}$ − 90 − $\frac{6}{25}$ − 2 $\frac{\text{I}}{\text{II}}$	150	150	3702		GY032 − 2
	2.5	2.5	6	2	ϕ19	140.8	BIU600 − $\frac{2.5}{2.5}$ − 140 − $\frac{6}{19}$ − 2 $\frac{\text{I}}{\text{II}}$	150	150	4101		GY033 − 1
					ϕ25	87.4	BIU600 − $\frac{2.5}{2.5}$ − 90 − $\frac{6}{25}$ − 2 $\frac{\text{I}}{\text{II}}$	150	150	3755		GY033 − 2
		1.6	6	2	ϕ19	140.8	BIU600 − $\frac{2.5}{1.6}$ − 140 − $\frac{6}{19}$ − 2 $\frac{\text{I}}{\text{II}}$	150	150			GY033 − 3
					ϕ25	87.4	BIU600 − $\frac{2.5}{1.6}$ − 90 − $\frac{6}{25}$ − 2 $\frac{\text{I}}{\text{II}}$	150	150			GY033 − 4
	4.0	4.0	6	2	ϕ19	140.3	BIU600 − $\frac{4.0}{4.0}$ − 140 − $\frac{6}{19}$ − 2 $\frac{\text{I}}{\text{II}}$	150	150	4448		GY034 − 1
					ϕ25	87.2	BIU600 − $\frac{4.0}{4.0}$ − 85 − $\frac{6}{25}$ − 2 $\frac{\text{I}}{\text{II}}$	150	150	4180		GY034 − 2
		2.5	6	2	ϕ19	140.3	BIU600 − $\frac{4.0}{2.5}$ − 140 − $\frac{6}{19}$ − 2 $\frac{\text{I}}{\text{II}}$	150	150			GY034 − 3
					ϕ25	87.2	BIU600 − $\frac{4.0}{2.5}$ − 85 − $\frac{6}{25}$ − 2 $\frac{\text{I}}{\text{II}}$	150	150			GY034 − 4
		1.6	6	2	ϕ19	140.3	BIU600 − $\frac{4.0}{1.6}$ − 140 − $\frac{6}{19}$ − 2 $\frac{\text{I}}{\text{II}}$	150	150			GY034 − 5
					ϕ25	87.2	BIU600 − $\frac{4.0}{1.6}$ − 85 − $\frac{6}{25}$ − 2 $\frac{\text{I}}{\text{II}}$	150	150			GY034 − 6
	6.4	6.4	6	2	ϕ19	139.7	BIU600 − $\frac{6.4}{6.4}$ − 140 − $\frac{6}{19}$ − 2 $\frac{\text{I}}{\text{II}}$	150	150	5544		GY035 − 1
					ϕ25	86.8	BIU600 − $\frac{6.4}{6.4}$ − 85 − $\frac{6}{25}$ − 2 $\frac{\text{I}}{\text{II}}$	150	150	5168		GY035 − 2
		4.0	6	2	ϕ19	139.7	BIU600 − $\frac{6.4}{4.0}$ − 140 − $\frac{6}{19}$ − 2 $\frac{\text{I}}{\text{II}}$	150	150			GY035 − 3
					ϕ25	86.8	BIU600 − $\frac{6.4}{4.0}$ − 85 − $\frac{6}{25}$ − 2 $\frac{\text{I}}{\text{II}}$	150	150			GY035 − 4
		2.5	6	2	ϕ19	139.7	BIU600 − $\frac{6.4}{2.5}$ − 140 − $\frac{6}{19}$ − 2 $\frac{\text{I}}{\text{II}}$	150	150			GY035 − 5
					ϕ25	86.8	BIU600 − $\frac{6.4}{2.5}$ − 85 − $\frac{6}{25}$ − 2 $\frac{\text{I}}{\text{II}}$	150	150			GY035 − 6
		1.6	6	2	ϕ19	139.7	BIU600 − $\frac{6.4}{1.6}$ − 140 − $\frac{6}{19}$ − 2 $\frac{\text{I}}{\text{II}}$	150	150			GY035 − 7
					ϕ25	86.8	BIU600 − $\frac{6.4}{1.6}$ − 85 − $\frac{6}{25}$ − 2 $\frac{\text{I}}{\text{II}}$	150	150			GY035 − 8
	2.5	2.5	3	4	ϕ19	64.2	BIU600 − $\frac{2.5}{2.5}$ − 65 − $\frac{3}{19}$ − 4 $\frac{\text{I}}{\text{II}}$	150	150	2441	1260	GY036 − 1
					ϕ25	41.3	BIU600 − $\frac{2.5}{2.5}$ − 40 − $\frac{3}{25}$ − 4 $\frac{\text{I}}{\text{II}}$	150	150	2252		GY036 − 2

续表 8

DN/mm	管程压力/MPa	壳程压力/MPa	管长/m	管程数	换热管规格	计算传热面积/m^2	规格型号	管程出入口公称直径/mm	壳程出入口公称直径/mm	设备净重/kg	充水水重/kg	系列图号
600	2.5	1.6	3	4	ϕ19	64.2	$BIU600-\frac{2.5}{1.6}-65-\frac{3}{19}-4\frac{\text{I}}{\text{II}}$	150	150		1260	GY036-3
					ϕ25	41.3	$BIU600-\frac{2.5}{1.6}-40-\frac{3}{25}-4\frac{\text{I}}{\text{II}}$	150	150			GY036-4
	4.0	4.0	3	4	ϕ19	63.9	$BIU600-\frac{4.0}{4.0}-65-\frac{3}{19}-4\frac{\text{I}}{\text{II}}$	150	150	2679		GY037-1
					ϕ25	41.1	$BIU600-\frac{4.0}{4.0}-40-\frac{3}{25}-4\frac{\text{I}}{\text{II}}$	150	150	2512		GY037-2
		2.5	3	4	ϕ19	63.9	$BIU600-\frac{4.0}{2.5}-65-\frac{3}{19}-4\frac{\text{I}}{\text{II}}$	150	150			GY037-3
					ϕ25	41.1	$BIU600-\frac{4.0}{2.5}-40-\frac{3}{25}-4\frac{\text{I}}{\text{II}}$	150	150			GY037-4
		1.6	3	4	ϕ19	63.9	$BIU600-\frac{4.0}{1.6}-65-\frac{3}{19}-4\frac{\text{I}}{\text{II}}$	150	150			GY037-5
					ϕ25	41.1	$BIU600-\frac{4.0}{1.6}-40-\frac{3}{25}-4\frac{\text{I}}{\text{II}}$	150	150			GY037-6
	1.0	1.0	6	4	ϕ19	130.6	$BIU600-\frac{1.0}{1.0}-130-\frac{6}{19}-4\frac{\text{I}}{\text{II}}$	150	150	3880	2120	GY038-1
					ϕ25	84.1	$BIU600-\frac{1.0}{1.0}-85-\frac{6}{25}-4\frac{\text{I}}{\text{II}}$	150	150	3567		GY038-2
	1.6	1.6	6	4	ϕ19	130.4	$BIU600-\frac{1.6}{1.6}-130-\frac{6}{19}-4\frac{\text{I}}{\text{II}}$	150	150	3909		GY039-1
					ϕ25	83.9	$BIU600-\frac{1.6}{1.6}-85-\frac{6}{25}-4\frac{\text{I}}{\text{II}}$	150	150	3597		GY039-2
	2.5	2.5	6	4	ϕ19	130.1	$BIU600-\frac{2.5}{2.5}-130-\frac{6}{19}-4\frac{\text{I}}{\text{II}}$	150	150	4022		GY040-1
					ϕ25	83.7	$BIU600-\frac{2.5}{2.5}-85-\frac{6}{25}-4\frac{\text{I}}{\text{II}}$	150	150	3713		GY040-2
		1.6	6	4	ϕ19	130.1	$BIU600-\frac{2.5}{1.6}-130-\frac{6}{19}-4\frac{\text{I}}{\text{II}}$	150	150			GY040-3
					ϕ25	83.7	$BIU600-\frac{2.5}{1.6}-85-\frac{6}{25}-4\frac{\text{I}}{\text{II}}$	150	150			GY040-4
	4.0	4.0	6	4	ϕ19	129.7	$BIU600-\frac{4.0}{4.0}-130-\frac{6}{19}-4\frac{\text{I}}{\text{II}}$	150	150	4373		GY041-1
					ϕ25	83.5	$BIU600-\frac{4.0}{4.0}-85-\frac{6}{25}-4\frac{\text{I}}{\text{II}}$	150	150	4065		GY041-2
		2.5	6	4	ϕ19	129.7	$BIU600-\frac{4.0}{2.5}-130-\frac{6}{19}-4\frac{\text{I}}{\text{II}}$	150	150			GY041-3
					ϕ25	83.5	$BIU600-\frac{4.0}{2.5}-85-\frac{6}{25}-4\frac{\text{I}}{\text{II}}$	150	150			GY041-4
		1.6	6	4	ϕ19	129.7	$BIU600-\frac{4.0}{1.6}-130-\frac{6}{19}-4\frac{\text{I}}{\text{II}}$	150	150			GY041-5
					ϕ25	83.5	$BIU600-\frac{4.0}{1.6}-85-\frac{6}{25}-4\frac{\text{I}}{\text{II}}$	150	150			GY041-6

续表 8

DN/mm	管程压力/MPa	壳程压力/MPa	管长/m	管程数	换热管规格	计算传热面积/m^2	规格型号	管程出入口公称直径/mm	壳程出入口公称直径/mm	设备净重/kg	充水重/kg	系列图号
600	6.4	6.4	6	4	$\phi19$	129.1	BIU600 $-\frac{6.4}{6.4}-130-\frac{6}{19}-4\frac{\text{I}}{\text{II}}$	150	150	5477	2120	GY042-1
					$\phi25$	83.1	BIU600 $-\frac{6.4}{6.4}-85-\frac{6}{25}-4\frac{\text{I}}{\text{II}}$	150	150	5172		GY042-2
		4.0	6	4	$\phi19$	129.1	BIU600 $-\frac{6.4}{4.0}-130-\frac{6}{19}-4\frac{\text{I}}{\text{II}}$	150	150			GY042-3
					$\phi25$	83.1	BIU600 $-\frac{6.4}{4.0}-85-\frac{6}{25}-4\frac{\text{I}}{\text{II}}$	150	150			GY042-4
		2.5	6	4	$\phi19$	129.1	BIU600 $-\frac{6.4}{2.5}-130-\frac{6}{19}-4\frac{\text{I}}{\text{II}}$	150	150			GY042-5
					$\phi25$	83.1	BIU600 $-\frac{6.4}{2.5}-85-\frac{6}{25}-4\frac{\text{I}}{\text{II}}$	150	150			GY042-6
		1.6	6	4	$\phi19$	129.1	BIU600 $-\frac{6.4}{1.6}-130-\frac{6}{19}-4\frac{\text{I}}{\text{II}}$	150	150			GY042-7
					$\phi25$	83.1	BIU600 $-\frac{6.4}{1.6}-85-\frac{6}{25}-4\frac{\text{I}}{\text{II}}$	150	150			GY042-8
700	1.0	1.0	6	2	$\phi19$	195.8	BIU700 $-\frac{1.0}{1.0}-195-\frac{6}{19}-2\frac{\text{I}}{\text{II}}$	150	150	5212	2940	GY043-1
					$\phi25$	120.4	BIU700 $-\frac{1.0}{1.0}-120-\frac{6}{25}-2\frac{\text{I}}{\text{II}}$	150	150	4648		GY043-2
	1.6	1.6	6	2	$\phi19$	195.8	BIU700 $-\frac{1.6}{1.6}-195-\frac{6}{19}-2\frac{\text{I}}{\text{II}}$	150	150	5422		GY044-1
					$\phi25$	120.1	BIU700 $-\frac{1.6}{1.6}-120-\frac{6}{25}-2\frac{\text{I}}{\text{II}}$	150	150	4864		GY044-2
	2.5	2.5	6	2	$\phi19$	194.8	BIU700 $-\frac{2.5}{2.5}-195-\frac{6}{19}-2\frac{\text{I}}{\text{II}}$	150	150	5483		GY045-1
					$\phi25$	119.8	BIU700 $-\frac{2.5}{2.5}-120-\frac{6}{25}-2\frac{\text{I}}{\text{II}}$	150	150	4944		GY045-2
		1.6	6	2	$\phi19$	194.8	BIU700 $-\frac{2.5}{1.6}-195-\frac{6}{19}-2\frac{\text{I}}{\text{II}}$	150	150			GY045-3
					$\phi25$	119.8	BIU700 $-\frac{2.5}{1.6}-120-\frac{6}{25}-2\frac{\text{I}}{\text{II}}$	150	150			GY045-4
	4.0	4.0	6	2	$\phi19$	194.1	BIU700 $-\frac{4.0}{4.0}-195-\frac{6}{19}-2\frac{\text{I}}{\text{II}}$	150	150	6185		GY046-1
					$\phi25$	119.4	BIU700 $-\frac{4.0}{4.0}-120-\frac{6}{25}-2\frac{\text{I}}{\text{II}}$	150	150	5634		GY046-2
		2.5	6	2	$\phi19$	194.1	BIU700 $-\frac{4.0}{2.5}-195-\frac{6}{19}-2\frac{\text{I}}{\text{II}}$	150	150			GY046-3
					$\phi25$	119.4	BIU700 $-\frac{4.0}{2.5}-120-\frac{6}{25}-2\frac{\text{I}}{\text{II}}$	150	150			GY046-4
		1.6	6	2	$\phi19$	194.1	BIU700 $-\frac{4.0}{1.6}-195-\frac{6}{19}-2\frac{\text{I}}{\text{II}}$	150	150			GY046-5
					$\phi25$	119.4	BIU700 $-\frac{4.0}{1.6}-120-\frac{6}{25}-2\frac{\text{I}}{\text{II}}$	150	150			GY046-6

续表 8

DN/mm	管程压力/MPa	壳程压力/MPa	管长/m	管程数	换热管规格	计算传热面积/m^2	规格型号	管程出入口公称直径/mm	壳程出入口公称直径/mm	设备净重/kg	充水水重/kg	系列图号
700	6.4	6.4	6	2	ϕ19	193.1	BIU700 − $\frac{6.4}{6.4}$ − 195 − $\frac{6}{19}$ − 2 I/II	150	150	7555	2940	GY047 − 1
					ϕ25	118.7	BIU700 − $\frac{6.4}{6.4}$ − 120 − $\frac{6}{25}$ − 2 I/II	150	150	7010		GY047 − 2
		4.0	6	2	ϕ19	193.1	BIU700 − $\frac{6.4}{4.0}$ − 195 − $\frac{6}{19}$ − 2 I/II	150	150			GY047 − 3
					ϕ25	118.7	BIU700 − $\frac{6.4}{4.0}$ − 120 − $\frac{6}{25}$ − 2 I/II	150	150			GY047 − 4
		2.5	6	2	ϕ19	193.1	BIU700 − $\frac{6.4}{2.5}$ − 195 − $\frac{6}{19}$ − 2 I/II	150	150			GY047 − 5
					ϕ25	118.7	BIU700 − $\frac{6.4}{2.5}$ − 120 − $\frac{6}{25}$ − 2 I/II	150	150			GY047 − 6
		1.6	6	2	ϕ19	193.1	BIU700 − $\frac{6.4}{1.6}$ − 195 − $\frac{6}{19}$ − 2 I/II	150	150			GY047 − 7
					ϕ25	118.7	BIU700 − $\frac{6.4}{1.6}$ − 120 − $\frac{6}{25}$ − 2 I/II	150	150			GY047 − 8
	1.0	1.0	6	4	ϕ19	183.0	BIU700 − $\frac{1.0}{1.0}$ − 180 − $\frac{6}{19}$ − 4 I/II	150	150	5125		GY048 − 1
					ϕ25	119.4	BIU700 − $\frac{1.0}{1.0}$ − 120 − $\frac{6}{25}$ − 4 I/II	150	150	4738		GY048 − 2
	1.6	1.6	6	4	ϕ19	182.6	BIU700 − $\frac{1.6}{1.6}$ − 180 − $\frac{6}{19}$ − 4 I/II	150	150	5288		GY049 − 1
					ϕ25	119.2	BIU700 − $\frac{1.6}{1.6}$ − 120 − $\frac{6}{25}$ − 4 I/II	150	150	4890		GY049 − 2
	2.5	2.5	6	4	ϕ19	182.1	BIU700 − $\frac{2.5}{2.5}$ − 180 − $\frac{6}{19}$ − 4 I/II	150	150	5277		GY050 − 1
					ϕ25	118.9	BIU700 − $\frac{2.5}{2.5}$ − 120 − $\frac{6}{25}$ − 4 I/II	150	150	4895		GY050 − 2
		1.6	6	4	ϕ19	182.1	BIU700 − $\frac{2.5}{1.6}$ − 180 − $\frac{6}{19}$ − 4 I/II	150	150			GY050 − 3
					ϕ25	118.9	BIU700 − $\frac{2.5}{1.6}$ − 120 − $\frac{6}{25}$ − 4 I/II	150	150			GY050 − 4
	4.0	4.0	6	4	ϕ19	181.4	BIU700 − $\frac{4.0}{4.0}$ − 180 − $\frac{6}{19}$ − 4 I/II	150	150	6064		GY051 − 1
					ϕ25	118.4	BIU700 − $\frac{4.0}{4.0}$ − 120 − $\frac{6}{25}$ − 4 I/II	150	150	5666		GY051 − 2
		2.5	6	4	ϕ19	181.4	BIU700 − $\frac{4.0}{2.5}$ − 180 − $\frac{6}{19}$ − 4 I/II	150	150			GY051 − 3
					ϕ25	118.4	BIU700 − $\frac{4.0}{2.5}$ − 120 − $\frac{6}{25}$ − 4 I/II	150	150			GY051 − 4
		1.6	6	4	ϕ19	181.4	BIU700 − $\frac{4.0}{1.6}$ − 180 − $\frac{6}{19}$ − 4 I/II	150	150			GY051 − 5
					ϕ25	118.4	BIU700 − $\frac{4.0}{1.6}$ − 120 − $\frac{6}{25}$ − 4 I/II	150	150			GY051 − 6

续表 8

DN/mm	管程压力/MPa	壳程压力/MPa	管长/m	管程数	换热管规格	计算传热面积/m^2	规格型号	管程出入口公称直径/mm	壳程出入口公称直径/mm	设备净重/kg	充水水重/kg	系列图号
700	6.4	6.4	6	4	$\phi19$	180.5	$BIU700-\frac{6.4}{6.4}-180-\frac{6}{19}-4\frac{I}{II}$	150	150	7462	2940	GY052-1
					$\phi25$	117.8	$BIU700-\frac{6.4}{6.4}-120-\frac{6}{25}-4\frac{I}{II}$	150	150	7089		GY052-2
		4.0	6	4	$\phi19$	180.5	$BIU700-\frac{6.4}{4.0}-180-\frac{6}{19}-4\frac{I}{II}$	150	150			GY052-3
					$\phi25$	117.8	$BIU700-\frac{6.4}{4.0}-120-\frac{6}{25}-4\frac{I}{II}$	150	150			GY052-4
		2.5	6	4	$\phi19$	180.5	$BIU700-\frac{6.4}{2.5}-180-\frac{6}{19}-4\frac{I}{II}$	150	150			GY052-5
					$\phi25$	117.8	$BIU700-\frac{6.4}{2.5}-120-\frac{6}{25}-4\frac{I}{II}$	150	150			GY052-6
		1.6	6	4	$\phi19$	180.5	$BIU700-\frac{6.4}{1.6}-180-\frac{6}{19}-4\frac{I}{II}$	150	150			GY052-7
					$\phi25$	117.8	$BIU700-\frac{6.4}{1.6}-120-\frac{6}{25}-4\frac{I}{II}$	150	150			GY052-8
800	1.0	1.0	6	2	$\phi19$	260.0	$BIU800-\frac{1.0}{1.0}-260-\frac{6}{19}-2\frac{I}{II}$	200	200	7140	3990	GY053-1
					$\phi25$	169.6	$BIU800-\frac{1.0}{1.0}-170-\frac{6}{25}-2\frac{I}{II}$	200	200	6554		GY053-2
	1.6	1.6	6	2	$\phi19$	259.5	$BIU800-\frac{1.6}{1.6}-260-\frac{6}{19}-2\frac{I}{II}$	200	200	7270		GY054-1
					$\phi25$	169.2	$BIU800-\frac{1.6}{1.6}-170-\frac{6}{25}-2\frac{I}{II}$	200	200	6689		GY054-2
	2.5	2.5	6	2	$\phi19$	258.7	$BIU800-\frac{2.5}{2.5}-260-\frac{6}{19}-2\frac{I}{II}$	200	200	7411		GY055-1
					$\phi25$	168.7	$BIU800-\frac{2.5}{2.5}-170-\frac{6}{25}-2\frac{I}{II}$	200	200	6619		GY055-2
		1.6	6	2	$\phi19$	258.7	$BIU800-\frac{2.5}{1.6}-260-\frac{6}{19}-2\frac{I}{II}$	200	200			GY055-3
					$\phi25$	168.7	$BIU800-\frac{2.5}{1.6}-170-\frac{6}{25}-2\frac{I}{II}$	200	200			GY055-4
	4.0	4.0	6	2	$\phi19$	257.7	$BIU800-\frac{4.0}{4.0}-255-\frac{6}{19}-2\frac{I}{II}$	200	200	8407		GY056-1
					$\phi25$	168.0	$BIU800-\frac{4.0}{4.0}-170-\frac{6}{25}-2\frac{I}{II}$	200	200	7832		GY056-2
		2.5	6	2	$\phi19$	257.7	$BIU800-\frac{4.0}{2.5}-255-\frac{6}{19}-2\frac{I}{II}$	200	200			GY056-3
					$\phi25$	168.0	$BIU800-\frac{4.0}{2.5}-170-\frac{6}{25}-2\frac{I}{II}$	200	200			GY056-4
		1.6	6	2	$\phi19$	257.7	$BIU800-\frac{4.0}{1.6}-255-\frac{6}{19}-2\frac{I}{II}$	200	200			GY056-5
					$\phi25$	168.0	$BIU800-\frac{4.0}{1.6}-170-\frac{6}{25}-2\frac{I}{II}$	200	200			GY056-6

续表 8

DN/mm	管程压力/MPa	壳程压力/MPa	管长/m	管程数	换热管规格	计算传热面积/m^2	规格型号	管程出入口公称直径/mm	壳程出入口公称直径/mm	设备净重/kg	充水水重/kg	系列图号
	6.4	6.4	6	2	ϕ19	256.1	$\mathrm{BIU800}-\frac{6.4}{6.4}-255-\frac{6}{19}-2\substack{\mathrm{I}\\ \mathrm{II}}$	200	200	10444		GY057 - 1
					ϕ25	167.1	$\mathrm{BIU800}-\frac{6.4}{6.4}-165-\frac{6}{25}-2\substack{\mathrm{I}\\ \mathrm{II}}$	200	200	9876		GY057 - 2
		4.0	6	2	ϕ19	256.1	$\mathrm{BIU800}-\frac{6.4}{4.0}-255-\frac{6}{19}-2\substack{\mathrm{I}\\ \mathrm{II}}$	200	200			GY057 - 3
					ϕ25	167.1	$\mathrm{BIU800}-\frac{6.4}{4.0}-165-\frac{6}{25}-2\substack{\mathrm{I}\\ \mathrm{II}}$	200	200			GY057 - 4
		2.5	6	2	ϕ19	256.1	$\mathrm{BIU800}-\frac{6.4}{2.5}-255-\frac{6}{19}-2\substack{\mathrm{I}\\ \mathrm{II}}$	200	200			GY057 - 5
					ϕ25	167.1	$\mathrm{BIU800}-\frac{6.4}{2.5}-165-\frac{6}{25}-2\substack{\mathrm{I}\\ \mathrm{II}}$	200	200			GY057 - 6
		1.6	6	2	ϕ19	256.1	$\mathrm{BIU800}-\frac{6.4}{1.6}-255-\frac{6}{19}-2\substack{\mathrm{I}\\ \mathrm{II}}$	200	200			GY057 - 7
					ϕ25	167.1	$\mathrm{BIU800}-\frac{6.4}{1.6}-165-\frac{6}{25}-2\substack{\mathrm{I}\\ \mathrm{II}}$	200	200			GY057 - 8
	1.0	1.0	6	4	ϕ19	245.1	$\mathrm{BIU800}-\frac{1.0}{1.0}-245-\frac{6}{19}-4\substack{\mathrm{I}\\ \mathrm{II}}$	200	200	7044		GY058 - 1
					ϕ25	164.1	$\mathrm{BIU800}-\frac{1.0}{1.0}-165-\frac{6}{25}-4\substack{\mathrm{I}\\ \mathrm{II}}$	200	200	6569		GY058 - 2
800	1.6	1.6	6	4	ϕ19	244.5	$\mathrm{BIU800}-\frac{1.6}{1.6}-245-\frac{6}{19}-4\substack{\mathrm{I}\\ \mathrm{II}}$	200	200	7168	3990	GY059 - 1
					ϕ25	163.7	$\mathrm{BIU800}-\frac{1.6}{1.6}-165-\frac{6}{25}-4\substack{\mathrm{I}\\ \mathrm{II}}$	200	200	6696		GY059 - 2
	2.5	2.5	6	4	ϕ19	243.8	$\mathrm{BIU800}-\frac{2.5}{2.5}-245-\frac{6}{19}-4\substack{\mathrm{I}\\ \mathrm{II}}$	200	200	7318		GY060 - 1
					ϕ25	163.2	$\mathrm{BIU800}-\frac{2.5}{2.5}-165-\frac{6}{25}-4\substack{\mathrm{I}\\ \mathrm{II}}$	200	200	6849		GY060 - 2
		1.6	6	4	ϕ19	243.8	$\mathrm{BIU800}-\frac{2.5}{1.6}-245-\frac{6}{19}-4\substack{\mathrm{I}\\ \mathrm{II}}$	200	200			GY060 - 3
					ϕ25	163.2	$\mathrm{BIU800}-\frac{2.5}{1.6}-165-\frac{6}{25}-4\substack{\mathrm{I}\\ \mathrm{II}}$	200	200			GY060 - 4
	4.0	4.0	6	4	ϕ19	242.8	$\mathrm{BIU800}-\frac{4.0}{4.0}-245-\frac{6}{19}-4\substack{\mathrm{I}\\ \mathrm{II}}$	200	200	8316		GY061 - 1
					ϕ25	162.5	$\mathrm{BIU800}-\frac{4.0}{4.0}-165-\frac{6}{25}-4\substack{\mathrm{I}\\ \mathrm{II}}$	200	200	7851		GY061 - 2
		2.5	6	4	ϕ19	242.8	$\mathrm{BIU800}-\frac{4.0}{2.5}-245-\frac{6}{19}-4\substack{\mathrm{I}\\ \mathrm{II}}$	200	200			GY061 - 3
					ϕ25	162.5	$\mathrm{BIU800}-\frac{4.0}{2.5}-165-\frac{6}{25}-4\substack{\mathrm{I}\\ \mathrm{II}}$	200	200			GY061 - 4
		1.6	6	4	ϕ19	242.8	$\mathrm{BIU800}-\frac{4.0}{1.6}-245-\frac{6}{19}-4\substack{\mathrm{I}\\ \mathrm{II}}$	200	200			GY061 - 5
					ϕ25	162.5	$\mathrm{BIU800}-\frac{4.0}{1.6}-165-\frac{6}{25}-4\substack{\mathrm{I}\\ \mathrm{II}}$	200	200			GY061 - 6

续表 8

DN/mm	管程压力/MPa	壳程压力/MPa	管长/m	管程数	换热管规格	计算传热面积/m^2	规格型号	管程出入口公称直径/mm	壳程出入口公称直径/mm	设备净重/kg	充水水重/kg	系列图号
800	6.4	6.4	6	4	φ19	241.4	BIU800 $-\frac{6.4}{6.4}-240-\frac{6}{19}-4\genfrac{}{}{0pt}{}{\mathrm{I}}{\mathrm{II}}$	200	200	13064	3990	GY062-1
					φ25	161.6	BIU800 $-\frac{6.4}{6.4}-160-\frac{6}{25}-4\genfrac{}{}{0pt}{}{\mathrm{I}}{\mathrm{II}}$	200	200	9905		GY062-2
		4.0	6	4	φ19	241.4	BIU800 $-\frac{6.4}{4.0}-240-\frac{6}{19}-4\genfrac{}{}{0pt}{}{\mathrm{I}}{\mathrm{II}}$	200	200			GY062-3
					φ25	161.6	BIU800 $-\frac{6.4}{4.0}-160-\frac{6}{25}-4\genfrac{}{}{0pt}{}{\mathrm{I}}{\mathrm{II}}$	200	200			GY062-4
		2.5	6	4	φ19	241.4	BIU800 $-\frac{6.4}{2.5}-240-\frac{6}{19}-4\genfrac{}{}{0pt}{}{\mathrm{I}}{\mathrm{II}}$	200	200			GY062-5
					φ25	161.6	BIU800 $-\frac{6.4}{2.5}-160-\frac{6}{25}-4\genfrac{}{}{0pt}{}{\mathrm{I}}{\mathrm{II}}$	200	200			GY062-6
		1.6	6	4	φ19	241.4	BIU800 $-\frac{6.4}{1.6}-240-\frac{6}{19}-4\genfrac{}{}{0pt}{}{\mathrm{I}}{\mathrm{II}}$	200	200			GY062-7
					φ25	161.6	BIU800 $-\frac{6.4}{1.6}-160-\frac{6}{25}-4\genfrac{}{}{0pt}{}{\mathrm{I}}{\mathrm{II}}$	200	200			GY062-8
900	1.0	1.0	6	2	φ19	339.9	BIU900 $-\frac{1.0}{1.0}-340-\frac{6}{19}-2\genfrac{}{}{0pt}{}{\mathrm{I}}{\mathrm{II}}$	200	200	8915	4980	GY063-1
					φ25	215.1	BIU900 $-\frac{1.0}{1.0}-215-\frac{6}{25}-2\genfrac{}{}{0pt}{}{\mathrm{I}}{\mathrm{II}}$	200	200	8001		GY063-2
	1.6	1.6	6	2	φ19	338.8	BIU900 $-\frac{1.6}{1.6}-340-\frac{6}{19}-2\genfrac{}{}{0pt}{}{\mathrm{I}}{\mathrm{II}}$	200	200	9098		GY064-1
					φ25	214.5	BIU900 $-\frac{1.6}{1.6}-215-\frac{6}{25}-2\genfrac{}{}{0pt}{}{\mathrm{I}}{\mathrm{II}}$	200	200	8189		GY064-2
	2.5	2.5	6	2	φ19	337.6	BIU900 $-\frac{2.5}{2.5}-340-\frac{6}{19}-2\genfrac{}{}{0pt}{}{\mathrm{I}}{\mathrm{II}}$	200	200	9385		GY065-1
					φ25	213.8	BIU900 $-\frac{2.5}{2.5}-215-\frac{6}{25}-2\genfrac{}{}{0pt}{}{\mathrm{I}}{\mathrm{II}}$	200	200	8483		GY065-2
		1.6	6	2	φ19	337.6	BIU900 $-\frac{2.5}{1.6}-340-\frac{6}{19}-2\genfrac{}{}{0pt}{}{\mathrm{I}}{\mathrm{II}}$	200	200			GY065-3
					φ25	213.8	BIU900 $-\frac{2.5}{1.6}-215-\frac{6}{25}-2\genfrac{}{}{0pt}{}{\mathrm{I}}{\mathrm{II}}$	200	200			GY065-4
	4.0	4.0	6	2	φ19	336.2	BIU900 $-\frac{4.0}{4.0}-335-\frac{6}{19}-2\genfrac{}{}{0pt}{}{\mathrm{I}}{\mathrm{II}}$	200	200	10556		GY066-1
					φ25	212.8	BIU900 $-\frac{4.0}{4.0}-215-\frac{6}{25}-2\genfrac{}{}{0pt}{}{\mathrm{I}}{\mathrm{II}}$	200	200	9764		GY066-2
		2.5	6	2	φ19	336.2	BIU900 $-\frac{4.0}{2.5}-335-\frac{6}{19}-2\genfrac{}{}{0pt}{}{\mathrm{I}}{\mathrm{II}}$	200	200			GY066-3
					φ25	212.8	BIU900 $-\frac{4.0}{2.5}-215-\frac{6}{25}-2\genfrac{}{}{0pt}{}{\mathrm{I}}{\mathrm{II}}$	200	200			GY066-4
		1.6	6	2	φ19	336.2	BIU900 $-\frac{4.0}{1.6}-335-\frac{6}{19}-2\genfrac{}{}{0pt}{}{\mathrm{I}}{\mathrm{II}}$	200	200			GY066-5
					φ25	212.8	BIU900 $-\frac{4.0}{1.6}-215-\frac{6}{25}-2\genfrac{}{}{0pt}{}{\mathrm{I}}{\mathrm{II}}$	200	200			GY066-6

续表 8

DN/mm	管程压力/MPa	壳程压力/MPa	管长/m	管程数	换热管规格	计算传热面积/m^2	规格型号	管程出入口公称直径/mm	壳程出入口公称直径/mm	设备净重/kg	充水水重/kg	系列图号
900	1.0	1.0	6	4	$\phi19$	321.3	$BIU900-\frac{1.0}{1.0}-320-\frac{6}{19}-4\frac{I}{II}$	200	200	8785	4980	GY067－1
					$\phi25$	210.4	$BIU900-\frac{1.0}{1.0}-210-\frac{6}{25}-4\frac{I}{II}$	200	200	8035		GY067－2
	1.6	1.6	6	4	$\phi19$	320.4	$BIU900-\frac{1.6}{1.6}-320-\frac{6}{19}-4\frac{I}{II}$	200	200	8970		GY068－1
					$\phi25$	209.9	$BIU900-\frac{1.6}{1.6}-210-\frac{6}{25}-4\frac{I}{II}$	200	200	8224		GY068－2
	2.5	2.5	6	4	$\phi19$	319.3	$BIU900-\frac{2.5}{2.5}-320-\frac{6}{19}-4\frac{I}{II}$	200	200	9260		GY069－1
					$\phi25$	209.1	$BIU900-\frac{2.5}{2.5}-210-\frac{6}{25}-4\frac{I}{II}$	200	200	8521		GY069－2
		1.6	6	4	$\phi19$	319.3	$BIU900-\frac{2.5}{1.6}-320-\frac{6}{19}-4\frac{I}{II}$	200	200			GY069－3
					$\phi25$	209.1	$BIU900-\frac{2.5}{1.6}-210-\frac{6}{25}-4\frac{I}{II}$	200	200			GY069－4
	4.0	4.0	6	4	$\phi19$	317.8	$BIU900-\frac{4.0}{4.0}-320-\frac{6}{19}-4\frac{I}{II}$	200	200	10433		GY070－1
					$\phi25$	208.2	$BIU900-\frac{4.0}{4.0}-210-\frac{6}{25}-4\frac{I}{II}$	200	200	9701		GY070－2
		2.5	6	4	$\phi19$	317.8	$BIU900-\frac{4.0}{2.5}-320-\frac{6}{19}-4\frac{I}{II}$	200	200			GY070－3
					$\phi25$	208.2	$BIU900-\frac{4.0}{2.5}-210-\frac{6}{25}-4\frac{I}{II}$	200	200			GY070－4
		1.6	6	4	$\phi19$	317.8	$BIU900-\frac{4.0}{1.6}-320-\frac{6}{19}-4\frac{I}{II}$	200	200			GY070－5
					$\phi25$	208.2	$BIU900-\frac{4.0}{1.6}-210-\frac{6}{25}-4\frac{I}{II}$	200	200			GY070－6
1000	1.0	1.0	6	2	$\phi19$	426.5	$BIU1000-\frac{1.0}{1.0}-425-\frac{6}{19}-2\frac{I}{II}$	250	250	10670	6370	GY071－1
					$\phi25$	277.2	$BIU1000-\frac{1.0}{1.0}-275-\frac{6}{25}-2\frac{I}{II}$	250	250	9658		GY071－2
	1.6	1.6	6	2	$\phi19$	425.2	$BIU1000-\frac{1.6}{1.6}-425-\frac{6}{19}-2\frac{I}{II}$	250	250	10977		GY072－1
					$\phi25$	276.4	$BIU1000-\frac{1.6}{1.6}-275-\frac{6}{25}-2\frac{I}{II}$	250	250	9985		GY072－2
	2.5	2.5	6	2	$\phi19$	423.6	$BIU1000-\frac{2.5}{2.5}-425-\frac{6}{19}-2\frac{I}{II}$	250	250	11382		GY073－1
					$\phi25$	275.3	$BIU1000-\frac{2.5}{2.5}-275-\frac{6}{25}-2\frac{I}{II}$	250	250	10519		GY073－2
		1.6	6	2	$\phi19$	423.6	$BIU1000-\frac{2.5}{1.6}-425-\frac{6}{19}-2\frac{I}{II}$	250	250			GY073－3
					$\phi25$	275.3	$BIU1000-\frac{2.5}{1.6}-275-\frac{6}{25}-2\frac{I}{II}$	250	250			GY073－4

续表 8

DN/mm	管程压力/MPa	壳程压力/MPa	管长/m	管程数	换热管规格	计算传热面积/m^2	规格型号	管程出入口公称直径/mm	壳程出入口公称直径/mm	设备净重/kg	充水水重/kg	系列图号
1000	4.0	4.0	6	2	φ19	421.5	$\mathrm{BIU1000}-\frac{4.0}{4.0}-420-\frac{6}{19}-2\begin{matrix}\mathrm{I}\\\mathrm{II}\end{matrix}$	250	250	13182	6370	GY074－1
					φ25	273.9	$\mathrm{BIU1000}-\frac{4.0}{4.0}-275-\frac{6}{25}-2\begin{matrix}\mathrm{I}\\\mathrm{II}\end{matrix}$	250	250	12197		GY074－2
		2.5	6	2	φ19	421.5	$\mathrm{BIU1000}-\frac{4.0}{2.5}-420-\frac{6}{19}-2\begin{matrix}\mathrm{I}\\\mathrm{II}\end{matrix}$	250	250			GY074－3
					φ25	273.9	$\mathrm{BIU1000}-\frac{4.0}{2.5}-275-\frac{6}{25}-2\begin{matrix}\mathrm{I}\\\mathrm{II}\end{matrix}$	250	250			GY074－4
		1.6	6	2	φ19	421.5	$\mathrm{BIU1000}-\frac{4.0}{1.6}-420-\frac{6}{19}-2\begin{matrix}\mathrm{I}\\\mathrm{II}\end{matrix}$	250	250			GY074－5
					φ25	273.9	$\mathrm{BIU1000}-\frac{4.0}{1.6}-275-\frac{6}{25}-2\begin{matrix}\mathrm{I}\\\mathrm{II}\end{matrix}$	250	250			GY074－6
	1.0	1.0	6	4	φ19	407.2	$\mathrm{BIU1000}-\frac{1.0}{1.0}-405-\frac{6}{19}-4\begin{matrix}\mathrm{I}\\\mathrm{II}\end{matrix}$	250	250	10561		GY075－1
					φ25	271.6	$\mathrm{BIU1000}-\frac{1.0}{1.0}-270-\frac{6}{25}-4\begin{matrix}\mathrm{I}\\\mathrm{II}\end{matrix}$	250	250	9705		GY075－2
	1.6	1.6	6	4	φ19	406.0	$\mathrm{BIU1000}-\frac{1.6}{1.6}-405-\frac{6}{19}-4\begin{matrix}\mathrm{I}\\\mathrm{II}\end{matrix}$	250	250	10872		GY076－1
					φ25	270.8	$\mathrm{BIU1000}-\frac{1.6}{1.6}-270-\frac{6}{25}-4\begin{matrix}\mathrm{I}\\\mathrm{II}\end{matrix}$	250	250	10021		GY076－2
	2.5	2.5	6	4	φ19	404.4	$\mathrm{BIU1000}-\frac{2.5}{2.5}-405-\frac{6}{19}-4\begin{matrix}\mathrm{I}\\\mathrm{II}\end{matrix}$	250	250	11346		GY077－1
					φ25	269.7	$\mathrm{BIU1000}-\frac{2.5}{2.5}-270-\frac{6}{25}-4\begin{matrix}\mathrm{I}\\\mathrm{II}\end{matrix}$	250	250	10447		GY077－2
		1.6	6	4	φ19	404.4	$\mathrm{BIU1000}-\frac{2.5}{1.6}-405-\frac{6}{19}-4\begin{matrix}\mathrm{I}\\\mathrm{II}\end{matrix}$	250	250			GY077－3
					φ25	269.7	$\mathrm{BIU1000}-\frac{2.5}{1.6}-270-\frac{6}{25}-4\begin{matrix}\mathrm{I}\\\mathrm{II}\end{matrix}$	250	250			GY077－4
	4.0	4.0	6	4	φ19	402.4	$\mathrm{BIU1000}-\frac{4.0}{4.0}-400-\frac{6}{19}-4\begin{matrix}\mathrm{I}\\\mathrm{II}\end{matrix}$	250	250	13057		GY078－1
					φ25	268.4	$\mathrm{BIU1000}-\frac{4.0}{4.0}-270-\frac{6}{25}-4\begin{matrix}\mathrm{I}\\\mathrm{II}\end{matrix}$	250	250	12221		GY078－2
		2.5	6	4	φ19	402.4	$\mathrm{BIU1000}-\frac{4.0}{2.5}-400-\frac{6}{19}-4\begin{matrix}\mathrm{I}\\\mathrm{II}\end{matrix}$	250	250			GY078－3
					φ25	268.4	$\mathrm{BIU1000}-\frac{4.0}{2.5}-270-\frac{6}{25}-4\begin{matrix}\mathrm{I}\\\mathrm{II}\end{matrix}$	250	250			GY078－4
		1.6	6	4	φ19	402.4	$\mathrm{BIU1000}-\frac{4.0}{1.6}-400-\frac{6}{19}-4\begin{matrix}\mathrm{I}\\\mathrm{II}\end{matrix}$	250	250			GY078－5
					φ25	268.4	$\mathrm{BIU1000}-\frac{4.0}{1.6}-270-\frac{6}{25}-4\begin{matrix}\mathrm{I}\\\mathrm{II}\end{matrix}$	250	250			GY078－6
1100	1.0	1.0	6	2	φ19	521.5	$\mathrm{BIU1100}-\frac{1.0}{1.0}-520-\frac{6}{19}-2\begin{matrix}\mathrm{I}\\\mathrm{II}\end{matrix}$	250	250	13221	7760	GY079－1
					φ25	337.3	$\mathrm{BIU1100}-\frac{1.0}{1.0}-335-\frac{6}{25}-2\begin{matrix}\mathrm{I}\\\mathrm{II}\end{matrix}$	250	250	11912		GY079－2

续表 8

DN/mm	管程压力/MPa	壳程压力/MPa	管长/m	管程数	换热管规格	计算传热面积/m²	规格型号	管程出入口公称直径/mm	壳程出入口公称直径/mm	设备净重/kg	充水水重/kg	系列图号
1100	1.6	1.6	6	2	$\phi19$	519.7	BIU1100 − $\frac{1.6}{1.6}$ − 520 − $\frac{6}{19}$ − 2 $\begin{matrix}\mathrm{I}\\ \mathrm{II}\end{matrix}$	250	250	13456	7760	GY080 − 1
					$\phi25$	336.2	BIU1100 − $\frac{1.6}{1.6}$ − 335 − $\frac{6}{25}$ − 2 $\begin{matrix}\mathrm{I}\\ \mathrm{II}\end{matrix}$	250	250	12157		GY080 − 2
	2.5	2.5	6	2	$\phi19$	517.6	BIU1100 − $\frac{2.5}{2.5}$ − 520 − $\frac{6}{19}$ − 2 $\begin{matrix}\mathrm{I}\\ \mathrm{II}\end{matrix}$	250	250	13980		GY081 − 1
					$\phi25$	334.8	BIU1100 − $\frac{2.5}{2.5}$ − 335 − $\frac{6}{25}$ − 2 $\begin{matrix}\mathrm{I}\\ \mathrm{II}\end{matrix}$	250	250	12690		GY081 − 2
		1.6	6	2	$\phi19$	517.6	BIU1100 − $\frac{2.5}{1.6}$ − 520 − $\frac{6}{19}$ − 2 $\begin{matrix}\mathrm{I}\\ \mathrm{II}\end{matrix}$	250	250			GY081 − 3
					$\phi25$	334.8	BIU1100 − $\frac{2.5}{1.6}$ − 335 − $\frac{6}{25}$ − 2 $\begin{matrix}\mathrm{I}\\ \mathrm{II}\end{matrix}$	250	250			GY081 − 4
	4.0	4.0	6	2	$\phi19$	514.6	BIU1100 − $\frac{4.0}{4.0}$ − 515 − $\frac{6}{19}$ − 2 $\begin{matrix}\mathrm{I}\\ \mathrm{II}\end{matrix}$	250	250	16326		GY082 − 1
					$\phi25$	332.9	BIU1100 − $\frac{4.0}{4.0}$ − 335 − $\frac{6}{25}$ − 2 $\begin{matrix}\mathrm{I}\\ \mathrm{II}\end{matrix}$	250	250	15053		GY082 − 2
		2.5	6	2	$\phi19$	514.6	BIU1100 − $\frac{4.0}{2.5}$ − 515 − $\frac{6}{19}$ − 2 $\begin{matrix}\mathrm{I}\\ \mathrm{II}\end{matrix}$	250	250			GY082 − 3
					$\phi25$	332.9	BIU1100 − $\frac{4.0}{2.5}$ − 335 − $\frac{6}{25}$ − 2 $\begin{matrix}\mathrm{I}\\ \mathrm{II}\end{matrix}$	250	250			GY082 − 4
		1.6	6	2	$\phi19$	514.6	BIU1100 − $\frac{4.0}{1.6}$ − 515 − $\frac{6}{19}$ − 2 $\begin{matrix}\mathrm{I}\\ \mathrm{II}\end{matrix}$	250	250			GY082 − 5
					$\phi25$	332.9	BIU1100 − $\frac{4.0}{1.6}$ − 335 − $\frac{6}{25}$ − 2 $\begin{matrix}\mathrm{I}\\ \mathrm{II}\end{matrix}$	250	250			GY082 − 6
	1.0	1.0	6	4	$\phi19$	498.8	BIU1100 − $\frac{1.0}{1.0}$ − 500 − $\frac{6}{19}$ − 4 $\begin{matrix}\mathrm{I}\\ \mathrm{II}\end{matrix}$	250	250	13075		GY083 − 1
					$\phi25$	320.8	BIU1100 − $\frac{1.0}{1.0}$ − 330 − $\frac{6}{25}$ − 4 $\begin{matrix}\mathrm{I}\\ \mathrm{II}\end{matrix}$	250	250	11960		GY083 − 2
	1.6	1.6	6	4	$\phi19$	497.1	BIU1100 − $\frac{1.6}{1.6}$ − 495 − $\frac{6}{19}$ − 4 $\begin{matrix}\mathrm{I}\\ \mathrm{II}\end{matrix}$	250	250	14793		GY084 − 1
					$\phi25$	329.7	BIU1100 − $\frac{1.6}{1.6}$ − 330 − $\frac{6}{25}$ − 4 $\begin{matrix}\mathrm{I}\\ \mathrm{II}\end{matrix}$	250	250	12214		GY084 − 2
	2.5	2.5	6	4	$\phi19$	495.1	BIU1100 − $\frac{2.5}{2.5}$ − 495 − $\frac{6}{19}$ − 4 $\begin{matrix}\mathrm{I}\\ \mathrm{II}\end{matrix}$	250	250	15146		GY085 − 1
					$\phi25$	328.4	BIU1100 − $\frac{2.5}{2.5}$ − 330 − $\frac{6}{25}$ − 4 $\begin{matrix}\mathrm{I}\\ \mathrm{II}\end{matrix}$	250	250	12748		GY085 − 2
		1.6	6	4	$\phi19$	495.1	BIU1100 − $\frac{2.5}{1.6}$ − 495 − $\frac{6}{19}$ − 4 $\begin{matrix}\mathrm{I}\\ \mathrm{II}\end{matrix}$	250	250			GY085 − 3
					$\phi25$	328.4	BIU1100 − $\frac{2.5}{1.6}$ − 330 − $\frac{6}{25}$ − 4 $\begin{matrix}\mathrm{I}\\ \mathrm{II}\end{matrix}$	250	250			GY085 − 4
	4.0	4.0	6	4	$\phi19$	492.2	BIU1100 − $\frac{4.0}{4.0}$ − 490 − $\frac{6}{19}$ − 4 $\begin{matrix}\mathrm{I}\\ \mathrm{II}\end{matrix}$	250	250	17373		GY086 − 1
					$\phi25$	326.5	BIU1100 − $\frac{4.0}{4.0}$ − 325 − $\frac{6}{25}$ − 4 $\begin{matrix}\mathrm{I}\\ \mathrm{II}\end{matrix}$	250	250	15115		GY086 − 2

续表8

DN/mm	管程压力/MPa	壳程压力/MPa	管长/m	管程数	换热管规格	计算传热面积/m²	规格型号	管程出入口公称直径/mm	壳程出入口公称直径/mm	设备净重/kg	充水水重/kg	系列图号
1100	4.0	1.6	6	4	$\phi19$	492.2	BIU1100 $-\frac{4.0}{2.5}-490-\frac{6}{19}-4$ Ⅰ Ⅱ	250	250		7760	GY086－3
					$\phi25$	326.5	BIU1100 $-\frac{4.0}{2.5}-325-\frac{6}{25}-4$ Ⅰ Ⅱ	250	250			GY086－4
		2.5	6	4	$\phi19$	492.2	BIU1100 $-\frac{4.0}{1.6}-490-\frac{6}{19}-4$ Ⅰ Ⅱ	250	250			GY086－5
					$\phi25$	326.5	BIU1100 $-\frac{4.0}{1.6}-325-\frac{6}{25}-4$ Ⅰ Ⅱ	250	250			GY086－6
1200	1.0	1.6	6	2	$\phi19$	624.5	BIU1200 $-\frac{1.0}{1.0}-625-\frac{6}{19}-2$ Ⅰ Ⅱ	300	300	15611	9610	GY087－1
					$\phi25$	404.6	BIU1200 $-\frac{1.0}{1.0}-405-\frac{6}{25}-2$ Ⅰ Ⅱ	300	300	14047		GY087－2
	1.6	4.0	6	2	$\phi19$	622.4	BIU1200 $-\frac{1.6}{1.6}-620-\frac{6}{19}-2$ Ⅰ Ⅱ	300	300	16068		GY088－1
					$\phi25$	403.3	BIU1200 $-\frac{1.6}{1.6}-405-\frac{6}{25}-2$ Ⅰ Ⅱ	300	300	14515		GY088－2
	2.5	2.5	6	2	$\phi19$	619.6	BIU1200 $-\frac{2.5}{2.5}-620-\frac{6}{19}-2$ Ⅰ Ⅱ	300	300	16552		GY089－1
					$\phi25$	401.5	BIU1200 $-\frac{2.5}{2.5}-400-\frac{6}{25}-2$ Ⅰ Ⅱ	300	300	15074		GY089－2
		1.6	6	2	$\phi19$	619.6	BIU1200 $-\frac{2.5}{1.6}-620-\frac{6}{19}-2$ Ⅰ Ⅱ	300	300			GY089－3
					$\phi25$	401.5	BIU1200 $-\frac{2.5}{1.6}-400-\frac{6}{25}-2$ Ⅰ Ⅱ	300	300			GY089－4
	4.0	1.0	6	2	$\phi19$	615.8	BIU1200 $-\frac{4.0}{4.0}-615-\frac{6}{19}-2$ Ⅰ Ⅱ	300	300	19839		GY090－1
					$\phi25$	399.0	BIU1200 $-\frac{4.0}{4.0}-400-\frac{6}{25}-2$ Ⅰ Ⅱ	300	300	18382		GY090－2
		1.6	6	2	$\phi19$	615.8	BIU1200 $-\frac{4.0}{2.5}-615-\frac{6}{19}-2$ Ⅰ Ⅱ	300	300			GY090－3
					$\phi25$	399.0	BIU1200 $-\frac{4.0}{2.5}-400-\frac{6}{25}-2$ Ⅰ Ⅱ	300	300			GY090－4
		2.5	6	2	$\phi19$	615.8	BIU1200 $-\frac{4.0}{1.6}-615-\frac{6}{19}-2$ Ⅰ Ⅱ	300	300			GY090－5
					$\phi25$	399.0	BIU1200 $-\frac{4.0}{1.6}-400-\frac{6}{25}-2$ Ⅰ Ⅱ	300	300			GY090－6
	1.0	1.6	6	4	$\phi19$	600.9	BIU1200 $-\frac{1.0}{1.0}-600-\frac{6}{19}-4$ Ⅰ Ⅱ	300	300	15520		GY091－1
					$\phi25$	397.2	BIU1200 $-\frac{1.0}{1.0}-395-\frac{6}{25}-4$ Ⅰ Ⅱ	300	300	14154		GY091－2
	1.6	4.0	6	4	$\phi19$	598.9	BIU1200 $-\frac{1.6}{1.6}-600-\frac{6}{19}-4$ Ⅰ Ⅱ	300	300	15983		GY092－1
					$\phi25$	395.9	BIU1200 $-\frac{1.6}{1.6}-395-\frac{6}{25}-4$ Ⅰ Ⅱ	300	300	14627		GY092－2

续表 8

DN/mm	管程压力/MPa	壳程压力/MPa	管长/m	管程数	换热管规格	计算传热面积/m^2	规格型号	管程出入口公称直径/mm	壳程出入口公称直径/mm	设备净重/kg	充水水重/kg	系列图号
1200	2.5	2.5	6	4	$\phi19$	596.2	$BIU1200-\frac{2.5}{2.5}-595-\frac{6}{19}-4\begin{matrix}\mathrm{I}\\\mathrm{II}\end{matrix}$	300	300	16468	9610	GY093－1
					$\phi25$	394.1	$BIU1200-\frac{2.5}{2.5}-395-\frac{6}{25}-4\begin{matrix}\mathrm{I}\\\mathrm{II}\end{matrix}$	300	300	15185		GY093－2
		1.6	6	4	$\phi19$	596.2	$BIU1200-\frac{2.5}{1.6}-595-\frac{6}{19}-4\begin{matrix}\mathrm{I}\\\mathrm{II}\end{matrix}$	300	300			GY093－3
					$\phi25$	394.1	$BIU1200-\frac{2.5}{1.6}-395-\frac{6}{25}-4\begin{matrix}\mathrm{I}\\\mathrm{II}\end{matrix}$	300	300			GY093－4
	4.0	4.0	6	4	$\phi19$	592.6	$BIU1200-\frac{4.0}{4.0}-595-\frac{6}{19}-4\begin{matrix}\mathrm{I}\\\mathrm{II}\end{matrix}$	300	300	19768		GY094－1
					$\phi25$	391.7	$BIU1200-\frac{4.0}{4.0}-390-\frac{6}{25}-4\begin{matrix}\mathrm{I}\\\mathrm{II}\end{matrix}$	300	300	18502		GY094－2
		2.5	6	4	$\phi19$	592.6	$BIU1200-\frac{4.0}{2.5}-595-\frac{6}{19}-4\begin{matrix}\mathrm{I}\\\mathrm{II}\end{matrix}$	300	300			GY094－3
					$\phi25$	391.7	$BIU1200-\frac{4.0}{2.5}-390-\frac{6}{25}-4\begin{matrix}\mathrm{I}\\\mathrm{II}\end{matrix}$	300	300			GY094－4
		1.6	6	4	$\phi19$	592.6	$BIU1200-\frac{4.0}{1.6}-595-\frac{6}{19}-4\begin{matrix}\mathrm{I}\\\mathrm{II}\end{matrix}$	300	300			GY094－5
					$\phi25$	391.7	$BIU1200-\frac{4.0}{1.6}-390-\frac{6}{25}-4\begin{matrix}\mathrm{I}\\\mathrm{II}\end{matrix}$	300	300			GY094－6

附表1 浮头式换热器、冷凝器管束参考重量

公称直径 DN/mm	公称压力 PN/MPa	管束重量/kg							
		管长 3m		管长 4.5m		管长 6m		管长 9m	
		φ19	φ25	φ19	φ25	φ19	φ25	φ19	φ25
325	2.5	282	306	458	443	—	—	—	—
	4.0	290	290	469	413	—	—	—	—
400	1.0	497	516	839	752	880	924	—	—
	1.6	497	516	839	752	880	924	—	—
	2.5	510	565	739	765	995	953	—	—
	4.0	537	555	763	791	1027	980	—	—
	6.4	—	—	—	—	951	994	—	—
500	1.0	791	802	1151	1161	1419	1439	—	—
	1.6	798	809	1165	1175	1519	1539	—	—
	2.5	820	831	1188	1198	1541	1561	—	—
	4.0	867	878	1234	1244	1589	1600	—	—
	6.4	—	—	—	—	1663	1673	—	—
600	1.0	1211	1221	1771	1787	2180	2213	—	—
	1.6	1227	1236	1787	1820	2327	2355	—	—
	2.5	1261	1273	1845	1839	2364	2402	—	—
	4.0	1327	1333	1887	1900	2411	2449	—	—
	6.4	—	—	—	—	2537	2573	—	—
700	1.0	1694	1664	2469	2435	3075	3027	—	—
	1.6	1742	1713	2527	2484	3272	3228	—	—
	2.5	1785	1758	2572	2527	3317	3286	—	—
	4.0	1903	1832	2675	2629	3416	3386	—	—
	6.4	—	—	—	—	3609	3554	—	—
800	1.0	—	—	3177	3185	4179	4191	—	—
	1.6	1902	1973	3249	3256	4312	4311	—	—
	2.5	—	—	3319	3326	4356	4379	—	—
	4.0	—	—	3466	3469	4496	4516	—	—
900	1.0	—	—	4091	4067	5369	5343	—	—
	1.6	2568	2550	4179	4158	5475	5525	—	—
	2.5	—	—	4311	4288	5589	5659	—	—
	4.0	—	—	4487	4460	5765	5821	—	—

续附表 1

公称直径 DN/mm	公称压力 PN/MPa	管束重量/kg							
		管长 3m		管长 4.5m		管长 6m		管长 9m	
		φ19	φ25	φ19	φ25	φ19	φ25	φ19	φ25
1000	1.0	—	—	5291	5301	6948	6968	—	—
	1.6	3267	3274	5417	5424	7075	7094	—	—
	2.5	—	—	5540	5545	7199	7250	—	—
	4.0	—	—	5745	5753	7363	7380	—	—
1100	1.0	—	—	6499	6406	8531	8401	—	—
	1.6	—	—	6622	6525	8653	8521	—	—
	2.5	—	—	6807	6707	8839	8704	—	—
	4.0	—	—	7068	6966	9099	8962	—	—
1200	1.0	—	—	7606	7598	9586	9598	13410	13466
	1.6	—	—	7775	7761	9931	10178	13579	13629
	2.5	—	—	7989	7970	10194	10213	13845	13890
	4.0	—	—	8413	8384	10571	10630	—	—
1300	1.0	—	—	—	—	11219	11237	—	—
	1.6	—	—	—	—	11373	11384	—	—
	2.5	—	—	—	—	11715	11715	—	—
1400	1.0	—	—	—	—	12959	12974	18207	17550
	1.6	—	—	—	—	13246	13253	18494	18549
	2.5	—	—	—	—	13635	13634	18883	18929
1500	1.0	—	—	—	—	15044	15199	—	—
	1.6	—	—	—	—	15440	15585	—	—
	2.5	—	—	—	—	15872	16005	—	—
1600	1.0	—	—	—	—	17815	17852	24864	24955
	1.6	—	—	—	—	18146	18170	25314	25393
	2.5	—	—	—	—	18657	18666	25704	25768
1700	1.0	—	—	—	—	20273	20462	—	—
	1.6	—	—	—	—	20642	20819	—	—
	2.5	—	—	—	—	21375	21528	—	—
1800	1.0	—	—	—	—	22734	22712	31706	31776
	1.6	—	—	—	—	23343	23305	32315	32369
	2.5	—	—	—	—	24178	24121	33162	33194

附表2 U形管式换热器管束参考重量

公称直径 DN/mm	管程公称压力 p_t/MPa	管束重量/kg			
		管长 3m		管长 6m	
		ϕ19	ϕ25	ϕ19	ϕ25
325	4.0	295	229	561	434
	6.4	302	237	568	442
400	4.0	555	454	1049	852
	6.4	569	469	1063	867
500	2.5	889	735	1694	1401
	4.0	909	757	1714	1416
	6.4	954	806	1759	1465
600	1.0	—	—	2545	2157
	1.6	—	—	2581	2299
	2.5	1381	1184	2618	2333
	4.0	1410	1216	2647	2386
	6.4	—	—	2730	2346
700	1.0	—	—	3526	2962
	1.6	—	—	3586	3028
	2.5	—	—	3627	3088
	4.0	—	—	3703	3152
	6.4	—	—	3819	3268
800	1.0	—	—	4841	4255
	1.6	—	—	4890	4306
	2.5	—	—	4943	4364
	4.0	—	—	5043	4468
	6.4	—	—	5201	4633
900	1.0	—	—	6325	5411
	1.6	—	—	6391	5482
	2.5	—	—	6494	5592
	4.0	—	—	6671	5825
1000	1.0	—	—	7664	6652
	1.6	—	—	7752	6845
	2.5	—	—	7884	6886
	4.0	—	—	8039	7054

续附表 2

公称直径 DN/mm	管程公称压力 p_t/MPa	管束重量/kg			
		管长 3m		管长 6m	
		ϕ19	ϕ25	ϕ19	ϕ25
1100	1.0	—	—	9416	8107
	1.6	—	—	9514	8215
	2.5	—	—	10948	8383
	4.0	—	—	11189	8649
1200	1.0	—	—	11337	9773
	1.6	—	—	11452	9899
	2.5	—	—	11583	10105
	4.0	—	—	11886	10429

附表 3　BFU 型双壳程双弓折流板系数换热器工艺计算基本结构参数表

换热器壳内径　mm	325	400	500	600	700	800	900	1000	1100	1200	1300	1400	1500	1600	1700	1800
防冲设施	有防冲挡板															
管程数/密封条数(旁路挡板)	2 管程/2 条密封条															
壳程进口管嘴内径　mm				154	154	203	203	255	255	305	305	355	355	404		
壳程出口管嘴内径　mm				154	154	203	203	255	255	305	305	355	355	404		
管程进口管嘴内径　mm				154	154	202	202	255	255	305	305	355	355	404		
管程出口管嘴内径　mm				154	154	202	202	255	255	305	305	355	355	404		
换热管材料/换热管类型	10 号钢/光管															
换热管长　mm	6000															
折流板切口与进口管嘴中心线的相对关系	左右折流/双弓折流板															
换热管规格(外径)　mm				25/19	25/19	25/19	25/19	25/19	25/19	25/19	25/19	25/19	25/19	25/19		
换热管内径　mm				20/15	20/15	20/15	20/15	20/15	20/15	20/15	20/15	20/15	20/15	20/15		
换热管中心距　mm				32/25	32/25	32/25	32/25	32/25	32/25	32/25	32/25	32/25	32/25	32/25		
换热管壁厚　mm				2. 5/2	2. 5/2	2. 5/2	2. 5/2	2. 5/2	2. 5/2	2. 5/2	2. 5/2	2. 5/2	2. 5/2	2. 5/2		
换热管排列形式(45°/60°)				45/60	45/60	45/60	45/60	45/60	45/60	45/60	45/60	45/60	45/60	45/60		
换热管根数(对 U 形管为管孔数)				180/390	254/548	360/730	458/956	596/1202	722/1472	868/1766	1082/1996	1244/2284	1384/2716	1598/3102		
折流板切割百分数(H/D)%				23. 67/25	24. 14/25	21. 75/21. 87	22. 33/22. 22	22. 8/23	23. 27/22. 73	23. 58/24	23. 85/25	23. 21/23. 01	22. 86/23. 3	23. 13/24. 19		
管程流通面积　cm^2				283/345	399/484	565/645	719/845	936/1062	1134/1301	1364/1507	1649/1763	1960/2021	2180/2403	2516/2744		
计算换热面积(直管段)　m^2				83/137	117/191	165/255	211/335	274/420	331/513	397/614	495/694	569/792	630/940	726/1071		
换热管与折流板管孔间隙 mm	0. 4															
折流板与壳体内径间隙　mm				2. 25	2. 25	2. 25	3	3	3	3	4	4	4	4		
管束与壳体内径间隙　mm	最小 8															
第一块折流板至管板间距 mm				470	490	590	590	670	670	760	740	810	840	900		
折流板间距　mm			150/200/300		150/200/300/450			250/300/350/450			250/300/350/450	250/300/400/480		250/350/470		
对应折流板数量　个			34/26/17		34/26/17/11			20/17/14/11			19/16/14/12/11	19/16/12/10		19/13/10		

双壳程换热器的优点：

1. 管壳程纯逆流传热，温差校正系数为1.0。

2. 壳程流通面积减少一半，流速增加可提高传热效率。

3. 双弓形折流板压降小。（也可作成单弓形折流板，*H/D*不变）

4. 冷热流进出口温差很接近，可提高换热能力，增大热回收率。

适用场合：

1. 壳程为控制热阻的一侧，且流速较低。

2. 壳程可利用的压降较大。

3. 温差校正系数较小，需提高有效温差。

4. 多个小直径换热器串联方案欲调整时。

5. 占地要求较小时。

标注举例：

*PN*1.6 *DN*1000mm，二管程，双壳程，公称面积270m^2，直管6m长，ϕ25换热管双弓折流板换热器

标注为：BFU1000-1.6-270-6/25-2I-S

特殊说明：

1. 计算出现振动报警，可说明加设防震杆。

2. 6.4MPa只有*DN*600mm，700mm，800mm三个直径规格。

3. 目前系列中只有*DN*600～1200mm，其他直径可按本系列参数进行设计。

4. 该换热器图纸为通用图，必须配有工号安装图才能使用。工艺应提出折流板间距和进出口方向。

附表 4 各种工作温度下换热器和接管法兰的最高无冲击压力 MPa

*PN*1.0		≤100℃	150℃	200℃	250℃	300℃	350℃	400℃
HG 接管法兰	*PN*1.6	1.6	1.57	1.52	1.44	1.28	1.12	0.88
换热器	*PN*1.0	1.0	1.0	1.0	0.89	0.81	0.74	0.68
*PN*1.6								
HG 接管法兰	*PN*2.5	2.5	2.45	2.38	2.25	2.0	1.75	1.38
换热器	*PN*1.6	1.6	1.6	1.6	1.42	1.31	1.18	1.10
*PN*2.5								
HG 接管法兰	*PN*4.0	4.0	3.92	3.8	3.6	3.2	2.8	2.2
换热器	*PN*2.5	2.5	2.5	2.5	2.22	2.05	1.85	1.72
*PN*4.0								
HG 接管法兰	*PN*6.4	6.3	6.17	5.99	5.67	5.04	4.41	3.47
换热器	*PN*4.0	4.0	4.0	4.0	3.56	3.28	2.96	2.76
*PN*6.3								
HG 接管法兰	*PN*10.0	10.0	9.8	9.5	9.0	8.0	7.0	5.5
换热器	*PN*6.3	6.4	6.4	6.4	5.69	5.24	4.73	4.41

附表 5 90 年版系列图与 2002 年版系列图对照表

	项 目	2002 年版系列图	90 年版系列施工图
标准	设备法兰	JB/T 4703—2000 版	重复利用图纸
	外头盖侧法兰	JB 4721 最新版	重复利用图纸
	垫片	JB/T 4718 最新版	重复利用图纸
	等长双头螺栓螺母	JB/T 4707 最新版 SH 3404 Ⅱ厚型	重复利用图纸 GB 6170 商品级
	接管法兰	HG 20592 最新版(接管为大外径系列)	JB 82—59，JB 77—59(接管为小外径系列)
	制造标准	GB 150、GB 151 最新版	GB 150—89、GB 151—89
	射线检测	JB 4730 最新版	GB 3323—87
	锻件	JB 4726 最新版	JB 755—85
	焊接规程	JB/T 4709 最新版	无规定
	压力容器钢板	GB 6654 最新版及第 2 号修改单	GB 6654—86
	椭圆封头	JB/T 4737	JB 1154—73
图面布置	总图	系列工程图(2 号透明图)	系列施工图(1 号透明图)
	管束	系列工程图管束部件(2 号透明图)	系列施工图管束加多个部件，拼在一张 1 号透明图中
	其他零部件	系列工程图采用单个零部件为可重复利用图(3 号白图)	系列施工图将多个零、部件在一张 1 号透明图中
	技术要求	表格形式叙述	文字叙述
法兰	管法兰	比计算压力高一级，开料不包括对应法兰。	与设计压力相同，开料包括对应法兰。
材料和结构设计	管板材料	$\delta<60$ 时，16MnR 钢板，允许用 16MnⅢ锻钢代用； $60<\delta<100$ 时，16MnⅢ锻钢，允许用 16MnR 板代用； $\delta\geqslant100$ 时，16MnⅢ锻钢； “δ”—管板厚度，mm。	$\delta<60$ 时，16MnR 钢板，允许用 16MnⅡ代用； $60<\delta<100$ 时，16MnⅡ锻钢，允许用 16MnR 板代用； $\delta\geqslant100$ 时，16MnⅡ锻钢； “δ”—管板厚度，mm。
	开口接管焊接型式	在总图中绘出焊接节点	选用重复利用图纸
	定距管	给总长度和总重，由制造厂根据实际情况下料	按不同长度规格分别列出数量和重量
	鞍座高度	鞍座底板到壳体内壁 250mm，并可根据需要调整高度	鞍座底板到壳体外壁 200mm
	鞍座标准	采用专业标准图(SDEQ2003)	JB 1167-81(已作废)
	ϕ1000mm、ϕ1100mm 四管程管箱接管偏心距	U 形管与浮头式换热器保持一致，$C=200$mm	$C=250$mm
	换热管与管板连接方式	三种，但需在安装图中确定其中之一种	三种

续附表 5

	项　　目	2002 年版系列图	90 年版系列施工图
	*PN*1.6MPa *DN*400 ~ 1500mm 筒体、封头材料	20R	20R　$\delta > 30$mm 时用 16MnR
	PN 2.5MPa，*PN* 4.0MPa，*PN* 6.4MPa 筒体、封头材料	16MnR	16MnR
	图纸标注封头、筒体厚度	计算厚度 +2mm 腐蚀裕量	名义厚度
	带肩螺柱及其支耳数量	*DN* ≥ 1300mm 时，设四个，其余为两个	均设两个
	焊接材料及规程要求	JB/T 4709 和 JB/T 4747	无
设计参数	工艺计算参数	同原系列图	
	升温降压换算表	同原系列图	
	对外连接的尺寸	同原系列图	
	换热器的结构型式和尺寸	同原系列图	
	换热管的布置、折流板外形尺寸	同原系列图	
	设计参数	图上标注计算压力和计算温度，而设计压力和设计温度则由选用本系列图的换热器安装图来确定	图中标注了设计压力和温度
	容器类别	由实际工程的换热器安装图确定划分	图中根据公称设计压力划分了容器类别
	试验压力	由实际工程的换热器安装图确定	图中根据公称设计压力确定了试验压力
	无损检测要求	除规范要求外，可根据使用工况在安装图上提出特殊要求	按规范规定做出了具体要求
	外表面涂漆要求	GB 8923/st3 和 SH 3022	JB 2536—80

2002版换热器系列图使用说明

90版标准换热器系列工程图已使用了十余年，为石油化工设计单位和生产企业选用、采购中低压换热器提供了许多便利。但“系列施工图”中引用的很多材料标准、零部件标准等均已被更新、升级。为跟踪最新标准，我们将该系列图升级为2002版。新旧版系列图对照见附表4。升级工作遵循了以下原则：

(a) 仍采用JB/T 4714—1992《浮头式换热器和冷凝器型式与基本参数》和JB/T 4717—1992《U形管式换热器型式与基本参数》；

(b) 换热器的工艺参数、结构形式和对外连接尺寸保持不变，尤其是鞍座尺寸和管嘴位置没有改变，以便设备更新；

(c) 引用的材料标准、制造规范和检验标准等跟踪现行标准；

(d) 对原“系列施工图”使用过程中发现的错误和问题进行了修改和调整。

A1. 使用新系列图时应注意事项：

由于在过去多年的使用中，90版“系列施工图”所确定的设计温度、设计压力和容器类别与实际装置所用换热器工况发生矛盾，当地质检局希望予以纠正。故新版系列图只标计算压力(公称压力)和计算温度，且不划分容器类别。而在获得工艺条件后设计一张换热器安装图，划类后，加盖设计单位资质盖。安装图中引用本系列图即可。用户也可提供足够的工艺数据(详见表A1)，由我公司负责设计换热器安装图，并由用户另行购买。

表A1　换热器安装图工艺条件表

换热器型号			
换热器名称和位号			
		管程	壳程
进口压力	MPa		
出口压力	MPa		
进口温度	℃		
出口温度	℃		
工作介质			
介质流向			
折流板间距	mm		
是否替代旧有换热器			
是否采用新的鞍座高度 是否采用新的接管伸出高度			
是否改变接管法兰标准			
是否取消防冲板			
其他要求			

A1.1　安装图应表示出介质流向和管壳程操作介质。如果防冲板位于U形管式换热器或浮头式冷凝器的管程出口处时，应注明取消。

A1.2　两台换热器重叠时只需出一张重叠安装图，两台换热器重叠时的中心间距=在该换热器单体图中接管法兰密封面至换热器中心距离(h)的2倍+管法兰垫片厚度(mm)。

A1.3　系列图中的鞍座的定位高度为设备内半径加250mm，允许设计者进行调整。如果鞍座定位高度大于设备内半径加250mm时，需进行承载力的计算。若换成原有换热器(90

版），以鞍座定位高度，或要保证原安装尺寸不变时，则应在安装图上按原鞍座定位高度尺寸进行标注，并在技术要求中加以说明。

A1.4　系列图中的接管法兰标准为 HG 20592，接管法兰的压力等级比换热器的公称压力高一个等级。这是考虑接管法兰需承担一定的管线推力而确定的。如安装图的设计者需改变接管法兰标准或压力等级，必须在图中加以说明。新系列图中换热器开口向上的接管法兰密封面仍为凹面，开口向下的接管法兰密封面仍为凸面。

A1.5　系列图中壳体的壁厚是按计算压力(公称压力)，计算温度为200℃，焊缝系数为0.85，腐蚀裕量为2mm 进行强度计算的。

A1.6　新系列中管箱和壳体材料选择为：ϕ325mm 为 20 号钢；*PN*1.0MPa 和 *PN*1.6MPa 两个压力等级中 *DN*400～1500mm 为 20R；其他为 16MnR。

A1.7　管箱隔板为 Q235B 钢板，当管程进出口压差大于表 A2 所列数据时，设计者应考虑增加隔板厚度或修改隔板材质，并按 GB 151 式 12 进行计算。

表 A2　管箱隔板允许压差

换热器公称直径	隔板厚度/mm	允许压差/MPa
500	10	0.053
600	10	0.052
700	12	0.146
800	12	0.079
900	12	0.116
1000	12	0.071
1100	12	0.082
1200	12	0.06
1300	16	0.105
1400	16	0.13
1500	16	0.153
1600	16	0.113

注：允许压差是按 Q235B 钢制隔板，在 350℃时计算的。计算中隔板考虑了 4mm 腐蚀裕量。

A1.8　当壳体温度较高时，需按表 A3 调整鞍座底板长圆孔的尺寸，或调整土建资料中地脚螺栓间距尺寸，以保证活动支座正常滑动时所需的距离。

表 A3　支座间壳体热膨胀量表

鞍座间距/mm	圆筒金属温度/℃								
	50	100	150	200	250	300	325	350	400
2000	<10	<10	<10	<10	<10	<10	<10	<10	10.9
3000						11.6	12.4	13.9	16.3
4000					12.6	15.5	16.5	18.5	21.7
5000				12.3	15.7	19.4	20.7	23.2	27.2
6000			10.7	14.7	18.8	23.2	24.8	27.8	32.6
7000			12.5	17.2	22.0	27.1	28.9	32.4	38.0
8000			14.3	19.6	25.1	31.0	33.1	37.1	43.5

A2. 安装图的技术要求

A2.1　安装图的设计者可根据具体情况在安装图上添加其他技术要求。

A2.2　新换热器系列图中的接管法兰压力等级高于换热器一个压力等级，安装图的设计者可以根据实际，修改法兰标准、压力等级。但需在安装图上加以说明。

A3. 安装图的设计数据表

A3.1　安装图的设计者应按实际换热器的操作流程确定管壳程的介质流向。

A3.2　新系列换热器换热管与管板连接形式有强度焊 + 贴胀和强度胀 + 密封焊两种，冷凝器有强度焊、强度焊 + 贴胀和强度胀三种供用户选择，安装图应选择其一。

A3.3　新换热器系列图数据表中的计算压力为1.6/2.5/4.0/6.4MPa，计算温度为200℃，未标注设计压力、设计温度、试验压力和容器类别。安装图的设计者应根据换热器的操作工况确定设计压力、设计温度，并划分容器类别。应该注意的是：按所提供的工艺参数，确定该换热器的设计压力应不大于表A4设计温度下允许的工作压力。确定试验压力所需的温度折算系数见表A5。

表A4　升温降压表

允许工作压力	设计温度	≤100℃	150℃	200℃	250℃	300℃	350℃	400℃
*PN*1.0换热器	MPa	1.0	1.0	1.0	0.89	0.81	0.74	0.68
*PN*1.6换热器	MPa	1.6	1.6	1.6	1.42	1.31	1.18	1.10
*PN*2.5换热器	MPa	2.5	2.5	2.5	2.22	2.05	1.85	1.72
*PN*4.0换热器	MPa	4.0	4.0	4.0	3.56	3.28	2.96	2.76
*PN*6.3换热器	MPa	6.3	6.3	6.3	5.69	5.24	4.73	4.41

注：折算方法$[\sigma]^t/[\sigma] * PN$

表A5　确定试验压力时的温度折算系数

	≤100℃	150℃	200℃	250℃	300℃	350℃	400℃
换热器公称压力*PN*1.0	1.0	1.0	1.0	1.12	1.23	1.35	1.47
换热器公称压力*PN*1.6	1.0	1.0	1.0	1.13	1.22	1.36	1.48
换热器公称压力*PN*2.5	1.0	1.0	1.0	1.13	1.22	1.35	1.45
换热器公称压力*PN*4.0	1.0	1.0	1.0	1.12	1.22	1.35	1.45
换热器公称压力*PN*6.4	1.0	1.0	1.0	1.12	1.22	1.35	1.45

注：1. 折算系数为换热器各零部件的温度折算系数中的最小值。

2. 其他温度的折算系数可以采用内插法进行计算。

A3.4　换热器系列图根据GB 150只标注了当钢板厚度大于30mm时，所用的钢板应逐张超探，并符合JB 4730中Ⅱ级要求。当因介质原因（例如：容规第14条）等需要求对钢板进行逐张超探时，应在安装图上注明。

A3.5　新换热器系列图没有标注各类焊接接头检测的要求，因此安装图的设计者应根据新确定的设计条件和容器类别，选取各类焊接接头系数和检测比率等要求。

A4. 安装图的开口明细表

A4.1　开口明细表中填写开口法兰的密封面型式和公称压力等属性，如需更改，应标出新的属性，并在技术要求中加以说明。

A4.2　三米管长和六米管长冷凝器重叠图的开口变化应按“型式与参数”中的表1和表2

要求。且应将开口变化后新增用料开列在安装图的材料表中。

A5. 安装图的材料表

A5.1 安装图的设计者可根据表A6选择重叠图材料表中的接管法兰连接螺栓/螺母规格和数量。根据表A7选择重叠换热器重叠支座所需的螺栓/螺母规格。

A5.2 安装图设计者应根据工艺条件选择换热器管束的级别为Ⅰ或Ⅱ，二者只可选择其一。冷凝器只有Ⅱ级管束，其型号中也不再表示管束级别。

A5.3 安装图的设计者可按8mm计算重叠图材料表中调整板的重量。

A6. 本系列换热器允许使用螺纹管(整体低翅片管)和波纹管等强化传热管，且应在安装图中说明翅化比等参数。

表A6 每个接管法兰所需螺柱/螺母规格数量表

接管公称直径 DN/mm	换热器1.0MPa 接管法兰1.6MPa				换热器1.6MPa 接管法兰2.5MPa				换热器2.5MPa 接管法兰4.0MPa				换热器4.0MPa 接管法兰6.4MPa				换热器6.3MPa 接管法兰10.0MPa			
	螺柱 M×L/mm×mm	数量	螺母	数量	螺柱 M×L/mm×mm	数量	螺母	数量	螺柱 M×L/mm×mm	数量	螺母	数量	螺柱 M×L/mm×mm	数量	螺母	数量	螺柱 M×L/mm×mm	数量	螺母	数量
100	M16×100	8	M16	16	M16×100	8	M16	16	M20×110	8	M20	16	M20×110	8	M20	16	M24×130	8	M24	16
150	M20×110	8	M20	16	M20×110	8	M20	16	M24×130	8	M24	16	M24×130	8	M24	16	M30×2×155	8	M30	16
200	M20×110	8	M20	16	M20×110	12	M20	24	M24×135	12	M24	24	M27×145	12	M27	24	M33×2×175	12	M33	24
250	M20×115	12	M20	24	M24×125	12	M22	24	M27×140	12	M27	24	M30×2×160	12	M30	24	M33×2×180	12	M33	24
300	M20×115	12	M20	24	M24×130	12	M24	24	M27×145	16	M27	32	M30×2×170	16	M30	32	M33×2×200	16	M33	32
350	M20×115	16	M20	32	M24×135	16	M24	32	M30×2×160	16	M30	32	M33×2×180	16	M33	32	M36×3×210	16	M36	32
400	M24×125	16	M24	32	M27×140	16	M27	32	M33×2×170	16	M33	32	M36×3×195	16	M36	32	M39×3×220	16	M39	32
450	M24×130	20	M24	40	M27×145	20	M27	40	M33×2×175	20	M33	40	M36×3×210	20	M36	40				

表A7 一对重叠支座所需螺栓/螺母规格表

换热器直径 DN	螺栓/mm	螺母 M×L/mm×mm
325~500	M16×70/2个	M16/4个
600~1200	M20×75/2个	M20/4个
1300~1800	M24×80/4个	M24/8个

第六篇　空气冷却器

第一章　概　述

1.1　我国空气冷却器的发展简介

空气冷却器(以下简称“空冷器”)，是利用空气作为冷却介质将工艺介质(热流)冷却到所需要的温度(终冷温度)的设备。一般说来，工业上低于120℃的介质的热量回收代价比较昂贵；或因热源的分散性和间歇性而难以综合利用，这部分热量，多用水冷器取走，或用空冷器排放到大气中。

空气冷却器早在20世纪30年代开始出现，经过多次改进后，40年代开始在大型石化企业中使用。采用空冷后节省了大量的工业用水，为社会带来了一系列的好处，尤其是解决了缺水地区的建厂问题。二是它有较高的经济性。即使在水源丰富的地区，在一般的条件下，采用空冷也比水冷经济。三是人们开始注意到保护环境的重要性，靠近江河的企业如采用江水冷却和排放，本身就是一种对河水的热污染，河水温度升高就会破坏河流中的生态平衡，如果冷却设备泄漏，造成对河流的污染则更加严重。

我国从1963年开始进行空气冷却器的研究和开发工作。在原一机部和原石油部的组织下，兰州石油机械研究所、原石油部北京设计院、原石油部抚顺设计院与哈尔滨空调机厂的科技人员共同努力、刻苦攻关，仅用了一年的时间，研制成功了我国第一台翅片管绕片机，攻克了缠绕翅片管的技术难关，用这台绕片机生产出我国第一台空气冷却器。1964年夏季在锦西石油五厂开展了空冷器的工业性试验。在试验成功的基础上，原石油部北京设计院推出了干空冷器的设计方法，几个合作单位共同完成了空冷器系列图纸的设计，为空冷器的推广应用打下了良好的技术基础。1965年，北京设计院、兰州石油机械研究所、哈尔滨空调机厂与沈阳鼓风机厂多方紧密合作，对空冷器用轴流风机的叶片型式、传动机构、自动控制系统展开了全面的技术攻关。经过半年多的努力，研制出R型玻璃纤维增强塑料叶片的国产轴流风机，并形成了系列产品。空冷器全部实现了国产化，为空冷器的全面发展打下了坚实的基础。

1966年，加氢裂化高压空冷器、加氢精制中压空冷器、透平尾气冷凝空冷器都先后研制成功，投入工业运行，特殊用途的铝制空冷器也顺利出厂。在短短的几年内，空冷器的应用范围覆盖了高压、中低压以及真空系统。管束材料由碳钢、不锈钢到铝合金，产品的应用范围遍及整个炼油行业，空冷器得到了迅速发展。为了扩大空气冷却器的使用范围，1975年哈尔滨工业大学、洛阳石化工程公司、哈尔滨空调机厂、中国石化北京设计院先后在抚顺石油二厂和北京燕山公司炼油厂进行了湿式空气冷却器的工业试验，并取得了成功。在试验的基础上，哈尔滨工业大学马义伟教授归纳出湿式空冷器的计算方法，为湿式空冷器的推广应用提供了理论依据。

20世纪70年代，我国自行研制的风机联组皮带试制成功；空冷器翅片管继最初的单L型绕片管又开发出双L型绕片管、双金属轧片管、椭圆穿片管、镶片管和KL型翅片管等多种型式；空冷器的风机设计出了手动调节角、机械调角和全自动调节风机；风机叶片也出现了多种型号，低噪音铝叶片风机也在工业上投用。从此以后，空气冷却器在我国各个炼油厂和化工厂的应用得到了迅速推广，从轻油到重油，从正压到负压，从炎热的南方到严寒的北方，从水源充足地区到缺水地区，都已成功地使用了空气冷却器。最近，兰州石油机械研究所开发出的板式空冷器也在工业上获得应用。

80年代以后，电站空冷得到了进一步发展，山西省大同第二发电厂和太原第二热电厂先后采用了空气冷却器，在运行中取得了很好的效果。与此同时空冷器在冶金行业得到了广泛的应用，如河北宣化钢铁厂、唐山钢铁厂、邯郸钢铁厂、太原钢铁厂、鞍山钢铁厂和首都钢铁公司的高炉循环水冷却都相继采用了空气冷却器。1996年中国石化北京设计院为非洲津巴布韦钢铁厂改造设计的高炉空冷器(由鞍山冷却器厂承制)，于次年成功投用。经过了整整一代人的努力，我国空冷技术的发展和制造能力，已逐步接近于世界上一些发达国家的水平。可以预料，随着工业耗水量的增加，水源的紧张和环境保护的严格要求，空气冷却器必将进一步扩大它的应用范围。

1.2 空气冷却器的基本结构

空气冷却器又称空冷式换热器，简称空冷器。空气冷却器的基本结构型式如图1.2-1所示。主要由管束、风机、构架、百叶窗和梯子平台等五个基本部件组成。

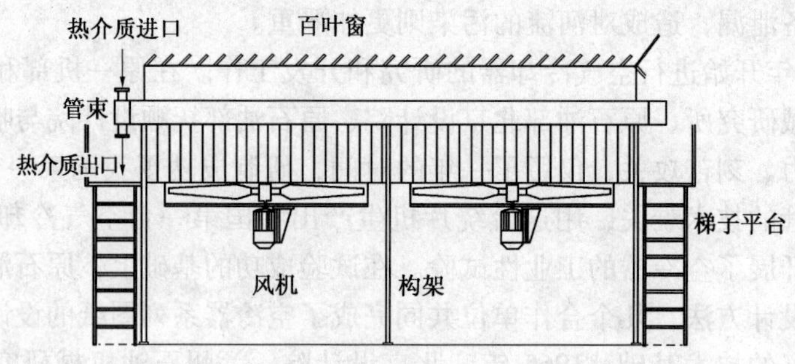

图1.2-1 空气冷却器的基本结构

1. 管束

它是传热的基本部件，由翅片管、管箱、侧梁和支梁构成一个整体，被冷却或被冷凝的介质在翅片管内通过时，它的热量被管外流动的空气所带走，管内的介质得到冷却或冷凝。

2. 风机

用来驱动空气通过管束，带走被冷却介质的热量，从而促使热介质冷却或冷凝。空冷器采用的是轴流风机。

3. 构架

它由钢结构框架和风筒构成，通过它支承管束和风机，并使空气按一定的方向流动。

4. 百叶窗

主要用来控制空气的流动方向或流量的大小，此外也可用于对翅片管的防护，如防止雨、雪、冰雹的袭击和烈日照射等。它由可转动的一组或几组叶片、框架和叶片传动机构组成。

5. 梯子平台

它的作用是为空冷器的操作和检修提供方便。

1.3　空气冷却器的类型

1. 空冷器的分类方法

空气冷却器的分类根据分类方法的不同可有以下的各种类型。

按管束的布置方式可分为：立式、水平式、斜顶式、V型多边形等；

按通风方式可分为：鼓风式、引风式和自然通风式；

按冷却方式可分为：干式空冷器、湿式空冷器（包括增湿型、喷雾蒸发型、湿面型）、联合型空冷器等；

按防寒方式可分为：热风内循环式、热风外循环式、蒸汽伴热式；

按压力等级可分为：高压空冷器（$PN \geq 10.0$MPa）和中、低压空冷器（$PN < 10.0$MPa）。

2. 几种常用的空冷器型式

（1）鼓风式空冷器

鼓风式空冷器是指空气先经风机叶片驱动，再穿过管束。它的优点是在大气环境温度下风机的功率消耗较小，风机处于温度较低进风口，有利于风机及传动机构的操作和维修，风机的运行寿命较长。由于空气的紊流作用，管外的传热系数略高。缺点是管束暴露在大气中，翅片管易受雨、雪、冰雹侵袭而损害，空气速度分布不均匀，压力损失较大，空气出口速度低，易受环境风力的影响，容易产生热风回流现象等。

鼓风式空冷器由于结构简单、安装和维修方便、通用性强，是目前国内外应用最广泛的一种型式。

鼓风式空冷器又可分为水平式、斜顶式、立式三种型式，如图1.3－1、图1.3－2和图1.3－3所示。

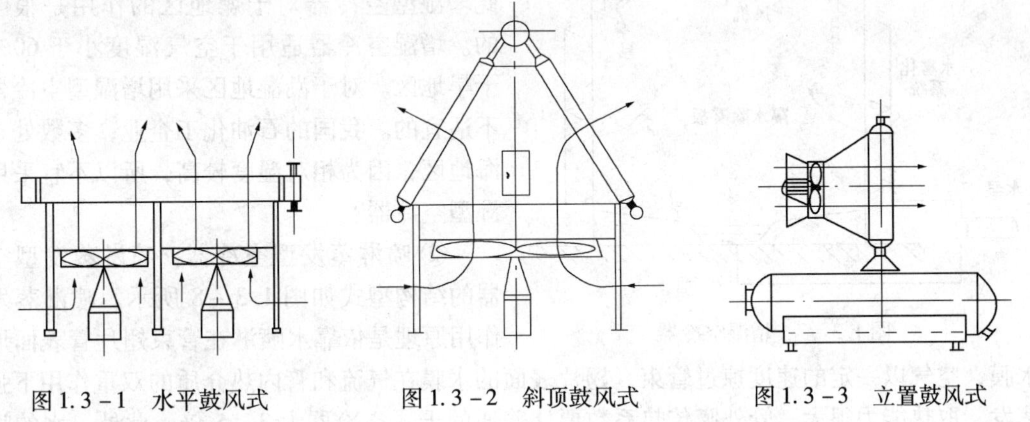

图1.3－1　水平鼓风式　　图1.3－2　斜顶鼓风式　　图1.3－3　立置鼓风式

（2）引风式空冷器

引风式空冷器是指空气先穿过管束再由风机叶片引出。它的优点是：风机和风筒置于管束之上，对管束有屏蔽保护作用，能减少雨、雪、冰雹、日晒的直接影响。同时，气流穿过管束分布比较均匀，操作的稳定性好。此外，由于风筒的抽力作用，风机停止运转时仍能维持约40%的冷却负荷。其缺点是风机置于管束上方，直接受热空气作用，要求叶片和传动系统应有较好的耐热性能，因而要求风机的出口的温度不能太高，一般不超过120℃，风机在热空气中运行，因而需要电机的功率较大。风机的维护和安装维修较困难。

引风式空冷器可用于干式空冷或湿式空冷器。

引风式空冷器常用的结构型式如图 1.3－4、图 1.3－5、图 1.3－6 和图 1.3－7 所示。

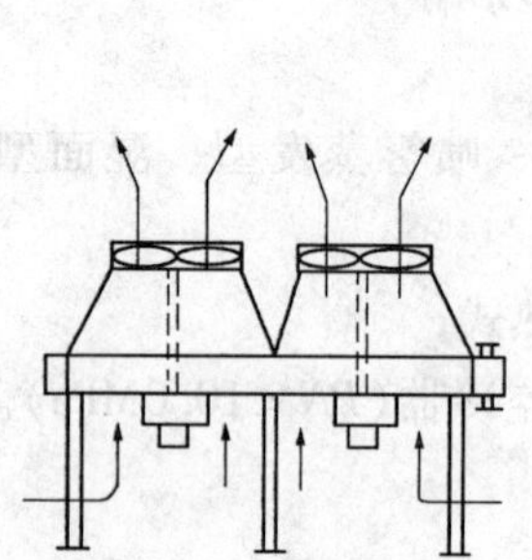

图 1.3－4　引风式空冷器

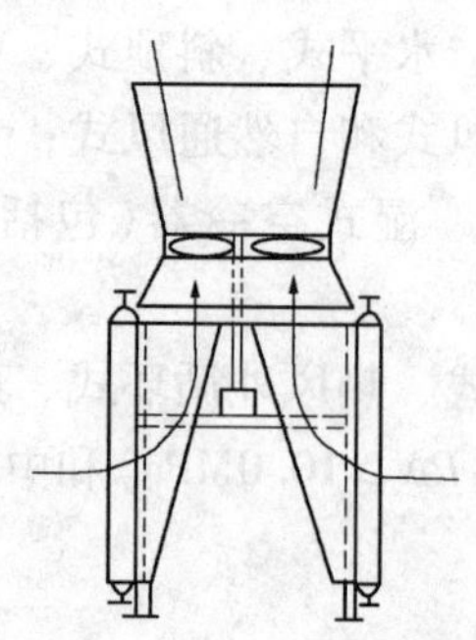

图 1.3－5　立式引风空冷器

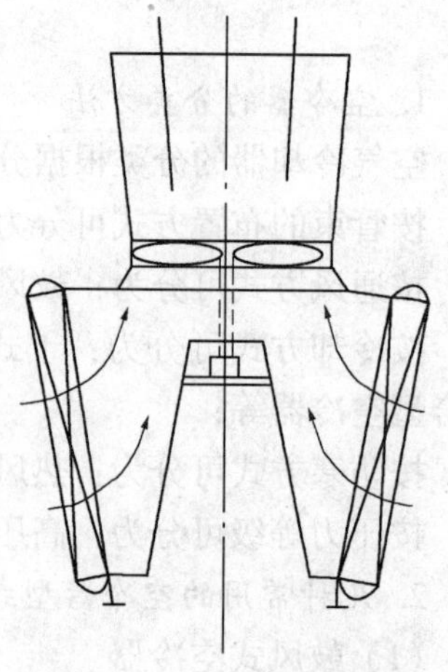

图 1.3－6　V 型引风空冷器

(3) 湿式空冷器

湿式空冷器根据喷水方式可以分为增湿型、蒸发喷淋型、蒸发空冷三种型式。

① 增湿空冷器：增湿空冷器的结构型式如图 1.3－7 所示，它是利用雾化水微粒在空气中蒸发，增大了空气的湿度，可将空冷器的入口空气温度由干球温度降低到湿球温度，因而增大了空冷器的传热温差。另外由于空气湿度增加，比热容会增大，气体的取热能力也随之增大。这都会提高传热效率。干燥地区的空气湿度低，干球与湿球温度相差较大，增湿后空气温度下降明显，会形成较大传热温度差，因此增湿型空冷器对干燥地区的作用是很明显的。增湿空冷器适用于空气湿度小于 60% 的干旱地区。对于潮湿地区采用增湿型空冷器是不适宜的。我国的石油化工企业，多数处于沿海地区，因为相对湿度较高，所以不宜采用增湿型空冷器。

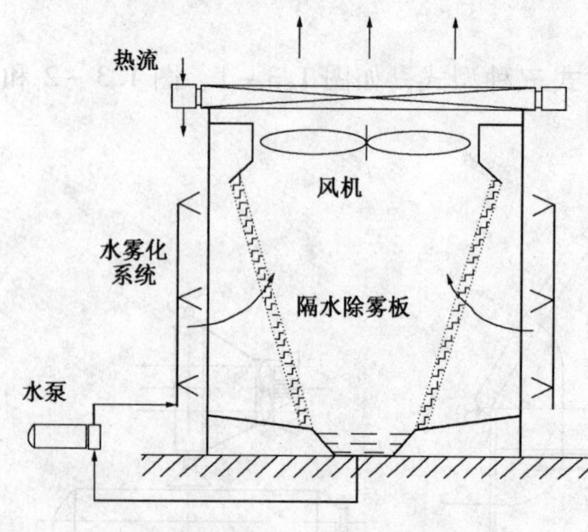

图 1.3－7　增湿空冷器

② 喷淋蒸发型空冷器：喷淋蒸发型空冷器的结构型式如图 1.3－8 所示。喷淋蒸发的作用原理是依靠水喷淋在管束翅片管表面形成水膜，空气以一定的速度掠过管束，翅片表面的水膜在气流和管内热介质的双重作用下强制蒸发，取热能力很大。管外膜传热系数要比普通的干式空冷器大 3～5 倍。此外，水的喷淋蒸发，不仅使空冷器入口风温由干球温度降低到湿球温度，而且因水的汽化潜热很大，导致空冷器出口风温温升很少，传热温差要比普通的增湿空冷器大。根据现场测定数据，空气温升一般仅 2～5℃，这对于一些管内热流介质终冷温度要求较低的空冷工艺是十分有利的。喷淋蒸发型空冷器能明显地提高空冷器的传热能力。其中图 1.3－8(a)横排立置式是我国石油化工行业应用较广的一种湿空冷器型式。

③ 表面蒸发空冷器：表面蒸发空冷器是兰州石油机械研究所在 20 世纪 80 年代推出的一

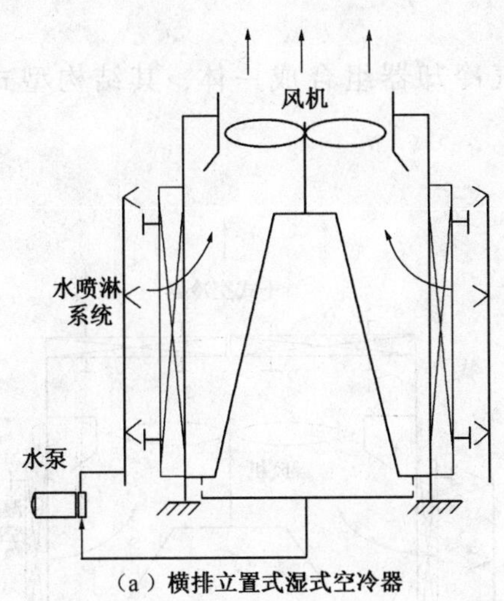

(a) 横排立置式湿式空冷器

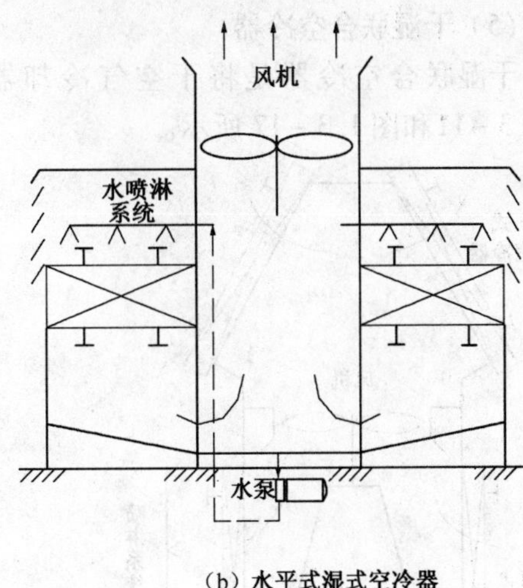

(b) 水平式湿式空冷器

图 1.3-8 喷淋蒸发型空冷器

种新产品，实质上是一种干湿联合空冷器。如图 1.3-9 所示，它是一种方箱型结构，从下向上依次布置着水池、进风百叶窗、湿表面管束、喷淋水管、挡水板、干空冷器管束和引风机。湿表面管束采用光管，干空冷器管束采用翅片管。空气经下部的百叶窗进入器内，在风机的吸引下从下向上流动，喷淋水均匀地喷洒在湿表面管束的光管上，在光管表面形成水膜，多余的喷淋水流入底部水池，设在水池边上的水泵将水再送至上部的喷淋管，喷淋水循环使用。蒸发所损耗的水量从外部给水管补充。喷淋水在光管表面蒸发，促使管内外的传热得到强化，使得蒸发段的湿表面空冷器有很高的传热性能。同时，经过表面蒸发段空冷器的空气，其温度下降到或接近空气的湿球温度，这股降温后的空气再送到上部的干空冷器，进一步提高了干空冷器的传热效率。所以这种联合型空冷器有较高的综合效益。此外在表面蒸发段采用光管，可以布置较多的管子，使得这种空冷器的结构更为紧凑。

(4) 自然通风空冷器

自然通风空冷器的空气流动是依靠管束上下温差而产生的密度差而引起的。自然通风空冷器有两种型式：一是无风机式，完全依靠抽风筒内空气的自然对流进行传热；另一种是有风机式，在抽风筒内配置小的风机，在夏季最热的时间使用。

自然通风空冷器多用于电站系统，石化行业在杭州炼油厂曾经用过，由于效率较低未曾获得推广。自然通风空冷器的结构型式见图 1.3-10。

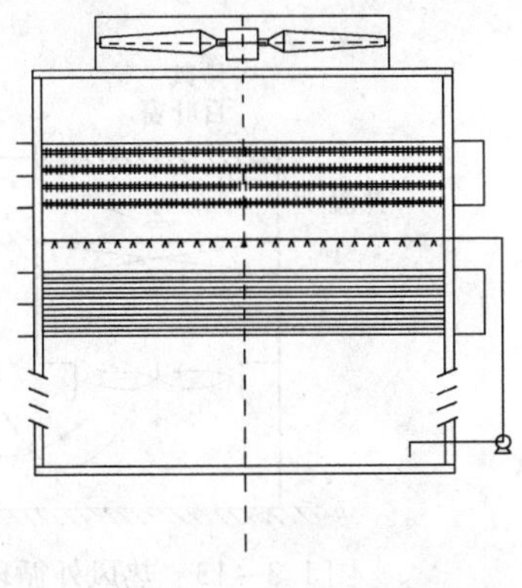
图 1.3-9 表面蒸发型空冷器

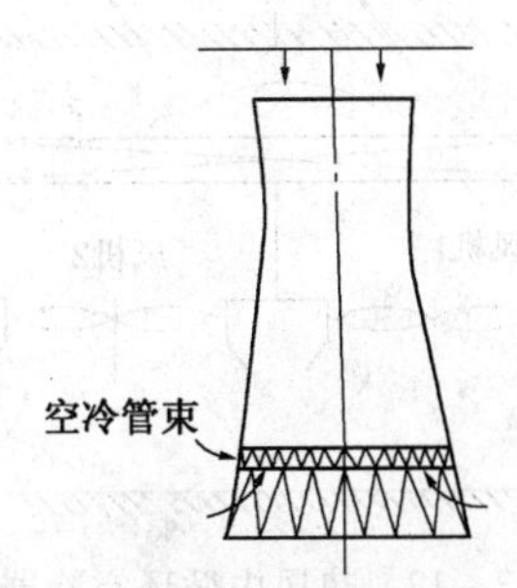

图 1.3-10 自然通风空冷器

（5）干湿联合空冷器

干湿联合空冷器是将干空气冷却器和湿空气冷却器组合成一体，其结构型式如图1.3－11和图1.3－17所示。

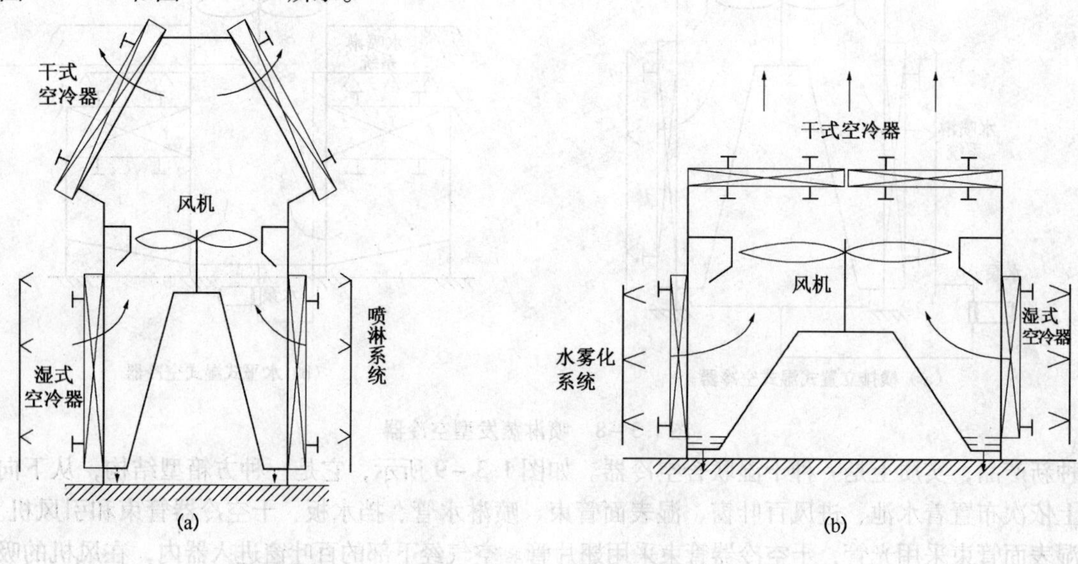

图1.3－11　干湿联合空冷器

它是将空冷器分为两段，第一段为湿式空冷器，第二段为干式空冷器。由于喷淋水在翅片管表面的蒸发，湿空冷器的传热明显加强。同时经过湿空冷器表面的空气由干空气变成了湿空气，其温度也下降到接近空气的湿球温度。从湿空冷器排出来的温度较低的空气直接进入干式空冷器，增加了干空冷器的传热温差，提高了干空冷器的传热能力，这是一种对空气综合利用的好型式。由于干－湿空冷器的串联使用，空冷器的阻力降明显地增加了，因此在联合空冷器的设计时应注意干－湿空冷器的管排数，两者之和不能超过风机的承受能力。一般说来湿空冷器管束的排数为2～3排，干式空冷器管束的排数不宜超过4排。干－湿联合空冷器对设计的要求较高，需要对干－湿联合空冷器的传热面积和压力降进行合理分配，使之互相适应。只有设计得当才能发挥各自的优点，可以达到高效紧凑的目的。

（6）热风循环式空冷器

热风循环式空冷器主要用于高寒地区和某些高凝固点介质的冷却过程，有热风内循环和热风外循环两种型式，如图1.3－12和图1.3－13所示。

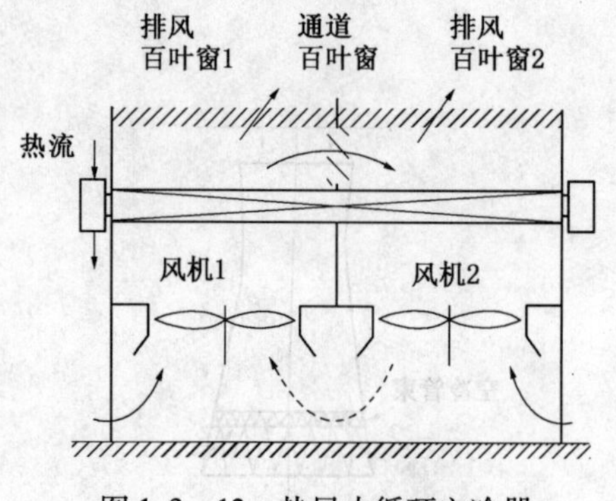

图1.3－12　热风内循环空冷器

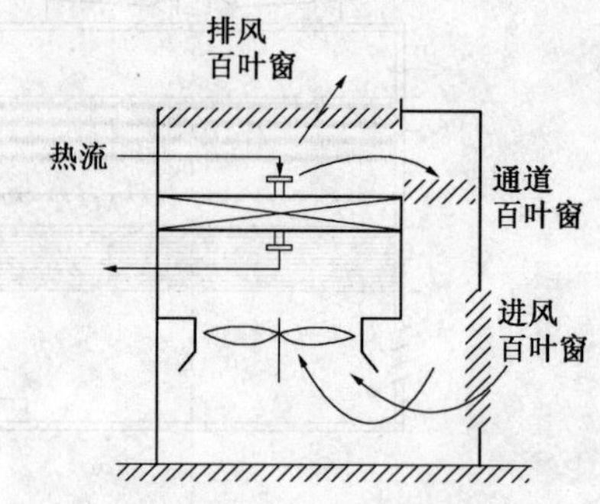

图1.3－13　热风外循环空冷器

① 热风内循环式空冷器：采用两台或多台风机并联，其中至少有一台为调角式风机，

当环境气温较高时，顶百叶窗1、2全打开、风机全部向上鼓风，这时空冷器的运行和普通鼓风式空冷式没有区别。在寒冬季节，将风机2叶角调为负值，变为向下引风。打开通道百叶窗，部分关闭排风百叶窗1、2。风机1鼓出的冷风经管束热介质加热后，部分或全部通过通道百叶窗，进入风机2上方向管束，再由风机2向下引出。风机2引出的热风与空冷器下部周围冷空气混合，再被风机1吸入，实现了热风循环过程。热风内循环结构比较简单，但需要一台或多台可调角度风机。在操作上关键是要调节好百叶窗的开度，避免热风循环时风量过大或过小，造成风机的进口温度过高或过低。因此最好选用自动控制百叶窗。该型式空冷器用于热流介质终冷温度控制要求不十分严格的情况。

② 热风外循环式空冷器：这种空冷器设有外部热风循环通道，它的下部除进风百叶窗外，全部为密封的风墙结构。采用风量可调式风机（调角式或调速式风机）。环境温度较高时，关闭通道百叶窗，其余百叶窗全打开。寒冬季节，打开通道百叶窗，部分关闭排风百叶窗和进风百叶窗，空冷器管束上方的热风经由热风通道返回风机进口，与下部冷空气混合。随着不同季节环境温度的不同，调节上、下百叶窗开度，控制热风排出量和冷风进入量、将入口风温度调节在设计范围内，便能保证空冷器在寒冬季节安全运行。热风外循环式空冷器，结构较复杂，风机和百叶窗要求有很好的调节系统，适用于高寒地区，且对热流终冷温度有严格限制的工况。

(7) 高炉空冷器

1984年,中国石化北京设计院设计出了我国第一台冶金高炉空冷器,并首次采用了椭圆管矩形套片管,经张家口制氧机设备厂研制成功,用于河北省宣化钢铁厂1260m^3高炉,将原来高炉冷却水和热风阀冷却水开路循环系统改造成为闭路循环系统。水冷改空冷后一次投运成功,延长了高炉的开工周期和使用寿命,效益十分显著,而且大大减少了循环污水的排放量,减少了环境污染。高炉空冷器有三个显著特点:①水流量大;②冷却温降小,但冷后温度控制严格。如1260m^3高炉冷却水流量为4500m^3/h,从65℃冷却到50～55℃,冷后温度过高或过低,会对冶金高炉操作带来较大的影响,因此要求设计和控制手段可靠;③高炉附近工作环境恶劣,处于酸性气体和高浓度烟尘的笼罩之中。因此要求空冷器翅片管抗腐蚀能力强,如采用双金属轧片管或热浸锌椭圆套片管。同时对翅片管要定期进行水冲洗,否则粉尘堆满翅片管而使空冷器失效,所以空冷器不宜采用水平式。图1.3－14是高炉循环水空冷器示意图。

(8) 板式空冷器

板式空冷器结构是由板束、风机、构架、水箱及喷淋装置组成，传热单元为全焊式板束，风机采用垂直安装的引风式风机。热介质自上向下流动，空气经喷淋水增湿降温后横穿板束，与热介质换热。增设管道泵后构架水箱及喷淋装置既可自成体系又可并入生产装置的循环水系统中。板式空冷器的结构见图1.3－15和图1.3－18。

兰州石油机械研究所开发的第一台板式空冷器于2001年3月在兰州石化公司炼油厂一套常减压装置投入运行。2001年7月对该台板式空冷器性能进行了联合标定测试，压降为3.23mmHg，传热系数为103W/(m^2·K)，均达到设计指标并满足使用要求；减压塔顶真空度平稳维持在4.5～4.761kPa(A)，操作稳定正常。

板式空冷器在常减压装置减顶预冷器工位使用时具有传热效率高、结构紧凑、压降低、占地面积小等优点。紧接着，中国石化北京设计院与兰州石油机械研究所合作，在兰州石化公司炼油厂新建的500×10^4t/a常减压装置的减顶系统中采用了板式空冷器。该装置的板式空冷器于2003年8月投入运行，减压塔顶真空度等各项操作参数达到设计要求。

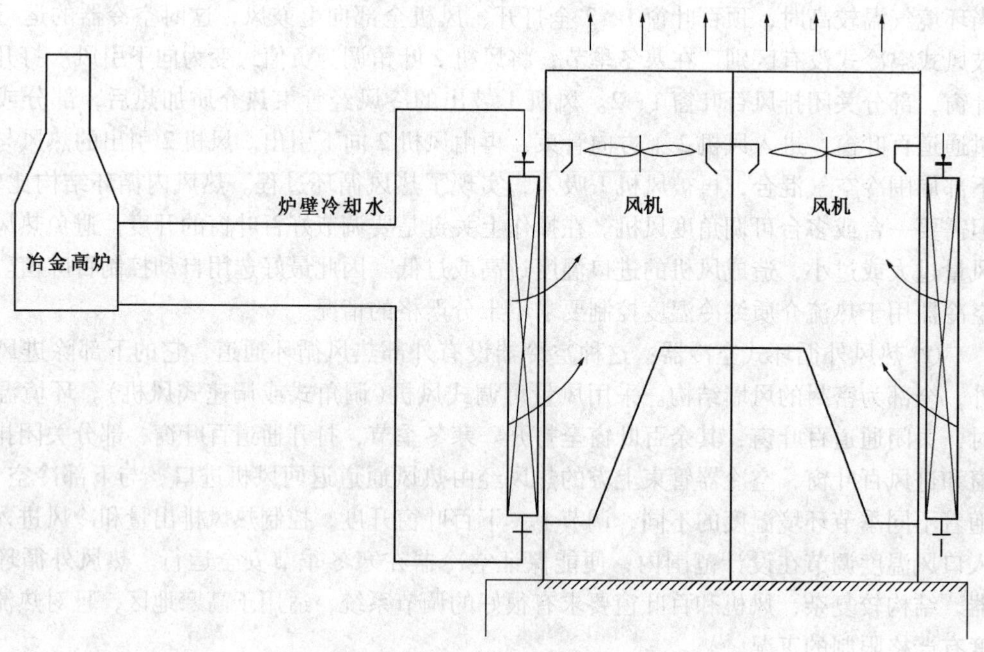

图 1.3－14　高炉循环水空冷器

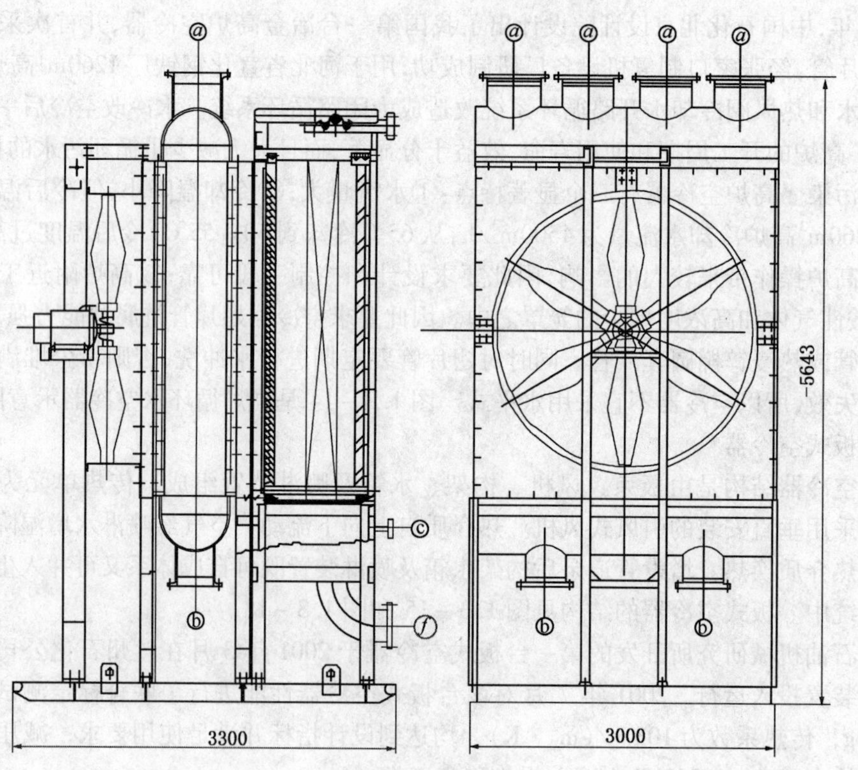

图 1.3－15　板式空冷器

（9）热风循环湿式空冷器

这是一种将热风外循环和喷淋式湿空冷器联合一起的空气冷却器（见图 1.3－16）。夏天气温较高时，关闭通道百叶窗，启动喷淋系统，降低入口风温，并强化空气侧的传热，将热流介质冷却到设计温度。寒冬季节，喷淋系统停运，打开通道百叶窗，调节排风百叶窗和进风百叶窗的开度，实现热风循环。其他季节随着环境气温的改变，用调节风机量或百叶窗的开度，以满足工艺操作的要求。1995 年中国石化北京设计院将此型式的空冷器用于鞍山炼油厂常减压装置减顶三级抽空冷凝器，开工运行 4 年(后因该厂关闭而停运)，寒冬季节，环境温度达零下 20℃时，风机入口风温可调节到 10℃以上。这种空冷器要求风机和百窗有较好的控制水平，设备的占地面积较大。图 1.3－19 是用于减压塔顶的热风循环湿式空冷器实照。

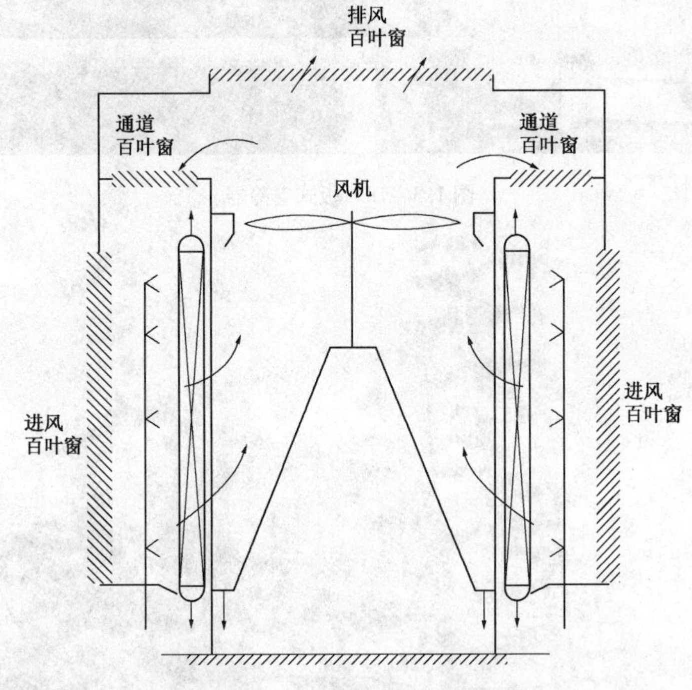

图 1.3－16　热风循环湿式空冷器

图 1.3－17　干湿联合空冷器(照片的左前部)引风式空冷器

图 1.3－18　板式空冷器

图 1.3－19　热风外循环式湿式空冷器

第二章　总体设计

2.1　总体设计应考虑的事项

空冷器的总体设计是指空冷器的方案设计。总体设计时要根据用户提出的要求和空冷器的设计惯例考虑以下问题：

① 根据工艺介质的冷却要求及所建装置的水源、电力情况，进行空冷与水冷的技术经济比较，以确定使用空冷器的合理性；

② 根据介质的终冷温度和过程特点(有无相变)、环境条件，确定空冷器的型式，即确定采用干空冷、湿空冷、干湿联合空冷或其他特殊结构的空冷器；

③ 初步估算该工艺条件下所需的传热面积，选择空冷器的初步结构参数，如管束的尺寸、翅片管种类、构架与风机的配套等；

④ 根据工艺介质的操作条件及物化性质，对空冷器参数进行初步估算。估算的内容包括管总传热系数及阻力降、有效平均温差，计算所需的传热面积、风机的动力消耗及增湿水耗等；

⑤ 根据装置生产特点及工艺介质对操作的要求，综合考虑空冷的平面竖面布置及调节控制方案；

⑥ 估算噪声是否满足相关标准的要求；

⑦ 如果是在寒冷地区还应考虑防凝防冻的要求；

⑧ 根据上述核算初步确定空冷器的总投资。

简而言之，空冷器的总体设计，首先就是确定是否采用空冷器，接着就是确定空冷器的流程、结构部件、平面布置、控制调节方案等。

2.2　冷却方式

工艺介质的冷凝冷却是在空气冷却器中实现的，冷却介质为空气。由于空气的比热容小，在标准状态下(20℃，101.13kPa)为1005J/(kg·K)，仅为水的四分之一，因此若传热量相同，冷却介质的温升相同，则所需的空气量为水量的四倍。再考虑到空气的密度远小于水，则相对于水冷却器来说，空冷器的体积是很大的。另外空冷器空气侧的传热系数很低，约为40~60W/(m^2·K)，导致光管空冷器的总传热系数也很低，较水冷器的传热系数约低10~30倍。为增强空气侧的传热性能，所以一般都采用扩张表面的翅片管，其翅化比大致为10~24。

空气冷却方式和水冷却方式在经济上的精确评定是有难度的，长期以来水冷与空冷的争论一直存在，但是随着全球水力资源的短缺和水质污染的加剧，空冷器的优越性愈来愈受到人们的注意，以空冷代替水冷的趋势将不断发展。

根据工艺介质的冷却要求及所建装置的水源、电力情况与水冷进行经济比较，以确定采用空气冷却的合理性。表2.2－1列出了空冷优于水冷的场合，表2.2－2列出了水冷优于空冷的场合。这些原则可供设计者考虑是否采用空冷器。

表2.2－1　空冷优于水冷的场合

采用空冷的优点	采用水冷的缺点
1. 空气容易获得 2. 采用空冷器时，厂址选择可少受水源限制 3. 空气的腐蚀性低，不用特殊的清垢措施 4. 由于空冷器空气侧的压力降低(仅为100～200Pa)，所以运行费用低 5. 空冷系统的维护费用低，一般为水冷的20%～30% 6. 环境污染小	1. 缺水地区水源难于保证 2. 水源条件差的地区，如远离水源地，取水成本高 3. 水质差，如水的腐蚀性大或结垢严重 4. 水的运行费用高，需建立庞大的循环水厂和污水处理系统，成本较高 5. 冷却水中含有某些会附着在换热器表面上难于清除的微生物 6. 污水排放，污染环境

表2.2－2　水冷优于空冷的场合

采用水冷的优点	采用空冷的缺点
1. 水冷能将工艺介质冷却到较低的温度 2. 水冷却器结构紧凑，冷却面积要比空冷器少得多 3. 水冷却时对环境气温的变化不敏感 4. 水冷器可放在其他工艺设备之间，可以更好地利用装置的空间 5. 水冷设备为管壳式换热器，制造简单，成本较低 6. 噪音小	1. 由于空气的比热容小，干空冷的冷后温度一般应高于空气温度的15℃以上，否则会造成成本过高 2. 空气侧的传热系数低，所以空冷器的面积大 3. 空冷器的性能易受环境影响，如气温、雨雪、大风和冰雹等 4. 空冷器不能靠近高大的建筑物，否则将会形成热风再循环 5. 空冷器要求特殊制造的翅片管，设备投资较大 6. 风机噪音较大

2.3　空冷器的工艺流程

根据工艺介质终冷温度、所在地区的气候条件，确定采用空冷器的型式。它可以采用以下的五种工艺流程之一：

① 干式空冷器流程的结构型式见图2.3－1；

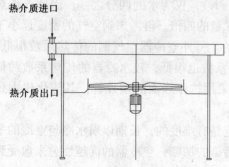

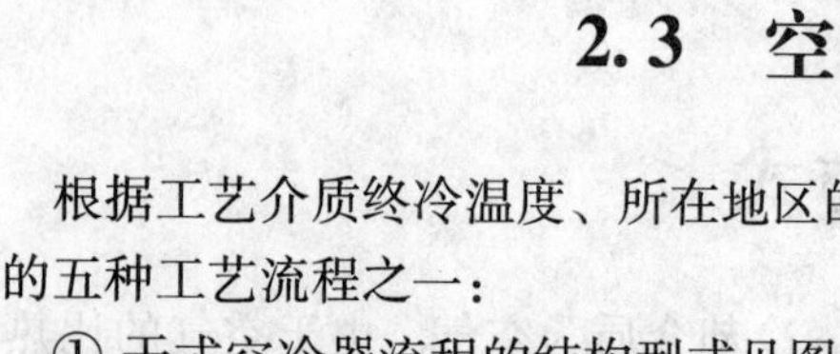

② 湿式空冷器流程的结构型式见图2.3－2；

③ 干空冷加后湿空冷器流程的结构型式见图2.3－3；

④ 干空冷加后水冷器流程的结构型式见图2.3－4；

⑤ 干湿联合空冷器流程的结构型式见图2.3－5；

在选取空冷器的工艺流程时，可参照表2.3－1的原则进行。

热介质进口

热介质出口

图2.3－1　干式空冷器流程结构

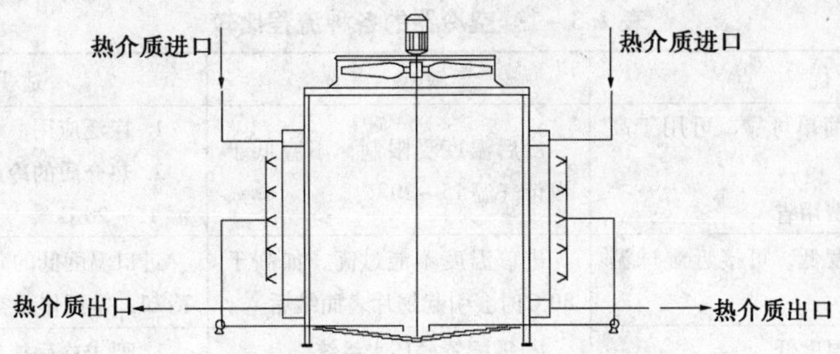

图 2.3-2 湿式空冷器流程结构

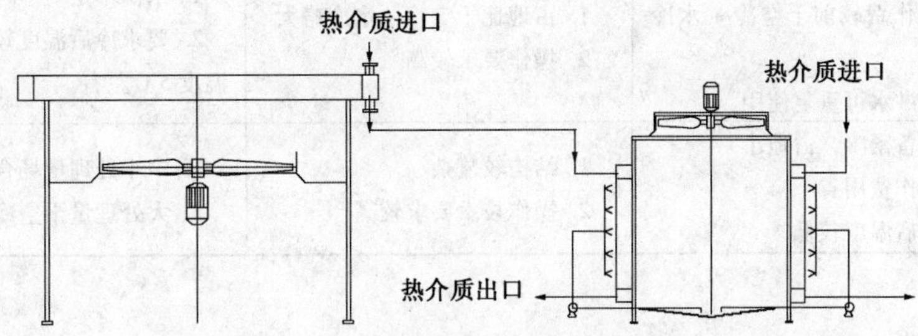

图 2.3-3 干空冷加后湿空冷器流程结构

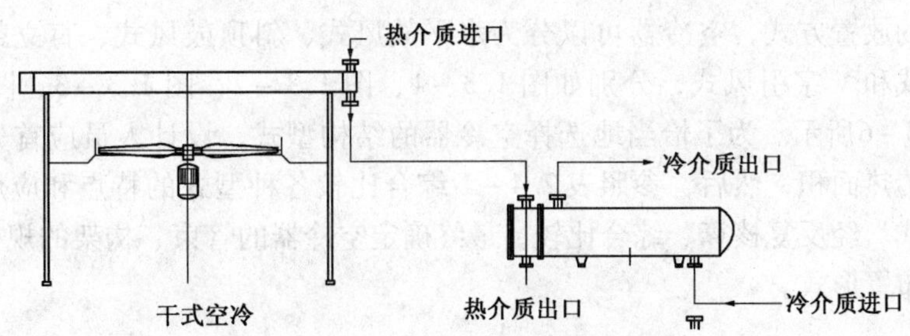

图 2.3-4 干空冷加后水冷器流程结构

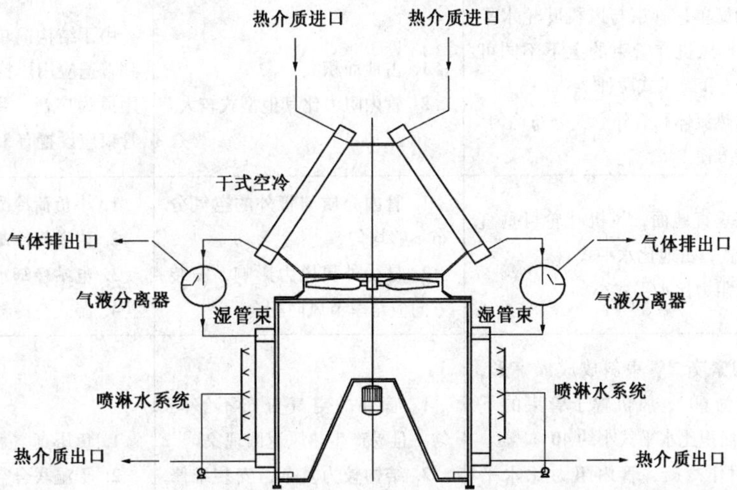

图 2.3-5 干湿联合空冷器流程结构

表 2.3－1　空冷器的各种流程比较

流　程	优　　点	缺　　点	适 用 范 围
干空冷	1. 结构简单可靠，可用于高压系统 2. 运转费用省	冷后温度受限制，不应低于设计气温 15～20℃	1. 广泛应用 2. 热介质的冷后温度应高于设计气温 15～20℃
湿空冷	冷后温度低，可接近湿球温度 5℃左右	进口温度不能过高，如高于 80℃时会引起翅片表面结垢	进口温度低的介质(如低于 75℃)的冷却，常用作干空冷的补充
干空冷＋水冷	1. 冷后温度低 2. 设备紧凑	1. 需配置循环水系统 2. 操作费用较高	1. 要求冷后接近干球温度时 2. 水源充足地方
干空冷＋湿空冷	1. 冷后温度低 2. 操作费较前干空冷＋水冷省 30% 3. 喷淋水可重复使用	1. 占地比干空冷＋水冷略大 2. 操作要求较高	1. 水源不足 2. 要求冷后温度较低，约高于湿球温度 5℃左右
干湿联合空冷	1. 设备紧凑，占地小 2. 操作费用省 3. 冷后温度较低	1. 结构较复杂 2. 操作技术要求较高	1. 中小处理量场合 2. 大处理量干空冷器的后冷器

2.4　空冷器的结构型式

根据管束的放置方式，空冷器可以分为水平鼓风式、斜顶鼓风式、直立鼓风式、引风式、立式引风式和 V 字引风式，分别如图 1.3－1、图 1.3－2、图 1.3－3、图 1.3－4、图 1.3－5、图 1.3－6所示。为了恰当地选择空冷器的结构型式，设计人员应首先根据经验估算一个所需的传热面积，然后，参照表 2.4－1 综合比较各种型式的特点和应用场合，选择适宜的结构型式。经反复核算、综合比较，最终确定空冷器的管束、构架的规格，风机的大小和空冷器的布置形式。

表 2.4－1　空冷器的结构型式比较

型　式	优　　点	缺　　点	应 用 场 合
水平式	1. 结构简单，管束与风机叶轮水平放置，根据风机在管束的上下不同可分为引风式和鼓风式两种 2. 管内热流体和管外空气分布均匀 3. 安装方便	1. 占地面积大 2. 管内阻力比其他型式较大	由于结构简单，安装方便，得到普遍应用。特别是鼓风式的应用最为广泛。用于介质冷凝时，管束应设置有 3°或 1% 的倾斜度
直立式	1. 管束垂直地面，风机叶轮可垂直或水平布置，占地比水平式省 2. 管内阻力比水平式小	1. 管内介质与管外的空气分布不够均匀 2. 易受外界风力影响，安装方向应与季节风向配合	1. 小负荷冷凝系统 2. 内燃机冷却系统 3. 电站冷却水系统 4. 湿式空冷器
斜顶式	1. 结构紧凑，管束斜放成人字形，夹角一般为 60°，风机置于管束的下方，占地面积比水平式小约 40% 2. 常用作冷凝，管内阻力比水平式小 3. 传热系数较水平式高	1. 管外的空气分布不够均匀。且易产生热风返回现象 2. 结构较为复杂，安装维修稍为难一点	1. 负压真空系统 2. 干湿联合空冷的干式部分

续表 2.4－1

型　式	优　　点	缺　　点	应用场合
V字形	1. 风机叶片置于管束上方，避免了热风的再循环，其余特点与斜顶式相同 2. 管外气流分布较好	1. 管内介质与管外的空气分布不够均匀 2. 结构设计和管线安装较复杂	1. 负压真空系统 2. 干湿联合空冷的湿式部分 3. 多用于单管程冷凝器
直联式	1. 直接与设备相联，减少管线和占地面积 2. 投资省	1. 检修略微困难	置于塔或容器顶部的小型冷却设备
干湿联合	1. 占地面积小 2. 操作费用省	1. 操作要求较高 2. 灵活性差	中、小处理量或大处理量干空冷的后空冷

2.5　空冷器的通风方式

空冷器的通风方式有鼓风、引风和自然通风三种方式，其优缺点和应用场合如表2.5－1所示，根据具体情况选用一种通风方式。

表 2.5－1　通风方式比较

通风方式	优　　点	缺　点	应用场合
鼓风式	1. 气流先经风机再至管束，风机在大气温度下运行，工作可靠，寿命长 2. 结构简单，安装检修方便 3. 由于紊流作用，管外传热系数略高	1. 排出的热空气较易产生回流 2. 受日照及气候变化影响较大	由于结构简单，效率高，应用普遍
引风式	1. 风机和风筒对管束有屏蔽保护作用，可减少冰雹、雷雨、烈日对管束的影响 2. 空气穿过翅片管束气流分布比较均匀，管外传热系数较高而阻力较低 3. 由于风筒有抽力作用，风机停运时，仍能维持40%的冷却能力 4. 排出的热空气不易回流，受风力影响较小 5. 噪声较鼓风式约低3dB	1. 风机叶片安装在出风口，工作温度高，要求叶片的材料应能承受相应的工作温度 2. 结构较鼓风式复杂，风机检修不方便 3. 耗功率比鼓风式约高10%	1. 对出口终温要求严格控制的场合 2. 对防噪声要求较高时 3. 气候变化较大的地区
自然通风式	1. 利用温差造成气流流通，不用风机，节省电能 2. 噪声低，维修量小	投资大	大处理量的热电工厂，如大型电站的汽轮机乏汽冷凝冷却

2.6　空冷器的调节方式

1. 选择空冷器调节方式的目的

(1) 节约能耗

与水冷却相比，空冷器的电能消耗是个不容忽视的问题。由于轴流风机的叶片效率一般都不太高，因此空冷器的能耗是空冷器设计中应重视的环节。

空冷器是利用空气来取走热流热量的冷却设备，空气的传热取决于风量的大小及风温(即环境气温)的高低。环境气温变化较大对空冷器的传热和操作会带来不利的因素，也影响到空冷器的能量消耗。但如果利用好气温的变化这一因素，选择适当的调节方式，不仅能稳定操作，而且能达到节能的目的。一般，空冷器风量的计算和风机的选型是按当地最热月日最高温度月平均值再加上2~3℃或采用当地夏季平均每年不超过五天的空气平均温度。对于冬、夏温差较大的地区，如我国的东北和西北，最热月与最冷月月平均温度差会达30~50℃(参见附录表A6-3)，漫长的冬季气温很低，空冷器的平均传热温差变得很大，也就是说，原设计风量过剩较多，造成管内热流终端冷却(或冷凝)不必要的过冷，浪费很多能量。风机的能耗是与风量大小成正比关系，因此采用可调风量的风机，随着环境气温的变化风机风量，便能有效地降低空冷器能耗。对于某些空冷器，选用风量可调风机，每年可节能40%~50%。

(2) 工艺介质对终冷温度的要求

有些热流(工艺介质)凝固点较高，在寒冷季节，介质的终冷温度至少也要大于介质凝固点15℃以上。终冷温度过低，即使是介质未达到凝固点，但因黏度变得很大，使流体难于输送或储存；有一些工艺介质温度变低时，会有晶体析出或出现固相沉淀物，容易堵塞冷却器管束和输送管道；对某些含有大量水蒸气的气相冷凝或冷却，终冷温度过低，容易造成水蒸气凝液的结冰，堵塞或冻裂设备管道。所以在上述各情况下使用空冷方案，必须要考虑采用适当的控制方案确保装置的安全运行。

(3) 工艺操作参数的变化

这里主要指热流流量变化的影响问题。当空冷器用于热流流量不稳定的装置中，或在一个开工周期内热流流量是在定期变化的工况，无论从节能考虑，还是确保介质终冷温度的要求，都需要良好的调节控制手段。

空冷器的方案设计，特别是寒冷地区使用空冷器都必须考虑和选择适当的调节方式。调节方式有的很简单，如一般百叶窗都是手动可调的，选择不停机手动调角风机可根据需要定时人工调节风量，价格也不算高，但有的调节方式就比较昂贵，如选用调频风机改变风量，或选用风机和百叶窗全自动控制的热风循环系统，需增加不少投资。因此在选择调节方式时，必须要明确调节的目的：是以节能为主还是以控制热流终冷温度为主，结合热流介质的物性、气温变化情况和操作对空冷器的要求，选择一种合适的方案，既要有运行可靠性，又要避免选择的盲目性，以免造成不必要的浪费。

2. 空冷器的调节方式

空冷器的调节方式，一般地采用调节风量或调节入口风温的方法或二者联合使用。有关调节入口风温的方法将在第七节叙述，本节仅讨论调节风量的控制措施。

(1) 用风机调节风量

改变风机的转速或调节风机叶片的安装角，可改变风机的风量。表2.6-1是空冷器几种调节风量的方式。

对于终冷温度要求不太严格的空冷器，最简单的办法就是调节风机的运行台数。当空冷器采用二台或更多台数风机时，在冬季常常可以停开一台或更多的风机。

表 2.6-1　空冷器风量调节方式

控制方式	原　理	优　点	缺　点	应用场合
手动调角①风机	停机，手动转动风机叶片	1. 手动调节叶片角度，改变风量，结构简单 2. 投资小	1. 调节精度低 2. 管内冷后温度变化不连续，严重时易引起管内水击现象	对控制精度要求不高，如终温控制可在 ±15℃以上的场合
机械调角风机	依靠手调机械转动风机叶片	1. 可在运行状态下，人工调节风机叶片角度，不需信号控制系统 2. 设备投资比手动调角风机高，比自动风机低	1. 调节精度不太高，属于阶梯式调节 2. 不停机调角的转换机构容易磨损，产生故障	对精度要求一般的场合
自动调角风机	依靠输入信号和自动调角机构转动风机叶片	1. 可按要求调整产品的终端温度 2. 节能 40% ~60%	1. 机构复杂，维护工作量大 2. 价格较贵	1. 调节精度要求在 ±3℃的场合 2. 需要采用热风再循环的场合
调频②风机	调节输入电流频率	1. 可按要求调整产品的终端温度 2. 节能 40% ~60% 3. 风机简单可靠，调节方便，无须增设机械部件。	调频设备价格较贵	1. 调节精度要求在 ±3℃的场合 2. 需要采用热风再循环的场合
调速③风机	改变电机的磁极对数	1. 结构较简单，操作与维护与普通风机相同 2. 价格比普通风机贵，比无级调频风机便宜	级数受限制，属阶梯式调节，会引起风机振动	对精度要求一般的场合

注：① 所谓“调角”，即调节叶片的安装角。风机叶片沿径向长度方向，一般是变截面扭曲形。风机出厂时给了某一截面上的测量基准线，叶片安装角都是以此基准成为基准的。有关叶片安装角与风机风量的关系，详见第六章。

② 所谓“调频”，即调节电机的输入电流的频率，改变风机的转数和风量。

③ 所谓“调速”是改变电机磁极对数 p，改变电机内磁极连接方式（串联或并联），是有限度的，一般为两级或三级，最多不超过四级，所以称“有级调速电机”。例如三速电机转数为 750/1000/1500r/min 或 1000/15000/3000r/min，两速电机转数则为 750/1000r/min 或 1500/3000r/min 等。

（2）百叶窗调节

百叶窗结构简单，操作方便，调节其开度，可以达到调节空气流量的目的。具体类型有如下三种：

① 调节风量：减少百叶窗的开启角，造成空气阻力增加，从而减少风量。其调节特性如图2.6-1所示。但是在减少空冷器空气流量的同时，不能节约风机的功率消耗。需要提醒的是，当风机在较大风量下运行时，不可全关百叶窗，否则会造成风机叶片的损坏。

② 控制自然通风量：空冷器风机停用时，由于管束的热力作用，仍有空气通过，这种自然通风效应在引风式空冷器上更为明显，可以带走管内热负荷的 25% ~30%，因此，在生产操作中有必要使风量为零的空冷器安装百叶窗。如寒冷地区空冷器或易凝油品空冷器等。为此目的使用的百叶窗，操作时只需采用“全开”及“全关”二位控制即可。从这个角度来说，采用引风式空冷器，要比鼓风式节能效果明显。

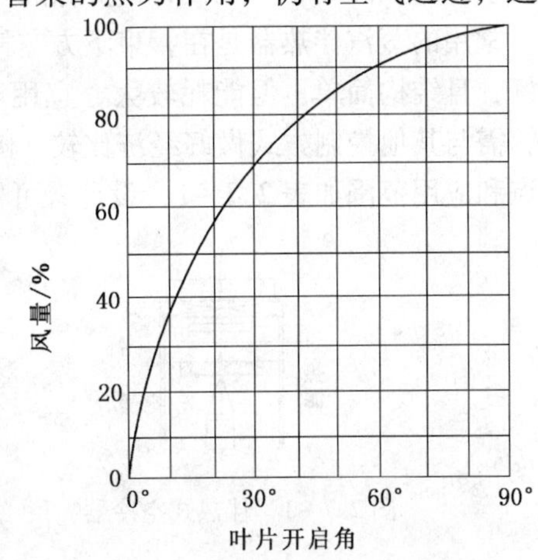

图 2.6-1　百叶窗调节特性

③ 分调风量：当同一台风机向一个以上的管束提供风量，而各个管束所需的风量不同时，则应在各个管束上安装单独的百叶窗，进行分量调节以满足各自的需要。如图 2.6-2 所示。

④ 控制空气流向：热风再循环型空冷器的空

气流向均用百叶窗进行控制。当需要调节热风与冷风的比例以严格控制管内各介质温度时，则百叶窗应能作适应不同风量的无级调节。否则，百叶窗采用“全开”、“全关”即可。

(3) 联合调节

风机与百叶窗组成的联合调节如图 2.6－3 所示，它可以实现以下三种调节方式：

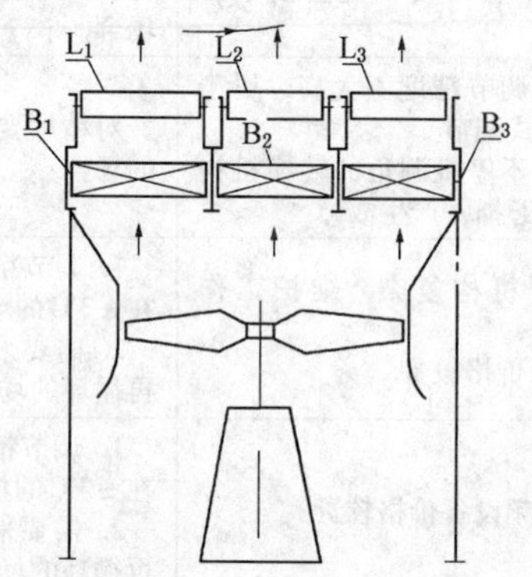

图 2.6－2 分量调节用百叶窗

L_1、L_2、L_3—百叶窗；B_1、B_2、B_3—管束

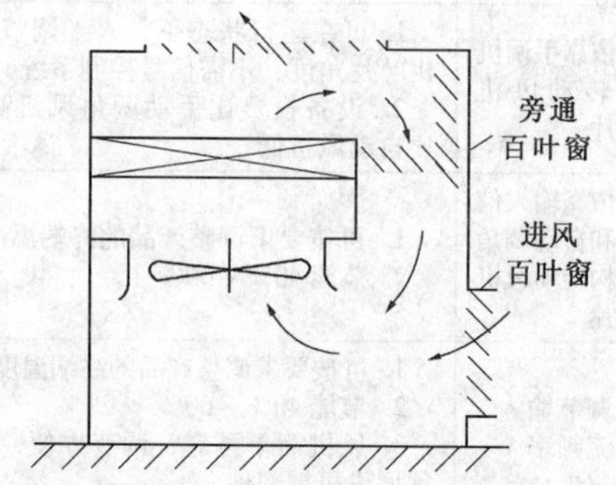

图 2.6－3 热风再循环式空冷器的联合调节

① 风机调节风量：空冷器风量由风机调节，百叶窗只作开关二位式控制，以控制自然通风，或在特殊气候条件下保护管束。自调风机的台数，视控制的精度要求而定。

② 百叶窗分调风量：空冷器风机供多片管束风量时，空冷器的总风量由风机调节，各个管束风量由各百叶窗进行分调。

③ 百叶窗控制空气流向：用于热风再循环空冷器，风量由风机调节，风向及冷、热风配比由百叶窗控制。

2.7 空冷器的防冻措施

高凝固点介质，如凝固点高于5℃的介质，在严寒的冬季操作时，应采取防冻措施。一般说来，对空冷器的防冻措施有热风内循环、热风外循环、外加热源伴热和联合伴热等方式。热风内循环和热风外循环见第一章第三节和图 1.3－12、图 1.3－13 和图 1.3－16。伴热式空冷器如图 2.7－1 所示，它的热源可用蒸汽或电。

常用的蒸汽伴热器是在管束下方空气入口面上单独增加一排翅片管束。这种伴热器效果较好，且结构简单，但能耗较大，宜用于终冷温度要求控制严格的场合。如果大面积的采用，需与其他控制方式做好经济比较。图 2.7－2 为联合伴热的结构形式，各种防冻措施的特点和应用范围如表 2.7－1，设计者可根据具体情况选用。

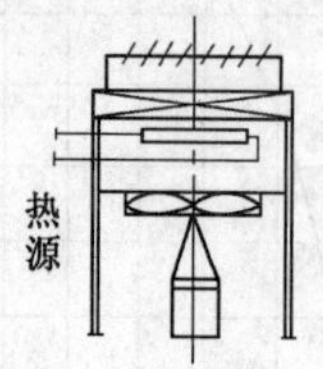

图 2.7－1 伴热式空冷器

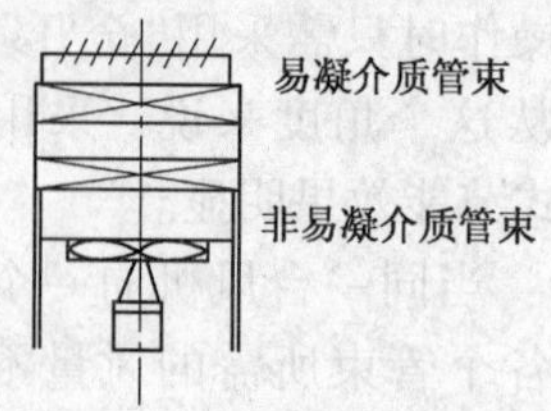

图 2.7－2 联合伴热式空冷器

表 2.7-1　空冷器的防冻措施

防冻措施	优　点	缺　点	应用场合
热风内循环	1. 结构简单，在管束上方设置百叶窗用以控制循环风量的大小 2. 操作方便，采用两台自调风机，运转时一正一反。不增加特殊的结构 3. 投资省	1. 风机能耗较大 2. 控制略微复杂	用于介质的倾点或凝固点高于最低环境设计气温 14～20℃以上，包括介质中含水分 10%以上者，以及控制精度不严(大于 ±3℃)时
热风外循环	1. 防冻效果好 2. 控制灵活方便	1. 结构复杂，除自动风机外，尚须设外循环通道和控制百叶窗。甚至还须设专用的加热器 2. 占地大，控制要求高 3. 投资大	1. 终温的精度要求 ≤ ±3℃的场合 2. 介质的倾点或凝固点高于最低设计气温 33℃以上，包括介质中水分含量大于 50% 者
伴热式	1. 用蒸汽或电热器置于管束下方，在低温时启用，结构简单 2. 操作技术简单	能耗大，操作费用大	1. 终温的精度要求 ≤ ±3℃的场合 2. 介质的倾点或冰点高于最低设计气温 33℃以上，包括介质中水分含量大于 50% 者
联合伴热	1. 结构简单，用其他非易凝的高温介质管束置于易凝介质管束之下 2. 占地少，投资省 3. 能耗少	结构略微复杂	高黏油品的防冻，如渣油空冷器

2.8　空冷器的平竖面布置

1. 地面式

空气冷却器可布置在地面或高架在框架或屋顶之上。安装在地面上的空冷器称为地面式。此时，要求在空冷器的周围要有一定的空隙地带，不影响空气的顺利吸入。这种安装方式的优点是安装和检修较方便；缺点是占地多，容易受邻近发热设备热幅射的影响。

2. 高架式

空冷器安装在框架、管架或其他建筑物顶部。优点是不占地面面积，高空气流通畅，可避免夏季地面热气流的影响，是目前应用最广泛的一种型式；缺点是要考虑其所在框架要有足够的刚度以防风机的振动及下部发热设备的影响。对于高于 10m 以上的空冷器构架，设计时必须考虑风载荷沿高度变化的影响系数和对自振周期和地震力的影响，以及地震载荷变化情况。

3. 空冷器平竖面布置应注意的几个问题

① 空冷器不宜布置在热油泵和其他发热设备上。如果生产过程需要上述布置时，则应在空冷器下部用非易燃的材料制成的底板隔热保护。

② 空冷器与加热炉之间的距离不应小于 15m，与变电所、配电室、仪表室等建筑物的距离应符合防火规定的要求。

③ 空冷器一般布置在上风向，以避免腐蚀性气体或热风被风机抽入。空冷器布置还应注意夏季主导风向与空冷器的相对位置。在空冷器的上风向(夏季主导风向)，不宜有高温设备、锅炉房等；在下风向 20～25m 处不宜有高于空冷器安装高度的建筑物。如上述情况

难以避免时，应将空冷器的空气的设计温度提高1.5~4.0℃。

④ 布置斜顶式空冷器时，不宜把迎风面正对着主导风向。

⑤ 空冷器的布置应防止热风循环。防止热循环布置的类型有以下几种：

A. 在主导风向上，两台空冷器应靠近布置，不留间距。如图2.8-1(a)。

B. 几台空冷器应相互连接在一起布置，否则其间距应大于20m。如图2.8-1(b)。

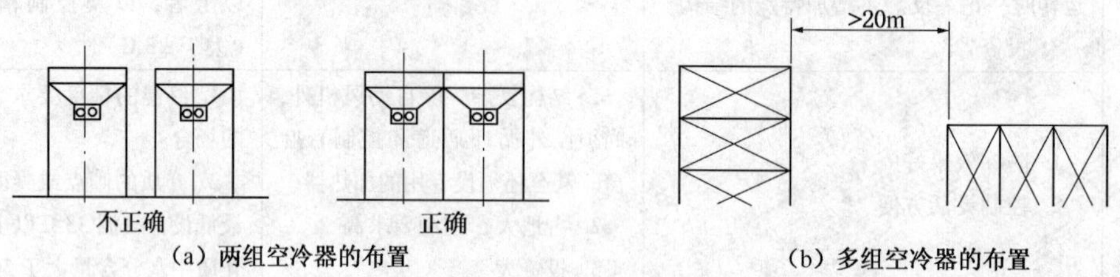

图2.8-1 两组或多组空冷器的布置

C. 引风式空冷器与鼓风式空冷器布置在一起时，按主导风向应将引风式空冷器布置在鼓风式空冷器的前方。如图2.8-2。

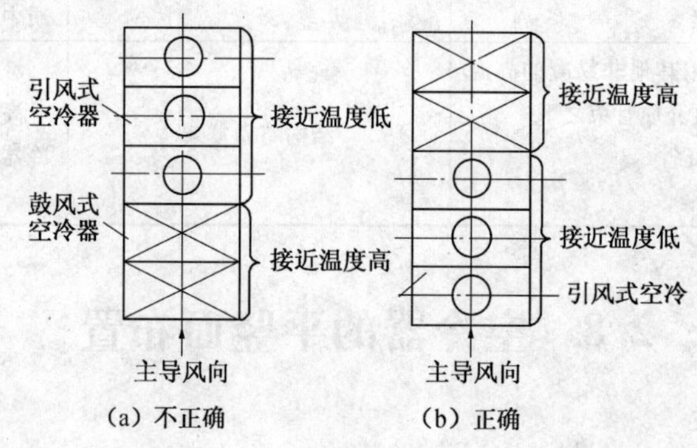

图2.8-2 按主导风向布置不同型式空冷器

D. 引风式空冷器与鼓风式空冷不宜混合布置。必要时，应将引风式空冷器管束的标高与鼓风式空冷器的风机叶轮标高取齐。如图2.8-3。

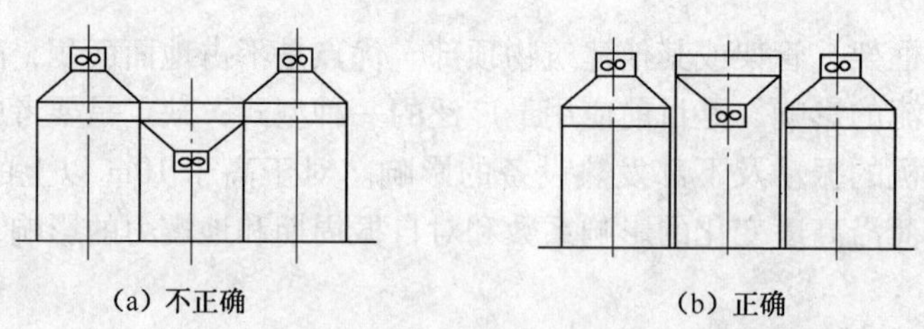

图2.8-3 引风式与鼓风式空冷器的混合布置

E. 斜顶式空冷器为防止热风循环，应采取大面积的隔风钢平台，且平台上不宜开通道孔。或采用斜顶空冷器的联合布置；或在斜顶空冷器上方装设百叶窗，以改变出风方向。如图2.8-4所示。

F. 不同高度的空冷器应保持适当的距离，以免一台空冷器排出的热风被另一台吸入。如图2.8-5所示。

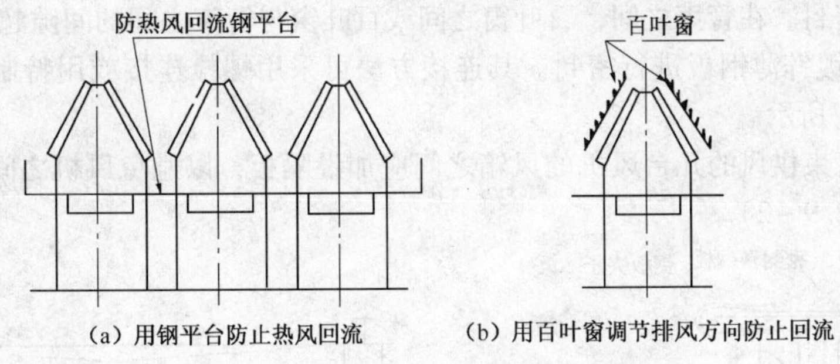

（a）用钢平台防止热风回流　（b）用百叶窗调节排风方向防止回流

图 2.8－4　斜顶空冷器防止热风循环措施

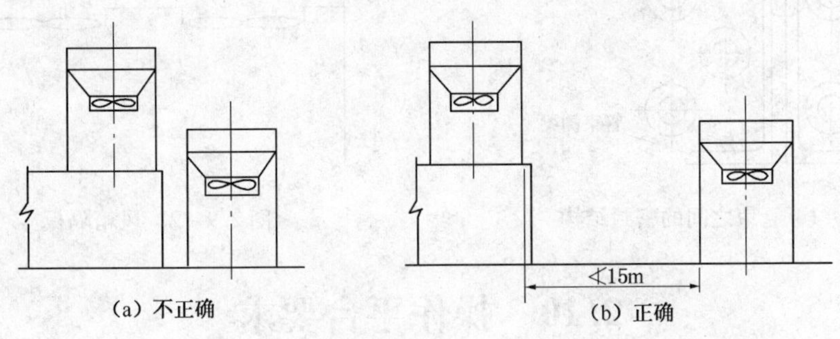

（a）不正确　（b）正确

图 2.8－5　不同高度的空冷器应保持距离

2.9　空冷器的空气流道密封结构设计

空冷器空气侧流道应保持密封，以避免风量损失。空冷器漏风会引起管束内介质冷却不均及风机能耗增加等。此外，由于热空气泄漏还会引起热风局部循环，降低了空冷器的效率。流道密封包括两方面：

1. 部件本身结构密封

① 管束两端翅片管与管板连接部位，由于制造及结构上的需要，部分管子未翅化。因此在该处应于管束的上下方加设挡风板，以防止空气外泄。挡风板与侧梁、管箱的连接可采用螺栓连接或焊接。

② 构架及风箱均由型钢和薄钢板组装拼焊或螺栓连接而成，无论哪一种连接，均应保证良好的密封，以防空气泄漏。

③ 风机叶轮叶尖与风筒间的间隙，在任何方位不应大于叶轮直径的 0.5% 或 19mm，取两者的小值。否则应对风筒进行调整。

2. 部件之间的密封

① 风筒、风箱、管束、百叶窗之间的接触面应防止出现缝隙，否则应加以密封。

② 当漏气间隙超过 10mm 时，应在设计上采用专门的密封结构。如管束吊装到构架上后，两个管束间的缝隙若超过 10mm 时，可采用如图 2.9－1 的密封结构。

3. 密封材料与措施

① 软填料密封带密封。当管束与构架、风筒与风箱之间的缝隙小于 5mm 时可采用软填料密封带加以密封。

② 薄钢板密封。在管束之间，百叶窗之间或百叶窗与管束之间的间隙超过5mm时，应采用2~3mm的镀锌薄钢板进行密封。其连接方法可采用螺栓连接或用特制的钢板夹子连接。如图2.9-1所示。

③ 同一台管束供风的几台风机的风箱之间应加设隔板，以避免风机之间的相互干扰和热风循环(见图2.9-2)。

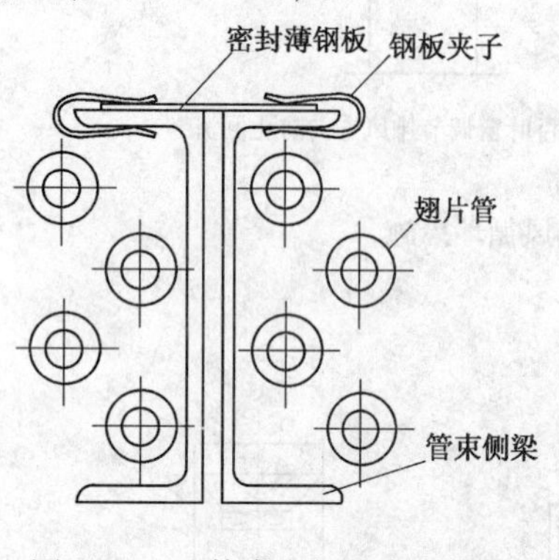

图2.9-1 管束之间的密封结构

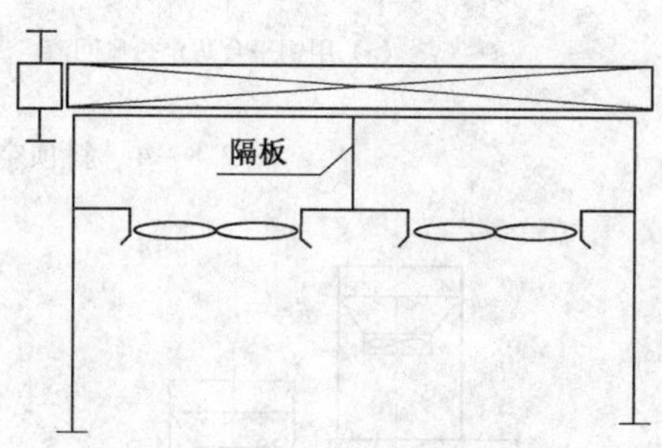

图2.9-2 风箱隔板

2.10 操作平台要求

(1) 水平式空冷器

在管束两端的管箱处，应设置足够宽的平台一个。对全焊式及丝堵式管箱，平台的净宽度应等于或大于0.8m；对可卸盖板管箱，平台净宽度应等于或大于1m。管箱端平台内边梁与管箱之间应有一定距离，以便管束下部的开口接管和法兰穿过。如果接管穿过平台中部，或在平台上布置配管时，应适当加大平台宽度。

(2) 斜顶式空冷器

在两侧下管箱处应设置平台各一个，其宽度如上所述；顶部平台可利用两上管箱间的构架顶部空间设置；当多台斜顶式空冷器联合使用时，可设立较宽的联合平台，以减少热空气的回流现象。

(3) 其他型式空冷器视具体情况确定空冷器的位置和满足需要的宽度

① 所有架空的驱动机、减速器和风机的维护，以及通向风箱门前，均应设有工作平台，平台宽度不少于1m。

② 引风式空冷器顶部，应设有一个等于或大于0.8m宽的平台。对于斜坡形风箱，风机圈外风箱平顶部分可作平台使用，并加设栏杆。

③ 引风式空冷器管束底面或鼓风式空冷器风机圈网罩至地面或通道、工作平台之间的垂直距离应不小于2.2m。

第三章　空气冷却器的传热与流动阻力

3.1　热负荷的计算

1. 冷却过程的热负荷

当管内的流体没有相变，且流体的定压比热容不随温度变化时，热负荷可按式(3.1－1)计算；否则，热负荷可按式(3.1－2)计算：

$$Q = W_i C_{pi}(T_1 - T_2) \qquad (3.1-1)$$

$$Q = W_i(H_1 - H_2) \qquad (3.1-2)$$

混合相气体、液体冷却过程的热负荷按式(3.1－3)计算：

$$Q = W_i[y_v(H_{v1} - H_{v2}) + (1 - y_v)(H_{l1} - H_{l2})] \qquad (3.1-3)$$

式(3.1－1)～式(3.1－3)中　Q——空冷器冷却的热负荷，W；

W_i——管内介质量流量，kg/s；

T_1，T_2——热流介质的进出口温度，℃；

C_{pi}——热流介质的平均比热容，J/(kg·K)；

H_1，H_2——热流介质的进、出口热焓，J/kg；

H_{v1}，H_{v2}——气相进、出口热焓，J/kg；

H_{l1}，H_{l2}——液相进、出口热焓，J/kg；

y_v——进口处气相分率，%(质)。

2. 冷凝冷却过程的热负荷

纯组分或冷凝温降小的混合物冷凝时的热负荷按下式计算。此处指的温降小的混合物是指露点与泡点之差不超过5℃的介质。

$$Q = W_i[(1 - y_{v1})H_{l1} + y_{v1}H_{v1} - (1 - y_{v2})H_{l2} - y_{v2}H_{v2}] \qquad (3.1-4)$$

式中　y_{v1}——入口处气相分率，%(质)；

y_{v2}——出口处气相分率，%(质)。

多组分混合物冷凝是极其复杂的，采用手算法计算气液相平衡是不太切合实际的，因此需要专门的软件进行相平衡计算，得出不同温度压力下焓、气相分率、气液相物性参数等，在此基础上才能进行设计。混合物冷凝时由于气相分率、焓值随温度的变化通常不是线性的，因此采用进出口的平均条件计算将会带来很大的误差。为了计算准确性，混合物冷凝的热负荷需要采用分段计算，假设冷凝部分分为二段以上的N段，即冷凝部分有$N+1$个温度切割点，若有过热或过冷时，需要加上过热或过冷段。计算热负荷时用每段端点温度对应的热焓值，热焓值由冷凝曲线数据提供。过程的总负荷为各段之和。上述计算的热负荷在必要时可以考虑增加10%左右的余量。各段的热负荷及总热负荷分别由式(3.1－5)和式(3.1－6)计算：

各段热负荷：

$$Q_i = W_i(H_i - H_{i+1}) \qquad (3.1-5)$$

总热负荷：

$$Q = \sum Q_i \tag{3.1-6}$$

式中 Q_i——第 i 段热负荷，W；

H_i，H_{i+1}——相应段数起始点及其下一点的热焓，J/kg。

3. *石油馏分的冷凝冷却过程*

石油馏分是一种复杂的多组分气相、液相或气液相混和物，一种馏分油由多达几种到十多种烃类所组成。它的冷却或冷凝热负荷，一般是根据不同状态下石油馏分的焓值变化求取的。石油馏分的焓值是温度、压力及物性的函数。数据表明，在相同的温度下，密度小、特性因素 K 值大的石油馏分具有较高的焓值，烷烃的焓值高于芳烃，轻馏分的焓值高于重馏分。当压力较低时($p<1.0$MPa)，压力对液相石油馏分的焓值影响可以忽略。但压力对气相石油馏分的焓值影响较大。因而当压力较高时，必须对气相的焓值进行校正。石油馏分的焓值可以从石油馏分的焓值表查取，也可通过有关公式计算。文献[27]介绍了一种 Lee - Kesler 提出的计算烃类、液体混合物和实际气体的焓值的方法。这种方法是根据烃类的热力学参数，组成了一系列复杂的经验关联式来求解烃类的焓值，须借助计算机完成。本书主要介绍用图 3.1 - 1(石油馏分焓值图)查图法求解。这种方法比较简便，但只适用于压力低于 7MPa，且系统压力不能接近馏分气相的临界点。多年来实践证明，这种方法可满足工程计算的需要。实际上多组分的石油馏分冷凝传热，在理论上也难于有精确解，冷凝传热系数多是经验关联式或经验数据，因此过分苛求传热量的精确度已无太大的意义。

图 3.1 - 1 是求取石油馏分焓值的经验图，其基准温度为 - 17.8℃(0 ℉)。它由特性因数 $K=11.8$ 的石油馏分在常压下的实测数据绘制而成。图中有两组曲线，上方的一组表示气相的焓值，下方的一组表示液相的焓值。石油馏分的特性因数 K 为 11.8 时，需用其中的两张小图对其气相或液相的焓值分别进行校正。当系统的压力高于常压时，还需用左上方的小图对气相的焓值加以校正。

例如，将一相对密度 ρ_4^{20} 为 0.7796、特性因数值为 11.0 的石油馏分，从 100℃、1atm 下加热并完全气化至 316℃、压力为 27.2atm 时，按图 3.3 - 1 求取焓值的步骤如下：

(1) 由图 3.1 - 1 下方曲线，可查得 $\rho_4^{20}=0.7796$、$K=11.8$ 液相石油馏分在 100℃时的焓值为 58kcal/kg；

(2) 由液相 K 对焓的校正图可查得 $K=11.0$ 时的校正因子为 0.955，所以校正后的液体焓值为 $H_l=58\times0.955=55.4$ kcal/kg；

(3) 由图 3.1 - 1 上方曲线，可查得 $\rho_4^{20}=0.7796$、$K=11.8$ 气相石油馏分在 316℃常压下时的焓值为 251kcal/kg；

(4) 由气相 K 对焓的校正图可查得 $K=11.0$ 时的校值为 6kcal/kg，再由压力对焓值校正图中，查得当压力为 27.2atm 时，校正值为：11kcal/kg，则温度为 316℃、压力为 27.2atm 时，油汽的焓值为 $H_v=251-6-11=234$ kcal/kg；

(5) 最后求得将相对密度 ρ_4^{20} 为 0.7796、特性因数值为 11.0 的石油馏分，从 100℃、1atm 下加热并完全气化至 316℃、压力为 27.2atm 时，所需要的热量为：

$$Q = H_v - H_l = 234 - 55.4 = 178.6\text{kcal/kg} = 478\text{kJ/kg}$$

查图法虽然方便，但对网络程序化设计却带来困难。表 3.1 - 1 给出了一种简单而又适用的计算关联式，用于计算石油馏分焓值、密度、传热系数和黏度等物性参数，实际使用证明可以达到查图的精度。

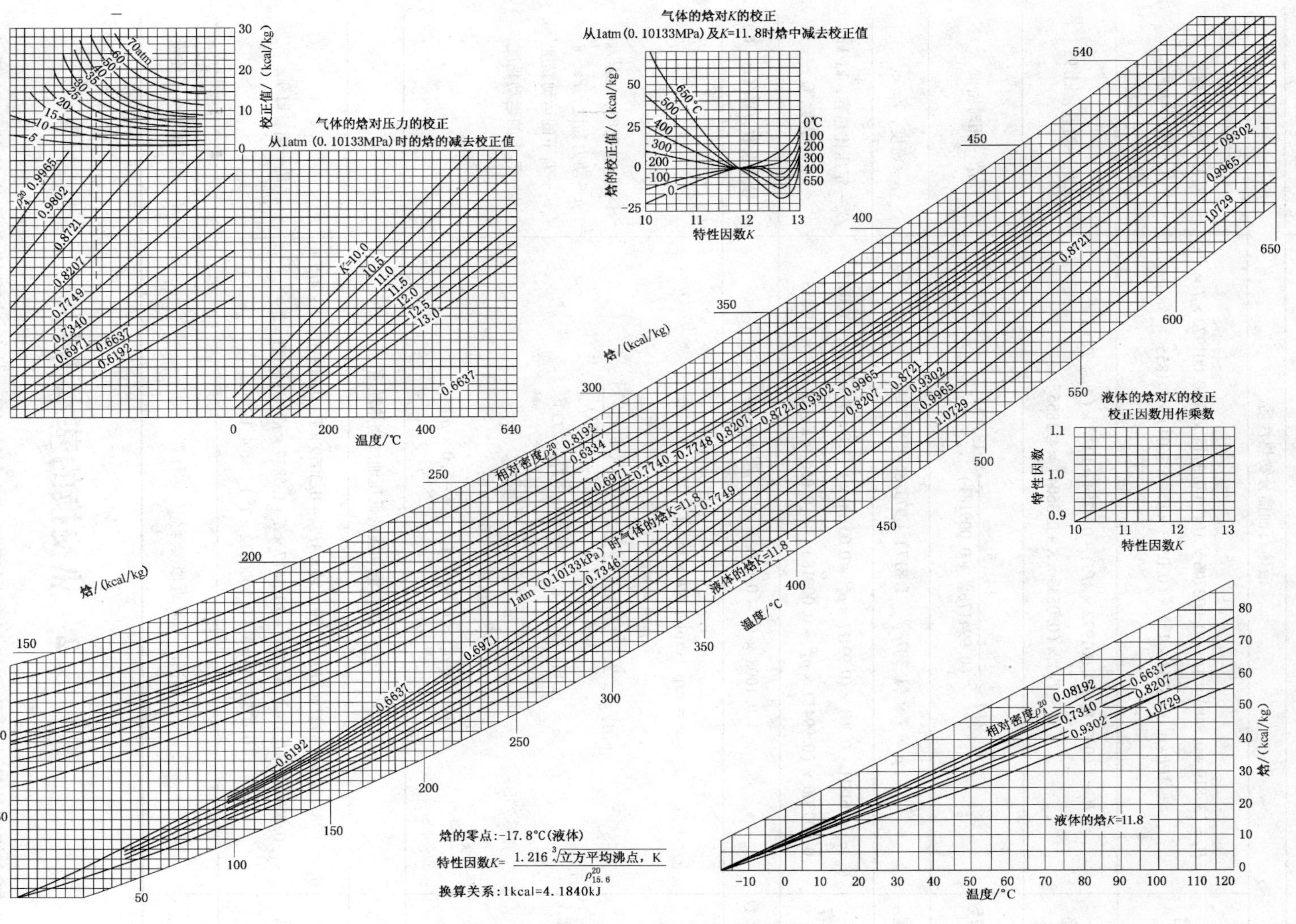

图3.1-1 石油馏分焓图

1kcal/kg=4.187kJ/kg

表 3.1-1 石油馏分物性计算表

名称	关联式	符号说明
	液体石油馏分物热性质	
热焓	$H_i=(3.819+0.2483\times API-0.002706\times API^2+0.3718\times T+0.001972\times T\times API+0.0004754\times T^2)\times(0.0533\times K+0.3604)\times 4.1855$	T—温度,℃ K—特性因数 H_i—焓，kJ/kg API—比重指数
焓差	$\Delta H_i=[(0.3718+0.001972\times API)+0.4754\times 10^{-3}\times(T_1+T_2)]\times(T_1-T_2)\times(0.0533\times K+0.3604)\times 4.1855$	ΔH_i—焓差，kJ/kg
API 指数	$API=\dfrac{141.5}{(0.99417\rho_4^{20}+0.009181)}-131.5$	ρ_4^{20}—相对密度
密度	$\rho=T\times(1.307\rho_4^{20}-1.817)+973.86\rho_4^{20}+36.34$	ρ—密度，kg/m³
比热容	$C_p=[0.61811-0.308\times(0.99417\times\rho_4^{20}+0.009181)+(1.8\times T+32)\times 0.000815-0.000306\times(0.99417\times\rho_4^{20}+0.00918)]\times(0.055\times K+0.35)\times 4.1855$	C_p—定压比热容，kJ/kg; T—温度,℃
传热系数	$\lambda=0.1008\times(1-0.00054\times T)/\rho_4^{20}\times 1.163$	λ—导热系数，W/(m·K)
黏度	$\nu=\exp\{\exp[a+b\times\ln(T+273)]\}-C$ $\mu=\nu\times\rho\times 10^{-6}$ 式中：$b=\dfrac{\ln[\ln(\nu_1+C)]-\ln[\ln(\nu_2+C)]}{\ln(T_1+273)-\ln(T_2+273)}$ $a=\ln[\ln(\nu_1+C)]-b\times\ln(T_1+273)$ 当 $\rho_4^{20}\leqslant 0.8$　C=0.8; 当 $\rho_4^{20}>0.9$　C=0.6; 当 $0.8<\rho_4^{20}\leqslant 0.9$　$C=2.4-2.0\times\rho_4^{20}$	ν—运动黏度，mm²/s μ—动力黏度，Pa·s ν_1—T_1下的运动黏度 ν_2—T_2下的运动黏度
	远离饱和线的低压油气物热性质	
热焓	$H_i=[(78.122+0.3927\times API-0.001654\times API^2-0.3059\times T+0.00996\times T\times API+0.000463\times T^2)-(24.2206-20.5617\times K+1.5857\times K^2+0.8623\times T-0.0755\times T\times K+0.0000672\times T^2)]\times 4.1855$	H_i—焓，kJ/kg
密度、比热容	根据油气 M 近似按理想气体计算	M—油气相对分子质量

3.2 热交换的基本方程

空气冷却器的管内外热交换过程属于间壁对流传热。传热计算符合传热的基本关系式，即单位面积传递的热量 Q/A 与有效温差 ΔT 成正比，与各项热阻之和成反比。

$$\frac{Q}{A}=\frac{\Delta T}{\sum R}=\frac{\Delta T}{\frac{1}{K}}=\Delta T\cdot K \qquad (3.2-1)$$

上式可写成传热的基本方程如下：

$$Q=K\cdot A\cdot \Delta T \qquad (3.2-2)$$

式中　Q——热负荷，W；

K——总传热系数，W/(m^2·K)；

A——传热面积，m^2；

ΔT——有效传热温差，℃。

总传热系数表示传热过程中热量传递能力的大小。它表示传热温差为1℃时，单位传热面积在单位时间内的传热量。总传热系数为各项热阻之和的倒数，以光管外表面为基准的总传热系数的表达式如下：

$$K=\frac{1}{\frac{A_o}{A_i}\cdot\left(\frac{1}{h_i}+r_i\right)+\left(\frac{1}{h_o}+r_o\right)+r_w+r_j} \qquad (3.2-3)$$

式中　h_i——管内流体膜传热系数(以管内壁表面积为基准)，W/(m^2·K)；

h_o——管外流体膜传热系数(以管外壁表面积为基准)，W/(m^2·K)；

r_i——管内流体的结垢热阻(以管内壁表面积为基准)，m^2·K/W；

r_o——管外流体的结垢热阻(以管外壁表面积为基准)，m^2·K/W；

r_w——管壁的热阻(以管外壁表面积为基准)，m^2·K/W；

r_j——翅片间隙热阻，又称接触阻，m^2·K/W，对于光管式传热管则无此项。

A_o——单位长度基管外表面的面积，m^2/m；

A_i——单位长度基管内表面的面积，m^2/m。

3.3　管内膜传热系数

1. 无相变气体或液体冷却的膜传热系数

无相变气体或液体冷却的管内膜传热系数采用沙艾代尔与泰特(Sieder and Tate)推荐的关联式：

当$Re\leqslant 2100$时(层流区)

$$h_i=1.86\frac{\lambda_i}{d_i}\left[Re\cdot Pr\left(\frac{d_i}{L_i}\right)\right]^{1/3}\phi_i^{0.14} \qquad (3.3-1)$$

当$2100<Re\leqslant 10^4$时(过渡流区)

$$h_i=0.116\frac{\lambda}{d_i}[(Re)^{2/3}-125]\left[1+\left(\frac{d_i}{L_i}\right)^{2/3}\right](Pr)^{1/3}\phi_i^{0.14} \qquad (3.3-2)$$

当$Re>10^4$时(湍流区)

$$h_i=0.027\frac{\lambda_i}{d_i}(Re)^{0.8}(Pr)^{1/3}\phi_i^{0.14} \qquad (3.3-3)$$

上述公式的实验误差：

层流区($Re\leqslant 2100$)：±10%；

湍流区($Re \geqslant 10000$)：+15%～10%

对于气体或低黏度液体(黏度小于水的黏度2倍的液体)，当 $Re > 8000$ 时，也可采用迪特斯和波艾泰尔(Dittuss－Boelter)关联式：

$$h_i = 0.023 \frac{\lambda_i}{d_i} (Re)^{0.8} (Pr)^{\frac{1}{3}} \tag{3.3-4}$$

雷诺数、普兰特数的计算如下

$$Re = \frac{d_i G_i}{\mu_i} \tag{3.3-5}$$

$$Pr = \frac{C_{Pi} \cdot \mu_i}{\lambda_i} \tag{3.3-6}$$

确定流体物性在边界层的温度叫做定性温度，推荐下式计算流体的定性温度：

湍流区：
$$T_D = 0.4T_1 + 0.6T_2 \tag{3.3-7}$$

层流区：
$$T_D = 0.5 \times (T_1 + T_2) \tag{3.3-8}$$

式中 h_i——管内膜传热系数(以光管内表面积为准)，W/(m^2·K)；

Re——雷诺准数；

Pr——普兰特准数；

G_i——管内流体质量流速，kg/(m^2·s)；

d_i——传热管内径，m；

d_o——传热管外径，m；

S_i——每管程管内流通面积，m^2；

L_i——传热管管长，m；

ϕ_i——壁温校正系数；

μ_i——定性温度下介质黏度，Pa·s；

$$\phi_i = \frac{\mu_D}{\mu_w}$$

μ_D——定性温度下介质黏度，Pa·s；

μ_w——壁温下介质黏度，Pa·s。

因为管壁热阻比管内、外对流传热热阻小得多，管内壁温可按下式计算

$$t_w = \frac{h_i}{h_i + h_o \cdot \frac{d_o}{d_i}} (T_D - t_D) + t_D \tag{3.3-9}$$

式中 T_D，t_D——热流、冷流的定性温度，℃；

t_w——管内壁壁温，℃；

h_o——管外空气对管壁的对流传热系数(以管外壁为基准)，见本章第四节。

当计算 h_i 值时可先假设 ϕ_i 为1.0。若流体的黏度随温度的变化改变较大，可在算 h_i 值后再用 ϕ_i 校正。冷凝过程不进行壁温校正计算。

C_{Pi}——定性温度下介质比热容，J/(kg·K)；

λ_i——定性温度下介质导热系数，W/(m·K)；

T_D——定性温度，℃；

T_1——热流入口温度，℃；

T_2——热流出口温度,℃。

流体的定性温度采用式(3.3-7)、式(3.3-8)计算。

2. 可凝气的冷凝膜传热系数

当管内为油气或水蒸气的冷凝时，对于水平管内冷凝膜传热系数可按阿柯斯(Akers)关联式进行计算。

$$h_i = C \cdot \frac{\lambda_1}{d_i}(Re)_E^n (Pr)_1^m \tag{3.3-10}$$

$$(Re)_E = \frac{d_i \cdot G_E}{\mu_1} \tag{3.3-11}$$

$$G_E = \frac{W_E}{S_i} \tag{3.3-12}$$

$$W_E = \frac{1}{2}(W_{1v} + W_{2v})\left(\frac{\rho_1}{\rho_v}\right)^{1/2} + \frac{1}{2}(W_{11} + W_{21}) \tag{3.3-13}$$

式中　h_i——以内表面为基准的膜传热系数，W/(m²·K)；

$(Re)_E$——当量雷诺数；

G_E——当量液体的质量流率，kg/(m²·s)；

W_E——当量液体质量流量，kg/s；

W_{1v}，W_{2v}——进、出口气体质量流量，kg/s；

W_{11}，W_{21}——进、出口液体质量流量，kg/s；

ρ_1——定性温度下凝液的密度，kg/m³；

ρ_v——定性温度下气体的密度，kg/m³；

S_i——管内每管程流通面积，m²；

μ_1——凝液黏度，Pa·s；

λ_1——凝液导热系数，W/(m·K)

$(Pr)_1$——凝液的普兰特准数；

C，m，n——常数项与指数，表3.3-1查出。

表3.3-1　式(3.3-10)中的常数与指数

$(Re)_E$	C	n	m
$\leqslant 5\times10^4$	5.03	1/3	1/3
$>5\times10^4$	0.0265	0.8	1/3

该式与试验值误差为±20%。

定性温度的计算式(3.3-7)、式(3.3-8)中，计算物性的定性温度系指在过程中50%热负荷处流体的冷凝膜温度。该温度称为积分平均温度，若负荷与流体温度基本上成正比关系，同时冷膜传热系数比空气膜传热系数高出很多时，则定性温度可以近似地采用进出口平均温度。

3. 含不凝气的气体在水平管内的冷凝液膜传热系数

当含有不凝气的气体在空冷器水平管内冷凝时，属于两相传热。冷凝传热计算可以分为两部分来计算。首先计算冷凝液膜的传热系数，其次求出气相传热系数，然后加以综合，求得含有不凝气的气体在水平管内冷凝时的综合传热系数。

(1) 水平管内冷凝液膜传热系数

介质在管内冷凝时气液相互影响。为了简化起见，把冷凝过程看作是在一个单管内进行。冷凝是一个复杂的过程，为了把握过程的特性，先引入一个流型参数，它表明冷凝过程的控制因素。用此参数来判断冷凝过程是重力控制还是剪力控制。流型参数 J_H 的定义如下：

$$J_H = \frac{y_v \cdot G_i}{[d_i \cdot g \cdot \rho_v(\rho_l - \rho_v)]^{0.5}} \tag{3.3-14}$$

当 $J_H \leqslant 0.5$ 时，为重力控制流动；

$J_H \geqslant 1.5$ 时，为剪力控制流动；

$0.5 < J_H < 1.5$ 时，为过渡区。

① 剪力控制流动时管内冷凝膜传热系数的计算

当 $J_H \geqslant 1.5$ 时，为剪力控制流动。水平管内冷凝时，剪力控制流动比重力控制流动有更高的传热效率。这是因为在管内的冷凝液会不断地被吹走，液膜会减薄，不会在管底集结。剪力控制时，采用下式计算：

$$h_{si} = h_{li} \cdot F_{ti} \tag{3.3-15}$$

$$h_{li} = 0.022\lambda / d_i (Re_{li})^{0.8} \cdot (Pr_l)^{0.4} \cdot \varphi_i^{0.14} \tag{3.3-16}$$

$$F_{ti} = \left(1 + \frac{20}{X_{tt}} + \frac{1}{X_{tt}^2}\right)^m \tag{3.3-17}$$

$$Re_{li} = \frac{G_i \cdot (1 - y_v) \cdot d_i}{\mu_l}$$

上式中的 m 值的范围在 0.4～0.5 之间，一般取 0.45。当 $Re_{li} < 1000$ 时，取 $m = 0.5$。

X_{tt} 为 Martinelli 参数，定义如下：

$$X_{tt} = \left[\frac{1 - y_v}{y_v}\right]^{0.9} \cdot \left[\frac{\rho_v}{\rho_l}\right]^{0.5} \cdot \left[\frac{\mu_l}{\mu_v}\right]^{0.1} \tag{3.3-18}$$

式中 h_{si}——剪力控制流动时水平管内的冷凝液膜传热系数，W/(m²·K)；

h_{li}——水平管内液膜传热系数，W/(m²·K)；

F_{ti}——水平管内两相对流因子，无因次；

Re_{li}——水平管内液相雷诺数，无因次；

Pr_l——水平管内液相普兰特准数，$Pr_l = C_{pl} \cdot \mu_l / \lambda_l$，无因次；

X_{tt}——参数，无因次；

C_{pl}——定性温度下的液相比热容，J/(kg·℃)；

λ_l——定性温度下的液相传热系数，W/(m·K)；

μ_l——定性温度下的液相黏度，Pa·s；

μ_v——定性温度下的气相黏度，Pa·s；

ρ_l——定性温度下的液相密度，kg/m³；

ρ_v——定性温度下的气相密度，kg/m³；

y_v——气相分率，无因次；

φ_i——水平管内壁温修正系数，$\varphi_i = \mu_l / \mu_w$，无因次；

μ_w——壁温下液相的黏度，Pa·s。

② 重力控制下冷凝液膜传热系数

当 $J_H \leqslant 0.5$ 时为重力控制流动。根据努塞尔特冷凝模型，考虑到水平管内冷凝时会在管子下部产生凝液积聚，形成液池淹没部分传热面积。经修正后得到重力控制下的水平管内冷凝液膜传热系数如下式表示：

$$h_{gi} = 1.47C_{lr} \cdot \lambda_l \cdot \left[\frac{\rho_l(\rho_l - \rho_v)g}{\mu_l^2}\right]^{1/3} \cdot (Re_{gi})^{-1/3} \tag{3.3-19}$$

$$Re_{gi} = \frac{4W_i(1 - y_v) \cdot N_{tp}}{n_t \cdot L \cdot \mu_l} \tag{3.3-20}$$

通常，重力控制下的冷凝膜传热系数大于管内充满液体时的膜传热系数 h_{li}。

当 $h_{gi} < h_{li}$ 时，取 $h_{gi} = h_{li}$

式中　h_{gi}——水平管内重力控制下的冷凝膜传热系数，W/(m^2·K)；

h_{li}——水平管内液膜传热系数，W/(m^2·K)；

Re_{gi}——水平管内重力控制下的液膜雷诺数，无因次；

C_{lr}——水平管内重力控制下波动修正因子，

当 $40 < Re_{gi} < 200$ 时，$C_{lr} = 0.00313Re_{gi} + 0.875$，无因次；

当 $Re_{gi} \leqslant 40$ 时，取 $C_{lr} = 1.0$；

当 $Re_{gi} \geqslant 200$ 时，取 $C_{lr} = 1.5$。

N_{tp}—管程数，无因次；

n_t——管子总根数，无因次；

L——管长，m。

③ 过渡区的冷凝液膜传热系数

当 $0.5 < J_H < 1.5$ 时为过渡区。在过渡区时，先分别按剪力流动和重力流动计算出各自的传热系数，然后按下式用插值法求得 h_{ti}

$$h_{ti} = h_{si} - (1.5 - J_H) \cdot (h_{si} - h_{gi}) \tag{3.3-21}$$

式中　h_{ti}——水平管内过渡区的冷凝液膜传热系数，W/(m^2·K)。

④ 冷凝液膜传热系数的判定

冷凝液膜传热系数 h_{cf} 的值与流型参数有关，按下列情况确定。

当 $J_H \leqslant 0.5$ 时，为重力控制流动，采用式(3.3-19)计算，令 $h_{cf} = h_{gi}$；

当 $J_H \geqslant 1.5$ 时，为剪力控制流动，采用式(3.3-15)计算，令 $h_{cf} = h_{si}$；

当 $0.5 < J_H < 1.5$ 时，为过渡区，采用式(3.3-21)计算，令 $h_{cf} = h_{ti}$。

(2) 水平管内气相传热系数

$$h_v = h_{sv}(1 + \varphi_d) \tag{3.3-22}$$

当 $Re_{vi} \geqslant 2000$ 时，气相处于湍流流动状态，气相显热传热系数采用下式计算

$$h_{sv} = 0.023\frac{\lambda_v}{d_i}(Re_{vi})^{0.8} \cdot (Pr_v)^{1/3} \tag{3.3-23}$$

当 $Re_{vi} < 2000$ 时，气相处于层流区或过渡区，此时采用下式计算

$$h_{sv} = 2.42\frac{\lambda_v}{d_i}\left(\frac{Re_{vi} \cdot Pr_v \cdot d_i}{L}\right)^{1/3} \tag{3.3-24}$$

扩散函数 φ_d 是潜热通量与显热通量的函数，按下式计算

$$\varphi_d = \frac{\Delta H_v}{y_v \cdot C_{pv}} \cdot \left(\frac{\Delta y_v}{\Delta T}\right) + \frac{C_{pl}}{C_{pv}} \cdot \left(\frac{1 - y_v}{y_v}\right) \tag{3.3-25}$$

式中　h_v——气相传热系数，W/(m^2·K)；

h_{sv}——气相显热传热系数，W/(m^2·K)；

L——管长，m；

λ_v——气相传热系数，W/(m^2·K)；

d_i——管子内径，m；

Re_{vi}——气相雷诺数，$Re_{vi}=d_i \cdot G_i \cdot y_v/\mu_v$，无因次；

Pr_v——气相普兰特准数，$Pr_v=C_{pv}\cdot \mu_v/\lambda_v$，无因次；

ΔH_v——平均汽化潜热，J/kg；

Δy_v——进出口的汽化率差值；

ΔT——进出口的温度差；

φ_d——扩散函数，无因次；

C_{pv}——气相比热容，J/(kg·℃)；

C_{pl}——液相比热容，J/(kg·℃)；

y_v——汽化率。

(3) 综合传热系数

多组分混合物及含不凝气介质的冷凝过程同时存在传热传质和动量传递过程，此复杂的过程的传热系数可用一个综合的传热系数来表示。根据热阻分配法可以得到水平管内冷凝时的综合传热系数：

$$\frac{1}{h_c}=\frac{1}{h_{cf}}+\frac{1}{h_v} \tag{3.3-26}$$

$$h_c=\frac{1}{\dfrac{1}{h_{cf}}+\dfrac{1}{h_v}} \tag{3.3-27}$$

式中 h_c——水平管内汽液冷凝液综合传热系数，W/(m^2·K)；

h_v——水平管内气相传热系数，W/(m^2·K)；

h_{cf}——水平管内冷凝膜传热系数，W/(m^2·K)。

4. 关于垂直管内蒸汽的冷凝传热计算问题

1917 年，努赛尔(Nusselt)对垂直壁面上“静止”的蒸汽冷凝作了如下假设，并求得了理论解：

假设条件：①热量传递仅为蒸发潜热；②冷凝膜下降流动为层流，$Re<2100$；③任意点的液膜厚度是冷凝液量和下降速度的函数；④冷凝液膜温度变化是线性的；⑤壁面温度恒定；⑥壁面光滑，没有凹凸。

基于以上假设，努赛尔理论解为：

$$h_{pl}=0.943\left[\frac{g r_l \rho_l^2 \lambda_l^3}{\mu_l L_t (T_i-t_w)}\right]^{\frac{1}{4}} \tag{3.3-28}$$

式(3.3-27)中 h_{pl}——垂直管内蒸汽的冷凝传热系数，W/(m^2·K)；

ρ_l——冷凝液的密度，kg/m^3；

λ_l——冷凝液的导热系数，W/(m·K)；

μ_l——冷凝液的动力黏度，Pa；

g——重力加速度，g=9.81m/s^2；

r_l——冷凝液的气化潜热，J/kg；

L_t——冷凝长，m；

T_i——冷凝液的温度,℃；

t_w——冷凝管壁温,℃。

努赛尔理论解没有考虑冷凝液的过冷问题，且仅限于层流范围。而后切(Chen)、达克勒(Dukler)在20世纪60年代初又提出了更为精确的理论解，并包括了冷凝液膜下降速度在层流和紊流范围，可参阅文献[38][41]。

有关垂直管内蒸汽的冷凝传热求解较为复杂，目前相关文献不多。努赛尔等人的理论解都是在蒸汽为“静止”状态下求解的，且为“纯蒸汽”。这与工程上常遇到的蒸汽冷凝，特别是含不凝气的蒸汽冷凝问题有较大的差异。所以工程设计中，垂直管内蒸汽的冷凝传热系数，多是根据特定的介质和特定的工况，通过实验求取经验传热系数值。

3.4　管外膜传热系数

1. 圆形光管管外膜传热系数

采用文献[38]提出的公式计算

$$h_o = 0.33\frac{\lambda_a}{d_o}C_H\psi Re^{0.60}Pr_a^{0.33} \tag{3.4-1}$$

式中　h_o——圆形光管管外膜传热系数，W/(m²·K)；

C_H——管束排列系数，与管间距、直径比、雷诺数有关，由图3.4-1查取；

ψ——管排修正系数，由图3.4-2查取；

Re——雷诺数；

$$Re = \frac{d_oG_{max}}{\mu_a} \tag{3.4-2}$$

G_{max}——空气最大质量流速，根据管束最窄流通截面计算，kg/(m²·s)；

d_o——圆形光管外径，m；

μ_a——空气在定性温度下的黏度，Pa·s；

λ_a——空气在定性温度下传热系数，W/(m·K)；

Pr_a——普兰特准数，$Pr_a = C_{pa}\mu_a/\lambda_a$；

C_{pa}——定性温度下空气的比热容，J/(kg·℃)。

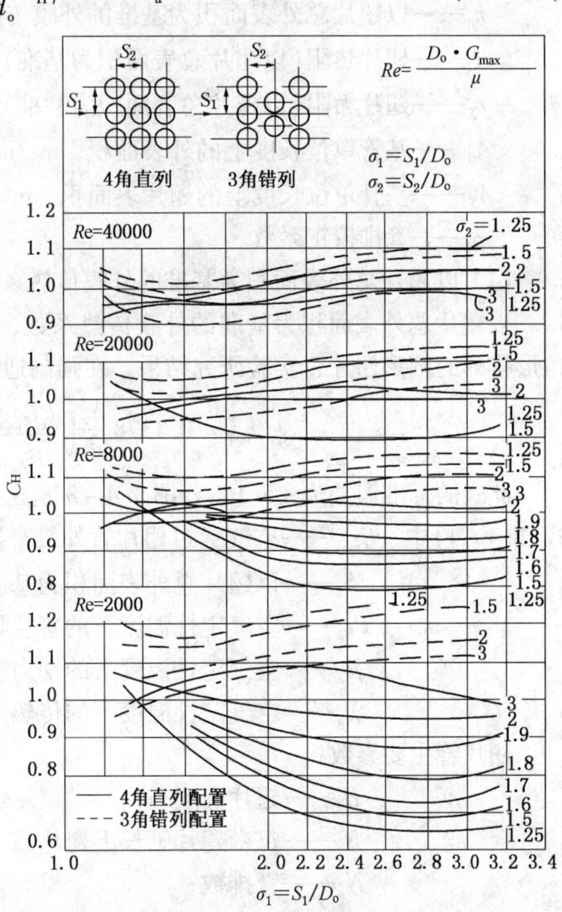

图3.4-1　管束排列系数 C_H

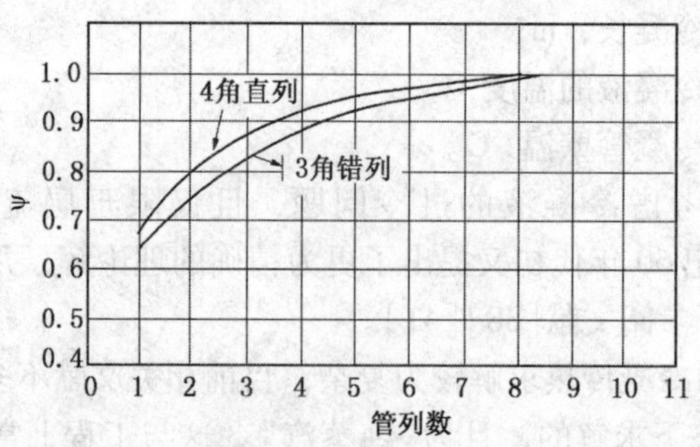

图3.4-2 管排修正系数ψ

2. 圆管圆形翅片强制通风管束外膜传热系数

圆管圆形翅片管(以下简称"圆形翅片管"),在强制通风条件下,以基管外表面积为基准的外膜传热系数为:

$$h_0 = \frac{\varphi_f}{\left(\frac{1}{h_f} + r_f + r_\Sigma\right)\frac{A_0}{A_\Sigma}} \tag{3.4-3}$$

式中 h_0——以基管外表面积为基准的外膜传热系数,W/(m^2·K);

h_f——以翅片总外表面积为基准的外膜传热系数,W/(m^2·K);

r_f——翅片热阻(以翅片总表面积为基准),m^2·K/W;

r_Σ——翅片垢阻(以翅片总表面积为基准),m^2·K/W;

A_0——基管单位长度上的外表面积,m^2/m;

A_Σ——基管单位长度上的翅片表面积,m^2/m;

φ_f——管排校正系数。

(1) 以翅片总外表面积为基准的外膜传热系数h_f

以翅片总外表面积为基准的外膜传热系数,采用勃利格斯(Briggs)和扬(Young)对正三角形排列的圆形翅片管实验研究结果,在强制通风条件下($Re \geqslant 3000$)时,用下式计算[6]

$$h_f = 0.1378\frac{\lambda_a}{d_r}\left(\frac{d_r G_{max}}{\mu_a}\right)^{0.718} Pr_a^{\frac{1}{3}}\left(\frac{S_f}{H_f}\right)^{0.296} \tag{3.4-4}$$

此式的标准误差为±5.1%。图3.4-3是翅片管参数示意图。

式(3.4-4)中 G_{max}——空气穿过翅片管外最窄截面处的质量流速,kg/(m^2·s);

h_f——以翅片总外表面积为基准的外膜传热系数,W/(m^2·K);

Pr_a——空气定性温度下的普兰特准数;

μ_a——空气定性温度下的动力黏度,Pa·s;

λ_a——空气定性温度下的传热系数,W/(m·k)。

翅片管主要参数:

H_f——翅片高度;

N_f——每米翅片管长上翅片数,片/m;

N_p——管排数;

S_f——翅片净间距,m;

S_1——迎风面方向传热管管心距,m;

S_2——管排方向斜向管心距，m；

S_P——管排方向纵向管心距，m；

对正三角形排管，$S_2 = S_1$；$S_P = S_2\cos30°$；

d_f——翅片外径，m；

d_i——翅片基管内径，m；

d_r——翅片根径，m；

d_0——翅片基管外径，m；

n_t——传热管总根数；

δ——翅片平均厚度，m。

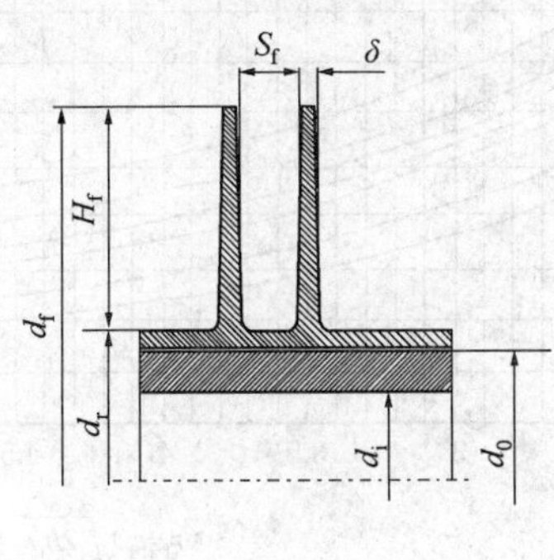

(a)翅片管参数

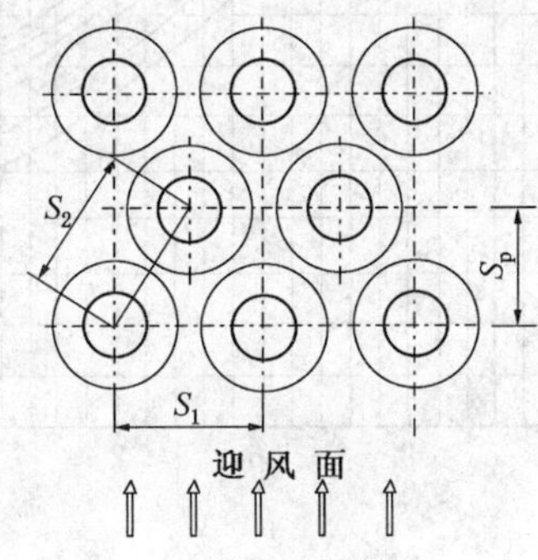

(b) 翅片管的布局

图 3.4 -3　圆形翅片管参数图

(2) 翅片效率及有效翅片表面积

翅片表面温度分布是不均匀的，管内热流放热时，从翅根(d_r面)到翅端(d_f面)温度逐渐降低。翅片材料的导热系数越低，(例如铁的导热系数比铝低得多)，这种不均匀性就越大。因此沿着翅片表面放热效果也不相同。为了表征散热的有效程度，引进了一个"翅片效率E_f"的新参量。它的物理意义如下：

$$E_f = \frac{\text{实际散热量}}{\text{假设整个翅片表面等于翅根温度下的散热量}}$$

翅片可以近似作为等厚度的环形肋面，通过对环肋面传热的理论分析和微分计算求解，可以得出翅片效率是$\frac{d_f - d_r}{2}\sqrt{2h_f/(\lambda_L \cdot \delta)}$的单值函数。图3.4 -4是根据结果得出的等厚度环状翅片效率关系图[8]。其中，λ_L为翅片材料的导热系数。

从图3.4 -4可以看出，①翅片越高，翅片效率越低，所以高翅片的E_f值一般低于低翅片管。②翅片材料的导热系数越低，翅片效率也越低，因此铁材翅片的E_f值低于铝材。翅片效率低，反映了翅片材料的利用率较低，从下面翅片有效面积的计算可说明这点。

翅片总面积包括了翅片面积A_f和翅根面积A_r两部分：

其中：翅片面积：$A_f \approx \left[\frac{\pi}{2}(d_f^2 - d_r^2) + \pi d_f\delta\right]N_f$，$m^2/m$

翅根面积：$A_r \approx \pi d_r[1 - N_f\delta]$，$m^2/m$

翅片总面积：$A_\Sigma = A_f + A_r$，m^2/m　　(3.4 -5)

已知翅片效率，则翅片的总有效面积A_e可表示为：

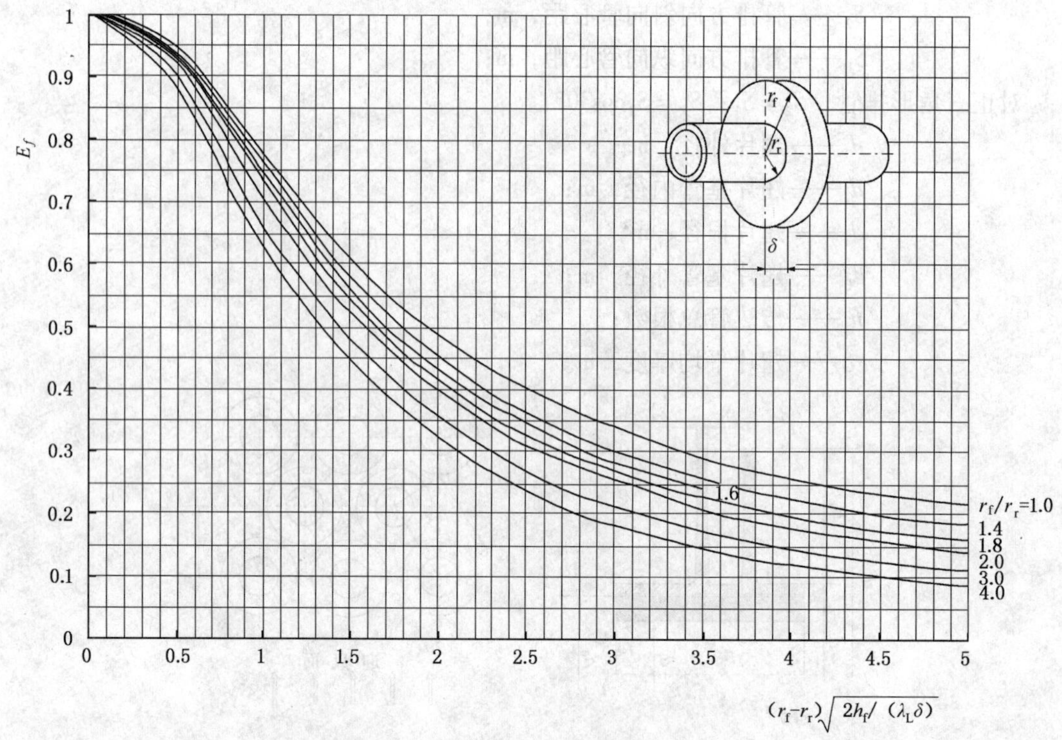

图 3.4－4　等厚度圆形翅片效率曲线

$$A_e = A_f E_f + A_r, \mathrm{m^2/m} \tag{3.4-6}$$

若以基管外表面积A_o为基准的空冷器管外翅片对空气的传热系数，则得

$$h_0 = \frac{\varphi_f}{\left(\frac{1}{h_f}+r_\Sigma\right)\frac{A_o}{A_e}}, \mathrm{W/(m^2 \cdot K)} \tag{3.4-7}$$

式(3.4－7)是用翅片有效面积A_e来表示的以基管外表面积A_o为基准的翅片对空气的传热系数，是翅片管空冷器管外传热系数的一种表达形式。

(3) 翅片热阻

"翅片热阻"r_f的含义是把翅片全部表面温度当做翅根温度时由于翅片材料导热系数不同而产生的热阻。对比式(3.4－3)和(3.4－7)，可得：

$$r_f = \left(\frac{1}{h_f}+r_\Sigma\right)\left(\frac{1-E_f}{E_f+\frac{A_r}{A_f}}\right), \mathrm{m^2 \cdot K/W} \tag{3.4-8}$$

(4) 管排校正系数

对于鼓风式空冷器，空气的流动形式是风机叶片压迫空气向上运动，当向上的空气受到翅片管阻挡时会产生紊流，增加与翅片表面的接触，所以鼓风式空冷器不考虑管排数的影响，即$\varphi_f=1$。而对于引风式空冷器，空气是在风机的抽吸下向上运动的。运动过程不产生紊流，空气流过的管排数增加时，空气流方向改变的次数相应增加，使得空气与翅片管接触表面积也增加，传热能力增强，所以管排修正系数随着管排数的增加而增加。表 3.4－1 中表示不同管排数对引风式空冷器空气侧传热系数的校正系数。

表 3.4－1　管排数对引风式空冷器空气侧传热系数的校正值

管排数	2	3	4	5	6	7	8
管排校正系数 φ_f	0.810	0.871	0.908	0.930	0.945	0.953	0.961

(5) 翅片垢阻

一般的干式空冷器，翅片垢阻可忽略不计，即 $r_\Sigma \approx 0$。对某些环境很差的场合，如冶金高炉空冷，在目前还无可靠经验数据的情况下，建议以翅片总面积为基准的翅片垢阻 r_Σ 取 $0.0035 \sim 0.004 m^2 \cdot K/W$ 或取以基管面积为基准的翅片垢阻 $r_\Sigma \cdot A_0/A_\Sigma = 0.00015 \sim 0.00025 m^2 \cdot K/W$。

上述(1)～(5)段内容叙述了计算翅片外膜传热系数各参数的方法，代入式(3.4－7)便可求出以基管外表面积 A_0 为基准的外膜传热系数 h_0。

(6) 计算外膜传热系数 h_f 的简化式

在空冷器的工艺设计中，设计人员比较方便的是先确定一个合理的迎面风速，进一步求管束翅片的传热系数及所需风量。文献[42]对式(3.4－4)分解、整理，归纳出了以标准迎面风速 U_N(101325Pa，20℃)表示的 h_f 计算式：

$$h_f = (0.0074 t_D + 9.072) K_f U_N^{0.718} \tag{3.4-9}$$

空气的定性温度 t_D 在 20～100℃内，式(3.4－9)计算结果与式(3.4－4)相比，其偏差不大于 ±0.6%。其中：

U_N 为空气在 101325Pa，20℃下的迎面风速，m/s。

$$K_f = \xi_f^{0.718} d_r^{-0.282} \left(\frac{S_f}{H_f}\right)^{0.296} \tag{3.4-10}$$

K_f 表示了与翅片几何参数相关的综合系数。其中各参数一律采用米制。

对正三角形排列翅片管，

$$\xi_f = \frac{P_f}{P_f - d_r - 2N_f \cdot \delta \cdot H_f} \tag{3.4-11}$$

式中　ξ_f——空冷器管束的迎风面积与翅片管外空气流通最狭截面处面积的比值(简称“风面比”)，不同规格的翅片管 ξ_f 值见附录 A4－2；

P_f——单位长度单根管迎风面积，m^2/m，由于空冷器管束布管一般为等距离排列(见图 3.4－3)所以，$P_f = S_1$；

H_f——翅片高度，m，$H_f = (d_f - d_r)/2$；

$$t_D = (t_1 + t_2)/2$$

其中，t_D——空气的定性温度，℃；

t_1、t_2——翅片管外空气的进、出口温度，℃。

不同规格的翅片管，翅片尺寸确定后，K_f 也就是个常量。式中之所以采用标准迎面风速 U_N，因为我国空冷器风机的特性曲线(风量－压头－效率的关系曲线)都是以 101325Pa，20℃的标准状态下绘制的。这样给空冷器的工艺设计和风机选型带来较大的方便。附录 A4－2列举了不同规格的国产翅片管 K_f 和 ξ_f 的计算值。

(7) 国产常用空冷器的翅片传热系数的简化计算式

表 3.4－2 所列是国产常用的两种绕制翅片管翅片规格，翅片材料为 0.5mm 的铝带，成型后翅片的平均厚度为 0.4mm。根据表中参数可求出 ξ_f 和 K_f 值：

表 3.4-2 国产常用空冷器的翅片参数(正三角形排列)

	d_0	d_f	d_r	H_f	δ	S_f	S_1	N_f	A_f	A_r
高翅片管	0.025	0.057	0.026	0.0155	0.0004	0.0019	0.062	434	1.785	0.064
低翅片管	0.025	0.050	0.026	0.012	0.0004	0.0019	0.054	434	1.2707	0.064

注：高翅片管：$S_1=62mm$，$\xi_f=2.024$，$K_f=2.489$；低翅片管：$S_1=54mm$，$\xi_f=2.265$，$K_f=2.922$

对于这两种翅片管以基管外表面为基准的传热系数 h_0 可用下式表示[42]：

高翅片 $h_o=479\ U_N^{0.718}\ W/(m^2 \cdot K)$ (3.4-12)

低翅片 $h_o=428\ U_N^{0.718}\ W/(m^2 \cdot K)$ (3.4-13)

式(3.4-12)和式(3.4-13)简化过程取 $r_\Sigma \approx 0$；空气的定性温度 $t_D=80℃$；高翅片的平均翅片效率取0.915，低翅片的平均翅片效率取0.945；同时考虑到勃利格斯公式的误差、简化过程的误差和国产空冷器的质量情况，计算出的传热系数值又乘了0.95的安全校正系数。

文献[42]对不同定性温度和不同迎面风速下，用式(3.4-11)和式(3.4-12)进行了计算，与用式(3.4-3)和式(3.4-4)计算结果相比，偏差在-4%～-5.5%之间，在工程设计中是可行的。

3. 自然通风条件下圆形翅片管的传热系数

自然通风条件下翅片管的迎面风速一般都低于1m/s，低风速下传热和阻力试验数据较少。这里推荐以下以基管外表面积为基准的管外膜传热系数，仅供参考：

$$h_0 = 0.076\frac{\lambda_a}{d_r}\cdot Re_a^{0.683}\cdot\left(\frac{A_\Sigma}{A_0}\right) \tag{3.4-14}$$

适用范围：$0.35m/s \leqslant U_F \leqslant 0.95m/s$，$U_F$——翅片管的迎面风速，m/s。

4. 镶嵌式翅片管的管外侧传热系数

冷却元件为圆钢管镶嵌铝翅片，基管外径25mm，翅片外径57mm，翅片间距2.3mm，2～8排管的管束，其外侧的传热系数为：

$$h_o = \left(\frac{42}{N_p^{1.4}}-1.91\right)\frac{\lambda_a}{d_0}\left(\frac{d_0\cdot G_{max}}{\mu_a}\right)^{0.038+0.06N_P} Pr_a^{0.333} \tag{3.4-15}$$

式中 N_p——管排数。

相应于2～8排管，上式的标准误差为4.2%～9.7%。

5. 椭圆光管管外侧传热系数

错列排布的椭圆光管(图3.4-5)管外侧传热系数按下式计算[8]：

$$h_o = 0.236\frac{\lambda_a}{d_e}\left(\frac{d_e\cdot G_{max}}{\mu_a}\right)^{0.62}\cdot Pr_a^{\frac{1}{3}}\ W/(m^2\cdot K) \tag{3.4-16}$$

式中 d_e——椭圆管的当量直径，m；

$$d_e = \frac{a_o\cdot b_o}{\sqrt{(a_o^2+b_o^2)/2}}$$

a_o、b_o——椭圆外壁的长轴和短轴，m。

由于椭圆管的背向气流不会产生剥离现象，传热系数对单排管和多排管群都一样大，所以不需要进行管排修正。

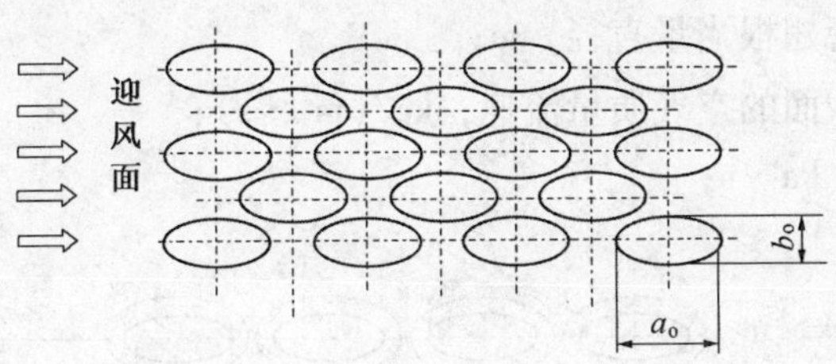

图3.4－5　错列椭圆光管排布图

6. 椭圆翅片管

(1) 椭圆绕片管在强制通风下的传热系数

对于三角形排列的椭圆管绕L型铝翅片的管束，通过实验得出如下的管外膜传热系数关联式：

$$h_0 = \frac{\lambda_a}{d_{er}} \cdot m \cdot Re^n \cdot \frac{A_f}{A_o} \cdot E_f \tag{3.4-17}$$

式中
$$m = 1.638 - 0.3055N_P + 0.01825N_P^2$$
$$n = 0.326 + 0.02575N_P - 0.000375N_P^2$$

A_f——椭圆绕片管总表面积，m^2；

A_o——椭圆绕片管管外表面积，m^2；

d_{er}——椭圆绕片管翅根当量直径，m；

E_f——翅片效率，通常取0.9。

公式的适用范围为：$2300 \leqslant Re \leqslant 15000$，$U_F \geqslant 1.0$m/s，公式误差±10%。

(2) 椭圆绕片管在自然通风下的传热系数

计算公式同式(3.4－17)，但系数有所不同，它与管排数N_P有关，系数计算如下：

$$m = 10.246 - 3.844N_P + 0.359N_{P2}$$

$$n = 0.04 + 0.075N_P + 0.00675N_{P2}$$

公式的适用范围为：$800 < Re < 2300$，$U_N < 1.0$m/s，管排数2、3、4、6，公式误差±10%。

(3) 热浸锌I型钢翅片椭圆管的传热系数[29]

热浸锌I型钢翅片椭圆管是将钢片直接缠绕在椭圆管外表面后再经热浸锌而成的翅片管。它的特点是翅片与椭圆管形成坚固的金属结合体，提高了传热效率和抗腐蚀性能，工作温度可高达300℃。见图3.4－6。

热浸锌I型钢翅片椭圆管的传热系数，通过实验得出如下的管外膜传热系数关联式：

$$h_o = 0.6943\frac{\lambda}{d_{er}} \cdot Re^{0.482} \cdot Pr^{1/3} \cdot \left(\frac{S_1}{d_{er}}\right)^{0.453} \cdot \left(\frac{S_f}{h}\right)^{0.332} \tag{3.4-18}$$

式中　S_f——翅片净间距，m；

d_{er}——翅根当量直径，m；

h——翅片高度，m；

$$Re = \frac{d_{er}G_{max}}{\mu}$$

d_{er}——椭圆翅片管翅根当量直径，m；

G_{max}——窄隙流通截面的空气质量流速，kg/(m^2·s)；

μ——空气黏度，Pa·s；

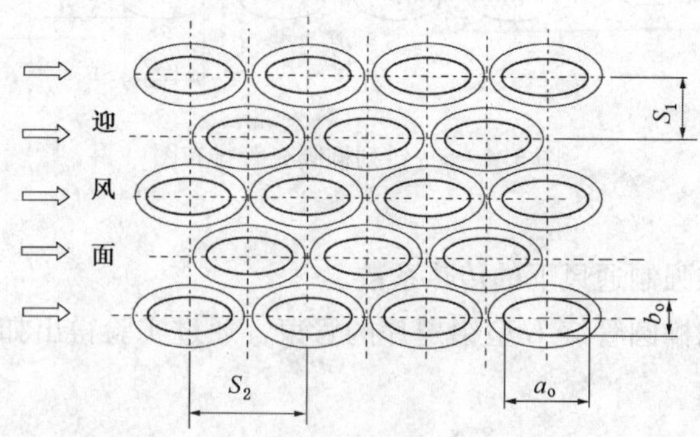

图3.4-6 错列椭圆Ⅰ型绕片管排布图

公式的适用范围为：3000 < Re < 9000，公式误差±5%。

7. 热浸锌矩形钢翅片椭圆管的传热系数

20世纪80年代，上海机械学院刘宝兴、蔡祖恢等，对空气掠过椭圆管矩形钢翅片管束的传热和阻力进行了研究，翅片管由张家口制氧机设备厂提供，参数见图3.4-7、图3.4-8和表3.4-3。

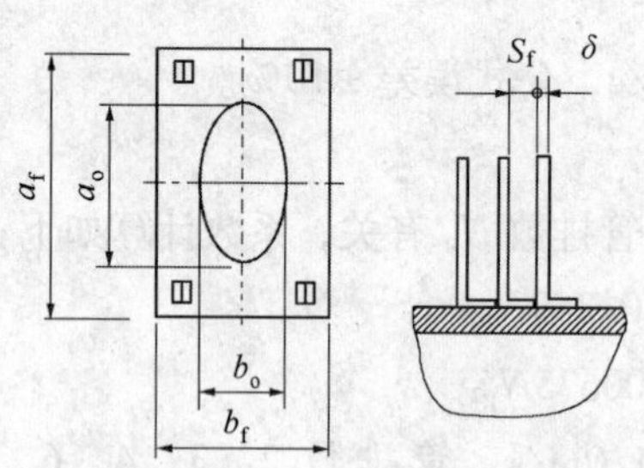

图3.4-7 矩形翅片参数

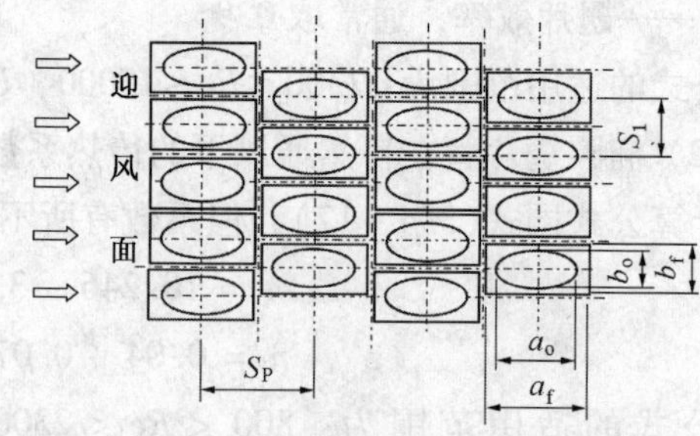

图3.4-8 平列椭圆矩形翅片管

表3.4-3 张家口制氧机设备厂椭圆管矩形钢翅片管参数

a_o/m	b_o/m	a_f/m	b_f/m	S_1/m	S_P/m	δ/m	S_f/m	N_f	A_0/(m^2/m)	A_Σ/(m^2/m)
0.036	0.014	0.060	0.035	0.043	0.068	0.0003	0.0027	333	0.08239	1.221

(1) 以翅片总面积为基准的管外传热系数按下式计算：

$$h_f = 0.09N_p^{0.093} \cdot \frac{\lambda_a}{d_e}Re^{0.557} \cdot \left(\frac{S_1 - b_o}{b_o}\right)^{1.071} \cdot \left(\frac{S_1 - b_o}{S_P - a_o}\right)^{-0.364} \cdot Pr^{1/3} \qquad (3.4-19)$$

式中 h_f——以翅片总面积为基准的管外传热系数，W/(m^2·K)；

N_p——管排数；

λ——空气在定性温度下的导热系数，W/(m·K)；

Re——空气穿过每排翅片管最窄截面处的雷诺数：

$$Re = \frac{d_e G_{max}}{\mu}$$

G_{max}——取空气穿过每排翅片管最窄截面处的质量流速，kg/(m^2·s)；

d_e——最窄截面处的当量直径，m，取 $d_e = S_1 - b_o$；

μ——空气在定性温度下的黏度，Pa·s；

S_1——横向管间距，m；

S_P——纵向管间距，m；

a_o——椭圆管长轴，m；

b_o——椭圆管短轴，m；

Pr——空气在定性温度下的普兰特常数，$Pr = C_p \cdot \mu / \lambda$；

C_p——定性温度下空气的比热容，J/(kg·K)；

在冶金高炉空冷器的设计中，取空气的定性温度为40℃，将表3.4-3翅片参数和空气物性参数代入，化简后得：

$$h_f = 30.63 U_N^{0.557} \tag{3.4-20}$$

式中　U_N——空气在101325Pa，20℃下的迎面风速，m/s。

（2）矩形钢翅片的翅片效率[39]

$$E_f = 0.6 \sim 0.8$$

（3）翅片热阻

按式(3.4-8)计算。

翅片的有效面积和以椭圆基管面为基准的传热系数 h_0 计算同圆形翅片管。

1981年，西安交通大学、电力部西安电力研究所曾对矩形钢翅片的翅片管的传热和阻力进行过研究和对比，试验结果得出：错列排布的椭圆矩形翅片管要比平列排布的椭圆矩形翅片管传热性能优越。错列排布的椭圆矩形翅片管见图3.4-9。试验元件是由汉口电力修造厂提供的，翅片管参数见表3.4-4。

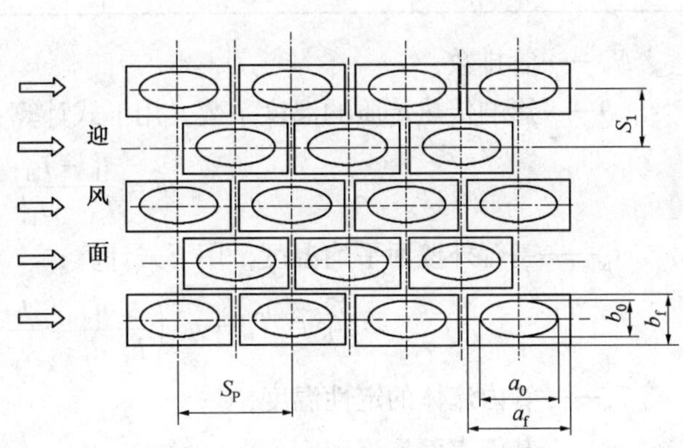

图3.4-9　错列椭圆矩形翅片管排布图

表3.4-4　汉口电力修造厂椭圆管矩形钢翅片管参数

a_o/m	b_o/m	a_f/m	b_f/m	S_1/m	S_P/m	d/m	S_f/m	N_f	A_0/(m^2/m)	A_Σ/(m^2/m)
0.0355	0.014	0.055	0.026	0.02666	0.060	0.00058	0.00292	285	0.08478	0.6587

由实验求得的传热系数关联式为

$$h'_f = 40.63 U_N^{0.36} \tag{3.4-21}$$

式中　h'_f——以翅片总面积为基准的管外传热系数(已包含了翅片效率)，W/(m^2·K)；

U_N——空气在20℃，1013325Pa下的迎面风速。

此式的适用范围：$2 < U_N < 13\mathrm{m/s}$。

8. 湿式空冷器管外膜传热系数

对喷水雾化型湿空冷器的传热计算，国外学者已对此作过相关的研究，提出了相应的计算方法。但这些方法都比较复杂，与工程实际比较偏差较大，有的达到20%～50%，也不完全符合我国的实际情况。为了解决实际工程需要，根据我国广泛采用的高、低翅片管束（尺寸见表3.4－2），1977年哈尔滨工业大学马义伟教授在参与并总结国内相关部门试验研究的基础上，提出了各种管排高低翅片管湿式空冷器管外膜传热系数与气流阻力计算式[32]。此式考虑了风温、风速、喷水量等因素的影响。

以光管外表面为基准的外膜传热系数计算式如下：

$$h_o = 90.7\Phi_\theta \cdot G_F^{0.05+0.08N_P} B_S^{0.77-0.35N_P} \theta^{-0.35} \tag{3.4-22}$$

式中 h_o——湿式空冷器管外膜传热系数，$\mathrm{W/(m^2 \cdot K)}$；

Φ_θ——翅片高度影响系数，高翅片管 $\Phi_\theta = 1$，低翅片管 $\Phi_\theta = 0.91$；

G_F——迎风面空气质量流速，$\mathrm{kg/(m^2 \cdot s)}$；

B_S——迎风面喷水强度，$\mathrm{kg/(m^2 \cdot h)}$，$B_S$的数值与管排数有关，如表3.4－5所示。

表3.4－5 喷水强度与管排数的关系

管排数	2	4	6
$B_S/[\mathrm{kg/(m^2 \cdot h)}]$	150	200	250

N_P——管排数；

θ——影响传热传质的温度系数，用下式计算：

$$\theta = \frac{t_b - t_{g1}}{t_{g1} - t_{p1}} \tag{3.4-23}$$

t_b——基管外壁面平均温度，用下式计算：

$$t_b = T_m - q_o\left(\frac{1}{h_i}\frac{d_o}{d_i} + \frac{b}{\lambda_w}\frac{d_o}{d_m} + r_i\frac{d_o}{d_i}\right) \tag{3.4-24}$$

T_m——管内流体的定性温度，℃；

q_o——基管表面热流密度，$\mathrm{W/m^2}$：

$$q_o = \frac{Q}{A_o} \tag{3.4-25}$$

t_{g1}——空气入口干球温度（喷淋后，管束前），℃，用下式计算：

$$t_{g1} = t_{go} - \left(1.04 - \frac{175}{B\ln B_s}\right)(t_{go} - t_{so})^{0.94} \tag{3.4-26}$$

t_{go}，t_{so}——空气（喷淋前）的干球温度和湿球温度，℃；

t_{p1}——空气入口露点温度，℃，依照图3.4－10的求取方法，根据 t_{g1} 和 t_{so} 从图3.4－11空气焓－湿图中查取。

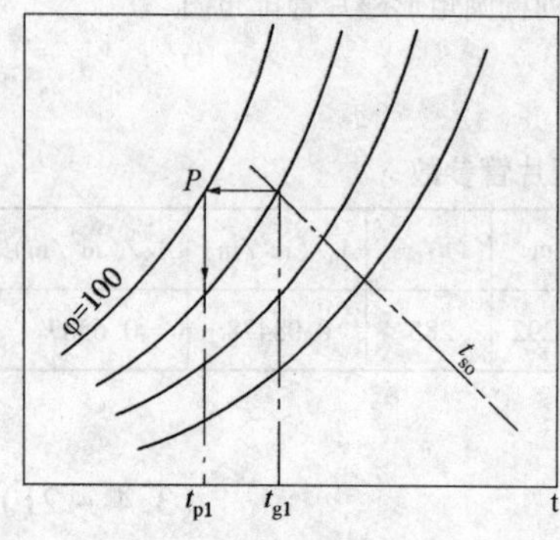

图3.4－10 露点温度 t_{p1} 在焓－湿图上的求取方法

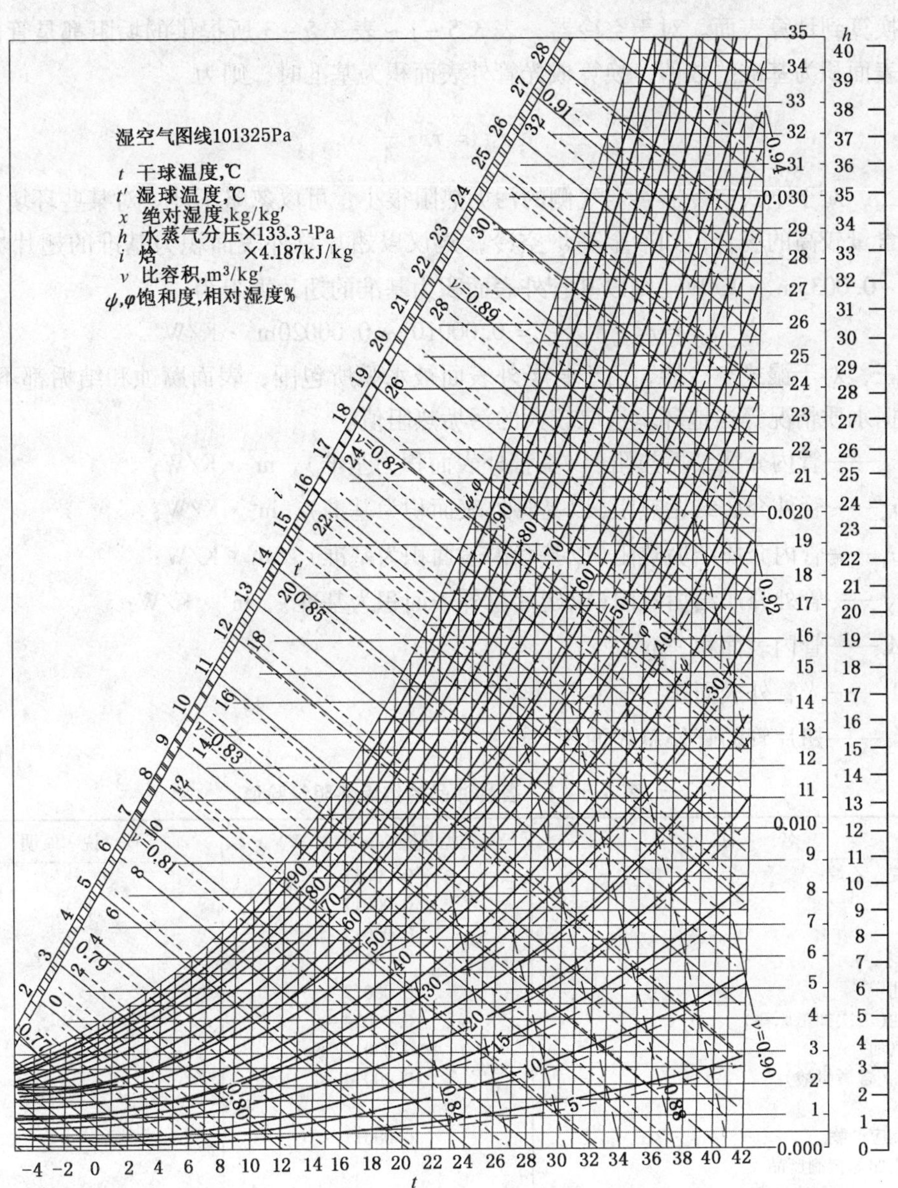

图 3.4－11 空气焓－湿图

3.5 传热热阻

1. 污垢热阻

如果进行热交换的介质容易结垢，而且设备使用期又长，污垢热阻往往变成影响传热速率的关键因素。鉴于污垢热阻的影响因素较多，对不同的换热设备及流体，一般都通过实验确定。在没有实验数据时，不同介质的污垢热阻可参考表3.5－1，表3.5－2及表3.5－3中的数据。

使用该表时注意下面几点：

第一，表中所选取的污垢热阻数值都是对结垢层附着的表面积而言的，计算中应将查出的数值换算到计算表面。对于空冷器，表 3.5－1～表 3.5－3 所提供的垢阻都是管内介质以基管内表面积为基准的数值，换算成光管外表面积为基准时，则为

$$r_{io} = r_i \cdot \frac{A_o}{A_i} \tag{3.5－1}$$

第二，对于干式空冷器，空气侧的污垢热阻很小，可以忽略不计。对某些环境很差，大气灰粉含量较高的场合，如冶金高炉空冷，建议以翅片总外表面积为基准的翅片垢阻 r_Σ 取 0.0030～0.0035$m^2 \cdot K/W$，则以基管外表面积为基准的翅片垢阻为

$$r_o = r_\Sigma \cdot A_o/A_e = 0.00010 \sim 0.00020 m^2 \cdot K/W \tag{3.5－2}$$

第三，对于湿式空冷器，由于管子外表面被水膜所包围，表面腐蚀和结垢都不可避免，建议根据水质情况等当地环境选取较大的污垢热阻值。

式中 r_{io}——管内介质结垢热阻(以基管外表面积为基准)，$m^2 \cdot K/W$；

r_o——管外介质结垢热阻(以基管外表面积为基准)，$m^2 \cdot K/W$；

r_i——管内介质结垢热阻(以基管内表面积为基准)，$m^2 \cdot K/W$；

r_Σ——管外介质结垢热阻(以翅片总外表面积为基准)，$m^2 \cdot K/W$；

A_i——管内表面积，m^2；

A_o——光管外表面积，m^2；

A_Σ——翅片管的管外总表面积，m^2。

表 3.5－1 各种油品的结垢热阻经验值

名　称	结垢热阻/($m^2 \cdot K/W$)	说　明
液化甲烷、乙烷	0.00017	
液化气	0.00017	
天然气	0.00017	
汽油		
轻汽油	0.00017	
粗汽油(二次加工原料)	0.00034	
成品汽油	0.00017	
烷基化油(含微量酸)	0.00034	
重整油料		
重整反应产物	0.00017	
重整或加氢精制产品		
$\rho < 0.78 \times 10^3 kg/m^3$	0.00017	
$\rho > 0.78 \times 10^3 kg/m^3$	0.00034	
加氢精制出料	0.00034	
溶剂油	0.00017	
煤油		
粗煤油(二次加工原料)	0.00034	
成品	0.00017～0.00026	
柴油		
直馏及催化裂化(轻)	0.00034	
直馏及催化裂化(重)	0.00052	指粗柴油，若经再一次加工可酌减
热裂化、焦化(轻)	0.00052	
热裂化、焦化(重)	0.00068	
重油、燃料油	0.00086	
残油、渣油		
常压塔底	0.00068	
减压塔底	0.00086～0.00017	
焦化塔底	0.00086	

表 3.5－2　气体的结垢热阻经验数据

类　别	结垢热阻/($m^2 \cdot K/W$)	有代表性的气体
最干净的	0.000086	干净的水蒸气 干净的有机化合物气体
较干净的	0.00017	一般油田气、天然气
	0.00017	一般炼厂气如： 1. 常压塔顶的油气或不凝气 2. 重整及加氢反应塔顶气，或含氢气体 3. 烷基化及叠合装置的油气 4. 吸收及稳定工序的油气或不凝气 5. 溶剂气体 6. 制氢过程的工艺气体(进变换工序以后的)，包括 CO_2 酸性气
不太干净的	0.00034	热加工油气(如热裂化、焦化、催化裂化及减黏分馏塔顶油气或不凝气)，减压塔顶油气，带油的压缩机出口气体
空气	0.00017～0.00034	未净化的空气
含尘、含焦油		
最少的	0.0006	精制过的工业气体(H_2、O_2、N_2 等)
较少的	0.00086	洗涤过的工业气体(如水煤气等)
较多的	0.0017	未洗涤过的工业气体(如焦炉气、高温裂解气)

表 3.5－3　水的结垢热阻　$m^2 \cdot K/W$

名　称	热流温度≤115℃		热流温度 115～200℃①	
	水温≤50℃		水温＞50℃	
	水速≤1m/s	水速＞1m/s	水速≤1m/s	水速＞1m/s
蒸馏水	0.000086	0.000086	0.000086	0.000086
凉水塔或清水池				
用净化水补充	0.00017	0.00017	0.00034	0.00034
用未净化水补充	0.00052	0.00052	0.00086	0.00068

注：① 若热流超过 200℃，结垢热阻乘以 1.5～2.0。

2. 管壁热阻 r_w

管壁热阻即由基管材料导热性能产生的传热热阻。根据傅立叶圆柱面热传导方程，以基管外表面为基准的管壁热阻 r_w 用下式计算：

$$r_w = \frac{d_o}{2\lambda_w}\ln\frac{d_o}{d_i} \tag{3.5－3}$$

当 $d_o/d_i \leqslant 2$ 时，可按管壁平均直径下的平壁热阻进行计算，再折算成以外壁面为基准的管壁热阻，其计算误差不超过4%。当进行总传热系数的计算时，这种简化计算的误差更是可以略而不计。即

$$r_w = \frac{d_o - d_i}{2\lambda_w}\cdot\frac{d_o}{d_m} \tag{3.5－4}$$

式中　λ_w——管壁材料的导热系数，W/(m·K)；

d_m——管壁平均直径，$d_m = (d_0 + d_i)/2$ m。

3. 翅根管壁热阻 r_g

对于绕片管和双金属轧片管，翅根管壁热阻是指翅根 d_r 与基管外壁 d_0 之间金属材料产生的传热热阻。翅根管壁与翅片材料相同，与计算 r_w 的方法相同，以基管外表面为基准的管壁热阻 r_g 可写为：

$$r_g = \frac{d_o}{2\lambda_w}\ln\frac{d_r}{d_o} \tag{3.5-5}$$

或

$$r_g = \frac{d_r - d_o}{2\lambda_L}\cdot\frac{d_o}{(d_r + d_o)/2} \tag{3.5-6}$$

一般来说，$d_r/d_o \leqslant 1.1$，可近似用平壁热阻公式计算，即

$$r_g = \frac{d_r - d_o}{2\lambda_L} \tag{3.5-7}$$

对于铝材绕片管和双金属轧片管这部分壁厚很薄，且 λ_L 比 λ_w 大的多，因此 r_g 值较小，热阻计算中常被忽略。

对于镶嵌翅片管，则无此项。

式(3.5-5)~式(3.5-7)中，λ_L——翅片材料的导热系数，W/(m·K)；

λ_w——传热管材料的导热系数，W/(m·K)。

4. 间隙热阻 r_j

间隙热阻又称“接触热阻”，是由于翅片与基管之间的不良接触而引起的热阻。它一方面是由于翅片在绕制过程中，翅片与基管之间存在一定的间隙，另一方面由于翅片管具有一定的使用温度，钢管和铝翅片热膨胀的差异，使两者脱离接触，出现间隙。此间隙将引起传热阻力的增加。在高温情况下，间隙热阻可达翅片管总传热热阻的30%，是总热阻的一个重要组成部分，成为限制空冷器使用温度的重要因素之一。

影响间隙热阻的主要因素是基管的平均壁温和翅片的平均温度。通过翅片管的传热分析和理论推导，决定这两个温度值的参数包括：管内热流介质的温度和对管壁的传热系数、管外空气温度和翅片的传热系数。写成函数关系则为：

$$r_j = \varphi\left\{\frac{1}{\frac{1}{h_i} + r_i},\ \frac{1}{\frac{1}{h_f} + r_\Sigma},\ t_i, t_a\right\} \tag{3.5-8}$$

式中，T_i、t_a 分别为管内热流和管外空气的温度，一般取定性温度为基准。当选取某一 $\dfrac{1}{\frac{1}{h_i} + r_i}$ 和 $\dfrac{1}{\frac{1}{h_f} + r_o}$ 工况，计算出不同的 t_i、t_a 与 r_j 值，再通过实验加以修正，在坐标内可绘制 $\dfrac{1}{\frac{1}{h_i} + r_i}$，$\dfrac{1}{\frac{1}{h_f} + r_o}$，$t_i$、$t_a$ 与 r_j 的系列关系图。国内许多学者对间隙热阻进行了试验研究。哈尔滨工业大学马义伟教授等人在总结国外经验的基础上，对国产翅片管的间隙热阻进行了研究，提出了供工程应用的高、低翅片管间隙热阻的计算图[23]，见图3.5-1。此图仅给出了空冷器常用的 $\dfrac{1}{\frac{1}{h_f} + r_o} = 40\ \mathrm{W/(m^2 \cdot K)}$、$\dfrac{1}{\frac{1}{h_i} + r_i} = 1000\ \mathrm{W/(m^2 \cdot K)}$ 条件下的间隙热阻，其他条件可作参考。更校详细的数据见参考文献[38]。

由图 3.5－1 可以看出：

① 当管内流体温度在 100℃以下时，管外空气温度往往也较低，这时间隙热阻很小，一般不超过 0.00007m² · K/W，与其他传热热阻比较，可以忽略；

② 当管内热流温度在 100～200℃时，间隙热阻可增至 0.00007～0.0003m² · K/W，约占传热总热阻的 10%左右；

③ 当热流温度在 200～300℃或更高时，间隙热阻值将增至传热总热阻的 20%～30%间隙热阻就成为影响传热的一个重要因素了。在这种情况下就应采用镶嵌式翅片管代替绕片管以减少间隙热阻。

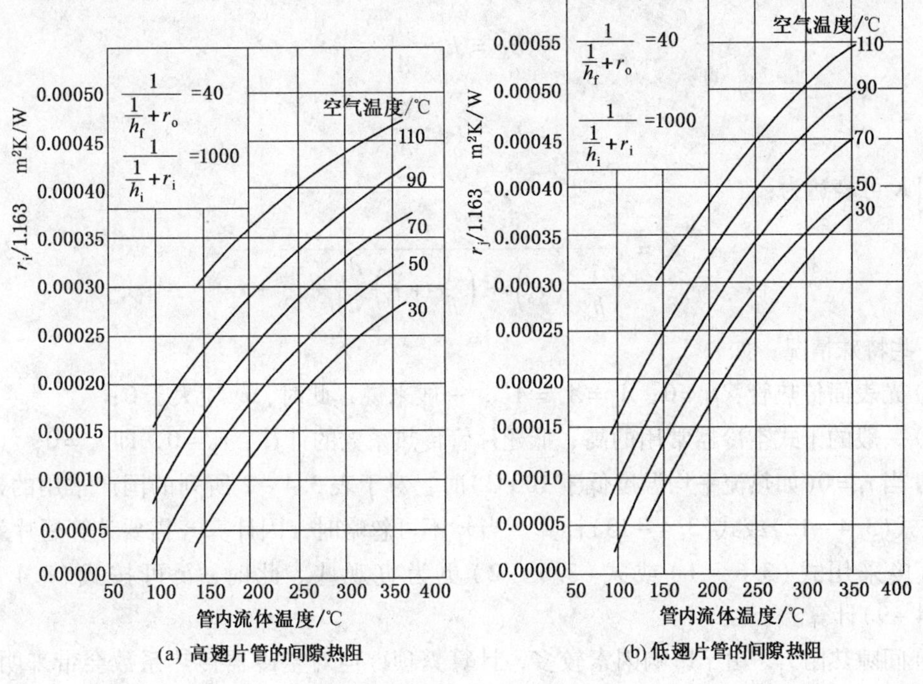

图 3.5－1　翅片管间隙热阻图［翅片膜传热系数 40W/(m² · K)，管内传热系数 1000W/(m² · K)］

3.6　总传热系数

1. 一般关系式

总传热系数为各项热阻之和的倒数。以光管外表面积为基准时，翅片管总传热系数的计算式为：

$$K=\frac{1}{\left(\frac{1}{h_f}+r_f+r_\Sigma\right)\frac{A_o}{A_\Sigma}+\left(\frac{1}{h_i}+r_i\right)\frac{d_o}{d_i}+r_w+r_g+r_j}\tag{3.6－1}$$

或

$$K=\frac{1}{\left(\frac{1}{h_f}+r_\Sigma\right)\frac{A_o}{A_e}+\left(\frac{1}{h_i}+r_i\right)\frac{d_o}{d_i}+r_w+r_g+r_j}\tag{3.6－2}$$

式中　K——总传热系数(以光管外表面积为基准)，W/(m² · K)；

h_i——管内侧介质的膜传热系数(以管内表面积为基准)，W/(m² · K)；

h_f——管外翅片膜传热系数(以翅片总表面积为基准)，W/(m^2·K)；

r_f——翅片热阻(以翅片总表面积为基准)，见式(3.4-8)，m^2·K/W；

r_Σ——翅片垢阻(以翅片总表面积为基准)，m^2·K/W；

r_j——翅片根部与光管外表面之间的间隙热阻，m^2·K/W；

其余热阻项详见本章第五节内容。

式(3.6-1)和(3.6-2)是空冷器总传热系数的一般表达式，适用于任何结构尺寸的空冷器总传热系数计算。如前所述，对于钢管铝翅片管束，翅根管壁热阻 r_g 一般可忽略不计，若令：

$$h_o = h_f \cdot \frac{A_e}{A_o}$$

$$r_o = r_\Sigma \cdot \frac{A_o}{A_e}$$

则 K 可表达为：

$$K = \frac{1}{\left(\frac{1}{h_o} + r_o\right) + \left(\frac{1}{h_i} + r_i\right)\frac{d_o}{d_i} + r_w + r_j} \tag{3.6-3}$$

一些特殊情况，如

① 光表面传热管，$r_j=0$；$A_o=A_e=A_\Sigma$，一般来说，此时，r_o 应大于0；

② 一般的干式空冷器常用的高、低翅片管传热系数的计算，$r_\Sigma \approx 0$，即 $r_o=0$；

③ 当 $r_j=0$(如热流平均温度低于100℃)时，对于表3.4-2所列的国产常用的翅片管，h_o可按式(3.4-12)或式(3.4-13)计算。当 r_j 不可忽略时，因计算 r_j 需要计算翅片效率 E_f，因此直接采用式(3.6-1)或式(3.6-2)更为直观些。此时，h_f 可按式(3.4-4)或式(3.4-9)计算。

④ 间隙热阻 r_j，由于影响因素较多，计算繁琐，但对空冷器传热系数会带来明显的影响(特别是当管内热介质的温度超过150℃时)，简单的折算误差较大，建议按本章第五节所述的方法进行计算。

2. 可凝气冷凝过程总传热系数

可凝气体的冷凝可分为完全冷凝或部分冷凝两种状态。当完全冷凝时通过以下的步骤①、③计算总传热系数；当部分冷凝时，管内还有部分气体的冷却过程，则总传热系数的计算步骤如下：

① 计算冷凝膜传热系数，参见式(3.3-10)~式(3.3-13)。

② 计算气体显热的对流传热系数，参见式(3.3-1)~式(3.3-3)。其中气相雷诺数中的气体流速采用进、出口流速的平均值。

③ 计算管外空气膜传热系数，参见本章第四节，对圆形翅片管参见式(3.4-3)。

④ 分别计算冷凝的总传热系数与气体冷却的总传热系数，然后求出全过程加权平均总传热系数。方法如下：

$$K_d = \frac{1}{\left(\frac{1}{h_o} + r_o\right) + \left(\frac{1}{h_i} + r_i\right)\frac{d_o}{d_i} + r_w + r_j} \tag{3.6-4}$$

$$K_v = \frac{1}{\left(\frac{1}{h_o} + r_o\right) + \left(\frac{1}{h_i} + r_i\right)\frac{d_o}{d_i} + r_w + r_j} \tag{3.6-5}$$

$$K_o = \frac{Q_d + Q_v}{\frac{Q_d}{K_d} + \frac{Q_v}{K_v}} \tag{3.6-6}$$

式中 K_d——冷凝过程的总传热系数(以光管外表面积为基准)，W/(m^2·K)；

K_v——气体冷却过程的总传热系数(以光管外表面积为基准)，W/(m^2·K)；

K_o——全过程加权平均总传热系数，W/(m^2·K)；

Q_d——冷凝热负荷，W；

Q_v——气体冷却显热，W。

如果是完全冷凝过程，同时气体的显热可忽略不计时，则出口气体流率为0，显热的传热计算(对流传热)可以略去，此时，$K_o = K_d$。

3. 含不凝气介质的冷凝过程的总传热系数

当计算管内冷凝膜的传热系数时，含不凝气介质冷凝的管内膜传热系数应按混合物冷凝传热系数关联式计算，总传热系数的计算步骤如下：

① 计算冷凝膜的综合传热系数，参见式(3.3－27)

② 计算管外空气膜传热系数，参见本章第四节，对圆形翅片管参见式(3.4－3)。

③ 计算总传热系数。

4. 总传热系数的分段计算法

混合物的冷凝冷却是一个复杂的过程。冷凝过程中介质的温度、气液两相的组成及气相分率都将发生显著的变化，从进口到出口之间可能会经历若干种不同的两相流动状态。而不同流动状态的传热性能也不尽相同。为了计算更接近实际工况，有必要进行分段计算，分得越细，计算也就越准确。分段的方法一般是沿着管长方向进行划分。这种方法也较简单，只需要给出焓和气相分率随温度的分布。典型的冷凝冷却过程温度分布图如图3.6－1所示。

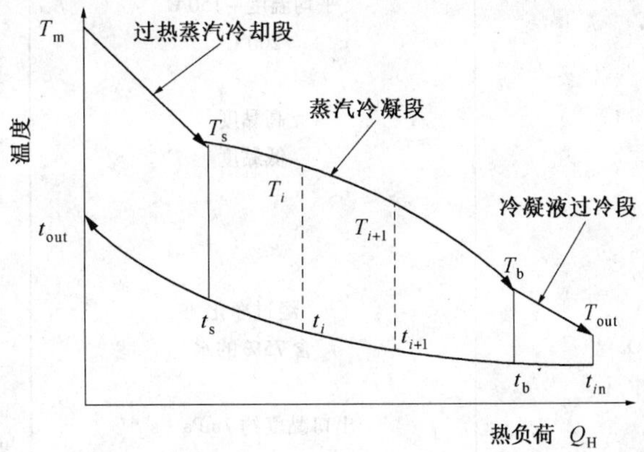

图3.6－1 冷凝冷却过程分段示意图

在冷凝过程的传热计算中，取每一小段内气相分率的平均值作为该段代表性气相分率值。首先计算每一段的流型参数。根据流态选用相关的计算关联式。计算每一段的传热系数，从而计算出每一段的总传热系数。计算每一段的平均温差，依据传热方程式计算出每一段的传热面积。将每一小段的面积相加就是整个冷凝过程所需的传热面积。

5. 总传热系数经验值

总传热系数经验值见表3.6-1。

表3.6-1 总传热系数经验值

介质名称	操作条件或说明	总传热系数/[W/(m^2·K)]
一、液体冷却		
C_3，C_4 轻烃类		410~520
芳烃		410~470
汽油		410~430
轻石脑油		370~400
重石脑油		340~370
重整产物		410
煤油		350~410
轻柴油		290~350
重柴油		230~290
油品40°API(ρ_4^{20}~0.83)		
	平均温度~65℃	140~200
	95℃	280~340
	150℃	310~370
	200℃	340~400
油品30°API(ρ_4^{20}~0.88)		
	平均温度~65℃	70~130
	95℃	140~200
	150℃	260~310
	200℃	280~340
油品20°API(ρ_4^{20}~0.93)		
	平均温度~95℃	60~90
	150℃	75~130
	200℃	175~220
油品8~14°API(ρ_4^{20}~0.97)		
	平均温度~150℃	35~60
	200℃	60~95
燃料油		115~175
润滑油	高黏度	60~90
	低黏度	115~145
渣油		25~115
焦油		30~60
工艺过程用水		610~730
工业用水(冷却水)	经过净化	580~700
盐水	含75%的水	510~630
贫碳酸钠(钾)溶液		470
环丁砜溶液	出口黏度约7mPa·s	400
乙醇胺溶液	浓度15%~20%	580
	浓度20%~25%	535
醇及大部分有机溶剂		400~430
氨		560~690
二、气体冷却		
轻碳氢化合物	~0.07MPa(表)	85~115
	0.35MPa(表)	175~200

续表 3.6－1

介质名称	操作条件或说明	总传热系数/[W/(m²·K)]
	0.7MPa（表）	230～290
	2.1MPa（表）	370～400
	3.5MPa（表）	400～430
较重碳氢化合物	～0.07MPa（表）	85～115
	0.35MPa（表）	200～220
	0.7MPa（表）	255～280
	2.1MPa（表）	370～400
轻有机蒸汽	～0.07MPa（表）	60～90
	0.35MPa（表）	90～115
	0.7MPa（表）	175～200
	2.1MPa（表）	255～280
	3.5MPa（表）	280～315
空气	～0.07MPa（表）	45～60
	0.35MPa（表）	80～105
	0.7MPa（表）	40～175
	2.1MPa（表）	220～255
	3.5MPa（表）	255～280
氨	～0.07MPa（表）	60～90
	0.35MPa（表）	90～115
	0.70MPa（表）	175～200
	2.1MPa（表）	260～280
	3.5MPa（表）	280～315
蒸汽	～0.07MPa（表）	60～90
	0.35MPa（表）	90～115
	0.7 MPa（表）	140～175
	2.1MPa（表）	255～280
	3.5MPa（表）	315～350
氢气含量100%（体）	～0.07MPa（表）	115～175
	0.35MPa（表）	255～290
	0.7MPa（表）	370～400
	2.1MPa（表）	490～520
	3.5MPa（表）	525～570
含量75%（体）	～0.07MPa（表）	95～160
	0.35MPa（表）	230～255
	0.7MPa（表）	350～370
	2.1MPa（表）	455～490
	3.5MPa（表）	490～510
含量60%（体）	～0.07MPa（表）	90～140
	0.35MPa（表）	200～230
	0.7MPa（表）	315～350
	2.1MPa（表）	430～455
	3.5MPa（表）	465～510
含量25%（体）	～0.07MPa（表）	70～130
	0.35MPa（表）	175～200
	0.7MPa（表）	255～290
	2.1MPa（表）	375～419
	3.5MPa（表）	455～490
甲烷、天然气	0～3.5MPa（表）	200

续表 3.6-1

介质名称	操作条件或说明	总传热系数/[W/(m^2·K)]
	0.35~1.4MPa（表）	290
	14.0~100.0MPa（表）	
	压力降 0.07MPa（表）	350
	0.2MPa（表）	410
	0.34MPa（表）	490
	0.7MPa（表）	535
乙烯	80~90MPa（表）	410~465
炼厂气	取与甲烷相似的操作条件下的总传热系数的70%，如含 H_2 量稍多（>20%~30%）则可斟酌提高	290~350
重整反应器出口气体		290~345
加氢精制反应器出口气体		290~345
合成氨及合成甲醇反应出口气体		465~525
三、冷凝		
原油常压分馏塔顶气冷凝		350~410
催化分馏塔顶气冷凝		350~210
轻汽油-水蒸气-不凝气的冷凝		350~410
炼厂富气冷凝		230~290
轻碳氢化膈物的冷凝		
C_2，C_3，C_4		520
C_5，C_6		465
粗轻汽油	0.7MPa（表）	425
	1.4MPa（表）	480
	4.9MPa（表）	510
轻汽油		465
煤油		370
芳烃		410~465
加氢过程出口气体部分冷凝		
加氢裂解	10.0~20.0MPa（表）	455
催化重整	2.5~3.2MPa（表）	425
加氢精制		
汽油	8.0MPa(表)	400
柴油	6.5.MPa（表）	340
	5.0~8.0MPa(表)	350
乙醇胺塔顶冷凝	800~100℃	525
水蒸气冷凝		700
氨		500

3.7 空气出口温度

1. 干式空冷器出口空气温度的计算

空气出口温度必须根据热平衡及传热速度共同确定，根据不同情况可选用下述三种计算方法之一进行计算。

（1）假定总传热系数估算空气出口温度

该方法适于初步估算空冷器时使用，可以较快地推算出空气出口温度。初步估选的空冷器为精确计算提供较好的初值。

$$t_2 = t_1 + 0.88 \times 10^{-3} \cdot K \cdot F_t \cdot \left(\frac{T_1 + T_2}{2} - t_1\right) \tag{3.7-1}$$

式中　t_1，t_2——空气进出口温度，℃；

T_1，T_2——热流介质进出口温度，℃；

F_t——空气温升校正系数，由图 3.7-1 查出；

K——以光管外表面积为基准的总传热系数，从表 3.6-1 查出，W/(m^2·K)。

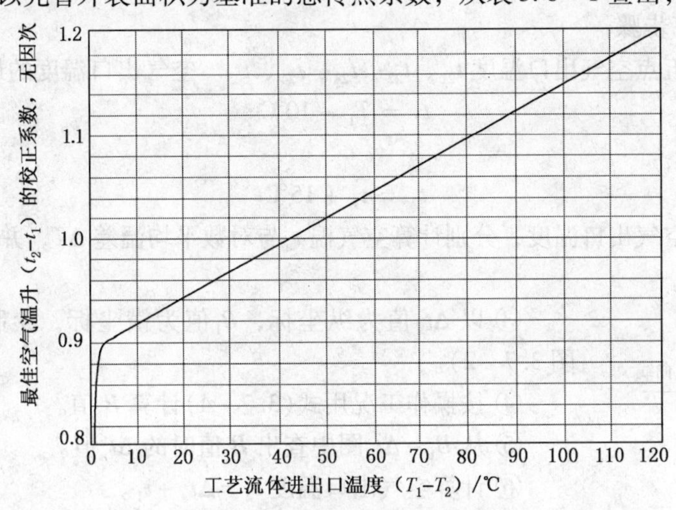

图 3.7-1　估算空气温升校正系数图

（2）已知风量计算空气的出口温度

初步确定了空冷器管束的规格、数量和风机的配置，再由风机的正常风量，根据热平衡计算空气的出口温度。这种方法用于空冷器出口空气温度和对数平均温差的精确计算。

$$t_2 = t_1 + Q/(V_N \cdot Cp_a) \tag{3.7-2}$$

$$V_N = U_N \cdot F_B \cdot N_B \cdot \rho_N$$

式中　t_1, t_2——空气的进出口温度，℃；

Q——热负荷，W；

Cp_a——空气的比热容，标准状态下 Cp_a = 1005J/(kg·K)；

ρ_N——标准状态下 ρ_N = 1.205kg/m^3；

V_N——标准状态下风量，kg/s；

U_N——标准状态下迎风面风速，m/s；

F_B——管束的迎风面积，m^2；

N_B——管束数量。

（3）空气温升分段计算法

对于含不凝气的冷凝过程，需要分段计算空气出口温度。根据热平衡及传热速度方程导出下列公式：

$$B_t = 430.52 \frac{S_1 \cdot U_n}{d_o \cdot K_o \cdot N_P} \tag{3.7-3}$$

以及

$$B_t = \frac{\Delta T}{\Delta t_a} \tag{3.7-4}$$

式中 S_1——管心距，m；

N_P——管排数；

B_t——各分段对数平均温差与空气温升的比值；

ΔT——各分段对数平均温差,℃；

Δt_a——各分段空气温升,℃。

空气温升计算步骤：

① 假设任意五点空气出口温度 t_{21}、t_{22}、t_{23}、t_{24}、t_{25}。空气出口温度的最高值可取

$$t_2 = T_1 - 10℃$$

最低值可取

$$t_2 = t_1 + 15℃$$

② 根据五点空气出口温度，分别计算空气温 t_a与对数平均温差 ΔT，并按式(3.7-4)计算 B_t值。

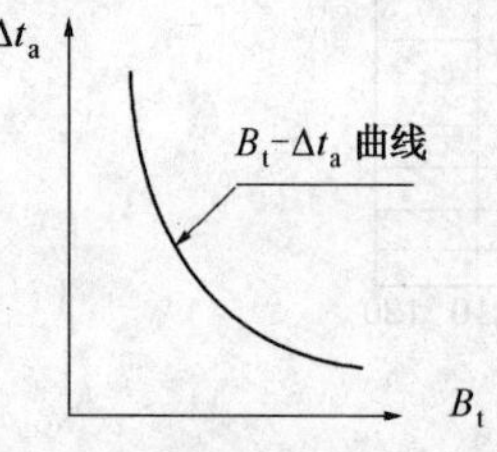

图 3.7-2　空气分段温升计算图

③ 以 Δt_a 值为纵坐标，B_t 值为横坐标，绘制 $B_t - \Delta t_a$ 图(见图 3.7-2)。

④ 按操作工况用式(3.7-4)计算 B_t值。

⑤ 从 $B_t - \Delta t_a$图中查出 B_t值时的 Δt_a值。

⑥ 计算空气出口温度 $t_2 = \Delta t_a + t_1$。

作 $B_t - \Delta t_a$曲线时是按逆流流动计算的，没有进行错流流动状态的温度校正，因此 t_2计算的 ΔT 值还需要乘以校正系数 F_T才是过程的有效平均传热温度差。

这种方法一般是和空冷器热负荷和传热系数的分段计算(见本章第一节和第六节)配套使用的，且多用程序计算来完成。

2. 湿式空冷器出口空气温度的计算

(1) 湿式空冷器的出口空气温度的估算

湿式空冷器的出口空气温升按表 3.7-1 估算。

表 3.7-1　湿式空冷器的出口空气温升估算表

流体平均温度/℃	40	50	60	70
油品冷却温升/℃	2	3	4	5
油气冷凝温升/℃	3	4	5	6
水冷却温升/℃	5	7	10	15
水蒸气冷凝/℃	8	8	11	16

(2) 湿式空冷器的出口空气温度的详细计算

湿式空冷器的初步方案选定后，出口空气温度可按下式计算：

$$t_{g2} = t_{g1} + \frac{Q}{W_a Cp_a}\xi_\theta \tag{3.7-5}$$

式中 t_{g1}——喷水后空冷器管束空冷气入口干球温度，由式(3.4-25)求出,℃；

t_{g2}——湿式空冷器的出口空气温度,℃；

Q——空冷器的热负荷，W；

W_a——空冷器的风量，kg/s；

Cp_a——空气的比热容，J/(kg·K)；

ξ_θ——湿温系数，

$$\xi_\theta = (2.55 + 0.15N_P)\varphi_\theta B_S^{-0.54}\theta^{0.35} \tag{3.7-6}$$

B_S——喷淋强度，按表3.4-5选取；

θ——影响传热传质的温度系数，用式(3.4-22)计算；

φ_θ——翅片高度影响系数，高翅片管 $\varphi_\theta=1$，低翅片管 $\varphi_\theta=0.91$；

N_P——管排数。

3.8　传热平均温差

1. 传热平均温差的定义

对于任何流动方式的换热器，传热平均温差是冷流体和热流体的平均温差。但是，由于流动方式不同，热流体和冷流体的沿程温度变化不同，即使冷、热流体的进出口温度相同，其传热温差也不会相同。传热温差分纯顺流传热平均温差、纯逆流传热平均温差和复杂流动的传热平均温差三种。空冷器为交叉流动方式的热交换器，其传热平均温差可以采用纯逆流对数平均温差进行计算，然后乘以温差修正系数。

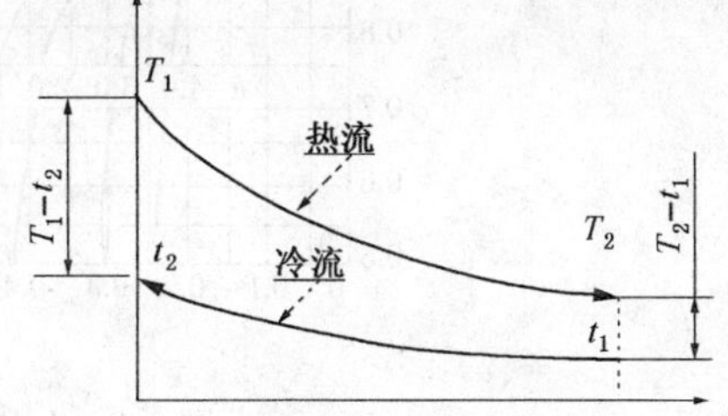

图3.8-1　纯逆流温差示意图

2. 干式空冷器的有效平均温差

空冷器是冷热流体交叉流动的热交换器，其有效平均温差等于纯逆流流动(见图3.8-1)的对数平均温差 ΔT_m 与温差修正系数 F_t 之积

$$\Delta T = \Delta T_m \cdot F_t \tag{3.8-1}$$

对数平均温差为：

$$\Delta T_m = \frac{(T_1 - t_2) - (T_2 - t_1)}{\ln \dfrac{T_1 - t_2}{T_2 - t_1}} \tag{3.8-2}$$

式中　ΔT——有效平均温差，℃；

ΔT_m——纯逆流流动的对数平均温差，℃；

F_t——对数温差修正系数。

温差修正系数 F_t 由温度效率 P 和温度相关因数 R 决定。

$$P = (t_2 - t_1)/(T_1 - t_1) \tag{3.8-3}$$

$$R = (T_1 - T_2)/(t_2 - t_1) \tag{3.8-4}$$

目前使用的空冷器有两种流动类型。其一是并列交叉流(Side by Side Crossflow)，如图3.8-2所示。流动特点是各管程的入口空气温度 t_1 相同。在某些管束立式放置的空冷器中，如湿式空冷器等经常采用。其二是逆向交叉流(Counter Current Crossflow)，如图3.8-3所示。流动特点是从整体来看，冷热流体都具有某种逆流的性质。在热流体的每一个管程面前，空气的入口温度是不等的。目前大部分立置横排多管程管束属于前一种(图2.3-2)型式，而水平的干式空冷器都属于后一种型式。

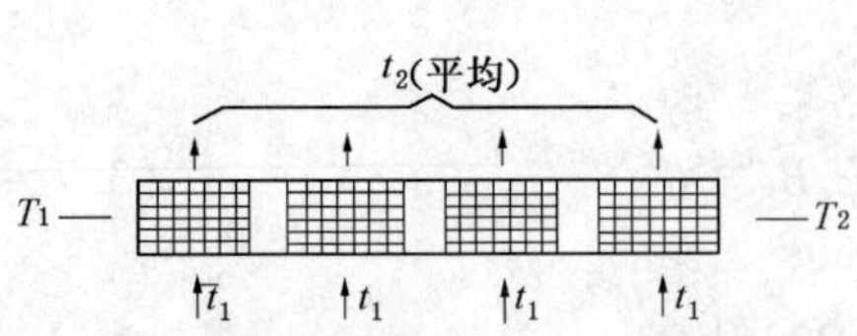

图 3.8－2　并列交叉流示意图

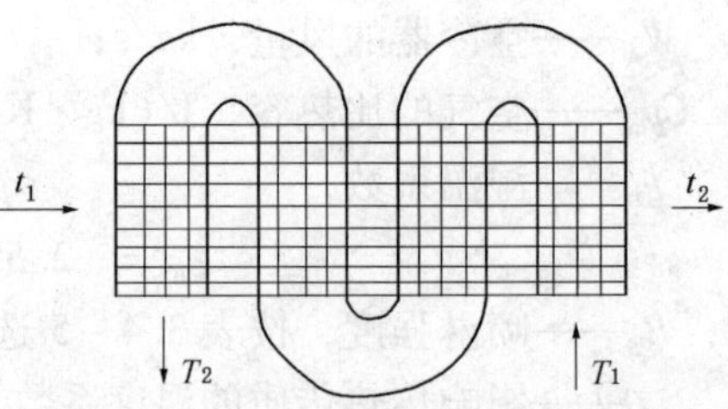

图 3.8－3　逆向交叉流示意图

(1) 光管空冷器的有效平均温差修正系数

对于石油重馏分或其他高黏度的介质往往采用光管管束的空冷器。由于光管外表面没有翅片的限制，空气沿纵向(管轴方向)可以看成是完全混合的，温差校正系数 F_t 的图线与翅片管的图线不同，对单程管，F_t 用图 3.8－4 查取；对两管程，程间混合，F_t 可按图 3.8－5 和图 3.8－6 查取。

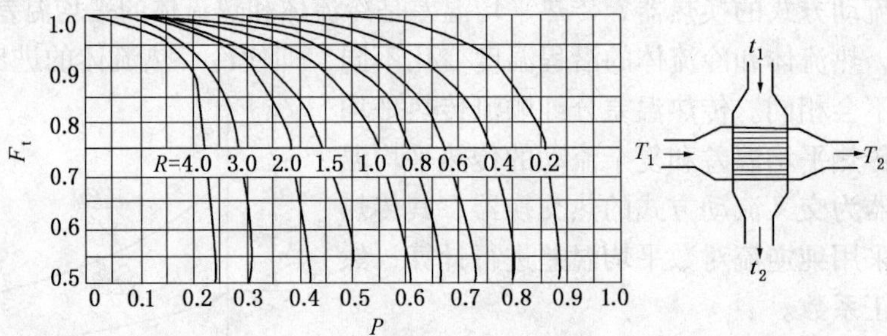

图 3.8－4　温差修正系数 F_t(光管，单管程)

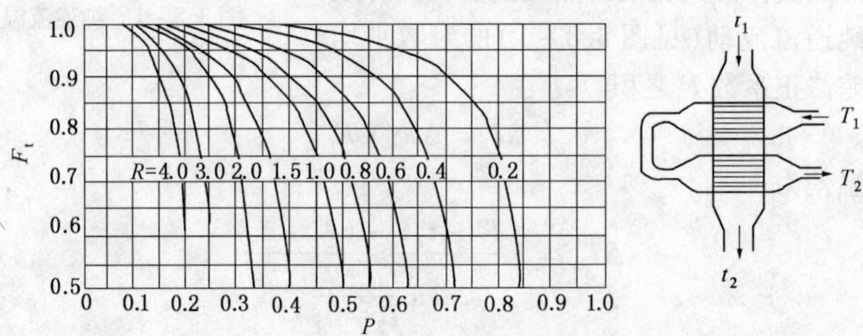

图 3.8－5　温差修正系数 F(光管，二管程，顺向交叉流)

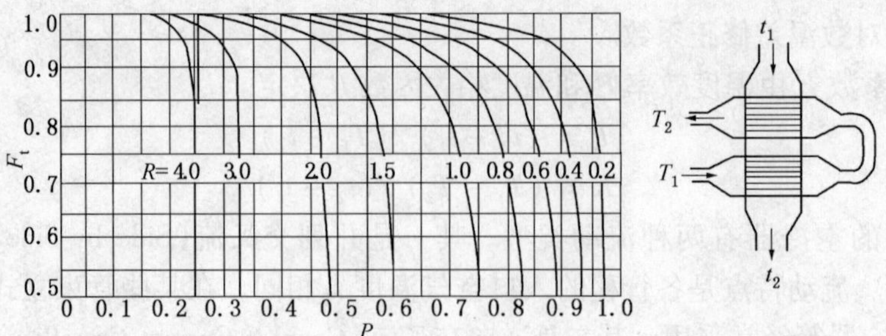

图 3.8－6　温差修正系数 F(光管，二管程，逆向交叉流)

（2）翅片管空冷器的有效平均温差修正系数

翅片管式空冷器，由于翅片的导流作用，管外侧气流认为是不混合的，管间也不混合，对单程管，F_t 用图 3.8－7 查取；对多程管，程间混合，F_t 用图 3.8－8～图 3.8－15 查取。

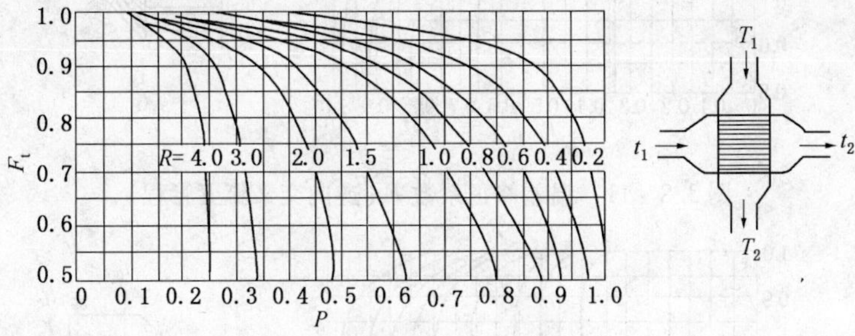

图 3.8－7　温差修正系数 F_t（逆向交叉流单管程）

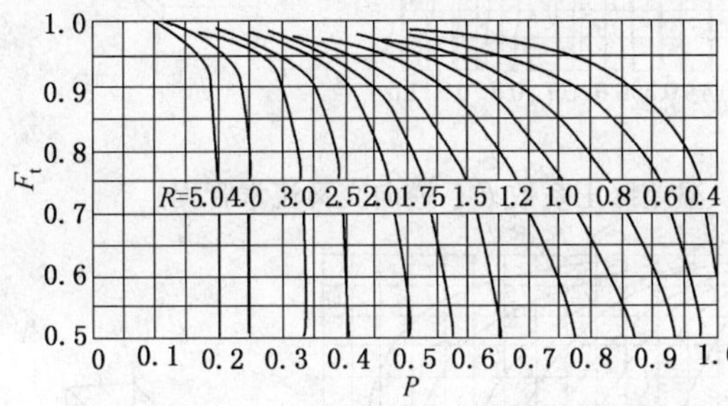

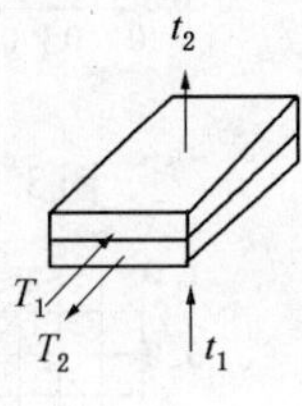

图 3.8－8　温差修正系数 F_t（逆向交叉流二管程）

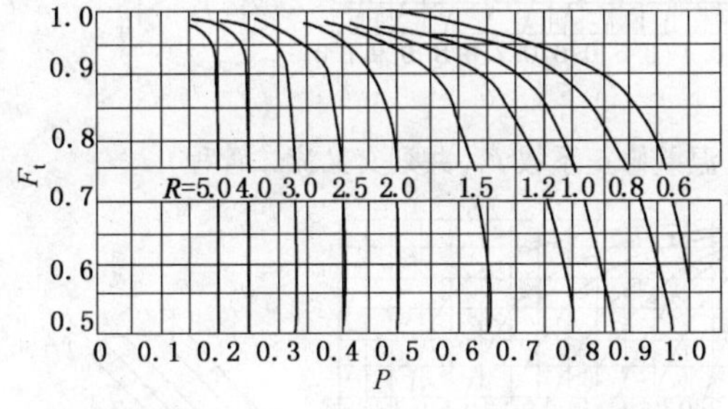

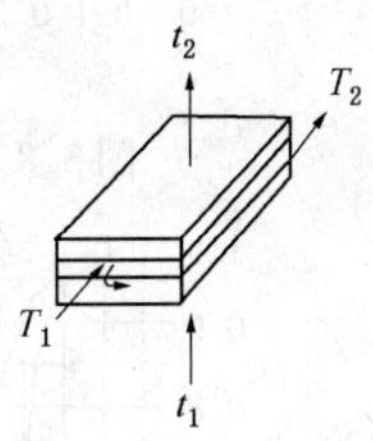

图 3.8－9　温差修正系数 F_t（逆向交叉流三管程）

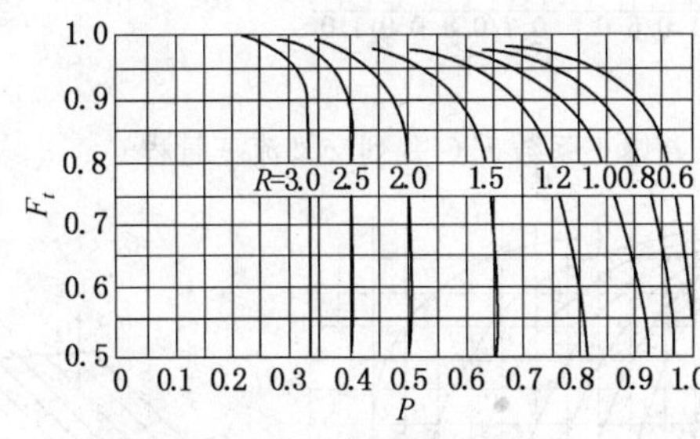

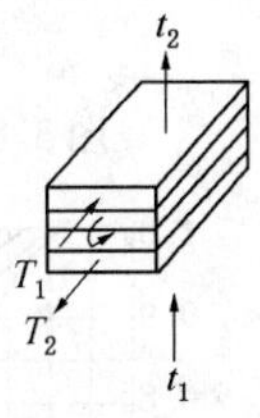

图 3.8－10　温差修正系数 F_t（逆向交叉流四管程）

（3）含不凝气介质冷凝的有效平均温差

含不凝气介质冷凝的有效平均温差的计算可按分段法或热平衡法计算。

计算步骤如下：

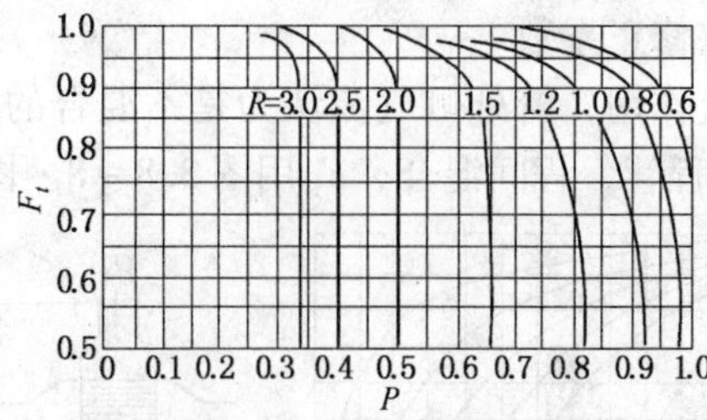

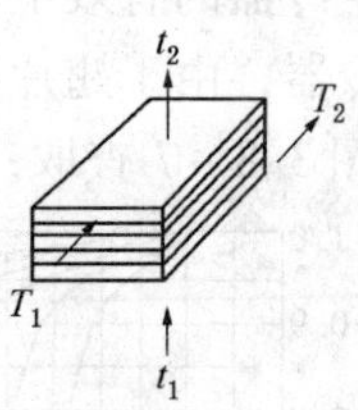

图 3.8－11 温差修正系数 F_t(逆向交叉流五管程)

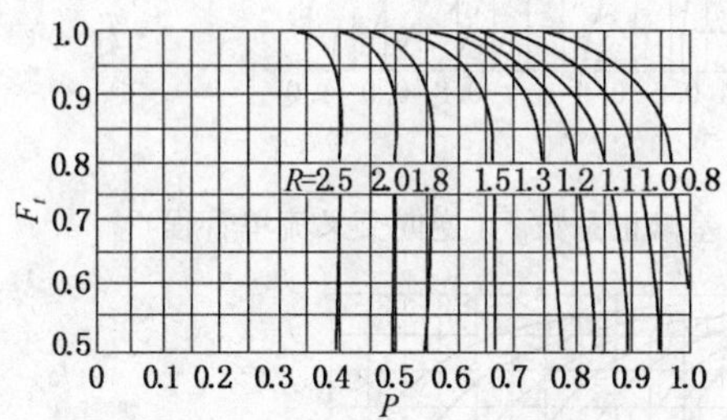

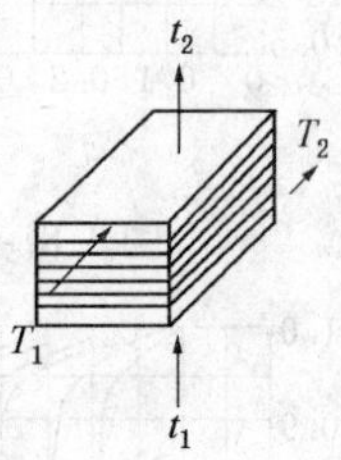

图 3.8－12 温差修正系数 F_t(逆向交叉流六管程)

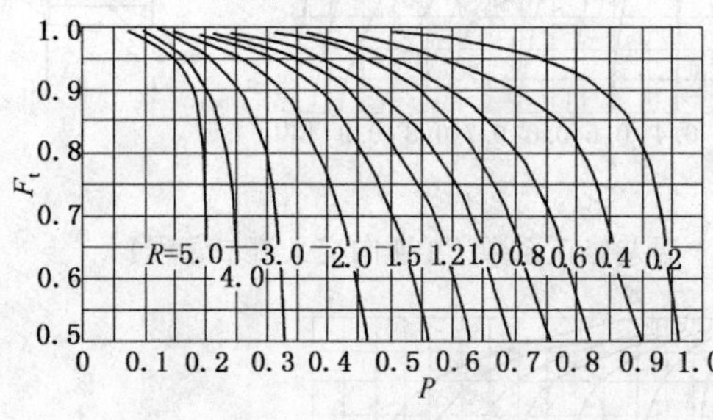

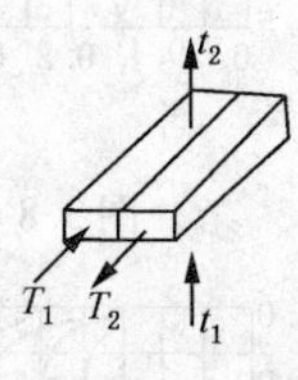

图 3.8－13 温差修正系数 F_t(并列交叉流二管程)

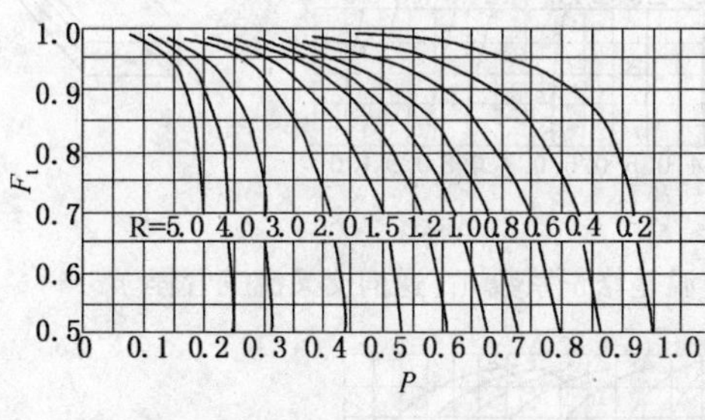

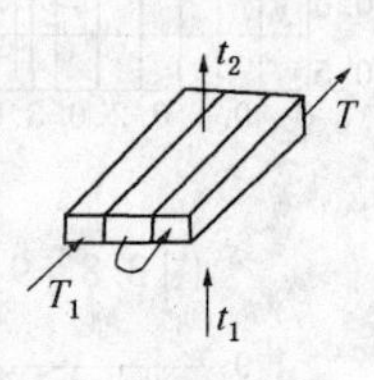

图 3.8－14 温差修正系数 F_t(并列交叉流三管程)

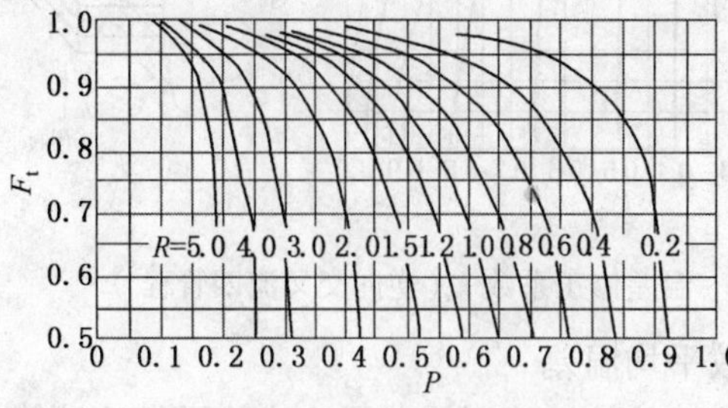

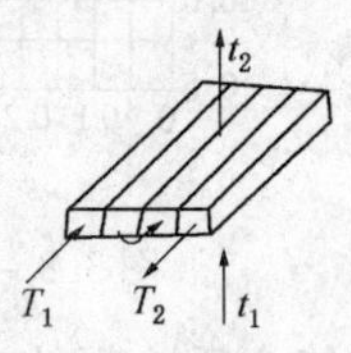

图 3.8－15 温差修正系数 F_t(并列交叉流大于三管程)

① 按空气温升计算方法，根据热流体进、出口温度及空气设计温度，计算并绘制 $B_t-\Delta t_a$曲线。

② 按各段总传热系数及加权平均值的算法，求出全过程的加权平均总传热系数。利用式(3.7-3)计算 B_t，然后从 $B_t-\Delta t_a$图中查出空气温升 Δt_a值，算出空气出口温度 t_2。

③ 按干式空冷器的有效平均温差计算方法求出该过程的对数平均温差及校正系数 F_t，以及有效平均温差值。

(4) 湿式空冷器的传热平均温差

对于湿式空冷器，计算传热温差也采用式(3.8-1)和式(3.8-2)。其不同的是，这时的空气入口温度不能用空气的干球温度，而要采用喷雾后的空气入口温度 t_{g1}，空气的出口温度也不能用干空气的出口温度，要考虑水分蒸发的影响，而采用增湿降温后的空气出口温度 t_{g2}。

湿式空冷器空气温度的变化情况可从湿空气图线中找到。

t_{g1}，t_{g2}和很多影响传热传质的因素有关。对国产的高低翅片管束，在通常喷水的条件下，t_{g1}，t_{g2}已由哈尔滨工业大学马义伟教授通过实验求出。t_{g1}，t_{g2}的计算见式(3.4-25)和式(3.7-5)。

3.9 传热面积

传热过程所需要的换热面积，按式(3.9-1)计算，对于含不凝气的介质，为了准确起见，往往采用分段计算，此时的面积采用式(3.9-2)计算。在分段计算中，冷凝器的面积是各段的计算面积之和。如果存在过热或过冷时，还要加上相应的面积。

$$A_c=\frac{Q}{K\cdot\Delta T} \tag{3.9-1}$$

$$A_c=A_{sh}+A_{sc}+\sum(A_i) \tag{3.9-2}$$

式中 A_c——计算总面积，m^2；

A_{sh}——过热段面积，无过热时此项为零，m^2；

A_{sc}——过冷段面积，无过冷时此项为零，m^2；

A_i——各段面积，m^2。

实际选用的传热面积 A 是在计算面积 A_c的基础上圆整而得，面积富裕量为

$$C_R=\frac{A-A_C}{A_C}\times 100 \tag{3.9-3}$$

式中 C_R——面积富裕量,%；

A_C——计算面积，m^2；

A——实际选用面积，m^2。

3.10 管内流体压力降

1. 无相变气体或液体冷却过程

空冷器管内单相流体的压力降等于沿管长的摩擦损失、管箱处的转弯损失、进出口处的阻力损失之和，即：

$$\Delta P_{\mathrm{i}} = \zeta(\Delta P_{\mathrm{t}} + \Delta P_{\mathrm{r}}) + \Delta P_{\mathrm{N}}$$

其中管程流体压力降：

$$\Delta P_{\mathrm{t}} = \frac{G_{\mathrm{i}}^{2}}{2\rho_{\mathrm{i}}} \cdot \frac{L \cdot N_{\mathrm{tp}}}{d_{\mathrm{i}}} \cdot \frac{f_{\mathrm{i}}}{\phi_{\mathrm{i}}} \tag{3.10-1}$$

管程回弯压力降：

$$\Delta P_{\mathrm{r}} = \frac{G_{\mathrm{i}}^{2}}{2\rho_{\mathrm{i}}} \cdot (4 \cdot N_{\mathrm{tp}}) \tag{3.10-2}$$

进出口压力降 ΔP_{N}：

进出口直径相同时， $$\Delta P_{\mathrm{N}} = 0.75 G_{\mathrm{n}}^{2} / \rho_{\mathrm{i}} \tag{3.10-3}$$

进出口直径不同时， $$\Delta P_{\mathrm{N}} = \frac{G_{\mathrm{N1}}^{2} + 0.5 G_{\mathrm{N2}}^{2}}{2\rho_{\mathrm{i}}} \tag{3.10-4}$$

进出口处的质量流速， $$G_{\mathrm{Ni}} = \frac{W_{\mathrm{i}}}{\frac{\pi}{4} d_{\mathrm{Ni}}^{2}} \tag{3.10-5}$$

式中 ΔP_{i}——管内单相流体总压力降，Pa；

ΔP_{t}——沿程摩擦损失，Pa；

ΔP_{r}——管程回弯压力降，Pa；

ΔP_{N}——进出口压力降，Pa；

L——管长，m；

d_{i}——管内径，m；

G_{i}——管内介质质量流速，kg/(m² · s)

G_{N1}、G_{N2}——进、出口的质量流速，kg/(m² · s)

N_{tp}——管程数；

ζ——结垢补偿系数，按下式计算或按图 3.10－1 选取。

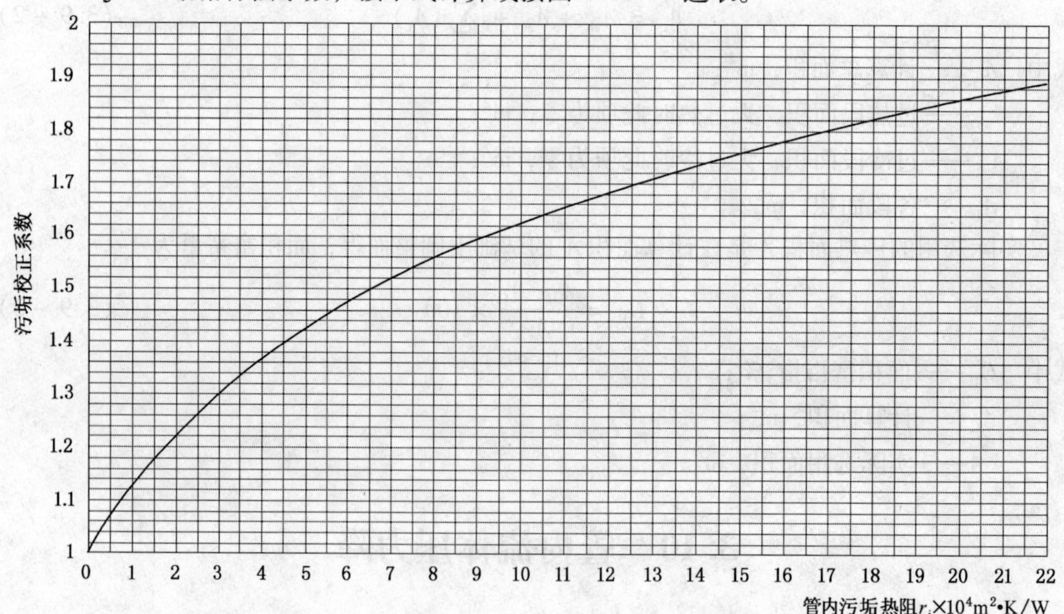

图 3.10－1 管程压降污垢热阻与污垢校正系数 ζ 关系图

$$\zeta = 0.6 + 0.4\ln(10300r_i + 2.7)$$

r_i——管内介质结垢热阻，$m^2 \cdot K/W$；

f_i——管程流体的摩擦系数。

管程流体的摩擦系数f_i，可由图3.10－2查出，也可按下述公式计算

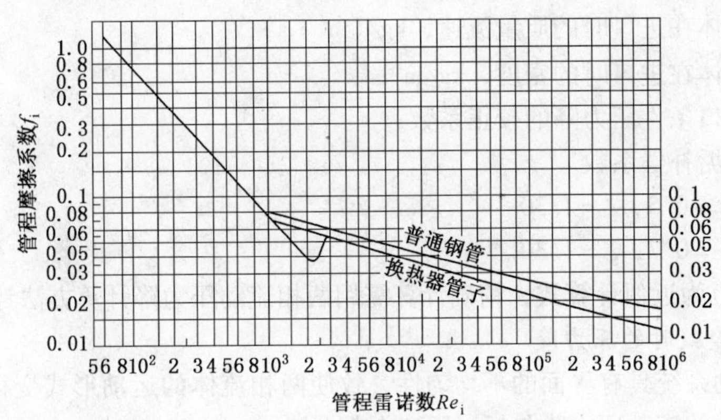

图3.10－2　管程流体的摩擦系数

当$Re < 10^3$时

$$f_i = 67.63(Re)^{-0.9873} \tag{3.10-6}$$

当$10^3 < Re \leqslant 10^5$时

$$f_i = 0.4513(Re)^{-0.2653} \tag{3.10-7}$$

当$10^5 < Re \leqslant 10^6$时

$$f_i = 0.2864(Re)^{-0.2258} \tag{3.10-8}$$

式中　ρ_i——管内介质定性温度下的密度，kg/m^3；

ϕ_i——壁温校正系数。

$$\phi_i = \left(\frac{\mu_D}{\mu_W}\right)^{0.14} \tag{3.10-9}$$

式中　μ_D——定性温度下介质黏度，Pa·s；

μ_W——避温下液相黏度，Pa·s。

因为管壁热阻比管内、外对流传热热阻小得多，管内壁温可按下式计算

$$t_W = \frac{h_i}{h_i + h_o \cdot \dfrac{d_o}{d_i}}(T_P - t_D) + t_D \tag{3.10-10}$$

式中　T_P，t_D——热流、冷流的定性温度，℃；

t_W——管内壁壁温，℃；

h_i——管内热流体对管壁的对流传热系数(以管内壁为基准)，见本章第三节；

h_o——管外空气对管壁的对流传热系数(以管外壁为基准)，见本章第四节；

d_o——传热管外径，mm；

d_i——传热管内径，mm。

当计算ΔP_t值时可先假设ϕ_i为1.0。若流体的黏度随温度的变化改变较大，可在算ΔP_t值后再用ϕ_i校正。冷凝过程不进行壁温校正计算。

2. 可凝气体冷凝压力降

$$\Delta P_i = \frac{f_i}{2} \cdot \frac{G_{N1}^2 \cdot L}{\rho_1 \cdot d_i}(N_P)(\varepsilon)(\zeta) \tag{3.10-11}$$

式中 ΔP_i——可凝气体冷凝压力降，Pa；

f_i——管程流体的摩擦因数，当查f_i采用进口气体组成及温度下的黏度；

G_{N1}——气体在进口时的质量流速，kg/(m^2·s)；

ρ_1——气体在进口时的密度，kg/m^3；

ε——进口条件压力降的校正系数；

ζ——结垢补偿系数。

全部冷凝时 $\varepsilon=0.5$，$\zeta=1.30$；

部分冷凝时 $\varepsilon=0.7$，$\zeta=1.30$。

式(3.10-11)为近似计算式，精确计算需用两相流动压力降计算方法计算，本文从略。

3. 含不凝气冷凝时的压力降

由于两相流动系统具有界面的不均匀性，致使两相流体的运动形式变得比单相更复杂。空冷器冷凝器管内的流动压力降包括以下三个部分：

$$\Delta P_i = \Delta P_f + \Delta P_r + \Delta P_N$$

式中 ΔP_i——管内压力降，Pa；

ΔP_f——管程摩擦压力降，Pa；

ΔP_r——管箱回转压力降，Pa；

ΔP_N——进出口压力降，Pa。

在两相冷凝过程中，传热计算采用的是分段方法，而压力降采用是整体计算。为了计算直管段的摩擦损失压力降，依照气相分率不同，将管内的两相流体分为两种模型，一是均匀流动模型，二是分离流动模型。均匀流动模型是把两种流体视为一种虚拟的流体，将两相流动当作具有两相流体平均性质的单相流动。分离流动模型是人为地将两相流动系统分为气液两种流体，假设气液速度为常数，但不一定相等，应用经验公式表示两相摩擦因子与流动独立变量之间的关系。

(1) 均相流动模型

当汽化分率 $y_v \geq 0.7$ 时，气液两相处于雾状流或环状流，认为气液两相混合比较均匀，采用均相流动模型计算。

$$\Delta P_i = 2f_{tp} \cdot \frac{G_i^2}{\rho_{tp}} \cdot \frac{N_{tp} \cdot L_i}{d_i} \tag{3.10-12}$$

式中 f_{tp}——管内摩擦系数，

$$f_{tp} = 0.079Re_{tp}^{-0.25} \tag{3.10-13}$$

Re_{tp}——管内流体均相雷诺数，

$$Re_{tp} = \frac{d_i \cdot G_i}{\mu_{tp}} \tag{3.10-14}$$

ρ_{tp}——管内流体均相密度，kg/m^3，

$$\rho_{tp} = \frac{1}{\dfrac{1-y_v}{\rho_l} + \dfrac{y_v}{\rho_v}} \tag{3.10-15}$$

μ_{tp}——管内流体均相黏度，严格说来，混合物的黏度无可叠加性，式 3.10－16 只是一个假想的均相黏度计算式。

$$\mu_{tp} = \rho_{tp} \cdot \left[\frac{\mu_v \cdot y_v}{\rho_v} + \frac{\mu_l \cdot (1 - y_v)}{\rho_l}\right] \tag{3.10-16}$$

（2）分相流动模型

当 $y_v < 0.7$ 时，气液两相混合程度较差，采用均匀流动模型的误差较大，此时应采用分离流动模型。分离流动模型最常用的形式是在气液单相流压力降的基础上进行两相流修正。根据液相雷诺数的不同，分离流动模型又可分为以液相和以气相为基础的两相分离流动模型。

① 当管内液相雷诺数 $Re_{li} \geqslant 2000$ 时，按以液相为基准的两相分离流动模型计算：

$$\Delta P_i = 2f_i \cdot \frac{[G_i(1 - y_v)]^2}{\rho_l} \cdot \frac{N_{tp} \cdot L_i}{d_i} \cdot \Phi_l^2 \tag{3.10-17}$$

式中

$$\Phi_l^2 = 1 + \frac{C_b}{X_{tt}} + \frac{1}{X_{tt}^2} \tag{3.10-18}$$

常数 C_b 的取值与两相流动状态有关，见表 3.10－1。

表 3.10－1　各种流型下的 C_b 值

两相流型	C_b	两相流型	C_b
液相湍流－气相湍流(tt)	20	液相湍流－气相层流(tl)	10
液相层流－气相湍流(lt)	12	液相层流－气相层流(ll)	5

$$X_{tt} = \left(\frac{1 - y_v}{y_v}\right)^{0.9} \cdot \left(\frac{\rho_v}{\rho_l}\right)^{0.5} \cdot \left(\frac{\mu_l}{\mu_v}\right)^{0.1} \tag{3.10-19}$$

式中　X_{tt}——Martinelli 参数。

② 当管内液相雷诺数 $Re_{li} < 2000$ 时，按要气相为基准的两相分离流动模型计算：

$$\Delta P_i = 2f_i \cdot \frac{(G_i \cdot y_v)^2}{\rho_v} \cdot \frac{N_{tp} \cdot L_i}{d_i} \cdot \Phi_v^2 \tag{3.10-20}$$

$$\Phi_v^2 = 1 + C_b \cdot X_{tt} + X_{tt}^2 \tag{3.10-21}$$

f_i——管内摩擦系数，无因次。

当 $Re_i \leqslant 2100$ 时，$f_i = 16/Re_i$　　(3.10－22)

当 $Re_i > 2100$ 时，$f_i = 0.078/Re_i^{0.25}$　　(3.10－23)

以液相为基准的两相分离流动模型，$Re_i = Re_{li}$

以气相为基准的两相分离流动模型，$Re_i = Re_{vi}$

式中　y_v——气相分率（质量），无因次；

ρ_l——管内液相密度，kg/m^3；

ρ_v——管内气相密度，kg/m^3

μ_v——管内介质气相黏度，$Pa \cdot s$；

μ_l——管内介质液相黏度，$Pa \cdot s$；

Φ_l——管内以液相为基准的两相摩擦因子，无因次；

Φ_v——管内以气相为基准的两相摩擦因子，无因次。

(3) 管箱回转压力降

按气、液两相充分混合均相流计算

$$\Delta P_{r} = \frac{G_{i}^{2}}{2\rho_{tp}}. C_{N} \tag{3.10-24}$$

ΔP_{r}——管箱处回弯压力降，Pa；

C_{N}——回弯次数校正系数，无因次。

$N_{tp}=1$ 时，$C_{N}=0.9$；$N_{tp}\geqslant 2$ 时，$C_{N}=1.6N_{tp}$

(4) 进出口管嘴压力降

按进、出口状态下均相流计算

进口压力降 $$\Delta P_{N1} = \rho_{tp1}\cdot\frac{V_{1}^{2}}{2},\text{Pa} \tag{3.10-25}$$

出口压力降 $$\Delta P_{N2} = 0.5\rho_{tp2}\cdot\frac{V_{2}^{2}}{2},\text{Pa} \tag{3.10-26}$$

进出口压力降总计： $\Delta P_{N} = \Delta P_{N1} + \Delta P_{N2}$，Pa

其中 V_1、V_2——进、出口处于两相均匀流动时，管嘴的平均流速，m/s；

$$V_{1} = \frac{4W_{i}}{\pi\cdot d_{N1}^{2}\cdot N_{o1}\cdot\rho_{tp1}} \tag{3.10-27}$$

$$V_{2} = \frac{4W_{i}}{\pi\cdot d_{N2}^{2}\cdot N_{o2}\cdot\rho_{tp2}} \tag{3.10-28}$$

ρ_{tp1}——进口处的气液混相密度，kg/m³；

$$\rho_{tp1} = \frac{1}{\frac{1-y_{v1}}{\rho_{l1}}+\frac{y_{v1}}{\rho_{v1}}} \tag{3.10-29}$$

ρ_{tp2}——出口处的气液混相密度，kg/m³；

$$\rho_{tp2} = \frac{1}{\frac{1-y_{v2}}{\rho_{l2}}+\frac{y_{v2}}{\rho_{v2}}} \tag{3.10-30}$$

d_{N1}——进口管嘴直径，m；

d_{N2}——出口管嘴直径，m；

N_{o1}、N_{o2}——进、出口管嘴数量，无因次。

3.11 管外空气压力降

1. 空气横流过错排圆形光管气流阻力

空气横流过错排光管的流动阻力用下式计算

$$\Delta P_{st} = 0.334C_{f}N_{p}\frac{G_{max}^{2}}{2\rho_{a}} \tag{3.11-1}$$

式中 ΔP_{st}——空气流过错排圆形光管的气流压力降，Pa；

C_f——管束排列方式的修正系数，查表 3.11-1；

N_p——空气流动方向的管排数；

表 3.11-1 圆形光管管束排列方式修正系数 C_f

型式		三角错列				四角错列			
Re	σ_1 \ σ_2	1.25	1.50	2.00	3.00	1.25	1.50	2.00	3.00
2000	1.25	1.68	1.74	2.04	2.28	2.52	2.58	2.58	2.64
	1.5	0.79	0.97	1.20	1.56	1.80	1.80	1.80	1.92
	2.0	0.29	0.44	0.66	1.02	1.56	1.56	1.44	1.32
	3.0	0.12	0.22	0.40	0.60	1.30	1.38	1.13	1.02
8000	1.25	0.68	1.74	2.04	2.28	1.98	2.10	2.16	2.28
	1.5	0.83	0.96	1.20	1.56	1.44	1.60	1.56	1.56
	2.0	0.35	0.48	0.63	1.02	1.19	1.16	1.14	1.13
	3.0	0.20	0.28	0.47	0.60	1.08	1.04	0.96	0.90
20000	1.25	1.44	1.56	1.74	2.04	1.56	1.74	1.92	2.16
	1.5	0.84	0.96	1.13	1.46	1.10	1.16	1.32	1.44
	2.0	0.38	0.49	0.66	0.88	0.96	0.96	0.96	0.96
	3.0	0.22	0.30	0.42	0.55	0.86	0.84	0.78	0.74
40000	1.25	1.20	1.32	1.56	1.80	1.26	1.50	1.68	1.98
	1.5	0.74	0.85	1.02	1.27	0.88	0.96	1.08	1.20
	2.0	0.41	0.48	0.62	0.77	0.77	0.79	0.82	0.84
	3.0	0.25	0.30	0.38	0.46	0.78	0.68	0.65	0.60

G_{max}——空气通过最窄截面时的质量流速，kg/(m^2·s)；

ρ_a——空气在定性温度下的密度，kg/m^3。

2. 圆形翅片管(参见图 3.4-3)的气流阻力

(1) 强制通风下的气流阻力

罗宾逊(Robinson)和勃利格斯(Briggs)通过试验研究，求得空气横流过三角形排列的圆形翅片管束的气流阻力计算式[14]：

$$\Delta P_{st} = f_a N_p \frac{G_{max}^2}{2\rho_a} \tag{3.11-2}$$

$$f_a = 37.86\left(\frac{d_r G_{max}}{\mu_a}\right)^{-0.316}\left(\frac{S_1}{d_r}\right)^{-0.927}\left(\frac{S_1}{S_2}\right)^{0.515} \tag{3.11-3}$$

式中 ΔP_{st}——空气穿过翅片管束的压力降，Pa；

f_a——摩擦系数；

N_p——管排数；

ρ_a——定性温度下空气的密度，kg/m^3；

μ_a——定性温度下空气的黏度，Pa·s；

上式的标准差为 10.7%。

对于正三角形排管翅片管的管心距 $S_1 = S_2$时，式(3.11-3)可化为：

$$f_a = 37.86\left(\frac{d_r G_{max}}{\mu_a}\right)^{-0.316}\left(\frac{S_1}{d_r}\right)^{-0.927} \tag{3.11-4}$$

若用 101325Pa，20℃下的标准迎面风速来表示气流阻力，式(3.11-2)可简化为

$$\Delta P_{st} = (3.019\times10^{-3}t_D + 0.6203)K_L U_N^{1.684} N_p \tag{3.11-5}$$

K_L——气流阻力计算翅片综合几何参数，有因次，其中变量均应按米制：

$$K_L = \frac{\zeta_f^{1.684}\cdot d_r^{0.611}}{S_1^{0.927}} \tag{3.11-6}$$

t_D——空气温度，一般取空气的定性温度,℃；

ξ_f——风面比，见式(3.4-11)。

一旦翅片管参数选定后，K_L也就为常数，因此，用式(3.11-5)计算比较方便。不同规格的翅片管，K_L值见附录A4-2。式(3.11-5)与式(3.11-2)相比，计算结果偏差不大于±0.2%。对表3.4-2所列国产常用空冷器的翅片参数，

高翅片：$K_L = 4.6261, \Delta P_{st} = (0.01397t_D + 2.873)U_N^{1.684}N_P$ (3.11-7)

低翅片：$K_L = 6.400, \Delta P_{st} = (0.01932t_D + 3.975)U_N^{1.684}N_P$ (3.11-8)

式中 t_D——空气穿过翅片管束的定性温度,℃。

(2) 自然通风下的气流阻力

在迎面风速低于1m/s时的自然通风，由于实验试验数据少，推荐下式仅供参考[29]：

$$\Delta P_{st} = 2.292N_P U_F^{1.434} \tag{3.11-9}$$

式中 U_F——入口风温下的迎面风速，m/s。

此式适用范围：$0.35\text{m/s} \leqslant U_F \leqslant 0.95\text{m/s}$，误差±15%。

3. 镶片管气流阻力

哈尔滨工业大学马义伟和哈尔滨空调机厂孙庆复通过试验研究，求得高翅片镶片管束($d_o=25$，$d_t=57$，$S_1=62$，$S_2=54$)气流横流过管束间阻力损失的经验计算式如下

$$\Delta P_{st} = f_a N_P \frac{G_{max}^2}{2\rho_a} \tag{3.11-10}$$

式中

$$f_a = 120Re^{-0.496} \tag{3.11-11}$$

此式的标准差为4.05%。

4. 椭圆管外气流压力降

(1) 椭圆绕片管强制通风下的压力降

$$\Delta P_{st} = f_a \cdot \frac{G_{max}^2}{2\rho_a} \cdot \frac{A_\Sigma}{A_F} \tag{3.11-12}$$

式中 f_a——摩擦系数

$$f_a = (1.4 - 0.005N_P + 0.00105N_P^3) \cdot Re_a^{-0.425} \tag{3.11-13}$$

G_{max}——窄隙流通截面的空气质量流速，kg/(m²·s)；

ρ_a——空气密度，kg/m³；

A_Σ——翅片管总表面积，m²；

A_F——迎风面积，m²；

N_P——管排数。

公式的适用范围为：$2300 \leqslant Re \leqslant 15000$($u \geqslant 1.0$m/s)，公式的误差±15%。

(2) 椭圆绕片管自然通风下的阻力

$$\Delta P_{st} = 1.76f_a \cdot G_F^{0.563} \cdot \frac{G_{max}^2}{2\rho_a} \cdot \frac{A_\Sigma}{A_F} \tag{3.11-14}$$

$$f_a = \frac{10.24 + 0.0189 \cdot N_P^3}{1 + 7N_P} \cdot N_P \cdot Re_a^{-0.425} \tag{3.11-15}$$

式中 G_F——以迎风面积为基准的空气质量流速，kg/(m²·s)

公式的适用范围为：$800 < Re < 2300$($u < 1.0$m/s)，公式的误差±15%。

(3) 热浸镀锌I型椭圆钢绕片管的阻力(参见图3.4-6)

$$\Delta P_{st} = f_a \cdot \frac{N \cdot G_{max}^2}{2\rho_a} \tag{3.11-16}$$

$$f_a = 14.031 \cdot Re_a^{-0.4408} \cdot \left(\frac{S_1 - d_{er}}{d_{er}}\right)^{-0.78} \left(\frac{S_f}{h}\right)^{-1.081} \tag{3.11-17}$$

公式的适用范围为：$3000 < Re_a < 9000$，公式的误差 ±5%；

S_1——见图3.4-4；

h——翅片高度，m。

（4）椭圆矩形钢翅片管管外气流阻力

$$\Delta P_{st} = f_a N_P \frac{w^2}{2} \tag{3.11-18}$$

式中　ΔP_{st}——椭圆矩形钢翅片管管外流通阻力，Pa；

f_a——摩擦阻力系数，

$$f_a = 2.954 N^{0.513} Re^{-0.244} \cdot \left(\frac{S_1 - b_f}{S_P - a_f}\right)^{-0.154} \tag{3.11-19}$$

N_P——管排数；

w——空气穿过翅片最窄截面的流速，m/s；

Re——空气穿过每排翅片管最窄截面处的雷诺数，

$$Re = \frac{d_e G_{max}}{\mu_a}$$

G_{max}——取空气穿过每排翅片管最窄截面处的质量流速，kg/(m^2·s)；

d_e——取 $d_e = S_1 - b_0$，m；

S_1——迎风面方向管心距，m；

b_o——迎风面方向椭圆管轴长（见图3.4-8、图3.4-9），m。

5. 湿式空冷器管外空气阻力

$$\Delta P_{st} = 2.16\psi \cdot N_P \cdot B_s^{0.12} \cdot G_F^{1.54} \tag{3.11-20}$$

式中　ψ——翅片高度影响系数，高翅片管 $\psi = 1$，低翅片管 $\psi = 1.25$；

G_F——迎风面空气质量流速，kg/(m^2·s)；

B_s——迎风面喷水强度，kg/(m^2·h)；

N_P——管排数。

式(3.11-20)的适用范围：$G = 2 \sim 6$kg/(m^2·s)，$B = 80 \sim 370$kg/(m^2·h)。同时式(3.11-20)仅适用于表3.4-2所示的两种国产常用空冷器的翅片参数（正三角形排列）和表3.4-5所给出的喷水强度与管排数的关系下的情况，不能推广到其他翅片参数和喷淋情况。不同的翅片参数和喷淋情况，公式会发生变化。

符号说明

A——传热面积，空冷器实际选用面积（以传热管外表面积为基准），m^2；

A_C——计算面积，m^2；

A_F——管束迎风面积，m^2；

A_f——翅片面积，m^{2}或m^2/m；

A_e——翅片有效面积，$A_e = A_f + E_f A_r$，m^2/m；

A_i——管内表面积，m^2或m^2/m；

A_r——翅根外表面积，m^2或m^2/m；

A_o——光管外表面积，m^2或m^2/m；

A_{min}——空气穿过翅片管束最窄截面处的面积，m^2；

A_{sc}——过冷段面积，m^2；

A_{sh}——过热段面积，m^2；

A_t——翅片管总表面积，m^2或m^2/m；

A_Σ——翅片的总表面积，$A_\Sigma = A_f + A_r$，m^2或m^2/m；

a_o——椭圆管的长轴，m；

a_f——矩形翅片长边长度，m；

B_s——迎风面喷水强度，kg/(m^2·h)，

B_t——对数平均温差与空气温升的比值；

b——管壁厚度，m；

b_o——椭圆管的短轴，m；

b_f——矩形翅片短边长度，m；

C_H——光管传热计算管束排列系数，由图3.4-1查取；

C_R——面积富裕量,%；

C_f——光管阻力计算管束排列方式的修正系数，查表3.11-1；

C_{lr}——水平管内重力控制下波动修正因子；

Cp_a——空气的比热容，J/(kg·K)；

Cp_l——液相比热容，J/(kg·K)；

Cp_v——气相比热容，J/(kg·K)；

Cp_i——管内介质比热容，J/(kg·K)；

d_{er}——椭圆绕片管翅根当量直径，m；

d_f——圆形翅片管翅片外径，m；

d_i——传热管内径，m；

d_m——管壁平均直径，m；

d_{Ni}——进口管嘴直径，m；

d_{No}——出口管嘴直径，m；

d_o——传热管外径，m；

d_r——翅片的根部直径，m；

E_f——翅片效率%；

F_B——管束的迎风面积，m^2；

F_{ti}——水平管内两相对流因子，无因次；

F_t——空气温升校正系数，见式(3.7-1)；对数平均温差校正系数，见式(3.8-1)；

f_a——管外空气的摩擦系数；

f_i——管内流体的摩擦系数；

f_{tp}——水平管内均相流摩擦系数，无因次；

G_E——当量液体的质量流速，kg/(m^2·s)；

G_F——迎风面空气质量流速，kg/(m^2·s)；

G_i——管内介质质量流速，kg/(m^2·s)；

G_{max}——空气通过管束最窄截面时的质量流速，kg/(m^2·s)；

G_{N1}、G_{N2}——进出口的质量流速，kg/(m^2·s)；

H_1，H_2——热流介质的进、出口热焓，J/kg；

H_f——翅片高度，m；

H_i，H_{i+1}——相应段数起始点及其下一点的热焓，J/kg；

H_{v1}，H_{v2}——气相进、出口热焓，J/kg；

H_{l1}，H_{l2}——液相进、出口热焓，J/kg；

h_c——水平管内气液冷凝综合传热系数，W/(m^2·K)；

h_{cf}——水平管内冷凝膜传热系数，W/(m^2·K)；

h_{gi}——水平管内重力控制下的冷凝膜传热系数，W/(m^2·K)；

h_{li}——水平管内液体单独流动时液膜传热系数，W/(m^2·K)；

h_{si}——水平管内剪力控制流动时冷凝膜传热系数，W/(m^2·K)；

h_{ti}——水平管内过渡区冷凝膜传热系数，W/(m^2·K)；

h_i——管内流体膜传热系数(以管内壁表面积为基准)，W/(m^2·K)

h_o——管外流体膜传热系数(以管外壁表面积为基准)，W/(m^2·K)；

h_{sv}——气相显热传热系数，W/(m^2·K)；

h_f——以翅片外表面为基准膜传热系数，W/(m^2·K)；

h_v——水平管内气相传热系数，W/(m^2·K)；

h_{pl}——垂直管内蒸汽冷凝传热系数，W/(m^2·K)；

J_H——水平管内流型参数，无因次；

K——总传热系数，W/(m^2·K)；

K_d——冷凝过程的总传热系数(以光管外表面积为基准)，W/(m^2·K)；

K_g——气体冷却过程的总传热系数(以光管外表面积为基准)，W/(m^2·K)；

K_o——可凝汽冷凝时加权平均传热系数，W/(m^2·K)；

L——传热管管长，m；

N_B——管束数量；无因次；

N_P——管排数，无因次；

N_f——单位长度传热管上翅片数，无因次；

N_{oz}——进、出口管嘴数量，无因次；

N_{tp}——管程数，无因次；

n_t——管子总根数，无因次；

Pr——普兰特数，$Pr = C \cdot \mu / \lambda$；

Pr_a——空气定性温度下的普兰特数，$Pr_a = Cp_a \cdot \mu_a / \lambda_a$，无因次；

Pr_l——液相普兰特准数，$Pr_l = Cp_l \cdot \mu_l / \lambda_l$，无因次；

Pr_v——气相普兰特准数，$Pr_v = Cp_v \cdot \mu_v / \lambda_v$，无因次；

Q——热负荷，W；

Q_i——第 i 段热负荷，W；

q_o——光管表面热流密度，W/m^2；

Re——雷诺数，无因次；

Re_{gi}——水平管内重力控制下的液膜雷诺数，无因次；

Re_i——计算管内摩擦系数的雷诺数，无因次；

Re_{li}——水平管内液相雷诺数，无因次；

Re_{tp}——管内均相雷诺数，无因次；

Re_{vi}——气相雷诺数，无因次；

r_f——翅片热阻(以翅片总表面积为基准)，$m^2 \cdot K/W$；

r_g——翅根管壁热阻，$m^2 \cdot K/W$；

r_j——间隙热阻，$m^2 \cdot K/W$；

r_1——冷凝液汽化潜热，J/kg；

r_i——管内流体的结垢热阻(以管内壁表面积为基准)$m^2 \cdot K/W$；

r_{io}——管内介质结垢热阻(以基管外表面积为基准)，$m^2 \cdot K/W$；

r_o——管外结垢热阻(以基管外表面积为基准)，$m^2 \cdot K/W$；

r_w——管壁的热阻，$m^2 \cdot K/W$；

r_Σ——翅片垢阻(以翅片总表面积为基准)，$m^2 \cdot K/W$；

S_1——迎风面方向管束横向管间距，m；

S_2——管排方向管束斜向管间距，对正三角形排管，$S_2 = S_1$，m；

S_i——每管程管内流通面积，m^2；

S_P——管排方向管束纵向管间距，对正三角形排管，$S_P = S_1\cos30°$，m；

S_t——翅片间距，m；

S_f——翅片净间距，m；

T_1——热流入口温度,℃；

T_2——热流出口温度,℃；

T_D——管内流体定性温度,℃；

t_1——空气的进口温度,℃；

t_2——空气出口温度,℃；

t_D——空气定性温度,℃；

t_b——光管外壁面温度,℃；

t_w——光管内壁面温度;℃；

t_{g1}——湿空冷器空气经喷雾后进入管束表面的干球温度,℃；

t_{g2}——湿空冷器空气离开管束的干球温度,℃；

t_{g0}，t_{s0}——来流空气(喷淋前)的干球温度和湿球温度,℃；

t_{p1}——空气入口露点温度(按图 3.4－10 查取),℃；

U_F——迎风面风速，m/s；

U_N——标态(101325Pa，20℃)下迎风面风速，m/s；

W_a——空冷器的质量风量，kg/s；

W_i——管内流体质量流量或分段时管内各段介质流量，kg/s；

W_{1v}，W_{2v}——进、出口气体质量流量，kg/s；

W_{1l}，W_{2l}——进、出口液体质量流量，kg/s；

W_E——当量液体质量流量，kg/s；

X_{tt}——Martinelli 参数，无因次；

y_v——汽化率，气相分率,%(质)；

y_{v1}、y_{v2}——进、出口处气相分率,%(质)；

ΔC——计算误差,%；

ΔH_v——平均汽化潜热，J/kg；

ΔP_f——管程摩擦压力降，Pa；

ΔP_i——管内压力降，Pa

ΔP_N——进出口压力降，Pa；

ΔP_{Ni}——进口管嘴的压力降，Pa；

ΔP_{No}——出口管嘴的压力降，Pa；

ΔP_r——管程回弯压力降，Pa；

ΔP_{st}——管外侧空气流动阻力，Pa；

ΔP_t——沿程摩擦损失，Pa；

ΔT——有效平均温差，℃；

ΔT_m——纯逆流时对数平均温差,℃；

ΔT_i——进、出口温差,℃；

Δy_v——进出口的汽化率差值；

ε——进口条件压力降的校正系数；

ζ——结垢补偿系数；

ξ_θ——湿空冷器计算中的温度系数，无因次；

θ——影响传热传质的温度系数；

λ——导热系数，W/(m·K)；

λ_a——空气定性温度下导热系数，W/(m·K)；

λ_L——翅片铝材导热系数，W/(m·K)；

λ_i——管内流体定性温度下导热系数，W/(m·K)；

λ_l——管内液相导热系数或凝液导热系数，W/(m·K)；

λ_v——管内气相导热系数，W/(m·K)；

λ_w——传热管材料导热系数，W/(m·K)；

μ_a——平均温度下空气的黏度，Pa·s；

μ_D——定性温度下介质黏度，Pa·s；

μ_l——定性温度下的液相黏度，Pa·s；

μ_{tp}——管内介质两相流均相黏度，Pa·s；

μ_v——定性温度下的气相黏度，Pa·s；

μ_w——壁温下液相的黏度，Pa·s；

ρ_a——定性温度下空气的密度，kg/m^3；

ρ_1——气体在进口时的密度，kg/m^3；

ρ_g——定性温度下气体的密度，kg/m^3；

ρ_N——标准状态下空气的密度，$\rho_N = 1.205 kg/m^3$；

ρ_l——定性温度下的液相密度，kg/m^3；

ρ_{lv1}——进口处的气液混相密度，kg/m^3；

ρ_{lv2}——出口处的气液混相密度，kg/m^3；

ρ_{l1}——进口处的液相密度，kg/m^3；

ρ_{l2}——出口处的液相密度，kg/m^3；

ρ_l——管内液相密度，kg/m^3；

ρ_{tp}——管内两相流均相密度，kg/m^3；

ρ_v——气相密度，kg/m^3；

ρ_{v1}——进口处的气相密度，kg/m^3；

ρ_{v2}——出口处的气相密度，kg/m^3；

ρ_i——管内介质定性温度下的密度，kg/m^3；

φ_d——扩散函数，见式(3.3－25)，无因次；

φ_f——翅片管传热计算管排校正系数，见表3.4－1，无因次；

Φ_{ll^2}——管内以液相为基准的两相摩擦因子，无因次；

Φ_{vv^2}——管内以气相为基准的两相摩擦因子，无因次；

ϕ_i——壁温校正系数，无因次；

φ_θ——传热计算翅片高度影响系数，高翅片管 $\varphi_\theta=1$，低翅片管 $\varphi_\theta=0.91$；

Ψ——湿空冷管外阻力计算翅片高度影响系数，高翅片管 $\Psi=1$，低翅片管 $\Psi=1.25$；

ψ——圆形光管管排修正系数(查图3.4－2)；

ξ_f——风面比，即管束迎风面积与空气穿过的最窄截面之比，无因次；

ξ_t——湿空冷温度系数(见3.8－11)，无因次；

ΔP_N——进出口压力降，Pa；

δ——翅片平均厚度，m。

第四章 空冷器管束

4.1 管束的基本结构型式及代号

1. 管束的基本结构型式

管束是实现空气与热介质热交换过程的核心部件。它由传热管(翅片管或光管)、管箱、侧梁、支梁、进出口管等构成,图4.1-1所示的管束是一种应用最普遍的中、低压水平式管束。

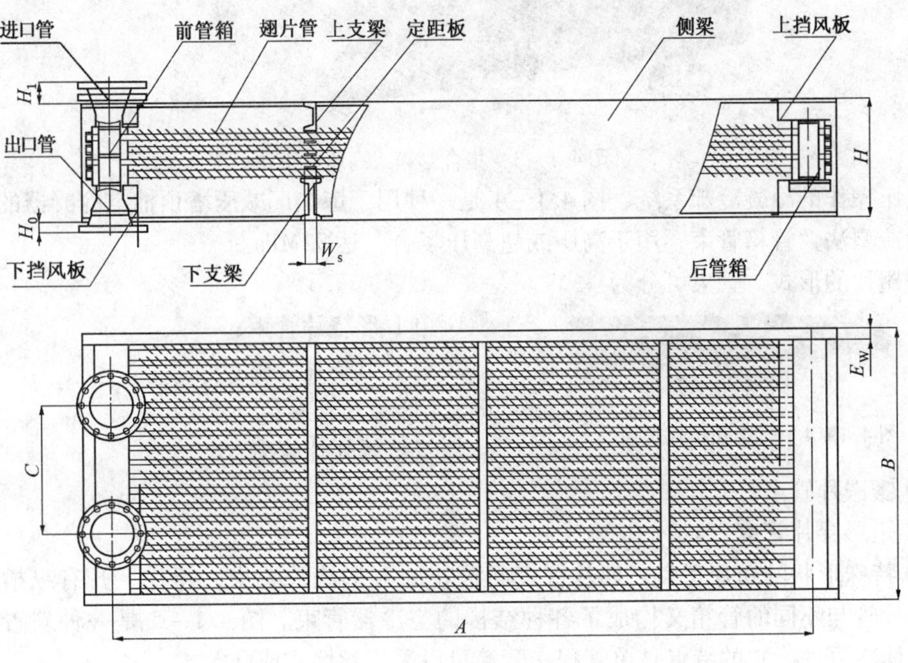

图4.1-1 中、低压水平式管束

按管箱的结构形式,管束可分为:

① 丝堵管箱式管束,它由带丝堵的矩形截面管箱构成,适用于中低压操作的空冷器。目前国内设计和使用的丝堵管箱式管束,最高允许工作压力可达20MPa。图4.1-1是一种典型的丝堵管箱式管束结构简图。

② 可卸盖板管箱式管束,它的管箱由可拆卸的法兰结构所组成,用于要求清洗方便的中低压操作的空冷器,操作压力一般不超过6.4MPa。图4.1-2是一种可卸盖板管箱式管束图。

③ 集合管箱式管束,它的特点是管箱结构为集合管型式,它能承受较高的工作压力,其允许工作压力可达35MPa。图4.1-3是一种水平式高压管束。

④ 特殊结构管箱式管束,如焊接联箱式管束,它的管箱与集合管箱不同点在于管箱的管板为平板,与半圆形的壳体(其他形状的主体)焊接而成。该类型管束多用于密封要求严

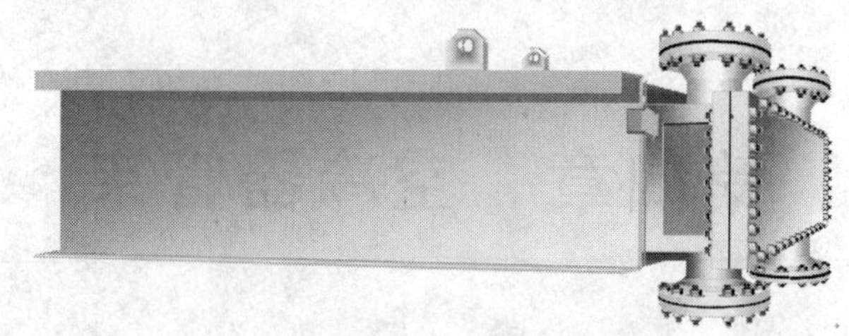

图 4.1－2　可卸盖板管箱式管束

图 4.1－3　集合管箱式高压管束

格的负压操作的冷凝冷却系统，图 4.1－4 是一种用于炼油厂减压塔顶抽空冷凝器的管束。

锻造型法兰管箱管束，用于高压或超高压场合，达 32MPa。

按翅片的形式，管束可分为：

图 4.1－4　焊接联箱式管束

① 单 L 形绕片管束；

② 双 L 形绕片管束；

③ I 形绕片管束；

④ 双金属轧片管束；

⑤ 镶嵌片管束；

⑥ 矩形穿片管束

⑦ 特殊形状的翅片管束，如基管表面滚花的 L 形绕片管束；翅片上开有纵槽的管束。不同翅片管与不同的管箱又构成了各种结构的空冷器管束。图 4.1－5 是一种斜置式管束。用于气体冷凝的。它的特点是单管程。管箱可以采用丝堵式或联箱式。

2. 空冷器管束的代号

标准空冷器管束规格型号代号如下：

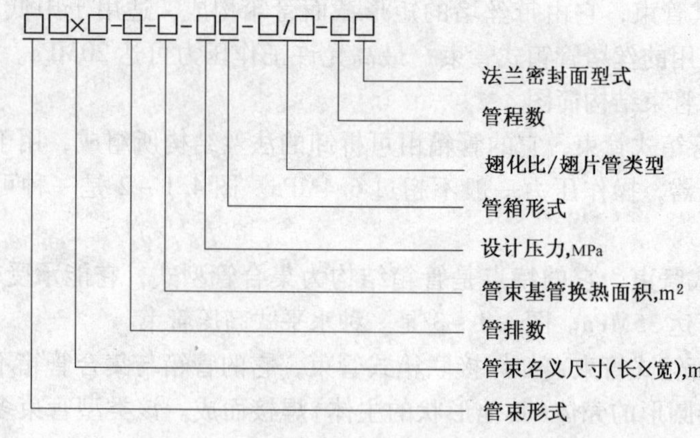

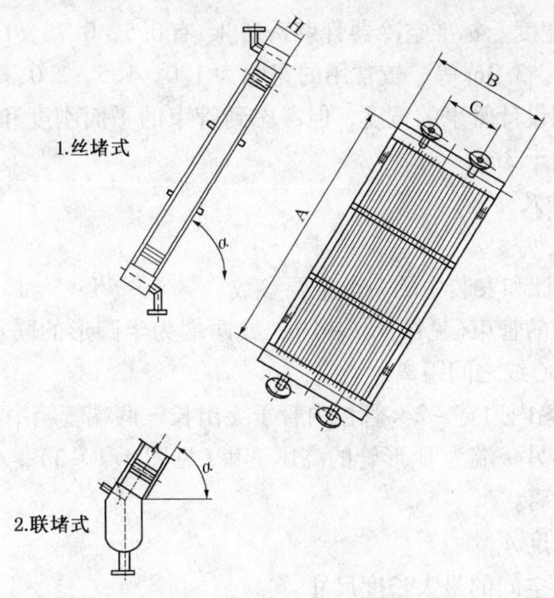

图 4.1-5 斜置式管束

型式代号说明见表 4.1-1 所示。

表 4.1-1 空冷器管束参数代号

管束型式	代号	管箱型式	代号	翅片管类型	代号	法兰密封面型式①	代号
鼓风式水平管束	GP	丝堵式管箱	S	L 型翅片管	L	平面钢法兰	a
斜顶管束	X	可卸盖板式管箱	K_1	双 L 型翅片管	LL	凹凸面钢法兰	b
引风式水平管束	YP	可卸帽盖式管箱	K_2	滚花型翅片管	KL	榫槽面钢法兰	c
湿空冷立置管束	SL	集合式管箱	J	双金属轧制翅片管	DR	透镜面钢法兰	d
干湿空冷斜置管束	SX			镶嵌型翅片管	G		

注：① 法兰的型式和标准须另在订货规格表或协议中注明。

示例：斜顶管束，名义尺寸：4.5×3，4 排管，丝堵管箱，基管有效传热面积：60.8m^2，设计压力：2.5MPa，翅化比：23.4，单 L 绕片管，单管程，光滑密封面对焊钢法兰。管束代号可表示为：

X4.5×3-4-60.8-2.5S-23.4/L-Ⅰb

4.2 管束参数

1. 管束的名义长度和宽度

管束、构架和风机是组成空冷器的重要部件，它们是独立的产品，又是相互配套的。所以需要用名义尺寸将它们关联一起，便于空冷器的设计和选型。管束名义尺寸是以管束的名义长度和名义宽度来表示的，即 $L_g \times W_g$。

L_g为管束的名义长度。国产空冷器系列 L_g有 3，4.5，6，9，10.5，12m 等规格。国外最长为 15m。长的更为经济(指公斤钢/平方米换热面)。一般来说，管束的名义长度 L_g就是传热基管的实际长度。

W_g 为管束的名义宽度。标准空冷器管束系列 W_g 有0.5，0.75，1.0，1.25，1.5，1.75，2.0，2.25，2.5，2.75，3.0m 等。较常用的宽度为1.0，1.5，2.0，2.5，3.0m。非标准空冷器可以根据所需面积设计管束的宽度，但考虑到管束的平面刚度和整体发货运输的要求，管束的名义宽度不应大于3m。

2. 管束的实际结构尺寸

(1) 管束的长度 A

A 是空冷器管束设计和安装中的一个重要参数。

对两端为矩形管箱的管束(见图4.1-1)，或两端为半圆形的联箱管束(见图4.1-4)，A 是指管束前后管箱中心线之间距离。

A = 管子长度 + 管箱内边宽 - 2 × 管板内管子突出长 = 两端管箱中心线之间距离；

对一端为集合管，另一端为U形管的高压管束(见图4.1-3)，A 是指为集合中心线到U形管段半径中心的距离。

(2) 管束的最大长度 A_m

A_m 指管束占据安装空间的最大长度尺寸。

当外侧梁两端位于管箱之外时(见图4.1-1)，A_m 为外侧梁的长度；

当外侧梁两端位于管箱之内时(见图4.1-2)，一般可拆盖板管箱式管束多为此结构，A_m 为前后管箱外壁面之间的距离。此时：

A_m = A + 管箱内边宽 + 2 × 管箱丝堵板厚度。

(3) 管束的实际宽度 B

实际使用的干式空冷器是由多片或数十片管束并列安装一起的，由于管束边梁在成型时允许有一定的挠度或弯曲度，管束在制造后矩形平面的两对角线长度也有一定的偏差，为了使全部管束正常安装，管束的实际宽度 B 应小于名义宽度 W_g；一般取

$$W_g - B = (0.015 \sim 0.030), \mathrm{m}$$

L_g 较大时，二者的差取较大值，一般来说，对于 $L_g \geq 9\mathrm{m}$ 的管束，$W_g - B$ 之差不应小于 $2L_g/1000$。B 值与布管方式有关，在管束的制造图设计中，可根据具体情况在此范围内调整。

对于管束单独安置的湿式空冷器，$B = W_g$。

(4) 管束的高度 H

管束的边梁无论采用何种形式，管束的高度 H 都是指边梁的高度。边梁的下表面与构架顶面相贴合，边梁的上表面用于固定百叶窗。因此，H 用来确定空冷器总体安装高度。

(5) 进、出口接管大小和伸出高度

进、出口接管大小要满足管内介质流速的要求。国产丝堵式标准管束进、出口接管和法兰公称直径为150mm，$W_g \geq 2\mathrm{m}$ 时各设置2个开口，$W_g < 2\mathrm{m}$ 时各设置1个开口。若不满足工艺要求时，订货时可与供货商商议更改其大小。

进、出口接管的伸出管箱上、下表面的高度一般为200～250mm，由于各制造厂的设计图不同，供货图必须给出上部接管法兰面到管束侧梁上表面的距离 H_i 和下部接管法兰面到侧梁上表面的距离 H_o，以便满足工程配管和安装阀门的需要。

上述管束的各几何参数是空冷器总体设计和安装的基本参数，空冷器供货商必须在产品样本或供货图样中标注清楚。

3. 管束的布管设计

管束的布管有两种方式：一种是各排布管数量相等；另一种是相邻两排布管数量不等。它与管束实际宽度和管心距有关。图 4.2-1(a)(b)是这两种布管尺寸示意图。

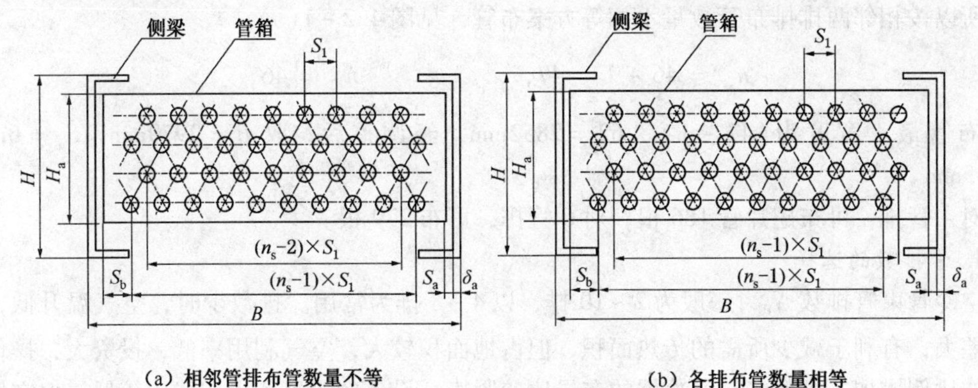

图 4.2-1 管束的布管尺寸图

图 4.2-1 中：

B——管束宽度，mm；

H——侧梁高度，mm；

H_a——管箱高度，mm；

S_a——管箱侧壁面至侧梁内壁面的间隙，一般取 5~7mm；

S_b——接近管箱侧壁的排管中心至管箱侧壁面的最小距离，mm，对 Φ25mm 的基管，S_b应不小于 45mm；

S_1——迎风面方向管心距，mm；

n_s——管束每排传热管数，当相邻两排布管数量不等时，布管数少的一排数量减 1；

δ_a——侧梁立板厚度，mm。

已知管束的名义尺寸 W_g和管心距 S_1，可按下列步骤确定每排传热管的布管数量和管束的实际宽度：

初选 $B_0 = W_g - 20$ 或 $B_0 = W_g - 2L_g/1000$（$L_g \geqslant 9000$mm 时）

令
$$n_0 = \frac{B_0 - 2(\delta_a + S_a + S_b)}{S_1} \tag{4.2-1}$$

令
$$M_0 = n_0 - \text{Trunc}(n_0) \tag{4.2-2}$$

Trunc(n_0)——取整函数，返回值：参数 Trunc(n_0)为 n_0舍去小数，取其整数部分；

如果 $M_0 \geqslant 0.5$，按各排布管数量相等方案布管。

$$n_{s1} = n_{s2} = \text{Trunc}(n_0) + 1;$$

如果 $M_0 < 0.5$，按相邻两排布管数量不相等方案布管。

$$n_{s1} = \text{Trunc}(n_0) + 1, n_{s2} = \text{Trunc}(n_0);$$

n_{s1}、n_{s2}——相邻两排管布管数；

根据布管的最大宽度，适当调节 B_0、S_a、S_b，最终确定 B 的尺寸。

【例 4.2-1】 试确定公称宽度 W_g = 3000mm、管心距 62mm 的空冷器管束的各排布管数及管束的实际宽度 B。管束边梁用 8mm 钢板冲压而成。

解： 按 $L_g=9000$mm 管束考虑，初选 $B_0=3000-18=2982$mm，$S_a=5$mm，$S_b=45$mm

由式(4.2－1)，$n_0=\dfrac{2982-2\times(8+5+45)}{62}=46.22$，

由式(4.2－2)，$M_0=46.22-46=0.22<0.5$，

所以按相邻两排排布管数量不相等方案布管，见图4.2－1(a)。

$$n_{s1}=46+1=47, \qquad n_{s2}=46,$$

布管最大宽度为 $(47-1)\times62=2852$mm，经调整后，取 $B=2970$mm，$S_a=6$mm，$S_b=45$mm。

对4管排，可布翅片管186根；对6管排，可布279根。

4. 管排数的选择

空冷管束管排数 N_P，一般为2～10排，以4～8排为常用。排数少时，空气温升低，传热温差大，有利于减少所需的传热面积，但占地面积较大，空气利用率低，投资大，操作费用将按比例增加。排数多，空冷器的布局比较紧凑，设备的投资和操作费用较低。但空气温升高，传热温差小，所需的传热面要增大。此外，空气侧阻力大，则能耗也将随阻力增加。所以排数多的管束，如认为阻力降太大时，可用增宽管心距、加大翅片间距或减小迎面风速加以弥补。

管排数的选择取决于空冷器热负荷、总传热系数和空气温升的大小，对热负荷高、总传热系数和空气温升大的冷却、冷凝过程，要选用较少的管排，反之，要选用较多的管排。空冷器工艺设计时，要进行优化比较计算。

5. 管心距

管心距与翅片的高低有直接关系，对片高16mm的高翅片管常用的管心距为62、63.5、67mm；对片高12.5mm的低翅片管为54、56、59mm。

6. 管程数

管程数的选择一般原则是：

① 允许管内系统阻力降大者，可考虑采用多管程。反之，以选用少管程数为宜。

② 一般液体流速应在0.5～1m/s，气体流速可在5～10kg/(m^2·s)。根据此流速核算所选管程数，管内阻力降应在允许范围内。

③ 对于冷凝过程，如对数平均温差的校正系数小于0.8，或含有不凝气成分时，则应考虑采用单管程以上的管程数。

④ 对于多管程的管束，每一行程的管子数，应按该行程介质流速确定，特别是气体冷却，或者冷凝过程的管束，设计成不同管数的行程较为合理。

⑤ 为预防冻结而设置的蒸汽盘管，应是单程的，管子间的最大间距，两倍于工艺管束的管子间距，管子从入口起，应至少有1%的坡度，以便排液。

⑥ 对于蒸汽冷凝应采用单管程管束，其管子最小应具有1%的斜率，以便排液。

7. 管束有效传热面积

管束翅片管由于被侧梁的翼板、定距板和挡风板所部分覆盖，传热管并非全部都是有效的。此外，因翅片管安装需要，每根管的端部有60～80mm的无翅片管段，对常用的绕片管和双金属轧制管，翅片两端部约有10mm很松弛，一般都视为无效传热段。计算管束的传热面积时应当扣除这些管段。图4.2－2的阴影部分就表示这些无效传热部分。

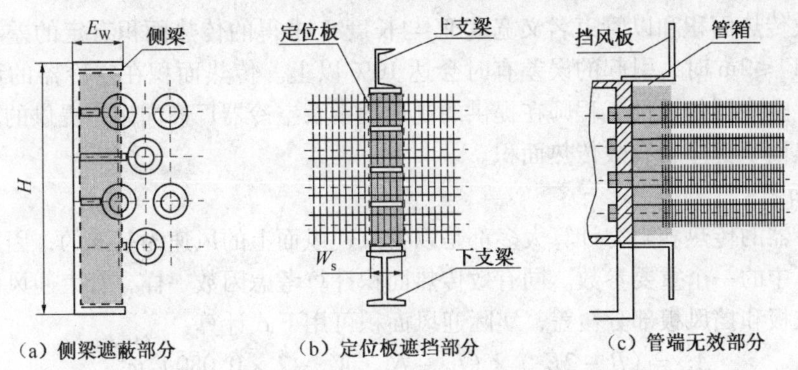

图 4.2－2　管束无效传热区(图中阴影部分)

（1）侧梁的影响

侧梁的翼板 E_w 宽一般为 60～70mm，多取 65mm，如图 4.2－2(a)所示的阴影部分是气流的盲区，基本不起传热作用。因此有效传热管根数 n_e 应按式(4.1－1)计算结果减去 $N_P/2$，N_P 为管排数。如例 4.2－1 计算结果，对 4 管排，有效布管数为 182 根；对 6 管排，可布 276 根。

如果布管时，将边部基管外壁都避开上述阴影区，可不考虑侧梁的影响，有效布管数即为设计传热管根数。其布管数量与上面计算结果基本相同。读者可自行排管试试。

（2）定位板的影响

管束沿长度方向要设置若干列定位板，间距在 1.5～1.8m 左右。不同长度的管束，定位板列数如表 4.2－1 所示。定位板的宽度 W_s 可取 50mm。厚度与管心距有关，一般在为 2.5～5mm 之间。定位板的作用主要是防止翅片管在安装和操作过程中的翘曲变形而影响传热效果。如图 4.2－2(b)所示，被定位板所遮蔽部分也是气流盲区，属无效传热段。管束的定位结构有多种形式，目前国内多用弯曲板式。定位板的下方用下支梁支托着，上部用上支梁压紧。所以上、下支梁的个数与定位板的列数相同。

表 4.2－1　管束长度和定位板定位板列数表

管束名义长度 L_g/m	3.0	4.5	6	9	10.5	12
定位板列数 N_s	1	2	3	4	5	6

（3）管端无效传热长度

近似取 80mm。

一般空冷器的名义长度 L_g 即为传热管的制造长度，则传热管的有效传热管长为

$$L_E = L_g - N_s \cdot W_s - 2 \times 0.080 \qquad (4.2-3)$$

式中　L_E——有效传热段管长，m；

N_s——定位板列数，无因次；

W_s——定位板宽度，m。

有效传热面积：

$$A_E = n_e \cdot L_E \cdot a_o \qquad (4.2-4)$$

式中　A_E——有效传热段面积(以基管外表面积为基准)，m^2；

n_e—— 有效传热管根数，无因次；

a_o—— 每米传热基管外表面积，m^2。

管束有效传热面积和以管束名义宽度 W_g 与长度 L_g 求得的传热面积有定的差异，特别是当 $L_g \leqslant 6m$；$W_g \leqslant 2m$ 时，引起的误差有时会达 10% 以上。传热面积在空冷器的设计或选用中十分重要，空冷器的设计工程师在提供的制造图中及空冷器厂商向用户提供的产品样本中所给出的传热面积都应为有效传热面积。

8. 迎风面积

我国空冷器的传热和阻力计算大多都是以管束迎风面上的风速为基准的，因此迎风面积也是管束计算中的一个重要参数。同有效传热面积计算考虑因数一样，管束迎风面由于被侧梁翼板、定位板和挡风板部分覆盖，实际迎风面积可用下式计算：

$$A_F = (B - 2E_w) \times (L_g - N_s \cdot W_s - 2 \times 0.080), m^2 \quad (4.2-5)$$

式(4.2－5)右端前括号项内表示了管束有效宽度，后括号项内表示了管束有效长度。空冷器厂商应在产品样本中提供各种规格管束迎风面积的实际数值。

9. 侧梁的结构和管束高度

管束高，一般指管束两侧大梁之高度，不包括管箱之进出口伸出高度。

(1) 侧梁的结构型式

侧梁的结构常有以下三种型式(见图 4.2－3)：

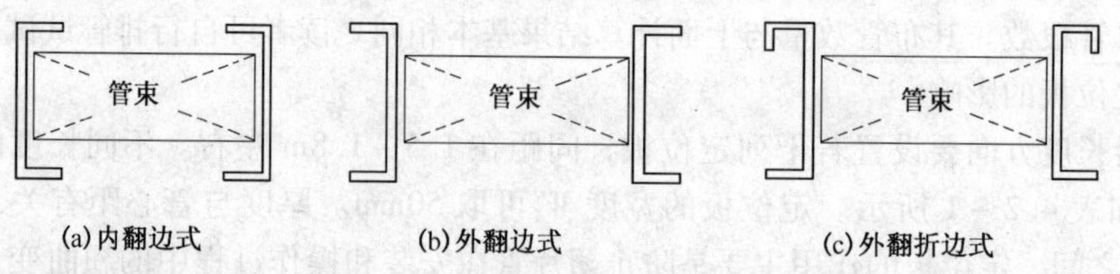

图 4.2－3　侧梁的结构型式

内翻边式在两边梁间排布传热管的空间利用率较高，是目前采用最多的一种型式。

外翻边式两边梁间的布管不受侧梁翼板的遮蔽，所有的布管都是有效的。多用在法兰管箱式管束和高压空冷器管束的边梁。

外翻折边式边梁的刚度较好，多用在 $L_g \geqslant 9m$ 和立式空冷器上，如冶金高炉空冷器上。

(2) 管束高度

管束高度 H 与侧梁的设计方式有关。一般侧梁有两种设计方式(见图 4.2－4)。侧梁宜用 8mm 钢板冲压而成，不宜选用大型槽钢，因槽钢的翼板太宽，对传热管的遮蔽过多。

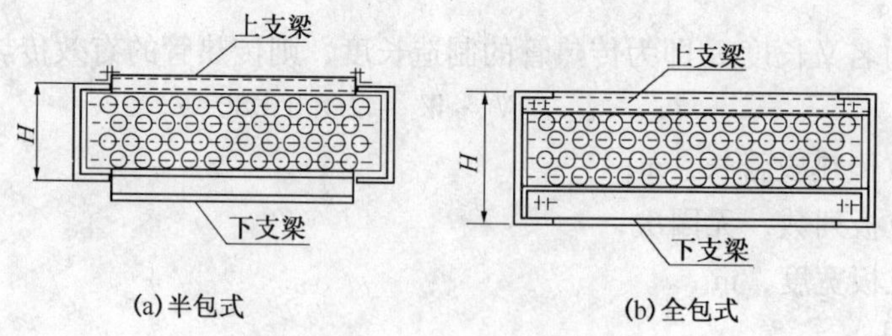

图 4.2－4　管束高度与侧梁型式

① 半包式：将上、下支梁(翅片管支承架)留在侧梁外，见图 4.2－4(a)，侧梁高度：

4 排管　$H \geqslant 280mm$

6 排管　$H \geqslant 400mm$

8 排管　$H \geqslant 500mm$

② 全包式：将上、下横向短梁包入侧梁之内，见图 4.2 - 4(b)，侧梁高度：

4 排管　$H \geqslant 400mm$

6 排管　$H \geqslant 500mm$

8 排管　$H \geqslant 600mm$

半包式侧梁高度较小，成型较容易。但不同厂商的产品互换性很差，由于结构设计参数选取不同，很容易造成管束的下支梁与构架相撞，管束的上支梁与百叶窗相撞。

全包式侧梁高度较大，成型、校平较费事。但由于管束侧梁的上、下表面平齐，不同厂商的产品互换性很强。对于系列化的标准设计，建议采用全包式侧梁结构。

4.3　翅片管型式

1. 翅片管基管

① 翅片管基管的外径最小为 25mm。

② 基管外径 25 ~ 38mm 的最小壁厚如表 4.3 - 1 所示。

表 4.3 - 1　翅片管基管的最小壁厚

基管材料	最小壁厚/mm	
	GB/T15386—94《空冷式换热器》	API661，Fifth Edition
碳钢或铁素体低合金钢(Cr≤9%)	2.5	2
高合金钢	1.8	1.6
非铁金属		1.6
钛合金		1.2

③ 对于镶嵌式翅片管的壁厚应为槽底至管内表面的测量值。

④ U 形管在拐弯处的不圆度不得超过管外径的 10%。

⑤ U 形管在拐弯处的最小壁厚不得低于下式的计算值：

$$t_d = \frac{1}{\left(1 + \frac{d_o}{4R_m}\right)} \tag{4.3-1}$$

式中　t_d——计算管壁厚度，mm；

d_o——基管外径，mm；

R_m——U 形管的平均半径，mm。

2. 翅片管型式

翅片管的型式繁多，根据资料介绍有 15 种以上。现将国内外常用的几种翅片管型式列表如下，见表 4.3 - 2。

表 4.3 - 2　几种常用的翅片管的特点和应用场合

型式	优点	缺点	应用场合
L 型	制造方便 价格低廉	抗振动能力差 在湿空冷器中使用寿命短	应用范围广：铝 - 铝，≤150℃ 允许工作压力：钢管，≤35MPa 铝管，≤0.25MPa

续表 4.3-2

型式	优点	缺点	应用场合
LL 型	传热性能比 L 型略好 抗大气腐蚀比 L 型强	价格较 L 型略贵	允许工作介质温度：钢-铝，≤170℃ 允许工作压力同 L 型 适用于湿空冷
G 型	传热效率比 L 型约高 20%	管外抗腐蚀能力差； 管壁有应力集中现象， 不能用于高中压场合	使用温度较高， 允许工作介质温度：钢-钢，≤350℃ 钢-铝，≤260℃ 允许工作压力，钢管，≤2.5MPa
KL 型	传热效率比 L 型约高 6%； 抗大气腐蚀比 L 型强	翅片与钢管的结合能力及承受冷热应变能力差	应用于对钢管表面保护要求较高场合，允许工作介质温度 ≤250℃
双金属轧片管（DR 型）	对振动的适应强； 可采用耐腐蚀内管； 抗大气腐蚀性能好 传热性能介于 L 型与 G 型之间	价格比 L 型贵 20% 制造难度比 L 型大 重量大	允许工作介质温度，钢-铝，≤280℃ 允许工作压力：≤32MPa 用于要求耐腐蚀的场合
椭圆型翅片管	传热性能比圆型翅片高 25%，管外阻力降低 10%~30%，能耗省 20%	制造工序多，复杂 价格昂贵	多用于自然通风场合

3. 几种常用翅片管参数

几种常用翅片管的型式见图 4.3-1，型式参数见表 4.3-3。

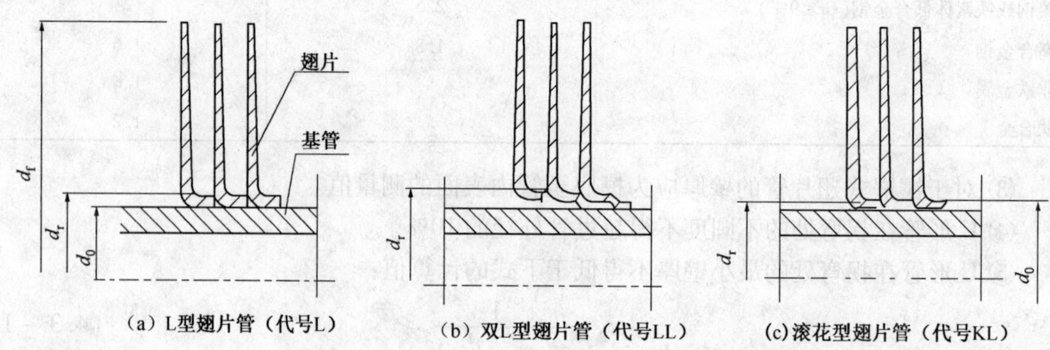

（a）L型翅片管（代号L）　（b）双L型翅片管（代号LL）　（c）滚花型翅片管（代号KL）

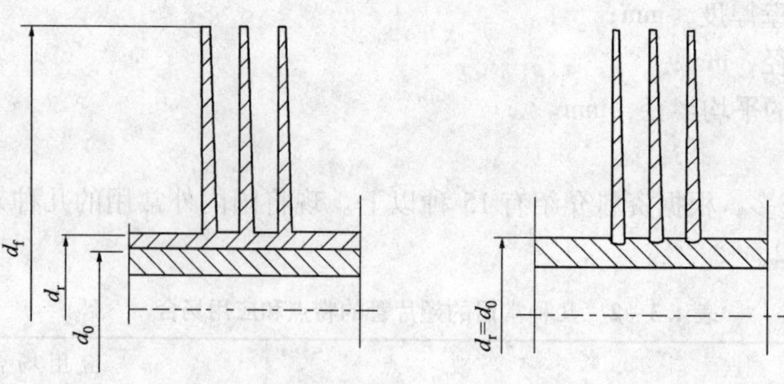

（d）双金属轧片管（代号DR）　（e）镶嵌型翅片管

图 4.3-1　几种典型的翅片管型式

表 4.3－3　几种常用翅片管参数

基管外径 d/mm	翅片参数						翅片管排列	
	翅片外径 D/mm	翅片名义厚度 S/mm		翅片数/m	翅片高度 h/mm	DR 型翅片管复层厚度 S_1/mm	管心距/mm	排列
		L、LL、KL、G	DR					
25	50	0.4	0.8	433 394	12.5	0.5	54 56 59	等边三角形
	57			354 315 276	16		62 63.5 67	

① 433 片/m 用于 L、LL、KL、G 型。

椭圆管矩形翅片管的结构如图 4.3－2，两种国内常用的参数尺寸见表 4.3－4。

表 4.3－4　国内两种椭圆管矩形翅片管的参数

	Ⅰ	Ⅱ
a_f	60	55
b_f	35	26
a	36	33.5
b	14	14

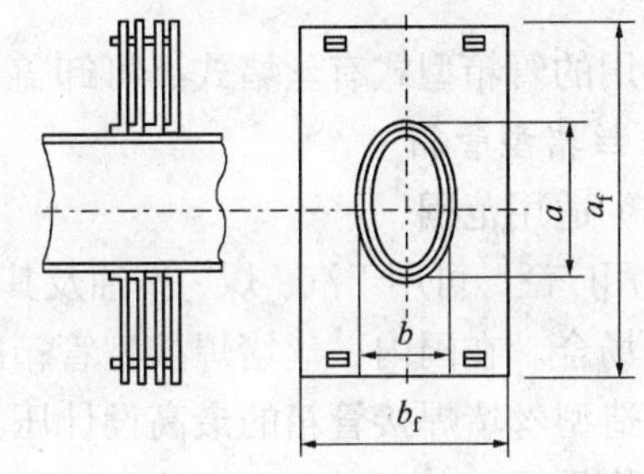

图 4.3－2　椭圆管矩形翅片管

不同翅片管的性能比较见表 4.3－5。

表 4.3－5　翅片管特性比较表

（根据 Gamavos 和 Gardner 对美国换热研究公司试验结果的对比数据）

满分		翅片管的类型	单 L 型翅片管（L）	双 L 型翅片管（LL）	滚花型翅片管（KL）	镶嵌型翅片管（G）	轮辐型翅片管（LF）	双金属轧片管（DR）	椭圆管套片管（TC）
		使用温度极限/℃	150	170	250	350	100	250	350
100	比较参数	新的和清洁管的传热系数	75	80	80	90	75	80	80
200		使用数月后传热系数的维持能力	140	150	170	180	140	150	180
50		翅片上结垢的速度	45	45	45	45	20	40	40
50		翅片弯曲校正难易程度	40	40	40	40	20	30	30
200		翅片污垢影响性能程度	160	160	160	160	100	150	160
100		每天承受多于两次热循环能力	60	70	70	90	70	80	90
50		抗铝和钢之间微小膨胀能力	20	30	45	45	30	40	(50)
50		空冷器管束翅片承重可能性	30	30	30	30	30	50	50
20		翅片尖端耐撕裂性	15	15	15	15	15	10	20
50		翅片尖端耐大气腐蚀能力	40	40	40	40	30	30	40
100		基管耐大气腐蚀能力	80	75	90	70	80	85	90
50		翅片和管子间接触压力	15	25	40	40	15	30	45
50		坚固程度	30	30	30	30	25	40	50
10		质量	7	8	7	8	7	9	10
200		相对价格	170	150	170	150	170	120	150
1070		总计	927	948	1032	1033	827	944	1095

注：表中的单位除使用温度外均为相对数值。

4. 翅片管型式和参数的选用原则

翅片管的翅化比选择，一般由管内膜传热系数决定。翅片面积愈大，折合到光管的空气侧传热系数也愈高，因此，管内膜传热系数高，采用高翅化比的翅片管，反之，应相应采用较低的翅化比的翅片管。一般认为，当管内膜传热系数在 1800W/(m^2·K)以上时，选用高翅片；传热系数在 1000 ~ 1800W/(m^2·K)之间时，采用高翅片或低翅片；在 1000W/(m^2·K)以下至 100W/(m^2·K)时选用低翅片。

当管内膜传热系数低于 100W/(m^2·K)时，则采用光管较经济。尤以黏度大(一般指动力黏度≥0.01Pa·s)及凝固点高的油品，如渣油空冷器应采用光管。

4.4 管箱结构型式

常用的管箱型式有丝堵式、可卸盖板式、集合管式、锻造管箱式等。

1. 丝堵型管箱

(1) 适用范围

应用广泛，可用于汽、煤、柴油及其他轻质油品和溶剂及介质污垢系数小于0.001m^2·K/W的各种场合。在国内，丝堵焊接型管箱的最高设计压力为 20MPa。

锻造型丝堵焊接管箱的最高设计压力可达 32MPa。丝堵型管箱的结构型式见图 4.4-1，丝堵结构见图 4.4-2。

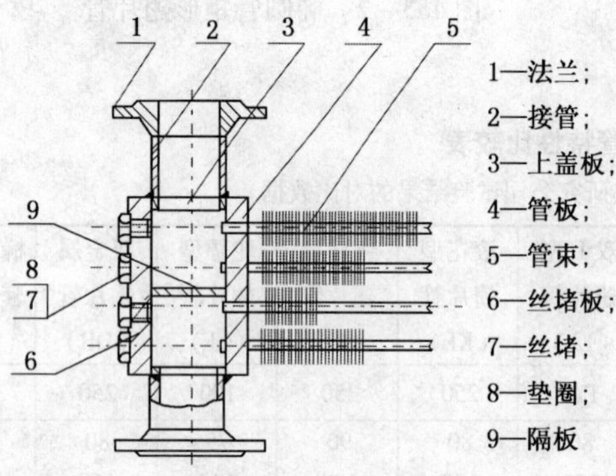

图 4.4-1 丝堵式管箱

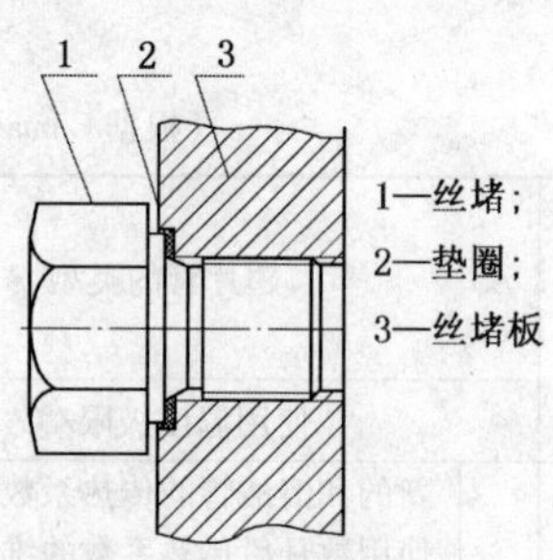

图 4.4-2 丝堵结构

(2) 优缺点

焊接丝堵型管箱的优点是可以直接采用厚钢板进行制造，容易成形，加工方便。缺点是丝堵及垫圈数量较多，机械加工量较大。

2. 可卸管箱

可卸管箱可分为可拆盖帽式管箱、可拆盖板式管箱、可拆半圆盖式管箱等几种型式，详见图 4.4-3。

(1) 适用范围

① 用于污垢系数大于 0.001m^2·K/W 的介质。

② 用于易凝介质。

③ 工作压力≤6.4MPa。

④ 图4.4－3(b)所示型式卸盖时不必拆卸管线法兰，图4.4－3(c)所示型式常用于不锈钢或铝质空冷管束上。

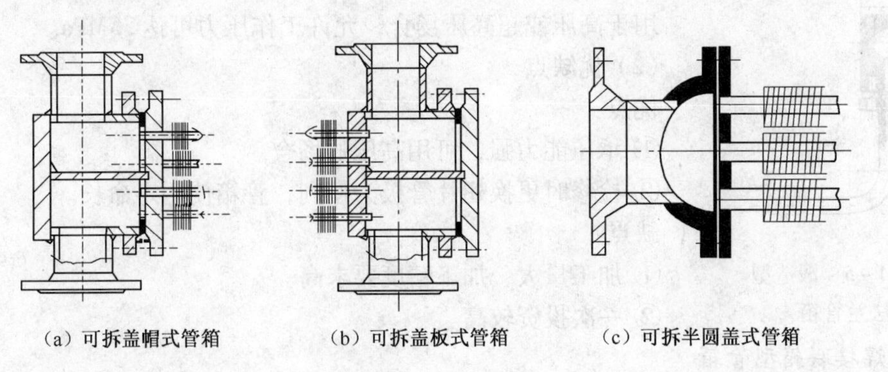

（a）可拆盖帽式管箱　（b）可拆盖板式管箱　（c）可拆半圆盖式管箱

图4.4－3　可卸管箱

(2) 优缺点

优点：可用于易凝的介质。当油品在管箱内凝结时可以打开盖板进行清洗。

缺点：①平板盖较重，检修不便；②为保证密封对加工要求较高。

3. 集合管型管箱

集合管管箱如图4.4－4所示，有A、B两种结构型式。A型集合管箱是将翅片管管端直接与集合管焊接而成。B型管箱是锻造方形丝堵管箱与圆形管集合管组焊而成的复合管箱。

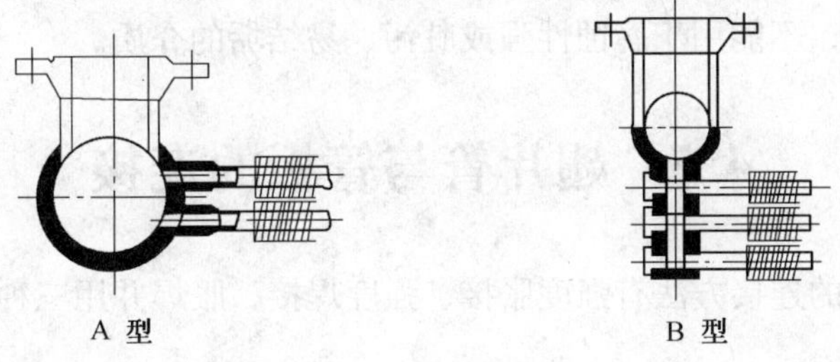

A 型　B 型

图4.4－4　集合管型管箱

(1) 适用范围

① 用于高压场合，允许工作压力$P \leqslant 35$MPa；

② 用于含氢介质；

③ 用于不锈钢管或其他耐腐蚀材料制作的集合管箱；

④ A型管箱可用于较清洁的工作介质；B型管箱为可清洗管箱，可用于较黏稠的工作介质。

(2) 优缺点

优点：可用于操作压力较高的场合。

缺点：① 对焊接要求较高；② A型在使用某些钢种时，结构设计应考虑便于焊后热处理。

4. 锻造型法兰管箱

锻造式法兰管箱如图4.4－5所示。它的主体是一个锻造的长方体中间钻孔而成，上端面与进口或出口接管通过透镜法兰连接，翅片管的弯头通过透镜法兰与箱体的下端面相连

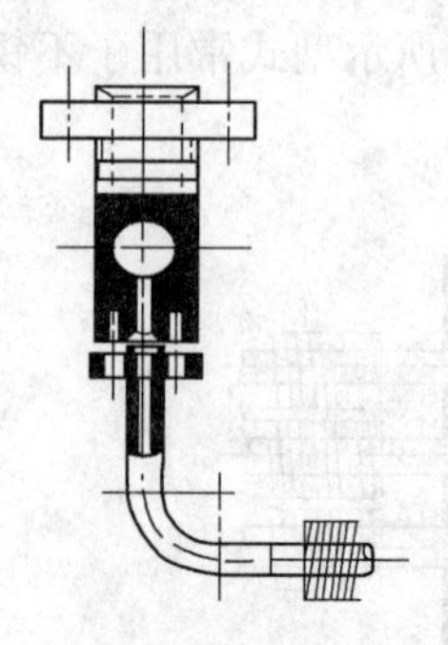
图4.4-5 锻造型法兰管箱

接。这种结构是可拆卸的。

(1) 适用范围

用于高压或超高压场合，允许工作压力可达35MPa。

(2) 优缺点

优点：

① 承压能力强，可用高压的场合。

② 检修时更换翅片管极为便利，管箱使用寿命长。

缺点：

① 加工量大，加工精度要求高。

② 一次投资较高。

5. 焊接联箱型管箱

与集合管型管箱不同的是，焊接联箱型管箱的管板为平板，管板与半圆形联箱组成全焊接式管箱，见图4.4-6。管板也可与其他形状的联箱组焊成有特殊要求的管箱，如图4.1-5所示结构。

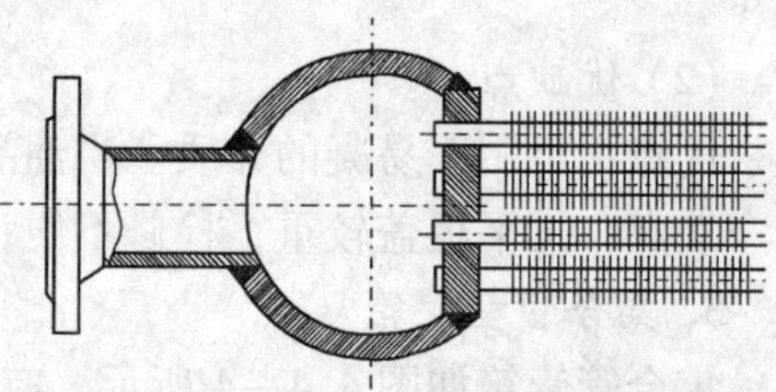
图4.4-6 焊接联箱型管箱

(1) 适用范围

用于负压操作场合，如石化厂减压塔顶抽空冷凝器和热电厂透平乏气冷凝器。

(2) 优缺点

优点：① 密封性好。② 结构简单，制造容易。

缺点：清洗困难，不能用于腐蚀性强或脏污、易结垢的介质。

4.5 翅片管与管板的连接

翅片管与和管板的连接方法有强度胀接、强度焊接、胀焊并用三种型式。

1. 强度胀接

强度胀接的适用条件是设计压力不大于4MPa；设计温度不高于250℃。

强度胀接的结构型式见图4.5-1。

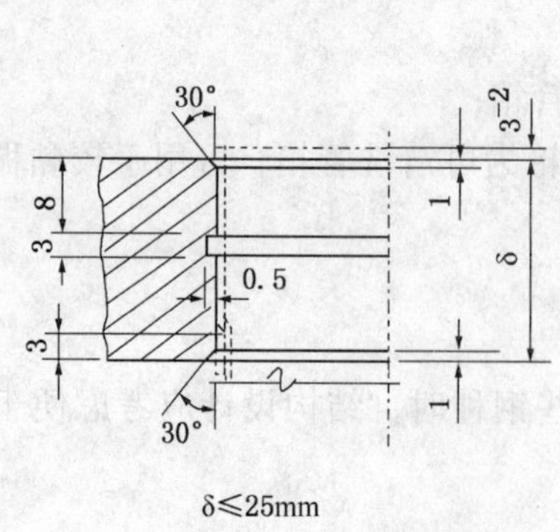

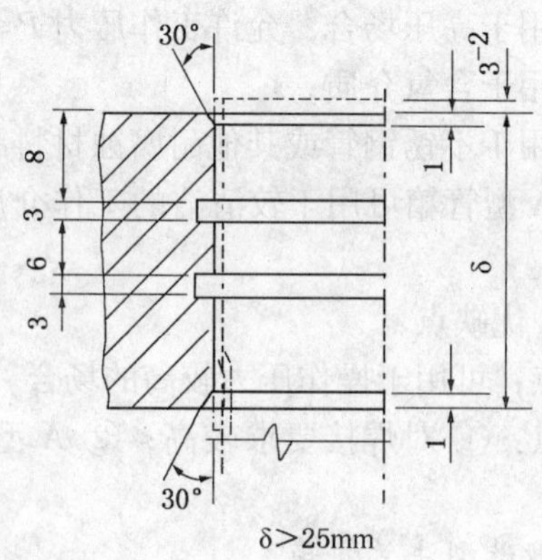

图4.5-1 强度胀接的结构型式

强度胀接的尺寸见表4.5－1。最小胀接长度应取管板的名义厚度减去3mm 和50mm 中的较小值。

表4.5－1　强度胀接尺寸　mm

基管外径 d_0	25	32	38
伸出长度 l	3^{-2}	4^{-2}	
槽深 K	0.5	0.6	
基管外径允差	±0.2	±0.3	
管孔直径允差	$25.25_0^{+0.15}$	$32.35_0^{0.2}$	$38.4_0^{0.2}$

2. 强度焊接

强度焊接的适用条件是设计压力不大于35MPa，但不适用于有较大振动的场合。

强度焊接的结构型式见图4.5－2。连接尺寸见表4.5－2。

表4.5－2　强度焊接尺寸

基管外径×壁厚	25×2.5	32×3	38×3
伸出长度 l	$1.5^{+0.2}$	$2.5^{+0.5}$	

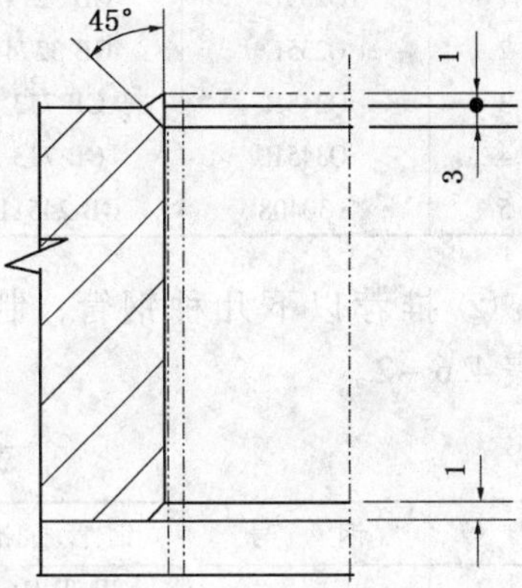

图4.5－2　强度焊接结构型式

3. 胀焊并用

胀焊并用适用于密封性能要求较高且有振动的场合。胀焊并用还分强度胀加密封焊和强度焊加贴胀两种型式，分别如图4.5－3、图4.5－4所示。

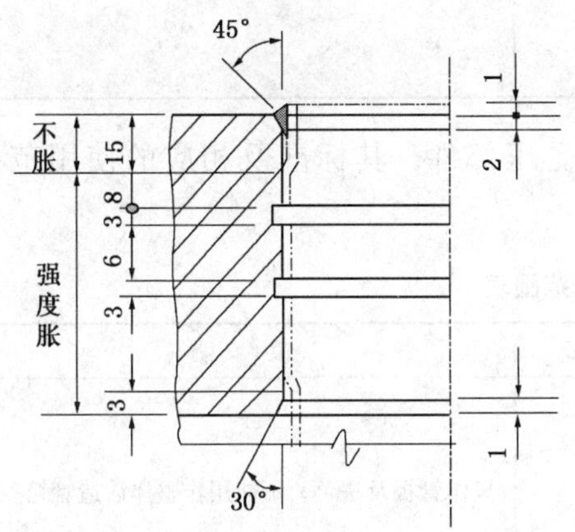

图4.5－3　强度胀加密封焊

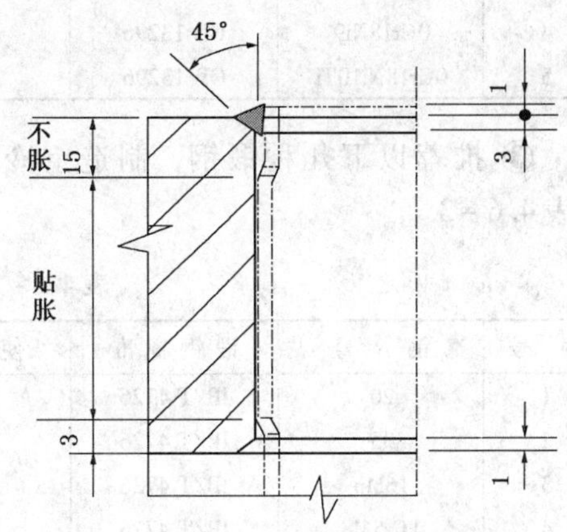

图4.5－4　强度焊加贴胀

4.6　管束材料

1. 管束钢结构及用于非受压部件的钢材

应符合GB 912《碳素结构钢和低合金结构钢热轧薄钢板和钢带》、GB 3274《碳素结构钢和低合金结构钢热轧厚钢板和钢带》、GB/T 699《优质碳素结构钢》、GB/T 700《碳素结构钢》、GB 713《锅炉和压力容器用钢板》、GB 24511《承压设备用不锈钢钢板及钢带》、GB/T

8163《输送流体用无缝钢管》、GB 9948《石油裂化用无缝钢管》、GB 13296《锅炉热交换器用不锈钢无缝钢管》、JB/T 4726《承压设备用碳素钢和合金钢锻件》、JB/T 4728《承压设备用不锈钢和耐热钢锻件》、JB/T 6397《大型碳素结构钢锻件 技术条件》有关条文的规定。

2. 管束中受压部件所用钢材

其选用原则、钢材标准、热处理状态及许用应力应按 GB 150《压力容器》的规定。

① 推荐以下几种钢板制造空冷器管束受压元件，其相应标准及使用范围如表 4.6－1。

表 4.6－1 钢板材料使用范围表

序 号	钢 号	钢板标准	使用温度范围/℃	说 明
1	Q235B	GB 3274	0～300	设计压力≤1.6MPa，厚度不得大于 40mm
2	Q235C	GB 3274	0～300	设计压力≤2.5MPa，厚度不得大于 40mm
3	Q245R	GB 713	上限 475	厚度大于 30mm 时应在正火状态下使用
4	Q345R	GB 713	上限 475	厚度大于 30mm 时应在正火状态下使用
5	S 30408	GB 24511	上限 700	固溶状态

② 推荐以下几种钢管，制造空冷器管束受压元件，其标准及相应的使用范围，如表 4.6－2。

表 4.6－2 钢管材料使用范围表

序 号	钢 号	钢管标准	使用温度范围/℃	说 明
1	10	GB/T 8163 GB 9948	－20～475	
2	20	GB/T 8163 GB 9948	－20～475	
3	1Cr5Mo	GB 9948	－20～550	
4	0Cr18Ni9	GB 13296	－196～700	
5	0Cr18Ni10Ti	GB 13296	－196～700	

③ 推荐以下几种锻钢，制造空冷器管束的受压部件，其标准及相应的使用范围如表 4.6－3。

表 4.6－3 锻钢使用范围表

序 号	钢 号	锻钢标准	使用温度范围/℃	说 明
1	20	JB/T 4726	≤475	只作管板及法兰，不能用作整体锻造管箱
2	35	JB/T 4726	≤475	
3	16Mn	JB/T 4726	≤475	
4	1Cr5Mo	JB/T 4726	≤600	
5	S30408	JB/T 4728	≤700	

3. 翅片管基管用钢管

应选用输送流体管、石油裂化用钢管或换热器管，选用相应标准中的较高级或高级。翅片用的铝带应为工业纯铝，并符合 GB8454 的规定。

4. 材料的基本性能及许用应力值：

见 GB 150.2 的相关规定。

4.7　管束支持梁的计算

空冷器的支持梁包括侧梁和下支梁，二者受力和变形状态不同。现分别讨论如下：

1. 侧梁的受力分析和计算

工作状态下侧梁的受力：工作状态下侧梁受到的力主要包括管束的自重、充水(或充液)重、百叶窗及其他附件，对引风式空冷器还应包括风筒及相关的风机重量。侧梁的失效，既有纵向弯曲应力过大的原因，也有沿侧梁的高度方向发生平面失稳的可能。

制造、储存、运输和安装状态下侧梁的受力：此状态下侧梁受到的力主要是管束的自重。由于管束的占地面积较大，通常都有两台以上的管束重叠放置，图4.7-1表示了管束在库存和运输中的放置情况。侧梁的受力集中，而且很大，容易沿高度方向发生平面失稳，造成局部扭曲变形。因此对管束的叠放数量要严加限制。

图4.7-1　储存、运输中的管束叠放

(1) 侧梁支承形式的简化及尺寸

空冷器管束侧梁的支承形式可简化为单跨简支，中部有若干个由支梁传递过来的集中载荷，如图4.7-2。由于两端管箱靠近支点，可以认为该部分重量 P_1 在支点上。用于计算的基本尺寸见表4.7-1。

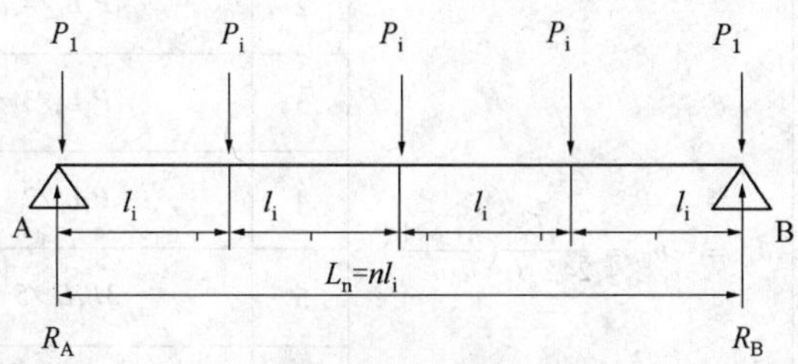

图4.7-2　管束侧梁支承及荷载形式

图4.7-2中　L_n——跨度，即梁的总长，m；

l_i——集中载荷间距，m；

n——集中载荷间距数量，见图4.7-2和表4.7-1；

P_1——梁端每个管箱的重力(包括开口法兰、节管)，N；

P_i——每个集中载荷量，即图4.7-2每个支梁所承受的载荷量，N；

R_A、R_B——支座反力，N。

表4.7-1　侧梁计算参数

管长/mm	跨度 L_n/m	集中载荷间距数量 n①	集中载荷间距 l_i	集中载荷 P_i 的个数
3000	2.700	2	$L_n/2$	1
4500	4.200	3	$L_n/3$	2
6000	5.700	4	$L_n/4$	3
9000	8.700	5	$L_n/5$	4
10500	10.200	6	$L_n/6$	5
12000	11.700	7	$L_n/7$	6

① 集中载荷间距数量 n 确定原则是以1/600的允许挠度考虑。例如，以 $\phi57/\phi25$，片距2.3mm的镶片管、管内充满350℃的流体，支撑间距1.8m时，计算其翅片管的挠度1.6mm，允许挠度为1800/600=3mm。计算挠度小于允许值，所以这一间距是适宜的。

（2）载荷

每个集中载荷P_i应按下式计算。

$$P_i = K_N(W_1 + W_2 + W_3 + W_4 + W_5) \tag{4.7-1}$$

式中 P_i——集中载荷，N；

W_1——长度为l_i的翅片管(或光管)全部重力载荷，N；

W_2——长度为l_i的侧梁自身重力载荷，N；

W_3——翅片管每列上、下支梁的重力载荷，N；

W_4——长度为l_i的全部传热管束充水载荷，N；

W_5——百叶窗重量分配到每根支梁上的载荷，N；

$K_N = 1.0 \sim 1.1$，管束载荷系数。K_N与设计载荷的选取精度有关，一般可取1.05。如果已知管束、百叶窗等实际总重和管箱重量，可将扣除两管箱重量后的管束、百叶窗重量分配到各受力点上。管束两端支点的各承重应再加上一个管箱的重量。此时取$K_N = 1.0$。

（3）计算公式

按简支梁，侧梁的支座反力和梁端转角的计算公式见表4.7-2。

表4.7-2 侧梁支座反力和梁端转角的计算公式

支座反力 N	梁端转角(弧度)	n	中部最大弯矩 M_{max}/N·m	跨中挠度 f_{max}/m
$R_A = R_B = \frac{P_i(n-1)}{2} + P_1$	$\theta_A = -\theta_B = \frac{P_i L_n^2}{24E_c I_c}(\frac{n^2-1}{n})$	2	$P_i L_n/4$	$\frac{P_i L_n^3}{48E_c I_c}$
		3	$P_i L_n/3$	$\frac{P_i L_n^3}{28.17E_c I_c}$
		4	$P_i L_n/2$	$\frac{P_i L_n^3}{20.21E_c I_c}$
		5	$3P_i L_n/5$	$\frac{P_i L_n^3}{15.87E_c I_c}$
		6	$3P_i L_n/4$	$\frac{P_i L_n^3}{13.09E_c I_c}$
		7	$6P_i L_n/7$	$\frac{P_i L_n^3}{11.15E_c I_c}$

注：E_c——材料的弹性模量，Pa；对于常温下的Q235材料$E_c = 193000 \times 10^6$ Pa。

I_c——梁的截面惯性矩，m^4；

L_n——梁的跨度，m；

M_{max}——梁的最大弯矩，N·m；

P_i——集中荷载，N；

f_{max}——梁端的最大挠度，m；

θ——梁端的最大转角，弧度。

（4）梁的截面参数计算

目前我国市场出售的槽钢最大尺寸$H = 400$mm，翼宽$E_w = 102$mm，不宜用于管束的侧梁。当$H \geqslant 400$时，建议采用钢板冷弯槽钢。大型冷弯槽钢(见图4.7-3)，各截面参数计算式如下：

截面积：
$$S_b = [(H-2r) + 2(E_W - r) + \pi r]\delta \tag{4.7-2}$$

惯性矩：
$$I_x = \frac{E_w H^3 - (E_w - \delta)(H - 2\delta)^3}{12} \tag{4.7-3}$$

回转半径：　$r_x = \sqrt{\frac{I_x}{S_b}}$　(4.7－4)

截面系数：　$W_x = \frac{E_W H^3 - (E_W - \delta)(H - 2\delta)^3}{6H}$　(4.7－5)

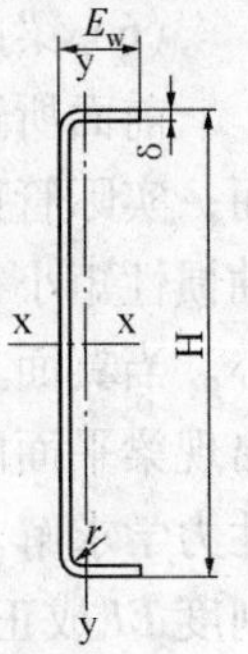

图4.7－3　冷弯槽钢侧梁

式中　S_b——侧梁的横截面积，mm^2；

H——冷弯槽钢高度，mm；

E_w——冷弯槽钢的翼宽，mm；

r——冷弯槽钢的弯曲半径，mm；

δ——冷弯槽钢的厚度，mm；

I_x——侧梁的截面上沿 $x-x$ 轴惯性矩，mm^4；

r_x——侧梁的截面上沿 $x-x$ 回转半径，mm；

W_x——侧梁的截面上沿 $x-x$ 截面系数，mm^3。

几种冷弯槽钢的截面参数如表4.7－3所示。

表4.7－3　冷弯槽钢的截面参数

槽钢尺寸/mm			截面积	质量	惯性矩	回转半径	截面系数
H	E_w	δ	S_b/mm^2	W_b/(kg/m)	I_x/mm^4	r_x/mm	W_x/mm^3
400	60	8	4032	31.65	74633216	136.05	373166
425	60	8	4232	33.22	87350433	143.67	411061
450	60	8	4432	34.79	101390949	151.25	450623
475	60	8	4632	36.36	116814866	158.81	491852
500	65	8	4912	38.56	138528789	167.93	554115
525	65	8	5112	40.13	157415506	175.48	599678
550	65	8	5312	41.70	177899723	183	646908
575	65	8	5512	43.27	200043939	190.51	695805
600	70	10	7200	56.52	284440000	198.76	948133
625	70	10	7450	58.48	316928021	206.25	1014170
650	70	10	7700	60.44	351744167	213.73	1082290
675	70	10	7950	62.41	388966563	221.19	1152494

(5) 许用条件

侧梁是结构件，它的破坏形式主要表现为材料的屈服，产生塑性变形。因此，强度设计值按GB 50017—2003《钢结构设计规范》的规定选用。在常温度下，对于Q235钢材，强度设计值$[\sigma]=215$MPa，$E_c=193000$MPa。即

$$\sigma = \frac{M_{max}}{W_x} \leqslant [\sigma] \qquad (4.7-6)$$

除满足强度条件外，还应满足梁在最大弯矩下的挠度要求。我国早期空冷器标准(JB 2942—91)规定了

$$f_{max} \leqslant \frac{L_n}{600} \qquad (4.7-7)$$

式中　f_{max}——梁在弯矩作用下的最大挠度，mm。

(6) 梁的平面失稳问题

前面所述梁的计算，都是基于简支梁为基准的，并且受力点都是通过梁的惯性中心。然而，实际管束的边梁高度 H 与翼宽 E_w 之比很大，$y-y$ 轴方向的惯性矩(见图4.7-3)比 $x-x$ 轴惯性矩小得多，特别是薄壁冷弯大型槽钢边梁更是如此，且受力点也不都会通过惯性中心。当翼面上的垂直力达到一定值(临界力)时，梁中某段的 $y-y$ 轴就会发生偏转或扭曲，出现梁平面的失稳，从而丧失了承载能力。这是一种平面上的弹性失稳问题，一般需要用弹性力学求解。根据受力分析，梁所承受的临界力是与梁的支撑点的间距成反比、与梁截面的刚度 EI 成正比。因此减少支撑点之间的距离，可增加梁的抗平面失稳性能。根据设计经验，管束支梁之间的距离 l_i 宜在1.5~1.7m之间，最大不应超过1.8m。此外，为了增加梁的平面抗弯刚度，可采用带加强筋的组合结构梁，图4.7-4所示结构为四管排管束侧梁的组合结构。其特点是：①在上、下支梁之间的侧梁立板上增加了槽形加强板，降低梁在此截面上的应力值；②在翅片管和侧梁内壁之间增加了加强筋，既可起到挡风(防止管束边缘空气短路)和边缘管束的定位作用，又能增加侧梁的刚度。

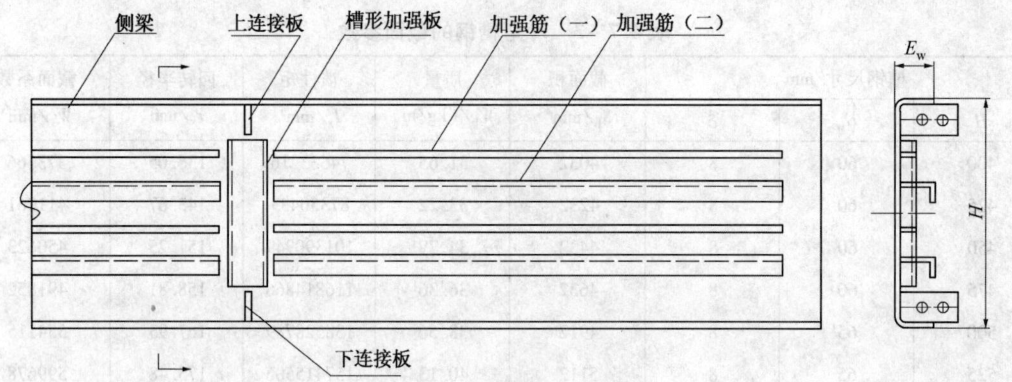

图4.7-4 侧梁的加强结构

图4.2-3(c)外翻折边式侧梁也是一种结构简单的加强型侧梁。

弹性力学求解过程比较繁琐，本书不再深入探讨。为了防止侧梁的平面失稳，空冷器在制造、库存、运输和吊装过程要制定严格的操作规范。

2. 下支梁的强度计算

下支梁可简化成受均布载荷的简支梁，如图4.7-5所示。

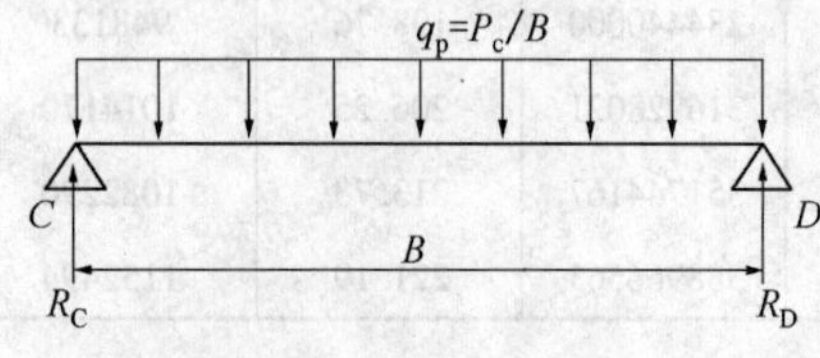

图4.7-5 管束支梁承载简化图

根据简支梁均布载荷计算公式

$$R_C = R_D = q_p \cdot B/2 = P_c/2 \tag{4.7-8}$$

$$M_{max} = q_p \cdot B^2/8 = P_c \cdot B/8 \tag{4.7-9}$$

$$f_{max} = \frac{5q_pB^4}{384E_cI_x} = \frac{5P_cB^3}{384E_cI_x} \tag{4.7-10}$$

支梁的校核，应满足下列条件

$$\sigma = \frac{M_{max}}{W_x} \leqslant [\sigma] \tag{4.7-11}$$

$$f_{max} \leqslant \frac{B}{600} \tag{4.7-12}$$

图4.7－5和式(4.7－8)～式(4.7－12)中

B——管束实际宽度，mm；

I_x——支梁沿 $x-x$ 轴的截面惯性矩，mm^4；

M_{max}——支梁中部最大弯矩，N·mm；

f_{max}——支梁中部最大挠度，mm；

R_C、R_B——梁端支座反力，N；

q_p——支梁的均布载荷，N/mm，$q_p=P_i/B$；

P_c——一个支梁上的总载荷，N；

$$P_c = K_N(W_1 + W_3 + W_4)$$

W_4——l_i长度传热管内的充水重，N；

W_1，W_3，l_i见式4.7－1和表4.7－1；

W_x——支梁的截面系数，mm^3；

[σ]——支梁材料的设计强度，MPa。

支梁一般选用标准工字钢或槽钢(见图4.7－6)。对于Q235材料，100℃下的[σ]＝215MPa，E_c＝191000MPa。

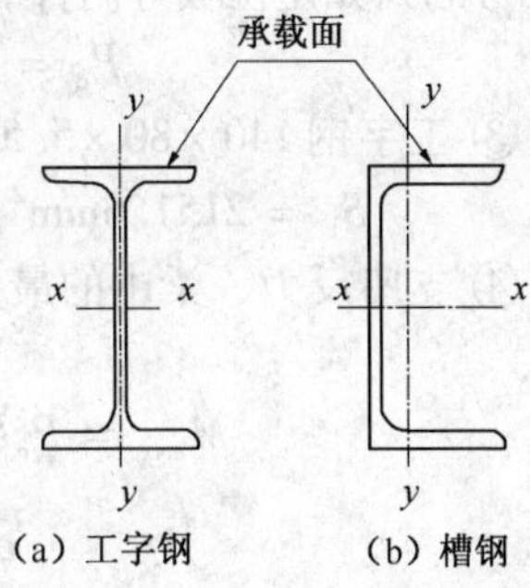

图4.7－6 常用支梁截面

【例4.7－1】 计算一 $P9\times3$，6排管的水平空冷器管束，实际宽度 B＝2970mm，传热管297根，为 $\phi57/\phi25$ 管轧制翅片管，管束总重10000kgf，其中含每个管箱重500kgf，百叶窗重400kgf。侧梁用8mm钢板冷弯制成，H＝525mm，E_w＝65mm；下支梁选用标准12.6工字钢，材料都为Q235－A，试校算管束的侧梁和下支梁的强度和挠度。

解： 侧梁的计算：常温下Q235A，[σ]＝215MPa，E_c＝193000MPa；

① 根据表4.7－1，两支持点跨度 L_n＝8700mm，n＝5均分，每段长 l_i＝8700/5＝1740mm；

② 每片管束一个侧梁承受的重力为：(10000＋400)×9.81/2＝51012N；

管箱的重量由端部支点承载，其余重量按5段均布到各支点上，取

各支梁点受力：9221N，　合计　9221×4＝36884 N；

两端支点受力：7064 N，　合计　7064×2＝14128 N；

总计　51012 N

因管束是按实际重量选取的，故过载系数 K_N 取1.00

按式(4.7－1)求载荷原则：$P_i=1.0\times9221=9221$N；

$$P_1=1.0\times7064=7064\text{N}$$

③ 冷弯槽钢的截面参数如下

$$S_b = 5112\text{mm}^2; I_x = 157415506\text{mm}^4; r_x = 175.84\text{mm}; W_x = 599678\text{mm}^3。$$

④ 梁中的最大弯矩和应力

$$M_{max} = \frac{3P_iL_n}{4} = \frac{3\times9221\times8700}{4} = 60167025\text{N}\cdot\text{mm}$$

$$\sigma = \frac{M_{max}}{W_x} = \frac{60167025}{599678} = 100.3\text{MPa}$$

⑤ 梁中的最大挠度

$$f_{max} = \frac{P_i L_n^3}{15.87 E_c I_x} = \frac{9221 \times 8700^3}{15.87 \times 193000 \times 10^6 \times 157415506} = 12.6\text{mm}$$

⑥ 评定

$$\sigma < [\sigma] \qquad 合适!$$

容许挠度$[f] = L_n/600 = 8700/600 = 16.2$mm

$$f_{max} < [f] \qquad 合适!$$

下支梁的计算：取 100℃下 Q235 - A 材料的机械性能：$[\sigma] = 215$MPa，$E_c = 191000$MPa；

① 跨度 $B = 2970$mm；

② 载荷 $P_c = K_N(W_1 + W_3 + W_4)$，N；

翅片管每米重 2.3kgf，则 $W_1 = 297 \times 1.74 \times 2.3 \times 9.81 = 11660$N，

下支梁选用 I14，上支梁选用[8，$W_2 = 725$N，

充水重：$W_4 = (\pi/4 \times 0.02^2) \times 1740 \times 279 \times 9.81 = 1496$N，

考虑到如定位板等附件，取 $K_N = 1.05$，

$$P_c = 1.05 \times (11660 + 725 + 1496) = 14575\text{N}$$

③ 工字钢 140×80×5.5 截面参数如下：

$$S_b = 2151.6\text{mm}^2; I_x = 7120000\text{mm}^4; r_x = 57.6\text{mm}; W_x = 102000\text{mm}^3。$$

④ 支座反力、梁中的最大弯矩和应力：

$$R_C = R_D = P_c/2 = 7288\text{N}$$

$$M_{max} = P_c B/8 = 14575 \times 2970/8 = 5410968.75\text{N} \cdot \text{mm};$$

$$\sigma = \frac{M_{max}}{W_x} = \frac{5410998.75}{102000} = 53.1\text{MPa}$$

⑤ 梁中的最大挠度

$$f_{max} = \frac{5 P_c B^3}{384 E_c I_x} = \frac{5 \times 14575 \times 2970^3}{384 \times 91000 \times 7270000} = 3.6\text{mm}$$

⑥ 评定

$$\sigma < [\sigma] \qquad 合适!$$

容许挠度$[f] = B/600 = 2970/600 = 4.95$mm

$$f_{max} < [f] \qquad 合适!$$

⑦ 连接螺栓的计算

下支梁是用螺栓与侧梁连接，每端用 2 个螺栓固定。作用在螺栓上的剪力为 R_C（或 R_B）。取螺栓的规格为 M16，螺栓的根径为 13.834mm。作用在螺栓上的剪应力

$$\tau = \frac{7288}{\frac{\pi}{4} \times 13.834^2 \times 2} = 24.25\text{MPa}$$

当温度≤100℃时，按 GB50017 - 2003 的规定，4～8 级普通螺栓，抗剪强度设计值 $[\tau] = 140$MPa。

$$\tau < [\tau] \qquad 合适!$$

4.8 管束定距结构

管束的传热管是靠两端管箱固定而保持一定的管间距。但因管子细长，挠度很大；操作

时各传热管的壁温有差异，管子的热伸长量也不同。如不沿管长方向加以定位，传热管会扭曲、弯翘，极大地影响了传热效果。因此翅片管定距结构是管束必不可少的部分。定距结构位于管束上、下支梁之间的传热管中，靠上、下支梁压紧和支托着。根据形状不同，定距的结构有圆环形定位盒、六角形定位盒、组合定位槽及波形定位板等几种形式。

1. 圆环形定位盒

圆环形定位盒是两底面呈圆环形的空心柱体。它由 0.8 ~1.0mm 的钢板在专门的模具上冲压成两个半环。当翅片管制成后，在一定位置上(上、下支梁所在的位置)将两个半环对扣在翅片上点焊固定(见图 4.8 -1)。

对于管心距为等边三角形布置的翅片管，圆环的外半径：$R_1 = S_1/2 - 0.5$，mm；内半径：$R_2 = d_r/2 + 1$，mm。

d_r为翅片管翅根直径，mm；S_1为管心距，mm；d_f、d_r和 S_1 详见图 3.4 -3。

一根翅片管上定距盒的个数，也就是管束下支梁的个数。这种定位盒必须预先与翅片管固定好，再将翅片管与管箱组焊。我国早期空冷器管束多采用此结构。它的优点是翅片管定距效果好，缺点是制造和安装较费事，对定距盒的尺寸精度较高。

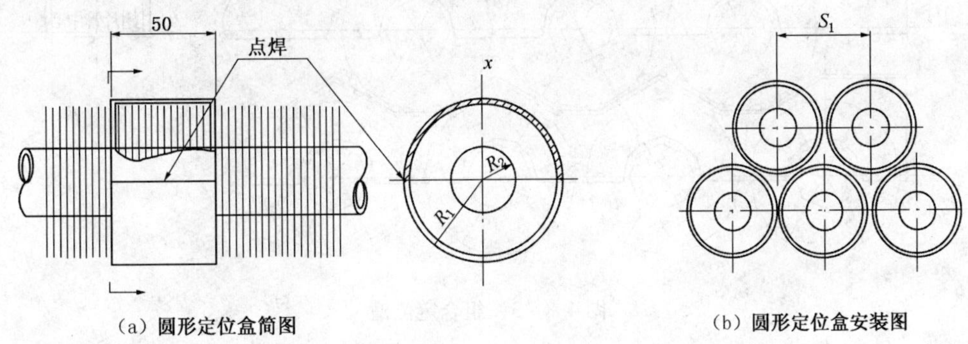

（a）圆形定位盒简图　　（b）圆形定位盒安装图

图 4.8 -1　圆形定位盒

2. 六角形定位盒

六角形定位盒结构简图如图 4.8 -2 所示，它是正六面体空心盒，由 0.8 ~1.0mm 厚的钢板在专用机械上冲压成两个半环，其安装工艺与圆形定位环完全一样，图中：

$$B_y = S_1 - 1, \text{mm}; \qquad R_2 = d_r/2 + 1, \text{mm}$$

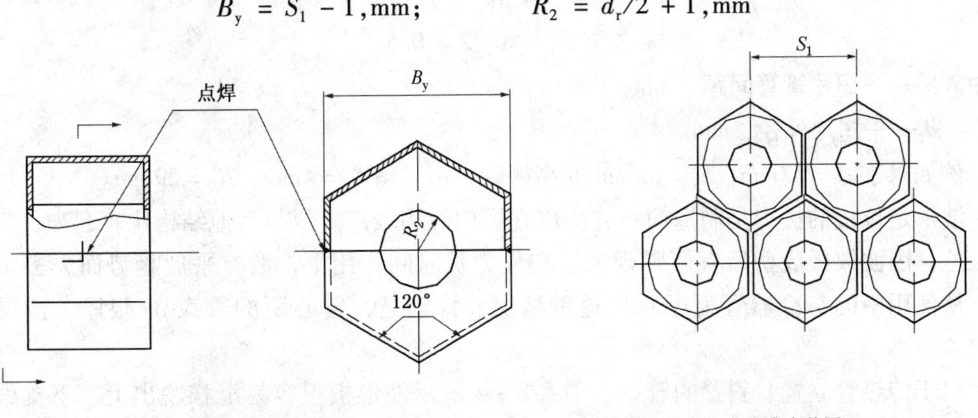

(a)六角形定位盒简图　　(b)六角形定位盒安装图

图 4.8 -2　六角形定位盒

六角形定位盒的定距效果比圆形定位盒更好，基本限定了每根翅片管的位置不会偏移。六角形定位盒适用于等边三角形布置的翅片管。缺点是制造和安装很费事。

3. 组合定位槽

组合定位槽如图 4. 8 - 3 所示，它是把多个半六角空心环联合在一起，组成一条槽形联合结构。当每排翅片管与管箱定位后将定位槽嵌进翅片外。因一排管仅扣进一组定位槽，不用焊接，十分方便，定距效果也很好。组合定位槽是空冷器传热管较理想的一种定位结构，适应于不同参数的翅片管束。只是成型较费事，国内使用不多，但国外空冷器应用较广。

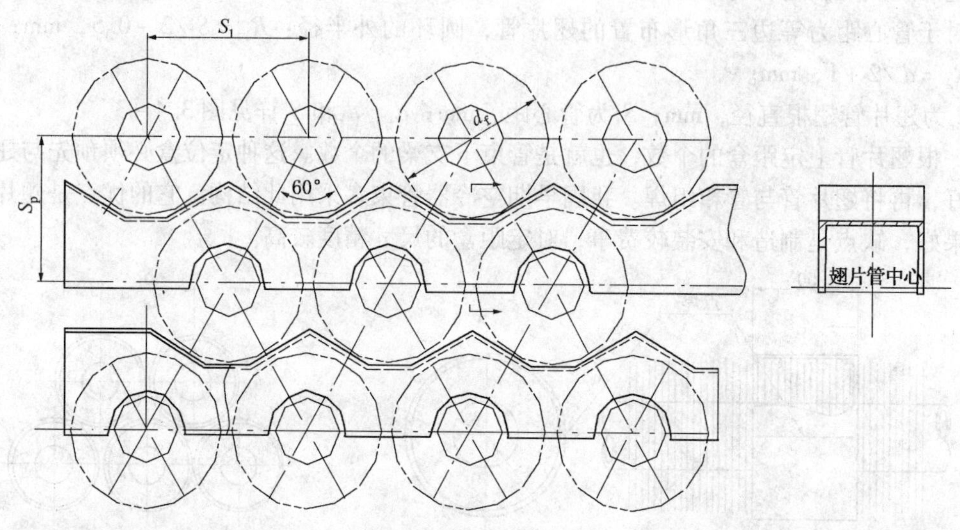

图 4. 8 - 3 组合定位槽

4. 波形定位板

波形定位板如图 4. 8 - 4 所示，它由一定厚度钢板冲压成波形，波形板宽一般为 50mm。波形板有两个重要参数：板厚 δ_y 和波谷的内半径 R_1。对正三角形排列的翅片管，δ_y 和 R_1 计算如下：

$$\delta_y = S_1 - d_f - 1 \tag{4.8-1}$$

$$R_1 = d_f/2 + 0.5 \tag{4.8-2}$$

式中 S_1——翅片管管间距，mm；

d_f——翅片外径，mm。

例如对于 $d_f = 57$mm，$S_1 = 62$mm 的高翅管，可求得 $\delta_y = 4$mm，$R_1 = 29$mm。

波形定位板的优点是制造简单，所以在国内应用较广。但与其他结构比较起来，定距效果最差。因波纹板成型后有回弹现象，在外力长时间作用下，波有平展趋势而失去定距功能，从使用中的空冷器管束可看出这种情况。特别是大管心距的管束 δ_y 很厚，情况更为突出。

对于传热管立置、斜置的管束，图 4. 8 - 4 所示波形板很容易滑移脱出上、下支梁固定位置，使波形板丧失了定距作用。改进后的波形定位板如图 4. 8 - 5 所示，在波形板上增加了两个厚度为 1. 2mm 的固定板，安装时将固定板嵌入翅片齿缝中以防滑移。这种结构对传热管立置、斜置的管束是十分有效的，也可用于水平式管束。

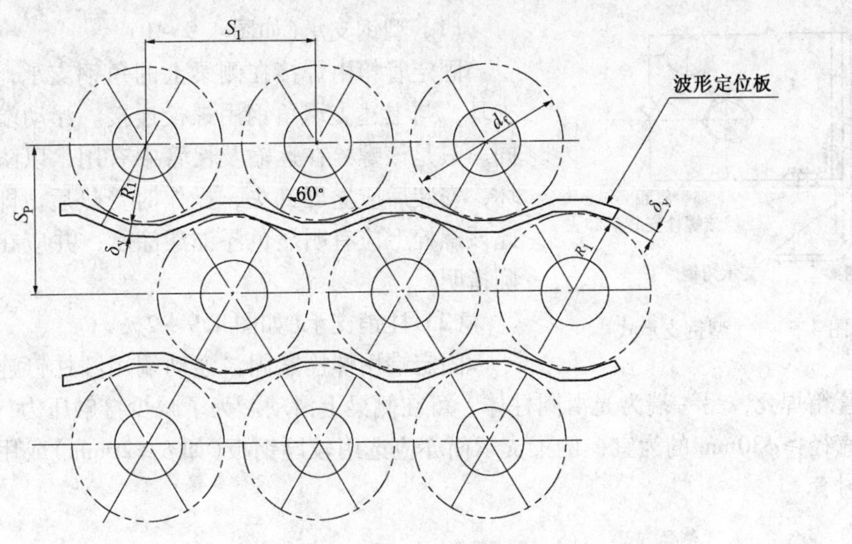

图 4.8－4　波形定位板

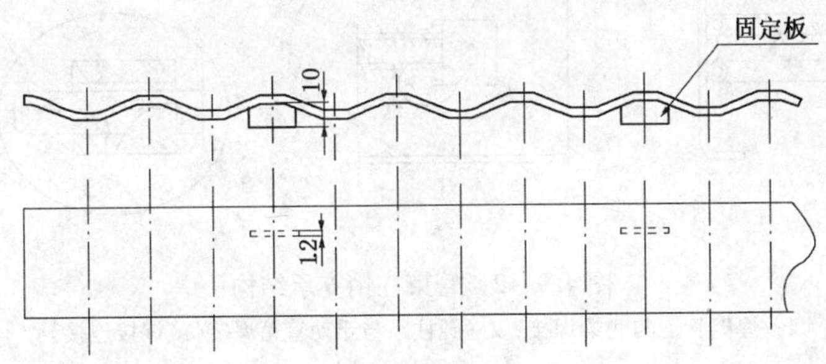

图 4.8－5　改进后的波形定位板

4.9　管束热补偿设计

1. 管束热补偿

管束在构架上的横向位置，至少在两边各有 6mm，或一边有 12mm 的移动量。

管束工作时，翅片管长度(可达 15m)方向的热膨胀将引起管束的位移，尤其是多行程管束，各行程间的温差将产生相对位移。如不采取措施会引起管子弯曲、开裂、构架变形损坏、胀口泄漏等事故。因此必须对空冷器管束作热膨胀计算及热补偿设计。一般应遵守下列原则：

① 任何管束的管箱(包括管子)与管束框架槽钢间必须有一端可以沿长度方向自由伸缩，同时还应允许沿管箱宽度方向也有热位移的可能。

② 确定管束固定端和自由端，只允许向自由端作热位移的浮动。一般以进出口管线的一端为固定端。对于单管程管束可视进口管箱为固定端。

③ 以管束侧梁为固定基座。固定端管箱与侧梁作紧固连接，自由端管箱仅依靠侧梁为重力支承，但应允许支承点作长度及宽度方向的浮动。

2. 管束热补偿的方法

管束热补偿有多种方法，下面列出四种：

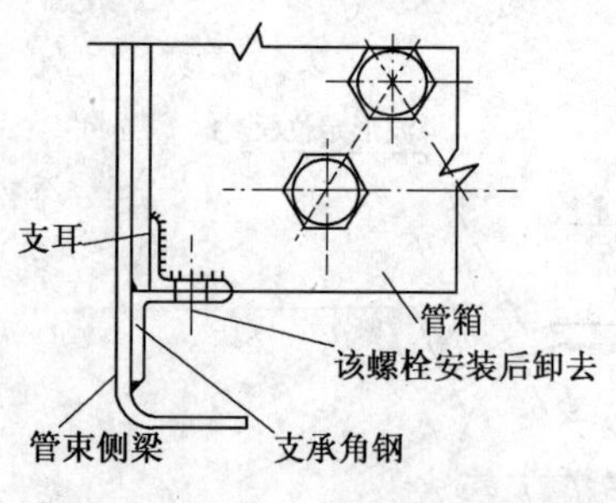

图 4.9－1　型钢支承式

（1）型钢支承（如图 4.9－1）

固定管箱由焊接在侧梁上的角钢支承，管箱上焊有支耳，与上述支承角钢用螺栓连接。浮动端结构与此相同。只是该螺栓在运输及保管中有用，以防管束受振损坏，安装后应立即卸去，操作时受热后，即可滑动。因此该螺栓上应有明显色泽油漆涂示，并应在说明书中明确指明。

（2）柱销支承（如图 4.9－2）

固定端用螺栓紧固，浮动端用圆柱钉连接，该柱销一端与管箱焊死，另一端为光滑圆柱体，可在侧梁上滑动。为了减少接触压力，此圆柱销钉应选用直径≥ϕ30mm 的为宜，侧梁支承面亦应选用较厚钢板（如 δ≥20mm）或用一段厚壁钢管作为衬套。

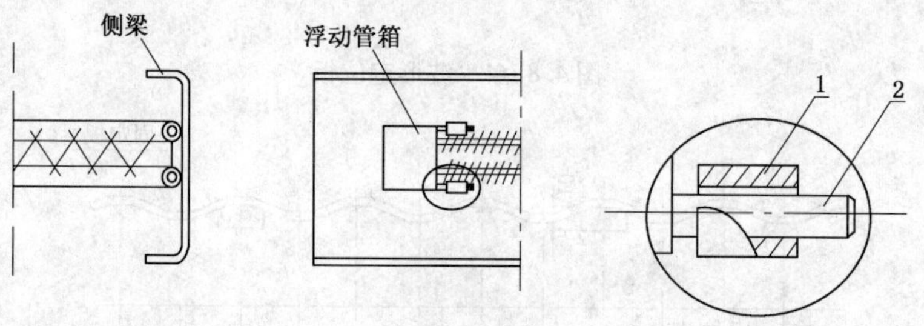

图 4.9－2　管束柱销支承结构

1—厚壁管，与侧梁焊接；2—圆柱，与浮动管箱焊接（或螺接连接）

（3）U 形管弯头

在某些情况下，U 形管弯头可以代替浮动管箱作一定程度的热补偿，但仅限用于水蒸气，并须经专门研究。

（4）分解管箱

多管程管束运行中，同一管箱流体的进出口温差很大，如碳钢管束大于 110℃，或不锈钢管束大于 80℃时，进口管程管子的热位移远比出口管程管子大，可能使管束弯曲变形，见图 4.9－3（a）。此时应采用分解管箱可以解决热补偿的问题，见图 4.9－3（b）。

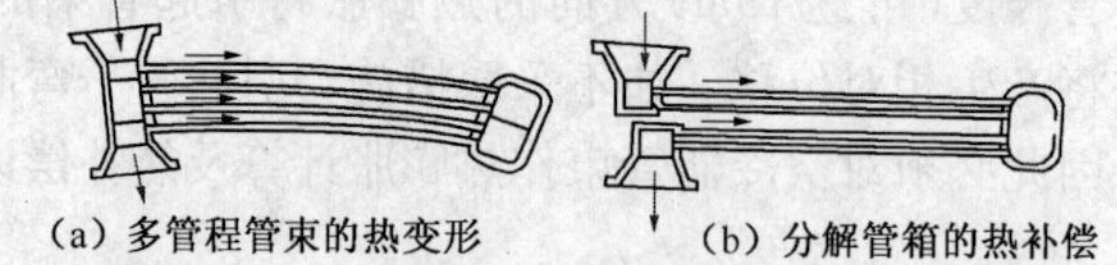

（a）多管程管束的热变形
（b）分解管箱的热补偿

图 4.9－3　多管程管束的热变形及分解管箱的热补偿

分解管箱的管子数量的分配可参考图 4.9－4 中各种形式加以选定。

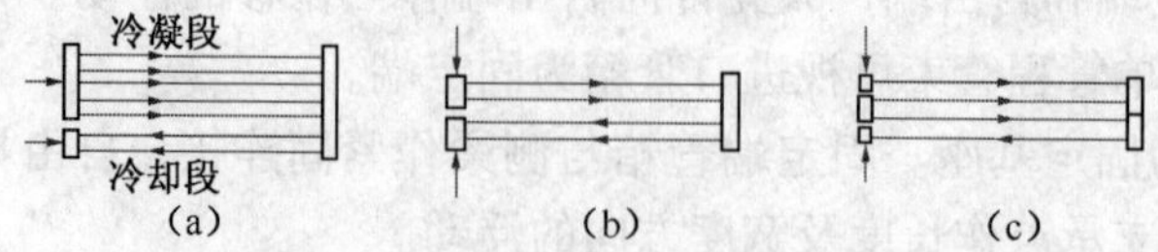

图 4.9－4　分解管箱的几种型式

4.10　管箱设计的一般原则

1. 一般规定

(1) 管箱的允许工作压力

不同型式管箱的工作压力如表4.10－1所示。

表4.10－1　各种管箱的允许工作压力

管箱型式	允许工作压力/MPa
可卸盖板板式、可卸帽盖式	≤6.4
丝堵式	≤20
集合管式	≤35

(2) 设计温度

当未给出最高操作温度时，设计温度应不低于给定的流体进口温度加上30℃。

(3) 设计压力

当未给出最高操作压力时，设计压力按流体进口压力再加10%或加上0.18MPa，选其大者。

(4) 材料要求

管箱选用的板材和管材，其化学成分、机械性能、材料的检验及热处理应符合GB 150中对材料的各项规定。

(5) 许用应力

常用材料按本章第六节选取，如选用其他材料时，其安全系数可按表4.10－2之规定。

表4.10－2　安全系数表

材　料	对常温下的最低抗拉强度 R_m	对常温或设计温度下的最低屈服点 R_{eL}（或 R^t_{eL}）
碳素钢、低合金钢	$n_b \geqslant 2.7$	$n_s \geqslant 1.5$
高合金钢	—	$n_s \geqslant 1.5$

(6) 壁厚附加量

壁厚附加量 C 按下式确定：

$$C = C_1 + C_2 + C_3 \quad (4.10-1)$$

式中　C——壁厚附加量，mm；

C_1——钢板或钢管厚度的负偏差，mm，钢管和钢板厚度的负偏差，按国家最新钢材标准选取，当厚度负差不大于0.25mm，且不超过板材（或钢管）的6%时，可忽略不计；

C_2——根据介质腐蚀性和设备使用寿命而定的腐蚀裕度，mm；

C_3——钢板在冷热加工过程中减薄量，mm。

关于腐蚀裕度的选择原则如下：

① 对于所有与操作介质接触的表面应给出腐蚀裕度；垫片接触表面不给腐蚀裕度。

② 对碳素钢及低合金钢最小腐蚀裕度为3mm。

③ 管程隔板或加强筋板的每侧都应留有腐蚀裕度。

④ 对于开槽盖板与管板表面的有效腐蚀裕度，可以考虑等于管程隔板槽深的厚度。

⑤ 对不锈钢腐蚀极微时，腐蚀裕度为零。

(7) 最小壁厚

管箱各部分钢板的名义厚度应不低于表 4. 10 – 3 所示的最小值。

表 4. 10 – 3　管箱各部分钢板的最小厚度 mm

	碳素钢或低合金钢	高合金钢及其他耐腐蚀材料
管板	20	16
丝堵板	20	16
顶、底板及端板	12	10
可卸盖板	25	25
管程隔板或加强筋板	12	6

表4. 10 – 3 中，各种钢板的厚度，对任何碳素钢或低合金钢均已包括最大为 3mm 的腐蚀裕度；对任何高合金钢或其他耐腐蚀材料未考虑腐蚀裕度；管程隔板及加强板的名义厚度，对碳素钢及低合金钢，包括每侧最大为3mm 的腐蚀裕度在内不得小于12mm；对高合金钢及其他耐腐蚀钢材，不考虑腐蚀裕度时至少为 6mm。

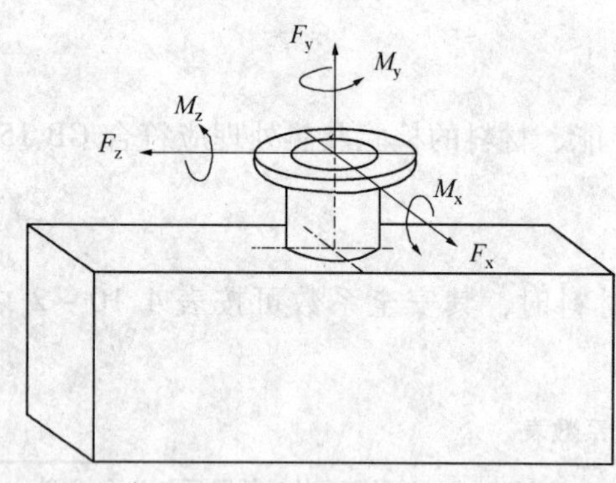

图 4. 10 – 1　接管受力和弯矩示意图

(8) 流通横截面积

管箱各管程的流通横截面积应大于等于相应管程翅片管的流通面积，管箱中的横向流速应不超过接管中的流速。

(9) 接管或接头一般应与管箱的内表面齐平

(10) 接管弯矩

管箱接管扣除腐蚀裕量后允许承受的弯矩和力见图 4. 10 – 1 及表 4. 10 – 4。

表 4. 10 – 4　接管允许承受的弯矩和力

公称直径/mm	弯矩/N · m			力/N		
	M_x	M_y	M_z	F_x	F_y	F_z
50	95	162	95	668	890	668
80	270	405	270	1335	1113	1335
100	540	810	540	2225	1780	2225
150	1418	2025	1080	2670	3338	3338
200	2025	4050	1485	3783	8900	5340
250	2700	4050	1688	4450	8900	6675
300	3375	4050	2025	5563	8900	8900
350	4050	4725	2363	6675	11125	11125

承受表 4. 10 – 4 所示的弯矩和力的接管的最小壁厚见表 4. 10 – 5。

表 4.10－5　承受表 4.10－4 的弯矩和力时相应的管壁厚度　mm

接管公称直径	50	80	100	150	200	250	300	350
接管直径×壁厚	57×5	89×6	108×6	159×7	219×8	273×9	325×10	377×12

2. 管箱排孔削弱系数 η 的计算

管箱的排孔补强是整体(加厚)补强，并且都不考虑传热管的加强作用。因此管箱强度设计时必须计算排孔的削弱系数。图 4.10－2 所示为排孔的几种形式，本节主要讨论空冷器常用的等距离交错排孔[图 4.10－2(a)]，对不等距离或平行排孔[图 4.10－2 (b)]不再做介绍。文中除特别提出外，所指的“排孔的削弱系数”都是等距离交错排孔削弱系数。

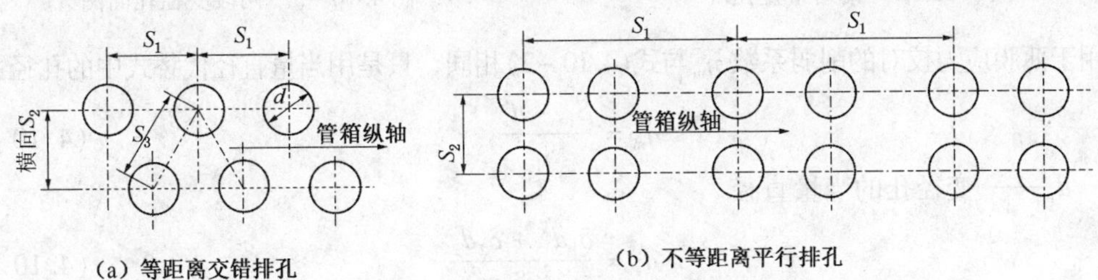

图 4.10－2　排孔方式图

另外，无论是圆形管箱还是矩形管箱，内压作用下，沿纵向壳壁的薄膜应力总大于周向薄膜应力。空冷器的布管是沿纵轴方向等距离交错排布，所以空冷器管箱一般是计算纵轴方向的排孔削弱系数或当量纵轴方向的排孔削弱系数，必要时才对周向的排孔削弱系数加以核算。

(1) 平板上排孔削弱系数的计算

① 等直径排孔的削弱系数

等直径的排孔，用于薄膜应力校对的排孔的削弱系数 η_m 和用于弯曲应力校对的排孔的削弱系数 η_b 是相同的。对单排或错列多排孔

$$\eta_m = \eta_b = \frac{S_1 - d}{S_1} \tag{4.10-2}$$

式中 S_1——管箱纵轴方向管心距，mm；

d——管箱排孔开孔直径，mm。

如果需要对横向排孔进行校对时，可将横向间距代替式(4.10－2)中的 S_1 计算横向排孔削弱系数，用纵向排孔的削弱系数确定的壁厚，代入周向应力计算式中，确定周向应力值和最大工作压力。

尺寸 d、S_1、S_2 见图 4.10－3 和图 4.10－4。对开孔为正三角形排列，一般没有必要进行横向排孔削弱系数的校对，除非横向应力很大时。

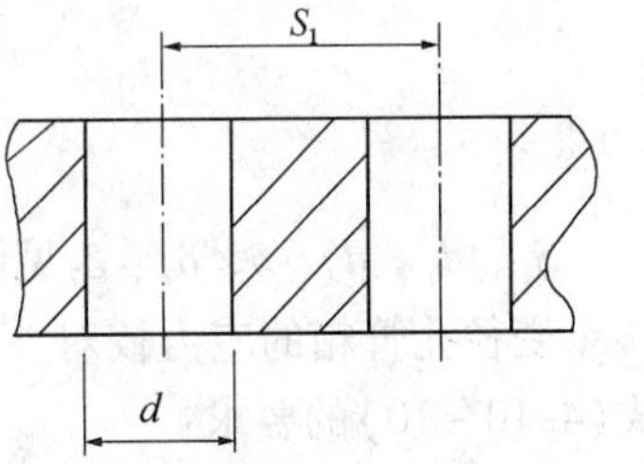

图 4.10－3　排孔孔径

② 变径孔排孔的削弱系数

所谓“变径”，是指同一开孔有多段阶梯孔径所组成。变径孔的排孔，用于薄膜应力校对的削弱系数 η_m 和用于弯曲应力校对的削弱系数 η_b 不相同。这里主要介绍两段变径孔(见图 4.10－5)削弱系数的计算，对于两段以上的变径孔计算，详见文献[18]。

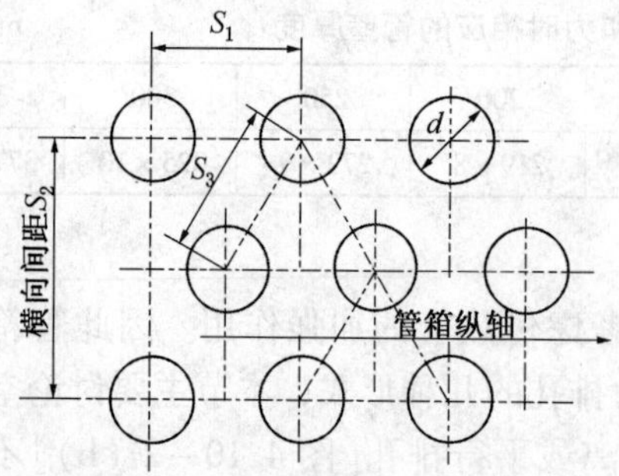

图 4.10-4 错列布置孔桥

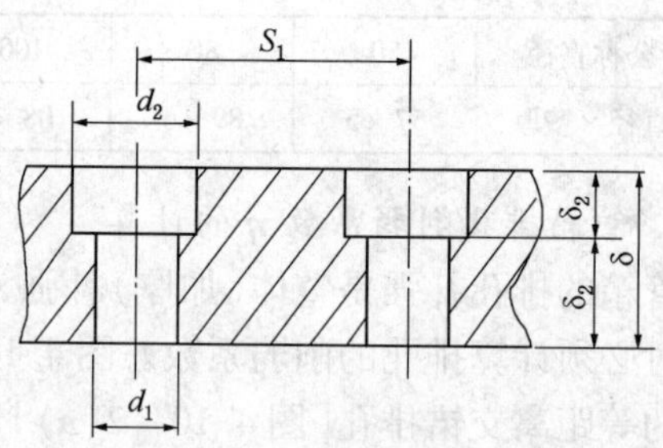

图 4.10-5 两段变径孔简图

用于薄膜应力校对的削弱系数 η_m 与式(4.10-2)相同，只是用当量直径代替式中的孔径：

$$\eta_m = \frac{S_1 - d_e}{S_1} \tag{4.10-3}$$

式中 d_e——变径孔的当量直径

$$d_e = \frac{\delta_1 d_1 + \delta_2 d_2}{\delta} \tag{4.10-4}$$

用于弯曲应力校对的削弱系数 η_b，用下式表示：

$$\eta_b = \frac{6I_b}{\delta^2 e_k S_1} \tag{4.10-5}$$

式(4.10-5)中

$$I_b = \frac{1}{12}(b_1\delta_1^3 + b_2\delta_2^3) + b_1\delta_1\left(\frac{\delta_1}{2} + \delta_2 - x\right)^2 + b_2\delta_2\left(x - \frac{\delta_2}{2}\right)^2, \text{mm}^4 \tag{4.10-6}$$

上式的 x 按下式(4.10-7)计算：

$$x = \frac{b_1\left(\frac{\delta_1^2}{2} + \delta_1\delta_2\right) + b_2\left(\frac{\delta_2^2}{2}\right)}{b_1\delta_1 + b_2\delta_2}, \text{mm}; \tag{4.10-7}$$

$$e_k = \begin{cases} x \\ \delta - x \end{cases} \text{中的最大值}, \text{mm}; \tag{4.10-8}$$

$$b_1 = S_1 - d_1, \text{mm};$$

$$b_2 = S_1 - d_2, \text{mm};$$

S_1、d_1、d_2、δ、δ_1、δ_2见图 4.10-5，mm。

变径孔管箱的应力校对，如薄膜应力和弯曲应力进行组合，应分别满足式(4.10-9)和式(4.10-10)的要求：

$$\frac{\sigma_m}{\eta_m} \leqslant [\sigma]^t \tag{4.10-9}$$

$$\left(\frac{\sigma_m}{\eta_m} + \frac{\sigma_b}{\eta_b}\right) \leqslant 1.5[\sigma]^t \tag{4.10-10}$$

式中 σ_m和 σ_b——管箱中的薄膜应力和弯曲应力，MPa；

$[\sigma]^t$——管箱材料在设计温度下的许用应力，MPa。

(2) 圆管上排孔削弱系数的计算

在圆管上平行于轴线，且几乎分布在圆管全长上(见图4.10-2)开孔，可按圆管排孔削弱系数的计算(本文都是指错列等距排孔)，空冷器集合管箱多属于这种布管。

① 对于单排孔，排孔削弱系数可按式(4.10-2)和式(4.10-3)计算；

② 对于双排孔，因横向周边仅一个孔，不计算横向排孔削弱系数，需计算对角方向的排孔削弱系数时，可按下面③介绍的多排孔削弱系方法计算；当 $0.5 < S_3/S_1 < 0.6$ 时，建议按单排孔削弱系数计算，此时，孔间距取 $0.5S_1$。

③ 对于多排孔，当需进行对角方向排孔校算时，按图4.10-6查取。

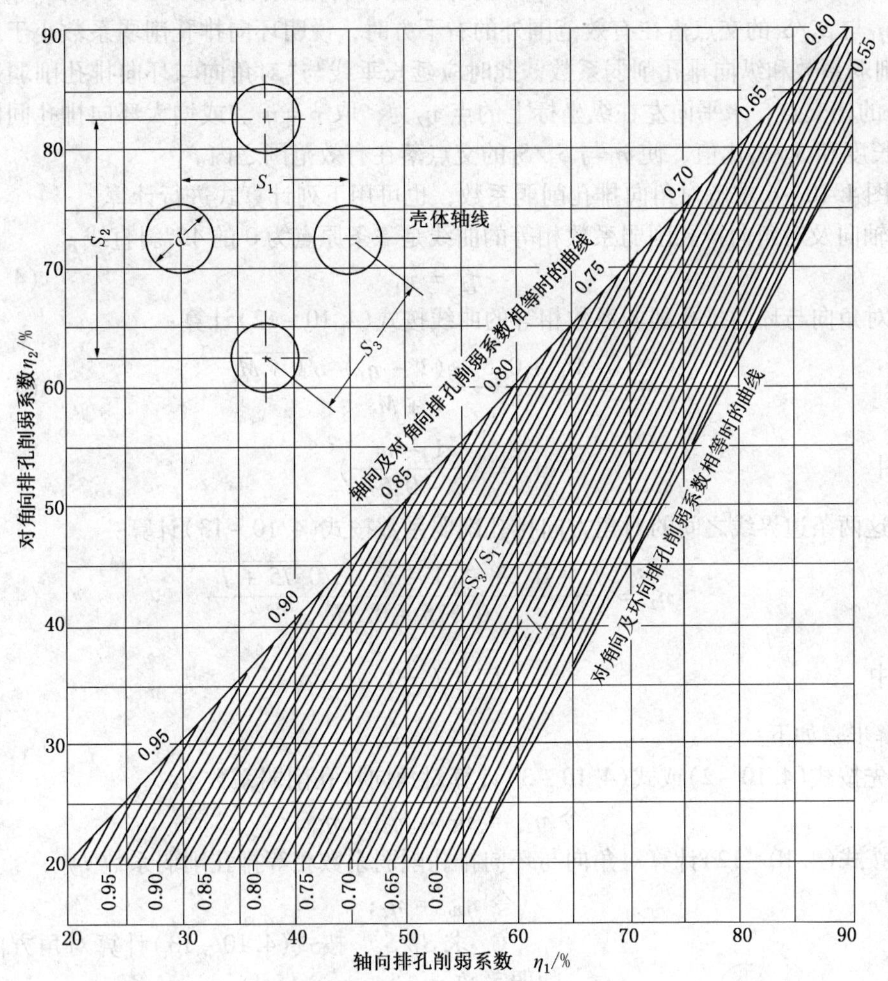

图4.10-6　对角向排孔削弱系数计算图

图4.10-6是圆筒体上错列等距排孔削弱系数的计算图。S_1是纵向孔间距、S_2是横向孔间距、S_3是对角方向孔间距；η_1为纵向排孔削弱系数、η_2为对角方向排孔削弱系数。“对角向与环向排孔削弱系数相等的曲线”是环向排孔削弱系数，所以本图实际是筒体上纵向、横向和对角向三个方向的排孔削弱系数关联图。

图4.10-6中，η_2的最大值为“轴向与对角向排孔削弱系数相等的曲线”，最小值为“对

角向与环向排孔削弱系数相等的曲线”，η_2值的有效范围在这两条曲线之间。下面介绍此图的使用方法：

A. 先按式(4.10－2)或式(4.10－3)计算纵向排孔削弱系数 η_1 和对角孔间距与轴向孔间距的比值 S_3/S_1；

B. 在横坐标上的 η_1 点垂直向上与 S_3/S_1 的曲线交于一点，沿水平线向左，在纵坐标上的交点 η_2，此时圆管对角方向排孔削弱系数为 η_2，取 $\eta=\eta_2$；

当 η_1 与 S_3/S_1 的交点落在有效范围外的左上方时，说明对角方向的排孔削弱系数和环向排孔削弱系数都大于纵向排孔削弱系数，此时取 η_1 与“轴向及对角向排孔削弱系数相等的曲线”上的交点，水平向左在纵坐标上的点 η_2 为圆管对角方向排孔削弱系数。此时，$\eta=\eta_2=\eta_1$。

当 η_1 与 S_3/S_1 的交点落在有效范围外的右下方时，说明环向排孔削弱系数小于对角方向的排孔削弱系数和纵向排孔削弱系数，此时应延长垂线与“对角向与环向排孔削弱系数相等的曲线”的相交点，水平向左在纵坐标上的点 η_2 为，取 $\eta=\eta_2$。或增大环向排孔间距，重新计算 S_3 长度和 S_3/S_1 比值，使 η_1 与 S_3/S_1 的交点落在有效范围之内。

④ 图 4.10－6 求解对角向排孔削弱系数，也可用下列计算式进行计算。

A. 轴向及对角向排孔削弱系数相等的曲线是一条原点为 0 的 45°斜直线：

$$\eta_2=\eta_1 \tag{4.10-11}$$

B. 对角向与环向排孔削弱系数相等的曲线按式(4.10－12)计算：

$$\eta_2=\frac{M_k+0.5-(1-\eta_1)\sqrt{1+M_k}}{1+M_k} \tag{4.10-12}$$

式中
$$M_k=\left(\frac{1-\eta_1}{2-0.5\eta_1}\right)^2$$

C. 这两条边界线之间的对角方向排孔削弱系数按式(4.10－13)计算：

$$\eta_2=\frac{J_k+0.25-(1-\eta_1)\sqrt{0.75+J_k}}{0.375+0.5J_k} \tag{4.10-13}$$

式中
$$J_k=\left(\frac{S_3}{S_1}\right)^2$$

求解步骤如下：

A. 先按式(4.10－2)或式(4.10－3)计算对角向排孔削弱系数 η_2

令 $\eta_{2a}=\eta_1=\eta_2=\eta_m$；

B. 按式(4.10－12)计算对角向与环向排孔削弱系数相等排孔削弱系数 η_2

令 $\eta_{2b}=\eta_2$；

C. 求 S_3/S_1，按式(4.10－13)计算对角方向的排孔削弱系数 η_2

令 $\eta_{2c}=\eta_2$

D. 如果 $\eta_{2c}\geqslant\eta_{2a}$，则取 $\eta=\eta_{2a}$；

如果 $\eta_{2c}<\eta_{2b}$，则取 $\eta=\eta_{2b}$，或增大 S_2 重复上面的计算直到 $\eta_3\geqslant\eta$ 为止；

否则，如果 $\eta_{2a}>\eta_{2c}\geqslant\eta_{2b}$ 时，则取 $\eta=\eta_{2c}$。

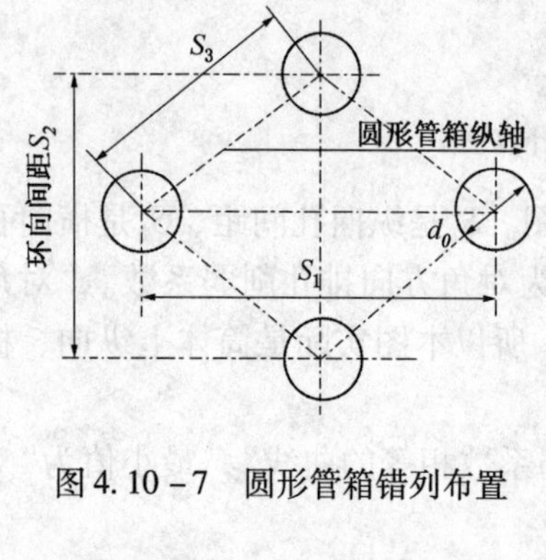

图 4.10－7 圆形管箱错列布置

(3) 圆管上排孔有关说明(见图 4.10－7)

① 最小排孔距离须满足 $S_1\geqslant 1\frac{1}{3}d_0$，所以 η_1 应等

于或大于0.25。

② 当$\frac{S_3}{S_1}$时，可不考虑对角线方向和环向管排的影响，取$\eta=\eta_1$。

③ 圆管环向孔间距，按圆管有效壁厚为基准的平均直径上的弧长计算。对角方向孔间距近似用式(4.10－14)计算：

$$S_3 = \frac{\sqrt{S_1^2 + S_2^2}}{2}, \tag{4.10－14}$$

④ 对于变径孔，如圆管上承受弯矩应力，并与薄膜应力组合，应力校算时，应分别计算薄膜应力削弱系数η_m和弯曲应力削弱系数η_b，按式(4.10－9)和式(4.10－10)校对。

3. 不同结构管箱应力削弱系数φ的选取

(1) 矩形焊接管箱

① 矩形焊接管箱横向截面如图4.10－8所示，由四个平板焊接而成。其结构特点是丝堵板和管板上一般开有4～8排排孔，沿纵向成三角形均布；焊缝位于顶板和底板端部拐角处。

② 矩形焊接管箱的管板和丝堵板一般不允许沿轴长方向有纵向拼接焊缝，因此管板和丝堵板的焊接接头系数$\phi=1$。管板和丝堵板须按式(4.10－2)计算排孔削弱系数η。

应力校算中，丝堵板和管板的中部M及排孔区，应力削弱系数$\varphi=\eta$；

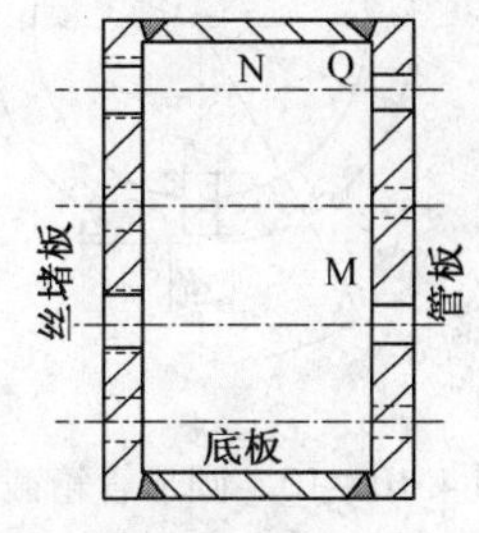

图4.10－8　焊接矩形管箱

丝堵板和管板的端部拐点Q处，应力削弱系数$\varphi=1$。

③ 顶板和底板沿管箱纵轴方向一般也无对接焊缝，$\phi=1$；应力校算中，顶板和底板的中部N处，应力削弱系数$\varphi=1$；

顶板和底板的端部Q处，因有焊缝，取$\varphi=\phi$，ϕ为接头处的焊接接头系数。

④ 由于矩形焊接管箱的计算，是按对称等厚数学模型推导的，即管板和丝堵板厚度相等、顶板和底板厚度相等，管板和丝堵板上开孔数量、开孔布局及管心距都相同，而孔径却不同。丝堵板上的开孔孔径大于管板，因此η值的计算应以丝堵板为基准。

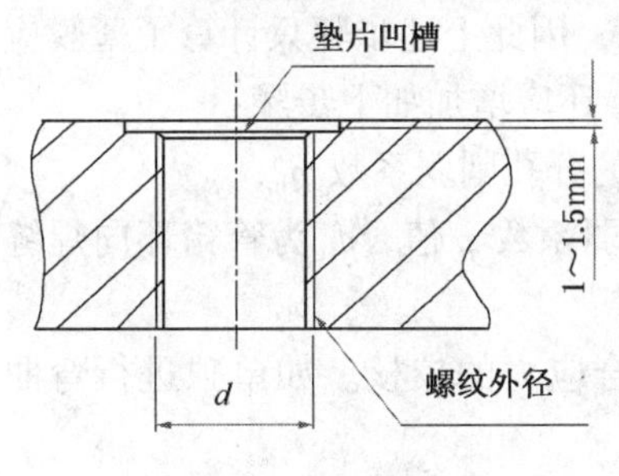

图4.10－9　丝堵孔简图

丝堵板上所开为螺纹孔，并带有凹槽布局垫圈(见图4.10－9)，与丝堵板厚度比较，凹槽很浅，同时，细牙螺纹的齿高很低，为了简化计算，可看作开孔直径为丝堵孔内螺纹外径的等直径排孔，其计算偏差不会超过2%。

式(4.10－2)仅适用于$S/d \geqslant 1.25$，即$\eta \geqslant 0.2$的情况，当$S/d<1.25$时，孔间的金属将失去任何补偿作用。

例$S_1=62\text{mm}$，$d_1=30\text{mm}$，则排孔削弱系数

$$\eta = \frac{62-30}{62} = 0.516$$

(2) 可拆管箱

包括可拆盖帽式管箱、可拆盖板式管箱和可拆半圆盖式管箱(见图4.4－3)。

可拆管箱管板上排孔削弱系数仍按式(4.10－2)、式(4.10－3)计算，但d取管板上实际开孔尺寸，也可取$d=d_0$，d_0为传热基管的外径。

表4.10－6列举了空冷器常用的基管为外径为$\Phi25\text{mm}$在不同管心距下，丝堵板和管板

上的开孔孔桥削弱系数(丝堵板开孔螺纹规格为 M30×2):

表 4.10-6 常用管孔的削弱系数 η 值

管心距/mm	54	56	59	62	64	67
丝堵板(d_1=30)/mm	0.444	0.462	0.491	0.516	0.531	0.552
管板(d_0=25)/mm	0.537	0.554	0.576	0.597	0.609	0.627

(3) 圆筒形管箱

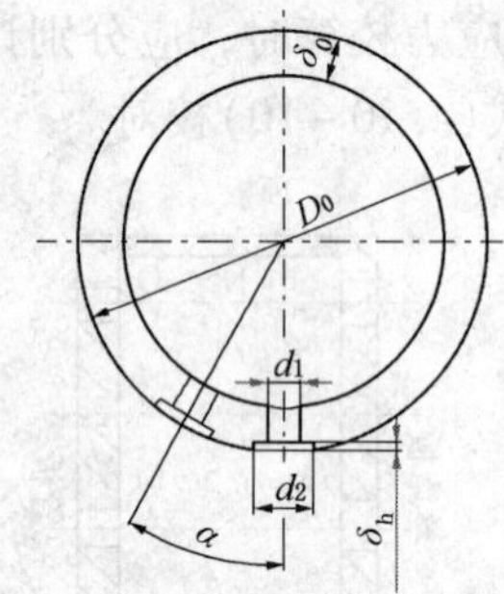

图 4.10-10 圆形管箱截面图

圆筒形管箱，也就是集合管箱。多数的集合管式空冷器由四排管所组成，每个集合管上有两排交错排列的开孔，两排开孔互成 α 角。图 4.10-10 是圆形管箱截面图。

D_0——圆形管箱的外径；

δ_0——圆形管箱的名义厚度；

d_1、d_2、α、δ_h——开孔尺寸。

d_2凹槽是用于安放传热管，圆形管箱的厚度一般较薄，凹槽的深度不能忽略不计，因此，圆管上的开孔应按两段变径孔计算。如果已知 S_1，下面简单说明圆形管箱应力削弱系数 φ 计算步骤：

① 计算排孔的环向间距 S_2；

$$S_2 = \frac{\pi \alpha D_e}{180}, \text{mm}; \qquad (4.10-15)$$

式中 D_e——圆筒有效壁厚为基准的平均直径，mm；

② 按式(4.10-14)计算排孔的对角方向的孔间距 S_3；

③ 按式(4.10-4)计算开孔的当量直径 d_e；

④ 按式(4.10-11)~式(4.10-13)确定圆筒排管的应力削弱系数 η；

⑤ 如圆形管箱为无缝管，则应力削弱系数 $\varphi=\eta$，否则，若管箱为有缝管，φ 取 η 和 ϕ 中的最小值，ϕ 为焊接有缝管的焊接接头系数。

传热管与集合管箱的连接，无论采用哪种结构，都认为传热管对集合管箱的开孔不起加强作用。

由于圆形管道在内压作用下，仅考虑管壁内的薄膜应力，因此上述步骤只计算了薄膜应力校对时的纵向开孔削弱系数 η_m，如管箱还承受弯矩作用，还应增加如下步骤：

⑥ 按式(4.10-5)~式(4.10-8)计算弯曲应力校核时的开孔削弱系数 η_b；

⑦ 比较 ϕ_c和 η_b，取最小值为弯曲应力校核时的应力削弱系数 φ 值，ϕ_c为管箱环向焊缝接头系数；

⑧ 按式(4.10-9)~式(4.10-10)进行薄膜应力和组合应力的校核。如单独进行弯曲应力的校对，也应以⑦中的 φ 代入相关的校核式中。

4. 丝堵与垫片

丝堵的结构如图 4.4-2 所示。丝堵与垫片的结构应注意以下几点：

① 丝堵孔应与管孔在同一中心线上；

② 丝堵孔的垫接触面应锪窝；丝堵孔的内直径应不小于翅片管基管外径加 1mm；

③ 丝堵六角头部的尺寸 δ 不应小于 13mm。丝堵结构应能保证垫片准确地处于丝堵孔的锪窝平面内；

④ 丝堵的长度等于丝堵板的厚度，长度偏差为 ±1.5mm；

⑤ 丝堵螺纹应为 GB 196 规定的普通细牙螺纹，当螺纹公称直径小于等于 40mm 时，采用中等精度等级；当大于 40mm 时，采用精密级精度；

⑥ 对常用管径 $\phi25$ 的管束，相应的丝堵板丝堵螺纹为 M30×2；

⑦ 丝堵不能采用空心结构；

⑧ 丝堵垫片的厚度应不小于 0.8mm。

5. 焊接管箱的角焊缝结构

焊接管箱包括矩形焊接管箱(图 4.4－1)和可卸管箱[图 4.4－3(a)、(b)]，在内压作用下，管箱的拐角处的弯矩较大、应力集中现象严重；而且此处焊缝焊接和探伤困难。因此选择合理的焊缝结构对管箱的设计和使用十分重要。

图 4.10－11 是不允许采用的角接焊缝形式：

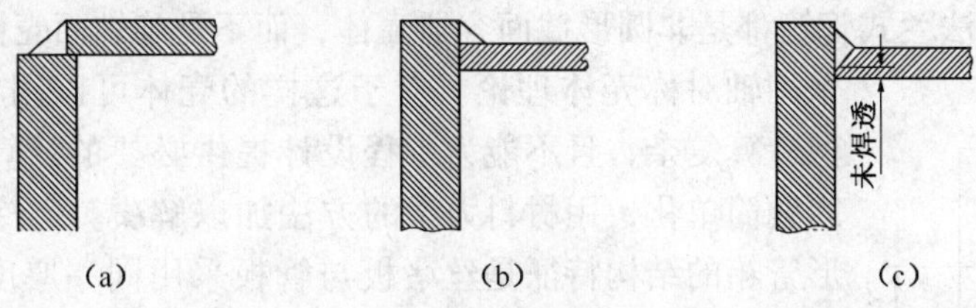

图 4.10－11　不允许采用的角接焊缝形式

根据文献[18]中角焊缝焊接型式，推荐空冷器焊接管箱采用以下几种形式。

图 4.10－12 中(a)和(b)，对空冷器焊接管箱的角焊缝，特别是当压力 $P_i \geqslant 6.4$MPa 的中、高压空冷器，无疑是一种较为安全的理想的焊接结构。但对管箱内的焊接较困难，需专用的自动焊机。

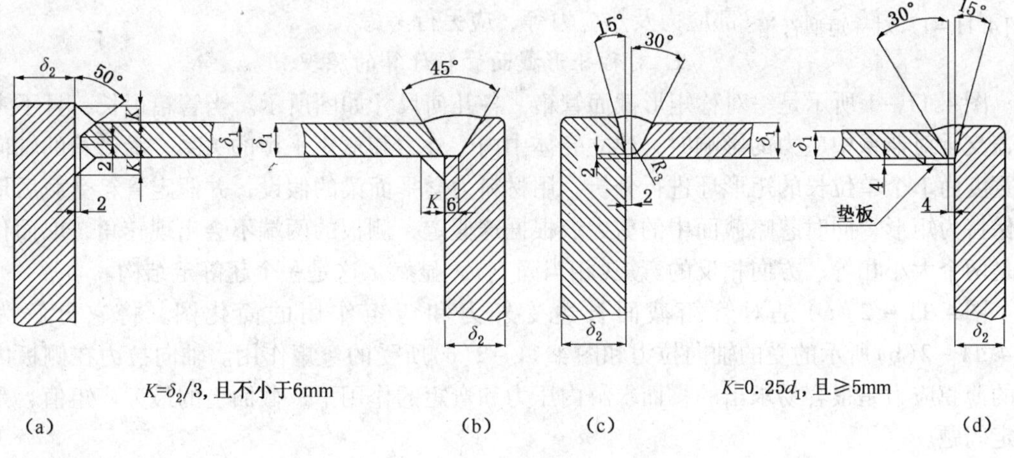

图 4.10－12　推荐采用的角接焊缝形式

6. 水压试验

管束制成后必须进行水压试验。当设计温度小于 200℃ 时，试验压力为设计压力的 1.5 倍。当设计温度大于或等于 200℃时，试验压力按下式确定：

$$p_T = 1.5p \frac{[\sigma]}{[\sigma]^t} \tag{4.10－16}$$

式中　$\frac{[\sigma]}{[\sigma]^t}$之比值最高不超过1.8；

p——设计压力，MPa；

$[\sigma]$——试验温度下材料的许用应力，MPa；

$[\sigma]^t$——设计温度下材料的许用应力，MPa。

水压试验时，管箱的平均一次应力计算值不得超过所用材料在试验温度下的90%屈服点(校核时应取计算壁厚)。

4.11　丝堵式焊接矩形管箱的设计计算

丝堵式管箱和法兰式管箱都是非圆形截面容器壳体，而不是旋转面壳体，应力分析不能采用轴对称壳体理论。对于这样的壳体可以用有限元的数值解，但计算复杂，且不能为工程设计提供必要的计算公式。因此常将问题简单化，用材料力学的方法加以解决。空冷器丝堵式焊接矩形管箱的结构特征是丝堵板与管板采用同一厚度，即两对边、侧板的厚度相等，但相邻侧板的厚度不相等。这是一种对称矩形截面的内压容器。管箱内可以空腔或有一个以上的横向隔板或加强筋板。结构型式如图4.11-1、图4.11-6和图4.11-7所示。

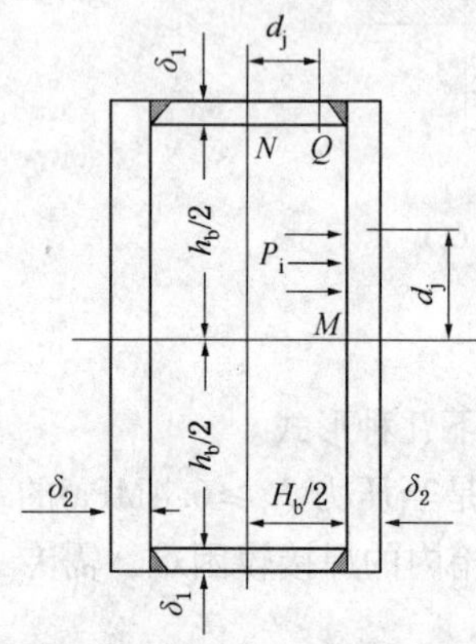

图4.11-1　对称矩型管箱

以下介绍对称矩形截面管箱的计算原理和计算方法。此处的计算公式，仅考虑压力载荷引起的薄膜应力和弯矩应力，对于由于外部载荷(如支座，接管及其他构件产生的反作用力)引起的局部应力及热应力等，应另行考虑。

1. 对称矩形截面管箱计算的原理

图4.11-1所示是一对称矩形截面管箱，各几何尺寸如图所示。当管箱很长，且不考虑端盖支承对器壁中应力的影响时，建立壳体中内、外力和弯矩平衡的关系。沿管箱的轴向切出宽度为1个单位长的矩形环进行分析，用材料力学平面梁的假设，并假定管箱受载后形状仍保持为矩形，同时忽略截面中的剪力。根据这假定，侧板的两端不会出现转角，取而代之的是两个大小相等、方向相反的弯矩(相当固支)，显然，这是一个超静定结构。

图4.11-2(a)是对管箱截面长边受外力和弯矩作用的简化图。将它分解为如图4.11-2(b)所示的受的轴向拉力和图4.11-2(c)所受的弯矩作用。轴向拉力在侧板内产生的薄膜应力是很容易求出的，而求解内压力和弯矩的作用下，截面上的最大弯矩值，是超静定问题。

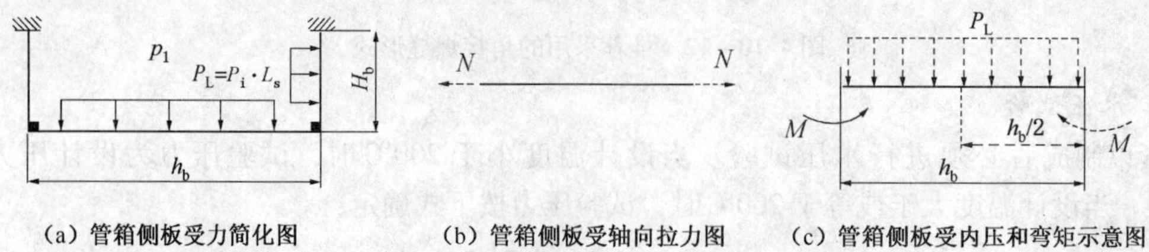

(a) 管箱侧板受力简化图　(b) 管箱侧板受轴向拉力图　(c) 管箱侧板受内压和弯矩示意图

图4.11-2　管箱截面长边侧板受力简图

对于管箱的强度计算，关键要确定最大弯矩点在梁(侧板)的位置和最大弯矩的大小，以便根据梁截面的参数求出梁内应力值。图4.11-3和图4.11-4，表示了梁在外力作用下的两种可能发生的弯矩图。图4.11-3，最大弯矩位于梁端和梁的中部，其大小分别用M_Q和M_M表示；图4.11-4，最大弯矩位于梁的端部。究竟会发生哪种变形，与短边(管箱的顶板、底板)长度H_b和长边(管箱的管板、丝堵板)h_b的比值、长边厚度与短边厚度比值(即本节后面涉及到的α、k值)有关。

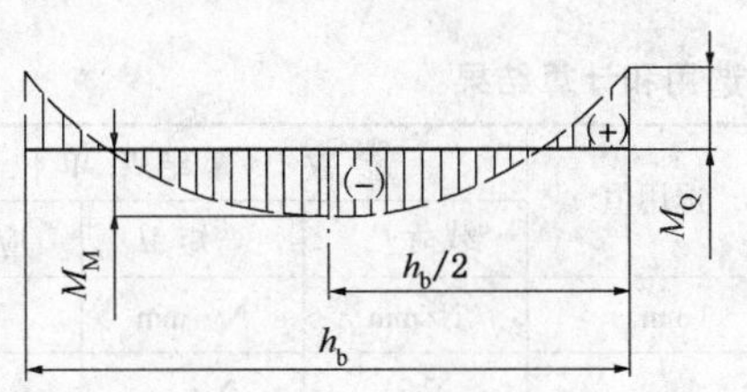

图4.11-3　侧板在外力作用下弯矩图(一)

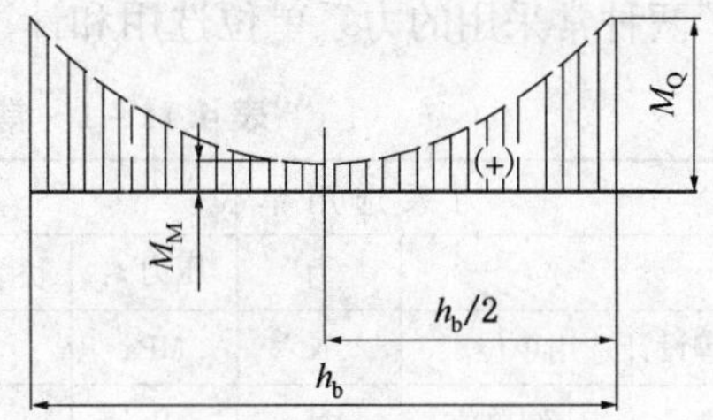

图4.11-4　侧板在外力作用下弯矩图(二)

能量法是求解固体构件静不定问题的常用方法，本节后面用到的卡氏(A. Castiglisno)定理是能量法的基本定理，它反映了载荷、弹性应变能和变形(位移或转角)之间的关系。有关两个卡氏定理的详细内容，请参阅有关文献[37]。

参照图4.11-5，由于结构的对称性，可取出矩形环中1/4区域MQN作为计算模型。在MQN中，取离M点距离为x_1的截面，此截面上薄膜应力为N_{x1}，力矩为M_{x1}，如图4.11-5(b)所示；取离Q点距离为x_2的截面，此截面上的薄膜应力为N_{x2}，力矩为M_{x2}，如图4.11-5(c)所示。

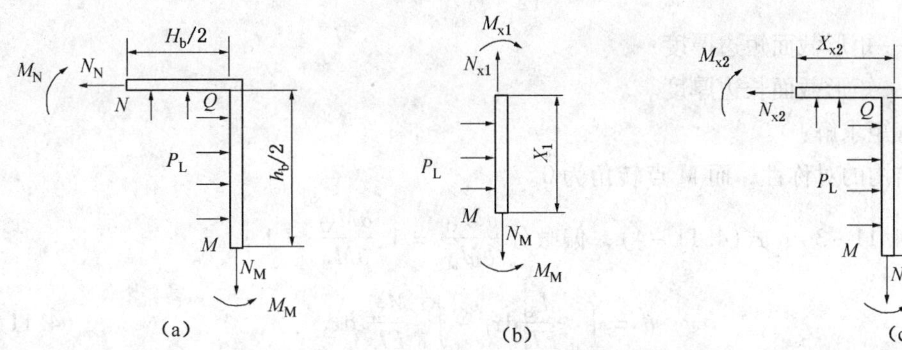

图4.11-5　内外力的平衡

取$P_L = p_i L_s$由图4.11-5(a)~(c)所示的静力平衡关系可得：

$$N_{X1} = N_M = P_L \frac{H_b}{2} \tag{4.11-1}$$

$$N_{X2} = N_N = P_L \frac{h_b}{2} \tag{4.11-2}$$

$$M_{X1} = M_M = \frac{P_L x_1^2}{2} \tag{4.11-3}$$

$$M_{X2} = M_M + \frac{P_L h_b^2}{8} + \frac{P_L x_2^2}{2} - N_M x_2 \tag{4.11-4}$$

式中 p_i——管箱内压力；

P_L——单位梁(侧板)长的均布载荷；

H_b——矩形截面短边侧板宽度；

h_b——矩形截面长边侧板宽度；

L_s——矩形管箱沿纵轴方向的单位长度，其数值为1，在不同的力系量纲计算中，L_s选取的单位不同，计算出的弯矩、应力单位也不同，在实际应用时特别要留意。表4.11－1列举了两种常采用的力系单位选用和计算结果。

表4.11－1 常用力系中L_s选用和计算结果

力系选用单位				L_s选用值	参数计算结果单位		
	力	压力p_i	长度量纲		载荷P_L	弯矩M	应力σ
工程设计选用单位	N	MPa	mm	1mm	N/mm	N·mm	MPa
基本kg、m、s制单位	N	Pa	m	1m	N/m	N·m	Pa

求解式(4.11－3)和式(4.11－4)中的力矩，属一次超静定问题。根据卡氏定理，求出M点的转角微分方程如下：

$$\theta = \int_0^{\frac{h}{2}} \frac{M_{X1}}{EI_2}\frac{\partial M_{X1}}{\partial M_M}dx_1 + \int_0^{\frac{H}{2}} \frac{M_{X2}}{EI_1}\frac{\partial M_{X2}}{\partial M_M}dx_2 \tag{4.11－5}$$

式中 E——材料的弹性模量；

I_1——矩形截面短边惯性矩，$I_1 = \frac{\delta_1^3 L_s}{12}$；

I_2——矩形截面长边惯性矩，$I_2 = \frac{\delta_2^3 L_s}{12}$；

δ_1——矩形截面短边厚度；

δ_2——矩形截面长边厚度。

M点弯矩求解：

由于结构的对称性，而M点转角为0。

由式(4.11－3)、式(4.11－4)，偏微分$\frac{\partial M_{X1}}{\partial M_M} = 1, \frac{\partial M_{X2}}{\partial M_M} = 1$；

则
$$\theta = \int_0^{\frac{h}{2}} \frac{M_{X1}}{EI_2}dx_1 + \int_0^{\frac{H}{2}} \frac{M_{X2}}{EI_1}dx_2 \tag{4.11－6}$$

将式(4.11－3)、(4.11－4)代入式(4.11－6)中，积分得

$$\theta = \frac{1}{EI_2}\int_0^{\frac{h_b}{2}}\left(M_M + \frac{P_L x_1^2}{2}\right)dx_1 + \frac{1}{EI_1}\int_0^{\frac{H_b}{2}}\left(M_M + \frac{P_L h_b^2}{8} + \frac{P_L x_2^2}{2} - \frac{P_L H_b x_2}{2}\right)dx_2$$

$$= M_M\left(\frac{h_b}{2EI_2} + \frac{H_b}{2EI_1}\right) + \left(\frac{P_L h_b^3}{48EI_2} + \frac{P_L h_b^2 H_b}{16EI_1} - \frac{P_L H_b^3}{24EI_1}\right)$$

使$\theta=0$，解得：

$$M_M = \frac{P_L h_b^2}{12}\cdot\frac{-0.5 - 1.5\left(\frac{I_2}{I_1}\right)\left(\frac{H_b}{h_b}\right) + \left(\frac{I_2}{I_1}\right)\left(\frac{H_b}{h_b}\right)^3}{1 + \left(\frac{H_b}{h_b}\right)\left(\frac{I_2}{I_1}\right)}$$

令 $\alpha = \dfrac{H_b}{h_b}$、$k = \left(\dfrac{I_2}{I_1}\right)\alpha$，则得

$$M_M = \frac{P_L h_b^2}{12}\left(-1.5 + \frac{1+\alpha^2 k}{1+k}\right) \tag{4.11-7}$$

式中　α、k 皆为无因次参量；

Q 点弯矩求解：

将式(4.11-7)求得的 M_M 值代入式(4.11-3)，并令 $x_1 = h_b/2$，则得 Q 点弯矩为

$$M_Q = M_M + \frac{P_L}{2}\left(\frac{h_b}{2}\right)^2 = \frac{P_L h_b^2}{12}\left(\frac{1+\alpha^2 k}{1+k}\right) \tag{4.11-8}$$

N 点弯矩求解：

将式(4.11-7)求得的 M_M 值代入式(4.11-4)，并令 $x_2 = H_b/2$，则得 N 点弯矩为

$$\begin{aligned} M_N &= M_M + \frac{P_L h_b^2}{8} + \frac{P_L}{2}\left(\frac{H_b}{2}\right)^2 - \frac{P_L h_b^2}{2}\left(\frac{H_b}{2}\right) \\ &= \frac{P_L h_b^2}{12}\left(-1.5\alpha^2 + \frac{1+\alpha^2 k}{1+k}\right) \end{aligned} \tag{4.11-9}$$

下面以通用形式求解梁(侧板)中的应力表达式。

拉伸薄膜应力 σ_m：材料力学中梁的拉伸(或压缩)薄膜应力是梁截面上的平均应力值，因此

$$\sigma_m = \frac{N_b}{A_b} \tag{4.11-10}$$

式中　N_b——梁端的拉力；

A_b——梁截面的厚度。

弯曲应力 σ_b：

$$\sigma_b = \frac{M_b}{W_i} = \frac{\varepsilon M_b}{I_i} \tag{4.11-11}$$

式中　M_b——梁截面上的最大弯矩，由图 4.11-3，M_b发生在梁的中部和端部；

W_i、I_i——梁的截面系数和截面惯性矩；

ε——梁截面的中性轴到计算面(内壁或外壁)坐标距离。因空冷器的侧板是等截面梁，ε 可取梁厚度 δ_i的一半。

组合应力 σ_T：

$$\sigma_T = \sigma_m + |\sigma_b| \tag{4.11-12}$$

需要说明的是，与薄膜应力不同，梁的弯曲应力在梁截面上沿厚度 δ 方向分布是不均匀的，最大弯曲应力点发生在外壁和内壁上。另外由图 4.11-3 和图 4.11-4 可以看出，侧梁的变形方向及弯矩有正负不同，由式(4.11-7)、式(4.11-9)解得的弯矩值也可能有正负之分。弯矩的符号仅表示弯矩的方向，因弯矩的正负引起了截面上最大正应力的也有正负不同。对于对称的矩形板侧梁，梁截面上的最大拉应力和最大压应力出现在对称的两个侧板面上，数值相等而符号相反。当应力为负值时，则表示最大压缩正应力，它与梁内拉伸薄膜应力直接组合时，求得的组合应力就不是危险截面上的最大应力。对工程设计而言，我们考虑的是组合后的最大应力值，以便在安全条

件下选取合适的壁厚。文献[25]中关于“非圆形截面容器”以实例对矩形管箱的计算作了说明。因为绝大部分空冷器管箱都是承受正压，为了避免在计算中选取参数 ε 正负号的麻烦，在组合应力式(4.11－12)中，将弯曲应力 σ_b 取为绝对值，这样，即使 σ_b 求得为负值，也就转化为了拉应力(如材料压缩许用应力和拉伸许用应力不相同时，另当别论)。在图4.11－3中，在梁的中部(M、N点)，侧板内壁受压而外壁受拉。因此组合后的最大应力点位于侧板的外壁；而端部(Q点)正相反。在Q点，侧板内壁受拉而外壁受压，组合后的最大应力点位于侧板的内壁。只有当管箱需要和其他构件或外力组合时，才有分别计算内壁和外壁应力的需要，本书不再进行讨论。

本节所述矩形截面焊制管箱的计算适用于管箱纵横比(管箱长度与横截面边长之比)大于4的情况。对于纵横比小于4的管箱，仍可用此方法计算，但偏于保守，可根据成功的使用经验或采用其他结构分析方法进行设计。在纵横比小于2时，若考虑端盖的加强作用，则可按表4.11－2的 J_1、J_2 的系数减小侧板中的应力值。

管箱的计算，应首先确定结构尺寸(如厚度、拉撑板尺寸等)，然后按各条要求进行应力校核，直至满足要求为止。

对具有均布排孔的侧板，需计算开孔削弱系数 η，若 η 小于焊接接头系数 ϕ，则应以 η 代替 ϕ 进行应力校核。

2. *无隔板的丝堵管箱的应力计算*(见图4.11－1)

由前面分析可知，最大应力位于侧板的中心和矩形的拐角处。

(1) 短边侧板(顶板和底板)

板中间(N)和拐角(Q)点的薄膜应力：

$$\sigma_m^N = \sigma_m^Q = \frac{p_i h_b}{2\delta_1}, \text{MPa} \tag{4.11－13}$$

板中间(N)和拐角处(Q)的弯曲应力：

$$\sigma_b^N = \frac{p_i \varepsilon_1 h_b^2 L_s}{12 I_1}\left(-1.5\alpha^2 + \frac{1+\alpha^2 k}{1+k}\right) J_1, \text{MPa} \tag{4.11－14}$$

$$\sigma_b^Q = \frac{p_i \varepsilon_1 h_b^2 L_s}{12 I_1}\left(\frac{1+\alpha^2 k}{1+k}\right) J_2, \text{MPa} \tag{4.11－15}$$

中间部位(N点)应力校核

$$\sigma_m^N \leqslant [\sigma]^t \varphi$$

$$\sigma_T^N = \sigma_m^N + |\sigma_b^N| \leqslant 1.5[\sigma]^t \varphi$$

端部(Q点)应力校核

$$\sigma_m^Q \leqslant [\sigma]^t$$

$$\sigma_T^Q = \sigma_m^Q + |\sigma_b^Q| \leqslant 1.5[\sigma]^t$$

式中 ϕ——空冷器管箱的拐角处焊接接头系数。

(2) 长边侧板(管板和丝堵板)

板中间(M)和边角(Q)点的薄膜应力：

$$\sigma_m^M = \sigma_m^Q = \frac{p_i H_b}{2\delta_2}, \text{MPa} \tag{4.11－16}$$

板中间(M)和拐角处(Q)的弯曲应力：

$$\sigma_{b}^{M}=\frac{p_{i}\varepsilon_{2}h_{b}^{2}L_{s}}{12I_{2}}\left(-1.5+\frac{1+\alpha^{2}k}{1+k}\right)J_{1},\mathrm{MPa} \tag{4.11-17}$$

$$\sigma_{b}^{Q}=\frac{p_{i}\varepsilon_{2}h_{b}^{2}L_{s}}{12I_{2}}\left(\frac{1+\alpha^{2}k}{1+k}\right)J_{2},\mathrm{MPa} \tag{4.11-18}$$

中间部位(M点)应力校核

$$\sigma_{m}^{M}\leqslant[\sigma]^{t}\eta$$

$$\sigma_{T}^{M}=\sigma_{m}^{M}+|\sigma_{b}^{M}|\leqslant1.5[\sigma]^{t}\eta$$

端部(Q点)应力校核

$$\sigma_{m}^{Q}\leqslant[\sigma]^{t}$$

$$\sigma_{T}^{Q}=\sigma_{m}^{Q}+|\sigma_{b}^{Q}|\leqslant1.5[\sigma]^{t}$$

式(4.11-13)~式(4.11-18)中：

δ_1——管箱顶板或底板的计算厚度，不包括腐蚀裕量、加工裕量等，m；

δ_2——管箱管板或丝堵板的计算厚度，不包括腐蚀裕量、加工裕量等，m；

ε_1、ε_2——对无加强环的矩形截面容器，ε_1、ε_2是指计算侧板的中心轴到所计算基准面的距离，$\varepsilon_1=\delta_1/2$，$\varepsilon_2=\delta_2/2$，mm；

C_b——管箱的腐蚀裕量，mm；

L_s——管箱沿纵轴方向上的单位长度，$L_s=1$(不同单位的力系计算，L_s按表4.11-1规定选用)；

$[\sigma]^t$——管箱材料在设计温度下的许用应力，MPa；

σ——管箱侧板计算应力，MPa，

上标M、N、Q分别表示管箱的管板和丝堵板的中部M点、顶板和底板的中部N点及拐角Q点的应力；下标b、m、T分别表示弯曲应力、薄膜应力及组合应力。

φ——侧板应力削弱系数。管箱侧板不同部位φ的选用值不同：

① 空冷器管板和丝堵板沿h_b方向一般不允许纵向拼接，所以中部M点的薄膜应力σ_m^M校算和组合应力σ_T^M校核时，取$\varphi=\eta$；而端部Q点，取$\varphi=1$。

η——排孔削弱系数，见本章第十节；

② 顶板或底板沿H_b方向一般也无纵向拼接焊缝，中部N点薄膜应力σ_m^N校算和N点组合应力σ_T^N校核时，取$\varphi=1$。

ϕ——焊接接头系数。

以上各项应力校核，都是针对图4.11-1的结构，焊缝位于顶板和底板端部拐角点Q进行的。这里需再次说明的是，对于矩形截面管箱，当焊缝不是位于中部或拐角处(这两处的应力值最大)，而在如图4.11-1中的任意点d_j，除了要进行以上应力计算外，还需计算d_j的应力，再根据此处焊缝接头系数确定的容许焊缝的应力进行应力校对，其余没有焊缝的各点应力校对可不考虑焊缝的影响，即取$\varphi=1$。任意点d_j处应力计算见文献[18]，由于空冷器矩形焊接管箱很少见，本书也不再作介绍。

J_1，J_2——管箱两端封头加强系数。当管箱纵横比(L_b/H_b或L_b/h_b)小于2时(L_b为管箱的纵轴方向长度)，设计中如考虑封头的加强作用J_1，J_2按表4.11-2选取：

对于空冷器管箱的纵横比(L_b/H_b或L_b/h_b)往往大于2，特别是带拉撑结构的管箱更是如此。所以一般可不考虑封头加强作用的影响。

表 4.11-2 封头加强系数

L_b/H_b或L_b/h_b	J_1	J_2	L_b/H_b或L_b/h_b	J_1	J_2
1.0	0.56	0.62	1.6	0.92	0.94
1.1	0.64	0.79	1.7	0.95	0.96
1.2	0.73	0.77	1.8	0.97	0.98
1.3	0.79	0.83	1.9	0.99	0.99
1.4	0.85	0.88	2.0	1.00	1.00
1.5	0.89	0.91			

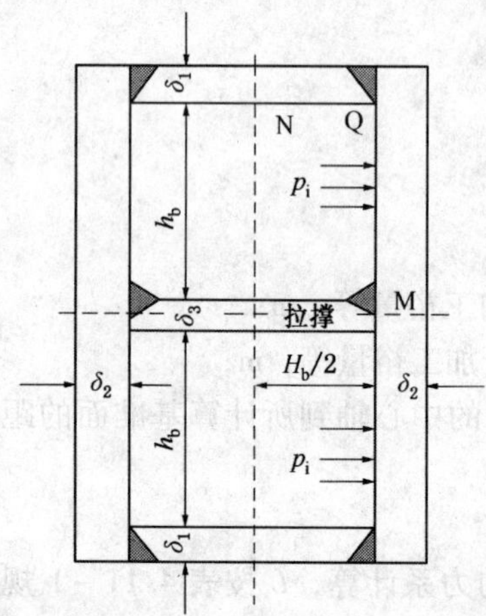

图 4.11-6 带一个拉撑的丝堵管箱

3. 带一个拉撑的丝堵管箱(见图 4.11-6)

① 顶板和底板

板中间(N)和边角(Q)内表面的薄膜应力

$$\sigma_m^N = \sigma_m^Q = \frac{p_i h_b}{4\delta_1}\left(4 - \frac{2 + k(5 - \alpha^2)}{1 + 2k}\right), \text{MPa} \quad (4.11-19)$$

板中间(N)和边角(Q)内表面的弯矩应力

$$\sigma_b^N = \frac{p_i \varepsilon_1 h_b^2 L_s}{24 I_1}\left[-3\alpha^2 + 2\left(\frac{1 + 2\alpha^2 k}{1 + 2k}\right)\right], \text{MPa} \quad (4.11-20)$$

$$\sigma_b^Q = \frac{p_i \varepsilon_1 h_b^2 L_s}{12 I_1}\left(\frac{1 + 2\alpha^2 k}{1 + 2k}\right), \text{MPa} \quad (4.11-21)$$

中间部位(N 点)应力校核

$$\sigma_m^N \leqslant [\sigma]^t \phi$$

$$\sigma_T^N = \sigma_m^N + |\sigma_b^N| \leqslant 1.5[\sigma]^t \phi$$

端部(Q 点)应力校核

$$\sigma_m^Q \leqslant [\sigma]^t$$

$$\sigma_T^Q = \sigma_m^Q + |\sigma_b^Q| \leqslant 1.5[\sigma]^t \phi$$

式中 ϕ——空冷器管箱板的焊接接头系数。

② 管板和丝堵板

板中间(M)和边角(Q)内表面的薄膜应力

$$\sigma_m^M = \sigma_m^Q = \frac{p_i H_b}{2\delta_2}, \text{MPa} \quad (4.11-22)$$

板中间(M)和边角(Q)内表面的弯矩应力

$$\sigma_b^M = \frac{p_i \varepsilon_2 h_b^2 L_s}{12 I_2}\left(\frac{1 + k(3 - \alpha^2)}{1 + 2k}\right), \text{MPa} \quad (4.11-23)$$

$$\sigma_b^Q = \frac{p_i \varepsilon_2 h_b^2 L_s}{12 I_2}\left(\frac{1 + 2\alpha^2 k}{1 + 2k}\right), \text{MPa} \quad (4.11-24)$$

中间部位(M 点)应力校核

$$\sigma_m^M \leqslant [\sigma]^t \eta$$

$$\sigma_T^M = \sigma_m^M + |\sigma_b^M| \leqslant 1.5[\sigma]^t \eta$$

端部(Q 点)应力校核

$$\sigma_{m}^{Q} \leqslant [\sigma]^{t}$$

$$\sigma_{T}^{Q} = \sigma_{m}^{Q} + |\sigma_{b}^{Q}| \leqslant 1.5[\sigma]^{t}$$

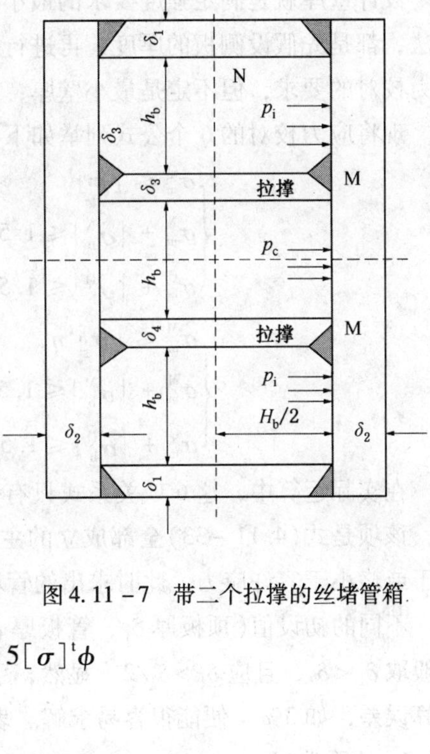

③ 隔板或支撑板

$$\sigma_{m} = \frac{p_{i}h_{b}}{2\delta_{3}}\left(\frac{2 + k(5 - \alpha^{2})}{1 + 2k}\right), \text{MPa} \tag{4.11-25}$$

应力校核

$$\sigma_{T} = \sigma_{m} \leqslant [\sigma]^{t}\varphi$$

4. 带两个拉撑的丝堵管箱(见图 4.11-7)

(1) 顶板和底板

板中间(N)和边角(Q)内表面的薄膜应力

$$\sigma_{m}^{N} = \sigma_{m}^{Q} = \frac{p_{i}h_{b}}{2\delta_{1}}\left(3 - \frac{6 + k(11 - \alpha^{2})}{3 + 5k}\right), \text{MPa} \tag{4.11-26}$$

板中间(N)和边角(Q)内表面的弯矩应力

$$\sigma_{b}^{N} = \frac{p_{i}\varepsilon_{1}h_{b}^{2}L_{s}}{24I_{1}}\left[-3\alpha^{2} + 2\left(\frac{3 + 5\alpha^{2}k}{3 + 5k}\right)\right], \text{MPa} \tag{4.11-27}$$

$$\sigma_{b}^{Q} = \frac{p_{i}\varepsilon_{1}h_{b}^{2}L_{s}}{12I_{1}}\left(\frac{3 + 5\alpha^{2}k}{3 + 5k}\right), \text{MPa} \tag{4.11-28}$$

中间部位(N 点)应力校核

$$\sigma_{m}^{N} \leqslant [\sigma]^{t}\phi$$

$$\sigma_{T}^{N} = \sigma_{m}^{N} + |\sigma_{b}^{N}| \leqslant 1.5[\sigma]^{t}\phi$$

端部(Q 点)应力校核

$$\sigma_{m}^{Q} \leqslant [\sigma]^{t}$$

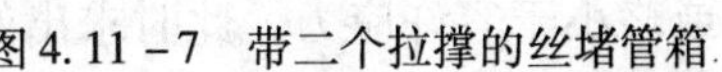

图 4.11-7　带二个拉撑的丝堵管箱

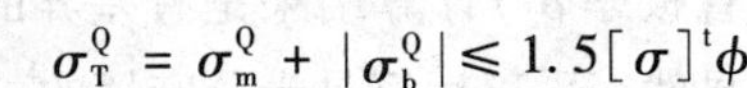

$$\sigma_{T}^{Q} = \sigma_{m}^{Q} + |\sigma_{b}^{Q}| \leqslant 1.5[\sigma]^{t}\phi$$

ϕ——空冷器管箱的焊接接头系数。

(2) 管板和丝堵板

板中间(M)和边角(Q)内表面的薄膜应力

$$\sigma_{m}^{M} = \sigma_{m}^{Q} = \frac{p_{i}H_{b}}{2\delta_{2}}, \text{MPa} \tag{4.11-29}$$

板中间(M)和边角(Q)内表面的弯矩应力

$$\sigma_{b}^{M} = \frac{p_{i}\varepsilon_{2}h_{b}^{2}L_{s}}{12I_{2}}\left(\frac{3 + k(6 - \alpha^{2})}{3 + 5k}\right), \text{MPa} \tag{4.11-30}$$

$$\sigma_{b}^{Q} = \frac{p_{i}\varepsilon_{2}h_{b}^{2}L_{s}}{12I_{2}}\left(\frac{3 + 5\alpha^{2}k}{3 + 5k}\right), \text{MPa} \tag{4.11-31}$$

中间部位(M 点)应力校核

$$\sigma_{m}^{M} \leqslant [\sigma]^{t}\eta$$

$$\sigma_{T}^{M}=\sigma_{m}^{M}+|\sigma_{b}^{M}|\leqslant 1.5[\sigma]^{t}\eta$$

端部(Q点)应力校核

$$\sigma_{m}^{Q}\leqslant[\sigma]^{t}$$

$$\sigma_{T}^{Q}=\sigma_{m}^{Q}+|\sigma_{b}^{Q}|\leqslant 1.5[\sigma]^{t}$$

(3) 隔板或支撑板

$$\sigma_{m}=\frac{p_{i}h_{b}}{2\delta_{3}}\left(\frac{6+k(11-\alpha^{2})}{3+5k}\right),\mathrm{MPa} \qquad (4.11-32)$$

应力校核

$$\sigma_{T}=\sigma_{m}\leqslant[\sigma]^{t}\varphi$$

5. 设计壁厚的选取

设计壁厚就是满足强度要求的最小壁厚。本节前面各段介绍了不同结构矩形管箱的计算方法，都是先假设侧板的厚度，再进行应力的计算和校对。但这种假设的厚度，可能会满足应力校对的要求，但不定是最小壁厚，有时偏差还较大。为了求得最小壁厚，建议用下列方法。现将应力校对的6个公式列举如下：

$$\begin{cases}\sigma_{m}^{Q}\leqslant[\sigma]^{t}\\ \sigma_{m}^{N}+|\sigma_{b}^{N}|\leqslant 1.5[\sigma]^{t}\phi, & \text{（顶板和底板）}\\ \sigma_{m}^{Q}+|\sigma_{b}^{Q}|\leqslant 1.5[\sigma]^{t}\end{cases}$$

$$\begin{cases}\sigma_{m}^{M}\leqslant[\sigma]^{t}\eta,\\ \sigma_{m}^{M}+|\sigma_{b}^{M}|\leqslant 1.5[\sigma]^{t}\eta, & \text{（管板和丝堵板）}\\ \sigma_{m}^{Q}+|\sigma_{b}^{Q}|\leqslant 1.5[\sigma]^{t},\end{cases} \qquad (4.11-33)$$

在实际运算中，这6项关系式只有一项的应力(或组合应力)值比较大，且接近容许应力，该项是式(4.11-33)全部成立的主要矛盾。改变顶板(或管板)的壁厚，使其此项应力等于或略小于容许应力，此时求出的管箱壁厚就是最小壁厚，即计算壁厚。

不同的初设值(顶板厚δ_1、管板厚δ_2)计算结果是有差异的(因k不同)，空冷器管箱，一般取$\delta_1<\delta_2$，且应$\delta_1>\delta_2/2$。显然，手工运算是十分麻烦的，用编程运算，设定一个应力计算误差，如3%，便能很容易求解。表4.11-3就是用计算机计算的结果。

6. 计算举例

【例4.11-1】 空冷器管束规格P9×3-6，设计压力：2.5MPa，设计温度：200℃，采用丝堵式矩形管箱。管箱内壁尺寸：顶板宽$H_b=100$mm，丝堵板宽$h_b=330$mm。顶、底板的焊缝系数$\phi=1$，丝堵板开孔削弱系数$\eta=0.516$，介质腐蚀裕量取3mm。材料16MnR，设计温度下的许用应力159MPa。试确定(1)无加强隔板、(2)带一个加强隔板时的管箱侧板厚度。

解： $p_i=2.5$MPa，$t=200$℃，$[\sigma]^t=159$MPa

(1) 无加强隔板管箱侧板计算(见图4.11-1)

$$H_b=100\mathrm{mm},h_b=330\mathrm{mm},\alpha=100/330=0.303$$

设顶板厚$\delta_1=24$mm，丝堵板厚$\delta_2=32$mm，则：$\varepsilon_1=12$mm，$\varepsilon_2=16$mm

$$I_1 = 24^3 \times 1/12 = 1152\text{mm}^4, I_2 = 32^3 \times 1/12 = 2731\text{mm}^4$$

$$k = 0.303 \times (2731/1152) = 0.7182,$$

$L_b = 3000\text{mm}, L_b/h_b = 3000/330 = 9.09$，系数 $J_1 = 1$，$J_2 = 1$。

顶板、底板应力计算：

由式(4.11－13)

$$\sigma_m^N = \sigma_m^Q = \frac{2.5 \times 330}{2 \times 24} = 17.19\text{MPa}$$

由式(4.11－14)

$$\sigma_b^N = \frac{2.5 \times 12 \times 0.330^2 \times 1}{12 \times 1152}\left(-1.5 \times 0.303^2 + \frac{1 + 0.303^2 \times 0.7182}{1 + 0.7182}\right)$$
$$= 114.08\text{MPa}$$

由式(4.11－15)

$$\sigma_b^Q = \frac{2.5 \times 12 \times 330^2 \times 1}{12 \times 1152}\left(\frac{1 + 0.303^2 \times 0.7182}{1 + 0.7182}\right)$$
$$= 146.62\text{MPa}$$

中间部位应力校核 $[\sigma]^t\phi = 159\text{MPa}$；$[\sigma]_b^t = 1.5 \times 159 \times 1 = 238.5\text{MPa}$

$$\sigma_m^N < [\sigma]^t\phi$$

$$\sigma_m^N + |\sigma_b^N| = 131.27 \times 10^6 < 1.5[\sigma]^t\phi$$

端部应力校核 $[\sigma]^t\phi = 127.2\text{MPa}$；$[\sigma]_b^t = 1.5 \times 159 \times 0.8 = 190.8\text{MPa}$

$$\sigma_m^N < [\sigma]^t\phi$$

$$\sigma_m^Q + |\sigma_b^Q| = 163.81 < 1.5[\sigma]^t\phi$$

合适！

丝堵板、管板的应力计算，$\varphi = \eta = 0.516$

由式(4.11－16)

$$\sigma_m^M = \sigma_m^Q = \frac{2.5 \times 330}{2 \times 32} = 3.906\text{MPa}$$

由式(4.11－17)

$$\sigma_b^M = \frac{2.5 \times 16 \times 330^2 \times 1}{12 \times 2731}\left(-1.5 + \frac{1 + 0.303^2 \times 0.7182}{1 + 0.7182}\right)$$
$$= -116.92\text{MPa}$$

由式(4.11－18)

$$\sigma_b^Q = \frac{2.5 \times 16 \times 330^2 \times 1}{12 \times 2731}\left(\frac{1 + 0.303^2 \times 0.7182}{1 + 0.7182}\right)$$
$$= 82.47\text{MPa}$$

中部应力校核 $[\sigma]^t\eta = 159 \times 0.516 = 82.04\text{MPa}$；

$[\sigma]_b^t = 1.5 \times 159 \times 0.516 = 123.07\text{MPa}$；

$$\sigma_m^M < [\sigma]^t\eta$$

$$\sigma_m^M + |\sigma_b^M| = 120.84 \times 10^6 < 1.5[\sigma]^t\eta$$

端部应力校核$[\sigma]^t=159$MPa；$[\sigma]_b^t=1.5\times159=238.5$MPa，

$$\sigma_m^Q<[\sigma]^t$$

$$\sigma_m^Q+|\sigma_b^Q|=86.34\times10^6<1.5[\sigma]^t$$

合适！

管箱侧板选用厚度：

底板、顶板：24+3=27mm，可取28mm钢板，

丝堵板、管板：32+3=35mm，可取36mm钢板。

（2）带一个加强隔板管箱侧板计算（见图4.11-6）

$H_b=100$mm，$h_b=162.5$mm，$\alpha=100/162.5=0.6154$；

设顶板厚$\delta_1=15$mm，丝堵板厚$\delta_2=19$mm，隔板厚$\delta_3=5$mm

则：$\varepsilon_1=7.5$mm，$\varepsilon_2=9.5$mm

$$I_1=15^3\times1/12=281.3\text{mm}^4, I_2=19^3\times1/12=571.6\text{mm}^4$$

$$k=0.6154\times(571.6/281.3)=1.25,$$

顶板、底板应力计算：

由式(4.11-19)

$$\sigma_m^N=\sigma_m^Q=\frac{2.5\times162.5}{4\times15}\left[4-\frac{2+1.25\times(5-0.6154^2)}{1+2\times1.25}\right]$$

$$=4.74\text{MPa}$$

由式(4.11-20)

$$\sigma_b^N=\frac{2.5\times7.5\times162.5^2\times1}{12\times281.3}\left(-3\times0.6154^2+2\times\left(\frac{1+2\times0.6154^2\times1.25}{1+2\times1.25}\right)\right)$$

$$=206\text{MPa}$$

由式(4.11-21)

$$\sigma_b^Q=\frac{2.5\times7.5\times162.5^2\times1}{12\times281.3}\left(\frac{1+2\times0.6154^2\times1.25}{1+2\times1.25}\right)$$

$$=186.35\text{MPa}$$

中部应力校核$[\sigma]^t=159$MPa；$[\sigma]_b^t=1.5\times159\times1=238.5$MPa

$$\sigma_m^N=4.74\times10^6\text{Pa}<[\sigma]^t\phi$$

$$\sigma_m^N+|\sigma_b^N|=(4.74+206.0)=210.74\text{MPa}<1.5[\sigma]^t\phi$$

端部应力校核　$[\sigma]^t=159=159$MPa；

$$[\sigma]_b^t=1.5\times159=238.5\text{MPa}$$

$$\sigma_m^Q=4.74\text{MPa}<[\sigma]^t$$

$$\sigma_m^Q+|\sigma_b^Q|=(4.74+186.35)=191.0\text{MPa}<1.5[\sigma]^t$$

合适！

丝堵板、管板的应力计算，$\varphi=\eta=0.516$

由式(4.11-22)

$$\sigma_m^M=\sigma_m^Q=\frac{2.5\times100}{2\times19}=6.58\text{MPa}$$

由式(4.11－23)

$$\sigma_b^M=\frac{2.5\times9.5\times162.5^2\times1}{12\times571.6}\left[\frac{1+1.9212\times(3-0.6154^2)}{1+2\times1.9212}\right]$$

$$=113.96\text{MPa}$$

由式(4.11－24)

$$\sigma_b^Q=\frac{2.5\times9.5\times162.5^2\times1}{12\times571.6}\left(\frac{1+2\times0.6154^2\times1.9212}{1+2\times1.9212}\right)$$

$$=46.35\text{MPa}$$

中部应力校核　$[\sigma]^t\eta=159\times0.516=82.04\text{MPa}$；

$$[\sigma]_b^t=1.5\times159\times0.516=123.07\text{MPa}$$

$$\sigma_m^M<[\sigma]^t$$

$$\sigma_m^M+|\sigma_b^M|=120.54\times10^6<1.5[\sigma]^t\eta$$

端部应力校核　$[\sigma]^t\eta=159\text{MPa}$；$[\sigma]_b^t=1.5\times159=238.5\text{MPa}$

$$\sigma_m^Q<[\sigma]^t$$

$$\sigma_m^Q+|\sigma_b^Q|=52.93\times10^6<1.5[\sigma]^t$$

合适！

隔板应力计算

由式(4.11－25)

$$\sigma_m=\frac{2.5\times162.5}{2\times5}\times\left[\frac{2+1.9212\times(5-0.6154^2)}{1+2\times1.9212}\right]$$

$$=91.26\text{MPa}$$

应力校核$[\sigma]^t\varphi=159\times10^6\times1=159\times10^6\text{Pa}$,

$\sigma_m<[\sigma]^t$，合适！

用程序对带一个隔板的管箱最小壁厚进行了优选，与上述计算结果一致。

管箱侧板和隔板选用厚度：

底板、顶板：15＋3＝18mm,

丝堵板、管板：19＋3＝22mm,

隔板：5＋2×3＝11mm，如采用开孔隔板建议选用14mm钢板。

(3) 两种结构计算结果讨论

① 从上面两种计算结果可以看出，采用带加强隔板的管箱侧板内的应力要比不带加强隔板的侧板内应力小很多，因此板厚可选用得较薄。与圆形截面容器相比，矩形截面容器壁板内应力都较高，带加强隔板的结构，是降低壁板内应力，减小壁板厚度的有效措施。

② 矩形容器的拐角点的弯矩和应力值都较大，当采用四块板焊接的矩形容器，如空冷器管束的管箱，拐角点的焊缝处是危险截面，应采取良好结构和有效措施保证焊接的可靠性。

表4.11－3为4管排、6管排、8管排空冷器管箱在设计压力为1.6、2.5、4.0、6.4MPa，设计温度为200℃时，材料：16MnR，管箱侧板计算壁厚(不包括壁厚附加量)。

表 4.11－3　不同尺寸的管箱在不同设计压力下的侧板计算厚度　mm

管排数	管箱参数	隔板数	侧板名称	侧板计算厚度(不包括壁厚附加量)，$t=200℃$			
				设计压力/MPa			
				1.6	2.5	4.0	6.4
4 管排	$H=100$mm $h=220$mm	无隔板	顶板、底板厚度	12	13	19	
			丝堵板、管板厚度	18.1	23.9	29	
		一个隔板	顶板、底板厚度	6.1	8.7	11	14.2
			丝堵板、管板厚度	9.4	12	16	19.3
			隔板厚度	4	4	5	6
6 管排	$H=100$mm $h=330$mm	无隔板	顶板、底板厚度	17.3	24	28.8	
			丝堵板、管板厚度	27	32	42	
		一个隔板	顶板、底板厚度	7.3	13	12	15.2
			丝堵板、管板厚度	15.4	19	24.6	30.9
			隔板厚度	4	5	5	9.4
8 管排	$H=100$mm $h=440$mm	无隔板	顶板、底板厚度	24	31.5	42	
			丝堵板、管板厚度	33.7	41	50.5	
		一个隔板	顶板、底板厚度	12	15	20	28
			丝堵板、管板厚度	20.7	26	32.8	41
			隔板厚度	4	6	8	11

说明

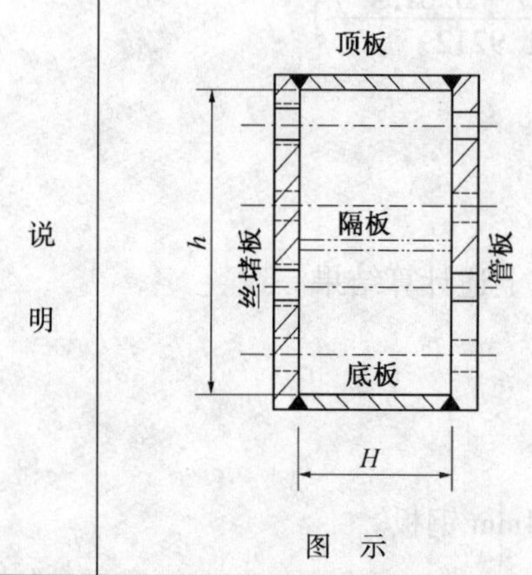

图　示

1. 本表所有侧板材料均选用 ϕ345R，200℃下材料的许用应力为 159MPa。

2. 应力校核时，焊接接头系数取 1，丝堵板和管板开孔削弱系数取 0.516(管心距 62mm)。

3. 表中所有侧板厚度为应力校对的最小计算厚度，实际选用厚度应满足丝堵密封的最小厚度加上壁厚附加量。且须满足丝堵板和管板密封的最小厚度(见本章第十节)。

4. 侧板的厚度都没有考虑管箱两端封头的加强作用。

4.12　半圆形法兰管箱的设计计算

半圆形法兰管箱的结构形式图 4.12－1。它是由半圆柱形头盖和矩形法兰、管板构成的管束管箱。

半圆形法兰管箱的计算包括半圆筒体壁厚、与半圆形筒体相连的法兰、管板等 。

1. 半圆筒体壁厚计算

半圆筒体的壁厚按下式计算：

$$S_c = \frac{pD_i}{2[\sigma]_c^t\phi - p} + C \tag{4.12-1}$$

允许最大工作压力按下式计算：

$$[p] = \frac{2[\sigma]_c^t\phi(S_c - C)}{D_i + (S_c - C)} \tag{4.12-2}$$

式中　S_c——半圆筒体的设计壁厚（包括壁厚附加量），mm；

D_i——半圆筒体内径，mm；

p——设计压力，MPa；

$[\sigma]_c^t$——筒体材料在设计温度下的许用应力，MPa；

C——壁厚附加量，mm；

$[p]$——允许最大工作压力，MPa；

ϕ——焊接接头系数。

这里需要说明的是，由图4.12-1看出，半圆筒体与管箱法兰之间有一段直边段。如果此直边段长度较小，且与法兰的焊接可靠，可将直边段视为法兰的一部分，半圆筒体（包括直边段）的壁厚可采用式（4.12-1）计算。否则，如果直边段很长，内压作用下直边段内应力往往很大，此时，推荐采用文献[18]中“长圆形截面容器”介绍的方法确定半圆筒体和直边段的壁厚。

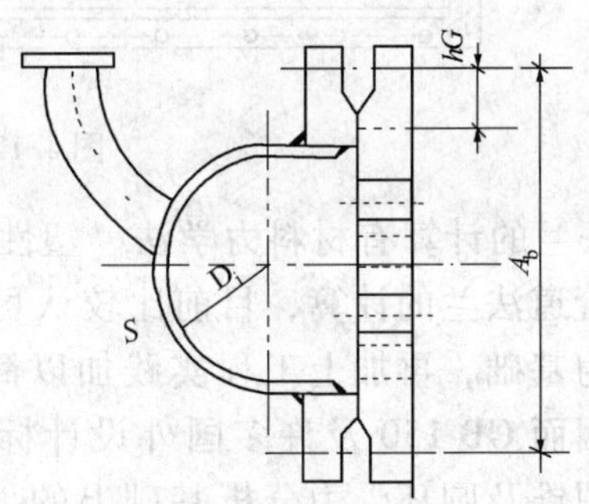

图4.12-1　半圆形法兰管箱

2. 半圆形法兰管箱的矩形管板厚度的计算

半圆形法兰管箱中矩形管板的厚度按照下述方法计算：

$$S_g = A_C\sqrt{\frac{Kp}{[\sigma]_g^t\eta}} + C \tag{4.12-3}$$

式中　S_g——半圆形法兰管箱的矩形管板厚度（包括壁厚附加量），取其预紧或操作状态下的最大值，mm；

A_C——法兰短边垫片中心线长度，mm；

B_C——法兰长边垫片中心线长度，mm；

η——孔桥减弱系数，按本章第十节方法确定；

K——结构特征系数。

操作时：

$$K = 0.3Z + \frac{6W_p h_G}{PL_C A_C^2} \tag{4.12-4}$$

预紧时：

$$K = \frac{6W_b h_G}{PL_C A_C^2} \tag{4.12-5}$$

式中　Z——矩形平板形状系数，

$$Z = 3.4 - 2.4\frac{A_C}{B_C}, \text{且 } Z \leqslant 2.5; \tag{4.12-6}$$

W_p——在操作情况下螺栓设计总载荷，由矩形法兰计算决定，N；

W_b——在预紧时的螺栓设计总载荷，由矩形法兰计算决定，N；

L_C——垫片中心线的总长，mm；

h_G——垫片受力点的力臂，等于螺栓中心到垫片压紧力作用点之间的距离，mm；

矩形管板允许最大工作压力按下式计算：

$$[p]=\frac{[\sigma]_g^t\eta(S_g-C)^2}{A_C^2K} \tag{4.12-7}$$

3. 半圆形法兰管箱中矩形法兰的计算

该法兰是一个与半圆形筒体连接的矩形法兰。其型式如图4.12-2所示。

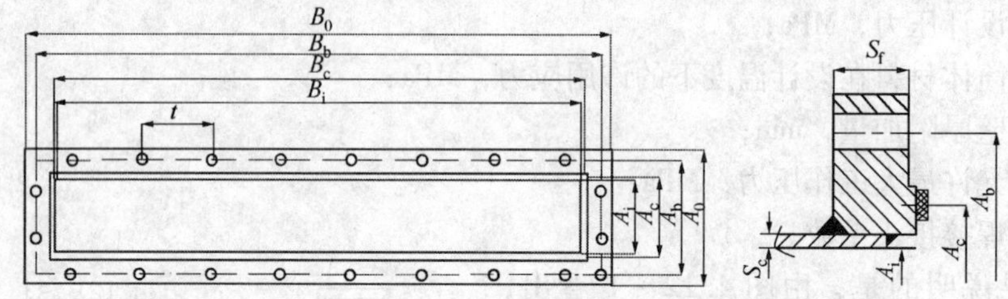

图4.12-2　半圆形管箱方法兰

法兰的计算有材料力学法、塑性极限载荷法、弹性力学法等分析方法。对于圆形设备及管道法兰的计算，目前比较认可的方法是 Waters 法。Waters 法是基于弹性力学分析作为基础，再加上工程实践加以简化而总结出的设计过程。比较接近法兰的受力状况，因而 GB 150 及许多国外设计标准都采用这种方法。但是 Waters 法是建立在对圆柱、圆锥及圆环受力分析基础上的，对于纵长与宽度之比较大的矩形法兰计算并不合适。鉴于这种情况，对于纵长与宽度之比大于或等于2时的矩形法兰计算，本章采用材料力学的方法作为力的分析和法兰应力计算基础。这是一种早期设计法兰的方法，其代表性的是 Bach 法，它将法兰视为整体法兰，并简化为一悬臂梁，在螺栓载荷作用下，求其危险截面的弯矩和应力。

矩形法兰的计算步骤：

① 垫片尺寸的确定和压紧力的计算；

② 螺栓的受力计算、规格选用和布局；

③ 法兰结构尺寸确定；

④ 法兰的载荷、弯矩和最大剪切力的计算；

⑤ 求计算截面的面积和抗弯模数；

⑥ 应力计算和评定。

根据矩形法兰的长/宽尺寸，法兰的受力分析可简化成两种数学模型。

第一种模型：

当 $B_C/A_C \geqslant 2$，即矩形法兰的纵长与宽度之比较大时，可忽略法兰短边的影响，假设法兰受力全部由纵长方向上、下两排法兰螺栓承担，这时法兰可简化为一多跨横梁。因为螺栓间距较小，沿管箱纵向梁的薄膜应力和弯距应力可忽略不计。

第二种模型：

当 $B_C/A_C<2$，矩形法兰简化为以法兰短边长度 A_c 为当量直径的圆形整体法兰，按

GB 150的规定，用 Waters 法进行厚度计算和应力校核。此时法兰螺栓受力、法兰弯矩仍按方形面积计算。

下面对两种模型的方法兰计算分别进行叙述，图4.12－3为方法兰截面尺寸图：

(1)当 $B_C/A_C \geqslant 2$，矩形法兰的受力可简化为一多跨横梁。此时忽略短边的影响，假定法兰的受力全由长边法兰和螺栓承受。按此假设，沿法兰纵长方向取长度为 t(t 为法兰螺栓孔间距)的一段法兰面作为法兰计算的基准单元(见图4.12－4斜线部分)。以下计算都是按此单元进行受力分析。

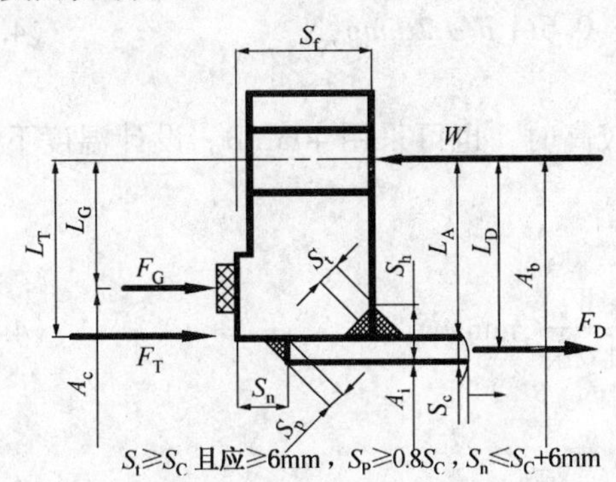

图4.12－3　方法兰截面尺寸图

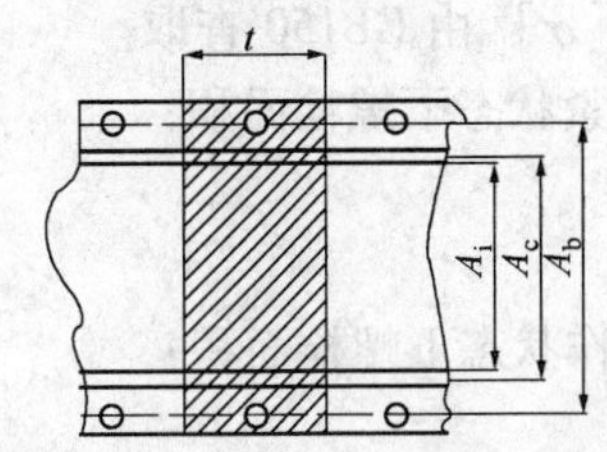

图4.12－4　法兰计算的基准单元

① 垫片压紧力的计算：

为了保证垫片有足够的密封性能，空冷器矩形管箱法兰垫片接触宽度应≥10mm。按此，根据 GB 150 中法兰计算的相关规定，可求出基本密封宽度 b_0 和有效密封宽度 b，并确定垫片作用力中心 A_C、B_C。

A. 预紧状态下需要的最小压紧力：

$$F_G = F_a = tby, \mathrm{N} \tag{4.12-8}$$

B. 操作状态下需要的最小压紧力：

$$F_G = F_p = 2tbmp, \mathrm{N} \tag{4.12-9}$$

② 确定法兰螺栓的间距：

法兰螺栓的间距和螺栓的大小对管箱的密封性能有直接关系。所以确定螺栓的间距的大小是很重要的。法兰管箱所有螺栓的设计直径不得小于16mm。螺栓的最小间距见表4.12－1。两螺栓中心最大间距按下式确定，选用的螺栓间距应在最大和最小之间。

$$t_{max} = 2d_B + \frac{6S_f}{(m+0.5)} \tag{4.12-10}$$

且

$$\frac{t}{d_B} \ngtr 5$$

式中　t_{max}——两螺栓中心最大间距，mm。

法兰螺栓最小间距 t_{min} 见表4.12－1。

表4.12－1　法兰螺栓最小间距　　mm

d_B	16	20	22	24	27	30	36	42	48	56
t_{min}	38	46	52	56	62	70	80	90	102	116

法兰转角处之螺栓最短间距应不大于其相邻两侧邻任一螺栓间距，见图 4.12－5。

③ 单个螺栓载荷计算：

A. 预紧状态下螺栓载荷：

$$W_a = F_a = tby, \mathrm{N} \tag{4.12-11}$$

B. 操作状态下螺栓载荷：

操作状态下螺栓载荷包括内压载荷 F 和垫片载荷 F_p。考虑法兰螺栓受力的不均匀性，内压产生的轴向力须乘以 1.2 的载荷系数。则操作状态下螺栓载荷为：

$$W_p = F + F_P = 0.6tA_c p + 2tbmp, \mathrm{N} \tag{4.12-12}$$

④ 单个螺栓面积的计算：

螺栓材料一般选用 35 号钢，设计压力较高时，也可采用 40MnB。设计温度下的许用应力 $[\sigma]_b$、$[\sigma]_b^t$ 由 GB150 查取。

A. 预紧状态下螺栓面积：

$$A_a = \frac{W_a}{[\sigma]_b}, \mathrm{mm}^2 \tag{4.12-13}$$

B. 操作状态下螺栓面积：

$$A_p = \frac{W_p}{[\sigma]_b^t}, \mathrm{mm}^2 \tag{4.12-14}$$

C. 单个螺栓所需面积 A_m 取 A_a 和 A_p 中的最大值。

螺栓数量 n_b 根据 A_m 和矩形法兰的纵向长度 A_C 计算出，螺栓间距 t 应满足式(4.12－10)和表4.12－1的规定。计算螺栓面积时，应取螺栓螺纹的根径或无螺纹部分螺栓的最小值。

螺栓的实际选用面积 A_B，不得小于 A_m，但不宜大于 $1.25A_m$。

⑤ 单个螺栓的设计载荷：

A. 预紧状态下螺栓载荷：

$$W = W_b = \frac{A_m + A_b}{2}[\sigma]_b, \mathrm{N} \tag{4.12-15}$$

B. 操作状态下螺栓载荷：

$$W = W_p = 0.6tA_c p + 2tbmp, \mathrm{N} \tag{4.12-16}$$

⑥ 法兰截面及密封面尺寸的选定：

参照图 4.12－3，初步选定法兰截面及密封面的基本尺寸。空冷器管箱法兰由于受到安装空间的限制，在满足螺栓安装要求的条件下，布局尽可能紧凑。

⑦ 法兰力矩和截面应力：

法兰的弯矩和应力计算时，将法兰和接管整体简化为一悬臂梁，在螺栓载荷 W 的作用下，求其危险截面——AB 和 BC 截面的弯矩和应力(见图 4.12－6)。

法兰盘 AB 截面(厚度方向)

截面弯矩：

A. 预紧状态下截面弯矩：

$$M_y = WL_A = \frac{A_m + A_b}{4}[\sigma]_b(A_b - A_i - 2S_c), \mathrm{N \cdot mm} \tag{4.12-17}$$

B. 操作状态下截面弯矩：

$$M_y = WL_A = (0.3tA_c P + tbmp)(A_b - A_i - 2S_c), \mathrm{N \cdot mm} \tag{4.12-18}$$

截面系数：

$$W_y = \frac{tS_f^2}{6}, \text{mm}^3 \tag{4.12-19}$$

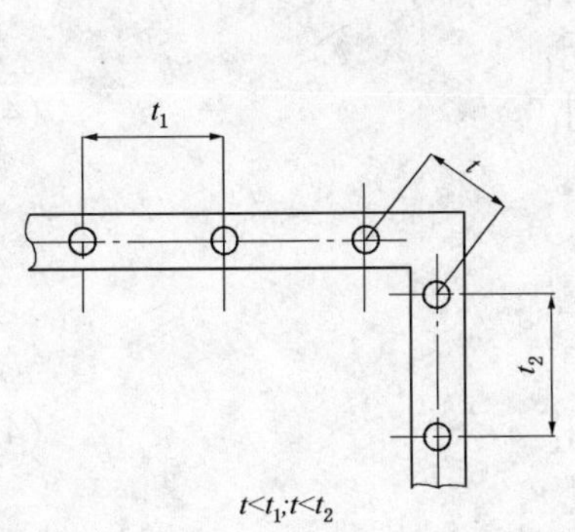

图 4.12－5　矩形法兰螺栓间距

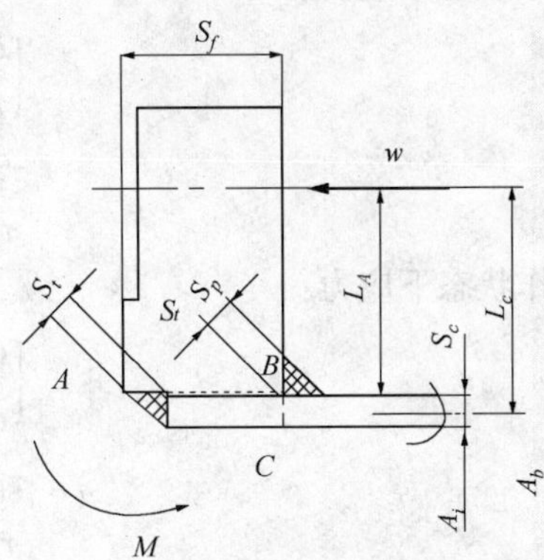

图 4.12－6　求解法兰截面弯矩图

截面正应力，即最大弯曲应力，按下式分别计算预紧状态下和操作状态下截面应力：

$$\sigma_y = \frac{M_y}{W_y}, \text{MPa} \tag{4.12-20}$$

截面切应力：

剪力：　$Q_y = W, N$

截面惯性矩：　$I_x = \frac{tS_f^3}{12}, \text{mm}^4$　(4.12－21)

截面最大切应力发生在截面中性轴上，按下式分别计算预紧状态下和操作状态下截面切应力：

$$\tau_{max} = \frac{Q_y S_x}{I_x t} = \frac{3W}{2tS_f}, \text{MPa} \tag{4.12-22}$$

法兰颈部 BC 截面

截面弯矩：

A. 预紧状态下截面弯矩：

$$M_x = WL_C = \frac{(A_m + A_B)}{4}[\sigma]_b(A_b - A_i - S_c) \tag{4.12-23}$$

B. 操作状态下截面弯矩：

$$M_x = WL_C = (0.3tA_cP + tbmp)(A_c - A_i - S_c), \text{N} \cdot \text{mm} \tag{4.12-24}$$

截面系数：

$$W_x = \frac{tS_c^2}{6}, \text{mm}^3 \tag{4.12-25}$$

弯曲应力：

巴赫(Bach)认为，BC 截面上的弯矩由法兰盘和法兰颈部共同承载，并假定了法兰盘承受总弯矩的 40%，按下式分别求取预紧状态下和操作状态下截面弯曲应力。

$$\sigma_x = \frac{0.4M_x}{W_x}, \text{MPa} \tag{4.12-26}$$

⑧ 焊缝剪切应力：

对平焊钢制法兰，须按下式计算预紧状态下和操作状态下焊缝处的剪应力：

$$\tau_w = \frac{W}{t(S_p + S_t)} \tag{4.12-27}$$

⑨ 应力评定:

A. 预紧状态下应力:

$$\begin{cases}\sigma_x \leqslant [\sigma]_f \\ \sigma_y \leqslant [\sigma]_f\end{cases}$$
$$\tau_{max} \leqslant [\tau]_f \tag{4.12-28}$$
$$\tau_w \leqslant [\tau]_w$$

B. 操作状态下应力:

$$\begin{cases}\sigma_x \leqslant [\sigma]_f^t \\ \sigma_y \leqslant [\sigma]_f^t\end{cases}$$
$$\tau_{max} \leqslant [\tau]_f^t \tag{4.12-29}$$
$$\tau_w \leqslant [\tau]_w^t$$

式(4.12-1)~式(4.12-25)中,

A_c、B_c——矩形法兰垫片作用力中心尺寸, mm;
A_i、B_i——矩形法兰截面内孔尺寸, mm;
A_b、B_b——矩形法兰两排螺栓孔距离, mm;
A_m、A_B——单个法兰螺栓的计算面积和实际选用面积, mm^2;
b_0、b——垫片基本密封宽度和有效密封宽度, mm;
d_B——螺栓设计公称直径, mm;
F——内压引起的法兰总轴向力,作用于垫片中心线。$F=(tA_C)p$, N;
F_a——法兰垫片的最小预紧载荷, N;
F_D——法兰内截面上内压作用下的轴向力, N;
F_G——法兰面法兰垫片压紧力, N;
F_p——法兰垫片内压作用下的最小操作载荷, N;
I_x——截面惯性矩, mm^4;
Q_y——截面剪力, N;
S_0——接管的有效厚度, $S_0=S_C-C$, mm;
S_c——接管的选用厚度, mm;
C——腐蚀裕量, mm;
S_f——法兰有效厚度, mm;
S_x——截面面积对中性轴的静矩(一次矩), mm^3;
S_t、S_p——法兰颈部和接管端部焊缝最小高度(见图4.12-3), mm;
t——螺栓间距, mm;
m——垫片系数;
p——管箱设计内压力, MPa;
y——垫片比压力, MPa;

b_0、b、m、y 可由 GB 150 法兰计算中相关图表查出;

W——单个螺栓的设计载荷, N;
$[\sigma]_b$、$[\sigma]_b^t$——螺栓材料在常温和操作温度下的许用应力, MPa;
$[\sigma]_f$、$[\sigma]_b^t$——法兰材料在常温和操作温度下的(拉伸)许用应力, MPa;
$[\tau]_f$、$[\tau]_f^t$——法兰材料在常温和操作温度下的剪切许用应力, MPa,
$[\tau]_f$、$[\tau]_f^t$——可从相关的材料许用应力资料中查取,如资料不全,近似取:

$[\tau]_f = 0.5[\sigma]_f$，$[\tau]_f^t = 0.5[\sigma]_f^t$；

$[\tau]_w$、$[\tau]_w^t$——焊缝材料在常温和操作温度下的剪切许用应力，MPa。

⑩ 材料力学法问题讨论：

用材料力学法求解整体法兰应力比较简单，但在求解法兰根部应力时，却忽略了法兰变形和接管变形的不连续性。这种不连续性引起附加弯距往往很大。所以用材料力学求解的法兰应力大都低于法兰实际应力。结构变形不协调现象一般可用弹性力学法进行分析和求解，并要有边界条件的假设。Waters 法在求解圆管法兰时，根据法兰受力分析和工程经验，提出了许多假设，并由法兰几何尺寸关系，给出了一系列设计系数查取图、表，比较接近法兰受力的实际情况。但如前所述，Waters 法这些假设对矩形法兰并不都适用，实际法兰在使用中，强度破坏并不多见，主要是法兰变形(刚度不够)引起的密封面失效，矩形法兰更是如此。因此用材料力学法评定矩形法兰应力时，要留有相当的裕量。

材料力学法或 waters 法计算都是将法兰、接管作为整体部件考虑的。法兰的最大应力多出现在法兰盘根部与接管相接处。因此要求焊缝不仅有足够的焊肉，而且焊接要牢靠。图 4.12－3，对焊脚焊肉高度 S_t、S_p、S_n 作了最小规定。对于矩形法兰建议采用板焊式对焊法兰[图 4.12－7(a)]、全焊透结构[图 4.12－7(b)]或整体轧制法兰[图 4.12－7(c)]，法兰受力较好，具体结构详见文献[18]。

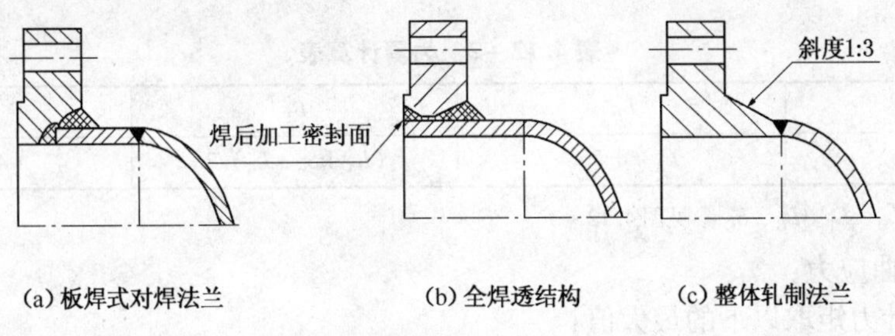

图 4.12－7　整体法兰结构

(2) 当 $B_C/A_C < 2$，矩形法兰可简化为以短边垫片长度为当量直径的圆管法兰(参见图 4.12－3)

① 螺栓、垫片受力仍按矩形面积计算：

垫片的压紧力：

A. 预紧状态下需要的最小压紧力：

$$F_G = F_a = 2(A_C + B_C)by, \text{N} \tag{4.12－30}$$

B. 操作状态下需要的最小压紧力：

$$F_G = F_p = 4(A_C + B_C)bmp, \text{N} \tag{4.12－31}$$

螺栓载荷计算：

A. 预紧状态下螺栓载荷：

$$W_a = F_a = 2(A_C + B_C)by, \text{N} \tag{4.12－32}$$

B. 操作状态下螺栓载荷：

$$W_p = F + F_P = (A_C B_C)p + 4(A_C + B_C)bmp, \text{N} \tag{4.12－33}$$

② 螺栓总面积和螺栓数量的选取：

式(4.12－25)～式(4.12－28)为法兰面上垫片总压紧力和螺栓总载荷。螺栓总面积的计算同式(4.12－13)和式(4.12－14)(注意此时计算出的螺栓面积 A_a 和 A_p 为法兰面上的螺栓总面积)。螺栓计算面积 A_m 取 A_a 和 A_p 中的的最大值。所需螺栓数量根据总面积 A_a 及 A_p、

螺栓直径 d_B 和螺栓间距 t 来决定。螺栓选用面积 A_B 应大于 A_m。

③ 螺栓的设计载荷：

A. 预紧状态下螺栓载荷：

$$W = \frac{A_m + A_B}{2}[\sigma]_b, \text{N} \quad (4.12-34)$$

B. 操作状态下螺栓载荷：

$$W = W_p = (A_C B_C)P + 4(A_C + B_C)bmp, \text{N} \quad (4.12-35)$$

④ 法兰力矩：

A. 预紧状态下法兰力矩：

$$M_a = WL_G = \frac{A_m + A_B}{2}[\sigma]_b L_G, \text{N} \cdot \text{mm} \quad (4.12-36)$$

B. 操作状态下法兰力矩：

$$M_p = F_D L_D + F_T L_T + F_G L_G, \text{N} \cdot \text{mm} \quad (4.12-37)$$

式中 $F_D = (A_i B_i)P$；$F_G = F_p = 4(A_C + B_C)bmp$[见式(4.12-31)]；$F_T = F - F_D$；$F = (A_C A_C)p$；

各力臂 L_D、L_T、L_G计算见表4.12-2。

表4.12-2 力臂计算表

力 臂	L_D	L_T	L_G
计算式	$L_A + 0.5S_c$	$(L_A + S_c + L_G)/2$	$(A_b - A_c)/2$

注：表中 L_A、L_D、L_T、L_G、S_C 参见图4.12-3

⑤ 法兰弯曲应力：

法兰的设计力矩取以下的最大值：

$$M_0 = \begin{cases} M_a \dfrac{[\sigma]_f^t}{[\sigma]_f}, \text{N} \cdot \text{mm} \\ M_p \end{cases} \quad (4.12-38)$$

法兰应力：按照 GB 150 整体法兰计算。

A. 轴向应力：

$$\sigma_H = \frac{fM_0}{\lambda S_f^2 D_i}, \text{MPa} \quad (4.12-39)$$

B. 径向应力：

$$\sigma_R = \frac{(1.33\delta_1 e + 1)}{\lambda S_f^2 D_i} M_0, \text{MPa} \quad (4.12-40)$$

C. 环向应力：

$$\sigma_T = \frac{YM_0}{S_f^2 D_i}, \text{MPa} \quad (4.12-41)$$

⑥ 应力评定：

$$\begin{cases} \sigma_H \leqslant 1.5[\sigma]_f^t \text{ 与 } 1.5[\sigma]_c^t \text{ 中较小值} \\ \sigma_R \leqslant [\sigma]_f^t \\ \sigma_T \leqslant [\sigma]_f^t \end{cases}, \text{MPa} \quad (4.12-42)$$

组合应力：

$$
\begin{cases}\dfrac{\sigma_H+\sigma_R}{2}\leqslant[\sigma]_f^t \\ \dfrac{\sigma_R+\sigma_T}{2}\leqslant[\sigma]_f^t\end{cases},\text{MPa} \tag{4.12-43}
$$

式(4.12-30)~式(4.12-43)中：

D_i——法兰的当量内径，取 $D_i=A_i$(见图4.12-2)，mm；

F——内压引起的法兰总轴向力，N；

F_D——内压在法兰内截面上引起的法兰轴向力，N；

F_a——预紧状态下需要的垫片最小压紧力，N；

F_T——内压引起的法兰总轴向力与内截面上轴向力之差，$F_T=F-F_D$,N；

F_p——操作状态下需要的垫片最小压紧力，N；

W_a——预紧状态下螺栓载荷，N；

W_p——操作状态下螺栓载荷，N；

S_c——法兰根部接管有效厚度，mm；

$[\sigma]_f^t$、$[\sigma]_c^t$——分别为法兰材料和管箱材料在设计温度下的许用应力，MPa；

Y、f、λ、e——Waters法圆形法兰计算系数，按GB 150法兰计算图表查取。

⑦ 讨论：当矩形管箱法兰长宽比 $B_c/A_C<2$ 时，短边的影响就不能忽略，因此法兰也就不能简化为一个横梁。本节将矩形法兰视为一个当量圆法兰，采用Waters法计算，但垫片和螺栓受力仍按矩形法兰求取，供设计工程师参考。

当空冷器管束名义宽度小于1.5m的多管排矩形法兰管箱，$B_c/A_c<2$ 的情况多见到。即是 $B_c/A_c\geqslant2$，如下一节讲述的法兰盖板式管箱，设计者常采用横向隔板将管箱分为多段，使每段 $B_c/A_c<2$，则可采用当量圆法兰方法进行设计(见图4.12-8)，从法兰、盖板的加工、受力和密封都是有利的。矩形法兰纵长过大，不但制造要求高、而且法兰密封可靠性都是遇到的问题。

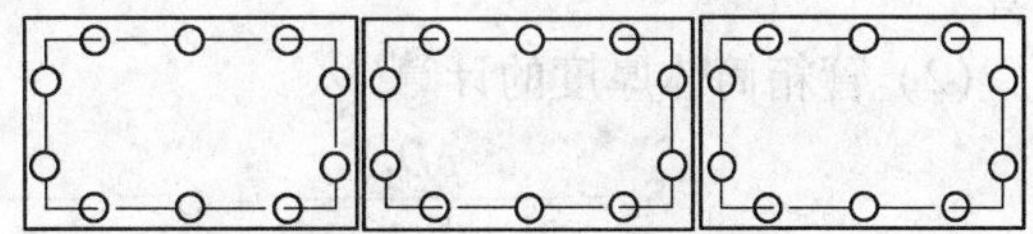

图4.12-8 多段方法兰管箱结构

4. 设计计算实例

【例4.12-1】

(1) 已知条件

设计压力：1.6MPa

设计温度：≤180℃

半圆形管箱材质：Q245R，$[\sigma]_c=133$，$[\sigma]_c^{200}=123$MPa；

法兰和管板材质：Q345R钢板；$[\sigma]_f=163$MPa，$[\sigma]_f^t=160.8$MPa；

螺栓材质：40MnB，$[\sigma]_b=176$MPa，$[\sigma]_b^{200}=165$MPa；

垫片材料：L2，垫片系数 $m=4$；比压力 $y=60.7$MPa，垫片宽度 $N=10$mm。

半圆形法兰管箱的结构尺寸如图4.12-9所示。

结构参数：

管箱法兰的短边长度：$A_0=310$mm；

管箱法兰的长边长度：$B_0=1990$mm；

管箱法兰短边垫片中心线长度：$A_c=218$mm；

管箱法兰长边垫片中心线长度：$B_c=1898$mm；

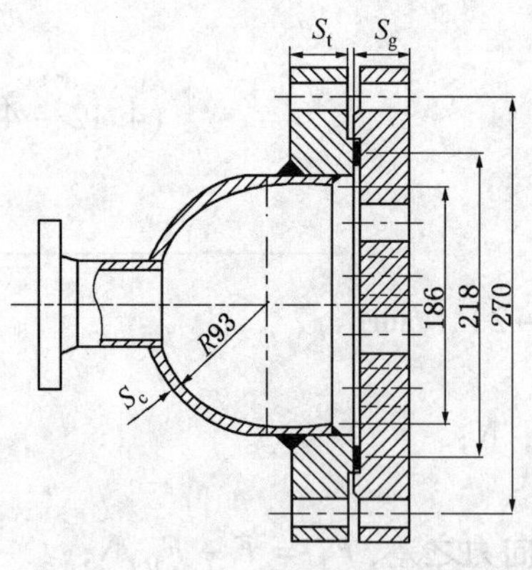

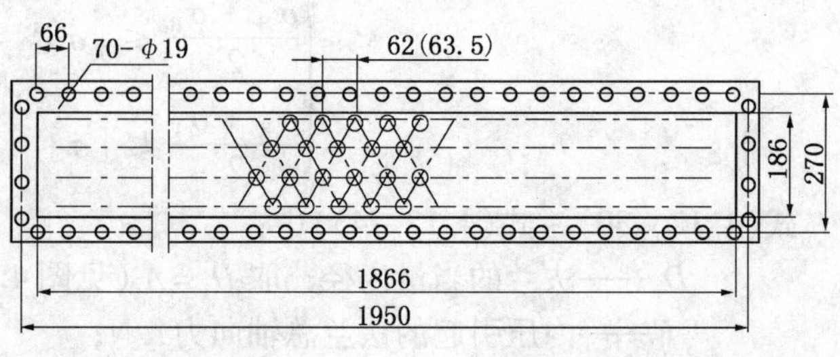

图 4.12-9 例 4.12-1 管箱尺寸图

管箱法兰短边螺栓中心线长度：$A_b=270$mm；

管箱法兰长边螺栓中心线长度：$B_b=1950$mm；

矩形管箱短边内孔长度：$A_i=186$mm；

矩形管箱长边内孔长度：$B_i=1866$mm；

腐蚀裕量：$C=4$mm。

半圆形法兰管箱的计算内容包括半圆筒体壁厚、管板、与半圆形筒体相连的矩形法兰等三个部分。因 $B_c/A_c>2$，所以矩形法兰、管板的受力，按照第一种数学模型进行计算。

(2) 管箱筒体厚度的计算

$$S=\frac{pD_i}{2[\sigma]_c^t\phi-P}+C=\frac{1.6\times186}{2\times123\times1-1.6}+4=5.2\text{mm}$$

考虑到法兰颈部的弯矩，取 S 为 10mm。筒体有效厚度 $S_c=6$mm。

(3) 螺栓的选用

①根据管箱的长度，初定螺栓间距 $t=66$ mm，周边共布置螺栓 66 个。

垫片选用铝材平垫，垫宽度取 $N=10$mm，根据 GB 150，计算垫片基本密封宽度 b_0 和有效密封宽度 b，

$$b_0=\frac{N}{2}=\frac{10}{2}=5\text{mm}$$

当 $b_0<6.4$mm 时，垫片有效宽度 $b=b_0=5$mm。

垫片系数 $m=4$；比压力 $y=60.7$MPa。

② 单个螺栓的载荷如下：

A. 预紧装态按式(4.12-11)计算：

$$W_a=tby=66\times5\times60.7=20031\text{N}$$

B. 操作状态按式(4.12-12)计算：

$$W_p=0.6tA_cp+2tbmp=0.6\times66\times218\times1.6+2\times66\times5\times4\times1.6=18037\text{N}$$

③ 螺栓面积计算和螺栓直径的选取：

A. 预紧状态按式(4.12-13)计算：

$$A_a=\frac{W_a}{[\sigma]_b}=\frac{20031}{176}=113.8\text{mm}^2,$$

B. 操作状态按式(4.12-142)计算：

$$A_p = \frac{W_p}{[\sigma]_b^t} = \frac{18037}{165} = 109.3\text{mm}^2,$$

取 A_a 和 A_p 中的最大值，$A_m = 113.8\text{mm}^2$。

选取螺栓直径 $d_B = 16\text{mm}$，螺纹根径 13.8mm，有效面积 $A_B = 149.57\text{mm}^2$。

螺孔间距 $t = 66\text{mm}$，满足式(4.12－10)、图 4.12－5 和表 4.12－1 的要求。

④ 单个螺栓的设计载荷：

A. 预紧状态下按式(4.12－15)计算：

$$W = W_b = \frac{A_m + A_B}{2}[\sigma]_b = \frac{113.8 + 149.57}{2} \times 176 = 23177\text{N}$$

B. 操作状态下式(4.12－16)计算：

$$W = W_p = 0.6tA_cp + 2tbmp = 18037\text{N}$$

(3) 半圆形法兰管箱管板厚度计算：

管箱管板厚度按式(4.12－3)计算，式中孔桥减弱系数：

$$\eta = \frac{66 - 25}{66} = 0.621;$$

矩形平板形状系数：

$$Z = 3.4 - 2.4\frac{A_C}{B_C} = 3.4 - 2.4 \times 218/1898 = 3.12 > 2.5, \text{则取} Z = 2.5;$$

垫片中心线的总长取 $L_c = 2B_c = 2 \times 1898 = 3796\text{mm}$；

螺栓作用点力臂：$h_G = (270 - 218)/2 = 26\text{mm}$。

结构特征系数用式(4.12－4)和式(4.12－5)计算。此两式中螺栓设计载荷为螺栓总载荷，根据图 4.12－9，上下两排梁共布螺栓 60 个，预紧时和操作时结构特征系数 K 计算如下：

A. 预紧时：

$$K = \frac{6W_bh_G}{PL_CA_C^2} = \frac{6 \times 23177 \times 60 \times 26}{1.6 \times 3796 \times 218^2} = 0.752$$

B. 操作时：

$$K = 0.3Z + \frac{6W_ph_G}{PL_CA_C^2} = 0.3 \times 2.5 + \frac{6 \times 18037 \times 60 \times 26}{1.6 \times 3796 \times 218^2} = 1.335$$

半圆形法兰管箱中矩形管板的厚度按照式(4.12－3)计算：

$$S_g = A_C\sqrt{\frac{Kp}{[\sigma]_g^t\eta}} + C$$

A. 预紧时，$[\sigma]_g^t = 157\text{MPa}$：

$$S_g = 218\sqrt{\frac{0.752 \times 1.6}{157 \times 0.621}} + 4 = 28.2\text{mm}$$

B. 操作时：

$$S_g = 218\sqrt{\frac{1.335 \times 1.6}{160.8 \times 0.621}} + 4 = 37.0\text{mm}$$

取 $S_g = 38\text{mm}$，有效厚度 34mm。

(4) 矩形法兰厚度的计算

初设法兰有效厚度 $S_f = 32\text{mm}$；上面已计算出管箱实际厚度 10mm，有效壁厚 $S_c = 6\text{mm}$；取 $S_h = 20\text{mm}$(包括腐蚀裕量)。

① 法兰盘 AC 截面弯矩：

A. 预紧状态下截面弯矩按式(4.12－17)计算：

$$M_y = WL_A = 23177 \times \frac{270 - 186 - 2 \times 6}{2} = 834372\text{N} \cdot \text{mm}$$

B. 操作状态下截面弯矩按式(4.12－18)计算：

$$M_y = WL_A = 18037 \times \frac{270 - 186 - 2 \times 6}{2} = 649332\text{N} \cdot \text{mm}$$

截面系数：

$$W_y = \frac{66 \times 32^2}{6} = 11264\text{mm}^3$$

弯曲应力：按式(4.12－20)分别求取预紧状态和操作状态下截面弯曲应力。

A. 预紧状态：

$$\sigma_y = \frac{834372}{11264} = 74.27\text{MPa}$$

B. 操作状态：

$$\sigma_y = \frac{649332}{11264} = 57.65\text{MPa}$$

截面剪切应力：按式(4.12－22)计算。

A. 预紧状态：剪力 $Q = W_b = 23177\text{N}$

$$\tau_{max} = \frac{3 \times 23177}{2 \times 66 \times 32} = 16.5\text{MPa}$$

B. 操作状态：

$$\tau_{max} = \frac{3 \times 18037}{2 \times 66 \times 32} = 12.8\text{MPa}$$

② 法兰颈部 BC 截面：

截面弯矩：

A. 预紧状态下截面弯矩按式(4.12－23)计算：

$$M_x = WL_A = 23177 \times \frac{270 - 186 - 6}{2} = 903963\text{N} \cdot \text{mm}$$

B. 操作状态下截面弯矩按式(4.12－24)计算：

$$M_x = WL_C = 18037 \times \frac{270 - 186 - 6}{2} = 703443\text{N} \cdot \text{mm}$$

截面系数：

$$W_x = \frac{tS_1^2}{6} = \frac{66 \times (20 - 4)^2}{6} = 2816\text{mm}^3$$

弯曲应力：巴赫(Bach)法假定了 BC 截面上的弯矩由法兰盘承受40%，按式(4.12－26)分别求取预紧状态和操作状态下截面弯曲应力：

A. 预紧状态下截面弯曲应力：$\sigma_x = \dfrac{0.4 \times 7903963}{2816} = 128\text{MPa}$

B. 操作状态下截面弯曲应力：$\sigma_x = \dfrac{0.4 \times 703443}{2816} = 99.9\text{MPa}$

③ 焊缝应力校算：按式(4.12－27)计算

焊缝最小高度 $S_t=5mm$，$S_p=7mm$（已考虑腐蚀减薄量）。

A. 预紧状态：

$$\tau_w = \frac{23117}{66\times(7+5)} = 29.26MPa$$

B. 操作状态：

$$\tau_w = \frac{18037}{66\times(7+5)} = 22.8MPa$$

④ 应力校算：

方法兰材料：Q345R，$[\sigma]_f=163MPa$，$[\sigma]_f^t=160.8MPa$

取 $[\tau]_f=0.5[\sigma]_f=81.5MPa$，$[\tau]_f^t=0.5[\sigma]_f^t=80.4MPa$

焊缝的许用应力根据选用的焊条类型，查有关焊条资料来确定。一般来说，压力容器焊条强度都应略高于母材，上面求得的焊缝的剪应力都很小，因此下面略去了焊缝应力的校对。

预紧状态下：σ_x、$\sigma_y<[\sigma]_f$，$\tau_{max}<[\tau]_f$

操作状态下：σ_x、$\sigma_y<[\sigma]_f^t$，$\tau_{max}<[\tau]_f$

取法兰厚度36mm，有效厚度32mm。

（5）讨论

① 文献[34]用Bach法和Waters法对不同直径、不同压力下的标准圆管法兰计算结果进行了比较，用Bach法计算结果都偏低，特别是沿轴向（AC截面）的弯矩应力远小于Waters法计算结果。因此本题法兰厚度取32mm（有效厚度）是偏安全值。法兰过薄，应力过大，会造成刚度不够、法兰易变形，引起法兰密封失效。

② 材料力学法是将法兰盘、接管和焊缝焊肉一起作为整体法兰计算，因此法兰接管（半圆形管箱）的壁厚不能太薄。建议管箱的最小有效厚度不宜小于6mm（不包括腐蚀裕量）。此外还必须保证，法兰与管箱的焊缝有足够的焊肉高度。图4.12－3给出了焊肉高度的最小值。

4.13　可卸盖板式管箱的设计计算

1. 可卸盖板式管箱的计算

可卸盖板式管箱的结构如图4.13－1所示。可卸盖板式管箱包括管箱顶板、底板、端板、矩形法兰和矩形法兰盖板几个部分。各部分的计算方法说明如下。

① 管板、侧板和端板的计算参照本章第十一节丝堵式焊接管箱的计算方法进行计算；

② 矩形法兰的计算方法与本章第十二节半圆形法兰管箱的法兰计算方法相同；

当 $B_C/A_C\geqslant2$，即矩形法兰的纵长与宽度之比较大时，可忽略法兰短边的影响，假设法兰受力全部由纵长方向上、下两排法兰承担，这时法兰可简化为一多跨横梁，法兰弯矩和应力按Bach法计算；

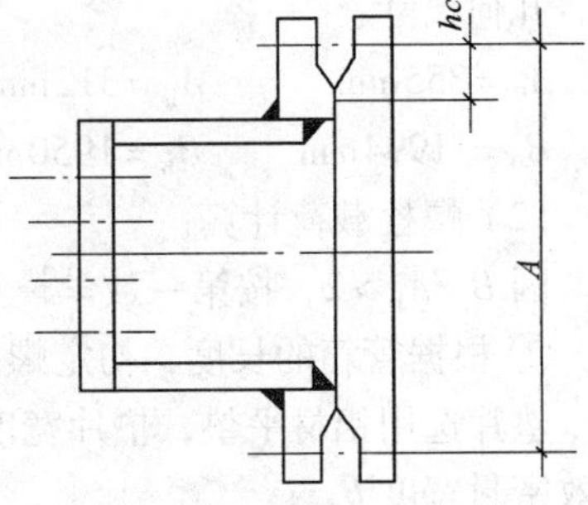

图4.13－1　可卸盖板式管箱

当 $B_C/A_C<2$，矩形法兰简化为以法兰短边长度 A_c 为当量直径的圆形整体法兰，按GB 150的规定，用Waters法进行厚度计算和应力校对。此时法兰螺栓受力、法兰弯矩仍按方形面积计算。

③ 法兰盖板与本章第十二节半圆形法兰管箱的矩形管板计算方法相同，但以焊缝系数 ϕ 取代管孔削弱系数 η，即

$$S_g = A_C\sqrt{\frac{Kp}{[\sigma]_g\phi}} + C,\text{mm} \tag{4.13-1}$$

式(4.13－1)中，ϕ——焊接接头系数，如采用整体钢板(或锻件)时，$\phi=1$；

S_g——可卸盖板式管箱法兰盖板厚度，mm；

其余符号意义同式(4.12－3)。

盖板允许最大工作压力按下式计算：

$$[p] = \frac{[\sigma]^t_g\phi(S-C)^2}{KA_C^2} \tag{4.13-2}$$

式中 $[p]$——盖板允许最大工作压力，MPa。

矩形法兰和盖板的设计步骤与半圆形法兰管箱基本相同，首先应计算螺栓的载荷，螺栓的布局应满足本章第十二节的要求，然后计算各项弯矩和应力。

2. 可卸盖板式管箱盖板的计算举例

【例4.13－1】 可卸盖板式管箱盖板的结构尺寸见图4.13－2。

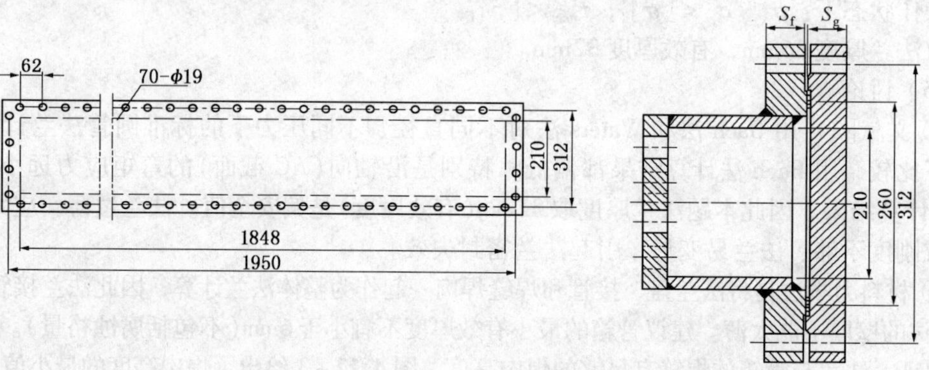

图4.13－2 例4.13－1可卸盖板式管箱盖板尺寸图

(1) 设计条件

设计压力：1.6MPa

设计温度：<180℃

盖板材料：Q345R，许用应力：$[\sigma]^{20℃}=163\text{MPa}$，$[\sigma]^{180℃}=160.6\text{MPa}$；

垫片材料：L2，垫片系数 $m=4$；比压力 $y=60.7$ MPa，垫片宽度 $N=10$mm

几何尺寸：

$A_0=355$mm　　$A_b=312$mm　　$A_c=260$mm　　$A_i=210$mm

$B_0=1994$mm　　$B_b=1950$mm　　$B_c=1898$mm　　$B_i=1848$mm

(2) 螺栓载荷计算

因 $B_b/A_b>2$，按第一数学模型计算螺栓载荷。

① 根据管箱的长度，初定螺栓间距 $t=62$mm，周边共布置螺栓70个。

垫片选用铝材平垫，垫片宽度取 $N=10$mm，根据GB 150，计算垫片基本密封宽度 b_0 和有效密封宽度 b，

$$b_0 = \frac{N}{2} = \frac{10}{2} = 5\text{mm}$$

当 $b_0<6.4$mm时，垫片有效宽度 $b=b_0=5$mm。

垫片系数 $m=4$；比压力 $y=60.7$MPa。

② 单个螺栓的载荷如下：

螺栓材质：40MnB，$[\sigma]_b = 196\text{MPa}$，$[\sigma]_b^{200} = 165\text{MPa}$；

A. 预紧装态按式(4.12－11)计算：

$$W_a = tby = 62 \times 5 \times 60.7 = 18817\text{N};$$

B. 操作状态按式(4.12－12)计算：

$$W_p = 0.6tA_cp + 2tbmp = 0.6 \times 62 \times 260 \times 1.6 + 2 \times 62 \times 5 \times 4 \times 1.6 = 19443\text{N}$$

③ 螺栓面积计算和螺栓直径的选取：

A. 预紧状态按式(4.12－13)计算：

$$A_a = \frac{W_a}{[\sigma]_b} = \frac{18817}{196} = 96.0\text{mm}^2$$

B. 操作状态按式(4.12－14)计算：

$$A_p = \frac{W_p}{[\sigma]_b^t} = \frac{19443}{165} = 117.84\text{mm}^2$$

取 A_a 和 A_p 中的最大值，$A_m = 117.84\ \text{mm}^2$。

选取螺栓直径 $d_B = 16\text{mm}$，螺纹根径 13.8mm，有效面积 $A_B = 149.57\text{mm}^2$。

螺孔间距 $t = 62\text{mm}$，满足式(4.12－10)、图 4.12－5 和表 4.12－1 的要求。

④ 单个螺栓的设计载荷：

A. 预紧状态下按式(4.12－15)计算：

$$W = \frac{A_m + A_B}{2}[\sigma]_b = \frac{117.847 + 149.57}{2} \times 196 = 26206\text{N}$$

B. 操作状态下式(4.12－16)计算：

$$W = W_p = 0.6tA_cP + 2tbmp = 19443\text{N}$$

(3) 盖板的厚度计算

管箱盖板厚度按式(4.12－3)计算，式中孔桥减弱系数以焊缝系数 ϕ 代替，因盖板无焊缝，故取 $\phi = 1$。

矩形平板形状系数：

$$Z = 3.4 - 2.4\frac{A_C}{B_C} = 3.4 - 2.4 \times 206/1898 = 2.87 > 2.5, \text{则取 } Z = 2.5;$$

垫片中心线的总长取 $L_c = 2B_c = 2 \times 1898 = 3796$，mm；

螺栓作用点力臂：$L_G = (312 - 260)/2 = 26\text{mm}$。

结构特征系数用式(4.12－4)和式(4.12－5)计算。此两式中螺栓设计载荷为螺栓总载荷，根据图 4.12－9，上下两排梁共布螺栓 62 个，预紧时和操作时结构特征系数 K 计算如下：

A. 预紧时：

$$K = \frac{6W_b h_G}{pL_C A_C^2} = \frac{6 \times 26202 \times 62 \times 26}{1.6 \times 3796 \times 260^2} = 0.617$$

B. 操作时：

$$K = 0.3Z + \frac{6W_P h_G}{pL_C A_C^2} = 0.3 \times 2.5 + \frac{6 \times 19443 \times 62 \times 26}{1.6 \times 3796 \times 260^2} = 1.208$$

半圆形法兰管箱中矩形管板的厚度按照式(4.12－3)计算：

$$S_g = A_C\sqrt{\frac{Kp}{[\sigma]_g^t \eta}} + C$$

A. 预紧时：

$$S_g = 260\sqrt{\frac{0.617 \times 1.6}{163 \times 1}} + 4 = 24.2\text{mm}$$

B. 操作时：

$$S_g = 260\sqrt{\frac{1.208 \times 1.6}{160.6 \times 1}} + 4 = 32.5\text{mm}$$

取 $S_g = 36$mm，有效厚度 32mm。

4.14 集合管式管箱的设计计算

1. 集合管壁厚的计算

集合管的计算壁厚由式(4.14-1)确定：

$$\delta_P = \frac{p_i D_0}{2[\sigma]^t \varphi + 0.5 p_i} + C \tag{4.14-1}$$

式中 δ_P——考虑排管开口削弱时，集合管的计算壁厚，mm；

φ——应力削弱系数，取 $\varphi = \begin{cases} \eta \\ \phi \end{cases}$ 中最小值；

η——集合管排孔当量削弱系数，对等直径孔按式(4.10-2)计算，对两段不等直径孔按式(4.10-3)和式(4.10-4)计算；

C——壁厚附加量，mm。

2. 最大允许工作压力

集合管最大允许工作压力按下式计算：

$$[p] = \frac{2\varphi [\sigma]^t \delta_{0e}}{D_0 - 0.5\delta_{0e}} \tag{4.14-2}$$

式中 δ_{0e}——集合管有效壁厚，mm；

$$\delta_{0e} = \delta_0 - C$$

δ_0——集合管名义壁厚，集合管实际选用壁厚，mm；

$$\delta_0 \geqslant \delta_P$$

对附加荷重较大的管箱应按下式进行弯曲应力校核计算。

弯曲应力按下式计算：

$$\sigma_W = \frac{M}{W\varphi} \tag{4.14-3}$$

校核断面的弯曲力矩 M 按材料力学中梁的计算方法进行计算。如无较大的局部荷重，外载荷可以看成沿着集箱长度均匀分布，即可以将箱体看成一受均匀分布载荷作用的梁。校核断面的抗弯断面系数 W，在计算时应考虑由于开孔对断面的减弱。

校核结果应满足式(4.14-4)的要求。即

$$\sigma_W \leqslant [\sigma]^t - \frac{p_i (D_0 - \delta_{0e})}{4\varphi\delta_{0e}} \tag{4.14-4}$$

3. 集合管式管箱封头的计算

集合管式管箱和封头的结构型式如图 4.14-1 和图 4.14-2 所示。封头可以采用椭圆封头、碟形封头、对接焊平板封头及角接焊平板封头等。当管束的安装空间允许时，尽可能采用前 3 种结构，高压操作的空冷器不宜采用角接焊平板封头。对带直边的封头，设计时结构

上要注意两点，一是封头直边高度 h' 一般不小于 5mm。二是封头与筒壁连接处直边厚度不得小于筒壁的设计壁厚，当封头厚度与管箱壁厚连接处相差 3mm 时用削边过渡结构。

对某些脏污介质，需定期清扫管箱，如采用集合管式空冷器，可考虑管箱两端采用带有螺栓连接的法兰盖结构。此时空冷器管束宽度要做妥善计算，以便保证法兰盖的拆卸。

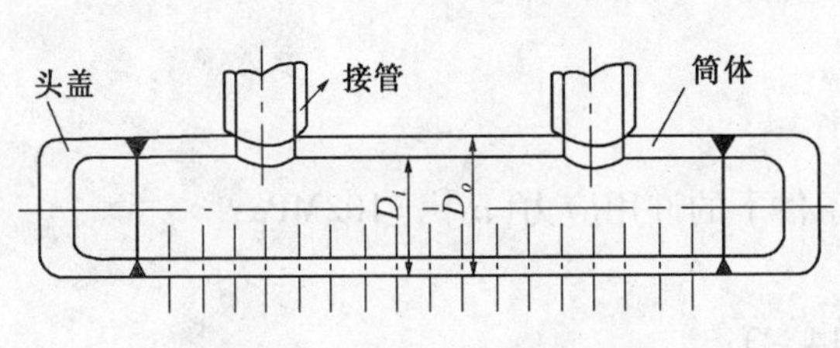

图 4.14－1　集合管式管箱

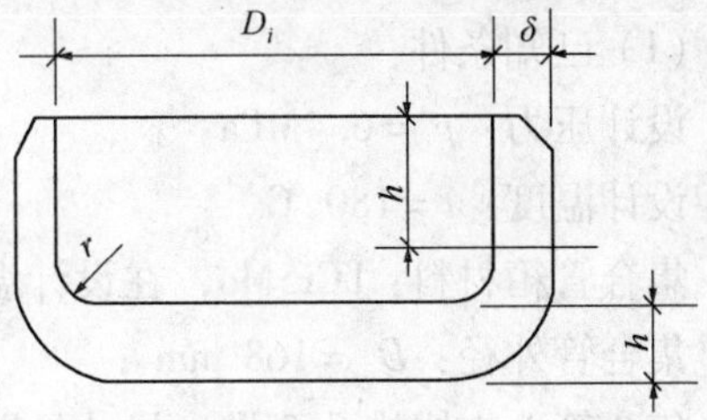

图 4.14－2　封头

表 4.14－1 列举了各种封头厚度的计算公式。

表 4.14－1　封头厚度的计算公式

型式	简图	最小壁厚 δ_m 计算公式	系数 K	注
椭圆封头	δ_m，$D_0/4$，δ，D_0	$\delta_m = \frac{p_i D_0}{2[\sigma]^t + 0.5p_i} + C$		
碟型封头	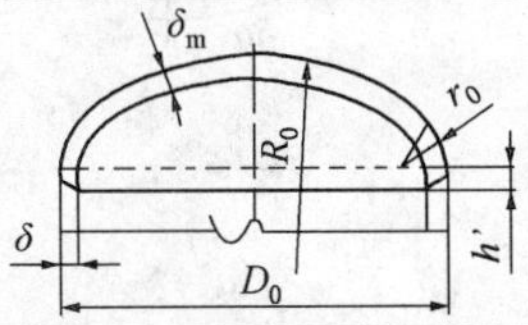 δ_m，r_0，R_0，δ，h'，D_0	$\delta_m = \frac{Kp_i R_0}{2[\sigma]^t + 0.5p_i} + C$	$K = \frac{1}{4}(3 + \sqrt{\frac{R_0}{r_0}})$	
对接平盖封头	δ_m，>1:3，r，h，h'，D_p，D_0，δ	$\delta_m = D_p\sqrt{\frac{Kp_i}{[\sigma]^t\phi}} + C$ 符号说明 D_p—封头的计算直径； 对 5、6、7 三种类型，取圆筒体实际内径减去腐蚀裕量； C—壁厚附加量； h—封头计算高度； h—封头直边段长； p_i—设计压力； $[\sigma]^t$—设计温度下的许用应力； ϕ—焊缝接头系数； δ—圆筒计算壁厚； δ_m—封头最小壁厚；	$K = \frac{1}{4}\left[1 - \frac{r}{D_p}(1 + \frac{2r}{D_p})\right]^2$	仅适用于： $r \geqslant \delta$； $h \geqslant \delta_m$
	δ_m，r，h'，D_p，δ		$K = 0.27$	仅适用于： $r \geqslant 0.5\delta$； 且 $r \geqslant D_p/6$
角接平盖封头	φ，δ_m，δ_f，D_p，δ		圆形平盖：$K = \frac{0.44\delta}{\delta_e}$ 且 $K \nless 0.2$ 非圆形平盖：$K = 0.44$	焊缝需全焊透； $f \geqslant \begin{cases} 2\delta \\ 1.25\delta_e \end{cases}$ 最大值； $\varphi \leqslant 45°$
	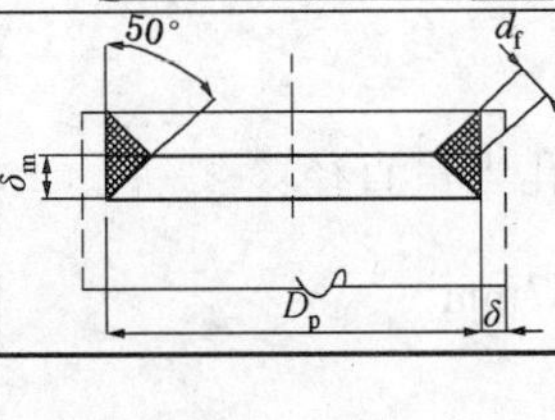 50°，d_f，δ_m，D_p，δ		圆形平盖：$K = \frac{0.44\delta}{\delta_e}$ 且 $K \nless 0.2$ 非圆形平盖：$K = 0.44$	$f \geqslant 1.25\delta$

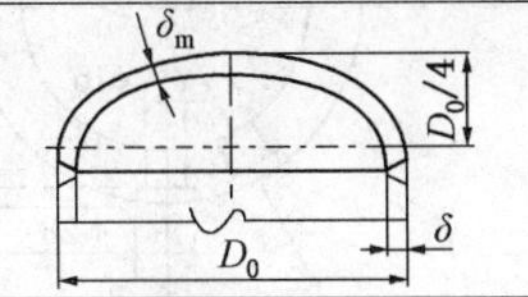

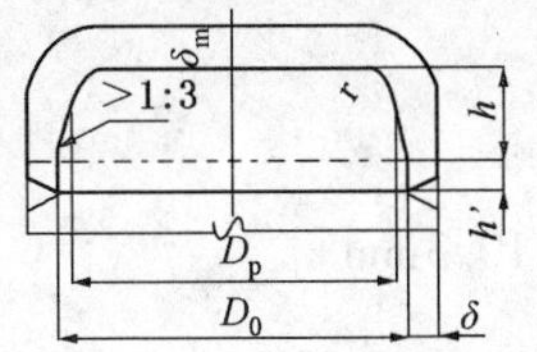

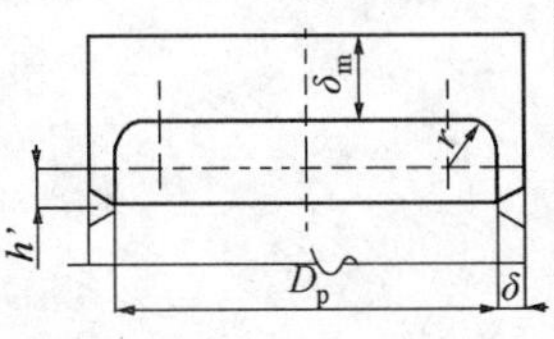

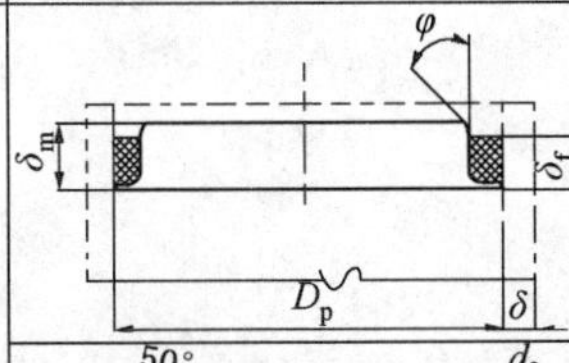

4. 设计计算举例

【例4.14-1】 一台 $P6\times2-4$ 集合管式空冷器，管箱由 $\phi168$ 无缝钢管外加两个平底封头构成。其结构尺寸见图4.14-3。设计条件：压力6.4MPa，温度<180℃，管箱材质选用1Cr5Mo，壁厚附加量3 mm，计算管箱的厚度(进口接管的补强暂不考虑)和封头厚度。

(1) 已知条件：

设计压力：$p_i=6.4$MPa

设计温度：$t=180$ ℃

集合管箱材料：1Cr5Mo，在设计温度条件下的许用应力 $[\sigma]^t=102$MPa；

集合管外径：$D_0=168$ mm ；

集合管上交错排孔两排，尺寸见图4.14-3；

壁厚附加量：$C=$ 3mm。

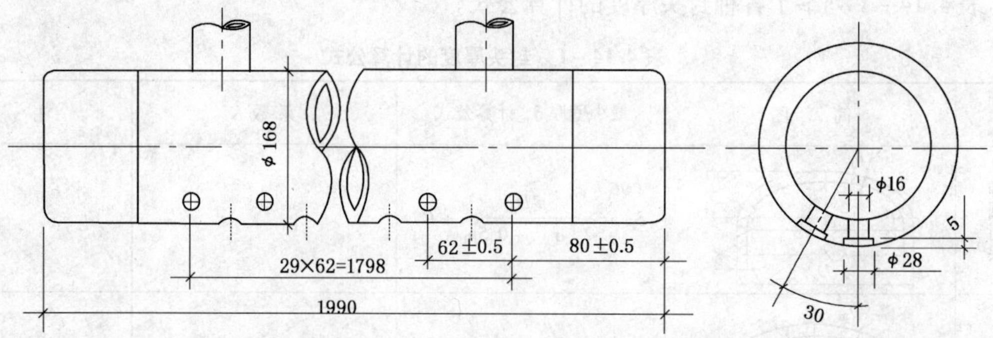

图4.14-3　例4.14-1管箱图

(2) 管箱的壁厚计算

① 计算在内压作用下管箱的计算壁厚：

取 $\varphi=0.7$

$$\delta_p=\frac{6.4\times168}{2\times102\times0.7+0.5\times6.4}+3=10.3\text{mm}$$

② 取集合管的名义壁厚为12mm，则有效壁厚为：

$$\delta_{0e}=12-3=9\text{mm}$$

$$\text{平均直径}=168-9=159\text{mm}$$

③ 在有效壁厚下的平均直径上排孔参数：

轴向管孔间距：$S_1=62$mm

由式(4.10-16)，$\alpha=30°$得

$$\text{环向管孔间距：}S_2=\frac{\pi\times30\times159\times2}{360}=83.25\text{mm}$$

$$\text{对角向的孔间距：}S_3=\frac{\sqrt{62^2+83.25^2}}{2}=51.9\text{mm}$$

④ 由于开孔大端的孔深较大，应按两段变孔径计算，开孔当量直径：

$$d_e=\frac{16\times(9-5)+28\times5}{9}=22.67\text{mm}$$

⑤ 确定排孔削弱系数，本例仅考虑内压作用下的薄膜应力，则，

轴向开孔削弱系数：$\eta_1 = \dfrac{62 - 22.67}{62} = 0.634$

由于仅为两排管，不考虑环向开孔削弱系数。用式(4.10－13)计算对角向开孔削弱系数：

$$J_k = \left(\frac{51.9}{62}\right)^2 = 0.7$$

代入式(4.10－12)得

$$\eta_2 = 0.851\frac{0.7 + 0.25 - (1 - 0.634)\sqrt{0.75 + 0.7}}{0.375 + 0.5 \times 0.7} = 0.702$$

因 $\eta_1 < \eta_2$，根据本章第十节圆管上排孔削弱系数的计算的分析，取排孔削弱系数

$$\eta = \eta_1 = 0.634。$$

排孔削弱系数也可通过图4.10－6查取：

$\eta_1 = 0.634$，$S_3/S_1 = 51.9/62 = 0.837$，查图4.10－6，交点落在了有效区的左上方，因此取 η_1 垂线与上界线的交点，其在纵坐标上的值为0.634。

⑥ 校算集合管的计算壁厚，根据式(4.14－1)，

$$\delta_p = \frac{6.4 \times 168}{2 \times 102 \times 0.634 + 0.5 \times 6.4} + 3 = 11\text{mm}$$

原设定的有效壁厚能满足要求。

⑦ 集合管最大允许工作压力，根据式(4.14－2)，

$$[p] = \frac{2 \times 0.634 \times 102 \times 9}{168 - 0.5 \times 9} = 7.12\text{MPa}$$

(3) 管箱封头的计算

选用对接平底封头，材质为1Cr5Mo锻钢；许用应力 $[\sigma]^{200℃} = 197\text{MPa}$。

封头主要尺寸见图4.14－4，平盖的计算厚度 δ_p 为：

$$\delta_p = D_p\sqrt{\frac{Kp_i}{\phi[\sigma]^t}}$$

系数：$K = \dfrac{1}{4}\left[1 - \dfrac{r}{D_p}\left(1 + \dfrac{2r}{D_p}\right)\right]^2 = 0.25\left[1 - \dfrac{12}{140}\left(1 + \dfrac{2 \times 12}{140}\right)\right]^2 = 0.20$

其中：$D_p = 140\text{mm}$；

$r = 12\text{mm}$；

$h = 18\text{mm}$；

封头直边段厚度与集合管筒体相等(包括壁厚附加量)。

$$\phi = 1，$$

将 K 代入上式得：

$$\delta_p = 140\sqrt{\frac{0.2 \times 6.4}{1 \times 197}} + 3 = 14.29\text{mm}$$

取封头平板部分的名义厚度：$\delta_0 = 16\text{mm}$

$h > \delta_0$，合适

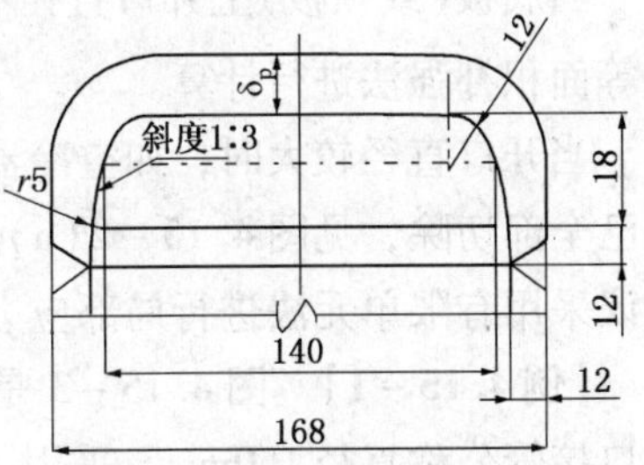

图4.14－4　封头尺寸图

4.15 开孔补强的设计

本章第十节介绍了排孔削弱系数的计算，主要用于密集排孔的整体补强，如空冷器的管板和集合管箱上连接传热管的开孔补强。本段介绍单个开孔的补强结构问题，如空冷器管箱的进口管和出口管。

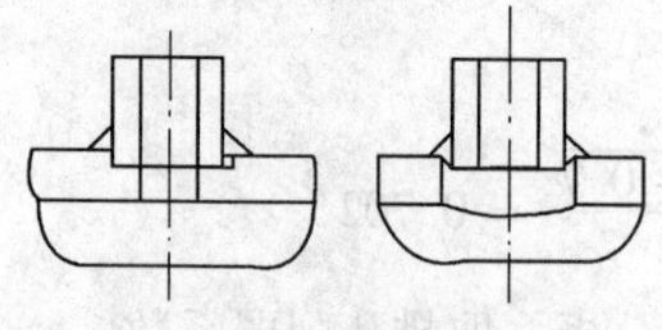

图 4.15－1 不起加强作用的管接头焊接型式

1. 不起加强作用的管接头焊接型式

无论采用什么方法计算，图 4.15－1 所示的接管与相连的管箱采用单面填角焊缝都属于未加强孔，即接管材料对管箱开孔不起补强作用。

2. 空冷器管箱开口型式

图 4.15－2 是常见的空冷器管箱介质进、出口接管焊接结构：(a)为矩形焊接管箱开口型式；(b)为可拆管箱法兰盖板上开口型式；(c)为集合管箱上开口型式。

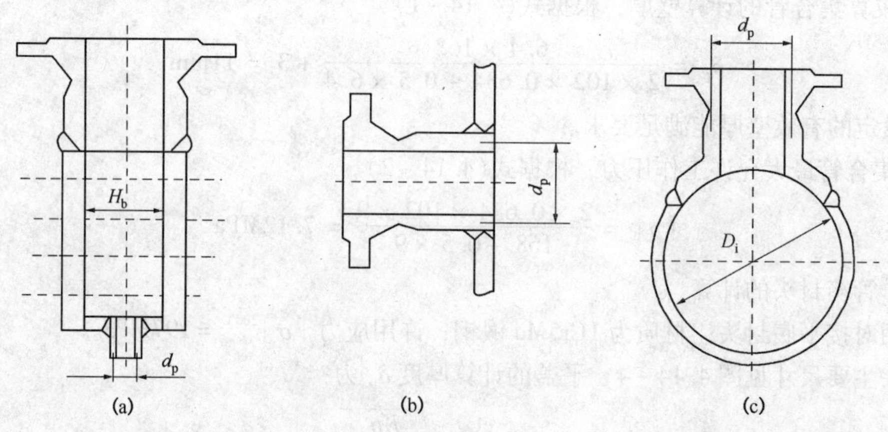

图 4.15－2 空冷器管箱进、出口开口焊接型式

3. 矩形焊接管箱开口

当底板(或顶板)上开口直径不大于底板宽度的一半时，即 $d_y \leqslant H_b/2$，可采用厚壁接管，用等面积补强法进行计算。

当开口直径较大时，如空冷器进、出口接管都接近或大于 H_b，进口部分的顶板材料局部已全部切除，见图 4.15－2(a)上部结构。这类开口补强计算，目前还未见到相关文献。建议采用有限单元法进行局部应力的校算。

【例 4.15－1】 图 4.15－3 是一个丝堵式焊接矩形管箱。管箱尺寸见图所示，介质进、出口接管公称直径 150mm，采用了异型接管。管箱法兰处承受推力和弯矩见图 4.15－3(b)，用有限单元法求解接口处的最大应力。

设计条件：压力 $p_i = 4.0$MPa，温度 $t = 200$℃，管箱和异型接管材料度为 Q345R，接管厚度 20mm，腐蚀裕度 $C = 3$mm。$[\sigma]^{200℃} = 159$MPa。

有限元求解结果见图 4.15－4，图 4.15－4(a)是截面上的平均薄膜应力，图4.15－4(b)

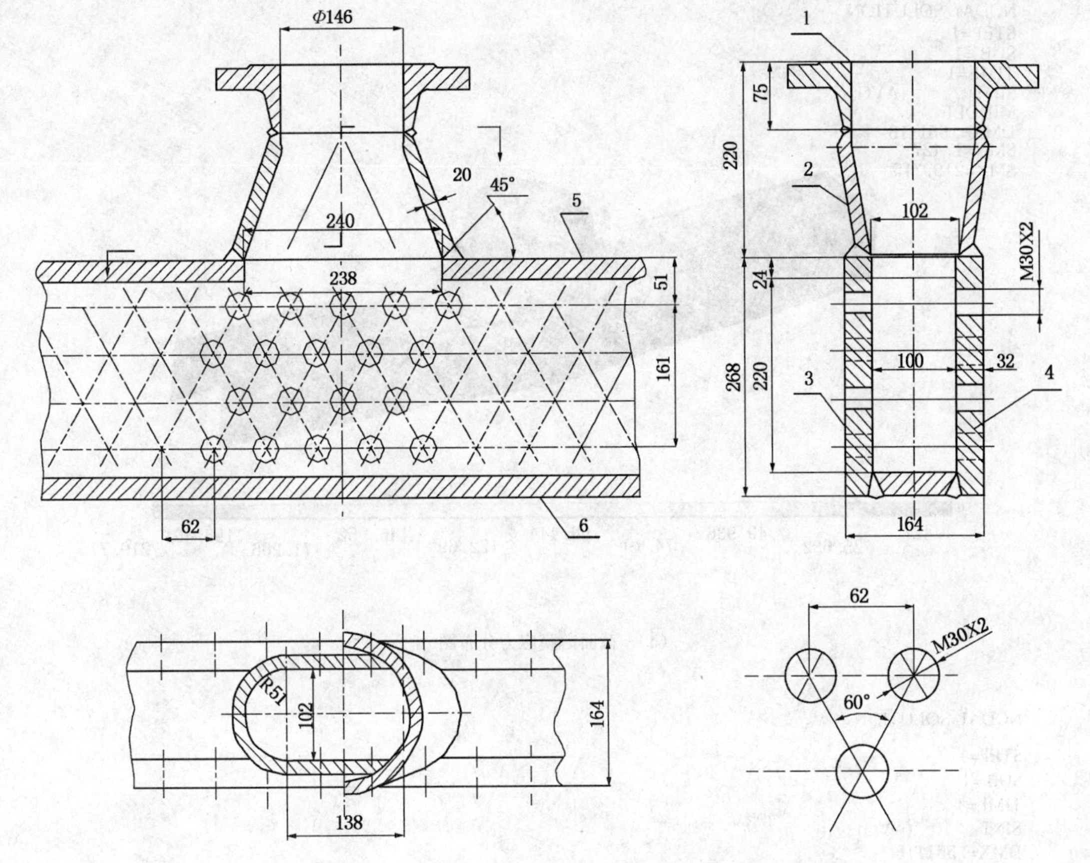

图 4.15－3(a)　矩形管箱进口接管计算例题图

1—法兰；2—异型接管；3—管板；4—丝堵板；5—顶板；6—底板

是表面薄膜应力与弯曲应力组合值。

由图 4.15－4(a)，在接管和顶板相接处最大应力为 $\sigma_{max} \approx 210$MPa，由于是局部应力，且衰减很快，设计许用应力为 1.5 倍材料许用应力，即

$$[\sigma] = 1.5 \times 159 = 238.5\text{MPa}$$

$$\sigma_{max} < [\sigma]，合适！$$

其余部分的应力值均小于材料许用应力。

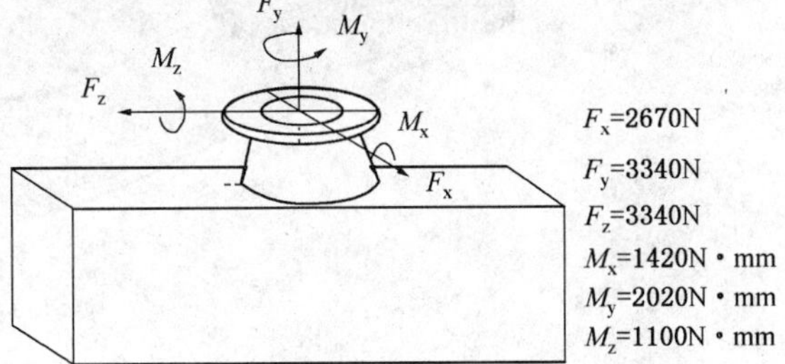

图 4.15－3(b)　接管受力和弯矩示意图

由图 4.15－4(b)，最大应力出现在接管与顶板相接处，以及顶板与管板拐角相接处，σ_{max} = 352.55MPa，根据应力分析法规定，设计许用应力为 3 倍材料许用应力，

$$[\sigma] = 3 \times 159 = 477\text{MPa}$$

$$\sigma_{max} < [\sigma]，合适！$$

本例题的接管厚度曾选用 16mm，但最大应力计算皆未通过。

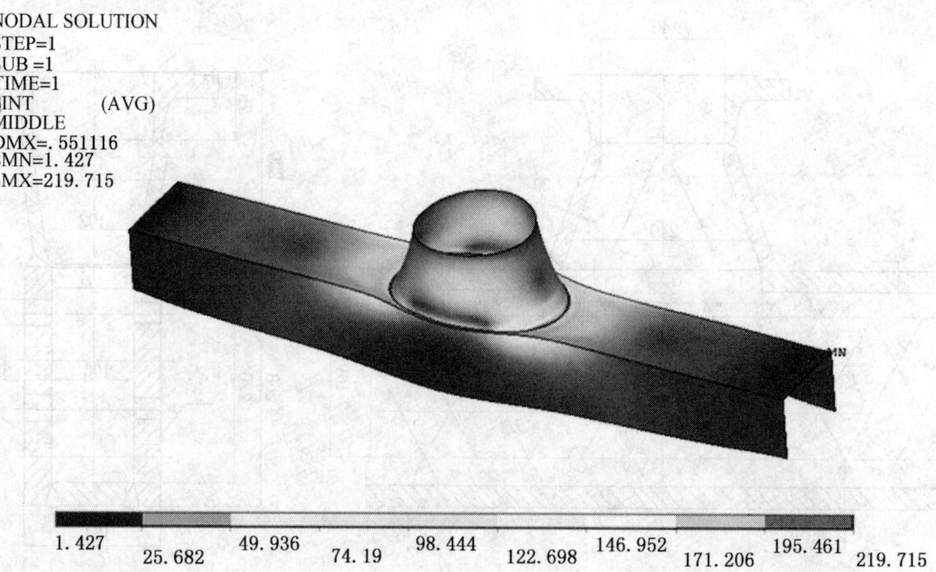

(a) 截面薄膜应力分布图

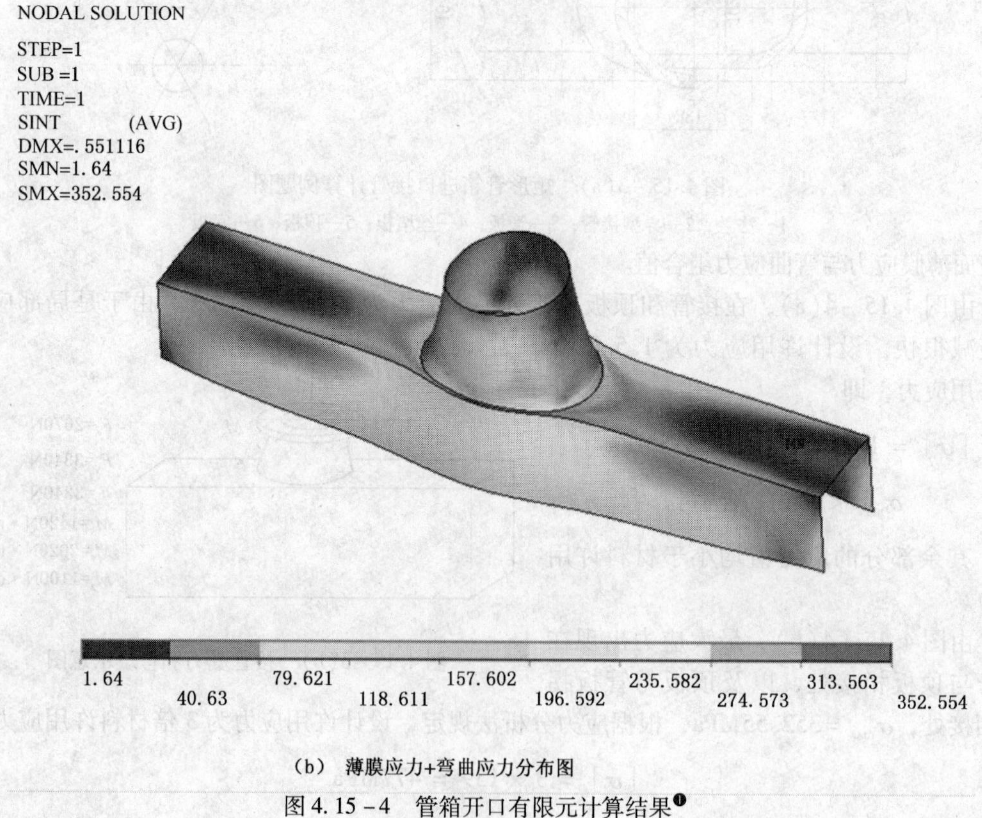

(b) 薄膜应力+弯曲应力分布图

图 4.15-4 管箱开口有限元计算结果❶

❶ 有限元法求解结果和图形由中国石化工程建设公司曹占勇高级工程师提供，在此深表感谢！

4. 可拆管箱法兰盖板上开口型式

当盖板上开口直径不大于盖板短边方向垫片中心距离的一半，即 $d_y \leqslant A_C/2$ 时，可采用厚壁接管，用等面积补强法进行计算。A_C 为法兰盖板短边方向垫片中心距离[见式(4.12－4)]。如果想整体加厚盖板进行补强，则需用 K_ν 代替式(4.13－1)中的 K 值：

$$K_\nu = K/\nu \tag{4.15－1}$$

$$\nu = \frac{A_C - \sum b}{A_c} \tag{4.15－2}$$

式中　ν —— 削弱系数；

A_C——法兰盖板短边方向垫片中心距离，m；

$\sum b$ ——A_C 方向危险截面上开孔总宽度，m，

对多个开孔，$\sum b \leqslant A_C/2$，且相邻孔间距不得小于1.5倍的平均孔径。

当 $d_y > A_C/2$ 时，可按本章第十二节管箱方法兰的设计方法计算或用有限元法进行应力分析。

5. 集合管箱上开口型式

在本章第十节介绍了排孔对管箱的应力削弱和补强计算，本节将讨论集合管箱上独立开孔(以下简称“开孔”)的补强问题。排孔对压力设备或管道的应力削弱与焊缝很相似，所以采用了应力削弱系数进行设备的整体补强。而开孔多是采用局部加强来补强的。由于补强的形式不同，计算结果也不同。当然独立开孔也有多孔联合补强，但总的来看，它是局部的补强结构。一般来说，当设备上有多个密集开口，且相连的接管开口不起加强作用时(如管箱上的传热管开口)，就要按排管来进行设计计算。反之，开口数量较少，距离较大，且相连的接管对开口起加强作用时(如管箱上的进出口接管、仪表接管开口、排气口等)，就要按开口结构进行设计计算。文献[17]给出了两孔节距(纵向、周向和对角向)大于或等于式(4.15－3)计算值时，可不必按排孔计算，但必须对开口按独立开孔的补强进行核算。

$$S_0 = d_p + 2\sqrt{(D_i + \delta_n)\delta_n} \tag{4.15－3}$$

式中　S_0——相邻两孔间互不影响节距，mm；

d_p——相邻两孔直径的平均值，mm；

D_i——管箱筒体内径，m；

δ_n——筒体选用壁厚(即名义壁厚)，mm。

(1) 集合管箱未加强孔的最大允许直径

文献[18]规定了壳体开孔满足下列全部条件时，可不另行补强：

a) 设计压力 $p_i \leqslant 2.5$MPa；

b) 相邻两孔中心距(对曲面可以弧长计)不小于两孔直径之和的两倍；

c) 接管公称直径≤80mm；

d) 接管最小壁厚满足表4.15－1的要求。

表4.15－1　不另行补强的接管最小壁厚

<table>
<tr><td>接管公称外径/mm</td><td>25</td><td>32</td><td>38</td><td>45</td><td>48</td><td>57</td><td>65</td><td>76</td><td>89</td></tr>
<tr><td>接管最小壁厚/mm</td><td colspan="3">3.5</td><td colspan="2">4.0</td><td colspan="2">5.0</td><td colspan="2">6.0</td></tr>
</table>

注：① 材料的标准抗拉强度下限值 $\sigma_b > 540$MPa 时，接管与壳体的连接采用全焊透的结构型式。

② 接管的腐蚀裕量取1mm。

文献[17]给出了集合管箱上未加强孔的最大允许开口直径可按图4.15-5选取。

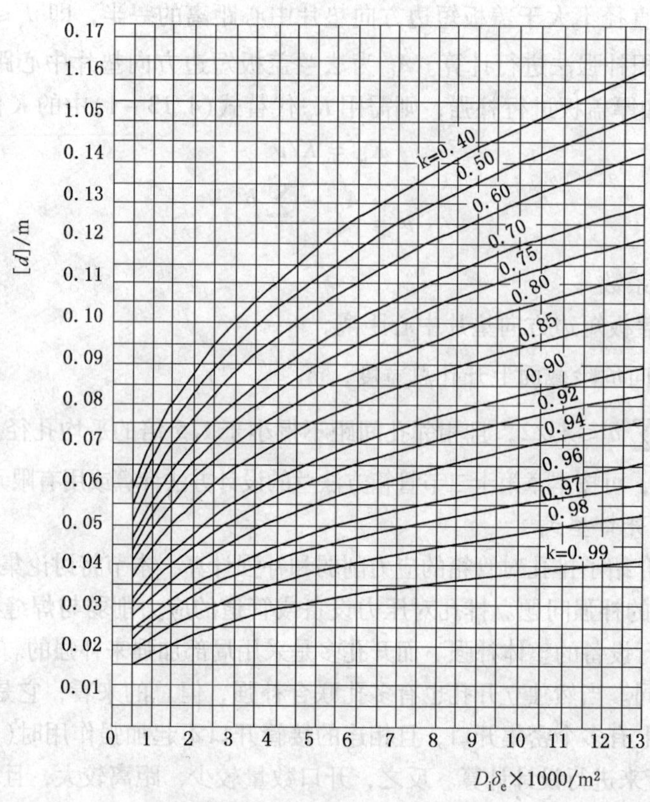

图4.15-5 未加强孔的最大允许直径

图4.15-5中 [d]——允许不加强开孔的最大直径，m；

D_i——管箱筒体内径，m；

δ_i——管箱筒体的实际壁厚减去腐蚀裕量，即有效壁厚，m；

$$k——系数，k=\frac{p_iD_i}{(2[\sigma]^t-p_i)\delta_e} \quad (4.15-4)$$

当系数k小于或等于0.4时，不必进行加强计算。

式(4.15-3)中 p_i——设计压力，MPa；

δ_e——管箱筒体有效壁厚，mm；

$[\sigma]^t$——材料在设计温度下的许用应力，MPa。

k实际上是筒体的计算壁厚与有效壁厚的比值，它反映了筒体“过盈金属”量的大小。k愈小过盈金属量也就愈大，因此未加强孔的最大允许直径也就愈大。

比较一下文献[18]和和文献[17]的规定是有差别的：按文献[18]的规定，开口接管如不起加强作用，不论开口大小，必须另行进行补强、不另行补强的开口公称直径不得大于80mm，而且对开口接管的壁厚和焊接都作了规定。文献[17]没有这些限制，另行补强的开口公称直径不得大于200mm。

(2) 集合管的开孔补强

当集合管上的开孔$d>[d]$时，均需进行补强计算。

图4.15-6接管采用了全焊透焊缝，是起加强作用的管接头焊接型式。接管壁厚

中的“过盈金属”，可以作为集合管开口的补强材料。所谓“过盈金属”，是指接管有效壁厚减去计算壁厚与腐蚀裕量后的剩余金属。而图4.15-1所示的结构，不管接管壁厚多大，对集合管不起补强作用。

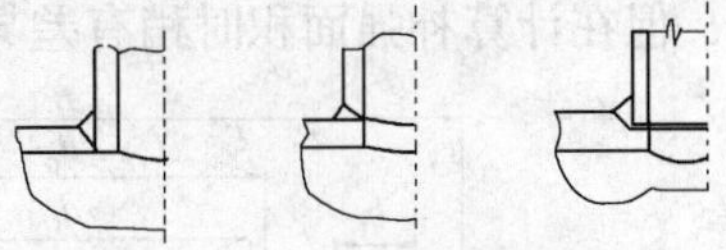

图4.15-6　起加强作用的管接头焊接型式

由于空冷器的集合管箱内径 D_i 都不会大于1500mm，所以当开孔 $d_i \leqslant D_i/2$ 时，可采用补强圈或厚壁接管，也可采用如图4.15-2(c)所示的整体加厚接管管壁的结构，用等面积补强法进行计算。

当 $\dfrac{d_i}{D_i} \leqslant 0.7$ 时，可参考文献[21]附录J所介绍的“圆柱壳开孔接管的应力分析”，它是根据弹性薄壳理论得到的应力分析法，但必须满足该文献规定的条件和范围。

6. 等面积补强法简述

所谓“等面积补强法”，是指设备计算截面上因开口切去了部分金属面积(计算壁厚形成的面积)，可用设备壳体和接管壁厚中的过盈金属，或另加补强材料(补强圈)来补偿。当后者的补偿面积之和等于或大于切除面积时，可认为此设备在原设计条件下运行是安全的，不需要再对开口部分进行复杂的应力校算。

等面积补强法被广泛地应用在中、低压压力容器和管道的开口补偿设计中，但它的应用是受限制的。本节3、4、5段，对空冷器几种结构的管箱开口采用等面积补强法的范围作了规定，超过此范围，需要用其他方法进行应力校算，如有限元法等。有限元法目前应用较广，它解决了许多常规运算难于解决的复杂的应力计算问题。只是运算和操作复杂，需要专用软件在计算机中运行。

等面积补强法原理图如图4.15-7所示，该图是利用设备和加厚接管上过盈金属补偿的，开口上没有外设补强板、接管也无内伸长度。这是空冷器管箱上最常见的开口结构。图中，A_0 表示开孔切去的面积，A_1、A_2、A_3 表示补强面积，当 $A_1+A_2+A_3 \geqslant A_0$ 时，满足补强要求。

(1) 开孔所需的补强面积

$$A_0 = d\delta_{np} + 2\delta_{np}\delta_{tp}(1-f_r); \tag{4.15-5}$$

对图4.15-8所示安放式结构，式(4.15-4)中 f_r 取1。

(2) 有效补强范围

① 被开孔的管箱有效补强范围B取式(4.14-5)中二者中最大值：

$$B = \begin{cases} 2d \\ d + 2(\delta_n + \delta_t) \end{cases} \tag{4.15-6}$$

但开口位于矩形管箱顶、底板时[见图4.15-2(a)]：$B \leqslant H_b$；

开口位于可拆管箱法兰盖板上时[见图4.15-2(b)]：$B \leqslant A_C$；

开口位于集合管箱上时[见图4.15-2(c)]：B(弧长)$\leqslant \pi D_i/2$。

② 接管有效高度 h_n 取式(4.15-6)中二者中最小值：

$$B = \begin{cases} d\delta_t \\ \text{接管实际外伸高度} \end{cases} \tag{4.15-7}$$

(3) 补强面积

除图4.15-7的结构外，图4.15-8是一种安放式接管结构，有效补强范围二者完全相同，但在计算补强面积时稍有差异。

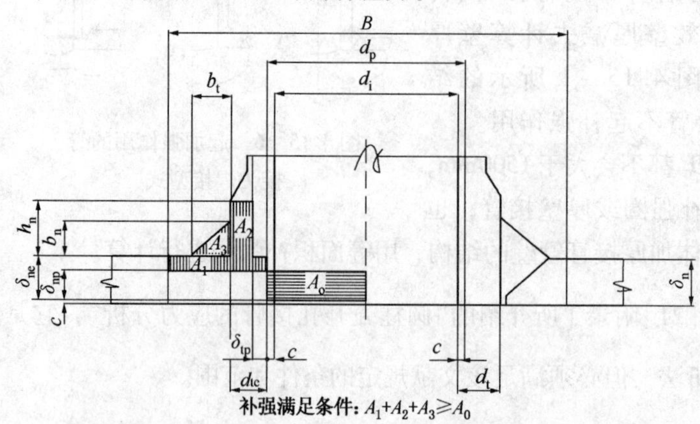

图4.15－7　等面积补强法原理及补强范围图示

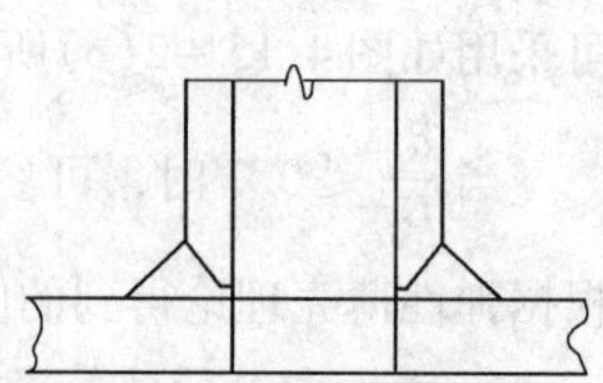

图4.15－8　安放式接管简图

集合管过盈金属面积：$A_1=(B-d)(\delta_{ne}-\delta_{np})-2\delta_{te}(\delta_{ne}-\delta_{np})(1-f_r)$　(4.15－8)

接管过盈金属面积：$A_2=2h_n(\delta_{te}-\delta_{tp})f_r$　(4.15－9)

焊缝补强面积：$A_3=b_tb_n/2$　(4.15－10)

补强总面积：$A_e=A_1+A_2+A_3$　(4.15－11)

对图4.15－8所示安放式结构，式(4.15－7)、式(4.15－8)中f_r取1。

(4) 补强条件

如果$A_e\geqslant A_0$，则满足等面积补强条件。否则需另加补强面积重新计算。

需要说明的是，对于集合管式管箱的开孔补强，当开孔中心与靠近开孔最近一排的排孔中心距大于或等于开孔直径与一个排孔孔径之和时，计算壁厚δ_{np}可按式(4.15－1)计算，应力削弱系数φ取1(集合管为无缝钢管时)，而不用式(4.15－2)计算开排孔后整体补强的壁厚($\varphi=\eta$)。

对于采用补强圈、接管内伸结构以及多孔补强计算可参阅文献[18]。由于空冷气管箱开孔结构采用不多，本书不再进行介绍。

图4.15－7和式(4.15－4)～式(4.15－10)中：

A_0——管箱开孔需补强的面积，mm^2；

A_1——管箱过盈金属补强面积，mm^2；

A_2——接管过盈金属补强面积，mm^2；

A_3——焊缝补强面积，由焊缝的结构尺寸确定，mm^2；

B——管箱有效补强宽度，mm；

C——壁厚附加量，mm；

b_n、b_t——管箱与接管焊缝尺寸(见图4.15－7)，mm；

d——管箱开孔计算尺寸，$d=d_i+2C$，mm；

d_i——接管内径，mm；

f_r——系数，设计温度下，接管材料的许用应力与管箱材料的许用应力比值，当$f_r\geqslant1$时，取$f_r=1$；

h_n——接管有效补强高度，mm；

δ_n——管箱名义厚度，mm；

δ_{ne}——管箱有效厚度，mm；
δ_{np}——管箱计算厚度；mm
δ_t——接管名义厚度，mm；
δ_{te}——接管有效厚度，mm；
δ_{tp}——接管名义厚度，mm。

符号说明

A_0——管箱开孔需补强的面积，mm^2；
A_1——管箱过盈金属补强面积，mm^2；
A_2——接管过盈金属补强面积，mm^2；
A_3——焊缝补强面积，由焊缝的结构尺寸确定，mm^2；
A——管束设计面积，m^2；
A_E——基管外表面有效传热段面积，m^2；
A_F——管束的迎风面积，m^2；
A_c、B_c——矩形法兰垫片作用力中心尺寸，mm；
A_i、B_i——矩形法兰截面内孔尺寸，mm；
A_b、B_b——矩形法兰螺栓孔尺寸，mm；
A_m、A_B——单个法兰螺栓的计算面积和实际选用面积，mm^2；
a_o——单位长传热基管外表面积，m^2/m；
B——管束的实际宽度，mm；
——管箱有效补强宽度，mm；
b——垫片设计有效宽度，mm；
C_1——钢板或钢管厚度的负偏差 mm；
C_2——腐蚀裕量，mm ；
C_3——加工减薄量，mm；
C——材料的附加量，mm；
D_0——集合管外径，mm；
D_i——管箱筒体内径，mm；
D_P——计算直径，mm；
d——管孔计算直径，mm；
d_o——基管外径，mm；
d_i——接管或集合管内径，mm；
d_1——管箱开孔直径，mm；
d_2——管箱凹座开孔直径，mm；
d_e——变径管孔的当量管直径，mm；
d_B——螺栓设计直径，mm；
d_f——翅片外径，mm；
d_i——翅片管基管(或光管)内径，mm；
d_p——相邻两孔直径的平均值，mm；
E——材料的弹性模量，MPa；

E^t——设计温度下材料的弹性模量，MPa；
E_w——管束侧梁槽钢翼板宽度，mm；
f——挠度，mm；
f_{max}——最大挠度，mm；
H——管束高度，管束侧梁高度，mm；
H_a——管箱高度，mm；
H_b——矩形管箱管板、丝堵板内侧的宽度，mm；
h_b——矩形管箱顶板、底板或类似的两隔板内侧计算高度，mm；
h_n——接管有效补强高度，mm；
h_G——垫片受力点的力臂，等于螺栓中心到垫片反力作用点的距离，mm；
I——截面的惯性矩，m^4；
K——结构特征系数；
k——系数，无因次；
L_C——螺栓中心总周长，mm；
L_g——管束的名义长度，mm；
L_E——管束有效传热段管长，m；
L_n——空冷器管束侧梁计算支点跨度，m；
l_i——管束侧梁集中载荷跨距，m；
L_s——矩形焊接管箱沿纵向单位长度，取 $L_s=1$；
M——弯矩，N · mm；
M_{max}——弯矩，N · mm；
m——垫片系数；
N_s——定位板的列数；
n——集中载荷数量；
n_e——有效传热管总根数；
p——设计压力，MPa；
P_i——集中载荷，N；
P_c——梁的总载荷，N；
p_i——设计压力，MPa；
q_p——梁的均布载荷，即单位长度上作用力，N/ mm；
Q_1——操作时单个螺栓承受的载荷，N；
Q_2——预紧时单个螺栓承受的载荷，N；
S_1——管箱轴向排孔孔间距，翅片管迎风面方向管间距，mm；
S_2——管箱周向排孔孔间距，mm，对沿轴向正三角形排管，$S_2=1.732S_1$；
S_3——管箱对角向孔间距，mm，对沿轴向正三角形排管，$S_3=S_1$；
S_t—— 翅片间距，mm；
S_f——翅片净间距，mm；
——法兰厚度，mm；
S_g—— 管箱盖板厚度，mm；
S_T——翅片管的横向管心，距 mm；

S_{y1}——起加强作用的管接头有效壁厚，mm；

S——筒体的设计壁厚(包括壁厚附加量)，mm；

t—— 螺栓间距 ，mm；

——管孔节距，mm；

t_0——相邻两孔间互不影响节距，mm；

T_1——空冷器入口介质温度,℃；

T_2——空冷器出口介质温度,℃；

t_m——最低设计气温(冬季),℃；

t_{max}——两螺栓中心最大间距，mm；

W_i——重力载荷，N；

W_1——长度为 l_i 的翅片管(或光管)全部重力载荷，N；

W_2——长度为 l_i 的侧梁自身重力载荷，N；

W_3——翅片管每列上、下支梁的重力载荷，N ；

W_4——长度为 l_i 的全部传热管束充水载荷，N ；

W_5——百叶窗重量分配到每根支梁上的载荷，N；

W_g——管束名义宽度，mm；

W_x、W_y——梁在 x 方向和 y 方向的截面系数，m^3；

W_s—— 定位板宽度，mm；

W_p——在操作情况下螺栓设计总载荷，由矩形法兰计算决定，N；

W_b——在预紧时的螺栓设计总载荷，由矩形法兰计算决定，N；

Y——垫片比压力，MPa；

Z——矩形平板形状系数；

α——参数，$\alpha = H_b/h_b$；

——管材的线胀系数，1/℃；

δ——厚度，mm；

δ_1——矩形管箱顶板、底板的厚度，mm；

——两段变径孔的小段直径，mm；

δ_2——矩形管箱管板、丝堵板的厚度，mm；

——两段变径孔的大段直径，mm；

δ_3——矩形管箱隔板(或支撑板)厚度，mm；

δ_m——管箱封头的最小厚度，mm；

δ_n——集合管箱名义厚度，mm；

δ_{ne}——集合管箱有效厚度，mm；

δ_{np}——集合管箱计算厚度，mm；

δ_t——接管名义厚度，mm；

δ_{te}——接管有效厚度，mm；

δ_{tp}——接管名义厚度，mm；

η——排孔应力削弱系数；

η_b——用于薄膜应力校对的排孔应力削弱系数；

η_m——用于弯曲应力校对的排孔应力削弱系数；

σ_s——常温下材料屈服点，MPa；

σ_m——薄膜应力，MPa；

σ_b——弯矩应力，MPa；

σ_T——总应力，$\sigma_T = \sigma_m + |\sigma_b|$，MPa；

ϕ——焊缝接接头数；

t'——管孔横向距离，mm；

e'——焊缝接头焊脚高度，mm；

ΔT——温差，℃；

$[p]$——允许最大工作压力，MPa；

$[\sigma]^t$—— 设计温度下材料的许用应力，MPa。

附录 A4.1　水平式空冷器管束排管模数表

名义长度	名义宽度	管心距	管束实际宽度	相邻管排排管数			支梁列数	4 排管参数					翅片规格
				排管形式①	单排	双排		迎风面积	排管总根数②	有效传热管数②	基管有效长度	基管有效面积②	
		S_1	B				Ns	A_F	n	n_e	L_e	A_e	
m	m	mm	m		根	根	个	m^2	根	根	m	m^2	mm
12	3.0	54	2.97	A	53	53	6	32.774	212	210	11.54	190.334	低翅片
		56	2.97	B	52	51		32.774	206	204	11.54	184.896	$d_0=25$
		59	2.97	B	49	48		32.774	194	192	11.54	174.02	$d_f=50$
		62	2.97	B	47	46	6	32.774	186	184	11.54	166.769	高翅片
		63.5	2.97	B	46	45		32.774	182	180	11.54	163.143	$d_0=25$
		67	2.97	A	43	43		32.774	172	170	11.54	154.08	$d_f=57$
	2.5	54	2.47	A	44	44	6	27.004	176	174	11.54	157.705	低翅片
		56	2.47	B	43	42		27.004	170	168	11.54	152.267	$d_0=25$
		59	2.47	B	41	40		27.004	162	160	11.54	145.016	$d_f=50$
		62	2.47	B	39	38	6	27.004	154	152	11.54	137.765	高翅片
		63.5	2.47	B	38	37		27.004	150	148	11.54	134.14	$d_0=25$
		67	2.47	B	36	35		27.004	142	140	11.54	126.889	$d_f=57$
	2.0	54	1.97	B	44	43	6	21.234	174	172	11.54	155.892	低翅片
		56	1.97	B	43	42		21.234	170	168	11.54	152.267	$d_0=25$
		59	1.97	A	41	41		21.234	164	162	11.54	146.829	$d_f=50$
		62	1.97	B	39	38	6	21.234	154	152	11.54	137.765	高翅片
		63.5	1.97	B	38	37		21.234	150	148	11.54	134.14	$d_0=25$
		67	1.97	A	36	36		21.234	144	142	11.54	128.702	$d_f=57$
	1.5	54	1.47	B	26	25	6	15.464	102	100	11.54	90.6352	低翅片
		56	1.47	B	25	24		15.464	98	96	11.54	87.0098	$d_0=25$
		59	1.47	B	24	23		15.464	94	92	11.54	83.3843	$d_f=50$
		62	1.47	A	22	22	6	15.464	88	86	11.54	77.9462	高翅片
		63.5	1.47	B	22	21		15.464	86	84	11.54	76.1335	$d_0=25$
		67	1.47	B	21	20		15.464	82	80	11.54	72.5081	$d_f=57$
	1.0	54	0.97	B	26	25	6	9.6936	102	100	11.54	90.6352	低翅片
		56	0.97	B	25	24		9.6936	98	96	11.54	87.0098	$d_0=25$
		59	0.97	B	24	23		9.6936	94	92	11.54	83.3843	$d_f=50$
		62	0.97	A	14	14	6	9.6936	56	54	11.54	48.943	高翅片
		63.5	0.97	B	22	21		9.6936	86	84	11.54	76.1335	$d_0=25$
		67	0.97	B	21	20		9.6936	82	80	11.54	72.5081	$d_f=57$

续表附录 A4.1

名义长度	名义宽度	管心距	管束实际宽度	相邻管排排管数			支梁列数	4 排 管 参 数					翅片规格
				排管形式①	单排	双排		迎风面积	排管总根数②	有效传热管数②	基管有效长度	基管有效面积②	
		S_1	B				Ns	A_F	n	n_e	L_e	A_e	
m	m	mm	m		根	根	个	m^2	根	根	m	m^2	mm
		54	2.97	B	54	53		24.538	214	212	8.64	143.86	低翅片
		56	2.97	B	52	51	4	24.538	206	204	8.64	138.431	$d_0=25$
	3.0	59	2.97	A	49	49		24.538	196	194	8.64	131.646	$d_f=50$
		62	2.97	B	47	46		24.538	186	184	8.64	124.86	高翅片
		63.5	2.97	B	46	45	4	24.538	182	180	8.64	122.145	$d_0=25$
		67	2.97	A	43	43		24.538	172	170	8.64	115.36	$d_f=57$
		54	2.47	A	44	44		20.218	176	174	8.64	118.074	低翅片
		56	2.47	B	43	42	4	20.218	170	168	8.64	114.002	$d_0=25$
	2.5	59	2.47	B	41	40		20.218	162	160	8.64	108.574	$d_f=50$
		62	2.47	B	39	38		20.218	154	152	8.64	103.145	高翅片
		63.5	2.47	B	38	37	4	20.218	150	148	8.64	100.431	$d_0=25$
		67	2.47	B	36	35		20.218	142	140	8.64	95.002	$d_f=57$
		54	1.97	B	35	34		15.898	138	136	8.64	92.2876	低翅片
		56	1.97	B	34	33	4	15.898	134	132	8.64	89.5733	$d_0=25$
		59	1.97	B	32	31		15.898	126	124	8.64	84.1446	$d_f=50$
9	2.0	62	1.97	B	31	30		15.898	122	120	8.64	81.4303	高翅片
		63.5	1.97	B	30	29	4	15.898	118	116	8.64	78.7159	$d_0=25$
		67	1.97	B	28	27		15.898	110	108	8.64	73.2872	$d_f=57$
		54	1.47	B	26	25		11.578	102	100	8.64	67.8586	低翅片
		56	1.47	B	25	24	4	11.578	98	96	8.64	65.1442	$d_0=25$
		59	1.47	B	24	23		11.578	94	92	8.64	62.4299	$d_f=50$
	1.5	62	1.47	B	23	22		11.578	90	88	8.64	59.7155	高翅片
		63.5	1.47	A	22	22	4	11.578	88	86	8.64	58.3584	$d_0=25$
		67	1.47	B	21	20		11.578	82	80	8.64	54.2868	$d_f=57$
		54	0.97	B	26	25		7.2576	102	100	8.64	67.8586	低翅片
		56	0.97	B	25	24	4	7.2576	98	96	8.64	65.1442	$d_0=25$
		59	0.97	A	24	24		7.2576	96	94	8.64	63.787	$d_f=50$
	1	62	0.97	A	14	14		7.2576	56	54	8.64	36.6436	高翅片
		63.5	0.97	A	22	22	4	7.2576	88	86	8.64	58.3584	$d_0=25$
		67	0.97	A	21	21		7.2576	84	82	8.64	55.644	$d_f=57$

续表附录 A4.1

名义长度	名义宽度	管心距	管束实际宽度	相邻管排排管数 排管形式①			支梁列数	4 排管参数 迎风面积	排管总根数②	有效传热管数②	基管有效长度	基管有效面积②	翅片规格
				排管形式①	单排	双排		迎风面积	排管总根数②	有效传热管数②	基管有效长度	基管有效面积②	
		S_1	B				Ns	A_F	n	n_e	L_e	A_e	
m	m	mm	m		根	根	个	m^2	根	根	m	m^2	mm
6	3.0	54	2.98	B	54	53		16.217	214	212	5.69	94.7412	低翅片 $d_0=25$ $d_f=50$
		56	2.98	B	52	51	3	16.217	206	204	5.69	91.1661	
		59	2.98	A	49	49		16.217	196	194	5.69	86.6972	
		62	2.98	B	47	46		16.217	186	184	5.69	82.2282	高翅片 $d_0=25$ $d_f=57$
		63.5	2.98	B	46	45	3	16.217	182	180	5.69	80.4407	
		67	2.98	A	43	43		16.217	172	170	5.69	75.9717	
	2.5	54	2.48	A	44	44		13.372	176	174	5.69	77.7593	低翅片 $d_0=25$ $d_f=50$
		56	2.48	B	43	42	3	13.372	170	168	5.69	75.078	
		59	2.48	B	41	40		13.372	162	160	5.69	71.5028	
		62	2.48	B	39	38		13.372	154	152	5.69	67.9277	高翅片 $d_0=25$ $d_f=57$
		63.5	2.48	B	38	37	3	13.372	150	148	5.69	66.1401	
		67	2.48	B	36	35		13.372	142	140	5.69	62.565	
	2.0	54	1.98	A	35	35		10.527	140	138	5.69	61.6712	低翅片 $d_0=25$ $d_f=50$
		56	1.98	B	34	33	3	10.527	134	132	5.69	58.9898	
		59	1.98	A	32	32		10.527	128	126	5.69	56.3085	
		62	1.98	B	31	30		10.527	122	120	5.69	53.6271	高翅片 $d_0=25$ $d_f=57$
		63.5	1.98	B	30	29	3	10.527	118	116	5.69	51.8395	
		67	1.98	A	28	28		10.527	112	110	5.69	49.1582	
	1.5	54	1.48	B	26	25		7.6815	102	100	5.69	44.6893	低翅片 $d_0=25$ $d_f=50$
		56	1.48	B	25	24	3	7.6815	98	96	5.69	42.9017	
		59	1.48	B	24	23		7.6815	94	92	5.69	41.1141	
		62	1.48	B	23	22		7.6815	90	88	5.69	39.3265	高翅片 $d_0=25$ $d_f=57$
		63.5	1.48	B	22	21	3	7.6815	86	84	5.69	37.539	
		67	1.48	B	21	20		7.6815	82	80	5.69	35.7514	
	1.0	54	0.98	B	17	16		4.8365	66	64	5.69	28.6011	低翅片 $d_0=25$ $d_f=50$
		56	0.98	B	16	15	3	4.8365	62	60	5.69	26.8136	
		59	0.98	A	15	15		4.8365	60	58	5.69	25.9198	
		62	0.98	A	14	14		4.8365	56	54	5.69	24.1322	高翅片 $d_0=25$ $d_f=57$
		63.5	0.98	A	14	14	3	4.8365	56	54	5.69	24.1322	
		67	0.98	A	13	13		4.8365	52	50	5.69	22.3446	

续表附录 A4. 1

名义长度	名义宽度	管心距	管束实际宽度	相邻管排排管数			支梁列数	4 排管参数					翅片规格
				排管形式①	单排	双排		迎风面积	排管总根数②	有效传热管数②	基管有效长度	基管有效面积②	
		S_1	B				N_S	A_F	n	n_e	L_e	A_e	
m	m	mm	m		根	根	个	m^2	根	根	m	m^2	mm
4. 5	3. 0	54	2. 98	B	54	53	3	11. 942	214	212	4. 19	69. 7655	低翅片
		56	2. 98	B	52	51		11. 942	206	204	4. 19	67. 1329	$d_0=25$
		59	2. 98	A	49	49		11. 942	196	194	4. 19	63. 842	$d_f=50$
		62	2. 98	B	47	46	3	11. 942	186	184	4. 19	60. 5512	高翅片
		63. 5	2. 98	B	46	45		11. 942	182	180	4. 19	59. 2349	$d_0=25$
		67	2. 98	A	43	43		11. 942	172	170	4. 19	55. 944	$d_f=57$
	2. 5	54	2. 48	A	44	44	3	9. 8465	176	174	4. 19	57. 2604	低翅片
		56	2. 48	B	43	42		9. 8465	170	168	4. 19	55. 2859	$d_0=25$
		59	2. 48	B	41	40		9. 8465	162	160	4. 19	52. 6532	$d_f=50$
		62	2. 48	B	39	38	3	9. 8465	154	152	4. 19	50. 0206	高翅片
		63. 5	2. 48	B	38	37		9. 8465	150	148	4. 19	48. 7042	$d_0=25$
		67	2. 48	B	36	35		9. 8465	142	140	4. 19	46. 0716	$d_f=57$
	2. 0	54	1. 98	A	35	35	3	7. 7515	140	138	4. 19	45. 4134	低翅片
		56	1. 98	B	34	33		7. 7515	134	132	4. 19	43. 4389	$d_0=25$
		59	1. 98	A	32	32		7. 7515	128	126	4. 19	41. 4644	$d_f=50$
		62	1. 98	B	31	30	3	7. 7515	122	120	4. 19	39. 4899	高翅片
		63. 5	1. 98	B	30	29		7. 7515	118	116	4. 19	38. 1736	$d_0=25$
		67	1. 98	A	28	28		7. 7515	112	110	4. 19	36. 1991	$d_f=57$
	1. 5	54	1. 48	B	26	25	3	5. 6565	102	100	4. 19	32. 9083	低翅片
		56	1. 48	B	25	24		5. 6565	98	96	4. 19	31. 5919	$d_0=25$
		59	1. 48	B	24	23		5. 6565	94	92	4. 19	30. 2756	$d_f=50$
		62	1. 48	B	23	22	3	5. 6565	90	88	4. 19	28. 9593	高翅片
		63. 5	1. 48	B	22	21		5. 6565	86	84	4. 19	27. 6429	$d_0=25$
		67	1. 48	B	21	20		5. 6565	82	80	4. 19	26. 3266	$d_f=57$
	1. 0	54	0. 98	B	17	16	3	3. 5615	66	64	4. 19	21. 0613	低翅片
		56	0. 98	B	16	15		3. 5615	62	60	4. 19	19. 745	$d_0=25$
		59	0. 98	A	15	15		3. 5615	60	58	4. 19	19. 0868	$d_f=50$
		62	0. 98	A	14	14	3	3. 5615	56	54	4. 19	17. 7705	高翅片
		63. 5	0. 98	A	14	14		3. 5615	56	54	4. 19	17. 7705	$d_0=25$
		67	0. 98	A	13	13		3. 5615	52	50	4. 19	16. 4541	$d_f=57$

续表附录 A4.1

名义长度	名义宽度	管心距	管束实际宽度	相邻管排排管数			支梁列数	4 排管参数					翅片规格
				排管形式①	单排	双排		迎风面积	排管总根数②	有效传热管数②	基管有效长度	基管有效面积②	
		S_1	B				Ns	A_F	n	n_e	L_e	A_e	
m	m	mm	m		根	根	个	m^2	根	根	m	m^2	mm
3	3.0	54	2.98	B	54	53	3	7.6665	214	212	2.69	44.7898	低翅片 $d_0=25$ $d_f=50$
		56	2.98	B	52	51		7.6665	206	204	2.69	43.0996	
		59	2.98	A	49	49		7.6665	196	194	2.69	40.9869	
		62	2.98	B	47	46	3	7.6665	186	184	2.69	38.8742	高翅片 $d_0=25$ $d_f=57$
		63.5	2.98	B	46	45		7.6665	182	180	2.69	38.0291	
		67	2.98	A	43	43		7.6665	172	170	2.69	35.9163	
	2.5	54	2.48	A	44	44	3	6.3215	176	174	2.69	36.7614	低翅片 $d_0=25$ $d_f=50$
		56	2.48	B	43	42		6.3215	170	168	2.69	35.4938	
		59	2.48	B	41	40		6.3215	162	160	2.69	33.8036	
		62	2.48	B	39	38	3	6.3215	154	152	2.69	32.1134	高翅片 $d_0=25$ $d_f=57$
		63.5	2.48	B	38	37		6.3215	150	148	2.69	31.2683	
		67	2.48	B	36	35		6.3215	142	140	2.69	29.5782	
	2.0	54	1.98	A	35	35	3	4.9765	140	138	2.69	29.1556	低翅片 $d_0=25$ $d_f=50$
		56	1.98	B	34	33		4.9765	134	132	2.69	27.888	
		59	1.98	A	32	32		4.9765	128	126	2.69	26.6203	
		62	1.98	B	31	30	3	4.9765	122	120	2.69	25.3527	高翅片 $d_0=25$ $d_f=57$
		63.5	1.98	B	30	29		4.9765	118	116	2.69	24.5076	
		67	1.98	A	28	28		4.9765	112	110	2.69	23.24	
	1.5	54	1.48	B	26	25	3	3.6315	102	100	2.69	21.1273	低翅片 $d_0=25$ $d_f=50$
		56	1.48	B	25	24		3.6315	98	96	2.69	20.2822	
		59	1.48	B	24	23		3.6315	94	92	2.69	19.4371	
		62	1.48	B	23	22	3	3.6315	90	88	2.69	18.592	高翅片 $d_0=25$ $d_f=57$
		63.5	1.48	B	22	21		3.6315	86	84	2.69	17.7469	
		67	1.48	B	21	20		3.6315	82	80	2.69	16.9018	
	1.0	54	0.98	B	17	16	3	2.2865	66	64	2.69	13.5214	低翅片 $d_0=25$ $d_f=50$
		56	0.98	B	16	15		2.2865	62	60	2.69	12.6764	
		59	0.98	A	15	15		2.2865	60	58	2.69	12.2538	
		62	0.98	A	14	14	3	2.2865	56	54	2.69	11.4087	高翅片 $d_0=25$ $d_f=57$
		63.5	0.98	A	14	14		2.2865	56	54	2.69	11.4087	
		67	0.98	A	13	13		2.2865	52	50	2.69	10.5636	

注：① 表中排管形式栏，A 表示相邻两排管管数相同，B 表示相邻两排管管数不相同。

② 本表按 4 排管计算传热管数和传热面积，对于 6 排管，排管总根数、热有效传管数、基管有效传热长度和基管有效面积按表中数据乘以系数 1.5，对 8 排管，乘以系数 2，迎风面积近似相同。

附录 A4.2 翅片面积、风面比及综合系数 K_f、K_L 查取表

翅片类型 绕片高翅片	管心距 S_1/mm	每米翅片 N_f	风面比 ξ_f	传热计算几何综合系数 K_f	阻力计算几何综合系数 K_L	每米翅片管面积 A_f/ (m^2/m)	每米管翅根面积 A_r/ (m^2/m)	翅化比
d_f = 57mm	62	433	2.024	2.4984	4.6419	1.7811	0.0675	23.54
d_r = 26mm		394	1.993	2.5546	4.5211	1.6206	0.0688	21.51
δ = 0.4mm		354	1.961	2.6216	4.4023	1.4561	0.0701	19.43
		315	1.932	2.6987	4.2911	1.2957	0.0714	17.41
		276	1.903	2.7910	4.1844	1.1353	0.0727	15.38
		433	1.976	2.4559	4.3611	1.7811	0.0675	23.54
		394	1.947	2.5124	4.2527	1.6206	0.0688	21.51
	63.5	354	1.918	2.5797	4.1460	1.4561	0.0701	19.43
正三角形排列		315	1.890	2.6568	4.0460	1.2957	0.0714	17.41
		276	1.863	2.7490	3.9498	1.1353	0.0727	15.38
		433	1.880	2.3697	3.8160	1.7811	0.0675	23.54
		394	1.855	2.4268	3.7304	1.6206	0.0688	21.51
	67	354	1.830	2.4944	3.6457	1.4561	0.0701	19.43
		315	1.806	2.5715	3.5660	1.2957	0.0714	17.41
		276	1.783	2.6633	3.4890	1.1353	0.0727	15.38
绕片低翅片								
d_f = 50mm		433	2.265	2.9215	6.3751	1.2678	0.0675	17.00
d_r = 26mm		394	2.230	2.9873	6.2100	1.1536	0.0688	15.56
δ = 0.4mm	54	354	2.195	3.0659	6.0477	1.0365	0.0701	14.09
		315	2.162	3.1562	5.8958	0.9223	0.0714	12.65
		276	2.130	3.2643	5.7499	0.8081	0.0727	11.21
		433	2.167	2.8302	5.7218	1.2678	0.0675	17.00
		394	2.136	2.8965	5.5849	1.1536	0.0688	15.56
	56	354	2.105	2.9752	5.4498	1.0365	0.0701	14.09
正三角形排列		315	2.076	3.0654	5.3231	0.9223	0.0714	12.65
		276	2.048	3.1729	5.2009	0.8081	0.0727	11.21
		433	2.046	2.7155	4.9473	1.2678	0.0675	17.00
		394	2.019	2.7821	4.8410	1.1536	0.0688	15.56
	59	354	1.993	2.8607	4.7358	1.0365	0.0701	14.09
		315	1.968	2.9504	4.6366	0.9223	0.0714	12.65
		276	1.944	3.0568	4.5407	0.8081	0.0727	11.21

附录 A4.3　湿式空冷器管束设计模数表

名义长度	名义宽度	管心距	管束实际宽度	相邻管排排管数			支梁列数	4 排 管 参 数					翅片规格
				排管形式①	单排	双排		迎风面积	排管总根数②	有效传热管数②	基管有效长度	基管有效面积②	
		S_1	B				Ns	A_F	n	n_e	L_e	A_e	
m	m	mm	m		根	根	个	m²	根	根	m	m²	mm
12	3	54	3	B	54	53		33.12	214	212	11.54	192.147	低翅片
		56	3	B	52	51	6	33.12	206	204	11.54	184.896	$d_0=25$
		59	3	A	49	49		33.12	196	194	11.54	175.832	$d_f=50$
		62	3	A	47	47		33.12	188	186	11.54	168.581	高翅片
		63.5	3	B	46	45	6	33.12	182	180	11.54	163.143	$d_0=25$
		67	3	B	44	43		33.12	174	172	11.54	155.892	$d_f=57$
9	3	54	3	B	54	53		24.797	214	212	8.64	143.86	低翅片
		56	3	B	52	51	4	24.797	206	204	8.64	138.431	$d_0=25$
		59	3	A	49	49		24.797	196	194	8.64	131.646	$d_f=50$
		62	3	A	47	47		24.797	188	186	8.64	126.217	高翅片
		63.5	3	B	46	45	4	24.797	182	180	8.64	122.145	$d_0=25$
		67	3	B	44	43		24.797	174	172	8.64	116.717	$d_f=57$
8	3	54	3	B	54	53		21.927	214	212	7.64	127.21	低翅片
		56	3	B	52	51	4	21.927	206	204	7.64	122.409	$d_0=25$
		59	3	A	49	49		21.927	196	194	7.64	116.409	$d_f=50$
		62	3	A	47	47		21.927	188	186	7.64	111.608	高翅片
		63.5	3	B	46	45	4	21.927	182	180	7.64	108.008	$d_0=25$
		67	3	B	44	43		21.927	174	172	7.64	103.208	$d_f=57$
6	3	54	3	B	54	53		16.33	214	212	5.69	94.741	低翅片
		56	3	B	52	51	3	16.33	206	204	5.69	91.166	$d_0=25$
		59	3	A	49	49		16.33	196	194	5.69	86.697	$d_f=50$
		62	3	A	47	47		16.33	188	186	5.69	83.122	高翅片
		63.5	3	B	46	45	3	16.33	182	180	5.69	80.441	$d_0=25$
		67	3	B	44	43		16.33	174	172	5.69	76.866	$d_f=57$
4	3	54	3	B	54	53		10.59	214	212	3.69	61.440	低翅片
		56	3	B	52	51	3	10.59	206	204	3.69	59.122	$d_0=25$
		59	3	A	49	49		10.59	196	194	3.69	56.224	$d_f=50$
		62	3	A	47	47		10.59	188	186	3.69	53.905	高翅片
		63.5	3	B	46	45	3	10.59	182	180	3.69	52.166	$d_0=25$
		67	3	B	44	43		10.59	174	172	3.69	49.848	$d_f=57$

续表附录 A4.3

名义长度	名义宽度	管心距	管束实际宽度	相邻管排排管数			支梁列数	4 排管参数					翅片规格
				排管形式①	单排	双排		迎风面积	排管总根数②	有效传热管数②	基管有效长度	基管有效面积②	
		S_1	B				N_S	A_F	n	n_e	L_e	A_e	
m	m	mm	m		根	根	个	m^2	根	根	m	m^2	mm
3	3.0	54	3	B	54	53		7.720	214	212	2.69	44.790	低翅片
		56	3	B	52	51	3	7.720	206	204	2.69	43.100	$d_0=25$
		59	3	A	49	49		7.720	196	194	2.69	40.987	$d_f=50$
		62	3	A	47	47		7.720	188	186	2.69	39.296	高翅片
		63.5	3	B	46	45	3	7.720	182	180	2.69	38.0291	$d_0=25$
		67	3	B	44	43		7.720	174	172	2.69	36.3389	$d_f=57$
12	2.5	54	2.5	B	45	44		27.35	178	176	11.54	159.518	低翅片
		56	2.5	A	43	43	6	27.35	172	170	11.54	154.08	$d_0=25$
		59	2.5	B	41	40		27.35	162	160	11.54	145.016	$d_f=50$
		62	2.5	B	39	38		27.35	154	152	11.54	137.765	高翅片
		63.5	2.5	A	38	38	6	27.35	152	150	11.54	135.953	$d_0=25$
		67	2.5	A	36	36		27.35	144	142	11.54	128.702	$d_f=57$
9	2.5	54	2.5	B	45	44		20.477	178	176	8.64	119.431	低翅片
		56	2.5	A	43	43	4	20.477	172	170	8.64	115.36	$d_0=25$
		59	2.5	B	41	40		20.477	162	160	8.64	108.574	$d_f=50$
		62	2.5	B	39	38		20.477	154	152	8.64	103.145	高翅片
		63.5	2.5	A	38	38	4	20.477	152	150	8.64	101.788	$d_0=25$
		67	2.5	A	36	36		20.477	144	142	8.64	96.3592	$d_f=57$
8	2.5	54	2.5	B	45	44		18.107	178	176	7.64	105.608	低翅片
		56	2.5	A	43	43	4	18.107	172	170	7.64	102.008	$d_0=25$
		59	2.5	B	41	40		18.107	162	160	7.64	96.007	$d_f=50$
		62	2.5	B	39	38		18.107	154	152	7.64	91.207	高翅片
		63.5	2.5	A	38	38	4	18.107	152	150	7.64	90.007	$d_0=25$
		67	2.5	A	36	36		18.107	144	142	7.64	85.206	$d_f=57$
6	2.5	54	2.5	B	45	44		13.485	178	176	5.69	78.653	低翅片
		56	2.5	A	43	43	3	13.485	172	170	5.69	75.972	$d_0=25$
		59	2.5	B	41	40		13.485	162	160	5.69	71.503	$d_f=50$
		62	2.5	B	39	38		13.485	154	152	5.69	67.928	高翅片
		63.5	2.5	A	38	38	3	13.485	152	150	5.69	67.034	$d_0=25$
		67	2.5	A	36	36		13.485	144	142	5.69	63.459	$d_f=57$

续表附录 A4.3

名义长度	名义宽度	管心距	管束实际宽度	相邻管排排管数			支梁列数	4 排管参数					翅片规格
				排管形式①	单排	双排		迎风面积	排管总根数②	有效传热管数②	基管有效长度	基管有效面积②	
		S_1	B				Ns	A_F	n	n_e	L_e	A_e	
m	m	mm	m		根	根	个	m^2	根	根	m	m^2	mm
		54	2.5	B	45	44		8.7453	178	176	3.69	51.007	低翅片
		56	2.5	A	43	43	3	8.7453	172	170	3.69	49.268	$d_0=25$
		59	2.5	B	41	40		8.7453	162	160	3.69	46.37	$d_f=50$
4	2.5	62	2.5	B	39	38		8.7453	154	152	3.69	44.052	高翅片
		63.5	2.5	A	38	38	3	8.7453	152	150	3.69	43.472	$d_0=25$
		67	2.5	A	36	36		8.7453	144	142	3.69	41.153	$d_f=57$
		54	2.5	B	45	44		6.3753	178	176	2.69	37.184	低翅片
		56	2.5	A	43	43	3	6.3753	172	170	2.69	35.916	$d_0=25$
		59	2.5	B	41	40		6.3753	162	160	2.69	33.804	$d_f=50$
3	2.5	62	2.5	B	39	38		6.3753	154	152	2.69	32.113	高翅片
		63.5	2.5	A	38	38	3	6.3753	152	150	2.69	31.691	$d_0=25$
		67	2.5	A	36	36		6.3753	144	142	2.69	30.001	$d_f=57$
		54	2	A	35	35		21.58	140	138	11.54	125.077	低翅片
		56	2	A	34	34	6	21.58	136	134	11.54	121.451	$d_0=25$
		59	2	A	32	32		21.58	128	126	11.54	114.2	$d_f=50$
12	2.0	62	2	B	31	30		21.58	122	120	11.54	108.762	高翅片
		63.5	2	A	30	30	6	21.58	120	118	11.54	106.949	$d_0=25$
		67	2	B	29	28		21.58	114	112	11.54	101.511	$d_f=57$
		54	2	A	35	35		16.157	140	138	8.64	93.6448	低翅片
		56	2	A	34	34	4	16.157	136	134	8.64	90.9305	$d_0=25$
		59	2	A	32	32		16.157	128	126	8.64	85.5018	$d_f=50$
9	2.0	62	2	B	31	30		16.157	122	120	8.64	81.4303	高翅片
		63.5	2	A	30	30	4	16.157	120	118	8.64	80.0731	$d_0=25$
		67	2	B	29	28		16.157	114	112	8.64	76.0016	$d_f=57$
		54	2	A	35	35		14.287	140	138	7.64	82.8063	低翅片
		56	2	A	34	34	4	14.287	136	134	8.64	90.9305	$d_0=25$
		59	2	A	32	32		14.287	128	126	8.64	85.5018	$d_f=50$
8	2.0	62	2	B	31	30		14.287	122	120	7.64	72.0055	高翅片
		63.5	2	A	30	30	4	14.287	120	118	7.64	70.8054	$d_0=25$
		67	2	B	29	28		14.287	114	112	7.64	67.2051	$d_f=57$

续表附录 A4. 3

名义长度	名义宽度	管心距	管束实际宽度	相邻管排排管数			支梁列数	4 排管参数					翅片规格
				排管形式①	单排	双排		迎风面积	排管总根数②	有效传热管数②	基管有效长度	基管有效面积②	
		S_1	B				Ns	A_F	n	n_e	L_e	A_e	
m	m	mm	m		根	根	个	m^2	根	根	m	m^2	mm
6	2.0	54	2	A	35	35	3	10.64	140	138	5.69	61.6712	低翅片 $d_0=25$ $d_f=50$
		56	2	A	34	34		10.64	136	134	5.69	59.8836	
		59	2	A	32	32		10.64	128	126	5.69	56.3085	
		62	2	B	31	30	3	10.64	122	120	5.69	53.6271	高翅片 $d_0=25$ $d_f=57$
		63.5	2	A	30	30		10.64	120	118	5.69	52.7333	
		67	2	B	29	28		10.64	114	112	5.69	50.052	
4	2.0	54	2	A	35	35	3	6.9003	140	138	3.69	39.9941	低翅片 $d_0=25$ $d_f=50$
		56	2	A	34	34		6.9003	136	134	3.69	38.8349	
		59	2	A	32	32		6.9003	128	126	3.69	36.5164	
		62	2	B	31	30	3	6.9003	122	120	3.69	34.7775	高翅片 $d_0=25$ $d_f=57$
		63.5	2	A	30	30		6.9003	120	118	3.69	34.1979	
		67	2	B	29	28		6.9003	114	112	3.69	32.459	
3	2.0	54	2	A	35	35	3	5.0303	140	138	2.69	29.1556	低翅片 $d_0=25$ $d_f=50$
		56	2	A	34	34		5.0303	136	134	2.69	28.3105	
		59	2	A	32	32		5.0303	128	126	2.69	26.6203	
		62	2	B	31	30	3	5.0303	122	120	2.69	25.3527	高翅片 $d_0=25$ $d_f=57$
		63.5	2	A	30	30		5.0303	120	118	2.69	24.9302	
		67	2	B	29	28		5.0303	114	112	2.69	23.6625	

注：① 表中排管形式栏，A 表示相邻两排管管数相同，B 表示相邻两排管管数不相同。

② 本表按 4 排管计算传热管数和传热面积，对于 6 排管，排管总根数、热有效传管数、基管有效传热长度和基管有效面积按表中数据乘以系数 1.5，对 8 排管，乘以系数 2，迎风面积近似相同。

第五章　风　　机

5.1　风机结构型式和代号

1. 空冷器风机的结构和类型

风机的基本部件包括风机叶轮、传动系统、电机、自动调节机构、风筒、防护罩和支架等。

(1) 风机叶轮

用来提供风量和压头的旋转机械，是空冷器风机的核心。由于空冷器所需风量大而压头较低，所以都采用轴流式通风机。风机系统包括了叶片(又称"叶桨")、轮毂、转轴、调节机构等。

(2) 传动机构

用来联系风机系统和电机的机构，并用于调节或改变风机的转速。有齿轮式、蜗杆式和带传送式等类型，带传送式是目前常用结构。直联电机和某些调频电机没有传送机构，电机转轴和风机转轴直接联系在一起。

(3) 电机

用于驱动风机系统运转并提供必须能源的设备。由于风机的负载比较平稳，电机功率一般都在 50kW 以下，所以通常选用鼠笼式三相异步电动机。在石油化工装置中用的风机，其配用的电机应采用 YB 系列隔爆型异步电动机。电机的安装方式要与风机的安装相匹配。如要用带传动，电机通常采用立式安装，电机的伸出轴应能朝上或朝下放置。如采用齿轮式传动，电机一般卧式安装，风机轴与电机轴相垂直。空冷器为露天设备，电机应选用户外型。

(4) 调节机构

当空气的温度发生变化或管内介质的流量和入口温度产生变化时都会影响到空冷器的正常操作。为了保持在空冷器内被冷却的介质处于一个恒定的温度，就需要对空冷器进行调节。空冷器风量的调节主要靠风机来进行，调节方式有调角和调速两种。调角机构包括自动风机轮毂、回转接头、定位器和信号系统等。调速机构则是在手动风机的基础上增加一套电机调频装置。

(5) 风筒

风筒的作用是实现对空气的导流和增压。为了防止空气从风筒周边返混，对叶尖与风筒内壁的间隙应限制在一定范围之内。

(6) 防护罩

防护罩的作用是保护操作人员的安全和防止杂物进入风机内部。凡外露的运动部件(如叶轮、传动带等)均应设可拆卸式防护罩，防护罩的网眼尺寸应不大于 50mm，网丝直径应不小于 2.8 mm，拉制多孔金属板的厚度应不小于 3mm，防护罩与静设备的间隙不得小于 15mm。

2. 空冷器风机的分类

按照结构的不同、送风方式和调节方式的不同，空冷器风机可分以下几类：

(1) 按结构分类

① 齿轮传动落地式鼓风风机

结构简图如图 5.1－1 所示。

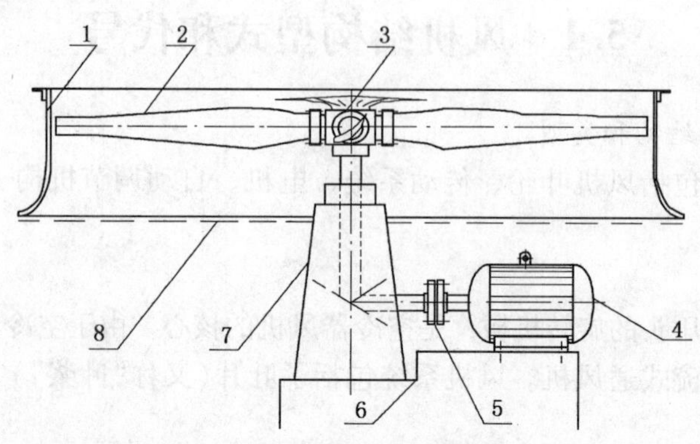

图 5.1－1　齿轮传动落地式鼓风风机

1—风筒；2—叶片；3—轮毂；4—电机；5—联轴节；6—机架；7—齿轮减速箱；8—网罩

优点：

A. 电机与风机的传送比较稳定，传送效率高，也就是说，风机的转速比较稳定；

B. 由于风机与空冷器构架分离，风机的振动对空冷器影响较小。

缺点：

A. 长期运行，齿轮易产生疲劳破裂。当齿轮箱漏油和加油量不足时，齿轮极易磨损，噪音大；

B. 维护、检修和更换不方便、费用高。

我国空冷器技术发展初期，多采用这种风机，到 20 世纪 70 年代逐渐被带传动风机所代替。

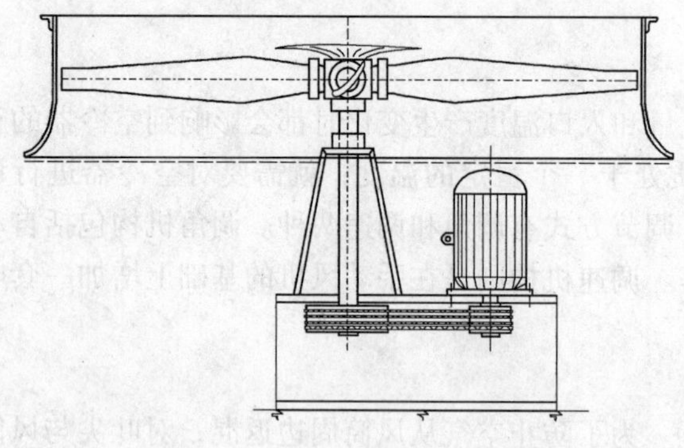

图 5.1－2　皮带传动落地式鼓风机

② 带传动落地式鼓风风机

结构简图如图 5.1－2 所示。这种风机在 20 世纪 70～80 年代应用较多，后逐渐改用了悬挂式风机。但由于它的抗振动性能强，目前在某些结构中仍被采用。

③ 带传动悬挂式鼓风风机

结构简图如图 5.1－3 所示。

优点：

A. 风机运行中，传送部分噪音很低，风机的维护、检修简便，费用低。传送带虽是易损部件，但更换容易。

B. 不受安装平面(地面或框架面)条件的限制，特别是在框架上面空冷器的安装十分方便。噪声低，是目前最常用的一种风机。

缺点：

A. 由于安装风机的支架与空冷器的构架连在一起，电机的振动和风机叶片的不平衡运转，对空冷器的整体稳定性影响较大。

B. 长期运行，带伸长和磨损较快，易造成脱落或“打滑”而影响风机的转速。因此皮带需定期更换，传送效率略低。最初空冷器风机皮带都是单根三角带几根并列安装的，上面的问题比较突出，后改为整体制造的联组带，使运行情况大有改善。

图 5.1－3(a)、(b)是两种目前常用的皮带传送风机。前者电机运转比较稳定，带也较易更换，在热风内循环空冷器中，可减少热风对电机的影响。但对大直径的风机，传动带较长，一般需要有带张力拉紧机构。

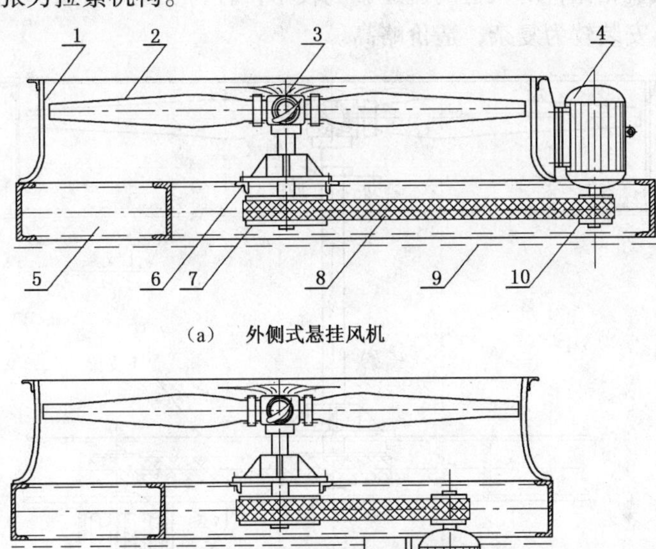

（a）　外侧式悬挂风机

（b）底装式悬挂风机

图 5.1－3　带传动鼓风式悬挂风机

1—风筒；2— 叶片；3—轮毂；4— 电机；5—机架；6—轴承座；

7— 风机带轮；8— 联组带；9—网罩；10—电机带轮

④ 带传动顶装式引风风机

结构简图如图 5.1－4 所示。

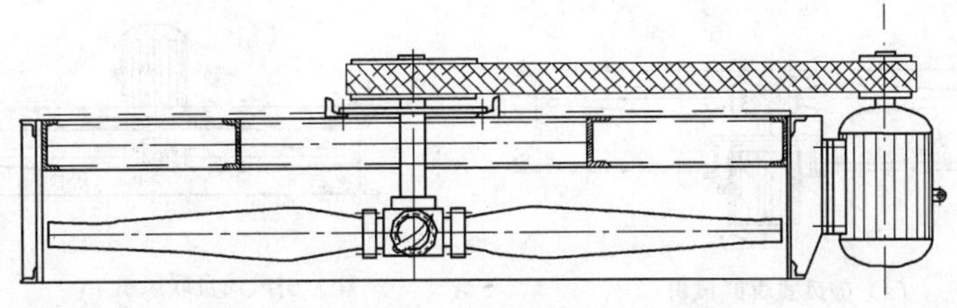

图 5.1－4　带传动顶装式引风风机

引风机主要用于引风式空冷器和湿式空冷器，它的叶片安装于管束的上方。顶装式的特点是带传送机构和电机位于排风口处，其优点是结构简单，风机的维护和检修方便，缺点是当排风温度较高时，传送带易老化，寿命较短；电机的使用环境也较差。

⑤ 长轴引风风机

结构简图如图5.1－5所示。这是一种底装式引风机。风机叶片与电机、带传送机构之间用较长的轴连接，为了运行平稳，往往需要加上支架和轴承对长轴进行定位。

引风式水平空冷器多采用长轴风机，传动带和电机位于管束下方，不会受到出口风温的影响。但温度超过80℃时，轴承需加高温润滑脂进行润滑。

湿式空冷器和联合式空冷器也多采用底装长轴风机，运行平稳，维护方便。与采用高架底座的普通底装风机相比，对风道的流通影响较小，有利于翅片管束的气流均布。

缺点是制造、安装较为复杂，造价略高。

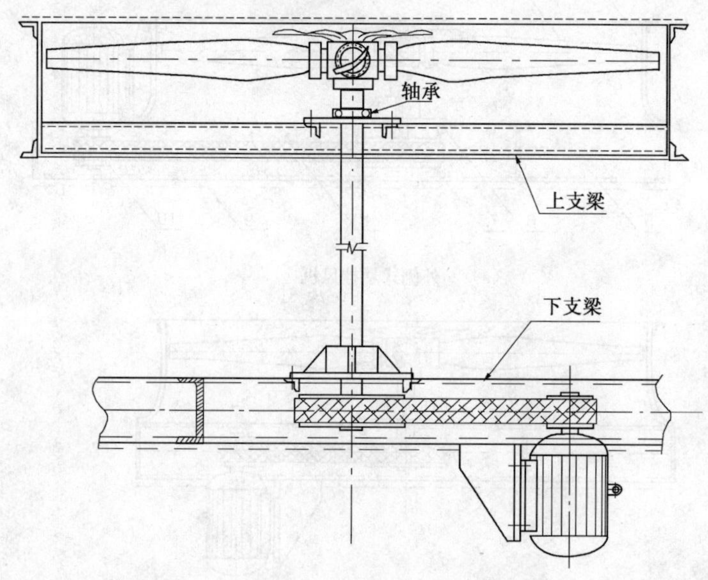

图5.1－5　长轴引风风机

⑥ 直联式风机

如图5.1－6所示。无传送机构，风机效率高，结构简单。但这种风机要求电机的转速与风机叶片转速相等，因此只适用于小型空冷器风机。如国产的F24－4风机（风叶直径2.4m），过去采用17kW的500r/min JO2型电机，二者转速正好匹配，现改为15kW的Y型电机后，提高了转速，需加带传送机构进行变速。调频变速风机一般采用直联结构。

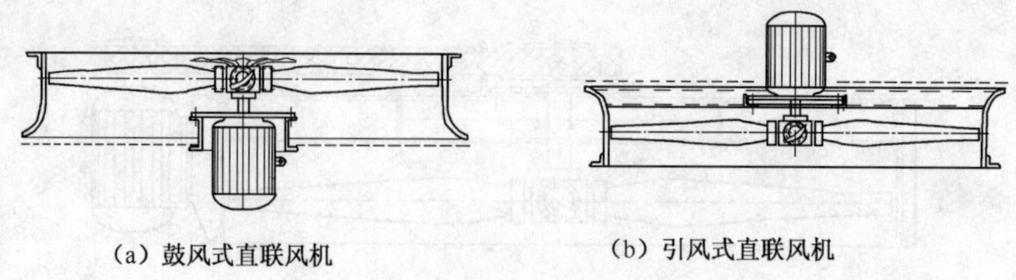

图5.1－6　直联式风机

⑦ 立式鼓风风机

如图 5.1 -7 所示。立式鼓风风机的风机叶片垂直安装，与普通的水平式鼓风风机结构上基本相同。它主要用于管束立置的空冷器中。我国近几年开发的板式空冷器就是采用立式鼓风风机。

管束立置的空冷器和立置鼓风机对大负荷冷凝器，无论是传热性能还是设备安装、维护方面都是较优越的。

(2) 按叶片的数量分类

空冷器主要有 4 叶片和 6 叶片两种型号，见图 5.1 -8 和图 5.1 -9。更多叶片的风机在空冷器中很少使用。

同样直径的风机，6 叶片的风量大于 4 叶片，压头也较高，因此当所需的单台风机的风量和压头较大，4 叶片风机满足不了要求时，可选 6 叶片风机。当然，6 叶片风机的电能消耗也大于 4 叶片风机。

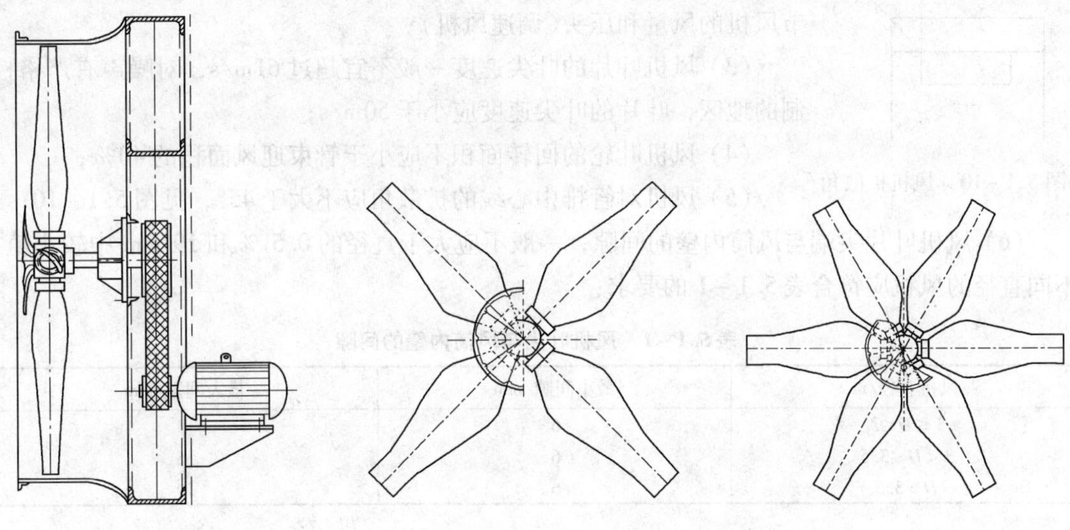

图 5.1 -7　立式鼓风风机　　图 5.1 -8　4 叶片风机图　　图 5.1 -9　6 叶片风机图

(3) 按风机的运行方式分类

可分为鼓风式风机和引风式风机。

鼓风式风机——空气先经风机再至管束，图 5.1 -1、图 5.1 -2、图 5.1 -3、图 5.1 -6(a)、图 5.1 -7 都属鼓风式风机；

引风式——空气先经管束再至风机，图 5.1 -4、图 5.1 -5、图 5.1 -6(b)都属引风式风机。

(4) 按风机风量调节方式分类

有调角风机和变速风机 2 类。

调角风机又分为：

① 全自动调角风机——运转中全部由仪表自动控制叶片角度；

② 半自动调角风机——风机的调角机构与全自动调角风机相同，但调节信号由手工输入；

③ 机械调角风机——由手工控制机械机构调节风机叶片角度；

以上三种型号皆为不停机调角风机，

④ 停机手调角风机，简称手调风机。

变速风机分有：

① 多速电机风机；

② 调频电机风机。

(5) 按传动方式分类

可分为：齿轮传动风机、皮带传送风机和直联风机。

(6) 按叶片材料分类

可分为：玻璃钢叶片风机和铝叶片风机。目前最常用的是玻璃钢叶片风机。

3. 空冷器风机的基本要求

(1) 空冷器风机要求压头低、流量大，所以一般都采用空气螺旋桨叶型的轴流风机；

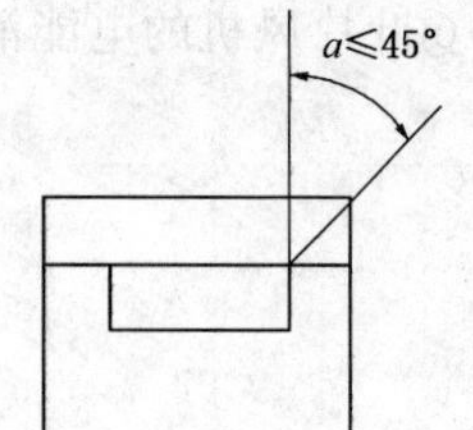

图 5.1－10　风机扩散角

(2) 在额定转速下，通过改变叶片角度应能调节风机的风量和压头(调角风机)，或在固定叶片角下，通过改变风机转速，应能调节风机的风量和压头(调速风机)；

(3) 风机叶片的叶尖速度一般不宜超过 61m/s，对噪声有严格控制的地区，叶片的叶尖速度应小于 50m/s；

(4) 风机叶轮的回转面积不应小于管束迎风面积的 40%；

(5) 风机对管排中心线的扩散角应不大于 45°，见图 5.1－10；

(6) 风机叶片尖端与风筒内壁的间隙，一般不应大于直径的 0.5 % 和 19 mm 中较小值，不同直径的风机应符合表 5.1－1 的要求；

表 5.1－1　风机叶尖与风筒内壁的间隙

风机直径/m	最小间隙/mm	最大间隙/mm
$1 \leqslant D \leqslant 3$	6	13
$3 < D \leqslant 3.5$	6	16
$D > 3.5$	6	19

(7) 风机的叶片应有互换性，所有叶片应通过与某一指定叶片的力矩平衡；

(8) 风机应通过动平衡或轮毂动平衡和叶片静平衡试验；

(9) 风机的轴承应密封，风机轴承在最大载荷及转速下的额定寿命不小于 50000h；

(10) 风机的轮毂上应设有防止空气倒流的回流挡盘；

(11) 风机的总声功率应不大于 110dB；

(12) 凡外露的运动部件(如轮毂、叶片、传动部件等)均应设置可拆卸式防护罩。

4. 风机的型号代号

国家标准对风机的型式和代号作了如下的规定，见表 5.1－2。

表 5.1－2　风机型式与代号

通风方式	代号	风量调节方式	代号	叶片型式	代号	风机传动方式	代号
鼓风式	G	停机手调角风机	TF	R 型玻璃钢叶片	R	V 带传动	V
引风式	Y	自动调角风机	BF	B 型玻璃钢叶片	B	齿轮减速器传动	C
		自动调角风机	ZFJ	铸铝叶片	L	电机直接传动	Z
		自动调速风机	ZFS			悬挂式 V 带传动，电机朝上	Vs
						悬挂式 V 带传动，电机朝下	Vx

风机的型号表示方法如图 5.1－11 所示。

示例：鼓风式，停机手调角风机、直径2400 mm 、B 型玻璃钢叶片、叶片数4 个，悬挂式电动机朝上、V 带传动、电动机功率 18.5kW 的风机的型号为 G－TF24－B4－V_S18.5

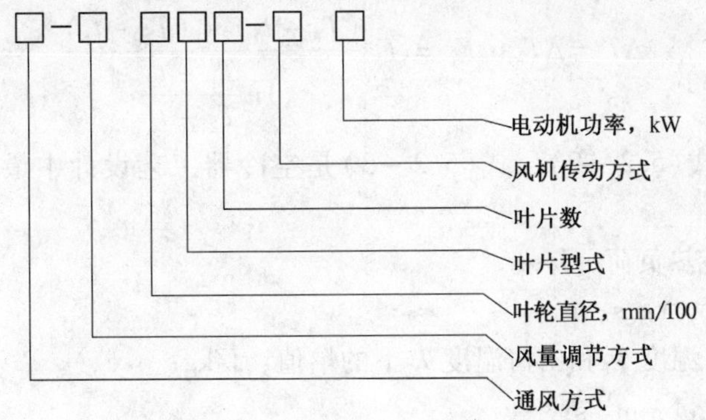

图 5.1－11 风机型号表示法

5. 风机的规格参数

空冷器常用风机规格参数如表 5.1－3 所示。

表 5.1－3 风机规格参数

风机直径/m	叶 型	风量①/(10^4m^3/h)	风压 /Pa	转速/(r/min)	电机功率/kW	注
1.800	R，B，TB	4～8	150～210	637	7.5	
2.100		6～11	150～210	546	11	国内尚无系列产品
2.400	R，B，L，TB	8～14	140～210	477	11	
2.700		10～18	140～210	424	15	国内尚无系列产品
3.000	R，B，TB	12～22	140～210	382	15	
3.300		14～27	140～210	347	22	国内尚无系列产品
3.600	R，B，L，TB	16～32	140～210	318	22	
3.900		20～38	135～210	290	30	国内尚无系列产品
4.200	L	24～44	135～210	273	37	
4.500	R，B，TB	28～50	130～210	255	37	

注：① 在 101325Pa，20℃下 4 叶片风机的风量。

5.2 风机风量调节原理和主要方法

1. 风量与气温的关系

空冷器风机风量调节的目的有三：一是为了保证产品质量或满足工艺过程对介质温度恒定的要求，对某些化工过程，出口温度控制较严格时尤为重要。二是为了适应工艺条件的变化，当工艺介质的流量或温度发生变化时，风机的风量能随着变化以确保工艺装置的平稳操作。三是为了适应气候的变化达到节能降耗的目的。

空冷器是利用空气作为冷却介质，空冷器的设计气温一般取每年最热月最高平均气温或当地夏季平均每年不保证五天的最高日平均气温。但当夜晚或秋、冬季节，气温都要下降，传热温差很大，造成热流介质出口温度不必要的过冷。对有的热流介质，过冷会造成凝结或固体结晶的析出，严重影响空冷器的正常操作。

在不计传热过程的热损失和风机漏风损失时，根据热平衡，则有如下关系式：

$$Q_H = G_i(I_{T2} - I_{T1}) = V_g\rho_g C_p(t_2 - t_1) \tag{5.2-1}$$

根据传热方程式：

$$Q_H = G_i(I_{T2} - I_{T1}) = KA\Delta T \tag{5.2-2}$$

$$\Delta T = \Delta T_m \cdot F_t = F_t \frac{(T_1 - t_2) - (T_2 - t_1)}{1n\dfrac{T_1 - t_2}{T_2 - t_1}} \tag{5.2-3}$$

式(5.2－1)、式(5.2－2)、式(5.2－3)是空冷器工艺设计中最基本的三个关联式，式中：

Q_H——空冷器传热负荷，J/s；

G_i——热流流量，kg/s；

I_{T1}、I_{T2}——热流进口温度 T_1和出口温度 T_2下的焓值，J/kg；

V_g——空冷器风量，m^3/s；

C_p——空气的比热，J/kg；

ρ_g——空气的密度，kg/m^3；

t_1、t_2——空气进口和出口温度，℃；

K——总传热系数，W/(m^2·K)；

A——传热面积，m^2；

ΔT——有效平均温差，℃；

ΔT_m——纯逆流流动的对数平均温差，℃；

F_t——温差修正系数。

在式(5.2－1)～式(5.2－3)中，Q_H、G_i和 T_1是预先确定的工艺参数，我们假定都为恒量。对于运行中空冷器 A 也是固定值。在式(5.2－3)中，当空气进口温度 t_1减小后，ΔT 会增大。由式(5.2－2)，ΔT 的增大必然引起 G_i的增大和 T_2的下降。但从许多工艺过程，T_2的下降没有必要，有的还是不允许的。为了保证 G_i和 T_2稳定，由式 5.2－1，降低风机的风量 V_g是有效而且可行的措施。风量的降低，风机的能耗也会随之降低。

空冷器的电能消耗是工程建设中一项重要的技术指标，因此，风机风量的调节是空冷器总体设计的一项重要内容。

2. 风量调节的方法

风机风量的调节可分两大类：

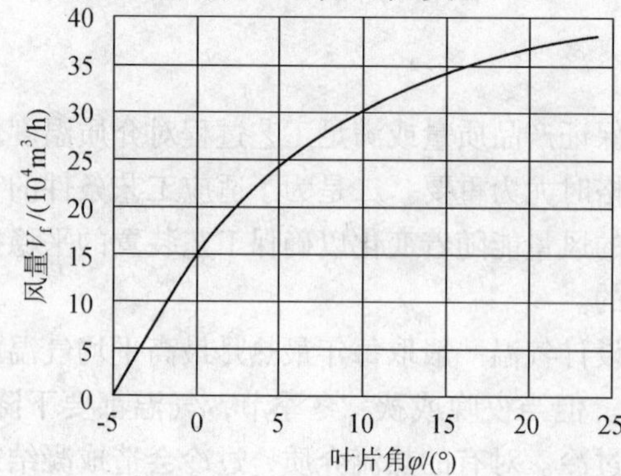

图 5.2－1　R 型 3.6m 风机叶片角与风量特性曲线（4 叶片，叶尖速度 61m/s）

(1) 调角风机

固定风机(或电机)的转数，调节风机叶片的角度。叶片角度的变化，风机输出风量也就随着改变。不同型号的叶桨，叶桨安装角 φ 与风量 V_f的关系有所不同，图 5.2－1 为 R 型 4 叶桨 $V-\alpha$ 的特性图。

调角风机包括停机手调风机、自动调角风机、机械调角风机等。

① 停机手调风机

风机停运后，人工逐一扭动风机叶片而实现调角的。这是风机中最简单，也是最基本的一种结构。

② 自动调角风机

风机的叶桨根据输入的信号（气源的大小）来改变叶片的角度，同台风机的所有叶片是同步调节。自动调角风机又分为全自动调角风机和半自动调角风机。风机本体调节机构二者完全相同，不同的是，全自动调角风机输入信号是直接由操作控制参数（如入口风温或热流出口温度）经转化而来的，它可以实现空冷器风机操作的全自动化。图5.2-2表示了自动调角控制系统的原理。一般说来，空冷器的出口温度不会大于150℃，测温元件采用铂热电阻，调节精度可达2~3℃，足以满足某些温度控制较严格的介质冷却的要求。

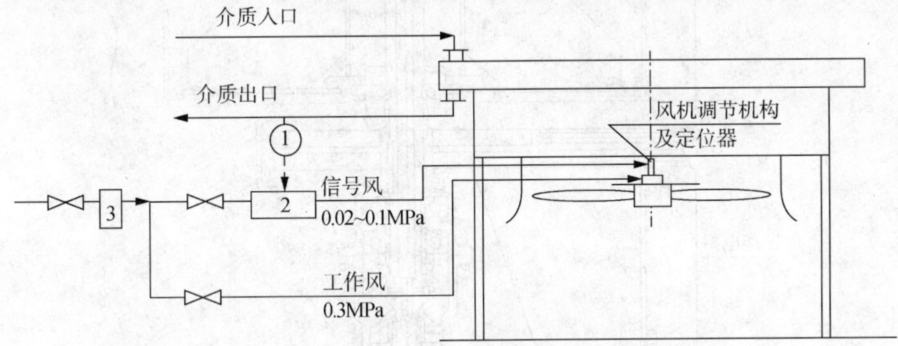

图5.2-2　自动调角控制系统的原理图

1—热电偶；2—电-气信号转换器；3—过滤器；4—减压阀

而半自动调角风机的输入信号是由人工根据操作情况条件来调节的，实际上还是一种手工控制的不停机调角系统。

③ 机械调角风机

机械调角风机是一种手工控制的不停机调角风机，它是靠手工转动机械传动机构实现叶片是无级同步调节。但与自动调角风机的调节原理和机构完全不同，结构比较简单，不需要外界的信号控制，因此也不能实现风机全自动化的操作。其调节机构如图5.2-3所示。

机械调角风机的优点是：

① 可与常规的交流电网及电机配套，价格低于调速风机。

② 除停机手工调节叶桨角度外，其他调角方式风量的变化是平滑的，风机振动较小。

调角风机的缺点是风机结构较复杂，对维护和检修要求较高。因机构的失灵，会造成风机调节失效。

(2) 调速风机

固定风机的叶片的安装角，改变电机的转速。叶片转数的变化，风机输出风量也就随着改变。风机的风量与叶片转速成正比关系，可用式(5.2-4)表示：

$$\frac{v_1}{v_0}=\frac{n_1}{n_0} \tag{5.2-4}$$

式中　v_1、n_1——调速后风机的风量和风机的转速；

v_0、n_0——调速前风机的风量和风机的转速。

由于空冷器风机传送机构（齿轮传动或带轮传动）传送比是不可变的，所以风机叶片的调速必须依靠配套电机的转速调节。对于空冷器常用的异步电动机，一个重要的特性是，电机（转子）转速w始终低于同步转速（磁场的旋转数）w_1，否则电机便不能切割磁力线而运转。

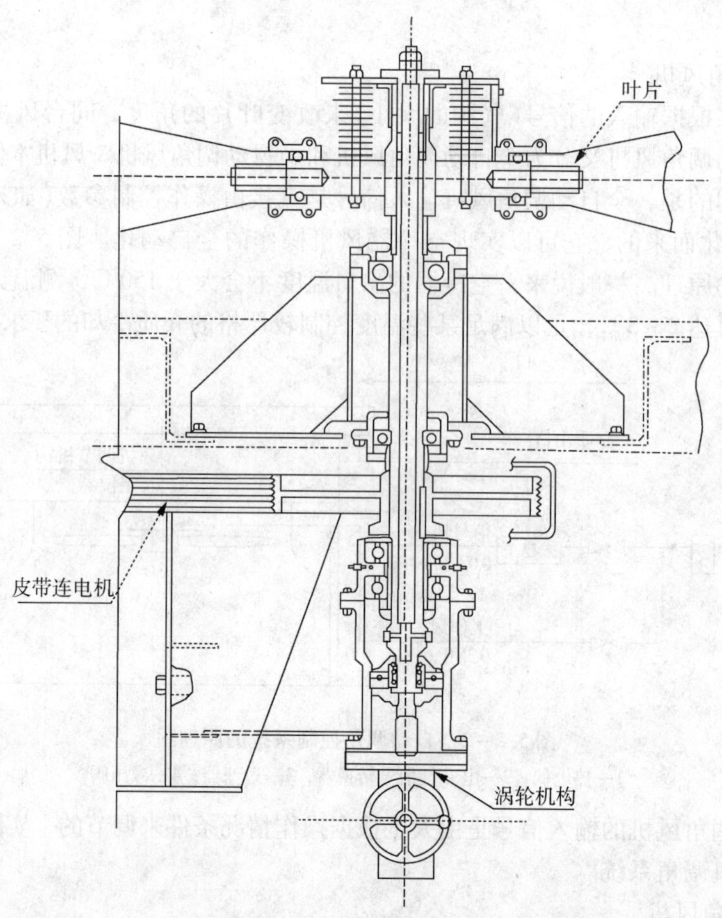

图 5.2-3 风机机械调角机构

ω 和 ω_1 之间的关系可用转差率 e_s 来表示：

$$e_s = \frac{\omega_1 - \omega}{\omega_1} \tag{5.2-5}$$

同步转速与电流的频率关系为：

$$\omega_1 = \frac{60f}{p_d} \tag{5.2-6}$$

式中 f——电流的频率，Hz；

p_d——电机绕组的磁极对数。

由此，电机转速可表示为：

$$n = (1 - e_s)\frac{60f}{p_d} \tag{5.2-7}$$

式中 n——电机转速，r/min。

由式(5.2-7)可以看出，要改变电机的转速可改变电流的频率或改变电机绕组的磁极对数。所以调速风机配套的电机有两种形式：一种是选用多速电机调速，多速电机是专用的机电产品并配备有专用的仪表箱，就空冷器风机而言，结构比较简单，维护、检修容易。其缺点是：多速电机一般为两速，最多也就四速，属阶梯型风量调节方式，难于实现全自动化的风量平滑调节。另一种是选用普通电机配置调频控制箱调速，即所谓的“变频电机调速”

或称调频风机。调频风机使用较为普遍。调节原理如图5.2-4所示。

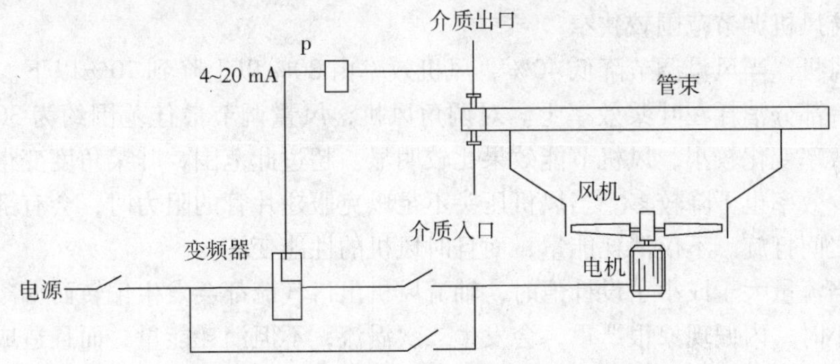

图5.2-4　空冷器风机变频调速原理框图

变频调速风机是通过改变电机定子的供电频率，以改变电机的转速，从而达到调节风机风量的目的。变频调速风机的优点：

① 反应速度快，方法简单易行，能充分满足工艺要求。由上述的计算公式可以看出，通过改变电动机的供电频率便可以改变电机的转速，进而可以改变风机的风量、风压和功率等各种参数。这种变化是通过调节频率来实现的，变频器调节时间的快慢和精度可根据工艺要求设定，最快可达到0.2s，调节精度可达0.5%，调节范围可从0.5%~100%。调节方法也较简单，它可以直接采用仪表输出4~20mA电流信号或0~5V的电压信号进行直接控制。因而可以很好地满足各种不同工艺要求。

② 节能。空冷器风机的负载特点是负载的转矩与转速的平方成正比，轴功率与转速的立方成正比。当调节风机的转速时，风量和风机所消耗的能量也随之迅速下降。会得到很显著的节能效果。

③ 风机的机械传动部件减少，安装维修简便。与自动调角风机比较，采用变频调速后省去了定位器、膜片式或气缸式执行机构、自动轮毂等一系列的传动部件。风机的结构大大简化。对安装和维修都变得更加容易。

④ 供电质量高：变频调速风机中的变频器的功率因数高达0.95以上，降低了运行损耗。同时变频电机的起动为软起动，起动电流大大降低，减少了起动时刘电网的冲击。从而提高了供电的质量。

变频调速风机的缺点：

① 投资较高。与自动调角风机相比，变频调速风机的的价格较高。

② 变频后输出的电压电流含有各种谐波分量。这种谐波在电机中产生谐波电磁场，会引起异步电机损耗增加，发热，产生振动和噪声等不良影响。

3. 空冷器风量调节的局限性

上面介绍了几种风机风量调机的机构和原理，但无论是采用调角风机还时是调速风机都是有一定的限度，或最佳范围的。虽然从理论上讲，风量调节可以在0到最大设计风量之间调节，但超出最佳范围，风机特性和空冷器传热性能变坏，既影响到空冷器的使用，也达不到很好的节能目的。

(1) 电机调节范围有限

轴流风机的电机，只有在接近设计负荷下运行效率最高。风机风量减小后，叶桨效率也会随着减小；同时随着电机负荷的下降，电机效率也下降。此外，当风机负荷降低到较小值时，电机的效率可能由90%降到80%以下。电机效率的下降，加大了电机功率的损耗。

（2）轴流风机调节范围较狭窄

对调速风机，当风量调节降低40%，风机效率由80%以上降到70%以下。电机的输出轴功率相当一部分消耗在叶桨效率上。对调角风机，风量调节最佳范围约为30%。在此范围内，叶桨效率变化较小，风机节能效果比较明显。超过此范围，叶桨角度变得过小，风机的风压过低，效率也下降较多。当风机压头不足以克服翅片管的阻力时，会有部分气流在风机和翅片管之间打旋。不仅消耗能量，而且时风机的性能变坏。

此外，当流量大于或小于设计值时，轴流风机出口气流都会发生偏转而偏离设计值。特别是，气流小时，内偏现象很严重，会发生二次涡流，不但消耗能量，而且造成排出气流分布不均，对翅片管的传热带来不利影响。当风量需减少50%时，不仅风机性能变差，而且管束迎面风速不足1.5m/s时，翅片管传热性能也会恶化。

由于以上两方面原因，随着风量的减低，电机的电耗量下降，但有个最小值，风量小于此值时，电耗量不降反升了。轴流风机工作范围很狭窄，从这观点分析，空冷器采用双速电机调节风量是没有太大意义的。

（3）风机风量大幅调节时应采取的措施

如果空冷器风量调节幅度较大时，建议采用以下措施：

① 并列的两台风机，停一台，开一台，用于热流出口温度控制不太严格的条件；

② 并列的两台风机，一台采用自动调节风机，一台采用手调风机，必要时停开一台；

③ 采用热风循环式空冷器；

④ 带加热器的空冷气；

⑤ 用引风式空冷器，风机停运后，仍能保持一定风量。

5.3 风机的叶片和特性曲线

1. 叶片的材料和主要型式

叶片是轴流风机的最核心的部件。风机的空气动力特性是由它决定的。叶片材料目前有铸铝和玻璃纤维增强塑料（简称“玻璃钢”）两种。铸铝叶片的强度及耐温性均好，但重量较大，因此用于薄型叶片或空心叶片。目前较常用的是玻璃纤维增强塑料（玻璃钢）叶片。它具有容易成型、强度高的特点，但耐温性较差。一般为空腔薄壁结构，内部用泡沫塑料填充，适用于各种叶型截面。玻璃钢叶片的允许使用温度范围是-40~90℃。

空冷器中使用的风机属大风量、低转速、低噪音型的轴流风机。根据多年来的实验和空气冷却器总体匹配、工艺对风量及压头的要求等，叶片的叶尖线速度一般不得超过60m/s，最低为35m/s，以满足设计的噪声限制及操作要求。当风机转速过低时，叶片空气效率较低，能耗会偏大。炼油厂空气冷却器使用量很大，能耗是一项重要的经济指标。要求叶片空气效率不得低于65%（叶片空气效率简称“叶片效率”，即风机叶片输出功率——压头和风量的乘积与轴功率之比）。

目前国内空气冷却器中采用较广的叶片翼型型式有以下几种：

R型叶片系列：是采用英国航空研究委员会（Aeronautical Research Council）于1922年研制的RAF（Royal Air Force）-6族低速航空螺旋桨翼型。经我国自行配置设计而成的系列叶片（最初由沈阳鼓风机厂提出）有C、D、E、F四种，叶型的弦高依次递减。用于空冷器的叶片叶尖的线速度约为60m/s，叶片效率高达86%左右，是我国早期空冷器风机普遍采用的叶型。R型叶片空气动力特性特点是输出压头较高，风量较低，不宜在过低转速或安装角下运行。

HARTZELL型叶片系列：原为英国HARTZELL公司生产，日本笹仓公司发展了该叶型，形成笹仓-HARTZELL风机，其翼型上下两个面按空气流动和浮升的特点为同向的弧线。该风机压头低而风量较大，噪声≤80dB(A)。我国20世纪70年代中期开发和制造的低转速、低噪音铝叶片风机系列，就是在该翼型的基础上改进和发展起来的。

HUDSON型叶片系列：原为美国HUDSON公司生产的空冷器和冷却塔用的通风机叶型系列。其翼型后缘有反向弧。叶片系列包括T-B型、T-C型、T-D型和T-W型四种叶型，其叶片宽度(弦长)依次递增。TB型称"普通型"或"标准型"，用于叶尖线速60m/s左右的工况，效率较高，属节能型，噪声≤85dB(A)；TW型最宽，用于低转速(叶尖线速35~40m/s的工况)，压头低，属降噪型，噪声≤80dB(A)。

国内在20世纪80年代初引进了HUDSON型叶片风机，后由原保定航空螺旋桨制造厂、哈尔滨空调机厂和兰州石油机械研究所分别进行了研究和改进，结合国内空冷器管束配套规格形成了我国独立的空冷器风机系列。

需要说明的是，这里所说的"HUDSON翼型"，只是HUDSON公司风机系列的总称。不同规格的翼型尺寸性能有所差异，有的甚至差别较大。国内不同研究人员在研究试验过程中，由于试验条件及选择的对象不同，风机特性曲线(风量与压头的关系曲线)也不同。风机选型时，应按设计要求(风量、压头及噪音等)，根据制造厂提供的风机型号及风机特性曲线选用。

图5.3-1为这三种叶片的翼型示意图。

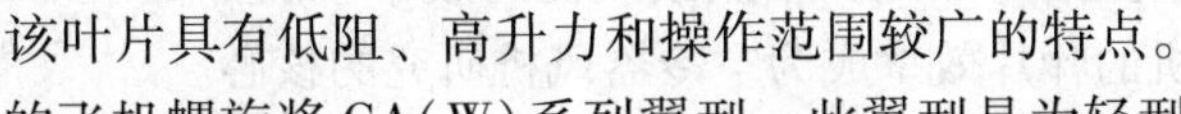

图5.3-1　翼型示意图

NACA叶片系列："NACA"是美国宇航咨委会的简称，长期进行气压机叶片的研究和设计工作，20世纪中期提出了所谓的NACA设计法。叶片的中弧线由坐标给定，不同的参数，形成了NACA系列。该叶片具有低阻、高升力和操作范围较广的特点。90年代末期，NACA发表了具有国际水平的飞机螺旋桨GA(W)系列翼型。此翼型是为轻型飞机而研制的超临界低速翼型，具有较好的低速性能。在低马赫数、低雷诺数下，最大升力系数1.6左右，升阻比可达100以上，攻角在大范围内，风机效率变化不大。我国保定满城航桨风机技术有限公司和石家庄红叶风机有限公司根据此翼型的特点，分别研制和开发出了用于空冷器的空心铝叶片风机和TD型风机系列风机，并具有独立的知识产权。

最近几年，一些高等院校和科研机构单位，继续为提高风机效率而进行了大量研制工作，开发出了新的产品。

西北工业大学与西安市三桥机电设备有限公司联合开发的NPU-1型玻璃钢新翼型叶片。该叶片在低雷诺数下仍具有较高的升力和升阻比，在国内石化厂空冷器和凉水塔中也得到较多的使用。

2. 叶片的基本术语

风机叶片见图5.3-2，图5.3-3是叶片横截面剖视图。

① 叶型—风机叶片的空气动力型线(注：即风机叶片正投影面轮廓形状)。

② 叶片纵轴—叶片根部至叶尖的几何连线，叶片可绕此轴线旋转，以改变叶片安装角，见图 5.3 -2。

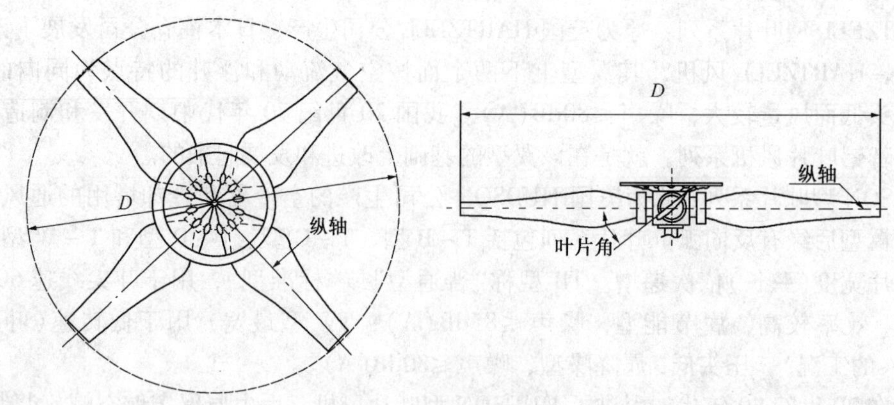

图 5.3 -2　叶片纵轴及叶片角

③ 翼型—垂直于纵轴的叶片剖面形状(即叶片横剖面的轮廓形状)，是叶片的空气动力型线。

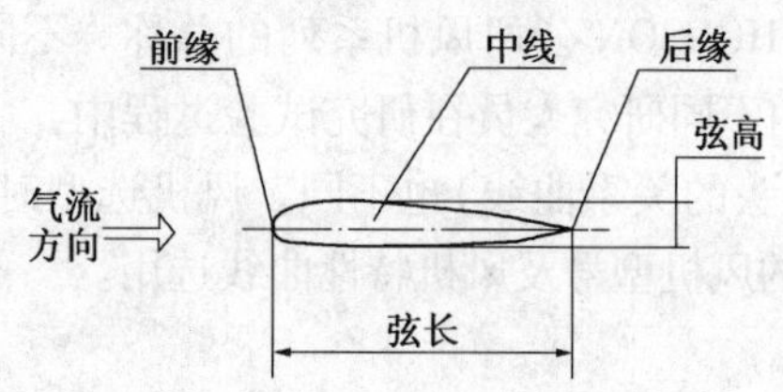

图 5.3 -3　叶片横截面剖视图

④ 前缘—叶片运行方向的前缘。

⑤ 后缘—叶片运行方向的后缘。

⑥ 弦长—翼型弦线长度(注：即翼宽)。

⑦ 弦高—垂直于弦线方面的翼型高度(注：即叶片厚度)。

⑧ 风机直径—或称叶轮直径。风机叶片与轮毂安装好后，叶片端部(叶尖)所在圆周的直径 D。

3. 叶片空气动力学性能特点

如前所述，空冷器采用的是低压头高风量轴流风机，风机的压头增量最大不会超过 500Pa，一般在 250Pa 以内，空气通过风机的气流速度都远小于临界速度(只有当风机前后的绝对压力比小于 0.52 时，风速才会达到临界点)。所以可把空气看为不可压缩流体，这是与气压机最大的区别点。正因为如此，轴流鼓风机的效率一般都低于 75%，比离心气压机小得多。因此，提高风机的叶片效率成为空冷器风机研究的核心。

风机叶型的研究一般采用模型试验法。这种方法是建立在相似理论分析和大量试验数据的处理的基础上，再通过放大后的叶片进行校验并进行几何相似方面的修正所形成的设计方法。其优点是能够提供一套工作完整的特性曲线，缺点是设备昂贵，实验费事，时间很长，开发一个性能良好的叶型并非易事。如果直接利用已有的数据和模型则比较方便。所以当今世界上，空冷器叶片型式不多。R 型叶片是在低速航空螺旋桨翼型基础上研制的。

(1) 叶片面上空气的流动特性

当风机以某一转速作回转运动时，风机的叶片则驱动空气在叶面上流动。在风机叶片的轴线上取一个与轴线垂直的剖面，空气在该截面上的流动状况可用图 5.3 -4 所示的速度多边形表示。当风机以角速度 ω 转动时，叶片上产生一个切向速度 u_i 和一个向上的垂直速度 v_i，同时空气在叶面上会产生涡流速

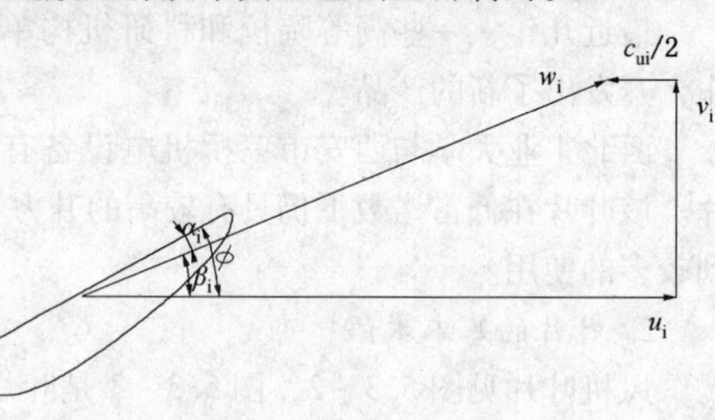

图 5.3 -4　空气流动速度三角形

度 c_{ui}，它的方向与切向速度相反。闭合多边形中的 w_i 是空气在叶面上的合成速度。合成速度方向与叶面的交角是空气进入叶面的角度，称之为攻角 α_i，叶片表面与水平线的夹角是风机叶片的安装角 ϕ，它等于攻角与速度夹角 β_i 之和。

气流在叶片上的流动特性可用以下两个基本方程式表示：

$$c_{yi}, b_i = \frac{4\pi H_i}{\eta w\rho\omega z} \tag{5.3-1}$$

$$c_{ui} = \frac{H_i}{\rho u_i \eta} \tag{5.3-2}$$

此外，从速度的多边形中可以得到如下的关系式：

$$\mathrm{tg}\beta_i = \frac{v_i}{u_i - C_{ui}/2} \tag{5.3-3}$$

$$w_i = \sqrt{v_i^2 + (u_i - C_{ui}/2)^2} \tag{5.3-4}$$

式中　c_{yi}——空气的升力系数；

b_i——叶片的宽度，或称弦长；

H_i——压头；

u_i——气流的切向速度；

w_i——气流的合成速度；

z——风机的叶片数量；

ρ——空气的密度；

η——叶片的气动效率；

α_i——气流进入叶片表面时与叶片表面的夹角，称为攻角；

β_i——气流的合速度与水平面的夹角；

ϕ——风机叶片的安装角；

C_{ui}——气流在叶面上的涡流速度；

v_i——气流在叶面上的上升速度。

上述公式表明了叶片旋转时，空气在叶片表面流动时各个速度分量和压头之间的关系，这是空冷器叶片动力学设计的基本公式。空冷器的风机叶片设计的主要任务是要计算气流向上流动的速度分量和压头与其他参数之间的关系，气流向上的速度与其所在平面的乘积就是相应环面的风量。各个环面的风量之和即为风机的风量。各个环面的风压的平均值便是风机的压头。从式(5.3-1)~式(5.3-3)可以看出，风机的压头和风量与风机的转速、空气的密度、叶片数量、空气流通状态和叶片的效率等因素有关，即：

$$H_i = f(c_{yi}, b_i, \omega_i, \omega, \eta, \rho, z)$$

$$v_i = f(u_i, C_{ui}, \beta_i)。$$

(2) 轴流风机空气动力学参数

从理论上求解各个参量是很难的，一般是通过风洞的模拟试验找一种使风量、风压满足要求而效率又较高的叶型，试验通常是用1m直径的模型风机在风洞中进行，在模型试验的基础上再进行放大设计。设计时假定风机叶片上压头的分布规律是按二次多项式分布，垂直向上的轴向速度按线性分布，分布规律如图5.3-5和式(5.3-1)~式(5.3-4)所示。

$$H_i = A_1 + B_1(\bar{r}_i - \bar{r}_o) - C_1(\bar{r}_i - \bar{r}_o)^2 \tag{5.3-5}$$

$$v_i = A + B(\bar{r}_i - \bar{r}_o) \tag{5.3-6}$$

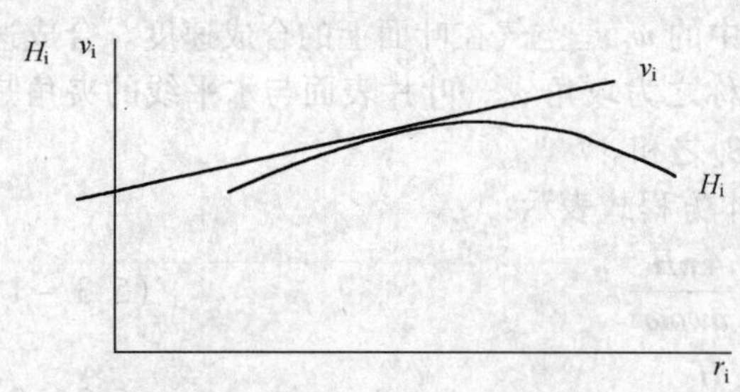

图5.3-5 风机叶片的风量和压头的分布

从式(5.3-5)、式(5.3-6)计算的各环面的 H_i 和 v_i 后便可从下列公式求得风量和风压头，然后再计算出风机的功率。

$$Q = \sum_{i=1}^{n} v_i F_i \tag{5.3-7}$$

$$H = \frac{1}{F_o}\sum_{i=1}^{n} H_i F_i \tag{5.3-8}$$

$$F_o = \frac{\pi}{4}(D^2 - D_0^2) \tag{5.3-9}$$

$$N = \frac{QH}{3.6 \times 10^6 \eta_1 \eta_2 \eta_3} \tag{5.3-10}$$

式中 H_i——叶片在某一环面上的压头，Pa；

v_i——叶片在某一环面上的轴向速度，m/s；

F_i——叶片的某一环面积，m^2；

Q——风机的风量，m^3/h；

H——风机的压头，Pa；

N——风机的功率，kW；

F_o——风机叶片的有效面积，m^2；

$\bar{r}_i$——叶片某一环的相对半径；

$\bar{r}_o$——叶片根部的相对半径；

A——系数；

A_1——系数；

B——系数；

B_1——系数；

C_1——系数；

D——叶片端部直径，m；

D_1——叶片根部直径，m。

上述公式的环量系数 A、B、A_1、B_1、C_1 是通过模型试验和计算得到的。例如，RAF-6E型直径为6000mm的风机设计风量为 $100 \times 10^4 m^3/h$，风压头为165Pa，转速为260r/min，设计过程中得到的环量分布规律如下：

$$v_i = 8.55 + 5 \times (\bar{r}_i - \bar{r}_o) \tag{5.3-11}$$

$$H_i = 10.35 + 23.5(\bar{r}_i - \bar{r}_o) - 17.3(\bar{r}_i - \bar{r}_o)^2 \tag{5.3-12}$$

在上述模型试验和计算的基础上，可进一步得出风机的压头系数、风量系数和功率系数的关系式如下：

$$\overline{H} = \frac{H}{\rho u^2} \tag{5.3-13}$$

式(5.3-13)的分母是单位体积的气流所得到的最大能量，分子是排出气流获得的实际能量，比值 $\overline{H}$ 表示有效能量的利用大小。

$\overline{V}$——叶片段安装角为 α 下的流量系数。

$$\overline{V} = \frac{4V}{\pi D^2 u} \tag{5.3-14}$$

叶片段的功率系数 $\overline{N}_F$：

$$\overline{N}_F = \overline{H} \cdot \overline{V} = \frac{4HV}{\pi D^2 \rho u^3} \tag{5.3-15}$$

叶片段效率 η_1：

$$\eta_1 = \frac{HV}{N} \tag{5.3-16}$$

式(5.3-13)~式(5.3-16)中：

$\overline{H}$——风机的压头系数；

$\overline{V}$——风机的流量系数；

H——风机的压头，Pa；

V——风机的风量，m^3/s；

N——风机轴的输出功率，W；

D——风机叶片段直径，m；

u——叶尖 $R=D/2$ 处的气流周向速度，m/s；

$$u = n\pi D \tag{5.3-17}$$

ρ——空气密度，kg/m^3；

v_1——空气进入叶片段的速度，m/s；

n——叶片段的转数，r/s。

为了求得上述各值，需要在试验中测定以下各参数：

① 叶片段前后气体的压力、温度、流速的大小和方向；

② 叶片段的安装角 ϕ 和气体流量 V；

③ 风机的转数 n；

④ 大气压力和温度。

由式(5.3-13)和式(5.3-14)说明了 $\overline{V}$ 和 $\overline{H}$ 与气流的温度和物性参数无关，功率系数 $\overline{N}$ 也是如此。$\overline{V}$、$\overline{H}$ 和 $\overline{N}$ 只与叶片段结构(翼型、翼宽、叶长曲线等)、转速 n 和叶片段安装角 ϕ 有关。对于同种叶片段结构系列叶片段，可以绘制出 $\overline{V}$、$\overline{H}$、$\overline{N}$ 和 α 关系图，这就是特性曲线图。

由式(5.3-12)可以看出，沿叶片轴线不同 r 处压头 H_i 将不同，这样会造成气流的径向流动和涡流，从而造成压力损失，使效率下降。为此，轴流风机的叶片常制成扭曲形，由叶尖到叶根，叶片截面的扭角逐渐增大，不同 r 处的环向气速分量与压头的乘积基本趋于常数，可消除径向流动的可能性。由于叶片为扭曲形，叶片角应规定在叶片的某一位置。叶片角与风量的关系就以该位置为准。不同叶片的叶片角基准位置不同，叶片出厂时都应有明显的标志，使用人员要特别留意。

尽管如此，理论分析和实践都表明，当流量大于或小于设计值时，出口气流都会发生偏转。特别是，气流小时，内偏现象很严重，甚至发生二次涡流。

模型试验的基础上，要对叶片进行放大的研究，进一步修正叶型的尺寸和性能曲线，对同类型不同直径的叶片，其性能都要符合式(5.3-13)~式(5.3-15)的规律。

空冷器轴流风机的试验和设计方法主要有两种：一是利用单独翼叶进行空气动力试验所得到的数据进行设计，称为孤立叶型设计法；另一种是利用叶栅的理论和叶栅的吹风试验成果来进行设计，称为叶栅设计法。对于空冷风机来说，由于叶栅稠度小于1，所以国内都是采用孤立叶型设计法。

叶片的气动性能中，升阻比是一个重要参数。“升阻比”即叶片的升力与阻力之比，或升力系数与阻力系数之比。升力或升力系数是表征叶片压缩能力或对外做功能力的参数；阻力或阻力系数是表征叶片气流能量损失大小的参数。升阻比直接与叶片效率关联着。与轴流气压机不同的是，空冷器轴流风机的叶片安装角是可调的，不同的安装角，升阻比不同。良好的叶型，不仅有较大的升阻比，而且在较宽的范围内，效率的变化比较平缓。对于升阻比的详细知识和计算，有兴趣的读者可参看空气动力学和轴流风机的有关书籍。

4. R 系列叶片的结构特点

(1) 叶片的断面形状

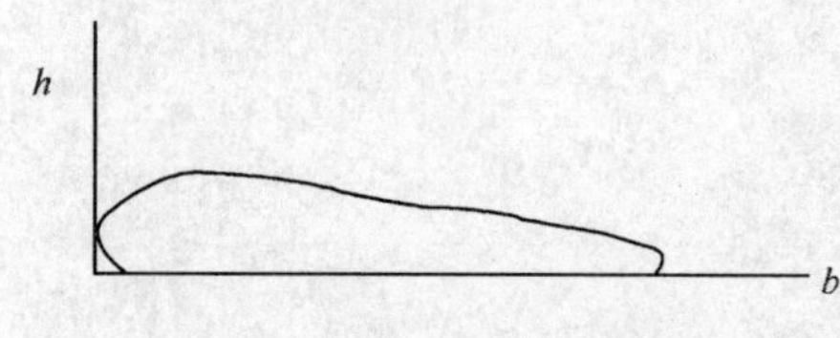

图 5.3－6 R 型叶片横截面图

RAF－6E 型叶片的断面形状如图 5.3－6 所示。RAF－6E 型叶片的横断面是由下弦线，上弧线，前后缘圆弧构成的。设下弦前后端点的距离为 b_i，以大端为起点，沿弦长方向上弦的弧线高度 h_i，如表 5.3－1 所示。从表中可以看出，在 30% 的弦长位置，叶片的高度为最大，表中的 R_1 和 R_2 分别是大端和小端的圆弧半径。

表 5.3－1 RAF－6E 型叶片的截面参数

b_i	0	0.0125	0.025	0.05	0.075	0.10	0.15	0.20	0.30
h_i/b	0.0115	0.0119	0.0442	0.0610	0.0724	0.0809	0.0928	0.099	0.103
b_i		0.40	0.50	0.60	0.70	0.80	0.90	0.95	1.00
h_i/b		0.1022	0.098	0.0898	0.077	0.0591	0.0379	0.0528	0.0076
R_1	0.0115				R_2	0.0076			

注：表中 R_1 为叶片大端的弯曲半径，R_2 为叶片小端弯曲半径。

(2) 叶片的扭转角

国内设计的两种 RAF－6E 风机的叶片宽度和扭转角如表 5.3－2 所示。值得一提的是，早在 20 世纪 60 年代中期，我国在当时的一机部和石油部有关方面的共同努力下首先试制成功 ϕ4500 和 ϕ2400RAF－6E 型风机，在此基础上，依据相似理论完成了整个风机系列的产品设计。R 型叶片的研制成功为我国空冷事业的发展奠定了技术基础。

表 5.3－2 R 型叶片的设计宽度(b)和扭转角

$\bar{r}$(相对半径)	0.3	0.4	0.5	0.6	0.7	0.8	0.9	1.0
$b(\phi2400)$/mm	312	296	280	264	248	232	216	200
$b(\phi4500)$/mm	385	555	525	495	465	435	405	375
叶片扭转角	0°	6°20′	9°52′	12°34′	14°10′	15°16′	16°20′	17°10′

5. R 系列风机的特性曲线

风机特性曲线也称“风机叶片模型气动性能曲线”。尽管我国初期空冷器和风机是从国外引进的，但早已在国内进行了研究和二次开发，形成了独立的空冷器风机 R 系列。

图 5.3－7 是 R 型 4 叶片风机的气动性能曲线图。

6. 使用风机特性曲线的有关说明

(1) 风机特性曲线使用方法

风机特性曲线也称“风机叶片模型气动性能曲线”。现以图 5.3－7“R 型 4 叶片风机特性

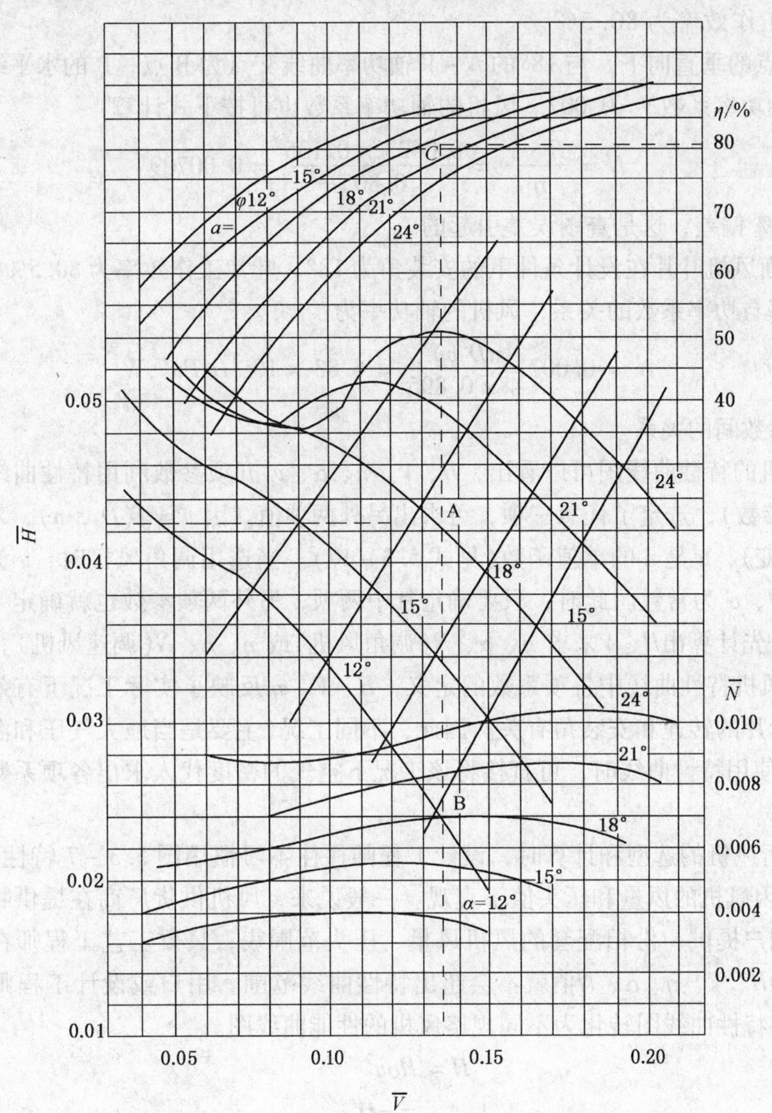

图5.3－7　R型4叶片风机特性曲线图

曲线图”为例说明这种性能图的使用方法。

① 由空冷器热流的放热量和空冷器的布局，选定风机的型号；根据第三章“空气冷却器的传热与流动阻力”计算出单台风机的风量V和压头(总阻力)H。计算V、H及空气的密度ρ时，应以当地大气压和设计空气温度为准，不要转化为标准状态，避免在风机的参数计算中带来不必要的麻烦或错误。

② 根据选用风机的直径D和轴转速n，按式(5.3－17)计算出叶片的叶尖速度u，再由空气的设计温度，确定入口空气的密度ρ；

③ 按式(5.3－13)和式(5.3－14)，分别计算出压头系数$\overline{H}$和流量系数$\overline{V}$；

④ 由图5.3－10，$\overline{H}$的水平线与$\overline{V}$的垂线汇交于一点，由$H\sim V$性能与安装角的关系曲线中可得出叶片的安装角α；如图中虚线，$\overline{H}=0.0423$，$\overline{V}=0.135$，交点A的$\alpha=18°$。A点垂直向上，与18°的$\eta\sim V$效率曲线交点为C，C的水平线在纵坐标上可

查得叶片的工作效率为 80.5%。

⑤ 过 A 点的垂直向下，与 18°的 $N \sim V$ 轴功率曲线交点为 B 点，B 的水平线在纵坐标上可查得风机轴功率系数$\overline{N}=0.007$。风机的轴功率系数也可按下式计算：

$$\overline{N} = \frac{\overline{H} \cdot \overline{V}}{\eta_1} = \frac{0.0423 \times 0.135}{0.805} = 0.00709$$

二者有 1% 偏差，这是查图误差引起的。

⑥ 由上面风机叶片在设计条件下的安装角为 18°，叶片工作效率为 80.5%。

根据功率与功率系数的关系，风机的轴功率为：

$$N = 0.007 \frac{\pi D^2 pu^3}{4 \times 0.805} = 6.83 \times 10^{-3} D^2 Pu^3, \mathrm{W}$$

(2) 各参数间的关系

① 由风机的特性曲线图可以看出，$\overline{H}$、$\overline{V}$、η、α、u 五项参数利用特性曲线相互关联着($\overline{N}$不是独立参数)，选定了任意三项，可求出另外两项值。因 $u = f(D, n)$，对于某一规格的风机(D 不变)，u 是 n 的单值函数(见式 5.3－17)。当选用调角风机时，u 为常数；当选用调速风机时，α 为常数。此时，只要确定其中两项，另外两项参数也就确定了。一般的工程设计，都是先计算出$\overline{H}$、$\overline{V}$来求 η、α、$\overline{N}$(调角风机)或 η、n、$\overline{N}$(调速风机)。

② 根据风机特性曲线中各项系数的定义，$\overline{H}$、$\overline{V}$、η 反映了实际工况下有效能量的利用情况，仅与叶片的转速和安装角有关。因此，不同工况(主要是当地大气压和温度对空气密度的影响)下使用特性曲线时，可直接将该工况下空气的密度代入求出各项系数，而不必转化为标准状态。

③ 在进行风机的选型和计算时，设计工程师往往不习惯用图 5.3－7 特性曲线图(气动性能曲线)，因风机的风量和压头值不直观。一般说来，风机供货厂商在提供特性曲线图的同时，要向用户提供一份相配套的风机风量、压头范围表，只要工艺工程师在这范围内选用，计算出的$\overline{H}$、$\overline{V}$、η、α、$\overline{N}$值就不会超出特性曲线范围。用户或设计工程师也可根据以下公式自行将特性曲线图转化为不同规格风机的性能曲线图。

$$H = \overline{H} \rho u^2 \tag{5.3-18}$$

$$V = \overline{V} \frac{\pi D^2 u}{4} \tag{5.3-19}$$

$$N = \overline{N} \frac{\pi D^2 \rho u^3}{4} \tag{5.3-20}$$

将不同大气压和温度下的密度值代入式(5.3－18)～式(5.3－20)，便可得到该工况下风机性能曲线图。图 5.3－8 是 R 型叶片 F36－4 风机在 101325Pa(760mmHg)时 t＝35℃和 20℃两种温度下的性能曲线，用同样的方法，也可以得到同一工况下不同规格风机性能曲线。

④ 空冷器的设计中，空气参数的选取一般不会等于标准状态，使用这种性能曲线图时，应把工况状态进行转换。但转换成标准状态后的 α 和 η 应与原工况相同，才能保证空冷器在设计条件下正常运行。根据风机在相同的流量系数和压头系数下，功率系数、叶片安装角和风机效率必然相等这一特点，只要使两种状态下的$\overline{H}$、$\overline{V}$分别相等，就可以实现两种状态下的 α 和 η 相同。这就是空气状态转换基准。

以下标 0 表示转换前的空气参数，无下标的则表示任意工况下的空气参数。

由$\overline{V}=\overline{V}_0$，根据式(5.3－19)得：

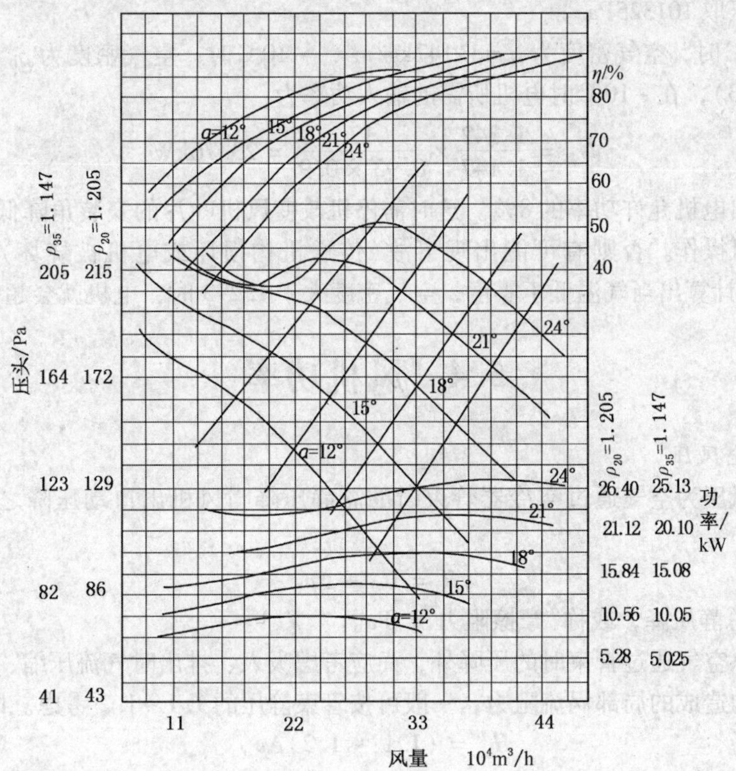

图 5.3－8　R 叶型 F36－4 风机不同温度下的性能曲线图($n=318$r/min)

$$V_0 = V \tag{5.3－21}$$

由$\overline{H}=\overline{H}_0$，根据式(5.3－18)：

$$H_0 = \frac{\rho_0}{\rho}H \tag{5.3－22}$$

转换后的功率：

$$N_0 = \frac{\rho_0}{\rho}N \tag{5.3－23}$$

由转换前的 V_0、H_0，可在风机的性能图中查出 α 和 η，这就是设计工况下的风机叶片的安装角和效率。

从式(5.3－21)～式(5.3－23)可以看出，随着空气密度的增加，电机的功率消耗成正比上升。因此这三个公式的另一个用途是，可由设计工况下的 V、H、N 求任意温度下的 V_t、H_t、N_t，只要改变 ρ_t 的数值即可。这对于冬、夏温差较大且没有调节机构(调角或调速)的风机，按夏天设计和配备的电机功率，到了冬季，能否满足要求，要不要停机操作等进行判别。

现举一例进行说明。

【例 5.3－1】　一台 3.6m 手调风机，在大气温度为 35℃时，计算得轴功率为 17kW，皮带传送效率取 0.93，电机效率为 0.9，电机所需输入功率为：

$$N_e = \frac{17}{0.93 \times 0.9} = 20.31\text{kW}$$

实际配备电机功率为 22kW，富裕 8.3%。问在冬季温度为零下 10℃时，电机功率是否可行。当地大气压取 101325Pa 。

解：在35℃时，空气密度为$\rho = 1.147 kg/m^3$， -10℃时，空气密度为$\rho_0 = 1.342 kg/m^3$，根据式(5.3－23)，在－10℃时电机所需的输入功率为：

$$N_e = \frac{1.342}{1.147} \times \frac{17}{0.93 \times 0.9} = 23.76kW$$

可见已超出电机允许功率的8%。这时需停机改变风机叶片的安装角降低风量，重新启动运行，或停机操作。否则有可能出现事故(传送机构损坏或电机被烧坏)。实际上，用式(5.3－23)可计算出当气温低于零度，空气密度大于1.293时，电机就会超负荷运行。

5.4 风机功率

1. 风机的全风压

风机的全风压为空气通过空冷器管束时的总静压降与风机出口动压降之和。全风压H值由下式计算：

$$H = H_{st} + \Delta p_D \tag{5.4－1}$$

式中 H_{st}——总静压降，或称“摩擦阻力”，Pa。

总静压降除空气通过管束时的压降外，尚应考虑吸入、排出时气流压缩、扩大，及空冷器风箱内因结构造成的局部涡流阻力，一般可按管束静压的1.1～1.2考虑。即：

$$H_{st} = (1.1 \sim 1.2)\Delta p_{st} \tag{5.4－2}$$

式中 Δp_{st}——管束压降，Pa。

根据不同型号的管束和翅片，Δp_{st}可按第三章有关公式计算。对于干、湿联合空冷，Δp_{st}为干、湿空冷管束管压降总和。

$$\Delta p_D = \frac{U_B^2}{2}\rho_a \tag{5.4－3}$$

式中 Δp_D——风机的动压降，Pa；

ρ_a——风筒入口空气密度，按式(5.4－4)计算，kg/m^3；

U_B——空气穿过风筒的平均风速，按式(5.4－5)，m/s。

设计温度和当地大气压下风机出口空气密度，kg/m^3：

$$\rho_a = \rho_0 \frac{p_1}{p_0}\frac{293}{273 + t_1} = \rho_0 \frac{p_1}{101325}\frac{293}{273 + t_1} \tag{5.4－4}$$

$$U_B = \frac{4V_B}{\pi D^2} \tag{5.4－5}$$

式中 V_B——每台风机风筒入口温度和当地大气压下空气体积流量，m^3/s；

D——风机风筒内径，一般近似取叶轮直径，m；

p_0——标准大气压，$p_0 = 101325$ Pa ；

p_1——当地大气压，Pa；

t_1—— 风筒入口温度,℃，对鼓风式风机，t_1取空冷器环境设计温度，对引风式风机，取管外空气管束出口温度。

2. 海拔校正

求空气的密度时，如果给出了当地大气压，可直接代入式(5.4－4)计算，不需要再进行海

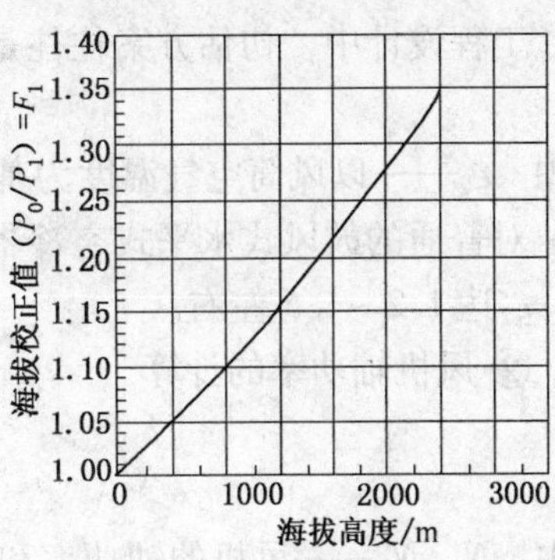

图 5.4-1　海拔校正系数 F_L

拔校正。如果给出的是当地海拔高度，可按图 5.4-1 查取海拔校正系数 F_L，

$$\frac{p_1}{p_0}=\frac{1}{F_L} \tag{5.4-6}$$

将式(5.4-6)代入式(5.4-4)可求得空气的实际密度。

式(5.4-4)适用于本书所有空气密度的计算(包括前面第三章的各公式)。

海拔校正系数，也可按下式计算：

$$F_L=0.98604+0.0001435H_L+2.495\times10^{-9}H_L^2 \tag{5.4-7}$$

3. 风机功率

(1) 电机功率的计算

① 风机输出功率

风机输出功率包括空气穿过翅片管的静压消耗功率和空气穿过风筒动压消耗功率两部分：

$$N_0=N_{st}+N_D=H_{st}V_{st}+\Delta p_DV_D \tag{5.4-8a}$$

式中　N_0——风机的轴功率，W；

N_{st}——空气穿过翅片管的摩擦阻力消耗的功率，W；

N_D——空气穿过风筒的动压消耗的功率，W；

V_{st}——空气穿过翅片管时，空气定性温度下的体积风量，m^3/s；

V_D——空气穿过风筒时，空气温度下的体积风量，m^3/s。

对于鼓风式空冷器，V_D为风机在环境设计温度下的风量；

对于引风式空冷器，V_D为风机在管束出口温度下的风量。

在估算风机能耗时，可将式(5.4-8a)写为：

$$N_0=V_{st}\left(H_{st}+\Delta p_D\frac{\rho_{st}}{\rho_D}\right) \tag{5.4-8b}$$

式中　ρ_D、ρ_{st}——分别为空气穿过风筒温度下和穿过翅片时定性温度下的密度，kg/m^3。

式(5.4-8a)和(5.4-8b)能较准确地计算出风机的输出功率，但使用时不甚方便，将式(5.4-8b)用下式表示：

$$\begin{aligned}N_0&=\zeta_1V_{st}(H_{st}+\Delta p_D)\\&=\zeta_1HV_{st}\end{aligned} \tag{5.4-8c}$$

式中　ζ_1——以翅片管束空气定性温度为基准的温度修正系数，与静压和动压比值、空气穿过翅片管的定性温度和风筒空气温度比值有关。

对于普通的水平式空冷器：

鼓风式：ζ_1近似为 0.95；引风式：ζ_1近似为 1.05。所以取$\zeta_1\approx1$，式(5.4-8c)可简化为：

$$N_0=HV_{st} \tag{5.4-8d}$$

对于一些特殊结构的引风式空冷器，如高炉空冷器、湿空冷器等，$\zeta_1=1.07\sim1.1$，也可直接按式(5.4-8a)、式(5.4-8b)计算。

工程设计中，初估方案往往是以空冷器入口风温为基准，将式(5.4－8c)可以改写为：

$$N_0 = \zeta_2 HV_D \tag{5.4－8e}$$

式中 ζ_2——以风筒空气温度为基准的温度修正系数，其关联因素同ζ_1。

对普通的鼓风式水平式空冷器ζ_2在1.06～1.1左右，建议取，$\zeta_2=1.1$；对引风式空冷器，ζ_2达1.2～1.5左右。

② 风机轴功率的计算

$$N = \frac{N_0}{\eta_1} \tag{5.4－9}$$

式中 N、N_0——风机的轴功率和输出功率，W；

η_1——风机的叶片效率，按风机的特性曲线查取，初估电机容量时，可取$\eta_1=0.75$。

如采用风机的特性曲线图查取风机功率，图中给出的是轴功率，不需要再进行上面输出功率的计算。但需要说明的是，风机的特性曲线图中的轴功率，都未考虑因温度改变对功率的修正。因此，按风机特性曲线图查取的N值需乘以温度修正系数ζ_1或ζ_2。如要精确计算，建议按式(5.4－8a)、式(5.4－8b)进行。

③ 电机功率

如已知风机的轴功率N，电机功率可按式(5.4－10)计算

$$N_e = \frac{N}{\eta_2 \eta_3} \tag{5.4－10}$$

式中 N_e——每台风机所需电机功率，W；

η_2——传动效率(直接传动按1.0考虑，皮带传动按0.88～0.945考虑)；

η_3——电机效率(正常负荷下为0.86～0.92，一般取0.90)。

4. 空气温差对风机功率的影响

当空冷器的转速和叶片角度不变时，风机的体积风量是一个定值。如果入口风温下降，气体的密度ρ_a会增大。从式(3.11－2)，静压Δp_{st}是与ρ_a的一次方成正比，所以空气通过管束的Δp_{st}随着加大。例如，在气温35℃时，$\rho_a=1.146\text{kg/m}^3$，气温降到－20℃时，$\rho_a=1.395\text{kg/m}^3$，$\Delta p_{st}$会增大22%。在某些冬、夏温差较大地区，空冷器所需全风压，可能会超过配套风机所能提供的风压时，必须分别核算夏季与冬季条件下的空气侧压降、全风压及其相应功率，然后采用其中较大值来选配电机。特别是固定叶片角或手调风机，如操作不慎，冬季负荷会超过额定功率，容易引起风机传送机构或电机损坏。图5.4－2是寒冬季节空冷器风机传送带被拉断的实照。

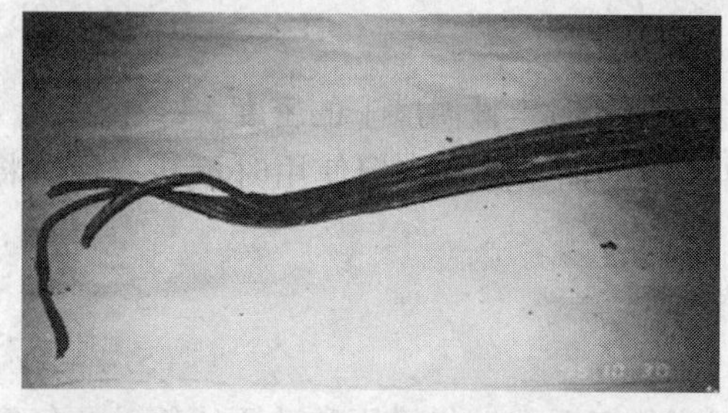

图5.4－2 风机传送带被拉断实照

从上面的分析可知，引风机比鼓风机消耗功率高。

5. 单位温度的相对功率

如风机的操作，能按照气温的变化自动调节风量，电机功率的相对变化量可由图5.4－3查出。如设气温+35℃为100%，当气温为t℃时的相对功率为x%。

计算气温为t℃时的电机功率为：

$$N_t = N(x\%) \quad (5.4-11)$$

由于不同翼型的风机特性曲线不同，效率的变化规律也不同，图 5.4－3 只是个近似关系图。

低于风量不能自动调节，则 t℃时的相对功率 $x\%$ 等于 $\frac{35+273}{273+t}$，即：电机消耗功率随着气温降低而增大，这一点在本章第三节风机性能分析中已进行了定量说明。

因此，空冷器应尽量采用自控风机。而图5.4－3中的曲线，表示出了调速风机比调角风机可以进一步降低能耗。

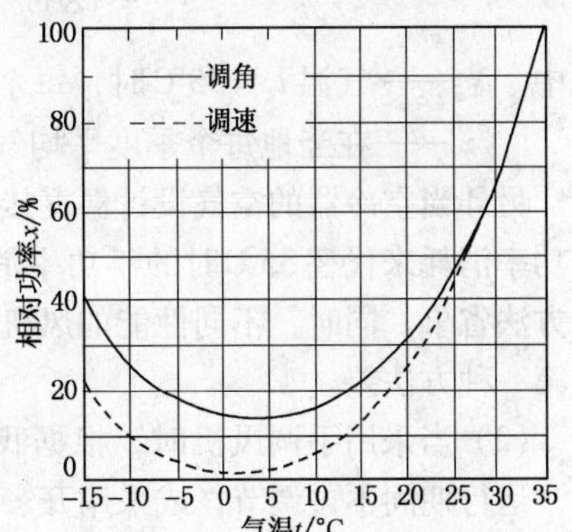

图 5.4－3　风量可随气温变化自动调节的相对功率

6. 全年动力消耗

在提供消耗指标或核算操作费用时，需要计算风机全年实际消耗的功率。

当空冷器传热面积和风机已选定，并假定管内热流介质的参数(进、出口温度、流体物性和热负荷等)不变，确定年操作时间 τ。

(1) 风机的操作，能按照工艺要求自动调节风量以适应气温变化时，可按下列两种方法计算全年功率消耗：

方法一：根据当地气象资料统计，取年平均温度为 t_m℃，

① 以当地大气压 p_1 和 t_m，按第三章传热和阻力公式计算所需要的风量 V 及管束静压 Δp_{st} 并按式(5.4－1)～式(5.4－7)计算风机的全风压；对调速风机要确定此工况下的转速 n 或叶片叶尖速度 u；

② 计算风机的流量系数 $\overline{V}$ 和压头系数 $\overline{H}$，由风机的特性曲线中查取风机的效率和功率系数 $\overline{N}$；

③ 按式(5.4－10)计算电机功率消耗，W；

④ 按式(5.4－12)计算全年电耗量：

$$\begin{aligned} N_a &= k_e N_e \times 3600\tau, \mathrm{W \cdot s} \\ &= k_e N_e \times 10^{-3}\tau, \mathrm{kW \cdot h} \end{aligned} \quad (5.4-12)$$

式中　τ ——年操作时间，h，全年操作，取 $\tau = 8000$h，需停机时，扣除停机时间；

k_e——修正系数，当地月平均最低气温 $t_0 < 0$℃时，取 $k_e = 1.1 \sim 1.15$，气温越低，取偏大值；$t_0 \geq 0$℃时，取 $k_e = 1$。

这种以年平均温度计算年耗电量，并以不同风机的特性曲线为依据，比较符合实际情况。缺点是计算较费事。

方法二：

① 以当地大气压 p_1 和气温 $t_1 = 35$℃，按方法一的步骤计算出该工况下的全年电耗量 N_{a1}；

② 取该地区年平均气温 t_m℃，并按图 5.4－3 查出 t_m℃时的相对功率 $x\%$；

③ 确定年操作时间 τ，则每年实际消耗的功率为：

$$N_a = (86\% \sim 92\%) N_{a1}(x\%), \mathrm{kW \cdot h} \quad (5.4-13)$$

此方法的优点在于，如果已知各季节的平均温度，可方便地求出不同季节的功率消耗，以便比较精确地确定年功率消耗：

$$N_a = (86\% \sim 92\%) \sum_{i=1}^{4} N_{ai}(x_i\%), \text{kW} \cdot \text{h} \qquad (5.4-14)$$

式中 N_{ai}——气温 $t_1 = 35$℃时，每个季节电耗量，可取 $N_{ai} = N_{a1}/4$；

x_i——在当地每个季度平均气温 t_m 下，按图 5.4－3 查出 t_m 时的相对功率，%。

另外当空冷器的空气设计温度接近 35℃时，可直接利用设计参数下的 V、H、η 求出的年功率消耗来代替 35℃时的年功率消耗，会省去许多计算工作量，否则这种方法不比第一种方法省事。同时，不同性能的风机，图 5.4－3 的关系也不会相同，因此计算的精确度也比第一种方法差。

(2) 当采用手调风机时，根据我国数十年来操作情况，基本是按设计工况安装好风机后，运行期间不再调节，或采用开、停两档。此时，风机运行期间的体积风量全年是一个恒定值，年耗电量建议按下列步骤计算：

① 根据空冷器的空气设计温度 t_1 求得 V、H，按式(5.4－8)计算出电机耗电量 N_e；

② 年平均耗电量为：

$$N_a = N_e\left(\frac{273 + t_1}{273 + t_m}\right) \times 10^{-3}\tau, \text{kW} \cdot \text{h} \qquad (5.4-15)$$

式中 t_1——空冷器的空气设计温度，℃；

t_m——当地年平均温度，℃。

5.5 风机性能参数计算实例及说明

前面介绍了风机的特性参数和电机的配置及能耗计算方法，这是空冷器设计工程师选用风机和空冷器操作人员应了解的基本知识。这里对一些重点概念再叙述一下。

(1) 空冷器风机的计算主要参数有五个：风量 V、全压头 H、叶片角度 α、叶片转速 n 和轴功率 N。

V 和 H 是由空冷器总体设计和布局决定的，它要满足：

① 热平衡关系式，空气取走的热量要等于管束内热流介质放出的热量；

② 传热关系式，确定了空冷器的传热面积，它与空气的温升和质量流速有关；

③ 阻力关系式。

上面三项计算后，就初步确定了空冷器的总体布局和风机型号，也就是说，单台风机的风量 V 及压头 H 就确定了。空冷器的 V 和 H 不得大于风机的最大风量和许可的压头。

α 和 n 是风机固有的特性，由上面计算出的 V 和 H，利用风机特性曲线图查出。V、H 与 α、n 的对应关系是固定的。

对于调角式风机，转速 n 是固定值，一定工况下的 V 和 H 对应的 α 也是惟一的。当环境对噪音要求不严格时(风机噪音≤85dB(A))，空冷器风机的叶尖线速度设计值 $u \approx 60$m/s。表 5.5－1 列举了国产空冷器风机常用的转速和叶尖线速度的实际值。

表 5.5－1 国产空冷器风机常用的转速和叶尖线速度

风机型号	F18－4	F24－4	F30－4	F36－4	F42－4	F45－4
轴转速/(r/min)	638	478	382	318	270	254
叶尖速度/(m/s)	60.13	60.07	60.00	59.94	59.3	59.84

对于调速式风机，叶片安装角 α 是固定值，一定工况下的 V 和 H 对应的 n 是惟一的。为了保证有较高的叶片效率，调速式风机的叶片安装角都比较大。

(2) 空冷器风机的特性曲线又称“叶片模型气动性能曲线”。它是以系数形式表示的风机各参数之间的关系图。这里我们再重复几个系数的定义：

流量系数：
$$\overline{V} = \frac{4V}{\pi D^2 u} \tag{5.5-1}$$

压头系数：
$$\overline{H} = \frac{H}{\rho u^2} \tag{5.5-2}$$

叶片效率：
$$\eta_1 = \frac{HV}{N} \tag{5.5-3}$$

轴功率系数：
$$\overline{N} = \frac{4N}{\pi D^2 \rho u^3} \tag{5.5-4}$$

式(5.5-4)为轴功率系数计算式，已包括了叶片效率。

同一种翼型和叶片数量相同风机的特性曲线图，将以上三个系数 $\overline{V}$、$\overline{H}$、$\overline{N}$ 和叶片效率 η_1、叶片安装角 α 关联在一起。不论什么工况，只要 $\overline{V}$、$\overline{H}$ 相同，η_1、α 和 $\overline{N}$ 必然相同，与风机的规格没有关系，也和空气状态没有关系，因此类似于三个相似准数。这给风机的计算带来了很大的方便。总括起来，式(5.5-1)~式(5.5-4)和风机特性曲线图有以下两个用途：

① 根据设计工况下的 V、H 求出叶片效率 η、α 和轴功率 N。

② 进行不同工况(主要指空气的大气压和温度)下的气体状态转化。当叶片安装角和转速不变时，气体状态的改变，$\overline{V}$ 和 $\overline{H}$ 不会变化，因此可得以下几个转换式：

$$V_1 = V_2 \tag{5.5-5}$$

$$\frac{H_1}{H_2} = \frac{\rho_1}{\rho_2} \tag{5.5-6}$$

$$\frac{N_1}{N_2} = \frac{\rho_1}{\rho_2} \tag{5.5-7}$$

这种转换在风机的计算会经常遇到。例如，有的风机厂商提供的不是叶片模型气动性能曲线，而是某一规格风机在标准状态下的 $V-H-N$ 性能曲线图。空冷器的计算往往取设计工况进行的，这时就需按上面转换公式将空气工况状态变为标准状态再查性能图。

$\overline{V}$ 和 $\overline{H}$ 与 α 或 n 有固定的对应关系，也就是说，只有选择恰当的叶片安装角(调角风机)或转速(调速风机)才能保证风机的风量和压头达到设计值。不同的设计工况，空冷器所需风量和压头不同，叶片安装角(或转速)也就不同。所以，风机的特性曲线对于空冷器的设计和操作十分重要。

关于风机特性曲线图的使用方法，在本章第三节已作了说明，这里不再重复。下面举几个实例来说明利用特性曲线图进行风机的计算过程。

【例 5.5-1】 某空冷器装置选用 F36 型鼓风式风机 2 台，在标准状态(101325Pa，20℃)下，共需风量 $58 \times 10^4 m^3/h$，空气设计温度 35℃，空冷器空气阻力(全风压)为 185Pa。风机的转速为 318r/min，选用 R 型叶片风机，试计算风机的性能参数。

解：在 $p = 101325Pa$，$t = 35℃$ 时，空气的密度 $\rho = 1.146 kg/m^3$，$D = 3.6m$，风机的叶尖

速度为：

$$u = 3.1416 \times 3.6 \times 318/60 = 59.94\text{m/s}$$

（1）每台风机的设计风量

$$V = \frac{1}{2} \times 58 \times 10^4 \times \frac{273 + 35}{293} = 30.4 \times 10^4 \text{m}^3/\text{h}$$

根据式(5.5－1)，其风量系数：$\overline{V} = \dfrac{4 \times 30.4 \times 10^4}{3.1416 \times 3.6^2 \times 59.94 \times 3600} = 0.138$

（2）根据式(5.5－2)，全风压系数为：

$$\overline{H} = \frac{185}{1.146 \times 59.94^2} = 0.045$$

（3）由图5.3－10，作出$\overline{V} = 0.138$，$\overline{H} = 0.045$时的工况点A。确定叶片角为$\alpha = 19.5°$。

（4）由“$\overline{V} - \eta$”曲线，查$\overline{V} = 0.138$垂线与$\alpha = 19.5°$时交点，得$\eta = 0.80$，即叶片全压效率为80%。

（5）由“$\overline{V} - \overline{H}$”曲线，查得$\overline{V} = 0.138$垂线与$\alpha = 19.5°$的交点，得$\overline{N} = 0.0078$。

由下式也可计算出轴功率系数：

$$\overline{N} = \frac{\overline{V}\overline{H}}{\eta} = \frac{0.138 \times 0.045}{0.8} = 0.00776 \approx 0.0078$$

由于风量计算是以空气入口温度为基准，故取温度修正系数$\zeta_2 = 1.1$，由式(5.5－4)，计算设计状态下的轴功率为：

$$N = 1.1 \times \frac{3.1416 \times 3.6^2 \times 1.146 \times 59.94^3}{4} \times 0.0078 = 21553\text{W}$$

轴功率也可按下式计算：

$$N = \frac{HV}{\eta} = 1.1 \times \frac{185 \times 30.4 \times 10^4}{3600 \times 0.80} = 21480\text{W}$$

二者结果基本一致，轴功率可按21.6kW设计。

【例5.5－2】大气压力为$P = 97458\text{Pa}(731\text{mmHg})$，设计气温为$t = 35℃$，空冷器计算标准风量和全压头以及选用风机的型号及数量同例5.5－1。求风机的性能参数。如果风机的转速和叶片安装角固定不变，求$t = 20℃$和0℃时，风机的性能参数变化情况。

解：空气在101325Pa，20℃下，$\rho_1 = 1.205\text{kg/m}^3$，

$$V_\text{N} = 58 \times 10^4 \text{m}^3/\text{h},\ H = 185\ \text{Pa}$$

（1）在设计条件$p = 97458\text{Pa}$，$t = 35℃$下，风机的性能参数：

空气的密度为：

$$\rho_2 = \rho_1 \frac{97485}{101325} \times \frac{293}{273 + 35} = 1.103\text{kg/m}^3$$

① 每台风机的实际风量为：

$$V = \frac{58 \times 10^4}{2} \times \frac{1.205}{1.103} = 31.68 \times 10^4 \text{m}^3/\text{h}$$

$$\overline{V} = \frac{4 \times 31.68 \times 10^4}{3.1416 \times 3.6^2 \times 59.94^2 \times 3600} = 0.144$$

② $H = 185\text{Pa}$

$$\overline{H} = \frac{185}{1.103 \times 59.94^2} = 0.047$$

③ 由$\overline{V}$和$\overline{H}$查图 5.3－10 得叶片安装角为 20.5°

④ 查图 5.3－9$\eta \sim \overline{H}$曲线，得叶片效率 $\eta = 0.80$

⑤ 查图 5.3－9 $\overline{N} \sim \overline{H}$ 曲线，得轴功率系数$\overline{N} = 0.081$

$$N = \zeta_2 \frac{H \cdot V}{\eta} = 1.1 \times \frac{185 \times 31.68 \times 10^4}{0.80 \times 3600} = 22385\text{W}$$

取 $N = 22.4\text{kW}$

(2) $t = 20℃$时，风机的性能参数：

在 $p = 97458\text{Pa}$，$t = 20℃$时，空气的密度为：

$$\rho_2 = 1.205 \times \frac{97458}{101325} = 1.159\text{kg/m}^3$$

密度比　$$\frac{\rho_2}{\rho_1} = \frac{1.159}{1.103} = 1.051$$

由于风机的叶片安装角和转速不变，全风压也假定不变，因此风机的三项系数不变，即

$$\alpha = 20.5°;$$
$$n = 318\text{r/min};$$
$$\overline{V} = 0.138;$$
$$\overline{H} = 0.044;$$
$$\overline{N} = 0.0081;$$
$$\eta = 0.80。$$

根据式(5.3－21)～式(5.3－23) 或式(5.5－5) ～式(5.5－7)

$$V_2 = V_1 = 31.68 \times 10^4\text{m}^3/\text{h}$$
$$H_2 = 185 \times 1.051 = 194.5\text{Pa}$$
$$N_2 = 22385 \times 1.051 = 23527\text{W}$$

(3) $t = 0℃$时，风机的性能参数：

在 $p = 97458\text{Pa}$，$t = 0℃$时，空气的密度为：

$$\rho_2 = 1.205 \times \frac{97458}{101325} \times \frac{293}{273} = 1.2439\text{kg/m}^3$$

密度比　$$\frac{\rho_2}{\rho_1} = \frac{1.2439}{1.103} = 1.128$$

风机的$\overline{V}$、$\overline{H}$、$\overline{N}$和 η、α、n 不变，根据式(5.5－5) ～式(5.5－7)

$$V_2 = V_1 = 31.68 \times 10^4\text{m}^3/\text{h}$$
$$H_2 = 185 \times 1.128 = 209\text{Pa}$$
$$N_2 = 22385 \times 1.128 = 25250\text{W}$$

(4) 分析和讨论

① 从本例题可看出风机的性能特点，对不可调节风机(转速和安装角不变)，温度降低后，气体密度加大，(体积)风量不变，风机产生的压头和轴功率随气体密度的增大而增大。温度增高，情况相反。

② 从空冷器的传热和阻力来看(见第三章)，温度升高，空气的密度和传热温差减小，空冷器管束所需的风量要增大，空气阻力也随风量的增大而增大。这与风机的性能正好相反。所以空冷器的风机参数计算点，要与传热和阻力计算选用的空气设计参

数(主要是大气压和空气温度)一致。否则，若低于空气设计参数来计算和选配风机(如按标准状态选用)，在设计操作点下，风量和压头就满足不了要求。尽管第三章的管束的传热计算中也用了标准迎面风速 U_N，但这是根据一定质量流量的空气，按理想气体状态方程，将设计工况转换为标准状态，公式中都有温度修正项。这与风机在不同状态下的参数转换完全不同。

如果风机供货商提供的不是$\overline{V}\sim\overline{H}$气动特性曲线图，而是各种风机的 $V\sim H$ 性能曲线(图中同时应提供绘制该图的空气密度和风机轴转速)图，则应利用风机参数关系式(5.5-5)~式(5.5-7)将空气设计参数转化为性能曲线图中的参数再进行查图。

【例5.5-3】 风机在35℃时操作参数与例5.5-2相同，采用调速风机。风机初转速为 $n=318\text{r/inm}$，叶片的安装角为 $\alpha=20.5°$，当温度降到0℃时，若空冷器单台风机所需风量为 $24\times10^4\text{Nm}^3/\text{h}$，全风压138Pa，计算此工况下风机转速及其他操作参数。

解： 求解此题要明确以下三点：

① 本题给出了环境温度为0℃时的操作参数，这是空冷器热平衡计算结果。所以本题是求解设计温度0℃时的风机运行参数；

② 由于采用了调速风机，0℃时的风机的安装角 α 仍为20.5°不能改变；

③ 目前的风机特性曲线是按调角风机参数绘制的，计算风机转速，需要用猜算法，而且使用$\overline{V}\sim\overline{H}$特性曲线图比较方便。若用 $V\sim H$ 特性曲线图，最好转化为 $\overline{V}\sim\overline{H}$特性曲线图。

先假定一个转数，按式(5.5-1)和式(5.5-2)，求得$\overline{V}$和$\overline{H}$，按风机特性曲线图查得叶片安装角与原安装角相等时，此假定的转数即为要求的转数。

空气在0℃时的密度同例5.5-2，即 $\rho=1.2439\text{kg/m}^3$；

每台风机的实际风量为：

$$V=24\times10^4\times\frac{1.205}{1.2439}=23.25\times10^4\text{m}^3/\text{h}$$

假设风机的转速 $n=253\text{r/min}$，则叶尖线速度为：

$$u=3.1416\times3.6\times253/60=47.69\text{m/s};$$

根据式(5.5-1)和式(5.5-2)，

压头系数：
$$\overline{H}=\frac{138}{1.2439\times47.69^2}=0.0488$$

流量系数：
$$\overline{V}=\frac{4\times23.25\times10^4}{3.1416\times3.6^2\times47.69\times3600}=0.133$$

由$\overline{V}$和$\overline{H}$查图5.3-9得叶片安装角近似为20.5°，原假定合适

$$\eta=0.78;$$

风机轴功率按下式计算：

$$N=1.1\times\frac{23.25\times10^4\times138}{0.78\times3600}=12569\text{W}$$

与例5.5-2计算结果(3)0℃轴功率相比，下降了近1/2。

【例5.5-4】 采用3.6m调角风机，转速 $n=318\text{r/min}$，操作条件同例5.5-3，试求在0℃时的风机运行参数。

解： 叶尖线速度同例5.5-2，即 $u=59.94$ m/s。

根据式(5.5-1)和式(5.5-2)，

流量系数：　$\overline{V}=\dfrac{4\times 23.25\times 10^4}{3.1416\times 3.6^2\times 59.94\times 3600}=0.106$

压头系数：　$\overline{H}=\dfrac{138}{1.2439\times 59.94^2}=0.031$

由$\overline{V}$和$\overline{H}$查图5.3-9得叶片安装角约为12°，$\eta=0.82$，$\overline{N}=0.0040$。

则风机轴功率$N=1.1\times\dfrac{23.25\times 10^4\times 138}{0.82\times 3600}=11956\text{W}$。

分析与讨论：

① 对于一台管束结构尺寸已确定的空冷器，风量降低后，空气穿过翅片管的压降变化率要比风量变化率还大，所以风机的轴功率随风量的降低变化也很大。例5.5-3和例5.5-4，风量降低了18%，轴功率下降了40%，比不可调节的风机轴功率降低了近50%。所以可调风机(调角或调速)节能效果是十分明显的。我国一半疆土年平均气温度在10℃以下，低于0℃的冬季长达3~4个月以上。空冷器采用可调风机会节约大量电能。

② 可调风机的风量在20%以内变化时，效率变化不大。风量降到设计值的40%时，由于叶片安装角过小，或风机的轴转速过低，性能变差；电机也因负荷过小，效率降低，会使耗电量增大。特别是调速风机，如转速过低，叶片的输出压头很低，有时满足不了工况阻力的要求。例5.5-4，如果风量再降低，安装角已超出了R叶型特性曲线的的范围。对于调节范围较大的空冷器，建议采用W型或TW型叶片风机，或6叶片风机。

5.6 传动机构

1. 传动机构的种类

风机的传动有直联传动和机械传动两种方式。直联传动，风机转轴与电机转轴直接联接，因此要求电机轴的转速与风机轴的转速相等。直联风机结构简单，效率最高，多用于转速较高的小直径风机或某些调速控制的风机。调角风机、多速电机(双速或三速)，转速比电机转速低得多，都需要变速机械进行传动。机械传动机构又分为齿轮传动和带传动。目前较常用的是带传动。齿轮传动具有运行可靠，效率较高的优点，但构造较复杂，维护和检修费事，噪声也较大。带传动的特点是结构简单，噪声低，传送功率不是很大时，带传动是一种方便可靠的传送机构。对于传送功率超过37kW时，多用齿轮传动(见图5.6-1)，也可使用蜗轮传动(见图5.6-2)。

对传动机构的基本要求：

① 电动机额定功率的最小值应等于电动机轴功率乘以工作情况系数；

② 带传动一般应采用V带、同步带。V带的工作情况系数的最小值为1.3，同步带的工作情况系数的最小值为1.8；

③ 联轴节应是非润滑型的，其工作情况系数的最小值为1.5；

④ 传动带的包层应具有耐油性，如有要求，还应满足静电疏导试验要求；

⑤ 带传动装置应设张紧机构；

⑥ 当电机的功率大于37 kW时，一般应采用直角齿轮传动；

⑦ 齿轮箱上应设油面指示计；

⑧ 齿轮应是螺旋伞齿轮，其最小纵向重叠系数为2；

⑨ 电动机及传动装置一般不应置于超过其工作温度的热气流中。

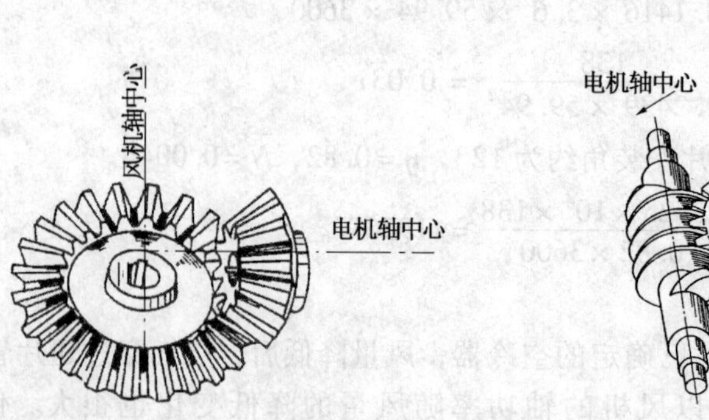

图5.6－1　齿轮传动

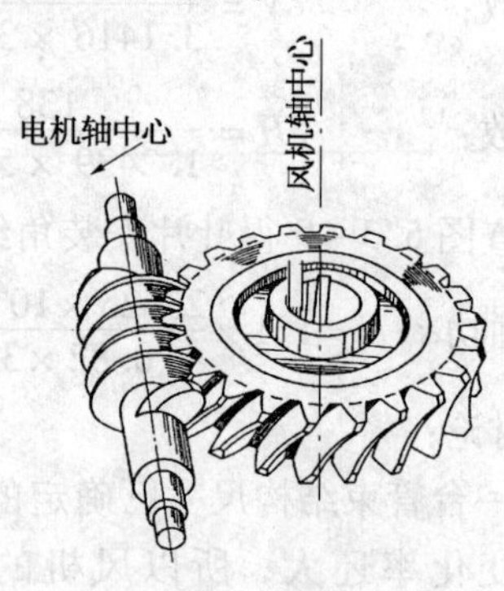

图5.6－2　蜗轮传动

目前调角风机仍是空冷器风机的主流，常用空冷器风机的功率多在30kW以内。所以带传动使用得比较普遍。本书主要介绍带传动的一些基本知识，其他传动方式，请参阅相关的专业书籍。

2. 传动带的类型及结构

(1) 传动带的类型

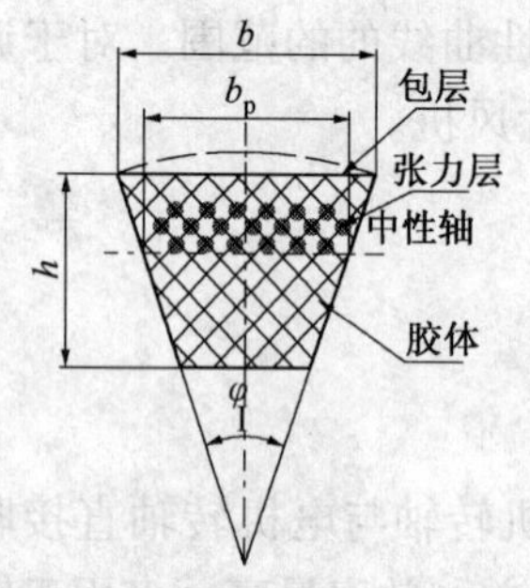

图5.6－3　普通V带截面图

传动带分V带、多楔带、平带、同步带等几种型式。也有把V带和多楔带通称为V带。

V带又分为普通V带(图5.6－3)、窄V带和联组窄V带三种形式；同步带有梯形齿同步带、圆弧齿同步带两种。

各种传动带的特点如表5.6－1所示。

带传动的优点是：①适用于两轴中心矩较大的传动；②具有良好的弹性，能缓冲、减振、运行平稳、噪声小；③结构简单，价廉，更换、维护方便。缺点是：①效率较低，易滑动，传送比难以保证；②磨损快，寿命短；③尺寸大，不紧凑。

由于以上原因，带传动多用于两轴中心距较大，传动比要求不太严格的机械中。一般允许的传动比 $i_{max} \leqslant 7$，功率 $P \leqslant 50$kW，带速 $v = 5 \sim 25$m/s，传动效率 $\eta = 0.9 \sim 0.96$。

我国空冷器开发初期，普遍使用普通V带，因空冷器带轮大部分是水平安装，单根传送带长度有偏差，经常出现掉带现象，后改为了联组V带，使用效果很好。我国引进的日本笹仓公司的空冷器采用的是多楔带，传送功率较大。同步带主要用于大功率的风机中，平带在空冷器风机中基本没有见到过使用。图5.6－4和图5.6－5是联组带、同步带和带轮装配示意图。

(2) 传动带的结构

传动带的主要材料是橡胶，所以又称“胶带”。橡胶柔软、有弹性，弯曲韧性很好，但拉抻强度低，易断裂。所以需附加张力性能良好的材料组合使用。图5.6－3是普通V带截面图。它由包层、中性层、张力层和胶体所组成。其他胶带的基本组成都很相近。

① 胶体一般采用天然橡胶或合成橡胶。天然橡胶弹性好、抗拉性能强，耐磨、耐寒、易加工。综合性能比合成橡胶好，但易老化，抗腐蚀性能差。合成橡胶的品种很多，但用于胶带的也就少数几种。异戊橡胶与天然橡胶性能较接近，抗老化性能优于天然橡胶，而弹性

和张力稍逊。

表 5.6－1　各种传动带的特点

类　型	带简图	传动比	带速/(m/s)	传动效率/%	特点	设计规范
普通V带			20～30 最佳20		带两侧与轮槽附着较好，当量摩擦因数较大，允许包角小，传动比较大，中心距较小，预紧力较小，传动功率可达700kW	GB/T 13575.1—2008 JB/ZQ 4175—2006
窄V带		≤10	最佳 20～25 极限 40～50		带顶呈弓形，两侧呈内凹形，与轮槽接触面积增大，柔性增加，强力层上移，受力后仍保持整齐排列，除具有普通V带的特点外，能承受较大预紧力，速度和可挠曲次数提高，寿命延长，传动功率增大，单根可达75kW；带轮宽度和直径可减小，费用比普通V带降低20%～40%。可以完全代替普通V带	GB/T 13575.2—2008 GB/T 15531—2008
联组窄V带			20～30	85～95	是窄V带的延伸产品。各V带长度一致，整体性好，各带受力均匀，横向刚度大，运转平稳，消除了单根带的振动；承载能力较高，寿命较长；适用于脉动载荷和有冲击振动的场合，特别是适用于垂直地面的平行轴传动。要求带轮尺寸加工精度高。目前只有2～5根的联组	
多楔带			20～40		是在平带内表面纵向布有等间距40°三角楔的环形带。兼有平带与联组V带的特点，但比联组带传递功率大，效率高，速度快，传动比大，带体薄，比较柔软，小带轮直径可很小，机床中应用较多	JB/T 5983—1992
普通平带		不得大于5，一般不大于3	15～30	83～95，有张紧轮80～92	抗拉强度较在，耐湿性好，中心距大，价格便宜，但传动比小，效率较低，可呈交叉、半交叉及有导轮的角度传动，传动功率可达500kW	
梯形齿同步带		≤10	<1～40	98～99.5	靠齿啮合传动，传动比准确，传动效率高，初张紧力最小，轴承承受压力最小，瞬时速度均匀，单位质量传递的功率最大；与链和齿轮传动相比，噪声小，不需润滑，传动比、线速度范围大，传递功率大；耐冲击振动较好，维修简便、经济。广泛用于各种机械传动中	
圆形齿同步带					同梯形齿同步带，且齿根应力集中小，寿命更长，传递功率比梯形齿高1.2～2倍	

胶体位于截面中性轴的上部部分为上胶层，下部为下胶层。胶带弯曲时，上胶层受拉，下胶层受压。所以张力层一般位于偏上部，以便增强胶带弯曲时的抗拉强度。

② 张力层一般由化纤绳芯组成，也有用帘布作张力层，但空冷器风机传送带很少使用。

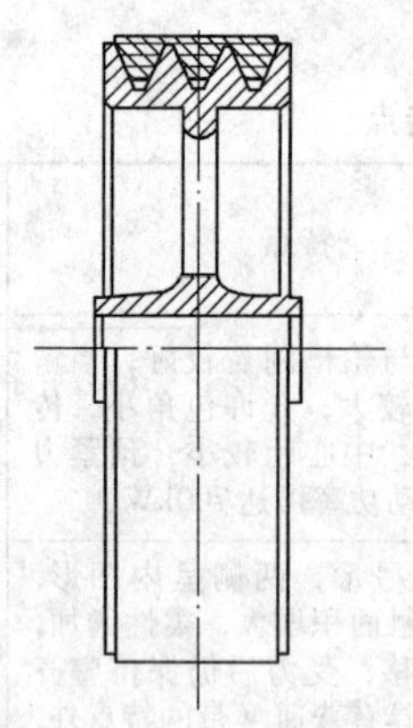

图 5.6－4　联组带与带轮装配图

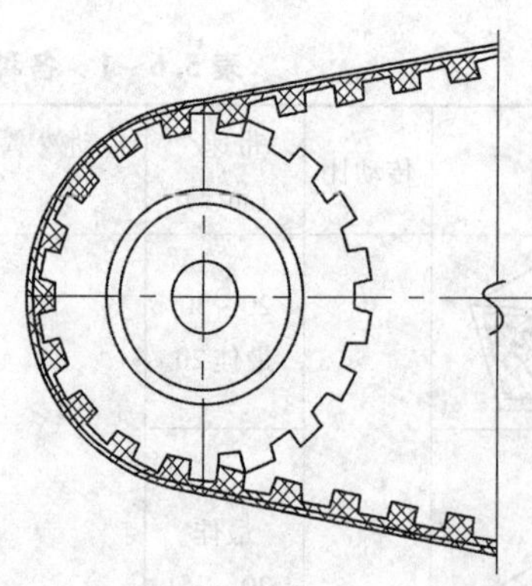

图 5.6－5　同步带与带轮装配图

③ 包层采用橡胶帆布，胶带成型时与胶体黏合在一起。

普通 V 带和联组 V 带的截面尺寸：

表 5.6－2 为普通 V 带、窄 V 带的截面尺寸，表 5.6－3 是联组窄 V 带的截面尺寸。

表 5.6－2　普通 V 带、窄 V 带截面尺寸表(见图 5.6－3，表中槽型代号见文献[22])

带型		普通 V 带							基准宽度制窄 V 带				有效宽度制窄 V 带		
槽型		Y	Z	A	B	C	D	E	SPZ	SPA	SPB	SPC	9N	15N	25N
截面尺寸	b_p	5.3	8.5	11	14	19	27	32	8	11	14	19	—	—	—
	b	6.0	10	13	17	22	32	38	10.0	13.0	17.0	22.0	9.5	16.0	
	h	4.0	6.0	8.0	11	14	19	25	8.0	10.0	14.0	18.0	8.0	13.5	
质量/(kg/m)		0.02	0.06	0.10	0.17	0.3	0.63	0.29							

表 5.6－3　联组窄 V 带的截面尺寸(见图 5.6－6)

编　号	b	h	e	联组数
9J	9.5	10	10.3	2～5
15J	15.5	16	17.5	
25J	25.5	26.5	28.6	

3. 空冷器风机带传动的特点和要求

① 空冷器风机工作中机械冲击和振动不大，但要求传动平稳，运行周期长(长达 2～3 年连续运转)，因此传动带的寿命要长，靠避免频繁换带。

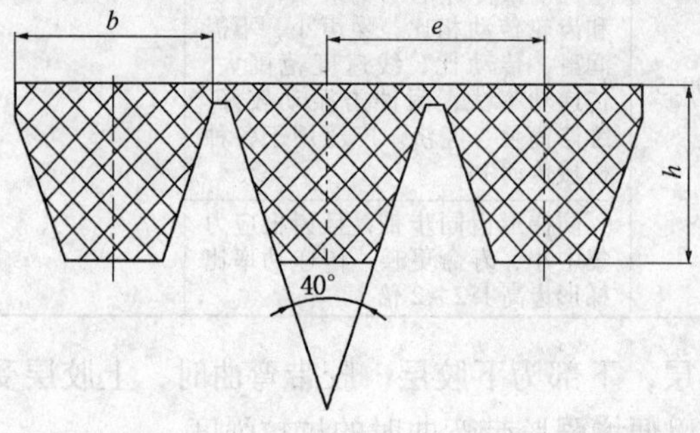

图 5.6－6　联组窄 V 带的截面图

② 带传动的功率较大，一般在 10～40kW。传动比的精度要求较高，避免打滑失效而影响空冷器的传热效果。

③ 因受安装空间的限制，从电机到风机只能采用单极变速，且一般不加张力轮，带的预张力是靠电机的安装结

构来调节的，布局要紧凑。

4. 主要传动参数的选取要求

① 传动带的设计功率 N_s：$N_s = 1.3N_c$，即工作系数取1.3。

② 带型的选择：空冷器宜选用联组带，当传动功率 $N_C > 20$kW 时，宜选用多楔带或同步带。同步带传动机构加工精度虽然要求较高，但对大功率传动可靠。同一种带型，根据截面尺寸的不同又分为几种型号。如联组窄V带有9J、15J、25J三种规格，截面尺寸依次增大。可根据带速和设计功率查图求出。图5.6-7所示为联组窄V带选型图。

③ 带速 v：宜在15~25 m/s范围内选取。

$$v = \frac{\pi d_1 n_1}{60} \tag{5.6-1}$$

式中　d_1——小带轮直径，m；

对普通V带，取节圆直径；对联组窄V带，取有效直径；

n_1——小带轮的转速，r/min。

对于空冷器，带速 v 最小不宜低于10m/s，最大不宜大于30m/s。带速过低，带传动效率较低，而且使带轮直径过小，对带的受力和长期运行是不利的。带速过大，容易产生打滑失效，同时造成磨损加剧，带的寿命减短。

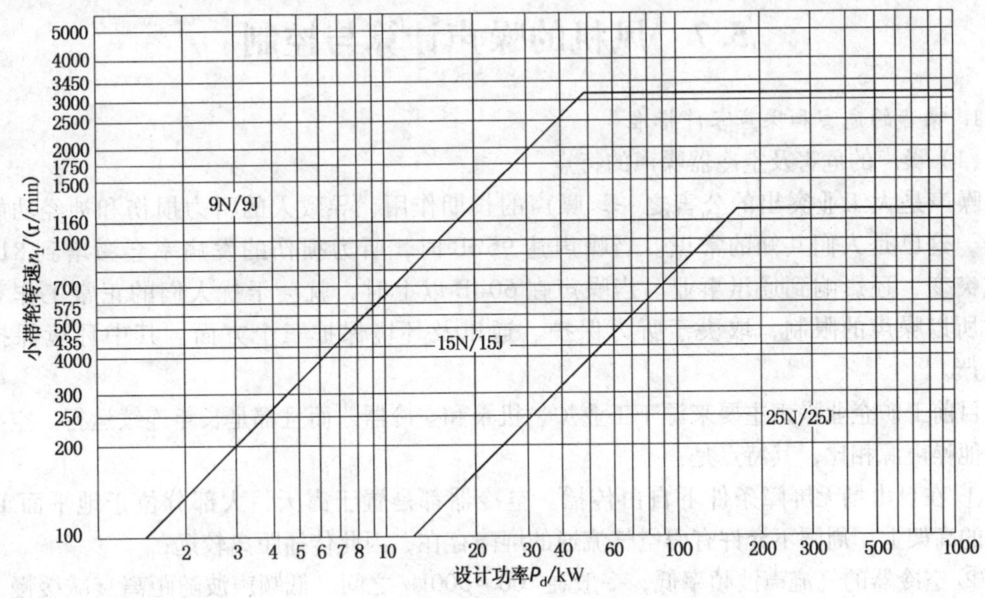

图5.6-7　联组窄V带选型图

④ 小带轮(电机轮)直径 d_1 带轮直径国家标准已系列化。普通V带，除Y槽型(见表5.6-2)外，其余型号最小带轮直径为50mm。联组窄V带(见表5.6-3)的最小带轮直径为63mm。空冷器风机连续运行时间很长，带轮过小，弯曲应力过大，带容易疲劳失效。为了避免频繁地更换传动带，与电机配套的小带轮直径不宜小于100 mm。

式(5.6-1)将电机轴转速、带轮直径和带速关联在一起，要根据实际情况进行协调，选择适当的 d_1。

⑤ 传动比 i：要求 $i \leqslant 10$。

$$i = \frac{n_1}{n_2} = \frac{d_2}{(1-\varepsilon)d_1} \quad (5.6-2)$$

式中 d_1、d_2——小带轮和大带轮的节圆直径，m。

⑥ 带轮中心距 a: a 过大传送带过长，运转中带的颤动剧烈，在长期运行中，带的增长量较大，要求电机安装要有较大的调节机构。a 过小，小带轮的包角往往较小，不利于传动。另外，a 越小，在相同带速下，带的循环次数增大，易产生疲劳破损。

当空冷器的风机直径 $D \leqslant 3.0$m 时，可采用如图 5.1－3(a)外侧式悬挂方式，对 $D > 3.0$m 时，建议可采用如图 5.1－3(b)内侧式悬挂方式。

⑦ 小带轮包角 α_1 的验算：一般要求 $\alpha_1 \geqslant 120°$，如不合适，调节带轮中心距。

$$\alpha_1 = 180(1 - \frac{d_1 - d_2}{\alpha\pi}) \quad (5.6-3)$$

⑧ 根据带型和每根带的许可传动功率，求出所需的 V 带根数或联组数。

空冷器风机带传动，除上述特殊要求外，其计算与常规的带传动相同。一般是根据空冷器风机安转结构初定一个中心距，计算出带长。根据国家标准选取标准有效带长，然后对中心距、小带轮包角等参数进行修正。最后再进行带轮轴的受力计算，确定传动轴的尺寸。

5.7 风机的噪声计算与控制

1. 噪音的危害和噪声容许标准

(1) 噪声的危害及空冷器噪声的特点

噪声是大工业突出的公害之一。噪声的长期作用，导致人的听力损伤和神经功能的衰弱，这已是人们共知的常识。当噪声达 95dB 时，听力损伤的发病率会激增到 81%，形成突变，还影响到通讯事业。当噪声在 60dB 以上时，就会干扰人们的正常工作和休息。所以噪声的限制，取决于听力保护、通讯及环境保护三个方面。其中环境保护要求最严。

目前工矿企业噪声主要来源于工业炉、机泵和空冷器，而且都是长年连续运行。空冷器与其他噪声源相比，其特点是：

① 在自由场无屏障条件下自由传播。空冷器都是置于露天，大部分位于地平面 10～20m 的高架上，周围不允许有碍空气流通的屏障存在，因此传播距离较远；

② 空冷器的气流声波频率低，一般在 100～500Hz 之间。低频声波随距离衰减缓慢，也难于采用消音设备。

③ 空冷器作为生产装置的重要设备之一，不仅用量越来越大，而且位于厂区中心地带，对周围环境的影响较大。如石化厂的一些装置，往往有数台到几十台风机集中在一起，形成十多米到数十米长的噪声带。

由于以上原因，给空冷器的噪声防治上带来了许多困难。

(2) 噪声容许标准

目前，一些国家根据噪声对人体健康的影响(主要是听力)规定了厂区噪声的最高水平。表 5.7－1 为美国职业安全及保健立法(0SHA)、国际标准化组织(ISO)及英国劳工部(D_{ef}E)所规定的标准。

表 5.7－1　一些国家标准噪声限制值　dB(A)

标　准	允许工作时间/h					
	8	4	2	1	0.5	0.25
OSHA	90	95	100	105	110	
ISO	85	87	89	92	95	100
$D_{ef}E$	90	93	96	99	101	

可见 ISO 要求最严格。

我国"工业企业厂界噪声标准"(GB 12348——1990)中规定的噪声容许标准如表 5.7－2。

表 5.7－2　我国标准噪声限制值　dB(A)

标　准	噪声下允许工作时间/h					
	8	4	2	1	0.5	0.25
新建企业	85	88	91	94		
现有企业	90	93	96	99		

对空冷器的噪声限制，推荐如下：

空冷器风机单机的噪声，限制在 85dB(A)；空冷器风机群的噪声限制在 90dB(A)。

2. 空冷器及风机噪声计算

(1) 环境噪声的设计

噪声的计量有两种表示方式：声功率级 PWL 和声压级 SPL。PWL 和 SPL 是两个无因次级差参数，用分贝 dB(decibel)表示值的大小。

PWL 表示了声波源能量的大小，简写为 L_W。

$$L_W = 10\lg(\frac{W}{W_0})$$

式中　W——声功率，W；

W_0——基准功率，空气中 $W_0 = 1\text{pW}$。

SPL 表示了声压的大小，它与声波能量衰减距离和传播方式有关，可用噪声计测其实值，简写为 L_P。

$$L_p = 20\lg(\frac{P}{P_0})$$

式中　P——声压，Pa；

P_0——基准功率，空气中 $P_0 = 1\mu\text{Pa}$。

噪声计有 A、B、C 三档，A 档测试频率与人的听觉频率范围很相近，所以被用来测定环境噪音，计量单位用 dB(A)表示，称作 A 声压级，也可简写为 L_A。如无特别说明，所谓噪声值，一般都是指 dB(A)。

A. 设声源的声功率为 PWL，在与 r_m 处的声压级 SPL 的关系如下：

$$L_P = L_W - 10\lg S_m \tag{5.7-1}$$

式中　S_m——透声面积，m^2。

对于球面传播

$$L_P = L_W - 11 - 20\lg r_m \tag{5.7-2}$$

对于半球面传播

$$L_P = L_W - 8 - 20\lg r_m \qquad (5.7-3)$$

式中 r_m——噪源中心到被测点距离，m。

在进行环境噪音设计时，风机群的总体尺寸比 r_m 小得多，因此可把风机群视为一个点，将该点到要测点距离作为 r_m，将不同规格的风机噪声值叠加(见式5.7－5)作为噪源SPL值，代入式(5.7－2)或式(5.7－3)进行计算，求得被测点的平均噪声值PWL。

空冷器位于框架上时，可按球面传播计算。位于地面上时，建议按半球面传播计算。

B. 声压级PWL随距离的衰减按下式计算：

$$L_{P2} - L_{P1} = 20\lg(r_2/r_1) \qquad (5.7-4)$$

从式(5.7－4)可看出，随着距离的增大，声波的衰减越缓慢。人们习惯上以距噪源体1m处测定值作为噪声源的SPL值。对空冷器，以风机叶片端部外等高度1m处测定值作为风机的SPL值。

C. 某一受声点处，有 n 个声源作用产生下产生的总声压级按分贝叠加方法计算：

$$L_{PT} = 10\lg\left(\sum_{i=1}^{n} 10^{0.1}P_{Pi}\right)$$

$$= 10\lg(10^{0.1L_{P1}} + 10^{0.1L_{P2}} + \cdots\cdots + 10^{0.1L_{Pn}}) \qquad (5.7-5)$$

式中 L_{PT}——受声点处的总声压级 L_P，dB(A)；

L_{Pi}——第 i 个声源在受声点产生的声压级 L_P，dB(A)，

L_{P1}，L_{P2}，L_{Pn} 分别表示第1个声源，第2个声源…第 n 个声源在受声点产生的声压级 L_P。

式(5.7－5)适用于到受声点距离不同且分散的声源在受声点的噪声叠加。

如果 n 个声源的声压级都相同，则式(5.7－5)可简化为：

$$L_{PT} = L_{P1} + 10\lg n = L_{P1} + \Delta L_P \qquad (5.7-6)$$

表5.7－3为 ΔL_P 的计算值。

表5.7－3 相同声压级的声源噪声增值

相同声压级的声源	噪声增值 ΔL_P/dB(A)	相同声压级的声源	噪声增值 ΔL_P/dB(A)
1	0	11	10.4
2	3	12	10.8
3	4.8	13	11.1
4	6	14	11.5
5	7	15	11.8
6	7.8	16	12
7	8.4	17	12.3
8	9	18	12.5
9	9.5	19	12.8
10	10	20	13

(2) 空冷器单台风机的噪声计算

影响空冷器噪声的因素较多，现尚无精确计算方法。许多学者曾进行过大量研究工作，普遍认为风机噪声主要来自于叶片造成的气流紊流和涡流作用。这一作用，又取决于叶尖速度和气流通过翅片管的阻力降，与风机叶尖的切向线速的5.6～6次方成正比例关系，其次与气流的阻力和风量有关，但影响较小。

C－E Lummus通过实验得出以下结论，风机的声功率级可表示为[6]

$$\text{PWL} = 常数 + 60\lg(叶尖速度)$$

由本章第三节，风机功率与叶尖速度的3次方成正比，上式可改写为：

$$\text{PWL} = C_w + 30\lg u + 10\lg N \tag{5.7-7}$$

式中 C_w——常数；

N——风机功率，原式用hp(马力)表示。

按声功率级和声压级的关系式(5.7-2)，空冷器风机位于叶尖处的声压级可表示为：

$$L_P = A_w + 30\lg u + 10\lg\left(\frac{N}{1000}\right) - 20\lg D \tag{5.7-8}$$

式中 L_P——空冷器估算噪声声压级，dB(A)；

A_w——常数，鼓风式为35.8 dB(A)，引风式为32.8dB(A)；

u——叶尖速度，m/s；

N——轴功率，W；

D——叶轮直径，m。

美国API《噪声准则》将式(5.7-8)列为噪声计算公式，作为空冷器噪声估算，在实践中认为其结果较接近实际。

根据式(5.7-2)，风机中心的声功率级可写为：

$$L_W = A_W + 30\lg u + 10\lg\left(\frac{N}{1000}\right) + 5 \tag{5.7-9}$$

有关风机的结构参数的影响，对于不同规格和叶型的风机，API还介绍了另一组计算空冷器声功率级的关系式：

$$\text{PWL} = 56\lg\left(\frac{u}{1000}\right) + 10\lg(\Delta p \cdot B_m \cdot L_m \cdot n_m) + 40 \tag{5.7-10}$$

式中 u——叶尖速度，ft/min；

Δp——风机静压，inH_2O；

B_m——叶片宽度，ft；

L_m——减去轮毂直径后的叶片长度，ft；

n_m——叶片数。

式(5.7-10)将叶尖速度、风机静压和不同叶片几何尺寸关联在了一起，应更为准确，但实际应用起来却较麻烦。

计算空冷器噪声的经验式不少，但都有局限性。上述API推荐的公式也是近似估算值。采用实物进行测试取得的数值比较可靠。

(3) 多台风机噪声的组合和传播计算

各声源的噪声值(PWL或SPL)和传播距离 r_m 是多点噪声的组合和传播计算中的两组基本参数。对于由多片管束组成的风机群，风机的布局既很密集，又各自保持一定的距离。基于噪声波靠近声源处衰减很快，而远离声源点衰减缓慢这一特点，风机噪声的组合要采取不同的方法。

① 相邻两台风机噪声的求和

根据式(5.7-5)，两台不同声压级的风机噪声叠加

$$L_{PT} = 10\lg(10^{0.1L_{P1}} + 10^{0.1L_{P2}}) \tag{5.7-11}$$

如果 $L_{P1} = L_{P2}$，则

$$L_{PT} = L_{P1} + 2\lg 2 \approx L_{P1} + 3 \tag{5.7-12}$$

这里特别要指出的是，如果采用式(5.7－7)来进行单台风机的声压级 L_{P1} 叠加，式(5.7－7)是风机叶尖处的声压级 L_P，由于空冷器相邻两台风机叶尖距离很接近，用式(5.7－10)求得的总声压级 L_{PT}，可以近似地看作是两台相邻风机之间(叶尖附近)噪声叠加后的最大总声压级。如果不是相邻风机，或风机之间的距离较大，L_{PT} 和 L_{P1} 要用式(5.7－2)～式(5.7－4)来计算。

同样的道理，对于两台以上的多台风机噪声组合，由于噪声测量点的不同，噪声衰减情况不同，不能简单地按式(5.7－7)计算出单台风机的声压级后，再按表5.7－3选取增量来相加。

【例5.7－1】 某空冷器装置，采用G－SF36R4－22型号(直径3.6m)风机两台，该风机的叶尖线速选为50m/s，电机轴功率为15kW，求该空冷器单台风机的噪声dB(A)和总噪声值。

解： A. 求声压级 L_P

$$L_P = A + 30\lg u + 10\lg(N/1000) - 20\lg D$$

$$= 35.8 + 30\lg 50 + 10\lg 15 - 20\lg 3.6 = 87.4\text{dB(A)}$$

B. 求总声压级 L_{PT}

$$L_{PT} = L_P + \Delta L_P$$

式中　ΔL_P 值查表5.7－3中 n 为2时，ΔL_P 为3，

$$L_{P总} = 87.4 + 3 = 90.4\text{dB(A)}。$$

② 多台风机噪声的传播和组合

对于多台空冷器组成的风机群，我们所关心的是空冷器到某点的环境噪音。这里不考虑其他噪声源的影响，单就空冷器进行计算。各噪声的组合和传播计算式同式5.7－5。如果空冷器距计算点的距离大于风机群最大边的几何长度10倍时，就可以认为各风机到计算点的距离是相等的。再如各风机的规格、功率和转速相同，就可用式(5.7－6)进行计算。

【例5.7－2】 某装置采用了6台G－SF36R4－22型号(直径3.6m)风机(见图5.7－1)，各风机的叶尖线速度为50m/s，电机轴功率为15kW，求距空冷器风机群中心球半径为150m处的噪声总噪声值(不考虑其他噪声源的影响)。

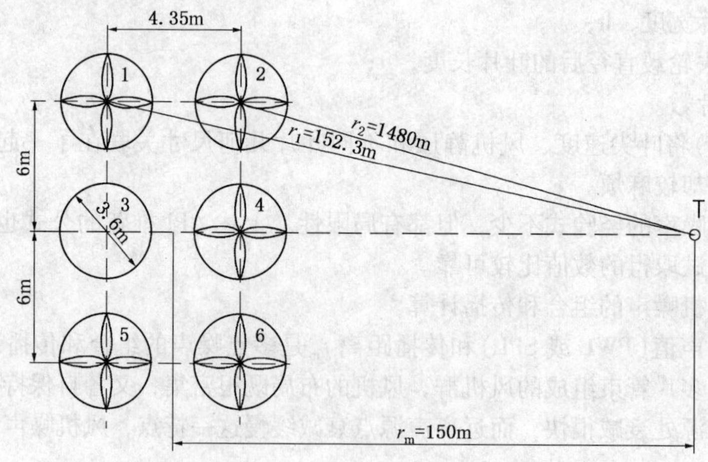

图5.7－1　例5.7－2图示

解： 由于T点到任何风机中心的距离都大于了风机群最大的几何边长的10倍，各风机的操作参数也相同，因此可按式(5.7－6)计算。例5.7－1计算出了每台风机在叶尖处($r_0 = 1.8$m)的声功率级 $L_{P0} = 87.4$dB(A)，根据式(5.7－4)，到 $r_m = 150$m 的T点声功率级为：

$$L_{P1} = 87.4 - 20\lg(150/1.8) = 48.98\text{dB(A)}$$

按表5.7－3，6台风机的噪声叠加后增量 $\Delta L_P = 7.8\text{dB(A)}$，则T点的总噪声为：

$$L_{PT} = 49.98 + 7.8 \approx 57.8\text{dB(A)}$$

本题计算 L_{P1} 时，也可按式(5.7－9)先求出每台风机中心的声功率级

$$L_{W1} = 35.8 + 30\lg50 + 10\lg15 + 5 = 103.53\text{dB(A)}$$

再根据式(5.7－2)求声压级

$$L_{P1} = 103.53 - 11 - 20\lg150 = 49\text{dB(A)}$$

其值基本一样。

本题如先求出各噪声源点到T点的声压级，再按式(5.7－5)进行组合，求得的 L_{PT} 值与前面计算结果偏差小于2%。T点到声源的距离越大，偏差越小。

③ 噪声平均值计算

对于试验或现场测试，一般要取多点噪声值进行平均，噪声平均值求法如下：

$$L_{P均} = L_{P总} - 10\lg n \quad \text{dB(A)} \tag{5.7－13}$$

式中　n——测试点数。

【例5.7－3】 风机噪声值，自4个测点分别测得为87dB、85dB、83dB和84dB，求平均值。

解：先将上述四点噪声按式(5.7－5)求和，$n=4$，

$$L_{P总} = L_{PT} = 10\lg(10^{0.1\times87} + 10^{0.1\times85} + 10^{0.1\times83} + 10^{0.1\times84}) = 91.03\text{dB(A)}$$

然后计算

$$L_{P均} = 91.03 - 10\lg4 = 85.01\text{dB(A)}$$

如需作频谱分析估算，可按下式：

$$L_P = A_L + 30\lg u + 10\lg(N/1000) - 20\lg D\text{dB(A)} \tag{5.7－14}$$

式中　A_L——常数，见表5.7－4；

u——叶尖速度，m/s；

N——轴功率，W；

D——叶轮直径，m。

表5.7－4　声压级计算公式常数

f_0/Hz	32	63	125	250	500	1k	2k	4k	8k	平均
A_L/dB(A)	41①	42①	39①	36	34	28	25	23	16	35

① 由于距噪声源太近，可能不准。

3. 空冷器噪声的防治

通过大量的噪声试验证实影响风机噪声的主要因数是风机的叶尖线速(或转速)。因此降低风机转速是降低噪声的有效措施。风机转速降低后，风机的风量和压头都会降低，可采用如下措施：

① 采用宽叶片风机。如HUDSON叶片风机，可用W宽叶型代替B标准型。筐仓－HARTZELL叶型BN型为宽叶片，BT型为普通叶片。我国进口的日本宽叶片风机，现场测试距风机1m处的噪声都在78～80dB(A)之间。

② 采用6叶片风机。

③ 采用调速风机。环境气温下降后，转速降低，噪声也会下降。从防噪角度来说，调速风机要优于调角风机。

④ 管束采用较宽的管芯距或较大的翅片间距，降低管束静压。既有利于节能，也能降低风机的噪声。我国目前空冷器高翅片管普遍采用的管芯距 62mm，翅片数 433 片/米，不是很合理的。

⑤ 空冷器的设计要进行优化，尽量避免高风速、大风量的设计。一些空冷器管内热流传热系数并不太高，高风速、大风量不仅浪费能源，也加大了风机的噪声。

空冷器防噪声设计往往要付出一定代价，但这是必要的。

⑥ 在工厂的总体设计上，空冷器要与生活区、办公区保持相当的距离。特别是住宅区、医院和学校要远离噪声源。

符号说明

A_c——传送带的截面积，m^2；

C_p——空气的比热容，J/(kg·℃)；

D——风机叶轮直径，m；

d——带轮直径，m；

d_1，d_2——分别表示主动轮(电机带轮)和从动轮(风机轴带轮)的直径；

E_c——传送带的弹性模量，Pa；

e_s——异步电机的转差率；

F_L——海拔高度校正系数；

F_t——传热对数温差校正系数；

f——电流频率，Hz；

G_i——热流流量，kg/s；

H——风机全风压，Pa；

$\overline{H}$——风机全风压系数；

H_{st}——风机静压，Pa；

I——热焓，J/kg；

电流，A；

$I\{T_1\}$、$I\{T_2\}$——热流进口温度 T_1 和出口温度 T_2 下的焓值，J/kg；

L_P——空冷器估算噪声声压级，dB(A)；

$L_{P总}$——噪声声压级总和，dB(A)；

L_{Pi}——相加的各个声压级，dB(A)；

L_{P1}，L_{P2}，L_{Pn}——分别为声源 1，2，…，n 之声压级；

N——风机轴功率，W；

$\overline{N}$——风机轴功率系数，W；

N_b——带传送功率，W；

N_e——电机功率，W；

n——转数，风机叶轮转速，r/min；

n_1、n_2——主动轮(电机带轮)和从动轮(风机轴带轮)的转数，r/min；

p——大气压力，Pa；

p_0——标准大气压，$p_0=101325$Pa；

p_d——电机绕组的磁极对数；

Q_H——空冷器传热负荷，J/s；

R——电阻，Ω；

t_1、t_2——空气进口和出口温度，℃；

U——电压，V；

U_B——设计温度和当地大气压下风机出口风速，m/s；

u——风机叶片沿纵轴任意点的周向速度，一般表示叶尖周向速度，m/s；

V——风机风量，m^3/s；

V_B——每台风机设计温度和当地大气压下空气体积流量，m^3/s；

V_g——空冷器风量，m^3/s；

$\bar{V}$——风量系数；

v——传动带带速，m/s；

η——效率；

η_1，η_2，η_3——依次表示叶片效率、传送效率和电机效率；

ρ，ρ_g——空气密度，kg/m^3；

ρ_a——设计温度和当地大气压下风机出口空气密度，kg/m^3；

α——风机叶片的安装角，度；

α_1，α_2——传送带在主动轮（电机带轮）和从动轮（风机轴带轮）上的包角，度；

ε——传送带的滑速比；

σ——应力，Pa；

Δp_D——风机的动压降，Pa。

第六章　空冷器的设计步骤和计算实例

6.1　空冷器的设计条件

1. 空气设计温度

空气的设计温度，即空气进入管束的入口温度。对鼓风式空冷器，也是风机的进口温度。正确地选择空气设计温度，对空冷器的传热计算、传热面积的选取和经济效益的评价比较重要，特别是低温差(管内热流的入口温度和空气的入口温度的温差较小)传热，影响很大。

空气设计温度的选择，有以下几种方式：

① 按当地夏季每年不保证五天的日平均干球温度

当管内的热流量一年之中比较恒定，且对热流的出口要求较严时，例如石油、石化、化工等大型工业装置，基本都采用本方式。当气温变化时，一般需要风量调节机构来控制或调节系统的运行。

② 按当地年平均温度

一些用于节能的低温差能量回收系统或低温差传热过程，空冷器面积往往很大，设备的投资成为装置可行性的主要矛盾。这类装置一年之中，空冷器的热流负荷可随季节而改变，因此取年平均温度作为设计温度比较合理。

③ 按当地最热月月平均温度

当空冷器的出口温度允许在一定范围变化，或控制不十分严格时，如干空冷器后面配有后冷器(湿空冷器或水冷器)，干空冷器的设计也有采用每年最热月月平均温度的应用实例。

④ 湿空冷器和联合空冷器的空气设计温度

湿空冷器，取当地夏季每年不保证五天的日平均干球温度和最热月平均相对湿度，由空气焓－湿图(图 3.4－11)查得的湿球温度作为传热计算的空气进口温度。

对于干、湿联合式空冷器，干空冷器部分的传热计算，取湿空冷器进口湿球温度加空气温升 Δt 作为干空冷器的空气设计温度。Δt 的值，按表 3.7－1 选取。

在本手册第一篇列出了我国各主要城市近 30 年来气温统计数据。我国绝大多数地区夏季每年不保证五天的日平均干球温度都低于 35℃。当接近温度大于 15～20℃时，采用干式空冷器比较合理。在干燥炎热的地区，为了降低空气入口温度可以采用湿式空冷器。

2. 空气的有关参数

除设计温度外，还需如下的气象资料：

当地的年平均气温，℃；

最冷月月平均温度，℃；

当地大气压，Pa。

空气和其他材料的物性参数，可从本手册第一篇中查出。

3. 管内介质的入口温度

考虑热量利用的合理性，空冷器管内介质入口温度不宜过高，一般控制在 120℃或

150℃以下。超过该温度的那部分热量应尽量采用换热方式回收。在个别情况下，如回收热量有困难或经济上不合算时，可适当提高介质的入口温度。就空冷器本身而言，考虑到介质温度升高会导致热阻的增加，传热效率下降。因此，绕片式铝翅片管的工作温度可用到165～180℃，而轧制铝翅片管和镶片式翅片管可用到200～220℃。

如果热流入口温度较低(低于70～80℃)，可考虑用湿式空冷器。

4. 管内介质出口温度与接近温度

① 接近温度系指热流出口温度与设计气温之差值。空冷器的接近温度一般应大于20℃，最低值应不低于15℃，否则将导致空冷器的面积过大，这是不经济的。

对于干式空冷器出口温度一般以不低于55～65℃为宜，若不能满足工艺要求，可增设后湿空冷，或采用干－湿联合空冷。

② 在管内介质入口温度和管外空气的入口温度确定后，介质出口温度和空气的出口温度要有合适的“匹配”，使平均温差校正系数不应低于0.6。接近温度过小时，容易出现这种现象，造成空冷器传热面积的有效利用率较低。

5. 管内介质的物相、组成、物理性质及热力参数

① 物相包括气相、液相、气液混相和两相组成百分数；

② 介质的组分和组成，对多组分的混合物，需知每种组分的组成；

③ 介质的进口压力；

④ 介质的物理性质包括定性温度下的比热容、密度、黏度、导热系数，对于分段冷凝或冷却过程，要计算各段定性温度下的物理参数；

⑤ 热力参数主要包括介质在进、出口温度下的热焓或平均比热容。在某些冷凝过程还需已知介质的汽化潜热，对于分段冷凝或冷却过程，要计算各分段点的热力参数。

6.2　空冷器的方案计算

设计工业装置中的空冷器，在详细的工艺计算前，须进行方案设计，初步估算空冷所需的传热面积、风量，从而选定空冷器和风机的型号、台数和结构。根据工艺条件和操作要求，确定风量调节方法和防冻措施。

1. 热负荷的计算

空冷器的热负荷计算，都是以管内介质的冷却(或冷凝)为基准的，热负荷按第三章第一节的方法计算。对于介质入口为多组分混合物且有相变的冷凝冷却过程，热负荷的计算一般要分段进行。

2. 初选空冷器的总传热系数

根据第三章第六节表3.6－1选取。如果表中没有可参照的介质参数，可由过去的设计经验决定。

3. 出口风温的估算

风机出口风温与传热量、传热系数、风量、管束结构等因数有关。提高出口风温，风的利用率较高，可减少用风量和风机数量，但会使传热温差的下降，有时还会引起传热系数的减低。造成传热面积的加大。特别是介质入口温度较高时，过高的出口风温会引起翅片间隙热阻的加大，对传热很不利。

空冷器出口风温，可按第三章第七节介绍的方法估算。需要说明的是，这些估算方法求得的空气出口温度都是近似值，用于初步计算所需的传热面积。在实际的计算过程中还要进

行优化。

4. 计算传热温差

对数平均温差和温差校正系数，按第三章第八节介绍的公式、图表进行计算和查取。温差校正系数最佳在 0.8 以上，如果干式空冷器的温差校正系数低于 0.6，要对出口风温或介质出口温度进行调整。

5. 传热面积的初步估算

确定热负荷、总传热系数和传热温差后，按第三章第九节式(3.9－1)～式(3.9－2)计算所需的总传热面积。因表 3.6－1 给出的总传热系数是以光管表面为基准，因此求得的总传热面积也是指管束的光管表面积。

6. 风量的计算

空冷器所需总风量按下式计算

$$V=\frac{Q}{\rho_a C_{Pa}(t_2-t_1)} \tag{6.2－1}$$

式中 V——空冷器的总风量，m^3/h；

Q——空冷器的总热量，J/h；

C_{Pa}——空气的比热容，J/(kg · K)，可取 $C_{Pa}=1005J/(kg\cdot K)$；

t_1、t_2——空气的进口温度和出口设计温度，℃；

ρ_a——空气定性温度下的密度，kg/m^3。作为初步估算，可取 $\rho_a=1.1kg/m^3$。

式(6.2－1)是基于设计温度下的总风量，用于初步估算中选择和配置空冷器的管束及风机。在详细设计中，如要换算为标准状态下的风量，需按第五章第五节介绍的方法进行。

7. 管束管排数的选择

管束的管排数，对空冷器的传热和阻力计算、管束和风机的数量及设备费用有较大的影响。选择管排数的影响因数，包括总传热系数的大小(特别是管内介质的传热系数)、介质进口温度或空气的出口温度的高低、介质有无相变、管程数的多少等。

一般说来，气相冷凝多采用单管程，总传热系数大于 $400W/(m^2\cdot K)$时，宜较少的排管，如空气温升小于 15～20℃，则应适当增加排数。对于总传热系数小于 $200W/(m^2\cdot K)$ 的冷凝冷却过程，宜选用较多的排管，特别是进口温度较高时，要采用多管排、多管程，对空气的利用率较高。

(1) 根据介质种类和相变过程选择管排数

表 6.2－1 为石化厂常见的介质种类在不同冷凝(冷却)过程管下推荐的管排数。

(2) 依据管内介质温度变化范围选用管排数

表 6.2－2 为根据管内介质温度变化范围推荐选用的管排数。

表 6.2－1 依据管内介质选用管排数

冷却过程 介质种类	建议管排数	冷凝过程 介质种类	建议管排数
轻碳氢化合物(汽油、煤油等)	4 或 6	轻碳氢化合物(汽油、煤油等)	4 或 6
轻柴油	4 或 6	水蒸气	4
重柴油	4 或 6	重整或加氢反应器出口气体	6
润滑油	4 或 6	塔顶冷凝器	4 或 6
塔底重质油品	6 或 8		
烟气	8		
汽缸或高炉冷却水	4		

表 6.2－2 依据管内介质温度变化范围选用管排数

热流体温度变化范围/℃	总传热系数/[W(m^2·K)]	推荐管排数	注
$\Delta T \leqslant 6$ $6 < \Delta T \leqslant 10$ $10 < \Delta T \leqslant 50$		3 3 4	当空气温升小于 15～20℃时应适当增加管排数
$50 < \Delta T \leqslant 100$ $100 < \Delta T \leqslant 170$ $\Delta T > 170$	<350 <230 <180	5 6 8	

(3) 管排数对设备费用的影响

同样的传热面积，选用多管排可节省设备投资、操作费用及工程占地面积，所以在工艺条件许可的情况下，尽可能选用多管排管束。若以 4 管排设备的费用系数为 1，表 6.2－3 列举了不同管排数下，设备费用系数变化情况。

表 6.2－3 管排数对设备费用的影响

管排数	2	3	4	5	6	7	8
费用系数	1.25	1.15	1.00	0.916	0.856	0.837	0.815

8. 管束规格和数量的选择

(1) 尽量采用长度和宽度较大的管束

国产空冷器管束系列，管束名义尺寸最大宽度为 3m，常用长度为 9m，最大长度为 12m。不同规格的管束基管有效传热面积见第四章附录表 A4－1，也可从制造厂或供货商产品样本查取，但这些产品样本提供的传热面积包含了部分无效面积，所以偏大。

空冷器的管束数量按下式计算

$$N \geqslant \frac{A_{\Sigma}}{A_0}$$

式中 N——空冷器总片数；

A_{Σ}——空冷器的总面积(以基管表面积为基准)，m^2；

A_0——每片管束的基管面积，m^2。

(2) 尽可能选择跨度较大的构架

构架确定后再按第七章表 7.2－2～表 7.2－4 和图 7.2－2～图 7.2－5 选择风机的型号和台数。

(3) 管束和风机匹配校算

管束和风机的规格和数量初步确定后，需要对管束与风机风量匹配情况进行校算。计算单台风机的风量是否在风机的允许范围之内。表 6.2－4 列举了空冷器常用风机在大气压为 101325Pa，叶尖线速为 60～61m/s 的风量范围。如降低叶尖线速，可按第五章第三节和第五节的公式进行换算。

表 6.2－4 空冷器常用风机的风量范围

风机型号	调角范围/度	全风压/Pa	标准风量/(Nm^3/h)
F18－4	0～24	220	40000～80000
F24－4	0～24	220	100000～120000
F24－6	0～24	250	100000～140000
F30－4	0～24	220	150000～185000

续表 6.2-4

风机型号	调角范围/度	全风压/Pa	标准风量/(Nm^3/h)
F36-4	0~24	220	250000~300000
F36-6	0~24	250	300000~360000
F42-4	0~24	220	360000~420000
F45-4	0~24	220	480000~540000

一般初选风机时，风量应在最大风量的60%~80%之间，使而后的精确计算有一定的调节余量。如果超出了风机风量范围，应改变空气的出口温度重新计算。

9. 选择风机风量控制方式

根据管内介质的物性和出口温度的控制要求，选择手调风机、机械调角风机、全自动调角风机或变速风机。

10. 选择空冷器防冻措施

防冻措施主要包括热风循环、蒸汽伴热、电伴热等多种形式，详见第二章第七节。

6.3 空冷器的设计计算

空冷器的设计计算，主要包括管束内、外的传热和阻力计算，选择合理的翅片管型式，调整初步设计时的有关参数，核算风机的功率，最终完成空冷器的工艺设计。

1. 管内传热系数的计算

根据管内介质的性质和冷凝、冷却的要求选择第三章第三节相关公式进行计算。

① 人们对管内流体传热研究已经历了一段很长的时间，无变相的传热公式目前就不少于十多种。每个阶段发表的公式都反映了当时人们对客观事物的认识水平。迪特斯-波艾泰尔(Dittus-Boelter)公式[式(3.3-4)]是1930年提出的，因形式简单，能满足一般工程设计的要求，目前仍被采用。沙艾代尔-泰特(Sieder-Tate)公式[式(3.3-3)]结构也简单、需要的参数不多，目前使用较多。但该公式最初提出是用于旺盛湍流区，最大误差可能达+20%以上，用于过度流偏差会更大。用于层流或过度流的沙艾代尔-泰特公式[式(3.3-1)和式(3.3-2)]是在湍流公式基础上修正结果。1976年，格尼林斯基(Gnielinski)提出的公式用于过度流情况较好，读者可参阅文献[41]。使用这些公式要注意几点：

A. 公式的应用范围：如雷诺数 Re、普朗特数 Pr、传热管的长径比 l/d 等；

B. 公式的误差范围：当管内传热热阻在总传热系数中起到“阻控”作用时，管内传热公式的误差，会对总传热系数和传热面积计算带来较大的影响。因此，实际面积选取余量应包含公式误差这一因素。

C. 定性温度的选取：不同公式介质的定性温度选取不同，计算时要留意。

② 在石油、石化厂，含一定量不凝气的气相冷凝，是最常见的传热过程。含不凝气的两相流冷凝过程比较复杂，既有传热过程，又有传质过程和动量交换过程，各种实验关联式的推导具有一定的局限性。本书第三章第三节介绍的含不凝气的冷凝膜传热系数计算公式，是基于两相流分相模型方法，适用于水平管含不凝气的气体冷凝过程。对于垂直管内的冷凝过程，目前查到的文献不多，本书第三章提及的努塞尔理论式的条件与工业实际差别较大，因此，建议对垂直管内的冷凝放热系数采用实验数据值或经验值更为可靠。

不凝气对饱和蒸汽冷凝传热影响较大。例如，饱和水蒸汽内含1%的空气，将会使冷凝传热系数下降60%。由于两相流冷凝传热计算较繁杂，需要的介质物相参数也多，但如果忽略不凝气的影响，按饱和气相冷凝求解，求得的冷凝膜传热系数有时会偏大得多。

2. 管程数的选用

管束管排数与管内介质流速有关，而介质流速选取主要取决于系统的允许压降。

① 气体或液体冷却时，在满足允许压力降条件下应尽量提高管内流速，使流体处于湍流状态。一般来说，对于内径为20mm的空冷器传热管，水和大多数有机物液体，流速在0.2m/s时就能达到湍流状态，流速在0.5m/s时，就达旺盛湍流区($Re \geqslant 10^4$)，而气体流速在5m/s时才能达到湍流状态，流速在10m/s时可达到旺盛湍流区。所以，液体流速应选择在0.5～1.5m/s之间，气体流速应≥10m/s，最低也应>5m/s。如将气体流速折合为质量流速，约应≥10kg/($m^2 \cdot s$)。因此选用2以上的管程数比较适宜。

根据初选的管束规格及管排数，查第四章附表A4-1得出每排传热管的根数，并计算出流通面积。再根据每片管束的介质总流量和上述流速范围确定每管程所需的管排数。对于无相变的冷却过程，各管程的管排数相等，则初选的管排数与每排传热管的根数之比(取整)，即为设计的管程数。

② 对于冷凝过程，如果对数平均温差的校正系数大于0.8，可采用一管程，否则(如：含不凝气时)应考虑采用两管程或多管程以提高管内流速。对冷凝温度不相同的多组分气相冷凝，如采用两管程，第一管程的管排数一般大于第二管程管排数。

3. 空气侧传热系数的计算

按第三章第四节相关公式进行计算。计算空气侧传热系数时，首先应选择合理的翅片高度、翅片间距及管心距，圆形翅片参数见第三章图3.4-3和第四章图4.3-1。

(1) 翅片高度的选择

翅片越高，翅片面积愈大，折合到光管外表面的膜传热系数也就愈高。因此当管内的膜传热系数较高时，采用高翅片管对提高总传热系数的效果也愈显著。但翅片高度越大，翅片效率越低。所以翅片高度与基管管径有一个最佳匹配尺寸。对于基管外径为ϕ25～32mm传热管，高翅片的翅高16mm，低翅片的翅高为12.5mm。此外，当对于管内传热系数较低时，增大翅片高度，对总传热系数已无明显增大，而且造成设备成本的加大，为此，应根据管内传热系数的高低选择翅片管的高度，参见表6.3-1。

表6.3-1　翅片高度的选择

管内传热系数/[W/($m^2 \cdot K$)]	翅片高度	管内传热系数/[W/($m^2 \cdot K$)]	翅片高度
>1200	高翅片	500～200	低翅片
1200～500	高翅片或低翅片	< 100	光管

(2) 翅片间距和管心距的选择

空冷器管束为圆形翅片时，翅片间距和管心距见表4.3-3。最小翅片间距2.3mm(每米基管上433片)，最小管心距，高翅片62mm，低翅片54mm。目前，国内各制造厂产品系列样本，都是按此参数编制的。在最小翅片间距和最小管心距下，每片管束能获得最大的翅片表面积。增大翅片间距和管心距，翅片表面积会下降。但适当地增大翅片间距和管心距对传热系数和设备投资改变不大，对管外的气流的阻力降改变比较明显(见表6.3-2)。在如下几种工况下，可考虑采用较大的翅片间距或较大的管心距：

① 传热负荷很大，且管内传热系数高达1500W/(m^2·K)以上时，出口风温往往很高，传热温差下降，导致传热面积的增大。加大风量又会造成电机的功率增大而难于配置。一般情况就需减少管排数，增多管束数量。此工况，可采用大翅片间距或大管心距、多排管的管束结构，则布局紧凑，投资和操作费用都会下降。

② 管内传热系数在500~1000W/(m^2·K)范围内，采用大翅片间距或大管心距的管束，可能经济上更为合算。此工况需进行经济比较。

③ 如防冻措施采用蒸汽伴热管(见图2.7-1)，需采用大翅片间距或大管心距的传热管束，不应采用小翅片间距和小管心距，避免伴热管停汽后损失过多的能量。

④ 国内制造厂产品系列，轧制翅片管与绕片管为同一规格，但由于成型工艺不同，从使用现场和某些制造厂产品测量情况来看，轧制翅片参数都与绕片管不同。翅片略厚，一般为0.8mm(绕片管为0.4mm)，每米基管翅片数近于394片(设计选用为433片)。根据轧制翅片管成型方法的特点，建议轧制翅片管不应按目前最小翅片间距选用。

⑤ 湿空冷器管束采用较大翅片间距和管心距要比目前的小翅片间距和管心距传热效果更好。特别是联合空冷器，由于空气侧阻力较大，更不宜采用小翅片间距和小管心距传热管束。洛阳石化工程公司与西安交通大学合作，在对湿式空冷器的实验中，优化出了基管外径25mm，管心距62mm，翅片高度14.16mm，翅片间距3.27mm，翅化比13.86的翅片管，具有较好的增湿换热性能。

⑥ 对环境噪声有严格控制的地方，采用低转速、低压头风机，管束应选用较大的翅片间距或管心距。从一些进口的国外空冷器来看，管心距≥64mm，每米基管翅片数≥394片应用都较多。

表6.3-2表示了管心距对传热系数、管束压降和设备费用的影响情况。

表6.3-2 管心距对传热系数、管束压降和设备费用的影响

管心距/mm	60	61	62	63	64	65	66	67
管外传热系数变化趋势	1.00	0.99	0.98	0.97	0.96	0.95	0.94	0.93
管外压降(四排管)变化趋势	1.00	0.96	0.92	0.88	0.85	0.81	0.79	0.75
总费用变化趋势	1.00	0.99	0.98	0.97	0.96	0.95	0.94	0.93

(3) 迎面风速的选择和出口风温的计算

迎面风速的选择不仅影响到传热系数和空气阻力的计算，而且关系到空冷器的热量平衡和传热面积的选择。迎面风速的大小将受到两个方面的制约：

① 提高迎面风速能提高翅片管的膜传热系数，增大传热温差，减小传热面积。但提高风速，将使空气阻力和电机的耗电量迅速增大(空气阻力近似与风速平方成正比)，而传热系数的增大却较缓慢。过高的风速会造成风机的性能变坏，同时电机和传送机构匹配很困难。相反，风速太低，则使得传热系数低，换热面积和设备费用增大。所以迎面风速的大小有一个合理的范围。各制造厂空冷器标准系列设计，基本是按合理的迎面风速配备电机的功率和传送机构的设计。表6.3-3列举了不同管排数下迎面风速，供设计工程师参考。该表是针对国产常用翅片管束：翅片间距2.3mm、翅片平均厚度0.4mm、高翅片管心距62mm，低翅片管心距54mm(推荐的)，如增大管心距或翅片间距可取表中上限，或适当增大迎面风速值，但应经过空气阻力降的校算。

表 6.3-3 国产常用翅片管束推荐的迎面风速

管排数		3	4	5	6	7	8
高翅片	标准迎面风速① U_N/m·s^{-1}	3.0~3.4	2.7~3.0	2.6~2.8	2.4~2.6	2.3~2.5	2.2~2.4
	最大质量流速② G_{max}/kg·(m^2·s)$^{-1}$	7.302 ~8.276	6.572 ~7.302	6.328 ~6.815	5.842 ~6.329	5.598 ~6.085	5.355 ~5.842
低翅片	标准迎面风速① U_N/m·s^{-1}	2.8~3.2	2.6~2.8	2.5~2.7	2.3~2.5	2.2~2.4	2.1~2.3
	最大质量流速② G_{max}/kg·(m^2·s)$^{-1}$	7.059 ~8.753	7.112 ~8.026	7.002 ~7.659	6.291 ~6.838	6.018 ~ 6.565	5.744 ~6.291

注：① 标准迎面风速 U_N 指 20℃，101325Pa 下的风速；
② 最大质量流速 G_{max} 指空气穿过翅片管外最窄截面处的质量流速。

空气穿过翅片管外最窄截面处的质量流速与迎面风速之间的关系为：

$$G_{max} = U_F \xi_f \rho_a \tag{6.3-1}$$

式中 G_{max}——空气穿过翅片管外最窄截面处的质量流速，kg/(m^2·s)；

U_F——迎面风速，m/s；

ρ_a——翅片管外入口空气密度，kg/m^3；

ξ_f——翅片管束的风面比，见第三章第四节式(3.4-11)。

当 $U_F = U_N$ 时，$\rho_a = \rho_N = 1.205$。G_{max} 用于式(3.4-4)计算翅片管的传热系数。不同参数的翅片管束，ξ_f 不同。表 6.3-3 是按国产常用翅片管束(见表 3.4-2)，高翅片管束 $\xi_f = 2.02$，低翅片管束 $\xi_f = 2.27$ 计算出的 G_{max} 值。

② 迎面风速是与总风量相匹配的。根据本章第二节估算出的总风量及选取的空冷器片数，求出每个计算单元空冷器或每台风机的风量，按下式计算迎面风速，

$$U_F = \frac{V_B}{F_B} \tag{6.3-2}$$

式中 U_F——按总风量计算出的迎面风速，m/s；

V_B——每个计算单元空冷器或每台风机的风量，m^3/s；

F_B——每个计算单元空冷器管束或每台风机对应的管束实际迎风面积(按管束名义尺寸长×宽减去侧梁和横梁所遮蔽的面积)，m^2，由第四章附录 A4-1 查取。

U_F 是设计工况下的迎面风速，按质量不变的原则，用理想气体状态方程将 U_F 转化为标准状态下的迎面风速 U_N。要求 U_N 与表 6.3-3 推荐范围的 U_N 一致。否则，如果 U_N 与表 6.3-3 推荐范围相差较大时，U_N 须作适当调整。风量和空气出口温度计算：

$$V_B = U_F \cdot F_B \tag{6.3-3}$$

$$t_2 = t_1 + \frac{Q_H}{V_B \rho_g C p_a} \tag{6.3-4}$$

式中 V_B——设计工况下的风量，m^3/s；

t_1——空气入口温度，℃；

t_2——空气出口温度，℃；

Q_H——每个计算单元空冷器管束或每台风机对应的管束热负荷，W；

ρ_g——空气定性温度下的密度，kg/m^3，近似取 $\rho_g = 1.06$；

Cp_a——空气定性温度下的比热容，J/(kg·K)，近似取 $Cp_a = 1.005$。

4. 总传热系数的计算

根据介质的冷凝、冷却过程不同，按第三章第六节介绍的方法和公式计算，各项热阻均按该章相关的图、表查取。

5. 传热温差和温差校正系数的核算

如果管内介质和管外空气的进、出口温度与本章第二节方案估算相同，则利用该方案计算的结果作为详细计算的对数平均温差。否则，按第三章第八节介绍的公式、图表重新进行计算。

6. 传热面积的核算

根据每个计算单元平均热负荷 Q_H、本节核算出的总传热系数 K、对数传热温差 ΔT，按式(3.9－1)、式(3.9－2)求出计算面积 A_C。并按式(3.9－3)计算面积富裕量 C_R。

面积富裕量 C_R 的选取有着复杂影响因数。这里提出几点意见供参考：

① 如果过程的热负荷比较稳定，且空冷器管内、管外传热系数的选取，已考虑了公式的误差范围的影响，C_R 可在 10%～15% 便能满足工程要求；

② 如果空冷器管内、管外传热系数的选取时，未考虑公式的误差范围的影响，C_R 应达 15%～25%，才是安全的；

③ 如果过程的热负荷与设计负荷相比，波动较大，应适当加大 C_R；

④ 根据工程设计经验来界定面积富裕量。如含不凝气的多组分气相冷凝过程和冷却过程，传热系数的计算或估算误差都较大，选用较大的 C_R 是必要的。

如果不符合上面要求或计算面积 A_C 大于初选的面积时，一般应采取下面的措施重新进行计算：

① 当风机的风量富裕较大时，可提高风量，降低出口风温，能减小所需的计算面积 A_C。特别是传热热阻控制在翅片外侧时，效果比较明显。

② 当管内阻力允许，增大管程数，提高管内流速，这对传热热阻控制方在管内侧时，是有效的。

③ 改变初选的空冷器面积—增大管束的数量或管排数。但要注意，面积增大后，管内流速发生了变化。选择不当，效果甚微。

无论采用哪种方法，都需重新进行传热计算，切忌盲目性。

7. 翅片管阻力降的计算

翅片管空气流的阻力按第三章第十一节介绍的相关公式计算。对当管束为三角形排列的圆翅片管，用式(3.11－2)、式(3.11－3)计算。式(3.11－2)和式(3.11－3)是不同参数的圆翅片管阻力计算的通用式，对正三角形排列，当采用标准迎面风速计算时，用式(3.11－5)、式(3.11－6)计算比较方便；对表 3.4－2 所列的国产常用空冷器，可直接用式(3.11－7)、式(3.11－8)计算，式中 t_D 采用空气的定性温度。式(3.11－2)的标准误差为 10.7%，所以建议式(3.11－2)、式(3.11－5)、式(3.11－7)和式(3.11－8)的计算值乘以 1.1 的系数，比较安全。

8. 风机的功率消耗和电机的选配

根据上面翅片管的阻力和风量，以及方案设计中选择的风机规格，按第五章第四节式(5.4－1)～式(5.4－5)计算管束的全风压 H_{st}，再由式(5.4－10)计算出电机消耗功率。

风量调节系统的选择，第二章第六节和第五章第四节已有较详细的叙述，这里需再次说明的是，当选用不可自动调节风机时，由于风机的转速是固定的，如不及时人工调节风机叶片角度，冬季运行是危险的。此时容易烧坏电机或拉断传送带，或因传送带长期打滑，而造成风机在正常工况下不能保证其风量，影响传热效果。人工调角比较麻烦，特别是风机数量很多时，同台风机的各叶片的安装角难于保证相同，造成风机在运行中振动较大。因此，当选用不可自动调节风机时，电机的功率和传送机构应作寒冬季节的校算。

9. 管内流体阻力降的计算

如果进入空冷器的介质是由泵打入的，流体阻力降的计算是为泵的选配提供依据。空冷器的能耗是全装置能耗的一个组成部分，减小流动阻力，有利于降低整个装置的能耗。如果进入空冷器的介质是由其他工艺设备压力压入的，或空冷器后面还接有工艺设备（如后冷器），空冷器介质压降必须满足系统压降的要求。如石化厂的塔顶冷凝冷却器，是直接与塔顶用管道连接的，空冷器的压降受到塔顶压力的限制。所以空冷器的管内流体阻力降的计算，是空冷器设计的必不可少的步骤。空冷器的压降，可按第三章第十节进行计算。

如果压降满足不了要求，则需增大管束的流通面积，降低介质流速。一般采用减少（合并）管程数或增大每排传热管数量的方法，直到满足系统压降要求为止。

10. 环境保护

空冷器的环境保护主要是噪声问题。对于单台空冷器，一般是控制距风机1m处的声压级，对风机群，要计算距空冷器一定距离处的声压级是否满足环保的要求。空冷器声压级的计算参照第五章第七节内容进行。一般来说，对空冷器噪声有严格限制的地方，在风机的选型、管束的设计都要作专门的考虑。

对于湿式空冷器要计算耗水量和排污量，做好环境保护的评价。

11. 空冷器的防冻措施

关于空冷器的防冻问题，后面结合实例进行讨论。

6.4　无相变流体空冷器设计实例

1. 液相冷却

【例6.4-1】

(1) 已知条件

介质：航煤，馏程为130～230℃

质量流量：67000kg/h

进口温度：165℃

出口温度：55℃

入口压力：0.2MPa

允许压降：60kPa

管内结垢热阻：0.00017$m^2 \cdot K/W$

介质物性：

相对密度：$\rho_4^{20}=0.776$

特性因数：$K_F=12.1$

黏度：$\mu_{135}=0.388\times10^{-3}\text{Pa}\cdot\text{s}$

$\mu_{50}=0.714\times10^{-3}\ \text{Pa}\cdot\text{s}$

空气设计温度：35℃

空气设计最低温度：−10℃

空气侧污垢热阻：$r_o=0.00015\text{m}^2\cdot\text{K/W}$

海拔高度：50m

(2) 热负荷的计算

对液相石油馏分，且无相变，可用第三章第一节表3.1－1中焓差公式计算

$$\rho_4^{20}=0.776;\ K=12.1;$$

$$API=\frac{141.5}{0.99417\times0.776+0.009181}-131.5=49.76;$$

$$T_1=165℃,\ T_2=55℃;$$

$$\begin{aligned}\Delta H_i&=[(0.3718+0.001972\times49.76)+0.0004754\times(165+55)]\times(165-55)\\&\quad\times(0.0533\times12.1+0.03604)\times4.1855\\&=265.9\text{kJ/kg}\end{aligned}$$

总热负荷：$Q_\Sigma=W_i\Delta H_i=67000\times265.9\times1000/3600=4948.7\times10^3\text{W}$

(3) 空冷器的方案计算

① 总传热系数的选取：根据表3.6－1中液体冷却，取$K_0=400\text{W/(m}^2\cdot\text{K)}$

② 估算空气出口温度：按式(3.7－1)计算，

$$t_1=35℃$$

热流温差 $T_1-T_2=165-55=110℃$

查图3.7－1得温升校正系数 $F_t=1.17$；

则，$t_2=35+0.88\times10^{-3}\times400\times1.17\times\left(\frac{165+55}{2}-35\right)=65.77$

取 $t_2=66℃$

③ 对数传热温差的计算

由式(3.8－2)

$$\Delta T_m=\frac{(165-66)-(55-35)}{\ln\frac{165-66}{55-35}}=49.39℃$$

温差校正，由式(3.8－3)和式(3.8－4)

$$P=(66-35)/(165-35)=0.24$$

$$R=(165-55)/(66-35)=4.19$$

取管程数 $N_{tp}=6$。查第三章第八节图3.8－12，得温差修正系数 $F_t=1.0$，则传热平均温差为

$$\Delta T=49.39\times1.0=49.39℃$$

④ 传热面积(以光管外表面积为基准)的估算

$$A_R=\frac{Q_\Sigma}{K_o\cdot\Delta T}=\frac{4948.7\times10^3}{400\times49.39}=250.5\text{m}^2$$

⑤ 总风量的估算

按本章式(6.2－1)，空冷器所需的总风量为

$$V_{\Sigma}=\frac{4948.7\times10^{3}\times3600}{1.1\times1005(66-35)}=52\times10^{4}\mathrm{m}^{3}/\mathrm{h};$$

⑥ 翅片管束的选择

根据以上计算，现对管束规格和翅片参数选择如表 6.4－1 所示。

表 6.4－1　管束、构架和风机的初步选择(一)

编　号	参　数	代　号	规　格	注
一	管束和构架规格			
1	名义长度/m	A	9	
2	名义宽度/m	B	2.5	
3	实际宽度/m	B_S	2.47	
4	有效迎风面积/m^2	A_F	20.218×2	附录 A4－1
5	管排数	N_P	6	
6	管束数量		2	并联布置
7	管心距/mm	S_1	63.5	附录 A4－1
8	基管总根数	N_t	225×2	附录 A4－1
9	有效管根数	n_e	444	附录 A4－1
10	基管外径/mm	d_0	25	
11	基管内径/mm	d_i	20	
12	有效基管传热面积/m^2	A_E	150.646×2	附录 A4－1
13	管内流通总面积/m^2	a_{Σ}	0.1414	$\pi di^2 N_t/4$
14	管程数	N_{tp}	6	
15	每程流通面积	a_s	0.023567	$a\sum/N_{tp}$
16	构件规格/m×m		9×5	
17	构件数量		1	
二	翅片参数			
18	翅片外径/mm	d_f	57	
19	翅片平均厚度/mm	δ	0.4	
20	翅根直径/mm	d_r	26	
21	翅片数/(片/m)	N_f	433	附录 A4－2
三	翅片管计算参数			
22	风面比	ξ_f	1.976	附录 A4－2
23	传热计算几何综合系数	K_f	2.456	附录 A4－2
24	阻力计算几何综合系数	K_L	4.361	附录 A4－2
四	风机			
25	规格		F36－4	2 台

(4) 管内膜传热系数的计算

介质定性温度按式(3.3－7)计算

$$T_D=0.4\times165+0.6\times55=99℃$$

定性温度下，介质的物理性质按第三章第一节表 3.1－1 中相关公式计算。

① 密度：$T_D=99℃$时

$$\rho=99\times(1.307\times0.776-1.817)+973.86\times0.776+36.34=712.6\mathrm{kg/m^3};$$

② 比热容：

$$C_P=[0.6811-0.308\times(0.99417\times0.776+0.009181)+(1.8\times99+32)\times0.000815$$
$$-0.000306\times(0.99417\times0.776+0.009181)]\times(0.055\times12.1+0.35)\times4.1855$$
$$=2.33\ \mathrm{kJ/(kg\cdot℃)}$$

③ 导热系数：

$$\lambda=0.1008\times(1-0.00054\times99)\times1.163/0.776=0.143\text{W/(m}\cdot\text{K)}$$

④ 黏度的计算：

已知 135℃下动力黏度 $\mu_1=0.388\text{mPa}\cdot\text{s}$；

50℃下动力黏度 $\mu_2=0.714\text{mPa}\cdot\text{s}$

用密度计算公式求得：

135℃下 $\rho_1=683.68\text{kg/m}^3$；

50℃下 $\rho_2=751.91\text{kg/m}^3$；

运动黏度$v_1=\mu_1/\rho_1=0.5675\times10^{-6}\text{m}^2/\text{s}=0.5675\text{mm}^2/\text{s}$；

$v_2=\mu_2/\rho_2=0.9496\times10^{-6}\text{m}^2/\text{s}=0.9496\text{mm}^2/\text{s}$；

根据 $v=\exp\{\exp[a+b\ln(\text{T}+273)]\}-C$

系数：因 $\rho_4^{20}<0.8$，故取 $C=0.8$

$$b=\frac{\ln[\ln(0.5675+0.8)]-\ln[\ln(0.9496+0.8)]}{\ln(135+273)-\ln(50+273)}=-2.4857$$

$$a=\ln[\ln(v+0.8)]-b\ln(T+273)=\ln[\ln(0.5675+0.8)]+2.4857\ln(135+273)=13.781$$

则 $T=99$℃时的运动黏度为

$$v=\exp\{\exp[13.781-2.4857\ln(99+273)]\}-0.8=0.6828\text{mm}^2/\text{s}$$

动力黏度$\mu=0.6828\times10^{-6}\times712.6=0.4949\times10^{-3}\text{Pa}\cdot\text{s}=0.4866\text{mPa}\cdot\text{s}$；

定性温度下传热准数的计算：

质量流速：$G_i=\dfrac{W_i}{3600a_s}=\dfrac{67000}{3600\times0.023567}=789.71\text{kg/(m}^2\cdot\text{s)}$

管内流速：$v=\dfrac{W_i}{3600\rho a_s}=\dfrac{67000}{3600\times712.6\times0.023567}=1.108\text{m/s}$，合适！

雷诺数：$Re=\dfrac{d_iG_i}{\mu}=\dfrac{0.02\times789.71}{0.4866\times10^{-3}}=32458$ 旺盛湍流区

普兰特数：$Pr=\dfrac{C_p\cdot\mu}{\lambda}=\dfrac{2.33\times10^3\times0.4866\times10^{-3}}{0.143}=7.93$

按式(3.3-3)管内膜传热系数，暂取壁温校正系数 $\phi_i=1$，

$$h_i=0.027\frac{\lambda}{d_i}(Re)^{0.8}(Pr)^{0.333}=0.027\times\frac{0.143}{0.020}\times(32458)^{0.8}(7.93)^{0.333}=1572.3\text{W/(m}^2\cdot\text{K)}$$

式(3.3-3)的最大试验正误差为15%，为安全起见，取：

$$h_i=1572.3\times0.85=1336\text{W/(m}^2\cdot\text{K)}$$

(5) 风量和空气出口温度的计算

① 风量计算

按表6.3-3，由于管心距为63.5mm，比常用的翅片管管心距略大，取标准迎面风速

$$U_N=2.6\text{m/s}$$

管束的实际迎风面积：$A_F=40.436\text{m}^2$(见附录 A4-1)

总风量为：

$$V_N = U_N A_F = 2.6 \times 40.436 \times 3600 = 37.848 \times 10^4 m^3/h$$

$$t_1 = 35℃$$

② 出口风温

$$t_2 = t_1 + \frac{Q}{V_N \rho_N C_P} = 35 + \frac{4948.7 \times 10^3 \times 3600}{37.848 \times 10^4 \times 1.205 \times 1005} = 73.9℃$$

(6) 翅片膜传热系数的计算

空气的定性温度取 $t_D = (35 + 73.9)/2 = 54.5℃$，

按由附表 A4－2 查得传热计算几何综合系数 $K_f = 2.456$，

用式(3.4－9)进行计算以翅片总表面积为基准的传热系数:

$$h_f = (0.0074 \times 54.5 + 9.072) \times 2.456 \times 2.6^{0.718} = 43.9W/(m^2 \cdot K)$$

如果直接采用 Briggs 公式计算，定性温度下空气的物性参数如下:

$\rho_a = 1.076kg/m^3$;

$\mu_a = 19.8 \times 10^{-6} kg/(m \cdot s)$;

$\lambda = 0.0286W/(m \cdot K)$;

$P_r = 0.697$;

$G_{max} = \xi_f U_N \rho_N = 1.976 \times 2.6 \times 1.205 = 6.19kg/(m^2 \cdot s)$。

代入式(3.4－4)中得

$$h_f = 0.1378 \times \frac{0.0286}{0.026}\left(\frac{0.026 \times 6.19}{19.8 \times 10^{-6}}\right)^{0.718} \times 0.697^{\frac{1}{3}} \times \left(\frac{2.31 - 0.4}{15.5}\right)^{0.296}$$

$$= 46.21W/(m^2 \cdot K)$$

同简化式(3.4－9)计算结果相比，偏差仅小于5%，用前式计算要简单得多。

Briggs 公式的标准误差为 5.1%，为了安全起见，设计时取:

$$h_f = 46.21 \times 0.95 = 43.9W/(m^2 \cdot K)$$

h_f 是以翅片外总表面积为基准的膜传热系数，需要换算为以基管为基准的传热系数 h_0。

求翅片效率: $r_f/r_r = 57/26 = 2.19$，铝的导热系数取 238W/(m·K)，

$$(r_f - r_r)\sqrt{2h_f/(\lambda_L \delta)} = \frac{57 - 26}{2 \times 1000} \times \sqrt{\frac{2 \times 43.9}{238 \times 0.0004}} = 0.471$$

查图 3.4－4 得翅片效率 $E_f = 0.92$。

根据式(3.4－6)计算翅片的有效面积 A_e:

$$A_e = A_f E_f + A_r = \left[\frac{\pi}{2} \times (57^2 - 26^2) + \pi \times 57 \times 0.4\right] \times \frac{433}{10^6} \times 0.92 + \pi \times 0.026 \times \left(1 - 0.4 \times \frac{433}{10^3}\right)$$

$$= 1.7061m^2/m$$

$A_0 = 0.025\pi = 0.07854m^2/m$

则，以基管外表面积为基准的翅片膜传热系数为:

$$h_0 = h_f A_e / A_0 = 43.9 \times 1.7061/0.07854 = 953.6W/(m^2 \cdot K)$$

(7) 管壁温度的计算和管内膜传热系数的校正

管壁温度按式(3.3－9)计算

$$t_w = \frac{1336}{1336 + 1191.25}(99 - 54.5) + 54.5 = 78.1℃$$

按表 3.1－1 计算介质的密度和黏度

$\rho = 78.1 \times (1.307 \times 0.776 - 1.817) + 973.86 \times 0.776 + 36.34 = 729.4\text{kg/m}^3$；

黏度计算系数，由前面求得：

$$a = 13.781, \ b = -2.4857, \ C = 0.8$$

根据 $v = \exp\{\exp[13.781 - 2.4857\ln(78.1 + 273)]\} - 0.8 = 0.776\text{mm}^2/\text{s}$

$$v = \exp\{\exp[13.781 - 2.4857\ln(99 + 273)]\} - 0.8 = 0.683\text{mm}^2/\text{s}$$

动力黏度 $\mu_w = 0.776 \times 10^{-6} \times 729.4 = 0.565 \times 10^{-3}\text{Pa.s} = 0.567\text{mPa}\cdot\text{s}$；

壁温校正系数 $\phi = (\mu_D/\mu_w)^{0.14} = (0.4866/0.567)^{0.14} = 0.979$

校正后的以管内表面积为基准的管内膜传热系数如下

$$h_i = 1336 \times 0.979 = 1308\text{W}/(\text{m}^2\cdot\text{K})$$

(8) 各项热阻的计算和选取

① 管内垢阻(以管内表面为基准)：$r_i = 0.000170\text{m}^2\cdot\text{K/W}$

② 翅片垢阻：一般干空冷的设计中，翅片垢阻是可忽略不计的，除非环境条件过于恶劣。本题给出了以基管表面为基准的翅片垢阻 $r_0 = 0.00014\text{m}^2\cdot\text{K/W}$。

③ 间隙热阻：本题 $h_f = 43.9$，$h_i = 1308\text{W}/(\text{m}^2\cdot\text{K})$，与图 3.5-1 条件比较接近，在热流温度 165℃和空气温度 73.9℃下，查得间隙热阻 $r_j \approx 0.00015\text{m}^2\cdot\text{K/W}$。

对于其他 h_f、h_i 条件，可查阅相关文件。

④ 管壁热阻：因 $d_0/d_i < 2$，用式(3.5-4)计算管壁热阻。钢管的 λ 取 39.2W/(m·K)

$$d_m = (d_0 + d_i)/2 = 22.5\text{mm}$$

$$r_w = \frac{0.025 - 0.020}{2 \times 39.2} \times \frac{25}{22.5} = 0.000071\text{m}^2\cdot\text{K/W}$$

(9) 总传热系数的计算

根据式(3.6-4)，以基管外表面为基准的总传热系数：

$$K = \frac{1}{\left(\frac{1}{953.6} + 0.00014\right) + \left(\frac{1}{1308} + 0.000170\right) \times \frac{0.025}{0.020} + 0.000071 + 0.00015}$$
$$= 383.40\text{W}/(\text{m}^2\cdot\text{K})$$

(10) 传热温差

$$T_1 = 165℃, \ T_2 = 55℃, \ t_1 = 35℃, \ t_2 = 73.9℃$$

$$\Delta T_m = \frac{(165 - 73.9) - (55 - 35)}{\ln\frac{165 - 73.9}{55 - 35}} = 46.89℃$$

$$P = (73.9 - 35)/(165 - 35) = 0.3$$

$$R = (165 - 55)/(73.9 - 35) = 2.86$$

查图 3.8-8，得温差校正系数 $F_t = 1$，所以 $\Delta T = \Delta T_m = 46.9℃$

(11) 传热面积的计算

$$A_C = \frac{4948.7 \times 10^3}{383.4 \times 46.9} = 275.2\text{m}^2$$

有效传热面积 $A_E = 301.29\text{m}^2$

面积富裕量 $C_R = \frac{301.29 - 275.2}{275.2} \times 100\% = 9.3\%$

由于在管内、外传热计算中已考虑了关联式最大误差的影响，所以该富裕量能满足设计的要求。

(12) 管内阻力计算

按第三章第十节，无相变气体或液体冷却过程的压力降计算，包括了沿管长的摩擦损失、管箱处的回弯损失和进、出口的压力损失之和。

$$\Delta p_i = \zeta(\Delta p_t + \Delta p_r) + \Delta p_N$$

① 沿程流体压力降：

前面已求出流体在定性温度下的$\rho = 712.6\text{kg/m}^3$、$Re = 31941$ 以及壁温校正系数 $\phi = 0.754$，由式(3.10-7)，摩擦系数为：

$$f_i = 0.4513(Re)^{-0.2653} = 0.4513 \times 31941^{-0.2653} = 0.0288$$

由式(3.10-1)

$$\Delta p_t = \left(\frac{789.71^2}{2 \times 712.6}\right)\left(\frac{9 \times 6}{0.02}\right)\left(\frac{0.0288}{0.961}\right) = 35407\text{Pa}$$

② 管箱回弯压力降：按式(3.10-2)计算

$$\Delta p_r = \left(\frac{782.71^2}{2 \times 712.6}\right) \times 4 \times 6 = 10317\text{Pa}$$

③ 进出口压降：进出口各 4 个(每片管束各 2 个)，直径都为 100mm，质量流速为

$$G_{Ni} = G_{Ni} = \frac{67000 \times 4}{3600 \times 4 \times \pi \times 0.1^2} = 592.4$$

按式(3.10-3)计算

$$\Delta p_N = \frac{0.75 \times 592.4^2}{712.6} = 370\text{Pa}$$

④ 结垢补偿系数：$r_i = 0.00015\text{m}^2 \cdot \text{K/W}$，查表 3.10-1，得 $\zeta = 1.18$

管程总压力降：

$$\Delta p_i = 1.18 \times (35407 + 10317) + 370 = 54325\text{Pa}$$

管程压力降在许可范围之内。

(13) 管外空气阻力

① 空气穿过翅片管束的静压

采用式(3.11-2)、式(3.11-3)计算，空气定性温度($t_D = 54.5$℃)下的各物理参数：

$\rho_a = 1.076\text{kg/m}^3$；

$\mu_a = 19.8 \times 10^{-6}\text{kg/(m} \cdot \text{s)}$；

$\lambda = 0.0286\text{W/(m} \cdot \text{K)}$；

$Pr = 0.697$；

$G_{max} = \xi_f U_N \rho_N = 1.976 \times 2.6 \times 1.205 = 6.19\ \text{kg/(m}^2 \cdot \text{s)}$。

由于海拔高度较小，可忽略海拔高度对空气密度的影响。

摩擦系数：$f_a = 37.86\left(\frac{0.026 \times 6.19}{19.8 \times 10^{-6}}\right)^{-0.316} \times \left(\frac{0.0635}{0.026}\right)^{-0.927} \times \left(\frac{0.0635}{0.0635}\right)^{0.315} = 0.9619$

管束的静压 $\Delta p_{st} = 0.9619 \times 6 \times \frac{6.19^2}{2 \times 1.076} = 103\text{Pa}$

如采用式(3.11-5)计算，气流阻力综合几何参数由第四章附录 A4-2 查得 $K_L = 4.361$，则 $\Delta p_{st} = (3.019 \times 10^{-3} \times 54.5 + 0.6203) \times 4.361 \times 2.6^{1.684} \times 6 = 103\text{Pa}$

两公式计算结果相同。

② 风机通过风筒的动压头

按式(5.4－3)计算，空气总流量：$V_N = 37.848\text{Nm}^3/\text{h}$

在设计温度下每台风机的空气流量为

$$V = \frac{37.848 \times 10^4}{2} \times \frac{273 + 35}{293} = 19.893 \times 10^4 \text{m}^3/\text{h}$$

$t_0 = 35$℃下的空气密度：$\rho_a = 1.205 \times 293/308 = 1.146$

风机直径：3.6m

$$\text{动压头 } \Delta p_D = \frac{\left(\dfrac{4V}{3600\pi D^2}\right)^2}{2}\rho_a = \frac{\left(\dfrac{4 \times 19.893 \times 10^4}{3600 \cdot \pi \cdot 3.6^2}\right)^2}{2} \times 1.146 = 17\text{Pa}$$

③ 全风压

$$H = 103 + 17 = 120\text{Pa}$$

(14) 风机功率的计算

选用 B 型叶片停机手调角式 G－TF36－B4 考虑噪音的控制，风机转速：$n = 265\text{r/min}$，叶尖速度为 $u = 265\pi \times 3.6/60 \approx 50\text{m/s}$

风机输出功率 $N_0 = HV = 120 \times 19.893 \times 10^4/3600 = 6.631 \times 10^3 \text{W}$

风量系数由式(5.5－1)计算：$\overline{V} = \dfrac{4 \times 19.893 \times 10^4}{3600 \times \pi \times 3.6^2 \times 50} = 0.109$

压头系数由式(5.5－2)计算：$\overline{H} = \dfrac{120}{1.146 \times 50^2} = 0.042$

查图 5.3－10，叶片的安装角 $\alpha = 9°$，翅片效率 $\eta = 75\%$，功率系数 $\overline{N} = 6 \times 10^{-3}$。

则轴功率 $N = 0.006 \times \pi \times 3.6^2 \times 1.146 \times 50^3/4 = 8.75 \times 10^3 \text{W}$

风机的轴功率，也可由风机输出功率直接算出：

$$N = N_0/\eta = 6.631 \times 10^3/0.75 = 8.84 \times 10^3 \text{W}$$

上述轴功率是设计风温和风量下的理论计算值，风机轴功率计算时必须至少考虑 5% 的漏风量。

电机效率取 $\eta_1 = 0.9$，皮带传送效率取 $\eta_2 = 0.92$

电机实耗功率为：$N_d = \dfrac{8.84 \times 10^3 \times 1.05}{0.9 \times 0.92} = 11.3 \times 10^3 \text{W}$

(15) 风机的过冬计算

本题选用停机手调角式，需考虑冬季如不能及时调节风机叶片角度，或采用一停一开的节能方式时，要对冬季电机负荷进行核算。根据第五章第三节对风机特性曲线的叙述，叶片的安装角和转速不变，风机的(体积)风量 V 不会改变，因此风机的叶片效率 η、风量系数 $\overline{V}$、压头系数 $\overline{H}$ 及功率系数 $\overline{N}$ 都不会改变。根据这一原理，可计算出冬季风机所耗的功率。冬季温度 $t_0 = -10$℃，空气的密度为：

$$\rho_0 = 1.205 \times \frac{293}{263} = 1.342\text{kg/m}^3$$

冬季电机的耗功率为 $N = 1.342/1.205 \times 8.84 \times 10^3 = 9.85 \times 10^3 \text{W}$

冬季电机的耗功率为 $N_d = 1.342/1.205 \times 11.3 \times 10^3 = 12.59 \times 10^3 \text{W}$

根据以上计算，可选用 15kW 电机。选配的电机功率一般应大于上面计算值的 15%，最低富裕量也不应低于10%。

(16) 风机噪音的估算

单台风机的噪音按式(5.7－8)计算，叶尖附近的声压级为

$$L_P = 35.8 + 30\lg 50 + 10\lg\left(\frac{9.85 \times 10^3}{1000}\right) - 20(\lg 3.6) = 85.57\text{dB}$$

两台风机叠加后的最大声压级为$\sum L_P = 85.57 + 3 = 88.57\text{dB}$

两台共同操作时也已满足 SH 3024—1995《石油化工企业环境保护设计规范》中，空冷器总噪声应低于90dB 的规定。

要求距风机一定距离 m 处的噪音，可按第五章第七节中“多台风机的噪声的传播和组合”介绍的方法计算。

本例题到此计算完毕。作为实例，下面介绍了此题加大翅片管心距的另一选择方案，如表6.4－2 所示。

表6.4－2 管束、构架和风机的初步选择(二)

编号	参数	代号	规格	注
一	管束和构架规格			
1	名义长度/m	A	9	
2	名义宽度/m	B	3	
3	实际宽度/m	B_S	2.97	
4	有效迎风面积/m²	A_F	24.538×2	附录 A4－1
5	管排数	N_P	5	
6	管束数量		2	并联布局
7	管心距/mm	S_1	67	附录 A4－1
8	基管总根数	N_t	215×2	参照附录 A4－1
9	有效管根数	n_e	212×2	参照附录 A4－1
10	基管外径/mm	d_0	25	
11	基管内径/mm	d_i	20	
12	有效基管传热面积/m²	A_E	144.2×2	附录 A4－1
12	管内流通总面积/m²	a_Σ	0.1351	$\pi d_i^2 N_t/4$
13	管程数	N_{tp}	5	
14	每程流通面积	a_s	0.02702	a_Σ/N_{tp}
15	构件规格/m×m		9×6	
16	构件数量		1	
二	翅片参数			
17	翅片外径/mm	d_f	57	
18	翅片平均厚度/mm	δ	0.4	
19	翅根直径/mm	d_r	26	
20	翅片数/(片/m)	N_f	433	附录 A4－2
三	翅片管计算参数			
21	风面比	ξ_f	1.880	附录 A4－2
22	传热计算几何综合系数	K_f	2.3697	附录 A4－2
23	阻力计算几何综合系数	K_L	5.816	附录 A4－2
四	风机			
24	规格		F36－4	2台

风量计算：

按表6.3－3，由于管心距为67mm，比常用的翅片管管心距略大，取标准迎面风速

$$U_N = 2.8\text{m/s}$$

管束的实际迎风面积：$A_F = 49.076\text{m}^2$（见附录A4－1）

总风量为：$V_N = U_N A_F = 2.8 \times 49.076 \times 3600 = 49.468 \times 10^4\ \text{Nm}^3/\text{h}$

$$t_1 = 35℃$$

出口风温：

$$t_2 = t_1 + \frac{Q_\Sigma}{V_N \rho_N C_p} = 35 + \frac{4948.7 \times 10^3 \times 3600}{49.468 \times 10^4 \times 1.205 \times 1005} = 64.74℃$$

该方案与初步估算结果十分接近。详细计算留给读者自行进行，也许此方案更为合理，只是占地面积略大些。

2. 气相冷却

【例6.4－2】（1）已知条件：一个用于热量回收的空气冷却器，采用高温烟气加热常压空气。设计参数如表6.4－3和表6.4－4。

表6.4－3 烟气冷却器设计参数

	管程	壳程		管程	壳程
介质	烟气	空气	进口温度/℃	521	35
相对分子质量	29.6	29	出口温度/℃	481	—
流量/(kg/h)	39705	33758	允许压降/kPa	1.495	1.495
进口压力/MPa(a)	0.343	0.103	垢阻/($\text{m}^2 \cdot \text{K/W}$)	0.00026	0.00035

最低进气温度：－22℃。

表6.4－4 烟气组分

烟气组分	H_2O	N_2	O_2	CO_2	HCl	Cl
组成/%(mol)	10.6	72.4	0.7	16.1	0221	0.0148

空气加热器的传热管选用$\phi89 \times 5.5$无缝钢管，因受安装的限制，传热管长取1.9m。空气和烟气进、出口直径的$DN800$。计算所需传热面积和空气出口温度。

（2）热负荷的计算

管内定性温度取$T_D = (521 + 481)/2 = 501℃$，查相关资料，500℃下烟气的物性如表6.4－5。

表6.4－5 500℃下烟气的物性($P = 101325\text{Pa}$) CO_2：13%，H_2O：11%，N_2：76%

密度ρ/(kg/m^3)	比热容C_p/[kJ/(kg·K)]	导热系数λ/[W/(m·K)]	黏度μ/Pa·s	普朗特数Pr
0.457	1.185	0.0656	34.8×10^{-6}	0.63

由于温差很小，设定C_p为一常数。则热负荷为：

$$Q_H = 1.185 \times 10^3 \times 39705 \times (521 - 481)/3600 = 522.78 \times 10^3\text{W}$$

（3）空冷器的方案计算

① 空气温升和传热温差

取空气的比热容为1.006kJ/(kg·K)，出口温度为：

$$t_2 = 35 + \frac{522.78 \times 10^3 \times 3600}{33758 \times 1.006 \times 10^3} = 90.4℃$$

空气的定性温度 $t_D=(90.4+35)/2=62.7℃$，空气的物理参数如表6.4－6。

表6.4－6　62.7℃下空气的物性($P=101325Pa$)

密度 $\rho/(kg/m^3)$	比热容 $C_p/[kJ/(kg\cdot K)]$	导热系数 $\lambda/[W/(m\cdot K)]$	黏度 $\mu/Pa\cdot s$	普朗特数 Pr
1.052	1.006	0.0292	20.2×10^{-6}	0.696

对数传热温差

$$\Delta T_m=\frac{(481-35)-(521-90.4)}{\ln\left(\frac{481-35}{521-90.4}\right)}=438.3℃$$

温差校正：

$$P=(90.4-35)/(521-35)=0.114$$
$$R=(521-481)/(90.4-35)=0.722$$

查表，得 $F_t=1$，

则：$\Delta T=\Delta T_m=438.3℃$

② 初选传热系数

由于管内外都为气体，选用光管作为传热元件，取总传热系数 $K=50W/(m^2\cdot K)$。

③ 估算传热面积

$$A_R=\frac{522.78\times10^3}{50\times438.3}=23.85m^2$$

④ 排管方案

取传热管49根，传热管总面积为：

$$A=\pi\times0.089\ \times1.9\times49=26.03m^2$$

初选面积余量20%。

布管49根，分7排，每排7根，单管程。管心距134mm，正三角形排列。

空气出、入口直径：ϕ800mm。

图6.4－1是该冷却器结构图示。

(4) 管内传热系数的计算

管内流通面积：$a_i=0.078^2\pi\times49/4=0.2341m^2$

质量流速：$G_i=\dfrac{39705}{3600\times0.2341}=47.11kg/(m^2\cdot s)$

雷诺数 $Re=\dfrac{0.078\times47.11}{34.8\times10^{-6}}=105591$

管内传热系数用 Dttus－Boelter 公式[式(3.3－4)]计算

$$h_i=0.023\times\frac{0.0656}{0.078}\times105591^{0.8}\times0.63^{0.333}=173.2W/(m^2\cdot K)$$

(5) 管外空气传热系数的计算

管束的最小流通面积：$A_{min}=(0.134-0.089)\times7\times1.9=0.5985m^2$

空气的最大质量流速：$G_{max}=\dfrac{33758}{3600\times0.5985}=15.668kg/(m^2\cdot s)$

定性温度62.7℃下，空气的各项物性见表6.4－6。

雷诺数 $Re=\dfrac{0.089\times15.668}{20.2\times10^{-6}}=69032$

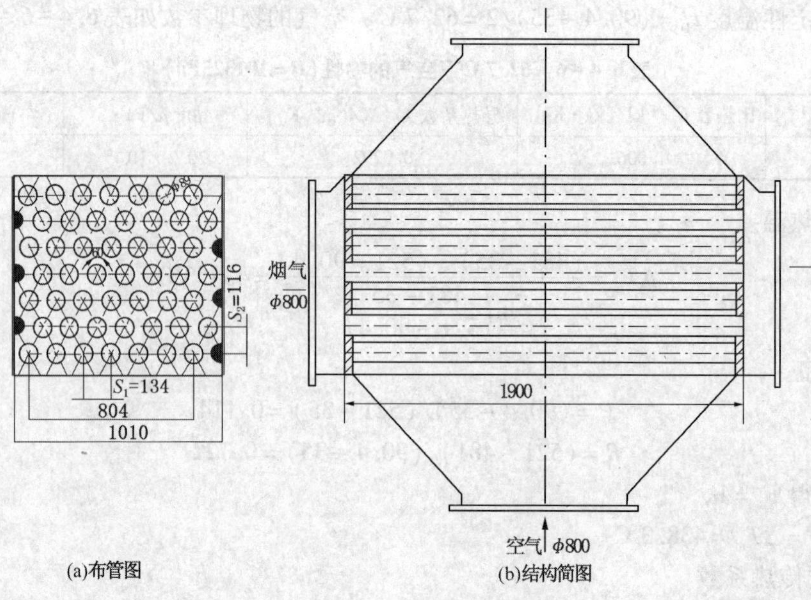

图 6.4－1 冷却器结构示意图

$\sigma_1 = S_1/D_0 = 134/89 = 1.5$，$\sigma_2 = S_2/D_0 = 116/89 = 1.3$，查表 3.4－1 管束排列系数 $C_H = 1.01$；由表 3.4－2，7 排管的管排修正系数 $\psi = 0.965$。

管外空气的传热系数按式(3.4－1)计算：

$$h_0 = 0.33 \times \frac{0.0292}{0.089} \times 1.01 \times 0.965 \times 69032^{0.6} \times 0.696^{0.333} = 74.88\text{W/(m}^2 \cdot \text{K)}$$

(6) 各项热阻的确定

管内：$r_i = 0.00026\text{m}^2 \cdot \text{K/W}$；

管外：$r_0 = 0.00035\text{m}^2 \cdot \text{K/W}$；

管壁热阻按式(3.5－4)计算：

$$r_w = \frac{0.089 - 0.078}{2 \times 14.7} \times \frac{0.089}{(0.089 + 0.078)/2} = 0.0004\text{m}^2 \cdot \text{K/W};$$

式中不锈钢的导热系数取 14.7W/(m·K)。

(7) 总传热系数

$$K_0 = \frac{1}{\left(\frac{1}{173.2} + 0.00026\right) \times \frac{89}{78} + \frac{1}{74.88} + 0.00035 + 0.0004} = 47.64\text{W/(m}^2 \cdot \text{K)}$$

(8) 传热总面积

$$A_R = \frac{522.78 \times 10^3}{47.64 \times 438.3} = 25.04\text{m}^2$$

实际选用面积 $A = 26.03\text{m}^2$，富裕量 3.8%。本题传热计算的各公式没有进行试验误差的校正，面积富裕量并不高，因此实际选用面积是满足传热的最小面积。

(9) 管壁温度和壁温校正系数

管壁温度用式(3.3－9)计算：

$$t_w = \frac{173.2}{173.2 + 74.88} \times (438.3 - 62.7) + 62.7 = 325℃$$

325℃下烟气黏度为28.9Pa·s

壁温校正系数：$\phi = 34.8/28.9 = 1.204$。

$\phi^{0.14} = 1.026$，此校正值很小，在传热和阻力计算可近似取作1。

（10）管内阻力计算

管内阻力包括传热管沿程阻力和进、出口阻力两部分。

① 传热管直管沿程阻力

对普通无缝钢管的摩擦系数按图3.10－2查取。$Re = 105591$，得 $f_i = 0.027$

在操作压力 $P_i \approx 0.343\text{Pa(a)}$ 和定性温度下的烟气密度：

$$\rho_i = 0.457 \times \frac{0.343}{0.101325} = 1.547\text{m}^3/\text{h}$$

按式（3.10－1）计算沿程阻力：

$$\Delta p_t = \frac{47.11^2}{2 \times 1.547} \times \frac{1.9}{0.078} \times 0.027 = 472\text{Pa}$$

② 进、出口阻力

烟气的质量流率：

$$G_N = \frac{39705 \times 4}{3600 \times 0.8^2 \times \pi} = 21.94\text{kg/(m}^2 \cdot \text{s)}$$

按式（3.10－3），$\Delta p_N = 0.75 \times 21.94^2/1.547 = 234\text{Pa}$

③ 管程污垢校正系数

$r_i = 0.00026\text{m}^2 \cdot \text{K/W}$，按图3.10－1，得污垢校正系数 $\zeta = 1.27$，

则管程总压降为：

$$\Delta p_i = 1.27 \times 472 + 234 = 833.4\text{Pa}，小于允许压降。$$

（11）壳程空气阻力计算

按式（3.11－1）计算。$Re = 69032$，$\sigma_1 = 1.5$，$\sigma_2 = 1.3$，三角形排列，查表3.11－1，管束排列修正系数 $C_f = 0.76$，

$$\Delta p_{st} = 0.334 \times 0.76 \times 7 \times \frac{15.668^2}{2 \times 1.052} = 207.3\text{Pa}$$

烟气的质量流率：

$$G_N = \frac{33758 \times 4}{3600 \times 0.8^2 \times \pi} = 18.66\text{kg/(m}^2 \cdot \text{s)}$$

按式（3.10－3），$\Delta p_N = 0.75 \times 18.66^2/1.052 = 278.2\text{Pa}$

对光管式换热管，管外污垢对阻力的影响这里借用了文献[49]“壳程压力降污垢校正系数”的数值，当 $r_0 = 0.00026\text{m}^2 \cdot \text{K/W}$ 时，经内插，求得校正系数 $F_0 = 1.25$。则，管外空气的总压降为：

$\Delta p_0 = F_0 \Delta p_{st} + \Delta p_N = 1.25 \times 207.3 + 278.2 = 537.3\text{Pa}$，小于允许压降。

（12）气体传热问题的讨论

气体换热的传热系数一般都比较低，特别是常压空气更是如此。如本题，管外空气侧传热系数，只有管内的一半。所以要提高总传热系数，关键是要提强化管外侧的传热效果。反之，如果管内侧传热系数很低，就要提强化管内侧的传热效果。对本题而言，可用以下两种措施来提高管外侧的传热系数：

① 适当减小排管的管心距，增大空气的质量流率。如本题可将 S_1 由134mm改为

124mm，管外传热系数可提高8%。但管心距尺寸受到了管板强度设计和成型工艺的限制，不能过小，一般 S_1/d_0 宜大于1.3。同时，过小的管心距使空气穿过管束的阻力降增大很快，常常满足不了系统压降的要求。

② 当介质的进口温度很高时，采用高频焊钢绕片翅片管，强化管外传热。这一措施很有效，但投资较高。如果传热负荷很高，需用的传热面积很大，采用翅片管技术经济上还是合理的，必要时可进行管内外同时强化技术。

本冷却器是石化厂某装置再生烟气热量回收的具体应用实例。被加热的空气送入加热炉或其他设备中，用来提高装置的热效率。图6.4－1所示并非是最佳结构，本题仅以此实例介绍一下无相变气体冷却的计算过程。由于送风机械不与冷却器直接相连，所以不必进行风机的选型计算，只提供冷却器所消耗的压降和烟气压降的大小。

6.5 可凝气的冷凝设计实例

1. 已知条件

介质：某稳定塔顶汽油油气冷凝为全冷凝过程，入口全部为气相，出口全部为凝液。

油气流率：82000kg/h；

入口温度：$T_1=140℃$；

出口温度：$T_2=55℃$；

入口压力：$p_1=0.2\text{MPa}$；

允许压力降：$\Delta p=60\text{kPa}$；

管内污垢热阻：$r_i=0.00012\text{m}^2\cdot\text{K/W}$；

介质物化性质：

相对密度：$\rho_4^{20}=0.7201$；

特性因数：$K=12.0$；

相对分子质量：$M=103$；

黏度：$v_{45}=0.6\text{mm}^2/\text{s}$；

$v_{15}=0.78\text{mm}^2/\text{s}$；

空气设计温度：$t_1=35℃$ 。

海拔高度：50m。

2. 热负荷的计算

指数：$API=\dfrac{141.5}{0.99417\times0.7201+0.009181}-131.5=63.65$

进口气相热焓，$T_1=140℃$，根据表3.1－1计算得629.5kJ/kg，

出口液相热焓，$T_2=55℃$，根据表3.1－1计算得156.5kJ/kg，

总热负荷为：

$$Q=82000/3600\times(629.5-156.5)\times10^3=10774\times10^3\text{W}$$

3. 空冷器初选方案的计算

(1) 总传热系数的选取

根据表3.6－1，汽油冷凝总传热系数取 $K_0=400\text{W}/(\text{m}^2\cdot\text{K})$。

(2) 估算空气出口温度

$T_1 - T_2 = 140 - 55 = 85$，由图 3.7-1 查出 $F_f = 1.11$

由式(3.7-1)，$t_2 = 35 + 0.88 \times 10^{-3} \times 400 \times 1.11 \times \left(\frac{140+55}{2} - 35\right) = 59.42℃$

取 $t_2 = 60℃$

(3) 对数传热温差的估算

$$\Delta T_m = \frac{(140-60)-(55-35)}{\ln\frac{140-60}{55-35}} = 43.28℃$$

温差校正：

$$P = (60-35)/(140-35) = 0.238$$
$$R = (140-55)/(60-35) = 3.4$$

按 2 管程，查图 3.8-8，得校正系数 $F_t = 0.92$

$$\Delta T = 43.28 \times 0.92 = 39.82℃$$

(4) 计算传热面积

$$A_R = \frac{Q}{K_o \cdot \Delta T} = \frac{10774 \times 10^3}{400 \times 39.82} = 676.4\text{m}^2$$

(5) 总风量的估算

按式(6.2-1)，得：

$$V_\Sigma = \frac{10774 \times 10^3 \times 3600}{1.1 \times 1005 \times (60-35)} = 140.34 \times 10^4\text{m}^3/\text{h}$$

(6) 翅片管束的选择

根据传热面积和总风量，初步选择管束和构架、风机的参数如表 6.5-1 所示。初选管束的面积富裕量 11%，但每台风机的所需风量过大，下面进行详细传热计算时，要对风机的出口风温作适当调整。

表 6.5-1　管束、构架和风机的初步选择

编　号	参　数	代　号	规　格	注
一	管束和构架规格			
1	名义长度/m	A	9	
2	名义宽度/m	B	3	
3	实际宽度/m	B_S	2.97	
4	有效迎风面积/m^2	A_F	24.538×4	附录 A4-1
5	管排数	N_P	6	
6	管束数量		4	并联布局
7	管心距/mm	S_1	62	附录 A4-1
8	基管总根数	N_t	279×4	参照附录 A4-1
9	有效管根数	n_e	276×4	参照附录 A4-1
10	基管外径/mm	d_0	25	
11	基管内径/mm	d_i	20	
12	有效基管传热面积/m^2	A_E	187.29×4	附录 A4-1
13	管内流通总面积/m^2	a_Σ	0.08765×4	$\pi d_i^2 N_t/4$
14	管程数	N_{tp}	2	
15	每程流通面积	a_s	0.043825×4	a_Σ/N_{tp}

续表 6.5－1

编号	参数	代号	规格	注
16	构架规格/m×m		9×6	
17	构架数量		2	
二	翅片参数			
18	翅片外径/mm	d_f	57	
19	翅片平均厚度/mm	δ	0.4	
20	翅根直径/mm	d_r	26	
21	翅片数/(片/m)	N_f	433	附录 A4－2
三	翅片管计算参数			
22	风面比	ξ_f	2.024	附录 A4－2
23	传热计算几何综合系数	K_f	2.498	附录 A4－2
24	阻力计算几何综合系数	K_L	4.642	附录 A4－2
四	风机			
25	规格		F36－4	4台

4. 管内传热系数的计算

水平管内蒸汽冷凝传热系数可按式(3.3－10)阿柯斯关联式计算。

定性温度：该过程为完全冷凝，其冷膜传热系数高于空气膜传热系数较多，故取热流速进、出口温度的平均值作为定性温度即：

$$T_D = \frac{1}{2}(T_1 + T_2) = \frac{1}{2}(140 + 55) = 97.5℃$$

相对密度：$\rho_4^{20} = 0.7201$；

特性因数：$K = 12.0$；

相对分子质量：$M = 103$；

在定性温度下，饱和油气的密度可由相对分子质量从相关图标中查得：$\rho_g = 4.568\text{kg/m}^3$；

气体黏度 $\mu_g = 0.00775 \times 10^{-3}\text{Pa}\cdot\text{s}$

液相密度、比热容和导热系数由表 3.1－1 计算得：

$$\rho_1 = 652\text{kg/m}^3$$

$$C_P = 2.452\text{kJ/(kg}\cdot\text{K)}$$

$$\lambda = 0.154\text{W/(m}\cdot\text{K)}$$

液相的黏度根据已知的 $v_{45} = 0.6\text{mm}^2\text{/s}$，$v_{15} = 0.78\text{mm}^2\text{/s}$，由表 3.1－1 计算出：

$$v = 0.4331\text{mm}^2\text{/s},\ \mu = 0.282 \times 10^{-3}\text{Pa}\cdot\text{s}$$

当量液体流量：

$$W_E = \frac{1}{2}(W_{1g} + W_{2g})\left(\frac{\rho_1}{\rho_g}\right)^{\frac{1}{2}} + \frac{1}{2}(W_{1l} + W_{2l})$$

$$= \frac{1}{2}(82000)\left(\frac{652}{4.568}\right)^{\frac{1}{2}} + \frac{1}{2}(82000) = 530077.2\text{kg/h}$$

质量流率：

$$G_E = \frac{530077.2}{3600 \times 0.043825 \times 4} = 840\text{kg/(m}^2\cdot\text{s)}$$

当量雷诺数：

$$(Re)_{\mathrm{E}}=\frac{d_{\mathrm{i}}G_{\mathrm{E}}}{\mu_{\mathrm{l}}}=\frac{0.02\times840}{0.282\times10^{-3}}=59574$$

普兰特准数：

$$Pr=\left(\frac{C_{\mathrm{p}}\cdot\mu}{\lambda}\right)_{\mathrm{l}}=\frac{2.452\times10^{3}\times0.282\times10^{-3}}{0.154}=4.49$$

管内冷凝液膜传热系数：

$$h_{\mathrm{i}}=0.0265\frac{\lambda_{\mathrm{l}}}{d_{\mathrm{i}}}\cdot(Re)_{\mathrm{E}}^{0.8}\cdot Pr^{0.333}=0.0265\times\frac{0.154}{0.02}\times59574^{0.8}\times4.49^{0.333}$$

$$=2223\mathrm{W/(m^{2}\cdot K)}$$

由于为完全冷凝过程，冷凝膜传热系数较大，故气体显热膜传热系数可略去。阿柯斯关联式的标准误差为±20%，为了安全起见，取：

$$h_{\mathrm{i}}=2223\times0.8=1778\mathrm{W/(m^{2}\cdot K)}$$

5. 风量和空气出口温度的计算

(1) 风量计算

在初选方案的计算中，空冷器所需风量较大，因此取标准迎面风速：

$$U_{\mathrm{N}}=2.6\mathrm{m/s}$$

管束的实际迎风面积：$A_{\mathrm{F}}=24.538\times4=98.152\mathrm{m}^{2}$（见附录 A4-1）

总风量为：

$$V_{\mathrm{N}}=U_{\mathrm{N}}A_{\mathrm{F}}=2.6\times98.152\times3600=91.87\times10^{4}\mathrm{Nm^{3}/h}$$

(2) 出口风温

$$t_{1}=35℃$$

$$t_{2}=t_{1}+\frac{Q_{\Sigma}}{V_{\mathrm{N}}\rho_{\mathrm{N}}Cp}=35+\frac{10774\times10^{3}\times3600}{91.87\times10^{4}\times1.205\times1005}=69.90℃$$

6. 传热温差的计算

$$T_{1}=140℃,\ T_{2}=55℃,\ t_{1}=35℃,\ t_{2}=69.9℃,$$

对数传热温差：

$$\Delta T_{\mathrm{m}}=\frac{(140-69.9)-(55-35)}{\ln\dfrac{140-69.9}{55-35}}=39.95℃$$

温差校正：

$$P=(69.9-35)/(140-35)=0.332$$

$$R=(140-55)/(69.9-35)=2.463$$

按2管程，查图3.8-8，得校正系数 $F_{\mathrm{t}}=0.94$，

$$\Delta T=39.95\times0.94=37.6℃$$

7. 翅片管外空气膜传热系数的计算

定性温度：

$$t_{\mathrm{D}}=(t_{1}+t_{2})/2=0.5\times(35+69.9)=52.5℃$$

按由附录 A4-2 查得传热计算几何综合系数 $K_{\mathrm{f}}=2.498$，用简算式(3.4-9)进行计算以翅片总表面积为基准的传热系数：

$$h_f=(0.0074\times52.5+9.072)\times2.498\times2.6^{0.718}=46.93\text{W}/(\text{m}^2\cdot\text{K})$$

Briggs 公式的标准误差为 5.1%，为了安全起见，设计时取：

$$h_f=46.93\times0.95=44.58\text{W}/(\text{m}^2\cdot\text{K})$$

h_f 是以翅片外总表面积为基准的膜传热系数，需要换算为以基管为基准的传热系数 h_0。

求翅片效率：$r_f/r_r=57/26=2.19$

$$(r_f-r_r)\sqrt{2h_f/(\lambda_L\delta)}=\frac{57-26}{2\times1000}\times\sqrt{\frac{2\times44.58}{238\times0.0004}}=0.474$$

查图 3.4－4 得翅片效率 $E_f=0.93$。

根据式(3.4－6)计算翅片的有效面积 A_e：

$$A_e=A_fE_f+A_r=\left[\frac{\pi}{2}\times(57^2-26^2)+\pi\times57\times0.4\right]\times\frac{433}{10^6}\times0.93+\pi\times0.026\times(1-0.4\times\frac{433}{10^3})$$
$$=1.7239\text{m}^2/\text{m}$$

$$A_0=0.025\pi=0.07854\text{m}^2/\text{m}$$

则，以基管外表面积为基准的翅片膜传热系数为：

$$h_0=h_fA_e/A_0=44.58\times1.7239/0.07854=978.5\text{W}/(\text{m}^2\cdot\text{K})$$

本题采用了国产常用的管心距为 62mm 的高翅片参数，故也可采用式(3.4－12)计算：

$$h_0=479\times2.6^{0.718}=951.23\text{W}/(\text{m}^2\cdot\text{K})$$

式(3.4－12)已考虑到了 Briggs 公式的标准误差，与上面简算式(3.4－9)计算结果偏差为 2.8%，这一偏差在工程计算上是许可的，但方便多了。

8. 各项热阻的计算和选取

(1) 管内垢阻(以管内表面为基准)

$$r_i=0.00012\text{m}^2\cdot\text{K/W};$$

(2) 翅片垢阻(以基管表面为基准)

$$r_0=0.00015\text{m}^2\cdot\text{K/W};$$

(3) 间隙热阻

本题 $h_f=44.56$，$h_i=1744\ \text{W}/(\text{m}^2\cdot\text{K})$，与图 3.5－1 条件比较接近，在热流温度 140℃和空气温度 51.9℃下，查得间隙热阻 $r_j\approx0.00013\text{m}^2\cdot\text{K/W}$。

(4) 管壁热阻

因 $d_0/d_i<2$，用式(3.5－4)计算管壁热阻。钢管的 λ 取 39.2W/(m·K)

$$d_m=(d_0+d_i)/2=22.5\text{mm}$$

$$r_w=\frac{0.025-0.020}{2\times39.2}\times\frac{25}{22.5}=0.000071\text{m}^2\cdot\text{K/W}$$

9. 总传热系数

$$K=\frac{1}{\frac{1}{951.23}+\left(\frac{1}{1778}+0.00012\right)\times\frac{0.025}{0.020}+0.000071+0.00015+0.00013}$$
$$=443.4\text{W}/(\text{m}^2\cdot\text{K})$$

10. 传热面积

$$A_C=\frac{Q}{K\cdot\Delta T}=\frac{10774\times10^3}{443.4\times37.6}=646.2\text{m}^2$$

实际选用面积余量

$$C_R = \frac{A \times N_s - A_C}{A_C} \times 100\% = \frac{187.29 \times 4 - 646.2}{646.2} \times 100\% = 16\%$$，合适！

11. 管程压力降

可凝气的冷凝压力降，按式(3.10－11)计算

$$\Delta P_t = \frac{f_i}{2} \cdot \frac{G_i^2 \cdot L}{\rho_g \cdot d_i}(N_{tp})(\varepsilon)(\xi)$$

摩擦系数f_i取进口温度下的气流参数。$M = 105$，$T_1 = 140℃$，气流的物性如下：

$$\rho_g = 4.10 \text{kg/m}^3$$

$$\mu_g = 0.00830 \times 10^{-3} \text{Pa} \cdot \text{s}$$

$$G_i = \frac{W_i}{3600 \cdot S_i \cdot N_s} = \frac{82000}{3600 \times 0.043825 \times 4} = 129.94 \text{kg/(m}^2 \cdot \text{s)}$$

$$(Re)_g = \frac{d_i \times G_i}{\mu_g} = \frac{0.02 \times 129.94}{0.0083 \times 10^{-3}} = 313108.4$$

查图3.10－2或由式(3.10－8)计算，得$f_i = 0.0164$

因为该过程为全部冷凝过程，故取，$\varepsilon = 0.5$；$\zeta = 1.3$

$$\Delta p_t = \frac{0.0164}{2} \times \frac{129.94^2}{4.10} \times \frac{9}{0.02} \times 2 \times 0.5 \times 1.3 = 19.75 \times 10^3 \text{Pa}$$

管程回转压降和管箱进、出口压降都取进口温度下的气流参数。

管程回转压降按式(3.10－2)计算：

$$\Delta p_r = \frac{129.94^2}{2 \times 4.1} \times 4 \times 2 = 16.74 \times 10^3 \text{Pa}$$

管箱进出口压降按式(3.10－3)计算：

取进、出口直径$D_N = 150\text{mm}$，进出口的质量流速为：

$$G_N = \frac{82000 \times 4}{3600\pi \times 0.15^2 \times 8} = 161.12 \text{kg/(m}^2 \cdot \text{s)}$$

$$\Delta p_N = 1.5 \times \frac{161.11^2}{2 \times 4.1} = 4.45 \times 10^3 \text{Pa}$$

管程总压降：

$$\Delta p_i = \Delta p_t + \Delta p_r + \Delta p_N = 19.75 + 16.74 + 4.45 = 40.92 \text{kPa}$$ 合适。

12. 管外翅片阻力

用式(3.11－5)计算，定性温度$t_D = 52.5℃$，气流阻力综合几何参数由第四章附录A4－2查得$K_L = 4.642$。

则 $\Delta p_{st} = (3.019 \times 10^{-3} \times 52.5 + 0.6203) \times 4.624 \times 2.6^{1.684} \times 6 = 108\text{Pa}$

风机通过风筒的动压头按式(5.4－3)计算：

在设计温度下每台风机的空气流量为：

$$V_B = \frac{91.870 \times 10^4}{4} \times \frac{273 + 35}{293} = 24.143 \times 10^4 \text{m}^3/\text{h}$$

$t_1 = 35℃$ 下的空气密度：$\rho_a = 1.205 \times 293/308 = 1.146$

风机直径：3.6m

动压头：$$\Delta p_D = \frac{\left(\frac{4V_B}{3600\pi D^2}\right)^2}{2}\rho_a = \frac{\left(\frac{4 \times 24.143 \times 10^4}{3600 \cdot \pi \cdot 3.6^2}\right)^2}{2} \times 1.146 = 24.87\text{Pa}$$

全风压：

$$H=108+24.87=132.9\text{Pa}$$

13. 风机功率的计算

选用4台B型叶片停机手调角式G－TF36－B4，考虑噪声的控制，风机转速：$n=265\text{r/min}$，叶尖速度为$u=265\pi\times3.6/60\approx50\text{m/s}$，每台风机的风量：$V_B=24.143\times10^4\text{m}^3/\text{h}$。

风机输出功率$N_o=HV_B=132.9\times24.143\times10^4/3600=8.91\times10^3\text{W}$

风量系数由式(5.5－1)计算：$\overline{V}=\dfrac{4\times24.143\times10^4}{3600\times\pi\times3.6^2\times50}=0.132$

压头系数由式(5.5－2)计算：$\overline{H}=\dfrac{132.9}{1.146\times50^2}=0.0464$

查图5.3－11，叶片的安装角$\alpha=13°$，翅片效率$\eta=80\%$，功率系数$\overline{N}=8.0\times10^{-3}$

则轴功率：$N=0.0080\times\pi\times3.6^2\times1.146\times50^3/4=11.66\times10^3\text{W}$

风机的轴功轴功率，也可由风机输出功率直接算出：

$N=N_o/\eta=8.91\times10^3/0.80=11.14\times10^3\text{W}$

上述轴功率是设计风温和风量下的理论计算值，风机轴功率计算时必须至少考虑5%的漏风量。

电机效率取$\eta_1=0.9$，皮带传送效率取$\eta_2=0.92$

电机实耗功率为：$N_d=\dfrac{11.66\times10^3\times1.05}{0.9\times0.92}=14.79\times10^3\text{W}$

14. 风机的过冬计算

本题选用停机手调角式，需考虑冬季如不能及时调节风机叶片角度，或采用一停一开的节能方式时，要对冬季电机负荷进行核算。根据第五章第三节对风机特性曲线的叙述，叶片的安装角和转速不变，风机的(体积)风量V不会改变，因此风机的叶片效率η、风量系数$\overline{V}$、压头系数$\overline{H}$及功率系数$\overline{N}$都不会改变。根据这一原理，可计算出冬季风机所耗的功率。冬季温度$t_0=-10℃$，空气的密度为：

$$\rho_0=1.205\times\frac{293}{263}=1.342\text{kg/m}^3$$

冬季风机的轴功率为：$N=1.342/1.205\times11.66\times10^3=12.96\times10^3\text{W}$

冬季电机的耗功率为：$N_d=1.342/1.205\times14.79\times10^3=16.47\times10^3\text{W}$

根据以上计算，可选配22kW电机。选配的电机功率一般应大于上面计算值的15%。

15. 风机噪音的估算

单台风机的噪音按式(5.7－8)计算，叶尖附近的声压级为：

$$L_P=35.8+30\lg50+10\lg\left(\frac{12.96\times10^3}{1000}\right)-20(\lg3.6)=86.76\text{dB}$$

两台风机叠加后的最大声压级为$\sum L_P=86.76+3=89.76\text{dB}$

两台共同操作时也已满足SH 3024—1995《石油化工企业环境保护设计规范》中，空冷器总噪声应低于90dB的规定。

要求距4台风机一定距离m处的噪声，可按第五章第七节中“多台风机的噪声的传播和组合”介绍的方法计算。

16. 调速风机的节能

如果给每台风机配备上变频调速机构，停机手调风机就变为调速风机。随着环境气温的变化，用改变风机的转速来改变风量的大小，年平均电耗量可降低30%左右。

最后需说明的是，对于全冷凝过程的计算与冷却过程的步骤基本相同，但应注意以下问题：

定性温度的确定：一般以1/2热负荷处的冷凝温度作为定性温度。通过闪蒸平衡计算，作出热负荷随温度变化的曲线，从曲线中可以查出冷凝1/2热负荷处的温度。如果热负荷与流体温度成正比关系变化，而且冷凝膜传热系数高于空气膜传热系数很多，则定性温度可取进出口温度的平均值。系单一组分，则全过程的冷凝温度不变。

采用阿柯斯法计算管内膜传热系数时，若冷凝膜传热系数很大，可忽略气体显热对流传热，此方法比较简便。当需要较精确计算时应按两相流方法计算管内膜传热系数。

6.6　湿空冷器的设计方法和计算实例

1. 湿空冷器的传热特点

翅片外由于雾化水的喷入，极大地改善了空冷器的传热状态。湿空冷器的传热，具有以下几个特点：

① 由于增湿作用，空气的温度可降到近于当地的湿球温度，有利于低温差的传热。我国大部分地区，夏季不保证5天的日平均温度低于35℃，对于管内介质温度出口温度要求低于50℃时，由于接近温差过小，采用干式空冷多不经济。当接近温差小于15℃时，入口风温改变1℃，对传热面积都会带来显著影响。我国除南方沿海和长江中、下游地区外，其余地区夏季干球和湿球温度差在3～6℃，湿式空冷器的这种增湿降温效果对低温差传热是很经济的。

② 由于水的比热容是空气的4倍，加之翅片表面水膜的蒸发也会从空气中吸取一定热量，湿空气穿过管束的温升比干空冷低的多。因此传热温差(传热推动力)较大。

③ 翅片表面水膜的蒸发，强化了翅片的传热效果。一般来说，湿空冷器空气侧的传热系数可达同样工况下干空冷器的1.5～2倍。

由于上述传热上的特点，湿空冷器不仅适用于干燥地区，在湿热地区同样有良好的传热效果。在我国石油化工企业，普遍用于干空冷器的后冷器。

值得说明的是，我国对湿空冷器的研究，从理论、模型、小型实验到工业化的标定，进行了数年的工作，形成了我国独特的设计方法。在大量的工程使用中，证明这种方法是切实可行的。

湿空冷器的选择、使用和设计应注意以下几个问题：

① 管内流体的入口温度不宜高于80℃。因为温度过高喷淋水的蒸发、消耗和排污过大，对环境也不利。另外，温度越高，水膜易在翅片表面积垢，影响传热效果。当然，对一些特殊工艺过程，流体的入口温度也有达到100℃的应用实例。在湿空冷器的设计中，管外垢阻的选择应比干空冷大。

② 管内流体的出口温度与空气的进口温度之差(接近温差)一般不宜大于15℃。当接近温差大于20℃时，采用干空冷器比较经济。

③ 由于管外传热系数较大，建议当管内流体的传热系数小于1200W/(m^2·K)时，选用低翅片经济上是合理的。且宜采用较大的片间距或较大的管心距，对传热更为有利。

④ 喷淋水对翅片基管的腐蚀作用不能忽视，因此，湿空冷器管束应采用双金属轧制翅

片管，而不宜采用绕片或镶片管。

对于一些高温干旱地区，夏季干、湿球温度差别较大，可采用以降低空气入口温度为目的的增湿型空冷器。增湿型空冷器喷雾水不直接与翅片管束接触，可减少水对翅片的不利影响，但对强化翅片的传热无大作用。增湿型空冷器有水平式（见图1.3－7）和V型等结构。

2. 湿空冷器的设计步骤

湿空冷器的设计步骤与干空冷器相似：面积估算－结构设计－精确计算。这也是一个猜算过程，首先根据经验选定一个传热系数，估算所需的传热面积；其次，对翅片管管束、构架、和风机进行初步设计，确定空冷器的主要尺寸；最后，根据已知的工艺条件和选定的结构参数进行核算，当计算结果与假定值的误差在允许范围内时，计算就可通过，否则需重新进行计算，直到满足要求为止。

3. 热负荷 Q 的计算

按管内介质的冷却（或冷凝）为基准的，以第三章第一节热负荷的计算方进行计算。

4. 传热面积的初步估算

① 入口风温 t_{g1}：已知设计条件下的干球温度 t_{g0} 和湿球温度 t_{s0}，按式（3.4－25）估算。

② 出口风温 t_{g2} 和对数平均温差的 ΔT_m：根据表3.7－1估算。

③ 初估总传热系数估算：

$$K_0 = F_u K'_0 \tag{6.6-1}$$

式中 K_0——以光管外表面为基准的湿式空冷器总传热系数，W/(m^2·K)；

K'_0——干式空冷器传热系数经验值，根据第三章第六节表3.6－1选取；

F_u——湿式空冷器传热增强系数，由表6.6－1选取。

表6.6－1 湿式空冷传热增强系数 F_u 经验值

管内情况	油品冷却	油气冷凝	水冷却	蒸汽冷凝
F_u	1.1～1.2	1.3～1.4	1.5～1.6	1.6～1.8

④ 传热面积估算：

$$A_R = \frac{Q}{K_0 \Delta T_m}$$

5. 风量的估算

由于空冷器在设计温度下要喷水，出口温度较低，初估风量，在不考虑喷水后的温湿效应时，不宜采用干式空冷器的方法，以估算出的空冷器入口风温 t_{g1} 和出口风温 t_{g2} 来计算。考虑大部分湿式空冷器在低于20℃是不宜再喷水，因此风量的估算时，本书建议取20℃为空气的设计温度 t_1，出口温度 t_2 按第三章第七节介绍的干式空冷器出口风温估算方法［式（3.7－1）］计算，式中传热系数 K_0 取式（6.6－1）中的 K'_0。所需风量按式（6.2－1）计算。一般来说，这种估算方法是合理的。

需要说明的是，估算的风量是近似值，用于湿式空冷器初步选型和应配置的风机型号。在后面详细计算过程中，要根据选取的管束迎风面积和迎面风速计算实际所需的风量大小。

6. 选择湿式空冷器的几种结构形式

湿空冷器的结构主要考虑的内容有管束和布置方式、风机大小、管束长度等。

管束的布置有三种方式。管束立排立放、管束横排立放、管束横排平放等。各种结构型式的特点说明如下：

立排立放型式如图6.6-1所示。热介质在管程内上下流动，进出口设置在管束的上下两端，管束置于构架的两侧或四周。风机置于构架的顶部，电机顶装或底装，空气的流动为引风式。这种结构常采用单管程，常用于油或水蒸气的冷凝，管束长度一般为3~4.5m，最长不宜大于6m，否则下部冷凝液层过厚，传热系数会降低。如减压塔顶的冷凝器，其特点是管内压力降较小，有利于提高减压塔的真空度。

横排立放的型式如图6.6-2所示。管束水平立置，热介质在管束内水平流动，管束的进出口设置在管束的左右两端。管束靠在构架的两侧。管束的横向间距一般为3m。配置2.4m的风机。当管束的长度为9m时，采用三台风机；当管束的长度为6m时，采用两台风机。风机设置在构架顶部，电机顶装或底装。喷淋水设在管束的两侧。这种结构多用于液体的冷却过程，管排数不宜大于4排。如空冷器的后冷器或产品的最终冷却器。

横排平放的结构型式如图1.3-8(b)所示。将管束水平放置在构架的两边，中间为通风道。风机置于风道的上部，喷水系统设置在管束的上方，水自上而下喷在管束的表面，有较好的喷淋雾化效果。传热效果较显著，维修方便。缺点是占地较大，可采用多排管管束。

横排立放的型式的湿式空冷器管束，风机及构架等，国内空冷器制造厂商都已配套并系列化。管束参数可参阅第四章附录A4-3。立排立放型式湿式空冷器都是根据实际需要进行非标准化设计。横排平放的结构宜采用2~2.5m宽、管排数宜大于4的管束，管束参数可参考附录A4-1，配套风机规格为F24。

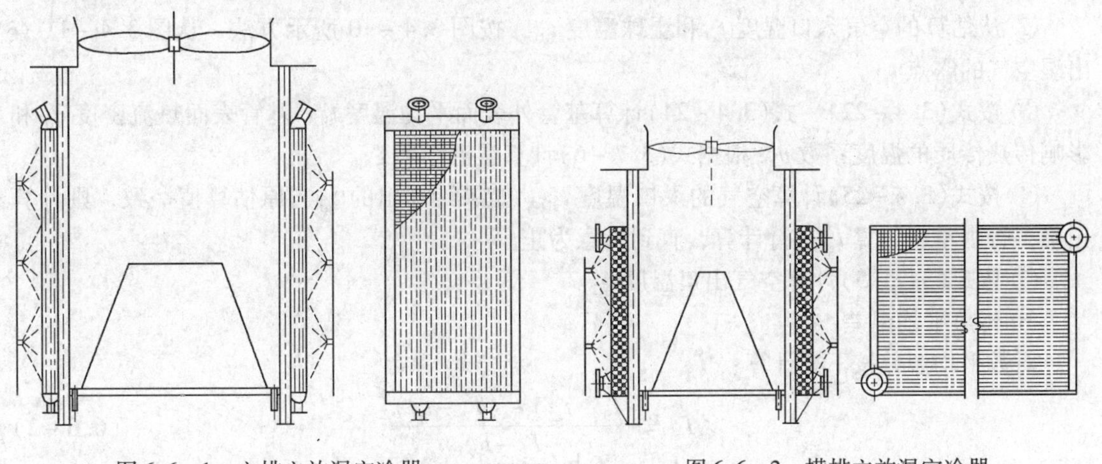

图6.6-1　立排立放湿空冷器　　图6.6-2　横排立放湿空冷器

7. 管程数的选择

① 对用作冷凝用的立排立放湿空冷器，选用单管程。

② 当选择横排立放湿空冷器作为冷凝或冷却用时，管程数应保证管内有比较合理的流速，使传热得到有效的增强，同时又要使管内流体压降控制在允许范围之内，这与干式空冷器相同。用作后冷器，且对压降要求较低时，建议：

对液体 $v_l=0.5\sim1.0\text{m/s}$，

对气体 $v_v=5\sim15\text{m/s}$。

③ 值得注意的是：对冷却含不凝气较多的液相流体时，如选用图6.6-2横排立放湿空冷器，立置的管箱内，气、液分层现象比水平放置的管束严重得多。不凝气体积较大，占据较多的传热管，不仅传热效果差，而且对多管程的管程回弯部分容易产生“气阻”现象，引起空冷器的压降和系统压降增高较多。所以石化厂常减压装置常压塔顶冷凝器的湿空冷后冷

器，含有相当量的不凝气量，且允许压降较低，以两管程为佳，不宜选用更多的管程。这种工况，最好将不凝气预分离。从这角度来说，如图 1.3－8(b)所示的横排平放的结构型式，无论从传热还是从阻力，都要比图6.6－2 形式为好。

8. 管内传热系数 h_i 的详细核算

根据管内介质的性质和冷凝、冷却的要求选择第三章第三节相关公式进行计算，包括需要分段计算的过程。

9. 实际风量的计算

表 6.6－2 湿式空冷器的标准迎面风速选取

管排数	2	3	4	5	6
迎面风速 U_N/(m/s)	2.7～2.8	2.6～2.7	2.5～2.6	2.4～2.5	2.3～2.4
迎风面空气质量流率 G_F/[kg/(m² · s)]	3.254～3.34	3.133～3.254	3.013～3.133	2.892～3.013	2.772～2.892

空冷器的实际总风量：$V_\Sigma = 3600 U_N A_F \text{Nm}^3/\text{h}$

迎风面空气质量流量：$W_a = G_F A_F \text{kg/s}$

式中 A_F——管束的迎风面积，按附录 A4－3 选取，m²。

10. 管外空气入口温度、出口温度和平均温差的详细计算

① 确定湿空冷器的迎面喷水强度 B_S：根据所选管排数的不同，按表 3.4－5 选取。

② 从估算的空气入口温度 t_{g1} 和湿球温度 t_{s0}，按图 3.4－10 所示方法，从图 3.4－11 查出湿空气的露点 t_{p1}。

③ 按式(3.4－22)～式(3.4－24)计算基管外表面平均温度 t_b、基管表面热流密度 q_0 和影响传热传质的温度系数 θ，根据式(3.7－6)计算湿温系数 ξ_θ。

④ 按式(3.4－25)计算空气的入口温度 t_{g1}。如果计算出的 t_{g1} 与原估算值一致，则计算正确，否则重新估算 t_{g1} 进行计算，直到满意为止。

⑤ 按式(3.7－5)计算空气出口温度 t_{g2}。

⑥ 传热平均温差：

对数平均温差按下式计算：

$$\Delta T_m = \frac{(T_1 - t_{g2}) - (T_2 - t_{g1})}{\ln\left(\frac{T_1 - t_{g2}}{T_2 - t_{g1}}\right)} \tag{6.6-2}$$

温差修正

$$R = \frac{T_1 - T_2}{t_{g2} - t_{g1}} \tag{6.6-3}$$

$$P = \frac{t_{g2} - t_{g1}}{T_1 - t_{g1}} \tag{6.6-4}$$

查表 3.8－4～表 3.8－15 求得温差修正系数 F_t，

有效平均温差 $$\Delta T = F_t \cdot \Delta T_m \tag{6.6-5}$$

11. 管外传热系数的详细计算

以光管外表面为基准的空气传热系数 h_0 按式(3.4－21)计算。

12. 总传热系数的计算

与干式空冷器相同，按第三章第六节介绍的方法和公式计算，各项热阻均按该章相关的

图、表查取。考虑喷水的垢阻，管外的垢阻应比干式空冷器略大些。

13. 传热面积的核算

按式(3.9－1)、式(3.9－2)求出计算面积A_C。并按式(3.9－4)计算面积富裕量C_R。面积富裕量应在15%～25%范围内合适。

14. 翅片管外阻力降的计算

翅片管外空气的总压降包括了翅片管束的阻力降和风机的动压两部分。对常用圆形翅片管，空气穿过管束阻力降按式(3.11－20)计算。考虑喷水的影响，动压按式(5.4－3)计算出后要乘以1.2～1.5倍的系数。

15. 管内流体阻力降计算

与干式空冷器相同。

16. 喷淋系统的设计

(1) 喷头的选用

湿空冷器对喷头有专门的要求：①雾化性能良好，平均雾化粒径在0.10～0.20mm左右；②喷射角大，喷淋面应为实心。耗水量低，喷淋密度在150～300kg/(m^2·h)；③不易堵塞，对水的适应性强，这一条很重要；④压力降一般不得大于0.3MPa；⑤结构简单，安装方便。

目前我国湿空冷器使用的雾化喷头主要有以下几种形式：

① 空心旋流喷头

这是我国湿空冷器开发早期使用的结构。它是一种带旋流腔的偏心切向进水(见图6.6－3)，或带旋流片的轴向进水空心雾化喷头。雾化粒度较细，喷射角约为60°，结构很简单。但因喷淋面为空心(见图6.6－4)，为了保证喷淋均匀，需用多个喷头密集交错排列。喷水孔径约为1～1.2mm，要求水质比较干净，否则很容易被堵塞。一般工厂里的循环用水，如不过滤处理，很难使用。在20世纪90年代逐渐被其他形式的喷头代替。

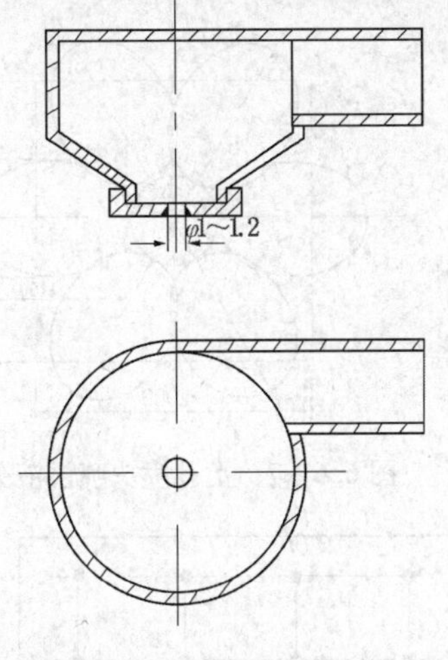

图6.6－3　空心旋流喷头图

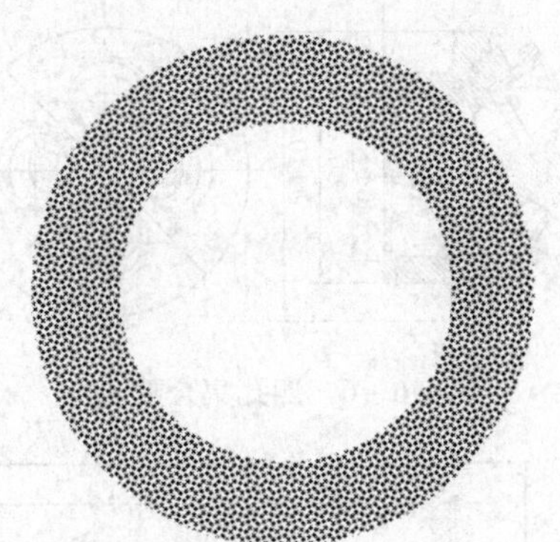

图6.6－4　空心喷淋液

② 组合喷头

由多个单个的空心旋流喷头组合成整体结构，一般有七孔喷头和四孔喷头两种组合喷头(见图6.6－5和图6.6－6)。七孔喷头用于管束宽度$B<2$m，单排布局的喷淋结构；四孔喷头用于管束宽度$B=2～3$m的双排布局的喷淋结构，见图6.6－7。喷淋管道简单，喷淋强度

满足湿空冷器的喷淋要求，是目前应用较多一种喷头。

组合喷头基本保持了单个旋流喷头的特点，且因喷淋液部分相交重叠，减小了空心现象。图6.6－8是七孔喷头喷淋面上液体分布图。组合喷头上每个喷孔也很小，容易被堵塞，要求水质比较干净，为此，每个喷头的进水腔都应加过滤筛网。

③ HXP型喷头

这种喷嘴带有一个独特的内旋流器(见图6.6－9)，可使喷淋面上的液层均匀布满，因此称作“实心喷嘴”(见图6.6－10)。HXP型喷头主要用于填料塔分布器，目前国内厂商已系列化。用于湿空冷器的型号有HXP13－6.0和HXP13－4.5两种。HXP13－6.0型喷头用于管束宽度 $B=2.5\sim3\text{m}$，HXP13－4.5型喷头用于管束宽度 $B=2\text{m}$，都为双排布局。图6.6－11为HXP13－6.0型喷头在 $B=3\text{m}$ 的管束上的布局尺寸图。

HXP13－6.0型喷头的内旋流器液体流道截面较大，自由流道最小尺寸2.5mm，一般尺寸小于2mm的颗粒不会被堵塞；喷射角90°～92°，覆盖面积较大；压降低，在0.12～0.15MPa范围内，每个喷头的流量600～700kg/h，如管束采用2排管，喷水流量偏大。

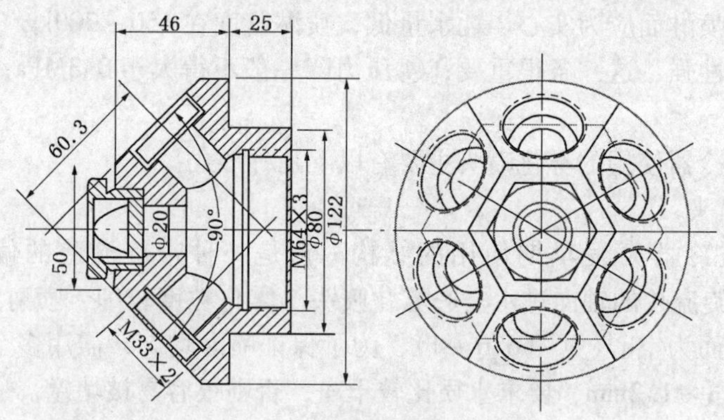

图6.6－5 七孔集合喷头

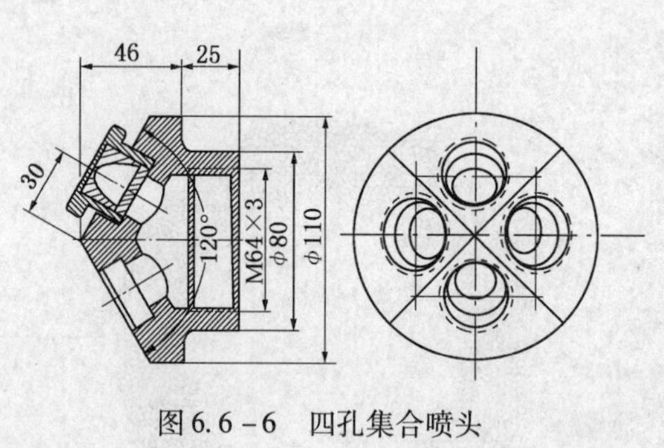

图6.6－6 四孔集合喷头

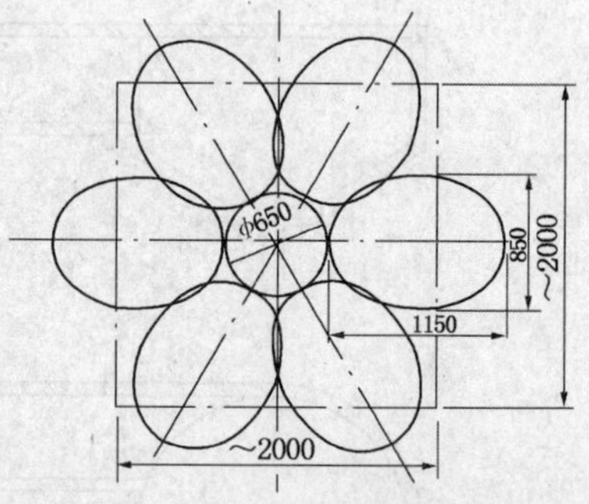

图6.6－7 七孔喷头喷淋液分布图

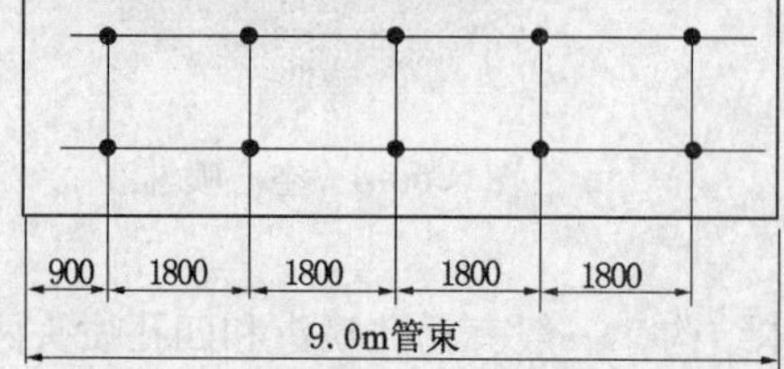

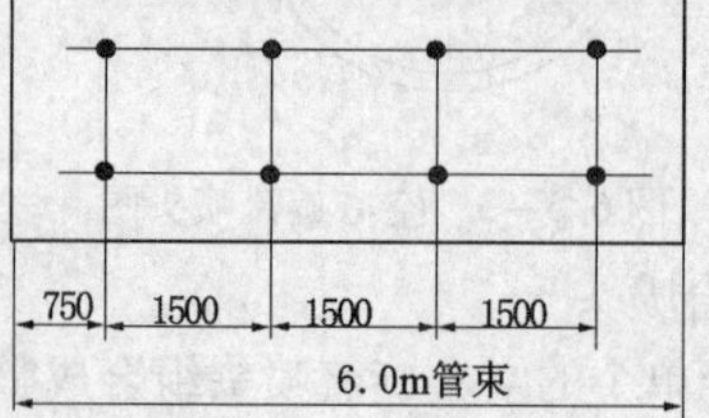

图6.6－8 组合喷头布局图

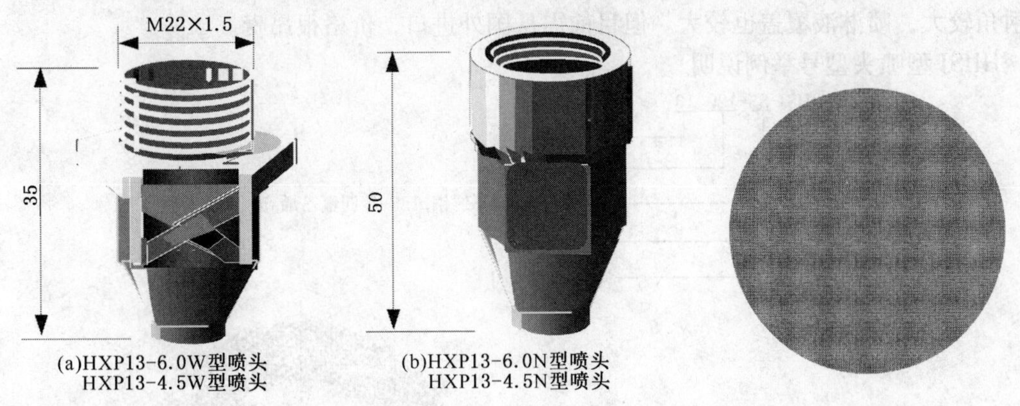

图 6.6－9　HXP 型喷头　　　　图 6.6－10　实心喷淋液

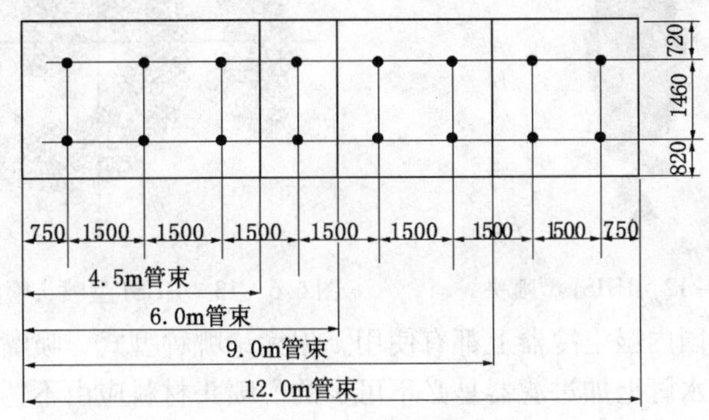

图 6.6－11　HXP13－6.0 型喷头布局图

与组合喷头相比，HXP 型喷头的喷淋液分布比较均匀，不易被堵塞，加工也容易。尽管如此，在实际使用中，时有被尺寸较大的焊渣、锈皮及塑料膜所堵塞，因此应在每组上水管道上增加过滤器。

④ HHSJ 型喷头

这是美国一喷雾公司(Spraying Systems Co.)的产品。整体铸造成型，无内旋流片，靠外部独特的螺旋形分配头将喷液展成细粒(见图 6.6－12、图 6.6－13)。这是一种“实心喷头”，能获得较大的喷射角。但喷射液体呈螺旋带，有局部的空心带，所以液体分配不甚均匀。而且喷射角越大，不均匀性也越大。所以这种喷头选型时，宜采用 90°～120°喷射角的喷头。喷头布局时，喷淋面须考虑一定的重合度。用于湿空冷器，本书推荐以下几种型号供选用，其参数见表 6.6－3。

表 6.6－3　用于湿空冷器的 HHSJ 型喷头参数

型　号	喷射角 (0.7bar)/(°)	名义流量	喷孔直径/mm	自由通畅直径/mm	流量/(L/min)		
					0.7bar	1.5bar	3.0bar
1/4HHSJ－SS－90 13	90	13	3.2	3.2	4.9	7.3	10.3
1/4HHSJ－SS－120 13	120						
1/4HHSJ－SS－150 13	150						
1/4HHSJ－SS－90 20	90	20	4.0	4.0	7.6	11.2	15.8
1/4HHSJ－SS－120 20	120						
1/4HHSJ－SS－150 20	150						

HHSJ 型喷头由于最小流通尺寸较大，与前几种喷头相比，水中颗粒、污物不易堵塞。

喷射角较大，喷淋液覆盖也较大。但目前需从国外进口，价格很昂贵。

HHSJ 型喷头型号举例说明

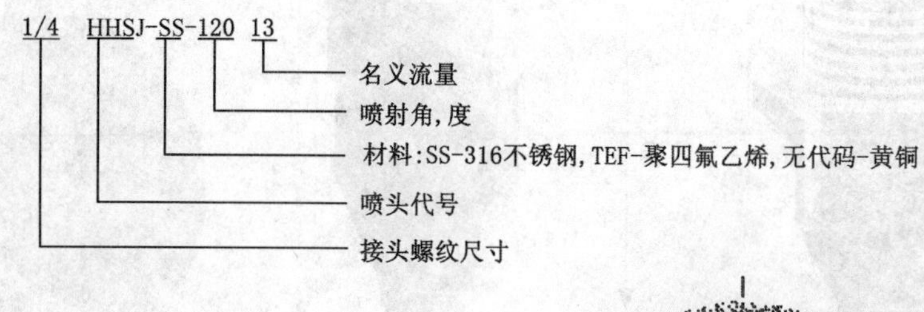

图 6.6－12　HHSJ 型喷头

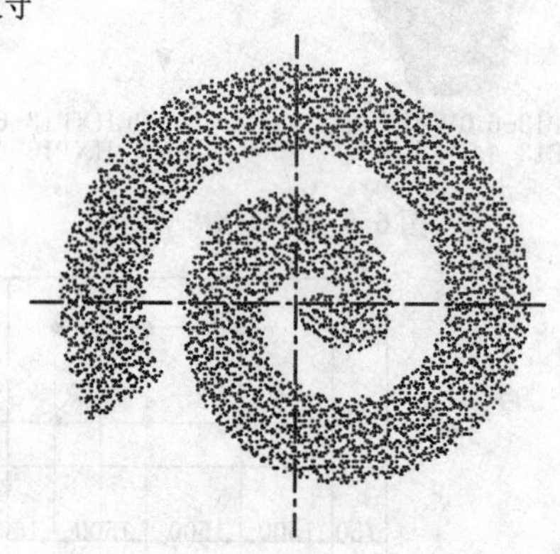

图 6.6－13　HHSJ 型喷头喷淋液分布图

以上几种喷头在国内湿空冷器上都有使用，但无论哪种型式，喷嘴的失效几乎都是因堵塞造成的。因此在进水管上加过滤器是必不可少的。喷头材料应由不锈钢制成，最低也应选用黄铜。

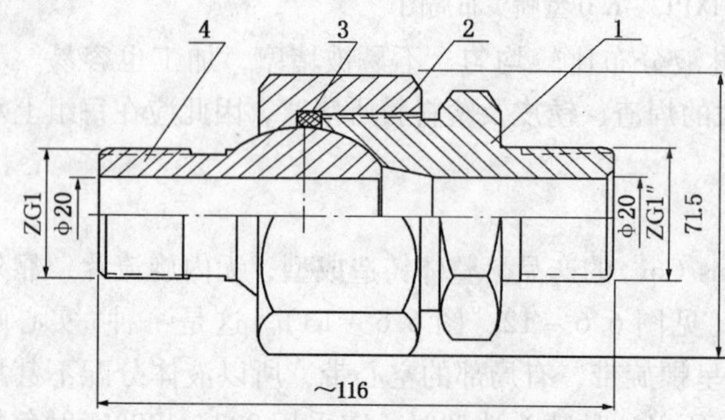

图 6.6－14　回转接头图

必要时，可在喷嘴上加装回转接头，以便操作时调整喷嘴角度，保证管束边缘都能充分喷到，回转接头的结构如图 6.6－14 所示。

（2）喷淋水质要求

喷淋水水质要求主要是喷淋水的硬度，当喷淋水的硬度在 50mg/L 以下时，翅片表面不产生硬垢，即使盐类沉淀，也可用水冲掉。表 6.6－4 所列指标可作为湿式空冷器水质要求的参考指标。

表 6.6－4　喷淋水水质要求

硬度	pH 值(25℃)	温度	浊度	Cl^-	Ca^{2+}	全铁
<50mg/L	6~7.5	<50℃	透明	<150mg/L	50~100mg/L	<0.5mg/L

（3）喷淋系统

为了节约用水，对大处理量的湿空冷应考虑喷淋水的循环使用，或作为全厂循环水的补充水。喷淋系统除喷头外，还包括回水罐、过滤器、供水泵及回水、上水系统管道、阀门等。回水罐应位于湿空冷器的底部，考虑到湿空冷器的回水全靠自流进入回水罐，空冷器的底部基础距回水管顶部高差一般至少应大于 2m 以上，见图 6.6－15 喷淋系统流程简图。如果湿空冷器位于地面上，需设置低位水槽。

① 回水罐：回水罐一般应为立置常压罐。回水口、新喷淋水加入口等设置在罐的上方，喷淋供水口设置在下方，距罐底应有1m以上的高度，并带有护罩，这种结构可将回水带入的泥、沙、固粒进行预沉降。回水罐上应设置液位指示及控制器，排污口位于罐底，定期排污和增加新喷淋水，防止水泵抽空。

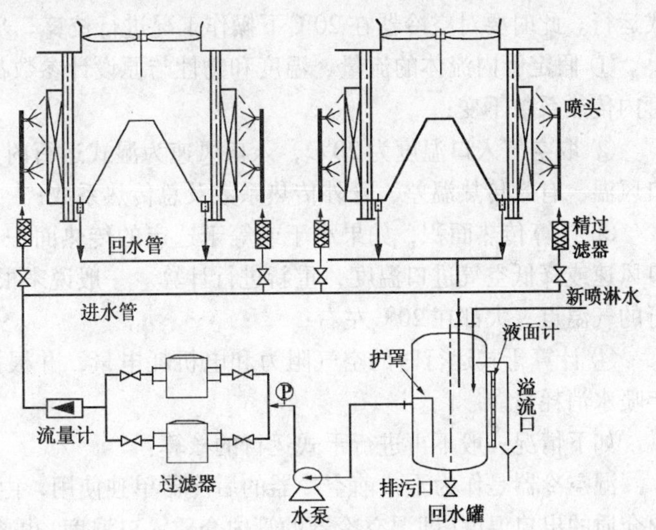

图 6.6-15 喷淋系统流程简图

② 过滤器：过滤器应设置在水泵的出口主管道上，两组并联，交替运行。过滤器进口前应有压力计显示，压力达到一定值时，过滤器就需清洗。

一般过滤器不宜设在泵的入口管上，因对水泵的运行不安全。回水管上禁止安装过滤器，否则因阻力增大，回水流速过慢或堵塞，造成湿空冷器发生“淹塔”现象。

根据我国多年操作经验，多组并联的湿空冷器，单靠泵出口过滤器很难将喷淋系统中的砂粒、焊渣、锈皮和其他污物除尽，因此应在每片管束喷淋分布管的进水处安装小型精过滤器（对于组合喷头，如果自身配置有过滤网，可不再装精过滤器）。精过滤器拆卸、清洗方便，能保证喷头长时间的操作。精过滤器的孔径不得大于喷头流道最小尺寸的0.5倍。

③ 水泵：水泵的扬程不得低于以下值：

$$p \geqslant 1.5(\Delta p_1 + \Delta p_2 + \Delta p_3) \tag{6.6-6}$$

式中 Δp_1——喷头压降，一般按0.4MPa设计；

Δp_2——水泵出口至喷头最高处水的静压，MPa；

Δp_3——水泵至喷头管道系统压降，包括水的沿程阻力，过滤器和阀门的阻力等，MPa。

水泵的流量不得低于全部湿空冷器设计喷水量的1.5倍。

(4) 脉冲喷水法

脉冲喷水法——通过一套脉冲控制系统来实现。在喷淋系统水源上，安装电磁阀，以时间继电器控制，使电源产生方形脉冲，开、闭电磁阀、继电器的间隔时间可任意调节。在原设计喷淋强度 Bs 下，经调试可得最佳喷、停时间，如：喷6s，停6s，一般可取得良好效果，同时节约50%用水量。停喷时间过长（如超过8～9s），由于失水时间过长将影响传热效果。脉冲喷淋的效果如下：

① 在处理量不变、介质终冷温度不变的前提下，可节约用水50%以上；

② 在上述情况下，终冷温度可趋更低；

③ 可以降低风机负荷。

17. 空气入口温度为20℃下的传热校核

为了减少喷水消耗量，在我国，一般环境空气低于20℃时，就停止喷水，湿空冷器干式运行。此时要对空冷器在20℃下操作工况进行校算。步骤如下：

① 假定管内流体的流量、温度和物性与原设计参数都不改变，即空冷器的热负荷不变、管内传热系数不变；

② 取空气入口温度为20℃，入口风速为湿式运行时的风速，按已选定的管束，计算出口风温、有效传热温差、管外传热系数及总传热系数；

③ 计算传热面积，如果小于或等于选定的传热面积，则满足要求。否则，适当提高进口风速或降低空气进口温度，重新进行计算。一般说来根据我国气温情况，湿空冷器干式运行的气温点，大都在20℃左右；

④ 计算干式运行时的空气阻力和电机耗电量，并根据当地气温随季节变化情况估算每年喷水消耗量。

如下情况一般不再进行干式运行的核算：

湿空冷器是作为干式前空冷器的后冷器单独使用，由于气温的降低，干式前空冷器的管内介质的出口温度(即湿空冷器的管内介质入口温度)也要降低，湿空冷器热负荷下降较多，此时可不必再做干式运行的核算。但对于干、湿联合空冷器，情况有所不同，这将在下一节讨论。

18. 湿式空冷器计算实例

常压塔顶干式空冷器的后冷器采用湿式空冷器

(1) 已知条件

介质：常压塔顶汽油，流率：135000 kg/h

进口温度：65℃，出口温度：40℃

空气入口温度：该地区夏季平均每年不保证五天的日平均气温的干球温度 $t_{go}=31.1$℃，湿球温度 $t_{so}=26.4$℃

热流冷却的热负荷：$Q=2080313\text{W}$

定性温度52.5℃下的物性：

相对密度：$\rho_4^{20}=0.698$

比热容：$C_p=2219\text{J/(kg·K)}$

导热系数：$\lambda=0.158\text{W/(m·K)}$

黏度：$\mu=0.406\times10^{-3}\text{Pa·s}$

管内垢阻：$r_i=0.00017\text{K·m}^2\text{/W}$

管外垢阻：$r_0=0.00025\text{K·m}^2\text{/W}$

(2) 传热面积的估算

① 湿空冷器空气入口温度：按式(3.8-5)计算：

$$t_{g1}=31.1-0.8\times(31.1-26.4)=27.3℃$$

② 湿空冷器空气出口温度

查表3.7-1，在管内流体定性温度52.5℃下，对液体冷却，内插温升 $\delta_t=3.3$℃

则出口温度为 $t_{g2}=27.3+3.3=30.6$℃

③ 对数平均温差：按式(6.6-2)计算：

$$\Delta T_m=\frac{(T_1-t_{g2})-(T_2-t_{g1})}{\ln\dfrac{T_1-t_{g2}}{T_2-t_{g1}}}=\frac{(65-30.6)-(40-27.3)}{\ln\dfrac{65-30.6}{40-27.3}}=21.8℃$$

④ 传热系数的估算

按表3.6－1，汽油冷却时，取 $K=410W/(m^2\cdot K)$

查表6.6－1，取传热增强系数 $F_u=1.1$

则湿空冷器总传热系数 $K_0=1.1\times410=451W/(m^2\cdot K)$

⑤ 估算传热面积

$$A_R=\frac{2080313}{451\times21.8}=211.6m^2$$

(3) 结构设计

① 湿空冷器结构形式：横排立放(图6.6－2)；

　管束规格：9×3；数量：2片；

　管排数：4，管程：2管程；

　翅片形式：GR型(双金属轧制管)。

② 管束和翅片参数表，见表6.6－5。

　全部有效传热面积(以基管表面为基准)：$244.29m^2$，面积裕量15.4%。

(4) 风量估算

按20℃入口风温，根据式(3.7－1)计算空气的出口温度。

从图3.7－1查得温升校正系数 $F_t=0.95$，则空气的出口温度：

$$t_2=20+0.88\times10^{-3}\times410\times0.95\times\left(\frac{65+40}{2}-20\right)=31.14℃$$

所需风量：按式(6.2－1)计算

$$V=\frac{2080313\times3600}{1.1\times1005\times(31.14-20)}=60.81\times10^4m^3/h$$

初选F24风机三台。

(5) 计算管内膜传热系数的校算

定性温度 $T_D=0.5\times(65+40)=52.5℃$，定性温度下的物性：

相对密度：$\rho_4^{20}=0.698$

比热容：$C_p=2219J/(kg\cdot K)$

导热系数：$\lambda=0.158W/(m\cdot K)$

黏度：$\mu=0.406\times10^{-3}Pa\cdot s$

定性温度下的油品密度按表3.1－1计算：

$$\rho=52.5\times(1.307\times0.698-1.817)+973.86\times0.698+36.34=668.6kg/m^3$$

液体流速：

$$v_i=\frac{W_i}{3600\times\rho\times S_i}=\frac{135000/2}{0.02859\times668.6\times3600}=0.891m^3/s，合适！$$

质量流速：

$$G_i=\frac{W_i}{3600S_i}=\frac{135000/2}{0.02859\times3600}=655.8kg/(m^2\cdot s)$$

雷诺数：

$$Re=\frac{d_iG_i}{\mu}=\frac{0.02\times655.8}{0.406\times10^{-3}}=32305.4，旺盛湍流区$$

普兰特准数：

$$Pr=\frac{C_p\mu}{\lambda}=\frac{2219\times0.406\times10^{-3}}{0.158}=5.70$$

管内膜传热系数用式(3.3－4)计算：

$$h_i=0.023\times\frac{0.158}{0.02}\times32305.4^{0.8}\times5.7^{0.333}=1313.6\text{W}/(\text{m}^2\cdot\text{K})$$

(6) 空冷器的实际风量

按表6.6－2取迎面风速 $U_N=2.6\text{m/s}$，迎风面质量流率 $G_F=3.133\text{kg}/(\text{m}^2\cdot\text{s})$。

由表6.6－5，迎风面积为：$A_F=24.797\times2=49.584\text{m}^2$。

表6.6－5 管束、构架和风机的初步选择

编号	参数	代号	规格	注
一	管束和构架规格			
1	名义长度/m	A	9	
2	名义宽度/m	B	3	
3	实际宽度/m	B_S	3	
4	有效迎风面积/m²	A_F	24.797×2	附录A4－3
5	管排数	N_P	4	两片并联
6	管束数量		2	
7	管心距/mm	S_1	63.5	附录A4－3
8	基管总根数	N_t	182×2	参照附录A4－3
9	有效管根数	n_e	180×2	参照附录A4－3
10	基管外径/mm	d_0	25	
11	基管内径/mm	d_i	20	
12	有效基管传热面积/m²	A_E	122.145×2	附录A4－3
13	管内流通总面积/m²	a_Σ	0.05718×2	$\pi d_i^2N_t/4$
14	管程数	N_{tp}	2	
15	每程流通面积	a_s	0.02859×2	a_Σ/N_{tp}
16	构架规格/m×m		9×3	
17	构架数量		1	
二	翅片参数			
18	翅片外径/mm	d_f	57	
19	翅片平均厚度/mm	δ	0.5	表4.3－3
20	翅根直径/mm	d_r	26	
21	翅片数/(片/m)	N_f	394	附录A4－2
三	翅片管计算参数			
22	风面比	ξ_f	1.947	参照附录A4－2
23	传热计算几何综合系数	K_f	2.512	参照附录A4－2
24	阻力计算几何综合系数	K_L	4.253	参照附录A4－2
四	风机			
25	规格		F24－4	3台

实际总风量：$V_N=U_NA_F=2.6\times49.584\times3600=46.41\times10^4\text{Nm}^3/\text{h}$

空气质量流量：$W_a=G_FA_F=3.133\times49.584=155.3\text{kg/s}$

(7) 空气的出、入口温度和平均温差的计算

在前面空冷器出口温度估算时，初定了 $t_{g1}=27.3℃$

喷淋强度按表3.4－5，对于四排管，取 $B_S=200\text{kg}/(\text{m}^2\cdot\text{h})$

基管有效传热面积：$A_E=122.145\times2=244.29\text{m}^2$(见表6.6－5)

基管表面热流密度：$q=Q/A_E=2080313/244.29=8515.8\text{W}/\text{m}^2$

根据 $t_{g1}=27.3$，$t_{s0}=26.7$，按图3.4－10标明的方法，在图3.4－11空气焓－湿图中查得露点温度为：

$$t_{p1}=26℃$$

基管外壁平均温度按式(3.4－23)计算：

$$t_b=T_m-q_o\left(\frac{1}{h_i}\frac{d_o}{d_i}+r_i\frac{d_o}{d_i}+\frac{d_o}{2\lambda}\ln\frac{d_o}{d_i}\right)$$

$$=52.5-8515.8\times\left(\frac{1}{1313.6}\times\frac{25}{20}+0.00017\times\frac{25}{20}+\frac{0.02}{2\times46.5}\ln\frac{0.025}{0.02}\right)$$

$$=42.17℃$$

按式(3.4－22)计算传质温度系数：

$$\theta=\frac{42.17-27.3}{27.3-26}=11.44$$

按式(3.4－25)计算空气入口干球温度(喷淋后，管束前)：

$$t_{g1}=31.1-\left(1.04-\frac{175}{200\times\ln200}\right)\times(31.1-26.4)^{0.94}=27.35℃$$

可见详细计算结果 t_{g1} 与估算值基本一致，取 $t_{g1}=27.35℃$

按式(3.7－6)计算湿温系数：

$$\xi_\theta=(2.25+0.15\times4)\times1.0\times200^{-0.54}\times11.44^{0.35}=0.432$$

按式(3.7－5)计算空气出口温度：

$$t_{g2}=27.35+\frac{2080313}{155.3\times1005}\times0.432=32.98℃$$

按式(6.6－2)计算平均传热温差：

$$\Delta T_m=\frac{(T_1-t_{g2})-(T_2-t_{g1})}{\ln(\dfrac{T_1-t_{g2}}{T_2-t_{g1}})}=\frac{(65-32.98)-(40-27.35)}{\ln(\dfrac{65-32.98}{40-27.35})}=20.85℃$$

$$R=\frac{65-40}{32.98-27.35}=4.91$$

$$P=\frac{32.98-27.35}{65-27.35}=0.15$$

查图3.8－13，$F_t=0.98$

则，有效传热温差

$$\Delta T=0.98\times20.85=20.44℃$$

(8) 各项热阻

管内 $r_i=0.00017\text{K}\cdot\text{m}^2/\text{W}$；

管外 $r_0=0.00025\text{K}\cdot\text{m}^2/\text{W}$；

管壁以基管外表面为基准的热阻：

$$r_w=\frac{0.025}{2\times46.5}\times\ln\frac{25}{20}=0.00006\text{K}\cdot\text{m}^2/\text{W}$$

由于热流温度低，忽略翅片间隙热阻。

(9) 管外传热系数的详细计算

由式(3.4－21)，

$h_0 = 90.7 \times 1 \times 3.133^{0.05+0.08\times4} \times 200^{0.77-0.035\times4} \times 11.44^{-0.35} = 1660\text{W/(m}^2\cdot\text{K)}$

(10) 总传热系数

$$K = \frac{1}{\frac{1}{1660} + \left(\frac{1}{1313.6} + 0.00017\right) \times \frac{0.025}{0.020} + 0.00006 + 0.00025}$$

$$= 481.6\text{W/(m}^2\cdot\text{K)}$$

(11) 传热面积核算

$$A_R = \frac{2080313}{481.5 \times 20.44} = 211.4\text{m}^2$$

实际选用面积 $A = 244.29\text{m}^2$，裕量 15.6%

(12) 管内阻力

管内阻力计算步骤完全同[例6.4－1]，这里详细计算步骤不再罗列，仅将计算结果列出：

沿程流体压降：$\Delta p_t = 16.91 \times 10^3\text{Pa}$

管箱回弯压降：$\Delta Pr = 2.54 \times 10^3\text{Pa}$

管束每片进口、出口直径 100mm，各 2 个，

进、出口压降：$\Delta p_N = 1.6 \times 10^3\text{Pa}$

结垢补偿系数：$\xi = 1.22$

管程总压降：$\Delta p_i = 1.22(16.9 + 2.54) \times 10^3 + 1.6 \times 10^3 = 25.3 \times 10^3\text{Pa}$

(13) 管外空气阻力

空气穿过翅片的静压按式(3.11－20)计算。

$$\Delta p_{st} = 2.16 \times 4 \times 200^{0.12} \times 3.133^{1.54} = 97.7\text{Pa}$$

空气穿过风筒的动压头按出口风温 32.44℃计算：

在出口温度下每台风机的空气流量为：

$$V = \frac{46.41 \times 10^4}{3} \times \frac{273 + 32.44}{293} = 16.127 \times 10^4\text{m}^3\text{/h}$$

$t_0 = 32.44$℃下的空气密度：$\rho_a = 1.205 \times 293/305.44 = 1.156\text{kg/m}^3$

风机直径：2.4m

$$\text{动压头：}\Delta p_D = 1.15 \times \frac{\left(\frac{4V}{3600\pi D^2}\right)^2}{2}\rho_a = \frac{\left(\frac{4 \times 16.427 \times 10^4}{3600 \cdot \pi \cdot 2.4^2}\right)^2}{2} \times 1.156 = 67.6\text{Pa}$$

式中 1.15 为考虑到喷水，动压头增大系数。

全风压：$H = 97.7 + 67.6 = 165.3\text{Pa}$

(14) 风机功率的计算(单台)

选用 3 台 B 叶片手调角风机 F24－4，转速：477r/min，叶尖速度为：60m/s

在定性温度～30℃时，空气的密度为 1.165kg/m^3，体积流量为：

$$V = \frac{46.41 \times 10^4}{3} \times \frac{273 + 30}{293} = 16.0 \times 10^4\text{m}^3\text{/h}$$

每台风机的输出功率：$N_0 = HV = 165.3 \times 16.0 \times 10^4/3600 = 7.35 \times 10^3\text{W}$

风量系数按式(5.5－1)计算：$\overline{V}=\dfrac{4\times16\times10^4}{3600\times\pi\times2.4^2\times60}=0.163$

压头系数按式(5.5－2)计算：$\overline{H}=\dfrac{165.3}{1.165\times60^2}=0.039$

查图5.3－11，叶片安装角 $\alpha=12°$，翅片效率89%，功率系数 $\overline{N}=0.0072$

则轴功率按式5.5－4计算：$N=0.0072\times\pi\times2.4^2\times1.165\times60^3/4=8.19\times10^3\text{W}$

如按输出功率计算，得：$N=7.35\times10^3/0.89=8.25\times10^3\text{W}$

上述轴功率是设计风温和风量下的理论计算值，风机轴功率计算时必须至少考虑5%的漏风量。

电机效率取 $\eta_1=0.9$，皮带传送效率取 $\eta_2=0.92$

则电机实耗功率为：$N_\text{d}=\dfrac{8.25\times10^3\times1.05}{0.9\times0.92}=10.46\times10^3\text{W}$

电机选用功率 $N=15\text{kW}$

(15) 环境气温20℃时的干式运行校算

本题湿式空冷器是用于干式前空冷器的后冷器，可不需要再进行气温20℃时的干式运行校算。但为了说明校算步骤，我们假定了干式运行时，空冷器的热负荷和管内流体条件不变，迎面风速2.6m/s，风量46.41 Nm³/h都与原设计相同。则空冷器的出口温度为：

$$t_2=t_1+\frac{Q_\Sigma}{V_\text{N}\rho_\text{N}C_\text{p}}=20+\frac{2080.313\times10^3\times3600}{46.41\times10^4\times1.205\times1005}=33.4℃$$

对数传热温差：

$$\Delta T_\text{m}=\frac{(65-33.4)-(40-20)}{\ln\dfrac{65-33.4}{40-20}}=25.4℃$$

温差校正：

$$P=(33.4-20)/(65-20)=0.30$$
$$R=(65-40)/(33.4-20)=1.86$$

按2管程，查图3.8－13，得校正系数 $F_\text{t}=0.95$。

$$\Delta T=25.4\times0.95=24.1℃$$

翅片管外空气膜传热系数的计算：

定性温度：$t_\text{D}=(t_1+t_2)/2=0.5\times(20+33.4)=26.7℃$

按附录A4－2查得传热计算几何综合系数 $K_\text{f}=2.512$，用简算式(3.4－9)进行计算以翅片总表面积为基准的传热系数：

$$h_\text{f}=(0.0074\times26.7+9.072)\times2.512\times2.6^{0.718}=46.24\text{W}/(\text{m}^2\cdot\text{K})$$

h_f 是以翅片外总表面积为基准的膜传热系数，需要换算为以基管为基准的传热系数 h_0。

求翅片效率：$r_\text{f}/r_\text{r}=57/26=2.19$

$$(r_\text{f}-r_\text{r})\sqrt{2h_\text{f}/(\lambda_\text{L}\delta)}=\frac{57-26}{2\times1000}\times\sqrt{\frac{2\times46.24}{238\times0.0005}}=0.432$$

查图3.4－4得翅片效率 $E_\text{f}=0.95$。

根据式(3.4－6)计算翅片的有效面积 A_e：

$$A_\text{e}=A_\text{f}E_\text{f}+A_\text{r}=\left[\frac{\pi}{2}\times(57^2-26^2)+\pi\times57\times0.5\right]\times\frac{394}{10^6}\times0.95+\pi\times0.026\times(1-0.0005\times394)$$
$$=1.6119\text{m}^2/\text{m}$$

$$A_0 = 0.025\pi = 0.07854 \mathrm{m^2/m}$$

则，以基管外表面积为基准的翅片膜传热系数为：

$$h_0 = h_f A_e / A_0 = 46.24 \times 1.6119 / 0.07854 = 949 \mathrm{W/(m^2 \cdot K)}$$

$$K = \frac{1}{\frac{1}{949} + \left(\frac{1}{1313.6} + 0.00017\right) \times \frac{0.025}{0.020} + 0.00006 + 0.00025}$$

$$= 395.6 \mathrm{W/(m^2 \cdot K)}$$

$$A_R = \frac{2080313}{395.6 \times 24.1} = 218.2 \mathrm{m^2}$$

实际选用面积 $A = 244.29\mathrm{m^2}$，裕量12%。上述各项传热系数计算时，未考虑相关公式的误差，所以此裕量略偏低。若将停止喷水的环境温度降为18℃，重复上面计算，结果如下：

$t_1 = 18$℃，$t_2 = 31.4$℃，$t_D = 24.7$℃

有效平均温差：$\Delta T = 26.39$℃

管内传热系数：1316.6W/(m^2·K)

管外传热系数：949W/(m^2·K)

总传热系数：395.6W/(m^2·K)

计算面积：200m^2，面积裕量：22%

根据当地的月份气温资料，可计算出年喷水期限和喷水量。在我国，除南方个别省份的沿海地域外，其他地区年平均温度都低于20℃，每年喷水时间一般不超过半年。东北、西北大部风地区，喷水时间约在3～4个月。

（16）风机噪声的估算

单台引风机的噪声按式(5.7－8)计算，叶尖附近的声压级为：

$$L_P = 32.8 + 30\lg 60 + 10\lg\left(\frac{8.19 \times 10^3}{1000}\right) - 20(\lg 2.4) = 87.7 \mathrm{dB}$$

两台风机叠加后的最大声压级为 $\sum L_P = 87 + 3 = 90.7\mathrm{dB}$

本题前面计算选用了3台F24－4风机，转速477 r/min，叶尖速度为60m/s，如果不满足环境对噪声的要求，可改为3台F24－6风机，转速398 r/min，叶尖速度为50m/s，重新计算风机的特性参数，选择叶片安装角(须按6叶片风机特性曲线查取)。

6.7 干、湿联合型空冷器的设计和计算实例

1. 联合型空冷器的特点

联合型空冷器由干式空冷管束和湿式空冷管束组成，如图6.7－1所示。干空冷管束置于湿空冷管束之上。工艺流体先进入干式空冷管束进行冷凝(或冷却)，然后进入被直接喷淋的湿式空冷管束进行冷却。风机置于干、湿空冷管束之间。

联合型空冷器的特点：①由于水在翅片表面的蒸发作用，既强化了管内传热，同时也降低了湿空冷器的空气温升，空气以较低的温度再进入干式空冷管束，亦有利于干式空冷管束的传热。②在联合型空冷器的干、湿空冷管束中，可以一次实现工艺流体的冷凝和冷却，不必再装设其他中间冷却设备，使湿式空冷管束出口的工艺流体温度能被冷却到接近于环境(干球)温度。③结构比较紧凑，占地面积较小。对老装置的改造。地面或空间很紧张时，便于布置。

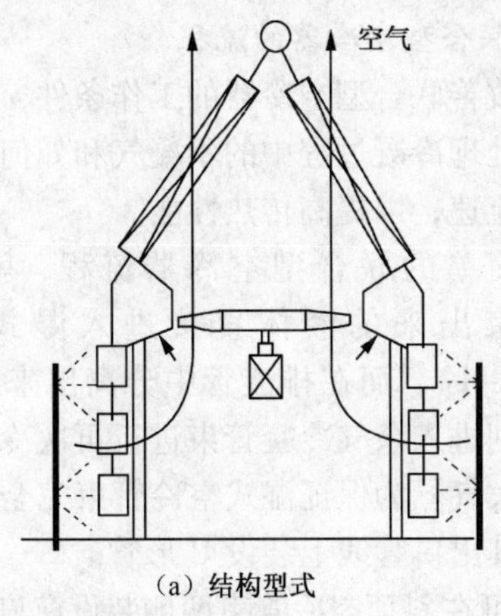

(a) 结构型式

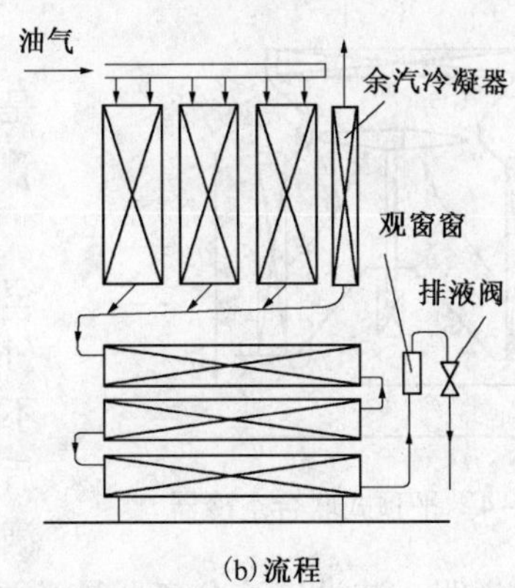

(b) 流程

图 6.7－1　联合型空冷器

2. 联合型空冷器基本结构型式

常用的干、湿联合型空冷器有以下三种型式：

① 立管斜顶管束联合空冷器。干式空冷为立管斜顶管束，湿式空冷横管立放管束，两种管束组合而成，如图 6.7－2。

② 横管斜顶管束联合空冷器。干式空冷为横管斜顶管束，湿式空冷横管立放管束，两种管束组合而成，如图 6.7－3。

③ 平顶联合空冷器。干式空冷水平管束和湿式空冷横管立放管束相组合而成，如图 6.7－4。

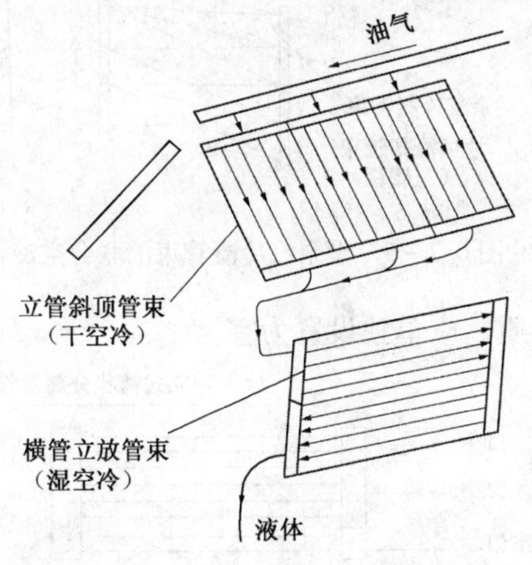

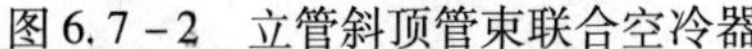

图 6.7－2　立管斜顶管束联合空冷器

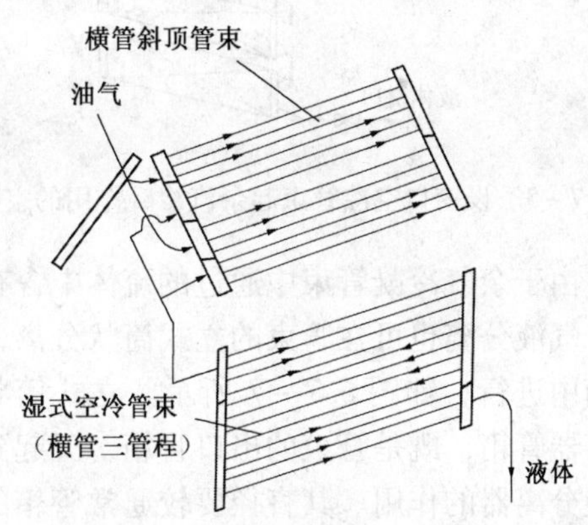

图 6.7－3　横管斜顶管束联合空冷器

对于图 6.7－4 组合型式，特别有利于老厂的技术改造。可采用抬高原有水平管束构架的方法，在两侧挂上两片横管立放管束，即可组成联合型空冷器。

三种联合型空冷器的应用范围如表 6.7－1 所示。

表 6.7－1　三种联合空冷器的应用范围

结构型式	平顶式联合空冷器	斜顶式联合空冷器	
		立管斜放管束	横管斜放管束
应用范围	老厂的技术改造，以空冷代水冷	油气的冷凝及其凝液的冷却	气体的冷却或液体的冷却

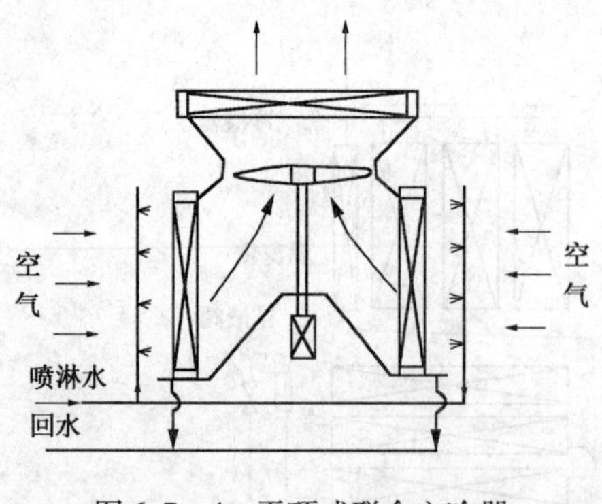

图 6.7－4　平顶式联合空冷器

3. 联合型空冷器的流程

为改善联合型空冷器的工作条件，其核心问题是如何处理冷凝过程中的不凝气和如何保持流体在管内的流速，以提高传热性能。

最简单的联合型空冷器流程，就是从干式空冷管束出来的液体直接进入湿式空冷管束（图 6.7－1），而在排液管中分离出来的未凝气和不凝气则进入余气冷凝管束进行再次冷凝冷却，然后排入大气。为保证湿式空冷管束完全为液体所充满，在其出口管线上装设 U 形管。

使用经验说明，装设气液分离器是必要的。可在斜顶空冷管束两侧装设窗口空冷管束起余气冷凝作用，如图 6.7－5 所示，也可将余气冷凝管束做为湿式空冷管束的一部分（图 6.7－6）。

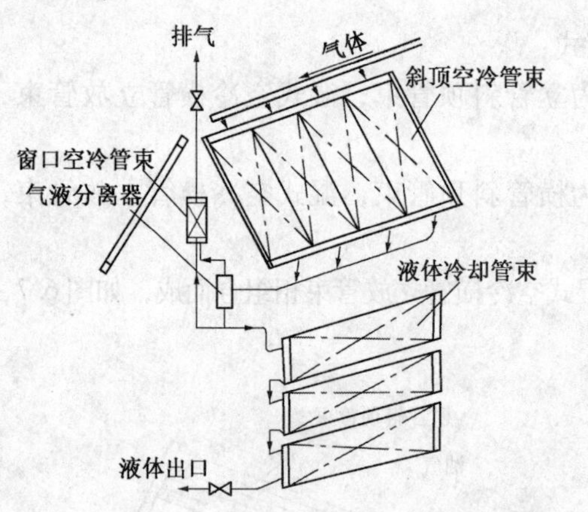

图 6.7－5　设窗口空冷管束起余汽冷凝作用的空冷器

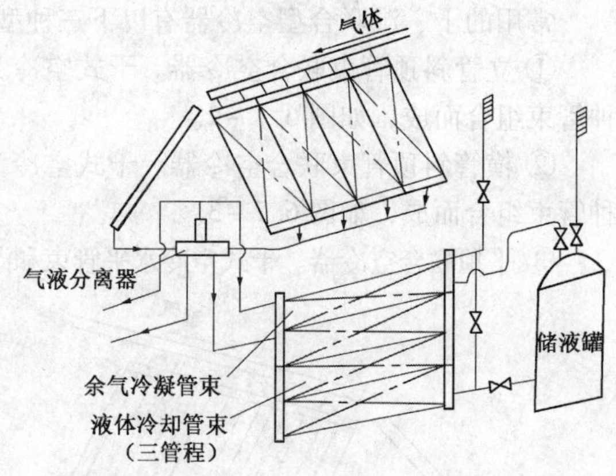

图 6.7－6　设余汽冷凝管束的联合空冷器

由于余气冷凝管束中通过的流体中含有腐蚀介质，应单独设置为宜。

气液分离也可在管束的立式筒状分离器管箱中进行，如图 6.7－7 所示。立式筒状分离器管箱，既是管束的出口管箱，又起到气液分离器的作用。其直径要较通常管箱的直径大些。在此流程中，管束被分成三部分，油气在管束中间部分冷凝后，进入立式筒状分离器管箱，分离出来的汽气混合物在上部管束中冷凝与冷却，液体在下部管束中冷却。

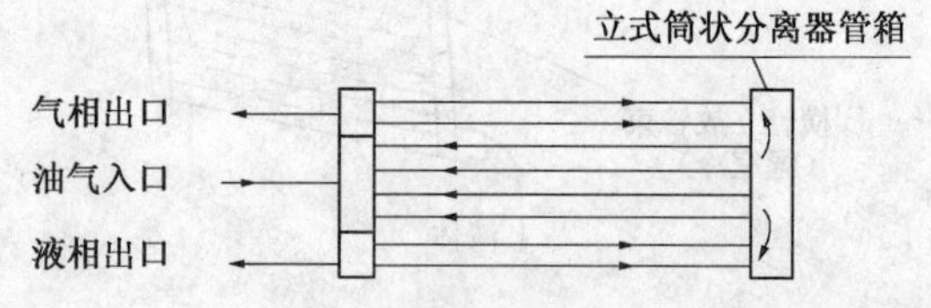

图 6.7－7　具有立式筒状分离管箱的流程

对液体冷却管束的要求是：采用多管程，保持一定的管内液体的流速，采用合理的管路联接方式以保证流体在管束中的均匀分配、排除不凝气等。

4. 热负荷分配

联合空冷器的干、湿空冷管束的热负荷分配，取决于两者的管内流体的分界温度。根据我国采用联合空冷器的经验，此分界温度宜在 70℃左右为宜，且为避免喷淋水结垢，一般不应大于 80℃，在分界温度以上用干式空冷，分界温度以下用湿式空冷。

联合空冷器设计时，分界温度的选取还应考虑下列因素：

① 工艺流体的进出口温度；

② 随着环境温度的变化，湿管束出口空气温度也在变化着。但喷水停止后，干式运行的湿管束出口空气温度不得高于湿式运行的湿管束出口空气设计温度。根据经验，联合空冷的湿管束出口空气温度一般应低于40℃。而上部干管束介质出口温度须高于空气进口温度(即湿管束出口空气温度)20℃以上才是经济的运行区。

③ 尽管湿空冷器在传热上有许多优点，但自身也有不少缺陷，特别是年喷水期不宜过长。因此在需进行干、湿空联合设计时，在合理的接近温差范围内，尽可能将热负荷分配在干管束部分，湿管束主要确保低温差传热部分。一般分界温度的选取应使干、湿空冷管束的管排数比例为4∶2、5∶3、6∶2。另外，考虑到轴流风机的压头不可能太大，干、湿空冷管束的总排数不要超过8排。

上述仅是一些原则性的建议，设计时应根据实际工况灵活处理。

5. 热风循环对联合空冷器的影响

联合空冷器由于热空气的排出口距冷空气的吸入口较近，加之热空气的排出速度较低，很容易混入入口气流中(见图6.7－8)，与其他结构型式的空冷器相比，这种热风循环现象比较突出。热风循环造成了空冷器实际入口温度往往超过设计温度，对传热很是不利。为了阻止或减轻热风循环现象，一般多采用以下措施：

① 利用较宽的操作平台或联合平台，阻止或减轻热风下流；

② 加宽联合空冷器之间跨度，可减轻空气入口的热风循环比例；

③ 必要时可在干管束上方增加百叶窗进行热空气的导流。

图6.7－9所示是这种些措施的示意图。

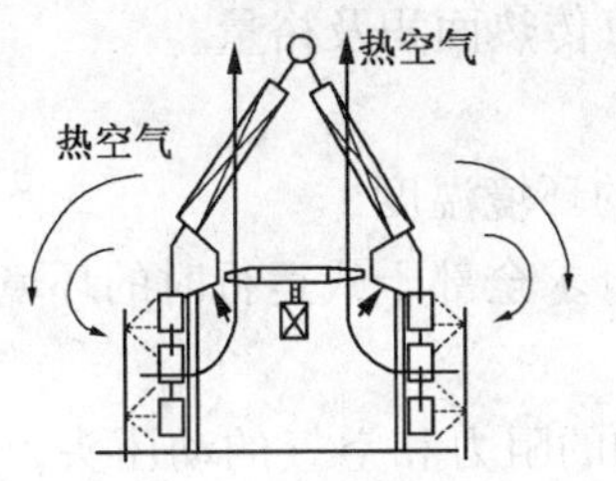

图6.7－8　联合空冷器的热风循环

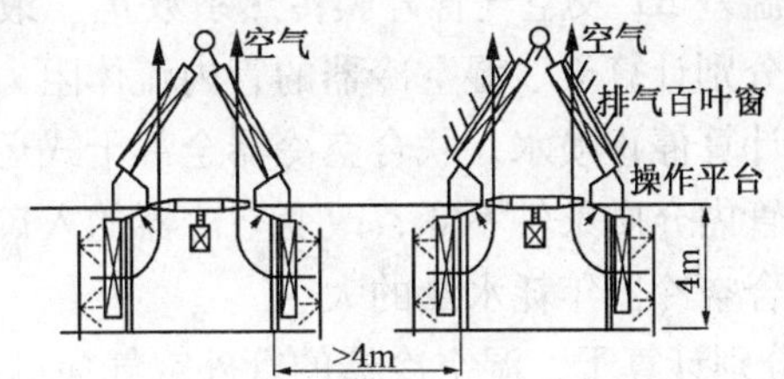

图6.7－9　防热风循环结构示意图

6. 联合空冷器设计程序

(1) 总体结构型式

对于联合空冷器的设计首先要选择合理的结构型式。联合空冷器的结构型式要根据冷凝冷却介质的工艺流程来定。如果工艺介质为单相冷却，需要较长的流程，在干湿联合空冷器的两段均可采用横排管，介质在管内作水平流动。如果工艺介质存在冷凝、冷却两个过程，在冷凝段宜采用立管斜顶管束。其目的是为了减少冷凝段管壁上的积液，以降低压力降和提高传热效果，在冷却段仍用横排立放管束。

当含有不凝气时，要考虑选用具有气液分离器的流程。

干式空冷管束一般采用高翅片管。一般情况下湿式空冷管束采用低翅片管，但当管内放热系数较高时，可选用高翅片管。

(2) 联合空冷器传热面积的估算

① 入口风温 t_{g1}：已知设计条件下的干球温度 t_{g0} 和湿球温度 t_{s0}，按式(3.4－25)估算。

② 湿管束出口风温 t_{g2}：根据式(3.7－5)计算，或用表3.7－1估算。

③ 干管束管内介质出口温度 T_2：根据本节“热负荷分配”原则确定。一般取：

$$T_2 = t_{g2} + (20 \sim 25) \text{到} T_2 = 70℃ \qquad (6.7-1)$$

当干管束管内介质为多组分冷凝过程，且湿管束终冷温度较低时，宜取下限，避免可凝气中过高含量的未凝气进入湿管束，但应保证干管束的接近温差不小于20℃；

④ 分别计算干管束管内和湿管束管内部分的热负荷 Q_1、Q_2；

⑤ 分别按式(3.8－1)和式(6.6－2)计算干管束管和湿管束管部分的有效传热温差 ΔT_1、ΔT_2；

⑥ 干管束的总传热系数按表3.6－1选取；

湿管束管的总传热系数按式(6.6－1)和表6.6－1计算；

⑦ 分别计算干管束和湿管束部分所需的传热面积。

⑧ 选择管束型式、构架结构。

(3) 湿管束传热的详细校算

按本章第六节的内容，计算管内传热系数 h_i、实际风量 V、空气出口温度 t_{g2} 及有效平均温差 ΔT。按式(3.4－21)计算空气管外膜传热系数 h_0。最后核算传热面积及裕量，并计算单位时间内的耗水量。

(4) 干管束传热的详细校算

干、湿管束的空气质量流量 W_a 相同，以湿管束空气出口温度 t_{g2} 为干管束的空气进口入口温度 t_1，参照本章前五节介绍的方法计算干式空冷器管内传热系数 h_i、空气出口温度 t_2、有效平均温差 ΔT 及空气管外膜传热系数 h_0。最后核算传热面积及裕量。

(5) 分别计算干、湿空冷器的管内流体阻力

(6) 计算停止喷水，联合空冷器全部干式运行时的环境温度

假定管内介质条件不变，改变空冷器的入口温度，求全部干式运行时的环境温度。由此可估算联合空冷器年耗水量的大小。

(7)分别计算干、湿空冷器的管外空气穿过翅片的的阻力和空气的动压头，计算电机的功率

7. 计算实例

某炼油厂在塔顶的汽油冷凝冷却采用联合式空气冷却器，试计算联合型空冷器的传热面积。

(1) 工艺条件

介质：汽油油气

① 进口温度 $T_1 = 160℃$，出口温度 $T_3 = 38℃$

汽油流量35000kg/h，水蒸气流量1500kg/h 。

拟采用联合型空冷器以实现全空冷。试计算联合型空冷器的传热面积。当地夏季平均每年不保证五天的日平均气温为：干球温度 $t_{go} = 32℃$，湿球温度 $t_{so} = 27.6℃$。

② 选型

根据工艺介质的冷后温度为38℃，并考虑到汽油的气、液两相密度相差较大，为分别

保证气相和液相的流速，气相冷凝部分采用立管斜放单管程管束，液相冷却部分采用横管立放4管程管束。

③ 热负荷分配

为便于干湿空冷管束的面积配比，选取干、湿空冷管束管内流体分界温度为70℃，认为此时在干式空冷管束内，油气已完全冷凝。

热负荷计算：根据给定的条件，经计算可得：

油气冷凝热负荷：$Q_G = 6 \times 10^6 W$

汽油冷却热负荷：$Q_S = 0.876 \times 10^6 W$

联合空冷器总热负荷：$Q_{联合} = 6.876 \times 10^6 W$

(2) 湿空冷管束面积估算

① 设计气温

$$t_{g0} = 32.0℃;\ t_{s0} = 27.6℃$$

② 计算喷雾后管束入口空气温度 t_{g1}

$$t_{g1} = t_{g0} - 0.8 \times (t_{g0} - t_{s0}) = 32 - 0.8 \times (32 - 27.6) = 28.48℃$$

③ 估算湿式空冷管束出口空气温度 t_{g2}

管内流体平均温度：

$$T_D = \frac{T_2 + T_3}{2} = \frac{70 + 38}{2} = 54℃$$

从表3.7-1取 $\delta t_g = 3.4℃$，可得：

$$t_{g2} = 28.48 + 3.4 = 31.88℃$$

④ 对数平均温差

$$\Delta T_m = \frac{(70 - 31.88) - (38 - 28.48)}{\ln\left(\frac{70 - 31.88}{38 - 28.48}\right)} = 20.61℃$$

⑤ 选取传热系数

查表6.6-1，取 $F_u = 1.15$，

查表3.6-1，取 $K_0^* = 420W/(m^2 \cdot K)$，

可得：$$K_{0s} = F_U K_0^* = 1.15 \times 420 = 483W/(m^2 \cdot K)$$

⑥ 估算传热面积

$$A_{0s} = \frac{Q_S}{K_{0s}} = \frac{0.876 \times 10^6}{483 \times 20.61} = 88m^2$$

(3) 干式空冷管束面积估算

① 空气入口温度

当不计风室漏风时，湿空冷器空气出口温度即为斜顶干空冷管束入口空气温度

$$t_3 = t_{g2} \approx 32℃$$

② 选取传热系数

对汽油冷凝，根据表3.6-1，选取传热系数 K_{0G} 取 $370W/(m^2 \cdot K)$。

③ 空冷出口空气温度 t_4，根据式(3.7-1)估算

$T_1 - T_2 = 160 - 70 = 90℃$，由图3.7-1，查出 $F_f = 1.12$

$$t_4 = 32 + 0.88 \times 10^{-3} \times 370 \times 1.12 \times \left(\frac{160 + 70}{2} - 32\right) = 62.27℃$$

④ 有效平均温差

对数平均温差：

$$\Delta T_{\mathrm{m}} = \frac{(160-62.27)-(70-32)}{\ln\left(\dfrac{160-62.27}{70-32}\right)} = 63.23℃$$

温差校正：

$$P = (62.27-32)/(160-32) = 0.24$$
$$R = (160-70)/(62.27-32) = 2.97$$

查图 3.8－7，$F_{\mathrm{t}} = 0.92$

有效平均温差：

$$\Delta T = 63.23 \times 0.92 = 58.17℃$$

⑤ 传热面积估算：

$$A_{0\mathrm{G}} = \frac{Q_{\mathrm{G}}}{K_{0\mathrm{G}}\Delta T} = \frac{6\times10^{6}}{370\times58.17} = 279\mathrm{m}^2$$

（4）管束规格选择和结构设计

干式管束选择斜顶管束 X4.5×2－4，单管程，4 排管，共 8 片。高翅片，管束管心距 62mm。查附录 A4－1(续 3)，每片基管有效传热面积 39.49m^2，总面积 315.92m^2，面积裕量 13%。管束规格见表 6.7－2。

湿式管束选择立置横排管束 SL8×2－2，2 排管，共 4 片。每片 2 管程，一侧 2 片，4 管程。高翅片，管束管心距 63.5mm。查附录 A4－3（续 2），每片基管有效传热面积 35.403m^2，总面积 141.6m^2，面积裕量 61%。管束规格见表 6.7－3。

干、湿管束传热面积总平均裕量 24.7%。

选用 JX4×5 斜顶式联合构架，配备 F36－4 风机。结构尺寸见图 6.7－10。

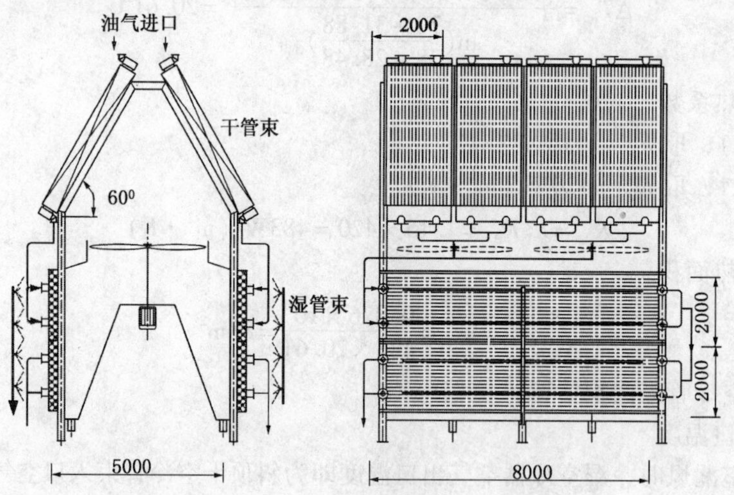

图 6.7－10　联合空冷结构图

表 6.7－2　干式管束参数的初步选择

编　号	参　数	代　号	规　格	注
一	管束规格			
1	名义长度/m	A	4.5	
2	名义宽度/m	B	2	

续表 6.7－2

编　号	参　　数	代　号	规　　格	注
3	实际宽度/m	B_S	1.98	
4	有效迎风面积/m²	A_F	7.752×8	附录 A4－1(续 3)
5	管排数	N_P	4	
6	管束数量		8	
7	管心距/mm	S_1	62	附录 A4－1(续 3)
8	基管总根数	N_t	122×8	参照附录 A4－1(续 3)
9	有效管根数	n_e	120×8	参照附录 A4－1(续 3)
10	基管外径/mm	d_0	25	
11	基管内径/mm	d_i	20	
12	有效基管传热面积/m²	A_E	39.49×8	附录 A4－1(续 3)
13	管内流通总面积/m²	a_Σ	0.03833×8	$\pi d_i^2 N_t/4$
14	管程数	N_{tp}	1	
15	每程流通面积	a_s	0.03833×8	a_Σ/N_{tp}
16	构架规格/m×m		4×5	
17	构架数量		2	
二	翅片参数			
18	翅片外径/mm	d_f	57	
19	翅片平均厚度/mm	δ	0.4	
20	翅根直径/mm	d_r	26	
21	翅片数/(片/m)	N_f	433	附录 A4－2
三	翅片管计算参数			
22	风面比	ξ_f	2.204	附录 A4－2
23	传热计算几何综合系数	K_f	2.498	附录 A4－2
24	阻力计算几何综合系数	K_L	4.642	附录 A4－2
四	风机			
25	规格		F36－4	2 台

表 6.7－3　湿式管束参数的初步选择

编　号	参　　数	代　号	规　　格	注
一	管束和构架规格			
1	名义长度/m	A	8	
2	名义宽度/m	B	2	
3	实际宽度/m	B_S	2	
4	有效迎风面积/m²	A_F	14.287×4	附录 A4－3(续 2)
5	管排数	N_P	2	
6	管束数量		4	每侧 2 片串联
7	管心距/mm	S_1	63.5	附录 A4－3(续 2)
8	基管总根数	N_t	61×4	参照附录 A4－3(续 2)
9	有效管根数	n_e	60×4	参照附录 A4－3(续 2)
10	基管外径/mm	d_0	25	
11	基管内径/mm	d_i	20	
12	有效基管传热面积/m²	A_E	35.408×4	附录 A4－3
12	管内流通总面积/m²	a_Σ	0.01916×4	$\pi d_i^2 N_t/4$，2 侧
13	管程数	N_{tp}	2	
14	每程流通面积	a_s	0.01916×2	a_Σ/N_{tp}，2 侧

续表 6.7－3

编号	参数	代号	规格	注
15	构架规格/m×m		X4×5	
16	构架数量		2	
二	翅片参数			
17	翅片外径/mm	d_f	57	
18	翅片平均厚度/mm	δ	0.5	
19	翅根直径/mm	d_r	26	
20	翅片数/(片/m)	N_f	394	附录 A4－2
三	翅片管计算参数			
21	风面比	ξ_f	1.947	附录 A4－2
22	传热计算几何综合系数	K_f	2.512	附录 A4－2
23	阻力计算几何综合系数	K_L	4.253	附录 A4－2
四	风机			
24	规格		2 台与干管束共用	

(5) 空冷器的实际风量

① 湿管束按表6.6－2 取迎面风速：$U_N = 2.8\text{Nm/s}$，迎风面质量流率 $G_F = 3.374\ \text{kg/(m}^2\cdot\text{s)}$。

由表 6.7－3，迎风面积为：$A_F = 14.287\times4 = 57.148\text{m}^2$

实际总风量：$V_N = U_N A_F = 2.8\times57.148\times3600 = 57.605\times10^4\ \text{Nm}^3/\text{h}$

迎风面空气质量流量：$W\text{a} = G_F A_F = 3.374\times57.148 = 192.817\ \text{kg/s}$

② 干管束迎风面积，由表 6.7－2，为：$A_F = 7.752\times8 = 62.016\text{m}^2$

标准状态下的风量同湿管束，即 $V_N = 57.605\times10^4\text{Nm}^3/\text{h}$

空气质量流量：$W\text{a} = G_F A_F = 192.817\text{kg/s}$

迎面风速：$U_N = 57.605\times10^4/(62.016\times3600) = 2.58\text{m/s}$

迎风面空气质量流率 $G_F = 3.11\ \text{kg/(m}^2\cdot\text{s)}$

(6) 湿管束空气的出、入口温度和平均温差的计算

喷淋强度按表 3.4－5，对于 2 排管，取 $B_S = 150\text{kg/(m}^2\cdot\text{h)}$

按式(3.8－5)或式(3.4－25)计算空气入口干球温度(喷淋后，管束前)

$$t_{g1} = 32 - \left(1.04 - \frac{175}{150\times\ln150}\right)\times(32-27.6)^{0.94} = 28.75℃$$

计算湿管束空气出口干温度 t_{g2}：

按式(3.4－22)计算传质温度系数 θ 时，需要先计算管内流体的传热系数 h_i，由于本题缺乏流体的物热参数(密度、黏度、比热容等)，难于求解，为此传管壁温度取 t_b 与管内流体平均温度的算术平均值。通过一些实例计算，当管内流体处于湍流状态时，用此壁温求得的 t_{g2} 值，偏差在 3% 范围内。

$$T_m = (70+38)/2 = 54℃$$

$$t_b = (54+28.75)/2 = 41.37℃$$

根据 $t_{g1} = 28.75$，$t_{s0} = 27.6℃$，按图 3.4－10 方法，在图 3.4－11 中查得露点 $t_p = 27.2℃$。

传质温度系数：

$$\theta = \frac{t_b - t_{g1}}{t_{g1} - t_p} = \frac{41.37-28.75}{28.75-27.2} = 8.14$$

按式(3.7－6)计算湿温系数：

$$\xi_\theta = (2.55 + 0.15 \times 2) \times 1.0 \times 150^{-0.54} \times 8.14^{0.35} = 0.3967$$

按式(3.8－6)或式(3.7－5)计算空气出口温度：

$$t_{g2} = 28.75 + \frac{876000}{192.817 \times 1005} \times 0.3967 = 30.54℃$$

按式(6.6－2)～式(6.6－5)计算平均传热温差：

$$\Delta T_m = \frac{(T_1 - t_{g2}) - (T_2 - t_{g1})}{\ln(\frac{T_1 - t_{g2}}{T_2 - t_{g1}})} = \frac{(70 - 30.54) - (38 - 28.75)}{\ln(\frac{70 - 30.54}{38 - 28.75})} = 20.52℃$$

$$R = \frac{70 - 38}{30.54 - 28.75} = 17.87$$

$$P = \frac{30.54 - 28.75}{70 - 28.75} = 0.0434$$

查图 3.8－13，$F_t = 0.96$

则，有效传热温差：

$$\Delta T = 0.96 \times 20.52 = 19.7℃$$

（7）干管束空气的出、入口温度和平均温差的计算

空气入口温度：$t_3 = 30.54℃$

空气出口温度：$t_4 = 30.54 + \frac{6000000}{192.817 \times 1005} = 61.5℃$

对数平均温差：$\Delta T_m = \frac{(160 - 61.5) - (70 - 30.54)}{\ln(\frac{160 - 64.5}{70 - 30.54})} = 64.54℃$

$$R = (160 - 70)/(61.5 - 30.54) = 2.19$$

$$P = (61.5 - 30.54)/(160 - 30.54) = 0.239$$

查图 3.8－7，$F_t = 0.95$，则有效温差：

$$\Delta T = 0.95 \times 64.54 = 61.33℃$$

（8）管内、外传热和总传热系数

干管束的气相冷凝，如有可靠的传热系数关联式或经验式，可代入参数计算。关于垂直管和直斜管的管内冷凝，目前这方面的文献很少，本书直接选用总传热系数经验值计算传热面积。对塔顶汽油＋水蒸气的冷凝，按表 3.6－1，取总传热系数 $K_{0g} = 370W/(m^2 \cdot K)$。

湿管束的液相冷却，如已知混合液相的物热参数，可参照本章第六节介绍的方法进行计算管内传热系数和总传热系数。本题直接选用总传热系数经验值 $K_0 = 420W/(m^2 \cdot K)$。湿空冷传热增强系数 F_u 取 1.15，则湿管束的总传热系数：$K_{0s} = 1.15 \times 420 = 483W/(m^2 \cdot K)$。这里需要指出的是，管束流程的布局，须使管内液体的流速控制在 0.5～1.5m/s 之间，流速过低，总传热系数会低于选取值，过高，会使阻力降变的很大。

（9）传热面积的核算

干式管束：$A_g = \frac{6000000}{370 \times 61.33} = 264.4m^2$，实际选用面积：$315.9m^2$。

湿式管束：$A_s = \frac{876000}{483 \times 19.7} = 92.1m^2$，实际选用面积：$141.6m^2$。

传热面积裕量：28.3%，合适！

(10) 翅片阻力和电机功率计算

① 湿管束翅片静压按式(3.11-20)计算

$$\Delta p_{st}=2.16\times 2\times 150^{0.12}\times 3.374^{1.54}=51.28\text{Pa}$$

② 干管束因选用的是常用国产高翅片的翅片管静压按式(3.11-7)计算

空气定性温度：$t_D=(30.54+61.5)/2=46.02$℃

标准迎面风速：$U_N=2.58\text{m/s}$

$$\Delta p_{sT}=(0.01397\times 46.02+2.873)\times 2.58^{1.684}\times 4=69.39\text{Pa}$$

③ 风机的动压头计算

按湿管束出口风温30.54℃计算，

在出口温度下每台风机的空气流量为：

$$V=\frac{57.605\times 10^4}{2}\times\frac{273+30.54}{293}=29.84\times 10^4\text{m}^3/\text{h}$$

$t_3=30.54$℃下的空气密度：$\rho_a=1.205\times 293/303.54=1.163\text{kg/m}^3$

风机直径：3.6m

动压头：$\Delta p_D=1.15\times\dfrac{\left(\dfrac{4V}{3600\pi D^2}\right)^2}{2}\rho_a=1.15\times\dfrac{\left(\dfrac{4\times 29.84\times 10^4}{3600\times\pi\times 3.6^2}\right)^2}{2}\times 1.163=44.35\text{Pa}$

式中1.15为考虑到喷水，动压头增大系数。

④ 全风压

$$H=\Delta p_{st}+\Delta p_{sT}+\Delta p_D=51.28+69.39+44.35=165\text{Pa}$$

(11) 风机功率的计算(单台)

选用两台B叶片调速风机F36-4，初始设计转速：318r/min，叶尖速度为：60m/s空气的密度为1.163 kg/m^3，体积流量为$V=29.84\times 10^4\text{m}^3/\text{h}$，

每台风机的输出功率：$N_0=HV=165\times 29.84\times 10^4/3600=13.68\times 10^3\text{W}$

风量系数按式(5.5-1)计算：$\overline{V}=\dfrac{4\times 29.84\times 10^4}{3600\times\pi\times 3.6^2\times 60}=0.136$

压头系数按式(5.5-2)计算：$\overline{H}=\dfrac{159}{1.163\times 60^2}=0.038$

查图5.3-11，叶片安装角$\alpha=9°$，翅片效率83%，功率系数$\overline{N}=0.006$

则轴功率按式(5.5-4)计算：$N=0.006\times\pi\times 3.6^2\times 1.163\times 60^3/4=15.34\times 10^3\text{W}$

如按输出功率计算，得：$N=13.68\times 10^3/0.83=16.48\times 10^3\text{W}$

上述轴功率是设计风温和风量下的理论计算值，联合空冷的风机轴功率计算时必须至少考虑6%的漏风量。

电机效率取$\eta_1=0.9$，皮带传送效率取$\eta_2=0.92$，

则电机实耗功率为$N_d=\dfrac{16.48\times 10^3\times 1.06}{0.9\times 0.92}=21.10\times 10^3\text{W}$

电机选用功率$N\geqslant 24\text{kW}$

(12) 湿管束停止喷水温度的估算

设停止喷水的环境温度为23℃，按设计风量192.817 kg/s，空气温升为：

$$t_2=23+\frac{876000}{192.817\times 1005}=27.52℃$$

对数平均温差：

$$\Delta T_m = \frac{(70-27.52)-(38-23)}{\ln\left(\frac{70-27.52}{38-23}\right)} = 26.38℃$$

$$R=(70-38)/(27.52-23)=7.1$$

$$P=(27.52-23)/(70-23)=0.096$$

查图3.8-13，$F_t=0.96$　$\Delta T=26.38\times0.96=25.32℃$

总传热系数 k_0 取 420W/(m²·K)，所需传热面积：

$$A_s=\frac{876000}{420\times25.32}=82.37m^2$$

此面积低于湿式运行时所需面积，而且干管束的入口风温也低于设计值，由此可估算出当环境气温低于23℃时可停止喷水。再由当地每年月平均气温，估算确定每年喷水时间，计算年喷水消耗量。

(13) 讨论

① 干、湿管束迎风面积匹配问题：大多数联合式空冷器，干管束承受着较大的热负荷，湿管束用于低温差传热段。为了满足干管束传热的风量要求，湿管束迎风面积要有一个合适的匹配比例，一般来说湿管束迎风面积要等于或略大于干管束迎风面积。否则，干管束的空气侧传热系数较低，温升较大，经济上是不合理的。联合空冷器构架，适用于：干管束斜置横管排布，湿管束立置横管排布，二者迎风面积基本相同。但对于像本题干管束为4.5长斜置立管排布，湿管束立置横管排布，为了满足干管束传热的风量要求，湿空冷每侧选用了两片2m宽的管束。此时，湿管束迎风面积仍比干管束迎风面积小10%左右。但湿管束部分的热负荷较小，不宜再增大面积，故采用了较高的进口风速(2.8m/s)，则干管束的进口风速为2.58m/s。总体来说，这一选择是合理的。

② 本题干管束传热计算由于缺乏可靠计算关联式，总传热系数 K 选用了经验值；湿管束部分因缺乏管内流体的物理参数，K 值也选用了经验值，面积总裕量24.7%并不算高。值得说明的是，湿管束的管内传热计算较重要，如流速选择不当，雷诺数处于层流区或过渡区，总传热系数会比上述经验值低的多。工程设计时，应须提供流体气相和液相的物热参数(包括密度、比热容、导热系数等)，以便进行精确的计算。

本题仅以实例介绍了联合空冷器计算步骤，有关干、湿管束的传热和阻力详细计算，可按本书第三章及本章前面各节实例内容进行。

③ 从本题计算可以看出，联合空冷器设计时，干、湿管束的传热面积和迎风面积的匹配受到许多制约。在老厂的改造中。因受占地面积的限制，联合空冷器的优点比较突出。但对于新建工程，干、湿空冷器单独布局，其操作的可靠性、灵活性及维护的方便性要比联合空冷器优越。联合空冷一年四季都须开机运行，而单独布局，当环境气温低于20℃时，用作后冷器的湿式空冷器风机大都可降低风量或停运，有利于节能。

6.8　空冷器的防冻设计

空冷器的防冻包括高寒地区的防冻、高凝点油品的防凝和某些水合物的防结晶等三个方面。高寒地区的气温较低，被冷却的介质的冷后温度往往会超过介质的凝固点导致介质在管内凝结，需要防冻；二是一些凝固点或倾点较高的工艺介质，在低于这些物质的临界点时可能产生凝固。三是某些物质的水合物在低于一定温度时会引起结晶。这些介质在空冷器内的凝结不但会阻断工艺介质的流动，同时还会胀裂管子造成对设备的破坏。因此防止工艺介质在空冷器内凝结或结晶对空冷器的平稳操作有非常重要的意义。

1. 防冻分类

在考虑空冷器防冻设计时，按被冷却的工艺介质的不同可分为以下六类：

第一类，水和稀释水溶液的冷却：

水和稀释水溶液具有较高的传热系数，因而在操作过程中管壁温度较高。一般不会出现冰冻现象。但是在极低气温下或开、停工时，如不采取相应的预热措施也可能引起冰冻现象。

第二类，蒸汽冷凝：

蒸汽冷凝器的管束通常为多排管的单程结构，在蒸汽冷却过程中，首先与冷空气接触的管排，蒸汽冷凝量大，甚至于过冷；最后的管排则可能有一部蒸汽得不到及时冷凝，部分未凝的蒸汽会从出口端流回温度较低的底层出口端。这会引起两种后果：一是首先接触冷空气的排管内流动受阻，局部过冷并造成积液，当腐蚀介质存在时会引起穿孔；二是由于蒸汽的积聚引起水锤现象，加剧管束的破坏。腐蚀穿孔是非常迅速的，短的仅一天，长的三个月，穿孔迅速也与水锤现象有关。

为了避免这种破坏，应避免或减少蒸汽在冷后温度较低的管排管出口处积聚。为此，有三个措施可以采用，一是要限制管束的长度，一般认为管长不应大于直径的360倍。例如外径为25mm的管子的长度应在9m以下。二是将后管箱分解成每排的单独排出管箱。三是在管子进口端加节孔板，后一种方法局限性大，不能适应流量的变化。

第三类，部分蒸汽冷凝：

第三种类型是排出口的未凝气量较大，当达到进口蒸汽总量的10% ~30%(质)时，会在出口端出现气体积聚，蒸汽从各排连续排出，就应采取相应的防冻措施。

若出口气体的含气量低于10%(质)时，不会产生气体积聚，则呈现类型二的现象，排出的含气量按最低的设计气温时计算确定，采用一般简单风量控制即可满足要求。

第四类，可凝气的冷凝：

第四类冷却类型是第三类的延伸，它强调可凝气体对管壁温度的影响，为了精确计算管壁和流体的温度，对流动状态的预测是非常重要的。例如，被冷却的物流中含有蒸汽或可凝的烃类时，在冷凝器入口将出现环状流，在管子的冷的内表面形成环状液体，而中心部分则为气体；在出口端呈现层流状态凝结水和液态从管的底部排出，蒸汽在管的上半部冷凝，对于这种类型的冷却采用简单控制风量的防冻系统即可。

第五类，黏稠和高倾点流体冷却：

黏调流体和高倾点液体的主要问题是流动不稳定性，在同一管程中的各根管子的流速各不相同，其差别甚至达到5:1。由流动不均匀性带来的后果是管侧的总压降可能增加1倍，传热性能下降一半。

为了预防不均匀性不致太大，应注意以下二点：

① 工艺介质在排出温度下的黏度不应低于50mPa · s；

② 边壁界面层介质黏度与管内的平均黏度之比不应超过3:1。

对于这种流体的空气冷却器设计时需要特别强调以下几个问题：

① 空气侧的流量与温度分布尽可能做到均匀，仅仅是单侧设置的外循环将会引起空气流动和温度的不均匀。因此尽可能选用双侧的热风外循环空冷器。

② 为了防止空气走旁路应减少管束侧梁与管子之间的间隙，按 API 661 的规定这个间隙最大为 9mm。

③ 允许压力降应尽可能高一些，通常应达到 0.275MPa(40psig)。

④ 管侧进口管箱的分配应尽量均匀，可采用多个进口和进口管箱采取保温措施。

⑤ 必要时可在空冷器内增设加热盘管。

此外，当采用上述措施仍解决不了问题时，这类介质的冷却也可以采用间接冷却 。

第六类，是指在冷却过程中会出现冰点、水合物形成和出现露点的介质的冷却。

这类型的流体的特点是具有不连续的临界温度，这种流体的壁温和流体温度可以准确地计算出来。根据设计条件的不同可采用以上推荐的冷却方式。

2. 各种冷却类型的安全裕量

用于寒冷地区的空冷器应采取各种有效措施避免由于冷空气带来的工艺介质在管内的凝固、结蜡、形成水合物、层流和导致腐蚀的结露等现象。工艺介质在空冷器内凝结的内因是介质的凝固点高，外因是气温过低，但对空冷器本身而言却是传热管的壁温问题。如果管壁温度高于介质的凝固点一定值，不管介质的凝固点或气温如何，都不致于产生凝固现象。所以对空冷器防凝来说，关键是提高管壁的温度 。根据 API 661 标准的有关规定，为了保证介质在管内不凝固，管壁设计温度应高于工艺介质的临界温度。管壁的设计温度与工艺介质的临界温度之差称为安全裕量。针对不同类型的工艺流程规定了相应的安全裕量。如表 6.8－1 所示。

表 6.8－1　各种冷却类型的安全裕量

冷却类型	安全裕量/℃	冷却类型	安全裕量/℃
1	8.5	4	8.5
2	8.5	5	14.0
3	8.5	6	11.0

3. 空冷器的防冻方法与基本结构形式

防止工艺介质在空冷器内发生凝结的关键是保证管壁温度高于介质的临界温度。如何提高管壁温度，特别是当严寒地区空气的温度较低时，应采取什么措施提高管壁温度是防冻设计的重点。众所周知，空冷器是利用空气作为冷源的传热设备，冷空气是一种不可缺少的冷却介质但同时它又是造成介质在管内凝结的主要因素。因此，防冻措施主要是如何适当地调节空气的流量或改变空气的流动路径以提高空气的入口温度。下面介绍几种较常用的防冻方法。

(1) 控制空气的流量和循环量

调节空气的入口速度或循环量以改变空气入口的流量或入口温度是一种普遍采用的办法。根据空气的流动方式和控制手段的不同可分为以下五种。

① 采用自动风机控制空冷器空气流量

这种方法与采用百叶窗控制流量相比较，自动风机控制流量有以下优点和缺点。

优点：

A. 对风量的控制容易实现，可控制工艺介质的出口温度接近设计工况；

B. 当环境温度下降时降低了功率的消耗。

缺点：

A. 当风机的流量低于额定值的 30%，流量控制的精确度不高；

B. 当流量较低时，受周围的风力影响较大。

自动调角风机控制风量的结构如图 6.8－1 所示。

② 自动百叶窗控制空冷器的风量

采用固定角度的风机加自动百叶窗调节风量，也是一种常用的办法，它的优缺点如下。

优点：

A. 当风量低于风机额定值的 30%，能提供较精确的风量控制；

B. 受周围环境风力的影响较少；

C. 在开停工时，全部关闭百叶窗能对空冷器起加热作用。

缺点：

A. 当风量高于风机额定值的 30%，对风量的控制欠准确；

B. 当遇结冰，下雪天气或产生腐蚀及损坏时，操纵容易失灵。

采用固定风机加自动百叶窗调节风量的方法如图 6.8－2 所示。

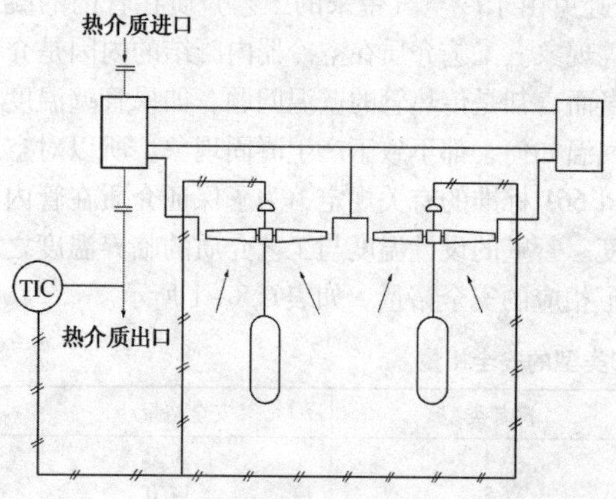

图 6.8－1 自动调角风机控制风量的空冷器

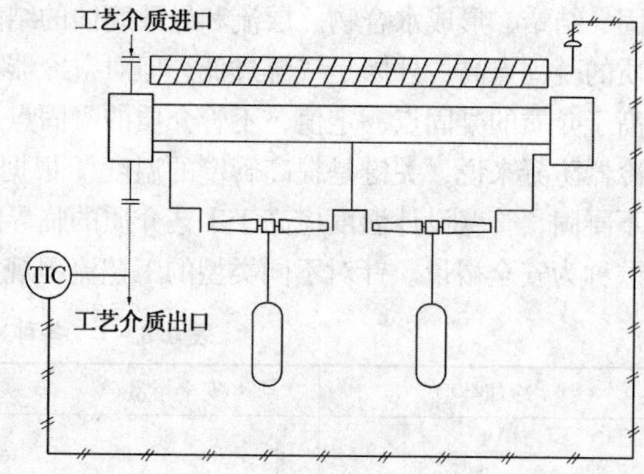

图 6.8－2 自动百叶窗控制风量的空冷器

③ 简易型热风内循环空冷器

简易型热风内循环空冷器是在一般的空冷器下部增设挡风裙而成，结构比较简单易行。当环境温度下降时，靠近工艺介质出口管箱的自动调角风机反向转动将空气回抽，这部分被加热的空气与新鲜空气混合送入另一台风机的吸入口，提高空气入口温度。这种调节方法在管束下方要增加一个挡风裙，这种方法的风机可用引风式或鼓风式，分别如图 6.8－3、图 6.8－4所示，这种结构可以用于较为缓和的防冻要求。

④ 普通空气内循环的空冷器

如图 6.8－5 所示，管束下方设置二台风机，靠介质出口管箱一侧是自动调角风机，管束上方设有水平和垂直二组百叶窗。管束下方还有挡风裙，当气温下降到一定程度时，右侧的自动调角风机反转，迫使空气向下流动，同时管束上方的水平百叶窗的开度减少或关闭，减少冷空气进入和热空气的排出，垂直的百叶窗同时打开，以便左边排出的空气水平地向右运动，循环向下的热空气与新鲜的冷空气混合后在左边的风机驱动下，向上通过管束，完成部分的空气的内循环，提高空气的入口温度，达到防冻的目的。这种空冷器的关键是控制好百叶窗的开度，保证适量的空气循环，从而保证混合后的空气温度满足工艺要求。

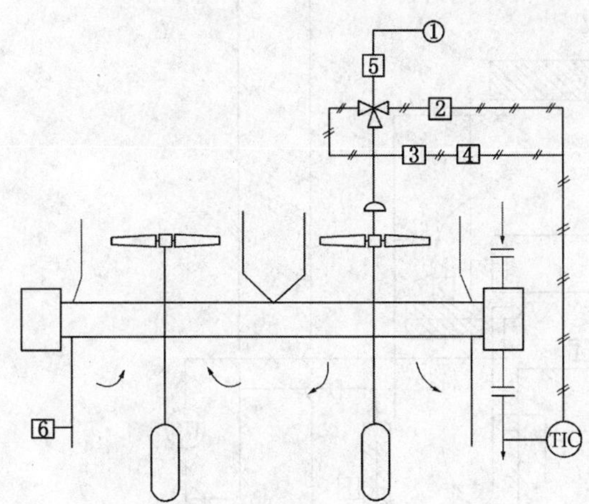

图 6.8－3　引风式热风内循环空冷器

1—环境温度；2—高位继电器；3—复位继电器；4—低位继电器；5—三向梯力开关；6—风机挡板；TIC—温度指示调节器

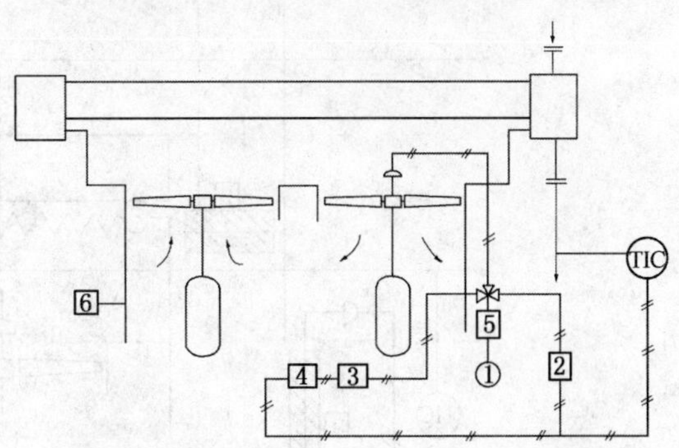

图 6.8－4　鼓风式热风内循环空冷器

1—环境温度；2—高位继电器；3—复位继电器；4—低位继电器；5—三向梯力开关；6—风机挡板；TIC—温度指示调节器

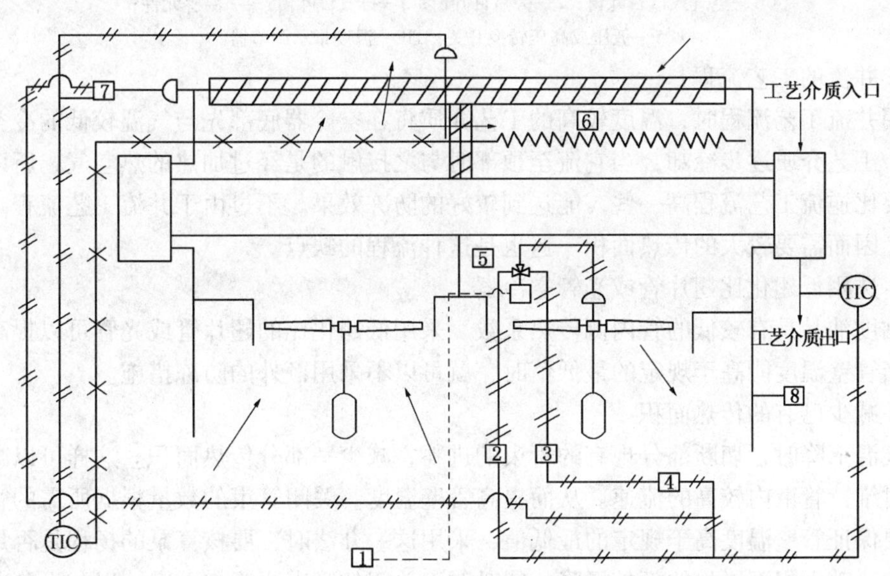

图 6.8－5　鼓风式热风内循环空冷器

1—环境温度；2—高位继电器；3—复位继电器；4—低位继电器；5—三向梯力开关；6—温感元件；7—低压或高压转换开关；8—风机挡板；TIC—温度指示调节器

⑤ 热风外循环空冷器

热风外循环系统如图 6.8－6 所示。当气温下降时，热空气通过外循环风道与新鲜的冷空气混合后在自动调角风机的驱动下进入空冷器管束。空气的循环量通过调整百叶窗的开度进行控制。整个系统是封闭的。因而它能很灵活地调节空气的流量和工艺介质的排出温度，从而保证空冷器的平稳运行。尽管工艺介质的温度可用百叶窗控制，在这里采用自动调角风机也是必要的，它还可以节省操作能耗。

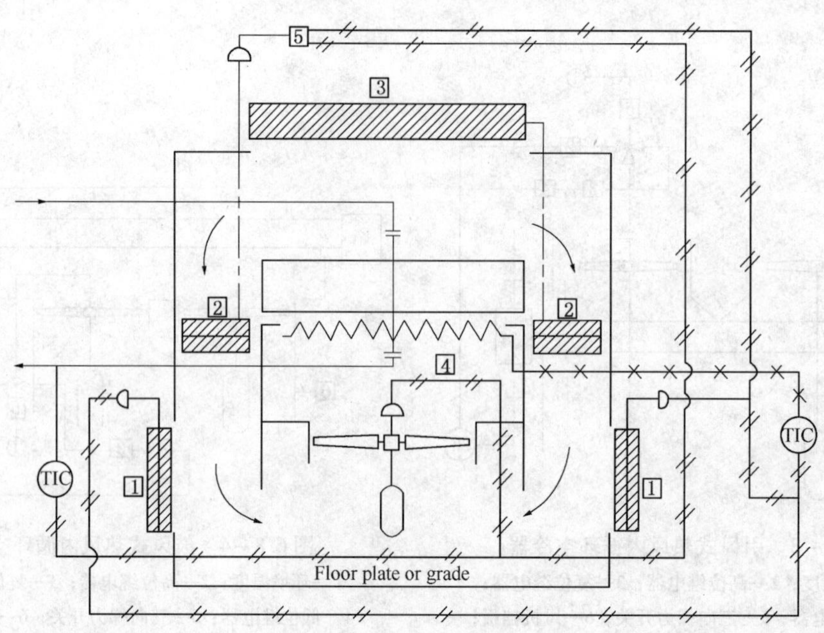

图 6.8－6　热风外循环空冷器

1—空气入口百叶窗；2—旁路百叶窗；3—排气百叶窗；4—温感元件；
5—低压或高压转换开关；TIC—温度指示调节器

(2) 并流的工艺流程

采用并流工艺流程时，温度较高的工艺介质将在空冷器底部先与气温较低的冷空气进行热交换。工艺介质逐步冷却，当它流至顶部时与之接触的是经过加热的热空气，所以它的管壁温度要比逆流工艺流程高一些，能达到较好的防冻效果。不过由于并流工艺流程减少了传热温差，因而需要较大的传热面积。这也是这种流程的缺点。

(3) 选用低翅化比翅片管或光管空冷器

高黏度油品具有较低的管内侧传热系数，采用低翅化比的翅片管或光管可以提高管壁的温度，当管壁温度能高于规定的最低值时，就可以不采用额外的防冻措施。

(4) 减少已有的传热面积

当气温下降时，切断部分现有的管束的进料，减少一部分传热面积。这样可以减少热散失，同时维持管束内较高的流速。从而提高管壁温度。关闭管束的数量根据所需的管壁温度而定。要保证管壁温度高于规定的最低值，采用这一办法时，要核算泵的扬程是否足够克服由于减少流动面积而增加的额外压降。同时对已关闭的管束要吹扫干净，以防设备冻裂。

(5) 盘管式空冷器

对于高黏油品的冷却采用单程或多程的盘管式空冷器是有效的，盘管可用公称直径 50～150mm 的较大管子。至于用光管还是翅片管要根据管壁温度决定。这种空冷器的优点是流动均匀性较好，缺点是压力降较大。

(6) 间接式空冷器

对于高黏度油品如果采用直接空冷难于控制时，可以采用间接式冷却。在该系统中空冷器用于冷却循环水，冷却后的低温循环水进入常规的管壳式换热器，将工艺介质冷却。循环水的冷却比较简单，采用调角式风机调节风量就可以对循环水的温度进行有效的控制。但是要注意的是，当环境温度低于 0℃时，应在循环水中加入防冻剂以防止循环水结冰。

间接空冷的优点是：

A. 工艺过程的温度得到更好的控制；

B. 避免了工艺流体分配不均匀所带的麻烦；

C. 操作方便；

D. 一般情况下，对于高黏度油品采用间接式空冷系统有较好的经济性。

(7) 采用分段冷却

为了更好处理高黏油品的防冻问题，可将待冷却的高黏油品分成二个温度区进行处理。在第一段中先将高黏油品冷却到某一中间温度，以使得管壁温度将高于规定的范围，保证在冬季的环境温度下介质不会冻结。第二段的冷却需采用防冻措施，由于第二段冷却的负荷大大减少，防冻比较容易实现。

(8) 综合考虑

根据最低的环境温度和最低壁温的要求，可以灵活运用上述各种方法的组合，例如可以采用下述方法之一：

① 并流和逆流工艺流程的组合运用。夏季采用逆流流程，冬季用并流流程。这个方法的优点是明显的，缺点是管线连接较复杂。

② 高低黏度油品的联合空冷。

③ 无须防冻的低黏度油品的冷却器置于下面，先与冷空气换热；高黏度油品的空冷器在上面，与它接触的空气是经过预热的，从而可以提高管壁温度避免油品在管内冻结。

4. 防凝防冻设计要点

当空冷器的空气入口温度较低时，应采取各种有效措施避免由于冷空气带来的工艺介质凝固、结蜡、形成水合物、层流和导致腐蚀的结露等现象。空冷器的防冻设计主要要注意以下几点：

(1) 首先要确定防冻设计的依据

一般说来，防冻设计的依据是工艺介质的临界温度，在空冷器设计中要采用防冻措施维持管壁温度高于工艺介质的临界温度。这些临界温度包括冰点、凝固点、露点(如果凝液有腐蚀时)和其他会引起操作困难的温度。

(2) 防冻设计应确认下列设计数据

① 包括安全裕量在内的最低管壁温度；

② 最低设计气温：

在寒冷地区冬夏两季的气温相差很大，有的地区甚至高达60~70℃，由于冬夏的温差大，所需的传热面积相差也很大。空冷器的空气入口温度的选取应在合同条文中明确。对一般干空冷器设计，空气入口温度，是取当地夏季平均每年不保证五天的日平均气温。但在高寒地区，由于温差较大，建议适当放宽夏天的空气入口温度，以求得冬夏之间的合理平衡；

③ 工艺条件，包括流量的变化幅度；

④ 设计风速和主导风向；

⑤ 用于预热空冷器的蒸汽或其他热源。

(3) 热损失和防冻要求

当采用加热盘管对空冷器进行加热时，应考虑空冷器在开停工、正常操作时的散热损失和防冻要求。

(4) 计算最低的管壁温度

空冷器中各排的介质出口温度是不同的，为了安全起见，应分别计算每一排管的壁温以求得最低的管壁温度。

(5) 工艺介质流动的不均匀性和空气流动的不均匀性也应该加以考虑。

5. 管壁温度计算

对于需要防冻的空冷器来说，壁温的计算是非常重要的。设计时需要计算出最危险部位的管壁温度，对逆流传热的空冷器，最危险部位出现在底排管出口处。设计时要确保该处的壁温等于或大于介质的临界温度加上如表 6.8－1 所示的安全裕量。

最低管壁温度计算：

(1) 已知和假定

① 空冷器管内热流膜传热系数(以热流定性温度和基管内表面为基准)已求出，并假定沿全部传热管上都相同；

② 空冷器管外空气膜传热系数(以空气定性温度和基管外表面为基准)已求出，并假定沿全部传热管上都相同；

③ 空冷器各项垢阻已知，传热管几何参数已知，并假定沿全部传热管上都相同。

(2) 管壁温度计算

在热流最低温度的截面处取一微段传热管，根据傅立叶热传导公式，管内热流传给管壁的热量，等于管壁对空气放出的热量，按传热推动力和传热阻力来表达，得：

$$q=\frac{T_{\min}-t_{w}}{R_{i}}A_{i}=\frac{t_{w}-t_{\min}}{R_{0}}A_{0} \tag{6.8－1}$$

式中 q——单位长度传热管传热量，W/m；

$T_{\min}$——管内热流最低设计温度，对逆流传热，$T_{\min}$一般是热流的出口温度，℃；

t_w——传热管内壁温度，℃；

$t_{\min}$——管外空气最低设计温度，℃；

R_i——以基管内表面为基准的管内总热阻，$m^2 \cdot K/W$；

$$R_{i}=\frac{1}{h_{i}}+r_{i} \tag{6.8－2}$$

h_i——以基管内表面为基准的管内流体膜传热系数，$W/(m^2 \cdot K)$；

r_i——以基管内表面为基准的管内流体垢阻，$m^2 \cdot K/W$；

R_0——以基管外表面为基准的管外总热阻，$m^2 \cdot K/W$；

$$R_{0}=\frac{1}{h_{0}}+r_{0}+r_{w} \tag{6.8－3}$$

h_0——以基管外表面为基准的管外空气膜传热系数，$W/(m^2 \cdot K)$；

r_0——以基管外表面为基准的管外空气垢阻，$m^2 \cdot K/W$；

r_w——以基管外表面为基准的传热管壁金属热阻，$m^2 \cdot K/W$；

$$r_{w}=\frac{\delta_{w}}{\lambda_{w}}\frac{A_{0}}{A_{m}} \tag{6.8－4}$$

A_0——每米长基管外壁表面积，m^2/m；

A_i——每米长基管内壁表面积，m^2/m；

A_m——每米长基管管壁平均直径表面积，m^2/m。

λ_w——基管材料导热系数，对于碳钢取 $\lambda_w=44W/(m\cdot K)$；

δ_w——基管管壁厚度，m。

将式(6.8-1)经分解、合并处理后，可得传热管内壁壁温计算式：

$$t_w=T_{min}-\frac{T_{min}-t_{min}}{\frac{R_0}{R_i}\frac{A_i}{A_0}+1} \tag{6.8-5}$$

由于 T_{min}、t_{min}是计算截面上热流和冷流的最低温度，式(6.8-5)计算出的 t_w是传热管可能达到的最低内壁面温度,℃；

对于常用空冷器，r_0、r_w 都很小，可忽略不计，并略去 r_i 的影响，以定性温度 T_D、t_D 代替 T_{min}、t_{min}，以 d_i/d_0 代替 A_i/A_0，则得：

$$t_w=T_D-\frac{T_D-t_D}{\frac{h_i}{h_0}\frac{d_i}{d_0}+1} \tag{6.8-6}$$

式(6.8-6)与第三章式(3.3-9)都是用于求解在定性温度下管束平均内壁温度的近似公式(忽略了垢阻和管壁热阻的影响)，计算结果相同。

这里需要强调的是，对于需要进行防冻校算的空冷器，应按夏季设计条件选择好管束和风机型号，再按冬季设计条件进行风量和管内、外传热计算，式(6.8-5)中的 R_0、R_i 都是寒冬季节运行时的管内、外热阻。

6. 空冷器防凝设计实例

(1) 已知条件：黑龙江某严寒地区设计一台渣油空气冷却器。设计条件如下：

管内介质：大庆减压渣油($\rho_4^{20}=0.905$)

渣油流量：$W_i=32000kg/h$

进口温度：$T_1=170℃$，出口温度：$T_2=135℃$

热负荷：$Q_1=55.7822\times10^4$ W。

设计压力：$P=1.6MPa$。

渣油的物性如下：

温度/℃	密度/(kg/m³)	运动黏度/(mm²/s)	动力黏度/mPa·s
150	823	30	25
100	854	120	102

定性温度下渣油热参数取：

比热容：$C_p=2360J/(kg\cdot K)$

导热系数：$\lambda=0.12W/(m\cdot K)$

渣油凝固点：25℃

根据以上的工艺条件，可供选择的空冷器型式有：热风内循环式、热风外外循环式、蒸汽加热盘管式、联合式(如易凝油品空冷管束和其他不易凝油品空冷管束相联合)。针对本题目的特点，决定采用轻重油品冷却器联合的型式。上部为渣油管束，下部为轻柴油管束，在渣油管束之上设置百叶窗，如图6.8-7所示。采用百叶窗是获得热风内部循环的重要措施。利用百叶窗根据不同的环境气温以调节送风量。在春秋季节可以停掉部分风机，利用百叶窗调节通风量，在冬季根据工艺条件，甚至可以停掉全部风机，空冷器按自然通风方式运行。

联合型空冷器可使易凝油品得到最大的安全保护。它可以应付各种极端情况，如严寒季节的低温环境，渣油泵停运、装置故障停运等等。

图6.8－7表示具有百叶窗的轻柴油空冷管束和渣油空冷管束相联合的渣油空冷器。在严寒的冬季，空气流过轻柴油管束时，冷却了轻柴油，而本身受热后温度提高，这样再流经渣油管束时，就不会发生使渣油凝固的危险。但轻柴油管束的热负荷不应太大，否则会导致渣油管束夏季入口气温过高而使渣油冷不下来。从图可以看出，百叶窗采用斜置，其目的是防止冬雪的堆积。

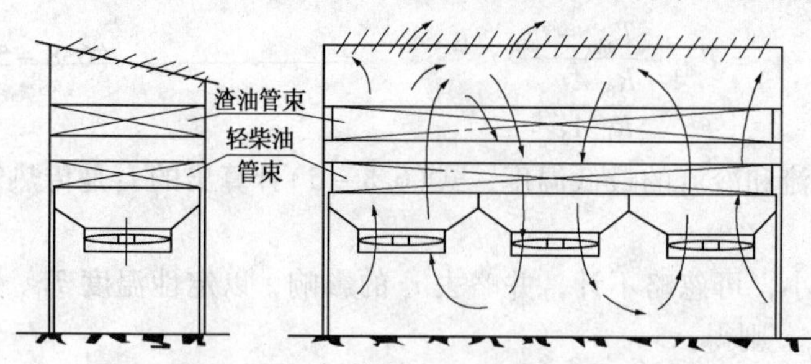

图6.8－7　轻柴油－渣油联合空冷器

轻柴油设计条件：

轻柴油流量：$W_2=17000\text{kg/h}$；

入口油温：150℃，出口油温55℃；

热负荷：$Q_2=1046700\text{W}$；

定性温度：$T_D=0.4T_1+0.6T_2=0.4\times150+0.6\times55=93℃$；

定性温度下，轻柴油的物性如下：

黏度：$\mu=1.078\times10^{-3}\text{Pa}\cdot\text{s}$；

比热容：$C_p=2282\ \text{J/(kg}\cdot\text{K)}$；

导热系数：$\lambda=0.135\text{W/(m}\cdot\text{K)}$；

密度：$\rho=770\text{kg/m}^3$；

空气设计温度：计算冷却面积时，取夏季平均每年不保证五天的日平均气温 $t_1=26℃$；考虑防凝措施时，选取最冷月月平均最低温度 $t_1=-21.2℃$。

（2）总体方案设计

① 轻柴油传热面积估算

查表3.6－1，取光管外表面为基准的传热系数 $K_0=320\text{W/(m}^2\cdot\text{K)}$。

选取管束规格9×3－2一片，丝堵式管箱。查附表A4－1，得

迎风面积：$A_F=24.538\text{m}^2$，有效管长 $l_e=8.64\text{m}$；

总传热管根数：$N_f=89$ 根，管排数：2，管程数：6，每管程15根管；

每程流通面积 a_s：0.04712m^2；

有效传热管根数 n_e：87根，基管外表面有效传热面积 A_E：59m^2；

管内液体流速：$v=\dfrac{W}{\rho a_s}=\dfrac{17000}{3600\times770\times0.004712}=1.301\text{m/s}$，合适！

设计标准迎面风速 U_N：2.9m/s。

总风量：

$$V=24.538\times2.9\times3600=25.62\times10^4\text{Nm}^3\text{/h},$$

选用F24－4风机3台，每台风量：$V=8.54\times10^4\text{Nm}^3\text{/h}$。

空气温度：入口 $t_1=26℃$，出口风温：

$$t_2 = 26 + \frac{1046700 \times 3600}{25.62 \times 10^4 \times 1.205 \times 1005} = 38.14℃$$

求得对数平均温差：$\Delta T_m = 61.38℃$

基管传热面积：$A_{R2} = \dfrac{1046700}{320 \times 61.38} = 53.3\text{m}^2$。

在设计工况下，轻柴油管束中油品的进出口温差为95℃。在变工况下，此温差还会加大，这将引起进口与出口管程中管子的热膨胀差异，因此宜采用分解管箱(图6.8-8)。

图6.8-8　6管程轻柴油管束的分解管箱

翅片参数：

绕片管，基管：$\phi25/\phi20$，高翅片管，翅片外径：$d_f = \phi57$，翅根直径：$d_r = 26\text{mm}$，翅片数：433片/m，管心距：$S_1 = 63.5\text{mm}$，翅片厚：$\delta = 0.4\text{mm}$

查附表A4.2：翅片面积 $A_f = 1.7811\text{m}^2/\text{m}$，翅根面积 $A_r = 0.06753\text{m}^2/\text{m}$，

风面比：$\xi_f = 1.976$，传热计算参数：$K_f = 2.456$，阻力计算参数：$K_L = 4.361$，

翅化比：23.537

图6.8-9是轻柴油管束固定端管箱和浮动端分解管箱排管尺寸图。

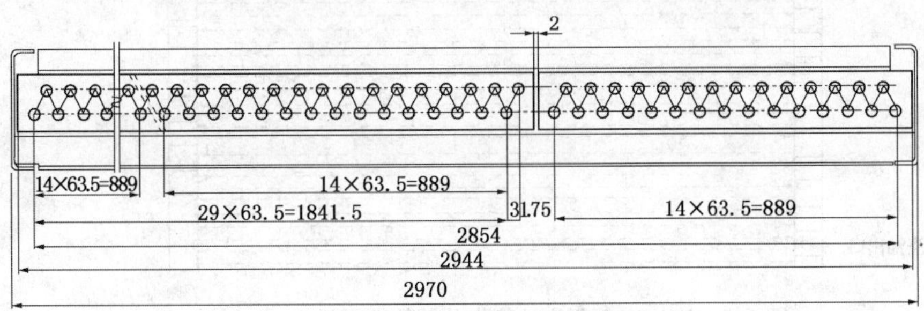

(a) 浮动端分解管箱布管图

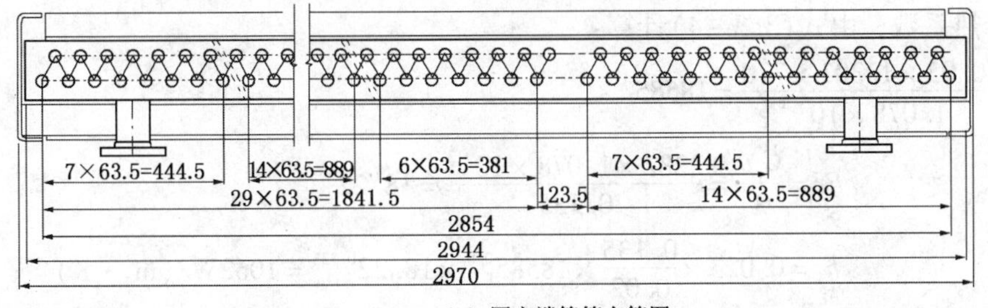

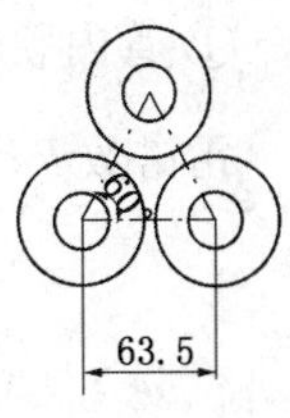

(b) 固定端管箱布管图

图6.8-9　轻柴油管束管箱布管图

② 渣油空冷管束估算

管束的外形尺寸与柴油管束相一致，即长9m，宽3m。空气经轻柴油管束加热后进入渣油空冷器管束。考虑到柴油管束的漏风，取空气的标准风速：$U_N = 2.8\text{m/s}$。

流经渣油管束的风量：$V_{\Sigma}=2.8\times3600\times24.9=250992\text{m}^3/\text{h}$，比柴油管束风量少2.2%，

渣油管束空气的入口温度等于轻柴油管束空气的出口温度，即 $t_3=t_2=38.14℃$

管束的出口温度 $t_4=38.14+\dfrac{557822\times3600}{250992\times1.205\times1005}=44.73℃$

对数平均温差：$\Delta T_m=110.5℃$。

以光管外表面积为基准的传热系数取 $K_0=30\text{W}/(\text{m}^2\cdot\text{K})$（表3.6-1）

可得传热面积 $A_{R1}=\dfrac{557822}{30\times110.5}=168.3\text{m}^2$。

渣油管束的结构如下：

传热管规格：$\phi57\times3.5$ 无缝钢管，每根管内截面积为 0.001963m^2。

管长9m，有效管长8.800m，单管有效外表面积 1.5758m^2。

为保证渣油的换热效果，取流速1.5m/s左右，可得每管程管子根数为4。

布管尺寸：取管心距 $S_1=100\text{mm}$，$S_2=100\text{mm}$，正方形布管。在管束宽度为3m的条件下，采用4排管，每排28根管，共28管程，每程4根管。管子总数 $n=112$，总传热面积为：$A_1=112\times1.5758=176.5\text{m}^2$。

为解决渣油管束由于进出口温差而引起的热膨胀差异，采用分解式管箱（图6.8-10）。管箱布管尺寸见图6.8-11。

迎风面积：$A_F=2.83\times8.8=24.9\text{m}^2$。

图6.8-10 28管程渣油管束分解管箱图示

（3）轻柴油管束传热面积的精确计算

① 管内膜传热系数，由式（3.3-4）计算：

雷诺数 $Re=\dfrac{0.02\times1.301\times770}{1.078\times10^{-3}}=18585$

$$Pr=\frac{C_p\mu}{\lambda}=\frac{2282\times1.078\times10^{-3}}{0.135}=18.22$$

$$h_i=0.023\times\frac{0.135}{0.02}\times18585^{0.8}\times18.22^{0.333}=1062\text{W}/(\text{m}^2\cdot\text{K})$$

② 管外膜传热系数

空气定性温度 $t_D=0.5(t_1+t_2)=0.5\times(26+38.14)=32.07℃$

定性温度下的空气性质：

黏度：$\mu=0.0000187\text{Pa}\cdot\text{s}$

比热容：$C_p=1005\text{J}/(\text{kg}\cdot\text{K})$

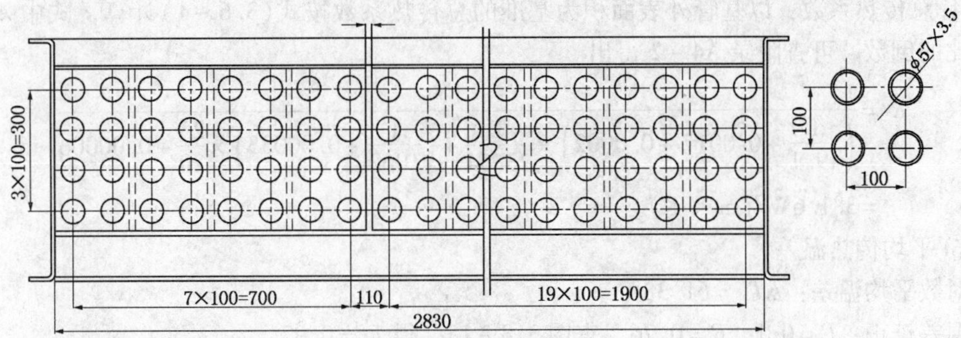

(a) 浮动端分解管箱布管图

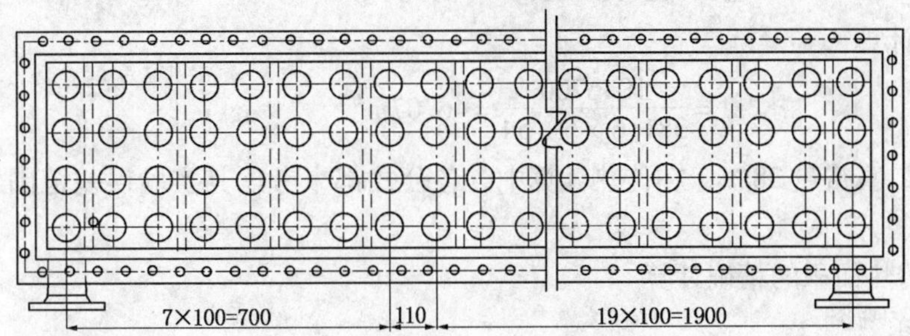

(b) 固定端管箱布管图

图6.8-11　渣油管束管箱布管图

导热系数：$\lambda = 0.0268\text{W}/(\text{m}\cdot\text{K})$

重度：$\rho = 1.157\text{kg/m}^3$

普兰特准数：$Pr = 0.7$

以翅片表面积为基准的管外膜传热系数用化简式(3.4-9)计算

$$h_f = (0.0074t_D + 9.072)K_f U_N^{0.718}$$

$$= (0.0074 \times 32.07 + 9.072) \times 2.456 \times 2.9^{0.718} = 49.1\text{W}/(\text{m}^2\cdot\text{K})$$

③ 各项热阻

管内垢阻：$r_i = 0.00035\text{m}^2\cdot\text{K/W}$(查表3.5-1)

翅片垢阻：$r_\Sigma = 0.0002\text{m}^2\cdot\text{K/W}$

管壁热阻：$d_0 = 0.025\text{m}$，$d_i = 0.02$，$d_m = 0.0225\text{m}$，$\lambda = 46.5\ \text{W}/(\text{m}\cdot\text{K})$

以基管外表面积为基准的管壁热阻为：

$$r_w = \frac{0.025 - 0.02}{2 \times 46.5} \times \frac{0.025}{0.0225} = 0.00006\text{m}^2\cdot\text{K/W}$$

翅片效率：$r_f/r_r = 2.19$，$\lambda_L = 238\text{W}/(\text{m}\cdot\text{K})$

$$(r_f - r_r)\sqrt{\frac{2h_f}{\lambda_L \delta}} = (\frac{0.057 - 0.026}{2})\sqrt{\frac{2 \times 49.1}{238 \times 0.0004}} = 0.5$$

查图3.4-4，得翅片效率 $E_f = 0.92$

翅片热阻：按式(3.4-8)计算。$A_f = 1.7811$，$A_r = 0.0675$(查附表A4-2)，则翅片热阻为

$$r_f = (\frac{1}{49.1} + 0.0002) \times \left(\frac{1 - 0.92}{0.92 + \frac{0.0675}{1.7811}}\right) = 0.0017\text{m}^2\cdot\text{K/W}$$

④ 总传热系数：以基管外表面积为基准的总传热系数按式(3.6-1)计算，式中 A_0/A_Σ 为翅比的倒数，可查附录A4-2得出。

$$K=\frac{1}{\left(\frac{1}{49.1}+0.0017+0.0002\right)\times\frac{1}{23.54}+\left(\frac{1}{1062}+0.00035\right)\times\frac{25}{20}+0.00006}$$

$$=381.6\text{W}/(\text{m}^2\cdot\text{K})$$

⑤ 平均传热温差

对数平均温差：$\Delta T_m=61.38$℃

温差校正：$P=0.1$，$R=0.76$，查图3.8-15，得 $F_t=0.97$

$$\Delta T=61.38\times0.97=59.54℃$$

⑥ 传热面积的计算

$$A=\frac{1046700}{381.6\times59.54}=46.07\text{m}^2$$

实际面积59m²，富裕量28%，在传热计算中，各公式都未考虑其实验误差范围，所以这一余量是合适的。

(4) 渣油管束传热面积的精确计算

① 管内膜传热系数

定性温度：$T_D=0.5\times(170+135)=152.5$℃

按表3.1.1中相关公式计算定性温度下渣油的密度和黏度(计算过程从略，详见本章[例6.4-1])，得：

$\rho=821\text{kg/m}^3$，$v=28\times10^{-6}\text{m}^2/\text{s}$，$\mu=23\times10^{-3}\text{Pa}\cdot\text{s}$

管内流速：$v=\dfrac{32000\times4}{3600\times0.05^2\pi\times4\times821}=1.38\text{m/s}$

雷诺数：$Re=\dfrac{0.05\times1.38\times821}{23\times10^{-3}}=2463$

质量流率：$G_i=\dfrac{32000\times4}{3600\times4\times0.05^2\pi}=1131.8\text{kg}/(\text{m}^2\cdot\text{s})$

普朗特数：$Pr=\dfrac{C_p\mu}{\lambda}=\dfrac{2360\times23\times10^{-3}}{0.12}=452.3$

$$\frac{d}{L}=\frac{0.05}{9}=0.005556$$

因 Re 属过渡区，管内膜传热系数按式(3.3-2)计算，设 $\phi=1$

$$h_i=0.116\times\frac{0.12}{0.05}\times(2460^{\frac{2}{3}}-125)\times(1+0.005556^{\frac{2}{3}})\times452.3^{\frac{1}{3}}=126.6\text{W}/(\text{m}^2\cdot\text{K})$$

② 管外膜传热系数，按式(3.4-1)计算

迎风面积：$A_F=24.9\text{m}^2$

定性温度：$t_D=(38.14+44.73)/2=41.4$℃，空气定性温度时物性参数如下：

$$\rho=1.123\text{kg/m}^3$$
$$\mu=19.2\times10^{-6}\text{Pa}\cdot\text{s}$$
$$\lambda=0.0276\text{W}/(\text{m}\cdot\text{K})$$
$$Pr=0.699$$

渣油管束与轻柴油的风量相同，$V_{\Sigma}=25.62\times10^4 Nm^3/h$

风面比：
$$\xi_f=\frac{100}{100-57}=2.326$$

空气的最大质量流速：
$$G_{max}=\frac{V_{\Sigma}\rho_N}{3600\dfrac{A_F}{\xi_f}}=\frac{25.62\times1.205}{3600\times\dfrac{24.9}{2.326}}=7.848kg/(m^2\cdot s)$$

雷诺数：
$$Re=\frac{0.057\times7.848}{19.2\times10^{-6}}=23300$$

参数：$\sigma_1=\sigma_2=100/57=1.754$

查图3.4－1，得管束排列系数：$C_H=0.96$

查图3.4－2，得管排修正系数：$\psi=0.92$
$$h_0=0.33\times\frac{0.0276}{0.057}\times0.96\times0.92\times23300^{0.60}\times0.699^{0.33}=52.3W/(m^2\cdot K)$$

③ 管壁平均温度计算和管内膜传热系数的校正

管壁平均温度按式(6.8－6)近似计算：
$$t_w=T_D-\frac{T_D-t_D}{\dfrac{h_i}{h_0}\dfrac{d_i}{d_0}+1}=152.5-\frac{152.5-41.4}{\dfrac{1266\times0.05}{52.3\times0.057}+1}=116.9℃$$

在116.9℃下渣油的黏度：$\rho=842kg/m^3$，$v=65\times10^{-6}m^2/s$，$\mu=55\times10^{-3}Pa\cdot s$

管内膜传热系数壁温校正系数
$$\phi=\left(\frac{\mu_D}{\mu_w}\right)^{0.14}=\left(\frac{23}{55}\right)^{0.14}=0.885$$

经校正后，实际管内膜传热系数为：
$$h_i=126.6\times0.885=112W/(m^2\cdot K)$$

④ 各项热阻

管内垢阻：$r_i=0.001m^2\cdot K/W$（查表3.5－1）

管外垢阻：$r_{\Sigma}=0.0002m^2\cdot K/W$

管壁热阻：$d_0=0.057m$，$d_i=0.50$，$d_m=0.0535m$，$\lambda=46.5\ W/(m\cdot K)$

以基管外表面积为基准的管壁热阻为：
$$r_w=\frac{0.057-0.05}{2\times46.5}\times\frac{0.057}{0.0535}=0.00008m^2\cdot K/W$$

⑤总传热系数：以基管外表面积为基准的总传热系数按式(3.6－1)计算
$$K=\frac{1}{\left(\dfrac{1}{112}+0.001\right)\dfrac{57}{50}+\left(\dfrac{1}{52.37}+0.0002\right)+0.00008}$$
$$=32.54W/(m^2\cdot K)$$

⑥ 平均传热温差

对数平均温差：$\Delta T_m=110.5℃$

多管程温差校正 $F_t\approx1$，故
$$\Delta T=110.5℃$$

⑦ 传热面积的计算

$$A=\frac{557822}{32.54\times110.5}=155.3\text{m}^2$$

实际面积 176.5m^2，富裕量 13.6%，可行，对易凝介质的冷却过程，面积不宜过大。

⑧ 渣油出口处管壁温度计算

根据本章第九节式(6.9－5)计算传热管出口截面上最低壁温度

$$T_{min}=135℃，t_{min}=38.13℃$$

$$R_0=1/52.3+0.0002+0.00008=0.0195$$

$$R_i=1/112+0.001=0.00993$$

$$t_w=135-\frac{135-38.13}{\frac{0.0195}{0.00993}\times\frac{0.060}{0.067}+1}=99.4℃$$

此类冷却介质的安全裕量为 14℃。渣油出口处的壁温大于渣油的凝固点加上安全裕量，空冷器在冬季运行是安全的。

(5) 柴油管束管内阻力计算

柴油管束管内压力降 ΔP 由直管段压力降 ΔP_s、弯头压力降 ΔP_r 和进出口压力降 ΔP_N 三部分构成，即：

$$\Delta P=\zeta(\Delta P_s+\Delta P_r+\Delta P_N)$$

① 直管摩擦阻力

质量流率：$G_i=\frac{17000}{3600\times0.004712}=1002.2\text{kg/(m}^2\cdot\text{s)}$

摩擦系数按式(3.10－7)计算

$$f_i=0.4513Re^{-0.2653}=0.4513\times18585^{-0.2653}=0.03326$$

$$\Delta P_s=\frac{f_i}{\phi_i}\frac{G_i^2}{2\rho}\frac{L\cdot N_{tp}}{d_i}=\frac{0.03326}{1}\times\frac{1002.2^2}{2\times770}\times\frac{9\times6}{0.02}=58570\text{Pa}$$

② 弯头阻力：$\Delta P_r=4N_{tp}\cdot\frac{G_i^2}{2\rho}=4\times6\times\frac{1002.2^2}{2\times770}=15653\text{Pa}$

③ 进、出口阻力：取进、出口直径 100mm

质量流率：$G_N=\frac{17000\times4}{3600\times0.1^2\pi}=601.2\text{kg/(m}^2\cdot\text{s)}$

$$\Delta P_r=1.5\times\frac{G_N^2}{2\rho}=1.5\times\frac{601.2^2}{2\times770}=352\text{Pa}$$

④ 总阻力：管内垢阻 $r_i=0.00035\text{m}^2\cdot\text{K/W}$，查图 3.10－1 得污垢校正系数 $\zeta=1.34$，则：

$$\Delta P=1.34\times(58570+15653+352)=99.93\times10^3\text{Pa}$$

(6) 渣油管束管内阻力计算

① 直管摩擦阻力：

$$f_i=0.4513Re^{-0.2653}=0.4513\times2463^{-0.2653}=0.05685$$

$$\Delta P_s=\frac{f_i}{\phi_i}\frac{G_i^2}{2\rho}\frac{L\cdot N_{tp}}{d_i}=\frac{0.05685}{0.885}\times\frac{1131.8^2}{2\times821}\times\frac{9\times28}{0.05}=252571\text{Pa}$$

② 弯头阻力：$\Delta P_r=4N_{tp}\frac{G_i^2}{2\rho}=4\times28\times\frac{1131.8^2}{2\times821}=87375\text{Pa}$

③ 进、出口阻力：取进、出口直径 100mm

质量流率：$G_N = \dfrac{32000 \times 4}{3600 \times 0.1^2 \pi} = 1131.8\text{kg/(m}^2 \cdot \text{s)}$

$$\Delta p_r = 1.5 \times \frac{G_N^2}{2\rho} = 1.5 \times \frac{1131.8^2}{2 \times 821} = 1172\text{Pa}$$

④ 总阻力：管内垢阻 $r_i = 0.001\text{m}^2 \cdot \text{K/W}$，查图 3.10 - 1 得污垢校正系数 $\zeta = 1.6$，则：

$$\Delta p = 1.6 \times (252571 + 87375 + 1172) = 545.8 \times 10^3\text{Pa}$$

(7) 管外空气阻力

① 柴油管束空气阻力，用式(3.11 - 5)计算：

$$K_L = 4.361,\ U_N = 2.9\text{m/s},\ N_P = 2,\ t_a = 32.08℃$$

$$\Delta p_{st1} = (3.019 \times 10^{-3} \times 32.08 + 0.6203) \times 4.361 \times 2.9^{1.684} \times 2 = 35.58\text{Pa}$$

② 渣油管束空气阻力，用式(3.11 - 1)计算：

$G_{max} = 7.878\text{kg/(m}^2 \cdot \text{s)}$，$Re = 23300$，$\rho_a = 1.123\text{kg/m}^3$，$\sigma_1 = \sigma_2 = 1.754$，

查表 3.11 - 1，得管束排列修正系数 $C_f \approx 1$，

$$\Delta p_{st2} = 0.334 \times 1 \times 4 \times \frac{7.878^2}{2 \times 1.123} = 36.64\text{Pa}$$

③ 空气动压头

风机进口温度：26℃，总风量：$25.66 \times 10^4\text{Nm}^3/\text{h}$，空气密度 $\rho_a = 1.181\text{kg/m}^3$。选用 3 台F24 风机，每台风机的实际风量为

$$V = \frac{25.66 \times 10^4}{3} \times \frac{273 + 26}{293} = 8.816 \times 10^4\text{m}^3/\text{h}$$

动压头：$\Delta p_D = \dfrac{\left(\dfrac{4 \times 8.816 \times 10^4}{3600\pi \times 2.4^2}\right)^2}{2} \times 1.181 = 17.3\text{Pa}$

④ 全风压：$H = (35.58 + 36.64 + 17.3) \times 1.05 = 94\text{Pa}$

因考虑到 2 台管束叠加时，空气的涡流较大，因此全风压计算时乘以了 1.05 的系数。

(8) 风机功率计算

2 组管束的平均风温取 $t_{cp} = (26 + 44.62)/2 = 35.3℃$，该温度下的风量为：

$$V = \frac{25.66 \times 10^4}{3} \times \frac{273 + 35.3}{293} = 9 \times 10^4\text{m}^3/\text{h}$$

风机输出功率：$N_0 = VH = 9 \times 10^4 \times 94/3600 = 2.582 \times 10^3\text{W}$

选择叶片型号，计算风机的性能参数 $\overline{H}$ 和 $\overline{V}$，由特性曲线查出叶片的效率 η_1 和安装角。这里略去计算过程，取 $\eta_1 = 0.75$。

传动效率：$\eta_2 = 0.9$

电机效率：$\eta_3 = 0.92$

电机功率：$N_d = 1.1 \times \dfrac{2.582 \times 10^3}{0.90 \times 0.92} = 4.16 \times 10^3\text{W}$

选配电机功率 7.5kW，3 台。

(9) 渣油空冷器的过冬计算

尽管渣油的凝固点为 25℃，但考虑到渣油冷却后的运输和储存，经空冷后的渣油温度一般应在 80～100℃。所以渣油空冷的过冬，是渣油空冷器设计的重要内容。结合本题的特

点，提出以下寒冬季节的过冬方案：

① 在压降许可的情况下，增大柴油的流量，或工艺条件允许时，降低柴油出口温度，或二者同时进行。其目的是提高柴油的给热负荷，从而增大柴油管束的出口风温；

② 利用冬季传热温差大的特点，降低风机的风量，既可提高柴油管束的出口温度，又因外膜传热系数的减低，提高了管壁温度；

③ 采用热风内循环，如 3 台风机，中间一台采用向下引热风，两端风机向上鼓风。此方案对环境温度低于 0℃时是很有效的。

但从本题前面计算过程可以看出，轻柴油管束的传热热阻控制侧是管内，风量对传热系数影响不大，而降低入口风温，传热温差变化较大；渣油管束的传热热阻控制侧是管外，风量对传热系数影响较大，传热温差变化较小。如果管内工艺条件不变，环境温度降低，单靠降低风量，效果有限，渣油往往难于达到工艺要求。表 6.8－2 列出了当管内条件不变，环境温度为 6℃时保持原设计风量和减低风量后的传热计算结果：

从表 6.8－2 可见，当环境温度为 6℃时（到深秋季节），如仍保持原设计风量，轻柴油管束面积的裕量 73%，显然这要保持原出口油温是不可能的。当方案 2 风量降低 28% 操作时，轻柴油管束面积仍有 56.7% 的余量，柴油出口油温也会降低，而渣油管束面积却勉强满足要求。这台联合空冷器，如对柴油和渣油出口温度无较大的范围要求的话，环境温度低于 10℃时，就要考虑启动热风循环系统。

表 6.8－2 环境温度为 6℃时轻柴油－渣油联合空冷器两种运行方案计算结果

项 目	方案 1 按原设计风量计算		方案 2 按降低风量计算	
	轻柴油	渣 油	轻柴油	渣 油
油流量 $W/(kg/h)$	17000	32000	17000	32000
油进口温度 T_1/℃	150	170	150	170
油出口温度 T_2/℃	55	135	55	135
热负荷 Q/W	1046700	557822	1046700	557822
设计传热面积/m^2	59	176.5	59	176.5
管内传热系数 $h_i/[W/(m^2 \cdot K)]$	1062	111	1062	112
进口迎面风速 $U_f/(m/s)$	2.9	2.8	2.1	2.0
总风量 $V_\Sigma/(Nm^3/h)$	25.62×10^4	25.10×10^4	18.55×10^4	17.93×10^4
进口风温 t_1/℃	6	18.12	6	22.77
出口风温 t_2/℃	18.12	24.73	22.77	32.02
管外传热系数 $h_0/[W/(m^2 \cdot K)]$	1137.6	51.0	873.1	37.1
总传热系数 $K/[W/(m^2 \cdot K)]$	379.61	31.97	344.76	27.74
传热温差 ΔT/℃	81.20	130.56	79.22	123.59
计算传热面积 A_R/m^2	33.96	133.66	37.66	158.34
面积富裕量/%	73.7	32.0	56.7	11.5
出口面最低壁温 t_{min}/℃	37.2	92.4	39.3	99.1

由于渣油出口温度较高，且管内传热系数要比管外大，渣油管束的最低壁温都比渣油凝点高得多。倒是轻柴油管束在寒冬季节运行时需要当心。

(10) 渣油空冷器的设计中的一些考虑点

我们仍以本题联合空冷为例进行分析和讨论。

① 渣油冷却作为主要设计对象，轻柴油作为辅助防冻热源，除按图 6.9－7 设置柴油加热管束外，另单独设置轻柴油冷却器。夏季切断柴油，随着气温的降低供部分柴油。这样设计和操作的灵活性较高，运行也可靠。缺点是，夏季运行时，空翅片管束会多消耗部分电机能量。

② 轻柴油管内传热系数较低，在压降允许时，将 6 排管改为 8 排管，提高传热能力。加热管束的管芯距都不宜过小，避免气流阻力过大。

③ 渣油管束进出口端宜采用法兰盖板式管箱，以便于清洗。传热管束的管心距不宜过大，一般略大于管板开孔直径的 1.5 倍即可。本题 ϕ57 的传热管，管心距可减小到 90～95mm，这有利于提高光管管外空气的膜传热系数。

④ 空冷器传热计算中，求得的空气出口温度 t_2，实际上是管束出口风温的平均值。但由于本题 6 管程轻柴油管束和 28 管程渣油管束，管程分程布管是沿管束的宽度方向布置的，这与[例 6.4－1]航煤冷却器 6 管程管束沿管排方向分程布管结构不同。该结构，管束出口风温沿着管束宽度方向很不均匀。管束进口段出口风温较高，而管束出口段出口风温较低。由轻柴油管束出口风温进入渣油管束时，也会很不均匀，这对于最低壁温的计算影响较大，操作中的实际壁温要比以上计算低。像这种布管结构，传热计算应分三段分段计算，较为精确。如果把风机设置在轻柴油管束和渣油管束之间，见图 6.8－12。即轻柴油管束为引风结构，渣油管束为鼓风结构，可消除这种现象。

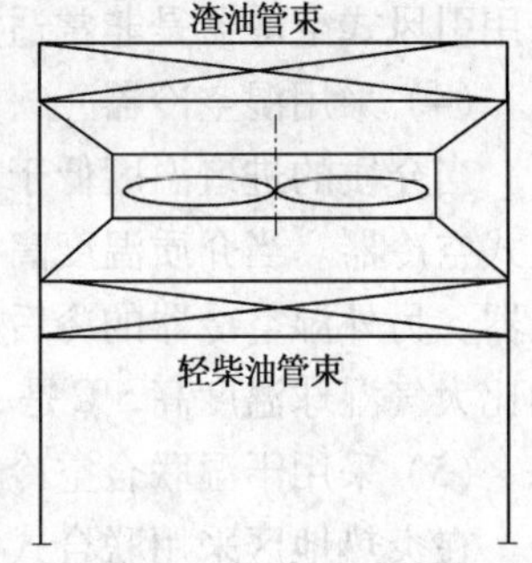

图 6.8－12　引风－鼓风联合空冷器

6.9　炎热地区空冷器设计要点

1. 炎热地区空冷器设计应注意的特点

相对寒冷地区而言，炎热地区是指夏季温度高、持续时间长且湿度也高的地区。这些地区最热月的月平均最高温度高于 32℃，冬季最冷月的平均温度在零度以上。我国的淮河和长江的中下游流域及以南地区属于炎热地区。这些地区的空冷器设计有以下的特点：

① 夏季气温高且时间长；

② 夏季的湿度大；

③ 夏季有雷雨和冰雹；

④ 冬季温度高，最冷月的平均气温在 0℃以上。

2. 措施

根据这些特点，在炎热地区的空冷器设计的原则就是最有效地利用空气将热介质冷却下来。这些地区不存在冬季防冻问题。在夏季利用空气还不能将热介质冷却下来时，那就得增加喷淋系统，采用湿式空冷器。空冷器设计原则上应采取以下措施：

(1) 高风速

由于天气炎热进入空冷器的空气温度也高，接近温度差变低，所以要带走相同的热负荷时，需要更大的空气流量。因此在设计时要采用较高的迎风面风速。如采用高翅片时风速可采用2.8m/s以上甚至达到3.0m/s。同时为了降低高风速带来的阻力降的增加，可以适当加大翅片管的翅片间距或管心距。增加管心距的效果更为显著。在炎热地区的空冷器管束的参数建议如下：

翅片管高度：16mm

翅片间距：2.3～3.2mm

翅片管管心距：67～74mm

(2) 鼓风式空冷器在管束上方应加设百叶窗

百叶窗有二个作用，一是防止阳光对翅片管的直接照射，减少太阳的幅射热，提高传热效率。二是防止冰雹的袭击。

(3) 采用引风式空冷器

引风式空冷器是将风机置于管束之上，冷空气从管束下方进入，然后由风机抽出。管束的上部设有对气流有抽吸作用的导向风筒，增强了空气的流动。同时，这种结构有效地保护了管束免受日光直接照射和冰雹的袭击。从而大大地提高了空冷器的效率。因此对炎热地区采用引风式空冷器是非常适宜的。

(4) 采用湿空冷器

当介质的进口温度低于75℃且冷后温度高于当地的大气的湿球温度约5℃时，可以采用湿式空冷器。当介质温度高于80℃时，则翅片表面容易引起结水垢，此时不宜采用湿式空冷器。另外湿空冷器的冷后温度亦不能无限降低，即它不能低于当地的湿球温度。上面给出的比大气湿球温度高5℃是一个较为经济的数字。

(5) 采用干湿联合空冷器

在炎热地区采用联合式空冷器是一种好的选择。热介质先通过干式空冷器，与来自经过湿空冷器的冷空气接触，热介质迅速得到冷却，然后再经湿空管束进一步加深冷却，从而完成产品的冷却过程。

干湿空冷的划分原则是：干空冷的入口温度应在180℃以下，入口温度过高一是能量浪费，二是会引起翅片管间隙热阻的增加。干空冷的出口温度应控制在75℃以下，以适应湿空冷操作的要求。

6.10 空冷器的节能设计要点

1. 能耗分析

空冷器的能耗主要是包括输送空气的风机的耗能、增湿空气的耗能和操作系统的耗能三部分。下面就三部分分别加以说明。

(1) 风机的耗能

空冷器通常采用轴流式风机，用电机驱动。电机的功率消耗按式(6.10－1)计算：

$$N=\frac{HV}{\eta_1\eta_2\eta_3}\frac{273+t}{293}F_L \tag{6.10-1}$$

式中 N——每台风机所配电机的功率，W；

H——风机的全风压，Pa；

V——每台风机的风量，Nm^3/s；

t——空气定性温度，℃；

η_1——风机效率，$\eta_1 = 0.6 \sim 0.80$；

η_2——传动效率，$\eta_2 = 0.8 \sim 0.92$；

η_3——电机效率，$\eta_3 = 0.9 \sim 0.95$；

F_L——海拔高度校正系数。

从上式可以看出，空冷器的耗能与空冷器的风量、风压成正比，与风机的各项效率成反比。

（2）增湿空气的耗能

当空冷器的被冷却介质的出口温度与空气的进口温度的差值小于15℃时，由于传热温差减少，干式空冷器所需的面积就会大大增加，投资和占地都会过大。此时就应采用湿式空冷器。所谓湿空冷就是在干式空冷器的基础上增加一套水喷淋系统。对于湿空冷器来说，它所消耗的能量还应包括给水、水雾化、水循环等过程所消耗的能量。

（3）操作系统的耗能

操作系统的能耗除了风机的能耗外，主要有输送管内介质的能耗和自动控制过程所需的能耗，如自动风机、自动百叶窗在控制过程中采用气动或液压传动时都要消耗的能量。这部分能耗虽然不是很大，但亦应加以考虑。

2. 节能措施

（1）合理选用电机功率

风机所配电机的功率应根据操作条件进行精确计算，并考虑适当的裕量。一般说来，选用电机的功率比计算值大10%左右就可以了。电机的功率裕量不宜增加过多。电机过大会带来电网的无功损耗太大。对电网都是有害的。

（2）采用自动风机

由于气温随昼夜和季节变化，冷却一定的热负荷所需的风量应随气温的变化而变化。如果采用手动风机，风量不随外界的环境温度的改变而改变，所耗功率亦不变，这是很不合理的。采用自动风机后，风机所耗的功率将随着气温的降低而降低。自动风机的节能效果是非常明显的。

（3）采用变频调速风机

变频调速风机的节能效果显著。

（4）减少湿空冷器用量

湿式空冷器无论投资或操作费用都是较高的。它在操作过程中除了要消耗相当于或高于干式空冷器的电机功率外，还要增加喷淋水雾化和循环的功率消耗，而且喷淋水所用的是软化水，制备软化水的能耗更是相当可观的。因此在设计时应尽量减少湿空冷器的用量。如果按喷淋强度每200kg/m^2 时计算，一片9m×3m的管束，每小时约要消耗软化水6t。这是不可忽视的数目。

（5）优化空冷器设计和操作参数

节能是一个综合的概念，要从设计和操作各方面着手。首先要设计参数要做到优化，这是节能的先决条件。

设计参数的优化要注意下面几点：

① 整体设计合理。

② 干式与湿式空冷器的选用要恰当，尽量少用湿式空冷器。

③ 要对翅片管参数进行优化，达到节能的目的。如采用较大的翅片管间距和翅片管片距，加大通风截面积，减少空气的流动压头。这样可以在获得较大风量的同时而降低风机的功率消耗。

④ 自动风机的一种较好的节能措施，可以适当采用。

⑤ 采用调频电机有很好的节能效果。但因其一次投资较高，可以经比较后采用。

操作时的节能措施有：

① 随着气温的变化 及时调整风机的叶片角度，减少不必要的能量消耗。

② 防止空气从空冷器风箱中泄漏。

符 号 说 明

A_0——翅片管基管外表面积，m^2/m 或 m^2；

A_C——计算传热面积，m^2

A_f——翅片表面积，m^2 或 m^2；

A_F——管束迎风面积，m^2；

A_e——翅片有效面积，m^2/m 或 m^2；

A_{min}——空气穿过管束最窄截面的面积，m^2/m 或 m^2；

A_i——传热管内表面积，m^2/m 或 m^2；

A_R——估算传热面积，m^2

A_r——翅根表面积，m^2/m 或 m^2；

A_Σ——翅片总面积，m^2/m 或 m^2；

B_s——迎风面喷水强度，$kg/(m^2 \cdot h)$；

B_t——对数平均温差与空气温升的比值；

C_p——比热容，$J/(kg \cdot K)$；

C_H——光管传热计算管束排列系数，由图 3.4－1 查取；

C_f——光管阻力计算管束排列方式的修正系数，查表 3.11－1；

C_{pa}——空气的比热容，$J/(kg \cdot K)$；

C_{pi}——管内介质比热容，$J/(kg \cdot K)$；

D——风机直径，m；

D_f——翅片外径，m；

d_m——传热管管壁平均直径，m；

d_i——传热管管内直径，m；

d_{Ni}——进口管嘴直径，m；

d_{No}——出口管嘴直径，m；

d_o——传热管外径，m；

d_r——翅片根部直径，m；

E_f——翅片效率；

F_t——空气温升校正系数，见式(3.7－1)；

f——摩擦系数；

f_a——管外空气的摩擦系数；

f_i——管内流体的摩擦系数；
f_{tp}——水平管内均相流摩擦系数，无因次；
F_L——海拔校正系数；
F_{tt}——两相对流因子；
G——质量流率，kg/(m^2·s)；
G_E——当量液体的质量流率，kg/(m^2·s)；
G_F——迎风面空气质量流率，kg/(m^2·s)；
G_i——管内介质质量流率，kg/(m^2·s)；
G_{max}——空气通过管束最窄截面时的质量流率，kg/(m^2·s)；
G_{Ni}、G_{No}——进出口的质量流率，kg/(m^2·s)；
H——风机全压，Pa；
H_1，H_2——热流介质的进、出口热焓，J/kg；
H_i，H_{i+1}——相应段数起始点及其下一点的热焓，J/kg；
h_i——管内流体膜传热系数(以管内壁表面积为基准)，W/(m^2·K)；
h_o——管外流体膜传热系数(以管外壁表面积为基准)，W/(m^2·K)；
h_f——以翅片外表面为基准膜传热系数，W/(m^2·K)；
K——总传热系数；
K_0——以光管外表面为基准的湿式空冷器传热系数，W/(m^2·K)；
L——管长，m；
L_{av}——平均声压级，dB(A)；
L_p——空冷器噪声的声压级，dB(A)；
$L_{p总}$——总噪声值，dB(A)；
$L_{总}$——总声压级，dB(A)；
N——电机功率，W；
N_B——管束数量，无因次；
N_P——管排数，无因次；
N_f——单位长度传热管上翅片数，无因次；
N_{oz}——进、出口管嘴数量，无因次；
N_{tp}——管程数，无因次；
n_t——管子总根数，无因次。
n——风机转数，r/min；
P_r——普兰特准数；$P_r = \dfrac{C\mu}{\lambda}$；
Q——热负荷，W；
Re——雷诺数，$Re = \dfrac{d_r \cdot G_{max}}{\mu}$；
r_f——翅片热阻(以翅片总表面积为基准)，m^2·K/W；
r_r——翅根管壁热阻，m^2·K/W；
r_j——间隙热阻，m^2·K/W；

r_i——管内流体的垢阻(以管内壁表面积为基准)$m^2 \cdot K/W$;

r_o——管内介质垢阻(以基管外表面积为基准), $m^2 \cdot K/W$;

r_w——管壁的热阻, $m^2 \cdot K/W$;

r_S——翅片垢阻(以翅片总表面积为基准), $m^2 \cdot K/W$;

T_1——热介质入口温度,℃;

T_2——热介质出口温度,℃;

T_D——热介质定性温度,℃;

t_D——空气定性温度,℃;

t_1——空气入口温度,℃;

t_2——空气出口温度,℃;

t_{g1}——喷水雾化后空气入口的干球温度,℃;

t_{g2}——湿空冷器管束出口的干球温度,℃;

t_{go}——空气入口干球温度,℃;

t_{so}——空气入口湿球温度,℃;

t_w——管壁温度,℃;

U_B——风机出口风速, m/s;

U_N——标准状态下的迎风面风速, m/s;

V_N——标准状态下的风量, m^3/s;

u——叶尖速度, m/s;

v——管内流速, m/s;

t_{go}, t_{so}——来流空气(喷淋前)的干球温度和湿球温度,℃;

t_{p1}——空气入口露点温度(按图 3.4-10 查取),℃;

y_i——汽化率;

Δp——压力降, Pa;

Δp_s——风机静压力降, Pa;

Δp_D——风机动压头, Pa;

η_1——风机效率;

η_2——传动效率;

ζ——结垢补偿系数;

ξ_θ——湿空冷器计算中的温度系数,无因次;

θ——影响传热传质的温度系数;

λ——导热系数, $W/(m \cdot K)$;

λ_a——空气定性温度下导热系数, $W/(m \cdot K)$;

λ_L——翅片铝材导热系数, $W/(m \cdot K)$;

λ_i——管内流体定性温度下导热系数, $W/(m \cdot K)$;

ρ_a——定性温度下空气的重度, kg/m^3;

ρ_N——标准状态下空气的密度, $\rho_N = 1.205 kg/m^3$;

ϕ_i——壁温校正系数,无因次;

ϕ_θ——传热计算翅片高度影响系数,高翅片管 $\phi_\theta = 1$, 低翅片管 $\phi_\theta = 0.91$;

Ψ——湿空冷管外阻力计算翅片高度影响系数,高翅片管 $\psi = 1$, 低翅片管 $\psi = 1.25$;

ψ——圆形光管管排修正系数(查图 3.4-2);

ξ_f——风面比，即管束迎风面积与空气穿过的最窄截面之比，无因次；

ξ_t——湿空冷温度系数[见式(3.8-11)]，无因次；

ϕ_f——传热计算排修正系数，无因次；

Δp_D——风机的动压头，Pa；

Δp_N——进出口压力降，Pa

Δp_i——管内流体总压力降，Pa；

可凝气体冷凝压力降，Pa；

Δp_r——管程回弯压力降，Pa；

Δp_{st}——通过管束的气流压力降，Pa；

ΔP_t——直管沿程摩擦压力损失，Pa；

δ——翅片平均厚度，m。

第七章　构　　架

构架是用来支承和联系空冷器的管束、风机、百叶窗等主要部件的钢结构件。同时还起到导流空气的流动方向的作用，并为空冷器的操作和维修提供方便。

7.1　空冷构架设计的一般要求

1. 设计规范

空冷器构架的设计应符合下列标准和规定的要求：

(1) GB 50017—2003《钢结构设计规范》(附条文说明)

(2) GB 50009—2006《建筑结构荷载规范》(附条文说明)

(3) GB 50011—2008《建筑抗震设计规范》(附条文说明)

2. 构架设计的基本要求

① 空冷器构架包括立柱、支承梁和风箱等主要部件(见图 7.1-1)。鼓风式空冷架设计自成一体。引风式空冷器风箱置于管束侧梁之上，并利用管束的侧梁作为支承。

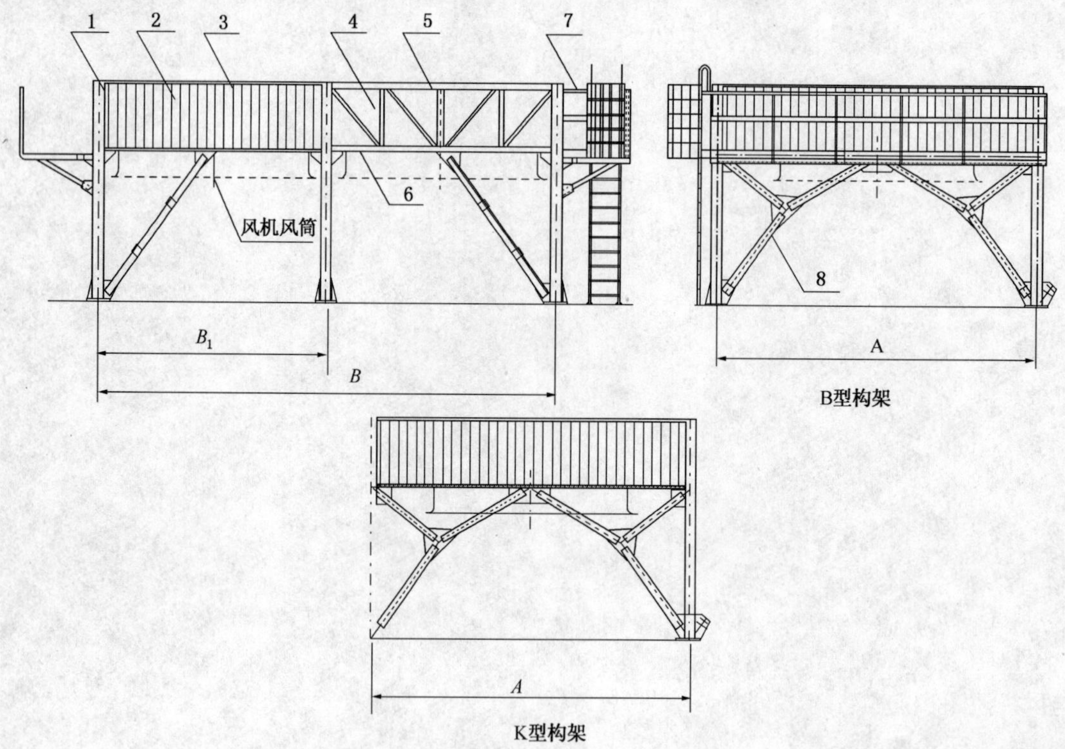

图 7.1-1　鼓风式空冷器构架结构图

1—立柱；2—挡风板；3—风箱；4—桁架梁；5—上弦梁；6—下弦梁；7—平台梯子；8—斜撑

② 构架的尺寸应与管束和风机的尺寸相配。同一类型、同一长度的管束才能放在同一

构架上。不同长度的管束，一般不组成同一台或组的空冷器。不同宽度的管束可放在同一构架上，若管束不能占满整个构架时，应对空缺部分加设密封件予以覆盖。

③ 构架的各零、部件，包括立柱、横梁、斜撑、桁架梁等，其中心轴线是构架的受力承载线。构架设计时，各轴线应与自身的惯性轴相重合，尽量避免偏心载荷。

④ 构架立柱沿管束长度方向的总跨距(两端立柱中心线的距离)要比构架的名义长度(或管束的名义长度)小300mm，这主要为了便于空冷器管束进、出口配管的安装。构架立柱沿另一方向的宽度跨距，为该构架配套的管束名义宽度之和。

如名义尺寸为$P9\times6$的水平构架，上安放两片名义尺寸为$P9\times3$的管束，构架立柱沿管束长度方向的跨度为$B=8.7$m，而宽度方向的跨距为$A=6$m。

⑤ 干式空冷器构架，如鼓风式、引风式水平构架、斜顶构架等，分B式(闭式)和K式(开式)两种。B式构架是完整的构架，可单独使用。K式构架比B式构架缺少一个侧边的立柱和风箱桁架梁，因此不能单独使用，必须和B式组合一起。多台空冷器组合时，只需一台B式构架，其余皆为K式构架。

⑥ 立于地面或框架上的多台空冷器组合体，地面或框架上的立柱基础板布局尺寸偏差应符合图7.1－2的要求。

⑦ 水平式空冷器构架安装后，安装管束的构架顶部矩形的两对角线之差，不得大于4mm。对于其它形型式的空冷器，凡是安装管束的构架矩形面，都应符合本条要求。

⑧ 构架的设计，要考虑在运输许可的条件下，尽可能在制造厂预制成部件，成片整体发货，最大限度地减少现场组装。凡需现场组装的零、部件都需采用螺栓固定，或用螺栓定位再焊接。

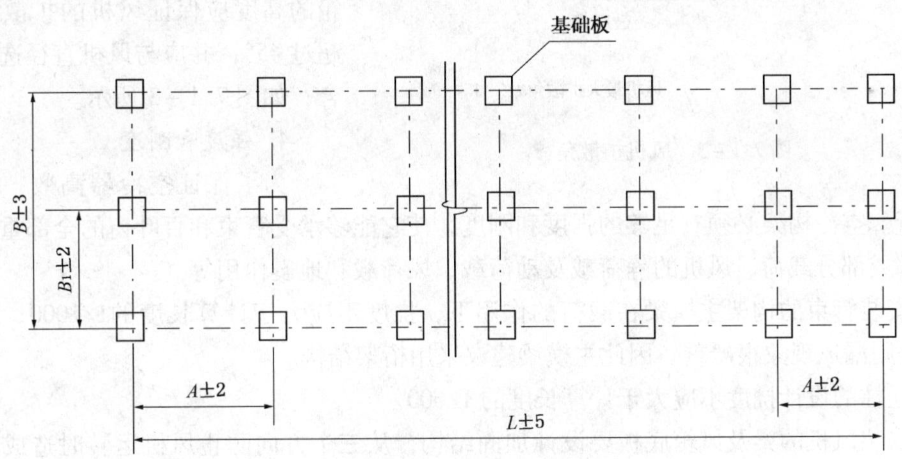

图7.1－2　空冷器基础板布局尺寸偏差要求

3. 风箱

风箱用于联系风机和管束，并起到导流空气的作用，是空冷构架的部件之一。它与构架与风机风圈相连在一起，每一台风机必须单独占有一格风箱。

(1) 风箱的型式

风箱的结构型式有以下几种：

① 过渡锥式

锥式风箱俗称“天方地圆”。锥体方口与矩形构架连接，锥体圆口与风机圆形风筒相接。

锥体面由方截面逐渐过渡到圆截面，一般由3mm厚的薄钢板及少量的型钢制成。这种结构，风机出口气流在壳壁附近产生的涡流较小，因此空气阻力较小。同时构造简单，材料消耗少。缺点是成型较困难，运输及安装容易变形。目前主要用于引风式空冷器构架。我国早期鼓风式空冷器因采用落地式风机，锥式风箱使用较多。后采用悬挂风机后，因锥体刚性差，很少采用。

② 方箱式

它是构架的一部分，在鼓风式空冷器中，它是由构架的立柱、上下横梁、支承桁架为骨架组成的方形框架。下部平底板采用4mm厚的钢板，中心开孔与风机的风圈连接。四周由1.2～1.5mm厚的镀锌钢板围成风墙，构成方式风箱。方箱式风箱结构简单，制造方便，外观平整。特别是刚度较好，承重能力强，被较广地应用于带悬挂风机的鼓风式空冷器中。缺点是材料消耗较多，同时风箱周边存在着涡流，消耗一些能量。

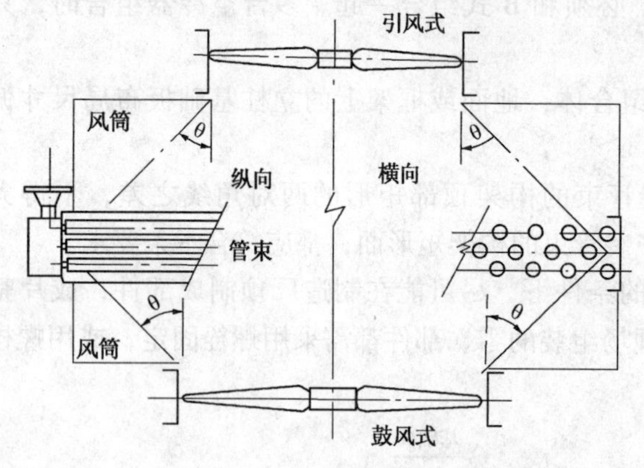

图7.1－3　风机扩散角

③ 棱锥式

这种结构多在引风式空冷器中使用。它兼有过渡锥式材料消耗少、空气阻力小及方箱式制作简单、刚性好的优点。

(2) 对风箱高度的要求

空冷器对风箱的高度有一定的要求。根据空冷器标准的规定，风箱的高度应保证风机的扩散角不应超过45°，并应与风机直径选择相配合，如图7.1－3所示。

4. 强度和刚度

为了保证空冷器高效、平稳和安全运行。空冷构架必须有足够的强度和刚度，使它能够承受管束和百叶窗的全部重量、管线的全部或部分载荷、风机的静荷载及动荷载、风荷载和地震作用等。

① 安装管束的构架主横梁在载荷的作用下，挠度不应大于计算长度的1/1000，且小于6mm，否则漏风现象很严重。因此主横梁建议采用桁架结构。

② 立柱的设计挠度不应大于计算长度的1/600。

③ 安装风机的梁及风箱底板要设计加固结构，从三个方向防止风机运转时造成的构架振动。

④ 构架除受垂直载荷外，还受到水平载荷(如风载)，以及风机旋转时的扭矩等。因此，对于平面上由构件组成的四边形几何体，应采用斜梁或斜拉撑进行加固，保证几何体的稳定和刚度。图7.1－4表示了两种加固结构。

5. 密封

空冷器的传热是靠空气在翅片管间的流动完成的。为了有效地利用空气，必须防止空气泄漏。为此应做到二点，一是构架的风箱的焊接应采用全焊结构，不留空隙；二是在管束与构架横梁的接触面应采取措施加以密封。

6. 操作维修

空冷器的构架应为空冷器的操作和维修提供方便。就是说空冷器管束的进出口处应设有操作和维修平台梯子。一般来说，空冷器管束管箱两端都应当设置平台，特别是丝堵式管箱。如果有很多台空冷器组合一起，最好在构架四周布置连续平台。

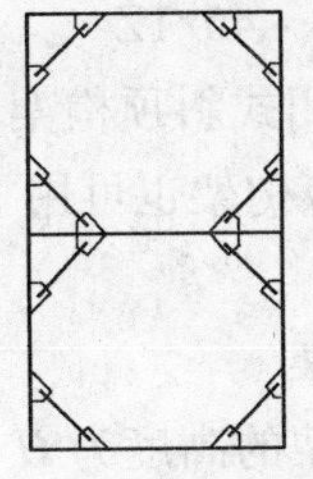

(a) 斜梁加固结构

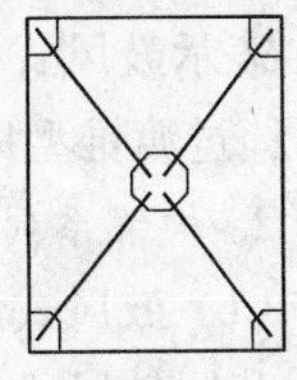

(b) 斜拉撑加固结构

图 7.1－4　加固结构

7.2　构架的型式与参数

1. 构架的型式代号

文献[16]规定的构架的型式代号用5组字符串表示：

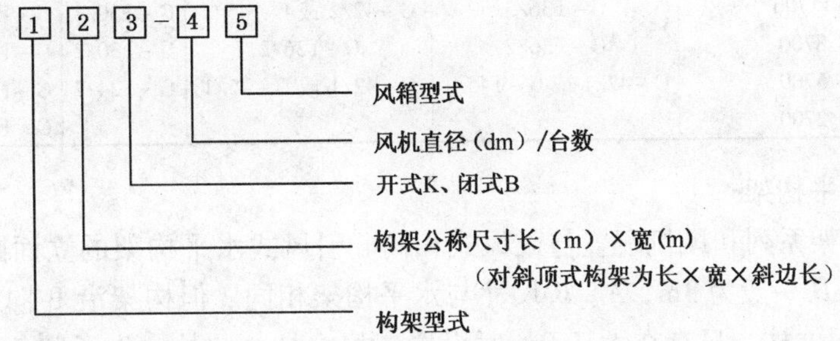

代号说明见表 7.2－1。

表 7.2－1　构架型式参数及代号

第1项		第3项		第4项		第5项	
构架型式	代号	构架开(闭)型式	代号	风机直径/mm	代号	风箱型式	代号
鼓风式水平构架	GJP	开式构架	K	1800	18	方箱型	F
斜顶构架	JX	闭式构架	B	2400	24	过渡锥型	Z
引风式水平构架	YJP			3000	30	棱锥型	P
湿式构架	JS			3600	36		
干－湿联合式构架	JSL			4260	42		
				4500	45		

由于目前我国空气冷却器生产厂的空冷器系列水平构架都是按鼓风式编制的，且都为方箱型，所以鼓风式水平构架常以 JP 表示，开式构架也有以 A 表示的，风箱型式代号常被省略。斜顶构架的斜边长公称尺寸为 4.5m 时，斜边长代号也常被省略。第 2 项中的构架公称尺寸和第 3 项中风机台数见本节构架系列参数。

代号举例：

(a) GJP 9×4B－36/2F

表示鼓风式空冷器水平闭式构架；长 9m、宽 4m；风机直径 3600mm、2 台；方箱型风箱。

（b）JX 5×6×4.5B－45/1Z

表示鼓风式空冷器闭式斜顶构架；长5m、宽6m、斜顶边长4.5m；风机直径4500mm、1台；过渡锥型风箱。该构架也可用下面代号表示：JX 5×6B－45/1Z 。

2. 构架系列参数

（1）鼓风式水平构架

我国鼓风式水平构架的高度为 H＝3.8m，构架的规格以长×宽（m）、公称尺寸表示。水平式构架与配套风机平面图如图7.2－1所示。不同的规格配备不同型号、不同数量的风机，详见表7.2－2。

表7.2－2　构架规格公称尺寸与配套的风机型号

公称长度/m	实际长度、B/mm	风机型号及数量（型号/台数）				
		构架公称宽度/m				
		6	5	4	3	2
		构架实际宽度 A/mm				
		6000	5000	4000	3000	2000
12	11700	G－F36/3	G－42/2 或 G－45/2	G－F30/3	G－F24/4	
9	8700	G－F36/2	G－F36/2	G－F30/2	G－F24/3	
6	5700	G－42/1 或 G－F45/1	G－42/1 或 G－45/1	G－F24/2	G－F24/2	G－F18/2
3	2700				G－F24/1	G－F18/1

（2）引风式水平构架

引风式水平构架系列和风机配置与鼓风式相同。引风式水平构架的立面图如图7.2－2所示。构架的高度 H 一般为3m，A、B 尺寸与水平构架相同。但构架沿B向的长度名义尺寸≤9m时，设两根立柱，只有在大于9m时设置三根立柱。此外，为了避免梁在载荷作用下挠度过大，支撑管束的横梁多采用桁架梁结构。

（3）斜顶式构架

斜顶式空气冷却器构架简图见图7.2－3，底架高度 H≈3500mm，斜梁与水平面呈60°夹角。主要参数如表7.2－3所示。

表7.2－3　斜顶构架公称尺寸与配套的风机型号

构架代号	主要尺寸/m		配套风机
	A	B	
JX6×5^{B}_{K}－45/1	6	5	G－F45
JX6×5^{B}_{K}－36/1	4	5	G－F36

（4）湿式空气冷却器构架

湿式空冷器构架型式如图7.2－4所示，高度 H＝4.8m。每种规格的构架是一个独立的单元体，单独使用，因此不分B、K型。多个构架集中布置时，各构架之间必须保持一定距离，顶部平台可以设计成联合结构。

湿式空冷器构架配套风机一般为底装式长轴风机，电机和带轮位于构架下方，环境较好，也易于维护和检修，但结构较复杂。也有采用顶装结构，电机和带轮位于构架上方，结构较简单，但电机和带轮长期在潮湿空气下运行，影响使用寿命。风机的这两种安装方式，构架结构基本相同，只是在风机的安装结构上要有不同的考虑。

湿式空冷器构架的风室较大，除了要求对空气的密封性能良好外，接水盘和斜底板等密

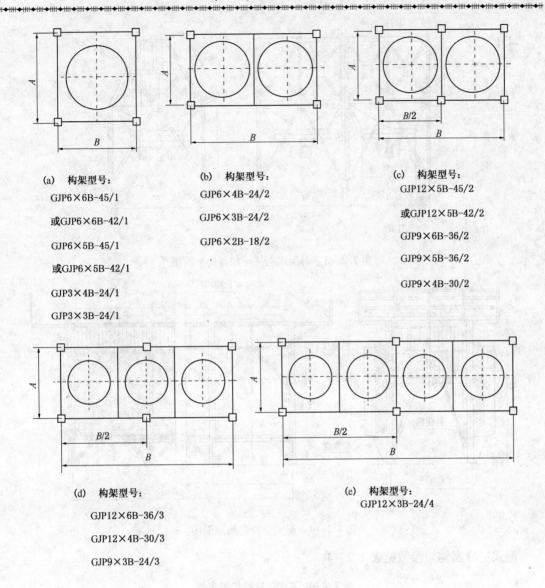

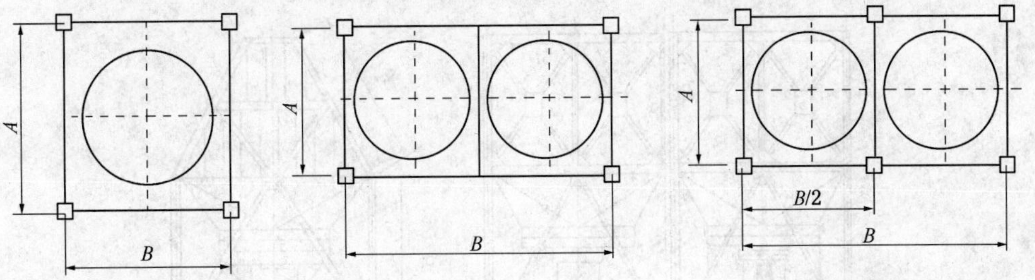

A

B

(a)　构架型号：

GJP6×6B-45/1

或GJP6×6B-42/1

GJP6×5B-45/1

或GJP6×5B-42/1

GJP3×4B-24/1

GJP3×3B-24/1

A

B

(b)　构架型号：

GJP6×4B-24/2

GJP6×3B-24/2

GJP6×2B-18/2

A

B/2

B

(c)　构架型号：

GJP12×5B-45/2

或GJP12×5B-42/2

GJP9×6B-36/2

GJP9×5B-36/2

GJP9×4B-30/2

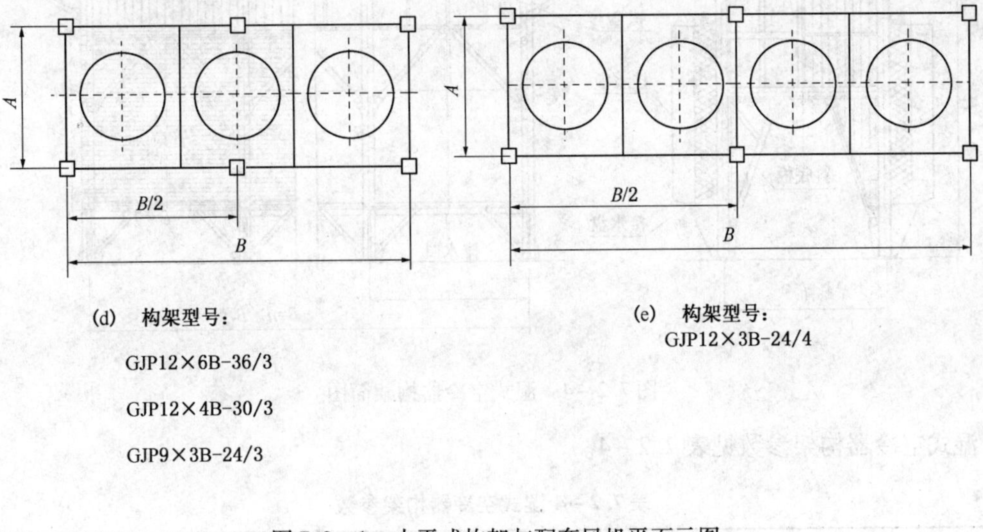

A

B/2

B

(d)　构架型号：

GJP12×6B-36/3

GJP12×4B-30/3

GJP9×3B-24/3

A

B/2

B

(e)　构架型号：

GJP12×3B-24/4

图 7.2－1　水平式构架与配套风机平面示图

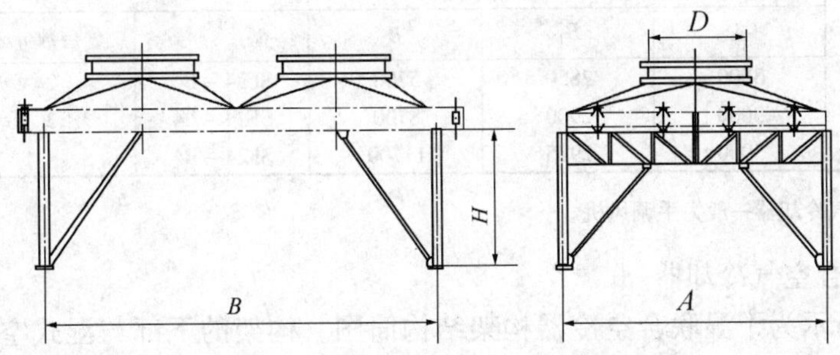

图 7.2－2　引风式水平构架立面图

封要好，不得渗水，尤其是电机底装时，漏水会危害电机。

同干式空冷器一样，每台风机的风室应是独立的，相邻风室之间须用风墙隔开。

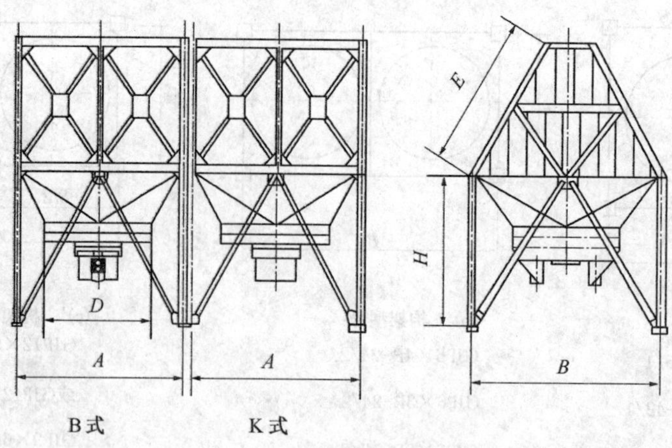

图 7.2-3 斜顶式空气冷却器构架简图

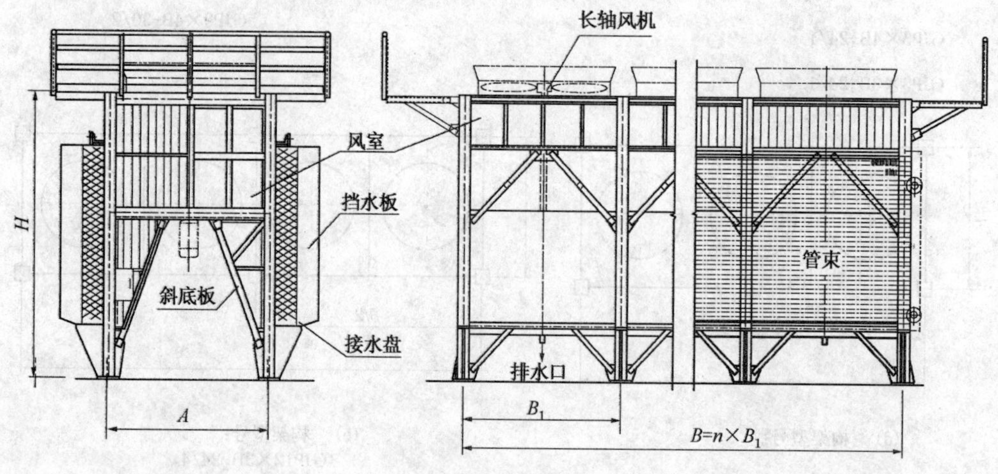

图 7.2-4 湿式空冷器构架简图

湿式空冷器构架参数见表 7.2-4。

表 7.2-4 湿式空冷器构架参数

构架代号	主要尺寸/mm			配套电机		
	A	B_1	B	型号	台数 n	功率/kW
JS6×3-24/2	3000	2850	5700	SF24-B4	2	12.5
JS9×3-24/3	3000	2900	8700	SF24-B4	3	12.5
JS12×3-24/4	3000	2925	11700	SF24-B4	4	12.5

注：① 湿式空气冷却器一般为手调风机。

(5) 干湿联合空气冷却器

图 7.2-5 所示为干湿联合空冷器构架结构简图。构架的下部与湿式空冷器构架相同。上部斜顶呈 60°，安装干式空冷器管束的构架。

干湿联合空冷器构架的代号为 JSL，有 JSL6×3-24/2，JSL9×3-24/3，JSL12×3-24/4 三种规格。构架参数与配套电机同表 7.2-4。但由于联合空冷器的空气阻力降较大，电机功率一般需配置 15kW。

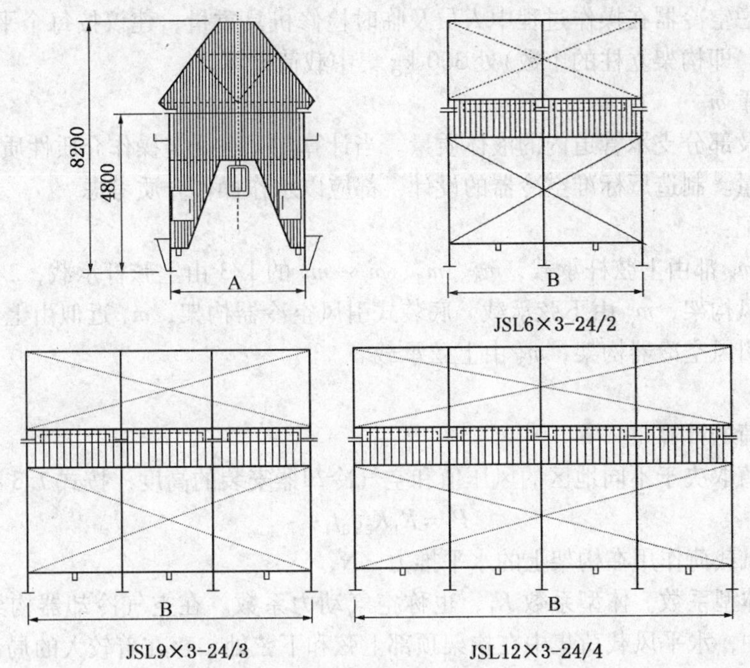

图 7.2-5 干湿联合空气冷却器构架简图

7.3 构架载荷的计算

空冷器构架承受的载荷包括垂直载荷、水平载荷、地震载荷及动力载荷几个部分。

1. 设备的质量载荷

设备的质量载荷主要由设备自身质量、活动载荷及充液质量等构成，单位为 kg。重力载荷等于质量与重力加速度的乘积，单位为 N。

(1) 设备自身质量

包括：① 管束质量 m_1，kg；

② 百叶窗质量 m_2，kg；

③ 风机系统质量 m_3，kg；

以上三项取各部件的实际质量。

④ 构架质量 m_4，kg；

构架计算前根据经验选取一设定值，设计完后核对设定值，若与实际值相差不是太大，则可认为设定值正确，否则改变设定值重新计算。

⑤ 平台、梯子质量 m_5，kg；

制造厂进行标准空冷器构架设计时，可取以构架立柱中心线为基准，四周边平台宽度为 1m，按 200kg/m^2 计算。

⑥ 附件及支承的部分管道质量 m_6，kg；

如无可靠设计资料，建议取上述①～⑤项总和的 5% 计。

⑦ 雪载，如无特殊要求，可不考虑。

(2) 机动载荷 m_7

主要是考虑空冷器在操作过程中人员及临时检修机具重量，建议按每个平台支持梁(悬臂梁或三角架，即构架立柱的个数)处300 kg集中载荷计算。

(3) 充液重 m_8

包括管束及部分支承管道内的液体质量。当计算前无法确定操作介质性质时，可取充水量作为充液质量。制造厂标准空冷器的设计，都应以水作操作介质考虑。

载荷的分配：

m_1、m_2、m_8 都由上弦杆承载，m_4、m_5、m_6、m_7 的1/3由上弦杆承载，2/3由下弦杆承载。悬挂式鼓风构架，m_3 由下弦承载。底装式引风空冷器构架，m_3 近似由上、下弦各承载50%，顶装式引风空冷器构架，m_3 由上弦承载。

2. 风载荷

(1) 风载荷的计算

风载荷的值取决于不同地区的风压值和空气冷却器安装的高度，按式7.3-1进行计算。

$$P_f = K_1 K_2 q_0 f_1 A_s \tag{7.3-1}$$

式中 P_f——风载荷作用在构架上的水平推力，N；

K_1——体型系数。体型系数 K_1，也称空气动力系数。在空气冷却器构架的设计计算中，水平风载荷集中在构架顶部上弦和下弦处、存在着较大的局部风载荷，体型系数约在1.5~2.0之间。建议取 K_1 = 1.85。

K_2——风振系数，因空气冷却器受风面高度很小，可忽略不计；

q_0——基本风压值，可参见附录A7-2“全国基本风压分布图”，但均不应小于250N/m²，若要更详细的资料，可查阅当地气象资料；

f_1——风压高度变化系数，可按文献[20]中地面粗糙度A、B类选取，即如表7.3-1所示。

A_s——计算轴面上的受风面积，即设备垂直于风速方向的投影面积，m²。

表7.3-1 风压高度变化系数 f_1

地面粗糙度类别	距地面高度 h_0						
	5	10	15	20	30	40	50
A	1.17	1.38	1.52	1.63	1.8	1.92	2.03
B	1.00	1.00	1.14	1.25	1.42	1.56	1.67

注：A类—近海海面及海岛、海岸、湖岸和沙漠地区。

B类—指田野、乡村、丛林、丘陵以及房屋比较稀疏的乡镇及城市郊区。

中间区域可采用直线内插法求取。

(2) 风载荷的分配

对鼓风式空冷器构架：管束和百叶窗的受风面上风载荷全部加在构架上弦梁，构架(包括风箱、立柱、斜撑和平台栏杆等)受风面上风载荷一半加在上弦处，另一半加在下弦处。

对引风式空冷器构架：管束、百叶窗和导流锥的受风面上风载荷全部加在构架上弦梁，构架(包括立柱、斜撑和平台栏杆等)受风面上风载荷一半加在上弦处，另一半加在下弦处。

水平空冷器如构架顶部没有桁架结构，全部风载荷都作用在架顶的横梁处。

对于湿式空冷器，受风面可近似取空冷器总高与受风面上宽度的乘积，风载荷的作用点位于构架高度的1/2处。

当空冷器的总高大于5m时，要分段计算风载荷和风弯矩。

3. 地震载荷

抗震设计是为了贯彻国家抗震救灾预防为主的方针，减轻建筑物的地震破坏、避免人身伤亡、减少国家和企业的经济损失。

自1976年唐山地震后，我国加强了抗震防灾科学的研究工作。全国范围构筑物抗震工程得到了迅速发展，制定了许多民用和工业建筑的设计法规。但长期以来，地震工程学研究的内容，主要以工业和民用建筑物为对象。随着对地震灾害的深入研究，人们逐渐认识到，地震对工业构建物(大型钢架和混凝土框架)的破坏，不仅危及人们的生命，造成巨大的经济损失，而且常引起火灾、爆炸及环境污染。尤其是石油、化工、石化、化纤、化肥企业，有很多高温、高压、易燃易爆气体及有害液体的生产和储运设备，危害更为重大。然而，在较长的时间，企业内构建物的抗震研究仍是一个较薄弱的环节。

为此，20世纪80～90年代，中国石化总公司在全面进行石化厂设备抗震加固的同时，委托有关科研机构展开了构建物的抗震研究工作。其中，对空冷器钢结构的震型、自震周期、地震力等进行了模拟研究，提出了抗震加固的计算方法。在对工业构建物进行普查和核算时，许多空冷器构架都满足不了抗震的要求而进行了加固处理。GB50011—2001“建筑抗震设计规范”第13.4.1条规定了“与建筑结构的连接构件和部件的抗震措施，应根据设防烈度、建筑使用功能、房屋高度、结构类型和变形特征、附属设备所处的位置和运转要求等，按相关专门标准的要求经综合分析后确定。”所以，空冷器的抗震计算是构架设计的一项重要内容。

2008年四川省汶川地震灾害，大自然再一次向我们发出了警告：忽略抗震的建筑，将会付出沉重的代价!

尽管如此，到目前为止，空冷器构架的抗震防灾设计仍缺少一个切实可行的应用标准。我国空冷器国家标准在构架载荷中虽然也提及了地震载荷按GBJ 11(注：“钢结构设计规范”)计算，但在实施中确有很多困难，原因：①GBJ 11及新标准GB 50011—2001都是针对建筑物或构建物整体计算地震参数和地震力，而空冷器是一个压力容器、旋转机械和支持构架组成的独立的机电设备单元体，有着独特的机械加工和设备安装要求，且规格繁多，建筑工程师难于把空冷器构架作为构建物顶部的延伸部分整体进行设计，一般是将空冷器整体单独看作垂载荷来考虑。②空冷器的构架尽管高度、跨度也较大，但是作为管束、风机的附属支持件，都归属于压力容器专业设计。压力容器设计工程师可根据钢结构设计规范进行选材和受力分析，但并不熟悉构建物的设计要求，如果要求他们将空冷器构架和下部构建体整体进行抗震防灾设计，目前是不现实的。③空冷器作为独立的机电设备，需要标准化和系列化，并由制造厂整体配套供货。相同的空冷器可能会固定在不同高度的构建物上，也有可能立于地面上，因此预先也无法整体计算。

基于以上原因，两种结构整体求解是有困难的。实际上，截至目前为止，国内外还没有一个专业设计公司或制造厂能按照这种方法进行设计。简单的办法就是“分而治之”，既考虑到他们的偶联性，又分别按各自的专业特点进行求解。前面介绍了20世纪80年代，中国石化总公司在对石化厂设备抗震加固时，曾对空冷器钢结构受地震影响情况进行了模拟研究，其基本思路也是如此。本章介绍了用这种方法求解地震参数和地震力的关联式，供读者参考。

(1) 抗震设防烈度

地震烈度国际上通行麦卡尔烈度表，把地震烈度分为12度。我国根据国情进行了修正，提出了中国地震烈度表。6度以内以人体感觉为主，构建物的影响轻微；7～10度以房屋震害为主，工业烟囱会出现不同程度的破坏或倒塌；大于10度，以地面变化为主，出现房屋和桥梁塌陷而不可修复。国标GB 50011—2001适用于7～9度的民用或工业抗震设防设计。6度以上震区的构建物，都必须按抗震设防要求进行设计。6度设防的构架截面应力计算可不考虑地震力，大于9度的民用和工业建筑，抗震设计按有关专门规定进行。

地震烈度又分为基本地震烈度和抗震设防烈度。抗震设防烈度必须依照国家规定的权限审批、颁发的文件确定。一般情况下，可采用中国地震动参数区划的地震基本烈度。本章附录A7.1是已编制抗震设防区划的城市，可按批准的抗震设防烈度或设计地震动参数进行抗震设防。所谓“设计地震动参数”指抗震设计用的地震加速度时程曲线、加速度反应谱和峰值加速度。

(2) 空气冷却器水平地震力

空冷器可简化为单质点一阶振动模型(见图7.3－1)。其水平地震力用力按下式计算：

$$F_m = \beta_j C_z \alpha_1 M_a g \tag{7.3-2}$$

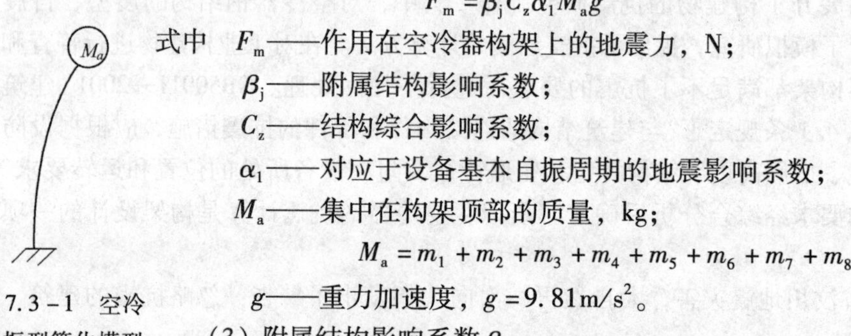

式中 F_m——作用在空冷器构架上的地震力，N；

β_j——附属结构影响系数；

C_z——结构综合影响系数；

α_1——对应于设备基本自振周期的地震影响系数；

M_a——集中在构架顶部的质量，kg；

$$M_a = m_1 + m_2 + m_3 + m_4 + m_5 + m_6 + m_7 + m_8$$

g——重力加速度，$g = 9.81\text{m/s}^2$。

图7.3－1 空冷器振型简化模型

(3) 附属结构影响系数β_j

绝大部分空气冷却器是安装在钢构架或钢筋混凝土的多层框架顶部。空气冷却器的重量主要集中在构架顶部，当构架置于地面上时，其动力计算简图可取为单质量体系。当构架置于框架上部时，可用等效的两个单质量体系模拟。文献[40]用$P9\times6$的空气冷却器构架以1∶39的模型分别在台面上和框架上面进行了模型实验，通过计算分析和测试，安装在框架上的空气冷却器水平地震力，可按安装在地面上的空气冷却器计算，但要乘以附属结构影响系数，在近似计算中，可取为1.5。因此式(7.3－2)中

当空气冷却器置于地面上时，$\beta_j = 1$；

当空气冷却器置于框架上时，$\beta_j = 1.5$。

(4) 基本自振周期T

自震周期是构建物的固有特性，也是计算地震力一个重要参数。通过频谱分析，对于单质点的一阶振动，其水平自震周期与作用在构建物的顶部的集中载荷(质量)平方根成正比，与构建物的刚度平方根成反比。可表示如下：

$$T_1 = 2\pi\sqrt{M_a \delta_c} \tag{7.3-3}$$

式中 T_1——构建物的水平自震周期，s；

M_a——构架顶部集中质量载荷，kg；

δ_c——构建物的柔度，即刚度的倒数。表示在单位力作用下构建物的挠度，m/N。

通过实验和现场测试比较，不同型式的构架基本自震周期计算关联式如下：

① 钢架式构架[见图7.3－2(a)]

钢架式构架的柔度可表示为：

$$\delta_c=\frac{H^3}{12E\sum I_i}$$

则钢架式构架的自震周期为

$$T_1=2\pi\sqrt{\frac{M_a H_c^3}{12E\sum I_i}} \tag{7.3-4}$$

式中　M_a——构架顶部集中质量载荷，kg；

H_c——立柱的计算高度，m；

当桁架梁的刚度≫立柱刚度时，H_c 取立柱底部至桁架梁下弦高度 H，

当桁架梁的刚度≈立柱刚度时，取 $H_c=H+h/2$。

E——材料弹性模量，Pa；

I_i——每根立柱在计算方向上的截面惯性矩，m^4。当立柱的结构尺寸相同时，截面惯性矩相同，用 I 表示。则式(7.3-4)可简化为式(7.3-5)。

$$T_1=1.8\sqrt{\frac{M_a H_c^3}{n_x EI}} \tag{7.3-5}$$

式中　n_x——构架中的立柱个数。

② 交叉斜撑式构架[图7.3-2(b)]

当构架有 n 组，且跨度相等、立柱的截面积和斜撑截面积也相同，构架的柔度可近似用下式表示：

$$\delta_c=\frac{1}{nEL^2}\left(\frac{H^3}{A_H}+\frac{a^3}{A_a}\right)$$

则自振周期为：

$$T_1=2\pi\sqrt{\frac{M_a}{nEL^2}\left(\frac{H^3}{A_H}+\frac{a^3}{A_a}\right)} \tag{7.3-6}$$

式中　H——立柱底部到桁架梁下弦的高度，m；

A_H——立柱截面积，m^2；

A_a——斜撑的截面积，m^2；

L——构架跨度，m；

α——斜撑的长度，m；

n——构架组数。

③ 桁架式构架[图7.3-2(c)]

桁架式构架柔度可表示为：

$$\delta_c=\frac{1}{E}\sum\frac{\overline{S}_i^{\,2} l_i}{A_i}$$

则桁架式构架的自震周期为

$$T_1=2\pi\sqrt{\frac{M_a}{E}\sum\frac{\overline{S}_i^{\,2} l_i}{A_i}} \tag{7.3-7}$$

式中　$\overline{S}_i$——构架顶部在单位水平力作用下各杆件的内力(见本章第四节“构架内力分析”)，N/N；

l_i——各杆件的长度，m；

A_i——各杆件的载面积，m^2。

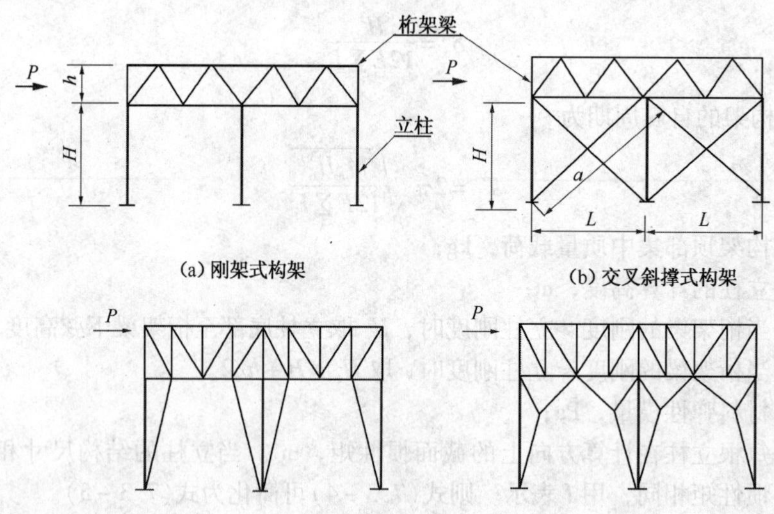

图 7.3－2　空气冷却器构架类型结构简图

(5) 地震影响系数

地震影响系数 α_1 与地震烈度、场地类别、设计地震分组和空冷器构架的自震周期及阻尼比有关，如图 7.3－3 所示。

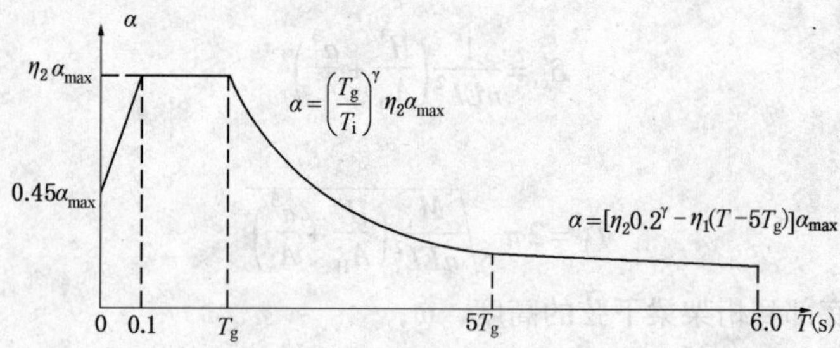

图 7.3－3　地震影响系数曲线

该曲线可分四段：

① 直线上升段：$T_1<0.1$，

$$a_1=\alpha_{max}(0.45+10\eta_2T_1-4.5T_1) \tag{7.3－8a}$$

② 水平段：$0.1<T_1\leqslant T_g$，

$$\alpha_1=\eta_2\alpha_{max} \tag{7.3－8b}$$

③ 曲线下降段：$T_g<T_1\leqslant 5T_g$，

$$\alpha_1=\left(\frac{T_g}{T_1}\right)^\gamma\eta_2\alpha_{max} \tag{7.3－8c}$$

④ 直线下降段：$T_g<T_1\leqslant 6$，

$$\alpha_1=[\eta_2 0.2^\gamma-\eta_1(T_1-5T_g)]\alpha_{max} \tag{7.3－8d}$$

上面 4 四个关系式中：

T_1——空冷器构架自震周期，由式(7.3－4)～式(7.3－7)求出，s；

T_g——各类场地土的特征周期，见表 7.3－2，s；

α_1——空冷器的地震影响系数；

α_{max}——地震影响系数的最大值，与地震烈度有关，见表7.3-3；

η_1——地震影响系数直线下降段斜率调整系数，

$$\eta_1 = 0.02 + \frac{0.05 - \xi}{8} \tag{7.3-9a}$$

η_2——阻尼调整系数，

$$\eta_2 = 1 + \frac{0.05 - \xi}{0.06 + 1.7\xi} \tag{7.3-9b}$$

当 $\eta_2 < 0.55$ 时，取 $\eta_2 = 0.55$。

γ——地震影响系数曲线下降段衰减指数，

$$\gamma = 0.9 + \frac{0.05 - \xi}{0.5 + 5\xi} \tag{7.3-10}$$

ξ——阻尼比，除有专门规定外，GB 50011—2001 规定建筑结构可取 $\xi = 0.05$。由此可得空冷器构架的 η_1、η_2、γ 为：

$$\eta_1 = 0.02;$$

$$\eta_2 = 1;$$

$$\gamma = 0.9。$$

分别代入式(7.3-8a、b、c、d)中，化简后可得：

$$\begin{cases} \alpha_1 = (0.45 + 5.5T_1)\alpha_{max} & T_1 < 0.1 \\ \alpha_1 = \alpha_{max} & 0.1 \leqslant T_1 < T_g \\ \alpha_1 = \left(\dfrac{T_g}{T_1}\right)^{0.9}\alpha_{max} & T_g \leqslant T_1 < 5T_g \\ \alpha_1 = (0.235 - T_1 + 5T_g)\alpha_{max} & 5T_g \leqslant T_1 < 6 \end{cases} \tag{7.3-11}$$

式(7.3-11)就是计算空冷器构架地震影响系数的关联式。设置在地面上或高度不大于5m的混凝土基础及钢框架上的空冷器可按式(7.3-11)计算地震影响系数，对5m以上钢框架，由于偶联作用，地土结构的影响较为复杂，当 $T_1 \geqslant 0.1s$ 时，建议取 $\alpha_1 = \alpha_{max}$。

表7.3-2　各类场地土的特征周期

设计地震分组	场地土类别			
	Ⅰ	Ⅱ	Ⅲ	Ⅳ
第一组	0.25	0.35	0.45	0.65
第二组	0.30	0.40	0.55	0.75
第三组	0.35	0.45	0.65	0.90

表7.3-3　对应于设防烈度的地震影响系数最大值

设防烈度	7		8		9
设计基本地震加速度/(m/s²)	0.1g	0.15g	0.2g	0.3g	0.4g
地震影响系数最大值αmax	0.08	0.12	0.16	0.24	0.32

(6) 空气冷却器垂直地震力

当地震烈度为8度和9度时，构架的载荷设计应考虑垂直地震力的影响(见图7.3-4)。垂直地震力按下式计算：

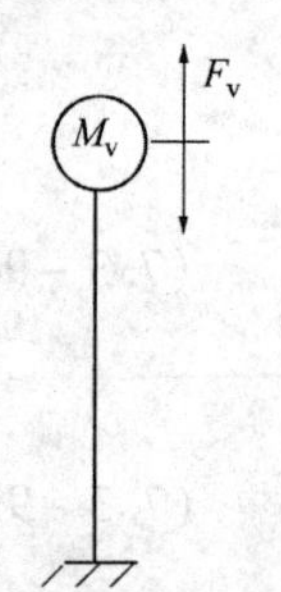

图7.3-4　空冷器垂直地震力图示

$$F_v = \alpha_{vmax} M_v g \tag{7.3-12}$$

式中　F_v——垂直地震力，N；

M_v——垂直地震力计算载荷，取 $M_v = 0.75M_a$，kg；

α_{vmax}——垂直地震力影响系数，取 $\alpha_{vmax} = 0.65\alpha_{max}$。

4. 动力载荷

当风机和电机悬挂在构架上时，应考虑风机运转时所产生的动力载荷。

(1) 水平方向的动力载荷

单台风机水平方向的动力载荷根据风机的型号按表7.3-4选取。

表7.3-4　单台风机的水平动力载荷　　N

风机型号	F18-4	F24-4	F30-4	F36-4	F36L-4	F42-4	F45-4
水平力 F_d	1470	2940	3920	5400	5400	6870	7360

提示：① 水平方向的动力载荷是风机运转时产生的载荷。构架设计时，每台风机产生的水平载荷应作用在所有计算面上。

② 单台风机水平方向的动力载荷的分配

悬挂鼓风式水平构架，全部作用在桁架梁的下弦梁处；

顶装风机引风式水平构架，全部作用在桁架梁的上弦梁处；

底装风机引风式水平构架，一半作用在桁架梁的上弦梁处，一半作用在桁架梁的下弦梁处。

多台风机联合操作时，构架上水平动力仅考虑相邻跨风机的影响，隔跨风机的影响不予考虑。多台风机的总的水平动力载荷确定如下：

① 机台数等于2时，总的水平动力载荷为其两台之和；

② 机台数大于2时，总的水平动力载荷 P_d 按式(7.3-13)确定：

$$F_d = \sqrt{F_{d1}^2 + F_{d2}^2 + F_{d3}^2 + \cdots\cdots + F_{dn}^2} \tag{7.3-13}$$

式中　F_{d1}，F_{d2}，F_{d3}……F_{dn}——分别为第1，2，3……n 台风机的单台动力载荷，按表7.3-4选取。

(2) 垂直方向的动力载荷(当量静载荷)

垂直方向的动力载荷由以下两部分组成：

① 机械运转时产生的垂直方向的动力载荷，取风机和电机总重量的0.3倍。

② 风机鼓风时产生的空气动力载荷，以风机叶轮直径为直径的圆面积，按 240N/m^2 计算。

当风机是座落在地面或框架的基础上时，构架设计载荷可不计算上述动力载荷，但要向土建基础提出动力载荷的设计资料。

5. 偏心载荷

对水平式构架，如采用桁架梁的刚架结构，偏心载荷主要集中在平台栏杆和机动载荷上，此外，桁架梁上的垂直载荷也会产生偏心弯矩。校算立柱的稳定性和强度时，不同的立柱，偏心载荷的影响要做具体分析。若构架全部为桁架结构，可不考虑偏心载荷的影响。

对管束立置的空冷器构架，如湿空冷器、干-湿联合空冷器及其他一些特殊结构的空冷器，管束重量集中在立柱的一侧，在校算立柱的稳定性和强度时，应增加偏心弯矩的计算。

偏心弯矩按下式计算

$$M_e = \sum m_{ei} l_{ei} g \tag{7.3-14}$$

式中　M_e——偏心弯矩，N·m；

m_{ei}——偏心载荷，kg；

l_{ei}——立柱中心（或计算面中心）到对应偏心载荷中心的偏心距，m。

7.4　主要构件的计算与截面选择

1. 构架的强度和稳定计算

构架的构件载荷通常是轴向拉伸或压缩的作用，对轴向拉伸或压缩杆件计算中，只要截面上的正应力不大于材料的许用应力，从强度上讲，就能保证杆件的正常工作。然而对于轴向受压杆件，当两端压缩力达到某一值时，杆件的轴线就会偏离原来方向出现弯曲，使材料失去承载能力，这就是"失稳"现象。对于长细比较大的杆件，失稳往往是选材和结构设计的主要矛盾。所以空冷器构架的应力计算，强度校核是较为次要的，主要的是进行失稳校核。

(1) 压杆的失稳的临界力

在材料弹性范围内，压杆失稳的临界力可用欧拉公式（Euler formula）表示为

$$F_{cr}=\frac{\pi^2 EI}{(\mu l)_2} \qquad (7.4-1)$$

式中　F_{cr}——压杆失稳临界力，N；

E——材料的弹性模量，Pa；

I——材料截面的惯性矩，m^4；

l——杆件长度，m；

μ——长度系数，与压杆两端连接方式有关。表 7.4－1 表示了不同端部的连接形式与长度系数的关系。当两端全为铰支时，$\mu=1$。

表 7.4－1　不同固定方式压杆失稳形式和欧拉公式

支端情况	两端铰支	一端固定 另端铰支	两端固定	一端固定 另端自由	两端固定但 可沿横向相对移动
失稳时挠曲线形状	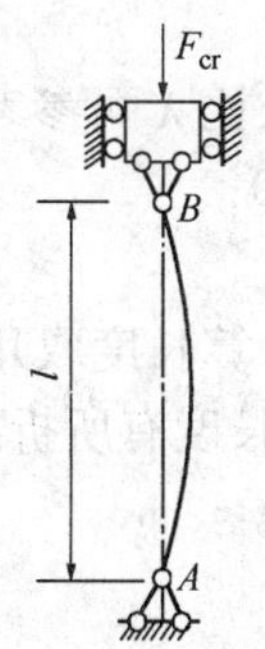 F_{cr} B l A	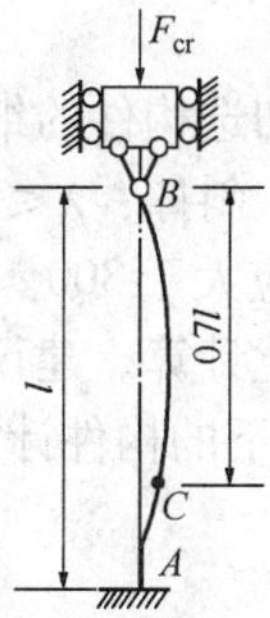 F_{cr} B $0.7l$ l C A C—挠曲线拐点	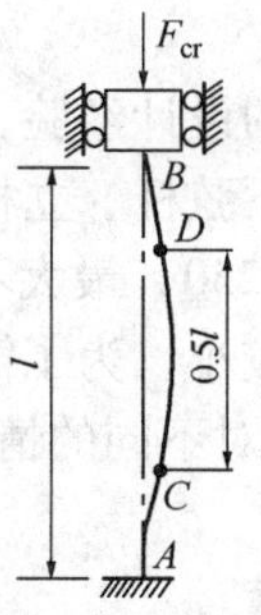 F_{cr} B D $0.5l$ l C A C，D—挠曲线拐点	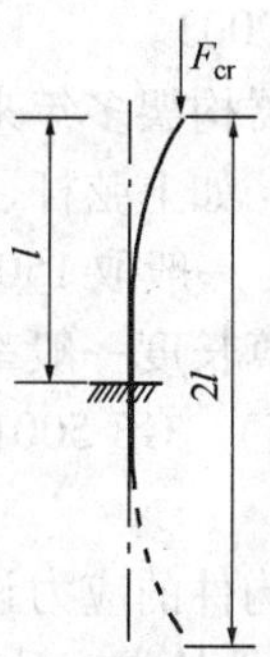 F_{cr} l $2l$	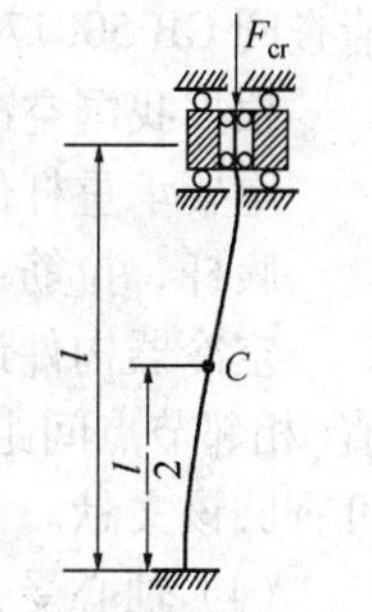 F_{cr} l C $\frac{l}{2}$ C—挠曲线拐点
临界力 F_{cr} 欧拉公式	$F_{cr}=\frac{\pi^2 EI}{l^2}$	$F_{cr}\approx\frac{\pi^2 EI}{(0.7l)^2}$	$F_{cr}=\frac{\pi^2 EI}{(0.5l)^2}$	$F_{cr}=\frac{\pi^2 EI}{(2l)^2}$	$F_{cr}=\frac{\pi^2 EI}{l^2}$
长度因数 μ	$\mu=1$	$\mu\approx0.7$	$\mu=0.5$	$\mu=2$	$\mu=1$

(2) 临界应力与长细比

在临界力的作用下，杆件失稳的临界应力可表示为：

$$\sigma_{cr} = \frac{F_{cr}}{A} = \frac{\pi^2 EI}{(\mu l)^2 A} = \frac{\pi^2 E}{(\mu l / i)^2} \quad (7.4-2)$$

式中 σ_{cr}——失稳临界应力，Pa；

i——压杆截面对中性轴的惯性矩，m^4；

令 $\lambda = \frac{\mu l}{i}$，$\lambda$ 称作压杆的长细比。则弹性范围内杆件失稳的临界应力为：

$$\sigma_{cr} = \frac{\pi^2 E}{\lambda^2} \leqslant \sigma_p \quad (7.4-3)$$

式中 σ_p——比例极限，即材料满足胡克定律(Hooke law)的最高应力值。

对于 Q235 系列材料，材料比例极限 σ_p 约为 200MPa，$E = 206 \times 10^3$MPa 则，$\lambda \geqslant 100$。也就是说，对于 Q235 材料，只有 $\lambda \geqslant 100$ 时，才能直接使用欧拉公式进行压杆的失稳计算。

(3) 实际材料的稳定许用应力

实际压杆由于存在着初曲率、压杆的偏心度及截面上的残余应力等不利因数，因而降低了压杆的临界应力。然而，压杆所承受的极限应力总是随柔度而改变的，柔度愈大，极限应力值越低。因此，设计压杆所用的许用应力也随着柔度增大而减小。在压杆的设计时，将压杆的稳定许用应力 $[\sigma_{cr}]$ 写作材料的强度许用应力 $[\sigma]$ 乘以一个随压杆柔度 λ 而改变的稳定系数 φ，即

$$[\sigma_{cr}] = \frac{\sigma_{cr}}{n_{cr}} = \varphi[\sigma] \quad (7.4-4)$$

式中 n_{cr}——稳定安全系数。

我国早期的钢结构设计规范 GBJ 17—88 根据国内常用的构件截面形式、加工条件、规定了相应的残余应力变化规律、并考虑了 1/1000 的初曲率，计算了 96 根压杆稳定系数 φ 与长细比 λ 之间的关系。把承载能力相近的截面归并为 a、b、c 三类。根据不同的材料的屈服强度分别给出了 a、b、c 三类截面在不同 λ 下的 φ 值，供压杆设计参考。对 Q235 钢材，$\varphi \sim \lambda$ 关系见附表 A7.4.1 ~ A7.4.3。其中，a 类残余应力较小，稳定性较好，c 类的残余应力较大，多数可取 b 类。空冷器的设计中，若粗略的分类，凡厚度小于 40mm，由轧制型钢或由缀板将型钢组合成的格构件，都可按 b 类查取，焊制型钢一般选 c 类。若要详细分类，请查阅 GB 50017—2003。

根据我国空冷器构架多年来的设计经验，初选构件的细长比 λ 可参考一下值：

重要承重杆件，如上弦杆、下弦杆、立柱、斜撑：$\lambda \leqslant 150$；

腹杆、拉筋：λ 一般取 150 ~ 250，最大不应大于 300。

空冷器构件计算长度一般都较小，为了简化计算，建议计算长度取几何参数的理论计算值(相邻节点间距离)。GB 50017 对不同的情况下的构件计算长度有所折减，读者若要细究，可查阅该文献。

(4) 轴心受力构件的应力计算

1) 轴心受力构件的强度计算

$$\sigma = \frac{N}{A_n} \quad (7.4-5a)$$

应力评定

$$|\sigma| \leqslant \phi_q[\sigma] \quad (7.4-5b)$$

式中　N——作用在梁上的轴心力，N；

A_n——梁的净截面积，m^2；

梁的净截面积是指毛截面积扣除螺栓孔后的实际面积。

ϕ_q——强度计算许用应力折减系数。

当梁采用无垫板的单面对接焊缝时，焊缝截面上 $\phi_q=0.85$，A_n取梁的毛截面积 A。

2）实腹轴心受压构件的稳定计算

$$\sigma_b = \frac{N}{\phi_w A} \tag{7.4-6a}$$

式(7.4－6a)中，A——梁的毛截面积，m^2；

ϕ_w——轴心受压杆件的稳定系数(取截面两主轴稳定系数中的较小值)，应根据杆件的长细比 λ、钢材的屈服限 σ_s和杆件的截面分类，按附录 A7.4.1～A7.4－3 查取。杆件的截面分类，本节前面介绍料，空冷器的设计中，若粗略的分类，凡厚度小于40mm，由轧制型钢或由缀板将型钢组合成的格构件，都可按 b 类查取，焊制型钢一般选 c 类。

应力评定

$$\sigma_b \leqslant \phi_w[\sigma] \tag{7.4-6b}$$

不同形状的截面，受轴心力后会发生弯扭现象，GB 50017—2003 规定了附录 A6－4.1～ A6－4.3 中的长细比。此时取 $\phi_w=1$。

关于材料的许用应力$[\sigma]$，因为为空冷器构架是钢结构件，应按 GB 50017—2003 的规定选取，对 Q235 材料，取其屈服限除以系数 1.087，$[\sigma]=215$MPa。

2. 主要构件的截面选择

(1) 立柱

立柱可选用工字钢、H 型钢或用缀板连接两个槽钢组成格构式立柱。其型式如图7.4－1所示。

工字钢常用 I18～I20。H 型钢可用 HW175×175。双肢槽钢中的槽钢则用 18～20 号。

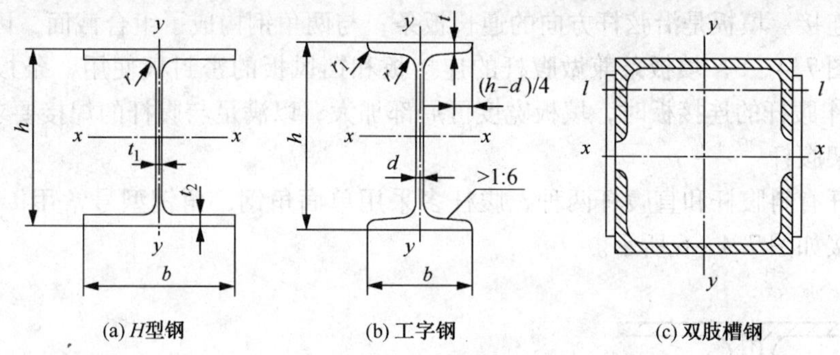

图 7.4－1　立柱截面图

(2) 桁架梁的上弦杆和下弦杆

上弦杆和下弦杆两端分别固定的立柱的上部，中间用腹杆(直杆或斜杆)连接，外贴挡风板，组成桁架梁结构的风箱。上下弦杆的截面如图 7.4－2 所示，其中有三种结构形式。

① 工字钢，见图 7.4－2(a)；多用 I10～I14 号工字钢制成。

② 剖分半截面工字钢(即从腹板中心对半切开)或 T 型钢，见图 7.4－2(b)；剖分工字钢，即从腹板中心对半切开，制成的 T 型截面弦杆。见图 7.4－3。另一种形式是采用 T 型钢，如图 7.4－4 所示。

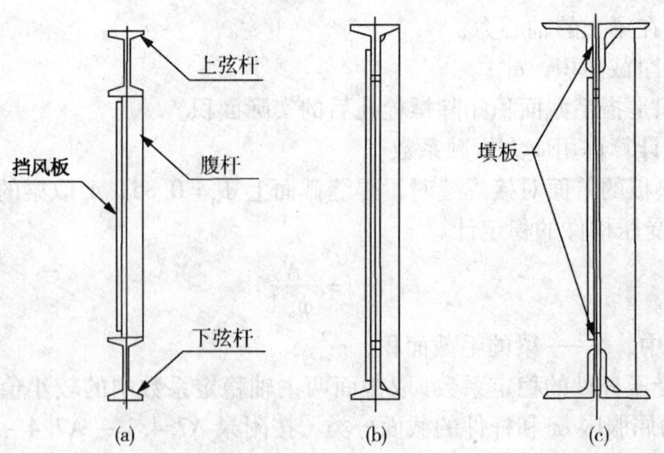

图 7.4－2　上弦杆、下弦杆

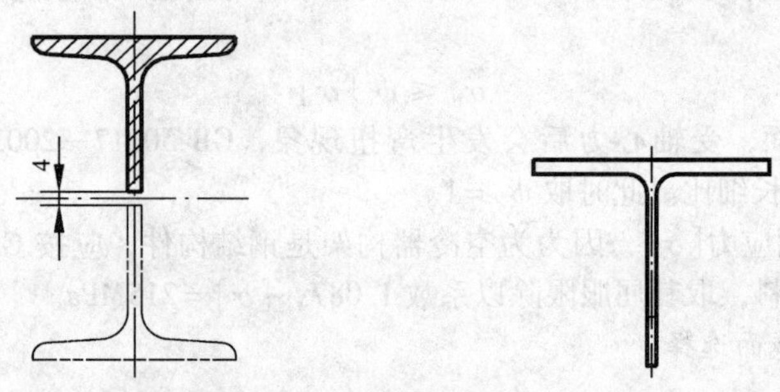

图 7.4－3　剖分工字钢弦杆　　图 7.4－4　T 型钢弦杆

③ 双肢角钢，两个角钢背向加填板拼焊而成，见图 7.4－2(c)。

鼓风式空冷器构架弦杆要兼做风室挡风板的连接梁，为了防止漏风，一般双肢角钢弦杆采用填板式连接。填板是沿弦杆方向的通长板条，与两角钢构成了组合截面，因此，多用等边角钢，见图 7.4－5。填板条兼做腹杆的连接板和挡风板的密封板使用，条板厚度不得小于6mm。用作腹杆的连接板时，填板宽度可局部加大，以满足与腹杆的焊接要求。

(3) 桁架腹杆

桁架腹杆有斜腹杆和直腹杆两种，腹杆多采用单面角钢，角钢型号常用 L63 ×7。腹杆与弦杆的连接如图 7.4－6 所示。

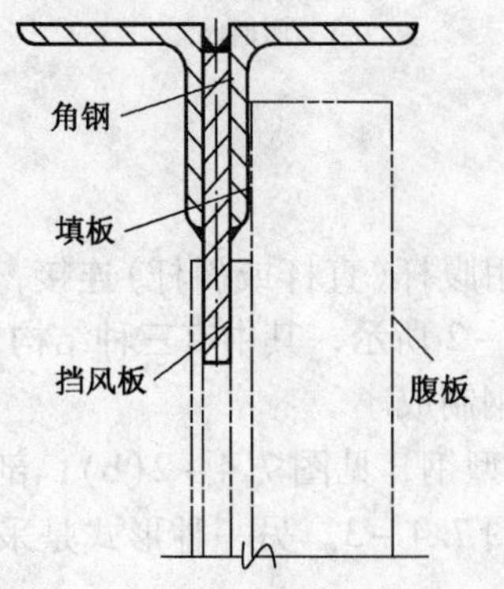

图 7.4－5　填板式双肢弦杆截面

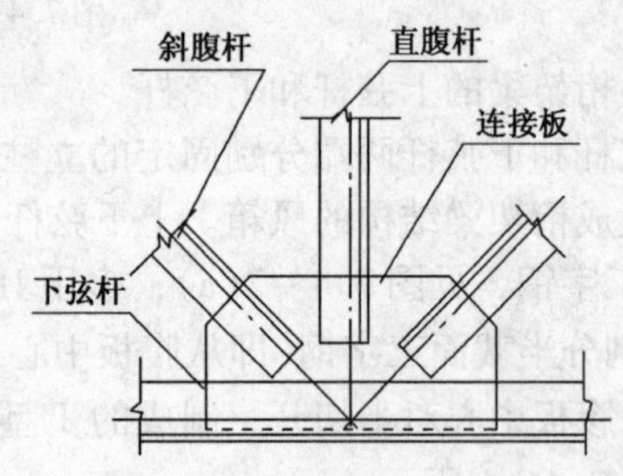

图 7.4－6　腹杆与弦杆的连接

（4）斜撑

斜撑所受轴向力大，且长度也较大，对桁架的稳定十分重要。斜撑一般是由垫板将两根角钢组焊成的双肢T型构件(见图7.4－7)。为了使梁截面上两个方向的抗弯性能比较接近，多采用不等边角钢，且长边相并。

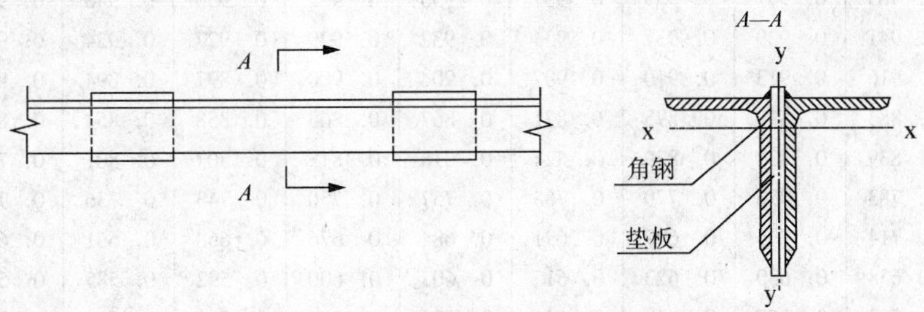

图7.4－7　垫板式双肢斜撑截面

3. 立柱柱脚的设计

在垂直载荷和水平力的作用下，立柱柱脚承受较大的剪切力和弯矩，是空冷器的危险截面。地脚板的厚度不应小于20mm，每个地脚板布4个地脚螺栓，螺栓有效直径应大于16mm。为防止立柱的局部失稳和提高焊缝的抗剪能力，需采用加强筋板。图7.4－8表示了两种柱脚结构。

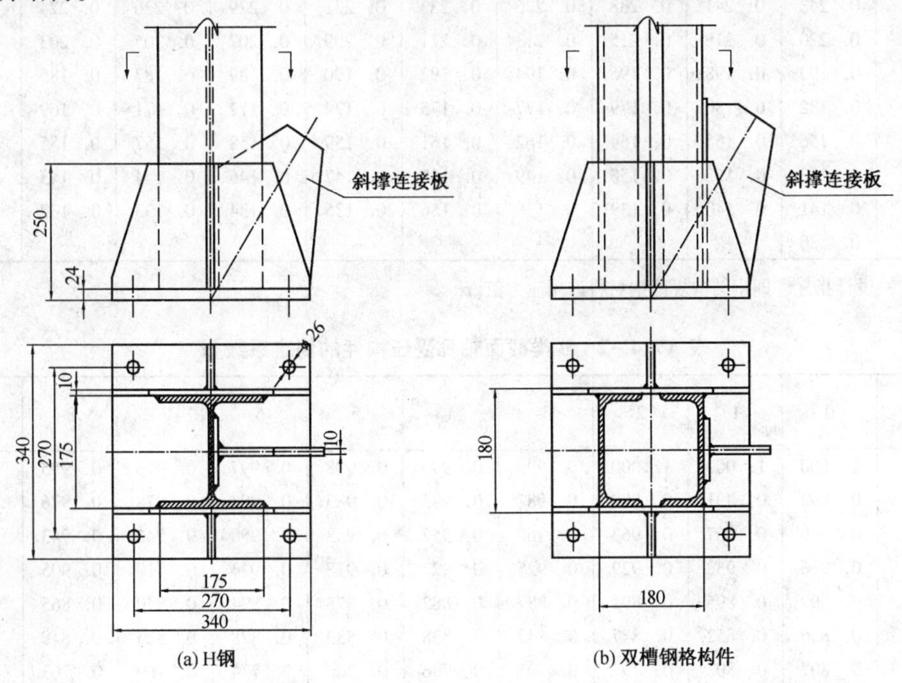

图7.4－8　立柱柱脚图

附录A7.4

表A7.4－1　a类截面轴凡受压构件的稳定系数 φ

$\lambda\sqrt{\frac{f_y}{235}}$	0	1	2	3	4	5	6	7	8	9
0	1. 000	1. 000	1. 000	1. 000	0. 999	0. 999	0. 998	0. 998	0. 997	0. 996
10	0. 995	0. 994	0. 993	0. 992	0. 991	0. 989	0. 988	0. 986	0. 985	0. 983

续表 A7.4-1

$\lambda\sqrt{\frac{f_y}{235}}$	0	1	2	3	4	5	6	7	8	9
20	0.981	0.979	0.977	0.976	0.974	0.972	0.970	0.968	0.966	0.964
30	0.963	0.961	0.959	0.957	0.955	0.952	0.950	0.948	0.946	0.944
40	0.941	0.939	0.937	0.934	0.932	0.929	0.927	0.924	0.921	0.919
50	0.916	0.913	0.910	0.907	0.904	0.900	0.897	0.894	0.890	0.886
60	0.883	0.879	0.875	0.871	0.867	0.863	0.858	0.854	0.849	0.844
70	0.839	0.834	0.829	0.824	0.818	0.813	0.807	0.801	0.795	0.789
80	0.783	0.776	0.770	0.763	0.757	0.750	0.743	0.736	0.728	0.721
90	0.714	0.706	0.699	0.691	0.684	0.676	0.668	0.661	0.653	0.645
100	0.638	0.630	0.622	0.615	0.607	0.600	0.592	0.585	0.577	0.570
110	0.563	0.555	0.548	0.541	0.534	0.527	0.520	0.514	0.507	0.500
120	0.494	0.488	0.481	0.475	0.469	0.463	0.457	0.451	0.445	0.440
130	0.434	0.429	0.423	0.418	0.412	0.407	0.402	0.397	0.392	0.387
140	0.383	0.378	0.373	0.369	0.364	0.360	0.356	0.351	0.347	0.343
150	0.339	0.335	0.331	0.327	0.323	0.320	0.316	0.312	0.309	0.305
160	0.302	0.298	0.295	0.292	0.289	0.285	0.282	0.279	0.276	0.273
170	0.270	0.267	0.264	0.262	0.259	0.256	0.253	0.251	0.248	0.245
180	0.243	0.241	0.238	0.236	0.233	0.231	0.229	0.226	0.224	0.222
190	0.220	0.218	0.215	0.213	0.211	0.209	0.207	0.205	0.203	0.201
200	0.199	0.198	0.196	0.194	0.192	0.190	0.189	0.187	0.185	0.183
210	0.182	0.180	0.179	0.177	0.175	0.174	0.172	0.171	0.169	0.168
220	0.156	0.165	0.164	0.162	0.161	0.159	0.158	0.157	0.155	0.154
230	0.153	0.152	0.150	0.149	0.148	0.147	0.146	0.144	0.143	0.142
240	0.141	0.140	0.139	0.138	0.136	0.135	0.134	0.133	0.132	0.131
250	0.130	—	—	—	—	—	—	—	—	—

注：f_y—设计指标，即钢结构规范中材料许用应力值[σ]。

表 A7.4-2　b 类截面轴凡受压构件的稳定系数 φ

$\lambda\sqrt{\frac{f_y}{235}}$	0	1	2	3	4	5	6	7	8	9
0	1.000	1.000	1.000	0.999	0.999	0.998	0.997	0.996	0.995	0.994
10	0.992	0.991	0.989	0.987	0.985	0.983	0.981	0.978	0.976	0.973
20	0.970	0.967	0.963	0.960	0.957	0.953	0.950	0.946	0.943	0.939
30	0.936	0.932	0.929	0.925	0.922	0.918	0.914	0.910	0.905	0.903
40	0.899	0.895	0.891	0.887	0.882	0.878	0.874	0.870	0.865	0.861
50	0.856	0.852	0.847	0.842	0.838	0.833	0.828	0.823	0.818	0.813
60	0.807	0.802	0.797	0.791	0.786	0.780	0.774	0.769	0.763	0.757
70	0.751	0.745	0.739	0.732	0.726	0.720	0.714	0.707	0.701	0.694
80	0.688	0.681	0.675	0.668	0.661	0.655	0.648	0.641	0.635	0.628
90	0.621	0.614	0.608	0.601	0.594	0.588	0.581	0.575	0.568	0.561
100	0.555	0.549	0.542	0.535	0.529	0.523	0.517	0.511	0.505	0.499
110	0.493	0.487	0.481	0.475	0.470	0.464	0.458	0.453	0.447	0.442
120	0.437	0.432	0.426	0.421	0.416	0.421	0.406	0.402	0.397	0.392
130	0.387	0.383	0.378	0.374	0.370	0.365	0.361	0.357	0.353	0.349
140	0.345	0.341	0.337	0.333	0.329	0.326	0.322	0.318	0.315	0.311
150	0.308	0.304	0.301	0.298	0.295	0.291	0.288	0.285	0.282	0.279

续表 A7.4-2

$\lambda\sqrt{\frac{f_y}{235}}$	0	1	2	3	4	5	6	7	8	9
160	0.276	0.273	0.270	0.257	0.265	0.252	0.259	0.256	0.254	0.251
170	0.249	0.246	0.244	0.241	0.239	0.236	0.234	0.232	0.229	0.227
180	0.225	0.223	0.220	0.218	0.215	0.214	0.212	0.210	0.208	0.206
190	0.204	0.202	0.200	0.198	0.197	0.195	0.193	0.191	0.190	0.188
200	0.186	0.184	0.183	0.181	0.180	0.178	0.176	0.175	0.173	0.172
210	0.170	0.169	0.167	0.166	0.165	0.163	0.162	0.160	0.159	0.158
220	0.156	0.155	0.154	0.153	0.151	0.150	149	0.148	0.146	0.145
230	0.144	0.143	0.142	0.141	0.140	0.138	0.137	0.136	0.135	0.134
240	0.133	0.132	0.131	0.130	0.129	0.128	0.127	0.126	0.125	0.124
250	0.123	—	—	—	—	—	—	—	—	—

表 A7.4-3　c 类截面轴凡受压构件的稳定系数 φ

$\lambda\sqrt{\frac{f_y}{235}}$	0	1	2	3	4	5	6	7	8	9
0	1.000	1.000	1.000	0.999	0.999	0.998	0.997	0.996	0.995	0.993
10	0.992	0.990	0.988	0.986	0.983	0.981	0.978	0.976	0.973	0.970
20	0.966	0.959	0.953	0.947	0.940	0.934	0.928	0.921	0.915	0.909
30	0.902	0.896	0.890	0.884	0.877	0.871	0.865	0.858	0.852	0.846
40	0.839	0.833	0.826	0.820	0.814	0.807	0.801	0.794	0.788	0.781
50	0.775	0.768	0.762	0.755	0.748	0.742	0.735	0.729	0.722	0.715
60	0.709	0.702	0.695	0.689	0.682	0.676	0.669	0.662	0.656	0.649
70	0.643	0.636	0.629	0.623	0.616	0.610	0.604	0.597	0.591	0.584
80	0.578	0.573	0.566	0.559	0.553	0.547	0.541	0.535	0.529	0.523
90	0.517	0.511	0.505	0.500	0.494	0.488	0.483	0.477	0.472	0.467
100	0.463	0.458	0.454	0.449	0.445	0.441	0.436	0.432	0.428	0.423
110	0.419	0.415	0.411	0.407	0.403	0.399	0.395	0.391	0.387	0.383
120	0.379	0.375	0.371	0.367	0.364	0.350	0.355	0.353	0.349	0.346
130	0.342	0.339	0.335	0.332	0.328	0.325	0.322	0.319	0.315	0.312
140	0.309	0.306	0.303	0.300	0.297	0.294	0.291	0.288	0.285	0.282
150	0.280	0.277	0.274	0.271	0.269	0.266	0.264	0.261	0.258	0.256
160	0.254	0.251	0.249	0.246	0.244	0.242	0.239	0.237	0.235	0.233
170	0.230	0.228	0.226	0.224	0.222	0.220	0.218	0.216	0.214	0.212
180	0.210	0.208	0.206	0.205	0.203	0.201	0.199	0.197	0.196	0.194
190	0.192	0.190	0.189	0.187	0.186	0.184	0.182	0.181	0.179	0.178
200	0.176	0.175	0.173	0.172	0.170	0.169	0.168	0.166	0.165	0.163
210	0.162	0.161	0.159	0.158	0.157	0.156	0.154	0.153	0.152	0.151
220	0.150	0.148	0.147	0.146	0.145	0.144	0.143	0.142	0.140	0.139
230	0.138	0.137	0.136	0.135	0.134	0.133	0.132	0.131	0.130	0.129
240	0.128	0.127	0.126	0.125	0.124	0.124	0.123	0.122	0.121	0.120
250	0.119	—	—	—	—	—	—	—	—	—

符　号　说　明

A——空冷器构架单跨宽度，m；

B——空冷器构架宽度，m；

m ——构件质量，kg

P_f——风载荷作用在构架上的水平推力，N；

K_1——体型系数；

K_2——风振系数；

q_0——基本风压值；

f_1——风压高度变化系数；

As—计算轴面上的受风面积，m^2；

F_m——作用在空冷器构架上的地震力，N；

β_j——附属结构影响系数；

C_z——结构综合影响系数；

α_1——对应于设备基本自振周期的地震影响系数；

M_a——集中在构架顶部的质量，kg；

g——重力加速度，$g=9.81\ m/s^2$；

T_1——构建物的水平自震周期，s；

δ_c——构建物的柔度，即刚度的倒数，m/N。

H——立柱底部到桁架梁下弦的高度，m；

H_c——立柱的计算高度，m；

E——材料弹性模量，Pa；

I_i——每根立柱在计算方向上的载面惯性矩，m^4。

A_H——立柱截面积，m^2；

A_a——斜撑的截面积，m^2；

L——构架跨度，m；

α——斜撑的长度，m；

n——构架组数；

l_i——各杆件的长度，m；

A_i——各杆件的载面积，m^2

T_1——空冷器构架自震周期，s；

T_g——各类场地土的特征周期，s；

α_1——空冷器的地震影响系数；

α_{max}——地震影响系数的最大值；

η_1——地震影响系数直线下降段斜率调整系数；

η_2——阻尼调整系数；

γ—地震影响系数曲线下降段衰减指数；

ξ——阻尼比；

F_v——垂直地震力，N；

M_v——垂直地震力计算载荷，N；

α_{vmax}——垂直地震力影响系数；

M_e——偏心弯矩，N·m；

m_{ei}——偏心载荷，N；

l_{ei}——立柱中心(或计算面中心)到对应偏心载荷中心的偏心距，m；

F_{cr}——压杆失稳临界力，N；

E——材料的弹性模量，Pa；

I——材料截面的惯性矩，m^4；

l——杆件长度，m；

μ——长度系数，与压杆两端连接方式有关；

σ_{cr}——失稳临界应力，Pa；

i——压杆截面对中性轴的惯性矩，m^4；

σ_p——比例极限；

λ——构件的长细比；

n_{cr}——稳定安全系数；

φ——受压构件的稳定系数；

$[\sigma]$—— 钢结构规范中材料许用应力值(即f_y)，Pa；

N——作用在梁上的轴心力，N；

A_n——梁的净截面积，m^2；

ϕ_q——强度计算许用应力折减系数；

φ_w——轴心受压杆件的稳定系数；

f_y——设计指标，即钢结构规范中材料许用应力值$[\sigma]$。

第八章　百　叶　窗

8.1　用途与安装方式

1. 百叶窗的用途

百叶窗主要用来调节空冷器的风量，特别是在热风循环式空冷器中，热风循环量及排放量主要靠百叶窗控制。此外，百叶窗还能起到保护管束的屏障作用，防止日光对管束的直照或冰雹打坏翅片。但由于百叶窗的节流作用而损耗能量，故在一般的空气冷却器中，目前已不将它作为主要的调节风量的手段。

2. 百叶窗的安装方式

根据它的用途有以下三种安装方式：

① 用于鼓风式空冷器时，百叶窗安装在管束的出风口，如图 8.1-1 所示。

② 用于引风式空冷器时，一般安装在风机的出风口，如图 8.1-2 所示。也可安装在管束的上部或下部，但比较少用。

③ 用于热风再循环的空冷器时，安装在相应的空气通道上。

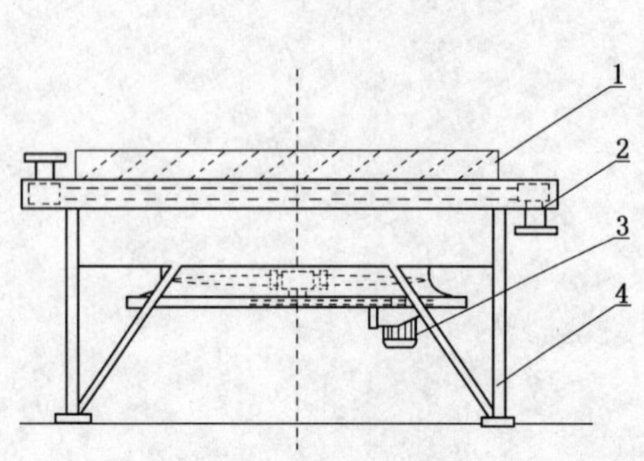

图 8.1-1　水平式空气冷却器百叶窗(鼓风式)
1—百叶窗；2—管束；3—风机；4—构架

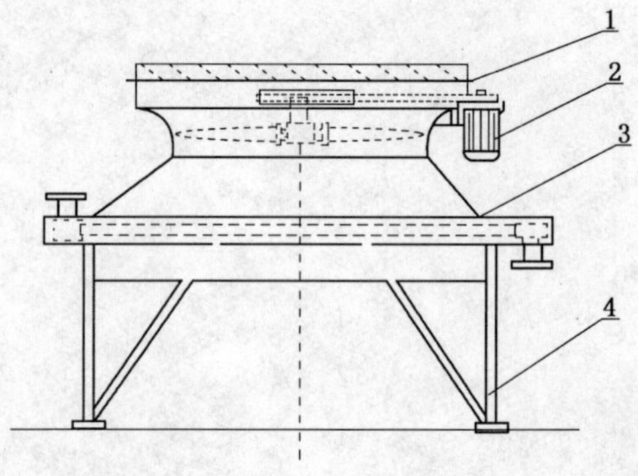

图 8.1-2　水平式空气冷却器百叶窗(引风式)
1—百叶窗；2—风机；3—管束；4—构架

3. 百叶窗的参数

百叶窗的规格见图 8.1-3 和表 8.1-1。

表 8.1-1　百叶窗规格参数　mm

百叶窗的长度 A	高度 H	配用管束长度 L	百叶窗宽度范围 B
11700	300	12000	1000-3000
10280	300	10500	1000-3000
8700	300	9000	1000-3000
5700	300	6000	500-3000
4280	300	4500	500-3000
2780	300	3000	500-3000

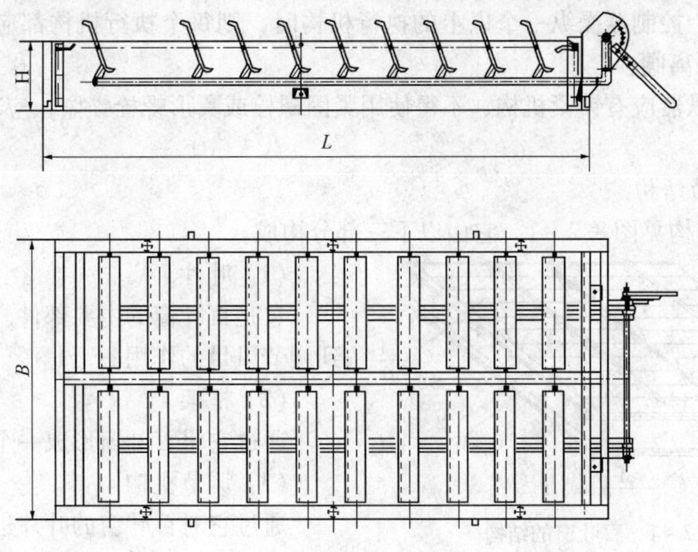

图 8.1－3 百叶窗

4. 百叶窗代号

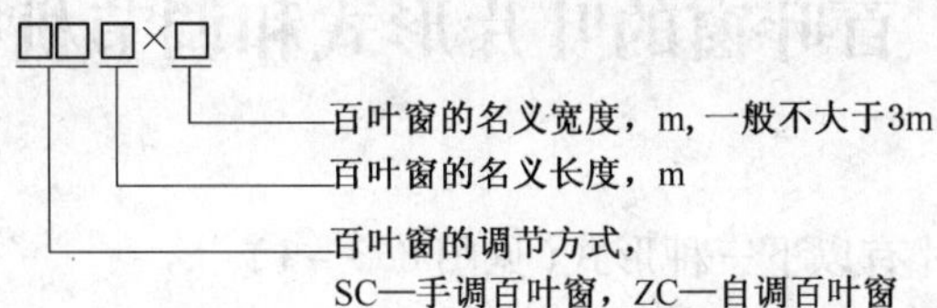

例：百叶窗 SC6×2 表示手调百叶窗，名义长度 6m，宽度 2m。

8.2 百叶窗的一般要求和结构

1. 一般要求

① 单叶百叶窗窗叶材料的最小厚度：镀锌钢板为 1.6mm，铝板为 2mm；

② 百叶窗框架用钢板的最小厚度：碳钢为 3.5mm，铝为 4mm；

③ 无支撑的窗叶长度应小于 1.7m；

④ 如无特殊要求，窗叶最小设计载荷为 $2000N/m^2$；

⑤ 百叶窗窗叶与框架之间的间隙，在管箱端不得大于 6mm，在窗叶侧面不得大于 3mm；

⑥ 百叶窗窗销轴在轴承间部位的直径应不小于 10mm；

⑦ 轴承应设在所有窗叶与框架的支点上．轴承应按露销轴的最高温度设计，且不应有润滑要求；

⑧ 百叶窗连动机构至少应按带动全部进叶窗所需动力的二倍进行设计；

⑨ 应采用键或其他可靠的方法把轴同可调整节点连接起来；

⑩ 自动调节百叶窗应设有带定位器的操纵器，其信号空气压力为 0.02～0.1MPa。操纵器不应妨碍对管箱的维护检查，并设在能从平台进行操作的位置，且要避开 95℃ 以上的热风。操纵器应按窗叶开闭所需力的 1.5 倍进行设计。除另有规定外，调节窗叶的空气的设计压力为 0.4MPa；

⑪ 当用一个控制器操纵一个以上的执行机构时，则每个执行机构都应在控制信号气源上装一个控制隔离阀；

⑫ 手动操纵器应有锁紧机构，不得使用紧固螺栓或翼形螺栓锁紧，应有指示百叶窗开、闭位置的标记。

2. 百叶窗的结构

百叶窗的结构见图 8.2－1。它由以下三部分构成。

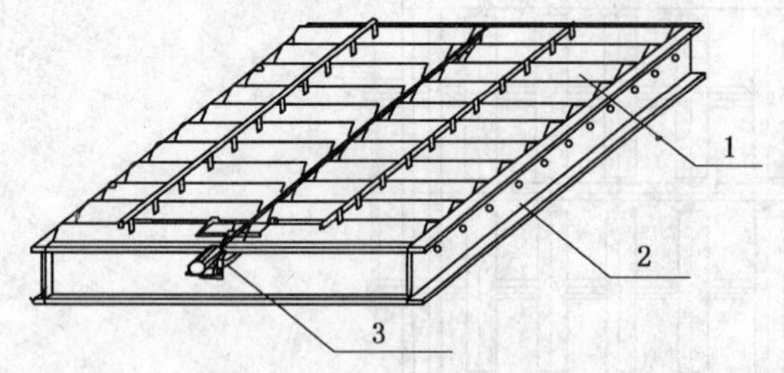

图 8.2－1 百叶窗的结构

1—叶片；2—框架；3—调节机构

(1) 叶片

它是百叶窗的主要部件。通过它的开启达到调节风量的作用。

(2) 框架

通过它将百叶窗形成一个整体结构。

(3) 调节机构

通过它对百叶窗的叶片进行调节。调节机构有手动和自动两种型式。

8.3 百叶窗的叶片形式和调节机构

1. 叶片形式

我国常用的百叶窗叶片有以下三种形式(见图 8.3－1)。

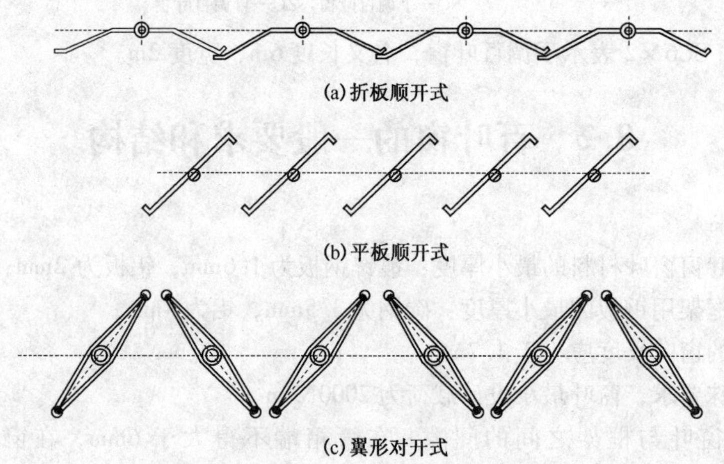

(a) 折板顺开式

(b) 平板顺开式

(c) 翼形对开式

图 8.3－1 百叶窗的叶片形式

(1) 折板顺开式

由 1.5mm 镀锌钢板或 2mm 铝板冲压成折面板，叶片的刚度较大，如图 8.3－1(a)。

(2) 平板顺开式

一般由 1.6～2mm 镀锌钢板压成，结构较简单，但叶片宽度不宜太大，如图 8.3－1(b) 所示。

顺开式叶片以相同的旋转方向开启，每个叶片开启角度相同。关闭时叶片端部重叠一部分。

(3) 翼形对开式

相邻叶片以相反的旋转方向开启，每个叶片开启角度仍相同，见图 8.3－1(c)。对开式叶片结构和操纵连杆较顺开式复杂，但调节性能较好，气流的节流阻力也较小。

顺开叶片结构比对开叶片简单，重量也较轻，但刚度较差，易变形。

百叶窗的叶片有效长度不宜大于1.6m。采用铝板时，其厚度应大于2mm；采用钢板时，厚度应在1.5mm以上，且表面应经镀锌或其它防腐处理。

2. 调节机构

调节机构是用来推动百叶窗叶片旋转的部件，其结构要求简单、灵活、操纵方便。我国目前常见的调节机构有以下三种：

（1）手柄式机构

见图8.3－2。它由手柄、转轴、曲柄、连杆几部分组成。板动手柄使转轴转动、转轴带动曲柄、推动叶片的连杆，使叶片绕轴旋转。在定位架上有围绕转轴的若干小孔与手柄上小孔同心，当叶片启动到一定角度时，将手柄与固定架用插销固定起来。这种结构最为简单，使用也较多，但转轴常生锈或卡死，板动起来很费力。

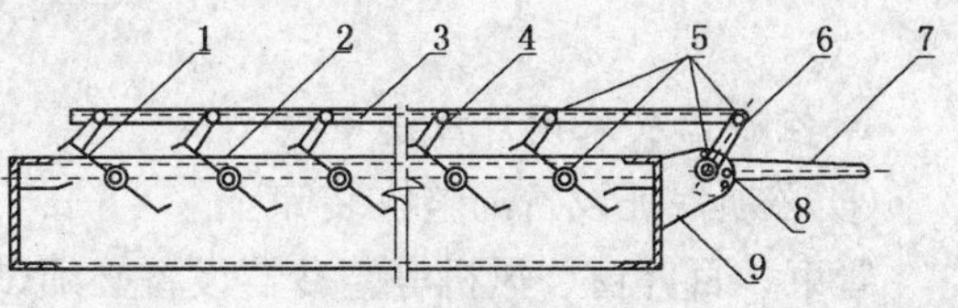

图8.3－2 手调式百叶窗

1—叶片；2—框架；3—连杆；4—连接板；5—转轴；6—曲柄；7—手柄；8—定位轴销；9—定位架

（2）蜗轮式机构

见图8.3－3。它由蜗轮、曲柄和连杆几部分组成，曲柄将蜗轮的蜗杆直线运动变为叶片的旋转运动，这类似连杆飞轮原理。蜗轮式机构可以使叶片转动到任意角度，且很省力。其缺点是叶片角度的调节慢，蜗轮也需很好的维护。

（3）汽缸式机构

见图8.3－4。其工作原理与蜗轮式机构相同，只是将蜗轮改换为汽缸，汽缸式机构很灵便，只要通入0.3～0.4MPa的工作气源，便能带动叶片运转。但单纯的汽缸机构，仅能使叶片启开最大或关闭，要调节叶片角度较困难。要调节叶片角度，可选用自调式机构。

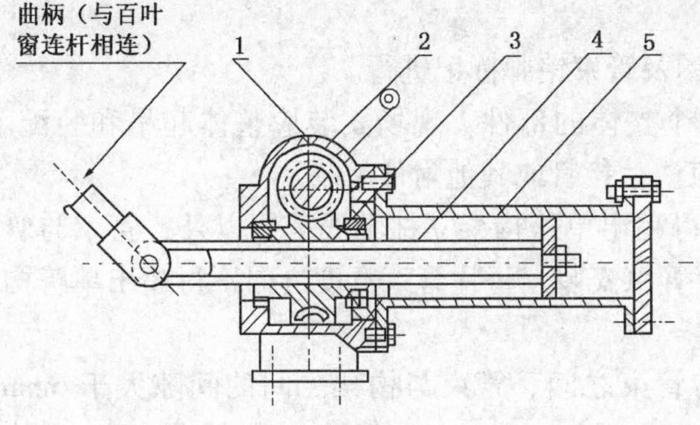

图8.3－3 蜗轮蜗杆机构

1—蜗轮壳体；2—摇柄；3—蜗轮；4—轴；5—轴壳

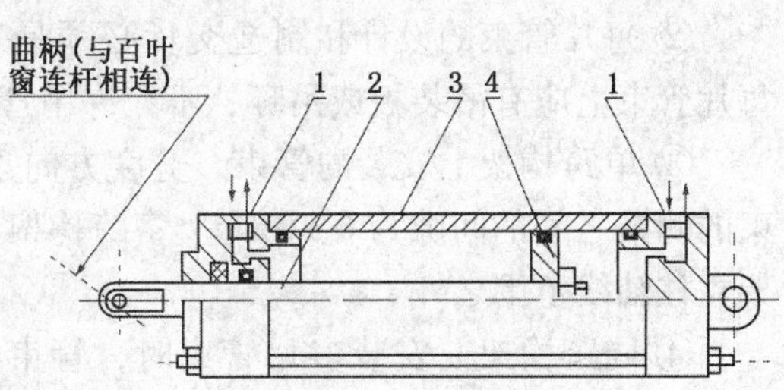

图8.3－4 汽缸式机构

1—进气、排气口；2—轴；3—缸体；4—活塞

（4）自调式机构

这是一种在汽缸式机构上加上定位器、信号返馈系统而组成的。自调式机构比较复杂，各种仪表在现场极易失灵和损坏，所以除工艺操作特别需要外，现在使用已不太多。还有一种膜盒式自调式机构，现在已不多见。

第九章　空气冷却器的安装、操作、维护

9.1　空冷器的安装

1. 空冷器安装设计注意事项

① 必须保证设备的整体装卸：

管束、百叶窗、风机等空冷器设备必须设计为独立的整体设备，这些设备均应能容易地进行整体装卸。为此，它们与构架的安装形式均应是螺栓连接。

② 必须保证空气流道的密封：

风机的风量均应通过管束出入，因此必须保证空气流道的密封，构架与风筒应作周密的安装设计，不得有额外的泄漏，安装时必须按照设计进行。

③ 安装设计必须考虑到能对风机叶尖与风筒间的间隙进行调整的可能。

④ 必须保证风机运行中的振幅在允许限度内：

安装设计中应保证设备的连接紧固，必要时，可安装振动开关，在振幅超过允许值时可自动切断风机电源。叶轮应作平衡校验。叶轮与主轴的同轴度应能调整。

⑤ 构架在制造厂应做成能便利运输的整体构件，在使用单位做最少量的安装工作。在现场的安装工作应以螺栓连接为主，尽可能减少焊接工作量。

空冷器的安装，主要包括构架、管束、风机等，除应按照产品说明书外还要参考下列各条。

2. 空冷器管束的安装

① 管束的排列及配位应按照空冷器总装图及管束铭牌标记进行。

② 每片管束的设计和制造交货必须是一个整体的部件，现场安装应整体起吊和装配。每片管束上应有吊装板或吊环，不允许用管束法兰接管或其他附件吊装。

③ 单跨构架上安装的管束，宽度方向不得超出单跨构架立柱轴线范围以外，管束与管束的侧梁之间的间隙为 6 ±3mm。多跨构架上管束安装，每片管束宽度方向不得超出单跨构架立柱轴线范围之外。

④ 同跨构架上安装多片管束时，管束与管束之间、管束与构架之间的间隙大于 6mm 时，应填塞石棉绳或安装密封板以减少泄漏。

⑤ 管束进、出口法兰中心线与安装基准线的的偏差不得大于 ±3mm。见图 9. 1 –1。

⑥ 现场安装时，管束的翅片管应有保护措施，禁止践踏或重物冲击翅片。

⑦ 管束在构架上就位后，要松开活动管箱与侧梁之间的连接螺栓。

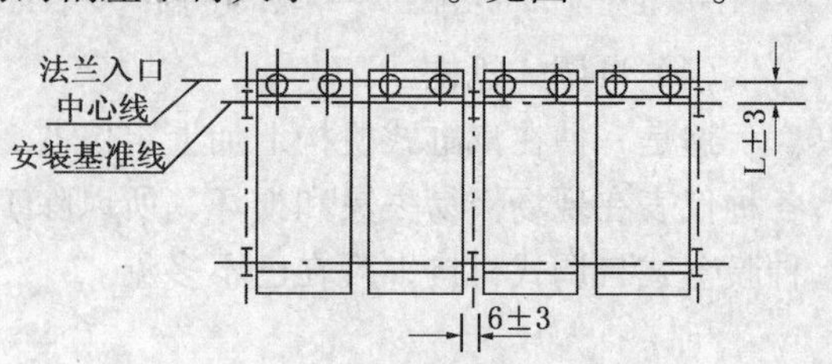

图 9. 1 –1　管束安装允许误差

3. 构架基础安装

空冷器的构架基础基本有两种形式，一种是钢筋混凝土结构基础，一种是钢结构基础。

（1）钢筋混凝土结构基础

对于钢筋混凝土结构基础，要求一次浇灌的柱脚基础上平面比设计标高低 40 ~ 60mm。锚栓一次浇灌，锚栓螺纹露出部分长度要保证锚栓把紧后余 10 ~ 20mm，柱脚找平使用成对斜垫铁，每个柱脚用四组，每组不多于三块。柱脚底板处水平度要求误差不大于 ±5mm，见图 9.1－2。

（2）钢结构基础

在钢结构基础上焊接基础安装板（焊有螺柱的底板），基础板与钢结构基础焊接，水平误差在 ±5mm 内。必要时可加调整垫片钢板，调整垫片钢板厚度不得大于 6mm，见图9.1－3。

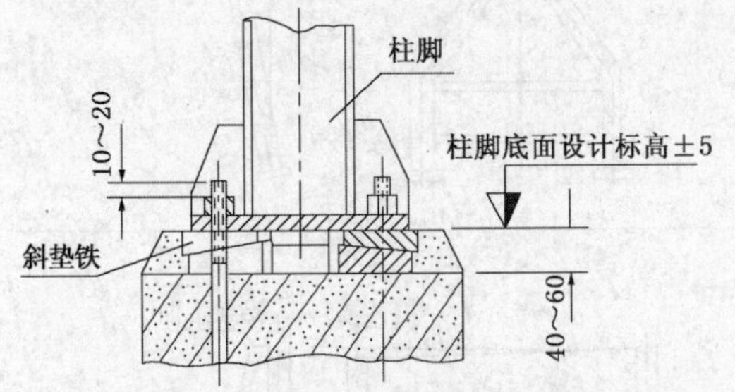

图 9.1－2　钢筋混凝土基础与柱脚连接

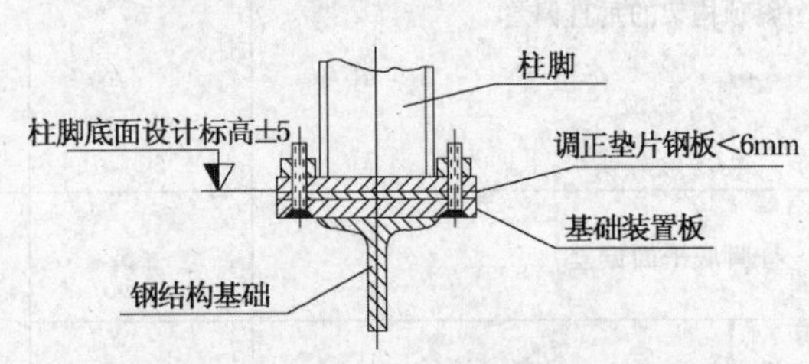

图 9.1－3　钢结构基础与柱脚连接

钢筋混凝土基础和钢结构基础，其柱脚基础支座的允许偏差值应符合表 9.1－1 的规定。

表 9.1－1　基础支座偏差值　　单位：mm

偏差项目	允许值	图例
单跨宽度偏差	±5	
单跨长度偏差	±L/1000	
单跨对角线差	10	
任意三跨对角线	30	
钢结构基础标高	－10	

4. 构架的安装

构架应采用扩大拼装方法进行，尽量在地面预先焊接或拼装好。

构架安装应符合 GB 50221《钢结构工程质量检验评定标准》的有关规定。构架安装的允许偏差值见表 9.1－2。

表 9.1－2　构架安装允许偏差　　单位：mm

偏差项目	允许值	图示
单跨宽度偏差	±5	
单跨长度偏差	±L/1000	
单跨对角线差	10	
任意三跨对角线差	20	

续表 9.1-2

偏差项目	允许值	图示
立柱轴线垂直方向的偏差	$5h/1000 \ngtr 6$	Δ；h；$\Delta=\frac{1.5}{1000}h$ 但不大于6mm
斜顶构架的垂直偏差	6	6
柱脚底平面偏差	±5	支架上面；4；柱脚底面
横梁上平面偏差	4	
支架上平面偏差	4	

5. 风机安装

(1) 风机的安装参照《机械设备安装工程施工及验收规范》(GB50231—88)和制造厂风机说明书的有关规定进行

(2) 皮带传动的风机，皮带轮必须设置有张力调节机构，皮带松紧要适宜

(3) 每台风机的叶片安装角度应符合设计要求

每台风机叶片的安装角度应按空冷器的设计总装图规定的角度，或按操作工况要求的角度安装。

叶片安装角度要用专用的量角器在指定的位置上测量。叶片安装角度误差不得大于±0.5°，安装角度的测量部位在叶片的标线位置(叶片出厂时，一般在叶片上涂有黄色或其他颜色标线位置标记，如国产叶片在离叶轮中心75%处测量，有些叶片则是在距叶尖25mm处测量)。

(4) 风筒的椭圆度

风筒安装好后，对风筒的椭圆度要进行测量，最大直径不得大于风筒直径的1%，最小不得小于18mm。且测量点不得少于8个

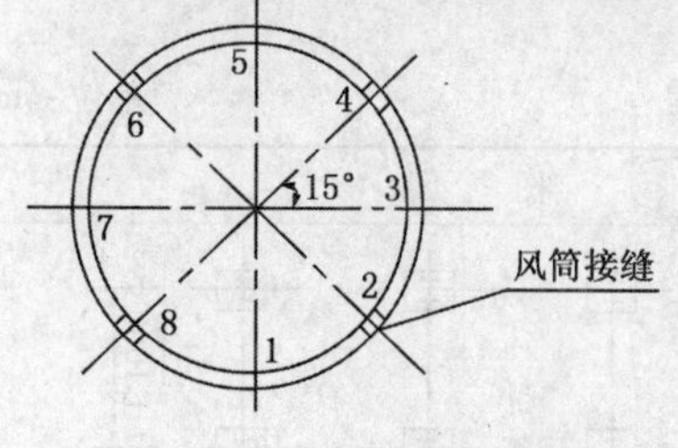

图9.1-4 测点位置图

(5) 叶片与风筒壁的间隙

风机叶尖与风筒内壁的径向间隙应分布均匀，最大间隙不得大于直径的0.5%，最小不得小于9mm。测量部位按图9.1-4所示位置，间隔45°，共测8点。

(6) 水平度：风机轮毂和皮带轮的水平度误差不得大于2/1000，两皮带轮的高度偏差不得大于2mm

(7) 风机的运转试验

① 空载试运一般需连续运行2h 以上，最少连续运行时间不得低于1h，运转中应无不正常的现象或杂音。轴承部位的温度及振幅不得低于表 9.1-3 的规定。

表 9.1-3　风机轴承部位温度及振幅控制范围

主轴转速/(r/min)	≤500	>500~600	>600~750	>750
最大径向振幅/mm	0.15	0.14	0.12	0.1
滚动轴承表面温度/℃	70			

② 风机需按 1.1 倍的最大工作转速作空载超速试验，连续运转时间不得低于 10min，试验后应检查叶片，轮毂等各部位有无裂纹、变形或损伤。

(8) 齿轮减速器装配好后需做空载跑合试验，并应符合下列要求：

① 注入规定的润滑油，按设计的旋转方向，连续运行不少于 4h，运转中不得有杂音存在。

② 试验后减速器各部位不得有渗油现象，轴承、循环油温升不应超过 40℃，最高不得超过 80℃。

(9) 凡设计图中对空冷器噪声有要求时，要按第十章第三节的规定，测定空冷器的噪声

(10) 凡采用自调和半自调风机，对自动执行机构应以 0.4MPa 的压缩空气检查其气密性，在 5min 的时间内，不得有泄漏现象。

(11) 观察叶片角变化情况

对自调和半自调风机，在静止状态下，通入 0.02~0.1MPa 的信号风源，测定信号风压力与叶片角的关系，是否与制造厂提供的数据相同，然后启动风机，改变信号风压，观察叶片角的变化情况。对机械调角风机，分别在静止和运转的情况下，转动手柄，观察叶片角变化是否正常。

(12) 风机调速装置的安装

空冷器调速系统分主机和控制部分。除多速电机、液力耦合器外，可控硅串组调速、滑差电机或调频装置都需有专用控制柜，一般均是非防爆、抗震型。

① 控制柜应安装在无爆炸危险、无震、干燥、无尘的室内。垂直安装。

② 环境温度不超过 ±40℃。

③ 引入控制柜电源必须有明显的相位标志。

④ 控制柜至现场电动机连接线及电动机的安装按电气安装规范及防爆规范实施。

⑤ 安装调试完毕，应做整机试验，并提供以下实验数据，以便设计、操作、更新时使用。

A. 电动机在空载及负载(带动风机)时的转速—输入功率曲线即“$n-N_\lambda$”曲线。

B. 对可控硅串级调速还应提供控制盘面上指示的转子电压—转速的关系曲线即“$n-N_\lambda$”曲线。

如实行自动调节，还应有控制仪表凋节器输出电流与转速间的曲线。

9.2　空冷器的操作

每台空冷器有其特定的设计条件，应按设计条件规定的参数(如：热负荷、压力、温

度、气象条件、风机转速、叶片角度、百叶窗开度等)运行，不得随意更动。如需更动操作条件，或移作他用时，应另行核算。

1. 管束的的操作

① 管内介质、温度、压力均应符合设计条件，严禁超压、超温操作。

② 管内升压、升温时，应缓慢逐级递升，以免因冲击骤热而损坏设备。

③ 空冷器正常操作时，应先开启风机，再向管束内通入介质。停止操作时，应先停止向管束内通入介质，后停风机。

④ 易凝介质于冬季操作时，其程序与③条相反。

⑤ 负压操作的空冷器(如：汽轮机凝汽空冷器、减压蒸馏塔顶空冷器等)开机时，应先开启抽汽器，管内达到规定真空度时再启动风机，然后通入管内介质，停机时，按相反程序操作。冬季操作时，开启抽汽器达到规定真空度后，先通入管内介质，再启动风机，以免管内冻结无法运行。

⑥ 停车时，应用低压蒸汽(不超过原有介质温度)吹扫并排净凝液，以免冻结或腐蚀。

2. 风机

(1) 风机特性曲线的使用方法：

风机购入时，制造厂都提供有风机特性曲线图(即风量 V、压头 H 及轴功率 N 之间关系图)。由于空冷器冷媒是空气，冬夏季空气温差很大，空气的物性差别也较大，如果操作不当，不仅能耗较大，而且会造成被冷却介质的过冷(冻凝或结晶)或风机超负荷运行，造成皮带打滑或拉断，严重时会烧坏电机。因此，用户在操作过程中，技术人员应掌握风机特性曲线的使用方法，对不同季节，不同操作条件，对风机运行工况进行调节。

风机特性曲线图用法如下：

① 据空冷器的工艺计算，选定了风机型号和转速，并求得风机的风量 Q，压头 H，可根据式(5.3-13)，式(5.3-14)求得 $\overline{V}$，$\overline{H}$。

② 利用 $\overline{V}$，$\overline{H}$，$\overline{N}$ 图的纵、横坐标上的 $\overline{V}$，$\overline{H}$ 值相交一点查得风机叶片和安装角度 α，此 α 即为风机叶片实际安装角，现场风机安装时须以此值调节叶片角度。

③ 再沿 $\overline{V}$ 值垂直向下，查得与 α 曲线的交点，该交点的水平线与纵的轴功率 N 上的交点即为风机的轴功率。

④ 再沿 $\overline{V}$ 值垂直向上，查得与 α 曲线的交点，该交点的水平线与纵向效率坐标上的交点即为风机的叶片效率 $\eta\%$ 。使用该效率与用式(5.3-16)计算的功率值是一致的。

风机特性曲线应用举例说明：

【例9.2-1】 空冷器配置的风机型号为 G-TF36R4-V18.5。风机转速 318r/min($\nu_{尖}=60m/s$)，大气压力 $p_0=99.9917kPa$，设计入口风温为30℃，每台风机所需风量为 $28\times10^4\ m^3/h$，管束为4排，全风压 130Pa($\approx14mmH_2O$)。①求风机安装角，风机轴功率及电机消耗功率；②要将此空冷器的管束改为6排管，所需风量 $24\times10^4m^3/h$，全风压 180Pa，核算原配套电机是否能满足要求。

根据式(5.3-13)，式(5.3-14)，$D=3.6m$，$n=318\ r/min$

空气密度：$\rho=1.165\times99991.7/101325=1.150\ kg/m^3$

叶尖线速：$n=3.6\pi318/60=59.9m/s$

$$\overline{V} = \frac{4V}{\pi D^2 u} = \frac{4 \times 28 \times 10^4/3600}{\pi 3.6^2 \times 59.9} = 0.128$$

$$\overline{H} = \frac{H}{\rho u^2} = \frac{130}{1.15 \times 59.9^2} = 0.0315$$

查$\overline{V}-\overline{H}-\overline{N}$图(图5.3－10)得叶片安装角$\alpha=14°$，功率系数$\overline{N}=0.0050$，$\eta=0.83$，由式(5.3－16)求轴功率，由于图5.3－10功率系数已包括叶片效率，所以式(5.3－15)求得的轴功率。

$$N = \overline{N} \cdot \frac{\pi D^2 \rho u^3}{4} = 0.0050 \times \frac{\pi 3.6^2 \times 1.15 \times 59.9^3}{4} = 12.57 \times 10^3 \text{ W}$$

轴功率也可按下式求解：

$N = \dfrac{VH}{\eta} = \dfrac{28 \times 10^4 \times 130}{0.83 \times 3600} = 12.18 \times 10^3$，与式(5.3－16)计算值基本一致，取$N=12.57$kW。

(严格来说，计算$\overline{V},\overline{H},\overline{N}$时，$V$、$H$、$\rho$都应采用空气穿过翅片管束时定性温度下的参数，由于本题已知条件不全，计算时ρ值采用了空气入口的参数。)

传动带效率取$\eta_2=0.95$，电机效率$\eta_3=0.9$，则电机功率：

$$N = \frac{12.57}{0.95 \times 0.9} = 14.7\text{kW}$$

原设计为4排管，选配电机18.5kW(电机功率富裕量$K=1.26$)，是合适的。

如果改为6排管，按所需的风量和压头，求得：

$$\overline{V} = \frac{4 \times 24 \times 10^4/3600}{\pi 3.6^2 \times 59.9} = 0.109$$

$$\overline{H} = \frac{180}{1.15 \times 59.9^2} = 0.0436$$

查得安装角$\alpha = 16.5°$，解得轴功率$N=15.6$ kW，

电机功率$N = \dfrac{15.6}{0.95 \times 0.9} = 18.2\text{kW}$

原配电机已不合适！

本例题如果操作中风机转速不变，选用G－TF36B4－V18.5，用图5.3－10计算，不用求取$\overline{V}$，$\overline{H}$值，会方便得多。读者可自行练习。

(2) 风机操作应注意的几个问题

① 风机叶片角度应按设计提供的数据安装，盲目增大叶片安装角，会使电机超负荷运行。

② 对手动调风机，冬季应停机将叶片角调小(特别是我国东北、西北地区)，这不仅是节能的需要，而且是为了保证风机安全运行。由于全自调风机控制系统较复杂，从这观点来看，空冷器选用不停机机械调角风机、半自调风机或人工调速风机为佳。

③ 在操作中，用户如需增大空气冷却器风量，或增加管束的管排数要经过详细计算，求出风量Q和全风压H，根据$Q-H-N$特性曲线图和式(5.3－13)，式(5.3－14)，式(5.3－15)核算原风机配套电机的功率是否能满足要求。

④ 寒冬季节，若风机要停机操作，要注意防冻问题，特别是要防止易凝介质在管内冻凝。

⑤ 叶片角不得超过设计规定的最大叶片角(ϕ_{max})，否则将烧毁电机；尤其在自动调角

风机反向安装时，操作中尤应注意。

⑥ 调速风机的转速应根据设计工况按设计说明书中 $V-n$（转速）关系曲线确定，不得超过设计规定的最大转速（n_{max}）。

⑦ 调速器操作一般分启动、运行操作程序二大步。调节方法一般都设有“调速投入”、“调速切除”（恒速运行）、“自动调速”、“手动调速”等选择开关。各种调速类型操作程序不完全相同，因此操作时首先必须：

A. 检查电源相位正确无误；

B. 盘面信号灯、指示仪表、选择开关位置正确；

C. 自控仪表、电机、风机均正常，具备开车条件；

D. 严格按随机说明书及现场操作规程的操作程序执行。

⑧ 自动调节（调角或调速）风机，可由自动仪表系统根据介质出口温度（或压力）控制。但对叶片角（由信号压力）或转速（由电压）的实际值应作定期检测。

⑨ 开车前应检查：

A. 风机及其周围设备（风箱、管束）是否紧固良好，有无异物。

B. 认真检查叶片根部与轮毂是否连接紧固。紧固件若是挡环（或半圆挡环），则应检查该件是否全部位于环形槽内，紧定螺钉是否拧紧。

C. 手动盘车（转动叶轮）检查，叶尖间隙是否足够，最大叶片角时是否与风筒安全网碰撞。

⑩ 开车后应检查：

A. 有无过大振动或异响（允许振幅为150μm），否则应立即停车检查；

B. 若为自动调节风机，应手动给定信号，检查风机是否可在全调节行程内工作，即叶片角或转速可自最小值至最大值。自动调角风机，尚需检查其安装方式（正向或反向）是否符合设计规定。

C. 手调角风机应按期（如按季节）停机调节叶片角，以节约电耗。

3. 百叶窗

① 百叶窗的操作应根据空冷器的设计要求确定。作调节风量之用时，应根据工况控制其叶片开启度。若是自动调角式，则应由自动仪表系统控制。作为抵御特殊气象干扰（如暴雨）或热风再循环运行之用时，应控制其叶片于全开、全闭位置。

② 调节风量用的百叶窗的叶片开启度，可根据说明书 $V-\phi$ 关系曲线确定（V、ϕ 分别为风量，开启角）。

4. 喷淋系统

① 喷淋系统于环境气温超过空冷器干式运行的设计气温时启用。该气温在设计时确定，一般在25～30℃之间。

② 喷淋水水质的要求应符合湿空冷器喷淋水质的规定，并应定期检验。喷淋水应过滤。

③ 喷水压力应符合设计要求，水压应稳定。

④ 喷水应成雾状，不得有线状水柱，喷射锥度不应低于设计值。有不良现象产生时，应即检修或更换喷头。

⑤ 采用“脉冲喷水法”喷淋时，其喷、停时间的调节应按设计规定值，或经调节试验。

5. 空冷器操作中常见故障

空冷器操作中常见故障及处理意见见表9.2－1。

表 9.2－1　空气冷却器操作中常见故障及处理意见

序号	故　障	故障分析及处理
1	介质冷却温度达不到要求	1. 风量不够，其原因： 1)叶片角过小，没有达到设计值 2)风机转速低，检查是否胶带打滑或磨损严重需张紧或更换胶带 2. 翅片管内外垢阻过大，传热系数降低： 1)管外积灰过多，要用高压水或高压风清理 2)对管内进行蒸汽清扫，结垢严重要进行人工或机械清理。对易结垢的介质宜用法兰盖板式管箱 3. 工艺操作条件变化，如进口温度过高或流量过大，超过设计值 4. 如以上问题解决了，仍不能满足生产要求，要与设计部门及制造厂联系分析原因
2	介质冻凝或有结晶析出	1. 降低风量，减少叶片角或降低风机转速 2. 对两台并联风机，可关一台，开一台 3. 采用百叶窗或热风循环式空冷器
3	管束腐蚀穿透或开裂	1. 对电化学腐蚀要选用耐腐蚀材料作为翅片管的基管。对应力腐蚀，要选用对应力开裂不敏感的材料作基管 2. 采取工艺措施，降低介质腐蚀性能
4	电机电流负荷过大	1. 叶片角太大，或风机转速过高，要进行核算 2. 检查电机和转动机械是否有问题
5	风机振动大	1. 各叶片安装角偏差过大，重新调整 2. 风机、电机的垂直度、水平度安装偏差过大，大小皮带轮不平行，需重新校正 3. 与风机厂联系，分析原因
6	风机轴承发热严重	1. 润滑油过少或牌号不符合要求，重新加油 2. 拆卸轴承检查，看制造质量是否有问题 3. 与风机厂联系，分析原因
7	自调，半自调，机械调角风机不能调角	1. 拆卸调角机械，检查有无故障或断裂现象 2. 加强维护，定期加油，避免机械自调机构锈死 3. 与风机厂联系
8	百叶窗驱动机构转动不灵	1. 处理办法同上 2. 百叶窗驱动机构不宜放在管束正上方，否则热空气很快使机构锈死或损坏
9	皮带易脱落或易磨损	1. 大小皮带转动水平或标高超差，要重新校正 2. 风机超负荷运行，皮带受力过大 3. 皮带过松，要张紧 4. 皮带质量不好，要更换
10	管束管箱丝堵或管子胀口泄漏	1. 更换丝堵垫片重新拧紧 2. 管子胀口胀接质量不好，要重新胀接或焊接 3. 介质腐蚀严重，更换耐腐蚀材料，或从工艺上降低介质腐蚀性 4. 介质温度过高，如介质温度超过300℃，容易造成丝堵泄漏 5. 介质进口温差太大，胀口会拉脱。可选用分解管箱

9.3 空冷器的维护

1. 管束

① 检查管束各密封面不得有泄漏现象。如有泄漏时，丝堵式管箱可将丝堵适当拧紧，仍无效果时，应停机更换垫圈或更换丝堵；盖板式管箱可将连接螺柱适当拧紧，如仍泄漏，则停机更换垫片。高压管箱的螺栓拧紧时，应遵守相应的操作规程。

凡需更换垫片或螺接紧固件时，应先停机并将油品放空，然后进行。

② 翅片管管端泄漏时，允许将管子重胀。重胀次数不得超过 2 次，并注意不得过胀。

无法用胀接修复时应更换翅片管。作为临时措施，也允许用金属塞堵塞，但被堵管子数不应超过该管束管子总数的 20%。

③ 如需到管束表面上作检查时，应在翅片管上垫以木板或橡胶板，以免损坏翅片。

④ 铝翅片如碰倒时，应用专用工具(扁口钳)扶直。

⑤ 定期清除翅片上尘垢以减少空气阻力，保持冷却能力。清除方法为用高压水或压缩空气或热蒸汽加水冲刷。

⑥ 检查管束热补偿结构工作是否正常。热位移导向螺栓、支架、挡块是否浮动灵活。

⑦ 检查空气流道密封片是否固定紧密。如有不适合处，应予矫形修复。

⑧ 定期维护时，应用低压蒸汽(温度不超过 150℃)及水冲刷管束内部，务必将污垢除净。并应检查腐蚀厚度，其值不应超过规定值(碳素钢管箱为 3mm)。检查后重行安装时，应更换丝堵垫片及法兰垫片。

⑨ 定期维护时，应在管束外表面(不包括铝翅片表面)涂一层银粉漆。

2. 风机

① 所有润滑部位(减速器、轴承座)应按期注油。减速器用油按说明书规定，油面应在油位指示器指示范围内。轴承用钠基黄油润滑。

② 皮带传动机构的皮带应保持一定的张紧力。如有松弛，应拧紧调整螺丝。如松弛至无法张紧，或多根三角皮带张力相差过大时，应成组更换。

③ 应定期清洗叶片表面，将污垢全部除净，并重新涂漆。

④ 风机经定期维护后，应按照说明书规定重新装配完好，并应特别检查：

A. 叶片若非互换件时，应按出厂编号对号入座，否则应重作静平衡检查；

B. 叶片角应符合规定。4 个(或 6 个)叶片的叶片角应一致，允许误差为 ±0.5°；

C. 叶片间隙应符合规定；

D. 旋转方向应符合规定；

E. 叶轮旋转平面应与主轴垂直，允许叶尖的轴向跳动不大于 10mm，否则应调整，调整部位为其锥形轴套上的调整螺钉；

F. 试车时应无超过规定的振动(于底座测量不超过 150μm)及异响，轴承应无松动或过热。底座安装螺栓亦无松动。

⑤ 自动调角风机定期维护时，经重新装配后尚应特别检查：

A. 安装方式(正装、反装)应符合设计要求；

B. 作气密性检验，无泄漏；

C. 信号气压接近 0.02MPa 时，叶片开始转动，否则应调节定位器上的调节螺钉；

D. 信号气压0.02～0.1MPa时，叶片角为ϕ_{min}～ϕ_{max}（或ϕ_{max}～ϕ_{min}）；

E. 机械密封件应无泄漏。

⑥ 空冷调速装置的定期维护：

A. 检查电动机应无异声、无焦味，定子温度不超过允许规定。绕线式电动机炭刷火花正常。接地线完整；

B. 控制柜盘面信号灯、仪表指示正常，对应且正确，保持盘面整洁；

C. 自控仪表、调节器输出量、速度指示与调速柜对应指示相符；

D. 调速范围不得超过设计范围；

E. 对可控硅类型的调速柜应备有一定数量的快速熔断器等易损备件。

⑦ 定期维护时，应特别注意：

A. 主轴轴承的磨损程度，并作定期更换；

B. 齿轮减速器应按使用说明书规定检修，易损件（垫片等）应及时更换，装配时应调整齿隙至规定值，轴承配合亦应适度。

3. 百叶窗

① 百叶窗片应转动灵活，叶片在转动时应同步（或同位），不得有松动或滞动等现象。

② 手动柄（杠杆或螺杆等减速机构）应动作灵活。

③ 叶片间隙应符合规定。叶片与框架间隙：管箱端不超过6mm，侧隙不超过3mm。否则应重新调整。

④ 对开式百叶窗相邻二片应互有滞后，不得互相干扰而无法闭紧。

⑤ 气动执行机构应作检查，保证叶片可作0°～90°全行程转动。

4. 喷淋系统

① 经常检查水压与水质是否符合操作规定。

② 定期清洗水过滤器。

③ 定期清洗喷嘴。有雾化不良，喷水锥度过小、喷水出现水柱等现象的喷嘴，应予修理或更换。

第十章　现场测试方法

10.1　热工性能测试方法

1. 空冷器总传热系数 K_0

$$K_0 = \frac{Q}{A_0 \cdot \Delta T} \tag{10.1-1}$$

式中　K_0——空冷器总传热系数，W/(m^2·K)；

A_0——管束基管外表面积，m^2；

ΔT——空冷器平均温差，℃。

空冷器热负荷采用空气侧或管内侧测得的均可。但由于管内介质的组成和物性较复杂，计算较繁，所以通常以空气侧热负荷为基准。

空气侧热负荷 Q 的计算如下：

$$Q = W_0 \cdot C_p (t_2 - t_1) \tag{10.1-2}$$

式中　Q——空气的热负荷，W；

W_0——空气质量流率，kg/s；

C_p——空气比热容，C_p = 1005J/(kg·℃)；

t_1——空气入口温度，℃；

t_2——空气出口温度，℃。

空冷器的对数平均温差，及其修正系数的计算，见第三章。

空冷器的风量测试均在现场，应尽量减少露天环境的影响。测试不应在雨雪天气进行，自然风速不应超过2.5m/s，并应尽量避免热风再循环。测试仪器应符合现场试验要求。

2. 风量测量及计算

(1) 测量仪表

由于空冷器空气速度场不均匀、不稳定，因此需采用多点全截面测量法。目前风量测量仪表有两种：

① 传感器测量法，它将传感器信号转换为风速或风量。由于可采用多探头测量，测量速度较快，适用于大面积的多点固定测速。其缺点是价格较贵。

② 叶轮式风速表测量法，可直接读出空气的累积流量。叶轮式风速表测量极限值约为10m/s。可测鼓风式空冷管束出口风速，或引风式空冷管束进口风速。若需测较高风速时(如某些引风式空冷风机出口风速)，应采用转杯式风速表。叶轮式风速表一般用于移动测量。

(2) 测量方法

风速的测量位置为鼓风式空冷器的出风面，或引风式空冷器的进风面。现场测试中也有两种方法：

① 小矩形中心点测量法，即：将管束迎面划成若干矩形，测量其中心点风速，然

后计算其代数平均值。测量仪表选用多点传感器较为方便（见图 10.1－1）。此法的另一好处是，测速与测温可同时进行，传感转换器即可显示温度，又可显示标准状态下的风速。小矩形法测量的精度与小矩形划分的大小有关，矩形的边长 300～500mm，管束宽度越小，小矩形的边长也应划分越小。此法误差与测量中心点在翅片管的脊部或缝隙部因素有关。

② 移动测量法，采用叶轮式风速表。将空冷器管束平面沿翅片管轴线垂直方向等距离分为若干段，每段宽度为 300～500mm。管束宽度越小，划分宽度也应越小。风速表沿各段中线缓慢而匀速地移动，移动速度不超过 3m/min，则风速表上的累计值与移动时间的比，便是平均风速。其移动路线见图 10.1－2。因为风速表交替移动在首排翅片面的脊部和缝隙部，其测量数据更接近实际情况。此法必须保证移动速度均匀，宽度划分愈小，测量精度也愈高。

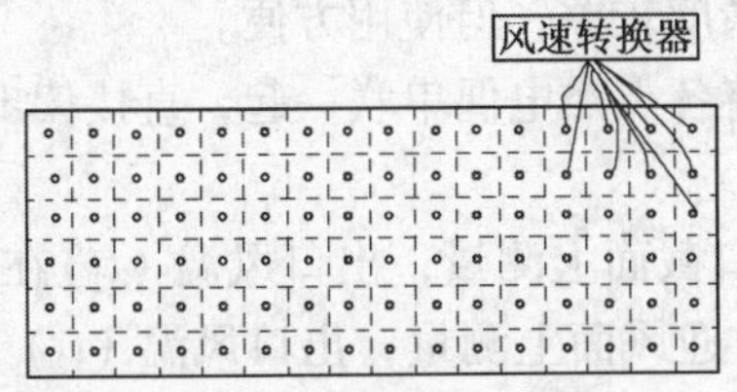

图 10.1－1　小矩形中心点测量法图示

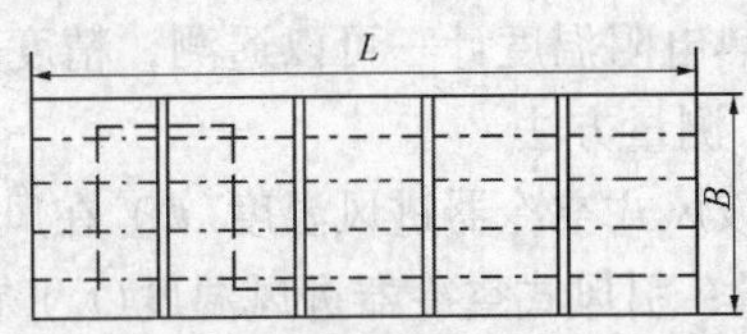

图 10.1－2　风量移动测量法路线图

风速测量表与管束表面间的距离，是影响风速测量准确度的一个因素。过小，易受翅片管脊部和缝隙间风速差别的影响；过高，又易受自然风和气流扩散作用的影响。为此，鼓风式的放置高度可取 200～300mm，其影响见图 10.1－3。引风式的放置高度可取 150～200 mm。

（3）空冷器风量计算

$$W_0 = 3600 \cdot A_F \cdot U_F \cdot \rho \tag{10.1-3}$$

式中　W_0——风量，kg/h；

A_F——管束迎风面积，m^2；

U_F——迎面风速，m/s；

ρ——空气密度，kg/m^3。

上式中管束迎风面积 A_F，是指风速测量面的净迎风面积。即管束的实际尺寸长×宽减去被侧梁、管箱、挡风板和传热管支持板所遮蔽的面积。对国产系列管束，可从第四章附录 A4－1 中查取，非系列管束，可按式(4.2－5)计算。

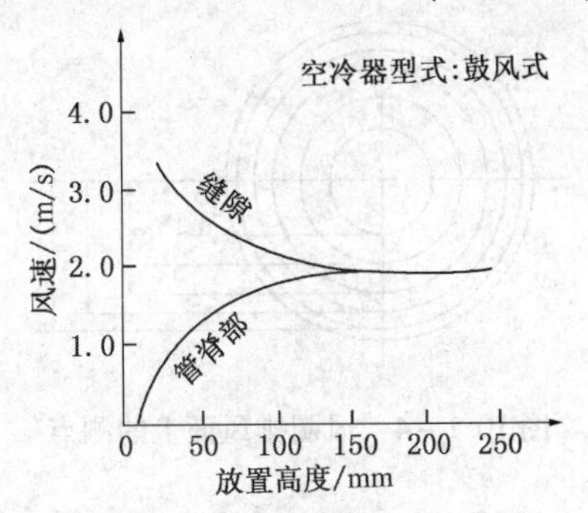

图 10.1－3　风速表放置高度对测量效果的影响

迎面风速 U_F：当采用多点传感器以小矩形法测量时，U_F取个各中心点风速的代数平均值；当采用叶轮式风速表以移动法测量时，则风速表上的累计值与移动时间的比，便是平均风速。

（4）空气密度计算

按下列公式对标准状况和测试状态进行换算：

$$\frac{\rho_0}{\rho} = \frac{p_0}{p} \cdot \frac{273 + t}{273 + t_0} \tag{10.1-4}$$

式中 ρ_0、p_0、t_0——标准状况下空气密度、大气压力、大气温度；

ρ、p，t——测试状况下的空气密度、压力(绝)、大气温度。

此处标准状况为：

$\rho_0 = 1.205\ kg/m^3$；

$p_0 = 101325\ Pa$；空冷器测试状况下的空气压力，一般取 $p_0 = p$；

$t_0 = 20℃$。

大气湿度影响，在通常现场试验中可不作修正。

3. 空气温度测量

(1) 测量仪表

现场测试中作空气温度测量用的仪表，有下述几种：

① 水银玻璃温度计—精度较高，作测量大气温度用。

② 半导体点温计—可用延伸杆对测点遥测，精度较差，但使用方便。

③ 热电阻温度计—可以遥测，精度高，并可将各点热电偶串联一起，直接读出平均值。

(2) 测量方法

① 鼓风式空冷器进风温度(t_1) 在风机风筒入口截面上测量，出口风温 (t_2)在管束出口面上测量；引风式空冷器进风温度(t_1) 在管束下方迎风面上测量，出口风温 (t_2) 在风机风筒出口截面上测量。

由于风机叶片的增压，空气温度略有变化。严格来说，鼓风式空冷器进风温度测量应设置在管束下方迎风面上；引风式空冷器出口风温测量应设置在管束出口面上，但这在现场测试十分不方便，此外，叶片的增压动压头很小，空气温度变化可忽略不计。所以作为工程标定，一般不在此处测量。

② 温度的测量应与风速测量同时进行。当采用叶轮式风速表以移动法测量时，风速表上应安设半导体点温计或热电阻温度计，随着移动测速，定时测量空气温度，最后取其平均温度。温度计放置高度为200～250mm。

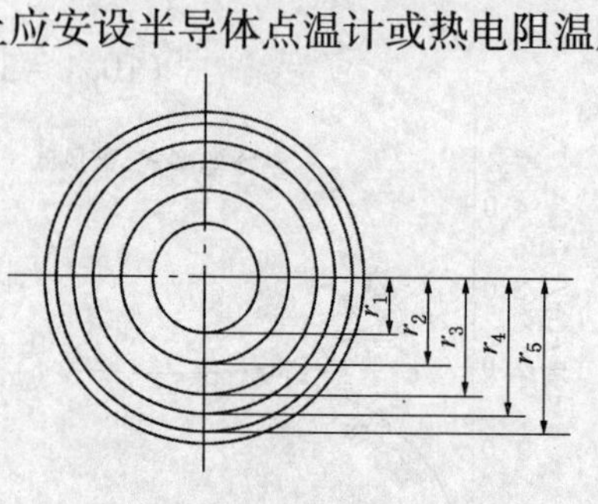

③ 进风温度(t_1) 和出口风温 (t_2) 的测量须同步进行。

④ 风筒界面上的测温方法：将风圈面上按等面积法划5个圆环，取每个圆环等分成两个面积相等圆环的中环线，与风圈截面坐标轴线共有20个交点，即是测点。测试温度计位于测点，见图10.1－4。5个中环线半径，即5组测试点的半径 r_i用下式计算：

图10.1－4 风圈排风面上的测点

$$r_i = D_i\sqrt{\frac{2i-1}{40}} \tag{10.1－5}$$

式中 D_i——风筒内径，m；

i——中环线或测试点圆环的序号；

$$i = 1 \sim 5$$

r_i——测试点的圆环半径，m。

不同风筒直径，r_i的尺寸如表10.1－1所示。

当风筒直径与表10.1－1尺寸不相同时，按式(10.1－5)计算。

空冷器的热平衡计算，鼓风式空气进口温度 t_1或引风式空气出口温度 t_2，均以风筒测量的数据为准。

表 10.1-1　风筒测点的半径尺寸

风机直径/m	风筒直径/mm	测试点的圆环半径 /mm				
		r_1	r_2	r_3	r_4	r_5
1.8	1820	288	498	643	761	863
2.4	2424	383	664	857	1014	1150
3.0	3030	479	830	1071	1268	1437
3.6	3636	575	996	1286	1521	1725
4.5	453	718	1243	1604	1898	2153

4. 大气参数测量

主要是指大气压力及温度的测量，分别采用气压计和水银玻璃温度计进行。温度计精度为0.1℃，放置在空冷器进风处附近，并应防止热空气回流和阳光直射的影响。

大气温度仅作为测量数据的参考值，大气压力用作对测试风量的校正。

10.2　电功率测试方法

空冷器风机通常由三相交流电动机驱动，电功率测试方法有下述三种：

1. 电流表测试法

根据配电盘面上所装的电工仪表读数，直接按下述公式计算：

$$N = \sqrt{3} \cdot I \cdot U \cdot \cos\varphi \cdot 10^{-3} \tag{10.2-1}$$

式中　N——电机功率，kW；

I——被测电机的负载电流，A；

U——被测电机的端电压，V；

$\cos\varphi$——被测电机的功率因数。

如无该电机的专用电表指示时，上述数据则可以取：

电压——按电源电压表读数(线电压)；

电流——用钳形电流表测读；

功率因数——可以从电动机铭牌或样本上查得额定功率因数，然后再折算至该运行状态下的实值。当不能得到实际运行时的功率因数时，可用额定功率因数估算，但误差较大。

2. 电度表测试法

该法是利用所安装的该电机的专用电度表，用秒表记录电度表转动一定数目所需时间，然后按下式计算；

$$N = \frac{3600 \cdot n \cdot K_u \cdot K_1}{n_P \cdot t} \tag{10.2-2}$$

式中　n——测读时间内电度表的转数；

t——所测转数需要的时间，s，通常令 $n=10$ 转，t 即为 10 转所需秒数；

n_P——有功电度表本身二次常数 r/kW，可查电度表铭牌；

K_u——接入电度表的电压互感器变比；

K_1——接入电度表的电流互感器变比，可从相应互感器铭牌上获得。

3. 瓦特表测试法

其法为使用一只携带式三相瓦特表或二只单相瓦特表，接入三相电源线路内测得。测试接线图如10.2-1所示。测量值按下式计算：

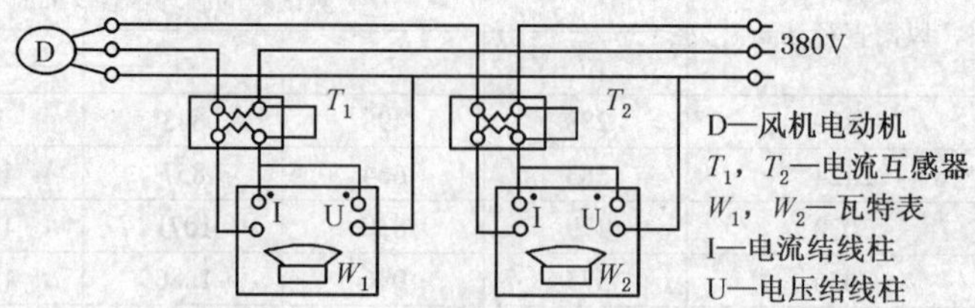

图10.2-1 “双表法”电功率测试接线图

当用三相瓦特表时：

$$N = K_I \cdot K_u \cdot C \cdot W \cdot 10^{-3} \tag{10.2-3}$$

当用二只单相瓦特表，即采用双表法测试时，电功率为：

$$N = K_I \cdot K_u \cdot C \cdot (W_1 + W_2) \cdot 10^{-3} \tag{10.2-4}$$

式中 C——瓦特表在使用量程下的分格常数，W/格；

W——三相瓦特表的读数，格；

W_1，W_2——二只单相瓦特表的读数，格；当用双表法测量时，可同时测得电动机在该运行状态下的功率因数值：

$$\cos\varphi = \left[1 + 3\left(\frac{W_1 - W_2}{W_1 + W_2}\right)^2\right]^{-\frac{1}{2}} \tag{10.2-5}$$

上述测试时必须注意：

① 正确选择瓦特表的电流量程和电压量程。当负载的一次电流或电压值在量限范围内，可不用互感器而直接接入，如电流或电压值超过表计量限，应采用互感器，并根据预计量程值，选取合适的变比。

② 正确接线：两表法接线方式较多，接线时应遵守“发电机端的接线规则”，否则会造成读数不准，或损坏表的计数。

③ 正确读数：当 $\cos\varphi > 0.5$ 时，二个瓦特表指针均为正值；当 $\cos\varphi \leqslant 0.5$ 时，则将有一个功率表的读数为零或为负值，此时应扭动仪表上的换向开关，以改变极性，读取数值。但计算时，此读数应记为负值。

④ 电机启动时，应将仪表的电流回路短路，以免启动电流的冲击。

上述几种方法，电流法由于在低负载时测得的数值误差较大，一般作为估算或参考用。瓦特表法，因使用的多为0.5~1级实验室仪表，精度较高，可作为实验数据。电度表法，有一定精度，且不用另外接线，对运行中机组测量较为方便。

10.3 空冷器的噪声测试方法

空冷器各个部件，对风机的振动及噪声有不同的反响，所以应对空冷器进行整机的噪声测试。噪声测试应在专门的空冷器整机噪声测试实验台上进行，它是以单台风机配置对应的构架和管束作为噪声测试单元。因声波是按球面的形式进行传播和衰减，与其他波场一样，具有反射、折射、叠加的特性，因此测试设备和测试场地有专门的要求。

1. 测试场地

① 空冷器周围，在距离等于空冷器单元最大尺寸的范围内，水平方向和上方应无障碍

物和噪声的直接干扰。

② 噪声测试台，空冷器下面进风空间的高度不应小于3m。

③ 对无法避免的某些噪声干扰，应作必要的环境噪声测试，并予修正。

2. 环境噪声

测试地点的环境噪声(又称本底噪声)，即风机停运时的当地噪声，应低于风机运行时空冷器噪声值至少10dB，否则应予修正。

空冷器本身实际噪声声压级为：

$$L_{P1}=20\lg(10^{0.1L_{P总}}-10^{0.1L_{P2}}) \qquad (10.3-1)$$

式中 L_{P1}——空冷器本身实际噪声声压级，dB；

$L_{P总}$——风机运行时综合噪声声压级，dB；

L_{P2}——环境噪声声压级，dB。

3. 测量仪表

测量仪表应选用由传声器、精密声级计和倍频程滤波器所组成的整体型便携式仪器，如国产ND2型精密声级计。

上述仪器的计权网络可根据选择，调为A级，B级或C级声级。其声压级测量范围、倍频程滤波器中心频率和电表精度，见表10.3-1。

表10.3-1 测试仪表的选用数据

声 压 级	A级，B级，C级
声压级测显范围/dB	25~30→40
倍频程中心频率/Hz	31.5，63，125，250，500，1000，2000，4000，8000，16000
电表精度/dB	0.1

4. 测试方法

使用上述仪器时，应将传声器膜片端面正对声源。尽量使用延伸杆及电缆将传声器举到测点，以免人体对声波产生干扰。

(1) 风机的声压级

风机声压级测量的测点位置，应在距空冷器进风口下缘1m的平面上，并距空冷器风箱外边缘的水平距离为1m处。进风口指：鼓风式为风机铁丝网下平面，引风式为管束下平面。测点数，视环境噪声干扰强弱与水平面方向噪声不均衡程度而增减，并不得低于4个。

用这种方法测得的风机的声压级，表征了该风机的噪声水平。由第五章第七节，影响风机噪声的主要因数是叶尖线速，其次是风机轴功率，因此空冷器或空冷风机制造厂，应根据本厂设计的风机叶尖线速和额定轴功率，在实验台上对空冷器的声压级进行实测，并将实测结果提交用户。为了满足用户对噪声限制的要求，还应测试降低风机叶尖线速后，噪声的变化情况。

(2) 噪声曲线的测绘

为了更清楚地了解空冷器噪声场的分布、传播和衰减情况，应绘制空冷器的噪声分布曲线图。如前所述，风机声波是按球面传播的，但由于受到管束、风筒的制约，空冷器周围的噪声分布发生了较大的变化。噪声分布曲线图可以帮助我们了解噪声变化规律，以便采取有效的防噪措施。

取风机中心的水平方向和纵高方向各10m的一个平面范围内，取足够的点，测定噪声的声压级和倍频程噪声。测声压级时，一般按A声压级测量。测倍频程噪声时，应按8个倍频程分别测量，其中心频率行为：63、125、250、500、1000、2000、4000、8000Hz。

5. 测试数据的整理

① 环境噪声修正，如本节第2条所述。

② 对风机轴转速的修正，按下式进行：

$$L_{P1}=L_{P2}+50\lg\frac{n_1}{n_2} \tag{10.3-2}$$

式中 L_{P1}，L_{P2}——分别为设计转速和测试转速时的声压级，dB；

n_1，n_2——分别为设计转速和测试转速，r/min。

③ 对空气温度及大气压力的影响，可不作修正。

④ 绘制等声压级曲线

各点噪声值修正后，将距离相近且声压级相同的点联系在一起，可绘制成空冷器的等声压级曲线，所以空冷器的噪声曲线即等声压级曲线。图10.3-1是某空冷器单元实测的一种等声压级曲线。从这幅图线可看出空冷器的噪声传播有以下几个特点：

① 空冷器噪声声波的传播大致呈球面形式传播，但由于受到风筒的屏障作用，局部产生了收缩，使噪声有明显的减低。随着距离的加大这种收缩逐渐平缓。

② 由于立于地面上，风机中心距地面约2.5m，声波的反射比较强烈。在距地面1m高内，噪声级很大。

③ 噪声级大小与声波的频率有着直接关联，这为降低风机噪声，以及进行空冷器的减噪、消音提供一些必要的数据。

不同的风机叶型和不同的风机转速与图10.3-1声压级曲线数值有所不同，但其分布规律是比较相似的。

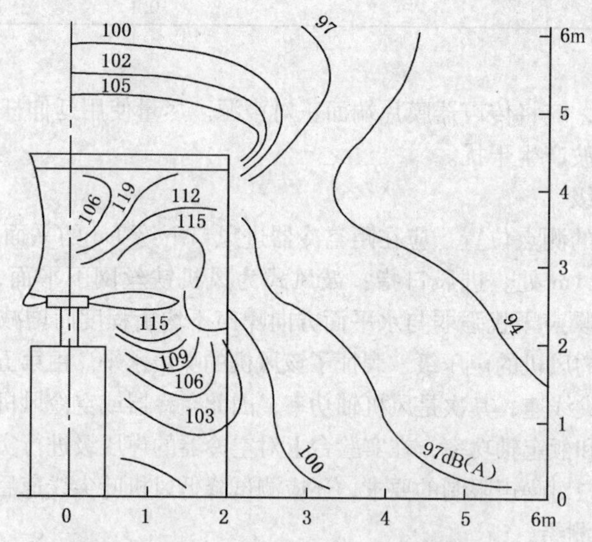

图10.3-1 空冷器声压级曲线图

参 考 文 献

1 《CIIPABOUHHK MOHTA * HHKA CTAJIBHBIX KOHCTPYKIIHH》rocyiap - CTBEHHOE H3H2TEJIBCTBO CTPHTEJIBHOH JIHTEPATYPBI 1948

2 Air - Cooled Heat Exchangers for General Refinery Services，API Standard 661，Fourth edition，November 1997

3 Akers：“Condensing Heat Transfer within Horizontal tubes”. C. E. P. Vol. 54

4 AL. N. Caglayan：“Design of Air - cooled and S & T Exchanger LMTD”. O. G. J. Vol. 71，№36，P91(1976).

5 API Standard 661． Air - cooled Heat Exchangers for General Refinery Services

6 Briggs，D. E. and E. H. Young：Convection Heat Transfer and Pressure Drop of Air Flowing Across Triangular Pitch Banks of Finned Tubes，CEP，Symp. Ser. Vol. 59，№41，1963.

7 Colburn：“Mean Temperature Difference and Heat Transfer Coefficient in Liquid Heat Exchangers”. I. E. C. Vol. 25，№8，P873(1933).

8 Cook：“Comparisions of Equipment for Removing Heat From Precess Streams” C. E. Vol. 71，№11，P137 (1964)

9 Cook：“Rating Methods for Selection of Air - Cooled Heat Exchangers”. C. E. Vol. 71，№16，P97(1964)

10 Designing the Noise out of aircoolers，PROCESS ENGIEERING，NOV，1976，P77 ~ 79

11 Dittus and Boelter：Univ. Calit. Pubs. Eng 2，P443(1930)

12 Frank and Gary：“Applied Chemical Process Design”(1978)

13 Robert. Brown：“Design of Air - cooled Exchangers”，C. E. Vol. 85，№7，P106(1978)

14 Robinson，K. K. and D. E. Briggs：Pressure Drop of Air Flowing Across Triangular Pitch Banks of Finned Tubes，CEP，Symp. Ser. Vol. 62，№64，1966

15 Sieder and Tate：“Heat Transfer and Pressure Drop of Liquids in Tubes”，I. E. C. Vol. 28，№12，P1429 (1936)

16 NB/T 47007—2010(JB/T 4758)《空冷式热交换器》

17 GB/T 9222—2008《水管锅炉受压元件强度计算》

18 GB 150—2011《压力容器》

19 GB 50017—2003《钢结构设计规范》

20 JB/T 4710—2005《钢制塔式容器》

21 JB 4732—1995《钢制压力容器—分析设计标准》

22 北京有色冶金设计研究总院．机械设计手册(第四版)第3卷第13篇．北京：化学工业出版社，2002

23 哈尔滨工业大学．湿式空气冷却器设计计算方法．炼油设计，1978年5期

24 赖周平．翅片管几何参数的评价．化工炼油机械，1982

25 李世玉，桑如苞．压力容器工程师设计手册—GB150、GB151计算手册．北京：化学工业出版社，1994

26 李秀珍．机械设计基础(第四版)．机械工业出版社，2005

27 林世雄．石油炼制工程(第三版)，高等教育出版社，2000

28 刘宝兴，蔡祖恢．空气横掠椭圆矩形翅片管束的放热和阻力性能的试验研究．上海机械学院

29 刘巍．冷换设备工艺计算手册(第二版)．北京：中国石化出版社，2008

30 马义伟，钱辉广，胡宝龙．联合型渣油空冷器的设计及应用．化工炼油机械，1982.5

31 马义伟，孙庆复．变排数镶片管束的放热和气流阻力的研究．化工炼油机械，1982年5期

32 马义伟．空冷器设计与应用．哈尔滨工业大学出版社，1998

33 秦曾煌．电工学(第五版)．高等教育出版社，2004

34 全国压力容器标准化技术委员会．GB 150—89 钢制压力容器(三)标准释义．北京：学苑出版社，1989

35 石油化学工业部科学技术情报研究所．石油化工科技资料(油气加工)，1978

36 笹仓機械製作所：フィンファン空冷式熱交換器

37 孙训方等 . 材料力学(第四版). 北京：高等教育出版社，2002. 8
38 尾花英朗 . 热交换器设计 . 工学图书株式会社，昭和 48 年
39 西安交通大学，电力部西安热工研究所 . 钢制矩形翅片管簇的放热和阻力的试验研究 . 化工和通用机械，1981. 9
40 项忠权，孙家孔 . 石油化工设备抗震 . 北京：地震出版社，1995
41 杨世铭，陶文铨 . 传热学(第三版). 北京：高等教育出版社，1998. 12
42 张荣克 . 关于空气冷却器管外膜传热系数的计算 . 炼油技术与工程，2006，36 卷第 10 期
43 张荣克 . 热风循环湿式空气冷却器 . CN 96201825. 1996
44 张荣克 . 我国高寒地区空冷器的应用——热风循环湿式空冷器 . 石油化工设备技术，1997. 5
45 张荣克 . 怎样降低炼油厂空气冷却器的噪音 . 炼油设备设计，1980. 第 1 期
46 张延丰等 . 板式空冷器 . CN01201689. 2001
47 张延丰等 . 表面蒸发式空冷器 . CN96200559. 1996
48 赵和通，张荣克，赖周平等 . 冶金高炉空气冷却器 . CN90200960. 1990
49 中国石油化工总公司石油化工规划院 . 炼油厂设备加热炉设计手册，第二分篇，炼油厂设备设计(中册)，1986
50 中央气象局北京气象站 . 全国各气象站气象资料，2004

第七篇　储　　罐

第一章 概　述

1.1 简　介

储罐是石油化工工业中广泛使用的储存设备，用以储存各种气体、液体和固体物料。储罐在生产工艺过程中通常仅作为储存容器使用。储罐与容器在功能上有许多相同之处，为了有所区别本文对储罐的定义是：在施工现场进行组装、焊接的各种储存容器，即储罐竣工以后，不需要整体运输即可投入使用的储存容器。

1.2 储罐的分类

储罐可以按照储存介质的物理性质、储罐的形状和储罐内部的压力三种方法分类。

1.2.1 按照储存介质的物理性质分类

由于储存介质的多样性，不同的介质又有不同的形态，因此储罐又是各种各样的，按照储存介质的物理状态，储罐分类如下：

1. 储存气体的储罐

大气环境温度下，储存接近常压的气体（如低压瓦斯气）的储罐，通常称为气柜，如各种湿式气柜和干式气柜。

大气环境温度下，储存经过加压的气体（如空气，氧气，氮气等），通常采用卧式储罐、球形储罐和高压气瓶（高压气瓶可以直接采购）等。

2. 储存液体的储罐

大气环境温度和气相压力接近于常压的条件下，储存液体（如石油及汽油、煤油、柴油等石油液体产品），一般采用立式圆筒形储罐，当在容量不大于100m^3的条件下，也经常采用卧式储罐（简称卧罐）。

大气环境温度下，压力储存的液化气体（如液化石油气等），容量大于100m^3时，通常采用球形储罐；容量不大于100m^3时，常采用卧式储罐。

在低温和接近于常压的条件下，储存液化石油气及烃类介质，通常采用立式圆筒形储罐（单包容、双包容或全包容储罐）。

3. 储存固体的储罐

储存固体物料的储罐通常称为料仓。

石油化工企业使用得最多的储罐是立式圆筒形储罐、球形储罐和气柜，本篇着重介绍这三类储罐

1.2.2 按照储罐的形状分类

主要的储罐形状见图1.2－1，最常用的三种储罐是平底立式圆筒形储罐、球形储罐、非平底的立式和卧式储罐。

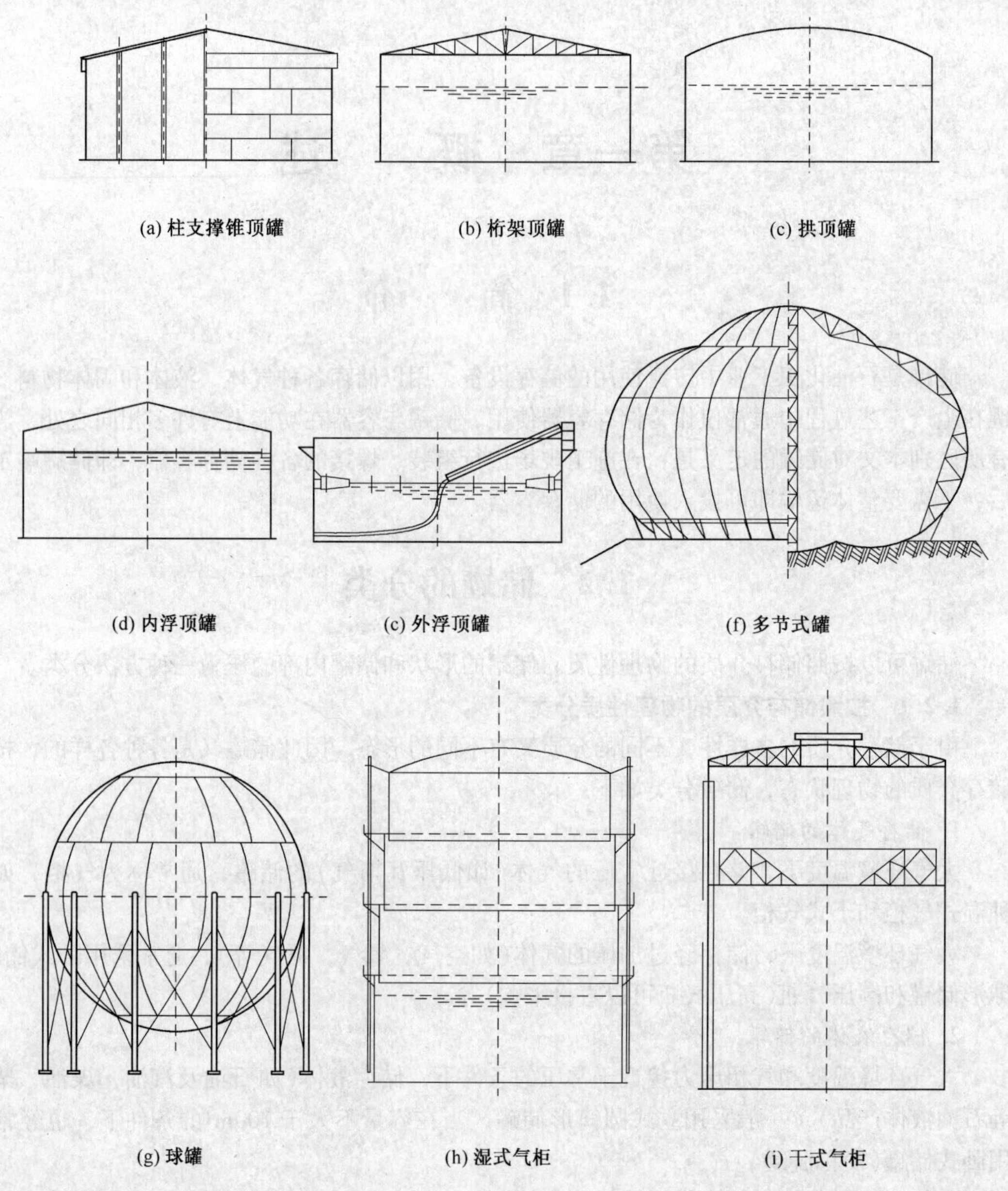

图 1.2－1 常用的储罐形式

1. 平底立式圆筒形储罐

平底立式圆筒形储罐由平的罐底。圆筒形罐壁和罐顶三部分组成。储罐的平底直接安放在接近水平的基础上。

平底立式圆筒形储罐主要用于在常压或接近常压的条件下储存各类液体，如水、石油及石油液体产品、汽油、煤油、柴油等。

2. 球形储罐

球形储罐是由球形壳体和支承球壳的支柱和拉杆组成。考虑到球罐维护和工艺操作上油泵对吸入液头的要求，球壳的下表面通常高于地面 2m 以上。

球形储罐主要用于在压力条件下储存的各类气体和在压力条件下可以液化的气体，如氧气、氮气、液化石油气等。

3. 非平底的立式和卧式储罐

非平底的立式和卧式储罐是由圆筒形罐壁和两端的封头组成储罐本体。采用支座(裙座或支腿等)与储罐本体的组合，通常称之为立式储罐(或立罐)；采用鞍式支座和储罐本体的组合，通常称之为卧式储罐(或卧罐)。

立式储罐和卧式储罐罐内的压力可以是正压力，也可以是负压，用来储存各种气体和液体。当储罐的容量不大于100m^3时，储罐可以在容器制造厂订购，当储罐的容量大于100m^3时，大多数的储罐是在现场组装焊接的。在炼油化工装置中的中间产品储罐，多数使用立式储罐和卧式储罐，在习惯上称之为立式容器和卧式容器。

1.2.3 按照储罐内部的压力分类

1. 压力容器的压力分类

按照国家质量监督检验检疫总局颁布的 TSG R0004—2009《固定式压力容器安全技术监察规程》的规定，内压作用下压力容器的设计压力分为低压、中压、高压、超高压四个等级，压力等级划分如下：

① 低压　$0.1MPa \leqslant p < 1.6MPa$；

② 中压　$1.6MPa \leqslant p < 10MPa$；

③ 高压　$10MPa \leqslant p < 100MPa$；

④ 超高压　$p \geqslant 100MPa$。

对应于以上的压力等级，压力容器又分为低压容器、中压容器、高压容器和超高压容器。

低压容器和中压容器多采用卧式容器、立式容器和球形储罐。

高压容器和超高压容器多采用气瓶。

2. 压力储罐

按照国家质量监督检验检疫总局颁布的 TSG R0004—2009《固定式压力容器安全技术监察规程》的规定，储罐正常工作压力大于或等于0.1MPa是属于该规程管辖的压力容器，例如球罐，按照储罐在工艺过程中的作用原理，压力储罐属于储存压力容器。

3. 小压力储罐

储罐的设计压力小于0.1MPa、大于750Pa，本文定义为小压力储罐，以便与低压容器、低压储罐有所区别。

小压力储罐可以采用平底立式圆筒形结构，主要用以储存挥发性较强的石油化工产品，如石脑油和低温下储存液化石油气和液化天然气等介质。

平底立式圆筒形储罐，按照设计压力的大小的分类方法与压力容器的分类方法是不同的，表2.2－3中介绍了一些国内外相关标准对平底立式圆筒形储罐设计内压的规定。

4. 常压储罐

储罐的设计压力不大于750Pa定义为常压储罐，这类储罐的罐顶上通常具有直接与大气相通的接管，始终保持储罐内的操作压力不超过设计压力。常压储罐主要用以储存各种液态的石油化工产品，如汽油，煤油，柴油等。

从以上介绍可以看出储罐有以下几个特点：

① 储罐的容量变化范围大，大型储罐的容量达 $10\times10^4m^3$ 以上，储罐的直径可以超过100m；一般的小容量储罐的直径仅为5m左右。

② 各类储存介质的储存温度范围变化大，多数储罐是在大气环境温度条件下使用，有些储罐内的介质是在高温条件下储存，如石油沥青、工艺装置中的中间产品等，有些介质是在低温条件下储存，如低温液化石油气和低温天然气等。

③ 各类储罐内介质的储存压力变化大，高者可以达到数兆帕(MPa)低者仅为数百帕，甚至于是直通大气的常压状态。

1.3 储罐的法规和标准

由于石油化工行业中，绝大多数储罐的储存介质是易燃、易爆的，为了保证储存安全，储罐设计和施工必须严格遵守国家和行业的有关法规和标准。

1.3.1 平底立式圆筒形储罐应当遵守的有关国家和行业法规和标准

GB 50128《立式圆筒形钢制焊接储罐施工及验收规范》

GB 50341《立式圆筒形钢制焊接油罐设计规范》

NB/T 47003.1《钢制焊接常压容器》

SH 3046《石油化工立式圆筒形钢制焊接储罐设计规范》

SH 3048《石油化工钢制设备抗震设计规范》

1.3.2 球形储罐应当遵守的有关国家和行业法规和标准

GB 150《压力容器》

GB 12337《钢制球形储罐》

GB 50094《球形储罐施工规范》

SH/T 3074《石油化工钢制压力容器》

TSG R0004《固定式压力容器安全技术监察规程》

TSG R1001《压力容器压力管道设计许可规则》

TSG R7001《压力容器定期检验规则》

1.3.3 湿式气柜应当遵守的有关国家和行业法规和标准

HGJ 212《金属焊接结构湿式气柜施工及验收规范》

HG 20517《钢制低压湿式气柜》

1.3.4 料仓应当遵守的有关国家和行业法规和标准

SH 3078《立式圆筒形料仓》

SH/T 3513《石油化工铝制料仓施工质量验收规范》

1.3.5 储罐业主指定的规范和标准

1.4 油品储罐的选用原则

储罐是保证石油化工生产装置能够顺利地进行连续运转、平衡原料和产品物料流动的必须设备。伴随着企业生产规模的扩大、生产装置的大型化及产品的多样化，工业企业内部广泛地使用着各种类型的储罐。

选择储罐主要应当考虑物料本身的特性、储存设备的投资和操作费用、物料的工艺流程等因素，经过综合比较确定。

1. 物料的形态

常温条件下，储存物料仅为气体，并且气体压力较低时，可以使用湿式气柜或干式气柜；如果物料常温条件下的饱和蒸汽压较低，在气-液平衡共存的情况下，可使用拱顶式储罐；如果物料常温条件下的饱和蒸汽压较高，可以采用小压力储罐；在压力条件下可以液化的物料，可以采用压力储罐，如球罐。

储存物料为液体时，一般使用立式平底圆筒形储罐，而挥发性较强的液体一般使用浮顶罐和内浮顶罐。

储存物料为固体时，主要是承受固体侧压，可采用圆筒形和方形储罐。

2. 压力储存

在压力条件下储存液体介质，要使用完全密闭的圆筒形或球形储罐。储罐在正压条件下要满足强度要求；在负压条件下要有足够的稳定性，大容量的压力储罐，多数采用球形储罐。

3. 温度的影响

温度影响系指在正常操作条件下或设计温度条件下，储存介质的温度特性。许多介质在不同的温度条件下，会发生相变；储存温度和储存压力的组合，也会改变储存介质的形态。

例如，水在0.1MPa(1标准大气压)的条件下，在0℃以下是固体，在0~100℃的条件下是液体，在100℃以上是气体。再如丙烷的常压沸点是-42.07℃，即当储存温度低于-42.07℃时，在0.1MPa的条件下是液态，高于-42.07℃时是气态；当储存温度高于-42.07℃，低于96.67℃时，如果在压力条件下储存，属于气-液平衡相的储存，储存压力由储存温度下的饱和蒸汽压确定，丙烷40℃时的饱和蒸汽压为1.33MPa，因此对于丙烷而言，在设计温度低于-42℃时，可以采用立式圆筒形储罐储存；在环境温度的条件下，可以采用球形储罐在压力条件下储存。

4. 储存介质和储罐形式

在不同形态下的各类介质，常用的储罐形式见表1.4-1。

表1.4-1 各类介质可以选用的储罐形式

介质		常用的储罐形式	备注
气体	低压气体	气柜	气压≤4000Pa(400mmH_2O)
	高压气体	球罐、卧罐	气压≥0.2MPa
	液化气体	球罐、卧罐、低温立式罐	
液体	水和不易挥发的液体	立式圆筒形储罐	
	低挥发性液体	浮顶罐、固定顶罐	
	高挥发性液体	浮顶罐、内浮顶罐	
固体	粉料、块料	料仓	

注：介质的形态是指在0.1MPa(1标准大气压)条件和环境温度下，介质的物理状态。

5. 储罐的适用性

各类储罐的适用性，见表1.4-2。

表 1.4-2　储罐的适用性

储罐形式的种类					适用储存的物料							
形式					气体			液体			固体	
形状形式	性能区别	顶	底	侧板或封头	低压气体	高压气体	液化气体	水和不挥发性	低挥发性	高挥发性	块	粉
圆筒形卧式储罐	固定或移动式			平板	×	×	×	○	△	×	×	×
				蝶形	○	○	△	○	○		×	×
				椭圆形	○	○	○	○	○	○	×	×
				球形	△	○	○	△	×	×	×	×
	气柜			平底	○	×	×	×	×	×	×	×
立式圆筒形储罐	固定顶储罐	锥形	自支承式	平板	×	×	×	○	○	×	×	×
				圆锥形	×	×	×	△	△	×	×	×
			柱支承式	平板	×	×	×	○	○	×	×	×
		拱形	自支承式	平板	×	×	×	○	○	△	×	○
				圆锥形	×	×	×	△	△	×	○	○
	浮顶罐	单盘		平板	×	×	×	×	○	○	×	×
		双盘		平板	×		×	×	○	○	×	×
球形储罐					△	○	○	×	△	○	×	×

注：○—最佳；△—适用；×—不适用。

1.5　石油化工企业常见物料所用的储罐

对于石油化工企业，常见物料所用的储罐类型见表 1.5-1。

表 1.5-1　常用物料使用的储罐类型

物　料		使用储罐的类型	罐内压力条件	备注
火炬系统或放空气体		湿式气柜、干式气柜	小压力储存	环境温度
石脑油		内浮顶罐、低压储罐	常压储存 小压力储存	环境温度
汽油		内浮顶罐	常压储存	环境温度
航空煤油及煤油		内浮顶罐、固定顶罐	常压储存	环境温度
柴油、润滑油、重油、燃料油		固定顶储罐	常压储存	环境温度
原油		外浮顶罐、内浮顶罐	常压储存	环境温度
芳烃		内浮顶罐	常压储存	环境温度
液化石油气	低温	立式固定顶罐	小压力储存	保冷措施
	环境温度	球形储罐	压力储存	环境温度或有保冷措施

注：1. 常压储罐系指储罐设计压力不大于 750Pa。

2. 小压力储存系指储罐设计压力大于 750Pa，不大于 0.1MPa。

3. 压力储存系指储罐设计压力不小于 0.1MPa。

储罐是储运工艺中的重要设备之一，在整个储运系统的投资额中，占有较大的比例，因此在确定储罐的类型时，必须考虑系统整体的经济性和安全性。如果储存物料具有易燃、易爆性质，则必须考虑防火及防爆措施，对于一些工艺上的特殊要求，采用特殊的措施，例如，使用内浮顶罐时，同时也选用氩气或氮气等惰性气体加以密封的密闭式储存，一方面有利于提高储存质量，另一方面也有利于提高储存的安全性。

1.6　石油化工企业常用立式圆筒形储罐参数

对于石油化工企业，常用的立式圆筒形储罐参数见表1.6－1。

表1.6－1　常用立式圆筒形储罐参数

序　号	公称容积/m^3	储罐类型	内直径/m	罐壁高度/m
1	100	拱顶	5	6
2	200	拱顶	6.6	7.14
3	300	拱顶	7.2	8.92
4	400	拱顶	7.8	10.7
5	500	拱顶	8	11.2
6	700	拱顶	9	12.48
7	1000	拱顶	10.8	16.04
8	2000	拱顶	13.2	17.82
9	3000	拱顶	15	17.82
10	4000	拱顶	17.5	17.82
11	5000	拱顶	20	17.82
12	8500	拱顶	25	17.82
13	10000	拱顶	27.5	17.82
14	15000	拱顶	34	17.82
15	20000	拱顶	38	17.82
16	30000	拱顶	46	19.35
17	50000	拱顶	60	19.35
18	10000	外浮顶	28.5	16.85
19	20000	外浮顶	40	16.05
20	50000	外浮顶	60	19.25
21	100000	外浮顶	80	21.8
22	150000	外浮顶	100	21.8

参　考　文　献

1　中国石化北京设计院．石油炼厂设备．北京：中国石化出版社，2001

2　徐英，杨一凡，朱萍．球罐和大型储罐．北京：化学工业出版社，2005

3　玉置明善，玉置正和．化工装置工程手册（中译本）．第1版．北京：兵器工业出版社，1991

4　卢焕章等编．石油化工基础数据手册．第1版．北京：化学工业出版社，1982

第二章　立式储罐设计的通用规定

2.1　简　介

2.1.1　立式储罐的种类和结构

根据储存油品的种类、使用条件及地基条件的不同，储罐有不同的形式。炼油厂和油库广泛地采用各种类型的地面上平底立式圆筒形钢制储罐。平底立式圆筒形钢制焊接储罐，本文统一称为立式储罐(或简称为储罐)。立式储罐的结构形式，大致如表2.1－1和图2.1－1所示。

表2.1－1　立式储罐的分类

<table>
<tr><td rowspan="7">立式储罐</td><td rowspan="2">浮顶储罐</td><td rowspan="2">浮顶</td><td>单盘式</td></tr>
<tr><td>双盘式</td></tr>
<tr><td rowspan="2">固定顶储罐</td><td>锥顶</td><td>柱支撑式</td></tr>
<tr><td>拱顶</td><td>自支撑式</td></tr>
<tr><td rowspan="2">内浮顶储罐</td><td rowspan="2">内浮顶</td><td>柱支撑式</td></tr>
<tr><td>自支撑式</td></tr>
</table>

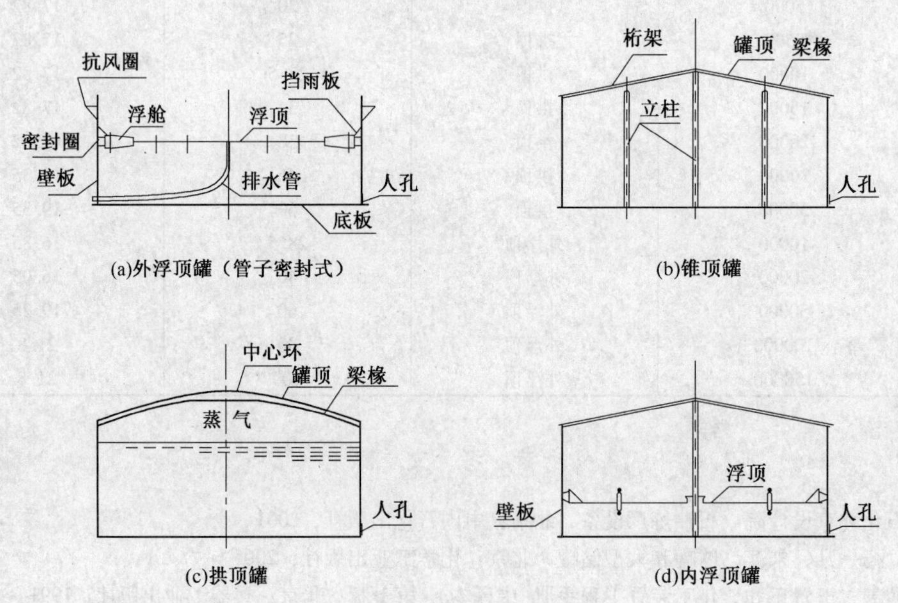

图2.1－1　立式储罐类型

从图2.1－1可以看出立式储罐，是由平的罐底、圆柱形罐壁和罐顶三大部分组成，各种类型的立式罐的罐底和圆柱形罐壁的结构形式是相同的，而罐顶的变化却相对比较大，有随着储存介质液面的升降上下浮动的浮顶；有位置不动的固定罐顶，固定顶的形式，又随罐顶的结构不同，可以区分为柱支承的罐顶、自支承的拱顶（拱顶又按结构形式，分为光壳拱顶、有肋拱顶、网架顶等）等结构。由于罐顶结构形式的变化，使得立式储罐的品种也多样化了。立式储罐的名称伴随着罐顶的不同形状，冠以不同名称，如锥顶储罐、拱顶储罐、浮顶储罐、网架顶储罐等，适用于储存不同工况的各种介质。

2.1.2 立式储罐的容量

立式储罐（以下简称为储罐）的容量，通常用立方米（m^3）表示，有些国家和地区用桶表示（1 桶 =0.159m^3）。

储罐的容量，对应不同的储液高度，有以下几种不同的名称：

1. 储罐的几何容量（V_0）

几何容量是指储罐圆柱部分的体积，如图 2.1－2（a）所示，储液的高度等于储罐的罐壁高度或者是储罐的设计储液高度。储罐的几何容量按式（2.1－1）计算：

$$V_0 = \pi D^2 H/4 \tag{2.1-1}$$

式中 V_0——几何容量，m^3；

D——储罐内直径，m；

H——圆柱形罐壁的高度或设计液面高度，m。

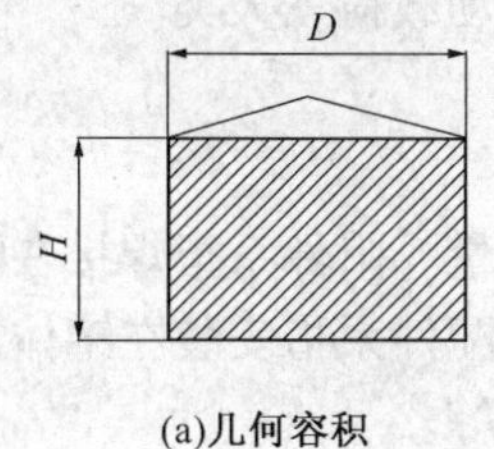

(a)几何容积

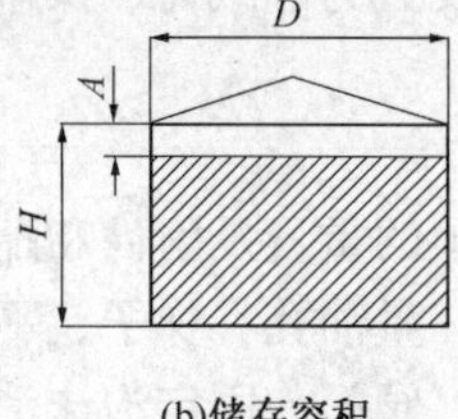

(b)储存容积

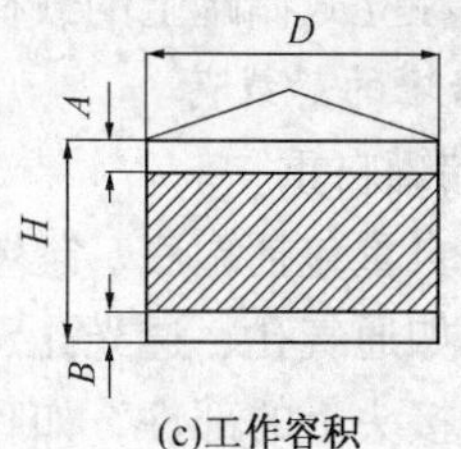

(c)工作容积

图 2.1－2 立式储罐的容量

2. 储罐的公称容量（V_n）

公称容量是几何容量圆整后，以拾、百、千、万表示的容量，例如 500m^3；5000m^3；50000m^3；75000m^3；100000m^3等。

3. 储罐的储存容量（V_c）

储存容量是指正常操作条件下，储罐允许储存的最大容量，见图 2.1－2（b）。

图 2.1－2（b）中，A 是由安全因素确定的预留高度，通常预留高度 A 的大小应考虑以下几个因素：

① 储存介质在储存温度升高时，油品体积膨胀所引起的液位升高；

② 罐壁的空气泡沫接管到油品液面之间的预留空间，以备在火灾事故时，保证油面上的泡沫覆盖层有足够的厚度；

③ 当采用压缩空气调合油品时，预留的液面起伏波动高度；

④ 紧急情况下，关闭储罐进油阀门期间内，罐内液位的升高量；

⑤ 设防地震烈度下，储液的晃动波高。

4. 储罐的工作容量（V_w）

工作容量（或有效容量，周转容量）是指在正常操作条件下，允许的最高操作液位和允许有最低液位之间的容量、见图 2.1－2（c）。

图 2.1－2（c）中，B 是罐底部不能利用部分的高度（通常称为死区），B 值的大小与

储液出口的结构及标高和油品含水量有关。工艺操作上使用储罐作为脱水罐时，通常 B 值较大。

对于多数储罐而言，储罐的工作容量是最重要的，直接影响储罐的运转能力和周转量。

2.1.3 立式储罐的有效储存系数

储罐的有效储存系数系指储罐的工作容量与几何容量的比值，即：

$$K = V_w / V_0 \tag{2.1-2}$$

或者

$$K = 1 - (A + B)/H \tag{2.1-3}$$

式中 A、B、H——含义见图 2.1-2；

K——立式储罐的有效储存系数。

2.2 立式储罐的设计条件

2.2.1 立式储罐承受的载荷

作用在立式储罐上的载荷，主要分为静载荷、操作载荷和动载荷三大类。

1. 储罐的静载荷

1）储罐自重

储罐自重包括罐底、罐壁、罐顶的重量及附件和配件的重量。附件系指焊接在罐体上的固定件，如通气孔、透光孔、人孔、量油孔、梯子、平台等。配件系指安装在罐体开口接管法兰和管接头上的部件，如呼吸阀、阀门、固定泡沫消防堰板等。

2）隔热层重量

当储罐有保温或保冷层时，隔热材料及结构的重量(包括支承构件，外部保护层的重量等)。

3）附加载荷（或活载荷）

储罐顶部检修人员及工具的重量等外载荷，一般不小于700Pa。

4）储存液体的静液压力

按储存液体的实际密度和水的密度分别计算静液压力，确定罐壁厚度。

5）雪载荷

雪载荷标准值，应根据建罐地区的实际状况，按 GB 50009—2001《建筑结构载荷规范》的规定进行计算。

$$S_k = \mu_r S_o \tag{2.2-1}$$

式中 S_k——雪载荷标准值，kN/m^2；

μ_r——屋面积雪分布系数，按 GB 50009—2001《建筑结构载荷规范》的规定选用；

S_o——基本雪压，kN/m^2。

雪载荷标准值是指单位水平面积上的雪重，单位以 kN/m^{2}计。

基本雪压。在确定雪压时，观察场地应具有代表性。场地的代表性是指下述内容：

① 观察场地周围的地形为空旷平坦；

② 积雪的分布保持均匀；

③ 设计项目地点应在观察场地的地形范围内，或它们具有相同的地形。

对于积雪局部变异特别大的地区，以及高原地形的山区，应予以专门调查和特殊处理。

基本雪压应按 GB 50009—2001《建筑结构载荷规范》附录 D. 4 中附表 D. 4 给出的50 年一遇的基本雪压值选用。

我国主要地区 50 年一遇基本雪压值见表 2. 2 – 1。

表 2. 2 – 1 我国主要地区基本雪压值 kN/m^2

地区	雪压值	地区	雪压值	地区	雪压值
北京	0. 40	长春	0. 35	包头	0. 25
上海	0. 20	抚顺	0. 45	呼和浩特	0. 40
南京	0. 65	大连	0. 40	太原	0. 35
徐州	0. 35	吉林	0. 45	大同	0. 25
南通	0. 25	四平	0. 35	兰州	0. 15
杭州	0. 45	哈尔滨	0. 45	长沙	0. 45
宁波	0. 30	济南	0. 30	西安	0. 25
衢县	0. 50	青岛	0. 20	延安	0. 25
温州	0. 35	郑州	0. 40	西宁	0. 20
天津	0. 40	洛阳	0. 35	拉萨	0. 15
保定	0. 35	蚌埠	0. 45	乌鲁木齐	0. 80
石家庄	0. 30	南昌	0. 45		
沈阳	0. 50	武汉	0. 50		

山区基本雪压应通过实际调查后确定，如无实测资料时，可按当地空旷、平坦地面的基本雪压乘以系数 1. 2 采用。建罐地区实际采用的雪载荷由业主确定，但是不得小于该地区的基本雪压值。

2. 储罐的操作载荷

储罐的操作载荷是储罐在正常操作时，储罐内气相空间的正压和负压造成的载荷。

1）正压

储罐气相空间的压力(表压)由储罐的操作条件决定。

罐内气相空间的压力和静液压力的组合载荷，作用于罐壁和罐底；罐内气相空间的压力作用于罐顶，并且在罐壁与罐顶的连接处产生较大的局部应力。

2）负压

负压是由于储罐在抽液时或储罐周围环境温度急剧变化时在罐内气相空间形成的，对于一般的平底立式储罐，罐内的操作负压不大于 –490 Pa（–50mmH_2O）。

3. 储罐的动载荷

1）风载荷

立式储罐在风载荷作用下，储罐的罐壁会发生稳定性破坏；一些储罐在风载荷作用下会平移或倾复，因此必须考虑风载荷对立式储罐的作用。

罐壁的厚度与罐的直径相比是非常小的，在理论分析中，忽略罐壁板的厚度对应力分布的影响，把罐壁视为薄壁圆筒。薄壁圆筒承受内压的能力远大于承受外压或负压的能力。储罐在施工建造过程中和正常使用状态下，罐外壁承受风载荷的作用；罐内的操作负压与风载荷的共同作用会使罐壁发生稳定失效而破坏。为保证储罐的安全，正常操作罐壁除应当满足强度条件以外还必须有足够的稳定性。

(1) 圆筒形罐壁上的风力分布

中国科学院力学研究所于1974年完成的敞口罐模型的风洞试验表明：罐壁在风载荷作用下的风力分布如图2.2-1所示。由图中可以看出，罐外壁的风压分布是不均匀的，在迎风面约60°中心角范围内是受压区，其余部分是受拉区。最大风压区域是在中心角20°所对应的弧长上，并且风压值近似等于常数，景大风压值在驻点A(驻点——曲线的法向与风向重合处，曲线上的点)，其值为1.0倍的风压 W_0。

风洞试验表明：敞口罐的内部是负压区，罐内壁A点处负压最高，其值近似等于 $W_0/2$。

(2) 圆筒形罐壁失稳破坏的特点

储罐模型的风洞试验表明：

① 罐壁的外压失稳是由瞬时外压控制的，在一定范围内失稳是完全弹性的，当外压低于临界压力时，模型不会出现屈曲，一旦增加至临界压力，立即发生凹瘪，若将外压再减小到临界压力以下，圆柱壳面上的屈曲波会立即消失，恢复原形而不留痕迹。但是，若罐壁制造时存在椭圆度或存在局部凹瘪，则这些部位在风压的作用下会提前失稳并难以复原。

② 风载荷作用下的临界压力(即驻点 A 处的最大不失稳压力)比均匀外压作用下的临界压力约高13%。

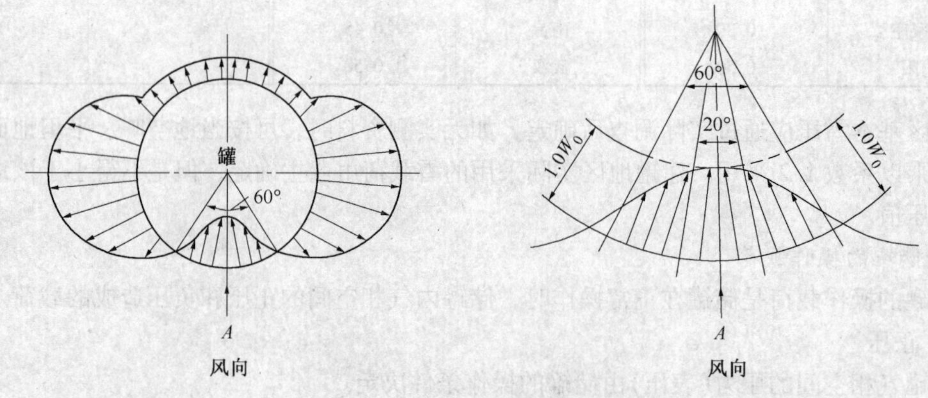

图2.2-1 储罐外壁的风压分布

在风载荷作用下储罐可能会倾覆或滑移；风载荷的作用也会导致罐壁失稳变形。

风载荷标准值，应根据建罐地区的实际状况及储罐的高度，按GB 50009—2001《建筑结构载荷规范》的规定进行计算。

$$W_k = \beta_Z \mu_s \mu_z W_o \qquad (2.2-2)$$

式中 W_k——风载荷标准值，kN/m^2；

β_Z——高度 Z 处风振系数，对储罐 $\beta_Z = 1$；

μ_s——风载荷体型系数，应取驻点值 $\mu_s = 1$；

μ_z——风压高度变化系数，按GB 50009—2001《建筑结构载荷规范》的规定选用；

W_o——基本风压，kN/m^2。

基本风压值应按GB 50009—2001《建筑结构载荷规范》附录D.4中附表D.4给出的50年一遇的风压值采用，但不得小于0.3 kN/m^2。除此之外，还应考虑建罐地区的地理位置和当地气象条件的影响。我国主要地区50年一遇基本风压值见表2.2-2。

表 2.2-2 我国主要地区基本风压值 kN/m²

地 区	风压值	地 区	风压值	地 区	风压值
北京	0.45	长春	0.65	包头	0.55
上海	0.55	抚顺	0.45	呼和浩特	0.55
南京	0.40	大连	0.65	太原	0.40
徐州	0.35	吉林	0.50	大同	0.55
南通	0.45	四平	0.55	兰州	0.30
杭州	0.45	哈尔滨	0.55	长沙	0.35
宁波	0.50	济南	0.45	西安	0.35
衢县	0.35	青岛	0.60	延安	0.35
温州	0.60	郑州	0.45	西宁	0.35
天津	0.50	洛阳	0.40	拉萨	0.30
保定	0.40	蚌埠	0.35	乌鲁木齐	0.60
石家庄	0.35	南昌	0.45		
沈阳	0.55	武汉	0.35		

当地没有风速资料时，应根据附近地区规定的基本风压或长期资料，通过气象和地形条件的对比分析确定。

当所设计储罐由于前排储罐有可能形成狭管效应，导致风力增强时，应将基本风压再乘以1.2~1.5的调整系数。

2）地震载荷

地震载荷作用下可能会使储罐破坏(如焊缝撕裂、接管破损、储罐基础变形等)导致严重的灾害。在地震设防烈度大于或等于七度的地区，建造的储罐应按 GB 50341—2003《立式圆筒形钢制焊接油罐设计规范》和 SH 3048—1999《石油化工钢制设备抗震设计规范》进行抗震设计。

有关储罐的抗震设计，在第六章做进一步的介绍。

2.2.2 立式储罐的设计压力和设计温度

1. 立式储罐的设计压力

立式储罐的设计压力是由储存介质的工况按照罐顶的压力-真空阀(或呼吸阀)的设定压力确定的。

固定顶罐的罐顶有直通大气的开口(如鹅颈管)为无内压储罐，即常压储罐。从安全角度考虑，常压罐的设计内压不宜小于750Pa(或75mmH_2O)。

操作压力大于750Pa的储罐应按照受小内压作用的储罐进行设计。

浮顶罐和内浮顶罐由于液面以上的压力与大气压力几乎相等，设计内压一般不大于400Pa(40mmH_2O)。

对于特定工况的立式储罐，如低温储罐、石脑油储罐等的设计压力必须按照操作工况、由实际的工艺条件确定。

立式储罐还必须考虑负压的工况。避免在出油操作时，在罐内形成负压，造成罐壁及罐顶被抽瘪而破坏。

为了保证立式储罐的安全运转，储罐设计必须考虑罐内的正压和负压的作用。表2.2-3给出了一些国内外标准对储罐设计压力的规定。

表 2.2－3　立式储罐的设计压力

标准名称		压力范围
API 650 《钢制焊接油罐》	正文	接近常压[内压不大于罐顶的单位面积的重力，约 400Pa ($40mmH_2O$)]
	附录 F	内压不大于(17500Pa)($1750mmH_2O$)
JIS B8501 《钢制焊接油罐结构》	正文	－360～400Pa(－36～$40mmH_2O$)
BS 2654 《石油工业用对焊罐壁立式钢制储罐》	无压罐	－250～750Pa(－25～$75mmH_2O$)[柱支承罐顶正压为 400Pa($40mmH_2O$)]
	低压罐	－600～2000Pa(－60～$200mmH_2O$)
	高压罐	－600～5600Pa(－60～$560mmH_2O$)
SH 3046《立式圆筒形钢制焊接储罐设计规范》		－490～6000Pa(－50～$600mmH_2O$)

2. 设计温度

立式储罐的设计温度，主要应当考虑储存介质的操作温度和建罐地区环境温度的影响。

一般情况下，立式储罐设计温度的上限不高于250℃，设汁温度的下限高于－20℃。

储存介质的操作温度高于40℃并且罐内有加热器的储罐，为了安全运转，设计温度不得低于最高操作温度，或储存介质进罐时的最高温度。

仅在环境条件下储存并且罐内也不设加热器的储罐，为了储罐的安全运转，应考虑环境低温的影响。在最冷月实地测定表明，已经储存了液体介质的罐壁温度通常比环境温度高。考虑了储罐内部介质的影响，设计温度的下限取建罐地区历年最低日平均温度加上 13℃。表 2.2－4 中列举了国内部分最低日平均温度低于－30℃的地区，这些地区储罐的设计温度的下限，可能低于－20℃。

对于受环境影响，设计温度低于－20℃的特殊情况，必须考虑低温对材料性能、结构形式等方面的影响。

设计温度低于或等于－20℃的储罐，应当按照低温储罐设计，设计温度的下限由特定的工况确定。

表 2.2－4　气象台站及数据

地名	气象台站位置		最低日平均温度/℃
	北纬	东经	
黑龙江			
爱辉	50°15′	127°27′	－36.1
伊春	47°43′	128°54′	－37.0
齐齐哈尔	47°23′	123°55′	－32.0
鹤岗	47°22′	130°20′	－30.0
佳木斯	46°49′	130°17′	－33.7
安达	46°23′	125°19′	－33.7
哈尔滨	45°41′	126°37′	－33.0
牡丹江	44°34′	129°36′	－31.0
吉林			
吉林	43°57′	126°58′	－33.8

续表 2.2-4

地 名	气象台站位置		最低日平均温度/℃
	北纬	东经	
新疆			
阿勒泰	47°44′	88°05′	-39.1
克拉玛依	45°36′	84°51′	-32.8
伊宁	43°57′	81°20′	-34.0
乌鲁木齐	43°39′	87°37′	-33.3
内蒙古			
海位尔	49°13′	119°45′	-42.5
锡林浩特	43°57′	116°04′	-32.5
二连浩特	43°39′	112°00′	-34.5
西藏			
那曲	31°29′	92°04′	-33.3

2.3 立式储罐用钢材

储罐直径大于5m时，由于受到运输条件的限制，通常储罐是用钢板，在建罐现场拼装、组焊而成。这就要求建造储罐的钢材具有良好的冷加工性能和焊接性能。对于储存介质对铁离子有严格要求的情况下，常用不锈钢制造储罐；对于大多数油品储罐，一般采用碳素钢。对于公称容量大于或等于$10\times10^4m^3$的储罐的罐壁钢板采用高强钢板，即钢材的抗拉强度大于610MPa，钢材的屈服强度大于490MPa。

储罐用国产钢板按GB 50341—2003和SH 3046—92选用，见表2.3-1、表2.3-2。在选用中需注意两个规范的不同，具体参考2.5节的内容。储罐设计标准、钢材标准、钢号和检验标准等如有新标准颁布均应按新标准执行。

表2.3-1 钢板的使用范围(SH 3046—92)

序号	钢号	钢材标准	使用范围		机械性能检查项目	备 注
			许用温度/℃	许用最大板厚/mm		
1	Q235A. F	GB 700	> -20	8	σ_b，σ_s，δ_5	①
		GB 3274	0	12		
2	Q235A	GB 700	> -20	16	σ_b，σ_s，δ_5	
		GB 3274	>0	34		
3	20R	GB 6654	> -20	34	σ_b，σ_s，δ_5 A_{KV}、冷弯	
4	16Mn	GB1591	> -20	12	σ_b，σ_s，δ_5 A_{KV}、冷弯	
		GB 3274	> -10	20		
5	16MnR	GB 6654	> -20	34	σ_b，σ_s，δ_5 A_{KV}、冷弯	
6	0Cr19Ni9	GB 4237			σ_b，$\sigma_{0.2}$，δ_5	②③
7	0Cr18Ni11Ri	GB 4237			σ_b，$\sigma_{0.2}$，δ_5	

续表 2.3－1

序号	钢号	钢材标准	使用范围		机械性能检查项目	备　注
			许用温度/℃	许用最大板厚/mm		
8	00Cr19Ni11	GB 4237			σ_b，$\sigma_{0.2}$，δ_5	
9	0Cr17Ni12Mo2	GB 4237			σ_b，$\sigma_{0.2}$，δ_5	
10	00Cr17Ni14Mo2	GB 4237			σ_b，$\sigma_{0.2}$，δ_5	
11	0Cr19Ni13Mo3	GB 4237			σ_b，$\sigma_{0.2}$，δ_5	
12	0Cr19Ni13Mo3	GB 4237			σ_b，$\sigma_{0.2}$，δ_5	

注：① 许用温度在 0～－20℃时，仅用于储罐的固定顶。

② 厚度大于 30mm 的 16MnR 钢板应正火状态交货。

③ 厚度大于 30mm 的 16MnR 钢板应逐张进行超声波探伤检查，达到 JB 4730—94《压力容器无损检测》❶的Ⅲ级质量要求为合格。

表 2.3－2　钢板的使用范围（GB 50341—2003）

序号	钢号	钢材标准	使用范围		力学性能检查项目	备　注
			许用温度/℃	许用最大板厚/mm		
1	Q235A. F	GB/T 700 GB/T 3274	＞－20	12	按相应钢材标准规定	①
2	Q235A	GB/T 700 GB/T 3274	＞－20	12		
			＞0	20		
3	Q235B	GB/T 700 GB/T 3274	＞－20	12		
			＞0	24		
4	20R	GB6654	＞－20	34		
5	Q235C	GB/T 700 GB/T 3274	＞－20	16		
			＞0	30		
6	Q345B	GB/T 700 GB/T 3274	＞－20	12		
			＞0	20		
7	Q235C	GB/T 700 GB/T 3274	＞－20	12		
			＞0	24		
8	16MnR	GB 6654	＞－20	34		
9	16MnDR	GB 3531	＞－40	16		
10	15MnNbR	GB 6654	＞－20	34		②
11	12MnNiVRi	GB 19189	＞－20	34		
12	07MnNiCrMoVDR	GB 19189	＞－20	34		

注：① 设计温度低于 0 ℃时，仅适用于厚度所决定的罐壁板以及罐顶板、中幅板。

② 当满足 GB 50341—2003 中 4.2.5 条的要求时，许用厚度不得大于 16mm。

注：❶现为 JB/T 4730—2005《承压设备无损检测》。

2.4　立式储罐用钢材的许用应力

由于储罐在正常操作条件下主要是承受静液压作用，储罐内储存介质的液面高度是长周期、缓慢变化的；在正常情况下，为了保证储罐的安全运转不导致储罐溢流，最大的操作液面高度是罐壁高度的0.9左右；另外在正常操作条件下储罐内部气相空间的压力波动不大，储罐周围环境温度的变化对储罐内部的影响不会是剧烈的。综合了以上因素以及国内外长期的使用经验，罐壁钢板的许用应力是按照设计温度下材料屈服强度的三分之二确定的。这一点是与压力容器确定钢材许用应力的重要区别。

一般情况下压力容器用钢板的强度安全系数为3.0；屈服强度安全系数为1.6，许用应力等于各项强度指标分别除以上述的安全系数后，取其小者。有关压力容器的许用应力，读者可以参阅有关的压力容器设计规定。

为了便于比较举例如下：例如设汁温度不高于90℃，储罐罐壁厚度为16mm的16MnR钢材，在储罐设计中的许用应力230MPa；在压力容器设计中的许用应力为170MPa，即同样的钢材在储罐设计中的许用应力比在压力容器设计中的许用应力高1.35倍。从这一例子可以看出储罐罐壁中的应力水平是相当高的。常压的概念仅指储罐内部气相空间有直通大气的开口，而罐壁的应力水平依然是相当高的。为了保证储罐安全、可靠地运转，储罐在设计、施工中须严格遵循有关的设计和施工验收规范。

2.4.1　规范规定的许用应力

储罐常用的国产钢材按GB 50341—2003和SH 3046—92规定的许用应力列于表2.4－1、表2.4－2。在选用中需注意两个规范的不同，具体参考2.5节的内容。

表2.4－1　储罐用钢板的许用应力值(SH 3046—92)

序号	钢号	板厚/mm	常温强度指标		下列温度(℃)下的许用应力/MPa			
			σ_b/MPa	σ_s/MPa	大气温度至90	150	200	250
1	Q235A.F	≤16	375	235	157	137	130	121
2	Q235A	≤16	375	235	157	137	130	121
		17～40	375	225	150	130	124	114
3	20R	6～16	400	245	163	140	130	117
		17～25	400	235	157	134	124	111
		26～36	400	225	150	127	117	108
4	16Mn	≤16	510	345	230	196	183	167
		17～25	490	325	217	183	170	157
5	16MnR	6～16	510	345	230	196	183	167
		17～25	490	325	217	183	170	157
		26～36	490	305	203	173	160	147
6	0Cr19Ni9	2～60			137	137	130	122
7	0Cr18Ni11Ti	2～60			137	137	130	122
8	00Cr19Ni11	2～60			118	118	110	103

续表 2.4-1

序号	钢号	板厚/mm	常温强度指标		下列温度(℃)下的许用应力/MPa			
			σ_b/MPa	σ_s/MPa	大气温度至90	150	200	250
9	0Cr17Ni12Mo2	2~60			137	137	134	125
10	00Cr17Ni12Mo2	2~60			118	117	108	100
11	0Cr19Ni13Mo3	2~60			137	137	134	125
12	00Cr19Ni13Mo3	2~60			118	118	118	118

注：1. 中间温度时的许用应力值，可用内插法求得。

2. 表中碳素钢的许用应力是按材料屈服强度的 2/3 确定的。

SH 3046—92 规定在罐壁钢板使用国外钢材时，钢板的许用应力应等于钢板屈服强度的 2/3，且不大于 260MPa。

表 2.4-2 储罐用钢板的许用应力值(GB 50341—2003)

序号	钢号	使用状态	板厚/mm	常温强度指标		下列温度(℃)下的许用应力/MPa				
				σ_b/MPa	σ_s/MPa	≤20	100	150	200	250
一、碳素钢板										
1	Q235A. F	热轧	≤16	375	235	157	157	137	130	121
2	Q235A	热轧	≤16	375	235	157	157	137	130	121
			>16~40	375	225	150	150	130	124	114
3	Q235B	热轧	≤16	375	235	157	157	137	130	121
			>16~40	375	225	150	150	130	124	114
4	Q235C	热轧	≤16	375	235	157	157	137	130	121
			>16~40	375	225	150	150	130	124	114
5	20R	热轧正火 控轧式正火	6~16	400	245	163	147	140	130	117
			16~36	400	235	157	140	134	124	111
二、低合金钢板										
6	Q345B	热轧控轧正火	≤16	470~630	345	230	210	197	183	167
7	Q345C	热轧控轧正火	≤16	470~630	345	230	210	197	183	167
			>16~35		325	217	197	183	170	157
8	16MnR	热轧正火 控轧式正火	≤16	510	345	230		196	183	167
			>16~36	490	325	217	197	183	170	157
9	16MnDR	正火	6~16	490	315	210	193	180	167	153
10	15MnNbR	正火	6~16	530	370	247	215	—	—	—
			>16~36	530	360	240	208	—	—	—
11	12MnNiVR	调质	6~34	610	490	327	297			
12	07MnNiCrMoVDR	调质	6~36	610	490	327	297			

注：中间温度时的许用应力值，可用内插法求得。

2.5　立式储罐用钢材选用时应注意的问题

2.5.1　立式储罐罐壁用钢材选用时应注意的问题

1. 储罐容量的大型化，促进高强度钢的应用和开发

储罐用钢材近30多年来，由于储罐大型化的发展，高强度钢的应用越来越多，等级也越来越高。从1963~1964年期间由荷兰壳牌石油公司在欧罗巴港建成的第一批$10\times10^4m^3$原油浮顶罐(直径76.2m，罐高22m)，采用德国st52厚34.5mm钢板，抗拉强度为520~620MPa(一般抗拉强度>500MPa即500MPa以上的钢材称为高强度钢)。20世纪70年代末80年代初，由日本建成的$14\times10^4m^3$原油浮顶罐，采用焊接结构用轧制钢板SM570(旧牌号SM58)，最大厚度49mm，抗拉强度为570~720MPa。1985年中国从日本引进$10\times10^4m^3$原油浮顶罐，采用日本压力容器用钢SPV490Q高强度调质钢板，抗拉强度为610~740MPa。1997~1998年中国建成$10\times10^4m^3$原油浮顶罐，采用国产低合金高强度钢WH610D2(12MnNiVR)，抗拉强度为610~740MPa。由以上可看出，要发展更大容量的原油罐，在不突破最大板厚限制的情况下，只有应用和开发更高强度的钢板。

2. 储罐壁板最大厚度的限制

储罐壁板最大厚度的限制是由下面两个因素引起的：其一是对一定强度的钢板，由于储罐容量(尺寸)的增大，壁板厚度需相应增加；其二是随着壁板厚度的增加，为消除壁板在制造和焊接时产生的应力，必须采取现场消除应力的热处理措施。目前对储罐的大型化还没能解决热处理的问题，为此只有限制壁板的厚度以确保储罐的安全运行。目前储罐壁板最大厚度限制在45mm以内。最大板厚的限制是各国按其生产的钢材和施工经验提出来的。

3. 储罐用材(主要是钢板)的多样性

由于储罐容量从$100m^3$到$10\times10^4m^3$甚至$20\times10^4m^3$更大容量的储罐，要求钢板的品种从普通碳素结构钢到焊接结构高强度钢。其强度等级范围广，以满足储罐不同容量的需求。

由于液体化学品储罐的发展，满足各种液体腐蚀性的要求，不锈钢材质的应用越来越多，主要牌号有0Cr18Ni9、00Cr19Ni10、0Cr17Ni12Mo2、00Cr17Ni14Mo2。对某些液体化学品小容量储罐也有采用铝及铝合金的材质。

(1) 储罐壁用材的基本要求

储罐壁用材的基本要求是强度。可焊性和夏比(KV_2)冲击功。下面分别叙述：

① 强度。

强度包括抗拉强度和屈服强度。由于储罐的操作温度在250℃以下，且大部分储罐处在90℃以下，因此其强度大多是常温下的强度。强度是决定罐壁厚度大小的力学性能指标。储罐特别是大型储罐是消耗钢材较多的设备，而罐壁的重量在储罐总重量中占的比重较大(约50%~60%)，采用高强度钢在适当高径比要求下能节约投资。另外，由于对罐壁钢板最大厚度的限制，开发罐壁用高强度钢(保证可焊性和KV_2冲击功)。就成为发展大型储罐的几乎是唯一的途径。

值得指出的是，强度与材料的使用状态(热处理状态)有关。高强度钢常用的有正火钢和调质钢。前者热处理方法简单，材质均匀，后者热处理工艺较复杂，强度比正火钢高，KV_2冲击功也较高，罐壁可减薄，反过来又能改善焊接性能。

② 可焊性。储罐壁是许多块钢板通过焊接方法拼接而成的。钢板的可焊性一般用两个

指标来控制：一是碳含量或碳当量；二是热影响区的硬度。第一个指标取决于钢材的化学成分。一般碳钢以碳含量，低合金钢以碳含量或碳当量 $C_E\%$ 把钢的化学成分对钢淬硬性的影响折算成碳的影响来估价可焊性。当碳钢的碳含量 <0.25%，低合金钢的碳含量≥0.25%应限定其 $C_E<0.45\%$，可焊性良好。当碳钢的含碳量 >0.4%，低合金钢的含碳量 >0.38%淬裂倾向性大，可焊性不好。所谓淬裂倾向性大是指钢材焊接时，焊接热影响区被加热至 A_{c3} 以上，快速冷却(如空冷)后会被淬硬，钢材含碳量或碳当量越高，焊接热影响区的硬化与脆化倾向越大，在焊接应力作用下容易产生裂纹的倾向性越大。

碳当量的计算方法不是唯一的。因而在规定碳当量的值时，必须明确其计算方法。

国际焊接学会推荐按下式计算碳当量：

$$C_E = C + \frac{Mn}{6} + \frac{Cr + Mo + V}{5} + \frac{Ni + Cu}{15} \text{(炉前分析成分)}$$

当 $C_E < 0.4\%$ 时，钢材的可焊性优良。

实际上对 C_E 值要求可根据现场条件如最低焊接温度、预热条件等控制；如果控制较好，C_E 值可要求大一些，否则可要求小一些。

可焊性的另一个指标是热影响区的硬度。热影响区的硬度与 C_E 值及焊接时冷却速度有关。C_E 值越高冷却速度越快热影响区的硬度越高。热影响区的硬度作为可焊性指标时，国际焊接学会 IIW 对工件冷却速度有一个规定：工件由 800℃ 至 500℃ 冷却时间为 7s。500℃ 以下冷却速度为 28℃/s。在上述冷却速度下，日本钢材 HW50 在板厚 50mm 以下时，规定热影响区的硬度≤$390HV_{10}$

③ 钢板的韧性——冲击功 A_{KV}。防止储罐(油罐)脆性破坏的一个重要数据，就是对罐壁用材提出恰当的冲击韧性指标。储罐用材经过几十年的发展，国际上技术先进的国家的油罐设计标准几乎都用钢板的 V 型缺口冲击试验得到钢板的韧性——冲击功(吸收能量)A_{KV} 值来预测钢板的韧性。

(2) 大型储罐罐壁用材的特殊性

储罐罐壁用钢板，尤其是大型储罐罐壁用钢板有其特殊性。并非所有适于制造压力容器的钢板均可以不提附加条件而用于建造大型储罐的罐壁。

用于建造大型储罐罐壁的低合金高强度调质钢板应满足以下条件：

① 高强度；

② 高韧性；

③ 良好的焊接性能；

④ 能满足大型储罐施工现场大线能量焊接的要求。

2.5.2 选用许用应力时应注意的问题

① GB 50341 规定的高强度钢板的许用应力与常用的油罐规范 API 650、JIS B8501、BS 2654、SH 3046 相比，许用应力取值最高，为 JIS B8501 的 1.1 倍，API 650 的 1.24 倍以上，为 SH 3046 和 BS 2654 的 1.25 倍。

按照 API 650、JIS B8501 的许用应力设计的 $10\times10^4m^3$ 原油罐，国内外已经有大量工程实践验证。按照 GB 50341 规定的高强钢许用应力，设计的 $10\times10^4m^3$ 以上大型储罐，其安全性、可靠性尚待进一步确认。

从安全的角度考虑应按 SH 3046 的规定实施。

② GB 50341 与 SH 3046 对罐壁钢板的最低设计温度，规定不一样。

钢材的常温许用应力应随设计温度的升高向下调整，是国内外都采用的原则。但是，对常温许用应力进行调整的最低设计温度值，国内外相关标准是不同的。详见表 2.5－1。

表 2.5－1　对常温许用应力进行调整的最低温度

标准说明	标准代号	对常温许用应力进行调整的最低设计温度/℃
中国国家标准	GB 50341—2003	>20
美国石油学会标准	API 650	>90
英国标准	BS 2654	>150
日本工业标准	JIS B8501	>90（高强度钢为 >40）
中国石化行业标准	SH 3046—92	>90

目前，国内设计的绝大多数储罐，只有当设计温度高于 90℃时，常温许用应力才向下进行调整。国内外长期的使用经验也表明：设计温度不高于 90℃时，采用常温许用应力是安全、可靠的，也是经济合理的。

③ GB 50341 采用的 20R 钢板的许用应力低于 Q235A 不合理。

国产钢板 20R 的性能和质量都优于 Q235A，许用应力低于 Q235A 是不合理的。

2.6　储罐的抗震设计

2.6.1　概述

1. 储罐的地震灾害

地震是人类社会发展中最严重的自然灾害之一。用来储存可燃、易爆液体的储油罐在地震时遭到破坏后往往都伴随严重的次生灾害。例如：1964 年 6 月 16 日，日本新潟地区发生了 7.5 级地震，附近昭和炼油厂罐区一个直径为 51m，高 15m 的浮顶储油罐，由于浮顶撞击引发火灾，并逐步蔓延到整个罐区，仅储油罐就烧毁 84 座，连续燃烧了两个星期，损失非常严重。

1999 年 8 月 17 日，土耳其发生 7.8 级强烈地震，位于伊兹米特市炼油能力为 1150×10^4t 的蒂普拉什炼油厂在地震时当即燃起大火，起火原因是由于连接油罐的管线破裂，从而导致了 7 个储油罐引发大火。大火产生的黑烟笼罩了整个市区，不仅给该炼油厂造成 25×10^4t 原油损失，而且也给周围地区的环境带来了严重污染。

2003 年 9 月 26 日，日本北海道东南约 80km 海域分别发生了里氏 8 级和 7 级的强烈地震。受地震影响，在北海道的一家炼油厂先后有数座储油罐燃起熊熊大火，致使炼油厂全面停工，当地两万多居民也因此一度被紧急疏散，据有关方面报道，引起这次大火的原因是由于地震使储油罐的浮船部分晃动过大，致使罐内油品溢出而造成的。

1976 年唐山大地震，使位于地震烈度为 9 度区的天津化工厂，有两台储油罐遭到严重破坏，罐内原油全部溢出，污染了大片厂区。

2008 年 5 月 12 日的汶川 8.0 级强烈地震，使远离地震震中区的西安石化分公司（直线距离约 700km），受这次地震的长周期地震波影响，原油罐区的所有外浮顶油罐（包括部分内浮顶罐）因浮盘出现大振幅晃动而不同程度地发生冒油、导向管弯曲、罐顶平台和转动扶梯损坏等严重破坏现象。

2. 储罐的破坏形式

储罐在地震中的破坏形式有象足式屈曲、连接管线破裂、靠底部的罐壁开裂、连接罐壁中部与基础的消防泡沫管线撕裂罐壁、连接罐与罐顶的走道掉落、浮顶梯子出轨、储罐发生明显翘离等现象。

常见的储罐地震灾害有以下几个方面：

(1) 罐壁的损坏

罐壁的损坏主要表现为罐壁底部的“象足式鼓曲”，即罐壁上部或底部的过度变形或失稳，还有的整个罐壁严重外鼓。罐壁整体外鼓显然是由环向拉应力引起的，罐壁的过度变形使得局部应力过大，会撕裂罐壁和底部的连接部位导致泄漏。

(2) 罐顶的损坏

储罐的罐顶大致可分为固定顶和浮顶两大类。

固定顶的破坏主要有罐顶与罐壁连接处开裂，固定顶屈曲等，其原因主要是储液晃动引起的对流压力的冲击及储液晃动形成负压所造成。

浮顶的破坏主要是浮顶上部构件损坏，浮舱和单盘的焊缝撕裂，浮顶卡住不能升降造成破坏，其原因是液面晃动过大所致。

(3) 罐底板、锚固件和罐底与罐壁的连接角焊缝的破坏

这些部位的破坏往往引起储存介质大量外流，并且可能导致严重的次生灾害。在地震的作用下，储油罐的翘离和储罐基础的不均匀沉陷或局部沉降等因素的共同影响是造成这类破坏的原因。

(4) 管接头及附件的破坏

这种破坏是由于储罐的翘离、移位和沉陷引起，一般可采用构造措施加以防止，如采用柔性连接方式。

(5) 地基沉陷、基础液化

这一类破坏会导致罐体强度及稳定方面的破坏。

为了保证储罐安全运行，在地震条件下不发生重大的灾害性事故，国外做了大量的研究工作。国内自 1976 年唐山大地震以来，也对储罐的抗震能力做了大量的研究、试验工作，先后制定了石油化工设备抗震鉴定标准和设计标准。现行标准是 SH 3048—1999《石油化工钢制设备抗震设计规范》。

2.6.2 立式储罐的抗震设计

储罐的抗震设计，是验证按静液压设计的储罐是否满足建罐地区、地震设防烈度的要求。

抗震设防烈度为 6 ~ 9 度时，储罐应当进行抗震设计。储罐的抗震设计步骤如下：

1. 确定底层罐壁的竖向临界应力

按静液压设计确定储罐底层罐壁厚度以后，底层罐壁的竖向临界应力是一个固定的值，只与储罐的自身因素有关。

底层罐壁的竖向临界应力按式(2.6-1)、式(2.6-2)计算：

$$\sigma_{cr} = K_c E \delta_1 / D_1 \tag{2.6-1}$$

$$K_c = 0.0915(1 + 0.0429(H/\delta_1)^{1/2}(1 - 0.1706 D_1/H) \tag{2.6-2}$$

式中 σ_{cr}——罐壁竖向临界应力，MPa；

K_c——系数；

E——材料的弹性模量，MPa；

δ_1——第一圈罐壁的厚度，m；

D_1——第一圈罐壁的平均直径，m；

H——罐壁的高度，m。

2. 第一圈罐壁的容许临界应力

第一圈罐壁的容许临界应力，应按式(2.6-3)计算：

$$[\sigma_{cr}] = \sigma_{cr}/(1.5\eta) \quad (2.6-3)$$

式中　$[\sigma_{cr}]$——第一圈罐壁的容许临界应力，MPa。

η——重要度系数，储罐公称容量 $<10000m^3$ 取 1.0，$\geqslant 10000m^3$ 取 1.1。

3. 罐壁底部的竖向压应力

计算地震设防条件下，罐壁底部的竖向压应力 σ_c 的计算过程是：

① 计算储罐的罐液耦连振动基本周期 T_1；

② 计算储罐的水平地震作用 F_H；

③ 计算水平地震作用对储罐底面的倾倒力矩 M_1；

④ 计算罐底周边单位长度上的提离力 F_1；

⑤ 计算罐壁底部的竖向压应力 σ_c。

4. 满足抗震的条件

$$\sigma_c < [\sigma_{cr}] \quad (2.6-4)$$

当式(2.6-4)得到满足时，储罐符合抗震设防烈度的要求。

当式(2.6-4)得不到满足的，应采取以下一个或多个措施，然后重新计算，直到式(2.6-4)得到满足为止。

① 减小储罐的高径比；

② 加大罐底环形边缘板的厚度，较厚的罐底环形边缘板增加了罐底周边的提离反抗力，有利于降低罐壁底部的竖向压应力；

③ 增加第一圈罐壁的厚度；

④ 用锚固螺栓通过螺栓座把储罐锚固在基础上，罐底周边单位长度上的锚固螺栓抗力，应大于周边单位长度上的提离力与罐壁重力之差。

2.6.3　储罐抗震的构造要求

① 储存易燃液体的浮顶罐，其导向装置、转动浮梯等，应工况良好，连接可靠；浮顶与罐壁之间，应采用软密封装置。

② 石油储罐应有良好的静电接地装置。浮顶、转动浮梯与罐壁之间应导电良好，防止静电聚集。

③ 大口径刚性管道不宜直接与罐体连接，宜采用柔性接头连接。

参　考　文　献

1　中国石化北京设计院．石油炼厂设备．北京：中国石化出版社，2001

2　徐英，杨一凡，朱萍．球罐和大型储罐．北京：化学工业出版社，2005

3　项忠权，孙家孔．石油化工设备抗震．第1版．北京：地震出版社，1995

第三章　固定顶储罐

固定顶储罐是储罐发展史上最早使用的钢制平底立式储罐，由罐底、圆柱形罐壁和在罐壁上端的罐顶三大部分组成的。各种立式储罐的罐底、罐壁结构形式大同小异，而结构形式却有多种各不相同的类型，如锥顶、拱顶、伞形顶、网架顶等，由于罐顶的形式不同，对于不同罐顶形式的固定顶储罐，又分别称为锥顶罐、拱顶罐等。常用固定顶储罐见图1.2－1。以下对固定顶储罐的三大部件及其附件，分别予以介绍。

3.1　罐　　底

3.1.1　罐底的结构形式

固定顶储罐的罐底是直接平铺在储罐基础的表面上，罐底板的下表面与基础接触，并紧密贴合；罐底的上表面直接与储存的液体介质接触。由于罐底板的厚度与储罐直径相比非常小，除去与罐壁相连的部分(距罐壁的径向距离不大于1m)以外，认为罐底是一个平铺在弹性基础上的挠性薄膜元件，其厚度取决于储存的液体介质对钢材的腐蚀性和罐底预期的使用寿命。

罐底可以分为二部分：罐底的边缘板和罐底中幅板。边缘板是指与罐壁连接处的罐底部分，中幅板是指距离罐壁约600mm以外的其余部分罐底。中幅板处于薄膜受力状态，可认为在板的单位长度上的径向力和环向的薄膜力是一致的并且等于常数。平罐底在静液压作用下，受力最复杂的部位是罐底与罐壁的连接部位的边缘板，因此一般情况下边缘板的厚度大于中幅板的厚度。

由于储罐的直径比较大，储罐的罐底是用钢板拼接组焊而成的。罐底的排板形式主要有条形排板罐底和弓形边缘板罐底。罐底钢板之间的焊接有搭接结构和对接结构。

1. 条形排板罐底

条形排板罐底见图3.1－1，常用于直径小于12.5m的储罐。

2. 弓形边缘板罐底

储罐直径大于或等于12.5m的罐，通常在罐底的外侧、罐壁的下端采用弓形边缘板，罐底的其余部分仍然是条形排版(习惯上称为中幅板)，如图3.1－2所示。由于弓形边缘板的厚度大于中幅板的厚度，并且在罐壁内的径向宽度也大于600mm，这种结构有利于改善罐底和罐壁连接的受力状态，提高储罐的操作安全性。

弓形边缘板的径向尺寸，一般应不小于700mm，考虑到边缘板受力的复杂性和储罐长周期操作等因素，SH 3046规定不包括腐蚀裕量的弓形边缘板的最小厚度，见表3.1－1。

考虑到储罐长周期操作等因素的影响，规定了不包括腐蚀裕量的罐底中幅板的最小厚度，见表3.1－2。

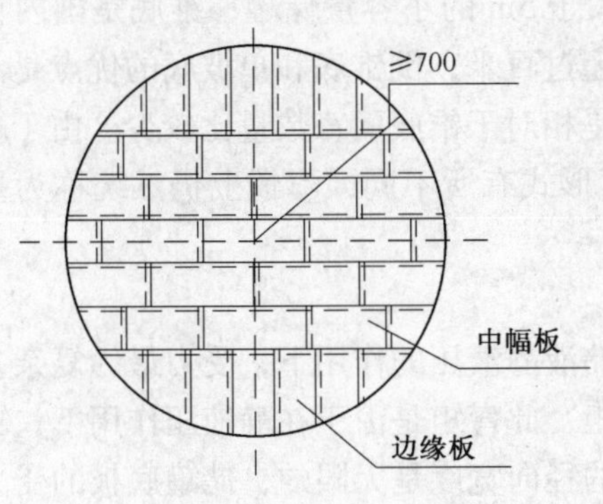

图 3.1－1 条形排版罐底

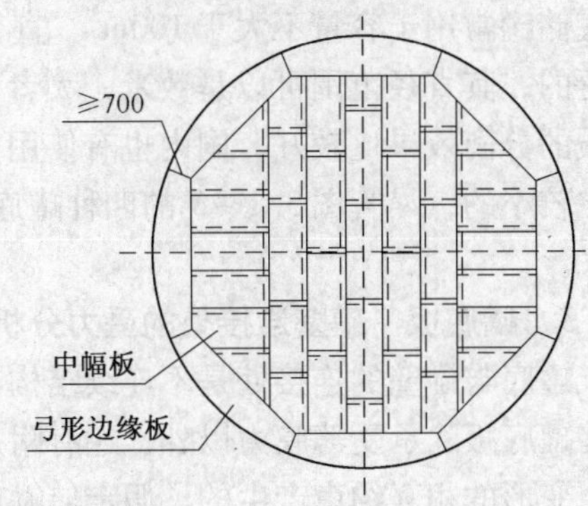

图 3.1－2 弓形边缘板罐底

表 3.1－1 边缘板的最小厚度(SH 3046—92)

底圈罐壁板厚度/mm	边缘板钢板规格厚度/mm	
	碳素钢	不锈钢
≤6	6	与底圈壁板等厚度
7～10	6	6
11～20	8	7
21～25	10	—
>25	12	—

表 3.1－2 中幅板的最小厚度(SH 3046—92)

储罐内径/m	中幅板钢板规格厚度/mm	
	碳素钢	不锈钢
$D<10$	5	4
$D\leqslant 20$	6	4
$D>20$	6	4.5

注：规格厚度系指钢材标准中的厚度。

3.1.2 罐底的坡度

许多储存介质中不同程度的含有水或其他杂质，为了方便地将水或其他杂质从储罐内部分离出来，储罐底通常是有坡度的，以便于水或其他杂质向低点汇集。常用的罐底坡度形式，有锥底(中心高边缘低)、倒锥底(中心低边缘高)、单坡底(沿直径方向一边高一边低)和平底，如图 3.1－3 所示。

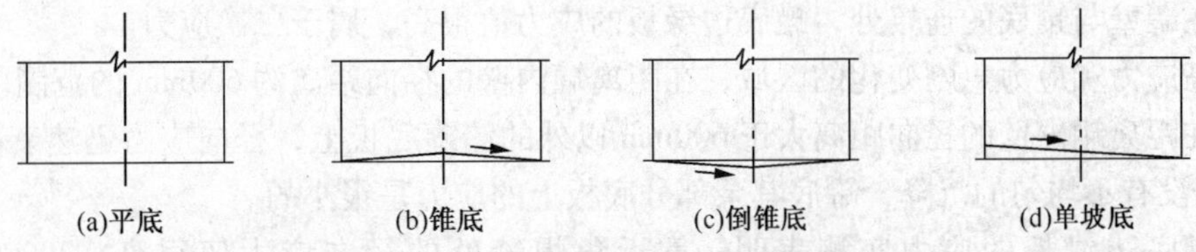

图 3.1－3 平底储罐的罐底坡度形式

平底储罐常用于容量不大于100m³、直径不大于5m的小容量储罐；锥底是国内目前使用最广泛的，其直径范围可以是数米，大者可以超过百米；倒锥底和单坡底的优点是油品与水及杂质的分离效果比较好，国内也有使用，但是相对于锥底而言数量比较少。由于罐底的坡度相比较小的，尽管图3.1－3的四种罐底坡度形式有所不同，习惯上仍然统称为平底储罐的罐底。

3.1.3 罐底板－罐壁连接处的受力分析

由于罐底与罐壁的连接处是不连续结构，在储液静液压的作用下，受力最为复杂。罐壁附近的储罐底板除承受薄膜力以外，还有附加弯矩，此弯矩是由于在静液压作用下，罐底和罐壁径向变形的相互约束产生的，假定储罐底板的径向宽度是无限的，储罐底板的受力状态见图3.1－4。

图3.1－4中，坐标原点0是罐壁与底板的交点，x坐标指向罐中心，y坐标是切线方向，z是罐壁的高度方向。F_1是罐壁对储罐底板提供的支承反力，M_0是罐壁与储罐底板之间的约束弯矩，假定储罐基础是弹性地基，并且弹性地基对边缘板的反力为线性分布，在$x=$ 1处达到单位面积上的压力值为p_2，2是储罐底板上受弯区域的径向宽度。

为了储罐的安全运转，国内先后对20000m³浮顶油罐，50000m³浮顶油罐和100000m³的罐壁底部处的储罐底板的受力情况，在储罐试水的条件下进行了应力应变测试。100000m³储罐在试水的条件下进行的应力应变测试，详细的试验过程和分析可以参阅参考文献[2，3]。

罐壁底部处的储罐底板的径向应力σ_x分布情况，试验结果和理论上的应力分析结果是一致的，如图3.1－5所示。

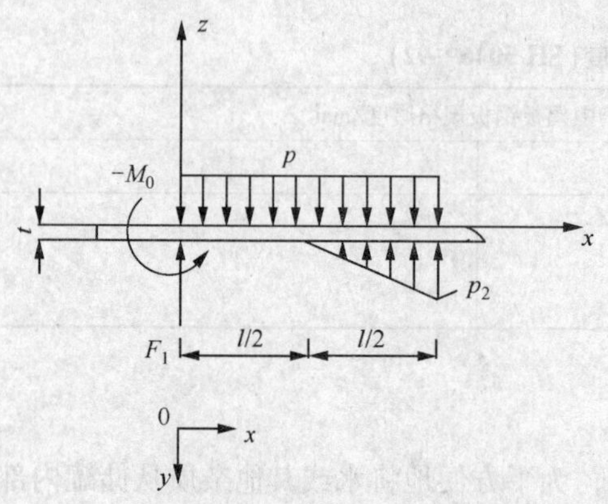

图3.1－4 边缘板受力分析

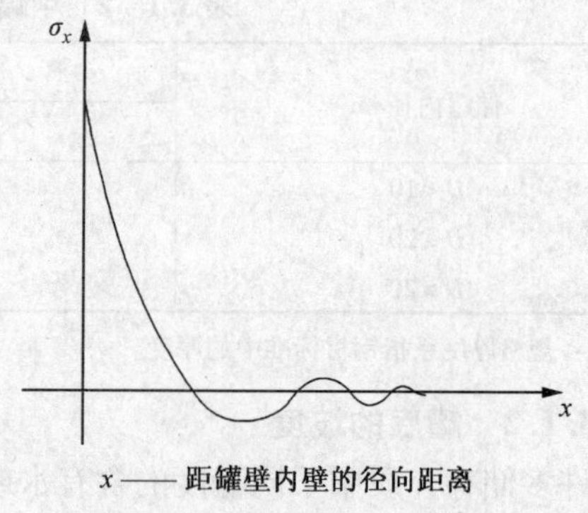

图3.1－5 储罐罐壁下端底板的径向应力分布

通过理论分析和应力实测有以下结论：

① 在罐壁与罐底的连接处，罐底边缘板的应力值很高，属于二次应力。

② 高应力和应力急剧变化的区域，在距离罐内壁的径向距离约600mm的范围内。

③ 在距离罐内壁的径向距离大于600mm以外的储罐底板上，径向应力迅速衰减，只要储罐基础没有不均匀的沉降，罐底其余部分底板上的应力是很小的。

④ 罐底边缘板的应力实测表明：靠近角焊缝处的径向应力值很高，20000m³罐和50000m³罐超过钢材的屈服强度；100000m³罐略低于钢材的屈服强度。由于二次应力的最高许用应力是钢材屈服强度的二倍，在实际应用上局部的高应力是允许存在的。

从应力测试的结果来看：为保证储罐的安全运转，适当增加罐壁下端储罐底板（即罐底边缘板）的厚度，并且采用与罐壁相同的钢材是十分必要的。

3.1.4　罐底的焊接结构形式

罐底的焊接结构分为搭接结构和对接结构二种形式。前者多用于储罐直径不大于60m的罐底，后者多用于储罐直径大于60m的罐底。在国内，储罐直径为60m的罐底，搭接结构和对接结构二种形式都曾经使用过，搭接结构对每一张钢板几何尺寸的精度要求比较低；对接结构有利于提高罐底板焊缝的质量，但是要求每一张钢板几何尺寸的精度比较高，以适应自动焊的要求。由于储罐底板的厚度相对于储罐的直径是很小的，控制焊接变形是保证罐底平整度的最重要因素。

1. 搭接形式的罐底

图3.1－1条形排板的罐底，基本上是搭接形式的罐底。图3.1－2弓形边缘板罐底，除弓形边缘板之间的焊缝是对接的以外，其余的焊缝全部是搭接焊缝。中幅板与边缘板的搭接形式，见图3.1－6。为了给罐壁提供平滑的支承面，罐底板与罐壁连接处可以采用图3.1－7和图3.1－8的结构形式。

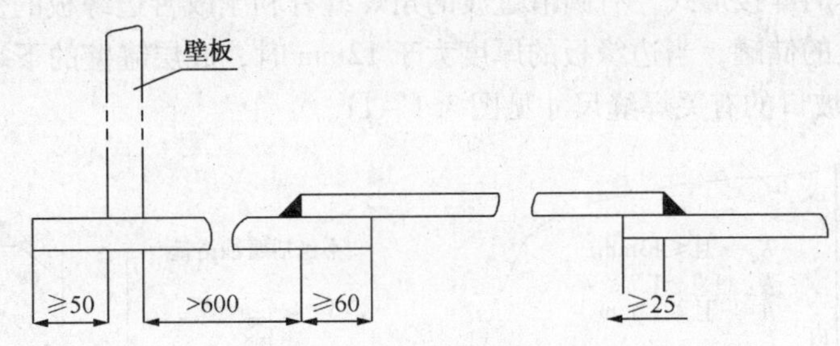

图3.1－6 罐底板的搭接接头

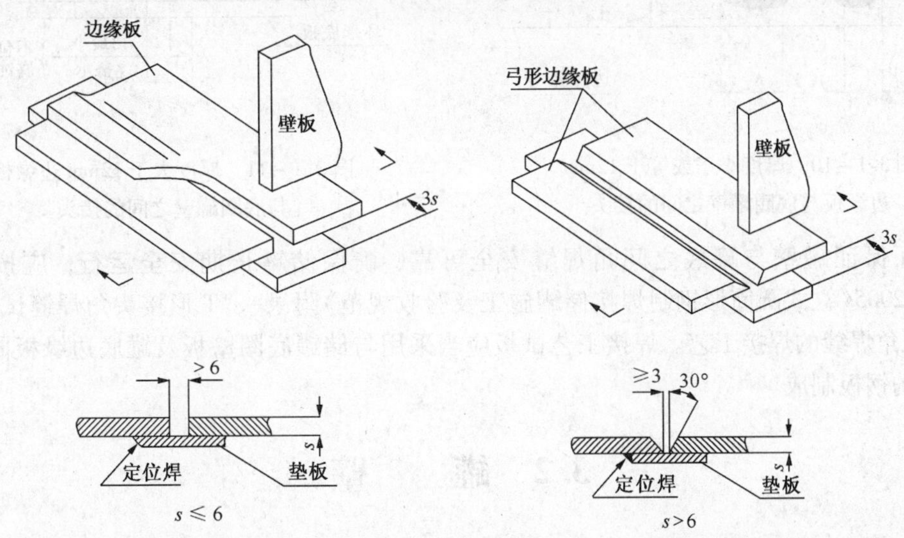

图3.1－7　罐壁下部的搭接罐底　　图3.1－8　罐壁下部的弓形边缘板

2. 对接形式的罐底

对接形式的罐底一般采用图3.1－2弓形边缘板罐底，全部焊缝都采用有垫板的对接结构，多用于直径大于60m 的储罐，中幅板与边缘板的对接形式，见图3.1－9。

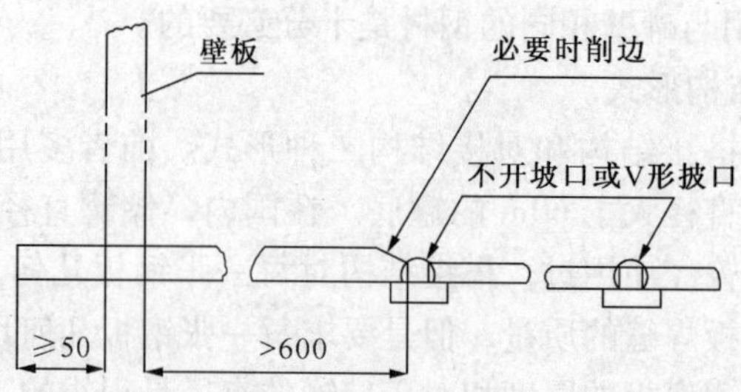

图3.1－9　罐底板的对接接头

3. 罐底与罐壁之间的角焊缝

角焊缝的焊接接头形式和角焊缝的焊接质量直接影响储罐的安全运行，必须给予足够的重视。与罐壁连接处的边缘板对接接头应磨平，以便为罐壁提供平滑的支承面。底圈罐壁板与边缘板之间的连接，应采用双面连续角焊缝，焊脚高度等于二者中较薄件的厚度，且焊脚高度不应大于13mm。在设防烈度大于7度的地区，底圈罐壁板与罐底边缘板之间的连接应采用如图3.1－10的焊接形式，有圆滑过渡的角焊缝有利于改善边缘板的受力状态。

对于容量较大的储罐，当边缘板的厚度大于12mm时，底层罐壁的下端可以开双面或单面坡口，双面45°坡口的有关焊缝尺寸见图3.1－11。

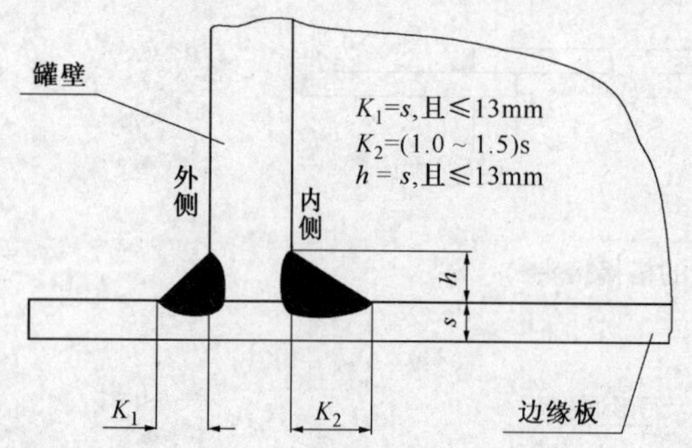

图3.1－10　厚度小于或等于12mm边缘板与底圈罐壁之间的接头

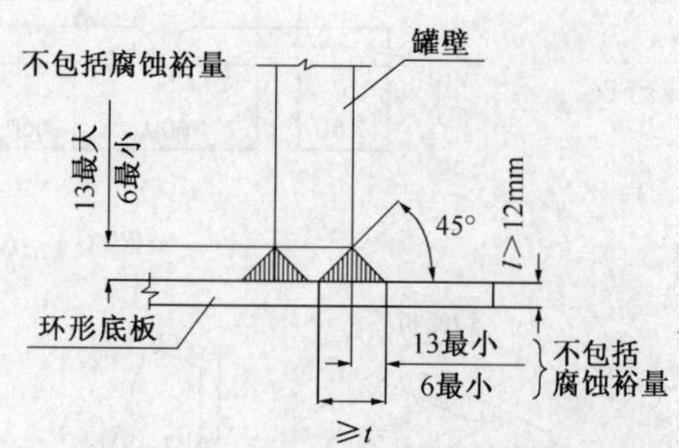

图3.1－11　厚度大于12mm边缘板与底圈罐壁之间的接头

为了保证罐壁与罐底之间角焊缝安全可靠、确保储罐长期安全运行，应按照GB 50128—2005《立式圆筒形钢制焊接储罐施工及验收规范》附录一“T形接头角焊缝试件和检验”验证角焊缝的焊接工艺。焊接工艺试板应当采用与储罐底圈壁板及罐底边缘板同材质、同厚度的钢板制成。

3.2　罐　　壁

由于储罐的罐壁厚度比罐的半径小得多，在理论上认为罐壁是薄壁圆柱形壳体，在设计计算中仅考虑环向薄膜应力的作用，圆筒形罐壁的受力状态与罐底是不同的，罐壁主要承受储存介质的侧向静压力，罐壁的厚度是由强度条件确定的，另外也必须考虑操作负压的影响和风载荷作用下的稳定性。在地震设防区的储罐，还必须考虑在地震的条件下，储罐的安全、可靠性。风和地震载荷的影响见第六章。

3.2.1 静液压力作用下罐壁的强度要求

圆筒形罐壁主要承受储罐的静液压力，静液压力从上至下逐渐增大呈三角形分布，见图3.2-1。

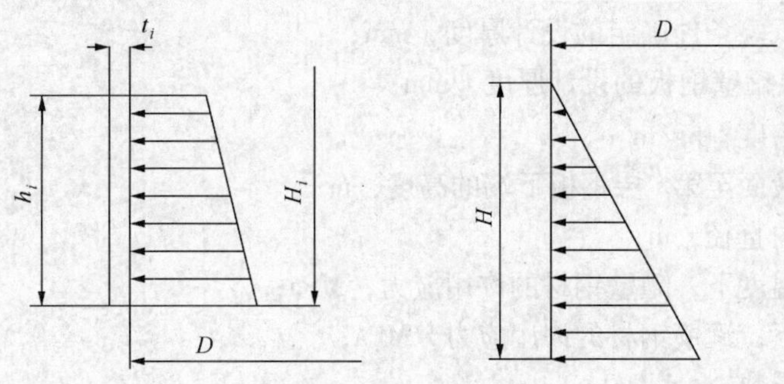

图3.2-1 圆筒形罐壁承受的静液压力

图中 H——储液的高度；

D——储罐内径；

H_i——液面至第 i 层罐壁钢板下端的高度；

h_i——第 i 层罐壁钢板的宽度；

t_i——第 i 层罐壁钢板的厚度。

在静液压力的作用下，薄壁圆筒形罐壁中每一点的应力不大于钢材的许用应力，是罐壁厚度设计的基本要求。

由于静液压是呈三角形分布的，沿着罐壁高度方向，罐壁上每一点承受的静液压力是不同的。对于每一层罐壁钢板而言，静液压力呈梯形分布，上端小而下端大，理想化的罐壁钢板截面也是呈梯形分布的，上端小而下端大。由于罐壁的高度，通常总是大于钢板的宽度，所以罐壁总是用多层钢板组焊而成的。钢厂供应的钢板是等厚度的，对于每一层钢板都存在着以哪一点的静液压力为基准，计算钢板厚度的问题。

3.2.2 确定罐壁厚度的方法

为了计算罐壁的厚度，目前比较常用的有二种设计方法：即定点设计法(固定点设计法)和变点设计法。

1. 定点设计法

对于每一层罐壁，以罐壁板下端以上的某一点处的静液压力为基准，作为该层罐壁板的设计压力，并且假定该层罐壁上每一点的静液压力均等于设计压力，认为每一层罐壁都是均匀内压作用下的薄壁圆筒。以这种方法为准，计算罐壁钢板的厚度，就称之为定点设计方法。

“罐壁板下端以上的某一点”是考虑到下层罐壁的厚度通常大于相邻的上层罐壁厚度，使得上层罐壁板上的最大环向应力向上偏移进行的修正。在定点设计方法中，国内外广泛采用：罐壁板下端以上0.3m处的液体静压力作为设计压力。

在均匀内压作用下的薄壁圆筒，当环向应力不大于罐壁钢材许用应力的条件下，SH 3046—92《石油化工立式圆筒形钢制焊接储罐设计规范》中计算罐壁的厚度按照式(3.2-1a)、式(3.2-1b)、式(3.2-1c)确定，此方法即为定点设计法。

$$t_1 = 0.0049\rho(H_i - 0.3)D/([\sigma]^t\phi) + C_1 + C_2 \quad (3.2-1a)$$

$$t_2 = 4.9(H_i - 0.3)D/([\sigma]\phi) + C_1 \quad (3.2-1b)$$

$$t_i = \max(t_1, t_2) \quad (3.2-1c)$$

式中 t_1——按照储液条件确定的设计厚度，mm；

t_2——充水试验条件确定的设计厚度，mm；

t_i——第 i 层罐壁钢板的设计厚度，mm；

ρ——储液密度，kg/m^3；

H_i——设计液面至第 i 层钢板下端的高度，m；

D——储罐内直径，m；

$[\sigma]^t$——设计温度下，罐壁钢材的许用应力，MPa；

$[\sigma]$——常温下，罐壁钢材的许用应力，MPa；

ϕ——焊缝系数，$\phi\leqslant1.0$；

C_1——钢板的厚度负偏差，mm；

C_2——腐蚀裕量，mm。

按式(3.2－1)设计的储罐已在国内大量使用，具有广泛的工程实践经验。

SH 3046—92《石油化工立式圆筒形钢制焊接储罐设计规范》中规定，罐壁的厚度是设计条件下(即按储存介质的实际密度加腐蚀裕量)的设计厚度和充水试验条件下(即介质密度取水的密度，不包括腐蚀量)的设计厚度两者中的大者，并圆整至钢板的规格厚度，且应不小于罐壁钢板最小规格厚度的规定。SH 3046—92 和 GB 50341—2003 罐壁钢板最小规格厚度的规定见表 3.2－1 和表 3.2－2。

表 3.2－1 罐壁钢板最小规格厚度 (SH 3046—92)

储罐内径 D/m	钢板最小规格厚度/mm	
	碳素钢	不锈钢
$D\leqslant16$	5	4
$16<D\leqslant35$	6	5
$35<D\leqslant60$	8	—
$60<D\leqslant75$	10	—
$D>75$	12	—

GB 50341—2003《立式圆筒形钢制焊接油罐设计规范》中计算罐壁的厚度按照式(3.2－2a)、式(3.2－2b)确定。此方法也是定点设计法。

$$t_d = 4.9\rho(H - 0.3)D/([\sigma]_d\phi) \quad (3.2-2a)$$

$$t_t = 4.9(H - 0.3)D/([\sigma]_t\phi) \quad (3.2-2b)$$

式中 t_d——按照储液条件确定的设计厚度，mm；

t_t——充水试验条件确定的设计厚度，mm；

ρ——储液相对密度(取储液与水密度之比)；

H——计算液位高度，m，从所计算的那圈罐壁板底端到罐壁包边角钢顶部的高度，或到溢流口下沿(有溢流口时)的高度；

D——储罐内直径，m；

$[\sigma]_d$——设计温度下钢板的许用应力，MPa；

$[\sigma]_t$——常温下钢板的许用应力，MPa；

ϕ——焊接接头系数，取 $\phi=0.9$；当标准规定的最低屈服强度大于390MPa时，底圈罐壁板取 $\phi=0.85$。

GB 50341—2003《立式圆筒形钢制焊接储罐设计规范》中规定，罐壁板的最小公称厚度，不得小于式(3.2－2a)、式(3.2－2b)的计算厚度分别加各自壁厚附加量的较大值。

GB 50341—2003 规定的罐壁板的最小公称厚度见表3.2－2。

表3.2－2　罐壁最小公称厚度（GB 50341—2003）

储罐内径 D/m	罐壁最小公称厚度/mm	储罐内径 D/m	罐壁最小公称厚度/mm
$D<15$	5	$36\leqslant D\leqslant 60$	8
$15\leqslant D<36$	6	$D>60$	10

由于定点设计法方便实用而又安全可靠，在国际上得到广泛的使用。如美国、英国、日本、俄罗斯等国，在储罐的设计中都广泛使用定点设计法。

国内对第一台 $5\times10^4 m^3$ 的原油储罐和第一台 $10\times10^4 m^3$ 的原油储罐，在充水条件下，对罐壁进行了理论上的应力分析和现场储罐罐壁的应力实测。实测结果表明：环向应力的理论分析值与实测结果是一致的；由于罐底板对罐壁的约束使得底圈罐壁上的最大应力点的位置向上移动。

2. 变点设计法

由于每层罐壁的厚度可能是不相同的，较厚的下层罐壁会使上层的罐壁板中的最大应力点的位置向上移动，使得每一层罐壁中，最大应力点距下端的距离各不相同。对于每一层罐壁，通过计算找出该层壁板最大应力点的位置，然后再以该点的静液压作为强度计算的基准，确定该层罐壁厚度的方法，即为变点设计法。用变点设计法确定的罐壁厚度比定点法更为经济合理。

美国石油学会标准 API 650《钢制焊接油罐》中，既规定了定点设计方法，也规定了变点设计方法。变点设计方法适用于大容量的储罐。

变点设计法是一个试算过程，详细的计算方法参见 API 650《钢制焊接油罐》的正文和附录K。

3.2.3　常用的罐壁对接接头焊接形式

罐壁纵向焊接接头见图3.2－2，以内径为基准的环向对接接头见图3.2－3，以中径为基准的环向对接接头见图3.2－4。

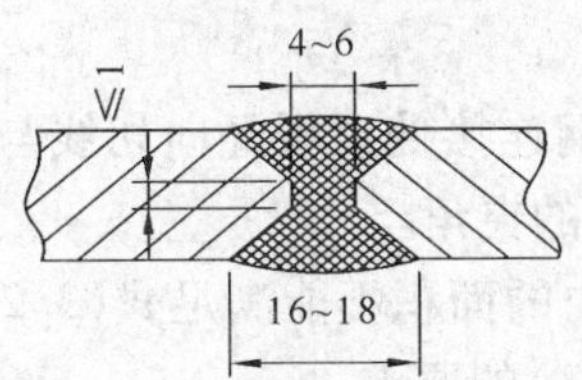

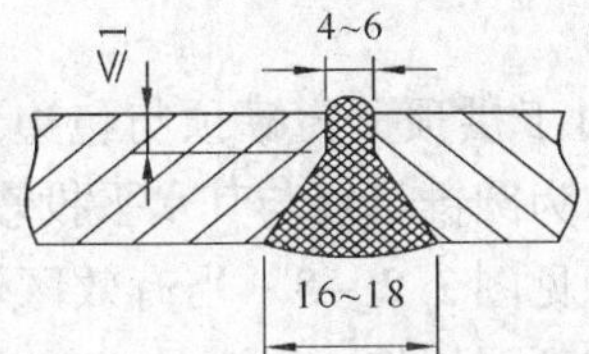

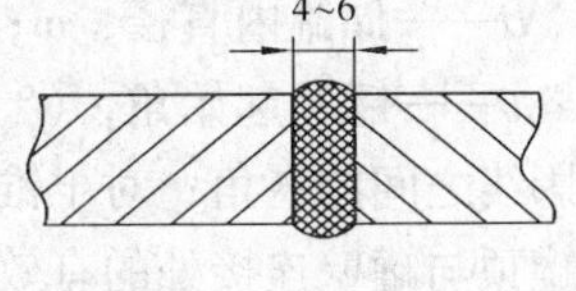

图3.2－2　罐壁纵向焊接接头

3.2.4　储罐内压对罐壁结构的影响

在内压(储罐内气相空间的压力)作用下，立式储罐有一些特殊要求，由于罐壁与罐底，罐壁与罐顶的连接部位在几何形状上是不连续的，这些部位的受力状态又比较复杂，在设计

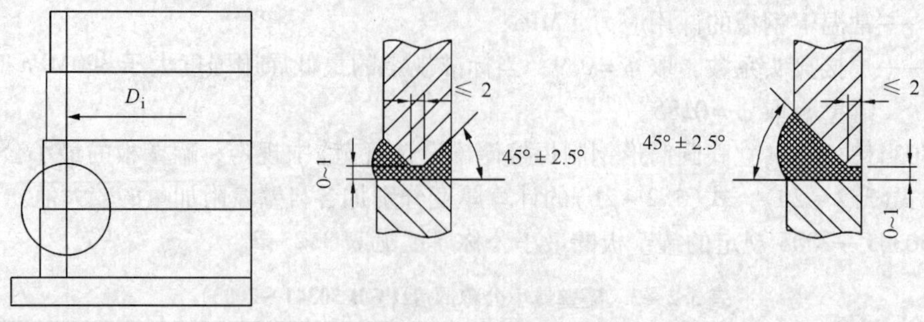

图 3.2－3 以内径为基准的环向对接接头

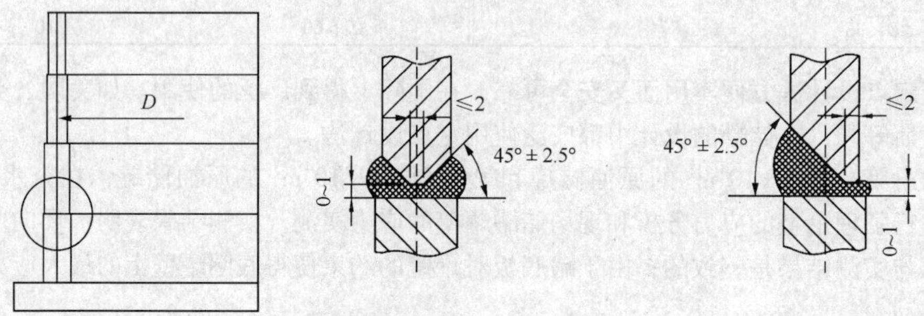

图 3.2－4 以中径为基准的环向对接接头

和使用中必须给予充分的注意。立式储罐的内压大于750Pa，为了保证储罐的安全运行，就应当考虑内压的作用。

1. *罐壁与罐顶之间的连接结构*

罐壁顶部通常都设有包边角钢，一方面使罐壁顶部具有较好的圆度，另一方面也为罐顶提供可靠的支承。由于罐顶的结构形式与圆形罐壁在几何形状上是不连续的结构，当罐顶承受外压作用时，连接处受拉应力作用；当罐顶受内压作用时，连接处受压应力作用。

(1) 罐顶与罐壁连接处的有效面积

罐顶与罐壁连接处的有效面积(包边角钢截面积加上与其相连的罐壁板与罐顶板各16倍板厚范围内的截面积之和)应满足式(3.2－3)的要求：

$$A \geqslant 0.001pD^2/\mathrm{tg}\theta \qquad (3.2-3)$$

式中 A——罐顶与罐壁连接处(见图3.2－5)的有效面积，mm²；

p——罐顶的设计压力，Pa，取设计内压及设计外压中较大者；

D——储罐内直径，m；

θ——罐顶起始角，(°)，对于拱顶，为罐顶与包边角钢连接处顶板经向切线与其水平投影线之间的夹角；对于锥顶，为圆锥母线与其水平投影线的夹角。

罐顶与罐壁连接处的有效面积见图3.2－5。当有效区域内的面积不能满足式(3.2－3)的要求时，可以在有效区域内增加环形构件，以满足式(3.2－3)的要求。

(2) 常用的储罐包边角钢的规格

常用的储罐包边角钢的规格，可以从表3.2－3和表3.2－4中选择。

(3) 压力储罐的破坏压力

为了保证储罐的安全运行，当内压的作用使得抗压环截面的应力达到钢材屈服点时，储罐内部的压力即定义为储罐的破坏压力。

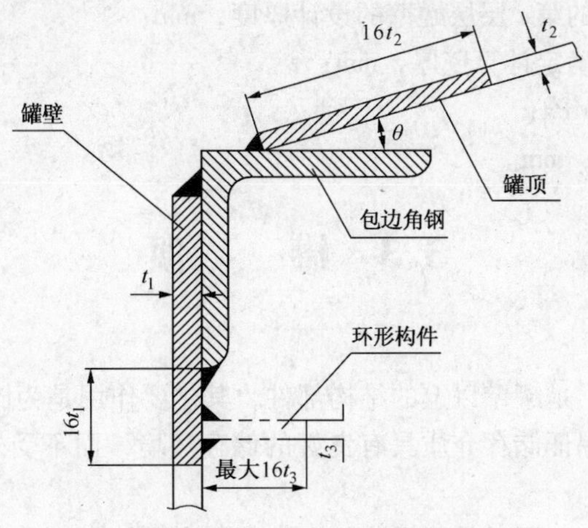

图 3.2－5　罐顶与罐壁处的有效面积

表 3.2－3　固定顶罐及内浮顶罐的包边角钢最小尺寸（SH 3046—1992）

储罐内径 D/m	包边角钢最小边尺寸/mm	储罐内径 D/m	包边角钢最小边尺寸/mm
$D\leqslant5$	∟50×5	$20<D\leqslant60$	∟90×9
$5<D\leqslant10$	∟63×6	$D>60$	∟100×12
$10<D\leqslant20$	∟75×8		

表 3.2－4　浮顶罐的包边角钢最小尺寸（SH 3046—92）

储罐内径 D/m	包边角钢最小边尺寸/mm
$D\leqslant20$	∟75×8
$20<D\leqslant60$	∟90×9
$D>60$	∟120×12

储罐的破坏压力按式（3.2－4）计算：

$$p_f = 8\sigma_s A\text{tg}\theta/D^2 + 7.58gt \tag{3.2－4}$$

式中　p_f——破坏压力，Pa；

σ_s——罐顶抗压环钢材的屈服强度，MPa；

A——罐顶抗压环的面积，mm^2；

D——储罐内径，m；

g——重力加速度，m/s^2；

t——罐顶板厚度，mm。

3.2.5　储罐内压对罐壁厚度的影响

① 当储罐的设计压力高于750Pa时，储罐应按压力储存条件进行设计。

② 当储罐的设计压力高于2000Pa时，应增加气相压力对罐壁厚度的设计厚度，按式（3.2－5）、式（3.2－6）计算：

$$t = t_i + t_p \tag{3.2－5}$$

$$t_p = 0.0005pD/[\sigma]^t/\phi \tag{3.2－6}$$

式中　t——第 i 罐壁的设计厚度，mm；

t_i——静液压作用的第 i 层层罐壁的设计厚度，mm；

t_p——由气相压力确定计算壁厚，mm；

p——设计压力，MPa；

D——储罐内直径，mm。

3.3 罐　　顶

3.3.1 概述

固定顶储罐的罐顶，是罐壁以上的结构部件，其主要作用是为储罐内的储存介质提供一个密封的封闭式顶，以保证储存介质具有良好的储存环境，而不受外部环境(如雨、雪、尘埃等)的影响。

有些固定顶储罐是在正压条件下操作的；有些固定顶储罐，罐内液面以上的气相空间的压力是变化的，会在罐内形成正压或负压。为了满足不同工况的要求，罐顶的结构应该具有承受内压作用的强度和承受负压作用的稳定性。

1. 罐顶的设计内压

固定顶储罐罐顶(包括拱顶和锥顶)的设计内压主要由储罐的操作条件确定，通常按式(3.3-1)确定：

$$p_i = Kp_{\max} - q_1 \quad (3.3-1)$$

式中 p_i——罐顶的设计内压，Pa；

K——超载系数，取 $K=1.2$；

$p_{\max}$——储罐的最大操作正压，Pa。

q_1——罐顶单位面积的重力(按罐顶投影面积计算)，Pa。

2. 罐顶的设计外压

固定顶储罐罐顶(包括拱顶和锥顶)的设计外压主要考虑罐顶自重，罐内的操作负压和附加载荷(如，雪载荷和活载荷)。罐顶的设计外压按式(3.3-2)确定：

$$p_0 = q_1 + q_2 + q_3 \quad (3.3-2)$$

式中 p_0——罐顶的设计外压，Pa；

q_1——罐顶单位面积的重力(按投影面积)，Pa；

q_2——罐内的操作负压，通常取1.2倍呼吸阀的吸阀开启压力，Pa；

q_3——附加载荷(雪载荷或活载荷)，一般不小于700Pa。

为了保证罐顶具有足够的的稳定性，q_2与q_3之和不应小于1200Pa。

目前使用得较多的罐顶形式有锥顶、拱顶、伞形顶、网架顶、柱支承锥顶等。国内使用最多的是拱顶，锥顶仅用于直径不大于10m的储罐，网架顶多用于直径大于35m的储罐，柱支承锥顶国内很少使用。多数固定顶储罐的罐顶设计条件是由外压控制的，从而使得罐顶的稳定性设计成为罐顶设计的最重要的因素。

3.3.2 锥顶

锥顶是圆锥形的罐顶，自支承式锥顶的圆锥母线与水平线的夹角，一般不小于9.5°(坡度1∶6)；柱支承锥顶的圆锥母线与水平线的夹角，一般不小于3.5°(坡度1∶16)。

1. 自支承锥顶

自支承锥顶常用于直径不大于10m的立式储罐，罐内没有承受罐顶载荷的支柱，罐顶的载荷由罐壁的上部结构承受。锥顶板的设计厚度按式(3.3-3)计算：

$$t = 2.24D(p/E^t)^{1/2}/\sin\theta + C \tag{3.3-3}$$

式中 t——锥顶板的设计厚度，mm；

D——储罐的直径，m；

p——罐顶的设计压力，取内压或外压中的大者，Pa；

E^t——设计温度下罐顶材料的弹性模量，MPa；

θ——圆锥母线与水平线的夹角，(°)；

C——厚度附加量，mm。

2. 柱支承锥顶

柱支承锥顶是由支柱、梁和罐顶板组成的。罐顶的载荷是由顶板传向梁，再传向支柱，然后由储罐基础承受，只有靠近罐壁处的罐顶载荷是由罐壁承受的。所有的梁均被视为在均布载荷作用下的简支梁，两端由支柱支承。由于这一特点，柱支承锥顶罐可以建造容量较大的储罐。柱支承锥顶在国内使用较少，国外使用相对较多。常用于储存挥发性较小的油品或类似介质。国内20世纪60年代以后新建的石油化工企业，基本上不使用柱支承锥顶，柱支承锥顶的缺点是钢材消耗量比较大，经济性比较差。对于柱支承式锥顶，本文就不再详细叙述，读者可以参阅有关的参考资料。

3.3.3 自支承拱顶

拱顶是球壳的一部分(即球冠)，球壳的半径通常是圆筒形罐壁直径的0.8~1.2倍。目前使用的拱顶分为光面球壳和带肋球壳二种，前者多用于罐直径小于12m的情况；后者一般用于直径大于12m，且小于32m的储罐。

国内储罐大多数采用自支承式的拱顶，即拱顶依靠自身的结构特点支承在圆筒形罐壁的顶端。

1. 光面球壳

由于储罐直径较大，不可能使用一块钢板制造成为一个完整的球壳，所以球壳是由多块钢板组装、焊接而成。光面球壳顾名思义是用钢板拼成的球壳，组成球壳的钢板不采用任何型钢加强，如角钢，扁钢等加强件。光面球壳的设计厚度按式(3.3-4)计算：

$$t = R(10p_0/E^t)^{1/2} + C \tag{3.3-4}$$

式中 t——光面球壳的设计厚度，mm；

R——球壳曲率半径，m；

p_0——设计内压和设计外压中的大者，Pa；

E^t——设计温度下，罐顶材料的弹性模量，MPa；

C——厚度附加量，mm。

2. 带肋球壳

带肋球壳是在球壳的内表面(或外表面)焊制适当肋条，使得罐顶具有更好的稳定性。在设计压力相同的条件下，随着储罐容量和直径的增大，光面球壳的设计厚度随之增加，从而使罐顶的钢材用量增大，投资费用增高。对于由外压(或稳定性)起着控制作用的球壳，为了减轻罐顶的重量，节省建设投资费用，采用加肋条的球壳是极为有效的途径。

国内广泛使用各种容量规格的固定顶立式圆筒形储罐储存各种油品和液体产品，当储罐的直径在12~32m时，基本上是采用带肋球壳作为储罐的罐顶。带肋球壳的受力特点是：球壳板和肋条构成的组合截面是承受载荷的主体。

带肋球壳如图3.3－1所示，图中符号的定义见相关公式中的符号说明。

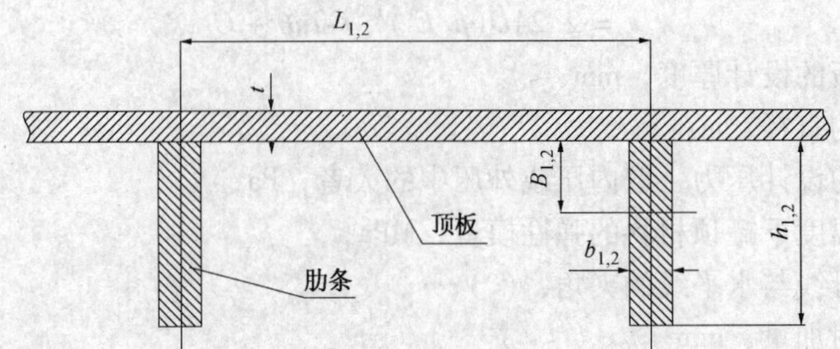

图3.3－1 带肋球壳板

（1）带肋球壳的许用外压

带肋球壳的许用外压应按式（3.3－5）计算：

$$[p]=0.1E(t_m/R)^2(t_e/t_m)^{1/2} \tag{3.3-5}$$

式中 $[p]$——带肋球壳的许用外压，Pa；

E——钢材的弹性模量，Pa；

t_m——带肋球壳的折算厚度，mm；

R——球壳的曲率半径，m；

t_e——球壳顶板的有效厚度，mm，取钢板规格厚度减去厚度附加量。

带肋球壳的折算厚度按式（3.3－6）~式（3.3－10）计算：

$$t_m=(t_{1m}{}^3+2t_e{}^3+t_{2m}{}^3)^{1/2} \tag{3.3-6}$$

$$t_{1m^3}=12[h_1b_1/L_1(h_1{}^2/3+h_1t_e/2+t_e{}^2)+t_e{}^3/12-n_1t_ee_1{}^2] \tag{3.3-7}$$

$$t_{2m^3}=12[h_2b_2/L_2(h_2{}^2/3+h_2t_e/2+t_e{}^2)+t_e{}^3/12-n_2t_ee_2{}^2] \tag{3.3-8}$$

$$n_1=\frac{1+h_1b_1}{L_1t_e} \tag{3.3-9}$$

$$n_2=\frac{1+h_2b_2}{L_2t_e} \tag{3.3-10}$$

式中 t_{1m}——纬向肋与球壳的折算厚度，mm；

t_{2m}——经向肋与球壳的折算厚度，mm；

h_1——纬向肋宽度，mm；

b_1——纬向肋厚度，mm；

L_1——纬向肋在经向的间距，mm，$L_1<1500$mm；

n_1——纬向肋与顶板在经向的面积折算系数；

e_1——纬向肋与顶板在经向的组合截面形心（0点）到顶板中面的距离，mm；

h_2——经向肋宽度，mm；

b_2——经向肋厚度，mm；

L_2——经向肋在纬向的间距，mm，$L_2<1500$mm；

n_2——经向肋与顶板在纬向的面积折算系数；

e_2——经向肋与顶板在纬向的组合截面形心（0点）到顶板中面的距离，mm。

（2）带肋球壳的稳定性条件

当带肋球壳的许用外压$[p]$大于罐顶的设计外压p_0时，罐顶即可以满足稳定性要求，即

$$[p] > p_0 \tag{3.3-11}$$

3. 储罐直径与拱顶结构形式的关系

钢制拱顶结构形式与储罐直径的关系大致如表3.3-1所示。

表3.3-1 储罐直径与拱顶结构形式

拱顶形式	适用的储罐直径 D/m	拱顶形式	适用的储罐直径 D/m
光面球壳	$D<12$	网壳顶	$D\geqslant30$
带肋球壳	$12\leqslant D<32$		

3.3.4 网壳顶

1. 概述

网壳顶(或网架顶)是构架支承式拱顶，由空间杆件预制成为球面网架，然后在球面网架上面铺设钢板形成球壳，组成完整的密封罐顶。

罐顶上的外部载荷全部由网架承受，球壳钢板只是起密封件作用的蒙皮，在设计中不考虑球壳钢板的承载能力。这一点是与拱顶十分不同的，光面球壳和带肋球壳的球壳板都是主要的受力元件。

网壳顶具有重量较轻、承载能力较大的优点，广泛使用于大跨度的建筑结构，如体育馆、展览厅、天文馆、飞机库等设施的顶盖。

2. 网壳结构的主要特点

网壳结构的主要特点如下：

① 网壳结构是采用大致相同的格子或尺寸较小的单元沿曲面有规律地布置而组成的空间杆系。

② 网壳结构各构件之间没有鲜明的“主次”关系，各构件作为结构整体按照立体的几何特性，几乎能够均衡地承受任何种类的载荷。网壳结构的杆件主要承受轴向力，组成网架结构的所有杆件，在一个整体结构中协同工作，内力分布比较均匀，应力峰值比较小。

③ 网壳结构的杆件可以用普通型钢、薄壁型钢、铝材、木材、钢筋混凝土和塑料、玻璃钢等制成，极易作到规格化、标准化，实现建筑构件的工业化大批量生产。

④ 在网壳结构中，节点具有特殊的作用和重要性。由于每个节点上连接了多个杆件，节点处的各个杆件在空间相交，因此节点构造的合理性与可靠性，直接影响网壳结构的整体性能和网壳的经济性。

对网架有兴趣的读者，可以参阅尹德钰等人合著的《网壳结构设计》。

3. 网壳的形式

随着单台油品储罐容量的不断增大，储罐的直径也越来越大，一些用于建筑结构上的球面网架，也在储罐的罐顶上使用。圆筒形储罐上使用的网壳，主要有经纬向网壳、双向网壳和三角形网壳等几种形式。

(1) 经纬向网壳(又称为肋环型网壳)

经向梁和纬向梁构成的径纬向球面网壳通常有一个中心圆环，径向梁由中心圆环处一直延伸至罐壁的顶部，纬向梁分段制造，与径向梁连接形成球面网架，图3.3-2为径纬向网壳的结构示意。

(2) 双向网壳

双向网壳在国外应用的也很多，亦称海曼(Hanman)二向格子型穹顶，是英国工程师

HamiLton，W. 和 Manning，G. R 发明的；海曼是此二人名字的组合，这种网壳由位于两组子午线上的交叉杆件组成，所有的网格均接近正方形，大小也比较接近。所有的杆件都在大圆上，并且是等曲率的圆弧杆。

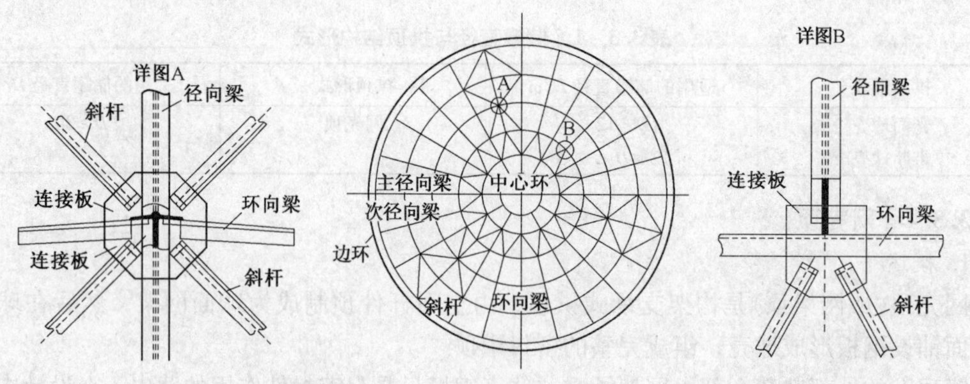

图 3.3－2 径纬向网架结构示意

图 3.3－3 在 *xyz* 的直角坐标系统中示意了双向网壳的网架，所有的梁都与主平面（*xoz* 平面或 *yoz* 平面）上的主梁成正交。

在图 3.3－3 中的 *xyz* 直角坐标系统中，截取了 1/4 个半球，*o* 为球心，o_1 为球面顶点，圆弧 *AB* 是位于平行于 *xoy* 平面的截面中，*AB* 是以 o_2 为圆心，o_2A（或 o_2B）为半径的圆弧。双向网架的平面视图，见图 3.3－4。

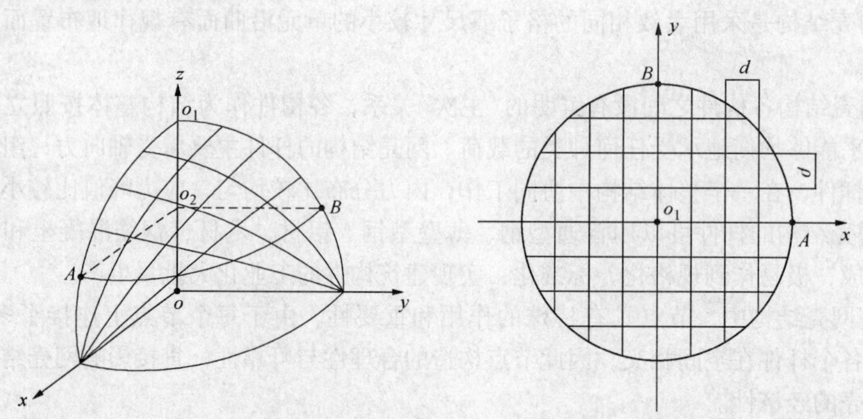

图 3.3－3 双向网壳的网架　　图 3.3－4 双向网架平面视图

双向网壳的主要特点是所有杆件具有同一曲率半径，即球面半径与经纬向网壳相比，在相同的设计条件下，方格网架梁的总长度比较短，造价略低。

(3) 三角形网壳

三角形网壳的网架杆件，在空间全部组成三角形，三角形的三个顶点位于球面上，杆件可以是直杆，也可以是半径等于球面半径的曲梁（或曲杆）。

图 3.3－5 给出了几类常见的可以在储罐罐顶上使用的三角形网架的平面视图。分别介绍如下：

① 三向网架［见图 3.3－5(a)］类似于双向的方格网架，二向网架的主梁在主干面上是正交的，而三向网架的三个主梁在水平面上的投影是中心处正六边形的三条对角线。

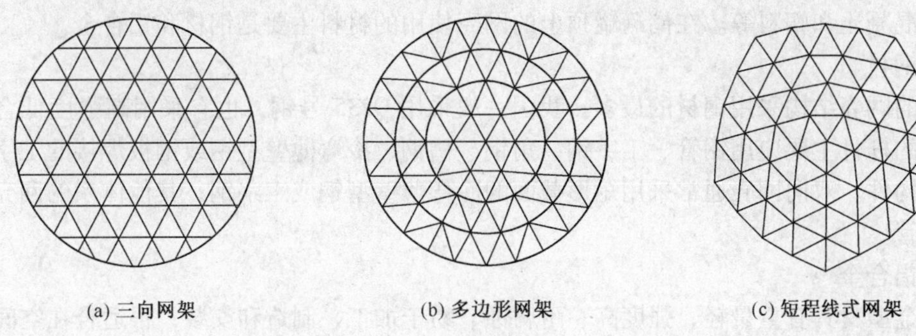

(a) 三向网架　(b) 多边形网架　(c) 短程线式网架

图 3.3－5　三角形网架的平面视图

② 多边形网架[见图 3.3－5(b)]通常中心处为正多边形，如五边形、六边形、七边形、八边形等、并且从正多边形的顶点，可以有径向梁延伸至周边。径向梁的节点是位于球面上，其余节点位于球面上或接近于球面的空间位置。

③ 短程线式网架[见图 3.3－5(c)]。短程线是地球测量学的一个述语，过球面上两个已知点 *A*、*B* 的曲线有无限多条，其中必有一条最短的，即过球心和 *A*、*B* 三点的平面和球面相交的大圆线，这条曲线称为短程线。

富勒(Fuller，R. B)创造了目前最为盛行的短程线球面网壳。富勒在寻求球面网壳网格划分中最均匀的杆件长度与杆件夹角、杆件受力合理、传力路线最短时，创造了短程线球面网壳。他选用了球的内接最大正多面体——正 20 面体，把此多面体的各边投影到球面上，则把球面划分为 20 个等边球面三角形(称为基本三角形)，这些三角形的边(弧长)全部在大圆上，并具有相等的曲率，其曲率半径为大圆的半径。

在实际工程中，正 20 面体的边长太大，需要进行更细的划分。如果把这些球面三角形的各角用大圆作等分角线再划分，则三角形的边线与等分角线正好形成 15 个大圆，并把整个球面划分为 120 个相似但不规则的三角形。根据工程的需要，对上述所划分的网格还可再次进行划分，通过不同的划分方法，可以得到三角形、菱形、半菱形、六角形等不同的网格形式。

必须指出：在基于 20 面体的短程线球面网壳的网格划分中，规划的等边三角形最多为 20 个，而经过再划分的点不会全部相交于大圆，划分后的小三角形不是全部相等的，他们大多数都有微小差别，即多数杆件的长度都有微小差异。严格地说，它们不总是真正的短程线。但在实际工程中，凡根据短程线的原理，将正多面体的基本三角形均分，从其外接球中心将这些等分点投影到球面上，连接此球面上所有点构成的网壳，通常都称为短程线网壳。

理论分析、实验及应用证明，短程线网壳的网格规整均匀，杆件和节点种类在各种球面网壳中是最少的，在载荷作用下所有杆件内力比较均匀、强度高、重量轻，最适用在工厂中大批量生产，造价也最低。

以上介绍的几种常用网架，已经在建筑结构或储罐上使用过。用于储罐罐顶的网壳承受的载荷主要是外部载荷，即外压。网壳的稳定性，通常包括三个部分：首先网壳应有足够的整体稳定性，其次也满足局部的稳定性要求，最后是应保证在设计条件下，每一根杆件(或梁)均不失稳。同时满足以上三个条件的网壳，才能保证安全使用。

4. *网壳结构使用的材料*

网壳结构所使用的材料种类很多并逐步向轻质高强方向发展。主要是钢材、铝合金、木材、钢筋混凝土和塑料等。在储罐罐顶上的网壳使用的材料主要是钢材和铝合金。

(1) 钢材

国内的网壳结构采用钢材的最多。我国一般采用 Q235 号钢，也有采用高强度低合金钢的。网壳的杆件主要应用钢管、工字钢、角钢、槽钢、冷弯薄壁型钢或钢板焊接的工字形或箱形截面构件。双向网壳通常采用矩形截面的冷弯薄壁型钢或工字钢；其他体系的网壳大多采用圆钢管。

(2) 铝合金

铝合金型材具有重量轻、强度高、耐腐蚀、易于加工、制造和安装，很适合在空间网壳结构中使用。欧美许多国家已建造了大量的铝合金网壳，杆件的截面有圆形、椭圆形、方形或矩形的管材，目前已建成的铝合金球面网壳直径达 130m。

我国的铝材规格和产量较少，价格较高，目前尚较少用于大型储罐的网壳结构。

(3) 罐顶的蒙皮材料

一般是碳钢钢板和铝合金板，通常与网壳的杆件所用的材料一致。

5. 网壳的临界失稳载荷

有关网壳的稳定问题，有许多理论研究和模型试验。《金属结构稳定设计准则解说》中对网壳失稳问题进行了综合论述。该文献介绍的方法，适用常用的网壳结构工程。

在网壳的受力分析和稳定性分析中有限元方法得到广泛地运用。有限元是分析节点位移和内力的极为有效、精度较高的方法。在有限元分析中，通常假定载荷是作用于节点上，并且认为节点是理想的铰节点或刚性节点，杆件只承受轴向力。有兴趣的读者可以参阅有关资料。本文着重介绍《金属结构稳定性设计准则解说》中所讨论的网壳稳定性问题。

网壳的失稳(或屈曲)有三种形式：即整体失稳、局部屈曲及构件屈曲。

整体失稳：当壳状结构有较大面积失稳，其中包括相当多结点的失稳称之为整体失稳或总体失稳。

局部屈曲：在网壳中，若一个结点连同相连的构件进入屈曲，这种失稳称之为局部屈曲。

构件屈曲：如果网壳内的构件象压杆那样发生屈曲，而结点不屈曲，这种失稳称之为构件屈曲。

影响薄壳结构稳定性许多因素也同样影响壳状结构的稳定性。在稳定性分析中，边界条件的影响是必须考虑的，边界弯矩的作用将使壳面偏离其理想几何位置，将降低网壳的屈曲载荷。制造和安装的偏差，使曲面偏离理想几何形状，也会影响屈曲载荷。和压杆相比，壳状结构因偏离理想形状而在屈曲方面所受影响更为严重。

(1) 整体失稳

各向同性网壳的临界失稳压力，可以按式(3.3－12)计算：

$$p_{cr} = CE(t_m/R)^2(t_B/t_m)^{3/2} \tag{3.3－12}$$

式中 p_{cr}——作用在壳面上均布法向临界压力，Pa；

C——系数；

E——弹性模量，Pa；

R——球面半径，m；

t_m——有效薄膜厚度，m；

t_B——有效抗弯厚度，m。

式(3.3－12)是用分离刚度的概念推导的，但在相同的基本假设之下，其他方法(如微分方程法、能量法、连续介质法)的推导也给出相同形式的结果。其差别主要表现在系数 C，各种理论分析得到的C值在0.36至1.16之间。美国ASME《锅炉及压力容器规范》第Ⅲ篇和第Ⅷ篇，金属薄壳的几何形状偏差在允许范围内时，取 C 的临界值为0.25左右。上述所有的 C 值都是按式(3.3－12)的形式给出的，但是都不包括安全系数在内。

为确定 C 值曾做了许多实验。其结果表明，依边界条件、缺陷、塑性效应等的不同，C 值可在0到0.90(左右)之间。C 值的分散性曾是许多文章的讨论课题，过去也使得一些设计者们回避使用壳状结构。但是，由于壳体理论的发展以及对屈曲过程的逐步理解，壳状结构的使用已经取得明显的进展。

① 双向网壳(方格形网架)。等距正交环形肋的构架式壳，有效薄膜厚度，按式(3.3－13)计算：

$$t_m = A/d \tag{3.3-13}$$

式中　t_m——有效薄膜厚度，m；

A——环形肋条的面积，m^2；

d——环形肋条之间的距离，m。

等距正交环形肋构架式壳的有效抗弯厚度按式(3.3－14)计算：

$$t_B = (12I/d)^{1/3} \tag{3.3-14}$$

式中　t_B——有效抗弯厚度，m；

I——肋条的惯性矩，m^4。

② 三角形网壳。等边三角形的三角形格式壳，其等价薄膜厚度和有效抗弯厚度，按式(3.3－15)、式(3.3－16)确定：

$$t_m = \frac{2A}{\sqrt{3}L} \tag{3.3-15}$$

$$t_B = (9\sqrt{3}I/L)^{1/3} \tag{3.3-16}$$

式中　A——三角形面积，m^2；

L——构件长度，m；

I——构件的惯性矩，m^4。

(2) 局部失稳

对于网状形或格子式壳体结构，若在其某一节点受载时，该节点产生挠度或跃越，使壳在此局部的曲率反向，那就叫作局部失稳(局部屈曲)。局部失稳载荷是连接刚度及构件几何特性的函数。

Crooker 和 Buchert 给出网壳的局部屈曲判据如下：

$$(I/A)^{1/2}R/L^2 \leqslant 0.10 \tag{3.3-17}$$

式中　R、L、I、A——见整体失稳节中的定义，此处不再重复。

在选择构件的大小、网格的几何尺寸时，必须考虑式(3.3－17)的影响，否则网壳在外载荷的作用下，尽管整体失稳的要求得到满足，仍然可能产生局部失稳。

(3) 构件失稳

网壳构件本身的失稳是柱的稳定性问题，可以按受压柱的稳定性考虑，详细的计算可以参见钢结构相关设计规范。

6. 网壳结构的优点

① 可以用细小的构件组成很大的空间，这些构件可以在工厂预制，实现工业化生产，综合经济指标较好。

② 网壳结构是典型的三维结构，合理的曲面可使结构力流均匀，节约钢材，具有较大的刚度，结构变形小，稳定性高。

③ 应用范围广，既可用于中、小跨度的民用和工业建筑，也可用于大跨度的各种建筑，特别是超大跨度的建筑。在建筑平面上能适应各种形状，如圆形、矩形、方形、三角形、多边形、扇形和某些不规则的平面。

④ 重量轻，可以用多种材料建造，如钢、铝、钢筋混凝土、木、塑料等，特别是采用轻质高强的建筑材料和冷弯薄壁型钢建造时，结构自重更轻。

⑤ 施工简便、速度快，适应采用各种条件下的施工工艺，既可采用不需要大型起重设备的高空散装法，也可采用整体安装法。

⑥ 计算简便，既有精确法，也有近似法。由于实际的网壳受力情况比较复杂，每一个节点的受力状况各不相同，伴随着计算机工业的发展，目前我国已有多种计算网壳结构的通用程序，为网壳结构的计算、设计、制造和应用创造了有利的条件。

7. 网壳结构的缺点

① 杆件和节点几何尺寸的偏差以及曲面的改变，对网壳结构的内力、整体稳定和施工影响较大；为减少初始缺陷，对于杆件和节点的加工精度要求很高；当网壳结构尚未完全实现定型化、商品化和自动化生产时，其造价一般较高。

② 网壳结构空间较大，但当矢高很大时，增加了曲面的面积和不必要的空间。

3.4 储罐的锚栓

3.4.1 内压作用下储罐的锚栓

立式储罐的罐壁与罐底的连接部位，几何形状是不连续的，应力状态复杂。如果罐壁与罐底的连接角焊缝发生破坏，会产生严重的后果。为了保证储罐的安全运转，储罐应当分别考虑内压作用、风载荷和地震载荷的作用，按照有关规定进行验算，必要时应当设置锚栓。

1. 内压作用下设置锚栓的条件

当储罐的设计内压产生的升力大于罐顶、罐壁以及由他们支承的构件的重力时，储罐应当设置锚栓，即满足式(3.4-1)的要求必须设置锚栓。

$$pS > W_t \tag{3.4-1}$$

式中 p——设计压力，Pa；

S——储罐的横截面积，m^2；

W_t——罐顶、罐壁以及由其支承的构件的重力之和，N。

2. 确定锚栓大小和数量的因素

全部锚栓的抗拉能力，应同时大于以下工况中产生的升力：

① 空罐时，1.5 倍的设计压力与设计风压产生的升力[1]之和。

② 空罐时，1.25 倍试验压力产生的升力。

---

[1] 设计风压产生的升力为储罐迎风侧由弯矩引起该位置螺栓的竖向力，计算方法可参照 GB 12337 的 6.7 条。

③ 罐内充满规定的储液时，1.5 倍的计算破坏压力产生的升力。

3. 锚栓设计

锚栓设计应考虑以下因素：

① 锚栓的腐蚀裕量不小于3mm；地脚螺栓的公称直径不宜小于24mm。

② 锚栓不得直接附设在罐底板上，锚栓底座应与罐壁可靠连接，锚栓之间的距离不宜大于3m。锚栓可以采用两端分别焊接在罐壁和储罐基础预埋件上的扁钢形式或者采用地脚螺栓。推荐的地脚螺栓形式见图3.4－1。

③ 所有螺栓应均匀上紧，松紧适度。锚固用钢带或扁钢应在罐内充满水，且水面以上未加压之前焊于罐壁上。

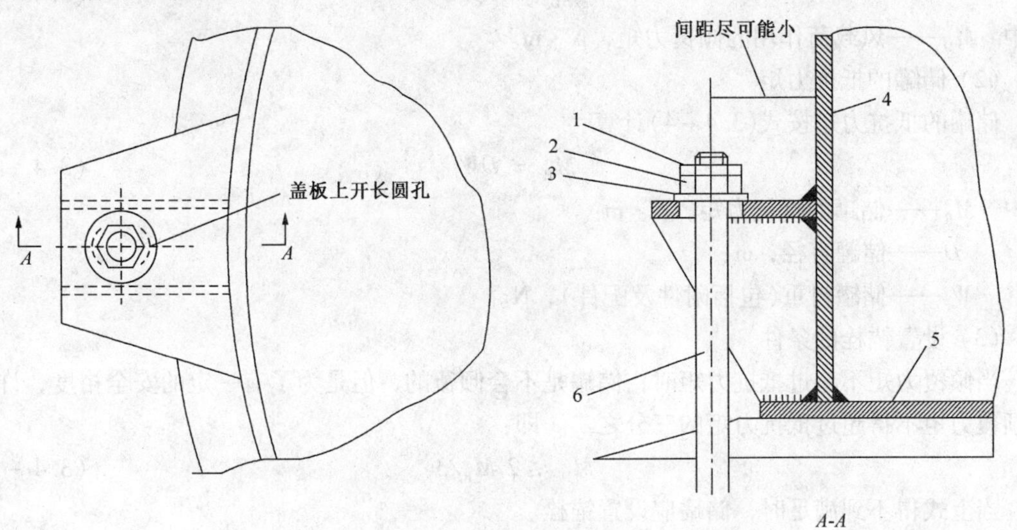

图3.4－1 地脚螺栓形式

1—锁紧螺母；2—螺母；3—垫片；4—罐壁；5—罐底；6—锚栓

4. 锚栓的许用应力

锚栓的许用应力按表3.4－1选用。

表3.4－1 锚栓的许用应力（SH 3046—92）

载荷状况	许用应力/MPa	载荷状况	许用应力/MPa
罐的设计压力	$0.5\sigma_s$	试验压力	$0.85\sigma_s$
罐的设计压力加风载荷或地震作用	$0.66\sigma_s$	1.5 倍破坏压力	$1.0\sigma_s$

注：σ_s为锚栓材料的屈服强度，MPa。

3.4.2 风载荷作用下储罐的锚栓

对于风载荷特别大的地区和储罐的高度/直径比大（即细高的罐）的情况下，应当校核储罐内无储液时，在风载荷作用下，储罐是否会产生位移（倾覆和滑动）。

1. 储罐迎风面的风力

储罐迎风面的风力按式（3.4－2）计算：

$$Q = \mu_z HD\omega_0 \tag{3.4-2}$$

式中 Q——迎风面的风力，N；

μ_z——风压高度变化系数；

H——罐壁高度，m。

D——储罐直径，m；

ω_0——基本风压值，Pa。

2. 储罐的倾覆

风载荷作用下，储罐可能发生倾覆，为了防止倾覆必要时应当设置锚栓。

(1) 风载荷作用下，储罐的倾覆力矩

假定迎风面的风力作用于储罐的重心位置，由风载荷使储罐倾覆的力矩，按式(3.4-3)计算：

$$M_D = HQ/2 \tag{3.4-3}$$

式中 M_D——风载荷作用的倾覆力矩，N·m。

(2) 储罐的抵抗力矩

储罐的抵抗力矩按式(3.4-4)计算：

$$M_R = DW_r \tag{3.4-4}$$

式中 M_R——储罐的抵抗力矩，N·m；

D——储罐直径，m；

W_r——储罐自重(包括附件及配件)，N。

(3) 设置锚栓的条件

当倾覆力矩不超过抵抗力矩时，储罐是不会倾覆的，但是为了有一定的安全裕度，许用的倾覆力矩不得超过抵抗力矩的三分之二。即：

$$M_D \leqslant 2M_R/3 \tag{3.4-5}$$

当上式得不到满足时，储罐应设置锚栓。

3. 风载荷作用下储罐的滑移

在风载荷作用下，储罐可能在水平方向滑动。底板和基础之间的摩擦抵抗力按式(3.4-6)计算：

$$F_R = \mu W_r \tag{3.4-6}$$

式中 F_R——储罐底板和基础之间的摩擦抵抗力，N；

μ——储罐底板和基础表面之间的静摩擦系数，取 $\mu = 0.4$。

静摩擦系数是计算滑移的基础数据，但实际储罐钢表面和砂浆之间的静摩擦系数的数据很难查找。石头与金属面之间的静摩擦系数为0.3~0.4，石头与土面之间的静摩擦系数为0.3(湿)~0.5(干)，低碳钢表面之间静摩擦系数为0.35~0.4，为安全起见储罐底板与基础表面的摩擦系数取0.4。

当 $Q < F_R$ 时，储罐不会在风载荷作用下滑移；

当 $Q > F_R$ 时，储罐应设置锚栓。

当储罐设计压力高于750Pa，并且罐内的升力(内压乘以储罐的横截面积)不超过罐壁、罐顶和由罐壁或罐顶支承构件等金属的重力时，可以不设置锚栓。

当储罐的设计压力高于750Pa，并且罐内的升力(内压乘以储罐的横截面积)超过罐壁、罐顶和由罐壁或罐顶支承的构件等金属的重力时，储罐应设置锚栓(见3.4“储罐的锚栓”一节)，以保证罐壁与罐底之间的角焊缝不承受由内压产生的向上的拉力。

储罐的设计压力必须小于储罐的破坏压力。

3.5 固定顶储罐的罐壁加强圈

3.5.1 罐壁的设计外压

罐壁的设计外压仅取决于储罐的操作条件、建罐地区的设计风压和储罐类型。对于固定顶储罐，罐壁的设计外压按式(3.5-1a)计算：

$$p_0 = 2.25\omega_k + q \tag{3.5-1a}$$

对于内浮顶储罐，罐壁的设计外压按式(3.5-1b)计算：

$$p_0 = 2.25\omega_k \tag{3.5-1b}$$

式中 p_0——罐壁的设计外压，kPa；

ω_k——风载荷标准值，kPa；

q——设计负压，kPa，取1.2倍的罐顶呼吸阀的负压设定压力。

在式(3.5-1a、1b)中，系数2.25是瞬时风压与基本风压之间的换算系数。GB 50009—2001《建筑结构载荷规范》规定：基本风压是以当地比较空旷平坦地面上离地10m高处，统计所得的50年一遇10min平均最大风速v_0(m/s)为标准，按$W_0 = v_0^2/1.6$确定。由于瞬时风速比10min平均风速约大1.3~1.7倍，平均值为1.5倍，而风压与风速的平方成正比，故转换系数为2.25。

3.5.2 罐壁的许用临界压力

罐壁的许用临界压力，仅取决于罐壁本身的材料和结构，如储罐的直径、高度和罐壁的厚度等。罐壁的许用临界压力按式(3.5-2)计算：

$$p_{cr} = 16.48(D/H_E)(t_{min}/D)^{2.5} \tag{3.5-2}$$

$$H_E = \sum h_i (t_{min}/t_i)^{2.5} \quad (i = 1,2,\cdots n)$$

式中 p_{cr}——罐壁的许用临界压力，kPa；

D——罐的内直径，m；

H_E——罐壁的当量高度，m；

t_{min}——罐壁上部，等壁厚部分的公称厚度，mm；

h_i——第i层壁板的高度，m；

t_i——第i层壁板的厚度，mm；

n——罐壁板的层数。

3.5.3 罐壁的稳定条件

罐壁的稳定性设计，应保证罐壁本身的临界失稳压力高于设计风压条件下和正常操作时罐内可能产生的负压，即满足式(3.5-3)的要求。

$$p_0 \leqslant p_{cr} \tag{3.5-3}$$

3.5.4 提高罐壁稳定性的措施

当$p_0 > p_{cr}$时，必须采取措施提高罐壁的稳定性以满足式(3.5-3)的要求。常用的提高罐壁稳定性的方法有二种：

① 适当增加罐壁的厚度，达到提高罐壁稳定性的要求。

② 在罐壁上设置加强圈。

3.5.5 罐壁加强圈的设置

加强圈可以在罐壁上形成足够强的节线，除了提高加强圈处罐壁的稳定性以外，同时也可减小罐壁的计算高度。由式(3.5-2)可以看出，在当量高度减少1/2时，罐壁的临界压力将提高一倍。设置加强圈是比较经济而且是广泛采用的方法。

1. 加强圈的数量

加强圈的数量，按照式(3.5-4)确定：

$$N = \text{INT}^{❶}(p_0/p_{cr}) \tag{3.5-4}$$

2. 加强圈的位置

加强圈将罐壁分为几个部分，当加强圈的位置将当量罐壁高度平均的分为几个部分时，每一部分罐壁都具有相同的临界压力，加强圈之间的间距按式(3.5-5)计算：

$$L_E = H_E/(N+1) \tag{3.5-5}$$

式中 L_E——加强圈之间的距离，m。

GB 50341—2003 规定中间抗风圈(加强圈)的数量及在当量筒体上的位置：

当$p_{cr} \geqslant p_0$时，不需要设中间抗风圈。

当$p_0 > p_{cr} \geqslant p_0/2$时，应设1个中间抗风圈，中间抗风圈的位置在$H_E/2$处。

当$p_0/2 > p_{cr} \geqslant p_0/3$时，应设2个中间抗风圈，中间抗风圈的位置分别在$H_E/3$与$2H_E/3$处。

当$p_0/3 > p_{cr} \geqslant p_0/4$时，应设3个中间抗风圈，中间抗风圈的位置分别在$H_E/4$、$H_E/2$、$3H_E/4$处，以此类推。

3.5.6 加强圈的规格

加强圈与罐壁的组合截面大大地提高罐壁的稳定性，为了使加强圈可以形成节线，组合截面的惯性矩应当满足式(3.5-6)的要求：

$$I_y = 100(Rt)^{1/2}t^3 \tag{3.5-6}$$

式中 I_y——组合截面加强圈惯性矩，cm^4；

R——储罐半径，cm；

t——罐壁厚度，cm。

为了方便选用，表3.5-1列出了与储罐直径有关的加强圈规格。图3.5-1为加强圈安装结构示意。

表3.5-1 加强圈最小截面尺寸

储罐直径/m	不等边角钢规格/mm	储罐直径/m	不等边角钢规格/mm
$D \leqslant 20$	∟100×63×8	$36 < D \leqslant 48$	∟160×100×10
$20 < D \leqslant 36$	∟125×80×8	$D > 48$	∟200×125×12

3.5.7 罐壁附属设施

罐壁的附属设施主要是进出液口。储罐的出液口与放净口有时是分开设置的。当分开设置时，出液口的位置高于排净口仅作为输送物料用，一般采用的接管法兰与泵或其他设备连接(见图3.5-2)。作为出液口，为减少罐内存液，可以将出液口的接管弯曲向下伸入罐内，如图3.5-3所示；为减少罐底沉积物夹带，将接管弯曲向上伸入罐内，如图3.5-4所示；为出液纯净(例如航煤发油时尽量不夹带水分及杂质)，采用浮动出油装置，如图3.5-5所示。图中，罐壁下部固定出油口通过弯头与旋转接头相连，旋转接头再与浮动油管的下端连

❶ INT—整除的符号，舍去小数取整数。

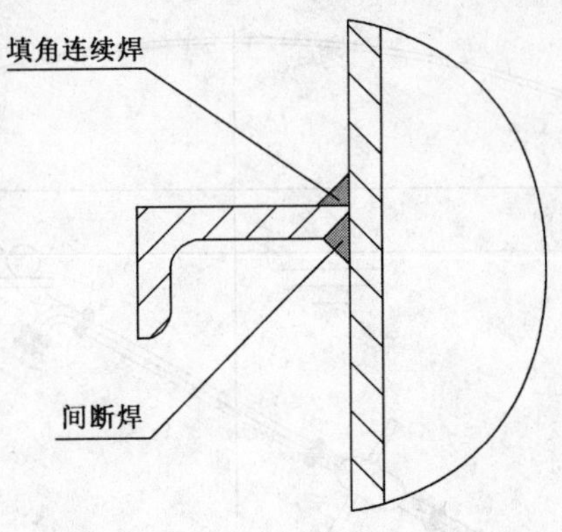

图 3.5－1 加强圈安装结构示意

接，浮动油管的上端则依赖浮筒组的浮力，始终位于稍低于液面的某个位置，随液面升降而升降。

有些情况下，用户对储罐出液质量没有严格要求，为了减少储罐管口设置，也可将出液口与放净口合一，即采用出液口兼作放净口的结构。当然，这些结构也可单独作为放净口使用。

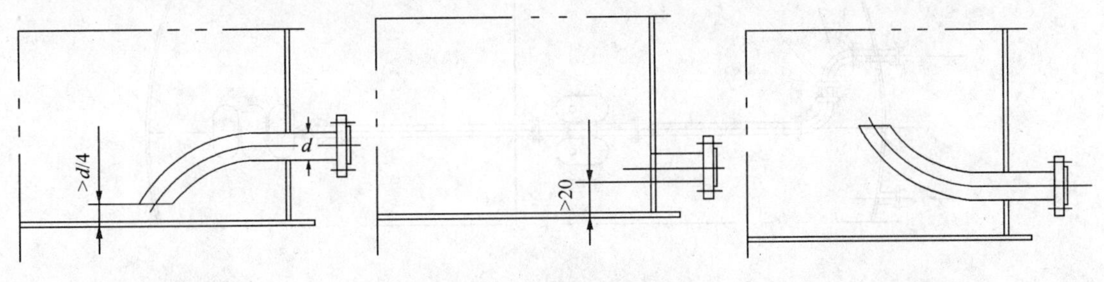

图 3.5－2 出液口(一)　图 3.5－3 出液口(二)　图 3.5－4 出液口(三)

图 3.5－6～图 3.5－12 为常见的几种出液口兼作放净口的结构形式。其中，图 3.5－6 与图 3.5－10 是某些规范推荐的出液口兼作放净口的形式。它们的共同特点是结构简单，储液放净是由上引出。所不同的是图 3.5－6 中的排水槽为焊接成型，其尺寸见表 3.5－2；图 3.5－7 为冲压成型，但槽深较浅，图中 $t \geqslant 8$mm，$h = 100 \sim 150$mm，一般用于地震设防地区；图 3.5－8 系采用标准椭圆封头作槽体，强度较好，若须再增加容积，可加焊一段短节。

表 3.5－2 排水槽尺寸　mm

接管直径	*L*	*B*	*C*	*D*	*E*	*F*
50	1000	880	600	636	300	100
80	1400	1180	900	936	400	150
100	1800	1480	1200	1236	600	180
150	2400	1780	1500	1536	900	200

图 3.5－9 为我国油罐过去常用的出液口兼作放净口的结构，国内不少油罐附件厂也有该定型产品出售。此结构的优点是放净较彻底，但缺点是储罐基础环梁的整体性遭到破坏，抗震性差，接口焊缝易开裂、损坏而造成泄漏。

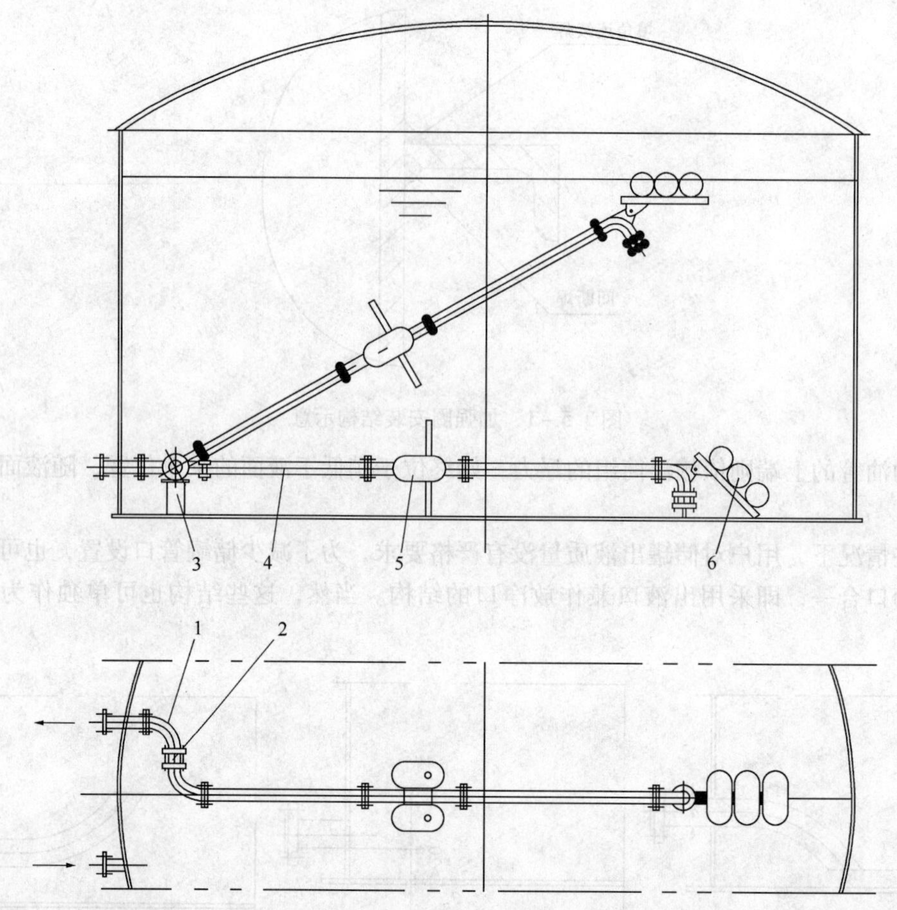

图 3.5-5 出液口(四)

1—连接弯头；2—旋转接头；3—支座；4—浮动油管；5—稳定浮筒组；6—浮筒组

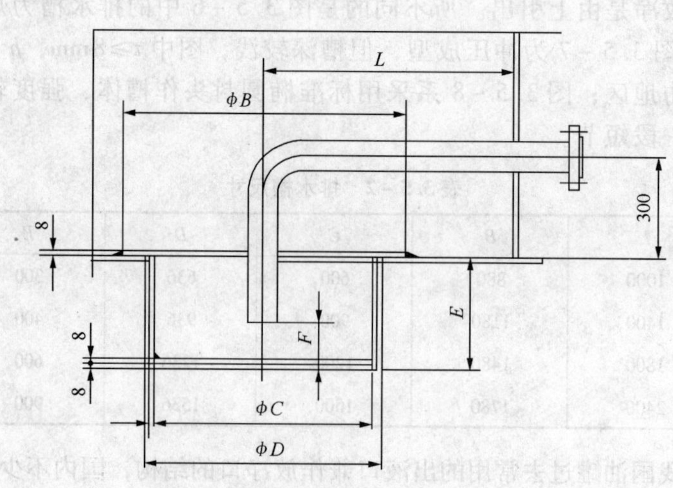

图 3.5-6 出液口(五)

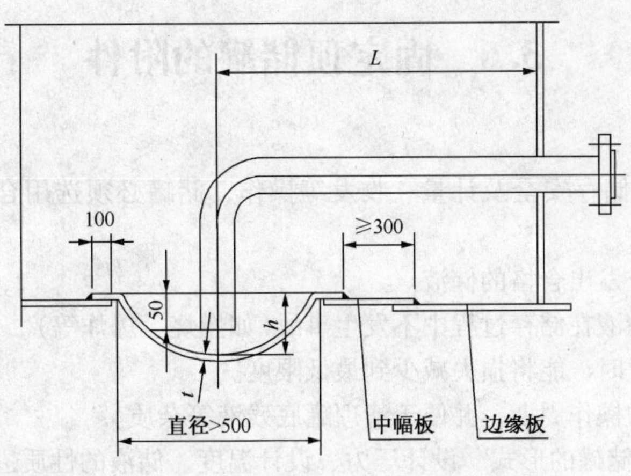

图 3.5－7　出液口(六)

图 3.5－10 的结构较图 3.5－9 简单，出液口处于储罐低处，兼起放净作用。但由于底部焊缝交错，接管与罐壁、罐底连接处焊缝现场很难焊透，故不宜用于现场组焊的大型储罐。仅用于直径小于 6m 的车间组装储罐。此外，该接管法兰突出罐底平面，易与地面或土建基础相碰，造成运输及安装不便。

图 3.5－11 也是一种出液口兼作放净口的结构，结构虽然并不复杂，但接口处于罐底，设备及土建施工不太方便。

图 3.5－12 是将引出管由上引出改为由下倾斜引出，此法的优点是依靠料液重力自然排放，放净口处于最低位置，排净彻底。缺点是提高了罐底标高，或降低了地下管道标高，加大了土建工作量及造价。

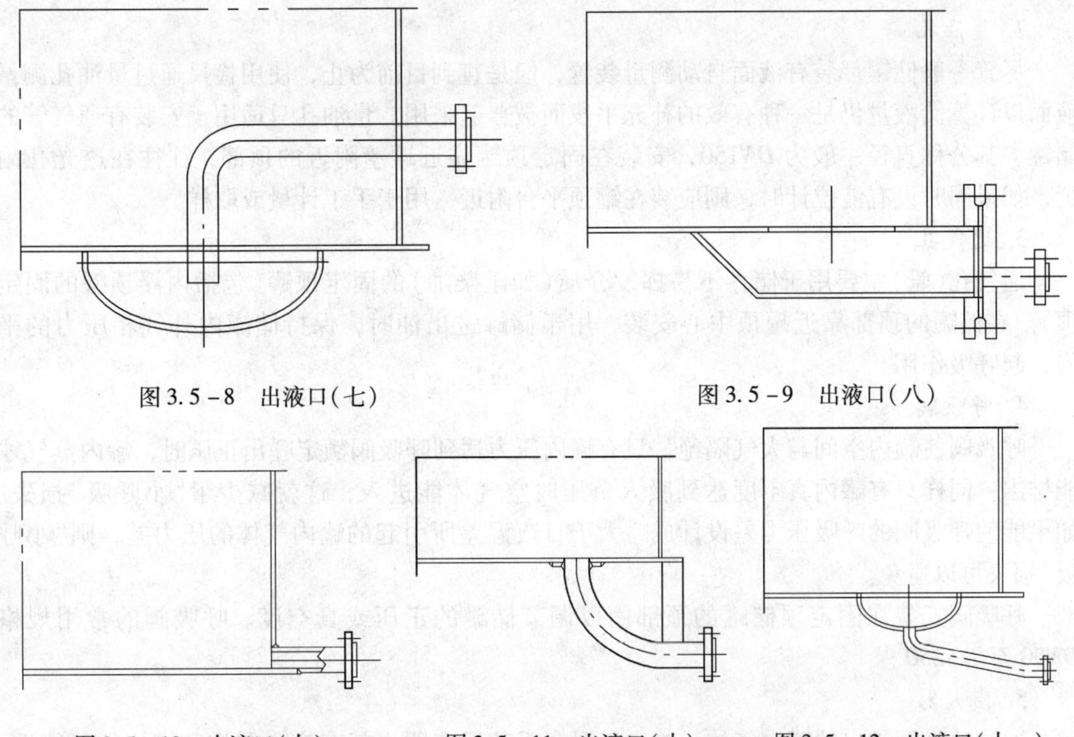

图 3.5－8　出液口(七)　　图 3.5－9　出液口(八)

图 3.5－10　出液口(九)　　图 3.5－11　出液口(十)　　图 3.5－12　出液口(十一)

3.6 固定顶储罐的附件

3.6.1 简介

为了保证储液的储存安全及计量、收发等操作，储罐必须选用合适的附件(或配件)，它应满足下列要求：

① 保证能收进或发出合格的储液。

② 保证储罐和储液在储存过程中不发生事故(如燃烧、爆炸等)。

③ 万一发生事故时，能将损失减少到最低限度。

④ 能延长储罐的操作周期，并便于清理罐底残液等杂质。

储罐附件应根据储罐的形式、设计压力、设计温度、储液的性质进行选择或设计，储罐根据需要，一般设有储液进出口、量液孔、人孔、清扫孔、阻火器、通气孔、呼吸阀、排污孔、梯子平台以及温度及液面测量装置等附件。

常用的附件主要分为罐顶部分附件、罐壁部分附件和安全设施。

3.6.2 罐顶附件

1. 透光孔

透光孔主要用于储罐放空后通风和检修时采光。它安装于固定顶储罐顶盖上，一般可设在储液进出口管上方的位置，与人孔对称布置(方位180°处)，其中心距罐壁800~1000mm。透光孔的公称直径一般为*DN*500。

如有两个以上的透光孔时，则透光孔与人孔、清扫孔(或排污孔)的位置尽可能沿圆周均匀布置，便于通风采光，为了开闭安全，透光孔附近的罐顶栏杆需局部加高，局部平台最好用花纹钢板，以便防滑。

2. 量油孔

尽管一般储罐都装有液面自动测量装置，但是直到目前为止，使用检尺通过量油孔测量液面以计算储液量仍是一种有效的补充手段而被普遍采用。量油孔只适用于安装有通气管的储罐，其公称直径一般为*DN*150，安装在固定顶罐靠近罐壁附近的顶部，往往在透光孔附近，如果同时设有液位计时，则应装在罐顶平台附近，用于手工计量或取样。

3. 通气孔

通气孔(管)主要用于储存不易挥发介质(如重柴油)的固定顶罐(包括内浮顶罐的固定顶)。在储罐的顶部靠近罐顶中心安装，用于储罐进出油时，保持储罐内外气相压力的平衡，起呼吸作用。

4. 呼吸阀

呼吸阀使罐内空间与大气隔绝，只有罐内压力达到呼吸阀额定呼出正压时，罐内蒸气才能排出；同样只有罐内真空度达到吸入负压时空气才能进入，这就减少了“小呼吸”损失。如果能使呼吸阀的呼吸压力差设计成略大于日夜温差所引起的罐内气体的压力差，则“小呼吸”损失可以避免。

呼吸阀安装在固定顶储罐的顶部用以调节储罐的正压或真空度。呼吸阀的常用规格*DN*50至*DN*250。

5. 阻火器

通过呼吸阀排出的罐内气体，与空气混合后若遇有明火就有产生爆炸和燃烧的可能性，并将危及整个储罐的安全，阻火器能阻止火焰由外部向储罐内未燃烧混合气体的传播，从而保证储罐的安全。

3.6.3 罐壁附件

1. 人孔

人孔主要在检修和清除液渣时进入储罐用。人孔的公称压力可按储液的高度和重度来选择，公称直径一般有 *DN*500、600、750 三种。人孔安装于罐壁第一圈壁板上，其中心距罐底约750mm。人孔位置应与透光孔、清扫孔相对应，以便于采光通气，避开罐内附件，并设在操作方便的方位。

当储罐只有一个透光孔时，人孔应设在与透光孔相距180°的位置上，储罐至少设一个人孔。

2. 进出油接管

罐壁的接管基本都是法兰接管，分别用于连接进液管、出液管，接管应按有关规定进行补强。

3. 切水口

用于排出储罐底部的沉积水。

4. 排污口

用于排出储罐底部的固体沉积物。

5. 液面计

用于测定储罐内储液的液面高度。

6. 温度计

用于测定储罐内储液的温度。

7. 加热器

原油罐和柴油馏分以上的原料油罐和产品油罐一般均设有加热器，其目的是使油品保持最佳储存或使用温度，以满足工艺操作条件。目前国内油罐加热器绝大部分是光管排管式的，在结构布置方面存在一定问题：一是传热效率低；二是加热面积大；三是一旦泄漏将影响油品质量。检修时，必须进行清罐，工作强度大、周期长，因此，改进加热器的结构形式，对提高加热效率、节约蒸汽、保证油品质量、方便检修具有重要的意义。

8. 清扫孔

清扫孔装于重质油储罐底部，当清扫油罐时，可放出污水及清除罐内污泥。

9. 液位报警口

用于液面超过预定的液位时的警报。

3.6.4 安全设施

1. 防雷接地设施

. 钢储罐必须做防雷接地，接地点不应少于两处。接地点沿钢储罐周长的间距，不大于30m；接地点与罐壁距离不宜小于3m。接地电阻值不宜大于10Ω。

2. 泡沫消防设施

目前国内最常见的储罐消防设计是利用空气泡沫来覆盖储罐中的可燃介质的表面，使可燃物和氧气隔绝，迫使燃烧中断，扑灭火灾。

浮顶罐和内浮顶罐的防静电设施：

浮顶罐的浮顶、罐壁、转动扶梯等活动的金属构件与罐壁之间，应采用截面不小于

$25mm^2$软铜复绞线进行连接，连接点不应少于两处。浮顶与罐壁之间的密封圈应采用导静电橡胶制作。设置于罐顶的挡雨板应采用截面为$6\sim10mm^2$的软铜复绞线与顶板连接。

内浮顶罐在进出油过程或油品调合过程中，浮盘上有可能集聚大量静电荷，而在浮盘与罐体之间产生电位差，可能产生放电，引起着火或爆炸，因此，也必须在浮盘与罐体之间设置静电引出线。

3.6.5 梯子、平台和栏杆

盘梯：当储罐直径不小于4m时，通常使用盘梯。

直梯：当储罐直径小于4m时，通常使用直梯。

平台：罐顶一般都设置平台，储罐罐壁的中间平台可以根据需要设置。

栏杆：罐顶的周边应设置栏杆；盘梯的外侧板处应当设置栏杆；储罐盘梯的内侧板与罐壁之间的间距大于200mm时，盘梯的内侧板处也应当设置栏杆。

参考文献

1 中国石化北京设计院．石油炼厂设备．北京：中国石化出版社，2001

2 徐英，杨一凡，朱萍．球罐和大型储罐．北京：化学工业出版社，2005

3 尹德钰，刘善维，钱若军．网壳结构设计．第1版．北京：中国建筑工业出版社，1996

4 Makowski，Z. S. Analysis，Design and Construction of Braced Domes. Canada，1984

5 B. G. Johnston 著，董其震译．金属结构稳定设计准则解说．北京：中国铁道出版社，1981

第四章　浮顶储罐

4.1　简　　介

伴随着石油化工工业的发展，炼油厂的原油处理量越来越大，为了保证炼油装置连续生产的要求需要有更大的原油储量，从而单台储罐的容量也越来越大。早期的原油储罐是固定顶式的，随着储罐直径的增大，固定式罐顶的的投资费用大大的增加。为了节省投资，浮顶储罐就应运而生，用一个漂浮在液面上的浮动顶盖(简称为浮顶)取代固定式罐顶，这样结构的储罐就是浮顶储罐。

浮顶罐的主要特点是罐的容量可以做得很大，浮顶罐的容量小者在 $1000m^3$ 左右，直径为 l0m，大者容量超过 $10 \times 10^4 m^3$，直径大于 90m。浮顶罐主要用于需要大量储存的油品，如原油；储存挥发性较强的介质，如汽油等。一般采用浮顶罐的另一种形式——内浮顶，这样可以大大减少蒸发损失，同时也减少了油气对大气环境的污染。

浮顶罐的罐底、罐壁部分与固定顶罐的罐底、罐壁是相同的，有关内容可以参见第三章的相关部分，本章不再重复。本章重点介绍浮顶罐的浮顶及与浮顶有关的主要部件。

由于浮顶是随液面升降而上下运动的，浮顶的结构必须适应这种工况的要求。在正常操作条件下，罐内液面的变化是相当平稳的，每分钟仅数厘米，故浮顶的运动也是相当平稳的。由于浮顶是直接暴露在大气环境的条件下，阳光、风、雨、雪直接影响浮顶的运行。因此浮顶必须能承受风、雪载荷的作用，并允许在浮顶上积聚一定量的雨水载荷，浮顶上的雨水也应当可以通过排水系统排出罐外。另外，储罐在制造过程中和储罐在维修期间，浮顶是通过支柱支承在罐底板上的，浮顶自身的结构，也必须满足这一工况的要求。

4.1.1　浮顶的基本要求

为了保证浮顶在储罐内的安全运行，浮顶在设计条件下必须满足以下的要求：

① 浮顶支承在罐底板上时，能够承受浮顶自重和 1200Pa 的附加载荷。

② 当浮顶漂浮在密度为 $700kg/m^3$ 的储液表面上时，在 24h 降雨量为 250mm，且排水机构失效的条件下，浮顶应保持其完整性，即不会沉没，也不会使储液溢流到浮顶的顶面上。

③ 当浮顶漂浮在密度为 $700kg/m^3$ 的储液表面上时，单盘式浮顶的单盘板和两个相邻仓泄漏或双盘式浮顶的两个相邻浮仓泄漏的条件下，浮顶仍应能漂浮在液面上不沉没，且不发生强度和稳定性破坏。

④ 浮顶罐中的任何相对运动的元件，如通气阀、量油管、导向管、密封装置等，均不得影响浮顶升降，也不得因摩擦而产生火花。

4.1.2　浮顶的结构形式

目前广泛使用的浮顶结构主要分为二种形式：即单盘式浮顶和双盘式浮顶。单盘式浮顶投资费用较低，在国内外得到了广泛的应用。双盘式浮顶多用于高寒地区，浮顶上可能存在较大的偏心载荷(如冬季的雪载荷)的条件下；储存介质为高凝固点原油时，为了保证原油的流动性罐内设有加热器，采用双盘式浮顶有利于减少热损失和减少罐壁结蜡的可能性。

4.2 单盘式浮顶

4.2.1 单盘式浮顶的结构形式

单盘式浮顶由周边的环形浮仓和中部的单盘板组成。典型的单盘式浮顶罐的结构示意见图4.2－1。

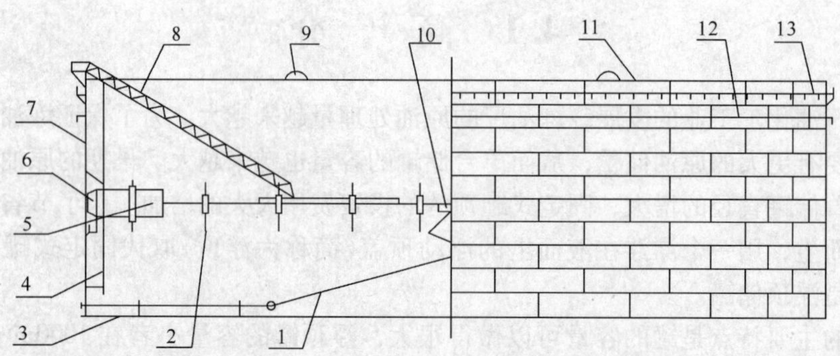

图4.2－1 单盘式浮顶罐结构示意

1—浮顶排水管；2—浮顶立柱；3—罐底板；4—量油管；5—浮仓；6—密封装置

8—转动浮梯；9—泡沫消防；10—单盘板；11—包边角钢；12—加强圈；13—抗风圈

环形浮仓的作用是为浮顶提供所需要的浮力。为了保证环形浮仓的可靠性，用隔板把环形浮仓分割成多个独立的封闭式隔仓，每个隔仓与相邻的隔仓互不相通，以免某一个隔仓发生泄漏事故时，影响相邻的隔仓，使环形浮仓的浮力急剧减少，以至于发生浮顶沉没的恶性事故。

单盘扳的作用是把储液的液面与大气环境分隔开，单盘板由钢板组焊而成。组焊后单盘板的半径比单盘板的厚度大得多，通常认为单盘板是覆盖在储液表面上的弹性薄膜。图4.2－2是单盘式浮顶的结构示意。

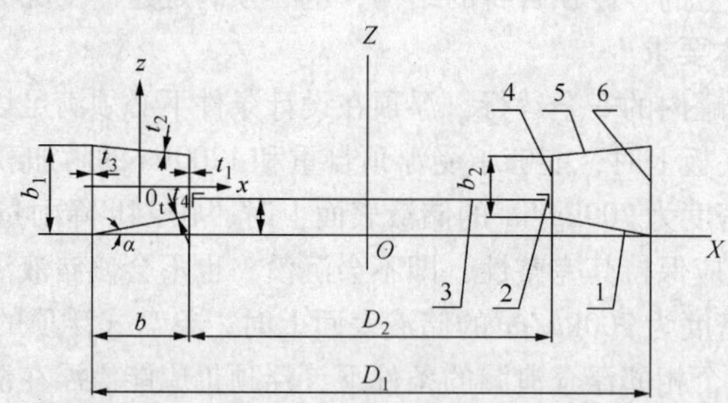

图4.2－2 单盘式浮顶结构示意

D_1—浮顶外径；D_2—浮仓内径；b—环形浮仓宽度；

b_1，b_2—内外边缘板的高度；t_1 ~ t_4—浮仓板的厚度；X－O－Z—坐标系；

1—浮仓底板；2—连接件；3—单盘板；4—内边缘板；

5—浮仓顶板；6—外边缘板

4.2.2 单盘式浮顶的计算

一般情况下，浮仓提供的浮力应不小于浮顶自重的2倍，浮仓的内径与外径的比值约为0.85 ~0.90为宜。关于浮顶的详细计算比较烦琐，读者可以参阅《单盘式浮顶的设计》(斯新中)一文，以该文为基础，略去烦琐的推导过程，从工程设计的角度可以简化如下：

1. 基本假定

由于单盘的半径远远大于单盘板的厚度，所以认为单盘是支承于弹性边环(浮仓)上受均布载荷的圆薄膜。

在《单盘式浮顶的设计》一文中，弹性边环的弹性系数 λ 是一个无量纲参数，仅与边环的面积、边环的平均半径和单盘板的厚度有关。从以往工程实践的总结，为了方便计算而又安全可靠，取 $\lambda=4.10$，有关单盘式浮顶的计算可以大为简化。

2. 单盘板的应力和挠度

单盘板在均布载荷作用下的应力和挠度，可以按式(4.2-1a)、式(4.2-1b)、式(4.2-1c)计算：

$$\sigma_r = 0.169(Eq^2R^2/t^2)^{1/3} \tag{4.2-1a}$$

$$\sigma_m = 0.344(Eq^2R^2/t^2)^{1/3} \tag{4.2-1b}$$

$$f_m = 1.078(qR^4/Et)^{1/3} \tag{4.2-1c}$$

式中　σ_r——单盘板周边的径向应力，MPa；

σ_m——单盘板中点的径向应力，MPa；

f_m——单盘板中点的挠度，m；

E——单盘板的弹性模量，MPa；

q——均布载荷，MPa，取单盘板浸没在储液中单位面积的重力载荷；

R——单盘板的半径，m；

t——单盘板的厚度，m。

在均布载荷作用下，圆薄膜的挠度曲线方程式如下：

$$f_x = f_m[1-0.9(X/R)^2-0.1(X/R)^5] \tag{4.2-2}$$

式中　f_x——距单盘中心为 x 处的挠度，m；

X——距单盘中心的距离，m；

R——单盘半径，m。

由上述挠度曲线形成的曲面体积 $V_f(m^3)$ 按式(4.2-3)计算：

$$V_f = 0.521(\pi R^2)f_m \tag{4.2-3}$$

3. 边环的最小金属截面积

支承单盘板的圆形边环，在承受单盘板的均布载荷时，需要的最小金属截面积按式(4.2-4)计算：

$$F_0 = R_e t/\lambda \tag{4.2-4}$$

式中　F_0——边环的最小金属面积，m^2；

R_e——边环的平均半径，m；

t——单盘板的厚度，m；

λ——无量纲参数，取 $\lambda=4.10$。

4. 圆形边环在平面内的稳定性临界载荷

弹性圆环在薄膜应力 σ_r 的作用下，是一个均匀受压的圆环。圆环在平面内的稳定性临界载荷按式(4.2-5)计算：

$$P_{cr} = 3EI/R_e^3 \tag{4.2-5}$$

式中 P_{cr}——圆环在平面内失稳的临界载荷，MN/m；

I——圆环截面的惯性矩，m^4；

R_e——圆环的平均半径，m。

5. 单盘的安装位置

单盘的安装位置确定了单盘与浮仓的相对关系。由于浮顶上的雨水是通过单盘上的排水管系统排出罐外的，所以必须保证排水通畅，雨水才不会在浮顶上聚积。为了这一目的，浮顶上的集水坑应当位于浮顶单盘上的较低的位置，决不允许集水坑高于浮顶单盘的边缘。

(1) 浮仓的浸液深度

对于矩形截面的浮仓，浸液深度值可由阿基米德的浮力平衡原理求得，即：

$$T_0 = Q/(S\rho) \tag{4.2-6}$$

$$S = \pi(D_1^2 - D_2^2)/4$$

式中 T_0——浮仓的浸液深度，m；

Q——浮仓的质量，kg；

S——环形浮仓的水平截面积(即圆环的面积)，m^2；

D_1，D_2——分别为浮仓的外径和内径，m；

ρ——储液的密度，kg/m^3。

(2) 静液压力与单盘板自重平衡的液位深度

静液压力与单盘板自重平衡的液位深度表示：单盘板的重力载荷全部由液体的静液压力平衡，此处的液位深度按照式(4.2-7)确定。

$$h = t(\rho_{Fe}/\rho) \tag{4.2-7}$$

式中 h——静液压力与单盘板自重平衡的液位深度，m；

ρ_{Fe}——铁的密度，kg/m^3；

ρ——储液密度，kg/m^3；

t——单盘板厚度，m。

图4.2-3中表示了单盘板的位置与浮仓液面的关系，图中 $Z=0$ 处，X 轴位于液面以下 h[见式(4.2-7)]处。

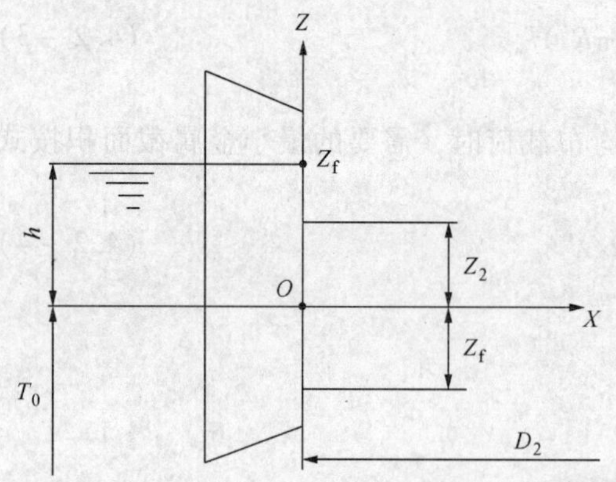

图中：X——水平坐标，为单盘的水平状态；

Z——竖向坐标，Z_1、Z_2单盘板位置的示例；

Z_f——浮仓本身漂浮在液面上时的液面线，$Z_f=h$；

h——单盘与浮仓相互之间没有作用力，此时单盘位于液面以下的深度，见图4.2-3和式(4.2-7)；

D_2——单盘直径，或浮仓的内直径。

图4.2-3 单盘板的位置与浮仓液面的关系

(3) 单盘安装的最高位置

由于单盘与浮仓的相对位置不同，单盘的变形状态是不同的。

在图4.2-4中：

当$Z<0$时，在浮顶正常漂浮时，单盘板受到的液体向上的静液压力大于单盘板的重力，单盘呈凸形，即单盘的中点高于周边。

当$Z=0$时，单盘理论上是水平的，径向拉应力为零。

当$Z>0$时，单盘板受到的液体向上的静液压力小于单盘板的重力，单盘呈凹形。

为了防止单盘上面聚积雨水，设计时应当使$Z>0$。

在确定单盘安装的最高位置时，有以下假定：

① 单盘的挠度曲线符合式(4.2-2)的描述。单盘中点最大挠度等于式(4.2-7)的计算值h。

② 当$Z>0$，并且单盘下表面没有气相空间出现时，浮仓浸液深度的增量为ΔT_m，液面由Z_f点上升至Z_m点，见图4.2-4。

③ 当单盘安装高度大于Z_m时，在浮仓与单盘之间将出现气相空间。

浮仓与单盘之间不出现气相空间时，浮仓的浸液深度的增量按照式(4.2-8)计算：

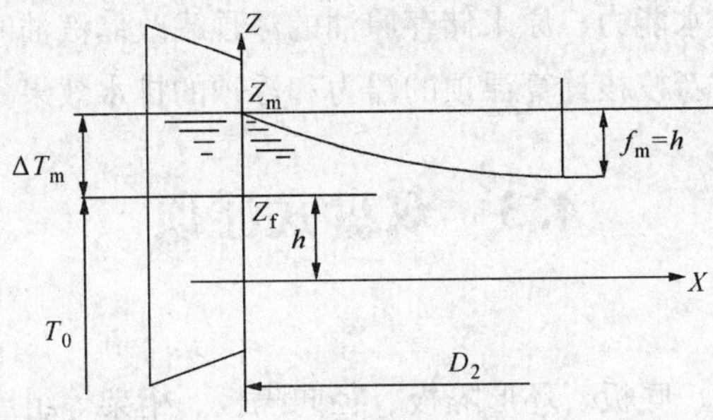

图4.2-4 浮仓浸液深度的增量示意

$$\Delta T_m = 0.429h\tau^2/(1-\tau^2) \tag{4.2-8}$$

式中 ΔT_m——浮仓浸液深度增量的最大值；

τ——浮仓内外直径的比值，即$\tau=D_2/D_1$。

为了保证浮顶单盘可以顺利排水，而且单盘下表面也不出现气相空间，浮顶单盘的实际安装位置Z应满足式(4.2-9)的要求：

$$Z_m > Z > 0 \tag{4.2-9}$$

6. 单盘式浮顶的抗沉性

单盘式浮顶的环形浮仓用隔板分成许多互不相通的隔舱。浮顶的抗沉性要求是当单盘漏损浸入储液，并且有2个相邻的隔舱也同时漏损的情况下，浮顶不会淹没。

① 当单盘漏损时，环形边环的下沉深度将会增加，增加的下沉深度按式(4.2-10)计算：

$$T_1 = \tau^2/(1-\tau^2)(\rho_{Fe}/\rho - 1)t \tag{4.2-10}$$

② 由于边环的2个相邻隔舱漏损，使得浮顶的边环下沉量进一步增加，并且使得浮顶倾斜，浮顶倾斜后的最大浸没深度，按式(4.2-11)计算：

$$T = (T_0 + T_1)/(1-a) \tag{4.2-11}$$

$$a = 2/m + (8/2)\times((1-\tau^2)/(1-\tau^4))\times(\sin\varphi/\pi) \tag{4.2-12}$$

式中 T——浮顶的最大浸没深度，m；

m——浮仓环形隔仓的总数；

φ——单个隔仓的中心角。

③ 当浮仓外侧板的高度大于浮顶的最大浸液深度时，浮顶具有足够的抗沉性能。

7. 浮顶施工的主要要求

浮顶上全部焊缝的焊肉必须饱满，单盘板必须在临时的水平支架上进行铺设和组焊，施工中应当严格控制变形。防止焊缝泄漏是保证浮顶安全运行的最重要的因素，全部与液面接触的焊缝必须进行真空试漏或煤油渗漏试验。每一个浮仓都是独立的，并且必须是气密性的，相互之间不得相通。

8. 储存介质的改变

当储罐的储存介质改变时(如设计储存原油，要改储汽油或相反)，单盘式浮顶的单盘板变形状态会发生变化，直接影响浮顶漂浮时的排水效果。通常，储存汽油的浮顶罐改储原油时，不会影响浮顶的排水能力；原来储存原油的浮顶罐改储汽油时，有可能会影响到浮顶的排水能力，因此必须重新校核计算浮顶的浮力和浮顶的排水效果。

4.3 双盘式浮顶

4.3.1 简介

双盘式浮顶是由顶板、底板、环形隔板、径向隔板、桁架等组成，形成若干个环形仓以及由径向隔板分隔而成独立的浮仓。双盘式浮顶提供的浮力通常比单盘式浮顶大，结构的整体稳定性好；双盘式浮顶的顶板具有稳定的排水坡度，不会在雨水载荷的作用下产生大的变形；浮顶顶板和底板之间的气体空间是良好的隔热层。双盘式浮顶的结构特点是其自重比较大，与相同直径的单盘式浮顶相比投资费用较高。

双盘式浮顶多用于多雨和寒冷地区的大直径储罐中，双盘式浮顶本身可以承受较大的偏心载荷(如冬季在浮顶上的不均匀分布的雪载荷等)，双盘式浮顶的上、下顶板之间的气体空间，是良好的隔热层，对于有加热器的储罐，有利于减少热损失。储存高凝固点的原油时，为了减少热损失和减少罐壁结蜡的可能性，可以采用双盘式浮顶。因双盘式浮顶有稳定的排水坡度，在降雨频繁并且雨量较大的地区，采用双盘式浮顶可获得较好的排水效果。

4.3.2 双盘式浮顶的结构

双盘式浮顶的结构示意如图4.3－1所示。

与单盘式浮顶相同，浮顶与液面接触的底面的全部焊缝应饱满，并进行真空试验或煤油渗漏试验，各个独立的密封仓必须是气密性的，相互之间不得相通。防止渗漏是保证浮顶安全运行的最基本条件。

4.4 浮顶罐的罐底与罐壁

浮顶罐的罐底与罐壁的设计与固定顶储罐设计相同。

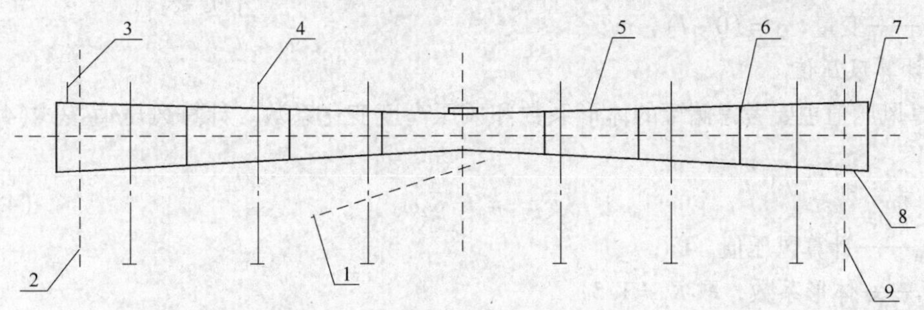

图4.3－1 双盘式浮顶结构示意

1—排水管；2—量油管；3—挡雨雪板；4—支柱；5—顶板；6—环形隔板；7—外边缘板；8—底板；9—导向管

4.5 浮顶储罐的罐壁加强圈和抗风圈

4.5.1 浮顶储罐的罐壁加强圈

对于浮顶储罐应将顶部抗风圈以下的罐壁作为核算区间。

对于浮顶储罐，罐壁的设计外压按式(4.5－1)计算：

$$p_0 = 3.375\omega_k \tag{4.5-1}$$

式中 p_0——罐壁的设计外压，kPa；

ω_k——风载荷标准值，kPa。

罐壁的许用临界压力、罐壁的稳定条件、罐壁的加强圈的设置和加强圈的规格的计算及选用见3.5节"固定顶储罐的罐壁加强圈"。

4.5.2 浮顶储罐的抗风圈

浮顶罐的罐壁上部是敞口的圆柱形筒体，没有固定式的顶盖，为了使罐壁在风载荷作用下不产生变形，保持上口的圆度，以维持储罐的整体形状，必需在罐壁上部设置完整的环形抗风圈。通常，抗风圈设置在离罐顶1m左右的外壁上，并且可以兼作走道平台。油罐模型的风洞试验表明，在抗风圈本身有足够的抗风载荷的能力时，罐壁的迎风面上，抗风圈以上的罐壁承受的是张力，因而没有失稳的危险，只在抗风圈以下的部位承受压应力，在风载荷作用下，会发生稳定性破坏。抗风圈的设计应当按照强度条件考虑。

1. 抗风圈的基本假定

① 假定储罐上半部罐壁所承受的风力全部由抗风圈承担。

② 作用于罐外壁迎风面的风力按正弦曲线分布；风力分布范围所对应的抗风圈区段为两端铰支的圆拱；圆拱所对应圆心角 θ 为60°。储罐罐壁上的风力曲线如式(4.5－2)所示：

$$p = p_A \sin\alpha \tag{4.5-2}$$

式中 p——迎风面 θ 等于60°的范围内，任意点单位弧长的风力，N/m；

p_A——罐壁驻点(图2.2－1中的 A 点)线上单位弧长的风力，N/m；

α——相位角，$\alpha = \pi y/l$，rad；

l——圆心角为60°的罐壁弧长，m；

y——变量，$y=(0\sim l)$，m。

2. 计算风压值

计算风压值主要考虑储罐的体形系数和风压高度变化系数。计算风压值按式(4.5-3)计算：

$$p_1 = K_1 K_2 \omega_0 \tag{4.5-3}$$

式中 p_1——计算风压值，Pa；

K_1——体形系数，取 $K_1=1.5$；

K_2——风压高度变化系数，取 $K_2=1.15$（离地 15m 高处的值）；

ω_0——建罐地区的基本风压，Pa。

3. 罐壁驻点线上单位弧长的风力

由风洞试验结果确定，罐壁驻点线上单位弧长的风力，可以按照式(4.5-4)的经验公式计算：

$$p_A = (0.8p_1)(0.8H)/2 = 0.32p_1H \tag{4.5-4}$$

式中 p_A——罐壁驻点线上单位弧长的风力，N/m；

H——罐壁高度，m。

4. 抗风圈承受的最大弯矩

抗风圈作为两端铰支的圆拱，承受的最大弯矩按式(4.5-5)计算：

$$M_{max} = P_0R^2/(\pi/\theta - 1) \tag{4.5-5}$$

式中 M_{max}——抗风圈承受的最大弯矩，N·m；

P_0——罐壁驻点线上单位弧长的风力，N/m；

R——储罐半径，m；

θ——圆拱对应的圆心角，$\theta=60°=1.047\text{rad}$。

5. 抗风圈截面系数

为满足强度要求，抗风圈所必需的最小截面系数 W_z，按式(4.5-6)计算：

$$W_z = M_{max}/[\sigma] \tag{4.5-6}$$

式中 W_z——抗风圈所需的最小截面系数，m^3；

M_{max}——抗风圈承受的最大弯矩，N·m。

$[\sigma]$——材料的许用应力，Pa；考虑到抗风圈是受弯曲应力作用，取$[\sigma]=0.90\sigma_s$。

采用结构钢制造的抗风圈．取 $\sigma_s=235\times10^6$ Pa，将式(4.5-3)、式(4.5-4)，式(4.5-5)代入式(4.5-6)，经过简化即得抗风圈所必需的最小截面系数的计算公式：

$$W_z = 0.083\ D^2H\omega_k \tag{4.5-7}$$

式中 W_z——抗风圈所必需的最小截面系数，cm^3；

D——储罐直径，m；

H——罐壁全高，m；

ω_k——基本风压，kPa。

6. 浮顶罐的抗风圈

设计的浮顶罐抗风圈截面系数(w)应满足式(4.5-8)的要求：

$$W \geqslant W_z \tag{4.5-8}$$

在计算抗风圈截面系数 W 时，应计入抗风圈与罐壁连接处两侧各16倍壁板厚度范围内的罐壁截面，这部分截面和抗风圈截面共同作用，承受风载荷的作用。

抗风圈的截面宽度不宜超过1m，以利于自身的稳定。对于某些大直径的储罐，当设置一道抗风圈不能满足要求时，可以设置两道抗风圈。

抗风圈的外周边可以是圆形或多边形，它可以采用型钢或型钢与钢板的组合件构成。所用的钢板最小厚度为5mm，角钢的最小尺寸为63×6。为满足强度条件，抗风圈本身的接头必须采用全焊透的对接焊缝，抗风圈与罐壁之间的焊接，上表面应采用连续满角焊，下面可采用间断焊。当抗风圈有可能积存液体时应开适当数量的排液孔。

7. 抗风圈支托的最大间距

抗风圈与罐壁共同作用范围（两侧各16倍壁厚截面）组成一个近似工字形断面的薄腹板梁，在受载状态下除了应满足强度条件外，尚需满足在受弯时不发生侧向失稳。在风载荷作用下抗风圈下面设置的支托，可以有效地防止侧向失稳，相邻支托的最大间距 L_{max} 可按式(4.5-9)选取：

$$L_{max} = (18 \sim 24) b_1 \qquad (4.5-9)$$

式中 L_{max}——抗风圈下支托的最大间距，mm；

b_1——抗风圈受压翼缘的宽度，即抗风圈的边缘高度（见图4.5-1），mm。

为使支托能起到阻止抗风圈侧向失稳的作用，支托上缘应与抗风圈可靠地焊接。

8. 抗风圈上的洞口

抗风圈上的洞口，主要是为储罐的盘梯穿越抗风圈而设置的。按照强度条件设计的抗风圈作为一个整体是不宜开洞的。

当盘梯穿越抗风圈时，应对抗风圈的洞口处进行加强，使洞口处抗风圈的任何截面的截面系数不低于(4.5-8)的要求。如图4.5-1中，图中断面AA、BB、CC均须满足 $W \geqslant W_z$。

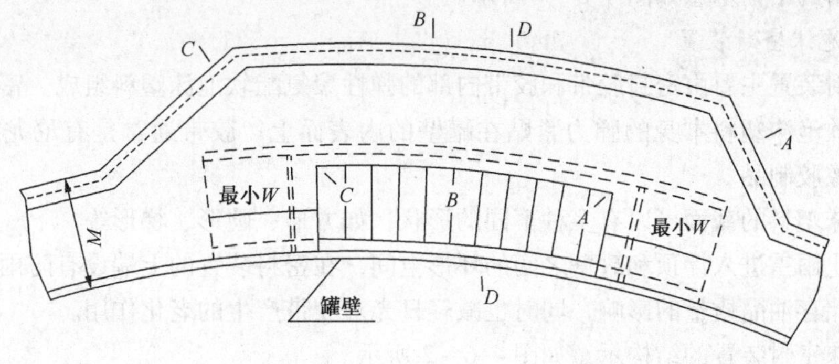

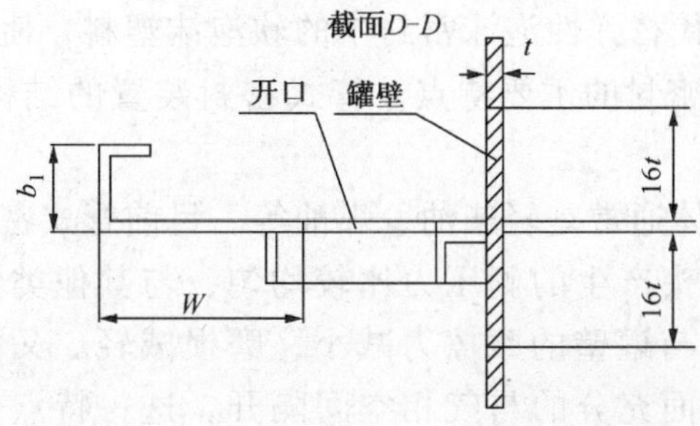

图4.5-1 盘梯穿越抗风圈的洞口

4.6 浮顶储罐的主要附件

4.6.1 浮顶密封装置

为了保证浮顶在储罐内部可以自由地上下运动，浮顶与罐壁之间必须有足够的环形间隙，一般情况下环形间隙为200～250mm。浮顶与罐壁之间的环形间隙，对于易挥发的储存介质(如汽油、原油等)是轻组分介质的油气向大气挥发的来源，一来造成储存产品的损失，又污染了大气环境，另外挥发出来的油气，又是火灾隐患，成为储罐安全运行的重大不利因素。为了改变这种状态，在浮顶和罐壁之间的环形空间内必须设置密封装置。目前使用的主要密封装置有以下几大类。

1. 机械密封装置

机械密封是由浸入液面以下并且紧贴罐壁的金属滑套和滑套上端与浮顶上端之间的橡胶类密封带组成。金属滑套沿罐壁形成一个紧贴罐壁的、完整的、有气密性的金属圆筒，金属圆筒上沿圆周有弹性膨胀结，以适应储罐直径的微量变化。密封带是柔软的耐油、耐大气环境的橡胶或橡塑材料组成的环形密封元件。金属滑套和密封带使得环形空间内的气相空间与外部的大气环境隔开，成为密闭的气相空间。

为了保证金属滑套紧贴在罐壁的内表面上，沿圆周方向约1米设置一组重锤式机械机构。在重锤的重力作用下，此机构使金属滑套紧贴在罐壁上，并且当浮顶与罐壁之间的间距变化时，可以维持浮顶位于储罐的中心，即浮顶与罐壁之间的间距变大的一侧，金属滑套与罐壁内表面之间的推力减小；浮顶与罐壁之间的间距变小的一侧，金属滑套与罐壁内表面之间的推力增大，从而使浮顶始终处于储罐的中心位置处。

机械密封的结构示意如图4.6-1所示。

2. 弹性泡沫密封装置

这种密封装置主要由密封胶带和胶带内部的弹性聚氨酯软泡沫塑料组成。密封胶带借助于可压缩的软泡沫塑料本身的弹力紧贴在罐壁的内表面上。胶带通常是有尼龙布加强的耐油、耐磨损橡胶制品。

弹性泡沫塑料的截面可以有多种不同的形状，如方形、圆形、梯形等。

为了防止雨雪进入浮顶和罐壁之间的环形空间，在密封装置的上端设有防雨雪挡板，以减少环境对储存油品质量的影响，同时也减轻日光对胶带产生的老化作用。

弹性泡沫密封装置的结构示意如图4.6-2所示。

3. 管式密封装置

用充液体的管式密封胶袋代替弹性泡沫密封中的软泡沫塑料，使密封胶袋紧贴于罐壁，把油品与大气隔绝是管式密封的主要特点。管式密封装置的结构示意如图4.6-3所示。

管式密封胶袋内所充的液体通常是轻柴油、煤油等。目前管式密封主要用于原油储罐，其主要优点是由液体静压头产生的侧压力比较均匀，与其他类型的密封相比较侧压力比较小，从而使密封胶袋与罐壁的摩擦力减小，磨损减轻。又由于液体具有良好的流动性，使得储存介质的表面充分的与气相空间隔开，这一特点是弹性泡沫密封装置无法比拟。

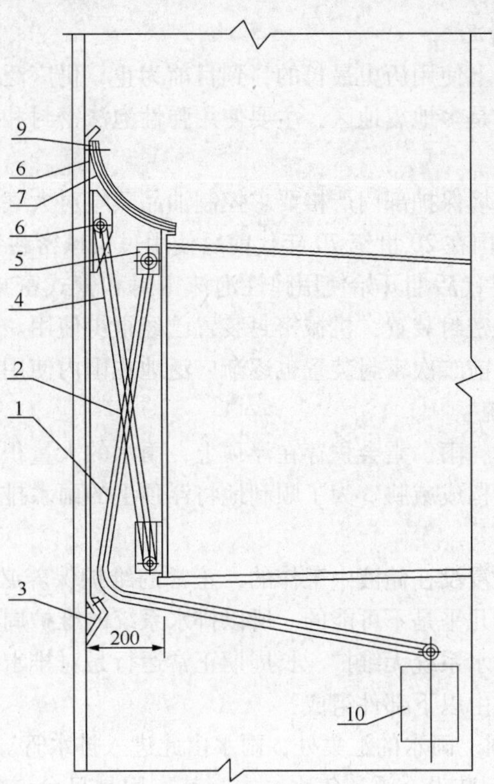

图 4.6－1 机械密封结构示意

1—肘杆；2—销轴；3—刮蜡板；4—连杆；5—右支座；6—左支座；
7—金属滑套；8—橡胶密封板；9—静电导线；10—重锤

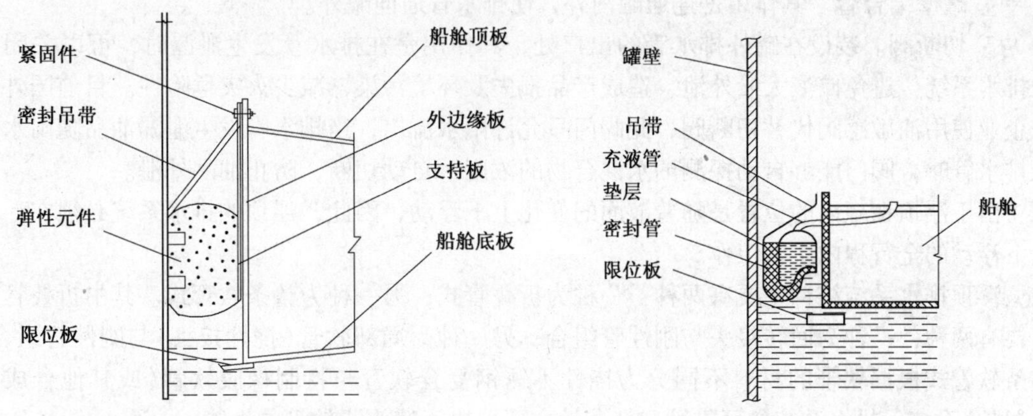

图 4.6－2 弹性泡沫密封装置结构示意　　　　图 4.6－3 管式密封装置结构示意

4. 二次密封装置

机械密封装置、弹性泡沫密封装置、管式密封装置，通常称之为主级密封，或一次密封。由于各国政府，对环境保护的要求日趋严格，为减少油气对大气环境的污染发展了二次密封。二次密封的发展也同时有利于减少油品蒸发损失。

二次密封装置有多种形式，通常位于一次密封的上部，有些是与防雨雪挡板结合起来，即有密封功能，又具有防止雨、雪、日光对密封装置及储存介质产生影响的功能。

5. 密封装置的使用情况

机械密封装置是浮顶上使用历史最长的，到目前为止，仍广泛用于西欧和北美，以及其他国家和地区。日本由于是多地震地区，主要使用弹性泡沫密封和管式密封，基本不采用机械密封装置。

在发达国家，由于环境保护部门严格要求控制油品蒸气对大气环境的污染，二次密封装置得到了广泛的应用。我国在20世纪70年代前后使用过机械密封装置，因为当时条件的限制，未能成功使用。70年代后期开始使用弹性泡沫密封和管式密封，80年代以来广泛使用弹性泡沫密封装置和管式密封装置，机械密封装置已经很少使用。出于对环境保护的重视和控制油品的挥发损失，目前二次密封装置也逐渐广泛地在国内使用。

4.6.2 浮顶排水系统

浮顶罐是敞口的储罐，雨、雪会积存在浮顶上，雨水的大量积存会导致浮顶过载，甚至沉没，对储罐的安全运行构成威胁。为了顺利地将浮顶上的雨水排出罐外，浮顶必须设置排水系统。

由于浮顶排水系统是浸没在储液中工作的，正常的维护保养必须与储罐检修结合起来，操作中的维修非常困难，几乎是不可能的。所以排水系统的维护周期至少应当大于储罐的清罐维护周期。保证浮顶排水系统无维护、长周期正常运行是对排水系统性能最基本的要求。

浮顶的排水系统主要由以下部件组成：

① 浮顶集水坑。浮顶上雨水的汇集处，雨水由此进入排水管。

② 单向阀(止回阀)。装设在浮顶集水坑内，其作用是只允许雨水进入排水系统，在排水系统渗漏时，阻止储罐内的储液逆流到浮顶上或集水坑内。

③ 排水管。引导浮顶上的雨水顺利地从罐壁底部排出罐外，是浮顶排水系统的核心部件，目前使用的浮顶排水系统就是按排水管的结构形式进行分类的。

④ 罐壁结合管。其作用是连通罐内外，使排水管通向罐外。

⑤ 切断阀。装设在罐外排水管的出口处，其作用是在排水管发生泄漏时，可以关闭整个排水系统，避免储液大量外泄，造成产品损失及环境污染，减少火灾危险性。目前国外有的企业使用油敏感阀代替切断阀，此阀门只允许雨水流出，当排水管发生泄漏油品随雨水进入排水管时，阀门能够自动探测油水混合物的浓度，自动切断，防止油品外泄。

由于浮顶在罐内的位置是随着液面的变化上下浮动，因此，浮顶的排水系统必须在浮顶上下浮动的全行程内正常工作。

浮顶排水系统结构主要有两种：一种为折叠管式；另一种为整条软管式。其中折叠管式主要有两种：一种为回转接头与刚性管组合；另一种为局部软管(挠性接头)与刚性管组合。整条软管式根据软管的材料不同分为挠性不锈钢复合软管与特制橡胶软管(或其他合成材料)排水系统。排水系统的可靠性和持久性主要取决于接头或软管的性能。

回转接头排水系统的结构如图4.6-4所示。回转接头排水系统是由四组回转接头分别与刚性管连接而组成的可折叠式排水系统，靠回转接头的转动实现刚性管的折叠，以实现排水管能够跟随浮顶的上下浮动。回转接头排水系统曾在国内外广泛使用。由于回转接头采用动密封，结构本身无法克服浮顶偏转及罐内液体扰动的影响，动密封处在外力的作用下发生变形，导致密封元件失效，接头渗漏。为了减小外力的影响，增大抵抗侧向扭转的能力，回转接头排水系统都采用双排管结构。一般质量良好的回转接头寿命在5年左右，回转接头本身制造质量和排水管系安装质量对其寿命影响较大。国内这种结构的排水系统由于可靠性较差，接头泄漏会导致储液外漏，造成经济损失，同时又污染了环境，给安全操作带来极大隐患，目前已很少使用。

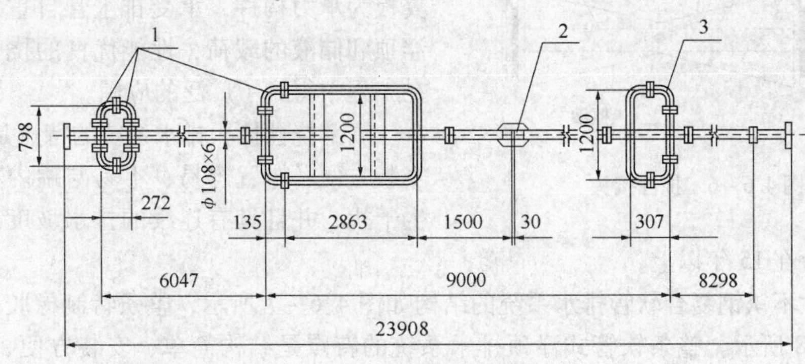

图 4.6－4 回转接头排水系统

1—回转接头；2—调距管(调距完毕后焊死)；3—回转接头

局部挠性接头排水系统的结构如图 4.6－5 所示。局部挠性接头排水系统的出现是为了解决回转接头动密封存在的泄漏问题，其工作原理与回转接头排水系统非常相似，只不过是用挠性接头取代了回转接头，依靠挠性接头的弯曲实现刚性管的折叠。由于将动密封改为静密封，从而使排水系统可靠性得到了极大提高。局部挠性接头排水系统与回转接头排水系统的区别在于，前者需要较大的空间实现折叠，而后者可以在很小的空间实现折叠。为了在浮顶支承高度有限的空间内设置折叠管，要求挠性接头具有较小的动态弯曲半径。同时，挠性接头还需要具有良好的抗弯曲疲劳性能，以满足浮顶上下浮动的要求。一般用途的金属软管的最小动态弯曲半径比较大(一般为 10 倍的管径)，很难满足安装空间的要求，减小弯曲半径往往会造成软管抗弯曲疲劳性能降低，不适合用作局部挠性接头。耐腐蚀、动态弯曲半径小、弯曲疲劳性能好是对挠性接头的基本要求。

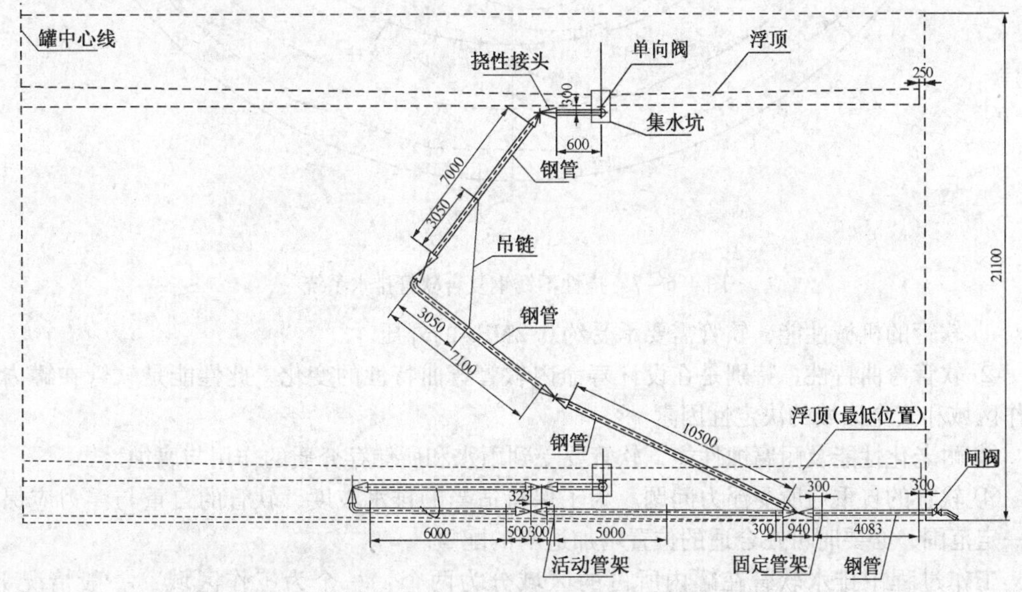

图 4.6－5 局部挠性接头排水系统

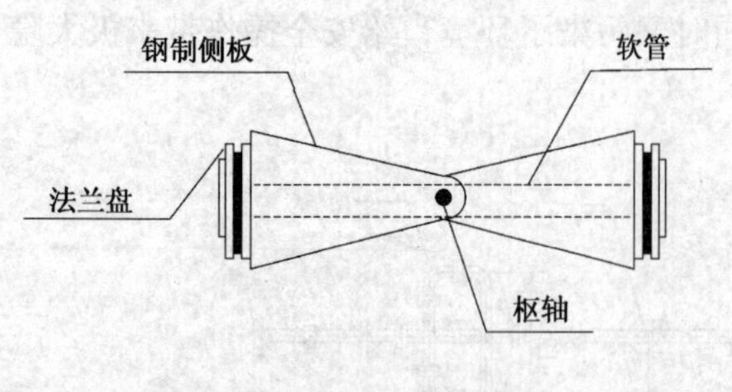

图 4.6－6 挠性接头

典型的挠性接头如图 4.6－6 所示，挠性管为钢骨架加强的合成材料复合软管，接头两侧翼板为承力构件，承受排水管自重以及来自于浮顶和储液的载荷，性能优良的挠性接头目前在工程中得到了广泛的应用。

局部挠性接头排水系统的特点是结构简单、安装方便、布置容易、不易与罐内其他部件发生干扰，并且具有连续的排水坡度。质量好的挠性接头寿命在 15 年以上。

整条挠性不锈钢复合软管排水系统的结构如图 4.6－7 所示，整条特制橡胶软管排水系统如图 4.6－8 所示。整条软管式浮顶排水系统的特点是结构简单、安装方便、泄漏点少，但在罐内占用的区域比较大，布置比较麻烦，容易与罐内其他部件发生干扰而发生意外破坏。为了使软管在浮顶升降过程中的运动轨迹固定在一定的范围内，防止浮顶降落时支柱等内件损坏软管，软管的柔度(弯曲变形能力)控制非常重要，这也是只有极少数特制软管才可以用作浮顶排水管的原因。在软管的选择上，下列几个因素必须考虑：

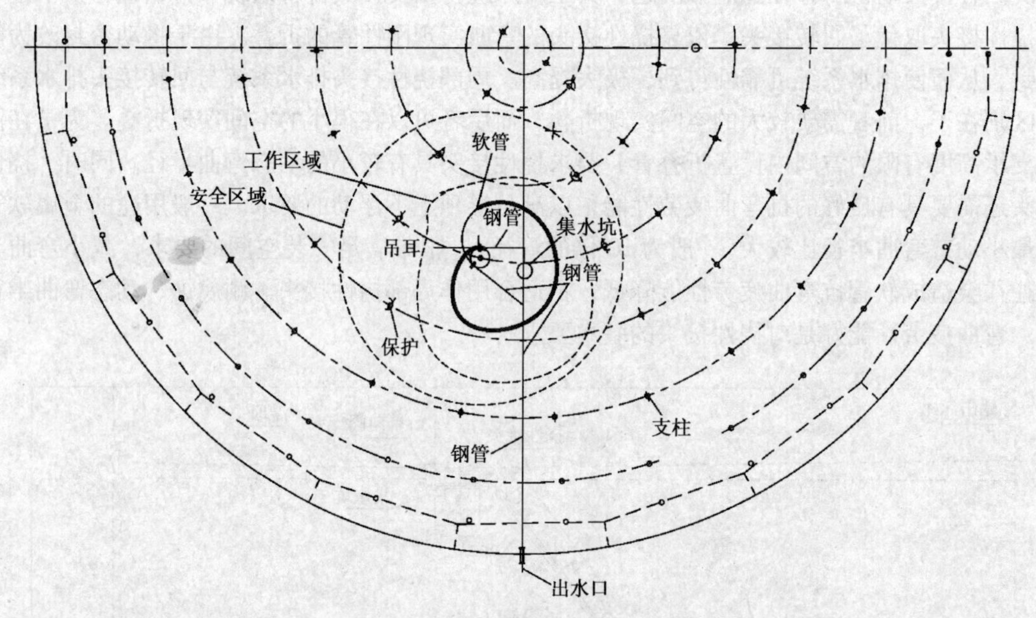

图 4.6－7 挠性不锈钢复合软管排水系统

① 软管的机械性能，软管需要承受约 0.2MPa 的外压。

② 软管弯曲特性，特别是在设计寿命内软管弯曲特性的变化，此性能是软管在罐内的工作区域和安全区域的决定性因素。

③ 耐老化性能及耐腐蚀性能，软管要受到雨水和所储存介质的作用与腐蚀。

④ 软管的自重与所受浮力问题。为了保持适当的排水坡度，软管的自重与浮力应保持在一定范围，必要时可在合适的位置增加适当的配重。

工作过程中排水软管在罐内所占的区域分为两个：一个为工作区域，一般情况下，软管总是在此区域内运动，在此区域内，严禁设置任何罐内附件(包括浮顶支柱)；另外一个区域为安全区域，是考虑由于其他不可遇见因素造成软管轨迹发生改变而可能达到的最大区域，在此区域内的浮顶支柱下部应采取保护导向措施，防止软管落在浮顶支柱的下方。

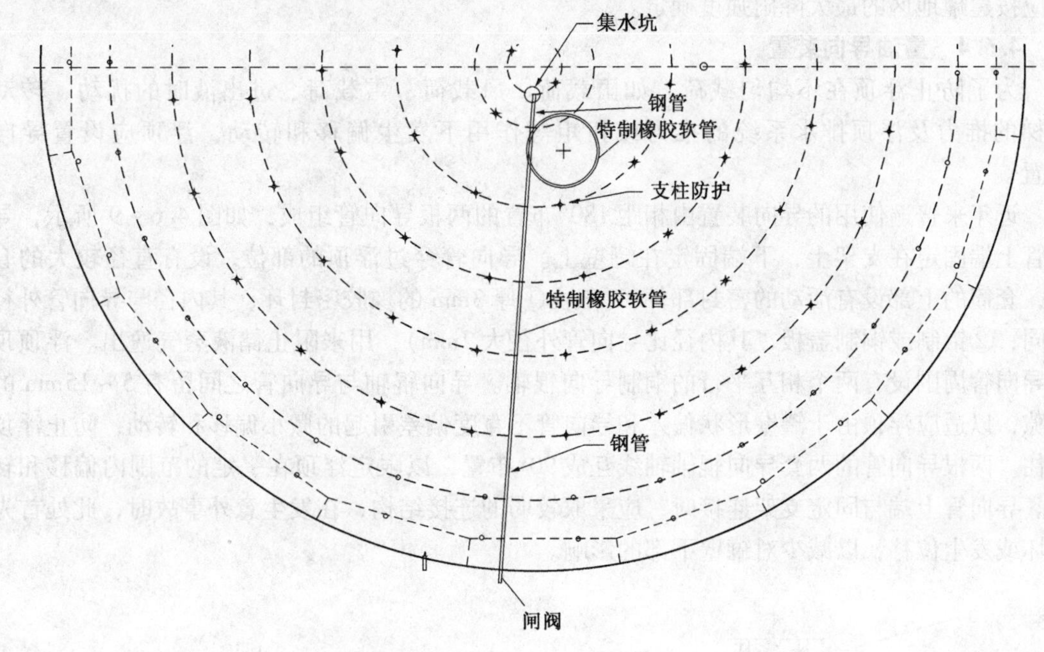

图 4.6－8 特制橡胶软管排水系统

整条软管式浮顶排水系统的软管长度是根据浮顶最大操作行程和软管的弯曲特性确定的。局部挠性接头排水系统对浮顶有径向推力作用。整条软管式浮顶排水系统对浮顶有环向扭转作用。在设计时，应避免浮顶排水系统对浮顶产生不利的影响。

浮顶排水系统的排水能力应能防止浮顶处于最低操作液位时，浮顶积水超过设计许可值。浮顶排水管的数量及大小应按建罐地区的最大降雨量计算确定。任何情况下，浮顶排水管数量及尺寸不应小于表 4.6－1 的规定。对于大型浮顶油罐，集水坑的数量、位置的设定应能及时有效地排出浮顶上的积水。

表 4.6－1 浮顶排水管数量及尺寸

储罐内径/m	排水管尺寸/mm	排水管数量/条
$D \leqslant 40$	80	2
$40 < D \leqslant 80$	100	2
$D > 80$	100	3

4.6.3 紧急排水装置

紧急排水装置是浮顶排水系统的一个组成部分，其作用是为了消除浮顶上由于排水系统失效或其他原因造成的过量积水，将过量的雨水直接排入罐内，使浮顶免遭沉没或破坏（失稳或强度破坏）。这种应急装置虽有使雨水与储液相混之虞，但与沉顶和破坏相比，设置紧急排水装置还是合算的。紧急排水装置是浮顶的一个安全设施。

对紧急排水装置的基本要求是：具有防止储液反溢的功能；在正常状态下，储液不应直接暴露在大气中，紧急排水装置应具有防止储液挥发的功能；运行时，排水应畅通，浮球浮动应灵活，不得出现卡阻现象。储液反溢时，反向密封性能应灵活可靠。

双盘式浮顶应装设紧急排水装置，其位置应靠近浮顶顶板最低处或设置在暴风雨时的下风向。紧急排水管的排水能力应能防止浮顶积水超过设计许可值。紧急排水装置的数量及尺寸应按建罐地区的最大降雨强度确定。

4.6.4 量油导向装置

为了防止浮顶在不均匀载荷，如雨载荷、风载荷、雪载荷、进出液时的扰动、转动扶梯的推力及浮顶排水系统的推力或扭矩等作用下发生偏移和转动，浮顶应设置导向装置。

近年来普遍使用的导向装置由相距180°布置的两根导向管组成，如图4.6－9所示，导向管上端固定在支架上，下端固定在罐壁上。导向管穿过浮顶的部位，设有直径较大的套筒，套筒的上部设有活动的密封部件(一般由①厚3mm的橡胶密封环，其内径与导向管外径相同；②铝制或铜制盖板，其内径比导向管外径大2mm)，用来阻止储液蒸气逸出。浮顶顶部导向管周围设有两个相互平行的铜制导向辊轴。导向辊轴与导向管之间留有5～15mm的间隙，以适应浮顶由于罐壁形状偏差和导向管不直度偏差引起的微小偏移和转动，防止浮顶卡住。两根导向管的两套导向辊轴轴线互成90°布置，以限定浮顶在一定的范围内偏移和转动。导向管上端与固定支架连接时，应采取较弱的连接结构，在发生意外事故时，此处首先破坏或发生位移，以减少对罐壁下部的影响。

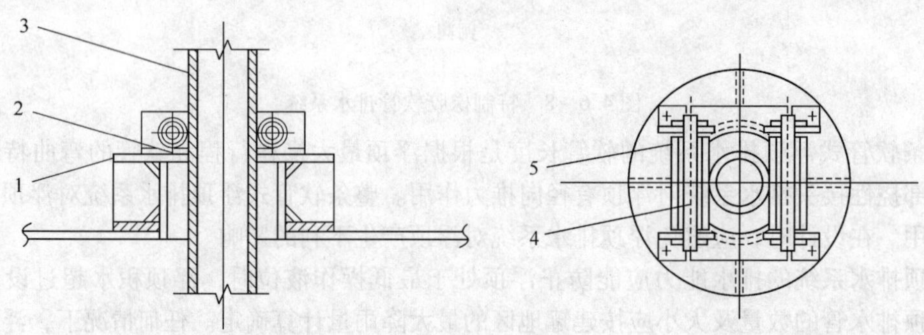

图4.6－9 双辊轴式导向管

1—支座；2—丁腈橡胶密封环；3—导向管；4—轴；5—滚柱

还有一种导向装置只设一根导向管，在国内使用不多，但在美国、日本早期建造的浮顶油罐中采用。这种导向装置如图4.6－10所示，浮顶只设一根导向管时，在导向管周围需要设置三个铜制导向辊轴，成120°均匀布置。其特点是浮顶不易被导向管卡住，但容易发生偏转。

浮顶设置两根导向管时，其中一根兼做量油管，另一根兼做仪表口(如雷达液位计导波管、温度计口等)。导向管的管径一般为200～400mm，当同时需要在一条导向管内安装多个仪表时(如量油口、液位计口及温度计口装设在一条导向管内)，导向管的管径可以选大一点，当雷达液位计与温度计装设在同一条导向管内时，应在导向管内设置雷达波导波管。

4.6.5 转动扶梯和转动扶梯轨道

转动扶梯是从罐壁盘梯顶平台到浮顶之间的连接通路。由于浮顶是随液面在上下浮动的，因此从顶平台到浮顶的通道应能适应浮顶的浮动，转动扶梯正好能够满足这一工况要求。在设计转动扶梯时，应符合下列要求：

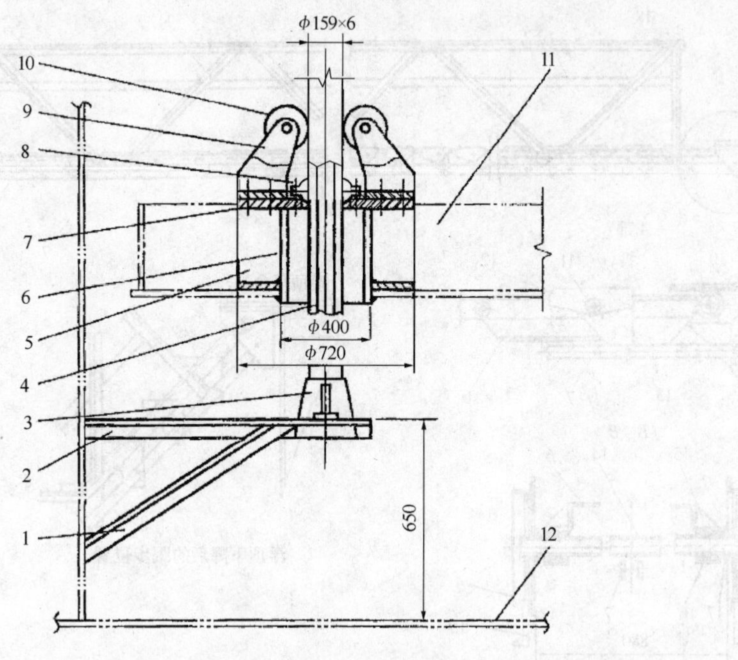

图 4.6-10 三辊轴式导向管

1—斜承；2—支梁；3—喇叭口；4—导向管；5—筛板；6—套管；7—连接盘；8—填料盒；9—滚轮座；10—滚轮(三个均布)；11—浮顶；12—罐底

① 在浮顶升降的全行程中，转动扶梯的踏步应能自动保持水平。踏步保持水平是靠一套联动的平行四连杆机构实现的，当扶梯转动时，通过拉杆的作用，踏步侧板也同时绕踏步小轴转动，从而始终保持踏步处于水平状态。

② 当浮顶由最低支承位置上升到最高位置的过程中，转动扶梯不会与浮顶上的任何附件相碰。

③ 当浮顶下降到最低位置时，转动扶梯的仰角不大于60°，以方便人员行走。

④ 转动扶梯处于任意位置时，在5000N的中点集中力或最大风力作用下，应具有足够的刚度和强度，扶梯两侧应设有扶手。

⑤ 在浮顶升降过程中，转动扶梯下端的滚轮应始终在轨道上滚动。滚轮应选用与轨道摩擦不发生火花的材料。转动扶梯轨道可以采用槽钢制作，也可以采用角钢制成轨道槽。轨道的结构应能够防止扶梯在大风作用下发生脱轨现象。轨道的安装位置和长度按转动扶梯滚轮的轨迹来确定，并在两端留有余量。转动扶梯结构示意见图4.6-11，转动扶梯轨道结构示意见图4.6-12。

4.6.6 刮蜡机构

重锤式刮蜡机构是目前最广泛使用的一种刮蜡机构。重锤式刮蜡机构是采用机械方式除去罐壁上的凝油及结蜡。刮蜡机构主要由固定横梁、重锤、四连杆机构、刮蜡板组成，横梁固定在浮顶下侧边缘，四连杆机构固定在横梁上，重锤的重力通过连杆机构转化为水平力，作用在刮蜡板，使之紧贴在罐壁上，在浮顶下降时，除去罐壁上的凝油及结蜡。刮蜡板通常采用不锈钢制作。刮蜡机构示意见图4.6-13。

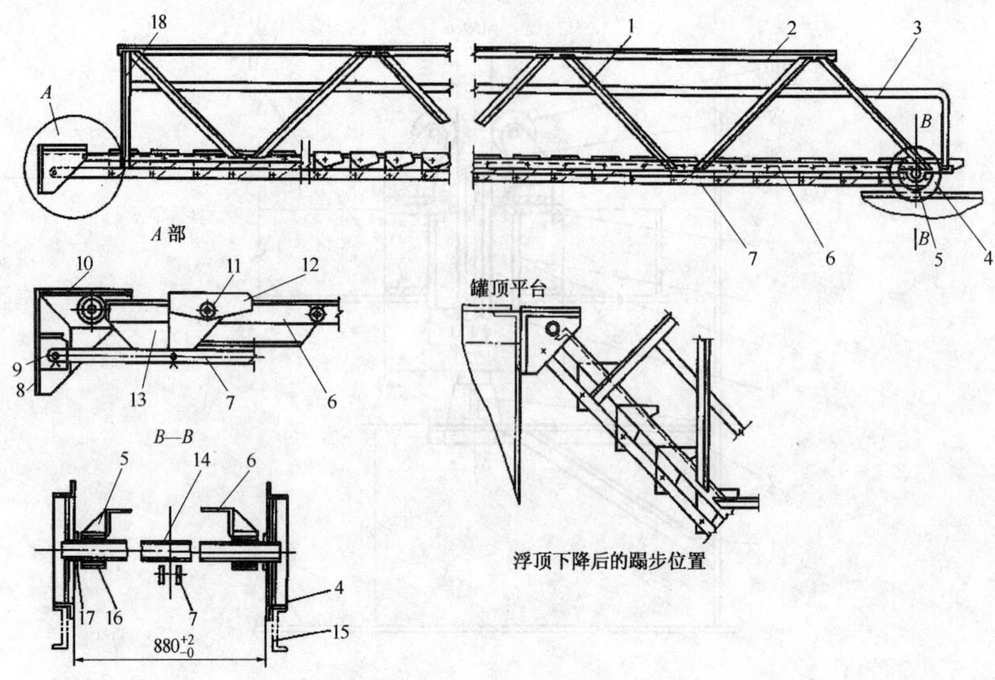

图 4.6－11 转动扶梯结构示意

1—斜杆；2—上弦杆；3—护腰；4—轮子；5—轮座；6—底架；7—拉杆；8—支座；9—拉杆支耳；10—端踏板；11—踏步轴；12—踏步板；13—端支托；14—轮轴；15—转动浮顶轨道；16—卡箍；17—挡圈；18—竖杆

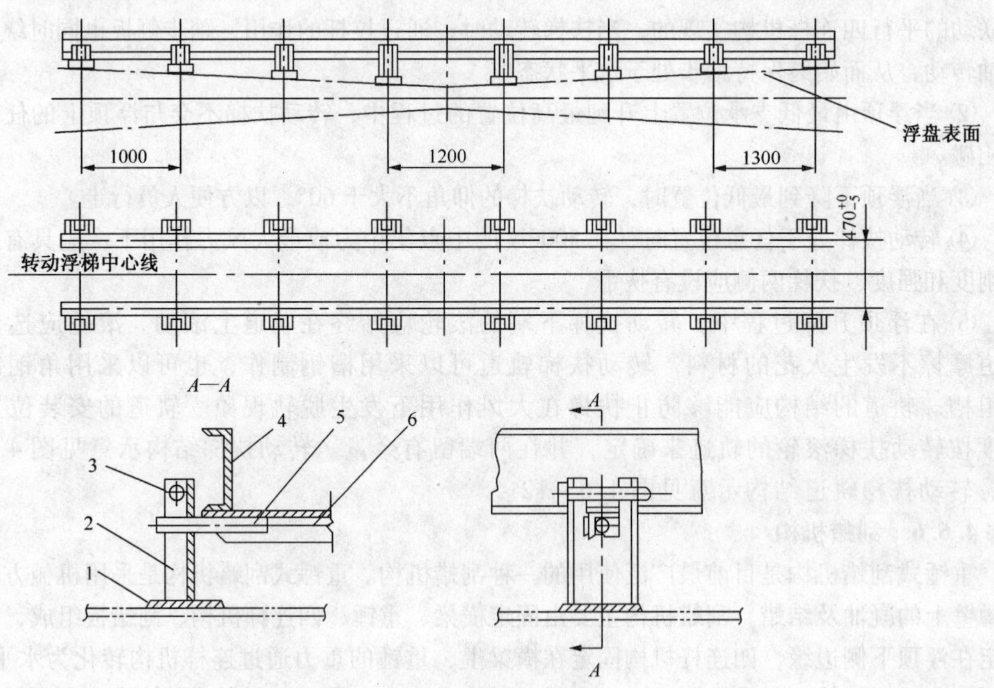

图 4.6－12 转动扶梯轨道结构示意

1—垫板；2—支脚；3—销轴；4—轨道；5—轴；6—横杆

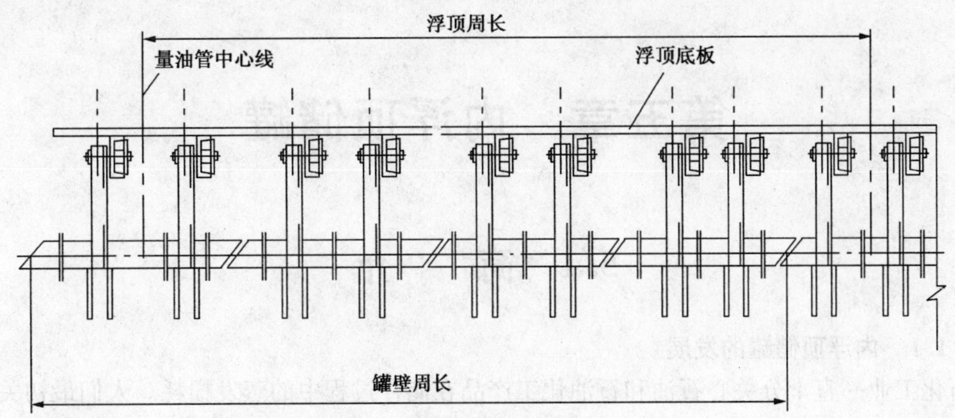

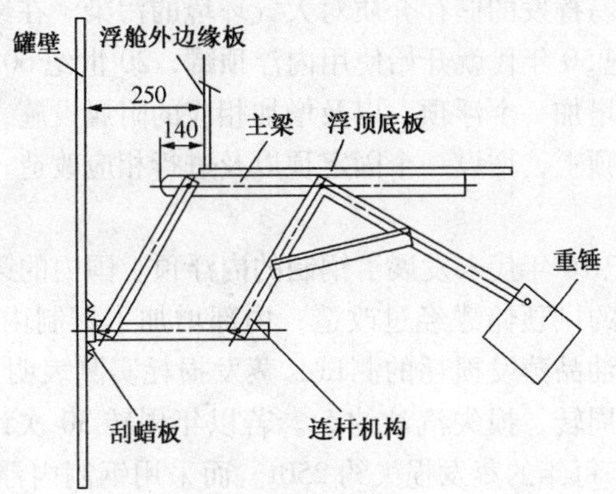

图 4.6－13　刮蜡机构示意

参　考　文　献

1　中国石化北京设计院．石油炼厂设备．北京：中国石化出版社，2001

2　徐英，杨一凡，朱萍．球罐和大型储罐．北京：化学工业出版社，2005

3　斯新中．单盘式浮顶的设计．炼油设备设计，1980 年第 4 期

第五章　内浮顶储罐

5.1 简　　介

5.1.1　内浮顶储罐的发展

石化工业一直十分关心石油和石油化工产品在储存过程中的蒸发损耗。人们最初关心的是经济损失和储存的安全性，近些年来由于生态方面的问题，环境保护方面的要求越来越严格，要求严格控制易挥发的储存介质对大气环境的污染。在经济利益和环境保护二者的驱动下，国外从20世纪50年代就开始使用内浮顶罐，20世纪60年代发展了装配式内浮顶。

在固定顶罐内增加一个浮顶，以及增加相应的附属设施，该罐就成为了内浮顶罐；或者在敞口的外浮顶罐顶上，增设一个固定顶以及进行相应改造，原有的外浮顶罐也就成了内浮顶罐。

国内于20世纪70年代末发展了钢制的内浮顶。国内的第一台钢制的内浮顶罐是将一台$3\times10^4m^3$储存汽油的拱顶储罐经过改造，内部增加了钢制内浮顶而成的。该罐投入使用初期，进行了大呼吸油品蒸发损耗的测试，蒸发损耗实测表明：一台$3000m^3$储存汽油的拱顶罐，一次全容量的周转，损失汽油约5t。若以年周转30次计算，每年的蒸发损失约150t；以周转50次计算，每年的蒸发损失约250t。而采用钢制内浮顶罐，蒸发损失仅为拱顶罐的5%左右。

国内的第一台钢制的内浮顶罐成功地投入使用以后，内浮顶罐的经济效益和社会效益被广泛认可。钢制内浮顶罐20世纪80年代初期在国内大量推广使用。相当一批已经储存汽油等易挥发介质的拱顶储罐，经过改造内部增加了钢制内浮顶，作为内浮顶储罐投入使用。用以储存类似于汽油易挥发的石油和石油化工产品的新建储罐，大多数采用了钢制的内浮罐。

20世纪80年代国内使用的内浮顶，大多数是钢制浅盘式的，其抗沉性能比较差，也多次发生过内浮顶沉没的事故。80年代中后期，国内开始发展并推广使用装配式铝制内浮顶。到90年代初，钢制浅盘式的内浮顶，已被淘汰，装配式铝制内浮顶得到了广泛的使用。

铝制内浮顶罐的蒸发损失仅为拱顶罐蒸发损失的5%左右，而且投资费用与钢制内浮顶相当，或者略低。

5.1.2　内浮顶储罐的形式

国内外使用的内浮顶主要有以下几种的形式：

① 钢制的无浮舱的盘式浮顶，即钢制浅盘式的。

② 钢制的有敞口浮舱的盘式浮顶。

③ 钢制的有浮舱的盘式浮顶，类似于单盘式浮顶。

④ 钢制的双盘式浮顶。

⑤ 浮筒上的金属顶，浮盘在液面以上，如铝制内浮顶。

⑥ 铝制蜂窝式浮盘，浮盘与液面接触。

⑦ 组合式塑料浮盘，浮盘与液面接触。

⑧ 浮子式铝浮顶

目前国内钢制的有浮舱的盘式浮顶、浮筒式铝制内浮顶和浮子式铝制内浮顶使用较多，铝制蜂窝式浮顶在合资项目中也有使用。

5.1.3 内浮顶储罐的前景

由于外浮顶罐的上部是敞口的，浮顶和储存介质易受外界的风、沙、雨、雪的影响；而内浮顶本身是不受外界大气环境的风、沙、雨、雪的影响，暴风雨或台风也不会直接作用在内浮顶上，有利于稳定产品的质量；不设置浮顶排水系统、转动扶梯等设施有利于减少操作和维护费用。由于以上特点，储存石油产品如汽油、航空煤油、芳烃类、易挥发的轻质油品等广泛采用了内浮顶罐，而不再使用外浮顶储罐和拱顶罐。

国内在20世纪70年代以前，一直使用拱顶罐和外浮顶罐储存汽油等易挥发的石油和石油化工产品。到目前为止，除原先已在用的以外，已基本转向采用内浮顶罐。而近几年随着石油化工企业处理量的增大，$3\times10^4\sim5\times10^4m^3$的储存易挥发介质的内浮顶罐也已经建成。

由于内浮顶罐比固定顶罐多了一个内浮顶，比外浮顶罐又多了一个固定顶，在储罐公称容量相同的情况下，内浮顶罐的一次性投资高一点，但是从节能和有利于环境保护的优点相比，综合效益还是比较高的。内浮顶罐的应用范围会更为广泛。

5.2 钢制内浮顶

钢制内浮顶是指内浮顶是由碳钢钢板组焊而成的，这一点与外浮顶罐的浮顶类似，故外浮顶罐的各种浮顶形式都可以在内浮顶罐中使用。同样，外浮顶罐所采用的密封形式也可以在内浮顶罐中使用。

内浮顶的浮力构件，如周边环形浮仓、内部的单独浮仓(又称之内浮子)等所提供的浮力应不小于浮顶自身重力的2倍，以保证浮顶在不测因素的影响下不会沉没，从而保证储存安全。

常用的钢制内浮顶的结构形式见图5.2－1。

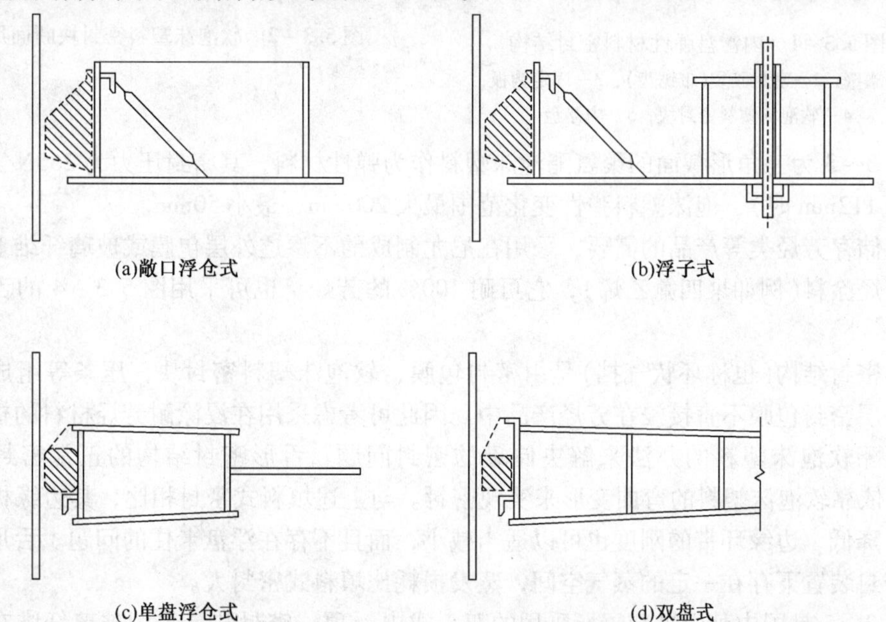

图5.2－1 常用钢制内浮顶结构示意

5.3　钢制内浮顶附件

5.3.1　密封装置

内浮盘与罐壁之间的密封通常采用弹性材料密封结构(也叫填料式密封)，如图 5.3 -1 所示，它是由丁腈橡胶密封袋(用于油品时) 中填充方形或梯形等形状截面的聚氨酯软泡沫塑料，依靠泡沫塑料的压缩变形来实现密封的。图中的固定钩板是为了固定密封胶袋位置，防止泡沫塑料块在浮盘下降时往上翻，圆弧转角是为了不戳破密封胶袋，可在每米圆周长度内设置一块固定钩板。在内浮顶储罐中，密封间隙通常为 150mm，在采用断面宽度 230 ~ 250mm 的软泡沫塑料密封块(见图 5.3 -2)后，密封力约为 20kg/m。为消除蒸气空间，弹性块应浸入液面以下 20 ~50mm，外层橡胶密封应能在使用环境中经久耐用，且不使储液受到污染和变色。为了防止液体的毛细现象，要在橡胶密封袋上压有锯齿。

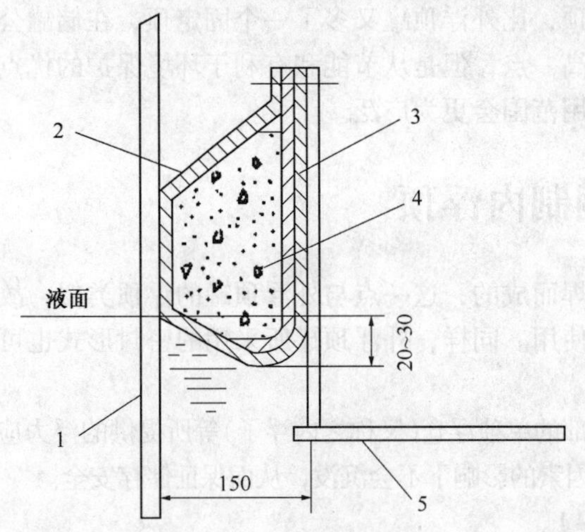

图 5.3 -1　内浮盘弹性材料密封结构

1—罐壁；2—密封胶袋(带锯齿)；3—固定钩板；4—软泡沫塑料密封块；5—内浮盘

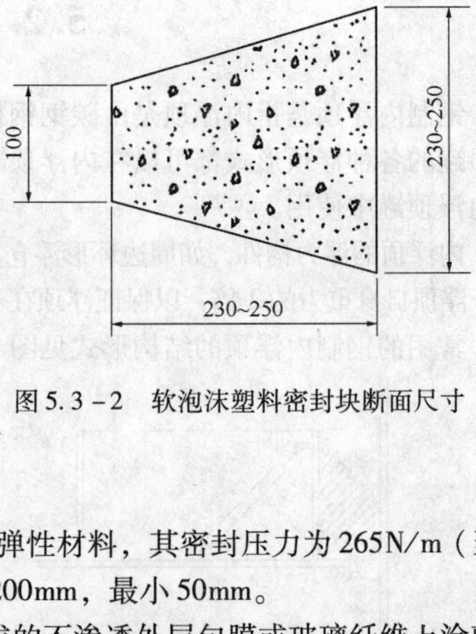

图 5.3 -2　软泡沫塑料密封块断面尺寸

图 5.3 -3 为三角形截面的聚氨酯泡沫塑料作为弹性材料，其密封压力为 265N/m（当密封间隙为 112mm 时)，泡沫塑料弹性变化范围最大 200mm，最小 50mm。

为了储存芳烃类等产品的需要，采用在尼龙制成的不渗透外层包膜或玻璃纤维上涂敷或浸渍耐芳烃涂料(例如聚四氟乙烯)，它可耐 100% 的芳烃。也可采用图 5.3 -4 的舌形密封结构。

舌形密封结构(也称环状气挡)是由密封包膜、软泡沫塑料密封块，压条等组成。它的特点是外层密封包膜不直接浸在芳烃产品中，因此可考虑采用在浸涂耐芳烃材料的棉帆布中填充聚氨酯软泡沫塑料的办法来解决储罐的密封问题。舌形密封结构的正常密封间隙取 120mm，依靠软泡沫塑料的弯曲变形来实现密封。与上述填料式密封相比，其边缘板的安装高度可以降低，边缘环带的刚度也可以适当减小，而且不存在浮盘卡住的问题。舌形结构的缺点是密封装置下存在一定的蒸气空间，蒸发损耗比填料式密封大。

图 5.3 -5 是国内某引进装置所采用的双盘式内浮顶．密封装置采用玻璃纤维布浸涂聚四氟乙烯的舌形密封结构，储存介质为丙酮。

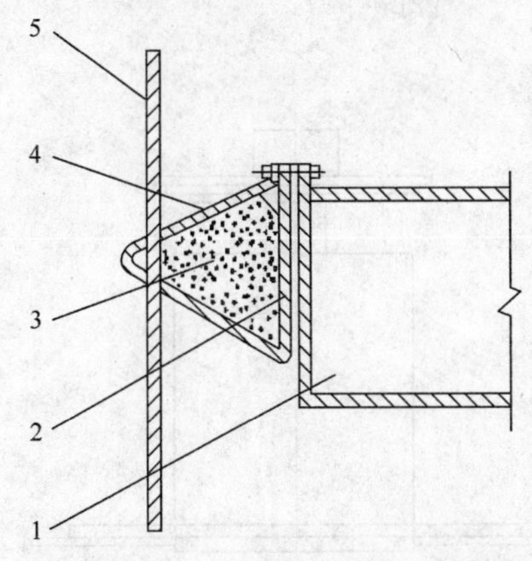

图 5.3-3 三角形截面的聚氨酯泡沫塑料作为弹性材料的密封结构示意

1—浮舱；2—定位板；3—聚氨酯泡沫塑料密封块；4—丁氰橡胶吊带（$\delta=2$mm）；5—罐壁

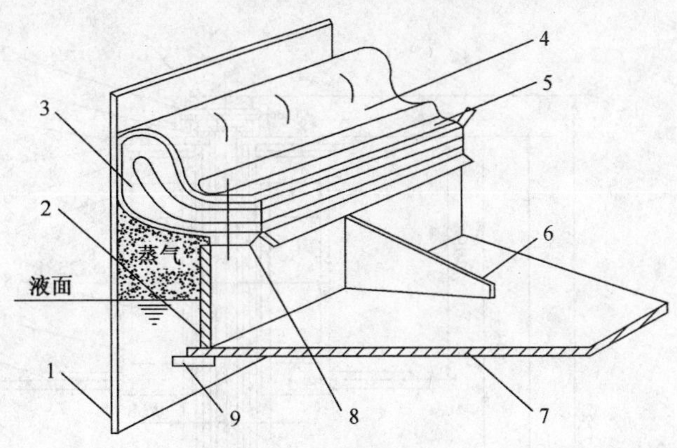

图 5.3-4 舌形密封结构示意

1—罐壁；2—边缘板；3—泡沫塑料密封块；4—密封包膜；5—压条；6—筋板；7—浮盘板；8—折边板；9—限位板

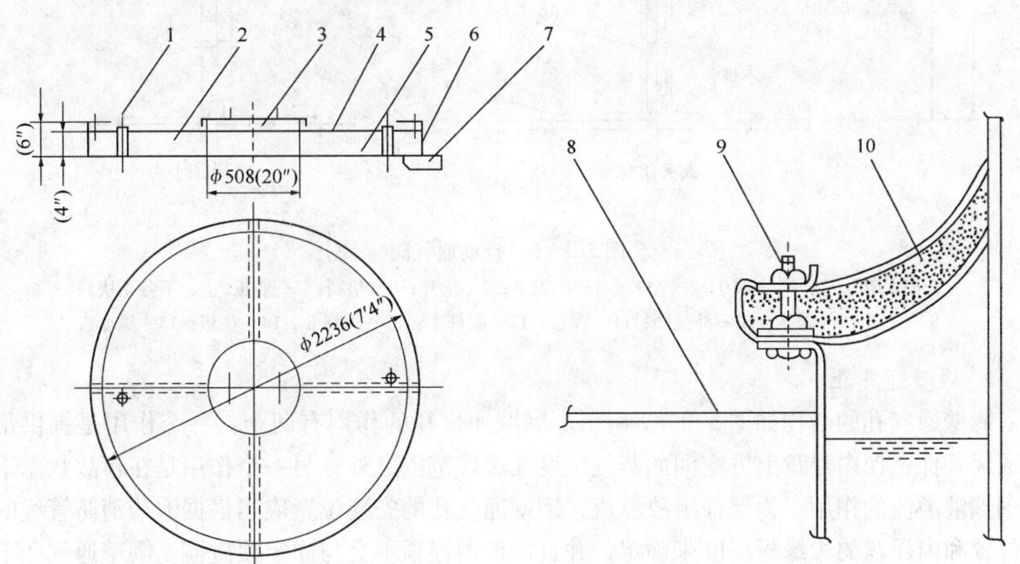

图 5.3-5 玻璃纤维布浸涂聚四氟乙烯舌形密封结构示意

1—防转钢丝绳；2—隔板；3—人孔；4—上顶板；5—下顶板；6—边缘板；7—限位板；8—内浮盘；9—夹持装置；10—密封件

5.3.2 通气孔

1. 自动通气阀

为适应内浮顶的操作需要，自动通气阀常做成自动调节式，结构如图 5.3-6 所示。当正常操作时，自动通气阀处于关闭状态；当排液接近结束时，内浮盘处于最低位置而支承在立柱上，此时通气阀自动打开，浮盘上方的空气通过自动通气阀进入浮盘下方，防止了排液时可能产生的过大负压；当开始进料时，自动阀尚未被储液封住，浮盘下方的气体可以通过阀进入浮盘上方，防止出现过大的正压。由于阀杆Ⅱ可以在阀杆Ⅰ中自由滑动，所以当浮盘上升时，阀杆Ⅱ自行下坠，不致使阀杆与上方的固定顶或罐内构件相碰。

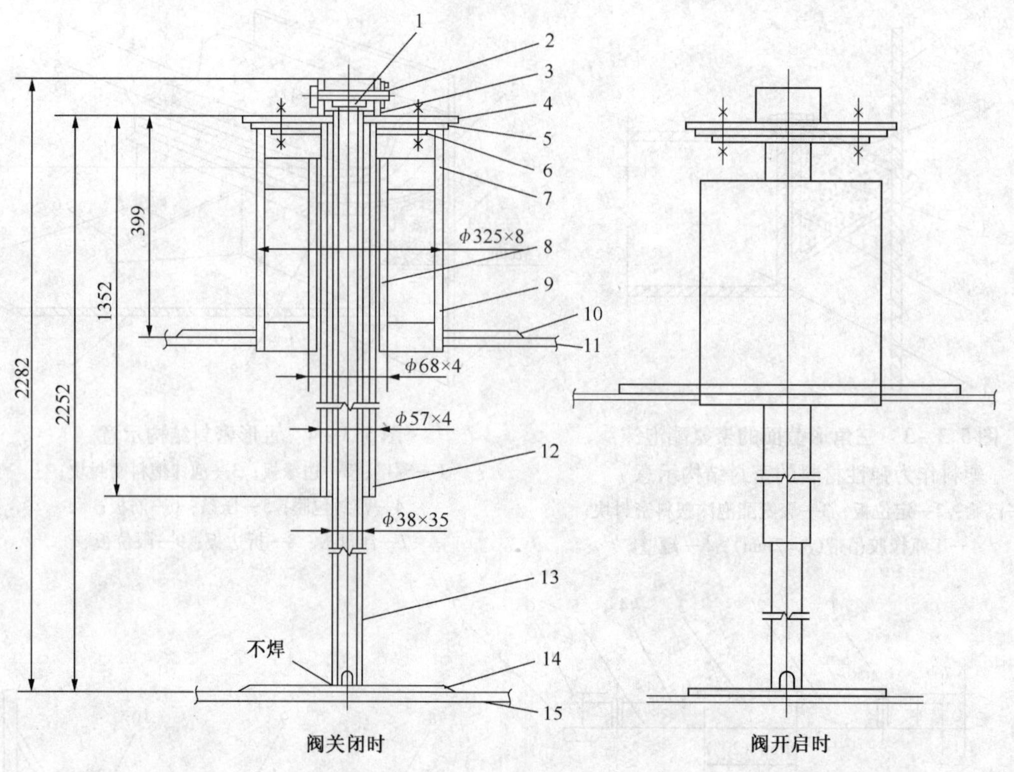

图 5.3－6 自动通气阀

1—阀盖Ⅱ；2—销轴 φ10；3—垫片；4—阀盖Ⅰ；5—垫片；6—垫圈；7—筋板（上、下各 4 块）；8—套管；9—阀体；10—补强圈；11—浮盘；12—阀杆Ⅰ；13—阀杆Ⅱ；14—垫板；15—罐底板

2. 罐壁通气孔

罐壁通气孔的结构如图 5.3－7 所示。罐壁通气孔的作用有两个：一个作用是提供足够的通风条件，使内浮盘上方空间的蒸气浓度在爆燃范围之外；另一个作用是在事故状态下可起到储液溢流的作用。为保证事故溢流，罐壁通气孔的安装位置应当根据泡沫消防管线的入口位置和内浮盘的边缘板高度来确定，并且保证内浮顶不会与固定顶碰撞。罐壁通气孔下沿（溢流面）至罐顶包边角钢的距离 H 应满足式(5.3－1)的要求：

$$H \geqslant h_1 + h_2 - h_3 \tag{5.3－1}$$

式中 H——溢流面至罐顶包边角钢的距离，mm；

h_1——消防管线入口下沿至罐顶包边角钢的距离，mm；

h_2——内浮盘边缘板高度，mm；

h_3——内浮盘正常漂浮状态下的浸液深度，mm。

一般情况下，溢流面与罐顶包边角钢的距离 H，对于 100～400m^3 储罐取 $H = 500$mm，500～2000m^3 储罐 $H = 570$mm，3000m^3 及更大的储罐 $H = 620$mm。

储罐通气孔的孔高 h 应大于密封高度，且做成如图 5.3－8 所示的形状，以便在事故情况下孔不被封死，并能让密封顺利通过不被卡住。

为保证通风，罐壁通气孔的数量不能少于 4 个，最大间距应小于 10m，通气孔的总通气面积应满足式(5.3－2)的要求：

$$F \geqslant 0.06D \quad (5.3-2)$$

式中 F——罐壁通气孔的总通气面积，m^2；

D——储罐直径，m。

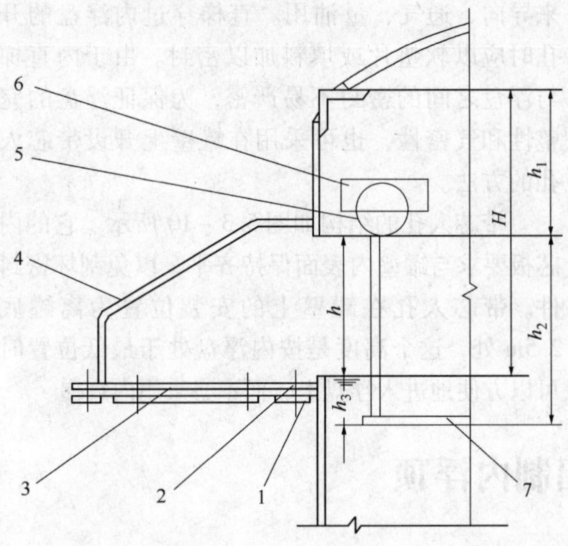

图 5.3－7 罐壁通气孔

1—压条；2—连接板；3—不锈钢丝网；4—罩板；5—消防管入口；6—消防挡板；7—内浮盘

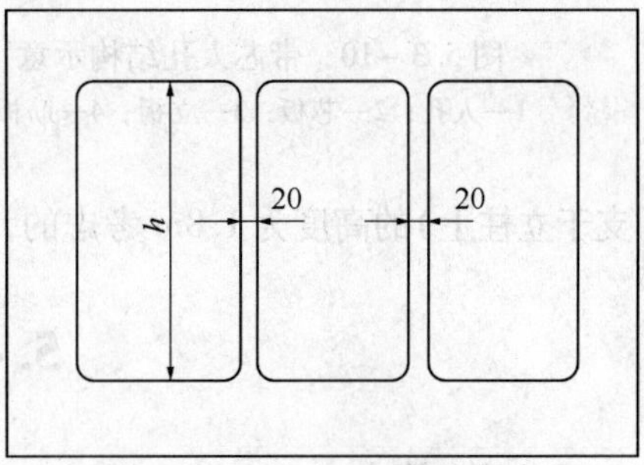

图 5.3－8 罐壁开孔示意

3. 罐顶通气孔

它是一个敞口的通气孔，位于固定顶的最高处，用来保持自然对流通风，排除罐顶空间的蒸气，最小公称直径宜为 *DN* 250。罐顶通气孔上方应设防雨设施。罐顶通气孔和罐壁通气孔都应安装粗孔金属网(2～3 孔/cm)，以防鸟类进入。

5.3.3 高液位报警器

高液位报警器如图 5.3－9 所示，其作用是防止过量充液造成灾害性事故。

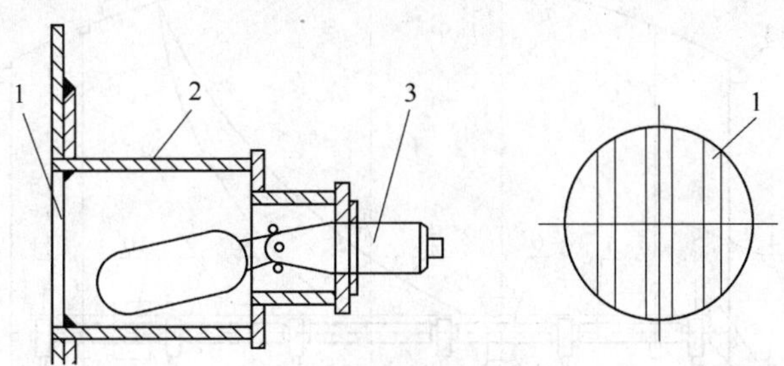

图 5.3－9 高液位报警器

1—挡板条；2—引流接管；3—液位继电器

5.3.4 导向防转装置

导向管可以兼作量液管，多用于钢制内浮顶罐。铝制内浮顶多采用钢丝绳作为导向防转装置。

5.3.5 静电引出线

储罐在装油、卸油或调合时，在油面上会聚集大量静电荷，这些静电荷若不除掉，将会在内浮顶与罐之间产生电位差，容易引起火花。为保证安全，至少应安装二组静电导线。

5.3.6 内直梯与带芯人孔

内浮顶罐可以装内直梯，以便在浮盘处于漂浮状态时，工人进行检修、调整立柱高度、检测采样等。此外，直梯的两根立柱还可以用来导向、通气、量油用。直梯穿过内浮盘的开孔时应以软垫片或填料加以密封。由于内直梯与浮盘之间的密封不易严密，为保证浮盘的完整性和气密性，也可采用在罐壁上开设带芯人孔的方法。

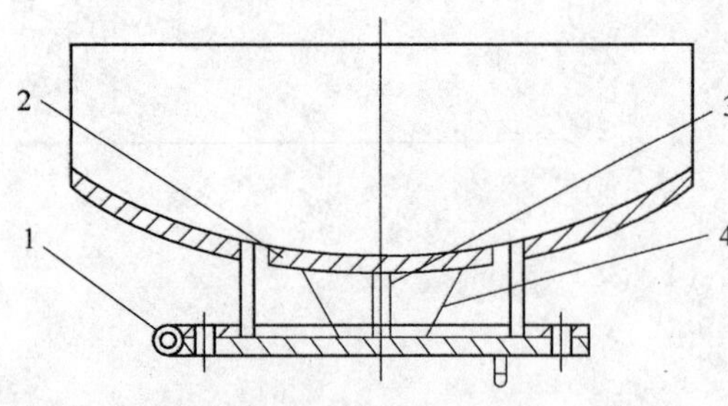

图5.3－10 带芯人孔结构示意

1—人孔；2—芯板；3—立板；4—筋板

带芯人孔的结构如图5.3－10所示。它的内芯板要求与罐壁内表面保持齐平，以免刮坏密封件。带芯人孔在罐壁上的安装位置为离罐底2.5m处，这个高度是按内浮盘处于最低位置时(支于立柱上)的高度为1.8m考虑的，此时人可以方便地进入浮盘上，而不必采用内直梯。

5.4 铝制内浮顶

5.4.1 简介

铝制内浮顶的主要部件，如浮筒、浮盘板等是由铝材制造的。铝制内浮盘的全部零部件可以在制造厂生产，运至施工现场的所有零部件可以从罐壁人孔处送入罐内进行组装。铝浮盘的零部件之间采用螺栓连接，不需要使用电焊机等设备，施工周期也比钢制内浮顶短。将正在使用的固定顶储罐，改造成为内浮顶罐，铝制内浮顶是最佳的选择。

5.4.2 铝制内浮顶的结构

铝制内浮顶按照提供浮力的元件区分，有浮管式的和浮子式的。浮管式的铝浮盘结构示意见图5.4－1。

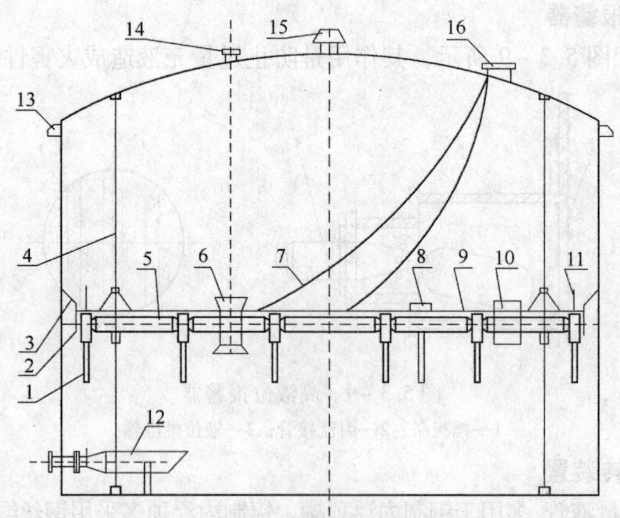

图5.4－1 浮管式的铝浮盘结构示意

1—浮顶支柱；2—边缘构件；3—密封装置；4—防旋转装置；5—浮子(浮管)；6—量油孔；7—导静电装置；8—真空阀；9—铺板(浮盘板)；10—浮盘人孔；11—消防挡板(有需要时安装)；12—油品入口扩散管；13—罐壁通气孔；14—罐顶量油孔接管；15—罐顶通气孔；16—罐顶通光孔(罐顶人孔)

5.4.3 铝制内浮顶的主要附件

以浮管式铝制内浮顶为例，内浮顶的主要附件包括浮顶支柱、密封装置、导静电装置、真空阀、防旋转装置、量油孔、人孔、油品入口扩散管、罐壁通气孔、罐顶通气孔等。

1. 内浮顶储罐的密封装置

内浮顶罐的密封装置的形式与外浮顶罐类似。由于充液式软密封的密封袋发生渗漏时，其中的液体会污染储存介质，影响储液的质量，一般不在内浮顶罐中使用。其他形式的密封装置，都可以在内浮顶罐中使用的。

2. 导静电装置

为了保证储罐的安全运转，浮顶和储罐本体必须具有相等的电位，以防止静电带来的危害。

3. 油品入口扩散管

油品入口扩散管的作用是控制油品进罐的速度不大于 lm/s。油品进罐的速度太大，会使油品激烈搅动，增加了油品的蒸发损耗和油品静电的危害，也不利于浮顶的平稳操作。

5.5 内浮顶储罐的设计

5.5.1 储罐的设计内压

对于无气密性要求的内浮顶罐，罐壁和罐顶上有直通大气的通气孔，罐内不会有压力形成(正压或负压)，储罐的设计按常压储罐考虑。对于有气密性要求的储罐，设计压力应为最大气相操作压力的 1.5 倍。

5.5.2 罐顶的设计外压

罐顶的设计外压包括两部分，即罐顶的自重和 1200Pa 的附加载荷(当雪载荷大于 600Pa 时，应增加超过 600Pa 的部分)。

5.5.3 内浮顶的设计载荷

① 内浮顶应允许至少 2 个人(300mm × 300mm 面积上的载荷为 220kgf)在浮顶上任意走动，无论浮顶是漂浮状态或是支承状态，即不会使储液溢流到浮顶的上表面，也不会对浮顶构成损害。

② 内浮顶浮力构件提供的浮力应不小于自重的两倍。

③ 内浮顶支柱应能支承内浮顶的自重及 600Pa 的均布活载荷。

5.5.4 内浮顶的设计原则

1. 敞口隔舱式、单盘式和双盘式浮顶

① 敞口隔舱式或双盘式浮顶任何两个隔舱泄漏后，单盘式内浮顶任何两个隔舱和单盘同时泄漏后，浮顶应仍能漂浮在液面上且不产生附加危害。

② 单盘式和双盘式浮顶隔舱上应设置人孔。

③ 所有的隔舱均应满足严密性要求，所有隔板应有一面为连续焊。

2. 浮筒式内浮顶

① 内浮顶的浮力元件均应满足气密性要求。

② 任何两个浮筒泄漏后，内浮顶应仍能漂浮在液面上且不产生附加危害。

③ 内浮顶的外边缘板及所有通过浮盘的开孔接管，浸入储液的深度不应小于 100mm。

参 考 文 献

1 中国石化北京设计院．石油炼厂设备．北京：中国石化出版社，2001
2 徐英，杨一凡，朱萍．球罐和大型储罐．北京：化学工业出版社，2005
3 斯新中．单盘式浮顶的设计．炼油设备设计，1980，(4)
4 潘家华．圆柱形金属油罐设计．第1版．北京：石油工业出版社，1984
5 黄才良．装配式铝制内浮顶油罐．石油化工设备技术．1988，9(1)
6 洪锡彬．组装式铝合金内浮顶的标定．炼油设计，1988，(4)

第六章　球形储罐

6.1　概　　述

6.1.1　简介

随着石油、石油化工、冶金和城镇燃气等工业的迅速发展，大型石油化工装置及城镇燃气工程的相继建立，对大型球形储罐(以下简称“球罐”)的需求逐年增加。球罐设计、制造、安装技术的不断提高，也为适应工业发展对球罐的需求提供了技术支持。钢材抗拉强度大于600MPa，甚至于800MPa高强度钢材的开发和利用，又进一步促进了球形储罐的大型化。

国内球形储罐大型化的发展受到钢材性能的限制，近年来钢材屈服强度为490MPa的国产钢板已在球罐上使用。已经投入使用的储存民用液化石油气的球形储罐，目前的最大容量是2000m^3。已经投入使用的储存天然气的球形储罐，目前的最大容量是15000m^3。

抗拉强度达800MPa的球罐用钢材，国外已经使用多年，国内尚待起步。

6.1.2　球形储罐的优点

球形储罐用于储存气体或液体，通常是在环境温度和内压的条件下操作并运行。

由于圆柱形容器的制造比球形容器简单，因此早期使用的压力储存容器大多是圆柱形的卧式容器或立式容器。随着储存介质容量的增大，球形容器的优点越来越突出。球形容器与圆柱形容器相比较主要有以下优点：

① 表面积最小。在容量相同的条件，球形容器具有最小的表面面积，这意味着可以少用钢材。

② 单位容积的耗钢量低。在设计压力、设计温度、储存介质相同的条件下，球形容器的计算壁厚仅为圆柱形容器计算壁厚的二分之一，从而在使用同品种的钢材时，除去可以少用钢材以外，也减少了焊接工作量。由于壁厚的限制，一些圆柱形容器必须进行焊后热处理，而采用相同容量的球形容器就不一定需要进行焊后热处理。

③ 在储存同一品种的介质时，圆柱形压力容器的最大容量通常不大于100m^3，而球形容器的容量可以上千立方米，甚至于上万立方米。

④ 球形容器单位容积的占地面积比卧式容器小。这对节省土地具有重要的有意义。

6.1.3　球形储罐的形式

目前国内球形储罐的主要形式有两类，即桔瓣式球罐和混合式球罐(即赤道带、温带采用桔瓣式，上、下极板采用足球瓣式)。桔瓣式球罐使用的历史比混合式球罐长。混合式球罐的钢材利用率比桔瓣式球罐的利用率约高10%，并且焊缝总长度较短。纯足球瓣式球罐国内很少使用。

对于公称容量小于1000m^3的球罐，通常采用桔瓣式的。由于可以采用宽度较大的钢板，从而使球壳片的数量比窄板大为减少并且焊缝的总长度也明显减少，在公称容量小于1000m^3时，采用混合式球壳的经济效益是不十分明显的。

球罐的形式见图6.1－1～图6.1－8，其中图6.1－1～图6.1－5为桔瓣式球罐，图

6.1－6～图6.1－8为混合式球罐。

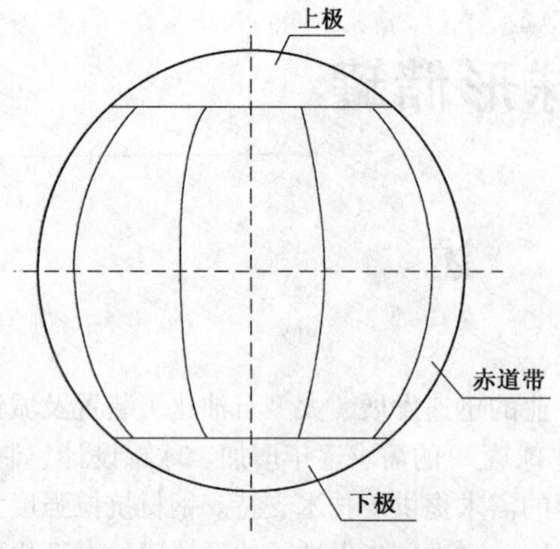

图6.1－1　三带球罐

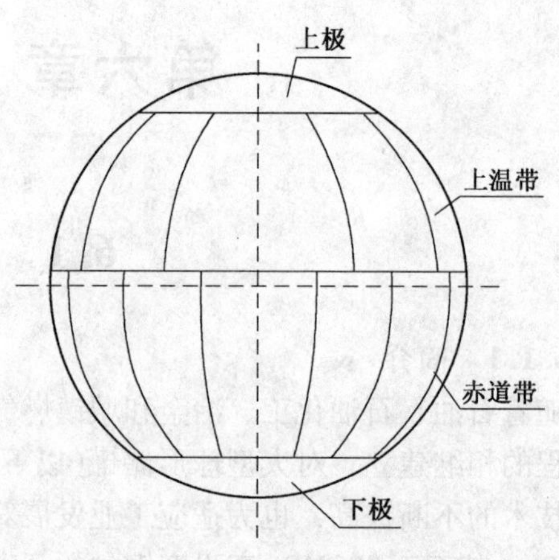

图6.1－2　四带球罐

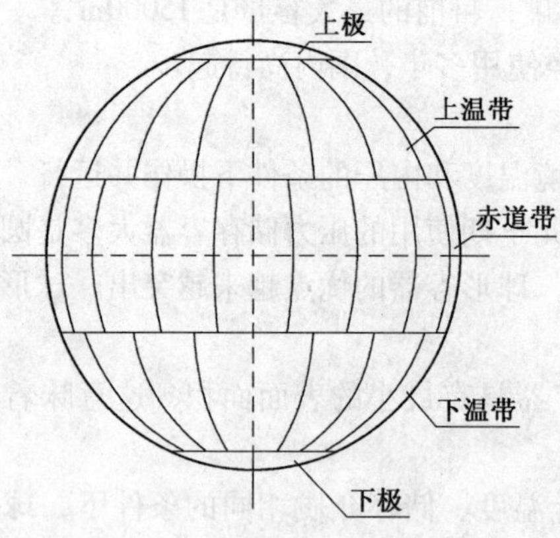

图6.1－3　五带球罐

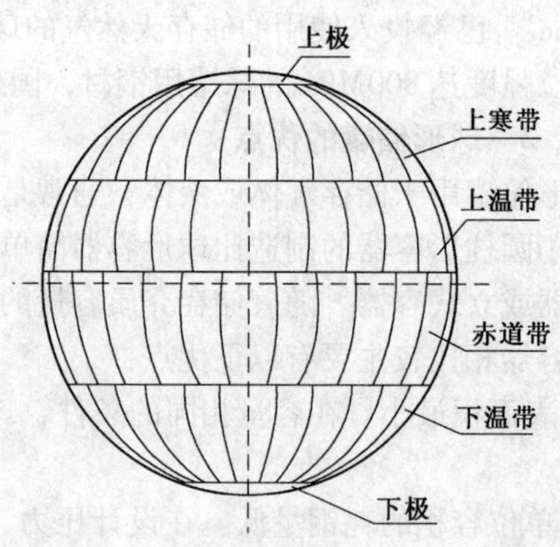

图6.1－4　六带球罐

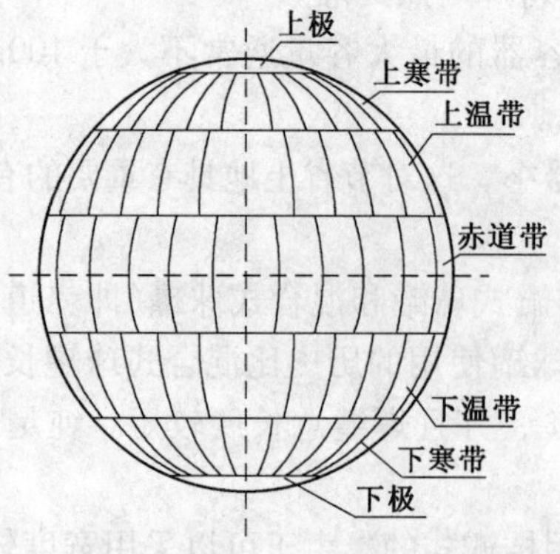

图6.1－5　七带球罐

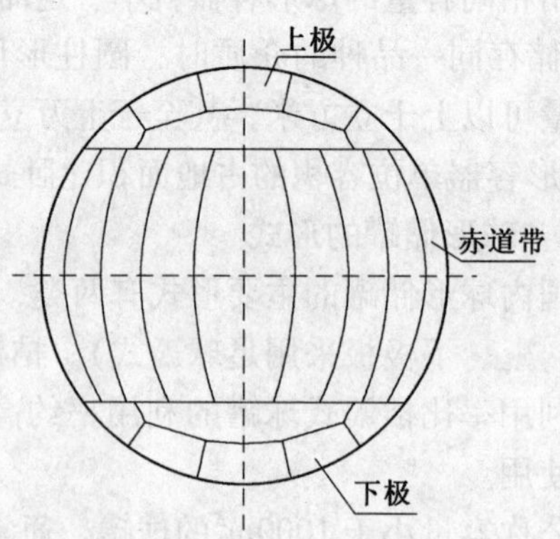

图6.1－6　三带球罐

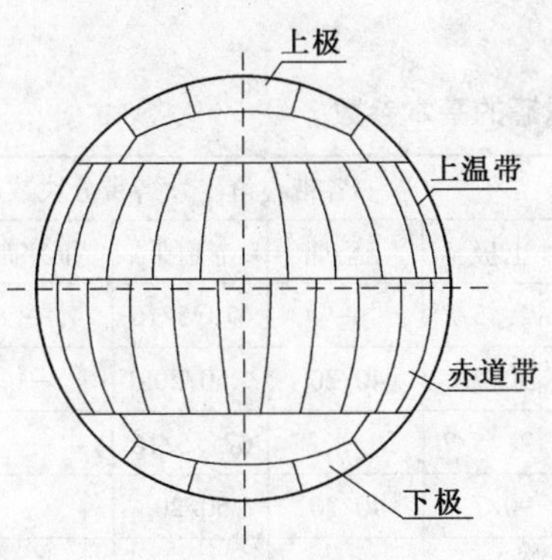

图 6.1－7　四带球罐

上极
上温带
赤道带
下温带
下极

图 6.1－8　五带球罐

我国桔瓣球罐的基本参数见表 6.1－1。

表 6.1－1　桔瓣式球罐的基本参数

公称直径/m^3	球壳内直径/mm	几何容积/m^3	球壳分带数	支柱根数	各带心角(°)/各带分块数						
					上极	上寒带	上温带	赤道带	下温带	下寒带	下极
50	4600	51	3	4	90/3	—	—	90/8	—	—	90/3
120	6100	119	4	5	60/3	—	55/10	65/10	—	—	60/3
200	7100	187	4	6	60/3	—	55/12	65/12	—	—	60/3
400	9200	408	4	6	60/3	—	55/12	65/12	—	—	60/3
				8	60/3	—	55/16	65/16	—	—	60/3
			5	8	45/3	—	46/16	45/16	45/16	—	45/3
650	10700	641	4	6	60/3	—	55/12	65/12	—	—	60/3
				8	60/3	—	55/16	65/16	—	—	60/3
			5	8	38/3	—	46/16	50/16	46/16	—	38/3
1000	12300	974	5	8	54/3	—	36/16	54/16	26/16	—	54/3
				10	54/3	—	36/20	54/20	26/20	—	54/3
1500	14200	1499	5	8	54/3	—	36/16	54/16	26/16	—	54/3
				10	54/3	—	36/20	54/24	26/20	—	54/3
2000	15700	2026	5	10	42/3	—	40/20	54/20	42/20	—	42/3
				12	42/3	—	42/24	54/24	42/24	—	42/3
3000	18000	3054	5	10	42/3	—	40/20	54/20	42/20	—	42/3
				12	42/3	—	42/24	54/24	42/24	—	42/3
4000	19700	4003	6	12	36/3	32/19	36/24	40/24	36/24	—	36/3
				14	36/3	32/21	36/28	40/28	36/28	—	36/3
5000	21200	4989	6	12	36/3	32/18	36/24	40/24	36/24	—	36/3
				14	36/3	32/21	36/28	40/28	36/28	—	36/3
6000	22600	6044	6	12	36/3	32/18	36/24	40/24	36/24	—	36/3
				14	36/3	32/21	36/28	40/28	36/28	—	36/3
8000	24800	7986	7	14	32/3	26/21	30/28	36/28	30/28	26/21	32/3
10000	26800	10079	7	14	32/2	26/21	30/28	36/28	30/28	26/21	32/3

我国混合式球罐的基本参数见表6.1-2。

表6.1-2 混合式球罐的基本参数

公称直径/m^3	球壳内直径/mm	几何容积/m^3	球壳分带数	支柱根数	各带心角(°)/各带分块数				
					上极	上温带	赤道带	下寒带	下极
1000	12300	974	3	8	112. 5/7	—	67. 5/16	—	112. 5/7
			4	10	90/7	40/20	50/20	—	90/7
1500	14200	1499	4	8	112. 5/7	—	67. 5/16	—	112. 5/7
			4	10	90/7	40/20	50/20	—	90/7
2000	15700	2026	4	10	90/7	40/20	50/20	—	90/7
			5	12	75/7	30/24	45/24	30/24	75/7
3000	18000	3054	4	10	90/7	40/20	50/20	—	90/7
			5	12	75/7	30/24	45/24	30/24	75/7
4000	19700	4003	5	12	75/7	30/24	45/24	30/24	75/7
				14	65/7	38/28	39/28	38/28	65/7
5000	21200	4989	5	12	75/7	30/24	45/24	30/24	75/7
				14	65/7	38/28	39/28	38/28	65/7
6000	22600	6044	5	12	75/7	30/24	45/24	30/24	75/7
				14	65/7	38/28	39/28	38/28	65/7
8000	24800	7986	5	14	65/7	38/28	39/28	38/28	65/7
10000	26800	10079	5	14	65/7	38/28	39/28	38/28	65/7

6.1.4 球形储罐的载荷

球形储罐在正常操作条件下，承受以下载荷：

① 操作压力：即在操作条件下，球罐顶部的气相压力(表压)。操作压力由工艺操作条件和操作温度确定；

② 储罐内储存介质的静液压力，对于储存气体和球罐，可以不考虑储存介质密度的影响；

③ 球壳自重以及正常操作条件下或试验状态下，球罐内介质的重力载荷；

④ 附属设备及隔热材料、管道、支柱、拉杆、梯子、平台等的重力载荷；

⑤ 雪载荷；

⑥ 风载荷；

⑦ 地震载荷。

以上载荷在球形储罐的设计中必须予以仔细的考虑，其中的雪载荷、风载荷、地震载荷应由业主(或用户)提供。

6.1.5 球形储罐的储存介质

球罐主要用于石油、石油化工、化学、冶金、城镇燃气等工业，用来储存气体和液体介质。储存的气态介质包括民用煤气、民用天然气、氧气、氮气等在环境温度下不会液化的气体；储存在压力条件下可以液化的气体，如液化石油气、丙烷、丁烷等，此类介质的饱和蒸汽压是温度的函数，储存温度越高，储液的饱和蒸汽压也越高。

6.1.6　球形储罐的品种

TSG R0004—2009《固定式压力容器安全技术监察规程》中规定：按压力容器在生产工艺过程中的作用原理，分为反应压力容器、换热压力容器、分离压力容器、储存压力容器。国内的绝大多数的球形储罐属于储存压力容器(代号为B)。

6.1.7　球形储罐用钢材

球形储罐属于压力容器，球形储罐用的钢材，在GB 12337《钢制球形储罐》中有详细的规定。

为了发展大型的球形储罐，国内也开发并生产了抗拉强度为600MPa级的钢材。制造球形储罐的几种典型钢材的化学成分和力学性能，分别见表6.1－3和表6.1－4。

表6.1－3　典型钢板的化学成分

牌号	化学成分/%								
	C	Mn	Si	V	Mo	Cr	Ni	S	P
20R	≤0.20	0.40～0.90	0.15～0.30					≤0.030	≤0.030
16MnR	≤0.20	1.20～1.60	0.20～0.55					≤0.030	≤0.030
07MnCrMoVR	≤0.09	1.20～1.60	0.15～0.40	0.02～0.06	0.10～0.30	0.10～0.30	≤0.030	≤0.030	≤0.020

表6.1－4　典型钢板的力学性能

牌号	交货状态	钢板厚度/mm	拉伸试验			冲击试验		冷弯试验
			抗拉强度 σ_b/MPa	屈服点 σ_b/MPa	伸长率 δ_s/%	温度/℃	V型冲击功 A_{KV}(横向)/J	$b=2a$ 180°
				不小于			不小于	
	热轧、冷轧或正火	6～16	400～520	245	25	20	31	$d=2a$
		>16～36		235				
		>36～60		225				
		>60～100	390～510	205	24			
16MnR		6～16	510～640	345	21	20	31	$d=2a$
		>16～26	490～620	325				$d=3a$
		>26～60	470～600	305				
		>60～100	460～590	285	20			
		>100～120	450～580	275				
07MnCrMoVR	调质	>16～50	610～740	490	17	－20	47	$d=3a$

6.1.8　安全系数和许用应力

1. 安全系数

为了保证球形储罐安全、长周期操作，在球形储罐的设计中，必须考虑以下因素的影响：

① 金属材料性能的稳定性和可能存在的偏差；

② 估算载荷状态及数值的偏差；

③ 设计计算方法的精确程度；

④ 设备制造工艺和产品检验手段的水平；

⑤ 质量管理的水平；

⑥ 使用操作经验；

⑦ 其他的未知因素。

综合考虑上述因素的影响，确定适当的安全系数。关于安全系数的概念和取值依据在 TSG R0004—2009《固定式压力容器安全技术监察规程》的 76 页进行了详细的论述。

2. 许用应力

钢材的许用应力等于材料的各项强度指标分别除以各自的安全系数，取其中的最小值。部分常用钢材的许用应力见表 6.1－5。

表 6.1－5　部分常用钢板许用应力

钢号	钢板标准	使用状态	厚度/mm	室温强度指标		在下列温度(℃)下的许用应力/MPa											注
				R_m/MPa	R_{eL}/MPa	≤20	100	150	200	250	300	350	400	425	450	475	
Q245R	GB 713	热轧，控轧，正火	3～16	400	245	148	147	140	131	117	108	98	91	85	61	41	
			>16～36	400	235	148	140	133	124	111	102	93	86	84	61	41	
			>36～60	400	225	148	133	127	119	107	98	89	82	80	61	41	
			>60～100	390	205	137	123	117	109	98	90	82	75	73	61	41	
			>100～150	380	185	123	112	107	100	90	80	73	70	67	61	41	
Q345R	GB 713	热轧，控轧，正火	3～16	510	345	189	189	189	183	167	153	143	125	93	66	43	
			>16～36	500	325	185	185	183	170	157	143	133	125	93	66	43	
			>36～60	490	315	181	181	173	160	147	133	123	117	93	66	43	
			>60～100	490	305	181	181	167	150	137	123	117	110	93	66	43	
			>100～150	480	285	178	173	160	147	133	120	113	107	93	66	43	
			>150～200	470	265	174	163	153	143	130	117	110	103	93	66	43	
07MnMoVR	GB 19189	调质	10～60	610	490	226	226	226	226								

6.2　球形储罐设计基准

6.2.1　设计温度

介质的储存温度与设计温度的关系是十分密切的。按照我国相关规程的规定：对于非致冷的、无保冷措施的在大气环境条件下储存的介质，设计温度的上限不得低于 50℃；设计温度的下限，不得高于建罐地区历年来月平均最低气温的最低值。

对于致冷的储存介质，球罐本身有保冷措施时，球罐的设计温度的上限和下限由储存工艺条件确定。

6.2.2 设计压力

设计压力的高低，直接影响球壳的厚度和投资的高低，确定设计压力应考虑以下几种因素：

① 球罐上安装有安全阀时，球罐的设计压力必须不小于安全阀的设定压力。

② 在压力条件下，储存液态的单组分介质，如丙烷、丙烯等，设计压力应不小于50℃时该介质的饱和蒸气压。几种典型介质50℃时的饱和蒸汽压见表6.2-1。

表6.2-1 典型介质50℃的部分物性数据

介质	分子式	临界温度 T_c/℃	临界压力 p_c/MPa(大气压)	50℃	
				密度/(g/cm³)	饱和蒸气压 a/MPa(大气压)
丙烯	C_2H_6	91.6	4.6(45.50)	0.4576	2.06(20.41)
丙烷	C_3H_8	96.67	4.2(41.94)	0.4483	1.72(17.001)
异丁烷	C_4H_{10}	134.98	3.6(36.00)	0.5173	0.69(6.775)
新戊烷	C_5H_{12}	160.60	3.2(31.57)	0.5553	0.36(3.508)
氨	NH_3	132.4	1.1(11.3)	0.5660	2.03(20.06)

注：1. 表中数据来源于《石油化工基础数据手册》。

2. T_c——临界温度，即单组分气体通过压缩转变成为液体的最高温度。

3. p_c——临界压力，即在临界温度时，单组分气体转变成为液体的最低压力。

③ 多组分混合液化石油气的储存容器，其设计温不得低于50℃。设计压力不得低于多组分混合液化石油气50℃的饱和蒸汽压。

6.2.3 低温球罐

当设计温度小于或等于-20℃时，属于低温球罐。球罐的设计、制造、组装、检验验收应符合低温球罐的要求。

6.2.4 低温低应力工况

低温低应力工况是指壳体或其受压元件的设计温度虽然低于-20℃，但设计应力(在该设计条件下，容器元件实际承受的最大一次总体薄膜和弯曲应力)小于或等于钢材标准常温屈服点的1/6，且不大于50MPa的工况。

因此对于碳素钢和低合金钢制球罐(容器)，当壳体或其受压元件使用在低温低应力工况下，若其设计温度加50℃(对于不要求焊后热处理的容器，加40℃)后不低于-20℃，除另有规定外不必遵循关于低温容器的规定。

6.2.5 内压作用下压力容器的设计准则

承受内压作用的圆筒壳和球形壳是压力容器的基本组成部分，是压力容器最主要的强度元件。为了保证压力容器安全使用、防止破坏，必须避免容器在使用中产生过大的弹性变形和塑性变形。

为了研究压力容器在内压作用下的破坏机理，国内外进行了大量的试验研究工作。大量的容器破坏试验结果表明：由塑性较好的材料制成的容器，从开始承受压力到发生爆破，大致经历三个阶段，即弹性变形阶段、屈服阶段和强化与爆破阶段。其变形与试验压力之间的关系曲线可用材料的应力-应变图表示(见图6.2-1)。

图6.2-1中的OA线段为弹性变形阶段。在此阶段容器壳体的应力和变形随着试验压力的增加而成正比增加。AB线段为屈服阶段。在此阶段容器壳体首先由内壁开始屈服，然

后随着试验压力的增加，屈服区域逐渐由内壁向外扩展，直至整个截面全部屈服为止。此时，试验压力虽然不再增加，而容器壳体的塑性变形却不断增大。此时的压力称为屈服压力，用 p_s 表示。不同材料，屈服阶段的长短不一。例如，低碳钢制造的压力容器在常温下，屈服阶段比较明显；而对于某些高强度钢，由于其塑性和韧性较差，屈服阶段不太明显。*DC* 线段为强化与爆破阶段，当试验压力增加到屈服压力以后，容器壳体虽然发生了大量的塑性变形，但未立即发生爆破。这是由于塑性材料屈服后会发生“应变强化”，使容器壳体可以承受更高的压力。所以在材料屈服以后，试验压力还可以继续增加，直至最后发生爆破。

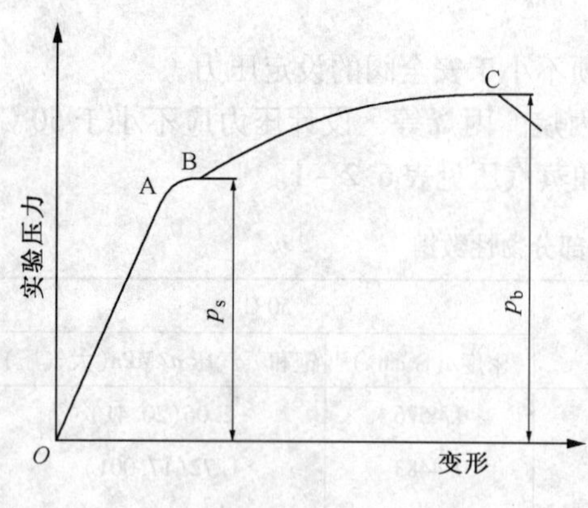

图 6.2－1 应力－应变图

鉴于上述容器壳体所存在的实际失效过程，目前世界各国对容器壁厚的强度设计所取准则不尽相同。主要区别在于是以弹性失效，还是塑性失效或是爆破失效作其设计计算公式的依据。

弹性失效观点是将壳体应力限制在弹性范围以内。按照弹性强度理论，将壳体承载能力限制在弹性变形阶段，即壳体内壁出现屈服时的载荷为壳体承载能力的最大极限。

塑性失效观点是将壳体应力限制在塑性范围。按照塑性屈服条件，将壳体承载能力限制在塑性状态，认为壳体全部屈服时的载荷为壳体承载能力的最大极限。

爆破失效观点认为，壳体材料大都是用韧性材料制成的，钢材有明显的应变硬化现象，在壳体整体屈服后发生不断地塑性流动。壳体爆破失效才是承载能力的最大极限。

美国 ASME《锅炉和压力容器规范》、西德 AD 规范、日本《高压瓦斯管理法规》、日本工业标准 JIS B8243《受压容器构造规范》以及英国、法国、意大利等许多国家的容器设计规范，均系从弹性失效观点出发制定的。

我国的 GB 150《压力容器》和 GB 12337《钢制球形储罐》也是基于弹性失效准则。

弹性失效准则是把远离边缘地区筒壁上可能出现的最大应力，限制在弹性范围内，即限制许用应力[σ]在屈服点以下。此方法的优点是简单易行，设计上只考虑单一的、按一次施加的最大静载荷。对局部地区(如封头连接处、接管连接处)的高应力则由规定的具体结构形式予以控制，对局部应力集中、边缘效应以及交变应力引起的疲劳等一般不作计算，不区分薄膜应力与其他应力对容器失效的不同影响，对所有类型的应力均采用同一的许用应力值。

许用应力是按钢材的各项强度数据分别除以相应的安全系数，取其中的最小值。按材料的屈服点确定许用应力是为了防止容器的弹性失效。按材料的抗拉强度极限确定许用应力是为了防止容器的脆性破坏，对于屈强比高的材料，由于延展性可能降低，容易引起脆性破坏。

6.3 球形储罐的设计计算

6.3.1 球壳的厚度

球壳的厚度是按照弹性失效准则确定的，见式(6.3－1)：

$$t_i = p_i D / (4[\sigma]^t \phi - p_i) \tag{6.3-1}$$

式中 t_i——设计点的球壳的计算厚度，mm；

p_i——设计点的计算压力(取设计压力和储罐静压力之和)，MPa；

D——球壳的内直径，mm；

$[\sigma]^t$——设计温度下，球壳材料的许应力，MPa；

ϕ——焊缝系数。

6.3.2 球罐的稳定性验算

在正常操作条件下，球罐内会产生负压的球壳，必须验算球壳负压状态下的稳定性。

1. 球壳稳定的临界压力

外压球壳的稳定计算是以小变形理论为依据的。实验结果证明，以大变形理论出发所得的结果较好地接近实际，虽然小变形理论有较大的误差，因为计算比较简单，用较大的安全系数可予以弥补。

小变形理论的球壳稳定计算的临界压力如式(6.3-2)所示：

$$p_{cr} = 2E(t_e/R)^2/[3(1-\mu^2)]^{1/2} \tag{6.3-2}$$

式中 p_{cr}——临界外压，MPa；

E——球壳材料的弹性模量，MPa；

t_e——球壳的有效厚度，m；

R——球壳半径，m；

μ——球壳材料的泊松比。

2. GB 150《压力容器》的规定

GB 150《压力容器》取稳定安全系数 $m=14.52$、$\mu=0.3$，球壳稳定的许用外压$[p]$按式(6.3-3)计算：

$$[p] = p_{cr}/m = 0.083E(t_e/R)^2 \tag{6.3-3}$$

3. 外压作用下，球壳的稳定条件应满足式(6.3-4)的要求：

$$[p] \geqslant p \tag{6.3-4}$$

即球壳的设计外压必须小于或等于许用外压。

6.3.3 地震载荷计算

1. 基本假定

① 球罐因结构的对称性和形状特点，将球罐视为单自由度体系，质量集中于球壳中心。

② 球罐质量集中于球壳中心，不计支柱质量；支柱下端为固定端，并且是弹性常数为 K 的弹性体；支柱相当于悬臂梁。

③ 球罐在脉动情况下按剪切振动，即结构在水平力作用下，整个体系会产生平移，而球罐本身不发生偏转。

④ 风力及地震力的水平合力通过球心，并作用在赤道平面上。

2. 自振周期

球罐作为一个单质体系，自振周期按式(6.3-5)计算：

$$T = 2\pi(G\delta/g)^{1/2} \tag{6.3-5}$$

式中 T——球罐的自振周期，s；

G——球罐的重力，N；

δ——单位力使支柱产生的位移，m/N；

g——重力加速度，$g=9.81\text{m/s}^2$；

单位力使支柱产生的位移按式(6.3-6)计算：

$$\delta = \zeta H_0^2/(12nE_sI) \tag{6.3-6}$$

$$\zeta = 1 - (t/H_0)^2(3 - 2/H_0)$$

式中 ζ——拉杆影响系数；

H_0——支柱底板至球壳赤道面的高度，m；

n——支柱数量；

E_s——支柱材料的常温弹性模量，MPa；

I——支柱的惯性矩，m^4；

t——支柱底板下表面至拉杆与支柱中心线交点的距离，m。

3. 地震载荷

根据地震烈度、实际场地条件、结构自振特性、球罐的形状和刚度、质量分布以及抗震设计要求等因素正确地确定球罐所受的地震载荷(或地震作用)，是提到既安全又经济合理抗震设计的前题。

我国现行标准GB 12337《钢制球形储罐》的抗震设计，是以反应谱理论为基础的。目前世界上大部分抗震规范均采用反应谱理论，该理论将结构物视为一个弹性体，地震时该结构物的反应大小不仅与结构物的自振特性(周期、振动阻尼)有关，而且也与场地土的类别有关，求出在地震期间的最大反应值作为载荷加在结构上，然后根据静力理论计算其位移和内力。

为了确定地震载荷必须确定预期的地面运动，最简单的方法是利用过去一个具有适当震级并在适当距离处得到的地震加速度记录。但是由于强震地面运动的特征受许多因素的影响，要准确地预告某一地区将要受地震的地面加速度或反应谱是很困难的。为了使抗震设计能够规范化，在收集大量实际地震记录及相应的反应谱基础上，经统计得到平均反应谱，作为抗震设计的依据。

《钢制球形储罐》中的反应谱有以下特征：

① 反应谱分成三个区段：上升区段(周期 T 从0到0.1s)，平台区段(周期由0.1s至 T_g)和下降区段(周期由 T_s 至3.0 s，相邻两个区的交点称之为拐点或特征点，该点所对应的周期称为拐点周期或特征周期)。

② 远震的反应谱向长周期方向偏移，周期大于0.35s以后，远震的谱值高于近震，直到5s左右才逐渐趋向一致。

③ 场地土越软、越厚，谱值越向长周期方向偏移，但当周期大于3s以后又趋向一致。

由于地震波在分层土壤介质中传播的频散效应和土层的滤波作用，使震级和中距离相同的条件下，软的场地土与坚硬的场地土对结构的破坏是不同的：

① 较软的场地土的振幅较大、周期较长、持续的时间较长，易与高柔构筑物产生共振造成较大的破坏。

② 较坚硬的场地土，周期较短，对低矮的结构不利，会因两者振动周期相同而产生共振造成较大的破坏。

在球罐的抗震设计中，地震载荷的确定，简化为计算水平地震力，以及相应的地震弯矩。

球罐的水平地震力按式(6.3-7)计算：

$$F_e = C_z \alpha m_o g \tag{6.3-7}$$

式中　F_e——球罐的水平地震力，N；

C_s——综合影响系数，取 $C_z = 0.45$；

α——对应于自振周期 T 的地震影响系数，按图 6.3－1 选取。图中地震影响系数的最大值 α_{max} 按表 6.3－1 选取；

m_o——球罐操作状态下的质量，kg；

g——重力加速度，$g = 9.81\text{m/s}^2$。

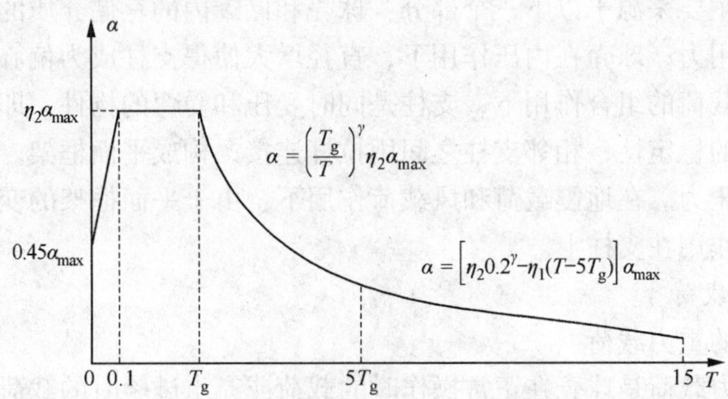

图 6.3－1　地震影响系数

α—水平地震影响系数，小于 $0.05\eta_2\alpha_{max}$ 时应取 $0.05\eta_2\alpha_{max}$；α_{max}—水平地震影响系数最大值；η_1—直线下降段的下降斜率调整系数；γ—曲线下降段的衰减指数；T_g—特征周期；η_2—阻尼调整系数；T—设备自振周期

场地的特征周期 T_s，按表 6.3－2 选取。

表 6.3－1　地震设防烈度和最大地震影响系数

设防烈度	7	8	9
α_{max}	0.23	0.45	0.9

表 6.3－2　场地土的特征周期 T_s　　s

场地土	近震	远震	场地土	近震	远震
Ⅰ	0.2	0.25	Ⅲ	0.4	0.55
Ⅱ	0.3	0.40	Ⅳ	0.65	0.85

表 6.3－2 中的近震和远震定义如下：

近震——当球罐所在地区遭受的地震影响来自本设防烈度比该地区设防烈度大一度地区的地震影响时，抗震设计按近震的规定执行。

远震——当球罐所在地区遭受的地震影响来自设防烈度比该地区设防烈度大二度或二度以上地区的地震影响时，抗震设计按远震的规定执行。

全国基本烈度区图表明，我国在大部分地区属近震，属于七度及以上的远震地区如下：

八度远震：独山子、泸定、石棉。

七度远震：候马、连云港、徐州、淮阴、蚌埠、德州、渡口、乌鲁木齐、喀什、伊宁、拉萨、五原、南投、高雄。

式(6.3－7)中的综合影响系数是考虑到采用反应谱计算的水平地震力与实际震害有较大的出入进行的修正。造成这种出入的主要原因是由于结构并非是理想的弹性体系，而是一种塑性体系，在水平地震载荷作用下，结构会产生塑性变形，使作用在结构上的水平地震载荷减小，另外结构实际阻尼与制定反应谱时采用的阻尼之间的差别以及一些其他未知因素的影响，在球罐抗震设计计算中取 $C_z=0.45$。

6.3.4 支柱计算

支柱是球壳支承结构的一种形式。除支柱结构以外，还有裙座式、钢筋混凝土连续基础高架式支承、半埋地式支承等多种形式。石油化工工业中所用的球形储罐，几乎全部采用支柱结构，而且主要是赤道正切式支柱，本文着重介绍支柱支承式结构。

支柱上的载荷主要来源于以下三个部分：球壳和储罐内的存储介质的重力；风载荷和地震载荷对支柱的作用力；球壳在内压作用下，直径增大使得支柱成为偏心受压的构件的附加偏心载荷。在以上载荷的组合作用下，支柱是同时受压和受弯的构件，即压弯构件。

为了增加支柱的稳定性，相邻支柱之间用拉杆连接，构成平面框架。拉杆本身只能承受拉力，而不能承受压力。在地震载荷和风载荷作用下，由于平面框架的变形，拉杆的拉力也有垂直向下的分力作用在支柱上。

1. 支柱的垂直载荷

(1) 单个支柱的重力载荷

单个支柱的重力载荷是球壳在正常操作时的载荷或充水试验时的载荷对于每一根支柱都是相同的。单个支柱的重力载荷按式(6.3－8)计算：

$$G = mg/n \tag{6.3-8}$$

式中 G——单个支柱的重力载荷，N；

m——支柱承受的质量(最小应为球壳体和介质质量之和)，kg；

g——重力加速度，$g=9.8\text{m/s}^2$；

n——支柱数量。

(2) 水平载荷在支柱上产生的垂直载荷

假定球罐是单质点系统，风载荷和地震载荷都是作用于球心的水平载荷为 F_m。由于球罐的支柱通常是由拉杆相互连接，相邻支柱及其拉杆组成平面框架。水平载荷在支柱上产生的垂直载荷，对于不同位置的支柱大小是不相同的。

为了分别考虑支柱和拉杆的作用，把作用于球心的水平载荷 F_m，向下平移至支柱中心线与拉杆中心线的交点处；为了保持力学模型的一致性，同时附加一个弯矩 M_t，见图 6.3－2。水平载荷在支柱上产生的垂直载荷，分别由附加弯矩 M_f 和拉杆的拉力二者共同作用产生。

① 附加弯矩按式(6.3－9)计算：

$$M_f = F_m L \tag{6.3-9}$$

式中 M_f——水平载荷 F_m 平移后的附加弯矩，N·m；

F_m——作用于球心的水平载荷，N；

L——球心至拉杆与支柱中心线交点的垂直距离，m。

② 附加弯矩在支柱上产生的垂直载荷的推导过程比较烦琐，本文忽略推导过程，仅给出推导结果。

在水平载荷的作用下，在外力的来源处(如迎风侧)支柱受拉；在另侧(如背风侧)支柱受压。支柱承受最大的垂直载荷按式(6.3－10)计算：

$$W_{fmax} = M_f/n/R \tag{6.3-10}$$

式中 W_{fmax}——附加弯矩在支柱上产生的垂直载荷，N·m；

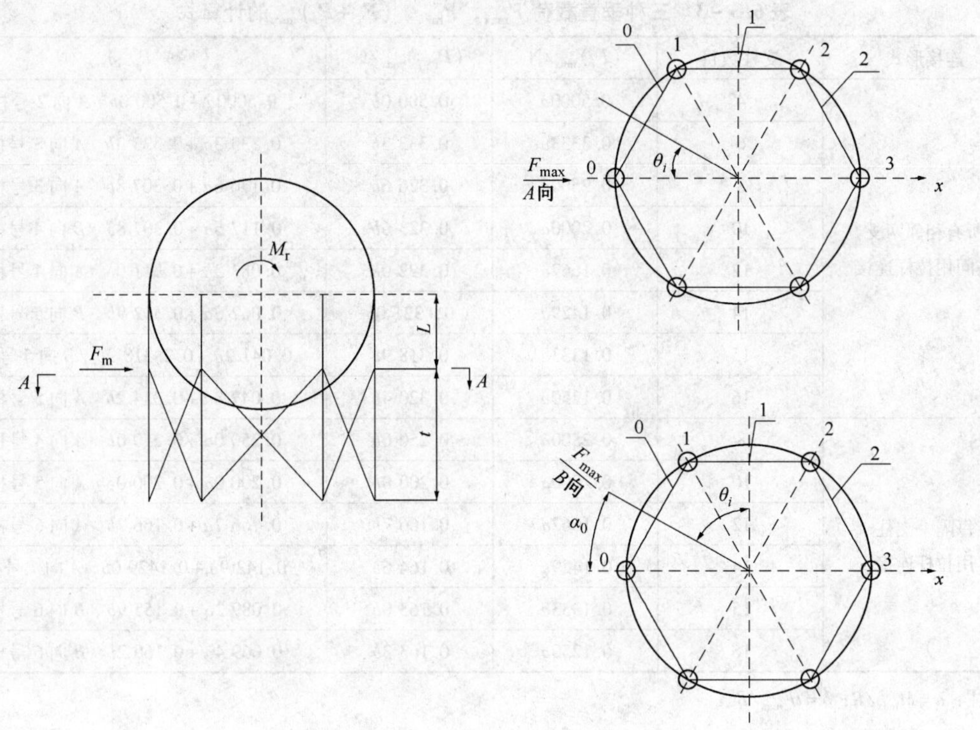

图 6.3－2 水平载荷对支柱作用的示意图

n——支柱数量;

R——球壳半径，m。

③ 可调式拉杆本身只能承受拉力，在迎风侧的拉杆可以对支柱下段起加强作用，而背侧拉杆不能对支柱下段起加强作用。拉杆作用在支柱上的垂直载荷，按式(6.3－11)计算：

$$P_i = (F_m l\sin\theta_i)/[nR\sin(\pi/n)] \quad (6.3-11)$$

④ 水平载荷在支柱上的组合垂直载荷。由于水平载荷 F_{max} 对于不同位置的支柱的作用是不相同的，因此须要确定那一根支柱受到的影响最大。在水平载 F_{max} 作用下，力的方向为 A 向和 B 向时，支柱上有以下三种垂直载荷形式：

a. 最大弯矩在支柱上产生的最大垂直载荷(F_{max})；

b. 拉杆在支柱上产生的最大垂直载荷(P_{max})；

c. 弯矩在支柱上产生的垂直载荷(F_i)和拉杆在支柱上产生垂直载荷(P_i)二者组合的最大值$(F_i+P_i)_{max}$。

表 6.3－3 中给出了三种垂直载荷 F_{max}、P_{max}、$(F_i+P_i)_{max}$的计算式，以及在不同的工况下承受最大垂直载荷的支柱编号。

(3) 支柱上的最大垂直载荷

在重力载荷和水平载荷共同作用下，不同位置的支柱承受的垂直载荷是不同的，支柱上的最大的垂直载荷由式(6.3－12)确定：

$$W = G + (F_i + P_{i-j})_{max} \quad (6.3-12)$$

式中 W——支柱承受的最大垂直载荷，N。

表 6.3-3 三种垂直载荷 F_{max}、P_{max}、$(F_i+P_i)_{max}$ 的计算式

连接形式	支柱数目	$(F_i)_{max}$/N	$(P_{i-j})_{max}$/N	$(F_i+P_{i-j})_{max}$/N
所有相邻两支柱间用拉杆连接	4	0.5000a	0.500 0b	0.5000a+0.500 0b A向2号柱
	6	0.3333a	0.333 3b	0.333 3a+0.333 3b A向3号柱
	8	0.2500a	0.326 6b	0.176 6a+0.307 8b A向3号柱
	10	0.2000a	0.323 6b	0.117 6a+0.307 8b B向4号柱
	12	0.1667a	0.322 0b	0.083 3a+0.311 0b A向4号柱
	14	0.1429a	0，321 0b	0.062 0a+0.312 9b B向5号柱
	15	0.1333a	0.318 9b	0.041 2a+0.2.318 9b B向5号柱
	16	0.1250a	0.320 4b	0.047 8a+0.314 2b A向5号柱
每隔一支柱用拉杆连接	8	0.2500a	0.250 0b	0.250 0a+0.250 0b A向4号柱
	10	0.2000a	0.200 0b	0.200 0a+0.200 0b A向5号柱
	12	0.1667a	0.166 7b	0.166 7a+0.166 7b A向6号柱
	14	0.1429a	0.164 6b	0.142 9a+0.1429 0b A向7号柱
	15	0.1333a	0.163 0b	0.089 2a+0.155 9b B向6号柱
	16	0.1250a	0.163 3b	0.069 4a+0.160 2b B向6号柱

注：$a=M_{max}/R$；$b=tF_{max}/R$。

2. 支柱上的偏心弯矩

支柱上的偏心弯矩来源于球罐的内部压力。

(1) 内压作用下球壳半径的增量

在内压的作用下，球壳承受拉应力周长增大，球壳的半径也相应增大，球壳赤道面处的径向位移，按式(6.3-13)、式(6.3-14)计算：

$$\Delta R=(1-\mu)R\sigma/E \tag{6.3-13}$$

$$\sigma=p(2R+t)/(4t\phi) \tag{6.3-14}$$

式中 ΔR——内压作用下，球壳半径增量向，m；

μ——泊松比；

R——球壳的半径，m；

σ——球壳的薄膜应力，MPa；

E——球壳的材料的弹性模量，MPa；

p——内压，MPa；

t——球壳厚度，m；

ϕ——焊缝系数。

当 ΔR 等于零时，支柱是轴心受压的。由于在内压作用下，ΔR 总是大于零并且均匀分布，使得球罐的每一根支柱都成为偏心受压的支柱，并在支柱上产生了两个弯矩。

(2) 外载荷产生的偏心弯矩

由支柱上的最大垂直载荷[见式(6.3-12)]产生的偏心弯矩，按式(6.3-15)计算：

$$M_1=W\Delta R \tag{6.3-15}$$

(3) 支柱顶端平移增加的附加弯矩

由于内压作用球壳半径增大，假定球壳的赤道面在增移时球壳为刚体，支柱上端增移而

移转角为零；为简化计算，忽略拉杆对支柱顶端位移的影响；假定支柱下端是固定端，可视支柱为一端转角为零的自由端、另一端为固定的悬臂梁；由于位移 ΔR 使支柱内产生的附加弯矩按式(6.3－16)计算：

$$M_2 = 6EI\Delta R/H_0^2 \tag{6.3-16}$$

式中 M_2——支柱上的附加弯矩，N·m；

E——支柱材料的弹性模量，MPa；

I——支柱的惯性矩，m^4。

(4) 支柱上的总弯矩

支柱上的总弯矩等于偏心弯矩与附加弯矩之和，即

$$M = M_1 + M_2 \tag{6.3-17}$$

式中 M——支柱上的总弯矩，N·m。

3. 支柱的强度和稳定性校核

视支柱在轴心载荷 W[式(6.3－12)]和弯矩 M[式(6.3－17)]共同作用下的压弯构件。压弯构件的强度和稳定性校核应当按照《钢结构设计规定》进行。

6.3.5 球壳的几何尺寸计算

球壳板的几何尺寸计算，有直角坐标系的计算方法和采用球面三角形的计算方法两种，二者的精度相同，但是球面三角形的计算方法比较简洁。以下介绍球面三角形的计算方法。球面三角形计算示意图见图 6.3－3。

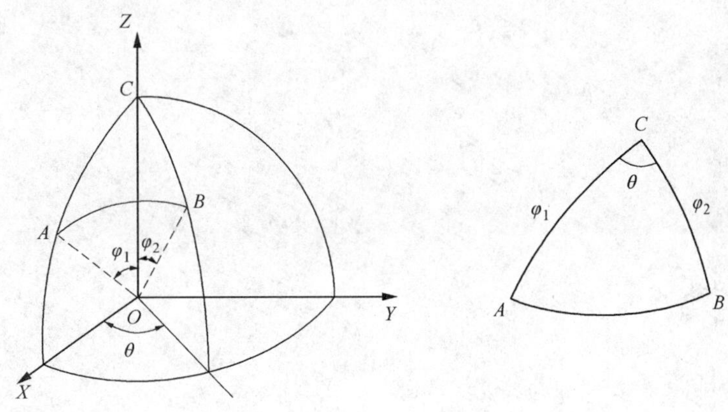

图 6.3－3 球面三角形计算示意图

图 6.3－3 中表示了 1/8 个球体，在球面任意三角形 ABC 中，球面上任意两点 A、B 之间的弧长，可以按式(6.3－18)计算。对于球壳上的每一张球壳板的球心角和球壳板的数量是已知的，即在图 6.3－3 中 φ_1、φ_2、θ 是已知的，设球壳半径为 SR，则 AB 之间的弧长按式(6.3－18)计算：

$$\widehat{AB} = SR\cos^{-1}(\cos\varphi_1\cos\varphi_2 + \sin\varphi_1\sin\varphi_2\cos\theta) \tag{6.3-18}$$

式中 $\widehat{AB}$——A、B 两点间的弧长，m；

SR——球壳半径，m；

φ_1——点 A 与 Z 轴的夹角，rad；

φ_2——点 B 与 Z 轴的夹角，rad；

θ——过点 A 和过点 B 的大圆面与 XOY 平面交线之间的夹角，rad。

参 考 文 献

1 中国石化北京设计院. 石油炼厂设备. 北京：中国石化出版社，2001

2 徐英，杨一凡，朱萍. 球罐和大型储罐. 北京：化学工业出版社，2005

第七章　气　　柜

7.1　简　　介

石油化工企业中，在大气环境温度下储存接近常压的气体(如低压瓦斯气)的储罐，通常称为气柜，如各种湿式气柜和干式气柜。

20世纪90年代以前石油化工企业储存接近常压的气体基本采用湿式气柜，并且容积不大。而各种湿式气柜和干式气柜在冶金行业、市政燃气系统则广泛使用。20世纪90年代以后石油化工企业结合节能减排，在气体排放系统逐步建造了一批干式气柜，容积一般为$(2\sim4)\times10^4m^3$。各种容积的湿式气柜也仍有应用。湿式气柜和干式气柜的比较见表7.1－1。

表7.1－1　湿式气柜和干式气柜的比较

类　　型	对基础的要求	对气象条件的要求	对环境的影响	造　　价
湿式气柜	较高	在寒冷地区需对气柜水槽加热，水槽外保温	有少量污水和气体排出	较低
干式气柜（威金斯型）	较宽松	适用地区广泛	对环境影响小	略高

从表7.1－1可看出，干式气柜比较适合石油化工企业储存较大量气体的需求。

7.2　湿式气柜

7.2.1　概述

石油化工企业常用的湿式气柜容积一般为$5000\sim10000m^3$，常用类型为直升式气柜(见图7.2－1)和螺旋式气柜(见图7.2－2)。

通常$1000m^3$以下的湿式气柜采用直升式气柜，$1000m^3$以上的气柜采用螺旋式气柜。

湿式气柜通常由钢水槽、中节(活动塔节)、钟罩、导轮、导轨及相应的钢结构和梯子平台等部件组成。

7.2.2　标准规范

湿式气柜的设计按 HG 20517—92《钢制低压湿式气柜》。

湿式气柜的施工与验收按 HGJ 212—1983《金属焊接结构湿式气柜施工及验收规范》。

7.3　干式气柜

7.3.1　概述

区别于设置水槽以水密封储存气体的湿式气柜，采用油膜或橡胶膜获得密封作用的气柜称为干式气柜。

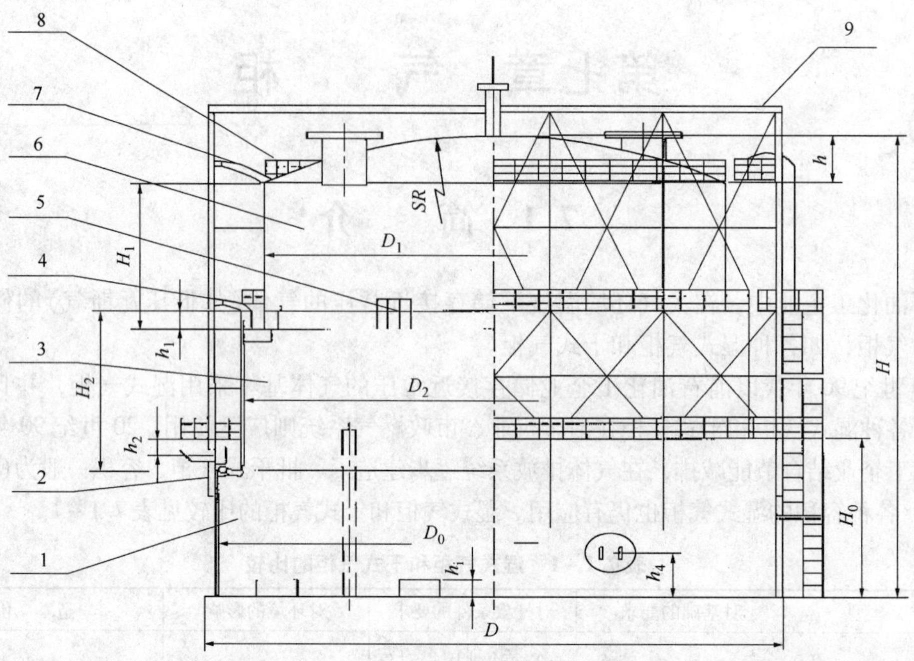

图 7.2－1 直升式气柜

1—钢水槽；2—下导轮；3—中节；4—中节上导轮；5—下配重块；6—钟罩；7—钟罩上导轮；8—上配重块；9—外导架

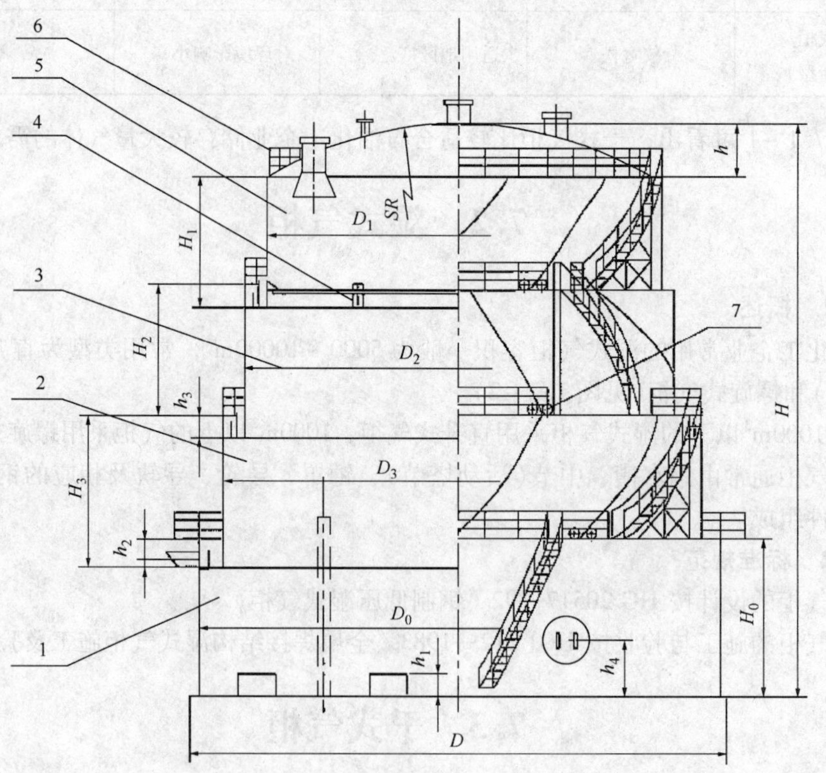

图 7.2－2 螺旋式气柜

1—钢水槽；2—中节Ⅱ；3—中节Ⅰ；4—下配重块；5—钟罩；6—上配重块；7—导轮

按照密封原理分类，目前世界上的干式气柜有四种形式：① 多角型稀油密封(以 MAN 型为代表)；② 干油橡胶带密封(以 KLONNE 型为代表)；③ 卷帘橡胶膜密封(以 WIGGINS 型为代表)；④ 稀油橡胶带密封(以 COS 型为代表)。

自 1913 年首台多角型稀油密封的 MAN 型煤气柜研制成功，目前干式气柜已广泛应用于冶金、化学工业以及城市煤气行业中。由于石化行业储存气体介质的特殊性，对于密封稀油具有改性作用，因此国内炼油厂采用干式气柜储存火炬气均为卷帘橡胶膜密封的WIGGINS 型。

7.3.2 标准规范

WIGGINS 型干式气柜的设计、安装、施工及验收应遵循和参考下列规范：

GB 50017《钢结构设计规范》

GB 50009《建筑结构载荷规范》

GB 50205《钢结构工程施工质量验收规范》

GB 50128《立式圆筒形钢制焊接储罐施工及验收规范》

HG 20517《钢制低压湿式气柜》

HGJ 212《金属焊接结构湿式气柜施工及验收规范》

GB 50236《现场设备、工业管道焊接工程施工及验收规范》

设计人员宜根据气柜的具体结构，依据上述规范的有关要求，编制设计文件对材料、焊接、安装精度等提出详细要求。

7.3.3 载荷

WIGGINS 型干式气柜的设计载荷主要应考虑以下几种：

① 设计压力。气柜的设计压力取气柜正常工作时的气体最高压力。

② 风载荷。

③ 雪载荷。风载荷、雪载荷可参照 HG 20517《钢制低压湿式气柜》核算。

④ 地震载荷。地震作用应符合 GB 50011《建筑抗震设计规范》的规定，水平地震力可参照 HG 20517《钢制低压湿式气柜》进行计算。

⑤ 恒载。主要包括柜体自重、配重重量和附件重量。

⑥ 载荷组合。按照分项系数法进行载荷组合，主要校核立柱的强度和稳定性。

一般进行下列组合：

① 风载荷 + 恒载；

② 风载荷 + 半坡雪载荷 + 恒载；

③ 风载荷 25% + 半坡雪载荷 50% + 恒载 + 水平地震力。

此三项核算不应包括活塞和 T 挡板、T 挡板支架(两段式)的重量。

另外计算柜顶、平台和扶梯时还应考虑活载荷。

7.3.4 材料

① 为保证承重结构的承载能力和防止在一定条件下出现脆性破坏，应根据柜体各部件结构的重要性、载荷特征、结构形式、应力状态、连接方法、钢材厚度和工作环境等因素综合考虑，选择合适的钢材牌号。

② 钢材的设计温度取建设地区最低日平均气温。

③ 钢材应由平炉、氧气转炉或电炉冶炼。

④ 承重结构采用的钢材应具有抗拉强度、伸长率、屈服强度和硫、磷含量的合格保证，对焊接结构尚应具有碳含量的合格保证。

⑤ 焊接承重结构以及重要的非焊接承重结构采用的钢材还应具有冷弯试验的合格保证。

⑥ 手工焊接采用的焊条，应符合 GB/T 5117《碳钢焊条》或 GB/T 5118《低合金钢焊条》的规定。选择的焊条型号应与主体金属力学性能相适应。

⑦ 自动焊接或半自动焊接采用的焊丝和焊剂应与主体金属力学性能相适应，并符合现行国家标准的规定。

⑧ 普通螺栓应符合 GB/T 5780《六角头螺栓 C 级》和 GB/T 5782《六角头螺栓》的规定。

7.3.5 结构

有别于传统的湿式气柜，威金斯型气柜是干式气柜的一种形式。柜体结构是由底板、支柱侧板、防风桁架、柜顶梁、柜顶板、调平支架及梯子平台组成。柜体内活塞系统是由活塞板、活塞托座、活塞支架组成。底板、活塞和密封膜构成气柜的储气空间。容积较大的气柜（≥20000m^3）采用两段式结构，比一段式多设置 T 挡板、T 挡板支架、T 挡板托架及梯子平台。底板、活塞、T 挡板和密封膜构成气柜的储气空间。所有各部件之间的连接一般均采用焊接。具体结构见图 7.3-1（一段式）、图 7.3-2（两段式）。

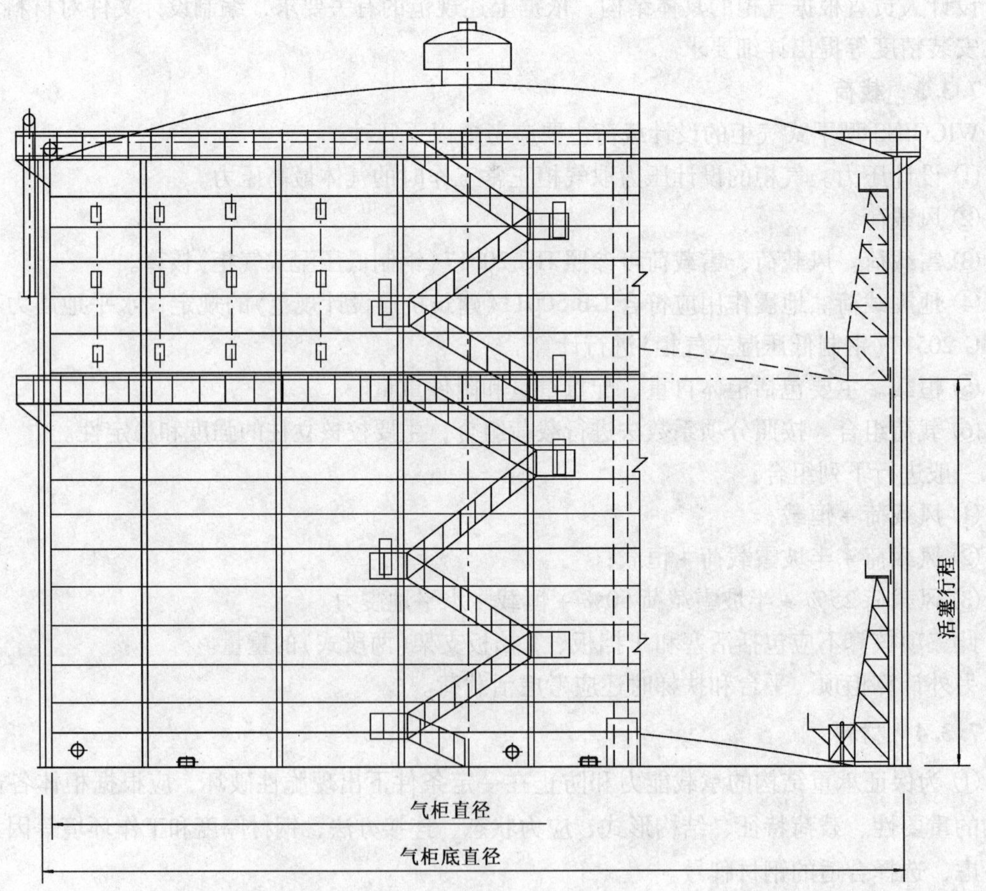

图 7.3-1 一段式干式气柜立面示意图

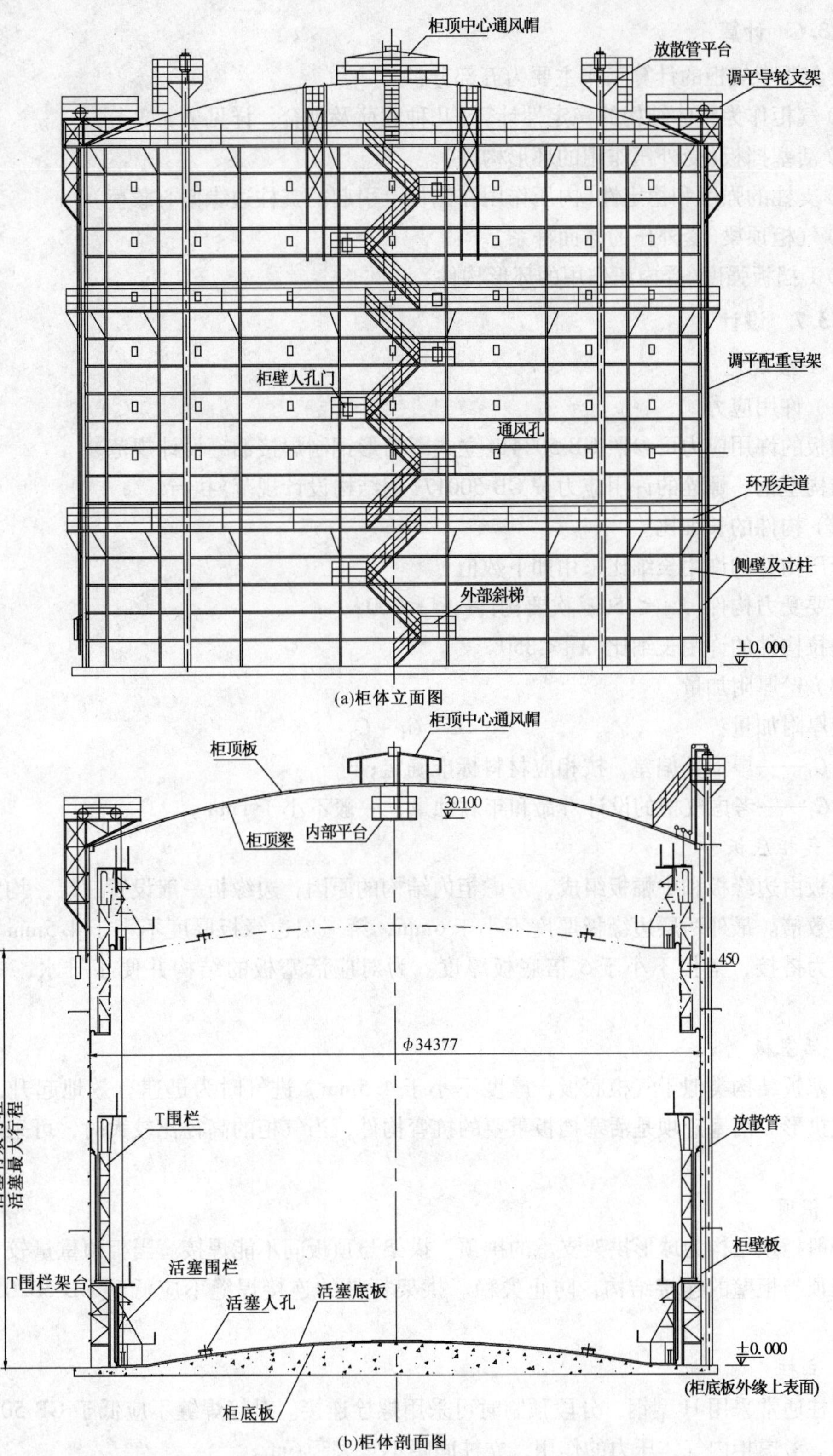

(a)柜体立面图

(b)柜体剖面图

图 7.3－2 二段式干式气柜

7.3.6 计算

威金斯型气柜的计算工作主要为五部分：

① 气柜作为整体结构的稳定性计算(几种载荷及组合，详见7.3.3节)。

② 活塞挡板(受外压作用的环形构件)。

③ 支柱的强度和稳定性(内压作用在侧板上引起的支柱边缘偏心载荷)。

④ 气柜顶梁(受外压的球面杆系)。

⑤ T挡板强度(受内压作用的环形构件)。

7.3.7 设计

1. 一般规定

(1) 许用应力

钢板的许用应力可参照GB 50341《立式圆筒形钢制焊接油罐设计规范》；

结构型钢、螺栓的许用应力按GB 50017《钢结构设计规范》执行。

(2) 构件的长细比

受压构件的许用长细比采用如下数值：

主要受力构件$[\lambda]\leqslant150$；次要构件$[\lambda]\leqslant200$；

受拉构件的许用长细比$[\lambda]\leqslant350$。

(3) 壁厚附加量

壁厚附加量： $C=C_1+C_2$

式中 C_1——厚度负偏差，按相应材料标准确定；

C_2——考虑气柜的设计寿命和年腐蚀量，一般不小于1mm。

2. 气柜底板

底板由边缘板和中幅板组成，考虑柜内结构的原因，边缘板一般设置三层，均为立柱数量的整数倍。最外两层边缘板厚度不小于6mm，第三层边缘板厚度不小于4.5mm。底板焊接接头为搭接，搭接不小于5倍底板厚度。为对应活塞板的结构并便于排水，中幅板为拱形。

3. 活塞板

活塞板结构类似于气柜底板，厚度不小于4.5mm。进气时为迅速有效地起升，中幅板焊接成拱形。活塞砼坝是活塞挡板重要的抗弯构件，当气柜的高径比较大时，可采用轻型混凝土。

4. 柜顶

一般柜顶结构为球形拱架支承的拱顶，拱架与顶板间不能焊接。当柜顶重量较大时，应核算柜顶与柜壁的连接结构，防止失稳。拱架杆件的连接焊缝不应低于GB 50205的二级规定。

5. 立柱

立柱通常采用H型钢，分段预制时可采用螺栓连接。对接焊缝不应低于GB 50205的二级规定。考虑柜内气体压力的作用，立柱间距不宜大于6m。

6. 壁板

壁板厚度不小于4.5mm，当壁厚大于5mm时，可以采用对接焊缝，有助于采用等级较高的无损检测方法，提高壁板焊接质量。

7. 橡胶密封膜

橡胶密封膜是WIGGINS型干式气柜最重要的部件之一，应根据储存介质的组分及其含量采用经济合理的材料和加工工艺。目前国产的橡胶密封膜大多为NBR+PVC材料方案，中间夹45°交叉帘线的帘子布，橡胶布宽度≥1500mm，厚度1.5~3mm。适用于介质温度小于70℃，含硫量小于3%的操作条件。

橡胶密封膜成品性能应满足下述要求：

① 扯断强度：≥5.5kN/5cm；

扯断伸长率：20%~50%；

屈挠性能(包括粘接缝)(常温+500次/分)：80万次无异常现象；

粘接缝搭接强度(径向)kN/5cm：大于本体；

气密性试验(0.15MPa×5min)：不漏气。

② 橡胶密封膜成品外观质量检查及要求应符合以下要求：

a. 产品的表面(粘接面)平整、光滑、不允许有缺胶、打折、重皮、露线等缺陷存在，不允许有任何气泡、露布和肉眼见杂质及刮痕。

b. 两层帘布之间、内外层橡胶之间均不允许有脱层、脱胶等缺陷存在。

c. 产品上下安装开孔尺寸必须对齐，并在同一垂直线上，不得有累计误差，开孔数量准确无误，上下两排开孔平均误差应≤0.5mm。

③ 橡胶表面须平整、光滑、不允许有缺胶，打折，露线、脱层等缺陷存在；不允许有任何气泡、露布和肉眼可见杂质及刮痕。喷上的标识要清晰均匀，顺序号不得有误。

7.3.8 施工和验收

气柜的构件、部件预制和柜体的现场安装焊接应满足GB 50205《钢结构工程施工质量验收规范》的要求。应根据气柜各构件的结构特点，提出安装精度技术条件的要求，保证施工质量。主要内容如下：

① 对气柜的焊缝质量应予以高度重视，焊缝质量检验标准除柜顶顶梁及柜壁立柱的对接焊缝按GB 50205中的二级标准外，其余按三级。所有焊缝外观检查均应达到一级标准。与橡胶密封膜接触部位的焊缝表面均应打磨光滑。密封角钢及以下柜壁板所有焊缝，应进行试漏检查。

② 焊缝的气密检验，在密封角钢以下的气柜底板、壁板、活塞板、T围栏底板应确保不漏气。气柜底板、活塞板的搭接焊缝应以抽真空法检验，其真空度要求达到53kPa。壁板、T围栏底板应以煤油试漏法检验。

③ 整个柜体垂直度允差应小于$H/1000$，圆度允差小于15mm，拱顶曲率半径偏差小于10mm，柜体各部位外观均应成形良好。

④ 构件在运输和安装过程中，应防止碰伤、变形或捆绑钢丝绳时的勒伤。如有损伤、变形，应及时修补矫正。

⑤ 气柜主体及附属装置安装合格后，应进行气柜总调试工作，内容包括试运转调整和气密性试验。

7.3.9 气柜安全操作注意事项及说明

① 应制定严格的管理制度及操作规程，以提高气柜的安全操作及使用寿命。

② 应定期对气柜通气帽丝网以及柜壁通气孔丝网进行检查，发现破损或腐蚀严重应及

时更换。

③ 调平装置所用钢丝绳，每月至少检查两次，检查钢丝绳松紧程度是否一致，避免造成活塞倾斜量过大。如遇到此情况，须及时调整。

④ 应定期进行柜内运行情况观测，以掌握密封膜的运动状态，若发现有局部任何漏气部位，都必须给予及时粘贴修补。

⑤ 应定期给调平装置滑轮及钢丝绳加注适当的润滑油，确保运转灵活。

⑥ 应定期对放散管钢丝绳给予检查，不得有松弛现象；并检查放散管排气是否灵活、阀门是否存在漏气现象。

⑦ 应定期对仪表液位控制器及其他仪器进行检查，不得有误操作现象存在，在确认仪器操作失灵时，应及时更换，确保操作安全。

⑧ 正常情况下，任何人员不可随意进入柜内，在确需进柜检查时，必须佩戴防毒器具及安全服装，必须有专人现场负责安全监督。

⑨ 在必须进柜操作及检查(如：清除铁锈及其他必要维护)时，应加强对密封胶膜的有效保护，严禁损伤密封膜。

⑩ 气柜正常运转时，应注意观察仪表显示数据及现场直观指示数据，避免出现抽真空及冒顶事故的发生。

⑪ 若气柜大修时，应在置换柜内气体后及时将活塞立柱装好，使气柜处于待修状态。

⑫ 气柜应建立巡回检查制度及项目，并应有运行记录在案。

⑬ 在遇到气柜意外波动时，应采取紧急放空措施，并及时向主管部门汇报，以取得最佳处理意见。

第八章　低温储罐

8.1 简　　介

低温储罐被广泛应用于储存0～－165℃的低沸点碳氢化合物，如：甲烷、乙烷、丙烷、丁烷、乙烯、丙烯、丁二烯，也包括LNG和LPG。随着乙烯装置的大型化和我国对LNG需求的快速增长，对大型低温储罐的需求逐年增加。

低温储罐自身的保冷结构可防止介质冷量损失，使介质长时间处于液体状态，少量低温介质挥发气通过压缩机压缩及再冷凝器制冷后变为液态返回低温罐中。低温储罐使用寿命一般不低于20年。

第一座工业规模的LNG储罐是在1958年由美国芝加哥桥梁钢铁公司建造的。目前日本建造的LNG储罐最多；日本最大的双壁地上LNG储罐为$20\times10^4m^3$，正在准备建造$25\times10^4m^3$的双壁地上LNG储罐。

我国从20世纪90年代末开始建造LNG储罐。21世纪以来中国海洋石油总公司、中国石油天然气集团公司和中国石油化工集团公司分别在广东、福建、浙江、上海、辽宁、江苏和山东建造双壁地上LNG储罐。这些低温LNG储罐均为$16\times10^4m^3$双壁地上LNG储罐。

低温储罐包括地上储罐、地下储罐。本章主要介绍地上储罐。

液化气体为大气压下沸点温度低于0℃的产品，常见液化气体物理性能见表8.1－1。

表8.1－1　液化气体的物理性能

名　称	化学分子式	沸点/℃	沸点下的液体密度/(kg/m^3)
正丁烷	C_4H_{10}	－0.5	601
异丁烷	C_4H_{10}	－11.7	593
氨	NH_3	－33.3	682
丁二烯	C_4H_6	－4.5	650
丙烷	C_3H_8	－42	582
丙烯	C_3H_6	－47.7	613
乙烷	C_2H_6	－88.6	546
乙烯	C_2H_4	－103.7	567
甲烷	CH_4	－161.5	422

8.2 低温储罐的主要形式及结构

低温储罐主要包括四种类型，即单容罐、双容罐、全容罐和薄膜罐。按其具体结构每种类型又可分出多种不同的结构类型，设计者选取储罐类型时应根据所建储罐的周边环境和用户要求初步选择储罐的类型。一般在人口稀少的偏远地区，适宜选择单容罐。其他地区，可选择双容罐或全容罐。当直径较大时，外罐一般采用预应力混凝土罐以节省投资。

1. 单容罐(single containment tank)

带保冷层的液体主储罐或液体主储罐和蒸气储罐组成的储罐。其液体主储罐能适用储存低温介质的要求，蒸气储罐主要是支承和保护保冷层，但不能储存液体主储罐泄漏出的低温介质。单容罐的结构示意如图 8.2－1 所示。

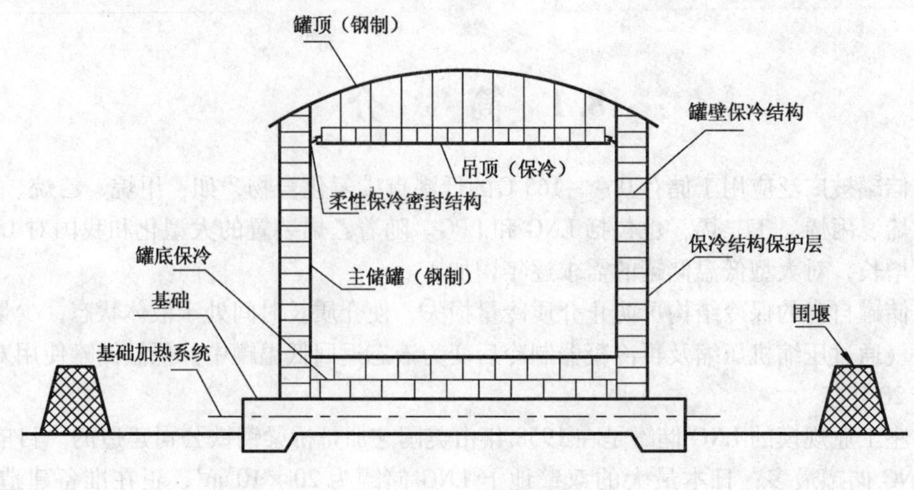

(a)单壁单容罐

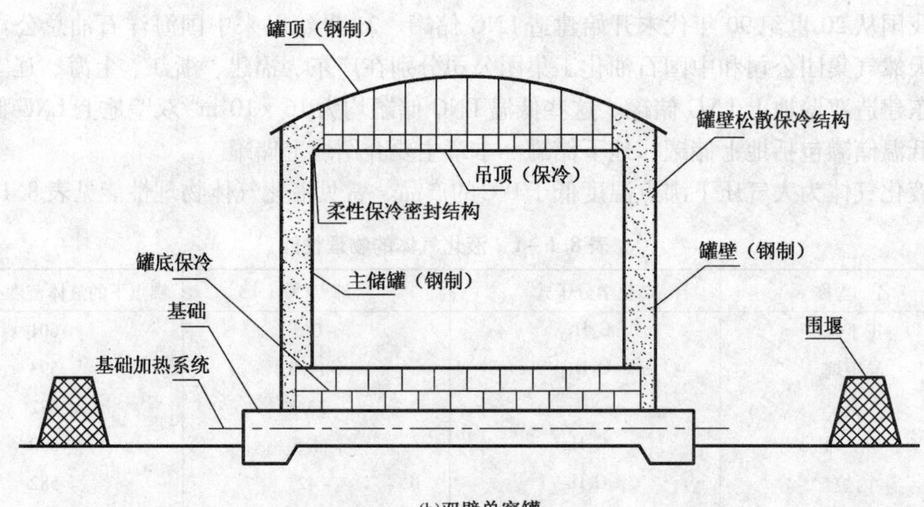

(b)双壁单容罐

图 8.2－1　单容罐结构示意

2. 双容罐(double containment tank)

由液体主储罐和液体次储罐组成的储罐。其液体主储罐和液体次储罐都能适应储存低温介质，在正常操作条件下，液体主储罐储存低温介质。液体次储罐能够容纳内罐泄漏的低温介质，但不能限制液体主储罐泄漏的低温介质所产生的气体排放。双容罐的结构示意如图 8.2－2 所示。

3. 全容罐(full containment tank)

由液体主储罐和液体次储罐组成的储罐。其液体主储罐和液体次储罐都能适应储存低温介质，罐顶由外罐支承，在正常操作条件下，液体主储罐储存低温介质。液体次储罐既能容纳低温介质，又能限制液体主储罐泄漏的低温介质所产生的气体排放。全容罐的结构示意如

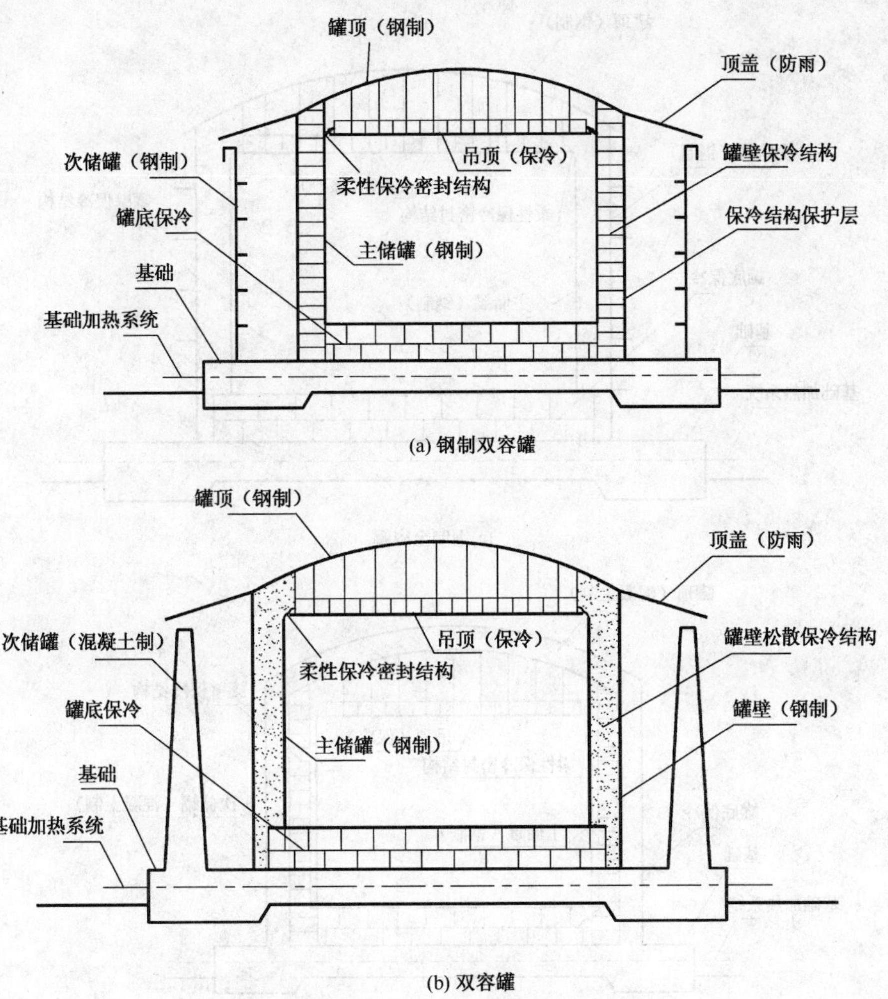

图 8.2－2 双容罐结构示意

图 8.2－3 所示。

4. 薄膜罐(membrane tank)

由一个薄膜(主容器)，承载保冷层和混凝土罐共同组成的一个完整的组合储罐结构。薄膜罐的结构示意如图 8.2－4 所示。

8.3 设计、制造参考标准

目前国内、外低温罐的设计制造标准有：

EN 14620《Design and manufacture of site built, vertical, cylindrical, flat－bottomed steel tanks for the storage of refrigerated, liquefied gases with operating temperatures between －5℃ and －165℃》;

API 620 《Design and construction of Large , Welded, Low－pressure Storage Tanks》;

SH/T 3537 《立式圆筒形低温储罐施工技术规程》;

SY/T 0606 《大型焊接低压储罐的设计与建造》;

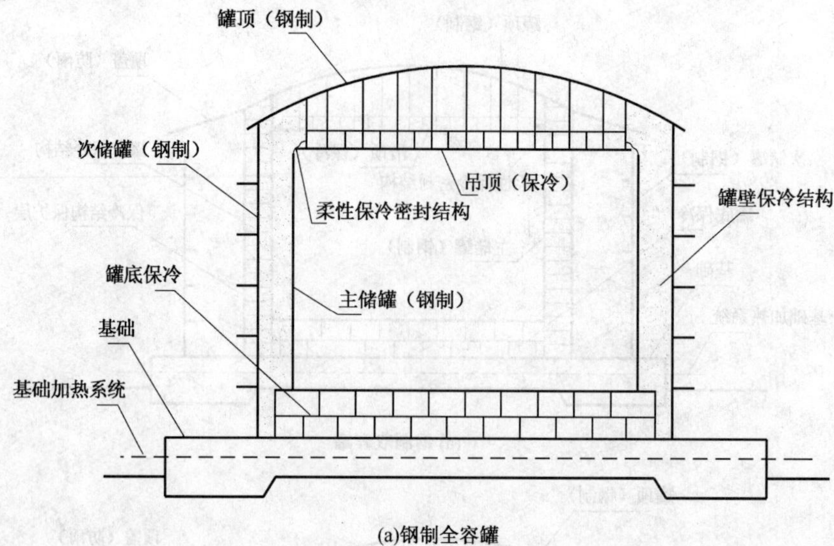

(a)钢制全容罐

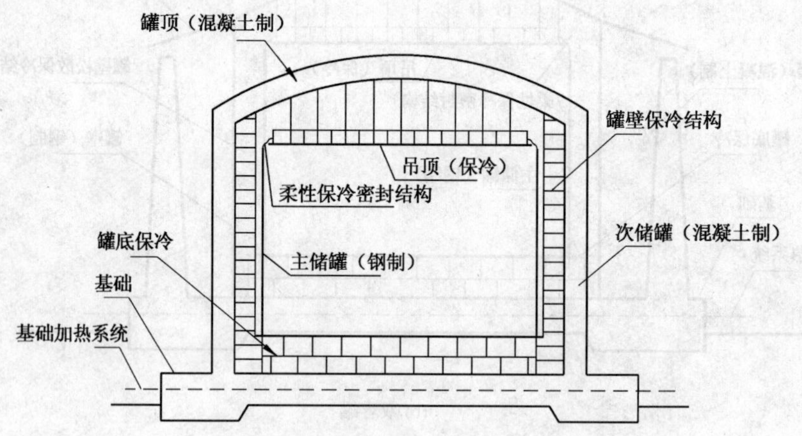

(b)预应力混凝土全容罐

图 8.2－3 全容罐结构示意

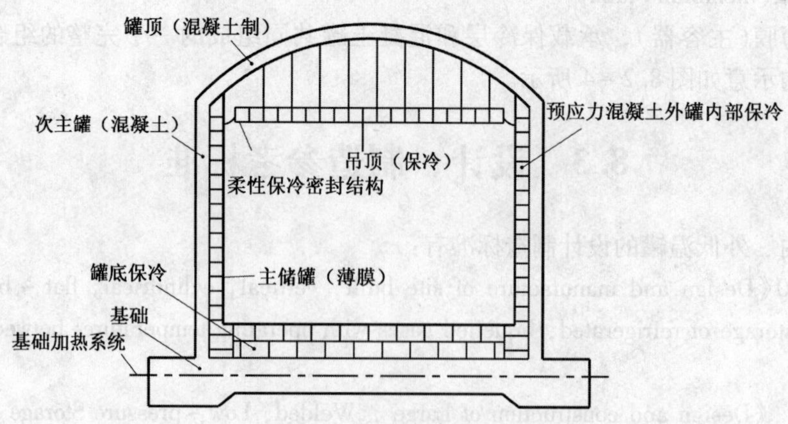

图 8.2－4 薄膜罐

GB ××××—×××× 《石油化工钢制低温储罐技术规范》(正在报批)

参考标准：

《LNG 地上储罐技术指南》(日本)。

8.4 低温储罐用钢材

8.4.1 选择低温储罐用材料应考虑的因素

选择低温储罐用材料时，应考虑储罐的使用条件、材料的性能及经济合理性。主储罐和钢制次储罐用钢应是氧气转炉或电炉冶炼的镇静钢。当设计金属温度低于 -20℃时，还应采用炉外精炼工艺。各部件的设计金属温度应按最不利的工况来确定。

8.4.2 EN 14620 低温储罐用钢材的有关规定：

1. 钢板材料的分类

主储罐和次储罐用钢板材料分类见表 8.4-1。

表 8.4-1 钢板材料的分类

材料类别	钢材种类	冲击功/J	钢板取样方向
Ⅰ类	低温碳锰钢	27(-35℃)	横向
Ⅱ类	特种低温碳锰钢	27(-50℃)	横向
Ⅲ类	低镍钢	27(-80℃)	横向
Ⅳ类	9% Ni 钢	80(-196℃)	横向
Ⅴ类	不锈钢		

如果采用镍基焊材(Ⅱ、Ⅲ、Ⅳ类钢)，则焊缝金属和热影响区的冲击功应为 55J。

针对不同的储存介质，低温储罐所用钢板可参考表 8.4-2 选取。

表 8.4-2 介质与主储罐、次储罐钢板级别(EN 14620)的关系

介　质	单容罐	双容罐或全容罐	薄膜罐	典型介质储存温度/℃
丁烷	Ⅱ类钢	Ⅰ类钢		-10
氨	Ⅱ类钢	Ⅰ类钢		-35
丙烷、丙烯	Ⅲ类钢	Ⅱ类钢	Ⅴ类钢	-50
乙烷、乙烯	Ⅳ类钢	Ⅳ类钢	Ⅴ类钢	-105
LNG	Ⅳ类钢	Ⅳ类钢	Ⅴ类钢	-165

2. 主储罐和次储罐用钢板的一般规定

① Ⅰ、Ⅱ类钢为细晶粒钢，其中Ⅰ类钢适用于温度不低于 -35℃的承压容器，Ⅱ类钢适用于温度不低于 -50℃的承压容器。Ⅰ、Ⅱ类钢应符合欧洲标准 EN10028-3《Flat products made of steels for pressure purposes, part3 weldable fine grain steels, normalized》。罐壁最大使用厚度为 40mm。不允许使用最低屈服强度大于 355MPa 的钢材。钢材为正火状态供货，或采用热机械轧制工艺，含 C 量应小于 0.2%，碳当量 C_{eq}应不大于 0.43%。

$$C_{eq} = C + \frac{Mn}{6} + \frac{(Cr + Mo + V)}{5} + \frac{(Ni + Cu)}{15}$$

② Ⅲ类钢为细晶粒低镍钢，适用于温度不低于 -80℃的承压容器，罐壁最大使用厚度

为 40mm。Ⅲ类钢应符合欧洲标准 EN 10028 – 4《Flat products made of steels for pressure purposes，part4 Nickel alloy steels with specified low temperature properties》。通过热处理或采用热机械轧制工艺获得均匀的细晶粒钢。

③ Ⅳ类钢为改进型 9% Ni 钢，适用于温度不低于 –165℃ 的承压容器，罐壁最大使用厚度为 50mm。Ⅳ类钢应符合欧洲标准，如 EN 10028 –4。钢材为淬火 + 回火状态供货。

④ Ⅴ类钢为奥氏体不锈钢，厚度无使用上限，应符合欧洲标准，如 EN 10028 – 7，《Flat products made of steels for pressure purposes，part7 stainless steels》。

3. 主储罐和次储罐用钢板冲击功最低值见表 8.4 – 1。

4. 蒸气储罐钢板级别见表 8.4 – 3。

表 8.4 – 3 蒸气储罐钢板级别（EN 14620）

设计金属温度 t_{dm}/℃	厚度 e/mm	材料等级（EN 10025 – 2，2004《Hot rolled products of structural steels Part 2 technical delivery conditions for non – alloy structure steels》）
$t_{dm} \geqslant 10$	$e \leqslant 40$	S235 JR 或 S275JR 或 S355JR
$10 > t_{dm} \geqslant 0$	$e \leqslant 40$	S235 J0 或 S275J0 或 S355J0
$0 > t_{dm} \geqslant -10$	$e \leqslant 16$	S235 J0 或 S275J0 或 S355J0
	$16 < e \leqslant 40$	S235 J2 或 S275 J2 或 S355 J2
$-10 > t_{dm} \geqslant -20$	$e \leqslant 16$	S235 J2 或 S275 J2 或 S355 J2
	$16 < e \leqslant 40$	S235 J2 或 S275 J2 或 S355 J2

注：1. 表中 S—结构钢；JR、J0、J2—冲击功试验温度；JR—20℃；J0—0℃；J2—20℃。

2. 金属设计温度低于 –20℃和(或)厚度大于 40mm，钢板冲击试验温度应不高于金属设计温度，且纵向冲击功应不低于 27J。

3. 金属设计温度低于 0℃时，冲击试验温度取金属设计温度，罐壁纵焊缝的焊缝金属和热影响区的冲击功应不低于 27J。

8.4.3 我国低温储罐钢材的选用

我国低温储罐钢材的选用参考表 8.4 –4 和表 8.4 –5。

表 8.4 –4 主储罐和次储罐用国产钢板

钢号	钢板标准	使用状态	最低使用温度/℃	三个标准试样冲击功平均值 KV_2/J	板厚/mm
Q245R	GB 713	热轧、控轧	–20	≥31	≤20
		正火	–20	≥31	≤100
Q345R	GB 713	热轧、控轧	–20	≥34	≤30
		正火	–20	≥34	≤100
Q370R	GB 713	正火	–20	≥34	≤60
16MnDR	GB 3531	正火，正火 + 回火	–40	≥34	≤60
15MnNiDR	GB 3531	正火，正火 + 回火	–45	≥34	≤60
09MnNiDR	GB 3531	正火，正火 + 回火	–70	≥34	≤100
06Ni9DR	GB 150.2—2011 A2.4	淬火 + 回火	–196	≥100	<40
S30408	GB 24511	固溶	–196		≤80

表 8.4－5 蒸气储罐用国产钢板

设计温度/℃	钢号	钢板标准	使用状态	三个标准试样冲击功平均值 KV_2/J	板厚/mm
≥20	Q235B	GB/T 700 GB/T 3274	热轧	≥27	≤24
≥0	Q235C	GB/T 700 GB/T 3274	热轧	≥27	≤30
≥－20	Q245R	GB713	热轧、控轧	≥31	≤12
			正火		≤34
≥20	Q345B	GB/T 1591 GB/T 3274	热轧、控轧、正火	≥34	≤20
≥0	Q345C		热轧、控轧、正火		≤24
≥－20	Q345R	GB 713	热轧、控轧	≥34	≤20
			正火		≤34
≥－40	16MnDR	GB 3531	正火	≥34	≤60

8.5 预应力混凝土外罐

预应力混凝土外罐宜采用以概率理论为基础的极限状态设计法，以可靠指标度量结构构件的可靠度，采用分项系数的设计表达式，按承载力极限状态和正常使用极限状态设计。承载力极限状态设计混凝土储罐时，宜考虑载荷的短期效应组合；正常使用极限状态设计混凝土储罐时，宜考虑载荷的长期效应组合。混凝土罐壁最小厚度除满足承载力极限状态与正常使用极限状态的要求外，还应依据下列因素进行确定：

① 应有足够的空间容纳所有钢筋和预应力筋；

② 应确保混凝土结构的均匀性和液密性，钢筋和预应力筋之间应有足够的间距。

8.6 低温储罐保冷结构及保冷材料的选用

8.6.1 保冷结构

① 内部有低温液体或低温气体流通的接管，应采取保冷措施。图 8.6－1 为带有保冷结构的罐顶接管结构示意。

② 吊顶上应铺设保冷材料，并设置通气孔以保证吊顶下、上空间的压差不大于吊顶自重，不会发生吊顶提升。

③ 低温储罐罐底典型保冷结构见图 8.6－2。

8.6.2 选择保冷材料时应考虑的因素

1. 储罐正常操作时

① 介质温度；

② 外部温度和太阳辐射、风、湿度等其他气候条件；

③ 热传导；

④ 热对流；

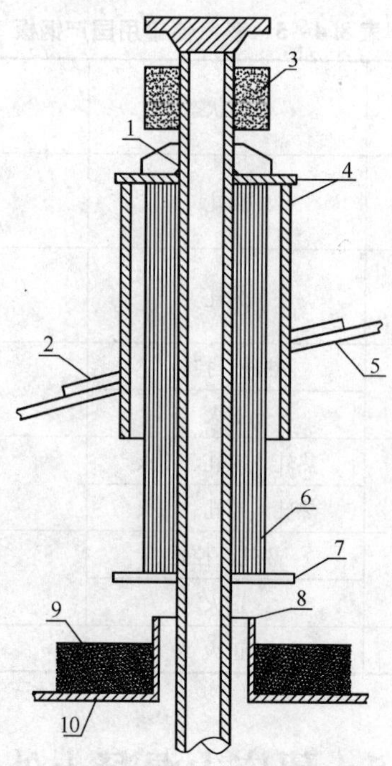

图 8.6－1　带有保冷部件的罐顶接管结构示意

1—接管(低温)；2—接管补强板(环境温度)；3—接管外伸侧保冷结构；
4—保冷部件(低温)；5—拱顶(环境温度)；6—接管内伸侧保冷结构；
7—保冷支承环；8—吊顶套管；9—吊顶保冷层；10—吊顶

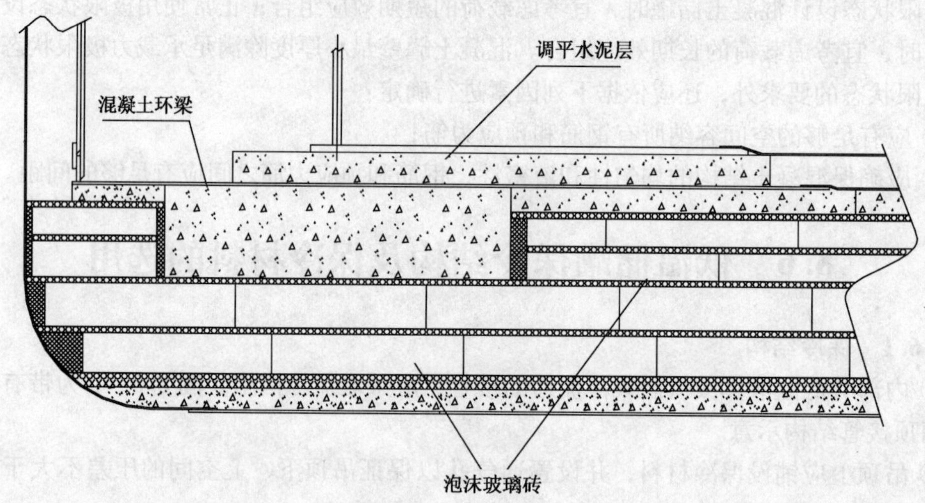

图 8.6－2　低温储罐罐底典型保冷结构

⑤ 因辐射导致的热损失；

⑥ 因冷桥导致的热损失。

2. 储罐事故工况时

① 每个保冷部件规定的热阻及事故工况设计持续时间；

② 事故工况下保冷材料提供的热阻。

3. 结构要求

① 各方向的静载荷和动载荷作用；

② 液密性。

4. 特殊设计要求

材料与所选特定的保冷结构、安装方法及储罐类型等相匹配。

8.6.3 常用保冷材料及用途

① 单容罐和双容罐常用保冷材料可按表 8.6－1 选用。

表 8.6－1 单容罐和双容罐

材料			支承环梁	底部保冷	罐顶		罐壁	
					外部	内部（和吊顶）	单层钢罐外部	双金属罐
硬木块			√	—	—	—	—	—
珍珠岩混凝土块/梁			√	—	—	—	—	—
轻质混凝土块/梁			√	—	—	—	—	—
钢筋混凝土			√①	—	—	—	—	—
泡沫玻璃			√②	√	√	—	√	√
膨胀珍珠岩			—	—	—	√	—	√
矿物棉毡			—	—	—	√	—	√③
聚氯乙烯(PVC)泡沫塑料	中密度		—	√		—	—	—
	高密度		√②	√		—	—	—
聚氨酯泡沫(PUF)/聚异氰脲酸酯(PIR)	– ND BL – SPR – FIP		—	—	√	—	√	—
	– MD BL – SPR		—	—	√	—	√	—
	– HD BL – SPR		√②	√	—	—		—
	– GR BL		√②	√	—	—		—
酚醛泡沫塑料			—	—		—	√	—
聚苯乙烯	膨胀		—	—	—	—	√④	—
	挤压	ND	—	—	—	—	√④	—
		HD	—	√	—	—	—	—

表中 BL—块类型；FIP—现场发泡；GR—加强玻璃纤维；HD—高密度；MD—中密度；ND—标准密度；SPR—喷涂类型；PUF—Polyurethane Urethane foam；PIR—Polyisocyanurate

注：① 作为载荷分配板，铺垫在保冷材料下面。

② 可能需要载荷分配板。

③ 在膨胀珍珠岩和内罐壁之间，矿物棉毡可作为弹力毡使用。

④ 仅适用于双容罐（极限温度抗阻性）。

② 全容罐常用保冷材料可按表 8.6－2 选用。

表8.6－2 全容罐

材料		环梁	底部（正常工况）	顶部保冷		罐体/罐壁保冷热（正常工况）		热保护系统	
				吊顶上	内罐穹顶	内空间	罐壁内侧	无9%镍钢板	有9%镍钢板
硬木块		√	—	—	—	—	—	—	—
珍珠岩混凝土块/梁		√	—	—	—	—	—	—	—
轻质混凝土块/梁		√	—	—	—	—	—	—	—
钢筋混凝土		√①	—	—	—	—	—	—	—
泡沫玻璃		√②	√	—	—	—	—	—	√
膨胀珍珠岩		—	—	√	√	√	—	—	—
矿物棉毡		—	—	√	√	√③	—	—	—
聚氯乙烯（PVC）泡沫塑料	MD	—	√	—	—	—	—	—	√
	HD	√②	√	—	—	—	—	—	√
聚氨酯泡沫（PUF）/聚异氰脲酸酯（PIR）	ND BL－SPR－FIP	—	—	—	—	—	—	—	—
	MD BL－SPR	—	—	—	—	—	√④	√④	√
	HD BL－SPR	√②	√	—	—	—	√④	√④	√
	GR BL	√②	√	—	—	—	—	√④	√

表中 BL—块类型；FIP—现场发泡；GR—加强玻璃纤维；HD—高密度；MD—中密度；ND—标准密度；SPR—喷涂类型。

注：① 作为载荷分配板，铺垫在保冷材料下面。

② 用在载荷分配板下。

③ 在膨胀珍珠岩和内罐壁之间，矿物棉毡可作为弹力毡使用。

④ 仅适用于喷涂、无缝、气密性、液密性系统的特定等级。

8.7 低温储罐的设计原则

8.7.1 钢部件设计的理论基础

钢部件设计可基于许用应力理论或极限状态理论。

8.7.2 低温储罐的设计载荷

（1）自重

（2）介质静压力

（3）预应力

（4）外加载荷

① 固定式罐顶投影面积内 $1.2kN/m^2$ 的均布载荷（该载荷不应与雪载荷、负压载荷叠加）；

② 作用在平台和走道上 $2.4kN/m^2$ 的均布载荷；

③ 作用在平台和走道任意一处 300mm×300mm 面积上的 5kN 集中载荷。

（5）风载荷

（6）地震作用

(7) 雪载荷

(8) 保冷层(包括珍珠岩粉末)施加的压力

(9) 设计压力

(10) 设计负压

(11) 试验载荷

(12) 热效应

8.7.3 钢板最大许用应力

钢板最大许用应力的确定可按表8.7-1确定。

表8.7-1 最大许用应力的确定(EN 14620)

材料类别	操作工况	压力试验工况
Ⅰ类钢、Ⅱ类钢、Ⅲ类钢	$0.43R_m$，$0.67R_{eL}^t$、260MPa，三者中的最小值	$0.60R_m$、$0.85R_{eL}^t$，340MPa，三者中的最小值
Ⅳ类钢	$0.43R_m$，$0.67R_{p0.2}^t$，两者中的最小值	
Ⅴ类钢	$0.40R_m$，$0.67R_{p1.0}^t$，两者中的最小值	

注：1. 表中 R_m—材料标准抗拉强度的下限值，MPa；R_{eL}^t—材料在设计温度下的下屈服强度，MPa；$R_{p0.2}^t$—材料在设计温度下0.2%非比例延伸强度，MPa；$R_{p1.0}^t$—材料在设计温度下1.0%非比例延伸强度，MPa。

2. 对于Ⅲ类钢，表中R_{eL}^t是指$R_{p0.2}^t$。

8.7.4 地震

欧标、美标中有关低温储罐的地震计算与我国目前有关抗震标准有很大差别。欧标、美标均考虑OBE和SSE地震工况。

OBE(操作基准地震)：不会造成持久破坏，不影响重新启动并可以继续进行安全操作的最大地震活动。该级别的地震不会影响操作的整体性并能确保公共安全。欧标、美标规定超越概率为10%的地震。

SSE(安全停运地震)：设计的基本安全功能和安全机构不会破坏的最大地震活动。欧标规定超越概率为1%的地震，美标规定超越概率为2%的地震。

进行抗震计算时，不能直接将我国地震反应谱直接套用在国外标准抗震计算公式中。

8.7.5 结构设计

主储罐与次储罐之间的接管连接应考虑下列因素：

① 内外罐之间的热胀冷缩和液体静压力。

② 内外罐之间连接的保冷措施。

③ 法兰连接不应设置在内罐壁和外罐壁之间不能进出的环形空间内。

④ 内罐顶开孔和外罐顶开孔之间的连接，应适应内外罐顶之间的相对位移。穿过吊顶的开孔应能够自由移动，避免在外罐顶或吊顶上产生附加载荷。

第九章 储罐和气柜的防腐蚀

9.1 储罐的防腐蚀

9.1.1 概述

立式钢制圆筒型储罐(简称储罐)是石油化工企业不可缺少的重要设备，储罐处于完好状态是石油化工企业正常生产的保证。20世纪90年代前石油化工企业的储罐，尤其是炼油装置的储罐内壁一般不采取防腐蚀措施，这样做主要是考虑建设投资的问题，但使用几年后储罐的顶部、底部和气液交界处的罐内壁就会出现腐蚀损坏，尤其是原油储罐的底部、炼油装置中间产品储罐的顶部和气液交界处的罐内壁更容易出现腐蚀损坏的情况。因此对于设计压力小于或等于2000Pa、设计温度小于或等于90℃的储罐应进行防腐蚀设计。

9.1.2 储罐腐蚀的一般规律

在石油化工企业的炼油装置和公用工程中储存介质对储罐的腐蚀，轻质油比重质油品严重；二次加工轻质油比直馏轻质油严重。所以中间产品储罐比成品储罐的腐蚀损坏程度严重。化工装置的原料和成品储罐因储存介质比较纯净，腐蚀损坏程度相对较轻。

1. 原油储罐

原油含有地层盐水，海上运输的原油还含有海水，有的原油还含有较多的硫化物(硫化氢等)。盐水沉积在罐底会在罐底部位形成腐蚀损坏。当原油含有硫化氢时，罐顶和气液交界处的罐壁腐蚀损坏程度严重。而经常浸没在原油中的部位则腐蚀损坏程度极轻。

2. 重质油(如燃料油、沥青)及精制的润滑油储罐

储存重质油及精制的润滑油储罐，储罐的罐壁、罐底腐蚀损坏程度不严重，只在罐顶部位受到大气腐蚀。

3. 轻质油储罐

一般储存汽油的储罐腐蚀损坏程度最重，煤油储罐次之，柴油储罐较轻。从储罐的部位分析，罐顶及气液交界处的罐内壁腐蚀损坏程度最重，罐底部位次之，经常浸没在储存介质中的部位则腐蚀损坏程度较轻。

9.1.3 储罐腐蚀过程

储罐各个部位的腐蚀都是由于水(液相)和氧的参与发生的，其他腐蚀介质(如酸、硫化氢等)的存在使腐蚀的程度加重。储罐储存的油品能溶解少量的水，水在各种密度的油品中的溶解度大致相同，且随温度升高而增大。油品也能溶解氧，氧的溶解度随油品的密度的降低而增大；随油品温度的上升而降低。

油品(烃类)本身并不参加腐蚀反应，只是起了运载腐蚀剂的作用使腐蚀加速。这种作用在某些方面随着油品密度的减小而增大。各种油品对钢材表面都有较大的润湿性，重质油品不易挥发，能形成比较稳定的油膜，阻止水同金属的接触，从而抑制了腐蚀反应的发生。

腐蚀反应的产物由Fe_2O_3、Fe_3O_4、$Fe(OH)_2$等组成，在罐壁上形成连续锈层，不论储存何种油品锈层均有大致相同的外貌和结构。锈层中Fe_3O_4为阴极，水是电解质，储罐本身

的钢材为阳极，形成腐蚀电池。因此罐壁有锈层时，腐蚀反应速度加快。

9.1.4 储罐底板的腐蚀

1. 腐蚀的形式

底板的腐蚀为孔蚀和均匀减薄。最大的孔蚀深度可达0.8mm/a 。

2. 腐蚀部位

储罐底板在以下部位较易发生腐蚀：

① 凹陷的地方。即使罐壁没有腐蚀，在底板凹陷部分都有不少孔蚀点。

② 加热管支架周围。重油和原油储罐内支承加热管的支柱周围的底板易发生孔蚀。

③ 焊缝热影响区。由于焊缝热影响区的金属组织发生变化产生残余应力，在焊缝热影响区内沿焊缝发生孔蚀。

④ 产生机械塑性变形部位及施工中造成痕伤部位易发生孔蚀。

3. 底板的腐蚀速度

底板腐蚀速度取决于油品的种类及各种酸、碱、盐等的离子含量。如茂名石化的汽油储罐罐底垫水中氯离子含量为0.48mg/L，罐底板腐蚀率为0.5mm/a ；而航空煤油储罐因油品加工带入的水中含有酸、碱、盐的浓度较高，航空煤油储罐罐底板腐蚀率为0.8mm/a 。

4. 底板的腐蚀原因

底板上积存的水是腐蚀反应不可缺少的因素，储罐中的水主要来源于冷凝水、海运船舶压舱海水、雨水、空气中的水蒸气凝结水等。

(1) 底板上积存水的特性

腐蚀速度受积存水的溶解氧浓度、氢离子浓度、氯离子浓度、硫酸离子浓度和碳酸离子浓度左右。浓度数据的变化取决于油品的种类、原油产地、储罐的进油方式(由船舶进油或从生产装置直接进油)、储罐罐顶形式(浮顶、拱顶或内浮顶)和排水频率等因素。

① 溶解氧的影响：在中性水溶液中的溶解氧浓度对腐蚀速度影响很大，溶解氧与铁反应生成锈而被消耗。长期储存油、进出油次数少的储罐，罐底积水中几乎不扩散和补充氧。因此，此类储罐的溶解度很低，初期阶段腐蚀速度快，以后则逐渐慢下来。可以认为溶解氧浓度高时腐蚀速度快。

② 氢离子浓度的影响：氢离子浓度高腐蚀速度快。在pH值小于或等于3的酸性物质中，阴极附近氢离子得到电子形成氧气。在没有得到新的氢离子补充的情况下，液体中的pH值逐渐增加，使液体接近中性。在中性范围内腐蚀速度不随pH值变化。当液体成为弱碱性时腐蚀速度较中性为慢。

③ 氯化钠浓度的影响：在罐底积水中经常存在氯化钠。氯化钠的浓度上升时腐蚀速度增大，浓度到3%时腐蚀速度最大。3%相当于海水中氯化钠的浓度。浓度再增大时腐蚀速度反而缓慢。在低于3%浓度范围内，腐蚀速度随着浓度的增大而增大，这是由于氯化钠水溶液的导电度增大，生成保护膜的性质变坏的结果。当浓度超过3%时，腐蚀速度下降是由于氧溶解度减少的原因。

④ 温度的影响：储存原油、重油等高粘度油品的储罐经常需要加温至40～90℃，如其他因素相同，温度越高腐蚀速度越快。但因为温度上升时氧溶解度减少等环境条件变化，就不能简单的一概而论。

(2) 钢板本身存在的腐蚀因素

钢板本身的组织不均匀和表面质量的不均一而形成局部电池产生腐蚀。

（3）施工造成腐蚀的原因

① 焊接的影响：有沿着熔敷金属和焊缝母材发生孔蚀的情况。其原因是熔敷金属、热影响区及母材之间形成异种金属间电池以及残余应力的影响。

② 打痕：在打痕部分发生孔蚀。

（4）操作原因

① 沉积物堆积：油品储罐底部的沉积物有油、水、蜡、沙、铁锈、盐类等，其中水和盐类有腐蚀性。沉积物有粘性，能抑制氧扩散，结果易形成氧浓差电池，产生垢下腐蚀或细菌腐蚀而造成罐底穿孔。

② 搅拌状态：由于储存油品的进出和搅拌而产生激流促进了腐蚀。

③ 不均匀下沉：罐底由于基础的不均匀下沉，出现局部存水现象，使积水处易发生腐蚀。

9.1.5 储罐罐壁的腐蚀

油品储罐的罐壁腐蚀不象底板那样严重，泄漏事故也很少。

1. 经常与空气接触的罐壁

① 外浮顶罐罐壁，因为经常暴露在大气中，所以与大气腐蚀形态相同。

② 锥顶罐、拱顶罐罐壁：当储存介质温度下降，油品内溶解的水析出而附在罐壁时，水和水中的氧一起与金属发生腐蚀反应。一旦锈垢层形成，锈垢层就起了水和氧的储槽作用。由于油品的自然对流，氧和水不断得到补充，而促进了反应的延续。当锈层厚度增加时，从气相空间扩散到锈层中的氧量受到限制，但聚集在罐壁的轻烃进入锈层，并带入参与腐蚀反应的氧。所以储存轻质油品储罐的腐蚀比单纯的大气腐蚀严重。腐蚀形态多为伴有孔蚀的全面腐蚀。

2. 油品与空气交替接触的罐壁

此部位罐壁的腐蚀比经常与空气接触的罐壁腐蚀严重。

① 外浮顶罐罐壁：在卸油过程中，由于油面下降，轻烃和水气冷凝在暴露的气相空间的罐壁上，使罐壁表面形成液膜，金属在薄膜中的腐蚀速度比浸泡在大量液体中快几十倍。因此，罐壁接近油面部分的腐蚀速度比深入油面以下部分快，而气液相交替变化最频繁的部位腐蚀速度更快。

浮顶的密封装置对罐壁的摩擦，破坏了氧化层的保护作用，从而促进了腐蚀。

② 锥顶、拱顶罐罐壁：在液面附近容易引起腐蚀，液面的波动冲刷也加剧了腐蚀的进程。

3. 经常与油品接触的罐壁

经常浸没在油品中的罐壁的腐蚀较轻。在接近底板的位置比较容易发生腐蚀，其腐蚀状态与底板相同。腐蚀部位是罐底积水和油的分界面附近。

9.1.6 储罐罐顶的腐蚀

储存各种油品的锥顶罐、拱顶罐都存在罐顶腐蚀。腐蚀形态为伴有孔蚀的全面腐蚀。但腐蚀速度比罐壁快。储存的油品越轻对罐顶的腐蚀越严重。

环境温度的变化促进了罐顶的腐蚀。夜间环境温度下降到油气和水汽的露点以下时，油和水的液滴会冷凝在罐顶和油面以上的罐壁上。罐内气体所含有的二氧化硫、二氧化碳、氧、挥发酚等杂质会溶解在冷凝液中，共同参与对金属的腐蚀反应。

环境湿度的变化也会对罐顶腐蚀产生影响。当湿度升到一定数值时，会出现腐蚀速度突增，这个湿度为临界湿度。在低于临界湿度时金属表面没有水膜，受到的是化学腐蚀，其腐蚀速度很小。当高于临界湿度时由于水膜形成，化学腐蚀转为电化学腐蚀，所以腐蚀速度突增。很多金属的临界湿度在50%～80%，金属的水膜厚度在1μm到1mm范围内腐蚀最快，储罐罐顶的水膜一般在这个范围内。同时储罐内的油品又含有少量二氧化硫，二氧化硫对铁有明显的腐蚀影响，所以腐蚀速度显著加快。

9.1.7 储罐的防腐蚀措施

储罐的防腐蚀措施有多种方式。首先根据储罐储存的介质选择储罐的材料，基于建设投资方面的考虑，除大型储罐的罐壁部分采用高强钢或低合金钢外，国内大部分储罐的罐体材料均为普通碳钢；国外化工品储罐则多选择不锈钢。其他的储罐防腐蚀措施还有涂料防腐蚀、喷涂防腐蚀和牺牲阳极防腐蚀等措施的单独实施或联合实施。

从20世纪80年代中期开始石油化工企业逐渐对储罐的防腐蚀予以重视，专业的研究院所、设计单位和石油化工企业的设备管理部门共同针对储罐的腐蚀情况和防护措施作了大量工作；目前专业的研究院所、设计单位和防腐蚀产品生产企业可以根据使用单位的具体情况，对储罐的腐蚀防护措施进行有针对性的设计。

1. 储罐的外防腐

储罐的外防腐范围包括：储罐外壁、储罐顶外部和储罐罐底板下表面。储罐的外防腐主要为涂料防腐，应考虑以下几个方面：

① 大气环境。石油化工企业储罐的工作环境基本为化工大气（工业大气）环境，设置在沿海地区的储罐还需考虑海洋大气环境的影响。

② 耐候性。主要考虑涂料的耐紫外线照射性能和抗老化性能。

③ 隔热性能。对储存轻质油品和易挥发化工产品的储罐的外防腐除首先考虑涂料的防腐性能外，还应考虑所使用的涂料具有一定的隔热性能。近年来，除储存较重介质的储罐外壁涂料采用深色外，大量石油化工企业储罐外壁涂料采用白色，多数原油储罐外壁涂料也采用白色，这主要是出于减少油气排放，增加企业效益的考虑。

储罐的外防腐主要采用脂肪族聚氨酯、丙烯酸聚氨酯或氟碳类面漆，环氧富锌或无机富锌类底漆，要求有良好的底漆和面漆配套性。对于腐蚀较轻的情况采用醇酸底漆、面漆或环氧富锌或无机富锌类底漆氯磺化聚乙烯面漆、氯化橡胶面漆类也是可行的，同样要求有良好的底漆和面漆配套性，但此方案使用年限相对较短。

④ 储罐底板下表面的防腐蚀也是储罐的外防腐，一般在组装焊接前涂刷环氧煤沥青。对于大型储罐罐底板，因底板焊接结构为对接结构可考虑采用可焊性无机涂料。近年来很多大型储罐采用阴极保护的方式保护储罐底板下表面，储罐底板下表面的阴极保护方式有多种，燕山、茂名和镇海等石化企业新建的大型储罐底板下表面的阴极保护采用网状阳极保护系统。

2. 原料储罐的内防腐

原料储罐主要是指石化企业的原油储罐，化工装置的原料储罐储存的介质对储罐的腐蚀损坏程度相当于炼油装置的成品储罐。

原料储罐的内防腐范围包括：罐底板上表面、储罐内壁上下各2m和浮顶。

① 罐底板上表面、储罐内壁下2m和浮顶下表面：选用无机硅酸锌涂料或者环氧、聚氨酯导静电涂料，要求有良好的底漆和面漆配套性。多年来也有石化企业采用金属喷涂（喷锌或喷铝）加导静电涂料封闭的方案。

② 储罐内壁上2m和浮顶上表面：主要采用脂肪族聚氨酯、丙烯酸聚氨酯或氟碳类面漆，环氧富锌或无机富锌类底漆，要求有良好的底漆和面漆配套性。

3. 中间产品储罐的内防腐

中间产品储罐的内防腐范围包括：罐底板上表面、储罐内壁和罐顶内部。

中间产品储罐的内防腐：选用无机硅酸锌涂料或者环氧、聚氨酯导静电涂料，要求有良好的底漆和面漆配套性。也可采用金属喷涂(喷锌或喷铝)加导静电涂料封闭的方案。

4. 成品储罐的内防腐

成品储罐的内防腐范围包括：罐底板上表面、储罐内壁和罐顶内部。

成品储罐的内防腐：除航空油品储罐选用的导静电涂料应为白色或浅色，且导静电剂为金属粉外，一般选用无机硅酸锌涂料或者环氧、聚氨酯导静电涂料，要求有良好的底漆和面漆配套性。也可采用金属喷涂(喷锌或喷铝)加导静电涂料封闭的方案。

9.2 气柜的防腐蚀

9.2.1 概述

石油化工企业的气柜主要在系统工程的火炬设施中使用。外防腐的考虑因素同储罐相同。内防腐部分对湿式气柜应考虑水槽中的水对水槽内壁及可能侵入水中部分的腐蚀损坏和存储气体的腐蚀损坏；对干式气柜主要考虑存储气体的腐蚀损坏。

9.2.2 湿式气柜的腐蚀防护

1. 湿式气柜的外防腐

湿式气柜的外防腐范围包括：水槽外壁、水槽底板下表面、中节等升降部件不接触水的部分、钟罩外部及导轨等附属设施。

湿式气柜的外防腐主要采用脂肪族聚氨酯、丙烯酸聚氨酯或氟碳类面漆，环氧富锌或无机富锌类底漆，要求有良好的底漆和面漆配套性。对于腐蚀较轻的情况采用醇酸底漆、面漆或环氧富锌或无机富锌类底漆氯磺化聚乙烯、氯化橡胶面漆类也是可行的，同样要求有良好的底漆和面漆配套性，但此方案使用年限相对较短。

湿式气柜水槽底板下表面一般在组装焊接前涂刷环氧煤沥青，也可考虑采用可焊性无机涂料。

2. 湿式气柜的内防腐

湿式气柜的内防腐范围包括：水槽内壁、水槽底板上表面、中节等升降部件接触水的部分、钟罩内部等。

湿式气柜的内防腐：水槽内壁、水槽底板上表面、中节等升降部件接触水的部分可采用环氧煤沥青涂料；其他部分采用环氧过氯乙烯、氯化橡胶类等涂料，要求有良好的底漆和面漆配套性。

3. 干式气柜的外防腐

干式气柜的外防腐范围包括：气柜外壁、气柜底板下表面和气柜顶外部。

干式气柜的外防腐主要采用脂肪族聚氨酯、丙烯酸聚氨酯或氟碳类面漆，环氧富锌或无机富锌类底漆，要求有良好的底漆和面漆配套性。对于腐蚀较轻的情况采用醇酸底漆、面漆或环氧富锌或无机富锌类底漆氯磺化聚乙烯、氯化橡胶面漆类也是可行的，同样要求有良好的底漆和面漆配套性，但此方案使用年限相对较短。

干式气柜底板下表面一般在组装焊接前涂刷环氧煤沥青涂料，也可考虑采用可焊性无机涂料。

4. 干式气柜的内防腐

干式气柜的内防腐范围包括：气柜内壁、气柜底板上表面和气柜顶内部。

干式气柜的内防腐主要采用环氧过氯乙烯、氯化橡胶类等涂料，要求有良好的底漆和面漆配套性。

9.3 球罐的防腐蚀

9.3.1　球罐的外防腐

球罐的外部环境基本与其他炼油化工设备基本类似，防腐要求可以参见立式储罐的要求。当储存液化石油气等介质时，由于其操作压力受温度变化影响较大，所以外防腐应考虑隔热反射涂料。

9.3.2　球罐的内防腐

涂料防腐工程对于压力储罐，特别是液化石油气球罐缺少良好的方法，通常采用材料的腐蚀裕量控制。储存氧气的球罐内表面应涂刷无机富锌漆，防止钢板的氧化腐蚀。

参 考 文 献

1　中国石化北京设计院．石油炼厂设备．北京：中国石化出版社，2001

2　徐英，杨一凡 朱萍．球罐和大型储罐．北京：化学工业出版社，2005

3　王菁辉．石化行业防腐蚀涂料的现状．石油化工腐蚀与防护，2007，24(5)

4　孙亮，黄祖娟．防腐涂料的发展趋势及其在炼化企业的应用．石油化工腐蚀与防护，2005，22(4)

第十章　储罐的建造

通常储罐的容量是比较大的，当单台容器的容量不大于100m^3时，可以在储罐(或容器)的制造厂订购，当储罐的容量大于100m^3时，多数情况是用钢板经过预制后，在现场组装焊接或者在制造厂订购半成品，然后在现场组装焊接。例如，球形储罐的球壳、支柱和极板及其接管等部件可以在制造厂订购，然后再运至球罐施工现场进行组装焊接。又如，$10 \times 10^4 m^3$ 的立式储罐，有接管的底层罐壁钢板，必须在工厂经过滚弧成型、组焊成部件，然后经过整体热处理消除焊接应力以后，作为部件出厂，运至储罐施工现场组装、焊接。

由于施工现场的施工条件通常是露天的，现场预制的条件也比制造厂差，储罐的建造受环境的影响比较大，尤其是雨、雪和刮大风天气会直接影响焊缝的焊接质量，这是现场制造设备的一个重要的特点。

保证储存介质的正常、安全运行是储罐最重要的功能。储罐必须严格按照有关标准进行设计、施工和验收。

储罐的建造过程主要包括以下几个步骤：材料验收及复验；预制和组装；焊接工艺评定和焊接；检查、试验和验收。

10.1　球形储罐的建造

球形储罐的制造分为二个阶段，即球壳板、支柱、锻件等部件在球壳制造厂，按设计图纸要求分片、分段预制；经检验合格的球壳板、支柱等部件运至建罐现场，经组装、焊接后成为整体的球罐。

10.1.1　球壳的加工制造

由于球面是不可展曲面，因此不可能由平面直接成型，多数采用近似的展开下料方法。通过计算放样，将球面展开为近似平面，然后将平面的钢板压延成球面，再经过修整即可成为一个球壳瓣片，此方法称为一次下料法。按照球壳的理论尺寸周边适当放大，将平板切成毛料，经过压延成型后再进行精确切割，此法称为二次下料。

1. 球壳板的一次下料法

常用的一次下料法有近似锥面展开法和直线分割法。

近似锥面展开法：用若干水平面分割球壳成为许多带(球台)，将每一带近似为圆锥面，由于圆锥面是可展开曲面，以此近似展开成为球面。

近似锥面展开法中，由于圆弧的测量方法存在较大的误差，又因放样作图的半径较大，很难画出正确的弧线，因此造成球壳板放样号料误差较大，球壳板压延成型后，必须经过仔细的校形修整才能比较准确，否则将给球罐组装造成困难。

直线分割法：以若干通过球心的平面分割球壳，平面与球壳相交的圆弧都是大圆上的一段弧长。图 10.1－1(a)是此方法的示意图。在图 10.1－1(b)中，示意了一块球壳板。

图中，点 1、点 2 分别是一块球壳板中心线的上下端点；O_1 是半球的极点；点 a 是点 1、点 2 之间弧长的中点，θ 是球壳板的圆心角；φ_1、φ_2分别是点 1、点 2 与 Z 轴间的夹角；

R_1、R_2是过点 1、点 2 的切线与 Z 轴交点的长度，即 $R_i = SR\text{tg}\varphi_i(i=1、2)$；$b$ 点、e_1 点是过 a 点的大圆与球壳板纵向边的交点；SR 是球壳半径；由球面直角三角形 abo_1，可以得到：

$$ab = SR\text{tg}^{-1}[\sin\varphi_1 \text{tg}(\theta/2)] \quad (10.1-1)$$

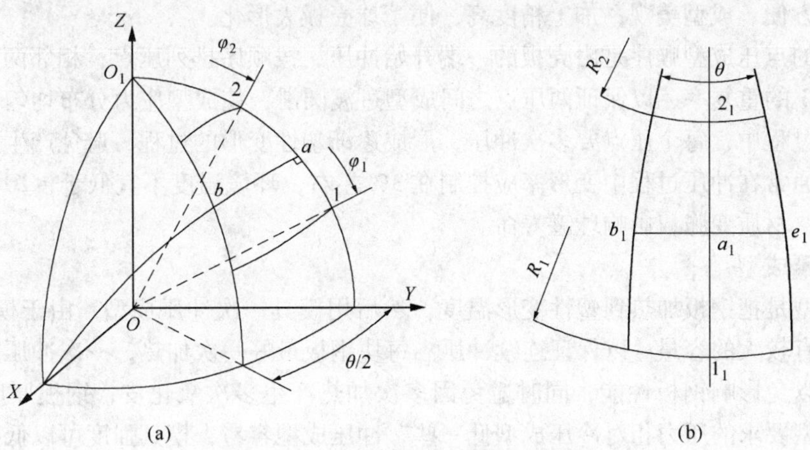

图 10.1-1 球壳在钢板上的放样图

图 10.1-1(b)是球壳在钢板上的放样图，图中点 1_1、点 2_1之间的长度与球壳上的点 1、点 2 之间的弧长相等，即 $a_1b_1 = ab$；a_1是点 1_1、点 2_1之间的中点，直线 b_1e_1垂直于线段 1_12_1。

图 10.1-1(a)中，仅将点 1、点 2 间的弧长平分为二段，若将 1、2 之间的等分数增加，即将 a_1改为 $a_i(i=1\sim n)$，则可以算出相对应的一系列 a_ib_i，连接 b_i各点即可得到球壳纵向边。式(7.1-1)可以用式(10.1-2)表示：

令 $L_i = a_ib_i$则：

$$L_i = SR\text{tg}^{-1}[\sin\varphi_i \text{tg}(\theta/2)] \quad (10.1-2)$$

$$\varphi_i = \varphi_1 - i(\varphi_1 - \varphi_2)/n$$

式中 n——点 1、点 2 之间的等分数。

由图 10.1-1 得到的展开图，经切割、开坡口，然后进行成型压制即完成了一块壳球板的制作，成型过程产生的局部缺陷可以打磨修整。直线分割法的精度高于近似锥面展开法。

2. 球壳板的二次下料法

球壳板的二次下料法．目前在国内外得到了广泛的应用。它的突出优点是几何精度及尺寸精度都比较高。二次下料法的基本过程是：钢板先按照壳板展开的实际尺寸，沿周边中放 20~30mm，切割下来的作为毛料，经过压制成型后再进行二次精确下料，也称为成型下料。

（1）成型下料的原理

球壳板的四条边是过球心的大圆圆弧或是圆锥顶点过球心的切割锥面的底面圆弧，即球壳板的各边是由过球心的平面和顶点过球心的锥面切割而成的。

（2）球壳板下料工艺

切割料坯：将选定的球壳板板材，按着球壳板的设计尺寸，各边加放 20~30mm 制做一次下料样板，按样板划线，然后切割成料坯。料坯尺寸将壳板设计尺寸加大有两个目的：一是为压制成形后的球壳板提供二次下料的加工余量；二是有利于消除成型较差的直边部分。

3. 球壳板的成型

球壳板成型的方法主要为冲压成型。冲压成型中又分为冷压成型和热压成型。

（1）冷压成型

冷压成型就是钢板在常温状态下，经冲压变形成为球面壳板的过程。冷压成型采用点压法，这种冲压方法的特点是小模具多压点，钢板不需要加热，不使用大型加热炉等设备。这种方法操作方便、成型美观，加上精度高，便于球壳板大形化。

球壳板的点压成型顺序是由壳板的一端开始冲压，按顺序排列压点，相邻两压点之间应有1/2至2/3的重复率，以保证两压点之间成型过渡圆滑，使成型应力分布均匀。

在冲压过程中，每个压点要多次冲压，形成逐渐塑性变形的过程，避免产生局部过大突变和折痕。通常在冲压过程中变形率应控制在3%左右，环境温度不宜低于－10℃，以免产生加工硬化、材质变脆，影响球罐寿命。

（2）热压成型

热压成型是把钢板加热到塑性变形温度，然后用模具一次冲压成型，由于模具尺寸大，加热炉必须有较大的容量．以保证连续冲压。每块钢板最好一次加热，一次冲压成型，不要重复加热，以免影响钢板性能，同时避免因多次加热产生多次氧化皮，钢板厚度减薄量过大。热压成型要求的压力相对冷压成型低一些，冲压成型容易，模具强度可以低些，但模具的耐热性能要好。在热压成型过程中，钢板加热温度应严格控制，防止过热，钢板内外的温度应一致，整张钢板温度应比较均匀。热压成型必须采用二次下料，才能保证球壳的形状和坡口的质量。

4. 球壳板的验收要求

① 球壳板的尺寸应符合图样要求，球壳板的长边弦长的公差为±2.5mm、短边弦长的公差为±2mm、对角线弦长公差不大于±3mm、两条对角线之间的垂直距离不大于5mm。

② 球壳板本身不得拼接，钢板不得有分层，表面不得有裂纹、气泡、结疤、折叠和夹杂等缺陷。

③ 球壳板的实际厚度不得小于钢板名义厚度减去钢板厚度负偏差。

④ 用2000mm弦长的弧形模板．检查球壳内表面曲率，样板与球壳板的间隙不得大于3mm。球壳板弦长不足2000mm时，样板弦长不得小于球壳板弦长。

⑤ 球壳板坡口表面应当平滑；表面粗糙度应不大于25μm；平面度不大于0.04倍的球壳厚度，且不大于1mm；坡口表面不得有氧化皮、熔渣、以及裂纹和分层等缺陷。

⑥ 球壳板周边100mm范围内应进行超声波检测。

⑦ 同规格的球壳应具有互换性。

10.1.2 球罐的组装

从球壳制造厂生产的球壳运至建罐施工现场经复验合格后，即可进行组装。常用的组装方法有分带组装法、分片组装法和混合组装法。

1. 分带组装法

分带组装法是在平台上分带进行组焊，形成赤道带、温带、极板等，然后把各环带再组焊成整体球。

2. 分片组装法

分片组装法是单块球壳板逐一组装成整体球，然后施焊。分片组装法又可以分为有中心柱的分片组装法和无中心柱的分片组装法。

3. 混合组装法

混合组装法是赤道带采用分带组装法，其余各带采用分片组装法。

采用何种组装法主要取决于施工企业的技术素质、技术装备和施工习惯。而最主要的因素是综合经济效益，在保证施工质量和工期的前提下，从优选择球壳的组装方法。

球壳不得采用机械方法强力组装。组装球壳的对口错边量不大于球壳厚度的1/4，且不得大于3mm；用弦长不小于1m的样板检查，棱角度不大于7mm；支柱的垂直度偏差，当支柱高度小于或等于8m时，不大于12mm，当支柱高度大于8m时，支柱的垂直度偏差不大于1.5H/1000，且不大于15mm(H——支柱高度，mm)。

10.1.3　焊接

球壳焊缝区的特性直接影响球罐的安全使用。焊缝区是由熔化后再凝固的焊缝金属和受焊接热量的影响使钢材金相组织发生变化的区域组合而成的。焊接的冶金过程，使得焊缝区的几何形状、物理和力学性能以及化学成分在整体结构中形成突变，使得焊缝区成为整体结构中的薄弱环节。

1. 焊缝金属

焊缝金属是由焊接材料和母材两者熔合的混合物，在熔合过程中产生了一系列复杂的冶金与化学变化，凝固后的焊缝本身处于铸造状态，其化学成分与母材不同，韧性一般比母材差。

2. 热影响区

焊缝金属和母材之间的熔合边界线，通常称为熔合线。熔合线被加热到接近钢材的熔点1500℃，距离熔合线越远的母材，焊接过程中被加热的温度也越低。焊接过程中母材的温度超过723℃(A点)以上的区域，从宏观上就可以看出钢材金相组织发生的转变，这一区域即称为热影响区。钢材被加热到700℃以下区域，依靠光学显微镜辨认不出金相组织的变化，但是钢材的力学性能会发生变化。

热影响区的化学成分与母材相同，但是热影响区的急速加热和急速冷却使得热影响区的金相组织与母材不同，并且硬度提高，使得硬化区的韧性明显下降。为了降低硬化区的硬度可以采用焊后缓慢冷却方法；对于钢材要控制化学成分，降低碳当量。

钢材热影响区金相组织的转变与最高加热温度和随后的冷却方式有直接的关系。焊接时钢材的最高加热温度和冷却后的组织之间的关系如表10.1－1所示。1250℃以上的加热区域，由于存在奥氏体晶粒的淬火组织，造成显著的硬化和缺口韧性恶化。而900～1000℃附近由于奥氏体晶粒细小，冷却后也就成为细晶组织。

表10.1－1　钢的焊接影响区组织

名　称		加热温度范围/℃	摘　要
焊接金属		熔化温度(1500以上)	熔化凝固的范围为枝晶组织
热影响区	粗晶区	>1250	晶粒粗大部分，容易淬硬生成裂纹等
	混晶区(中间晶粒区)	1250～1100	介于粗晶和细晶之间的晶粒，性能也是中间的程度
	细晶区	1100～900	加热到Ac_3转变点以上，再结晶而细化，韧性等力学性能良好
	部分变态区	900～740	加热到Ac_3转变点以上，只是珠光体转变或球状化，缓冷时韧性良好，但急冷时，常常生成马氏体，韧性恶化
	脆化区	740～300	脆化，从显微镜观察几乎看不出金相组织变化

3. 焊接裂纹

球罐焊接中产生的裂纹分为冷裂纹和热裂纹两类，裂纹生成的温度在1000℃以下者为冷裂纹；裂纹生成的温度在1000℃以上者为热裂纹。

① 焊接冷裂纹是由残余应力、氢和金相组织三者相互作用产生的。残余应力来源于焊缝区冷却时产生的收缩、焊接中的变形和组织相变产生的应力；金相组织的改变是以冷却过程中产生的马氏体等淬硬组织；氢主要来自焊接材料中的水分、焊接区域的油污、铁锈、水以及大气中的水汽等，这些水或有机物经电弧的高温热作用分解成氢原子而进入熔池中。在焊接中，氢除了向大气中扩散外，在焊缝中呈过饱和状态，即在焊缝中有固溶氢与扩散氢。对冷裂纹起作用的主要是扩散氢。为了防止焊接冷裂纹的产生，通常采用焊接裂纹敏感系数(P_{cm})较低的钢材；焊条采用低氢型的、并且在使用前应预干燥；焊接前进行必要预热和焊后消氢处理等措施。

② 热裂纹是在1000℃以上生成的，主要是由磷、硫和镍等元素生成的低熔点化合物而产生的晶界开裂。控制磷、硫和镍等元素的含量有利于限制热裂纹的生成。

4. 金属的可焊性

金属的可焊性是指在一定的焊接工艺方法、工艺材料、工艺参数及结构形式的条件下，获得优质焊接接头的难易程度。可焊性有两个方面：

① 工艺可焊性。焊接接头出现各种裂纹的可能性，即抗裂性。

② 使用可焊性。焊接接头在使用中的可行性，即焊接接头与母材性能同一性。如焊接接头的力学性能(强度，韧性，硬度及抗裂纹扩展的能力)、耐温性能和耐腐蚀性能等是否与母材性能一致。

5. 焊接工艺评定

焊接工艺评定是提高焊缝的可行性、保证球罐的安全使用的重要措施之一。

球罐的焊接工艺评定应按NB/T 47014《承压设备焊接工艺评定》的规定进行。通过焊接工艺评定选出适宜的焊接材料和合理的焊接工艺。

10.1.4 无损检测

1. 概述

无损检测，包括渗透检测、磁粉检测、射线透照检测和超声检测等。所有这些检测，都应当由获得资格的人员进行操作。检测试验通常在焊后24小时以后进行，以便同时考虑延迟裂纹的影响。

无损检测出来的缺陷与采用的试验方法关系十分密切，表10.1－2、表10.1－3和表10.1－4列出了各种无损检验方法的特征和测出缺陷能力的比较。在实际的应用中，为了防止漏检保证焊缝质量，几种试验方法可以组合使用。

表10.1－2 各种无损检验方法特征的比较

种类	优点	缺点	备注
射线透照检测	① 易于判别缺陷； ② 与其他方法相比，能定量地检出缺陷； ③ 焊接部位的内部全范围内均可检测出； ④ 有检测记录	① 试验时间长； ② T形接头(对接)不易检出； ③ 不易检出裂纹； ④ 要采用射线的防护装置； ⑤ 因有感光胶片，故需暗室； ⑥ 焊缝两侧不能有障碍物； ⑦ 装置较重，机动性差	

续表 10.1-2

种 类	优 点	缺 点	备 注
超声检测	① 检验时间短； ② 装置轻、机动性好； ③ T 形接头也能检验； ④ 比 X 射线易于判定裂纹； ⑤ 级全范围内测了焊接内部的缺陷； ⑥ 检验时无危害性； ⑦ 从单面即可测出缺陷； ⑧ 消耗少、费用低	① 记录性较差； ② 微小气孔不易测出； ③ 区别不同缺陷有困难； ④ 与其他方法相比，判定技术较难	已有自动记录式的装置
渗透检测	① 测定表面裂纹最好； ② 易于操作； ③ 检验对周围无害	① 内部缺陷不能测出； ② 表面需要清理	着色检测红液渗透检测
磁粉检测	① 易于检测出表面附近的缺陷； ② 检验对周围无害	① 离开表面的内部缺陷难以检出； ② 表面凸凹不平时，易于误判	

表 10.1-3 缺陷位置试验方法的比较

试验方法	表面有开口的缺陷	表面下的缺陷	焊接内部缺陷
射线透照检测	¥	¥	¥
超声检测	○及△	○及△	¥
磁粉检测	¥	○及△	×
渗透检测	¥	×	×

注：¥—优；○—良；△—困难。×—不能。

表 10.1-4 缺陷形状与试验方法的比较

试验方法	平板状缺陷裂纹 融合不好 未焊透	球状缺陷 （气孔）	圆筒状缺陷 （夹渣）	线状表面缺陷 （裂纹）	圆弧状表面缺陷 （坑痕）
射线透照检测	○及△	¥	¥		
超声检测	¥	○及△	○		
磁粉检测				¥	○及△
渗透检测				○及△	¥

注：¥—优；○—良；△—困难；×—不能。

（1）渗透检测（PT）

这种试验方法适用于表面缺陷。被试验的表面要用清液清洗，然后涂以渗透液放置一定的时间，擦去表面上的渗透液，再涂以显象液，就会把缺陷中的渗透液吸出，从而在显象液上检验出缺陷的痕迹。

（2）磁粉检测（MT）

磁粉检测适用于检验表面或表面附近的缺陷。有缺陷的钢板加上磁场，就会在缺陷部位表面上漏掉磁力线。把带有强磁性的粉末（铁粉）散布在表面后，由磁粉吸着的模样砂可看出漏磁的痕迹。即使肉眼看不见的缺陷，用这种方法也能检验出来。

（3）射线透照检测（RT）

射线具有能透过金属的性质，利用射线透过后强度变化，根据胶片感光浓度的不同来判断金属内部的状况。使用的射线源有 X 射线和 γ 射线。

射线探伤试验主要用于检验内部缺陷。

（4）超声检测（UT）

石英片等压电晶体，在高频电压作用下发生振动而产生超声波（通常 1～5MHz）传入钢材中，当超声波遇到缺陷时，缺陷形成的界面把超声波反射回来，测定反射波和透过波就可以检验出是否存在缺陷。

2. 球罐的无损检测

（1）焊缝的射线透照和超声检测

为了确认球壳板对接焊缝的质量，保证球罐安全运行，凡是符合下列条件之一者，球壳的对接焊缝应当全部（100%）进行射线透照检测或超声检测；

① 球壳的对接接头

a. 球壳板的厚度大于 38mm 的碳素钢和大于 30mm 的 16MnR 钢制球罐；

b. 球壳板的厚度大于 25mm 的 15MnVR 钢制球罐；

c. 材料标准常温抗拉强度下限值 $\sigma_b > 540$MPa 的钢制球罐；

d. 进行气压试验的球罐；

e. 盛装易燃和毒性程度为极高或高度危害介质的球罐；

② 嵌入式接管与球壳连接的对接接头；

③ 以开孔中心为圆心，1.5 倍开孔直径为半径的圆内所包容的焊接接头；

④ 公称直径不小于 250mm 的接管与长颈法兰、接管与接管连接的焊接接头；

⑤ 凡被补强圈、支柱、垫板、内件等所覆盖的焊接接头。

不属于以上范围内的焊接接头，可以采用射线透照检测或超声波检测进行局部检测，每条焊缝的检测长度不得少于各条焊缝长度的 20%。

焊接接头的射线检测按 JB/T 4730.2《承压设备无损检测》第 2 部分进行。射线照相的检测结果：对于 100% 检测的对接接头，Ⅱ级合格；对局部检测的对接接头，Ⅲ级合格。

焊接接头的超声检测按 JB/T 4730.3《承压设备无损检测》第 3 部分进行。超声检测结果：对 100% 检测的对接接头，Ⅰ级为合格；对局部检测的对接接头，Ⅱ级为合格。

（2）磁粉检测与渗透检测

符合以下条件的球壳板部位应进行表面磁粉或渗透检测：

① 有应力腐蚀的球罐及材料标准常温抗拉强度下限值 $\sigma_b > 540$MPa 的钢制球罐的所有焊接接头表面；

② 嵌入式接管与球壳连接的对接接头表面；

③ 焊补处的表面；

④ 工卡具拆除处的焊迹表面和缺陷修磨处的表面。

10.1.5 焊后热处理

焊后热处理是将焊接构件均匀加热至奥氏体转变点以下某一温度，使大部分残余应力得以释放，或使金相组织发生某种变化，从而改善焊接结构的性能。焊后热处理的主要目的是避免高度拘束的焊件裂纹；释放残余应力，以避免应力腐蚀；改善焊接接头的塑性和韧性；消除冷加工时的加工硬化现象。

对球罐来说，焊后热处理主要是整体热处理和部件（即人孔锻件、支柱等与所连的壳板组成部件）热处理。

1. 球罐的整体热处理条件

符合下列情况之一的球罐，在压力试验之前，必须进行整体热处理：

① 厚度大于34mm(若焊前预热100℃以上时，厚度大于38mm)的碳素钢制球壳；

② 厚度大于34 mm的07MnMoVR(若焊前预热100℃以上时，厚度大于38mm)钢制球壳；

③ 厚度大于30mm(若焊前预热100℃以上时，厚度大于34mm)的16MnR钢制球壳；

④ 厚度大于28mm(若焊前预热100℃以上时，厚度大于32mm)的15MnVR钢制球壳；

⑤ 储存介质有应力腐蚀倾向的球罐；

⑥ 盛装毒性程度为极度或高度危害物料的球罐；

⑦ 任意厚度的其他低合金钢球壳，如09Mn2VDR等。

2. 热处理工艺

① 热处理温度应按图样要求或按焊接工艺评定报告确定，表10.1-5提供了部分常用球壳材料的热处理温度。

表10.1-5 部分常用球壳材料的热处理温度

钢 号	热处理温度/℃	钢 号	热处理温度/℃
20R 16MR	625±25 625±25	07MnCrMoVR	565±20

② 热处理恒温时间，按球壳厚度每25mm恒温1h计算，且不少于1h。

③ 升温速度：温度在300℃以上时，宜控制在50~80℃/h；300℃以下不限制。

④ 降温速度：温度在300℃以上时，宜控制在30~50℃/h；300℃以下自然冷却；

⑤ 球壳温度在300℃以上的升温和降温过程中，球壳表面任意两测温差不得大于130℃。

10.1.6 压力试验

压力试验是对球罐的性能和安全性进行确认。按照GB 12337《钢制球形储罐》的要求：液压试验压力为1.25倍的设计压力；气压试验压力为1.15倍的设计压力。

1. 液压试验

液压试验一般采用水作为液压试验的介质，试验时液体的温度不得低于5℃；压力升至试验压力的50%时，持压15min，然后对球罐的所有焊接接头和连接部位进行渗漏检查，确认无渗漏后继续升压；压力升至试验压力的90%时，保持15min，再次进行渗漏检查，确认无渗漏后再升压；压力升至试验压力时．保持30min，然后将压力降至设计压力，进行检查，以无漏为合格；液压试验完毕后，应将液体排尽，用压缩空气将球罐内内部吹干。排液时，严禁就地排放，以免影响球罐基础。

2. 气压试验

气压试验常采用空气作为试验介质，也可以用氮气和其他惰性气体作为试验气体。由于气体是可以压缩的，气压试验的危险性比液压试验大，因此试验前必须作好有关安全防范措施。

气体的温度低于15℃。试验时，压力应缓慢上升，升至试验压力的10%且不超过0.05MPa，保持5~10min，然后对球罐的所有焊接接头和连接部位进行泄漏检查，确认无泄漏后继续升压，压力升至试验压力的50%时，保持10min，再以10%的试验压力为级差，逐段升压至试验压力，保持 10 ~ 30min 后，将压力降至设计压力进行检查，以无泄漏为合格。

3. 气密性试验

气密性试验是检验球罐严密性的重要手段。盛装毒性程度为极度和高度危害的物料；易燃的压缩气体或液化气体的球罐，液压试验合格后应当进行气密性试验。气压试验的球罐可以免做气密性试验。

气密性试验所用气体为干燥、洁净的空气、氮气或其他惰性气体；气密性试验时气体温度不得低于 5℃。

气密性试验的压力应缓慢上升，升至试验压力的 50% 时，保持 10min，然后对球罐的所有焊缝和连接部位进行泄漏检查，确认无泄漏后继续升压；压力升至试验压力时，保持 10min，进行泄漏检查，以无泄漏为合格。

10.2 立式储罐的建造

10.2.1 立式储罐的组装和施工方法

立式储罐的施工主要是依赖人力和机械完成的。施工方法可以分为正装法和倒装法两大类。立式储罐的基础验收合格以后，经过预制的零件和部件运至施工现场后，即可进行安装。

1. 正装法施工

立式储罐的基础验收合格以后，按照罐底、罐壁、罐顶三大部件依次进行组装焊接施工，即为正装法施工。通常须要搭设脚手架，高空作业量比较大。对于浮顶可以采用充水正装法，浮顶作为操作平台，省去罐内部的脚手架，随着罐内水位升高，逐步完成储罐施工。

2. 倒装法施工

倒装法施工是在罐底组焊完毕，经过检验合格后，先建造罐顶，然后组焊顶层罐壁，最后组焊底层罐壁。倒装法的最大优点是减少了高空作业，免除了大量的脚手架。常用的倒装法如下：

① 机具提升法。可以分别采用液压千斤顶、螺旋顶升机、手拉葫芦逐级提升罐壁，适用于拱顶罐。

② 气升法。用压缩空气逐级提升罐壁，适用于拱顶罐。

③ 中心柱法。在罐底中心处，竖一根钢管制造的立柱，利用立柱逐级提升罐壁，中心柱法多用于 100 ~ 5000m^3 的拱顶罐。

10.2.2 焊接

立式储罐的焊接工作在很多方面与球形储罐的焊接工作是类似的，有关焊缝区的介绍请参阅 10.1 节的相关内容。

1. 立式储罐的焊接方法

立式储罐的焊接工作量很大，为了提高工作效率，大量采用自动焊，即可缩短工期，又提高了焊缝质量。大型立式储罐常用的焊接方法见表 10.2 - 1。

表 10.2-1 大型立式储罐常用的焊接方法

焊缝的位置	焊接方法
罐底中幅板之间的焊缝	SMAW(+SAW), GMAW
罐底边缘板之间的焊缝	SMA, SAW
罐底边缘板与中幅板间的焊缝	SMAW, SAW
底层罐壁板与罐底边缘板间的焊缝	SAW, GMAW
罐壁纵焊罐	EGAW, GMAW
罐壁环焊缝	SAW, GMAW

注：SMAW—手工电弧焊；GMAW—金属极气体保护焊；SAW—埋弧自动焊；EGAW—气电立焊。

2. 保证焊缝质量的措施

为了保证储罐的安全运行，焊缝的质量起着决定性的作用。为了保证焊缝的质量所有的焊接工作必须有焊接工艺评定报告；每一个施焊的焊工，必须按照有关的规定考核合格；焊接工作必须严格遵守焊接工艺的要求。

3. 焊缝的无损检测

焊缝的无损检测是检验焊缝质量的主要手段，必须按照有关的规定执行。立式储罐罐壁钢板厚度大于 25mm 的所有纵焊缝要求 100% 无损检测，这一点又和压力容器是十分不同的。

罐壁钢板厚度不大于 25mm 的所有焊缝不要求 100% 无损检测，可以按照设计文件的要求进行焊缝无损检测。

10.2.3 检查和验收

立式储罐竣工后，应当严格按照 GB 50128《立式圆筒形钢制焊接储罐施工及验收规范》和设计文件的要求进行全面的检查和验收，以保证储罐的安全运转。

检查的主要项目有：焊缝的外观检查、无损检测及严密性；储罐的几何形状和尺寸；充水试验的全过程检查。

施工单位提交的竣工资料和质量应当符合 GB 50128 的要求。

10.3 储罐对基础的要求

10.3.1 简介

储罐的基础是保证储罐安全运行的最重要的因素之一。由于储罐基础损坏使得储罐破坏的事故，曾多次发生。储罐基础的不均匀沉降是造成储罐破坏的最危险的因素。

球形储罐相邻的支柱之间的沉降差，会造成球壳和支柱连接处的局部应力远远高于球壳材料的屈服强度，是球罐安全操作的巨大隐患。

立式储罐基础的不均匀沉降带来的危害主要反映在以下几个方面：

① 罐壁局部应力升高，会导致罐体变形，焊缝开裂；

② 底板大范围的变形导致局部应力升高，会引起罐底板焊缝开裂，罐内储液泄漏，少量泄漏到基础内的储液将使基础逐渐液化，基础的承载能力也将逐渐恶化，终将导致恶性事故的发生；

③ 浮顶罐浮顶的正常升降运动受到影响，严重时会卡住浮顶导致恶性事故的发生。

10.3.2 球形储罐基础

为了保证球罐安全运行，球形储罐的基础应当符合表10.3－1的要求。

表10.3－1 球形储罐基础的尺寸允许偏差

项目		允许偏差
基础中心圆直径 D	球罐公称容积＜1000m³	±5mm
	球罐公称容积≥1000m³	±D/2000mm
基础方位		1°
相邻支柱中心距		±2mm
地脚螺栓中心与基础中心圆的间距		±2mm
地脚螺栓预留孔中心与基础中心圆的间距		±8mm
柱脚基础标高	相邻支柱的基础标高差	≤4mm
	各支柱基础上表面的标高	－D/1000，且不低于－15mm
单个支柱基础上表面的平面度	地脚螺栓固定的基础	5mm
	预埋地脚板固定的基础	2mm

10.3.3 立式圆筒形储罐对基础的基本要求

立式圆筒形储罐的基础形式主要有：无环墙的土基础（护坡式储罐基础）；有钢筋混凝土环土基础（环墙可以位于储罐罐壁的下方或位于储罐罐壁的外侧）；碎石环墙基础；钢筋混凝土承台基础等形式。前两种储罐基础在国内是大量使用的，后两种形式国内很少使用。

选择储罐基础的形式，最重要的因素是储罐长周期的安全运行，同时也要考虑储罐基础的投资费用。通常，建罐场地的地耐力越低，储罐基础的投资越高。在沿海软弱地基上建造储罐时，用于储罐基础上的投资会接近储罐本体的投资，甚至高于储罐本体的投资。

1. 基础顶面的水平度要求

储罐基础形式不同，基础的顶面水平度要求是不同的。美国石油学会标准API 650《焊接钢制油罐》对基础顶面的水平度要求如下：

① 混凝土环墙基础：在任意10m弧长上，环墙顶面的高差不大于3.5mm；在整个圆周上，从平均的标高计算，基础的顶面高差不大于6mm。

② 无环墙的土基础：在罐壁的圆周处测量，任意3m弧长上，高差不大于3mm；在整个圆周上，从平均的标高计算不大于12mm。

2. 储罐基础的坡度

基础沉降基本稳定以后，储罐基础面的坡度应不小于0.8%。基础的坡度方向应符合设计文件的要求。

3. 储罐直径方向上基础的沉降差

为了保证储罐的安全运行，沿罐壁的圆周方向，任意10m弧长内的沉降差应不大于25mm；在储罐直径方向上的沉降差，应符合表10.3－2的规定。

4. 储罐基础面的局部变形

储罐在经过充水试验以后，基础表面会产生凹凸变形，再经过长期使用，这类凹凸变形会发展扩大。凹凸变形的存在对于非承台基础是不可避免的，凹凸变形是储罐罐底焊缝开裂的诱导因素。国内目前还没对凹凸变形给出定量的规定。美国石油学会标准 API 653《储罐的检查、维修、替换和重建》中附录 B“罐底沉降的评价”中有详细的介绍，有兴趣的读者可以参阅该标准。

表 10.3－2　储罐直径方向上基础的沉降差

储罐内直径 D/m	任意直径方向最终沉降差的许可值	
	浮顶罐和内浮顶罐	固定顶罐
$D \leqslant 22$	$0.007D$	$0.015D$
$22 < D \leqslant 30$	$0.006D$	$0.010D$
$30 < D \leqslant 40$	$0.005D$	$0.010D$
$40 < D \leqslant 60$	$0.004D$	$0.008D$

5. 立式储罐基础的承载力

立式储罐基础的承载力应当大于地基土承载力设计值，当地基土的设计值不能满足要求时，必须对地基进行处理。

参考文献

1　中国石化北京设计院．石油炼厂设备．北京：中国石化出版社，2001

2　徐英，杨一凡，朱萍．球罐和大型储罐．北京：化学工业出版社，2005

第十一章　油品储罐的日常维护

11.1 简　介

储罐的维护是为了保证储罐的长周期安全运转，从而提高生产率。由于时效的影响，不管储罐的工况如何，储罐的一些功能总会有所降低，通过维护管理可以减少故障以及由此引起的损失，提高生产率和安全性，降低生产成本。

11.1.1　维护工作的分类

维护工作大致可以分为以下几类：

① 日常维护，储罐运转过程中的维护和保养。

② 定期维护，在达到规定的运转周期后，有计划地停止运行并进行维护和保养。

③ 紧急维护，在发生意外的事故时，紧急条件下进行的维护和保养。

11.1.2　维护工作的特点

定期维护工作直接与生产计划有关，计划性很强，工期受到严格的限制；紧急维护工作通常是由突发事件引起的，事前没有计划，因此必须紧急提供需要的材料、机具和人员。维护工作自至终需要采取足够的安全措施，培训员工，以便维护工作可以有条不紊地进行，防止现场混乱。

11.1.3　维护工作的标准

为了有效地进行维护工作，在事务和技术两方面都需要有可作为依据的标准。与维护工作有关的标准如下：

① 政府有关部门的法规：中华人民共和国劳动部颁发的《在用压力容器检验规程》。

② 储罐设备的级别标准：储罐的级别应当根椐设备在突发事件时，对生产的影响来确定维护保养的级别。球形储罐的级别可以按照《在用压力容器检验规程》的规定确定。每一个企业都应该有自己的储罐维护工作的企业级标准。

③ 操作标准：按照计划停车后，拆卸、复原的顺序、注意事项、标准工时等。

④ 检修和检查标准。

⑤ 修补标准。

⑥ 设备更新(或判废)标准：规定设备和主要部件更换、修理和报废的标准。

11.2　维护保养计划

11.2.1　制定维护保养计划的依据

制定维护保养计划时，应当考虑以下因素的影响：

① 有关法规和标准的规定。

② 长周期运行的要求。

③ 维护保养工作的设施。

11.2.2　维护保养计划

维护保养计划应当包括以下内容：

① 公用工程的供需要求，如水，电，汽的要求。

② 组织机构和人员。

③ 材料准备。

④ 机具和设备。

⑤ 预算。

⑥ 施工合同。

11.2.3　制定工程计划进度表

计划进度表是维护保养工作的实施原则。计划进度应当包括：实施日期、工期；生产部门和维修部门的切换日期等各项计划内容的具体实施时间和进度。计划进度表是以“日”为单位制定的，必要时应当按照“小时”为单位制定。

11.2.4　维护保养工作的实施

实施维护保养工作应当尽量采用先进技术，确保计划进度表的工期要求，并且要有足够的安全措施。

11.3　检验、检查

11.3.1　日常检查

日常检查是按照企业制定的标准规定进行的检查，主要是外观检查和无损检验。外观检查，即视听法检查；无损检验，如采用超声波测厚仪确定钢板的腐蚀情况。

11.3.2　定期检查

定期检查通常是停工后的检查。可以对储罐内部进行全面的详细检查。

11.4　储罐的管理和维护工作

经常性的日常维护工作是保证储罐安全运行的重要手段，安全隐患的及时发现和及时处理才可以保证储罐长周期的安全运行。

球壳内外表面的裂纹、立式储罐罐底渗漏、高液位报警失灵使储液溢流等问题，在国内外曾经多次引发火灾和人员伤亡的恶性事故。

11.4.1　储罐的管理

要有完善的储罐检测制度、安全技术规程、安全操作手册和紧急情况处理手册并且应严格执行。

每一台储罐都应有标明罐号和所储存物料名称的标志；日常操作中应严格执行岗位巡检制度；储罐液位报警器报警时，操作人员必须认真检查罐内液面并到现场检查确认，采取相应措施及时处理；在有条件时，储罐应当尽量实现自动控制。

储罐在正常操作时以下设施必须齐备，工况良好：

① 储罐必须设置防雷接地设施，储罐的防雷接地点不应少于 2 点；沿着储罐的周长，防雷接地地点之间的距离不应大于 30m；接地电阻应小于 10Ω。

② 储罐的脱水设施应当安全可靠。

③ 储罐的仪表系统(包括液面计、压力表、温度汁、高低液位报警等)应当保持良好的工作状态。

④ 储罐的消防冷却设施应当工况良好，符合有关标准规范的要求。

⑤ 储罐上的配件(如呼吸阀、阻火器、安全阀等)应工况良好。

11.4.2 储罐的主要故障及检验、维修

储罐常见的主要故障及检验、维修方法见表11.4－1。

储罐检查和维修必须严格执行安全操作规程、严格用火管理。储存有毒、易燃、腐蚀性介质的储罐，停工以后应打开人孔进行通风(必要时，应当强制通风)，检修人员进入储罐以前应当检测油气浓度，合格以后才能进入。

表11.4－1 储罐的常见故障及日常维护

常见故障			检查内容		维修方法	
部位	现象	原因	日常	定期	日常	定期
罐体	仪表堵塞、仪表失灵	内部污染、堆积杂质或腐蚀	外观检查	清除杂质、查明腐蚀原因		清洗、更换或采用防腐措施
	泄漏，包括法兰连接处、焊缝、浮顶排水管道等处的泄漏	腐蚀裂纹、法兰垫片不良、螺栓松弛等	外观检查，测定壁厚，腐蚀状况，接口部位、焊接接头的裂纹和变形，表面腐蚀，保温层，基础沉降，法兰接管，仪表，储罐附件等	测定壁厚，绘制壁厚曲线；罐基础的沉降；罐底的变形	发现泄漏应及时处理，必要时停车维修	维修，更换或采用其他措施；修复罐基础；修补罐底
内部构件加热器	泄漏	腐蚀开裂、焊缝开裂	外观检查，冷凝水出口检查	查明腐蚀裂纹部位		维修或更换有缺陷的部件

11.4.3 压力罐的管理

属于中华人民共和国劳动部《压力容器安全技术监察规程》范围内的压力储罐，还必须遵守《在用压力容器监察规程》的规定。

常温条件下，液化石油气是采用压力储存，当容量大于100m^{3}时，基本上是采用球形储罐储存。

液化石油气是以碳3、碳4为主的碳氢化合物，在常温及压力条件下能转变成液态；在常温条件下呈气态，比空气重1.5～2倍，容易在地面及低洼处积聚；液态的石油气经过气化后体积膨胀约300倍左右；闪点在0℃以下，爆炸极限在(2%～10%)；遇到明火就会爆炸，爆炸速度2000～3000m/s；1m^{3}液化石油气完全燃烧，热量高达104670kJ(25000kcal)。由于以上特点液化石油气的安全储存极为重要。

在用的压力储罐必须按照《在用压力容器监察规程)第五章的规定，对压力储罐进行安全等级评定：

安全状况等级为1～3级的压力储罐，定期检查周期不大于6年。

安全状况等级为4～6级的压力储罐，定期检查周期不大于3年。

安全阀、压力表的定期检查周期不大于1年。液面计和测温仪表应当定期检查。

储存介质中的硫化氢是导致球壳应力腐蚀开裂的主要原因。为了球罐长周期、安全运转

必须严格控制储存介质中的硫化氢浓度。储存介质的硫化氢浓度不得大于 100×10^{-6}，一般情况下小于 50×10^{-6} 为宜。

球形储罐的定期开罐检查，可以发现使用过程中球壳上的裂纹和缺陷，有利于消除安全隐患。

11.4.4 立式储罐的检查和维修

新建储罐在经过充水试验以后，基础表面会产生凹凸变形，凹凸变形的存在对于非承台基础是不可避免的，再经过长期使用，这类凹凸变形会发展扩大，凹凸变形的存在是储罐罐底焊缝开裂的诱导因素。在用储罐经过长期使用以后，由于储存介质的腐蚀、大气腐蚀等因素的影响，定期检查、维护是必须的。

对于浮顶罐应当定期检查浮顶的工作情况，如浮顶的排水系统是否有渗漏，浮顶是否积水，在台风和暴风雨期间，要及时检查浮顶的工况，发现异常及时处理。

国内目前还没有立式储罐定期检查的国家标准、行业标准或规范。美国石油学会标准 API 653《储罐的检查、维修、替换和重建》对在用的立式储罐的检查、维修有详细的介绍，其中的附录 B“罐底沉降的评价”中详细的介绍了在用储罐基础的沉降问题，有兴趣的读者可以参阅美国石油学会标准 API 653。

11.4.5 维护记录

所有经过维护的储罐，都应当有维护记录，记载维护内容、经历、检查和验收记录、日期等。维护记录应当妥善保存，作为储罐的档案。

压力储罐应当严格按照《在用压力容器监察规程》的规定进行检验和维护。检查后每一项维护工作都必须有记录，并且仔细填写《在用压力容器检验报告书》。

11.5 地震设防地区储罐的维护

地震对储罐的破坏分为四个等级，即基本完好、轻微损坏、中等破坏和严重破坏。经历了地震烈度为六度以上影响的储罐，应当及时检查储罐的损坏情况，并且进行相应的维修；纪录每一台储罐的地震破坏等级和损坏细节。储罐的地震破坏等级划分见表 11.5-1。

表 11.5-1 储罐的地震破坏等级划分

储罐的地震破坏等级划分	立式储罐	球形储罐
基本完好	罐体无变形，焊缝无裂纹，密封结构无损坏、无渗透，浮顶的导向装置良好，附属零部件损坏轻微，罐基础完好	壳体与支柱、支柱与耳板连接焊缝无损坏，支柱防火层少量脱落，个别地脚螺栓松动，接管法兰无渗漏，基础完好
轻微损坏	罐底和罐壁连接处或罐壁个别部位渗漏，罐基础出现裂纹、无不均匀下沉	壳体与支柱、支柱与耳板连接焊缝个别开裂，支柱防火层部分脱落，多数地脚螺栓松动，基础出现裂纹
中等破坏	罐体倾斜、位移或局部曲屈、罐底和罐壁连接处的焊缝开裂，浮顶密封及导向装置部分损坏，浮顶和转动浮梯损坏，连接件拉脱，罐基础严重裂纹或不均匀下沉	壳体与支柱、支柱与耳板连接焊缝部分开裂，部分拉杆损坏，地脚螺栓变形或剪断，接管法兰处泄漏，基础开裂或不均匀下沉

续表 11.5－1

储罐的地震破坏等级划分	立式储罐	球形储罐
严重破坏	罐体严重变形、焊缝开裂、支承构件严重变形，罐顶屈曲，浮顶密封及导向装置严重损坏，浮仓破坏，基础严重下沉	多处拉杆断裂、销钉剪断，支柱严重变形，地脚螺栓变形或剪断，支柱与耳板连接焊缝多数开裂，球罐与接管法兰连接处断裂，基础开裂

参 考 文 献

1 中国石化北京设计院．石油炼厂设备．北京：中国石化出版社，2001

2 徐英，杨一凡，朱萍．球罐和大型储罐．北京：化学工业出版社，2005

第八篇　分离设备

第一章　流化床用旋风分离器

1.1　概　　述

旋风分离器是炼油厂流化催化裂化装置中最为常用的气固分离设备，按工艺分离过程的不同，可划分为粗旋风分离器、高效第一、二级旋风分离器和第三级旋风分离器，甚至还有第四级旋风分离器，见图1.1－1。实际应用中，反应系统内一般多采用粗旋风分离器和单级高效旋风分离器，再生系统一般采用两级串联方式，以保证较高的催化剂回收效率，降低催化剂损耗和减少操作费用。旋风分离器内两相流的主导作用是气流强制的旋转运动，其内部气体和颗粒运动十分复杂，许多学者对其进行过大量的研究，归结出许多有关理论和数学模型，这些理论和模型可参阅有关文献。本章重点从工业应用角度予以相应的论述。

1.1.1　形式与分类

1. 形式

流化催化裂化（以下称"FCC"）装置采用的旋风分离器有多种形式。随着工艺要求苛刻度的不断增加和研究工作的不断深入，国外早期的Ducon、Buell、Van Tongoren和国内早期的DI型和DII型、B型等老式旋风分离器已逐渐被大高径比的高效旋风分离器所替代。这些新型旋风分离器中，最具代表性的有国外的GE型和Emtrol型，以及国内新开发研制的PV型、PVE型、PX型、PLY型和BY型高效旋风分离器，见图1.1－2。

各种类型旋风分离器的共同结构、尺寸和符号的定义示于图1.1－3。流化催化裂化装置中常用的几种类型旋风分离器的主要结构参数见表1.1－1。

表1.1－1　工业用旋风分离器主要相关结构参数

类　　型	Ducon SDGM	Ducon VM. M	Buell AC340	Van Tongeren AC434	GE Catlone	PV	Emtrol
a/D	0.48	0.64	0.64	0.64	0.61	0.57～0.68	0.67～0.73
b/D	0.26	0.28	0.28	0.28	0.27	0.25～0.295	0.27～0.294
$K_A=\frac{\pi D^2}{4ab}$	～6	6.6、7.1	3.7、4.3		4.7、5.5 7.5	4～6	3.7、4.5
d_r/D	0.54		0.40～0.55		0.44、0.31 0.25	0.25～0.50	0.33、0.44
h/a			0.35		0.80	1.0～1.1	0.8
H_1/D		1.33	1.33	1.42	1.33	1.3～1.4	1.875
H_2/D		1.33	1.33	2.05	2.05	2.0～2.2	1.875
d_c/D		0.4	0.4	0.4	0.4	0.4	0.40
d_e/D		0.47	0.56	0.56		控制出口气速≯20m/s	
H_T/D	2.83	3.2	3.66	～5.6	～4.96	～5.3	>5

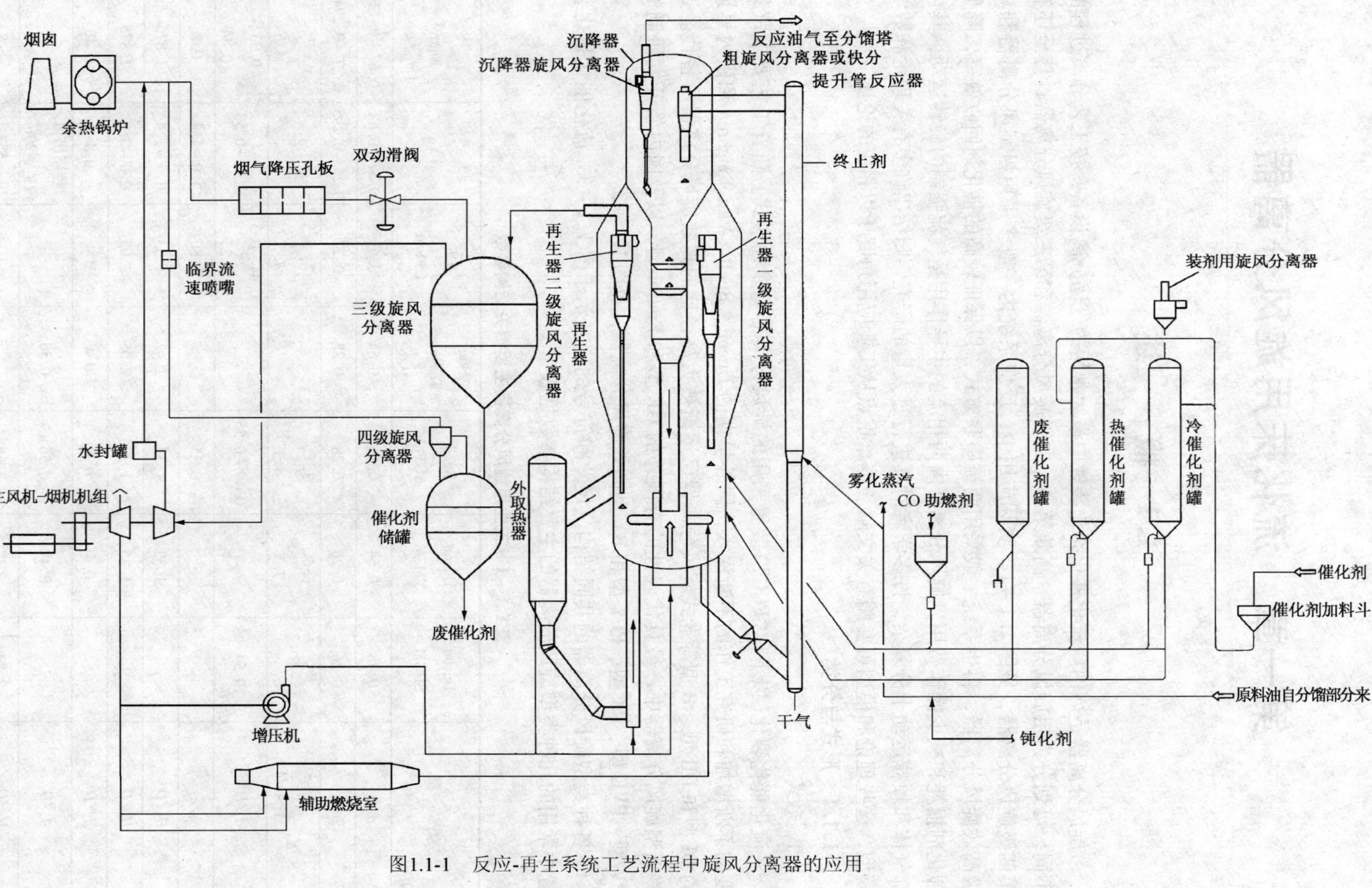

图1.1-1 反应-再生系统工艺流程中旋风分离器的应用

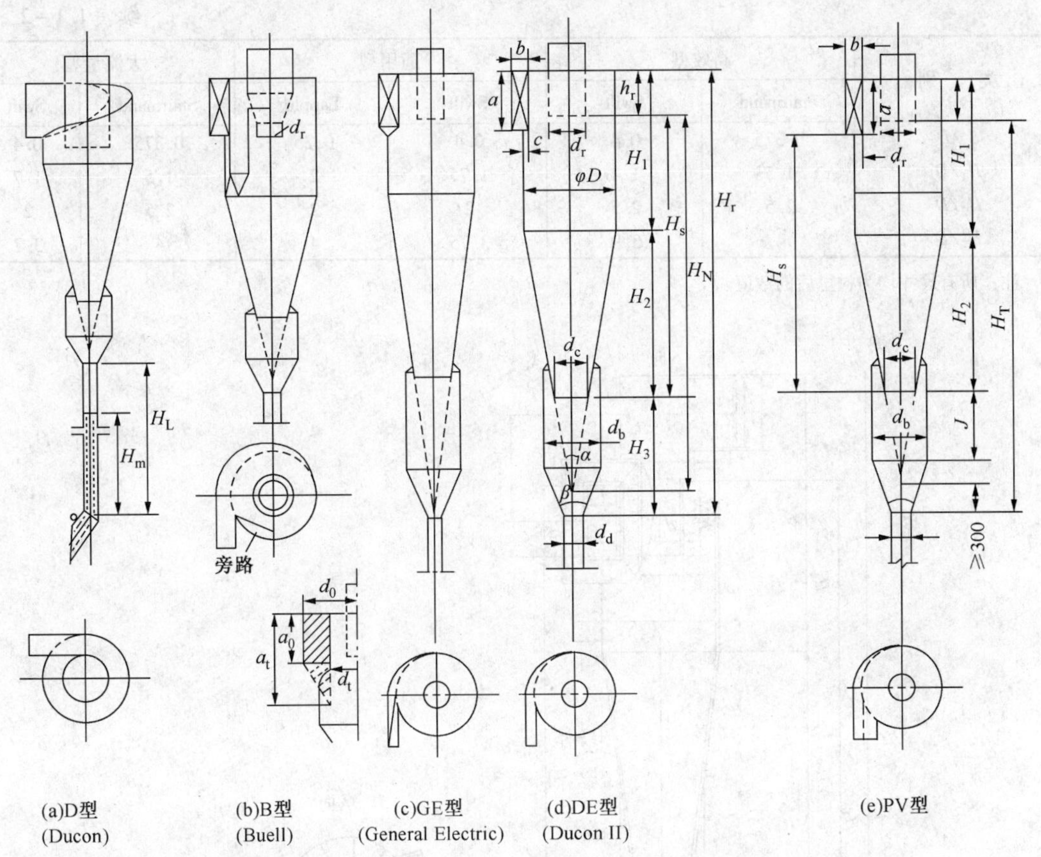

图 1.1－2　催化裂化用旋风分离器的主要形式

2. 分类

旋风分离器的种类繁多，分类也各有不同，按其性能分为：

① 高效旋风分离器，其筒体直径较小，用来分离较细的粉尘，效率在95%以上。国内外旋风分离技术研究者，通过优化设计，高效旋风分离器筒体直径也有大于1m以上的。

② 高流量旋风分离器，筒体直径较大，用于处理很大的气体流量，其除尘效率为50%～80%，通过优化设计，效率也可高达95%以上。用于循环流化床锅炉的旋风分离器流量都很大，直径可达5m左右(单台)。

③ 介于上述两者之间的称为通用旋风分离器，用于处理适当的中等气体流量，其除尘效率为80%～95%。

以上三种类型分离器的尺寸特点见表1.1－2。

表 1.1－2　国外三种类型旋风分离器尺寸特点

类　别	高效型		通用型		大流量型	
	Stairmand	Swift	Swift	Lapple	Stairmand	Swift
a/D	0.5	0.44	0.5	0.5	0.75	0.8
b/D	0.2	0.21	0.25	0.25	0.375	0.35
$K_A=\pi D^2/4ab$	7.85	8.5	6.28	6.28	2.79	2.8
d_r/D	0.5	0.4	0.5	0.5	0.75	0.75
h/a	1	1.136	1.2	1.25	1.17	1.06

续表 1.1-2

类　别	高效型		通用型		大流量型	
	Stairmand	Swift	Swift	Lapple	Stairmand	Swift
d_c/D	0.375	0.4	0.4	0.25	0.375	0.4
H_1/D	1.5	1.4	1.75	2	1.5	1.7
H_2/D	2.5	2.5	2	2	2.5	2
H_T/D	4	3.9	3.75	4	4	3.7

注：所有尺寸均为衬里后的数值。

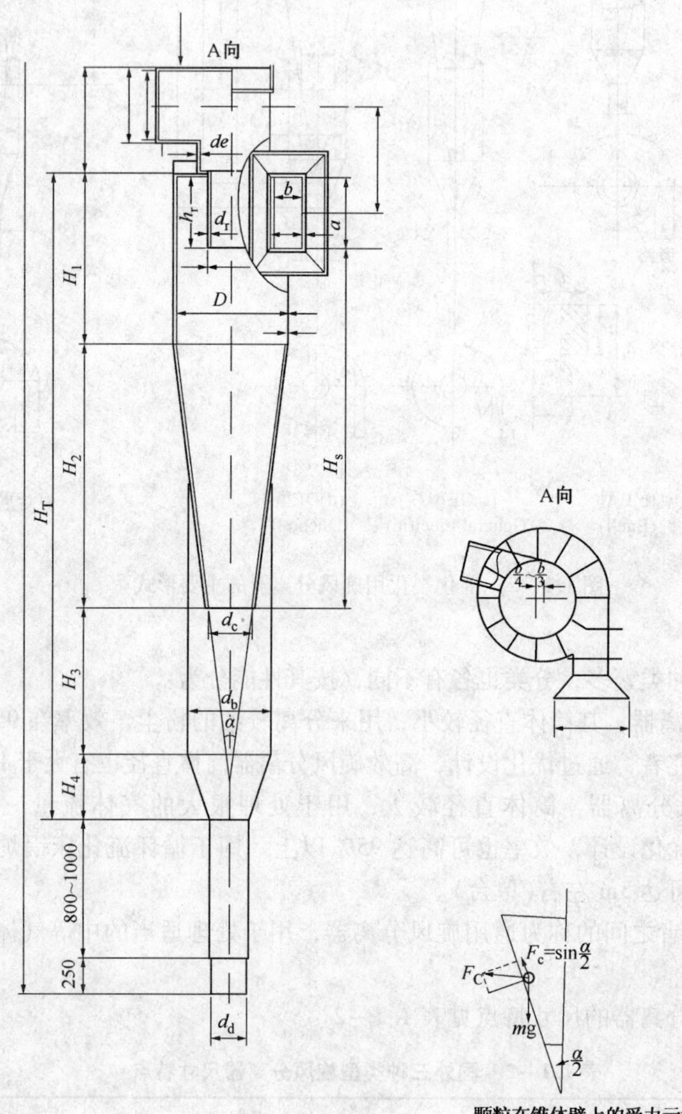

图 1.1-3　旋风分离器主要结构尺寸

根据结构形式可分为长锥体、圆筒体、扩散式、旁通型等。

按其组合安装情况可分为内旋风分离器(安装在反应器或其他设备内部)、外旋风分离器、立式、卧式以及多管旋风分离器。

按气流导入情况分为切向导入式和轴向导入式旋风分离器。

① 切向导入式旋风分离器，这是旋风分离器最常见的形式。含尘气体由筒体的侧面沿切线方向导入。根据不同进口形式又可分为直切进口、双蜗壳进口、螺旋面进口和单蜗壳进口(见图 1.1－4)。

② 轴流式旋风分离器。利用导流叶片使气流在旋风分离器内旋转，除尘效率比切流式旋风分离器低，在相同直径下处理气量大。轴流式旋风分离器也可卧式布置。按其结构形式又可分为锥管式、直管式和直流式(见图 1.1－5)。

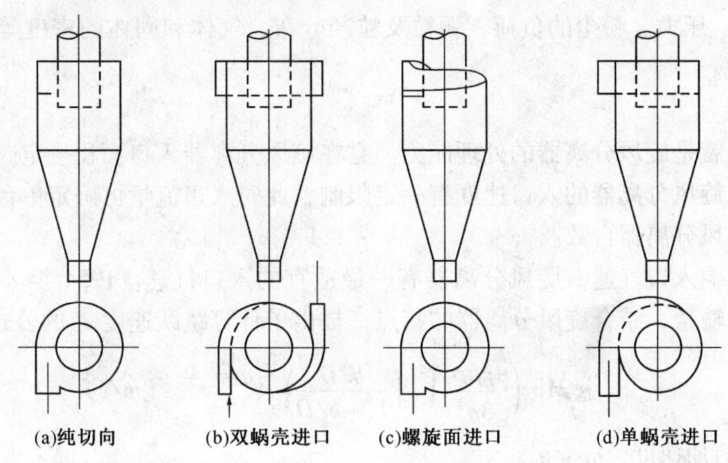

图 1.1－4　切向导入式旋风分离器

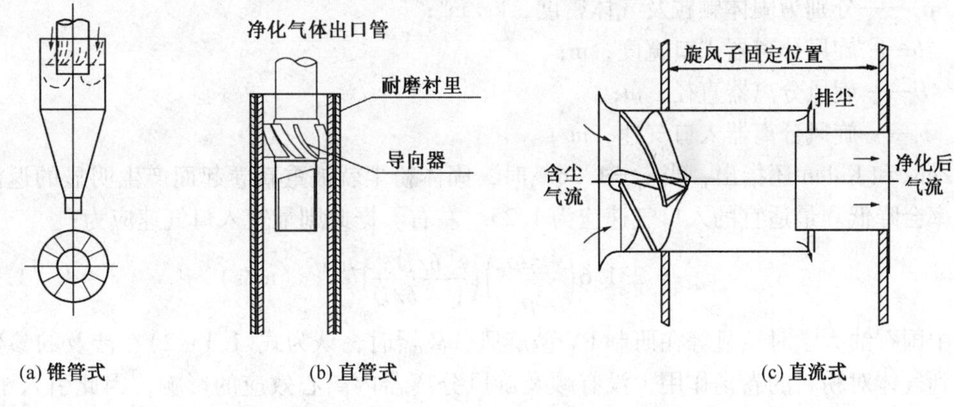

图 1.1－5　轴流式旋风分离器

1.1.2　旋风分离器的特点

1. 旋风分离器的优点

① 设备结构简单、无转动部件、操作、维护方便、投资较低；

② 可以根据操作条件选择合适的材料，如材料选用高合金耐热材料，可使用在 900℃的高温环境下；

③ 可以承受高压或负压，在正压下或负压下都可运行；

④ 可采用干式分离，在干燥工况下可以捕集干灰，便于粉料的回收利用；

⑤ 在分离器内敷设耐磨衬里后，可以用来净化高磨蚀性粉尘的高温烟气。

由于旋风分离器具有以上优点，因此在各种工业部门和环境工程中得到广泛地应用。

2. 旋风分离器的缺点

① 对捕集微细粉尘(小于5μm)的效率一般不高，除非进行特殊的结构设计；

② 由于分离效率一般随筒体直径增大而有所降低，当需处理大气量时，应采取并联组合，如设置不当会影响效率。

1.1.3 设计参数对分离性能的影响

影响旋风分离器分离性能的因素很多，包括旋风分离器的结构尺寸、运行条件和安装情况，这里重点论述运行条件或者称工艺操作条件。运行条件主要包括处理气量(主要是气体的流速)、温度、压力、粉尘的负荷、颗粒及粒径分布、气体和固体的密度等，这些条件通常称为设计参数。

1. 入口流量

入口流量也就是旋风分离器的处理能力。它在旋风分离器入口面积一定时，决定入口流速的大小，一般旋风分离器的入口速度有一定限制，此时入口流量可确定单台旋风分离器的大小和需要的旋风分离器台数。

入口流量影响入口气速，旋风分离器有一最适宜的入口气速。1954 年 Zenz 和 Kalen 曾模拟管道内气固输送，结合旋风分离器的特点，提出了计算跳跃速度 v_{sa} 的公式：

$$v_{sa} = 4.913\left(\frac{4g\mu\rho_p}{3\rho_g^2}\right)^{\frac{1}{3}}\left(\frac{b/D}{1-b/D}\right)^{\frac{1}{3}}b^{0.067}v_i^{\frac{2}{3}}\quad (m/s) \tag{1.1-1}$$

式中 g——重力加速度，m/s^2；

μ——气体黏度，Pa·s；

ρ_p、ρ_g——分别为固体颗粒及气体密度，kg/m^3；

b——旋风分离器入口宽度，m；

D——旋风分离器直径，m；

v_i——旋风分离器入口气速，m/s。

Zenz 和 Kalen 还指出，当 $v_i = 1.36v_{sa}$ 时，固体粉尘就被重新卷起而产生明显的返混，分离效率会降低。最适宜的入口气速应为 $1.25v_{sa}$ 左右。据此则最宜入口气速应为：

$$v_{opt} = 231.6\left(\frac{4g\mu\rho_p}{3\rho_g^2}\right)\left(\frac{b/D}{1-b/D}\right)b^{0.2}\quad (m/s) \tag{1.1-2}$$

中国石油大学时铭显等在研制 PV 型旋风分离器时，认为式(1.1-2)在涉及的参数中只考虑到气体对粉料的卷扬作用，没有顾及旋风分离器内离心效应的影响，因此引入了 K_A 及 D 这两个参数的影响来修正式(1.1-2)。经实验数据的回归，提出了计算最佳入口气速 v_{iopt} 的公式：

$$v_{opt} = 19K_A^{1.4}\left(\frac{4g\mu\rho_p}{3\rho_g^2}\right)\left(\frac{b/D}{1-b/D}\right)\left(\frac{b}{D}\right)^{0.2}\quad (m/s) \tag{1.1-3}$$

式中 K_A——截面系数，$K_A = \frac{\pi D}{4ab}$；

D——旋风分离器直径，m；

a——旋风分离器入口高度，m；

b——旋风分离器入口宽度，m。

对于流化催化裂化装置再生器的操作条件，虽然计算出的 v_{iopt} 为 31m/s 左右，但考虑到对设备的磨损及颗粒间的相互磨蚀问题，一般入口气速选取 22m/s 左右，考虑一定的操作弹性，入口气速可在75%～120%范围内变化。入口气速对分离效率的影响见图1.1－6。

入口气速不仅影响分离效率，也影响旋风分离器的压降，考虑阻力与速度的平方成正比，入口气速的提高，将导致旋风分离器的压力降增加，因此必须综合考虑效率和压降来确定进入旋风分离器的流速。

2. 气体温度

气体的温度首先是影响气体的黏度，黏度随温度的升高而增加，比如空气500℃时的黏度为20℃时的2倍，因此，随着温度升高，作用在运动颗粒上的黏性阻力增加，分离效率下降，如图1.1－7所示。在流量一定的情况下，分离效率与气体黏度的关系为：

$$\frac{100-\eta_a}{100-\eta_b}=\left(\frac{\mu_a}{\mu_b}\right)^{0.5} \tag{1.1-4}$$

式中　μ_a、μ_b——气体在a、b两种状态下的黏度。

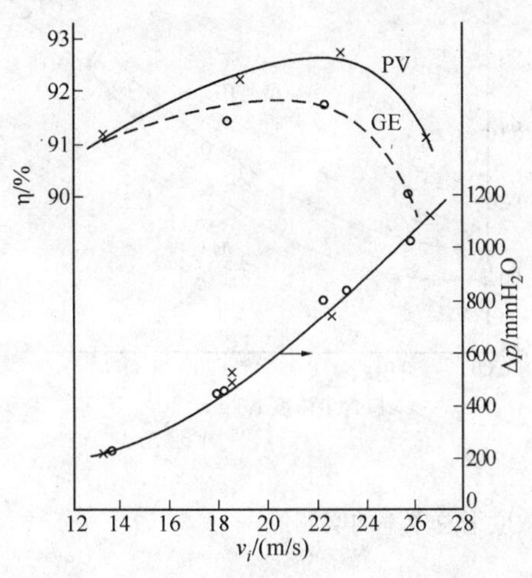

图1.1－6　入口气速对分离效率和压降的影响

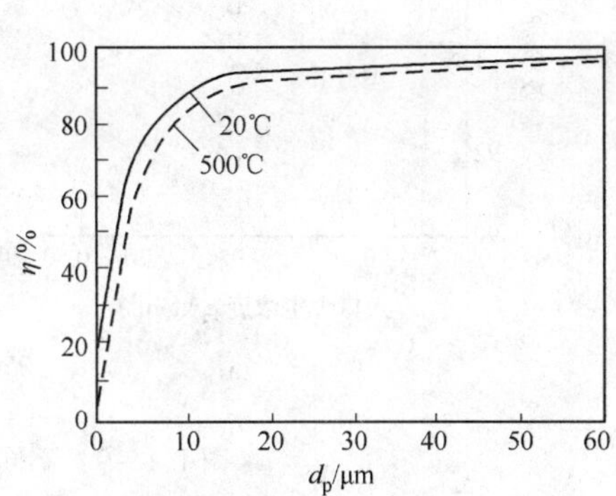

图1.1－7　不同温度下的分离效率

3. 粉尘的性质

粉尘的许多物理和化学性质对旋风分离器的性能有影响，其中影响较大的是粉尘的颗粒大小、密度和浓度。

（1）粉尘的颗粒大小

旋风分离器的分离效率对粉尘的粒度是很敏感的(见图1.1－8)。普通旋风分离器的分级效率，对分离5～10μm的粉尘效率较低，此时应设计专门的旋风分离器，如三级旋风分离器中的小直径旋风管。而对于20～30μm的粉尘，一般旋风分离器的分离效率可达90%以上。

（2）粉尘的密度

由于粉尘产生的原因不同，致使粉尘的密度相差也很大，通常，粉尘密度愈大，效率愈高，当密度达到一定值时，效率的增加并不显著，同时，颗粒愈细，密度的影响愈大，对于旋风分离器实际分离有效的粒径范围(例如大于10μm)，影响要小得多。

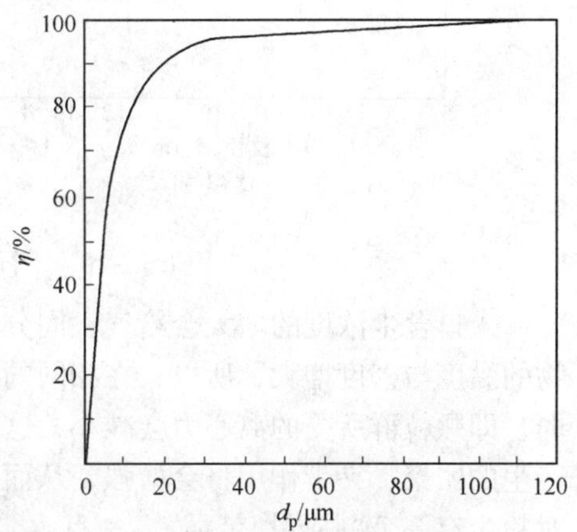

图1.1－8　粉尘粒径对旋风分离效率的影响

粉尘密度改变时，分离效率的换算可按式(1.1-5)进行：

$$\frac{100-\eta_a}{100-\eta_b}=\left(\frac{\rho_{pb}-\rho_g}{\rho_{pa}-\rho_g}\right)^{0.5} \tag{1.1-5}$$

式中 ρ_{pa}、ρ_{pb}——a、b两种状态下的粉尘密度(是粉料的真密度，不是堆积密度或流化态密度)，kg/m^3。

(3) 粉尘浓度

旋风分离器的总效率随气流入口含尘浓度的增大而提高。但在不同的浓度范围内，提高的幅度不一样。当入口含尘浓度 $c_i \leqslant 0.05kg/m^3$ 时，总效率提高幅度较小；当 $c_i > 0.05kg/m^3$ 时，总效率的提高幅度有所增大。不过，当 $c_i \geqslant 1.0kg/m^3$ 后，总效率逐渐趋于100%的极限值，不同入口含尘浓度下总效率和粒级效率见图1.1-9~图1.1-11。

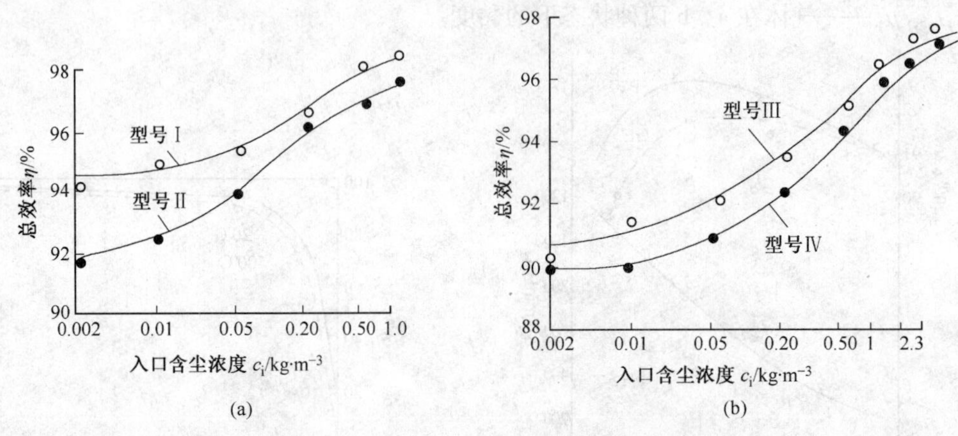

图1.1-9 不同入口含尘浓度下总效率的实测值

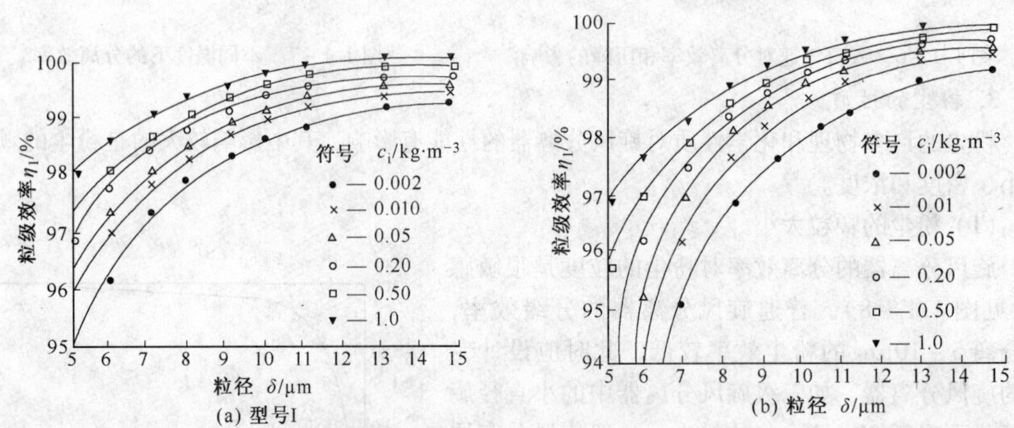

图1.1-10 不同入口含尘浓度下粒效率的实测值

入口含尘浓度的增大会给气、固分离过程带来双重影响。一方面，由于气、固两相混合物的黏度与密度增大，所以，在相同的入口气速下，旋风分离器内含尘气流的旋转运动会削弱，即颗粒群所受的离心力会减小，这将导致分离效率的降低；另一方面，颗粒间因碰撞而产生的团聚、夹带作用将会增强，从而提高了对细粉的捕集能力。此外，分离器内旋转气流对粉尘有一个"临界携带量"。一旦含尘浓度的增大，使得进入分离器的气流中所携带粉尘量超过此"临界携带量"，则超出的部分会率先脱离旋转气流并向分离器壁面运动，而且这部分粉尘中同颗粒的分离效率基本相同。这样，含尘浓度增大后，旋风分离器对整个颗粒的捕集能力提高了，而提高的幅度则会因含尘浓度的不同而有差异。需要说明的是，入口浓度增大，效率有所提高，排出净化气体中的含尘浓度绝对含量却不一定下降。

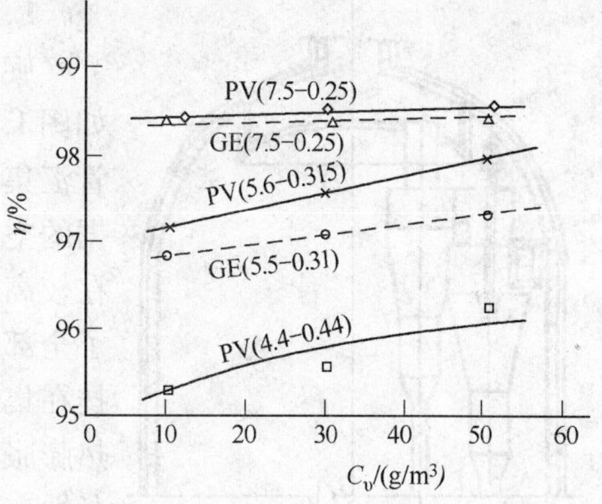

图 1.1－11 粉尘浓度对效率的影响

入口含尘浓度对粒级效率也有显著影响，如图 1.1－10 所示。因为团聚、夹带作用主要是增加了细颗粒获得分离的机会，而离心力的减弱对细颗粒分离的影响并不大，相反，对大颗粒而言，团聚作用也有利于它们的分离，但离心力场的减弱将会对其分离产生更多的不利影响。因此，综合地看，细颗粒的粒级效率随入口含尘浓度的增加而提高的幅度大，粗颗粒的粒级效率随入口含尘浓度的增加而提高的幅度相对较小。所以，在计算粒级效率时，必须考虑入口含尘浓度的影响。

1.1.4　旋风分离器布置

从高的回收效率以及便于从装卸孔通过考虑，单个旋风分离器直径一般不超过 1.5m。为此工业规模的流化催化再生器内都要设置多组并联的旋风分离器，最多时达到 20 组以上。这称为并联布置，见图 1.1－12，以满足大处理气量的需要。另外，由于工业装置中，气体入口含固体浓度高达 5kg/m³，甚至超过 10kg/m³，必须采用两级旋风分离器串联才能保证催化剂的损耗符合要求，在从国外引进的丙烯腈反应器中，为了回收昂贵的丙烯腈催化剂，甚至采用三级串联使用的，见图 1.1－13。

通常第一级旋风分离器靠近再生器内壁沿圆周布置，各个入口朝向同一圆周方位，使气流沿顺时针或逆时针方向切向进入，各个第二级旋风分离器也按圆周方向布置在第一级旋风分离器内侧，应注意各旋风分离器对设备截面中心的对称，尽量做到各旋风分离器负荷均匀。

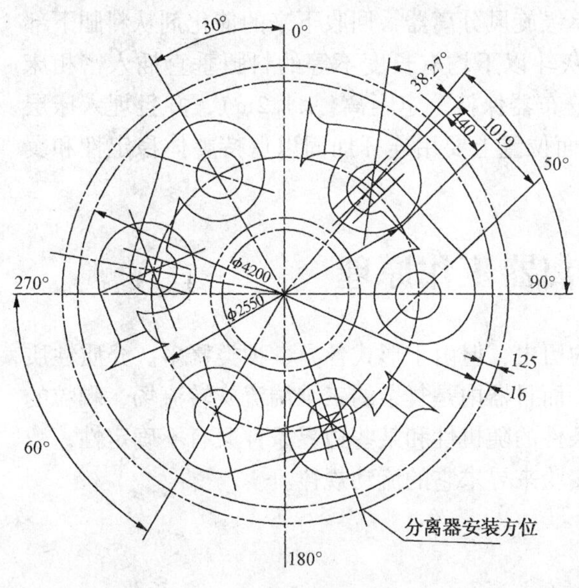

图 1.1－12　旋风分离器并联布置

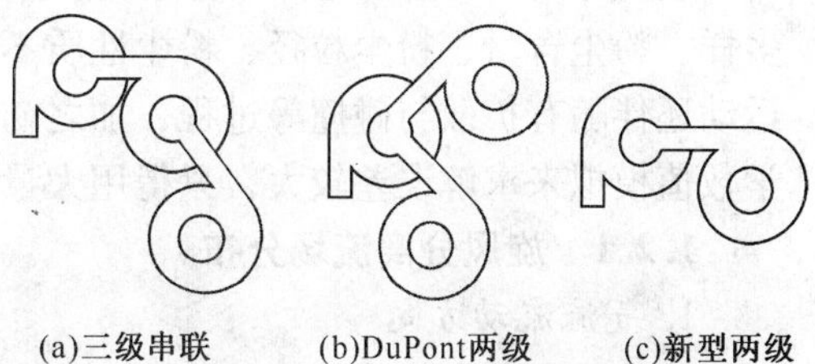

(a)三级串联　(b)DuPont两级　(c)新型两级

图 1.1－13　旋风分离器串联布置

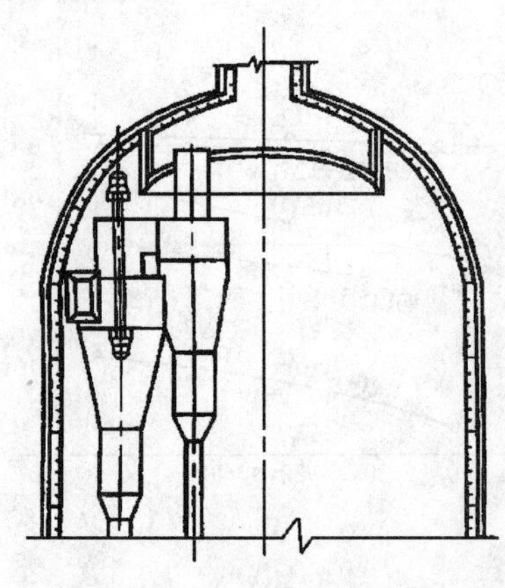

图 1.1－14　内集气室支承

1.1.5　旋风分离器的吊挂

旋风分离器的吊挂分内集气室和外集气室吊挂两种，如图 1.1－14 和图 1.1－15 所示。第二级旋风分离器的出口管汇集到反应器或再生器的内集气室或外集气室。前者占据的空间小、重量轻，但内集气室承受的载荷较大，不宜在较高的温度（>700℃）下长期工作。内集气室的拱盖承受了全部第二级旋风分离器的重量，第一级旋风分离器则吊挂在集气室外部设备的封头上。但往往由于吊挂设计不周，热膨胀得不到充分协调和平衡，在高温下集气室会发生永久性变形，甚至可能发生旋风分离器升气管与集气室连接处的焊缝开裂，部分含粉尘气流会短路，从裂缝中逃逸，造成旋风分离器效率下降。外集气室是设置在再生器封头上面的一个高温容器，它可以是单一的扁平容器，也可做成环状集合管。第二级旋风分离器的升气管伸出再生器封头与之连接。它简化了旋风分离器的悬挂系统，而且集气室或集合管采用冷壁结构，整体受力较好。同轴式再生器因有汽提段穿过封头，只能采用外集气管结构，见图 1.1－15。

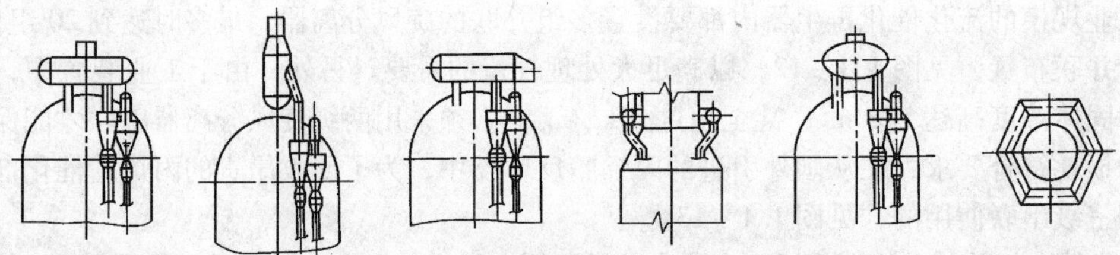

图 1.1－15　各种外集气室支承

重油催化裂化装置双再生器的第二再生器操作温度很高，内部通常不装设旋风分离器，因此在第二再生器外布置了具有冷壁结构的单级旋风分离器，回收下来的催化剂从料腿下部经斜管返回二再密相床。各个旋风分离器的灰斗以下均有长度不等的料腿垂直插入密相床层，出口处设有伞帽或翼阀。该处要与气体分布器保持一定距离（≮1.2m），并且埋入床层一定距离（≮2m）。料腿之间在不同高度的平面位置上要用连杆加固以保持整体稳定性和翼阀的良好工作状态。

1.2　旋风分离器工作原理

旋风分离在工业上应用虽已有 100 余年的历史，但由于形式各异、种类繁多、介质性质多样、粉尘含量、粉尘粒径、粉尘性质不同，而且器内是复杂的三维湍流旋转流场，颗粒的运动还伴随有扩散与碰撞等过程，加之初始条件的随机性和某些边界条件又有不确定性，数学数值模拟来求解误差较大，只得用大量的实验来寻求它的流动规律。

1.2.1　旋风分离流场分布

1. 气流流动方向

旋风分离器内气体的流动如图 1.2－1 所示，当含尘气流以一定的速度进入旋风分离器，气流将由直线运动变为圆周运动。旋转气流沿器壁呈螺旋向下流向锥体，通常称此为外旋流。粉尘在离心力作用下，被甩向器壁，部分粉尘由器壁反弹回主气流被夹带，大部分尘粒靠向下速度及重力沿壁面下落，进入灰斗流进排尘管。外旋气流在到达锥体时，根据“旋转矩”不变原理，其切向速度不断提高，到达锥端某一位置时，即以同样旋转方向从旋风分离器中部反转而上，继续作螺旋形运动，即内旋气流，最后净化气经排气管排出分离器外，一部分未被捕集的细尘粒也由排气管逃逸。

沿分离器的纵向(见图1.2－1)，中心强制涡流区，直径约为(2/3～1)d_r(d_r为升起管下口直径)，上流气的速度较大；边缘自由涡流区厚度，不同结构直径的分离器有所不同；中心强制涡流区和边缘自由涡流区之间为过渡区。由于气流的交错，过渡区会形成局部涡流。部分气流携带一些细粉汇入中心涡流区进入升气管。由升气管下口至锥体下端排尘口的距离称分离沉降高度。分离沉降高度越高，单位长度上的径向气流就越弱，对粉尘的携带力也就越小，同时粉尘在过渡区，分离时间也越长，这都有利于提高旋风分离器的效率。所以，近代高效旋风分离器的高径比都较大。

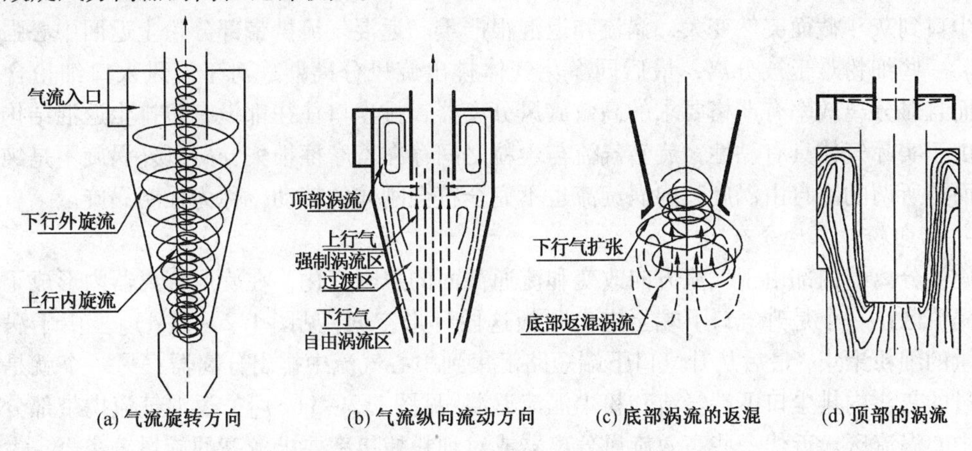

图1.2－1　旋风分离器内气流的流向

2. 切向速度分布

中心强制涡流区，气流接近于刚体旋转，切向速度随着半径的增大而增大。最大点位于涡流区的直径边缘处(约为$0.75d_r$)，该点也是旋风截面上的最大速度点。到过渡区和自由涡流区随着半径再增大，切向速度减小，到器壁附近，切向速度减小到最小值。

气体中的粉粒离心分离，主要在过渡区进行，其次是自由涡流区。强制涡流区的中部地区离心力也不大，尤其对细粉粒的分离效果较差。

3. 截面上静压分布

由强制涡流区中心至涡流区的边缘处，静压增大梯度较大，到过渡区和自由涡流区随着半径再增大，静压增大比较缓慢，到器壁附近静压值最大(见图1.2－2)。旋风分离器的中心部位(即强制涡流区到中心部位)静压最低，形成了所谓的“中心负压区”。这一特点，对旋风流场及分离效率带来一些影响。

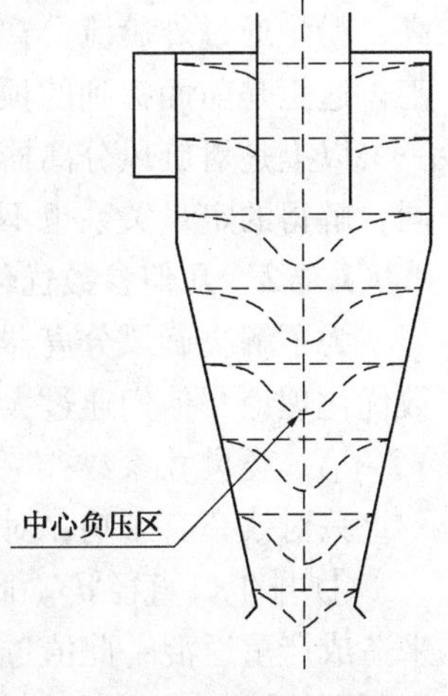

图1.2－2　旋风分离器内静压的分布

① 由于截面上外边缘静压大于中心压力，产生了流向中心的径向气流。也就是说，在过渡区和自由涡流区，气流旋转向下流

动，同时还有部分气体汇集到中心强制涡流区。

沿着分离器的轴向，径向气流分布是不均匀的。升气管气流入口处，径向气流占分离器全部进气量的30%～40%，径向气速几乎与该截面切向速度是同一数量级；有20%～30%的气流进入灰斗，最后汇入强制涡流区。在沉降分离段，径向气流较弱，径向气速比切向速度要低一个数量级。气 流中粉粒的分离不仅要克服气体的黏度阻力，而且还要克服径向气流的阻力，因此旋风分离器内，固体颗粒离心分离主要在沉降分离段进行。

② 中心强制涡流区在边界上的切线速度虽然很高，但随着半径的减小，切线速度衰减很快，对较细粉粒分离较差。当旋风入口速度提高，粉粒与器壁的碰撞、粉粒与粉粒之间、粉粒团之间的碰撞加剧，部分粉粒会落进中心强制涡流区而不能分离出来，造成分离器效率下降。旋风分离器随着进口风量的加大，效率会提高，但达到某一风量时，分离效率会急剧下降，所以选用旋风分离器时要特别留意。

③ 旋风分离器分离出的粉粒，经排尘口下端，携带约20%～30%的气流进入灰斗。由于排尘口到灰斗截面突然变大，涡流和返混很严重。返混气流携带部分粉尘返回中心强制涡流区。一些细粉难于被分离，最后同净化气体排出旋风分离器。对于旋风入口细粉含量较高，而且对分离效率有严格要求的高效旋风分离器，排尘口往往都设有防排尘返混结构。

由于实际气体具有黏性，旋转气流与尘粒之间存在着摩擦损失，所以外涡旋不是纯自由涡旋而是所谓的准自由涡旋，内涡旋流也不完全符合刚体的转动，称为强制涡旋。

4. 轴向粉粒浓度分布

旋风分离器内部由于气流方向改变和流通截面的急剧变化，在旋风分离器内形成了两个粉尘涡流区：一个是升气口下端至进口顶板这段环形空间[见图1.2－1(d)]。由于涡流造成大量的细粉聚集，最后从升气口下端短路汇集到中心气流中排出分离器；另一个就是上面叙述过的灰斗内排尘口下端气流和粉尘涡流返混[见图1.2－1(c)]，返混气流携带部分粉尘返回中心涡流区。近代一些高效旋风分离器或对细粉捕集率要求较高的旋风分离器，大都在这两个部位的结构进行了改进。

内旋流中部，浓度在排尘口处为最高，这是灰斗排尘返混、粉尘夹带引起的。到筒体与锥体交界处浓度降到最低，再向上就基本不变了。在内、外旋流交界处附近，筒体部分的浓度较高，这正是因排气管下口附近的短流及顶部灰环所带来的结果。而在器壁附近，浓度很高，粉尘通过外旋流分离已浓集，这是捕集下来的粉尘。而越往上其浓度越高，到顶部尤甚，这正是前面提到的顶灰环的存在。旋风分离器内流场变化规律如图1.2－3所示。

以上是对旋风分离器内部流场做了简单的定性说明，旋风分离器结构不同，试验条件不同，解得的定量关系也不同。

1.2.2 几何参数优化理论

为了解决旋风分离器工程设计问题，20世纪80年代，石油大学时铭显等提出了几何参数优化理论，他们通过大量的试验，把影响旋风分离器效率和压降的几何参数分为了三类：

第一类尺寸参数：

只对效率有影响，对压降基本上无什么影响，可通过实验确定其最佳值，主要包括：

① 排尘口直径 d_c。此值过小，不稳定的内旋流会把浓集在器壁下部的粉尘重新卷扬起来造成严重返混；此值过大，进入灰斗气量又过多，造成灰斗返回气夹带粉尘加剧，都对效率不利。最佳 d_c 值应稍大于内旋流直径。

② 分离空间高度比 $\widetilde{H}_s$：在一定入口气速下，$\widetilde{H}_s$ 值增大，含尘气在器内的平均停留时间

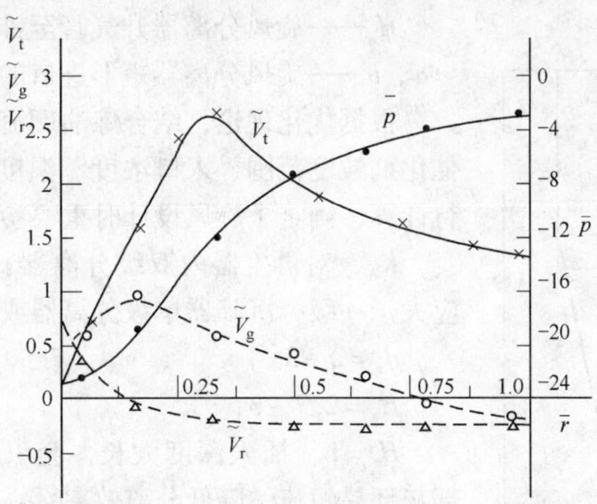

图 1.2-3　旋风分离器内流场变化规律

随之加长，排尘口返混上来的颗粒经受二次分离的时间加长，可提高分离效率。

③ 排气管插入深度 h_r：若 h_r/a 值过小，入口含尘气体易走短路，导致效率降低。另外，入口高宽比、蜗壳形状等也属于这一类，均可通过实验确定。

第二类尺寸参数：

对效率和压降均有明显影响的参数，所以要通过优化组合计算才能确定其最佳值，它们是影响旋风分离器性能最主要的因素。它们主要有两个：

① 排气管下口直径 d_r 与分离器直径 D 的比值 $\tilde{d}_r$。该值变小，切向气速增大，效率和压降均会提高。

② 分离器筒体横截面积与入口面积之比值 K_A。在一定的气量及入口气速下，K_A 值增大意味着要加大分离器直径，此时含尘气体在器内平均停留时间也将增加，效率提高而压降反而下降。所以凡高效旋风分离器一般采用较大的 K_A 值。

第三类尺寸参数：

对效率和压降均无明显影响的参数，如灰斗尺寸与排气管上部尺寸等。但它们的最宜值要对磨损、操作弹性等综合考虑而定。

优化理论在众多的互相制约的尺寸中只需突出两个主要参数 K_A 与 $\tilde{d}_r$ 这才有可能通过较少的实验和采用相似准数群进行关联，总结出旋风分离器性能计算方法，具有很好的适用性。尺寸分类优化设计理论是建立在实验基础上总结出来的，它不仅是一些几何尺寸的关联，而且揭示了旋风分离器性能之间的关联 。优化理论的主要关联参数如下(见图1.2-4)：

K_A——旋风分离器筒体截面积与进口截面积之比，$K_A = \pi d_i^2/4ab$，K_A 增大，旋风效率有所提高，压降略有减低(见图 1.2-5)，但旋风的直径也加大，$K_A > 7$ 时效果已不明显；

$\tilde{d}_r$——旋风分离器升气管下部进口直径与筒体直径之比。$\tilde{d}_r = d_r/d_i$，减小 $\tilde{d}_r$，提高了旋风效率，但压降也迅速增大(见图 1.2-6)，所以 $\tilde{d}_r$ 的选择非常重要；

$\tilde{H}_s$——旋风分离器沉降高度与筒体直径之比值，$\tilde{H}_s = H_s/d_i$；

d_e——旋风分离器锥段下口直径，$d_e \geqslant d_r$；

d_i——旋风分离器筒体内径；

d_r——旋风分离器升气管下部进口直径；

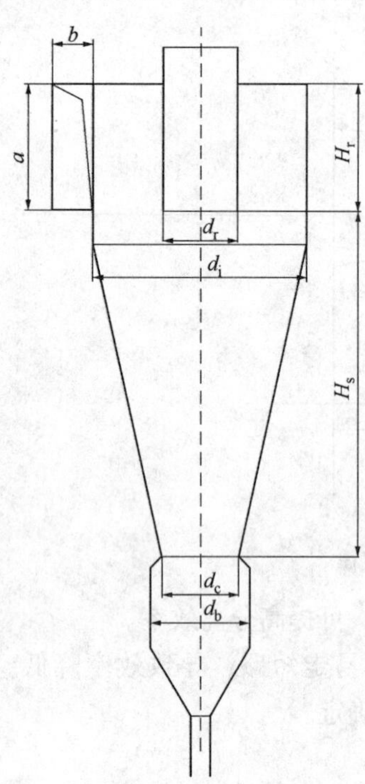

图 1.2-4　旋风分离器结构尺寸示意

H_s——旋风分离器升气管至锥体排尘口的距离；

a、b——旋风分离器矩形进口的高度和宽度。

根据优化理论，结合炼油厂流化催化裂化的特点，如催化剂粒度范围、入口浓度、温度和压降要求等条件，进行计算，确定了旋风设计时重要参数的优化范围如下：

K_A，对再生器内双级分离器，$K_A=4\sim5$，二级的 K_A 应大于一级，沉降器单级分离器或单级外旋，$K_A=5\sim6$；

$\tilde{d}_r=2\sim3$；

$\tilde{H}_s=2.7\sim3$；

$H_t=b$，插入深度太长，会引起压降增大，过小，顶部灰环易短流，降低分离效率；

$b/a=2\sim3$，一般可取 2.3；

锥体锥角拟选用 14°~15°；

其他非主要尺寸，如灰斗直径 $d_h=(0.7\sim0.8)d_i$，大一点有利排尘。

图 1.2-5 和图 1.2-6 表示了 K_A，$\tilde{d}_r$ 对分离效率 η 的影响关系。

1.2.3　旋风分离器结构的改进和特点

如上面所述，旋风分离器内存在的顶灰环和下部返混问题，对旋风的效率影响较大，因此，国内外许多学者和技术人员，一直在寻求解决的方案，这就形成了不同时期，有着不同代表性的旋风分离器的结构。

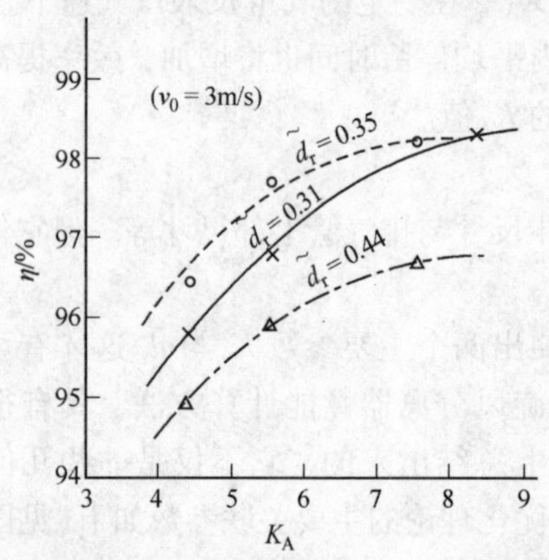

图 1.2-5　截面系数 K_A 值对 η 的影响

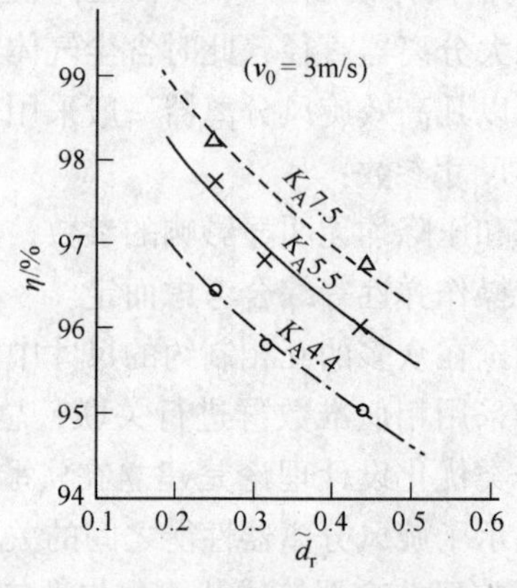

图 1.2-6　排气管 $\tilde{d}_r$ 对 η 的影响

1. Ducon 型旋风分离器

特点：分离器顶板呈螺旋形，进气口为直切进口（见图 1.2-7），这是炼油厂 FCC 和化工装置早期使用的一种结构。发明者的意图是采用顺着气流方向设置成呈螺旋的盖板，压缩上灰环的形成空间，达到提高效率的目的。在 20 世纪 70 年代前工业上多采用这种结构。

优点：结构简单、处理风量大。

缺点：① 由于长径比过小，对细分的回收效率差；

② 顶板承压能力差，高温下已变形，造成焊缝开裂。

2. Buell 型旋风分离器

特点：平顶涡壳，切向进气，带内旁路（见图 1.2－8）。发明者的意图是用涡壳结构增大顶灰环细分短路的距离，并用旁路将顶灰环集聚的粉尘用内旁路引到下部锥体，减少顶灰环的粉尘短路进入升气管。20 世纪 80 年代在我国炼油厂都采用过。

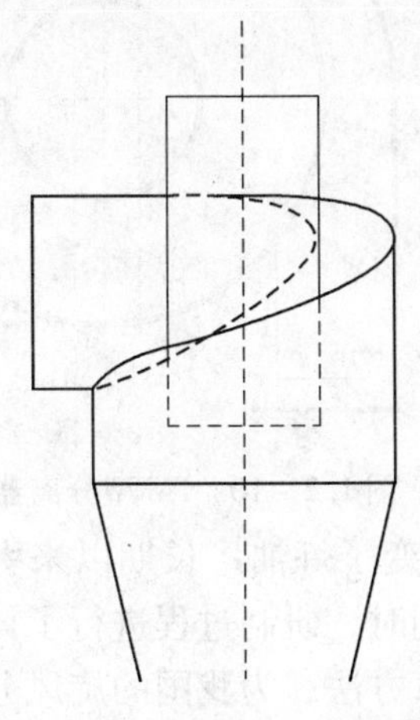

图 1.2－7　Ducon 型分离器

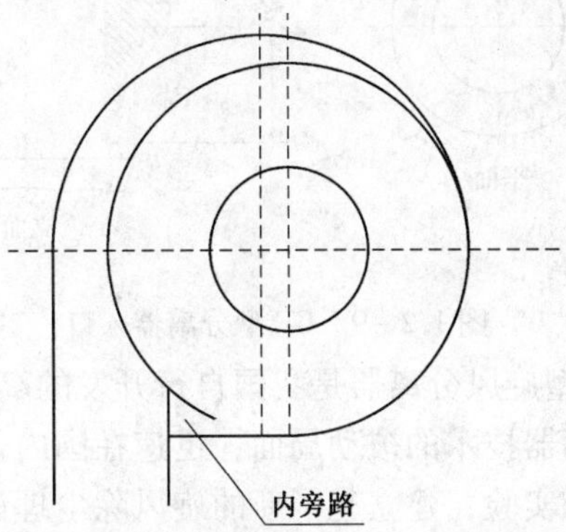

内旁路

图 1.2－8　Buell 型分离器

优点：处理风量较大，分离效率比 Ducon 型高。

缺点：旁路易磨穿，且不易修复，不宜在高浓度粉尘下使用。

从 20 世纪 70 年代初，由于全球石化重油催化裂化和化工工业飞速发展，催化剂的使用量急剧增加，价格上涨很快，同时环保对细粉的排放也有了较严格的要求。老式的旋风分离器满足不了要求，80 年代，又出现了新型结构的旋风分离器。

3. GE 型旋风分离器

这是美国通用电气公司开发的产品。特点：平顶涡壳，切向进气，进气口为带斜底板异形口（见图 1.2－9）。与前两种结构相比，另一个显著特点是加大了分离器的长径比。

发明者认为，在旋风进口的涡壳段存在着垂直流，是产生顶灰环的直接原因。当漩涡中任意点，到漩涡中心的水平距离 a，与到底边的垂直距离 b 乘积为一常数时，即 $ab = a'b'$，便能消除垂直流，避免顶灰环的产生。但按这个规律，求得的是一对称的双边曲线。GE 公司根据这个原理，将双边双曲线取其一半改为单边曲线。为了制造方便，又将曲线改为直线。图 1.2－9 表示了这种异形进口尺寸形状，其关系应符合 $ab = cd$。

20 世纪 80 年代，我国炼油厂 FCC 装置从美国引进了该技术，并把两级旋风分离器料腿和翼阀的位置由早期的稀相改插入了密相床。装置的催化剂单耗，比起采用 Ducon 型旋风分离器有了明显的降低，在国内得到普遍采用。

4. PV 型旋风分离器

这是由石油大学、中国石化原北京设计院、洛阳石化设计院于 20 世纪 80 年代中期联合开发的新产品。特点：平顶板和平底板、切向涡壳进气，它的进气口内侧板呈 7°～8°的倾斜，结构比 GE 型旋风分离器略简单。

发明者认为，进气口内侧板呈 7°～8°的倾斜（见图 1.2－10），可将进口催化剂浓缩到旋风分离器分离段的外边缘，减轻上灰环中的细粉和排气口下端粉尘短路现象。旋风分离器结构尺寸是根据优化理论决定的，沉降高度与 GE 型旋风分离器相近。从冷态实验数据对比，分离效率稍高于 GE 型旋风分离器。

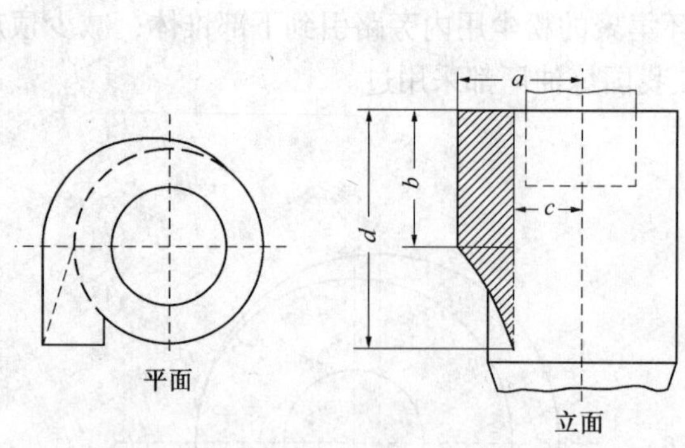

图 1.2-9 GE 型分离器入口

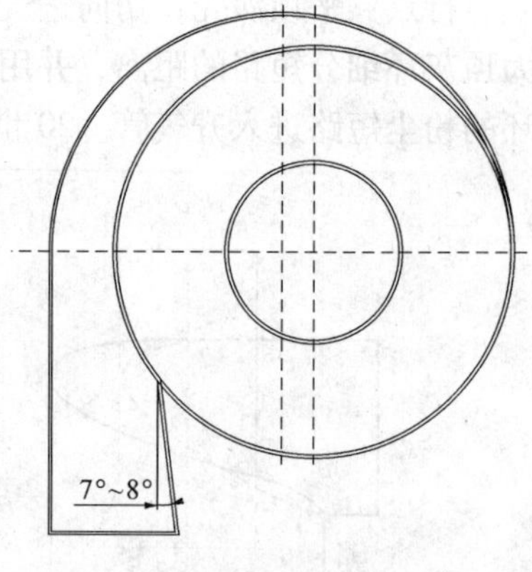

图 1.2-10 PV 型分离器入口

PV 型旋风分离器是我国自行开发的高效分离器，彻底改变了炼油厂长期以来引进国外旋风分离器技术的被动局面，迅速在国内得到推广和普及。同时，研制过程进行了详细的流场分析和实验，建立起了新的旋风除尘理论和压降、效率计算方法，为我国的旋风分离器研究工作打下了良好的基础。1995 年荣获国家科技进步二等奖。

5. Emtrol 型旋风分离器

这种旋风分离器也是 20 世纪 80 年代从美国引进的技术。目前国内有几套 FCC 在使用。它的顶部和进口并无特别结构，仅长径比略大于 GE 型和 PV 型，主要是分离器上部直筒体段较长，锥段较短，但因锥段排灰口较大，因此锥体锥角增大不多。直筒体段较长，对减轻上灰环短路有利。

6. 其他新型结构的旋风分离器

(1) PX 型旋风分离器

这是石油大学孙国刚教授等开发的新型旋风分离器。特点：

① 将旋风分离器入口向上倾斜某一适宜的角度，使得含尘气流进入旋风分离器时有一个向上的分速度，削弱了平顶分离器入口向上进气的不均匀性以及顶部灰环的不利影响，消除或减轻排气口下口处的短路流。

② 将排气管下口 0°~270°象限斜切一刀，使排气管下口的向心径向速度降低，从而降低短路流。

③ 在排尘口加倒锥，能够削弱灰斗返混，从而提高分离效率，使压降有所降低。

由于此三项的改进和创新，PX 型比 PV 型效率高出约 0.2~1.1 个百分点，而压降降低幅度大约为 10%~15%。见图 1.2-11。

(2) PV-E 型旋风分离器

由于丙烯腈反应器内所用催化剂的平均粒径一般在 40~50μm，而要求在入口含剂浓度高达 $10kg/m^3$ 情况下，出口气中含剂浓度降低到 $30\sim40mg/m^3$，才能保证丙烯腈催化剂单耗小于 0.4kg/t。这就要求旋风分离器的总效率高达 99.99% 以上，而压降又不能超过 7kPa。石油大学陈建义教授等研究开发了称为 PV-E 型的旋风分离器，以两级串联形式替代原引进装置的三级形式，达到了高效率低压降的要求。主要从三点进行改进和创新：

① 缩小排气管下口直径，排气管上开若干条狭缝而加以解决。既提高效率又降低了压降。

② 对分离空间高度进行优化，适当提高 $\tilde{H}_s$ 值。

③ 在排尘口处沿周向对称开设排尘孔，可以抑制排尘口处返混现象，可提高效率。

PV－E 型的结构示意见图 1.2－12。

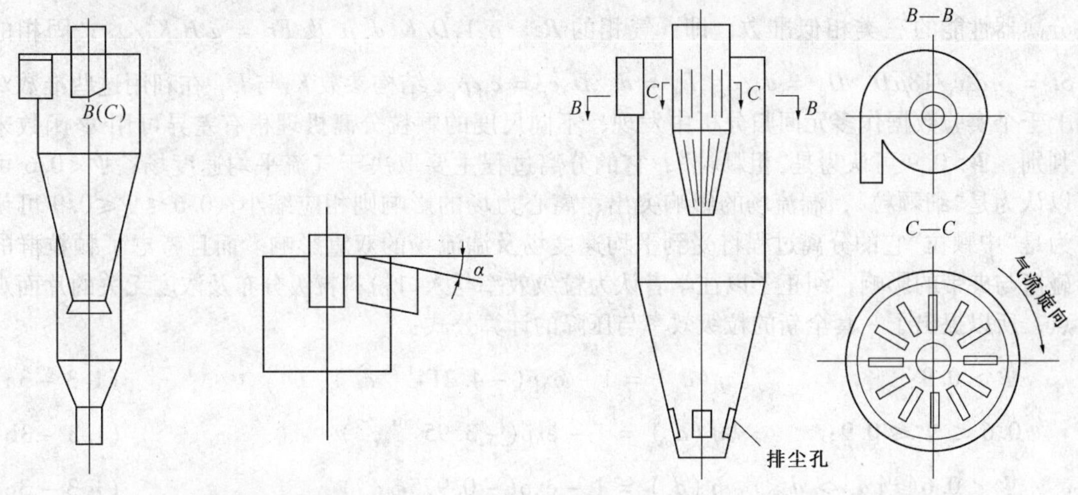

图 1.2－11 PX 型旋风分离器结构　　图 1.2－12 PV－E 型旋风分离器

(3) BY 型和 LY 型旋风分离器

这是根据多年 FCC 工程设计经验和尺寸优化而确定的旋风分离器结构，目前在新设计的 FCC 装置中使用较多。

1.3 旋风分离器的性能计算

1.3.1 旋风分离器分离效率的计算

计算旋风分离器效率的一般方法是：

① 由理论或者半经验公式或图表求得该旋风分离器在某一操作工况(入口气速、停留时间、粉尘密度、气体密度、黏度等)下的临界粒径 d_{100}(100% 切割的颗粒直径)或分离效率为 50% 的颗粒直径 d_{c50}。

② 由实测定出粉尘粒径 d_p 与粒度的质量分布 ϕ_x 之间的函数关系(即颗粒筛分曲线)。此处，d_p—粉尘粒径；ϕ_x—小于粒径 d_p 的累积百分数。

③ 由实测数据找出分级效率 η_i 与 d_p 或者与 d_p/d_{c50} 之间的函数关系。

④ 由 η_i 与 ϕ_x 计算 $\eta_{总}$，按以下关系：

$$\eta_{总} = \sum \eta_i d(\phi_x) \tag{1.3-1}$$

或

$$\eta_{总} = \int \eta_i d(\phi_x) \tag{1.3-2}$$

从 20 世纪 40 年代国外一些学者就发表过文章，试图把气体工况、气速和某些结构参数关联起来计算 d_{100} 和 d_{c50}，至今这些关联式不下数十种。但都是在特定条件和特定结构下的试验数据的处理结果，通用性和实用较差。一些新型旋风分离器分离效率的计算，都是根据各自结构特点，通过实验，求得半经验、半理论公式，再结合实际工况加以修正。如 GE 公司、Emtrol 公司用计算机进行数据处理，向用户提供计算后的旋风分离器结构尺寸，但不对外公开计算原理。

下面介绍一种国内研究成果：

中国石油大学金有海教授等，应用相似理论，从气固两相运动方程出发，得到影响旋风分离器性能的三类相似准数，即：气相的 $Re \approx \rho_g V_I D/K_A \widetilde{d_r} \mu$ 及 $Fr = g\widehat{H_s}K_A^2/v_i^2$；固相的 $St = \rho_p d_p^2 v_i/18\mu D \quad D_d = d_p/d_m, D_t = d_m/D, c_r = c_i/\rho_g$；结构参数 K_A 与 $\widetilde{d_r}$。在利用这些准数对上千个实验数据作多元回归分析中发现，不同尺度的颗粒分离机理稍有差异可用 Ψ 函数来判别。$\Psi>0.9$ 可认为是"粗颗粒"，它的分离过程主要取决于气流平均速度场；$\Psi<0.6$ 可以认为是"细颗粒"，湍流场的影响突出，离心力场的影响则相应缩小；$0.6 \leqslant \Psi \leqslant 0.9$ 可认为是"中颗粒"它的分离过程将受到平均速度场及湍流场的双重影响。而且考虑了颗粒群的碰撞与夹带的影响，纠正了以往学者认为粒级效率与入口粉料粒级分布及浓度无关的片面观点，所以提出了一套全新的粒级效率与压降的计算公式：

$$\Psi > 0.9: \quad \eta_i(d_p) = 1 - \exp(-4.214^{1.26}\widetilde{c_r}^x) \tag{1.3-3a}$$

$$0.6 \leqslant \Psi \leqslant 0.9: \quad \eta_i(d_p) = 1 - \exp(-3.95^{1.04}\widetilde{c_r}^x) \tag{1.3-3b}$$

$$\Psi < 0.6(\text{当}\ d_p > d_{c50}) \quad \eta_i(d_p) = 1 - \exp(-0.925\phi\widetilde{c_r}^x) \tag{1.3-3c}$$

$$(\text{当}\ d_p \leqslant d_{c50}) \quad \eta_i(d_p) = 1 - \exp[-0.693\,(d_p/d_{c50})^{1.44}] \tag{1.3-3d}$$

式中 $\Psi = f(St、Re、Fr、D_d、D_r、\widetilde{d_r})$

$\varphi = f(St、Re、Fr、d_p/D、\widetilde{d_r})$

$Re = \rho_g V_I D/\mu$

$\widetilde{D} = D/1.0$

$\widetilde{c_r} = c_i/c_o, c_i = 10\text{g/m}^3 \qquad x = f(c_i)$

上式适用范围为 $St<2$；$Re=10^5 \sim 2\times20^6$；$Fr=0.1\sim18$；$\widetilde{d_r}=0.2\sim0.6$；$\widetilde{c_r} \leqslant 100$。

$$\Psi = St^{0.484}Re^{0.138}Fr^{0.185}D_d^{-0.242}D_T^{0.052}\ \widetilde{d_r}^{-0.369} \tag{1.3-4a}$$

$$\phi = St^{0.531}Re^{0.042}Fr^{0.131}\ (\delta/D)^{0.185}\ \widetilde{d_r}^{-0.618} \tag{1.3-4b}$$

$$St = \frac{\rho_p \delta^2 v_i^2}{18\mu g \cdot D}; Re = \frac{D v_i \rho_8}{\mu \cdot g K_A \cdot \widetilde{d_r}}; Fr = \frac{D\widehat{H_s} g K_A^2}{v_i^2}$$

式中各参数代表的意义及单位：

$$D_d = \delta/\delta_m \quad D_r = \delta_m/D$$

式中 D——分离器直径，m；

δ、δ_m——任意颗粒粒径及中位粒径，m，δ、δ_m 也可分别用 d_p、d_m 表示；

μ——气体黏度，$\text{kg}\cdot\text{s/m}^2$；

ρ_g、ρ_p——气体密度和颗粒度，kg/m^3；

v_i——旋风分离器入口气速，m/s；

$\widehat{H_s} = H_s/D$——分离空间高径比；

$K_A = \pi D^2/4ab$——入口截面比；

$\widetilde{d_r} = d_r/D$——排气管下口直径比。

入口含尘浓度 c_i 对分离效率 η 影响的修正，目前尚无成熟的方法，对于流化催化裂化装

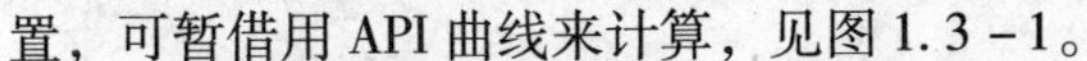

置，可暂借用 API 曲线来计算，见图 1.3－1。

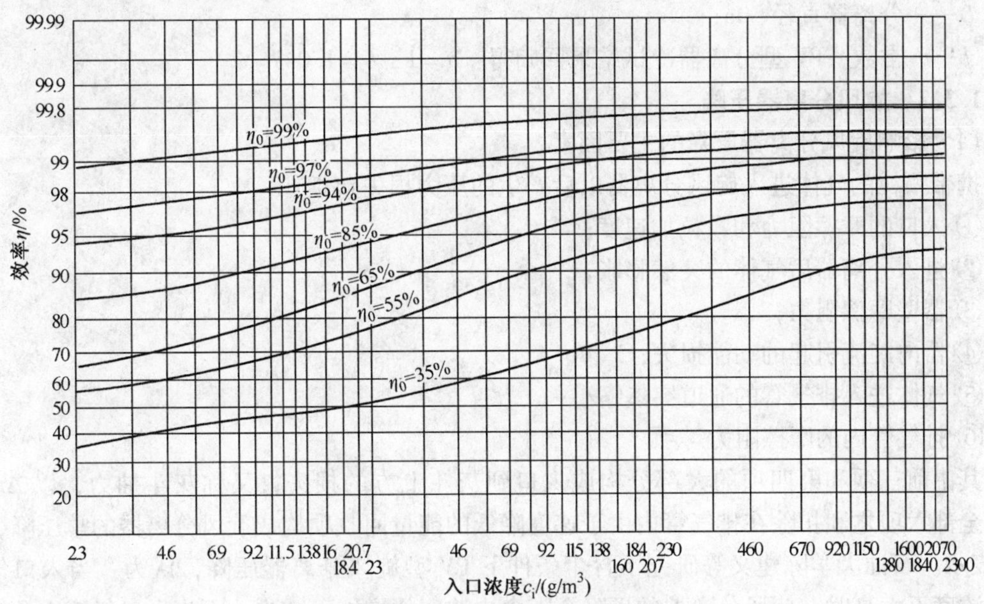

图 1.3－1 入口浓度对效率的修正

这些曲线已由中国石油大学时铭显院士等将它表达成如下公式：

当 $\eta_{10} > 0.99$， $$\eta = 1 - (1 - \eta_{10})(c_i/10)^{-0.1943} \qquad (1.3-5a)$$

当 $\eta_{10} \leqslant 0.99$，要分级计算：

在 $c_i \leqslant 250\text{g/m}^3$ 时：

$$\eta = 1 - (1 - \eta_{10})(c_i/250)^{-m} \qquad (1.3-5b)$$

在 $c_i \leqslant 1000\text{g/m}^3$ 时：

$$\eta = 1 - (1 - \eta_{10})(25)^{-m}(c_i/250)^{-n} \qquad (1.3-5c)$$

在 $c_i \leqslant 2000\text{g/m}^3$ 时：

$$\eta = 1 - (1 - \eta_{10})(25)^{-m}(4)^{-n}(c_i/1000)^{-s} \qquad (1.3-5d)$$

在 $c_i > 2000\text{g/m}^3$ 时：

$$\eta = 1 - (1 - \eta_{10})(25)^{-m}(4)^{-n}(2)^{-s} \qquad (1.3-5e)$$

式中 η——入口浓度为 c_i 时的分离效率；

η_{10}——入口浓度为 10g/m^3 的分离效率；

c_i——入口浓度，g/m^3；

m、n、s——指数，$m = 0.95(1-\eta_{10})^{0.23}$；$n = 0.72(1-\eta_{10})^{0.42}$；$s = 0.064(1-\eta_{10})^{0.3}$。

显然计算过程很繁琐，如果用手工进行结构参数优化十分困难，只有借助计算机程序化才有可能。

若为了简单估算旋风分离器性能，或对比各参数变化后的影响程度，则可用简化公式来估算分离器效率：

$$\eta = 1 - a\exp[-b(BF)] \qquad (1.3-6)$$

式中 $B = \delta_m^{1.2} \rho_p^{0.35} \rho_g^{0.14} \mu^{-0.75}$；

$F = D^{-0.24} K_A^{0.24} \widetilde{d_r}^{-0.5} \widehat{H_s}^{-0.23} v_i^{0.24}$；

δ_m——入口粉料的中位粒径，m；

ρ_p、ρ_g——粉料颗粒密度及气体密度，kg/m^3；

μ——气体黏度，kg·s/m^2；

D——分离器直径，m；

a、b——常数，PV 型分离器冷试结果回归得：$a=1$，$b=1.047$。

1.3.2 旋风分离器压降

（1）影响旋风分离器压降的主要因素

携带颗粒的气体进入旋风分离器以后产生的压力损失包括：

① 入口的摩擦阻力和颗粒加速度；

② 进入分离器后气体的突然膨胀；

③ 器壁摩擦阻力；

④ 器内旋流引起的动能损失；

⑤ 气体进入排气管的通道突然缩小；

⑥ 排气管内的摩擦阻力等项。

其中前三项和第四项的大部分构成入口到灰斗上方的损失，又称灰斗抽力，以 Δp_s表示。全部六项之和扣除在排气管内由于速度降低的能量回收项构成旋风分离器的总压降，以 Δp_T表示。石油大学陈建义等研究了含尘条件下 PV 型旋风分离器压降，认为：当入口气流含尘浓度不太高时，旋风分离器的压降会随含尘浓度的增加而减少；而当入口气流中含尘浓度超过某个数值后，压降却随含尘浓度的增加而升高。即存在一个"转折点浓度"。如果旋风分离器结构参数不同或者其操作条件不一样，则"转折点浓度"也不相同。这说明含尘浓度对旋风分离器压降的影响具有双重性。基于上述分析，可以把含尘条件下旋风分离器的压降 Δp 写成：

$$\Delta p = \Delta p_1 + \Delta p_2$$

其中 Δp_1为含尘气流在旋风分离器进、出口处的局部流动损失；Δp_2为含尘气流在旋风分离器内的流动损失。

陈建义等通过对大量实验数据的分析和回归，得到了入口含尘条件下 PV 型旋风分离器压降的计算公式：

$$\Delta p = (\rho_g + c_i)\frac{v_i^2}{2} + \xi_i\left(\frac{0.01}{c_i}\right)^{0.045}\frac{\rho_g v_i^2}{2} \tag{1.3-7}$$

且：

$$\xi_i = 8.54K_A - 0.833\,\tilde{d}_r^{-1.745}\,\tilde{D}^{0.161}\,(Re)^{0.036} - 1 \tag{1.3-8}$$

式中 ρ_g——气体密度，kg/m^3；

c_i——入口气流含尘浓度，kg/m^3；

v_i——入口气速，m/s；

$\tilde{D}$——无量纲直径，$\tilde{D}=D/1\text{m}$；

Re——雷诺数，$Re=\rho_g v_i D/\mu$；

μ——气体动力黏度，Pa·s；

Δp——入口气流含尘条件下的旋风分离器压降，Pa。

从式(1.3-7)、式(1.3-8)看出，旋风分离器压降不仅同操作参数气体入口速度 v_i、气体入口含尘浓度 c_i、气体密度 ρ_g、气体黏度 μ 这些操作参数有关外，还跟旋风分离器直径 D、排气管直径 d_r。截面系数 K_A这些几何结构尺寸因素有关。

（2）旋风分离器压降计算

近年来，高效旋风分离器的应用，使得其综合阻力系数由原来的单一数值分解为与结构参数有关的多种阻力系数。下面只介绍现在常用的新的旋风分离器压降 Δp_T 及其灰斗抽力 Δp_s 的计算方法。

对单级：

$$\Delta p_s = \frac{u^2}{2}[K_1(c_i + \rho_g) + K_4K_3\rho_g] \tag{1.3-9}$$

$$\Delta p_T = \frac{u^2}{2}[K_1(c_i + \rho_g) + K_4K_2\rho_g] \tag{1.3-10}$$

对两级串联：

$$\Delta p_s = \{U_1^2[K_1(c_i + \rho_g) + K_4K_{31}\rho_g] + U_2^2K_{32}\rho_g\}/2 \tag{1.3-11}$$

$$\Delta p_T = \{U_1^2[K_1(c_i + \rho_g) + K_4K_{21}\rho_g] + U_2^2K_{22}\rho_g\}/2 \tag{1.3-12}$$

式中　Δp_s ——灰斗抽力，用于计算料腿料封；

ρ_g ——气体密度，kg/m³；

K_1 ——固体粒子加速度有关的压降系数，$K_1 = 1.1$；

$$K_{2i} = \frac{3.67}{K_A\widetilde{d_r}}\left[\left(\frac{1-n}{n}\right)(\widetilde{d_r}^{-2n} - 1) + f\widetilde{d_r}^{-2n}\right] \tag{1.3-13}$$

K_{21}、K_{22}分别表示一级旋风分离器和二级旋风分离器的 K_2 值。

$$K_{3i} = \frac{3.67}{K_A\widetilde{d_c}}\left[\frac{1}{n}\widetilde{d_c}^{-2n} - \frac{1}{n}\right] \tag{1.3-14}$$

K_{31}、K_{32}分别表示一级旋风分离器和二级旋风分离器的 K_3 值。

以上 K_{21}、K_{21} 和 K_{31}、K_{32} 应按一、二级旋风分离器的结构和参数分别计算。

$$f = 0.88n + 1.70 \tag{1.3-15}$$

式中　n——旋流指数；

$$n = 1 - (1 - 0.67)^{0.14}(T/288)^{0.3} \tag{1.3-16}$$

c_i——一级旋风分离器程序逻辑浓度，kg/m³；

K_4——与 c_i 有关系数，见表 1.3-1；

T——旋风分离器入口气流温度，K。

表 1.3-1　K_4 与 c_i 的关联　　kg/m³

c_i	0.1	0.5	1.0	3.0	5.0	10.0
K_4	0.896	0.850	0.812	0.686	0.595	0.450

Emtrol 公司发表了 Δp_s 与 Δp_T 的曲线，分别与 c_i 及结构参数 $\widetilde{d_r}$，L_S/D 和型号参数 M 关联。经变换为阻力系数形式：

$$\Delta p_s = \frac{u^2}{2}[K_s\rho_g + K_a(c_i + \rho_g)] \tag{1.3-17}$$

$$\Delta p_T = \frac{U^2}{2}[K_T\rho_g + K_a(c_i + \rho_g)] \tag{1.3-18}$$

$$K_s = 32.2(1 - 0.075c_i^{0.65})(\widetilde{d_r})^{-0.74}(L_s/D)^{-0.74}K_A^{-0.6} \tag{1.3-19a}$$

$$K_T = 8.55(1 - 0.75c_i^{0.65})(\widetilde{d_r})^{-2.3}K_A^{-1.0} \quad (1.3-19b)$$

式中 K_a——与颗粒加速度有关的系数，可取1.0。

除以上两种方法外，时铭显等提出了计算PV型旋风分离器压降的关联式见式(1.3－11)、式(1.3－12)，这两式更为简便。

(3) 旋风分离器压降计算举例

例：某催化裂化装置再生器内两级旋风分离器的操作参数和设备结构尺寸如表1.3－2所示。

表1.3－2 旋风分离器的操作参数和设备结构尺寸

项目	D/m	$a\times b$/m^2	d_c/m	d_r/m	c_i/(kg/m^3)	ρ_g/(kg/m^3)	L_s/m	u/(m/s)	T/K
一级	1.244	0.2547	0.5	0.5	8.0	0.75	3.53	23.5	933
二级	1.244	0.2221	0.5	0.4		0.75	3.58	26.9	933

试用上述两种方法分别计算旋风分离器和灰斗抽力。

方法一 计算结果如表1.3－3所示。

表1.3－3 方法一计算结果

项目	K_A	d_r/D	d_c/D	n	f	K_1	K_2	K_3	K_4	Δp_s/Pa	Δp_T/Pa
一级	4.772	0.40	0.40	0.56	2.19	1.1	14.4	6.15	0.5	3295	4153
二级	5.472	0.32	0.40	0.56	2.19	1.1	20.68	5.36		1454	5611
两级串联										4749	9764

方法二 计算结果如表1.3－4所示。

表1.3－4 方法二计算结果

项目	K_A	d_r/D	L_s/D	K_a	K_s	K_T	Δp_s/Pa	Δp_T/Pa
一级	4.772	0.40	2.84	1.0	8.15	10.47	4104	4584
二级	5.472	0.32	2.88	1.0	12.34	21.48	3348	5829
两级串联							7452	10413

1.4 部分国内外旋风分离器的结构尺寸系列

旋风分离器的结构尺寸的最终确定要根据具体的操作参数包括处理气量、入口速度、气体特性、粉尘特性、要求的效率、允许压降以及主体设备尺寸，通过综合比较分析，才能确定下来，以下列出的系列通常可以作为初步选型用，不能盲目不经计算套用。

表1.4－1为近几年国内设计和使用的高效旋风分离器相关尺寸。表1.4－2为国内最常用的高效旋风分离器系列。表1.4－3为国外石油工业用的两个K_A值的高效旋风分离器系列。

表 1.4－1　近年来国内设计和投用的旋风分离器相关尺寸(表中各尺寸代号见图 1.1－3)　　mm

装置名称	加工能力/(t/a)	组/台	级别	钢板厚度	衬里厚度	D	H_1	H_2	H_3	H_4	H_r	H	H/D	I	H_s	d_r
重油再生器			一级旋风	10	20	1200	2180	2160	1140	640	815	4340	3.62	6120	3525	468
重油再生器			二级旋风	10	20	1200	2180	2160	1050	1070	780	4340	3.62	6460	3560	384
1 号再生器		12/24	一级旋风	12	20	1288	1809	2834	1572	621	794	4643	3.60	6836	3849	483
1 号再生器		12/24	二级旋风	12	20	1326	1979	2907	1178	1069	760	4886	3.68	7133	4126	418
南催化再生器			一级旋风	12/10	20	1370	2490	2466	1020	930	990	4956	3.62	6906	3966	530
南催化再生器			二级旋风	12/10	20	1370	2490	2466	800	1165	952	4956	3.62	6921	4004	440
精制及酸水汽提再生器	30×10^4		一级旋风	10	20	1290	2320	2322	1010	845	924	4642	3.60	6497	3718	504
精制及酸水汽提再生器	30×10^4		二级旋风	10	20	1290	2320	2322	810	1060	880	4642	3.60	6512	3762	420
南催化再生器			二级旋风	12/10	20	1400	2780	2800	1003	1169	940	5580	3.99	7752	4640	455
重油再生器	280×10^4	10/20	一级旋风	12	20	1600	2130	3520	1878	769	988	5650	3.53	8297	4662	640
重油再生器	280×10^4	10/20	二级旋风	12	20	1600	2258	3520	1585	1162	918	5778	3.61	8525	3860	579
再生器			一级旋风	10	20	1360	1632	2448	1048	389	848	4080	3.00	5517	3232	503
再生器			二级旋风	10	20	1360	1632	2448	828	1104	816	4080	3.00	6012	3264	408
再生器			一级旋风	12/10	20	1336	2065	2105	979	728	946	4170	3.12	5877	3224	522
再生器			二级旋风	12/10	20	1346	2410	2423	898	1021	902	4833	3.59	6752	3931	430
甲醇制低碳氢烃再生器			一级旋风	6	20	280	500	504	470	170	190	1004	3.59	1644	814	105
甲醇制低碳氢烃再生器			二级旋风	6	20	286	500	515	455	195	183	1015	3.55	1665	832	90
甲醇制低碳氢烃再生器			一级旋风	8	20	590	1075	1062	600	410	407	2137	3.62	3147	1730	222
重油催化再生器	160×10^4		一级旋风	12	20	1510	2748	2718	1191	926	1089	5466	3.62	7583	4377	590
重油催化再生器	160×10^4		二级旋风	12	20	1540	2821	2821	938	1316	1038	5642	3.66	7896	4604	496
重油催化再生器	200×10^4	8/16	一级旋风	12	20	1500	1980	3300	2298	600	792	5280	3.52	8178	4488	610
重油催化再生器	200×10^4	8/16	二级旋风	12	20	1500	1980	3300	1600	1030	736	5280	3.52	7910	4544	528
烯烃再生器			一级旋风	12	20	1366	2486	2459	1229	720	975	4954	3.62	6894	3970	533
烯烃再生器			二级旋风	12	20	1388	2490	2465	810	1140	940	4955	3.57	6905	4015	438
重油催化再生器(二催)	120×10^4		一级旋风	12	20	1506	2744	2708	1171	937	1125	5452	3.62	7560	4327	572
重油催化再生器(二催)	120×10^4		二级旋风	12	20	1566	2853	2847	1009	1194	1081	5700	3.64	7903	4619	509
再生器			一级旋风	12	20	1350	2120	2120	1350	608	808	4240	3.14	6198	3432	654
再生器			二级旋风	12	20	1350	2120	2120	1480	872	730	4240	3.14	6592	3510	566
200×10^4t/a 重催　MIP－CGP 再生器	200×10^4	8/16	一级旋风	10	20	1340	1906	2948	1907	760	698	4854	3.62	10039	4156	562
200×10^4t/a 重催　MIP－CGP 再生器	200×10^4	8/16	二级旋风	10	20	1340	1906	2948	1361	910	638	4854	3.62	8911	4216	450

续表 1.4－1

装置名称	d_c	d_b	d_d	a	b	c	入口蜗包角 β/(°)	B	K_A	入口面积/m^2	v_1	$v_{最大}$/(m/s)	流量/(m^3/s)	金属重量/kg	衬里重量/kg	重量/kg
重油再生器	480	840	402	794	332	97	135	766	4.29	0.2636	20			3897	2280	6177
重油再生器	480	840	199	740	310	91	135	775	4.93	0.2294	23			3029	1800	4829
1 号再生器	515	902	450	794	345	115	180	874	4.756	0.2739	21			5079	2550	7629
1 号再生器	530	928	148	760	330	110	180	883	5.506	0.2508	21			4075	2400	6475
南催化再生器	548	950	353	896	379	126	180	937	4.431	0.3396	18.5	22.77		5009	2700	7709
南催化再生器	548	950	199	865	363	121	180	927	4.695	0.3140	未注			4028	2461	6489
精制及酸水汽提再生器	516	968	353	840	358	120	180	885	4.346	0.3007	20	22.9		4387	2250	6637
精制及酸水汽提再生器	516	968	199	800	340	114	180	873	4.805	0.2720	22	25.28		3370	1950	5320
南催化再生器	560	1050	199	877	370	123	180	946	4.744	0.3245	22			4447	2583	7030
重油再生器	640	1200	794	987	378	99.75	180	999.5	5.389	0.3731					0	
重油再生器	640	1200	313	918		99.75	180	999.5		0.000					0	
再生器	544	952	305	848	369	92	180	864	4.642	0.3129	23			3750	2184	5934
再生器	544	952	148	816	355	89	180	858	5.015	0.2897	24.8			2961	1938	4899
再生器	534	936	406	878	371	124	180	916	4.304	0.3257	20			4942	2700	7642
再生器	538	942	199	838	353	118	180	909	4.81	0.2958	22			4167	2250	6417
甲醇制低碳氢烃再生器	112	200	77	174	73	24	180	188	4.848	0.0127	20.4		936	234	210	444
甲醇制低碳氢烃再生器	114	200	60	166	70	23	180	189	5.529	0.0116	22.4		936	180	180	360
甲醇制低碳氢烃再生器	236	420	152	370	156	52	180	399	4.737	0.0577	20			890	600	1490
重油催化再生器	604	1132	458	990	418	139	180	1033	4.327	0.4138	20		29777	6897	3090	9987
重油催化再生器	620	1160	305	944	398	133	180	1036	4.958	0.3757	22		29777	5595	2940	8535
重油催化再生器	660	1156	722	926	402	100.5	180	951	4.747	0.3723					0	
重油催化再生器	600	1050	351	860	374	93.5	180	937	5.494	0.3216					0	
烯烃再生器	546	1024	500	886	376	127	180	937	4.399	0.3331	21.2			5781	2550	8331
烯烃再生器	547	1026	199	850	360	122	180	938	4.945	0.3060	23.1			4208	2220	6428
重油催化再生器(二催)	602	1130	448	991	418	139	180	1031	4.3	0.4142	20			6301	3000	9301
重油催化再生器(二催)	626	1174	305	940	409	136	180	1055	5.01	0.3845	22			5422	2850	8272
再生器	540	810	381	944	403	118	135	876.5	3.763	0.3804				4619	2400	7019
再生器	540	810	195	870	378	111	135	864	4.353	0.3289				3560	2160	5720
200×10^4t/a 重催 MIP－CGP 再生器	596	720	500	816	360	90	180	850	4.798	0.29376				4718	2790	7508
200×10^4t/a 重催 MIP－CGP 再生器	536	720	301	760	334	83.5	180	837	5.55	0.25384				3857	2580	6437

国内最常用的高效旋风分离器系列见表1.4－2a、表1.4－2b、表1.4－2c、表1.4－2d。沉降器用单级旋风分离器系列见表1.4－2a。

表1.4－2a　沉降器用单级旋风分离器系列

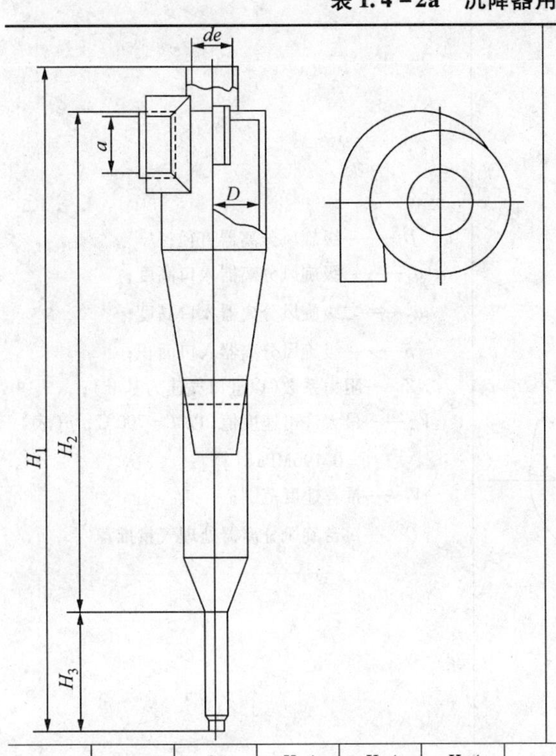

D——单级旋风分离器直径；
a——单级旋风分离器入口高度；
S——单级旋风分离器入口面积；
d_e——单级旋风分离器出口直径；
Z——阻力系数(以进口气速为基准)；
v_{op}——最大许可速度值[以 $T=700℃$，p(表)＝0.196MPa计算]；
v_i——推荐速度范围；
Q——每台旋风分离器处理气量推荐值

D/mm	a/mm	S/mm^2	H_1/mm	H_2/mm	H_3/mm	Z	v_{op}/(m/s)	v_i/(m/s)	d_e/mm	Q/(m^3/min)
500	288	0.0360	4395	2965	1130	23.53	31.81	21－24	230	45.36～51.84
550	315	0.0132	4649	3219	1130	23.86	31.64	21－24	240	54.38～62.14
600	345	0.0518	4902	3472	1130	24.41	31.81	21－24	260	65.21～74.52
650	373	0.0604	5156	3726	1130	24.70	31.66	21－24	280	76.14～87.01
700	400	0.0696	5409	3979	1130	25.17	31.54	21－24	300	87.70～100.22
750	430	0.0804	5662	4232	1130	25.43	31.68	21－24	320	101.32～115.79
800	458	0.0911	5016	4486	1130	25.85	31.57	21－24	340	114.84～131.24
850	488	0.1035	6169	4739	1130	26.08	31.69	21－24	360	130.35～148.98
900	515	0.1154	6422	4992	1130	26.17	31.60	21－24	380	145.35～166.12
950	545	0.1292	6676	5246	1130	26.68	31.71	21－24	400	162.75～185.90
1000	573	0.1427	6920	5499	1130	27.03	31.62	21－24	420	179.77～205.45
1050	603	0.1580	7182	5752	1130	27.23	31.72	21－24	450	199.06～227.50
1100	630	0.1726	7436	6006	1130	27.55	31.64	21－24	470	217.50～248.57
1150	660	0.1894	7689	6259	1130	27.73	31.73	21－24	490	238.67～272.76
1200	688	0.2057	7942	6512	1130	28.04	31.65	21－24	510	259.20～296.23
1250	715	0.2224	8196	6766	1130	28.20	31.58	21－24	530	280.18～320.21
1300	745	0.2413	8449	7019	1130	28.49	31.66	21－24	550	304.14～347.59
1350	773	0.2600	8702	7272	1130	28.65	31.60	21－24	570	327.26～374.00
1400	803	0.2802	8956	7526	1130	28.91	31.67	21－24	590	353.11～403.56
1450	830	0.2996	9209	7779	1130	29.06	31.61	21－24	610	377.53～431.47
1500	860	0.0216	9462	8032	1130	29.32	31.68	21－24	630	405.27～463.16
1550	888	0.3428	9716	8286	1130	29.46	31.62	21－24	650	431.89～493.50
1600	918	0.3663	9969	8539	1130	29.70	31.69	21－24	680	461.52～527.45

再生器一级旋风分离器系列见表1.4－2b。

表1.4－2b　再生器一级旋风分离器系列

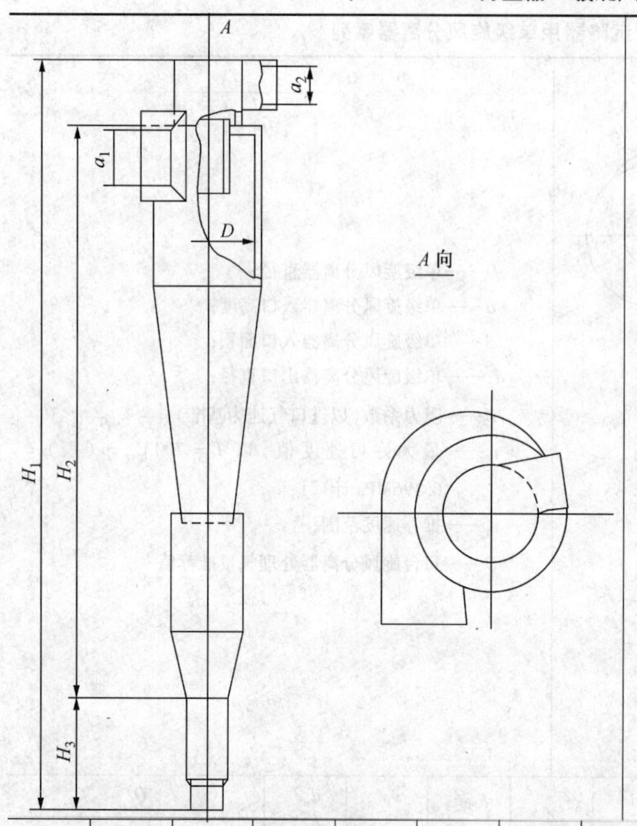

D——一级旋风分离器直径；

a_1——一级旋风分离器入口高度；

a_2——二级旋风分离器入口高度；

S——一级旋风分离器入口面积；

Z——阻力系数(以进口气速为基准)；

V_{op}——最大许可速度值[以 $T=700$℃，p(表)$=0.196$MPa计算]；

V_i——推荐速度范围；

Q——每台旋风分离器处理气量推荐

D/ mm	a_1/ mm	S/ mm^2	H_1/ mm	H_2/ mm	H_3/ mm	Z	v_{op}/ (m/s)	v_i/ (m/s)	a_2/ mm	Q/ (m^3/min)
500	308	0.0413	4425	2825	1150	17.06	28.86	18－21	288	44.57～52.00
550	338	0.0497	4702	3075	1150	17.39	28.73	18－21	315	53.66～62.60
600	370	0.0597	4981	3324	1150	17.69	28.91	18－21	345	64.34～75.06
650	400	0.0696	5259	3574	1150	17.08	28.81	18－21	373	75.17～87.70
700	432	0.0812	5535	3823	1150	18.25	28.95	18－21	400	87.71～102.33
750	462	0.0929	5814	4072	1150	18.50	28.86	18－21	430	100.29～117.00
800	492	0.1053	6092	4322	1150	18.74	28.77	18－21	458	113.71～132.66
850	524	0.1195	6371	4571	1150	18.07	28.00	18－21	488	129.03～150.54
900	554	0.1335	6647	4820	1150	19.19	28.82	18－21	515	144.20～168.22
950	587	0.1497	6927	5070	1150	19.39	28.93	18－21	545	161.66～188.60
1000	616	0.1651	7204	5319	1150	19.59	28.86	18－21	573	178.30～208.01
1050	649	0.1831	7483	5568	1150	19.79	28.95	18－21	603	107.66～230.60
1100	679	0.2003	7760	5818	1150	19.07	28.80	18－21	630	216.33～252.38
1150	708	0.2181	8039	6067	1150	20.15	28.83	18－21	660	235.51～274.76
1200	741	0.2386	8136	6316	1150	20.32	28.01	18－21	688	257.69～300.64
1250	771	0.2583	593	6566	1150	20.49	28.86	18－21	715	278.05～325.44
1300	803	0.2802	8872	6815	1150	20.65	28.04	18－21	745	302.67～353.11
1350	833	0.3015	9149	7064	1150	20.81	28.88	18－21	773	325.67～379.95
1400	863	0.3236	9429	7314	1150	20.96	28.83	18－21	803	349.52～407.77
1450	895	0.3482	9705	7563	1150	21.11	28.90	18－21	830	376.00～438.68
1500	925	0.3719	9984	7812	1150	21.25	28.86	18－21	860	401.60～468.53
1550	957	0.3981	10262	8062	1150	21.39	28.92	18－21	888	429.96～501.62
1600	987	0.4234	10541	8311	1150	21.53	28.88	18－21	918	457.30～533.51

再生器二级旋风分离器系列见表 1.4 - 2c。

表 1.4 - 2c　再生器二级旋风分离器系列

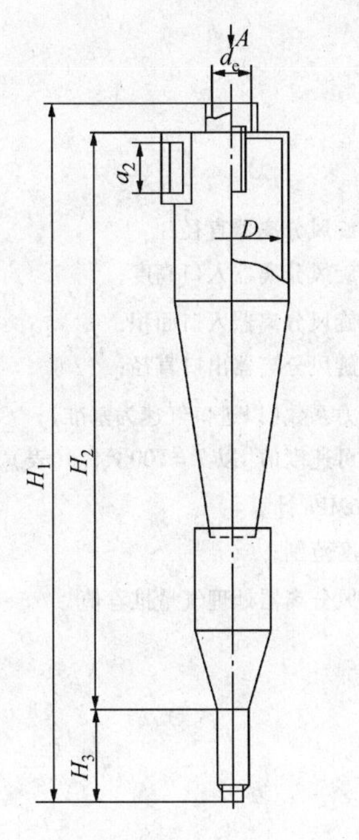

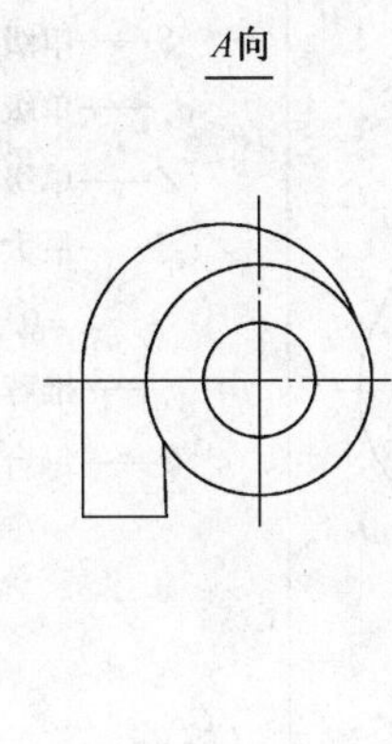

D——二级旋风分离器直径；

a_2——二级旋风分离器入口高度；

S——二级旋风分离器入口面积；

d_e——二级旋风分离器出口直径；

Z——阻力系数(以进口气速为基准)；

v_{op}——最大许可速度值[以 T = 700℃，p(表) = 0.196MPa 计算]；

v_i——推荐速度范围；

Q——每台旋风分离器处理气量推荐值

D/mm	a_2/mm	S/mm^2	H_1/mm	H_2/mm	H_3/mm	Z	v_{op}/(m/s)	v_i/(m/s)	d_e/mm	Q/(m^3/min)
500	288	0.0360	4305	2965	1130	23.53	31.81	21 - 24	246	45.36 ~ 51.84
550	315	0.0432	4649	3219	1130	23.86	31.64	21 - 24	200	54.38 ~ 62.14
600	345	0.0518	4902	3472	1130	24.41	31.81	21 - 24	317	65.21 ~ 74.52
650	373	0.0604	5156	3726	1130	24.70	31.66	21 - 24	343	76.14 ~ 87.01
700	400	0.0696	5409	3979	1130	25.17	31.54	21 - 24	370	87.70 ~ 100.22
750	430	0.0801	5662	4232	1130	25.43	31.68	21 - 24	400	101.32 ~ 115.70
800	458	0.0911	5916	4486	1130	25.85	31.57	21 - 24	420	114.84 ~ 131.24
850	488	0.1035	6169	4739	1130	26.08	31.69	21 - 24	450	130.35 ~ 148.98
900	515	0.1154	6422	4992	1130	26.47	31.60	21 - 24	480	245.35 ~ 266.12
950	545	0.1292	6676	5246	1130	26.68	31.71	21 - 24	500	162.75 ~ 185.99
1000	573	0.1427	6929	5499	1130	27.03	31.62	21 - 24	530	179.77 ~ 205.45
1050	603	0.1580	7182	5752	1130	27.23	31.72	21 - 24	550	199.06 ~ 227.50
1100	630	0.1726	7436	6006	1130	27.55	31.64	21 - 24	580	217.50 ~ 248.57
1150	660	0.1894	7G89	6259	1130	27.73	31.73	21 - 24	610	238.67 ~ 272.76
1200	688	0.2057	7942	6512	1130	28.04	31.65	21 - 24	630	250.20 ~ 296.23
1250	715	0.2224	8196	6766	1130	28.20	31.58	21 - 24	660	280.18 ~ 320.21
1300	745	0.2413	8449	7019	1130	28.49	31.66	21 - 24	690	304.14 ~ 347.59
1350	773	0.2600	8702	7272	1130	28.65	31.60	21 - 24	710	327.26 ~ 374.00
1400	803	0.2802	8956	7526	1130	28.91	31.67	21 - 24	740	353.11 ~ 403.56
1450	830	0.2906	9209	7779	1130	29.06	31.61	21 - 24	770	377.53 ~ 431.17
1500	860	0.3216	9462	8032	1100	29.32	31.68	21 - 24	790	405.27 ~ 463.16
1550	888	0.3428	9716	8286	1130	29.46	31.62	21 - 24	820	431.89 ~ 49359
1600	918	0.3663	9969	8539	1130	29.70	31.69	21 - 24	850	461.52 ~ 527.45

单级外旋风分离器系列见表 1.4 - 2d。

表 1.4 - 2d　单级外旋风分离器系列

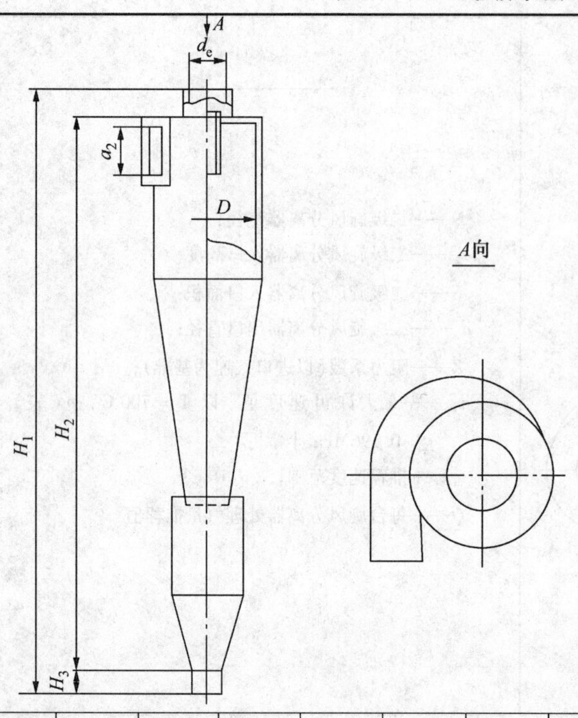

D——单级外旋风分离器直径；

a_2——单级外旋风分离器入口高度；

S——单级外旋风分离器入口面积；

d_e——单级外旋风分离器出口直径；

Z——单级阻力系数(以进口气速为基准)；

v_{op}——最大许可速度值[以 $T=700℃$, p(表) $=0.196MPa$ 计算]；

v_i——推荐速度范围；

Q——每台旋风分离器处理气量推荐值

D/mm	a_2/mm	S/mm^2	H_1/mm	H_2/mm	H_3/mm	Z	v_{op}/(m/s)	v_i/(m/s)	d_e/mm	Q/(m^3/min)
500	237	0.0244	4295	3795	200	24.91	23.82	21 - 24	260	30.76 ~ 35.16
550	262	0.0298	4549	4049	200	25.40	24.07	21 - 24	290	37.63 ~ 43.01
600	285	0.0353	4802	4302	200	25.84	23.03	21 - 24	320	44.53 ~ 50.89
650	308	0.0413	5056	4556	200	26.26	23.85	21 - 24	340	52.00 ~ 59.43
700	334	0.0484	5309	4809	200	26.65	24.01	21 - 24	370	61.02 ~ 69.74
750	357	0.0553	5562	5062	200	27.02	20.03	21 - 24	400	69.72 ~ 70.68
800	380	0.0627	5816	5316	200	27.37	23.86	21 - 24	420	79.00 ~ 90.29
850	405	0.0713	6069	5569	200	27.71	24.00	21 - 24	450	89.81 ~ 102.64
900	428	0.0796	6322	5822	200	28.02	23.93	21 - 24	480	100.31 ~ 114.64
950	451	0.0844	6576	6076	200	28.33	23.87	21 - 24	500	111.38 ~ 127.29
1000	476	0.0985	6829	6329	200	28.62	23.99	21 - 24	530	124.15 ~ 141.89
1050	499	0.1083	7082	6582	200	28.90	23.93	21 - 24	550	136.44 ~ 155.93
1100	522	0.1185	7336	6836	200	29.17	23.88	21 - 24	580	149.30 ~ 170.63
1150	547	0.1002	7589	7089	200	29.43	23.89	21 - 24	610	164.03 ~ 187.47
1200	570	0.1414	7842	7342	200	29.68	23.93	21 - 24	630	178.11 ~ 203.56
1250	593	0.1530	8096	7596	200	29.93	23.89	21 - 24	660	192.77 ~ 220.31
1300	619	0.1665	8349	7849	200	30.16	23.98	21 - 24	690	209.80 ~ 239.78
1350	642	0.1791	8602	8102	200	30.39	23.93	21 - 24	710	225.69 ~ 257.93
1400	665	0.1922	8856	8356	200	30.61	23.89	21 - 24	740	242.15 ~ 276.76
1450	690	0.2070	9109	8609	200	30.83	23.97	21 - 24	770	260.80 ~ 298.08
1500	713	0.2210	9362	8862	200	31.04	23.93	21 - 24	790	278.50 ~ 318.28
1550	736	0.2050	9616	9116	200	31.24	23.90	21 - 24	820	296.76 ~ 339.15
1600	761	0.2510	9369	9369	200	31.44	23.97	21 - 24	840	317.38 ~ 362.72
1650	784	0.2673	10123	9623	200	31.64	23.93	21 - 24	870	336.85 ~ 384.98
1700	807	0.2833	10376	9876	200	31.82	23.90	21 - 24	900	356.90 ~ 407.89
1750	833	0.3015	10627	10129	200	32.01	23.97	21 - 24	920	379.95 ~ 434.23
1800	856	0.3184	10883	10383	2000	32.19	23.93	21 - 24	950	401.22 ~ 458.54
1850	879	0.3358	11136	10636	200	32.37	23.90	21 - 24	980	423.08 ~ 483.52
1900	904	0.3553	11389	10880	200	32.54	23.96	21 - 24	1000	447.64 ~ 511.59
1950	927	0.3736	11643	11143	200	32.71	23.93	21 - 24	1030	470.71 ~ 537.96
2000	950	0.3924	11896	11396	200	32.88	23.90	21 - 24	1060	494.36 ~ 564.98

国外石油工业用高效旋风分离器系列见表1.4－3a、表1.4－3b。

表1.4－3a　国外石油工业用 $K_A=6.5$ 的高效旋风分离器系列(摘录)　mm

序号	A	B	C	D	E	F	G	H	$K_A=6.5$
30	177.8	396.9	3454.4	762	851	406	806.5	190.5	
31	184.2	409.6	3556	787.4	879.5	422.3	833.4	190.5	
32	187.3	422.3	3657.6	812.8	906.5	435	860.4	190.5	
33	193.7	438.2	3775.1	838.2	935	447.7	887.4	190.5	
34	200	450.9	3876.7	863.6	963.6	463.4	914.4	190.5	
35	206.4	463.6	3978.3	559	992.2	476.3	941.4	190.5	
36	212.7	476.3	4083.1	914.4	1020.8	489	968.4	190.5	
37	219.1	489	4181.5	940	1049.3	501.7	995.4	190.5	
38	225.4	501.7	4302.1	965.2	1078	517.5	1022.4	190.5	
39	228.6	517.5	4400.6	990.6	1105	530.2	1047.8	190.5	
40	235	530.2	4505.3	1016	1133.5	542.9	1074.7	190.5	
41	241.3	543	4607	1041.4	1162.1	555.6	1101.7	190.5	
42	247.7	555.6	4708.5	1066.8	1190.5	571.5	1128.7	190.5	
43	254	568.3	4826	1092.2	1219.2	584.2	1155.7	190.5	
44	260.4	581	4924.4	1117.6	1247.8	597	1182.7	190.5	
45	266.7	599	5029.2	1143	1276.4	612.8	1209.7	190.5	
46	269.9	609.8	5130.8	1168.4	1303.3	625.5	1236.7	190.5	
47	276.2	622.5	5232.4	1193.8	1332	638.2	1263.7	190.5	
48	282.6	635	5349.9	1219.2	1360.5	650.9	1290.1	190.5	
49	289	647.7	5451.5	1244.6	1389.1	666.8	1317.6	190.5	
50	295.3	660.4	5553.1	1270	1417.6	679.5	1344.6	190.5	
51	301.6	676.3	5657.8	1295.4	1446.2	692.2	1371.6	190.5	
52	308	689	5756.3	1320.8	1474.8	708	1398.6	190.5	
53	311.2	701.7	5873.8	1346.2	1501.8	720.7	1424	190.5	
54	317.5	714.4	5975.4	1371.6	1530.4	733.4	1451	190.5	
55	323.9	727.1	6080.1	1397	1559	746.1	1478	190.5	
56	330.2	739.8	6181.7	1422.4	1587.5	762	1505	190.5	
57	336.6	755.7	6283.3	1447.8	1616.1	774.7	1532	190.5	
58	342.9	768.4	6400.8	1473.2	1644.7	789.4	1559	190.5	
59	349.3	781.1	6502.6	1498.6	1673.2	803.3	1586	190.5	
60	352.4	793.8	6604	1524	1700.2	816	1612.9	190.5	
61	358.8	806.5	6705.6	1549.2	1728.8	828.7	1639.9	190.5	
62	365.1	819.2	6807.2	1574.8	1757.4	841.4	1660.9	190.5	
63	371.5	835	6924.7	1600.2	1785.9	857.3	1693.7	190.5	
64	377.8	847.7	7026.3	1625.6	1814.5	870	1720.9	190.5	
65	384.2	860.5	7127.9	1651	1843.1	882.7	1747.8	190.5	
66	687.4	873.1	7232.7	1676.4	1870.1	895.4	1773.2	190.5	
67	393.7	885.8	7331.7	1701.8	1898.7	911.2	1800.2	190.5	
68	400.1	898.5	7500	1727.2	1927.2	923.9	1827.2	190.5	
69	406.4	914.4	7550.2	1752.6	1955.8	936.6	1854.2	190.5	

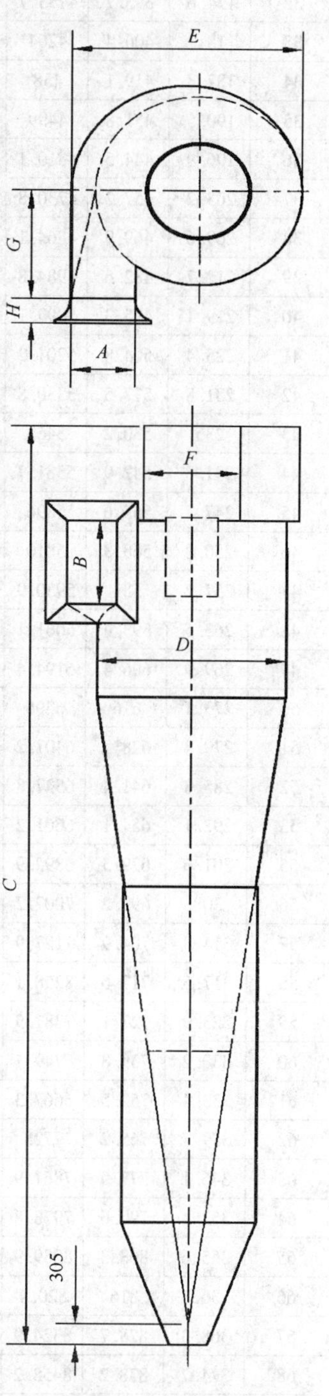

注：原尺寸为英制，换算为公制后，保留小数点后一位，四舍五入。

表 1.4 -3b 国外石油工业用 K_A =7.5 的高效旋风分离器系列(摘录) mm

序号	A	B	C	D	E	F	G	H
30	165.1	371.5	3898.9	762	844.6	406.4	803.3	190.5
31	171.5	384.2	4013.2	787.4	873.1	836.6	190.5	190.5
32	174.6	393.7	4133.7	812.8	900.1	435	857.3	190.5
33	181	406.4	4264	838.2	928.7	447.7	884.2	190.5
34	187.3	419.1	438	863.6	957.3	463.6	901.6	190.5
35	190.5	431.8	4499	889	984.3	476.3	936.6	190.5
36	196.9	444.5	4810.1	914.4	1012.8	489	966.8	190.5
37	203.2	457.2	4730.8	939.8	1041.4	501.7	990.6	190.5
38	209.6	469.9	4864.1	965.1	1070	517.5	1017.6	190.5
39	212.7	482.6	4984.8	990.6	1097	530.2	1044.6	190.5
40	219.1	495.3	5099.1	1016	1125.5	542.9	1070	190.5
41	225.4	504.8	5201.2	1041.4	1154.1	555.6	1098.6	190.5
42	231.8	517.5	5330.8	1066.8	1182.7	571.5	1124	190.5
43	235	530.2	5461	1092.2	1209.7	584.2	1150.9	190.5
44	241.3	542.9	5581.7	117.6	1238.3	596.9	1177.9	190.5
45	247.7	555.6	5696	1143	1366.8	612.8	1204.3	190.5
46	250.8	568.3	5810	1168.4	1293.8	625.5	1231.9	190.5
47	257.2	581	5930.9	1190.5	1322.4	638.2	1257.3	190.5
48	263.5	593.7	6061.1	1219.2	1351	650.9	1285.9	190.5
49	269.9	606.4	6194.4	1244.6	1379.5	666.8	1311.3	190.5
50	273.1	616	6296	1270	1406.5	679.5	1338.3	190.5
51	279.4	628.7	6407.2	1295.4	1435.1	692.2	1365.3	190.5
52	285.8	641.4	6527.8	1320.8	1463.7	708	1392.2	190.5
53	292.1	654.1	6601.2	1346.2	1492.3	720.7	1419.2	190.5
55	301.6	679.5	6892.9	1397	1519.2	733.4	1446.2	190.5
56	308	692.2	7007.2	1422.4	1576.4	762	1498.6	190.5
57	314.3	704.9	7127.9	1447.8	1605	774.7	1527.2	190.5
58	317.5	717.6	8258.1	1473.2	1632	789.4	1552.6	190.5
59	323.9	727.1	7381.9	1498.6	1660.5	803.3	1579.6	190.5
60	330.2	739.8	7493	1524	1689.1	816	1606.6	190.5
61	333.4	752.5	6667.3	1540.4	1716.1	828.7	1632	190.5
62	339.7	765.2	7728	1574.8	1744.7	841.4	1660.5	190.5
63	346.1	777.9	7861.9	1600.2	1773.2	857.3	1687.5	190.5
64	352.4	790.6	7978.8	1625.6	1801.8	870	1714.5	190.5
65	355.6	803.3	8089.9	1651	1828.8	882.7	1739.9	190.5
66	362	816	820.4	1676.4	1857.4	895.4	1766.9	190.5
67	368.3	828.7	8324.9	1701.8	1886	911.2	1793.9	190.5
68	374.7	838.2	8458.2	1727.2	1914.5	923.9	1820.9	190.5
69	377.8	850.9	8578.9	1752.6	1941.5	936.6	1847.9	190.5

K_A =7.5

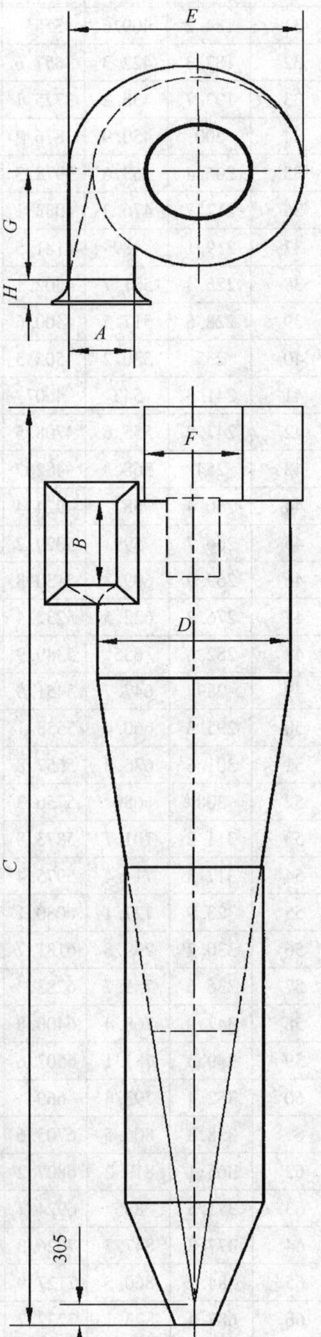

1.5　旋风分离器的制造要点

流化床用高温旋风分离器，它们主要担负回收昂贵的催化剂的任务，因此对旋风分离器的效率要求很高；同时因操作条件苛刻，承受高温和磨蚀，要求长期安全运行而减少维护，因此要求旋风分离器制造质量高、性能好、使用寿命长。

（1）旋风分离器使用的材料

① 再生器用内旋风分离器，要耐700℃以上的高温，材料选用不锈耐热钢，牌号为0Cr18Ni9、0Cr17Ni12Mo2或301H。要控制钢中碳含量，要求0.04%≤C≤0.10%，与旋风分离器焊在一起的支持吊挂，也应选用与旋风分离器筒体一样的材料。

② 再生器用外旋风分离器，采用冷壁结构，筒体材料选用20R，内衬125mm左右的隔热耐磨衬里，要保持操作时其外壁温度不小于150℃，以防止露点腐蚀。

③ 提升管出口粗旋风分离器和沉降器旋风分离器，操作温度在520℃左右，旋风分离器选用15CrMoR耐热低合金钢。与分离器连接的构件也选用同级材料。

（2）制造

① 外旋风分离器属压力容器，应按GB 150《压力容器》进行制造、检验和验收。

② 旋风分离器几何形状要求规整，制造公差要求严格，尤其是整体组焊后，其升气管、筒体、锥体、灰斗应在同一轴线上。各截面与基准轴线的同轴度允差见表1.5－1。

表1.5－1　各截面与基准轴线的同轴度允差

截面位置	升气管下口	筒体	锥体出口	灰斗
允差	2	4	4	3

对有承插口的矩形接口，承接口各边长允差为0～＋2mm，插入口各边长允差为－2～0mm，两对角线长度之差不大于2mm。

一、二级旋风分离器接口处端面应与接口管轴线垂直，其垂直度偏差不大于1mm。

旋风分离器主体在直筒部分及锥体上、下口部位的外圆周长允差ΔL，应符合表1.5－2之规定，同一截面上最大直径与最小直径之差不应大于4mm。

表1.5－2　外圆周长允差ΔL

D(内径)	ΔL	D(内径)	ΔL
<800	±4	>1300	±8
800～1300	±6		

其他尺寸偏差应按图样技术要求。

③ 旋风分离与外部附件的焊接。固定在旋风分离器上的外部附件须在衬里施工前焊接完毕；顶部和进出口处的加强筋板，应采用连续焊焊于旋风分离器的壳体上，但焊缝不得相交，非相交不可时，应将筋板割成豁口，以避开焊缝。

旋风分离器的承重支耳必须采用全焊透结构，支耳的位置应仔细核对，便于现场安装。

④ 所有两级串联的旋风分离器，必须在制造厂进行预组装，一级出口和二级入口必须按公差要求组对合格，预组装应符合图样技术要求。

⑤ 旋风分离器的衬里和龟甲网、锚固钉、端板的安装均应按图样技术要求和SH 3531

《衬里施工规范》进行施工、检验和验收。衬里材料应选择高耐磨、耐高温、防龟裂易施工的材料。国外有一种名为 Actchem 85 的单组分气硬性浇注料，具有极好的耐磨性、常温耐压强度和耐化学性。薄衬里可人工填充或捣打安装，强度可高达 65MN/m^2。在标准规定的情况下，这种材料的磨损量很小，仅为≤3CC(dm^3)，国内现有 SH 3531 中规定的 A 级耐磨性 <6CC(dm^3)。应进一步研制高耐磨性材料，提高衬里使用寿命。

衬里在施工完毕并经过 400℃烘干后方可装入主体设备内，旋风分离器的衬里烘干应在制造厂完成。

对外旋风分离器的衬里施工和材料选择尤为重要，外旋风分离器为隔热耐磨衬里，衬层厚，施工时应加密锚固钉，在结构不连续处要进行特殊处理，防止衬里开裂和脱落。

衬里施工完毕后内表面应平滑，不得凹凸不平。

衬里的质量除了材料本身以外，施工质量是最为重要的，必须重视施工环节。

⑥ 无衬里的旋风分离器，内壁必须光滑，所有高于母材的焊缝必须磨平。带单层衬里的旋风分离器，当焊缝余高超过 0.3mm 时，必须将焊缝内面打磨平滑，以便敷设龟甲网。

内旋风分离器在衬里前所有对接焊缝应进行 20% 射线检测，同时要对所有焊缝进行煤油试漏，对角焊缝进行 100% 渗透检测。对外旋风分离器，在衬里施工前对壳体的 A、B 类焊缝进行 100% 射线检测或 100% 超探，所有角焊缝进行煤油试漏，衬里后，按承压要求进行气压实验。

旋风分离器的外观应光滑平整，无焊疤及凹凸不平。

⑦ 旋风分离器的油漆、包装、运输和保护。

对耐热不锈钢旋风分离器不用涂漆，对碳钢及铬钼钢制旋风分离器在制造检查完毕后，外表面应彻底除锈，除锈等级按 GB/T 8923 中 Sa2 级或 St2 级要求，外表面应涂防腐底漆。

包装、运输和保护按图样技术要求。

第二章　翼　　阀

2.1　翼阀的作用

翼阀是用于流化床旋风分离器料腿下部排料口的密封部件，与旋风分离器有着密切的关系，因此将它的内容归于旋风分离设备来介绍。由于反应沉降器或再生器下部密相床层压力总高于上部稀相压力，旋风分离器本身也有一定压降，旋风分离器是负压排料操作。为了防止下部气流和催化剂的上窜，排料口须用密封板阀或其他部件封住。这对装置开工时，防止催化剂跑损十分重要；在正常操作时，料腿内催化剂达到一定高度，在压力作用下，翼阀阀板会自动开启，排出催化剂。由于底部有夹带催化剂的向上气流，气流的冲击和紊乱，常影响到料腿的正常排料，翼阀还能起到稳定排料和稳定旋风分离器操作的作用。所以国外一些文献常把翼阀称作“止回阀”(CHECK VALVE)。

早期的旋风分离器翼阀位于流化床的稀相段，分离器和料腿都较短，对翼阀的阻力计算和加工精度要求十分严格。同时因料腿排出的粉料又会被上升气流部分携带走，分离器的效率一般都较低。从20世纪80年代起，加大了旋风分离器长细比，料腿也延长到密相床内。旋风分离器操作比较平稳，装置催化剂耗量也明显减低。

从阻止气流倒窜的作用来说，翼阀的结构形式可分为：翼板式翼阀、重锤逆止阀、防倒锥、象鼻弯等结构，上面统称为“翼阀”。目前流化床旋风分离器用得最多的是翼板式翼阀。下文如无特别说明，所谓“翼阀”，都是指翼板式翼阀。本文重点介绍了翼板式翼阀的结构特点，对其他形式的翼阀仅作一般说明。

2.2　翼阀的分类及结构形式

(1) 按整体结构分类

翼阀主要由阀板、吊环、吊轴、阀体组成。由于外部护套和附件不同，组成了不同结构形式的翼阀。

按翼阀整体结构可分为全封闭式翼阀(Q 型)和半封闭式翼阀(B 型)两类。全封闭式翼阀又称“护套式翼阀”，见图2.2－1。半封闭式翼阀目前又有两种结构，见图2.2－2。

全封闭式翼阀由于阀板包在护套内，能很好地阻止周围气流或介质对阀板开启的干扰。但由于护套上方密布着小孔，容易挂焦或被结焦堵塞，所以多用于催化裂化再生器内旋风分离器，而反应沉降器内使用较少。此外，全封闭式翼阀护套尺寸很大，对多组旋风分离器，往往造成翼阀布局困难。

半封闭式翼阀目前在国内中型和大型催化裂化装置两器中使用较多，其中护板式翼阀结构较简单，但抵抗周围气流或介质对阀板开启的干扰性能较差。

究竟那一种形式较好，目前并无定论。国内炼油厂 FCC 装置两器，有的全部采用护架式翼阀[图2.2－2(a)]或全封闭式翼阀(图2.2－1)，有的炼油厂 FCC 再生器一级料腿采用

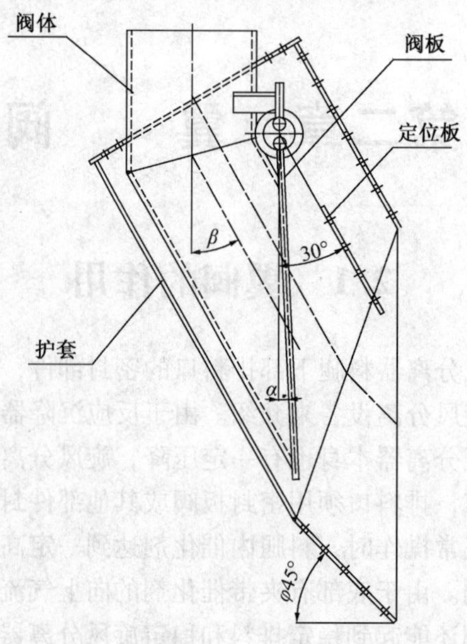

图 2.2－1 全封闭式翼阀(Q 型翼阀)

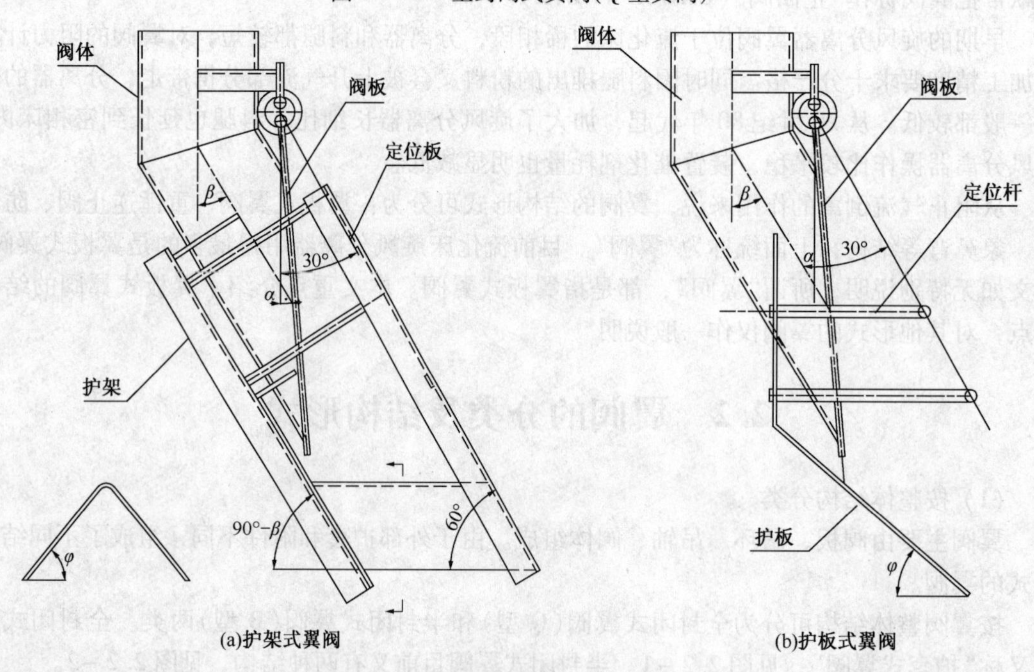

(a)护架式翼阀 (b)护板式翼阀

图 2.2－2 半封闭式翼阀(B 型翼阀)

防倒锥，二级料腿采用翼阀。

(2) 按主体材料分类

翼阀按主体材料，可分为碳钢翼阀、铬钼钢翼阀和不锈钢翼阀三类。不同材料翼阀使用条件见表 2.2－1。

表 2.2－1 不同材料翼阀的使用温度

翼阀类型	碳钢翼阀	铬钼钢翼阀	不锈钢翼阀
使用温度/℃	<450	450～550	550～760

2.3　翼阀的设计要点

2.3.1　阀的材料选择

催化裂化装置常用翼阀的材料应按表 2.3－1 规定选用。

对于有特殊材料要求的翼阀、吊环、轴杆材料的主要化学成分(如 Cr、Ni 含量)不得低于 0Cr18Ni9。

表 2.3－1　不同类型翼阀的材料选择

翼阀类型	碳钢翼阀	铬钼钢翼阀	不锈钢翼阀
吊环、轴杆材料	0Cr18Ni9	0Cr18Ni9	0Cr18Ni9
阀体(包括立管、斜管、阀板及连接附件)材料	20 号钢 Q235B	15CrMo	0Cr18Ni9
护套(或护架、护板)材料	Q235B	15CrMo	0Cr18Ni9

2.3.2　翼阀的公称直径

常用翼阀的公称直径和接管规格按表 2.3－2 选取。

表 2.3－2　常用翼阀的公称直径及接管规格　mm

公称直径 DN	100	150	200	250	300	350	400	450	500
接管(立管)外径 D	114	168	219	273	325	377	406	457	508
接管壁厚 s	10	10	10	10	10	10	12	12	14

注：1. 接管的壁厚可按需要进行修正。

2. 国内最小规格有 DN80 和 DN100 两种护板式翼阀，用于某些小型的特殊旋风分离器。

3. DN450、DN500 全封闭式翼阀，目前国内还无设计产品。

2.3.3　翼阀的阻力和阀板

1. 翼阀的阻力

翼阀的阻力即流体穿过翼阀的总压降，包括两部分：

① 料腿内介质(催化剂)通过阀体和从阀口喷出时收缩、扩张压降，以下统称为介质流动阻力。

② 阀板开启阻力，式(2.3－1)表示了这一关系：

$$\Delta p_{\Sigma} = \Delta p_{f} + \Delta p_{b} \tag{2.3-1}$$

式中　Δp_{Σ}——翼阀的总压降，或翼阀阻力，Pa；

Δp_{f}——介质流动阻力，Pa；

Δp_{b}——阀板开启阻力，Pa。

设计时应满足 $\Delta p_{\Sigma} \leqslant 400$ Pa；

Δp_{b}应小于 Δp_{Σ}的 60%。Δp_{b}可通过阀板的力矩平衡求出，即 $\Delta p_{b} \leqslant 240$Pa；

Δp_{f}还无可靠的数据，根据过去的翼阀阻力推算，当 $\Delta p_{\Sigma} = 400$Pa 时，Δp_{f}约为总阻力的 2/5～1/2。

2. 阀板

① 阀板的设计安装角，即阀板与垂线间的设计夹角 α。一般取 3°～5°，过大过小都不合适。

② 阀板的厚度，应满足阀板的设计安装角和翼阀阻力的要求，另外还应考虑加工的需要。阀板过厚，阻力大，不易开启。一般对于 $DN \leqslant 200$ 的翼阀，阀板的厚度不宜小于12mm，$DN > 200$ 的翼阀，阀板的厚度不宜小于16mm，大直径翼阀，厚度过小，加工后变形量较大，不易满足产品质量要求。

2.3.4 其他参数要求

① 阀体立管与斜管间的夹角 β(见图2.2－1、图2.2－2)应在30°～35°之间。直径小的翼阀应取较小的角度。

② 排料护板与水平面间的夹角 φ 应在40°～45°之间，不宜过大。

③ 对于易结焦系统，如炼油厂FCC装置沉降器，在旋风翼阀阀板的最大张角(阀板张角受护板或护架的限制)下，阀板与阀体斜管内底面的距离不得小于料腿内径。否则从旋风分离器下落的大焦块，穿过料腿会卡在翼阀中，造成旋风分离器失效。国内FCC装置沉降器已多次出现这种事故。

2.4 翼阀的一般加工要求

① 翼阀的阀体、阀板、吊杆及吊环孔应按图精心加工制造，阀体与阀板的接合面、吊杆及吊环孔接合面粗糙度一般不得大于 $\overset{6.3}{\bigtriangledown}$ 。

② 阀板的厚度 t 为加工后的实际尺寸，投料厚度由制造厂自行决定。但加工后的尺寸与设计图样尺寸 t 的偏差不得大于±0.5mm。阀板表面(与阀体口的结合面)，任意方向上的不平度或翘曲度不得大于0.05mm。

③ 翼阀装配时，阀板与阀体接合面之间应严密配合，翼阀在安装位置时，其间隙不大于0.05 mm。国外翼阀对这条要求较松，为0.7mm。

2.5 翼阀静态加料实验

2.5.1 静态加料试验的目的

① 检验阀板和阀口的密封性能；

② 检验翼阀阀板启动的灵活性；

③ 检验同台设备的一批翼阀开启角度均匀性。

翼阀的静态试验，在一定程度上也反映了翼阀的制造质量与设计要求的偏差程度。偏离设计值过大，会影响到阀板的开启。特别是，同批交货并安装在同一设备内的各翼阀试验开启角相差较大时，会对旋风分离系统带来一定的影响。

2.5.2 加料试验的要求

① 静态试验应在专用的实验室内和静态试验架上进行。实验室尽可能远离(汽车)马路和锻锤、吊车，实验架稳定、牢靠，翼阀调节过程不得有晃动现象。

② 静态试验时，催化剂加入过程应缓慢，且应尽量连续，催化剂加入速度不得大于2kg/min,每次连续加剂时间应在1 min以上，翼阀内的料面尽量水平、均匀。阀板开启前，阀口周边不得有断续或连续的渗料现象。

2.5.3　加料试验粉量

静态试验，阀板安装角为5°时平衡催化剂的用量参考表2.5-1。

表2.5-1　平衡催化剂需用量

翼阀公称直径/mm	100	150	200	250	300	350	400	450
阀板厚度/mm	12	12	16	16	16	16	16	16
平衡催化剂量/kg	1.8	2	2.8	3.5	4.2	4.8	5.4	6.1

上述用量仅为参考值，当阀板安装角不为5°或阀板厚度与表中数值偏差较大时，要根据实际进行修正。

2.5.4　试验合格标准

翼阀阀板开启角不得大于设计值的±1°，且应在3°~6°之间，同批交货并安装在同一设备内的各翼阀试验开启角不得相差0.5°为合格。

2.6　现场安装的一般要求

① 翼阀的安装角(即阀板的中轴线与铅垂线间的夹角)应按设计图样提供的角度安装，其允许偏差为±0.5°。也可按冷态加料试验角度安装，但不得大于设计安装角的$\pm 1^0$，且应在3°~6°之间

② 翼阀安装好后，阀板与阀口应保证周边密合，其间隙不大于0.05 mm。

③ 翼阀安装好后，阀板的中轴线与料腿中心铅垂线相交平面必须与水平面相垂直，其偏差不得大于±0.1°。

2.7　翼阀参考系列

表2.7-1是我国常用的全覆盖翼阀外形尺寸；表2.7-2是埃索公司部分全覆盖翼阀；表2.7-3是埃索公司部分半覆盖翼阀。

表2.7-1　我国部分全覆盖翼阀外形尺寸　mm

DN/kg	$d_H \times t$	H	H_1	α	ϕ	Y_0
100/56	108×8	250	142	30°	275	805
100/58.5	114×8	250	138	30°	285	814
150/95	159×10	300	183	30°	335	995
150/100	168×10	300	177	30°	350	1006
200/134	219×10	300	172	32°	415	1095
250/194	273×10	350	187	32°	505	1289
300/250	325×10	400	236	34°	570	1441
350/329	377×12	400	203	34°	655	1566
400/380	426×12	420	209	34°	720	1678

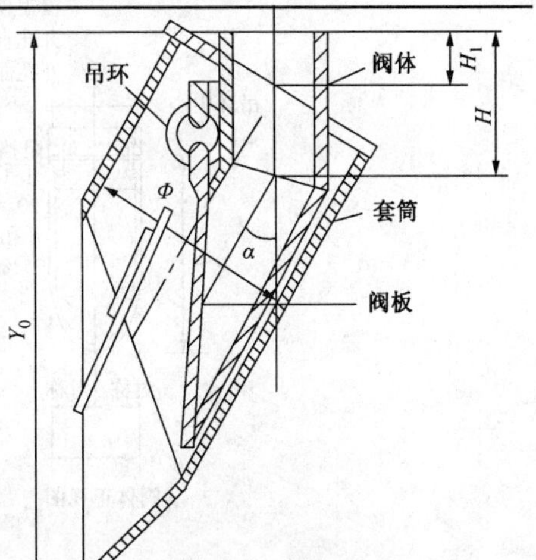

全覆盖式翼阀

表 2.7-2　埃索公司部分全覆盖翼阀 mm

尺寸代号	4	6	8	10	12	14
A	114	168	219	273	325	377
B	232	206	260	294	329	340
C	306	437	506	610	662	738
D	57	64	70	89	89	111
E	51	84	108	118	137	156
F	114	83	102	108	133	137
G	83	76	76	89	89	95
H	333	492	575	689	749	835
J	100	133	159	184	210	235
K	133	222	254	311	362	394
L	13	13	13	25	29	35
M	495	632	686	813	610	864
N	305	394	457	540	610	660
P	238	245	289	340	406	470
Q	337	343	381	441	489	559
R	279	356	419	508	559	622
S	545	645	748	681	968	1070
T_1	19	25	25	25	25	25
T_2	16	12	12	12	12	12
T_3	6	10	10	10	10	10
U	772	927	1041	1217	1322	1448
θ	30°	30°	32°	32°	34°	34°
环内径×外径	45×176	57×162	70×102	64×114	64×114	70×127

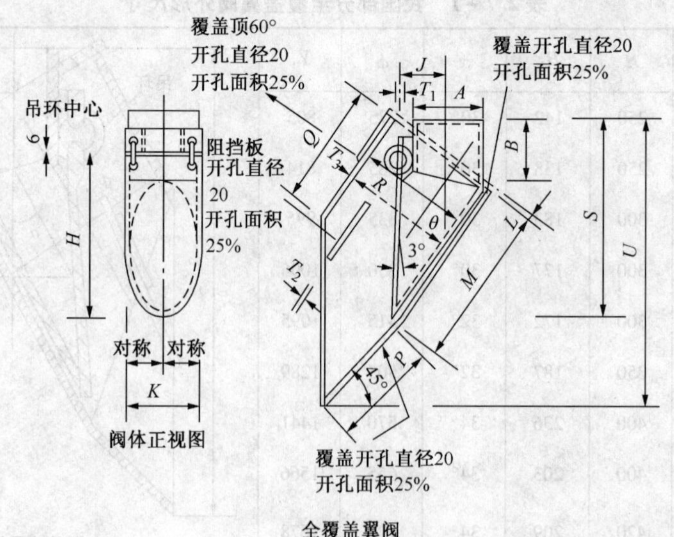

全覆盖翼阀

表 2.7-3　埃索公司部分半覆盖翼阀　mm

尺寸代号	4	6	8	10	12	14
A	114	168	219	273	325	377
B	238	225	260	287	329	380
C	310	437	500	610	665	741
D	165	145	172	187	264	299
F	114	83	102	121	133	146
G	83	76	76	89	89	95
H	333	492	548	692	749	826
J	100	137	159	187	210	235
K	146	210	254	311	375	394
L	365	508	610	762	815	914
M	264	391	465	568	616	692
N	35	35	45	76	76	76
P	19	25	25	30	30	35
Q	222	320	400	500	580	600
R	152	152	205	205	254	305
S	538	645	745	881	972	1076
T_1	19	25	25	25	25	25
T_2	12	12	14	16	18	20
U	797	946	1118	1302	1440	1635
α	45°	30°	30°	30°	45°	45°
θ	30°	30°	32°	32°	34°	34°
环内径×外径	45×76	64×102	64×102	54×114	64×114	74×127

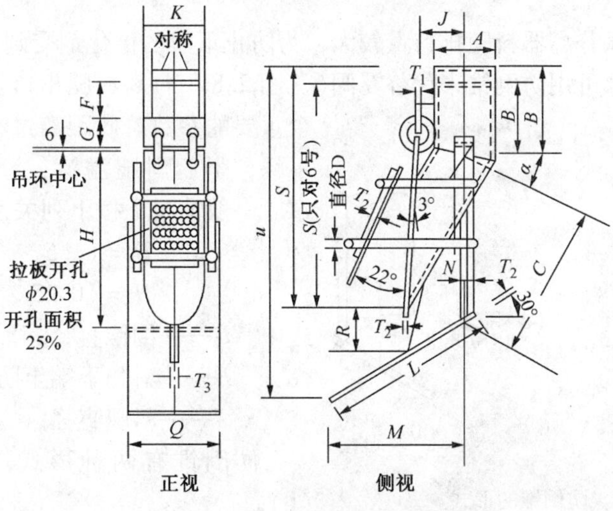

部分覆盖翼阀

2.8 其他形式的料腿排料密封结构

2.8.1 重锤式逆止阀

重锤式逆止阀与翼阀相比较，结构较简单、易于制造、金属耗量少。可用于一、二级旋风分离器的料腿密封中。图2.8－1为重锤式逆止阀结构示意。

2.8.2 象鼻形弯管

象鼻形弯管为国外布埃尔公司用于催化裂化装置内一级旋风分离器料腿的密封元件，结构简单。一般弯管的曲率半径约为二倍管径，出口正对器壁，以避开流化不稳定区。图2.8－2为象鼻形弯管结构示意，我国再生器粗旋过去也采用过这种形式。

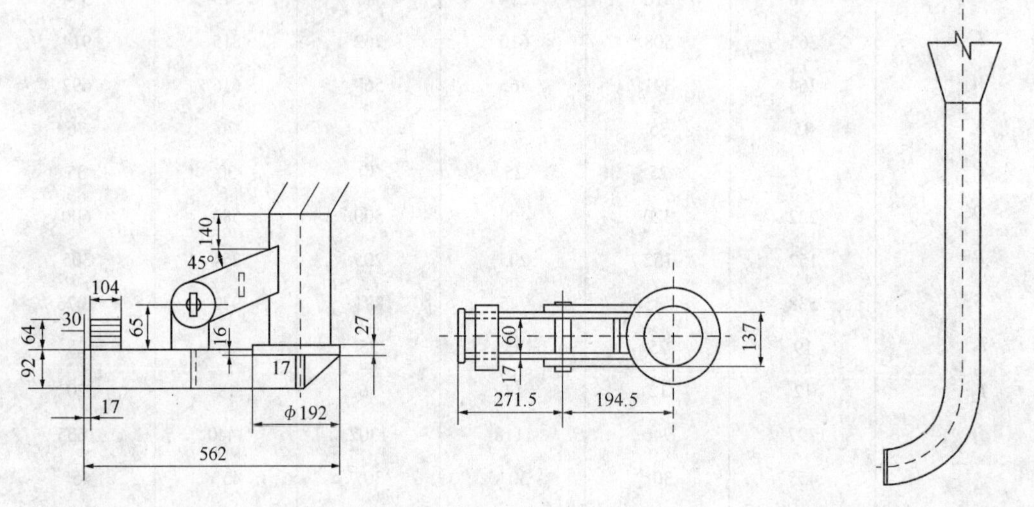

图2.8－1　重锤式逆止阀

图2.8－2　象鼻形弯管

2.8.3 防倒锥

再生器一级旋风分离器料腿排料量较大，为防止下泄的催化剂受到分布器气流的直冲而影响排料，料腿下部可用防倒锥来代替翼阀(见图2.8－3)。料腿出口至防倒锥的距离是一个重要的参数。此距离过小，将使催化剂下料不畅，引起料腿溢流，过大则易引起气体倒窜。一般情况下按下列关系设计：

$$D=(1.5\sim2)d$$

$$H=(0.25\sim1.5)d$$

式中 D——倒锥直径；

H——料腿下端至防倒锥之垂直距离；

d——料腿直径。

防倒锥有两种形式，见图2.8－3(a)、(b)。

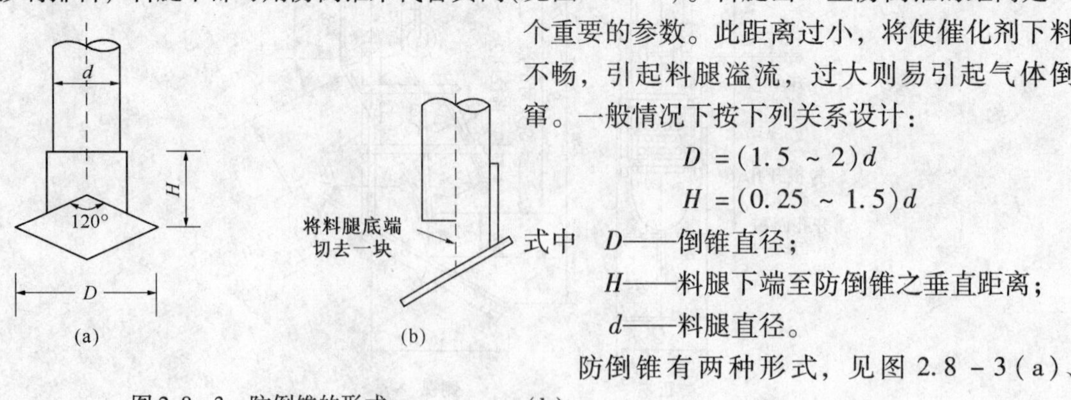

图2.8－3　防倒锥的形式

第三章　提升管末端快分系统

3.1 概　　述

快速分离一直是改进反应器设计的重要目标之一。提升管出口区的快分系统主要有两个作用。一是尽快使油气在离开提升管后，迅速与催化剂分离，避免过度的二次裂化和氢转移等反应以提高目的产品产率和质量；二是尽量减少催化剂随油气的带出，降低沉降器旋风分离器入口颗粒浓度，以降低催化剂的单耗并提高油浆的品质。

3.1.1　国外提升管出口快分系统

国外关于提升管出口快分的专利十分多，但早期只从提高气固一次分离效率入手，并未注意反应后油气的返混问题，如 T 型、倒 L 型、三叶型以及较新的弹射式快分等，见图 3.1－1。这几种快分器性能低，致使反应后油气在沉降器系统内的平均停留时间仍高达 10～

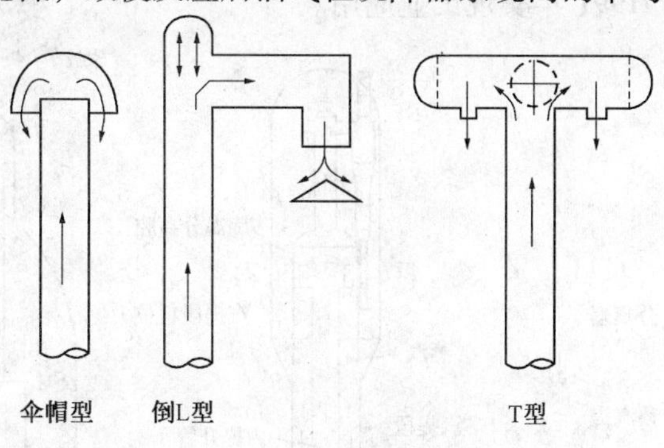

(a)三种惯性快分

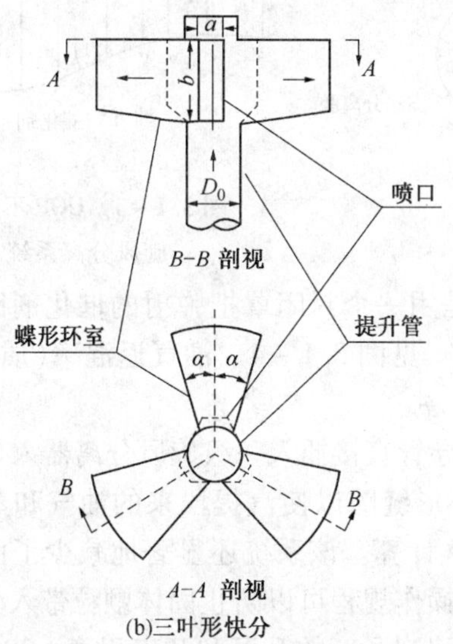

(b)三叶形快分

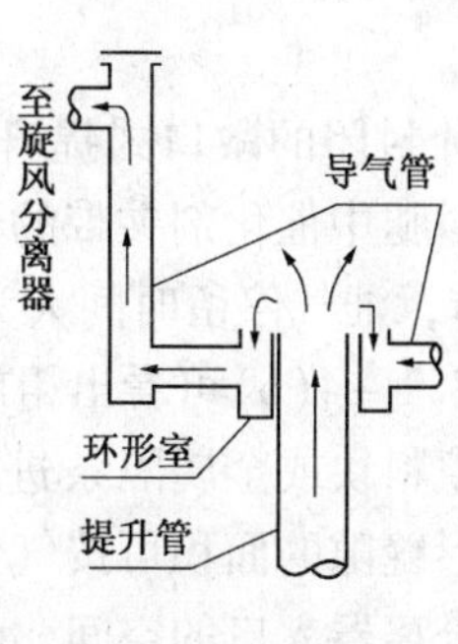

(c)弹射式快分

图 3.1－1　惯性分离快分

20s，容易产生过度热裂化，增加了干气产率，减少了轻油收率，使沉降器结焦严重。20世纪80年代以后，国外几家大公司着手改进这方面的问题，又相继推出了一些较好的专利技术，已在工业上实施并取得较好效益的新技术主要有Mobil公司的闭式直联快分系统，UOP公司的VDS系统和VSS系统。见图3.1－2。闭式直联旋分系统基本上解决了沉降器上部的油气返混问题，但没有解决催化剂夹带油气的快速预汽提问题，使这部分油气在沉降器内的停留时间仍过长。为解决这一问题UOP公司开发了VDS系统，其特点是在直联式初旋下部加了一个预汽提器，见图3.1－3。它的预汽提器仅是在粗旋锥体下部设置一个圆筒，在圆筒内布置环形汽提蒸汽分布管，催化剂在圆筒中下落的过程中得到汽提。这种预汽提器由于没有采用使催化剂与预汽提蒸汽良好接触的有效结构，因此汽提效果仍有待提高。UOP公司的VSS系统，其特点是在提升管末端设置一旋流式快分头，在快分头外罩一封闭罩，封闭罩下部设有催化剂的预汽提段，这种结构较适合于内提升管的结构。据资料介绍，反应油气进入沉降器和汽提段只占2%。

UOP公司后来开发了一种称为不定式旋风分离系统(Suspended Catalyst Cyclone System)，提升管末端仍为敞口，但与旋风分离器直连，迫使所有(或大部)油气和催化剂都进入旋风分离器，见图3.1－3。这种形式把封闭系统的目的产品产率高和敞口系统的可操作性能好的优点结合起来，并于1991年实现工业应用。

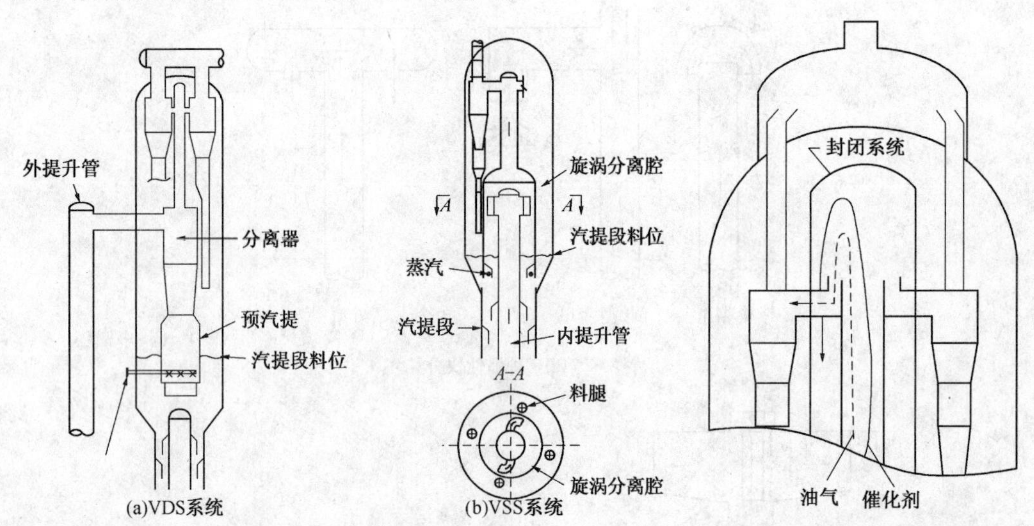

图3.1－2 UOP的VDS系统和VSS系统

图3.1－3 UOP不定式旋风分离系统

另一种封闭的敞口式提升管出口分离系统是用一个封闭罩把弹射的催化剂回收并预汽提，可使料腿中催化剂夹带的烃类气体明显减少，见图3.1－4。油气返混率(质量分数)仅有5%左右，油气停留时间大为缩短。

由图3.1－4(b)可看出粗旋的油气出口通过导管直接插入一级旋风分离器入口管，两管之间采用填料块或金属隔条进行对中，并留出环形缝隙以使汽提段来的油气和蒸汽能够通过。此环形缝隙的面积可按气体线速1.5～30m/s计算。该系统还显著地减少了由提升管顶部到旋风分离器入口的空间。良好的设计和新的操作规程可以防止固体颗粒带入分馏塔。此外，由于新系统具有不同的热膨胀性质，因此还编制了新的升温和开工程序。20世纪80年代后期该系统已在多套装置上应用。有3个炼油厂的工业验证表明，汽油收率(体积分数)

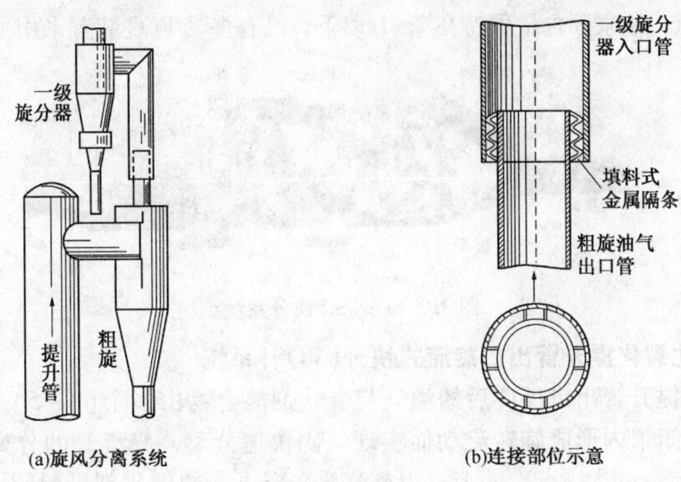

图 3.1－4　粗旋风分离系统

可增加 1.3%～1.7%，而干气产率（质量分数）下降 0.9%～1.0%。如果维持干气产率不变则可提高裂化苛刻度（提升管顶部温度可提高约 17℃），从而增加轻油收率和汽油辛烷值，并降低不希望的热裂化副产物－丁二烯 50% 以上，改善了烷基化装置的进料性质。

3.1.2　国内提升管出口快分系统

国内在提升管出口快分技术开发方面起步较晚，最早使用的为 T 型和倒 L 型，后来使用的主要是三叶快分和粗旋快分两种。直到 20 世纪 90 年代有的装置采用了 VSS 型快分系统。以后石油大学进行了研制开发，针对当时国内采用的两种较多的快分结构形式，成功地开发了两种新型提升管出口快速分离系统：一种是旋流式快分系统，适合于改造当时现有的三叶快分及配有其他惯性快分形式的内提升管系统；另一种是汽提式粗旋系统，适用于改造当时现有的粗旋分离系统。

在此基础上，在 20 世纪 90 年代末期，根据我国催化技术发展的需要，石油大学流固分离研究室等单位又组成课题组，相应开发了三种快分系统：一是带有挡板预汽提器的粗旋快分（FSC）系统；二是催化裂化提升管出口旋流式快分（VQS）系统；三是重油催化裂化提升管末端油气－催化剂快速分离与引出系统（CSC）。这三个系统的研制成功，把我国提升管出口快分技术提升到一个新的高度。

3.2　目前国内常用提升管出口快分系统的结构形式

3.2.1　带有挡板式预汽提器的粗旋快分系统（FSC）

这种形式的快分系统是在提升管出口加上一台粗旋风分离器，并在粗旋的灰斗部分将其适当加大加长，在灰斗内加 2～3 层带孔的挡板，灰斗底部设置一个环形蒸汽分布器，用以汽提粗旋分离下来的催化剂夹带的油气，其结构示意见图 3.2－1。

该型快分系统与过去常用的粗旋快分相比，有如下优点：

① 消除了部分油气在粗旋灰斗中被高密度催化剂夹带下行所产生的过裂化二次反应；

② 实现了两段汽提，大大提高了汽提效率，从而减少了可汽提焦和带入再生器的烃类；

③ 提升管出口反应后油气在沉降器内的停留时间，从原来的 10～20s 缩短到 5s 以下，减少了过裂化，提高了烃的有效利用率，轻油收率提高 0.5～1.0 个百分点，待生剂上 H/C 降低

约1～2个百分点，油浆固含量保持在2g/L以下，已有多套FCC装置采用了FSC快分系统。

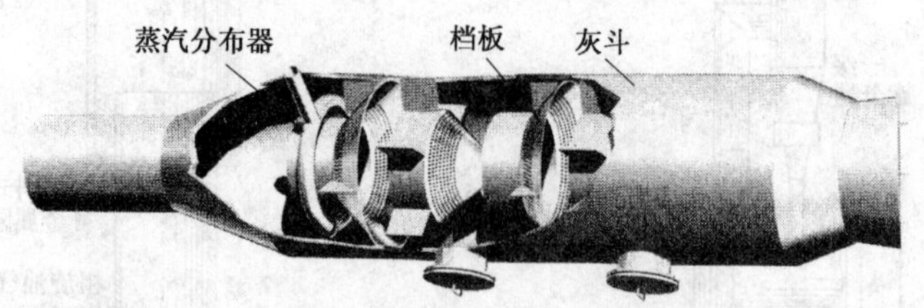

图3.2－1 FSC快分系统结构

3.2.2 催化裂化提升管出口旋流式快分(VQS)系统

这个系统将提升管出口反应后的油气与催化剂混合物由多个(3～5)旋臂构成的旋流快分头喷出，在封闭罩内形成旋转流动而实现气固快速分离，旋流头的分离效率高达99%以上。由旋流头分离下来的催化剂沿封闭罩的内壁流入下部的预汽提段(由3层开孔带裙边的挡板构成)汽提，然后在沉降器底部床层汽提段进行密相汽提。还夹带有少量细催化剂的油气在封闭罩内经承插式导流管进入顶部旋风分离器，进一步分离其中夹带的细催化剂，并经料腿进入沉降器底部床层，通过封闭罩上设有的开口进入床层汽提段进行进一步汽提。汽提气主要在封闭罩内上升进入承插式导流管而入顶部旋风分离器，但在封闭罩外也会有少量含油气的汽提气，汇同顶部防焦蒸汽，都从承插口的环隙引出，进入顶部旋风分离器。由于考虑到顶部旋风分离器料腿排料时也会有少量油气带出，为了尽量减少油气在温度较低的封闭罩外滞留而引起结焦，也可以从承插式导流管上加设3～4根引流管，向下一直伸到料腿翼阀附近，如图3.2－2上虚线所示。

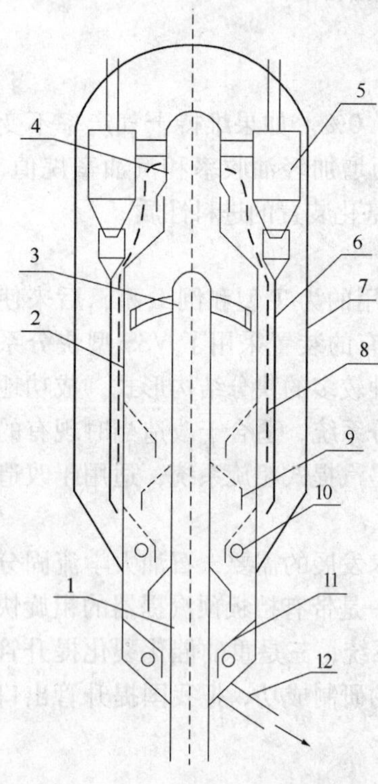

图3.2－2 VQS快分系统结构示意

1—提升管上段；2—封闭罩；3—旋流快分头；4—承插式导流管；5—顶旋风分离器；6—料腿；7—沉降器壳体；8—引流管；9—带裙边挡板；10—汽提蒸汽分布管；11—汽提蒸汽挡板；12—待生剂出口

由于采用了外伸臂旋流头加承插式导流管和环形挡板预汽提三位一体的结构，使油气在沉降器内的返混大大降低，既实现了99.99%以上的高分离效率，同时可使油气在沉降器内的平均停留时间减少到5s以下，并且还大大地减少了现有沉降器内不可避免的有害的油气滞留空间，从而避免了由于催化剂与反应产物的过度接触和反应油气在高温环境下过长时间的滞留而引起的过裂化反应，有效地缓解了沉降器内的结焦，使产品的分布进一步得到改善。同时使沉降器内没有因结焦而带来的设备危害。该快分技术同样同时实现了高效气固快速分离、分离后的油气的快速引出及分离下来的催化剂的快速高效预汽提。其效果比较早开发的FSC系统更完善更先进。

采用VQS技术后，在掺炼管输原油减渣36.58%～38.27%范围内，可比原装置采用粗旋风快分系统，轻油收率提高1.2个百分点，干气降低0.51个百分点，焦炭降低0.56个百分点，待生剂上的焦炭的H/C比降低1.5个百分点。

3.2.3　重油催化裂化提升管末端油气－催化剂快速分离与引出系统（CSC）

该技术的结构特点为：提升管出口直联初级旋风分离器，在初旋下部直联一级汽提器，一级汽提器采用密相环流汽提的方式。在初旋的排气管上用承插的方式罩一段连接沉降器顶部旋风分离器的入口导流管。初旋可实现气固快速分离，一级汽提器将初旋料腿由于正压排料而夹带的油气减少到最小程度，导流管可把油气在沉降空间内的停留时间缩小到5s以下。以上三部分构成了该提升管出口的“三快”技术，即快速分离、快速汽提、快速引出。该技术不仅在油气的引出结构上有别国外专利，而且其关键的新技术为“密相环流汽提”，不仅可使催化剂在密相床床层中及时得到汽提，同时通过催化剂的密相环流可实现其多次与新鲜预提蒸汽相接触的目的，从而获得较高的汽提效率。该系统的结构示意见图3.2－3。

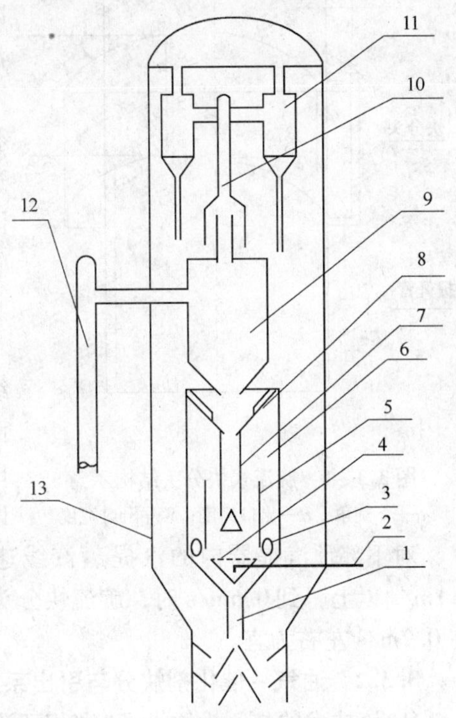

图3.2－3　提升管末端油气－催化剂快分与引出系统示意

1—料腿；2—内环预汽提蒸汽进气管；3—外环分布管；4—内环分布板；5—内筒；6—预汽提器；7—中心下料管；8—带消涡板的环形挡板；9—粗旋；10—承插式导流管；11—顶旋风分离器；12—外提升管；13—沉降器壳体

从图(3.2－3)可见，该技术由不同功能的多个设备(或部件)组合在一起。提升管出口直联一台大的初级旋风分离器，在极短的时间内将油气和催化剂快速分离，分离下来的催化剂中夹带的部分油气立即通过预汽提器进行预汽提，紧接着又进入本技术的关键部分“密相环流汽提器”，对分离下来的催化剂进行最充分的汽提，几乎赶尽催化剂夹带的油气。初旋升气管通过承插式导流管快速进入顶旋风分离器进行气—固的高效分离。这几个过程均在几秒钟内完成，油气几乎没有机会再跟催化剂接触，因此也不可能产生二次裂化和在沉降器顶部结焦了。

3.3　快分系统的设计要点

3.3.1　VQS快分系统的设计要点

① VQS系统中的关键元件之一为旋流快分头，它的作用代替了过去常用的粗旋，来实现气—固快速分离。旋流快分头结构参数的确定就非常关键。通过试验发现，快分头的分离效率随下旋角 α 的增大而提高（见图3.3－1），但当 α 角增至30°以后效果不再明显。这是因为下旋角的增加虽然加大了催化剂颗粒向下的惯性动量，但同时也减少了旋转惯性动量，对分离不利。另外，下旋角加大后，增加了快分头出口后气体返混，不利于形成稳定的旋转流场，因而无益于提高分离效率。另一方面，随着下旋角 α 的增大，快分头的压降也继续升高，因此，下旋角 α 不宜过大，以20°为宜。

旋流头的开口尺寸也是一个重要参数，它关系到旋流头内油气流速及出口处速度，对气－固两相中更好地将固相分离出来至关重要。从试验趋势来看，开口面积与提升管截面积之比为0.75时，分离效率达到最高点。此值增大或减小都会使分离效率下降，这是因为开

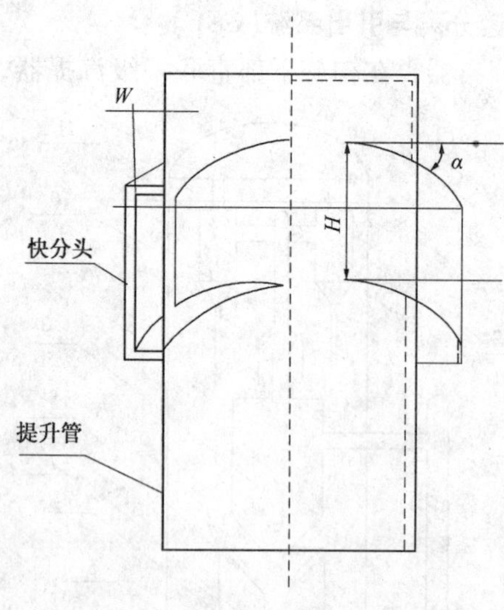

图 3.3-1 旋流式快分头结构示意
α—下旋角；H—出口高度；W—出口宽度

口面积增大后，气固混合物旋流喷出的速度低，催化剂颗粒随气流的旋转动量和向下的喷射动量都要减小，使气固分离效应减弱；开口过小时气固混合流从狭缝高速喷出，增加了喷射流动的不均匀性，不利于稳定的旋转流场的形成，过高的喷出速度还会使催化剂颗粒的碰撞和反弹增加，加剧了固粒的返混，使其随气流的带出量增加，降低了分离效率，同时压降也相应增大，综合考虑，开口面积与提升管截面积之比控制在 0.75 ~ 0.85 为宜。

② 操作参数对 VQS 快分系统性能的影响

提升管线速应控制在一定范围内。当提升管内线速太低时，旋流快分头效率随提升管内线速降低而下降。要控制提升管线速不低于 8m/s，通常在8 ~ 16m/s 间操作为好。最高可到 20m/s 左右也可操作，说明旋流头有较大的操作弹性。

对下部预汽提器内的汽提蒸汽线速，当设置 2 ~ 3 层挡板时，预汽提线速应控制在 0.1m/s 以上，到 0.6m/s 时，旋流快分头仍有较高的分离效率。综合考虑，汽提气线速控制在 0.2m/s 左右为宜。

3.3.2 油气 – 催化剂快分与引出系统(CSC)设计要点

① 该技术的核心为增设了“密相环流汽提器”，要使环流汽提器中内环与外环的催化剂流化起来，形成环流非常关键。这就要在内环与外环间形成密度差。即要控制环流比 C(环流量与系统催化剂循环量之比)，可在 2 ~4 之间。

② 外环气速比内环气速低，形成外环密度与内环密度差，此差值加大，环流更明显，为此控制外环气速不大于 0.1m/s 为好，内环线速 0.1 ~ 0.4m/s 之间。

③ 要维持粗旋风较高效率，提升管线速不能太低，特别在转剂时提升管线速保持在 8 ~ 16m/s 有利。提升管线速在 20m/s 左右时，粗旋可获得较高的效率。

带有挡板式预汽提器的粗旋快分系统(FSC)，在工业应用中，尽管缩短了油气的停留时间，减少了沉降器内结焦的可能性，但由于该结构利用粗旋灰斗作为汽提器，结构较狭窄，内部结构空间小，曾发生在汽提器内结焦，而且一旦结焦后清焦较难。对该快分系统褒贬不一，此处对其设计就不作介绍，重点推荐 VQS 系统和 CSC 系统。

第四章 第三级旋风分离器

4.1 概 述

随着重油催化裂化(FCC)技术的发展和装置的加工能力不断提高，有的装置的再生烟气量已超过$50\times10^4m^3/h$，再生器顶部温度达700℃以上，再生器压力(a)提高到0.36MPa左右。为了回收高参数再生烟气中的能量，国外在20世纪50年代就开始了烟气轮机和第三级旋风分离器的开发研究工作，1955年取得了中型试验的成功。1963年，3套再生烟气烟气能量回收工业机组相继建成投用。目前国外已投产近90套，其中超过25000kW回收功率的有多套，好的能量回收机组发电，不仅满足装置自身用电量，而且能对外输电。20世纪70年代中期，我国就成功地开发了烟气轮机动力回收机组，目前已建成投产的有70余套，是世界上烟气动力回收机组最多的国家。第三级旋风分离器(相对于再生器两级分离器而言，以下简称"三旋")是使烟气动力机组得以开发成功并继续发展的关键设备，没有高效净化再生烟气的三旋，也就没有烟气轮机动力回收机组今天取得的辉煌。

4.1.1 FCC装置再生烟气工作条件

(1) 烟气的流量大

一套$(100\sim300)\times10^4t/a$的重油催化裂化装置，其再生烟气的流量可达$(15\sim50)\times10^4m^3/h$，随着装置规模的扩大和催化原料的劣质化，烟气流量还会增大，而且即使同一装置在一个操作周期内，由于操作工况的变化，烟气量可能会在较大范围内波动。

(2) 烟气的温度高

馏分油FCC再生烟气温度一般不超过680℃，而重油FCC再生烟气温度一般都在700℃以上，有的装置再生器顶部温度达730℃以上。当装置操作不稳定或发生二次燃烧时，短时间温度会达到800℃左右。

(3) 烟气中催化剂细粉含量高、波动大

一般再生器中含催化剂烟气经过器内第一、二级旋风分离器后排出的烟气中催化剂含量约$1.0\sim1.5g/m^3$，近年来由于设备技术和操作水平的提高，多数装置降到$1.0g/m^3$以下，催化剂颗直径在$10\sim40\mu m$，当装置操作不正常时，含催化剂浓度会增加到$3.0g/m^3$以上，催化剂颗粒直径可达$40\sim50\mu m$。

(4) 再生烟气的压力(a)一般在0.22～0.36MPa。

(5) 操作的波动性较大

目前重油催化裂化原料愈来愈劣质化，反应系统操作不易平稳，常常引起再生系统的波动，或因更换催化剂及非正常开停工，致使再生烟气的温度、流量，含尘浓度和粒度变化大。

4.1.2 能量回收机组对三旋的工作要求

① 处理风量能力大，满足装置最大再生烟气量的要求。操作弹性好，烟气量有较大变化时，三旋效率稳定。

② 对细粉的分离效率高，能长期将10μm以上的颗粒全部除尽。

烟气轮机是FCC装置能量回收的核心设备。根据国外一些公司多年的经验和测试，提出了影响烟气轮机叶片磨损的经验公式，叶片磨损速率与烟气中催化剂粒度直径的2~3次方成正比，直径为10μm的颗粒对叶片的磨损速率比5μm的大36~216倍。为此，国内外烟气轮机制造商，都提出了对进口烟气中含尘的浓度和粒度的要求，见表4.1-1。

表4.1-1 烟气轮机对烟气中含尘浓度和粒度的要求

烟气轮机厂商	含尘浓度(标准状态)	颗粒粒径/μm		寿命保证
美国D-R公司	$120mg/m^3$	>10	≤3%	2年，功率下降≤10%
美国Eliott公司	$138mg/m^3$	>10	≤3%	2~8年，功率下降≤10%
德国G. H. H公司	160×10^{-6}	>10	≤5%	3年，功率下降≤6%
中国烟机制造厂	$200mg/m^3$	>10	≤3%	≥2年

③ 净化烟气中细粉浓度小于$150mg/m^3$，最高不能大于$200mg/m^3$，这是保证烟气轮机长期运行的另一重要因素。根据多年来烟气测试数据表明，烟气中只有在较低的细粉浓度下，细粉粒度才有可能达到要求。

④ 能长期承受700~740℃的操作温度，并能在短期内(1~2h)耐800℃左右的瞬时高温。

⑤ 能够承受在催化裂化装置运转不正常时突然增大的粉尘负荷而不致造成损坏、堵塞，短时能承受比正常情况高达20~30倍的催化剂负荷而不失效。

⑥ 三旋的总压降不大于0.015MPa。

⑦ 三旋的关键元件——旋风单管要具有高的抗磨蚀能力，其耐磨蚀寿命应在6年以上。

4.2 FCC装置常用三旋的结构特点

4.2.1 立管式多管三旋

20世纪60年代壳牌(Shell)公司研制开发的多管式立置三级分离器，是国外炼油工业应用最多也最成功的形式。三旋内部设有上下隔板，将三旋内腔分为进气室、集气室、集尘室三个部分。壳牌多管三旋的核心部件旋风管，固定在隔板上。旋风管又称"单管"，几经演变，形成了最为简洁的形式，见图4.2-1、图4.2-2。

早期的旋风管，带有泄料盘，上面对称设置了两个泄料孔(见图4.2-2)。因泄料孔易被堵塞，影响分离效率，后来被取消，并略加长了旋风管。根据Shell的观点，当旋风管长度达到一定值时，底部具有屏障作用，可阻止粉尘的返混。

壳牌三旋的特点：

① 导向器上均布了8个由曲线和直边组成的混合型叶片，进出口面积比达2.2。气流通过叶片，气速很高，具有较大的离心力，有利于细粉分离。

② 直筒型的旋风管内带有20mm的整体刚玉衬里，内表面光滑，抗磨性能很好。可在高风量下操作。壳牌旋风管进口线速25~28m/s，最高可达30 m/s。

20世纪70年代中期，我国引进了壳牌三旋技术，但当时的国内制造水平较低，刚玉衬里表面粗糙，尺寸偏差一直达不到要求，而且是分段组装，在实验台上测得效率很低。在工业上，烟气轮机开工半年至一年，叶片磨损就十分严重(这与我国当时FCC装置催化剂单耗较高，再生器二旋出口烟气催化剂浓度高达1.5~2.0g/m^3的因素也有一定关系)。

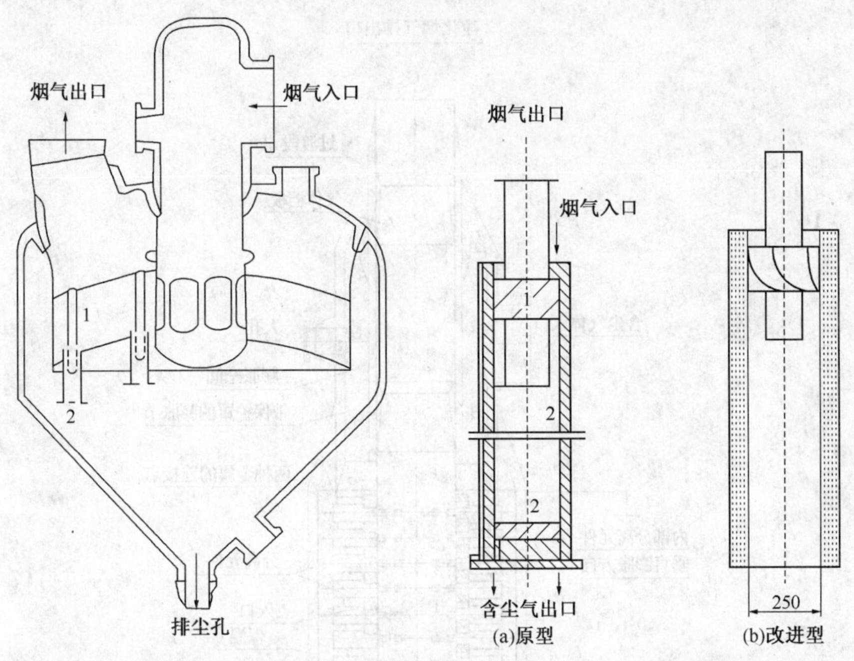

图4.2－1　多管式三级旋风分离器

1—含催化剂排气；2—旋风单管

图4.2－2　旋风管结构

1—叶片；2—耐磨蚀材料

由此，中国石油大学、中国石化原北京设计院和洛阳石化设计院等单位，展开了对三旋的研究和开发工作，通过对旋风管道内部流场的分析，明确了影响分离效率的各种因素。经过了20多年的不懈努力和改进，形成了具有我国特色的三旋系列产品和设计原则。这也奠定了对FCC装置其他旋风分离器研究的基础。

4.2.2　卧管式多管三旋

随着FCC装置的大型化，旋风管的数量增多，立管三旋的直径越来越大，安装旋风管的上下隔板承受着较大的应力。尤其下部隔板凸面承受外压，受力恶化，一些装置的三旋下隔板严重变形，甚至翻转，造成三旋效率急剧下降。目前某些三旋下隔板厚度已超过40mm。20世纪80年代，Polutrol公司推出卧置式旋风管组成的卧管三级旋风分离器，名为Europos型，如图4.2－3所示。旋风管水平布置，为一小直径切向入口式旋风分离器，如图4.2－4所示。旋风管内有耐磨衬里，内径250mm。

该结构型的三旋，含尘气流先经预分离后再进入旋风单管进行精分离。采用两次分离使整个分离器的总分离效率高于其他形式的三旋。

由于旋风单管沿圆周方向均匀分布可使径向热膨胀比较均匀，又可沿轴向自由膨胀，因此三旋内部分离单元产生的热应力很小，可以承受较大的温度波动，设备的适应能力强。该形式三旋结构紧凑、占地较省。根据气量大小，可以沿轴向延伸布管，而不必过大地扩大三旋本体直径，因此可以满足大型催化裂化装置对三旋的配套要求。1990年前后，我国自行开发的卧管三旋和卧式单管也实现了工业化。单管有250mm和300mm两种规格。旋风管内壁无耐磨层衬里，但局部喷涂有耐磨合金。图4.2－5是我国180×10^4t/a ARGG装置所使用的PHM卧管三旋结构示意。图4.2－6是该三旋采用的300mm卧式旋风管。单管采用双蜗壳进口，排气管带分流锥，尾部排尘带有防反混锥。单管分离长度比Polutrol公司单管略大。

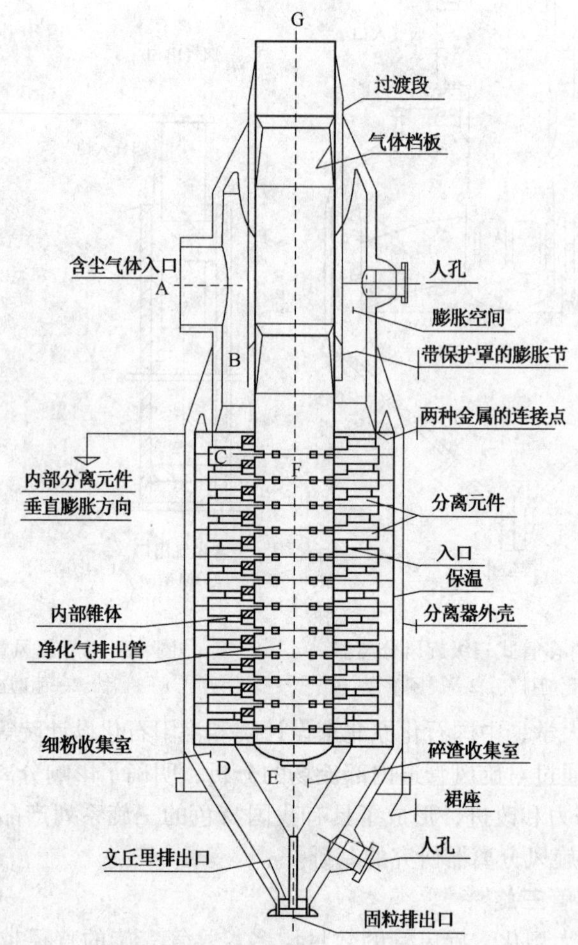

图 4.2－3　美国 Europos 型卧管三旋

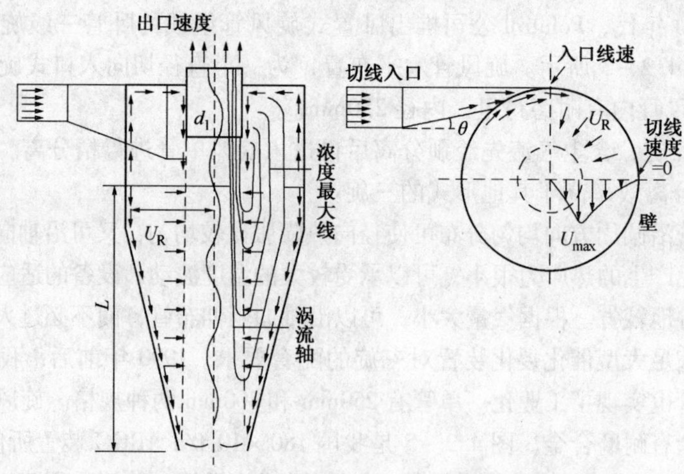

图 4.2－4　Polutrol 公司卧管三旋旋风管结构示意

u_R—径向速度；u_{max}—最大速度

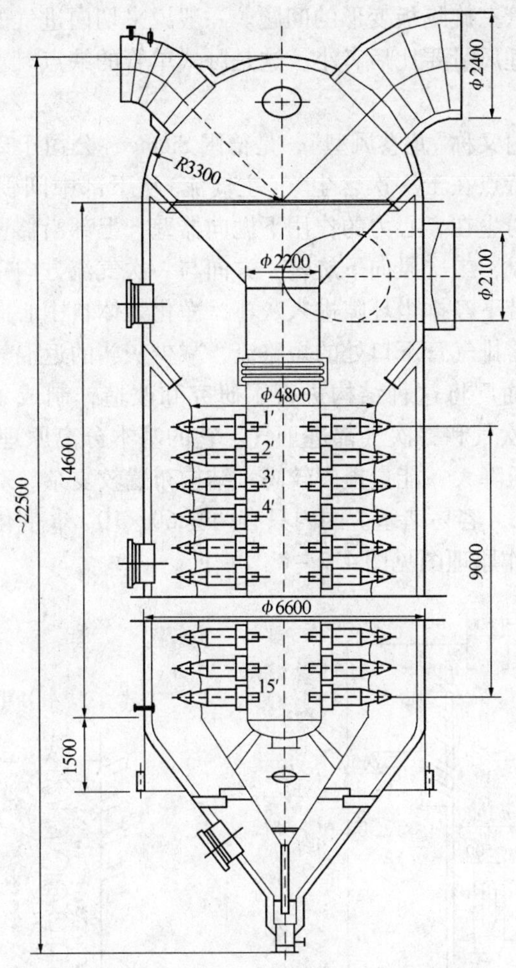

图 4.2－5 我国 PHM 大型卧管三旋

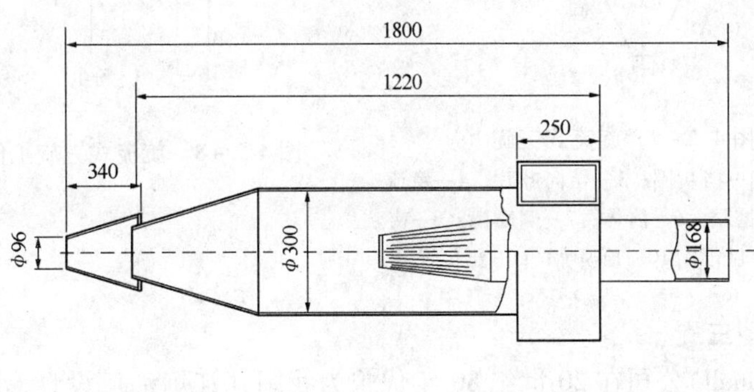

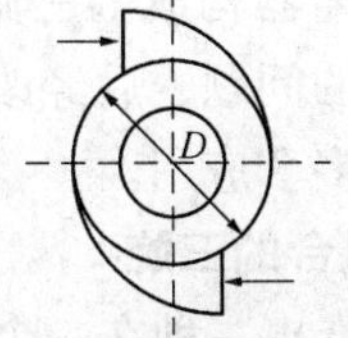

图 4.2－6 300mm 卧式旋风管

卧管三旋解决了立管三旋隔板变形的问题。一般说来切向进气的单管，要比轴向进气的单管分离效率高，但处理风量要比后者小，这是卧式单管的缺点。

4.2.3 旋流式三旋

旋流式分离器，国内又称“龙卷风型”，是德国 Siemens 公司于20世纪60年代开发的一种旋风分离设备。它的特点在于一次含尘气(主气流)从下部中间引入，经导向叶片转变为高速旋转的向上气流，粉尘在离心力的作用下抛向器壁，上部沿器壁斜切向下方向设置了几排喷嘴引入干净的二次风，二次风向下旋转，方向与一次气流方向一致的，使前者的旋转得到加强，颗粒被二次风带下经排尘环隙进入灰斗，净化气体自中心向上排出。这种结构可消除切向进气式旋风分离器排气管下口处的短路流，减少灰斗的返混气流，因而效率较高。我国西安化肥所和上海炼油厂将这种结构进行了研究和改造，制成了 $\phi1000$ 的旋风分离器，用作 FCC 装置三旋。一次气和二次气都进烟气。它的基本分离原理与切向入口的旋风分离器基本相同。缺点是：压降大、能量损失较高、结构布置较复杂、对大处理气量装置布置起来困难，此外，料腿较长，容易堵塞。国内只有两套 60×10^4t/a 催化裂化装置曾用过。其结构示意见图 4.2-7，工作原理图见图 4.2-8。

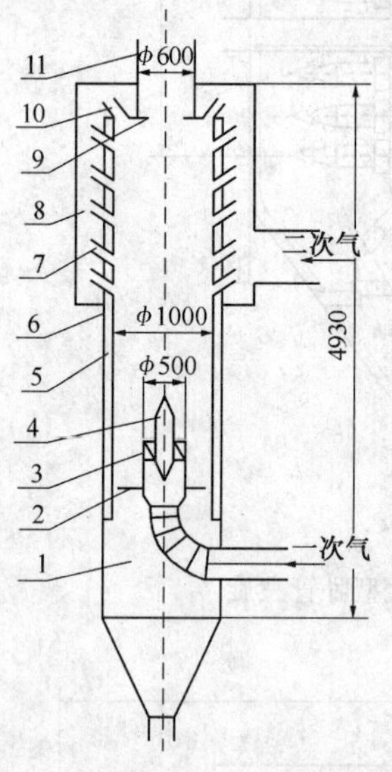

图 4.2-7 旋流式三旋

1—灰仓；2—挡灰圈；3—导向叶片；4—稳流体；5—耐磨层；6—筒体；7—侧喷嘴；8—夹套；9—出口挡圈；10—顶喷嘴；11—出口管

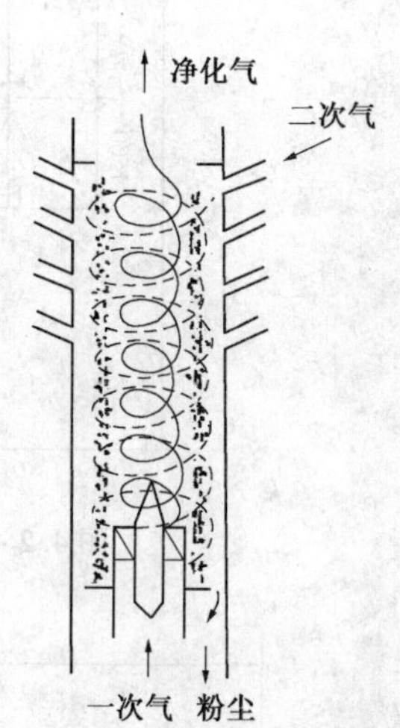

图 4.2-8 旋流式三旋工作原理图

4.2.4 Buel 型三旋

美国布埃尔(Buell)公司在20世纪80年代曾为我国九江炼油厂设计、制造了一台由多台大直径切线进口普通旋风分离器构成的三旋，见图 4.2-9。该型三旋在九江炼油厂运行多年，开始存在料腿下料不畅的问题，后经改进料腿角度并加强操作，其分离器性能较好。类似结构的三旋，在国外也有多套应用。

4.2.5 普通旋风分离器组合的三旋

美国 Fisher 公司前几年又推出一种在一个大壳体内并联布置多台大直径的普通切向进口旋风分离器的三旋，如图 4.2-10 所示。这种三旋的特点是：

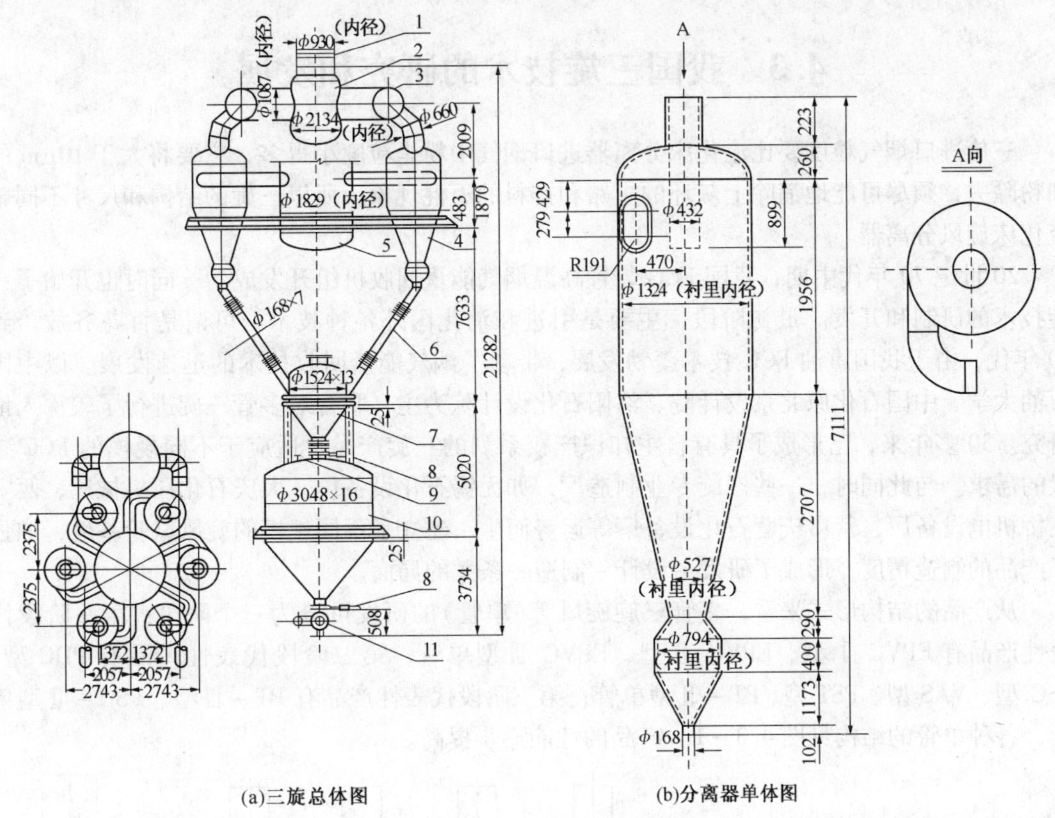

图 4.2-9 Buell 三旋

1—格栅；2—出口总管；3—出口集合管；4—分离器单体；5—进口总管；6—料腿；7—沉降料斗；8—气运滑阀；9—安全泄压阀；10—贮存料斗；11—回转卸料阀

① 各台旋风分离器都有自己的灰斗料封，消除了多管三旋存在的返混现象，每个旋风分离器的效率就是三旋的总效率，尽管它单台的效率低于小分离管，但它组合后没有多管式三旋总体效率下降的缺点。三旋的分离单元直径可在0.8~1.2m 选取，在再生器内第一、二级旋风分离器总分离效率已经较高(烟气中催化剂浓度低于$1.0g/m^3$)的情况下，该类型三旋，完全可以满足 FCC 动力回收的要求。

② 由于分离单元直径较大，可以对其施以很好的耐磨衬里，提高三旋的耐磨性，施工、维修都比较方便，其使用寿命较长。

③ 基本避免了因装置处理量增大，直径变大，多管三旋内件变形造成效率降低的缺点。当 FCC 装置的处理量大于 200×10^4 t/a 时，三旋的总体经济指标要优于多管三旋。由于这种三旋具有诸多优点，国外已在多套催化装置上应用。类似的三旋国内进行了开发，并在多套 FC C 装置中投用。

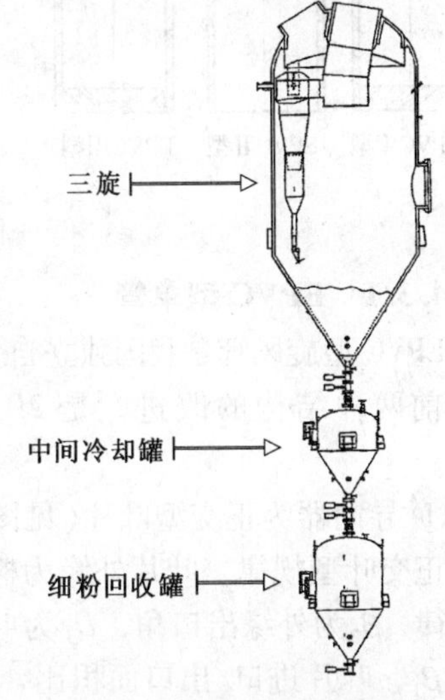

图 4.2-10 Fisher 公司三级旋风分离器

4.3 我国三旋技术的研究和发展

三旋进口烟气粒度要比流化床分离器进口烟气中粉尘粒度小得多，它要将大于10μm 的细粉除去，须尽可能地消除上灰环的短路和排料的返混现象，所以三旋的结构和尺寸不同于流化床旋风分离器。

20 世纪 70 年代中期，我国 FCC 装置高温烟气能量回收机组开发成功，同时也开始了三旋技术的研制和开发。最初阶段，主要是引进和消化国外各种技术，可谓是百花齐放。到 80 年代，由于我国重油 FCC 技术蓬勃发展，带动了烟气能量回收技术的迅速发展。以中国石油大学、中国石化原北京设计院、洛阳石化设计院为主，联合对多管三旋进行了较深入地研究。30 多年来，已形成了具有自主知识产权系列的三旋产品，适应于不同规模的 FCC 装置的需求。与此同时，一些三旋专业制造厂，如无锡石化设备厂、大庆石化厂机械厂、西安三桥机电设备厂、营口庆营石化设备厂等运势而生，建立了不同规模的旋风试验基地，加强了产品的制造精度，形成了研发－设计－制造一条龙的局面。

从产品的结构形式来看，多管三旋旋风管(单管)的研发可分为三个阶段：第一阶段代表性产品有 EPVC Ⅰ型、EPVC Ⅱ型、EPVC Ⅲ型单管；第二阶段代表性产品有 PDC 型、PSC 型、VAS 型、PST 型、PT－Ⅱ型单管；第三阶段代表性产品有 PT－Ⅲ型、PSC－Ⅱ型单管，各种单管的结构见图 4.3－1。产品的性能逐步提高。

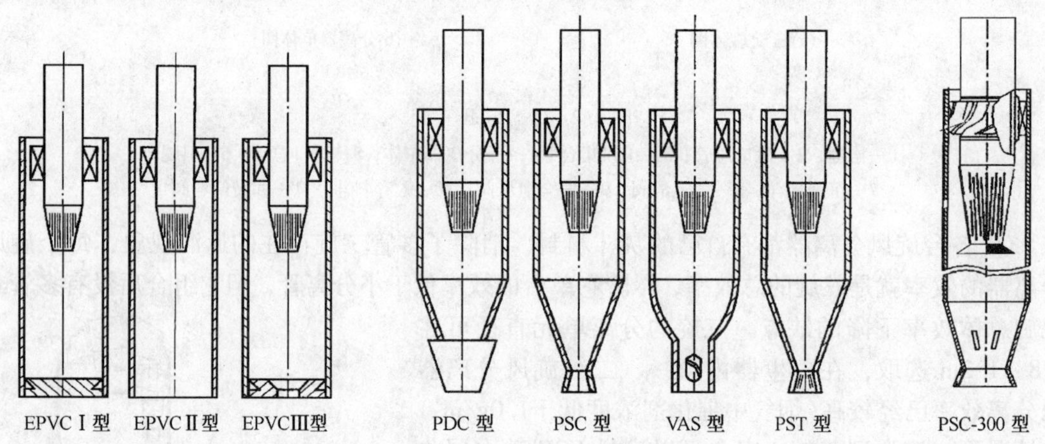

图 4.3－1 各种单管结构示意

4.3.1 EPVC 型单管

EPVC 型旋风管是我国独立自主开发的第一代三旋单管。其中 EPVC－III 型(图 4.3－2)，是对前两种结构的改进，是 20 世纪 80～90 年代用得最普遍的一种形式。它的结构特点：

① 导向器为正交型叶片(见图 4.3－2)。叶根基圆轨迹为圆弧，出口带一段切向直线。根据正交叶型规律，叶片外缘为椭圆轨迹，基圆出口角 β_1 =25°～30°。根据正交型叶片的叶型规律，β_2为外缘出口角，D_1为叶片内缘直径，D_2为叶片外缘直径，由此，基圆出口角 β_2 小于 β_1，叶片进口/出口面积比 $\tilde{A}$ =2.2～2.4。

② 升气管采用了分流锥结构(见图 4.3－3)，有效地提高了分离效率。石油大学毛羽、时铭显等在升气管进口倒锥上，沿气流旋转的反向增加了若干条切向齿缝，齿缝宽 2～

3mm，利用颗粒的惯性作用，减少顶部灰环进入排气管的携带量，同时，锥体结构，增大了顶灰环到升气管口的短路距离，也有利于降低净化烟气中的含尘量。在冷态实验中，单管的分离效率由不足90%（原壳牌单管）提高到92% ~95%，1984 年大庆石化厂 60×10^4t/aFCC 装置能量回收改造首次采用了该技术，三旋烟气出口浓度降至 200mg/m³ 以内，大于 12μm 的细粉全部除尽，运行一年，烟气轮机叶片磨损轻微。

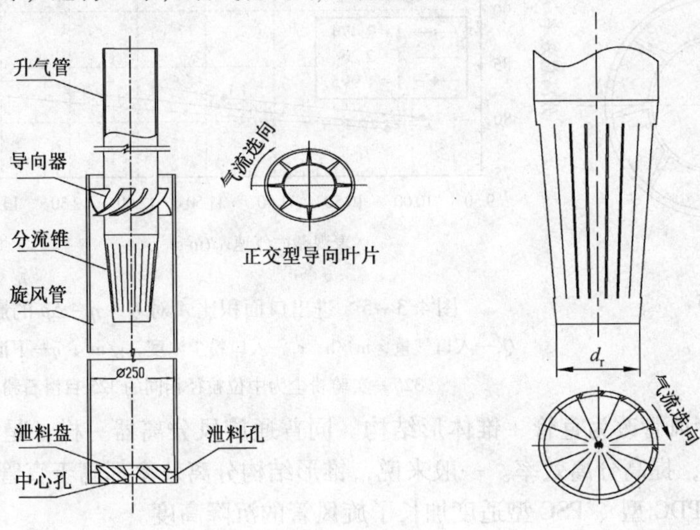

图 4.3－2　EPVC－Ⅲ型三旋单管　　图 4.3－3　分流锥

分流锥的下部排气口与齿缝总面积大于升气管截面积，此外，由于齿缝气流旋向与进入升气管气体的内旋流旋向相反，弱化了升气管气流的旋转切向力和对管壁的摩擦力，这两个因素使其带分流锥的旋风单管总压降低于不带分流锥的旋风单管总压降

1988 年旋风分离器分流锥获国家发明专利，这是我国多管三旋取得的第一项专利。该技术，对我国以后三旋单管技术开发有着重大影响。

③采用了带中心孔的泄料盘（见图 4.3－2）。中心孔使得单管排入三旋集尘室中的下泄气部分返回单管内旋流。一方面强化了内旋流的分离作用，另一方面，当三旋总泄气量一定时（由临界喷嘴控制），可加大单管泄料盘上泄料孔的气流速度，防止泄料盘上堆积粉尘和堵塞泄料孔，造成部分单管失效。

4.3.2　PDC 型 、PSC 型单管

尽管 EPVC 型单管的泄料盘和泄料孔进行了堆焊处理，但在工业上使用磨损仍较严重。另外，泄料孔也发现有堵塞现象，影响到三旋效率。20 世纪 90 年代，石油大学金有海教授等开发出了 PDC 型 、PSC 型单管，这是我国多管三旋的第二代产品。其结构特点是：

① 以割交叶型导向器代替正交叶型导向器。割交叶型导向器横截面剖视如图 4.3－4 所示。它的 β_1、β_2 是两个独立参数，且 $\beta_2 > \beta_1$。这样，颗粒在叶片上作旋转运动是会产生一个向外的分速度，有利于颗粒分离。叶片基圆和外缘轨迹，进口段为一弧线，出口为较长的切直线。当效率要求高，而压降又允许较大时，基圆出口角可取 $\beta_1 = 20° \sim 25°$，外缘出口角 $\beta_2 = \beta_1 + (5° \sim 10°)$ 为宜。$\tilde{A}$ 值则应在 2.4 ~ 2.8 范围选取。叶片出口角 β 值变小，或进出口截面积比 $\tilde{A}$ 值增大，效率和压降都将会提高，当 β 角过小或 $\tilde{A}$ 值过大时，压降增大较多而效率反而有所下降。所以 β 值、$\tilde{A}$ 值应有个适当的范围。

一般说来，叶片弧线段形状对分离效率影响不大，只要圆滑过渡即可。它的作用主要是

将轴流气体转化为旋转流。直线段的出口角影响比较明显，出口角直接影响到单管进出口面积比 $\tilde{A}$。不同 $\tilde{A}$ 值，截面气速与分离效率、压降的关系见图 4.3-5。

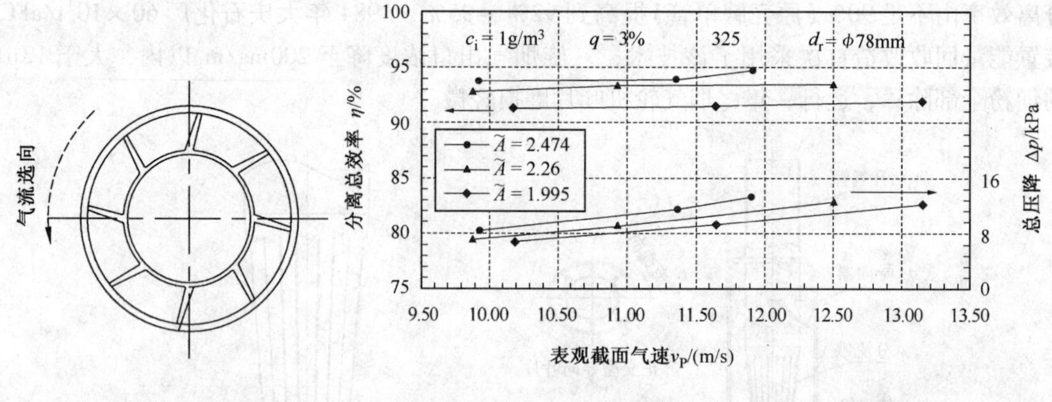

图 4.3-5

图 4.3-5　进出口面积比 $\tilde{A}$ 对 $Q-\eta-\Delta p$ 的影响

Q_i—入口气量，m^3/h；c_i—入口粉尘浓度，g/m^3；q—下泄气量，%；

325—实验粉尘为中位粒径相同的 325 目滑石粉

② 将直管形旋风管改为直管 + 锥体形结构。同普通旋风分离器一样，是为了加强旋风管下段的旋流强度，提高分离效率。一般来说，锥形结构分离效率都高于直管形。此外，为了提高分离效率，PDC 型 、PSC 型适度加长了旋风管的沉降高度。

③ 采用了防返混锥结构。PDC 型单管下部为一锥罩，又称“双锥型”单管，见图 4.3-6。在锥罩上部对称布局的两个排尘孔，分离效率可达 97% 以上。

因为锥罩内部气流返混，锥罩的磨损较快；此外在工业上使用发现锥罩上两个排尘孔常被堵塞，影响使用效果，而后改为倒锥结构。

PSC 型单管下部为一倒锥，排尘口锥壳上设有排尘槽，见图 4.3-7。由于倒锥的屏障，气、固分流，减少了返混现象，改善分离效果，又避免了磨损，减轻了堵孔现象。PSC 型单管在 20 世纪末期和本世纪初期得到广泛采用。

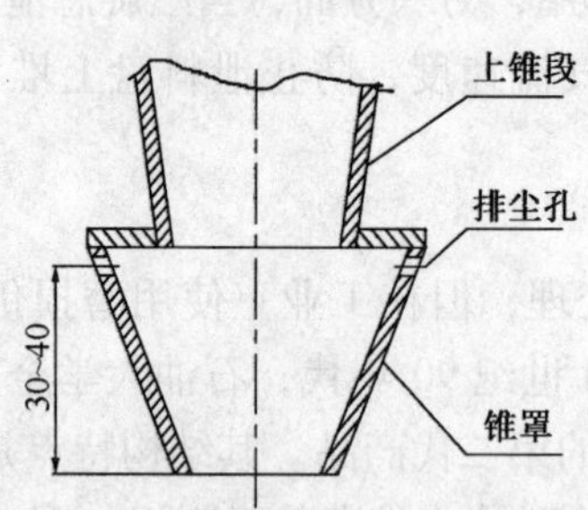

图 4.3-6　PDC 型单管防返混结构

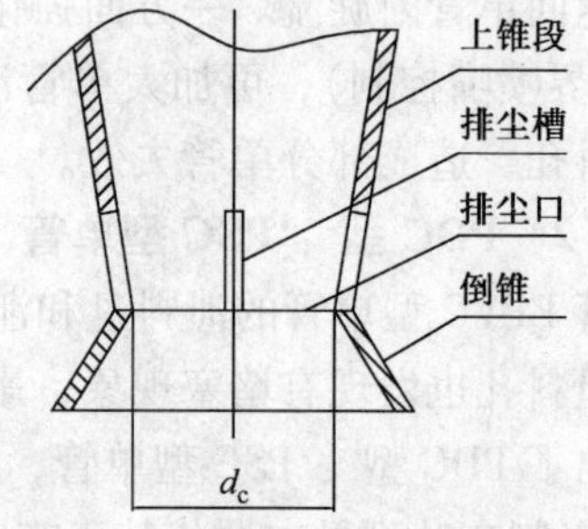

图 4.3-7　PSC 型单管防返混结构

排尘口的直径 d_c 和排尘槽与排尘口的面积比 $\tilde{b}$ 对 PSC 型单管效率影响较大，不同的 d_c 值(对应的最佳槽孔面积)对效率、压降的影响见图 4.3-8。从图中曲线的趋势来看最佳的 d_c 应该在 75~90mm 之间。由于考虑到旋风管高度的限制，图中实验数据是在固定锥体高度条件下变化下口直径的，以上给出的最佳 d_c 值的范围仅在 H_s 为 500mm、锥体高为 400mm 的条件下得出的，即没有考虑锥顶角的影响。如果 H_s 和锥体高度不在上述范围，则 d_c 值会有变化。

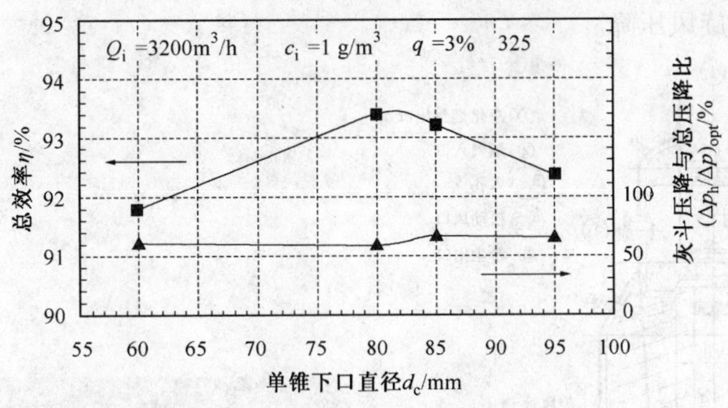

图 4.3－8　排尘单锥下口直径 d_c 对性能的影响

PST 型单管是庆营石化机械厂开发的产品，基本结构与 PSC 相同，区别在于防尘倒锥上增加了几个齿缝。

VAS 型单管是西安三桥机电设备厂开发的产品，结构比较独特：旋风管为直管，直径 280mm，下部带一半球壳封头（见 4.3－1）。球壳中心有一段返气尾管，尾管两侧的球壳上对称设置了两个排尘孔。升气管下部分流锥开了若干排小孔而非齿缝。

这几种单管性能都比较相近，在国内均有使用。

4.3.3　PT－Ⅱ型单管

这是我国 20 世纪 90 年代初开发的用于卧管式三旋的分离元件，结构形式如图 4.3－9 所示。结构型式见图 4.3－9。它的特点是单直切进气口，下部带有防返混锥罩，其结构与 PDC 型单管相近。冷态实验，分离效率可达 97%。单管的安装分两种形式：

① 全部单管与水平线呈 ~10°夹角安装，1992 年初在青岛 20×10^4 t/a FCC 装置上进行了工业化试验，图 4.3－10 是卧管三旋结构示意。

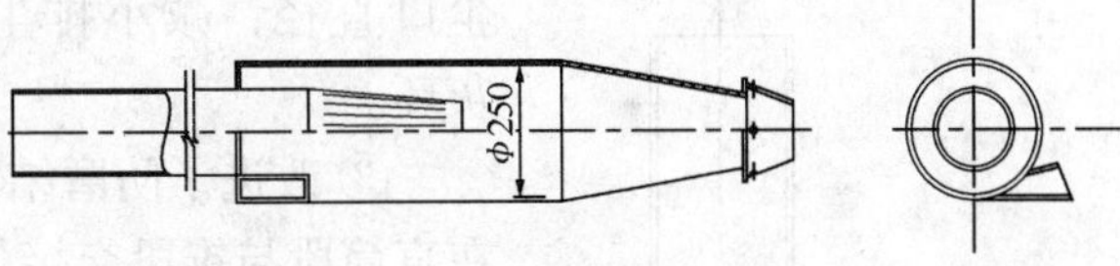

图 4.3－9　PT－Ⅱ型卧式单管

② 全部单管为水平安装，1992 年第三季度在沧州炼油厂 50×10^4 t/a 重油 FCC 装置烟机能量回收系统首次使用。

两次工业化投用都十分成功。1993 年沧州炼油厂能量回收系统现场标定，三旋出口烟气含尘量 150 ~ 160mg/m³，大于 10μm 催化剂基本除尽，装置开工一年，烟气轮机停运，打开检查，动叶片和静叶片几乎看不到磨损情况，估计可使用三年以上。图 4.3－11 是烟机运行一年双级动叶片拆下检查的图照。

4.3.4　PSC－300 型单管（图 4.3－12）

随着炼油厂 FCC 装置处理量大不断加大，20 世纪开发的 250mm 多管三旋单管，由于处理风量偏低，需要数量不断增大，设备直径变得较大。此外，近几年，多个厂出现了三旋单管排料孔堵塞情况，造成三旋效率下降。为此，20 世纪初，石油大学金有海教授等，在对 250mmPSC 型单管研究的基础上，开发出了 PSC－300 型单管。处理风量提高了 40% 以上，压降减低了 20%。分离效率均高于 EPVC 和 PDC 单管。单管结构上主要做了如下改进：

① 增大了分流锥侧缝面积。侧缝面积与下口面积比由原来的 2.71 增大到 3.74，总流出面积增大了 8%。在分流锥的下部增设了防短路倒锥，这样不仅进一步减少了顶灰环的短

路，而且也减低了旋风压降。

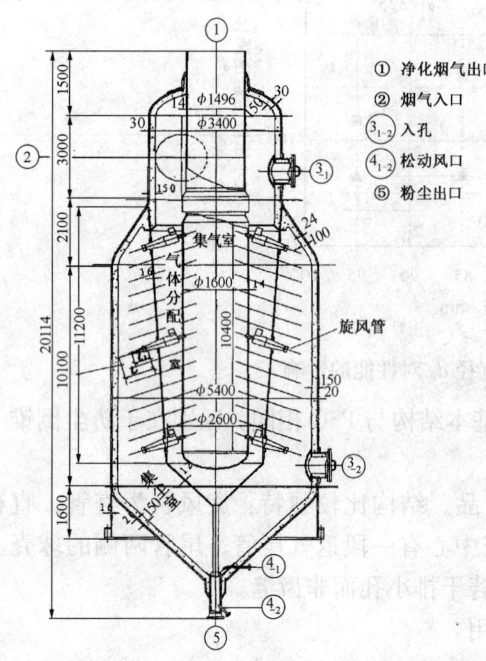

图 4.3-10 卧管三旋结构示意

图 4.3-11 沧州烟气轮机运行一年双级动叶片检查图照

② 改进了排尘口结构。侧缝面积增大了一倍，将原 4 个侧缝合并为 2 个，并加大了排尘口直径，减小排尘锥角。使排尘变得通畅，而且不易形成灰环。

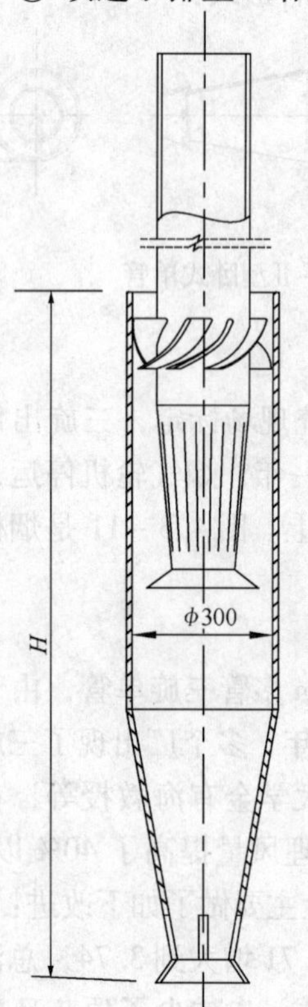

③ 改进了防磨结构。通过实验发现，旋风内灰环的初期形成在直筒段与锥段交接处，此处磨损也较严重。PSC-Ⅱ 在直筒段与锥段交接处增设了两个顺气流方向的切向口，将灰环引出到三旋集尘室，取消了原来内壁喷涂耐磨层。

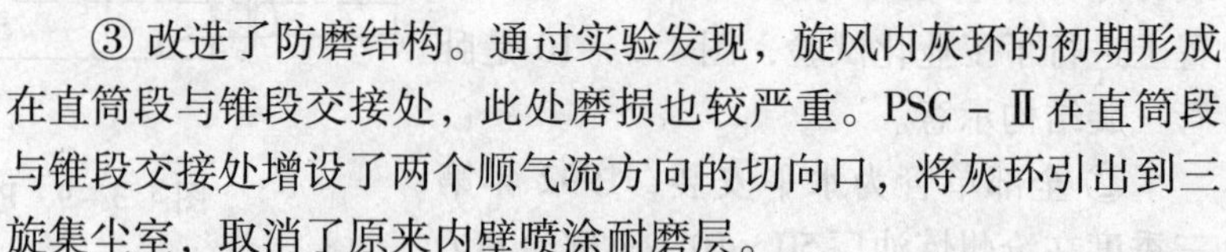

国内已有多套其他形式的多管三旋改造为 PSC-300 型单管，使用效果较好，目前还未再发现堵塞情况。

4.3.5 PT-Ⅲ型单管

为了适应大处理量的需要，PT-Ⅱ型单管开发成功后，相继开发出了 PT-Ⅲ 型单管，这是我国第二代卧管三旋产品。PT-Ⅱ型单管许可风量较低，仅 1000~1100m^3/h，适用于小于 100×10^4t/a 的 FCC 装置。PT-Ⅲ型单管处理风量为 2000~2200 m^3/h，增大了一倍。结构特点：单管采用双涡壳进口，排气管带分流锥，尾部排尘带有防反混锥(见图 4.2-5 和图 4.2-6)。

PT-Ⅲ 型单管的除尘效率很高，用 325 目、中位粒径为 10.5μm 的滑石粉进行冷态实验，分离效率达 99%。1999 年在大庆助剂厂 180×10^4 t/aARGG 装置中投用，烟气量：(38.46~45.26)×10^4 m^3/h，一年后进行了三次采样标定，出口烟气 6μm 的含量不到 0.1%，烟气轮机运行平稳。

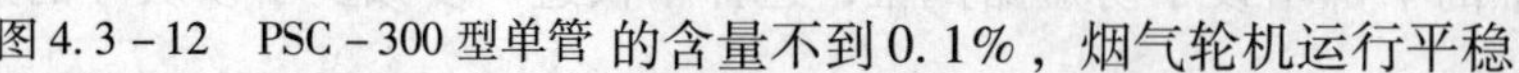

图 4.3-12 PSC-300 型单管

卧管三旋具有预处理功能，当进口烟气催化剂量增大时，由于预处理，可除去部分粗大的颗粒，保证了单管对细粉的分离效率良好。表4.3-1是PT-Ⅱ、PT-Ⅲ型单管综合性能的比较，图4.3-13是PT-Ⅱ、PT-Ⅲ型单管性能关系曲线。

表4.3-1 PT-Ⅱ、PT-Ⅲ型单管综合性能的比较

项目		PT-Ⅱ	PT-Ⅲ
直径 D/mm		250	300(截面积增大44%))
入口形式		单切向	双蜗壳
入口面积/m^2		0.01044	2×0.009805(增大87.7%)
旋风管高径比		4.6	4.67(相近)
排尘口挂扣直径 d_c/mm		65	85(加大)
单管气量 Q/(m^3/h)		1000~1100	1800~2100(增大)
截面气速 v_o/(m/s)		5.66	7.08~7.86(增大)
入口气速 v_i/(m/s)		26.6	25.5~28.33
冷态压降 ΔP/Pa		12000	11600~14800(相近)
阻力系数	ζ_0	610	369(减小)，(以 v_o 为基准)
	ζ_i	27.6	28.2(相近)，(以 v_i 为基准)
325目滑石粉冷态总效率 η		98	98.5~99(提高)

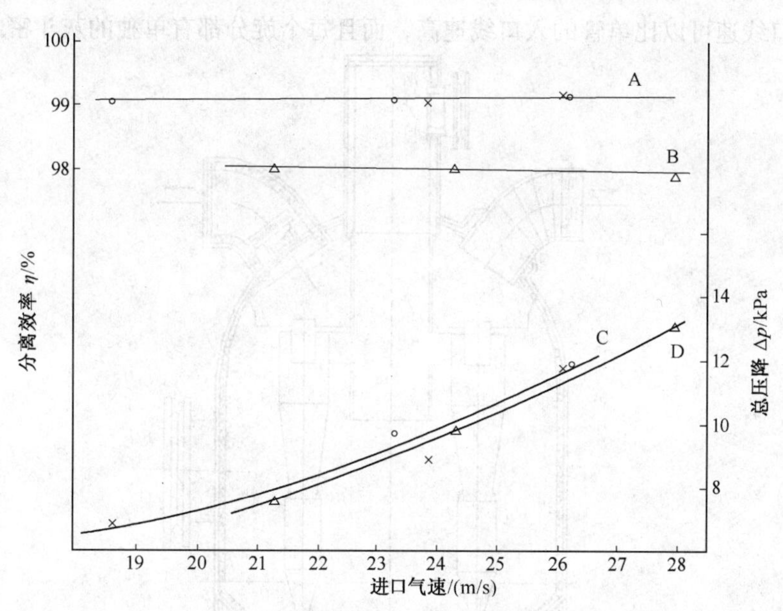

图4.3-13 总效率及总压降与进口气速的关系曲线

A线(×、□)PT-Ⅲ型大冷漠，c_i=0.5~1.5g/m^3，325目滑石粉；

B线(△)PT-Ⅱ型大冷漠，c_i=1.0~2.0g/m^3，325目滑石粉

与PSC-300型单管相比，PT-Ⅲ型单管处理风量较低。用于低于300×10^4t/a FCC装置经济上还是合算的。表4.3-2列举了两套大型卧管三旋的使用情况。

表4.3-3列举了我国开发的常用单管的主要性能参数。

表 4.3-2 我国两套大型卧管三旋的部分参数

厂 名	规模/(t/a)	三旋直径/m	单管型号	单管数量	设计烟气量	投用时间
兰州石化重油 FCC	300×10^4	6.6	PT-Ⅲ	210	39.4×10^4 Nm^3/h	2003 年 7 月
大庆助剂厂 ARGG	180×10^4	6.6	PT-Ⅲ	210	40×10^4 m^3/h	1999 年 9 月

表 4.3-3 常用单管的主要参数

单管形式	EPVC-IA(IIA)(II)	PDC	PSC-250 (PST-250)	PSC-300
直径/mm	250	250	250	300
升气管直径/mm	ϕ159	ϕ159	ϕ159	ϕ194
芯管结构形式	分流芯管	分流芯管	分流芯管	分流芯管+扩散锥
入口面积/m^2	0.0242	0.0238	0.0238	0.0362
排尘结构	泄料盘	叠套双锥	单锥+反射锥	单锥+反射锥
阻力系数 ζ_0	85	85	88	82
冷态压降 Δp/kPa	14.2	14.2	14.7	13.7
325 目滑石粉冷态下总效率 η/%	92	95.95	96.5	96.15
单管处理气量/(m^3/h)	1700~1800	2200	2200	3200
单重/kg	256	157	146	193

4.3.6 BSX 三旋

BSX 三旋是以直径较大的旋风分离器(一般为 0.8~1.2m)作为分离元件，见图 4.3-14。与单管相比，在相同入口线速的情况下，分离效率略低，但旋分元件内带耐磨衬里，所以旋分的入口线速可以比单管的入口线速高，而且每个旋分都有单独的灰斗密封，多个组装

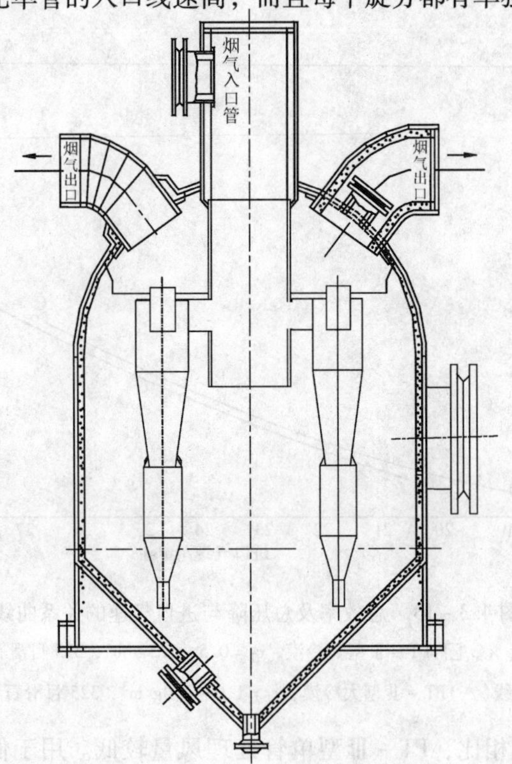

图 4.3-14 BSX 三旋结构图

后相互影响较小。选择合适的入口线速度，基本能做到不粉碎催化剂，可减轻烟气轮机内的集垢，从而增加了烟气轮机的使用寿命。而且旋分可以采用较大的入口线速，处理量较大，对于一套中等规模的催化裂化装置，三旋壳体内设置10个左右的旋分即可。与多管式三旋相比，这种三旋由于取消了厚度较大的双层隔板、大大降低了制造、施工和安装的难度，也便于三旋的维修和更换。由于返混小，旋分的效率基本就是三旋的总体效率，与多管三旋组合效率相比，提高了三旋的整体效率，可靠性提高，适应性增强。

在大于300×10^4t/a的FCC装置中使用BSX三旋经济上是合理的。我国海南炼化280×10^4t/a重油FCC以及青岛石化290×10^4t/a的FCC装置等国内多套大型催化裂化装置均采用了该类型三旋。

4.4 三旋设计要点

1. 设计条件

一般由工艺人员提供，包括压力、温度和标准状态下的烟气量，但要注意一个问题：三旋壳体的强度设计，应取最高设计温度和设计压力。而实际烟气量的计算，应取正常操作下的温度和压力，或取最大、最小操作压力和最高、最低操作温度的平均值，按理想气体计算。

2. 初选单管的数量

单管的初选数量，按式(4.4－1)计算：

$$n = \frac{Q}{q} \tag{4.4-1}$$

式中　n——初选单管的根数；

Q——工况状态下三旋总烟气量，m^3/h；

q——每根单管的进气量，m^3/h。

式4.4－1对任何形式的三旋都实用。但不同三旋单管(或分离元件)q值不同。根据不同型号的单管$q-\eta-\Delta p$性能图或关联式，求出$\Delta p = 11 \sim 13$kPa下单管的q值，可初步确定单管的根数n。

3. 排管和单管数量的确定

(1) 内进气管直径

一般按三旋总烟气量，气速$v_0 \leq 20$m/s圆整计算；

(2) 布管

立管式三旋布管：在上、下隔板上进气管外，与进气管同心圆周布置两排或三排。上下隔板的最小处距离，一般应大于500mm。

① 同一圆周上排孔应均布，相邻两孔的间距为隔板上开孔直径的1.5~2倍。

② 子午向相邻两圆周间距为隔板上开孔直径的1.5~2倍。

③ 内圈圆周直径按式(4.4－2)计算：

$$L_A \approx 1.5 \times \left(\frac{D_1 + d}{2}\right) \tag{4.4-2}$$

式中　L_A——内圈圆周直径，mm；

D_1——中心升气管内径，mm；

d——隔板上开孔直径，mm。

④ 内圈圆周直径到吊筒内壁的距离按式(4.4－3)计算：

$$L_B = (1.6 \sim 2)d \tag{4.4-3}$$

根据以上原则，适当调节排孔圆周直径和排孔个数，使得总孔数 N 略大于 n。

卧管式三旋布管：安装排气管使内筒与安装分离管外筒之间的最小处距离不应小于500mm(外筒一般设计为锥体)。

① 先确定周向排孔个数。周向排孔不一定是均布，要考虑上、下检查通道。但内管或外管上的最小开孔间距应满足其上开孔直径的1.5～2倍，必要时要扩大内管直径。

② 根据初定的单管根数 n 和每排周向排孔数选定所需要的总排数，就可确定三旋总单管个数 N。在一般情况下，$N \geqslant n$。

BSX三旋：旋风分离元件悬挂在进气管的外周。周圈布局分离元件的最大个数受到分离元件进气口尺寸的限制。分离元件进口为矩形，进气管上相邻两矩形孔的中心距应大于分离元件进口水平宽度(内壁)的1.5倍。有时三旋应采用较大的进气管径，来满足安装的需要。当三旋进气量较大时，旋风分离元件数量较多，进气管上须开两排矩形孔，交错排列。此时，分离元件一般也应布局两周圈。

4. 三旋直径和高度的确定原则

三旋隔热耐磨衬里厚度取100～120mm。

(1) 三旋直径

① 立管三旋吊筒与衬里内壁之间的间隙取50～60mm。

② 卧管三旋单管尾部排尘孔距衬里内壁的最小距离应大于500mm，便于单管的安装。

③ BSX三旋分离元件外壁到衬里内壁的最小距离应大于100mm。

这样就基本计算出三旋的壳体内径，经圆整后可作为三旋的壳体内径。

(2) 三旋高度

① 三旋的顶封头为球形封头，也可为椭圆封头，下封头应为锥封头，锥角一般为60°～90°。

② 立管三旋壳体直筒段长度，应大于单管旋风管的长度；集气室高度，应满足上隔板的外圈布管接管口顶封头衬里内壁的垂直距离大于单管芯管(包括升气管、导向器和分流锥)的总长；下部单管的排尘口距下封头的垂直距离应大于500mm。

③ 卧管三旋壳体直筒段长度首先应满足所有全部单管管排安装高度的要求；上部集气段可以做成缩径管段(如图4.3－10所示)，切向进气管安装在缩径管段的壳壁上。集气段可与下部筒体直径相同(如图4.2－5所示)，进气管口也是安装在集气段壳壁上。

④ BSX三旋直筒段长度主要取决于旋风分离元件的高度。

5. 三旋设计原则

(1) 三旋是压力容器，应按GB 150《压力容器》和TSG R0004《固定式压力容器安全技术监察规程》进行设计和选材。

(2) 壳体的设计条件，应取最高操作温度和最高操作压力。当壳体内设有隔热衬里时，壳体的设计壁温取350℃，壳体的材料选用Q245R。

(3) 因为三旋操作压力较低，直径都较大，为满足稳定的要求，根据我国多年的设计经验，壳体的最小壁厚应取 $\delta_{min} = D_i/400$，且不小于14mm。其中 D_i 为三旋壳体内径。

6. 主要内件的计算

三旋主要内件材料选用06Cr19Ni10不锈钢板。以下对立管三旋上、下隔板和卧管三旋内、外吊筒计算原则作以说明。

(1) 立管三旋上、下隔板的计算

① 设计温度取三旋的设计温度。设计压力：上隔板取 1.5 ~2 倍的单管最大压降；下隔板取 2 倍的单管最大压降。

对于双拱形的球冠隔板(见图 4.4 –1)，上隔板按正压计算，而下隔板应按负压计算。同时，下隔板受到后面临界流速喷嘴和间歇排料的影响，受力条件比较恶化，这也是下隔板长期使用后，容易失稳变形的原因。

② 根据设计温度和设计压力，按 GB 150 的规定，分别计算上、下隔板的最小厚度 δ_{min}，隔板的焊缝系数取 $\phi = 0.85$。

③ 排孔削弱系数按式(4.4 –4)计算：

$$\eta_k = \frac{L_M - d}{L_M} \tag{4.4-4}$$

式中　L_M——周向开孔间距和子午向孔间距(如图 4.4 –1 中的 L_{m1}、L_{n1}、L_{n2})中的最小值。

d——隔板实际开孔直径，不考虑安装单管的接管加强作用。

④ 以 η_k 代替 ϕ，按②的方法，分别计算上、下隔板的整体开孔厚度 δ。

⑤ 按 GB 150 等面积补强法，以 δ_{min} 为基准，校对进气管中心孔所需的开孔补强。补强计算厚度按 δ 计算，最大补强范围为 $1.5D_1$，由于升气管与隔板采用全焊透结构，D_1 取中心升气管内径。如果 δ 满足要求，则取 δ 作为隔板厚度，否则，增大隔板厚度或局部加大升气管的厚度使之满足要求，一般是采用后者。

⑥ 按 GB 150 中无折边球面封头，确定与隔板相连的吊筒筒体厚度。

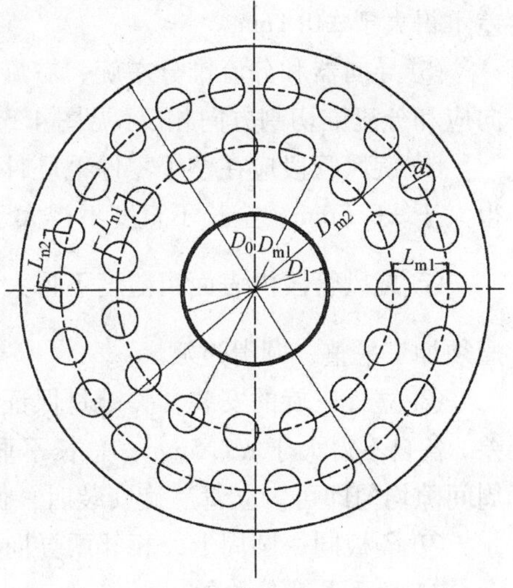

图 4.4 –1　立管三旋排管示意图

(2) 卧管管三旋内、外吊筒的计算

① 设计参数的选择同立管三旋。内吊筒受外压，外吊筒受内压。

② 根据吊筒上纵向和环向排孔尺寸，按 GB 150 排孔补强计算的相关规定，分别按正压或外压计算排孔削弱系数 η_k。如 $\eta_k < 0.85$，取 0.85。

③ 分别按内压或外压,，按 GB 150 规定计算外吊筒、内吊筒的壁厚。

7. 膨胀节的设计

① 立管三旋内的中心进气管和卧管三旋内的中心排气管段上应设计轴向膨胀节。膨胀节的轴向位移为顶封头端顶部至吊筒与壳体连接处之间高度引起的膨胀差(壳体壁温按 180℃考虑)。同时应给 3 ~5mm 的横向位移量(考虑到安装偏差和热位移的不均匀性)。

② 膨胀节的选材：INCONEL625 镍基钢。

③ 膨胀节的计算按 GB 12777 的规定进行。

④ 为了避免膨胀节操作时对上隔板推力过大，一般要进行预拉伸安装(按设计文件的要求)。

波纹纹管膨胀节的破坏也是三旋失效的原因之一。波纹管选材不当，制造加工残余应力太大而未消除，操作时发生尾燃、喷水冷却都是造成裂纹和穿孔破坏的原因。

4.5 单管的制造、安装和检验基本要求

1. 轴流式立管单管

① 单管下部旋风管段长度 H 为一定值(见图4.3－12)，不同单管 H 值不同(由供货商提供)。但由于设计者采用的上下隔板结构和间距不同，上部升气管长度不同，制造厂应按设计者提供的设计文件加工。单管如在施工现场安装，应按两个部件交货：芯管部段(包括升气管、导向器、分流锥及扩散锥)，旋风管段(包括直筒、锥体和排尘结构)。

② 芯管部段应在各零件加工合格后再组焊，各零件的不同心度不得大于0.5mm，全长不直度不得大于2mm。

③ 导向器应整体铸造，叶片均布，表面应圆滑平整，不得有凹凸和缺陷，叶片的出口角偏差不得大于±0.5°。

④ 分流锥下口直径偏差不得大于±0.5mm，齿缝有效长度偏差不得大于±2mm，宽度偏差不得大于±0.1mm。

⑤ 导向器和分流锥分左旋、右旋两种，按三旋总单管量各加工一半。导向器的气流旋向应和分流锥切割方向相反(见图4.3－3)。芯管部段组焊时应逐根检查。

⑥ 旋风管段应在整个零件毛胚件组合完毕后整体进行加工，各零件的不同心度偏差不得大于±0.5mm，全长不直度不得大于1mm。

⑦ 旋风管段内表面粗糙度不得大于 $\overset{25}{\surd}$，各段直径偏差小于±0.25mm。所有焊缝处焊瘤须加工平整，圆滑过渡。

⑧ 立管三旋的安装，关键是保证单管的垂直度。要求芯管部段和旋风管段不垂直度偏差，各自不得大于±1.5mm，总长不垂直度偏差不得大于2mm。导向器和旋风管肉眼检测四周间隙均匀即可。立管三旋安装时，保证单管的垂直度难度较大，要采取可靠措施。

⑨ 隔板同一圆周上，相邻两导向器叶片旋向应交错排列。

2. 切向式卧管单管

① 切向式单管应全部制造好后整体交货和安装。

② 单管加工时，应将上顶板和升气芯管组焊好。连带下部旋风管段组焊好，内部整体加工合格后(包括进口涡壳)，封顶焊牢。芯管与风管段的不同心度偏差不得大于±0.35mm，全长不直度不得大于1.5mm。内表面的粗糙度不得大于 $\overset{25}{\surd}$。

③ 水平安装的单管，安装时单管轴线与水平线间夹角的偏差不得大于±0.1°，倾斜安装的单管，安装时单管轴线与设计安装角的偏差不得大于±0.1°

3. 喷涂耐磨层的要求

① 采用等离子喷涂硬质合金技术。喷涂材料要能满足800℃下长期使用的要求，有良好的附着力。

喷涂过程中旋风管段不得变形。正式喷涂前应喷涂两件试样，将喷涂好的试样用电炉加热到650℃，保温20min，从炉中取出立即投入室温水中，此为一次热冲击(也称热震)试验。如此反复进行10次，然后进行目测检查，涂层不允许有裂纹、鼓包或脱落。认为合格后再按相同工艺进行产品喷涂。中间还可抽检产品进行热冲击试验。

② 喷涂层厚 $0.20^{+0.10}_{-0.05}$mm，显微硬度不得低于 700HV。

4. 单管压降测试

单管制造完成后，应逐根进行压降测定，在相同气量下（即相同的动压差下），要求所有单管中压降最大和压降最小的两根单管压降的相互差值，不得超过二者压降平均值的5%，超过此差值的单管不得使用。单管应逐根打上红漆编号，记录其压降实测值，作为单管布置的依据和验收的重要资料。

4.6 三旋存在的问题和改进点

1. 催化剂粉碎问题

目前我国多个 FCC 装置多管三旋发生细粉堵塞单管排料孔，烟气轮机叶片出现催化剂堆积“结垢”现象，对烟气轮机的正常运行带来很大的损害。虽然采用 PSC－300 型单管代替 D200 型的单管，通畅了排尘，但并不能解决烟气轮机叶片的集垢问题。叶片上的集垢，主要集中在 10μm 以下的细粉。20 世纪 70 年代，我国研究多管三旋的初期，就发现，当气速过大时，灰斗收集到的 10μm 以下细粉量，大于进口尘料中 10μm 以下的细粉量。说明了尘料（325 目滑石粉料）破碎现象较严重。近几年，一些炼油厂 FCC 能量回收系统，三旋出口烟气检测仪记录的烟气中催化剂细粉（主要集中在 6～8μm）含量较大，这也反映了催化剂破碎情况的存在。叶片上集垢原因很多，这里不进行深一步探究，但催化剂的破碎成粉是一个重要原因，目前这方面研究工作进行的较少。

引起催化剂的破碎，主要是因气速过高，尤其立管三旋更为突出。根据我国流化床旋风分离器多年操作经验，旋风分离器入口线速一般在 25m/s 以内，超过 27m/s 时，平衡催化剂细粉含量会明显增大。分布板上的喷嘴气速控制在 40～60m/s，提升管上雾化进料喷嘴的喷射速度要求低于 60m/s，其目的都是为了避免催化剂的破碎。立管三旋气速偏高由两个方面原因造成：一是叶片出口角小，叶片进/出口面积比 $\tilde{A}$ 过大；二是单管处理量偏大。叶片出口速度达 60～70 m/s，甚至更高。这样，不但因磨损造成单管寿命减短，而且催化剂的破碎也是难免的。根据长期以来三旋试验和操作经验，$\tilde{A}\approx2$ 比较合适，最大不宜超过 2.2，单管的处理量以叶片出口线速 50～55 m/s 为依据。这样可能会牺牲一点效率，但催化剂的破碎和单管磨损都会减轻。

对于切向进口的 PT 型分离管，由于气流在单管内旋转螺旋角比轴流进气小得多，颗粒的切向分速度较大，停留时间较长，因此分离效率较高，但同时颗粒与筒壁的碰撞和摩擦也加剧，造成阻力的加大，颗粒易被破碎。所以对 PT 型分离单管，设计进口线速控制在 24～26 m/s，无论从磨损还是从压降上都较为合适。但超过 27 m/s 时，催化剂破碎就很明显，超过 30 m/s 时，单管效率不升反降，出口细粉含量增大较多。用于卧管三旋 PT－III 型单管（$D=300$mm）综合性能是比较好的，已在我国 100×10^4t/aARGG 装置平稳的运行十多年，它的烟气量相当 300×10^4t/a 的 FCC 装置。PT－III 型单管应对它的排尘结构、升气管尺寸和入口面积进行一些改进（PT－III 旋风管冷态试验分离效率达 98% 以上，适当的牺牲点效率是可行的），由它组成的卧管三旋可用于 300×10^4t/a 以下的 FCC 装置。

关于催化剂破碎问题，国内这方面研究工作进行甚少，多偏重于单管效率。这是研究工作中的一个“误区”。

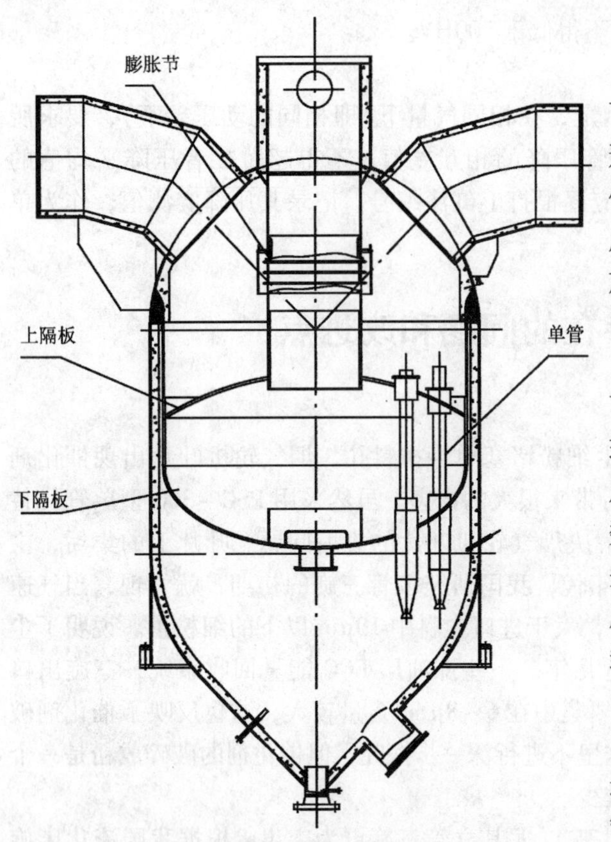

图 4.6－1　三旋隔板结构示意

2. 立管三旋隔板结构的改进

立管三旋内安装单管的双拱形隔板，下隔板受负压(外压)，容易发生失稳变形，影响三旋效率，甚至出现整体翻转，使三旋完全失效。目前下隔板的材料厚度不断加大，一套 160×10^4t/a 的 FCC 三旋下隔板厚度达 40mm，耗材很大，成型困难。

近几年国外采用的一种隔板结构，下隔板呈下凹形，将外压球盖变为内压球盖。这样球盖承压能力好，直径变大后，不易发生失稳变形。目前国内也有数套三旋采用，不过下隔板采用椭圆封头(见图 4.6－1)，与吊筒对接。根据强度计算，下凹形封头的厚度要比上拱形封头厚度减少 25%～30%。

3. 关于三旋下泄气量

多管三旋应有 4%～5% 的下泄气量，这是立管式三旋所必须的。它造成旋风管与灰斗有一定的压差，既可通畅排尘，又可减轻排尘返混现象。虽然冷态试验室测试有 3% 就可行，但工业上单管数量很多 气量分布不平衡，如无足够的泄气量，会影响三旋效率。有种说法似乎将 3% 提到 5% 会减少烟气轮机的回收功率，其实，目前由于四旋的投用，三旋下泄气经分离后，净化后进入余热锅炉，装置的能耗并不会有多少增加。相反，如果三旋效率下降，带来的损耗是很大的。

立管三旋由于处理风量大，分离效率较高，弹性也较好，在 200×10^4t/a 以下的 FCC 装置上使用还是一种理想的三旋形式。我国有近 60 套立管三旋在工业上运行着。在国外，目前立管三旋仍是主流。分离单管存在的一些问题，用参数优化和结构改进是可以解决的。所谓“多管三旋组合效率降低”的说法并不准确。实际上，多管三旋各单管的气量和阻力略有不同，并不会影响单管效率和三旋总效率。多管三旋组合效率降低主要适应个别单管堵塞和隔板大变形造成的，只要选择合理的设计参数，控制制造和安装质量，组合后也能保持较高的效率和寿命。这里要提醒三旋设计工程师，选择单管时，一定要向单管供应商索取单管 $Q-\eta-\Delta p$ 性能曲线图、单管入口面积和 $\tilde{A}$ 参数，核算风量、效率、压降和叶片出口线速是否满足设计要求，盲目选择高风量，会造成三旋操作的恶化。用户招标时，更要招标单位提供这些设计参数，不是价格越低越好。

4. 关于 BSX 三旋的优化问题

炼油厂 FCC 的大型化已是大势所趋。国内 300×10^4t/a 以上的 FCC 已有数套投产或在设计中，国外目前最大规模为 500×10^4t/a。现有的多管三旋，无论立管或卧管都难以适应。本世纪初，中国石化工程建设公司开发出了 BSX 三旋它以直径较大的旋风分离器作为分离元件。它的处理能力大，适应性强，耐磨，分离效率也较好，在大装置中使用有着良好的前景。

三旋主要是分离 30 ~ 10μm 的细粉，分离器元件尺寸的优化与流化床旋风不尽相同。一般是采用大的 K_A 值(旋风元件筒体面积与入口面积比)、较小的升气管直径比 $\tilde{a}$ (升气管直径与旋风元件筒体直径比)和适度增大旋风元件的沉降高度来实现。

由于开发时间短，试验及工业应用数据较缺乏，烟气轮机的运行及某些隐蔽的问题有待进一步研究和考察。下面仅就旋风分离器的一般规律和 BSX 三旋设计中的某些问题提出一些看法：

(1) 入口线速度的选择

由于选择了较大的 K_A 值，与流化床旋风分离器相比，直径相同时进口面积较小，为了获得较大的风量，必然要增高烟气入口线速。分离元件入口线速不宜大于 28m/s，否则会引起催化剂的破碎，增大出口细粉含量，对烟气轮机不利；长期操作还会损坏衬里。

(2) 升气管的结构

由于 $\tilde{a}$ 值偏小，升气管的直径偏小，高风量下，排气速度很大，必然会引起排气管的振动和噪音。前者，长期运行会引起升气管与密封板焊缝的疲劳破坏；后者，会引起环保问题。因此排气管结构需考虑改进。

(3) 效率问题

与普通旋风分离器一样，BSX 三旋的分离元件内存在着顶灰环短路和排尘口返混问题，直径越大，这些问题越越严重，单纯几何尺寸的优化解决不了问题。这也是 BSX 三旋的分离元件效率较低的重要原因。总效率低，d_{50} 和 d_{100} 的值就偏大，细粉回收率必然低。所以改进结构，提高分离元件的分离效率是关键的任务。

综合上述，三旋主要是分离 30 ~ 10μm 细粉，保护烟气轮机的正常运行。如果三旋入口浓度过高，三旋达标往往很费事。所以要解决三旋问题，就要对 FCC 反、再系统综合治理。提高反、再系统的平稳性和提高再生器旋风分离器的效率，如果装置的催化剂单耗小于 1，或再生烟气中催化剂的含量小于 $1g/m^3$，上述任何一种三旋都容易达标。

4.7 多管式旋风分离器在天然气集输工程中的应用

4.7.1 概述

高压输气干线中，天然气除尘净化是必不可少的重要环节，为了保证高速离心压缩机的长期安全运转，要求净化天然气中含尘浓度要低，粒度要小，以免打坏或磨损压缩机叶片，即使不进入压缩机的天然气，也要求天然气除去固体颗粒，以防堵塞计量器细管和燃烧器火嘴。

由于天然气压力高，气量大而且波动，含尘的情况变化也较大，所以国外常用多管式旋风分离器来净化天然气。美国早在 20 世纪 50 年代，就已在天然气除尘方面采用了由双蜗旋风子(Aerotec 型)组成的多管除尘器。该旋风子有 2in 及 3in 两种系列，见图 4.7 - 1，它可将 8μm 以上粉尘全部除尽，5 ~ 8μm 粉尘的分离效率也在 90% 以上。美国环球油品公司(UOP)还采用导叶式旋风子组成的多管除尘器。该旋风子有 2、6、10in 三种规格，见图4.7 - 2。对于 8μm 以上的粉尘，分离效率可达 99.8%，气量可在正常值的 30% ~114% 范围内波动。

我国在1980年前后由时铭显等开始进行高性能天然气除尘器的开发与研究，研究方向以多管式旋风分离器替代以前使用的切流式旋风分离器，开发了直径为100mm、250mm两种规格的旋风子，根据需除尘的天然气量，由不同数量的旋风子组成不同直径的多管分离器，如表4.7－1所示。表中采用ϕ100mm的旋风子组成11种规格的多管式天然气除尘器，满足不同除尘气量的需要。

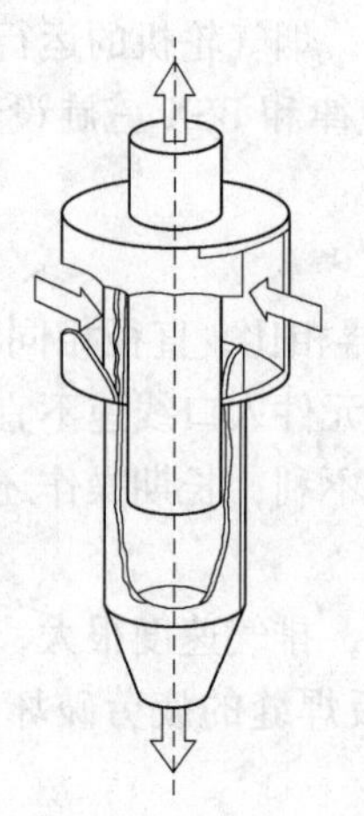

图4.7－1　双蜗旋风子

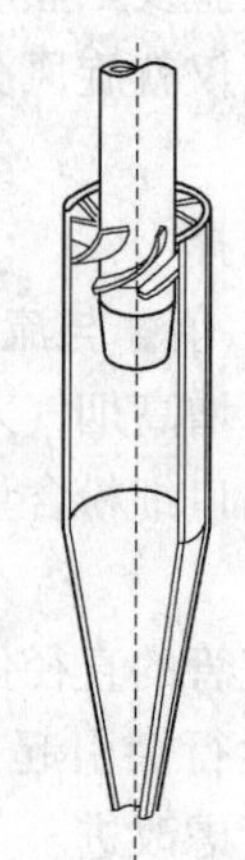

图4.7－2　导叶式旋风子

表4.7－1　多管除尘器(ϕ100mm旋风子)布管方案

除尘器直径 D/mm	400	500	600	700～720	900	1000	1200～1400	1300	1400	1500～1540	1700
可排旋风子根数(最多)	3～5	7	12	19	27	37	48	61	75	91	108

4.7.2　西气东输管道工程用多管式天然气除尘器的设计与制造

西气东输管道工程横贯我国东西，起点在新疆塔里木的轮南，终点在上海市西郊的白鹤镇，管道全长约4000km，设计输送气量(标准状态)$120 \times 10^8 m^3/a$，主干线共设工艺站场35座，加压站或清管站共设94台多管旋风分离器进行天然气的净化。

1. 西气东输工程对天然气分离器的要求

(1) 工艺要求

① 旋风分离器在不同压力和气量条件下，均应除去≥10μm的固体颗粒，在工况点，分离效率$\eta \geq 99.5\%$，在工况点±20%范围内，$\eta \geq 98\%$。

② 单台旋风分离器在工况点的压降Δp不大于0.05MPa。

(2) 设计压力和设计温度

设计压力(表)为10.5MPa，设计温度为－19～66℃。

(3) 设备材料要求

① 旋风分离器主体材质的抗拉强度R_m为510～610MPa，且应为GB 150《压力容器》所允许的材料，炉前分析应满足：C≤0.18%、S≤0.015%、P≤0.025%，碳当量$C_{eq} \leq 0.45\%$。

② 主要受压元件材料在－20℃时的A_{kv}3个试样的平均值为≥34J，单个试样的最低值≥24J，以满足在寒冷季节进气的工况。

2. 天气分离器的选型

根据国内外天然气净化的成熟经验，首先确定选用多管式旋风分离器。关键问题是采用何种旋风子作为分离元件。根据工艺要求，分离效率要求较高，而且允许压降仅为0.05MPa，在操作压力6～9MPa下，天然气密度高达每立方米几十千克，而压降与气体密度成正比，在如此高密度下，要满足允许压降要求难度较大。设计者分析比较了国内的多管旋风分离技术，认为卧式多管的单管压降较立置多管的单管低，而分离效率略高，经比较后选择直径为ϕ150mm的切向进气旋风管，进行了冷态的单根管和多根管的组合试验，最后优选出旋风子，由设计给出如图4.7－3所示的结构。按照各工艺站场的输气量，确定多管分离器的直径和台数。直径选择的原则是上限要方便运输，下限要便于检修。

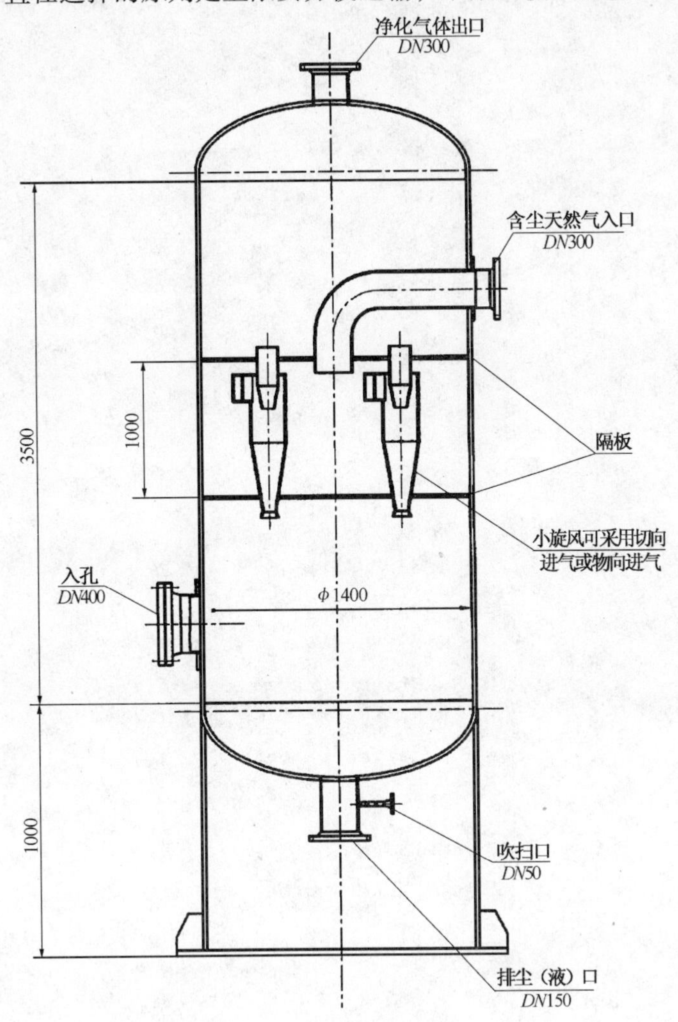

图4.7－3　西气东输工程用多管旋风分离器

3. 分离器主体材料的选择

（1）分离器壳体、封头：选择15MnNbR，这是近几年国内有关单位联合开发成功的新型高参数容器用钢，已纳入GB 6654《压力容器用钢板》第一号修改单。它的韧性均优于16MnR，强度比16MnR高约10%左右，还具有优良的抗硫化氢应力腐蚀能力，比较经济合理。

（2）锻件的选择：15MnNbR钢与16Mn锻件及20MnMo锻件都进行过配套焊接试验，这两种钢号的锻件都可以和15MnNbR钢达到良好的匹配。经综合比较，旋风分离器各开口的补强接管及法兰、盲板盖都采用16Mn锻件，并对锻件性能指标及检验制订了采购及加工技术条件。

由于采用的旋风子类似于炼油厂卧式多管三旋的单管，该单管在炼油厂的使用已比较成熟，其效率和压降的计算也有一套经验方法，从技术上保证了分离性能；并由具有丰富经验的旋风分离器专业厂制造，保证了设备的安全。这些多管旋风分离器已成功地用于西气东输工程。

第五章　气液分离器

5.1　概　　述

气液两相混合物可以分为单工质和双工质两类，前者是指气液两相都具有相同的化学成分(如水和水蒸气的混合物)，后者是指气液两相各自具有不同的化学成分(如油井产物中的天然气，烃类液相和水相的混合物)。气液两相流动的流动形态有多种多样，界限也不十分明确，严格说来是很难明确区别的。但在一定精确度的要求下，可以人为地区分为几种流动形态。并且认为，在每一种流动形态范围内，其流动力学特性是基本相同的。表现两相是如何在管中分布的图形称之为流型。气相和液相在水平管中的流型有光滑层流、波状层流、塞状流、冲击流、环状流和弥散泡状流。在垂直立管中的流型有泡状流、冲击流、扰动流和环状流。要把处于各种流型的气液两相分离开，不同流型的气液，对分离器的设计是不一样的，本章着重介绍油气两相分离，以适应石油工作者的需要。

在机械分离及分离设计过程中，物质的化学性质并不重要，因为通常采用的方法并不涉及化学性质。机械分离混合物中的几种流体，必须同时具备两个因素：一是要分离的流体必须是彼此互不相溶解的；二是几种流体必须有密度上的差异。

利用密度差进行气液分离，有许多不同的方法，其原理大体可归纳为三种：动量差、重力差和碰撞，它们都是密度的函数。以重力分离为例，油与气存在着显著的重量差，通常气体重量大约是油的5%，两者在几秒钟之内就能分开。而油与水的重量差较小，油的重量大约是水的3/4。油水的分离就需要几分钟。所以影响流体分离的主要因素是流体的重量差，而且差别越大分离越快。

在油气分离中，原油的密度大约是800kg/m^3，气体的密度主要取决于它的压力，1m^{3}的天然气在5.2MPa时，其密度大约为36kg/m^3，而在1.02MPa时，则仅为1.6kg/m^3，因此油气分离中，天然气易从油中分离出来。气液分离最困难的是从气体中分离掉液雾，细小的液珠往往悬浮在气体中而不沉降，除非迫使它聚集形成大液滴才会沉降下来。如使用丝网填料将液珠拦截，即使用聚集元件把小液珠聚集成较大的液滴，从而将液相除去。

在讨论气液分离时，最关心的是气液混合物是如何分成气液两相的，气液分离可以明确分为两个方面；一是液雾以液滴形式从气相中分离出来；再是气体以气泡形式从液相中分离出来。如果具备下列条件，液体雾滴就会从气相中沉降：

① 气体在分离器中停留时间较长，以使细小液珠慢慢沉降；

② 气体在通过分离器的流速相当慢，不会产生扰动，而扰动会使气流搅拌起来，以致妨碍其中液体沉降。

上述条件可能造成如下后果，即要求制造的分离器要足够大，才能满足停留时间长和流速慢的问题，这是工业应用中不足取的，这就造成生产率低下，经济效益差。因此，在设计气液分离器时，要充分了解要分离的气液两相介质的特性，如比重差、操作条件，包括温度、压力和流量，从而设计合适的分离器。比如压力低时，气体与液体之间密度差很大，液滴沉降速度快，气液两相重量差异比较大，气液分离容易。因此要设计好一台气液分离器必须首先了解要分离的介质性质，了解影响分离的各种因素，最终是选择重力沉降、惯性碰撞与拦截，还是离心分离，并采用不同的分离元件和选择分离器的形式，以达到使气液充分分离。这就是后面将要讨论的，涉及分离原理、分离器形式和分离器的结构设计和计算。

5.2 气液分离器的分类和功能

气液分离器可按应用范围及结构形式两种方法分类。

1. 按不同用途分类

(1) 生产分离器(Production separator)

可也称为批量分离器或初始分离器。广泛在井场、集油站、处理厂或近海平台上用来分离一口井或多口井汇集的油井气液流，它可以进行两相(气、油)或三相(气、油、水)分离。"初始"分离，表示对已经产出的流体进行的第一次分离过程。处理大量气液流的集油站或处理厂通常使用多台并联运行的生产分离器。

(2) 计量分离器(Test separator)

计量分离器是用来计量单井油、气或气液产量和污水量的，其大小总是设计成在同一时间处理一口油井油、气或气液流量。各单井来的气液流都可通过计量阀组进入计量分离器，手动或自动循环检测各单井的油、气、水量。

(3) 气体洗涤器(Scrubber)

这是一种处理高油气比的分离器，即从大量气流中"洗涤"掉少量的液体，故又称为气体除油器。这种分离器不适用液量较大的初分离，而适于液体量少且又不稳定的，并且对液体量有明确要求的场合，如火炬前脱除液体，气体压缩机前的入口气体洗涤器和出口气体洗涤器，以及燃料气洗涤器等。

(4) 段塞流吸收器(Slug catcher)

或称脉动吸收器，是一种用于冲击或塞状流的气液粗分离的分离器。

(5) 过滤分离器(Filter separator)

这是个通用术语，包括真正过滤分离器，过滤聚结器和干过滤器。当液体粒子很小无法用常规分离器脱除时，则使用过滤分离器。

(6) 蒸汽分离器(Staem separator)

它主要用于地热工程或带蒸汽发生器的地方，从蒸汽中脱除游离水，其目的在于生产100%的蒸汽。

(7) 闪蒸分离器(Flesh separalor)

该分离器是从液体中脱除气体的一种两相容器。

2. 按结构形式分类

可分为卧式、立式和球形三种，卧式分离器又有单筒和双筒之分。三种结构形式的分离器各有其优缺点，各适合于不同的场合。

5.3　分离器设计的条件与要求

1. 一个完善的气液分离器必须具备的功能

① 有一个初分离区，以便从气体中脱除大部分液体。

② 有足够的空间存放液体容量，容许处理波动量大的液体。

③ 有足够的长度或高度，以便小液珠靠重力沉降下来，以防不正常的挟带。

④ 在分离器主体部分有减少扰动的措施，这样可进行正常的沉降。

⑤ 有一个捕雾器能够捕捉到挟带的液珠或难于靠重力沉降的小液珠。

⑥ 有适宜的背压和液位控制。

2. 一个设计良好的分离器应满足的要求

① 控制流型，并使气液流进入分离器时能消耗其动能。

② 保证气液流速度降低到足以进行重力沉降，以利气液分离。

③ 减低分离器内气相流速，使扰动最小，改善分离效果，并尽量防止已分离的液体再次被挟带到气体中去。

④ 防止在气液界面形成泡沫和浮渣。

⑤ 在气体出口设置适宜的压力控制设施，以推持分离器操作压力稳定。

⑥ 在每种液相出口配置适宜的液位和界面控制装置。

⑦ 设置安全阀，当气体或液体出口因系统功能失灵而关闭时可以释放超额的压力。

⑧ 如果预计来的气液流中含有固体杂质，应在分离器中固体杂质容易聚集的部位设置排污阀门。

⑨ 安装各种仪表(压力表、温度指示计、液位计和流量计等)，帮助控制或监测分离器的运行状况。

5.4　气液分离器的形式及其基本结构

5.4.1　直立式分离器

直立式气液分离器的基本结构如图 5.4－1 所示。这是一个直立式两相分离器，在紧接入口接管处是分离器的初分离区。初分离区有各种不同构造，常见的为一个折流箱。这种结构把入口气液流分为相反的两路，并使之冲击在分离器器壁上，流体被分布成一个薄膜，同时紧贴容器壁成环形螺旋路径运动。这种运动使流体动量降低，从而允许气体较容易地从液膜中逸出。气液流经过初分离区后，气体与液体大体上已经被分离。液体向下流入分离器底部集液区。

从液流中逸出的气体立即进入分离器的第二分离区。此时气体中挟带有大量液珠，粒径大小不等。因为重力的原因，它们将以不同的速度沉降下来，汇集到集液区。第二分离区也称为液珠沉降区。气体经过沉降区后，较大粒径的液珠均可沉降下来，但仍然会有一些极小粒径(一般在 100μm 以下)的雾状液珠被气体挟带而沉降不下来，因此，在气体出口前一段设有除雾区。除雾区组件有多种形式(例如丝网填料)，利用碰撞、聚结等原理使细小的液珠合并成较大的液珠，落入分离器底部的集液区。被脱除液滴的气体由气体出口进入气路系统。

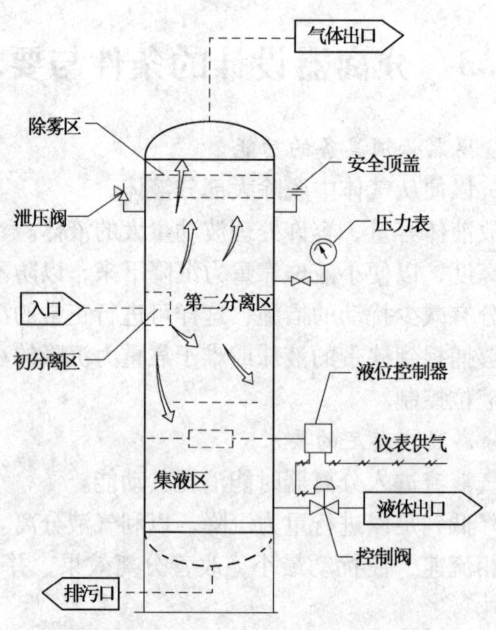

图 5.4－1　直立式两相分离器结构示意

集液区的液位由液位控制装置自动控制。当液位达到一定高度后液位控制阀自动开启将液体排出，并进入下一个流程设备。集液区内，液体出口之前往往还设有防止产生涡流的构件。立式分离器的底部最低点设有排污阀，固体杂质、污水等均可由此处排出分离器外。

在直立式分离器上，通常还设有安全阀、泄压阀、压力表、液位和温度指示等各种仪表。

5.4.2　卧式气液分离器

图 5.4－2 所示为一卧式气液分离器结构示意。位于卧式分离器入口的初分离区的作用和立式分离器一样，能使大部分气液分离，并能消耗部分进入分离器的气液流的动能，从而使进入第二分离区的气体流动减缓，保证集液区的液体流动平稳。卧式分离器内的气液的流向相同。第二分离区即液珠沉降区，液珠沉降方向与气流方向相垂直。此外，它与立式分离器不同，卧式分离器有一个较大的气液界面，这对液珠沉降极为有利。有些卧式分离器的沉

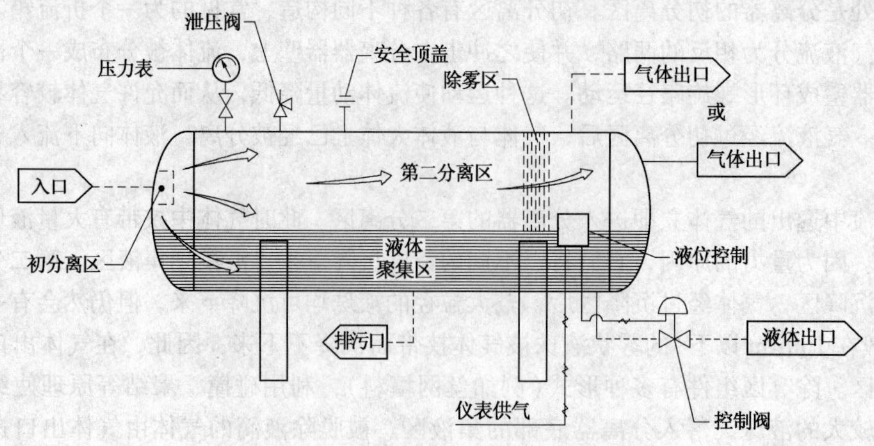

图 5.4－2　卧式两相分离器结构示意

降区装有导流装置，以防止气流扰动。集液区装有防波挡板能使液体沿着流向产生一个平稳区，这些都有利于气液分离。

卧式分离器的除雾丝网填料有三种不同的安装方式：

① 如图 5.4－2 所示，丝网填料捕雾器安装在分离器的横截面上，与气流方向垂直。

② 水平地安装在一个箱子里，靠近气体出口的下方，如图 5.4－3(a)所示。

③ 设在卧式分离器顶部的气体出口区内，将除雾丝网填料安装在一个较大直径的圆形分离头内，如图 5.4－3(b)所示。

图 5.4－4 所示为双筒卧式两相分离器。其结构特点是由上下两个筒体组成，上筒体(大的)为分离器主体，包括第二分离区；下筒体(小的)为液体聚集区。

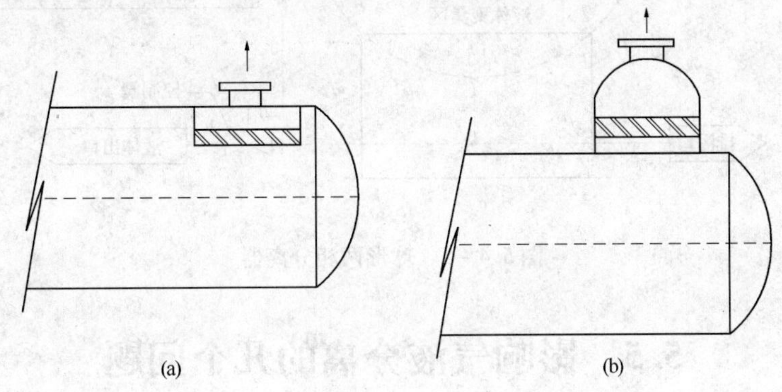

图 5.4－3　除雾丝网填料的安装方式

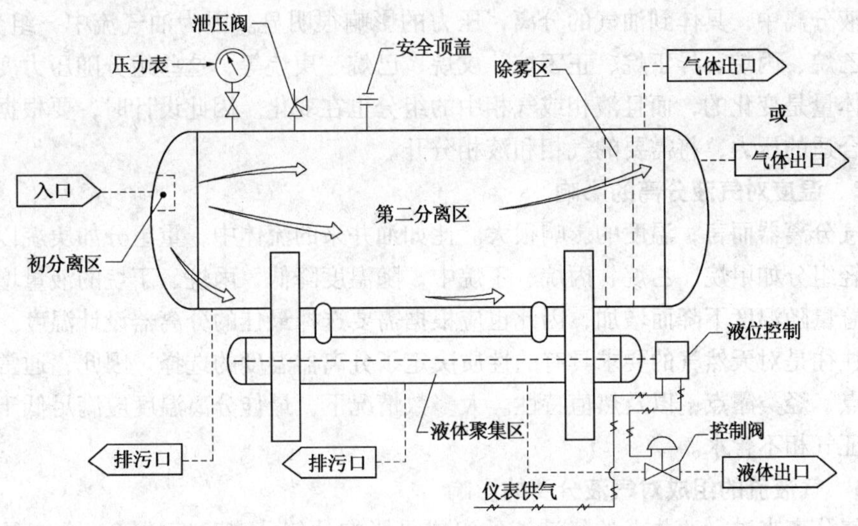

图 5.4－4　双筒卧式两相分离器

5.4.3　球形气液分离器

图 5.4－5 为球形分离器，其内部结构与卧式分离器相似，具有特征的内部构件有：一个折流挡板；一个水平放设置的除雾器；一个液体破涡器。气体和液体的出口安装有控制阀、液位控制、压力和温度控制以及泄压安全阀。

球形分离器的有限容量限制了它的应用范围，大多用于两相分离。它的气液分界面在下半球是逐渐变小的，对液珠的沉降并不利。

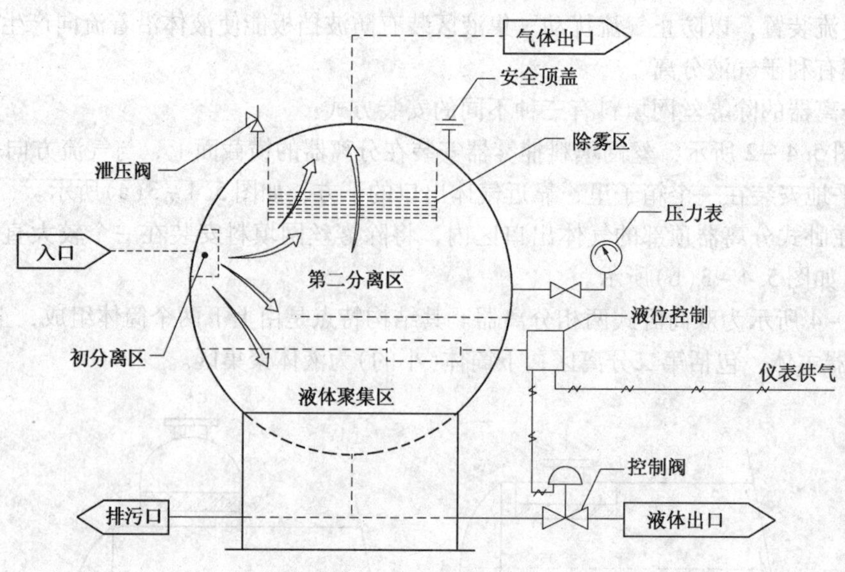

图 5.4－5 球形两相分离器

5.5 影响气液分离的几个问题

5.5.1 压力对气液分离的影响

在气液分离中，具体到油气的分离，压力的影响很明显。因为油气流中，组分较复杂，有甲烷、乙烷、丙烷、异丁烷、正丁烷、戊烷、己烷、庚烷等，这些组分随压力变化，其液体量和气体量是变化的，而且液相或气相中的组分也在变化。因此设计时，要根据产品的要求而选择合适的压力，将需要的气相和液相分开。

5.5.2 温度对气液分离的影响

对油气分离器而言，温度的影响很大。比如油井来的流体中，重组分如庚烷以上已经是液体，而轻组分如甲烷、乙烷、丙烷、丁烷中，随温度降低，丙烷、丁烷的液量增加，分离器的液体总量随温度下降而增加，因此也应根据需要选择最佳的分离器设计温度。在天然气生产中，往往是对天然气的要求具有的性质决定了分离器温度的选择。因此，通常有必要考虑水的露点、烃类露点，以及热值特性。大多数情况下，最佳分离温度应满足低于水的露点要求，保证气相不含水。

5.5.3 气液流的组成对气液分离的影响

对油气分离来讲，油井来的气液流的组成是影响油气分离程度的第三个变量，它和压力、温度对油气分离同样重要，而且三者的影响互相制约，不能分割开来。油井来的气液流组成是确定可能得到多少液体、气体和产品经济价值的基本变量，但对液流中组分的全面分析是相当费功夫的，通常最关心的还在于组成对油气分离的影响，而不是去讨论组分的全面分析，当气液流中，戊烷及重组分的含量多，其液体的收率就大。反之井口天然气通常含有丙烷等，但主要产品是天然气，而可回收的液体量却是很少的。当压力较高时，分离的结果可能是油中带气，而压力低时又可能存在气中带油现象。压力与组分密不可分，为达到合格的气液产品，必须综合考虑几种因素的影响。

5.5.4　分离器设计中的液体滞留时间问题

气液分离器的主要功能之一是从液相中脱气。在三相分离中除了从液相中脱气之外还要进行油水分离。这些工艺过程都要求液相在分离器中有足够的滞留时间，以保证良好的相间分离。但是滞留时间过长又使分离容积过分宠大，造成不必要的浪费。

在分离液体聚集区中，携带在液体内的气泡会以某一速度上升，按斯托克定律，此速度为：

$$v = \frac{gd^2(\rho_L - \rho_g)}{18\mu_L} \tag{5.5-1}$$

式中　d——气泡直径；

ρ_L——液体密度；

ρ_g——气泡密度；

μ_L——液体粘度。

实验数据表明，在大多数的分离器中，大量气泡直径大于250μm。利用此数据及其他数据，并假定扰动不大，对于指定的应用条件，可以计算出理论滞留时间。然而，在确定液相中的气泡大小时，习惯和经验一般起主要作用。所以，根据经验，对大多数中等或轻质油，为脱水采用的滞留时间考虑为1min。美国石油学会建议，对于标准的井口油气分离器，滞留时间取1min。

如果仅仅是滞留时间一个因素来确定分离器液体区的尺寸，那么大部分卧式分离器的液体水平速度就会大到足以引起强烈扰动，为了保持液体足够低的流率，长度超过6m的容器，滞留时间应有所增加，长度每增加6m，滞留时间增加1min。

在立式分离器中，气泡上升时必须顶着向下的液流，液体向下流速不应太大，对于冷凝液，轻质油应该保持在1m/min以下，对于25°API的重质油，此速度应为0.3m/min。

滞留时间不但与上述分离形式有关，而且与液体比重(密度)、分离温度、压力也都有关系，下列归纳的数据对设计分离器有参考价值：

(1) 滞留时间与分离形式的关系

① 油气分离1min滞留时间；

② 高压油气水分离2~5min滞留时间；

③ 低压油气水分离的滞流时间见表5.5-1。

表5.5-1　低压油气水分离的滞流时间

温度/℃	滞留时间/min	温度/℃	滞留时间/min
≥38	5~10	21	20~25
32	10~15	15.5	25~30
27	15~20		

(2) 滞留时间与原油比重(密度)的关系

① 对于原油或比重在40°API以上的蒸馏液：1.5min滞留时间；

② 对于比重在25°~40°API之间的原油以及非发泡原油：3~5min滞留时间；

③ 对于比重低于25°API的原油或对于发泡原油：5min以上滞留时间。

对于比重小的原油，一般操作压力低，油气比也小，可归属为游离水脱除范畴，要求更长的滞留时间。

5.6 气液分离器的内部构件

通常，一个分离器可以分为五个区，每个区的设计应完成下列功能：

(1) 入口区(初分离区)

吸收或控制进入分离器流体动量，分布气液流路，完成相的初分离(也叫粗分离)。

(2) 沉降区(第二分离区)

粗分离后的气体中含有液珠进行重力沉降。

(3) 除雾区

从气流中除去挟带的细液雾沫。

(4) 液体滞留区(集液区)

聚集分离后液体，经过一定滞留时间使油中(或液中)的游离气体逸出。对于三相分离器来说，在此区内还进行油水分离。

(5) 出口区

控制气液体排出，不致发生液体再挟带。

5.6.1 入口(初分离)区内件

入口区内件应具有减小入口气液流的动量，使得气液流在容器尺寸条件下以正常流速产生自然的重力分离，则要求一个精心设计的入口装置，以碰撞或其他机理使来的气液流产生减速度。这种装置通常称为“动量吸收器”。

入口装置还应尽可能分散开气液流，以利分离。

(1) 动能吸收型入口装置

图5.6-1是一种蝶形冲击头和隔板装置，用于低(或中)液气比场合，特别是用于大容量原油分离器中。这种形式入口装置非常有效。使用这种装置要把冲击头倾斜一个角度，并且在正常液位以上安装隔板，防止蝶形冲击头表面淌下的液体冲击容器底部的控制液面，导致飞溅和液滴再挟带进入气相，保持液面稳定同时也有利气泡浮升。

图5.6-2是带有包尔环填料箱的蝶形冲击头装置，它避免了流体直接冲击包尔环箱。由于有非常大的表面面积，这种装置能很好地初分离，它适合于非常大的分离器。

图5.6-3是称作为“捕鼠器”式的入口装置，它能使入口气液流得到良好的碰撞。

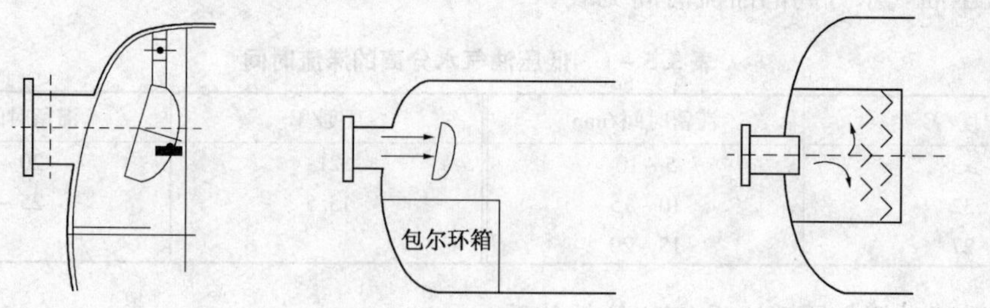

图5.6-1 蝶形冲击头与入口装置　　图5.6-2 折流冲击头与包尔环入口装　　图5.6-3 捕鼠器式入口装置

(2) 旋流式入口装置

图5.6-4是立式分离器的结构示意。其入口装置靠近容器中部，能使进入分离器的气液流呈向上旋流形，液体沿容器壁向下旋流。气体中挟带的液体在容器上半部沉降室以重力

沉降，在容器壁上流淌下来的液体及由除雾器聚集成较大液珠，均汇入滴进容器底部集液区。

图5.6－5为在卧式分离器中也装上内旋式入口装置，因为这种入口装置具有良好的初分离效果，它在立式分离器中用得较多，而且分离效果很好。因此将它用在卧式分离器上。

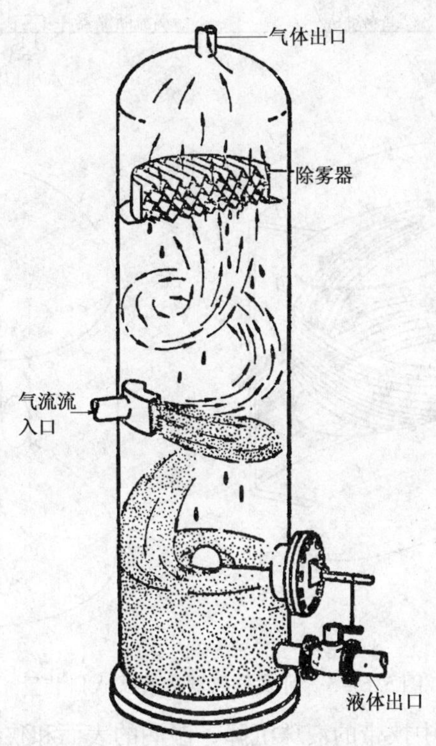

图5.6－4　立式分离器结构示意

5.6.2　液珠沉降(第二分离)区内件

对于一个设计良好的分离器，第二分离区是最重要的。应该在此区有效地控制住气体湍流，充分利用重力分离和碰撞原理使100μm以上的液珠全部分离出来，10μm以上的液珠雾沫也尽可能多地得到分离。

由于气流的急剧扰动作用会使本来可以沉降的液珠挟带在气体涡流之中，为此在容器内插入分隔薄板，可使雷诺数降低，从而使容器内流动气体的湍流得到控制，使气体的扰动减小到最小程度，有利气液更好分离，见图5.6－6。

图5.6－7所示为气相整流构件。即在分离器内某一长度范围内设置一系列适当间距的平行薄板，充满控制液面以上整个容器截面，板面与液面垂直，与容器轴线平行，气体在间隙中作层状流动，扰动程度减弱。

5.6.3　除雾区内件

1. 平行斜板除雾器

平行斜板是一种构件，以重力分离原理工作，如图5.6－8所示。用于卧式分离中的平行斜板，它是一系列倾斜成45o角的等间距排列的平行薄板，并充满液面以上整个截面，把流体通过面积分成许多小块，从而减小了流体的扰动程度，迫使带液珠的气体通过板间狭

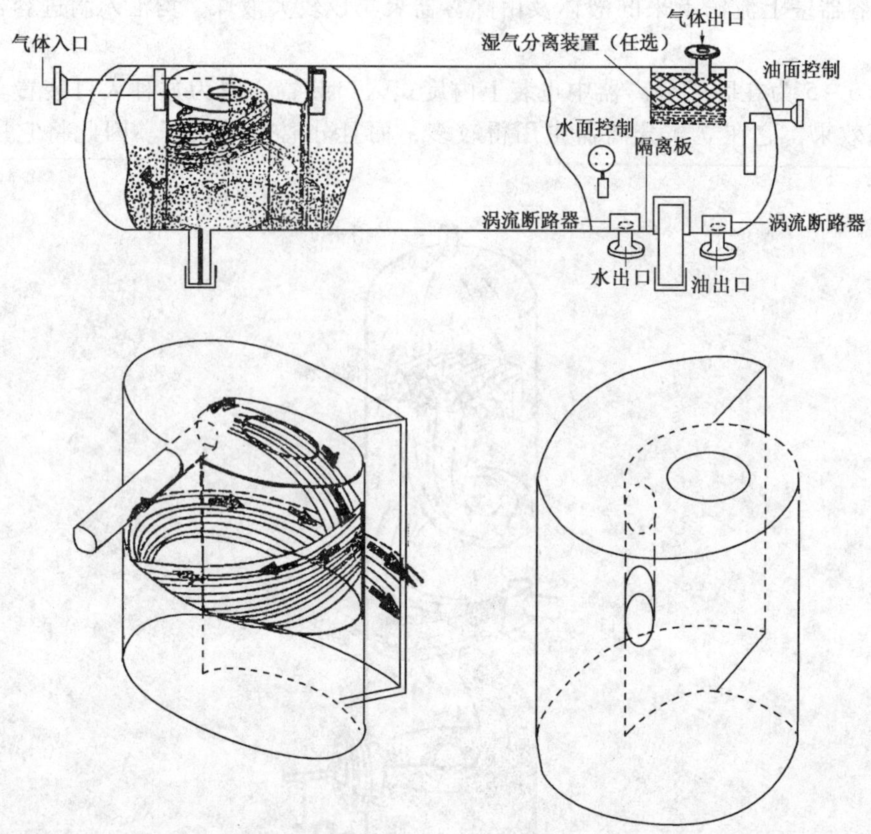

图 5.6-5 卧式分离器内旋式入口装置

缝。这种结构既有利于气体中挟带的液珠沉降，湿润的表面和狭缝又有利于液雾吸附，促使气体中的液雾沫的脱除。

2. 同心圆弧板组合

这是另一种雾沫捕集构件。它由配制的一系列同心圆弧半径逐渐增加的薄板构成，充满控制液面以上的全部截面，下方有一水平挡板防止气体再挟带，工作原理同平行斜板除雾器，见图 5.6-9。

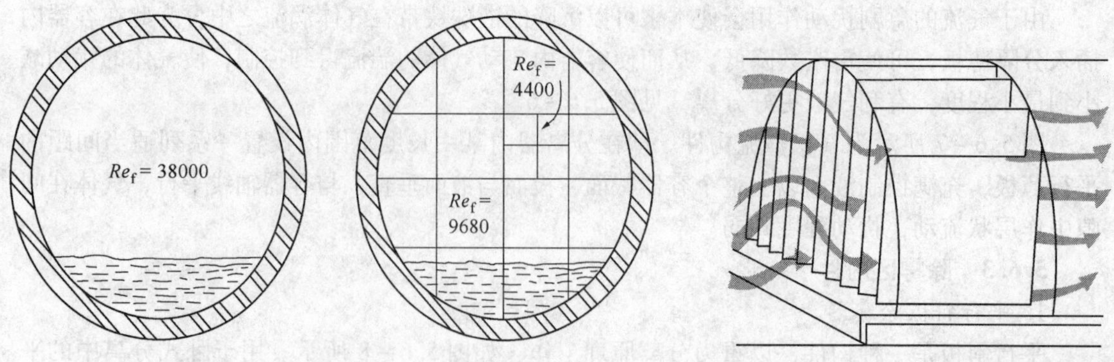

图 5.6-6 细分横截面控制气流扰动

图 5.6-7 气相整流构件

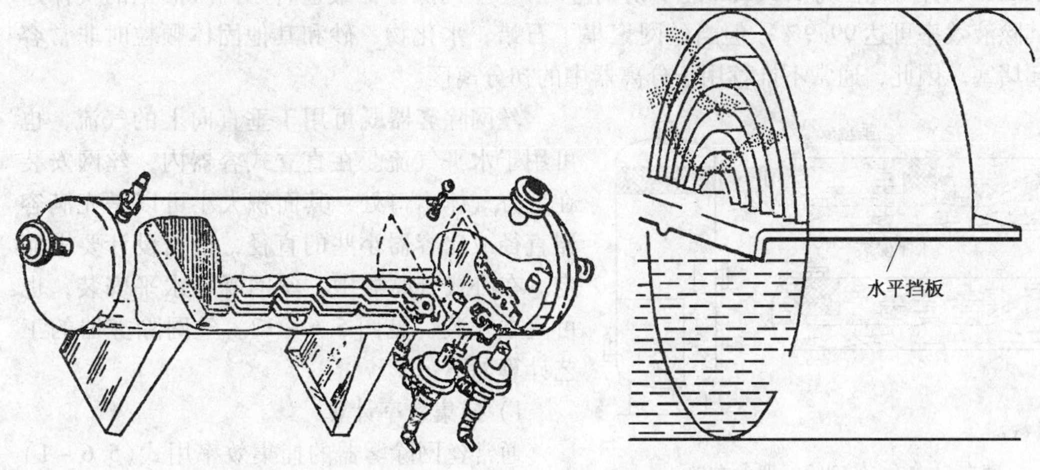

图 5.6－8　平行斜板除雾器　　　　图 5.6－9　同心圆弧板组合除雾器

3. 蛇形叶片除雾器

它是由一系列固定间距的蛇形波纹薄板叠置而成。相邻两块波纹板间形成一个曲折、变截面流道，其倾斜流道截面积约比平直部分小 29.3%，挟带雾沫的气体在此中流过时，运动速度和方向不断改变。在碰撞、离心力和涡流机制作用下，雾沫被湿润的波纹板表面吸附，并呈液膜状滴入分离器底部的聚液区。见图 5.6－10 蛇形叶片除雾器。图 5.6－11 所示为蛇形叶片除雾器的顶视图。气体在反复改变的截面流道中流动，并不断地改变方向。气体在斜向流道中流动时，因截面积减少 29.3%，流速增加 41.4%；当气体在平直段流动时，速度减慢并将湿润表面的液体带到涡流区积聚成较大液珠，受重力作用淌入聚液区。

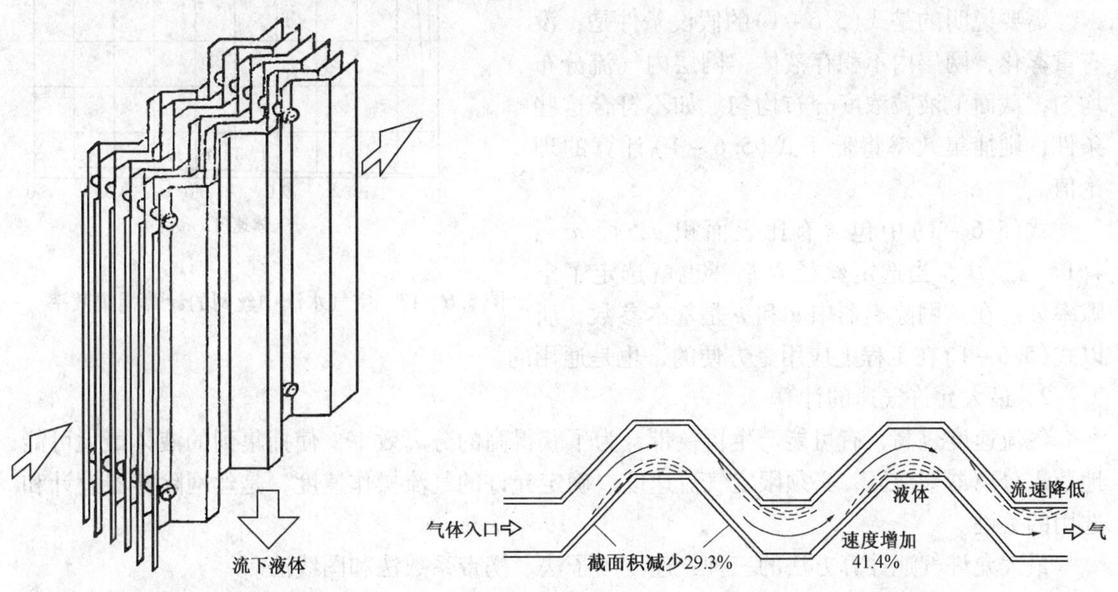

图 5.6－10　蛇形叶片除雾器　　　　图 5.6－11　蛇形叶片顶视图

4. 丝网除雾器

这是一种最通用的除雾装置，其丝网一般用不锈钢丝，它是一种碰撞装置，靠逐渐聚积雾沫，增大液珠粒，然后由其重力滴入聚液区。通常丝网层厚度为 100～150mm，相对密度为 145kg/m^{3}左右（直径为 0.28mm 的不锈钢丝时）。丝网除雾器最适合于高气液比的气体净化，其除液效率可达 99.9%，但当丝网聚集了石蜡，水化物、砂和其他固体颗粒时非常容易引起堵塞。因此，通常不推荐用于分离器中的初分离区。

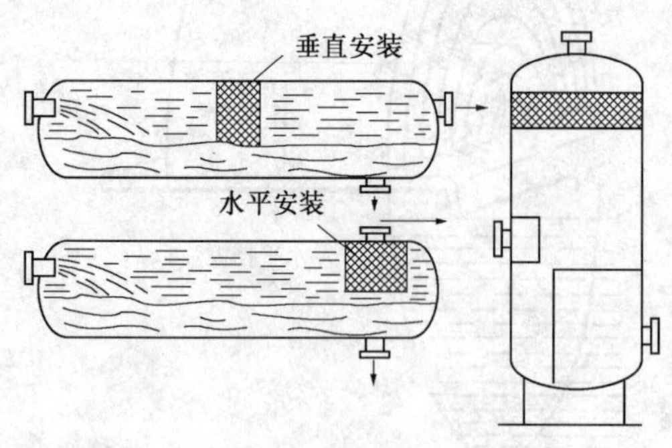

图 5.6－12　丝网除雾器的布置

丝网除雾器既可用于垂直向上的气流，也可用于水平气流。在直立式容器内，丝网安装在上方气体出口处，其面积大小可以是充满容器直径或比容器小些的直径，根据设计要求而定。在卧式分离器中，丝网既可水平安装，也可直立安装，见图 5.6－12。丝网除雾器的工艺计算如下：

1）捕集效率计算

通常丝网除雾器的捕集效率用式（5.6－1）进行计算：

$$E = 1 - e^{(-\frac{M}{\pi}a\eta H)} \tag{5.6-1}$$

式中　a——丝网比表面积，cm^2/cm^3；

H——除雾器丝网层厚度，cm；

η——单丝碰撞效率，可由图 5.6－13 查得；

M——丝网总表面积垂直于气流方向的有效面积比例系数，Capenter 和 Other 提出取 $M=2/3$；

需要说明的是式（5.6－1）的假设条件是：没有重雾化，网层内不积存液体，网层内气流分布均匀，截面上液粒浓度分布均匀。如不符合这些条件，则捕集效率将低于式（5.6－1）计算的理论值。

式（5.6－1）中包含有比表面积 a，而 $a \approx 4(1-\varepsilon)/D$、当选定丝径 D 后，也就选定了空隙率 ε。在丝网除雾器中 a 和 ε 是基本参数，所以式（5.6－1）在工程上应用是方便的，也是通用的。

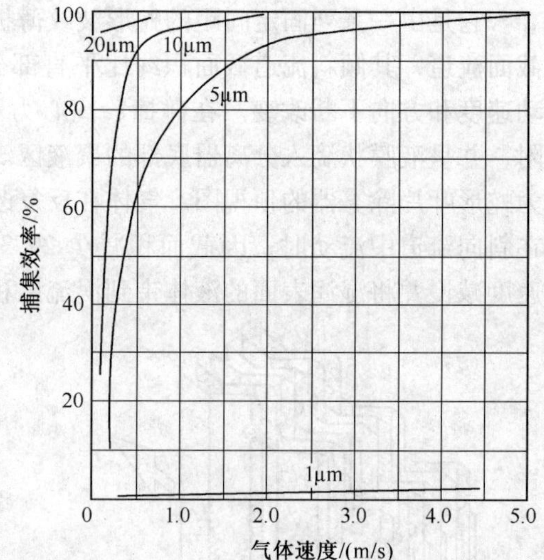

图 5.6－13　空气水滴中丝网的计算捕集效率

2）最大允许气速的计算

气流速度过高，有可能产生再挟带，为了获得高的分离效率，使捕集到的液体最大可能地落入分离器聚液区，必须限定气流速度。确定允许的气流操作速度，是丝网除雾器设计和选用的关键。

最大允许气速计算方法的三种：速度因子法、携带系数法和图线法。

（1）速度因子法

速度因子法计算气体最大允许流速的公式为：

$$v_{max} = K\sqrt{\frac{\rho_L - \rho_g}{\rho_g}} \tag{5.6-2}$$

式中　v_{max}——最大允许气速，m/s；

K——速度因子，按表5.6－1选取；

ρ_L、ρ_g——操作条件下液体和气体的密度，kg/m^3。

表5.6－1　速度因子(气液过滤网常数)K

网型①	K	网型	K
SP	0.201	DP	0.198
HP	0.233	HR	0.222

注：① 网型代号见后面表5.10－1。

(2) 携带系数法

携带系数法计算气体最大允许流速的公式为：

$$v_{max} = K_1 \left[\frac{\sigma g^2(\rho_L - \rho_g)}{\rho_g^2}\right]^{0.25} \tag{5.6－3}$$

式中　K_1——携带系数，随捕雾器带液量而定，出现严重带液时，$K_1=0.6$；

σ——操作条件下液体表面张力，kgf/m；

g——重力加速度，m/s^2；

其余符号同式(5.6－1)。

(3) 图线法

见图5.6－14丝网设计曲线。图中L/G——单位液体负荷，为液体流量(kg/h)与气体流量(kg/h)之比。其与浓度的关系为：

$$1(kg/kg) = 1\times10^{-3}(cm^3/m^3)$$

式中　ρ_L、ρ_g——液体和气体密度，kg/m^3。

ε——丝网空隙率；

a——丝网比表面积，m^2/m^3；

μ_1——液体粘度，Pa。

可由已知参数查图5.6－14，得出气体速度v_g。

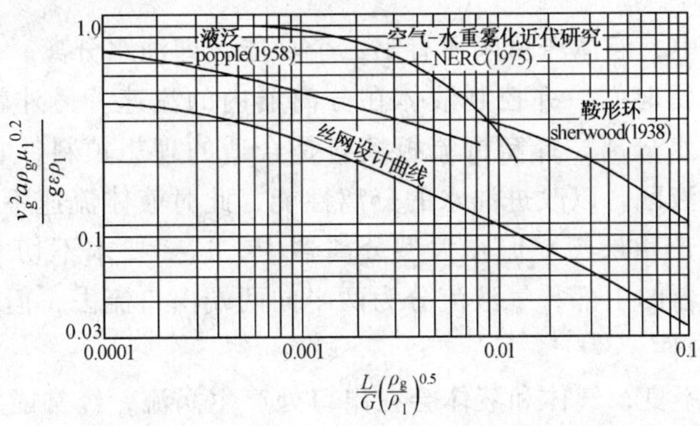

图5.6－14　液体挟带负荷与气体速度的关系

设计气速的选择，一般不取最大允许气速，在式(5.6－2)中计算最大气速的60%～110%范围内，以及式(5.6－3)计算最大气速约60%～100%的范围内，捕集效率都是较高的。考虑到实际生产中分离器处理量有瞬时波动，通常取最大气速的50%～80%作为丝网

除雾器的操作气速，即

$$v_g = (0.5 \sim 0.8) v_{max}$$

根据 v_g 确定丝网除雾器的捕集效率，丝网厚度和处理气体所需的流通直径 D_N。

$$D_N = \sqrt{\frac{4Q}{\pi v_g}} \tag{5.6-4}$$

式中 Q——气体处理量，m^3/s；

v_g——操作气速，m/s。

根据计算所得的 D，参照现成的丝网除雾器系列表，选取合适的丝网除雾器直径 D_N。如果选取的丝网除雾器直径 D_N 小于容器直径，可采取图 5.6-15 和图 5.6-16 的安装形式。

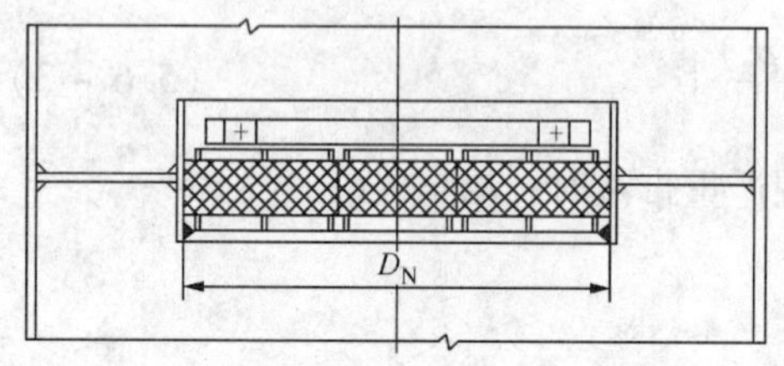

图 5.6-15 上装式缩径丝网除雾器

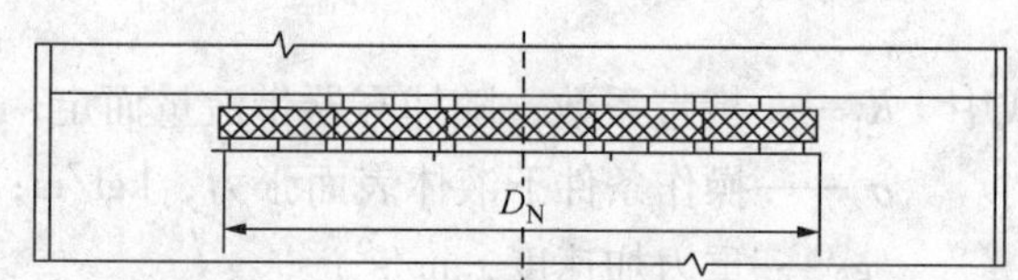

图 5.6-16 下装式缩径丝网除沫器

3）丝网除雾器的压降校核

丝网除雾器的压降有两种：一种是干网压降，即干燥气体通过网产生的压降；另一种是操作压降，即当丝网中积聚了液滴后的总压降。丝网除雾器的干网压降绘于图 5.6-17，操作压降绘于图 5.6-18。

5.6.4 液体聚集(滞留)区

液体聚集区(液体滞留区)的主要功能是使液体中的游离气泡能从液体中分离出来，通常只要有足够的滞留时间，避免过分扰动，允许气泡因相对密度较小而升出来，一般不需要有特殊内件。

但在三相分离器中，液体滞留区还有第二个功能，即油水分离。为了改善油水分离则要认真考虑液体滞留时间，并控制液体在分离器内的流速。另外就是利用聚集元件可以强化液相中的油水分离。蜂窝折流板填料是合适的理想填料，它可以安装在任何常用卧式分离器的集液区，以改进油水的分离性能，此时液体流速不能超过0.8m/min，该速度在聚集元件中产生层流。但在大型分离器中，这一要求不切实际。而应采取双向流，即入口在分离器的中部，气液流分为两半向两端出口流去，但结构复杂造价高。

5.6.5 出口区内件

出口区如果设计不良，气体和液体会在出口处产生涡流，经常能发生大量液滴被气体挟带走和气体下滑吸入液体出口，当流动分布不均匀引起旋转运动时，在出口区的开口处液体的可用能量会产生并维持一个强涡流。涡流就是压降太大和分离恶化的表现。但这些问题不易察觉。解决的办法就是安装设计良好的破涡器以阻止旋流，如图 5.6-19 所示，图 5.6-19(a)为格栅状液体破涡器，图 5.6-19(c)为放在开口处的液体破涡器。

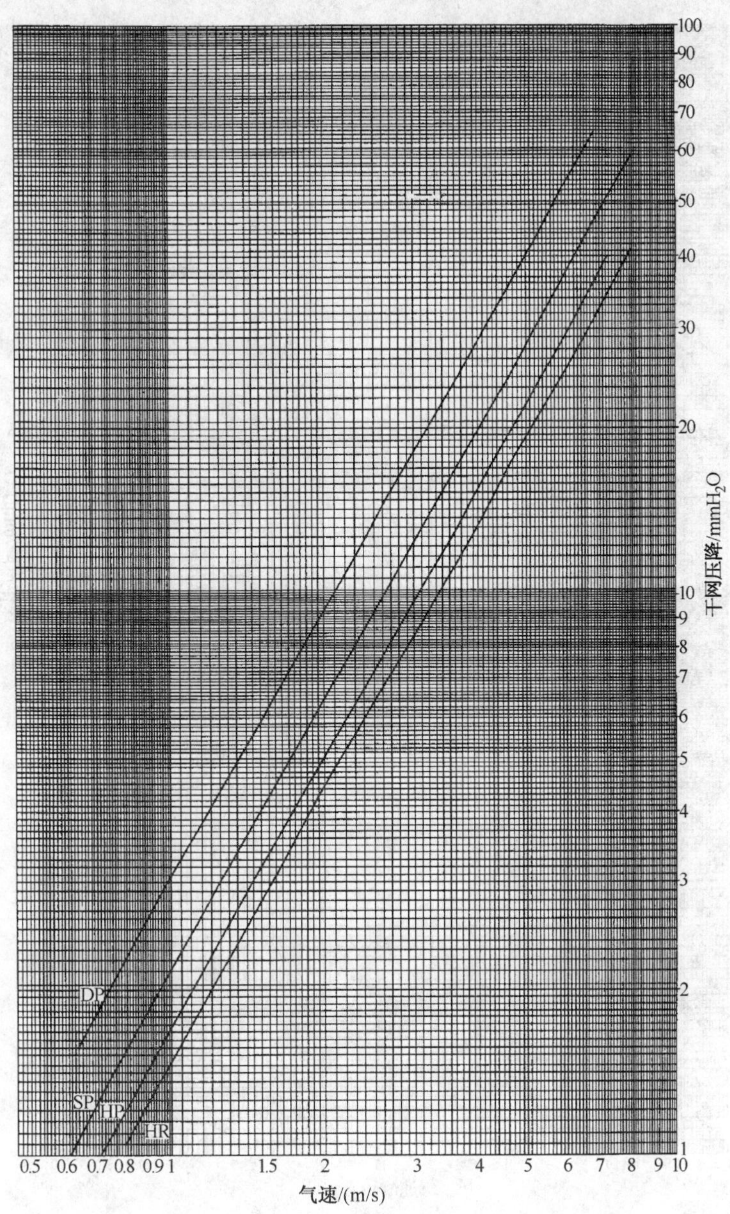

图 5.6－17　丝网除雾器的干网压降

对三相分离器还必须考虑的问题是控制液面，图 5.6－20 给出三种出口区结构示意，用三种方法控制排油和排水。这些结构设施可用于卧式也可用于直立式分离器。其中图 5.6－20(a)为堰板型，其特点是简单，相对也比较便宜，但其界面控制是由油和水的相对密度差起作用的。这样控制液面比较困难，而且控制装置也必须相当灵敏。图 5.6－20(b)所示的油槽，其作用像一个 U 形管，阻截来自堰板左侧的油。这种装置的优点是油水间差异控制灵敏。图 5.6－20(c)为一种简单价廉的排放结构，它也要求界面控制仪表必须灵敏，以适应相对密度的微小变化，另一缺点是油出口以上油层高度太小，可能会把气体吸入排油管。

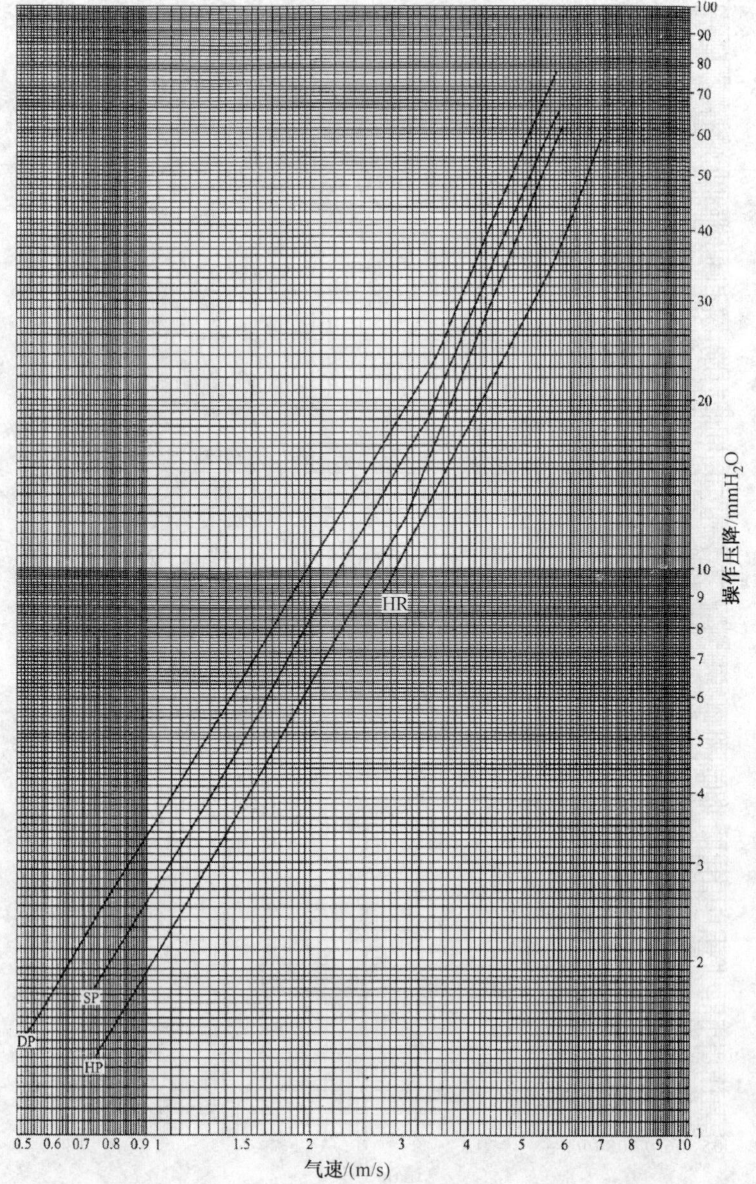

图 5.6－18　丝网除雾器操作压降

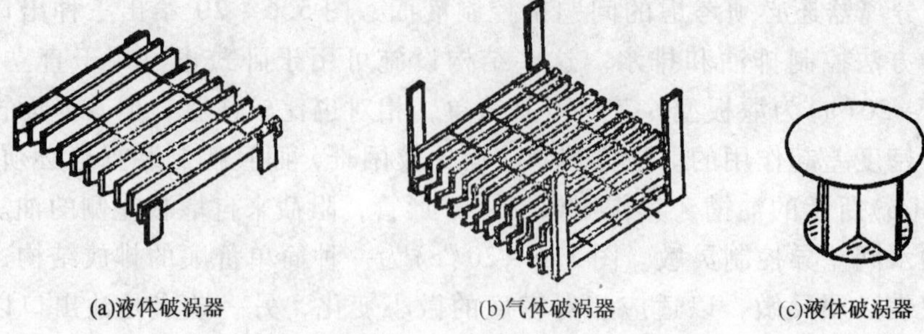

图 5.6－19　出口破涡器

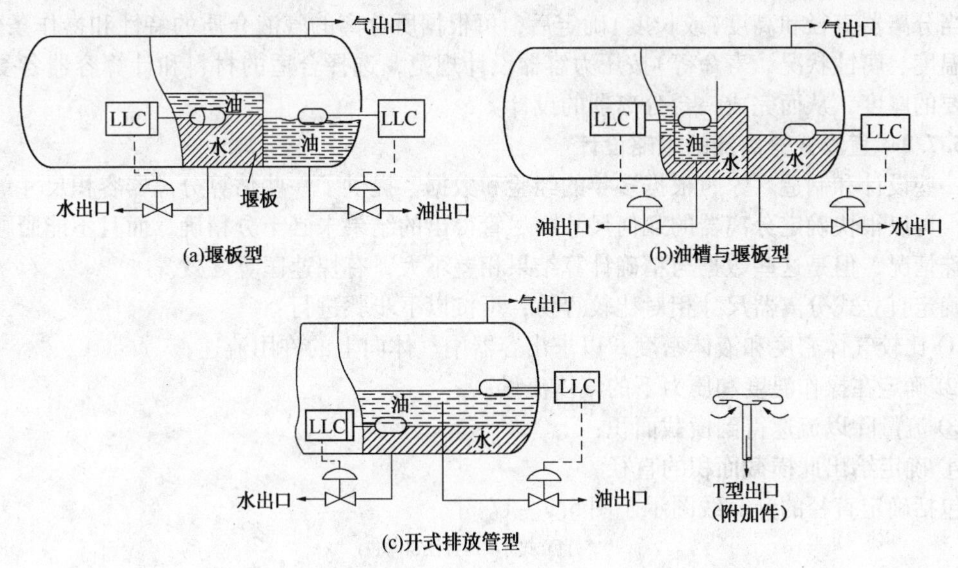

图 5.6－20　三种出口区结构示意

5.7　气液分离器的经验设计

5.7.1　分离器选型与尺寸设计准则

分离器的特定形式的设计选择取决于其应用需要，在生产实践中应根据下列因素来选择确定分离器的形式：

(1) 入口气液流量及其液气比

(2) 气液流的特性

是否含有必须计量的泥和砂，液流是否多泡，气液流量是否有较大的段塞流。

(3) 场地大小对选型的限制

直立式分离器占地面积小，如果有足够场地可选用卧式分离器。

分离壳体尺寸设计包括分别确定所需气体容积和液体容积。在高含液情况下，为了液体分离，所需液体滞留时间将成为分离尺寸设计的关键因素。在高气液比的情况下，所需气流空间通常决定着分离器的大小。

5.7.2　分离器尺寸设计的步骤

分离器设计按两个步骤进行

① 首先确定气体容积的尺寸，液珠在此区沉降。

② 其次确定液体容积的尺寸，气体在此区逸出。

分离器尺寸是气体部分所需容积和液体部分所需容积之和。气体区的尺寸取决于气体与液体之间的密度差和需要处理的气液流的气体流量，因此气液之间的密度差决定着气体在容器内的允许流速，而气液之间的密度差直接与分离器的操作压力有关。通过计算允许气体流速，来确定分离器直径。当直径确定以后，就可根据需要处理的液体流量以及选定液体在容器内的滞留时间确定液体区的容积和高度(或长度)。

气体区的高度(或长度)一般取直径的 2 倍左右。这样，把气体区和液体区的高度(或长度)相加起来，就确定了分离器的总高度(或长度)从而确定了分离器的主要尺寸。

当分离器直径和高度(或长度)确定后，可根据所分离的气液介质的特性和操作条件(压力、温度、腐蚀状况、寿命等)按压力容器设计规范，选择合适的材料和计算容器各受压元件需要的厚度，从而完成一台分离器的设计。

5.7.3 直立式分离器的概略设计

一些设计和制造厂家，根据多年的经验和数据，提供了一些估算分离器容积尺寸等有关曲线，可以很快确定分离器的几何尺寸。尽管得出的结果未必十分精确，而且不能照顾到各种特殊情况，但是这些数据与精确计算结果相差不大，有快速匡算之效。

确定直立式分离器尺寸相对比较容易，可按以下步骤进行：

① 比较气体密度和液体密度，以求出容器中气体向上的许用流速；

② 确定在操作温度和压力下的气体流量；

③ 流量除以流速得到横截面积；

④ 确定给出此横截面积的直径。

包括确定直径的计算线图示于图 5.7－1。

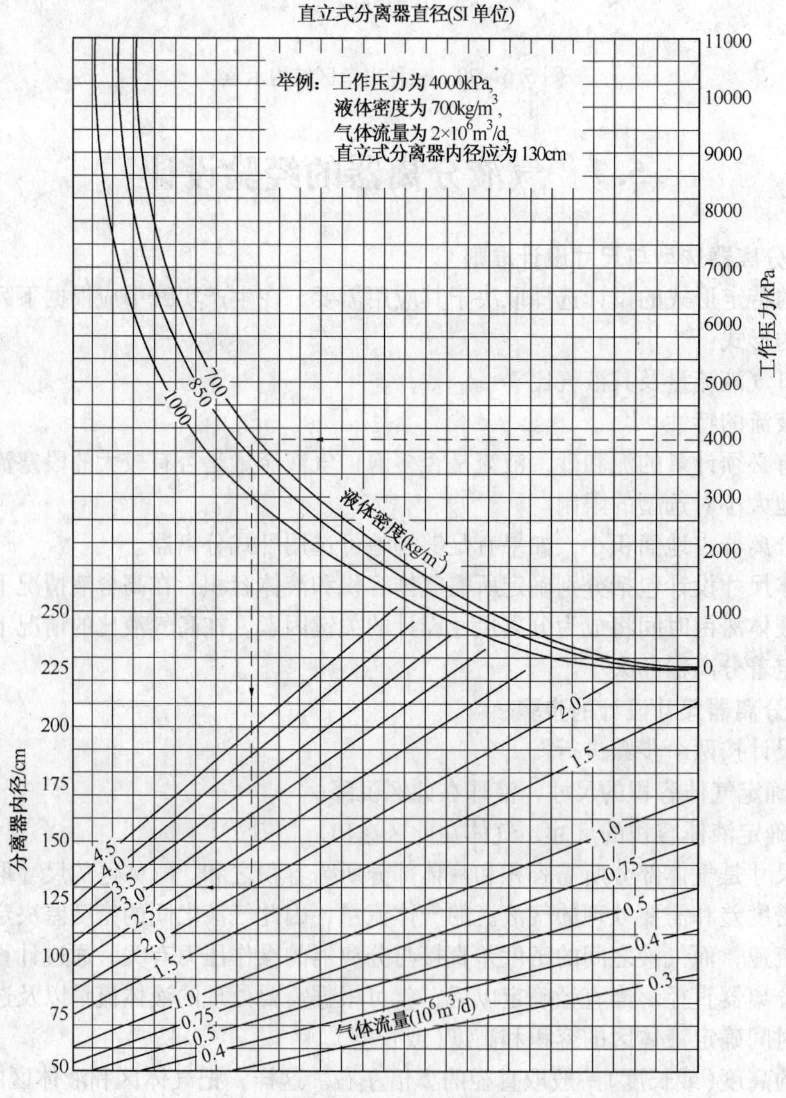

图 5.7－1 两相直立式分离器尺寸设计线图

例 1　要求一台直立式气液分离器，处理气体量为 $150 \times 10^4 m^3/d$，工作压力为 5.5MPa，油的相对密度为 $850kg/m^3$（重度 40°API），问需要多大直径的分离器？

解：利用图 5.7－1 查得结果列入表 5.7－1 中。

表 5.7－1　例 1 的设计结果

分离器工作压力	5.5MPa(5500kPa)	气体流量	$150 \times 10^4 m^3/d$
液体相对密度	$850kg/m^3$	分离器直径	100cm

当确定了直径以后，只需求分离器的高度，它是气体区和液体区高度之和。

气体游离区的高度通常是 2 倍直径左右，如果直径是 100cm，气体游离区的高度就应是 $100 \times 2 = 200cm$。

液体区的容积是需要处理液体的流量和给定的液体滞留时间的函数，如果这两个参数确定后，可以利用表 5.7－1 查出对应的分离器直径的液体区的高度。

例 2　在例 1 给出的分离器直径为 100cm，每米高度可容 $0.785m^3$ 的液体，如果油的流量为 $0.45m^3/min$，设要求滞留时间为 1min，问分离器的总高度是多少？

解：表 5.7－2 列出了计算结果。

表 5.7－2　计算结果

分离器直径	100cm	分离器每米高度的液体容积	$0.785m^3/m$
气体区高度	200cm	液体区的高度	0.45/0.785＝0.573m＝57.3cm
液体流量	$0.45m^3/min$	气体区的高度	200cm
液体滞留时间	1min	总高	257.3cm

以上两例的计算结果，就确定了给定的操作参数下直立式分离器的高度和直径。

5.7.4　卧式分离器概略设计

卧式分离器按以下 4 个步骤确定横截面积；

① 确定气体游离区所需横截面积；

② 确定液体滞留区所需横截面积；

③ 将上述两者之和相加得到总的横截面积，并确定容器直径；

④ 将直径乘以 4 便得到容器长度。

图 5.7－2 为确定卧式两相分离器气体游离区横截面积的曲线图，它可根据已知分离器的工作压力，液体密度以及气体流量来确定的。

【例 1】　一台卧式分离器气体流量为 $1.5 \times 10^8 m^3/d$，工作压力为 5500kPa，液体相对密度为 $700kg/m^3$，总气体游离区所需横截面积多大？

解：利用图 5.7－2，查得结果列入表 5.2－3。

表 5.7－3　计算结果

分离器压力	5500kPa	气体流量	$1.5 \times 10^8 m^3/d$
液体密度	$700kg/m^3$	气体游离区面积	查图 5.7－2 得 $0.46m^2$

气体区的横截面积确定之后，用图 5.7－3 确定容器直径。

【例 2】　在例 1 中，分离器的液流量为 $0.5m^3/min$，滞留时间为 1min，问容器直径多大？

解：利用图 5.7－3 计算和查图，结果列入表 5.7－4。

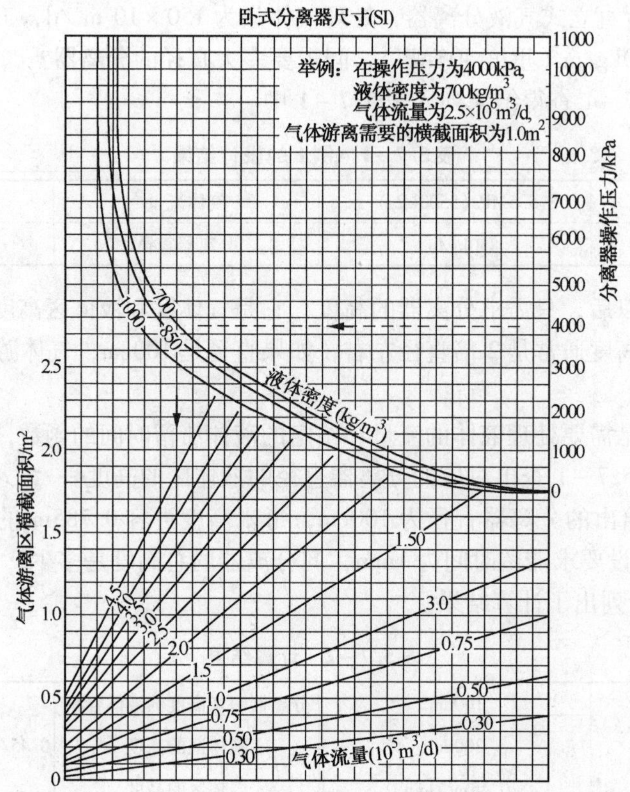

图 5.7－2　卧式两相分离器气体游离区横截面

表 5.7－4　计算结果

流入分离器的液体量	$0.5m^3/min$	气体游离面积（由例1求得）	$0.46m^2$
液体滞留时间	1min	分离器直径	查图5.7－3得88cm
液体在分离器中容量	容量/分×滞留时间＝0.5×1＝$0.5m^3$	分离器高度(4倍直径)	4×88＝352cm

根据给出的操作参数，求得卧式分离器要求的直径为88cm，长度为352cm。

这里确定的分离器尺寸的方法仅仅是为了快速估算。一个精确计算还应考虑到温度，气体密度以及其他因素。但上述方法可以用来核算规划设计中的分离器尺寸，如果发现规划设计中选择的容器与此相差太大，那就要引起重视，并进一步精确计算容器尺寸。

5.8　直立式气液分离器结构及尺寸的设计计算

1. 应用条件

带丝网除雾器的直立式分离器是一种常见的形式，此种形式的分离器适合如下场合应用：

① 气体和液量相对不变的气液流，因为效率与气体通过丝网的线速度有关。速度过低，液体珠粒趋向于在丝网之间漂移；速度过高，由于气体向上的高流速抑制液体不能向下滴落，易使丝网发生液泛。

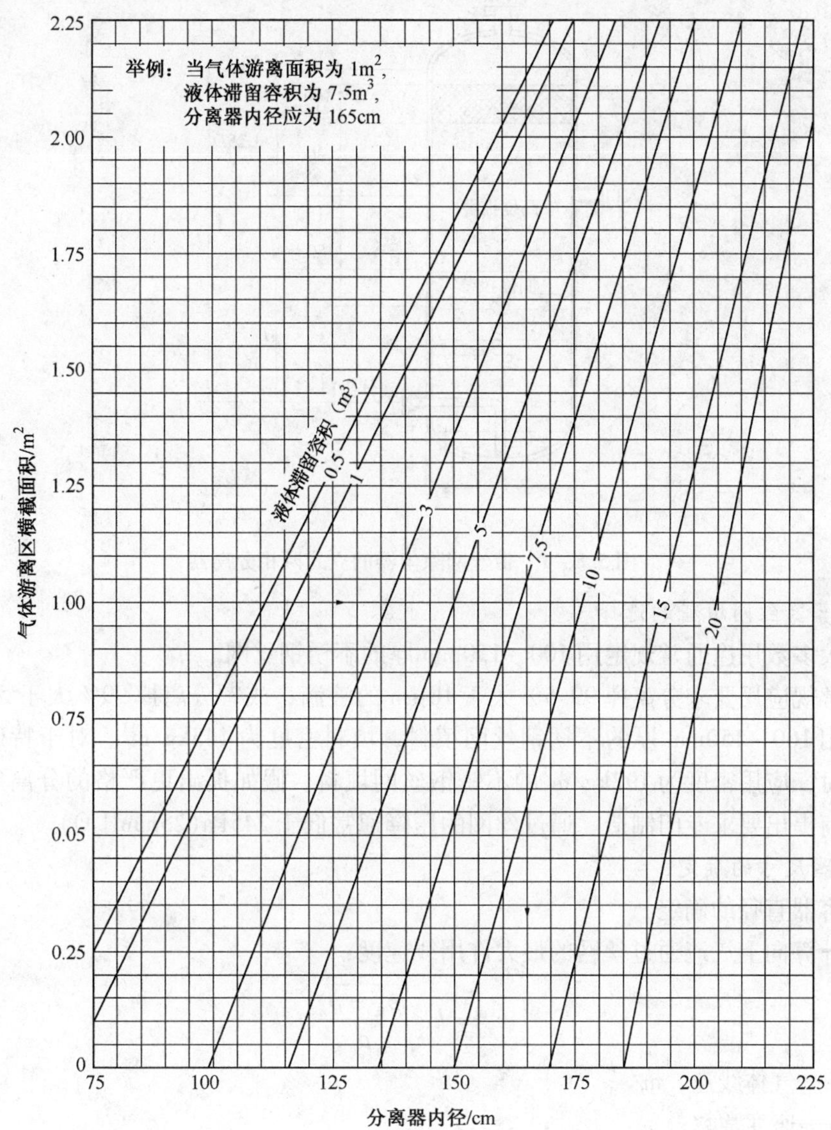

图 5.7－3 分离器直径计算图

② 处理的液体相对比较清洁。由于丝网除雾器易于堵塞，所以它不能用于流体含蜡、含沥青胶质、含砂或易于结垢的场合。

③ 典型的应用是，压缩机的气体洗涤器、蒸汽发生器中蒸汽除水、乙二醇接触塔气体洗涤器、固定式天然气洗涤器等场合。

2. 结构特点

这种两相分离器的结构示意如图 5.8－1 所示。一个入口折流器能吸收进入分离器的气液流的动量并使之沿器壁旋转，利用其旋转的速度产生气液离心力的差异进行粗分离。气体向上流动穿过丝网层。液雾由丝网聚集成较大液珠逆流方向滴落到容器底部液体聚集区。液面有挡板防护高速气流，同时也使降落的液体散开以利脱气。

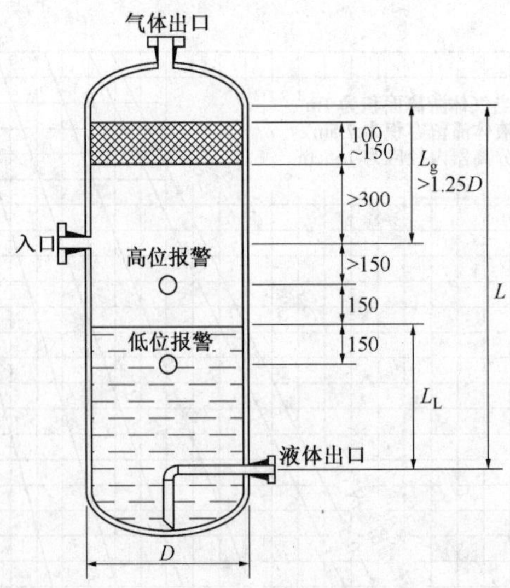

图 5.8－1　带丝网除尘器的立式两相分离器

3. 除雾器丝网填料的选择

对于大多数用途通常规定用 100～150mm 厚的不锈钢丝网。

对于常规应用要求分离掉 99.5% 大于 10μm 的液滴，或者分离掉 99% 大于 5μm 的液珠时，就应用 100～150mm 厚的不锈钢丝网填料，填料密度为 145kg/m^3。对于特殊场合，液雾很细小时，应用密度为 192kg/m^{3}的不锈钢丝网填料。假如提出更严格的分离要求，可向丝网供应商提出要求专门制造。通过丝网的压降通常低于 245Pa（25mmH_2O）。

4. 容器尺寸的确定

（1）容器直径的确定

首先计算向上气流通过丝网的最大许用线速度：

$$v_g = k\sqrt{\frac{\rho_L - \rho_g}{\rho_g}} \tag{5.8-1}$$

式中　v_g——气体线速，m/s；

K——速度常数；

ρ_L、ρ_g——分别为液体和气体的密度，kg/m^3。

当已知气量 Q_g 时，计算容器内部最小横截面积：

$$F = \frac{Q_g}{V_g} \tag{5.8-2}$$

式中　F——容器内部最小横截面积，m^2。

知道 F 后由式(5.8－3)求出容器最小内径：

$$D = \sqrt{\frac{4F}{\pi}} \tag{5.8-3}$$

式中　D——容器最小内径，m。

（2）容器高度

容器总高是下列各项之和：除雾器需要的高度，除雾器与液面之间的拆卸空间和液体占有的高度。在确定上述因素时，应考虑下列各点：

① 除雾器上表面比出口接管最小要低 300mm。考虑到提供的气体出口管是位于顶封头内缘而不伸进容器，因此，除雾器应尽可能靠近容器的上部环焊缝。如果除雾器的压紧环是焊在容器里面的，那么此焊缝和顶焊缝之间最小要留出 3 倍容器壁厚的距离。

如果气体出口接管安装在除雾器上方的容器边缘，那么除雾器上方应该留出 300mm 的自由空间，避免气体通过丝网时出现沟流，以便通过除雾器到出口接管的气流能方便地进行方向变换。

② 在除雾器的上方和下方应留出 25mm 空间以便安装压紧环和支承环(蓖条、档板)。

③ 入口接管的安装位置距顶部焊缝应不小于容器直径的 1.25 倍、低于除雾器下缘的距离应不小于 1 倍的容器直径。

④ 液体高液位应低于气体入口接管 1/3 容器直径的距离。

⑤ 假设要求安装高低液位报警开关，其距正常液位上下距离取决于容器的用途。通常液量相对较小且稳定，此距离取 150mm 就足够了。如果预料会出现段塞流，则应考虑更富裕的容积。

⑥ 如果要求增装极高低位停车装置时，则其安装位置高于高位报警与低于低位报警的位置均不得少于 50mm，通常取 100 ~ 150mm。

⑦ 液体在容器中的液位高度由式(5.8 -4)确定

$$H_L = \frac{Q_L t}{F} \tag{5.8-4}$$

式中 H_L——液体高度，m；

Q_L——液体流量，m^3/min；

t——滞留时间，min；

F——容器内横截面积，m^2。

⑧ 如果安装的是可拆卸的填料，在除雾器顶部到出口接管之间应留出约 150mm 的空间，以免气体通过丝网层时产生沟流。

⑨ 如果液体容积是决定分离器大小的关键因素，应该避免采用短而粗的容器。此时考虑长径比为 3 ~4。如果滞留时间要求更大，L/D 可在 4 以上。

如果容器直径取决于气体而不是液体容积的要求，容器切线之间的长度由①到⑦所述的步骤确定，而不必考虑 L/D 值大小。

(3) 接管尺寸的确定

① 气液流入口接管的尺寸大小应维持流体的流速低于流体冲刷速度(v_e)，如果固体(砂子)很容易掺合进去，那末流速还应相应降低。

可能产生上述冲刷速度的经验公式：

$$v_e = \frac{C}{\sqrt{\rho_M}} \tag{5.8-5}$$

$$\rho_M = \frac{\rho_L Q_L + \rho_g Q_g}{Q_L + Q_g} \tag{5.8-6}$$

式中 v_e——流体冲刷腐蚀速度，m/s；

C——常数，无固体杂质时 $C = 122$，有砂子的流体，$C = 61 \sim 85$；

ρ_M——流体状态下气液混合物的密度，kg/m^3；

ρ_L、ρ_g——分别为液体和气体的密度，kg/m^3；

Q_L、Q_g——分别为液体和气体的流量，m^3/s。

确定了冲蚀速度 v_e 后，入口接管的最小横截面积由下式求得：

$$A_i = \frac{Q_g}{v_e} \tag{5.8-7}$$

式中 Q_g——进口气体(蒸汽)流量，m^3/s；

A_i——入口接管的横截面积，m^2。

入口接管的直径按式(5.8-8)计算：

$$d_i = \sqrt{\frac{4A_i}{\pi}} \tag{5.8-8}$$

式中 d_i——入口接管的直径，m。

② 气体出口接管。对于标准分离器的出口接管通常与入口接管尺寸相同。对于非标准分离器，出口接管的大小要用与入口接管相同过程进行计算确定。

③ 液体出口管的尺寸通常设计为使该液体流速不超过 3～4m/s 为宜。一般液体出口管直径不得小于50mm。

通过上述计算，就可确定直立式分离器各部分结构尺寸。图 5.8-1 所示各相关尺寸可用来初步确定分离器的结构尺寸。

5.9 卧式分离器结构尺寸的设计计算

1. 应用条件

图 5.9-1 所示为典型的带蛇形叶片除雾器的卧式两相分离器，它在石油工业部门应用广泛。能处理大容量的气体而不论含液量多少。即可处理任何油气比的原油，并且它能处理的液体既可以是清洁的冷凝液，也可是含蜡基的原油。这种分离器与图 5.8-1 的直立式分离器相比有下列优点：

① 气体流动方向不会抑制液滴重力沉降；

② 能很好地控制扰动；

③ 对于给定容积的液体，有较大的气液界面；

④ 一般说来易于维护保养；

⑤ 能较好地处理发泡液流；

⑥ 分离器适合于重叠安装，这种形式的分离器脱液效率特别好。它安装一个简单的蛇形叶片段，能满意地除去99%的大于10μm 的液珠。如果要求分离更高，可以在紧靠着蛇形叶片段再安装一个丝网除雾器。液体负荷低时安装在叶片段的上游，液体负荷高时则安装在叶片段的下游，此时则要求进料干净。

2. 主要结构特点

气体纵向流过容器，除雾器安装在距入口动能吸收器足够远的下游，以使较重的液珠在到达除雾器之前已经分离掉了。有了这段距离，也使气体在进入除雾器之前已均匀地分布在整个通气截面上。在除雾器下游也要留出相等的距离，以便从除雾器逸出的液珠沉降下来。在容器的气液出口处分别安装有气体整流器和液体破涡器。

蛇形叶片组大约安装在容器中部，并没入到液体中 75～200mm，以防气体走短路绕过叶片。如果装有低位报警，则叶片应伸入低位报警位置以下 75～200mm。

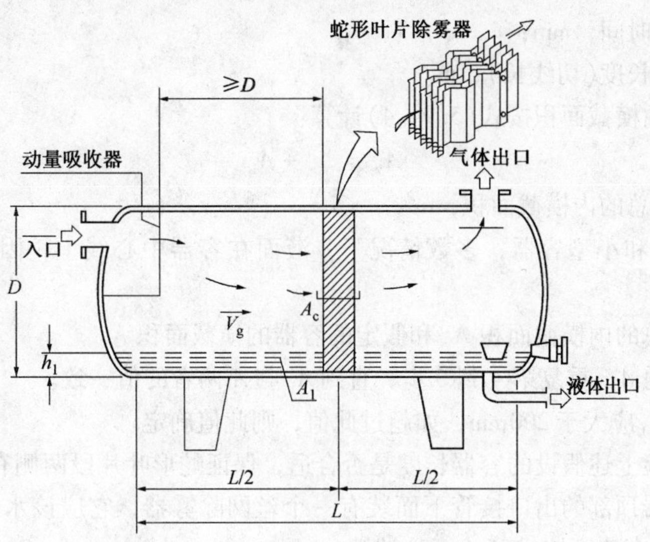

图 5.9－1　带蛇形叶片的两相卧式分离器

对于小型标准式卧式分离器，正常液位在容器的中心线上。在大型或非标准容器，如果仅处理含液少的介质则液体高度要在容器底以上至少 200mm。如果装有一个低位报警，它必须至少离罐底 200mm。

动能吸收器与蛇形叶片之间的距离，应等于一个容器直径。

出口接管一般安装在容器的顶部或在容器末端的封头上。对于容器切线长度为 6m 及以下者，一般仅安装一个蛇形叶片段。切线长为 6～12m 之间者，安装两个蛇形片段等距离放置。切线长度大于 12m 者，等距离安装 3 个蛇形叶片段。

3. 容器尺寸的确定

① 确定在操作工况下的气体流量 Q_g；

② 用式(5.9－1)计算通过蛇形叶片的许可线速度：

$$v_g = K\sqrt{\frac{\rho_L - \rho_g}{\rho_g}}, \mathrm{m/s} \tag{5.9－1}$$

式中　$K = 0.244$；

其余符号同前。

③ 用式(5.9－2)计算气体通过叶片的面积：

$$A_g = \frac{Q_g}{v_g} \tag{5.9－2}$$

式中　A_g——气体通过叶片的面积，m^2。

④ 先假定一个容器长度 L，并假定气相流通面积 A_g 是假定容器横截面积的 1/2，然后再假定长径比 L/D 在 3～5 之间。

⑤ 用式(5.9－3)计算液相流通面积：

$$A_L = \frac{Q_L t}{L} \tag{5.9－3}$$

式中　A_L——液相流通面积，m^2；

Q_L——液体流量，kg/min；

t——滞留时间，min；

L——容器长度(切线长)，m。

⑥ 容器总的内横截面积按式(5.9-4)计算：

$$A_v = A_g + A_L \tag{5.9-4}$$

式中 A_v——容器总的内横截面积，m^2。

对于标准容器和小型容器，多数情况下，液面在容器中心线上，因此 $A = 2A_g$ 或 $2A_L$，选用大者。

⑦ 比较容器总的内横截面积 A_v 和假定的容器的横截面积 A。

⑧ 修正设定值 A，重复第④到⑤步，直到 A_v 与 A 两者的值一致。

⑨ 液相高度 h_L 应大于 200mm，如超过此值，则此值确定。

⑩ 进一步检验上述假设的容器长度是否合适，保证蛇形叶片段两侧有足够的空间。

⑪ 如果在容器顶部的出口接管下面装有一个丝网除雾器，它应该水平地安装在接管下面。通过丝网的垂直速度按式(5.9-5)计算：

$$v_m = K\sqrt{\frac{\rho_L - \rho_g}{\rho_g}}, \text{m/s} \tag{5.9-5}$$

式中 v_m——通过丝网的垂直速度，m/s；

$K = 0.106$；

其余符合同前。

丝网的流通面积按式(5.9-6)计算：

$$A_m = \frac{Q_g}{v_m} \tag{5.9-6}$$

式中 A_m——丝网的流通面积，m^2。

如果丝网是安装在垂直平板上(气体出口管在容器的顶盖中)，则气体通过丝网的速度 v_m 可用式(5.9-7)计算，令 $K = 0.152$，相应即可求出丝网的流通面积：

$$v_m = 0.152\sqrt{\frac{\rho_L - \rho_g}{\rho_g}} \tag{5.9-7}$$

5.10 丝网除沫器(HG/T 21618—1998)

5.10.1 适用范围

本标准丝网除沫器适用于化工、石化、医药、轻工、环保等行业立式圆筒形设备使用的气液分离装置。用于分离气体中夹带的液滴直径大于 3～5μm 的雾沫。

本标准丝网除沫器的规格范围为 *DN*300～5200mm。

5.10.2 结构

① 丝网除沫器是由气液过滤网块(由若干块网块拼合而成)和支承件两部分组成。丝网除沫器网块由若干层平铺的波纹型丝网、格栅及定距杆等组合而成，见图 5.10-1。

② 丝网除沫器的气液过滤网块应由专业除沫器制造厂供货，丝网可按沪 Q/SG 12-1—79《气液过滤网》的要求进行检验。支承件由设备制造厂按除沫器制造厂提供的图样制造。必要时，也可由专业除沫器制造厂提供，但应在订货时说明。

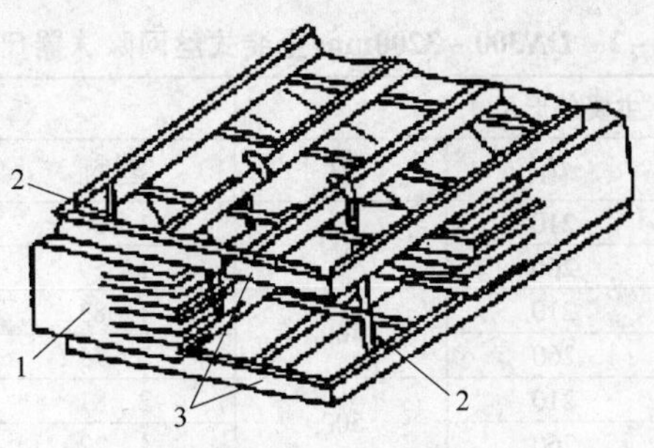

图 5.10－1　气液过滤网块结构示意

1—丝网；2—定距杆；3—格栅

5.10.3　形式

① 丝网除沫器的形式分上装式和下装式两种，见图 5.10－2、图 5.10－3。

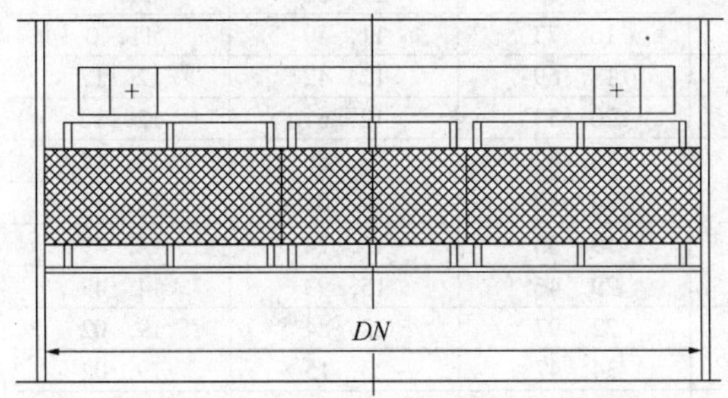

图 5.10－2　上装式丝网除沫器图

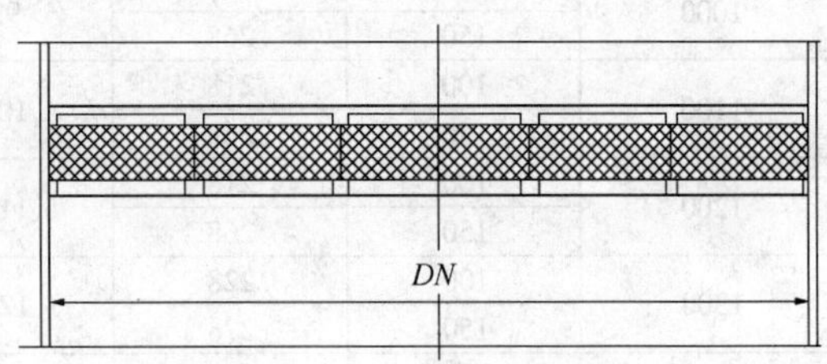

图 5.10－3　下装式丝网除沫器

上装式丝网除沫器的通径范围为 *DN*300～5200mm。

下装式丝网除沫器的通径范围为 *DN*700～4600mm。

② 丝网除沫器使用的气液过滤网形式及其基本参数见表 5.10－1。

③ 采用表 5.10－1 所列网型的气液过滤网应进行测定、确认。采用表 5.10－1 以外网型的气液过滤网也应提供基本参数及表 5.6－1 速度因子(气液过滤网常数)*K* 中所述的有关参数。

表 5.10－1　气液过滤网形式及基本参数

型式代号	容积质量/(kg/m^3)	比表面积/(m^2/m^3)	空隙率 ε
SP	168	529.6	0.9788
HP	128	403.5	0.9839
DP	186	625.5	0.9765
HR	134	291.6	0.9832

注：1. 可采用其他形式的气液过滤网，如非金属网、多股金属丝网、金属丝与非金属丝交织网等，其参数及性能可向专业除沫器制造厂查询。

2. 表中所列气液过滤网容积质量数据系按密度 7930kg/m^3 所得，如采用其他材料，此数据亦应相应修正。

5.10.4　结构尺寸、构件质量

丝网除沫器的结构尺寸和构件质量按表 5.10－2～表 5.10－5 和图 5.10－4～图5.10－11。

丝网除沫器网块的网层厚度分为 100mm 和 150mm 两种规格。

表 5.10-2 *DN*300~3200mm 上装式丝网除沫器尺寸、质量

公称直径 *DN*	主要外形尺寸			质量/kg		
	H	H_1	*D*	丝网	格栅及定距杆	支承件
300	100	210	300	1.06	1.67	0.19
	150	260		1.59	1.72	0.19
400	100	210	400	1.83	2.27	0.19
	150	260		2.75	2.32	0.19
500	100	210	500	2.81	2.89	0.19
	150	260		4.22	2.94	0.19
600	100	210	600	3.99	3.47	0.19
	150	260		5.99	3.52	0.19
700	100	218	620	5.77	8.60	8.63
	150	268		8.67	8.78	8.63
800	100	218	720	8.86	8.46	9.88
	150	268		13.30	8.63	9.88
900	100	218	820	11.15	11.32	11.0
	150	268		16.73	11.49	11.0
1000	100	218	920	13.69	12.42	12.12
	150	268		20.55	12.61	12.12
1100	100	218	1020	16.32	13.86	13.17
	150	268		24.48	14.05	13.17
1200	100	218	1120	19.36	15.74	14.49
	150	268		29.46	15.93	14.49
1300	100	228	1220	22.97	22.84	19.02
	150	278		34.47	23.15	19.02
1400	100	228	1320	26.59	24.36	20.69
	150	278		39.90	24.58	20.69
1500	100	228	1420	30.47	26.67	22.43
	150	278		45.72	26.99	22.43
1600	100	228	1520	33.76	31.07	23.50
	150	278		50.64	31.43	23.50
1700	100	360	1600	39	35	67
	150	410		53	36	67
1800	100	360	1700	44	36	71
	150	410		66	37	71
1900	100	360	1800	49	40	75
	150	410		73	41	75
2000	100	360	1900	54	43	79
	150	410		81	44	79
2200	100	360	2100	65	56	87
	150	410		98	57	87
2400	100	360	2300	78	67	95
	150	410		118	68	95
2600	100	360	2500	91	73	103
	150	410		136	74	103
2800	100	385	2700	106	85	139
	150	435		158	86	139
3000	100	385	2900	121	99	149
	150	435		182	100	149
3200	100	385	3100	138	111	159
	150	435		207	112	159

注：1. 公称直径范围以外的规格，与制造商协商。

2. *D* 为丝网除沫器的有效直径，根据支承件的结构确定。

3. 丝网的质量系 SP 型气液过滤网块的质量，如采用其他形式的气液滤网，此值应调整。

表 5.10－3　*DN*3400～5200mm 上装式丝网除沫器尺寸、质量

公称直径 *DN*	主要外形尺寸				质量/kg		
	H	H_1	H_2	D	丝网	格栅及定距杆	支承件
3400	100	350	600	3280	166	126	312
	150	400	650		234	127	312
3600	100	350	600	3480	175	139	315
	150	400	650		262	141	315
3800	100	350	600	3680	194	159	329
	150	400	650		292	162	329
4000	100	350	600	3880	216	176	345
	150	400	650		323	177	345
4200	100	350	600	4080	239	189	359
	150	400	650		359	192	359
4400	100	350	600	4280	259	202	374
	150	400	650		391	204	374
4600	100	350	600	4480	285	224	401
	150	400	650		427	227	401
4800	100	350	600	4680	310	243	414
	150	400	650		465	245	414
5000	100	350	600	4880	337	266	550
	150	400	650		505	269	550
5200	100	350	600	5080	364	283	569
	150	400	650		546	286	569

注：1. 公称直径范围以外的规格，与制造商协商。

2. *D* 为丝网除沫器的有效直径，根据支承件的结构确定。

3. 丝网的质量系 SP 型气液过滤网网块的质量，如采用其他形式的气液滤网，此值应进行调整。

表 5.10－4　*DN*700～3200mm 下装式丝网除沫器尺寸、质量

公称直径 *DN*	主要外形尺寸			质量/kg		
	H	H_1	D	丝网	格栅及定距杆	支承件
700	100	176	620	5. 77	8. 06	12. 47
	150	226		8. 67	8. 78	12. 47
800	100	176	720	8. 86	8. 46	14. 54
	150	226		13. 30	8. 63	14. 54
900	100	176	820	11. 15	11. 32	16. 11
	150	226		16. 73	11. 49	16. 11
1000	100	176	920	13. 69	12. 42	17. 78
	150	226		20. 55	12. 61	17. 78
1100	100	176	1020	16. 32	13. 86	19. 27
	150	226		24. 48	14. 05	19. 27
1200	100	176	1120	19. 36	15. 74	20. 85
	150	226		29. 46	15. 93	20. 85
1300	100	176	1220	22. 97	22. 84	22. 60
	150	226		34. 47	23. 15	22. 60
1400	100	176	1320	26. 57	24. 36	24. 19
	150	226		39. 90	24. 58	24. 19
1500	100	228	1420	30. 47	26. 67	25. 76
	150	278		45. 72	26. 99	25. 76

续表 5.10-4

公称直径 DN	主要外形尺寸			质量/kg		
	H	H_1	D	丝网	格栅及定距杆	支承件
1600	100	176	1520	33.76	31.07	26.98
	150	226		50.64	31.43	26.98
1700	100	370	1600	39	35	91
	150	420		53	36	91
1800	100	370	1700	44	36	97
	150	420		66	37	97
1900	100	370	1800	49	40	101
	150	420		73	41	101
2000	100	370	1900	54	43	107
	150	420		81	44	107
2200	100	370	2100	65	56	118
	150	420		98	57	118
2400	100	370	2300	78	76	128
	150	420		118	68	128
2600	100	370	2500	91	73	138
	150	420		136	74	138
2800	100	395	2700	106	85	177
	150	445		158	86	177
3000	100	395	2900	121	99	189
	150	445		182	100	189
3200	100	395	3100	138	111	201
	150	445		207	112	201

注：1. 公称直径范围以外的规格，与制造商协商。

2. D 为丝网除沫器的有效直径，根据支承件的结构确定。

3. 丝网的质量系 SP 型气液过滤网网块的质量，如采用其他形式的气液过滤网，此值应进行调整。

表 5.10-5 *DN*3400～4800mm 下装式丝网除沫器尺寸、质量

公称直径 DN	主要外形尺寸				质量/kg		
	H	H_1	H_2	D	丝网	格栅及定距杆	支承件
3400	100	350	600	3280	156	126	369
	150	400	650		234	127	369
3600	100	350	600	3480	175	139	372
	150	400	650		262	141	372
3800	100	350	600	3680	194	159	389
	150	400	650		292	162	389
4000	100	350	600	3880	216	176	428
	150	400	650		323	177	428
4200	100	350	600	4080	239	189	434
	150	400	650		359	192	434
4400	100	350	600	4280	259	202	434
	150	400	650		391	204	443
4600	i00	350	600	4480	285	224	473
	150	400	650		427	227	473

注：1. 公称直径范围以外的规格，与制造商协商。

2. D 为丝网除沫器的有效直径，根据支撑件的结构确定。

3. 丝网的质量系 SP 型气液过滤网网块的质量，如采用其他形式的气液过滤网，此值应进行调整。

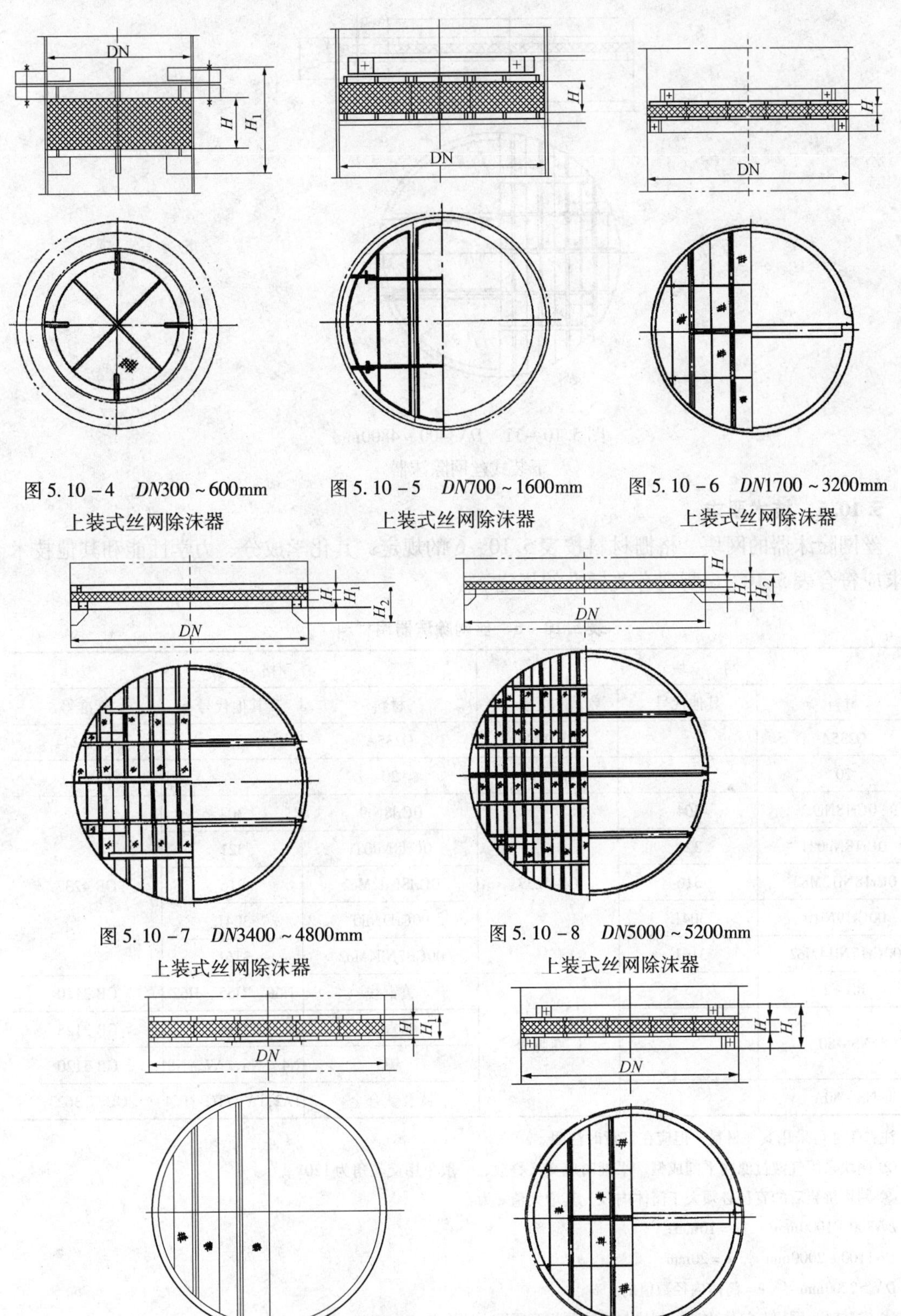

图 5.10－4　*DN*300～600mm 上装式丝网除沫器

图 5.10－5　*DN*700～1600mm 上装式丝网除沫器

图 5.10－6　*DN*1700～3200mm 上装式丝网除沫器

图 5.10－7　*DN*3400～4800mm 上装式丝网除沫器

图 5.10－8　*DN*5000～5200mm 上装式丝网除沫器

图 5.10－9　*DN*700～1600mm 下装式丝网除沫器

图 5.10－10　*DN*1700～3200mm 下装式丝网除沫器

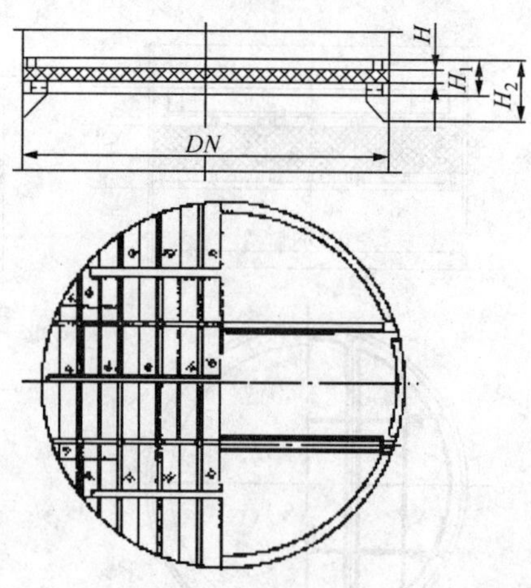

图 5.10－11　*DN*3400～4800mm
下装式丝网除沫器

5.10.5　技术要求

丝网除沫器的网块、格栅材料按表 5.10－6 的规定，其化学成分、力学性能和其他技术要求应符合表 5.10－6 所列有关标准的规定。

表 5.10－6　丝网除沫器用材料

网块			格栅		
材料	其他代号	标准号	材料	其他代号	标准号
Q235A		GB 3247	Q235A		GB 3274
20		GB 711	20		GB 711
0Cr18Ni9	304		0Crl8Ni9	304	
0Cr18Nil0Ti	321		0Crl8Nil0Ti	321	
0Cr18Ni12Mo2	316	GB 4237	0Crl8Nil2Mo2	316	GB 4237
00Cr19Ni10	304L		00Crl9Nil0	304L	
00Cr17Ni14Mo2	316L		00Crl7Nil4Mo2	316L	
RS－2			黄铜线	H68、H65、H62	GB 3110
NS－80		厂商牌号	锡青铜	QSn	GB 3128
			镍	N4、N6、N7、N8	GB 3120
NS－80A			钛及钛合金	TA2,TA3 7TC3、TC4	GB/T 3623

注：①亦可采用其他材料，但应在订货时注明。

② 网块采用气液过滤网平铺成型，平铺时应交叉叠放，一般采用交叉角为 120°。

③ 网块拼装后的直径必须大于筒体内径，其增大值 e 为：

*DN*300～1000mm　　e＝10mm；

*DN*1100～2000mm　　e＝20mm；

DN≥2200mm　　e＝筒体内径数值的 1％。

④ 安装时，网块与筒体内壁、网块与网块要相互紧贴，不允许存在缝隙。

5.10.6　丝网除沫器的选用

① 根据工艺条件，参照有关的规定，确定丝网除沫器的气液过滤网形式、气速、公称

直径，并选择合适的材料。

② 根据容器结构、人孔开设位置，确定丝网除沫器的形式。

a. 当人孔设在除沫器上方或虽无人孔但设有设备法兰时，选用上装式丝网除沫器。

b. 当人孔设在除沫器下方时，采用下装式丝网除沫器。

③ 根据除沫效率要求，确定除沫器的网块厚度。一般选用 $H=150$mm 的丝网除沫器，如果除沫要求不高，可采用 $H=100$mm 的丝网除沫器。

5.10.7　标记和标记示例

（1）标记　丝网除沫器的标记按下列规定：

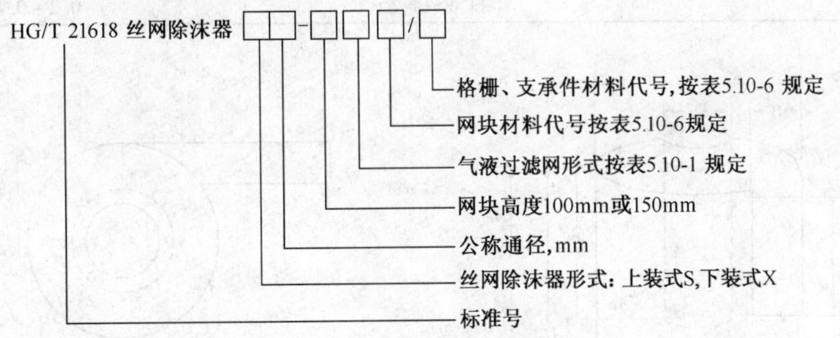

（2）标记示例

例 1　DN2000mm，$H=150$mm，过滤网型式为 SP 型，材料为 NS－80，格栅、支承件材料为 316 的上装式丝网除沫器，标记为：

HG/T 21618 丝网除沫器 S2000－150 SP NS－80/316

例 2　DN4000mm，$H=100$mm，过滤网型式为 DP 型，材料为 316L，格栅、支承件材料为 304 的下装式丝网除沫器，标记为：

HG/T 21618 丝网除沫器 X4000－100 DP 316L/304

5.11　旋流式气液分离器

利用液滴自身的动能产生的离心力，将密度差悬殊较大的气液两相分离开来的分离器称为旋流式气液分离器(也称旋流器)。旋流器基本上是一个直的圆锥形容器，它利用切向加速度从气液流中分离掉挟带的液珠。旋流器虽然效率不如其他分离器高，但由于其结构简单、维护保养费用低，因而在工业上得到广泛应用。一般能除去的液珠尺寸下限为 5μm。设计良好的旋流器对 5μm 的液珠分离效率可达 95%。标准设计中旋流器的处理能力为 8490m^3/min，压降为 2452Pa(250mmH_2O)或小于此值。入口速度一般为 24m/s 左右。旋流器直径减小效率增高，但伴随高效带来的是压降高或处理量降低。

1. 旋流器的结构尺寸

图 5.11－1 为旋流式气液分离器的结构示意。在旋流器的设计中，所有必须相关尺寸都可以和旋流器筒体直径关联起来，见表 5.11－1。

旋流器在实际操作中，如果发生再挟带，便限制了它的可使用性。如果设计不当，操作错误或超过许用处理能力，在操作中有可能使液膜从侧壁爬到分离器顶上，进而沿中心管下来，最后从出口管逃逸。防止这种再挟带的正确设计是在出口管周围做一个折流裙，如图 5.11－2 所示，这就可以脱除从排气区滴下来的液体。

表5.11－1 旋流器有关尺寸与其直径的关系

图3.5.1中符号	尺寸名称	数据范围(D_B的分数)
D_B	内径	1.0
A	入口高度	0.44～0.58
W	入口宽度	0.2～0.25
S	出口长度	0.5～0.625
D_o	出口直径	0.4～0.5
H_o	圆柱体高度	1.3～2.0
H	总高	3.2～4.0
B	排液口直径	0.2～0.4

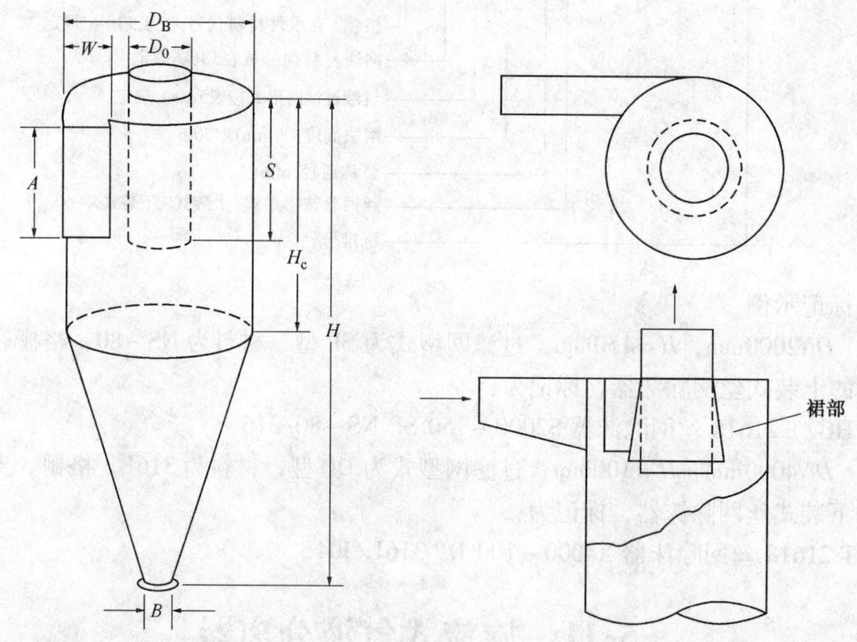

图5.11－1 旋流式气液分离器　　图5.11－2 带折流裙的旋流器

在设计和操作中必须做到从底部持续排液，以防止有可能在旋流器底部液体集聚形成旋流尖峰，就有可能被气体涡流带走发生挟带。如液体量较大，可在锥体下端加一个集液斗排液。气体流速多少要受到液体负荷的影响，一般入口速度范围最大为40～48m/s。

2. 旋流器的另一种形式

与传统的旋流式分离器有某些相似的是图5.11－3所示的带导流板的旋流分离器，它不是利用切向入口产生的离心力使气液分离，而是安装一个导流叶片、挡板和切向性的缝隙以产生一个有约束的涡流运动，它产生的离心力把挟带的液珠甩到分离器的侧壁上，从而将气液分离。这种旋流器内件设计可灵活变化，它可以利用各种长度，最长可达3m，处理气量达6100m^3/min，其压降为1961Pa(200mmH_2O)。这类旋流分离器可设计成进口和出口在同一轴线上，卧式为水平气流，立式的则既可用返转式或直流式气流出口，液体从末端排出，需安装一个排液管以排出聚集的液体。对这类旋流器，为了正常操作，设计一个良好的液体收集器是很重要的，这样分离出来的液体很快能从分离器中排出来，以防重新被气流挟带。

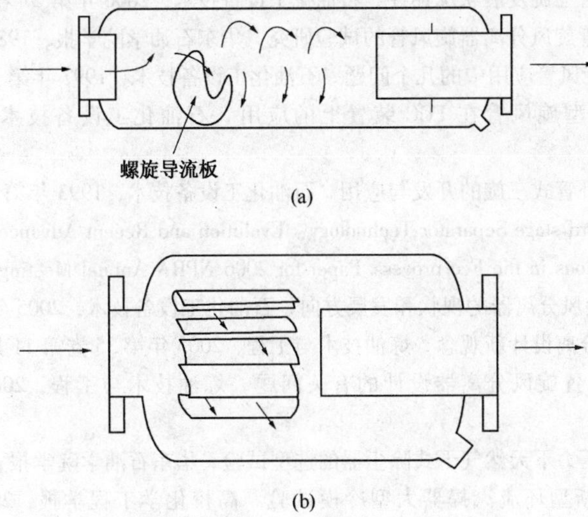

图 5.11－3 带导流板的旋流器

参 考 文 献

1 曹汉昌等. 催化裂化工艺计算与技术分析. 北京：石油工业出版社，2000

2 时铭显等. 催化裂化高温气固分离技术的进展与分析. 催化裂化，1995 年第 2 期，57～91

3 时铭显，汪云瑛. PV 型旋风分离器尺寸设计特点. 石油化工设备技术，1992 年第 13 卷第 4 期，14～18

4 岑可法等. 气固分离理论及技术. 杭州：浙江大学出版社，1999

5 时铭显等. 旋风分离器的大型冷模试验研究. 化工机械 1993 年第 20 卷第 4 期，187～192

6 罗晓兰等. 入口含尘浓度对 PV 型旋风分离器分离效率的影响及其计算方法. 石油大学学报(自然科学版)，1998 第 22 卷第 3 期

7 中国石化总公司石油化工规划院. 炼油厂设备加热炉设计手册(第二分篇). 炼油厂设备设计，1987 年 4 月

8 P. E. G1asgow. MoDERN12ATION OF OLDER CAT CRACKERS. Paper for 1985 NPRA Maintenancl Conference Houston，Texas 10～15

9 姬忠礼等. 蜗壳式旋风分离器内流动的特点. 石油大学学报(自然科学版)，1992 年第 16 卷第 1 期。

10 吴小林等. 旋风分离技术的研究与开发. 旋风分离技术与设备研究成果与论文选集. 石油大学，1995 年，1～11

11 上海化工设计院石油化工情报组. 旋风除尘器效率的简化计算方法探讨. 石油化工设备简讯，1976 年第四辑

12 金有海等. PV 型旋风分离器捕集效率计算方法的研究. 石油学报(石油加工)，1995 年 6 月第 11 卷，第 2 期

13 陈建义等. 含尘条件下 PV 型旋风分离器压降的计算. 石油化工设备技术，1997 年第 18 卷 4 期

14 孙国刚等. PX 型高效旋风分离器的研究开发. 炼油技术与工程，2006 年第 36 卷 6 期

15 陈建义等. 丙烯腈反应器新型两级旋风分离技术特性及推广应用. 石油化工设备技术，2003 年第 26 卷，第 5 期，10～12

16 魏耀东等. 流化床旋风分离器系统优化设计与应用中的几个问题. 炼油技术与工程，2004 年第 34 卷，第 11 期，12～15

17 Buell Division of Fisher－Klosterman，Inc，Third stage Separater 样本

18 居颖．国产立管式多管三旋发展状况述评．石油化工设备技术，2006 年第 27 卷第 4 期，56 ~ 59
19 时铭显等．炼油厂多管旋风分离器旋风管的试验研究．华东石油学院学报，1985 年第 3 期
20 金有海．PDC 型高效旋风管应用中的几个问题．石油化工设备技术，1997 年第 18 卷第 4 期
21 黄梓友等．PSC - 300 型旋风管在 FCC 装置上的应用．石油化工设备技术，2004 年第 25 卷第 2 期，12 ~ 14
22 时铭显等．催化裂化卧管式三旋的开发与应用．石油化工设备技术，1993 年第 14 卷第 5 期
23 Ye-Mon Chen. Shell Third stage Separator Technology：Evolution and Recent Advances in Third Stage Separator Technology for Applications in the Fcc process. Paper for 2006 NPRA Annual Meeting Houston，TX. 1 - 6.
24 黄荣臻．FCC 第三级旋风分离器的现状和发展方向．石油化工设备技术，2005 年第 26 卷第 1 期
25 刘宗良等．三级旋风分离设计新观念．炼油技术与工程，2005 年第 35 卷第 11 期，40 ~ 42
26 刘宗良．催化裂化装置旋风分离器设计的有关问题．炼油技术与工程，2006 年第 36 卷第 11 期，17 ~ 21
27 干气除尘器研究组．压力下天然气干式除尘器的选型试验．华东石油学院学报，1980 年第 1 期
28 张永民等．催化裂化新型环流汽提器大型冷模试验．高校化学工程学报，2004 年第 18 卷第 3 期，377 ~ 380
29 龙秀兰．催化裂化装置中旋流快分系统（VQS）的结构设计．石油化工设备技术，2000 年第 24 卷，第 2 期，11 ~ 12
30 郭福民，王树椿等．油气分离器原理设计与计算．大庆油田建设设计研究院，1993 年
31 朱有庭，曲文海等．化工设备设计手册．北京：化学工业出版社，2005

第九篇　电脱盐及其他设备

第一章　电脱盐设备

1.1 概　述

原油是由不同烃类化合物组成的混合物，其中还含有少量其他物质，主要是少量金属盐类(如钠、镁、钙等类盐)、微量重金属(如镍、钒、铜、铁及砷等)、固体杂质(如泥沙、铁锈等)及一定量的水。各地原油的含水、含盐量有很大不同，这与油田的地质条件、开发年限和开采的方式有关，含盐量则由几毫克/升到几千毫克/升不等。一般规定原油开采出来后，需要在油田就地进行脱盐脱水，达到含盐量≤50mg/L、含水量≤0.5%后外输到炼油厂。但实际上，受油田条件的限制，在油田对原油的预处理大多是以脱水为主，原油脱盐主要在炼厂进行。

原油中含盐、含水对运输和下游加工带来很大危害，主要是造成后续加工过程催化剂中毒、影响原油蒸馏平稳操作、影响产品质量(过多的盐分将主要集中在重馏分和渣油中而影响下游装置产品的质量，如石油焦的灰分增加、沥青的延度降低等)、造成设备和管道的结垢或堵塞、增加原油储存和运输负荷、增加原油蒸馏过程中的能量消耗等。因此，电脱盐已不仅是传统的蒸馏装置防腐需要，也是为后续装置提供优质原料所必不可少的原油预处理过程。

炼厂加工过程对原油中盐和水含量的要求，是随着防腐和减少二次加工装置催化剂损耗、降低能耗和提高产品质量等要求的逐渐严格而不断提高的。例如，我国炼厂在1984年前，对脱后原油的含盐量要求一般<10mg/L，含水量0.1%～0.2%左右，1985年开始执行原油脱后含盐<5mg/L的规定要求。此时主要还是为了防止原油蒸馏装置的腐蚀及长周期运行；之后，随着重油深加工技术的发展，对原油脱后含盐提出了更高要求。现在一般要求脱后原油含盐量不大于3mg/L，脱后原油含水量不大于0.2%，脱盐排水的含油量不大于200 $\times 10^{-6}$。为了检验脱盐的效果，有些厂还要求常压部分塔顶的冷凝水中氯离子含量小于20mg/L。

1.2　电脱盐原理

原油中的盐大部分溶于所含水中，故脱盐脱水是同时进行的。为了脱除悬浮在原油中的盐粒，在原油中注入一定量的新鲜水(注入量一般为5%左右)，充分混合，然后在破乳剂和高压电场的作用下，使微小水滴逐步聚集成较大水滴，借重力从油中沉降分离，达到脱盐脱水的目的，这通常称为电化学脱盐脱水过程。

原油乳化液通过高压电场时，在分散相水滴上形成感应电荷，带有正、负电荷的水滴在作定向位移时，相互碰撞而合成大水滴，加速沉降。水滴直径愈大，原油和水的密度差愈大，温度愈高，原油黏度愈小，沉降速度愈快。在这些因素中，水滴直径和油水相对密度差是关键，当水滴直径小到使其下降速度小于原油上升速度时，水滴就不能下沉，而随油上浮，达不到沉降分离的目的。

1.2.1 乳化液及其形成

乳化液是两种互不相溶的液体的混合物。原油中的油与水多以乳化液形式存在。

乳化液的存在必须具备如下条件：① 两种互不相溶的液体；② 存在乳化液稳定剂；③ 具备搅拌条件。而原油具备这些条件——原油与水互不相溶；分散在油相中的固体物、胶质与沥青质、环烷酸、溶解在水中的盐类等构成天然乳化剂；原油输送中的搅动、搅拌等。形成的原油乳化液类型一般有三种，即油包水型、水包油型、多重乳化液。

1.2.2 破乳

从微观角度来看，破乳剂分子是由在原油中可溶的亲油基团和在水中可溶的亲水基团组成的，这些破乳剂分子在油水相之间的界面处积聚，亲油基团溶解在原油中，亲水基团溶解在水滴中，破坏了油水界面膜，达到破乳目的。一般将该过程划分为三个步骤，分别为絮凝、聚结和沉降。将分散的小水滴粘附在一起形成含有多个小水滴的凝聚物，这个过程被称为破乳过程中的絮凝作用；水滴彼此碰撞形成较大液滴被称为水滴的聚结作用；沉降作用指水滴达到一定程度足以靠自身重力从油相中沉降下来。

原油破乳剂的使用，是电脱盐过程的重要环节。特别是一些重质原油和环烷酸含量较高的原油，更容易发生乳化。如果一旦形成顽固乳化层，将增加电场中介质的导电性能，严重时会造成高压电场的短路或击穿，对电脱盐设备的平稳运行构成严重威胁。破乳剂的使用在两个环节上发挥了重要作用：一方面破乳剂分子可以改善油水界面层的稳定性，使油水两相在混合系统的作用下分散混合的更均匀，达到充分接触洗盐的效果；另一方面，在电场聚合作用下，分散水滴又更易聚结成大水滴而达到快速沉降的目的。破乳效果好的破乳剂，在水滴快速沉降分离过程中能使油水界面膜减薄，降低界面膜的稳定性，同时减少水中带油和油水乳化层的产生，消除罐内乳化现象，达到最佳脱盐、脱水效果。

1.2.3 偶极聚结

原油电脱盐的理论仍处在不断探索与发展阶段。原油乳化液通过高压电场(高电位差)时，在分散相水质点上形成感应电荷，连续相(油相)形成绝缘介质。在感应电场的作用下，水质点一直保持电荷，其主要作用是偶极聚结。此外，在直流电场中尚有电泳聚结作用；在交流电场中尚有电振荡作用。

两个同样大小的微滴的聚结力可用式(1.2-1)计算：

$$F = 6KE^2r^2\left(\frac{r}{l}\right)^4 \tag{1.2-1}$$

式中 F——偶极聚结力，N；

K——原油介电常数，F/m；

E——电场梯度，V/cm；

r——微滴半径，cm；

l——两微滴间中心距，cm。

在水滴聚结作用的同时，高电场还会引起水滴的分散作用，其原因在于液滴的不稳定性。但是聚结作用是主要的，只有在电场强度过大及停留时间过长或操作条件选择不当时，才会较显著地降低脱盐效率。

1.2.4 重力沉降

重力沉降是分离油水的基本方法，原油中的含盐水滴与油的密度不同，可以通过加热、静置使之沉降分离，其沉降速度可以根据斯托克斯公式计算。

$$u = \frac{d^2 \times (\rho_w - \rho) g}{18u} \tag{1.2-2}$$

式中　u——水滴沉降速度，m/s；

d——水滴直径，mm；

ρ_w——水(或盐水)密度，kg/m^3；

ρ——原油的密度，kg/m^3；

g——重力加速度，$9.81m/s^2$；

μ——原油的黏度，Pa·s。

斯托克斯沉降公式描述的是一个刚性小球在均匀介质中受力平衡的情况下做的匀速运动，是一种理想状况。事实上，在水滴沉降过程中，沉降速度会越来越快，而且也不断地与周围水滴进行聚积合并，水滴本身也在不断地发生变化。

水滴直径越大，其沉降速度越快。但是在电脱盐罐中水滴的下降与原油的上升运动是同时进行的。当水滴直径小到使其下降速度小于原油的上升速度时，水滴将被油流携带上浮。因此，只有当原油的上升速度小于水滴的沉降速度时，水滴才能沉降到罐下部而排出罐外。

虽然斯托克斯沉降公式是在理想状况下的一个公式，但是从该公式中，我们可以分析影响水滴沉降的各种因素。其中水滴直径、油水密度差，原油粘度都是影响水滴沉降速度的重要因素，在电脱盐设备设计和操作中，应尽量采取有效措施，促进水滴沉降和油水分离。

水滴能够从原油中沉降出来时，已经具备了斯托克斯沉降公式中油水分层的各种条件，事实上原油中的水是与原油乳化在一起的，水滴从原油中沉降出来之前，必须破除乳化液，高压电场就是破除乳化液的最有效的方法之一。

1.2.5　高压静电分离

分离的技术包括场分离、相平衡分离和反应分离等。其中场分离包括如重力场、离心力场、电场、磁场等；相平衡分离包括如吸收、蒸发、吸附、结晶等；反应分离包括如可逆反应分离、不可逆反应分离和利用生物反应的分离等。原油脱盐、脱水过程即属场分离(电场)过程。

利用电压的场分离是一个破坏原油稳定乳化液有效方法。原油乳化液通过电场时，其中的水滴中正负电荷受电场力作用而出现重新分布。虽然水滴本身表现出电中性，而由于水滴带电荷分布的不平衡而发生了变化，也就是水滴在电场中被感应形成偶极，它们受电场力后沿电场电力线方向排列，使水滴在电场中出现重新排列和运动。改变或破坏了乳化液的稳定状态，增加了水滴的聚积几率，促进了水滴的接触、聚结和沉降。

原油的电破乳可分为三个过程：电聚结，水滴沉降和水滴在水层上的聚积。

(1) 电聚结

含水量低的原油，其电导率及介电常数与油非常接近，可看作是不导电的绝缘油。原油乳化液在电场的作用下，首先含盐水滴沿受电场力方向进行排列，形成水链(并不一定造成短路)。然后因偶极力作用，两个相临水滴变形而聚结成一个大水滴，该大水滴再与其它周围水滴在偶极力作用下聚结成更大水滴。

(2) 水滴沉降

当水滴聚结足以克服受到的各种阻力的情况下，水滴将开始沉降。水滴在电脱盐罐内沉降过程中，不断与其它水滴接触，水滴变得越来越大，所受的力也不断发生改变，沉降的加速度不断变大，且越来越快。

(3) 水滴在水界面上的聚积

水滴下沉至油水界面处时，水滴大小及具有的动能等方面各不相同。若水滴相当大，水滴具有的冲量足以破坏油水界面的束缚，则冲破界面膜而直接进入到水相中；若水滴比较小，水滴具有的冲量难以破坏油水界面的束缚，则水滴将沉降在油水界面以上，再与其它沉降在周围的水滴聚积成大水滴，然后可能因受电场力作用和重力的增加而克服界面膜的阻力进入到水相，也可能难以进入到水相中而长期聚积在油水界面处形成顽固乳化层。沉降到油水界面处的水滴所受力分析如图 1.2－1 所示。

水滴间偶极聚结作用力和电场强度 E 的平方成正比，要想获得较好的脱水效果，必须建立较高的电场强度。但当电场强度过高时，椭球形水滴两端受电场拉力过大，导致将一个小水滴拉断成两个更小的水滴，产生电分散，使原油脱水情况恶化。产生电分散时的电场强度值与油水间的界面张力有关。电场力的方向背离水滴中心使水滴受分散时的电场强度值与油水间的界面张力有关。电场力的方向背离水滴中心使水滴受拉，而界面张力的方向指向水滴中心，力求使水滴保持球形，两者方向相反能抵消一部分。任何使油水界面张力降低的因素，如脱水温度的增高、破乳剂类型和用量等，均导致电场对水滴的相对作用增强，使产生电分散时的电场强度值降低。产生电分散时的电场强度值与油水界面张力的平方根成正比。

当电场强度 $E>4.8\text{kV/cm}$ 时，多数情况下将发生电分散，发生电分散时的电场强度称为临界电场强度 E_c。水滴的电分散过程图 1.2－2 所示电分散强度公式如式(1.2－3)所示。

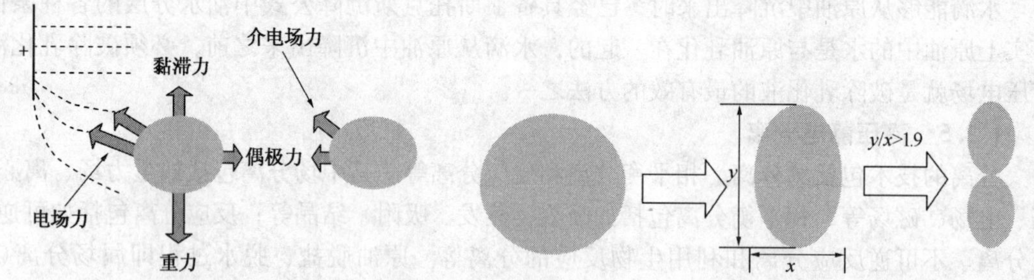

图 1.2－1 油水界面处的水滴受力分析

图 1.2－2 临界电场强度

$$E_c = \varepsilon(\gamma/d)^{1/2} \tag{1.2-3}$$

式中 E_c——临界电场强度，V/m；

ε——介电常数，F/m；

γ——界面张力，kg/s；

d——斯托克斯水滴直径，μm。

在电场中，水滴的电分散过程在一瞬间即可完成。若剩余的水滴仍有足够大的直径，经过一定时间后又会重复电分散过程。因而原油乳化液通过电场的时间和电场强度应该适当，盲目地增加电场强度或原油乳化液在电场中的滞留时间不会改善脱水效果。最优化的设计是使油水乳化液的细小水滴在高压电场中完成聚积后，尽快离开电场，否则往往因脱水后原油本身具有的导电率而造成电场做功产生能量的损耗。

(4) 不同电场区域的工作情况

现以最基本的两层极板卧式电脱盐罐为例，简要说明不同区域(罐内)的工作情况，电脱盐罐内分层区域示意图如图 1.2－3 所示。

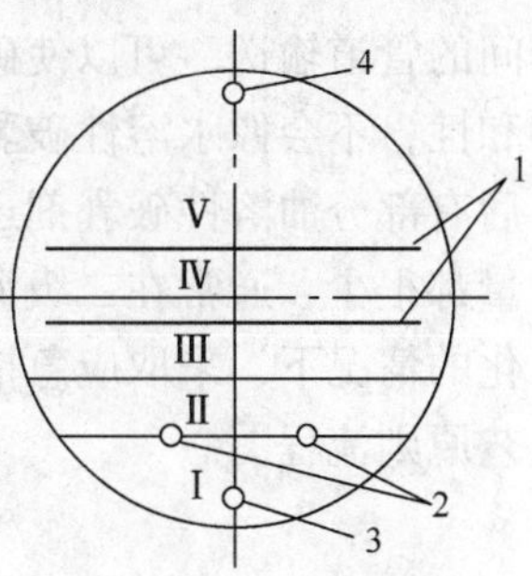

图1.2－3　电脱盐罐内分层区域示意图
1—极板；2—油入口；3—排水口；4—油出口

图中Ⅰ为净水层，含盐污水由此下沉汇入排水管，少量下降的细油滴在此聚结成较大油滴往上层浮升，极少量微细油滴随水排出。

图中Ⅱ为水层，原油乳化液自分配管以自由滴状通过水层上浮，使原油在整个水平截面均布。

图中Ⅲ为油层，弱电场区。含微小水滴原油向上运动，在整个脱盐罐中聚结而沉降的较大水滴也要通过该层向下至水层。由于高含水量和大水滴的存在使静电聚结力大大增强，同时较大的垂直运动速度也增加了水滴碰撞的机率和能量，因而使弱电场的聚结作用得到加强，使大部分水滴聚结下降。弱电场中自下向上的乳化液的含水量变化很大，其下部高含水乳化液的密度、黏度和导电性有显著的改变，通常称之为乳化层，该层的状况对操作过程影响很大。

图中Ⅳ为油层，强电场区。该层是决定脱盐率的关键区，也是主要耗电区。在强电场作用下，乳化液中微小水滴聚结成较大水滴，藉重力作用沉降到下一区。

图中Ⅴ为油层，上极板与壳体间的弱电场。在一般情况下，进入该层的原油含水量已很少，因而水滴的聚结作用也很小，仅起一个原油均匀导出的作用。

1.2.6　典型工艺流程

（1）原油和注水流程

原油脱盐脱水过程，国外许多炼厂都设置独立装置单元，而在我国一般都设在原油蒸馏装置内。原油自原油储罐由泵输送到炼厂原油蒸馏装置，首先与装置的产品如汽油、柴油、煤油或其它馏分油产品进行换热，使原油达到脱盐脱水所需要的温度后进入一级电脱盐罐。在进入电脱盐罐前原油与注入的洗涤水通过混合器和混合阀组成的混合系统进行混合，使洗涤水与原油中的盐份进行充分接触，原油中的盐份就被转移到洗涤水中。同时在这个过程中，也形成了原油与水的乳化液，然后进入一级电脱盐罐，在高压电场的作用下，进行油水分离脱盐脱水。

经过一级脱盐脱水后的原油再一次与注入的新鲜水进行混合，新鲜水对一级脱后原油进行第二次“洗涤”，进一步将原油中的盐份溶解到新鲜水中，然后再进入第二级电脱盐罐，在高压电场的作用下，进行第二次油水分离，完成两级脱盐过程。

在电脱盐工艺流程中，为了节省新鲜水（软化水或装置初顶、常顶冷凝水）用量，一般采用循环注水方案，即新鲜水注入第二级电脱盐罐前，对经过第一级脱盐的原油进行“洗涤”，二级脱盐器排水经返注水泵升压后，注入到第一级电脱盐罐前，对原油进行第一级“洗涤”；有时将部分洗涤水（20%左右）注入到换热器前，一方面使通过若干台换热器和管道输送使原油中的盐分与洗涤水接触，促进盐份溶解到洗涤水中。另一方面将部分水注入到换热器有助于洗涤换热器中形成的积垢，防止换热器堵塞。为增加装置对高含盐原油的处理效果，也往往考虑两级电脱盐都注入新鲜水的方法。

（2）破乳剂注入流程

目前，高效油溶性破乳剂因其环保性能好，已经在国内炼厂广泛应用。为提高破乳效果和增加装置的操作灵活性，在流程中应设计多个破乳剂注入点，如原油泵入口处、换热器前、第一级混合系统前、第二级混合系统前等。特别是在原油泵入口处注入破乳剂，这样通过原油泵叶轮的转动，使油溶性破乳剂与原油达到初步混合，然后经过在原油泵到脱盐器之间的管道输送，可以使破乳剂与原油进行更进一步的混合。由于油溶性破乳剂与原油具有亲和性，不会像水溶性破乳剂一样经过一级脱盐器后就溶解到水中排出系统，经过一级脱盐器后有部分油溶性破乳剂还会进入二级脱盐器后继续起破乳作用。但是由于油溶性破乳剂加入量都很少，通常在二级混合系统前预留一个破乳剂注入口，以便在加工性质较差原油发生乳化的情况下，采取应急措施，增加设备操作灵活性。图 1.2－4 为国内常用的两级电脱盐工艺原则流程图。

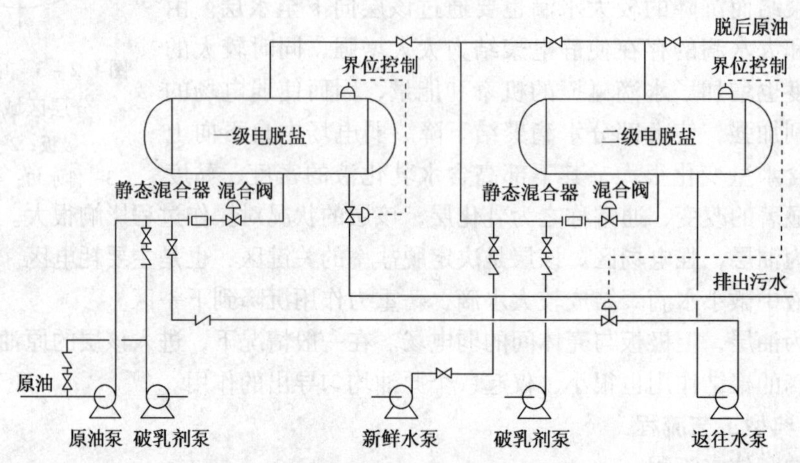

图 1.2－4 国内常用的两级电脱盐工艺原则流程图

1.3 设计条件

1.3.1 温度

操作温度是原油脱盐过程的主要工艺参数，影响着过程的大部分操作参数：

(1) 对水滴聚结和分散的影响

操作温度升高时，原油的黏度下降，因而减小了对水滴运动的阻力，加快了水滴运动的速度。同时降低了油水界面张力，促使水滴热膨胀，减弱了乳化膜强度，从而减小了水滴聚结阻力。但是由于油水界面张力的降低，也增加了电分散作用。

(2) 对水滴沉降的影响

从斯托克斯定律可知，水滴沉降速度与水滴直径的平方和油水重度差的一次方成正比，与原油的黏度成反比。但原油温度升高时，由电分散所决定的临界水滴直径却随温度升高，界面张力降低而减小，导致水滴平均沉降速度的降低。究竟是哪种因素起主导作用，要看温度升高对油水密度差、原油黏度、界面张力等影响的变化幅度对比而定。一般来说，在一定的温度范围内，温度升高对水滴沉降较为有利。但对密度大于 $0.98g/cm^3$ 的原油，则可能出现相反的结果。

(3) 对电耗的影响

原油乳化液电导率随温度升高而增加，且电耗也随电导率增加而增大。一般来说，在温度小于 120℃时，电耗因温度而变化的幅度较小；大于 120℃时，电耗急剧增加。但对不同的原油，其变化的曲线有所不同。

为了平稳操作，脱盐温度应保持恒定。进料温度突然升高将会严重干扰电脱盐操作，这是因为进入电脱盐罐下部的热油比重较轻，容易造成热油置换电脱盐罐上部的冷油，引起所谓的“热搅动”。因此，在生产操作中应保持电脱盐系统的温度稳定，这就要求原油的换热系统稳定。

对于重质高黏度油品必须进行脱盐温度选择实验。因在较高温度下，重质原油的油水密度差会出现负值。在电脱盐罐内出现油沉在罐体底部，水漂在罐体上部电场，导致电场短路，扰乱电脱盐设备的正常平稳操作，甚至造成事故。

综上所述，在一定的温度范围内，选择较高操作温度对脱盐率的提高有利，但对高密度和高电导率的原油，过高的操作温度反而导致有害的结果。因此，应根据原油性质及脱盐罐的结构进行综合比较。在目前阶段，主要是根据工厂实际数据和试验结果来确定适宜的操作温度。

国外炼厂脱盐温度在90～150℃之间，多为120℃左右；近年来，国内炼厂由于加工重质原油的数量逐年增加，电脱盐操作温度已由原来的80～120℃提高至125～140℃左右。

1.3.2 压力

操作压力对脱盐过程不产生直接影响，主要是用来防止水和轻油在电脱盐罐体内汽化而引起装置操作波动。通常要求电脱盐罐内最小压力应至少比脱盐温度下油水饱和蒸汽压高约0.148MPa，一般规定为0.15～0.2MPa，以防止因原油、水开始汽化而影响脱盐过程。

通常，电脱盐后部系统应设置背压阀，用以维持电脱盐罐的压力，其压力至少要比罐内油、水混合物饱和蒸汽压高0.14MPa。这样可以防止油、水在罐内发生汽化膨胀形成气体。如果系统后部压力因某种原因减少，罐内可能发生“冒气”，在电脱盐罐顶部形成汽化区。过量“冒气”现象预示脱后原油含水量过多，且脱盐效果差。系统背压的正常操作值应能避免发生“冒气”现象。

如果电脱盐罐内原油发生汽化，在电脱盐罐体顶部形成汽化区，则安装在罐体顶部的液位开关会自动切断变压器的一次供电回路，使电脱盐罐体内部解除高压电场。

1.3.3 电场强度

电场强度越高，对水滴间的聚积力越大，但电场强度过高会发生电分散现象，将水滴分散为更小的微小水滴，不利于水滴的聚结。同时电场强度过高，电耗也随之增加，一般电场强度设计为500～1800V/cm。在含水量较高和原油乳化严重的情况下，往往将弱电场的电场强度设计的更低。

为达到深度脱盐的目的，宜采用不同梯度的电场强度，利用弱电场脱除大量的大水滴，用中、强电场脱除细小水滴。工业应用实践证明，采用不同梯度电场强度进行脱盐脱水时，能取得较好的脱盐效果，如交直流电脱盐技术中弱电场、中电场、强电场的设计。

(1) 电位梯度

脱盐罐内电极板上加上高压电源后，在电极板之间和电极板与接地的罐壁(也包括其它金属附件)之间产生相应的静电场。电位梯度(电场强度)对脱盐率的影响有两个方面：主要是微小水滴的聚结作用，另一方面也产生电分散作用。当电位梯度超过一定范围(一般是4.8kV/cm)后电分散作用的趋势加强，影响脱盐率。国内外采用的电位梯度不一，见表1.3－1。

表1.3-1 国内外电脱盐罐电位梯度(强电场)

项目	国内	美国	日本	俄罗斯
应用电压/kV	20~35	16~35	13~15	26.5~33
电位梯度/(kV/cm)	1~2.3	0.8~2	0.8~2	2~2.7

电位梯度还与电耗有关，电耗量与电位梯度平方成正比。提高电位梯度，电耗急剧增加。

胜利炼油厂电脱盐工业试验数据表明：在电位梯度较大时，提高电位梯度对脱盐率的好处不大，而电耗反而急剧增加。有关强电场中电位梯度与停留时间对脱盐率的影响见图1.3-1。

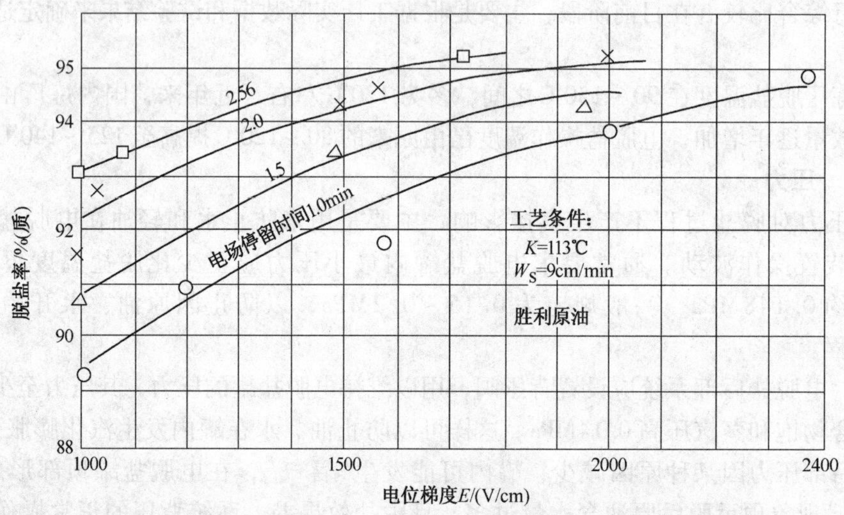

图1.3-1 强电场中电位梯度与停留时间对脱盐率的关系图

从试验结果及图1.3-1各参数间的关系可以说明：脱盐率并不随电场停留时间和电位梯度成正比增加。在停留时间小于或等于2min的条件下，脱盐率随电位梯度的增加而增加的趋势较为显著；当停留时间大于2min时，脱盐率的增加就变得不明显了。因此，在目前国内技术条件下，建议采用电位梯度值在1.2~1.5kV/cm范围内，可以获得较为合理的效果。

(2) 原油在强电场的停留时间

该停留时间是影响水滴聚结的重要参数，与原油性质、水滴特性和电位梯度等密切相关。但停留时间过长将产生电分散作用，增大电耗量。根据胜利炼厂工业试验结果分析及国外资料介绍，原油在强电场的停留时间可采用2min较为经济合理。

正确地选用停留时间和电位梯度. 应综合分析其与脱盐率和电耗之间的关系，表1.3-2数据为胜利原油数据。

表1.3-2 电位梯度与脱盐率和电耗的关系

方案	电位梯度/(V/cm)	停留时间/min	脱盐率/%(质)	电耗/(kW·h/t原油)
Ⅰ	900	1.1	90.0	0.077
Ⅱ	1500	2.0	94.3	0.29
Ⅲ	2000	2.55	95.5	0.54

根据以上分析，建议设计中采用电位梯度为1.2~1.5kV/cm时，原油在强电场的停留时间为2min左右。

电极板层数在很大程度上决定了强电场的体积，在同一脱盐罐内，当处理量不变时，减少电极板层数意味着减少了强电场中原油停留时间，降低了单位电耗。因此，国内外均趋向从多层改为两层水平式电极板结构，极板之间的距离较大，对处理含盐、含水量高的原油时适应性较好，操作比较稳定。

强电场中原油停留时间国外多采用1~2min，较长的为2.5~6min；国内原为5~9min。但南京、胜利和长岭等炼油厂的电脱盐罐改为两层电极板后，原油在强电场的停留时间约为2min。

(3) 强电场范围和电极电压

两电极板间的电压可由式(1.3-1)确定。

$$U = E \times b \qquad (1.3-1)$$

式中 U——两电极板间电压，V；

E——电位梯度，V/cm；

b——两极板间距，cm。

而且

$$b = W_s \times \tau \qquad (1.3-2)$$

式中 W_s——原油通过水平极板上升速度，cm/min；

τ——原油通过水平极板停留时间，min。

对卧式水平两层电极板脱盐罐，其强电场容积$V(m^3)$可近似地按式(1.3-3)计算。

$$V = F \times b/100 \qquad (1.3-3)$$

原油通过强电场停留时间τ(min)可按式(1.3-4)计算。

$$\tau = G/V \times 60 \qquad (1.3-4)$$

式中 τ——原油通过强电场停留时间，min；

F——罐体最大横截面积，m^2；

V——强电场容积，m^3；

G——每台脱盐罐处理量，m^3/h。

(4) 弱电场设计

从下电极板至水层上的油层区为弱电场区。但该区下段存在一乳化层，因其含水量相当高，它的电导和介电常数与原油乳化液相差较大，以致使该乳化层无法保持较高的电场。在该乳化层以上至下电极板间为含水量较小的油层，水滴聚结作用主要在这里发生，实际的弱电场强度E'可按式(1.3-5)计算。

$$E' = U_2/(\sqrt{3}b') \qquad (1.3-5)$$

式中 E'——实际弱电场强度，V/cm；

U_2——下电极板电压，V；

b'——实际弱电场高度，即弱电场区高度减去乳化层高度，cm。

根据工业装置的操作经验，推荐实际弱电场强度E'为500~$E/2$(V/cm)。而实验证明，当E'为200V/cm时便开始产生水滴聚结作用。

当已知E'和U_2值后，便可由式(1.3-5)计算出b'的近似值。但是上述乳化层高度受原油性质、注水量、原油处理量、电压、操作温度和破乳剂注入量等因素的影响，波动范围较大，难以确定其恒定值。因此上述弱电场区的高度只能根据经验值确定。对直径为3～4m的卧式罐，弱电场区高度可采用0.6～0.8m；对直径较小的卧式罐可采用较小值，如直径为1.6m的卧式罐，采用0.5m高度就可取得良好的弱电场。

当界面高度一定时，因乳化层的变化使实际弱电场b'随之波动。乳化层增高，b'值相应地减小，原油在弱电场区停留时间缩短，但弱电场强度E'却增加(因为b'值减小)，因而部分补偿了原油在弱电场停留时间缩短的效应。但乳化层高度超过一定范围后，这种补偿效应就不足以避免操作状态的恶化。此时就需要调整油水界面高度，以保证实际弱电场水滴的聚结作用。

设计中考虑采用界面自控系统，其调节范围一般为200mm左右。

1.4 电脱盐罐

原油脱盐沉降分离的罐体通常设计为卧式容器，特殊情况下，当占地面积受到限制或原油加工量较小的情况下，也可将罐体设计为立式容器。

电脱盐罐体的设计主要由原油蒸馏装置工艺过程及操作参数确定。电脱盐罐内主要介质是原油与水，通常电脱盐罐的材质选用Q345R。其设计温度一般由原油性质决定，设计压力由其在装置换热流程中的位置决定。电脱盐罐的设计压力一般为1.5～2.2MPa，设计温度一般为160～200℃。电脱盐罐内一般设有进料分配器、出油收集器、高压电场、水冲洗设施、排水系统、油水界面检测仪等，罐体顶部设有平台，用于安装变压器和便于操作人员操作。在外部进油管线上设有油水混合系统，同时电脱盐罐体上设有固定采样口、安全阀和退油系统。

通常卧式电脱盐罐两端封头处各设计一个人孔，为便于罐内件的安装、检修，有时在罐体顶部也设计一个人孔。电脱盐罐内件均为预组装结构，罐体就位后，将全部内件从人孔中进入罐内组装、调试，试验合格后封罐运行。图1.4－1为典型的电脱盐罐结构图。

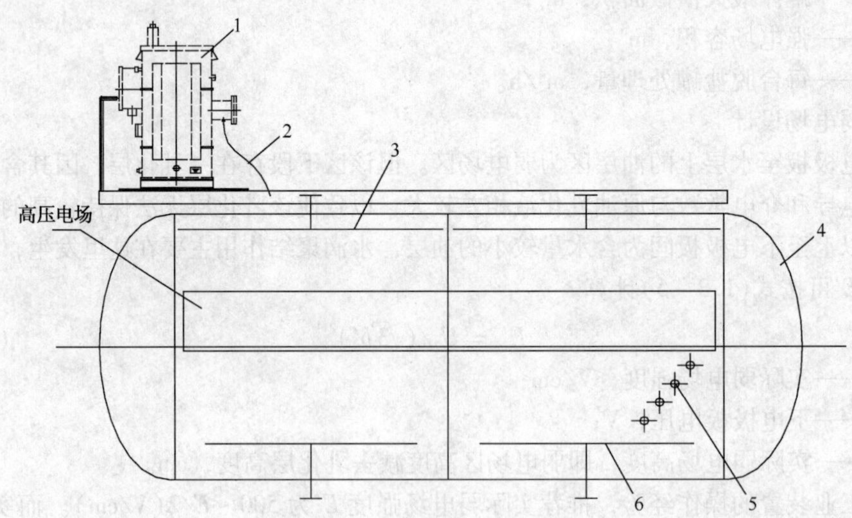

图1.4－1 典型电脱盐罐结构图

1—变压器；2—高压软连接保护装置；3—原油收集管；4—电脱盐罐；5—固定采样口；6—原油入口管

目前国内炼厂设计、制造的电脱盐罐规格直径系列主要有：$\phi3000$、$\phi3200$、$\phi3600$、$\phi3800$、$\phi4000$、$\phi4200$、$\phi4400$、$\phi4800$、$\phi5000$、$\phi5800$mm 等。

电脱盐罐筒体长度系列主要有：8000、10000、12000、15000、18000、20000、25000、28000、30000、46000 mm 等。

国内单台最大的电脱盐罐体于 2008 年安装在中海油惠州 120.0Mt/a 原油蒸馏装置内，罐体规格为 $\phi5800mm \times 49076mm \times 48mm$，单罐质量 378t，容积为 $1280m^3$。

表 1.4 -1 为国产大型化电脱盐技术在国内炼厂的应用情况。

表 1.4 -1 国产大型化电脱盐技术在国内炼厂的应用情况

公司名称	处理能力/(Mt/a)	采用技术	备注
中海油惠州分公司	12.0	高速	一级高速
		交直流	二、三级交直流
中石油大连石化分公司	10.0	高速	两级高速
中石油独山子石化分公司	10.0	高速	两级高速
中石油广西石化分公司	10.0	高速	两级高速
中石化青岛炼化有限公司	10.0	高速	两级高速
中石化天津分公司	10.0	高速	两级高速
中石油四川石化分公司	10.0	高速	两级高速
中石化上海石化股份有限公司	10.0	交直流	两级交直流
中石油抚顺石化分公司	8.0	高速	一级高速
中石化北京燕山分公司	8.0	高速	两级高速
中石化福建分公司	8.0	高速	两级高速
中石化广州分公司	8.0	高速	一级高速，二级串联一个交直流
	8.0	交直流	
中石化上海高桥分公司	8.0	交直流	两级交直流
中石化金陵分公司	8.0	交直流	两级交直流
海南实华炼油化工公司	8.0	交直流	两级交直流
中石化镇海石化股份公司	6.0	高速	两级高速
中石油辽阳石化分公司	5.5	高速	两级高速
中石油大连石化分公司	5.0	高速	两级高速
中石油锦西石化分公司	5.0	高速	两级高速
中石油兰州石化分公司	5.0	高速	一级高速，二级并联两个交直流
中石油大港石化分公司	5.0	高速	一级高速，二级串联一个交直流
		交直流	
中石油锦州石化分公司	5.0	高速	两级高速
	5.0	交直流	两级交直流
中石油长庆石化分公司	5.0	交直流	两级交直流
中石化扬子石化有限公司	5.0	高速	一级高速，二级并联两个交直流
	5.0	交直流	
中石化金陵分公司	5.0	交直流	两级交直流

续表 1.4-1

公 司 名 称	处理能力/(Mt/a)	采用技术	备注
中石化湛江石化公司	5.0	高速	一级高速，二级串联一个交直流
	5.0	交直流	
中石化济南分公司	5.0	高速	一级高速，二级并联两个交流
		交流	
中石化茂名分公司	5.0	交直流	两级交直流
中石化洛阳分公司	5.0	交直流	两级交直流
中石化沧州分公司	5.0	交直流	两级交直流
中石化齐鲁分公司	5.0	交直流	两级交直流

1.5 电　源

在电脱盐系统中使用的电源设备有交流高压电源、交直流高压电源、智能响应高压电源、可调式可控硅高压电源和变频脉冲高压电源设备等。其中最常用的是油浸式100%阻抗防爆电脱盐电源(变压器)，它们在电脱盐应用中突出的特点是较低的功耗和较好的效果。炼厂原油预处理环节中的电脱盐工艺情况复杂，需要根据不同的原油性质和工艺条件选用相应的高压电源设备。

1.5.1 交流高压电源

交流高压电源设备是电脱盐最常用的供电设备。它是一种专用的防爆全阻抗式变压器，对各种工况的原油处理都有一定的效果，是最早应用在电脱盐中的一种电源设备。交流高压电源如图 1.5-1 所示。

图 1.5-1　交流高压电源

由于电脱盐电场应用的特殊性，电脱盐设备专用变压器需要适应设备在运行过程中经常发生电极板间短路情况下而不能损坏变压器，并保证设备可以连续运行。为此电脱盐变压器采用全阻抗式，阻抗值为100%。将变压器二次侧短路，在一次侧通过调压器逐步提高变压器的输入电压，当一次电流达到额定值时，此时输入电压即为阻抗电压，表示为与变压器额定电压的比值，即我们在电脱盐电源应用中要求达到100%的阻抗值。

实现全阻抗的方式是在电脱盐变压器的一次侧串接电抗器，变压器出厂时需要校验电抗值，使变压器整体达到100%的阻抗值，一般要求电脱盐变压器与电抗器一体式安装。由于在变压器初级串联了高阻抗器线圈，即使在电脱盐罐体内发生严重乳化，甚至负载出现短路，也不会损坏电源设备，在保护电源和安全生产方面起到重要作用。100%全阻抗交流电脱盐变压器输出特性曲线如图 1.5-2 所示。

在设备运行过程中，往往出现罐内乳化现象，变压器将在短路状况下运行，这时变压器的发热量大增，所以电脱盐专用变压器采用油浸式冷却方式与绝缘。变压器主体制成充油型防爆结构，接线箱制成增安型防爆结构。根据危险性气体场所划分规范，电脱盐变压器使用的场所一般在Ⅰ类Ⅱ区，属于易燃易爆区域。所以电脱盐变压器的防爆等级一般不低于ⅡB级，为ExOeⅡBT5，防护等级不低于IP56。

1.5.2　交直流高压电源

交直流高压电源是在交流高压电源的基础上研制开发出来的，在变压器上配置了一个大功率整流箱，将交流电变为直流电，向电脱盐罐体内的电场输出正、负高压直流电，是与交直流电脱盐技术配套使用的电源设备。

对于容量比较小的交直流高压电源，往往将变压器与整流器整体安装，做成一体式结构；对于容量比较大的交直流高压电源，整流器与变压器分体安装，做成分体式结构。低压接线板与高压输出端分离安装。分体式交直流高压电源如图1.5－3所示。

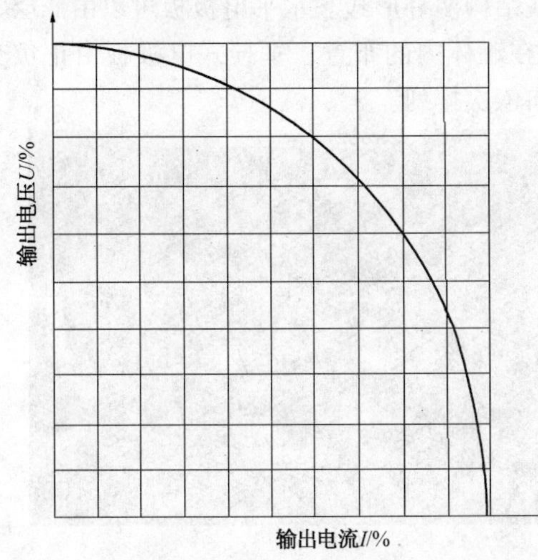

图1.5－2　100%全阻抗交流电脱盐变压器输出特性曲线

图1.5－3　分体式交直流高压电源

通过向电极输送经半波整流的正负直流电压，将正、负高压电同时引入罐内，使垂直极板间上部形成直流强电场，下部为直流弱电场，垂直电极板的下端与油水界面又形成交流弱电场。交直流电脱盐高压电源及形成的高压电场示意图如图1.5－4所示。

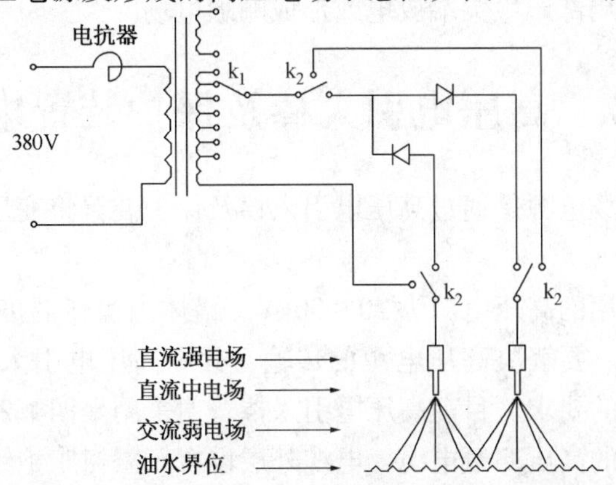

图1.5－4　交直流电脱盐高压电源及形成的高压电场示意图

k_1—高压档位切换开关；k_2—交直流切换开关

变流式高压电源输入分为低压和高压两种，使用低压电源时采用单相380VAC 50Hz，使用高压电源时采用单相6000VAC 50Hz 进线。

根据工艺要求变流变压器输出交变电压有三种方式：一种是固定高压输出；一种是五档10～30kV 可调电压输出，另一种是五档 13～25kV 可调电压输出。其中最常用的是五档 13～25kV 可调电压输出。为了适应更多的运行工况，电脱盐变压器还可以切换至交流高压输出。

1.6 电极板的设计

电脱盐罐内高压电场通常指罐内电极板，主要由固定支架、框架梁、绝缘吊挂、紧固件及各种连接件组成。

电脱盐罐内电极板通常有水平结构与垂挂式结构两种形式。水平电极板可以由二层、三层或多层极板组成，如图 1.6－1 为水平电极板在罐体内的布置；垂挂式电极板由正负交替排列的极板组成，在罐内沿电脱盐罐体轴线方向依次排列。

图 1.6－1 水平电极板在罐体内的布置

电脱盐高压电场中固定框架梁、接地梁、带电梁、绝缘吊挂、带电极板、接地极板通常为预组装结构形式。只有在罐体安装就位后，将所有零部件从人孔中进入电脱盐罐内进行组装，安装后应调整电极板的平面度及相邻电极板之间的间距，以确保罐内高压电场的均衡性，防止极板送电后在局部产生尖端放电或形成畸形电场。

1.7 高压电引入棒及保护装置电气

电脱盐罐内高压电场电源是通过高压电引入棒及保护装置将变压器的高压输出端与罐体进行连接的。

通常电脱盐罐内使用的高压电源为20～30kV。罐体内操作温度一般为120～140℃，操作压力为0.8～2.0MPa。要解决高压电源的传输，其中高压电引入棒就必须做到能耐高电压、绝缘、密封及散热的要求。目前高压电引入棒普遍采用聚四氟乙烯为外层绝缘材料，中间使用由定向薄膜缠绕的高压四氟电缆，电缆外层设有环氧树脂绝缘套管。该结构型式的高压电引入棒耐电压能达到80kV，在出厂前每根高压电引入棒均经过 50 kV/5min 的耐高压测试试验，试验合格后再进行密封性能测试。图 1.7－1 为几种典型的高压电引入棒。

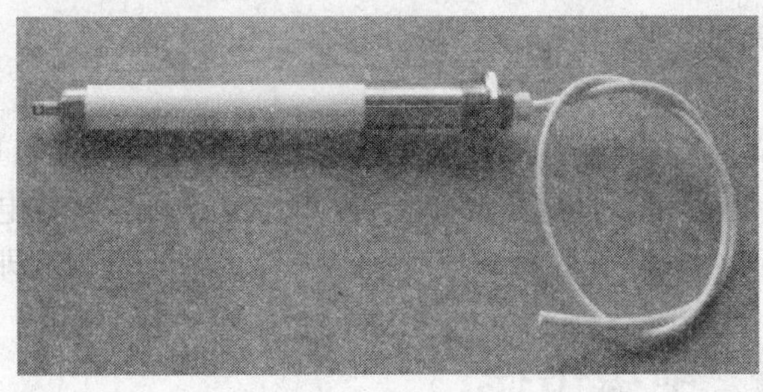
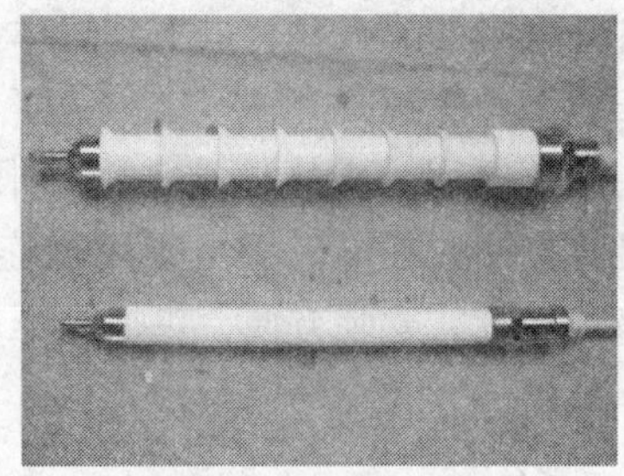

图 1.7－1　几种典型的高压电引入棒

高压电引入棒棒体上直接由金属联座采用锥管螺纹与电脱盐罐体高压引入口接管法兰连接，安装方便、快捷，且易检查其密封的可靠性。高压电引入棒上端的四氟电缆穿过金属软管并采用绝缘固定支撑，使电缆保持在软管的中心位置，增加其绝缘性能。金属软管的另一端直接与变压器高压输出端相连接。在设备通电运行前，须将金属软管及变压器高压输出接线盒内充满合格的变压器油，以防止高压电缆受潮，增加高压保护装置的绝缘耐电压性能，同时降低高压电缆的工作温度，最大限度地延长其使用寿命。当变压器正常送电运行时，操作人员可直接与金属软管外壳接触，其结构设计安全可靠，操作维护便捷。

在某些特定的场所，如海上采油平台、FPSO（浮式生产储油轮）上的电脱盐装置，为了增加变压器到罐体高压电引入棒之间连接的稳定性及可靠性，通常将金属软管连接结构改为刚性十字套筒连接方式，以增强其结构的稳定性，防止设备随船体的摆动受撞击受损，尽量减小事故的发生。几种典型的高压电连接装置如图 1.7－2 所示。

(a) 金属软管连接保护装置

(b) 刚性十字套筒连接保护装置（单极输出）

(c) 刚性十字套筒连接保护装置（双极输出）

图 1.7－2　几种典型的高压电连接装置

高压电引入棒在电脱盐罐体内部与电极板之间的连接形式多种多样，通常有下列几种连接方式。

（1）弹簧压入式

高压电引入棒棒体端头与高压电联接器采用插接式接触，安装时应将高压电联接器弹簧压入 15～25mm，以确保其接触可靠。在设备检修时不打开电脱盐罐体的情况下可直接拆卸更换高压电引入棒。

（2）钢丝绳电缆式

高压电引入棒棒体端头与电极板之间采用直径为 $\phi5\sim8$mm 左右的耐腐蚀的钢丝绳连接，两端用接线鼻压紧，通过螺栓固定。其接触可靠安装方便，有时更换高压电引入棒时，必须打开电脱盐罐人孔，进入到罐体内部将其断开才能进行施工。

（3）钢丝重锤式

在高压电引入棒棒体端头用一根 ϕ5～8mm 的耐腐蚀钢丝绳，下端连接一只金属重锤，重锤可直接摆放在电极板上专用的连接托盘上，使高压电源与电极板接触，达到通电的效果。该连接方式安装方便，更换高压电引入棒不需要打开电脱盐罐人孔，将重锤提起即可。

1.8 绝缘吊挂

极板之间的电气绝缘采用增强复合型聚四氟乙烯绝缘吊挂，该吊挂采用复合材料制成，保证其拉伸强度达到1200MPa以上，且具有优异的绝缘性，在较高的温度下，也不会发生塑性蠕变。在一些比较苛刻的应用环境中，往往在绝缘吊挂的表面喷涂了一层特殊材料，使其具有更好的抗污染性能，原油中的导电杂质很难吸附在吊挂表面，最大限度地增强了其绝缘性能。几种常用的绝缘吊挂如图1.8－1所示。

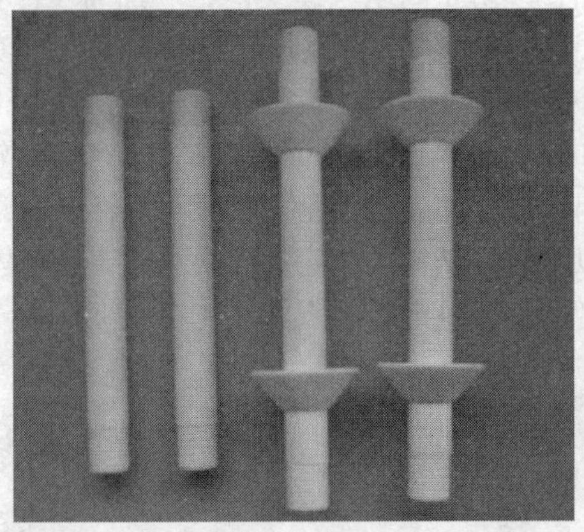

图1.8－1　几种常见的绝缘吊挂

1.9 低液位安全开关和油水界面控制仪

1.9.1 低液位安全开关

图1.9－1　低液位安全开关外形图

电脱盐罐在运行过程中，由于罐内存在高压电场，当罐内液位过低时上部空间会出现可燃性气体，此时必须保证高压电场的电源断电，确保不会因为高压放电引发气体爆炸事故。使用液位开关后，电脱盐罐内出现低液位时，通过电气联锁回路会自动切断变压器的电源供电，罐内高压电极便不会出现火花放电现象，保证了设备运行安全。

低液位安全开关的动作是通过浮球开关系统（一般都配有辅助机构）执行，它是根据液体的浮力特性配套制作的。液位上涨时浮球跟随上涨，液面下降时也相应下降，当上涨或下降到设定的位置时，浮球系统就会碰到在设定位置的行程开关（或其它微电子设备），通过开关回路发出电信号，而电控设备在接到电信号时会马上动作，切断或接通电源，形成自动控制系统。图1.9－1为低液位安全开关外形图。

1.9.2 油水界面控制仪

电脱盐油水界面的控制是电脱盐设备运行的最重要的一项功能。因为油水界面与罐内电极板间存在着弱电场，合适的弱电场更适宜大水滴的聚集与沉降，一旦油水界面出现较大的波动便会影响弱电场的稳定。

油水界面太高会引起罐内弱电场强度的提高，高电压会击穿水滴出现电分散现象，这种现象非常不利于脱水和脱盐效果。另外，当油水界面太高并接近高压电极时还会出现高压电极对地的短路，短路后不但使设备电耗剧增，罐内介质温度提高，尤其不利于设备的平稳运行。这是因为电流增大后变压器的全阻抗效应，高压电场会相应降低，强电场作用已经不再明显，脱盐效果会受到很大影响。

油水界面太低会引起罐内弱电场强度的减弱，对脱盐效果也会产生较大影响。这是因为弱电场强度减弱不利于大水滴的沉降，进而会影响到小水滴的聚集。同时，还会因乳化层下降，使电脱盐罐排水中的油含量增加，不能达到工艺指标要求，增加后续水处理设备的工作难度，甚至对整个系统的运行造成重大影响。

常规使用在电脱盐罐上的油水界面检测仪表有侧装双法兰微压差式、射频导纳式、磁致伸缩式等，这几种形式的仪表采用了不同的工作原理，都可以在电脱盐工艺中应用。它们的功能是将电脱盐罐内的油水界面控制在罐侧油品采样口范围内(工艺设计要求的范围内)。在这些界面仪表中：射频导纳式油水界面仪作为一种成熟的油水界面测量方式已成功应用在各种工况的电脱盐场所；微压差式油水界面仪作为一种辅助测量界面的仪表也成功应用于某些电脱盐过程；磁致伸缩式的油水界面仪一般使用在原油黏度不高、油水密度差较大的轻质原油电脱盐，不建议使用在黏度大的原油脱盐和重质原油脱盐过程中。

下面主要介绍双法兰微压差式油水界面仪和射频导纳式油水界面仪。

(1) 双法兰微压差式油水界面仪

压差变送器与一般的压力变送器不同的是它有2个压力接口，压差变送器一般分为正压端和负压端。一般情况下，压差变送器正压端的压力应大于负压段压力才能测量。通常压力变送器有压阻式和电容式两种。

使用在电脱盐罐测量油水界面的微压差变送器是通过安装在脱盐罐上的远传膜盒装置来感应被测压力，该压力经毛细管内的灌充硅油(或其它的液体)传递至变送器的主体。压差变送器主体通过测量两端(油水界面上侧法兰，下侧法兰)压力输入信号之差，输出标准信号(如4~20mA，1~5V)。双法兰微压差式油水界面仪如图1.9-2所示。

图1.9-2 双法兰微压差式油水界面仪

微压差式油水界面仪可以使用在所测原油与水有较大的比重差的场所。如果使用在重油脱盐脱水的场合，由于重油的密度较大，在高温时与水的密度差较小，使用压差式仪表的测量精度会受到影响。

目前压差变送器的应用成熟，技术完善，精度可达0.075级，性价比较高。一般在电脱盐罐上采用法兰式隔爆压差变送器。选用法兰式是防止原油中的沉淀物堵塞引压管。变送器量程0~20kPa，可直接进入DCS系统，也可选用WP系列智能光柱显示报警仪，接收万能信号输入，用光柱显示液位。

图1.9-3 射频导纳式油水界面仪

(2) 射频导纳式油水界面仪

射频导纳是一种从电容式压力变送器发展起来的，具有防挂料功能，测量准确可靠、适用性更广的料位控制技术。射频导纳中导纳的含义为电学中阻抗的倒数，它由电阻性成分、电容性成分、感性成分综合而成。而射频即高频无线电波谱，所以射频导纳可以理解为用高频无线电波测量导纳。电容传感器由绝缘电极和装有测量介质的圆柱形金属容器组成。当料位上升时，因非导电物料的介电常数明显小于空气的介电常数，所以电容量随着物料高度的变化而变化。变送器的模块电路由基准源、脉宽调制、转换、恒流放大、反馈和限流等单元组成。采用脉宽调制原理进行测量的优点是频率较低，对周围无射频干扰、稳定性好、线性好、无明显温度漂移等。射频导纳式油水界面仪如图1.9-3所示。

1.10 进料分配器

电脱盐罐内原油进料方式通常有三种形式，分别为水相进料、油相进料及侧向进料。根据进料形式将进料分配器分为水相进料分配器、油相进料分配器和侧向进料分配器。

1.10.1 水相进料分配器

水相进料主要用于交流、交直流电脱盐过程。原油进入电脱盐罐后首先与沉降水接触，经过水相洗涤过程，使原油中泥沙、固体杂质及部分大水滴直接与水结合在一起，在水相中分离出去。

水相进料分配器是电脱盐过程广泛采用的设备。在电脱盐罐体底部分别设计2个、4个或8个原油入口，罐体外部管线采用"Y"型工艺配管方式，以确保每个原油进油口的流量均衡一致。在罐体内部距离罐底一定高度，沿电脱盐罐体轴线方向设计单排或双排水平分布管，每根分布管之间相隔间距应尽可能小于150mm以下，以确保分布管上出油孔的连续性。在分布管上沿水平方向两侧分别开设若干小孔，原油便从这些小孔中流出，进入电脱盐罐内。油流速度的设计应根据罐体直径大小，视分布管在罐体内距罐内壁水平方向的距离或两排分布管之间的距离确定。若从分布管中流出的油流速度太快，原油经过分布管流出后，就可能直接冲刷到罐体内壁，引起罐内油水界面的搅动，在罐内形成反混。若油流速度太慢，原油就不能到达整个罐体的最大水平截面，引起油流短路，不能充分利用罐体的有效空间。水相进料分配器的设计就是要使原油进入电脱盐罐体内部后，使原油在进油分布管高度截面上均匀分散到整个罐体，然后经过水洗，均匀上升进入电场，进一步分离沉降。

有时为了更好让原油在罐内均匀分配，在每根进油分布管上，再增设倒槽式分配器。原油从分布管流出后再经过一个较大的倒槽分配器进一步均匀分布，并缓冲因油流速度太快对油水界面的影响。水相进料分配器在罐体内的设计如图1.10-1所示。

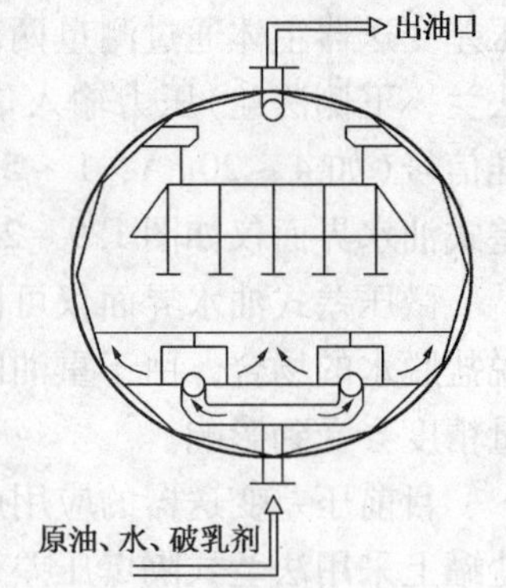

图1.10-1 水相进料分配器在罐体内的设计

1.10.2　油相进料分配器

油相进料主要用于高速脱盐或提速型交直流电脱盐设备。原油与水、破乳剂混合后通过喷射器或分配器直接喷射到高压电场中。油流向上运动，水滴向下沉降，加快了油水分离沉降速度，克服了因水滴沉降受油流上升速度的影响。这样相对提高了电脱盐罐体的使用效率，这也是高速电脱盐利用较小罐体实现大处理量的关键技术之一。图1.10－2为高速电脱盐技术中应用的油相进料分配器结构示意图。

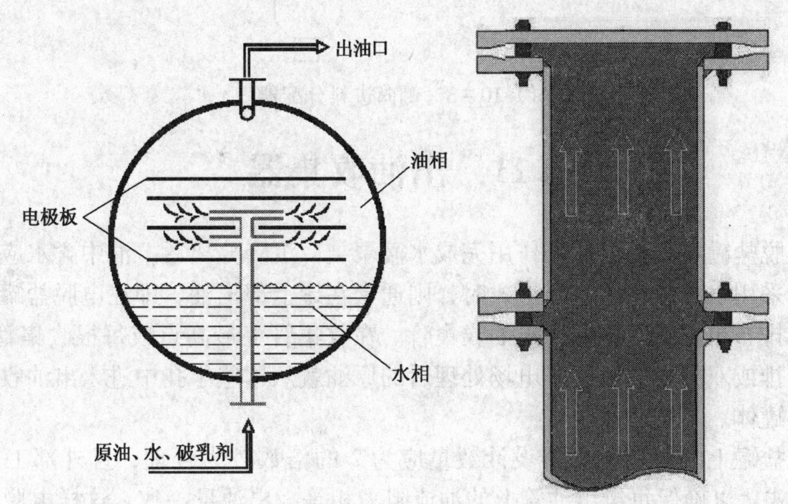

图1.10－2　油相进料分配器结构示意图

油相进料分配器，通常设计成双层喷嘴喷射的形式。设计安装时应尽可能保持油流从喷射器喷出后，油流喷射平面水平度偏差应限制在规定范围内。在高压电场的设计上，不宜设计更大面积的电场，使完成脱水后的原油尽快离开电场，如果脱水后原油继续留在电场中，因原油本身具有的电导率会继续消耗能量，造成设备运行能耗增加。原油流体流动与高压电场的优化合理设计，使完成脱水后的原油尽快离开电场是高速电脱盐设备能耗远远低于常规电脱盐技术的主要原因之一。

1.10.3　侧向进料分配器

侧向进料方式指原油沿罐体轴线方向运动，即原油从罐体一端封头处进入，另一端封头处流出。主要应用在水平流向的鼠笼式电脱盐过程中。在电脱盐罐体内部两端封头处，分别设计两块隔板，在隔板上开若干小孔，作为进料分配器挡板。罐体内水滴沉降方向与油流方向成90°，减少了油水分离时水滴沉降受到油流上升的冲击力。事实上，如果原油在公称直径相对较小的工艺管线内湍流流动时，采用进油分配挡板，可能取得比较好的效果。而在罐体直径比较大的电脱盐罐体内水平流动时，采用进料分配挡板，并不会像在小管线中使原油和水乳化液得到有效的分配，因此，一定要合理设计分配挡板，以尽量改善乳化液在罐体内的分布和流动状况。侧向进料分配器如图1.10－3所示。

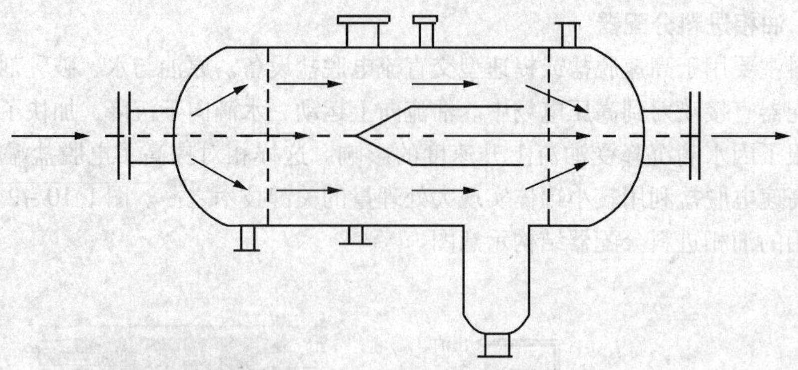

图 1. 10 –3　侧向进料分配器

1. 11　出油收集器

原油在电脱盐罐经高压电场的作用完成水滴聚结、沉降分离后，油中含水应已达到脱后技术指标。当采用水相或油相进料形式时，则通常在罐上部出油。即在电脱盐罐内顶部，沿罐体轴线方向排布单排或双排原油出油收集管。在收集管上最高点或每根收集管斜向上 45°处分别设计单排或双排小孔，经过电场处理后的原油就从这些小孔中进入出油收集管中，然后排出电脱盐罐体。

每只电脱盐罐上的出油收集器设计数量应为 2 的倍数较为合理，且外部工艺管线采用 "Y"形结构形式，以确保每组出油管上的油流阻力相等，出油量一致。这样电脱盐罐内油流才能均匀上升，最大限度地发挥整个罐体的效率。

每根出油收集管的最低点应开设泪孔，以便设备停工检修时使出油收集管内原油完全彻底排出，减少设备检修时的安全隐患。

1. 12　水冲洗系统

原油脱盐、脱水的过程中，原油中的泥沙、油泥、固体杂质及各种微生物、重金属盐分等会被新鲜水洗涤后沉降分离下来。虽然电脱盐罐排水是连续不断的，但大量的泥沙、油泥、固体杂质可能沉积到电脱盐罐体底部，若不能及时随脱后排水带出电脱盐罐体，经长期积累，就会影响罐内油水界面的实际高度。使罐体的水相空间大大缩小，水在罐内停留时间相应缩短，电脱盐的排水含油就会超标，严重时可能直接影响到电脱盐设备的正常操作。为此在电脱盐罐内底部设计了水冲洗系统，用以定期对电脱盐罐内底部沉降的油泥、固体杂质进行冲刷、反冲洗，将这些固体杂质、油泥随排水一起排出电脱盐罐体外。水冲洗系统在罐体内布置示意图如图 1. 12 –1 所示。

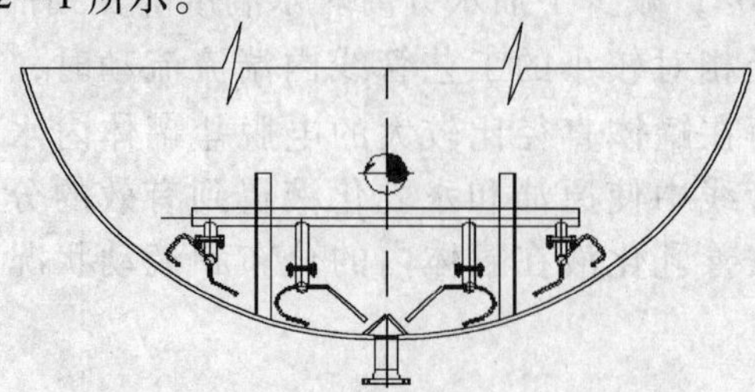

图 1. 12 –1　水冲洗系统在罐体内布置示意图

电脱盐罐内水冲洗系统设备通常包括分布管、喷嘴及排水口。在处理量较小的低速电脱盐设备中，水冲洗分布管一般由两排组成，在大型化电脱盐设备中，随着电脱盐罐体的不断增大，以及对油水界面要求的提高，有时在电脱盐罐底部设计四排交叉布置的水冲洗喷射管。在分布管上开设若干个扇形喷嘴，尽量确保喷嘴水流到达的位置能够覆盖整个罐体底部。

若电脱盐罐体较长，罐内喷嘴设计较多或冲洗水量受限制时，可以对电脱盐罐实施分段冲洗，这样冲洗更彻底，油泥、杂质排放更干净。

为配合水冲洗的冲洗效果，及时将经水冲洗冲刷起来的油泥、泥沙等杂质排出电脱盐罐体，电脱盐罐排水口应设计成带漏斗状的排水口，同时在排水口上设计防涡流挡板，以防止排水量太大、速度太快时形成涡流将油带出罐外。

1.13　混合设备

设置混合设备的目的是为了提供充分的剪切能以克服油、水界面张力，以保证注入的洗涤水及破乳剂可与原油充分接触，达到脱盐的目的。原油电脱盐的混合设备一般由静态混合器和混合阀串联组成。

1.13.1　静态混合器

静态混合器为管状形式，两端法兰，中间接管内有若干组混合单元，混合单元通常有S型、X型、SX型等。根据静态混合器的型号不同，内部的混合单元型式、数量也不相同。当静态混合器内部的混合单元型式、数量确定之后，在原油流量一定的情况下，其混合强度是不可调整的。因此在设计静态混合器时，要根据原油性质、加工量等对静态混合器进行设计和选型。图1.13－1为几种静态混合器的混合单元。

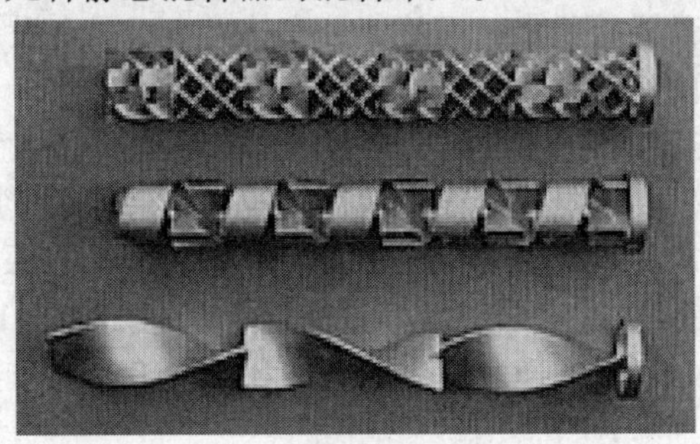

图1.13－1　几种静态混合器的混合单元

1.13.2　混合阀

混合阀外形和普通调节阀类似，但其内部为一半球形结构，通过上方的阀门定位器能够调整半球的角度，使原油在其内部的流通面积发生变化，从而改变混合强度。

在大型化电脱盐项目中，由于原油处理量和注水量都相对较大，对混合设备提出了更高的要求，要求原油中的盐分与洗涤水充分接触。目前国内外大都采用能够在阀体内形成两次混合区的大型双座混合阀。

通常在混合系统前后装有压差变送器，并能将混合压差传送到DCS系统，当脱盐效果需要调整时，可通过DCS系统控制混合阀内部半球的角度，从而调整混合压差到理想数值。与传统电脱盐技术相比，大型化电脱盐装置的混合强度要大得多，在大型化电脱盐工艺设计过程中，应该留有充分的混合强度操作余量。半球面混合阀截面结构如图1.13－2所示。

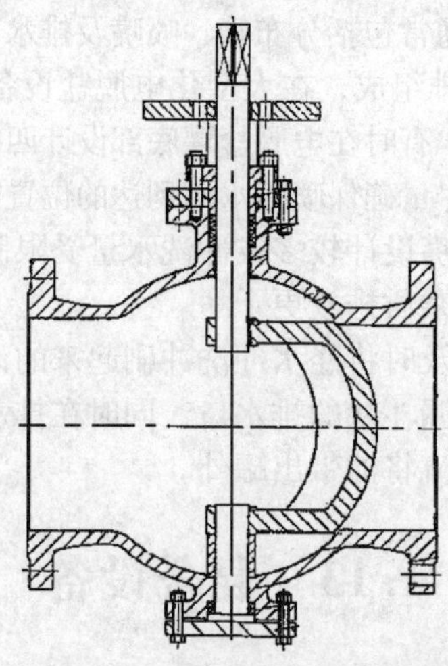

图 1.13－2　半球面混合阀截面结构

1.14　脱盐脱水技术发展趋势

原油脱盐脱水方法有很多种，目前在油田和炼油厂广泛应用的仍是传统的热破乳、化学破乳和电脱盐脱水方法。可以预见，电脱盐脱水具有较广的发展空间。其它方法如超声波破乳、微波破乳、膜破乳、旋流分离、冷冻解冻破乳等虽多有研究，甚至有工业试验的报道，但尚存在明显的缺点或不足。其中膜分离和冷冻解冻破乳由于方法本身的局限性，在大的油田及炼油厂作为一种独立的原油脱盐脱水方法的应用前景并不乐观。相对而言，微波破乳比较适合用于储罐中原油的预脱盐脱水，而旋流分离技术由于具有设备简单、处理量大、无污染、能耗小、操作费用低的特点，从长远看具有良好的应用前景。

电脱盐将同时面临加工原料的劣质化和多元化、装置进一步大型化，以及炼厂从长周期运行、经济效益两方面出发要求电脱盐稳定地达到脱盐效果的双重压力。

在原料加工方面，要求适应加工包括密度大于 $1.0g/cm^3$ 的原油，清仓、清罐污油等。在加工高酸值原油方面取得，近年取得良好进展，单系列 $1200\times10^4t/a$ 高酸重质原油电脱盐成套技术和装备于 2011 年 12 月通过了中国石油和化学工业联合会的技术鉴定，但尚有许多工作要做。

在大型化方面，将进一步要求电脱盐罐年处理能力达到 $1500\sim2000\times10^4t$。

在脱盐方面，要求脱后原油长期稳定地达到 3mg/L，同时脱后排水的含油量达到 150mg/L，甚至更低。

因此，需要开发新型破乳剂、大型高效脱盐设备、高效控制设备、电气设备、进一步优化工艺条件，以及进行原油脱盐装置化开发。

参 考 文 献

1　李志强等. 原油蒸馏工艺与工程. 北京：中国石化出版社，2010

2　张其耀. 原油脱盐与蒸馏防腐. 北京：中国石化出版社，1992

3　贾鹏林等. 原油电脱盐脱水技术. 北京：中国石化出版社，2010

4　大矢晴彦等. 分离的科学与技术. 北京：中国轻工业出版社，2001

5　蒋荣兴. 炼油厂原油电脱盐技术现状与展望. 炼油设计，1999(10)，21～26

第二章 污水处理设备

2.1 概 述

早期，石油化工污水处理设施多为钢筋混凝土构筑物，特点是占地面积大、污染环境严重、操作强度大、操作人员多、处理效率低。现在，按照 HSE(健康、安全、环保)宗旨，努力实现污水处理设备化，从而达到密闭化、实现自动化、处理装置化，是石油化工污水处理发展的方向。石油化工污水处理一般要经过一、二级处理后达标排放，或再经过深度处理〔三级处理〕后回用于生产，以减少外排水量直至零排放。石油化工污水一级处理〔主要为除油处理〕已经出现许多除油处理设备；二级处理〔生物化学处理〕国外出现一些处理设备，如厌氧生物反应器、好氧生物反应器、活性炭生物反应器等设备；深度处理已出现许多如流砂过滤、高密沉淀池、超膜、反渗透、臭氧、活性炭等处理设备，多为国外产品。本章着重介绍国内除油处理设备的设计和使用。

2.2 隔油罐

2.2.1 隔油罐的原理与应用

隔油罐是重力沉降分离除油的一种设备，同平流式隔油池一样，它的工作原理是借助油的密度(ρ_o)和水的密度(ρ_w)，密度差所产生的浮力，水中的油珠(直径 d)自然上升从水中分离出来。油珠的上升速度按斯托克斯公式计算：

$$V_H = \frac{(\rho_w - \rho_o)gd^2}{18\mu}$$

式中 g——重力加速度，m/s^2；

μ——污水的动力(绝对)黏度，kg/(m·s)。

根据哈真的浅池沉淀理论，分离效率(E)与上升流速(V_H)成正比，与表面负荷(溢流率)成反比，上升流速与油珠直径(d)的平方成正比：

$$E = \frac{V_H}{\frac{Q}{A_H}} = \frac{V_H \cdot A_H}{Q}$$

式中 $\frac{Q}{A_H}$——污水设计表面负荷(表面溢流率)。

因此，要提高分离除油效率，就必须增加表面积，缩短分离距离，增大油珠直径。斜管除油装置就是按照哈真的浅池理论设计的一种高效除油设备，这一装置也常常用于隔油罐中，以提高普通隔油罐的除油效率。

隔油罐一般分为四种类型：标准隔油罐、斜管隔油罐、调节型隔油罐、组合型隔油罐。标准隔油罐是竖流式沉降分离罐，结构简单，实用；其特点是逆流式工作，即油珠的上升和水流的下降，呈逆流方向，前边分离出来的油珠在上升过程中，会碰到后续流中的油珠，油珠直径会越聚越大，其上升速度也就越来越快，从而提高油的分离效率。斜管隔油罐与普通隔油罐一样，只是在分离段增设斜管装置，以加大分离面积，缩短分离时间，提高除油效率。组合型隔油罐为罐中罐双罐结构，内罐为隔油罐，并装有旋流除油器，浮动收油器；外罐为调节罐。调节罐则只是为了满足调节水量需要，将收油器(一般采用环形槽)，在油罐不同高度设置二条环形收油槽，或者是采用浮动收油器。

隔油罐密封性好，不易污染环境，从而得到广泛的应用。特别是在油田污水处理中，近乎100%采用这类除油器。在石油化工厂中，无论是装置污水预处理，还是集中污水处理场，均有采用这一型式除油器，特别是组合调节型隔油罐，受到了更多的关注。

2.2.2 隔油罐的结构型式

隔油罐为立式钢结构罐，罐体按拱顶罐结构设计，罐体内主要构造为集配水中心筒、辐射状配水系统、辐射状集水系统、环形集油槽及进水管、出水管、排油管、排泥管、溢流管等配置。斜管隔油罐则还包含斜管组合装置，调节型隔油罐则还包含浮动集油装置。

图2.2-1~图2.2-4分别为标准隔油罐、斜管隔油罐、调节型隔油罐、组合型隔油罐结构简图。

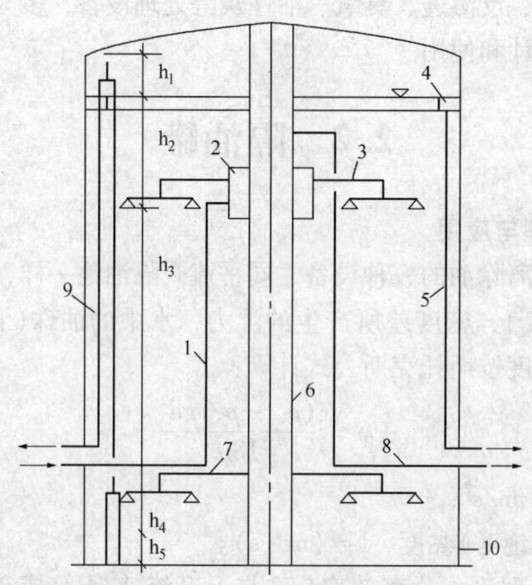

图2.2-1 标准隔油罐结构简图

1—进水管；2—配水室；3—配水管；4—集油槽；5—出油管；6—中心柱管；7—集水管；8—出水管；9—溢流管；10—排污管

2.2.3 隔油罐的工艺设计

(1) 隔油罐的设计原则

① 隔油罐的收油和排泥较难实现机械化，目前已有罐底刮泥机正投入使用，但效果有待验证。因此，进水含油量一般不得大于1000mg/L，悬浮物不得大于100mg/L，否则应进行除砂处理。

② 隔油罐的除油率一般可达80%~90%，出水含油量可达50~100mg/L。

③ 寒冷地区或处理含重质油较多的污水时，隔油罐应增设加热蒸汽盘管。

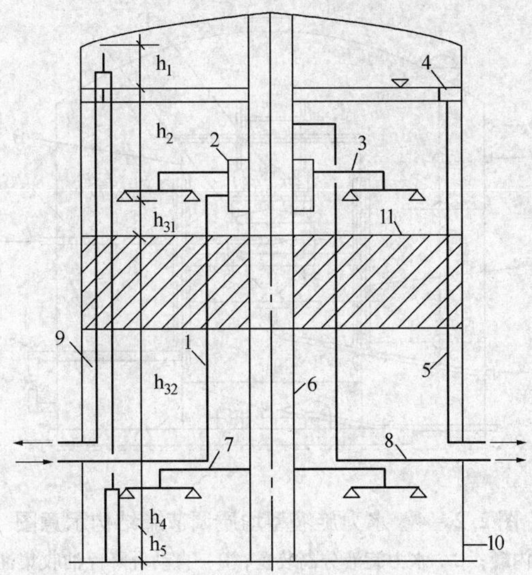

图 2.2－2 斜管(板)隔油罐结构简图

1—进水管；2—配水室；3—配水管；4—集油槽；5—出油管；6—中心柱管；7—集水管；8—出水管；9—溢流管；10—排污管；11—斜管(板)

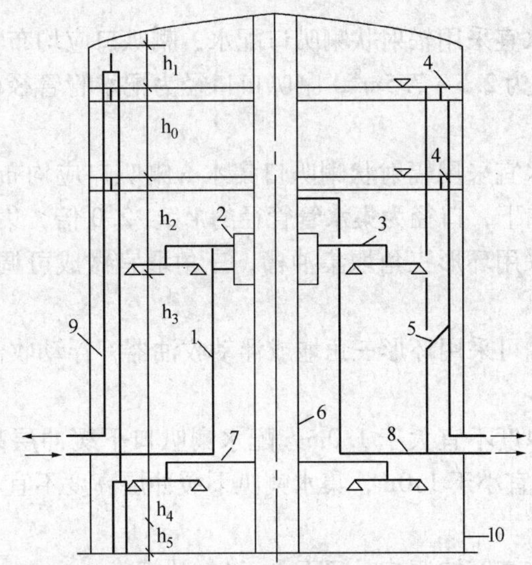

图 2.2－3 调节隔油罐结构简图

1—进水管；2—配水室；3—配水管；4—集油槽；5—出油管；6—中心柱管；7—集水管；8—出水管；9—溢流管；10—排污管

④ 隔油罐应按储油罐设置清扫孔、人孔、透光孔、通气管、阻火器、栏杆、平台、盘梯等附件。

⑤ 斜管隔油罐、组合隔油罐应设置斜管组合及旋流器装置进出的开孔。

⑥ 隔油罐的规格经计算后宜按标准拱顶罐尺寸选用。

(2) 隔油罐的设计参数

① 隔油罐按去除 90μm 以上油珠设计。

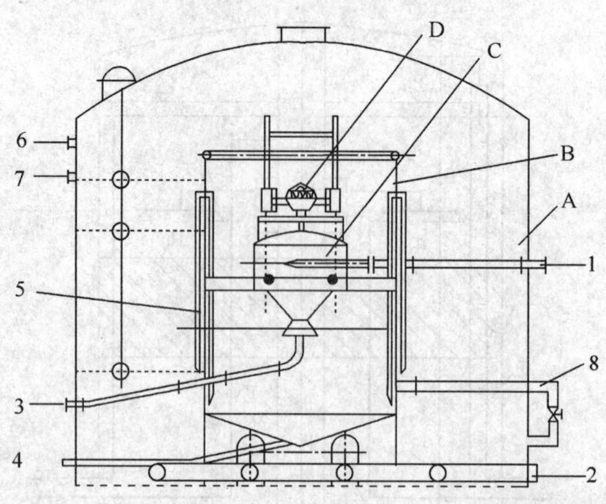

图2.2－4　水力旋液型均质调节罐结构示意图

A—外罐；B—内罐；C—水力旋液分离装置；D—自动升降浮油收集油；1—进水管；2—出水管；3—排油管；4—排渣管；5—溢流管；6—溢油口；7—溢水口；8—回流管

② 标准隔油罐自然沉降分离表面负荷宜为1.8～3.0$m^3/(m^2·h)$，有效分离停留时间宜为3.5～2.5h；斜管隔油罐斜管沉降分离表面负荷宜为4～6$m^3/(m^2·h)$，有效分离停留时间2.0～1.3h。

③ 隔油罐的进、配水宜采用辐射状喇叭口配水，喇叭口应均布，喇叭口向下并设挡板，每个喇叭口的控制面积宜为2.5～7.5m^2，喇叭口口径为配水管管径的1.5～2.0倍，配水管流速0.4～0.6m/s。

④ 隔油罐的集、出水宜采用辐射状喇叭口集水，喇叭口应均布，喇叭口的控制面积宜为2.5～7.5m^2，喇叭口向下，口径为集水管管径的1.5～2.0倍，集水管流速0.4～0.6m/s。

⑤ 隔油罐的集油宜采用环形三角堰集油槽，三角堰宜做成可调节的，以便安装时保持水平高度均匀。

⑥ 调节型隔油罐集油可采用环形三角堰或浮动收油器，浮动收油器的选择见表2.3－1、表2.3－2。

⑦ 隔油罐的积油层厚度不宜大于1.0m，配水喇叭口下缓冲层高度不宜小于1.5m，集水喇叭口上清水区高度不宜小于1.0m，集水喇叭下缓冲层高度不宜小于1.0m，积泥层厚度不宜大于1.0m。

⑧ 调节型隔油罐调节高度按调节时间不小于8h计算。

⑨ 排泥系统可采用多斗排泥，穿孔管排泥或刮泥机排泥方式。

⑩ 出水管宜采用U形管虹吸出水，虹吸管上高度按自动收油计算。

⑪ 斜管型隔油罐的斜管组宜采用波纹管或六角蜂窝管组，斜管长度1750mm，倾角不小于45°。见表2.2－1。

表2.2－1　玻璃钢斜管组

型　式	处理量/(m^3/h)	表面负荷/[$m^3/(m^2·h)$]	湿周/水力半径/mm	波高或直径/mm	规格/mm
对波波纹管	20	0.875	168/20	40	1750×750×1000
六角蜂窝管	20	0.875	138/20	40	1750×750×1000

（3）隔油罐的计算

① 隔油罐直径：

$$D = \sqrt{\frac{4F}{\pi}}$$

$$F = \frac{Q}{q \cdot n}$$

式中　Q——设计污水流量，m^3/h；

q——沉降分离表面负荷，$m^3/(m^2 \cdot h)$；

n——隔油罐数量，不少于2个。

隔油罐直径D宜按标准拱顶罐系列选用。

② 隔油罐高度：

$$H = h_0 + h_1 + h_2 + h_3 + h_4 + h_5$$

式中　h_1——超高，不小于0.5m；

h_2——积油层厚度，不大于1.0m；

h_3——有效分离高度，m；

h_4——集水喇叭口下缓冲层高度，不宜小于1.0m；

h_5——积泥层高度，不宜大于1.0m。

$$h_3 = q \cdot t \quad (\text{m})$$

式中　q——沉降分离表面负荷，$m^3/(m^2 \cdot h)$；

t——有效分离时间，h。

斜管隔油时：

$$h_3 = h_{31} + h_{32} + L \cdot \cos\theta \quad (\text{m})$$

式中　h_{31}——配水喇叭口下缓冲层高度，不宜小于1.5m；

h_{32}——集水喇叭口上清水层高度，不宜小于1.0m；

L——斜管分离长度，一般取1.75m；

θ——斜管安装倾角，不宜小于45°。

调节型隔油池高度还应包括调节高度h_o的计算。

$$h_o = q \cdot t_o \quad (\text{m})$$

式中　t_o——调节时间，不宜小于8h；

q——隔油罐分离表面负荷，$m^3/(m^2 \cdot h)$。

隔油罐高度H应按标准拱顶罐高度选择。

③ 隔油罐斜管组：

根据选用的标准罐直径、中心筒直径、计算隔油罐的斜管设备的有效横断面积，排列斜管组，计算斜管的投影总面积，核算斜管组的表面负荷。

$$q_o = \frac{Q_o}{N \cdot F_o}$$

式中　q_o——斜管表面负荷，$m^3/(m^2 \cdot h)$；

Q_o——隔油罐的设计水量，m^3/h；

F_o——斜管组总投影面积，m^2。

$$Q_o = \frac{Q}{n}$$

n——隔油罐的数量；

N——斜管组布置数量。

$$F_o = n_o \cdot b \cdot L \cdot \cos\theta \quad (m^2)$$

式中 n_o——斜管数量；

b——斜管组宽度，m；

L——斜管组长度，m；

θ——斜管安装角度，不宜小于45°。

复核的斜管组表面负荷应小于$0.8m^3/(m^2 \cdot h)$。

④ 配水、集水喇叭口：

配水、集水喇叭口数量：

$$n = \frac{F}{f} = \frac{\pi \cdot D^2}{4f}$$

式中 F——隔油罐横断面积，m^2；

D——隔油罐直径，m；

f——每个喇叭口的控制面积，宜为2.5～7.5m^2；

n——宜按偶数设置，以便对称布置。

喇叭口集水管管径d按管内流速0.4～0.6m/s选择，喇叭口直径按(1.5～2.0)d选型，配水喇叭口下设挡水板，其直径与喇叭直径一致。

⑤ 隔油罐集油系统：

环形集油槽宜采用90°三角堰型式收油，堰高50mm，三角堰间距200mm，堰板与集油槽宜按活动连接，以宜安装时调整其水平度，集油槽断面尺寸200mm×300mm。

2.2.4 隔油罐的结构设计

① 罐体按拱顶罐结构设计。

② 罐内中心筒、配水、集水、收油、排泥、加热、进出口管等系统按工艺设计要求进行结构设计，关键是配水、集水、加热系统的悬臂结构的支撑和加强，以及斜管组、旋流器结构的支撑及其悬挂设计。

③ 按储油罐要求，罐顶还应设置通气孔、透光孔、栏杆、踏步、仪表开孔、以及泡沫消防设计；罐壁人孔、清扫孔、管线进出口、保温、盘梯等的配套设计。

④ 罐内外壁、罐内结构应按工艺需要进行防腐蚀设计。

⑤ 组合型隔油罐旋流器宜布置在底层以便支撑在罐底，以减轻罐壁负荷。

⑥ 组合型隔油罐旋流器宜采用轻薄金属及玻璃钢结构，以减轻支撑负荷。

2.3 调节罐、匀质罐

2.3.1 调节罐 、均质罐的作用与设置位置

石油化工厂中生产过程一般为连续性的完全自动控制过程生产，过程稳定。因此在正常生产过程中，产品质量是比较平稳的，生产中产生的污水水质水量也比较稳定。但是在开停

工阶段或原油品种改变时，生产过程往往波动较大，排放的污水水质水量波动也大；而一些生产装置，例如延迟焦化、分子筛脱蜡、碱精制、烷基化装置等生产过程为周期性的，其排放的污水水质水量波动较大；此外，还有一些生产单元，例如油品储运、装卸站等，其排水为间断的，水质水量波动很大。水质水量的波动，对污水处理造成很大的冲击，严重制约污水处理效果，干扰污水处理达标排放或回用。为此，在污水处理过程中，往往增设调节罐和匀质罐。调节罐主要用于调节水量，较大的变化水量储存于调节罐内，再稳定地进入处理单元。匀质罐则主要是调节水质，使不同时间段的水质变化在罐内经搅拌均匀后再进入处理单元，这样污水水质的波动不致太大，防止水质变化对处理过程的干扰。

调节罐在调节水量的同时，亦起到一定的匀质作用，但匀质作用是次要的，如要在调节罐内加强均化水质的措施，又往往带来不良的后果。如石化污水为含油污水，往往会造成乳化产生，严重干扰污水的除油处理。因此，一般在污水处理流程中，按照调节罐和匀质罐的主要功能，分别设置。调节罐一般设置于流程的首端，对全流程各处理单元均起到调节作用，而且还往往与隔油罐合二为一，作为调节隔油罐，即起调节水量的作用，又做为一级除油处理。匀质罐一般设置于流程中段，二级处理前端，以保证进入二级处理的水质均匀，不致干扰二级生物处理效果。

2.3.2　调节罐、匀质罐的结构型式

1. 调节罐的结构类型

调节罐为立式拱顶钢结构罐，罐体按拱顶罐设计。罐体内主要构造为进配水管路、出水管路、排泥管路、集油系统等，调节罐的类型见图2.3－1和图2.3－2。

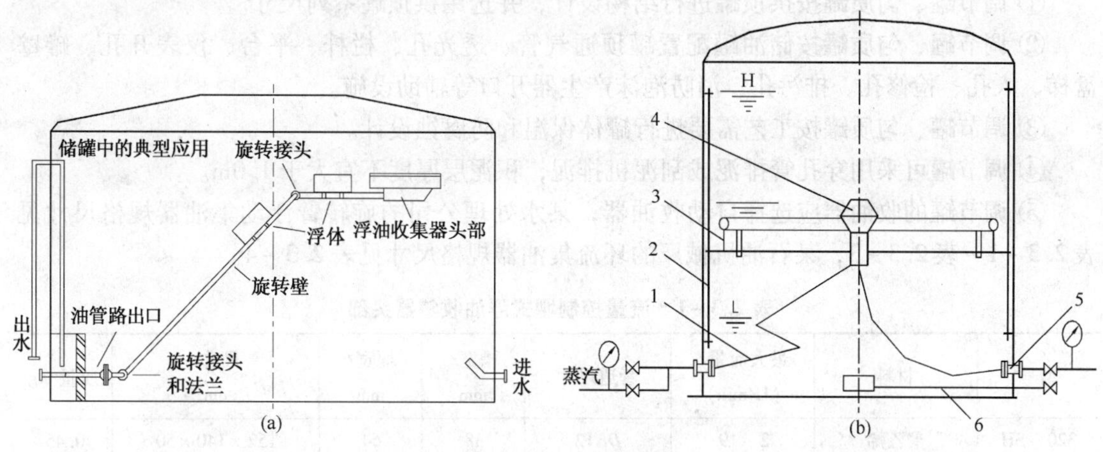

图2.3－1　调节罐

1—排油软管；2—导轨；3—环形布水管；4—集油器；5—进水软管；6—出水管

图2.3－1(a)调节罐为一侧进水、一侧出水，出水采用虹吸管式，配置旋转臂浮动集油器，集油为连续式。图2.3－2(b)调节罐为上进水、下出水，配置环形浮动配水管及中心浮动集油器。进水布水为环形管均匀喷出，布水均匀，油的分离效果好，污水从液面环向流向罐底的中心集水系统，油的分离效果好；分离的油由中央浮动集油器收集，通过排油软管排出，集油为连续进行。两种类型的调节罐均借助浮动集油设施，实现无级调节，操作灵活。

2. 匀质罐的结构类型

匀质罐为立式拱顶钢结构罐，罐体按拱顶罐设计，罐体内主要构造为进配水管路、出水

管路、集油管路、排泥管路、均质设施等，均质罐的类型如图2.3-2所示。

图2.3-2(a)为水力搅拌混合均化匀质罐，利用进水压力，通过水力喷射混合器，进水与罐内原水被吸入混合，向上喷射后再回流至喷射器底部再次混合，循环均化作用较佳，污水水质可以得到充分的均化。图2.3-2(b)为螺旋搅拌器混合均化匀质罐，利用对称安装在罐壁上的螺旋搅拌器，水流向中心推动，并多次混合，使罐内水质均匀。

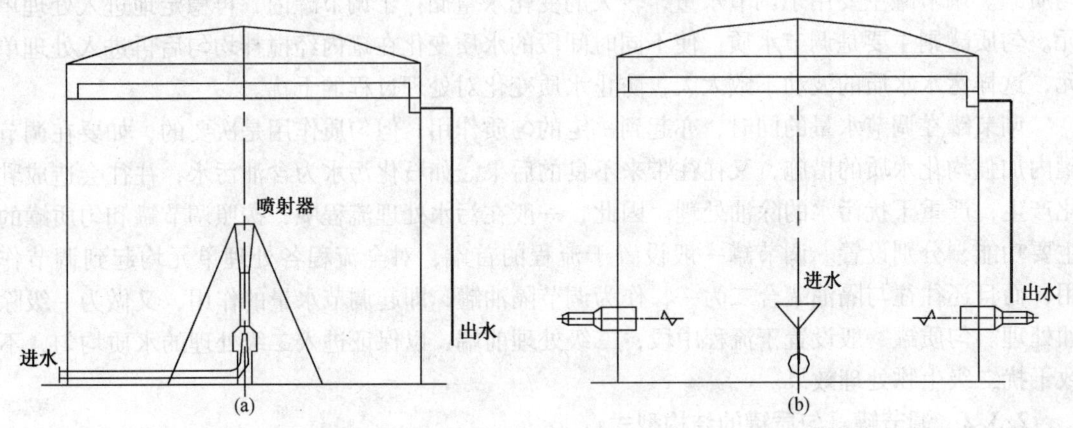

图2.3-2　匀质罐

2.3.3　调节罐、匀质罐的结构设计

① 调节罐、匀质罐按拱顶罐进行结构设计，并选用拱顶罐系列尺寸。

② 调节罐、匀质罐按储油罐配置罐顶通气管、透光孔、栏杆、平台、仪表开孔、罐壁盘梯、人孔、检修孔、排污孔、消防泡沫产生器开口等辅助设施。

③ 调节罐、匀质罐按工艺需要进行罐体保温和防腐蚀设计。

④ 调节罐可采用穿孔管排泥或刮泥机排泥，积泥层厚度不宜大于1.0m。

⑤ 调节罐的收油器应选择自动收油器，某水处理公司的旋转臂浮动集油器规格尺寸见表2.3-1~表2.3-3，某石油机械厂的环流集油器规格尺寸见表2.3-4。

表2.3-1　流量控制堰式浮油收集器头部

型号	材料	最大流量/(L/min)	管道尺寸	槽宽/mm	堰宽/mm	尺寸/cm	质量/kg
320-SH	聚乙烯	2~19	*DN*12	38	64	152×140×50	0.45
650-SH	304不锈钢	8~38	*DN*25	76	102	229×178×114	2.72
2300-SH	ABS塑料	19~220	*DN*40	76	203	508×305×152	3.63
2500-SH	304不锈钢	19~144	*DN*40	102	178	584×381×267	11.35
4300-SH	ABS塑料	19~360	*DN*50	127	305	711×533×210	7.72
4500-SH	304不锈钢	19~257	*DN*50	152	305	686×470×280	19.07
18300-SH	ABS塑料	38~1590	*DN*80	203	508	1016×610×381	13.62
18500-SH	304不锈钢	39~1136	*DN*80	203	508	110×775×356	35.41

注：1. 一般选用304不锈钢，但也可以采用316、316L不锈钢和铝合金。表中列出的是304、316和316L不锈钢的质量和尺寸。铝合金的质量会有变化。

2. 最高使用温度：高分子聚乙烯材料100℃，不锈钢315℃，ABS塑料70℃。

表 2.3-2　上下浮动堰式浮油收集器头部

型　号	材　　料	最大流量/(L/min)	管道尺寸	槽宽/mm	堰宽/mm	尺寸/cm	质量/kg
670-SH	304 不锈钢	38	*DN*25	76	102	229×178×114	3.18
2700-SH	304 不锈钢	144	*DN*40	102	178	533×406×305	4.99
4700-SH	304 不锈钢	257	*DN*50	152	305	66×470×210	20.43
18700-SH	304 不锈钢	1136	*DN*80	305	508	1100×584×356	35.41

注：1. 一般选用 304 不锈钢，但也可以采用 316、316L 不锈钢和铝合金。表中列出的是 304、316、316L 不锈钢的质量和尺寸。铝合金的质量会有变化。

2. 流量取决于所输送物的种类、黏度、温度以及浓度。

3. 最高使用温度：高分子聚乙烯材料 100℃，不锈钢 315℃，ABS 塑料 70℃。

表 2.3-3　智能化浮油收集器

型　号	材　　料	最大流量/(L/min)	管道尺寸	槽宽/mm	堰宽/mm	尺寸/cm	质量/kg
8500-AS	304 不锈钢	38（纯油）	N/A	91.44	N/A	66.04×60.96×60.96	35.41

表 2.3-4　浮动环流收油器系列规格表

基本型号	设计流量/(m^3/h)	公称罐容①/m^3	罐径/mm	罐壁高/mm	罐总高/mm	罐顶开孔/mm	内结构总质量②/kg
FMY50-5	5	50	4000	5520	6060	700	855
FMY100-10	10	100	5000	5520	7450	700	900
FMY200-20	20	200	6400	8280	8980	700	1090
FMY300-30	30	300	7000	9660	10420	700	1390
FMY400-40	40	400	8000	9660	10420	700	1540
FMY500-50	50	500	8200	12420	13310	800	2250
FMY700-70	70	700	9400	12420	13440	900	2570
FMY1000-100	100	1000	11000	12640	13960	1300	2790
FMY2000-200	200	2000	14500	14220	15960	1400	4770
FMY3000-300	300	3000	17000	15400	17440	1500	6020
FMY4000-400	400	4000	19000	16180	18460	1900	7520
FMY5000-500	500	5000	21000	16580	19100	2000	6710
FMY7000-700	700	7000	25000	16580	19580	2100	9360
FMY10000-1000	1000	10000	30000	16580	20180	2500	12590

注：① 罐规格系列按中国石化企业标准，其它规格另行计算。

② 为采用钢管时的最大质量。

⑥ 匀质罐的环形集水槽应采用三角堰形式，三角堰应做成可调节的，以便安装时调整其高度，保证周边标高一致。

⑦ 匀质罐进水水力喷射混合器(图 2.3-3)计算：

a. 喷嘴直径 d_0：

$$d_0 = \sqrt{\frac{4Q_0}{\pi v_0}} \quad (\text{m})$$

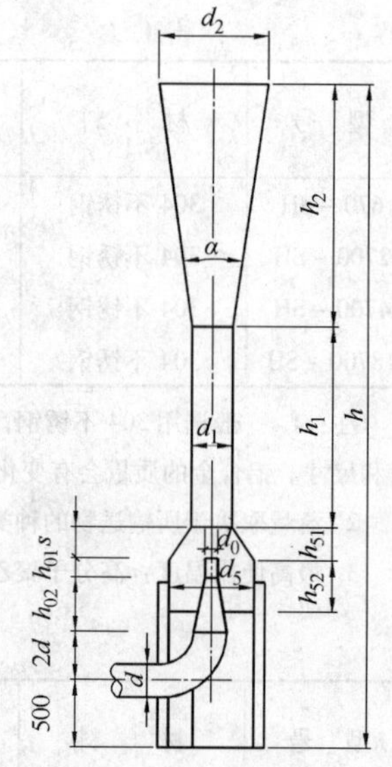

图 2.3－3 水加喷射混合器

式中 Q_0——进水量，m^3/s；

v_0——喷嘴流速，m/s，采用 6～9m/s。

喷嘴直段 h_{01} 一般取 $h_{01}=d_0$ 喷嘴收缩角度一般采用 16.5°。

进水管直径 d，则收缩段长度 h_{02}

$$h_{02}=\frac{d-d_0}{2}\times \mathrm{ctg}16.5° \quad (\mathrm{m})$$

b. 喉管直径 d_1：

$$d_1=\sqrt{\frac{4Q_1}{\pi v_1}}(m)$$

式中 Q_1——喉管过水量，m^3/s，$Q_1=5Q_0$；

v_1——喉管流速，m/s，选用 2～3m/s。

喉管高度 h_1：

$$h_1=v_1 t_1 \quad (\mathrm{m})$$

式中 v_1——喉管流速 2～3m/s；

t_1—喉管混合时间，一般选用 0.5～1.0s。

c. 喉管喇叭口直径 d_5：

$$d_5=2d_1 \quad (\mathrm{m})$$

喇叭口收缩角度 45°，喇叭口高度 h_{51}

$$h_{51}=\frac{d_5-d_1}{2}\cdot \mathrm{tg}45° \quad (\mathrm{m})$$

喇叭口直段高度 h_{52}

$$h_{52}=d_5 \quad (\mathrm{m})$$

d. 喷嘴与喉管间距 S：

$$S=2d_0 \quad (\mathrm{m})$$

e. 扩散管直径 d_2：

$$d_2=\sqrt{\frac{4Q_1}{\pi v_2}} \quad (\mathrm{m})$$

式中 v_2——扩散管出口流速，m/s，v_2 采用 50～80mm/s。

扩散管高度 h_2

$$h_2=\frac{d_2-d_1}{2\mathrm{tg}\dfrac{\alpha}{2}} \quad (\mathrm{m})$$

式中 α—扩散管扩散角度，一般采用 30°。

f. 喷嘴水头损失 h_ρ：

$$h_\rho=0.06V_0^2 \quad (\mathrm{m})$$

2.4 气浮除油器

2.4.1 气浮除油器的机理与应用

气浮法可以除去废水中各种状态的油，即浮油、分散油、乳化油、油湿固体及部分溶解油。但是由于回收油中含有很多渣质，不宜再回收。因此气浮除油一般用于重力浮升法除油后的二级除油，主要去除分散油、乳化油及部分溶解油。气浮除油亦是最经济，最适用的除油技术之一。

气浮原理是将压缩空气溶入水中或通过水力机械或扩散机械将空气吸入水中，水中空气以极小气泡(一般 10 ~ 120μm)从水中释放。气泡上升过程中，吸附、粘结上油珠、浮升至水面被去除。由于气泡密度很小，在水中密度差大，浮力大，浮升速度快，是油珠上浮速度的数倍到十几倍，一般达 0.7 ~ 12mm/s。因此，气浮除油效率高，时间短。

2.4.2　气浮除油器的分类

气浮可分为溶气气浮(DAF)和扩散气浮(MAF)，扩散气浮又分为水力喷射气浮和叶轮气浮。喷射气浮是通过高速水力喷射器吸入空气并在高速状态下雾化扩散溶入水中。叶轮气浮是通过旋转叶轮产生的负压吸入空气并通过多层穿孔叶罩扩散溶入水中，另一种是通过高速旋转的涡轮(气泵)吸入空气并高速雾化扩散溶入水中。气浮可以是单级，也可以是多级串联的(一般为 4 级)。

1. 加压溶气气浮器

加压溶气气浮流程见图 2.4－1，气浮器参数见表 2.4－1。

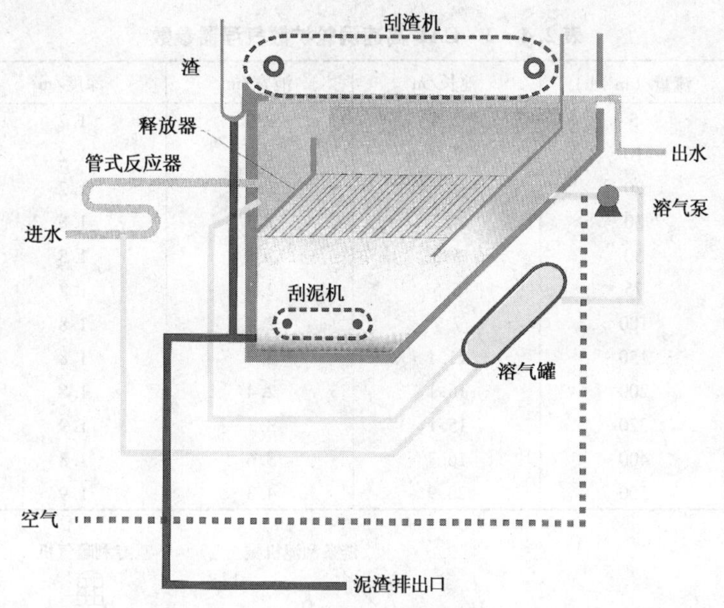

图 2.4－1　加压溶气气浮流程

设计表面负荷：2.5m³/(m²·h)；

设计溶气压力：0.6MPa；

设计回流水量：20%；

采用管式反应器；

采用斜管提高油水分离；

释放气泡直径 30 ~ 50μm；

设计气水比 10%；

除油率≥95%。

表 2.4-1 ADAF 回流溶气气浮器参数

处理水量/(m^3/h)	回流水量/(m^3/h)	回流压力/m	压缩风量/(m^3/h)	停留时间/min	总功率/kW	外型尺寸(长×宽×高)/mm	设备运行质量/kg
5	1	66	0.2	12.0	1.68	2557×1902×1785	472
10	2	55	0.2	18.9	1.68	2489×3074×3016	1504
20	4	60	0.8	15.2	5.68	3108×2537×3016	1753
50	10	60	1.5	9.7	5.68	3964×3480×3226	3375
75	15	66	1.5	12.6	5.75	5828×4085×3400	5865
100	20	65	2.4	14.9	7.75	6258×4419×4160	5973
150	30	63	3.0	12.4	11.25	6180×5438×4200	6715
200	40	65	4.0	11	15.62	6328×6165×4160	9126
250	50	66	5.0	10.9	19.08	6507×7318×4160	8980
300	60	63	6.0	10.3	22.87	6338×8600×4200	12796
400	80	65	8.0	11.1	30.87	6631×11566×4200	16079
500	100	66	10.0	11.0	37.87	6758×13724×4160	17081

2. 扩散溶气气浮器

扩散溶气气浮器见图2.4-2、图2.4-3，气浮器参数见表2.4-2、表2.4-3。

表 2.4-2 CAF 高速涡轮扩散气浮器参数

型号	流量/(m^3/h)	池长/m	池宽/m	深度/m	总功率/kW
CAF-5	5	2.4	0.9	1.2	1.87
CAF-10	10	3.0	1.2	1.2	1.87
CAF-20	20	4.5	1.2	1.2	1.87
CAF-30	30	4.3	1.5	1.8	2.94
CAF-50	50	5.3	1.8	1.8	2.94
CAF-75	75	6.5	2.4	1.8	2.94
CAF-100	100	7.7	2.4	1.8	2.94
CAF-150	150	11.1	2.4	1.8	2.94
CAF-200	200	15.1	2.4	1.8	5.43
CAF-320	320	15.1	3.1	1.9	7.80
CAF-400	400	16.7	3.6	1.8	10.12
CAF-500	500	20.9	4.3	1.9	10.12

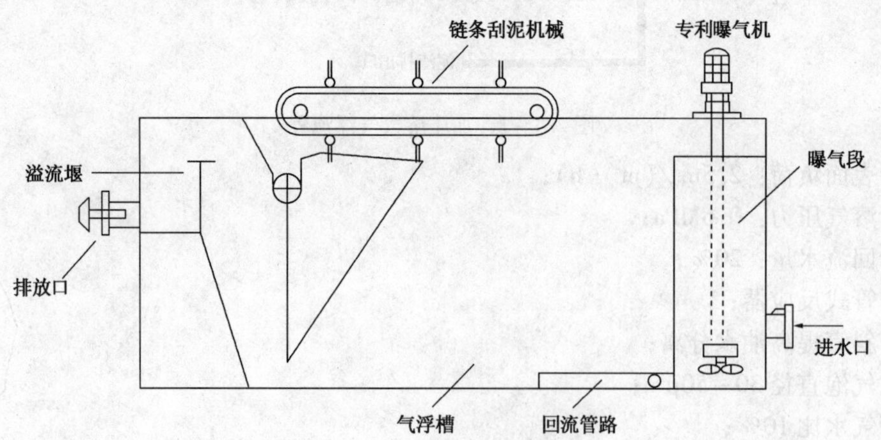

图 2.4-2 CAF 高速涡轮扩散气浮器

表 2.4-3　ZW 多级喷射扩散气浮器参数

型号	处理量/(m^3/h)	罐体直径/mm	外形尺寸(长×宽×高)/mm	功率/kW	水进出口管径/mm	油出口管径/m
ZW-50	50	1500	7500×2400×2800	10	150	75
ZW-100	100	2000	8000×3000×3200	18	200	100
ZW-150	150	2400	8500×3400×3700	22	250	100
ZW-200	200	2800	9000×3800×4100	20	300	150

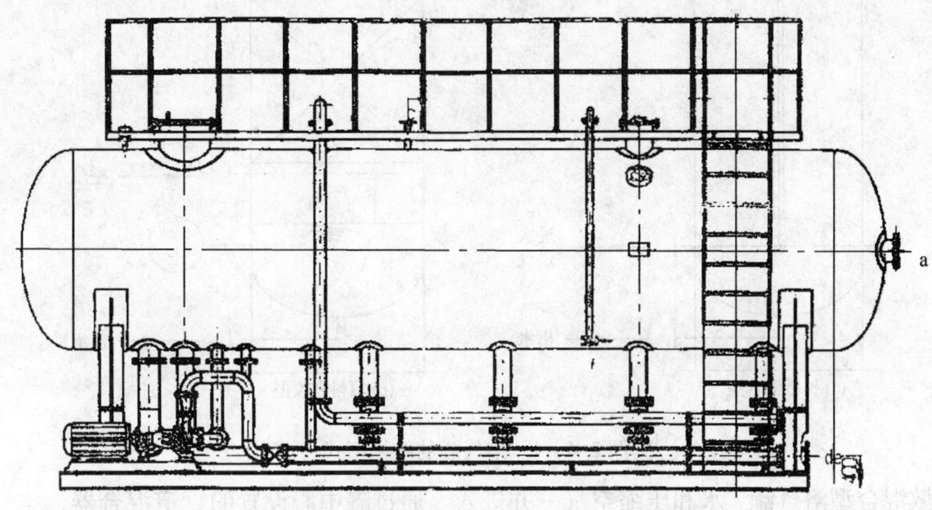

图 2.4-3　ZW 多级喷射扩散气浮器

2.4.3　溶气罐

1. 溶气原理

溶气罐是石化污水处理中，加压溶气气浮除油处理的一种重要设备，其作用是促进压入污水中的空气快速溶解于污水中，并迅速达到饱和状态。在气浮分离池中减压释放，溶解空气将以极其细微的气泡(一般 10~100μm)，从污水中分离出来。在上升到水面的过程中，污水中的油珠将附在气泡上带到水面被除去，起到从污水中去除油的目的。

溶气过程遵循气体扩散原理，符合享利定律公式：

$$V = 7400K_t \cdot p$$

式中　V——空气在水中的溶解度，ml/L；

p——绝对压力，MPa；

K_t——溶解度系数，与温度有关，见表 2.4-4。

表 2.4-4　溶解度系数与温度的关系

t/℃	0	10	20	30	40	50
K_t	3.77×10^{-2}	2.95×10^{-2}	2.43×10^{-2}	2.06×10^{-2}	1.79×10^{-2}	1.59×10^{-2}

空气在水中的溶解饱和一般约需 4~6min 时间即接近饱和状态，因此溶气罐的设计停留时间一般按 4~6min 设计。

溶气罐常采用扩散混合型和填料吸收型两种。

2. 溶气罐的结构型式

溶气罐有扩散混合型和填料吸收型两种结构形式，见图2.4-4。

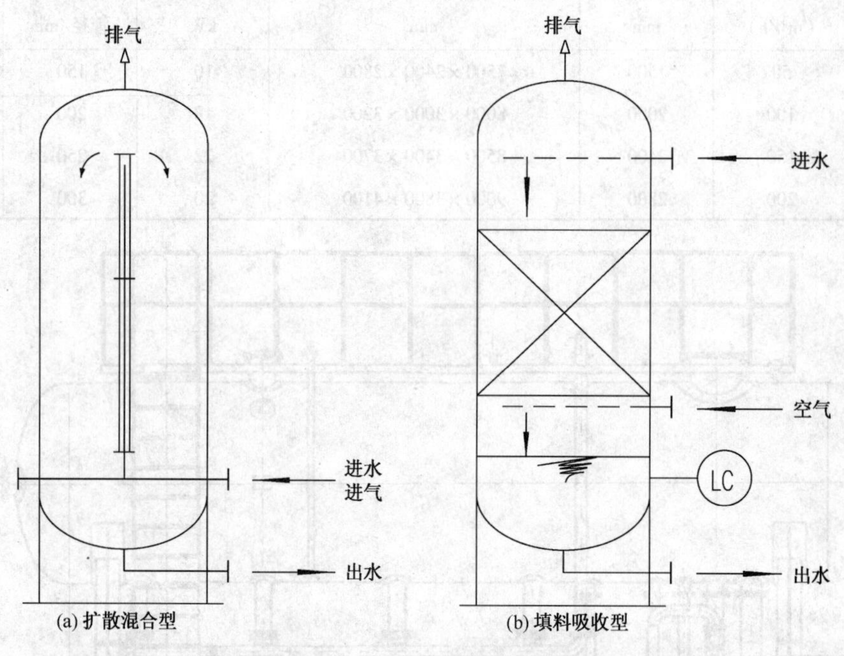

图2.4-4 溶气罐的结构型式

扩散混合型溶气罐，水和压缩空气一并进入。通过罐中心设置的管道混合器，空气与水得到充分的混合和扩散后，空气溶解于水中。然后从罐顶部返下，从底部出水管导出去分离池，气水分离的同时，气泡粘附油珠一并带至水面而除去。未溶于水中的过剩空气从罐顶的自动排气阀自动排出。管道混合器宜采用SX型。

填料吸收型溶气罐，水从罐顶配水进入，通过罐内中段安装的填料层，空气从填料层下导入。进水通过填料层时，由于填料层有足够大的表面积，水、气充分接触，空气溶解于水中。饱和溶解吸收空气的水从罐底排出，去气浮分离池，在分离池中，饱和溶解水突然减压释放，溶于水中的空气从水中释放分离，气泡分离的同时，将水中的油珠一并带至水面而去除。未经溶解的剩余空气从罐顶的排气阀自动排除。罐内液位控制在填料层下方，使填料始终位于压缩空气段内，保障空气与水在填料层内有充分的接触面积和接触时间。

3. 溶气罐的结构设计

① 溶气罐应按压力容器设计，设计压力0.6~0.8MPa。

② 溶气罐的设计温度可按60℃计算。

③ 溶气罐的进水配水应均匀布水，可采用穿孔排管、喷洒头等形式。

④ 溶气罐内填料应采用比表面积大、强度大、不易破碎的结构。

⑤ 填料吸收型溶气罐的液位控制可采用进气量或排气量联锁控制。

2.5 聚结罐

2.5.1 聚结罐除油器的机理与应用

聚结罐又称为粗粒化罐，是含油污水处理中常用的一种除油罐。聚结(粗粒化)除油的机理是聚结介质所具有的阻截、吸附、引力的特性，以及油的扩散、惯性、聚结等作用的综合结果。含油污水通过聚结介质时，污水中的油珠被聚结介质阻截、吸附，在油珠的扩散、惯性、聚结作用下，油珠在聚结介质表面越聚越大，越结越多，由于油水的密度差，大到一定程度，多到一定范围，油珠受浮力的作用，从聚结介质表面脱落，浮升到液面被除去，或者通过反冲洗而去除，污水得到净化。

聚结除油器的关键是聚结介质，聚结介质具有的亲油疏水性质是去除含油污水中油珠的主要特性。聚结介质按形态分为粒状和纤维状，按结构形式分为自由状和浇结状，自由状可以反冲洗，不易被阻塞，浇结状易阻塞，不易反洗干净；按材质分为天然的和有机的两大类，例如，石英砂、陶粒及陶粒浇结管、无烟煤、活性炭、核桃壳、椰壳、聚丙烯和聚脂球粒或纤维。聚结介质除要求具有较高的亲油疏水性外，还必须具有较大的比表面积、足够的强度，耐洗耐磨，流通能力高。

聚结罐除油器已广泛应用，无论是油田回注水处理、还是石油化工厂的含油污水处理、工艺装置含硫污水预处理，聚结罐除油器均获得了良好的结果。

聚结罐除油器种类很多，目前，比较适用的有活性炭聚结罐、核桃壳聚结除油器、双亲可逆纤维球聚结除油器、斜板组合聚结除油器等。

2.5.2 聚结罐的结构型式与工艺设计

1. 活性炭聚结罐

1）活性炭聚结罐的结构型式

图2.5－1为立式聚结罐，聚结介质为粒状活性炭，罐内下层为支撑垫层，材料为石英砂，上层为聚结介质活性炭。活性炭可以为煤质，也可以为木质活性炭。污水从顶部进入配水排管，流经聚结介质，从底部集水排管汇集出罐。反洗时水从下部进入，经集水排管配水，冲洗聚结介质，冲洗废水由顶部排出去油水分离罐脱水。反冲洗空气由底部布气排管进入冲洗聚结介质，将聚结在介质上的油珠脱附，冲至顶部排出。

罐顶设有补充介质的投加孔，罐壁上设有安装人孔。

2）活性炭聚结罐设计参数

空塔水流速度：7～25m/h；

介质高度：3～4m；

反洗水强度：15～30$m^3/(m^2 \cdot h)$；

反洗气强度：20～30$m^3/(m^2 \cdot h)$；

反洗时间：5～20min。

2. 核桃壳聚结除油器

核桃壳聚结除油器已在油田含油污水和炼油厂含油污水处理中应用，取得了良好的效果。主要是用在低浓度含油污水除油和含油污水的后处理除油。例如循环水排污水除油处理后外排，不进入含油废水系统。排洪沟生产废水除油处理，循环水旁滤水除油过滤处理，污水处理场含油废水的后处理除油，以保证排放水含油量的达标率。抚顺石化公司石油一厂、齐鲁石化公司胜利炼油厂、广州石化总厂炼油厂等用于循环水旁滤处理；大港油田炼油厂、大庆油田化学药剂厂污水处理场用于含油污水后处理除油，均获得良好的效果。

核桃壳介质是采用山核桃、胡核桃、椰壳等加工精制而成。具有强度大、吸附力大、表面积大、流通能力(滤速)高的优点。

核桃壳聚结除油器分为两种类型：流化再生型和机械搅拌再生型。

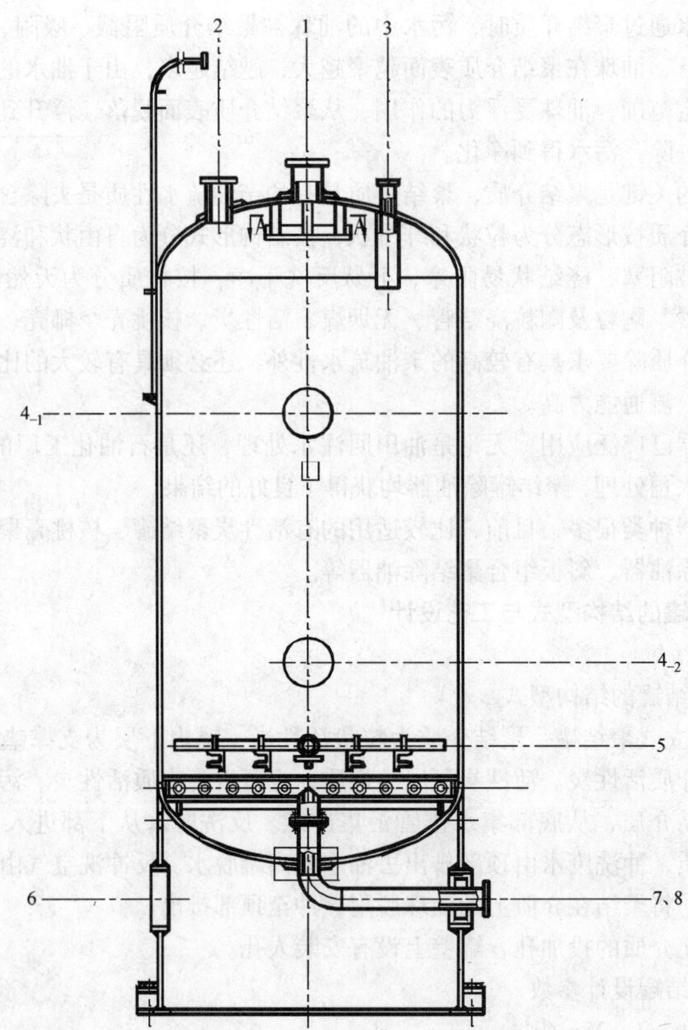

图 2.5－1　活性炭聚结除油器

1—进水口；2—加料口；3—液位计口；4—人孔；5—空气口；6—进出孔；7—出水口；8—管线引出口

1）GWF－700～3000 流化再生型核桃壳聚结除油器

（1）主要技术参数

水质处理效果见表 2.5－1。

表 2.5－1　水质处理效果

序 号	项　目	待滤水污染物浓度/(mg/L)	去除率/%	备注
1	COD_{cr}	≤200	40～60	污水
2	SS	≤50	50～90	污水
3	油	≤30	60～80	污水、循环水、中水
4	浊度	≤20	80～90	给水、循环水、中水

平均滤速：≤30m/h；

工作周期：24h；

过滤水头损失：起始 2.5～5.0m，期终 11～20m；

反洗强度：8～12L/(s·m^2)。

反洗历时：15～20min；

初滤水排放时间：5～8min。

（2）操作自动控制程序（见表2.5－2、图2.5－2）

表2.5－2　操作自动控制程序

序号	步　骤	工作状态								动作时间			控制方式
		阀F1	F2	F3	F4	F5	流化泵	待滤水泵	排气阀	单位	时间	调节范围	
1	过滤	√	√					√	√	h	24	16～32	自，手
2	滤料再生			√			√						自，手
	流化			√	√		√	√		s	10	8～15	
	清洗									min	18	15～30	
	复位										30	20～50	
3	排初滤水	√				√		√		min	5	5－10	自、手

注：1. √表示阀门打开，机泵启动。

2. 当采用多台过滤器时，待滤水泵可常开。

3. 当自动排气阀失灵时，过滤时需打开排气阀。

4. 采用多台过滤器时，达到过滤周期后，连续地、一台台地清洗再生。

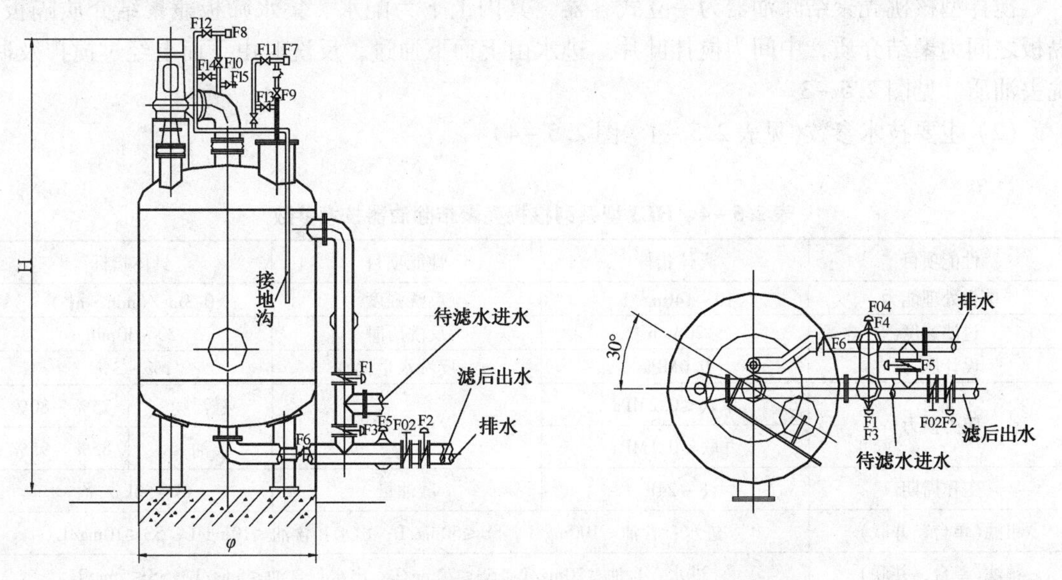

图2.5－2　GWF－型流化再生核桃壳聚结除油器系统

(3) 产品性能规格(见表 2.5-3)

表 2.5-3 产品性能规格

项目 直径	处理能力/(m^3/h)	过滤面积/m^2	过滤器		流化泵配电机功率/kW
			质量/t	外形尺寸 直径×总高/mm	
700	10~15	0.385	2.55	ϕ700×5200	5.5
1000	20~25	0.785	3.43	ϕ1000×5300	15
1200	30~40	1.130	4.08	ϕ1200×5500	15
1500	45~60	1.766	5.18	ϕ1500×5800	22
2000	80~110	3.140	7.29	ϕ2000×6500	45
2500	120~170	4.906	10.11	ϕ2500×7000	45
3000	180~250	7.065	12.56	ϕ3000×7000	55

项目 直径	管口直径						
	过滤		反冲洗		初滤管	放空管	排气管
	进水管	出水管	进水管	排水管			
700	DN80	DN80	DN80	DN80	DN80	DN50	DN15
1000	DN100	DN100	DN100	DN100	DN100	DN50	DN15
1200	DN125	DN125	DN125	DN125	DN125	DN80	DN15
1500	DN150	DN150	DN150	DN150	DN150	DN80	DN15
2500	DN200	DN200	DN200	DN200	DN200	DN100	DN20
2500	DN250	DN250	DN250	DN250	DN250	DN100	DN20
3000	DN300	DN300	DN300	DN300	DN300	DN100	DN25

2) HLJ800-3600 搅拌再生核桃壳聚结除油器

(1) 产品结构形式

搅拌型核桃壳聚结除油器为一立式容器，其内上下为配水、集水筛板兼聚结介质隔板，隔板之间为聚结介质，中间为搅拌叶片。进水由上而下通过，反洗时由下而上经过搅拌及冲洗去油质。见图 2.5-3。

(2) 主要技术参数(见表 2.5-4、图 2.5-4)

表 2.5-4 HLJ 型系列核桃壳聚结除油器技术参数

性能项目	具体指标	性能项目	具体指标	
单台处理能力	10~140m^3/h	反洗强度	0.3m^3/(min·m^2)	
过滤速度	20m/h	反洗历时	20~30min	
设计压力	0.6MPa	反洗水量比	1%~3%	
阻力损力	串联≤0.2MPa	去除率	悬浮物	75%~80%
	并联≤0.1MPa		油	85%~95%
工作周期	8~24h	截油量	3~50kg/m^2	
粗滤(单台、并联)	进水：含油≤100mg/L，SS≤50mg/L；出水：含油≤10mg/L，SS≤10mg/L			
精滤(单台、并联)	进水：含油≤20mg/L，SS≤20mg/L；出水：含油≤5mg/L，SS≤5mg/L			
二级串联	进水：含油≤100mg/L；出水 含油≤5mg/L			

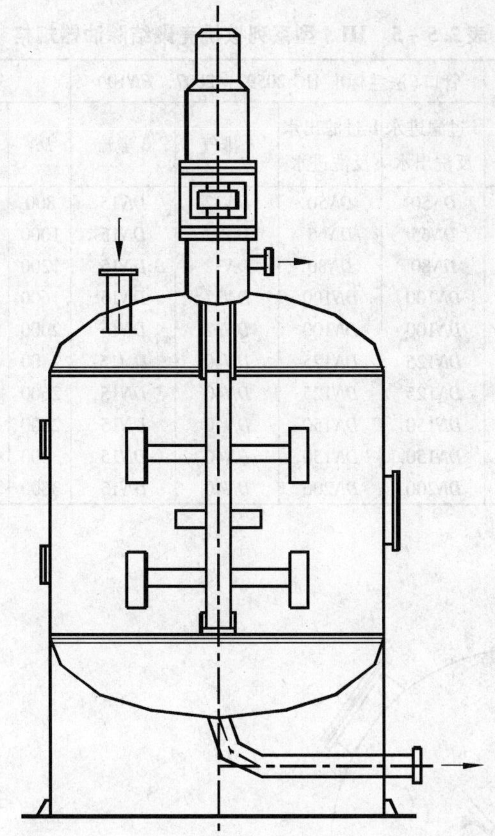

图 2.5－3　搅拌再生核桃壳聚结除油器结构形式

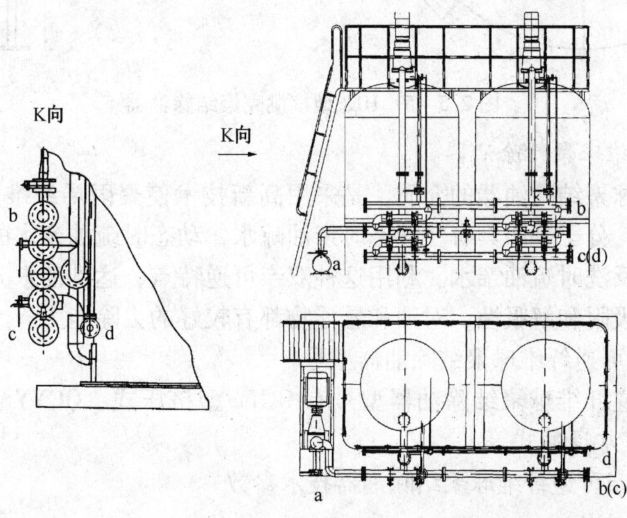

图 2.5－4　HLJ 型搅拌再生核桃壳聚结除油器系统

（3）产品规格（见表2.5－5、图2.5－5）

表2.5－5 HLJ型系列核桃壳聚结除油器规格

直径	处理量/（m^3/h）	搅拌功率/kW	管口（法兰标准HG 20592－2007，*PN*10）				外形尺寸/mm				地基载荷/（t/m^2）
			a过滤进水反洗出水	b过滤出水反洗进水	c排气	d溢流	*DN*	*H*	*ϕ*	*n*－*d*	
800	10	4	*DN*50	*DN*50	*DN*32	*DN*15	800	3800	1000	4－18	3.9
1000	15	4	*DN*65	*DN*65	*DN*32	*DN*15	1000	3700	1240	4－18	3.2
1200	20	4	*DN*80	*DN*80	*DN*32	*DN*15	1200	3900	1432	4－22	3.3
1600	40	7.5	*DN*100	*DN*100	*DN*32	*DN*15	1600	4300	1850	4－22	3.5
2000	60	11	*DN*100	*DN*100	*DN*32	*DN*15	2000	4300	2100	8－30	4.4
2400	90	18.5	*DN*125	*DN*125	*DN*40	*DM*15	2400	4300	2500	8－30	4.7
2600	100	18.5	*DN*125	*DN*125	*DN*40	*DN*15	2600	4500	2700	8－36	4.9
2800	120	18.5	*DN*150	*DN*150	*DN*40	*DN*15	2800	4600	2900	8－36	5.0
3000	140	18.5	*DN*150	*DN*150	*DN*40	*DN*15	3000	4700	3100	8－36	5.2
3600	200	30	*DN*200	*DN*200	*DN*40	*DN*15	3600	5300	3700	8－36	4.3

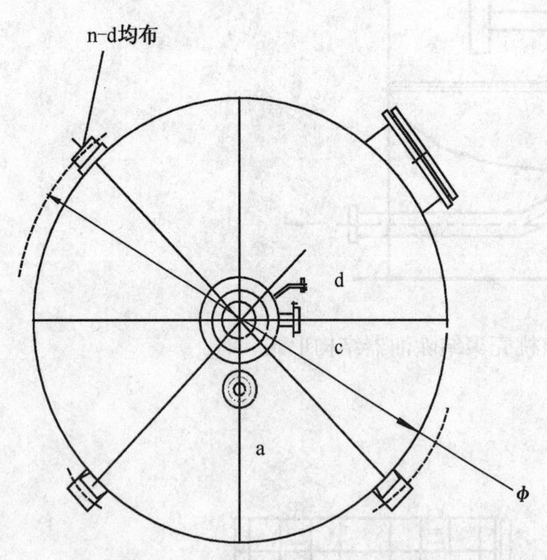

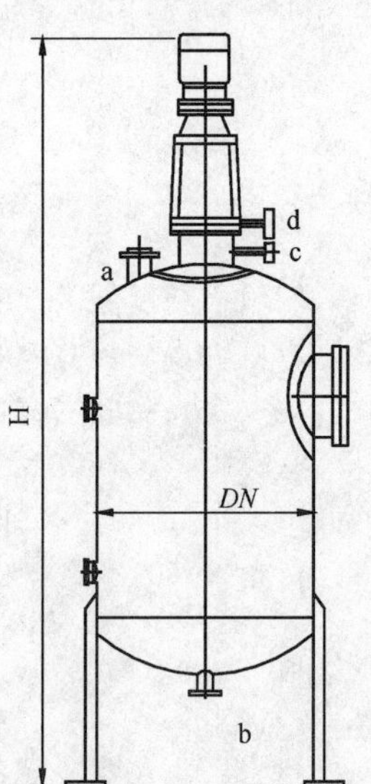

图2.5－5 HLJ型核桃壳聚结除油器

3. 双亲可逆纤维球聚结除油器

双亲可逆纤维球聚结除油器的介质，是采用高新技术使聚丙烯纤维分子结构优化重组，生成新的分子基团，分子基团具有在静态时亲油疏水，动态时疏油亲水的双向特性。即在过滤时亲油疏水，在反洗时疏油亲水。利用这种双亲可逆特点，达到油水分离的目的。其优点是对油具有理想的吸附和解吸性，对油和悬浮物都有较好的去除能力。

1）某公司双亲可逆纤维球聚结除油器型号

某公司双亲可逆纤维球聚结除油器型号有QCJY型挤压式、QCYY型悬挂式、QCJB型搅拌式、QCQS型气水反冲式等。

2）QCYY型双亲可逆纤维球聚结除油器技术参数

设计压力：0.6 MPa；

滤速：20m/h；

进水含油：≤20mg/L；

出水含油：≤1mg/L；

进水悬浮物：≤15mg/L；

出水悬浮物：≤1mg/L；

水头损失：≤0.15MPa。

除油器规格：

QCYY－1600：40m³/h，N＝7.5kW；

QCYY－2400：90m³/h，N＝7.5kW；

QCYY－2800：123m³/h，N＝7.5kW；

QCYY－3000：140m³/h，N＝7.5kW。

3）QCJB 型双亲可逆纤维球聚结除油器技术参数

设计压力：0.6MPa；

滤速：20m/h；

进水含油：≤50mg/L；

出水含油：≤10mg/L；

进水悬浮物：≤50mg/L；

出水悬浮物：≤10mg/L；

水头损失：≤0.15MPa。

除油器规格：

QCJB－800：15m³/h；N＝4kW；

QCJB－1000：30m³/h，N＝4kW。

4. JYF－W 型聚结除油器

图 2.5－6 为 JYF－W 型聚结除油器产品结构型式。

JYF－W 型聚结除油器是用于炼厂含油污水除油处理最实用的一种除油器，分斜板型和聚结型两种，它是一种多级除油组合。聚结型是斜板、三级聚结组合。聚结介质为改性不锈钢丝团，可以利用空气及热水反冲洗，密闭操作，可以带压操作，特别适用于装置含油污水，含硫污水的预处理。

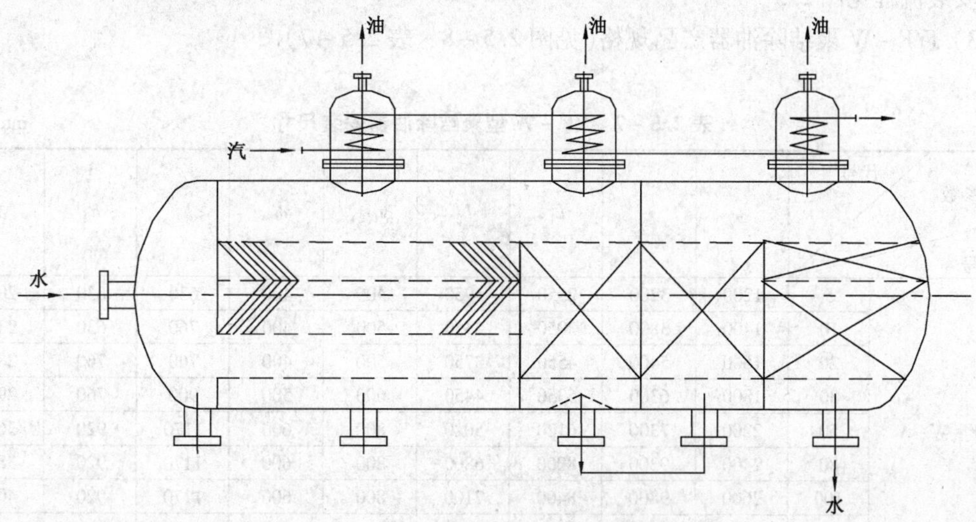

图 2.5－6　斜板聚结除油器结构型式

1）JYF－W 型聚结除油器设计参数(见表 2.5－6)

表 2.5－6 设计参数

项目 \ 参数 \ 型号 名称	JYF－W－A 型(CPS 型) 聚结除油器	JYF－W－B 型(CPI 型) 斜板除油器
油品相对密度	<0.96	
进水方式	用泵压力进水或污水自压进水	
操作温度	5～90℃	
操作压力	0.15～2.0MPaG	
设备压降	0.08MPa(G)	0.05MPa(G)
停留时间	20min 以上	10min 以上
浮油去除率	100%	>90%
分散油去除率	>90%	80%
乳化油去除率	80%左右	70%
悬浮物去除率	>96%	80%
设备最大处理量	200 m^3/h	360 m^3/h
运行周期	6 个月以上	1 年以上
排油方式	手动或自动	手动或自动
排泥方式	运行时随时可排泥	运行时随时可排泥
反冲洗方式	用 50℃以上的热水及压缩风混合反洗	
反冲洗强度	20 $m^3/(m^2 \cdot h)$	
反冲洗水量	处理水量的 0.5%～5%	
反冲洗时间	8～20min	

2）JYF－W 型聚结除油器安装流程

安装流程见图 2.5－7。

3）JYF－W 聚结除油器产品规格(见图 2.5－8、表 2.5－7)

表 2.5－7 YF－W 型聚结除油器安装尺寸 mm

型号 \ 参数 \ 代号		ϕ	L	L_1	L_2	$\phi_{1(2)}$	ϕ_3	h_1	h_2	h
JYF－W－A	5	1200	3200	2550	1950	400	400	630	630	2046
	10	1400	3800	3050	2350	500	400	760	630	2376
	20	1600	5400	4550	3750	500	400	760	760	2826
	30	1800	6300	5350	4450	600	500	900	760	2976
	50	2200	7300	6120	5020	800	600	1170	920	3640
	80	2400	9300	8000	6800	800	600	1170	920	3848
	100	2600	9800	8400	7100	800	600	1170	920	4048
	150	2800	10900	9400	8000	800	800	1170	1170	4252
	200	3000	11800	10200	8700	800	800	1200	1200	4490

续表 2.5－7

型号 \ 参数 \ 代号		ϕ	L	L_1	L_2	$\phi_1(2)$	ϕ_3	h_1	h_2	h
JYF－W－B	10	1400	3800	3050	2350	500	500	760		2376
	20	1600	5400	4550	3750	600	—	900	—	2766
	30	1800	6300	5350	4450	600	—	900	—	2970
	50	2200	7300	6120	5020	800	—	1170	—	3640
	80	2400	9300	8000	6800	800	—	1170	—	3848
	100	2600	9800	8400	7100	800	—	1170	—	4048
	150	2800	10900	9400	8000	800	—	1170	—	4252
	200	3000	11800	10200	8700	800	—	1200	—	4490
	300	3200	12600	10900	9300	800	—	1200	—	4690
	400	3400	14900	13060	11360	800	—	1200	—	4890

注：型号后面的数字表示每小时处理污水水量（t/h）。

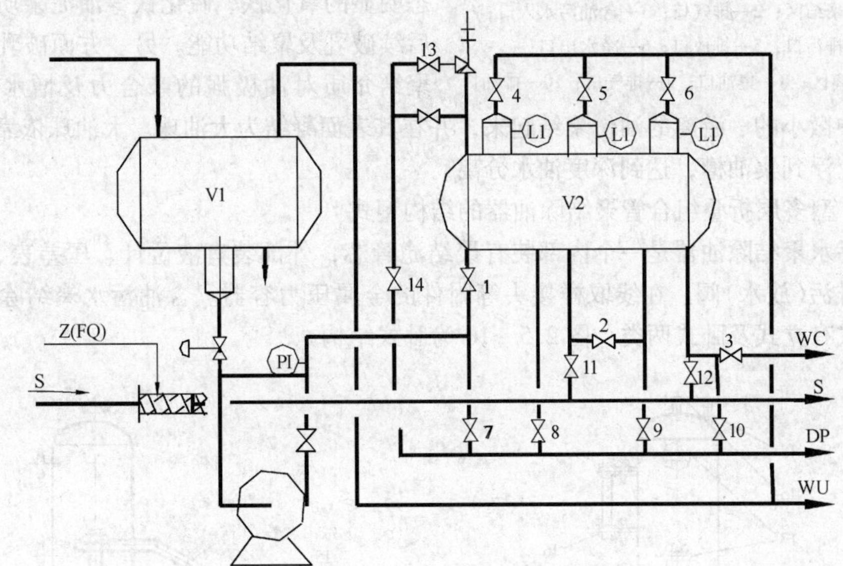

图 2.5－7 JYF－W 型聚结除油器流程

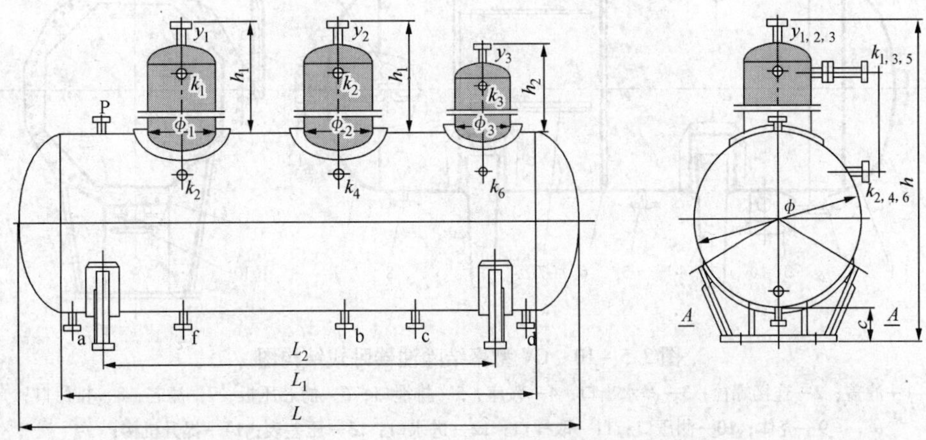

图 2.5－8 JYF－W 型聚结除油器安装尺寸

5. 承天倍达 CV 型聚丙烯多层折叠组合管聚结除油器

1）CV 型多层折叠组合管聚结除油器结构原理

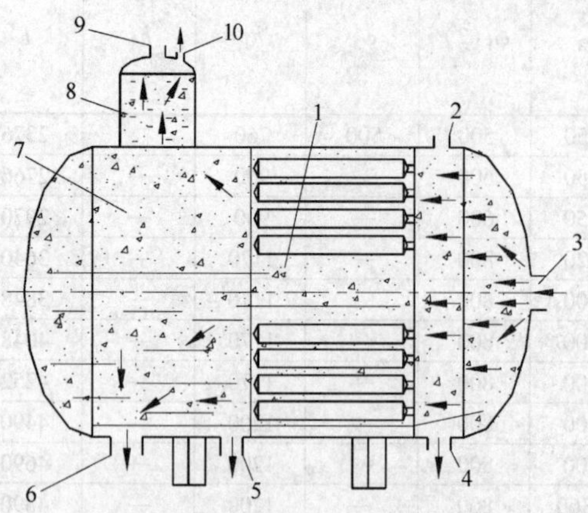

图 2.5－9　CV 型聚结除油器结构原理图

1—过滤聚结区；2—排气口；3—含油污水入口；4—排污口；5—排放口；6—净水出口；7—上浮分离区；8—集油口；9—排气口；10—排油口

在含油污水聚结分离器内部装有专门脱油的聚丙烯多层折叠组合管——聚结滤芯，当介质流经其内部时经过微滤、聚结、上浮、分离四个过程，从而实现脱掉水中油份的目的。其工作原理见图 2.5－9。

该滤管芯由多层折叠套管组合而成，不但具有较大的表面积，而且各层的孔径不一样，由小到大排列，还具有特殊的微滤、聚结油分双重功效。介质首先从内到外流经聚结滤管芯，聚结滤芯一方面靠高精度微滤，有效拦截水质中的颗粒杂质，尤其是拦截对稳定乳化状态明显的氧化铁、硫化铁等油泥杂质，有利于后续破乳及聚结功能。另一方面破乳聚结是靠聚结介质对油极强的亲合力及憎水性进行破乳，将水中微小的、游离的油份聚结起来，并在其表面凝结为大油珠。大油珠依靠液流力及自身浮力上浮到集油槽，达到深度油水分离。

2）CV 型多层折叠组合管聚结除油器的结构型式

含油污水聚结除油器是一个内部装有聚结滤管芯，外部装有液位计、压差表、放气阀、排油阀、排污(放水)阀、在线取样接头等附件的金属压力容器。含油污水聚结除油器的基本结构型式有立式及卧式两类，图 2.5－10 为卧式结构。

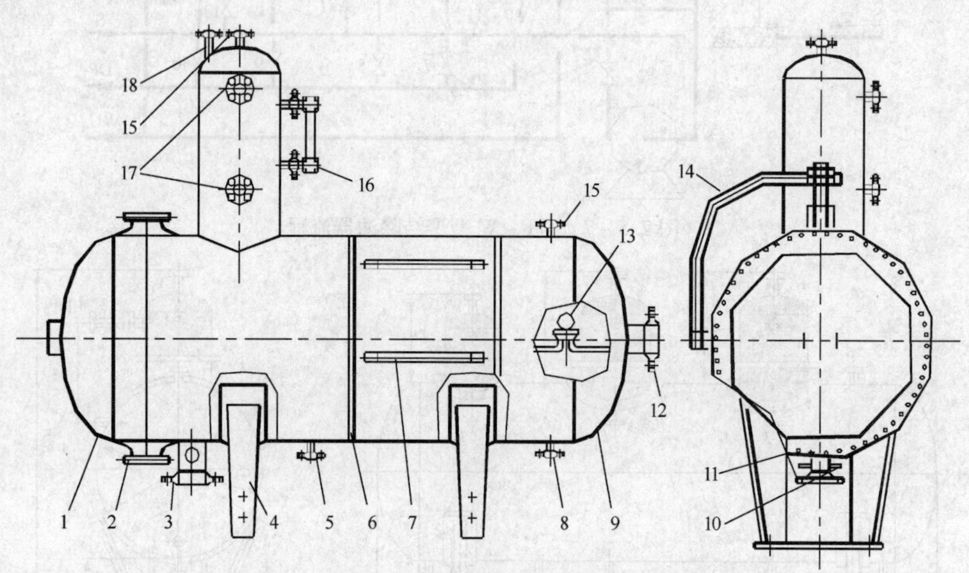

图 2.5－10　CV 型聚结除油器卧式结构图

1—滤盖；2—连接螺栓；3—净水出口；4—鞍座；5—排泄口；6—滤芯压板；7—滤芯；8—排污口；9—壳体；10—测压口；11—取样口；12—进水口；13—压差表；14—提升机构；15—排气口；16—液位计；17—自动排放机构予接口；18—排放口

3）CV 型聚结除油器性能及规格

① 起始压差：<0.01MPa；

② 脱油能力：油含量最多可达 5%；

③ 最大允许工作压差：0.1MPa；

④ 滤管芯结构强度：>0.3MPa；

⑤ 使用温度：常温～60℃；

⑥ 处理后净水指标：油含量<15mg/L；悬浮物<50mg/L。

⑦ 产品规格型号参数见表 2.5－8。

表 2.5－8 产品规格型号参数

产品型号	额定流量/(m^3/h)	额定压力/MPa	壳体材料
51CV1110－5	5		
51CV1110－10	10		
51CV1110－20	20		
51CV1110－30	30	1.0	碳钢
51CV1110－60	60		
51CV1110－90	90	1.6	锰钢
51CV1110－120	120	2.5	不锈钢
51CV1110－150	150		
51CV1110－180	180		
51CV1110－240	240		

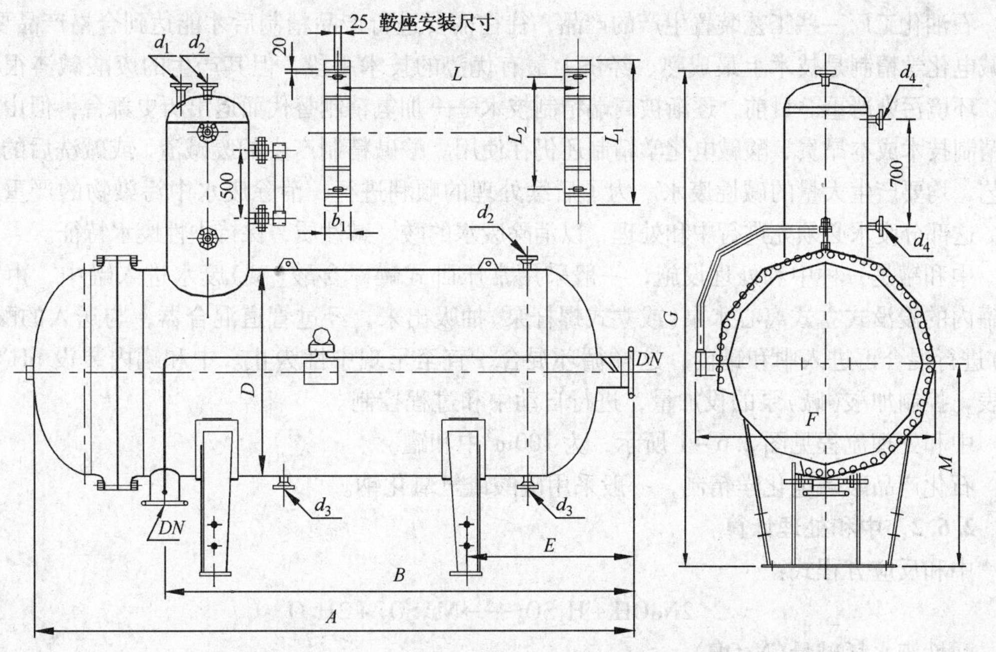

图 2.5－11 CV 型聚结除油器卧式外形安装尺寸简图

4）CV 型聚结除油器的安装尺寸（见图 2.5－11、表 2.5－9）。

表 2.5－9　CV 型聚结除油器卧式结构安装尺寸表

产品型号	外形尺寸								接口法兰尺寸						安装尺寸					容积/m^3	净质量/kg
	A	B	C	D	E	F	G	M	进料口 D_1	出料口 D_2	排放口 d_1	放空口 d_2	排污口 d_3	LC 口 d_4	L	L_1	L_2	b_1	地脚螺栓		
54CV21－5																					
54CV21－10																					
54CV21－20																					
54CV21－30	3740	3327	1000	900	840		2500	1000	100	100	25	25	25	50	1900	810	590	150	4M20	2.215	
54CV21－60	3960	3500	500	1100	950		3015	1200	150	150	25	25	25	50	1920	820	660	170	4M20	3.412	
54CV21－90	4290	3700	500	1400	1150		3550	1400	200	200	32	32	32	50	1920	1000	840	200	4M20	6.2	
54CV21－120	4532	3897	500	1500	1260		3565	1400	200	200	40	40	40	50	1920	1060	900	200	4M20	7.51	
54CV21－150	4700	3990	500	1700	1300		3800	1500	250	250	40	40	40	50	2000	1200	1040	200	4M20	9.78	
54CV21－180	4820	4040	800	1900	1300		3900	1500	250	250	50	50	50	50	2200	1360	1200	220	4M20	12.52	
54CV2110－240	4900	4080	800	2000	1300		3950	1500	300	300	65	65	65	50	2200	1420	1260	220	4M20	13.24	

2.5.3　聚结罐的结构设计

① 聚结罐按压力容器设计，设计压力 1.0MPa；

② 聚结罐的介质温度可按 60℃设计；

③ 核桃壳聚结罐应以泵及搅拌机功率进行设备稳定结构计算；

④ 活性炭聚结罐应进行内防腐蚀设计。

2.6　中和罐

2.6.1　中和罐的功能与应用

石油化工厂一些工艺装置生产的产品，往往需要进行产品精制后才能达到合格产品要求。酸碱电化学精制是技术上最成熟、经济上最有优势的技术手段，但其产生的废酸碱渣很难处理，环境污染严重。目前，逐渐被高端精制技术——加氢精制替代而退出历史舞台，但由于加氢精制技术成本昂贵、酸碱电化学精制还仍在使用。酸碱精制产生的废碱渣，或碱洗后的水洗工艺，均要产生大量的碱性废水。为了后续处理的顺利进行，消除废水中污染物的严重危害性，这部分废水必须先进行中和处理，以消除废水的酸、碱性质，保持中性废水特征。

中和罐是一种中和处理设施，一般采用常压卧式罐，含酸（碱）废水进入罐中，由安装于罐内的浸没式立式离心水泵（或立式螺杆泵）抽吸出来，经过管道混合器，与送入的酸（或碱）进行混合再进入中和罐内，这样循环混合，直至呈现中性为止。中和罐内装设 pH 在线仪表，控制加酸（碱）泵的投加量，进行自动中和过程控制。

中和处理流程见图 2.6－1 所示，为 100m^3中和罐。

石化产品酸碱电化学精制，一般采用硫酸或氢氧化钠。

2.6.2　中和处理计算

中和反应方程式：

$$2NaOH + H_2SO_4 \longrightarrow Na_2SO_4 + 2H_2O$$

酸性废水耗碱量（NaOH）：

$$Q_S \cdot C_S = \frac{40 \times 2}{49 \times 1000} Q_S \cdot C_S \quad (\text{kg/h})$$

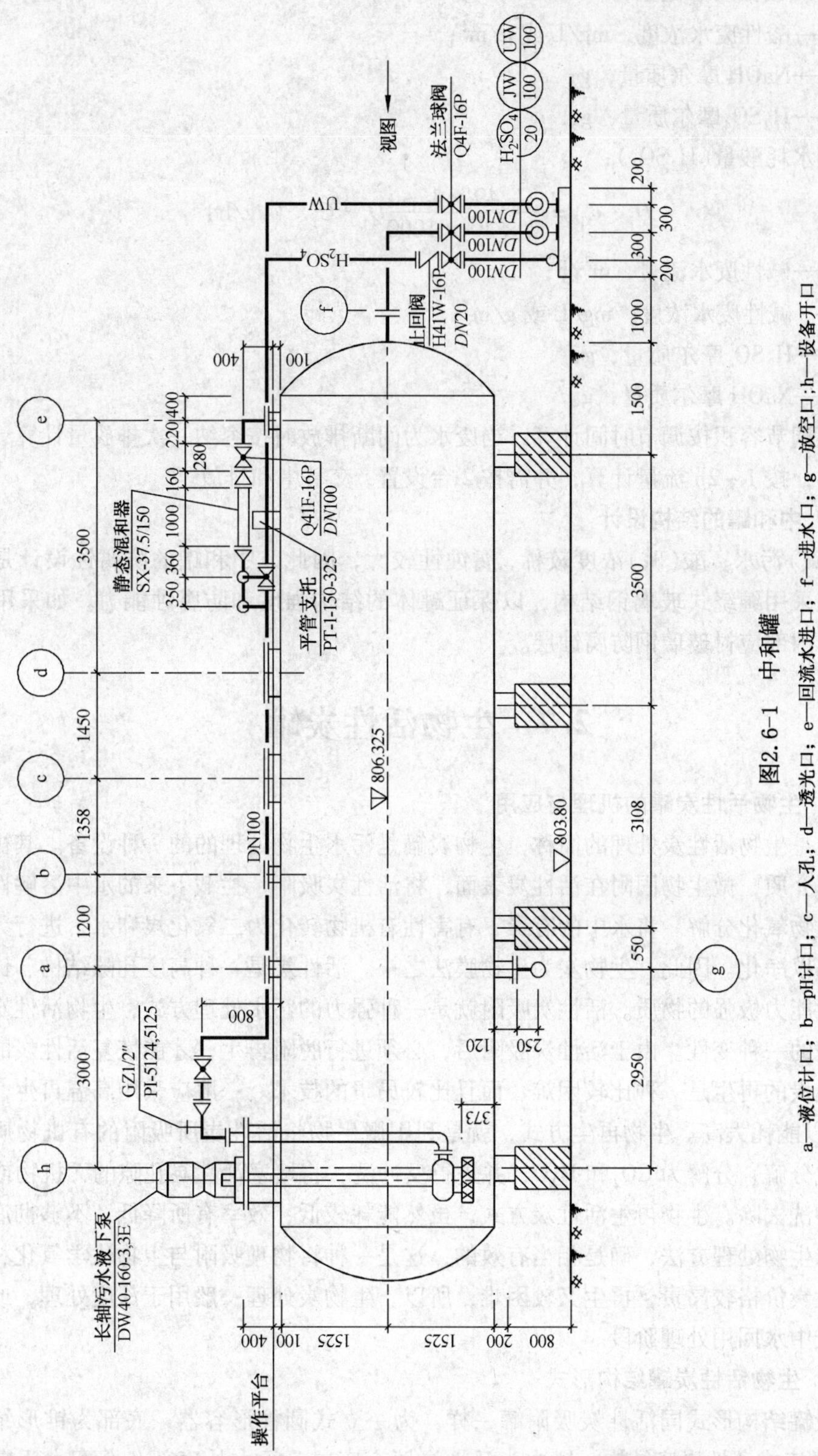

图2.6-1　中和罐

a—液位计口；b—pH计口；c—人孔；d—透光口；e—回流水进口；f—进水口；g—放空口；h—设备开口

式中 Q_S——酸性废水流量，m^3/h；

C_S——酸性废水浓度，mg/L 或 g/m^3；

40——NaOH 摩尔质量，g；

49——H_2SO_4摩尔质量，g；

碱性废水耗酸量(H_2SO_4)：

$$Q_j \cdot C_j = \frac{49 \times 1}{2 \times 40 \times 1000} Q_j \cdot C_j \quad (kg/h)$$

式中 Q_j——碱性废水流量，m^3/h；

C_j——碱性废水浓度，mg/L 或 g/m^3；

49——H_2SO_4摩尔质量，g；

40——NaOH 摩尔质量，g。

中和罐调节容积按调节时间计算，当废水为间断排放时按容纳一次排放量计算，当废水连续排放时，按 1 ~2h 流量计算，并需按 2 台设置，交替中和排放。

2.6.3 中和罐的结构设计

含酸(碱)污水、酸(碱)浓度较稀，腐蚀性较大，因此，中和罐的防腐蚀设计是很重要的，一般应采用缠绕式玻璃钢结构，以保证罐体的结构强度和防腐蚀能力。如采用钢结构罐，则罐体内部应衬玻璃钢防腐蚀层。

2.7 生物活性炭罐

2.7.1 生物活性炭罐的机理与应用

生物炭是生物活性炭处理的简称，生物炭罐是污水生物处理的的一种设备。其机理是利用活性炭作介质，微生物固附在活性炭表面，将活性炭吸附、拦截下来的水中溶解性有机物质，进行生物氧化分解。将水中的有毒、有害性有机物转化为二氧化炭和水，进行无害化处理，污水得以净化。因此，生物炭为生物膜法之一。活性炭是一种高度孔隙结构、比表面积很大、吸附能力极强的物质。活性炭吸附就是一种强力的污水处理方式，生物活性炭是活性炭吸附处理的一种变性。由于活性炭吸附后，必须进行脱附再生，才能恢复活性炭的吸附活性，而活性炭的再生是一种比较困难、而且比较昂贵的技术。一般应采用高温再生，温度达850℃，所以能耗太高。生物再生方式，就是利用微生物将活性炭所吸附的有机物质进行常温生物氧化分解，分解为 CO_2和 H_2O，并进行反冲洗，将堵塞活性炭孔隙的无机物或未分解的有机物冲洗去除。生物再生活性炭方式，虽然能耗较低，效率有所降低，不够彻底，但作为一种污水生物处理方法，确是相当有效的，这是一种将物理吸附与生物化学氧化相结合的典范。活性炭价格较昂贵，再生又较困难，所以，生物炭处理一般用于深度处理，或二级生化处理，或中水回用处理阶段。

2.7.2 生物活性炭罐结构形式

生物炭罐结构形式同活性炭吸附罐一样，为一立式圆柱形容器，底部为锥形结构，图 2.7 -1 为逆流式活性炭床结构。罐内为活性炭填充床层，污水从底部 8 个配水头向上流动通过活性炭床层，从顶部 8 个集水头汇集排出。污水通过活性炭层，缓慢流动，污水中溶解性有机物被活性炭吸附、截流在活性炭表面上。活性炭表面固附有大量的处理污水中有机物的微生物(配养产生)，微生物在有氧或无氧的情况下，均可将有机物氧化分解为CO_2和H_2O,污水经过活性炭床层而得以净化。活性炭经一段时间后，生物反应后的剩余产物会慢慢阻塞活性炭孔隙或缝隙。因此，必须进行反冲洗再生活性炭，再生过程一般连续进行。活性炭从锥形底部排出，由安装于底部出口的喷射器将炭抽出并进行高速水流冲洗再生。再生炭再通过水力喷射器水力输送至罐顶加料斗进入罐内。这样，活性炭床呈下降流动，污水呈向上流动状态，吸附生物反应呈逆流状态，提高了生物反应效力。活性炭床层还可以通过进出水管道加大流量进行正洗、反洗、松动床层、冲洗出床层介质间的残留物。

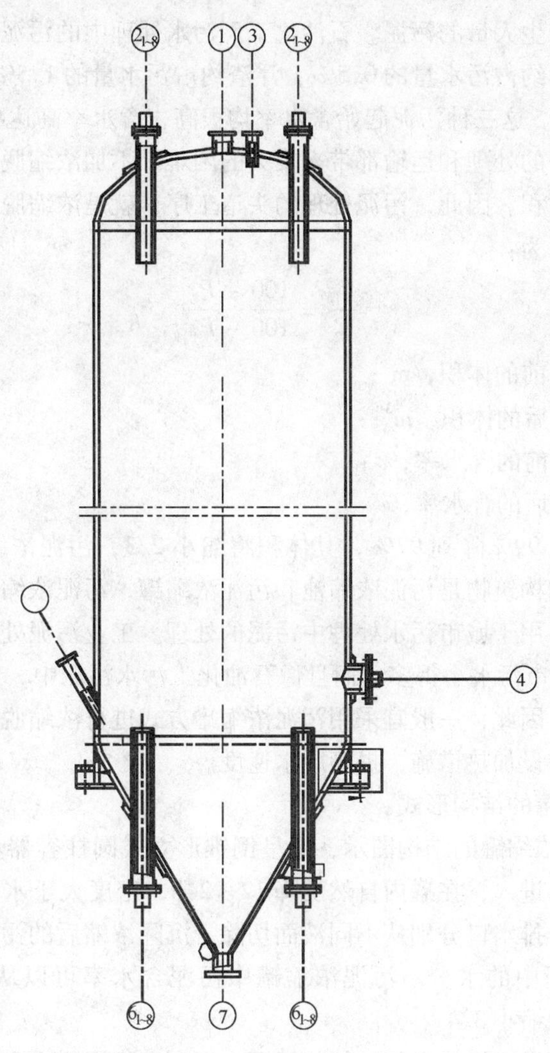

图 2.7－1　生物炭罐

1—进料口；2—出水口；3—放气口；4—人孔；5—冲洗口；6—进水口；7—出炭口

2.7.3　生物炭罐的结构设计

① 生物炭罐按立式压力容器设计，设计压力 0.6MPa。

② 生物炭罐锥底夹角不应大于 60°。

③ 生物炭罐进水配水头、出水集水头应采用防止活性炭流失的防护网结构。

④ 生物炭罐内部结构表面应采取防腐蚀设计。

⑤ 活性炭的再生和新炭的输送应采用喷射器水力输送方式。

⑥ 活性炭罐锥部上口应设置环状冲洗喷口，以松动床层。

2.8 污泥浓缩罐

2.8.1 污泥浓缩罐的功能与应用

在污水处理中将产生大量的污泥。石油化工厂污水处理中的污泥一般由油泥、浮渣、剩余活性污泥组成。油泥约占污水量的0.5‰，浮渣约占污水量的1.5‰~5‰，剩余活性污泥量约占污水量的3.6‰。这三种污泥起始含水率均很高，含水率高达99% ~99.7%，如此庞大的污泥体积，给污泥的处理和运输都带来很大的困难。不加浓缩脱水，势必造成处理设备庞大，大大增加占地面积。因此，污泥处理的头道工序，就是浓缩脱水，因为污泥的体积与含水率成正比，其关系为：

$$\frac{V_1}{V_2}=\frac{100-P_2}{100-P_1}$$

式中 V_1——污泥浓缩前的体积，m^3；

V_2——污泥浓缩后的体积，m^3；

P_1——污泥浓缩前的含水率,%；

P_2——污泥浓缩后的含水率,%。

如污泥的含水率从99%降到97%，其体积将缩小2/3，污泥浓缩后其体积将成倍地缩小。常采用的污泥浓缩构筑物是污泥浓缩池和污泥浓缩罐，污泥浓缩池一般为连续运行，机械搅拌增稠脱水，主要用于城市污水处理中污泥的处理。工业污泥处理中，污泥的产生是间歇排放，排放量也比城市污水小得多。而且像石油化工污水污泥中，还含有许多有毒有害性挥发物质，还含有油，因此，一般宜采用污泥浓缩罐方式进行浓缩脱水，避免挥发性物质污染环境，而且有利于增设加热措施，提高脱水速度。

2.8.2 污泥浓缩罐的结构形式

图2.8-1为污泥浓缩罐的结构图示，罐呈倒锥形立式圆柱容器。浓缩罐按自然沉降原理脱水，污泥从罐顶部进入，在罐内自然沉降12~24h，密度大于水的污泥沉于底部，上部沉清液从侧壁上下多个排水口分别从不同液面切除。沉降浓缩后的污泥从锥底去离心脱水机脱水，进一步脱除污泥中的水分。污泥浓缩罐中污泥含水率可以从>99%降低到96% ~97%，此时的污泥体积缩小3/4。

污泥浓缩罐在下部设置加热盘管，加热污泥，以利于污泥脱水和流动输送，污泥浓缩罐顶一般还设置液位计、透光孔、通气管等附件。

2.8.3 污泥浓缩罐的设计

① 浓缩罐按立式常压容器设计；

② 锥底夹角不大于60°；

③ 加热盘管按污泥加热至60℃计算；

④ 污泥沉降时间按12h计算；

⑤ 罐上应设置通气管、透光孔、液位计及温度计开口。

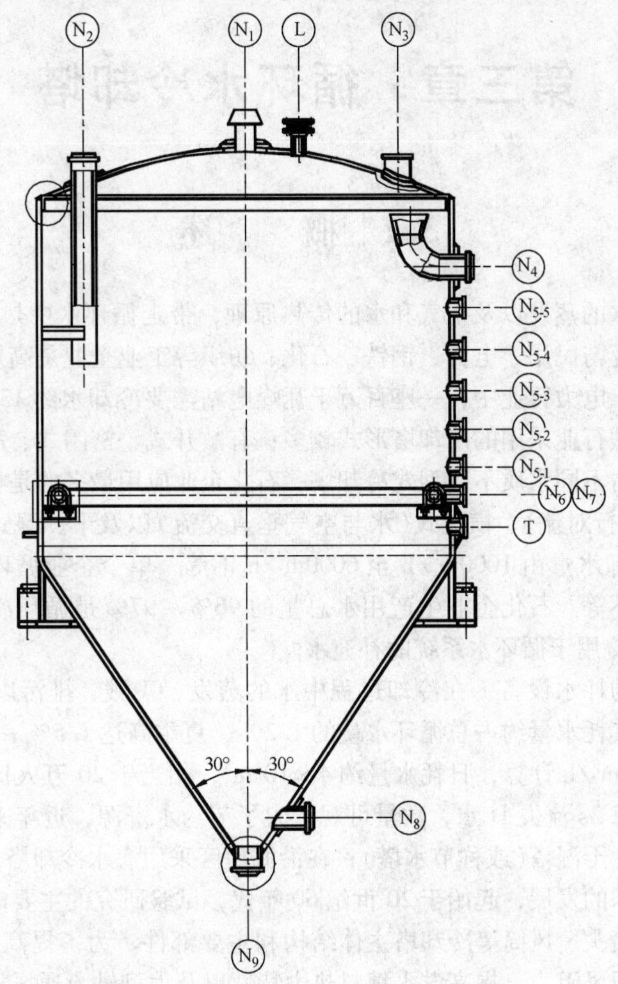

图 2.8－1　污泥浓缩罐

N_1—通气管；N_2—进料口；N_3—透光孔；N_4—溢流口；N_5—放水口；N_6—蒸汽入口；N_7—蒸汽出口；N_8—排泥口；N_9—卸料口；T—温度计开口；L—液位计开口

第三章 循环水冷却塔

3.1 概 述

冷却塔是利用水的蒸发以及空气和水的传热原理，带走循环水中热量的设备或构筑物。冷却塔广泛用于工业与民用。电力、钢铁、石化、纺织等工业企业是高用水行业，对循环冷却水的需用量很大。电力行业中，一座百万千瓦煤电站需要冷却水约 $13\times10^4m^3/h$，核电站的需水量更大。钢铁行业采用的冷却塔形式较多：有敞开式、密闭式、高、中、低不同温度冷却塔，并有浊、清不同水质不同型式冷却塔；石化企业应用最多的是机械通风冷却塔，有逆流式（水与空气平行对流）、横流式（水与空气垂直交流）以及干、湿式冷却塔，多为大中型冷却塔。单塔冷却水量由 $1000m^3/h$ 至 $6000m^3/h$ 不等，单个企业循环冷却水量由每小时几千吨到几十万吨不等。石化企业生产用水总量的 96% ~97% 是循环冷却水，石化企业取水量中的 40% ~60% 用于循环水系统的补充水。

冷却塔是最大的耗水设备，在冷却过程中水的蒸发、飞溅、排污以及渗漏等消耗量很大。以全年统计，其耗水量约占总循环水量的 1.2%，夏季高达 1.5% ~1.6%。以某乙烯厂总循环水量 $15\times10^4m^3/h$ 计算，日耗水量约 $4\times10^4m^3$，相当于 20 万人口的中小城市的居民日用水量，相当于每 2s 流失 1t 水，数量可观。为了节约水资源，近年来在寒冷、干燥地区有采用闭式冷却塔、干湿塔（或称节水塔）；在沿海地区采用海水冷却塔。

我国冷却塔技术的发展，起始于 20 世纪 60 年代，试验研究的主要内容是优化塔型、淋水填料、收水器、喷头、风筒等冷却塔主体结构和主要部件。为了提高冷却效率减少能耗，在优化塔型、减少通风阻力、提高淋水填料热力特性以及大型轴流通风机开发等方面，国内一些设计、研究单位以及一些知名企业长期以来做了大量有成效的工作。奠定了本世纪冷却塔产业化的基础。

3.2 冷却塔分类

冷却塔是利用水的蒸发以及空气和水的传热原理带走循环水中热量的设备。

冷却塔按照水与空气的接触方式不同分为敞开式冷却塔与密闭式冷却塔；按照水与空气的流动方向不同分为逆流式冷却塔与横流式冷却塔；按照通风方式不同分为抽风式冷却塔和鼓风式冷却塔；按照淋水填料型式的不同分为薄膜式冷却塔和点滴式冷却塔。从不同的角度对冷却塔进行表征，塔的类别可用图 3.2－1 表示。

3.2.1 敞开式冷却塔和密闭式冷却塔

敞开式冷却塔也称为湿式塔，在湿式塔中循环热水被淋水填料分散成细小水滴或水膜，空气与水通过淋水填料直接充分接触，利用水的蒸发以及空气与水之间的热质交换，带走水中热量。

常见的敞开式冷却塔有：机械通风逆流式冷却塔（见图 3.2－2）、机械通风横流式冷却塔（见图 3.2－3）。

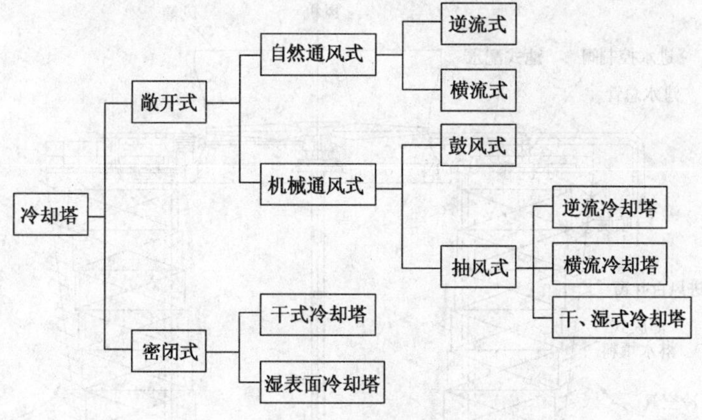

图 3.2－1　冷却塔分类

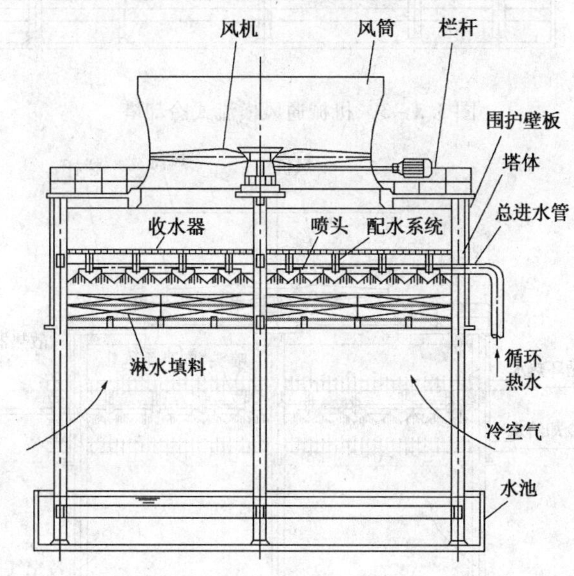

图 3.2－2　机械通风逆流式冷却塔

密闭式冷却塔中，循环水与空气间接接触，二者由散热器壁隔开，密闭式冷却塔系统有干式冷却塔和湿表面冷却塔两种。

1）干式冷却塔

干式冷却塔其空气与水的热交换是通过由金属管组成的散热器表面传热，将管内水的热量传输给散热器外流动的空气，没有水的蒸发，干式塔几乎没有水量损失。但干塔的热交换效率比湿塔低，冷却的极限温度为空气的干球温度，高于湿式塔。

干塔需要大量的金属管材，因此造价比同容量湿式塔高很多。

2）湿表面冷却塔

湿表面冷却塔其空气与水的热交换是通过由金属管组成的散热器表面传热，但在散热器表面喷淋水(通常为自循环喷水)，循环水将热量传给散热器表面的自喷淋水，靠喷淋水的蒸发及其与空气的接触将热量传给空气，湿表面冷却塔只用很少喷淋水。图 3.2－4 为密闭式湿表面冷却塔，相对于敞开式冷却塔其冷却效率较低、造价较高，但密闭式冷却塔具有节水、环保、噪声低等优点，宜在特殊情况和环境中采用。

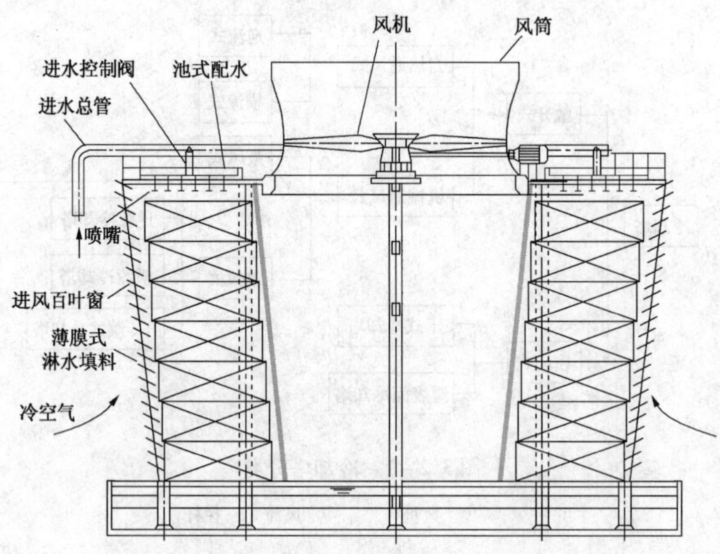

图 3.2－3　机械通风横流式冷却塔

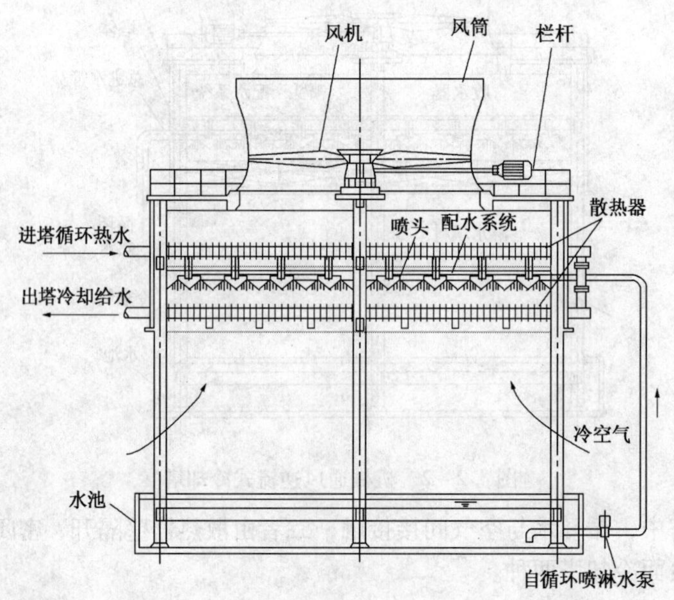

图 3.2－4　密闭式湿表面冷却塔

3.2.2　自然通风冷却塔与机械通风冷却塔

1）自然通风冷却塔

自然通风冷却塔的塔筒形式多为双曲线型(见图 3.2－5)，其空气流动，靠塔筒内外的热、冷空气形成的压力差推动，不需要风机。为了增加抽力，风筒多为双曲线型高塔，其最大的底部直径达 110m、高 180m 以上。热水通常经塔内的中央竖井引入，通过配布水系统均布在淋水填料上，形成的雨滴穿过配风区落入水池。自然通风冷却塔单塔冷却水量可达每小时几万 m^3，面积几千平方米甚至高达 $1\times10^4m^2$ 以上，广泛用于火力发电厂。

2）自然通风冷却塔与机械通风冷却塔比较(见表 3.2－1)

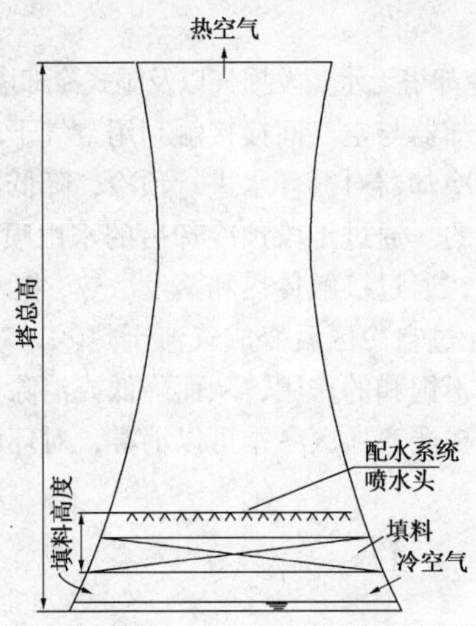

图 3.2-5 自然通风冷却塔

表 3.2-1 双曲线型自然通风塔与机械通风冷却塔对比表

序号	项 目	双曲线型自然通风塔	机械通风冷却塔
1	冷却能力及环境条件	适用于湿球温度低、相对湿度小、冷幅较大	冷幅较小、冷热水温差大，冷却负荷稳定
2	基建投资	高大的通风筒，结构力学设计复杂，基建成本高	材料消耗少，施工周期短
3	运行成本	无风机等运行维护费用	运行费用高(耗电) 设备(风机、电机)维护费用大
4	占地面积	占地面积较大	占地面积相对小，但当水量很大，有多排塔组合时，占地加大
5	湿气回流影响	湿气回流及水雾影响小	湿气回流及水雾影响大

注：冷幅＝冷却塔出水温度－设计湿球温度；即冷却后水温接近湿球温度(冷却极限)的程度。

3.2.3 逆流式冷却塔与横流式冷却塔

逆流式冷却塔的空气由下而上与水逆流接触，横流式冷却塔的空气由外向里水平流动与水流垂直接触，横流塔的出塔冷水温度由外向里是变化的，而逆流塔的出塔水流断面均是进塔最冷的空气与离开填料最冷的水相接触，保证有最低的出塔水温。两种塔的对比列入表 3.2-2。

表 3.2-2 逆流式冷却塔和横流式冷却塔对比表

序号	项 目	逆流式冷却塔	横流式冷却塔
1	冷却效率	出塔冷水温度低	出塔冷水混合温度略高于逆流塔
2	淋水填料	淋水填料用量相对横流塔少	淋水填料用量约多 15%～20%
3	配水装置	占有流动空间，对气流有阻力	在塔顶平台，不占流动空间，维护方便
4	风阻	风阻较大	风阻较小，进风风速低
5	塔高	塔总高度较高	塔总高度较低
6	占地面积	较小	较大
7	湿气回流影响	比横流塔小	湿气回流影响较大

3.2.4 干湿式冷却塔

干湿式冷却塔综合了干式冷却塔无水蒸发损失以及湿式冷却塔热交换效率高、造价低的特点。

高温循环水先经过空气冷却器与空气间接接触利用空气干球温度与入塔高温水之间的温差进行换热，由于设置了空气冷却器对循环水进行预冷，降低了填料段的冷却负荷，从而减少了蒸发水量，达到节水的目的。通过干段预冷却后的水由喷淋头淋至由填料组成的湿段，在这里冷却水与空气直接接触，通过接触传热和蒸发散热，把水中的热量传输给空气。

图3.2-6中，冷空气①经过空冷区后变成气流干热③，对经填料层换热后的热湿空气②有降低其含湿量，使之变为不饱和的作用，从而降低或消除了风筒出口处出塔空气④产生水雾的可能，干、湿式冷却塔在严寒地区冬季可以消雾，对环境有较大改善，有利于环保。

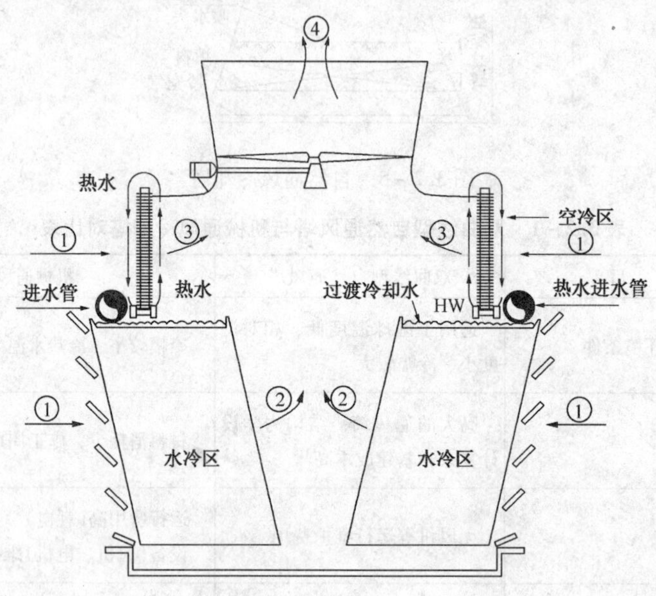

图3.2-6 干湿式冷却塔

3.3 机械通风逆流式冷却塔

石化工业生产中，由于要求冷却水的冷幅小，出水温度低，通常采用逆流式机械通风冷却塔。以下介绍机械通风逆流式冷却塔。

3.3.1 冷却塔的基本组成

冷却塔由淋水填料、配水系统、通风机、除水器、风筒、塔体及塔下水池等组成，见图3.2-2。

塔体的作用：①合理组织气流，减少空气阻力损失；②支承冷却塔各种部件，如风机、填料、收水器等；③其围护结构起到封闭冷却塔与外部隔离的作用。

其他辅助部分包括集水池、输水系统、检修设施、电气控制、避雷、照明等。

3.3.2 淋水填料

淋水填料(简称填料)是冷却塔的核心组成部分，循环水在冷却塔中的冷却过程主要是在填料中进行的，淋水填料也称淋水装置，被冷却的水在淋水填料中多次溅散成水滴或形成水膜，以增加水和空气的接触面积和停留时间，促进水和空气的热交换。

1）淋水填料应用发展的历史

石化企业冷却塔填料的材质和型式其发展经历了由木质点滴式填料→水泥格网点滴薄膜式填料→玻璃钢斜波填料→各种形式塑料薄膜式或点滴薄膜式填料的过程。

水泥格网板由于取材容易，耐久性好，对水质适应性强，在石化行业应用最早，至今仍有使用。聚氯乙烯(PVC)材质的薄膜式填料，如35×15×60°的斜波纹填料，由于循环水的水质较差，填料容易积污堵塞，很快被50×20×60°的玻璃钢(FRP)斜波纹和T25－60°、T33－60°型PVC梯形斜波纹填料代替。梯形斜波纹与斜波纹相比，具有较大的表面积和通孔孔径，其片形有利于加长水的停留时间，冷却效果较好。

20世纪80年代，在炼油行业应用比较广泛的50×20×60°FRP斜波纹填料表面光滑、亲水性差，冷却能力较低(冷却数 $Q=1.32\lambda^{0.5}$)，该填料的主要优点是，整体刚性好、耐用，可适应稍差的水质。

80年代后期至今，PVC材质的填料发展较快，出现种类片型繁多的薄膜以及点滴式填料，可满足多种水质与不同的冷却要求。1992~1993年中国水利水电科学研究院(以下简称水科院)受电力部委托，将当时市场上的20多种PVC填料归纳为12种，填料高度均取1m，在相同的试验条件下进行性能测定，这次测定结果具有可比性，为正确选择薄膜填料以及后来新型填料的开发提供了有力依据。

目前冷却塔填料已形成产业化生产，其填料型式多是在吸收以往填料研究与应用成果的基础上形成的。

2）淋水填料特性

淋水填料的特性，包括热力特性和阻力特性，均是通过试验获得的。

填料的热力和阻力特性是计算填料冷却塔冷却能力的基础数据。

冷却塔(填料)热力性能既其散热性能(填料所能提供的冷却能力)通常用散热性能特性数 Ω' 表示，$\Omega'=A\lambda^{m}$，Ω' 与进入冷却塔的干空气量与水的质量比 λ 的关系曲线在双对数坐标纸上为一条 Ω' 随 λ 增大而增大的直线。关系式中 A 为常数，m 为指数，系通过模拟塔或工业塔试验求取的。

淋水填料的阻力特性：当空气流过冷却塔淋水填料时，会产生一定的气流阻力，阻力值为风速和淋水密度的函数，用这种试验得出的关系式表征填料的阻力特性，

表3.3－1、表3.3－2、表3.3－3列出了不同时期，石油化工以及电力行业常用填料的热力和阻力特性。

(1) 1970~1990年石化企业常用填料的热力性能列于表3.3－1，其中水泥格网板填料的热力性能是工业塔测试数据，其他均为模拟塔资料。

表3.3－1　淋水填料的热力特性

序号	填料名称	热力特性	填料高
1	水泥格网板	$\Omega=1.64\lambda^{0.4}$	$H=1.6$m
2	玻璃钢斜波 50×20－60°	$\Omega=1.32\lambda^{0.5}$	$H=1.25$m
3	塑料梯形斜波 T25×60°	$\Omega=1.85\lambda^{0.65}$	$H=1.25$m
4	塑料梯形斜波 T33×60°	$\Omega=1.45\lambda^{0.60}$	$H=1.25$m

(2) 根据中国水力水电科学研究院试验报告摘录编制表3.3－2，表3.3－2列出了经过电力部权威部门检测、并得到广泛应用的逆流式冷却塔填料的质量、热力和阻力特性。

表 3.3－2　逆流式冷却塔填料的质量、热力和阻力特性

序号	填料名称	每米长的片数	每立方米的质量/kg	热力特性表达式	阻力特性表达式 $\frac{\Delta p}{\gamma_a}=9.81Av^m$
1	双斜波Ⅰ型 SXB－1	32	22.6	$N=1.78\lambda^{0.57}$ $K_a=2442g^{0.52}q^{0.33}$	$A=-8.8585\times10^{-4}q^2+4.6362\times10^{-2}q+0.833$ $M=1.9797\times10^{-3}q^2-3.5539\times10^{-2}q+2.000$
2	复合波 ANCS	50	26.0	$N=1.62\lambda^{0.56}$ $K_a=1754g^{0.55}q^{0.42}$	$A=-2.0893\times10^{-4}q^2+3.628\times10^{-2}q+0.538$ $M=9.3561\times10^{-3}q^2-7.3379\times10^{-2}q+1.953$
3	Z 波	30	20.5	$N=1.76\lambda^{0.58}$ $K_a=2214g^{0.54}q^{0.35}$	$A=-1.0179\times10^{-4}q^2+3.7591\times10^{-2}q+0.851$ $M=0\times q^2+0\times q+2.00$
4	斜折波	32	23.0	$N=1.84\lambda^{0.63}$ $K_a=2244g^{0.59}q^{0.32}$	$A=-6.8116\times10^{-4}q^2+3.4200\times10^{-2}q+0.760$ $M=1.4535\times10^{-3}q^2+8.3556\times10^{-2}q+2.000$
5	S 波	32	21.0	$N=1.69\lambda^{0.54}$ $K_a=2050g^{0.51}q^{0.40}$	$A=1.0365\times10^{-4}q^2+7.7916\times10^{-2}q+0.719$ $M=2.8859\times10^{-3}q^2+1.1956\times10^{-2}q+1.969$
6	双向波	42	23.0	$N=1.54\lambda^{0.56}$ $K_a=1762g^{0.54}q^{0.40}$	$A=7.1196\times10^{-4}q^2+2.0647\times10^{-2}q+0.519$ $M=3.1764\times10^{-3}q^2-8.9023\times10^{-2}q+2.000$

注：1. 填料高度均为 1m。

2. 每米长的片数及每立方米的质量均为各生产厂家按基片厚 0.4mm 正式提供的。

（3）随着塑料工业的发展以及循环水水质的改善，塑料填料得到广泛采用，表 3.3－3 列出了常用薄膜填料的热力和阻力特性，表 3.3－4、表 3.3－5 列出了由西安热工研究院检测的不同组装高度的塑料薄膜填料热力特性汇总表及阻力特性汇总表。表 3.3－6 列出了海水冷却塔淋水填料的热力性能。

表 3.3－3　常用薄膜填料的热力和阻力特性

序号	填料名称	热力特性表达式	阻力特性表达式 $\frac{\Delta p}{\gamma_a}=9.81Av^m$	填料高度
1	双斜波Ⅰ型	$\Omega=2.25\lambda^{0.57}$ $K_a=3359g^{0.54}q^{0.43}$	$A=0.0006q^2+0.011q+1.2429$ $m=-0.0002q^2+0.0035q+1.8789$	$H=1.5$m
2	XB－Ⅰ型	$\Omega=2.17\lambda^{0.67}$ $K_a=4322g^{0.64}q^{0.56}$	$A=-0.001q^2+0.0451q+1.0747$ $m=0.0012q^2+0.0009q+1.9931$	$H=1.5$m
3	TX 型斜折波	$\Omega=2.05\lambda^{0.68}$	$A=0.0004q^2+0.0124q+0.7012$ $m=0.00005q^2-0.0006q+2.0283$	$H=1.5$m
4	IC－A 型	$\Omega=2.37\lambda^{0.61}$ $B_{XV}=3037g^{0.66}q^{0.51}$	$A=0.0011q^2+0.0227q+0.9805$ $m=-0.0008q^2+0.0155q+2.0484$	$H=1.25$m
5	MC75	$\Omega=1.95\lambda^{0.72}$	$A=-2.492\times10^{-3}\cdot q^2-1.018\times10^{-1}\cdot q+3.229$ $m=9.635\times10^{-4}\cdot q^2-1.475\times10^{-2}\cdot q+1.771$	$H=1.2$m

表3.3-4 不同组装高度的塑料薄膜填料热力特性汇总表

序号	填料名称	片间距/mm	填料组装高度/m	冷却数 $\Omega=A\lambda^m$		容积散质系数 $K_a=B_0\cdot g^m\cdot q^n$		
				A	M	B_0	m	n
1	S波	30.3	1	1.86	0.67	4508	0.67	0.34
		30.3	1.25	2.12	0.61	4341	0.6	0.34
		30.3	1.5	2.35	0.65	3839	0.63	0.35
2	改型台阶波	28.4	1	1.9	0.64	4280	0.64	0.38
		28.4	1.25	2.16	0.65	3834	0.67	0.38
		28.4	1.5	2.36	0.64	3913	0.6	0.35
3	双斜波	31.2	1	1.92	0.68	4366	0.69	0.35
		31.2	1.25	2.15	0.65	3903	0.65	0.38
		31.2	1.5	2.36	0.66	3626	0.66	0.37
4	复合波	20	1	1.71	0.65	3814	0.66	0.38
		20	1.25	2.02	0.67	4118	0.65	0.32
		20	1.5	2.09	0.59	2957	0.61	0.44
5	斜折波	30.3	1	1.92	0.63	4502	0.59	0.39
		30.3	1.25	2.21	0.65	4055	0.65	0.38
		30.3	1.5	2.41	0.61	3713	0.59	0.39
6	XB-1型波	31.2	1	1.83	0.65	4311	0.64	0.37
		31.2	1.25	1.98	0.68	4092	0.67	0.31
		31.2	1.5	2.17	0.67	3549	0.66	0.34
7	TJ-10型波	31.2	1	1.84	0.63	4053	0.64	0.4
		31.2	1.25	2.11	0.67	4063	0.7	0.41
		31.2	1.5					
8	差位正弦波	26.3	1	1.83	0.63	3901	0.66	0.43
		26.3	1.25	2.06	0.67	3944	0.67	0.35
		26.3	1.5	2.21	0.65	2787	0.61	0.33
9	双向波	24.4	1	1.67	0.65	4058	0.64	0.35
		24.4	1.25	1.915	0.655	3760.5	0.645	0.35
		24.4	1.5	2.16	0.66	3463	0.65	0.35

表3.3-5 不同组装高度的塑料薄膜填料阻力特性汇总表

序号	波 名	填料组装高度/m	阻力特性表达式 $\frac{\Delta p}{\gamma_a}=9.81Av^m$					
			$A=A_xq^2+A_yq+A_z$			$m=m_xq^2+m_yq+m_z$		
			A_x	A_y	A_z	m_x	m_y	m_z
1	S波	1	-0.001	0.0422	0.7782	0.0004	-0.0062	2.005
		1.25	-0.0012	0.0456	1.0774	0.0018	-0.0375	2.0656
		1.5	-0.0004	0.0329	1.1867	0.0001	-0.0018	1.9974
2	改型台阶波	1	-0.0007	0.0374	0.7428	0.0002	-0.0032	2.005
		1.25	-0.0016	0.0552	0.9588	0.0002	-0.004	2.0014
		1.5	-0.001	0.0574	1.0652	0.0011	-0.0205	2.094

续表 3.3-5

序号	波名	填料组装高度/m	阻力特性表达式 $\frac{\Delta p}{\gamma_a}=9.81Av^m$					
			$A=A_xq^2+A_yq+A_z$			$m=m_xq^2+m_yq+m_z$		
			A_x	A_y	A_z	m_x	m_y	m_z
3	双斜波	1	-0.0004	0.03	0.7776	0.0002	-0.0025	1.9971
		1.25	-0.0008	0.0452	0.9317	0.0002	-0.0041	2.0077
		1.5	-0.0005	0.0478	1.2636	0.0004	-0.0214	2.0204
4	复合波	1	-0.0008	0.0348	0.4627	0.0004	-0.0071	2.0052
		1.25	-0.0015	0.056	0.7312	0.0024	-0.06	1.9236
		1.5	-0.0004	0.0185	0.9399	0.0004	-0.0339	2.0935
5	斜折波	1	-0.0015	0.0642	0.6174	0.0015	-0.0507	2.0277
		1.25	-0.0015	0.0516	0.9044	0.0001	-0.0008	2.0018
		1.5	-0.0013	0.0483	1.1074	0.0001	-0.0006	2.0019
6	XB-1型波	1	-0.0001	0.0276	0.8532	0.0001	-0.0006	1.8936
		1.25	-0.0008	0.0382	0.9805	0.0001	0.0005	1.9952
		1.5	-0.001	0.0451	1.0747	0.0012	0.0009	1.9931
7	TJ-10型波	1	-0.0015	0.0605	0.8176	0.0013	-0.0406	1.8957
		1.25	0.0005	0.0369	0.9744	-0.0012	-0.0145	2.0978
		1.5						
8	差位正弦波	1	-0.0017	0.056	0.6547	0.0001	-0.0012	2.004
		1.25	-0.0023	0.0789	0.8265	0.003	-0.0733	2.0834
		1.5	-0.003	0.0917	0.9422	0.0033	-0.0773	2.0998
9	双向波	1	-0.001	0.0411	0.4901	-0.0001	0.0005	2.0019
		1.25	-0.0006	0.03505	0.771	-0.0001	0.0008	1.99935
		1.5	-0.0002	0.029	1.0519	-0.0001	0.0011	1.9968

表 3.3-6 海水冷却塔淋水填料的热力性能试验结果

填料	填料高度/m	海水含盐度/倍	冷却数 $N=A_n\lambda^c$		海水塔的热力修正系数	海水塔热力性能降低/%
			A_n	c		
双斜波	1.0	0.000	1.612	0.664	1.000	0.0
双斜波	1.0	0.620	1.578	0.660	0.979	2.1
双斜波	1.0	0.930	1.539	0.683	0.955	4.5
双斜波	1.0	1.240	1.512	0.678	0.938	6.2
双斜波	1.0	1.550	1.467	0.679	0.910	9.0
双斜波	1.0	1.860	1.438	0.666	0.892	10.8
双斜波	1.0	2.480	1.350	0.643	0.838	16.2
双斜波	1.0	3.100	1.284	0.640	0.796	20.4
双斜波	1.5	0.000	2.076	0.723	1.000	0.0
双斜波	1.5	0.620	2.006	0.752	0.966	3.4
双斜波	1.5	0.930	1.985	0.744	0.956	4.4
双斜波	1.5	1.240	1.962	0.732	0.945	5.5
双斜波	1.5	1.550	1.926	0.712	0.928	7.2

续表 3.3-6

填料	填料高度/m	海水含盐度/倍	冷却数 $N=A_n\lambda^c$		海水塔的热力修正系数	海水塔热力性能降低/%
			A_n	c		
双斜波	1.5	1.860	1.863	0.691	0.897	10.3
双斜波	1.5	2.480	1.708	0.679	0.823	17.7
双斜波	1.5	3.100	1.613	0.703	0.777	22.3
双向波	1.0	0.000	1.369	0.689	1.000	0.0
双向波	1.0	0.620	1.323	0.670	0.966	3.4
双向波	1.0	0.930	1.301	0.679	0.951	4.9
双向波	1.0	1.240	1.282	0.659	0.937	6.3
双向波	1.0	1.550	1.263	0.656	0.923	7.7
双向波	1.0	1.860	1.242	0.669	0.907	9.3
双向波	1.0	2.480	1.210	0.622	0.884	11.6
双向波	1.0	3.100	1.170	0.645	0.855	14.5
双向波	1.5	0.000	1.753	0.685	1.000	0.0
双向波	1.5	0.620	1.730	0.733	0.987	1.3
双向波	1.5	0.930	1.664	0.713	0.949	5.1
双向波	1.5	1.240	1.647	0.714	0.940	6.0
双向波	1.5	1.550	1.603	0.717	0.915	8.5
双向波	1.5	1.860	1.575	0.683	0.899	10.1
双向波	1.5	2.480	1.478	0.672	0.843	15.7
双向波	1.5	3.100	1.348	0.661	0.769	23.1

注：表3.3-2～表3.3-6中各参数的意义及单位说明如下：

①填料的热力性能以冷却数Ω(或N)表示，无量纲，Ω同N意义相同；

填料的热力性能$\Omega=A\lambda^m$，λ：气水比；

容积散质系数以K_a(或B_{XV})表示，K_a是以焓差为动力的散热系数，B_{XV}是以含湿差为动力的散热系数，二者数值相同，kg/(m^3·h)；

g为质量风速，kg/(m^2·h)；q为淋水密度，kg/(m^2·h)；

常数A和指数m、n均由试验求得。

②阻力以$\frac{\Delta p}{\gamma_a}=9.81Av^m$表示，$\Delta p$为填料阻力，Pa；$\gamma_a$为空气密度，kg/m^3；$v$为淋水填料断面的平均风速，m/s；$q$为淋水密度，m^3/(m^2·h)。

3）填料组块粘接及实物填料组块

（1）以MC75型填料为例说明填料组块，见图3.3-1。

（2）实物填料组块见图3.3-2、图3.3-3。

3.3.3　收水器

收水器安装在淋水填料的排气一方，收水器的主要作用是收集飘滴，减少水的损耗以及减少对周围环境与设备的不良影响。除此之外，收水器还具有导流和均布填料层气流的作用。

1）收水器类型

在我国应用比较多的是波型收水器，目前冷却塔厂商采用的收水器有波160-45型收水器(BO-160/45)、多波双功能收水器(图3.3-4)、SJ型加筋弧形收水器(图3.3-5)、TU型收水器(图3.3-6)等。

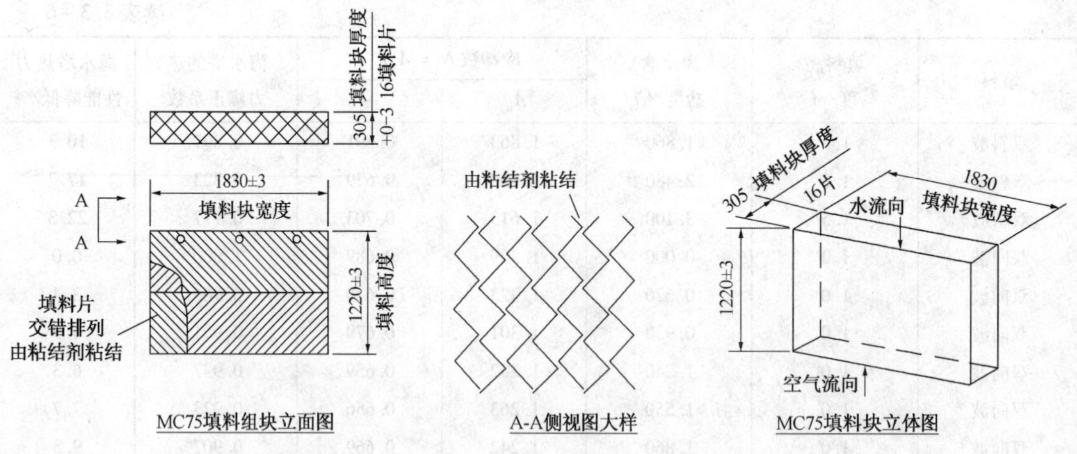

图 3.3－1　MC75 型填料组块粘接及立面图

图 3.3－2　斜折波型 PVC 填料

图 3.3－3　IC－A 型　淋水填料

马利公司 TU 型收水器，采用耐热性能良好的 PVC 材料做的。收水器由一片三折板与一片多折板重复粘结而成多个三角形通道，收水器具有比较大的表面积，收水效率高、阻力小、刚度大；见图 3.3－6。

多波双功能收水器、SJ 型加筋弧形收水器、德国 GEA 公司设计的逆流塔的收水器等，在收水器片上带有多条集水与排水挡条。

图 3.3－4　多波双功能收水器

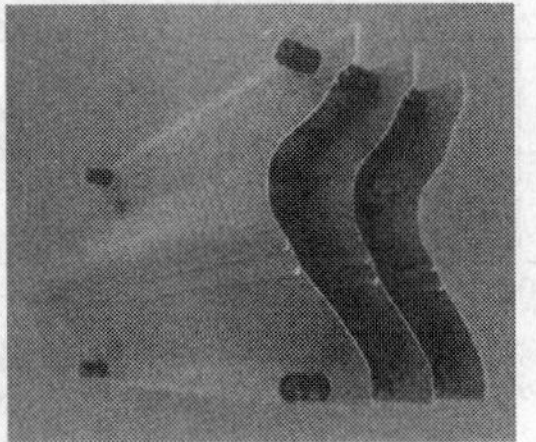

图 3.3－5　SJ 型加肋弧形收水器

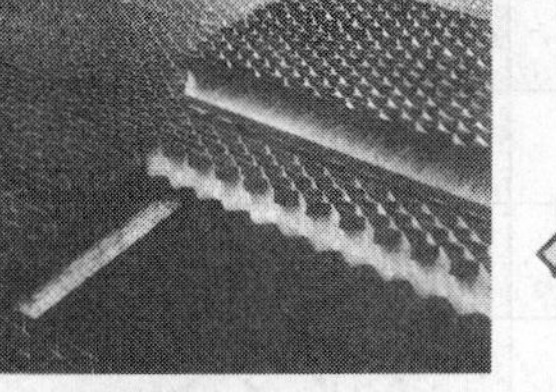
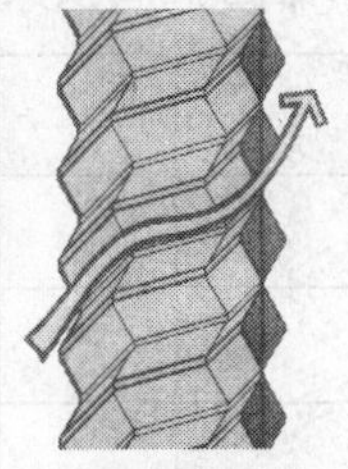

(a) 逆流器收水器　(b) 横流塔收水器

图 3.3－6　TU12　马利收水器

2）国内 PVC 收水器阻力性能检测数据

电力部西安热工研究院对国内 PVC 收水器阻力性能进行检测，结果列于表 3.3－7。

表 3.3－7　几种除水器阻力试验结果表

型　　号	弧片高度/mm	$\Delta p/\rho_1 = 9.81A \cdot v_{cp}^m$	
		A	m
BO－145/42 型	145	1.49	2
BO－160/45 型	160	1.28	2
SO－180/42 型	180	1.82	2
SJ－型		2.46	2
JNHS150－45 型	150	1.93	2
S 型		2.50	2
斜波 35×15－45°	250	5.79	1.77
斜波 35×15－60°	250	2.40	1.58
斜波 50×20－60°	250	1.65	1.74
波 177－45	177	1.85	1.96

注：Δp—除水器阻力，Pa；v_{cp}—除水器处平均风速，m/s；ρ_1—空气密度，kg/m^3。

3）美国马利逆流塔 XCEL 收水器的飘滴损失及阻力特性

（1）逆流塔 XCEL 收水器的阻力特性曲线见图 3.3－7。

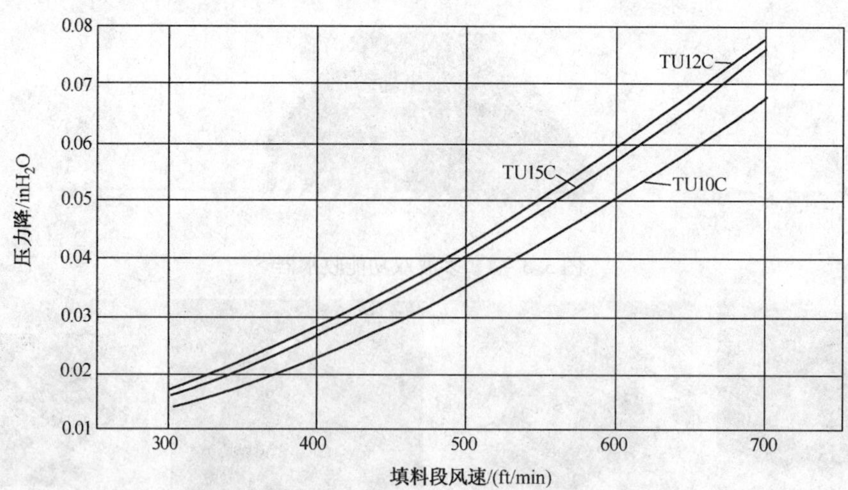

图 3.3-7　马利 TU 型收水器的风速与阻力关系曲线

（2）逆流塔 XCEL 收水器的飘滴损失曲线见图 3.3-8。

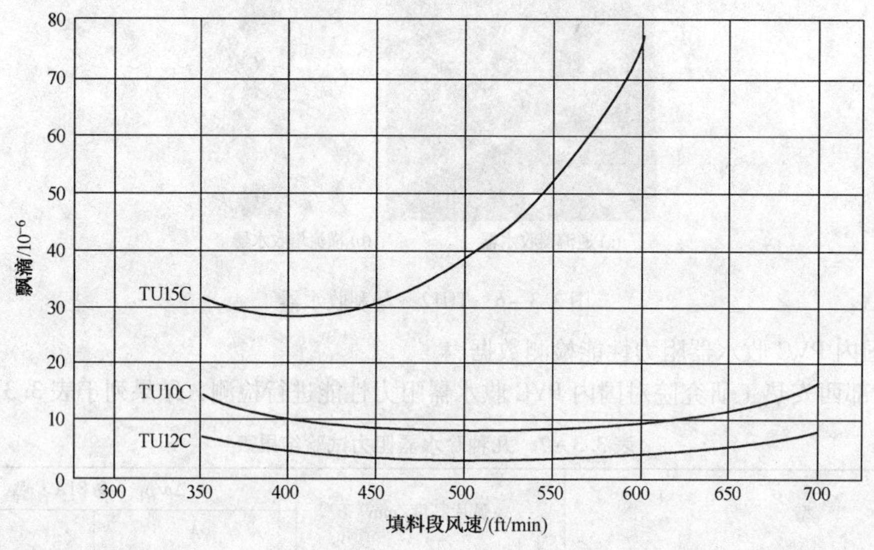

图 3.3-8　马利 TU 型收水器的风速与飘滴损失关系曲线

4）收水器飘滴率实测资料

近年有多个工程对冷却塔收水器的飘滴率进行测试，其结果如下，均低于标准规定的收水器飘滴率：

中国石化海南炼油化工有限公司炼油工程配套冷却塔（4000t/h）的飘滴率为 0.00013%，化工工程配套冷却塔（4000t/h）的飘滴率为 0.00663%。

中海油海南化肥冷却塔飘水率为 0.0075%。

上海石化乙烯改扩建工程单塔（4000t/h）飘滴率为 0.0006%。

北京燕化公司化工一厂单塔水量（4060t/h）飘滴率为 0.00065%。

3.3.4　配水系统设计

配水系统将被冷却的热水均匀分布在冷却塔的整个淋水填料表面上，使水和空气充分接触，达到冷却的目的。

配水形式有管式配水，槽式配水和槽管混合配水。管式配水均匀、水滴细，管内不易生长藻类，与槽式配水比较占用塔过流断面小，气流阻力小，适宜于逆流冷却塔。采用槽管混合配水要注意控制回水压力。

配水的均匀性取决于两个方面，一是配水喷头出水均匀，二是喷洒在填料上的布水均匀。

配水系统设计的流量适应范围宜为设计冷却水量的80% ~110%。

1）管式配水系统的布置形式

(1) 管式配水系统有树枝状布置与环状布置两种形式，应根据布置通过水力计算进行比较确定。

(2) 树枝状布置采用对称分流布置形式，主干管管径宜分段变径，主支干管管径，喷头位置标高等均应经过水力计算，满足配水均匀要求，配水干管起始断面流速宜控制1.0 ~ 1.5m/s。

(3) 计算中应复核布水的均匀度指标，各喷头最大与最小流量差不超过5%，组合喷头布水不均匀系数≤0.3，使90%的喷嘴出水量与设计平均流量的公差不超过±5%，其余10%的喷头出水量必须在平均流量的±10%以内。

(4) 喷头的布置位置宜采用等腰三角形交错布置。

(5) 管式配水的支、干管可在进水端设水压调控装置，尾端设放气装置。

2）常用布水喷头

(1) 布水喷头应具有以下性能：

① 布水均匀，无中空现象，流量系数大；

② 所需进水水压低或水压力匹配；

③ 喷水角度大，水滴适中；

④ 坚固耐用，不易堵塞。

(2) 常用喷头形式：

① 三溅式喷头。三溅式喷头也称三盘式喷头，其水流由喷嘴喷出后经三个小溅水盘溅散，水滴分布比较均匀。形式有多种，如图3.3－9、图3.3－10所示，其中图3.3－9(a)为最下一层盘中心处不开孔；图3.3－9(b)为最下一层盘中心处开孔；图3.3－9(c)为花篮式喷头。

② 反射型喷头见图3.3－11、图3.3－12。

③ 蜗牛式喷头及上喷式喷头见图3.3－13、图3.3－14。

④ 方型喷头见图3.3－15。

3）常用喷头性能

喷头的性能，包括配水均匀性、流量系数、进水压力等，是设计与生产操作的重要依据。

(1) 反射Ⅱ型喷头性能

由中国水利水电科学研究院提供的喷头性能见图3.3－16。

(2) 蜗牛式喷头

① 蜗牛式喷头的性能

WN－Ⅰ型蜗牛式喷头“水压－流量特性”曲线见图3.3－17，其计算公式为：

$$q = 7.402\sqrt{h} \tag{3.3-1}$$

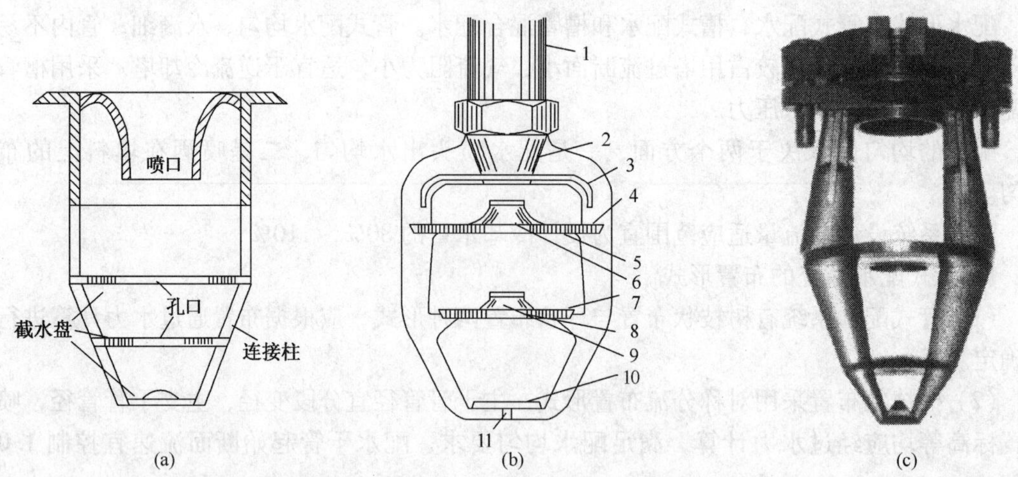

图 3.3-9 三溅式喷头

1—进口管；2—锥形管嘴；3—支架；4、7、10—溅水盘；5、8—锥形突出部；6、9、11—孔口

图 3.3-10 NS-O#型三溅式防松喷头

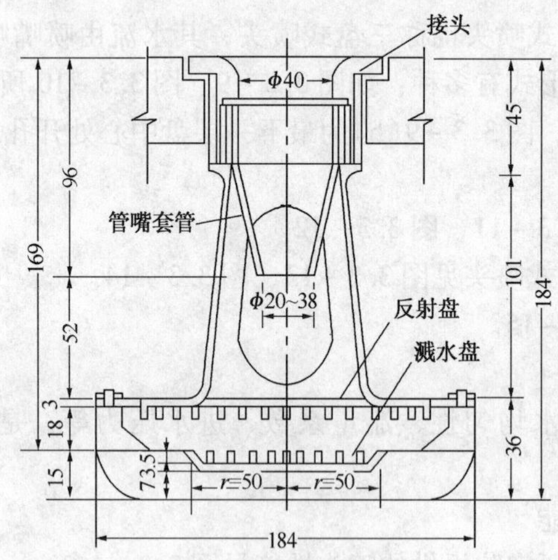

图 3.3-11 反射Ⅱ型喷嘴

式中 q——单个喷头的流量，m^3/h；

A——WN-Ⅰ型蜗牛式喷头的流量系数，$A=7.402$；

h——喷头入口前水压，mH_2O。

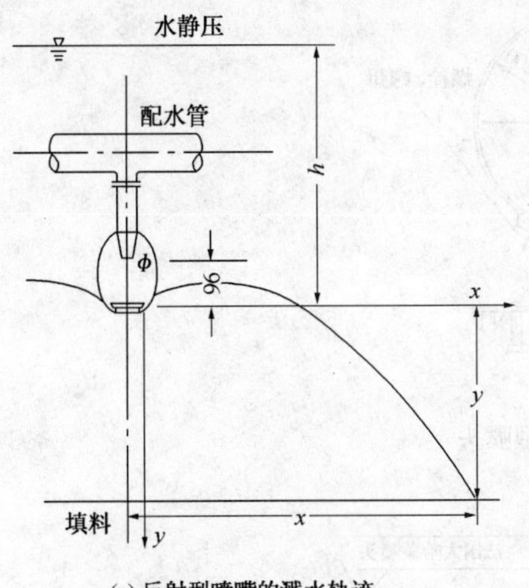

(a) 反射型喷嘴的溅水轨迹

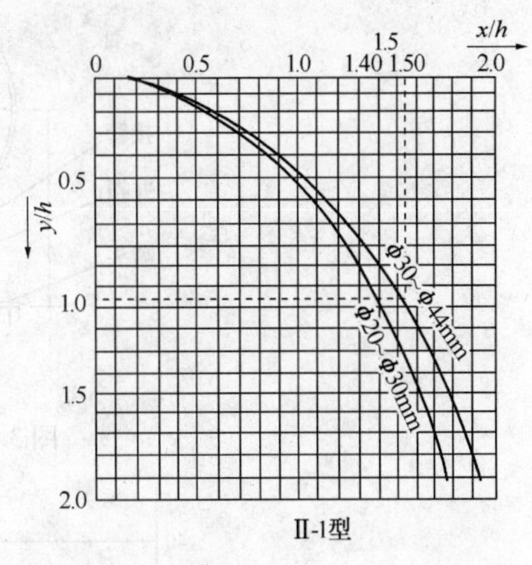

(b) 反射Ⅰ、Ⅱ-1型喷嘴$\frac{y}{h} \sim \frac{x}{h}$关系曲线

图 3.3－12　反射Ⅱ型喷头进水水压与喷溅高度、喷洒半径的关系图

图 3.3－13　蜗牛式喷头

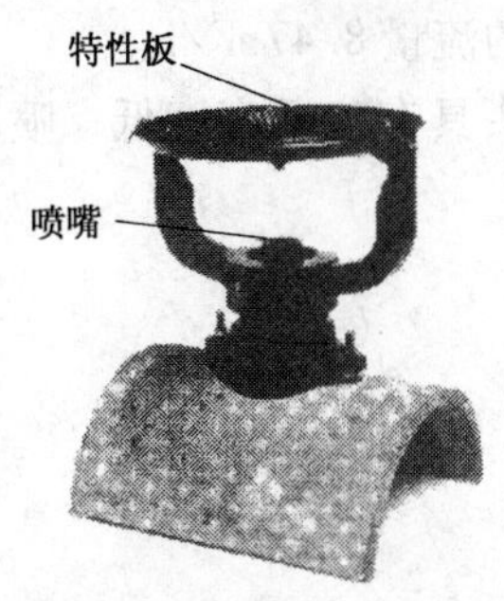

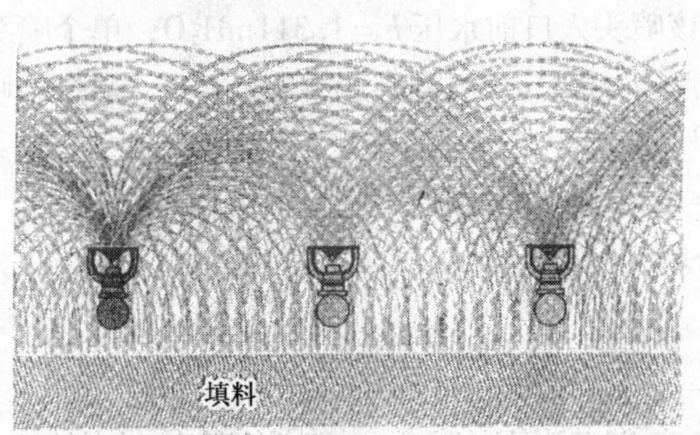

图 3.3－14　上喷式喷头及其喷水示意图

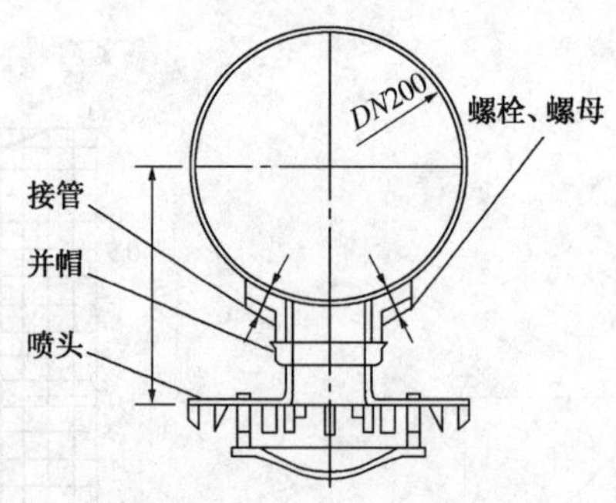

图 3.3－15　方型喷头

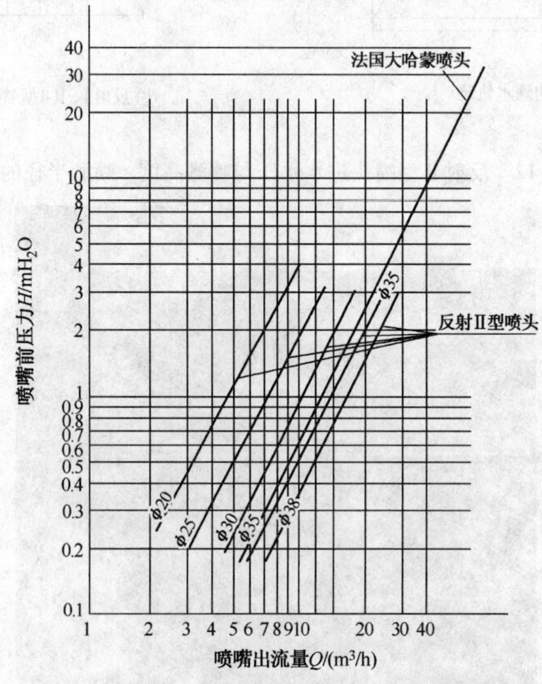

图 3.3－16　反射Ⅱ型喷头性能曲线图

② 不同水压下喷洒半径 R 与喷洒高度 H 的关系见图 3.3－18。

③ 由蜗牛式喷头“水压－流量特性”图以及不同水压下喷洒半径 R 与喷洒高度 H 的关系图可见，当该喷头入口前水压 $h=1.311mH_2O$，单个喷头的流量 $8.47m^3/h$。

喷洒高度 $H=0.5m$，喷洒半径 $R=0.75m$，蜗牛式喷头具有喷洒高度低，喷头布置间距小的特点。

(3) N－O#三溅式防松喷头性能

① 单个喷头的泄流量 Q：

$$Q = F\mu\sqrt{2gH} \tag{3.3-2}$$

式中　F——喷头出口处过流面积；m^2；

μ——流量系数；

H——作用在喷头出口断面的水头，m；

g——重力加速度 m/s^2。

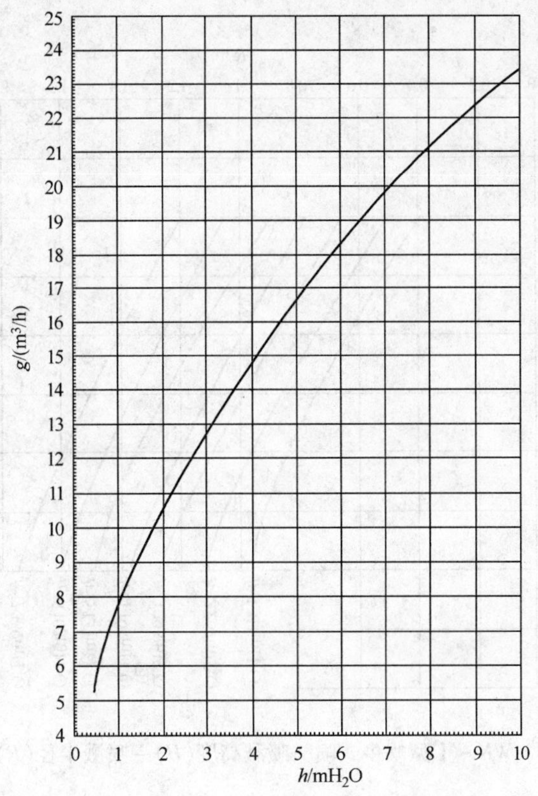

图 3.3－17　WN－Ⅰ型蜗牛式喷头水压－流量特性曲线

② 三溅式防松喷头的流量系数和流量特征数列于表 3.3－8。

表 3.3－8　三溅式防松喷头特征数表

序号	工作水头/m（至喷头出口）	喷头流量/（m^3/h）	喷溅半径/m	备　注
1	0.4	17.85	约 0.9～1.2	喷头下端距接水器 700mm
2	0.6	21.85	约 1.0～1.2	
3	0.8	25.25	约 1.1～1.3	喷溅装置进水口 ϕ52mm
4	1.0	28.25	约 1.5～1.8	出水口 ϕ48mm
5	1.2	30.95	约 1.7～2.0	流量系数 μ＝0.97
6	1.5	34.25	约 2.0～2.3	喷洒角约 160°
7	1.8	37.50	约 2.2～2.5	
8	2.0	39.10	约 2.3～2.6	

③ 应用说明：

a. 设计水头宜选用 0.5m 以上；

b. 一个喷头的控制面积可考虑为 $5m^2$，溅落高度可采用 0.6～1.0m；

c. 喷头材料采用 ABS 工程塑料。

（4）方型喷头性能

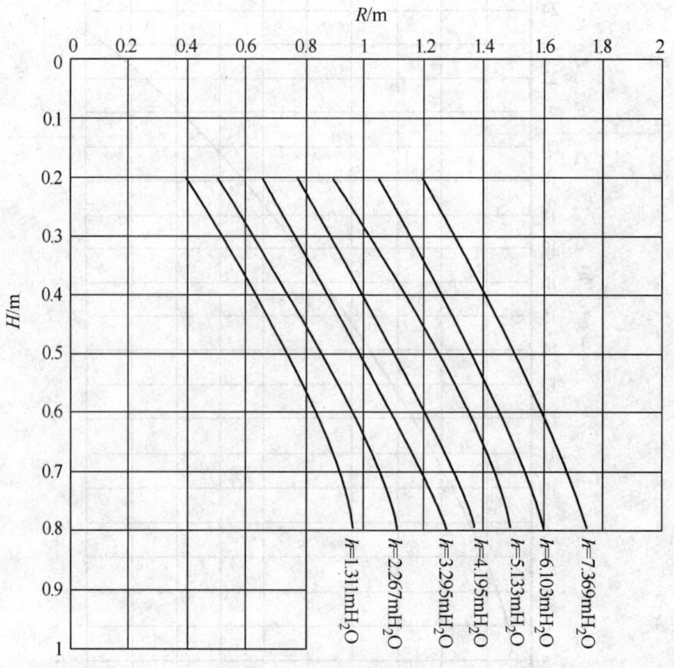

图 3.3－18 WN－Ⅰ型蜗牛式喷头喷溅高度(H)－喷溅半径(R)关系曲线

中国水利水电科学研究院提供的 SN 型方型喷头试验报告摘录如下：

① 单个 SN 型方形喷头的出流量可按下式计算：

$$Q = \mu A\sqrt{2g(H + h_0)} \times 3600 \qquad (3.3-3)$$

或

$$Q = K\sqrt{H + h_0}$$

式中 Q——流量，m^3/h；

μ——流量系数；

K——流量特征数；

A——喷溅装置出口断面面积，m^2；

H——配水管中心总水头，m；

h_0——喷溅装置出口至配水管中心距离，m。

② SN 型方型喷溅装置的流量系数及流量特征数见表 3.3－9。

表 3.3－9 SN 型方型喷溅装置的流量学数及流量特征数简表

喷溅装置类型	$\phi 43$	流量特征数	21.44
流量系数	0.926		

③组合喷溅装置均布系数见表3.3－10。

表3.3－10　组合喷溅装置均布系数表

均布系数 高度 / 喷头	0.65m	0.75m	0.85m	0.95m
ϕ43	0.30	0.27	0.27	0.26

注：相邻喷头布置间距1300mm，喷头工作水头2.0m。

3.3.5　通风机

冷却塔进行水冷却所需要的空气流量，由通风设备即冷却塔风机供给。机械通风冷却塔所用的风机是轴流通风机，其特点是：通风量大，风压较小，耐水雾和大气腐蚀，可正反向旋转。

风机由风机叶片及轮毂、齿轮箱(减速)、传动轴等部件组成。由于风机叶片及轮毂、减速机、传动轴这三种产品的技术特点、加工设备和加工工艺各不相同，常由不同专业制造商分别供应，进口的风机叶片与轮毂、传动轴和减速箱采用荷兰、日本、美国等国的产品较多。

进口风机的气动效率通常高于国产风机，消耗功率小，运行成本低。风机传动轴一般采用薄壁不锈钢钢管，目前采用碳纤维复合材质较多。碳纤维传动轴与不锈钢传动轴相比，更适合在充满高湿高温的冷却塔内使用，不腐蚀、振动小，运行更安全可靠。

国产风机通常成套供应，知名品牌LF、L型轴流通风机的风机直径由4.7～9.75m，主要性能见表3.3－11及表3.3－12。

表3.3－11　L型风机技术性能表

风机型号	转速/(r/min)	风量/($10^4m^3/h$)	全压/Pa	角度/(°)	轴功率/kW	风机质量/kg	电机 型号	电机 功率/kW
L4267B08MB	221	21～53.5	83～132	13～18	11.5～17.9	595	Y200L2－6	225
L4267B10MB－1	200	19.3～49	80～128	14～16	11.2～15.5	630	Y200L1－6	18.5
L4267JA10MB－1	200	12～40	65～190	3～9	10～17.8	600	Y200L2－6	22
L4267JA08MB	221	15～45	70～210	3～11	11～24.7	572	Y225M－6	30
L4700JA08MB－1	200	18～62	70～200	3～11	14～26	580	Y225M－6	30
L4700A08MB－1	200	33～67	95～160	19～22	19.6～26.3	895	Y225M－6	30
L4700A08MB－G	251	39～83	150～249	19～21	38.8～48.9	1135	Y250M－4	55
L5000JA06MB－1	200	23～70	60～170	3～9	15～25	611	Y225M－6	30
L5500JA08MB	165	25～80	60～180	3～11	15～30	1011	Y250M－4	55
L6000JA08MB－N	165	32～110	60～185	3～13	20～50	1021	Y250M－4	55
L6000B06MB－N	191	69～115	119～164	15～16	39.4～47.8	1235	Y250M－4	55
L6000B08MB－N	165	43～110	92～149	13～18	26.3～40.9	1345	Y250M－4	55
L6000B10MB－N	165	45～114	105～172	13～17	33.6～48.3	1465	Y250M－4	55
L7000A06MB－M	155	92～167	129～157	23～27	58～80	1800	Y280M－4	90
L7000D06MB	155	45～153	76～206	4～12	37～80	1955	Y280M－4	90
L7700B06MB－NM	145	109～208	125～169	18～21	70～98	2150	Y315S－4	110
L8000B06MB－NM	155	133～243	140～200	15～20	89～134	2270	Y315L1－4	160
L8000B08MB－NM	155	95～240	141～230	13～17	92～133	2380	Y315L1～4	160
L8000B10MB－NM	155	98～236	164～265	13～14	117～139	2500	Y315L1～4	160
L8532B06MB－NM	136	130～260	115～167	15～23	73～120	2300	Y315L1－4	160

续表 3.3-11

风机型号	转速/(r/min)	风量/($10^4m^3/h$)	全压/Pa	角度/(°)	轴功率/kW	风机质量/kg	电机	
							型号	功率/kW
L8532B08MB-NM	136	130~264	140~192	16~20	100~145	2420	Y315L1-4	160
L8532B10MB-NM	136	105~252	144~232	13~14	109~130	2550	Y315L1-4	160
L9144B06MB-N1	136	174~292	141~191	15~16	117~140	2360	Y315L1-4	160
L9144B08MB-N1	127	117~289	128~202	13~18	101~153	2940	Y355S2-4	200
L9144B10MB-N1	127	120~312	144~239	13~15	126~175	3070	Y355S2-4	200
L9144B10HB-N	127	120~286.7	144~227	13~14	126~141	3140	Y315L1-4	160
L9144D06HB	117	82~270	130~220	10~14	105~157	3380	Y355S2-4	200
L9144D08HB	117	83~275	125~262	8~12	102~175	3640	Y355S2-4	200
L9144D08MC	117	82~270	130~220	10~14	105~157	3940	Y315L2-4	200
L9754D06MC	106	86~336	128~208	12~20	120~190	3760	Y355M2-4	250
L9754D08MC	106	86~338	126~242	10~16	120~220	4040	Y355M2-4	250
L9754D06HB-N	107	86~330	87~216	4~20	63~200	3860	Y355M2-4	250
L9754D08HB-N	107	86~350	80~250	2~15	86~208	4140	Y355M2-4	250
L10060B10HB-N	101	130~330	115~182	13~16	105~145	3920	Y355M1-4	220
L10060B10MB-N	101	130~330	115~182	13~16	105~145	3920	Y355M1-4	220
L10060D08MC	106	281~340	150~180	10~13	160~190	4240	Y355M2-4	250
L10060B10MC	101	130~330	115~182	13~16	105~145	4220	Y315L2-4	200

表 3.3-12 LF 型风机主要性能

型号	叶轮直径/mm	风量/(m^3/h)	全压/Pa	叶轮转速/(r/min)	叶片安装角度/(°)	叶片数	轴功率/kW	风机质量/kg
LF-47	4700	600000	127.5	240	8.5	4	25.5	547
LF-47Ⅱ	4700	600000	128.74	220	12	4	25.27	550
LF-47Ⅲ	4700	780000	137	238	15	4	38	630
LF-55Ⅱ	5500	760000	127.5	165	14	6	31	990
LF-60Ⅱ	6000	1000000	132.3	165	13	6	43	1010
LF-70	7000	1400000	155	149	12	6	73	2278
LF-77Ⅱ	7700	1350000	127	149	6	4	57	2280
LF-80Ⅱ	8000	2550000	167	149	12	6	127.3	2470
LF-80ⅡB	8000	2500000	135	149	10	6	109	2430
LF-80ⅣE	8000	1750000	159.8	149	6	6	92	2420
LF-85Ⅱ	8534	2730000	152	149	9	6	135	2480

为实现冷却塔风机的安全运行，通常对风机系统的运行进行监控。国产风机安全监控装置通常配有一体化三参数(油温、油位、振动)组合探头或四参数(油温、三个方向振动)组合探头，探头安装在风机减速箱油孔内，其探杆直接插入齿轮油中，将检测的油温、振动等信号直接转换成 DC 4~20mA 标准电信号，远传至控制室的 DCS 或 PLC 控制器，对减速箱油温及振动进行实时监控、报警及与强电联锁，实现自动预警与停机，信号远传距离 1000m。探头可采用全密封带铠装长尾线，在风筒内无接头。

3.3.6 风筒

风筒的作用是实现对空气的导流和增压。为了防止空气从风筒周边返混，对风机叶尖与风筒内壁的间隙有限制规定。

风筒自下而上分为气流收缩段，风机喉部工作段和上部动压回收段。1992 年陕西渭河化肥厂引进马利公司动能回收型(或称廻转型风筒)使风机出口气流均匀，中心负压区减少，风机效率提高。目前国内多采用类似线型风筒，材质为玻璃钢。

3.4　冷却塔工艺设计计算

3.4.1　工艺设计计算基础资料

3.4.1.1 冷却任务

1) 冷却参数

冷却水量 $Q(m^3/h)$、冷却水回水温度 t_1(℃)、冷却水给水温度 t_2(℃)。根据工艺需要确定，其中最主要的是确定冷却塔出水温度，冷却塔出水温度应由冷却塔设计与工艺共同确定(通过技术经济比较)，从技术经济上考虑，对于机械通风冷却塔加大 $t_2-\tau$ 值，可降低冷却塔建造费用；当气候条件允许，且对工艺生产不产生影响的情况下，应取较高值，比较小的 $t_2-\tau$ 仅在某些生产工艺有特殊要求的情况时采用。

2) 关于冷幅的说明

冷幅高即逼近度，即冷却塔出水温度与进塔设计湿球温度之差值。冷却塔出水温度 t_2 越接近于 τ，循环水表面的饱和蒸汽压与空气中水蒸气的压差越接近，焓差推动力愈小，水愈不易蒸发冷却。

冷幅高的确定与基建费用、电耗有关。在相同的热负荷、相同湿球温度下，冷幅高加大，基建费用与电耗降低。国外的试验结果表明：冷幅高由2.78℃加大到4.8℃，单位热负荷的需气量减少17%；耗功降低41%。

单位热负荷的需气量和耗功量随冷幅高变化见表3.4－1。

表3.4－1　单位热负荷的需气量和耗功量随冷幅高变化

冷幅高/℃	2.8	3.8	4.8	5.8
需气量/(kg/kJ)	0.0215	0.0176	0.0146	0.0130
耗功量/(10^{-7}kW·h/kJ)	2.5	1.58	0.94	0.73

冷幅高的值宜大于4～5℃，在满足工艺对水温度要求的情况下，冷幅高取值越大，其经济性越好。

3.4.1.2　原始气象参数

冷却塔建厂所在地气象参数包括：

① 干球温度 θ_1(℃)；

② 湿球温度 τ_1(℃)；

③ 大气压力 p(kPa)；

④ 风速、风向、全年风玫瑰图；

⑤ 冬季最低气温。

冷却塔建厂所在地的干球、湿球温度应根据拟建冷却塔所在地气象观测站近期(连续不少于5年)每年最热3个月、每日4次标准时间(2时、8时、14时、20时)的测量值，进行统计求得。

统计时，应以湿球温度的数据做为统计基础，通常取最热天数不超过5天的湿球温度(相当于出现频率5%)作为经统计后的湿球温度，并以与之相对应的干球温度作为经统计后的干球温度，当有多组干球温度对应数值时，取焓值最大的一组或相对湿度最高的一组气象参数做为经统计得出的干、湿球温度。

3.4.1.3 湿球温度统计举例

根据气象站日平均湿球温度或每日4次(或3次)湿球温度观测值进行统计，绘制频率曲线，查出设计频率下的湿球温度数值，然后在原始资料中找出与此湿球温度相对应的干球温度、相对湿度和大气压力值。

统计举例：

① 根据冷却塔建厂所在地福建省崇武气象站1980~1983年7、8、9三个月，每日8时、14时、20时(每日3次)的湿球温度观测值的原始记录进行统计，原始记录中极端最高温度为28℃。将观测值中每年超出28℃、27.8℃……26.8℃的湿球温度的次数分别进行记数，依次记入表3.4-2。

② 以折算的年出现次数(天数)为横坐标，湿球温度为纵坐标，绘制频率曲线，由图查得，当保证为90%时，湿球温度26.9℃；保证率为95%时，湿球温度为27.2℃。

③ 由表可见当设计保证率取95%时，折合每年出现天数为5天，平均每年累积出现次数约15.25次。本表气象统计仅4年资料，若是10年资料，平均每年累积出现次数就可能达到35~40次。

表3.4-2 湿球温度统计表

年份、统计项目 \ 湿球温度 τ/℃	28	27.8	27.6	27.4	27.2	27.0	26.8
1980年	1	1	3	7	10	13	11
1981年		2	2	3	7	9	12
1982年	2	1	2	7	2	5	8
1983年	1	1		5	4	9	13
4年出现次数合计	4	5	7	22	23	36	44
4年累积出现次数	4	9	16	38	61	97	141
平均每年累积出现次数	1	2.25	4	9.5	15.25	24.25	35.25
折算成每年出现天数	0.33	0.75	1.33	3.17	5.08	8.08	11.75

3.4.1.4 设计干、湿球温度

冷却塔进口的设计湿球温度宜高于原始干、湿球温度，考虑两个因素：

① 冷却塔所在位置的地势、地物、塔、群布置以及建厂后厂区环境气温变化等因素的影响，因地制宜地计算或估算。

② 湿气回流的影响。进入冷却塔的空气中混入一部分冷却塔排出的湿热空气，统称湿气回流和干扰，这种影响使进入冷却塔的空气的温度和湿度增加，应根据具体情况对湿气回流和干扰进行测算，修正气象统计得出的干、湿球温度(设计干、湿球温度)做为热力计算的气象参数。

有关湿气回流和干扰的计算，截止目前国内尚缺乏相关的系统分析与可行的计算方法，国外有些推荐方法可参阅见GB/T 5039—2006《机械通风冷却塔工艺设计规定》中3.0.8与3.0.9及其条文说明。

3.4.2 基本概念与术语

(1) 湿式冷却塔

水和空气直接接触进行热、质交换的冷却塔。

(2)空气温度

通常所说的空气温度，即空气的干球温度，系用普通水银摄氏温度计算得的空气温度，以符号 θ(℃)表示。

(3) 空气湿球温度与冷却极限

采用湿球温度计测得的空气温度。以符号 τ(℃)表示。

湿球温度的测定：在温度计的水银球外，裹有湿纱或湿布以保持湿润。

当湿球温度计置于未饱和的空气流中时，球面上的水立刻气化。同时，水因本身供给汽化潜热而冷却，温度降低，当温度下降至气温以下时，空气向水中传热。当空气传给水的热量与水的汽化所需潜热相等时，气水之间达到平衡状态，此时水的温度(湿球温度计上所示温度)称为空气的湿球温度。

空气的湿球温度是一个极限状态，称为冷却极限。水温降低再也不能低于极限，即冷却塔的冷却极限就是环境的湿球温度。但是，如果要求循环水冷到湿球温度 τ，冷却塔将无限大，不可能。一般循环水冷水温度 t_2 与 τ 间需有一差值，$t_2-\tau$ 选择 4～5℃之间技术经济比较合理。

(4) 气水比

空气量(干空气计)和水的质量流量之比，简称气水比，无量纲。

(5) 逼近度(冷幅高)

指冷却塔出水温度与进塔空气湿球温度只差值。

(6) 工作特性冷却数

冷却塔工作特性冷却数是在给定的设计气象参数、进出塔水温一定的条件下，设定不同的气水比 λ，采用热力计算的焓差法计算出的一组冷却数，用符号 Ω 表示，表明冷却塔完成冷却任务所需要的冷却数，在双对数坐标纸上为一条 Ω 随 λ 增大而降低的曲线。

(7) 散热性能特性数

散热性能特性数表示的是特定的冷却塔填料所能提供的冷却数，说明冷却塔的冷却能力，是通过模拟塔试验或工业塔实测整理的特性数，用符号 Ω' 表示，Ω' 与气水比入的关系曲线在双对数坐标纸上为一条 Ω' 随 λ 增大而提高的直线。

(8) 风机轴功率

作用在风机传动轴上的功率，不包括传动部分消耗的功率。

(9) 环境空气干湿球温度

在冷却塔上风向，且不受冷却塔出塔空气回流影响的条件下，测得的空气干湿球温度。

(10) 进塔空气干湿球温度

包括湿空气回流和外部干扰影响在冷却塔进风口测得的空气干湿球温度。

(11) 飘滴损失水量

在冷却塔风筒出口处以水滴形式被空气带走的水量。不包括冷却塔进风口处溅出的水滴量。

3.4.3　冷却塔工艺计算

冷却塔工艺计算的内容包括：

① 通过热力计算，确定塔的工作气水比；

② 通过空气动力计算，确定塔的通风阻力和进塔空气量；

③ 根据计算出的工作气水比和进塔空气量，计算冷却塔的实际冷却水量；

④ 比较计算出的实际冷却水量和设计水量，若实际水量小于(或大于)设计水量，需对塔的尺寸、填料选型或配置、风机型号等进行重新调整设定，直到计算出的实际冷却水量等于或略大于设计水量。

⑤ 根据计算出的出塔空气量以及全塔阻力，选择风机及其叶片安装角度，计算风机轴功率，选配适当功率的电机。

3.4.3.1 热力计算

冷却塔热力计算包括计算塔的工作特性冷却数 Ω 以及计算塔的散热性能特性数 Ω'；热力计算的目的是确定工作气水比，数学上表现为求出塔的工作特性冷却数与填料散热性能特性数的交点。

1）逆流冷却塔热力计算基本方程式

$$\Omega = \frac{K \cdot K_a \cdot V}{Q} = \int_{t_2}^{t_1} \frac{C_w \mathrm{d}t}{h'' - h} \tag{3.4-1}$$

式中 Ω——冷却数；

K_a——填料容积散质系数，$\mathrm{kg/(m^3 \cdot h)}$；

V——淋水填料总体积，$\mathrm{m^3}$；

Q——单塔冷却水量，kg/h；

C_w——水的比热容，4.1868kJ/(kg·℃)；

t_1、t_2——进、出塔水温，℃；

h——冷却塔淋水装置中对应于某点温度的空气比焓，kJ/kg；

h''——与 h 对应的饱和空气焓，kJ/kg；

K——蒸发水量带走的热量系数：

$$K = 1 - \frac{t_2}{586 - 0.56(t_2 - 20)} \tag{3.4-2}$$

2）冷却塔工作特性数的计算

根据冷却任务和设计气象条件，采用焓差法计算冷却塔在给定气象条件下，完成冷却任务所需要的冷却数 Ω，通常采用多段辛普逊近似积分法进行计算。

20 段近似积分计算公式如下：

$$\Omega = \frac{C_w \Delta t}{3n}\left(\frac{1}{\Delta h_0} + \frac{4}{\Delta h_1} + \frac{2}{\Delta h_2} + \frac{4}{\Delta h_3} + \cdots + \frac{2}{\Delta h_{18}} + \frac{4}{\Delta h_{19}} + \frac{1}{\Delta h_{20}}\right) \tag{3.4-3}$$

式中 n——分段数；$n=20$；

C_w——水的比热容，4.1868kJ/(kg·℃)；

Δt——进出水温差，℃。$\Delta t = t_1 - t_2$；

$\Delta h_0, \Delta h_1, \Delta h_2, \cdots, \Delta h_{19}, \Delta h_{20}$——分别表示对应于 $t_2, t_2 + \Delta t/20, t_2 + 2\Delta t/20, \cdots, t_2 + 19\Delta t/20$，$t_1$时的焓差，即 $h'' - h$，kJ/kg。

空气的焓按下式计算：

$$h = 1.005\theta t + 0.622(2500.8 + 1.846t)\frac{\varphi p''_\theta}{p_o - \varphi p''_\theta} \tag{3.4-4}$$

式中 θ——空气干球温度，℃；

φ——相对湿度；

p_0——进塔空气大气压，kPa；

p''_θ——空气温度为θ时的饱和水蒸气分压力，kPa。

如取$\varphi=1$，可将式(3.4－4)改写为温度t时的饱和湿空气焓计算式：

$$h''=1.005t+0.622(2500.8+1.846t)\frac{p''_t}{p_o-p''_t} \quad (3.4-5)$$

饱和水蒸气分压力及相对湿度按下式计算：

$$\lg p''=2.0057173-3.142305\left(\frac{10^3}{273.15+t}-\frac{10^3}{373.15}\right)+8.2\lg\frac{373.15}{373.15+t}-0.0024804(100-t) \quad (3.4-6)$$

式中　p''——饱和水蒸气分压力，kPa。

空气相对湿度：

$$\varphi=\frac{p''_\tau-0.000662p(\theta-\tau)}{p''_\theta}\times100 \quad (3.4-7)$$

式中　φ——空气相对湿度,%；

θ——空气干球温度,℃；

τ——空气湿球温度,℃；

p——大气压力，kPa；

p''_θ——空气温度等于θ(℃)时的饱和水蒸气分压力，kPa；

p''_τ——空气温度等于τ(℃)时的饱和水蒸气分压力，kPa。

将进塔空气干球温度θ_1、湿球温度τ_1及大气压p_o代入以上各式，即可求得进塔空气的相对湿度φ和焓值h。由热平衡方程可导出任意温度时的空气焓值，按下式计算：

$$h=h_1+\frac{C_w\Delta T}{K\lambda} \quad (3.4-8)$$

式中　ΔT——任意点温差,℃；

h_1——进塔空气焓值，kJ/kg；

λ——气水比，即进塔空气质量与水质量之比：

$$\lambda=\frac{\rho_a G}{Q} \quad (3.4-9)$$

ρ_a——空气密度，kg/m³；

$$\rho_a=\frac{p_o-\phi p''_\theta}{0.2871(273+\theta)}+\frac{\phi p''_\theta}{0.4615(273+\theta)} \quad (3.4-10)$$

淋水段风速、质量风速及淋水密度计算式如下：

$$v=\frac{G}{3600F} \quad (3.4-11)$$

$$g=\rho_a v \quad (3.4-12)$$

$$q=\frac{Q}{F} \quad (3.4-13)$$

式中　v——淋水段风速，m/s；

F——淋水段面积，m²；

g——淋水段重量风速，kg/(m²·s)；

q——淋水密度，m³/(m²·h)。

3）冷却塔（填料）散热性能冷却数 Ω'' 的计算

填料散热性能冷却数 Ω''，根据所选填料的热力特性表达式 $\Omega''=A\lambda^{m}$ 进行计算。

所选填料的热力特性表达式可在表 3.3-2～表 3.3-5 中查出采用或参考。

4）设计工作点的确定

冷却塔设计工作点即冷却塔的工作特性冷却数 Ω 与冷却塔（填料）散热性能冷却数 Ω'' 的交点，当用计算机编程计算时，宜取 $\Omega-\Omega''<\pm0.01$ 时的气水比做为设计气水比，此值对应的冷却数为工作冷却数。

3.4.3.2　通风阻力计算

冷却塔的通风阻力计算宜采用同型实测塔资料进行计算，当积累有较多实测塔资料时应尽可能采用相似同型塔进行计算。当缺乏实测塔数据时，按经验公式计算。此方法系逐一计算塔内各部件阻力，各部件阻力之和即全塔总阻力。

1）通风阻力

机械通风冷却塔内通风总阻力等于塔内各部件阻力的总和。

$$\Delta p=\Sigma\Delta p_{i}=\Sigma\xi_{i}\rho_{i}\frac{v_{i}^{2}}{2}(P_{a}) \tag{3.4-14}$$

式中　Δp——通风阻力，Pa；

p_i——各部件的气流阻力，Pa；

ξ_i——各部件的阻力系数；

ρ_i——各部件处的湿空气密度，kg/m^3；

v_i——气流通过冷却塔各部件处的风速，m/s。

2）淋水填料阻力

淋水填料阻力占总阻力的绝大部分，表 3.3-2、表 3.3-3 及表 3.3-5 列出常用淋水填料阻力特性，淋水填料阻力可根据所选取填料的阻力特性表达式进行计算。

3）收水器阻力

表 3.3-6 列出常用收水器的阻力性能检测结果，表 3.3-6 可作为计算参考。

4）冷却塔塔体阻力

冷却塔塔体阻力，可参阅 GB/T 50392—2006 附录 B 逆流冷却塔塔体阻力系数计算方法进行计算，本文不再赘述。

3.4.3.3　通风机的选用

冷却塔的热力计算得出给定冷却塔的设计风量；阻力计算的目的，在于求取在设计风量条件下，通过冷却塔的全部空气阻力。根据冷却塔的设计风量和计算得的全塔阻力，选配冷却塔风机。

根据冷却塔设计风量和全塔阻力选用冷却塔通风机。

1）风机轴功率：

$$p_{t}=\frac{GH}{3.6\times10^{6}\eta_{c}} \tag{3.4-15}$$

式中　p_t——风机轴功率，kW；

G——实际出塔空气量，m^3/h，$G=G_o$；G_o 为风机标准性能曲线所表示的风量；

H——风机在实际工况下的全压，Pa；

η_c——风机全压效率。

2）配套电机

配套电机采用户外型卧式异步电动机，通常防护等级为IP54，绝缘等级为F级。

配套电机功率按下式计算：

$$N \geqslant K \cdot p_t / \eta_c \quad (3.4-16)$$

式中 K——安全系数，K为1.05~1.15，可取$K=1.1$；

η_c——风机总机械效率，η_c取0.95。

3.4.4 计算实例

以某工程为例，进行冷却塔工艺设计计算。

1）工艺设计条件

总冷却水量：50000m³/h；

冷却塔进水温度：44℃；

冷却塔出水温度：34℃；

空气干球温度：34.9℃；

空气湿球温度：29.1℃；

大气压：100.39kPa。

2）热力性能计算

（1）冷却塔工作特性数Ω的计算计算采用焓差法，按辛普逊20段近似积分计算公式进行计算。根据给定的气象设计参数和设定的气水比代入式(3.4-1)~式(3.4-13)进行计算。

（2）填料散热性能冷却数Ω'，根据所选填料的热力特性表达式$\Omega=2.37\lambda^{0.61}$、$B_{XV}=3037g^{0.66}q^{0.51}$(表3.3-3)进行计算。

计算结果：气水比$\lambda=0.58$，工作冷却数1.54；

单塔冷却水量：5000m³/h，设计风量2600000 m³/h；

3）阻力计算

采用填料的阻力性能检测数据以及同类冷却塔实测阻力资料计算冷却塔阻力。

（1）填料阻力

设计方案所采用的IC-A型薄膜填料的阻力性能方程为：

$$\frac{\Delta p}{\gamma_a} = 9.81 \cdot A_0 \cdot v_{CP}^{m_0}$$

式中 Δp——填料阻力，Pa；

γ_a——空气密度，kg/m³；

v_{CP}——淋水段风速，m/s；

$A_0=0.0011q^2+0.0227q+0.9805$

$m_0=-0.0008q^2+0.0155q+2.0484$。

经计算，冷却塔淋水填料的阻力值为：92.16Pa。

（2）塔其余各部分阻力

根据对同类冷却塔实测资料，冷却塔其余各部分总阻力为22.41Pa。

（3）塔总阻力

塔总阻力即为填料阻力和塔的其余部分阻力之和，设计工况下：冷却塔总阻力为114.57Pa。

（4）风机动压

冷却塔选用风机直径 ϕ9140mm，在本项目中风机动压为：51.13Pa。

（5）风机全压

风机全压即塔总阻力和风机动压之和，设计工况下，冷却塔全压值为：165.7Pa。

（6）风机选型

依据风机选型软件计算，风机轴功率为 139.15kW。

（7）配套电机功率计算

电动机额定功率 N 按下式选用：

$$N \geqslant KN'/\eta_c$$

式中 K——电机功率储备系数，取 1.15；

N'——风机轴功率，kW；

η_c——风机传动系统效率，取 0.94。

$N \geqslant 1.15 \times 139.15/0.94 = 170.24$kW

配套电机额定功率选择 185kW。

（8）热力性能计算结果　热力性能计算结果列于表 3.4－3。

表 3.4－3　冷却塔工艺设计计算结果一览表

项目名称		工艺参数	备注
塔体结构		RC 结构逆流式冷却塔	单列布置
气象参数	干球温度 θ/℃	34.9	
	湿球温度 τ/℃	29.1	
	大气压 p/kPa	100.39	
	相对湿度 ψ	65%	
	空气密度/(kg/m^3)	1.12	
水温	进塔水温 t_1 ℃	44	
	出塔水温 t_2 ℃	34	
性能参数	总冷却水量/(m^3/h)	50000	
	单塔冷却水量/(m^3/h)	5000	
	单塔平面基础尺寸/m	17×19.2	因占地长度限制，进风面宽度 17m
	填料型号	IC－A	
	填料高度/m	1.25	
	塔下水池深度/m	3	
	淋水密度 q/[m^3/(m^2·h)]	15.32	
	气水比 λ	0.58	
	淋水段风速 v/(m/s)	2.21	
	重量风速 g_a/[kg/(m^2·s]	2.48	
	塔总阻力 p_q/Pa	114.57	
	冷却数	1.54	
	飘滴损失率(按循环水量计)	≤0.001%	

续表 3.4－3

项 目 名 称		工艺参数	备注
风机及电机	风机类别	玻璃钢轴流风机	
	风机直径 φ/mm	9140	
	设计风量 $G/(m^3/h)$	2600000	
	风机动压 p_d/Pa	51.13	
	风机全压 Δp/Pa	165.7	
	风机轴功率功率 N'/kW	139.15	
	配用电机功率 N/kW	185	电源 380V/50Hz

3.5　冷却塔部件的检验、安装及验收

3.5.1　塑料部件的质量管理

① 制订严格的冷却塔运行管理制度，配置专人实施运行监护，使冷却塔始终处于可控状态。

② 冷却塔塑料部件安装竣工以后，必须对各类塑料部件的施工安装质量进行全面的检查，凡在安装质量上存在问题的都应及时返工纠正，直到通过验收，才能交付通水试运。

③ 冷却塔通水试运过程是对塑料部件的产品质量和安装质量的直接考验，应做好试运记录，及时消除缺陷，为冷却塔的顺利投运创造条件。

④ 冷却塔在低于0℃的气温条件下，不得进行无负荷的冷态通水试运，避免冷水上塔导致冰冻危害。

⑤ 冷却塔在低于0℃的气温条件下调试风机或启动、停机过程中，应严密监视冷却塔的出水温度及塔内冰冻情况，根据需要及时调整循环水系统调试运行方式，或采取必要的防冻措施。

⑥ 冷却塔在冬季调试运行时必须加强监护，应根据气温变化趋势及冷却水温度，及时采取防冻措施。

3.5.2　淋水填料技术要求

① 淋水填料应具有热力特性好、通风阻力小、计算出塔水温低的基本技术性能。

② 塑料淋水填料组装应满足组装刚度好、承载能力强的基本技术要求。在正常使用条件下不变形扭曲、不松散倒伏，能保持长年稳定的高效运行，使用年限不少于20年。

③ 组装块的通道尺寸大，通畅性好，不易堵塞，能保持长期稳定的冷却特性。

④ 淋水填料在塔内安装铺设应严密，在不规则区域不应出现边角悬空、漏塔等支承不全的现象。

⑤ 应确认填料的材质、型号、规格、单位体积质量及平片的片厚、耐寒等级等基本参数是否符合设计要求。

⑥ 淋水填料平片的技术要求：

a. 填料平片应塑化均匀，无分散不良的辅料，外观色泽应一致，表面不应附着各类油污。

b. 平片表面应平整，无明显孔洞、皱折和气泡；不应有粒径大于 1.0mm 的杂质，粒径为 0.6mm ~ 1.0mm 的杂质个数不超过 20 个/m²；分散度不超过 5 个/(20cm × 10cm)；片边应光滑平直，无破裂、缺口。

c. PVC 填料平片的设计厚度宜在 0.35 ~ 0.45mm 之间选用。平片片厚的允许偏差为 ±0.03mm。

d. PVC 填料平片的物理力学性能应符合表 3.5-1 的规定。

表 3.5-1 PVC 填料平片的物理力学性能

序号	项目名称		符号	单位	指标	检验方法
1	密度		ρ	g/cm³	≤1.55	GB/T 1033
2	加热纵向收缩率		S	%	≤3.0	
3	拉伸强度	纵向	σ_t	MPa	≥42.0	GB/T 13022
		横向			≥38.0	
4	断裂伸长率	纵向	ε_τ	%	≥60	GB/T13022
		横向			≥35	
5	撕裂强度	纵向	σ_{tr}	kN/m	≥150	QB/T 1130
		横向			≥160	
6	低温对折试验耐寒温度	普通型	t_b	℃	≤ -22	
		耐寒型			≤ -35	
*7	湿热老化试验后的低温对折耐寒温度	普通型	t_b (W·H)	℃	≤ -8	
		耐寒型			≤ -18	
*8	氧指数		OI	—	≥40	GB/T 2406

注：带 * 的项目为检验时增加的项目

⑦ 填料成型片的技术要求

a. 成型片上 0.3 ~ 2.0mm 的孔眼不应超过 20 个/m²、分散度不超过 5 个/(10cm × 10cm)，且破损孔径不超过 2mm；成型片片边不得有破裂或明显缺口；片面不得翘曲、起拱。

b. 淋水填料成型片尺寸应符合设计要求，片平面长、宽尺寸允许差分别为 ±10mm 及 ±5mm；片周轮廓呈规则矩形；成型片最薄处厚度不小于 0.2mm。

c. 淋水填料成型片必须采用材质指标合格的塑料平片制成。

d. PVC 填料成型片在 65℃ 热水中浸泡 72h 的耐温试验后，其高度变化率 M_h≤5.0%。

⑧ 填料组装块的技术要求

a. 淋水填料组装块的片间间距应符合设计要求，允许偏差为 ±1.0mm。组装块各邻面间应互相垂直，形成一个规整六面体，由各片边形成的平面应齐平一致。

b. 组装应具有足够的刚度。简支条件下的标准试件在 3000N/m² 的均布荷载作用下，支承面及加荷面应无明显翘曲、倒伏等变形现象，其顶部侧向位移不大于 50mm。

c. 穿杆式组装块应配置足量的塑料拉杆，组装用拉杆的力学性能要求，吊装用拉杆的力学性能应满足刚度、强度的计算要求。

3.5.3 配水系统的技术要求

① 喷溅装置在正常运行条件下能承受长期脉动水荷载，使用年限不少于12年。

② 应提供喷溅产品的各部件材质构成以及基本构造尺寸和重量。

③ 应提供喷溅产品如下基本技术数据：

a. 不同口径的水头的流量关系曲线及其计算式；

b. 不同工作水头的径向水量分布图；

c. 几个典型工况下的组合均布系数。

④ 喷溅装置安装设计时，靠近梁、槽溅散功能受影响的喷溅装置，应采用加长管降低喷头位置，或选用溅散高度低、溅散半径小的喷溅装置。喷溅装置离塔壁距离不宜小于500mm。

⑤ 喷溅装置及其附件的外观、规格、结构的技术要求

a. 表面光洁、塑化良好、形状规整，色泽一致，不得有裂纹、孔洞、气泡、凹陷和明显的杂质。

b. 各部件的尺寸应符合产品设计要求。溅散元件的尺寸及角度必须准确。

c. 各螺纹连接之间应配合良好、松紧适度、进退自如。

⑥ 喷溅装置用ABS塑料及改性质聚丙烯(PP)塑料的物理力学性能应符合表3.5-2的规定。

表3.5-2 喷溅装置用ABC塑料及改性PP塑料的物理力学性能

序号	项目名称		符号	单位	指标		检验方法
					ABS	PP	
1	拉伸强度	热水老化前	σ_t	MPa	≥40.0	≥30.0	GB/T 1040
		*热水老化后			≥36.0	≥30.0	
2	悬臂梁缺口冲击强度	热水老化前	α_k	10^{-2}kJ/m	≥10.0	≥4.0	GB/T 1843
		*热水老化后			≥4.0	≥4.0	
3	维卡软化温度		T_v	℃	≥90	≥150	GB/T 1633

注：带*者为检验时增加的项目。

⑦ 喷溅装置包装件在装卸运输过程中不得抛摔和重压并避免曝晒。

⑧ 喷溅装置包装件宜贮存在地面平整的库房中，堆放整齐、堆高恰当，以不发生重压变形为度。防止曝晒并远离热源。

⑨ 喷溅装置的施工安装

损坏的喷溅装置不得安装，装上后损坏的必须更换；

不同规格喷头应按设计要求在各相应区域就位，不得错装、漏装；

安装在配水管上的专用接必须稳固可行，宜采用粘结加螺栓的双重紧固安装工艺；

喷溅装置的安装必须稳固可行，应控制好喷头及其用接头的正确方位，确保长期使用不脱落、不移位、不歪斜。

⑩ 配水管技术要求

配水管各连接件、封堵件的结构型式应简单合理、配合紧密、牢固可行。确保常年运行

不变形位移、不开裂脱落；配水管的各密封止水件必须正确就位且稳固可行，确保常年运行不漏水；配水管应有足够的刚度，运行中配水管的最大挠度不大于跨度的1/100。

⑪ 配水管及其附件所采用的材质必须具有良好的耐老化性能，使用年限不小于20年。

⑫ 配水管水平布置不设坡度；

⑬ 配水管外观的技术要求

a. 配水管外观应色泽一致、塑化均匀，内外壁光滑、平整、不得有气泡、裂口及明显的划伤、凸起、杂质、分界变色线等缺陷。

b. 管端头切割面应平整并垂直于管轴线。

c. 管材的轴向允许弯曲度应小于长度的0.5%。弯曲须同向不得呈现S形弯曲。

⑭ 配水管贮存时应整齐堆放在垫木上，承口凸头外伸、堆高恰当，以不发生重压变形为度；并远离热源、防止曝晒。

⑮ 配水管的施工安装

a. 安装前需消除管内杂物并对欲涂胶粘结的部位进行清洗和打磨。

b. 各排配水管应保持直线状态，管轴线在支点的允许偏差不大于30mm。

c. 认真调整配水管的水平并使管壁喷嘴孔口竖直向下。

3.5.4 除水器的检验与安装

① 除水器组装块应具有足够的组装刚度，在正常使用条件下，其几何形状应保持常期稳定。

② 除水器材质应具有耐腐蚀、抗老化的基本性能，PVC塑料除水器的使用年限不少于20年。

③ 除水器弧片的外观、规格要求

a. 除水器弧片的外观色泽应均匀一致、塑化均匀，无明显色差及过热色泽。

b. 除水器弧片的表面应光洁、滑顺、无破裂、孔洞和杂质，粒径1mm以内的杂质个数不得超过30个/m^2，分散度不得超过5个(10cm×10cm)。

c. 弧片边缘光滑，导流段平整、挺直，不得有扭曲翘边、缺口破裂。

d. 弧片几何尺寸必须符合片型设计要求。片周轮廓呈规整矩形，弧片拱高及片宽尺寸允许偏差为±1mm，长度允许偏差±2mm。

e. 弧片片厚必须符合片型设计要求，弧片片厚的允许偏差为+0.15mm，-0.10mm。

f. 各弧片开孔孔位必须准确一致，弧片间孔位的允许偏差为±1mm。孔径允许偏差为±0.2mm。

④ 除水器附件的外观、规格

a. 除水器撑板表面光洁、色泽均匀、塑化良好，没有明显的气泡、杂质、裂纹、皱折等缺陷；成型模合线及溢边应修剪整齐，孔洞周边不得残留模合线筋条；撑板外观规整、不翘曲，形状尺寸符合设计要求，拱高允许偏差为±0.5mm；拉杆孔孔位中心距及孔长的允许偏差为±0.5mm。

b. 拉杆外观表面光洁，色泽均匀、塑化良好；拉杆杆身平直、圆整，椭圆度不超过0.1mm；拉杆直径的允许偏差为±0.1mm、长度允许偏差为±0.3mm；螺纹尺寸准确；螺母各加工尺寸应符合设计要求，与螺杆配合良好。

⑤ PVC 除水器弧片材质的物理力学性能应符合表 3.5－3 的规定。

表 3.5－3　PVC 除水器弧片的物理力学性能

序号	项目		符号	单位	指标	检验方法
1	密度		ρ	g/cm^3	<1.60	GB/T 1033
2	尺寸变化率		M	%	≤5.0	
3	拉伸强度(纵向)		σ_t	MPa	≥40	GB/T 13022
4	断裂伸长率(纵向)		ε_t	%	≥40	GB/T 13022
5	悬臂梁，强度(缺口)		α_k	10^{-2}kJ/m	≥45.0 ≥36.0	GB/T 1843
＊6	维卡化温度	老化前	t_v	℃	≥82	GB/T 1633
		＊老化后				
＊7	氧指数		OI	—	≥40	GB/T2406

注：带＊者为检验时增加的项目。

⑥ 除水器组装块：

a. 组装块尺寸规格应符合设计要求。附件齐全、外规齐整。组装块两端宽度尺寸的差值不大于 5mm；拉杆间弧片的导流边弯曲度应小于该段长度的 0.5%。

b. 各撑板与弧片之间应紧密接触、吻合良好。两端螺母固紧，形成稳固整体。

c. PVC 除水器组装块应有足够的刚度和强度。简支条件下净跨 1300mm 的试件在 300N/m^2(38℃、72h)的均布荷载下，支承处和加荷面应无明显变形，最大挠度≤5.0mm。

⑦ 除水器包装件应贮存在地面平整的库房中，须堆放整齐、堆高恰当，防止曝晒、远离热源。

⑧ 除水器的施工：

a. 除水器的组装工作应随安装进度随做随用，不宜过早组装。组装不合格的除水器应剔除。

b. 组装块在搬运过程中，应避免剧烈冲撞，不得抛摔。安装搁置必须稳妥可行，避免悬空漏搭。

c. 组装块必须按设计要求编号，依次排放，不得任意更换组装件位置；排放时应注意两端搁置均等，块间适当留空、同区弧片朝向一致，码放整齐。

d. 除水器异型件视现场情况，采取增减弧片片数，调整片长或增设辅助托架等措施，达到稳妥严密的铺放效果。

3.6　冷却塔性能验收与测试

应根据中国工程建设标准化协会标准 CECS 118：2000《冷却塔验收测试规程》以及 GB/T 7190.2—2008《玻璃纤维增强塑料冷却塔 第 2 部分：大型玻璃纤维增强塑料冷却塔》对冷却塔性能进行测试与验收。

3.6.1　性能验收必备条件与要求

① 冷却塔验收测试应在塔建成或改造完工投入运行后 1 年内进行。

② 冷却塔验收测试的有效工况不宜少于3组。

③ 验收测试时循环水水质应符合下列规定：

a. 总溶解固体不超过5000mg/L；

b. 油、焦油或其它油脂性物质不超过10mg/L；

④ 测量参数允许偏离设计值的范围见表3.6-1。

表3.6-1 测量参数允许偏离设计值的范围

参数名称	允许偏离设计值	参数名称	允许偏离设计值
进塔湿球温度 τ_1	+5℃ -10℃	进出塔水温差 Δt	±20%
进塔水流量 Q	±10%		

⑤ 测量参数允许变化值范围见表3.6-2。

表3.6-2 测量参数允许变化范围

参数名称	允许偏离设计值	参数名称	允许偏离设计值
进塔湿球温度 τ_1	±1.0℃	进出塔水流量 Q	±5%
进塔水温 t_1	±0.5%		

⑥ 验收测试时环境气象条件应符合下列规定：

a. 测试宜在气温较高季节、无雨天进行；

b. 机械通风冷却塔测试时，环境平均风速不得大于4.0m/s，阵风每分钟平均风速不得大于6.0m/s。

⑦ 工况调整到测试参数后，需稳定运行一段时间再进行测试，单格机械通风冷却塔稳定时间不宜小于30min，机械通风冷却塔群稳定时间不宜小于1h。每一工况测定延续时间不得少于1h。

3.6.2 测试前期准备工作

1）编制测试大纲

冷却塔测试前测试单位编制测试大纲，并征得委托单位同意。

2）测试前应对冷却塔进行全面检查，并消除缺陷

① 配水系统应清洁、通畅、无杂物堵塞，无漏水和溢水现象，喷头应无脱落、损坏且喷溅正常。

② 淋水填料应无缺损、无变形，填料表面不应有藻类、油污及其它杂物。

③ 除水器不应有破损且表面清洁，不应有阻碍空气正常流动的杂物、油污及其它沉淀物。

④ 进塔水管上的控制阀门、冷却塔之间联络管应启闭灵活，关闭严密。

⑤ 冷却塔集水池水位应处于正常运行水位或测试要求水位。

3.6.3 性能测试结果及评价

以某冷却塔考核测试为例说明如下：

1）热力性能测试数据（见表3.6-3）

表 3.6-3　冷却塔热力性能测试计算结果

测试序号	进塔干球/℃	进塔湿球/℃	大气压/kPa	塔内风速/(m/s)	塔内通风量/($10^4m^3/h$)	进塔水温/℃	出塔水温/℃	冷却水温差/℃	进塔水量/(m^3/h)	气水比 λ	冷却数 N
1	34.5	28.1	100.8	2.13	249	42.1	32.4	9.2	5128	0.55	2.39
2	34.4	27.9	100.8	2.13	249	42.1	32.0	9.3	5128	0.55	2.9
3	34.7	28.2	100.8	2.13	249	42.1	33.1	9.4	5128	0.55	1.73
4	34.5	28.0	100.8	2.13	249	42.1	32.8	9.6	5128	0.55	1.9
5	34.6	27.8	100.8	2.13	249	42.1	32.2	9.6	5128	0.55	2.52
6	34.4	28.0	100.8	2.13	249	42.1	32.9	9.3	5128	0.55	1.83
平均	34.5	28.0	100.8	2.13	249	42.1	32.56	9.64	5128	0.55	2.16

2）冷却能力计算(见表3.6-4)

表 3.6-4　冷却塔冷却能力计算表

参　数	设计工况	实测工况	按设计工况计算
水量/(m^3/h)	5100	5128	5100
进塔干球温度/℃	31.2	34.5	31.2
进塔湿球温度/℃	27.5	28.0	27.5
大气压/10^3Pa	100.22	100.8	100.22
风量/($10^4m^3/h$)	288	249	249
进塔水温/℃	43	42.2	43
出塔水温/℃	33	32.56	32.41
进出塔水温差/℃	10	9.64	10.59
气水比	0.64	0.55	0.55
冷却数	1.38	2.16	2.16

3）评价方法

在塔的实测工况冷却数 Ω 已知的情况下，用塔设计大气压 p_a，进塔干、湿球的温度 θ_1、τ_1，进塔水温 t_1，计算的出塔水温 t_{2c}，并用冷却水温对比法对塔的试验结果(冷却能力)进行评价。

$$\eta = \frac{t_1 - t_{2c}}{\Delta t_d} \times 100\% = \frac{43 - 32.41}{10} \times 100\% = 105.9\%$$

式中　η——冷却塔的实际冷却能力,%；

$t_1 - t_{2c}$——设计工况条件下塔的实际水温差,℃；

Δt_d——设计水温差,℃。

计算结果表明，冷却塔的冷却能力为设计值的105.9%被测塔冷却能力大于设计值。

4）评价内容

对于冷却塔的评价应包括热力阻力性能、能耗、投资、占地、质量几个方面，同时比较水滴飘失、噪声、美观、维护管理等方面的内容，在满足冷却任务要求的条件下，对冷却塔应进行综合评价和比较。

测试结果评价中应包括以下内容：

① 整体外观，布水均匀性及飘滴损失及收水效果；

② 实测通风量、风机下全压、实测风机轴功率以及风机的能耗比；

③ 被测塔在接近设计水量工况下的气水比，冷却数；

④ 冷却塔实际冷却能力达到设计值的百分数；

⑤ 实测冷却塔收水器的飘滴损失率。

⑥ 冷却塔在标准点的噪声值。

3.6.4 评价标准

根据 GB/T 7190.2—2008 的规定进行评价。

1）热力性能

按冷却水量对比法求出的实测冷却能力与设计冷却能力的百分比不得小于95%。

2）噪声

冷却塔的噪声不应超过表3.6－5的规定值。

表3.6－5 噪声规定值

型式	单塔冷却流量 Q/(m^3/h)	标准点噪声值/dB(A)
逆流式	$1000 \leqslant Q < 2000$	78.0
	$2000 \leqslant Q < 3000$	79.0
	$3000 \leqslant Q$	80.0
横流式	$1000 \leqslant Q < 2000$	74.0
	$2000 \leqslant Q < 3000$	75.0
	$3000 \leqslant Q$	76.0

3）耗电比

实测耗电比不大于0.045kW/(m^3·h)。

4）飘滴损失率

飘滴损失率不大于循环水量的0.005%。

3.6.5 已建工程实测数据举例

表3.6－6列举七个已建冷却塔工程的实测数据表。

由实测数据可见：

① 冷却塔的水量负荷均达到设计值；

② 进塔水温均低于设计值，有一半塔的进塔水温比设计值低5.5℃以上；

③ 进、出塔水温差设计值均为10℃(或接近10℃)；

④ 实测进出塔水温差有5例7～8℃，1例只有5.61℃，说明冷却塔的热负荷均未达到设计值。换言之，即循环冷却水设计流量均大于工艺换热冷却水的需要量；

⑤ 实测冷却能力95.2%～99%，说明塔的冷却能力均能达到国家标准要求；但达到或超过100%的比较少；

⑥ 飘滴损失率均达到国家标准要求；

⑦ 出塔水温比空气湿球温度高4～5.9℃，即冷却塔夏季运行时的逼近度均大于4℃。

表3.6－6 已建冷却塔实测数据汇总表

工程简称	茂名乙烯		上海石化乙烯		大连西太平洋石化		海洋石油富岛化肥		扬子石化八循		燕山石化一四循		福建炼油厂	
测试时间	1997年6月		2002年8月		2004年8月		2004年7月		2003年7月		2002年8月		1994年10月	
测试单位	西安热工所		水科院		水科院		水科院		水科院		水科院		水科院	
	设计值	测试值	设计值	测试值	设计值	测试值	设计值	测试值	设计值	测试值	设计值	测试值	设计值	测试值
单塔设计水量/(m^3/h)	4000	4019	4400	4410	4000	3980	4000	4020	4000	3980	4000	4060	2500	2100～2900
进塔水温/℃	42	38.55	43	37.1	40	34.5	43.5	41.3	43	42.7	42	34.42	43	37.3～38.5
出塔水温/℃	32	31.22	33	29.5	30	26.4	33.0	32.8	33.0	34.7	32.4	28.81	33	28.7～29.6
水温差/℃									10	8	9.6	5.62	10	8.4～9.0
进塔干球温度/℃	33.1	30.53	30.4	26.2	27	27.2	34.5	30.9	32.6	37.6	30.1	2881	31.76	29.31～32.69
进塔湿球温度/℃	28.0	26.6	28.2	24.0	25	20.5	28.0	27.5	28.2	30.5	27.0	23.91	29.4	24.46～26.22
大气压力/kPa	97.5	99.85	100.51	100.70	100.8	99.8	100.51	100.2	99.93	100.3	99.9	99.9	99.99	100.6
风机直径/mm			φ9140	φ9140	φ9140	φ9140	φ9140	φ9140	φ9140	φ9140	φ8530	φ8530	φ8530	φ8530
风量/($10^4 m^3$/h)			278	242.3	273	244.7	256.8	263.9	269.9	251.8	273	225	238	229
整塔阻力/Pa			193.03	160.0	175	163	165.04	138.0	154	164	152	154	172	147.4
风机下全压/Pa				－123				－66		－89		－95		－88
配套电机功率/kW	147	123	200		200		200	122	200		160		160	160
填料高度/m	1.83		1.5		1.5		1.5		1.5			1.5	11.2	11.2
气水比/λ				0.63		0.7		0.74	0.63	0.68	0.63	0.62		0.95
冷却数			$N=1.75\lambda^{0.48}$	1.66		1.81	$N=1.75\lambda^{0.48}$	1.21	1.25	1.25	1.34	1.45		$N=1.47\lambda^{0.91}$
实测风量下冷却能力为设计的百分数		97.1%		98%				95.2%		99%	96%			101%
计算冷却能力为设计值的百分数				104%		102				101%				
飘滴损失率(总水量%)				0.006‰		0.007‰		0.075‰				0.0065‰		0.0064‰

注：福建炼油厂冷却塔为横流式塔，点滴式薄膜淋水填料，其他均为逆流式冷却塔，薄膜式淋水填料。

参 考 文 献

1 中国水利水电科学研究院．电力部逆流冷却塔填料的质量．热力和阻力特性试验报告，1992~1993
2 电力工业部热工研究院．S型冷却塔塑料淋水填料热力及阻力性能试验报告，1996，11
3 中国水利水电科学研究院冷却水研究所．TX－Ⅱ逆流式冷却塔填料测试报告．2000，4
4 胡三季，陈玉玲等．不同高度淋水填料的热力及阻力性能试验．工业用水与废水．2005，1
5 赵顺安，廖内平等．海水冷却塔淋水填料热力阻力特性研究．工业用水与废水，2007，2
6 中国水利水电科学研究院水力学研究所．160－45型收水器测试报告．2002，4
7 中国水利水电科学研究院．SN型方形喷溅装置水力试验报告．2004，8
8 冷却塔测试试验中心．N－0#三溅式防松喷头性能测试报告．2006，11
9 中国水利水电科学研究院．福建炼油厂机力通风横流式冷却塔标定测试报告．1994，10
10 电力工业部热工研究院汽轮机所．茂名石化乙烯一循1号、2号机力通风凉水塔热力性能考核报告．1997，10
11 中国水利水电科学研究院．大连西太平洋石化冷却塔考核测试报告．2001，8
12 中国水利水电科学研究院水力学研究所．上海石化70万吨乙烯改扩建工程循环水冷却塔测试报告．2002，8
13 中国水利水电科学研究院．兰州石化分公司动力厂一循5号、6号冷却塔测试报告．2002，8
14 中国水利水电科学研究院．化工一厂水汽车间四循3号冷却塔测试报告．2002，9
15 中国水利水电科学研究院．扬子公司循环水系统101A号冷却塔测试报告．2003，7
16 中国水利水电科学研究院．海洋石油富岛二期大化肥循环水逆流式冷却塔测试报告．2004，7
17 西安热工研究院．中国石化海南炼化PA01－F与PA02－B逆流式机力冷却塔性能考核报告．2007，5
18 Marley Cooling Tower. 马利大型工业冷却塔及技术简介．1994，5
19 有色冶金设计总院．中小型冷却塔的设计与计算．1965
20 杨丽坤．炼油厂循环水系统的优化设计与管理．石油炼制，1989，3
21 赵振国著．冷却塔．北京：中国水利水电出版社，1997
22 杨丽坤．凉水塔技术的现状与发展．石油炼制与化工，1997，7
23 中国工程建设标准化协会标准．冷却塔验收测试规程．CECS118：2000
24 国家质量检验总局，国家标准化委员会．GB/T 7190. 2—2008《大型玻璃纤维塑料冷却塔》
25 国家建设部，国家技术监督局．GB/T 50392—2006《机械通风冷却塔工艺设计规范》
26 吴晓敏．环保节水型冷却塔的研究．工程热物理学报，2007
27 北京华福工程有限公司．腾龙芳烃主工艺区冷却水工程项目——冷却塔报价文件．2010. 6

第四章　蒸汽喷射式抽空器

4.1　抽空器的用途

蒸汽喷射式抽空器又称蒸汽喷射泵(本文以下简称“抽空器”)。由于它的结构简单、抽气量大(每小时抽气量由几百千克到几千千克)，对被抽介质物性无特殊要求，无转动部件，检修方便和维护费用低。因此被广泛用于工业装置抽真空和制冷系统。但抽空器能量损失较大，热量利用率较低。

在石化厂，抽空器主要用于常减压装置减压分馏塔塔顶抽真空－冷凝系统。由于减压塔顶油汽、不凝气负荷大，且含一定量的腐蚀介质、在真空度要求较高时，机械抽真空设备不太适用，多采用蒸汽抽空器或蒸汽抽空与机械抽空相结合的方式。在其它一些装置中，需负压运行的设备也常采用蒸汽喷射式抽空器。

图4.1－1是一个典型的减压塔顶三级串联的抽空－冷凝系统流程简图。减压塔顶温度70～80℃，压力2～4kPa(A)。经第一级抽空器增压－冷凝后，大部分可凝油汽被冷凝下来；再经第二级抽空器抽空－冷凝，可将可凝油汽全部冷凝；第三级抽空器将不凝气(含空气)和未冷凝的水蒸汽压缩到略大于当地大气压的压力，经第三级冷凝器，将水蒸汽冷凝后，不凝气排放到回收管道或大气中。冷凝器可采用管壳式水冷器，也可采用湿式空冷器。过去采用大气冷凝器，油气和水直接接触冷凝，因含油污水排量很大，目前已不使用。冷凝后的可凝油及冷凝水，由冷凝器排到油封罐中。

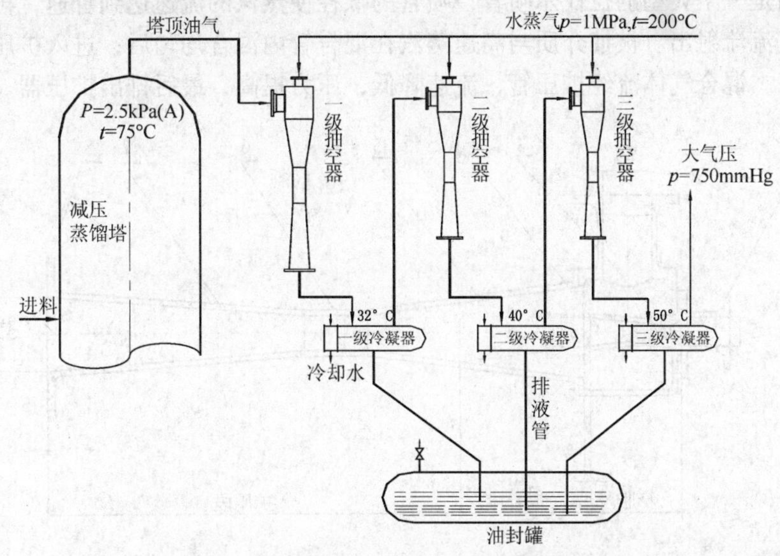

图4.1－1　减压塔顶三级抽空－冷凝系统流程简图

图4.1－2是减压塔顶两级串联的抽空－冷凝系统流程简图。减压塔顶油气，先经减顶冷凝器将大部分油气和水蒸汽冷凝下来，经第一级抽空器抽空－冷凝，可凝油汽全部被冷

凝。不凝气(含空气)和未冷凝的水蒸汽再进入第二级抽空器将压缩到略大于当地大气压，经第二级冷凝器，将水蒸汽冷凝后，不凝气排放到回收管道或大气中。

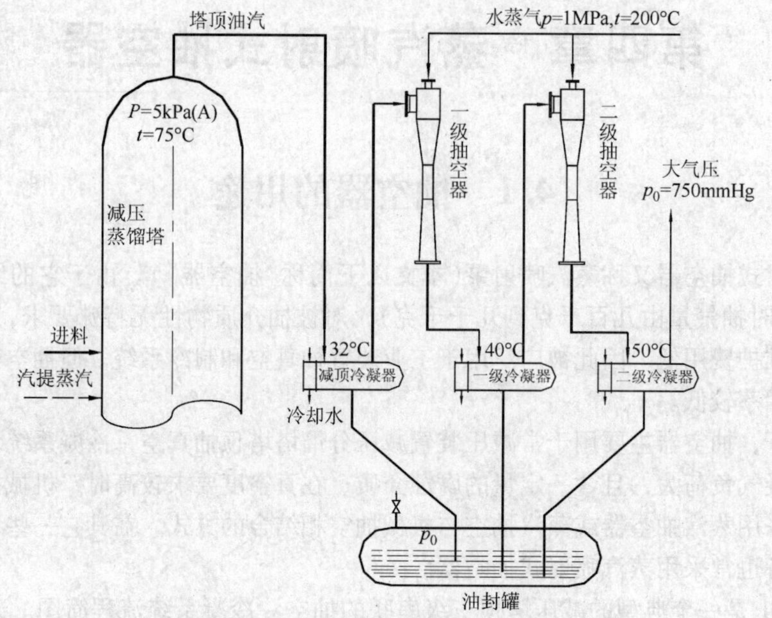

图 4.1－2　减压塔顶两级抽空－冷凝系统流程简图

4.2　抽空器的结构

抽空器的结构简图如图 4.2－1 所示，主要由蒸汽喷嘴、吸入室、混合管、扩压管等组成。蒸汽喷嘴是一个典型的拉伐尔喷管，喷管的喉径使蒸汽的流速达到音速，再经扩大锥管管到超音速气流流射出。被抽介质与高速蒸汽在混合管内混合均匀后，进入扩压段喉管，流速达临界状态。混合气体流经扩压管，流速降低，压力提高，最后排出扩压器。

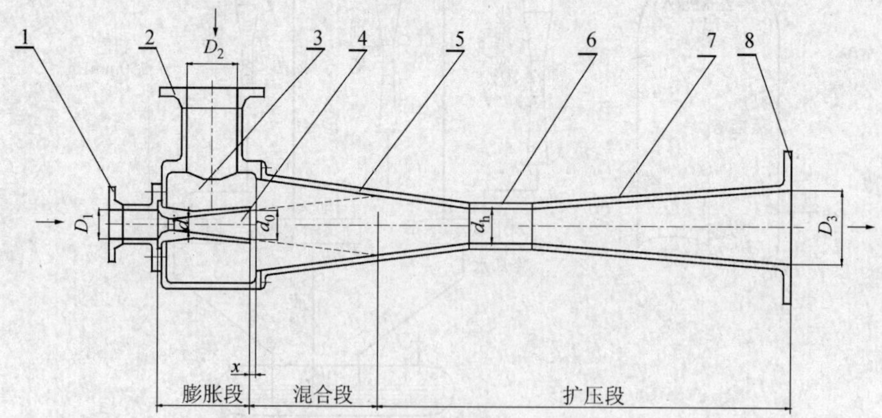

图 4.2－1　抽空器结构简图

1—工作蒸汽进口；2—油气进口；3—吸入室；4—蒸汽喷嘴；5—混合管；6—喉管；7—扩压管；8—混合气体排出口；D_1，D_2，D_3—分别为蒸汽进口、油气进口和混合气体排出口的内径；d，d_0—分别蒸汽喷嘴的喉径和出口直径；d_h—扩压段的喉管直径

4.3　抽空器的工作原理和热力学理论简述

4.3.1　工作原理

图4.3-1表示了抽空器的工作蒸汽和被抽气体的压力和速度变化情况。喷射器的工作过程可分为三个阶段：

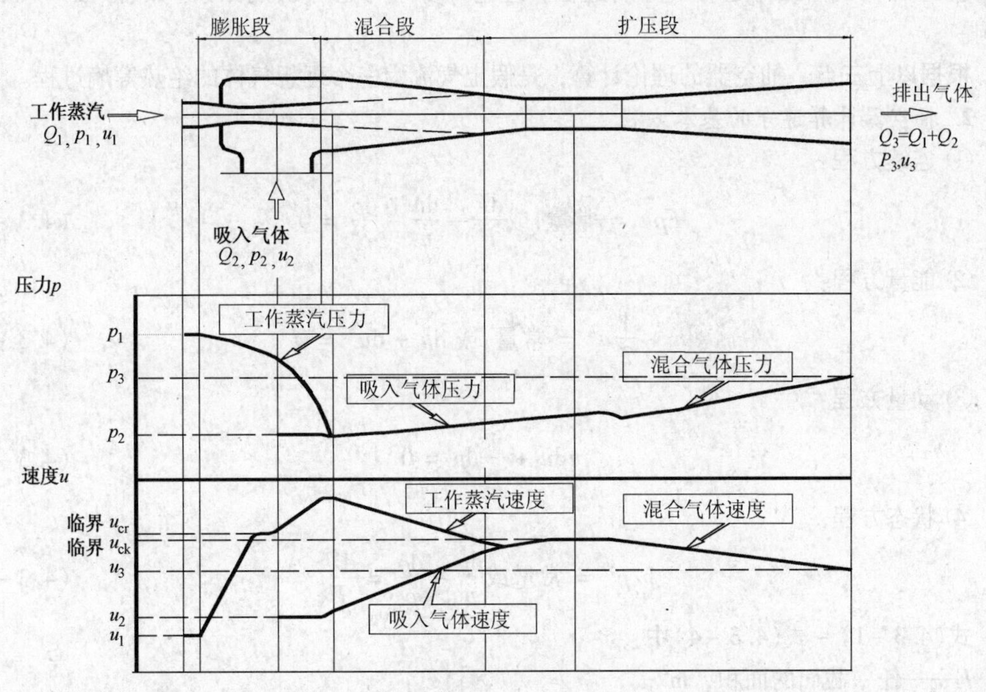

图4.3-1　抽空器内气体压力和速度变化图

p—压力；u—速度，Q—质量流量

下角：1—工作蒸汽；2—吸入气体；3—排出气本；c—临界状态

1. 绝热膨胀阶段

即工作蒸汽通过喷嘴绝热膨胀(等熵膨胀)的过程。该过程将蒸汽的压力能(位能)转化为速度能(动能)，以高流速射出，压力由 p_1 急速降低，焓由 h_1 降至 h_0，速度由 u_1 剧增到超声速；

2. 混合阶段

工作蒸汽与被抽气流在混合室进行混合。两股气流进行能量交换，被抽气流的速度 u_2 逐渐增加，工作气流携带着被抽气流进入扩压器；

3. 压缩阶段

工作气流和被抽气流，到扩压器的喉部完成了混合过程，达到同一速度 u_{ck}(声速)。然后经过扩压管压缩，速度降至 u_3(亚声速)，动能又转化为位能，压力由 p_2 升至 p_3，排出抽空器。多级抽空器就是多台抽空器串联、被抽气体逐级被喷射器压缩、增压，在最后一级(即大气级)达到高于大气压力而被排出抽空系统。

4.3.2 气流的绝热方程

1. 基本假定

① 抽空器内由于气流速度很高，停留时间短，与外界来不及进行热交换，可认为是绝热过程。

② 抽空器内压力较低，除工作蒸汽进口状态参数外，其余各截面上的气体参数符合理想气体状态关系。

③ 空器内气体工作是一个等熵过程。理论计算不考虑非等熵因素(如“激波”现象)的影响。

根据以上三点，抽空器的理论计算，是假定气流为一个理想气体的绝热等熵过程。

2. 抽空器计算遵守的基本方程

① 连续方程：

$$F\rho u = 常量,或\frac{dF}{F} + \frac{du}{u} + \frac{d\rho}{\rho} = 0 \tag{4.3-1}$$

② 能量方程：

$$h + \frac{1}{2}u^2 = 常量,或\ dh + du^2 = 0 \tag{4.3-2}$$

③ 动量方程：

$$udu + \frac{1}{\rho}dp = 0 \tag{4.3-3}$$

④ 状态方程：

$$p/\rho^\gamma = 常量或\frac{dp}{p} - \frac{d\rho}{\rho} = \frac{dT}{T} \tag{4.3-4}$$

式(4.3-1)~式(4.3-4)中：

F——任一截面的面积，m^2；

h——截面上气体的焓，J/kg；

u——截面上气体的流速，m/s；

ρ——截面上气体的密度，kg/m^3；

p——截面上气体的绝压，Pa；

γ——气体的绝热指数；

T——气体的绝对温度，K。

(本节除特别说明外，参数单位均以 m、s、N、kg、Pa、J 计)

3. 气体状态方程与马赫数的关系

根据状态方程可推导出不同截面上气体状态关系式：

$$\frac{p}{p_1} = \left(\frac{\rho}{\rho_1}\right)^\gamma = \left(\frac{T}{T_1}\right)^{\frac{\gamma}{\gamma-1}} = \left(\frac{1+\frac{\gamma-1}{2}M^2}{1+\frac{\gamma-1}{2}M_1^2}\right)^{-\frac{\gamma}{\gamma-1}} \tag{4.3-5}$$

$$\frac{\rho}{\rho_1} = \left(\frac{1+\frac{\gamma-1}{2}M^2}{1+\frac{\gamma-1}{2}M_1^2}\right)^{-\frac{\gamma}{\gamma-1}}$$

$$\frac{T}{T_1} = \left(\frac{\gamma + \frac{\gamma - 1}{2} M^2}{1 + \frac{\gamma - 1}{2} M_1^2} \right)^{-1}$$

在同一截面上，$\frac{p}{\rho} = RT$。

式中　M——截面上气流马赫数；

$$M = \frac{u}{c} \tag{4.3-6}$$

c——当地音速

$$c = \sqrt{\gamma p / \rho} = \sqrt{\gamma RT} \tag{4.3-7}$$

R——气体常数，单位为$\frac{\mathrm{J}}{\mathrm{kg \cdot K}}$或$\frac{\mathrm{Pa \cdot m^3}}{\mathrm{kg \cdot K}}$。空气：$R=287$；水蒸气：$R=462$。

4. 任意两截面的面积比

设流体在管内流动的质量为 G，则

$$F = \frac{G}{\rho u}, \quad u = uM$$

根据连续方程，管道任意两截面面积比：

$$\frac{F}{F_1} = \frac{\rho_1 u_1}{\rho u} = \frac{M_1 c_1 \rho_1}{M c \rho}$$

由式(4.3-5)、式(4.3-7)：

$$\frac{c_1}{c} = \sqrt{\frac{p_1 \rho}{p \rho_1}} = \sqrt{\left(\frac{\rho_1}{\rho} \right)^{\gamma - 1}}$$

则

$$\frac{F}{F_1} = \frac{M_1}{M} \left(\frac{\rho_1}{\rho} \right)^{-\frac{\gamma+1}{2}}$$

$$= \frac{M_1}{M} \left(\frac{1 + \frac{\gamma - 1}{2} M^2}{1 + \frac{\gamma - 1}{2} M_1^2} \right)^{\frac{\gamma+1}{2(\gamma-1)}} \tag{4.3-8}$$

音速 c 是气状态(p、ρ 或 T)的函数，相同气流在不同状态下音速值不同，所以被称为“当地音速”。气速达到音速时马赫数 $M=1$，这是气体亚音速流($M<1$)和超音速流($M>1$)的分界点。

4.3.3　蒸汽喷嘴

喷嘴是利用气流自身压降的变化而改变气流速度的设备。从图 4.3-2 可以看出，抽空器主要由两段喷嘴所组成。工作蒸汽入口为气体膨胀喷嘴，而扩压段为混合气压缩喷嘴。喷嘴中气流的工作是一个典型的绝热等熵过程，按照能量方程式(4.3-2)得：

$$h_1 - h_2 = \frac{1}{2}(u_2^2 - u_1^2) \tag{4.3-9}$$

即喷嘴中气流依靠自身的焓降而使工作流体的流动动能增大。

喷嘴有两种结构，图 4.3-2(a)为收缩形喷嘴，图 4.3-2(b)为缩扩形喷嘴。

收缩形喷嘴的出口，气体最大速度不会超过当地音速。要获得超音速气流，须用缩扩形

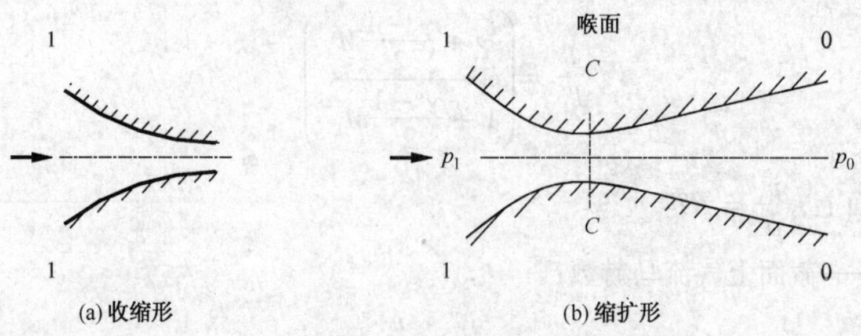

图 4.3－2 喷嘴

喷嘴，也就是拉伐尔喷嘴。当缩扩形喷嘴最小截面处(喉部)的气流速度低于音速时，即喷嘴全部是亚音速气流，它就是一段文氏管。

1. 临界流速

所谓“临界流速”，即气流的速度达到当地音速的流速。根据小扰动波(声波就属小扰动波)在可压缩流体中的传播实验和分析得出：

$$c = \sqrt{\left(\frac{\mathrm{d}p}{\mathrm{d}\rho}\right)_s} \tag{4.3-10}$$

对绝热等熵过程：

$$\frac{p}{\rho^{\gamma}} = \text{常量} \qquad \text{则}\left(\frac{\mathrm{d}p}{\mathrm{d}\rho}\right)_s = \gamma\frac{p}{\rho}\text{常量}$$

代入式(4.3－10)可得：

$$c = \sqrt{\gamma\frac{p}{\rho}}$$

对理想气体：

$$\frac{p}{\rho} = RT$$

所以音速又可表示为 $c = \sqrt{\gamma RT}$。

这就是式(4.3－7)当地音速的表达式。介质愈易被压缩，音速值愈小，反之愈大。对不可压缩流体，$\rho \approx$ 常数，$\mathrm{d}\rho \to 0$，故 $c \to \infty$。

把处于临界状态下的参数，称为临界参数，用下角 cr 表示，如 u_{cr}、p_{cr}、ρ_{cr}、v_{cr}、T_{cr}、F_{cr} 等分别称做临界速度、临界压力、临界密度、临界比容、临界温度、临界面积等。

如前所述，气流达到临界点时，临界速度正好等于当地音速，马赫数为 1，即：

$$u_{cr} = c$$

$$M_{cr} = \frac{u_{cr}}{c} = 1$$

现在我们求其它临界参数与进口参数的关系。设气流在喷嘴进口处的参数为 p_1，ρ_1，T_1，将式(4.3－5)改写为：

$$\frac{p_{cr}}{p_1} = \left(\frac{\rho_{cr}}{\rho_1}\right)^{\gamma} = \left(\frac{T_{cr}}{T_1}\right)^{\frac{\gamma}{\gamma-1}} = \left(\frac{1+\frac{\gamma-1}{2}M_{cr}{}^2}{1+\frac{\gamma-1}{2}M_1{}^2}\right)^{-\frac{\gamma}{\gamma-1}}$$

在进口截面上 u_1 相对很小，与 u_{cr}（或 c）相比，可以认为是相对静止的，故 $1+\frac{\gamma-1}{2}M_1^2\approx 1$，则上式可简化为：

$$\frac{p_{cr}}{p_1}=\left(\frac{\rho_{cr}}{\rho_1}\right)^{\gamma}=\left(\frac{T_{cr}}{T_1}\right)^{\frac{\gamma}{\gamma-1}}=\left(\frac{\gamma+1}{2}\right)^{-\frac{\gamma}{\gamma-1}} \tag{4.3-11}$$

对空气：$\gamma=1.4$，则 $\frac{p_{cr}}{p_1}=0.528$，$u_{cr}=1.080\sqrt{p_1/\rho_1}$；

对过热水蒸气：$\gamma=1.3$，则 $\frac{p_{cr}}{p_1}=0.546$，$u_{cr}=1.0632\sqrt{p_1/\rho_1}$；

对饱合水蒸气：$\gamma=1.135$，则 $\frac{p_{cr}}{p_1}=0.577$，$u_{cr}=1.0311\sqrt{p_1/\rho_1}$。

对收缩形喷嘴，出口压力与进口压力比值小于或等于 p_{cr}/p_1 值时，出口速度就达到临界状态；对缩扩形喷嘴，喉部速度达到临界状态，要产生超音速气流，上面三种气体粗略估算的话，出口压力与进口压力之比，应小于0.5。

这里需要再次说明的是：当地音速只可能发生在管道的最狭截面处。对收缩形喷嘴，无论背压如何降低，喷嘴出口处的最大流速只会达到音速（临界流速）而不会出现超音速。要得到超音速气流，必须用缩扩形喷嘴。

2. 喷嘴出口面积和膨胀比

本段主要讨论缩扩形喷嘴出口面积计算问题。按图4.3－2(b)，取进口为1－1截面，出口为0—0截面，喉部为c—c截面，将式(4.3－5)改写为：

$$\frac{p_0}{p_1}=\left(\frac{1+\frac{\gamma-1}{2}M_0^2}{1+\frac{\gamma-1}{2}M_1^2}\right)^{-\frac{\gamma}{\gamma-1}} \tag{4.3-12}$$

因 $v_0>>v_1$，所以 $1+\frac{\gamma-1}{2}M_1^2\approx 1$

则
$$\frac{p_0}{p_1}=\left(1+\frac{\gamma-1}{2}M_0^2\right)^{-\frac{\gamma}{\gamma-1}}$$

$$M_0=\sqrt{\frac{2}{\gamma-1}\left[\left(\frac{p_0}{p_1}\right)^{-\frac{\gamma}{\gamma-1}}-1\right]} \tag{4.3-13}$$

由式(4.3－8)，喷嘴出口面积与喉部面积之比为：

$$\frac{F_0}{F_{cr}}=\frac{1}{M_0}\left(\frac{1+\frac{\gamma-1}{2}M_0^2}{1+\frac{\gamma-1}{2}}\right)^{\frac{\gamma+1}{2(\gamma-1)}}$$

$$=\left(\frac{2}{\gamma+1}\right)^{\frac{\gamma+1}{2(\gamma-1)}}\frac{\left(1+\frac{\gamma-1}{2}M_1^2\right)^{\frac{\gamma+1}{2(\gamma-1)}}}{M_0}$$

将式(4.3－13)代入得：

$$\frac{F_0}{F_{cr}}=\left(\frac{2}{\gamma+1}\right)^{\frac{\gamma+1}{2(\gamma-1)}}\frac{\left\{1+\frac{\gamma-1}{2}\cdot\frac{2}{\gamma-1}\left[\left(\frac{p_0}{p_1}\right)^{-\frac{\gamma-1}{\gamma}}-1\right]\right\}^{\frac{\gamma+1}{2(\gamma-1)}}}{\left\{\frac{2}{\gamma-1}\left[\left(\frac{p_0}{p_1}\right)^{-\frac{\gamma-1}{\gamma}}-1\right]\right\}^{\frac{1}{2}}}$$

经化简后可得:

$$\frac{F_0}{F_{cr}}=\left[\frac{\gamma-1}{2}\left(\frac{2}{\gamma+1}\right)^{\frac{\gamma+1}{\gamma-1}}\right]^{\frac{1}{2}}\left[\frac{\left(\frac{p_0}{p_1}\right)^{-\frac{\gamma+1}{\gamma}}}{\left(\frac{p_0}{p_1}\right)^{-\frac{\gamma-1}{\gamma}}-1}\right]^{\frac{1}{2}} \tag{4.3-14}$$

如果已知缩扩形喷嘴的临界喉部的面积 F_{cr}，便可求出出口的面积 F_0，若用 E 表示进口和出口的压力比，即:

$$E=p_1/p_0 \tag{4.3-15}$$

E 称做膨胀比。又因 $F_0/F_{cr}=d_0^2/d_{cr}^2$，$d_0/d_{cr}$ 分别表示喷嘴出口和喉部的直径，则:

$$d_0=\left[\frac{\gamma-1}{2}\left(\frac{2}{\gamma+1}\right)^{\frac{\gamma+1}{\gamma-1}}\right]^{\frac{1}{4}}\left(\frac{E^{\frac{\gamma+1}{\gamma}}}{E^{\frac{\gamma-1}{\gamma}}-1}\right)^{\frac{1}{4}}d_{cr} \tag{4.3-16}$$

令

$$C_r=\left[\frac{\gamma-1}{2}\left(\frac{2}{\gamma+1}\right)^{\frac{\gamma+1}{\gamma-1}}\right]^{\frac{1}{4}}\left(\frac{E^{\frac{\gamma+1}{\gamma}}}{E^{\frac{\gamma-1}{\gamma}}-1}\right)^{\frac{1}{4}} \tag{4.3-17}$$

则:

$$d_1=C_r d_{cr} \tag{4.3-18}$$

C_r称做喷嘴出口直径计算系数。

对空气，$\gamma=1.4$

$$C_r=0.5087\left(\frac{E^{1.7145}}{E^{0.2875}-1}\right)^{\frac{1}{4}} \tag{4.3-19}$$

对饱和蒸汽，$\gamma=1.135$，

$$C_r=0.3937\left(\frac{E^{1.8811}}{E^{0.1189}-1}\right)^{\frac{1}{4}} \tag{4.3-20}$$

对过热蒸汽，$\gamma=1.3$，

$$C_r=0.4761\left(\frac{E^{1.7692}}{E^{0.2308}-1}\right)^{\frac{1}{4}} \tag{4.3-21}$$

从式(4.3-19)~式(4.3-21)可以看出，只要膨胀比相同，喷嘴出口计算系数也相同。也就是说喷嘴出口直径计算系数与工作蒸汽压力无关。式(4.3-14)、式(4.3-16)是喷嘴计算中的两个重要公式。为了计算方便，附录4根据式(4.3-20)和式(4.3-21)，列出了缩扩形喷嘴中，过热蒸汽和饱和蒸汽在不同膨胀比 E 下的出口计算系数 C_r值表。

3. 喷嘴的工作及激波

图4.3-3表示了在缩扩形喷嘴中流体压力变化情况。

设喷嘴的出口设计压力为 p_f，实际出口压力为 p_1，进口压力为 p_0。临界压力为 p_{cr}，以过热水蒸汽为例，$p_{cr}/p_1=0.546$，定性的分析一下喷嘴内气流工作情况。

① 当 $p_0 = p_1$ 时，喷嘴内气流通过；

② 随着出口压力的降低当 $p_0 > p_{cr}$ 时（a、b 曲线）喷嘴中气体全部为亚音速流动。在渐缩段，随着截面积减少，气流速度增大，压力降低。在渐扩段，随着面积增大，气流速度减小而压力增高。

③ 当出口压力 p_0 进一步降低，喷嘴喉部达到了临界速度，但渐扩段仍为亚音束流（c 曲线）。

④ 当 $p_f < p_0 < p_{cr}$ 时（d、e 曲线），气流通过喉部在扩压段出现一段超音速流动，接着发生激波，压力跳到较高处。激波面右侧为亚音速流。随着压力不断降低，激波面的位置由喉部逐渐向出口移动。

⑤ 当 $p_0 = p_f$ 时，激波位置移动到喷嘴出口处，在渐扩段内形成了全部超音速气流（f 曲线）。这是一条唯一的绝热等熵曲线，喷管内不会产生激波。

⑥ 如果 p_0 再降低，出现射流，形成膨胀不足的现象，会在喷嘴以外射流区产生“激波”，但它不会影响到喷嘴工作。

“激波”是超音速气流中一种特有现象。气流由超音速变为亚音速，必然会出现压力不连续点（又称“间断点”或“跳跃点”）。“激波”面也有一定厚度，只不过很薄，在这区域内，流体不再符合等熵过程，也就是说不完全符合上面各公式的规律。但在“激波”前后气流仍按绝热等熵的过程进行。

从图 4.3－4 分析，我们可以看出：

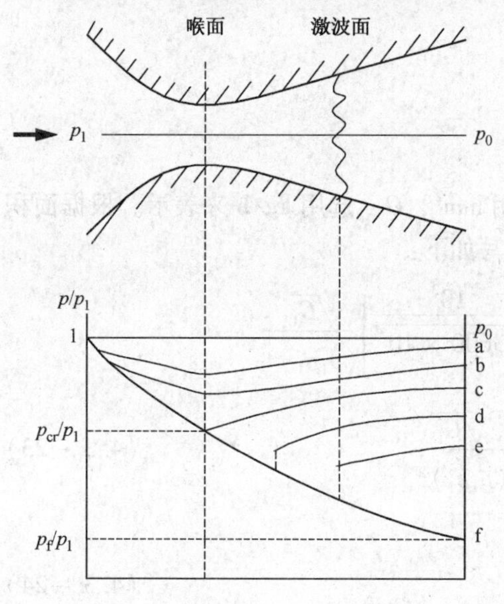

图 4.3－3　喷嘴中气流压力变化图

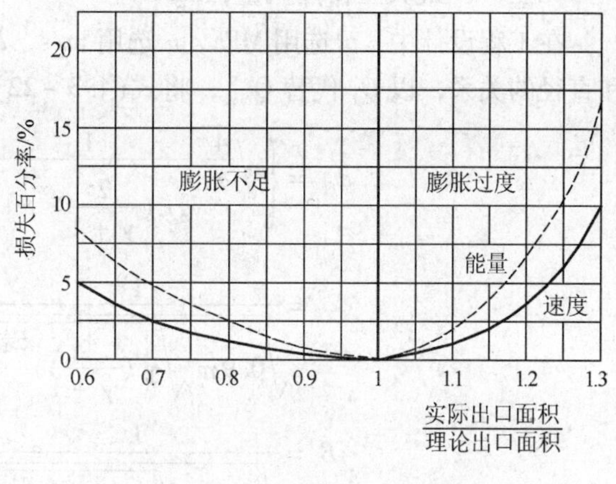

图 4.3－4　喷嘴面积误差与损耗

① 喷嘴的工作与进出口压力比 p_0/p_1 有着直接关系。一旦出口压力 p_0 确定后，超音速绝热等熵曲线是唯一的。结合前面式（4.3－14）和式（4.3－16），喷嘴出口面积也是唯一的。喷嘴出口面积偏离理论值过大或过小都将影响到喷嘴的工作。过大，会在喷管内形成激波，喷嘴出口将会变为亚音速流，降低了抽空效果；过小，会发生膨胀不足现象，造成能量损失，对抽空器工作也不利。从图 4.3－4 可看出，前者的能量损失比后者大。

② 当喷嘴的喉部气速达到音速后，在渐扩段是超音速还是亚音速，完全取决于出口的压力。超音速气流与亚音速气流的变化规律完全不同，表 4.3－1 列出了随着截面增大，气体状态变化规律。

表4.3-1 渐扩段气流状态的改变

截面面积	气流速度	M	p	u	γ	T
增大	超音速	>1	↘	↗	↘	↘
	亚音速	<1	↗	↘	↗	↗

4. 蒸汽喷嘴喉径

根据连续方程，蒸汽通过喷嘴喉部的最大流量 $Q_{\max}$ 为：

$$Q_{\max} = F_{cr} U_{cr} \rho_{cr}$$

由式(4.3-11)解得：

$$u_{cr} = \sqrt{\frac{2\gamma}{\gamma+1} \cdot \frac{p_1}{\rho_1}}$$

$$\rho_{cr} = \left(\frac{2}{\gamma+1}\right)^{\frac{1}{\gamma-1}} \rho_1$$

则：

$$F_{cr} = \frac{G_{\max}}{u_{cr}\rho_{cr}} = \frac{1}{\sqrt{\gamma\left(\frac{2}{\gamma+1}\right)^{\frac{\gamma+1}{\gamma-1}}}} \cdot \frac{G_{\max}}{\sqrt{p_1\rho_1}} \tag{4.3-22}$$

式中 F_{cr}——喷嘴喉部临界面积，m^2；

p_1——喷嘴入口绝对压力，Pa；

ρ_1——喷嘴入口气体密度，kg/m^3；

$G_{\max}$——最大工作蒸汽量，kg/s。

在工程设计中，p_1 选用 MPa，u 选用 m/s，F_{cr} 用 mm^2，$Q_{\max}$ 选用 kg/h 来表示。根据面积和直径的关系，以 Q_1 代替 $Q_{\max}$，将式(4.3-22)改写如下：

$$d_{cr} = \left\{\sqrt{\frac{4}{\pi}} \frac{1}{\left[r\left(\frac{2}{\gamma+1}\right)^{\frac{\gamma+1}{\gamma-1}}\right]^{\frac{1}{4}}} \frac{10^3}{\sqrt{3600\times10^3}}\right\} \frac{\sqrt{G_1}}{(p_1\rho_1)^{\frac{1}{4}}}$$

$$= \frac{1}{\sqrt{0.9\pi\sqrt{\gamma\left(\frac{2}{\gamma+1}\right)^{\frac{\gamma+1}{\gamma-1}}}}} \cdot \frac{\sqrt{G_1}}{(p_1\rho_1)^{\frac{1}{4}}} \tag{4.3-23}$$

令

$$B = \frac{1}{\sqrt{0.9\pi\sqrt{\gamma\left(\frac{2}{\gamma+1}\right)^{\frac{\gamma+1}{\gamma-1}}}}} \tag{4.3-24}$$

则

$$d_{cr} = B\frac{\sqrt{G_1}}{(p_1\rho_0)^{\frac{1}{4}}} \tag{4.3-25}$$

式中 G_1——工作蒸汽流量，kg/h；

d_{cr}——蒸汽喷嘴喉径，mm；

p_0——工作蒸汽进口压力，MPa；

ρ_0——工作蒸汽进口密度，kg/m^3；

B——喉径计算系数。

对空气：

$$\gamma = 1.4, B = 0.7187, d_{cr} = 0.7187 \frac{\sqrt{G_1}}{(p_0\rho_0)^{\frac{1}{4}}} \quad (4.3-26)$$

过热水蒸气

$$\gamma = 1.3, B = 0.728, d_{cr} = 0.728 \frac{\sqrt{G_1}}{(p_0\rho_0)^{\frac{1}{4}}} \quad (4.3-27)$$

饱合水蒸气

$$\gamma = 1.135, B = 0.746, d_{cr} = 0.746 \frac{\sqrt{G_1}}{(p_0\rho_0)^{\frac{1}{4}}} \quad (4.3-28)$$

5. 喷嘴渐扩段锥度

工作蒸汽喷嘴渐扩段的锥角主要影响到喷嘴的效率和能耗。锥角过大，高速的超音速中心气流会和边界气流剥离而产生涡流，白白损耗能量；但如果太小，喷嘴会设计得太长，也会加大摩擦损耗。

文献[1]推荐渐扩段的锥度(喉部到出口的距离 l_0 与出口直径和喉部直径差之比，见图4.3-5)为1∶3～1∶4，即锥度

$$K_d = \frac{d_0 - d}{l_1} = 1:3 \sim 1:4$$

相当于锥角 α 约14°～19°；

文献[3]推荐锥角 α 为15～20°；

文献[4]推荐锥度1∶3～1∶4。

6. 喷嘴的其他尺寸

蒸汽喷嘴渐缩段无特别要求，以下几点向设计者推荐：

① 蒸汽进口，如结构允许可尽量大些，至少要大于排出口的直径。缩锥的锥角不宜大于45°。

② 喉部长度5～6mm，太大无益。

③ 锥体进出口及锥体与喉部相贯部分圆滑过渡、避免棱角。

4.3.4　吸入室和混合段结构

与被抽气体进口相连的一段筒体称做吸入室，由蒸汽喷嘴出口至扩压段喉管部分称混合段。有时把这两部分统称为混合段(见图4.3-1)。

工作蒸汽从喷嘴出口射出，类似于自由射流或湍流射流。在距喷嘴出口4～5倍喷嘴出口管径的距离，蒸汽的速度仍很高。尽管喷嘴出口的理论设计压力为气体吸入口的压力，但在截面上沿径向静压分布很不均匀。高速气流的周边上静压要低于平均设计压力，加上高速气流的黏性和携带作用将周边外的气体卷入。同时，喷射蒸汽的温度和密度也与吸入气体不同，这使得混合段工作情况很复杂，既有能量交换，又有质量传递，很难用精确的理论分析解来求取。随着喷射距离的延长，截面上的压力、密度、速度和温度逐渐趋于一致。

工程计算时，混合气入口压力取被抽气体的进口压力，对其它状态参数都不作详细计算，只根据实验和经验来确定各部位的尺寸。

1. 吸入室结构

为了避免抽空系统阻力过大，被抽气体入口直径都较大。吸入室的直径，需满足被抽气

体入口管的安装要求。且直径需略大于混合段锥管大端的直径，过大无益。

确定蒸汽喷嘴出口至混合锥管入口之间的距离 x 比较重要，实验证明，x 过大或为负值（即蒸汽喷嘴插入了混合锥管内）都将影响了抽空效果。x 值虽也可进行理论推导，但十分繁琐，而且结果与实验不太相符，一般由实验确定。

文献[1]推荐：$x=0$

文献[3]推荐：主抽空器 $x=0\sim150$mm，辅助抽空器 $x=0\sim50$mm。

x 大小的准确值目前很难有定论，西安重型机械研究所曾通过实验提出，x 值在 $0\sim\sqrt{1.8}d_0$ 范围内对抽空影响不大（d_0为蒸汽喷嘴出口直径）。也有些设计院根据经验选取 0～10 mm。

如果把蒸汽喷嘴作成可调形式，可由实验来确定 x 的最佳长度。

2. 混合管段结构

混合管是一段渐缩形的锥管。如前所述，高速气流从蒸汽喷嘴射出后，需要有一定喷射长度，才能与被抽气体进行能量和质量的交换。这一点与蒸汽喷嘴进口渐缩段不相同。渐缩形混合管有利于两股气流的混合，避免了边界剥离和涡流，同时也能把混合气体加速到临界状态。从整体来看，混合管—喉管—扩压管又构成了一个缩扩形喷嘴，但其渐扩段为亚音速气流（见表4.3－1），所以我们可以把这三部分统称为扩压器。混合管设计也很重要，过去有人认为它是“抽空器的生命线”。某些学者曾提出蒸汽喷嘴渐扩段散扩线与混合锥管的交汇处直径应在 $1.4d_h$（d_h—扩压管喉径）左右较合适，但这不是绝对的，必须有合适的锥角相匹配。锥角过大，混合段较短，气流混合不好，抽气量难于达到要求；锥角过小，混合段较长，消耗许多不可逆能量，减低了极限背压。

有关混合管的各部分尺寸确定，待后面与扩压管一齐讨论。

4.3.5 扩压管

扩压段包括了喉管和扩压锥管。由于扩压管出口压力（抽空器的排出压力）大于被抽气体进口压力，气流在扩压管只能是亚速流动，而不会出现超音速。渐扩形的扩压锥管，随着截面面积的增大，气流速度降低，动能转变为势能，压力增高，最后排出抽空器。扩压段的计算，也是按气流绝热等熵过程进行，排出压力是已知参数，其它参数由排出压力计算出。需要再次说明的是：①由于工作压力较低，将被抽气体和混合气都视为理想气体；②不论原来工作蒸汽和被抽气体性质差异多大，经混合段后已变成“单一气体”的绝热压缩过程，不再考虑它们之间的能量和质量交换。

1. 喉部临界流速

为了与前面蒸汽喷嘴临界参数相区别，把扩压段喉管参数符号下标取 ck，如 F_{ck}、d_{ck}、u_{ck}、p_{ck}、ρ_{ck} 等分别表示喉管部临界面积、临界直径、临界流速、临界压力、临界密度等。

图4.3－5为扩压器图示。l_3、D_3表示扩压管长度与出口直径；l_2、D_2表示混合管长度和进口直径，l_h、d_h分别表示喉管长度与直径。

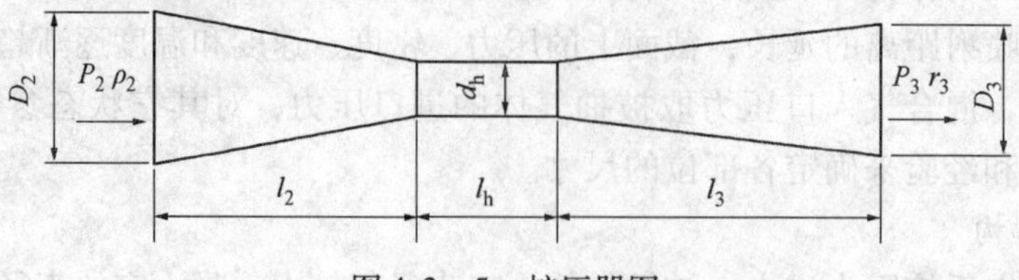

图4.3－5 扩压器图

喉管处的临界速度可写为

$$u_{ck} = \sqrt{\gamma_c p_{ck}/\rho_{ck}} = \sqrt{\gamma_c R_c T_{ck}}$$

取 $h-h$ 和3－3两个平面，根据绝热方程：

$$\frac{p_{ck}}{p_3} = \left(\frac{\rho_{ck}}{\rho_3}\right)^{\gamma} = \left(\frac{T_{ck}}{T_3}\right)^{\frac{1}{\gamma-1}} = \left(\frac{\gamma+1}{2}\right)^{-\frac{1}{\gamma-1}}$$

得

$$u_{ck} = \sqrt{\frac{2\gamma_c}{\gamma_c+1}R_c T_3} \tag{4.3－29}$$

式中　γ_c——混合气体的绝热指数；

R_c——混合气体的气体常数；

T_3——排出气体的绝对温度。

关于γ_C和 R_C的求取后面再进行讨论，这里仅讨论 T_3的计算方法。

① 气体分压定律：处于平衡状态下多组分混合气中，某组分的分压等于总压与该组分体积百分数的乘积，总压等于各组分分压之和。对于理想气体，体积百分数等于克分子分数，所以对理想气体，气体分压定律可表达为：

$$p_i = p_0 X_i, \quad p_0 = \sum_{i=1}^{n} p_i$$

上式中 p_0为总压，p_i为某组分的分压，X_i为等组分克分子分数，n 为组分数。对于抽空器扩压段混合气可认为由工作水蒸汽和被抽气体两种组分组成，$n=2$。工作水蒸汽的分压 p_{H_2O} 为：

$$p_{H_2O} = P_3 X_{H_2O} \tag{4.3－30}$$

式中，X_{H_2O} 表示工作水蒸汽在混合汽中所占克分子分数，可用式(9.4－31)计算：

$$X_{H_2O} = \frac{\frac{G_1}{M_1}}{\frac{G_1}{M_1}+\frac{G_2}{M_2}} = \frac{1}{\frac{G_2}{G_1}\cdot\frac{M_1}{M_2}+1} \tag{4.3－31a}$$

代入式(4.3－30)中得：

$$p_{H_2O} = \frac{P_3}{\frac{G_2}{G_1}\cdot\frac{M_1}{M_2}+1} \tag{4.3－32a}$$

式中　G_1、M_1——工作蒸汽的质量流量和相对分子质量；

G_2、M_2——被抽气体的质量流量和平均相对分子质量；

p_3——混合气排出压力。

② 我们把抽空器总体看做一个与外界绝热的孤立系统，由于工作蒸汽和被抽气体进口流速及混合气排出口流速比较低，且相近，在忽略速度(动能)影响时，系统的能量平衡也就等于热量平衡。因此，工作蒸汽放出的热量等于被抽气体吸收的热量，则：

$$G_1(h_1-h_3) = G_2 C_{p2}(t_3-t_2)$$

$$t_3 = t_2 + \frac{G_1}{G_2 C_{p2}}(h_1-h_3) \tag{4.3－33a}$$

式中　h_1——工作蒸汽进口热焓；

h_3——工作蒸汽在扩压管排出口温度 t_3 和分压 p_{H_2O} 下的热焓；

t_2——被抽气体进口温度；

t_3——混合气体在扩压管排出口温度；

C_{p2}——被抽气体的平均等压热容。

令 $\mu = G_2/G_1$，则式(4.3-31a)、式(4.3-32a)、式(4.3-33a)可写为

$$X_{H_2O} = \frac{1}{\mu \frac{M_1}{M_2} + 1} \tag{4.3-31b}$$

$$p_{H_2O} = \frac{p_3}{\mu \frac{M_1}{M_2} + 1} \tag{4.3-32b}$$

$$t_3 = t_2 + \frac{h_1 - h_3}{\mu C_{p2}} \tag{4.3-33b}$$

μ 称作喷射系数，又叫引射系数，是抽空器设计中一个十分重要的参数。关于 μ 的计算后面将有专门讨论。

式(4.3-33b)中，h_3 是 t_3 的函数，故这方程只有 t_3 一个未知量。

③求气排出温度 t_3 时，先需假定一个 t_3 值，按式(4.3-32b)求出混合气中水蒸气分压 p_{H_2O}，根据 t_3 和 p_{H_2O}，从水蒸气热力学性质表或焓—熵图查出焓 h_3，再代入式(4.3-33b)中求出温度定 t_3'，如果 $t_3' \approx t_3$，则前面假定的 t_3 合适，否则重新假设 t_3 计算，直到满意为止。

求得出口温度后，代入式(4.3-29)，可求得临界流速，关于混合器 R_C、γ_C 的计算，放在后面讨论。

2. 喉管面积

求出了喉管的临界流速后，当然也可用绝热过程求喉管气体的密度。流量已知，利用连续方程便可计算出喉部的直径或面积。但这种计算十分繁琐，各种假设条件引起误差也较大。一般是根据喷嘴喉径和扩压段喉径的比例关系，简化后求解。

在前面蒸汽喷嘴喉径计算一段中已由连续方程推导出了蒸汽喷嘴喉部面积：

$$F_{cr} = \frac{G_1}{u_{cr}\rho_{cr}}$$

同理可推导出扩压段喉管面积为：

$$F_{ck} = \frac{G_3}{u_{ck}\rho_{ck}}$$

$$\frac{F_{ck}}{F_{cr}} = \frac{G_3 u_{cr}\rho_{cr}}{G_1 u_{ck}\rho_{ck}} \tag{4.3-34}$$

在式(4.3-22)推导过程中(喷嘴喉径计算)，曾用了以下两个关系式：

$$\rho_{cr} = \left(\frac{2}{\gamma+1}\right)^{\frac{1}{\gamma-1}} \rho_1$$

$$u_{cr} = \sqrt{\frac{2\gamma}{\gamma+1} \cdot \frac{p_1}{\rho_1}}$$

则可解得：

$$\rho_1 = \left(\frac{2\gamma}{\gamma+1}\right)\frac{p_1}{u_{cr}{}^2}$$

$$\rho_{cr}=\left(\frac{2}{\gamma+1}\right)^{\frac{1}{\gamma-1}}\left(\frac{2\gamma}{\gamma+1}\right)\frac{p_1}{u_{cr}^2}=\left(\frac{2}{\gamma+1}\right)^{\frac{\gamma}{\gamma-1}}\gamma\left(\frac{p_1}{U_{cr}^2}\right)$$

用相同的推导过程，可解得：

$$\rho_{ck}=\left(\frac{2}{\gamma_c+1}\right)^{\frac{1}{\gamma_c-1}}\rho_3$$

$$u_{ck}=\sqrt{\frac{2\gamma_c}{\gamma_c+1}\frac{p_3}{\rho_3}}$$

$$\rho_{ck}=\left(\frac{2}{\gamma_c+1}\right)^{\frac{\gamma_c}{\gamma_c-1}}\cdot\gamma_c\left(\frac{p_3}{u_{ck}^2}\right)$$

$$\frac{\rho_{cr}}{\rho_{ck}}=\frac{\left(\frac{2}{\gamma+1}\right)^{\frac{\gamma}{\gamma-1}}\gamma}{\left(\frac{2}{\gamma_c+1}\right)^{\frac{\gamma_c}{\gamma_c-1}}\gamma_c}\cdot\frac{u_{ck}^2}{u_{cr}^2}\cdot\frac{p_1}{p_3}$$

式中　γ——工作蒸汽的绝热指数；

γ_c——混合气的加权绝热指数。

在石化装置中，工作蒸汽的喷射系数μ大多数都在0.2～0.8之间，被抽气体中也含有相当量的水蒸气，所以混合气体中大部分是由水蒸气所组成。故γ_C与γ较接近，因此，

$$\frac{\left(\frac{2}{\gamma+1}\right)^{\frac{\gamma}{\gamma-1}}\gamma}{\left(\frac{2}{\gamma_c+1}\right)^{\frac{\gamma_c}{\gamma_c-1}}\gamma_c}\approx 1$$

故得　$\frac{\rho_{cr}}{\rho_{ck}}=\frac{u_{ck}^2}{u_{cr}^2}\frac{p_1}{p_3}$　将此式代入式(4.3－34)得：

$$\frac{F_{ck}}{F_{cr}}=\frac{G_3}{G_1}\frac{u_{ck}}{u_{cr}}\frac{p_1}{p_3} \tag{4.3－35}$$

通过大量的工程设计计算结果对比，用简化后的式(4.3－35)与用加权法求混合气绝热指数求解，误差不会超过6%。由此可得出扩压管的直径计算公式：

$$d_h=d\sqrt{\frac{G_3u_{ck}p_1}{G_1u_{cr}p_3}} \tag{4.3－36a}$$

因为　$G_3/G_1=(G_1+G_2)/G_1=(1+\mu)$

所以

$$d_h=d\sqrt{(1+\mu)\frac{u_{ck}p_1}{u_{cr}p_3}} \tag{4.3－36b}$$

式中　d_h——扩压段喉径；

d——蒸汽喷嘴喉径；

u_{cr}——蒸汽喷嘴临界流速；

u_{ck}——扩压段喉管临界流速；

μ——喷射系数；

p_1——工作蒸汽进口压力；

p_3——扩压段出口混合气压力。

扩压段喉管面积与蒸汽喷嘴喉部面积之比$(d_h/d)^2$一般称“喉面比”，对抽空器工作性能有着很大的影响，当喉面比偏大时，虽然能增加抽气能力，但抽空器克服背压的能力就会降低[式(4.3-36b)]中，d_h增大，p_3反而下降)，容易产生反气现象(部分混合气流返窜到被抽气进口管中)，造成真空度下降。对多级抽空器，末级抽空器排出压力(大气)是给定值，这个问题比较突出。因此有的设计规范对末级抽空器的喉面比最大值作了限定[1]，原因就在此。如果喉面比偏小，虽然能提高压缩比，但会引起喷射系数下降，抽气量往往满足不了要求。因此抽空器的喉面比也是设计计算的关键尺寸。一旦扩压器喉径确定后，扩压段的其它尺寸都可由喉部直径来确定。

3. 扩压器的其它尺寸

扩压器尺寸见图4.3-6，包括混合管、喉管和扩压管三部分。不同文献对各部分尺寸虽有差异，但相差不太大，基本都是按喉管直径比例来确定的。表4.3-2列举了三个参考文件推荐的范围。

表4.3-2 扩压器基本尺寸(参见图4.3-6)

名称	尺寸	文献[1]	文献[3]	文献[4]
混合管	l_2	$(6\sim8)d_h$	εd_h(双锥) (ε见表9-4-3)	
	D_2	$(1.65\sim1.70)d_h$	$2.1d_h$	$p_1>1.33$kPa时：$1.5d_h$ $p<1.33$kPa时：$1.7d_h$
	锥度	1:10	/	1:10
	锥角		前段$\alpha=14°$ 后段$\alpha=6°$	
扩压管	l_3	$(7\sim10)d_h$	$7.15d_h$	
	D_3	$(1.8\sim2.0)d_h$	$2.0d_h$	$1.8d_h$
	锥度			1:8~1:10
	锥角	/	8°	/
喉管	l_h	$4d_h$	$(3\sim5)d_h$	$(2\sim4)d_h$

注：d_h为扩压段喉管直径。

表4.3-3 长度系数ε

压缩比	3	4~5	6~7
ε	6	7	8

注：压缩比=混合气体排出压力/被抽气体入口压力。

4.3.6 喷射系数

1. 定义

喷射系数，又称引射系数，指抽空器单位质量的工作蒸汽，所能引射的被抽气体的质量。用数学形式表达如下：

$$G_2=\mu G_1 \tag{4.3-37}$$

式中 G_1——工作蒸汽的质量流量；

G_2——被抽气体计算质量流量；

μ——喷射系数，μ 的大小反映抽空器工作蒸汽作功能力的大小。

2. 计算

在无外界能源的绝热喷嘴，其做功完全是依靠自身的焓降来实现的。一定量的工作蒸汽，焓降愈大，做功的能力也就愈强。喷射系数一般是用下式计算：

$$\mu = \varphi\sqrt{\Delta h_1/\Delta h_3} - 1 \tag{4.3-38}$$

式中　Δh_1——工作蒸汽通过喷嘴的焓降；

Δh_3——混合气体通过扩压段的焓增；

φ——综合系数，它反映了工作蒸汽在作功过程中有效能量的利用，一般由实验和经验确定。本节后面要讨论 φ 值的选取。

为了计算蒸汽的焓降(或焓增)，需使用前面叙述过的连续方程、能量方程、状态方程及喷嘴出口面积计算等基本方程式。

(1) 工作蒸汽通过喷嘴后的膨胀焓降Δh_1

取进口截面为1-1，出口截面为0-0，喉部为C-C[见图4.3-2(b)]。根据能量方程式，则有

$$\Delta h_1 = h_1 - h_0 = \frac{1}{2}(u_0^2 - u_1^2) \tag{4.3-39}$$

因　$u_0 \gg u_1$

则

$$\Delta h_1 = h_1 - h_0 = \frac{1}{2}u_0^2 \tag{4.3-40}$$

式中　h——截面上的气体焓值；

u——截面上的气体速度；

下角0，1分别表示0-0截面和1-1截面上的参数。

根据连续方程，$F_1u_1\rho_1 = F_0u_0\rho_0 = F_{cr}u_{cr}\rho_{cr}$得

$$u_0 = \frac{F_{cr}}{F_0}\frac{\rho_{cr}}{\rho_0}u_{cr} \tag{4.3-41}$$

由状态方程式(4.3-5)得

$$\frac{\rho_{cr}}{\rho_0} = \left(\frac{1 + \frac{\gamma - 1}{2}M_0^2}{\frac{\gamma + 1}{2}}\right)^{\frac{1}{\gamma-1}} \tag{4.3-42}$$

M_0由式(4.3-13)求得：$M_0 = \sqrt{\frac{2}{\gamma - 1}\left[\left(\frac{p_0}{p_1}\right)^{-\frac{\gamma-1}{\gamma}} - 1\right]}$，代入式(4.3-42)后解得：

$$\frac{\rho_{cr}}{\rho_0} = \left(\frac{2}{\gamma + 1}\right)^{\frac{1}{\gamma-1}}\left(\frac{p_1}{p_0}\right)^{\frac{1}{\gamma}} \tag{4.3-43}$$

通过前面求解，蒸汽喷嘴出口面积式(4.3-14)可得

$$\frac{F_{cr}}{F_0} = \sqrt{\frac{2}{\gamma - 1}\left(\frac{\gamma + 1}{2}\right)^{\frac{\gamma+1}{\gamma-1}}}\sqrt{\frac{\left(\frac{p_1}{p_0}\right)^{\frac{\gamma-1}{\gamma}} - 1}{\left(\frac{p_1}{p_0}\right)^{\frac{\gamma+1}{\gamma}}}} \tag{4.3-44}$$

再将式(4.3-43)和式(4.3-44)代入式(4.3-41)中，则有：

$$u_0 = \sqrt{\frac{2}{\gamma-1}\left(\frac{\gamma+1}{2}\right)^{\frac{\gamma+1}{\gamma-1}}}\sqrt{\frac{\left(\frac{p_1}{p_0}\right)^{\frac{\gamma-1}{\gamma}}-1}{\left(\frac{p_1}{p_0}\right)^{\frac{\gamma+1}{\gamma}}}}\cdot\left(\frac{2}{\gamma+1}\right)^{\frac{1}{\gamma-1}}\left(\frac{p_1}{p_0}\right)^{\frac{1}{\gamma}}\cdot u_{cr}$$

将此多项式化简整理后得：

$$u_0 = u_{cr}\sqrt{\left(\frac{\gamma+1}{\gamma-1}\right)\left[1-\left(\frac{p_0}{p_1}\right)^{\frac{\gamma-1}{\gamma}}\right]} \quad (4.3-45)$$

式中 u_0——喷嘴出口流速。

(2) 混合气体通过扩压器压缩后焓增Δh_3

工作蒸汽由蒸汽喷嘴呈超音速气流自由喷射而出，在混合段逐渐与被抽气体混合，速度降低，到喉管段达到音速状态。再经扩压管，呈亚音速流动，速度继续降低而压力逐渐增大，最后以p_3压力排出扩压管。所以扩压器蒸汽流动为超音速—临界速度—亚音速。这正像是蒸汽喷嘴的逆向过程。

设扩压器进口处截面为2-2，出口处截面为3-3，喉管截面为h-h，分别以下角2、3、ck来表示这三个截面上的状态参数(参见图4.3-6)。

同蒸汽喷嘴推导过程相同：

$$\Delta h_3 = h_3 - h_2 = \frac{1}{2}(u_2^2 - u_3^2) \approx \frac{1}{2}u_2 \quad (4.3-46)$$

$$u_2 = \frac{F_{ck}\rho_{ck}}{F_2\rho_2}u_{ck} \quad (4.3-47)$$

根据状态方程与马赫数的关系式(4.3-5)：

$$\frac{\rho_{ck}}{\rho_2} = \left(\frac{1+\frac{\gamma_c-1}{2}M_2^2}{\frac{\gamma_c+1}{2}}\right)^{\frac{1}{\gamma-1}} \quad (4.3-48)$$

由式(4.3-13)得：

$$M_2 = \sqrt{\frac{2}{\gamma_c-1}\left[\left(\frac{p_2}{p_3}\right)^{-\frac{\gamma-1}{\gamma}}-1\right]}$$

所以

$$\frac{\rho_{ck}}{\rho_2} = \left(\frac{2}{\gamma+1}\right)^{\frac{1}{\gamma-1}}\left(\frac{p_3}{p_2}\right)^{\frac{1}{\gamma}} \quad (4.3-49)$$

与求解蒸汽喷嘴出口面积与喉部面积的方法相同，可解得扩压器临界面积与入口面积之比

$$\frac{F_{ck}}{F_2} = \sqrt{\frac{2}{\gamma-1}\left(\frac{\gamma_c+1}{2}\right)^{\frac{\gamma_c+1}{\gamma_c-1}}}\sqrt{\frac{\left(\frac{p_3}{p_2}\right)^{\frac{\gamma_c-1}{\gamma_c}}-1}{\left(\frac{p_3}{p_2}\right)^{\frac{\gamma_c+1}{\gamma_c}}}} \quad (4.3-50)$$

将式(4.3-49)、式(4.3-50)代入式(4.3-46)，可解得：

$$u_2 = \sqrt{\frac{2}{\gamma_c - 1}\left(\frac{\gamma_c + 1}{2}\right)^{\frac{\gamma_c+1}{\gamma_c}}} \sqrt{\frac{\left(\frac{p_3}{p_2}\right)^{\frac{\gamma_c-1}{\gamma_c}}}{\left(\frac{p_3}{p_2}\right)^{\frac{\gamma_c+1}{\gamma_c}}} \cdot \left(\frac{2}{\gamma_c + 1}\right)^{\frac{1}{\gamma_c-1}} \left(\frac{p_3}{p_2}\right)^{\frac{1}{\gamma_c}}} \cdot u_{ck}$$

经化简后得：

$$u_2 = u_{ck} \sqrt{\left(\frac{\gamma_c + 1}{\gamma_c - 1}\right)\left[1 - \left(\frac{p_2}{p_3}\right)^{\frac{\gamma_c-1}{\gamma_c}}\right]} \tag{4.3-51}$$

式中　u_2——扩压器入口混合气体速度；

γ_c——混合气体的绝热指数(或称等熵指数)。

(3) 综合系数 φ

前面对抽空器中焓降(或焓增)的计算中，都是按理想气体可逆过程推导的。实际抽空器在工作时有许多不可逆过程的能量损失，如散热、磨檫耗损、涡流等。而且无论是工作蒸气还是被抽气体都不是理想气体。因此，Δh_3的实际值要大于理论计算值。引入综合系数 φ，就是为了修正理论计算与实际的偏差以及理论计算中因各种假定引起的误差，φ 值大小一般是通过实验来测定的。用水蒸气来抽空气，测定抽空器各部位的参数便可计算出 φ 值范围，再由许多实际操作的工业装置加以修正，最后确定 φ 的大小。

不同用途的抽空器，计算喷射系数的方法有所区别，因此不同的文献对 φ 值确定也不同。文献[1]推荐为0.834，而文献[3]推荐为0.765，二者在计算Δh_1和Δh_3方法上不尽相同。关于文献[3]μ 值的计算，附录4作简单的介绍。本文采用 $\varphi = 0.834$。

(4) μ 的计算

Δh_1、Δh_3确定后，将其结果代入式(4.3-38)，便可得到μ 值计算式(4.3-52)。由于抽空器蒸汽喷嘴出口压力 p_0(即扩压器的入口压力)设计时都是取被抽气体入口处的压力 p_2(即吸入室压力)，式(4.3-52)、以 p_2取代了 p_0，则有：

$$\mu = 0.834 \frac{u_{cr}}{u_{ck}} \sqrt{\frac{\left(\frac{\gamma + 1}{\gamma - 1}\right)\left[1 - \left(\frac{p_2}{p_1}\right)^{\frac{\gamma-1}{\gamma}}\right]}{\left(\frac{\gamma_c + 1}{\gamma_c - 1}\right)\left[1 - \left(\frac{p_2}{p_3}\right)^{\frac{\gamma_c-1}{\gamma_c}}\right]}} - 1 \tag{4.3-52}$$

式中　u_{cr}——工作蒸汽通过蒸汽喷嘴的临界流速；

u_{ck}——混合气体通过扩压管喉部的临界流速；

p_1——工作蒸汽进口压力；

p_2——被抽气体进口压力；

p_3——混合气体排出压力；

γ——工作蒸汽绝热指数；

γ_c——混合气体绝热指数。

用式(4.3-52)计算抽空器的喷射系数，式中除 p_1、p_2、p_3 是已知参数外，u_{cr}、u_{ck}、γ_c及扩压段出口温度计算都与μ 值有关。所以应先假定一个μ，待其它参数求出后，再代入式(4.3-52)中，如果假定值与计算值的偏差小于许可范围时，则假定值合适。否则，重新设μ 计算，直到满意为止。这给设计带来麻烦较大，特别是手工计算，往往需要较长时间的反复运算过程。而初始设定的μ值比较关键，如果初设的μ值比较接近计算值，会大大缩短计算时间。即是使用计算机程序设计，选定好的初始值，也会缩短程序运行时间和运行空间。式(4.3－53)给出了一个初估喷射系数的公式，也可用附图1查表求出。式(4.3－53)和附图1没有数学上的联系关系，都是利用膨胀比和压缩比近似地估算抽空器的膨胀系数，或估算抽空器的蒸汽耗量。

$$\mu = 0.72\sqrt{\frac{E^{0.19}-1}{K^{0.215}-1}} - 1 \quad (4.3-53)$$

式中 E——膨胀比，即蒸汽进口压力与被抽气体进口压力之比：p_1/p_2；

K——压缩比，即混合气体排出压力与被抽气体进口压力之比：p_3/p_2。

4.3.7 混合气体物理参数求解

1. 加权法的基本概念

加权法是工程上计算混合气体平均物理参数的常用方法。所谓“加权”，就是混合物的各组分百分数与其组分物性数量的乘积之和。用加权法求得的混合物平均物性，虽然并非是混合物真实物性，但与实际测定值却十分接近。

采用加权法求混合气体的平均物性时，须注意以下两点：①混合气体各组分之间应处于平衡状态，即各组分之间没有能量和质量的交换，也不能发生化学变化；②加权参数间的“基础量纲”(或基础单位)要相同。如求加权密度时，各组分的基础单位是体积，则必须用体积百分数；求加权比容时，组分的基础单位是质量，则须用质量百分数；相对分子质量的加权，则用克分子分数。对于比热容加权，当温度恒定时，取质量百分数。

当不满足以上两条时，需要进行一些特殊方法进行加权，如后面讨论抽空器的排出混合气体，求其平均绝热指数就是一例。

2. 混合气体某些参数的加权平均值

下面主要介绍抽空器计算中所用的混合气物性加权平均值的求法。

(1) 平均密度ρ

$$\rho = \sum_{i=1}^{n} \alpha_i \rho_i \quad (4.3-54)$$

式中 α_i——i组分的体积百分数；

ρ_i——i组分的密度；

n——总组分数。

(2) 平均比容ν_m

$$\nu_m = \sum_{i=1}^{n} \beta_i \nu_i = \sum_{i=1}^{n} \frac{G_i}{G} \nu_i \quad (4.3-55)$$

式中 ν_i——i组分的比容；

β_i——i组分的质量百分数；

G_i——i组分的质量；

G——混合气体总质量。

(3) 平均定压比热容C_p

$$C_p = \sum_{i=1}^{n} \beta_i C_{pi} = \sum_{i=1}^{n} \frac{G_i}{G} C_{pi} \quad (4.3-56)$$

式中 C_{pi}——i组分的定压比热容。

（4）平均相对分子质量 M

$$M = \sum_{i-1}^{n} x_i M_i = \frac{G}{\sum_{i=1}^{n} \frac{G_i}{M_i}} \tag{4.3-57}$$

式中　x_i——i 组分的克分子分数；

M_i——i 组分的相对分子质量。

（5）平均绝热指数 γ

$$\gamma = \sum_{i=1}^{n} \beta_i \gamma_i = \sum_{i=1}^{n} \frac{G_i}{G} \gamma_i \tag{4.3-58}$$

式中　γ_i——i 组分的绝热指数。

（6）平均气体常数 R

如已知气体的平均相对分子质量 M，

$$R = \frac{8310}{M} \quad \frac{\mathrm{J}}{\mathrm{kg \cdot K}} \tag{4.3-59}$$

如已知各组分的重量和气体常数 R_i，

$$R = \sum_{i=1}^{n} \beta_i R_i = \sum_{i=1}^{n} \frac{G_i}{G} R_i$$

3. 排出混合气平均绝热指数和气体常数的求解

（1）平均绝热指数

对于抽空器吸入室的混合气体，由于从蒸汽喷嘴射出的超音速蒸汽与吸入的亚音速被抽气体混合，二者的温度、速度、密度都不相同。在混合段会发生能量、动量和质量的交换，因此不能简单地用式(4.3-58)来求排出混合气体加权平均绝热指数。

根据绝热指数的定义 $\gamma = C_p / C_v$，同其它参数一样，我们可以把定容比热容 C_v 看做加权参数的基本单位。又因定容比容是气体容积不变下的比热容，所以下面用了克分子定容比热容(对理想气体，克分子分数与体积百分数相同)分数作为加权的百分数。

设吸入室混合由工作水蒸气和被抽气体所组成，这两种气体各加权参数符号说明见表4.3-4。

表4.3-4　混合气体计算参数表

	绝热指数	定容比热容	相对分子质量	质量流量	气体常数
水蒸气	γ_1	C_{v1}	M_1	G_1	R_1
被抽气体	γ_2	C_{v2}	M_2	G_2	R_2
混合气	γ_3		M_3	$G_3 = G_1 + G_2$	R_3

则水蒸气定容比热容为：

$$\frac{G_1}{M_1} C_{v1}$$

被抽气体定容比热容为：

$$\frac{G_2}{M_2} C_{v2}$$

混合气体中，水蒸气所占分数为：

$$\frac{\frac{G_1}{M_1}C_{v1}}{\frac{G_1}{M_1}C_{v1}+\frac{G_2}{M_2}C_{v2}}$$

被抽气体所占的分数为：

$$\frac{\frac{G_2}{M_2}C_{v1}}{\frac{G_1}{M_1}C_{v1}+\frac{G_2}{M_2}C_{v2}}$$

按加权法，混合气平均绝热指数应为：

$$\gamma_3=\frac{\frac{G_1}{M_1}C_{v1}}{\frac{G_1}{M_1}C_{v1}+\frac{G_2}{M_2}C_{v2}}\gamma_1+\frac{\frac{G_2}{M_2}C_{v2}}{\frac{G_1}{M_1}C_{v1}+\frac{G_2}{M_2}C_{v2}}\gamma_2=\frac{1+\frac{M_1}{M_2}\frac{C_{v2}}{C_{v1}}\frac{G_2}{G_1}\frac{\gamma_2}{\gamma_1}}{1+\frac{M_1}{M_1}\frac{C_{v2}}{C_{v1}}\frac{G_2}{G_1}}\gamma_1$$

因 $\frac{G_2}{G_1}=\mu$，对理想气体 $\gamma=\frac{C_p}{C_v}$，通用气体常数 $R=C_p-C_v$，所以，

$$\gamma-1=\frac{C_p-C_v}{C_v}=\frac{R}{C_v}$$

对于两种不同的气体

$$C_{v1}=\frac{R}{\gamma_1-1},C_{v2}=\frac{R}{\gamma_2-1}$$

则 $\frac{C_{v2}}{C_{v1}}=\frac{\gamma_1-1}{\gamma_2-1}$ 代入 γ_3式中，

得

$$\gamma_3=\frac{1+\mu\frac{M_1(\gamma_1-1)\gamma_2}{M_2(\gamma_2-1)\gamma_1}}{1+\mu\frac{M_1(\gamma_1-1)}{M_2(\gamma_2-1)}}\gamma_1 \tag{4.3-60}$$

式(4.3-60)就是用来求混合气体平均绝热指数的公式。

(2) 气体常数

同样地将排出混合气看做两组分混合气体，根据气体常数的关系式，可求得混合气体的气体常数，见式(4.3-61)。

$$R_C=\frac{R_g}{M_C}$$

$$=\frac{R_g}{\frac{G_C}{\frac{G_1}{M_1}+\frac{G_2}{M_2}}}=\frac{\frac{R_g}{M_1}G_1+\frac{R_g}{M_2}G_2}{G_C}=\frac{G_1R_1+G_2R_2}{G_1+G_2} \tag{4.3-61}$$

式中 R_g——通用气体常数，$R_g=8310\text{J/(kmol·K)}$

4.3.8 抽空-冷凝系统的物料平衡和热平衡

抽空器的设计中，被抽容器出口的气体流量和物性是已知的工艺参数。而各级抽空器的

被抽气体进口参数和冷凝器的热负荷需要用抽空－冷凝系统的物料平衡和热平衡计算出。

将任何一级抽空器及配套的冷凝器视为一个孤立的热力学平衡体系，见图4.3－6。忽略气流速度的影响，则系统的能量平衡等于热平衡。

物料平衡：进入系统的物料：$G_{in} = G_1 + G_2$

流出系统的物料：$G_{ou} = G_g + G_L$

因 $G_{in} = G_{ou}$，所以

$$G_g = G_1 + G_2 + G_L \tag{4.3-62}$$

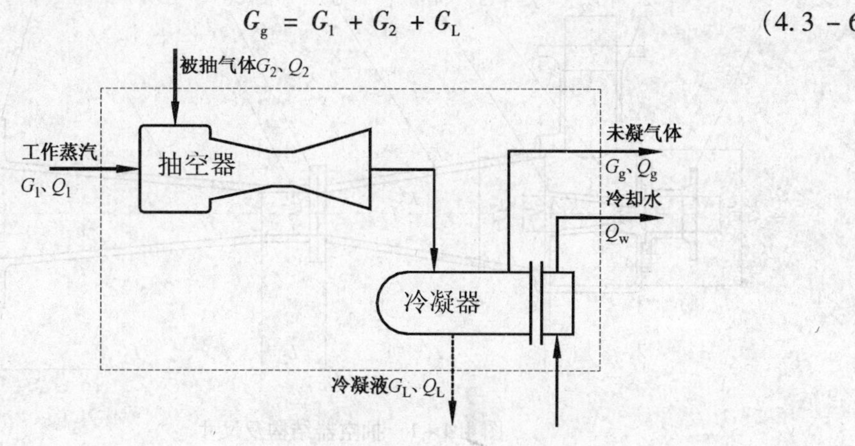

图4.3－6　抽空－冷凝系统物料平衡和热平衡图

热平衡：进入系统的热量　$Q_{in} = Q_1 + Q_2$

流出系统的热量　$Q_{ou} = Q_g + Q_L + Q_w$

因 $Q_{in} = Q_{on}$，所以

$$Q_w = Q_1 + Q_2 - Q_g - Q_L \tag{4.3-63}$$

式中　G_1、Q_1——工作蒸汽的流量及进入系统的热量；

G_2、Q_2——被抽气体的流量及进入系统的热量；

G_g、Q_g——冷凝器未凝气体的流量及带出系统的热量；

G_L、Q_L——冷凝器冷凝液的流量及带出系统的热量；

Q_w——冷凝器冷凝水取走的热量，即冷凝器的热负荷。

通过式(4.3－62)可以计算出抽空器排出气体经过冷凝器后的不凝气量，即为进入下一级抽空器的被抽气体量。

通过式(4.3－63)可计算冷凝热负荷，为抽空冷凝器的设计提供了定量的依据。

在石油化工装置，被抽气体是由不同烃类气体和其它气体所组成的混合物，一般可分为不凝气、可凝油气、水蒸气和空气四大类。冷凝液主要由已凝成液体的可凝烃类和冷凝水组成。未凝气体由不凝汽、空气、未凝的水蒸气和油气所组成。有关这些气体的组成计算，我们将放在下一节详细叙述。

4.4　抽空器计算

前面介绍了抽空器的工作原理，并根据热力学基本理论推导出了抽空器主要寸尺的计算式。本节将根据石化厂的特点，系统地叙述一下抽空器的设计步骤。

有关抽空器的设计方法，目前国内外流行多种版本。大多数都是根据热力学原理结合本

系统的情况简化而来，有很强的行业特点。本文介绍的计算方法，是根据前苏联学者соколов 等人实验和理论为基础，结合石油化工特点而提出的。通用性较强。20 多年来，在工程设计中不断加以修改和完善，已形成了正式的行业设计标准[1]。

4.4.1 结构简图及符号说明

图 4.4－1 所示为抽空器结构和尺寸简图，若总长小于 2m 时，可不要连接法兰 6。

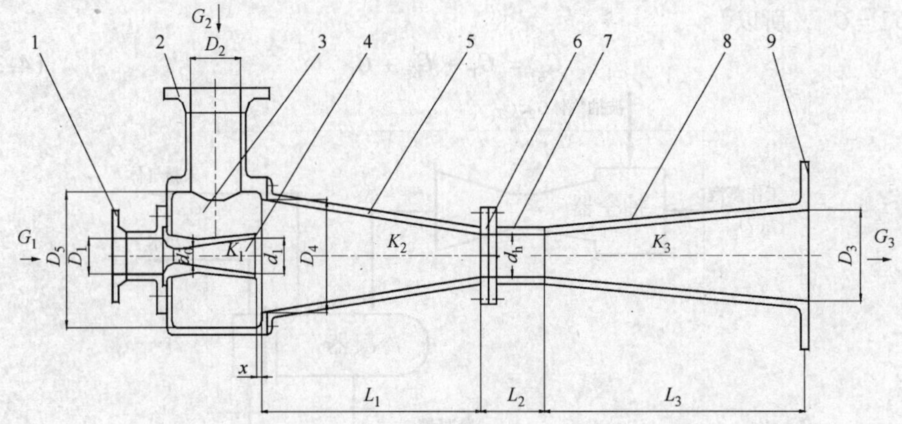

图 4.4－1 抽空器结构及尺寸

1—工作蒸汽进口；2—油气进口；3—吸入室；4—蒸汽喷嘴；5—混合管；6—连接法兰；7—喉管；8—扩压管；9—混合气排体出口

符号说明(注：本节符号说明仅用于 4.4 节“抽空器计算”)

B——喉径计算系数；

C_P——气体定压比热容，J/(kg·K)；

C_H——吸入气体平均定压比热容；J/(kg·K)；

C_r——蒸汽喷嘴出口直径计算系数；

D——直径，mm；

下标 1—工作蒸汽进口管直径；2—吸入气体口直径；3—混合气体排出口直径；4—混合管入口直径；5—吸入室直径。

E——膨胀比，$E = p_S/p_H$。

G——流量，kg/h；

下标 1—被抽气体中不凝气量；2—被抽气体中可凝汽量；3—被抽气体中空气量，4—被抽气体中水蒸气量。

G_H——被抽气体流量，kg/h；

$$G_H = G_1 + G_2 + G_3 + G_4$$

G_{as}——被抽气体折算成 21℃的当量空气量，kg/h；

G_S——工作蒸汽量，kg/h；

G'_2——冷凝器未凝气体中可凝油气量，即进入下一级抽空器被抽气体中可凝油气的量，kg/h；

G_{2L}——进入冷凝器中可凝油汽被冷凝为液体的量，kg/h；

G'_4——冷凝器未凝气体中水蒸汽量，即进入下一级抽空器被抽气体中水蒸汽的量，kg/h；

M——相对分子质量，下标 1、2、3、4 分别表示被抽气体中不凝气、可凝油气、空气、水蒸气。

下标 C、H、S 分别表示混合气、被抽气体、工作蒸汽。

L_1——混合管长度，mm；

L_2——扩压管喉管长度，mm；

L_3——扩压管长度，mm；

K——抽空器压缩比，$K = p_C / p_H$；

K_1——工作蒸汽喷嘴渐扩段锥度；

K_2——混合管渐缩段锥度；

K_3——扩压管渐扩段锥度；

p——绝对压力(或残压)，MPa(A)，

下标 S、H、C 分别表示工作蒸汽、被抽气体和混合气排出压力。

p_x——被抽气体(或排出混合气体)中水蒸汽的分压，MPa(A)；

p_L——冷凝器的冷凝压力，MPa(A)；

p_b——首级抽空器被抽气体进口压力，MPa(A)；

p_e——末级抽空器混合气体排出压力，MPa(A)；

Q——热负荷，J/h；

R——气体常数，J/(kg·K)，$R = R_g / M$；

下标 C、H、S 分别表示排出混合量，被抽气体、工作蒸汽。

R_g——通用气体常数，$R_g = 8310$J/(kmol·K)；

a——喷射系数计算误差修正系数；

d_0——工作蒸汽喷嘴喉径，mm；

d_1——工作蒸汽喷嘴出口直径，mm；

d_h——扩压管喉径，mm；

f_m——分子量对流量较正系数；

f_t——温度对流量较正系数；

x——工作蒸汽喷嘴出口至混合管入口的距离，mm；

x_H——水蒸气在混合气体中克分子分数；

u_{cr}——工作蒸汽喷嘴蒸汽临界流速，m/s；

u_{ck}——扩压喉管混合气临界流速，m/s；

h_s——工作蒸汽进口热焓，J/kg；

h_{cs}——排出混合气体中水蒸汽热焓，J/kg；

t_H——吸入气体的温度,℃；

t_c——排出气体的温度,℃；

ρ——密度，kg/m^2；

下标 C、H、S 分别表示排出混合气、被抽气体和工作蒸汽。

γ——气体绝热指数；

下标 C、H、S 分别表示排出混合气、被抽气体和工作蒸汽。

下标 1、2、3、4 分别表示被抽气体中不凝气、可凝油气、空气和水蒸气。

μ——喷射系数。

4.4.2 工艺设计参数

单级或多级抽空器设计，必须先确定单台抽空器的进出口气体工艺条件，包括工作蒸汽的压力、温度及焓值；被抽气体流量、压力及热力学参数；排出气的压力等条件。

1. 抽空器的级数

抽空器总级数可参照表4.4－1。

表4.4－1　抽空器级数选取参考数据

被抽容器排气口的绝对压力/kPa	级　数	被抽容器排气口的绝对压力/kPa	级　数
>13.3	1	<5	3
16～4	2		

2. 工作蒸汽参数确定

(1) 工作蒸汽的压力 p_S

宜选用0.5～1.6MPa(A)。压力越低，工作蒸汽耗量越大，冷凝水的消耗也越多；压力过高，蒸汽喷嘴的直径很小，容易堵塞。

(2) 工作蒸汽的温度 t_s

宜选用高于饱合点以上20～30℃的过热蒸汽。也可采用饱合蒸汽。但选用饱合蒸汽时，须在蒸汽喷嘴入口前加分水器或电加热，否则蒸汽的干度降低，蒸汽带水，在绝热膨胀过程中产生“突沸”，会严重影响抽空器工作性能。同时蒸汽的过热度也不宜太大，因过热度太大，蒸汽物性不太稳定，也无此必要。

3. 被抽气体入口压力 p_H

① 当一级抽空器前无冷凝器，且抽空器直接与被抽容器气体排出口相连，p_H值应略低于被抽容器气体排出口的最低绝对工作压力。

当一级抽空器前有冷凝器时，p_H值应略低于排出口绝对压力减去系统压力降(包括冷凝器的压降和管道压降)。

② 对二级或三级抽空器，p_H取值应略低于前一级抽空器排出口绝对压力减去系统压降(包括管道压降和冷凝器的压降)。

③ 连接各级抽空器之间的系统管道和冷凝器布局应尽量紧凑，减少不必要的控制阀门，采用大回转半径的弯头，以减少级间系统的管道阻力。系统压降要经过详细核算，一般说来各级抽空器的级间压降应在1.0～3.0kPa之间。否则会加大抽空器的蒸汽耗量。

4. 被抽气体入口温度 t_H

当一级抽空器前无冷凝器时，t_H取被抽容器气体排出口的最高工作温度。凡抽空器前有冷凝器时，取冷凝内中气体冷凝温度。

5. 被抽气体的流量和热力学参数

被抽气体的组成可能是一种气体或两种气体的混合物，也可能是多种气体组成的混合物，石化厂常减压装置减压塔顶油气就属后者。而且由于原料的性质和加工方案的不同，塔顶油气的组成也是在变化。本文主要讨论这类装置抽空器被抽气体热力学参数确定方法。

在工程设计中，一般将塔顶被抽气体的组成分为四类：空气、水蒸气、可凝油气、不凝气。其中所谓“不凝气”，是指在冷凝温度和压力下，不能被液化的气体，主要成分是C_1～C_4的烃类，还有少量C_5烃类和微量的H_2、H_2S等气体。这些气体是原油在加工过程中生成的。附录E列举了部分烃类的物理性质。所谓“可凝油气”，是指在冷凝压力和温度下能被液化的油气，它主要是大于C_5的石油烃类。不同的原料和不同的加工工艺，不凝气和可凝油气的组成变化较大。这需通过原料的蒸馏曲线和物料平衡计算出。表4.2.2是某石化厂减压塔顶气体组成和热力学参数例表。表中，不凝气和可凝油汽各项热力学参数，是根据组成求得的加权平均值。由于原料不同、加工工艺不同，其值是变化的。

表4.4－2　减压塔顶油气组成及热力学性质例表

气体流量	分子量	定压比热容/[J/(kg·K)]	绝热指数	气体常数
不凝气 G_1	25	1562	1.16	333
可凝油气 G_2	140	1884	1.10	59
空气 G_3	29	1004	1.40	287
水蒸汽 G_4	18	1862	1.135	462

① 当第一级抽空器前无冷凝器[图4.1－1(a)]时，抽空器被抽气入口参数即为塔顶(或容器排出口)的参数；

② 当抽空器前有冷凝器时，要根据式(4.3－61)和式(4.3－62)来计算。

抽空器被抽气体各组分的量按如下方法确定：

① 由减压塔顶排出的不凝气量G_1和空气量G_3，在各级抽空－冷凝系统中是一个常量。

② 可凝油气在各级冷凝器中的冷凝量，要根据冷凝压力和冷凝温度预先由工艺计算出。一般说来，一级冷凝器[图4.1－1(a)]或减顶冷凝器[图4.1－1(b)]，冷凝温度的确定，要能将可凝油气大部分冷凝为液体。通过两级冷凝器后，末级抽空器中不应当再带有可凝油汽组分。

$$G'_2 = G_2 - G_{2L}$$

③ 未凝水蒸气Q_4按下面步骤求出：

根据冷凝温度t_L查水蒸汽性质表或焓熵图求出饱合水蒸气的分压p_X；

根混合气体分压定律求出水蒸气的克分子分数x_H：

$$x_H = \frac{p_x}{p_L}$$

混合气体中水蒸汽量$G'_4 = 18x_H$。

G'_1、G'_2、G'_3、G'_4即为下一级抽气器进口的流量。通过上面G'_2和G'_4的计算可看出，冷凝温度越低，通过冷凝后的未凝油汽和未凝水蒸气量也越少，下一级抽空器的负荷也越小，所以一级冷凝器或减顶减凝器冷凝温度都较低。我国多年来的工程设计中，一级冷凝温度取30～35℃。深度冷凝固然能降低后面各级抽空器的负荷，但因受到了冷却介质(冷却水)温度的限制。普通的管壳式换热器经济的冷却水入口温度须低于冷凝温度15℃。低温工业用水，来之不易，而且冷凝温度愈低，传热温差也愈小，耗水量和冷却器面积也愈大。

6. 空气泄入量的确定

在大型的负压操作的工业装置中，不可避免地要泄入少量空气。空气泄入量与被抽容器的压力和容积有关。附录C(a)给出了允许空气泄入量的关系图，设计时如无其他实测数据或参考资料，可按此图选用。如果抽空－冷凝系统中配置有机械抽空设备，在机械抽空设备后面的抽空器还应再加上机械抽空设备的空气泄入量。

7. 抽空器排出压力

各级抽空器排出压力按以下几点考虑：

① 选择不同的压缩比，对多种方案，各级抽空器工作蒸汽耗量进行计算，取其蒸汽总

耗量较低的压缩比方案；

② 每级抽空器的压缩比不宜大于6，压缩比过大，抽空器运行不稳定；

③ 冷凝器的一次投资要低；

④ 末级抽空器的排出压力，不得小于当地大气压的1.1倍。

通过综合经济比较，最终确定抽空器合理的压缩比和排出压力。为了便于比较，初选方案时采用等压比的方法计算，即各级抽空器的压缩比 $C=(p_e/p_b)^{1/n}$。

对单级抽空器 $n=1$，间级抽空器，$n=2$；对三级抽空器 $n=3$。

4.4.3 抽空器气体热力学参数

1. 喷射系数计算

$$\mu = 0.834\frac{u_{cr}}{u_{ck}}\sqrt{\frac{\left[1-\left(\frac{p_H}{p_S}\right)^{\frac{\gamma_S+1}{\gamma_S}}\right]^{\frac{\gamma_S+1}{\gamma_S-1}}}{\left[1-\left(\frac{p_H}{p_C}\right)^{\frac{\gamma_C-1}{\gamma_C}}\right]^{\frac{\gamma_C+1}{\gamma_C-1}}}}-1 \tag{4.4-1}$$

2. 工作蒸汽通过喉径的临界速度 u_{cr} 计算

$$u_{cr}=10^3\sqrt{\frac{2\gamma_S}{\gamma_S+1}\cdot\frac{p_S}{\rho_S}}\quad (m/s) \tag{4.4-2}$$

对过热蒸汽：

$$\gamma_S=1.3, u_{cr}=1063\sqrt{\frac{p_S}{\rho_S}}\quad (m/s) \tag{4.4-3}$$

对饱和蒸汽：

$$\gamma_S=1.135, u_{cr}=1031\sqrt{\frac{p_S}{\rho_S}}\quad (m/s) \tag{4.4-4}$$

3. 混合气体通过扩压段喉管的临界速度计算

$$u_{ck}=10^3\sqrt{\frac{2\gamma_C}{\gamma_C+1}\cdot T_C R_C}\quad (m/s) \tag{4.4-5}$$

4. 混合气体绝热指数 γ_c 计算

$$\gamma_c=\frac{1+\mu\frac{M_S}{M_H}\cdot\frac{\gamma_S-1}{\gamma_H-1}\cdot\frac{\gamma_H}{\gamma_S}}{1+\mu\frac{M_S}{M_H}\cdot\frac{\gamma_S-1}{\gamma_H-1}}\cdot\gamma_S \tag{4.4-6}$$

5. 混合气的气体常数 R_C 计算

$$R_c=\frac{R_S G_S+R_H G_H}{G_S+D_H}$$

$$=\frac{R_S+\mu R_H}{1+\mu}\quad [J/(kg\cdot K)] \tag{4.4-7}$$

式中，工作蒸汽的气体常数 $R_S=462J/(kg\cdot K)$；被抽气体的气体常数，$R_H=\frac{8310}{M_H}$，J/(kg·K)。

6. 混合气体排出温度 t_c 计算

$$t_c = t_H + \frac{h_s - h_s}{\mu C_H} \quad (℃) \tag{4.4-8}$$

排出气体中水蒸气的分压

$$p_x = \frac{p_c}{1 + \mu C_H} \quad [\text{MPa(A)}] \tag{4.4-9}$$

式(4.4-8)计算混合气排出温度时，须先假设一个 t'_C 值进行运算，详见 4.3.5 中式(4.3-31b)~式(4.3-33b)的计算说明。

用式(4.4-1)计算喷射系数 μ 时，应先根据膨胀比 E 和压缩比 K，按式(4.3-53)或附录 B 初设一个 μ' 值，由式(4.4-2)~式(4.4-9)计算出 u_{cr}、u_{ck}、γ_c 等参数，再代入式(4.4-1)中计算出 μ 值。如果 μ' 与 μ 的偏差在许可范围，则取 $\mu = \mu'$，否则重新做定 μ' 进行计算，直到满意为止(见 4.3.6 内容)。

4.4.4 工作蒸汽耗量

1. 当量空气量

当吸入任意温度和任意分子量的气体时，应按下式折算成相当于 21℃的当量空气：

$$G_{as} = \frac{G_H}{f_1 \cdot f_m} \quad (\text{kg/h}) \tag{4.4-10}$$

式中 系数 f_t 和 f_m 按附录 B 查取。

2. 工作蒸汽耗量

$$G_S = a \frac{G_{as}}{\mu} \quad (\text{kg/h}) \tag{4.4-11}$$

计算误差修正系数 a 可取 1.05。

从式(4.4-11)可看出，工程设计时，实际的喷射系数 $\mu = \frac{a}{f_m f_t} \frac{G_H}{G_S}$，这与定义的理论值 μ 是有差别的。

4.4.5 抽空器结构参数

1. 蒸汽喷嘴喉径 d_0

工作蒸汽为饱和蒸汽时

$$d_o = 0.746 \frac{\sqrt{G_S}}{(p_S \cdot \rho_S)^{\frac{1}{4}}} \quad (\text{mm}) \tag{4.4-12}$$

工作蒸汽为过热蒸汽时

$$d_o = 0.728 \frac{\sqrt{G_S}}{(p_S \cdot \rho_S)^{\frac{1}{4}}} \quad (\text{mm}) \tag{4.4-13}$$

2. 喷嘴出口直径 d_1

$$d_1 = C_r d_0 \quad (\text{mm}) \tag{4.4-14}$$

喷嘴出口直径计算系数 C_r 根据膨胀比由式(4.3-20)或式(4.3-21)计算，或按附录 1 查出。

3. 扩压段喉径 d_h

$$d_h = d_o \sqrt{(1+\mu) \frac{u_{ck}}{u_{cr}} \cdot \frac{p_s}{p_c}} \quad (\text{mm}) \tag{4.4-15}$$

要求末级抽空器，扩压室喉管面积与喷嘴喉管面积之比值，应略小于10倍工作蒸汽的绝对压力值。

4. 工作蒸汽入口直径 D_1

$$D_1 = \sqrt{\frac{4G_s}{3600\pi\rho_S[u_s]}} \times 10^3 \qquad (mm) \tag{4.4-16}$$

式中，工作蒸汽允许速度$[u_s]$取10~30m/s，管线直径小时取小值。

5. 被抽气体入口直径 D_2

$$D_2 = \sqrt{\frac{4G_H}{3600\pi\rho_H[u_H]}} \times 10^3 \qquad (mm) \tag{4.4-17}$$

被抽气体允许速度$[u_H]$取40~60m/s。

6. 扩压室排出口直径 D_3

$$D_3 = (1.8 \sim 2.0)d_h$$

7. 其它结构尺寸

① 喷嘴扩散段的锥度K_1可取1:3~1:4。

② 喷嘴出口至扩压室入口之间的距离x一般取为0。

③ 扩压室混合段长度L_1取$(6 \sim 8)d_h$，混合段锥度K_2取1:10。

④ 根据所取长度L_1及锥度K_2确定混合段入口直径D_4，并宜在$(1.65 \sim 1.70)d_h$范围内，当混合段为双锥度时，应相应地适当加大D_4，或入口处以圆弧过渡。

⑤ 扩压室喉管长度$L_2 = 2 \sim 4d_h$。

⑥ 扩压室扩压段长度$L_3 = (7 \sim 10)d_h$。

⑦ 吸入室直径D_5约为$2.5d_h$。

4.5 抽空器优化设计简述

4.5.1 抽空器优化评估

在石化厂，像常减压装置减压塔顶抽真空系统等能耗（耗汽、耗水或耗电）较大的设备降低能耗，是系统设计的重要内容。所谓“优化设计”就是指在工艺要求的条件下，抽空器达到最低的消耗费用的设计。抽空器的消耗主要包括操作运行费用和一次基建投资。操作运行费用又包括蒸汽、水（或电）、维护和检修费用。一般来说，抽空系统的维护和检修费用比较低，主要是前两项。一次基建投资主要是购置费用和安装费。如用数学式来表达，可写为下式：

$$Y = \sum G_i \cdot Y_G + \sum W_i Y_W + \frac{\sum F_i Y_F}{n} \tag{4.5-1}$$

式中 G_i——各级抽空器的蒸汽耗量，t/a；

W_i——各级冷凝器的水耗量；t/a；

F_i——各级冷凝器的面积；m^2

Y_G——蒸汽单价，元/t；

Y_W——冷却水单价，元/t；

Y_F——冷凝器设备单价，元/m^2；

n——设备回收年限，一般取$n = 3 \sim 5$年。

由于各级冷凝器冷凝温度不同，同样的蒸汽耗量，冷凝器的负荷、冷却水耗量和冷凝器所需面积均不同，应分别计算。一级冷凝器(或减顶冷凝器)的用水量和设备投资在总用水量和总设备投资中所占比例一般在50%以上，正确地进行设计选择是十分必要的。

用式(4.5-1)既可对不同的抽空—冷凝方案(如蒸汽抽空真空还是机械抽空真、水冷凝器还是空冷器、二级抽空还是三级抽空)进行比较，也可对同方案多级抽空真空—冷凝系统不同压缩比进行经济比较。这种优化评估方案比较全面，但涉及评估参数较多，计算工作量也较大。不但涉及抽空器本身的计算，而且涉及到冷凝器的传热计算、冷却介质的来源和温度，环境保护的要求设备的市场价格等因素。因此多用于装置总体设计方案的评价。

4.5.2　用蒸汽总耗量法进行多级抽空器的优化

如果一个装置抽空—冷凝系统选用了蒸汽抽空—冷凝方案，且工艺设计参数已确定，可用蒸汽总耗量进行多级蒸汽抽空器的优化设计。冷却水的耗量和冷凝器面积都与蒸汽耗量有关。一般地来说，蒸汽总耗量加大，冷凝器的热负荷也会加大，冷却水用量及换热面积也会增大。而且蒸汽费用在抽空—冷凝系统总消耗费用中占的比例较大，因此用蒸汽总耗量法来优化抽空器的设计是可行的，也符合实际情况。

当多级抽空器工艺条件(工作蒸汽的温度、压力，被抽气体排出压力，流量及物性等)确定后，影响蒸汽耗量的主要因素是抽空器吸入的压力和排出压力(或压缩比)。一个有经验的工程在设计中会发现，喷射系数μ有一个最小值，偏离最小值，蒸汽耗量增大很快。在式(4-3-52)中，用求导数的方法，解得$d\mu/dp_c=0$，可求得μ在极小值下的p_c值，但因蒸汽压力、温度和焓值之间关系甚为复杂，目前工程设计都是用水蒸气焓—熵图或热力学性质表中查出，求导计算很困难。一个最简单的办法就是进行多种方案的计算对比，寻求最佳的压缩比或排出压力。抽空器的计算很繁琐，用手工计算进行优化设计几乎难以实现，但借助于计算机辅助设计便能在很短时间内完成多种方案的计算，然后对结果进行对比，选择最佳的压缩比。文献[6]就是根据这一设想而开发的抽空器优化设计软件包。经达大量工程设计验证了这一软件不仅进度很快，而且结果可靠。图4.5-1是该软件的程序方框图。

抽空器设计时，喷射系数μ对蒸汽耗量影响很大。对多级抽空器，一般来说任何一级的μ值都应在0.3以上，μ小于0.2是不可取的，因为这意味着每抽出1t气体需消耗5t以上的蒸汽。所以抽空器的优化设计在工程上有重要意义。

4.6　抽空器选材及制造要求

4.6.1　蒸汽喷嘴

① 材料应采用不锈钢、双向钢、锡磷青铜等。

② 喉径和扩散段内表面的粗糙度R_a值不宜低于1.6μm，配合面的粗糙度R_a值不应低于6.3μm，密封面的粗糙度R_a值不应低于12.5μm。

③ 喉径、出口直径的公差应按GB/T 1800.4—1999《极限与配合　标准公差等级和孔、轴的极限偏差表》中H10选取。

④ 喉径、出口直径和配合直径的同轴度按喷嘴配合直径的外端面至喷嘴出口端面间的长度计算，每100mm取0.01mm。

⑤ 喷嘴和吸入室相接触的端面应与喷嘴中心线垂直，其垂直度偏差应满足表4.6-1的要求。

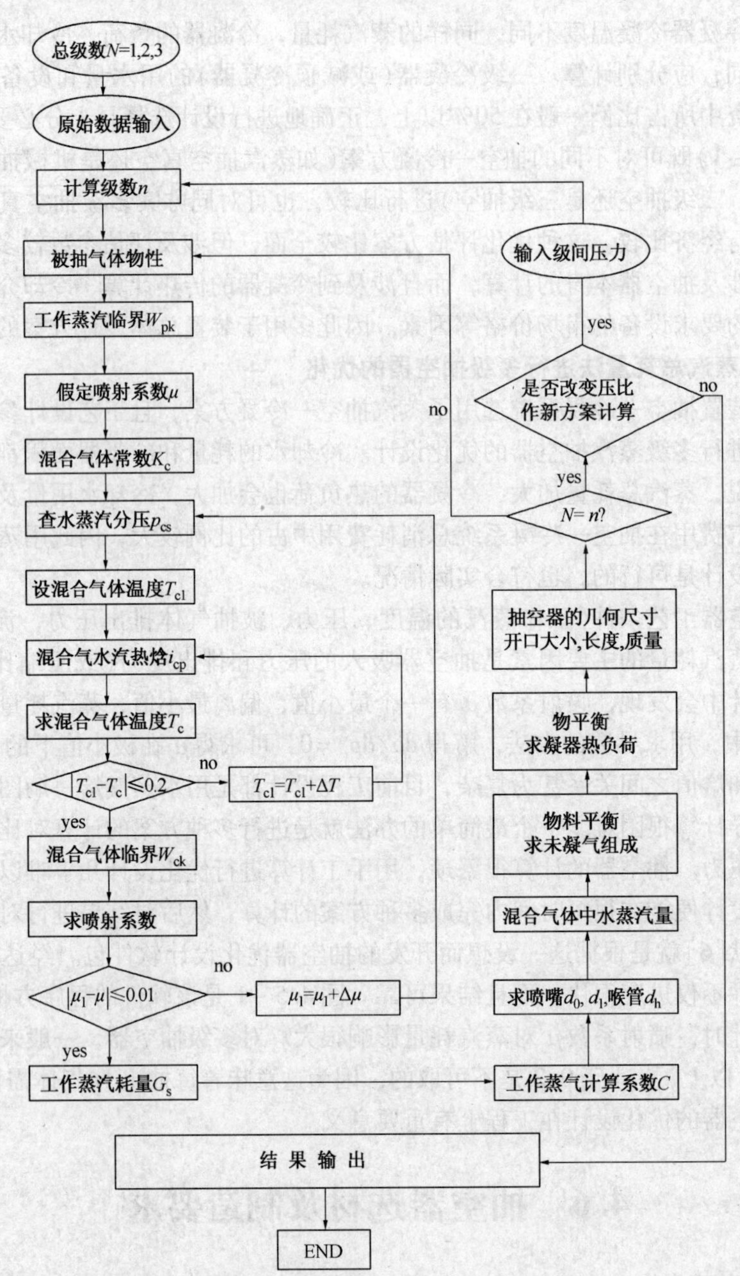

图 4.6-1 蒸汽喷射式抽空器优化计算程序流程框图

表 4.6-1 直度偏差 mm

密封面外径	偏差值	密封面外径	偏差值
<50	0.01	>100	0.02
50~100	0.015		

4.6.2 混合管及扩压管

① 材料可选用铸钢、铸铁或圆钢制造。长度超过 1200mm，及扩压管直径大于 50mm 时，宜用钢板卷制。

② 内表面及配套面粗糙度 R_a 值不应低于 6.3μm，密封面粗糙度 R_a 值不应低于

12.5μm。对无法进行机加工的焊接件，应保证进口处与喉管同轴。筒体同一断面上最大直径与最小直径之差应小于相应断面内径的0.5%，且所有的连接焊缝应平滑过渡，并磨平焊缝内表面，内表面粗糙度 R_a 值不应大于25μm。

③ 喉管直径公差应按 GB/T 1800.4—1999 中的 H11 选取。

④ 混合段或扩压段喉管和圆柱配合面(混合段与吸入室的圆柱配合面，混合段与喉管的圆柱配套面，混合段与扩压段的圆柱配合面)的同轴度按各段的长度计算，每100mm 取0.01mm 。过渡处应平整光滑。

⑤ 法兰接合面应与轴线垂直，其垂直度偏差应满足表4.6-2的要求。

表4.6-2　垂直度偏差

mm

密封面外径	偏差值	密封面外径	偏差值
<200	0.02	>400	0.04
200~400	0.03		

4.6.3　吸入室

① 材料可采用铸钢或铸铁，当尺寸较大时，可用无缝钢管或钢板卷制。

② 吸入室可采用箱型或弯管型。

③ 配合面的粗糙度 R_a 不应大于6.3μm，密封面粗糙度 R_a 不大于12.5μm。

④ 吸入室与喷嘴的配合面和吸入室与扩压室混合段的配合面的同轴度取值按吸入室长度计算，其同轴度偏差应满足表4.6-3的要求。

表4.6-3　同轴度偏差

mm

吸入室长度	偏差值	吸入室长度	偏差值
<200	0.05	>650	0.15
200~650	0.10		

⑤ 吸入室和喷嘴相接触处的端面及吸入室同扩压室混合段的法兰密封面应与轴线垂直，其垂直度偏差应满足表4.6-4的要求。

表4.6-4　垂直度偏差

mm

密封面外径	偏差值	密封面外径	偏差值
<50	0.01	>200~400	0.03
50~100	0.015	>400	0.04
>100~200	0.02		

4.6.4　其它配件要求

① 法兰压力等级不应低于 *PN*1.6 MPa。

② 未注明公差的机械加工表面和非机械加工表面的线性尺寸的极限偏差，分别按 GB/T 1804-2000《一般公差　未注公差的线性和角度尺寸的公差》中的 m 级和 c 级。

③ 铸件应作时效处理。

4.6.5　装配要求、水压试验和空载试运

① 喷嘴与吸入室相互配合的直径公差、吸入室与扩压室混合段相互配合的直径公差、扩压室混合段或喉管与扩压段相互配合的直径公差应分别按 GB/T 1801-1999《极限与配合　公差带和配合的选择》中的 H8/h7、H8/h7 和 H8/f8 选取。

② 喷嘴喉管与扩压室喉管应同轴，当喷嘴喉管出口与扩压室喉管入口之间的距离小于或等于 1000mm 时，同轴度应小于 1.0mm，距离大于 1000mm 时，同轴度取值应小于 2.0mm。

③ 各零件检查合格后，方可进行装配。

④ 抽空器装配完毕后，以 0.4MPa 表压进行水压试验，试验要求及结果应符合国标 GB 150—2011《压力容器》的有关规定。

⑤ 抽空器安装完毕后，在投入运行前，应作空载性能试验，检验抽空器的性能。

附录A 喷嘴出口直径计算系数 C_r 与膨胀比 E 的关系表

膨胀比 $E=p_s/p_H$	喷口直径计算系数 C_r		膨胀比 $E=p_s/p_H$	喷口直径计算系数 C_r	
	饱和蒸汽 $\gamma=1.135$	过热蒸汽 $\gamma=1.3$		饱和蒸汽 $\gamma=1.135$	过热蒸汽 $\gamma=1.3$
5	1.2383	1.1846	265	5.5120	4.4129
10	1.5519	1.4405	270	5.5543	4.4429
15	1.7919	1.6339	275	5.5962	4.4726
20	1.9913	1.7928	280	5.6376	4.5020
25	2.1646	1.9295	285	5.6786	4.5310
30	2.3195	2.0508	290	5.7192	4.5597
35	2.4603	2.1604	295	5.7594	4.5881
40	2.5902	2.2609	300	5.7992	4.6162
45	2.7112	2.3540	305	5.8386	4.6440
50	2.8248	2.4410	310	5.8777	4.6716
55	2.9320	2.5228	315	5.9164	4.6988
60	3.0339	2.6002	320	5.9548	4.7258
65	3.1310	2.6738	325	5.9928	4.7526
70	3.2240	2.7439	330	6.0305	4.7791
75	3.3132	2.8111	335	6.0678	4.8053
80	3.3991	2.8755	340	6.1049	4.8313
85	3.4820	2.9375	345	6.1416	4.8571
90	3.5622	2.9973	350	6.1780	4.8826
95	3.6398	3.0551	355	6.2141	4.9079
100	3.7152	3.1111	360	6.2500	4.9330
105	3.7884	3.1654	365	6.2855	4.9579
110	3.8597	3.2181	370	6.3208	4.9825
115	3.9291	3.2693	375	6.3558	5.0070
120	3.9968	3.3192	380	6.3906	5.0313
125	4.0629	3.3678	385	6.4250	5.0553
130	4.1276	3.4152	390	6.4593	5.0792
135	4.1908	3.4616	395	6.4932	5.1029
140	4.2527	3.5068	400	6.5270	5.1264
145	4.3133	3.5511	405	6.5605	5.1497
150	4.3728	3.5945	410	6.5937	5.1728
155	4.4311	3.6370	415	6.6267	5.1958
160	4.4884	3.6786	420	6.6595	5.2186
165	4.5447	3.7194	425	6.6921	5.2412
170	4.6000	3.7595	430	6.7245	5.2637
175	4.6543	3.7989	435	6.7566	5.2860
180	4.7078	3.8376	440	6.7885	5.3081
185	4.7605	3.8756	445	6.8202	5.3301
190	4.8123	3.9130	450	6.8518	5.3520
195	4.8634	3.9498	455	6.8831	5.3737
200	4.9137	3.9860	460	6.9142	5.3952
205	4.9633	4.0216	465	6.9451	5.4166
210	5.0122	4.0567	470	6.9759	5.4378
215	5.0604	4.0913	475	7.0064	5.4590

续表

膨胀比 $E=p_s/p_H$	喷口直径计算系数 C_r		膨胀比 $E=p_s/p_H$	喷口直径计算系数 C_r	
	饱和蒸汽 $\gamma=1.135$	过热蒸汽 $\gamma=1.3$		饱和蒸汽 $\gamma=1.135$	过热蒸汽 $\gamma=1.3$
220	5.1081	4.1255	480	7.0368	5.4799
225	5.1551	4.1591	485	7.0670	5.5008
230	5.2015	4.1923	490	7.0970	5.5215
235	5.2473	4.2250	495	7.1269	5.5421
240	5.2926	4.2573	500	7.1565	5.5625
245	5.3373	4.2892	505	7.1860	5.5829
250	5.3815	4.3207	510	7.2154	5.6031
255	5.4252	4.3518	515	7.2445	5.6231
260	5.4685	4.3825	520	7.2735	5.6431
525	7.3012	5.6629	785	8.6286	6.5661
530	7.3299	5.6827	790	8.6514	6.5815
535	7.3585	5.7023	795	8.6742	6.5968
540	7.3868	5.7218	800	8.6968	6.6121
545	7.4151	5.7412	805	8.7194	6.6273
550	7.4431	5.7604	810	8.7419	6.6425
555	7.4711	5.7796	815	8.7643	6.6576
560	7.4989	5.7987	820	8.7867	6.6726
565	7.5265	5.8176	825	8.8089	6.6876
570	7.5540	5.8365	830	8.8311	6.7026
575	7.5814	5.8552	835	8.8532	6.7174
580	7.6086	5.8739	840	8.8752	6.7322
585	7.6358	5.8924	845	8.8972	6.7470
590	7.6627	5.9109	850	8.9191	6.7617
595	7.6896	5.9292	855	8.9409	6.7764
600	7.7163	5.9475	860	8.9626	6.7910
605	7.7429	5.9657	865	8.9843	6.8055
610	7.7693	5.9838	870	9.0059	6.8200
615	7.7957	6.0017	875	9.0274	6.8345
620	7.8219	6.0196	880	9.0489	6.8489
625	7.8480	6.0374	885	9.0702	6.8632
630	7.8739	6.0552	890	9.0916	6.8775
635	7.8998	6.0728	895	9.1128	6.8918
640	7.9255	6.0903	900	9.1340	6.9060
645	7.9512	6.1078	905	9.1551	6.9201
650	7.9767	6.1252	910	9.1761	6.9342
655	8.0021	6.1425	915	9.1971	6.9483
660	8.0274	6.1597	920	9.2180	6.9623
665	8.0526	6.1768	925	9.2389	6.9762
670	8.0776	6.1939	930	9.2597	6.9902
675	8.1026	6.2108	935	9.2804	7.0040
680	8.1275	6.2277	940	9.3010	7.0178
685	8.1522	6.2445	945	9.3216	7.0316
690	8.1769	6.2613	950	9.3422	7.0454
695	8.2014	6.2780	955	9.3626	7.0590
700	8.2259	6.2946	960	9.3830	7.0727

续表

膨胀比 $E=p_s/p_H$	喷口直径计算系数 C_r		膨胀比 $E=p_s/p_H$	喷口直径计算系数 C_r	
	饱和蒸汽 $\gamma=1.135$	过热蒸汽 $\gamma=1.3$		饱和蒸汽 $\gamma=1.135$	过热蒸汽 $\gamma=1.3$
705	8.2502	6.3111	965	9.4034	7.0863
710	8.2745	6.3275	970	9.4237	7.0998
715	8.2987	6.3439	975	9.4439	7.1133
720	8.3227	6.3602	980	9.4641	7.1268
725	8.3467	6.3764	985	9.4842	7.1402
730	8.3706	6.3926	990	9.5042	7.1536
735	8.3943	6.4087	995	9.5242	7.1670
740	8.4180	6.4247	1000	9.5442	7.1803
745	8.4416	6.4407	1005	9.5641	7.1935
750	8.4651	6.4566	1010	9.5839	7.2067
755	8.4885	6.4724	1015	9.6037	7.2199
760	8.5119	6.4882	1020	9.6234	7.2331
765	8.5351	6.5039	1025	9.6430	7.2462
770	8.5582	6.5196	1030	9.6626	7.2592
775	8.5813	6.5351	1035	9.6822	7.2722
780	8.6043	6.5507	1040	9.7017	7.2852

附录B 流量修正系数

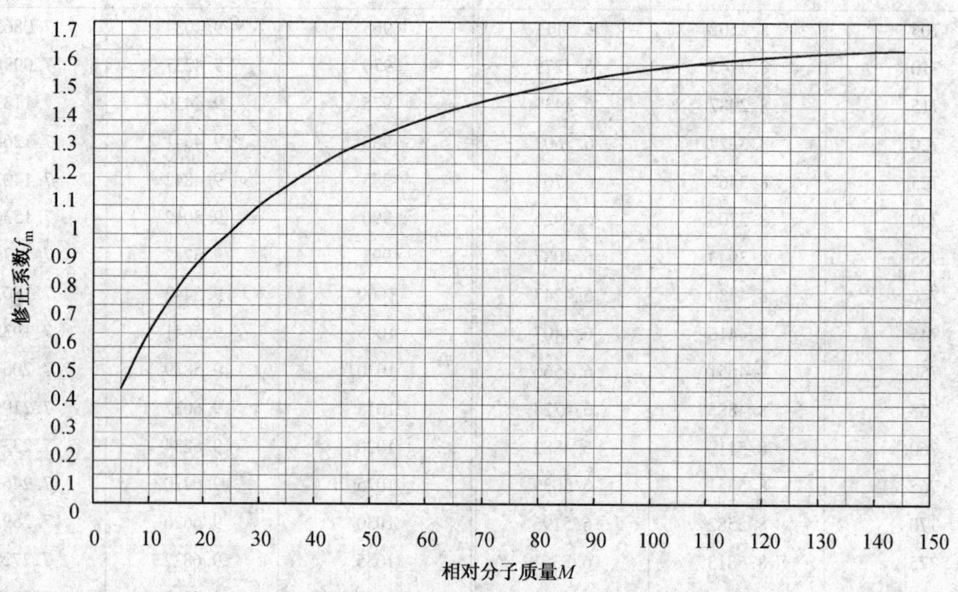

相对分子质量对流量修正系数曲线

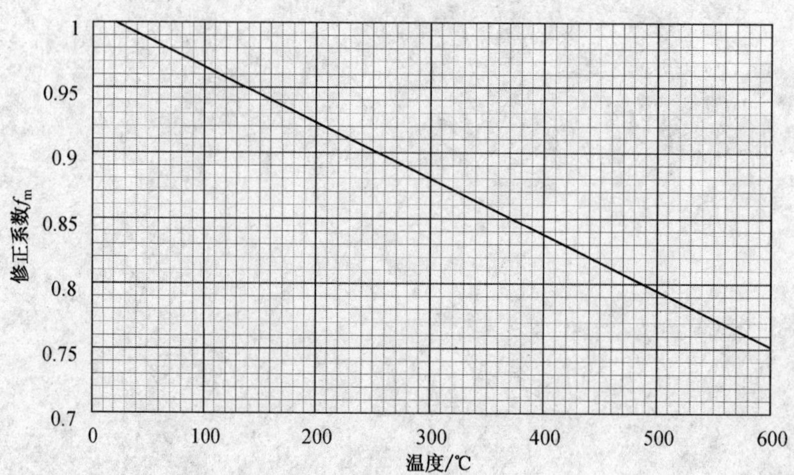

温度对流量的修正系数

附录 C　抽空器真空系统漏入空气量的计算和喷射系数的估算

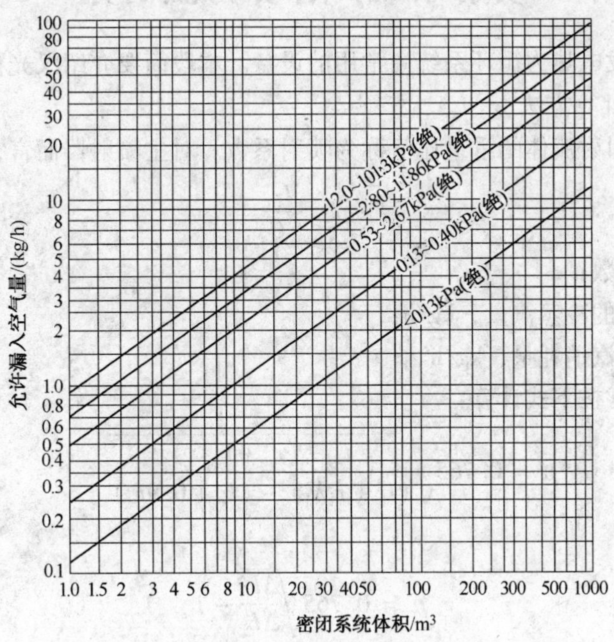

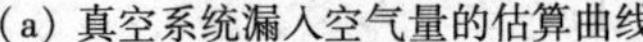
(a) 真空系统漏入空气量的估算曲线

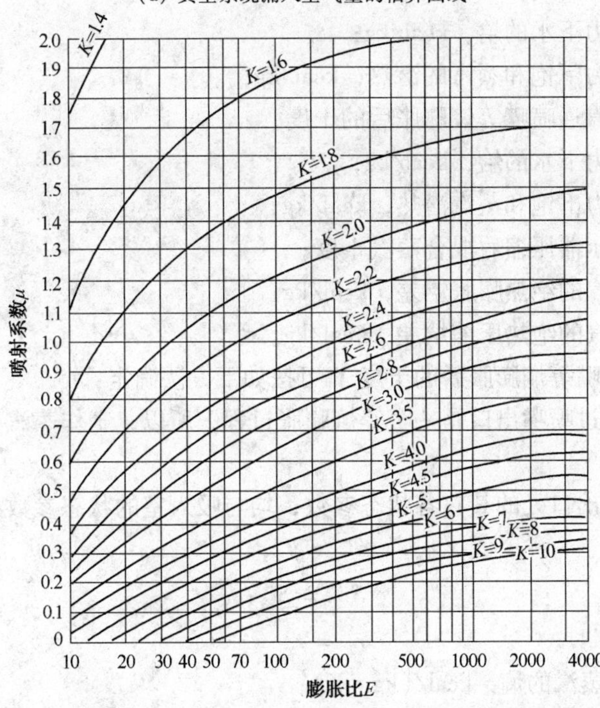

(b) 喷射系数估算曲线

附录D 锅炉蒸汽热力系统中蒸汽喷射泵喷射系数μ计算方法简介

喷射泵是锅炉发电热力循环系统中常用的设备。本段简要介绍汉光机械厂推荐的抽空器(喷射泵)引射系数计算方法[3]。

引射流体与被引射流体的重量比值称为喷射系数。对主喷射器而言，

$$\mu = \frac{G_x}{G}$$

式中 μ——喷射系数；

G_x——被抽出的冷蒸汽量，kg/h；

G——工作蒸汽消耗量，kg/h。

喷射系数μ通常按下式计算：

$$\mu = 0.765\sqrt{\frac{i'' - (i_x' + r_x X_1)}{(i_1' + r_1 X_1) - (i_x' + 0.9r_x)}} - 1$$

或写成

$$\mu = 0.765\sqrt{\frac{\Delta I_1}{\Delta I_2}} - 1$$

式中 i''——工作蒸汽的焓，kcal/kg；

i'_x——蒸发压力下水的焓，kcal/kg；

r_x——蒸发压力下饱和蒸汽的潜热，kcal/kg；

X_i——工作蒸汽通喷嘴等熵膨胀后的干度；

i'_1——冷凝压力下水的焓，kcal/kg；

r_1——冷凝压力下饱和蒸汽潜热，kcal/kg；

X_1——通过扩压器压缩后混合蒸汽干度；

ΔI_1——工作蒸汽的绝热膨胀焓差，kcal/kg；

ΔI_2——混合蒸汽的绝热压缩焓差，kcal/kg。

工作蒸汽通过喷嘴等熵膨胀后的干度X_1可按如下方法确定：

由于工作蒸汽通过喷嘴出口是一个等熵膨胀过程，所以，工作蒸汽在喷嘴出口前后的熵相等，即$S'' = S''_2$。

工作蒸汽在喷嘴出口处的其它各状态参数，均与吸入室的状态参数相等，即

$$T_2 = T_x;$$

$$S'_2 = S'_x;$$

$$r_2 = r_x$$

式中 S''——干饱和蒸汽的熵，kcal/(kg·K)；

S'——沸腾水的熵，kcal/(kg·K)；

T——绝对温度，K；

r——蒸发潜热，kcal/kg。

由于

$$S''_2 = S'_2 + \frac{r_2}{T_2}X_1$$

所以

$$X_1 = \frac{S''_2 - S'_2}{r_2/T_2} = \frac{S'' - S'_x}{r_x/T_x}$$

吸入室的状态参数，根据吸入室的冷蒸汽温度确定。冷蒸汽由蒸发器进入吸入室，允许压降为0.5mmHg，约相当于温差1℃。故吸入室的温度在设计中一般取低于蒸发温度1℃。

通过扩压器压缩后混合蒸汽干度X_1，由于

$$S'_1 + S''_1X_1 = S'_x + 0.9S''_x$$

所以

$$X_1 = \frac{(S'_x + 0.9S''_x) - S'_1}{S''_1}$$

式中　S'_x——蒸发压力下沸腾水的熵，kcal/(kg)K；

S''_x——蒸发压力下干饱和蒸汽的熵，kcal(/kg·K)；

S'_1——冷凝压力下沸腾水的熵，kcal(/kg·K)；

S''_1——冷凝压力下干饱和蒸汽的熵，kcal/(kg·K)。

利用以上简单的经验公式来计算复杂的喷射过程，往往会产生一些误差。但根据某些实测资料证明，采用这些公式计算喷射系数还是比较接近实际情况的，可能产生的最大误差，一般不超过15%。为了保证喷射器的抽气能力，在计算工作蒸汽消耗量时，应考虑采取一定的安全系数α，一般α=1.05～1.15。

附录 E 部分低沸点烃类和气体热力学性质

序号	名称	相对分子质量	常压下的沸点/℃	正常沸点下的蒸发潜热/(J/kg)	定压比热容/[J/(kg·K)]		绝热指数 $\gamma=\frac{C_P}{C_V}$
					理想气体	液体	
1	甲烷 CH_4	16.403	-161.5	510245	2219.0	—	1.308
2	乙烷 C_2H_6	30.070	-88.3	489730	1717.4	5026.7	1.193
3	乙烯 C_2H_4	38.054	-103.7	483115	1513.9	—	1.243
4	乙炔 C_2H_2	26.038	-84.0	—	1658.9	—	1.238
5	丙烷 C_3H_8	44.097	-42.1	426049	1632.9	2525.5	1.133
6	环丙烷 C_3H_6	42.981	-32.1	477295	—	—	—
7	丙烯 C_3H_6	42.081	-47.7	438023	1486.3	2558.1	1.154
8	丙炔 C_3H_4	40.065	-23.21	(407316)	1483.4	—	1.163
9	正丁烷 C_4H_{10}	58.124	-0.5	385562	1671.0	2406.5	1.094
10	异丁烷 C_4H_{10}	58.124	-11.7	366680	1635.4	2438.4	1.097
11	1-丁烯 C_4H_8	56.108	-6.25	390880	1483.4	2298.5	1.1051
12	顺-2-丁烯 C_4H_8	56.108	3.718	416419	1349.0	2238.7	1.1214
13	反-2-丁烯 C_4H_8	56.108	0.88	405869	1513.9	2275.5	1.1073
14	异丁烯 C_4H_8	56.108	-6.896	394480	1551.6	2336.2	1.1058
15	1-丁炔 C_4H_6	54.092	8.07	414703	1480.9	2538.0	1.117
16	2-丁炔 C_4H_6	54.092	26.98	458455	1441.9	2316.1	1.122
17	正戊烷 C_5H_{12}	72.151	36.264	357469	1629.5	2320.7	1.074
18	异戊烷 C_5H_{12}	72.151	27.843	303466	1603.1	2286.8	1.76
19	新戊烷 C_5H_{12}	72.151	9.499	315433	1649.6	2370.6	1.076
20	1-戊烯 C_5H_{10}	70.135	29.959	359521	1518.6	2218.2	1.0801
21	顺-2-戊烯 C_5H_{10}	70.135	36.932	372625	1451.9	2164.6	1.0918
22	反-2-戊烯 C_5H_{10}	70.135	36.343	371788	1547.4	2240.1	1.0822
23	2-甲基-1-丁烯 C_5H_{10}	70.135	31.154	363833	1593.5	2242	1.0322
24	3-甲基-1-丁烯 C_5H_{10}	70.135	20.054	343318	1692.3	2223.2	1.0775
25	2-甲基-2-丁烯 C_5H_{10}	70.135	38.558	375347	1497.2	2135.3	1.0868
26	1-戊炔 C_5H_8	68.119	56.06	(365508)	1547.9	(2457.5)	1.086
27	2-戊炔 C_5H_8	68.119	26.34	(388535)	1452.0	(2286.0)	1.094
28	3-甲基-1-丁炔 C_5H_8	68.119	—	—	1537.8	(2415.8)	—
29	空气	28.95	—	—	1009	—	1.40
30	氢气 H_2	2.016	-252.75	—	14268.6	—	1.407
31	氮气 N_2	28.02	-195.78	—	1046.7	—	1.40
32	氧气 O_2	32	-218.4	—	912.7	—	1.40
33	二氧化碳 CO_2	44	-78.2(升华)	—	837	—	1.30
34	硫化氢 H_2S	34.09	-60.2	—	1059.2	—	1.30

参 考 文 献

1 SH/T 3118—2000　石油化工蒸汽喷射式抽空器设计规范
2 华自强，张进忠．工程热力学(第三版)．高等教育出版社
3 汉光机械厂三结合小组．蒸汽喷射器的设计．国家工业出版社
4 达道安．真空设计手册(第3版)．国家工业出版社
5 Е. Я. соколов И Н. М. зингер. СТРУЙНЫЕ АППАРАТЫ
6 张荣克．石化厂减压塔顶蒸汽射式抽空器的优化设计软件的开发，2004年中国石油炼制技术大会论文集

第五章　隔热耐磨混凝土衬里

5.1　混凝土衬里的分类

炼油厂催化裂化装置的反应器（沉降器）、再生器、外取热器、三级旋风分离及斜管和烟道等设备，由于操作温度高达500～800℃，且经受高速流动的催化剂颗粒对设备壳体内表面的冲蚀，为了确保外壳为碳钢的设备的安全运行，所以壳体内表面必须加设隔热耐磨衬里予以保护。

根据混凝土衬里配料、结合剂种类和衬里的结构可作如下分类。

1. 按衬里所用的材料类型分类

（1）隔热混凝土衬里

它是以铝酸盐水泥加入轻质骨料（例如漂珠、陶粒等）配制而成。此料的特点是密度小、导热系数低、隔热性能好、但强度低，耐磨性差；

（2）耐磨混凝土衬里

它是以铝酸盐水泥或化学结合剂加入高强度骨料（例如矾土、刚玉等）配制而成。它的特点是耐磨性能好，但隔热性能较差；

（3）隔热耐磨混凝土衬里

它是以铝酸盐水泥加入中等强度的骨料（如大颗粒珍珠岩、煤焦石等）配制而成。这种衬里既隔热又耐磨，其隔热性和耐磨性介于隔热料和耐磨料之间。

此外，在衬里混凝土中加入钢丝纤维，能增加强度，提高耐磨性，所以一般在耐磨料和隔热耐磨料中都加入钢丝纤维。

2. 按衬里所用的结合剂类型分类

（1）水硬性结合衬里

用高铝水泥作衬里骨料的黏合剂时，高铝水泥的凝固属放热反应，须用喷水冷却，所以以高铝水泥为结合剂的衬里称为水硬性结合衬里；

（2）化学结合衬里

以化学结合剂（例如磷酸铝）为结合剂的衬里称为化学结合衬里。

3. 按衬里与器壁的结合形式分类

① 龟甲网隔热耐热磨双层衬里；

② 龟甲网高耐磨单层衬里；

③ 无龟甲网隔热耐磨双层衬里；

④ 无龟甲网隔热耐磨单层衬里；

⑤ 无龟甲网高耐磨单层衬里。

上述五种衬里的结构示意见图5.1－1。

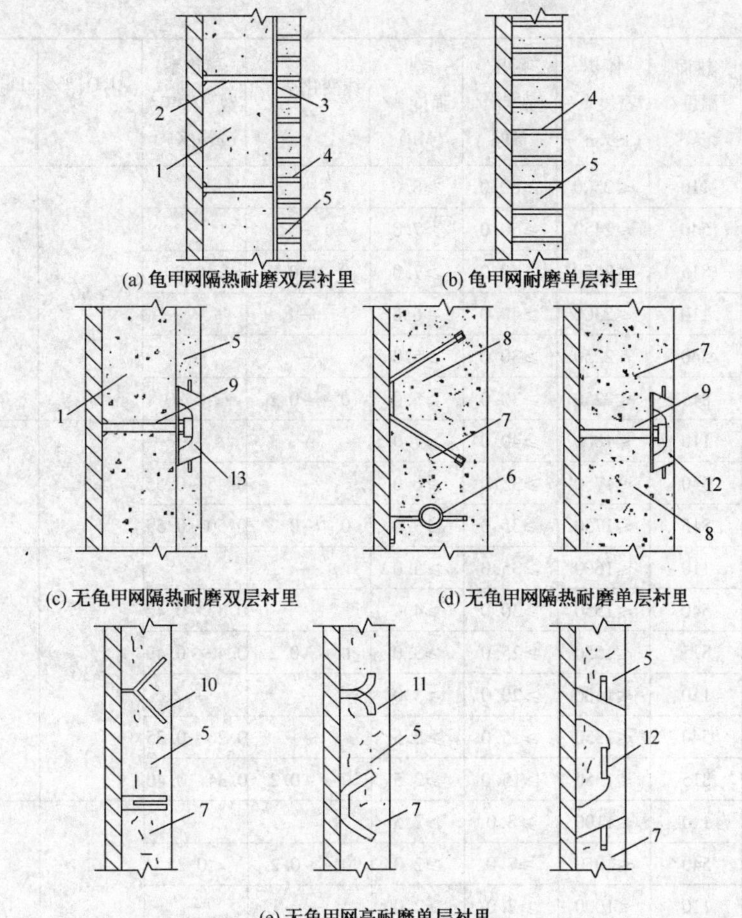

图 5.1－1　隔热耐磨衬里结构

1—隔热混凝土；2—柱形锚固钉；3—端板；4—龟甲网；5—耐磨/高耐磨混凝土；6—Ω 形锚固钉；7—钢纤维；8—隔热耐磨混凝土；9—柱型螺栓；10—Y 形锚固钉；11—V 形锚固钉；12—侧拉型圆环

5.2　衬里混凝土的性能

衬里混凝土的性能应稳定可靠，其级别及性能指标（未掺入钢纤维的测定值）如表 5.2－1所示。

表 5.2－1　衬里混凝土性能指标

混凝土类别	混凝土级别	热面温度/℃	体积密度①/（kg/m³）	耐压强度②/MPa	抗折强度②/MPa	线变化率③/%	导热系数④/[W/（m·K）]	$Al_2O_3$⑥/%	$Fe_2O_3$⑥/%	常温耐磨性⑤/cm³
高耐磨	A 级	110	≤3100	≥80.0	≥10.0	—	—	≥85	≤1.0	≤6
		540	≤2950	≥80.0	≥10.0	0～－0.3	—			
		815	≤2950	≥80.0	≥10.0	—	—			

续表 5.2-1

混凝土类别	混凝土级别	热面温度/℃	体积密度①/(kg/m³)	耐压强度②/MPa	抗折强度②/MPa	线变化率③/%	导热系数④/[W/(m·K)]	$Al_2O_3$⑥/%	$Fe_2O_3$⑥/%	常温耐磨性⑤/cm³
耐磨	B1 级	110	≤2500	≥60.0	≥8.0	—	—	≥50	≤2.5	≤12
		540	≤2450	≥50.0	≥7.0	—	—			
		815	≤2450	≥50.0	≥7.0	0~-0.2	≤0.90			
	B2 级	110	≤2300	≥40.0	≥6.0	—	—			
		540	≤2250	≥30.0	≥5.0	—	—			
		815	≤2250	≥30.0	≥5.0	0~-0.2	≤0.80			
隔热耐磨	C1 级	110	≤1800	≥40.0	≥7.0	—	—	≥36	≤3.0	≤18
		540	≤1750	≥35.0	≥6.0	—	0.45~0.55			
		815	≤1750	≥35.0	≥5.0	0~-0.2	0.50~0.59			
	C2 级	110	≤1600	≥35.0	≥5.0	—	—	≥30	≤5.0	≤20
		540	≤1550	≥30.0	≥4.0	—	0.35~0.42			
		815	≤1550	≥25.0	≥3.0	0~-0.2	0.40~0.49			
	C3 级	110	≤1400	≥20.0	≥3.0	—	—			
		540	≤1350	≥15.0	≥2.5	—	0.26~0.35			
		815	≤1350	≥15.0	≥2.5	0~-0.2	0.34~0.40			
隔热	D1 级	110	≤1100	≥8.0	≥2.5	—	—	—	—	—
		540	≤1050	≥7.0	≥2.0	0~-0.2	≤0.25			
	D2 级	110	≤1000	≥7.0	≥2.0	—	—			
		540	≤950	≥6.0	≥1.5	0~-0.2	≤0.23			

注：① 体积密度按 YB/T 5200《致密耐火浇注料显气孔率和体积密度试验方法》的规定测定。

② 抗折强度和耐压强度按 YB/T 5201《致密耐火浇注料常温抗折强度和耐压强度试验方法》的规定测定。

③ 线变化率按 YB/T 5203《致密耐火浇注料线变化率试验方法》的规定测定。

④ 导热系数按 YB/T 4130《耐火材料导热系数试验方法(水流量平板法)》的规定测定。

⑤ 常温耐磨性按 GB/T 18301《耐火材料常温耐磨性试验方法》的规定测定。

⑥ 氧化铝和氧化铁的含量按 GB/T 6900《铝硅系耐火材料化学分析方法》的规定测定。

5.3 衬里的设计

5.3.1 衬里设计应考虑的因素

衬里设计时应考虑装置的类型、操作条件(如介质流速、催化剂含量、温度)、设备直径、施工方法、经济条件等综合因素，在确定再生系统金属外壁温度时，应充分考虑防止介质对金属器壁的露点腐蚀。

5.3.2 器壁温度的设定

反应系统的设备和管道，其器壁温度一般不应大于 120℃，再生系统的设备和管道，为了防止应力腐蚀开裂，器壁实际温度应不小于 150℃，一般控制在 160~180℃，器壁温度的简易估算方法见附录 A。

5.3.3　衬里厚度的计算

衬里总厚度可按式(5.3-1)估算。

$$\delta = \frac{(t_i - t_w)\lambda_2}{(t_w - t_o)\alpha_0} - \frac{\lambda_2}{\lambda_1}\delta_1 + \delta_1 \qquad (5.3-1)$$

式中　t_i——介质温度,℃;

t_o——当地年平均温度,℃;

t_w——设备或管道金属器壁温度,℃;

α_0——设备或管道金属器壁对大气的传热系数，W/(m^2·K);

δ——衬里总厚度，m;

δ_1——耐磨层的厚度，m;

λ_1——耐磨层导热系数，W/(m·K);

λ_2——隔热层导热系数，W/(m·K)。

5.3.4　衬里结构的选择

① 第一再生器、第二再生器、烧焦罐、脱气罐、外取热器、提升管Y型部位和三级旋风分离器，宜采用无龟甲网隔热耐磨单层衬里。

② 冷壁旋风分离器、烟气降压孔板烟道、斜管、冷壁料腿、双动滑阀、单动滑阀等，宜采用龟甲网双层隔热耐磨衬里。

③ 反应器(沉降)器，提升管，宜采用龟甲网双层隔热耐磨衬里，也可采用无龟甲网隔热耐磨单层衬里。

④ 热壁旋风分离器、热壁稀相管、热壁料腿等宜采用龟甲网单层高耐磨衬里。

⑤ 空气分布管或分布板、热电偶套管等宜采用无龟甲网单层高耐磨衬里。

⑥ 衬里后直径小于或等于500mm的设备或管道宜设计成分段承插式结构。龟甲网双层衬里应设置挡板和承插衬套，无龟甲网单层衬里应设置承插衬套。见图5.3-1。

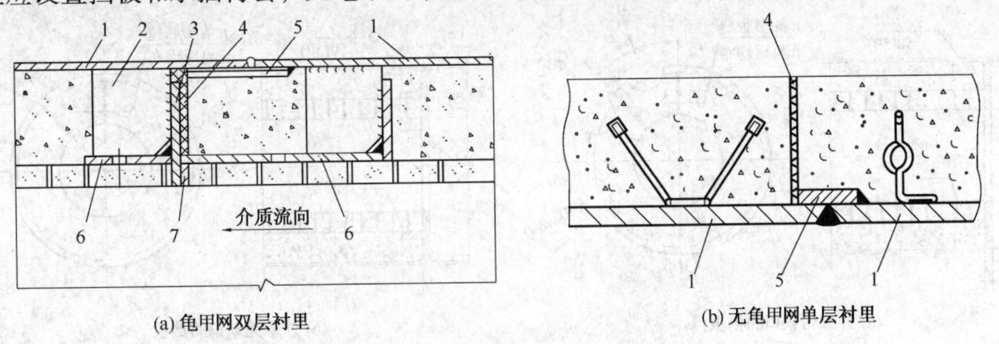

图5.3-1　分段衬里端口承插结构示意

1—设备或管道；2—连接板；3—挡板；4—陶瓷纤维毡；5—承插衬套；6—固定套筒；7—衬里挡板；8—固定套筒

5.3.5　特殊部位的衬里结构

① 设备过渡段、异形结构部位(如提升管Y型部位)、设备开口等衬里易开裂损坏的部位，锚固钉应适当加密。

② 龟甲网与衬里挡板的连接处应设固定板，固定板宽宜为30~50mm，厚度宜4~5mm。固定板与挡板相焊，龟甲网应与固定板、挡板相焊(见图5.3-2)。

③ 插入管或构件与龟甲网相交处应设置固定板或衬里挡板，并将插入管或构件与龟甲网相焊(见图5.3－3)。

当插入管公称直径公称直径大于或等于100mm时，在龟甲网内加固定板；当插入管公称直径公称直径小于100mm时，在龟甲网外加衬里挡板。

④ 双动滑阀出口处以及冲刷磨损较严重的部位，宜采用龟甲网双层隔热耐磨衬里，耐磨层的高耐磨混凝土采用钢纤维增强，且高耐磨层总厚度不得小于50 mm(见图5.3－4)。

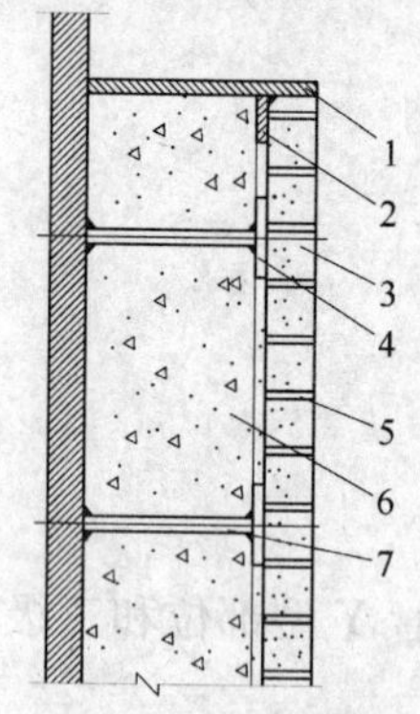

图5.3－2 龟甲网与固定板、挡板相焊示意

1—挡板；2—固定板；3—耐磨层；4—端板；5—龟甲网；6—隔热层；7—柱型锚固钉

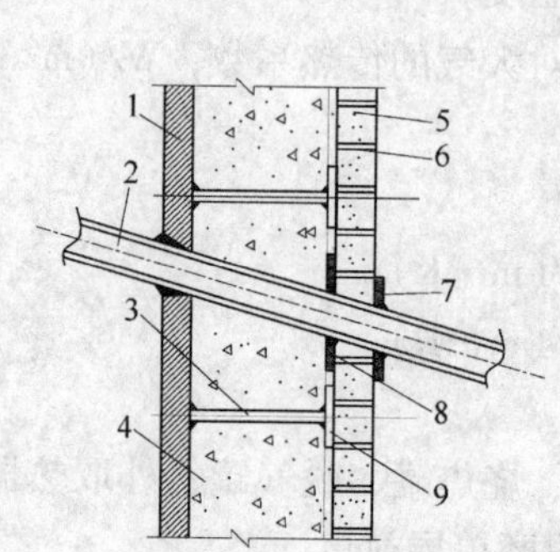

图5.3－3 龟甲网与插入管的连接

1—器壁；2—插入件；3—柱型锚固钉；4—隔热层；5—耐磨层；6—龟甲网；7—衬里挡板；8—固定板；9—端板

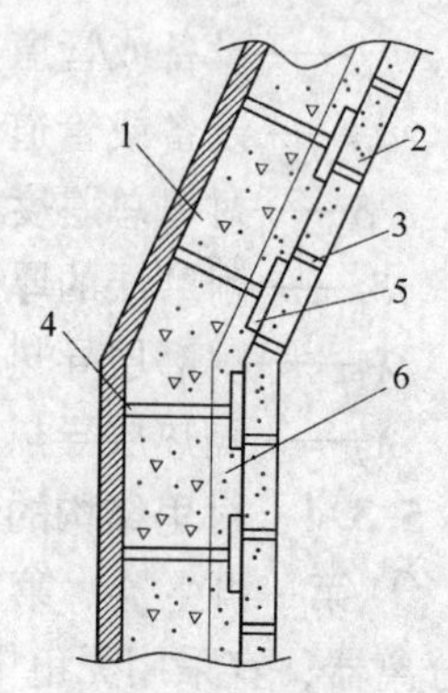

图5.3－4 增强耐磨层示意

1—隔热层；2—耐磨层；3—龟甲网；4—柱型锚固钉；5—端板；6—增强耐磨层

⑤ 人孔、装卸孔及接管内壁等处的衬里挡板应开设膨胀缝，外缘带缺口的挡板用于公称直径大于或等于450 mm的开孔(见图5.3－5)。

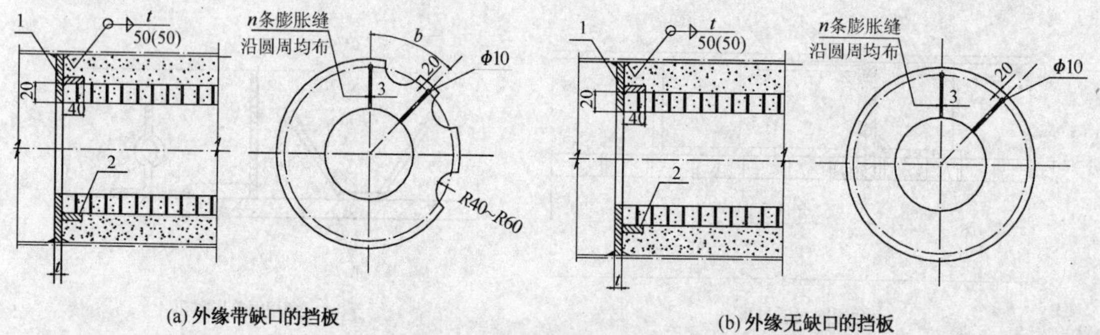

图5.3－5 衬里挡板示意

1—衬里挡板；2—龟甲网固定板

注1：b为膨胀缝间距，其值取150～230mm。

注2：龟甲网固定板遇衬里挡板的膨胀缝处应断开。

⑥ 对穿过无龟甲网衬里的接管或构件应外包陶瓷纤维纸，并设置挡板保护，陶瓷纤维纸的厚度参见表5.3－1。挡板宽度大于50 mm时，应开膨胀缝(见图5.3－6)。

⑦ 分段衬里的小直径设备和管道，整体组焊应在分段衬里烘干后进行，并在接口处挡板间加填陶瓷纤维毡(见图5.3－1)。

表 5.3-1　陶瓷纤维纸厚度　mm

接管外径	陶纤纸厚度 δ	接管外径	陶纤纸厚度 δ
<76	1	406~610	5
89~168	2	711~1016	6
219~356	3		

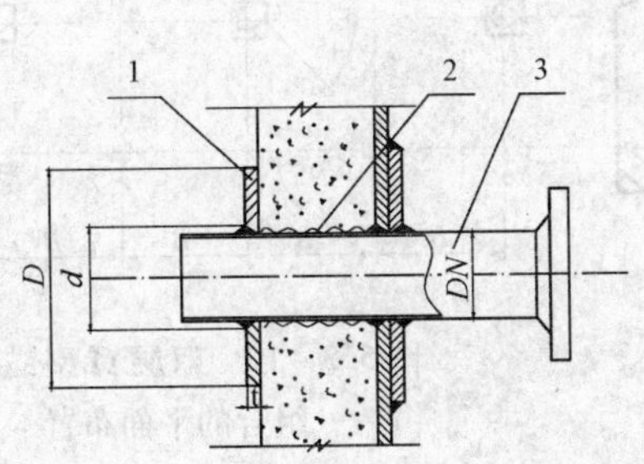

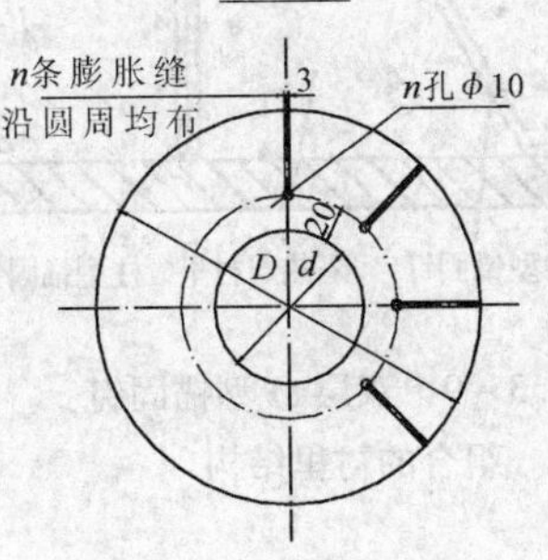

图 5.3-6　接管外包陶瓷纤维纸

1—挡板；2—陶瓷纤维纸；3—接管或构件

⑧ 高温烟道衬里厚度往往大于150mm，有时达200~250mm。此时需要双层衬里。锚固钉的组合通常有两种形式，即双层 Ω 型锚固钉组合和 Ω 型锚固钉与侧拉型圆环锚固钉组合。见图 5.3-7~图 5.3-10。其锚固钉的间距和个数见表 5.3-2 和表 5.3-3。

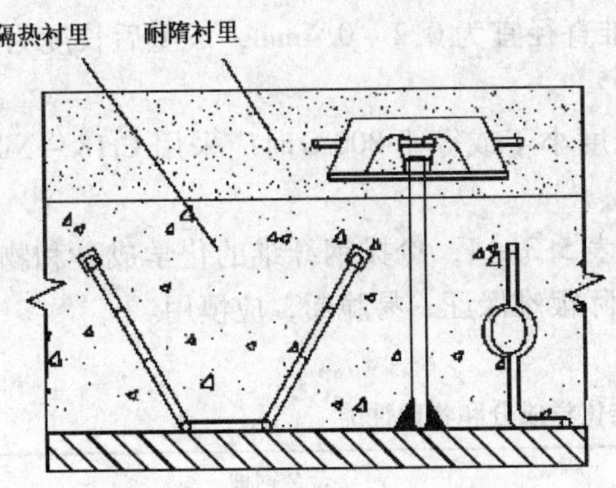

图 5.3-7　Ω 型锚固钉与侧拉型圆环锚固钉组合的衬里结构

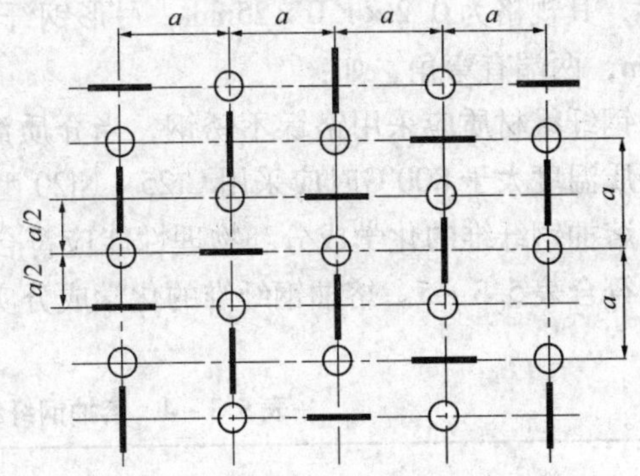

图 5.3-8　Ω 型锚固钉与侧拉型圆环锚固钉组合的平面布置

表 5.3-2　Ω 型锚固钉与侧拉型圆环锚固钉组合的锚固钉间距和用量

锚固件类型	使用部位	衬里总厚度 δ/mm	布置间距 α/mm	用量/(个/m²)
Ω 型锚固钉	任意	>150	120	80
侧拉型圆环锚固钉	任意	>150	120	80

表 5.3-3　双层 Ω 型锚固钉飞间距和用量

位　置	锚固钉间距 B/mm	上 Ω 型锚固钉/(个/m²)	下 Ω 型锚固钉/(个/m²)
筒壁	100	25	25
顶封头及开口接管处	75	44	44

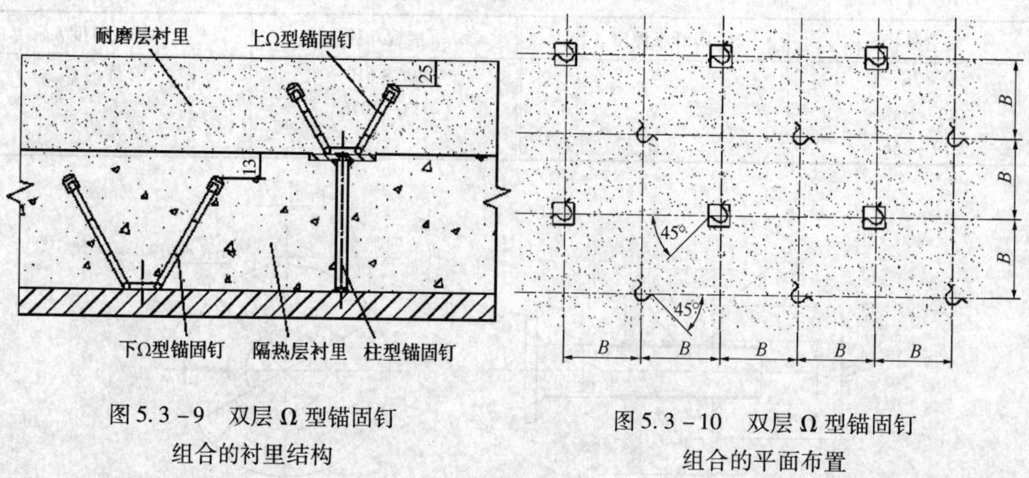

图 5.3－9　双层 Ω 型锚固钉组合的衬里结构

图 5.3－10　双层 Ω 型锚固钉组合的平面布置

衬里厚度在保证设备壁温高于烟气露点的前提下，根据计算确定衬里厚度。当衬里厚度大于 150mm 时，耐磨层厚度一般大于或等于 60mm，隔热层厚度为衬里总厚度减去耐磨层厚度。

5.3.6　钢丝纤维的选择

目前常用的钢纤维有两种，即熔抽钢纤维和冷拔弓形钢纤维。熔抽钢纤维横截面积为月牙形，其规格为 0.2×1.0×25mm；弓形钢纤维直径宜为 0.2～0.4mm，成型后长度为 25～30mm，两端有弯角，如：

钢纤维材质应采用铬镍不锈钢，当介质温度小于或等于 800℃时应采用 Cr18－Ni8 型；当介质温度大于 800℃时应采用 Cr25－Ni20 型。

熔抽钢纤维的化学成分和物理性能应符合表 5.3－4，冷拔钢纤维的化学成分和物理性能应符合表 5.3－5。熔抽钢纤维的化学成分实际很难保证，易脆断，应慎用。

表 5.3－4　溶抽钢纤维化学成分和物理性能

特性		合金钢种	
		Cr18－Ni8（304）型	Cr25－Ni20（310）型
化学成分/%	碳 C	0.1～0.25	0.1～0.30
	硅 Si	1.2～1.5	1.3～1.7
	硫 S	≤0.03	≤0.03
	磷 P	≤0.04	≤0.03
	锰 Mn	1.0～1.5	0.60～1.0
	镍 Ni	8.0～11	19～21
	铬 Cr	17～19	24～26
物理性能	抗拉强度/MPa	≥580	≥600
	屈服强度/MPa	≥240	≥500
	伸长率/%	≥60	≥30
	熔点范围/℃	1400～1455	1400～1455

表 5.3－5 冷拔钢纤维化学成分和物理性能

特性		合金钢种	
		Cr18－Ni8(304)型	Cr25－Ni20(310)型
化学成分/%	碳 C	0.05～0.15	≤0.25
	硅 Si	≤1.0	≤1.5
	硫 S	≤0.03	≤0.03
	磷 P	≤0.045	≤0.045
	锰 Mn	≤2.0	≤2.0
	镍 Ni	6～9.5	19～22
	铬 Cr	16～19	24～26
物理性能	抗拉强度/MPa	≥1130	≥1130
	伸长率/%	≥40	≥30
	熔点范围/℃	1400～1455	1400～1455

注：钢纤维掺入量为每立方米衬里 40～50kg。

5.3.7 锚固钉的设计

龟甲网双层衬里的锚固钉采用柱型，其规格尺寸见图 5.3－11。

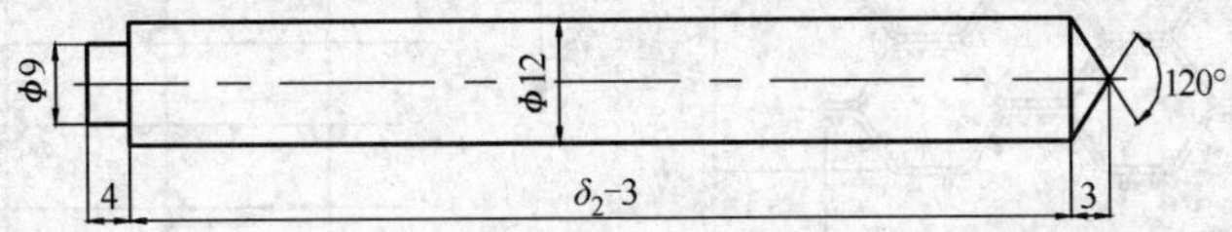

图 5.3－11 柱型锚固钉

注：δ_2—隔热层厚度，mm。

无龟甲网单层衬里的锚固钉宜采用 Ω 型或 Y 型，其规格尺寸见图 5.3－12、图5.2－13。Y 型锚固钉仅用于无龟甲网单层高耐磨衬里的异形结构部位。

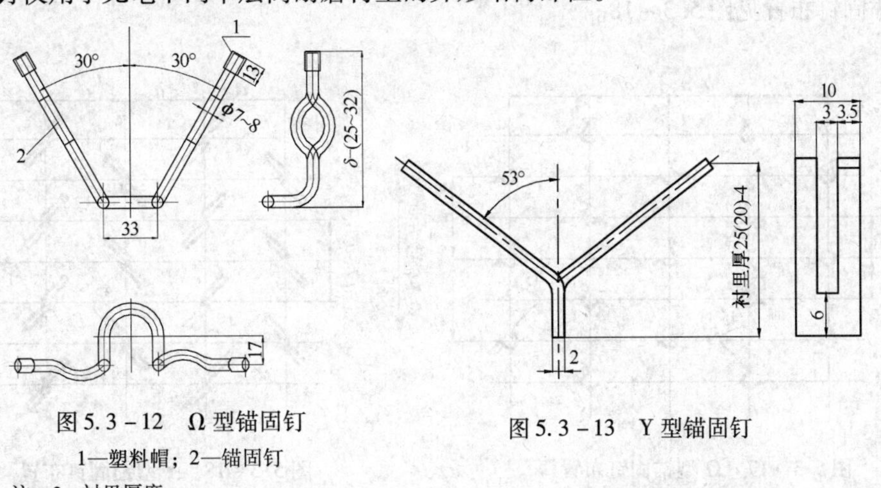

图 5.3－12 Ω 型锚固钉

1—塑料帽；2—锚固钉

注：δ—衬里厚度，mm

图 5.3－13 Y 型锚固钉

龟甲网双层衬里端板的尺寸宜为 50mm×50mm，厚度宜为 6 mm(见图 5.3－14)。

龟甲网的典型结构形式见图 5.3－15，其规格宜为 1200mm×3000mm。

柱型锚固钉布置见图 5.3－16。

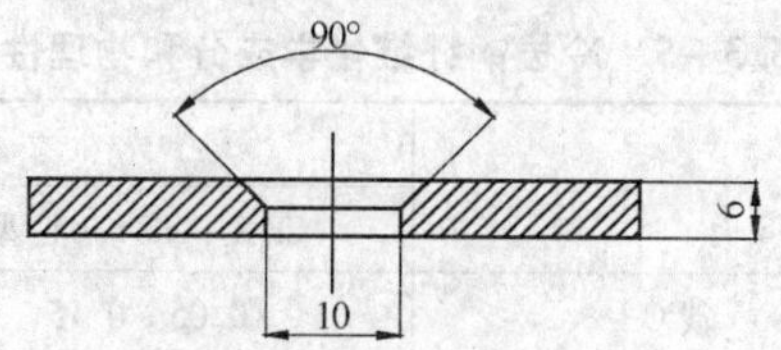

图 5.3－14　端板

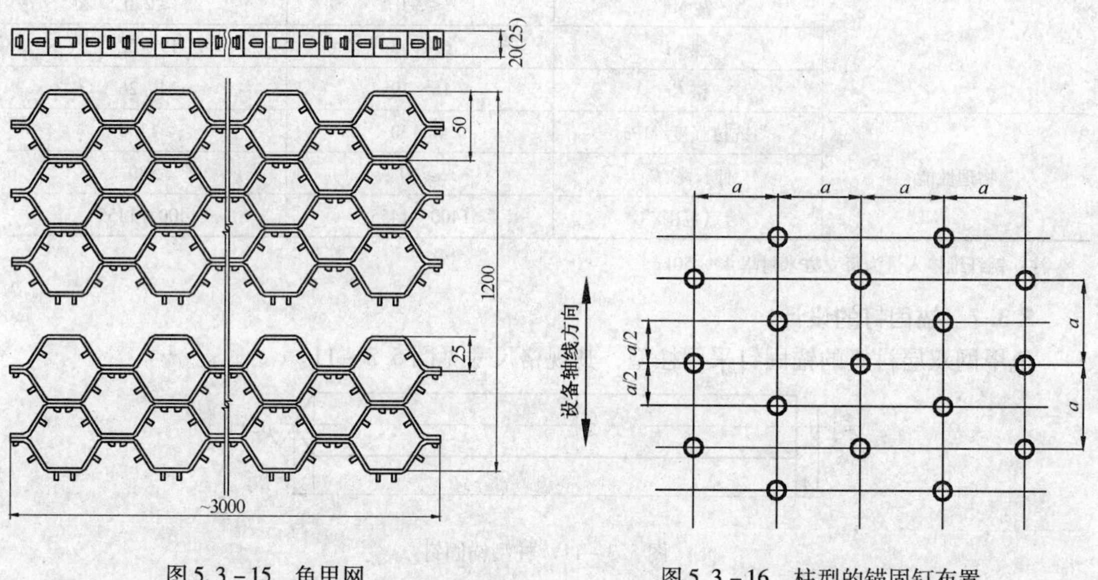

图 5.3－15　龟甲网

图 5.3－16　柱型的锚固钉布置

Ω 型锚固钉布置见图 5.3－17。

Y 锚固钉布置见图 5.3－18。

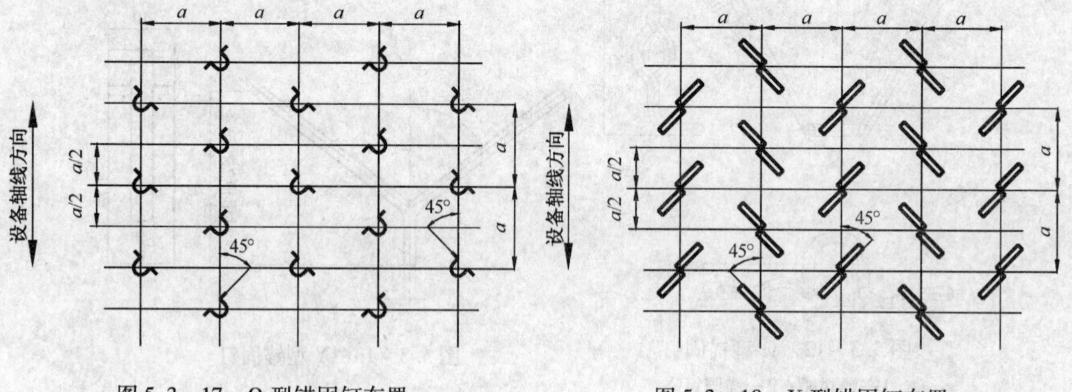

图 5.3－17　Ω 型锚固钉布置

图 5.3－18　Y 型锚固钉布置

单层侧拉型圆环锚固钉平面布置见图 5.3－19。

每平方米衬里所需的锚固钉数量参见表 5.3－6。

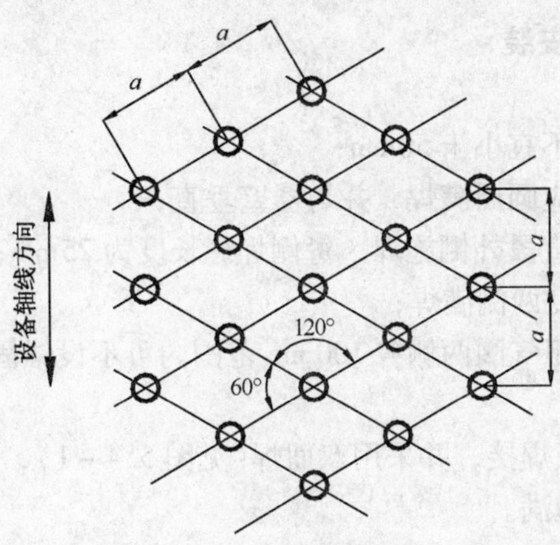

图 5.3－19　单层侧拉型圆环锚固钉平面布置

表 5.3－6　锚固钉用量

锚固钉类型	使用部位	衬里总厚度 δ/mm	间距 a/mm	用量/(个/m²)
柱型	筒体、封头、过渡段，公称直径大于或等于 400mm 开孔接管	≤100	200～250	16～25
		>100	200	25
Ω 型	卧式筒体、顶封头、过渡段(上小下大)及开口处	任意	150～200	25～45
	立式筒体、过渡段(上大下小)及底封头	任意	200～250	16～25
Y 型	异形结构	≤25	40	625
单层侧拉型圆环	任意	≤25	90	143
双层侧拉型圆环	任意	≥100	120	80

5.4　衬里施工

5.4.1　衬里施工环境

衬里施工环境应符合下列要求：

① 作业环境温度宜为 5～35℃；

② 采取措施防止曝晒和雨淋；

③ 施工过程应有良好的通风和照明；

④ 当环境温度高于 35 ℃时，应采取降温措施；

⑤ 当环境温度低于 5 ℃时，应采取防冻措施。

5.4.2　施工用水

施工用水宜为生活饮用水，使用其他洁净水时，pH 值可为 6.5～7.5，氯化物的含量应小于或等于 50mg/L，水温宜为 10～27℃。

5.4.3　表面除锈

金属表面应采用喷砂(丸)除锈，局部可采用动力工具除锈。除锈后的金属表面应防止雨淋和受潮，并尽快施衬。Ω 型锚固钉塑料帽的安装在喷砂除锈后进行，接管及其他构件位于衬里内的部分包扎陶瓷纤维纸应在除锈后进行。

5.4.4　衬里锚固件的安装

1. 锚固钉的安装要求

① 锚固钉距器壁焊缝不宜小于50mm；

② 柱型锚固钉与器壁应圆周满焊，并与器壁垂直；

③ Ω型锚固钉宜在两直段外侧施焊，每侧焊缝长度为25mm；

④ Y型锚固钉应在宽度两侧满焊；

⑤ 龟甲网双层衬里在阻气圈两侧各100mm范围内可不设锚固钉。

2. 锚固钉的焊接

柱型锚固钉应先与端板焊接，并采用双面焊（见图5.4-1），端板应紧贴锚固钉的台肩，并垂直于锚固钉，焊肉应饱满。

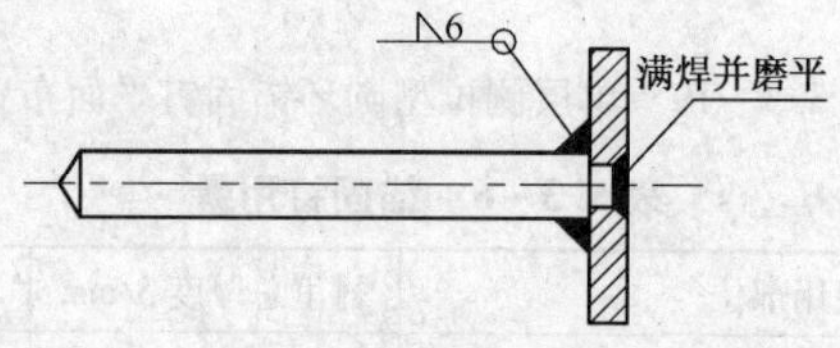

图5.4-1　柱型锚固钉与端板双面焊示意

5.4.5　龟甲网的安装

① 龟甲网下料应预先放样并留有搭接余量，剪断时应采用断丝剪，不得热切割。

② 龟甲网滚压成型时，其走向应与钢带的长度方向一致，其结扣不得断裂、脱扣或松动。如有个别松动应沿龟甲网深度方向满焊固定。

③ 龟甲网应与端板逐块焊接，龟甲网的拼接可采用图5.4-2所示的型式或端点拼接或平行拼接，并将拼接处沿龟甲网深度方向焊接，且相邻龟甲网纵向应错缝。

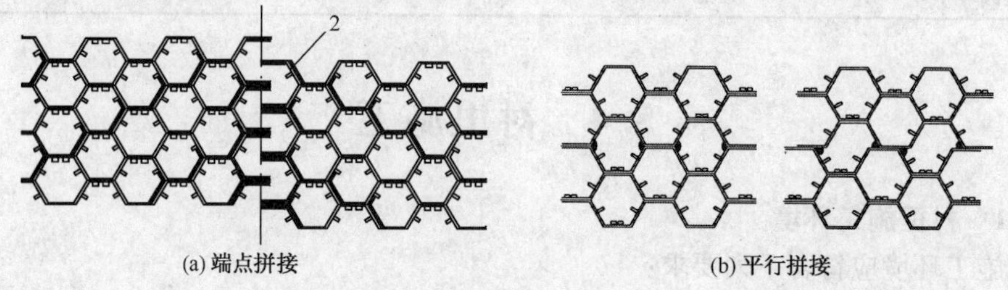

图5.4-2　龟甲网拼接型式

④ 龟甲网直接焊在器壁上时，应按图5.4-3所示进行，龟甲网端头应全部与器壁焊接，每排网孔应隔孔焊接，长焊道不少于15 mm，短焊道应大于5 mm，且不得在龟甲网钢带结扣处与器壁焊接。

⑤ 施焊表面以及周围10 mm范围内不得有水、铁锈、油污、积渣和其他杂物。除设计文件另有规定外，所有角焊缝和搭接焊缝的焊脚高度不应小于较薄件的厚度，并应为连续焊。

5.4.6　衬里混凝土拌制

衬里混凝土应采用强制式搅拌机搅拌，搅拌时间根据产品使用指南确定，且不得少于2min，确保搅拌均匀，并不得混入杂物。

用水量根据产品使用指南并结合现场的温度、湿度和衬里混凝土的运输距离加以调整，

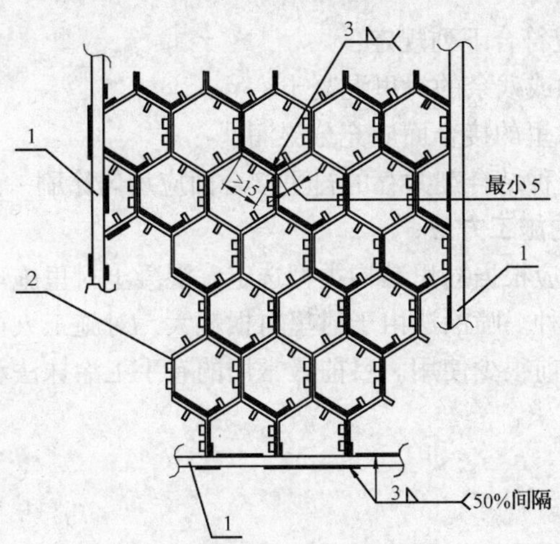

图5.4－3　龟甲网与器壁焊接

1—挡板；2—龟甲网

且不得超过规定用水量的上限。

搅拌好的衬里混凝土不得二次加水使用，并应在30min内用完。

掺入钢纤维时，应先将钢纤维均匀加入干料中搅拌，钢纤维不得有油污。干料搅拌时间不应少于1min，加水后搅拌时间不宜少于2min，确保湿料中钢纤维分布均匀，不得有成团现象。

5.4.7　施工缝的设置

① 衬里施工遇到下列情况之一时，应留设施工缝：

a. 卧置分瓣手工涂抹时；

b. 喷涂法施工，每施工完一段，间隔时间超过初凝时间时；

c. 浇注法施工，浇注间隔时间超过初凝时间时；

d. 分段施工时；

e. 施工因故中断时。

② 施工缝接口形式及尺寸应符合下列规定：

a. 分段衬里时，接口每侧应至少预留100 mm不衬；

b. 龟甲网衬里每侧应至少预留三排龟甲网网孔不衬；

c. 无龟甲网衬里及龟甲网衬里隔热层的接口形式见图5.4－4。一般应选用直形接口。

d. 双层衬里的隔热层与耐磨层接口相错距离不应小于200mm；

e. 施工缝应留设在两排锚固钉中间。

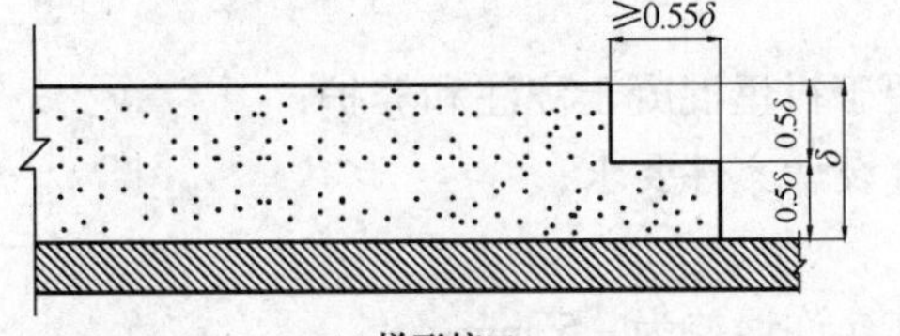

(a) 梯形接口

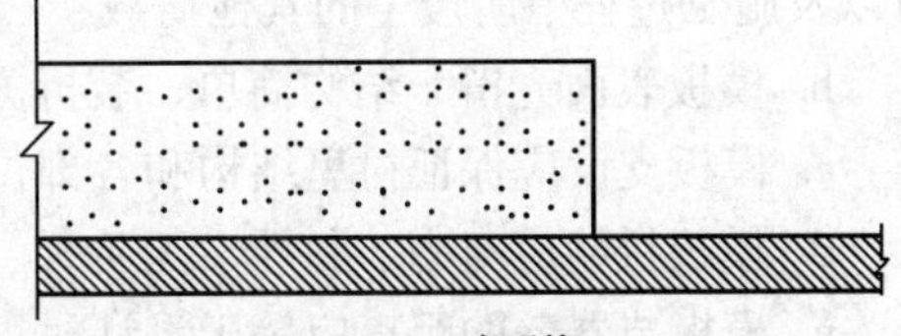

(b) 直形接口

图5.4－4　接口形式

③ 施工缝恢复施工应符合下列规定：

a. 清除接合面处松动或残余的衬里混凝土；

b. 水硬性结合剂的衬里的接合面应充分湿润；

c. 气硬性结合剂和多种结合剂共存的衬里接合面应均匀涂刷一层结合剂溶液。

5.4.8 混凝土衬里的施工方法

混凝土衬里施工方法应根据衬里结构类型选定，混凝土衬里施工方法有喷涂法、手工涂抹法和支模振捣浇注法三种。喷涂法由于衬里料损耗大，对施工人员素质要求高，衬里质量比支模振捣法较差，故目前很少使用。目前最常用的有手工涂抹法和支模振捣浇注法。建议优先选用支模振捣浇注法。

1. 手工涂抹法

(1) 适用范围

手工涂抹法适用于龟甲网双层隔热耐磨衬里和单层高耐磨衬里及其他受条件限制的衬里施工。

(2) 施工要求

卧置设备或管道分瓣转动手工涂抹时，应符合下列规定：

a. 每瓣施工弧度不宜大于2π/3(120°)；

b. 每瓣施工完，停放时间超过 12 h 后，方可进行下瓣施工；

c. 设备和管道翻转时，应确保衬里与壳体之间不产生空隙或衬里本身不产生裂纹。

隔热混凝土涂抹时，应随抹随检查衬里厚度，并应捣实找平，达到表面平整。端板下部的隔热混凝土应逐个捣实，端板表面应清理干净。

耐磨混凝土施工时，每次填入龟甲网内的耐磨混凝土面积不宜过大，网孔应一次填满逐孔捣实，使衬里表面与龟甲网平齐，且不得有鼓胀、流淌、扒缝和麻面等缺陷。施工中断时，应将未施衬的龟甲网孔内的残料清理干净。

当受条件限制无龟甲网单层隔热耐磨衬里局部采用涂抹法施工时，应依次将隔热耐磨混凝土填满，并振捣密实，表面泛浆后再用样板刮平后压实，不得在表面撒干水泥细粉抹光。

当采用表面振捣器振捣时，其移动间距应保证振捣器平板能覆盖已振实部分的边缘。

2. 支模振捣浇注法

(1) 适用范围

支模振捣浇注法适用于无龟甲网单层隔热耐磨衬里施工，且宜连续进行。

(2) 施工要求

① 模板及其支设应符合下列要求：

a. 模板应具有足够的承载强度、刚度和稳定性，能可靠地承受衬里混凝土自重和侧压力以及施工过程中所产生的其他荷载；

b. 模板表面光滑、结构简单、装拆方便，并便于衬里混凝土浇注和养护；

c. 模板支设应保证衬里结构和各部位尺寸符合设计文件要求；

d. 模板拼缝应对齐、封严、无阶梯、不漏浆；

e. 模板与器壁的距离应等于设计衬里厚度，其允许误差为 ±5 mm；

f. 每次支摸高度不应超过 1m，并满足连续浇注的要求；

g. 封头、开孔接管或分段衬里的接口等特殊部位的模板可采用木模或用薄钢板卷制的异型模；

h. 当设计文件无要求时，拆模时间应符合下列规定：

ⓐ 侧模（不承重模板）应在衬里混凝土强度达到设计强度等级的50%时方可拆除；

ⓑ 底模（承重模板）应在衬里混凝土强度达到设计强度等级的70%时方可拆除；

ⓒ 异型模、斜模拆除后，应切除多余的衬里混凝土。

② 支模振捣浇注应符合下列规定：

a. 每次浇注高度不应大于300mm，且应连续均匀；

b. 每层模板不宜一次注满，预留50～100mm不衬，待上层模板安装后再浇注。

③ 振捣应符合下列规定：

a. 振捣棒移动间距不宜大于锚固钉间距；

b. 每一振点的振捣时间应使衬里混凝土表面不再沉落，且呈现出浮浆。

5.4.9　特殊部位的施工

1. 接口部位

无龟甲网单层隔热耐磨衬里，采用浇注法施工时，对于峡谷段已衬筒体之间的接口应支斜模浇注（见图5.4－5），并振捣密实，待衬里混凝土初凝后拆除模板，用切刀将多余部分切掉。

2. 斜管和器壁相交处的相贯线部位

在斜管和器壁相交处的相贯线部位（如图5.4－6），不得采用涂抹法施工，应采用支模振捣法施工，并将锚固钉加密。模板为特制的异形模板，拆模后将衬里表面棱角或多余部分用粗砂轮打磨圆滑。

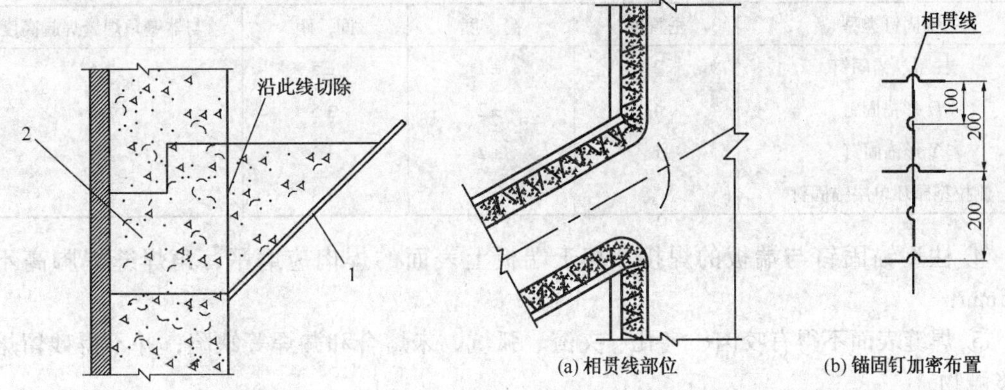

图5.4－5　接口斜模浇注示意

1—斜模；2—接口

图5.4－6　斜管与器壁相交处的衬里结构示意

3. 顶封头的衬里施工

顶封头的衬里施工宜翻转后在地面上采用支模浇注法进行，在底部平缓部位用平面振捣器捣实，四周用振捣棒插入捣实。

4. 锥形段的衬里施工

锥形段的衬里应支锥形模板用浇注法施工，不得用涂抹法施工。

5.4.10　衬里养护

水硬性结合剂（铝酸盐水泥）衬里，施工后停放至用手指轻按不沾泥浆时，应开始雾湿养护，且不少于48h。

化学结合衬里，应在空气中自然养护3～7天，养护期间应保持干燥，空气的相对湿度不得大于70%。

低水泥浇注料衬里施工后，应立即用塑料薄膜覆盖衬里表面，在空气中自然养护48h。

支模浇注衬里，宜在浇注完2~4h后，向模板上喷雾水降温，拆模后雾湿养护不少于48h。

应采取必要措施，防止吊装或翻转时衬里开裂。

分段衬里的设备和管道应在衬里养护完毕后进行运输、吊装和组焊。设计成承插式结构的分段衬里的设备和管道应在衬里烘干后进行运输、吊装和组焊。

衬里的设备和管道在衬里烘炉之前，不宜在器壁上进行焊接作业。

衬里后未能按时进行衬里烘炉的设备和管道，应采取措施烘干后保存。

5.4.11 质量检查

1. 除锈要求

① 采用喷砂除锈等级应达到GB/T 8923规定的Sa1级要求。

② 采用动力工具除锈等应达到GB/T 8923规定的St3级要求。

2. 衬里锚固件安装要求

(1) 锚固钉、端板安装的质量要求

① 用0.5 kg手锤逐个敲击，锚固钉应发出铿锵的金属声；

② 每$4m^2$抽查一个锚固钉，锤击该钉端部，打弯90°不断裂；

③ 安装的允许偏差应符合表5.4-1的规定。

表5.4-1 锚固钉安装的允许偏差 mm

锚固钉类型	垂直度	高 度	间 距	与器壁角焊缝焊脚高度
柱型、锚固钉	2	±1	±5	≥6
Ω形锚固钉	4	±2	±5	≥6
Y形锚固钉	1	±2	±2	≥3
侧拉型园环单层锚固钉			±3	≥3

④ 柱型锚固钉与端板的焊接，高于端板上表面的焊肉应磨平，角焊缝焊脚高不小于6mm；

⑤ 焊缝表面不得有咬肉、气孔、夹渣、弧坑、未熔合和漏焊等缺陷，并不得残留熔渣和飞溅物。

(2) 龟甲网的安装质量要求：

① 龟甲网与端板应逐块焊接，每个焊道的焊缝长度不得小于20mm，且每块端板上的焊缝总长度不得小于40mm；

② 龟甲网拼接处的每一端头应沿网深全焊，并将高出龟甲网的焊肉磨平，拼接处的网孔面积不得小于基本网孔的1/2，且不得大于4/3；

③ 相邻两张龟甲网纵向拼缝应错开300mm以上；

④ 龟甲网安装后结扣的间隙及错边高度均不得大于0.5mm；

⑤ 龟甲网直接焊在器壁上时，应与器壁贴紧，间隙不得大于1mm；

⑥ 龟甲网与插入管或构件相接处的每一个网边与固定板均应焊接，焊缝长度不得小于20mm；

⑦ 直接焊在器壁上的龟甲网端头与器壁、网孔与器壁焊缝长度不得小于20mm；

⑧ 龟甲网安装后的平整度应符合下列规定：

a. 筒体纵向用1m长的钢板尺沿轴向检查，间隙不得大于2mm；

b. 筒体径向用弧长等于$R/4$（R为筒体衬里后的半径）且弦长不小于300mm的样板沿环向检查，间隙不得大于5mm；

c. 锥体过渡圆弧处用弦长不小于100mm的样板检查，间隙不得大于6mm。

⑨ 龟甲网与端板或器壁的焊缝焊脚高不大于3mm。

3. 衬里

（1）龟甲网双层衬里隔热混凝土的质量要求。

① 衬里表面应与端板下表面平齐，表面平整、厚度均匀，厚度允许偏差为±2 mm；

② 端板下的隔热混凝土应密实，不得有空洞。

（2）龟甲网双层衬里的耐磨混凝土和龟甲网单层衬里耐磨混凝土的质量要求：

① 衬里表面应与龟甲网平齐，厚度允许偏差为$^{+0.5}_{0}$mm；

② 衬里厚度偏差为正偏差的衬里面积总和不得大于总面积的5%；

③ 表面应平整密实，不允许有麻面、扒缝与裂纹等缺陷。

（3）无龟甲网单层衬里隔热耐磨混凝土和高耐磨混凝土的质量要求

① 衬里表面应平整密实，无疏松颗粒、无蜂窝麻面等缺陷；

② 厚度均匀，Ω型锚固钉衬里厚度允许偏差为±5 mm；Y型锚固钉衬里厚度允偏差为$^{+2}_{0}$mm；

③ 衬里烘炉前，表面（目测）不应有收缩性裂纹，且不得有贯穿性裂纹；

④ 热处理后裂纹的表面宽度不得大于3mm。

⑤ 用0.5kg手锤，以350mm的间距轻轻敲击检查，声音铿实清脆，无松动，无空鼓声。

5.5　衬里烘炉

5.5.1　热处理制度

1. 催化裂化装置反再系统设备衬里烘炉

催化裂化装置反再系统设备衬里烘炉采用多个设备串联或并联进行时，各设备离热源距离不同，升温速度存在差别，应综合考虑使每台设备基本达到本规范表5.5－1～表5.5－3的要求。也可调整热处理制度，但应征得设计单位的同意。

表5.5－1　水硬性结合衬里的热处理制度

温度区间/℃	升、降温速度/（℃ / h）	所需时间/h
常温～150	5～10	13～26
150±5	0	24
150～315	10～15	11～17
315±5	0	24
315～540	20～25	9～12
540±5	0	24
540～常温	≤25	≥21

表 5.5-2 化学结合衬里的热处理制度

温度区间/℃	升、降温速度/(℃/h)	所需时间/h
常温~150	≤10	≥13
150±5	0	8
150~315	≤30	≥6
315±5	0	10
315~540	≤25	≥9
540±5	0	24
540~常温	≤25	≥21

表 5.5-3 多种结合形式共存衬里的热处理制度

温度区间/℃	升、降温速度/(℃/h)	所需时间/h
常温~150	≤5	≥26
150±5	0	24
150~315	≤5	≥33
315±5	0	24
315~540	≤8	≥29
540±5	0	24
540~常温	≤25	≥21

2. 单体设备和管道及分段衬里

单体设备和管道及分段衬里的小直径设备和管道的衬里烘炉宜在热处理炉内进行，其热处理制度见表 5.5-4~表 5.5-6。

表 5.5-4 水硬性结合衬里的热处理制度

温度区间/℃	升、降温速度/(℃/h)	所需时间/h
常温~110	5~10	9~18
110±5	0	24
110~315	10~15	14~21
315±5	0	24
315~常温	≤25	≥12

表 5.5-5 化学结合衬里的热处理制度

温度区间/℃	升、降温速度/(℃/h)	所需时间/h
常温~60	≤10	≥6
60±5	0	8
60~110	≤10	≥5
110±5	0	8
110~315	≤30	≥7
315±5	0	10
315~常温	≤25	≥21

表 5.5-6 多种结合形式共存衬里的热处理制度

温度区间/℃	升、降温速度/(℃/h)	所需时间/h
常温~110	≤5	≥18
110±5	0	24
110~315	≤5	≥41
315±5	0	24
315~常温	≤25	≥21

5.5.2　热处理注意事项

① 设备和管道衬里应在工程中间交接验收后，及时进行衬里烘炉。

② 衬里试块养护后，应按 YB/T 5200《致密耐火浇注料显气孔率和体积密度试验方法》、YB/T 5201《致密耐火浇注料常温抗折强度和耐压强度试验方法》及 YB/T 5203《致密耐火浇注料线变化率试验方法》规定的升、降温制度进行烘干。

③ 衬里烘炉时，升温、降温速度应严格控制，不得超过规定的速度，降温时不得强制冷却。

④ 在衬里烘炉过程中，如主要设施发生故障而影响正常升温或降温时，应立即进行保温，故障消除后才可继续进行。

⑤ 衬里烘炉时应做好记录，并绘制烘炉曲线。

⑥ 已完成衬里烘炉的设备和管道，又发生衬里局部补修时，补修后的升温操作应在养护结束后进行，且应采用较慢的升温速度和较长的升温时间。

附录 A 衬里后器壁温度的估算

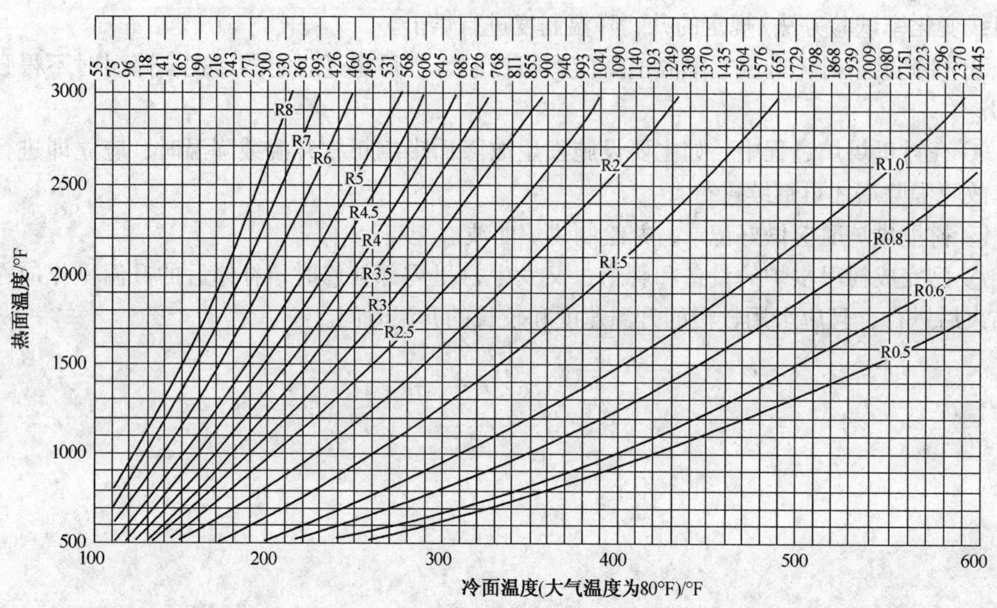

图 A 衬里后器壁冷面温度估算表

注：基于静止的空气温度 80 ℉。

对于单层衬里

$$R = \frac{L}{K} \tag{A-1}$$

对于多层衬里

$$R = \frac{L_1}{K_1} + \frac{L_2}{K_2} \cdots\cdots \frac{L_n}{K_n} \tag{A-2}$$

式中 R——总热阻；

L_1，L_2，……L_n——每层厚度，in；

K_1，K_2，……K_n——每层结构导热系数，Btu · in/(ft^2 · h · ℉)。

【例 1】(估算外壁温度)

操作温度：750℃(1382 ℉)

衬里厚度：120mm(4.72in)

衬里材料：隔热耐磨单层衬里，C2 级

实测材料导热系数：K_0 = 0.46W/(m · K)，结构系数 f = 1.3(考虑到锚固钉及钢纤维的影响)

结构导热系数：$K = f \cdot K_0$ = 1.3 × 0.46 = 0.6W/(m · K) = 4.16 Btu · in/(ft^2 · h · ℉)

$$R = \frac{5.9}{4.16} = 1.42$$

利用上图热面 1382 ℉和 R = 1.42(内插法)曲线的交点，垂直向下找到冷面温度 325 ℉

(162℃)，向上找到热损失为747Btu/(ft^2·h)。

【例2】(估算衬里厚度)

操作温度：750℃(1382 ℉)

冷面温度：160℃(320 ℉)

衬里材料：龟甲网隔热耐磨双层衬里

隔热衬里 D02 级时

材料导热系数：$K_{01}=0.36$W/(m·K)；结构系数$f=1.1$(考虑锚固钉和龟甲网的影响)

结构导热系数：$K_1=f\cdot K_{01}=1.1\times0.36=0.396$W/(m·K)=2.74Btu·in/($ft^2$·h·℉)

耐磨衬里 B01 级时

材料导热系数：$K_{02}=1.0$W/(m·K)

结构导热系数：$K_2=f\cdot K_{02}=1.1\times1.0=1.1$W/(m·K)=7.626Btu·in/($ft^2$·h·℉)

利用上图热面1382 ℉，冷面320 ℉查得$R=1.48$，设$L_2=26$mm(约1.02in)

将参数带入式(A-2)中，得到

$$1.48=\frac{L_1}{2.74}+\frac{1.02}{7.626}$$

$$L_1=3.7\text{in}=94\text{mm}$$

实际取　$L_1=94$mm，$L_2=26$mm

衬里总厚度$L=L_1+L_2=94+26=120$mm

注：① 导热系数换算1Btu·in/(ft^2·h·℉)=0.144228W/(m·K)

② 温度换算　$t(℃)=(t-32)\times\frac{5}{9}(℉)$

参 考 文 献

1　GB 50474—2008　隔热耐磨衬里技术规范

2　顾一天，黄荣臻，程建民．延长催化裂化设备衬里寿命的措施．炼油设计，2002，32(3)